E. Thenius

Phylogenie der Mammalia

Stammesgeschichte der Säugetiere

(einschließlich der Hominiden)

Phylogenie der Mammalia

Stammesgeschichte der Säugetiere (einschließlich der Hominiden)

Von

Erich Thenius

o. Univ. Professor für Paläontologie
Vorstand des Paläontologischen Institutes der Universität Wien

Mit 715 Abbildungen im Text

Walter de Gruyter & Co.

vormals G. J. Göschen'sche Verlagshandlung — J. Guttentag Verlagsbuchhandlung
Georg Reimer — Karl J. Trübner — Veit & Comp.

Berlin 1969

Aus: Handbuch der Zoologie. Begründet von Willy Kükenthal, fortgeführt von Thilo Krumbach, herausgegeben von J. G. Helmcke, D. Starck, H. Wermuth

Band VIII — Teil 2

Das vorliegende Werk verdankt sein Entstehen einer Einladung der Herausgeber des „Handbuches der Zoologie", der Herren Prof. Dr. J.-G. Helmcke, Berlin, Prof. Dr. D. Starck, Frankfurt/Main, und Dr. H. Wermuth, Ludwigsburg.

Seit dem Erscheinen der gemeinsam mit H. Hofer verfaßten „Stammesgeschichte" sind nahezu zehn Jahre vergangen. Der seither erfolgte Wissensfortschritt ließ eine neue Darstellung wünschenswert erscheinen, die überdies dank dem verständnisvollen Entgegenkommen durch den Verlag wesentlich eingehender abgefaßt und auch dementsprechend illustriert werden konnte. Dafür sei auch hier dem Verlag herzlichst gedankt.

Da eine namentliche Aufzählung aller jener Fachkollegen, die meine Arbeit durch Überlassung von Sonderdrucken unterstützten, nicht möglich ist, seien nur jene genannt, die darüber hinaus dieses Buch durch weitere Hinweise bzw. durch Überlassung von Abbildungsvorlagen förderten: Dr. Dipl.-Ing. K. Bauer, Wien, Dr. G. Daxner, Wien, Direktor Dr. W. Fiedler, Wien, Dr. M. Gorgas, Köln, Doz. Dr. Th. Haltenorth, München, Prof. Dr. W. Herre, Kiel, Prof. Dr. H. Hofer, Covington, Prof. Dr. G. H. R. von Koenigswald, Utrecht, Dr. E. Mohr, Hamburg.

Für tatkräftige Mithilfe bei der oft zeitraubenden Beschaffung der Literatur sei — abgesehen von den diversen Bibliothekskräften — den Herren cand. phil. G. Rabeder, Dr. A. Rögl und Dr. O. Schultz, sämtlich Paläontologisches Institut der Universität Wien, auch an dieser Stelle herzlichst gedankt.

Nicht zuletzt gebührt mein Dank Fräulein M. Tschugguel für die Reinschrift des Manuskriptes, Frau E. Neubauer für die Anfertigung bzw. Umzeichnung von Abbildungsvorlagen und Frau E. Lorenz, geb. Kiesl, für die zahlreichen Reproduktionen, da ohne Mithilfe der Genannten eine Fertigstellung des Werkes nicht möglich gewesen wäre.

Wien, Dezember 1968 — Erich Thenius

Inhaltsübersicht

Einleitung 1

Der Ursprung der Säugetiere 14
Die Therapsiden als Stammgruppe der Säugetiere 17
Die Entstehung des Säugetiertyps 27
Was sind eigentlich Säugetiere? 34

Die „Säugetiere“ des Mesozoikums 40
„Ictidosauria“ (Diarthrognathidae) 41
Docodonta (einschl. Morganucodontiden) . . . 41
Triconodonta 43
Symmetrodonta 45
Eupantotheria 45
Multituberculata 48

Zur Großgliederung der Säugetiere 52

Prototheria 54
Monotremata (Eierleger) 54

Theria Parker & Haswell 1897 (= Eutheria Gill 1872) 59
Metatheria 61
Marsupialia (Beuteltiere) 61
Die neuweltlichen Beutler (Didelphoidea, Borhyaenoidea und Caenolestoidea) . . 72
Die australischen Beutler (Dasyuroidea, Perameloidea und Phalangeroidea) . . . 79
Placentalia Owen 1837 (= Eutheria Huxley 1880 non Gill 1872; „Höhere“ Säugetiere) . . . 94
Zalambdodonta (Tenrecoidea und Chrysochloroidea) 102
Chrysochloroidea 106
Tenrecoidea 107
„Deltatheridia“ (= Hyaenodonta: Palaeoryctoidea, Oxyaenoidea und Hyaenodontoidea) 110
Palaeoryctoidea 110
Oxyaenoidea 113
Hyaenodontoidea 113
Insectivora („Insektenfresser“) 116
Leptictoidea 118
Erinaceoidea 121
Soricoidea 129
Apatemyoidea, Mixodectoidea und Pantolestoidea 143
Macroscelidea (Rüsselspringer) 149

Tupaioidea (Spitzhörnchen) 153
Primates (Herrentiere) 159
Prosimiae (Halbaffen: Lemuroidea, Lorisoidea, Tarsioidea und Omomyoidea) . . . 166
Lemuroidea 170
Lorisoidea 180
Tarsioidea 182
Omomyoidea 188
Platyrrhina (Neuweltaffen: Ceboidea) . . 191
Catarrhina (Altweltaffen) 196
Cercopithecoidea (= Cynomorpha) . . . 196
Hominoidea I (= Anthropomorpha) . . 205
Hominoidea II (Hominidae) 219
Dermoptera (Riesengleitflieger) 248
Chiroptera (Fledertiere) 250
Megachiroptera (Flughunde) 254
Microchiroptera (Fledermäuse: „Rhinolophoidea“, Phyllostomatoidea, Vespertilionoidea und Emballonuroidea) 255
Edentata (Zahnarme) 260
Palaeanodonta 261
Xenarthra 263
Cingulata (Dasypodoidea und Glyptodontoidea) 266
„Tardigrada“ (Bradypodoidea und Megatherioidea) 270
Vermilingua 277
Pholidota (Schuppentiere) 278
Taeniodonta (= „Ganodonta“) 279
Rodentia (Nagetiere) 282
Protrogomorpha (Ischyromyoidea und Aplodontoidea) 288
„Sciuromorpha“ (Sciuroidea, Ctenodactyloidea, Castoroidea und ? Geomyoidea) . . 296
Theridomorpha (= Parasciurognatha: Theridomyoidea und Anomaluroidea) . . . 304
Glirimorpha (Gliroidea) 306
„Myomorpha“ (Muroidea [einschließlich Cricetoidea] und Dipodoidea) 308
Caviomorpha (= Nototrogomorpha: Erethizontoidea, Octodontoidea, Chinchilloidea und Cavioidea) 328
Hystricomorpha (Hystricoidea, Thryonomyoidea und Bathyergoidea) 339
Incertae sedis: Pedetoidea 344
Carnivora (Raubtiere) 346
Fissipedia (Landraubtiere) 348

Arctoidea 352
Cynofeloidea 370
Herpestoidea 389
Pinnipedia (Robben) 393
Otarioidea 398
Phocoidea 402
Lagomorpha (= „Duplicidentata"; Hasenartige) 405
Artiodactyla (Paarhufer) 415
„Suiformes" 420
Dichobunoidea 420
Entelodontoidea 424
Anthracotherioidea 425
Hippopotamoidea 429
Suoidea 431
Xiphodontoidea 436
Caenotherioidea 437
Oreodontoidea 440
Tylopoda 442
Cameloidea 442
Protoceratoidea 448
Ruminantia 449
Tragulina (Traguloidea) 449
Pecora (Cervoidea, Giraffoidea, Antilocaproidea und Bovoidea) 452
Cervoidea 453
Giraffoidea 462
Antilocaproidea 465
Bovoidea 467
Cetacea (Walartige) 480
Archaeoceti (Urwale) 485
Mystacoceti (Bartenwale) 490
Odontoceti (Zahnwale) 493
„Condylarthra" (Urhuftiere) 498
Arctocyonoidea (= Paracondylarthra) . . 500
Mesonychoidea 502
Phenacodontoidea 504
Periptychoidea 508
Tillodontia 510
Tubulidentata (Erdferkel) 511
Litopterna 514
Notoungulata 517
Notioprogonia 518
Toxodonta 520
Typotheria 525
Hegetotheria 528
Astrapotheria 530
Trigonostylopoidea 531
Astrapotherioidea 531
Perissodactyla (Unpaarhufer) 533
Ceratomorpha I (Tapiroidea) 536
Ceratomorpha II (Rhinocerotoidea) 543
Hippomorpha I (Equoidea) 554
Hippomorpha II (Brontotherioidea) 566
Ancylopoda (Chalicotherioidea) 570
„Amblypoda" 574
Pantodonta 576
Dinocerata 580
Xenungulata 582
Pyrotheria 583
Desmostylia 584
„Subungulata" 588
Sirenia (Seekühe) 589
Proboscidea (Rüsseltiere) 595
Moeritherioidea 597
Elephantoidea 600
Dinotherioidea 610
Barytherioidea 611
Hyracoidea (Schliefer) 611
Embrithopoda (= „Barypoda") 617

Zusammenfassung 621

Übersicht über das System der Säugetiere 627

Literaturverzeichnis 633

Register 705

Berichtigungen 722

1. Stammesgeschichte der Säugetiere (einschließlich der Hominiden)

Erich Thenius, Wien

Einleitung

Vor Diskussion der stammesgeschichtlichen Entwicklung der Säugetiere im allgemeinen und ihrer verwandtschaftlichen Beziehungen untereinander, scheinen einige Bemerkungen grundsätzlicher Art angebracht.

Besteht über die Tatsache eines stammesgeschichtlichen Wandels der Organismen, also einer Phylogenese im Laufe der Zeit, unter den modernen Biologen zwar kein Zweifel, so werden die Methoden der stammesgeschichtlichen Forschung durchaus nicht einheitlich beurteilt, selbst wenn die Tatsache unbestritten bleibt, daß die Ansichten über phylogenetische Zusammenhänge stets nur Deutungen sind, sofern sie über die intraspezifische Evolution hinausgehen.

Damit sei auf eine ursprünglich vielleicht eher etwas überschätzte experimentelle Arbeitsrichtung hingewiesen, wie sie als Haustierkunde oder zoologische Domestikationsforschung für Säugetiere in Betracht kommt. Wie Herre, Frick & Röhrs [1932] betonen, bietet die Domestikationsforschung „zwar einen eindrucksvollen Einblick in die Möglichkeiten innerartlicher Ausformung, sie kann aber bislang nicht als allgemeines Modell der Stammesgeschichte bewertet werden". Die heutigen Haustiere sind von ihren wilden Stammformen nicht artlich, sondern nur unterartlich verschieden. In den fast 10000 Jahren der Haustierhaltung ist durch die Domestikation keine einzige neue Art entstanden. Die Haustierforschung ist jedoch für die Beurteilung von Herkunft, Ort und Zeitpunkt der Domestikation der einzelnen Haussäugetiere unentbehrlich geworden und hat zu bemerkenswerten Erkenntnissen über allgemeine Tendenzen während der Domestikation geführt. Sie wird unterstützt durch die zoologische Archäologie, die für einzelne Haussäugetiere wertvolle Daten liefern konnte [297, 375].

Da derartige Experimente*) im Rahmen der Domestikation nicht ausreichen, müssen andere Kriterien in Anwendung kommen. So wird zur Beurteilung stammesgeschichtlicher Zusammenhänge auch gegenwärtig die „klassische" Methode, nämlich der morphologisch-anatomische Vergleich, herangezogen, nach dem Grundsatz, der Grad der Ähnlichkeit sei ein Gradmesser für die Art der verwandtschaftlichen Beziehungen [3277, 2314]. Voraussetzung für eine erfolgversprechende Anwendung ist jedoch die Homologie der verglichenen Merkmale und Eigenschaften. Die Homologie gilt nicht nur für morphologische, sondern auch ethologische Eigenschaften. Homologe Organe oder Eigenschaften haben auch den gemeinsamen historischen Ursprung**). Nach neueren Erkenntnissen muß jedoch eine derartige Formverwandtschaft noch keiner Blutsverwandtschaft entsprechen, da genealogisch entfernter stehende Arten einander ähnlicher sein können als nahe verwandte Formen [864]. Diese Tatsache kann als Folge von

---

*) Die stammesgeschichtliche Bedeutung von Kreuzungen zwischen verschiedenen Arten wird verschieden beurteilt [1361], ist jedoch zweifellos ein Hinweis auf nähere verwandtschaftliche Beziehungen. Allerdings ist zwischen fruchtbaren und unfruchtbaren Artbastarden oder den Bedingungen (natürliche oder „künstliche"), unter denen sie entstanden sind, zu unterscheiden.

**) Wegen dem Homologiebegriff und der Homologiekriterien vergleiche Remane [2858, 2865, 2870].

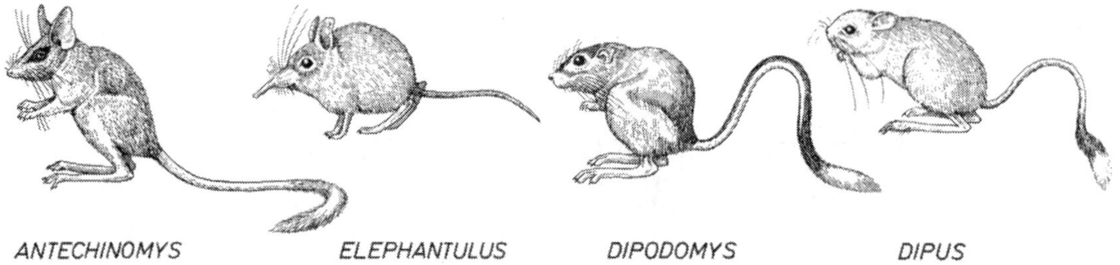

Abb. 1. Konvergenz- und Parallelerscheinungen im Habitus bei rezenten Säugetieren. Springtypen bei Beuteltieren (*Antechinomys*), Rüsselspringern (*Elephantulus*) und Nagetieren verschiedener taxonomischer Zugehörigkeit (*Dipodomys* = Geomyoidea, *Dipus* = Dipodoidea)

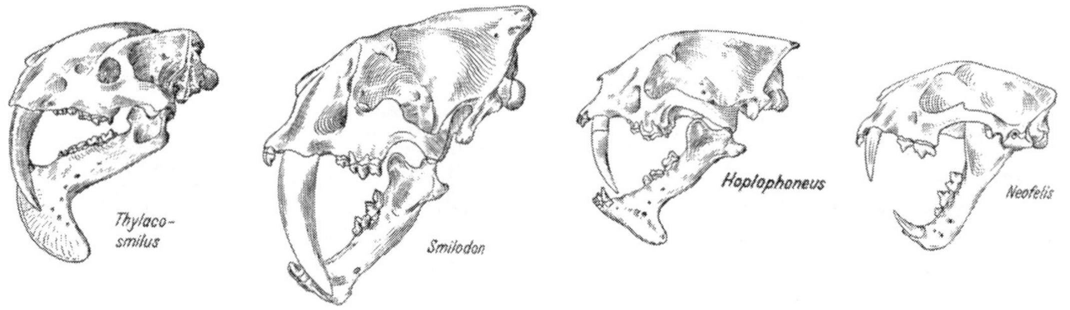

Abb. 2. Konvergenz- und Parallelerscheinungen im Bau des Schädels bei Säugetieren. Säbelzahntypen bei Beuteltieren (*Thylacosmilus*, Pliozän, Südamerika) und Raubtieren (*Smilodon*, Pleistozän und *Hoplophoneus*, Oligozän). *Neofelis*, rez., ist keine Säbelzahnkatze. — Nach Thenius-Hofer 1960

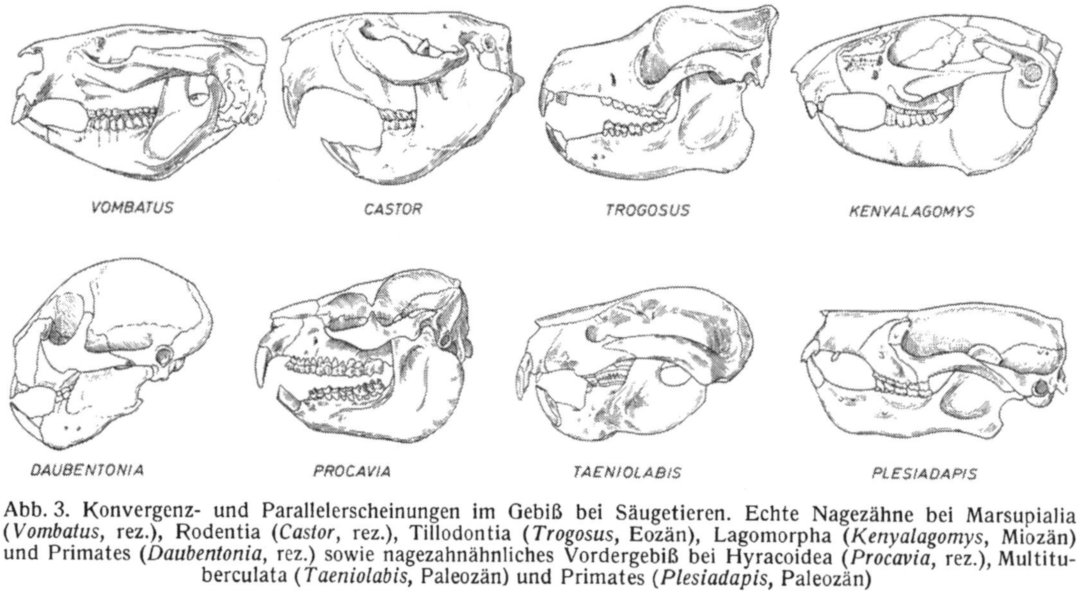

Abb. 3. Konvergenz- und Parallelerscheinungen im Gebiß bei Säugetieren. Echte Nagezähne bei Marsupialia (*Vombatus*, rez.), Rodentia (*Castor*, rez.), Tillodontia (*Trogosus*, Eozän), Lagomorpha (*Kenyalagomys*, Miozän) und Primates (*Daubentonia*, rez.) sowie nagezahnähnliches Vordergebiß bei Hyracoidea (*Procavia*, rez.), Multituberculata (*Taeniolabis*, Paleozän) und Primates (*Plesiadapis*, Paleozän)

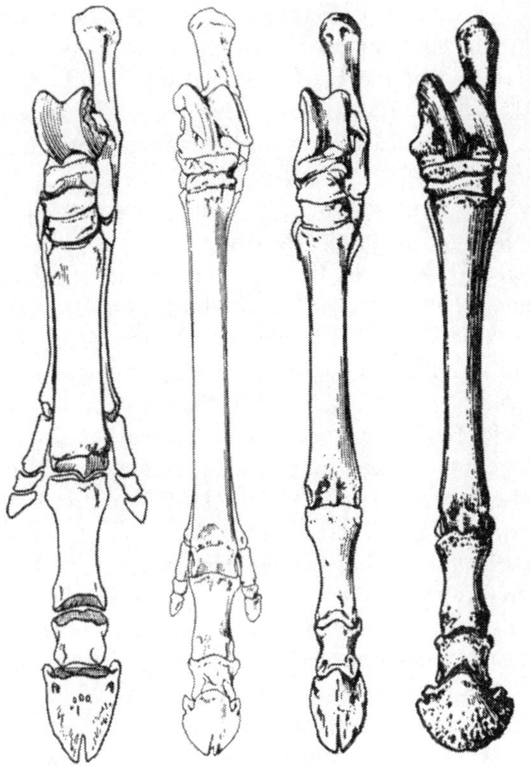

a b c d

Abb. 4. Konvergenz- und Parallelerscheinungen im Extremitätenskelett bei Säugetieren. Tri- und Monodactylie bei Huftieren: Litopterna (a, c) und Perissodactyla (b, d), a) *Diadiaphorus*, Miozän, b) *Merychippus*, Miozän, c) *Thoatherium*, Miozän, d) *Equus*, Quartär. (Sämtliche Figuren auf gleiche Länge gebracht) — Nach OSBORN 1918, SCOTT 1937 und SIMPSON 1951, umgezeichnet

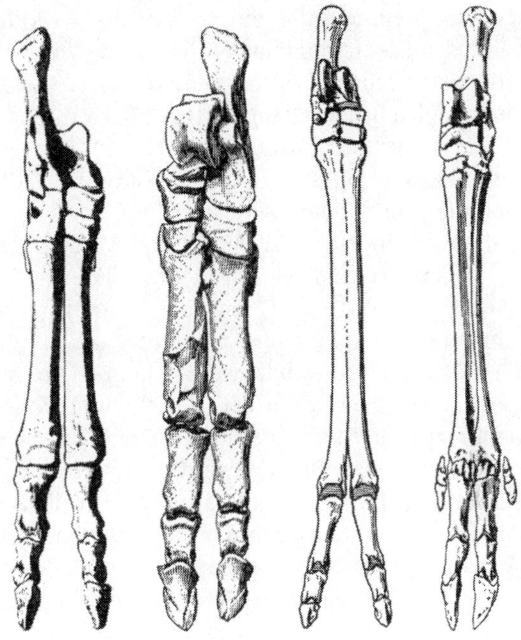

a b c d

Abb. 5. Konvergenz- und Parallelerscheinungen im Extremitätenskelett bei Säugetieren. Paraxonie bei Notoungulaten (b) und Artiodactylen verschiedener Stämme: „Suiformes" (a), Tylopoda (c) und Pecora (d), a) *Entelodon*, Oligozän, b) *Miocochilius*, Miozän, c) *Procamelus*, Miozän, d) *Hippocamelus*, rez. (Sämtliche Figuren auf gleiche Länge gebracht) — Nach SCOTT 1898 (a), 1937 (c, d) und STIRTON 1953 (b)

Konvergenz- oder Parallelerscheinungen (Abb. 1—5) auftreten oder auch durch die heterochrone Entwicklungsgeschwindigkeit einzelner Merkmale während der Phylogenese bedingt sein. Während der stammesgeschichtlichen Entwicklung ist es wiederholt zur Acceleration (Beschleunigung) oder Retardation (Verlangsamung) einzelner Merkmalskomplexe (mangels einer genetischen Koppelung beziehungsweise durch die getrennte Vererbung von Einzelmerkmalen) gekommen und damit zu beachtlichen Unterschieden in morphologischer, physiologischer oder ethologischer Hinsicht. Das Ergebnis einer derartigen heterochronen phylogenetischen Entwicklung kann gelegentlich zu Disharmonien führen. Meist ist dies jedoch nicht der Fall, sondern kommt nur im sogenannten Mosaikmodus der stammesgeschichtlichen Entwicklung (WATSONsche Regel) zum Ausdruck [223b]. Daraus wird weiter ersichtlich, daß die Evolution eines Einzelmerkmales nicht unbedingt synchron mit der stammesgeschichtlichen Entwicklung der übrigen Merkmale verlaufen muß, und es ist zweckmäßig, Begriffe wie Evolution und Phylogenese, ebenso wie Form- und Blutsverwandtschaft, zu trennen.

Aus dem Gesagten ergibt sich somit, daß die morphologisch-anatomische Methode allein zur Beurteilung der genealogischen Beziehungen nur bedingt ausreicht, da es sich um eine Merkmalsphylogenie handelt*), ganz abgesehen davon, daß die taxonomische und damit auch phylogenetische Wertigkeit der einzelnen Merkmale nicht gleich ist**). Hennig [1354] unterscheidet plesiomorphe und apomorphe Merkmale, von denen lediglich den synapomorphen, das heißt den Spezialhomologien (im Sinne von Remane [2869]), eine entsprechende Bedeutung in phylogenetischer Hinsicht zukommt. Gemeinsame symplesiomorphe oder „patristische" Homologien bedeuten noch keine näheren, also direkte genealogische Beziehungen, da es gemeinsam erworbene Primitivmerkmale sind, die bei einer Gruppe erhalten, bei einer anderen jedoch verlorengegangen sein können. Weiterhin läßt eine solche Wertung der Merkmale die Beurteilung der mono- oder „di-" beziehungsweise „polyphyletischen" Entstehung einzelner Gruppen und damit die Unterscheidung von Stadien und natürlichen taxonomischen Einheiten zu.

Damit ist zugleich angedeutet, daß die Taxonomie in Form eines natürlichen oder phylogenetischen Systems [1354] die Grundlage für die Beurteilung stammesgeschichtlicher Zusammenhänge bildet und nicht umgekehrt phylogenetische Deutungen als Ausgangsbasis für die Taxonomie verwendet werden können (vergleiche dazu Portmann [2779, 2780], Schindewolf [3037]). Dennoch kann der Ansicht von Portmann, der die Vorstellungen über die stammesgeschichtliche Entwicklung der Organismen nur als Vermutungen oder Theorien bezeichnet, nicht ganz beigepflichtet werden. Es stehen dem Phylogenetiker verschiedene Methoden zur Verfügung, die — besonders bei den geologisch als jung zu bezeichnenden Säugetieren — zu fundierten Vorstellungen über die phylogenetische Entwicklung geführt haben, die zweifellos über reine Theorien hinausgehen.

Abgesehen von den Befunden durch den rein morphologisch-anatomischen Vergleich — sei es für die Bewertung des Verwandtschaftsgrades oder durch die Aufstellung anatomischer Reihen nach rezenten Arten (Abb. 7) beziehungsweise auch von sogenannten Stufenreihen

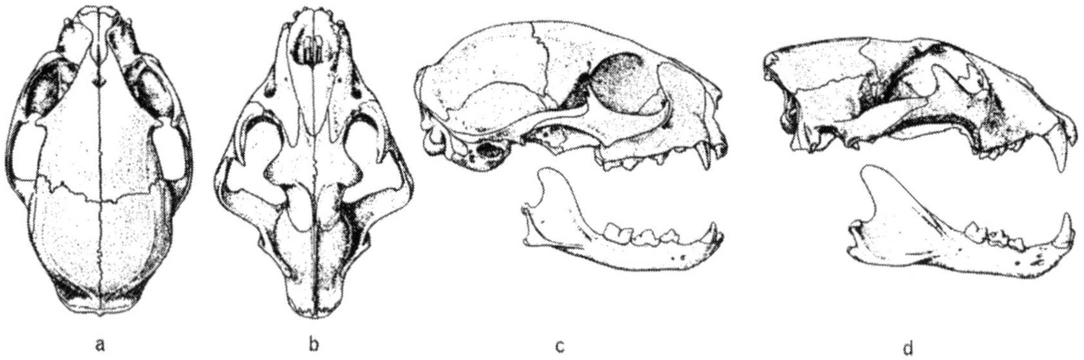

Abb. 6. Allometrie und Taxonomie. Proportionsunterschiede als Folge verschiedener Körpergröße. a, c) *Felis eyra*, b, d) *Panthera leo*. (Schädel auf gleiche Länge verkleinert.) — Nach Starck 1967

*) Eine weitere, erst durch die Allometrieforschung überwundene grundsätzliche Schwierigkeit für den Taxonomen ebenso wie für den Phylogenetiker ergibt sich aus den durch die absolute Größe bedingten Proportionsunterschieden zwischen nah verwandten Arten (Abb. 6). Derartige, oft im Sinne einer Merkmalsphylogenie ausgewertete Unterschiede konnten durch die Allometrieforschung erkannt und richtig interpretiert werden [1026, 1750, 2944, 2945].

**) Schon deshalb kann der in jüngster Zeit propagierten „numerischen" Klassifikation als Extrem der uniformen Merkmalsbewertung nur eine praktische taxonomische Bedeutung zukommen, nicht jedoch für die Erstellung eines natürlichen Systems.

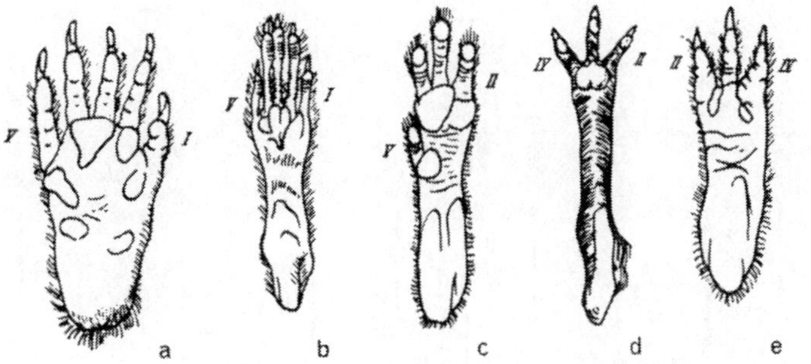

Abb. 7. Anatomische Reihe zur Deutung der Entstehung des dreizehigen Hinterfußes bei *Cavia* (sekundärer Sohlengänger). a) *Marmota*, rez., b) *Gerbillus*, rez., c) *Chinchilla*, rez., d) *Dolichotis*, rez., e) *Cavia*. (Nicht maßstäblich verkleinert.) — Nach THENIUS 1950

(im Sinne von ABEL [18]; Abb. 8) an fossilen Formen als (hypothetische) Modelle für den tatsächlichen stammesgeschichtlichen Ablauf —, lassen die übrigen biologischen Disziplinen über verschiedene weitere Methoden durch Kriterien zusätzlicher Art (zum Beispiel Paläontologie und Embryologie) oder durch gänzlich oder weitgehend andere Gesichtspunkte (Serologie, Hämatologie, Parasitologie, Karyologie, Ethologie, Biogeographie) Aussagen über die phylogenetischen Zusammenhänge zu. Erst sie führen zu einer „synthetischen Evolutionsforschung" (im Sinne von SIMPSON), indem die Holomorphe (sämtliche am Lebewesen feststellbaren Eigenschaften) den Gegenstand der Phylogenetik bildet.

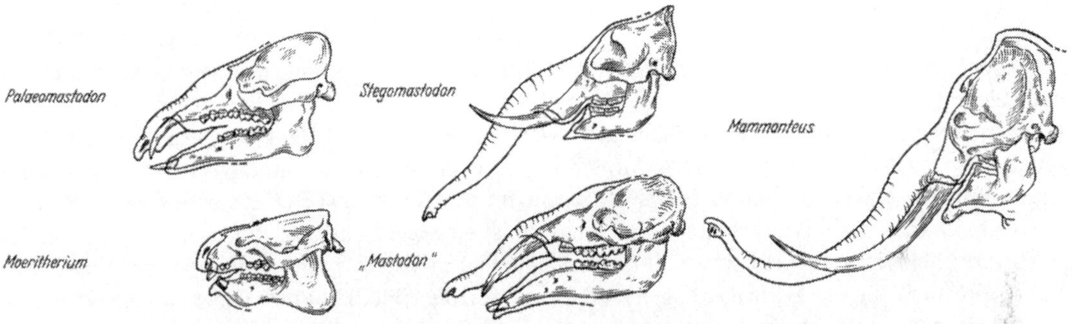

Abb. 8. Stufenreihe zur Erklärung des Entstehens des Elefantenrüssels. *Moeritherium*, Eozän; *Palaeomastodon*, Oligozän; „*Mastodon*", Miozän; *Stegomastodon*, Plio-Pleistozän; *Mammonteus*, Pleistozän. (Maßstäblich verkleinert) Nach THENIUS-HOFER 1960

Die unter den letztgenannten vielleicht wertvollste Methode bietet die Serodiagnostik als Teilgebiet der Serologie, die auf der artspezifischen Zusammensetzung des Eiweißes und der unterschiedlichen Reaktion mit artfremdem Eiweiß (Serum) beruht und damit die chemische Evolution widerspiegelt. Diese durch NUTTALL [2479] in seiner klassischen Monographie durch die Präzipitinmethode aufgezeigte Eiweißverwandtschaft läßt nicht nur die zunehmende Eiweißdifferenzierung innerhalb verschiedener Stämme der Säugetiere erkennen, sondern ermöglicht durch die Art der Reaktion Rückschlüsse auf den jeweiligen gemeinsamen Anteil der Proteale und damit auf das Maß der natürlichen Verwandtschaft (Abb. 9). Fehlerquellen können sich bei der Auswertung wechselseitiger Reaktionen der Sera und Antisera ergeben, ganz abgesehen davon, daß die oben für morphologische Merkmale geltenden Einschränkungen etwa im Hinblick auf gemeinsame Primitivmerkmale in analoger Weise auch für die physiologischen Eigenschaften zu berücksichtigen sind (vergleiche auch REMANE [2873 a]).

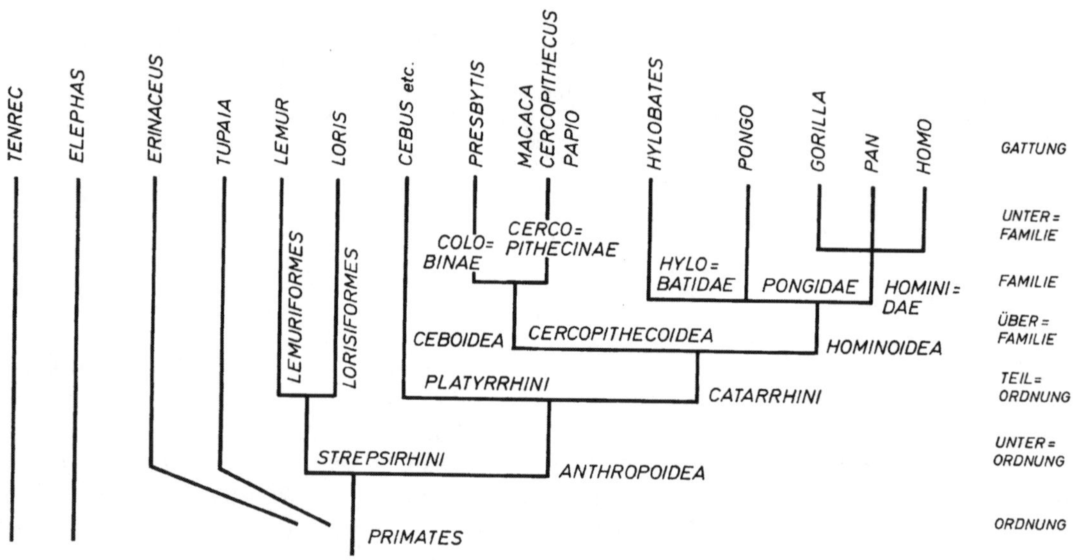

Abb. 9. Serologie und Klassifikation. Die Primaten als Beispiel für die Chemotaxonomie. Grundsätzliche Übereinstimmung mit dem nach morphologischen Kriterien erarbeiteten System. Abweichung jedoch bei Umgrenzung der Pongiden und Hominiden, die durch die geringere „chemische Evolution" bedingt sind. — Nach Goodman 1963

Die Serodiagnostik ist in der Zoologie erst in jüngster Zeit „modern" geworden, so daß von zahlreichen, taxonomisch verschieden beurteilten Arten keine Daten vorliegen. Manche serodiagnostischen Befunde haben sich als sehr wertvoll und befruchtend erwiesen, vor allem bei jenen Formen, die durch besondere Anpassungserscheinungen morphologisch stark von ihren Stammformen abweichen (zum Beispiel Pinnipedia und Cetacea). Bei der serodiagnostisch am besten bekannten Säugetiergruppe, den Primaten, ist eine weitgehende Übereinstimmung mit den nach morphologisch-anatomischen Befunden angenommenen Zusammenhängen gegeben. Ähnliches gilt auch für die Hämatologie und damit für die „Hämoglobin-Verwandtschaft" unter Berücksichtigung des Problems der homologen Proteine [367a, 4011, 4012].

Auch die Parasitologie vermag nach Ausschaltung verschiedener Fehlerquellen — durch Sekundärbefall (zum Beispiel bei Cetaceen und Pinnipediern als Wasserbewohnern) oder auf Grund gleicher oder ähnlicher ökologischer (zum Beispiel Standort: Anopluren bei südamerikanischen Säugetieren; [3710]), ernährungphysiologischer (wie Herbivorie für bestimmte Darmparasiten: Sklerostomen) oder physiologisch-chemischer Voraussetzungen (zum Beispiel Lausbefall); [1354, 1446, 1550, 2530, 2533] — aus der Phylogenie wirtsspezifischer Parasiten wertvolle Rückschlüsse auf die stammesgeschichtliche Entwicklung der Wirte zu ziehen [510, 867—869, 919, 2311, 2531, 1549] (Abb. 10), die nicht nur morphologisch fundierte phylogenetische Zusammenhänge bestätigen (zum Beispiel *Elephas* und *Loxodonta*, *Camelus* und *Lama*, *Okapia* und *Giraffa*, Rhinocerotiden), sondern vor allem bei Parallelerscheinungen (wie Hystricomorpha: Caviomorpha) wertvolle Hinweise geben können.

Die Karyologie beziehungsweise Cytogenetik hat seit Painter [2554a] in den letzten Jahren einen ungeheuren Aufschwung erfahren und ist zu einem zusätzlichen Kriterium geworden, das freilich nur innerhalb begrenzter systematischer Kategorien — und auch da verschiedentlich nur mit Vorbehalt — Anwendung finden kann (Abb. 11). Für zahlreiche Säugetiergruppen liegen entsprechende Daten vor [231, 1585, 2286, 2288, 2296, 2300, 3831], doch gilt

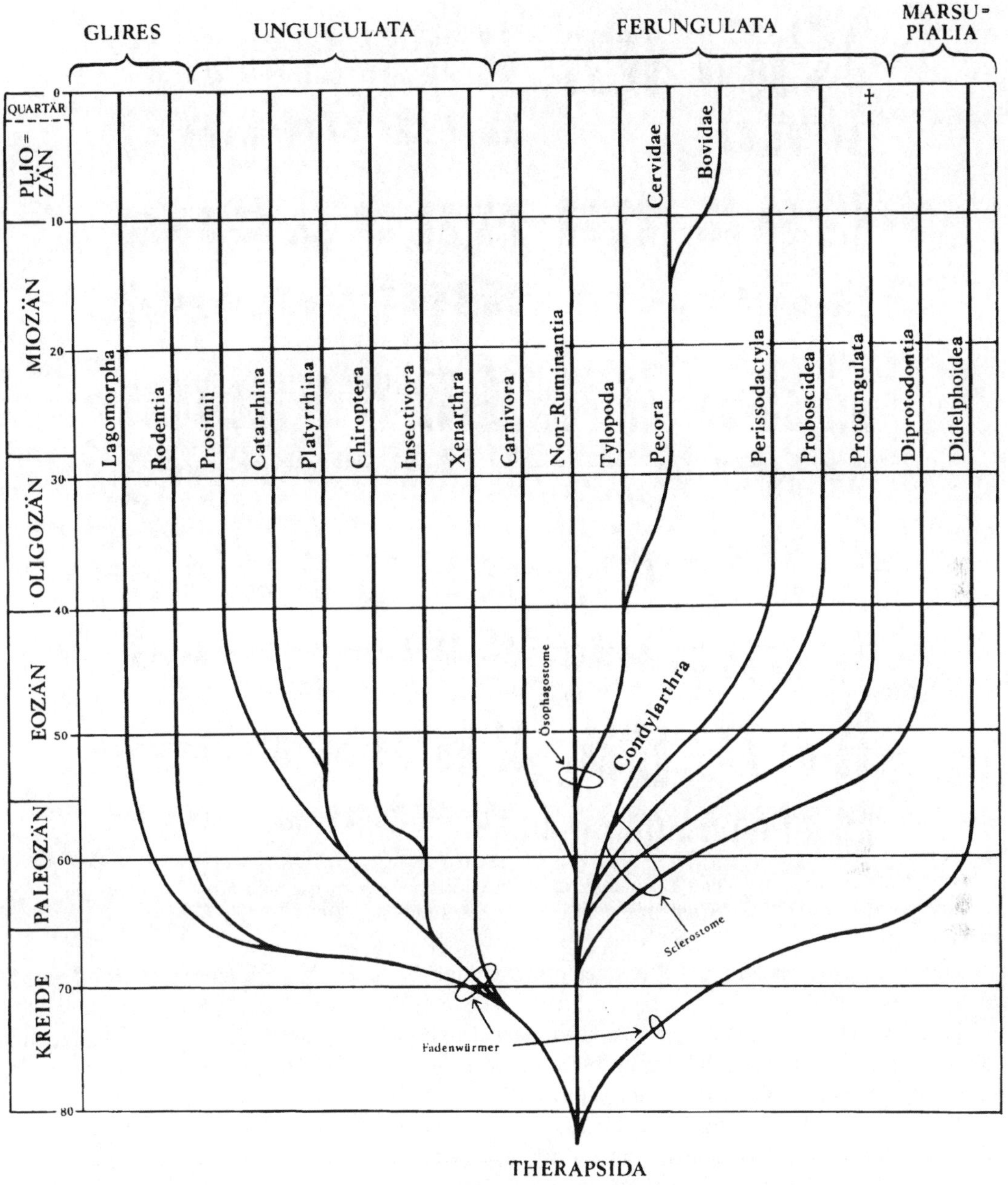

Abb. 10. Parasitologie und Phylogenie. Versuch der Deutung stammesgeschichtlicher Zusammenhänge innerhalb der Säugetiere nach deren Entoparasiten. Vernachlässigt ökologisch bedingte Unterschiede und kommt dadurch zur Annahme näherer verwandtschaftlicher Beziehungen zwischen australischen Beuteltieren und den Huftieren. Nach CAMERON 1952, vereinfacht umgezeichnet

auch für die Evolution cytogenetischer Merkmale das oben für die morphologische Methode gesagte (einschließlich Polymorphismus), wobei noch Probleme wie Polyploidie, Chromosomenfusion beziehungsweise (sekundäre) Chromosomenspaltung hinzukommen [1268, 1269].

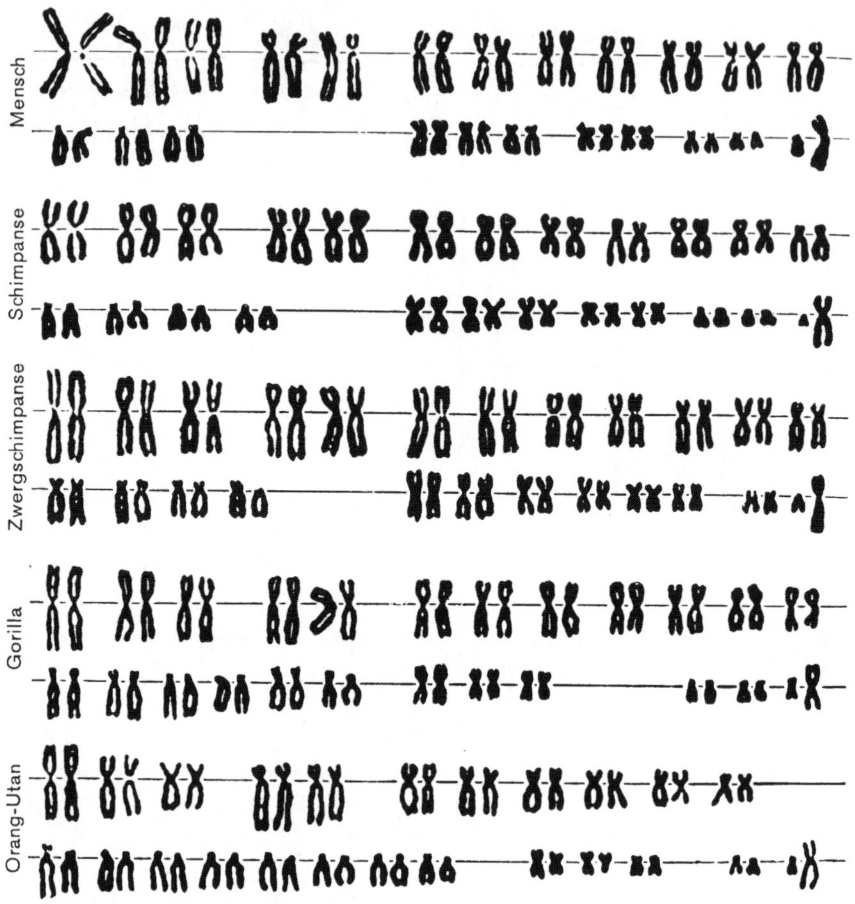

Abb. 11. Karyologie und Taxonomie. Chromosomensätze von Mensch und Menschenaffen. Übereinstimmung von *Homo* mit *Pan* am größten. — Aus HEBERER 1965

Die Ethologie ist für die Phylogenie nicht ohne Bedeutung, da auch das Verhalten, wie schon DARWIN [695] darlegte, eine Evolution erkennen läßt. Allerdings können grundsätzlich nur jene „angeborenen" Verhaltensweisen oder Instinktbewegungen [2145] zur Beurteilung stammesgeschichtlicher Beziehungen herangezogen werden, bei denen die Homologisierung beziehungsweise einmalige Entstehung einwandfrei gegeben ist (vergleiche dazu WICKLER [3840, 3841]*). Und auch dann ist noch nicht gesagt, ob die Evolution der Verhaltensweisen (einschließlich Lautgebung und dergleichen [3567]) mit der gestaltlichen Phylogenie synchron verlaufen ist. So können Verhaltensweisen phylogenetisch älter sein als die ihnen entsprechenden anatomischen Strukturen oder sie können diese überdauern [1920, 1923], ganz abgesehen davon, daß im Hausstand eine größere „Plastizität" des Verhaltens auftritt [1361, 2146].

*) So ist ein analoges Freßverhalten innerhalb verschiedener Hyänenstämme (*Percrocuta, Hyaena arvernensis*-Gruppe und *Crocuta*) auf Grund von fossilen und rezenten Fraßspuren nachweisbar, so daß auf eine mindestens dreimal unabhängig voneinander erworbene, übereinstimmende Fraßweise geschlossen werden kann (Abb. 12). Das meist als taxonomisch wichtig angesehene Wiederkäuen wurde, wie neuere Untersuchungen bestätigt haben, nicht nur unabhängig voneinander unter den Paarhufern (Tylopoda und Ruminantia sensu stricto [324]), sondern auch von Beuteltieren und Schliefern erworben (Seite 417). Andrerseits vermögen angeborene Verhaltensweisen, in Verbindung mit entsprechenden morphologisch-anatomischen Merkmalen, wertvolle Hinweise auf stammesgeschichtliche Zusammenhänge zu geben [2147, 2150, 1336].

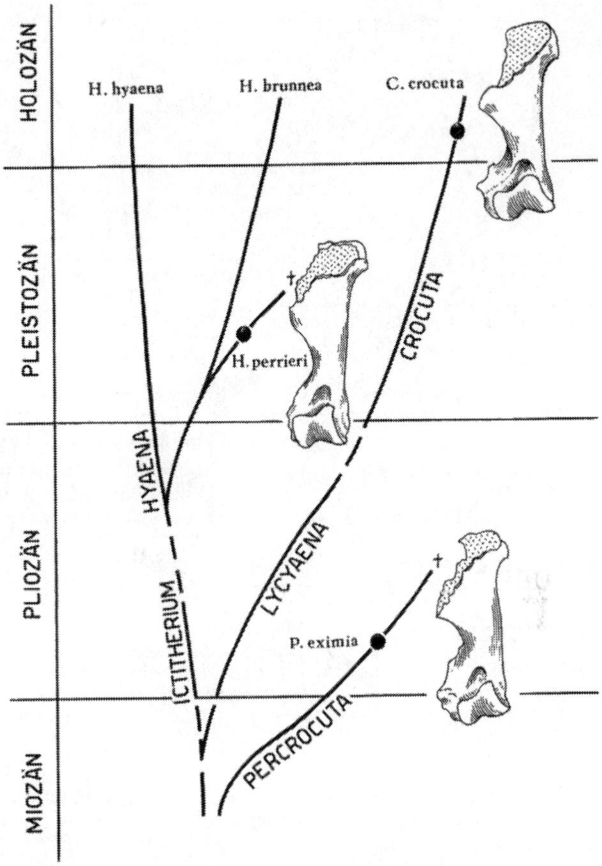

Abb. 12. Ethologie und Phylogenie. Stammesgeschichtliche Beziehungen nach morphologischen Kriterien. Demnach wurde die „Technik" des Knochen„fressens" dreimal unabhängig voneinander von den Hyänen erworben. Nach dem (angeborenen) Freßverhalten beurteilt, müßten *Crocuta crocuta*, rez., *Hyaena perrieri*, Pleistozän, und *Percrocuta eximia*, Pliozän, einander näher stehen, als etwa *H. hyaena* und *H. perrieri*. Freßverhalten dargestellt an Nashorn-Humeri

Die Biogeographie vermag in Verbindung mit paläogeographischen und paläontologischen Befunden gleichfalls wertvolle Hinweise in phylogenetischer Hinsicht zu geben. Besonders bekannt sind Beispiele rezenter disjunkter Verbreitung (zum Beispiel Tapire, Beuteltiere) oder die neotropische Säugetierfauna, die nur durch die, fast das ganze Tertiär hindurch andauernde Isolierung des südamerikanischen Kontinentes verständlich wird. Bereits daraus geht die Bedeutung der Paläogeographie hervor. Während für das Tertiär und Quartär zur Verbreitung von Landsäugetieren notwendige Landverbindungen (wie Sundasee, Beringstraße, Panamabrücke beziehungsweise Isthmus von Tehuantepec, Bass- und Torresstraße) durch Meeresspiegelsenkungen oder durch Verlanden einstiger Meeresarme und Meeresbecken entstanden und die Annahme einer Kontinentaldrift nicht notwendig ist, muß auf Grund neuerer paläontologischer Befunde [1913, 1914] und auch an Hand paläomagnetischer Meßergebnisse [2961, 3849] mit einer noch im Mesozoikum wirksamen Kontinentaldrift gerechnet werden, womit sich für die Verbreitung der Monotremen oder auch der Marsupialia und primitivster Placentalia neue Gesichtspunkte ergeben.

Die Anwendung von Embryologie und Entwicklungsgeschichte der rezenten Säugetiere für die Beurteilung der Phylogenie beruht im Prinzip zwar auf morphologisch-anatomischen Kriterien, doch kommt ihnen durch den zeitlichen Ablauf der Umbildungen während der Ontogenese nicht nur eine Bedeutung im Sinne einer reinen Merkmalsevolution zu (vergleiche dazu Starck [3386], Abb. 13 u. 14), sondern hat ihren Ausdruck im sogenannten Bio-

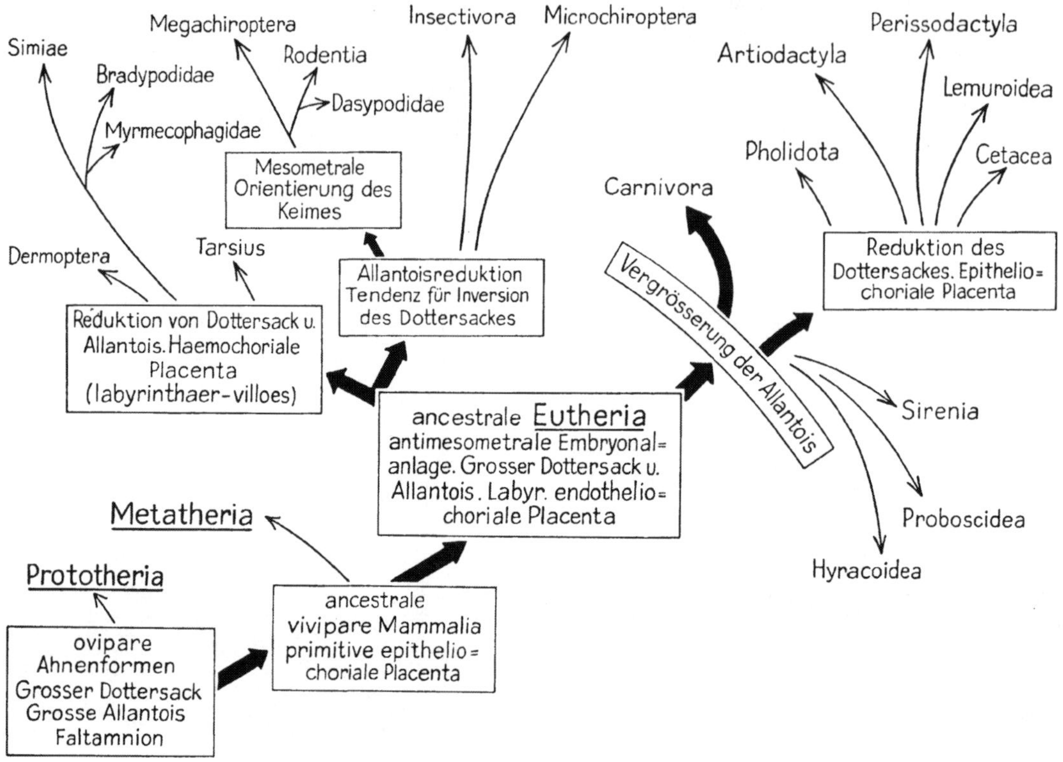

Abb. 13. Embryologie und Phylogenie. Schema der Auffassung von Mossman (1937) über die Evolution der Fetalanhänge und über die phylogenetischen Beziehungen der einzelnen Säugetiergruppen zueinander. — Aus Starck 1959

genetischen Grund„gesetz" Haeckels gefunden (vergleiche Remane [2870a]). Mag diesem auch nicht immer die ihm von Haeckel zugeschriebene Bedeutung zukommen, so haben ontogenetische Befunde wesentlich zur Aufhellung stammesgeschichtlicher Probleme beigetragen (zum Beispiel Reichert-Gauppsche Theorie; Seite 30). Freilich haben auch hier eingehendere und umfassendere Untersuchungen (einschließlich Histochemie, Elektronenoptik) zu einer Revision der bisherigen Auffassungen geführt [1216, 2415, 2416], wie erst kürzlich Starck [3387] und Frick [1026] unter Hinweis auf die Bedeutung der Placentarstrukturen für die Phylogenese betont haben. Bildete die Embryologie zu Haeckels Zeiten die Grundlage für die Stammesgeschichte, so hat sich im 20. Jahrhundert — nicht zuletzt auf Grund der sich mehrenden Fossilfunde — die Erkenntnis durchgesetzt, daß der Paläontologie eine entscheidende Rolle in der Beurteilung und in vielen Fällen sogar die endgültige Lösung stammesgeschichtlicher Fragen überlassen werden muß.

Ähnlich wie bei der Ontogenie kommt bei der Paläontologie als zusätzlicher Faktor die Zeit hinzu, indem das geologische Alter der Fossilien eine wesentliche und vielfach entscheidende Rolle spielt. Wenn auch die Fossilien eine stammesgeschichtliche Auswertung praktisch nur in Form einer Merkmals-Evolution und damit über morphologische Kriterien*)

*) Durch die Paläoneurologie und durch fossile Lebensspuren sind freilich auch Aussagen über physiologische Eigenschaften und selbst Verhaltensweisen von ausgestorbenen Formen möglich, ganz abgesehen davon, daß eine ökologische Auswertung auch an den Fossilresten direkt oder aus ihrem Vorkommen, der Vergesellschaftung und so weiter möglich ist.

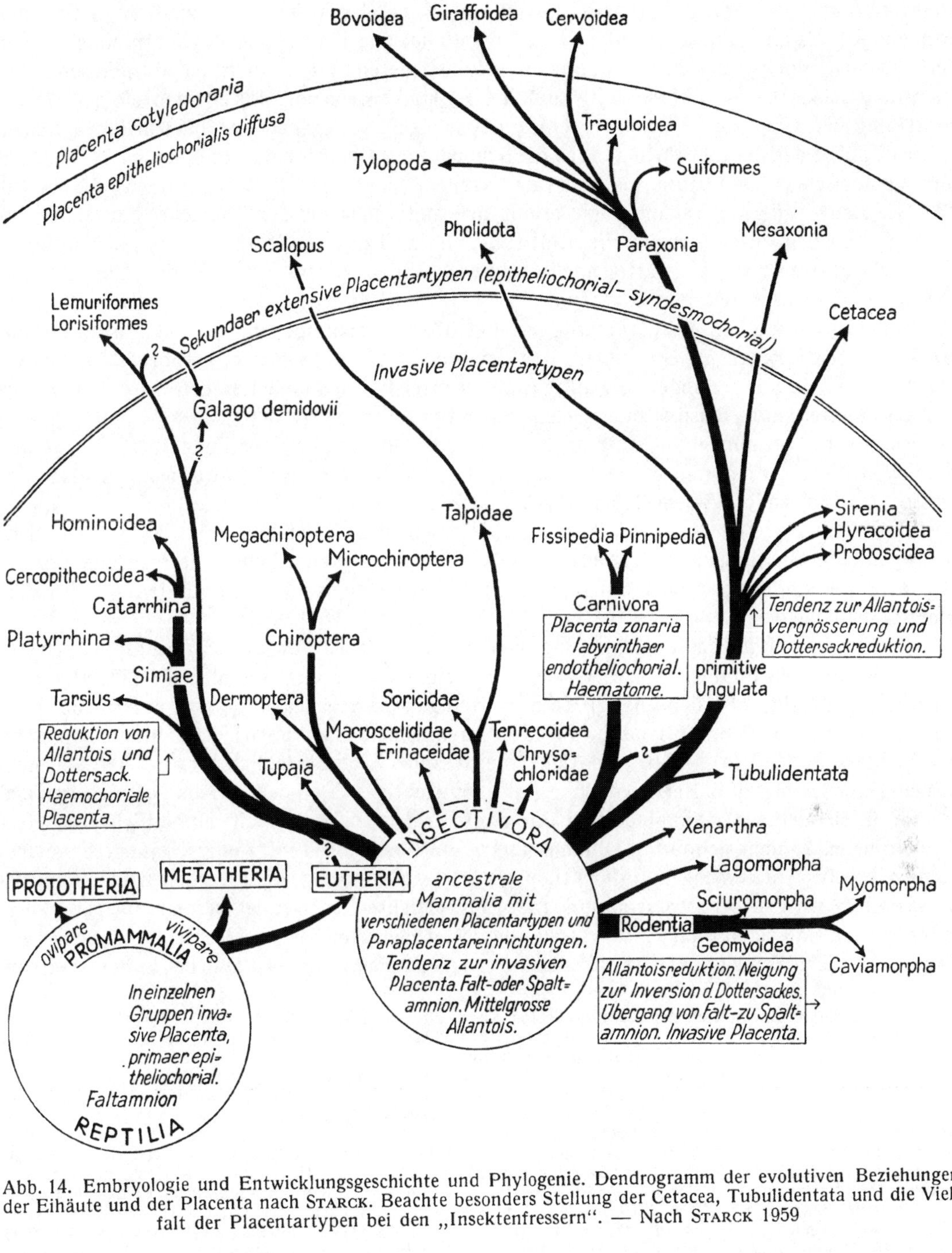

Abb. 14. Embryologie und Entwicklungsgeschichte und Phylogenie. Dendrogramm der evolutiven Beziehungen der Eihäute und der Placenta nach STARCK. Beachte besonders Stellung der Cetacea, Tubulidentata und die Vielfalt der Placentartypen bei den „Insektenfressern". — Nach STARCK 1959

zulassen, so sind die Fossilreste die einzigen realhistorischen Dokumente für die stammesgeschichtliche Entwicklung, die durch ihr zeitliches Auftreten zwar nicht als Beweise im juridischen Sinn für die Phylogenese, aber doch als Indizien gelten können, indem sie allein konkrete Angaben über den Zeitpunkt der Entstehung oder Aufspaltung bestimmter Gruppen ermöglichen. Es erscheint daher nicht ganz zutreffend, daß die Paläontologie prinzipiell nur in der Lage sei, typologische Stammbäume zu rekonstruieren. Wenn auch der Mosaikmodus der stammesgeschichtlichen Entwicklung und die Fossilüberlieferung den Paläontologen oft zur Erstellung von Gebiß- oder Schädelevolutionen zwingen, so können vor allen in jenen Fällen, in denen außer der Gebißevolution, auch die Schädel- und Gehirnevolution bekannt ist, mehr als nur typologische Stammbäume rekonstruiert werden.

Die Bedeutung der Paläontologie ergibt sich außerdem aus der Tatsache, daß zahlreiche Stämme gänzlich ausgestorben (wie Multituberculata, Taeniodonta, Desmostylia, Notoungulata und andere) oder gegenwärtig nur mehr durch wenige Arten vertreten sind (zum Beispiel Proboscidea, Hyracoidea, Perissodactyla, Tylopoda) sowie aus den ständig neuen Fossilfunden, die, besonders in letzter Zeit, planmäßig durchgeführten Grabungen zu verdanken sind und die zu grundsätzlich neuen Erkenntnissen über den Ablauf der Phylogenese geführt haben, indem mehrfach falsche Vorstellungen, die auf Grund rezenter Formen angenommen wurden, revidiert werden konnten (zum Beispiel mesozoische Säugetiere, Primaten).

In diesem Zusammenhang muß auch auf die Lückenhaftigkeit der Fossilüberlieferung und die Bedeutung einer chronologischen Datierung der Fossilien hingewiesen werden. Grundsätzlich lassen sich dauernde Wissenslücken (praktisch die gesamte Weichteilanatomie; Ausnahmen bestätigen die Regel) von vorübergehenden unterscheiden. So haben zum Teil systematisch durchgeführte Grabungen in den letzten Jahren zu einer wesentlichen Vermehrung unserer Kenntnis von den mesozoischen Säugetieren ebenso beigetragen wie etwa von jener der fossilen Hominiden oder der Kleinsäuger.

Die exakte altersgemäße Datierung von Fossilresten ist für den Stratigraphen ebenso wichtig wie für den Phylogenetiker. Große Schwierigkeiten bereitet die altersgemäße Parallelisierung von Fossilfundstellen über große Entfernungen hinweg. Dazu kommt, daß fossile Reste von Säugetieren (als meist landbewohnende Organismen) sich vorwiegend in nichtmarinen Sedimenten finden, in denen „richtige" Leitfossilien (hauptsächlich marine Organismen) fehlen. Daher erfolgt die Alterseinstufung einzelner wichtiger Fundstellen (zum Beispiel Rusinga-Miozän in Ostafrika, Braunkohlen von Baccinello in der Toskana) nicht einheitlich*). Weitere Fehlerquellen können sich durch Umlagerungen von Fossilresten in geologisch jüngere Ablagerungen ergeben (heterochrone Allochthonie). Derartig umgelagerte Fossilien können selbstverständlich nicht zur Altersbestimmung (der Fundschichten) verwendet werden; auch stammesgeschichtlich sind sie nur auswertbar, wenn das Alter der primären Fundschichten gesichert ist. Eine zusätzliche Schwierigkeit in der Auswertung von Fossilfunden kann bei isoliert vorkom-

---

*) Neuerdings sind jedoch dank physikalischer Meßmethoden (Kalium-Argon- bzw. C^{14}-Methode) absolute Daten möglich (vergleiche 901, 902, 903, 2434). Derartigen Daten kommt nicht nur für die altersgemäße Parallelisierung mit gleichaltrigen Faunen wesentliche Bedeutung zu, sondern auch für die Beurteilung der Evolutionsgeschwindigkeit, die durchaus nicht gleich war [1971, 1976, 3605]. Ein erst jetzt wieder aktuell gewordenes Problem bildet die Plio-Pleistozän-Grenze und damit der als Villafranchium bezeichnete Zeitabschnitt. Ursprünglich als Ober-Pliozän angesehen, haben Untersuchungen der klassischen Lokalitäten mit Villafranchiumfaunen — im Arnotal — gezeigt, daß diese terrestrischen Vorkommen mit dem marinen Calabriano gleichzusetzen sind, deren Ablagerungen jedoch auf Grund ihrer „nordischen" Elemente unter den Mollusken als eiszeitliche Ablagerungen gelten [2933]. Auf Grund dieser Untersuchungen war daher beim Internationalen Geologenkongreß in London (1948) vorgeschlagen worden, die Plio-Pleistozän-Grenze vor dem Villafranchium zu ziehen und dieses als Ältest-Pleistozän zu bezeichnen. Die erst kürzlich von Azzaroli durchgeführten Studien der Fauna der Typuslokalität Villafranca in Italien haben jedoch nach Azzaroli [163] gezeigt, daß die Säugetierfauna nur dem ältesten Abschnitt des Villafranchium entspricht, der nicht mit dem Calabriano parallelisiert werden kann, sondern etwas älter ist. Die Villafranchiumfaunen des Arnotales sind etwas jünger. Demnach wäre die Plio-Pleistozän-Grenze nach Azzaroli nicht vor dem Villafranchium, sondern zwischen älterem und mittlerem Villafranchium zu ziehen, das heißt, das ältere Villafranchium entspricht dem jüngsten Tertiär. Daß eine derartige Parallelisierung beziehungsweise Revision der Tertiär-Quartärgrenze nicht nur für die Phylogenie der Hominiden von Bedeutung ist, erscheint verständlich.

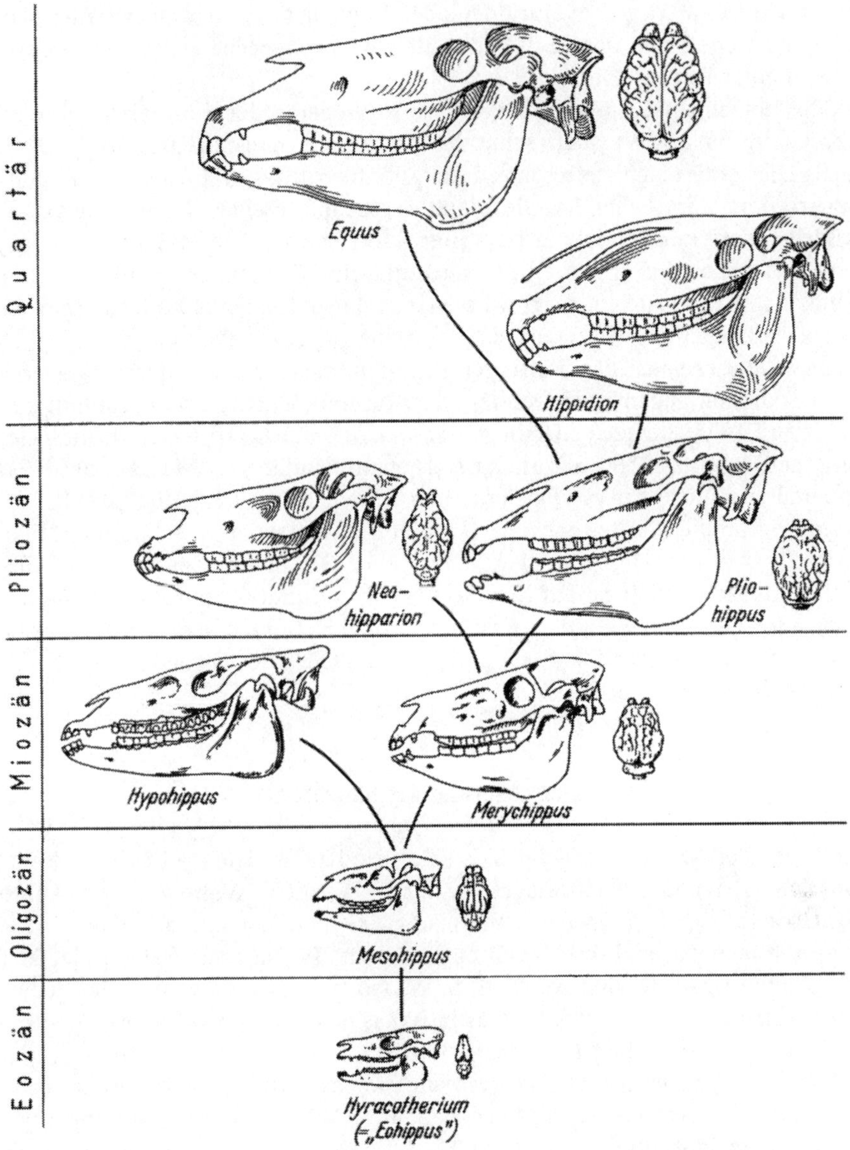

Abb. 15. Die Equidenphylogenie als Beispiel für eine heterochrone Merkmalsevolution. Die Evolution des Craniums und Gebisses und des Gehirns (nach Endocranialausgüssen) verläuft nicht synchron, indem etwa das „Gehirn" von *Hyracotherium* dem primitiver Marsupialia oder Placentalia entspricht. (Maßstäblich verkleinert)
Nach Thenius-Hofer 1960

menden Fossilresten durch den Mosaikmodus der stammesgeschichtlichen Entwicklung bedingt sein, der zu Heterochronien führen kann, wie sie etwa zwischen der Gebiß- und Gehirnevolution zu beobachten sind (zum Beispiel Equiden; siehe Edinger [845]; Abb. 15).

Auch daraus geht hervor, daß die eigentliche phylogenetische Entwicklung nicht aus der Merkmalsevolution eines einzelnen Organs allein (zum Beispiel Gebißevolution) rekonstruiert werden kann, sondern zur gesicherten Beurteilung und damit für eine „Stammbaum"darstellung die Kenntnis mehrerer Merkmalsevolutionen oder möglichst der Gesamtheit aller Merkmale und Eigenschaften notwendig ist. Demnach bildet die paläontologische Dokumentation vielfach erst die Vorstufe zu einer Phylogenie.

Die in den folgenden Kapiteln dargestellte Phylogenie der Säugetiere (einschließlich der Hominiden) kann nur ein Versuch sein, der bestenfalls unseren derzeitigen Kenntnisstand widerspiegelt. Dies ergibt sich auch schon zwangsläufig daraus, daß einem einzelnen Autor eine kritische Beurteilung sämtlicher für die Stammesgeschichte einer Tiergruppe zu berücksichtigenden Kriterien nicht möglich ist. Es ist weiter selbstverständlich, daß noch zahllose Probleme einer Lösung harren und daß in einzelnen Fällen nur eine Gegenüberstellung verschiedener Auffassungen möglich war, vor allem dort, wo die Grundlagen für eine fundierte Beurteilung fehlen oder eine sichere Beurteilung der Wertigkeit einzelner Merkmalskomplexe unmöglich war.

Im Rahmen dieses speziellen Beitrages zur Stammesgeschichte der Säugetiere wurde auf eine weitere Diskussion allgemeiner Gesetz- oder Regelmäßigkeiten — Artbildung, Mikro- bzw. „Makroevolution", Typogenese, „Orthogenese", Dollosches Irreversibilitäts-„Gesetz" oder irrevocability [1183, 2949, 3266, 3278 a], Aussterben und anderes — und der Faktoren (Selektion, Konkurrenz und so weiter) der phylogenetischen Entwicklung verzichtet [2532].

Den Dendrogrammen haften gewisse Unzulänglichkeiten an, die hauptsächlich durch die zweidimensionale Art der Darstellung gegeben sind. Sie bilden den Versuch, die stammesgeschichtlichen Zusammenhänge auf Grund von Fossilfunden, morphologisch-anatomischen, serologischen, embryologischen und parasitologischen Befunden darzustellen, wobei sich der Verfasser bewußt ist, daß wohl kaum ein anderes Teilgebiet der Biologie so rasch Gefahr läuft, zu veralten, wie die Phylogenetik.

Der Ursprung der Säugetiere

Mit der Frage der Abstammung der Säugetiere sind zahlreiche Probleme verknüpft, die seit langem von Zoologen und Paläontologen diskutiert werden. Während viele Anatomen (Th. Huxley, C. Gegenbaur, E. Haeckel, M. Weber, H. Flower) ursprünglich die Säugetiere direkt auf Amphibien zurückführen wollten, nahmen die meisten Paläontologen (R. Owen, E. D. Cope, H. F. Osborn, R. Broom, D. M. S. Watson) direkte verwandtschaftliche Beziehungen zu den Reptilien an. Gegenwärtig ist diese Diskussion durch Fossilfunde eindeutig zugunsten der Abstammung von Reptilien entschieden worden, indem nicht nur die morphologischen Probleme in den Grundzügen geklärt, sondern auch über die damit verknüpften physiologischen Umstellungen (wie Körpertemperatur, Fortpflanzung, Art der Nahrungserschließung) begründete Vermutungen geäußert werden können*).

Waren bereits Owen [2542] die morphologischen Beziehungen zwischen synapsiden Reptilien (Therapsiden) und Säugetieren bekannt, so haben die in den letzten Jahren beschriebenen Fossilfunde die bisher bestehenden Lücken so weit schließen können, daß über die Abstammung der Säugetiere von therapsiden Reptilien kein Zweifel mehr bestehen kann, wenn auch die unmittelbaren Ahnenformen noch unbekannt sind. Zugleich aber haben diese Fossilfunde neue

---

*) Aber auch in jenen Fällen, wo dies nicht möglich ist, kommt physiologischen Argumenten, die ausschließlich von rezenten Formen ausgehen, keine Beweiskraft zu. So kämen nach Böker [2926] Reptilien als (vorwiegend) Harnsäureausscheider als Vorläufer der Säugetiere (Harnstoffausscheider) nicht in Betracht. Abgesehen davon, daß auch unter rezenten Reptilien vorwiegend Harnstoffausscheider (Testudinaten) bekannt sind, zeigen die Fossilfunde, daß man nicht von den lebenden Kriechtieren ausgehen kann. Dies kann auch für die Differenzen in den Geschlechtschromosomen (Reptilien: Männchen homogametisch, Säugetiere: Weibchen homogametisch; siehe Grosser [1217]) angenommen werden.

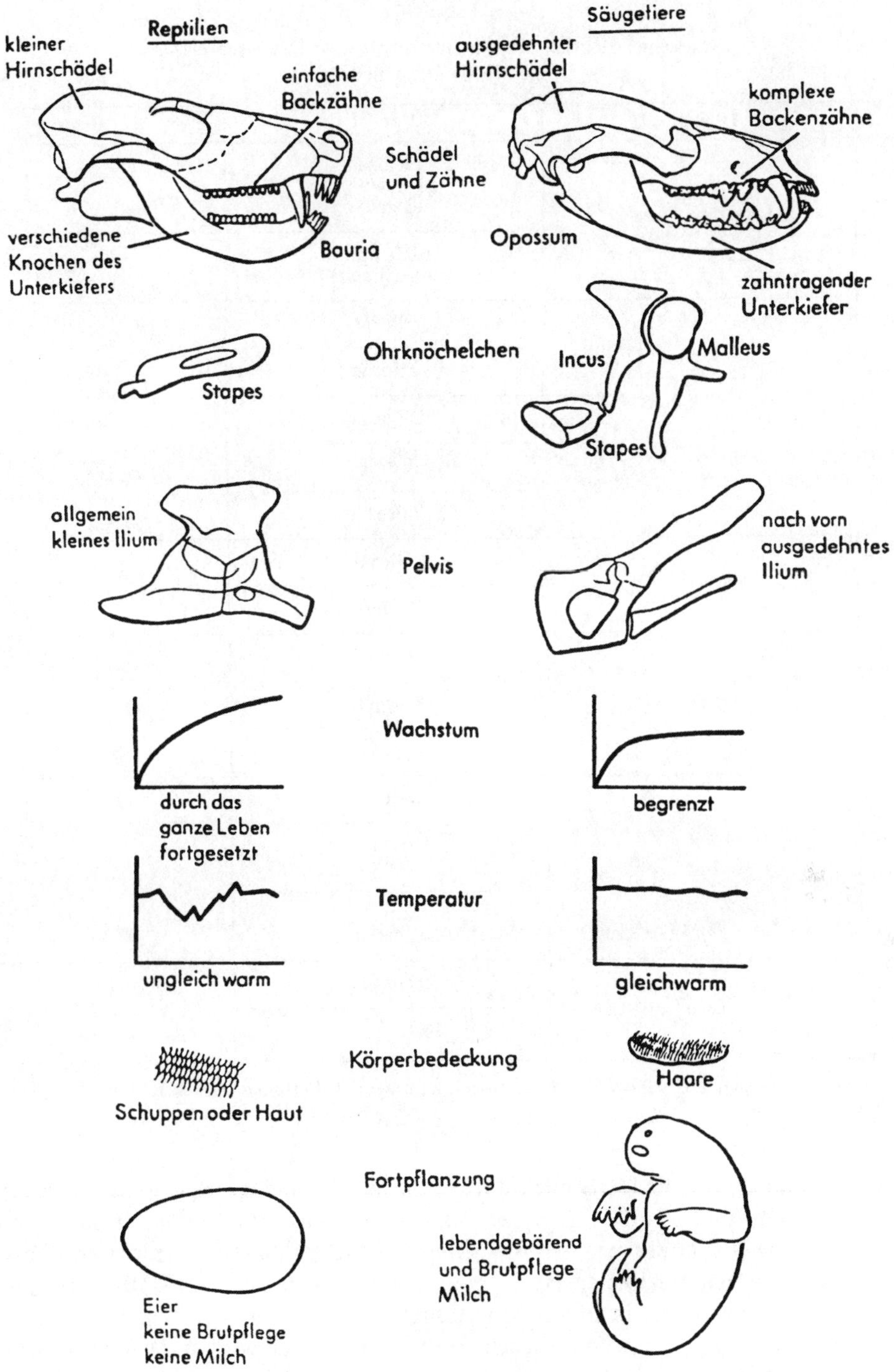

Abb. 16. Die wichtigsten Unterschiede zwischen rezenten Reptilien und Säugetieren. Nach COLBERT 1965

Tabelle I

Erdgeschichtliche Zeittabelle mit Angabe der absoluten Daten[1]) (nach [903] und [1950a])

Ära	Periode		Epoche	Beginn[2])
KÄNOZOIKUM	Quartär		Holozän (= geolog. Gegenwart)	0.01
			Pleistozän (= Eiszeit)	1—2
	Tertiär	Jung	Pliozän	10—12
			Miozän	25
		Alt-	Oligozän	35—40
			Eozän	55
			Paleozän	65
MESOZOIKUM	Kreide		Ober-	
			Unter-	135
	Jura		Malm	
			Dogger	
			Lias	180—195
	Trias		Keuper	
			Muschelkalk	
			Buntsandstein	220—230
PALÄOZOIKUM	Perm		Zechstein	
			Rotliegend	260—280

[1]) Nur die für die Phylogenie der Säugetiere in Betracht kommenden Perioden berücksichtigt.
[2]) Von Millionen Jahren.

Probleme aufgeworfen, die hauptsächlich durch den Mosaikmodus der stammesgeschichtlichen Entwicklung bedingt und mit der Frage verknüpft sind: Was sind überhaupt Säugetiere?

Für den Zoologen sind die rezenten Säugetiere sehr leicht zu charakterisieren und von den Angehörigen der übrigen Wirbeltierklassen stets zu unterscheiden (Abb. 16). Dies gilt selbst für die in verschiedener Hinsicht aberranten Monotremen als Eierleger, die ihre Jungen nicht säugen und auch in morphologischer Hinsicht recht altertümlich wirken. Wenn man die Säugetiere als lungenatmende, behaarte und homöotherme Wirbeltiere definiert, deren Weibchen ihre Jungen mit Milch ernähren, die in spezialisierten Hautdrüsen erzeugt wird, so genügt diese Definition wohl zur Kennzeichnung der rezenten Formen. Für den Paläontologen, der allein an Hand von Fossilfunden konkrete Aussagen machen kann, ist eine derartige Definition unbrauchbar, da sich die besagten morphologisch-physiologischen Eigenschaften am Fossilmaterial praktisch nicht (zumindest nicht direkt) beurteilen lassen. Es erscheint daher verständlich, daß die Paläontologen Merkmale der Hartteile, also des Skelettes und Gebisses, herangezogen haben.

Zu den wichtigsten Besonderheiten des Skelettes rechnet man allgemein*) das Unterkiefergelenk (Squamoso-Dental-Gelenk), den Ohrkomplex (3 Gehörknöchelchen), den knöchernen (sekundären) Gaumen und die seitliche Schädelwand, das Vorhandensein von nur einem Paar Schläfenöffnungen und doppelter Hinterhauptscondylen sowie Atlas und Epistropheus, die eigene Lumbalregion und das Fehlen freier Halsrippen. Hinzu kommen Eigenarten des Gebisses: die Heterodontie, (meist) zwei Dentitionen, die Differenzierung der Backenzähne und die Mehrwurzeligkeit der Molaren.

Somit schien auch auf Grund der Hartteil-Morphologie eine eindeutige Kennzeichnung der Säugetiere gewährleistet. Wie jedoch Fossilfunde gezeigt haben, verlief die stammesgeschichtliche Entwicklung etwas komplizierter als angenommen.

Das Känozoikum (= Erdneuzeit) gilt allgemein als das Zeitalter der Säugetiere. Die absolute Dauer dieser Zeitspanne ist nach den Ergebnissen physikalischer Meßmethoden (Geochronometrie auf Grund des Zerfalls radioaktiver Mineralien) mit ungefähr 65 Millionen Jahren anzunehmen (Tab. I). Das dem Känozoikum vorausgehende Erdmittelalter (Mesozoikum) war das Zeitalter der Reptilien. Zahlreiche Reptilstämme hatten im Laufe des Mesozoikums nicht nur die terrestrischen Lebensräume, sondern auch das Meer und den Luftraum „erobert“. Die Entstehung der Säugetiere ist jedoch nicht erst am Ende des Mesozoikums erfolgt, sondern schon wesentlich früher, nämlich während der Trias-Zeit. Bezweifelte man ursprünglich bei der Entdeckung der ersten mesozoischen Säugetierreste das geologische Alter oder deren Zugehörigkeit zu den Säugetieren, so haben die in den letzten Jahrzehnten zum Teil durch systematische Grabungen aufgefundenen Reste mesozoischer Säugetiere nicht nur einen Einblick in die damalige Säugetierwelt vermittelt, sondern auch den bereits erwähnten Mosaikmodus der stammesgeschichtlichen Entwicklung bestätigt. Es besagt dieser durch verschiedene Paläontologen (Schindewolf, de Beer, Watson) wiederholt festgestellte phylogenetische Modus, der nach D. M. S. Watson auch als Watsonsche Regel bezeichnet wird, daß die einzelnen Merkmalskomplexe unabhängig voneinander evoluieren können, weshalb es zwischen Angehörigen einzelner Stämme zu „Spezialisationskreuzungen“ im Sinne von O. Abel gekommen ist. Dieser Mosaikmodus tritt bei den Therapsiden, der Stammgruppe der Säugetiere, besonders deutlich in Erscheinung.

Die Therapsiden als Stammgruppe der Säugetiere

Aus dem jüngeren Paläozoikum (Perm) und dem älteren Mesozoikum (Trias) sind seit langem Reptilien bekannt, die nur ein Paar Schläfenöffnungen besitzen (Synapsida) und auch in anderen Skelettmerkmalen eine Annäherung an Säugetiere erkennen lassen, weshalb sie als Theromorphen oder als „mammal-like reptiles“ bezeichnet werden (Broom [404]). Unter diesen Theromorphen lassen sich die im allgemeinen etwas ursprünglicheren Pelycosauria und die fortschrittlicheren Therapsida unterscheiden (Abb. 17). Die zweiten bilden die Ausgangsgruppe der Säugetiere.

*) Die übrigen Skelettmerkmale (zum Beispiel einfache knöcherne Nasenöffnung, Phalangenformel) sind gegenüber rezenten Reptilien nicht durchgreifend und seien daher vernachlässigt.

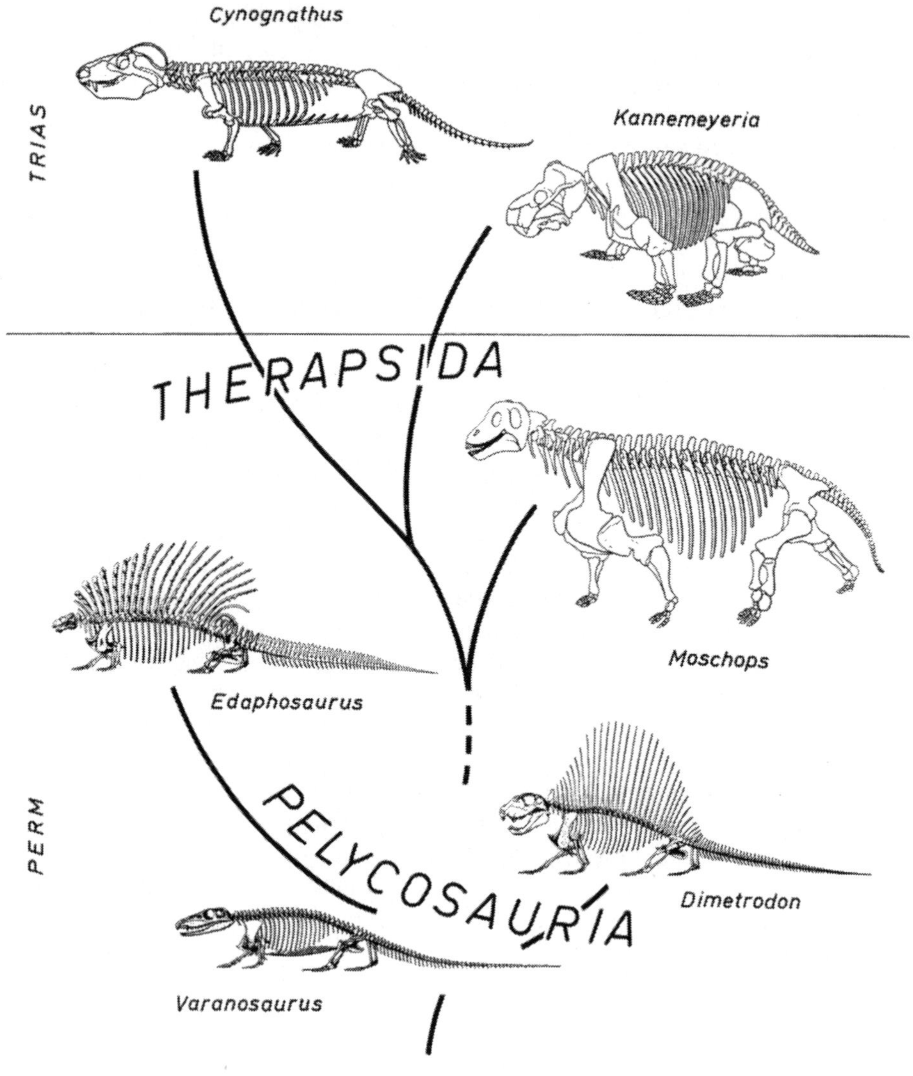

Abb. 17. Evolution der Pelycosauria und Therapsida. — Skelettrekonstruktionen nach ROMER & PRICE 1940 und ROMER 1966

Die Therapsiden lassen sich nach OLSON [2505, 2506] auf altpermische Sphenacodonten unter den Pelycosauriern zurückführen (Abb. 18). Die primitivsten Therapsiden sind — wie die Sphenacodonten — carnivore Reptilien. Die Entstehung der Therapsiden beginnt mit einer Radiation, die zur Entstehung verschiedener Stämme führt, unter denen die Anomodontia als vorwiegend herbivorer, die Theriodontia als — zumindest primär — carnivorer Zweig zu bezeichnen sind.

Die Therapsiden sind im Habitus recht verschieden gestaltete, kleinere, mittelgroße oder große Reptilien, deren Reste hauptsächlich aus der Karroo-Serie Südafrikas stammen, einer fast 5000 m mächtigen Schichtfolge kontinentaler Ablagerungen. Die Schichten beginnen mit oberkarbonischen Tilliten an der Basis und reichen bis in den Jura.

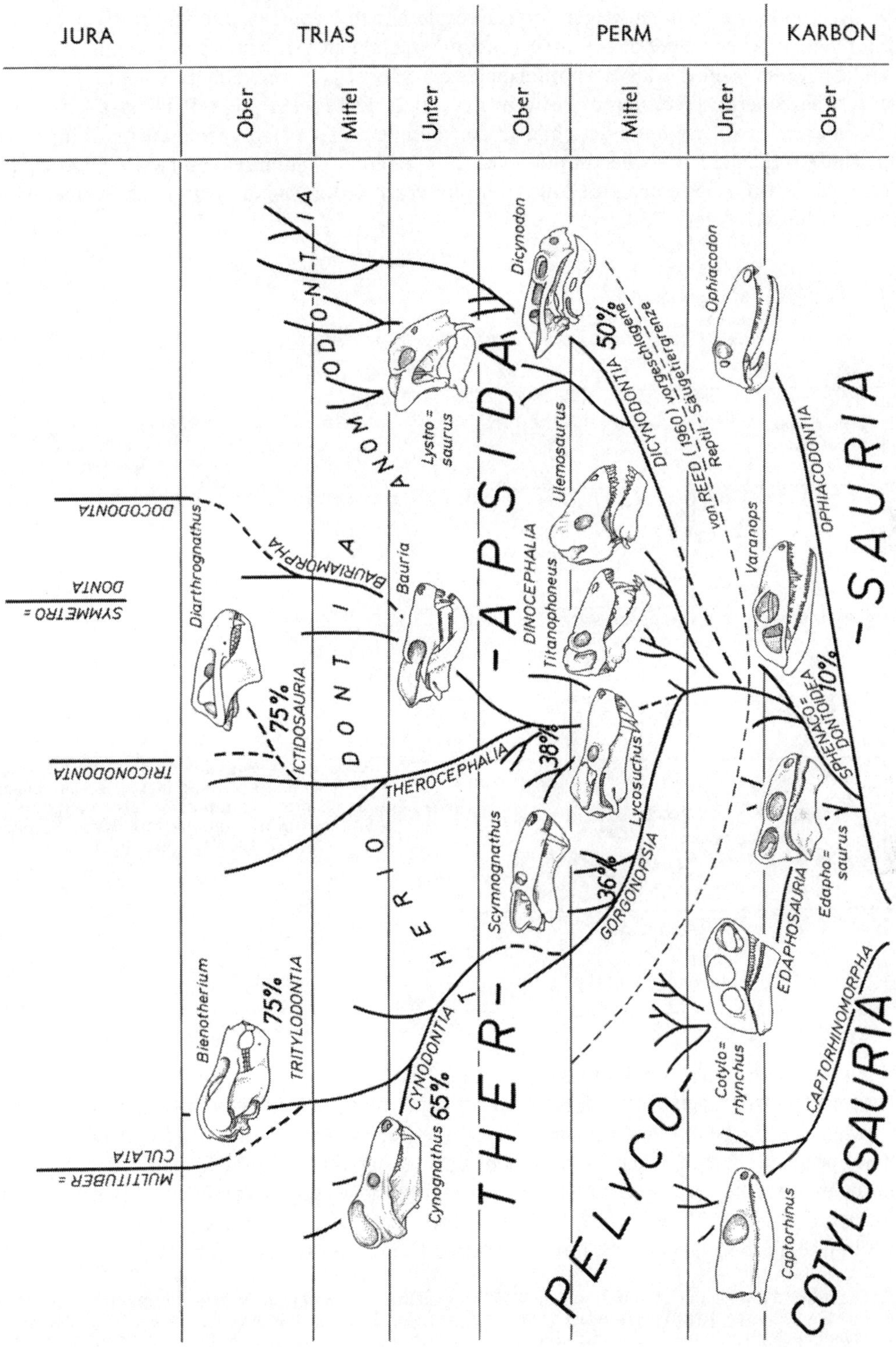

Abb. 18. Evolution der theromorphen Reptilien nach OLSON 1959 und die Reptil-Säugetiergrenze nach REED 1960. (Umgezeichnet und figural ergänzt)

Die Anomodontia kommen wegen ihrer divergierenden Evolutionstendenzen (Dinocephalia) und ihrer hochgradigen Spezialisationen (Dicynodontia*) mit einem Paar von „Stoßzähnen" oder völliger Zahnlosigkeit) als Stammformen von Säugetieren nicht in Betracht.

Unter den Therapsiden, deren Reste in den mittelpermischen bis mitteltriassischen Ablagerungen der Karroo-Serie besonders häufig vorkommen, lassen sich verschiedene Stämme auseinanderhalten, für die jeweils bestimmte evolutive „trends" kennzeichnend sind. Olson [2506] unterscheidet mehrere Stadien, die durch ihren verschieden hohen Anteil an säugerartigen Merkmalen charakterisiert sind.

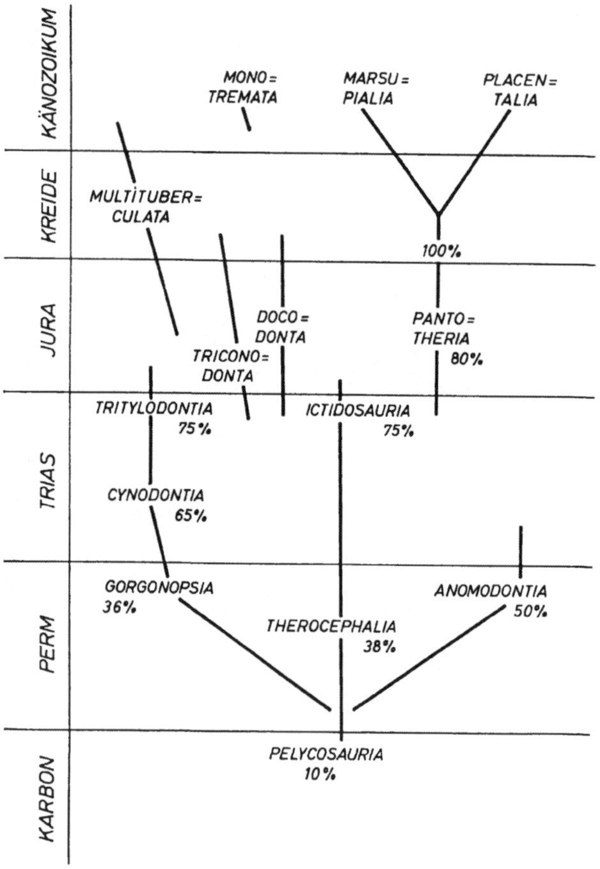

Abb. 19. %-Anteil von Säugetiermerkmalen bei Theromorphen und mesozoischen Säugetieren. Unter Verwendung der %-Werte von Simpson in Anlehnung an Kuhn-Schnyder 1967 umgezeichnet

Nach der Merkmalskombination sind innerhalb der Theriodontia folgende Stämme zu nennen: Gorgonopsia, Therocephalia, Bauriamorpha, Cynodontia, Tritylodontia und Ictidosauria, unter denen die Gorgonopsia die primitivsten, die Tritylodontia und Ictidosauria die evoluiertesten Formen umfassen. Nach Olson [2506] sind bei den Gorgonopsia 30—36% der Merkmale, bei den beiden letztgenannten Gruppen 75% der Merkmale säugetierartig entwickelt. Dennoch entsprechen die aufgezählten Stadien keinen natürlichen Einheiten, sondern sie charakterisieren nur das innerhalb verschiedener Stämme erreichte Evolutionsniveau (Abb. 19).

*) Die durch Vandebroek in jüngster Zeit [3695] versuchte stammesgeschichtliche Verknüpfung der Monotremen mit dicynodonten Reptilien ist wegen der hochgradigen Spezialisationserscheinungen, die nicht nur im Gebiß, sondern auch im Bau des Schädels und des postcranialen Skelettes der Dicynodonten bekannt sind, auszuschließen.

Für die **Gorgonopsia** (wie *Gorgonops, Alopecorhynchus, Inostrancevia, Lycaenops*) ist charakteristisch: Fazialschädel stark verlängert, freiliegende Septomaxillaria, Foramen parietale vorhanden, ein Hinterhaupts-Condylus, kein knöcherner, sekundärer Gaumen, Mandibel mit großen Anteilen von Angulare, Supraangulare und so weiter, Gebiß durch (oft riesig vergrößerte) Pseudocaninen differenziert, Backenzähne einfach, zum Teil reduziert, keine eigene Lumbalregion, Phalangenformel 2 3 4 4 3 oder 2 3 3 4 3.

Für die **Therocephalia** (zum Beispiel *Scymnosaurus, Moschorhinus, Moschowhaitsia, Whaitsia, Euchambersia*) sind folgende Merkmale kennzeichnend: verlängerter Fazialschädel, geschlossene Orbita und große Temporalgrube, Foramen parietale, schmaler Gehirnschädel, Postfrontale vorhanden, kein knöcherner sekundärer Gaumen, Mandibel mit großen Anteilen von Angulare und so weiter, Gebiß heterodont, Backenzähne einfach bis reduziert (bei primitiven Arten auch Gaumenzähne), keine eigene Lumbalregion, Phalangenformel 2 3 3 3 3.

Die **Bauriamorpha***) (wie *Scaloposaurus, Ictidosuchus, Bauria, Sesamodon, Ericiolacerta, Watsoniella* [382, 2099, 3780]) umfassen primitivere und fortschrittlichere Arten. Der Fazial-

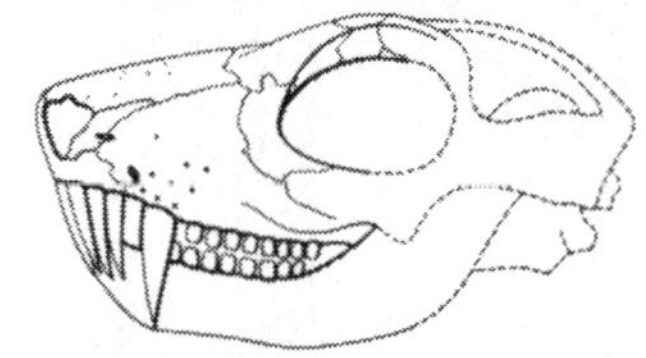

Abb. 20. *Watsoniella breviceps* (Therapsida, Bauriamorpha) aus der Ober-Trias Südafrikas. Foramina für Blutgefäße und Nerven am Fazialschädel, die auf lippenartige Bildungen hinweisen. (Verkleinert) Nach Broili 1941 aus Kuhn-Schnyder 1954

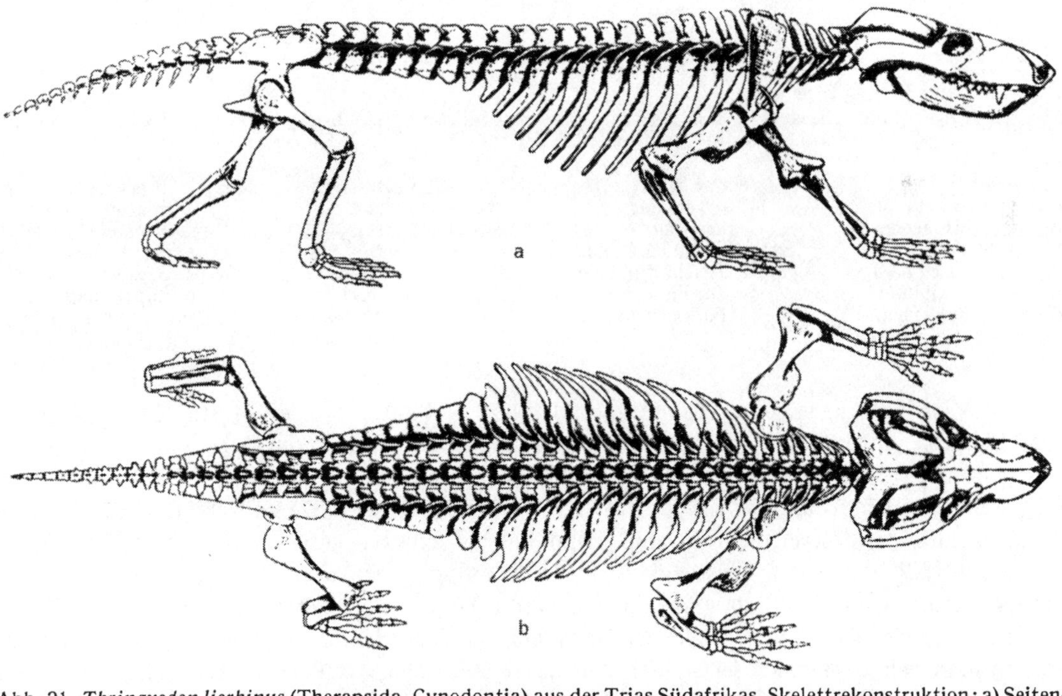

Abb. 21. *Thrinaxodon liorhinus* (Therapsida, Cynodontia) aus der Trias Südafrikas. Skelettrekonstruktion; a) Seitenansicht, b) Dorsalansicht. (Auf $^1/_{20}$ verkleinert) — Nach Brink 1956

*) Im Sinne von Watson & Romer [3784]. *Scaloposaurus*, den Crompton [638] und Huene [1590] als Angehörigen der Therocephalia klassifizieren, werten Watson & Romer [3784] als primitiven Bauriamorphen.

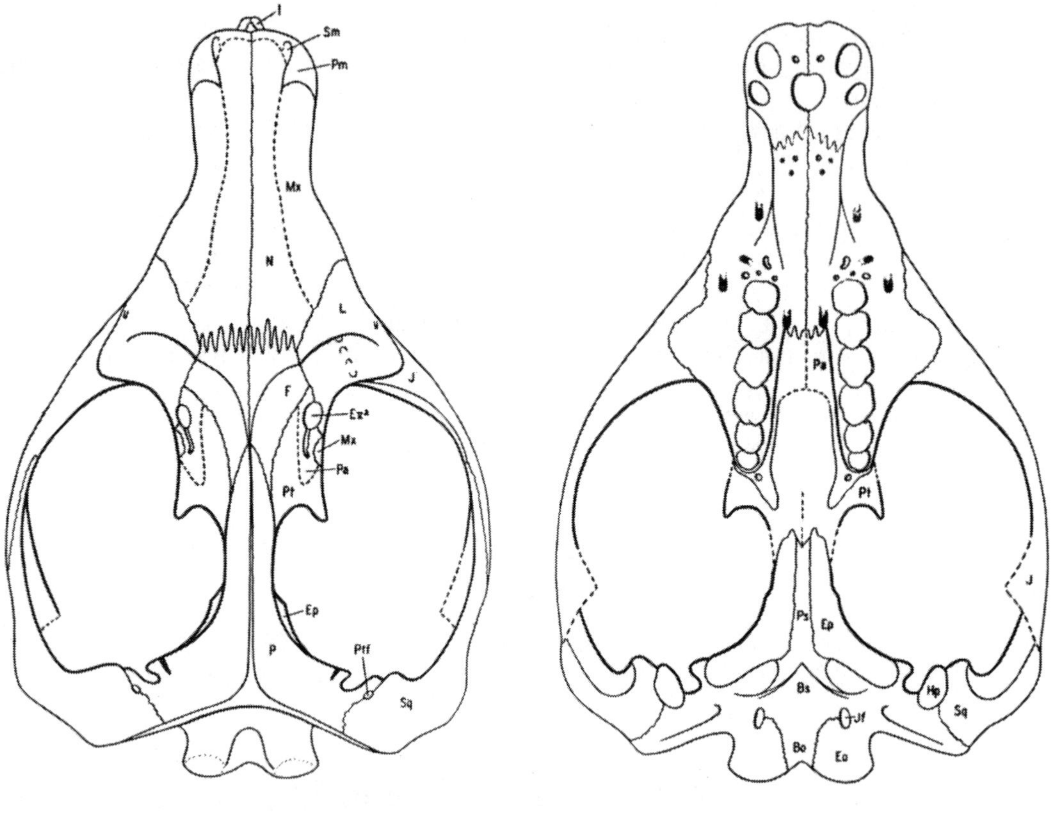

Abb. 22. *Oligokyphus* (Therapsida, Tritylodontia) aus dem Lias von England. Rekonstruktion des Osteocraniums; a) Dorsal-, b) Ventralansicht. ($^6/_5$ nat. Gr.) — Nach Kühne 1956

Ar = Articulare
Bo = Basioccipitale
Bs = Basisphenoid
D = Dentale
E = Epipterygoid
Eo = Exoccipitale
Ep = Epipterygoid
EV_2 = For. für Nervus trigeminus
F = Frontale
Fm = Foramen magnum
Hp = Gelenk für Hyoid
J = Jugale
Jf = Foramen jugulare
L = Lacrimale
Mx = Maxillare
N = Nasale
P = Parietale
Pa = Palatinum
Pm = Praemaxillare
Po = Parasphenoid
Pp = Postparietale
Pt = Pterygoid
Ptf = posttemporales Fenster
Q = Quadratum
Sm = Septomaxillare
So = Supraoccipitale
Sq = Squamosum
T = Tabulare

schädel*) ist meist lang, die Fossa temporalis klein und kann mit der Orbita offen verbunden sein, kleines Epipterygoid, jedoch voluminöserer Gehirnschädel als die Cynodontia, reduziertes Postfrontale, kleines bis reduziertes Foramen parietale, knöcherner sekundärer Gaumen bestenfalls klein, ein Hinterhaupts-Condylus, Mandibel mit großem Dentale und mäßig großem Anteil der übrigen Unterkieferelemente, Gebiß homodont bis schwach heterodont, Zahnwechsel (nach Hopson [1552]) reptilartig, Postcaninen meist klein, gelegentlich mit Nebenhöckern bzw. vergrößert, keine eigene Lumbalregion, Calcaneus mit Tuber calcis, Phalangenformel 2 3 3 3 3.

Die **Cynodontia** (zum Beispiel *Cynognathus, Thrinaxodon, Diademodon, Gomphognathus*) sind in manchen Merkmalen fortschrittlicher [379, 408, 2593, 3779, 3783]. Der Schädel ist breit und niedrig, mit kräftigen Jochbögen, freiliegendem Septomaxillare, schmalen Prämaxillaria

*) Bei einzelnen Formen (wie *Watsoniella, Moschowhaitsia, Ericiolacerta*) mit Gruben im Maxillare und größerer Zahl von Foramina für Blutgefäße und Nerven, die mit dem Auftreten von Vibrissae in Zusammenhang gebracht werden [389] (Abb. 20).

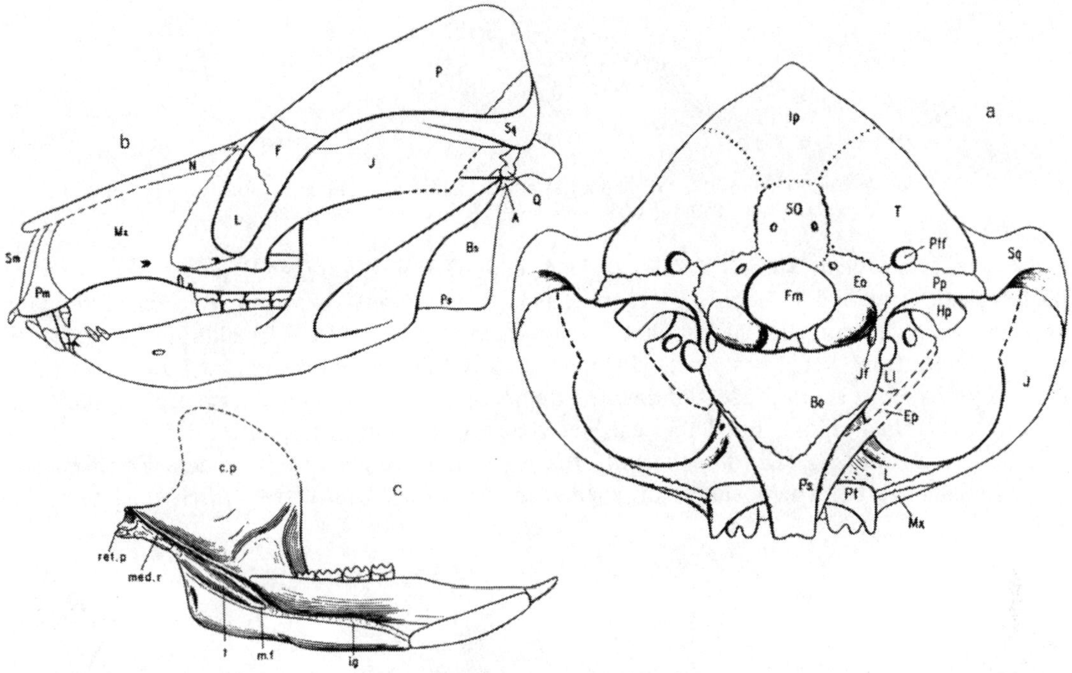

Abb. 23. *Oligokyphus* (Therapsida, Tritylodontia) aus dem Lias von England. Rekonstruktion des Osteocraniums; a) Hinter-, b) Seitenansicht, c) Unterkiefer von innen. — Nach Kühne 1956 (a, b) und Crompton 1963

c.p. = Proc. coronoideus
i.g. = Innenfurche
med.r = mediale Leiste
m.f. = Foramen mandibulare
ret.p = Proc. articularis
med.r = Rinne für die akzessorischen Unterkieferelemente

Sonstige Abkürzungen wie Abb. 22

zwischen den Nasenöffnungen, Foramen parietale, sehr kleiner Gehirnschädel, Cavum epiptericum außerhalb der Schädelhöhle, zwei Hinterhaupts-Condylen, knöcherner sekundärer Gaumen, Mandibel aus riesigem Dentale und reduzierten übrigen Elementen, Gebiß heterodont (Incisiven, Caninen und Postcaninen), mit zahlreichen differenzierten Backenzähnen (einfach bis mehrspitzig beziehungsweise -höckrig), diphyodont*), kleine Halsrippen, Differenzierung in Thoracal- und Lumbalregion, Olecranon ulnae und Tuber calcis, Phalangenformel 2 3 3 3 3 (Abb. 21). Bemerkenswert ist allerdings, daß die Cynodontia mit zunehmender Säugetierähnlichkeit während der Triaszeit immer seltener werden.

Die zu den geologisch jüngsten Therapsiden zu zählenden **Tritylodontia** (wie *Bienotherium, Lufengia, Likhoelia, Tritylodon, Oligokyphus* [Abb. 22—24], *Stereognathus* [644, 1132, 1435, 3974]) aus Ober-Trias bis Mittel-Jura verhalten sich noch evoluierter als die Cynodontia (siehe oben), von denen sie auch abgeleitet werden [3781]. Nach Crompton & Ellenberger [645 a] bilden die Traversodontiden die Stammformen. Die Kennzeichen der Tritylodontia sind: Schädel relativ niedrig und mit großer, mit der Orbita offen verbundenen Temporalgrube, ausladenden Jochbögen, schmalem Gehirnschädel ohne Foramen parietale, vollständigem knöchernem Gaumen, einheitlicher Nasenöffnung, Cavum epiptericum nicht in Schädelhöhle einbezogen, Präorbitale und Postfrontale reduziert, Innenohr ausschließlich vom Petrosum umgeben, zwei

*) Nach Crompton [637, 643] werden bei verschiedenen Cynodontiern (zum Beispiel *Cricodon, Diademodon*) nicht nur die Prämolaren, sondern auch die Molaren ersetzt; jüngere Cynodontia zeigten die Tendenz zur völligen Unterdrückung des Zahnwechsels [1552].

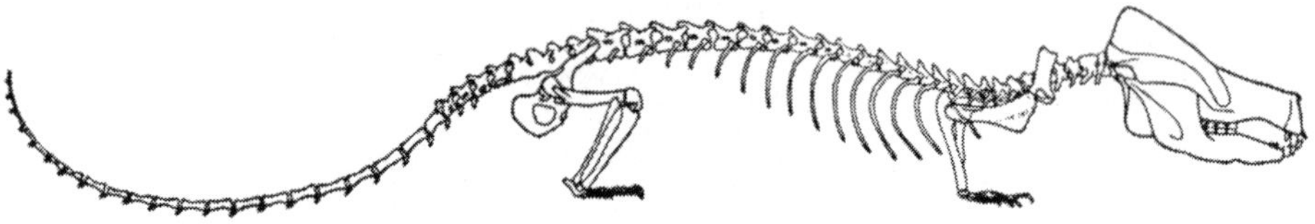

Abb. 24. *Oligokyphus* (Therapsida, Tritylodontia) aus dem Lias von England. Skelettrekonstruktion. (Auf $^1/_4$ verkleinert) — Nach KÜHNE 1956

Hinterhauptscondylen, Mandibel fast nur aus dem Dentale bestehend, jedoch nur primäres Kiefergelenk ausgebildet, Gebiß ausgesprochen heterodont mit Diastema, Backenzähne mehrhöckrig und mehrwurzelig, Milchzähne nachgewiesen, platycoele Wirbelkörper, keine freien Halsrippen (Suturen verschmolzen), jedoch keine echte Lumbalregion, da freie (allerdings kurze) Rippen vorhanden, Ilium präacetabular, Gliedmaßenknochen ohne knöcherne Epiphysen (Abb. 25 u. 26), Olecranon ulnae und Tuber calcis vorhanden, Phalangenformel 2 3 3 3 3.

Die **Ictidosauria***) (*Diarthrognathus, Pachygenelus*) zählen, ähnlich den Tritylodontia, zu den evoluiertesten Therapsiden, unterscheiden sich jedoch von diesen durch eine Reihe von

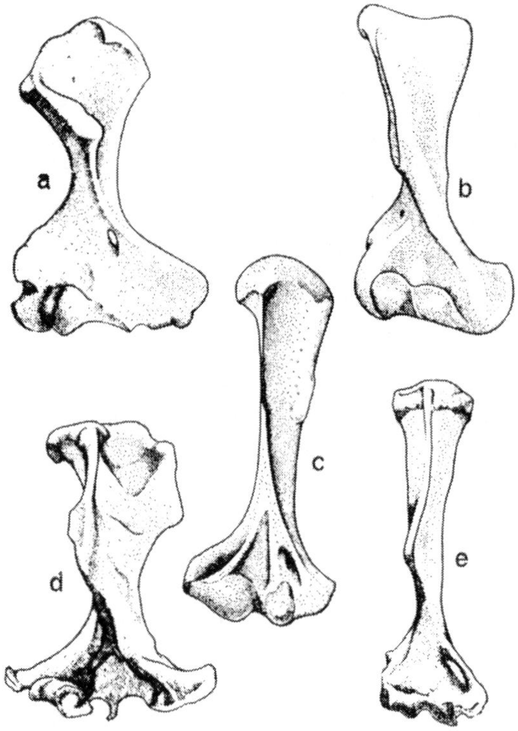

Abb. 25. Humerus dext. von synapsiden Reptilien und primitiven Säugetieren. a) *Dimetrodon* (Pelycosauria, Perm), b) *Diademodon* (Therapsida, Trias), c) *Oligokyphus* (Therapsida, Lias), d) *Ornithorhynchus* (Monotremata, rez.), e) *Didelphis* (Marsupialia, rez.). Nach LESSERTISSEUR & SABAN 1967

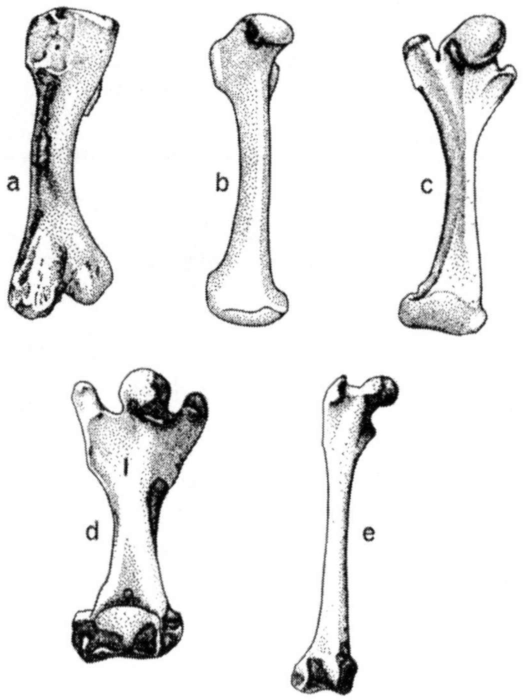

Abb. 26. Femur dext. von synapsiden Reptilien und primitiven Säugetieren. a) *Dimetrodon* (Pelycosauria, Perm), b) *Cricodon* (Therapsida, Trias), c) *Oligokyphus* (Therapsida, Lias), d) *Ornithorhynchus* (Monotremata, rez.), e) *Didelphis* (Marsupialia, rez.). Nach LESSERTISSEUR & SABAN 1967

*) Der Umfang der Ictidosauria wird in der paläontologischen Literatur nicht einheitlich beurteilt. Verschiedentlich werden die Tritylodontia als Ictidosauria klassifiziert [1590, 770], doch ist deren Abtrennung notwendig, wie BROOM erkannte.

Merkmalen. Kennzeichnend für *Diarthrognathus broomi**) (= Ictidosaurian A und B bei Broom [402]) aus dem Cave sandstone (Ober-Trias Südafrikas) ist folgende Merkmalskombination: Schädel niedrig mit ausladenden Jochbögen, Temporalgrube mit Orbita vereint, Gehirnschädel voluminöser als bei den Cynodontiern, vollständiger knöcherner Gaumen, kein Foramen parietale, Präfrontale und Postorbitale verschwunden, Epipterygoid groß, aber nicht von Trigeminus-Ästen durchbohrt, Pila antotica, zwei Hinterhauptscondylen, Mandibel hauptsächlich aus großem Dentale mit primärem und sekundärem Kiefergelenk (Abb. 27), Gebiß heterodont, postcraniales Skelett praktisch unbekannt.

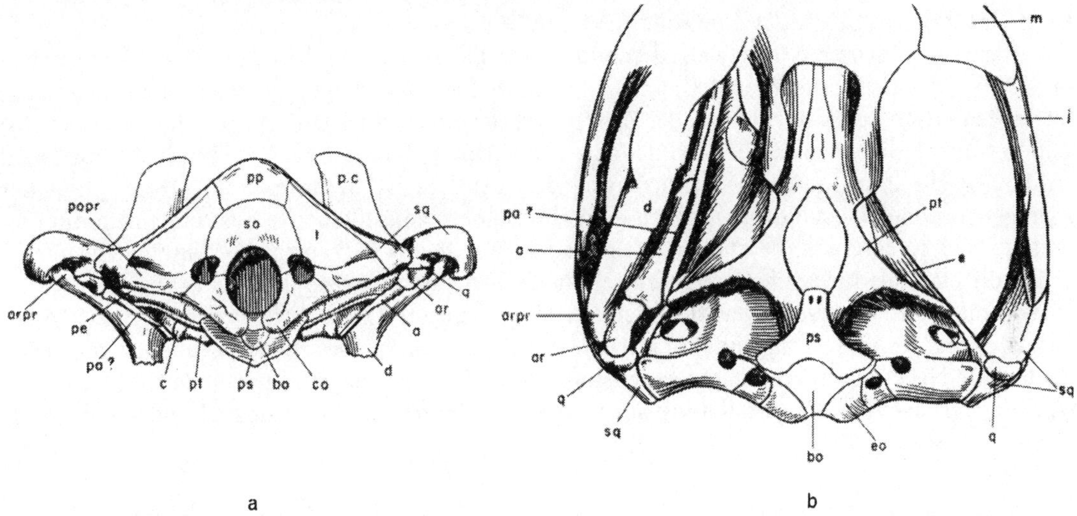

Abb. 27. *Diarthrognathus broomi* („Ictidosauria") aus der Ober-Trias Südafrikas. Schädelrekonstruktion. a) Hinter-, b) Ventralansicht des Gehirnschädels, linke Unterkieferhälfte entfernt. Beachte Doppelgelenk. — Nach Crompton 1958 aus Frick & Starck 1963

a = Angulare	*d* = Dentale	*pa* = Praearticulare	*ps* = Parasphenoid
arpr = Proc. articularis	*e* = Epipterygoid	*p.c* = Proc. coronoideus	*pt* = Pterygoid
ar = Articulare	*eo* = Exoccipitale	*pe* = Perioticum	*q* = Quadratum
bo = Basioccipitale	*j* = Jugale	*popr* = Proc. paroccipitalis	*sq* = Squamosum
c = Coronoid	*m* = Maxillare	*pp* = Postparietale	*t* = Tabulare

Wie die Merkmalskombination der einzelnen Therapsidenstämme erkennen läßt, erfolgte die Evolution der säugetierartigen Merkmale durchaus nicht synchron, was praktisch die Grenzziehung zwischen Reptilien und Säugetieren sehr erschwert oder eine rein künstliche Abgrenzung notwendig macht. So sehr auch innerhalb der verschiedenen Linien der Therapsiden der „trend" zu säugetierähnlichen Formen erkennbar ist, der bei den Tritylodontia und Ictidosauria seinen Höhepunkt erreicht hat, so fehlen selbst diesen evoluiertesten Therapsiden verschiedene, für die primitivsten (rezenten) Säugetiere charakteristische Merkmale, wie etwa drei Gehörknöchelchen im Mittelohr, eine sekundäre knöcherne Seitenwand der Schädelhöhle, die Telencephalisation des Gehirns, die Verschmelzung der Elemente des Atlas und knöcherne Epiphysen der Gliedmaßenknochen. Sind nun diese — von den übrigen Reptilien nicht nur in morphologischer, sondern auch physiologischer Hinsicht (siehe S. 27 ff.) stark abweichenden — Therapsiden als Reptilien oder als Säugetiere zu klassifizieren? Vor der Erörterung dieser durchaus berechtigten

*) Der Fazialschädel ist unvollständig erhalten, so daß über die Schnauzenregion und das Vordergebiß nur beschränkt Angaben möglich sind [639, 641].

Frage erscheint eine Diskussion der mit der Entstehung des Säugetiertyps verknüpften morphologischen und physiologischen Änderungen und Umkonstruktionen (einschließlich eines Funktionswechsels) notwendig, schon deswegen, um das (für den Paläontologen) geeignetste Schlüsselmerkmal aufzuzeigen.

Die Entstehung des Säugetiertyps

Der Gestaltwandel vom Reptil zum Säugetier betrifft praktisch sämtliche Organe, von denen hier nur die wichtigsten und am Skelett beurteilbaren berücksichtigt sind: Gebiß, Schädel samt Unterkiefer, Gehirn, Wirbelsäule, Extremitäten.

Das Gebiß erfährt schrittweise Umbildungen, die wiederum mit wesentlichen Änderungen im Bereich des Unterkiefers und Gaumens in Zusammenhang stehen. Grundsätzlich kommt es, unter Reduktion der Zahnzahl und der Zahngenerationen, zu einer Differenzierung der (Backen-) Zähne, indem das ursprünglich homodonte zu einem heterodonten Gebiß umgestaltet wird (Abb. 28). Die zunehmende Differenzierung des Gebisses ist meist mit einer Reduktion der Zahngenerationen verbunden, wodurch der ursprünglich polyphyodonte Zustand einem diphyodonten weicht. Heterodontie und auch Diphyodontie sind von Therapsiden bekannt (siehe oben); selbst die einst als für Säugetiere spezifisch angesehene Mehrwurzeligkeit und -höckrigkeit von Backenzähnen ist nachgewiesen (zum Beispiel Tritylodontia)*). Die Differenzierung des Gebisses eilt jener des Gehirns voraus und läßt auf eine gesteigerte Energieproduktion schließen, die durch die bessere Nahrungsaufschließung gegeben ist. Nach Döderlein [807] hätte die Bildung mehrwurzeliger Kauzähne die Entstehung der Säugetiere überhaupt erst ermöglicht oder veranlaßt.

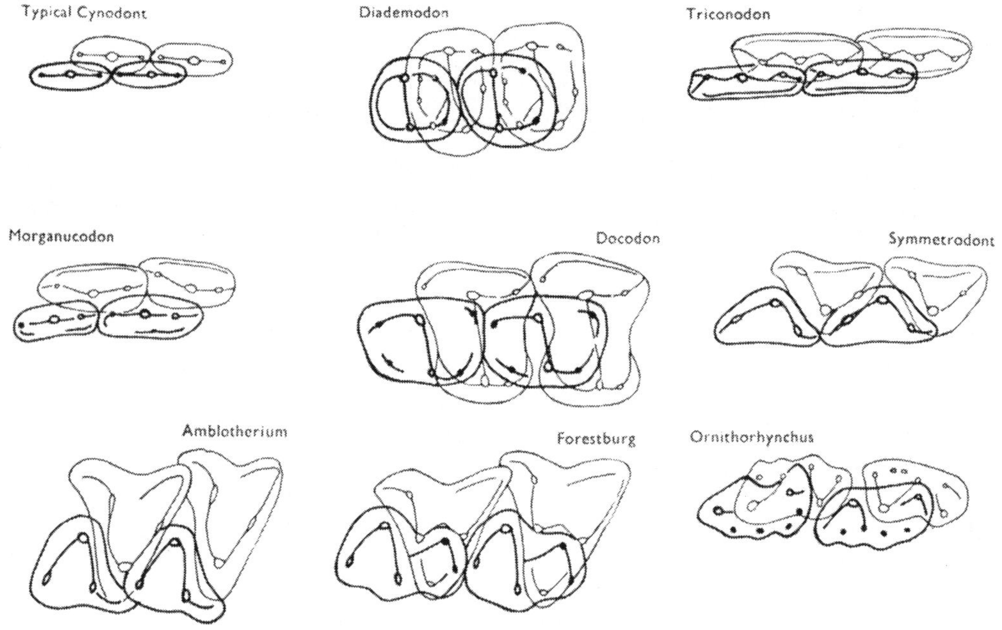

Abb. 28. Backenzahn-Gebißtypen von Therapsiden (Cynodontia, *Diademodon*), mesozoischen Säugetieren (*Triconodon*, *Morganucodon*, *Docodon*, Symmetrodonta, *Amblotherium* und Forestburg-Theria) und *Ornithorhynchus*. Schemata. — Nach Butler 1961

*) *Tritylodon longaevus* aus der Ober-Trias wurde ursprünglich auf Grund des Gebisses als geologisch ältestes Säugetier klassifiziert. Erst vollständigere Reste von Tritylodonten haben die Reptilzugehörigkeit gezeigt, sofern man die Säugetiere nach dem Kiefergelenk definiert (Seite 36).

Wenn diese Formulierung auch etwas übertrieben erscheint, so ist sie dennoch grundsätzlich richtig. Denn erst durch die bessere oder raschere Nahrungsaufschließung ließ sich eine annähernd konstante Körpertemperatur erreichen (Abb. 29). Diese Vermutung wird gestützt durch den Nachweis von Ethmoturbinalia in der Nasenhöhle bei evoluierten Therapsiden, die einer Erwärmung und Anfeuchtung der Atemluft dienten, wie sie bei Tieren der (kühl) gemäßigten Zone von Vorteil war*). Auch den Besitz eines Haarkleides und von Schweißdrüsen, wie er für homöo-

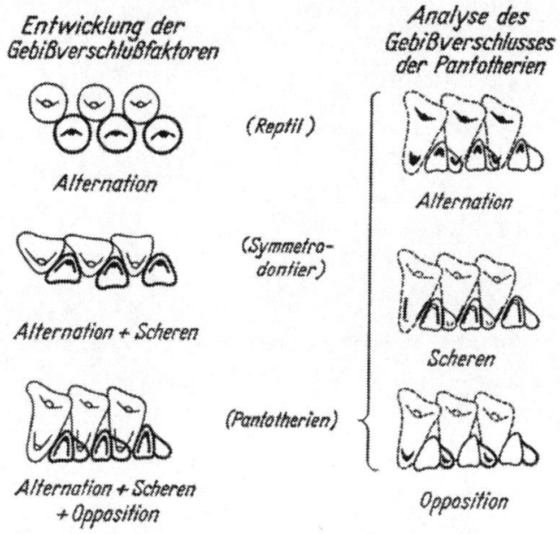

Abb. 29. Evolution vom einfachen (haplodonten) Reptilgebiß zum mehrhöckrigen Backengebiß der Pantotheria. Nach Simpson 1936

therme Wirbeltiere als Kälteschutz oder zur Regulation der Körpertemperatur günstig erscheint, kann man für fortschrittliche Bauriamorphen oder Tritylodontia annehmen, bei denen die starke Versorgung der Oberkieferpartien mit Nerven- und Blutgefäßen (zum Beispiel *Watsoniella*, *Ericiolacerta*) nach Watson [3780] nicht nur für ein Rhinarium und bewegliche Lippenpartien, sondern auch für das Vorhandensein eines sensorischen Feldes am Schnauzenende mit Vibrissae, also spezialisierten Haaren, zu sprechen scheint [388, 389] (Abb. 20 und Seite 22). Von einzelnen Therapsiden (*Diademodon*-Arten) sind Maxillargruben bekannt, die als Lager spezialisierter Hautdrüsen gedeutet werden [380]. Weiterhin mußte nicht nur die Kiefermuskulatur umgestaltet (siehe unten), sondern auch die Wangen ausgebildet und die Gesichtsmuskulatur mit Nerven versorgt werden. Auch die Bildung des knöchernen Gaumendaches und die Verlagerung der Choanen nach rückwärts wird dadurch verständlich, indem die Prämaxillaria, Maxillaria und Palatina ein sekundäres Munddach bilden (Abb. 30). Das ist nicht nur für das Kauen günstiger,

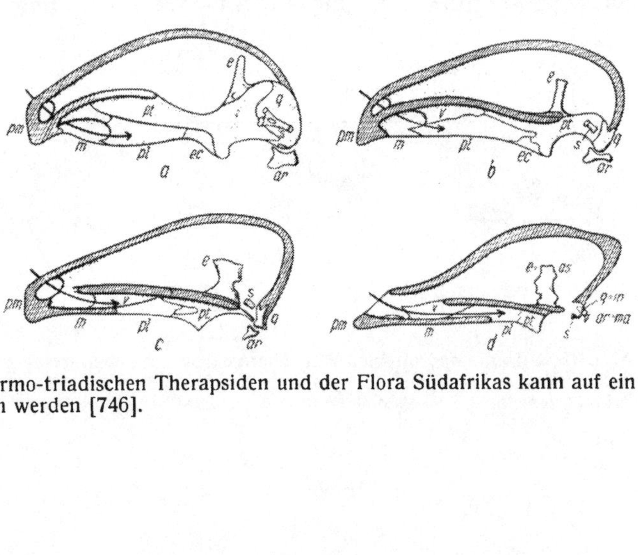

Abb. 30. Stammesgeschichtliche Entwicklung des sekundären Gaumens zur Trennung des Atmungs- und Nahrungsweges bei Theromorphen und Säugetieren. a) Pelycosaurier, b) primitiver Therapside, c) evoluierter Therapside, d) Säuger. — Nach Romer aus Frick & Starck 1963

ar = Articulare, *pl* = Palatinum
as = Alisphenoid, *pm* = Praemaxillare
e = Epipterygoid, *pt* = Pterygoid
in = Incus, *q* = Quadratum
m = Maxillare, *s* = Stapes
ma = Malleus, *v* = Vomer

*) Aus der Art der Vorkommen der permo-triadischen Therapsiden und der Flora Südafrikas kann auf ein damals kühl bis gemäßigtes Klima geschlossen werden [746].

sondern führt auch zu einer weitgehenden Trennung von Atem- und Nahrungsweg und ermöglicht oder erleichtert dadurch ein wirkungsvolles Kauen. Außerdem erscheint auch die Vergrößerung des allein zahntragenden Dentale und die zunehmende Reduktion der übrigen sechs Unterkieferknochen (Spleniale, Coronoid, Angulare, Supraangulare, Präarticulare und Angulare) verständlich (Abb. 31). In Zusammenhang damit wird der ursprünglich bei Synapsiden kinetische Schädel wieder rückgängig gemacht [1949, 1950].

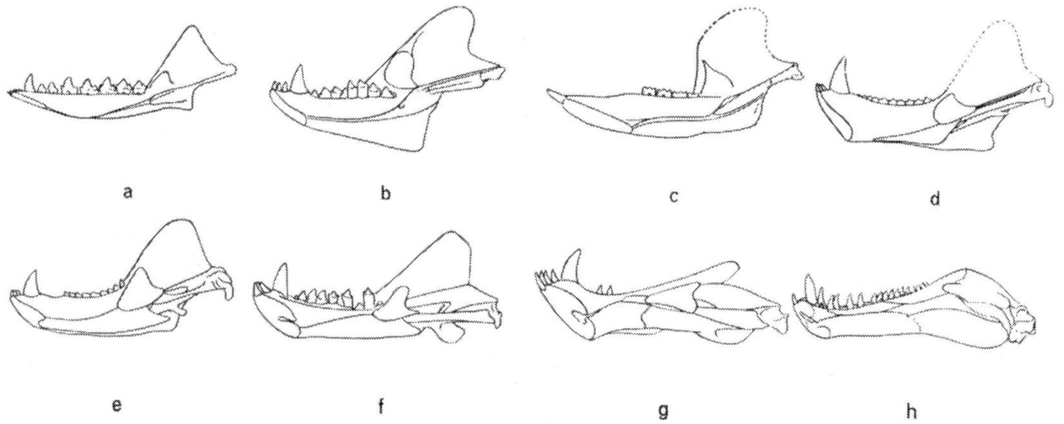

Abb. 31. Unterkiefer (Innenansicht) von Pelycosauriern h), Therapsiden c—g) und mesozoischen Säugetieren a—b). Vergrößerung des Dentale und zunehmender Abbau der übrigen Unterkieferknochen. a) *Morganucodon* (Docodonta), b) *Diarthrognathus* („Ictidosauria"), c) *Oligokyphus* (Tritylodontia), d) *Cricodon* (Cynodontia), e) *Diademodon* (Cynodontia), f) *Thrinaxodon* (Cynodontia), g) *Delphaciognathus* (Gorgonopsia), h) *Dimetrodon* (Pelycosauria). (Auf gleiche Größe gebracht) — Nach Crompton 1963

Im Bau des übrigen Schädels sind die Umkonstruktionen keineswegs geringer. Sie betreffen die Reduktion einzelner Elemente (zum Beispiel Postfrontale, Postorbitale, Präfrontale, Parasphenoid), die Zweiteilung des ursprünglich einfachen Condylus occipitalis, die Rückbildung des Foramen parietale und Umbildung des Parietalorgans, eine einheitliche (nicht zweiteilige) äußere Nasenöffnung, die Bildung einer knöchernen Seitenwand der Schädelhöhle durch das Alisphenoid (Theria) oder die Lamina anterior des Petrosum (Monotremata; Abb. 32) sowie Parietale und Frontale unter Einbeziehung des ursprünglich außerhalb der primären Schädelwand gelegenen Cavum epiptericum in die Schädelhöhle, den Einschluß des Innenohres durch einen einzigen Knochen (Petrosum), die Ablösung des primären Kiefergelenkes durch ein Squamoso-Dentalgelenk und die Umbildung ursprünglicher Unterkieferelemente in Elemente

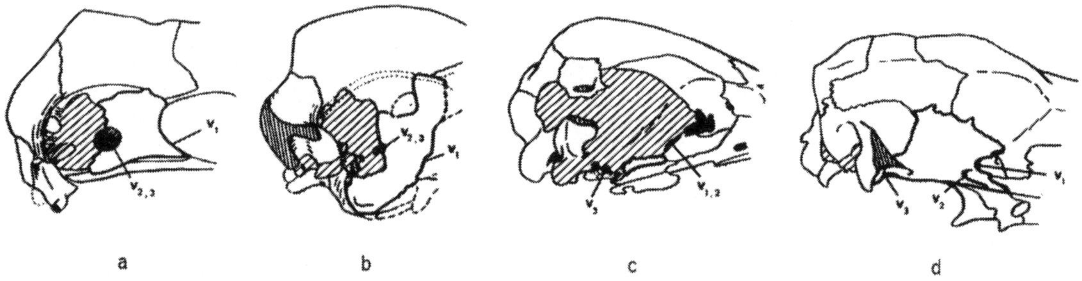

Abb. 32. Orbitotemporalregion bei Therapsiden (a) *Thrinaxodon*, b) *Bienotherium*) und Säugetieren (c) *Ornithorhynchus*, d) *Didelphis*). Perioticum schraffiert, Epipterygoid = Alisphenoid stark umrandet. Beachte wesentliche Unterschiede zwischen *Ornithorhynchus* und *Didelphis*; V_{1-3} = Äste des N. trigeminus.— Nach Hopson 1964

der Ohrregion. Die knöcherne seitliche Schädelwand der Säugetiere ist demnach eine Neubildung; die bei primitiven Synapsiden fast vollständig membranöse Seitenwand entspricht der Dura mater der Säuger (Abb. 33a, 34). Die Einbeziehung des Cavum epiptericum (GAUPP) geht aus der Lage von Nerven, Ganglien und Gefäßen sowie aus knorpeligen Resten der primären Schädelseitenwand bei Säugetierembryonen hervor [1027, 1950] (Abb. 39 auf Seite 33).

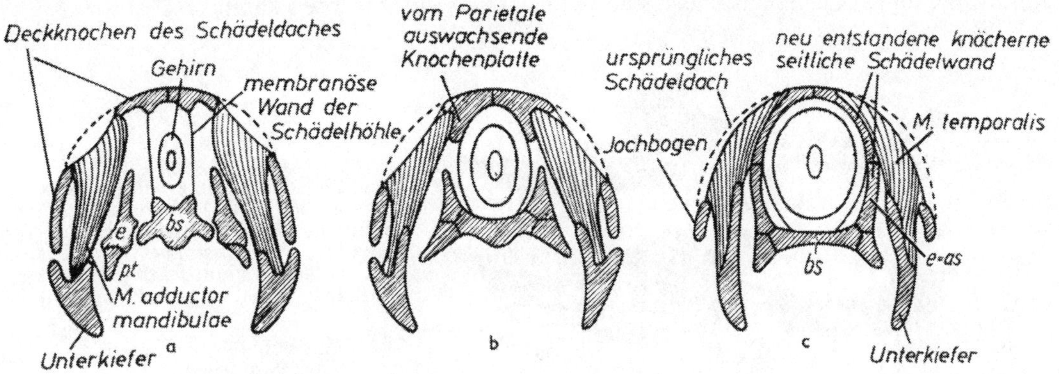

Abb. 33. Stammesgeschichtliche Entwicklung von Schädeldach und Schädelseitenwand (Schemata). a) Pelycosauria, b) Therapsida, c) Mammalia. — Nach ROMER aus FRICK & STARCK 1963

as = Alisphenoid *bs* = Basisphenoid *e* = Epipterygoid *pt* = Pterygoid

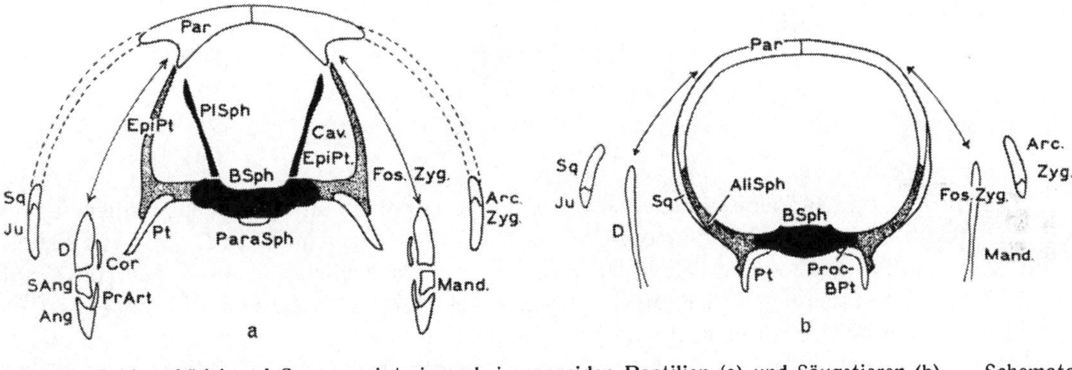

Abb. 34. Gehirnschädel und Cavum epiptericum bei synapsiden Reptilien (a) und Säugetieren (b). — Schemata nach VANDEBROEK 1964

Ali Sph	= Alisphenoid	*D*	= Dentale	*Par*	= Parietale	*Pt*	= Pterygoid
Ang	= Angulare	*Fos.zyg.*	= Temporalgrube	*ParaSph*	= Parasphenoid	*S Ang*	= Supraangulare
Arc.zyg.	= Jochbogen			*Pr Art*	= Praearticulare		
B Sph	= Basisphenoid	*Ju*	= Jugale			*Sq*	= Squamosum
Cav.Epipt.	= Cavum epiptericum	*Mand*	= Mandibel	*Proc.BPt*	= Proc. basispterygoideus		

Mit diesem Gestaltwandel, der teilweise auch mit einem Funktionswechsel einhergeht, sind verschiedene, seit langem diskutierte Homologisierungsfragen verbunden, die sich im wesentlichen als gelöst ansehen lassen. Zu den wichtigsten zählen das Epipterygoid-Alisphenoid-Problem und die Homologisierung der einstigen Unterkieferelemente. Mit der Lösung dieser Probleme ist jedoch auch die Beurteilung der stammesgeschichtlichen Beziehungen der verschiedenen mesozoischen Therapsiden und Säugetiere verknüpft.

Die morphologisch vielleicht bedeutungsvollsten und mit einem Funktionswechsel verbundenen Umkonstruktionen liegen im Bereich des Kiefergelenkes, indem die Elemente des primären Kiefergelenkes zu Gehörknöchelchen werden. Über die auf Grund von vergleichend-anatomischen und embryologischen Untersuchungen von C. Reichert [2842] erstmalig zur Diskussion gestellte Homologisierung besteht heute kein Zweifel mehr (Abb. 35), so daß an dieser Stelle auf eine Diskussion der weiteren Theorien (Tiedemann-Albrechtsche, Meckel-Gadowsche und Rabl-Fuchssche Theorie [1032]) verzichtet werden kann.

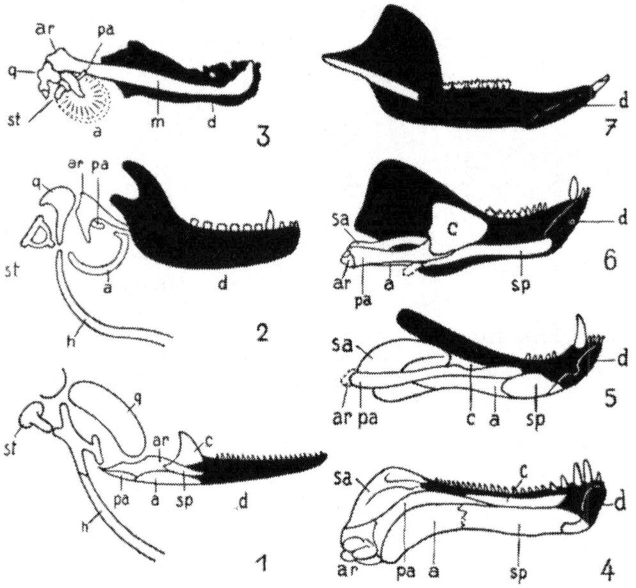

Abb. 35. Unterkieferevolution und Reichertsche Theorie. 1) Sauropside, 2) Säugetier, 3) *Homo*, Embryo, 4) *Dimetrodon* (Pelycosauria), 5) *Cynarioides* (Gorgonopsia), 6) *Cynognathus* (Cynodontia), 7) *Tritylodon* (Tritylodontia). — Nach Kuhn-Schnyder

a = Angulare (Tympanicum)
ar = Articulare (Hammer)
c = Coronoid
d = Dentale
h = Hyale (Zungenbein)
m = Meckelscher Knorpel
pa = Praearticulare (Goniale)
q = Quadratum (Amboß)
sa = Supraangulare
sp = Spleniale
st = Steigbügel (Stapes, Columella)

Die Richtigkeit der Reichertschen Theorie, die im Hinblick auf die großen Verdienste von Gaupp [1065—1073] jetzt als Reichert-Gauppsche Theorie bezeichnet wird, ist durch Fossilfunde voll bestätigt. Haben doch die Fossilreste die — hauptsächlich von Anatomen [1032] auf Grund falscher Vorstellungen über die Funktion — geäußerten Bedenken zu zerstreuen vermocht, indem der Nachweis von echten Doppelgelenken (mit dem primären und dem sekundären Kiefergelenk nebeneinander) gelungen ist. Das heißt, daß sich im Laufe der Stammesgeschichte die beiden Gelenke nicht einfach verlagerten, sondern daß der erste Evolutionsschritt zur Ausbildung eines Squamoso-Dentalgelenkes lateral vom Quadrato-Articulargelenk führte, wie bereits Naef vermutete [677]. Erst danach kam es zur Abwanderung der einstigen Unterkieferelemente in die Gehörregion und zum Umbau des Mittelohres*) (Abb. 36). Mit dieser morphologischen Umbildung, die sich auch gegenwärtig bei Säugetieren**) während ihrer Entwicklung verfolgen läßt, ist ein Funktionswechsel verbunden (Abb. 37). Ursprünglich im Dienst der Nahrungsaufnahme stehende Knochen übernehmen eine schalleitende Funktion. Der Umbau

*) Der von Guyénot [1242] vorgebrachte Einwand gegen die Reichert-Gauppsche Theorie wird im wesentlichen durch den Nachweis von *Diarthrognathus* und *Morganucodon* entkräftet.

**) Rezente Beuteltiere (zum Beispiel *Macropus, Perameles, Didelphis*) werden noch mit einem „Reptilgelenk" geboren. Quadratum und Articulare wandern erst während der Beutelphase in das Mittelohr ein, während der auch das Squamoso-Dentalgelenk funktionell wird [1027, 1474, 2556]. Im frühen postnatalen Stadium, welches einem reinen Säugestadium entspricht, ist eine Kaufunktion und damit das Funktionieren des Kiefergelenkes nicht erforderlich.

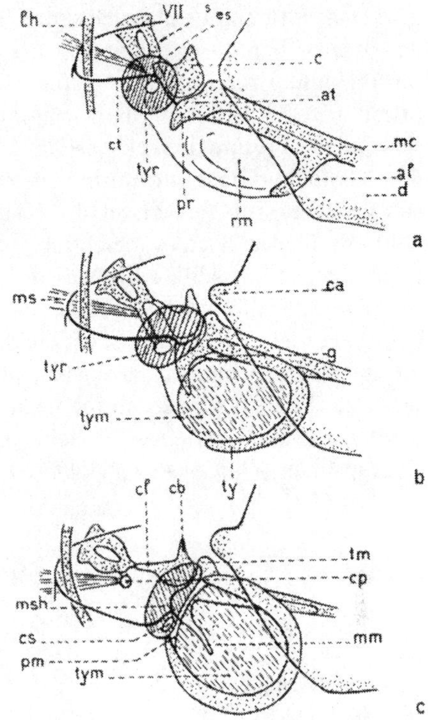

Abb. 36. Evolution der Paukenhöhle und des Tympanicum von Therapsiden (a) bis zu Säugetieren (c). — Nach Westoll 1958

al = Angularlamelle
at = Articulare
c = Quadratum
ca = Condylus des Dentale
cb = crus brevis
cl = crus longus
cp = Paauwscher Knorpel
cs = Spencescher Knorpel
ct = Trommelfell
d = Dentale
es = Extra-Stapes
g = Goniale
lh = Laterohyale
me = Meckelscher Knorpel
mm = Manubrium mallei
ms = Musc. stape dialis
msh = Shrapnellsche Membran
pm = Plicamalleolaris
pr = Proc. retroarticularis
rm = Rec. mandibula
s = Stapes
tm = Caput mallei
tym = Säugetier-Tympanicum
tyr = Reptil-Tympanicum
VII = Nervus facialis

des Kiefergelenkes betraf zwangsläufig auch die Kopfmuskulatur, die — zusammen mit den Lagebeziehungen und der Innervierung — zu einer Homologisierung der einzelnen Elemente geführt hat. Dem bei Reptilien als Kieferöffner wirksamen Musculus depressor mandibulae ist nach der Innervierung durch den Nervus facialis der M. mallei externus bei Säugetierembryonen (zum Beispiel *Putorius*) homolog [3753a], während der bei Säugetieren als Kieferöffner wirksame M. digastricus einen späten Neuerwerb darstellt*). Im Gegensatz zu den Reptilien wird bei Säugetieren beim Öffnen des Maules der Oberschädel praktisch nicht mehr gehoben, sondern nur der Unterkiefer bewegt.

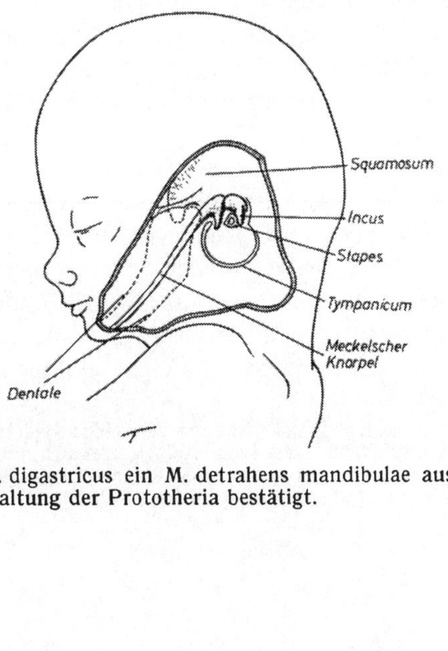

Abb. 37. Primäres und sekundäres Kiefergelenk bei *Homo sapiens* (Embryo, 62 mm Schädel-Steiß-Länge). — Nach Frick & Starck 1963

*) Allein bei den Monotremen ist anstelle des M. digastricus ein M. detrahens mandibulae ausgebildet, der eine analoge Funktion besitzt und der die frühe Abspaltung der Prototheria bestätigt.

Das Articulare entspricht dem Hammer (Malleus), das Quadratum dem Amboß (Incus), der Stapes dem gleichbenannten Element der übrigen Tetrapoden, das Goniale (= Praearticulare)*) dem Proc. anterior (folianus) des Malleus, das Angulare dem Tympanicum, das bei primitiven Säugetieren (halb-)ringförmig ausgebildet und in dem das als Neubildung anzusprechende Trommelfell ausgespannt ist, während das Supraangulare nach Broom und Watson dem Ossiculum accessorium mallei entspricht, das bei verschiedenen Säugetieren nachgewiesen ist. Weitere Probleme bietet die Kiefer- und Kaumuskulatur, die im Zusammenhang mit der Umbildung des Kiefers gleichfalls entsprechende Veränderungen erfährt, ohne daß über die Homologisierung völlige Einhelligkeit besteht [28, 641, 2569].

Die Ausbildung eines weiteren, für den Säugetierschädel charakteristischen Merkmalskomplexes ist mit der Höherentwicklung des Gehirns verbunden. Die Evolution des Gehirns, die im wesentlichen in der Telencephalisation zum Ausdruck kommt, ist nicht nur an Hand rezenter Formen, sondern durch natürliche oder künstliche Ausgüsse des Cavum cranii (= Endocranialausgüsse oder „fossile Gehirne") fossiler Formen**) zu verfolgen, wie sie von einzelnen Therapsiden (*Diademodon, Nythosaurus*) und auch von mesozoischen Säugetieren bekannt wurden (Abb. 38).

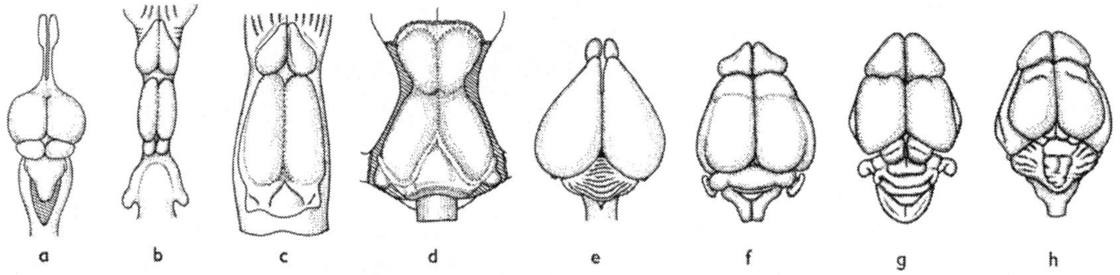

Abb. 38. Gehirne und Endocranialausgüsse von Reptilien, mesozoischen und primitiven rezenten Säugetieren. a) *Alligator*, b) *Nythosaurus* (Cynodontia), c) *Triconodon* (Triconodonta), d) *Ptilodus* (Multituberculata), e) *Ornithorhynchus* (Monotremata), f) *Caenolestes* (Marsupialia), g) *Setifer* (Zalambdodonta), h) *Erinaceus* (Insectivora). Beachte Übereinstimmung zwischen Therapsiden und Triconodonten, Eigentypus der Multituberculaten und grundsätzliche Ähnlichkeit zwischen den übrigen Primitivsäugetieren. (Nicht maßstäblich verkleinert) — Umgezeichnet nach Obenchain 1924, Simpson 1927, 1937 und Starck 1962

Die Umkonstruktionen im Gehirn, die durch eine progressive Entwicklung der Riechhirnanteile, des Telencephalons (Neopallium) und auch einzelner Abschnitte des Kleinhirns (Neocerebellum) gekennzeichnet sind, lassen sich wiederum mit der Ausbildung eines Haarkleides und besonders differenzierter Hautdrüsen sowie von Fernsinnesorganen in Zusammenhang bringen, wie Starck [3391, 3394] betont. Die Neencephalisation [3394] ist das wesentliche an der Evolution des Gehirns; sie führt zu der für die Säugetiere so kennzeichnenden Vergrößerung des Großhirns (besonders des Neopalliums) und schließlich zur Faltung der Rindenanteile (Neocortex). Sämtliche primitive Säugetiere sind Makrosmaten, so daß die Ausbildung der Riechhirnanteile vielfach (neben dem Neocortex) als Gradmesser der Evolutionshöhe primitiver Säugetiere verwendet wird [3428]. Die dadurch gegenüber rezenten Reptilien bestehenden Unterschiede werden auch hier durch die von Therapsiden bekannten Zustände (Abb. 38b) etwas überbrückt, indem bei diesen bereits eine Vergrößerung der Lobi olfactorii und des Cere-

*) Wegen der Homologisierung vergleiche Starck [3392].

**) Das Teilgebiet der Paläontologie, das sich mit der Erforschung fossiler „Gehirne" befaßt, wird heute zwar allgemein, aber nicht sehr treffend als Paläoneurologie bezeichnet, die überaus interessante Einblicke in die Evolution und auch in das Verhalten ausgestorbener Wirbeltiere ermöglicht [841, 845, 846, 847, 1466a, 1474, 3345].

bellums festzustellen ist, die einerseits als Hinweis auf die Ausbildung eines Haarkleides (und von Hautdrüsen), andrerseits auf eine progressive Adaptation der Fortbewegungsweise angesehen werden können, da das Kleinhirn das Koordinationszentrum der Bewegungsabläufe bildet [97]. Andrerseits zeigen die Fossilfunde, daß die Gehirnentwicklung bei den einzelnen Stämmen verschiedene Wege eingeschlagen hat, indem eine weitgehende Überdeckung des ursprünglich freiliegenden Tectums mesencephali bereits bei fortschritttlichen Cynodontiern (zum Beispiel *Sinoconodon*)*) und bei Jura-Triconodonten (wie *Triconodon* [3213]) eingetreten war, ohne daß bei diesen Formen ein Neopallium ausgebildet war [855] (Abb. 38c).

Im Bereich des Osteocraniums ergeben sich durch die Vergrößerung des Hirnschädelraumes und der Nasenkapsel verschiedene Wandlungen. Die bei Reptilien ursprünglich großenteils membranöse (primäre) Seitenwand der Schädelhöhle wird durch das aus dem Epipterygoid der Reptilien hervorgegangene Alisphenoid knöchern geschlossen und zur sekundären Schädelseitenwand, da verschiedene intracranial, aber extradural gelegene Hirnnervenpartien und Ganglien in das Cavum cranii eingeschlossen werden. Das zwischen der primären Seitenwand des Hirnschädels und dem Epipterygoid liegende Cavum epiptericum (GAUPP [1065]) beherbergt unter anderem das Ganglion semilunare, den Anfangsteil der Trigeminusäste und die Vena capitis lateralis [233a, 1027, 1132]**) (Abb. 39).

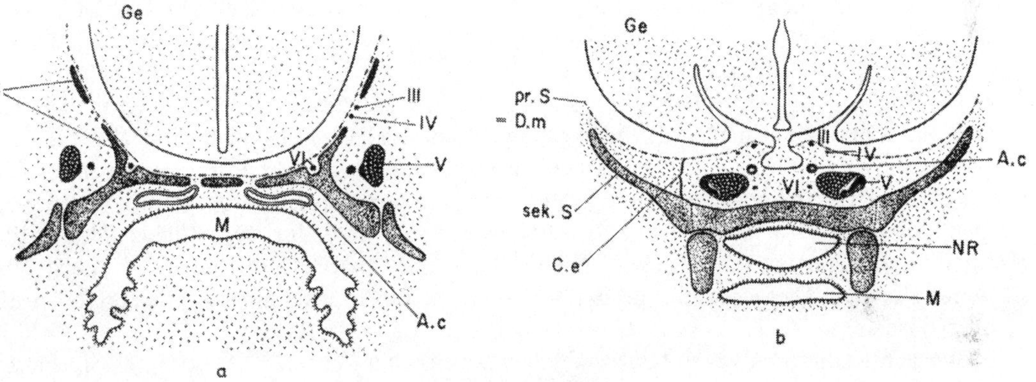

Abb. 39. Gehirnschädel und Cavum epiptericum nach Schädelquerschnitt von Reptil- und Säugerembryonen. Nach FRICK & STARCK 1963

A.c = Art. carotis interna
C.e = Cavum epiptericum
D.m = Dura mater
Ge = Gehirn
M = Mundhöhle
NR = Nasenrachengang
pr.S = primäre Schädelseitenwand
sek.S = sekundäre Schädelseitenwand
III-VI = Nervus III-VI (III, IV und VI = Augenmuskelnerven)
V = Trigeminus ganglion und -nerv

Der Bau der Wirbelsäule und des Brustkorbes erfährt gleichfalls eine Reihe charakteristischer Umbildungen. Bei fortschrittlichen Therapsiden (Tritylodontia) kommt es zu einer Verwachsung der ursprünglich freien Halsrippen mit den Halswirbeln, am Epistropheus ist ein echter Processus odontoideus entwickelt, während bei progressiven Cyno-

*) Wie CROMPTON [645] mit Recht betont, ist *Sinoconodon* aus der Ober-Trias von Yünnan kein Triconodontide [2610], sondern ein hochspezialisierter Angehöriger der Cynodontia. Der gleichfalls auf *Sinoconodon* bezogene Hirnschädelrest eines juvenilen Individuums (C. U. P. No. 5) gehört nach RIGNEY [2409] zu *Morganucodon* (= Docodonta).

**) HOPSON [1551] wendet sich gegen diese Homologisierung und sieht demgemäß grundsätzliche Unterschiede zwischen den Monotremen und den Theria und damit auch zwischen den Theria und den Therapsiden (besonders Cynodontia), von denen nur Monotremen, Docodonten und Triconodonten abgeleitet werden können.

dontiern eine Differenzierung der Thoracal- und Lumbal-Rippen nach Brink [380] auf die Ausbildung eines muskulösen Diaphragmas (Zwerchfell) schließen läßt. Damit ist zugleich die Bildung einer eigenen Lumbalregion eingeleitet, wie sie für Säugetiere charakteristisch ist.

Die Extremitäten und ihre Gürtel zeigen ebenfalls kennzeichnende Veränderungen. Abgesehen von der Abhebung des Körpers und der damit verbundenen Stellung der Gliedmaßen (Ellenbogengelenk nach hinten, Kniegelenk nach vorn gerichtet, Oberarm und Oberschenkel an den Rumpf angelegt) und der Umbildung des Extremitätengürtel („Rotation" des Beckens, Ausbildung einer Spina und einer Fossa supraspinata an der Scapula, Reduktion einzelner Elemente des Schultergürtels [zum Beispiel Interclavicula]), verknöchern die bisher knorpeligen Epiphysen, bilden sich ein Olecranon ulnae und ein Tuber calcis und die kennzeichnende Phalangenformel (2 3 3 3 3) heraus. Sämtliche der erwähnten Umkonstruktionen sind bei den Therapsiden zumindest angebahnt oder bereits erfolgt.

Zusammenfassend läßt sich sagen, daß die stammesgeschichtliche Entstehung der Säugetiere durch eine große Zahl morphologisch-physiologischer Wandlungen gekennzeichnet wird, die innerhalb der Therapsiden durchaus nicht gleichzeitig stattfanden*). Damit sei wieder auf die Therapsiden zurückgekommen.

Auf Grund der unterschiedlichen Merkmalskombination sind — wie schon ausgeführt — innerhalb der Theriodontia verschiedene Stämme zu unterscheiden, über deren verwandtschaftliche Beziehungen allerdings keine Einhelligkeit besteht. Mit Olson [2506] lassen sich unter den phylogenetisch „erfolgreichen" Therapsiden-Stämmen zwei, bereits bei der primären Therapsiden-Radiation getrennte Stämme unterscheiden, die Gorgonopsia und die (primitiven) Therocephalia. Aus Gorgonopsiden haben sich die Cynodontia entwickelt**), aus denen schließlich die Tritylodontia als spezialisierte Angehörige dieses Stammes hervorgegangen sind. Wie die Abb. 18 zeigt, sind die Ahnenformen nicht unter den Endformen der jeweiligen Stammgruppen zu suchen. Dies gilt auch für den zweiten Hauptstamm, der auf primitive Therocephalia zurückgeführt werden kann. Aus derartigen Therapsiden haben sich sowohl die fortschrittlichen Therocephalia als auch die Bauriamorpha entwickelt. Nicht eindeutig ist die Herkunft der Ictidosauria, indem sei einerseits auf Therocephalia [2506], andrerseits auf Bauriamorpha [639, 2099] zurückgeführt werden.

Ungeachtet dieser etwas unterschiedlichen Auffassung über den Ursprung der Ictidosauria besteht kein Zweifel über das mindestens zweimal unabhängig innerhalb der Therapsiden erreichte hohe Evolutionsniveau (75% Säugetiermerkmale im Sinne von Olson und Simpson) bei den Tritylodontia und den Ictidosauria (Abb. 19 auf Seite 20).

Was sind eigentlich Säugetiere?

Sind diese fortschrittlichen Theriodontia als Stammformen der Säugetiere anzusehen oder wo ist angesichts der Übergänge die Grenze zwischen Reptilien und Säugetieren zu legen? Zu diesem Problemkreis sind einige grundsätzliche Bemerkungen erforderlich.

Unter Berücksichtigung des stammesgeschichtlichen Wandels werden derartige Grenzziehungen stets künstlich bleiben. Abgesehen davon ist es wesentlich, ob man den Begriff Säugetier rein typologisch oder im Sinne einer natürlichen Einheit auffaßt; schließlich erschei-

*) Leider lassen sich weder über den Zeitpunkt der Entstehung der Viviparie noch über die Ausbildung der Geschlechtsorgane bei den fossilen Formen konkrete Angaben machen. Die auf Grund der Unterschiede zwischen einem einfachen Milch- und einem zum Kauen geeigneten Dauergebiß von Brink [380] vermutete Säugeperiode bei fortschrittlichen Therapsiden gibt in dieser Hinsicht keinen Anhaltspunkt.

**) Nach Huene [1590] sind die Cynodontia nicht direkt auf Gorgonopsia, sondern auf Therocephalia, die jedoch von (primitiven) Gorgonopsia abstammen sollen, zurückzuführen.

nen auch praktische Gesichtspunkte für eine Definition von Bedeutung, die speziell im Hinblick auf die nicht synchron erfolgte Merkmalsumbildung eine Beschränkung auf nur einen Merkmalskomplex notwendig machen.

Wie Simpson [3271] ausführt, stehen im wesentlichen vier Alternativen zur Verfügung, den Begriff Säugetier zu fassen (Abb. 40).

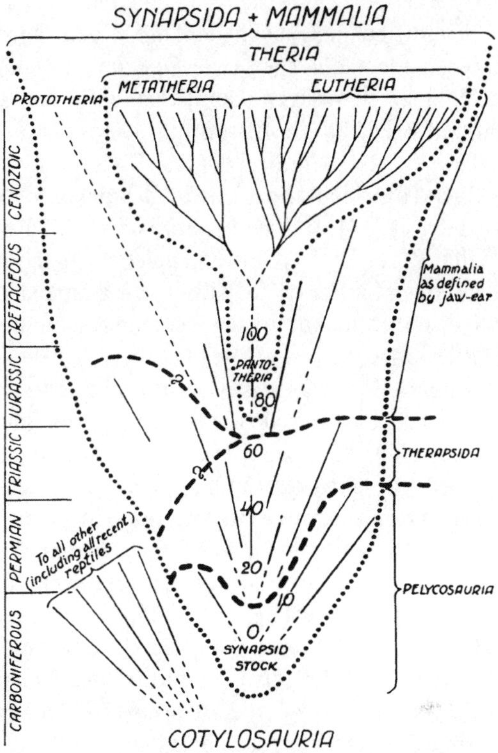

Abb. 40. Evolution der Theromorphen (Schema) und die möglichen Grenzziehungen zwischen Reptilien und Säugetieren. Zahlen bedeuten %-Anteil der Säugetiermerkmale. Nach Simpson 1961

1. Die rein typologische Definition der „Säugetiere“ als Stadium (Grade) (= horizontale Klassifikation [1619]).

2. Den Begriff „Säugetier“ auf sicher monophyletisch entstandene Gruppen (Theria) zu beschränken, die übrigen als Reptilien oder incertae sedis zu klassifizieren.

3. Sämtliche Gruppen, die den Säugetierzustand erreicht haben, zu einer Klasse zusammenzufassen, wobei das entscheidende Merkmal konventionell zu bestimmen ist.

4. Sämtliche „mammal-like reptiles“ zu den Säugetieren zu stellen und die Grenze zwischen Reptilien und Säugetieren an der Basis der Therapsiden [3699, 2832] zu ziehen (Abb. 18, Seite 19).

Simpson zieht unter Berücksichtigung der schrittweisen Erreichung des Säugetierstatus die Lösung 3 vor.

Als Schlüsselmerkmale für die Definition des Begriffes Säugetier kommen folgende Merkmale in Betracht:

a) Gebiß: tribosphenische Molaren
b) Unterkiefergelenk: Squamoso-Dentalgelenk
c) Ohr-Komplex: 3 Gehörknöchelchen

Unter Hinweis auf die praktische Beurteilungsmöglichkeit von Fossilfunden erscheint uns mit SIMPSON [3274] die Ausbildung des sekundären Kiefergelenkes wesentlich. Allerdings sind nach einer derartigen Definition verschiedene, einst als Säugetiere angesehene und in ihrer allgemeinen Evolutionshöhe auch weit über den Reptilien stehende Formen (wie Tritylodontia) als Reptilien, andere hingegen (wie *Diarthrognathus*)*) als Säugetiere zu klassifizieren.

Gemäß einer derartigen Definition sind die Säugetiere allerdings als „polyphyletische“ Gruppe aufzufassen, da die Ausbildung eines sekundären Kiefergelenkes mehrfach unabhängig voneinander erfolgte (*Diarthrognathus*, Docodonta und Pantotheria [1025, 1715]).

Mit einer Grenzziehung nach dem Ohrkomplex, wie sie REMANE [2871] bevorzugt, wäre nach KERMACK [1714] und KUHN-SCHNYDER [1950] nichts gewonnen, da nach diesen Autoren die Entstehung der drei Gehörknöchelchen gleichfalls unabhängig voneinander erfolgt ist**). Selbst wenn dies nicht zutrifft, ist eine derartige Grenzziehung aus praktischen Gründen für die Paläontologie unbrauchbar, da die Beurteilung am Fossilmaterial nur in ganz seltenen Ausnahmsfällen möglich wäre.

Noch ungünstiger wäre eine Definition nach dem Besitz tribosphenischer Molaren, da hierdurch verschiedene, zweifellos das „Säugerniveau“ erreichende Gruppen (Multituberculata, Monotremata) nicht als Säugetiere zu bezeichnen wären.

Es ist jedoch selbstverständlich, daß die nach einer derartigen Definition als Säugetiere klassifizierten mesozoischen Wirbeltiere noch keine „richtigen“ Säugetiere waren (zum Beispiel Gehirnschädel, Mittelohr)***), was letztlich auch für die rezenten Monotremen gilt.

Wenn auch eine einwandfreie Verknüpfung der verschiedenen mesozoischen Säugetierstämme mit bestimmten Therapsidenlinien bisher nicht möglich ist†), so besteht kein Zweifel über die Herleitung sämtlicher Säugetierstämme von Therapsiden [2951] .Unter diesem Gesichtspunkt ist die „polyphyletische“ Herkunft der Säugetiere nur eine Sache der Definition, da die gemeinsame Wurzel auf jeden Fall primitive Therapsiden bilden. Wesentlich wären gesicherte phylogenetische Vorstellungen vor allem im Hinblick auf die Prototheria, die in manchen Merkmalen auf einem Evolutionsniveau stehengeblieben sind, wie es bei Lias-Therapsiden bereits erreicht war (Seite 24). Leider sind bisher keine Reste prämiozäner Monotremen bekannt geworden††).

Weitere Schwierigkeiten sind durch das Fehlen vollständiger Schädelreste mesozoischer Säugetiere gegeben, so daß deren Kennzeichnung fast ausschließlich auf dem Gebiß beruht. Als wichtigste mesozoische Säugetierstämme†††) sind zu nennen: Triconodonta, Symmetrodonta, Docodonta (einschließlich Morganucodontiden), Eupantotheria und Multituberculata.

*) Dieser Auffassung hat sich neuerdings auch CROMPTON [641] angeschlossen, der *Diarthrognathus* noch im Jahre 1958 als Reptil klassifizierte (vergleiche auch [1715]).

**) BRINK [381] bringt die Ausbildung von drei Gehörknöchelchen im Mittelohr mit dem stereophonischen Hören in Zusammenhang.

***) Ganz abgesehen von den am Skelett nicht beurteilbaren Eigenschaften (Art der Fortpflanzung, Ausbildung des Blutgefäßsystems und so weiter), die vermutlich ebenfalls noch reptilhaft waren.

†) Auf die unterschiedlich durchgeführte Abgrenzung zwischen Therocephalia und Bauriamorpha wurde bereits auf Seite 21 verwiesen. Wenn CROMPTON [638] die Stammformen der Säugetiere (beziehungsweise „Ictidosauria“ = Diarthrognatha) unter primitiven Therocephaliern sucht, so versteht er darunter die Scaloposauriden, die ROMER & WATSON als primitive Bauriamorpha klassifizieren.

††) Der auf Grund einzelner Merkmalsübereinstimmungen („echidna-angle“ des Unterkiefers, Perioticum) versuchten stammesgeschichtlichen Verknüpfung von Docodonten mit Monotremen kommt schon angesichts der gewaltigen Zeitlücke vorläufig nur hypothetischer Charakter zu.

†††) Ohne Berücksichtigung der Meta- und Eutheria. Die Haramiyidae (*Haramiya* = „*Microcleptes*“, *Thomasia* = „*Microlestes*“) können mangels einer geeigneten Dokumentation nur als incertae sedis bezeichnet werden.

Unter Berücksichtigung dieser Tatsachen erscheinen die verschiedenen Ansichten über die stammesgeschichtliche Verknüpfung der mesozoischen Säugetierstämme mit Therapsiden verständlich. Während OLSON [2505, 2506] die Multituberculaten mit den Tritylodonten, die Triconodonten mit den „Ictidosauria" und die Docodonten mit den Bauriamorphen in Verbindung bringt (Abb. 18), stehen nach KERMACK [1715] die Triconodonten und Docodonten den Tritylodontia, die (Eu-)Pantotheria und Symmetrodonten den „Ictidosauria" näher, was auch

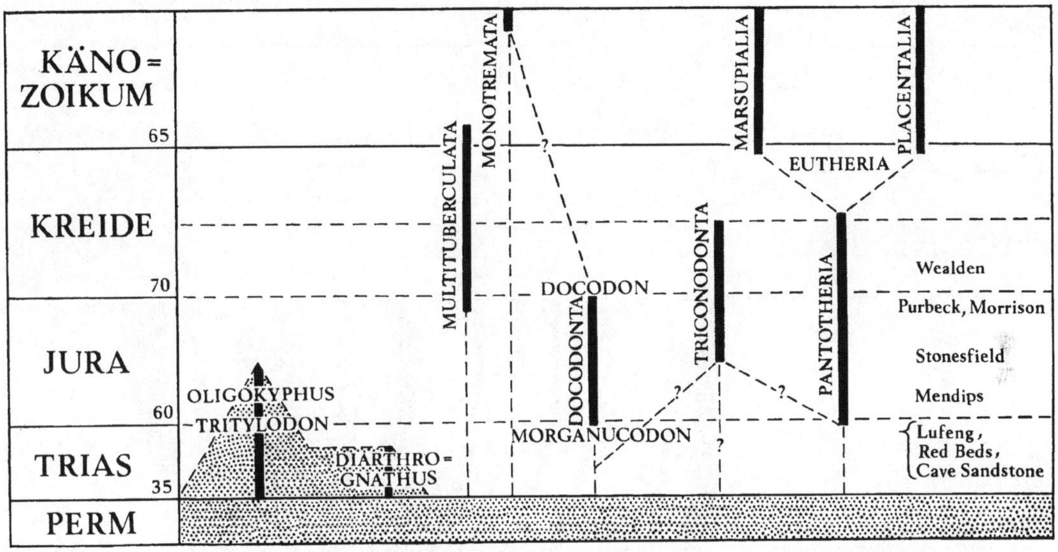

Abb. 41. Die mesozoischen Säugetiere und ihre vermutlichen stammesgeschichtlichen Zusammenhänge. Nach KERMACK 1965

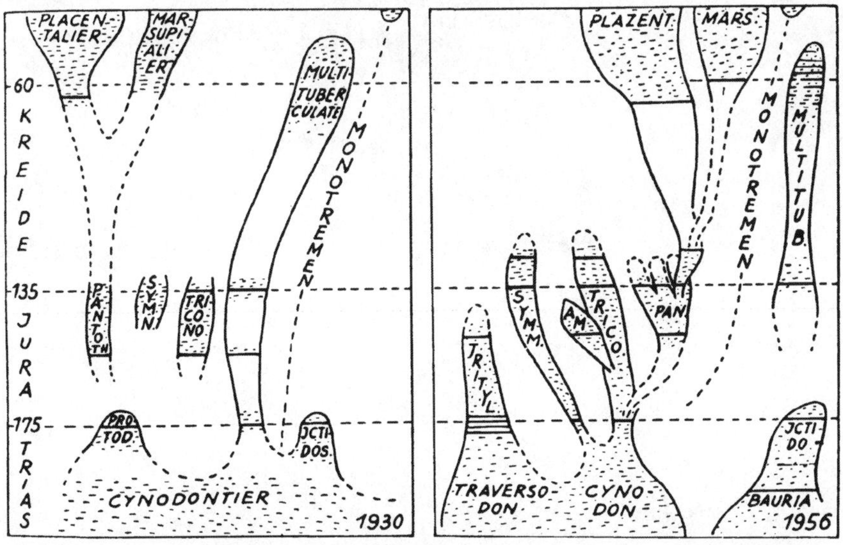

Abb. 42. Die vermutlichen phylogenetischen Beziehungen zwischen Therapsiden und Säugetieren. Stand 1930 und 1956. — Nach KÜHNE 1956

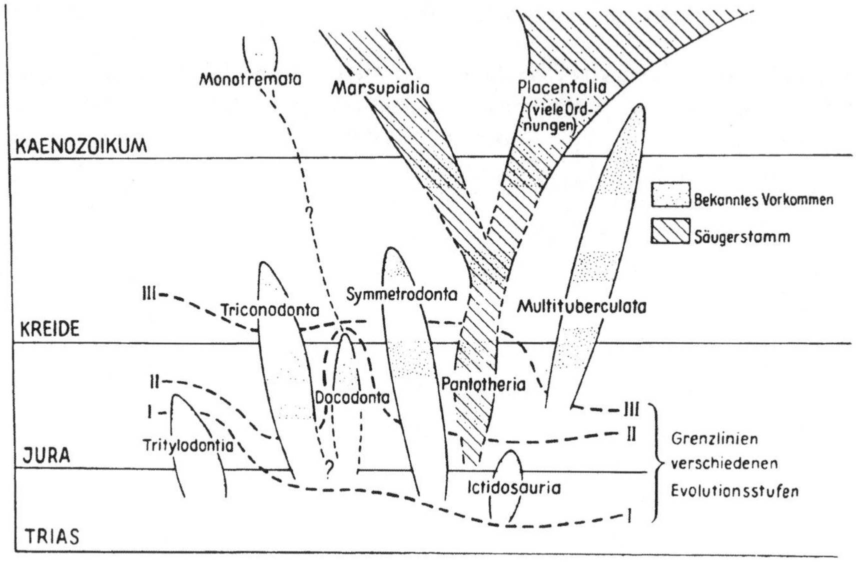

Abb. 43. Die vermutlichen stammesgeschichtlichen Zusammenhänge zwischen Therapsiden und Säugetieren und mögliche Grenzlinien nach dem Evolutionsniveau. — Nach SIMPSON 1961 aus STARCK 1962

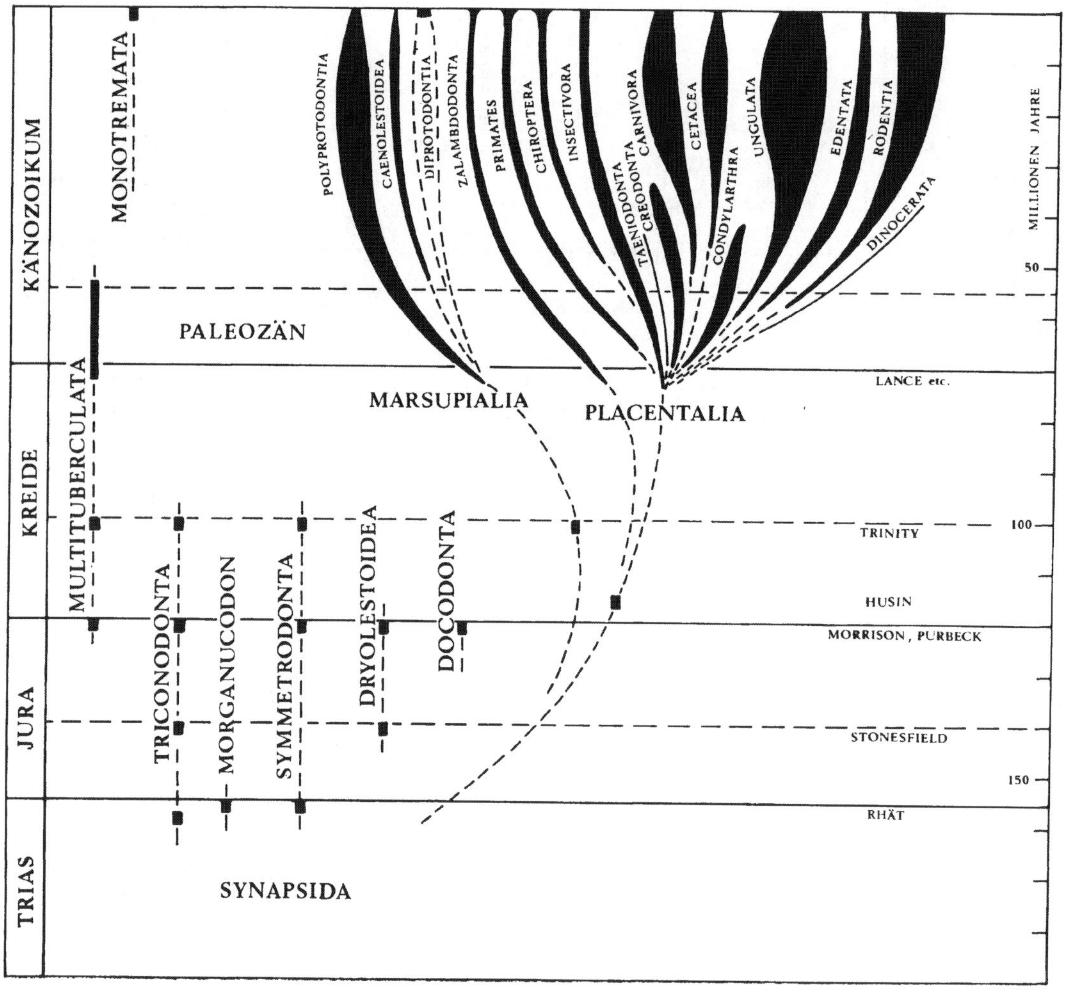

für die Multituberculaten gelte (Abb. 41). Auch KÜHNE [1936] will die Multituberculata eher mit den „Ictidosauria" in Verbindung bringen, leitet die Symmetrodonta, Triconodonta und Pantotheria jedoch direkt von Cynodonten ab (Abb. 42).

Derzeit besitzen wir keine gesicherten Vorstellungen, in welchen Therapsidengruppen die mesozoischen Säuger wurzeln. Die Tritylodontia scheiden durch ihre hohe Spezialisierung als Stammformen sämtlicher geologisch jüngerer Säuger (einschließlich der Multituberculata) aus, ganz abgesehen davon, daß sie auf Grund ihres geologischen Alters nicht als Stammformen der Docodonta, Triconodonta und Pantotheria in Betracht zu ziehen sind. Für die „Ictidosauria" ist die Situation auf Grund ihrer unvollständigen Dokumentation ähnlich. Auch sie kommen als Zeitgenossen der Docodonta und Pantotheria [1715] rein altersgemäß nicht als deren Ahnenformen in Betracht. Aber auch über die verwandtschaftlichen Beziehungen der mesozoischen Säuger untereinander sind die Meinungen geteilt, wie die Abb. 43—45 erkennen lassen.

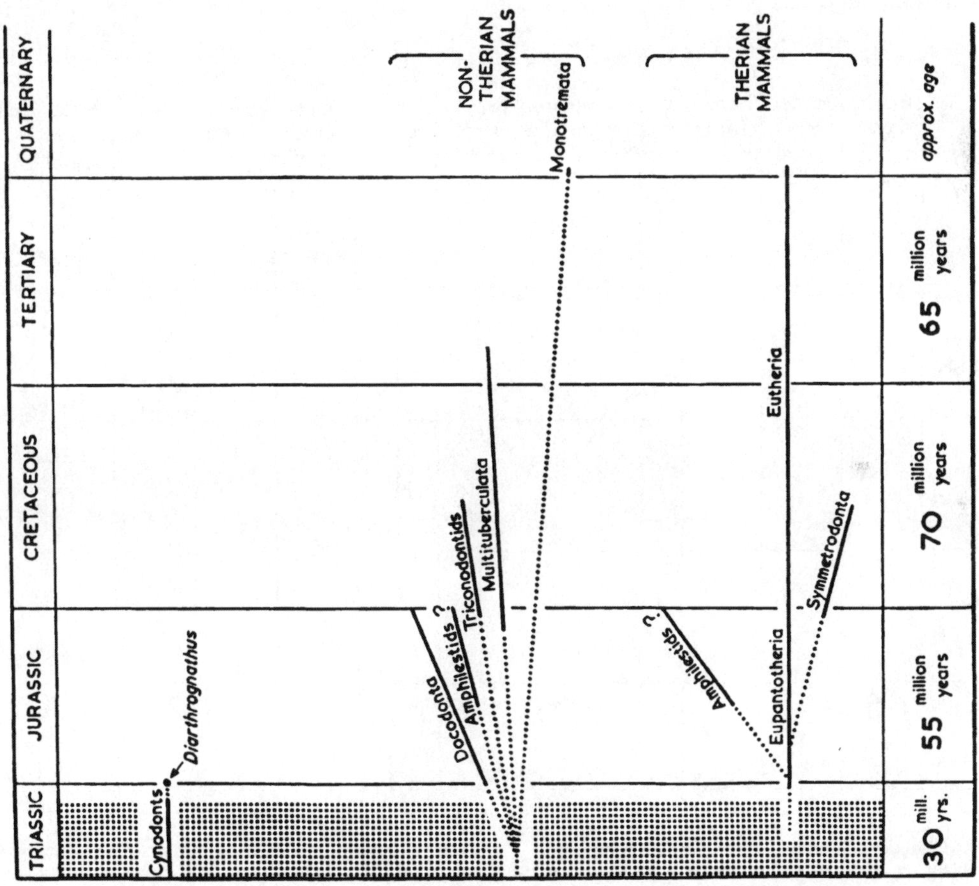

Abb. 45. Die vermutlichen stammesgeschichtlichen Zusammenhänge unter den mesozoischen Säugetieren nach Schädelmerkmalen. Die Docodonta, Triconodonta, Multituberculata und Monotremata gehen nach KERMACK auf eine gemeinsame Wurzelgruppe zurück, die Symmetrodonta, Eupantotheria und Eutheria (= Theria) bilden eine weitere Gruppe. *Diarthrognathus* steht abseits. — Nach KERMACK 1967

Abb. 44 (links). Die stammesgeschichtlichen Beziehungen innerhalb der Säugetiere nach Gebißmerkmalen. Rechts wichtige Fossilfundstellen (Lance, Trinity und andere) mesozoischer Säugetiere. Dryolestoidea = Eupantotheria. Beachte Trennung von *Morganucodon* und Docodonta. — Nach VANDEBROEK 1964

Die „Säugetiere“ des Mesozoikums*)

Gemäß der Fossildokumentation werden die mesozoischen Säugetierstämme hauptsächlich auf Grund ihres zum Teil grundlegend verschieden differenzierten Gebisses definiert [3216, 3219]. Neuere, auf Schädelresten beruhende Untersuchungen haben jedoch zu wesentlichen Korrekturen der bisherigen Vorstellungen über die mesozoischen Säugetiere geführt [1714]. Wie bereits aus dem vorherigen Kapitel hervorgeht, eilt die Gebißevolution der der meisten übrigen Merkmale weit voraus, so daß sich die mesozoischen Formen wohl nach dem Gebiß und nach dem sekundären Kiefergelenk als „Vollsäugetiere“ bezeichnen lassen, nicht aber etwa nach dem Bau des Gehirnschädels. Die bisherigen Aussagen über die mesozoischen Säugetiere und ihre taxonomische Gliederung beruhen jedoch zwangsläufig fast ausschließlich auf Gebißresten. Angesichts der Vielfalt der mesozoischen Säugetierreste und der unterschiedlichen Interpretation der einzelnen Zahnelemente gehen die Ansichten über die stammesgeschichtlichen Zusammenhänge stark auseinander.

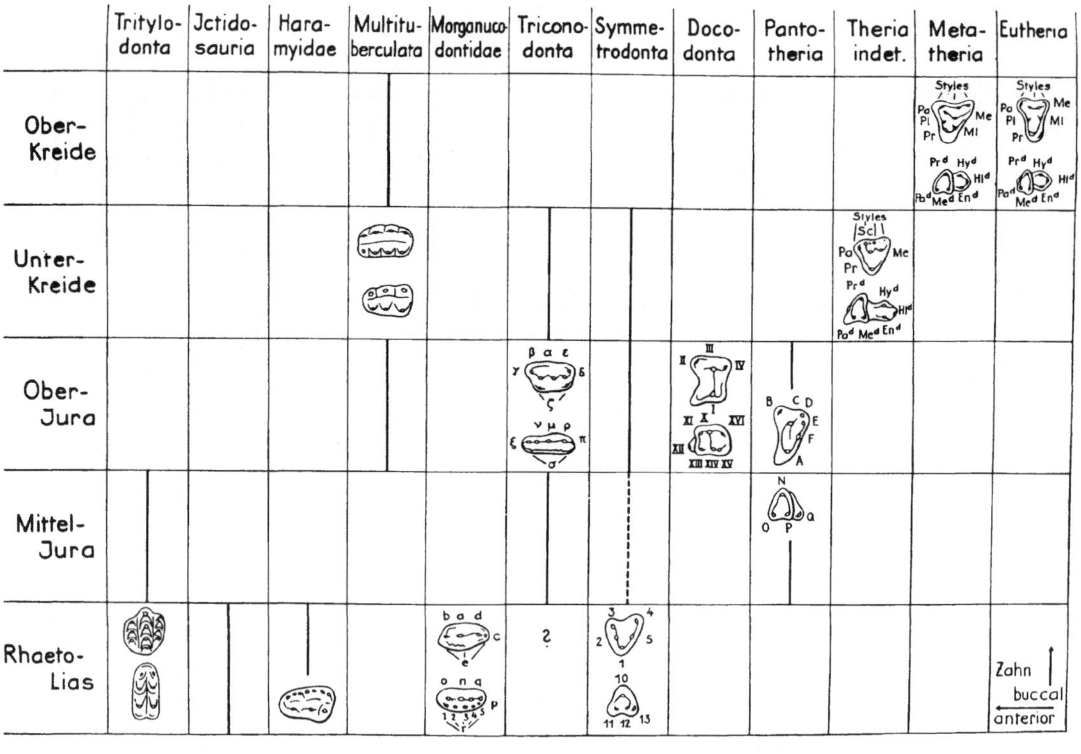

Abb. 46. Backenzahntypen mesozoischer Säugetiere. Für jede Ordnung nach SIMPSON eigene Terminologie notwendig, da Homologisierung der Zahnhöcker nicht möglich oder fraglich. — Nach KUHN-SCHNYDER 1967

En^d = Entoconid	Me = Metacon	Pa = Paracon	Pr = Protocon
Hl^d = Hypoconulid	Me^d = Metaconid	Pa^d = Paraconid	Pr^d = Protoconid
Hy^d = Hypoconid	Ml = Metaconulus	Pl = Protoconulus	Sc = Stylocon

*) In diesem Kapitel sind nur die (fast) ausschließlich aus dem Mesozoikum bekannt gewordenen „Säugetier-“ gruppen berücksichtigt. Die aus der Kreidezeit nachgewiesenen Marsupialia, Insectivora, Condylarthra und (?) Primates werden erst in den folgenden Kapiteln behandelt.

Da eine Homologisierung der einzelnen Zahnhöcker der Backenzähne nicht einwandfrei möglich ist, hat SIMPSON [3275] eine für die einzelnen Gruppen verschiedene Nomenklatur vorgeschlagen (Abb. 46). Die im folgenden gegebene Charakterisierung der einzelnen Gruppen berücksichtigt hauptsächlich die für die taxonomisch-phylogenetische Stellung wesentlichen Merkmale.

„Ictidosauria" (Diarthrognathidae*)

Eine Charakterisierung der erst in den letzten Jahren durch die Untersuchungen von A. W. CROMPTON näher bekannt gewordenen „Ictidosauria" **(Diarthrognathidae)** wurde bereits auf Seite 24 gegeben (Abb. 27 auf Seite 25). Es sind Doppelgelenker *(Diarthrognathus)* mit einem kurzschnauzigen, niedrigen Schädel mit kräftigen und ausladenden Jochbogen, großer, mit der Orbita vereinter Temporalgrube, einem gegenüber Cynodontia voluminöseren Gehirnschädel, ohne Foramen parietale, mit Postfrontale und Postorbitale, vollständigem knöchernem Gaumen, doppeltem Hinterhauptsgelenk, kurzer Mandibel mit stark betontem Proc. angularis des Dentale und einem heterodonten Gebiß, dessen Postcaninen nach CROMPTON [641] mehrspitzig und durch Kämme miteinander verbunden sind.

Eine knorpelige Siebbeinplatte dürfte ausgebildet gewesen sein, das „Epipterygoid" ist groß, das Quadratum bildet eine konkave Gelenkfläche, im Gegensatz zur konvexen bei allen Therapsiden, einschließlich der Tritylodontia [639, 641, 642].

Reste von Diarthrognathen sind bisher nur aus der jüngsten Trias Südafrikas bekannt geworden.

Docodonta (einschl. Morganucodontiden)

Die gleichfalls erst in den letzten Jahren durch W. G. KÜHNE und K. A. KERMACK besser bekannt gewordenen Docodonten bilden eine eigene Gruppe unter den mesozoischen Säugetieren, deren Sonderstellung erstmalig KRETZOI [1884] erkannte. Ursprünglich mit den (Eu-)

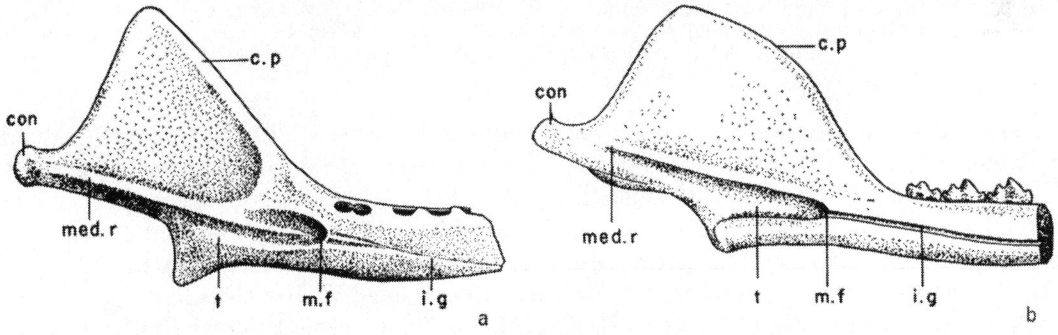

Abb. 47. *Morganucodon* (Docodonta) aus dem Rhäto-Lias. Hintere Unterkieferpartie von innen. — Nach KERMACK & MUSSETT 1958 und KÜHNE 1958

con = Condylus
c.p. = Proc. coronoideus
i.g. = Innenfurche
med.r = mediane Leiste
m.f. = For. mandibulare
t = Rinne für akzessorische Unterkieferelemente

*) Da der Begriff Ictidosauria nicht einheitlich gefaßt wird oder die Zugehörigkeit einzelner Formen infolge ungenügender Dokumentation zweifelhaft ist, sind in diesem Zusammenhang nur die Diarthrognathidae berücksichtigt.

Pantotheria vereinigt, haben vollständigere Funde bedeutende Unterschiede aufgezeigt, die eine Abtrennung als eigene Gruppe notwendig machen.

Mit den Diarthrognathen haben sie das Doppelgelenk gemeinsam, das nunmehr von *Morganucodon* (= ? *Eozostrodon* [2564, 2565]) nachgewiesen werden konnte [2909, 2910, 1715], nachdem ursprünglich nur auf Grund einer Fossa mandibularis bei *Docodon* [2566] die Existenz zusätzlicher Unterkieferelemente vermutet worden war [1717, 1718, 1936]. Dieses Doppelgelenk ist nicht nur bei *Morganucodon* aus der jüngsten Trias (Abb. 47), sondern auch noch bei *Docodon* aus dem Ober-Jura ausgebildet. Durch den „echidna angle" des Unterkiefers*) und die Ausbildung der Postcaninen, die eine Unterscheidung in Prämolaren und Molaren zulassen, sind bereits im Unterkiefer und Gebiß deutliche Verschiedenheiten gegenüber *Diarthrognathus* vorhanden (Abb. 49 auf Seite 43). Die ursprünglich als Triconodonten klassifizierten geologisch älteren Docodonten (= **Morganucodontidae**) unterscheiden sich im Molarengebiß jedoch deutlich von diesen, indem außer dem stets ausgebildeten Haupthöcker je ein Vorder- und Hinterhöcker sowie mehrere kleine Höcker ausgebildet sind [1936]**) (Abb. 48). Bei den Trico-

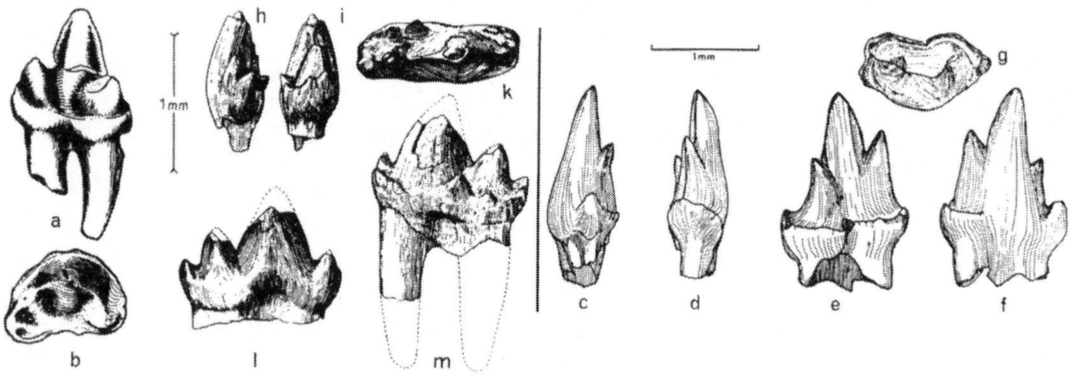

Abb. 48. Die geologisch ältesten Säugetierzähne. a, b) „Duchy 33" (=*Kühneon duchyense* Kretzoi = Symmetrodonte nach Kühne = primitiver Eupantotherier nach Kermack, Lees & Mussett), c-g) Welsh Pantotheria, M inf. in verschiedenen Ansichten, h-m) *Morganucodon*, M inf. in verschiedenen Ansichten. — Nach Kühne 1950 (a, b), 1958 (h-m) und Kermack, Lees & Mussett 1965 (c—g)

nodonten dagegen besteht die Molarenkrone aus drei einander gleichwertigen, mesiodistal ausgerichteten Höckern. Die Zahl der Zähne wird mit mindestens 3 (bis 5) Incisiven, einem C und je 3—4 P beziehungsweise 3—4 M angegeben [1936, 1719, 2909]. Morganucodontiden sind aus der jüngeren Trias Europas, Ostasiens und Südamerikas [645] nachgewiesen. Bei den Jura-Docodonta (**Docodontidae**) vergrößern sich die Innenhöcker der Maxillar-Molaren, so daß bei *Docodon* ein dem Protocon der Theria funktionell entsprechender, aber nicht homologer Innenhöcker an den M sup. ausgebildet ist (Abb. 62 auf Seite 60), während der echte Protocon bei den Theria erst im Alb (Unter-Kreide) erworben wird [2600]. Nach Kühne [1938] verhält sich *Haldanodon* aus dem unteren Ober-Jura (Oxford) intermediär zwischen *Morganucodon* (Rhät)

*) Wegen der funktionellen Bedeutung des Proc. angularis bei *Morganucodon* und der Unterschiede gegenüber Eupantotheria siehe Parrington [2567].

**) Wieweit die Unterschiede gegenüber *Diarthrognathus* im postcaninen Gebiß grundsätzlicher Natur sind, oder nur auf einer mit der Kurzschnauzigkeit bei *Diarthrognathus* in Zusammenhang stehenden Drehung der einzelnen Zähne beruhen, kann erst die noch ausstehende, eingehende Untersuchung an letzterer Gattung zeigen.

und *Docodon* (oberer Ober-Jura = Purbeck). Somit ist ein hochspezialisiertes Gebiß mit einem Quadrato-Articulargelenk kombiniert. Interessant ist, daß nach Hopson bei primitiven Docodonten, wie auch bei den Pantotherien ein rudimentäres Coronoid erhalten geblieben ist.

Auf Grund des „echidna-angle" des Unterkiefers (Abb. 49) und der Übereinstimmung im Bau des Petrosums mit den Monotremen durch die Lamina anterior des Petrosums haben Kermack & Mussett [1717] auf die Möglichkeit der Ableitung der Prototheria von den triadischen Docodonta (= Prädocodonta im Sinne von Butler und Patterson) hingewiesen. Während Kermack [1714, 1715] unter dem Hinweis, es seien nur gemeinsame Primitivmerkmale, die auch

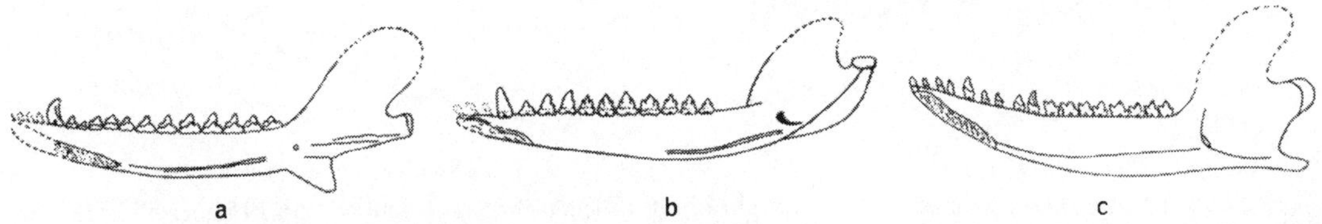

Abb. 49. Unterkiefer mesozoischer Säugetiere. a) *Docodon* (Docodonta, Ober-Jura), b) *Spalacotherium* (Symmetrodonta, Ober-Jura), c) *Laolestes* (Eupantotheria, Ober-Jura). Beachte Zahnformel, Ausbildung bzw. Vorhandensein des Proc. coronoideus und Proc. angularis. Nur die Eupantotheria kommen als Stammformen der Theria in Betracht. *Docodon* mit „echidna angle" des Unterkiefers. — Aus Patterson 1956

bei den Triconodonten auftreten, gegen stammesgeschichtliche Beziehungen zu den Monotremen ist, wertet derselbe Autor neuerdings [1716] die Schädelmerkmale doch höher und faßt die Docodonten, Triconodonten, Multituberculaten und Monotremen zu einer auf eine gemeinsame Wurzel zurückzuführenden Gruppe zusammen, die sich unabhängig von den Theria entwickelt habe. Angesichts des Nachweises von (Eu-)Pantotheria in der jüngsten Trias ist eine direkte stammesgeschichtliche Verknüpfung mit den Theria praktisch auszuschließen.

Triconodonta

Die als Triconodonta klassifizierten Fossilformen sind die am frühesten bekannt gewordenen mesozoischen Säugetiere. Es sind kleine Formen mit 3—4 Incisiven, gut entwickelten Caninen und triconodonten Molaren, deren drei Höcker in einer mesio-distalen Reihe angeordnet sind. Das Gebiß ist diphyodont, das Kiefergelenk ein Squamoso-Dentalgelenk, die Mandibel ohne Processus angularis (Abb. 50). Gaumenlücken sind nachgewiesen. Der von *Triconodon mordax* bekannte Endocranialausguß*) ist wohl als säugetierartig zu bezeichnen, indem die glatten Großhirnhemisphären bedeutend größer sind als die gut entwickelten Bulbi olfactorii und das Cerebellum [3213], doch ist der Hirnschädel durch das nicht in die Schädelhöhle einbezogene Cavum epiptericum noch durchaus reptilhaft [1714]. Wie Kermack [1714] hervorhebt, trifft dies für alle präkretazischen Säugetiere zu. (einschließlich der alttertiären Multituberculaten). Es ist daher nicht richtig, daß die Jura-Säugetiere nach der Evolutionshöhe bereits über das Monotremen-Stadium hinaus entwickelt waren. Das Tectum ist (bei *Triconodon*) fast völlig vom Cerebrum überdeckt, ein Neocortex scheint nicht ausgebildet gewesen zu sein [855]. Das Gehirn ist somit zweifellos höher evoluiert als das der Therapsiden (Seite 32), doch unterscheidet es sich von Primitivgehirnen rezenter Säugetiere (zum Beispiel *Didelphis*, *Solenodon*) durch die Kombi-

---

*) Wegen *Sinoconodon* siehe Seite 33.

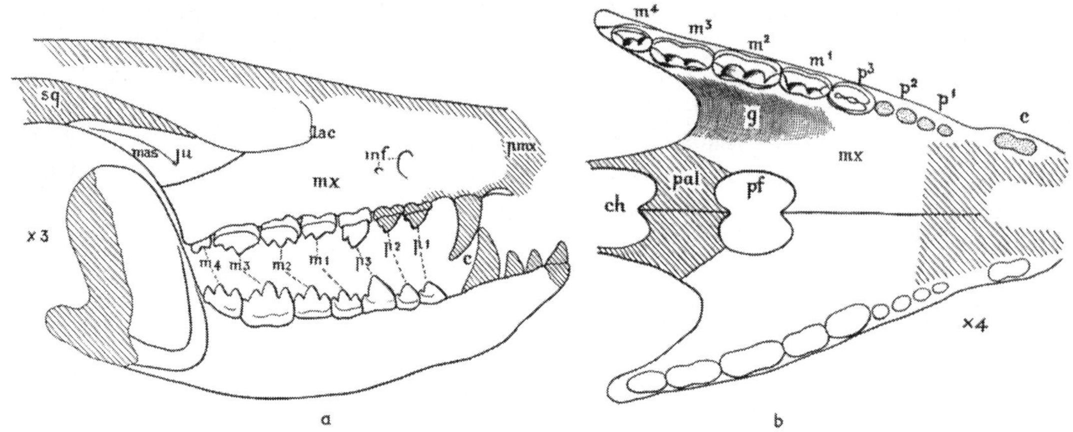

Abb. 50. *Priacodon* (Triconodonta). Rekonstruktion des Schädels hauptsächlich auf *Pr. ferox* basierend. a) Seitenansicht, b) Gaumenansicht. Beachte Zahnformel und Gaumenlücke. — Nach Simpson 1925

ch = Choanen
c = Canin
g = Grube an der Lingualseite der Molaren
inf = For. infraorbitale
lac = Lacrimale
mas = Ansatzstelle des Masseters
m^1—m^4 = Molaren
mx = Maxillare
pal = Palatinum
p^1—p^3 = Prämolaren
pf = Gaumenlücke
pmx = Prämaxillare
sq = Squamosum

nation von Fehlen eines Neopallium und weitgehende Überdeckung des Tectum mesencephali*) (Abb. 38 auf Seite 32).

Die taxonomisch-phylogenetische Stellung der aus dem Jura und Unterkreide nachgewiesenen Triconodonten**) ist auch gegenwärtig noch nicht endgültig geklärt.

Einst als Marsupialia***) klassifiziert oder als Ausgangsformen der trituberculaten Säugetiere angesehen, werden die Triconodonta meist als Mammalia incertae sedis gewertet. In jüngster Zeit hat Vandebroek [3694] sie mit den Symmetrodonta zur Gruppe der Triconotheria vereint, nachdem bereits Owen [2550], Osborn [2512] und Bohlin [318] auf Ähnlichkeiten zwischen diesen beiden Gruppen hingewiesen haben. Angesichts des konstanten Zahnbaues bei den Triconodonten, des Nachweises von Eupantotheria bereits in der Ober-Trias und deren Gebiß-Affinitäten zu den typischen Symmetrodonten und zu den Jura-Eupantotheria sind phylogenetische Beziehungen zwischen den beiden letzteren Gruppen eher wahrscheinlich als zwischen Triconodonten und Symmetrodonten. Nach den Gemeinsamkeiten im Bau des Hirnschädels mit den Docodonten, Multituberculaten und Monotremen vereinigt sie neuerdings Kermack [1716] mit diesen zu einer Gruppe.

Als wichtigste Gattungen sind außer *Triconodon* (Ober-Jura), *Amphilestes* und *Phascolotherium* (Mittel-Jura), *Trioracodon* und *Priacodon* (Ober-Jura) sowie *Astroconodon* (Unter-Kreide [2596]) zu erwähnen.

Soweit sich Evolutionstendenzen innerhalb der Triconodonta feststellen lassen, führen sie innerhalb zweier verschiedener Linien zu einer Reduktion der Zahnzahl (einerseits Verringerung der P, andrerseits der M).

*) Wie Starck [3393] betont, muß ein primitives Säugetiergehirn nicht unbedingt ein freiliegendes Tectum mesencephali aufweisen.

**) Sichere Trias-Triconodonten sind bisher nicht bekannt. Die von Kühne [1932] als Triconodonten klassifizierten Formen sind Docodonta, *Sinoconodon* [2610] ist nach Crompton [645] ein fortschrittlicher Cynodontier und *Erythrotherium* aus der Obertrias von Südafrika [645] ist wohl auch ein Morganucodontide (Docodonta). Auf welche Formen sich Kühne stützt, geht aus seinem Diagramm nicht hervor.

***) Naef [2443] hat *Myrmecobius* als rezenten Angehörigen der Triconodonten betrachtet!

Symmetrodonta

Als weiterer, durch den Molarenbau charakterisierter Säugetierstamm gelten die Symmetrodonta. Die dreihöckrigen Molaren unterscheiden sich von jenen der Triconodonten durch die Anordnung und Ausbildung, indem neben dem externen Haupthöcker zwei niedrige interne Höcker vorhanden sind. Ursprünglich als spezialisierte Triconodonten angesehen, hat Simpson [3211] sie zu einer eigenen Ordnung erhoben, die meist zusammen mit den Eupantotheria als Pantotheria zusammengefaßt wird [1718, 3257]. Demgegenüber bringt sie Vandebroek [3694] als Triconotheria mit den Triconodonta in Verbindung.

Reste von Symmetrodonten sind bisher mit Sicherheit nur aus dem Jura Europas und Nordamerikas (*Amphidon, Spalacotherium, Peralestes, Tinodon*) und der Unter-Kreide der USA (*Spalacotheroides* [2599]; cf. *Spalacotherium* [567]) und (?) Asiens (*Manchurodon* [3966]) bekannt geworden*) (Abb. 49b auf Seite 43).

Sie werden als Angehörige der **Amphidontidae** (*Amphidon*, (?) *Manchurodon*) und **Spalacotheriidae** (übrige Gattungen) klassifiziert, indem die Angehörigen der erstgenannten Familie durch die Zahnbildung etwas aberrant wirken.

Das heterodonte Gebiß der Spalacotheriiden besteht aus mindestens drei Incisiven, dem C, 3—4 Prämolaren und 4—7 Molaren. Der Mandibel fehlt ein Proc. angularis, bei den Jura-Symmetrodonten ist nur ein Squamoso-Dentalgelenk ausgebildet.

Über die stammesgeschichtlichen Beziehungen der bisher nur sehr fragmentarisch dokumentierten Symmetrodonten bestehen verschiedene Ansichten, indem sie einerseits als Vorläufer der Eupantotheria, andrerseits als paralleler Seitenzweig gedeutet werden. Angesichts der oben angedeuteten Schwierigkeiten bei der Homologisierung der Zahnhöcker und ohne Kenntnis des übrigen Skelettes erscheinen sichere Aussagen in phylogenetischer Hinsicht noch verfrüht, wenngleich nach dem Gebiß eine Ableitung von primitiven (rhätischen) Eupantotheria durchaus möglich [1720] und damit eine Zuordnung zu den Theria wahrscheinlich ist.

Eupantotheria

Vollständige Kieferreste dieser bisher fast nur aus dem Jura (hauptsächlich aus dem Bathon [Mittel-Jura] von England [Stonesfield] und dem Purbeck der Morrison-Formation [Ober-Jura] in den USA) bekannt gewordenen Säugetiere sind seit 1812 nachgewiesen**), ohne daß anfänglich ihre Zugehörigkeit zu den Säugetieren gesichert erschien, was auch im Namen (*Amphitherium*) zum Ausdruck kommt (Abb. 49c auf Seite 43). Später wurden sie mit den Docodontiden als Pantotheria vereinigt. Nach deren Abtrennung als eigene Ordnung durch Kretzoi [1884] wurden die restlichen Pantotheria (Amphitheriidae, Paurodontidae und Dryolestidae) durch Kermack & Mussett [1718] als Eupantotheria bezeichnet und von diesen Autoren mit den Symmetrodonta als Pantotheria zusammengefaßt.

*) Die durch Kühne [1934] und Kermack & Mussett [1718] ursprünglich auf Symmetrodonten bezogenen isolierten Zähne aus dem Rhät von Glamorgan, die Kretzoi [1888] übrigens als *Kühneon duchyense* (= „Duchy 33") benannt hat, sind nach Kermack & Mussett [1720] nicht auf Symmetrodonten, sondern auf primitive Eupantotheria zu beziehen (Abb. 48 auf Seite 42). Demgegenüber klassifizieren Crompton & Jenkins [45b] diese „Welsh Pantotheria" auch neuerdings wegen der Übereinstimmung mit Jura-Symmetrodonten wieder als Symmetrodonta.

**) Ursprünglich als Symmetrodonten klassifizierte isolierte Zähnchen aus dem (?) Rhät von Wales (Welsh, „Duchy 33" = *Kühneon duchyense* [1899, 1934]) sind nach Kermack, Lees & Mussett [1720] basale Eupantotheria, von denen ohne Schwierigkeit auch die typischen Symmetrodonta abgeleitet werden können. Die unteren molariformen Zähne bestehen aus einem Trigonid aus Proto-, Para- und Metaconid und einem winzigen Talonid (mit angedeutetem Hypoconulid), die oberen molariformen Zähne aus dem Haupthöcker (Paracon), dem wesentlich kleineren, distal anschließenden Metacon und zwei buccalen Cingularhöckern (Stylocon und Stylarhöcker) [1720] (Abb. 48 und 51).

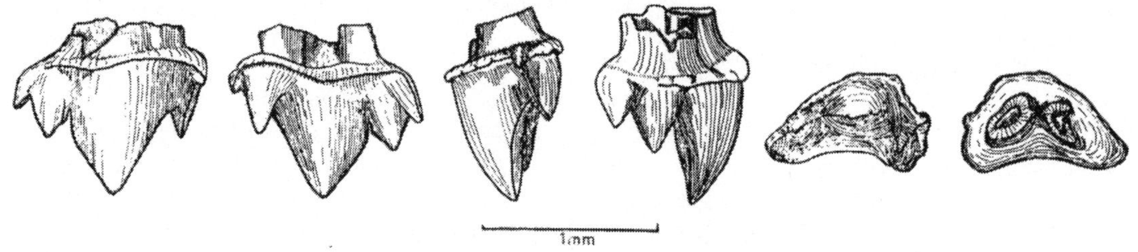

Abb. 51. Welsh Pantotherier. M sup. in verschiedenen Ansichten. Beachte Anordnung der Nebenhöcker. a) Lingualansicht, b) Buccalansicht, c) Mesialansicht, d) Distalansicht, e) Occlusalansicht, f) Apicalansicht. — Nach Kermack, Lees & Mussett 1965

Das wesentliche Kennzeichen dieser nur durch Kiefer- und Zahnreste belegten Säugetiere liegt im tribosphenischen Bau der Molaren (Abb. 51 und 52) der Zahnformel und im Bau der Mandibel. Bemerkenswert ist der Nachweis eines rudimentären Coronoids durch Krebs, ähnlich dem der Docodonta.

Der Unterkiefer wird aus dem Dentale gebildet, das Kiefergelenk ist ein Squamoso-Dentalgelenk. Die meist schlanken Mandibeläste sind in der Symphysenregion verwachsen, ein Proc. angularis und Proc. coronoideus sind stets ausgebildet. Die Zahnformel ist bei *Amphitherium* 4 1 4 7, doch sind auch Arten mit 8 Molaren (*Amblotherium*) oder weniger Backenzähnen (zum Beispiel *Paurodon, Laolestes*) bekannt. Wie Mills [3252] hervorhebt, bestehen jedoch beträchtliche Unterschiede im Zahnbau zwischen **Amphitheriiden** (*Amphitherium, Peramus*) und Dryolestiden (*Laolestes, Melanodon*). Die M inf. sind typisch tuberculosectorial gebaut und bestehen bei *Amphitherium* aus dem hohen Trigonid mit dem Protoconid (= Eoconid bei Vandebroek) als Haupthöcker, dem etwas schwächeren Para-(Mesioconid) und dem größeren Metaconid (Distoconid) als lingualen Nebenhöckern sowie einem einfachen, niedrigen Talonid, das einen Hypoconidhöcker zeigen kann (*Peramus*). Bei *Laolestes* (Dryolestidae) sind die Trigonidhöcker enger gestellt und der distale Lingualhöcker als mesio-distal angeordneter Doppelhöcker (Epiconid und Distoconid im Sinne von Vandebroek [3693]) ausgebildet. Das Talonid ist weitgehend reduziert. Aus dem Kimmeridge von Portugal hat Kühne [1937] primitive Dryolestidenmolaren beschrieben. Die M sup. der Dryolestiden (zum Beispiel *Melanodon, Herpetairus, Pelicopsis*) bestehen aus einem Außenhöcker (Anticonus bei Vandebroek, Styloconus bei Patterson) und einem mit diesem meist durch einen Kamm verbundenen Innenhöcker, der nach Vandebroek [3694] dem eigentlichen Haupthöcker entspricht (Eoconus). Demgegenüber weist der M sup. der Amphitheriiden, den Mills [3252] nach den Usurflächen an den M inf. rekonstruiert hat, ein kräftiges Parastyl samt Höcker, einen Haupthöcker und einen kleineren Nebenhöcker auf, an dem sich an der lingualen Zahnspitze eine weiterer Höcker auszugliedern beginnt. Nach der Occlusionsstellung läßt sich der Haupthöcker mit dem Paraconus, der mit diesem durch einen Kamm verbundene distale Nebenhöcker mit dem Metaconus und der beginnende Höcker an der Lingualspitze mit dem Protoconus des trituberculären Zahnes homologisieren [455, 3252] (Abb. 52). Bei *Aegialodon* aus dem Wealden (Unter-Kreide) zeigen die Usuren am Talonid, daß ein Protoconus als eigener Höcker an den M sup. ausgebildet gewesen sein muß [1720]. *Aegialodon* ist nach Kermack, Lees & Mussett das erste Säugetier, bei dem der Protoconus als eigener Höcker entwickelt war*). Entsprechend dieser von Mills und Butler ausgesprochenen Homo-

*) Von *Parendotherium* aus dem Wealden Spaniens [658, 659] liegt nur ein M. inf.-Fragment vor.

logisierung bilden die Amphitheriiden im Molarenbau ein echtes Intermediärstadium zwischen rhätischen basalen „Eupantotheria" und den erstmalig*) aus der Unter-Kreide (Alb) nachgewiesenen Theria (Forestburg-Zähne aus den Trinity Sanden in Texas [2600]) (Abb. 53a, 54), während dies für die Dryolestiden nicht zutrifft. Diese erweisen sich phylogenetisch als Seitenlinie [3694].

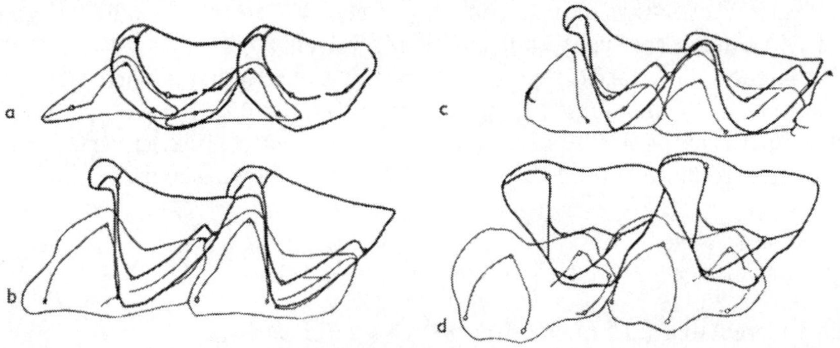

Abb. 52. M sup. (stark ausgezogener Umriß) und inf. mesozoischer Säugetiere in Okklusionsstellung. a) rhätischer Symmetrodonte, b) *Amphitherium* (Eupantotheria), c) *Peramus* (Eupantotheria), d) Forestburg-Zähne (Theria). Teilweise rekonstruiert. Ausbildung eines echten Protocons erst bei den Forestburgzähnen der Kreidezeit (Alb). Andeutung bei *Peramus*. — Nach MILLS 1964

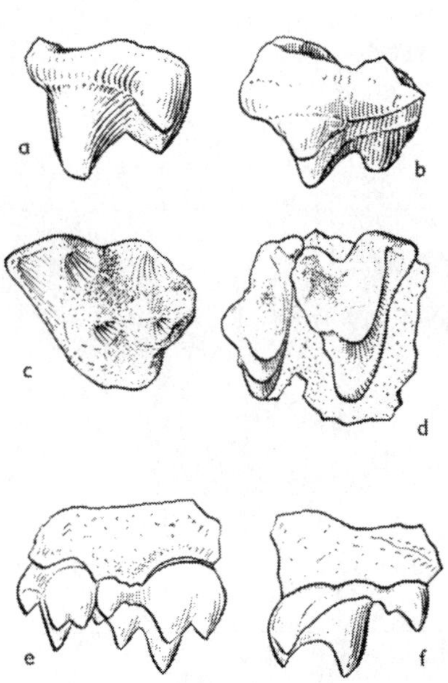

Abb. 53. M sup. von Unter-Kreide-(Alb)Säugetieren (Theria) aus den Trinity-Sanden von Texas (= Forestburg-Zähne). a-c) Theria ind.; unvollständig erhaltener M sup., d-f) *Pappotherium pattersoni*, M^{2-3} dext. — Nach PATTERSON 1956 (d-f) und SLAUGHTER 1965 (a-c) umgezeichnet

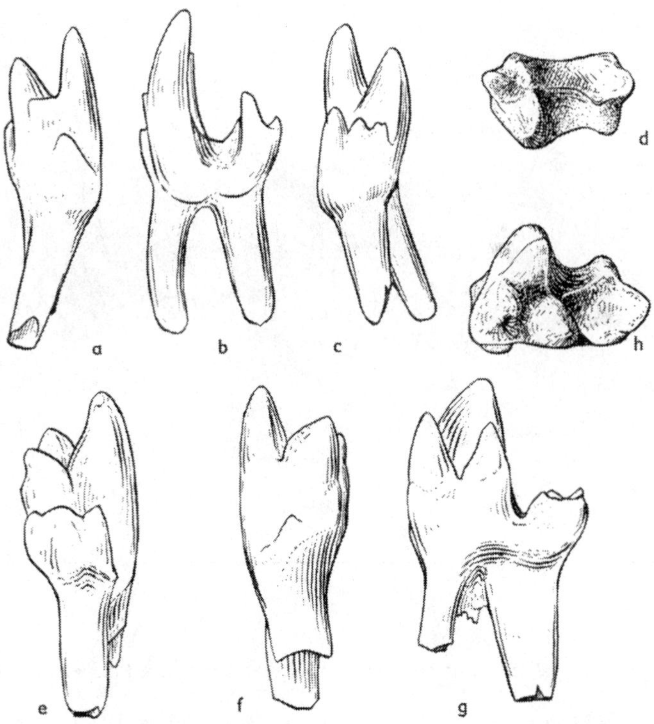

Abb. 54. M inf. von Unter-Kreide-(Alb)Säugetieren (Theria ind.) aus den Trinity-Sanden von Texas. a-d) M inf. sin., e-h) M inf. dext. Beachte hohes Trigonid und dreihöckriges Talonid. — Nach PATTERSON 1956 (e-h) und SLAUGHTER 1965 (a-d) umgezeichnet

*) Über die altersmäßige Einstufung von *Endotherium* Seite 59.

Demnach lassen sich innerhalb der Eupantotheria mehrere Parallelstämme unterscheiden. Die Amphitheriiden (*Amphitherium*, *Peramus* [3252]) bilden den ursprünglichsten Zweig, bei den **Paurodontiden** *(Paurodon, Tathiodon)* besteht unter Verkürzung der Kiefer die Tendenz zur Reduktion der Zahnzahl, während bei den **Dryolestiden** *(Dryolestes, Laolestes, Amblotherium, Herpetairus, Melanodon)* die Unterkiefermolaren unter weitgehender Reduktion des Talonids verkürzt werden. Ob die Abtrennung von *Aegialodon* als eigene Familie (**Aegialodontidae**) gerechtfertigt ist, können erst vollständigere Funde zeigen.

Somit lassen nur die Amphitheriiden unter den Eupantotheria nach sämtlichen bisher bekannten Merkmalen (Molarenbasis, Zahnzahl, Bau der Mandibel) eine Ableitung der Theria zu. Die einst von Butler [447, 448] als möglich angenommenen direkten verwandtschaftlichen Beziehungen zwischen Paurodontiden und Zalambdodonten lassen sich nicht aufrechterhalten.

Multituberculata

Die Multituberculaten bilden eine sehr gut charakterisierbare Säugetiergruppe, die durch ihr hochspezialisiertes Gebiß entfernt an die Tritylodontia erinnert, mit denen sie ursprünglich auch in Verbindung gebracht wurden [61, 3219, 3245], bis Watson [3781] auf Grund von Young [3973 a] die Reptilnatur der Tritylodonten erkannte. Mit der zeitlichen Verbreitung vom Ober-Jura (Kimmeridge) bis in das Eozän*) ist sie die längstlebige Säugetierordnung.

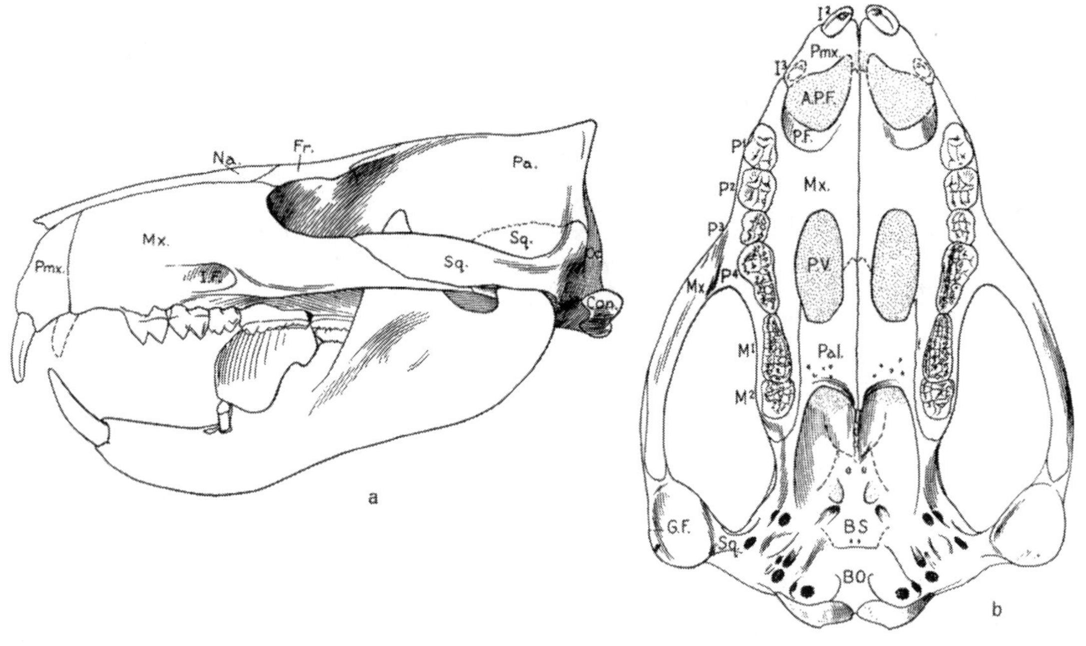

Abb. 55. *Ptilodus montanus* (Multituberculata) aus dem Paleozän der USA. a) Osteocranium seitlich, b) Gaumenansicht. Beachte Differenzierung des Gebisses. ($^2/_1$ nat. Größe) — Nach Simpson 1937

A.P.F. = vorderes Palatinalforamen	*Fr* = Frontale	*Mx.* = Maxillare	*Pmx.* = Praemaxillare
BO = Basioccipitale	*GF.* = Fossa glenoidalis	*Na.* = Nasale	*P.F.* = Gaumengrube
BS = Basisphenoid	*I.F.* = For. infraorbitale	*Pa.* = Parietale	*P.V.* = Gaumenlücke
		Pal. = Palatinum	*Sq.* = Squamosum

*) Nach Robinson, Black & Dawson [2937] und Black [276a] bis in das Jung-Eozän.

Die maus- bis bibergroßen Multituberculaten sind durch den niedrigen Schädel, kräftige und ausladende, nur aus Maxillare und Squamosum bestehende Jochbögen, Gaumenlücken, mäßig langen bis kurzen Gesichtsschädel, mäßig breiten Gehirnschädel und ein säugetierhaft wirkendes Endocranium, durch ein Squamoso-Dentalgelenk, ein ausgesprochen heterodontes, diphyodontes Gebiß [3517] mit vielhöckrigen Molarenkronen und einem langen Diastem zwischen Vorder- und Backengebiß sowie eine Mandibel ohne Proc. angularis gekennzeichnet (Abb. 55 a, b). Der Schultergürtel (zum Beispiel *Djadochtatherium*: Oberkreide) unterscheidet sich deutlich von jenen der Prototheria und Theria und entspricht einem spezialisierten Cynodontia-Stadium [2202], indem ein Scapulocoracoid mit einer kräftigen Spina und vermutlich eine Interclavicula ausgebildet waren. Der Beckengürtel weist bei *Eucosmodon* (Paleozän) nach den Muskelansatzstellen auf eine arboricole Lebensweise hin [3286], was in Einklang mit paläo-ökologischen Befunden an weiteren paleozänen Multituberculaten steht. Die Extremitätenknochen weisen knöcherne Epiphysen auf, die fünfzehigen Extremitäten tragen bekrallte Endphalangen.

Das von *Ptilodus* (Paleozän) bekannte Endocranium ist durch die riesigen Bulbi olfactorii gekennzeichnet, sowie die glatten Hemisphären*), die das Cerebellum, das sich zwischen beide Hälften einschiebt, seitlich etwas überdecken. Ein Flocculus ist deutlich entwickelt. Diese teilweise Überdeckung scheint jedoch nach Simpson [3245] weniger durch die Vergrößerung der Großhirnhälften, sondern eher durch eine mit der Kürze des Schädels (hpts. postglenoidale Region) in Zusammenhang stehende, teleskopartige Unterschiebung des Kleinhirns unter das Großhirn bedingt zu sein, wie sie in dieser Weise von Säugetieren unbekannt ist (Abb. 38d auf Seite 32). Wie Kermack [1714] betont, hat eine Neuuntersuchung von *Ptilodus* gezeigt, daß das Cavum epiptericum persistiert und damit das Therapsidenstadium nicht überwunden ist**). Von *Triconodon* unterscheidet sich das Endocranium von *Ptilodus* vor allem durch die Lagebeziehungen zwischen Cerebrum und Cerebellum, die relativ größeren Bulbi olfactorii und den im Umriß dreieckigen Zentrallobus des Cerebellums.

Nach Simpson [3245] sind die Ähnlichkeiten im Basicranium mit Monotremen nur oberflächlich, Übereinstimmungen bestehen nur hinsichtlich einiger Primitivmerkmale***). Auch die Zahnhistologie ergibt ein analoges Bild, wie Carter [504] gezeigt hat. Der Schmelz ist von Dentinröhrchen durchdrungen wie bei den meisten Beuteltieren und einigen Placentaliern. Es ist ein mit diesen Formen gemeinsames Primitivmerkmal, das nicht auf nähere verwandtschaftliche Beziehungen mit Marsupialiern schließen läßt.

Bemerkenswert ist bei *Ptilodus* eine von den Palatalfortsätzen der Maxillaria umgebene paarige Aushöhlung im vorderen Gaumenbereich, die nach Simpson [3245] vermutlich zur Aufnahme für das sehr voluminöse Jacobsonsche Organ gedient hat (Abb. 55b).

Unter den Multituberculaten lassen sich mehrere Stämme unterscheiden, deren Abgrenzung allerdings nicht einheitlich erfolgt (Abb. 56). Unterscheidet Simpson [3257] nur drei Familien (**Plagiaulacidae**, **Ptilodontidae** und **Taeniolabididae**), so bilden nach Sloan & van Valen [3319] und van Valen & Sloan [3709 a] die Ptilodontoidea und Taeniolabidioidea zwei getrennte Unterordnungen mit jeweils mehreren Familien. Diese unterschiedlichen systematischen Kategorien spiegeln nicht nur den Stand unserer Kenntnis wider, sondern auch die Art der Merkmalsbewertung. Die Kenntnis der Multituberculaten ist auch gegenwärtig noch sehr unbefriedigend,

*) Nach van Valen & Sloan sind keine Anzeichen eines Neopalliums zu erkennen.

**) Demgegenüber ist nach Hahn [1247] bei Ober-Jura-Multituberculaten kein Cavum epiptericum vorhanden.

***) Naef [2443, 2444] betrachtet die Monotremen und Multituberculaten als Vertreter der Prototheria-Stufe, die im Gebiß nicht das trituberculate Stadium erreicht haben.

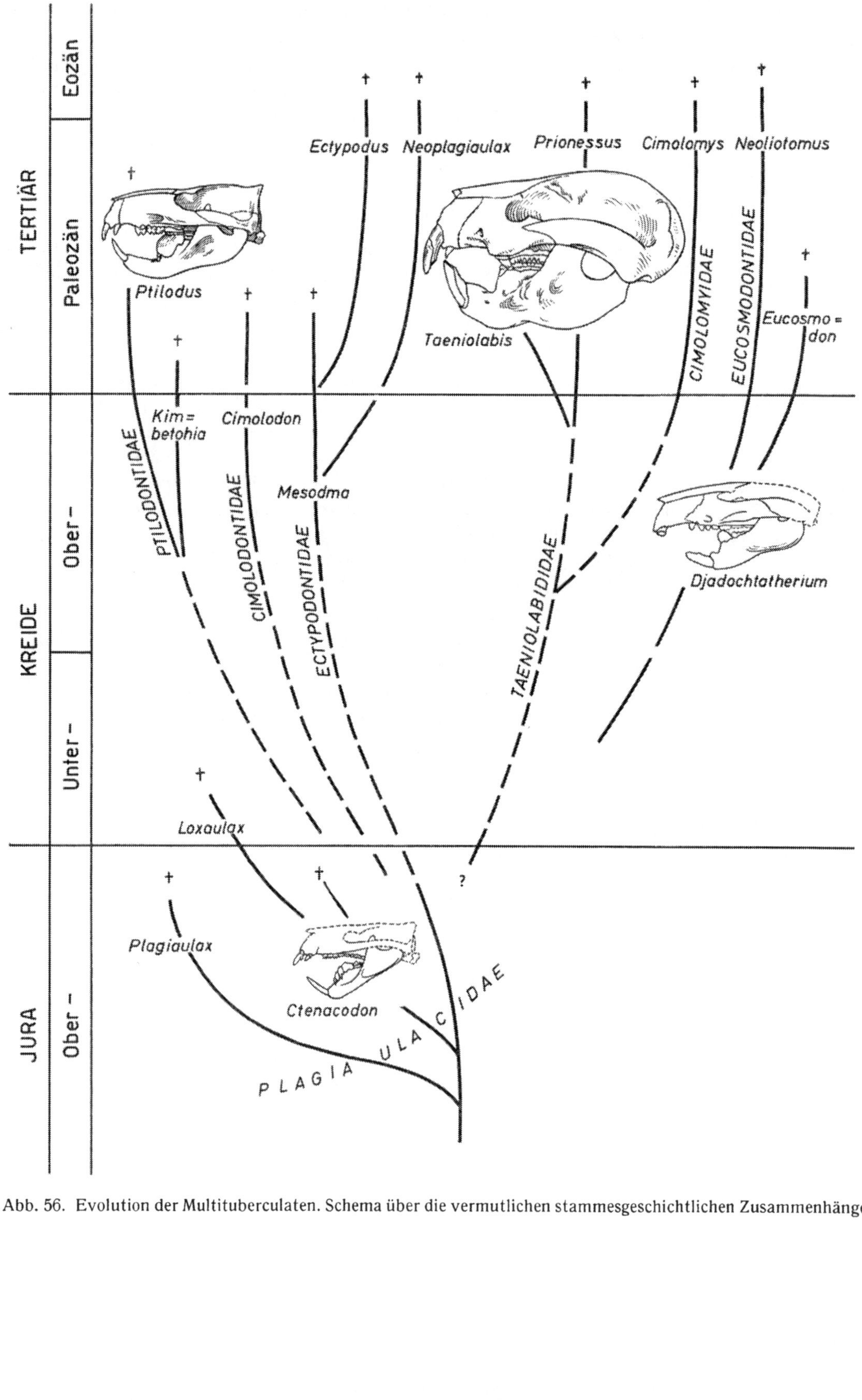

Abb. 56. Evolution der Multituberculaten. Schema über die vermutlichen stammesgeschichtlichen Zusammenhänge

da bisher keine Vorfahren der geologisch ältesten und im Gebiß bereits stark differenzierten Multituberculaten aus dem Ober-Jura (Kimmeridge) bekannt wurden*).

Bei den Ptilodontoidea macht sich die zunehmende Spezialisierung des Gebisses hauptsächlich im Bau des P_4 bemerkbar, der sich vom 5-spitzigen bei den Kimmeridge-Multituberculaten über den 7-8-spitzigen der Formen der Jura-Kreidewende *(Ctenacodon)* und die 10-14-spitzigen der Oberkreide zum 16-spitzigen Kammzahn beim paleozänen *Ptilodus* entwickelt (Abb. 57). Die Evolution der Ptilodontiden in der Kreide läßt sich nach Clemens [568] im Sinne einer adaptiven Radiation mit der Entfaltung der Angiospermen in Verbindung bringen.

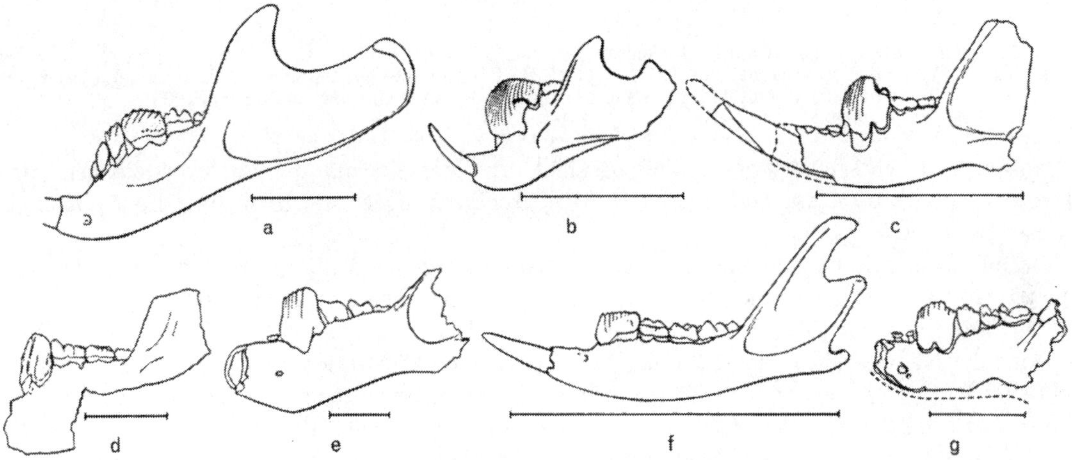

Abb. 57. Konvergenz- und Parallelerscheinungen im Gebiß. Sogenannter Plagiaulax-Typ bei Multituberculaten: a) *Ctenacodon*, Ober-Jura, b) *Ptilodus*, Paleozän; Marsupialia: c) *Abderites*, Miozän, d) *Polydolops*, Eozän, e) *Burramys*, Pleistozän, f) *Bettongia*, rez. und (?) Primates: g) *Carpolestes*, Paleozän, Mand. sin. von außen. Nach Simpson 1933

Bei den Taeniolabidioidea hingegen neigen die P zur Reduktion, und der P_4 ist nicht serrat (plagiaulacoid) entwickelt, doch sind die Molaren entsprechend vergrößert. Bei den alttertiären Endformen *(Taeniolabis)* sind die Incisiven durch die starke Hypsodontie der Kronen und den bandförmigen Schmelz gliriform, doch sind die Zähne nicht wurzellos (Abb. 58). Die Deutung der stammesgeschichtlichen Zusammenhänge hängt wesentlich von der Beurteilung der phylogenetischen Wandlungsfähigkeit des Gebisses ab, die Simpson [3245] sehr hoch einschätzt, der *Taeniolabis* vom *Ptilodus*-Typ (mit spezialisiertem Kammzahn) ableitet, während nach anderen Autoren die Trennung bereits im Jura erfolgte (vergleiche auch Clemens [568:74]).

Die Diprotodontie ist ebenso wie das plagiaulacoide Gebiß vieler Multituberculaten unabhängig von den Diprotodontia erworben worden. Der Processus angularis ist nicht ausgebildet und nicht, wie ursprünglich angenommen, beutlerartig nach einwärts gekrümmt. Der im Molarengebiß bestehenden oberflächlichen Ähnlichkeit mit Monotremen *(Ornithorhynchus)* und Desmostyliden stehen grundsätzliche Unterschiede im Bau des Schädels gegenüber. Dies gilt auch für die Ähnlichkeiten mit Nagetieren (durch die Ausbildung von gliriformen Incisiven, die sich jedoch histologisch unterscheiden), deren Erscheinen allgemein mit dem Verschwinden der Multituberculata in Verbindung gebracht wird [1653, 2254, 3864]. Neuerdings wendet sich

*) Die verschiedentlich als Stammformen gedeuteten rhätischen Haramiyiden (=„Microlestidae" =„Microcleptidae") sind bisher zu wenig dokumentiert, um eine derartige Annahme zu gewährleisten.

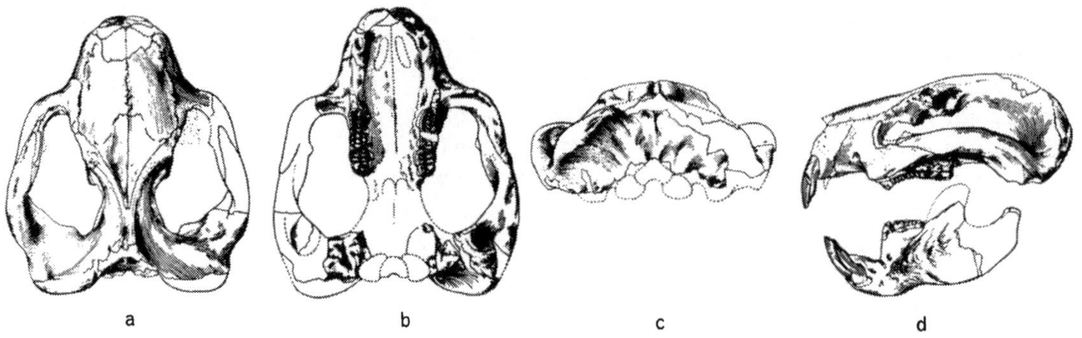

Abb. 58. *Taeniolabis taoensis* (Multituberculata) aus dem Alt-Paleozän der USA. Schädel samt Unterkiefer a) Dorsal-, b) Ventral-, c) Occipital- und d) Lateralansicht. Vorderzähne mit verlängerter Wurzel und einseitigem Schmelzbelag und dadurch nagezahnähnlich. — Nach Granger & Simpson 1929

Landry [2018] entschieden gegen diese Ansicht, da einerseits nur die Eucosmodontinen gliriforme Incisiven besitzen, andrerseits Multituberculaten noch aus dem Jung-Eozän nachgewiesen sind (siehe oben).

Die taxonomische und phylogenetische Beurteilung der Multituberculaten hat sich mit zunehmender Kenntnis stark gewandelt. Sie wurden als Diprotodontia [1012, 1108] oder als deren Stammformen [618] oder als ausgestorbener Beuteltierstamm [2512] oder als Stammformen der Monotremata [398, 622] angesehen oder auch als ausgestorbene Prototheria-Gruppe klassifiziert [2520]. Aber auch als Ahnenformen der Rodentia galten sie, bevor man sie auf Grund ihrer Merkmalskombination (Zahnmorphologie und -histologie, Bau des Schädels und des Skeletts) und ihrer zeitlichen Verbreiterung als Angehörige einer eigenen Ordnung und Unterklasse wertete [1165]. Demgegenüber vereinigt sie Kermack [1716] neuerdings mit den Docodonten, Triconodonten und Monotremen zu einer auf eine gemeinsame Wurzelgruppe zurückzuführenden Unterklasse (Prototheria sensu lato) und stellt diese den Theria (= Orthotheria Vandebroek) gegenüber.

Wie bereits erwähnt, ist die stammesgeschichtliche Herkunft der Multituberculaten auch gegenwärtig noch völlig offen. Es sind keine verwandtschaftlichen Beziehungen zwischen den Tritylodontia und den Multituberculaten vorhanden [318, 1936, 3257]. Die Ähnlichkeiten im Gebiß sind nur oberflächlicher Natur und sind Konvergenzerscheinungen.

Zur Großgliederung der Säugetiere

Vor Besprechung der rezenten und auch fossil dokumentierten Säugetierstämme erscheinen nunmehr, nach Kennzeichnung der mesozoischen Säugetiergruppen, einige Hinweise auf die Großgliederung der Säugetiere zweckmäßig. Wie aus den bisherigen Kapiteln hervorgeht, ist der Säugetiertypus nicht plötzlich und auch keineswegs durch eine synchrone Merkmalsumbildung aus Reptilien entstanden, sondern das Ergebnis eines innerhalb mehrerer Therapsidenstämme nachweisbaren „trend" ,der zwar schon in der jüngsten Triaszeit (Rhät) „Zahn"- und „Kiefer"-Säugetiere hervorbrachte, aber erst im jüngeren Mesozoikum zur Entstehung „echter" oder Voll-Säugetiere führte, die auch im Bau des Schädels, des Gehirns und der Extremitäten den Säugetierstatus erreicht haben.

Dieser meist recht kennzeichnenden Merkmalskombination und dem sich daraus ergebenden, zum Teil sehr unterschiedlichen Evolutionsniveau soll auch die taxonomische Gliederung

Rechnung tragen. Gemäß der verschiedenen Bewertung einzelner Merkmalskomplexe wird die taxonomisch-phylogenetische Stellung der im vorigen Kapitel besprochenen Gruppen keineswegs einheitlich vorgenommen, wie auch die Ansichten einzelner Autoren im Laufe der Zeit einen Wandel erfahren haben. So nimmt KERMACK [1716] in jüngster Zeit — gegenüber den in den Jahren 1963 und 1965 vertretenen Meinungen — wiederum nähere verwandtschaftliche Beziehungen zwischen den Docodonten und Monotremen an und stellt die Docodonta, Triconodonta, Multituberculata und Monotremata als Non-Theria oder Prototheria den Theria (Pantotheria und Eutheria im Sinne von GILL non HUXLEY) gegenüber. Damit wären innerhalb der Säugetiere nur zwei Unterklassen (Prototheria und Theria sensu lato) zu unterscheiden, da *Diarthrognathus* als Abkömmling der Cynodontia eine isolierte Stellung zukommt. So bestechend diese Gliederung auch scheint, muß man sich im klaren sein, daß unsere derzeitige Kenntnis der mesozoischen Säugetiere für eine endgültige Klassifikation noch nicht ausreicht, weshalb sämtliche Gliederungen nur Versuche sein können.

Immerhin scheinen die Symmetrodonta, Eupantotheria, Marsupialia und Placentalia untereinander näher verwandt zu sein. Demgegenüber erscheint es nicht sicher, ob die durch KERMACK [1716] als Prototheria zusammengefaßten Säugetierstämme, die zwar durch gemeinsame, den Theria gegensätzliche Evolutions„trends" (große Lamina anterior des Petrosums, kleines Alisphenoid) charakterisiert sind, tatsächlich auf eine gemeinsame Wurzelgruppe zurückzuführen sind.

Eine Abtrennung der Docodonta als eigene Unterklasse (Eotheria), wie sie KERMACK & MUSSETT [1719] wegen der doppelten Kiefergelenkung vorgeschlagen haben, ist nicht angebracht, da dieses Stadium mehrfach unabhängig erreicht oder durchlaufen wurde. Auch die durch VANDEBROEK [3694] vorgeschlagene Unterklasse Triconotheria für die Triconodonta und Symmetrodonta kennzeichnet — wie schon auf Seite 45 erwähnt — keine genetisch einheitliche Kategorie. Die durch die Multituberculata vertretene Unterklasse Allotheria ist nach KERMACK [1716] nicht erforderlich; dies gelte auch für die Prototheria, sofern sie nur zur Kennzeichnung der Monotremata verwendet wird. Über eine Gegenüberstellung der Pantotheria (Symmetrodonta und Eupantotheria) und Theria beziehungsweise ihre Zuordnung zu dieser Unterklasse läßt sich diskutieren.

In Anbetracht unserer derzeitigen Kenntnis und unter Berücksichtigung obiger Einwände sei daher in Anlehnung an KERMACK [1716] folgende provisorische Großgliederung vorgeschlagen. Da sich jedoch der Begriff Theria für die Marsupialia eingebürgert hat, sind die bei KERMACK als Theria zusammengefaßten Säugetierstämme hier als Orthotheria (VANDEBROEK) bezeichnet und den „Prototheria" (sensu lato) gegenübergestellt. Begriffe wie Metatheria und Placentalia sind dadurch zu Kohorten abgewertet.

Klasse: Mammalia
Unter-Klasse: „Non-Theria"
Teil-Klasse: „Prototheria" (sensu lato)
+ O.: Triconodonta
+ O.: Docodonta
+ O.: Multituberculata
O.: Monotremata
Unter-Klasse: Orthotheria (= Theria KERMACK 1967)
Teil-Klasse: Pantotheria
+ O.: Symmetrodonta
+ O.: Eupantotheria

Teil-Klasse: Theria (Parker & Haswell 1897 = Eutheria Gill 1872)
Kohorte: Metatheria
O.: Marsupialia
Kohorte: Placentalia (= Eutheria Huxley 1880 non Gill 1872)
O.: Zalambdodonta bis Embrithopoda (Seite 94ff.).

Prototheria

Monotremata (Eierleger)

Die wenigen, auf die australische Region (Australien, Tasmanien und Neuguinea) beschränkten Monotremen stehen innerhalb der rezenten Säugetiere völlig isoliert. Sie sind die einzigen Vertreter der Prototheria, wie sie auf Grund ihrer Zwischenstellung zwischen Reptilien und Säugetieren genannt wurden [1125]. Dies kommt auch in der Bezeichnung Ornithodelphia durch Bonaparte [333a] zum Ausdruck, der sie den Didelphia*) (Marsupialia) und Monodelphia (Placentalia) gegenüberstellt. Die Kombination zwischen etlichen morphologischen und physiologischen, zum Teil echt reptilhaft wirkenden Primitiv-Eigenschaften (Bau der weiblichen Geschlechtsorgane, Art der Fortpflanzung [Oviparie], ontogenetische Entwicklung, Ausbildung der Chromosomen und Spermien, Neonaten mit Eizahn, Bau der Mammardrüsen und des Primordialcraniums, Pila antotica, Cochlea nicht ganz typisch, großes Perioticum [Problem der Pterygoidea und des Cavum epiptericum], kleines Alisphenoid, Fehlen des Lacrimale; Vorhandensein von Prae- und Postfrontale, Postorbitale, Praevomer; Interclaviculare, Bau der Coracoide; Ohrmuscheln fehlend oder klein, Musculus detrahens mandibulae, Magen ohne Verdauungsdrüsen, Krallen ohne Nagelwall, Corpus callosum des Gehirns nur als Commissura dorsalis ausgebildet und so weiter) [229, 262, 384, 397, 858, 933, 1069, 1434, 1551, 2242, 3247, 3778, 3797, 3798] (Abb.59) und verschiedenen, außerordentlich hoch spezialisierten Merkmalen (Reduktion des Gebisses, Bruttasche**), Kiefer zum Teil mit Hornscheiden bedeckt, an der Ferse Sporn mit Giftdrüse [*Ornithorhynchus*], Stachelkleid [Tachyglossiden] und so weiter) lassen sich zwar durch einen langen, stammesgeschichtlichen Eigenweg und damit eine frühzeitige Trennung von den übrigen Säugetieren erklären, doch sind damit verschiedene Fragen verknüpft.

Das durch zahllose Einzeluntersuchungen gewonnene Tatsachenmaterial hat zu recht verschiedenen Auffassungen über den Ursprung und über die stammesgeschichtliche Stellung der Monotremen geführt, die im wesentlichen von der jeweiligen Homologisierung einzelner Schädelelemente abhängen. Sind die Monotremata überhaupt Säugetiere oder bilden sie — wie man nach der Bezeichnung Prototheria annehmen könnte — tatsächlich eine Vorstufe der Theria oder stehen sie den Marsupialia näher als den Placentalia? Wie bereits auf Seite 36 ausgeführt, sind die Monotremata zweifellos als Säugetiere zu klassifizieren und auf Grund ihrer Merkmalskombinationen den Theria als eigene Gruppe gegenüberzustellen.

Verschiedene (Reptil-)Merkmale sind von höheren Säugetieren unbekannt***) (Eier mit Dotter und Schale, Eizahn, Squamoso-Parietal-Kanal, Cochlea auris nicht spiralig, Prae- und Postfrontale, Halswirbel mit echten Rippen, große Coracoidea mit Procoracoid, Interclaviculare, Pelvis mit kleinem Foramen n. oburatorii, sowie das Fehlen der Siebbeinplatte und der Ohr-

*) Blainville [279] stellte die Monotremata und Marsupialia als Didelphia den Monodelphia gegenüber.

**) Der bei den Schnabeligeln nur vorübergehend angelegte Brutbeutel (Inkubatorium) kann weder als primitives Merkmal noch als Homologon zum Beutel (Marsupium) der Beutler gewertet werden [378].

***) Dagegen Praevomer foetal auch von Insectivora bekannt, Septomaxillare auch bei *Dasypus* nachgewiesen, große Pterygoidea ähnlich bei Xenarthren.

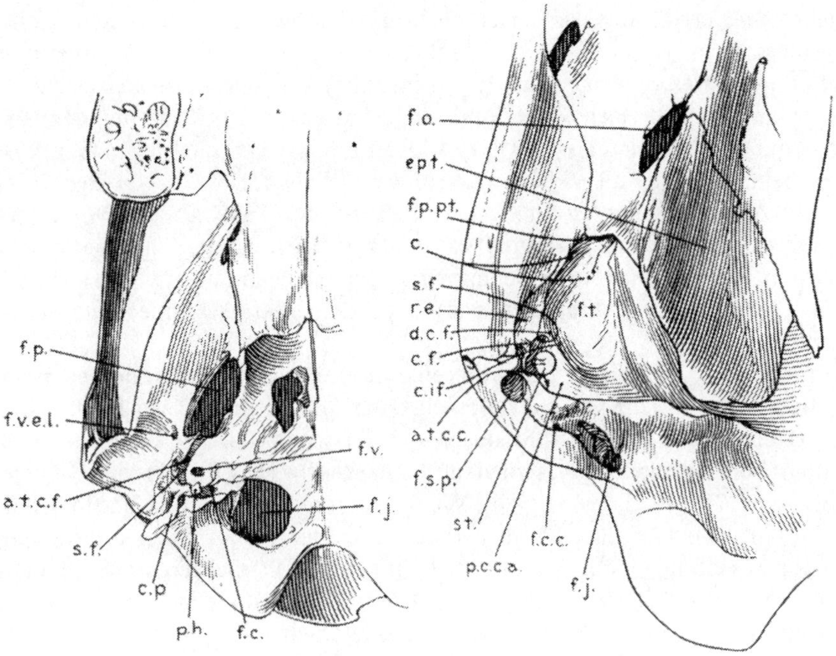

a b

Abb. 59. Monotremata. Basicranium, rechte Hälfte.
a) *Ornithorhynchus anatinus*, rez., b) *Tachyglossus aculeatus*, rez. — Nach Simpson 1938

a.t.c.c. = Sulcus facialis
a.t.c.f. = Apertura tympanica canalis facialis
c = problematischer Kanal
c.f. = Crista facialis
c.if. = Crista infrafacialis
c.p. = Crista parotica
d.c.f. = Dehiscentia canalis Fallopii
ept. = Pterygoid
f.c. = Fenestra cochleae
f.c.c. = For. zum Canalis cranio-tympanalis
f.j. = For. jugulare
f.o. = For. ovale
f.p. = For. pseudovale
f.p.pt. = Fenestra petropterygoidea
f.s.p. = For. stylomastoideum primitivum
f.t. = Fossa tympanica
f.v. = Fenestra vestibuli
f.v.e.l. = For. vasculosum externum laterale
p.c.c.a. = pars cochlearis capsulae auditivae
p.h. = Proc. hyoideus
r.e. = Recessus epitympanicus
s.f. = Sulcus facialis
st. = Stapes (in Fenestra vestibuli)

muscheln), manche Merkmale bilden eine morphologische Vorstufe (wie Milchdrüsen bei *Ornithorhynchus* = umgewandelte Schweißdrüsen, Commissura dorsalis im Gehirn = Corpus callosum) zu jenen der Theria, während andere wieder allgemein als typisch säugetierhaft bewertet werden (Haare, Squamoso-Dental-Gelenk, Diaphragma, rote Blutkörperchen kernlos, nur linke Aorta vorhanden, drei Gehörknöchelchen im Mittelohr)*). Nach letzteren sind die Monotremen im taxonomischen Sinn wohl Säugetiere, ohne daß dadurch die Frage nach der stammesgeschichtlichen Herkunft und Stellung beantwortet ist.

Mit dieser Merkmalskombination bestätigen die Monotremen den allgemein für die stammesgeschichtliche Entwicklung charakteristischen Mosaikmodus, der durch eine verschiedene Evolutionsgeschwindigkeit der einzelnen Merkmalskomplexe bei Monotremen und Theria erklärt werden kann, damit aber zugleich den stammesgeschichtlichen Eigenweg der Monotremen dokumentiert. Wenn auch verschiedene für die Prototheria kennzeichnende Merkmale

*) Die Paukenhöhle ist allerdings nur eine flache Grube; Malleus und Incus sind knorpelig verbunden [755, 3247, 3778].

sich in gleicher oder etwas abgewandelter Form bei den Theria wiederfinden, so lassen andere (nicht nur geologisch junge Spezialisationserscheinungen) zwar eine direkte Ableitung der Theria nicht zu, ohne jedoch eine gemeinsame (prä-rhätische) Wurzelgruppe auszuschließen*).

Leider geben die bisherigen Fossilfunde keine direkten Hinweise auf den Zeitpunkt der Trennung, da außer *Ektopodon* aus dem (?) Miozän nur wenige plio-pleistozäne Fossilreste von Monotremen bekannt sind, die sich nur in unwesentlichen Details von den rezenten Arten unterscheiden. Als *Ektopodon serratus* haben Stirton, Tedford & Woodburne [3476a] aus der (?) miozänen Kutjamarpu-Fauna von Südaustralien einige Zähne beschrieben, die sich noch am ehesten mit jenen juveniler Schnabeltiere vergleichen lassen und als Angehörige einer eigenen Monotremenfamlie (**Ektopodontidae**) angesehen werden, ohne damit etwas über die Phylogenie auszusagen.

Immerhin haben die in den letzten Jahren zum Teil planmäßig gesuchten Funde mesozoischer Säugetiere einiges Licht auf die Geschichte der Monotremen geworfen. So sind durch die Morganucodonten (= Docodonta) und durch die Tritylodonten aus dem Rhaeto-Lias Fossilformen bekannt, die im Skelett verschiedene bemerkenswerte Übereinstimmungen mit Monotremen aufweisen [1718, 1935, 1936, 2600]. Wenn auch die Tritylodontia bestimmt nicht und die Morganucodonten wahrscheinlich kaum als Vorläufer der Monotremen in Betracht kommen, so belegen diese Fossilfunde immerhin das Vorkommen von Wirbeltieren mit einem den rezenten Monotremen in mancher Hinsicht entsprechenden Evolutionsniveau (zum Beispiel Ausbildung des Perioticums und „echidna-angle" des Unterkiefers bei den Morganucodonten, Bau des Schultergürtels und verschiedener Extremitätenknochen bei den Tritylodonten) bereits an der Trias-Jura-Wende. Der Nachweis derartiger Formen läßt — in Verbindung mit den wesentlichen Unterschieden im Bau des Schädels gegenüber den Theria — den Schluß auf eine — mindestens seit der beginnenden Jurazeit vollzogene — Trennung von den übrigen Säugetierstämmen und damit von der zu den Theria führenden Linie zu. So ist das Femur der Trias-Cynodontier dem der Theria ähnlicher als dem der Monotremen, was deren Ableitung nicht zuläßt. Das Femur der Tritylodontier als spezialisierte Cynodontia (zum Beispiel *Oligokyphus* aus dem Lias) zeigt grundsätzliche Übereinstimmung mit dem der Monotremata [2568].

Mit obiger Feststellung sind zwangsläufig einige weitere, zum Teil schon diskutierte Probleme (Seite 36) verknüpft, wie die „Di-" bzw. „Polyphylie" der Säugetiere und die bisher noch unbekannte Fossilgeschichte der Prototheria. Zur Polyphylie-Frage wäre noch zu sagen, daß für die Beurteilung dieses Problemkreises der wechselnden Homologisierung oder, besser gesagt, Interpretation einzelner Schädelelemente oder -bereiche („*Echidna*"-Pterygoid, Cavum epiptericum) [398, 1551, 1714, 3778] eine entscheidende Rolle zukommt. Eine definitive Verknüpfung mit bisher bekannten mesozoischen Wirbeltieren ist gegenwärtig noch nicht sicher möglich und im wesentlichen durch den besagten Problemkreis bedingt. Wenn Kermack in jüngster Zeit [1716] eine gemeinsame Wurzelgruppe für die Docodonta, Triconodonta, Multituberculata und Monotremata annimmt, so beruht dies auf Gemeinsamkeiten im Schädelbau (Petrosum, Alisphenoid). Da jedoch keine Aussagen über die Art der Fortpflanzung, der Genitalorgane und anderes möglich sind, bleibt eine derartige Zusammenfassung problematisch (siehe oben).

Nach Simpson [3276] haben die Vorläufer der Monotremen vermutlich im Jura oder in der jüngeren Trias Australien erreicht und haben sich in der Isolation nur innerhalb der australischen Region zu den Monotremen entwickelt. Eine einstige — durch das spätere Eindringen der

*) Wenn Portmann [2779] auf Grund des Ontogeneseverhaltens (Eistruktur und Furchungstyp) die Monotremen weit ab von der Stammlinie der Theria (Marsupialia und Placentalia) stellt und die gemeinsame Wurzelgruppe auf der Stufe der Protamniota annimmt, so trägt er dem umfangreichen Tatsachenmaterial über die Entwicklung der Prototheria nicht Rechnung [3386, 3391].

Beutler zunichte gemachte — Radiation der Monotremen kann derzeit nur vermutet werden (Simpson). Beweise dafür fehlen derzeit völlig. Demgegenüber nimmt Gill [1122] eine erst zur Ober-Kreidezeit erfolgte Einwanderung der Monotremen und Beuteltiere von Asien her an. Mit der in Übereinstimmung mit Simpson wohl frühzeitigen Einwanderung der Prototheria in Australien ist eine weitere Frage verknüpft, nämlich nach ihrem Ursprungsgebiet. Da die neuesten Erkenntnisse eine Kontinentaldrift bestätigt haben, ist für das ältere Mesozoikum die Möglichkeit eines direkten Faunenaustausches zwischen den Südkontinenten (Südafrika—Australien) über die Antarktisroute gegeben. Doch sind darüber gegenwärtig nur Spekulationen möglich.

Über die stammesgeschichtliche Herkunft der Monotremen gibt es im wesentlichen zwei verschiedene Theorien: Einerseits die soeben vertretene Ansicht von der unabhängig von den übrigen Säugetieren erfolgten Entwicklung, andrerseits die von Gregory [1184] vertretene Palimpsest-Theorie, wonach die Monotremen neotenische, von Beuteltieren abzuleitende Formen wären. Die letzte Annahme ist durch die Entdeckung und genauere Kenntnis der Morganucodonten und Tritylodonten praktisch widerlegt worden [1935]. Die von Gregory angeführte Ähnlichkeit mit Phalangeriden (Marsupialia) ist nur oberflächlicher Natur. Es ist daher auch die Unterklasse Marsupionta (Marsupialia und Monotremata) überflüssig (vergleiche dagegen Haltenorth [1258]).

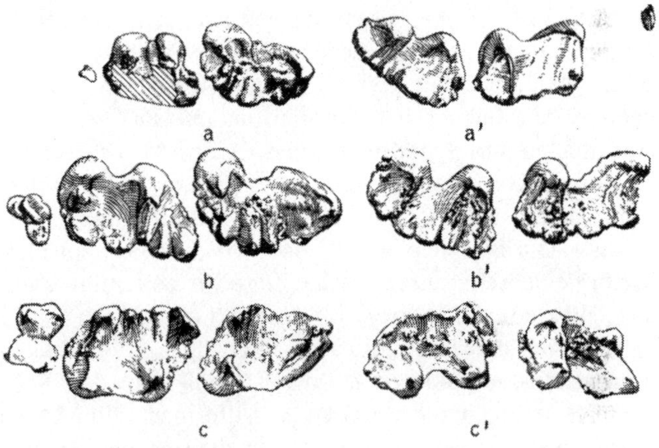

Abb. 60. *Ornithorhynchus anatinus*, rez.; Kronenansicht der hinfälligen Backenzähne bei jungen Individuen. a) 8½ Wochen alt, b) 10 Wochen alt, c) 11 Wochen alt, *a'*,*b'*) Maxillarzähne sin., *a*, *b*) Mandibularzähne sin., *c'*) Maxillarzähne dext., *c*) Mandibularzähne dext. — Nach Simpson 1929

Von weiteren Hypothesen über die stammesgeschichtliche Herkunft der Monotremen seien nur die hauptsächlich auf Grund des Zahnbaues (Abb. 60)*) angenommenen genetischen Beziehungen zu fossilen Multituberculaten [622, 2444] oder zu dicynodonten Reptilien [3695] genannt**). Beide Ansichten sind wegen tiefgreifender Unterschiede im Bau des Schädels (Herbivorie → Myrmecophagie) und Gebisses sowie auch vom ernährungs-physiologischen Standpunkt aus abzulehnen [3245].

*) Bekanntlich besitzen juvenile Schnabeltiere Zähne, die mehrhöckrige Kronen aufweisen, deren Bau jedoch grundsätzlich von dem der Multituberculaten abweicht und nach Green [117] noch am ehesten mit den Zähnen der mesozoischen Microcleptiden (= Haramyiden) verglichen werden kann [406, 1170, 329, 3614]. Allerdings sind die Zähne bei *Ornithorhynchus* so degeneriert, daß sie als alleinige Basis zur Beurteilung der verwandtschaftlichen Beziehungen nicht verwendbar sind. Sie werden bei den erwachsenen Schnabeltieren durch hornige Kauplatten ersetzt. Nach Green [1170] lautet die Gebißformel — auf Grund histologisch-embryologischer Untersuchungen — $\frac{0\;1\;2\;3}{5\;1\;2\;3}$.

**) Der von F. Ameghino [72] versuchten Verknüpfung der Monotremen mit südamerikanischen Edentaten oder mit Cetaceen und ihre gemeinsame, von den übrigen Säugetieren (Plexodonta) unabhängige Ableitung als Homalodonta von Theromorphen kommt nur historisches Interesse zu. Dies gilt auch für die von Abel [14] angenommenen genetischen Beziehungen von *Ornithorhynchus* zu den Multituberculaten (über *Desmostylus* Seite 584).

Innerhalb der Monotremen sind zwei Stämme (Ornithorhynchidae und Tachyglossidae) zu unterscheiden, deren Angehörige als morphologisch völlig divergente Anpassungstypen außerordentlich stark voneinander abweichen (nicht nur durch die unterschiedlichen Anpassungserscheinungen, sondern auch im Bau des Gehirns und anderen Merkmalen [797]). Sie lassen die lange zurückliegende Trennung der beiden Stämme annehmen*).

Die Schnabeltiere (**Ornithorhynchidae**) sind gegenwärtig nur durch eine Art *(Ornithorhynchus* [=„*Platypus*"] *anatinus)* vertreten. Aus dem Pleistozän der australischen Region sind spärliche Reste von *Ornithorhynchus* bekannt, die zum Teil von den rezenten Arten verschieden sind (*O. agilis* [772, 1123]). *Ornithorhynchus anatinus* ist eine an das Wasserleben und eine subterrane Lebensweise bestens angepaßte Form, die sich dank der fehlenden Konkurrenz durch höhere Säugetiere**) bis in die Gegenwart erhalten hat. Das Schnabeltier kann auf Grund der Primitivmerkmale als „lebendes Fossil" gelten, das — gegenüber seinen Ahnen — jedoch zahlreiche Sonderanpassungen („Schnabel", Schwimmhäute, Kauplatten) erworben hat.

Die Ameisen- oder Schnabeligel (**Tachyglossidae**) bilden einen nach Ernährung und Lebensweise völlig von den Schnabeltieren abweichenden Typ. Gegenwärtig sind mehrere Arten von Neuguinea, vom australischen Festland und von Tasmanien bekannt. Das Überdauern dieser gleichfalls als (durch zahlreiche Anpassungserscheinungen) modifizierte „lebende Fossilien" anzusprechenden Monotremen dürfte ebenfalls auf die sonst nicht von höheren Säugetieren besetzte ökologische Nische zurückzuführen sein, die sich aus der einseitigen Ernährung in Zusammenhang mit der Lebensweise ergibt. Die Ameisenigel sind völlig zahnlose, makrosmatische Mammalia mit myrmecophager Ernährung. Die unter den rezenten Ameisenigeln bestehenden morphologischen Differenzen im Bau des Haar- oder Stachelkleides, der Ohren, der Gliedmaßen, des Schädels und des Gehirns***) sprechen auch hier für eine lang zurückliegende Trennung von *Tachyglossus* (=*Echidna*: Kurzschnabeligel) und *Zaglossus* (=*Proechidna*: Langschnabeligel). *Zaglossus* verhält sich in manchen Merkmalen progressiver (Gehirn, Fazialschädel, Ohrmuscheln, Hochbeinigkeit), sofern man nicht mit Weber [3798] verschiedene, für *Tachyglossus* charakteristische Züge als sekundär anspricht. Verschiedene Merkmale stehen zweifellos mit dem unterschiedlichen Lebensraum in Zusammenhang. Innerhalb *Tachyglossus* verhält sich der Tasmanische Schnabeligel *(T. setosus)* in einzelnen Merkmalen primitiver als *T. aculeatus* vom australischen Festland.

Die wenigen pleistozänen Fossilformen (zum Beispiel *Zaglossus harrissoni*, *Tachyglossus owenii*) waren meist etwas größer als die rezenten Arten, was auch für *T. robustus* aus Neu-Süd-wales gilt, deren Alter als Pliozän gilt [837, 1862, 3131, 3443]. Sie bestätigen zugleich nicht nur die einst weitere Verbreitung der Ameisenigel, sondern auch, daß im Pleistozän *Zaglossus* gegenüber *Tachyglossus* dominierte [1123, 2902].

Die Monotremen sind einseitig spezialisierte Nachkommen von Theromorphen, die frühzeitig von den übrigen Mammalia getrennt waren und eine seit dem Jura unabhängige Entwicklung in der Isolation der australischen Region erfahren haben. Es ist eine typische Restgruppe mit hochspezialisierten Einzelcharakteren [2873]. Da das Alisphenoid weniger entwickelt ist als bei fortschrittlichen Cynodontiern, ist eine Ableitung von diesen Theromorphen unwahrscheinlich [1193, 1551, 1716].

---

*) Watson [3778] weist allerdings darauf hin, daß trotz bedeutender Unterschiede adulter Angehöriger beider Stämme der übereinstimmende Bau des Chondrocraniums (besonders in der bei erwachsenen Tieren so stark verschiedenen Schnauzenregion) gegen eine sehr lang zurückliegende Trennung beider Familien spricht.

**) Die australischen Beutler haben keine (semi-)aquatischen Arten hervorgebracht, so daß nur die Muriden in Betracht kommen, die jedoch durch die Ernährungsweise völlig abweichen.

***) Bemerkenswert ist, daß das Gehirn der Monotremen (zum Beispiel *Tachyglossus*) durchaus nicht so ursprünglich gebaut ist, wie man es auf Grund der primitivsten Theria anzunehmen geneigt wäre [1, 355, 797, 3322, 3391]. Es bestätigt somit gleichfalls den phylogenetischen Eigenweg der Monotremata.

Theria PARKER & HASWELL 1897 (= Eutheria GILL 1872)

Die formen- und artenreichste Unterklasse der Säugetiere bildet die hier als Theria bezeichnete Gruppe, deren Evolutionsniveau die Angehörigen der übrigen Unterklassen nie erreichten*).

Die Abgrenzung der Theria (= Eutheria GILL [1125]) bietet innerhalb der rezenten Säugetiere keinerlei Schwierigkeiten, da die Prototheria in morphologischer und physiologischer Hinsicht stark abweichen. Schwieriger ist sie unter den Fossilformen, deren Charakterisierung weitgehend auf dem Gebiß beruht. Wie bereits auf Seite 47 ausgeführt, bilden jurassische Amphitheriiden (Eupantotheria) dem Gebiß nach das Ahnenstadium der Theria, deren Reste — soweit nach dem Gebiß zu urteilen — erstmalig zur älteren Kreidezeit (? Ober-Jura)**) nachgewiesen sind [2600]) (Abb. 53 und 54 auf Seite 47).

Weitere Probleme, auf die im folgenden noch zurückgekommen sei, sind mit der Gliederung der Theria verknüpft. Allgemein werden innerhalb der Theria die Marsupialia und die Placentalia unterschieden. Während jedoch die Marsupialia zweifellos als einheitliche Gruppe gelten können, ist dies für die Placentalia keineswegs erwiesen, wie auch über die phylogenetische Stellung der beiden Kategorien verschiedene Ansichten bestehen.

Ursprünglich wurden die Marsupialia vielfach als Vorstadium des Placenta-Stadiums angesehen, doch haben Fossilfunde und morphologische Befunde an rezenten Formen diese Auffassung hinfällig gemacht. Auf Grund von Fossilresten wird die Entstehung der Marsupialia und Placentalia erst in der Ober-Kreidezeit angenommen [2600, 3257]. Allerdings wird die Zugehörigkeit einiger Fossilfunde noch diskutiert (*Endotherium* und einzelne von VANDEBROEK [3693] als Marsupialia gedeutete Zähne aus der Unter-Kreide von Forestburg), so daß vielleicht mit wesentlichen Korrekturen dieser Ansicht gerechnet werden muß (siehe auch Seite 63), ganz abgesehen davon, daß am Fossilmaterial praktisch nur die Gebiß- und Schädelstruktur, nicht jedoch der Fortpflanzungsmodus beurteilt werden kann. Der Paläontologe kann an Hand von Fossilfunden allein keine konkreten Aussagen über die Art der Fortpflanzung bei den gemeinsamen Vorfahren von Marsupialia und Placentalia machen.

Andrerseits hängt die Beurteilung der stammesgeschichtlichen Einheit der Placentalia wesentlich von der Homologisierung und Entstehung der Backenzahnhöcker ab. Über die Homologisierung der Molarenhöcker der Placentalia bestehen trotz unterschiedlicher Terminologie (vergleiche [447, 455, 2600, 3693]) zwar keine Meinungsverschiedenheiten, da sich die

*) Darauf nimmt auch die Bezeichnung Eutheria GILL [1125] Bezug. Wenn hier dennoch entgegen der Priorität, der Name Theria für diese Gruppe vorgezogen sei, so deshalb, weil der Begriff Eutheria sich im Sinne von HUXLEY [1622] als Synonym für die Placentalia eingebürgert hat, so daß eine Anwendung im Sinne von GILL nur Verwirrung stiften würde.

**) Das geologische Alter von *Endotherium* (Abb. 61) aus der Mandschurei ist nicht gesichert und wird auf Grund der fossilen Flora als Ober-Jura oder Unter-Kreide angegeben [3160]. Auf Grund der Evolutionshöhe der Zähne (M. inf.) wäre jedoch ein Jung-Wealden anzunehmen (vergleiche [1720]; vergleiche auch Seite 64).

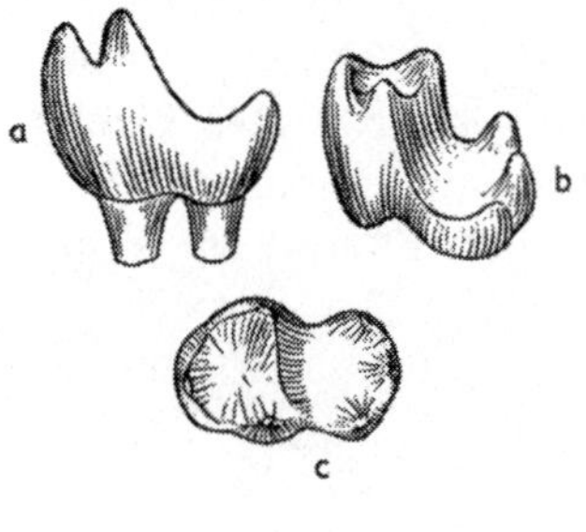

Abb. 61. *Endotherium niinomii* aus der Unter-Kreide (? Ober-Jura) der Mandschurei. M inf. dext. a) von innen, b) von schräg oben, c) von oben. Beachte hohes Trigonid und dreihöckriges Talonid. — Nach SHIKAMA 1947, umgezeichnet

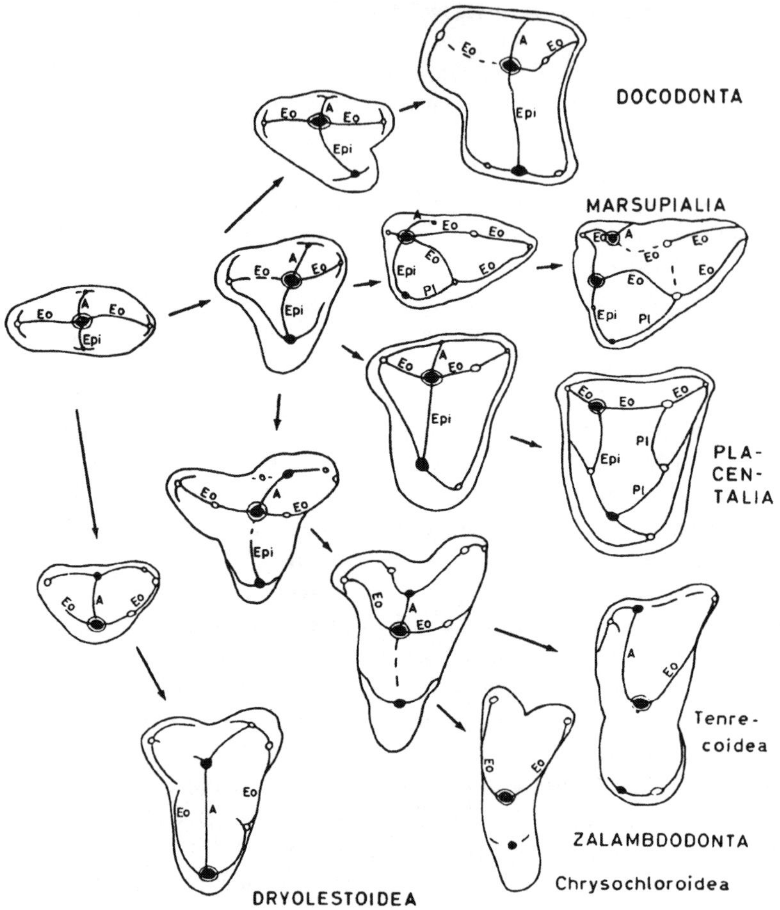

Abb. 62. Gebißevolution (M sup.). Beachte frühe Trennung der Zalambdodonta (Chrysochloroidea und Tenrecoidea) von den übrigen Theria (Marsupialia und Placentalia). Docodonta und Dryolestoidea als Seitenlinien.— Nach VANDEBROEK 1964

A = Anticrista *Eo* = Eocrista *Epi* = Epicrista *Pl* = Plagiocrista

zuletzt von MACDOWELL [2181] für die zalambdodonten Säuger versuchte Homologisierung als irrig herausgestellt hat. Dennoch wird die Art der Entstehung des zalambdodonten Zahntyps nicht einheitlich beurteilt, indem die Zalambdodontie der Tenreciden, Solenodontiden und Chrysochloriden einerseits als primär [447, 448, 1406, 3694], andrerseits als sekundär vereinfacht, also von einem dilambdodonten Zustand abgeleitet, gedeutet wird (GREGORY, MAJOR, BUTLER [455]). Es ist selbstverständlich, daß mit der Beantwortung dieser Frage auch jene nach der stammesgeschichtlichen Einheit der Placentalia entschieden ist, selbst wenn man annimmt, daß das Placentalia-Stadium zum Zeitpunkt der Entstehung der Zalambdodontie (im ersteren Fall) noch nicht erreicht war (Abb. 62 und 63).

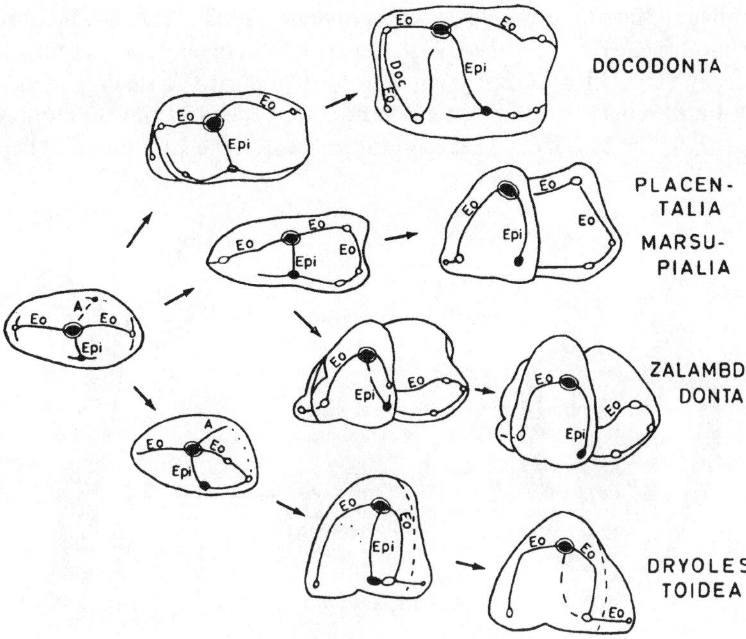

Abb. 63. Gebißevolution (M inf.). Beachte grundsätzliche Unterschiede im Bau der Molaren zwischen Docodonta und Pantotheria (Dryolestoidea) und Theria.— Nach VANDEBROEK 1964

A = Anticrista *Doc* = Transversalcrista der Docodonta *Eo* = Eocrista *Epi* = Epicrista

Metatheria

Marsupialia (Beuteltiere)

Mit der Beurteilung der stammesgeschichtlichen Stellung, der Herkunft und der verwandtschaftlichen Beziehungen innerhalb der Beutler sind zahlreiche Fragen und Probleme verknüpft, die auch gegenwärtig nur zum Teil als gelöst zu betrachten sind. Es sind einerseits morphologische Probleme, andrerseits tiergeographische, parasitologische und serologische Fragen, die durch Fossilfunde allein nicht zu klären sind, wie überhaupt die Stammesgeschichte der Beuteltiere — insbesondere der australischen — durch den weitgehenden Mangel an Fossilfunden noch stark in Dunkel gehüllt ist. Somit ist der Phylogenetiker fast ausschließlich auf vergleichend-anatomische, serologische und parasitologische Befunde an rezenten Formen angewiesen. Die stammesgeschichtliche Entwicklung der außeraustralischen Marsupialia ist dagegen durch Fossilfunde in den Grundzügen geklärt.

Die Stellung der Beutler innerhalb der Säugetiere ist im wesentlichen durch die Art der Ontogenese charakterisiert, indem sie, nach dem Ontogeneseverhalten (Eigröße und -struktur, Eiweißhülle, Corpus luteum, Furchung, Entodermbildung, Dotterelimination, Blastocystenbildung) echte Zwischenformen zwischen Prototheria und Eutheria (im Sinne von HUXLEY [1622]) darstellen. Damit ist jedoch, wie STARCK [3386:249] betont, keine phylogenetische Zwischenstellung postuliert, sondern nur angedeutet, daß das Ontogeneseverhalten der Stammformen der Eutheria in vieler Hinsicht marsupialierartig ist, wenngleich gewisse Sonderspezialisierungen (Brutpflege [Marsupium], Genitalmorphologie [2633] Abb. 64) wohl nur den Marsupialiern eigen sein dürften. Bemerkenswert ist ferner, daß neugeborene Beuteltiere (wie Känguruhs, Beuteldachse) ein echtes Reptil-Kiefergelenk (Quadrato-Articulargelenk) besitzen, das als „Kaugelenk" funktioniert. Erst in der 3. postnatalen Woche ist das Squamoso-Dentalgelenk funktionsbereit [1715, 2556, 3386]. Dies ist durch das Beutelstadium möglich, in dem das

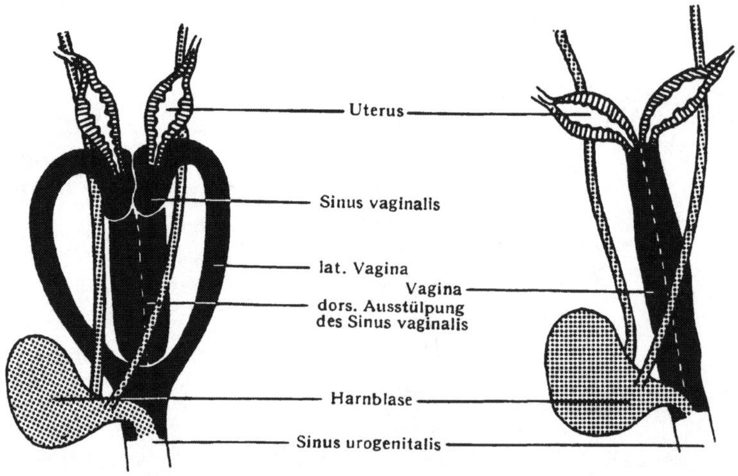

Abb. 64. Weibliche Geschlechtsorgane bei Beuteltieren und Placentaliern. Nach Strauss 1966

Beuteljunge innerhalb der ersten Wochen mit dem Mund an der Zitze fixiert ist. Auch die verschiedentlich bei Beutlern nachgewiesene Ausbildung von Merkmalen, wie sie sonst nur bei Angehörigen der Eutheria zu beobachten sind, kann nicht im Sinne direkter stammesgeschichtlicher Beziehungen gewertet werden, sondern ist als Parallelentwicklung aufzufassen. Dazu zählt in erster Linie die Ausbildung einer echten Placenta (Allantois-Placenta), wie sie erstmals durch Hill [1430] bei den Perameliden festgestellt wurde (siehe auch Pearson [2633] und Starck [3386]). Diese allantoide Placenta*) ist wohl unabhängig von jener der Eutheria bei den Beutlern entstanden und kann nicht als Vorstufe der Placenta der Eutheria betrachtet werden.

Gleiches gilt für die Ausbildung bestimmter morphologischer Merkmale, bei denen das Beutlerstadium überwunden wurde, wie etwa der Verlauf der Carotis interna bei *Cladosictis*, einem Borhyaeniden aus dem Tertiär Südamerikas, der das Placentalia-Stadium erreicht hat [2607] oder die Ausbildung einer neopallialen Kommissur, die als Vorläufer des Balkens (Corpus callosum) der Placentia angesprochen wird, bei verschiedenen Beutlern [3, 1462]. Derartige Befunde waren auch für Troughton [3666] ausschlaggebend, die Eutheria als direkte Abkömmlinge der Metatheria anzusehen. Mit der Erkenntnis derartiger Parallelentwicklungen ist auch die

*) Daß die chorio-allantoide Placenta den spezialisierten Typ und die Dottersackplacenta den ursprünglichen darstellt, haben Pearson [2633—2635] und Sharman [3159] erneut betont und damit der Auffassung Hills, widersprochen, die Dottersackplacenta von einer allantoiden Placenta abzuleiten. Ähnliche spezialisierte Placentarausbildungen finden sich auch bei *Phascolarctos* und bei den Vombatiden. Beide sind durchwegs hochspezialisierte Angehörige der Marsupiala. Allerdings hängt die Ausbildung der Placenta wesentlich von der Tragzeit ab, die bei den meisten Beuteltieren sehr kurz ist [2633]. Demgegenüber vertritt Kean [1691] den Standpunkt, daß die Ahnen der Marsupialia nach dem Bau des Urogenitalsystems und dem Vorhandensein einer allantoiden Placenta als Eutheria zu klassifizieren wären, das heißt, die Besonderheiten der Marsupialia als sekundär zu bewerten wären. Eine Bestätigung dieser Annahme wäre nur durch den Nachweis gegeben, daß die Eutheria geologisch älter sind als die Marsupialia (Seite 59).

einstige, nur mehr historisches Interesse beanspruchende Annahme hinfällig geworden, die Carnivoren, Insectivoren, Rodentia und Ungulaten hätten aus Marsupialiern unabhängig voneinander ihren Ursprung genommen.

Andrerseits sind auch keinerlei direkte verwandtschaftliche Beziehungen zu den Monotremen anzunehmen, wie sie zuletzt erst GREGORY [1184] vertrat, der die Prototheria als frühen Seitenzweig der Metatheria-Ahnen verstanden wissen will und sie als stark modifizierte Phalangeridenabkömmlinge wertet (Palimpsest-Theorie). Gegen derartige Beziehungen sprechen nicht nur der Ontogeneseverlauf der Monotremen als Ganzes, sondern auch die zahlreichen morphologischen Merkmale, die den stammesgeschichtlichen Eigenweg der Prototheria belegen. Diese Ansicht wird insofern durch Fossilfunde bestätigt, die zeigen, daß das Prototheria-Stadium in manchen Merkmalen (zum Beispiel Schultergürtel, Femur) bereits zur älteren Jurazeit erreicht worden war [1935, 2568]. Der Spezialisationsgrad dieser — in dieser Hinsicht auf dem Monotremenniveau stehenden — Fossilformen schließt eine direkte Ableitung der Theria (= Eutheria im Sinne von GILL [1125]) von den Prototheria aus (Seite 56), ganz abgesehen davon, daß schon der Bau des Schädels dies unmöglich macht (Alisphenoid-Problem, Perioticum [223a, 3694, 3778]. Das Auftreten einzelner „Monotremen"-Merkmale (Schultergürtel) bei verschiedenen Beuteltieren im foetalen Zustand (BROOM [395]) ist noch kein Beweis für ein einstiges Monotremen-Stadium. Außerdem sprechen die bisherigen Fossilfunde eher dafür, daß die Marsupialia nicht vor den Eutheria entstanden sind*), wie auch embryologische Befunde eine Ableitung der Eutheria von Metatheria und umgekehrt unmöglich machen, sofern man nicht eine richtige Umkehr der stammesgeschichtlichen Entwicklung annehmen will. Auch die Ausbildung der Gehörregion spricht gegen eine gegenseitige Ableitung und macht gemeinsame Stammformen der Marsupialia und Placentalia wahrscheinlich. Somit ist die Mittelstellung der Metatheria nur im Sinne einer Merkmalsphylogenie zu bewerten.

Damit ist lediglich die morphologische Zwischenstellung aufgezeigt. Was läßt sich über die Herkunft der Beuteltiere aussagen? Die geologisch ältesten, sicheren Funde stammen aus der Ober-Kreide Nordamerikas. Es handelt sich um Zahn- und Kieferreste, die sich als Angehörige der Didelphoidea klassifizieren lassen und damit die auch auf Grund der rezenten Beutler erkannte zentrale Stellung der Beutelrattenartigen bestätigen. Allerdings zeigen verschiedene dieser mesozoischen Metatheria Spezialisationserscheinungen im Gebiß, die sie als Stammformen geologisch jüngerer Beutelratten ausschließen und zugleich andeuten, daß bereits im ausgehenden Mesozoikum eine gewisse Artenfülle innerhalb der Metatheria vorhanden war.

Aus der jüngeren Unter-Kreidezeit bekannt gewordene Einzelzähne (Forestburg Abb. 53 auf Seite 47) werden nach ihrer systematischen Zugehörigkeit verschieden beurteilt, indem man sie einerseits als Theria [2600], andrerseits als Metatheria bewertet [3694]. Mit der Bewertung dieser Zähne ist jedoch zwangsläufig der Zeitpunkt der Aufspaltung der Theria berührt, der dementsprechend nicht einheitlich beantwortet wird. Während nach KERMACK [1715], PATTERSON [2600], SIMPSON [3275] und THENIUS & HOFER [3610] die Trennung in Metatheria und Eutheria (Placentalia) erst während der Kreidezeit erfolgte, hat sie nach BUTLER [448], VANDEBROEK [3694] und VAN VALEN [3707] schon in präkretazischer Zeit stattgefunden. Ausschlaggebend für diese zweite Auffassung ist nicht nur die Deutung der Forestburg-Zähne, sondern auch die Beurteilung von *Endotherium* aus der Unter-Kreide (? Ober-Jura) der Mandschurei [3160].

*) Die ursprünglich angenommenen verwandtschaftlichen Beziehungen zwischen südamerikanischen Marsupialiern und mesozoischen Multituberculaten oder deren Deutung als diprotodonte Beuteltiere durch AMEGHINO und GIDLEY, sind nicht aufrechtzuerhalten wie SIMPSON [3217] eindeutig gezeigt hat. Gleiches gilt auch für die Ansichten ABBIES [3], der auf Grund des Gehirnbaues primitive, beutellose Phascogalinen oder Didelphiden als Stammformen der Placentalia ansieht.

Es ist ein Unterkiefer, dessen Molaren höher evoluiert sind als jene der Eupantotheria (Abb. 61 auf Seite 59). Nach Clemens [572] sind folgende Deutungen möglich: 1. Fortschrittlicher Eupantotherier, 2. Therier auf Meta-Eutheria-Stufe, 3. primitiver Eutherier. Die Richtigkeit der dritten Annahme vorausgesetzt, ist die Trennung in Meta- und Eutheria bereits im Jura erfolgt, sofern man erstere nicht als spätere Seitenlinie wertet.

Innerhalb der Jura-Säuger scheiden Triconodonten, Symmetrodonten, Multituberculaten als Stammformen aus, während die (Eu-)Pantotheria sowohl nach der Gebiß- und Kiefermorphologie als auch nach der Zahnzahl in Betracht kommen. Allerdings ergeben sich Schwierigkeiten in der direkten Ableitung von bekannten (Eu-)Pantotheria [3257].

Mit der Frage nach der Herkunft der Marsupialia sind nicht nur verschiedene tiergeographische Probleme verknüpft, sondern letztlich auch die Frage nach der stammesgeschichtlichen Einheit dieser Gruppe überhaupt. Die gegenwärtige disjunkte Verbreitung der Beuteltiere in der Neuen Welt und im australasiatischen Raum, morphologische Differenzen zwischen alt- und neuweltlichen Beutlern sowie parasitologische Befunde lassen eine Diskussion notwendig erscheinen.

Sprechen zwar verschiedene morphologische Merkmale (weibliches Urogenitalsystem mit doppelter Vagina (Abb. 64), Ausbildung des Processus angularis und andere) und das serodiagnostische Verhalten gegenüber sämtlichen Eutheria [3823] für eine stammesgeschichtliche Einheit der Beuteltiere und lassen sich die parasitologischen Befunde, die auf eine Trennung der neu- und altweltlichen Formen hindeuten [479] ökologisch deuten*), so ergeben sich aus der heutigen disjunkten Verbreitung Schwierigkeiten, die auch gegenwärtig noch nicht endgültig gelöst sind.

Grundsätzlich ist zu sagen, daß die Geschichte der Beuteltiere nur im Zusammenhang mit der paläogeographischen Entwicklung der Kontinente verständlich wird. In dieser Hinsicht haben die Untersuchungen von G. G. Simpson wesentlich zur Lösung verschiedener, noch vor wenigen Jahrzehnten bestehender Fragen beigetragen. Dennoch erscheint besonders die Herkunft der australischen Beutler noch nicht definitiv geklärt. Es sind daher — solange entsprechende Fossilfunde nicht vorliegen — zwangsläufig Hypothesen notwendig. Neue Funde im australischen oder südostasiatischen Raum sind notwendig, um diese zu bestätigen.

Anlaß zu diesen Hypothesen war die gegenwärtige Verbreitung der Beutler. Nach den älteren Ansichten waren Antarktis oder Südamerika das Entstehungszentrum der Metatheria, wobei die Existenz einstiger Landbrücken zwischen Südamerika und Antarktis beziehungsweise Australien angenommen wurde [3138]. Durch den Nachweis kreidezeitlicher beziehungsweise ältesttertiärer Didelphiden in Nordamerika erscheint nach Simpson [3260, 3262] nicht nur die Herkunft der südamerikanischen Beutler geklärt, die im jüngsten Mesozoikum oder zur ältesten Tertiärzeit über eine einstige Landbrücke oder durch Drift [2602] dorthin gelangten, sondern auch ein Hinweis auf die Herkunft der australischen Beuteltiere gegeben. Nach Simpson erreichten deren Vorfahren Australien vom asiatischen Kontinent über die malayische Inselwelt und Neuguinea. Dieser Ansicht stehen verschiedene Argumente entgegen [2034]. So sind bis heute keinerlei fossile Beuteltiere aus dem asiatischen Raum bekannt geworden, die eine Verbindung

*) Die von Cameron [479] vertretene Auffassung eines völlig getrennten Ursprunges der südamerikanischen Beutler und damit praktisch einer Diphylie der Marsupialier auf Grund von Entoparasiten (Sklerostomen Abb. 10 auf Seite 7) läßt sich unter Berücksichtigung der Tatsache, daß die bei den australischen Beutlern nachgewiesenen Sklerostomen nur bei Pflanzenfressern parasitieren, carni- oder omnivoren Formen hingegen fehlen, nicht aufrechterhalten (Osche in litteris). Die Verschiedenheiten in der Ektoparasitenfauna zwischen alt- und neuweltlichen Beutlern (Boopidae bei australischen, Trimenoponidae bei amerikanischen) erklärt sich aus der weit zurückliegenden Trennung beider Beuteltierstämme. Boopidae und Trimenoponidae stehen als primitive Mallophagen einander sehr nahe. Das Vorkommen von Trimenoponiden auf südamerikanischen Caviomorphen ist sekundär, ebenso wie das Auftreten von *Heterodoxus spiniger* (Boopidae) auf *Canis familiaris* [1550].

zu den nordamerikanischen Vorkommen herstellen würden, ganz abgesehen davon, daß mit einem Aussterben dieser asiatischen Beuteltiere gerechnet werden müßte, was besonders im Hinblick auf den Lebensraum unwahrscheinlich ist. Allerdings handelt es sich bei dem Fehlen von Fossilfunden um ein negatives Kriterium, das jederzeit durch Funde entkräftet werden kann, sind doch bisher nur lokal kreidezeitliche Säugetierfundstellen aus dem ostasiatischen Raum bekannt geworden. Eine Einwanderung zu einem späteren Zeitpunkt ist weder nach der mutmaßlichen phylogenetischen Entwicklung der australischen noch der neuweltlichen*) Beutler anzunehmen.

Schwerwiegender erscheinen jedoch paläogeographische Argumente. Wie die neuesten Ergebnisse paläomagnetischer Untersuchungen zeigen, haben in der Vorzeit nicht nur Polwanderungen, sondern auch Kontinentalverschiebungen stattgefunden [1629]. Danach waren im ältesten Mesozoikum nicht nur die Südkontinente einander wesentlich genähert oder teilweise in direktem Kontakt**), sondern hat der australische Kontinent seine gegenwärtige Position erst im Lauf des Jung-Tertiärs durch Drift erreicht. Dies würde bedeuten, daß eine Einwanderung der Beutler nicht vom asiatischen Kontinent aus erfolgt sein könnte, indem sich zwischen dem asiatischen Festlandsblock und Australien das mesozoische Mittelmeer (Tethys) erstreckte. Da jedoch die bisherigen paläomagnetischen Ergebnisse noch nicht als endgültig angesehen werden können, sei die Frage kurz diskutiert, ob die Antarktisroute auf Grund faunistischer Beziehungen eher in Betracht kommt.

Wie Simpson [3251, 3260] gezeigt hat, bestehen keine direkten faunistischen Beziehungen zwischen der tertiärzeitlichen Beuteltierfauna Südamerikas und Australiens***). Nun stützten sich die Vertreter der Antarktisroute, als deren prominentester Vertreter Sinclair [3289, 3290] gilt, auf angebliche direkte verwandtschaftliche Beziehungen zwischen den südamerikanischen Caenolestiden beziehungsweise Raubbeutlern (Borhyaeniden) und den australischen Diprotodonten beziehungsweise Dasyuriden. Abgesehen davon, daß der südamerikanische Kontinent seit dem älteren Tertiär isoliert war, sind die Ähnlichkeiten zwischen den genannten Beutlergruppen nur das Ergebnis von Parallelentwicklungen. Die Borhyaeniden sind Abkömmlinge von Didelphiden, wie verschiedene primitive paleozäne Formen erkennen lassen [2619, 3266a]. Die Caenolestiden sind nicht die Vorläufer der australischen Diprotodontia. Damit sind zwar die wichtigsten Argumente für eine Antarktisroute [1274] hinfällig geworden†), doch ist damit nicht die nunmehr fast allgemein vertretene Ansicht der Ableitung der australischen Beutler von Didelphoiden in Frage gestellt.

Da jedoch auf Grund der einstigen Verbreitung der Didelphoiden keine definitive Beurteilung der Herkunft der australischen Beutler (Nord- oder Süd-Route) möglich ist, sei das heutige Verbreitungsbild der Beutler kurz betrachtet. Gegenwärtig sind — nach Simpson [3276] — 4 Beutlerfamilien mit 24 Gattungen und 47 Arten aus Neuguinea (einschließlich benachbarter Inseln) und 6 Familien mit 52 Gattungen und 119 Arten aus Australien nachgewiesen (Abb. 65). Für die nachweislich von Südostasien her in Australasien eingedrungenen Nager (Muridae) lauten die entsprechenden Vergleichszahlen: 1 Familie mit 20 Gattungen und 56 Arten (Neuguinea) sowie 1 Familie mit 13 Gattungen und 67 Arten (Australien). Das heißt, die wesentliche

*) Vergleiche hochspezialisierte Caenolestoiden (Polydolopiden) bereits im Paleozän Südamerikas [2619].

**) Vergleiche auch Illies [1626], der auf die faunistischen Beziehungen des westlichen Südamerikas mit Australien-Neuseeland hinweist, während das östliche Südamerika Beziehungen zu Afrika zeigt.

***) Nach Stirton [3468] bilden sämtliche nord- und südamerikanischen sowie europäischen Marsupialia eine Einheit, die sich von den australischen Formen durch basicraniale Merkmale unterscheiden.

†) Ein weiteres Argument, welches nach Gidley [1110] und auch nach Osgood [2534] für direkte verwandtschaftliche Beziehungen australischer zu neuweltlichen Beutlern zu sprechen schien, nämlich der Nachweis eines Myrmecobiiden im nordamerikanischen Paleozän *(Myrmecoboides)* ist durch Matthew [2268] und Simpson [3244] längst entkräftet worden. *Myrmecoboides* ist kein Beuteltier, sondern ein Insectivore (Leptictide).

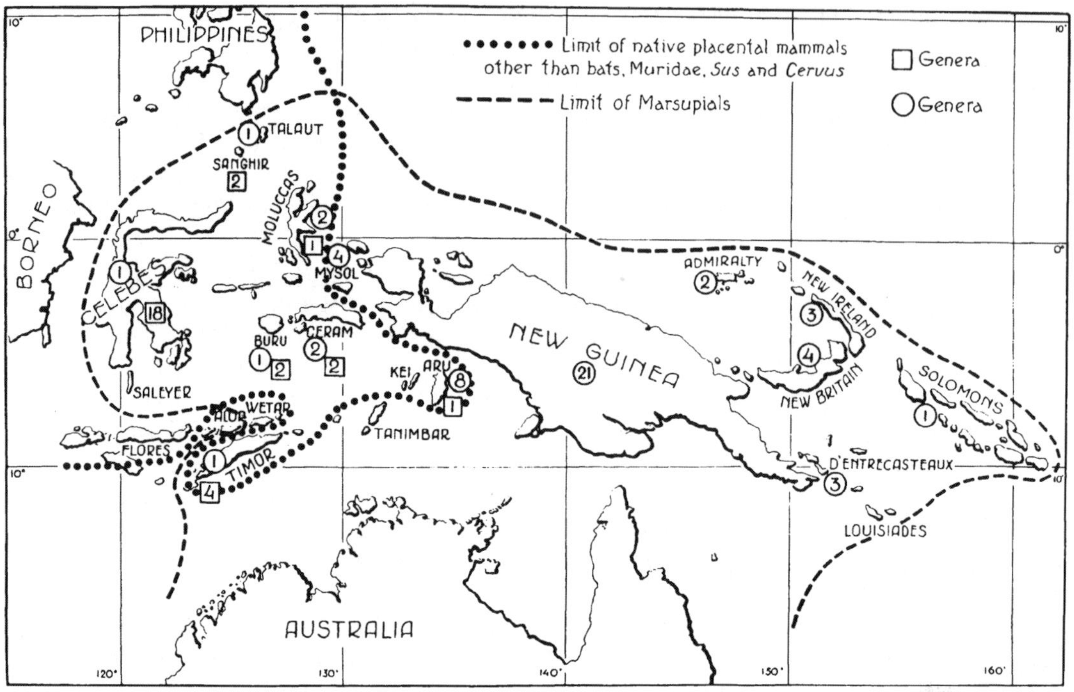

Abb. 65. Verbreitungsgrenze der Beuteltiere im indo-australischen Bereich. Ziffern = Zahl der Gattungen. Läßt auf die von Osten (Neuguinea) nach Westen erfolgte Verbreitung der Beuteltiere schließen. — Nach SIMPSON 1961

Artaufspaltung der Muriden erfolgte erst in Australien. Für die Beuteltiere liegt die Situation nicht so einfach, indem das Bild von Gruppe zu Gruppe wechselt. Während etwa von den Macropodiden nur hochspezialisierte Gattungen in Neuguinea vertreten oder dort endemisch sind *(Dendrolagus, Dorcopsis)* und als geologisch junge Einwanderer betrachtet werden müssen, bildet Neuguinea für die Perameliden ein Evolutionszentrum, indem von insgesamt 14 Arten 7 endemisch sind. Darunter befinden sich die zweifellos in mancher Hinsicht primitivsten Perameliden *(Peroryctes* und *Microperoryctes)*, während die höchstspezialisierten Beuteldachse *(Chaeropus* und *Thylacomys* = „*Macrotis*") auf Australien beschränkt sind. Eine Verteilung, die für die Nordroute zu sprechen scheint [2141]. Daß diese Schlußfolgerung jedoch nicht zwingend ist, geht nicht nur daraus hervor, daß *Rhynchomeles* von der Insel Ceram als spezialisierter Abkömmling von *Echymipera* aus Neuguinea zu betrachten ist, sondern auch aus dem Lebensraum der brücksichtigten Beuteltiere, indem die aus Neuguinea bekannten Formen fast ausschließlich (Regen-)Waldbewohner darstellen, die australischen hingegen vorwiegend Bewohner der offenen Landschaft. Es wäre der gleiche Trugschluß, wollte man Südostasien bloß deshalb zum Entstehungszentrum von Tupaiiformes, Erinaceiden, Traguliden und Tapiriden erklären, weil dort gegenwärtig die ursprünglichsten Formen leben.

Das Verbreitungsbild der Phalangeriden ist zwar auch nicht ganz eindeutig, spricht jedoch ebenfalls für eine von Neuguinea nach dem Westen erfolgte Ausbreitung ([vergleiche 3543]); das heißt, aus der gegenwärtigen Verbreitung der Beuteltiere ist kein eindeutiger Schluß auf die Herkunftsroute der australischen Beutler möglich.

Eine weitere Schwierigkeit, die mit der Herkunft der australischen Beutler verknüpft ist, ist das Fehlen primitiver Eutheria auf dem australischen Kontinent. Wenn man von Fledermäusen und dem zweifellos erst durch den Menschen in prähistorischer Zeit nach Australien gelangten Dingo absieht, zählen nur Nager (Muridae) zu den einheimischen Eutheria; sie sind als geologisch junge Gruppe erst im ausgehenden Tertiär nach Australien gelangt (Seite 323).

Wenn auch bisher nur spärliche tertiärzeitliche Säugetier-Fundstellen bekannt sind, so ist das einstige Vorkommen ursprünglicher Eutheria in Australien sehr unwahrscheinlich. Da die klassische Erklärung, wonach die Marsupialia älter seien als die Eutheria, nicht zutreffen dürfte, rechnet SIMPSON [3276] auch nicht mit einer einstigen Landbrücke, sondern mit einer Meeresbarriere, die eben zufällig von den Vorfahren der Beuteltiere überwunden wurde, nicht jedoch von jenen der Eutheria.

In Anbetracht des neuerdings wahrscheinlich gewordenen hohen geologischen Alters der Metatheria (Seite 73) ist jedoch mit einem wesentlich früheren Zeitpunkt des Einwanderns in Australien zu rechnen, als SIMPSON annimmt. Eine endgültige Lösung dieser Frage können erst Fossilfunde bringen.

Die für die australische Beuteltierfauna so charakteristische adaptive Radiation läßt auf weitgehend freie Lebensräume und das Fehlen placentaler Konkurrenten schließen. Es ist zwar nicht auszuschließen, aber nicht sehr wahrscheinlich, daß der Radiation der Beutler eine solche der Monotremen vorausgegangen ist. Die australischen Beutler haben mit Ausnahme aquatischer Biotope praktisch sämtliche Lebensräume und zahlreiche ökologische Nischen besiedelt. Daß *Ornithorhynchus* als alleiniger Konkurrent eine Besiedlung aquatischer Lebensräume verhindert haben sollte, ist schon deshalb äußerst unwahrscheinlich, weil die erst im jüngsten Tertiär einwandernden Muriden diese Lebensräume besiedelten (*Hydromys*, *Crossomys*, *Parahydromys* und andere). Die verschiedentlich sehr hohe Spezialisation rezenter australischer Beuteltiere (zum Beispiel *Notoryctes*, *Phascolarctos*) läßt auf eine sehr lange Geschichte und frühzeitige adaptive Radiation der australischen Marsupialia schließen.

Die Geschichte der südamerikanischen Beutler ist dank zahlreicher Fossilfunde in den Grundzügen geklärt und wird gleichfalls durch die, das ganze Tertiär hindurch andauernde, Isolation des südamerikanischen Kontinentes und das Fehlen von Konkurrenten in Form placentaler Raubtiere verständlich.

Erscheint die einstige Formenfülle der Beuteltiere durch die einst freien Lebensräume und das Fehlen von Konkurrenten hinlänglich erklärt, so ist das Aussterben verschiedener australischer und südamerikanischer Beuteltierstämme etwas problematischer. Läßt sich das Verschwinden oder der Rückgang einzelner, einst auf dem australischen Festland verbreiteter Beutler (wie Beutelwolf, Beutelmarder, Koala) mit dem Eindringen placentaler Konkurrenten (Dingo, Fuchs, Kaninchen) sowie mit dem durch den Menschen eingeengten Lebensraum in Zusammenhang bringen, so erscheint die Situation bei den bereits in der Vorzeit ausgestorbenen Beutlern nicht ganz so klar.

Das Aussterben der südamerikanischen Raubbeutler (Borhyaeniden), die mit dem Pleistozän verschwinden, wird allerdings auch mit dem Eindringen placentaler Raubtiere (Procyoniden, Caniden, Musteliden, Ursiden und Feliden) im (? Jung-Pliozän oder) Pleistozän in Zusammenhang gebracht, doch scheint bereits vorher ein davon unabhängiger Rückgang eingesetzt zu haben. Bemerkenswert ist immerhin, daß die einzigen Überlebenden (Didelphiden und Caenolestiden) ganz bestimmte ökologische Nischen bewohen (Baumbewohner mit Greifschwanz beziehungsweise Wasserbewohner einerseits, Bergwaldbewohner andrerseits), wo sie durch Konkurrenten nicht oder weniger gefährdet sind.

In Australien kam es im ausgehenden Pleistozän und beziehungsweise im frühen Holozän zu einem Aussterben zahlreicher, im Jungpleistozän verbreiteter Großformen, wie etwa die Diprotodonten *(Diprotodon* und *Nototherium)*, die Großkänguruhs *(Sthenurus*, *Procoptodon)*,

Riesenwombat *(Phascolonus)* und Großkoala. Wohl hat der Mensch als Zeitgenosse verschiedene dieser Riesenformen bejagt, doch hat er sie nicht ausgerottet (Tedford [3547]). Durch C^{14}-Datierungen ist nachgewiesen, daß verschiedene Riesenformen (wie *Diprotodon* und *Procoptodon*) noch zur Zeit der sogenannten Tartanga-Kultur, also vor etwa 6500 Jahren gelebt haben [3627].

Hat man seinerzeit einen plötzlichen Klimawechsel als Ursache für das Aussterben angenommen, so haben neuere Untersuchungen gezeigt, daß kein abrupter Klimawechsel nachweisbar ist, sondern eine langsame Verschiebung von einem mehr kühl-feuchten, zum heutigen warm-trockenen Klima und damit zu einer weitgehenden Trockenlegung flacher Binnenseen geführt hat, die wiederum einen Vegetationswechsel zur Folge hatte [2161]. Dadurch wurde den Großformen der notwendige Lebensraum entzogen, wie auch die Großbeutler in den einzelnen Gebieten nicht gleichzeitig ausstarben. Den Klimawechsel in geologisch junger Zeit bestätigen weiterhin die holozänen Kleinsäugerfaunen und pedologischen Befunde [3763], wie sich auch das gegenwärtige isolierte Vorkommen verschiedener Tiere (Frösche) und Pflanzen (Palmen, Cycadeen) nur durch ein einst feuchteres Klima erklären läßt [2335, 2336].

Mit der Formenmannigfaltigkeit und den Auftreten äußerst verschiedener Typen unter den rezenten Beuteltieren ist zwangsläufig die Frage verknüpft, ob die Beuteltiere nur als einzige Ordnung aufzufassen sind. Während Simpson [3276:432] unter Hinweis auf die mehr einheitlichen und untereinander näherstehenden Gruppen als dies für drei oder vier Eutheria-Ordnungen von vergleichbarem ökologischen Rang gilt, die Marsupialia als Angehörige einer Ordnung betrachtet, wertet sie Ride [2905] als Überordnung und teilt sie, mit Ausnahme der Notoryctidae, die als Marsupialia incertae sedis bezeichnet werden, auf vier Ordnungen (Marsupicarnivora,

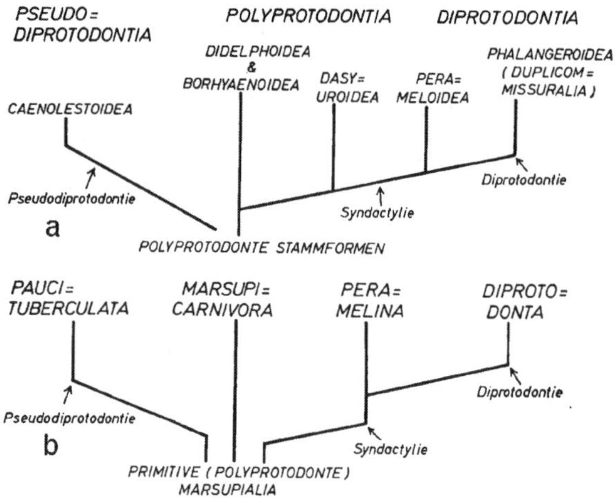

Abb. 66. Klassifikation und stammesgeschichtliche Zusammenhänge der Beuteltiere. Paucituberculata (= Caenolestoidea), Marsupicarnivora (Didelphoidea und Dasyuroidea), Peramelina (Perameloidea) und Diprotodonta (Phalangeroidea) werden von Ride als Ordnungen gewertet. — a) Nach Ride 1962, b) nach Ride 1964

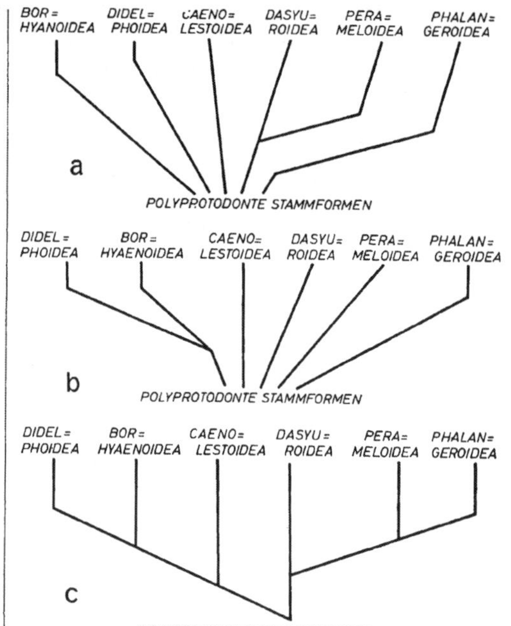

Abb. 67. Gliederung der Beuteltiere in Überfamilien und deren mögliche stammesgeschichtliche Zusammenhänge. Bei Version a) und b) Syndactylie zweimal unabhängig voneinander entstanden. — Nach Simpson 1954

Paucituberculata, Peramelina und Diprotodonta) auf (Abb. 66). Damit wird zwar der serologisch isolierten Stellung der Perameliden Rechnung getragen, nicht jedoch der Didelphiden.

Damit ist bereits eine weiterer Versuch gemacht, der klassischen Zweiteilung der Metatheria eine den stammesgeschichtlichen Beziehungen eher gerecht werdende Gliederung durchzuführen, nachdem schon Simpson [3224, 3257] eine Gruppierung in sechs Überfamilien (Didelphoidea, Borhyaenoidea, Dasyuroidea, Perameloidea, Caenolestoidea und Phalangeroidea) vorgeschlagen hatte (Abb. 67).

Bekanntlich hat die klassische Unterteilung der Beuteltiere in Polyprotodontia und Diprotodontia durch Owen [2545] non Thomas [3616], der als Diprotodonta Phalangeroidea und Caenolestoidea versteht oder in Diadactyla und Syndactyla durch Bensley [240, 241]*) durch die Entdeckung der Perameliden sowie durch die Zuordnung der Caenolestiden zu den Beutlern durch Thomas [3616] zu Diskussionen über die Entstehung der Diprotodontie und der Syndactylie geführt (Abb. 68). Die Caenolestiden als Angehörige der Diadactyla besitzen ein (pseudo-)

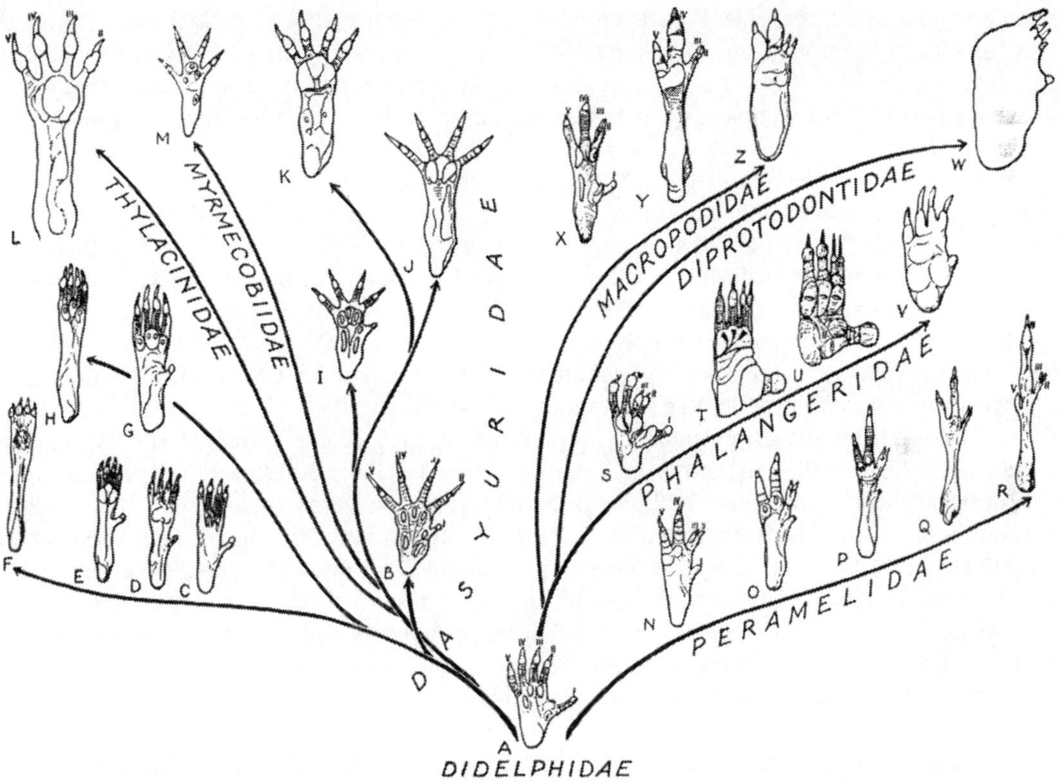

Abb. 68. Evolution des Hinterfußes bei den australischen Beuteltieren. Beispiel einer anatomischen Reihe. Nach Gregory 1951

A = *Monodelphis*	*G* = *Dasycercus*	*N* = *Peroryctes*	*T* = *Pseudocheirus*
B = *Phascogale*	*H* = *Dasyuroides*	*O* = *Perameles raffrayanus*	*U* = *Phascolarctos*
C = *Sminthopsis leucopus*	*I* = *Dasyurus hallucatus*	*P* = *P. bougainvillei*	*V* = *Vombatus*
D = *S. crassicaudata*	*K* = *Sarcophilus*	*Q* = *Macrotis*	*W* = *Diprotodon*
E = *S. hirtipes*	*L* = *Thylacinus*	*R* = *Chaeropus*	*X* = *Hypsiprymnodon*
F = *Antechinomys*	*M* = *Myrmecobius*	*S* = *Eudromicia*	*Y* = *Macropus*
			Z = *Dendrolagus*

*) Die Gliederung auf Grund der Gliedmaßenstruktur geht bereits auf Blainville [279a] und Gervais zurück.

diprotodontes Gebiß, die polyprotodonten Perameliden sind syndactyl. Daraus ergibt sich die Frage nach der Entstehung der Diprotodontie und der Syndactylie sowie in Zusammenhang damit die Gültigkeit der danach beurteilten stammesgeschichtlichen Zusammenhänge (Abb. 69).

Wie ein Vergleich Angehöriger verschiedener Säugetierordnungen lehrt, ist es bei Multituberculaten, Rodentiern, Lagomorphen, Insectivoren, Primaten, Artiodactylen und Hyracoiden zur Diprotodontie gekommen, so daß die Ausbildung eines diprotodonten Gebisses durchaus kein einmaliges Ereignis in der Geschichte der Beuteltiere zu sein braucht. Ähnliches gilt für das durch vergrößerte Einzelzähne gebildete Sägezahngebiß vom Plagiaulax-Typus, das, wie Simpson [3231] gezeigt hat, ebenfalls mehrmals unabhängig voneinander unter den Säugetieren entstanden ist. Sägezahngebisse finden sich nicht nur innerhalb der australischen Beuteltiere (Phalangeroidea: *Hypsiprymnodon, Bettongia, Dorcopsis* und anderen), sondern sind auch von südamerikanischen Metatheria (Caenolestoidea: *Polydolops, Abderites* und anderen) bekannt (Abb. 57 auf Seite 51). Sie wurden seinerzeit auch als Zeichen direkter Verwandtschaft gedeutet, doch handelt es sich nach Simpson [3217] und Paula Couto [2619] um Konvergenzerscheinungen beziehungsweise um eine Parallelentwicklung. Allderdings hat der Nachweis primitiver Polydolopiden *(Epidolops)* aus dem südamerikanischen Paleozän durch Paula Couto gezeigt, daß die ursprüngliche Annahme, die Sägezähne der südamerikanischen und australischen Beutler seien einander nicht homolog, nicht zur Gänze aufrechterhalten werden kann. Sowohl bei den Phalangeroiden als auch bei den Polydolopiden kommt es zur Vergrößerung des letzten Prämolaren, bei den Caenolestiden *(Palaeothentes, Abderites)* zur Vergrößerung des M_1. Kann zwar dadurch die Paläontologie nur schwer gegen direkte verwandtschaftliche Beziehungen zwischen Polydolopiden und Phalangeriden herangezogen werden, so liefert hier die Embryologie, wie Ride [2904] ausführlich diskutiert, den entscheidenden Beweis. Auf Grund gebißembryologischer Untersuchungen entspricht nämlich der vergrößerte Mandibularincisiv bei den Phalangeriden dem I_3 (oder I_4), bei den Caenolestiden hingegen dem I_1 oder I_2; das heißt, die vergrößerten Incisiven sind nicht homolog und damit die Diprotodontie der Caenolestiden unabhängig von jener der australischen Beutler entstanden.

Damit erscheint das Diprotodontie-Problem gelöst, so daß die Annahme, die Syndactylie sei nur einmal innerhalb der Beutler erworben worden, durchaus berechtigt erscheint. Nun hat aber Abbie [2] auf Grund der Gehirnstruktur nachzuweisen versucht, daß die Gliederung in Polyprotodonten und Diprotodonten (sensu stricto) den stammesgeschichtlichen Zusammenhängen eher gerecht wird, indem die Syndactyla sich im Gehirnbau verschieden verhalten und daher nicht als stammesgeschichtliche Einheit zu bewerten seien. So besitzen nur die syndactylen Diprotodonten (= Phalangeroidea) einen Fasciculus aberrans in der Commissura anterior (= Duplicicommissuralia Abbie), während die polyprotodonten Syndactyla (= Perameloidea) durch das Fehlen des Fasciculus aberrans den übrigen Polyprotodontia (= Simplicicommissuralia) entsprechen.

Da das Auftreten eines Fasciculus aberrans zweifellos als fortschrittliches Merkmal zu werten ist, liegt kein Argument gegen die monophyletische Entstehung der Syndactylie vor. Innerhalb der Syndactylia haben eben nur die Phalangeroidea den komplizierteren Gehirnbau erworben, während dies für die — auch in anderer Hinsicht primitiv gebliebenen — Perameliden nicht zutrifft. Es kommt hier lediglich der Mosaikmodus der stammesgeschichtlichen Entwicklung zum Ausdruck, der immer wieder zu Heterochronien führt. In diesem Zusammenhang sei auch auf die serologischen Befunde verwiesen, denen zufolge die Phalangeroidea den Dasyuroidea näherstehen als den Perameliden beziehungsweise den Didelphiden [3823]. Wie weit hier eine verschieden rasche biochemische Evolution und damit nur die gleiche Evolutionshöhe zum Ausdruck kommt, kann nur vermutet werden. Tate [3537], der eine zweimalige Entstehung

Abb. 69. Evolution der Beuteltiere. Die vermutlichen stammesgeschichtlichen Beziehungen der Marsupialia

der Syndactylie innerhalb der Beutler annimmt, vergleicht diese mit den ebenfalls mehrfach unabgängig voneinander entstandenen Flughäuten bei den Flugbeutlern.

Mit der Entstehung der Syndactylie ist auch die Frage der einstigen Arboricolie der Beutler verknüpft, die Huxley [1622] und Dollo [811] als deren Ursache ansahen. Wie Tate [3530] und Goodrich [1151] betonen, konnte die Syndactylie bisher bei keinem südamerikanischen Beuteltier nachgewiesen werden und muß als Erwerb der australischen Beutler angesehen werden, womit zugleich ein Zusammenhang mit einer arboricolen Lebensweise widerlegt erscheint. Auch Boas [291] kann für die Didelphiden nur eine sogenannte Cathaerodactylie, nicht aber eine Syndactylie feststellen (Abb. 70).

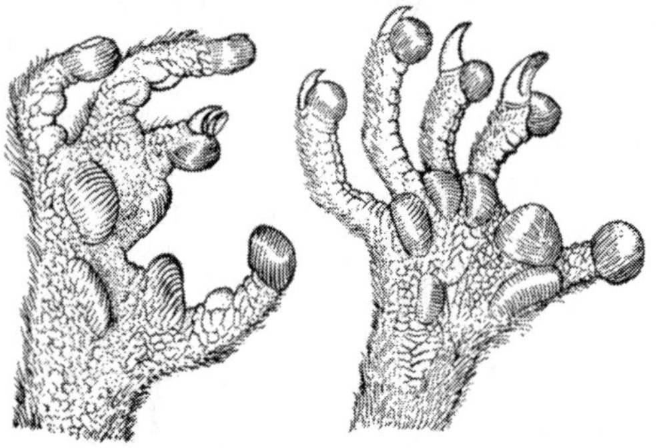
a b

Abb. 70. a) Rechter Hinterfuß von *Tarsipes spenserae* und b) *Marmosa murina*. Beachte Syndactylie bei *Tarsipes* und Cathaerodactylie (2. Strahl) bei *Marmosa*. Nach Boas 1918

Auf die auch mit der taxonomischen Großgliederung verknüpfte Frage nach den Beziehungen zwischen Borhyaeniden und Dasyuriden wurde bereits oben (Seite 65) hingewiesen. Es handelt sich gleichfalls um Parallelentwicklungen, indem die Borhyaeniden Abkömmlinge der Didelphiden bilden [2619].

Die neuweltlichen Beutler (Didelphoidea, Borhyaenoidea und Caenolestoidea)

Die Phylogenese der neuweltlichen und insbesondere der südamerikanischen Beuteltiere ist durch Fossilfunde, deren Untersuchung vor allem G. G. Simpson zu verdanken ist, in den Grundzügen geklärt. Die Fossilfunde zeigen, daß die Geschichte der neuweltlichen Marsupialia wesentlich komplizierter verlief, als auf Grund der rezenten Angehörigen anzunehmen ist.

Während wir gegenwärtig nur zwei Familien mit insgesamt 15, nur wenige Typen vertretenden Gattungen kennen, sind aus dem Tertiär Angehörige von mindestens fünf Familien mit mehr als 30 Generanachgewiesen, die eine Vielfalt verschiedener Typen bieten. Bemerkenswert erscheint, daß bei allen neuweltlichen Beutlern die Spermien im Nebenhoden stets als Paare auftreten (= Doppelkopfbildung Selenka [259, 2887]). Bei den australischen Beuteltieren ist dies nie der Fall.

Durch die Fossilfunde konnte nicht nur die Frage nach der Herkunft der gegenwärtig in Nordamerika verbreiteten Beutelratten, sondern auch der Ursprung der südamerikanischen Beutler geklärt werden. Die heute in Nordamerika weit verbreitete Gattung *Didelphis* ist nicht nordamerikanischen Ursprunges, wie seinerzeit angenommen wurde [2184, 3140], sondern ist erst im jüngeren Pleistozän von der neotropischen Region her eingewandert [1427] und hat ihr gegenwärtiges Verbreitungsgebiet zum Teil erst in historischer Zeit erreicht [1225]. Ursprünglich in Nordamerika heimisch, starben die Didelphiden im Miozän dort aus und haben von Südamerika her diesen Kontinent erneut besiedelt [2625, 2847].

Die geologisch ältesten, als Metatheria*) zu bewertenden Gebiß- und Kieferreste stammen aus der Kreidezeit. Die Zugehörigkeit der Forestburg-Zähne aus der Unter-Kreide [2600] zu den Marsupialia wird diskutiert. Es handelt sich um isolierte Ober- und Unterkieferzähne. Während die ersten jenen von Didelphiden aus der Ober-Kreide *(Alphadon)* sehr ähnlich sind und deshalb auch Vandebroek [3693:300; 3694] sie als Marsupialia klassifiziert, weichen die Unterkiefermolaren durch Einzelheiten im Bau des Talonides ab. Sie lassen nach Clemens [572:111] eine Ableitung von Oberkreide-Beutlern zwar durchaus zu, sind jedoch als Theria zu klassifizieren.

Sichere Marsupialiareste sind aus der Ober-Kreide bekannt [572, 3219]. Es handelt sich durchwegs um Angehörige der Didelphoidea, die jedoch eine bemerkenswerte Formenfülle und Häufigkeit erkennen lassen, wie sie von den übrigen Ober-Kreide-Theria unbekannt ist. Es sind nach Clemens [572] Angehörige der Didelphinae *(Alphadon)* (Abb. 71) und Glasbiinae (*Glasbius* Abb. 72) unter den **Didelphidae**, der **Pediomyidae** (*Pediomys* Abb. 73) und **Stagodontidae** (= Didelphodontidae = Thlaeodontinae: *Didelphodon* [= „*Thlaeodon*"], *Eodelphis*), von denen die zuletzt genannte durch stark verbreiterte Prämolaren gekennzeichnet ist (Abb. 74). Von diesen haben nur die Didelphinae die Kreide-Tertiärgrenze**) überdauert, die durch *Peradectes*

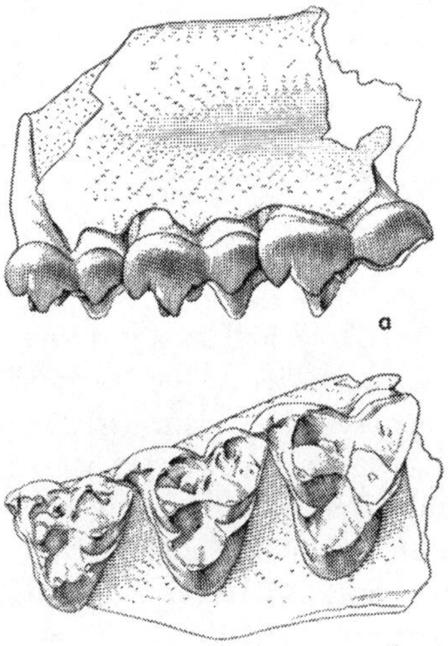

Abb. 71

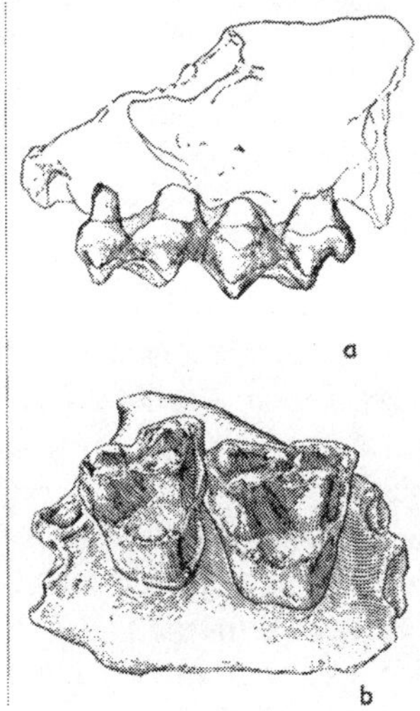

Abb. 72

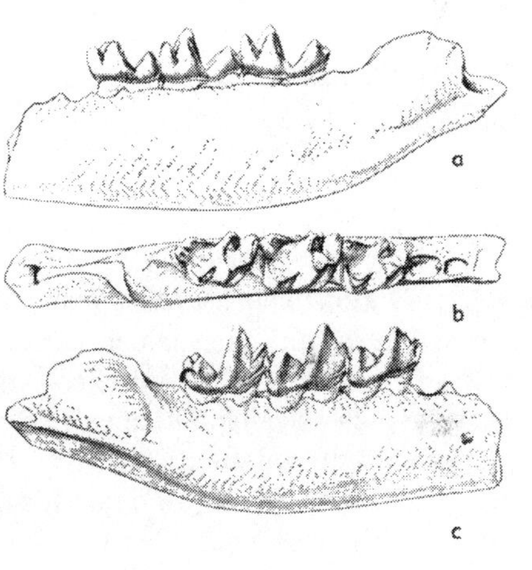

Abb. 73

Abb. 71. *Alphadon rhaister* (Didelphine) aus der Ober-Kreide (Lance-Formation) von Wyoming; a) von außen, b) von unten. Max. sin. mit M^{1-3}. — Nach Clemens 1966

Abb. 72. *Glasbius intricatus* (Didelphide) aus der Ober-Kreide (Lance-Formation) von Wyoming; a) von außen, b) von unten. Max. dext. mit M^{2-3}. — Nach Clemens 1966

Abb. 73. *Pediomys* (?) *hatcheri* (Pediomyide) aus der Ober-Kreide (Lance-Formation) von Wyoming; a) von innen, b) von oben, c) von außen. Mand. dext. mit M_{2-4}. — Nach Clemens 1966

---

*) Ob diese Fossilformen tatsächlich als **Beutel**tiere bezeichnet werden können und sie den für die rezenten Marsupialia typischen Bau des weiblichen Urogenitalsystems besessen haben, ist selbstverständlich nicht zu entscheiden. Auf die damit verbundene Frage nach dem Bau des weiblichen Urogenitalsystems der gemeinsamen Stammformen der Meta- und Eutheria sei hier nicht weiter eingegangen, sondern nur auf die verschiedenen Homologisierungsversuche der Eutheria-Vagina mit jenen der Metatheria beziehungsweise die unterschiedliche Bewertung der Placentabildungen verwiesen (vergleiche dazu [1691, 3158]).

**) *Coöna* aus dem Alt-Eozän (Casamayorense) Patagoniens zeigt nach Simpson [3246] größere Ähnlichkeit mit nordamerikanischen Didelphinen und Pediomyiden als mit Microbiotheriinen.

im Paleozän und durch weitere Gattungen im Alt-Tertiär (zum Beispiel *Herpetotherium*, *Peratherium*, *Nanodelphis*) Nordamerikas nachgewiesen sind [1568a]. *Peradectes* kann als Abkömmling von *Alphadon* betrachtet werden (Abb. 75).

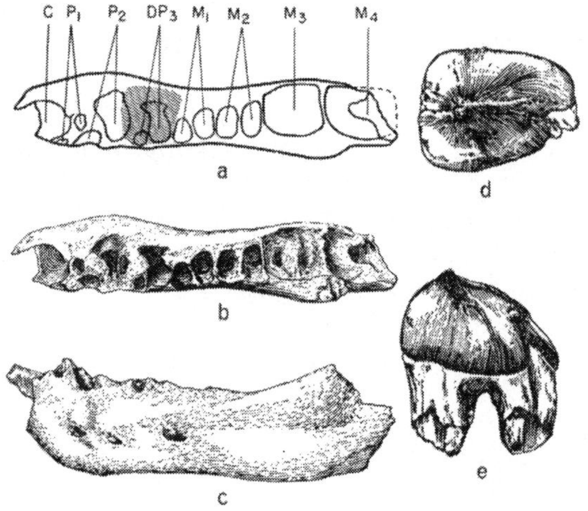

Abb. 74. *Didelphodon vorax* (Stagodontide) aus der Ober-Kreide (Lance-Formation) von Wyoming. a-c) Mand. sin. d, e) P_3 sin. Beachte Vergrößerung des P_3. Nach CLEMENS 1966

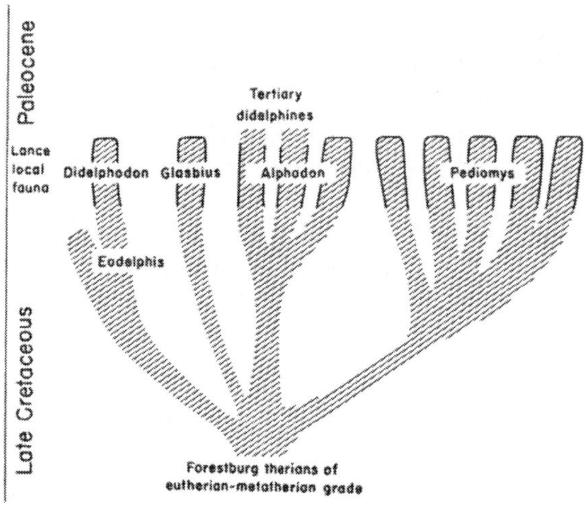

Abb. 75. Stammesgeschichtliche Zusammenhänge innerhalb der kretazischen Beuteltiere. — Nach CLEMENS 1966

Durch den Nachweis primitiver Didelphinae aus dem Alt-Tertiär Südamerikas (*Protodidelphis*, *Didelphopsis*, *Marmosopsis*, *Monodelphopsis* und andere [2620, 2625]) ist die Herkunft der südamerikanischen Didelphiden von Nordamerika praktisch erwiesen, nachdem ursprünglich aus dem südamerikanischen Alt-Tertiär nur Microbiotheriinae bekannt geworden waren. Diese auf das Tertiär Südamerikas beschränkten Beutelratten (zum Beispiel *Microbiotherium*, Oligo-Miozän) kommen als Ausgangsformen der rezenten Didelphinen nicht in Betracht.

Ob die Besiedlung Südamerikas, die nach SIMPSON [3262] zur jüngsten Kreidezeit oder im älteren Tertiär erfolgte, über eine Landbrücke oder durch Drift stattfand (vergleiche PATTERSON [2602]), ist schwer zu entscheiden (vergleiche auch das auf Seite 67 Gesagte). Bemerkenswert ist die im Paleozän und Eozän feststellbare Formenfülle (Didelphidae, Borhyaenidae, Caroloameghinidae, Polydolopidae, Caenolestidae) von Beuteltieren, die für eine hohes geologisches Alter und die bereits zur Kreidezeit erfolgte Aufspaltung spricht.

Für die Geschichte der Didelphidae ist wesentlich, daß sie sich im Gebiß seit dem ältesten Tertiär kaum verändert haben. Da dies wohl auch für den allgemeinen Habitus angenommen werden kann, sind die rezenten Beutelratten, wenn man von den etwas einseitig spezialisierten amphibischen Formen (*Lutreolina*, *Chironectes*) absieht, als „lebende Fossilien“ zu bezeichnen (Abb. 76). Als primitivste lebende Gattung wird *Marmosa* angesehen. Die unterschiedlichen Spezialisationstendenzen innerhalb der rezenten Didelphiden lassen allerdings eine generelle Beurteilung der Evolutionshöhe der einzelnen Gattungen nicht zu. So ist *Didelphis* in mancher Hinsicht (Vergrößerung der hinteren Prämolaren) zweifellos spezialisierter als etwa *Chironectes*. Bemerkenswerterweise ist verschiedentlich die Regelung der Körpertemperatur unvollständig wirksam (zum Beispiel *Caluromys*).

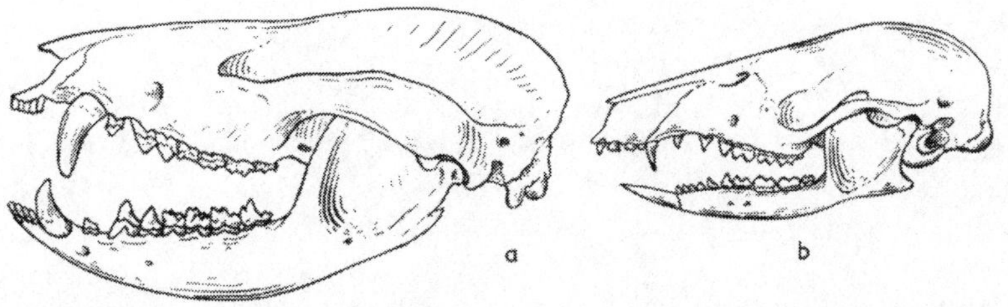

Abb. 76. Primitivtypen unter den rezenten neuweltlichen Beuteltieren. — Osteocranium. a) *Didelphis marsupialis*, b) *Caenolestes fuliginosus obscurus*. — a) Orig., b) nach Osgood 1921

Sämtliche südamerikanischen Didelphiden mit Ausnahme von *Lutreolina* und *Chironectes* besitzen einen echten Greifschwanz. Bei den beiden genannten Gattungen ist die Greiffunktion sekundär reduziert oder verlorengegangen. Pleistozäne *Lutreolina*-Reste sind phylogenetisch bedeutungslos [1499].

Didelphiden sind nicht nur aus dem Tertiär Nord- und Südamerikas nachgewiesen, sondern auch aus Europa *(Peratherium)*. Wie in Nordamerika verschwinden die Beutelratten in Europa im Miozän [742, 2180]. Das Vorkommen in Europa ergibt sich aus der paläogeographischen Situation im Paleozän oder im älteren Eozän, als ein direkter Faunenaustausch zwischen Nordamerika und Europa stattfand. Aus Asien sind bisher keinerlei Didelphidenreste gemeldet worden.

Als Abkömmlinge primitiver Metatheria und damit wohl als Seitenzweig der Didelphiden sind nach Simpson [3260] die mit einem bunodonten Gebiß versehenen **Caroloameghiniden** *(Caroloameghinia)* anzusehen, die bisher nur aus dem Eozän Südamerikas bekannt wurden. Gewisse Ähnlichkeiten mit *Glasbius* aus der Ober-Kreide Nordamerikas sind nach Clemens [572] als Konvergenzerscheinungen zu werten.

Die weitaus formenreichste, ausschließlich südamerikanische Beuteltiergruppe bilden jedoch die **Borhyaeniden** (= „Sparassodonta"). Es sind dies echte Raubbeutler, die — nachdem man sie ursprünglich nicht als Beuteltiere erkannte, sondern verwandtschaftliche Beziehungen zu den Creodonten annahm — meist als direkte Verwandte der australischen Beutler betrachtet wurden. Wie jedoch Simpson [3251, 3260] und auch Paula Couto [2619] sowie Patterson [2607] klar gezeigt haben, bestehen keine direkten verwandtschaftlichen Beziehungen zu den australischen Dasyuroidea. Es sind Abkömmlinge didelphoider Formen, deren Ähnlichkeit mit australischen Raubbeutlern als Parallelentwicklung anzusehen ist. Ihr Ursprung ist gleichfalls für die jüngste Kreidezeit anzunehmen. Die geologisch ältesten Borhyaeniden sind aus dem Paleozän nachgewiesen, doch verhalten sie sich morphologisch zum Teil intermediär zwischen Didelphiden und Borhyaeniden, was auch in ihrer wechselnden taxonomischen Stellung zum Ausdruck kommt *(Eobrasilia* [3259]).

Innerhalb der Borhyaeniden sind wolf-, marder-, katzen- und hyänenähnliche Typen bekannt geworden (Abb. 77), deren Entstehung durch das primäre Fehlen placentaler Raubtiere in Südamerika verständlich wird*). Es seien lediglich die bekanntesten Gattungen der Borhyaeniden genannt: *Patene* (Eozän), *Arminiheringia* (Eozän), *Cladosictis* (Oligo-Miozän), *Prothylacinus* (Miozän), *Lycopsis* (Miozän), *Borhyaena* (Oligo-Miozän), *Borhyaenidium* (Pliozän) und *Thylacosmilus* (Pliozän). Die zuletzt genannte Gattung ist eine der bemerkenswertesten Kon-

*) Carnivoren sind erstmalig aus dem Pliozän Südamerikas durch Procyoniden *(Amphinasua = Cyonasua)* nachgewiesen, doch haben die Musteliden, Ursiden, Caniden und Feliden erst im Pleistozän den südamerikanischen Kontinent erreicht, als eine richtige Landbrücke entstanden war.

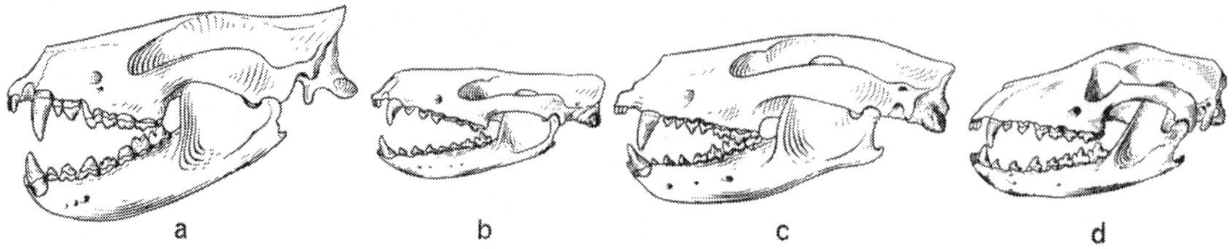

Abb. 77. Schädel polyprotodonter Beuteltiere (a-c: Borhyaenidae, d: Dasyuridae) als Beispiele für Parallelentwicklungen. a) *Borhyaena*, Miozän Südamerika ,b) *Cladosictis*, Miozän Südamerika, c) *Prothylacinus*, Miozän Südamerika, d) *Thylacinus*, rez., Australien. — Nach Gregory 1951 (d) und Sinclair 1906 (a-c) umgezeichnet

vergenzerscheinungen zu den Eutheria, indem der innerhalb der Feliden und der Creodonten mehrfach unabhängig voneinander entstandene Säbelzahnkatzen-Typ „nachgeahmt" ist (Abb. 2 auf Seite 2). *Thylacosmilus atrox* aus dem Pliozän [2907] von Catamarca zeigt durch die stark verlängerten, seitlich komprimierten Oberkiefereckzähne, die Ausbildung von Unterkiefersymphysen-Fortsätzen, die schneidende Funktion der in der Zahl reduzierten Backenzähne und den Bau des Processus coronoideus zahlreiche Übereinstimmungen mit Säbelzahnkatzen. Vermutlich war *Thylacosmilus* wie diese ein Aasfresser. Die Herleitung von *Thylacosmilus* ist mangels fossiler Funde noch nicht eindeutig geklärt, doch bildet *Chasicostylus* aus dem älteren Pliozän (Arroyo Chasico-Formation) ein Übergangsstadium von Borhyaeninen zu *Thylacosmilus*. Daß Säbelzahnbeutler einst verbreiteter gewesen sein dürften als die bisherigen Funde andeuten, läßt auch *Notosmilus* aus dem jüngsten Pliozän (? Ältestpleistozän) erkennen [1856].

Bemerkenswert ist ferner der gegenüber placentalen Raubtieren kleine Gehirnschädel der Borhyaeniden. Daß vereinzelt eine „placentale" Kondition erreicht wurde (zum Beispiel Gehörregion bei *Cladosictis* [2607]), erscheint im Sinne der heterochronen Merkmalsausbildung verständlich.

Als weitere, jedoch in anderer Hinsicht aberrante Gattung ist *Necrolestes* aus dem Miozän (Santacrucense) Argentiniens zu nennen. Seit der Beschreibung durch Ameghino [60] ist die Stellung dieser Gattung wiederholt lebhaft diskutiert und *Necrolestes* als Angehöriger der Beuteltiere (Winge, Leche, Loomis), der Insectivoren (Gregory, Schlosser, Woodward) oder Edentaten (Palaeoanodonten; Saban, McDowell) gedeutet worden. Erst eine Neuuntersuchung von *Necrolestes patagonensis* durch Patterson [2603] hat gezeigt, daß es sich um ein außerordentlich hochspezialisiertes Beuteltier (5 Inc. sup.; Abb. 78) handelt, das im Schädel und im postcranialen

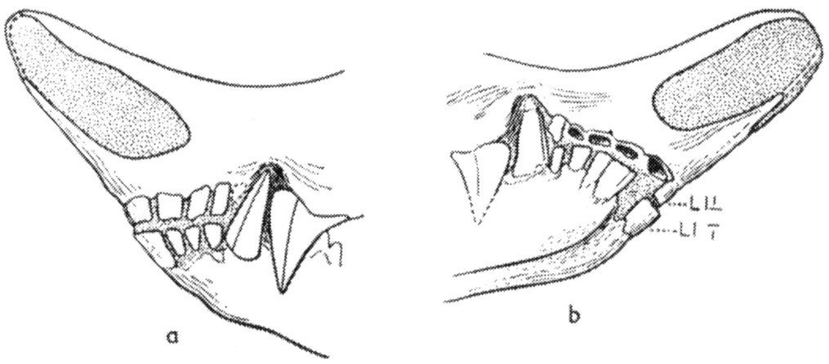

Abb. 78. *Necrolestes patagonicus* (Necrolestide) aus dem Miozän (Santacrucense) Argentiniens. Schnauzenregion mit polyprotodontem Vordergebiß. LI^1 = linker oberer 1. Schneidezahn, LI_1 = linker unterer 1. Schneidezahn. — Nach Patterson 1958.

Skelett Anklänge an Borhyaeniden und Didelphiden erkennen läßt und wohl am besten als Vertreter einer eigenen Familie (**Necrolestidae**) aufzufassen ist. Die Ähnlichkeiten mit *Epoicotherium* sind nur oberflächlicher Natur. Die Gehörregion weicht völlig von jener der Palaeoanodonten ab, die Zähne sind mit Schmelz versehen und die Wirbel sind nicht xenarthral gebaut.

Diese Feststellung ist deshalb wichtig, weil dadurch die seinerzeit angenommenen verwandtschaftlichen Beziehungen zu den afrikanischen Chrysochloriden [60, 3140] hinfällig geworden sind. Insectivoren*) haben Südamerika erst im Holozän erreicht [3262].

Außer den eben besprochenen südamerikanischen Beuteltierstämmen sind noch die **Caenolestiden** zu erwähnen. Ihre systematische und phylogenetische Stellung wurde seit ihrer Beschreibung durch Thomas [3616] und Osgood [2534, 2535] wegen des diprotodonten Unterkiefergebisses wiederholt diskutiert, indem man einerseits Affinitäten mit polyprotodonten Beutlern annahm, sie aber andererseits als primitive Diprotodonten [2534] deutete und damit direkte verwandtschaftliche Beziehungen zu australischen Beuteltieren vertrat. Seit Osgood hat sich jedoch die Kenntnis der Fossilfunde bedeutend erweitert, so daß Angaben über die stammesgeschichtliche Entwicklung und über die vermutlichen verwandtschaftlichen Beziehungen möglich sind.

Die Caenolestiden sind gegenwärtig durch drei (zwei?) auf Gebirgswälder nahe der Baumgrenze in den Anden Südvenezuelas, Kolumbiens, Ekuadors, Perus und Chiles beschränkte Gattungen (*Caenolestes*, *Lestoros* [=„*Orolestes*“] und *Rhyncholestes*) nachgewiesen (Abb. 76b auf Seite 75). Es sind terrestrisch lebende, im Habitus spitzmausartige Formen, denen im erwachsenen Zustand ein richtiger Beutel fehlt**) und die durch verschiedene außerordentlich primitive Merkmale gekennzeichnet sind. Unter ihnen sei auf das überaus ursprünglich gebaute Gehirn hingewiesen, das zu den urtümlichsten Säugetiergehirnen zu zählen ist. Das Neopallium liegt nur kappenförmig auf den ungefurchten Hemisphären; die riesigen Bulbi olfactorii und die gute Entwicklung der höheren rhinencephalen Zentren weisen auf extrem makrosmatische Formen, wie sie in ähnlicher Ausbildung nur von *Notoryctes* und Perameliden bekannt sind, zwischen denen auch das Cerebellum der Caenolestiden morphologisch vermittelt [2486, 3388, 3391]. Das Gehirn der rezenten Opossumratten verhält sich somit ursprünglicher als das der Didelphiden. Anklänge an Phalangeroiden sind im Bau des Gehirnes nicht vorhanden, wie auch die Ausbildung des Commissura anterior durch das Fehlen des Fasciculus aberrans von jener der Diprotodonten abweicht. Weiterhin ist die Zahnformel $\left(\frac{4\ 1\ 3\ 4}{4\text{-}3\ 1\ 3\ 4}\right)$ sehr ursprünglich (nur 1 Paar Incisiven reduziert); ein Greifschwanz fehlt ihnen als Bodenbewohnern.

Im Vergleich zu diesen ursprünglichen Merkmalen ist das Gebiß durch die „Pseudo-Diprotodontie“ und die mehr oder weniger quadrituberculären, zum Teil (besonders bei *Rhyncholestes*) etwas reduzierten Molaren mit meist rechteckigen Umriß spezialisiert, der Gesichtssinn nur sehr schwach ausgebildet.

Innerhalb der rezenten Caenolestiden ist *Rhyncholestes* zweifellos die spezialisierteste Gattung mit langem Rostrum und gestreckter Stellung der vergrößerten Incisiven, ähnlich den Soriciden.

Die rezenten Caenolestiden sind Relikte einer im Tertiär recht formenreich entwickelten Gruppe (Caenolestoidea), die mit Sicherheit seit dem Paleozän nachgewiesen sind***). Die hohe Spezialisation paleozäner Caenolestoiden spricht für einen langen Eigenweg und damit eine bereits zur Kreidezeit erfolgte Abspaltung vom Hauptstamm der Beuteltiere, als den man die Didelphoidea ansehen kann.

Wie bereits oben ausgeführt (Seite 71), ist die Diprotodontie der Caenolestiden nicht der der Diprotodontia (= Phalangeroidea) homolog, da nicht das gleiche Schneidezahnpaar im

---

*) *Argyrolestes* und *Nemolestes* sind keine Insectivoren, wie Ameghino annahm, sondern Borhyaeniden [3260].

**) Bei jungen Tieren ist gelegentlich ein Beutel vorhanden.

***) *Batodon tenuis* aus der Ober-Kreide Nordamerikas, der von Simpson [3219] als Insectivore klassifiziert wird, nach Ride [2904:295] sehr wahrscheinlich jedoch ein Beuteltier aus der Gruppe der Caenolestoidea darstellt, ist nach neuen Funden zweifellos ein Angehöriger der Eutheria [572].

Unterkiefer vergrößert wurde [2904]. Damit scheiden die Caenolestoidea trotz ihrer ursprünglichen Merkmale und trotz der im Backenzahngebiß fossiler Formen verblüffenden Übereinstimmung mit Phalangeroiden als Stammformen der australischen Diprotodontia aus. Sie lassen sich, wie Simpson wahrscheinlich gemacht hat, von primitiven Didelphoiden ableiten.

Bemerkenswert ist, daß von den verschiedenen Stämmen innerhalb der Caenolestoidea lediglich die Caenolestiden als primitive Gruppe bis zur Gegenwart persistierten, während die im Gebiß zum Teil außerordentlich hoch spezialisierten Polydolopiden, die Palaeothentinen und die Abderitinen, bereits im Tertiär wieder ausstarben. Es bestätigt sich somit die stammesgeschichtliche Regel vom Überleben der wenig spezialisierten Arten.

Damit sind die wichtigsten Stämme genannt, die durch eine parallele Spezialisierung des Vordergebisses gekennzeichnet sind und die ursprünglich mit den Multituberculaten in Verbindung gebracht wurden (Ameghino). Die bereits von Gregory [1174] vermutete Zugehörigkeit der Polydolopiden, die durch den zum Sägezahn umgestalteten P^3_3 gekennzeichnet sind, zu den Caenolestoiden konnte Simpson (1928) bestätigen. Neuere Untersuchungen an paleozänen **Polydolopiden** *(Epidolops)* durch Paula Couto [2619] haben deren intermediäre Stellung zwischen Palaeothentinen (und damit Caenolestiden) und den geologisch jüngeren Polydolopiden gezeigt und damit die Annahme gemeinsamer prätertiärer Stammformen notwendig gemacht. *Epidolops* besitzt den für die Caenolestiden charakteristischen, ursprünglichen (vierhöckerigen) Bau der Oberkiefermolaren und entspricht in dieser Hinsicht den Caenolestiden weit mehr als den geologisch jüngeren Polydolopiden (Abb. 79). Von diesen bilden *Polydolops* und *Eudolops* aus dem Eozän die spezialisiertesten Gattungen. Durch den Nachweis von vier Molaren bei *Epidolops* ist zwar die Homologisierung des vergrößerten Einzelzahnes der Polydolopiden mit dem der

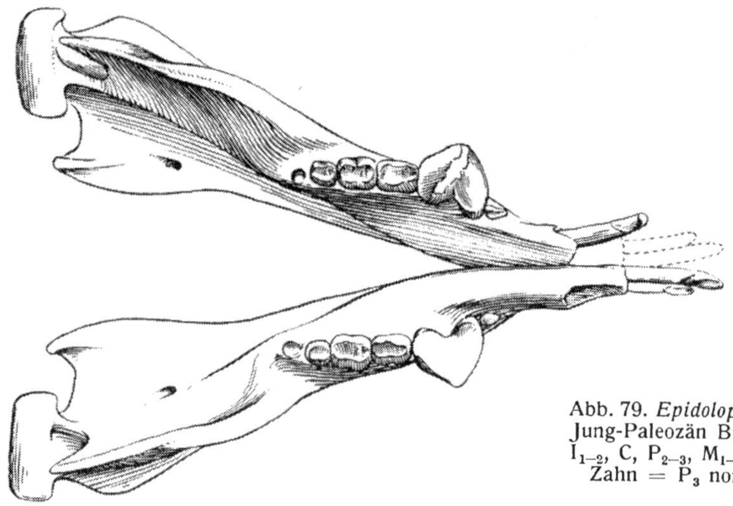

Abb. 79. *Epidolops ameghinoi* (Polydolopide) aus dem Jung-Paleozän Brasiliens. Unterkiefer von oben mit I_{1-2}, C, P_{2-3}, M_{1-3} und Alveole von M_4. Vergrößerter Zahn = P_3 non M_1. — Nach Paula Couto 1952

Phalangeroiden gegeben, aber die Ähnlichkeit ist dennoch als Parallelerscheinung zu werten (siehe oben). Wie Simpson [3231] aufzeigt, findet sich der sogenannte plagiaulacoide Gebißtypus bei verschiedenen Säugetierordnungen (Multituberculata, Marsupialia, Primates; Abb. 80, siehe auch Abb. 57 auf Seite 51).

Wieviel auch heute noch von den ausgestorbenen Säugetieren Südamerikas unbekannt ist, zeigt die von Patterson [2597] beschriebene Gattung *Groeberia* aus dem Oligozän Argentiniens. Es handelt sich nach Patterson um einen hochspezialisierten Beutler mit hypsodonten Backen-

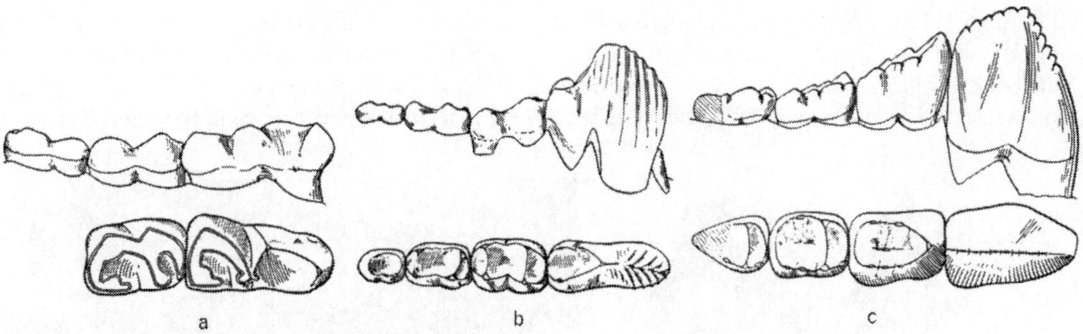

Abb. 80. Caenolestoidea aus dem Tertiär Südamerikas. Mandibulargebiß. a) *Acdestis* (Caenolestide), Miozän, b) *Abderites* (Caenolestide), Miozän, c) *Polydolops* (Polydolopide), Eozän. Spezialisationsreihe mit zunehmender Differenzierung des P_3. Wegen der Homologisierung siehe Abb. 79. Zahnreihe jeweils von innen und oben. Nach SIMPSON 1928

zähnen und nagezahnartig differenzierten Schneidezähnen, der als Angehöriger einer eigenen Familie (**Groeberiidae**), die wohl zu den Caenolestoidea gehört, zu betrachten ist. Bisher sind allerdings weder Zwischenformen, noch weitere Reste bekannt geworden, die diese Ansicht bestätigen. *Groeberia* ist daher besser als incertae sedis zu klassifizieren.

Wie das Vorkommen spezialisierter Caenolestoidea bereits im Paleozän gezeigt hat, haben sich die rezenten Caenolestiden, von denen fossile Formen aus dem südamerikanischen Tertiär bekannt sind *(Garzonia, Halmarhiphus)*, seit dem beginnenden Tertiär kaum verändert. Sie sind daher gleichfalls als „lebende Fossilien" zu bewerten. Unter den Caenolestiden ist der Stamm der Palaeothentinen*) wesentlich langsamer evoluiert als etwa die Polydolopiden. Er persistiert daher auch bis in das Miozän.

Die australischen Beutler (Dasyuroidea, Perameloidea und Phalangeroidea)

Im Gegensatz zu der durch Fossilfunde in den Grundzügen geklärten stammesgeschichtlichen Entwicklung der südamerikanischen Metatheria ist man bei Beurteilung der Evolution der australischen Beutler fast ausschließlich auf die rezenten Formen angewiesen. Wohl wurden in den letzten Jahren verschiedene tertiärzeitliche Formen entdeckt und auch zum Teil beschrieben [2905, 3462, 3463, 3464, 3466, 3475, 3476], doch haben sie nur einzelne phylogenetisch wertvolle Hinweise geliefert [3474a, 3476a].

So ist aus dem Alt-Tertiär des australischen Raumes bisher nur *Wynyardia bassiana* bekannt geworden [3351]. Ursprünglich durch SPENCER auf Grund des angeblich eozänen Alters als Zwischenform zwischen Polyprotodontia und Diprotodontia angesehen, betrachtete WOOD JONES [3942] *Wynyardia* als eine mit *Trichosurus* nahe verwandte Form und als sekundär in die Fossilfauna gelangt. Wie jedoch GILL [1121] gezeigt hat, stammt dieser Beutler zweifellos aus der alt-tertiären Fossil Bluff-Fauna Tasmaniens, die nach der Begleitfauna ins Oligozän eingestuft wird. Damit schien bewiesen, daß sich die Phalangeriden seit dem älteren Oligozän kaum verändert hatten und auch die Radiation der übrigen australischen Beutler längst abgeschlossen ist [3276]. Diese Annahme schien überdies der Nachweis eines Känguruhrestes aus dem Miozän

---

*) Die durch STROMER [3508] als *Palaeothentoides* (Abb. auf Seite 151) beschriebenen Reste aus dem afrikanischen (?) Altpleistozän sind, wie BUTLER & HOPWOOD [459] gezeigt haben, nicht auf Caenolestoiden zu beziehen, sondern auf Macroscelididen (siehe auch PATTERSON [2606]).

zu stützen [1140]. Wie jedoch Glaessner [1139] gezeigt hat, stammt dieser Nachweis nicht aus dem Miozän, sondern es handelt sich um einen eiszeitlichen Rest! Weiterhin hat eine sorgfältige Neu-Untersuchung von *Wynyardia* durch Ride [2905] zu dem Ergebnis geführt, daß die Ansicht von Wood Jones nicht zutrifft (Abb. 81). *Wynyardia* ist zwar nach der Mandibel zweifellos als

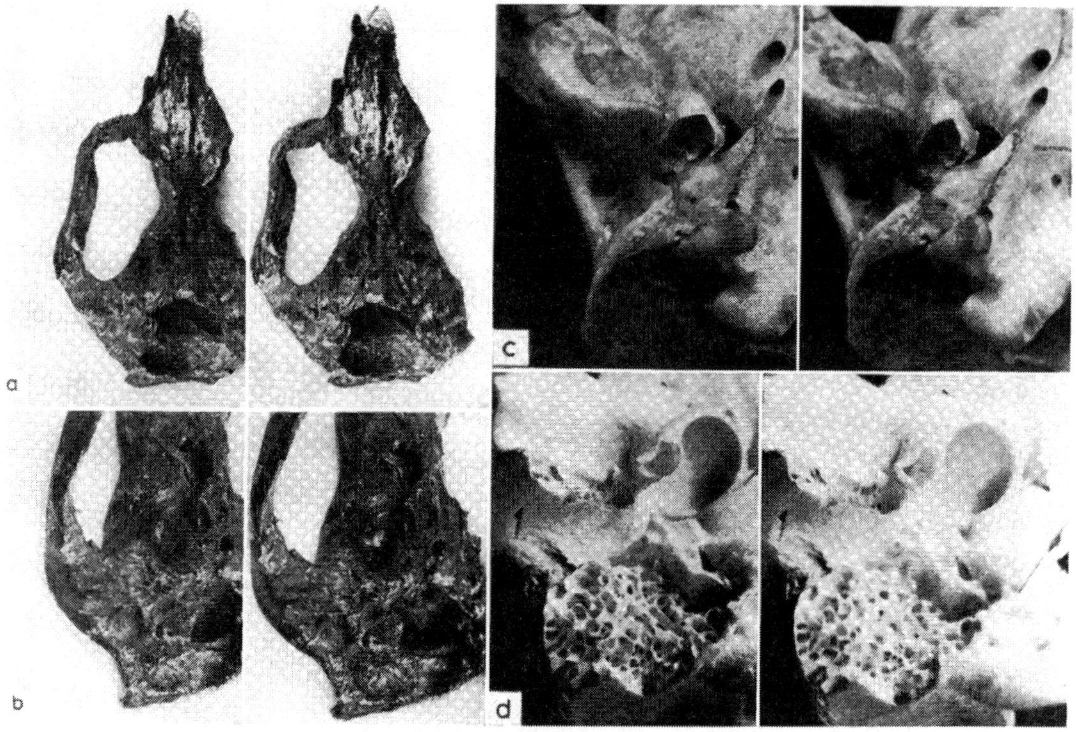

Abb. 81. a, b) *Wynyardia bassiana* (Phalangeroide) aus dem Oligozän Tasmaniens. Schädel in Ventralansicht. Ältester Beuteltierrest der australischen Region, c) Gehörregion von *Didelphis marsupialis*, rez., d) Gehörregion von *Trichosurus vulpecula*, rez., zum Vergleich. — Nach Ride 1964

Diprotodontia zu klassifizieren, verhält sich jedoch in zahlreichen Merkmalen intermediär zwischen Didelphiden und Phalangeriden, wodurch Spencers Ansicht in gewisser Hinsicht bestätigt wird. *Wynyardia bassiana* vereint diprotodonte Merkmale mit anderen, die sonst nur von polyprotodonten Beutlern bekannt sind (Mittelohr ohne Sinus epitympanicus wie bei Monotremen und Didelphiden), und besitzt verschiedene, nur ihr eigene Merkmale. *Wynyardia* ist dadurch von sämtlichen Phalangeriden so stark verschieden, daß eine Abtrennung als Angehörige einer eigenen Familie (**Wynyardiidae**) notwendig erscheint, wie es bereits Osgood [2534:138] aussprach. Dadurch ist die Annahme widerlegt, daß *Trichosurus*-artige Formen bereits im Alt-Tertiär existierten. *Wynyardia* ist — soweit nach den vorhandenen postcranialen Skelettresten zu urteilen — als Beutler mit verhältnismäßig langsamer Fortbewegungsweise zu betrachten, der keine Anpassungen an eine springende oder laufende Bewegungsweise zeigt. *Wynyardia bassiana* selbst ist jedoch zu spezialisiert, um als direkte Stammform der bekannten Phalangeriden in Betracht zu kommen.

Die Fossilfunde aus dem Jung-Tertiär Australiens stammen von Dasyuriden, Thylaciniden, Perameliden, Phalangeriden, Phascolarctiden, Vombatiden, Macropodiden und Diprotodontiden. Sie fügen sich, abgesehen von den erst im Quartär ausgestorbenen Diprotodontiden, in das durch die rezente Fauna gegebene Bild ein und geben kaum Aufschluß über die stammesgeschichtlichen Zusammenhänge der verschiedenen australischen Beutlergruppen.

Somit sind die verwandtschaftlichen Beziehungen und damit Herkunft und Aufspaltung im wesentlichen nur nach den rezenten Formen zu beurteilen. Wie bereits oben dargelegt wurde, sieht SIMPSON [3257, 3260] als wahrscheinlichste Lösung die Herleitung der Didelphoidea und Dasyuroidea von gemeinsamen Stammformen in der Ober-Kreidezeit an, die den Didelphoidea ähnlich gewesen sein müssen, eine Feststellung, die durch die Befunde an *Wynyardia* bestätigt wird.

Die rezenten Dasyuroidea unterscheiden sich im Gebiß von den rezenten Didelphoidea*) durch die reduzierte Zahl der Incisiven ($\frac{4}{3}$ anstelle $\frac{5}{3}$) und die progressive Rückbildung der Außenpfeiler an den M sup. und zeigen dadurch die gleichen Evolutionstendenzen wie die südamerikanischen Borhyaeniden (Abb. 82). Die Abstammung von einem gemeinsamen Stock und die

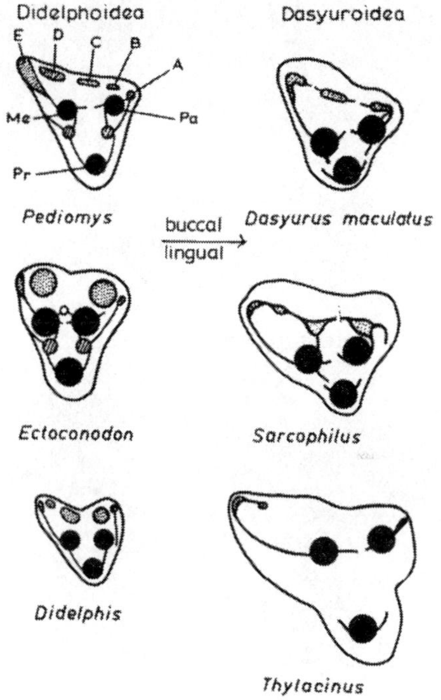

Abb. 82. Schema zur Homologisierung der Zahnhöcker der M sup. von Didelphoidea (links) und Dasyuroidea (rechts). Nach RIDE 1964

A—*E* = Stylarhöcker *Pa* = Paracon
Me = Metacon *Pr* = Protocon

ähnlichen „trends“ lassen die einstige Annahme direkter verwandtschaftlicher Beziehungen zwischen Dasyuriden und Borhyaeniden verständlich erscheinen. Die unterschiedliche Ausbildung der Gehörregion bestätigt jedoch die Parallelentwicklung.

Der verschieden hohe Grad der Spezialisierung und die ökologische Diversität der rezenten Dasyuroidea erschwert eine Beurteilung der verwandtschaftlichen Beziehungen. Zu den ursprünglichsten **Dasyuriden** zählen die im Habitus zum Teil an Spitzhörnchen erinnernden arboricolen Pinselschwanzbeutler (*Phascogale)* und Neuguineabeutelmäuse *(Murexia)*, bei denen der 1. Zehenstrahl noch vorhanden ist und weder Tendenz zur Verlängerung des Fußes noch Anzeichen zur schneidenden Ausbildung oder zur Reduktion der Backenzähne bemerkbar

*) Incisivenreduktion ist jedoch auch bei fossilen Didelphoidea bekannt.

sind. Einen eigenen Stamm bilden die Schmalfuß- und Springbeutelmäuse *(Sminthopsis, Antechinomys)*, von denen die höchstspezialisierten und mit Sprungbeinen versehenen Arten der Gattung *Antechinomys* habituell mit Macroscelididen verglichen werden können. Weitere Phascogalinen entsprechen im Aussehen Mäusen und Ratten *(Antechinus)*, Hörnchen *(Dasycercus)* und Spitzmäusen *(Phascolosorex)*.

Innerhalb der Dasyuriden, die den placentalen Raubtieren vergleichbar sind, ist der zu *Thylacinus* führende Stamm bereits frühzeitig von den übrigen Dasyuriden getrennt gewesen. Nach RIDE [2405] ist nach der unterschiedlichen Gebißdifferenzierung (sie führt auf verschiedenen Wegen zu schneidenden Unterkiefermolaren (Abb. 83)) eine Trennung seit dem Miozän

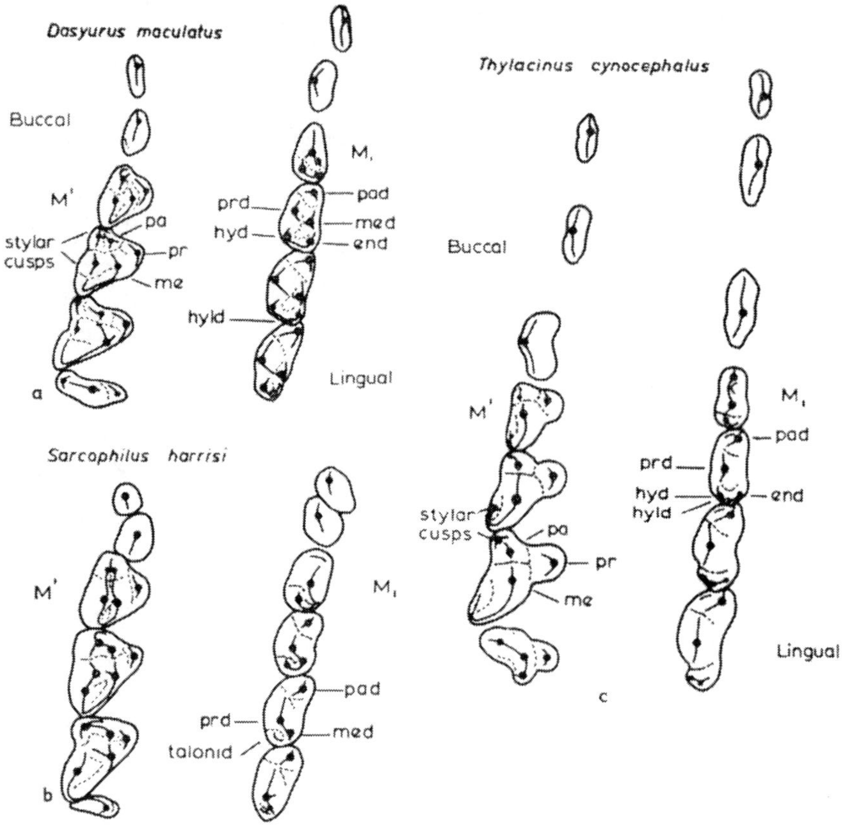

Abb. 83. Maxillare und mandibulare Backenzahnreihe rezenter Dasyuroidea. a) *Dasyurus maculatus*, b) *Sarcophilus harrisi*, c) *Thylacinus cynocephalus*. Beachte die abweichende Gebißspezialisierung bei *Thylacinus*. — Nach RIDE 1964

end = Endoconid	*me* = Metacon	*pad* = Paraconid
hyd = Hypoconid	*med* = Metaconid	*pr* = Protocon
hyld = Hypoconulid	*pa* = Paracon	*prd* = Protoconid

anzunehmen, was auch Fossilfunde bestätigen. So ist aus der miozänen Etadunna-Formation (Südaustralien) ein Dasyuride bekannt [3475], der nach RIDE [2905] *Thylacinus* nahesteht. Die älteste *Thylacinus*-Art ist aus dem Jung-Miozän nachgewiesen (WOODBURNE [3938a]). Aus pleistozänen Ablagerungen sind Reste mehrerer *Thylacinus*-„Arten" *(Th. spelaeus, Th. major, Th. breviceps, Th. rostralis)* beschrieben worden, die meist etwas größer sind als der *Thylacinus cynocephalus*, doch ist deren spezifische Selbständigkeit meist nicht zu belegen [3443]. Bemerkenswert ist, daß der gegenwärtig praktisch ausgerottete Beutelwolf im Pleistozän nicht nur auf dem australischen Festland weit verbreitet war, sondern auch aus holozänen Ablagerungen Neuguineas nachgewiesen ist [3698].

Auf Grund der durch die lange Trennung von den Dasyurinen eingetretenen Spezialisierung erscheint die im Gegensatz zu Pocock [2760] neuerdings [2905, 3468] durchgeführte Trennung von *Thylacinus* als Angehörigen einer eigenen Familie (**Thylacinidae**) verständlich.

Reste fossiler Dasyurinen liegen bisher nur wenig vor. Der wichtigste ist ein als *Glaucodon ballaratensis* [3463] beschriebener Unterkiefer aus dem Pliozän (? Pleistozän) von Victoria, der nach Ride [2905] als strukturelle Stammform von *Sarcophilus* bezeichnet werden kann und Merkmale von *Dasyurus* und *Sarcophilus* zeigt. Wie jedoch eine von Stirton [3463] erwähnte, noch nicht beschriebene *Sarcophilus*-Form aus dem Pliozän Südaustraliens vermuten läßt, existierte *Sarcophilus* bereits im ausgehenden Tertiär. Aus dem Pleistozän sind *Dasyurus*- und *Sarcophilus*-Arten beschrieben worden, unter denen *Sarcophilus laniarius* als Großform und von *Sarcophilus harrisi* getrennte Art bezeichnet wird, was jedoch nach Stephenson [3443] nicht zutrifft. Der gegenwärtig auf Tasmanien beschränkte Beutelteufel (*Sarcophilus harrisi*) ist somit im Gegensatz zu *Thylacinus* als spezialisierter Beutelmarder zu bezeichnen.

Zu den interessantesten australischen Beuteltieren gehören zweifellos die Ameisenbeutler (*Myrmecobius*), die auf Grund primitiver, aber auch hochspezialisierter Merkmale eine völlig verschiedene taxonomische und phylogenetische Beurteilung erfahren haben. Fossilfunde sind unbekannt. Das Fehlen des Beutels und des einwärts gekrümmten Processus angularis sowie das aus anscheinend 5 oder 6 triconodonten Molaren bestehende Molarengebiß haben seinerzeit dazu geführt, die Ameisenbeutler (*Myrmecobius*) als Überlebende der mesozoischen Triconodonten und damit als Angehörige einer Vorbeutlerstufe (sogenannte Mesotheria) aufzufassen [2443:674]. Nach Bensley [241], Gregory [1177a], Osgood [2534] und Fordham [965] ist *Myrmecobius* jedoch vom vergleichend-anatomischen Standpunkt zweifellos als Marsupialier, und zwar als primitiver Dasyuride zu bewerten, der nur eine besonders angepaßte und aberrante Form darstellt. Über den Zeitpunkt der Abspaltung vom Dasyuridenstamm lassen sich derzeit nur Vermutungen äußern. Die Ameisenbeutler werden demnach einerseits als Angehörige einer Unterfamilie innerhalb der Dasyuridae [2409, 3257] oder als eigene Familie (**Myrmecobiidae**) [1258, 3765] klassifiziert; für letzteres und damit für eine frühere Abspaltung von den Dasyuriden sprechen auch die Befunde von Tate [3540].

Wie das Vorkommen eines Sphincter marsupii erkennen läßt, ist das Fehlen des Beutels sekundär. Auch das sogenannte „triconodonte" Gebiß*) ist in Zusammenhang mit der Ernährung durch Termiten und Ameisen durch Reduktion aus einem normalen Dasyuridengebiß entstanden Die Molaren sind sekundär vereinfacht. Es liegt daher kein Grund vor, *Myrmecobius* als Überlebenden einer mesozoischen Säugetiergruppe zu betrachten. Auf die Unhaltbarkeit der durch Gidley [1110] vertretenen Ansicht direkter verwandtschaftlicher Beziehungen mit alttertiären nordamerikanischen Formen (*Myrmecoboides*) wurde bereits verwiesen (Seite 44).

Eine ähnliche Kombination zwischen außerordentlich primitiven und hochspezialisierten Merkmalen hat zur recht unterschiedlichen Beurteilung der **Perameliden** geführt. Trotz bedeutender Differenzen im Grad der Anpassung handelt es sich bei den Nasenbeutlern um eine weitaus geschlossenere Beutlergruppe als etwa die Dasyuriden; dennoch läßt die Serologie [1740] eine frühzeitige Zweiteilung vermuten. Die Perameliden wurden einerseits wegen des polypro-

*) Es ist keine echte Triconodontie wie bei den mesozoischen Triconodonten, sondern nur eine Pseudo-Triconodontie, indem die einzelnen Höcker nicht durch Kämme miteinander verbunden sind.

todonten Gebisses den Dasyuriden angeschlossen [3538], andererseits wegen der Syndactylie in die Verwandtschaft der Phalangeriden gestellt (Wood Jones). Damit ist die Problematik aufgezeigt, die sich für den Phylogenetiker ergibt und auf die bereits oben (Seite 69) verwiesen wurde. Ist die Syndactylie bei den Perameliden unabhängig von jener der Phalangeroiden entstanden oder nicht? Mit der Beurteilung dieser Frage ist auch über die stammesgeschichtliche Stellung der Perameliden entschieden.

Das Gehirn ist außerordentlich primitiv gebaut und schließt sich morphologisch an das der Caenolestiden an [2486]. Es zählt zu den ursprünglichsten Säugetiergehirnen überhaupt. Andererseits gehören die Perameliden — und hier vor allem die Kaninchenbeutler (*Thylacomys, Chaeropus*) des australischen Festlandes — durch verschiedene Merkmale zu den höchstspezialisierten Beutlern. So hat die Reduktion der seitlichen Zehen bei *Chaeropus* das Extrem unter den Beutlern erreicht, indem die Vorderextremität di- (Pseudo-Artiodactylie), die Hinterextremität monodactyl ist, des weiteren ist bei den Perameliden eine allantoide Placenta entwickelt, wie sie in dieser Ausbildung bei den Metatheria sonst nicht bekannt ist [1430, 3386]. Dazu kommt ferner die sereologisch isolierte Stellung innerhalb der Marsupialia. Es scheint daher die Abtrennung als eigene Ordnung Peramelina [1168, 2905] verständlich.

Die rezenten Perameliden zeigen sehr starke Unterschiede im Gebiß, Schädel und Extremitätenbau, die zwar gleichfalls nicht konform gehen, aber erkennen lassen, daß die waldbewohnenden Arten die allgemein primitiveren, die Bewohner freien Geländes die spezialisierteren sind. Waldbewohner finden sich hauptsächlich auf Neuguinea (*Peroryctes, Microperoryctes, Echymipera*) und der Insel Ceram (*Rhynchomeles*, die nach Tate [3538] von *Echymipera* abgeleitet werden kann), Bewohner des freien Geländes sind auf Australien beschränkt (*Perameles, Thylacomys* [=„*Macrotis*"] und *Chaeropus*). Bei den spezialisierten Perameliden kommt es zu quadrituberculären, hypsodonten Molaren, während die ursprünglicheren Arten tribosphenische, brachyodonte Backenzähne aufweisen.

Die pleistozänen Fossilreste lassen sich auf *Perameles* beziehen und sind vermutlich nicht von rezenten Arten zu trennen (vergleiche Ride [2905]). Der einzige tertiäre Peramelide ist *Ischnodon australis* [3462] aus der pliozänen Palankarinna-Fauna Südaustraliens. Während diese Art nach Stirton *Macrotis* (=*Thylacomys*) näher steht als den übrigen Perameliden, unterscheidet sich *Ischnodon* nach Ride durch die brachyodonten Molaren von sämtlichen rezenten *Macrotis*-Arten. Damit sagen auch die Fossilfunde nichts über die Geschichte dieser Gruppe aus.

Wie schon oben ausgeführt, erscheint es eher wahrscheinlich, daß die Syndactylie nur einmal innerhalb der Beutler erworben wurde. Dies würde bedeuten, daß sich die Diprotodontie der australischen Beutler erst nach Erwerb der Syndactylie herausbildete und die Perameliden den Phalangeroidea näher stünden als den Dasyuroidea. Mit dieser Auffassung stehen die serologischen Befunde [2823] nicht in Einklang, wie auch mancher „trend" im Vordergebiß bei verschiedenen Dasyuriden eher auf einen Zusammenhang zwischen ihnen und den Phalangeriden hinzuweisen scheint. Daher kann die Frage nach der Herknuft der Perameliden und die Entstehung der Syndactylie (1mal oder 2mal) noch nicht als gelöst betrachtet werden.

Die artenreichste australische Beutlergruppe sind die Phalangeroidea (= Diprotodontia Owen), deren insectivore, omnivore und herbivore Typen die verschiedensten Lebensräume besiedeln. Neben arboricolen sind rein terrestrische und cavernicole Formen ebenso vertreten wie Fallschirmspringer. Bemerkenswert ist, daß Flugbeutler innerhalb drei verschiedener Stämme der Phalangeriden entstanden sind (*Petaurus, Acrobates* und *Schoinobates*). Die Ausbildung von Flughäuten scheint relativ rasch vor sich gegangen zu sein, wie etwa angedeutete Flughäute bei *Pseudocheirus* (Subgenus *Hemibelideus*) vermuten lassen, der als morphologische Übergangsform zu *Schoinobates* aufgefaßt werden kann. Die Macropodinen lassen sich mit

Hirschen und Antilopen vergleichen*), während die ausgestorbenen Sthenurinen (innerhalb der Macropodiden) als rinderähnliche Blattfresser angesprochen werden können [2901]. Auch innerhalb der gleichfalls ausgestorbenen diprotodontiden Palorchestinen kam es nach Woods [3947] und Bartholomai [190] zu Konvergenzerscheinungen zu den Macropodiden.

Die Herkunft der Phalangeroidea ist mit der Entstehung der Diprotodontie engstens verknüpft. Ohne auf diese wiederholt diskutierte Frage im einzelnen einzugehen [1466], sei nur darauf hingewiesen, daß innerhalb der Polyprotodonten verschiedentlich ein mehr oder weniger deutlicher „trend" zur Diprotodontie feststellbar ist, indem das vorderste Incisivenpaar im Prämaxillare bei Didelphiden (zum Beispiel *Didelphis, Chironectes*) und Dasyuriden (zum Beispiel *Murexia, Phascogale*) durch vergrößerte und gekrümmte Wurzeln und durch ein kleines Diastema zum I^2 eine Sonderstellung einnimmt. Dazu kommt, daß nach Hofer [1466:411] „die carnivoren und insectivoren polyprotodonten Beutler (Didelphidae und Dasyuridae) über eine Besonderheit in der Kiefermuskulatur verfügen, die sie geradezu prädestiniert erscheinen läßt, diese (für die Diprotodontie) geforderte protrahierende Bewegung mit dem Unterkiefer auszuführen". Damit ist natürlich die Frage nach der unmittelbaren Herkunft der Diprotodontie und auch nach ihrer stammesgeschichtlichen Einheit gestellt. Wie bereits ausgeführt, kommen die Caenolestiden als Ausgangsformen nicht in Betracht. Mit der Annahme einer einmaligen Entstehung der Syndactylie ist zwar praktisch die einheitliche Abstammung der Phalangeroidea gegeben. Sollte sich jedoch bestätigen, daß die Syndactylie — ebenso wie die Diprotodontie innerhalb der Beuteltiere — mindestens zweimal unabhängig voneinander entstanden ist, so wäre auch die Sonderstellung der Perameliden, die im Gebiß derartige Tendenzen vermissen lassen, erklärt, indem sie unabhängig von den Phalangeroiden ihren Ursprung genommen haben.

Innerhalb der Phalangeroidea lassen sich verschiedene Stämme unterscheiden, doch erfolgt ihre Abgrenzung keineswegs einheitlich. So haben unter den rezenten Diprotodontia besonders der Beutelbär und die Rattenkänguruhs, innerhalb der fossilen *Thylacoleo* und die Diprotodontiden (*Diprotodon, Nototherium* und andere) Anlaß zu Diskussionen gegeben.

Die bisher bekannt gewordenen Fossilfunde haben nicht nur zum Nachweis der ausgestorbenen Stämme geführt, sondern lassen auch Angaben über das zeitliche Auftreten, die vermutlichen stammesgeschichtlichen Zusammenhänge und ihr Aussterben zu. Auf die Bedeutung von *Wynyardia* wurde bereits verwiesen (Seite 79).

Die **Phalangeridae** bilden die Stammgruppe der Diprotodontia. Sie lassen sich auf alttertiäre Wynyardiiden zurückführen. Vermutlich prämiozäne Seitenzweige sind die Macropodiden (einschließlich der Potoroiden), die Diprotodontiden und die Vombatiden. Die Phalangeriden bilden nach Kirsch [1740] keine serologische Einheit, was durch eine frühe Aufspaltung erklärt werden kann.

Den Hauptstock bilden die Phalangerinae, von denen *Cercaertus* (=„*Dromicia*"), *Eudromicia, Acrobates* und *Distoechurus* sich in zahlreichen Merkmalen am ursprünglichsten verhalten (tribosphenische Molaren und so weiter). Nur wenig progressiver sind *Petaurus, Trichosurus, Phalanger* und *Wyulda. Dactylopsila* (einschließlich *Dactylonax*) sind etwa einseitig spezialisierte Phalangerinen, die möglicherweise eine eigene Unterfamilie bilden. Für die artenreiche Gattung *Phalanger* war Neuguinea ein Entstehungszentrum, von dem aus einzelne Arten als „Inselhüpfer" (im Sinne von Simpson) sich weiter westwärts bis Timor, Buru, Talaut und Celebes verbreitet haben. So hat *Phalanger orientalis* Timor zweifellos nicht direkt vom australischen Festland, sondern von Neuguinea aus über Ceram, Buru und Wetar erreicht [3543]. Die Kuskus sind die „Faultiere" der Alten Welt, allerdings nicht in ernährungsphysiologischer Hinsicht.

*) Interessant ist, daß es bei Macropodiden unabhängig von den Ruminantiern und Tylopoden zum Wiederkauen gekommen ist [2399, 2901].

Die wenigen pleistozänen Fossilreste lassen sich bis auf *Palaeopetaurus* auf rezente Gattungen (*Petaurus, Cercaertus, Trichosurus*) beziehen. *Burramys* ist ein kleiner, diprotodonter Beutler mit einem sägezahnartig vergrößerten Prämolarenpaar (Zahnformel $\frac{3\ 1\ 2\ 4}{5+4}$), der erst kürzlich rezent nachgewiesen werden konnte, nachdem er nur fossil bekannt war [3763, 3764].

Von Broom zuerst [394] als Bindeglied zwischen Phalangeriden und Macropodiden, später als der Ahnenform von *Thylacoleo* nahestehend angesehen, stellte Tate [3537] diese Gattung zu den Macropodidae. Wie jedoch Ride [2899, 2905] gezeigt hat, beruhen die vermeintlichen macropodiden Affinitäten nur auf den vergrößerten Prämolaren, während der Zahnersatz und Fossa masseterica (kein Masseterkanal) erkennen lassen, daß es sich um einen aberranten Phalangerinen handelt. *Burramys* sei vom Primitiv-Stock abzuleiten und nicht als Angehöriger einer eigenen Unterfamilie (Burramyinae Broom) zu klassifizieren, wie dies schon Bensley [241] für wahrscheinlich hielt.

Weitaus spezialisierter ist jedoch der nektarfressende *Tarsipes*, der eine analoge Stellung wie *Myrmecobius* unter den Dasyuriden einnimmt. Da Fossilfunde unbekannt sind, läßt sich über das Alter dieses spezialisierten Phalangeridenstammes nichts aussagen. Nach Ride [2905] ist es vermutlich ein junger Seitenzweig, dessen taxonomische Sonderstellung in der Abtrennung als Unterfamilie zum Ausdruck kommt.

Wesentlich problematischer ist jedoch die Stellung von *Phascolarctos cinereus*. Der Beutelbär ist wohl der Ernährungsspezialist unter den Säugetieren. Er ernährt sich ausschließlich von Blättern bestimmter *Eucalyptus*-Arten, wobei er wegen des Blausäuregehaltes der jungen Blätter und Triebe hauptsächlich alte Blätter verzehrt [2786]. Im Zusammenhang mit der reinen Blattnahrung stehen verschiedene anatomische Besonderheiten (riesiges Extracaecum [Pseudo-Appendix], Caecophagie der Jungtiere und andere).

Die systematisch-phylogenetische Stellung von *Phascolarctos* wird recht verschieden beurteilt: 1. zusammen mit *Pseudocheirus* und *Schoinobates* als Phascolarctinae innerhalb der Phalangeriden, 2. als Vertreter einer eigenen Familie (Phascolarctidae im engeren Sinne), 3. zusammen mit den Wombats zu einer Familie (Phascolarctidae im weiteren Sinne). Die bisherigen Fossilfunde sind für eine Entscheidung dieser Frage belanglos, belegen jedoch das Vorkommen von Großformen im Pleistozän. *Perikoala palankarinnica* aus dem Miozän Südaustraliens [3463; siehe auch 3475 wegen Altersberichtigung] beruht leider nur auf einem Unterkieferfragment mit zum Teil beschädigten Molaren, die zwar den für *Phascolarctos* charakteristischen (sub-) selenodonten Bau vermissen lassen, jedoch das für Koala typische Schmelzmuster besitzen. Nach Ride [2905: 118] sind jedoch eher Beziehungen zwischen *Phascolarctos* beziehungsweise *Perikoala* mit *Phalanger* als mit *Pseudocheirus* anzunehmen. Die *Phascolarctos*, *Pseudocheirus* (Ringelschwanzbeutler) und *Schoinobates* (Riesenflugbeutler) verbindenden Merkmale (subselenodonte Molaren, 1. und 2. Finger opponierbar, Vordergebiß) sind weder durchgreifend*) noch von besonderer taxonomischer Wertigkeit. Ihnen stehen beachtliche Unterschiede gegenüber (Gehörregion, Spermien, Serologie, kein Greifschwanz, Beutel nach hinten offen**) und so weiter), die nicht nur die Sonderstellung von *Phascolarctos* innerhalb der Phalangeroidea unterstreichen (**Phascolarctidae**), sondern zugleich zeigen, daß *Pseudocheirus* und *Schoinobates* den Phalangerinen näher stehen und auch als Phalangeriden zu bewerten

---

*) Bei *Pseudocheirus* (Subgenus *Petropseudes*) 1. und 2. Finger nicht opponierbar (= Felsbewohner).

**) Die biologische Bedeutung der unterschiedlichen Öffnung des Marsupiums bei Beutlern im allgemeinen und die mutmaßlichen phylogenetischen Schlußfolgerungen des nach hinten geöffneten Koalabeutels im speziellen hat E. Mohr [2383] diskutiert. In Zusammenhang mit der Caecophagie der Jungen ließe sich dieser auch als Sonderanpassung deuten.

sind [1740]. Dies bestätigt auch *Litokoala* aus dem (?) Miozän, der *Perikoala* und *Phascolarctos* näher steht als *Pseudocheirus* und *Schoinobates* [3476a].

Ist dadurch die Sonderstellung von *Phascolarctos* erwiesen, so muß noch auf die verwandtschaftlichen Beziehungen zu den Vombatiden eingegangen werden. Nach anatomischen und auch serologischen Befunden [1740, 3336, 3341] steht *Phascolarctos* den Vombatiden näher als den Phalangeriden. Diese Feststellung wird durch die Beschaffenheit der Spermien gestützt [1613], doch ist die Spermienform taxonomisch im allgemeinen nur als Artkriterium verwendbar und weniger für supragenerische Zusammenhänge. Den anatomischen Befunden stehen wesentliche Differenzen im Gebiß und im Schädelbau [3801] gegenüber, so daß die Merkmalsübereinstimmungen wohl am ehesten durch gemeinsame Stammformen erklärt werden können. In Anbetracht der morphologischen Differenz ist es jedoch gerechtfertigt, *Phascolarctos* und die Vombatiden verschiedenen Familien zuzurechnen.

Im Anschluß an die Phalangeriden ist auch der wegen seiner vermutlichen Ernährungsweise wiederholt diskutierte Beutel„löwe" (*Thylacoleo*) zu besprechen. Reste von *Thylacoleo carnifex* wurden seit Owen mehrfach aus dem australischen Pleistozän beschrieben. Neuerdings ist auch eine etwas weniger hoch spezialisierte Art (*Th. crassidentatus*) aus dem Pliozän (?Alt-Pleistozän) bekannt geworden [190], die jedoch für die stammesgeschichtliche Herkunft dieser überaus aberranten Form belanglos ist.

Thylacoleo carnifex ist durch seine einmalige Gebißspezialisation und durch seine Größe bemerkenswert. Der schwach löwengroße und mit ausladenden Jochbogen versehene Schädel besitzt im Ober- und Unterkiefer je einen stark vergrößerten, rein schneidend ausgebildeten Zahn, der entfernt an die Brechschere bei machairodontiden Raubtieren erinnert (Abb. 84). Die Molaren sind bis auf rudimentäre Reste im Oberkiefer und Unterkiefer völlig reduziert. Das Vordergebiß ist jedoch typisch diprotodont, indem je 1 Paar Schneidezähne konisch-keilförmig entwickelt sind. Zwischen diesen und dem vergrößerten sind einige plump-stiftförmige Zähne

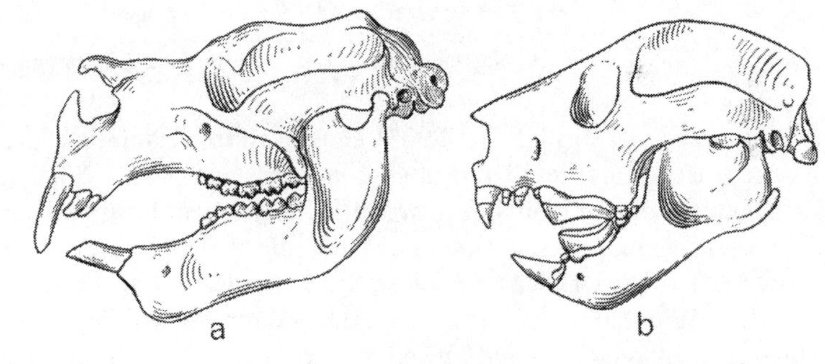

Abb. 84. Schädel von *Diprotodon australe* (a) und *Thylacoleo carnifex* (b) = Rekonstruktion (ca. 1/6), als Beispiele hochspezialisierter Phalangeroidea aus dem Jung-Pleistozän Australiens. *Thylacoleo* als Phalangeride mit extrem spezialisiertem Gebiß. Divergente Gebißentwicklung bestätigt frühzeitige Trennung beider Stämme. Nach Gregory 1951 (a) und nach Woods 1956 (b) verändert umgezeichnet

ausgebildet. Nach Gebiß und Schädelbau handelt es sich zweifellos um einen Abkömmling der Phalangeriden, mit allerdings gewaltigen Dimensionen und allometrisch vergrößerten Einzelzähnen. Wie verschiedene rezente Phalangeriden zeigen, besteht auch innerhalb der Phalangeriden die Tendenz zur Vergrößerung des letzten Prämolarenpaares. Sie tritt unabhängig von jener bei den Macropodiden auf. Die von Tate [3537] vertretene Ableitung von „primitiven Macropodiden" (= Hypsiprymnodontinen) ist ebenso abzulehnen wie die Ansicht von Broom [394], der Formen aus der Verwandtschaft von *Burramys* als Stammformen ansieht. Der Bau des Schädels, die fest miteinander verwachsenen Mandibelhälften und das Fehlen eines Masseterkanals spricht eindeutig gegen die Zugehörigkeit zu den Macropodiden (Abb. 85). *Burramys* scheidet, da gleichalterig, als Ahnenform aus.

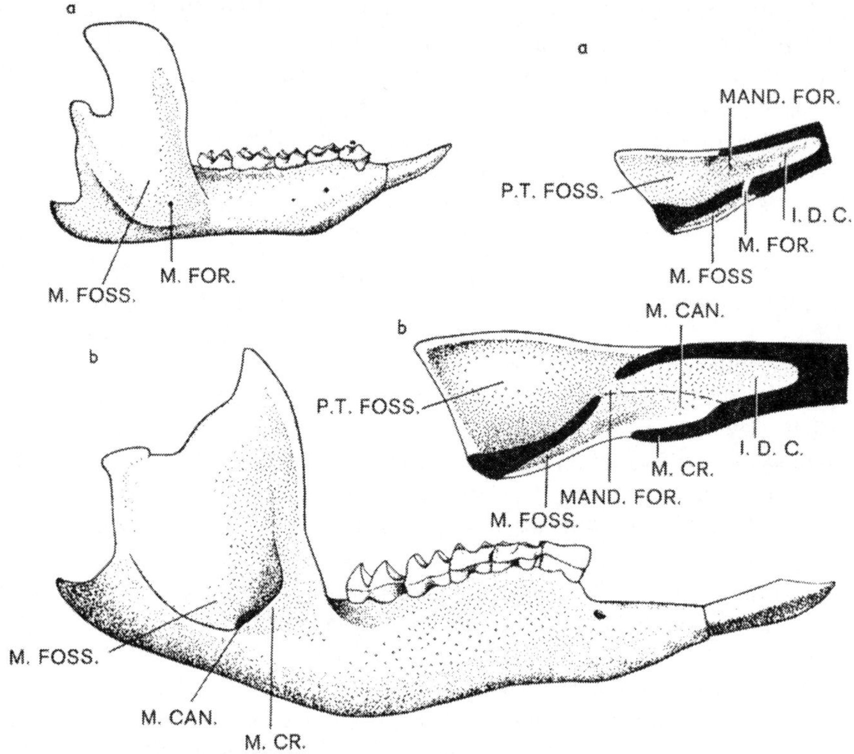

Abb. 85. Mandibel dext. eines Phalangeriden (a, a) *Hemibelideus lemuroides* und eines Macropodiden (b, b) *Thylogale stigmatica* von außen und im Horizontalschnitt, um die Unterschiede in der Fossa mandibularis *(M. foss.)*, dem Mandibularforamen *(Mand. for.)* und dem Masseterforamen *(M. for.)* aufzuzeigen. Strichlierte Linie = Insertionsgrenze des tieferen Musc. masseter. *P.t. foss.* = Fossa pterygoidea, *M. can.* = Masseterkanal, *M. cr.* = Masseter crista, *i. d. c.* = unterer Zahnkanal. — Nach Ride 1959

Thylacoleo ist mit Ride [2905] als aberranter Phalangeride, und zwar als Angehöriger einer eigenen Unterfamilie (Thylacoleoninae) zu bewerten. Eine Abtrennung als eigene Familie erscheint nach Ride nicht notwendig. Seine Ernährungsweise wird nach wie vor diskutiert (Pflanzenfresser, Fleischfresser?). *Thylacoleo carnifex* starb mit den meisten jungeiszeitlichen Großbeutlern Australiens am Ende des Pleistozäns aus.

Die Wombats oder Plumpbeutler (**Vombatidae**: *Vombatus* = *Phascolomis*) bilden eine eigene, morphologisch-anatomisch gut abgrenzbare Gruppe innerhalb der australischen Beutler. Es handelt sich um hoch spezialisierte, bodenbewohnende Graber mit einem Gebiß aus wurzellosen Zähnen mit der Zahnformel $\frac{1\,0\,1\,4}{1\,0\,1\,4}$. Die Backenzähne sind einwärts gekrümmt, die Incisiven richtig wurzellose Nagezähne. Der kurze Unterkiefer ist in der Symphysenregion verschmolzen, die mächtige Massetergrube zeigt ein Foramen massetericum. Der Schwanz ist verkümmert, der Beutel nach hinten geöffnet. Nach dem verbreiterten Hinterfuß, der die Syndactylie erkennen läßt, und dem Gebiß sind die Vombatiden zweifellos Diprotodontia. Das aberrante Gebiß dieser im Habitus am ehesten mit Murmeltieren vergleichbaren Beutler läßt keine Beurteilung der verwandtschaftlichen Beziehungen zu. Immerhin ist durch den Nachweis von *Rhizophascolonus* mit bewurzelten Backenzähnen im (?) Miozän Australiens (Kutjamarpu-Fauna) der phylogenetische Eigenweg seit dieser Zeit dokumentiert [3476a]. Fossilfunde aus dem Pleistozän zeigen, daß damals echte Riesenformen existierten (*Phascolonus gigas*)*), die am Ende des Pleistozäns ausstarben.

Die hohe Spezialisation der quartären Vombatiden spricht gleichfalls für eine frühe Abtrennung vom Hauptstamm der Phalangeriden, auf den sie wohl zweifellos zurückzuführen sind. Die einzelnen Gemeinsamkeiten mit Phascolarctiden lassen sich am ehesten durch eine gemeinsame Wurzelgruppe erklären.

Die Frage nach der Herkunft der **Macropodiden** ist zwangsläufig mit der nach ihrer stammensgeschichtlichen Einheit verknüpft. Nach der Gehirnstruktur bilden sie trotz verschiedener Unterschiede im Evolutionsniveau eine einheitliche Gruppe [798], die durch eine adaptive Radiation vor allem starke habituelle Unterschiede aufweist [2824]. Dies bestätigen serologische Befunde [1740]. Die Rattenkänguruhs (Potoroinae = Hypsiprymnodontinae und Potoroinae der älteren Autoren; Potoroidae bei Pearson [2634]), die etliche primitive (wenig gefurchtes Großhirn, Vorhandensein des Hallux, relativ einfach gebaute Molaren, zwei I inf.) mit einer Reihe hochspezialisierter Merkmale (stark gefurchte Hemisphären, plagiaulacoides Gebiß [Abb. 88d auf S. 91], großer Masseterkanal, Urogenitalsystem) vereinen und die eigentlichen Känguruhs (Macropodinae: Wallabies, echte Känguruhs und Baum- und Felsenkänguruhs), die stärker an die springende Fortbewegungsweise angepaßt sind. Die Potorinae erinnern durch ihre primitiven Merkmale an ihre Stammformen, die Phalangeriden.

Nach den Untersuchungen von Pearson [2634, 2637] ist jedoch das Urogenitalsystem der Rattenkänguruhs in etlichen Merkmalen fundamental von dem der Macropodinen verschieden, so daß die Frage berechtigt erscheint, ob die Potoroinae und die Macropodinae aus einer gemeinsamen Stammgruppe innerhalb primitiver Phalangeriden hervorgegangen sind oder aus zwei getrennten Gruppen (Abb. 86). In Anbetracht der sonstigen, gemeinsamen Merkmale scheint hier eine frühzeitige Aufspaltung auch die anatomischen Unterschiede zu erklären. Damit ist jedoch zugleich angedeutet, daß die Rattenkänguruhs nicht die Stammformen der eigentlichen Känguruhs bilden. Die nur für den Taxonomen wesentlichere Frage, ob zwei Familien oder zwei Unterfamilien zu unterscheiden sind, ist vom phylogenetischen Standpunkt von nebensächlicher Bedeutung.

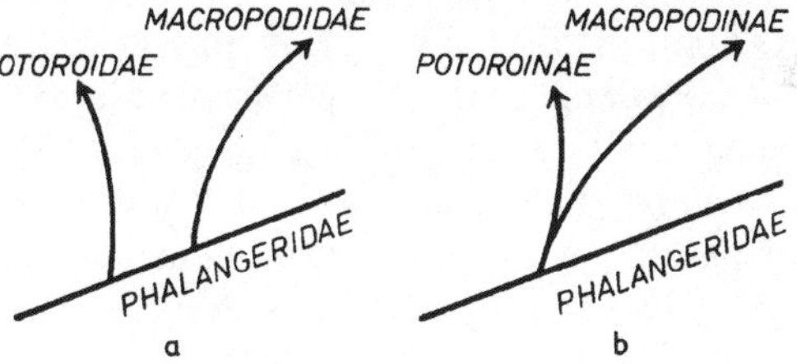

Abb. 86. Möglichkeiten der Ableitung der känguruhartigen Beuteltiere; a) „diphyletische", b) monophyletische Abstammung (Deutung (b) wahrscheinlicher)

Die Macropodiden (im weiteren Sinne) sind gegenwärtig in zahlreichen Arten über ganz Australien und Neuguinea von Regenwäldern bis zur offenen Steppe verbreitet. Die ökologische Diversität dieser fast ausschließlich terrestrischen Beutler ist in Anbetracht des im Prinzip nicht veränderten Grundtypus erstaunlich und läßt sich nur durch die einst freien Lebensräume erklären.

Innerhalb der rezenten Potoroinen ist eine den stammesgeschichtlichen Zusammenhängen entsprechende Gruppierung infolge der unterschiedlichen Evolutionstendenzen nur schwer mög-

---

*) *Sceparnodon* Owen beruhend auf einem I sup., ist entgegen der Auffassung von Stephenson [3344], der diese Gattung als Diprotodontide klassifiziert, ein Synonym von *Phascolonus* [2905a].

lich, doch zählt *Hypsiprymodon* zu den im allgemeinen primitiveren, *Caloprymnus, Bettongia* und *Aepyprymnus* zu den spezialisiertesten Gattungen (Abb. 87). Bemerkenswert ist der Nachweis eines pleistozänen Riesen-Rattenkänguruhs (*Propleopus* [2140]), das morphologisch *Hypsiprymnodon* am nächsten steht [3948]*). Aus der Tatsache, daß *Hypsiprymnodon* der einzige aus-

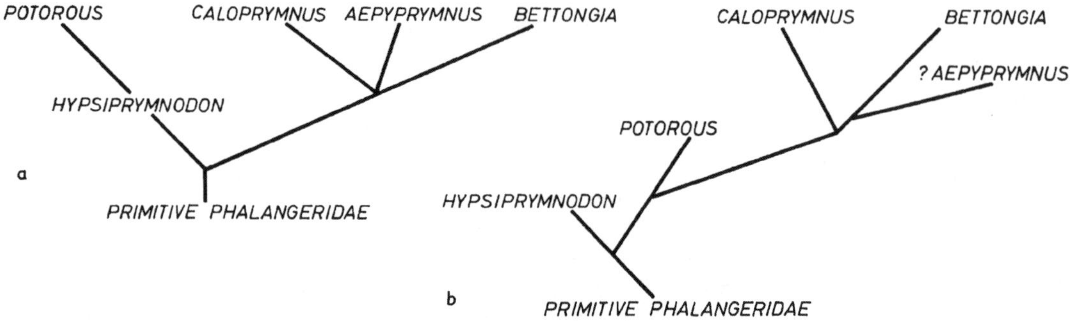

Abb. 87. Evolution der rezenten Rattenkänguruhs (Potoroinae) nach der Fußstruktur (a) und nach dem Bau des weiblichen Urogenitalsystems (b). — Nach Pearson 1946, umgezeichnet

schließlich auf Regenwälder beschränkte bodenbewohnende Beutler ist, ergeben sich Probleme, die mit der Ableitung von zweifellos arboricolen Phalangeriden verknüpft sind. Durch den Nachweis eines miozänen Potoroinen aus der miozänen Etadunna-Formation [3463] neben einem Macropodinen ist die bereits im Miozän vollzogene Trennung beider Hauptstämme innerhalb der Macropodiden belegt. Außerdem haben Fossilfunde gezeigt, daß einst noch ein weiterer, ausgestorbener Stamm der Macropodiden existierte, die verschiedene Umkonstruktionen im Schädelbau und im postcranialen Skelett erkennen lassen. Es sind dies die Kurzkopfkänguruhs (Sthenurinae = „Sthenuridae" Glauert), die mit *Sthenurus* und *Procoptodon* im Pleistozän richtige Riesenformen hervorbrachten**), die im aufrechten Zustand über 3 m Höhe erreichten (*Procoptodon goliah*). Ober- und Unterkiefer waren bei *Procoptodon* und *Simosthenurus* beträchtlich verkürzt, die Symphyse völlig ankylosiert und die Kieferbewegung erfolgte wieder bei den typischen Phalangeriden [191]. Den schräg aufwärts gerichteten I inf. standen ein kleiner I^1, ein winziger I^2 und ein großer I^3 gegenüber (Abb. 88). Funde von Sthenurinen aus dem Alt-Pliozän belegen die damals bereits längst erfolgte Trennung vom Macropodinenstamm, während die Aufspaltung in den Sthenurus- und den Procoptodonzweig bereits im Jung-Pliozän vollzogen war [3551]. Die beim rezenten *Dendrolagus* in ähnlicher Weise feststellbare Kurzkieferigkeit ist, wie die Unterschiede im Vordergebiß, den P $\frac{4}{4}$, der Symphyse und den (bei *Sthenurus* subhypsodonten) Molaren erkennen lassen, als Parallelentwicklung zu deuten [2901]. Zu bemerken ist, daß die Hinterextremität der Sthenurinae durch Reduktion der seitlichen Zehenstrahlen praktisch monodactyl war, sowie, daß nach dem Gebiß Grasfresser (Sbg. *Sthenurus*) und Laubfresser (Sbg. *Simosthenurus*) unterschieden werden können [3550].

Von den Macropodinen, die als Hauptstamm der Macropodiden angesehen werden können, liegen verschiedentlich Fossilfunde vor. Wichtig ist, daß die auf Grund pleistozäner Reste durch Owen [2547] aufgestellte Gattung *Protemnodon* nicht mit der rezenten Gattung *Wallabia* identifiziert werden kann [3466]. Wie Stirton auf Grund von Skelettresten zeigen konnte, ist der

*) Eine Abtrennung als eigene Familie (Pleopodidae de Vis [772a] ist völlig überflüssig.

**) Die bis in jüngste Zeit mit Sthenurinen in Zusammenhang gebrachte Gattung *Palorchestes* ist nach den Untersuchungen von Woods [3947] zu den Diprotodontiden zu stellen (Seite 93).

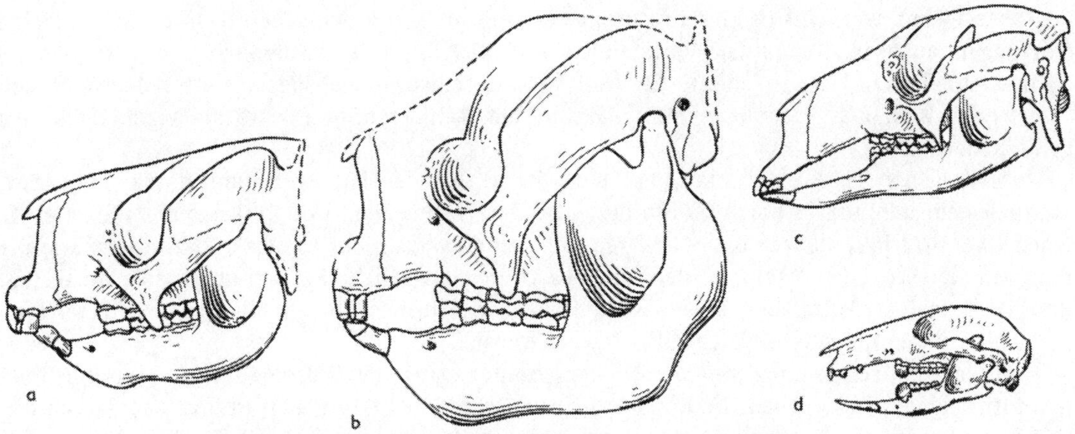

Abb. 88. Schädel rezenter und fossiler Macropodiden Australiens, um Formenmannigfaltigkeit und Dimensionen der Fossilformen aufzuzeigen. a) *Sthenurus occidentalis*, Pleistozän; b) *Procoptodon goliah*, Pleistozän; c) *Wallabia canguru*, rezent; d) *Hypsiprymnodon moschatus*, rezent. (Maßstäblich verkleinert) — a)-c) nach TEDFORD 1966

Hinterfuß von *Protemnodon* wesentlich plumper gewesen als bei *Wallabia* und verhält sich in seinen Proportionen intermediär zwischen *Petrogale* und *Dendrolagus* (Abb. 89). Der *Protemnodon*-Stamm dürfte in postmiozäner Zeit bereits von den übrigen Macropodiden getrennt gewesen sein und mit *Prionotemnus* aus dem Pliozän und mit *Wallabia* auf gemeinsame miozäne Stammformen zurückgehen. Neuerdings sind Funde aus dem Pliozän Neuguineas geglückt [2728]. Neben *Protemnodon*-Arten liegen Reste von einem *Dendrolagus*-ähnlichen Macropodiden vor, der als Vorläufer der heutigen Baumkänguruhs in Betracht kommt [2728a].

Zu den spezialisiertesten rezenten Gattungen zählt *Macropus* mit extremer Fazialschädel-Verlängerung und dem Schwund der Gaumenlücken. Allerdings sind bei *Macropus* die Prämolaren nicht schneidend ausgebildet.

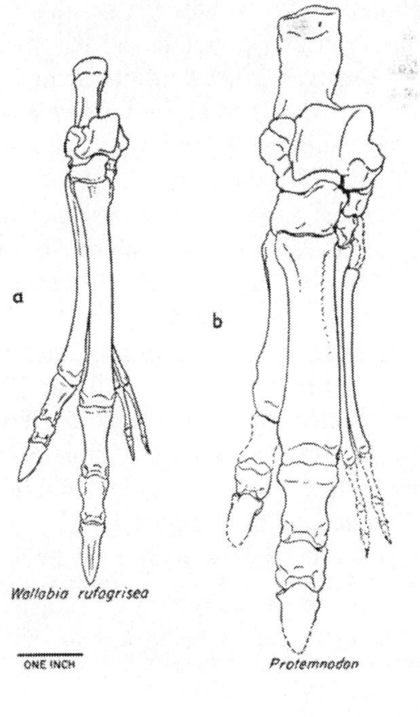

Abb. 89. Skelett des rechten Hinterfußes von *Wallabia* (a) rez. und *Protemnodon* (b) Jung-Pleistozän, um die im wesentlichen größenbedingte Unterschiede aufzuzeigen. (Maßstäblich verkleinert) — Nach STIRTON 1963

Interessant erscheint in diesem Zusammenhang, daß von den Macropodinen nur einzelne Gattungen auch in Neuguinea vorkommen und *Dorcopsis* (einschließlich *Dorcopsulus*) das einzige endemische Genus bildet. Es sind dies durchwegs hochspezialisierte Macropodinen (*Thylogale, Wallabia, Macropus, Dendrolagus*), die wohl erst im Pleistozän nach Neuguinea gelangten.

Dendrolagus ist, wie die anatomische Konstruktion der Hinterextremität erkennen läßt, zweifellos ein sekundär arboricoler Springbeutler mit verkürztem und verbreitertem Springfuß. Nach Carlsson [497] waren die Vorfahren von *Dendrolagus* nicht so stark spezialisiert wie die rezenten terrestrischen Macropodiden, da bei *Dendrolagus* etliche Primitivmerkmale auftreten, die diesen fehlen. Auffallend ist das Verhalten beim Klettern, indem die Hinterextremitäten nicht alternierend, sondern gleichzeitig bewegt werden.

Als letzte Gruppe innerhalb der Phalangeroidea seien die **Diprotodontidae** (einschließlich „Nototheriidae") besprochen. Es handelt sich um einen ausgestorbenen Stamm, der durch eiszeitliche Riesenformen, deren Reste zuerst aus den Ablagerungen des Lake Callabona (Südaustralien) bekannt wurden, seit langem die Aufmerksamkeit auf sich gezogen hat. Sie wurden ursprünglich — vor allem wegen der bilophodonten Molaren — mit Proboscidiern (*Dinotherium*) in Verbindung gebracht. Es waren bodenbewohnende, pflanzenfressende Beutler, die durch ihre Merkmalskombination keiner bisher besprochenen Gruppe zugeordnet werden können. Nach Gebiß und der einst im Fuß ausgebildeten Syndactylie*) handelt es sich zweifellos um Angehörige der Diprotodontia, die sich, wie auch Fossilfunde bestätigen, frühzeitig vom Hauptstamm abgespalten haben. Im Gebiß ist die Kombination zwischen den stark vergrößerten und wurzellosen medianen Incisiven und den bilophodonten Molaren bemerkenswert, während der Bau des Schädels durch den ventral zum Teil außerordentlich stark verlängerten und verbreiterten vorderen Jochbogenfortsatz und die Ausbildung eines knöchernen Nasenseptums des Prämaxillare gekennzeichent ist. Ansätze zu Jochbogenapophysen finden sich bei einzelnen Phalangeriden und Macropodiden, die zu einem Nasenseptum bei Vombatiden. Die besonders bei *Nototherium* in eigenartiger Weise verbreiterten und verdickten Nasalia haben seinerzeit zur Annahme von Nasenhörnern geführt. Die Massetergrube ist flach wie bei den Phalangeriden und dadurch stark von jener der Macropodiden und Potoroiden verschieden. Weiterhin ist keine Tendenz für Ausbildung schneidender Prämolaren oder zur Hypsodontie der Molaren vorhanden. Die Unterkiefersymphyse ist massiv und fest verwachsen.

Eine derartige Merkmalskombination findet sich bei keiner rezenten Phalangeroidengruppe. Verschiedene Ähnlichkeiten und Übereinstimmungen mit solchen sind wohl als gemeinsames Erbe oder als Ergebnis einer Parallelentwicklung zu deuten. So stehen einzelnen Übereinstimmungen mit Vombatiden zahlreiche Merkmalsunterschiede entgegen, die direkte verwandtschaftliche Beziehungen, wie sie verschiedentlich angenommen wurden [1186, 3610], unwahrscheinlich erscheinen lassen.

Die Abspaltung vom Phalangeridenstamm erfolgte sehr frühzeitig, wie die erst in jüngster Zeit bekannt gewordenen tertiären Fossilfunde belegen. Sie dokumentieren zugleich, daß mehrere Linien existierten [3474a, 3947]. Nach Stirton, Plane & Woodburne [3474a] sind vier Unterfamilien (Palorchestinae, Nototheriinae, Zygomaturinae und Diprotodontinae) zu unterscheiden, von denen die langkiefrigen und schlanken Palorchestinen mit *Ngapakaldia* und *Pitikantia* im Alt-Miozän (? Jung-Oligozän) erscheinen, um mit dem großwüchsigen *Palorchestes* im Pleistozän zu verschwinden. *Palorchestes* wurde bis vor kurzem stets als Riesen-

*) Die Länge und Proportionierung der von *Diprotodon* und *Nototherium* bekannten Fußskelette erinnern entfernt an jene von Vombatiden.

känguruh aus der Verwandtschaft der Sthenurinae klassifiziert, doch konnte Woods [3947] zeigen, daß es sich um einen Diprotodontiden handelt. Woods vergleicht die Palorchestinen mit den Tapiren und die Diprotodontinen mit den Rhinocerotiden unter den Perissodactyla. Während die plumpbeinigen und kurzkiefrigen Diprotodontinen bisher nur mit *Diprotodon* (Abb. 84a, S. 87, und Abb. 90) aus dem Quartär nachgewiesen sind, läßt sich innerhalb der

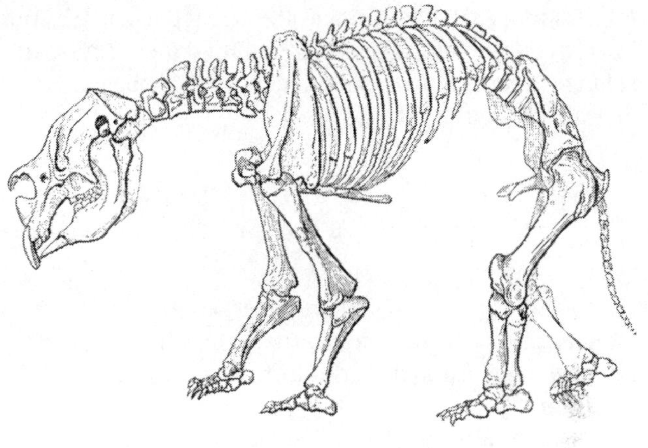

Abb. 90. *Diprotodon australe* aus dem Jung-Pleistozän Australiens. Skelettrekonstruktion. — Nach Gregory 1951

Zygomaturinen (mit Jochbogenfortsätzen) eine Reihe von *Neohelos* (Miozän) über *Kolopsis* (Pliozän) zu *Zygomaturus* (Plio-Pleistozän) verfolgen [3474a]. Sie haben mit *Kolopsoides* im Jung-Pliozän auch Neuguinea erreicht. Auch die Nototheriinae treten mit *Pyramios* im Mio-Pliozän auf und sind durch *Meniscolophus*, *Euryzygoma* und *Nototherium* im Plio-Pleistozän dokumentiert. *Nototherium* und *Diprotodon* waren richtige Großformen [2140, 3443, 3444, 3463, 3947]. Sämtliche dieser verschiedentlich auch von Tasmanien (*Nototherium*) nachgewiesenen Großformen sind zur jüngeren Quartärzeit ausgestorben. Der Lebensraum von *Diprotodon* und *Nototherium* muß durch eine üppige Vegetation gekennzeichnet gewesen sein, wie sie nur in feuchtem Klima existieren konnte [1694]. *Diprotodon optatum* lebte noch zur Tartanga-Kultur vor 6570 Jahren, war also noch Zeitgenosse des damaligen Menschen [1122, 1123].

Abschließend muß noch die extrem angepaßte Gattung *Notoryctes* (Beutelmull) erwähnt werden, von der bisher keine Fossilreste vorliegen*). Die außerordentlich hohe und zum Teil mit der subterranen Lebensweise in Zusammenhang stehende Spezialisation im Bau des Schädels, der Halswirbelsäule und der Gliedmaßen [492] gestattet keine sichere Beurteilung der phylogenetischen Stellung. Die Ausbildung dieser Merkmale verleiht *Notoryctes* zweifellos eine taxonomische Sonderstellung, die eine Abtrennung als eigene Familie (**Notoryctidae**) notwendig macht. Gadow [1050] und Winge [3872] klassifizierten sie wegen des polyprotodonten Gebisses ($I\frac{3}{3}$), des Fehlens der Syndactylie und des nicht opponierbaren Hallux als Angehörige der Dasyuroidea, verschiedene Merkmale lassen jedoch eine derartige Zuordnung zweifelhaft erscheinen. So ist *Notoryctes* nicht nur mit Dasyuriden [1178, 3257, 3451, 3940] und mit (Pro-) Perameliden [241] in Verbindung gebracht worden, sondern auf Grund der Gehörregion auch mit den Diprotodontia [1767], was jedoch mangels der Syndactylie unwahrscheinlich ist. Ride [2905] betrachtet daher *Notoryctes* als Marsupialia incertae sedis.

Bemerkenswert ist das als außerordentlich primitiv zu bewertende Gehirn, was sich aus dem extrem makrosmatischen Bau bei völlig reduzierten optischen Zentren ergibt [440, 2072, 3320,

*) Nach Stirton [3468] sind Noctoryctiden bereits aus dem Tertiär nachgewiesen.

3388]. Auffällig ist des weiteren das zalambdodonte Backenzahngebiß, das seinerzeit — in Verbindung mit dem allgemeinen Habitus — zur Annahme verwandtschaftlicher Beziehungen zu den afrikanischen Chrysochloriden geführt hat [625]. Das Fehlen der sonst bei Beuteltieren stets gut ausgebildeten (nur bei *Myrmecobius* stark reduzierten) Vibrissae wird durch LYNE [2169] mit der Lebensweise in Zusammenhang gebracht.

Die außerordentlich hohe Anpassung an die subterrane Lebensweise zeigt, daß der *Notoryctes*-Stamm seit langem einen phylogenetischen Eigenweg genommen hat. Eine sichere Beurteilung der taxonomischen Stellung und der phylogenetischen Beziehungen ist nicht möglich, solange keine neuen Untersuchungen vorliegen und vor allem die Entstehung des Gebißcharakters unklar ist.

Placentalia OWEN *1837*
(= *Eutheria* HUXLEY *1880 non* GILL *1872;* „Höhere" Säugetiere)

Die Frage nach der stammesgeschichtlichen Herkunft der Placentalia (= Monodelphia BLAINVILLE = Eutheria HUXLEY non GILL) ist zwangsläufig mit der nach ihrer stammesgeschichtlichen Einheit verknüpft. Sind die Placentalia eine natürliche Gruppe oder nur ein Stadium?*)

Wie bereits bei der Diskussion der stammesgeschichtlichen Stellung der Marsupialia ausgeführt, bilden diese nach dem Ontogeneseverhalten ein Bindeglied zwischen den Prototheria und den Placentalia. Direkte stammesgeschichtliche Beziehungen sind auf Grund von Sondermerkmalen der Beuteltiere jedoch nicht anzunehmen. Auch der Nachweis einer allantoiden Placenta bei einzelnen Beutlern (zum Beispiel Peramelidae) und sonstiger placentoider Merkmale berechtigt nicht zur Annahme direkter phylogenetischer Beziehungen. Damit ist aber noch nichts über die stammesgeschichtliche Einheit der Placentalia ausgesagt. Eine Beurteilung dieser Frage ist einerseits auf Grund rezenter Primitivformen möglich, andererseits durch Fossilfunde zu erwarten.

Wenn auch die Fossilfunde direkt keine Beurteilung der Fortpflanzungsweise und des Ontogeneseverhaltens gestatten, so sind dennoch einige Rückschlüsse über rezente Formen möglich, indem Aussagen über deren geologisches Alter gemacht werden können. So wurde die einstige Ansicht, placentale Säugetiere seien tertiären Alters, die erstmalig im Paleozän auftreten, durch Fossilfunde wesentlich korrigiert, indem nicht nur verschiedene „Insectivoren"-Stämme (zum Beispiel Leptictiden, Palaeorytiden, Zalambdalestiden) aus O-Kreide-Ablagerungen, sondern in jüngster Zeit auch (Gebiß-) Primaten und Condylarthra nachgewiesen werden konnten [3319, 3709].

Allerdings erhebt sich sofort die Frage, wie weit Rückschlüsse von rezenten Primitivformen (zum Beispiel Placentabildung, Urogenitalsystem, Gehirnbau) auf die einstigen Stammformen möglich sind. Wie STARCK [3391] anläßlich der Diskussion primitiver Säugetiergehirne betont, läßt nur ein sorgfältiger Vergleich aller rezenten Formen eine Beurteilung tatsächlich primitiver Merkmale und etwaiger Sonderanpassungen zu. So ist zwar das Gehirn der rezenten Monotremen als relativ hoch spezialisiert zu bezeichnen, steht jedoch durch die Ausbildung des Cerebellums und einzelner Abschnitte des Cerebrums auf einem primitiveren Evolutionsniveau als das Gehirn der Theria. Auf die Frage der Beschaffenheit des weiblichen Urogenitalsystems der

*) Der Nachweis einer allantoiden Placenta bei einzelnen Beuteltieren kann nicht als Argument gegen die Verwendung des Namens Placentalia gelten, da dieser Begriff im taxonomischen Sinn zahlreiche weitere, von Beuteltieren nicht bekannte Merkmale voraussetzt.

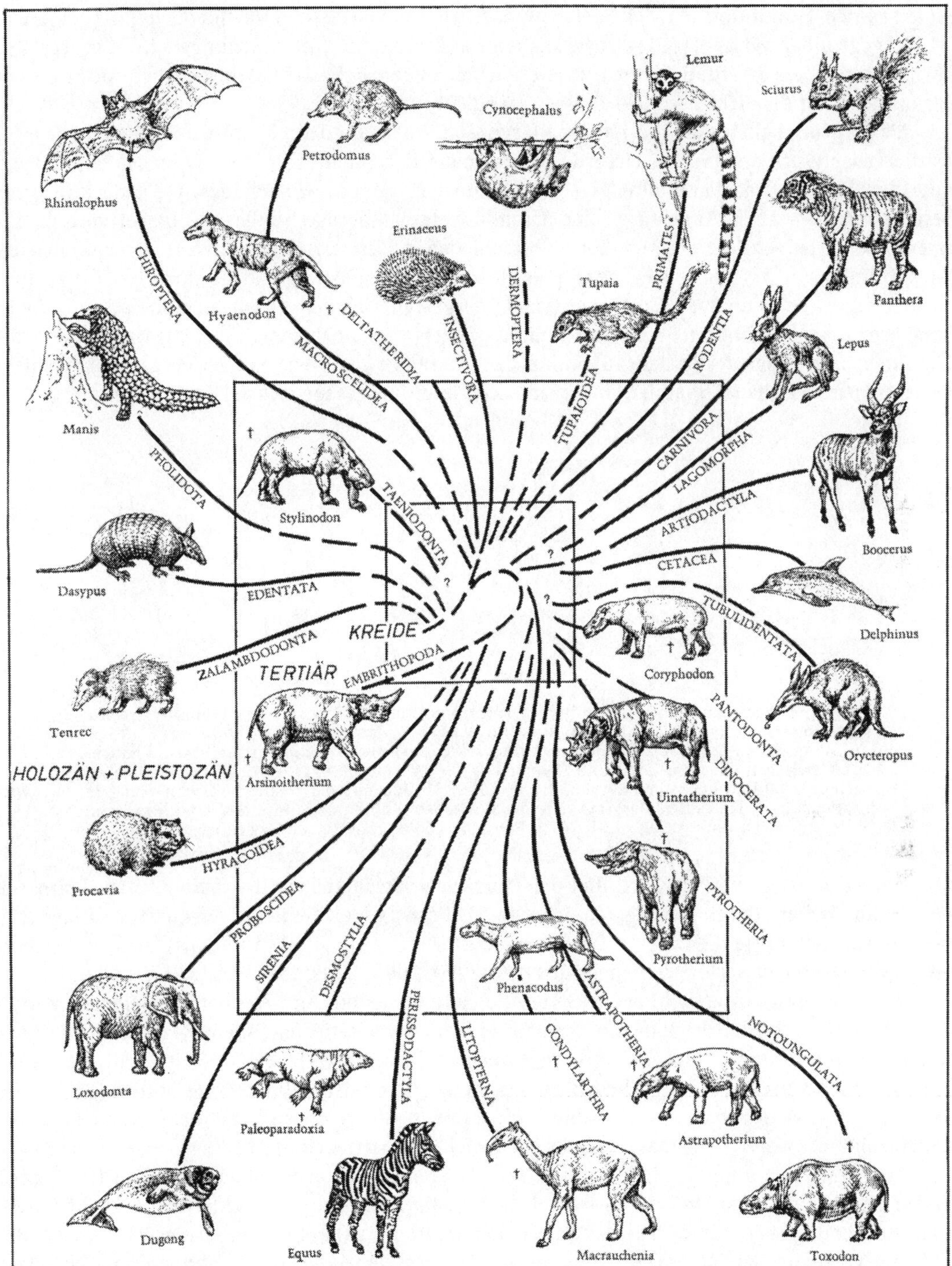

Abb. 91. Die vermutlichen stammesgeschichtlichen Beziehungen innerhalb der Placentalia

gemeinsamen Stammformen der Meta- und Eutheria wurde bereits hingewiesen (vergleiche [3158] gegenüber Kean [1691]). Vergleichend-anatomische Untersuchungen in jüngster Zeit sowie zahlreiche Fossilfunde haben zu wesentlich neuen Erkenntnissen geführt, die in diesem Zusammenhang diskutiert werden müssen (Abb. 91).

Als ursprünglichste Angehörige der Placentalia innerhalb der lebenden Formen sind zweifellos die Insectivora anzusehen. Ursprünglich nur die Soriciden, Talpiden, Erinaceiden, Chrysochloriden und Tenreciden umfassend [354], wurden später — nach deren Entdeckung und Beschreibung — auch Angehörige der Tupaiiden und Macroscelididen als Insectivora klassifiziert, wobei jedoch letztere auf Grund verschiedener Merkmale (zum Beispiel Vorhandensein eines Blinddarmes)*) durch Haeckel [1245] als Menotyphla abgetrennt und den Lipotyphla (= Insectivora im Sinne von Bowdich) gegenübergestellt wurden. Wenn sich auch diese Gliederung gegenwärtig nicht mehr vertreten läßt, so zeigt sie doch gewisse Gemeinsamkeiten der Tupaiiden und Macroscelididen auf, ohne daß damit etwas über nähere verwandtschaftliche Beziehungen zwischen Tupaiiden und Macroscelididen ausgesagt ist (siehe auch Abb. 92).

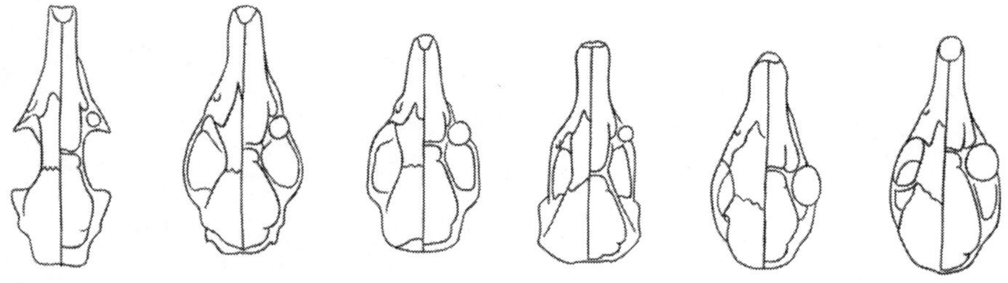

Abb. 92. Schädel verschiedener primitiver Placentalia. Linke Hälfte mit Frontalnähten, rechte Hälfte mit Gehirn, Nasenhöhle und Auge. *Solenodon* (Zalambdodonta), *Echinosorex*, *Ictops* und *Desmana* (Insectivora), *Rhynchocyon* (Macroscelidea) und *Tupaia* (Tupaioidea). Ähnlichkeiten zwischen Macroscelidea und Tupaioidea (=„Menotyphla") als Ergebnis annähernd gleicher Evolutionshöhe, bedingt durch die hauptsächlich mit der visuellen Orientierung in Zusammenhang stehenden Vergrößerung der optischen Sinnesorgane und der entsprechenden Zentren im Gehirn. — Nach Butler 1956, verändert umgezeichnet

Immerhin ist bemerkenswert, daß die Tupaiiden verschiedene Merkmale mit den Primaten gemeinsam haben (zum Beispiel knöcherne Orbitalspange, Gehirn, Muskulatur, Placenta), weshalb sie auch bis in die jüngste Zeit meist als Primaten klassifiziert und als deren primitivste lebende Vertreter gewertet werden [937, 2079, 2080, 2093, 2409, 2980, 3257, 3610, 3765].

Nach neueren Untersuchungen (Seite 155) gibt es jedoch im Bau der Gehörregion grundsätzliche Unterschiede, die eine Zuordnung zu den Primaten ausschließen, zugleich aber die Sonderstellung innerhalb der Insectivora aufzeigen [2205, 2209]. Andererseits sind aber auch keine direkten verwandtschaftlichen Beziehungen zu den Macroscelididen vorhanden (Seite 149), die dadurch unter den Insectivoren völlig isoliert stehen [2606]. Gewisse Ähnlichkeiten sind durch gemeinsame primitive Merkmale oder durch gleiche Evolutionshöhe bedingt.

Aber auch die Lipotyphla umfassen recht heterogene Formenkreise. So wurden bereits frühzeitig die zalambdodonten von den übrigen (dilambdodonten) Insektenfressern auf Grund ihrer Bezahnung getrennt [1126]. Kennzeichnend für die zalambdodonten Insectivora ist das einfache V-Muster der Molaren gegenüber dem W-förmigen bei den dilambdodonten Insektenfressern. Die Beurteilung der taxonomisch-phylogenetischen Stellung der Zalambdodonta hängt

*) Nach Garrod [1058] fehlt *Tupaia tana* ein Blinddarm (siehe auch Carlsson [499, 515]).

wesentlich von der Homologisierung der Zahnhöcker ab, die durchaus nicht einheitlich erfolgt (Seite 102, Abb. 93). Neueste Untersuchungen sprechen jedoch für die bereits früher geäußerte Ansicht, daß eine Ableitung von dilambdodonten Formen durch regressive Entwicklung unwahrscheinlich ist [3693] und bestätigen eine von diesen unabhängige Entstehung (Abb. 62 und 63 auf Seite 60 und 61). Diese Feststellung wird durch anatomische Befunde (zum Beispiel

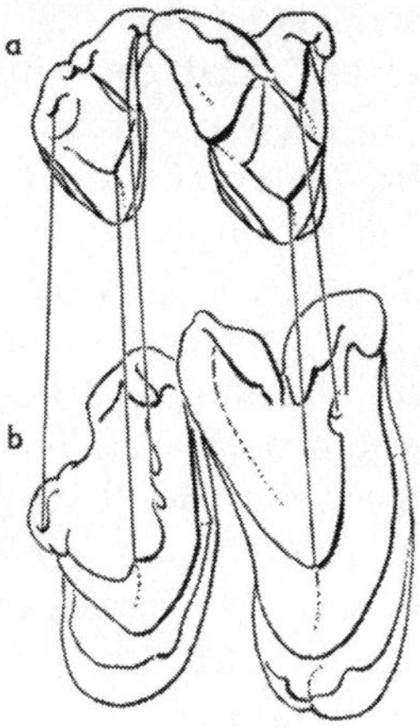

Abb. 93. M sup. von a) *Nesophontes* (Insectivora) und b) *Solenodon* (Zalambdodonta) mit der von McDowell vorgenommenen (irrigen) Homologisierung der Zahnhöcker. Der Haupthöcker der Maxillarmolaren der Zalambdodonten entspricht nicht dem Protoconus, sondern dem Paraconus. Damit ist auch die Ableitung der Solenodontiden von Nesophontiden hinfällig. — Nach McDowell 1958

Gehirnausbildung) unterstützt [3391]. Allerdings ist die stammesgeschichtliche Einheit der Zalambdodonta (Solenodontidae, Apternodontidae, Tenrecidae [einschließlich Potamogalidae] und Chrysochloridae) keineswegs erwiesen, da vor allem die Chrysochloriden eine Sonderstellung einnehmen, weshalb Broom [401] die Abtrennung als eigene Ordnung vorgeschlagen hat. Unter Berücksichtigung der morphologischen Sonderstellung werden sie auch durch Heim de Balsac & Bourlière [1313] als eigene Unter-Ordnung von jener der Euinsectivora (Solenodontidae, Tenrecidae, Erinaceidae, Soricidae und Talpidae) abgetrennt.

Da auch für die Palaeoryctoidea (= Deltatheridioidea) neuerdings auf Grund von Gebißstudien die Zuordnung zu den Insectivora unwahrscheinlich ist [3707], so verbleiben unter den lebenden Formen nur mehr die Erinaceoidea und Soricoidea (= Erinaceota van Valen [3708]), zu denen noch verschiedene ausgestorbene Gruppen kommen, die Romer [2952] als Proteutheria zusammengefaßt hat.

In Anbetracht der zum Teil sehr tiefgreifenden Unterschiede ist nicht nur eine frühzeitige Aufspaltung anzunehmen, sondern auch die genetische Einheit der Insectivoren in Frage gestellt. Dies kommt auch in der jüngst wieder lebhaft diskutierten taxonomischen Gliederung zum Ausdruck, die van Valen [3707, 3708], allerdings unter Einbeziehung der Dermoptera, zu einer Aufspaltung in zwei Ordnungen (Insectivora und Deltatheridia) veranlaßte, wobei er in seiner jüngeren Arbeit die Zalambdodonta als Angehörige der Deltatheridia, die Tupaioidea, Macroscelidea und Dermoptera neben den Proteutheria und den dilambdodonten Insektenfressern als Vertreter der Insectivora klassifiziert.

Unter Berücksichtigung dieser Ergebnisse seien folgende, allerdings nicht völlig gleichwertige systematische Kategorien unterschieden, die vom phyletischen Gesichtspunkt aus am besten als eigene Ordnungen aufzufassen sind: Zalambdodonta, Deltatheridia sensu stricto (= Hyaenodonta), Insectivora, Macroscelidea und Tupaioidea sowie die Dermoptera (Abb. 94).

Mit dieser Aufgliederung ist jedoch das eigentliche Problem, nämlich die stammesgeschichtliche Einheit der Placentalia, noch nicht gelöst. Wie Starck [3386] betont, ist die Lehrmeinung, die Insektenfresser besäßen eine hämochoriale, discoidale Placenta, auf Grund von neueren Untersuchungen längt nicht mehr aufrechtzuerhalten, indem es keinen einheitlichen Placentationstyp bei Insektenfressern gibt. Dies gilt auch für den Bau der weiblichen Genitalorgane (zum Beispiel der Ovarien [2612]). Da die Befunde an den verschiedenen lebenden Insektenfressern keine eindeutige Beurteilung der Frage zulassen, sei eine indirekte „Beweis"führung auf Grund der Gebißmorphologie versucht. Von den oben aufgezählten systematischen Kategorien läßt sich das Molarengebiß der Insectivora, Macroscelidea und Tupaioidea auf ein euthemorphes Stadium zurückführen, während das für die Zalambdodonta nach Vandebroek [3693, 3694] nicht gilt. Diese lassen sich nach Vandebroek [3694] lediglich mit den Marsupialiern und den (übrigen) Placentaliern auf gemeinsame Stammformen zurückführen. Die Richtigkeit dieser Annahme vorausgesetzt, würde das bedeuten, daß die Abspaltung der Zalambdodonta vor Entstehung der Beuteltiere erfolgt sei. Ob dieses Stadium als präplacentale oder als placentale Stufe zu bezeichnen ist, hängt mit der Beurteilung der Marsupialia zusammen. Im ersteren Fall wäre die Placenta 2mal unabhängig voneinander entstanden und die Placentalia wäre keine phylogenetische Einheit, im zweiten wäre den Beuteltieren eine Art placentales Stadium vorausgegangen (vergleiche Kean [1691]). Wie dem auch sei, sprechen noch weitere Argumente für eine sehr frühzeitig erfolgte Abspaltung der Zalambdodonten.

Auf diese — vorwiegend tiergeographischen — Argumente sei noch zurückgekommen. Vorerst einige Bemerkungen zu Fossilfunden. Wie bereits bei der Besprechung der geologisch ältesten Metatheria erwähnt, hängt die Beurteilung des Zeitpunktes der Aufspaltung in Marsupialia und Placentalia im wesentlichen von der Bewertung mesozoischer Reste ab. Das sind einerseits Zähne aus der älteren Kreide Nordamerikas (Forestburg [2600]), andererseits der als *Endotherium* bekannte Unterkiefer aus der Unter-Kreide (? Ober-Jura) der Mandschurei [3160]*). Während Vandebroek [3693] einzelne Forestburg-Zähne als Marsupialia klassifiziert und die Trennung der Placentalia in die (? ältere) Jurazeit verlegt [3694: Fig. 1], erfolgte die Aufspaltung in Marsupialia und Placentalia nach Patterson [2600] und Kermack [1715] erst nach der Unter-Kreide. Eine definitive Entscheidung hängt einerseits von der Beurteilung von *Endotherium* (fortschrittlicher Eupantotherier, Theria oder Eutheria) ab, andererseits von neuen Fossilfunden aus dem Ober-Jura—Unter-Kreide. Nach Clemens [572] verhält sich *Aegialodon* aus dem Wealden [1720] intermediär zwischen Jura-Eupantotheria und den Forestburg-Zähnen.

Aber selbst wenn durch Gebißreste der Nachweis von Eutheria bereits zur Jurazeit gelänge, so wäre damit noch keineswegs ihre Placentalia-Natur erwiesen, ein Problem, das wohl niemals gelöst werden kann. Eine weitere Frage stellt das erste Auftreten von „Zalambdodonten" dar, das — entsprechend der unterschiedlichen Homologisierung der Molarenhöcker — nicht einheitlich beurteilt wird [2214, 3707].

Ein weiteres Problem bildet die Großgliederung der Placentalia; eine Gliederung, die auf eine auch taxonomisch zum Ausdruck kommende Zusammenfassung genetisch näher verwandter Gruppen hinzielt. Die Gruppierung in Lissencephalia, Gyrencephalia und Archencephalia durch Owen faßt im wesentlichen Gruppen von annähernd gleicher Entwicklungshöhe zusammen, während der von Osborn [2514] vorgeschlagenen Trennung in Mesoplacentalia (= Meseutheria) und Caenoplacentalia (= Caeneutheria), wie Gregory [1174] gezeigt hat, überhaupt kein phylogenetischer Wert zukommt, sondern nur verschiedenzeitlichen faunistischen Radiationen entspricht. Hingegen hat Broom [401] eine Trennung in Palaeotherida (basicraniale Achse wie bei Therapsida aus 3 Elementen: Basioccipitale, Basisphenoid und Sphenethmoid [= Mesethmoid]) und Neotherida (4 basicraniale Elemente durch Einbeziehung des Orbitosphenoids)

*) van Valen [3708] klassifiziert *Endotherium* als Angehörigen der Insectivora.

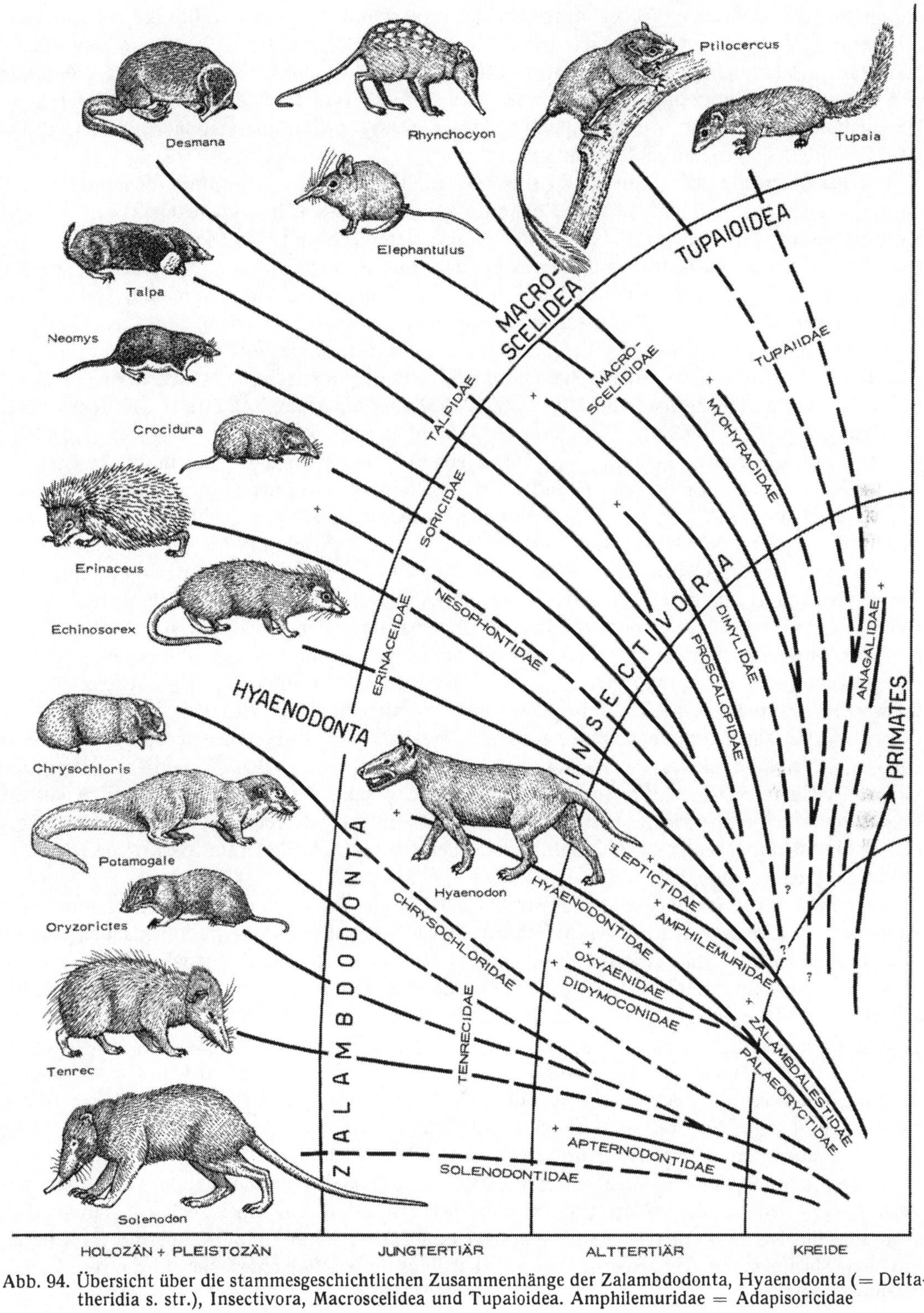

Abb. 94. Übersicht über die stammesgeschichtlichen Zusammenhänge der Zalambdodonta, Hyaenodonta (= Deltatheridia s. str.), Insectivora, Macroscelidea und Tupaioidea. Amphilemuridae = Adapisoricidae

vorgeschlagen. GREGORY [1174] unterscheidet innerhalb der Placentalia die Therictoidea („Lipotyphla" und Carnivora), Archonta („Menotyphla", Dermoptera, Chiroptera und Primates), Rodentia (Rodentia und Lagomorpha), Edentata (Taeniodonta, Tubulidentata, Pholidota und Xenarthra), Paraxonia (Artiodactyla), Ungulata (übrige Huftiere) und die Cetacea als Überordnungen, während SIMPSON [3257] in seiner Klassifikation nur vier Kohorten: 1. Ungulata, 2. Glires, 3. Mutica und 4. Ferungulata kennt.

Als Unguiculata faßt SIMPSON die Insectivora, Dermoptera, Chiroptera, Primates, Tillodontia, Taeniodonta, Edentata und Pholidota zusammen, als Glires die Rodentia und Lagomorpha, während die Mutica nur durch die Cetacea vertreten sind. Als Ferungulata werden die restlichen Ordnungen (Carnivora, Condylarthra, Litopterna, Notoungulata, Astrapotheria, Tubulidentata, Pantodonta, Dinocerata, Pyrotheria, Proboscidea, Embrithopoda, Hyracoidea, Sirenia, Perissodactyla und Artiodactyla) bezeichnet.

Gegen diese Gruppierung lassen sich verschiedene Einwände vorbringen, die auf vergleichend-anatomischen, serologischen, paläontologischen und parasitologischen Befunden beruhen. So haben die Untersuchungen von McKENNA [2203] über die geologisch ältesten Rodentierreste aus dem Jungpaleozän gezeigt, daß deren M sup. einen echten Hypoconus besitzen und nicht, wie STEHLIN & SCHAUB [3418:27] annehmen, einen Pseudohypoconus, der durch Zweiteilung des Innenhöckers entstanden sei. Damit ist eine Ableitung aus einer Gruppe, die den Stammformen der Primaten nicht fern stand, möglich beziehungsweise anzunehmen. Demgegenüber weicht das Molarengebiß der ältesten Lagomorphen, die gleichfalls aus dem Jungpaleozän bekannt sind, wesentlich ab und läßt nach VAN VALEN [3701] an eine Herkunft von Insectivoren aus der Verwandtschaft der Leptictiden denken (Abb. 95). Damit wäre jedoch bereits ein getrennter Ursprung aus verschiedenen Insektenfresserstämmen gegeben und eine Einheit Glires hinfällig. Allerdings kann diese Auffassung keineswegs als gesichert gelten, und es sei nur darauf hingewiesen, daß die Lagomorphen durch L. S. RUSSELL [2976] direkt von Pantotheria abgeleitet werden, während sie A. E. WOOD [3912] nicht unmittelbar auf Insektenfresser, sondern auf Condylarthren zurückführen möchte. Sind also die Meinungen über die Herkunft keineswegs einheitlich, so belegen die Fossilfunde doch einen gänzlich von den Rodentiern getrennten Ursprung. Eine derartige Auffassung wird durch serologische Befunde insofern gestützt, als die Lagomorphen nähere Affinitäten mit Paarhufern als mit Nagetieren (Rodentia) zeigen. Ungeachtet der Meinungsverschiedenheiten im einzelnen ist dadurch die Unhaltbarkeit der Kohorte Glires aufgezeigt.

Ähnliches gilt für die Kategorie Mutica, die für die wohl am meisten isoliert unter den Säugetieren stehenden Cetaceen geschaffen wurde. Auch hier haben Präzipitinreaktionen gezeigt, daß die Wale mit den Paarhufern auf gemeinsame Vorfahren zurückgeführt werden können und nicht, wie bisher fast stets angenommen wurde, den Raubtieren oder Insektenfressern verwandtschaftlich näherstehen [481]. Diese serologischen Befunde lassen sich durch anatomische und cytologische Baueigenheiten stützen [99a, 961a, 2224a, 3314]. Auch der Bau der Fruchthüllen und des Uterus läßt sich in diesem Sinn interpretieren [3386]. Demnach ist kein Grund vorhanden, die Cetaceen als eigene Kohorte Mutica abzugliedern. Die Wale lassen sich somit den Ferungulaten zuordnen, die — verglichen mit den etwas heterogenen Unguiculaten — eine untereinander näher verwandte Gruppe darstellen (siehe auch Abb. 95).

Innerhalb der Unguiculata wären nach dem oben Gesagten die Zalambdodonta auszugliedern. Unter den verbleibenden Unguiculaten werden meist die Macroscelidea, Tupaioidea, Primates und Dermoptera als auf eine Wurzelgruppe zurückzuführende Einheit aufgefaßt (Abb. 96), eine Gruppe, die GREGORY [1174] — allerdings unter Einschluß der Chiroptera — als Archonta bezeichnete.

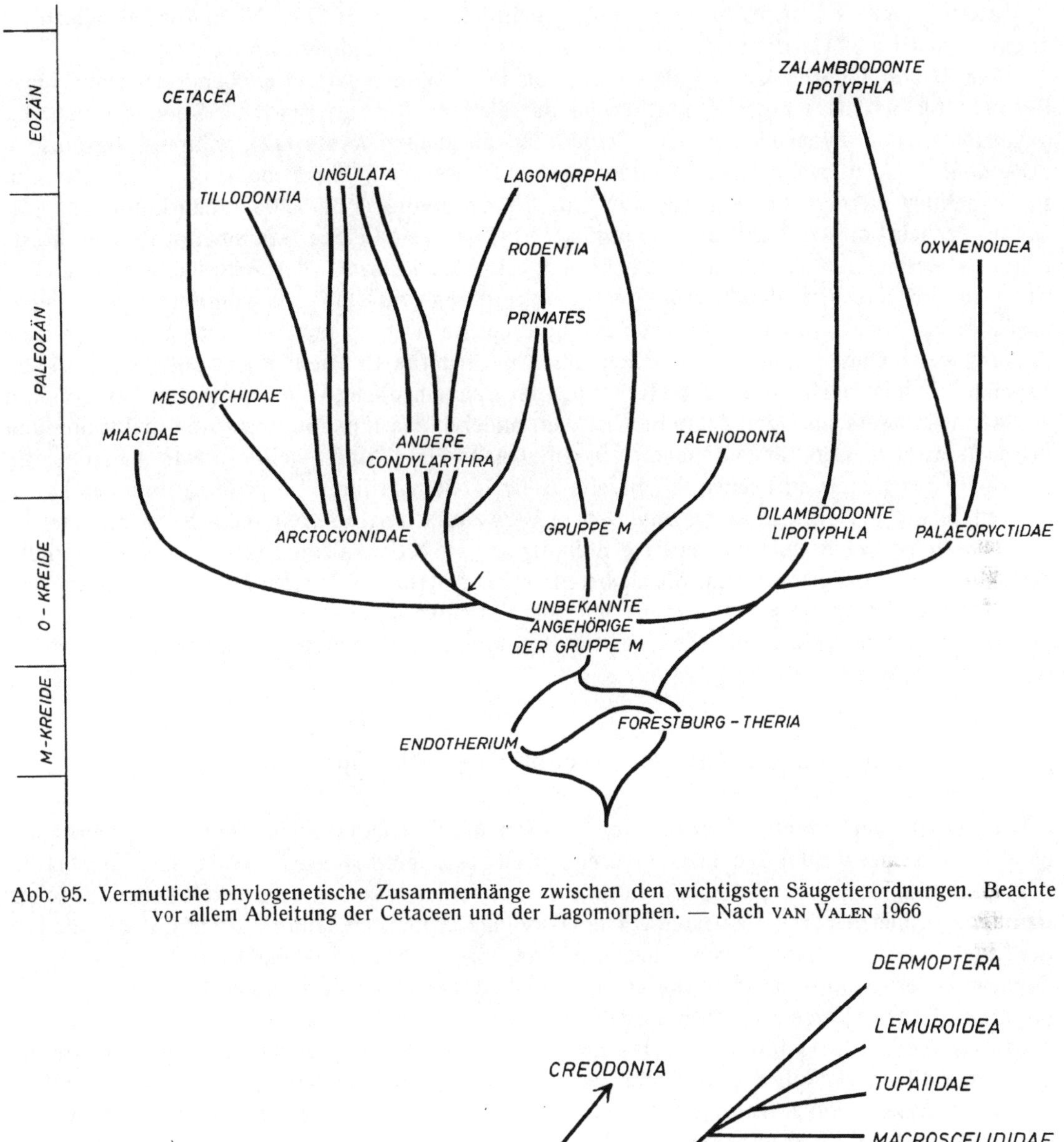

Abb. 95. Vermutliche phylogenetische Zusammenhänge zwischen den wichtigsten Säugetierordnungen. Beachte vor allem Ableitung der Cetaceen und der Lagomorphen. — Nach VAN VALEN 1966

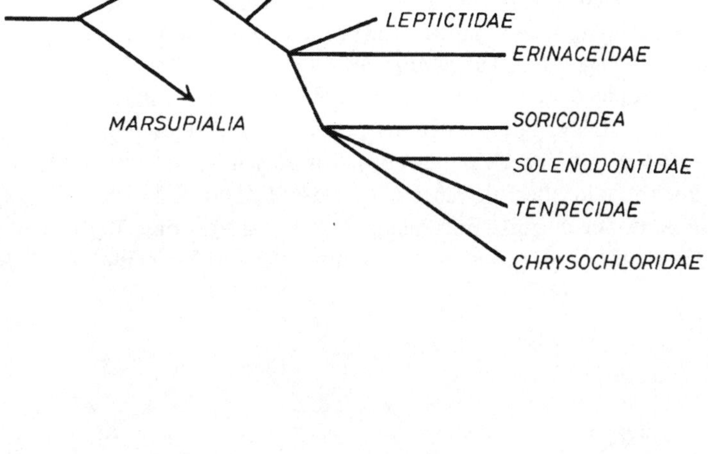

Abb. 96. Vermutliche stammesgeschichtliche Zusammenhänge der primitiven Placentalia. Die Macroscelididen, Tupaiiden, Primaten und Dermopteren werden als untereinander näher verwandte Gruppe angesehen, die — unter Einschluß der Chiropteren — den Archonta GREGORYS entspräche. — Nach BUTLER 1956

Abschließend sei noch die stammesgeschichtliche Herkunft der Nicht-Insectivoren und damit zugleich die Bedeutung der Insectivoren als deren Ahnenformen kurz diskutiert.

Die Zalambdodonta können als eigener, bis in die Gegenwart überlebender Stamm außer Betracht bleiben. Unter den Deltatheridia des ältesten Tertiärs sind die Stammformen der oxyaenoiden und hyaenodontoiden „Creodonta" zu suchen (Seite 112), während die übrigen „Creodonta" (Arctocyonoidea und Mesonychoidea) direkt auf jüngstmesozoische Insectivoren zurückgeführt werden können, was auch für die Carnivora (Fissipedia und Pinnipedia) gilt. Damit erscheint die Herkunft der Ferungulaten geklärt. Die Cetacea stammen wohl von ältesttertiären Mesonychoidea ab, unter denen auch die Stammformen der Artiodactyla zu suchen sind. Da auch die Primaten, Dermopteren, Chiropteren und Rodentia von derartigen jüngstmesozoischen Insectivoren (im engeren Sinne) abgeleitet werden können, erscheint die zentrale Stellung weitgehend gewahrt. Vermutlich bilden sie auch für die Taeniodonta die Stammformen. Problematisch ist nach wie vor die Herleitung der Lagomorphen, die einerseits mit Insectivoren aus der Verwandtschaft der Zalambdalestiden, andererseits mit Condylarthren in Verbindung gebracht werden. Edentata (Xenarthra und Palaeanodonta) und Pholidota sind als frühzeitig abgespaltene Stämme anzusehen, die bereits in der Kreidezeit ihren Ursprung genommen haben müssen, womit jedoch keineswegs eine nähere Verwandtschaft untereinander behauptet sei.

Damit wird nicht nur die zentrale Stellung der Insectivora (im engeren Sinne) innerhalb der höheren Säugetiere bestätigt, wie sie bereits Huxley [1622] vertreten hat, sondern auch, daß die Eutheria (im Sinne von Huxley) nur als Entwicklungsstadium zu bewerten sind. Wie diskutabel jedoch die tatsächlichen verwandtschaftlichen Beziehungen zwischen den basalen Placentalia sind, zeigt die Abb. 124 auf S. 121.

Zalambdodonta (Tenrecoidea und Chrysochloroidea)

Innerhalb der rezenten Insektenfresser fallen die Solenodontiden, Tenreciden, „Potamogaliden" und Chrysochloriden unter anderem durch das zalamdodonte Gebiß heraus. Gill [1126] bezeichnete sie deshalb als Zalambdodonta. Die unterschiedliche Beurteilung der Zalambdodonta ist im wesentlichen durch die verschiedene Homologisierung der Zahnhöcker und durch die Art der Entstehung der Zalambdodontie gegeben. Ein weiteres Problem ist die stammesgeschichtliche Einheit dieser Gruppe, indem Tenrecoidea und Chrysochloroidea wesentliche anatomisch-morphologische Unterschiede aufweisen (Seite 106).

McDowell [2181] nimmt für das zalambdodonte Gebiß von *Solenodon* die Entstehung aus einem dilambdodonten an und homologisiert dementsprechenden Haupthöcker (Zalambdoconus) der M sup. von *Solenodon* mit dem Protoconus bei *Nesophontes*, eine Auffassung, wie sie bereits G. M. Allen [47] vertreten hat (Abb. 93 auf Seite 97). Demnach sei das zalambdodonte Gebiß durch regressive Entwicklung aus einem dilambdodonten entstanden und die Solenodontiden seien spezialisierte Soricoidea (Nesophontidae; vergleiche auch [47, 2952]). Auch die Tenrecoidea (Tenrecidae und Chrysochloridae) werden dementsprechend als Soricomorpha klassifiziert, eine Auffassung, die im Prinzip auch Butler [453] vertritt.

Nach Vandebroek [3693] entspricht der Zalambdoconus nicht dem Epiconus (= Protoconus), sondern dem Eoconus (= Paraconus), eine Homologisierung, die durch die seriale Gleichsetzung mit den Prämolaren als bewiesen gelten kann. Mit dieser Homologisierung ist jedoch noch nichts über die Entstehung der Zalambdodontie ausgesagt. So deutet Mivart [2369] den Zalambdoconus als Fusionsprodukt von Para- und Metaconus (= Amphiconus; vergleiche auch Gregory [1181]), indem er die morphologische Reihe von *Talpa* über *Potamogale* zu „*Centetes*"

(= *Tenrec*) morphogenetisch interpretiert. *Potamogale* weicht nämlich von *Centetes* durch einen kleinen, distal vom Zalambdoconus gelegenen Höcker (= Distoconus VANDEBROEK) ab, der somit als reduzierter Metaconus gedeutet wird. Demnach wäre der zalambdodonte Zahn aus dem dilambdodonten hervorgegangen. Eine analoge morphologische Zwischenstellung vertritt auch VANDEBROEK [3694] für *Potamogale*, ohne jedoch eine Fusion anzunehmen. Vielmehr sei der zalambdodonte Zahn aus dem für die Deltatheridioidea charakteristischen „semizalambdodonten" hervorgegangen, der durch die enge Stellung von Para- und Metaconus charakterisiert ist. Der zalambdodonte sei jedoch nicht durch Fusion, sondern durch Reduktion des Distoconus (= Metaconus) entstanden (Abb. 97). Entsprechend dieser Auffassung werden die Potamogaliden als Angehörige der gleichfalls zu den Zalambdodonta gerechneten Deltatheridioidea (= Palaeoryctoidea nach VAN VALEN [3707]) angesehen.

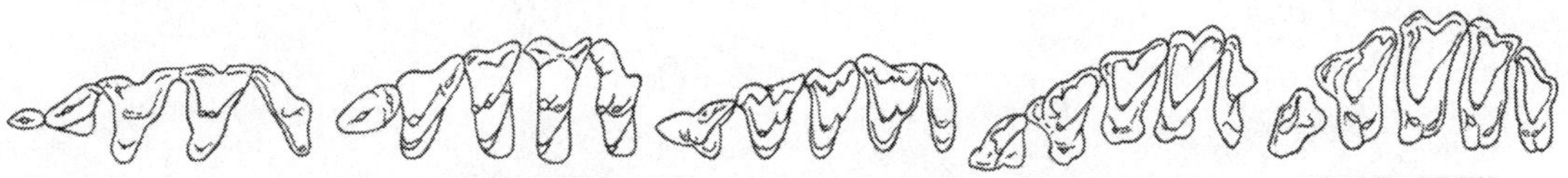

Abb. 97. Maxillargebiß (sin.) von Deltatheridia (*Deltatheridium*, Ober-Kreide; *Palaeoryctes*, Paleozän) und Zalambdodonta (*Potamogale*, *Microgale* und *Solenodon*, sämtl. rezent). Interpretation als Evolutionsreihe ist falsch, da die Pseudo- (= „Semi-") Zalambdodontie der Deltatheridia keine Vorstufe der (echten) Zalambdodontie der Zalambdodonten bildet und *Potamogale* kein primitiver, sondern ein fortschrittlicher Zalambdodonte ist. Nach SCHLAIKJER 1933, verändert und ergänzt

Damit ist nicht nur die Ableitung von geologisch alten (Ober-Kreide-Paleozän) Insectivoren angenommen, sondern es sind zugleich *Potamogale* als ursprüngliche, *Tenrec* und *Chrysochloris* als abgeleitete Formen interpretiert. Wie jedoch vor allem gehirn-anatomische Untersuchungen gezeigt haben [3391, 3441], ist der Cerebralisationsgrad der Potamogaliden wesentlich höher als bei den Tenreciden (und auch Chrysochloriden (Abb. 98, 99)). Schon aus diesem Grund ist es unwahrscheinlich, das Potamogalegebiß als ursprünglicher zu bewerten. Dazu kommt noch, daß bei den primitiveren Potamogaliden (*Micropotamogale*) ein Metaconus (bereits) schwach angedeutet ist. Auch LECHE [2073] betrachtet die hintere Hauptspitze am M sup. von *Potamogale* als Neubildung*). Auch der sonstige Anpassungsgrad der Potamogaliden spricht für abgeleitete und evoluierte Formen, die sich aus Tenreciden entwickelt haben [1239]. Innerhalb der Potamogalinen ist *Potamogale velox* die in vieler Hinsicht spezialisierteste *Micropotamogale (Mesopotamogale) ruwenzorii* die primitivste Art**). Nach GUTH, HEIM DE BALSAC & LAMOTTE [1239] sind die Potamogalinen von *Microgale*-ähnlichen Tenreciden (Oryzorictinae) abzuleiten. Damit ist die phylogenetische Stellung der semiaquatischen Potamogaliden aufgezeigt. Bemerkenswert ist, daß bei allen drei Arten (*Micropotamogale lamottei*, *M. ruwenzorii* und *Potamogale velox*) eine Syndactylie (2. und 3. Zehe des Fußes) ausgebildet ist, die in Zusammenhang mit der Ausbildung von Putzkrallen zu stehen scheint [1943].

Damit sei wieder auf die Ableitung der Zalambdodontie zurückgekommen. Nach BUTLER [448] ist der zalambdodonte Zahn als primitivster Theriazahn anzusehen, der weder von einem dilambdodonten noch von einem trituberculären (= tribosphenisch) abgeleitet werden kann,

---

*) Allerdings sprechen die Befunde von KUHN [1943] dafür, daß einzelne Merkmale (Gebiß, Occipitalregion) von *Micropotamogale lamottei* höher spezialisiert sind als von *Potamogale*.

**) Die Ultraschallorientierung und die vermutlich damit in Zusammenhang stehende Ausbildung des Kehlkopfes (SCHNEIDER [3077]) scheint ein Erbe altertümlicher Säugetiere zu sein. Sie ist nur innerhalb einiger weniger Stämme beibehalten beziehungsweise weiter differenziert worden (zum Beispiel Chiroptera, Pinnipedia, Cetacea, Zalambdodonta).

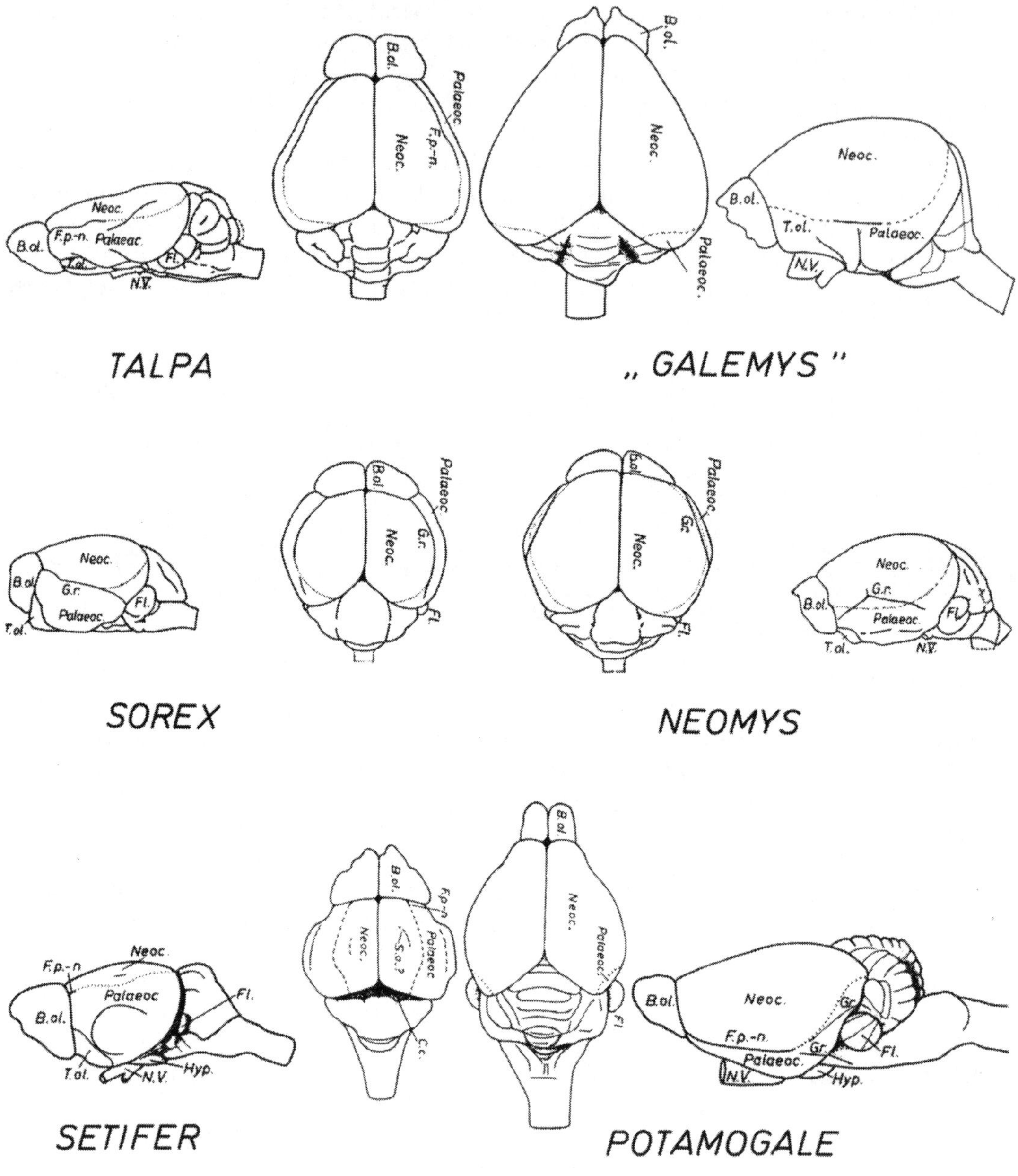

Abb. 98. Dorsal- und Lateralansicht des Gehirns primitiver Placentalia (Zalambdodonta und Insectivora). Beachte höheren Evolutionsgrad bei wasserbewohnenden Formen (rechts) innerhalb der Talpiden (*Talpa*: *„Galemys"*), der Soriciden (*Sorex*: *Neomys*) und der Tenreciden (*Setifer*: *Potamogale*) gegenüber terrestrischen. Nach Stephan 1956, Stephan & Bauchot 1959 und Stephan & Spatz 1959

B. ol. = Bulbus olfactorius
C. c. = Colliculus caudalis
Fl. = Flocculus
F. p.-n. = Fissura palaeo-neocorticalis
Gr. = Gefäßrinne
Hyp. = Hypophyse
Neoc. = neocortex
N. V. = Nervus facialis
Palaeoc. = Palaeocortex
S. o. = Sulcus orbitalis
T. ol. = Tuberculum olfactorium

sondern direkt auf das Pantotheriagebiß zurückgeführt werden muß. Die Ausbildung des dilambdodonten und des tritubercularen sei später erfolgt. Eine ähnliche Auffassung vertritt VANDEBROEK [3694], indem sich innerhalb der Orthotheria (= Pantotheria und Theria [= Eutheria GILL [1125]) der zalambdodonte Zahntyp unabhängig von jenem der übrigen Placentalia und der Marsupialia entwickelt hat. Dies bedeutet — wie bereits oben angeführt — eine Diphylie der Placentalia, indem die Zalambdodonta als parallel zu diesen entstanden angesehen werden müssen.

Welche Theria sind nun als Zalambdodonta zu klassifizieren? Nach GILL [1126] umfassen die Zalambdodonta die Tenreciden, Solenodontiden und Chrysochloriden. Seither sind verschiedene weitere Säugetiere zu den Zalambdodonta gestellt worden. Dies sind vor allem die Palaeoryctiden (= Deltatherididae) aus der Ober-Kreide und dem Alt-Tertiär, die durch den schmal dreieckigen Umriß der M sup. und durch die enge Stellung der Haupthöcker (Amphiconus) gekennzeichnet sind. Dieser Amphiconus ist jedoch — wie schon erwähnt — nicht dem Haupthöcker (Zalambdoconus) der Zalambdodonta homolog, sondern entspricht dem stark genäherten Para- und Metaconus. Ganz abgesehen davon, daß daher nicht von einer Zalambdodontie bei den Palaeoryctiden gesprochen werden kann*), handelt es sich bei diesen Formen, wie auch PATTERSON [2605] hervorhebt, nicht um Vorläuferformen der Zalambdodonten, sondern um einen ausgestorbenen Zweig (Deltatheridia VAN VALEN). Daher sind die auf diesen Fossilformen begründeten Schlußfolgerungen über den Zeitpunkt der Entstehung der Zalambdodontie (Mittel-Eozän [3707]) gegenstandslos.

Außerdem müssen auch einige weitere Formen erwähnt werden, die mit den Zalambdodonten in Verbindung gebracht werden, nämlich die Apternodontiden mit *Apternodus* und *Oligoryctes***) aus dem Oligozän Nordamerikas. Sie sind einerseits den Solenodontiden [3038, 3257, 3876, 3878], andererseits den Tenreciden [1564, 2265, 3707] beziehungsweise Chrysochloriden [1178] genähert und diesen zugeordnet worden. Zweifellos handelt es sich um zalambdodonte Säugetiere, die unter den rezenten Säugetieren *Solenodon* am nächsten stehen, jedoch durch verschiedene Spezialisationen nicht als deren Ahnenformen angesehen werden können.

Die aberrante Gattung *Necrolestes* aus dem Miozän Argentiniens ist verschiedentlich mit Chrysochloriden und damit mit Zalambdodonten in Verbindung gebracht worden [3138], doch hat PATTERSON [2603] gezeigt, daß es sich um einen Angehörigen der Marsupialia handelt (Seite 76). Problematisch erscheint die Stellung der rezenten Gattung *Notoryctes*, die ein zalambdodontes Gebiß besitzt und trotz außerordentlich hoher Spezialisation auf äußerst niedriger Evolutionsstufe steht (zum Beispiel Gehirn [3391]; siehe auch Seite 93).

Chrysochloroidea

Im Zusammenhang damit erscheint ein Hinweis auf die taxonomisch-phylogenetische Stellung der **Chrysochloriden** notwendig. Nach dem Gebiß sind sie als Zalambdodonta zu klassifizieren, doch bestehen gegenüber den Tenrecoidea wesentliche Unterschiede (Chondrocranium; Tabulare, „Bulla", JACOBSONsches Organ, Gehirn, Muskulatur, ♂ Genitalien [401, 1690, 2069, 2957, 3439, 3441]), die nur durch eine sehr frühzeitig erfolgte Trennung von den übrigen rezenten Zalambdodonta erklärt werdan kann. Sie sind — im Zusammenhang mit der subterranen Lebensweise — außerordentlich hoch spezialisierte Säuger, die jedoch auf niederer

---

*) Auch der verschiedentlich verwendete Begriff Semi-Zalambdodontie (siehe oben) ist irreführend.
**) *Micropternodus* und *Clinopternodus* sind keine Zalambdodonten.

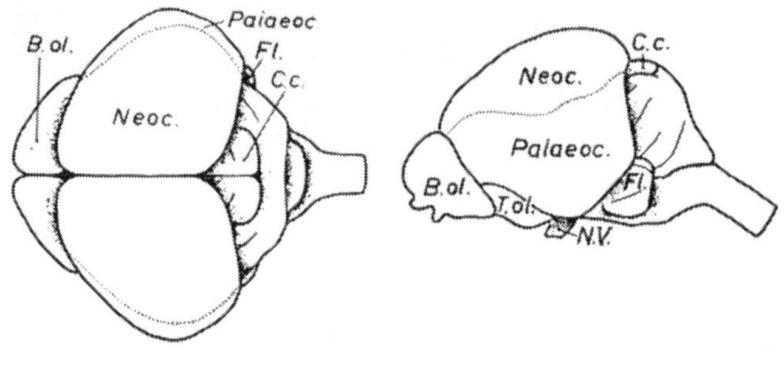

Abb. 99. Gehirn von *Chlorotalpa stuhlmanni*, rezent. Auf- und Lateralansicht. Primitiver Typ mit großen Bulbi olfactorii, glatten Hemisphären und kleinem Neocortex. — Nach STEPHAN & BAUCHOT 1960

B. ol. = Bulbus olfactorius
C. c. = Colliculus caudalis
Fl. = Flocculus
Neoc. = Neocortex
N. V. = Nervus facialis
Palaeoc. = Palaeocortex
T. ol. = Tuberculum olfactorium

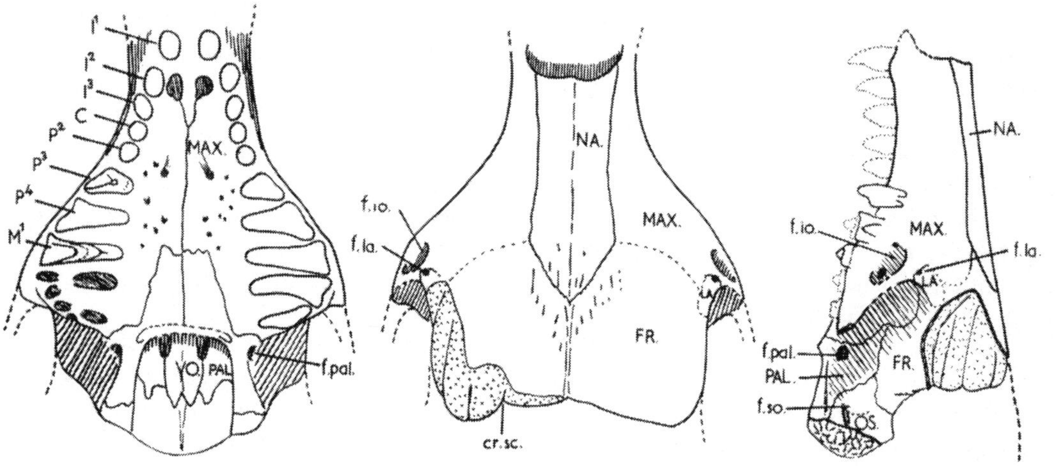

Abb. 99a. *Prochrysochloris miocaenicus.* Fazialschädel in Ventral-, Dorsal- und Lateralansicht. Mittel-Mozän von Ostafrika. (7/1) — Nach BUTLER & HOPWOOD 1957

$A+B$ = Grenze zwischen 1. u. 2. Ethmoturbinale
FR = Frontale
I^1—M^1 = 1. Incisiv bis 1. Molar
LA = Lacrimale,
MAX = Maxillare
NA = Nasale
N^2 = Nervus opticus
N^3 = N. oculomotorius
OS = Orbitosphenoid,
PAL = Palatinum
VO = Vomer
cr. sc. = crista semicircularis
f. io. = Foramen infraorbitale
f. la = For. lacrimale
f. pal. = For. palatinale
f. so. = Foramen sphenorbitale
gr. = Venengrube

Evolutionsstufe stehengeblieben sind [3391]. Die mäßige Cerebralisation und die hochgradige Verkürzung des Gehirns in fronto-occipitaler Richtung (Abb. 99) stimmen mit der bei *Notoryctes* überein, und es erscheint nach STARCK [3388] fraglich, diese Ähnlichkeiten und Übereinstimmungen allein als Konvergenzen zu interpretieren, die durch die ähnliche Lebensweise bedingt seien. Beachtenswert ist auch der verzögerte Zahnwechsel bei Chrysochloriden, der aber auch für etliche Tenreciden charakteristisch ist [2071, 2073].

Leider geben die spärlichen Fossilfunde keinen Aufschluß*) über die Phylogenese dieser Säuger. Die pleistozänen Formen gehören rezenten Gattungen an oder stehen ihnen nahe (*Proamblysomus* [410]). *Prochrysochloris* aus dem Miozän Ostafrikas [459] zeigt — abgesehen von einigen primitiveren Zügen im Gebiß (geringere Moralisierung der Prämolaren, geringerer Reduktionsgrad der Molaren) —, daß es sich schon damals um hochspezialisierte, subterran lebende Formen gehandelt haben muß (Abb. 99a).

---

*) Die ursprünglich als Chrysochloriden bewerteten Reste (*Epoicotherium*) aus dem Alt-Tertiär Nordameriksa stammen, wie SIMPSON [3212] gezeigt hat, von Palaeanodonten (= Edentata) beziehungsweise von in ihrer systematischen Stellung umstrittenen Formen (zum Beispiel *Arctoryctes*, *Cryptoryctes* [2259, 2831 3675]), die jedoch sicher nichts mit Chrysochloriden zu tun haben. Wegen *Necrolestes* siehe Seite 76.

Damit sei auf die Frage nach der Herkunft und auf die sich aus der gegenwärtigen geographischen Verbreitung der Zalambdodonta ergebenden Probleme kurz eingegangen. Wie oben ausgeführt, ist durch die Homologisierung der Zahnhöcker die Ableitung von dilambdodonten Formen unmöglich und der von den übrigen Placentalia getrennte Ursprung anzunehmen. Wenn auch derzeit noch mesozoische Fossilfunde von Zalambdodonten fehlen, so scheint doch die geographische Verbreitung für das außerordentlich hohe geologische Alter dieser Eutheria zu sprechen. Dies steht in Einklang mit anatomischen Befunden (zum Beispiel Genitalorgane [2612, 3497, 3498]), die den außerordentlich altertümlichen Charakter bestätigen.

Tenrecoidea

Abgesehen von den auf den west- und zentralafrikanischen Raum beschränkten Potamogalinen sind **Tenreciden** gegenwärtig nur auf Madagaskar heimisch, die Solenodontiden auf die Großen Antillen (Kuba, Haiti) beschränkt, die Chrysochloriden nur aus Zentral- und Südafrika bekannt. Spricht bereits die disjunkte Verbreitung für ein höheres geologisches Alter, so wird dies durch andere Kriterien unterstützt. So sind bisher aus ganz Eurasien keine Reste von Zalambdodonten*) bekannt geworden.

Diese Feststellung als richtig vorausgesetzt, ließe sich das Vorkommen in der neotropischen und äthiopischen Region ohne weiteres durch die frühe, bereits zur jüngsten Jurazeit erfolgte Abspaltung der Zalambdodonta erklären. Der südamerikanische Kontinent (brasilianischer Schild) war, wie die jüngsten Untersuchungen gezeigt haben [1913, 1914], noch zur älteren Kreidezeit mit Afrika direkt landfest verbunden, so daß ein Faunenaustausch zwischen Südamerika und Afrika für Landorganismen möglich war.

Wie weit die Chrysochloriden als Angehörige einer sehr frühen und die Tenrecoidea einer vielleicht etwas späteren — aber immer noch vor Entfaltung der Marsupialia und Placentalia erfolgten — Radiation anzusehen sind, muß vorläufig noch unentschieden bleiben. Einst auf dem Festland verbreitet, haben sich von diesen Radiationen nur die hochspezialisierten Chrysochloriden und die Potamogaliden als ökologische Nischenfaunen auf dem afrikanischen Kontinent erhalten, während die Solenodontiden und die (übrigen) Tenreciden nur auf den Inseln (Madagaskar, Antillen) überlebten. Die Formenfülle der auf Madagaskar gegenwärtig verbreiteten Tenreciden ist durch eine weitere, auf dieser Insel erfolgte Radiation von „raft-born ancestors" [2602] zu erklären, die zur Entstehung von arboricolen, subterranen und limnischen Formen geführt hat. Innerhalb der Tenreciden zählen verschiedene der langschwänzigen und spitzmausähnlichen Oryzorictinae *(Oryzorictes* und *Microgale)* zu den in mancher Hinsicht ursprünglichsten, die zum Teil an Stacheligel erinnernden Tenrecinae mit *Tenrec*, *Setifer*, *Echinops* und *Hemicentetes* zu den fortschrittlicheren. Nach dem Grad der Encephalisation beurteilt, sind *Tenrec*, *Echinops* und *Hemicentetes* die primitivsten, *Setifer*, *Oryzorictes*, *Nesogale*, *Limnogale* und *Microgale* die evoluiertesten Formen [204]. *Limnogale*, im Habitus einer Wasserspitzmaus beziehungsweise *Micropotamogale* ähnlich, ist durch Frechkop [987] mit den Potamogalinae in Verbindung gebracht worden, doch sprechen anatomische Unterschiede für eine Parallelentwicklung [2229]. Die Potamogalinae lassen sich von primitiven Oryzorictinen (ähnlich *Nesogale* und *Oryzorictes*) ableiten [1238]. Interessant ist der Nachweis von Echolot-Orientierung bei madagassischen Tenreciden [1157], doch ist fraglich, ob dies ein Primitivmerkmal ist.

---

*) Reste angeblicher Zalambdodonten *(Butselia)* aus dem Alt-Tertiär Europas [2798] sind auf Deltatheridiidae (= Palaeoryctidae) zu beziehen [2969].

Die Herkunft der Solenodontiden beurteilt man verschieden. Meist werden alttertiäre **Apternodontiden** des nordamerikanischen Festlandes als Stammformen angesehen [2605]. Wie bereits angedeutet, bilden lediglich *Apternodus* (Abb. 100) und *Oligoryctes* (entfernte) Verwandte, nicht jedoch die Ahnenformen der rezenten **Solenodontiden.** Ob die Apternodontiden nun als Überlebende in Nordamerika oder als Einwanderer von den Antillen her zu bewerten sind, läßt sich derzeit nicht entscheiden. Bemerkenswert ist, daß im jüngeren Quartär von Hispaniola neben *Solenodon* (einschließlich *Aptogale*) noch eine weitere Gattung existierte (*Antillogale* [2605]). Ob diese nur Relikte einer einstigen Radiation der Solenodontiden auf den

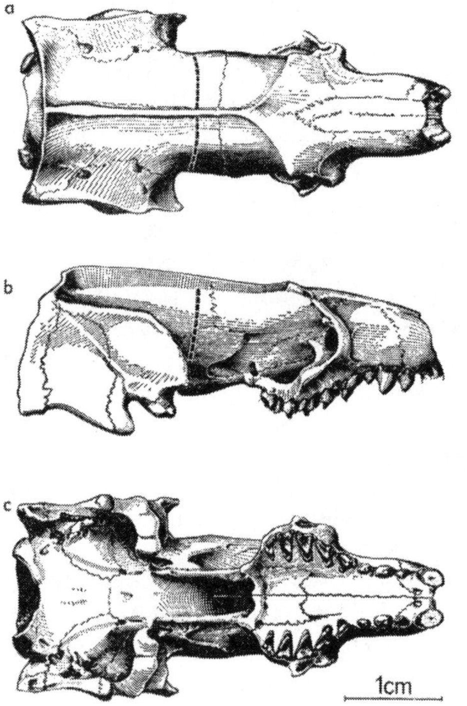

Abb. 100. *Apternodus* (Apternodontidae, Tenrecoidea). Schädelrekonstruktion nach *A. brevirostris* und *A. gregoryi* aus dem Oligozän Nordamerikas. a) Dorsal-, b) Lateral-, c) Ventralansicht. Nach McDowell 1958

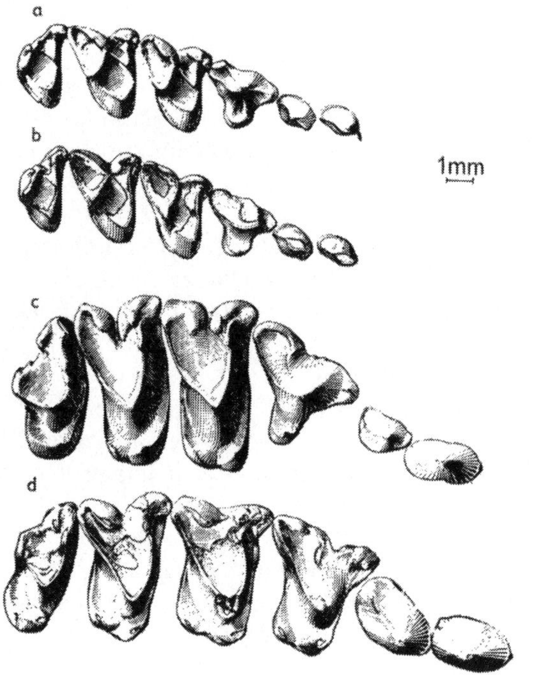

Abb. 101. Maxillarzähne (dext.) von a, b) *Nesophontes edithae* (Insectivora; Pleistozän) und c, d) *Solenodon paradoxus* (Zalambdodonta; rezent). a) und c) nicht abgekaut, bei c) D^{2-4}, bei d) P^{2-4}. Beachte grundsätzlichen Unterschied im Bau der M sup. — Nach McDowell 1958

Antillen darstellen, wie Patterson [2605] vermutet, muß gleichfalls offen bleiben. *Solenodon* ist gegenwärtig mit zwei Arten auf Hispaniola *(S. paradoxus)* und Kuba *(S. cubanus)* beschränkt (Abb. 101—103). Angaben über Lebensraum und Lebensweise gibt Mohr [2377—2380]. Die morphologisch-anatomischen Besonderheiten sprechen für eine sehr frühe Trennung von den Tenreciden [2073, 2822, 3391]. Die Karyologie läßt keine Aussagen zu [341, 342]. Dem Encephalisationsgrad nach läßt sich *Solenodon* mit den evoluierten Tenreciden vergleichen (Tab. 11; siehe auch Abb. 114 auf Seite 116). Auf die, mit der Herkunft dei gleichfalls auf die Antillen beschränkten Nesophontiden verbundene Problematik sei hier nicht eingegangen (Seite 133).

Als Ganzes gesehen, sind die Zalambdodonta als ältester Eutheria-Stamm anzusehen, der sich frühzeitig in die Chrysochloroidea und Tenrecoidea aufgespalten hat. Entsprechend dieser

Tabelle II

Grad der Encephalisation bei primitiven Placentalia
(Indices nach Bauchot & Stephan 1966
aus dem log. Verhältnis zwischen Körpergewicht und Hirngewicht)*)

	Index
Tenrecidae	
Tenrec ecaudatus	86
Echinops telfairi	86
Hemicentetes semispinosus	99
Setifer setosus	109
Oryzorictes talpoides	123
Nesogale dobsoni	144
Microgale cowani	175
Limnogale mergulus	154
Potamogale velox	159
Solenodontidae	
Solenodon paradoxus	147
Chrysochloridae	
Chrysochloris asiatica	140
Chlorotalpa stuhlmanni	168
Erinaceidae	
Erinaceus europaeus	110
Soricidae	
Sorex minutus	89
Sorex araneus	107
Crocidura giffardi	80
Crocidura russula	97
Crocidura niobe	139
Suncus murinus	93
Blarina brevicauda	136
Neomys fodiens	133
Sylvisorex lunaris	125
Talpidae	
Talpa europaea	154
Scalopus aquaticus	264
„Galemys" pyrenaicus	240
Desmana moschata	200

	Index
Macroscelididae	
Elephantulus fuscipes	241
Rhynchocyon stuhlmanni	285
Tupaiidae	
Urogale everetti	287
Tupaia glis	315
Lemuridae	
Cheirogaleus medius	279
Cheirogaleus major	336
Microcebus murinus	334
Lepilemur ruficaudatus	240
Hapalemur simus	241
Lemur catta	429
Lemur rufiventer	642
Indriidae	
Avahi laniger	294—317
Propithecus verreauxi	364
Indri indri	360
Daubentoniidae	
Daubentonia madagascariensis	704
Lorisidae	
Loris tardigradus	402
Perodicticus potto	383
Nycticebus coucang	515
Galago crassicaudatus	341
Galago demidovii	492
Tarsiidae	
Tarsius spectrum	423
Tarsius syrichta	503

frühzeitig erfolgten Trennung erscheinen sie untereinander nicht näher verwandt zu sein als mit den dilambdodonten Insectivoren. Ein Argument, wie es etwa Simpson [3257] anführt. Dieser Tatsache wird durch die „Aufwertung" in taxonomischer Hinsicht Rechnung getragen, indem man die Zalambdodonta den (übrigen) Placentalia als gleichwertige Einheit gegenüberstellt. Diese taxonomische Sonderstellung wird nicht nur durch ihren frühen Eigenweg bestätigt, sondern auch durch serologische Befunde (keine Affinitäten zu Insectivoren [Erinaceiden] siehe Goodman [1147]) sowie verschiedene Eigenmerkmale, wie sie sonst bei Placentaliern nicht bekannt sind (zum Beispiel sehr später Zahnwechsel und Auftreten von 4 Molaren [2073, 1728]; große Jungenzahl; Körpertemperaturschwankungen und Temperaturregelungsmechanismus [1404]; männlicher Genitalapparat [2822])**).

---

*) Werte bei semi-aquatischen Arten stehts höher als bei nahe verwandten terrestrischen Formen.

**) Wie weit die nach dem Prinzip der Echolotung [1157] erfolgende Orientierung einzelner Tenreciden als primitiv zu bewerten ist, sei dahingestellt [1943].

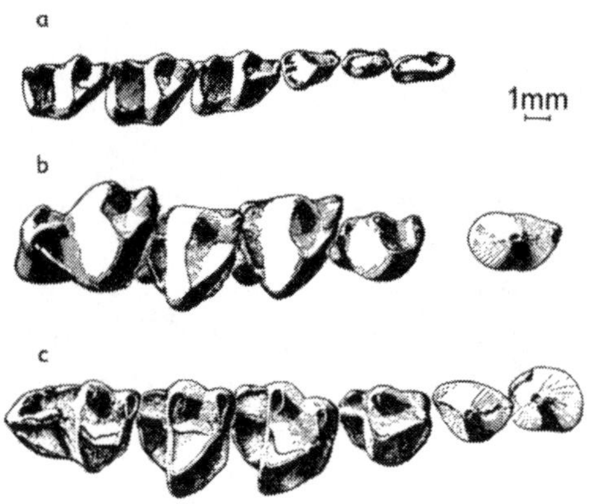

Abb. 102. Unterkieferbackenzähne (dext.) von *Nesophontes* (a) und *Solenodon* (b, c). Aufsicht. Juveniles Exemplar mit D_2 und D_4. Nach McDowell 1958

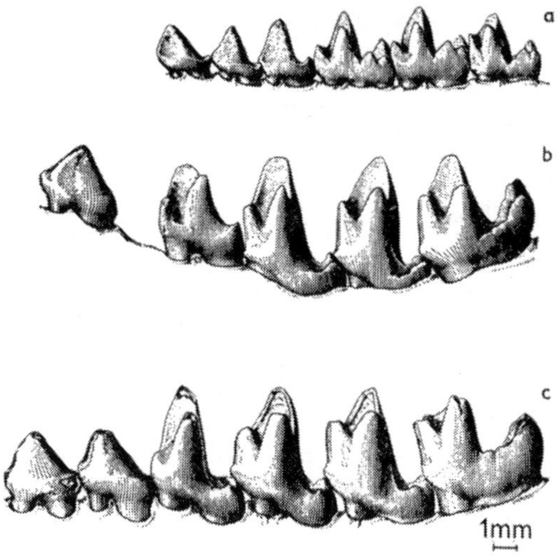

Abb. 103. Zahnreihen wie in Abbildung 102, Lingualansicht. — Nach McDowell 1958

„Deltatheridia" (= Hyaenodonta: Palaeoryctoidea, Oxyaenoidea und Hyaenodontoidea)*)

Als Deltatheridia faßt van Valen [3704, 3707] verschiedene bisher als Insectivora beziehungsweise Creodonta klassifizierte, fossile Säugetiere zusammen, die im wesentlichen durch den Molarenbau gekennzeichnet sind. An den M sup. sind die beiden Haupthöcker direkt aneinandergerückt, so daß sie eine funktionelle Einheit bilden (Amphiconus (Abb. 97 auf Seite 103). Wie bereits ausgeführt, sind Angehörige der Deltatheridia meist als Ausgangsformen der Zalambdodonta betrachtet worden [1178] und der Gebißtyp deshalb auch als („semi"- oder „prä"-) zalambdodont bezeichnet worden. Eine Annahme, die sich nicht aufrechterhalten läßt, da die Entwicklung des (echten) zalambdodonten Zahnes völlig unabhängig vom deltatheriiden erfolgte. Ein weiteres Problem bildet das geologisch älteste Auftreten der Deltatheridia.

In Anbetracht der Unterschiede gegenüber den übrigen Insektenfressern und dem charakteristischen „trend" im Molarengebiß erscheint eine taxonomische Sonderstellung dieser Säugetiergruppe angebracht, weshalb sie hier als eigene systematische Einheit den eigentlichen Insektenfressern gegenübergestellt werden.

Palaeoryctoidea

*Deltatheridium***) *pretrituberculare* beschrieben Gregory & Simpson [1164] auf Grund von Schädel- und Kieferresten zusammen mit Multituberculaten und Insectivoren aus der Djadochta-Formation der Mongolei, die der Ober-Kreide zugeordnet wird. Auf Grund späterer Untersuchungen durch russische Paläontologen [2477] wurde die Einstufung in die Ober-Kreide angezweifelt und das Alter als Paleozän angesehen [3600]. Wie jedoch die polnisch-

*) Neuerdings klassifiziert van Valen [3708] auch die Zalambdodonta als Deltatheridia und stellt ihnen die bisher als Deltatheridia bezeichneten Gruppen als Hyaenodonta gegenüber, so daß die hier als Deltatheridia besprochenen Formen besser als Hyaenodonta zu bezeichnen wären.

**) Nicht zu verwechseln mit *Deltatherium* (=Arctocyonide).

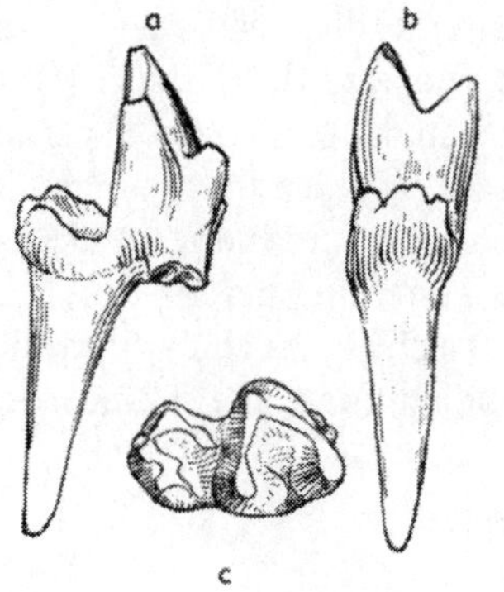

Abb. 104. *Cimolestes incisus* (Palaeoryctide); M inf. sin. Ober-Kreide, USA. a) Lingual-, b) Distal-, c) Occlusalansicht. (5/1) — Nach SLAUGHTER 1965

mongolischen Expeditionen in den Jahren 1963 und 1964 ergeben haben, trifft die ursprüngliche Alterseinstufung zu [1725, 2076a]. Die Reste stammen aus der Zone mit *Protoceratops andrewsi*, waren also Zeitgenossen der jüngsten Dinosaurier. Es ist verständlich, daß der Alterseinstufung eine wesentliche und vor allem in stammesgeschichtlicher Hinsicht entscheidende Rolle zukommt.

Es handelt sich bei *Deltatheridium pretrituberculare* um rattengroße Säugetiere mit einer geschlossenen postcaninen Zahnreihe (Zahnformel $\frac{?\,1\,3\,3}{?\,1\,3\,3}$) mit im Umriß dreieckigen Molaren, an denen Para- und Metaconus eng aneinander gereiht sind. Die M inf. besitzen ein hohes Trigonid und ein mehr oder ausgedehntes, jedoch schmales Talonid [3693]. Die Caninen sind kräftig entwickelt, die Prämolaren nicht molarisiert, einfach-höckrig und seitlich komprimiert.

Weitere Ober-Kreide-„Deltatheridia" sind aus Nordamerika bekannt (*Cimolestes* (Abb. 104), *Batodon, Nyssodon)*. Von derartigen Formen lassen sich nach VAN VALEN [3707] nicht nur die paleozänen (? *Puercolestes, Pararyctes, Gelastops, Avunculus, Palaeoryctes* Abb. 105, 106), eozänen (*Didelphodus* Abb. 107) und oligozänen Palaeoryctiden Nordamerikas (*Micropternodus)**) (Abb. 108) ableiten, sondern auch die bisher als Creodonta**) klassifizierten Oxyaenoidea (Oxyaenidae) und Hyaenodontoidea (Hyaenodontidae) sowie die Didymoconiden.

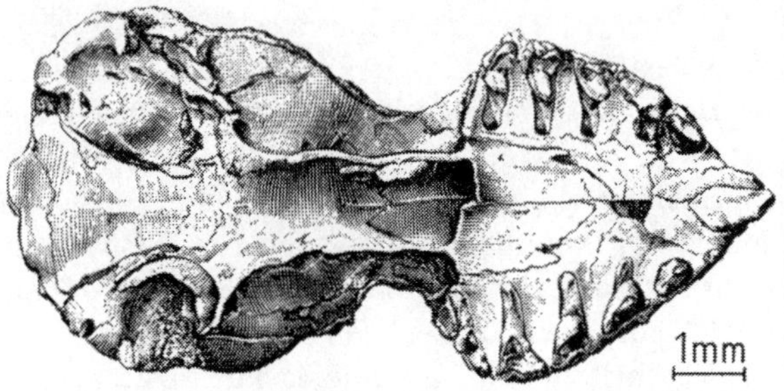

Abb. 105. *Palaeoryctes puercensis* (Palaeoryctide), Paleozän, USA. Schädel, Ventralansicht. Pseudozalambdodontie des M sup., Amphiconus non Zalambdoconus. Nach McDOWELL 1958

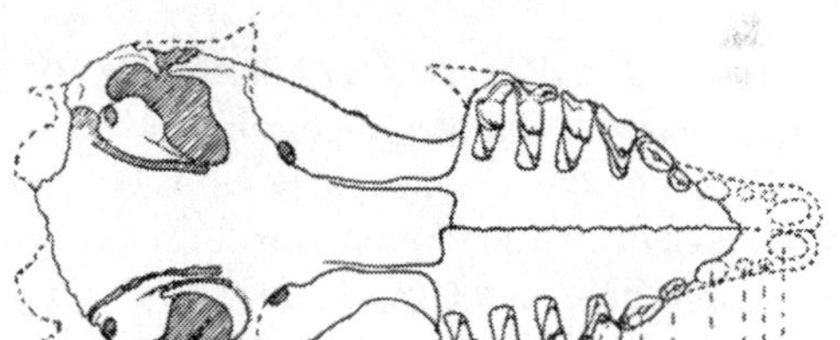

Abb. 106. *Palaeoryctes puercensis*, wie Abb. 105, mit Auszeichnung der Zahnhöcker. (ca. 6/1) Nach MATTHEW 1913

---

*) *Micropternodos (= Kentrogomphios)* wird neuerdings als Angehöriger einer eigenen Familie (Micropternodontidae) abgetrennt.

**) Da sich nach neueren Untersuchungen die schon verschiedentlich geäußerte Zuordnung der Arctocyonoidea sowie auch der Mesonychoidea zu den Condylarthra bestätigt und die verschiedentlich als Creodonta klassifizierten Miacidae Carnivora sind, ist der Begriff Creodonta als systematische Kategorie nicht mehr aufrechtzuerhalten. Eine Zusammenfassung der Mesonychoidea und Oxyaenoidea als Creophaga [1883] erscheint jedoch nach dem oben Gesagten ebenfalls nicht gerechtfertigt.

Während die tertiärzeitlichen **Palaeoryctiden,** die neuerdings auch aus Europa (*Aboletylestes* [Paleozän], *Butselia* [Oligozän]; [2798, 2969]) nachgewiesen werden konnten, keine wesentlichen Unterschiede gegenüber den Ober-Kreideformen erkennen lassen, differenzieren sich die Oxyaeniden und Hyaenodontiden im Gebiß zu echten carnivoren Typen, die auch für ihren bisherige Zuordnung zu den Carnivora als entscheidend angesehen wurden. Allerdings kam ihre Sonderstellung bereits durch die Abtrennung als Pseudocreodi (Matthew) zum Ausdruck. So scheint sich also auch dadurch die bereits oben (Seite 105) gewonnene Feststellung zu bestätigen, nämlich, daß die Palaeoryctiden (= Deltatheridiidae) nicht als Ausgangsformen der

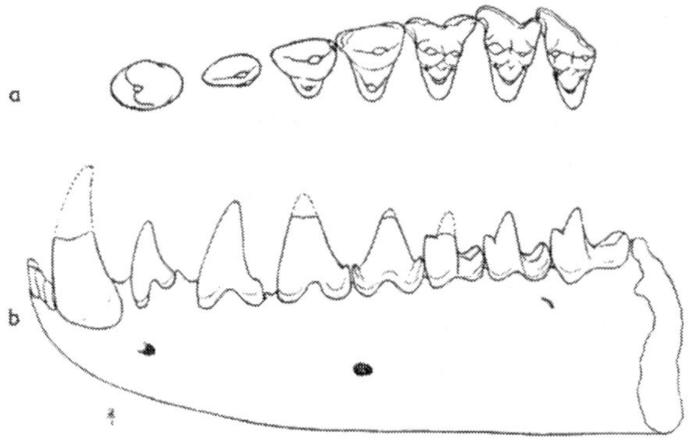

Abb. 107. *Didelphodus absarokae* (Palaeoryctide), Alt-Eozän, Wyoming. a) C—M^3 sin. von oben, b) Mandibel sin. mit I_1—M_3 von außen. (ca. 2/1) — Nach Matthew 1913

Abb. 108. *Micropternodus borealis* (Micropternodontide), Oligozän, Montana. Fazialschädel seitlich (a) und vertal (b). Zugehörigkeit zu den Deltatheridia unwahrscheinlich. (ca. 5/1) — Nach D. A. Russell 1960

Zalambdodonta in Betracht kommen. Weiterhin bestätigt sich damit in gewissem Sinne der schon Simpson geäußerte „carnivore" trend bei *Deltatheridium*. Damit ist jedoch zugleich die Auffassung, die Oxyaenoidea und Hyaenodontoidea von Arctocyonoidea abzuleiten, wie sie verschiedentlich vertreten wurde, nicht mehr aufrechtzuerhalten.

Innerhalb der Oxyaenoidea und Hyaenodontoidea kommt es zwar auch zur Ausbildung eines Brechscherengebisses, doch ist es nicht dem der Carnivora homolog. Bei den Oxyaeniden bilden der M^1/M_2, bei den Hyaenodontiden der M^2/M_3 die Brechschere, während es bei den Fissipedia bekanntlich die vergrößerten P^4/M_1 sind. Abgesehen von diesen grundlegenden Differenzen zu den Carnivoren sind Unterschiede im Extremitätenbau vorhanden, die nicht nur als primitive Merkmale zu bewerten sind. So ist das Gehirn sehr klein und kaum gefurcht, die Bulla tympani fast nie verknöchert, Radiale und Intermedium sind nicht verschmolzen, ein freies Centrale in der Handwurzel ist stets vorhanden, das Femur zeigt meist einen Trochanter tertius, Hand und Fuß sind mesaxonisch gebaut und die Krallenphalangen sind gespalten (Abb. 109).

Im Alt-Tertiär setzte eine richtige Radiation dieser „Creodonten" ein, die innerhalb verschiedener Stämme zur Ausbildung kleinerer und größerer, zum Teil außerordentlich hoch spezialisierter Formen führte; von ihnen sind die letzten Vertreter aus dem jüngsten Miozän Indiens und Afrikas nachgewiesen.

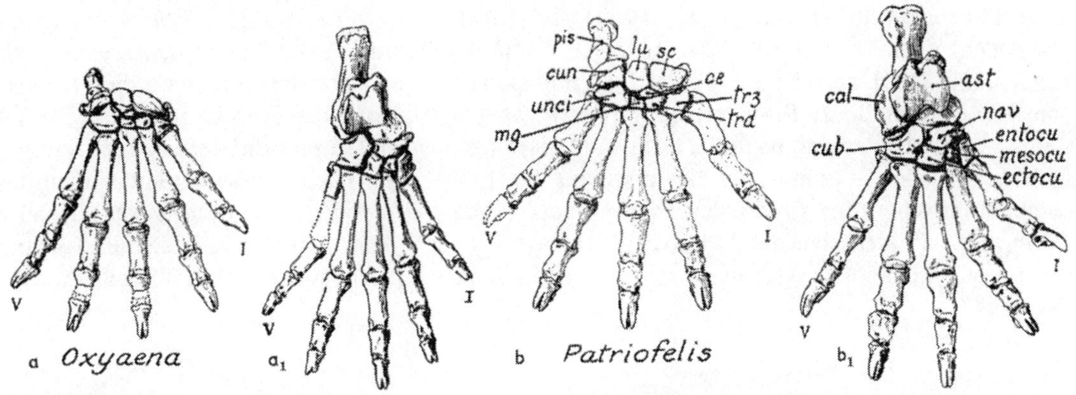

Abb. 109. Hand- und Fußskelett von *Oxyaena* (a, a_1) und *Patriofelis* (b, b_1), Eozän, USA. Angehörige der „Deltatheridia" (= Hyaenodonta). Beachte getrenntes Centrale, Scaphoid und Lunatum sowie gespaltene Endphalangen. Nach GREGORY 1951

ast = Astragalus
cal = Calcaneus
ce = Centrale carpi
cub = Tarsale 4+5
cun = Ulnare
ectocu = Tarsale 3
entocu = Tarsale 1
lu = Intermedium
mesocu = Tarsale 2
mg = Carpale 3
nav = Centrale Tarsi
sc = Radiale
pis = Pisiforme
trd = Carpale 2
trf = Carpale 1
unci = Carpale 4+5

Oxyaenoidea

Unter den **Oxyaeniden** sind *Oxyaena* aus dem Jung-Paleozän und Alt-Eozän, *Patriofelis* und *Sarkastodon* als Vertreter der Oxyaeninae aus dem Eozän hervorzuheben. *Sarkastodon mongoliensis* aus dem Jung-Eozän der Mongolei war eine echte Großform (Schädellänge über 50 cm) mit stark verlängerten Brechscheren-Zähnen. Der durch *Palaeonictis* und verwandte Formen *(Dipsalodon, Paroxyaena)* vertretene Stamm (Palaeonictinae) im Paleozän-Eozän Nordamerikas und Europas entspricht zwar im Schädelbau den übrigen Oxyaeniden, ohne jedoch deren starke Gebißdifferenzierung aufzuweisen.

Hyaenodontoidea

Innerhalb der Hyaenodontoidea mit der einzigen Familie der **Hyaenodontiden** bilden die Limnocyoninae und Hyaenodontinae (einschließlich Proviverriden) die wichtigsten Stammlinien.

Einem Seitenzweig gehört *Machaeroides* aus dem Mittel-Eozän Nordamerikas an, der als Säbelzahnkatzen-Typ zu bezeichnen ist und unabhängig von den Säbelzahnkatzen eine ähnliche Gebißdifferenzierung erreicht hat. Freilich sind — wie bei allen Hyaenodontiden — die M^1/M_2 als Brechschere entwickelt. Der Unterkiefer zeigt einen deutlichen Symphysenfortsatz, Proc. coronoideus und C inf. sind verkleinert, der C sup. verlängert, wenn auch die Gesamtlänge infolge des Erhaltungszustandes nicht exakt beurteilt werden kann [1078]. Die Extremitäten sind gedrungen, so daß *Machaeroides* wohl als Aasfresser anzusehen ist.

Die auf das Eozän Nordamerikas und Europas beschränkten Limnocyoninen umfassen die primitivsten Formen; WORTMAN [3958] ordnete sie deshalb ursprünglich auch den Oxyaeniden zu. *Prolimnocyon, Limnocyon, Thinocyon* und *Thereutherium* bilden eine Spezialisationsreihe mit zunehmender Gebißreduktion. An den M sup. rücken Para- und Metaconus völlig zusammen, bei den M inf. kommt es zur Rückbildung des Talonids. Unter den Hyaenodontinae sind neben schleichkatzenähnlichen Gattungen (*Prototomus*, *Proviverra* [= ? *Sinopa*], *Tritemnodon*, *Cynohyaenodon*) auch Formen mit hyaenoider Gebißdifferenzierung nachgewiesen (*Quercytherium*). VAN VALEN [3704] wertet die Proviverrinen nur als Tribus (Proviverrini) innerhalb der Hyaenodontinae. Innerhalb der Proviverrini und der Hyaenodontini ist es zu Parallelentwicklungen im Gebiß gekommen, so daß nach VAN VALEN [3704] ihre polyphyletische Entstehung nicht ausgeschlossen ist. Als Stammformen der erstmalig im Jung-Eozän nachgewiesenen Hyaenodontini kommen mittel-eozäne *Prodissopsalis*- (= *Imperatoria* = *Geiselotherium*), *Cynohyaenodon*- oder *Propterodon*-ähnliche Formen in Betracht. Im Alt-Tertiär in Nordamerika, Eurasien und Afrika verbreitet, sind die Proviverrini mit *Dissopsalis* in Südasien bis ins jüngere Miozän nachgewiesen [580, 2687].

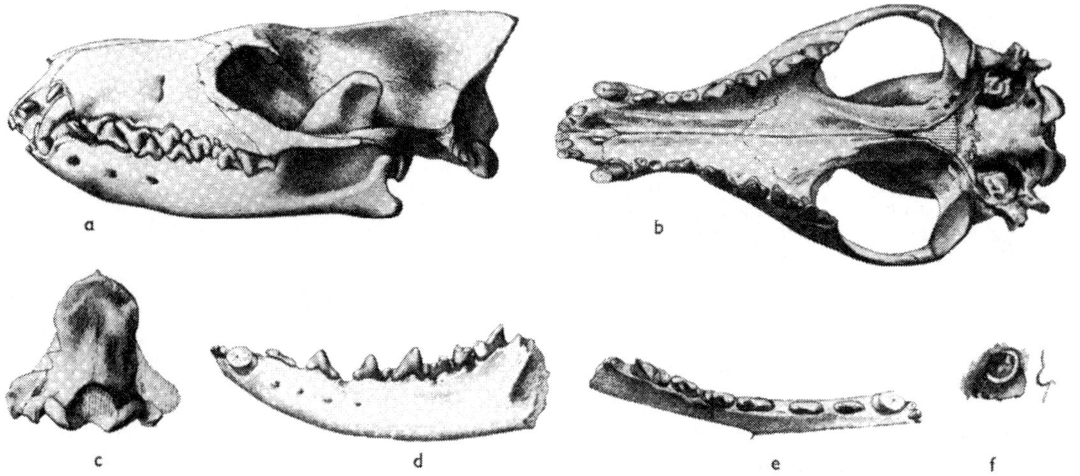

Abb. 110. *Hyaenodon mustelinus* (Hyaenodontide), White River-Oligozän, USA. a) Schädel lateral, b) Schädel ventral, c) Occipitalansicht, d) Mandibel sin. seitlich, e) Mandibel sin. von oben, f) Gehörregion. Brechschere aus den M^2/M_3. (1/3) — Nach SCOTT & JEPSEN 1936

Auch die Hyaenodontinen haben in Afrika die Oligo-Miozängrenze überlebt und sind mit verschiedenen Gattungen (*Hyaenodon*, *Pterodon*, *Metapterodon*, *Teratodon*, *Laekitherium*) aus dem Miozän bekannt [2991]. *Hyaenodon* selbst ist in zahlreichen hunde- bis bärengroßen Arten belegt (Abb. 110 u. 111). Das Gehirn ist, verglichen mit den übrigen Oxyaenoidea, verhältnismäßig groß und gefurcht. Es erinnert im allgemeinen durch die großen Bulbi oefactorii, die relativ kleinen Hemisphären und das große, vom Großhirn nicht überdeckte Kleinhirn an primitive Insektenfresser (Abb. 112).

Nicht ganz geklärt ist die Zugehörigkeit von *Hyaenaelurus* (= *Hyainailouros*) aus dem Miozän Eurasiens und Afrikas [1320, 1781a]. Es ist dies eine riesige, rein carnivore Form, deren Backenzähne etwas an Feliden oder Hyaeniden erinnern, mit denen *Hyaenaelurus* auch in Verbindung gebracht wurde [1320], während KRETZOI [1883] und VIRET [3737] diese Gattung als Creodonta (= Creophaga KRETZOI [1883] klassifizieren. VAN VALEN [3708:254] sieht in *Hyaenalurus* eine riesige Endform der Hyaenodontiden, die ähnlich *Dissopsalis*, bis ins Miozän und Alt-Pliozän (Heudorf) überlebte. *Hyaenaelurus sulzeri* (= ? *H. bugtiensis*) aus dem Miozän Eurasiens ist das größte carnivore Säugetier überhaupt.

VAN VALEN [3707:68 u. 110] reiht außerdem noch einige weitere Fossilformen aus dem Alt-Tertiär Asiens zu den Deltatheridia (Hyaenodonta), deren taxonomische Sonderstellung bereits KRETZOI [1879] durch die Abtrennung als **Didymoconidae** hervorhob. Dies sind die

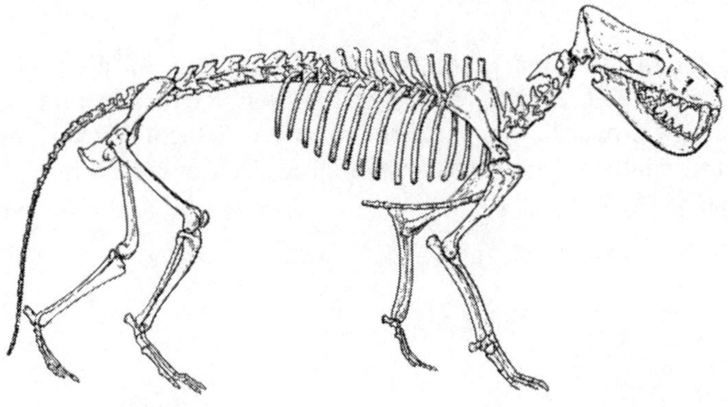

Abb. 111. Skelettrekonstruktion von *Hyaenodon*, Oligozän. Fortschrittlicher, hundeähnlicher Vertreter der Hyaenodonta. Meist als Carnivora („Creodonta") klassifiziert. (1/12) — Nach Gregory 1951

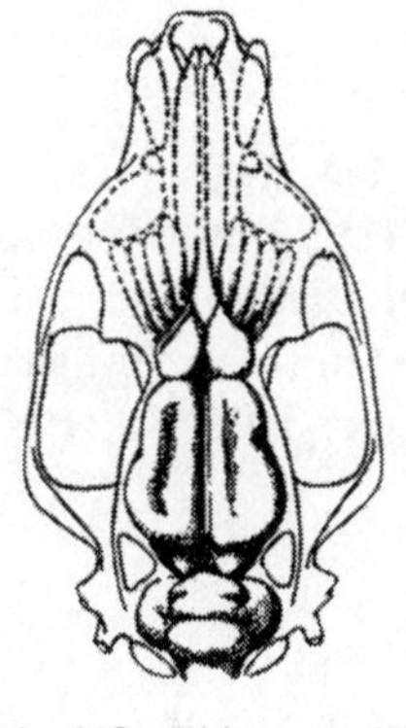

Abb. 112. *Thinocyon* (Hyaenodontidae, Deltatheridia), Mittel-Eozän, Nordamerika. Schädelumriß mit eingezeichnetem Endocranialausguß. Dorsalansicht. (1/2) — Nach Edinger 1956

Gattungen *Mongoloryctes* (Ober-Eozän), *Ardynictis* (Unter-Oligozän; Abb. 113) und *Didymoconus* (Ober-Oligozän). Durch die Ausbildung eines Hypocons an den M sup. ist zwar eine gewisse Ähnlichkeit mit *Tshelkaria* aus dem Ober-Oligozän gegeben, doch ist auf Grund der weit getrennten Para- und Metaconhöcker, des völlig verschiedenen Fazialschädels, der ab-

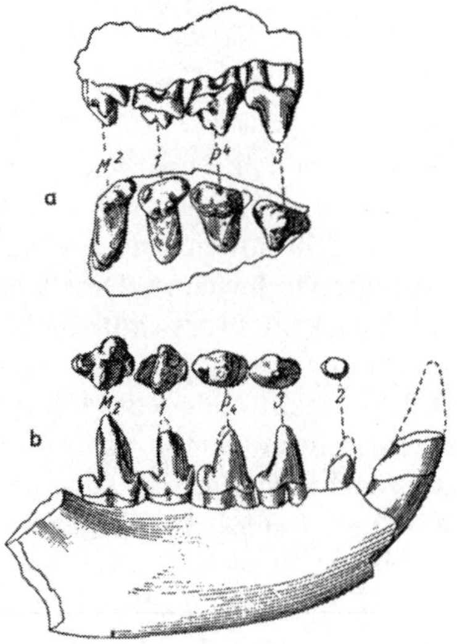

Abb. 113. *Ardynictis furunculus* (Didymoconide), Oligozän, Mongolei. a) Maxillare dext. mit P^3—M^2, b) Mandibel dext. mit C—M_2. (2/1) — Nach Matthew & Granger 1925

weichenden M inf. und der Ausbildung eines Scapholunare eine Zuordnung von *Tshelkaria* zu den Didymoconiden, wie sie Gromova [1212] und van Valen vornehmen, nicht möglich und zugleich auch eine Zugehörigkeit zu den Hyaenodonta auszuschließen.

Mongoloryctes ist nach van Valen [3707:69] von einem *Palaeoryctes* nahestehenden Genus abzuleiten. Eine ausführliche Bearbeitung dieser Gruppe ist durch J. S. Mellett im Gange; sie dürfte zeigen, daß es sich um Steppensäuger mit einer den Macroscelididen beziehungsweise *Dipodomys* ähnlichen Gehörregion handelt [2208].

Insectivora („Insektenfresser")

Bei den hier als Insectivora zusammengefaßten Placentalia handelt es sich um die geologisch älteste Eutheriagruppe, die bereits eine Radiation in der jüngsten Kreidezeit und im Paleozän erlebte und die gegenwärtig durch die sogenannte „mittlere Schicht" innerhalb der Insektenfresser (im weiteren Sinn), nämlich die Erinaceoidea und Soricoidea (= Erinaceota van Valen [3708]) vertreten werden (Abb. 114 u. 115).

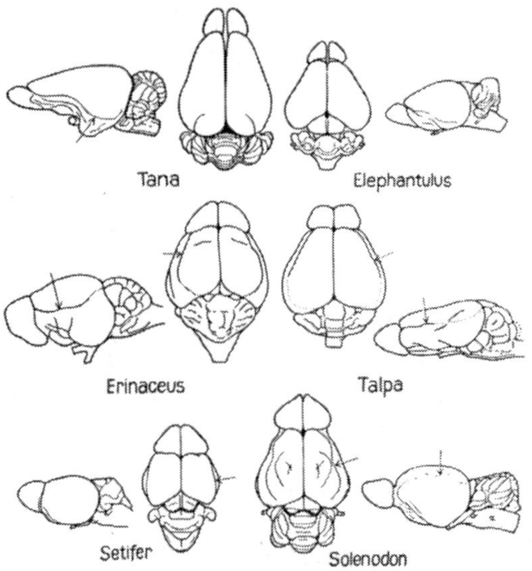

Abb. 114. Gehirne primitiver rezenter Eutheria mit verschiedenem Evolutionsniveau (Cephalisationsgrad). 1. Stufe: Zalambdodonta (*Setifer* und *Solenodon*), 2. Stufe: Insectivora (*Erinaceus* und *Talpa*), 3. Stufe: Tupaioidea (*Tana*) und Macroscelidea (*Elephantulus*). Beachte Größe der Bulbi olfactorii und des Neocortex (Pfeil = Grenze zwischen Neo- und Palaeocortex). Nach Starck 1962

Abgesehen von den Erinaceoidea und Soricoidea, deren rezente Familien Angehörige einer zweifellos jüngeren Radiation der Insectivora bilden, sind zahlreiche verwandte Familien, die auf Grund ihrer sehr abweichenden Merkmalskombination unterschieden werden, hauptsächlich aus dem Alt-Tertiär bekannt. Die taxonomische Beurteilung dieser ausgestorbenen Familien erfolgt allerdings keineswegs einheitlich, was nicht zuletzt auf die praktisch künstliche Abgrenzung gegenüber den Primaten (zum Beispiel Apatemyoidea, Microsyopidae) und Dermopteren (Mixodectidae) beruht, indem die Evolution des Gebisses der der Gehörregion meist vorauseilt. Zugleich wird jedoch daraus die zentrale phylogenetische Stellung der geologisch ältesten Insectivora ersichtlich, die als Lepticoidea den Erinaceoidea, Soricoidea, Apatemyoidea, Mixodectoidea und (?) Pantolestoidea gegenübergestellt werden können*).

Weiterhin ergibt sich daraus, daß es sich hier weder um die Insectivora im Sinne von Bodwich ([354] und auch nicht um die Lipotyphla Haeckel]) handelt, noch um die Dilambdodonta ([1126] = Quadrangulodonta [2109]). Der Name Euinsectivora ist leider bereits präokkupiert für die Insektenfresser mit Ausnahme der Chrysochloridae [1313]), so daß sich diese naheliegende Bezeichnung nicht verwenden läßt.

Können die Leptictoidea, Erinaceoidea, Soricoidea und wohl auch die Apatemyoidea sowie Mixodectoidea als Angehörige einer Radiation gelten, so erscheint dies für die Pantolestoidea fraglich. Für die zuletztgenannten ist eine Zuordnung zu primitiven Huftieren (Condylarthra) nicht auszuschließen, doch läßt die lückenhafte Fossilüberlieferung eine endgültige

*) Wie schon daraus hervorgeht, werden hier im Gegensatz zu Romer [2952] weder die Tupaiiden und verwandte Formen noch die Pantolestiden als Leptictoidea klassifiziert.

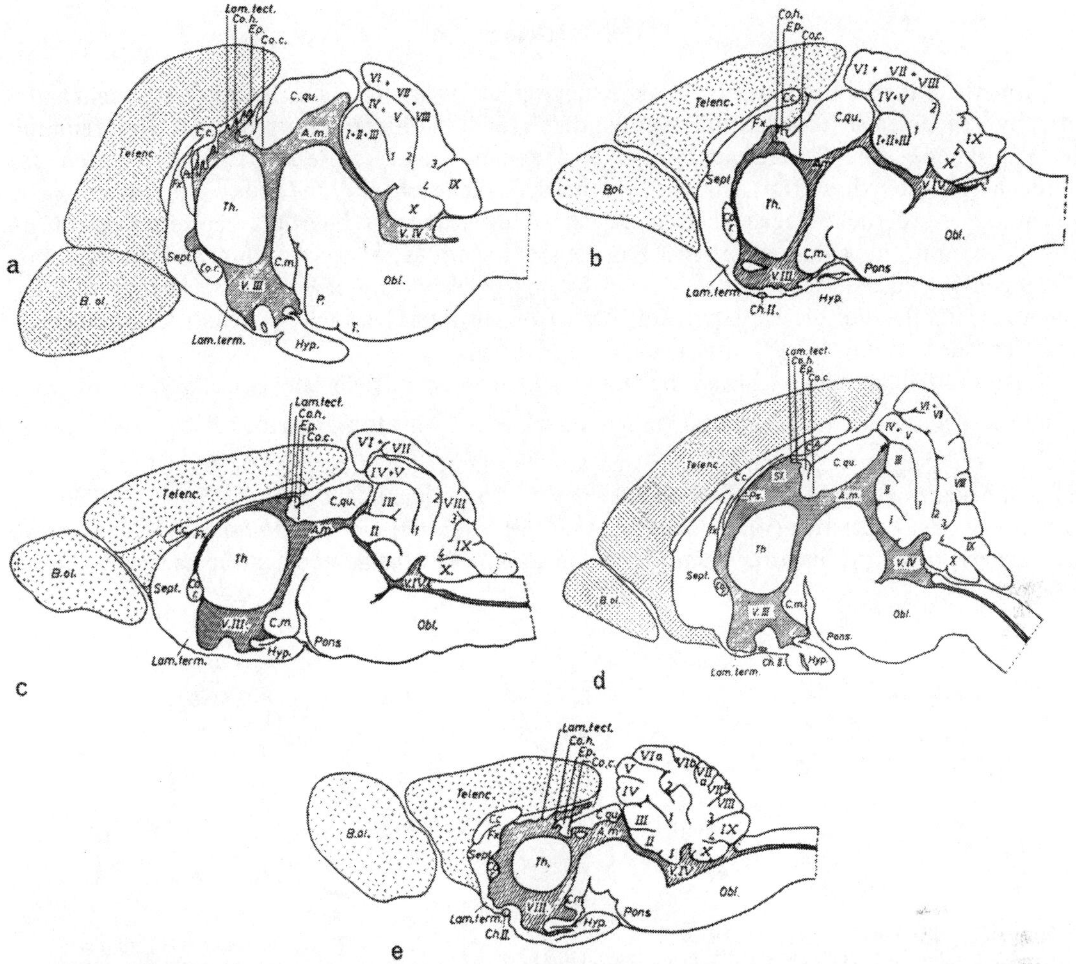

Abb. 115. Gehirne primitiver, rezenter Eutheria in Medianansicht. Zalambdodonta (a) und Insectivora (b—e). a) *Chlorotalpa*, b) *Sorex*, c) *Talpa*, d) *Galemys*, e) *Erinaceus*. — Nach STEPHAN 1956 (b, c und e), STEPHAN & BAUCHOT 1959 (d) und STEPHAN & BAUCHOT 1960 (a)

Am. = Aquaeductus mesencephali
B. ol. = Bulbus olfactorius
C. A. = Cornu Ammonis
C. c. = Corpus callosum
Ch. II. = Chiasma fasc. opticorum
C. m. = Corpora mamillaria
Co. c. = Colliculus caudalis
Co. h. = Commissura habenularum
Co. r. = Commissura rostralis
C. qu. = Corpora quadrigemina
Ep. = Epiphyse
Fx. = Fornix
Hyp. = Hypophyse
Lam. tect. = Lamina tectoria
Lam. term. = Lamina terminalis
Obl. = Medulla oblongata
P. = Pons
Ps. = Psalterium
Sept. = Septum
Sf. = Subfornicalorgan
Telenc. = Telencephalon
Th. = Thalamus
V. III = 3. Ventrikel
V. IV = 4. Ventrikel
1—4 = Fissura 1 bis 4
I = Lingula
II = Lobulus centralis ventralis
III = L. c. dorsalis
IV = L. ventralis culminis
V = L. dorsalis culminis
VI = Declivum
VII = Tuber vermis
III = Pyramis
VIX = Uvula
X = Nodulus

Entscheidung noch nicht zu. Eine Klärung dieser Frage dürften die im Gang befindlichen Untersuchungen durch MCKENNA bringen. VAN VALEN faßt in seiner jüngsten Arbeit [3708] die Pantolestiden mit den Leptictiden, Zalambdalestiden, Anagaliden, Paroxyclaeniden, Tupaiiden, Ptolemaiiden und Pentacodontiden als Tupaioidea zusammen, ohne daß für Vertreter sämtlicher Familien eine entsprechende (Fossil-)Dokumentation gegeben ist.

Leptictoidea

Innerhalb der Leptictoidea [453] als geologisch ältesten und vielfach auch ursprünglichsten Insectivoren lassen sich die Leptictiden und die Zalambdalestiden unterscheiden. Die Trennung der Leptictoidea und Erinaceoidea ist zwar taxonomisch gerechtfertigt und wird durch das zeitliche Auftreten bestätigt, ist vom stammesgeschichtlichen Standpunkt aus jedoch nicht unbedingt erforderlich. Dagegen erscheint eine Ausweitung des Begriffes Leptictoidea auf die Tupaiiden und einige ausgestorbene Familien (Anagalidae, Paroxyclaenidae, Pantolestidae, Ptolemaiidae und Pentacodontidae), wie es Romer [2952] und van Valen [3708] durchführen, schon im Hinblick auf die Heterogenität der einzelnen Familien nicht statthaft, umsomehr als Gemeinsamkeiten nur auf Primitivmerkmalen beruhen.

Die **Leptictidae** sind — soweit bekannt — kleine bis mittelgroße Insectivoren mit vollständiger Zahnformel $\left(\frac{3\ 1\ 4\ 3}{3\ 1\ 4\ 3}\right)$ und haben verschiedentlich als Endformen hoch spezialisierte Arten hervorgebracht. Sie sind bisher nur aus Nordamerika (Ober-Kreide bis Oligozän) und Europa bekannt geworden. *Ictopidium* aus dem Eozän Chinas [3995] ist nach Tobien [3639:34] vermutlich kein Leptictide (vergleiche auch van Valen [3708], der *Ictopidium* als Adapisoricide klassifiziert). Dies gilt auch für *Adapisorex* und *Adapisoriculus* aus dem europäischen Paleozän [2969, 3639].

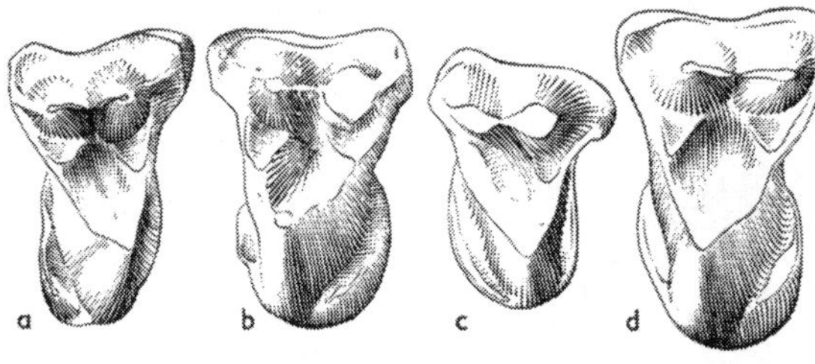

Abb. 116. cfr. *Gypsonictops* (Leptictide). a—d) Isolierte M sup., Ober-Kreide, USA. Kauflächenansicht. (10/1) Nach Simpson 1951

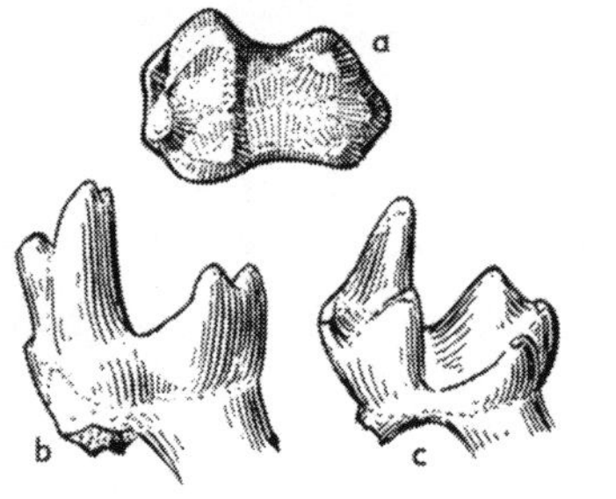

Abb. 117. *Gypsonictops* (= „*Euangelistes*"). M inf. dext. a) von oben, b) von lingual, c) von schräg oben. Ober-Kreide, USA. (10/1) — Nach Vandebroek 1961, umgezeichnet

Zu den geologisch ältesten Leptictiden zählen *Gypsonictops* (= „*Euangelistes*" Abb. 116 u. 117) und *Procerberus* (Abb. 118) aus der Ober-Kreide der USA. Während *Gypnosictops* nur durch isolierte Maxillar- und Mandibularzähne sowie ein Unterkieferfragment belegt ist [3264], sind von *Procerberus* Kiefer- und auch Schädelreste bekannt [3319]. *Procerberus*, der auch aus dem Alt-Paleozän dokumentiert ist, besitzt nach van Valen & Sloan [3709 a] — im Gegensatz zu den gleichaltrigen Multituberculaten — gyrifizierte Großhirnhemisphären. Das vollständige Gebiß besteht aus euthemorphen M sup., deren Krone breiter als lang ist. Der kräftige Protocon ist mit Vorder- und Hintercingulum sowie deutlichem Proto- und Metaconulus an den Protoconkanten versehen. Der P^4 ist nicht voll molarisiert. Das Trigonid der M inf. ist nur mäßig hoch, der Protoconidhöcker ist nicht höher als das Metaconid, das niedrige Talonid ist lingual geöffnet und besteht aus den miteinander verbundenen Hypoconid-, Hypoconulid- und Entoconidhöckern. Das Vordergebiß ist nicht bekannt. Die bei *Procerberus* bereits angebahnte Molarisierung der $P\frac{4}{4}$ schreitet bei den alt-tertiären Leptictiden weiter. Charakteristisch ist weiterhin, daß nur der C sup. vergrößert, der C inf. jedoch incisiviform gestaltet ist (Abb. 119). Innerhalb

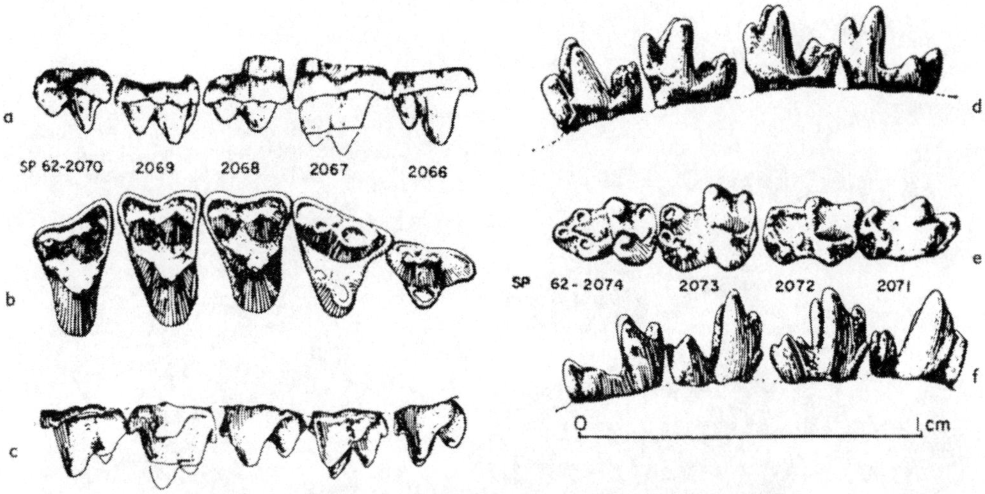

Abb. 118. *Procerberus formicarum* (Leptictide), Ober-Kreide, Nordamerika. a—c) P^3—M^3 dext., von außen, von der Kaufläche und von innen; d—f) P_4—M_3 dext. von innen, oben und außen. (5/1)—Nach SLOAN & VAN VALEN 1965

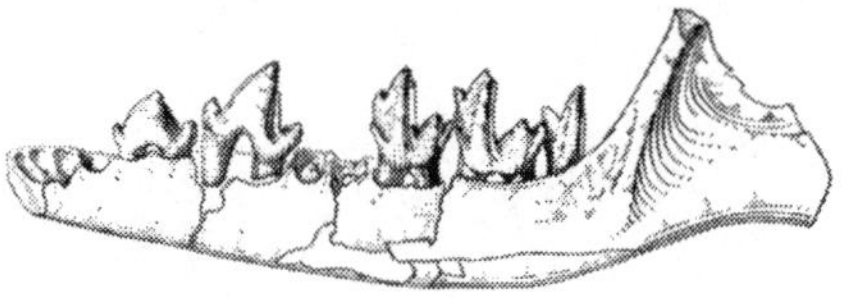

Abb. 119. *Leptonysson basiliscus* (Leptictide), Mittel-Paleozän (Torrejonian), Montana. Mandibel sin. mit D_{2-3} und M_{1-3} von außen. (ca. 2/1)—Nach VAN VALEN 1967

der Leptictiden sind zweifellos mehrere Stammlinien zu unterscheiden, von denen eine von *Procerberus* über *Palaeictops* zu *Leptictis* (Ober-Eozän), eine andere über *Diaphyodectes* zu *Leptictidium* (Mittel-Eozän) führt [1079, 3708]. Weitere Leptictiden sind als *Prodiacodon* und *Myrmecoboides* (Paleozän), als *Diacodon* (Abb. 120 u. 121) und *Hypictops* (Eozän) sowie *Ictops* (Oligozän; Abb. 122) beschrieben worden. *Myrmecoboides* wurde ursprünglich mit den australischen Myrmecobiiden in Verbindung gebracht (Seite 83).

Von den geologisch jüngeren Gattungen (*Ictops)* ist nicht nur der Bau des Schädels im allgemeinen, der durch den sich nach vorn verjüngenden Fazialschädel etwas an *Tupaia* oder

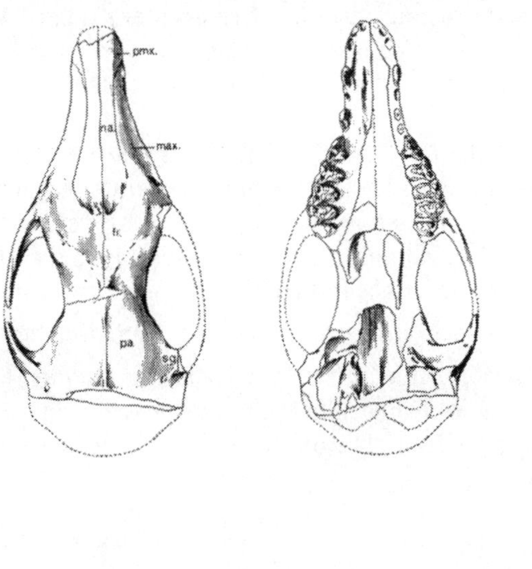

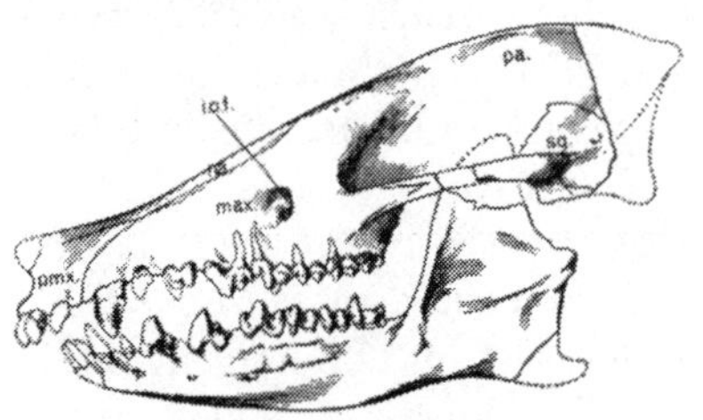

Abb. 120. *Diacodon bicuspis* (Leptictide), Alt-Eozän, USA. Ostecranium in Dorsal-, Ventral- und Lateralansicht. (9/10). *fr.* = Frontale, *i. o. f.* = For. infraorbitale, *max.* = Maxillare, *pa.* = Parietale, *pmx.* = Praemaxillare, *sq.* = Squamosum. — Nach MATTHEW 1918

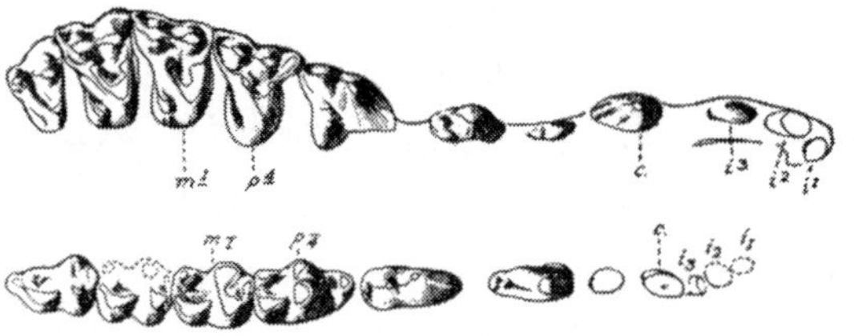

Abb. 121. *Diacodon bicuspis*, Alt-Eozän, USA. C—M^3 dext. und C, P_2—M_3 dext. (2/1) — Nach MATTHEW 1918

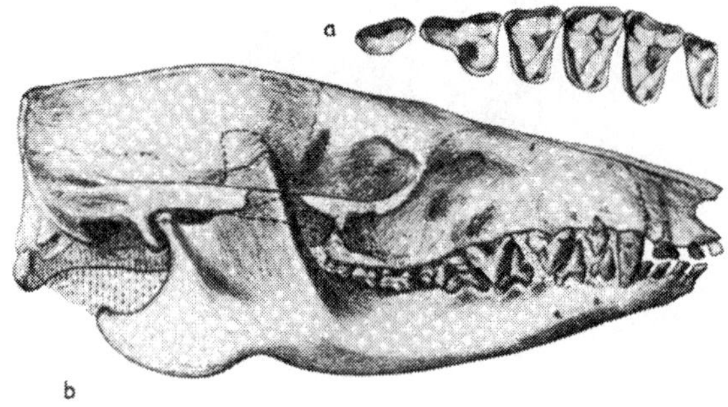

Abb. 122. *Ictops dakotensis* (Leptictide), Oligozän, USA, a) P^2—M^3 sin. occlusal (1,25/1), b) Schädel seitlich. (1,5/1) — Nach SCOTT & JEPSEN 1936

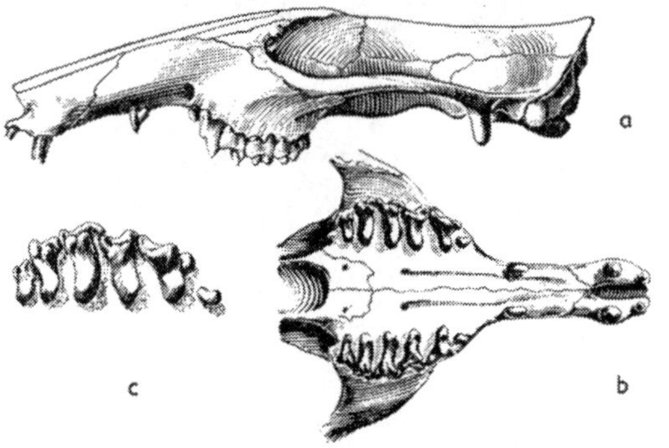

Abb. 123. *Zalambdalestes* (Zalambdalestide), Ober-Kreide, Mongolei. a und b) nach *Z. lechei*, (ca. 1,5/1). c) Maxillargebiß von *Z. grangeri*. (ca. 2/1) — Nach McDOWELL aus VAN VALEN 1964

Rhynchocyon erinnert, sondern auch der Gehörregion bekannt [453, 2181, 3144]. Die Lage der cribriformen Platte entspricht jener primitiver, makrosmatischer Säugetiere und unterscheidet sich von der weiter vorwärts liegenden bei Macroscelididen, Tupaiiden, Dermopteren und Primaten (Abb. 92 auf Seite 96). In Zusammenhang mit einer deutlichen postorbitalen Einschnürung reichen die Großhirnhemisphären nicht wie bei diesen bis zur Höhe der Augen. Sie waren knapp größer als bei den rezenten Erinaceiden [453]. Die Ansatzstelle der nasiolabialen Muskulatur läßt auf eine bewegliche, rüsselähnliche Schnauze schließen. Der Musculus temporalis entspricht dem der (rezenten) Erinaceiden. Die verknöcherte Bulla besteht nach McKENNA [2209] aus dem ausgeweiteten Entotympanicum mit einem freien Tympanalring. Die Carotis interna verlief in einer offenen Furche des Petrosums (wie bei Erinaceiden). Diese Merkmale lassen die Zugehörigkeit der Leptictiden zum basalen Insectivorenstamm erkennen. Sie sind zugleich wichtig für die Beurteilung der stammesgeschichtlichen Beziehungen zu den Tupaioidea und den Primaten.

Eine nah verwandte, jedoch in anderer Richtung spezialisierte Gruppe sind die **Zalambdalestiden,** die bisher nur durch *Zalambdalestes* aus der Ober-Kreide bekannt wurden [1194]. *Zalambdalestes* (Abb. 123) ist gekennzeichnet durch den niedrigen Schädel mit röhrenartig verlängertem Fazialabschnitt mit ventral nicht verschmolzenen Prämaxillaria, die ausladenden Jochbögen, die postorbitale Einschnürung und das etwas reduzierte, mit Diastemata versehene Gebiß charakterisiert $\left(\frac{2\ 1(-0)\ 3(-4)\ 3}{3\ 1\ \ 3\ \ 3}\right)$. Die Molarisierung der hinteren Prämolaren bestätigt die hohe Spezialisierung. Die Ähnlichkeit der Backenzähne mit zalambdodonten Zähnen ist — wie der dem Protocon entsprechende Innenhöcker erkennen läßt — nur eine Art Konvergenz. Es handelt sich um euthemorphe Molaren, die im Grundplan denen der Leptictiden entsprechen.

Damit erscheinen die Beziehungen zu leptictiden Insectivoren gegeben. Wie weit eine Ableitung der Lagomorphen von zalambdalestiden Insectivoren angenommen werden kann, wie es van Valen [3701] für wahrscheinlich hält, sei noch diskutiert (Seite 407; Abb. 124).

Erinaceoidea

Angehörige der Erinaceoidea sind erstmalig aus dem Mittel-Paleozän nachgewiesen. Ursprünglich als Erinaceiden angesehen, machen einerseits das Fehlen der für Erinaceiden

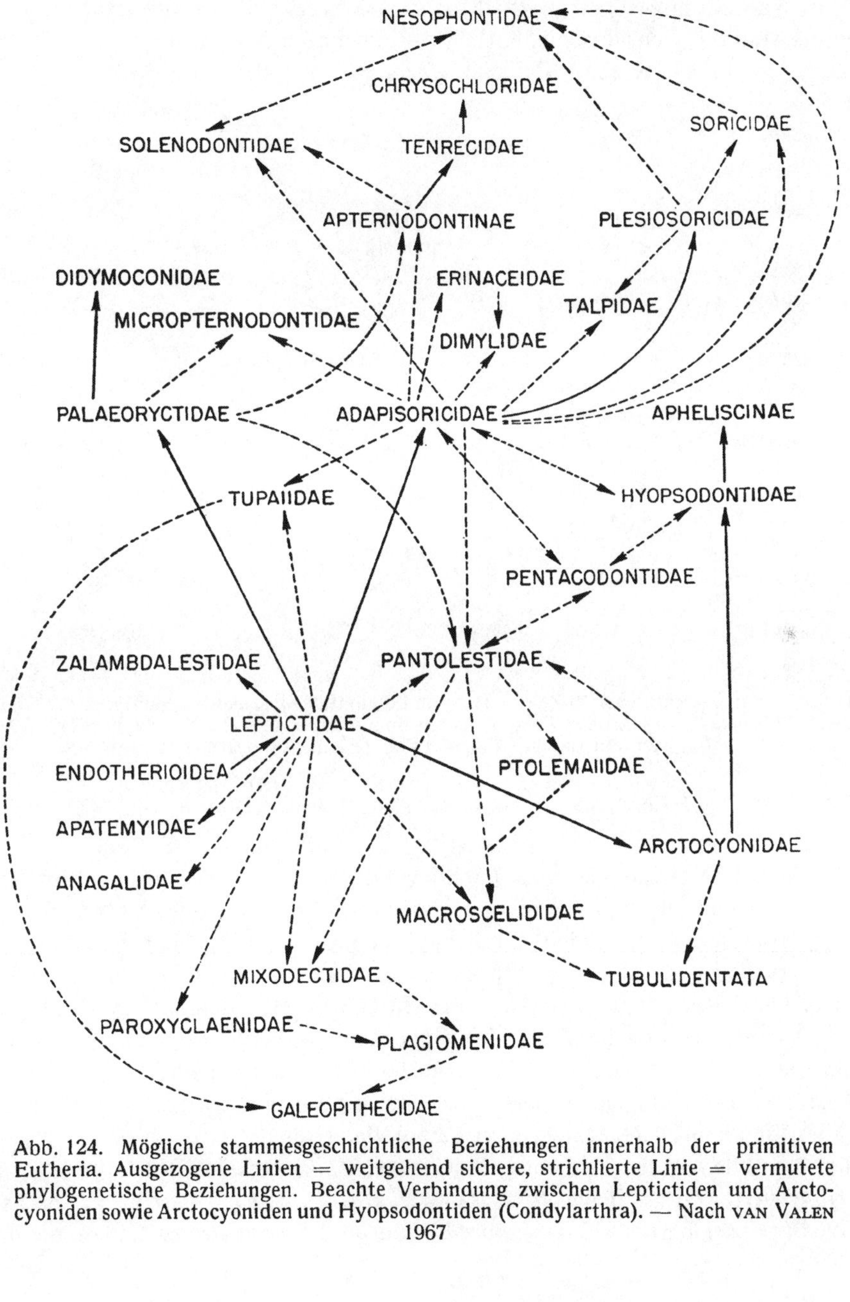

Abb. 124. Mögliche stammesgeschichtliche Beziehungen innerhalb der primitiven Eutheria. Ausgezogene Linien = weitgehend sichere, strichlierte Linie = vermutete phylogenetische Beziehungen. Beachte Verbindung zwischen Leptictiden und Arctocyoniden sowie Arctocyoniden und Hyopsodontiden (Condylarthra). — Nach van Valen 1967

charakteristischen Gebißspezialisationen, andrerseits abweichende Spezialisierungen im Schädelbau und im Gebiß eine Abtrennung als eigene Familie (**Amphilemuridae** = Adapisoricidae [3708]) notwendig. Die taxonomische Stellung verschiedener Angehöriger dieser nur aus dem Alt-Tertiär bekannt gewordenen primitiven Erinaceoiden wird allerdings keineswegs einhellig beurteilt. Bis vor kurzem als Primaten klassifiziert, sind sie nach McKenna [2200] Insectivoren. Damit ist nicht nur das Problem der Abgrenzung von Insectivoren und Primaten berührt, sondern auch die bereits diskutierte Frage nach der Berechtigung der Menotyphla. Wie oben ausgeführt, bilden die sogenannten Menotyphla (Tupaiidae und Macroscelididae) keine einheitliche Gruppe, weshalb man diesen Begriff nicht mehr verwenden sollte (Abb. 125). Angehörige dieser Familie sind nämlich verschiedentlich den Primaten (Lemuroidea; zum Beispiel *Amphilemur* [1327]) und Tupaiiden (zum Beispiel *Macrocranion* [3818]) zugeordnet worden.

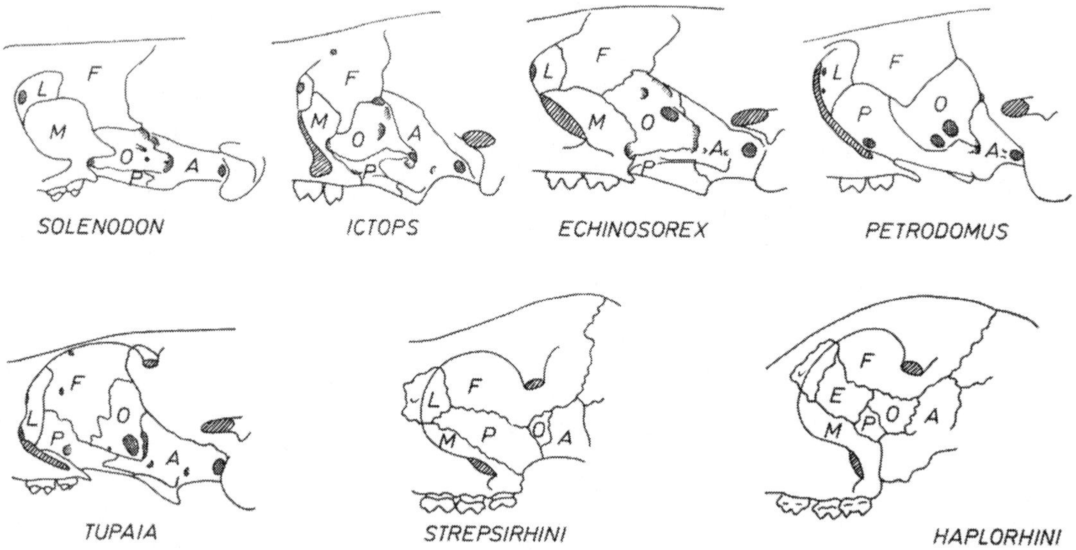

Abb. 125. Orbitalregion verschiedener Placentalia: Zalambdodonta *(Solenodon)*, Insectivora *(Ictops, Echinosorex)*, Macroscelidea *(Petrodomus)*, Tupaioidea *(Tupaia)* und Primates (Strepsirhini und „Haplorhini"). — Nach Butler 1956 und Le Gros Clark 1958, verändert umgezeichnet

A = Alisphenoid *L* = Lacrimale *O* = Orbitosphenoid
F = Frontale *M* = Maxillare *P* = Palatinum

Wie McKenna [2200] und Tobien [3639] betonen, verhalten sich die Amphilemuriden im Gebiß wie auch in einzelnen postcranialen Merkmalen (zum Beispiel Verwachsung von Tibia und Fibula) erinaceomorph. Einige Ähnlichkeiten mit Tupaiiden beruhen auf gemeinsamen primitiven Merkmalen im Molarengebiß und lassen sich durch den gemeinsamen Ursprung erklären. Die Leptictiden, mit denen einzelne Gattungen (wie *Adapisorex, Leptacodon, Ictopidium*) verschiedentlich auch in Verbindung gebracht wurden, unterscheiden sich durch die völlig molarisierten $P\frac{4}{4}$, die zweiwurzeligen vorderen Prämolaren und den Bau der M inf., so daß keine näheren Beziehungen zu diesen Insectivoren angenommen werden können. Noch viel mehr gilt dies für die höchstspezialisierten Zalambdalestiden.

Zu den Amphilemuriden sind nach McKenna [2200] einzelne Nyctitheriiden (bestimmte „*Nyctitherium*"-Arten wie *Talpavus nitidus* und *T. curtidens*), *Entomolestes* (=„*Leipsanolestes*"), *Macrocranion* (=„*Aculeodens*" [3639]), *Amphilemur* und *Sespedectes* zu zählen, die im Paleozän-

Eozän Nordamerikas und Europas verbreitet waren. Auch *Amphidozotherium*, *Proterixoides**), *Ictopidium* und *Tupaiodon* aus dem Eo-Oligozän Eurasiens und Nordamerikas gehören nach van Valen [3708] hierher. *Adapisorex* aus dem Paleozän zeigt etwas abweichende „trends". Dies gilt auch für die *Adapisorex* nahestehenden Gattungen *Mckennatherium*, *Leptacodon*, *Adunator* und *Paschatherium* aus dem Paleozän sowie *Messelina* aus dem Eozän, die van Valen [3708] als Angehörige einer Unterfamilie (Adapisoricinae) zusammenfaßt.

Die Amphilemuriden sind — soweit bekannt — durch das vollständige Gebiß $\left(\frac{3\ 1\ 4\ 3}{3\ 1\ 4\ 3}\right)$, kleine, spatelförmige Incisiven, einwurzelige, nicht vergrößerte Caninen und einspitzige vordere Prämolaren, nicht voll molarisierte $P\frac{4}{4}$, M sup. breiter als lang mit deutlichem Hypocon (ohne Hypoconuswurzel), mehr oder minder gut entwickelten Proto- und Metaconulus, P_4 zweiwurzelig und mit Metaconid sowie M_1 und M_2 mit nur schwachem jochartig entwickeltem Paraconid, fast medianem, etwas nach hinten herausgerücktem Hypoconulid und mit geringen Höhenunterschieden zwischen Trigonid und Talonid gekennzeichnet. Die vorliegenden Schädelreste erlauben infolge der starken Verquetschung keine sichere Beurteilung. Die Hinterextremitäten sind länger als die Vorderextremitäten, Endphalangen der Hinterextremitäten sind ähnlich denen der Anagaliden dorsoplantar abgeflacht. Ist schon dieses letzte Merkmal für rezente Primaten ungewöhnlich, so rechtfertigt die gesamte Merkmalskombination keine Zuordnung zu den Primaten. Die Amphilemuriden sind primitive Erinaceoidea mit einer zentralen Stellung innerhalb der Gruppe.

van Valen [3708] zählt auch die hauptsächlich aus dem nordamerikanischen Alt-Tertiär bekannt gewordenen Geolabidinae (mit *Geolabis* [=„*Metacodon*"], *Centetodon* [=„*Hypacodon*"], *Myolestes* und einigen anderen Gattungen) zu den Adapisoriciden (= Amphilemuriden) und nicht, wie etwa Patterson & McGrew [2608] und McKenna [2199], zu den Erinaceiden, nachdem Clark [564] „*Metacodon*" zu den Leptictiden gestellt und Butler [450] eine eigene Familie (Metacodontidae) dafür errichtet hatte. Die Geolabidinae zeigen im Gebiß und auch durch den verlängerten Fazialschädel Ähnlichkeiten mit den Zalambdodonten (besonders *Solenodon* [2199]), die jedoch, wie sonstige Unterschiede im Osteocranium erkennen lassen, nur Konvergenzerscheinungen sind (Abb. 126 u. 127).

Angehörige der **Erinaceiden** sind erstmalig aus dem jüngeren Eozän bekannt. Als geologisch älteste Gattung gilt *Neurogymnurus (=„Necrogymnurus" = „Cayluxotherium")* des Eo-Oligozäns Europas [3735]. *Neurogymnurus* wird zwar von Butler [450] im Gegensatz zu Viret [3732] und Saban [2981] nicht als Echinosoricine, sondern wegen der abweichenden Mastoidpartie als Vertreter einer eigenen Unterfamilie (Neurogymnurinae) angesehen, die jedoch den Echinosoricinen sehr nahesteht. *Neurogymnurus* besitzt die vollständige Zahnformel $\left(\frac{3\ 1\ 4\ 3}{3\ 1\ 4\ 3}\right)$, der Fazialschädel ist verhältnismäßig kurz, der C sup. ist zweiwurzelig, der P^4 ist molarisiert. Der Endocranialausguß zeigt keine wesentlichen Differenzen gegenüber *Echinosorex*. Lediglich die Bulbi olfactorii sind etwas größer und die Fissura rhinalis liegt etwas höher, so daß der Neocortex geringer entwickelt gewesen sein dürfte [728].

Die gegenwärtig auf Südostasien beschränkten Echinosoricinae (=„Gymnurinae"; Haar- oder Rattenigel), die gegenüber den Erinaceinae (Stacheligel) zahlreiche ursprüngliche Merkmale bewahrt haben (zum Beispiel meist vollständige Zahnformel, Fehlen der Differenzierung einzelner Zähne des Vordergebisses, langer Fazialschädel, kein Stachelkleid, meist Langschwänzigkeit),

*) *Amphidozotherium* wurde meist als ältester Talpide klassifiziert. Saban [2981] und MacDonald [2179] betrachteten *Proterixoides* aus dem Jung-Eozän Nordamerikas als Echinosoricinen, Patterson & McGrew [2608] und Butler [450] hingegen als primitiven Erinaceinen. Schon daraus geht hervor, daß es sich um eine primitive Form handelt, deren taxonomische Zuordnung Sache der Konvention ist.

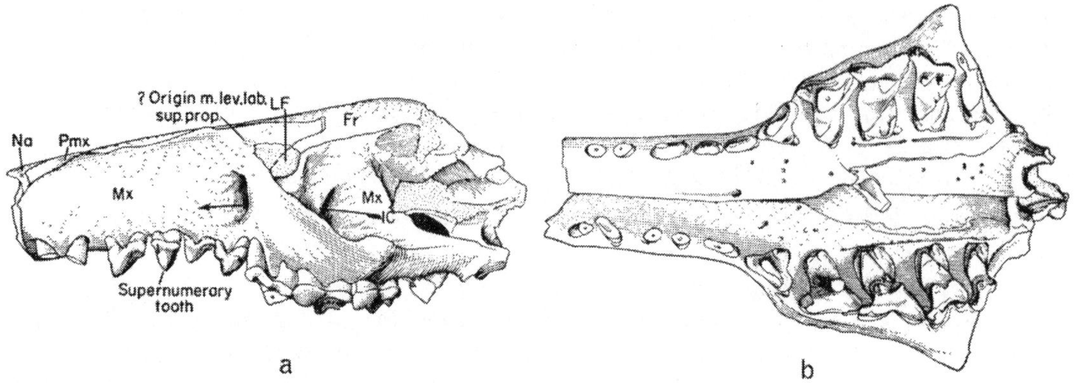

a b

Abb. 126. *Geolabis marginatus* (Amphilemuride = Adapisoricide), Mittel-Oligozän, Wyoming. Fazialschädel seitlich a) und ventral b). (ca. 5/1) — Nach McKenna 1960

Fr = Frontale
IC = Caualis infraorbitalis
LF = For. lacrimalis
Mx = Maxillare
Na = Nasale
Pmx = Praemaxillare
m. lev. lab. sup. prop. = Musc. levator labii super. proprius

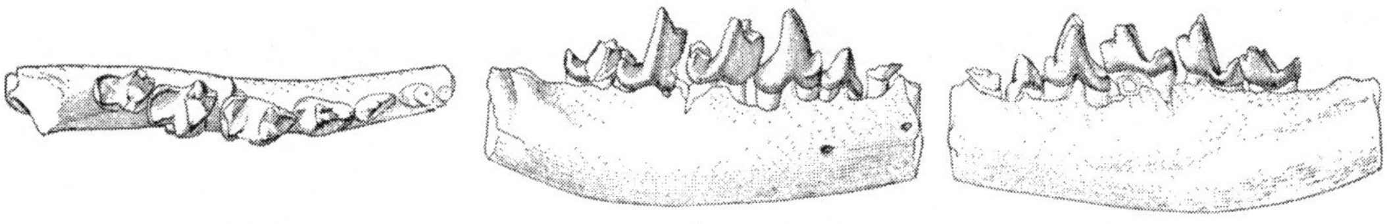

a b c

Abb. 127. *Geolabis marginatus.* Mandibel dext. mit P_3—M_3, a) occlusal, b) buccal, c) lingual. (ca. 5/1) Nach McKenna 1960

sind durch verschiedene Gattungen aus dem Tertiär Europas bekannt geworden (*Tetracus*: Oligozän; *Galerix**), *Pseudogalerix* und *Lantanotherium*: Jung-Tertiär). Allerdings stehen *Galerix* und *Pseudogalerix* einander näher (Galericini) als den rezenten Echinosoricinae und *Lantanotherium* [3732] (Abb. 128). *Galerix* ist auch aus dem Jungtertiär Ost- und Nordafrikas [454, 2041], *Lantanotherium* auch aus dem Miozän und Alt-Pliozän Nordamerikas nachgewiesen [1635, 3787]. Damit ist die einst wesentlich weitere Verbreitung der Echinosoricinen bewiesen, die gegenwärtig durch *Echinosorex* (= „*Gymnura*"), *Podogymnura*, *Hylomys* (einschließlich *Neohylomys*) und *Neotetracus* vertreten werden. Nach den Gebißmerkmalen bilden die nordamerikanischen *Lantanotherium*-Arten einen eigenen Zweig; die europäischen stehen den rezenten Echinosorici-

a b c

Abb. 128. *Lanthanotherium sansaniense* (Echinosoricine), Miozän, Sansan (Frankreich). Mandibel dext. mit C, P_{3-4} und M_2. a) von lingual, b) von oben, c) von buccal. (ca. 2,5/1) — Nach James 1963

*) Die Zugehörigkeit von „*Tetracus*" *minor* aus dem Oligozän von Ronzon zu *Galerix*, wie sie Butler [450] vertritt, ist nicht gesichert.

nen näher. Nordamerika erreichten die Rattenigel mit *Lantanotherium* und (?) *Ocajila* [2180, 3708] im Miozän, doch scheinen sie dort, wie auch in Europa und Afrika, im Laufe des Pliozäns ausgestorben zu sein [1890, 2559].

Die rezenten Gattungen der Echinosoricinae unterscheiden sich untereinander durch die verschiedenen Spezialisationstendenzen im Gebiß und Schädelbau, wodurch der Mosaikmodus der stammesgeschichtlichen Entwicklung zum Ausdruck kommt, doch stehen *Hylomys* und *Neotetracus* beziehungsweise *Echinosorex* (Abb. 129) und *Podogymnura* einander näher, wenngleich sich die letzten durch die etwas reduzierte Zahnzahl fortschrittlicher verhalten $\left(\frac{3\;1\;3\;3}{3\;1\;3\;3}\right)$.

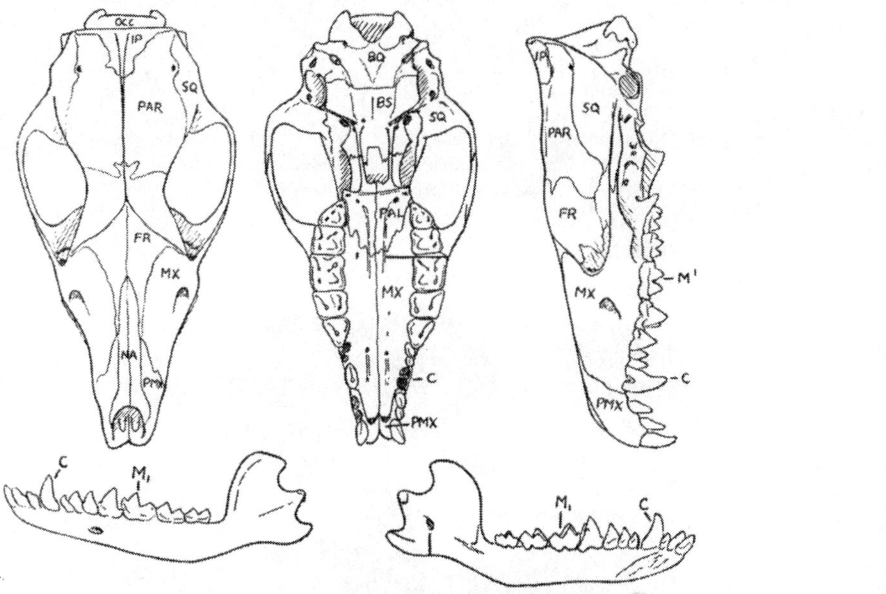

Abb. 129. *Echinosorex* (= „*Gymnura*") *gymnura* (Echinorosicine), rezent. Schädel samt Unterkiefer in verschiedenen Ansichten. (4/5) — Nach BUTLER 1956

Bo = Basioccipitale
BS = Basisphenoid
C = Caninus
FR = Frontale
IP = Interparietale
$M\frac{1}{1}$ = 1. Molar
MX = Maxillare
NA = Nasale
OCC = Occipitale
PAL = Palatinum
PAR = Parietale
PMX = Praemaxillare
SQ = Squamosum

Neotetracus zeigt durch je ein vergrößertes Incisivenpaar und die prämolariformen Caninen Tendenzen der Erinaceinae. *Hylomys* wirkt im Schädelbau ursprünglicher, während das Gebiß jedoch spezialisierter ist als bei *Echinosorex* [2069]. Die Unterschiede im Schädelbau scheinen jedoch größenbedingt zu sein. *Hylomys suillus* als kleinster rezenter Erinaceide erinnert in seiner Größe und im Habitus an Wühlmäuse, *Echinosorex gymnurus* hingegen läßt sich eher mit *Didelphis* vergleichen. Es sind echte „lebende Fossilien", die sich nur auf dem südostasiatischen Festland und den vorgelagerten Inseln (Philippinen, Hainan, Sumatra, Java, Borneo) erhalten konnten. Nach LECHE [2069] bildet *Hylomys* die primitivste rezente Gattung, die *Neurogymnurus* am nächsten steht. Bemerkenswert erscheint das Aussterben der Echinosoricinen auf dem afrikanischen Kontinent (Konkurrenz durch Erinaceinae?).

Jedenfalls sprechen die morphologischen Differenzen unter den rezenten Echinosoricinen für eine bereits frühzeitige, im Oligozän oder Jung-Tertiär erfolgte Aufspaltung.

Angehörige der in vieler Hinsicht „moderneren" Erinaceinae sind erstmalig aus dem Alt-Oligozän Europas nachgewiesen. Für die rezenten Vertreter zählen der gegenüber den Echinosoricinen kurze Fazialschädel, die Differenzierung des Vordergebisses bei gleichzeitiger Reduktion von Antemolaren, das Stachelkleid und die in Zusammenhang damit stehende Hautmuskulatur und die Reduktion des Schwanzes zu den auffälligsten Merkmalen.

Zur geologisch ältesten und am besten bekannten Erinaceinen-Gattung zählt *Amphechinus* (= „*Palaeoerinaceus*" = „*Palaeoscaptor*") aus dem Oligo-Miozän Eurasiens und Afrikas. In der Zahnformel *Erinaceus* entsprechend, unterscheidet sich *Amphechinus*, von dem vollständige Schädelfunde vorliegen (Abb. 130—133), mit Ausnahme der etwas stärker vergrößerten vorde-

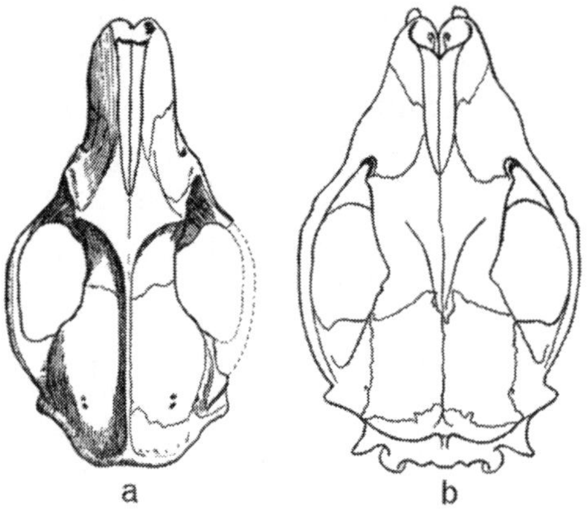

Abb. 130. Schädel eines oligozänen (a) *Amphechinus* = „*Palaeoerinaceus*") und eines rezenten Erinaceinen (b) *Erinaceus europaeus*). Dorsalansicht. (5/4) — Nach VIRET 1938

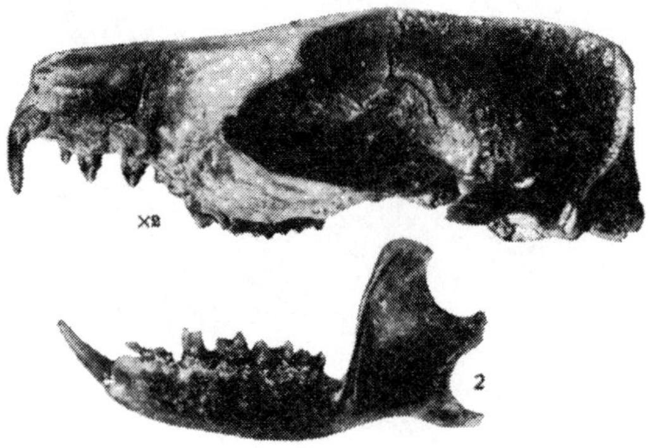

Abb. 131. *Amphechinus edwardsi*, Jung-Oligozän, Europa. Schädel seitlich (ca. 1,5/1) — Nach VIRET 1938

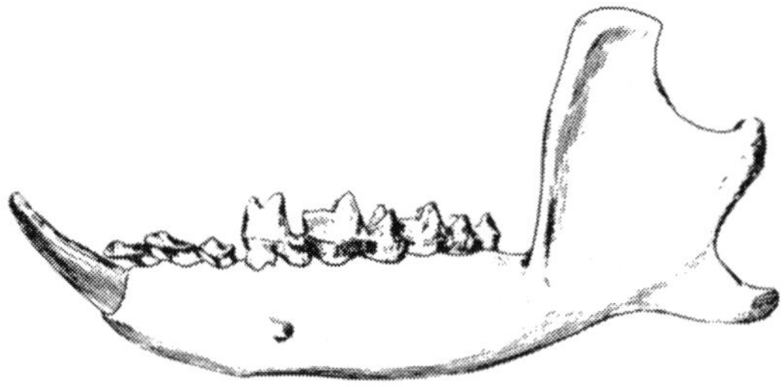

Abb. 132. *Amphechinus edwardsi*, Mandibel sin. lateral (3/1) — Nach HÜRZELER 1944

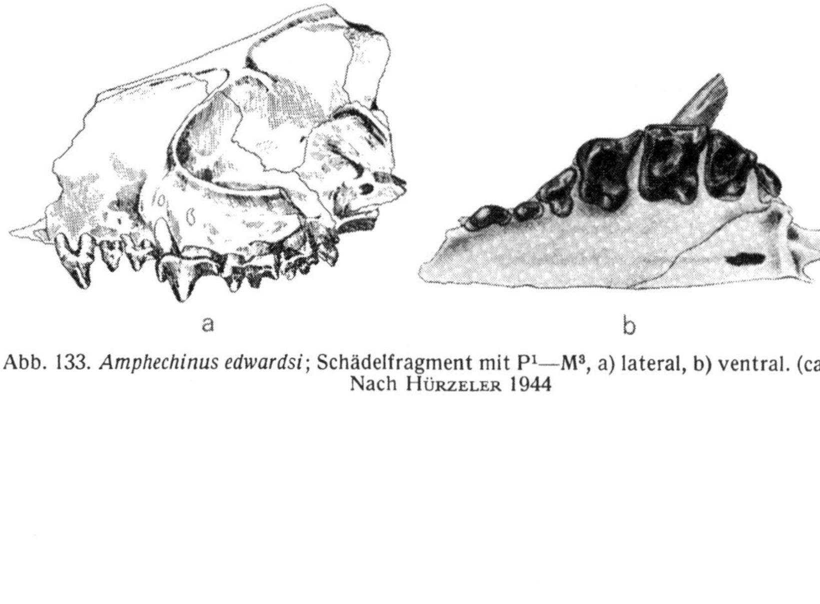

Abb. 133. *Amphechinus edwardsi*; Schädelfragment mit P^1—M^3, a) lateral, b) ventral. (ca. 3/1) Nach HÜRZELER 1944

ren Incisiven, durch verschiedene primitive Merkmale, wie sie für die Echinosoricinen charakteristisch sind, von der Gattung *Erinaceus*. Selbst wenn man der Incisiven-Differenzierung wegen *Amphechinus* nicht als direkte Stammform der rezenten Erinaceinae betrachtet [3732], sind doch die tatsächlichen Ahnenformen in der nächsten Verwandtschaft oligozäner *Amphechinus*-Formen zu suchen. Innerhalb des *Amphechinus*- Stammes kommt es zu parallelen Umbildungen wie bei *Erinaceus*. Die von Crusafont & Villalta [666] als *Postpalerinaceus* aus dem Alt-Pliozän Spaniens beschriebene Gattung ist nach Butler [453] kein spezialisierter Angehöriger

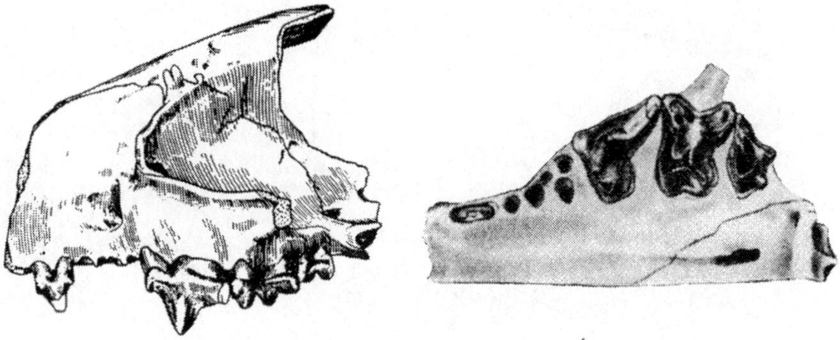

a b

Abb. 134. *Dimylechinus bernoullii* (Erinaceide), Jung-Oligozän, Frankreich. Schädelfragment mit P^1 und P^4—M^2, a) lateral, b) ventral. (4,5/1) — Nach Hürzeler 1944

des *Palaeoerinaceus*-(=*Amphechinus*-)Stammes, sondern ein sich konservativ verhaltendes Mitglied der *Erinaceus*-Linie. Bemerkenswert erscheint der Nachweis von *Dimylechinus* aus dem Jung-Oligozän Europas, der sich durch die völlige Reduktion der M^3_3 auszeichnet (Abb. 134) und auch dadurch an die brachycephalen Gattungen *Metechinus* und *Brachyerix* aus dem nordamerikanischen Jung-Tertiär erinnert. Während jedoch *Dimylechinus* als altweltliche Seitenlinie des *Amphechinus*-Stammes gilt, lassen sich *Brachyerix* und *Metechinus* von *Proterix* aus dem Oligozän Nordamerikas ableiten [2319a, 3708]. Im Gegensatz zu den Dimyliden kommt es jedoch nicht zur Exoedaenodontie [1599]. Die Einwanderung der Erinaceinae (Protericini) in Nordamerika erfolgte bereits im Oligozän *(Proterix)*. van Valen [3708] hält *Parvericius* aus dem Miozän der USA [1811b] für identisch mit *Amphechinus*, doch ist dies nicht gesichert. Ähnlich den Echinosoricinen verschwinden die Erinaceinen in Nordamerika im Pliozän wieder.

Aus dem Jung-Tertiär der Alten Welt sind einige weitere Genera beschrieben worden, die sich einerseits morphologisch intermediär zwischen *Amphechinus* und *Erinaceus* verhalten (*Mioechinus* aus dem Miozän Europas), andererseits noch verschiedene primitive „Echinosoricinen"-Merkmale bewahrt haben, wie etwa *Gymnurechinus* (Abb. 135) und *Protechinus* aus dem Jung-Tertiär Afrikas [454, 2041]. *Gymnurechinus* fehlte vermutlich ein richtiges Stachelkleid, wie nach der Ausbildung der Muskelfortsätze und der Proportionen der Wirbelsäulenabschnitte angenommen werden kann. Die afrikanischen Genera sind Parallelstämme zur *Erinaceus*-Linie, die darauf hinweisen, daß die Erinaceinae im Jung-Tertiär formenreich entwickelt waren. Sie sind von den europäischen Formen verschieden und sind vermutlich, von Asien kommend, am Beginn des Miozäns in Afrika eingewandert.

Arten der Gattung *Erinaceus* (sensu stricto) sind aus dem Plio-Pleistozän Eurasiens und Afrikas wiederholt bekannt geworden, ohne daß sich direkte stammesgeschichtliche Reihen nachweisen lassen. Bei *Erinaceus samsonowiczi* aus dem jüngsten Pliozän von Polen [3512] handelt es sich nach Kretzoi [1904] um *Hemiechinus*. *Atelerix* ist nur als spezialisierte Untergattung von *Erinaceus* zu bewerten. Im Schädelbau verhält sich von den drei rezenten Gattungen nach Verma [3717] *Erinaceus* am ursprünglichsten, während *Paraechinus* die spezialisierteste Gattung ist, was jedoch für andere Merkmale (zum Beispiel Gliedmaßen und Ohren) nicht gilt, in denen sich *Hemiechinus* fortschrittlicher verhält. Durch die Ausbildung eines gürtelartigen Hautmuskelringes und einei Muskelkappe über dem Rücken haben die rezenten Stacheligel mit *Erinaceus europaeus* den höchsten Spezialisationsgrad erreicht.

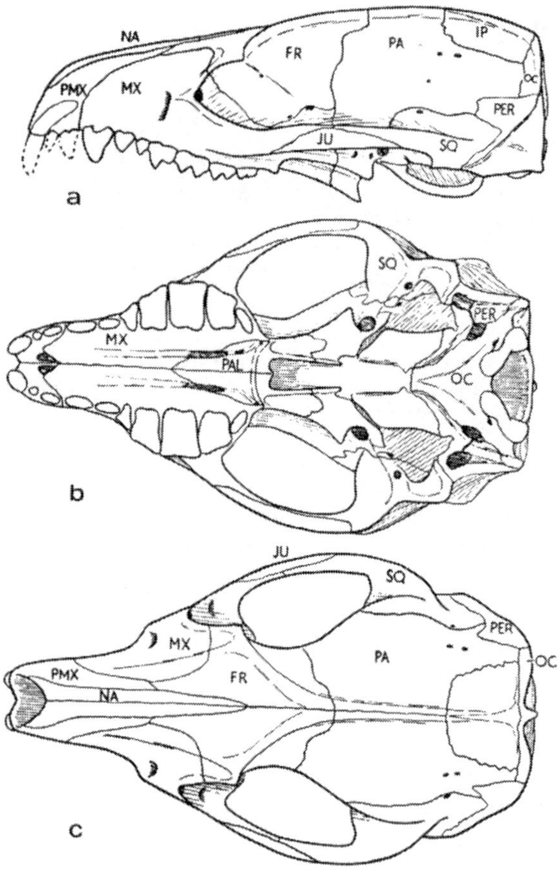

Abb. 135. *Gymnurechinus leakeyi* (Erinaceine), Jung-Miozän, Ostafrika. Schädel in a) Lateral-, b) Ventral- und c) Dorsalansicht. *Ju* = Jugale, *Per* = Perioticum; übrige Abkürzungen siehe Abb. 129. (ca. 3/2) — Nach Butler 1956

Nach dem Vorkommen fossiler Erinaceiden ist der Ursprung dieser Familie wohl in der Holarktis zu suchen, während für die Erinaceinae Afrika zwar nicht das primäre Entstehungs-, aber doch ein eigenes Entwicklungszentrum darstellt. Echte Erinaceinae (Erinaceini) haben niemals die Neue Welt erreicht.

Eine durch die eigenartige Gebißspezialisierung gut charakterisierte Gruppe von Insectivoren bilden die ausgestorbenen **Dimyliden** die odontologisch Übereinstimmungen mit Erinaceiden, Talpiden und Soriciden zeigen. Selbstverständlich können für die Beurteilung der stammesgeschichtlichen Beziehungen nicht die Spezialisationsmerkmale (Dimylie, Exoedaenodontie) ausschlaggebend sein, sondern nur die am meisten „primitiv" gebliebenen Abschnitte des Gebisses (Molaren; Abb. 136). Dimylie ist bei Erinaceiden und Soriciden, Exoedaenodontie von letzteren bekannt geworden. Es erscheint daher verständlich, daß die Dimyliden mit den Soriciden und Erinaceiden in Verbindung gebracht wurden [889, 3046]. Als Talpiden sind sie jedoch wegen des M^1 und der angeblich dazugehörigen Extremitätenknochen [1052] klassifiziert worden.

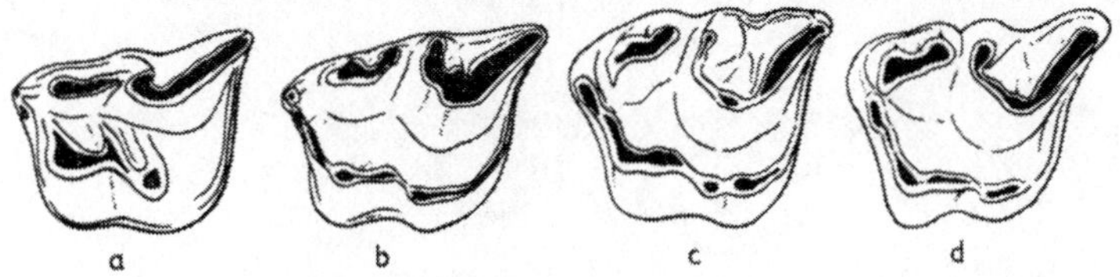

Abb. 136. M^1 sin. verschiedenartiger Dimyliden-Genera. a) *Plesiodimylus* (Jung-Miozän), b) *Dimylus* (Jung-Oligozän), c) *Dimyloides* (Jung-Oligozän), d) *Pseudocordylodon* (Jung-Oligozän). (7,5/1) — Nach Hürzeler 1944

Eine endgültige Entscheidung der phylogenetischen Stellung der bisher nur aus Europa bekannt gewordenen Dimylidae ist nicht sicher möglich. Durch den Nachweis eines funktionellen Milchgebisses ist die Zugehörigkeit zu den Erinaceoidea wahrscheinlich [2434a]. Schädelreste, die diese Annahme bestätigen, liegen allerdings nicht vor.

Wie Hürzeler [1600] nachgewiesen hat, sind mehrere Stammlinien innerhalb der Dimyliden zu unterscheiden, die durch die verschiedenen Gebißdifferenzierungen voneinander abweichen. Die zwei Hauptstämme umfassen die Dimylinae (mit *Dimylus*, *Exoedaenodus*, *Plesiodimylus* und *Dimyloides*) und die Cordylodontinae (mit *Cordylodon* und *Metacordylodon*). *Exoedaenodus* aus dem (?) Mittel-Stampium ist die geologisch älteste, aber nur durch den Besitz eines rudimentären M_3 die ursprünglichste Gattung; der M ist stärker verbreitert als bei *Dimylus* und *Plesiodimylus*. Bei *Cordylodon* und *Metacordylodon* des Ober-Oligozäns bis Ober-Miozäns kommt es nicht nur zur Vergrößerung des M , sondern auch des letzten Prämolaren (Abb. 137). *Cordylodon intercedens* (Burgdial) vermittelt nach Müller [2434a] morphologisch zwischen *C. haslachense* (Aquitan) und *Metacordylodon schlosseri* (Jung-Miozän).

Die Dimyliden sind einseitig an (?) Molluscophagie angepaßte Insectivoren, von denen einzelne Arten eine semiaquatische Lebensweise geführt haben dürften. Ihre phylogenetische Herkunft ist noch ungeklärt.

Soricoidea

Die als Soricoidea zusammengefaßten Insectivoren unterscheiden sich — entsprechend ihrer verschiedenen Lebensweise — habituell nicht unbeträchtlich, bilden aber dennoch eine verhältnismäßig einheitliche Gruppe, die durch verschiedene gemeinsame Merkmale und — soweit es die rezenten Formen betrifft — Parasiten (*Choanotaenia* [2601]) gekennzeichnet wird. Es sind dies einerseits die Soriciden, andererseits die Talpiden sowie die ausgestorbenen Nesophontiden und Proscalopiden.

Die rezenten Angehörigen gehören wie die Erinaceoidea zur sogenannten „mittleren" Schicht innerhalb der Insektenfresser und unterscheiden sich in ihrem Encephalisationsgrad verhältnismäßig wenig, indem lediglich die semiaquatisch lebenden Formen gegenüber ihren terrestrischen Verwandten eine merklich höhere „Cerebralisation" zeigen [3391, 3428, 3441] (Abb. 98 auf Seite 104), die wenigstens teilweise durch die bei diesen Formen fortgeschrittene Reduktion der Geruchssphären verstärkt wird. Während das Backenzahngebiß bei allen Soricoidea nur im Rahmen der Dilambdodontie abgewandelt wird, zeigt das Vordergebiß wesentlich

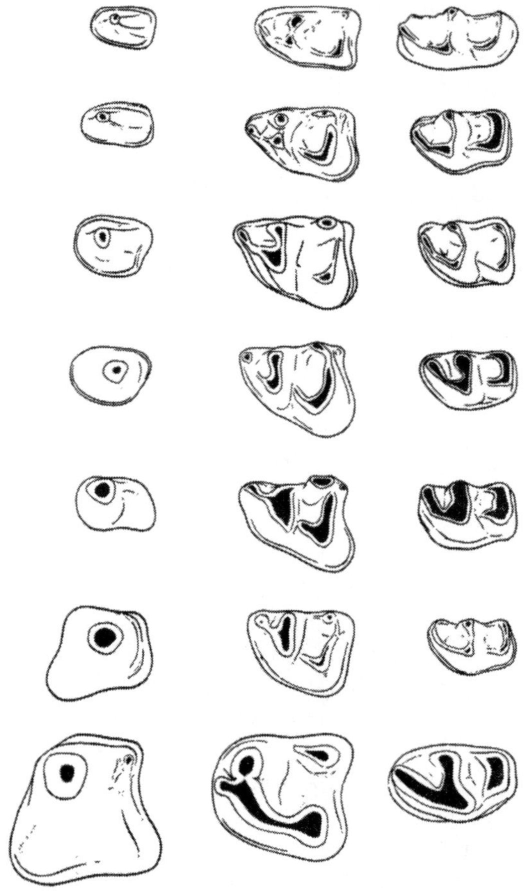

Abb. 137. P_4, M_1 und M_2 verschiedener Dimylidengenera. a) *Plesiodimylus*, b) *Dimylus*, c) *Exoedaenodus* (Mittel-Oligozän), d) *Dimyloides*, e) *Pseudocordylodon* (Jung-Oligozän), f) *Cordylodon* (Jung-Oligozän bis Alt-Miozän), g) *Metacordylodon* (Jung-Miozän). Beachte zunehmende Vergrößerung von P_4 und M_1. (6,6/1) — Nach Hürzeler 1944

durchgreifendere Tendenzen. So kommt es bei den Soriciden zu einer Vergrößerung des vorderen Schneidezahnpaares im Ober- und Unterkiefer und zur Reduktion der übrigen Antemolaren (Abb. 138). Da das postcraniale Skelett (Abb. 139) keine wesentlichen Abwandlungen erfährt (gelegentliche Anpassungen an semiaquatische Lebensweise sind nicht sehr gravierend), werden die Soriciden meist als zentrale Gruppe angesehen, was jedoch lediglich für die bisher noch unbekannten Prä-Soriciden zutrifft. Bei den Talpiden hingegen wird das Extremitätenskelett in Zusammenhang mit einer grabenden und aquatischen Lebensweise stark umgestaltet, während das Vordergebiß nur geringfügig abgewandelt wird. Dies gilt im Prinzip auch für dei Proscalopiden, die jedoch in der Umgestaltung der Vorderextremität einen anderen Weg eingeschlagen haben.

Die stammesgeschichtliche Herkunft der Soricoidea ist noch nicht endgültig geklärt; es sind noch manche Fragen offen. Sie sind einerseits mit der Gattung *Saturninia* [3415] aus dem Jung-Eozän verknüpft, andererseits aber auch mit der Herkunft der auf die Antillen beschränkten und erst im Holozän ausgestorbenen Nesophontiden, die Patterson [2601] als primitivste Schicht innerhalb der Soricoidea ansieht.

Die Aufspaltung der beiden rezenten Familien ist nicht nur ein morphologisches, sondern auch ein tiergeographisches Problem. So wird die morphologische Trennung von primitiven Angehörigen der Soriciden und Talpiden durch die Tatsache erschwert, daß fossile Gebiß- und

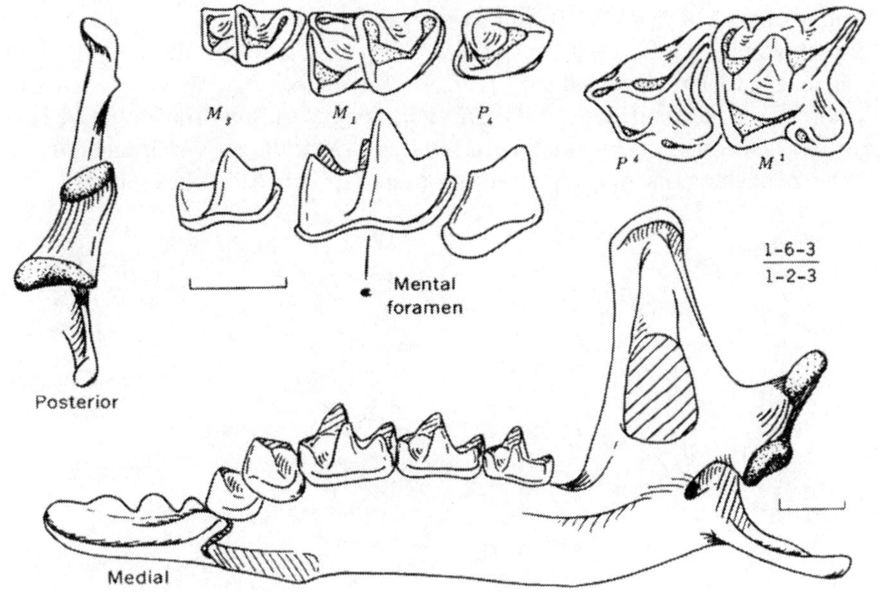

Abb. 138. *Sorex araneus*, rezent (Soricide). Mandibel dext., einzelne Mandibular- und Maxillarzähne. Beachte serraten I inf. und getrennte Condylusflächen. Maßstab = 1 mm oben für Zähne, unten für Kiefer. — Nach Repenning 1967

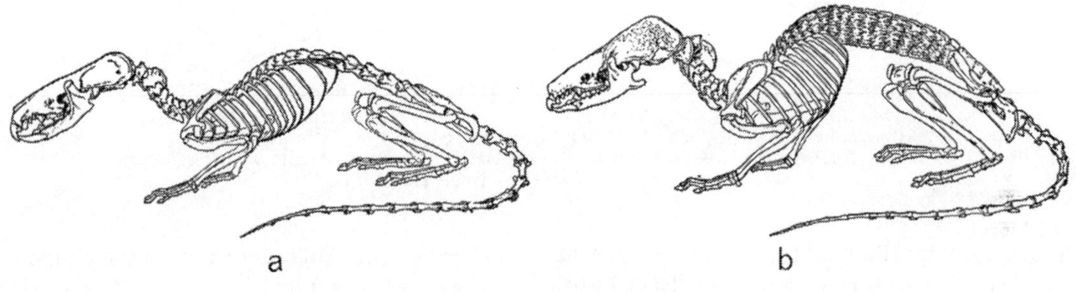

Abb. 139. Skelett rezenter Soriciden. *Sorex* (a) und *Scutisorex* (b) mit Exostosen der Wirbelsäule). — Nach Gregory 1951

Extremitätenreste praktisch immer isoliert vorliegen und die Zugehörigkeit von Schädel- beziehungsweise Kieferresten zu postcranialen Skelettelementen nur selten gesichert ist.

Vom tiergeographischen Standpunkt ist zu sagen, daß die Soriciden gegenwärtig in Eurasien, Afrika und Nordamerika verbreitet, in Südamerika hingegen nur auf den Nordwesten beschränkt sind, was sich durch die erst im Pleistozän [3529] erfolgte Einwanderung erklärt. Demgegenüber fehlen die Talpiden in ganz Afrika wie auch in Südamerika und Australien. Auch die Fossilfunde haben keine wesentliche Erweiterung der Verbreitungsareale erbracht. Innerhalb der Soriciden zeigen die Soricinae eine holarktische, die Crocidurinae eine altweltliche Verbreitung mit Schwerpunkt in den Tropen.

Die Gebiß-Evolution der Soriciden ist gekennzeichnet durch die Tendenz zur Vergrößerung des vordersten Incisivenpaares, bei gleichzeitiger Reduktion der sogenannten Zwischenzähne (im Sinne von Stehlin [3415])*). Weiterhin kommt es zur Rückbildung der M3, die zum völligen Schwund führen kann (zum Beispiel *Amblycoptus*, *Ingentisorex*). Der Mandibel-Condylus besitzt ursprünglich eine einfache Gelenkfläche (Abb. 140), die bei den fortschrittlicheren Formen zweigeteilt wird (Abb. 138 auf Seite 131). Der vorderste Mandibularincisiv zeigt einerseits den „trend" zur vermehrten Zähnelung, andererseits zur sekundären Vereinfachung, sofern man eine zweifache Zähnelung als Ausgangsstadium nimmt [800]. Ähnliches gilt für die gespaltene

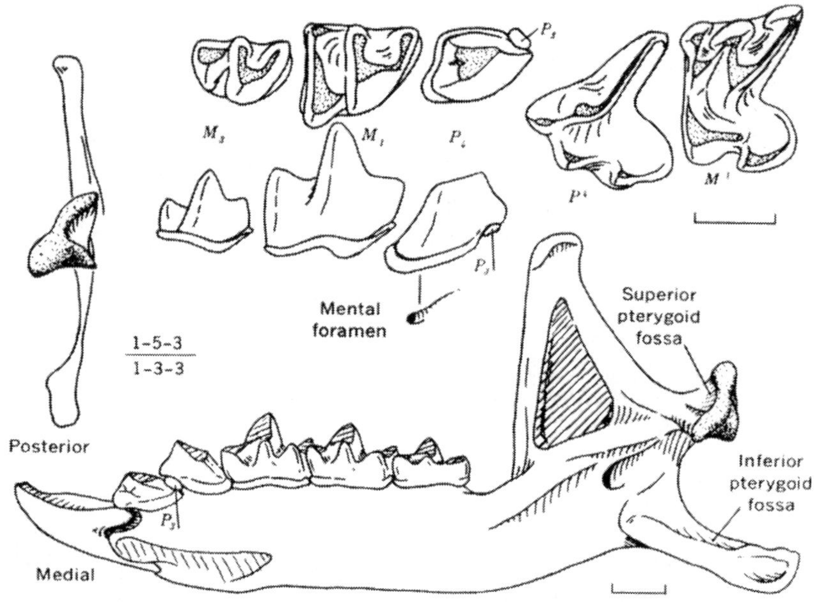

Abb. 140. *Myosorex varius*, rezent. (Soricide). Madibel dext., einzelne Mandibular- und Maxillarzähne mit typischem Bau der Soriciden. Beachte 3 Zwischenzähne (P_3 als winziges Rudiment) sowie einheitliche Condylusgelenkfläche. Maßstab = 1 mm, oben für Zähne, unten für Kiefer. — Nach Repenning 1967

Krone des vergrößerten I sup. (Fissidentie; Abb. 142 auf Seite 133). Außerdem kommt es vereinzelt auch zur Vergrößerung einzelner Backenzähne und zu deren schneidender Ausbildung. Als taxonomisch besonders wichtig gelten der Bau des P_4 [2031, 2347 a, 2882] und des Condylus, während der ursprünglich als wesentlich bewerteten Pigmentierung der Zahnspitzen nur geringe Bedeutung zukommt, da sie nicht konstant ist [198, 1635, 1908]. Entsprechend der unterschiedlichen Bewertung der einzelnen Merkmale und der abweichenden Homologisierung der Zwischenzähne bestehen beträchtliche Differenzen über taxonomische Gliederung und phylogenetische Zusammenhänge der Soriciden.

Für die stammesgeschichtliche Herkunft der Spitzmäuse sind die Nesophontiden von Bedeutung. Nach Patterson [2601] bilden die erst im Holozän ausgestorbenen **Nesophontiden** der Antillen die strukturellen Ahnenformen der Soriciden und sind — ähnlich den mit ihnen nicht näher verwandten Solenodontiden — als alte „Einwanderer" auf den Antillen anzusehen. In Anbetracht der frühzeitigen Aufspaltung der Soriciden und Talpiden, die — sofern sich die

---

*) Leider ist auch gegenwärtig trotz embryologischer und vergleichend-anatomischer Untersuchungen noch keine Homologisierung der Antemolaren möglich, wie die unterschiedlichen Auffassungen erkennen lassen (vergleiche Ärnbäck-Christie-Linde [34, 35], Kindahl [1727 a] und James [1635].

Zugehörigkeit bestimmter postcranialer Skelettelemente aus dem Paleozän zu den Proscalopiden bestätigen sollte [2835] — bereits im Paleozän erfolgt sein müßte, hätte die „Einwanderung" auf die Antillen schon im ältesten Tertiär stattgefunden.

Von den Nesophontiden sind bisher mehrere Arten aus quartären Ablagerungen Haitis, Kubas und Puerto Ricos bekannt geworden. Kennzeichnend sind unter anderem der gestreckte, subzylindrische Schädel ohne Jochbögen und mit kaum verbreitertem Hirnschädel, das dilambdodonte Gebiß und die Differenzierung des Vordergebisses, die jegliche, für Soriciden so charakteristische Spezialisierung vermissen läßt, indem lediglich die Caninen (C sup. zweiwurzelig) vergrößert sind (Abb. 101—103 auf Seite 108). Die Zahnformel lautet $\frac{3\ 1\ 3\ 3}{3\ 1\ 3\ 3}$. Die Stellung der Nesophontiden wird sehr verschieden beurteilt, indem man sie einerseits als Vertreter der Soricoidea, andererseits als Verwandte der Tenrecoidea (Seite 108) betrachtet [47, 2181], sofern sie nicht überhaupt als eigene Über-Familie (Nesophontoidea) bewertet werden [2981].

Verschiedene osteologische und odontologische Merkmale sind zweifellos recht ursprünglich gestaltet, so daß die Auffassung PATTERSONS verständlich erscheint. Abgesehen von der für die subrezenten Nesophontiden charakteristischen Reduktion eines Prämolaren bilden sie odontologisch das Ausgangsstadium für die Soricoidea.

Die rezenten **Soriciden** bewohnen die verschiedensten Lebensräume und haben neben rein terrestrischen, grabende (semi-)aquatische und gelegentlich kletternde Typen hervorgebracht. Sie finden sich von reinen Waldgebieten bis zur Wüste, von Küstensümpfen bis zu Alpenmatten verbreitet, weshalb PRUITT [2793] die Soriciden als gutes Beispiel für eine adaptive Radiation betrachtet.

Als geologisch ältester Soricide (*Necrosorex* FILHOL = Apatemyidae) wird meist *Saturninia gracilis* aus dem Jung-Eozän Europas angesehen, der nach STEHLIN [3415] die Verbindung zwischen den odontologisch weniger spezialisierten Insectivoren und typischen Soriciden darstellen soll (Abb. 141—143). Die Art besitzt — soweit aus den teilweise rekonstruierten Abbildungen bei STEHLIN [3415] ersichtlich ist — ein vollständiges Gebiß $\left(\frac{3\ 1\ 4\ 3}{3\ 1\ 4\ 3}\right)$. Auf Grund von je einem vergrößerten Incisiven pro Kieferhälfte und des Baues des P^4 sei nach STEHLIN die Zugehörigkeit zu den Soriciden gegeben. Das Backenzahngebiß dieser Gattung weicht jedoch nicht unbeträchtlich von dem der Soriciden ab und erinnert an primitive Erinaceoidea. *Saturninia* kann nicht als Soricide klassifiziert werden, sondern ist ein Angehöriger primitiver Erinaceoidea, der *Leptacodon* (Amphilemuridae) nahesteht [2200, 2601, 2882, 3867]*). Abgesehen vom morphologischen Befund, käme *Saturninia* auch durch das geologische Alter nicht als direkte Stammform geologisch jüngerer Soriciden in Betracht [1314]. Diese zeigen schon im Oligozän das weitgehend charakteristisch differenzierte Vordergebiß. Damit ist die durch die Vergrößerung der $I\frac{1}{2}$ naheliegende Homologisierung mit den vergrößerten Soricidenincisiven nicht möglich. Da auch embryologische Befunde zu keiner eindeutigen Homologisierung führten, muß die Stellung dieser Zähne in der Zahnreihe noch offen bleiben (? $I\frac{1}{2}$).

Da also auch *Saturninia* weder als direkte Ahnenform der Soriciden noch als morphologisches Modell für deren Ausgangsformen in Betracht kommt, muß die Frage nach der stammesgeschichtlichen Herkunft der Soriciden noch offen bleiben.

Innerhalb der rezenten Soriciden werden meist die Soricinae, Crocidurinae und Scutisoricinae unterschieden [1405, 2409], doch ist die Abtrennung von *Scutisorex* als Angehöriger einer eigenen Unterfamilie nicht gerechtfertigt. *Scutisorex* ist eine spezialisierte Form der *Sylvisorex*-Gruppe (Crocidurinae; Abb. 139 auf Seite 131). Unter den Fossilformen werden die „Heteroso-

*) Eine Abtrennung als eigene Familie (Plesiosoricidae), zusammen mit *Plesiosorex*, wie sie VAN VALEN [3708] durchführt, erscheint weder gerechtfertigt noch notwendig.

a b c

Abb. 141. Oberkiefergebiß von *Sorex araneus* (a) rez., „*Sorex*" (= *Crocidosorex*) *antiquus* (b) aus dem Jung-Oligozän und *Saturninia gracilis* (c) aus dem Jung-Eozän. Aufsicht. Von Stehlin als Stufenreihe (c—a) gedeutet. Nach neueren Untersuchungen ist *Saturninia* kein Soricide, sondern ein Angehöriger primitiver Erinaceoidea. (7/1) Nach Stehlin 1940

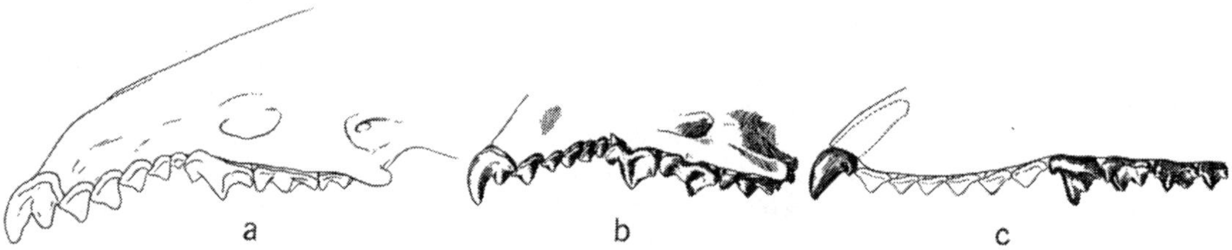

a b c

Abb. 142. Oberkiefergebiß wie in Abbildung 141. Seitenansicht

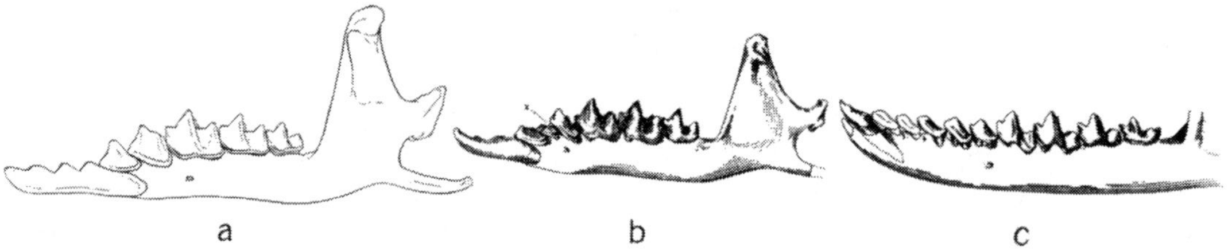

a b c

Abb. 143. Mandibel sin. von *Sorex araneus* (a), *Crocidosorex antiquus* (b) und *Saturninia gracilis* (e) (rekonstruiert). x = winziger Z_3. (4,5/1) — Nach Stehlin 1940

ricinae" (=Trimylinae), Limnoecinae, Allosoricinae und Amblycoptinae ausgeschieden [1819, 2882], doch erscheint die Abtrennung von *Amblycoptus* nicht gerechtfertigt, da diese Gattung *Anourosorex* nahesteht und nur als spezialisierte Angehörige der Soricinae gilt. Kretzoi [1908] unterscheidet nur die Trimylini und Soricinae und wertet die „Weißzahnspitzmäuse" (Crocidurinae) nur als Tribus der Soricinae. Trotz dieser unterschiedlichen Bewertung sind Aussagen über die Evolution der Soriciden möglich.

Bemerkenswert ist, daß die Soriciden gegenwärtig entweder durch außerordentlich artenreich und weit verbreitere *(Crocidura, Suncus, Sorex, Cryptotis)* oder durch nur mit einer oder wenigen Arten vertretenen Gattungen bekannt sind. Letztere sind vielfach auf räumlich begrenzte Areale beschränkt, die — wie Fossilfunde erkennen lassen — zum Teil als „Relikt"-areale (wie *Diplomesodon*, *Anourosorex*, *Blarina*) angesehen werden können. Zugleich zeigen auch hier Fossilfunde nahe Beziehungen zwischen alt- und neuweltlichen Soriciden.

Die geologisch älteste Soriciden-Gruppe sind die im Tertiär Europas und Nordamerikas verbreiteten „Heterosoricinen" (=Trimylinae [1053, 1908, 3747]), die nach Wilson [3867], Mawby [2308] und Repenning [2882] mit altoligozänen *Domnina*-Arten Nordamerikas beginnen und die im Pliozän ausstarben (Abb. 144). Das ist — stammesgeschichtlich gesehen — ein Seitenzweig, der in der Ausbildung bestimmter Merkmale dem Hauptstamm (zum Beispiel Teilung der Condylus) vorauseilt und durch die besonders starke Reduktion der Zwischenzähne im Unterkiefer gekennzeichnet ist. Hier wird im Gegensatz zu den neuzeitlichen Soriciden der unmittelbar vor dem M_1 gelegene Zwischenzahn früher rückgebildet als der vorletzte. Als geologisch ältester „Heterosoricinae“ gilt *Domnina thompsoni* aus dem Alt-Oligozän der USA [2882, 3254]. In Europa wird diese Gruppe mit *Trimylus* sp. erstmalig aus dem Alt-Oligozän gemeldet [2558], aus dem auch „*Sorex*“ *herrlingensis* bekannt ist. Dies ist ein sehr primitiver Soricide, mit der Zahnformel $\overline{1\ 1\ 4\ 3}$ und mit einem heterosoricinen P_4 (Abb. 145). „*Sorex*“ *herrlingensis* entspricht morphologisch durchaus einer Ausgangsform geologisch jüngerer Soriciden. Leider ist der Condylus von dieser Art nicht bekannt.

Weitere alt-tertiäre „Heterosoricinen“ sind mit „*Heterosorex*“ *neumayrianus* aus dem Jung-Oligozän belegt [3747]. „*Heterosorex*“ *roperi* aus dem Alt-Miozän kann als Vorläufer von „*H.*“ *sansaniensis* betrachtet werden [800].

Innerhalb der „Heterosoricinen“ sind im Miozän mehrere Stammlinien zu unterscheiden („*Heterosorex*“ [=*Trimylus*], *Domnina* [=„*Protosorex*“], *Paradomnina*, *Ingentisorex*), von

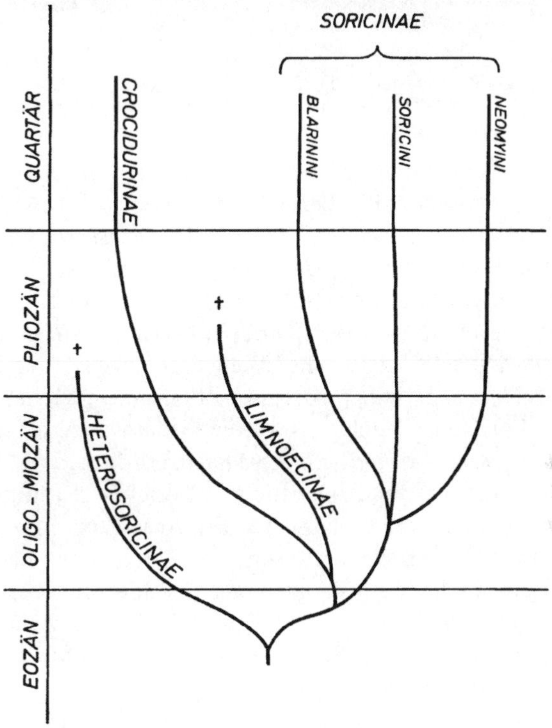

Abb. 144. Die stammesgeschichtlichen Beziehungen der Soricidenstämme nach Repenning (ohne Allosoricinae). — Nach Repenning 1967, vereinfacht umgezeichnet

a b c

Abb. 145. „*Sorex*“ *herrlingensis*, Alt-Oligozän, Württemberg. Mandibel sin. mit Z_{2-5} und M_{1-3} in a) Lateral-, b) Lingual- und c) Occlusalansicht. Geologisch ältester und ursprünglichster Soricide. (ca. 4,5/1) — Nach Palmowski & Wachendorf 1966

denen letztere durch die Exoedaenodontie und die Reduktion der $M\frac{3}{3}$ im Backenzahngebiß an die Dimyliden erinnert [1617]. „*Heterosorex*" ist noch aus dem Altpliozän nachgewiesen [649, 3583]. Ob ihr Verschwinden im Pliozän Nordamerikas mit dem Auftreten von *Sorex**) in Zusammenhang steht, ist nicht zu entscheiden. Daß *Blarina brevicauda* einen lebenden Vertreter der „Heterosoricinae" darstellt, wie James [1635] es für möglich hält, ist auf Grund der unterschiedlichen Ausbildung des Vordergebisses auszuschließen. Desgleichen sind auch keine näheren verwandtschaftlichen Beziehungen zwischen „*Heterosorex*" und *Amblycoptus* vorhanden, wie Saban [2981] annimmt.

Einen in anderer Richtung spezialisierten Seitenzweig bilden die Allosoricinae [929] mit *Allosorex stenodus* aus dem jüngsten Pliozän Europas. Bei *Allosorex* ist die Bezahnung sectorial spezialisiert, indem die unteren M und die Zwischenzähne secodont ausgebildet sind (Abb. 146).

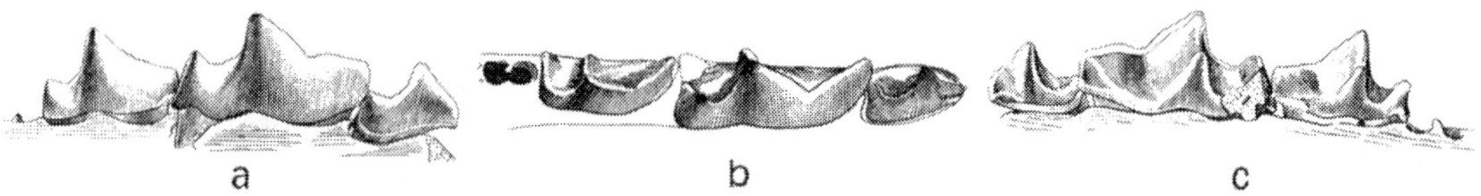

Abb. 146. *Allosorex stenodus*, Pliozän, ČSSR (Ivanovce A). P_4—M_2 dext. in a) Lateral-, b) Occlusal- und c) Lingualansicht. Beachte sectoriale Ausbildung der Molaren. (11/1) — Nach Fejfar 1966

Auch die Mandibel ähnelt jener von Carnivoren, so daß die Allosoricinen als echte Raubtiere innerhalb der Soriciden bezeichnet werden können. Tendenzen zu sectorialen Molaren und sichelförmigen Incisiven finden sich bei *Anourosorex* und bei „*Sorex*" *gracilidens* aus dem Miozän sowie bei *Amblycoptus oligodon* aus dem Altpliozän, ohne daß jedoch direkte stammesgeschichtliche Beziehungen mit letzterem anzunehmen sind.

Die durch Repenning [2882] als Limnoecinae abgetrennte Gruppe mit *Limnoecus* und *Angustidens* bildet gleichfalls einen Seitenzweig, der im Pliozän wieder erlischt. Sie sind in mancher Hinsicht höher spezialisiert als die gleichaltrigen Crocidurinen [2882]. Nach James [1635] sind jedoch auch verschiedene „*Sorex*"-Arten aus dem europäischen Miozän (*Miosorex grivensis*, „*Sorex*" *dehmi*) *Limnoecus* zuzuordnen.

Über die verwandtschaftlichen Beziehungen und die Berechtigung der Trennung von Soricinen und Crocidurinen gehen die Ansichten auseinander. Sie sind nicht zuletzt durch die Überbewertung der Pigmentierung der Zahnspitzen bedingt. Allgemein werden die rotzähnigen als Soricinae, die weißzähnigen als Crocidurinae bezeichnet. Wie jedoch schon angedeutet, kommt es mehrfach zu einer Depigmentierung der Zahnspitzen [1908], weshalb verschiedentlich die Berechtigung der Trennung in zwei Unterfamilien angezweifelt wurde [1416]. Nach James [1635] und Repenning [2882] lassen jedoch andere Merkmale (Condylus, P_4, M_3-Talonid) eine Trennung beider Gruppen zu. Da dies allerdings zum Teil Merkmale sind, die nur verschiedenen Evolutionsstadien entsprechen, erscheint eine derartige Zweiteilung künstlich. Die rezenten „Crocidurinae" verhalten sich durch verschiedene primitive Merkmale ursprünglicher als die „Soricinae". Dazu zählen unter anderen der einfache Condylus und einfacher P_4, die große, dreieckige Fossa pterygoidea der Mandibel, die Form des Proc. coronoideus, die nur schwach gezackten I inf. Dagegen ist das Fehlen der Pigmentierung der Zahnspitzen bei den meisten modernen Formen sowie die reduzierte Zahnzahl als spezialisiert anzusehen.

Unter den gegenwärtig vor allem in den Tropen artenreich vertretenen „Crocidurinae" lassen sich verschiedene Gruppen unterscheiden. Nach der Verbreitung der rezenten „Croci-

*) Geologisch ältere „*Sorex*"-Arten sind Angehörige der Gattung *Limnoecus* [1635].

durinen" ist mit Repenning [2881] ein südlicher Ursprung und zwar auf dem afrikanischen Kontinent anzunehmen. Das gegenüber den „Soricinae" spätere Auftreten läßt sich durch die erst im Jung-Tertiär erfolgte Einwanderung in Europa und Nordamerika erklären.

Als in vieler Hinsicht ursprüngliche Gruppe, die nach Kretzoi [1908] noch auf miozäner Stufe verharren, gelten die äthiopischen Genera *Myosorex* und *Surdisorex*. *Myosorex* besitzt unter den rezenten Soriciden mit drei Zwischenzähnen die primitivste Unterkiefer-Zahnformel [1314] (Abb. 140 auf Seite 132). Allerdings deuten Heim de Balsac & Lamotte den vorletzten Zwischenzahn im Unterkiefer auf Grund entwicklungsgeschichtlicher Befunde als Z_3 (Zählung von vorn) und nicht als Z_2, wie es nach den fossilen Formen wahrscheinlicher ist [800]. *Surdisorex* ist eine nahe verwandte Gattung. Demgegenüber bilden *Sylvisorex*, *Suncus* (=„*Pachyura*") und *Crocidura* (einschließlich *Praesorex*) verschiedene morphologische Stadien eines weiteren Stammes [1315]. *Paracrocidura* und *Scutisorex* (afrikanische Schildspitzmaus), sind zwar eigene Zweige dieses Stammes, doch schließt sich *Scutisorex* nach cranio-dentalen Merkmalen an *Sylvisorex* an, so daß die Abtrennung als eigene Unterfamilie nicht gerechtfertigt erscheint. Die Hyperostose der stark verlängerten Lendenwirbelsäule (10—11 Lumbalwirbel) und das massive Schädeldach sind Anpassungen an das Leben unter Geröll. Fossile *Crocidura*- und *Suncus*-Arten sind wiederholt aus dem Plio-Pleistozän beschrieben worden.

Diplomesodon pulchellum ist eine hochspezialisierte, psammophile Spitzmaus aus Kasachstan, die ihr Gegenstück in *D. fossorius* aus dem Alt-Pleistozän Südafrikas besitzt [2881].

Die „Soricinae" sind durch *Crocidosorex* (=„*Oligosorex*" [1898]) erstmalig aus dem jüngeren Oligozän Europas nachgewiesen (*Cr. antiquus*, *Cr. piveteaui* [2031, 3415]). *Crocidosorex* vereint crociduroide (einfacher P_4, keine Pigmentierung der Zahnspitzen) mit soricoiden Merkmalen (zweihöckriges M_3-Talonid [2031]). Repenning sieht in diesen Formen die Wurzelgruppe der „Soricinen", doch erscheint es — in Anbetracht des oben Gesagten — angebracht, diese oligozänen Formen keiner bestimmten Unterfamilie zuzuordnen.

Repenning [2882] unterscheidet drei Stämme unter den „Soricinae" (Blarinini, Soricini und Neomyini), von denen der letzte der formenreichste ist. Die *Sorex*-Gruppe ist durch *Sorex* seit dem Miozän nachgewiesen und gegenwärtig holarktisch (bis Zentralamerika) verbreitet. Für die alt- bis mitteleiszeitlichen *Sorex*-Formen des Karpatenbeckens hat Janossy [1645] eine lineare Größenzunahme der Zahnreihenlänge festgestellt, die von *Sorex runtonensis* über *S.* cf. *subaraneus* zu *S. araneus* führt. Auf weitere Probleme, wie etwa die verwandtschaftlichen Beziehungen zwischen *Sorex raddei* vom Kaukasus und *S. alpinus* der Alpen kann hier nicht eingegangen werden. Die Besiedlung weiter Gebiete (wie Westsibirien) ist zum Teil nach Ognev [2495] erst in jüngerer Zeit erfolgt. Innerhalb der Blarina-Gruppe bilden *Blarina* und *Cryptotis* zwei seit dem älteren Pliozän getrennte Stämme. *Cryptotis* ist die einzige nach (NW-)Südamerika gelangte Spitzmausgattung und kommt gegenwärtig in Zentralamerika artenreich vor. *Blarina*- und *Cryptotis*-Arten sind mehrfach aus dem Pleistozän Nordamerikas bekannt [1420]. *Paracryptotis*, *Shikamainosorex* (=„*Blarinoides*") und *Beremendia* sind richtige Riesenformen aus dem Plio-Pleistozän Europas, Ostasiens und Nordamerikas [930, 1282, 1416, 1826, 1904, 3512]. Auch *Peisorex* aus dem Villafranchium Chinas gehört wohl zu dieser Gruppe [1847, 1908]. Sie zeigen die einst holarktische Verbreitung dieser Spitzmausgruppe. Ob *Blarinella* hierher gehört, wird diskutiert. Mit *Petenyia* ist eine verwandte Gattung aus dem Plio-Pleistozän Europas bekannt, die nach Kretzoi [1880] erst im Jungpleistozän ausstarb. Auch *Alluvisorex* aus dem Mio-Pliozän Nordamerikas gehört zu diesem Stamm.

Die formenreichste Gruppe bilden die Neomyini. Sie umfassen die in mancher Hinsicht spezialisiertesten, aber auch evoluiertesten Soriciden. Der Encephalisationsgrad ist bei *Neomys* im Zusammenhang mit der semiaquatischen Lebensweise höher als bei den übrigen rezenten

Soriciden [3428], eine Erscheinung, die ihre Parallele innerhalb der Talpiden mit *Desmana* beziehungsweise der Tenreciden mit *Potamogale* besitzt. In die nähere Verwandtschaft ist auch die *Soriculus*-Gruppe mit der orientalischen Gattung *Soriculus* (einschließlich *Asoriculus* [1898]), zu stellen, deren fossile Verwandte als *Nesiotites* und *Zelceina* aus dem europäischen Plio-Pleistozän bekannt wurden [198, 3513]. *Notiosorex* und *Megasorex* [1416] sind neuweltliche Vertreter der Neomyinae.

Besonders bemerkenswert ist die meist als Crocidurinae angesehene Gattung *Anourosorex*, die gegenwärtig nur vom ostasiatischen Festland bekannt ist, einst aber auch in Japan vorkam [3163, 3972, 3979]. Sie ist im Gebiß, Schädel und Extremitätenskelett hochspezialisiert und wird lediglich von *Amblycoptus* aus dem Pliozän Ungarns [1819] übertroffen. *Amblycoptus* ist zweifellos mit *Anourosorex* verwandt und ein Angehöriger der Soricinae [1617]. Eine Abtrennung als eigene Unterfamilie (Amblycoptinae Kormos 1926) erscheint nicht erforderlich, jedoch als Tribus (Amblycoptini mit *Amblycoptus* und *Anourosorex*).

Bei den gleichfalls durch dilambdodonte M sup. gekennzeichneten **Talpiden** kommt es niemals zu der für die Soriciden charakteristischen Reduktion in der Antemolarenregion und zur Vergrößerung der vorderen Incisivenpaare. Die verschiedentlich feststellbare Vergrößerung des I^1 oder eines Mandibularincisiven erfolgt in abweichender Weise und die Zahl der Antemolaren wird nur wenig reduziert*). Vereinzelt kommt es zur Hypsodontie der Backenzähne (zum Beispiel *Scapanus*, *Scalopus*). Gegenüber diesem konservativen Verhalten im Gebiß wird die Vorderextremität und der Schultergürtel bei den spezialisierten Talpiden in Zusammenhang mit der grabenden Lebensweise erheblich umgestaltet, so daß der Humerus auch als diagnostisches Kennzeichen verwendet wird (Abb. 147).

Für den Paläontologen ist die Situation nicht nur durch die meist nur fragmentär erhaltenen Kieferreste erschwert, sondern auch durch die meist nicht mit Sicherheit diesen zuzuordnenden postcranialen Elemente, von denen der Humerus als widerstandsfähiger Knochen noch am häufigsten bekannt ist. Eine weitere Schwierigkeit besteht darin, daß zur Tertiärzeit in der Holarktis nicht nur die Talpiden, sondern auch die Proscalopiden (Seite 141) und die Dimyliden (Seite 129) ähnlich spezialisierte Vordergliedmaßen entwickelten.

Die innerhalb der rezenten Talpiden unterschiedenen Unterfamilien und Gattungen sind — wie meist — durch Spezialisationskreuzungen charakterisiert. So verhält sich die im Gliedmaßenskelett ursprünglichste Gattung *Uropsilus* aus Ostasien im Gebiß durch die Incisivenformel $\frac{2}{1}$ am spezialisiertesten, während *Talpa* als spezialisierter Gräber die vollständige Zahnformel $\frac{3\ 1\ 4\ 3}{3\ 1\ 4\ 3}$ besitzt (Abb. 148). Dieses konservative Verhalten des Gebisses macht im Verein mit dem oben Gesagten eine Beurteilung der stammesgeschichtlichen Zusammenhänge weitgehend unmöglich, obwohl die Zahl fossiler Talpidenreste aus dem Tertiär und Pleistozän keineswegs gering ist.

Als geologisch ältester Talpide galt lange Zeit meist die Gattung *Amphidozotherium* (Filhol non Schlosser und Viret) aus (?) obereozänen Phosphoriten des Quercy. Es handelt sich jedoch um einen primitiven Angehörigen der Erinaceomorphen, den van Valen [3708] als Adapisoricide (=Amphilemuridae) klassifiziert**). Die Zugehörigkeit dieser auf einem Unterkiefer beruhenden Gattung zu den von Filhol als *Protalpa cadurcensis* aus den Phosphoriten beschriebenen Humeri mit *Talpa*-ähnlicher Differenzierung, wie sie Schlosser [3046] annahm, ist nicht zutreffend, wie bereits Stehlin [3415:302] vermutete. Diese Humeri sind nach Lavocat [2031] als *Geotrypus*

*) Selbst bei *Scalopus*, dessen Zahnformel allgemein mit $\frac{3\ 1\ 3\ 3}{2\ 0\ 3\ 3}$ angegeben wird, sind gelegentlich rudimentäre Antemolaren vorhanden, so daß die Zahnformel eigentlich $\frac{3\ 1\ 3\ 3}{3\ 1\ 3\ 3}$ zu lauten hat [597].

**) Dagegen bildet *Myxomygale* aus dem Jung-Eozän nach van Valen [3708] die älteste Talpidengattung.

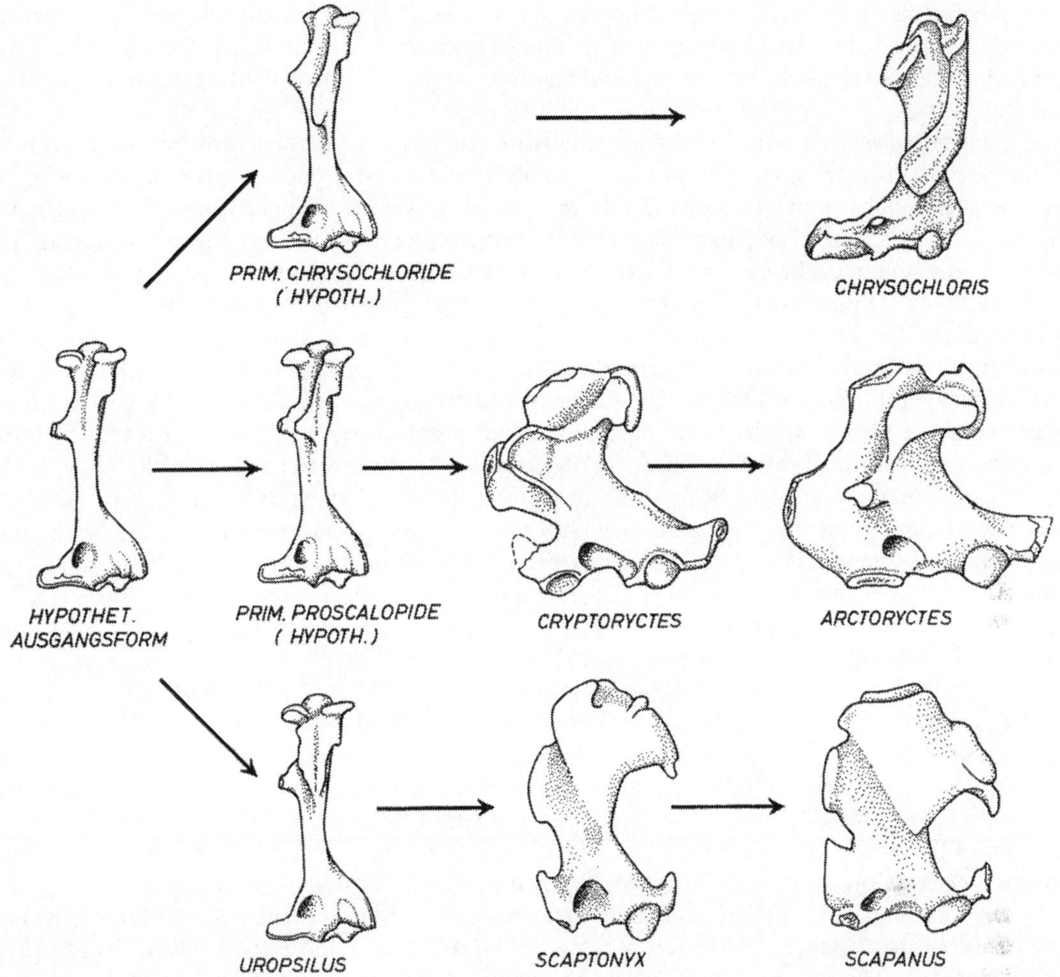

Abb. 147. Evolution des Humerus bei Zalambdodonta (Chrysochloridae) und Insectivora (Proscalopidae [= „Arctoryctidae“] und Talpidae) als Beispiel für Konvergenz- und Parallelentwicklung durch Anpassung an wühlende Lebensweise. Beachte divergente Entwicklung der Proc. pectoralis. — In Anlehnung an Reed & Turnbull 1965 zusammengestellt und ergänzt umgezeichnet

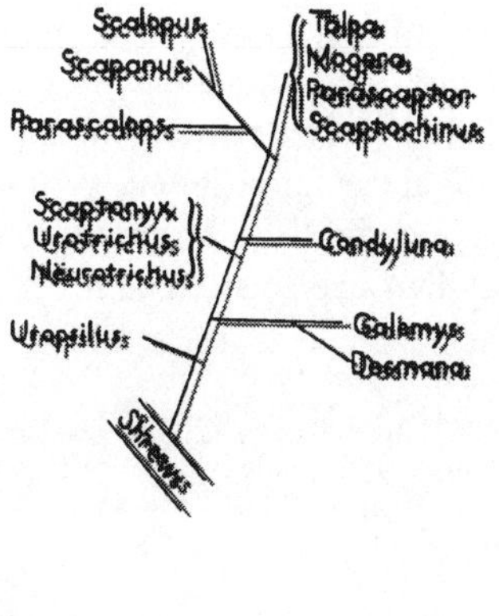

Abb. 148. Evolution der rezenten Talpidengenera nach der Spezialisierung der Vorderextremität. — Nach Campbell 1939

antiquus Pomel zu bezeichnen und stammen aus dem Ober-Oligozän. Die auf *Geotrypus* bezogenen Kiefer- und Zahnreste unterscheiden sich nicht grundsätzlich von *Talpa.* Der Humerus zeigt wohl die charakteristische talpide Differenzierung, ist jedoch noch nicht so hoch spezialisiert wie bei *Talpa.*

Bemerkenswert ist nur, daß aus gleichaltrigen und etwas jüngeren Ablagerungen Humeri bekannt sind, die ursprünglich meist auf *Talpa* bezogen wurden, jedoch eine wesentlich geringere Spezialisationshöhe besitzen. So ist *Talpa* cf. *brachychir* Viret aus dem Ober-Oligozän Frankreichs von Schreuder [3086] als eigene Gattung *Mygatalpa* (= *M. arvernensis* Pomel) abgetrennt worden, um die morphologische Mittelstellung zwischen „Mygalinen" (= Desmaninae) und Talpinae aufzuzeigen. Diese Humeri sind jedoch bedeutend höher spezialisiert als die von Desmaninen. Es erscheint jedoch durchaus möglich, daß es sich um primitive Scalopinen handelt, die anscheinend auch aus dem Jung-Tertiär Europas nachgewiesen sind *(Proscapanus,* (?) *Scaptonyx)**). Wilson [3867] sieht daher in solchen oligozänen Talpiden die vermutlichen Stammformen der Scalopinen. Die Scalopinae sind gegenwärtig nur aus Ostasien und Nordamerika bekannt, doch erscheint ihre einst weitere Verbreitung durchaus möglich.

Sicher auf Scalopinen zu beziehende Fossilreste konnten jedoch in jüngerer Zeit mehrfach aus dem Jung-Tertiär und Pleistozän der USA und Ostasiens nachgewiesen werden. *Mydecodon* und *Scalopoides* sind aus dem Alt-Miozän, *Domninoides, Scapanus* und *Hesperoscalops* aus dem Jung-Tertiär und Alt-Pleistozän der USA bekannt. *Mydecodon* steht nach Wilson [3867] jedoch dem rezenten japanischen *Urotrichus* (= *Dymecodon*) *pilirostris* am nächsten; allerdings wären zur definitiven Beurteilung die Kenntnis von Maxillargebiß und Humerus erforderlich. Die Zahnformel ($\overline{2\ 1\ 3\ 3}$ oder $\overline{1\ 1\ 4\ 3}$) entspricht der von *Uropsilus, Neurotrichus* und *Dymecodon.* Von *Scalopoides* sind Kieferreste ($\overline{3\ 1\ 3\ 3}$) und Humeri bekannt. *Scalopoides* zeigt Ähnlichkeiten zu den rezenten nordamerikanischen Scalopinae, kann jedoch wegen abweichender Differenzierungen nicht als deren Stammform angesehen werden. Eher sei dies für *Heteroscalops* möglich, die nach K. M. Reed [2836] als Ahnenform von *Scalops* in Betracht kommt. Reste von *Scapanus* aus dem Pliozän der USA verhalten sich etwas primitiver als die rezenten *Scapanus*-Arten und lassen eine Ableitung der hypsobrachyodonten Formen *(S. townsendi)* zu [3549].

Die von Schlosser [3058] als *Scaptochirus primaevus* beschriebenen Reste (Humerus) aus dem Pliozän der Mongolei sind nach Miller [2348] auf *Scapanulus* zu beziehen. *Scaptochirus moschatus***) (*Talpa micrura moschata* bei Ellermann & Morrison-Scott [881]) ist aus dem Alt-Pleistozän Chinas nachgewiesen.

Unter den eiszeitlichen Maulwürfen ist das Vorkommen mehrerer Arten an verschiedenen Fundstellen bemerkenswert, da es sich wohl um nebeneinander lebende Formen handelt. Kretzoi [1864] hat lediglich auf Grund dieser Tatsache die Zuordnung zu verschiedenen Gattungen erwogen; so etwa *Talpa fossilis, Scapanulus* (?) *minor* und *Mogera* (?) *episcopalis.* Ein damit verbundenes Problem ist das der Zwergmaulwürfe. Sind es eiszeitliche Relikte? Gegenwärtig disjunkt verbreitet (Japan, Kaukasus, Balkan und Iberische Halbinsel), scheinen Zwergmaulwürfe *(Talpa minor* Freudenberg = *T „gracilis")* im Pleistozän Mitteleuropas aufgetreten zu sein. Da sie jedoch mit normal großen *Talpa*-Formen vergesellschaftet sind, ist die Frage, ob es sich um lokale Populationen sympatrischer Normalformen oder um eine eigene Art handelt, noch nicht endgültig entschieden, wenngleich die zweite Möglichkeit durch das Fehlen von Übergangsstadien eher wahrscheinlich ist (vergleiche dazu [2472, 3419, 3420]).

---

*) Simpson [3257] und Saban [2981] klassifizieren *Proscapanus* allerdings als Talpinen; für den sicheren Nachweis von *Scaptonyx* reichen die bisher vorliegenden Reste [3147] allerdings nicht aus [3086, 3867].

**) = *Scaptochirus „primitivus"* Zdansky [3994].

Tiergeographisch zu beachten ist der Nachweis von *Talpa tyrrhenica* aus Sardinien, die nach Bate [199] der *T. romana*-Gruppe angehört, die im Pleistozän durch *T. chthonica* auch aus dem östlichen Mittelmeergebiet (Palästina) bekannt ist.

Condylura steht durch Merkmalskombination weitgehend isoliert innerhalb der rezenten Talpiden. Sichere Fossilfunde sind bisher nur aus dem Pleistozän bekannt geworden.

Die Desmaninae sind dagegen fossil nicht nur durch *Desmana* aus dem Pliozän und Pleistozän Europas (einschließlich England) in verschiedenen Arten nachgewiesen, sondern auch durch die ausgestorbenen Genera *Mygalea* und *Mygalinia* im Jung-Tertiär [3086]. Sie bilden einen vermutlich im jüngeren Alt-Tertiär vom Talpiden-Hauptstamm abgespaltenen Seitenzweig, der semiaquatische Formen hervorbrachte*). *Mygalea* und *Mygalinia* aus dem Miozän bilden die geologisch ältesten Desmaninen und sind phyletische Seitenzweige. *Desmana* tritt erstmalig im Alt-Pliozän *(Desmana pontica)* auf. Aus dem Plio-Pleistozän sind aus Mittel- und Osteuropa etliche Arten bekannt, die nach Topatschevskii [3649] eine steigende Adaption an das Schwimmen zeigen, die die ursprüngliche Grabanpassung schließlich überdeckt. *Desmana moschata palaeoborysthenica* aus dem mittleren Quartär soll der Vorläufer von *D. m. moschata* sein [3649]. Die Trennung der beiden rezenten „Genera" *(Galemys* und *Desmana)* sei für das Miozän anzunehmen.

Gegenüber der einst weiten Verbreitung der Bisamspitzmäuse (Desmaninae) sind die beiden rezenten Arten (*Desmana* [*Galemys*] *pyrenaica* von der Iberischen Halbinsel und *D. moschata* aus Osteuropa und dem westlichen Zentralasien) nur auf Reliktareale beschränkt. Sie sind aquatisch lebende Talpiden mit kennzeichnenden Schwimmanpassungen. Das vollständige Gebiß zeigt die auch bei anderen Talpiden *(Scalopus, Scapanus)* feststellbare Tendenz zur Vergrößerung der $I\frac{1}{2}$. *Galemys pyrenaicus* ist etwas kleiner und in manchen Merkmalen weniger spezialisiert als *Desmana moschata*. Entsprechend der zum Schwimmen verwendeten Hinterextremitäten sind diese stärker modifiziert als die Vorderextremitäten. Das Gehirn ist — wie allgemein bei semiaquatischen Insectivoren — gegenüber den rein terrestrischen Verwandten, etwas höher entwickelt [3438].

Problematisch ist die Stellung von *Gaillardia* [2275a] und *Hydroscapheus* [3166] aus dem Pliozän der USA, die van Valen [3708] als vermutlich identisch ansieht und als Demaninae klassifiziert. *Gaillardia* beruht auf einer Mandibel mit den P_3-$_4$ und M_3, *Hydroscapheus* dagegen auf postcranialen Skelettelementen (Humerus als Holotypus; ferner Clavicula, Femur, Tibia + Fibula dist., Caudalwirbel), die zwar in einzelnen Merkmalen desmanin wirken (P inf., Femur, Humerus), jedoch sich in Einzelheiten von Bisamspitzmäusen unterscheiden (Form der Mandibel, Bau des M_3, Muskelansatzstellen an Humerus und Femur, Form der Clavicula, distale Gelenkfläche der Tibia-Fibula). Es handelt sich bei *Hydroscapheus* zweifellos um einen Talpiden mit geringer Grabanpassung der Vorderextremität und guter Schwimmadaption der Hinterextremität und des langen Schwanzes. Auf Grund der Merkmalsunterschiede im einzelnen dürfte eher eine Parallellinie der Talpiden (?Condylurinae) zu den altweltlichen Desmaninae vorliegen, als neuweltliche Vertreter der Bisamspitzmäuse selbst. Sie wären bei besserer Dokumentation, die die Zusammengehörigkeit von *Gaillardia* und *Hydroscapheus* belegen müßte, als eigene Kategorie (Gaillardiinae beziehungsweise Gaillardiini nov.) abzutrennen.

Eine eigene, ursprünglich mit Chrysochloriden oder meist mit Talpiden in Verbindung gebrachte Gruppe bilden die **Proscalopiden** des nordamerikanischen Tertiärs. Es handelt sich einerseits um Kiefer- und Schädelreste, von denen letztere an Chrysochloriden erinnern und

---

*) Die von van Valen [3708] vorgenommene Zuordnung von *Paratalpa* aus dem Jung-Oligozän [2031] zu den Desmaninen erscheint angesichts der fragmentären Dokumentation (Mandibelfragment mit P_3—M_2) nicht gesichert.

dadurch auf subterran lebende Formen hinweisen, andererseits um Gliedmaßenreste. Das Molarengebiß ist jedoch typisch talpid gebaut.

Aus diesem Grund wurden die verschiedenen Gattungen durch K. M. Reed [2837] auch zu den Talpiden gestellt, wegen des abweichendern Schädelbaues jedoch als Proscalopinae abgetrennt, wobei allerdings — die erstmals von Matthew [2272a] vermutete Zugehörigkeit der als Arctoryctinen beschriebenen Humeri vorausgesetzt — eine Abtrennung als eigene Familie als notwendig erachtet wird. Von den Arctoryctinen (*Cryptoryctes* und *Arctoryctes* aus dem Oligo-Miozän) sind bisher nur Reste des Extremitätenskelettes bekannt, die jedoch außerordentlich kennzeichnend gestaltet sind*). Vor allem der Humerus ist ähnlich wie bei den höchstspezialisierten Talpiden *(Scapanus, Talpa)* stark verbreitert. Wie jedoch Reed & Turnbull [2835] gezeigt haben, ist ein deutlich von den Talpiden verschiedener Evolutions„trend" vorhanden, der eine frühzeitige, noch vor dem *Uropsilus*-Stadium erfolgte Trennung der beiden Stämme erforderlich macht. Wohl handelt es sich wie bei den Talpiden um Humeri, wie sie für „lateral-thrust" digging-Formen charakteristisch sind, doch ist durch die Ausbildung des Proc. pectoralis ein grundsätzlicher Unterschied gegenüber den Talpiden ausgeprägt (Abb. 147 auf Seite 139). Im Zusammenhang mit den übrigen Unterschieden erscheint es daher notwendig, sie als eigene Familie von den Talpiden abzutrennen, eine Spaltung, die nach Reed & Turnbull [2835] in präeozäner Zeit erfolgte. Nach diesen beiden Autoren lassen sich die verschiedenen *Arctoryctes*-Arten (Humeri) auf *Proscalops, Oligoscalops* und *Mesoscalops* beziehen. Die Zugehörigkeit von *Cryptoryctes* [2831] zu *Micropternodus* erscheint hingegen noch völlig offen und ist meines Erachtens auf Grund der abweichend differenzierten M sup. (ausgeprägter und deutlich abgesetzter Hypoconus) nicht gerechtfertigt. D. A. Russell [2965] hält Beziehungen zu den Geolabidinen und damit zu den Erinaceoidea [3472] für nicht ausgeschlossen, während van Valen [3707: 110] *Micropternodus* als Palaeoryctide oder [3708] als Angehörigen einer eigenen Familie innerhalb der Palaeoryctoidea klassifiziert.

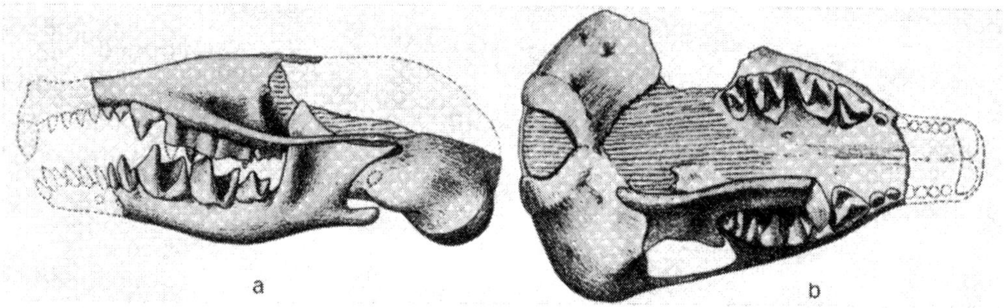

Abb. 149. *Proscalops miocaenus* (Proscalopide), Oligo-Miozän, USA. a) Schädel seitlich, b) ventral. (23/1) Nach Scott & Jepsen 1936

Die Zugehörigkeit der „Arctoryctinen" zu den Proscalopiden wird durch den Nachweis aus gleichen oder gleichaltrigen Fundstellen und durch die mit dem subterranen Leben in Zusammenhang stehenden Spezialisationserscheinungen im Schädel (Abb. 149) und Extremitätenskelett gestützt. Eine Zuordnung der „Arctoryctinen" zu den Palaeanodonten (=Edentata), wie sie etwa Simpson [2312] und Saban [2981] vertraten, ist nicht nur wegen der nicht übereinstimmenden zeitlichen Verbreitung, sondern auch wegen der bei Palaeanodonten völlig

*) Dies gilt auch für den als *Pseudochrysochloris* beschriebenen Humerus aus dem Alt-Oligozän von Wyoming, dessen taxonomische Zugehörigkeit noch völlig offen ist. Die Ähnlichkeit mit Chrysochloriden beziehungsweise *Notoryctes* muß auch hier als Konvergenz gedeutet werden [3676].

verschiedenen Grabanpassungen im Extremitätenskelett auszuschließen. Letzteres spricht auch gegen die ursprünglich vermutete Zugehörigkeit von *Arctoryctes* zu den Chrysochloriden [2258].

Die Proscalopiden sind nach unserer gegenwärtigen Kenntnis im Pliozän ausgestorben. Sie wurden durch die in Nordamerika erstmals im Miozän nachgewiesenen Talpiden (zum Beispiel *Scalopoides, Domninoides*) ersetzt.

Apatemyoidea, Mixodectoidea und Pantolestoidea

Abgesehen von den Leptictoidea, Erinaceoidea und Soricoidea sind aus dem Alt-Tertiär Zahn-, Kiefer- und auch Schädelreste bekannt, die wegen ihrer ursprünglichen Merkmale zwar auch als Angehörige basaler Placentalia anzusehen sind, sich jedoch durch Sonderspezialisierungen als eigene Gruppen ausweisen. Ihre taxonomische Beurteilung erfolgt allerdings — nicht nur des oft fragmentären Erhaltungszustandes wegen — nicht einheitlich. So werden und wurden verschiedene Formen als Primaten oder Condylarthra klassifziert oder innerhalb der Insectivora unterschiedlich bewertet. Auch gegenwärtig ist für manche dieser Formen noch kein endgültiges Urteil möglich. Dies sind die als Apatemyoidea, Mixodectoidea und Pantolestoidea bezeichneten Gruppen, die als Angehörige einer sehr alten Radiation gelten können. Ob allerdings eine Abtrennung der Mixodectidae und Microsyopidae als Mixodectoidea von den Apatemyoidea gerechtfertigt ist, erscheint fraglich.

Mit der taxonomisch-phylogenetischen Beurteilung der **Apatemyiden,** der Mixodectiden und der Microsyopiden ist zwangsläufig die Frage nach der Abgrenzung gegenüber den Primaten verknüpft, eine Frage, die selbstverständlich auch für die Zordnung der Tupaioidea entscheidend ist.

Reste von Apatemyiden wurden ursprünglich als Artiodactyla (*Heterohyus* aus dem Eozän Europas), als Insectivora (*Apatemys* aus dem Eozän der USA, „*Necrosorex*" [=*Heterohyus*] aus dem Alt-Tertiär Europas) oder als Rodentia klassifiziert und auch später meist als Unterordnung Proglires (Osborn) den Insectivoren zugeordnet. Erst durch die zum Teil irrige Zuordnung echter Primaten und wegen der „chiromyoiden" Differenzierung des Vordergebisses wurden sie als plesiadapidenähnliche beziehungsweise „rodent-like" Formen [2598] dieser Ordnung zugewiesen, ja sogar die Abtrennung als eigene Ordnung (Apatotheria) erwogen [3144:26]. Vollständigere Funde haben jedoch gezeigt, daß die Ähnlichkeit mit den Plesiadapiden nur sehr oberflächlich ist [1650] und daß es sich ferner durch das Fehlen einer knöchernen Bulla und durch die in einer offenen Furche des Petrosums verlaufende Carotis interna nicht um Primaten, sondern um hochspezialisierte Insectivoren handelt [1606]. Die Apatemyiden sind eine sehr einheitliche und klar zu definierende Gruppe auf das Alt-Tertiär (Paleozän-Oligozän von Nordamerika; Paleozän-Eozän Europas) beschränkter „Insectivoren" mit einem stark reduzierten und hochspezialisierten Vordergebiß (Zahnformel $\frac{2\,0\,2\,3}{1\,0\,2\,3}$), das von McKenna [2206] mit dem von *Dactylopsila* verglichen wird. Die bei den geologisch ältesten Formen (*Jepsenella* aus dem Ober-Paleozän) mit hohem Trigonid versehenen Molaren, sind bei den jüngeren Gattungen (*Apatemys, Heterohyus* und *Stehlinella* aus dem Eozän, *Sinclairella* aus dem Alt-Oligozän) bedeutend niedriger. Der M_3 wird durch Verlängerung des Talonids vergrößert (Abb. 150). Der einzige I inf. ist stark vergrößert und sichelförmig gestaltet und unterscheidet sich dadurch wesentlich von dem der Microsyopiden und Plesiadapiden und selbstverständlich von dem von *Daubentonia.* Der Schädel ist flach und niedrig. Ein richtiges Diastema fehlt, der vorderste Zwischenzahn des Unterkiefers wird bei den geologisch jüngsten Formen *(Stehlinella uintensis* und *Sinclairella dakotensis)* im Gegensatz zu den Soriciden vergrößert (Abb. 151 u. 152).

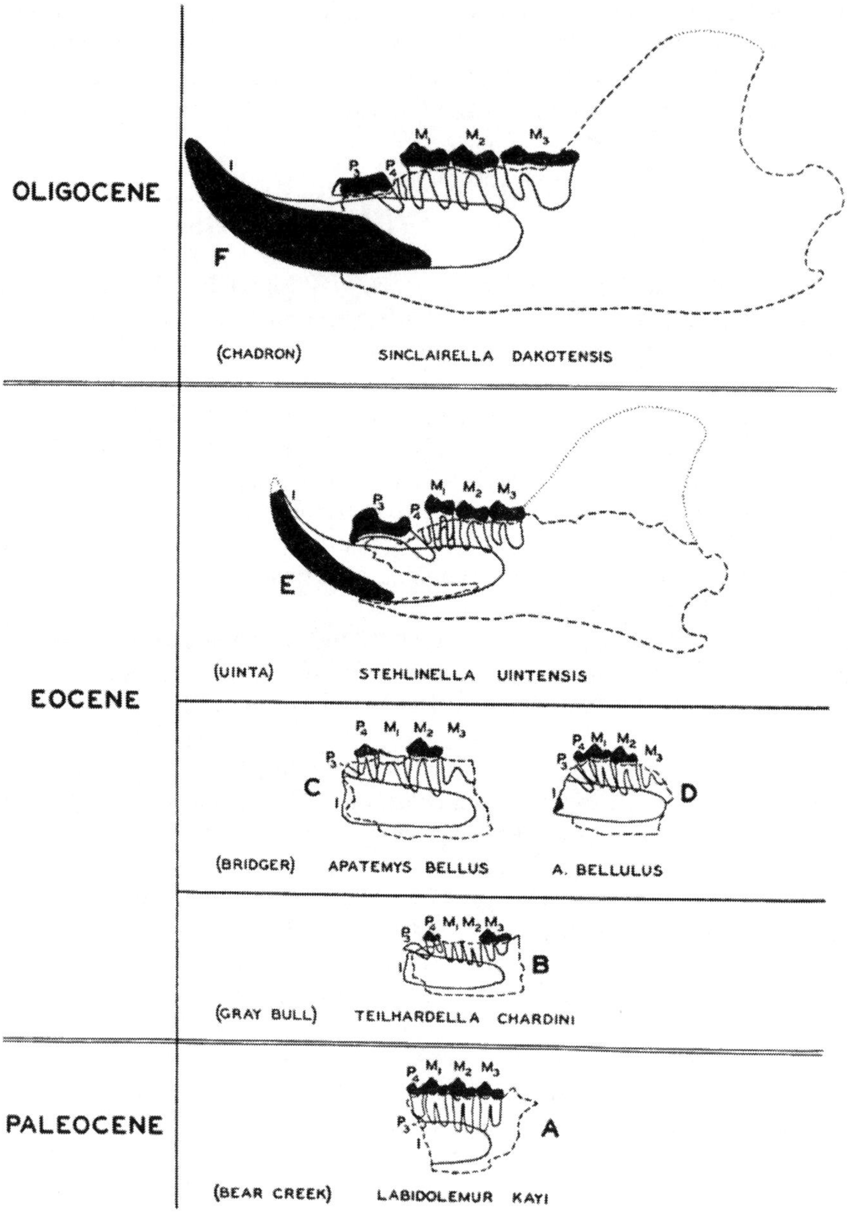

Abb. 150. Evolution des Unterkiefergebisses bei den Apatemyiden. Stufenreihe von *Labidolemur* (Paleozän) über *Teilhardella, Apatemys* und *Stehlinella* (Eozän) zu *Sinclairella* (Oligozän). Beachte vergrößerten I inf. Schmelz = schwarz. (Maßstäblich) Nach JEPSEN 1934

Die stammesgeschichtliche Herkunft der hochspezialisiertesten Apatemyiden ist noch unbekannt, doch dürften sie (in [?] Nordamerika) aus einem leptictidenähnlichen Stock von Insectivoren hervorgegangen sein.

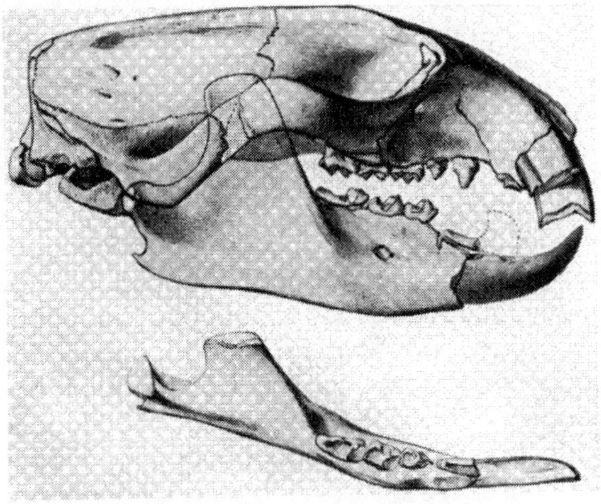

Abb. 151. *Sinclairella dakotensis* (Apatemyide), White River-Oligozän, USA. Schädel seitlich, Mandibel sin. von oben. (ca. 1,5/1) — Nach SCOTT & JEPSEN 1936

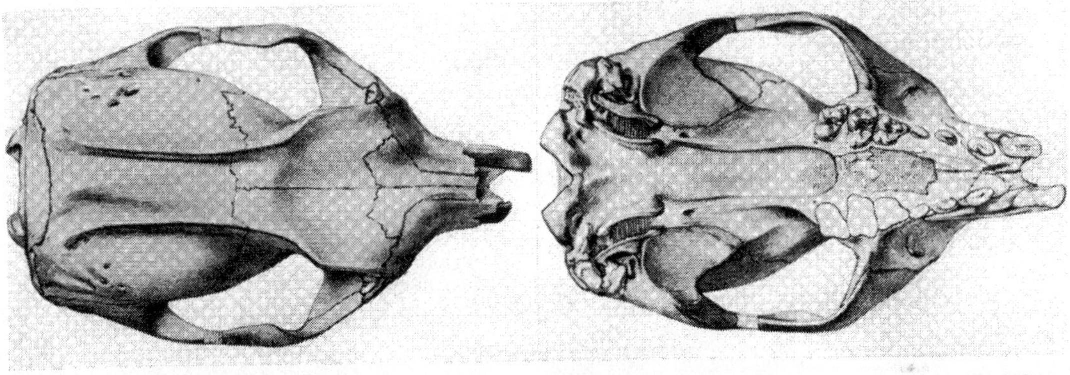

Abb. 152. *Sinclairella dakotensis*, wie Abb. 151, Schädel: Dorsal- (links) und Ventralansicht. (ca. 1,5/1) — Nach SCOTT & JEPSEN 1936

Die Apatemyiden scheinen ähnlich den Titanotherien im Oligozän*) ausgestorben zu sein. Über die Lebensweise ist mangels postcranialer Skelettelemente nichts bekannt.

Für die taxonomisch-phylogenetische Stellung der Mixodectiden und die Microsyopiden gilt ähnliches wie für die Apatemyiden. Auf Grund von Gebißmerkmalen wurden meist verwandtschaftliche Beziehungen mit den Plesiadapiden oder Daubentoniiden und damit den Primaten angenommen. Kürzlich entdeckte Schädelreste zeigen jedoch, daß die Gehörregion der **Microsyopiden** der der Leptictiden sehr ähnlich gestaltet ist, wenn auch eine gewisse intermediäre Stellung zwischen Insectivora (sensu lato) und Primates nicht zu verkennen ist [2209], die erst neuerdings wieder ROMER [2952] und VAN VALEN [3708] veranlaßten, sie als Primaten zu klassifizieren. Auf Grund der Schädelmorphologie sind die Microsyopidae jedoch als Insectivora zu klassifizieren. Durch die Vergrößerung der vordersten Incisiven ist auch hier eine entfernte Ähnlichkeit mit Plesiadapiden gegeben, die jedoch nicht nur auf Grund des Schädelbaues als Parallelentwicklung aufzufassen ist (Abb. 153). Auch Unterschiede im Gebiß selbst bestätigen dies.

*) Die geologisch jüngsten Funde stammen aus dem Mittel-Oligozän (Orellan [570]).

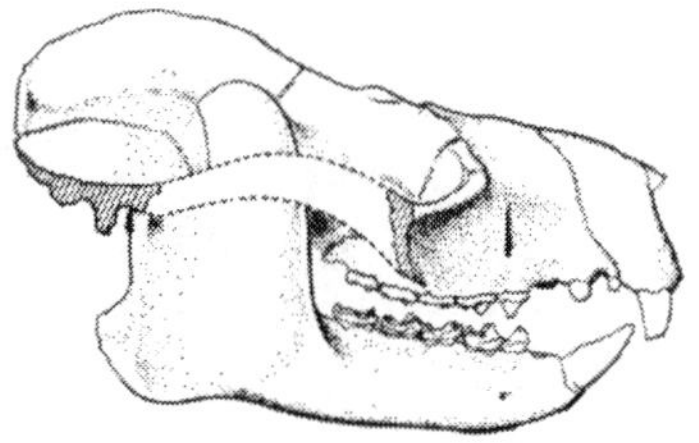

Abb. 153. *Microsyops* (Microsyopide), Alt-Eozän, Nordamerika. Schädelrekonstruktion. (2/3) — Nach McKENNA 1966

Als geologisch älteste Gattung gilt *Cynodontomys* aus dem Unter-Eozän der USA (Abb. 154). *Microsyops* stammt aus etwas jüngeren Schichten und *Craseops* aus dem Ober-Eozän Nordamerikas (Abb. 155). *Alsaticopithecus* aus dem Mittel-Eozän Europas besitzt zwar ein durchaus primatenartig gebautes Molarengebiß [1603], ist jedoch nach McKENNA [2209] ein Angehöriger

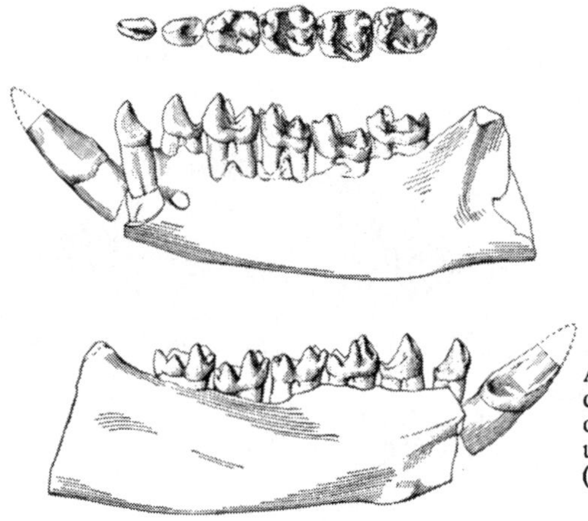

Abb. 154. *Cynodontomys scottianus* (Microsyopide), Alt-Eozän, Wyoming. Mandibel sin. mit I—M_3 in Lateral- (Mitte) und Lingualansicht (unten) und P_2—M_3 (occlusal). (ca. 2/1) — Nach MATTHEW 1918

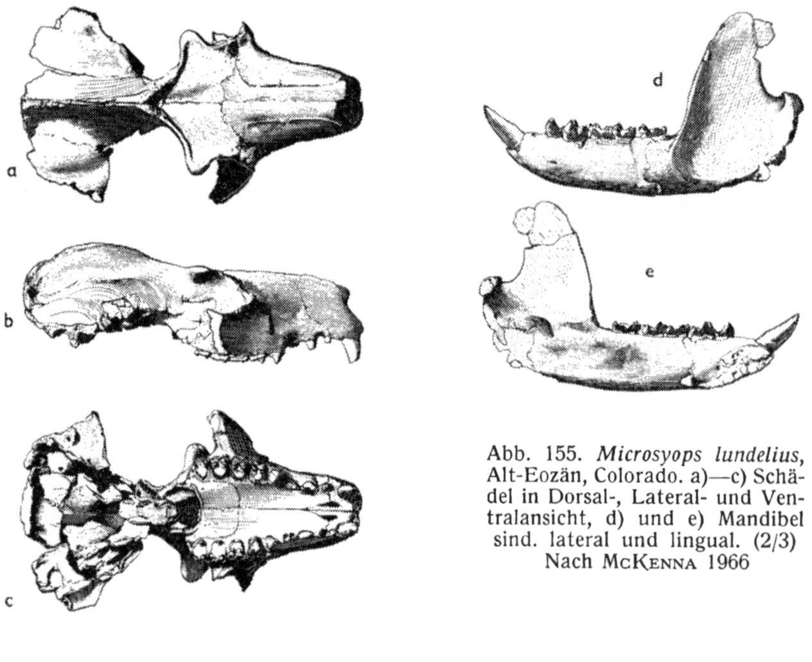

Abb. 155. *Microsyops lundelius*, Alt-Eozän, Colorado. a)—c) Schädel in Dorsal-, Lateral- und Ventralansicht, d) und e) Mandibel sind. lateral und lingual. (2/3) Nach McKENNA 1966

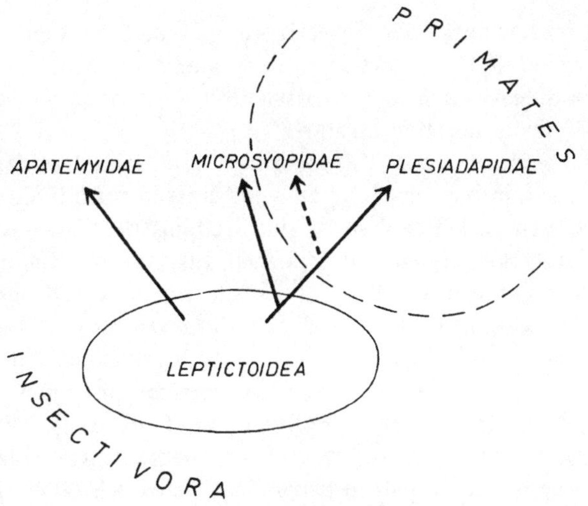

Abb. 156. Die phylogenetische Stellung der Microsyopidae und ihre mögliche taxonomische Zuordnung

der Microsyopiden. Wie man sich die phylogenetische Stellung der Microsyopiden und ihre taxonomische Zuordnung vorstellen kann geht aus Abb. 156 hervor.

Von den — manchmal mit den Microsyopiden vereinten — **Mixodectiden** ist die Gehörregion bisher unbekannt. Die nur aus dem Mittel- und Ober-Paleozän (*Mixodectes, Elpidophorus*) beschriebenen Kiefer- und Zahnreste zeigen Ähnlichkeiten mit den Plesiadapiden und Microsyopiden (Abb. 157 u. 158). Die Unterkiefer-Zahnformel von *Mixodectes* lautet $\overline{2\;1\;3\;3}$. Eine endgültige Beurteilung der stammesgeschichtlichen Stellung der Mixodectiden und damit verwandtschaftlicher Beziehungen zu den Leptictoidea ist erst von vollständigeren Funden zu erwarten. Nach den noch nicht veröffentlichten Untersuchungen von F. S. Szalay wären die Mixodectiden allerdings als Angehörige der Dermoptera zu klassifizieren, die neuerdings nur als

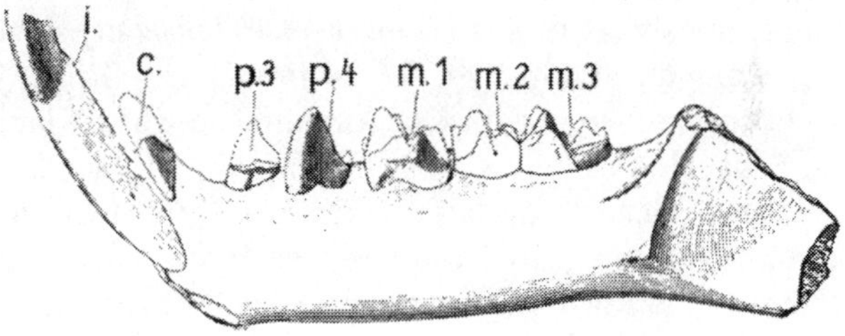

Abb. 157. *Mixodectes pungens* (Mixodectide), Mittel-Paleozän (Torrejonian), USA. Mandibel sin. mit I—M_3. Außenansicht. (ca. 3/2) — Nach Osborn 1902

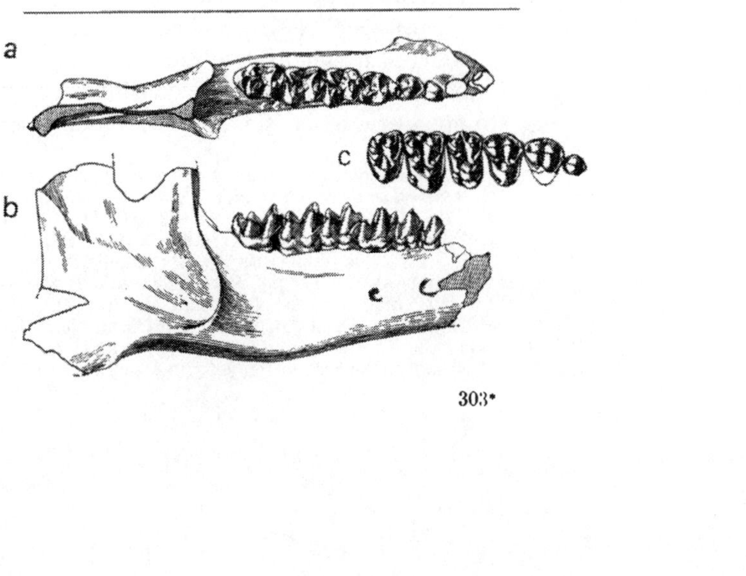

Abb. 158. *Elpidophorus patratus* (Mixodectide), Jung-Paleozän, Montana. a, b) Mandibel dext. mit P_2—M_3 von oben und außen, c) P^2—M^3 dext., kombiniert, von der Kaufläche. (ca. 1,5/1) Nach Simpson 1936

Unterordnung der Insectivora gewertet werden [2952, 3708]. Wie Patterson [2606:299] gezeigt hat, ist *Metoldobotes stromeri* aus dem Alt-Oligozän Ägyptens kein Angehöriger der Mixodectiden, wie Schlosser und auch noch Saban [2981] angenommen haben, sondern ein Vertreter der Macroscelidea.

Scheinen die Microsyopiden und Mixodectiden einander näherstehende Angehörige der Insectivora (sensu lato) zu sein, die von primitiven Erinaceomorphen (Leptictoidea) abgeleitet werden zu können, so ist die Stellung der **Pantolestidae** völlig offen. Die Pantolestiden sind mit Artiodactylen, mit Primaten, Insectivoren, Condylarthren und „Creodonten" in Verbindung gebracht worden. Dies ist jedoch nur zum Teil auf nicht zu dieser Familie gehörige Formen zurückzuführen (zum Beispiel *Paroxyclaenus* = Hyopsodontidae, Condylarthra [2971]). Also mindestens zwei Probleme sind zu berücksichtigen: einerseits die Zugehörigkeit zu den Pantolestiden, andererseits deren taxonomisch-phylogenetische Stellung.

McKenna [2200, Fußnote auf Seite 114] verweist darauf, daß die Genera *Bisonalveus, Coriphagus, Pentacodon* und *Aphronorus* zwar eine natürliche, untereinander näherstehende Gruppe bilden, jedoch keineswegs sicher sei, ob es sich um Pantolestiden oder um Hyopsodontiden (Condylarthra) handele. Auch *Pagonomus* gehört zu dieser Gruppe. Die meist als eigene Familie abgetrennten Apheliscіden (einzige Gattung *Apheliscus*), die bereits frühzeitig als Verwandte der Pantolestiden angesehen wurden (vergleiche dazu Gazin [1088]), sind nach McKenna [2200] sicher Hyopsodontiden*).

Immerhin scheinen *Bessoecetor, Propalaeosinopa, Palaeosinopa* (Paleozän) und *Pantolestes* bzw. *Cryptopithecus* (Mittel-Eozän) untereinander näher zu stehen und zum Teil auch eine Ahnenreihe zu bilden. Nun besitzt *Pantolestes* eine teilweise oder völlig im Petrosum verlaufende Carotis interna, wie sie bei Primaten und Macroscelididen auftritt. Das Gebiß ist vollständig $\left(\frac{3\;1\;4\;3}{3\;1\;4\;3}\right)$ und erinnert an primitive Creodonten, der nur unvollständig bekannte, kurzschnauzige Schädel ist langgestreckt und niedrig, mit einer schwachen postorbitalen Einschnürung.

Von den verschiedenen *Pantolestes*-Arten sind nicht nur Reste des Osteocraniums, sondern auch des postcranialen Skelettes bekannt, das Anpassungen an ein Wasserleben zeigt. Der lange, massive Schwanz erinnert an *Potamogale*, einzelne Elemente der Extremitäten an *Castor, Lutra* und an Pinnipedier. Dies war auch der Grund, in den Pantolestiden die Stammformen der Robben zu sehen [2262], eine Annahme, die heute längst aufgegeben ist. Zahlreiche Unterschiede im Schädel lassen diese Ansicht hinfällig erscheinen.

Das „Gehirn" der altoligozänen Endform *Chadronia* zeigt nach Edinger [853] eine höhere Evolutionsstufe, als sie von rezenten Insektenfressern bekannt ist. Es scheint, daß auch bei den Pantolestiden als wasserbewohnenden Formen die Encephalisation weiter fortgeschritten ist, als bei den terrestrischen Verwandten. Ihr vermutlich mit der stärkeren Anpassung an eine bestimmte Lebensweise (Wasserleben) in Zusammenhang stehendes Aussterben konnte auch durch die höhere Encephalisation nicht verhindert werden.

Wie die Pantolestoidea nun tatsächlich ins System einzustufen und welche Gattungen dieser Gruppe zuzuordnen sind (? *Ptolemaia*), lassen die noch nicht abgeschlossenen Unter-

*) Daß die taxonomische Stellung der erwähnten Fossilformen nicht einheitlich beurteilt wird, geht daraus hervor, daß *Paroxyclaenus* durch Russel & McKenna [2971] als Hyopsodontide und damit als Condylarthre, durch van Valen [3708] jedoch zusammen mit *Kochictis* [1879], *Kopidodon* und *Pugiodens* nicht, wie bisher meist, als „Creodonten", sondern als Angehörige einer eigenen Familie (**Paroxyclaenidae** = „Kochictidae") innerhalb der Proteutheria (= Insectivora) klassifiziert werden. Auch die von McKenna [2200] als Condylarthra angesehenen Gattungen *Bisonalveus, Coriphagus, Pentacodon* und *Aphronorus* werden von van Valen [3708] als Vertreter einer eigenen Familie (**Pentacodontidae**) innerhalb der Proteutheria eingestuft. Es erscheint daher verständlich, daß ein endgültiges Urteil über die phylogenetische Stellung dieser Formen verfrüht ist. Andrerseits läßt die unterschiedliche taxonomische Beurteilung erkennen, wie wenig sich die paleozänen-eozänen Insectivoren, „Creodonten" und Condylarthren morphologisch (zumindest im Gebiß) voneinander unterscheiden.

suchungen von McKenna erhoffen. van Valen [3708] sieht in *Ptolemaia* (und *Kelba* [2991]) jedenfalls Angehörige einer eigenen, den Pantolestiden nahestehenden Familie (**Ptolemaiidae** Osborn [2521]).

Macroscelidea (Rüsselspringer)

Eine in mancher Hinsicht hochspezialisierte und fast stets als Insectivora klassifizierte Gruppe von Säugetieren bilden die Rüsselspringer (**Macroscelididae**), von denen Fossilfunde erst in den letzten Jahren nachgewiesen werden konnten oder als solche erkannt wurden.

Die rezenten Angehörigen sind kleine Bewohner arider Gebiete und auf Afrika beschränkt. Sie sind hauptsächlich Tagtiere mit für Insektenfressern außergewöhnlich gut entwickelten Augen (Abb. 92 auf Seite 96). Durch die ± stark verlängerten Hinterextremitäten und ihre meist hüpfende Fortbewegungsweise erinnern sie habituell an die Springbeutelmäuse *(Antechinomys)* Australiens (Abb. 1 auf Seite 2). Dem gut entwickelten Gehirn nach sind sie zu den am höchsten evoluierten rezenten Insektenfressern zu zählen, die sich in der Evolutionshöhe nur mit den Tupaiiden vergleichen lassen [2859, 3349, 3391, 3430], zeigen jedoch untereinander morphologische Unterschiede, die sich allerdings zum Teil durch die absolute Körpergröße erklären lassen [3430]. So ist der Neocortex bei den (kleinen) *Elephantulus*-Arten glatt, bei den (größeren) *Rhynchocyon*-Arten dagegen gyrifiziert. Sie besitzen nach Stephan [3430] den höchsten Encephalisationsgrad*) unter den Insektenfressern (außer Tupaiiden) und stehen damit im Übergangsfeld zu den Primaten [3437, 3441]. Dies ist nicht zuletzt durch die Ausbildung des optischen Systems bedingt, ohne daß der makrosmatische Charakter verlorengengangen ist (Abb. 159).

Zu diesen Unterschieden gegenüber den Euinsectivoren (im Sinne von Heim de Balsac & Bourliére) kommen noch weitere. Es seinen hier nur das Vorhandensein des Blinddarmes und einer Bulla angeführt, an der ein eigenes Entotympanium beteiligt ist. Bekanntlich war für Haeckel [1245] das erste Merkmal bei der Trennung von Menotyphla und Lipotyphla maßgebend, indem er die Macroscelididen mit den Tupaiiden als Menotyphla zusammenfaßte.

Damit ist eine für den Phylogenetiker sehı wesentliche Frage berührt, die von den einzelnen Autoren durchaus nicht einheitlich beantwortet wird, nämlich ob die Macroscelididen den Tupaiiden verwandtschaftlich näher stehen oder nicht. Mit anderen Worten: Sind die Menotyphla eine natürliche Einheit oder nicht? Für eine Beantwortung dieser Frage ist die Bewertung der einzelnen Merkmale wesentlich. Wie bereits Carlsson [494, 499] feststellt, ist der Begriff Menotyphla als systematische Einheit völlig unhaltbar. Demgegenüber kommt Evans [900] zu dem Ergebnis, daß nahe verwandtschaftliche Beziehungen zwischen Tupaiiden und Macroscelididen vorhanden seien und daß, sofern man die ersten als Halbaffen klassifiziert, dies auch für die zweiten gelten müsse. Auch Roux [2957] nimmt nähere Beziehungen zu den Tupaiiden an. Abgesehen davon sind verschiedentlich Beziehungen nicht nur zu anderen Insektenfressern (Erinaceiden), sondern auch zu Ungulaten angenommen worden, die auf angeblichen Übereinstimmungen im Gebiß beruhen [980]. Tatsächlich sind — wie Patterson [2606] zeigen konnte — verschiedene fossile Macroscelididen als Huftiere (im weiteren Sinne) klassifiziert worden, ohne daß jedoch direkte verwandtschaftliche Beziehungen zu Ungulaten anzunehmen sind. Das Ungulaten-Stadium ist im Gebiß unabhängig von den Huftieren erreicht worden (Abb. 163 auf Seite 152). Weiter hat man die Rüsselspringer mit Beuteltieren in Verbindung gebracht [396, 1174, 2562, 3323]. Wie erklären sich diese unterschiedlichen Auffassungen?

---

*) Wie Stephan [3430] betont, ist eine höhere (En-)Cephalisation nicht unbedingt mit einer gesteigerten Cerebralisation gleichzusetzen.

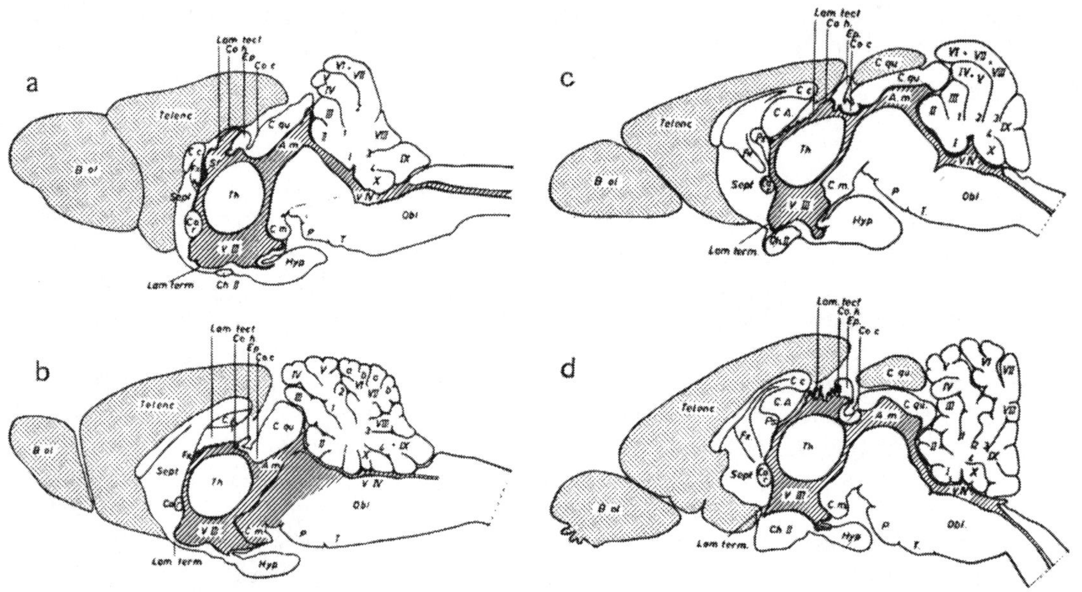

Abb. 159. Medianansicht der Gehirne von rezenten Zalambdodonten (a, b) und Macroscelidea (c, d). a) *Setifer*, b) *Potamogale*, c) *Elephantulus*, d) *Rhynchocyon*. — Nach Stephan & Spatz 1961

- *C. A.* = Cornu Ammonis
- *C. c.* = Corpus callosum
- *Ch. II* = Chiasma fasc. opticorum
- *C. m.* = Corpora mamillaria
- *Co. c.* = Colliculus caudalis
- *Co. h.* = Commissura habenularum
- *Co. r.* = Commissura rostralis
- *C. qu.* = Corpora quadrigemina
- *Ep.* = Epiphyse
- *Fx* = Fornix
- *Hyp.* = Hypophyse

- *Lam. tect.* = Lamina tectoria
- *Lam. term.* = Lamina terminalis
- *Obl.* = Medulla oblongata
- *P.* = Pons
- *Ps.* = Psalterium
- *Sept.* = Septum
- *Sf.* = Subfornicalorgan
- *Telenc.* = Telencephalon
- *Th.* = Thalamus
- *V. III* = 3. Ventrikel
- *V. IV* = 4. Ventrikel
- 1—4 = Fissura 1 bis 4

- *I* = Lingula
- *II* = Lobulus centralis ventralis
- *III* = L. c. dorsalis
- *IV* = L. ventralis culminis
- *V* = L. dorsalis culminis
- *VI* = Declivum
- *VII* = Tuber vermis
- *VIII* = Pyramis
- *IX* = Uvula
- *X* = Nodulus

Eine Analyse der bewerteten Merkmale läßt erkennen, daß die Macroscelididen neben einer Reihe von sehr spezialisierten Merkmalen, die sie zum Teil als hoch evoluierte „Insektenfresser" charakterisieren, verschiedene außerordentlich primitive Merkmale besitzen. Dadurch sind sie einerseits mit Formen auf ähnlich hohem Evolutionsniveau (Tupaiiden) und Spezialisationsgrad (Ungulaten) in Verbindung gebracht worden, andererseits mit Beuteltieren (Jacobsonsches Organ).

Wie Patterson [2606] betont, handelt es sich bei den Rüsselspringern um eine geologisch zweifellos sehr alte Gruppe, die möglicherweise schon im jüngsten Mesozoikum entstand. Die Macroscelididen sind Überlebende einer sehr alten Radiation von „Insektenfressern" (vergleiche auch McKenna [2200]). Diese Auffassung wird durch verschiedene Befunde bestätigt. So besitzen die Macroscelididen endemische Ektoparasiten *(Neolinognathus)*, die einer eigenen Familie (Neolinognathidae) angehören [2601]. Durch den Placentationstyp stehen die Macroscelididen völlig isoliert innerhalb der Insektenfresser einschließlich der Tupaiiden [1562, 3377, 3386]. Auch nach serologischen Befunden stehen sie isoliert, indem weder Affinitäten zu Tupaiiden noch zu Primaten vorhanden sind [1147]. Sonstigen Unterschieden gegenüber Tupaiiden — wie etwa, daß die Macroscelididen Nestflüchter, die Tupaiiden dagegen Nesthocker sind —

kommt keine taxonomische Bedeutung zu. Die Ausbildung des Molarengebisses entspricht dem dilambdodonten Muster, wie es etwa für die Tupaiiden charakteristisch ist.

Sie scheinen „altafrikanische" Angehörige zu sein, was auch durch das Vorkommen der Fossilreste bestätigt wird.

Entsprechend der isolierten Stellung und der frühen Abspaltung von primitiven „Insectivoren" erscheint die bereits von Butler [453] vorgeschlagene und auch durch Patterson [2606] vertretene Abtrennung als eigene Ordnung (Macroscelidea)*) gerechtfertigt, um so mehr als die Tupaiiden und Deltatheridiiden gleichfalls als Ordnungen bewertet werden.

Die Fossilgeschichte der Macroscelidea konnte erst in jüngster Zeit etwas aufgehellt werden. Als geologisch älteste Gattung**) ist *Metoldobotes* (Abb. 160c, d) aus dem Alt-Oligozän Ägyptens

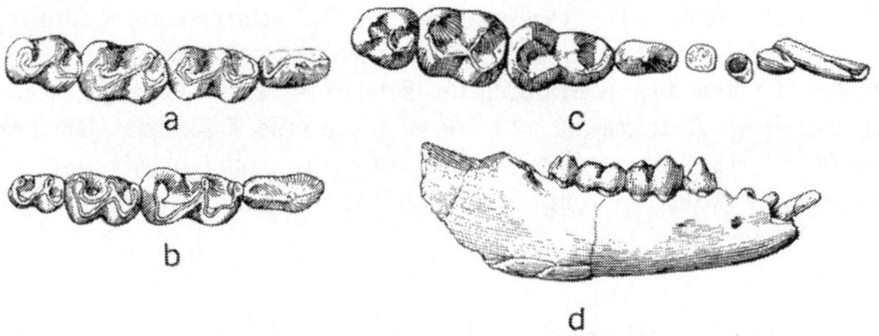

Abb. 160. Mandibulargebisse (P_3—M_2) von rezenten und fossilen Macroscelididen. a) *Petrodomus nigriseta*, rezent, b) *Rhynchocyon petersi*, rezent., c und d) *Metoldobotes stromeri*, Altoligozän, Ägypten (Fayum), Mandibel dext. mit I_3, C, P_3—M_2 und Alveolen für I_2, P_1 sowie Wurzeln des P_2; c) occlusal, d) lateral. a—c) (ca. 4/1), d) (ca. 2/1) — Nach Patterson 1965

anzusehen, die Schlosser [3055] ursprünglich mit Mixodectiden (Seite 148) in Verbindung brachte und die später [305] jedoch als Erinaceide klassifiziert wurde. *Metoldobotes* ist im Gebiß durch die Molarisierung des P_4 bereits hochspezialisiert, besitzt jedoch brachyodonte Zähne ($\overline{2\ (?3)\ 1\ 4\ 2}$). Demgegenüber verhält sich *Palaeothentoides* aus dem Plio-Pleistozän Südwestafrikas durch die Hypsodontie fortschrittlicher, durch den Besitz eines M_3 primitiver (Abb. 161). *Palaeothentoides africanus* wurde ursprünglich durch Stromer [3508], infolge irriger Homologisierung des P_4 mit dem M_1, als Marsupialia klassifiziert, von Butler & Hopwood [459] jedoch als Macroscelidide erkannt, nachdem Stromer seinen Irrtum bereits selbst bemerkt hatte (vergleiche Patterson [2606:306]). Es handelt sich um eine ausgestorbene Macroscelididen-Gattung.

Abb. 161. *Palaeothentoides africanus* (Macroscelidide), Plio-Pleistozän, Südwestafrika. Mandibel sin. mit P_1—M_3; occlusal. Ursprünglich mit südamerikanischen Beuteltieren in Verbindung gebracht. Nach Patterson 1965

Während von *Elephantulus* nur pleistozäne Funde vorliegen, die ohne stammesgeschichtliche Bedeutung sind, zeigt das Vorkommen von *Rhynchocyon clarkei* im Mittel-Miozän Ostafrikas [459], daß die Aufspaltung in die beiden rezenten Unterfamilien bereits in prämiozäner Zeit erfolgte.

---

*) Der Begriff Macroscelidea verwendete Haeckel [1245] zur Kennzeichnung der Familie, nicht jedoch im Sinne einer Ordnung.

**) *Pseudorhynchocyon cayluxi* Filhol aus den altertiären Phosphoriten des Quercy (Frankreich) beruht auf einem Mandibelfragment und ist nach Patterson [2606:321] kein Angehöriger der Macroscelididen.

Als ausgestorbene Seitenzweige der Macroscelididen sind nach PATTERSON [2606] die Mylomygalinae mit *Mylomygale* aus dem Pleistozän und die Myohyraciden aus dem Miozän Afrikas anzusehen [412]. Läßt die dürftige Dokumentation von *Mylomygale* (Mandibel mit vier hypsodonten Backenzähnen) auch eine andere Deutung zu, so sind die bisher als Hyracoidea klassifizierten **Myohyraciden** zweifellos aberrante Angehörige der Macroscelidea. Sie sind kleine Macroscelididen mit kompletter Zahnformel, bei völlig hypsodonten Backenzähnen, molariformen $P\frac{4}{4}$ und stark reduzierten $M\frac{3}{3}$. In Zusammenhang mit der Hypsodontie kommt es zur Bildung von Jochen und Fossetten ähnlich den Ungulaten, und es erscheint daher die Annahme von PATTERSON [2606] völlig gerechtfertigt, daß hier das „Ungulaten"-Stadium völlig unabhängig von den Huftieren erreicht wurde. Die Myohyraciden sind bisher nur aus dem Miozän Südwest- (*Protypotheroides* und *Myohyrax*) und Ostafrikas (*Myohyrax*) bekannt geworden [3506, 3836] (Abb. 162 u. 163). STROMER [3505, 3506] hat die Sonderstellung dieser Formen insofern erkannt, indem er auf die beträchtlichen Unterschiede gegenüber den übrigen Hyracoidea hingewiesen hat und dies auch durch die Errichtung einer eigenen Unter-Ordnung zum Ausdruck brachte. Eine Abtrennung nur als Unterfamilie erscheint den morphologischen Differenzen gegenüber den übrigen Macroscelididen nicht genügend Rechnung zu tragen, so daß eine eigene Familie (Myohyracidae ANDREWS [79]) eher gerechtfertigt ist.

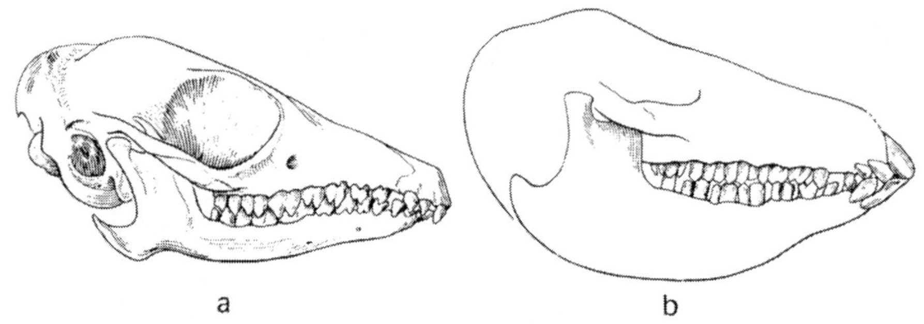

Abb. 162. Schädel von Macroscelidea. Lateralansicht. a) *Nasilio brachyrhynchus*, rezent, b) *Myohyrax oswaldi*, Miozän, Ostafrika. (ca. 1,5/1). Beachte Hypsodontie bei *Myohyrax*. Modifiziert nach WHITWORTH 1954 aus PATTERSON 1965

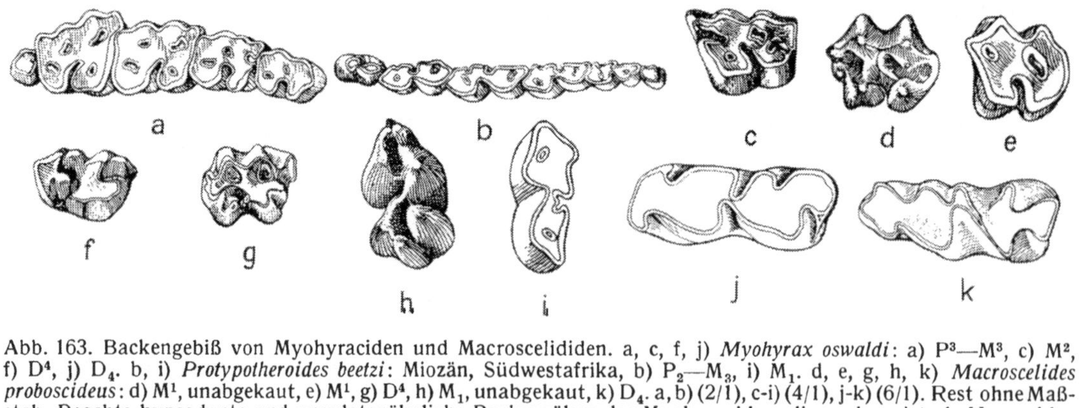

Abb. 163. Backengebiß von Myohyraciden und Macroscelididen. a, c, f, j) *Myohyrax oswaldi*: a) P^3—M^3, c) M^2, f) D^4, j) D_4. b, i) *Protypotheroides beetzi*: Miozän, Südwestafrika, b) P_2—M_3, i) M_1. d, e, g, h, k) *Macroscelides proboscideus*: d) M^1, unabgekaut, e) M^1, g) D^4, h) M_1, unabgekaut, k) D_4. a, b) (2/1), c-i) (4/1), j-k) (6/1). Rest ohne Maßstab. Beachte hypsodonte und ungulatenähnliche Backenzähne der Myohyraciden, die auch meist als Hyracoidea klassifiziert wurden. — Nach PATTERSON 1965

Leider lassen die wenigen vorliegenden postcranialen Skelettelemente keine Aussage über die Ausbildung und die Proportionen der Extremitäten zu. Immerhin belegen die Fossilfunde, daß zur Tertiärzeit in Afrika eine wesentlich größere Formenmannigfaltigkeit innerhalb der Macroscelidea existierte und daß die Differenzierung der rezenten Unterfamilien bereits im Alt-Tertiär eingesetzt haben muß.

Damit sei noch ganz kurz auf die stammesgeschichtliche Herkunft der Macroscelidea eingegangen. Wie schon erwähnt, stellen sie eine geologisch sehr alte Gruppe placentaler Säugetiere dar, deren Ursprung bereits für jüngstmesozoische Zeit angenommen werden muß und der wohl in Afrika erfolgte. Als Stammformen kommen primitive „Insectivora" in Betracht. Die Ähnlichkeiten mit Ungulaten sind reine Konvergenzerscheinungen, die im Zusammenhang mit einer herbivoren Ernährungsweise stehen. Für eine Ableitung von Condylarthren liegen keinerlei Anzeichen vor. Die Ähnlichkeiten mit den Tupaiiden sind einerseits durch die Abstammung von primitiven Placentalia, andererseits durch gleiche Evolutionshöhe gegeben. van Valen [3708] hält es für möglich, daß sich die Macroscelididen aus Ptolemaiiden oder ptolemaiiden Pantolestiden entwickelt haben.

Tupaioidea (Spitzhörnchen)

Die Beurteilung der taxonomischen Stellung der Spitzhörnchen (Tupaiidae) ist zwangsläufig mit dem Problem der stammesgeschichtlichen Herkunft der Primaten und damit wiederum mit der Insectivoren-Primatengrenze verknüpft, auf die bereits bei Besprechung der Apatemyiden hingewiesen wurde. Weitere Fragen betreffen die fossilen und rezenten Verwandten der Tupaiiden und somit die sogenannten Menotyphla. Wie bereits oben (Seite 149) ausgeführt wurde, reichen die für nähere verwandtschaftliche Beziehungen zu den Macroscelididen angeführten gemeinsamen Merkmale (Blinddarm, Bulla, Beckensymphyse, Cerebralisationsgrad [2171]) keineswegs aus, um derartige Affinitäten zu stützen. Macroscelididen und Tupaiiden sind Überlebende einer sehr alten Radiation der Insektenfresser, die unabhängig voneinander als makroptische Säuger ihren annähernd gleichen Cephalisationsgrad erworben haben.

Mit Fossilformen, die mit Tupaiiden in Verbindung gebracht werden, nämlich den **Anagaliden,** hat sich in jüngster Zeit McKenna [2205] im Zuge einer Neuuntersuchung von *Anagale gobiense* aus dem Alt-Tertiär der Inneren Mongolei befaßt, wobei besonders die Gehörregion neu präpariert und untersucht wurde (Abb. 164). Neuere Formen werden aus der Gashato-Formation (Mongolei) gemeldet [2211].

Im Gegensatz zur Feststellung von Simpson [3227], der *Anagale* erstmals beschrieben hat und nach dem die Bulla im Ganzen aus dem Entotympanicum mit einem freien Tympanalring im Inneren besteht, bildet der sogenannte Tympanalring einen Teil der Bullawand. Sie setzt

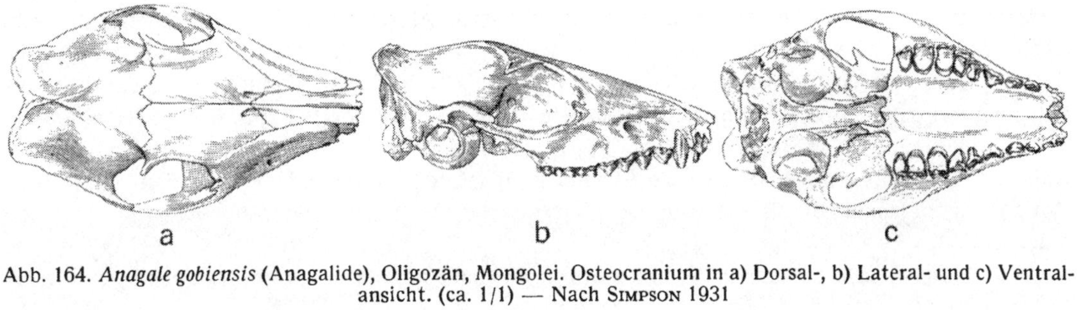

Abb. 164. *Anagale gobiensis* (Anagalide), Oligozän, Mongolei. Osteocranium in a) Dorsal-, b) Lateral- und c) Ventralansicht. (ca. 1/1) — Nach Simpson 1931

sich somit aus dem (Ecto-)Tympanicum und dem Entotympanicum zusammen. Dadurch ist auch der grundsätzlich erscheinende Unterschied zwischen *Anagale* und *Anagalopsis* (aus dem Alttertiär von Kansu [317, 320]) fortgefallen. Weiterhin erscheint wesentlich, daß die Endphalangen der Hand bei *Anagale* gespalten, die des Fußes distal dorsoplantar abgeflacht und gefurcht sind (Abb. 165). Dies sind Merkmale, wie sie etwa von den Amphilemuriden und

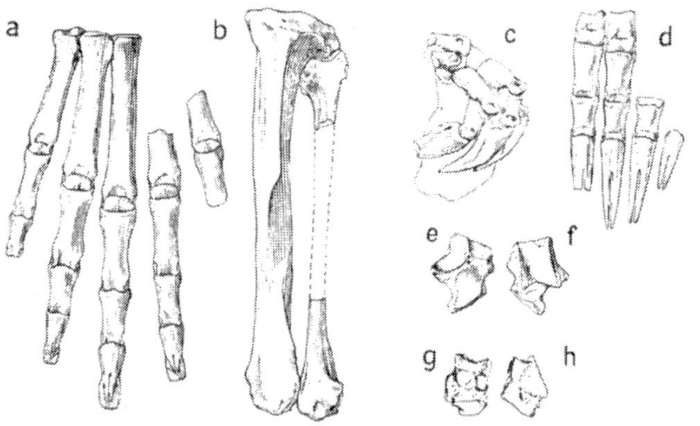

Abb. 165. *Anagale gobiensis*, wie Abb. 164. a) Metatarsalia und Phalangen. dext., b) Tibia und Fibula sin., c) Phal. manus, d) Phal. dext., e und f) Astragalus sin., g und h) Cuboid sin. Beachte gespaltene und distal abgeflachte Krallenphalangen. (ca. 2/1) — Nach Simpson 1931

Tshelkariiden aus dem Alttertiär bekannt sind. Gespaltene Endphalangen treten verschiedentlich bei primitiven Säugetieren auf (zum Beispiel Plesiadapiden, „Creodonta", Condylarthra), können aber auch sekundär erworben sein (zum Beispiel bei *Talpa*). Der Schädel ist niedrig mit kurzem, sich nach vorn verjüngendem Rostrum; ein Postorbitalfortsatz ist vorhanden, eine Spange fehlt jedoch. Die Orbitae sind relativ groß, der Gehirnschädel ist geräumig, die Bullae erscheinen — ähnlich wie bei Wüstentieren — verhältnismäßig groß. Das Gebiß ist vollständig $\left(\frac{3\ 1\ 4\ 3}{3\ 1\ 4\ 3}\right)$, die Molaren sind euthemorph gebaut mit deutlich getrennten Para- und Metaconus, der P_4 ist fast völlig molarisiert, das Trigonid der M inf. ist hoch, die Zähne sich schwach hypsodont. Das Vordergebiß ist nicht weiter differenziert und erinnert an das von *Ictops* aus dem Oligozän, der C inf. ist fast prämolariform. Das Backenzahngebiß ähnelt dem von *Pseudictops* aus dem Jung-Paleozän und weicht stark von dem der Tupaiiden ab. Van Valen [3701, 3708] betrachtet auch *Pseudictops* als Angehörigen der Anagaliden und leitet diese gemeinsam mit den Lagomorphen von primitiven kreidezeitlichen leptictoiden Insectivoren ab.

Wie sind nun die verwandtschaftlichen Beziehungen zu den Tupaiiden auf Grund der neuen Befunde zu bewerten? Nach dem Bau der Bulla sind die Anagaliden als fortschrittliche Insektenfresser zu werten, bei denen ein eigenes Os bullae (= Entotympanicum) die Insektivorenbulla ergänzt, wie dies bei den Macroscelididen, Dermopteren und Chiropteren der Fall ist*) (Abb. 166; siehe auch Abb. 167, Seite 156). Bei den Tupaiiden besteht die Bulla, wie W. B. Spatz [3349] auf Grund verschiedener Entwicklungsstadien von Tupaiiden gezeigt hat, bis auf einen winzigen Proc. tympanicus petrosi caudalis aus einem selbständigen Element, dem Entotympanicum (Abb. 167). Dadurch bestätigt sich die Auffassung van Kampens [1688], während die Deutung von Saban [2980] hinfällig ist, derzufolge die Bulla allein dem Proc. tympanicus petrosi caudalis entspricht.

---

*) Die Möglichkeit, daß es sich bei dem sogenannten Entotympanicum um genetisch nicht gleichwertige Elemente handelt, dürfte für die genannten Säugetiergruppen außer Betracht bleiben.

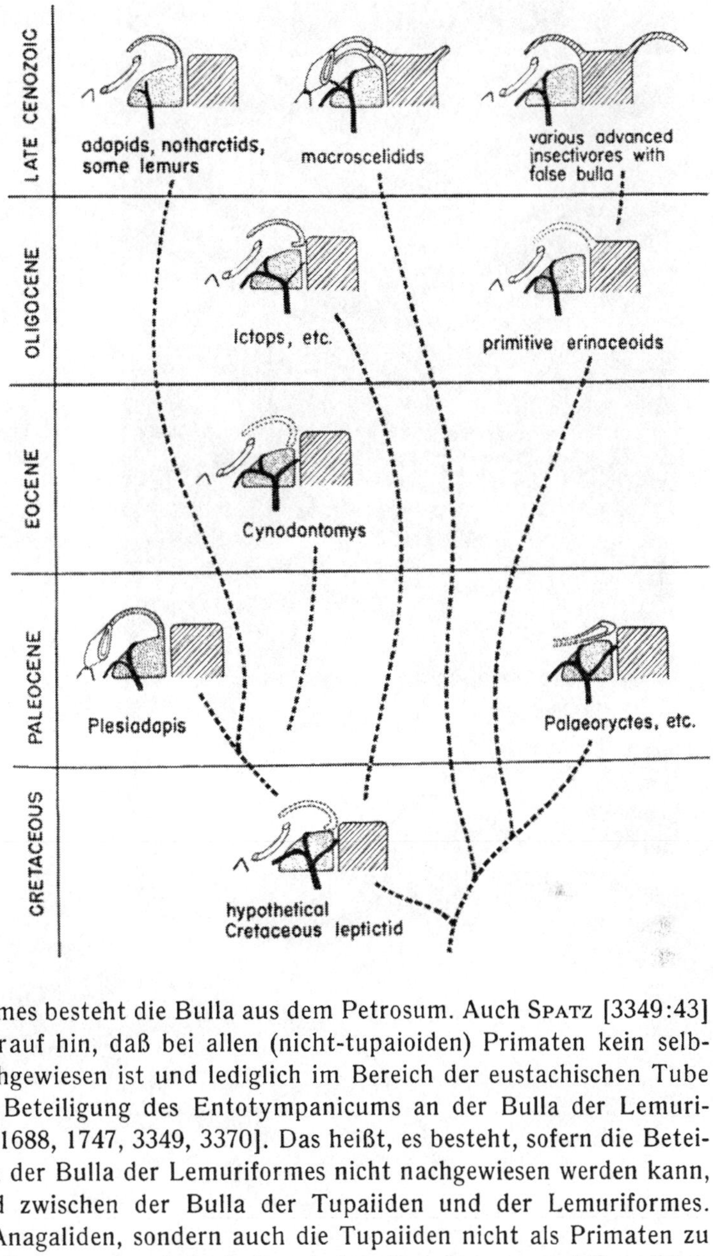

Abb. 166. Gehörregion (dext.) primitiver Eutheria, um die unterschiedliche Zusammensetzung der Bulla zu zeigen (Schema). Arteria Carotis interna ursprünglich mit 3 Ästen (medialis, promontoria und stapedialis) = schwarz; Petrosum = punktiert, Entotympanicum punktiert, sofern verknöchert Basisphenoid = schraffiert, Squamosum, (Ecto-)Tympanicum und Alisphenoid (nur bei Macroscelidea) = weiß. — Nach McKenna 1966

Bei den rezenten Lemuriformes besteht die Bulla aus dem Petrosum. Auch Spatz [3349:43] und Werner [3824] weisen darauf hin, daß bei allen (nicht-tupaioiden) Primaten kein selbständiges Entotympanicum nachgewiesen ist und lediglich im Bereich der eustachischen Tube ein Tubenknorpel auftritt. Die Beteiligung des Entotympanicums an der Bulla der Lemuriformes wird lediglich vermutet [1688, 1747, 3349, 3370]. Das heißt, es besteht, sofern die Beteiligung des Entotympanicums an der Bulla der Lemuriformes nicht nachgewiesen werden kann, ein grundsätzlicher Unterschied zwischen der Bulla der Tupaiiden und der Lemuriformes. Demnach wären nicht nur die Anagaliden, sondern auch die Tupaiiden nicht als Primaten zu klassifizieren. Vermittelt die Bulla zwar morphologisch zwischen Insectivoren und Tupaiiden, so sprechen vor allem das Gebiß, aber auch Elemente des postcranialen Skelettes gegen direkte verwandtschaftliche Beziehungen zwischen Anagaliden und Tupaiiden. Die Auffassung, daß die Endphalangen des Fußes bei Anagale für Plattnägel sprechen [937], trifft nicht zu. Sie bilden daher kein Intermediärstadium zwischen Insectivorenkrallen und Primatenplattnägeln. Die Anagaliden waren sicher bodenbewohnende, scharrende Säugetiere.

Die rezenten **Tupaiidae** (*Tupaia, Dendrogale, Ptilocercus* und so weiter) sind kleine tagaktive, terrestrisch und arboricol lebende Tiere [3360], die im Habitus meist an Eichhörnchen

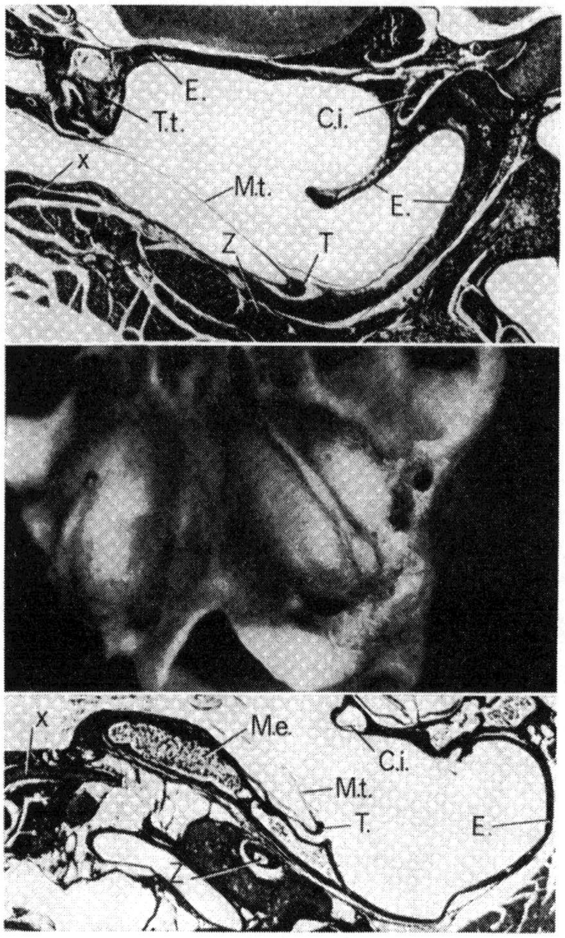

Abb. 167. *Tupaia* (Tupaiide), rezent. Oben: Schnitt durch die Bulla, 19 Tage altes Tier; äußerer Gehörgang noch nicht gebildet. Mitte: Adultes Exemplar, linke Bulla mit Zungenbein. Unten: Adultes Tier, Schnitt durch die Bulla; äußerer Gehörgang vom Entotympanicum gebildet. — Nach SPATZ 1966

C. i. = Arteria carotis interna
E = Entotympanicum
M. t. = Membrana tympani
T. = Tympanicum
T. t. = Tegmen tympani
Z = Zungenbein
x = Knorpel des äußeren Ohres

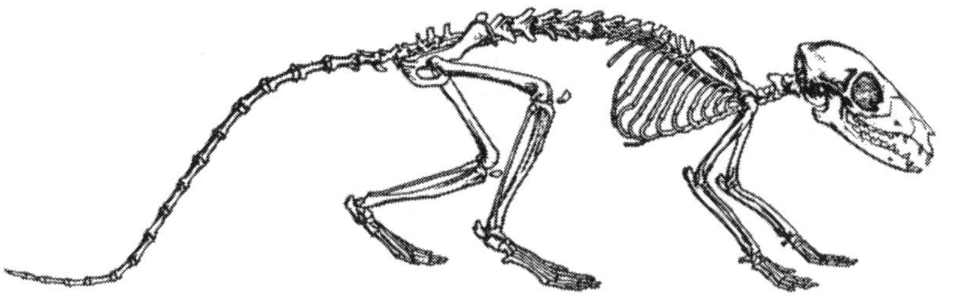

Abb. 168. *Tupaia glis*, rezent. Skelett. — Nach GREGORY 1951

erinnern und wie sie Krallen-, aber keine Greifkletterer sind (Abb. 168). Das Cranium ist durch den langen Fazialabschnitt, den gerundeten Hirnschädel und große, mit Postorbitalspangen versehene Orbitae ausgezeichnet (Abb. 169). Die Zahnformel lautet $\frac{2\ 1\ 3\ 3}{3\ 1\ 3\ 3}$, das heißt, es ist im Bereich des — zumindest bei den spezialisierten Tupaiinae — mit Diastemata versehenen Vordergebisses zu Reduktionen gekommen. Der I^2 wirkt funktionell als Antagonist des C inf., Stellung und Ausbildung der medianen I inf. zeigen Ähnlichkeit mit dem typischen „Kamm"-

gebiß der Lemuren. Die Backenzähne sind brachyodont und die M sup. zeigen typisch dilambdodonten Bau. Die Zehen sind mit Krallen*) versehen, der Daumen ist zwar abduzierbar, aber nicht opponierbar [1470] und entspricht auch dadurch nicht der Primatenhand [2144**)], die Testes sind dauernd (*Tupaia*) oder nur periodisch (*Ptilocercus*) scrotal oder abdominal (*Anathana*) gelegen [3718], die Placenta ist bei *Anathana* doppelt discoidal [3718], bei *Tupaia minor* endotheliochorial [2327], doch beruht der letzte Befund auf kleinwüchsigen Formen, so daß daraus keine phylogenetischen Schlußfolgerungen gezogen werden können [3386]. Eine Sublingua ist vorhanden, während ein Caecum nach GARROD [1058] (siehe auch CHAPMAN [515]) nicht bei allen Tupaiiden ausgebildet ist. Der Bau des Gehirns ist, wie LE GROS CLARK [2078] und STEPHAN

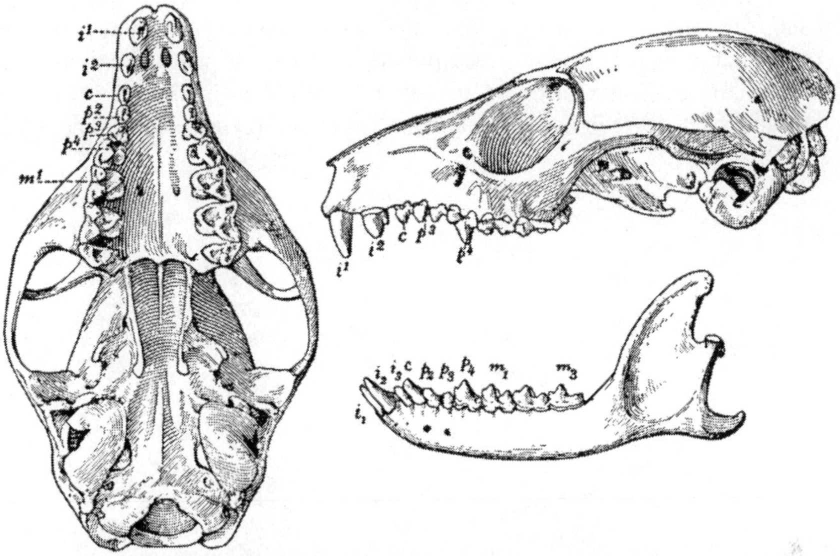

Abb. 169. *Ptilocercus lowii* (Tupaiide), rezent, Osteocranium. Ventral- und Seitenansicht. Beachte Zahnformel. (ca. 2/1) — Nach GREGORY 1951

& SPATZ [3441] anführen, trotz gewisser, mit den Macroscelididen gemeinsamer Merkmale grundsätzlich im Bereich der zentralen optischen Stationen verschieden. Von den Primaten weicht das Tupaiidengehirn durch das Fehlen der Fissura sylvii ab; erste Anlagen sind nur mikroskopisch bei *Tupaia glis* vorhanden [3441]; weiterhin auch im sehr ursprünglichen Bau des Tractus pyramidalis [1637]. Wenn auch das Zentralnervensystem der Tupaiiden gleiche „trends" wie das der Primaten zeigt, so ist damit noch kein Hinweis auf direkte verwandtschaftliche Beziehungen gegeben. Nach CAMPBELL [487] sind Unterschiede im cortiocspinalen Trakt und im subcorticalen optischen System sogar mit einer direkten Tupaiiden-Primatenverwandtschaft unvereinbar. Die durch HENCKEL [1350] und ROUX [2957] aufgezeigten Unterschiede im Chondrocranium (Fehlen eines Septum interorbitale) gegenüber den Primaten sind taxonomisch allerdings bedeutungslos [3389, 3392]. In der Ausbildung der Muskulatur kommt den Tupaiiden eine Art Mittelstellung zwischen Insectivoren und Primaten zu [499, 936]. Der

*) Nach SPRANKEL [3363] ist die Ableitung der Primatennägel durch schrittweise Reduktion der unteren Krallenplatte wahrscheinlich.

**) Der Nachweis von selbständig angelegten Carpale V und Tarsale V im Embryonalzustand [3423] läßt sich durch eine Retardation der Entwicklung erklären.

Bau der männlichen Geschlechtsorgane stimmt in mehreren, von den Insectivoren abweichenden Merkmalen mit den Primaten überein, ohne daß deswegen nähere verwandtschaftliche Beziehungen zu ihnen anzunehmen sind [1690]. Das Verhalten zeigt durch das lemurenhafte Fellkämmen und durch das Duftmarkieren der Männchen mit Urin [3360] bemerkenswerte Parallelen zu den Halbaffen* und im Bau der weiblichen Geschlechtsorgane mit Affen [3498], weicht aber in der Art der Fortpflanzung (zum Beispiel frühe Geschlechtsreife, kurze Generationsfolge, keine bestimmten Brunstzeiten, Nesthocker [1947, 2241]) von ihnen ab. Auch der Besitz von jugosternalen Duftdrüsen und deren histologischer Bau ist nicht prosimiid [3361]. Durch den ausgeprägten Farbensinn, das binokulare Sehen und die Ausbildung des subcorticalen optischen Systems des Gehirns sind eher Übereinstimmungen mit Primaten vorhanden, wenn auch eine gewisse Sonderstellung nicht zu verkennen ist [3621, 3622, 3718]. Dies ist lediglich eine Auswahl von Merkmalen, die jedoch zugleich die verschiedene Beurteilung der Tupaiiden in taxonomischer und phylogenetischer Hinsicht verständlich machen. Wesentlich ist die Frage, ob die genannten Merkmale im Sinne direkter verwandtschaftlicher Beziehungen zu Halbaffen zu interpretieren sind oder ob lediglich gemeinsame primitive (symplesiomorphe) Merkmale vorliegen (Abb. 170).

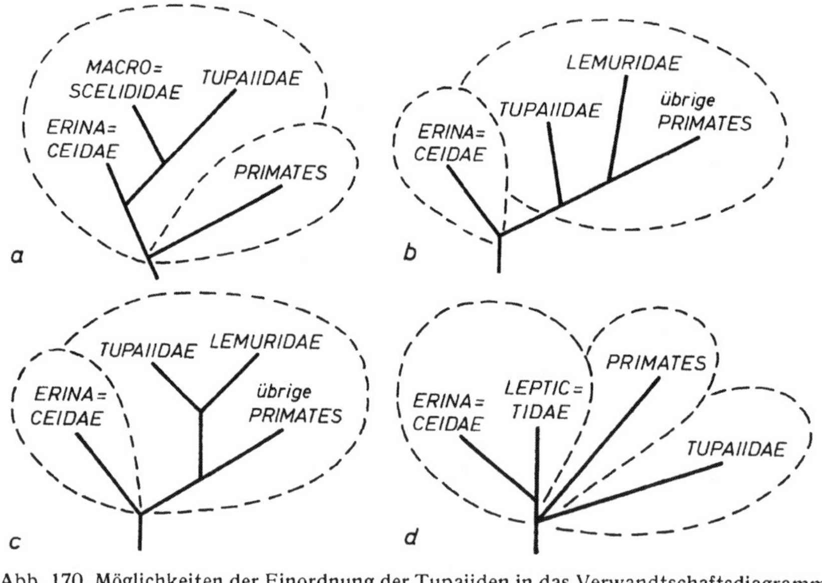

Abb. 170. Möglichkeiten der Einordnung der Tupaiiden in das Verwandtschaftsdiagramm. Nach Remane 1961 (a—c)

Unter Berücksichtigung obiger Gesichtspunkte und einer entsprechenden Bewertung der verschiedenen mit Halbaffen gemeinsamen oder an sie erinnernden Merkmale wären demnach die Tupaiiden nicht als primitivste Angehörige der Primaten (Tupaiiformes [937]) anzusehen, sondern als ein Parallelzweig, der sich allerdings aus der gleichen Wurzel entwickelte. Daß die mit den Primaten gemeinsamen Merkmale und Verhaltensweise als reine Konvergenzerscheinungen durch eine arboricole Lebensweise zu erklären seien, wie Henckel [1350] annimmt, ist schon wegen der eher terrestrischen Lebensweise der Tupaiiden nicht stichhaltig, ganz abgesehen

*) Ein analoges Duftmarkieren ist auch von kletternden Tenreciden bekannt. Derartige Gemeinsamkeiten sind ökologisch bedingt und geben keinen Hinweis auf nähere Verwandtschaft.

davon, daß verschiedene Merkmale überhaupt nicht mit einer bestimmten Lebensweise in Zusammenhang stehen.

Solange für die Halbaffen-Bulla die Beteiligung des Entotympanicums nicht eindeutig erwiesen ist, müssen die Tupaiiden als in Richtung Primaten entwickelte makroptische „Insektenfresser" angesehen werden, die wohl aus der gleichen Wurzelgruppe hervorgegangen sind, nicht jedoch als Primaten klassifiziert werden können, wie dies etwa CARLSSON [499, LE GROS CLARK [2080, 2083], SIMPSON [3257] und FIEDLER [937] annehmen, sondern als Angehörige einer eigenen Ordnung (Tupaioidea [3490]).

Diese Auffassung wird gestützt durch serologische Befunde, denen zufolge die Tupaiiden serologische Affinitäten sowohl mit den Primaten als auch mit Erinaceiden besitzen [1147].

Eine Abgliederung als Subprimates innerhalb der Primates, wie sie REMANE [2863] vertritt, erscheint einerseits in Anbetracht des heterogenen Charakters infolge der weiteren, mit einbezogenen Gruppen (Apatemyidae, Anagalide, Plesiadapidae), andererseits aber auch durch die damit verbundene Annahme eines gemeinsamen phylogenetischen Weges an der Basis, nicht gerechtfertigt (vergleiche auch REMANE [2869]). Ähnliches gilt für die Trennung als Tupaiiformes [437] innerhalb der Halbaffen. Dennoch können die rezenten Tupaiiden in den meisten Merkmalen als Modellformen einstiger Stammformen der Primaten angesehen werden.

Unter den rezenten Tupaiiden verhält sich *Ptilocercus* in verschiedener Hinsicht ursprünglicher (Gebiß, Anordnung der Haare am Schwanz, Gehirn; vergleiche FIEDLER [937]) als die Angehörigen der Tupaiinae, unter denen *Tupaia* zur generalisiertesten Gattung zu zählen ist.

Auf verschiedene, einst als fossile Verwandte der Tupaiiden bewertete Gattungen wurde bereits hingewiesen (*Anagale, Anagalopsis* = [*Anagalidae*], *Macrocranion* [=„*Aculeodens*" = Amphilemuridae]). *Entomolestes*, den GREGORY [1174] als Tupaiide ansah, ist ein Amphilemuride. Neuerdings hat VAN VALEN [3707] *Adapisoriculus* und MCKENNA [2201] *Eudaemonema* als Tupaiiden oder Tupaioidea gedeutet. Für *Adapisoriculus* aus dem Paleozän Europas hat bereits SIMPSON [3215:6] gezeigt, daß trotz einiger Ähnlichkeiten mit Tupaiiden kein Vertreter der Spitzhörnchen vorliegt. *Eudaemonema* aus dem Mittel-Paleozän Nordamerikas ordnete SIMPSON [3239, 3257] den Mixodectiden zu, die VAN VALEN [3708] als Angehörige der Dermoptera ansieht. Daß die Zusammenfassung verschiedener primitiver Insectivoren (Leptictidae, Zalambdalestidae, Anagalidae, Paroxyclaenidae, Pantolestidae, Ptolemaiidae und Pentacodontidae) mit den Tupaiiden zu einer Überfamilie (Tupaioidea), wie sie VAN VALEN [3708] durchführt, nicht den verwandtschaftlichen Beziehungen entspricht, wurde bereits betont.

Wenn auch keine konkreten Angaben über die Stammformen der Tupaiiden gemacht werden können, so sind diese zweifellos unter leptictoiden Insectivoren zu suchen*).

Primates (Herrentiere)

Die stammesgeschichtliche Herkunft und die verwandtschaftlichen Beziehungen innerhalb der Primaten sind mit zahlreichen Problemen verknüpft, die auch gegenwärtig erst teilweise geklärt sind. Man diskutiert im wesentlichen morphologisch-physiologische, ökologische und verbreitungsgeschichtliche Fragen bei der Beurteilung der stammesgeschichtlichen Entwicklung der Primaten. Die Bedeutung der Stammesgeschichte dieser Säugetiergruppe ist nicht

*) Die in jüngster Zeit durch QUINET [2797a] beschriebene und als Tupaioidea klassifizierte Gattung *Dormaalius* aus dem Jung-Paleozän Europas beruht lediglich auf einem weitgehend zahnlosen Mandibelfragment, das weder zur Errichtung einer eigenen Familie (Dormaalidae QUINET [277a]) noch zu den obigen Aussagen ausreicht.

zuletzt darin zu suchen, daß sie die Stammgruppe des Menschen darstellt und dadurch die weiteste Evolutionsspanne umfaßt. Ihre Bedeutung kommt auch in der ungeheuren Fülle von Literatur zum Ausdruck, die praktisch kaum mehr zu übersehen ist. Hat sich doch in den letzten Jahren die Primatenkunde oder Primatologie zu einem eigenen Wissensgebiet entwickelt, was auch nicht ohne Einfluß auf die Kenntnis der Stammesgeschichte der Primaten geblieben ist, indem nicht nur Untersuchungen an den lebenden Arten, sondern auch systematisch Fossilgrabungen durchgeführt wurden.

So kann die stammesgeschichtliche Entwicklung der Primaten durch Fossilreste und Befunde an rezenten Formen als in den Grundzügen geklärt gelten. Damit ist freilich nicht gesagt, daß die Auffassungen der einzelnen Fachwissenschaftler übereinstimmen. Trotz der Lückenhaftigkeit der Fossilüberlieferung sind konkrete Aussagen über die Formenfülle der Primaten in der Vorzeit, über ihre räumliche und zeitliche Verbreitung und damit auch über den vermutlichen Ablauf des stammesgeschichtlichen Geschehens sowie über die Herkunft des Menschen möglich.

Die Frage nach der Herkunft der Primaten und ihren geologisch ältesten Angehörigen ist mit einer Definition des Begriffes Primaten und deren Abgrenzung gegenüber den Insectivoren als ihren Stammformen verknüpft. Sie wurden bereits bei Besprechung der Apatemyiden und der Tupaioidea kurz erörtert. Grundsätzlich ist eine Grenzziehung zwischen Insektenfressern und Primaten stets künstlich und wird eine Angelegenheit der Konvention bleiben. Die praktischen Schwierigkeiten sind durch die heterochrone stammesgeschichtliche Entwicklung bedingt, indem die einzelnen Merkmalskomplexe nicht synchron umgebildet werden. Zeigen doch verschiedene, meist als Primaten klassifizierte Fossilformen neben primatenartigen auch noch typische Insektenfresser-Merkmale. Formen entstanden, die zwar im Gebiß und in einzelnen Schädelmerkmalen durchaus Halbaffen entsprechen, während andere Schädelmerkmale und die Extremitäten wie bei Insectivoren gebaut sind. Dies trifft auf die zu den geologisch ältesten Primaten zu zählenden Plesiadapiden zu, bei denen von den diagnostisch wichtigsten Merkmalen nur Gebiß und Bulla primatenartig gebaut sind, während der Verlauf der Carotis interna, das Fehlen von Postorbitalspangen und die Ausbildung der Endphalangen denen der Insektenfresser entspricht. Damit bestätigt sich zwar die Herkunft der Primaten von Insektenfressern, ohne daß dadurch die Situation für den Taxonomen einfacher wird.

Als Stammgruppen innerhalb der Insectivoren kommen Erinaceomorphen der Ober-Kreide aus der Verwandtschaft der Leptictiden in Betracht. Diese Stammformen müssen wir uns am ehesten als bodenbewohnende, nächtlich lebende, im Habitus an Haarigel erinnernde Insektenfresser vorstellen, die ein vollständiges Gebiß, einen langen Fazialschädel, eine erinaceide Gehörregion, ein ungefurchtes Gehirn mit großen Riechhirn-Anteilen und fünfzehige Gliedmaßen besaßen. Sie waren vorwiegend olfaktorisch orientierte Formen mit kleinen, seitlich stehenden Augen. Erst im Zusammenhang mit einer beginnenden Arboricolie kam es zur Vergrößerung der Augen und zu der für das Baumleben günstigeren Richtung der Augenachsen schräg nach vorn. Zugleich mit der Vergrößerung der Augen wurde der ursprünglich lange Fazialschädel verkürzt und der Hirnschädel voluminöser (Abb. 171); die Riechkolben wurden zu kleinen, meist nur unterhalb des sich nunmehr vergrößernden Stirnhirns liegenden Anhängseln. Allerdings kommt es bei den Primaten nicht zu einer völligen Rückbildung des „Rhinencephalons", indem der Bulbus olfactorius accessorius (Nebenbulbus) bei Halbaffen und Platyrrhinen erhalten bleibt [3432] oder die limbischen Strukturen sich innerhalb der Primatenreihe sogar vergrößern [3434, 3437]. Die Gehirnvergrößerung begleitet eine Differenzierung, die ihren Ausdruck in der Vergrößerung bestimmter Hirnanteile (Neocortex) sowie in der zunehmend stärkeren Faltung der Hirnrinde findet (Abb. 172—174). Die Gehörregion erfährt durch die

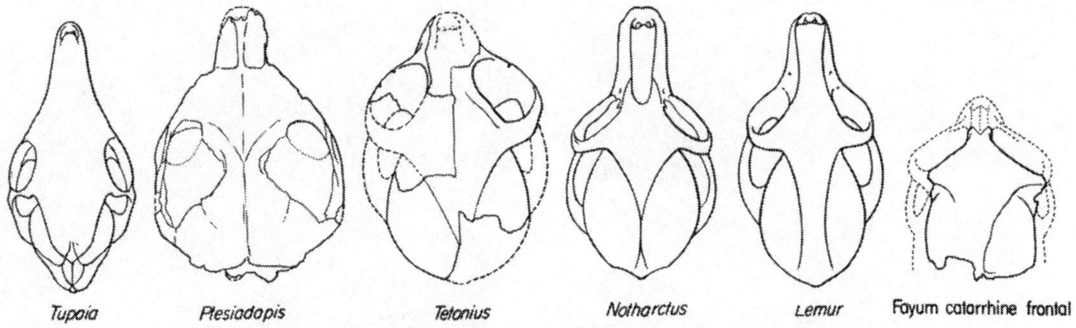

Abb. 171. Schädel (Dorsalansicht) rezenter und fossiler Halbaffen und von *Tupaia*. Nicht maßstäblich verkleinert. Beachte Ausbildung und Stellung der Orbitae und relative Länge des Fazialschädels. *Tupaia*, rezent.; *Plesiadapis*— Paleozän Europa; *Tetonius* — Eozän Nordamerika; *Notharctus* — Eozän Nordamerika. *Lemur*, rezent.; Fayum Catarrhine = ? *Oligopithecus* — Oligozän Nordafrika. — Nach SIMONS 1962

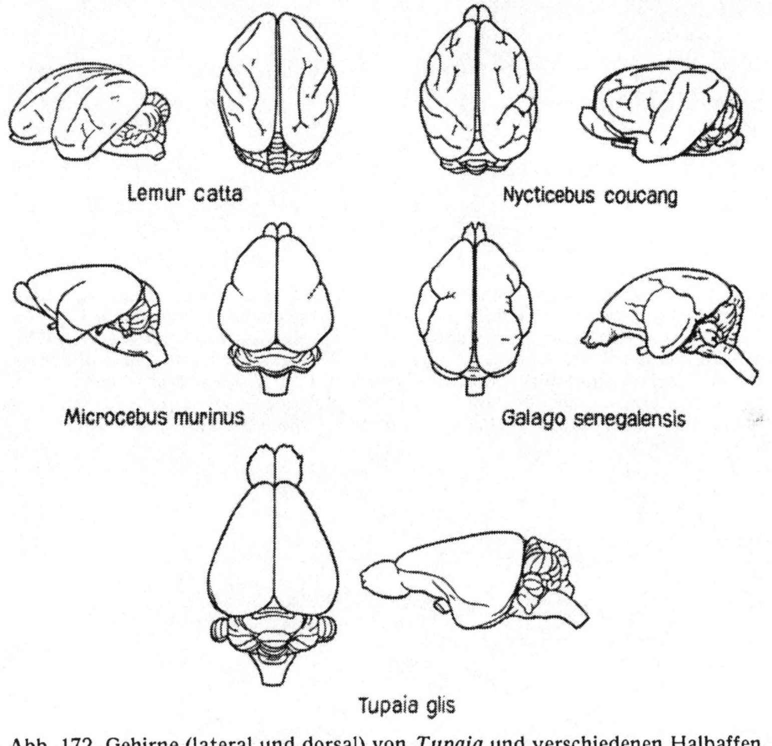

Abb. 172. Gehirne (lateral und dorsal) von *Tupaia* und verschiedenen Halbaffen. *Microcebus* und *Galago* als relativ primitive Kleinformen mit fast lissencephalem Gehirn, *Nycticebus* und *Lemur* als progressive Typen mit gyrifizierten Hemisphären. Beachte zunehmende Reduktion des Riechhirns (Bulbi olfactorii), die Ausbildung von Stirn- und Schläfenlappen, die Verlagerung der palaeo-neocortikalen Grenze nach basal und die zunehmende Überlagerung des Hirnstammes durch das Großhirn. — Nach STARCK 1962

Ausbildung einer aus dem Petrosum bestehenden knöchernen Blase (Bulla tympani) einen verstärkten Schutz, die Arteria promontoria wird schließlich vom Petrosum umgeben. Die Krallen werden in Zusammenhang mit der zunehmenden Abduktionsfähigkeit von Daumen und

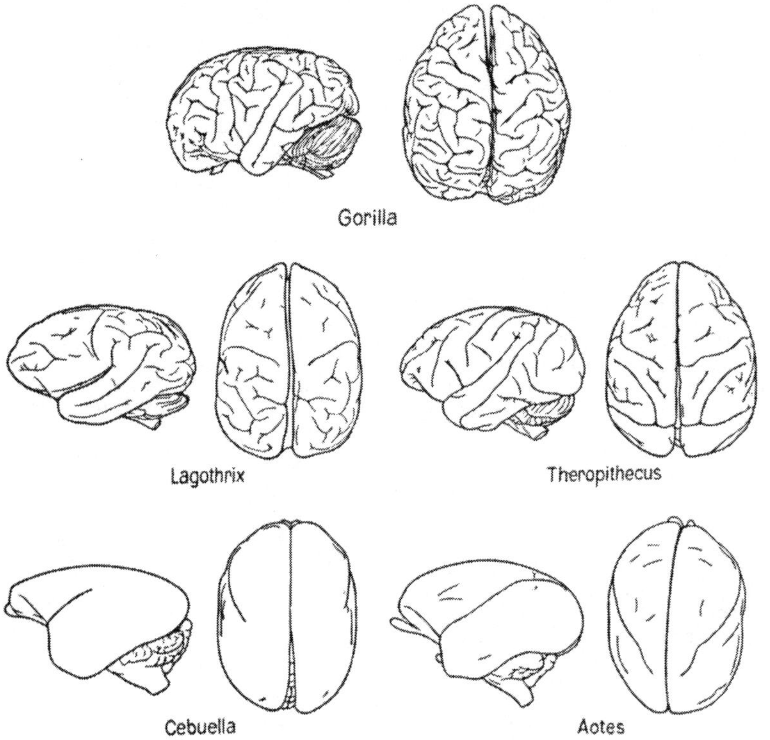

Abb. 173. Gehirne platyrrhiner *(Aotes, Cebuella, Lagothrix)* und catarrhiner Affen *(Theropithecus, Gorilla)*, um die unterschiedliche Evolutionshöhe des Gehirnes und die Parallelentwicklung innerhalb der Affen aufzuzeigen. Beachte nahezu lissencephales Gehirn bei primitiven Platyrrhinen mit Bulbi olfactorii, ferner Übereinstimmung zwischen *Lagothrix* und *Theropithecus* (ausgeprägte Fissura lateralis, Schläfen- und Hinterhauptslappen) sowie Pongidenstadium *(Gorilla)* mit reicher Furchung. — Nach Starck 1962

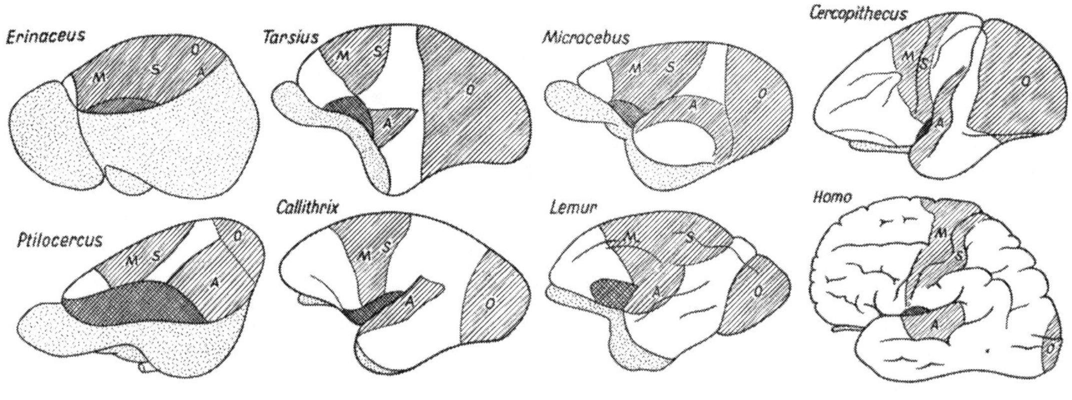

Abb. 174. Großhirn (linke Hemisphäre, lateral) von Insectivoren *(Erinaceus)*, Tupaioidea *(Ptilocercus)* und Primaten *(Tarsius, Microcebus, Lemur, Callithrix, Cerpocithecus, Homo)* mit Auszeichnung der primären und sekundären Rindenbezirke (schematisch vereinfachte Darstellung). Riechhirn: punktiert, Sekundärgebiete (Integrationsfelder): weiß, Inselfeld: gekreuzt; übrige Primärgebiete: schräg schraffiert. — Nach Starck 1965

A = Hörzentrum *M* = Motorisches Rindenfeld *O* = Sehzentrum *S* = Tastzentrum

Großzehe, die schließlich zur Opponierbarkeit und damit vom Krallen- zum (Stemm-)Greifklettern führt, zu Nägeln. Aus ursprünglich makrosmatischen terrestrischen Insektenfressern entstanden mikrosmatische, arboricole, greifkletternde und meist tagaktive Primaten.

Damit sind nur die wichtigsten und auch an Fossilfunden feststellbaren Entwicklungsrichtungen („trends“) in der stammesgeschichtlichen Entwicklung von Insektenfressern zu Primaten aufgezeigt. Zahlreiche weitere Merkmale im anatomischen Bau, in physiologischer Hinsicht (Serologie), in der ontogenetischen Entwicklung und im Verhalten bestätigen die Herkunft von Insektenfressern.

Unter Berücksichtigung obiger Feststellungen erscheint eine Parallelentwicklung, wie sie für die Tupaiiden anzunehmen ist, durchaus wahrscheinlich. Zugleich erhebt sich jedoch die Frage, ob die Primaten — und zwar die Halbaffen — überhaupt eine natürliche stammesgeschichtliche Einheit und nicht nur ein Stadium mit annähernd gleicher Organisationshöhe bilden. Die Antwort auf diese Frage hängt nicht zuletzt von der Definition des Begriffes Primaten ab, die — wie erwähnt — aus praktischen Gründen stets zu einer künstlichen Grenzziehung gegenüber den Insectivora führen wird. Daß man verschiedene, meint als Primaten klassifizierte Säugetierfamilien (Apatemyidae, Amphilemuridae, Microsyopidae, Mixodectidae) auf Grund morphologischer Merkmale nicht als deren Angehörige betrachten kann, wurde bereits ausgeführt (Seite 143).

Aber auch für die Carpolestiden und die Paromomyiden (einschließlich Phenacolemuriden) ist die Zugehörigkeit zu den Primaten durchaus nicht sicher. Die bisher von diesen beiden Fossilgruppen vorliegenden Reste gestatten keine sichere Zuordnung, da die Gehörregion nicht oder nur ungenügend bekannt*) ist und lediglich Gebiß- und Kieferreste vorliegen. Im Gebiß verhalten sich die **Carpolestiden** (*Elphidotarsius*, *Carpolestes* [Abb. 175]) und **Paromomyiden** (*Plesiolestes*, *Paromomys*, *Phenacolemur*) des Paleozäns zwar durchaus primatenartig und erinnern durch

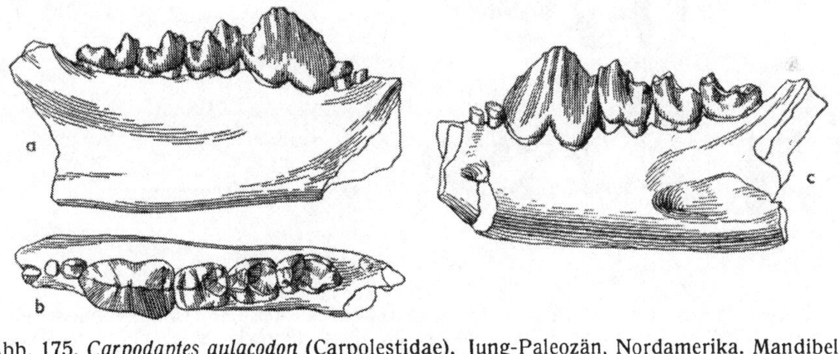

Abb. 175. *Carpodaptes aulacodon* (Carpolestidae), Jung-Paleozän, Nordamerika. Mandibel sin. mit P_3—M_3; a) lingual, b) occlusal, c) labial. Beachte plagiaulacoide Differenzierung des P_4. (5/1) — Nach SIMPSON 1935

die Spezialisierung des Vordergebisses an Plesiadapiden und Apatemyiden, ganz abgesehen davon, daß die Zusammengehörigkeit der einzelnen, verschieden gut dokumentierten Gattungen zu je einer dieser beiden Familien nicht unbedingt gesichert ist**). Aus diesem Grund kann die Zugehörigkeit der auf Zähnen beruhenden Gattung *Purgatorius* [3709] aus der Ober-Kreide und

*) *Phenacolemur* besitzt eine voll verknöcherte Bulla, doch ist über deren Zusammensetzung und über den Verlauf der Carotis interna nichts bekannt [3268].

**) *McKennatherium* VAN VALEN ist nach SZALAY ein Erinaceide (Seite 123).

dem Alt-Paleozän zu den Primaten (Paromomyidae) nicht als gesichert gelten (Abb. 176). Die geologisch ältesten, sicheren Primaten sind die Plesiadapiden aus dem Paleozän Nordamerikas und Europas. Auch von den neuerdings [2211] zu den Primaten gestellten **Picrodontiden** mit *Picrodus* und *Zanycteris* aus dem Paleozän der USA ist die Gehörregion unbekannt und daher ihre taxonomische Stellung unsicher. Es waren frugivore Säugetiere mit einem an fruchtfressende Chiropteren erinnernden Gebiß.

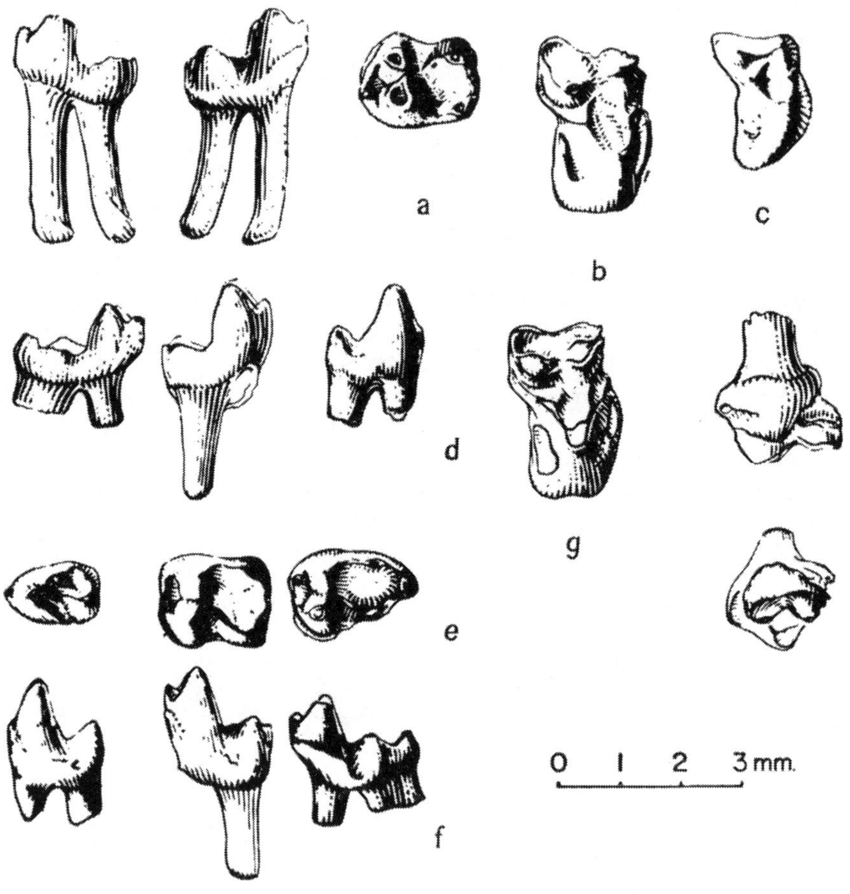

Abb. 176. *Purgatorius* (? Paromomyidae), Ober-Kreide, Montana. Isolierte Ober- und Unterkieferzähne; a) *Purgatorius ceratops*, M_2 dext, lingual, labial und occlusal, b—g) *P. unio*, b) M^2 dext., occlusal, c) M^1 occlusal, d) Lingual-, e) Occlusal- und f) Labialansicht von P_4, M^2 und M_3, g) M^2 dext., occlusal, lingual und labial. Nach van Valen & Sloan 1965

Abgesehen von den eben diskutierten Fragen sind noch zahlreiche Probleme mit der stammesgeschichtlichen Entwicklung der Primaten verknüpft. Als wichtigste seien nur das „*Tarsius*-Problem", die Monophylie der Simiae und damit der Ursprung der Platyrrhinen, die Herkunft der Cercopitheciden und der Hominiden sowie etwa die Stellung von *Callimicio*, *Theropithecus*, *Oreopithecus* und *Gigantopithecus* im System erwähnt, die zu lebhaften, auch gegenwärtig noch nicht abgeschlossenen Diskussionen geführt haben. Daß damit längst nicht alle noch offenen Fragen angeführt sind, ist den folgenden Kapiteln zu entnehmen.

Nach den Fossilfunden lassen sich verschiedene Radiationen im ausgehenden Mesozoikum und während des Tertiärs unterscheiden, die zu den verschiedenen, zum Teil recht artenreichen Stämmen innerhalb der rezenten Primaten geführt haben. Während von der ältesten Radiation von Pro-Primaten gegenwärtig nur die Dermoptera, Tupaioidea und Macroscelidea überlebten, ist *Tarsius* als Überlebender einer paleozänen Entfaltungsphase anzusprechen. Die Aufspaltung der übrigen Halbaffen und der Affen geht auf eozäne und jüngere Radiationen zurück (Abb.177).

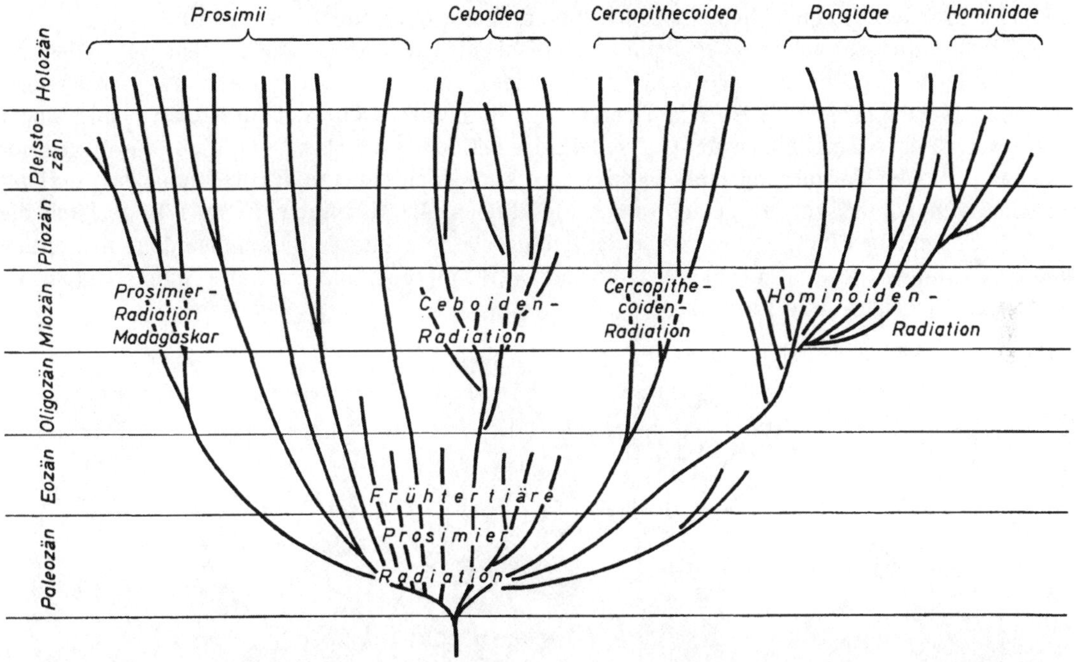

Abb. 177. Die Radiationen der Primaten. Eine bereits in der Kreidezeit einsetzende Radiation führte zur Aufspaltung in die Macroscelidea, Dermoptera und Tupaioidea. Angehörige der primären Radiation (Baumleben) sind die Plesiadapidae, Anaptomorphidae und Omomyidae, sowie die rezenten Halbaffen, von denen nur die Lemuriformes infolge der räumlichen Separation auf Madagaskar eine sekundäre Radiation erkennen lassen. Die 2. Radiation (tagaktive Baumtiere mit stereoskopischem Sehen) führte zur Entstehung der Platyrrhinen und von Catarrhinen (Cercopithecoidea), als 3. Radiation können die zu „Hanglern" (Brachiatoren) werdenden Hylobatiden, Pongiden und Oreopitheciden aufgefaßt werden, bei denen es vor allem zu anatomischen Umkonstruktionen (Handgelenk, Ellenbogengelenk, Schulter- und Brustregion) kommt, die im Prinzip auch bei Hominiden vorhanden sind. Eine neuerliche Entfaltung wird mit der Bipedie bei den Hominiden eingeleitet. — Nach Simpson 1949

Läßt sich die primäre Radiation, die zur Entstehung von „Halbaffen" als Greifkletterer mit Ganzhandkontrolle (Bishop [265]) geführt hat, durch den Übergang zum Baumleben erklären, so sind etwa jene, die zur Entstehung der Affen (Simiae) Anlaß waren, in der Verbesserung bestimmter Sinnesorgane (wie binokulares Sehen) gelegen. Ihr Auftreten führte zu einem Verschwinden der Halbaffen, die sich gegenüber diesem tagaktiven Affentyp nur auf isolierten Arealen (zum Beispiel Madagaskar) oder durch die nächtliche Lebensweise (Galagos, Loris, *Tarsius*) erhalten konnten*).

---

*) In Südamerika hängt die Entstehung von Nachtaffen (*Aotes*) in Zusammenhang mit dem primären Fehlen von nächtlich lebenden Halbaffen zusammen, während die Entstehung der Krallenäffchen durch das (primäre) Fehlen baumbewohnender Nagetiere vom Hörnchentyp erklärt werden kann.

Weitere Radiationen führten zum Hanglertyp (Semibrachiatoren und Brachiatoren im Sinne von Napier), der unabhängig voneinander unter den Platyrrhinen (Atelinae), den Cercopitheoidea *(Colobus)* und den Hominoidea entstand. Der Erwerb der Bipedie schließlich führte zur „Radiation" der Hominiden [3771, 3776].

Im Zusammenhang damit erscheint die Frage berechtigt, welches oder ob überhaupt ein Initialmerkmal für die Entstehung der Primaten maßgebend gewesen sein dürfte. Bei den Chiropteren war es zweifellos die Ausbildung der Flughäute, bei den Paarhufern ist es die Tarsalstruktur gewesen. Diese Frage hat zweifellos eine grundsätzliche Bedeutung und ist nicht zuletzt mit dem Problem der angeblichen Arboricolie der frühesten Säugetiere verknüpft.

Das für die Entstehung der Primaten entscheidende Initialmerkmal war zweifellos die Ausbildung der Greifhand oder des Greiffußes, der durch eine baumbewohnende Lebensweise erworben wurde [3771, 3776]. Wie Biegert [256] betont, zählt die unbehaarte, mit einem charakteristischen Tastliniensystem versehene Innenfläche von Hand und Fuß, die in Zusammenhang mit der Ausbildung eines Greifkletterns und der höheren Entwicklung des Zentralnervensystems steht, zu den gemeinsamen Merkmalen aller Primaten (Abb. 178)*). Auch die weiteren, oben angeführten „trends" lassen sich durch ein primäres Baumleben deuten. Bei den höheren Primaten kommt es zu einer starken Vergrößerung der für Lern- und Gedächtnisleistungen wichtigen Assoziationszentren.

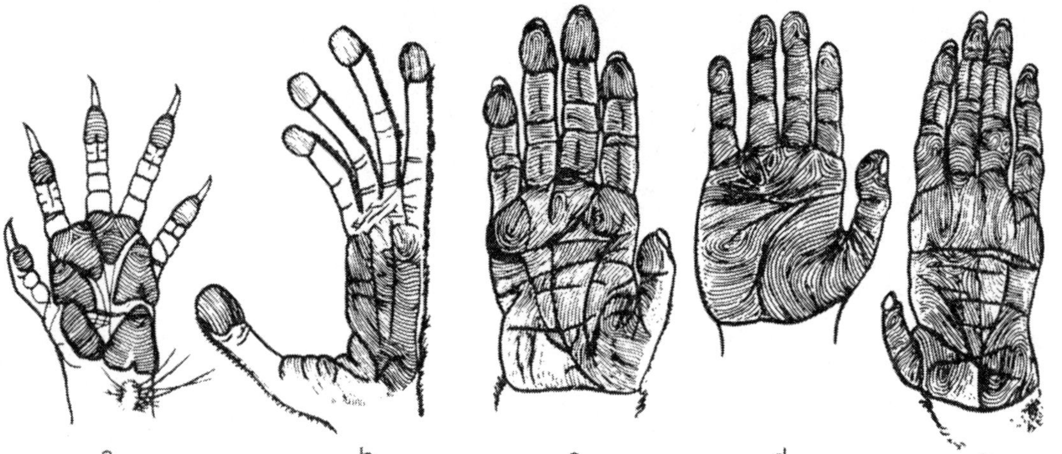

Abb. 178. Die Greifhand (Volaransichten) der Primaten (b—e) im Vergleich zu *Tupaia* (a); b) *Indri*, c) *Pan*, d) *Homo*, e) *Pongo*. Bei *Tupaia* Krallen, keine Greifhand. Bei Primaten opponierbarer Daumen von unterschiedlicher Länge. Sekundär verkürzt bei Schwingkletterern (Pongo). — Nach Biegert 1963

Prosimiae (Halbaffen: Lemuroidea, Lorisoidea, Tarsioidea und Omomyoidea)

Die Primaten werden auf Grund ihrer Evolutionshöhe in zwei Gruppen gegliedert, die Halbaffen und die Affen, doch sind innerhalb der Halbaffen mindestens zwei, bei den Affen sogar drei phyletische Stufen zu unterscheiden, die sich schon durch ihre Keimesentwicklung unterscheiden lassen [3396]. Da den Halbaffen jedoch nur primitive Merkmale gemeinsam sind,

*) Durch eine derartige Definition wären jedoch praktisch nicht nur die Spitzhörnchen (Tupaiidae), sondern auch verschiedene, nur fossil bekannt gewordene Gruppen (wie Plesiadapidae) von den Primaten auszuschließen. Bei den südamerikanischen Krallenäffchen (Callithricidae) ist das Krallenklettern zweifellos sekundär entstanden (vergleiche [261]).

erhebt sich die Frage, ob das jeweilige Organisationsniveau überhaupt natürlichen stammesgeschichtlichen Einheiten entspricht oder ob es sich nur um Stadien handelt, die durch annähernd gleiche Evolutionshöhe charakterisiert sind. Aber selbst innerhalb der Halbaffen lassen sich verschiedene Stufen feststellen. Sie führten einerseits zur Abtrennung der Subprimaten (= Para- oder Proprimaten [2863]) und fanden andererseits ihren Ausdruck in der Vereinigung von *Tarsius* und Simiae zur Gruppe der Haplorhini, im Gegensatz zu den übrigen (rezenten) Halbaffen, die man nach dem Bau der Nasenregion (mit Philtrum) als Strepsirhini bezeichnet (= *Tarsius*-Problem [Abb. 179 u. 180]). So bleibt die Frage: Sind die Halbaffen überhaupt eine stammesgeschichtliche Einheit? Nach Kaudern [1690] lassen sich nach den männlichen Geschlechtsorganen innerhalb der rezenten Halbaffen (außer *Tarsius*, den Kaudern nicht untersuchte) zwei Gruppen unterscheiden: die madagassischen (Lemuroidea) und die außermadagassischen Prosimiae (Lorisoidea).

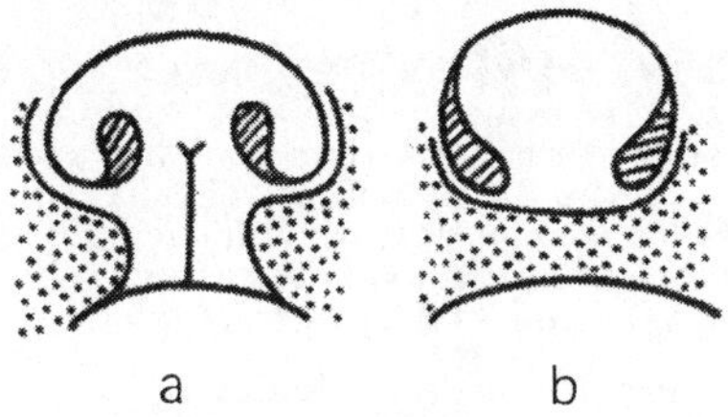

Abb. 179. Nasenregion bei Primaten; a) strepsirhine Ausbildung bei Lemuroidea und Lorisoidea; b) haplorhiner Typ bei *Tarsius* und Simiae. — Nach le Gros Clark aus Remane 1956

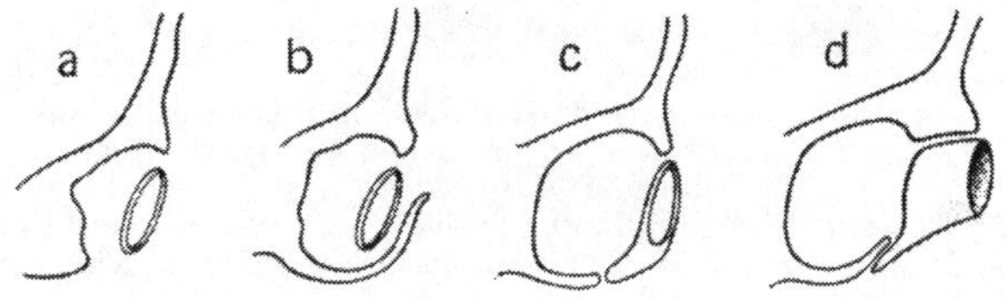

Abb. 180. Bulla und Tympanicum bei Primaten; a) primäres Ausgangsstadium mit unverknöcherter Bulla, b) Lemuroidea, Tympanalring in der Bulla eingeschlossen, c) Lorisoidea und Platyrrhina, Tympanalring bildet Teil der Bulla, d) *Tarsius* und Catarrhina, Tympanicum bildet knöchernen äußeren Gehörgang. — Nach le Gros Clark 1950

Auf die mit den sogenannten Subprimaten verknüpfte Problematik weist bereits die Einleitung und der Abschnitt Tupaioidea (Seite 153) hin, mit dem Ergebnis, daß die Tupaiiden sehr frühzeitig ihren stammesgeschichtlichen Eigenweg genommen haben, der seinen Ausdruck in der Organisation fand und damit die Abtrennung von den Primaten zweckmäßig erscheinen läßt (Abb. 181). Von den übrigen Subprimaten (im Sinne von Remane [2863]) sind die Plesiadapiden als hochspezialisierte Angehörige der ersten Primatenradiation zu betrachten. Ob die paleozänen Carpolestiden (mit plagiaulacoider Spezialisation des P_4) und die Paromomyiden (= Phenacolemuriden Simpson [3268]), die sich im Gebiß weitgehend primatoid verhalten, tatsächlich als Primaten zu klassifizieren sind, ist derzeit noch nicht mit Sicherheit zu beurteilen. Gemeinsam ist allen genannten Familien — wie auch den nach Hürzeler und McKenna als Insektenfresser (im weitesten Sinn) zu wertenden Apatemyiden, Microsyopiden und Mixodectiden — die Tendenz zur Diprotodontie durch Vergrößerung des vordersten Schneidezahnpaares unter Reduktion der übrigen und zur Ausbildung bisweilen bedeutender Diastemata zwischen Vorder- und Backengebiß. Allerdings kommt es nicht zur Ausbildung echter wurzelloser Nagezähne mit einseitiger Schmelzbedeckung, sondern nur zu Greifzähnen ähnlich einzelnen diprotodonten Beutlern (wie *Dactylopsila*), so daß das (ursprüngliche) Fehlen von echten Nagetieren nur schwerlich als Grund für die Entstehung dieses Gebißtyps angesehen werden kann. Alle diese Gruppen bilden phylogenetisch blind endende Stämme, die im Alt-Tertiär wieder erlöschen. Sie sind nicht die Stammformen der rezenten Halbaffen und daher auch nicht der Daubentoniiden, mit denen sie ursprünglich in Zusammenhang gebracht wurden [vgl. 19, 3406]. Da sich auch unter den Multituberculaten die Diprotodontie ausbildete, kann sie nicht

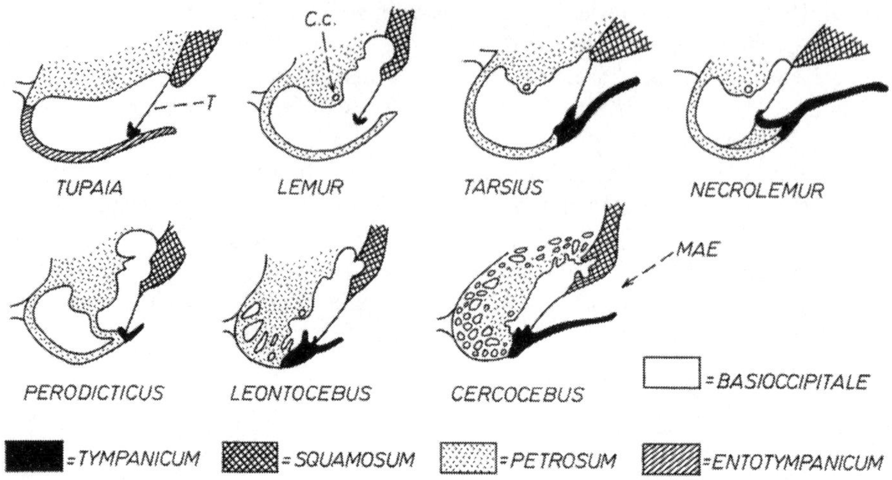

Abb. 181. Querschnitt durch die Paukenhöhle auf der Höhe des Meatus acusticus externus bei *Tupaia* und verschiedenen Primaten. Beachte unterschiedliche Ausbildung des (Ecto-) Tympanicum und verschiedene Zusammensetzung der Bulla bei *Tupaia* und den Primaten. Kombiniert und umgezeichnet nach van Kampen 1931 (*Lemur, Periodicticus, Leontocebus* und *Cercocebus*), Simons 1961 (*Tarsius* und *Necrolemur*) und van Valen 1965 (*Tupaia*)

C. c. = Canalis carotis *MAE* = Meatus acusticus externus
T = Membrana tympani

als Ausdruck näherer verwandtschaftlicher Beziehungen, sondern nur als mehrfach unabhängig voneinander entstandene Parallel- und Konvergenzerscheinung gewertet werden, wie dies vor allem Jepsen [1650] und Simpson [3237, 3268] gezeigt haben. Die Zuordnung der Carpolestiden und der Paromomyiden zu den Primaten erfolgt ausschließlich nach dem Molarengebiß, das von dem der Plesiadapiden nicht zu unterscheiden ist. Die Paromomyiden werden neuerdings als Angehörige der Anaptomorphiden klassifiziert [2973] und damit zur Wurzelgruppe der Tarsioidea gestellt (S. 187).

Die **Plesiadapiden**, die aus dem Paleozän und Eozän Nordamerikas und Europas bekannt sind, beurteilt man verschieden. Während sie Remane [2863] als Subprimaten klassifiziert und sie jedoch später [2869] als Basisstock der Primaten bezeichnet, stellen sie Simpson [3257], Fiedler [937] und Thenius & Hofer [3610] zu den Lemuriformes. Diese unterschiedlichen Auffassungen liegen in der Bewertung der einzelnen Merkmalskomplexe. Während das (Backen-) Gebiß und die Bulla (verknöcherte Bulla bei *Plesiadapis* aus Entotympanicum und Petrosum mit einem verknöcherten Meatus acusticus externus, den D. E. Russell [3967] als Ectotympanicum deutet)*), typisch primatenartig gebaut sind, müssen das Fehlen der Postorbitalspange, die in einer offenen Rinne des Petrosums verlaufende Art. promontoria und die seitlich abgeflachten und distal gespaltenen, das heißt mit Krallen versehenen Endphalangen als „insektenfresser"artig bezeichnet werden**). Derartige Heterochronien in der Ausbildung der einzelnen Merkmalskomplexe erschweren die Beurteilung der systematischen Zuordnung.

Der Schädel von *Plesiadapis tricuspidens* aus dem Ober-Paleozän Frankreichs ist flach (Abb. 182) mit breit ausladenden Jochbogen und besitzt einen kleinen, postorbital stark einge-

*) Allerdings besitzt die geologisch älteste und primitivste Gattung *Pronothodectes* aus dem Mittel-Paleozän keine knöcherne Bulla.

**) Russell [2969:115] weist darauf hin, daß die Phalangen denen fliegender Säugetiere (*Cynocephalus, Anomalurus, Schoinobates*) am ähnlichsten sind.

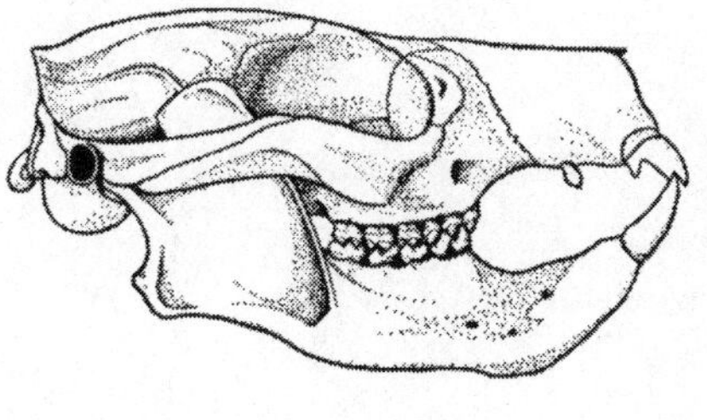

Abb. 182. *Plesiadapis tricuspidens*, Jung-Paleozän, Europa. Rekonstruktion des Osteocranium. Beachte Differenzierung des Vordergebisses, Diastemata und Fehlen einer Orbitalspange. (ca. 1/2) Nach D. E. Russell 1964

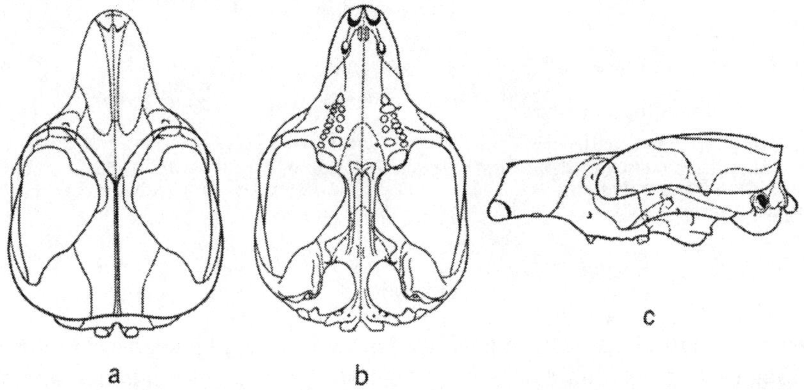

Abb. 183. *Plesiadapis tricuspidens*, Jung-Paleozän, Europa. Osteocranium in a) Dorsal-, b) Ventral- und c) Lateralansicht. Jochbogen durchsichtig gezeichnet. — Nach D. E. Russell 1964

schnürten Hirnschädel (Abb. 183). Die Prämaxillaria sind stark vergrößert und wesentlich an der Bildung der Schnauzenregion beteiligt, ähnlich den Apatemyiden und *Daubentonia*.

Das Gebiß ist im Zusammenhang mit der Diprotodontie stark reduziert $\left(\frac{2\ 1\ 3\ 3}{1\ 0\ 2\ 3}\right)$. Ausgedehnte Diastemata trennen das Vordergebiß vom Backengebiß (Abb. 184 u. 185). Der Bau des Gebisses, des Schädels und die Reduktion des medialen Astes der Carotis interna macht die Annahme wahrscheinlich, daß die Plesiadapiden der Wurzel der Rodentia nicht zu fern gestanden haben dürften [2209]. Als wichtigste Gattungen sind *Pronothodectes* (Mittel-Paleozän), *Plesiadapis* (= „*Notiodectes*") und *Chiromyoides* (Ober-Paleozän) sowie *Platychoerops* (Unter-Eozän) zu erwähnen*). Von *Pronothodectes* läßt sich *Plesiadapis* (mit den Stämmen *Plesiadapis* sensu strictu und *Ancepsoides* [2969]) und von dieser Gattung *Chiromyoides* und *Platychoerops* ableiten. Die Plesiadapiden waren vermutlich Baumkletterer nach Art der Hörnchen [3206a].

Die Plesiadapiden, einst als fossile Chiromyoidea (= Daubentonoidea) angesehen, zählen zu den Angehörigen der ersten, aus leptictoiden Insectivoren hervorgegangenen Radiation der Primaten. Wichtig erscheint, daß die Gehörregion nicht lemuroid gebaut ist, sondern eher Anklänge an „höhere" Primaten erkennen läßt. Bevor jedoch weitere Vertreter dieser frühen Aufspaltung (Omomyidae und Anaptomorphidae) besprochen seien, wollen wir uns den Lemuroidea zuwenden.

*) *Megachiromyoides* Weigelt ist nach Stehlin & Schaub [3418] kein Plesiadapide, sondern ein Angehöriger der Rodentia, der in die Synonymie von *Aeluravus* Ruetimeyer fällt.

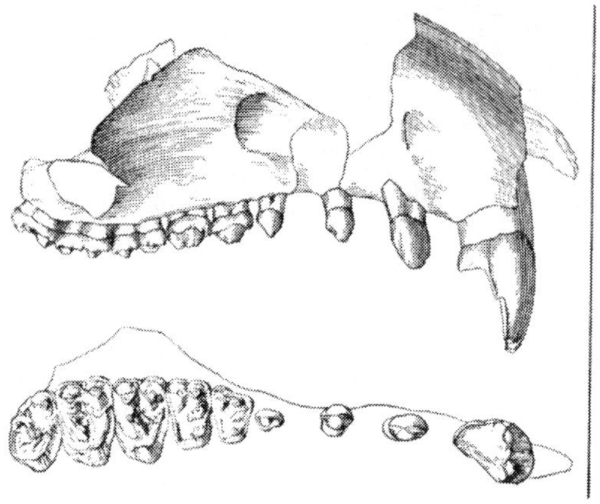

Abb. 184. *Plesiadapis gidleyi*, Jung-Paleozän, Neu-Mexiko (USA). Oberkieferfragment dext. mit I—M^3, Lateral- (oben) und Ventralansicht. (ca. 2/1) Nach SIMPSON 1935

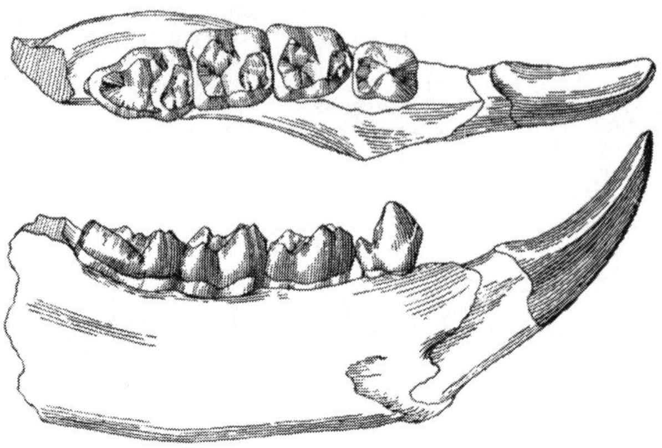

Abb. 185. *Plesiadapis anceps*, Jung-Paleozän, Montana. Mandibel sin. mit I, P_4—M_3, Aufsicht oben und Lingualansicht. (ca. 3/1) — Nach SIMPSON 1936

Lemuroidea

Die rezenten Lemuroidea sind ausschließlich auf Madagaskar beschränkt. Nach dem morphologisch-anatomischen Bau sind sie — wenn wir von den Tupaioidea absehen — wohl als primitivste Primaten zu bezeichnen, doch zeigen verschiedene Besonderheiten (so die Spezialisation des Vordergebisses und die Placentation [2863, 3386], daß es sich nicht um die Stammformen der Simiae handelt. Dies gilt auch für die fossilen Lemuroiden, die durch zahlreiche Reste aus dem Eozän Nordamerikas und Europas bekannt geworden sind. Dies sind die **Adapiden** (einschließlich der Notharctiden)*), von denen nicht nur Kiefer- und Schädelreste (Abb. 186), sondern auch das postcraniale Skelett *(Notharctus)* vorliegt, so daß diese Fossilformen heute eine der bestbekannten fossilen Halbaffengruppen darstellen (Abb. 187). Nach unserer gegenwärtigen Kenntnis lassen sich zwei Stämme unterscheiden, die Adapiden in Europa und die Notharctiden in Nordamerika — indem in beiden Linien eine divergierende Entwicklung einzelner Merkmale festzustellen ist [1089, 1177]. Ob eine Abtrennung als Familien, wie sie verschiedentlich durchgeführt wird — [1086, 1089, 3196], nicht aber [3199] — notwendig ist, erscheint diskutabel. Über die unmittelbaren Vorfahren dieser bisher nur aus dem Eozän bekannt gewordenen Prosimier lassen sich nur Vermutungen äußern. Nach GAZIN [1086] liegt

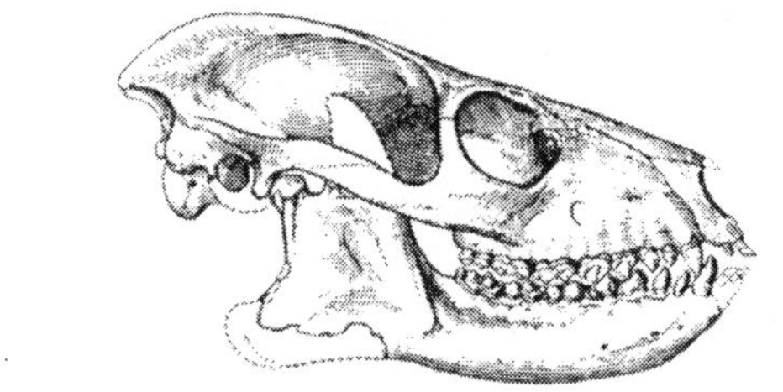

Abb. 186. *Notharctus osborni* (Adapidae), Mittel-Eozän, Nordamerika. Osteocranium. Lateralansicht. Vordergebiß nicht lemurid. (ca. 3/5) — Nach GREGORY 1920

*) Neuerdings trennen RUSSELL, LOUIS & SAVAGE [2973] die neuweltlichen Formen wieder als Notharctidae ab und reihen *Cantius* aus dem europäischen Eozän hier ein.

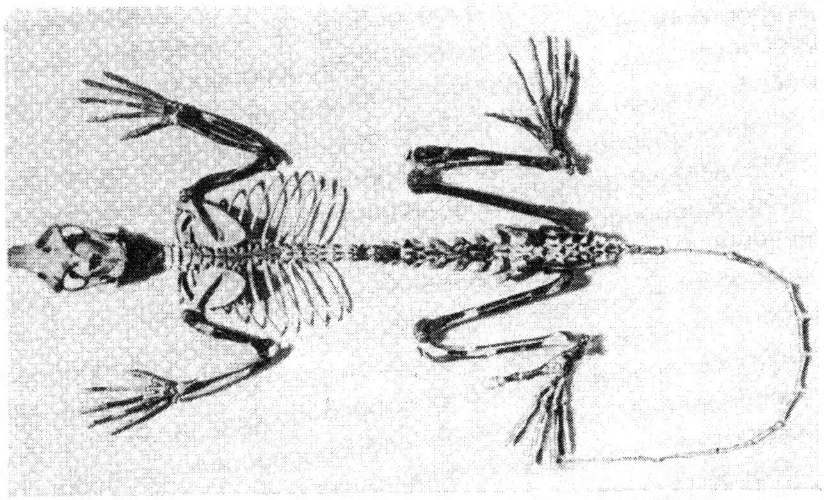

Abb. 187. *Notharctus osborni*, Mittel-Eozän, Wyoming. Skelettrekonstruktion. Beachte Extremitäten-Proportionen, opponierbaren 1. Strahl; Tarsalelemente nicht verlängert. (ca. 1/5) — Nach GREGORY 1920

das Entstehungszentrum der Lemuroidea in der Alten Welt; die Notharctiden sind erst im Eozän nach Nordamerika gelangt. GREGORY [1177] sah in den nordamerikanischen Notharctiden die Stammformen der Platyrrhinen, doch ist man heute von dieser Vorstellung abgekommen (Seite 191). Aber auch die Ableitung der madagassischen Lemuren von den Adapiden stößt auf Schwierigkeiten, so daß weitere Fossilfunde abzuwarten sind. Dennoch lassen sich die Adapiden als generalisierte Halbaffen ansehen. Der mehr oder weniger langgestreckte Schädel zeigt einen mäßig entwickelten Fazialabschnitt, einen relativ kleinen Hirnschädel mit meist kräftigem Sagittalkamm und kleinen, weitgehend seitlich gerichteten Orbitae, die durch eine knöcherne Spange abgeschlossen werden. Die Gehörregion ist lemuriform gebaut, indem die Bulla das Tympanicum umschließt. Das Gebiß ist fast vollständig $\left(\frac{2\ 1\ 4\ 3}{2\ 1\ 4\ 3}\right)$ und ursprünglich gebaut, indem das Vordergebiß nicht die für die rezenten Lemuren (Abb. 188) charakteristische Umformung erfahren hat (kein Kammgebiß, vordere P inf. nicht als Antagonisten der C sup.). Das Gehirn (Endocranialausguß) von *Adapis parisiensis* erscheint ursprünglicher als das von *Microcebus* und steht nach LE GROS CLARK [2086] morphologisch zwischen *Tupaia* und *Microcebus*. Die Großhirnhemisphären sind kurz, die Bulbi olfactorii jedoch „gestielt“ und relativ größer als bei

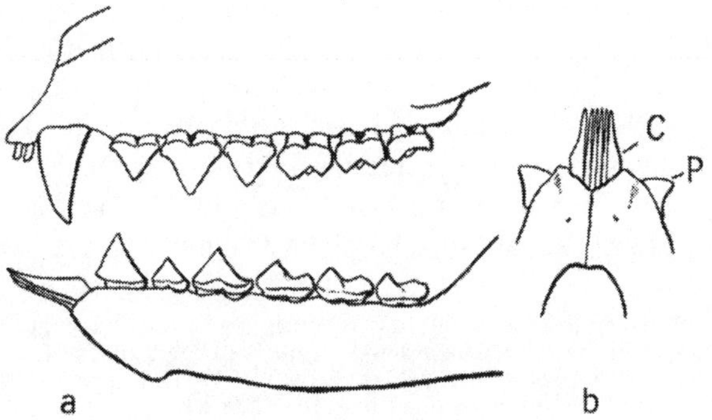

Abb. 188. Lemurengebiß *(Lemur)* mit typischer Spezialisierung der Vorderzähne. I inf. und incisiviformer C bilden das Kammgebiß. P_2 (P) als Antagonist des C sup. a) Lateral-, b) Vorderansicht. Nach LE GROS CLARK 1958

diesen Formen, so daß der Vergleich nach HOFER [1475] nicht ganz zutrifft, ohne daß jedoch von einem Makrosmatiker gesprochen werden kann. Die Temporallappen sind sehr voluminös. Eine beginnende Gyrifizierung zeichnet sich ab. Das Gehirn kann jedenfalls als ancestrales Stadium der Lemuroidea gelten, doch hält HOFER [1475] eine direkte Ableitung der rezenten Lemuren nicht für möglich. Demgegenüber erscheint das Gehirn von *Smilodectes gracilis* aus dem Mittel-Eozän Nordamerikas etwas verkürzt und mit voluminöseren Großhirnhemisphären ausgestattet, an denen sich gleichfalls eine Furchenbildung abzuzeichnen beginnt [1089].

Das postcraniale Skelett von *Notharctus* ist lemuroid gebaut, jedoch etwas plumper, mit typischen Greifhänden und -füßen [1177]. Die Adapiden waren zweifellos Stemmgreifkletterer und müssen dem Intermembralindex nach gute Springer gewesen sein (Hinterextremität länger als Vorderextremität), ohne daß jedoch eine Verlängerung des Tarsus eingetreten ist.

Unter den europäischen Adapiden lassen sich mehrere Stämme unterscheiden, zum Beispiel *Pronycticebus, Protoadapsis, Anchomomys, Adapis* und *Gesneropithecus* [3196]. Von den nordamerikanischen Gattungen sind *Pelycodus, Smilodectes* und *Notharctus* zu nennen.

Pronycticebus aus dem Mittel-Eozän wurde ursprünglich mit Tarsioidea in Verbindung gebracht, wie man auch Beziehungen zu Lorisoidea *(Nycticebus)* annimmt, da die Gehörregion lorisid gebaut ist (SIMONS [3196]). Die großen Orbitae sprechen für die Entwicklung zu großäugigen Nachttieren [3610], ohne daß damit direkte Affinitäten zu den Lorisartigen gegeben sein müssen. Unter Berücksichtigung des geologischen Alters des Mosaikmodus der Entwicklung und verschiedener Proportionsverschiebungen stehen immerhin die Adapiden der Wurzelgruppe der rezenten Lemuroidea recht nahe. Einzelne Merkmale der rezenten Lemuriden, die ursprünglicher erscheinen als bei den Adapiden, sind funktionell bedingt (so die offene Unterkiefersymphyse). Nach SIMONS [3199:89] sind die Adapiden mit den Omomyiden (Seite 188) auf gemeinsame mittel- (bis jung-) paleozäne Stammformen zurückzuführen. Reste von Adapiden sind bisher nicht aus post-eozänen Schichten bekannt geworden.

Eine Zusammenfassung der Adapiden (einschließlich Notharctiden) mit den Plesiadapiden und den Paromomyiden zu einer Überfamilie Perilemuroidea, wie sie CRUSAFONT [657] vorschlägt, wird den verwandtschaftlichen Beziehungen nicht gerecht.

Von den übrigen alt-tertiären Halbaffen dürfte lediglich *Lantanius* aus dem (?) Ober-Eozän von Shensi (China) als Adapide zu klassifizieren sein, der auf einem bezahnten Maxillarfragment beruht [543]. Dieser Rest belegt die praktisch einst holarktische Verbreitung dieser Halbaffengruppe. Nach VON KOENIGSWALD [1807] dürfte auch *Amphipithecus* aus dem Ober-Eozän von Burma [584] ein Angehöriger der Lemuroidea sein. Jedenfalls seien die Grundlagen zu gering, um *Amphipithecus**) den Hominoidea einzuordnen. *Adapidium* aus dem Alt-Tertiär von Shansi [3973] ist nach GAZIN [1081:32] ein Tillodontier, und auch *Pondaungia* aus dem Ober-Eozän von Burma [2685] dürfte nach VON KOENIGSWALD [1807], der die Originalreste untersuchen konnte, ein Condylarthre sein.

Die übrigen alt-tertiären Halbaffen wollen wir erst im Zusammenhang mit den Tarsioidea und den Simiae besprechen. Weitere Reste ausgestorbener Lemuroidea sind bisher nur aus eiszeitlichen und frühholozänen Ablagerungen Madagaskars bekannt geworden; sei seien im Zusammenhang mit den rezenten Arten besprochen.

Die rezenten Lemuroidea, die auf Madagaskar und die Komoren *(Lemur)* beschränkt sind, lassen sich auf drei Familien (Lemuridae, Daubentoniidae und Indriidae) verteilen, die in

---

*) Nach SIMONS [3199:104] ist zwar eine Ähnlichkeit im Bau des P_4 und M_1 mit *Oligopithecus* vorhanden, doch beruht sie auf gemeinsamen primitiven Merkmalen. Die für *Oligopithecus* charakteristische Verlängerung des P_3 fehlt *Amphipithecus*. REMANE [2869:31] reiht *Amphipithecus* zur Basisgruppe der Simiae. Es könnte sich um fortschrittliche Omomyiden handeln [3206b].

Organisationshöhe und Spezialisationsgrad beträchtliche Unterschiede zeigen. Die **Lemuriden** verhalten sich in der Mehrzahl der Merkmale primitiv, während *Daubentonia* der spezialisierteste Typ ist. Die Gehörregion ist einheitlich gebaut, die Bulla wird vom Petrosum gebildet, das (Ecto-) Tympanicum ist als Annulus tympanicus entwickelt. Der Encephalisationsgrad ist nach Stephan & Bauchot [3440] bei den Wiesel- und Halbmakis (*Lepilemur* und *Hapalemur*) am geringsten, beim Fingertier (*Daubentonia*) am größten und fällt damit in den Bereich der Affen (Platyrrhina), während sich die Cheirogaleinae intermediär verhalten. Allerdings scheint innerhalb engerer Verwandtschaftsgruppen ein Zusammenhang zwischen Tag- beziehungsweise Nachtaktivität zu bestehen, indem tagaktive Arten ein relativ höheres Gehirngewicht besitzen [3440]. Die Neocortisation zeigt etwas verschiedene Werte (im Vergleich zu basalen Insectivoren), doch übersteigt auch hier *Daubentonia* die Werte der niederen Platyrrhinen, wie die folgende Liste*) nach Stephan [3433] zeigt:

Tupaiidae	8,4	*Daubentonia*	33
Lepilemur	10,0	*Aotes*	34
Cheirogaleinae	12,0	*Colobus*	40
Indridae	16	*Cercopithecus*	55
Galagidae	17	*Cebus*	62
Lorisidae	18	*Macaca*	75
Tarsiidae	23	*Ateles*	79
Lemur, Halapemur	25	*Pan*	84
Hapalidae (= Callothricidae)	28	*Homo*	214

Wie bereits aus diesen Werten hervorgeht, verhalten sich die Lemuriden recht verschieden. So kommt den Mausmakis (Cheirogaleinae: *Cheirogaleus* und *Microcebus*) nicht nur als Zwergformen, sondern auch durch eine Reihe besonders primitiver Merkmale (zum Beispiel Gehirn, Abb. 189) eine gewisse Sonderstellung zu, die für eine frühzeitige Abspaltung spricht, so daß

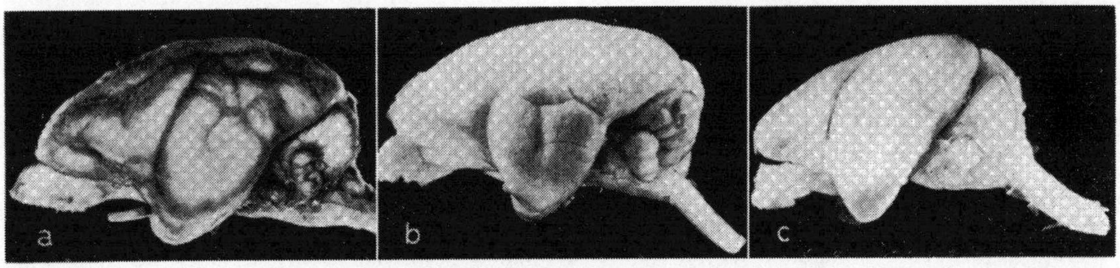

Abb. 189. Gehirne verschieden großer Halbaffen (Lateralansicht); auf gleiche Größe gebracht; a) *Galago crassicaudatus*, b) *G. senegalensis*, c) *Microcebus murinus*. *Microcebus* besitzt als kleinste Gattung das primitivste rezente Halbaffengehirn: lissencephaler Neocortex, gering entwickelter Stirnlappen, relativ großes und nur wenig vom Cerebrum überdecktes Cerebellum. — Nach Hofer 1962

Hill [1438] eine Abtrennung als eigene Familie für möglich hält. Unterschiede in der Placentation stehen allerdings mit der Körpergröße in Zusammenhang. Verschiedene „tarsioide" Merkmale (Verlängerung des Protarsus, Abb. 199 auf Seite 183), Vergrößerung der Augen, Bau der äußeren Ohren) stehen mit ihrer Sprungfähigkeit und der ausgesprochen nächtlichen Lebensweise in Zusammenhang (vergleiche Starmühlner [3399]). Die Mausmakis können als Modellbeispiel für die Entwicklung „galagoider" Typen aus primitiven lemurinen Formen

*) In der Aufstellung sind selbstverständlich die Archaeolemurinen nicht berücksichtigt, die rein morphologisch das Simiae-Stadium erreicht haben.

gelten [3610] und damit als Parallelentwicklung zu den Galagos und verschiedenen Fossilformen (wie *Hemiacodon*). Im Gebiß verhalten sie sich völlig lemurid, die Zahnformel entspricht mit $\frac{2\,1\,3\,3}{2\,1\,3\,3}$ der primitiver Lemurinae. Fossile Cheirogaleinae sind bisher nicht bekannt geworden.

Die durch mittelgroße Arten vertretenen Lemurinae (*Lemur* [einschließlich *Pachylemur*], *Hapalemur*, *Lepilemur*) zeigen weniger auffällige Spezialisationen als die Cheirogaleinae (keine „galagoide" bzw. „tarsioide" Verlängerung der Tarsalia, Spermien ähnlich den Insektenfressern), doch unterscheiden sich die einzelnen Gattungen durch verschiedene „trends", der bei *Lepilemur* (sensu strictu) unter Verstärkung der Eckzähne zum völligen Verlust der I sup. und damit zur Zahnformel $\frac{0\,1\,3\,3}{2\,1\,3\,3}$ führt und auch zu einer Verkürzung des Schwanzes. Außer einigen ausgestorbenen *Lemur* (= *Pachylemur*)-Arten ist auch eine fossile Gattung *Prohapalemur* aus Madagaskar beschrieben worden, die durch stärkere Molarisierung der Prämolaren charakterisiert ist. Stammesgeschichtlich sind jedoch diese Funde bedeutungslos.

Bemerkenswert ist der Nachweis richtiger Riesenlemuren (*Megaladapis*) aus Madagaskar. Der Schädel dieser erst in historischer Zeit [3373] ausgestorbenen Halbaffen erreichte bei *Megaladapis edwardsi* eine Länge von über 30 cm. Der Gesichtsschädel ist gestreckt, der Gehirnschädel schmal, jedoch — unter Berücksichtigung der durch die absolute Größe gegebenen Unterschiede — durchaus lemurenartig gebaut. Das Vorhandensein dolichocephaler und brachycephaler Schädelformen deutet auf eine ähnliche Variabilität wie beim jungeiszeitlichen Höhlenbären hin (Abb. 190). Das Gebiß entspricht nach der Zahnformel und morphologisch

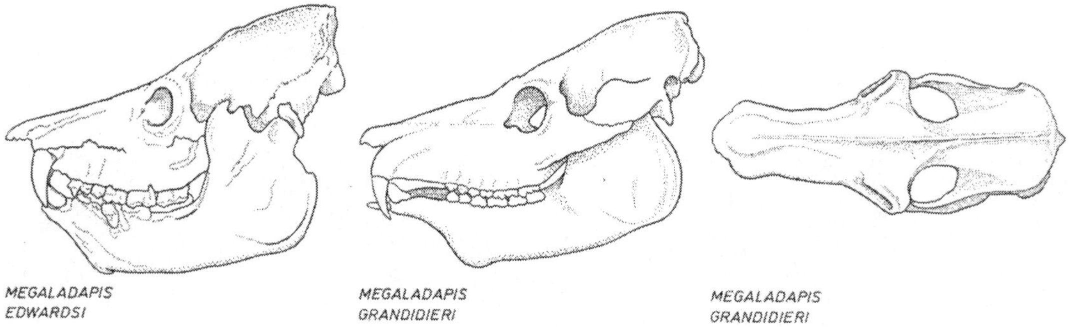

Abb. 190. Schädel des ausgestorbenen madagassischen Riesenhalbaffen *Megaladapis* (Lemuridae). *Megaladapis edwardsi*, Lateralansicht; *grandidieri* mit typischem dolichocephalem Osteocranium in Seiten- und Dorsalansicht. (Stark verkleinert) — Nach Remane 1956, umgezeichnet

dem von *Lepilemur*, doch sind die $M\frac{2-3}{2-3}$ allometrisch vergrößert [3588]. *Megaladapis* war ein ausgesprochener Pflanzenfresser und, nach der geringen Größe der Orbitae zu schließen, wohl tagaktiv. Die Symphyse ist im Gegensatz zu den rezenten Lemuriden koossifiziert. Bemerkenswert ist das Gehirn, das im Verhältnis zur Vergrößerung des Osteocraniums klein geblieben ist. Es ist durch die gestielten Bulbi olfactorii gekennzeichnet, die man durch die „Schädelzerrung" im Verlauf der Stammesgeschichte erklären kann [1467] (Abb. 191). Der Furchenverlauf des Endocranialausgusses ist dem von *Lemur* sehr ähnlich. Die Vergrößerung des Nervus ophthalmicus bringt Hofer [1467] mit weichteiligen Nasenaufsätzen in Verbindung, wofür auch die Gestalt und Oberfläche der Nasalia zu sprechen scheinen, während Lorenz von Liburnau [2153] eher an eine besondere Entwicklung und Beweglichkeit der äußeren Nase und der Lippen denkt. *Megaladapis* war ein ausgesprochener Baumbewohner, wie die typischen Greif-

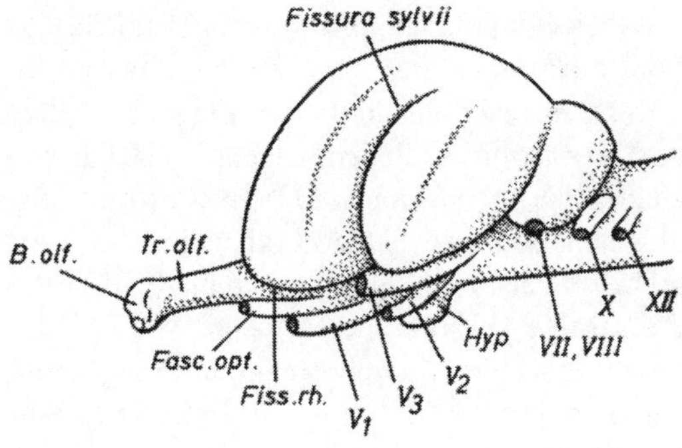

Abb. 191. Gehirn von *Megaladapis edwardsi* (Lemuridae). Schematische Rekonstuktion nach Endocranialausgüssen. Beachte den durch Vergrößerung des Schädels verlängerten Tractus olfactorius (Tr. olf.) und den Bulbus olfactorius sin. (B. olf.). (Verkleinert) — Nach HOFER 1953

Fasc. opt. = Fasciculus opticus
Fiss. rh. = Fissura rhinalis
Hyp = Hypophyse
V_{1-3}, *VII*, *VIII*, *X* und *XII* = Nervenaustritte

extremitäten und die Gestalt und Proportionierung der Phalangen erkennen lassen [2012]. Bei bodenbewohnenden Primaten kommt es zur Verkürzung der Phalangen und zur Einschränkung der Opponierbarkeit der Großzehe. Eine (semi-)aquatische Lebensweise, wie sie SERA [3153a] und HILL [1438] vermuten, ist nicht nur auf Grund morphologischer Kriterien, sondern auch nach dem Vorkommen in Höhlen auszuschließen [3989]. Der hohe Intermembralindex (121.7), der mit den Werten*) von Schwingkletterern übereinstimmt, ist durch die Verkürzung der Hinterextremität bedingt und nicht durch Verlängerung der Vordergliedmaßen [3989]. Der Schwanz ist kurz.

Die taxonomische Beurteilung der Megaladapiden ist nicht einheitlich. Erscheinen auch die Unterschiede gegenüber den rezenten Lemuriden beträchtlich, so handelt es sich doch nur um einen modifizierten Lemurentyp, der weniger stark von *Lemur* abweicht als die Cheirogaleinae. *Megaladapis* ist als Abkömmling primitiver Lemuren anzusehen, ähnlich *Lepilemur*, mit sekundär verkürzten und verbreiterten Gliedmaßen [1176]. Unter Berücksichtigung der aus der Schädel- und Gebißanalyse gewonnenen Erkenntnis, daß die Größenzunahme recht rasch erfolgt sein muß [3610], erscheint eine verhältnismäßig späte Abspaltung vom Lemurinenstamm wahrscheinlich. Da die morphologischen Merkmale eine Abtrennung als eigene Familie nicht rechtfertigen, ist dieser ausgestorbene Stamm der Lemuren nur als Unterfamilie der Lemuriden bewertet, der den Lemurinae näher stand als den Cheirogaleinae (Abb. 192).

Als wesentlich aberranter und stammesgeschichtlich besonders bemerkenswerter Typ ist das Fingertier *(Daubentonia madagascariensis)* zu betrachten, der einzige lebende Angehörige der **Daubentoniidae.** Das Fingertier wurde ursprünglich wegen seines Nagergebisses als Rodentia klassifiziert (Abb. 3 auf Seite 2); nachdem man später die Primatennatur von *Daubentonia* erkannte, wurden verschiedene Fossilformen (*Eochiromys*, *Chiromyoides* und andere) als mehr oder weniger entfernte Verwandte dieser Gattung angesehen. Erst die Untersuchungen von JEPSEN und SIMPSON haben gezeigt, daß die Diprotodontie bei den Fossilformen als Konvergenz- und Parallelentwicklung zu *Daubentonia* aufzufassen ist. Beim Fingertier sind echte, einseitig schmelzbedeckte Nagezähne vorhanden, und auch das Backengebiß ist stark reduziert, so daß die Zahnformel $\frac{1\ 0\ 1\ 3}{1\ 0\ 0\ 3}$ lautet. Das Milchgebiß $\left(\frac{2\ 1\ 2}{2\ 0\ 2}\right)$ ist ursprünglicher und zeigt in den Milchmolaren lemuroiden Bau. Die Spermien gleichen denen von *Lemur* [179, 2885]; auch nach der Ausbildung der männlichen Geschlechtsorgane schließt sich *Daubentonia* an die Lemurinae an [1690]. Die krallenähnlichen Kuppennägel (außer am Hallux), der schlanke, mit stark verlängerten Metacarpale und Grundphalangen versehene Mittelfinger, die großen Augen, die den

*) Werte nach SCHULTZ [3043, 3097]: *Pan* .. 105.3, *Ateles* .. 108.1, *Gorilla* .. 115.5, *Hylobates* .. 132.2, *Pongo* .. 143.6, *Symphalangus* .. 148.9.

Galagos ähnlichen Faltohren (nachtaktiv) und die Ausbildung des Gehirns zählen zu weiteren Spezialisationen des Fingertieres. Das große Gehirn zeigt den höchsten Encephalisationsgrad unter den rezenten Halbaffen (Seite 173) bei stark reduzierten und gänzlich unter den Stirnpolen der Hemisphären liegenden Riechkolben, wie es für Neonaten charakteristisch ist [1471]. Das Gehirn ist nach Starck [3380] nur vom Lemurentyp her verständlich. Das von den Lemuriden abweichende und entfernt an primitive Carnivoren erinnernde Furchungsmuster des Gehirns steht im Zusammenhang mit dem Cephalisationsgrad und den funktionellen Erfordernissen für das riesige Nagegebiß; es ist nicht phylogenetisch zu verstehen [1469, 3380, 3391]. Dies gilt selbstverständlich auch für die Spezialisierung des Mittelfingers, die auch bei *Dactylopsila* unter den Beutlern auftritt und in Zusammenhang mit der Art der Nahrungssuche und Nahrungsaufnahme steht. Der Bau der Extremitäten (Muskulatur und anderes) entspricht dem der Lemuroidea [1660].

Die Fossilfunde (*D. robusta* aus dem madagassischen Quartär als Großform) geben keine Hinweise über die stammesgeschichtliche Herkunft. *Daubentonia* kann als besonders hoch spezialisierter Abkömmling primitiver Lemuriden angesehen werden (siehe auch Biegert [256]). Eine Abtrennung als eigene Unterordnung (Daubentonioidea) ist nicht gerechtfertigt.

Die dritte Gruppe unter den madagassischen Halbaffen bilden die **Indriidae** mit den Gattungen *Indri, Avahi (=Lichanotus)* und *Propithecus* mit hauptsächlich großen Arten. Sie wirken durch ihren meist kurzen Gesichtsschädel und mit dem großen, runden Gehirnschädel viel affenähnlicher als die langschnauzigen Lemuren. Das Ohrskelett ist lemuroid gebaut, das Gebiß ist stärker reduziert $\left(\frac{2\;1\;2\;3}{2\;0\;2\;3}\right)$*), das Vordergebiß als Kammgebiß entwickelt und die Molaren zeigen die Tendenz zur Selenodontie, wie sie in ähnlicher Weise bei *Phascolarctos* herrscht. Die Tiere sind vorwiegend Blattfresser; im Zusammenhang damit ist der Magen sehr voluminös und zeigt bei *Propithecus* deutlich die Tendenz zur Sacculierung [1443a]. Kennzeichnend ist ferner die bedeutende Länge der Hinterextremitäten, die in Zusammenhang mit der vertikal-kletternden Lebensweise steht. Der Intermembralindex verhält sich weitgehend gleich, wie aus den folgenden Werten (nach A. H. Schultz [3095] und Carleton [490]) hervorgeht:

Microcebus	88,0— 98,9	*Propithecus*	146,0
Lemur	96,6—129,9	*Indri*	146,9
Archaeolemur	101,4	*Tarsius*	178,4
Avahi	141,2		

Die relative Beinlänge wird nur von *Tarsius* bedeutend übertroffen. Da innerhalb der rezenten Indriiden keine einheitlichen Tendenzen in der Spezialisierung der verschiedenen Merkmalskomplexe feststellbar sind, kann man nur schwer von primitiveren und spezialisierteren Indriiden sprechen.

Abgesehen von der etwas größeren subfossilen Art *Propithecus verreauxoides* sind eine Reihe weiterer Indriiden aus Madagaskar bekannt, die einen Einblick in die einstige und erst in historischer Zeit ausgestorbene Formenfülle geben. Sie sind als *Palaeopropithecus, Mesopropithecus, Neopropithecus* und *Archaeoindris* beschrieben worden. Die Gebißformel entspricht der

*) Nach dem Milchgebiß und embryologischen Untersuchungen ist die Auffassung, daß im Dauergebiß der Unterkiefereckzahn reduziert wurde, wahrscheinlicher als der Verlust des zweiten Schneidezahnpaares [3364].

Abb. 192 (rechts). Die vermutlichen stammesgeschichtlichen Zusammenhänge der Primaten I. Prosimiae und Platyrrhina. *Callimico* als Callithricide aufgefaßt, *Megaladapis* als spezialisierter Lemuride. Die Stammformen der Platyrrhinen bilden die Omomyiden

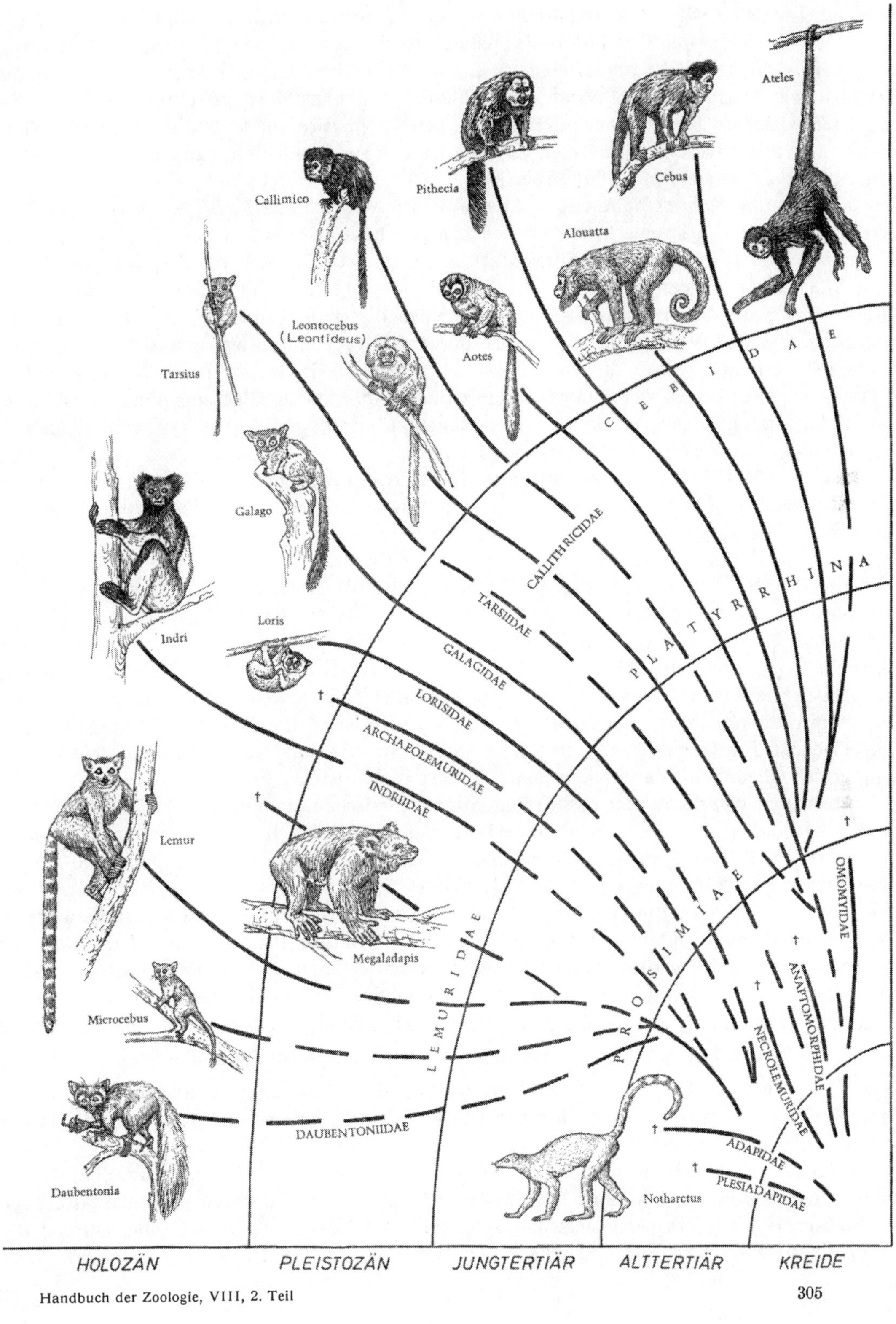

Ateles
Cebus
Pithecia
Callimico
Alouatta
Leontocebus
(Leontideus)
Aotes
Tarsius
Galago
Indri
Loris
Lemur
Megaladapis
Microcebus
Daubentonia
Notharctus
CEBIDAE
CALLITHRICIDAE
TARSIIDAE
GALAGIDAE
LORISIDAE
ARCHAEOLEMURIDAE
INDRIIDAE
LEMURIDAE
DAUBENTONIIDAE
PLATYRRHINA
PROSIMIAE
OMOMYIDAE
ANAPTOMORPHIDAE
NECROLEMURIDAE
ADAPIDAE
PLESIADAPIDAE
HOLOZÄN
PLEISTOZÄN
JUNGTERTIÄR
ALTTERTIÄR
KREIDE

rezenter Indriiden. Während *Neopropithecus* und *Mesopropithecus* der Gattung *Propithecus* nahe stehen, *Mesopropithecus pithecoides* jedoch durch einige simiide Züge (Schädel, Extremitäten) abweicht, fällt *Palaeopropithecus (=„Megalindris")* beträchtlich aus dem Rahmen. Der Schädel von *Mesopropithecus* erinnert durch die stark nach vorn gerichteten Orbitae, den mäßig entwickelten Kieferschädel, den großen, gewölbten Hirnschädel und die reduzierte Bulla auditiva an primitive Cercopithecinen [2979]. Das Gehirn ist jedoch lemurenartig und nicht als affenähnlich zu bezeichnen [2086] (Abb. 195).

Die Gattung *Palaeopropithecus* — in zwei Arten bekannt, die Schädellängen bis zu 20 cm erreichen — ist eine der bemerkenswertesten ausgestorbenen Gruppen unter den madagassischen Halbaffen. Der gestreckte, postorbital stark eingeschnürte Schädel, die Stellung der Hinterhauptsfläche, das Fehlen einer knöchernen Bulla, die Stellung und Umrahmung der kleinen Orbitae sowie die Form der Nasalia unterscheiden diesen Riesenhalbaffen von den übrigen Indriiden. Das Gehirn ist lemuroid und nur durch die Kopftopik etwas modifiziert. Besonders bemerkenswert sind jedoch die Extremitätenknochen, die in vieler Hinsicht (Proportionen, Stellung der Gelenkköpfe von Humerus und Femur, Reduktion des Olecranon ulnae, Ausbildung der Metapodialphalangealgelenke) an Baumfaultiere (Bradypodiden) erinnern und auch zu Bezeichnungen isolierter Extremitätenknochen wie *„Bradytherium madagascariense"* geführt haben [490, 1160]. Die Reduktion seitlicher Bewegungen der Finger und Zehen, die somit zu Haken geworden sind, die Beschaffenheit der proximalen Gelenkköpfe des Basipodiums und die Stellung des Kopfes zur Wirbelsäule lassen den Schluß zu, daß *Palaeopropithecus* eine den Baumfaultieren ähnliche hängende Lebensweise auf Bäumen führte. *Palaeopropithecus* ist das „Faultier" unter den madagassischen Halbaffen. Damit ist zugleich auch das wiederholt behauptete Vorkommen von Faultieren in Madagaskar geklärt (vergleiche Standing [3373]). Eine aquatische Lebensweise, wie sie Sera [3153a] vertritt, ist völlig abzulehnen. Ein Vergleich mit dem Orang unter den Affen [2014] ist ebenso unzutreffend wie jener mit den Loris und *Pottos*, da es sich bei den Lorisiden um Greifzangenkletterer handelt. Bemerkenswert erscheint in diesem Zusammenhang, daß es auch zwischen den rezenten Lorisiden und Bradypodiden zu verschiedenen Konvergenzerscheinungen in anatomisch-physiologischer Hinsicht (Retia mirabilia in den Gliedmaßen durch Hängeklettern) gekommen ist [3496].

Abgesehen von den bisher besprochenen madagassischen Halbaffen ist noch eine weitere, phylogenetisch nicht weniger beachtenswerte Gruppe zu nennen, die taxonomisch nicht einheitlich beurteilt wird: die gleichfalls subfossilen **Archaeolemuriden** mit *Archaeolemur* und *Hadropithecus*, die von Anfang an durch ihre Affenähnlichkeit (Brachycephalie und so weiter) auffielen. Das Größenverhältnis zwischen Hirn- und Gesichtsstellung, die nach vorn gerichteten Orbitae, die bilophodonten Molaren und die meißelförmigen Incisiven sind Merkmale, die durchaus affenähnlich wirken und an Cercopitheciden erinnern (Abb. 193 u. 194). Sie haben nach Piveteau [2721] in der Cerebralisation ein simiides Stadium erreicht. Allerdings sind die Lage des Gehirns, die Ohrregion und die Gebißformel prosimiid oder lemuroid. Die Zahnformel ist mit $\frac{2\ 1\ 2\ 3}{2\ 0\ 3\ 3}$ weniger reduziert als bei den Indriiden. Die Kombination weiterer Merkmale (wie Reduktion der C, postorbitale Einschnürung, kurze Nasalia, schneidend entwickelte Prämolaren) zeigt, daß es sich um einen eigenen Stamm innerhalb der Halbaffen handelt, der als Parallelentwicklung zu den Affen anzusehen ist. Auch Einzelmerkmale beweisen dies deutlich. Die meißelförmigen Incisiven besitzen an der Vorderseite verstärkten Schmelz, die Bilophodontie ist durch zusätzliche Längsjoche an den M inf. und das Gehirn durch prosimierhafte Züge von denen der Cercopitheciden verschieden [2086, 2088, 2722]. Das Gehirn überschreitet die Größe eines Makakengehirnes und erhebt sich durch die stärkere Entwicklung und Furchung

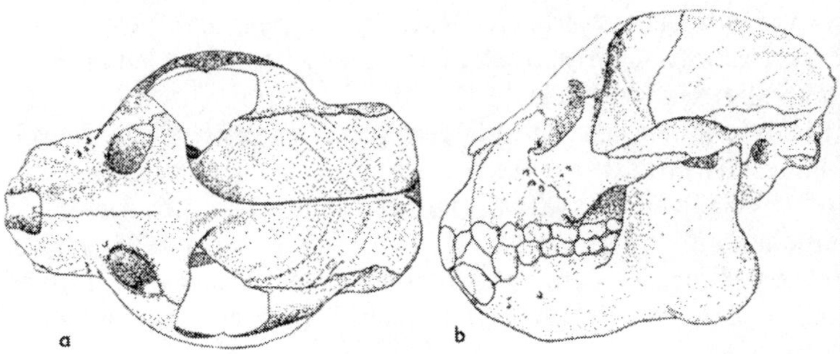

Abb. 193. *Archaeolemur edwardsi* (Archaeolemuridae), Quartär, Madagaskar. Als Beispiel einer Parallelentwicklung. Osteocranium in Dorsal- (a) und Lateralansicht (b). Subfossiler Halbaffe mit cercopithecoidem Evolutionsniveau: Stellung der Orbitae, Größe des Gehirns, bilophodonte Molaren, breite Incisiven. (ca. 1/5) — Nach REMANE 1956

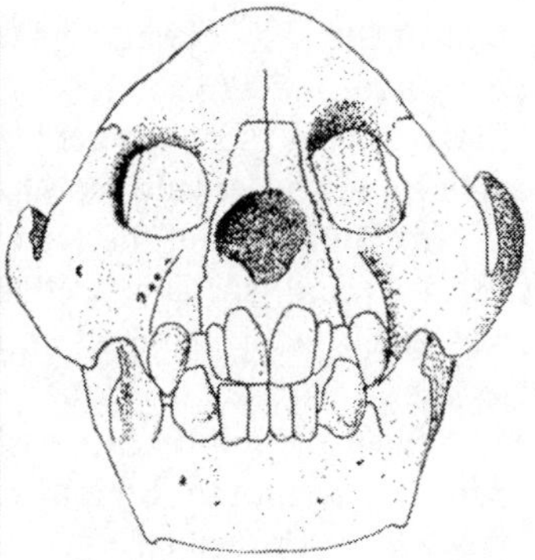

Abb. 194. *Archaeolemur edwardsi*, Quartär, Madagaskar. Schädel in Vorderansicht, wie Abb. 193. Nach REMANE 1956

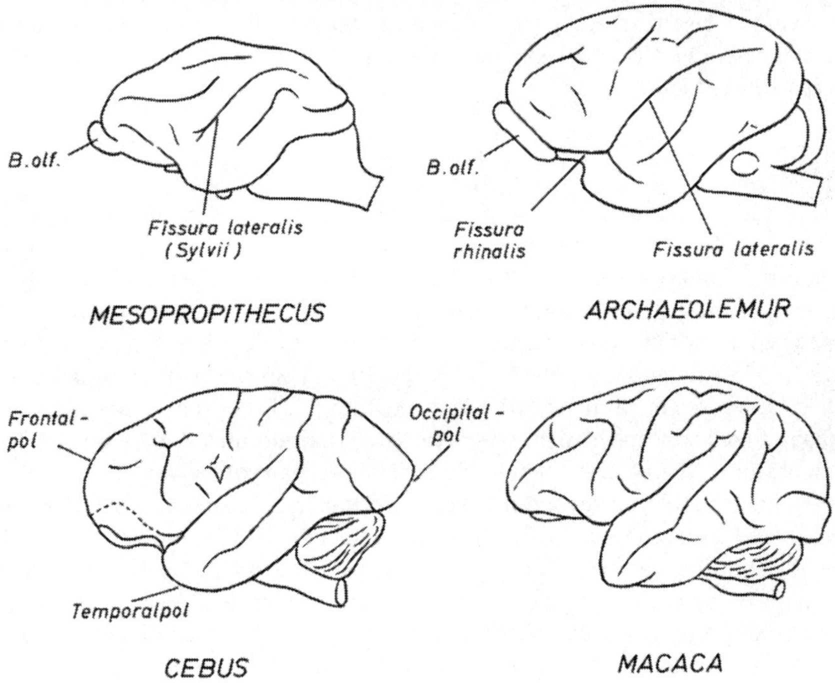

Abb. 195. Endocranialausgüsse bzw. Gehirne von ausgestorbenen Halbaffen (*Mesopropithecus* und *Archaeolemur*: Quartär Madagaskar) und Affen (*Cebus* und *Macaca*). Beachte weitgehendes Simiae-Niveau (Furchung) bei *Archaeolemur* bzw. die Übereinstimmung des Furchenmusters bei Neuwelt-(*Cebus*) und Altweltaffen (*Macaca*) als Ergebnis einer Parallelentwicklung. — Nach REMANE 1956 (Halbaffen) und STARCK 1962 (Affen)

des Frontalbereiches über das Prosimierniveau; es entspricht dem der Platyrrhinen (Abb. 195). Die Größe der Bulbi olfactorii und die Basalansicht des Endocranialausgusses sind jedoch typisch halbaffenähnlich. Die Extremitäten von *Archaeolemur* und *Hadropithecus* zeigen keine der für die Lemurinae oder Indriidae charakteristischen Spezialisationen, sondern sind an eine quadrupede Fortbewegungsweise angepaßt (Verkürzung des Unterarmes). Sie waren nach Lamberton [2008] und Jouffroy [1661] hauptsächlich Geher, nicht oder nur gelegentlich Kletterer oder gar Springer. *Hadropithecus* und *Archaeolemur* sind also durch eine Kombination evoluierter und primitiver Charaktere gekennzeichnet.

Im Hinblick auf die erwähnten Merkmale erscheint die verschiedene taxonomische Bewertung verständlich. Die Archaeolemuriden werden einerseits als Angehörige der Indriidae [937, 1438, 2863, 3610] oder der Lemuridae [3257], andererseits als eigene Familie [2722, 2869] bewertet. In Anbetracht der Merkmalskombination sind *Archaeolemur* und *Hadropithecus* als Vertreter einer eigenen Familie zu klassifizieren. Einzelne Merkmale lassen eine Herkunft von primitiven Indriiden vermuten. So läßt sich das Zangengebiß der Archaeolemuriden höchstens von einem schwach lemuriformen Vordergebiß ableiten.

Sucht man nach den Ursachen der Formenfülle der madagassischen Lemuroidea, so geht man nicht fehl, sie mit der seit dem Alt-Tertiär anhaltenden Isolation dieser Insel in Zusammenhang zu bringen. Das Fehlen von Konkurrenten in Form höherer Primaten sowie baumbewohnender Nager hat zweifellos zur Ausbildung der mannigfaltigen Halbaffen-Typen und zur Entwicklung von „äffischen" Prosimiern beigetragen. Manche Arten oder Typen sind zweifellos als Nischenbewohner zu verstehen (wie *Palaeopropithecus*). Die Madagaskar-Halbaffen bieten somit ausgezeichnete Beispiele für Konvergenz- oder Parallelerscheinungen zu Marsupialiern und zu anderen Placentaliern.

Lorisoidea

Die Formenfülle der Lorisoidea ist weitaus geringer. Nach den divergierenden Entwicklungstendenzen und den morphologischen Unterschieden, die sich daraus ergeben, lassen sich zwei deutlich voneinander getrennte Stämme unterscheiden: die Lorisidae und die Galagidae, die verschiedentlich nur als Unterfamilien gewertet werden. Die Gemeinsamkeiten der äußerlich sehr verschiedenen Lorisoidea liegen unter anderem im Bau der Gehörregion, indem das ringförmige Ectotympanicum außen in der Öffnung der Bulla liegt und einen orimentären knöchernen Gehörgang bildet, sowie ein unvollständiges Septum die Bulla teilt (Abb. 181 auf Seite 168). Abgesehen von diesen Unterschieden gegenüber den Lemuroidea teilen die Lorisoidea eine Reihe von Spezialmerkmalen mit diesen Halbaffen, so daß wir eine gemeinsame, von den Tarsioidea verschiedene Wurzelgruppe für beide annehmen können. Zu derartigen Merkmalen zählt Remane [2863] das Kammgebiß, die Schlinge des Colons und die vorn gefranste Unterzunge (Lyssa). Wie Remane jedoch selbst [2863:315] betont, erscheint nicht gesichert, daß hier tatsächlich sogenannte Spezialhomologien vorliegen, die die engere Verwandtschaft beweisen würden, sondern viel eher Parallelentwicklungen; deshalb sieht er auch [2869] von einer Zusammenfassung der Lemuroidea und Lorisoidea zu einer Übereinheit („Lemuroidea") ab. Diese Feststellung wird gestützt durch etliche Merkmale, die die Lorisoidea (Galagidae) mit den Tarsioidea gemeinsam haben (Tympanicum, Verlauf der Carotis interna, Verlängerung des Protarsus [Abb. 199 auf Seite 183], Placentabildung bei *Galagoides*). Verschiedene davon stehen jedoch mit der Art der Fortbewegung (bipedes Springen) und der Körpergröße *(Galagoides)* in Zusammenhang.

Die **Lorisidae** sind gegenwärtig auf die äthiopische und orientalische Region beschränkt und zeigen das typische Bild einer disjunkten Verbreitung (*Loris* und *Nycticebus* in Vorderindien sowie in Hinterindien bis Indonesien; *Arctocebus* und *Perodicticus* in West- und Zentralafrika). Bereits dieses Verbreitungsbild weist auf ein höheres phyletisches Alter hin. Die Lorisidae sind rein arboricole, kurzschwänzige oder schwanzlose Nachttiere mit verschiedenen Sonderspezialisationen, die sie grundsätzlich von den Galagiden unterscheiden. Die Extremitäten sind ungefähr gleichlang. Die Lorisiden sind langsame, bedächtige Kletterer, deren Hände und Füße unter mehr oder weniger ausgeprägter Rückbildung des 2. Strahles zu richtigen Greifzangen umgestaltet sind. Das Gebiß entspricht in der Zahnformel dem der Lemuridae $\left(\frac{2\ 1\ 3\ 3}{2\ 1\ 3\ 3}\right)$, und das Vordergebiß zeigt ähnliche Tendenzen (C inf. incisiform, I sup. in Rückbildung begriffen). Innerhalb beider, geographisch getrennter Gruppen lassen sich schlanke *(Loris, Arctocebus)* und plumpe Formen *(Nycticebus, Perodicticus)* nicht nur im Habitus, sondern auch im Skelett unterscheiden. Dennoch stehen die indischen und die afrikanischen Genera jeweils näher, wobei allerdings *Loris* und *Perodicticus* in mancher Hinsicht (Chiridia) ein etwas generalisierteres Verhalten bewahrt haben [256] und dadurch einander ähnlicher sind [1436].

Die Herkunft der Lorisidae ist mangels geeigneter Fossilfunde noch in Dunkel gehüllt. *Indraloris* aus dem Pliozän Südasiens ist phylogenetisch ohne Bedeutung, zumal es sich nur um einen M_2 handelt [2118]. Unter den rezenten Lorisiden ist *Loris* am wenigsten abgeleitet und bildet morphologisch die Verbindung zu den Galagidae. Die in jüngster Zeit aus dem Miozän Ostafrikas bekannt gewordene Gattung *Propotto* steht *Perodicticus* nahe und ist im Gebiß eher etwas höher spezialisiert als dieses Genus, doch ist eine Ableitung möglich [3285]. Nach Simpson sind — zumindest im Gebiß — keine Anzeichen einer progressiven Evolution seit dem Miozän vorhanden. Ohne Kenntnis der Gliedmaßen ist jedoch eine derartige Aussage verfrüht (vergleiche *Pliopithecus*). Wie bereits oben angedeutet, ist eine Ableitung der Lorisoidea von alt-tertiären Adapiden möglich (*Pronycticebus* als prälorisides Stadium).

Die rein afrikanischen **Galagiden** sind gleichfalls nächtlich lebende und daher großäugige Halbaffen. Im Zusammenhang mit der Lebensweise werden auch die riesigen, hochspezialisierten Ohren verständlich, die an jene von *Daubentonia* und *Tarsius* erinnern [2026]. Die Galagos sind jedoch zum Teil sehr gute bipede Springer und zeigen eine „tarsioide" Verlängerung des Protarsus. Sie sind langschwänzig; das Vordergebiß ist lemuroid gebaut. Für die stammesgeschichtliche Herkunft der gegenwärtig durch mehrere Untergattungen *(Galago, Galagoides* und *Euoticus* [937]) vertretenen Galagos sind *Progalago**) (= ?*Mioeuoticus*) und *Komba* aus dem Rusinga-Miozän (Ostafrika) von Bedeutung. Der Schädel dieser Gattungen besitzt bei typisch lorisiformer Tympanalregion eine Reihe ursprünglicher Merkmale (wie geringere Gehirngröße) und zeigt auch im Gebiß eine etwas geringere Spezialisation (C inf. nicht völlig incisiform, I inf. nicht so stark vorspringend) und eine Annäherung an die Lorisidae [2098]. *Progalago* unterstützt damit die Annahme, daß das Kammgebiß der Lorisoidea unabhängig von den Lemuroidea erworben wurde [2863, 3197]. Der fragmentäre Endocranialausguß zeigt gleichfalls deutlich primitivere Merkmale, indem der Temporallappen geringer entwickelt ist und die flachen Hemisphären das Cerebellum weniger überdecken als bei *Galago* (Abb. 196). Als Ganzes gesehen, ist der Schädel von *Progalago* jedoch abgeleiteter als jene eozäner Lemuriformes. Wenn auch verschiedene loriside (= primitivere) Merkmale bei *Progalago* und *Komba* vorhanden sind, so zeigen sie — zusammen mit *Propotto* —, daß im mittleren Miozän die Galagidae und Lorisidae bereits getrennt waren. Die Annahme von Simpson [3285], es sei seit dem Miozän kein Anzeichen einer progressiven Evolution festzustellen, beruht nur auf dem Gebiß.

Die rezenten Galagos sind Busch- oder Savannenbewohner, während die Lorisidae auf reine Waldgebiete angewiesen sind. Für eine definitive Beurteilung der phyletischen Herkunft und damit der verwandtschaftlichen Beziehungen zu den Lemuroidea reicht *Progalago* allerdings nicht aus. Dazu müßten vor allem Fossilfunde aus dem afrikanischen Alt-Tertiär bekannt sein. Simons [3197] sieht in *Anchomomys* aus dem Eozän Frankreichs einen Angehörigen der Lorisoidea.

---

*) Nach Simpson [3285] ist *Mioeuoticus* (Leakey in Bishop [264]) von *Progalago* praktisch nicht zu trennen.

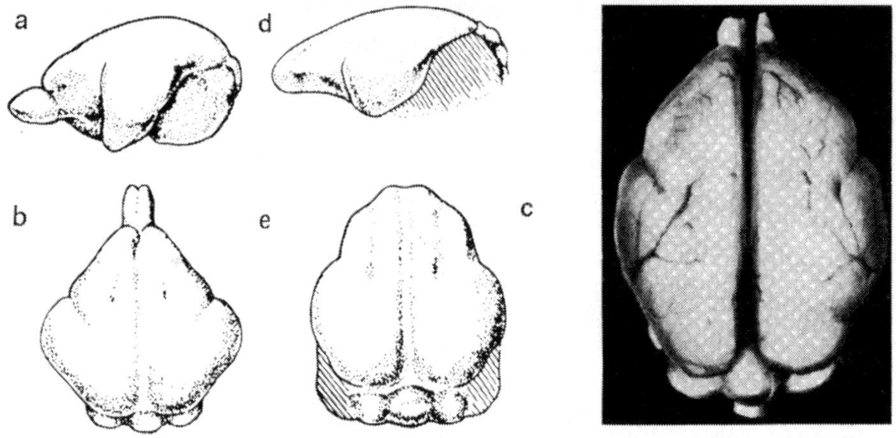

Abb. 196. Endocranialausgüsse von *Galago senegalensis*, rezent (a, b) und *Progalago* sp., Miozän, Ostafrika (d, e), Lateral- und Dorsalansicht. c) Gehirn dorsal von *Galago senegalensis*. Beachte geringere Ausbildung des Temporallappens und schwächere Überdeckung des Cerebellums bei *Progalago* gegenüber *Galago*. — Nach Hofer 1962

Tarsioidea

Die taxonomisch-phylogenetische Beurteilung der Tarsioidea ist — wie schon erwähnt — mit dem sogenannten *Tarsius*-Problem verknüpft. Im wesentlichen sind zwei Fragenkomplexe zu diskutieren. Einerseits die Berechtigung der taxonomischen Kategorie der Haplorhini (= Tarsioidea und Simiae) als stammesgeschichtliche Einheit, andererseits die Beurteilung der fossilen „Tarsioidea". Darüber hinaus kommt der Gattung *Tarsius* noch eine besondere Bedeutung zu durch die „*Tarsius*-Hypothese", wie sie Wood Jones [3941] vertritt. Bilden die Tarsiiden einen evolutiven Schritt in Richtung Hominoidea oder handelt es sich um eine besonders spezialisierte Gruppe innerhalb der Prosimiae?

Während Simpson [3257], Fiedler [937] und Hofer (in Thenius & Hofer [3610]) die Zusammenfassung der Tarsioidea mit den übrigen Halbaffen als den phylogenetischen Gegebenheiten entsprechend und dadurch taxonomisch richtiger finden, muß nach Hill [1442] und Remane [2869:9] die Gruppe der Haplorhini (Pocock) als Einheit mit gemeinsamer phyletischer Basis in das System übernommen werden. Eine Entscheidung dieser Frage ist nicht allein an Hand der rezenten Koboldmakis möglich, sondern nur unter Hinzunahme der fossilen Formen. Damit ist zugleich das Kernproblem berührt: Welche Merkmale können als Anzeichen direkter verwandtschaftlicher Beziehungen herangezogen werden?

Wie Remane wiederholt betont hat, sind für die Beurteilung verwandtschaftlicher Beziehungen nicht die gemeinsamen Primitivmerkmale (symplesiomorphe Charaktere) geeignet, sondern die gemeinsamen Spezialhomologien, also synapomorphe Merkmale im Sinne von Hennig ausschlaggebend.

Eine Analyse einiger taxonomisch wichtiger Merkmalskomplexe der rezenten **Tarsiiden** zeigt folgende Situation. Die extrem vergrößerten Orbitae und die knöcherne Trennwand zur Schläfengrube sowie die im Zusammenhang mit den riesigen, nach vorn gerichteten Augen vergrößerten optischen Zentren im Gehirn werden aus der nächtlichen Lebensweise und der geringen Körpergröße der Koboldmakis verständlich, sind also kein Anzeichen einer direkten Verwandtschaft mit den Simiae, zumal diese einseitige Spezialisierung bei *Tarsius* eine Hirnstruktur (wie Pseudoschläfenlappen) vortäuscht, die nicht dem Evolutionsniveau der Affen

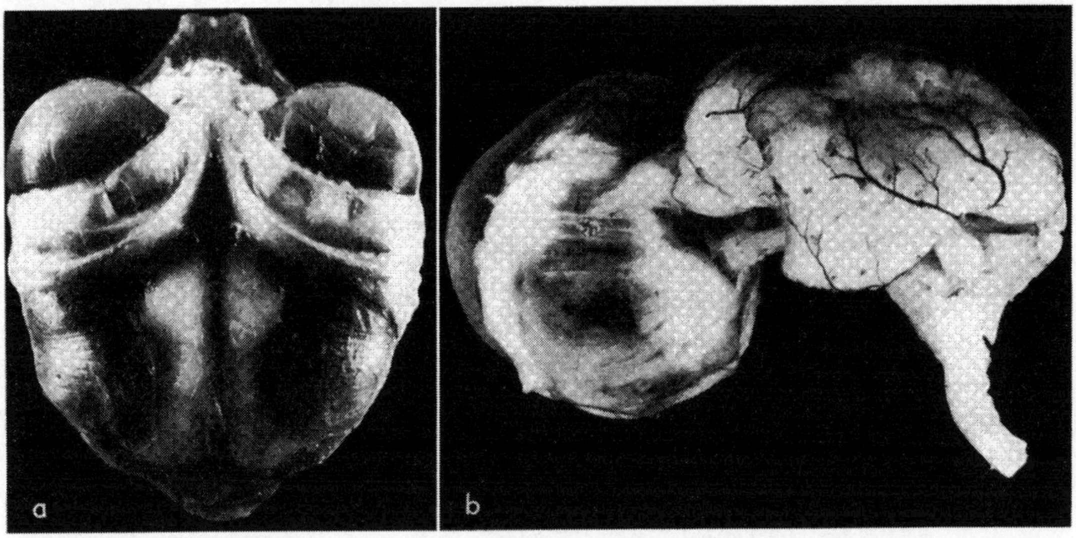

Abb. 197. *Tarsius bancanus*. a) Enthäuteter Kopf in Dorsalansicht (2/1), b) Gehirn eines juvenilen Tieres in Lateralansicht mit in situ belassenem rechten Bulbus oculi (ca. 3/1). Beachte riesige Augen und den Pseudotemporallappen des Großhirns. — Nach SPRANKEL 1965

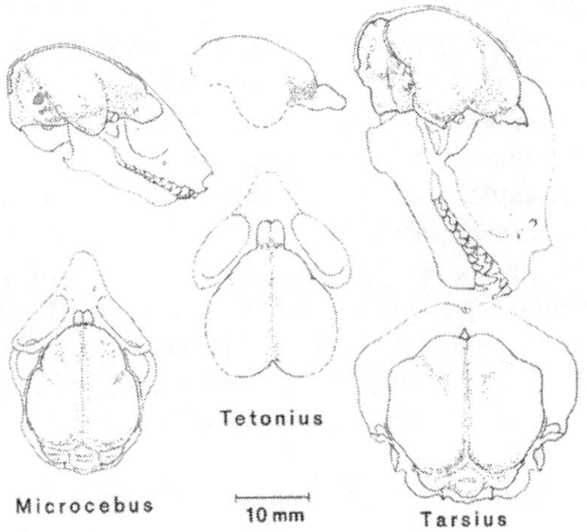

Abb. 198. Endocranialausguß von *Tetonius* (Eozän, USA) und Gehirne von *Microcebus murinus* (rezent) und *Tarsius spectrum* (rezent). Lateral-(oben) und Dorsalansicht. Beachte Ähnlichkeit zwischen *Tetonius* und *Microcebus*. Bulbi olfactorii bei *Tetonius* jedoch bedeutend größer. — Nach RADINSKY 1967

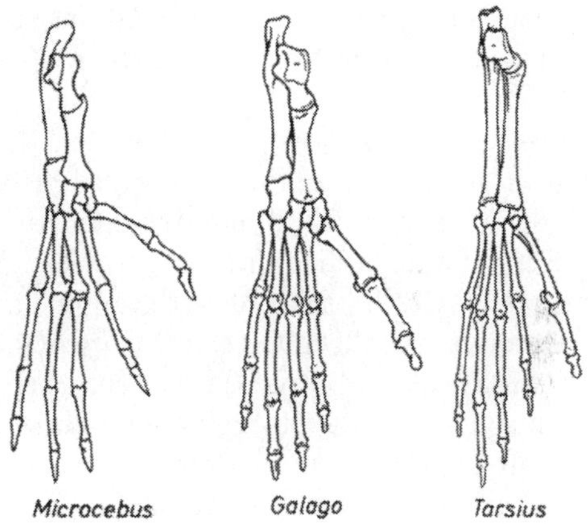

Abb. 199. Rechtes Hinterfußskelett von *Microcebus* (Lemuridae), *Galago* (Galagidae) und *Tarsius* (Tarsiidae). Anatomische Reihe zur Entstehung des Springfußes bei *Tarsius*. Beachte Verlängerung von Calcaneus und Naviculare, die innerhalb von drei Halbaffenstämmen unabhängig voneinander als Parallelentwicklung auftritt. — Nach SCHULTZ 1963 und GRASSÉ 1967, umgezeichnet

entspricht (Abb. 197). Das Gehirn von *Tarsius* ist trotz der hypertrophen optischen Region und der Reduktion der olfaktorischen Partien ein primitives Halbaffengehirn [3380, 3395] (Abb. 198). Die hohe Chromosomenzahl ($2n = 80$) und die zahlreichen acrozentrischen Chromosomen hat man gleichfalls als primitiv zu bewerten [1761]. Es sind also nur zum Teil „simiide" Merkmale, denen obendrein keine phylogenetische Bedeutung zukommt. So ist die knöcherne Trennwand zwischen Orbital- und Temporalgrube infolge abweichender Zusammensetzung nicht der der Simiae homolog. Bei körperlich großen Tieren sind die Augen relativ klein, bei körperlich kleinen dagegen verhältnismäßig groß. Die Koboldmakis sind jedoch außerdem ausgesprochene „Augenspezialisten", wie die relative Augengröße gegenüber den nächtlich lebenden Galagos und Nachtaffen *(Aotes)* erkennen läßt (Werte nach A. H. Schultz [3095, 3079a]):

Tarsius	2,24
Galago	0,46
Aotes	0,35

Eine ähnliche, rein funktionelle Deutung dürfte auch für die allgemein den Affen eigene Zahl (nur 3) und Lage der Ethmoturbinalia bei *Tarsius* zutreffen (Hofer in Thenius & Hofer [3606:72]), indem der Gesichtsschädel durch Hypertrophie der Augen stark rückgebildet erscheint. Wieweit jedoch auch strukturelle Übereinstimmungen (Retinaausbildung [3941]) funktionell zu deuten sind, erscheint diskutabel. Die Koboldmakis vereinen jedenfalls als hochspezialisierte, bipede Hüpfer stark abgeleitete Merkmale (Greifsprungfuß, Abb. 199), mit sehr generalisierter Hand ([256]).

Die trituberculären Molaren ohne Hypoconus, die einfach spitzen Incisiven ohne Schneidekante und die nicht vergrößerten Eckzähne des Gebisses sowie der Uterus sind lediglich Primitivmerkmale $\left(\text{Zahnformel}\,\frac{2\,1\,3\,3}{1\,1\,3\,3}\right)$; die verlängerten Fußwurzelknochen (Calcaneus und Naviculare), die Gliedmaßenproportionierung und die Lage der Hinterhauptsöffnung werden im Zusammenhang mit der arboricol-bipeden Fortbewegung (bei aufrechtem Körper) verständlich und finden sich nicht nur bei den Galagos, sondern auch bei den Cheirogaleinae angebahnt. Selbst unter der Voraussetzung, daß die Tarsiiden den Affen verwandtschaftlich tatsächlich nahe stehen, kommen derartig spezialisierte Formen selbstverständlich weder als Stammformen der Simiae noch als Modell für die Stammesgeschichte höherer Primaten in Betracht.

Sind nun auch die übrigen, mit den Simiae gemeinsamen Merkmale (Ohrregion mit Tympanicum als Gehörgang und Verlauf der Carotis interna, Haplorhinie [kein Philtrum], Ductus ejaculatorius, weibliche Geschlechtsorgane, Placenta discoidal, deciduat [hämochorial]; [937, 3498, 3798]) als primitive Charaktere oder durch Parallelentwicklung bedingt? Unter diesen Merkmalen spielt die Ohrregion eine entscheidende Rolle, zumal sie gegenüber den anatomischen Merkmalen auch an Fossilien feststellbar ist. In Anbetracht der obigen Feststellungen wird auch verständlich, daß nunmehr den zahlreichen fossilen „Tarsioidea" ziemliche Skepsis entgegengebracht wird.

Bei den rezenten Tarsiiden bildet das am Außenrand der Bulla gelegene (Ecto-) Tympanicum wie bei den Catarrhinen den knöchernen äußeren Gehörgang (Meatus acusticus externus) [1688], und die Carotis interna durchzieht im Carotiskanal das Petrosum. In diesem Zusammenhang erscheint wesentlich, daß sich bei den Platyrrhinen ein an die Lorisoidea erinnernder Zustand findet, indem das ringförmige (Ecto-) Tympanicum außen in der Öffnung der Bulla liegt (Abb. 180 auf Seite 167). Es ist verständlich, daß der Kenntnis der Ohrregion bei alttertiären Tarsioidea, zugleich aber auch der phyletischen Herkunft der Platyrrhinen, entscheidende Bedeutung zukommt.

Die übrigen Merkmale lassen sich am Fossilmaterial selbstverständlich nicht beurteilen. Bevor jedoch auf die zahlreichen, aus dem Alt-Tertiär der Alten und der Neuen Welt beschriebenen und meist als Tarsioidea klassifizierten Reste eingegangen sei, erscheinen noch einige Bemerkungen zu den Koboldmakis (Gattung *Tarsius*) selbst angebracht.

Die Koboldmakis, die gegenwärtig in drei Arten in den Regenwäldern von Celebes (*Tarsius spectrum*), Sumatra, Banka, Billiton und Borneo (*T. bancanus*) sowie der Philippinen (*T. syrichta*) vorkommen [1439], unterscheiden sich untereinander im Spezialisationsgrad nicht unbeträchtlich, weshalb Hill [1438] sogar eine diphyletische Entstehung für möglich hält. Diese Unterschiede hängen mit dem verschiedenen Grad der Arboricolie zusammen, der sich besonders in der Ausbildung des Stützschwanzes zeigt. Nach Sprankel [3362] ist *Tarsius spectrum* die primitivste Art; sie läßt keine Schwanzdifferenzierung erkennen, ihre ventrale Schwanzhaut ist außerordentlich primitiv gebaut und erinnert damit an die Edentaten und Insectivoren. *Tarsius bancanus* ist die spezialisierteste, stark an eine arboricole Lebensweise (bipedes Springen im senkrechten Geäst) angepaßte Art, die einen echten Taststützschwanz besitzt [85, 3362]. Die Tasthaut ist ein phyletisch später Erwerb und entwickelt sich erst postnatal [3362]. In Zusammenhang damit sei auch auf die für Säugetiere einmalige Drehfähigkeit des Kopfes (180°) hingewiesen, die als Kompensation zu den praktisch in den Orbitae fixierten Augen verständlich erscheint.

Wie aus obigen Bemerkungen hervorgeht, ist eine sichere Zuordnung fossiler Formen zu den Tarsioidea auf Grund von Kiefer- und Zahnresten allein nicht möglich. Auch die vielfach herangezogenen Kriterien — wie Augengröße, Lage des Hinterhauptsloches und verlängerte Fußwurzelknochen — reichen nicht aus. Verständlicherweise bleibt die systematische Umgrenzung fossiler Tarsioidea daher unsicher. Nach der Merkmalskombination lassen sich einerseits die Necrolemuriden, andererseits die Anaptomorphiden unterscheiden.

Sehr umstritten war lange Zeit die taxonomische Stellung der **Necrolemuriden** (= Microchoeridae) und ihre Abgrenzung. Von *Necrolemur* liegen zahlreiche Schädelreste aus den eozänen Phosphoriten des Quercy vor, die auch eingehend untersucht wurden, jedoch eine verschiedene Deutung erfahren haben. Stehlin [3406] erkannte *Necrolemur* als mit *Tetonius* und damit den amerikanischen Anaptomorphiden verwandt und reihte sie in die Gruppe der Tarsiiden (= Tarsioidea) ein, während Hürzeler [1604] sie den Lemuriformes zuweist und *Teilhardina belgica* aus dem Ober-Paleozän als Ausgangsform betrachtet. Nach Simons & Russell [3209] und Simons [3191] handelt es sich um einen eigenen Zweig der Tarsiiden, der taxonomisch als deren Unterfamilie (Necrolemurinae) zu bezeichnen sei.

Entscheidend für diese wechselnde Beurteilung ist die Ohrregion. Wie bereits Stehlin [3406] erkannte, bildet das (Ecto-)Tympanicum keinen Annulus, sondern wie bei *Tarsius* und den Catarrhinen den knöchernen äußeren Gehörgang (Abb. 200). Dies und die Merkmalskombination sprechen für eine Einbeziehung der Necrolemuriden zu den Tarsioidea. Der gegenüber *Tetonius* längere Gesichtsschädel läuft spitz zu, so daß auch die Zahnreihen divergieren. Die Zahnformel lautet $\frac{2\ 1\ 3\ 3}{1\ 1\ 3\ 3}$ oder $\frac{2\ 1\ 3\ 3}{0\ 1\ 4\ 3}$ [3191]. Allerdings sind die vordersten Zahnpaare vergrößert, womit ein gegensätzlicher „trend" zu *Tarsius* vorhanden ist (Abb. 201). Auch die Molaren sind durch einen (echten) Hypoconus und durch die sogenannte *Nannopithex*-Falte komplizierter gebaut als bei *Tarsius* (Abb. 202). Die Orbitae sind groß, aber nicht durch eine Knochenwand von den Schläfengruben getrennt. Der Hirnschädel ist rundlich und voluminös. Der Steinkern des Gehirns erinnert durch seine große Temporalbreite und die Kleinheit der Frontallappen an *Tarsius*. Die Bulbi olfactorii sind jedoch voluminöser als bei *Tarsius*, was mit der weniger reduzierten Fazialpartie in Zusammenhang steht (Abb. 203). Leider ist über die Nasenregion (Zahl der Ethmoturbinalia) nichts bekannt. Die Fissura cerebri lateralis (= sylvii) ist in Form einer seichten Furche angedeutet; das Gehirn liegt dicht an die Orbitae herangerückt [1475]. Das Foramen magnum ist etwas ventralwärts verschoben. Einzelne postcraniale Elemente (Femur, mit Fibula verschmolzene Tibia, Calcaneus), die vermutlich auf *Necrolemur* bezogen

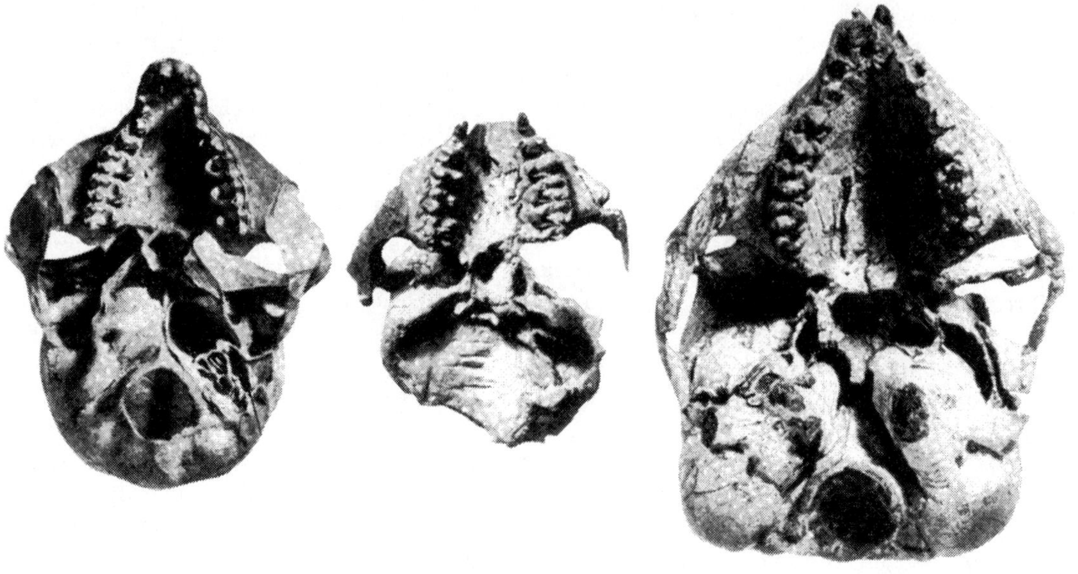

Abb. 200. Osteocranium verschiedener Tarsioidea in der Norma basalis. a) *Tarsius spectrum*, rezent (1,8/1), b) *Tetonius homunculus*, Eozän (1,8/1), c) *Necrolemur antiquus*, Eozän. (2,5/1) — Nach GREGORY 1920

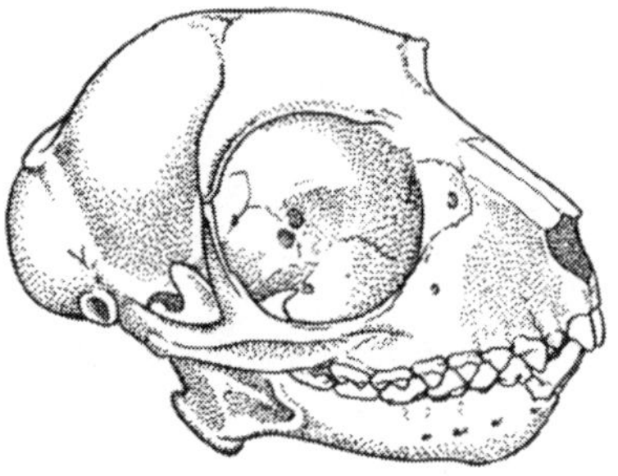

Abb. 201. *Necrolemur antiquus* (Necrolemuridae), Eozän, Europa. Schädelrekonstruktion in Schrägansicht. Beachte große Orbitae und diprotodontes Vordergebiß. — Nach SIMONS & RUSSELL 1960, umgezeichnet

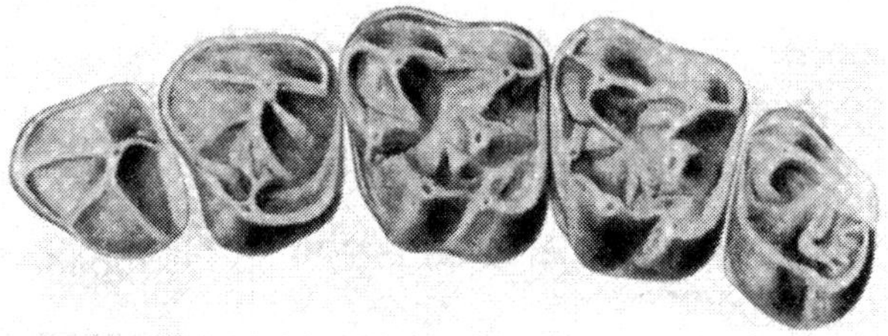

Abb. 202. *Necrolemur antiquus*, Jung-Eozän, Europa. P^3—M^3 sin., Kronenansicht. (6,4/1) — Nach HÜRZELER 1948

werden können [3054], würden bestätigen, daß bei diesen Halbaffen eine tarsioide Spezialisierung der Hinterextremität vorhanden war und daß rein morphologisch die Übereinstimmung — trotz des geringen Grades der Spezialisierung — mit *Tarsius* wesentlich größer ist als mit Galagiden und Cheirogaleinen. Auch die Lage des Hinterhauptsloches spricht für ein bipedes Springen ähnlich dem von *Tarsius*.

Weitere Angehörige der Necrolemuriden sind *Nannopithex* (Mittel-Eozän), *Microchoerus* (Abb. 204) und *Pseudoloris* (Ober-Eozän). Innerhalb der Necrolemuriden bilden *Nannopithex filholi*, *Necrolemur zitteli* und *N. antiquus* vermutlich eine Ahnenreihe vom mittleren Lutetium bis ins untere Ludium [1604]. *Pseudoloris* wird recht verschieden beurteilt ([1438]: Lemuri-

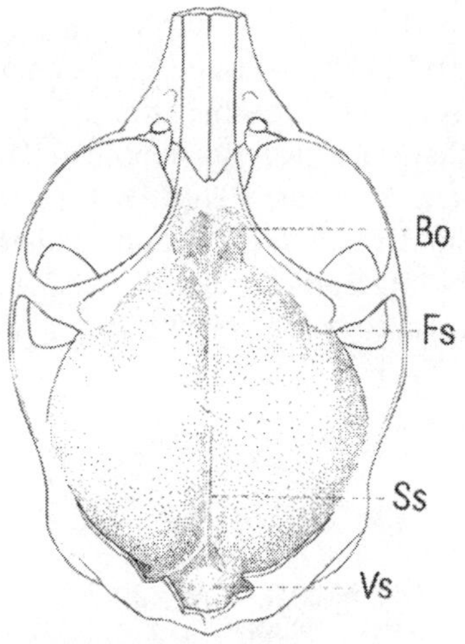

Abb. 203. *Necrolemur antiquus*, Eozän, Europa. Endrocranialausguß (punktiert) in den Schädelumriß eingezeichnet. Beachte Ähnlichkeit mit *Tetonius* (Abb. 198). (1,5/1) — Nach Hürzeler 1948

Bo = Bulbus olfactorius dext.
Fs = Fissura sylvii
Ss = Sulcus (Fissura) longitudinalis cerebri
Vs = Vermis

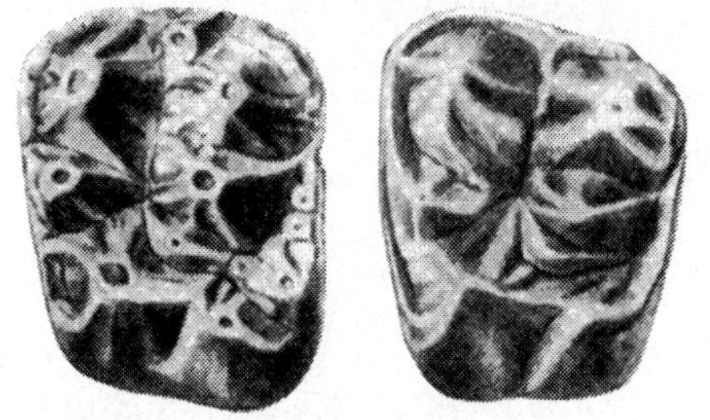

Abb. 204. M sup. sin. spezialisierter Necrolemuriden, Ludien, Europa; a) *Microchoerus ornatus*, b) *M. erinaceus*. (8/1) — Nach Hürzeler 1948

formes [937]: Prosimiae incertae sedis [3191]: Necrolemurine). Von *Pseudoloris* und *Nannopithex* („*Pseudoloris abderhaldeni* Weigelt“ = *Nannopithex raabi* [Heller], [3191]) sind außer dem Gebiß und Schädelresten auch postcraniale Skelettelemente überliefert [3813], die in der distalen Verschmelzung von Tibia und Fibula sowie in der beginnenden Streckung des Calcaneus gleichfalls tarsioide „trends“ zeigen. Möglicherweise gehört auch *Rooneyia* aus dem Alt -Oligozän der USA [3849] in die Verwandtschaft der Necrolemuriden. Die allgemeine Schädelmorphologie, die Ohrregion und das allerdings etwas spezialisierte Gebiß machen diese Zuordnung eher wahrscheinlich als eine engere Bindung zu den Omomyiden.

Die Necrolemuriden sind jedenfalls Angehörige der Tarsioidea, die auf Grund einzelner „trends“ als phyletischer Seitenzweig zu betrachten sind. Sie bestätigen auch das hohe geologische Alter der Tarsiiden, die als Angehörige einer paleozänen Radiation, als „lebende Fossilien“ bezeichnet werden können. Allerdings entsprechen sie — wie meist — nicht als Gesamtorganismus dem ehemaligen Ahnenstadium, sondern nur in einzelnen Teilen des Organismus. Was ihre phylogenetische Stellung betrifft, so dürften sie doch — obwohl zahlreiche Merkmale als Parallelentwicklung zu den Simiae anzusehen sind — mit den Affen aus dem gleichen Basisstock hervorgegangen sein.

Die **Anaptomorphidae** (im weiteren Sinne) sind keine einheitliche Familie, wie wiederholt betont wurde. Sie sind hier lediglich im Sinne von Gazin [1086] und Simons [3196] verstanden, umfassen also nur die Anaptomorphinae im Sinne von SIMPSON [3257]*). Reste von Anaptomorphiden sind bisher — wenn man von *Berruvius* aus dem Ober-Paleozän absieht — nur aus dem Eozän Nordamerikas bekannt geworden. Von *Tetonius* liegen auch Schädelreste vor. Der Fazialschädel ist kurz, der rundliche Hirnschädel voluminös und die Orbitae sind groß (Abb. 205). Der Endocranialausguß unterscheidet sich nach RADINSKY [2810c] entgegen EDINGER [852] doch ziemlich von *Tarsius* und erinnert etwas an jene von *Progalago* und *Microcebus*, doch sind die Bulbi olfactorii größer als bei *Microcebus* (Abb. 198 auf Seite 183). Die Lage des Foramen magnum scheint der von *Tarsius* ähnlich zu sein. Dies sowie die Lage und Größe der Orbitae

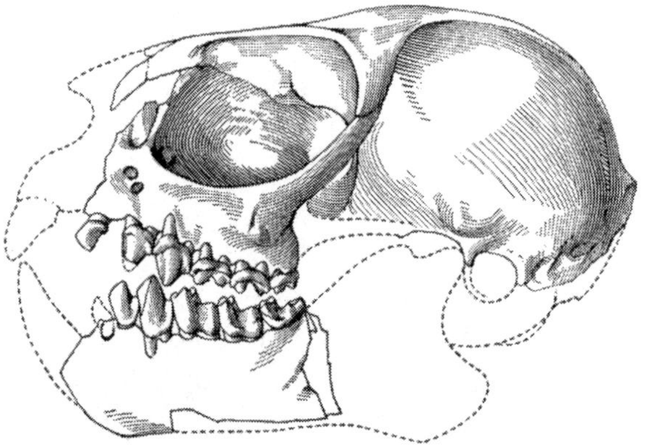

Abb. 205. *Tetonius homunculus* (Anaptomorphidae), Alt-Eozän, Wyoming. Osteocranium in Lateralansicht. Beachte große Orbitae und kurzen Fazialschädel. (2,6/1) — Nach MATTHEW 1918

spricht für ein bipedes Springen nach der Art von *Galago* und *Tarsius*. Im Gebiß sind allerdings Tendenzen vorhanden, die die Anaptomorphiden als phyletischen Seitenzweig erkennen lassen. Die Zahnformel wird mit $\frac{3\text{-}2\ 1\ 3\text{-}2\ 3}{2\text{-}1\ 1\ 3\text{-}2\ 3}$ angegeben. Sie ist also — verglichen mit *Tarsius* — bei den jüngeren Formen etwas abgeleitet. Im Vordergebiß besteht der „trend" zur Vergrößerung je eines Schneidezahnpaares bei gleichzeitiger Reduktion der unteren Incisiven und Caninen (Abb. 206). Bei *Tetonius* kommt es zu einer Art Diprotodontie. In Anbetracht des Fehlens der Ohrregion beziehungsweise postcranialer Skelettelemente ist die Zugehörigkeit der Anaptomorphiden zu den Tarsioidea allerdings nicht eindeutig, wenn auch das Vorkommen der *Nannopithex*-Falte an den Molaren für Beziehungen zu den Necrolemuriden und damit zu den Tarsioidea spricht.

Als weitere Angehörige der Anaptomorphiden sind *Absarokius* und *Paratetonius* (Unter-Eozän), *Uintanius* (Mittel-Eozän) und ? *Navajovius* (Ober-Paleozän) zu nennen**). Mit *Berruvius* aus dem Ober-Paleozän von Walbeck (Deutschland) ist ein weiterer paleozäner Vorläufer der Anaptomorphiden bekannt geworden [2969].

Omomyoidea

Außer den bisher besprochenen alt-tertiären Primaten sind noch eine Reihe weiterer Gattungen bekannt, die meist als Anaptomorphidae klassifiziert wurden. GAZIN [1086], der eine Revision der mittel- und jungeozänen Primaten Nordamerikas durchführte, trennt sie jedoch

*) Wie bereits auf S. 188 erwähnt, werden verschiedentlich auch die Paromomyiden als Anaptomorphiden klassifiziert.

**) Die Zugehörigkeit von *Lushius* [539] aus dem Ober-Eozän Chinas zu den Anaptomorphiden erscheint fraglich (S. 190).

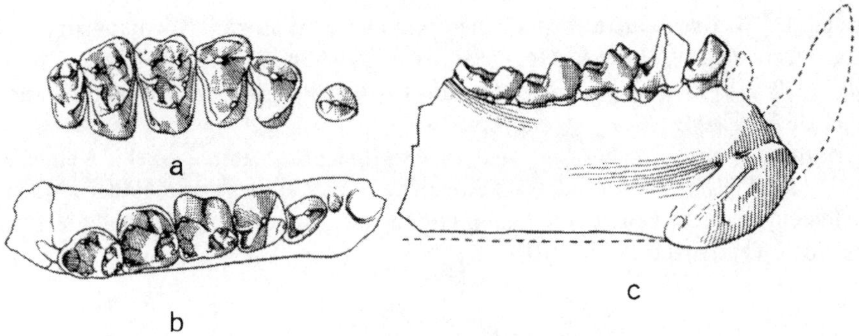

Abb. 206. *Tetonius homunculus*. Alt-Eozän, Wyoming. a) P^2—M^3 dext., Kronenansicht; b, c) Mandibel sin. mit I—M_3 in Auf- und Innenansicht. Beachte vergrößerten I inf. (3,5/1) — Nach MATTHEW 1918

als eigene Familie (Omomyidae) ab. McKENNA [2211] trennt sie zusammen mit den Anaptomorphiden und Paromomyiden als Omomyoidea ab und hält die Zugehörigkeit der Plesiadapiden, Carpolestiden und Picrodontiden zu dieser Überfamilie für möglich. In Anbetracht der anzunehmenden stammesgeschichtlichen Beziehungen zu den Tarsioidea und Simiae ist die Abgrenzung zweifellos eine künstliche.

Als bekannteste Angehörige der **Omomyidae** [1086] seien *Omomys* und *Hemiacodon* aus dem Mittel-Eozän Nordamerikas charakterisiert. Allgemein als am meisten generalisierte Formen angesehen, handelt es sich um Primaten mit schlanken Kiefern mit geneigter Symphyse und geschlossener Zahnreihe mit der Formel $\frac{2\,1\,3\,3}{2\,1\,3\,3}$ (Abb. 207, 208). Die Incisiven besitzen einspitzige Kronen, die C sind nicht reduziert. Der P_4 zeigt die Tendenz zur Molarisierung, die M inf. ein deutliches Paraconid (Abb. 209). Das Maxillargebiß ist primitiv tarsioid, vom Prämaxillargebiß, das von *Ourayia* aus dem Jung-Eozän bekannt ist, ist der I^2 spatulat, der I^3

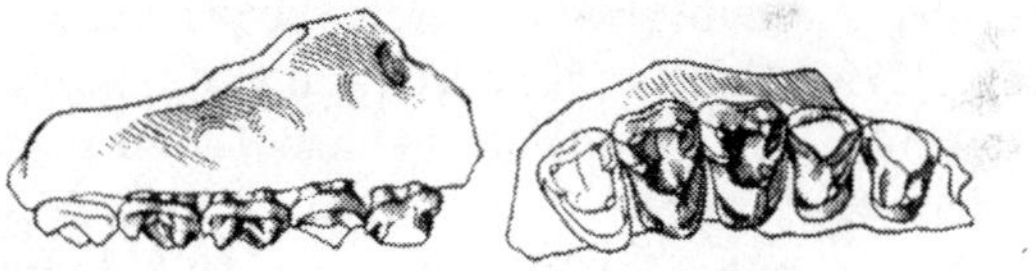

Abb. 207. *Omomys* sp. (Omomyidae). Mittel-Eozän, Wyoming. Maxillare dext. mit P^3—M^3. (2,5/1) — Nach MATTHEW 1918

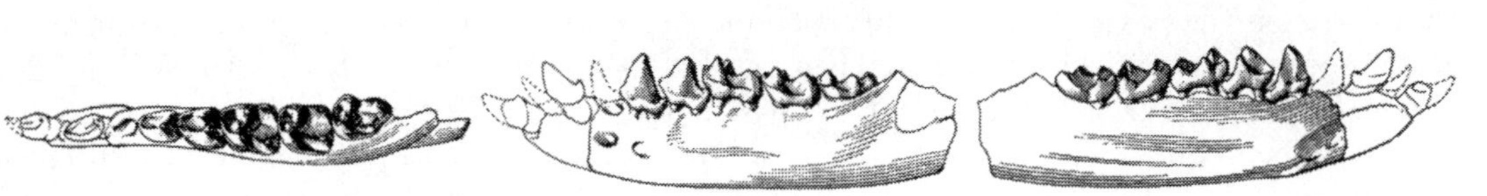

Abb. 208. *Omomys* sp. Mittel-Eozän, Wyoming. Mandibel sin. mit P_3—M_3, Vordergebiß ergänzt. (2,3/1) — Nach MATTHEW 1918

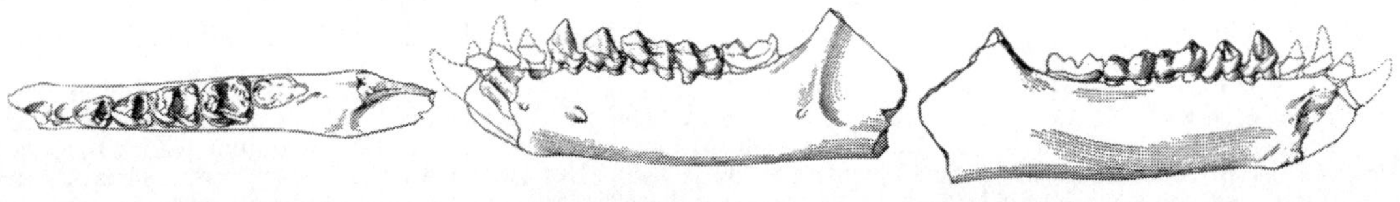

Abb. 209. *Hemiacodon gracilis* (Omomyidae). Mittel-Eozän, Wyoming. Mandibel sind. mit I—M_3; teilweise ergänzt nach weiteren Resten. (ca. 1,5/1) — Nach MATTHEW 1918

kleiner als der I^2. Weitere Gattungen kennen wir aus dem Eozän Nordamerikas (*Washakius, Chumashius*), Ostasiens (*Lushius, Hoanghonius* [539]) und Europas (*Teilhardina, Cantius, Periconodon* [3196, 3199]). Als geologisch jüngste Gattung gilt *Macrotarsius* aus dem Alt-Oligozän der USA [565]*).

Auf *Hemiacodon* und *Teilhardina* werden einzelne postcraniale Skelettelemente bezogen. Nach Simpson [3250] steht *Hemiacodon* im Skelettbau den Lemuriformes näher als den Tarsiidae. Die Tarsalelemente zeigen jedoch eine beginnende Streckung und damit „galagide" beziehungsweise „tarsioide" Tendenzen (Abb. 210).

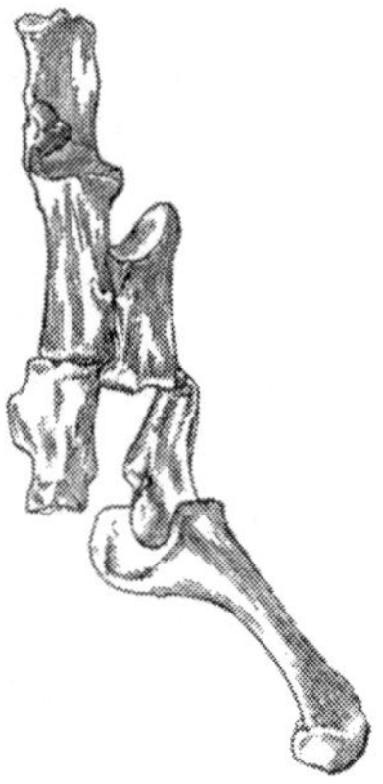

Abb. 210. *Hemiacodon* sp., Mittel-Eozän, Wyoming. Einzelne Tarsalknochen und Mt I. Beachte Verlängerung von Calcaneus und Naviculare. (1,5/1) — Nach Simpson 1941

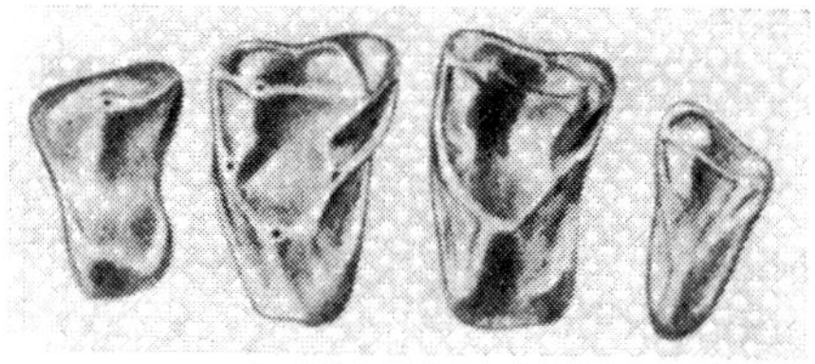

Abb. 211. *Teilhardina belgica* (? Omomyidae). Alt-Eozän (Sparnacien), Belgien. P^4—M^3 sin. (8/1) — Nach Hürzeler 1948

Teilhardina belgica aus dem Alt-Eozän Belgiens besitzt allerdings nach Quinet [2796] vermutlich die vollständige Zahnformel (im Unterkiefer: $\overline{?\ 3\ 1\ 4\ 3}$) und wird auf Grund dieser Tatsache von diesem Autor als Angehöriger einer eigenen Familie (Teilhardidae einschließlich *Cantius*) abgetrennt. Während Hürzeler [1604] phylogenetische Beziehungen zu den Necrolemuriden annimmt, klassifizieren Simpson [3250] und Simons [3196] *Teilhardina* als Omomyiden. Quinet [2796] sieht in *Teilhardina* die Stammform der Catarrhinen (Abb. 211). Verständlicherweise sind derartige, allein auf dem Gebiß basierende Schlußfolgerungen ohne Kenntnis des Schädels (Ohrregion) und der im postcranialen Skelett ausgeprägten Spezialisationen verfrüht.

Demgegenüber lassen nach Gazin [1086] und Simons [3191] die älteren, noch nicht einseitig spezialisierten Omomyiden nach dem Gebiß eine Ableitung der neuweltlichen Platyrrhinen zu. Sie können als deren Vorläufer angesehen werden. Als paleozäne Vorläufer der Omomyiden kommen außer ? *Navajovius* vielleicht *Plesiolestes* und *Palenochtha* in Betracht.

In Anbetracht des primitiven Gebißcharakters der Omomyiden und ihrer vermutlichen Bedeutung als Stammformen der Simiae erscheint ihre Abtrennung als Basisgruppe der Simiae, wie sie Remane [2869] durchführt, am besten. Crusafont [657] faßt die Anaptomorphidae, Omomyidae und Necrolemuridae als Peritarsioidea innerhalb der sogenannten Palaeoprosimii zusammen, die er den rezenten Neoprosimii (Halbaffen einschließlich Tupaiidae) gegenüberstellt. Nach unserer derzeitigen Kenntnis lassen sich sowohl die Platyrrhinen als auch die Ca-

*) Für *Rooneyia* [3849] aus dem Alt-Oligozän von Texas erscheint mir die Zugehörigkeit zu den Omomyiden nicht gesichert, was auch für *Ekgmowechashala* aus dem Alt-Miozän (!) der USA [2180] gilt. *Rooneyia* verhält sich in einzelnen Merkmalen (knöcherner Gehörgang, Gehirn) fortschrittlicher als Halbaffen, kommt jedoch nach der Zahnformel als Stammform der Platyrrhinen nicht in Betracht. Der Endocranialausguß ist morphologisch zwar ein Prosimiae-Gehirn, erreicht jedoch durch die kleinen Bulbi olfactorii und das große Neopallium die Evolutionshöhe eines primitiven Simiers [1478]. Demnach scheinen die Primaten auch in Nordamerika unabhängig von den südamerikanischen und altweltlichen Affen das Simier-Stadium erreicht zu haben.

tarrhinen von alt-tertiären Omomyiden ableiten. Diese Annahme steht in Einklang mit der geographischen Verbreitung dieser Primaten (siehe oben). Allerdings ist damit die Frage, ob die Simiae eine geschlossene natürliche Einheit bilden, noch nicht endgültig gelöst.

Platyrrhina (Neuweltaffen: Ceboidea)

Ähnlich wie bei den Prosimiae, erhebt sich die Frage nach der stammesgeschichtlichen Einheit der Simiae (= Anthropoidea = Pithecoidea). Bilden die Affen eine natürliche Einheit oder sind sie nur ein Stadium? Innerhalb der Simiae unterscheidet man die Neuweltaffen oder Breitnasenaffen (Platyrrhina) und die Altweltaffen (Catarrhina). Wenn diesem Merkmal der Nasenform allein auch keine übermäßige Bedeutung zukommen mag, so unterscheiden sich beide Gruppen doch durch die ihnen jeweils eigene Merkmalskombination. Galten die Simiae auch lange Zeit als natürliche, auf eine gemeinsame Wurzel zurückzuführende Gruppe und die Platyrrhinen als Vorstufe der Catarrhinen, so sind in den letzten Jahrzehnten wiederholt Zweifel daran geäußert worden, indem nicht nur eine Diphylie, sondern sogar eine Polyphylie angenommen [1475, 1672], das heißt, die stammesgeschichtliche Einheit der Catarrhina in Frage gestellt wird. Diese Annahmen stützten sich einerseits auf eine abweichende Homologisierung einzelner Zahnhöcker (Pseudohypoconus bei Platyrrhina, Euhypoconus bei den Catarrhina), und auf serologische [1148] und anatomische Verschiedenheiten [897], andererseits auf die geographische Trennung der Alt- und Neuweltaffen sowie auf die zwischen den „niederen" und „höheren" Catarrhinen bestehenden Unterschiede. Die Bewertung dieser Unterschiede und damit die Entscheidung, ob Mono-, Di- oder Polyphylie, hängt im wesentlichen von der Beurteilung der Fossilfunde ab. So nahmen ursprünglich Gregory [177, 1178], aber auch Gidley und Patterson [2598] eine Abstammung der Platyrrhinen von den Notharctiden (= Adapiden) des nordamerikanischen Alt-Tertiärs und damit einen völlig getrennten Ursprung von den Catarrhinen an.

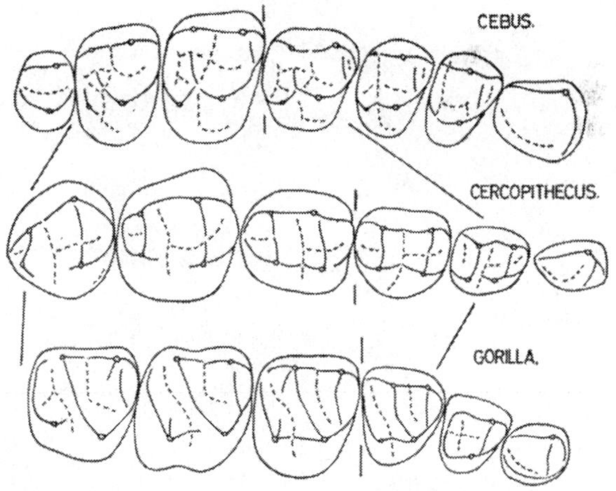

Abb. 212. Maxillargebiß dext. der Ceboidea *(Cebus)*, Cercopithecoidea *(Cercopithecus)* und Hominoidea *(Gorilla)*. Trotz homologer Höckerausbildung völlig differente Entwicklung im Bereich der P und M (vergleiche dagegen Gehirnevolution, Abb. 195). — Nach Butler 1963

Wie jedoch neuere Untersuchungen und neue Fossilfunde gezeigt haben, sind die Zahnhöcker der Molaren der Alt- und Neuweltaffen einander homolog (Abb. 212). Dadurch ist der Annahme eines völlig getrennten Ursprunges der Platyrrhinen zwar der Grund entzogen, aber noch kein Beweis für eine gemeinsame Wurzelgruppe geliefert. Diese dürfte mit Gazin [1086] innerhalb der Omomyiden zu suchen sein, die — wie oben ausgeführt — im Alt-Tertiär in der Alten und

Neuen Welt verbreitet waren. Nach Remane [2869:17] liegt weder Material für eine getrennte Zurückführung der Platyrrhina und Catarrhina auf nicht näher verwandte alt-tertiäre Primatengruppen vor, noch verbinden sie getrennte Homologiebrücken mit verschiedenen Primatenlinien. Wenn auch Unterschiede in der diagnostisch wichtigen Ohrregion vorliegen, so sind die Gemeinsamkeiten in allen Organen so groß, daß vergleichend-anatomisch die Zusammenfassung in eine natürliche Einheit Simiae begründet erscheint. Die unabhängig von den Simiae von den Prosimiae hervorgebrachten „äffischen" Formen (wie Archaeolemuriden) zeigen, daß hier Konvergenzen, dort jedoch Parallelerscheinungen vorliegen (Abb. 195 auf Seite 179). Damit ist schon angedeutet, daß die Aufspaltung der Neu- und Altweltaffen bereits frühzeitig (? Paleozän) eintrat und die seitherige Entwicklung unabhängig voneinander erfolgte (Abb. 177 auf Seite 165). Weiterhin machen Fossilfunde wahrscheinlich, daß das Entstehungszentrum der Simiae auf der nördlichen — allerdings damals unter subtropischen bis tropischen Klimabedingungen stehenden — Hemisphäre lag. Erst während des Alt-Tertiärs kam es zur „Einwanderung" der Ausgangsformen der Platyrrhinen in Südamerika und zur ersten Entfaltung der Catarrhinen in Afrika. Demgegenüber vertritt Simpson [3257, 3268] die Auffassung, der sich im wesentlichen auch Stirton [3459] anschließt, daß man die Stammgruppe der Platyrrhinen noch nicht kennt. Ungeachtet dieser unterschiedlichen Auffassungen wird der stammesgeschichtliche Eigenweg der Platyrrhinen seit dem Paleozän-Eozän und damit die Parallelentwicklung zu den Catarrhinen nicht bezweifelt (Abb. 213).

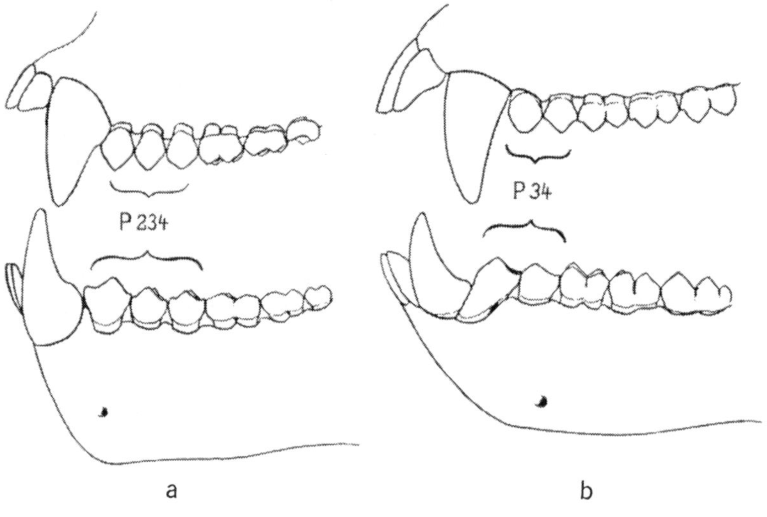

Abb. 213. Gebiß eines Neuweltaffen (*Cebus*, a) und eines Altweltaffen (*Macaca*, b). Beachte Unterschiede in der Zahl und der Differenzierung der Prämolaren. Drei P (2—4) bei *Cebus*, zwei P (3,4) bei *Macaca*. — Nach le Gros Clark 1964

Die stammesgeschichtliche Entwicklung der Neuweltaffen läßt sich infolge der spärlichen Fossilreste im wesentlichen nur auf Grund der heutigen Formen beurteilen. Immerhin dokumentieren die Fossilfunde, daß sich die Platyrrhinen in Südamerika entfaltet haben und erst im Quartär Mittelamerika besiedelten, als die seit dem Paleozän (? Ober-Kreide) unterbrochene Landverbindung zwischen Süd- und Zentralamerika wiederhergestellt war. Der Zeitpunkt der Infiltration oder der „Einwanderung" in Südamerika läßt sich allerdings nicht mit Sicherheit festlegen. Die geologisch ältesten Primaten Südamerikas sind aus dem Colhuehuapiense Argentiniens bekannt, das dem jüngeren Oligozän entspricht. Da im Eozän und Oligozän keine Landverbindung mit Nordamerika bestand und das Fehlen paleozäner und eozäner Primatenreste primär und nicht nur durch die Lückenhaftigkeit der Fossilüberlieferung bedingt zu sein scheint, handelt es sich nach Simpson [3262] bei den ersten „Einwanderern" um „Inselhüpfer" (island hoppers).

Die rezenten Platyrrhinen werden meist in zwei Familien (Callithricidae und Cebidae) gegliedert*), weil zahlreiche anatomisch-morphologische Unterschiede vorhanden sind [3798], abgesehen von der verschiedenen Gebißformel. Diese klare Trennung wurde einerseits durch die Entdeckung von *Callimico goeldii*, dem Springtamarin, andererseits durch Fossilformen erschwert. Die systematische Stellung von *Callimico goeldii* steht auch gegenwärtig noch lebhaft zur Diskussion. Abgesehen von Dollman [810], der eine eigene Familie errichtete, rechnen Thomas [3618], Weber [3798], Simpson [3257], Fiedler [937], Walker [3765] und Morris [2409] *Callimico* vor allem wegen der Gebißformel $\left(\frac{2\ 1\ 3\ 3}{2\ 1\ 3\ 3}\right)$ zu den Cebidae, während Pocock [2744], Wood Jones [3941], Vallois [3687], Hill [1444], Hofer & Thenius [3610] und Remane [2869] *Callimico* den Callithriciden (= Hapalidae) einordnen.

Nach Hill [1444] ist *Callimicio* ein primitiver Callithricide, der nur wenige Merkmale mit den Cebiden gemeinsam hat und bei dem die M^2_3 noch nicht völlig reduziert sind. Damit ist zugleich das Problem der stammesgeschichtlichen Stellung der Callithriciden berührt. Sind es ursprüngliche Formen, wie man vor allem auf Grund der Krallen verschiedentlich annimmt, oder sind es abgeleitete Ceboidea?

Die rezenten **Callithriciden** oder Krallenäffchen sind — wie sämtliche Ceboidea — ausschließlich arboricole Primaten und umfassen durchwegs kleine Arten. Es sind die kleinsten Affen überhaupt. Dies ist im Hinblick auf die Primitivität mancher Merkmale wesentlich [937, 3384]. Die Gebißformel lautet $\frac{2\ 1\ 3\ 2}{2\ 1\ 3\ 2}$**), womit sie abgeleiteter erscheinen als die Cebiden. Andererseits besitzen sie eine Reihe primitiver Merkmale (zum Beispiel lissencephales Gehirn, Duftdrüsen, Verdauungsorgane), weshalb sie verschiedentlich als primitive Ceboidea bewertet werden. Wesentlich erscheint in dieser Hinsicht der Besitz von Krallen (mit Ausnahme des Hallux). In der Embryonalentwicklung treten jedoch ähnliche Stadien auf wie bei *Cebus*. Die Krallen sind nach Starck umgeformte Nägel (tegulae), also unechte Krallen (vergleiche dagegen Le Gros Clark [2084]); die oft einhändigen Greifbewegungen zeigen ein wesentlich höheres Evolutionsniveau als bei *Tupaia* [261]; auch der bei *Callithrix*-Säuglingen auftretende Schwanzrollreflex spricht eher für eine Ableitung von Cebiden als für primitive Platyrrhinen [3384]. Desgleichen wäre die Placentastruktur, die jener der typischen Cebiden entspricht, bei der absoluten Größe der Krallenäffchen nicht verständlich. Die Schädelform wirkt spezialisiert, wird jedoch im Hinblick darauf verständlich, daß es sich um Zwergformen handelt. Die Callithriciden sind als abgeleitete Ceboidea zu betrachten, die sekundär zu Krallenkletterern wurden und die Opponierbarkeit des Daumens einbüßten. Sie sind Nischenbewohner und haben die ökologische Rolle der Sciuriden übernommen, die im Tertiär Südamerikas fehlten.

Innerhalb der rezenten Callithriciden lassen sich zwei oder drei Stämme unterscheiden, von denen die Callimiconinae die meisten ursprünglichen Merkmale bewahrt haben. Dies wird auch durch die Karyologie bestätigt, indem die Callithriciden innerhalb der Ceboidea nach der Chromosomenzahl als spezialisiertere Gruppe angesehen werden und *Callimico* mit einer etwas höheren

---

*) Gelegentlich sieht man *Callimico* als Vertreter einer eigenen Familie (Callimiconidae) an [810], was jedoch nicht gerechtfertigt erscheint; oder man wertet die U-Familien (Cebinae, Pithecinae und so weiter) in Familien auf [2869].

**) Außer *Callimico* (siehe oben).

Chromosomenzahl den gemeinsamen Stammformen näher steht [231, 233]. Die systematisch-phylogenetische Stellung der übrigen Gattungen *(Leontideus* = „*Leontocebus*“, *Saguinus* = *Leontocebus, Callithrix)* wird allerdings nicht einheitlich beurteilt, wie auch Begriff und Umfang der supraspezifischen Einheiten verschieden gefaßt werden.

Die Herkunft der Callithriciden ist mangels geeigneter Fossilfunde noch weitgehend in Dunkel gehüllt. Der älteste Fund, *Dolichocebus gaimanensis* aus dem Colhuehuapiense von Gaiman (Patagonien) ist ein schlecht erhaltener Schädel, dessen Hirnteil relativ länger und schmäler ist als bei *Callithrix* und *Leontocebus* und dessen Zahnformel nach Kraglievich [1854] mit $\underline{2\ 1\ 3\ 2}$ jener der Callithriciden entspricht. Hill [1443] betrachtet ihn als spezialisierten Callithriciden incertae sedis. Jedenfalls kann *Dolichocebus* nicht als Vorfahre der Cebiden angesehen werden. Daß die **Cebiden** bereits damals existiert haben müssen, geht aus dem Vorkommen von *Homunculus patagonicus* und *Pitheculus* im älteren Miozän Argentiniens hervor. *Homunculus* ist, wie Bluntschli [288] und Bordas [340] gezeigt haben, zweifellos ein Platyrrhine und damit für die Phylogenie des Menschen ohne Bedeutung. *Homunculus* (einschließlich *Anthropops*) ist primitiven Cebiden, wie *Aotes* und *Callicebus* am ähnlichsten. Die Ähnlichkeiten von *Homunculus tatacoensis* aus dem Jung-Miozän mit *Alouatta*, auf die Stirton [3459] hinweist, ergeben sich aus dem primitiven Gebißcharakter dieser Gattung, der an die Prosimiae erinnert. Hill [1446] klassifiziert *Homunculus* direkt als Angehörigen der Alouattinae. *Cebupithecia* (Abb. 214) und *Neosaimiri* aus dem Ober-Miozän Kolumbiens sind nach Stirton [3459] als Angehörige der Pitheciinae beziehungsweise Cebinae anzusehen. Die übrigen, von Ameghino in großer Zahl beschriebenen angeblichen Primatenreste aus dem Oligozän und Miozän Argentiniens *(Homocentrus argentinus, Eudiastatus lingulatus, Pitheculus australis, Homunculites pristinus, Pitheculites minimus* und *Clenialites minusculus)* sind keine Primaten, sondern auf Rodentia, ?Chiropteren, Notoungulaten und Marsupialier zu beziehen [288, 1854, 3459]. Weitere fossile Platyrrhinen

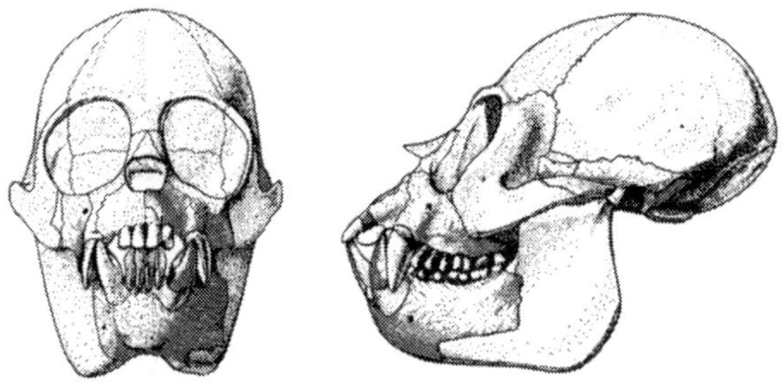

Abb. 214. *Cebupithecia sarmientoi* (Cebidae: Pitheciinae). Miozän, Kolumbien. Typisch cebider Platyrrhine. (3/5) Nach Stirton 1951

(Alouatta, Brachyteles, Callicebus, Cebus und *Callithrix)* stammen aus eiszeitlichen Ablagerungen Südamerikas. Sie stehen rezenten Arten nahe und sind phylogenetisch bedeutungslos. Bemerkenswert ist der Nachweis fossiler Platyrrhinen von den Antillen (*Ateles fuscipes* von Kuba = „*Montaneia anthropomorpha*“ Ameghino und *Xenothrix mcgregori* von Jamaika [3845]).

Auf Grund der bisherigen Fossilfunde läßt sich die stammesgeschichtliche Entwicklung der Cebiden nicht hinreichend beurteilen. Im ältesten Jungtertiär waren primitive Cebiden bereits vorhanden, im jüngsten Miozän war — zumindest nach Schädel- und Gebißmerkmalen — eine Aufspaltung in einzelne Unterfamilien erfolgt. Der Nachweis der spezialisiertesten Cebiden (Atelinae) steht noch aus.

Unter den rezenten Cebiden zeigen *Aotes* und *Callicebus* zahlreiche primitive Merkmale. Ob sie jedoch ausreichen, um beide Genera zu einer Gruppe (Aotinae oder Callicebinae) zusammenzufassen, ist mit Pocock [2758] und Remane [2869] sehr zu bezweifeln. Unter den übrigen bilden *Pithecia*, *Chiropotes* und *Cacajao* einen weiteren Stamm (Pitheciinae), während die restlichen als Greifschwanzaffen zusammengefaßt werden, unter denen die Cebinae (mit *Saimiri* und *Cebus*) die primitivsten, die Atelinae (*Lagothrix*, *Brachyteles* und *Ateles*) die spezialisiertesten darstellen. *Alouatta* zeigt jedoch verschiedene Sondermerkmale (komplizierter Verdauungstrakt im Zusammenhang mit Phyllophagie, Differenzierung des Zungenbein-Kehlkopfkomplexes), die eine Abtrennung als eigene Gruppe rechtfertigen, ganz abgesehen davon, daß der Bau des Gehirnes wesentlich primitiver ist als bei den Atelinae, so daß keine direkte Verwandtschaft mit den Atelinae, sondern eher eine direkte Ableitung aus der *Aotes*-Gruppe anzunehmen ist [3606].

Die Alouattinae und Atelinae lassen sich mit Ankel [85] als Tast-Greifschwanzaffen bezeichnen (Tastfläche an der Ventralseite des Schwanzendes), ohne daß damit eine stammesgeschichtliche Einheit zum Ausdruck gebracht sei; sie zeigen in verschiedener Hinsicht bemerkenswerte Parallelentwicklungen zu den Altweltaffen. Abgesehen von der Phyllophagie bei *Alouatta*, die ihre Parallele unter den Colobinen findet, kommt es zu einer Art Schwingklettern, die zu charakteristischen morphologischen und proportionellen Änderungen im Rumpf und den Extremitäten geführt hat (Reduktion des Daumens, Verlängerung besonders der Vorderextremität, Reduktion der präsacralen Region). Napier [2454] und Ashton & Oxnard [146] sprechen von Semibrachiatoren (Fortbewegung in den Bäumen mit Hilfe der Vorder- und Hinterextremitäten, zu denen bei den genannten Platyrrhinen der Schwanz als 5. Extremität kommt)*), im Gegensatz zu echten Brachiatoren (arboricole Fortbewegung allein mit Vordergliedmaßen), wie sie unter den rezenten Pongiden und Hylobatiden vertreten sind. Semibrachiatoren unter den Catarrhinen sind die Colobinae (*Presbytis*, *Rhinopithecus*, *Nasalis*, *Colobus*) mit analogen Tendenzen (Reduktion des Daumens bei *Colobus*). Diese Fortbewegungsweise findet im Intermembral-Index ihren Ausdruck (Werte nach Erikson [898]):

Lagothrix	98	*Pan*	110
Alouatta	103	*Gorilla*	116
Brachyteles	104	*Hylobates*	132
Ateles	108	*Pongo*	144

Bemerkenswert ist auch, wie vor der Rückbildung des Daumens die Oppositionsfähigkeit verloren geht (bei *Alouatta* [1473]). Dennoch lassen morphologische Detailunterschiede erkennen, daß die Ähnlichkeiten und Übereinstimmungen zwischen Platyrrhinen und Catarrhinen Ergebnisse von Parallelentwicklungen darstellen [898]. Dies gilt auch für die Ausbildung des Gehirns, die nicht nur zu einer Vergrößerung der Hemisphären und vor allem des Neocortex führt**) und damit an Pongiden***) heranreicht, sondern auch zu den Catarrhinen überraschend ähnlichen Furchungsmustern [3391:52, 3606:98]. Problematisch ist, ob das Vorkommen von Ektoparasiten bei *Ateles*, wie sie sonst nur von Hominoidea bekannt sind (Gattung *Pediculus*), tatsächlich durch eine von Indianern übertragene Sekundärinfektion zu deuten ist [1549] und auf der Ähnlichkeit der physiologischen Eigenschaften beruht [914]. Daß dadurch keine direkten verwandtschaftlichen Beziehungen zu *Homo* gegeben sind, ist selbstverständlich (vergleiche Fahrenholz [920]).

*) Bemerkenswert ist, daß die cerebrale Repräsentation des Schwanzes bei *Ateles* und *Lagothrix* voluminöser ist als jene der Gliedmaßen (Hofer, mündl. Mitt.).

**) Neocortex-Werte im Vergleich zu „basalen Insectivoren" nach Stephan [3433] für *Aotes* . . 34, für *Cebus* . . . 62 und für *Ateles* . . . 79.

***) B I-Wert für *Pan* = 84.

Bemerkenswerterweise ist unter den Platyrrhinen kein einziger Stamm mit terrestrisch lebenden Formen ausgebildet. Wie weit dies mit ökologischen Gegegenheiten (einheitliche Urwaldgebiete und deren zeitweiser Überflutung) zusammenhängt, kann nur vermutet werden. Mit der Ausbildung von (Semi-)Brachiatoren ist jedoch die Basis für eine weitere Radiation geschaffen worden, die ihren Ausdruck auch in ihrer Verbreitung (Mittelamerika und Antillen) findet.

Catarrhina (Altweltaffen: Cercopithecoidea = Cynomorpha)

Die Herkunft der Catarrhinen ist auch gegenwärtig noch nicht definitiv geklärt, doch kann die Ableitung von altweltlichen Omomyiden (Seite 190) als äußerst wahrscheinlich gelten. Wenn auch durch zahlreiche neue Fossilfunde die Stammesgeschichte der Altweltaffen wesentlich aufgehellt werden konnte, so war doch das Fehlen unmittelbarer fossiler Übergangsformen aus dem Eozän Anlaß zur Annahme, daß die beiden Hauptgruppen der Altweltaffen, die Cercopithecoidea und die Hominoidea, ihren stammesgeschichtlichen Eigenweg genommen haben. Wie jedoch Remane [2869:21] betont, fehlen getrennte Fossilreihen von Cynomorphen und Anthropomorphen zu verschiedenen Familien niederer Primaten, die eine Diphylie dokumentierten. Auch hier hat sich gezeigt, daß die Molarenhöcker beider Gruppen homolog sind und der vierte Höcker der M sup. ein Euhypoconus ist [2868]. Weiterhin sprechen zahlreiche anatomische sowie serologische Befunde für einen gemeinsamen Weg an der Wurzel, dem erst später eine Trennung folgte; sie führte zu Spezialisationskreuzungen, indem jeweils verschiedene Merkmalskomplexe (Gebiß, Gehirn, äußere Ohren- und Geschlechtsmerkmale) rascher evoluierten, ohne daß dies etwa in der Zahnformel der modernen Catarrhinen $\frac{2\ 1\ 2\ 3}{2\ 1\ 2\ 3}$ zum Ausdruck kommt. Die Catarrhinen sind demnach als einheitliche Gruppe aufzufassen, die aus einer protocatarrhinen Stammgruppe entstand. Die frühe Trennung und die divergenten Evolutionstendenzen finden jedoch ihren berechtigten Ausdruck in der bekannten Zweiteilung.

Die Entstehung der Cercopithecoidea ist mit dem Problem der Bilophodontie der Molaren engstens verknüpft. Diese Frage ist unter anderem von Remane [2856a] und Kälin [1670] eingehend diskutiert (vergleiche auch [331, 1605, 1790, 2015, 3116]) und durch Fossilfunde in jüngster Zeit wieder aktuell geworden.

Bis vor kurzem galt „*Mesopithecus*“ (= *Victoriapithecus*) aus dem ostafrikanischen Miozän als geologisch ältester Cynomorphe, und das Fehlen älterer Funde begründete man meist mit dem in dieser Hinsicht hominoiden Charakter des Gebisses (M nicht bilophodont). Die in den letzten Jahren im Rahmen der Yale-Expeditionen durchgeführten Aufsammlungen in den klassischen Lokalitäten des Fayum in Ägypten haben wesentliche neue Erkenntnisse erbracht [3195, 3203]. Angesichts des meist fragmentären Erhaltungszustandes (vorwiegend Kiefer mit Zähnen) und der bereits im Oligozän existierenden, verschiedenen Stämme sowie der nur mutmaßlichen Zusammengehörigkeit einzelner Skelettreste erscheint die nicht einheitliche taxonomische Beurteilung der Fossilreste verständlich.

Dennoch geben diese Fossilfunde außerordentlich wertvolle Einblicke in die Stammesgeschichte der Altweltaffen. Der Nachweis zahlreicher Catarrhinenformen im Oligo-Miozän Afrikas und deren völliges Fehlen in prämiozänen Ablagerungen Eurasiens*) werden allgemein als Hinweis für den afrikanischen Kontinent als Entstehungszentrum der Catarrhinen angesehen.

---

*) *Amphipithecus* aus dem Ober-Eozän von Burma ist nach von Koenigswald [1807] kein Angehöriger der Hominoidea [3199], sondern wegen der Zahnformel entweder ein Halbaffe oder ein Vertreter der (?) Condylarthra [1811]. Das geologische Alter von „*Kansupithecus*“ [319] ist nicht gesichert [3596].

Für die Stammesgeschichte der Cercopithecoidea ist der Nachweis von *Oligopithecus* aus dem Alt-Oligozän des Fayum (= fluviomarine Schichten) durch Simons [3195] besonders wichtig; diese Gattung zeigt verschiedene cercopithecoide „trends", die für eine Trennung von Cercopithecoidea und Hominoidea zu sprechen scheinen. *Oligopithecus savagei* beruht auf einer Mandibel mit C—M_2. Die Molaren und auch der P_4 zeigen richtige Anzeichen zur Lophodontie, der zweiwurzelige P_3 weist durch die Verlängerung der Krone eine schneidende Tendenz auf (Abb. 215). Das Vorderjoch wird vom Proto- und Metaconid, das Hinterjoch von einem Kamm

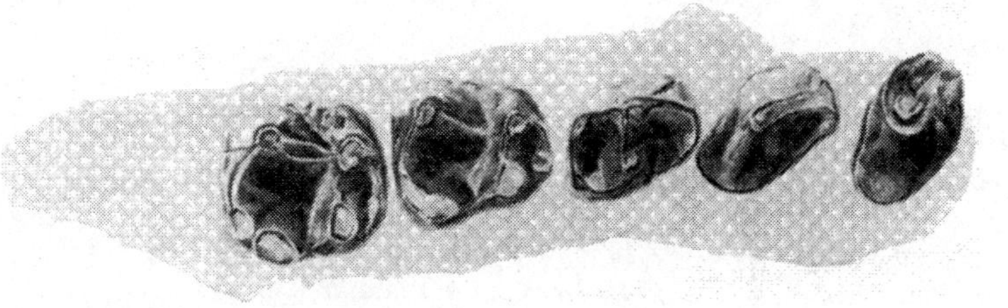

Abb. 215. *Oligopithecus savagei* (Cercopithecoidea). Jung-Oligozän, Ägypten. Mandibelfragment sin. mit C—M_2. Beachte Tendenz zur schneidenden Ausbildung der P_3 und zur Bilophodontie der Molaren. (4/1)— Nach Simons 1962

gebildet, der Hypoconid und das lingualwärts verschobene Hypoconulid verbindet. Die Zahnformel $\overline{?\ 2\ 1\ 2\ 3}$ und die Merkmalskombination zeigen nach Simons [3198], daß es sich um einen primitiven Catarrhinen handelt, der sich von den übrigen oligozänen Genera *Propliopithecus* (= ?„*Moeripithecus*"), *Parapithecus* und *Apidium* (Abb. 240b auf Seite 217) deutlich unterscheidet, doch der ersten Gattung nähersteht als den übrigen. Eine Trennung dieser Genera in verschiedene Familien anzunehmen, erscheint nach Simons [3204] infolge der Merkmalskombination der oligozänen Primaten etwas verfrüht. Bemerkenswert ist nämlich außerdem ein Stirnbeinfragment aus diesen Schichten, das Simons [3198] auf *Oligopithecus* bezieht. Die Orbitae sind nicht rein frontal orientiert, sondern schräg nach außen. Der Endocranialausguß zeigt nach Hofer [1475] ein lissencephales Gehirn, das im Bereich der Hemisphären *Callithrix* ähnelt, jedoch sind die Bulbi olfactorii größer und deutlich von den Stirnpolen der Hemisphären abgesetzt (Abb. 216). Nach Hofer [1475:25] handelt es sich um große, allerdings schmale Bulbi (bedingt durch Augengröße?), die größer sind als bei rezenten Simiae. Dies ist ein primitives, halbäffisches Merkmal, wie es auf diesem Evolutionsniveau durchaus zu erwarten ist (vergleiche Merkmalskombination bei *Aegyptopithecus* und *Pliopithecus*, Seite 207). Auch die Molaren zeigen in der Form Anklänge an Omomyiden. Nach Simons [3206a] waren die oligozänen Fayum-Affen nach den spärlichen Extremitätenresten Baumbewohner.

Wie bereits oben angedeutet, bildet nicht nur die Bilophodontie ein wesentliches Charakteristikum der Cercopithecoidea, sondern auch die Spezialisierung des Vordergebisses, die in den kräftigen Eckzähnen und dem schneidend ausgebildeten P_3, der als Antagonist des C sup. wirkt, ihren Ausdruck findet. Diese Spezialisierung erreicht bei den bodenbewohnenden Pavianen ihr Extrem, indem die bei den Männchen gewaltigen Caninen primär jedoch eher als Imponierapparate denn als Waffen dienen (Abb. 217). Im Zusammenhang damit steht der ausgeprägte Sexualdimorphismus im Vordergebiß. Diese Spezialisierung des Vordergebisses fehlt den Hominoidea, bei denen die Höcker der Molaren alternierend angeordnet sind, um bei den Pongiden und Hominiden das sogenannte *Dryopithecus*-Muster zu bilden.

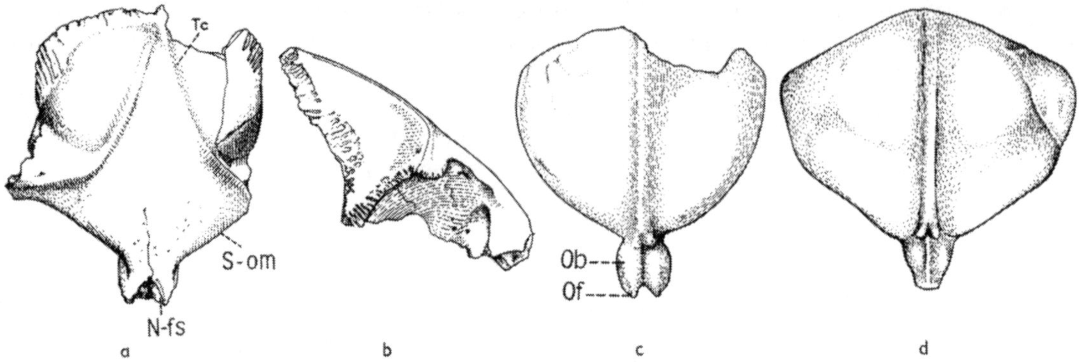

Abb. 216. Links: Frontale eines catarrhinen Primaten (? *Oligopithecus*), Oligozän, Ägypten (Fayum), a) Aufsicht, b) Lateralansicht. Rechts: Endocranialausgüsse mit vorderen Gehirnpartien von (?) *Oligopithecus* (c) und *Callithrix* (d), rezent. BeachteÄhnlichkeit durch Ausbildung der Bulbi olfactorii = „Platyrrhinen"-Niveau der (oligozänen) Altweltaffen a, b) (1/1), c, d) (1,5/1). — Nach Simons 1959

Ob = Bulbus olfactorius *N-fs* = Sutura nasofrontalis *Tc* = Crista temporalis
Of = Fasciculus olfactorius *S-om* = Supraorbitalrand

Angesichts dieser unterschiedlichen Gebißdifferenzierung dürfte die Trennung von Cynomorphen und Anthropomorphen bereits im Eozän erfolgt sein. Die Gattungen *Parapithecus* und *Apidium* sind Seitenzweige, von denen das erstgenannte Genus fast immer als eigene Familie (Parapithecidae) abgetrennt wird (vergleiche Kälin [1671]). Die Gattung *Apidium*, meist als Cercopithecide klassifiziert, wird durch Simons [3189] mit *Oreopithecus* in Verbindung gebracht, jedoch neuerdings [3204] auch als Parapithecide klassifiziert. *Apidium* zeigt im Molarenbau wohl eine gewisse Ähnlichkeit mit *Oreopithecus*, weicht jedoch durch die 3 Prämolaren (*Apidium moustafai* aus den oberen fluviomarinen Schichten; s. Fig. 6 bei Simons [3198]) von dieser Gattung ab. Dadurch ist die bereits damals vollzogene Trennung des *Oreopithecus*-Stammes neuerlich fraglich geworden, ganz abgesehen davon, daß bisher Zwischenformen fehlen.

Als weitere, sichere fossile Cercopithecoidea gelten nach Simons & Pilbeam [3208] die von Fourtau [968, 969] als *Prohylobates tandyi* und *Dryopithecus*(?) *mogharensis* beschriebenen Reste aus dem Alt-Miozän Ägyptens, wie auch Remane [2872] annimmt. Diesen auf eine Art zu beziehenden Resten entspricht auch „*Mesopithecus*" sp. aus dem ostafrikanischen Miozän [2192] und vom Kongo [1540]. Das seit 1943 aufgesammelte Material bearbeitet derzeit von Koenigswald. Es handelt sich um eine neue Gattung (*Victoriapithecus* [486]), bei der die M sup. nach von Koenigswald (mündl. Mitt.) noch das Trigonmuster besitzen.

Mit dem Nachweis primitiver Cynomorphen aus dem afrikanischen Oligo-Miozän scheint deren afrikanische Entstehung gesichert zu sein. Ein weiteres Problem ergibt sich jedoch aus der gegenwärtigen Verbreitung der **Cercopitheciden**. Sie lassen sich bekanntlich in zwei Gruppen gliedern, die Colobinae (=„Semnopithecinae") und die Cercopithecinae, von denen die erste ihren Schwerpunkt in Asien (sämtliche Gattungen außer *Colobus* und *Procolobus*), die zweite in Afrika hat. Eine Bewertung als eigene Familien, wie sie verschiedentlich durchgeführt wird [288a, 1448, 2758, 2869, 3526, 3716], scheint dem Verfasser nicht berechtigt zu sein. Immerhin weist die Bilophodontie der Molaren von Colobinen und Cercopithecinen auf deren einheitliche phylogenetische Wurzel hin [3752]. Die verwandtschaftlichen Beziehungen der Cercopitheciden untereinander konnte die Karyologie bestätigen [232, 520, 521, 523, 555, 1269, 1761, 2467].

Da aus dem Pliozän bisher nur wenige Cercopitheciden bekannt wurden, ist zwar eine definitive Lösung dieser Frage, nämlich ob Asien als Entfaltungszentrum für die Colobinen

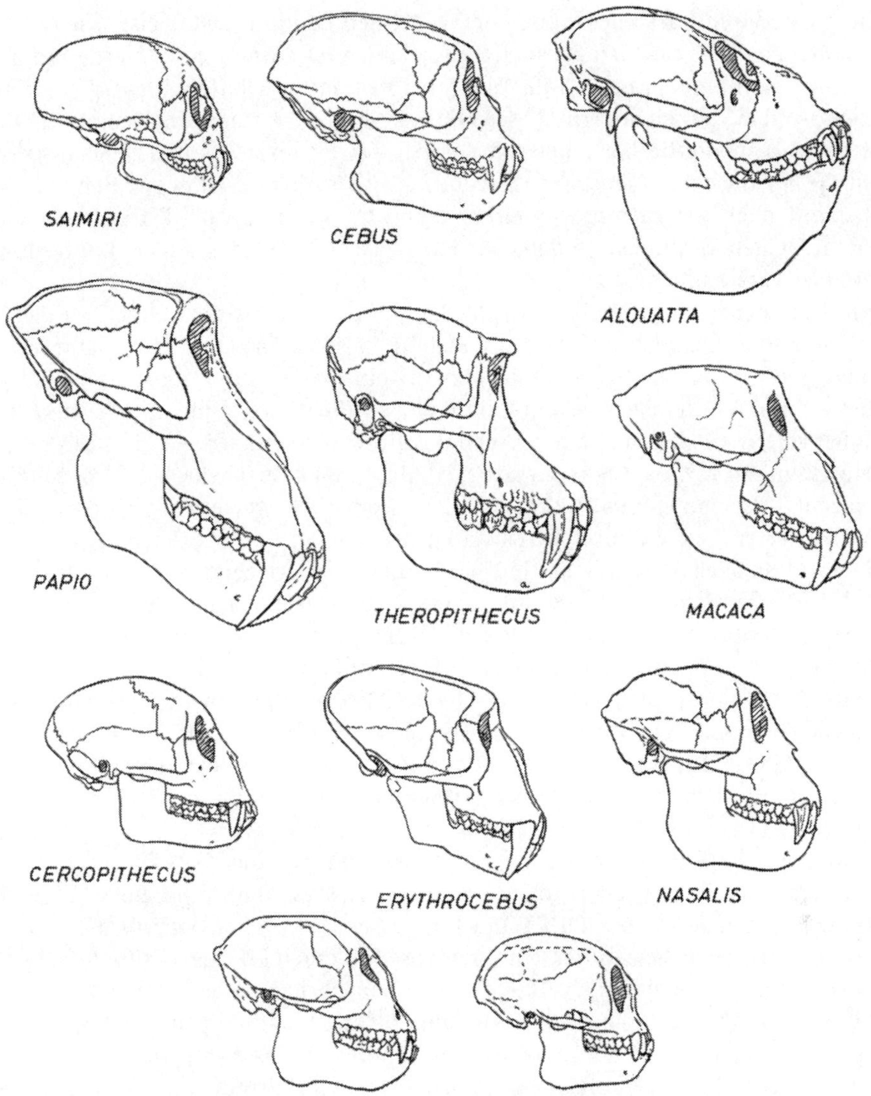

Abb. 217. Schädel verschiedener Ceboidea (oberste Reihe) und Cercopithecoidea. Beachte Formenmannigfaltigkeit sowie vergrößerte Caninen bei den bodenbewohnenden Formen *(Papio, Theropithecus, Macaca* und *Erythrocebus).* — Nach Elliot 1913, maßstäblich umgezeichnet

anzusehen ist und die Stummelaffen sekundäre Einwanderer in Afrika darstellen, nicht möglich. Dennoch lassen sich verschiedene Argumente für die Autochthonie der Stummelaffen anführen und die Formenfülle der asiatischen als Ergebnis einer rein asiatischen Radiation erklären.

Die Colobinae (Schlankaffen) verhalten sich in vielen Merkmalen primitiver als die Cercopithecinen [146, 1253, 2868, 3395, 3716, 3752]. Sie sind überwiegend Baumtiere, die vereinzelt zu echten stenophagen Nahrungsspezialisten *(Colobus)* geworden sind; damit hängt auch die komplizierte und entfernt an Wiederkäuer erinnernde Struktur des Magens [1443a, 1944] zusammen, die dadurch Parallelen zu den neuweltlichen Brüllaffen aufweist. Die für die meisten Cercopithecinen kennzeichnenden Backentaschen fehlen. Des weiteren kommt es im Zusammenhang mit einer Semibrachiatorie [146, 2454] bei den Stummelaffen *(Colobus)* zur Reduktion des Daumens, so daß sie sich auch in dieser Hinsicht spezialisierter verhalten als die Cercopithecinen. Ist die Bilophodontie bei ihnen als vorwiegend Pflanzenfressern zwar ausgeprägter, so fehlt ihnen die für die spezialisierteren Cercopithecinen so kennzeichnende Schnauzenverlängerung und damit auch die extreme Differenzierung im Vordergebiß. Da sich jedoch ähnliche Tendenzen in beiden Stämmen finden, wird die etwas unterschiedliche Beurteilung fossiler Cercopitheciden verständlich.

Als am besten bekannte fossile Gattung kann *Mesopithecus* bezeichnet werden, von dem nicht nur vollständige Schädelreste, sondern auch das postcraniale Skelett bekannt ist (Abb.218). *Mesopithecus pentelici* ist ein Angehöriger der alt-pliozänen Hipparion-Faunen, die aus Süd- und Osteuropa und Vorderasien bekannt sind. *Mesopithecus* weist im Schädel und Gebiß zahlreiche Ähnlichkeiten mit Colobinen auf. Auch das Furchungsmuster des „Gehirns" stützt durch die Übereinstimmung mit *Presbytis* diese Feststellung, doch erscheint der Frontallobus gegenüber den rezenten Colobinen etwas kürzer [2723]. Bemerkenswerterweise sind die Vordergliedmaßen spezialisierter als die Hinterextremitäten und erinnern an Makaken [1042]. Dies spricht gegen eine ausschließliche Arboricolie und wird aus der vorwiegend terrestrischen Lebensweise verständlich, wie sie auch nach dem Vorkommen zu erwarten ist. *Adelopithecus hypsilophus* aus dem Neogen von Odessa dürfte gleichfalls ein Angehöriger der Colobinae sein [1195]. *Semnopithecus eppelsheimensis* [1286] beruht auf einem C sup. aus dem Altpliozän von Rheinhessen. Diese Art stammt nach Hürzeler [1607:51] nicht von einem Cynomorphen, sondern vermutlich von *Pliopithecus* (Seite 213); von Koenigswald [1792] bezeichnet sie als *Rhenopithecus eppelsheimensis* (Seite 213). Auch der als *Anthropodus rouvillei* aus dem Jung-Pliozän von Mosson beschriebene Incisiv ist nach Genet-Varcin [1098] auf einen „Semnopithecinen" (= Colobinen) zu beziehen.

Die taxonomische Stellung von *Cercopithecoides williamsi* aus dem älteren Pleistozän Südafrikas ist gleichfalls nicht gesichert, doch handelt es sich zweifellos um einen Angehörigen der Cercopitheciden. Nach Robinson [2917] und Freedman [991] ist es nach dem Bau der Molaren ein Blattfresser und damit vermutlich ein Colobine (siehe auch [3716]). Dafür sprechen ebenfalls die Incisiven und die Prämolaren. Auffällig sind die mächtigen Überaugenwülste.

Eine weitere, in ihrer systematischen Stellung nicht einheitlich beurteilte Art ist *Libypithecus markgrafi* aus dem Jung-Pliozän Ägyptens. Der Schädel dieser etwa makakengroßen Art zeigt eine leichte Schnauzenverlängerung, wie sie bei Cercopithecinen zu beobachten ist (Abb. 219). Nach Stromer [3503] handelt es sich um einen Semnopithecinen (= Colobine), dessen Kieferschädel ähnlich einzelnen Cercopithecinen verlängert ist. Im Gebiß verhält sich *Libypithecus* durchaus colobid. Die Tendenz zur Schnauzenverlängerung und damit der makakenähnliche Habitus dürften jedoch mit einer terrestrischen Lebensweise in Zusammenhang stehen, wofür auch die kräftige Entwicklung der C sup. spricht. Das Gehirn ist nach Edinger [843] typisch cercopithecid (vergleiche auch Piveteau [2722]). Verheyen [3716] wertet *Libypithecus* jedoch nach dem Schädelindex (Interorbitalbreite × 100/Glabella-Prosthionlänge) als Cercopithecinen.

Abb. 218 (rechts). Die vermutlichen stammesgeschichtlichen Zusammenhänge der Primaten II. Catarrhina. Colobiden und Cercopitheciden als Angehörige einer Familie aufgefaßt. *Pliopithecus* = primitiver Hylobatide; *Gigantopithecus* = Pongide; *Oreopithecus* als Angehöriger einer eigenen Familie innerhalb der Hominoidea. Die Hominiden haben sich im Jungtertiär aus Pongiden entwickelt

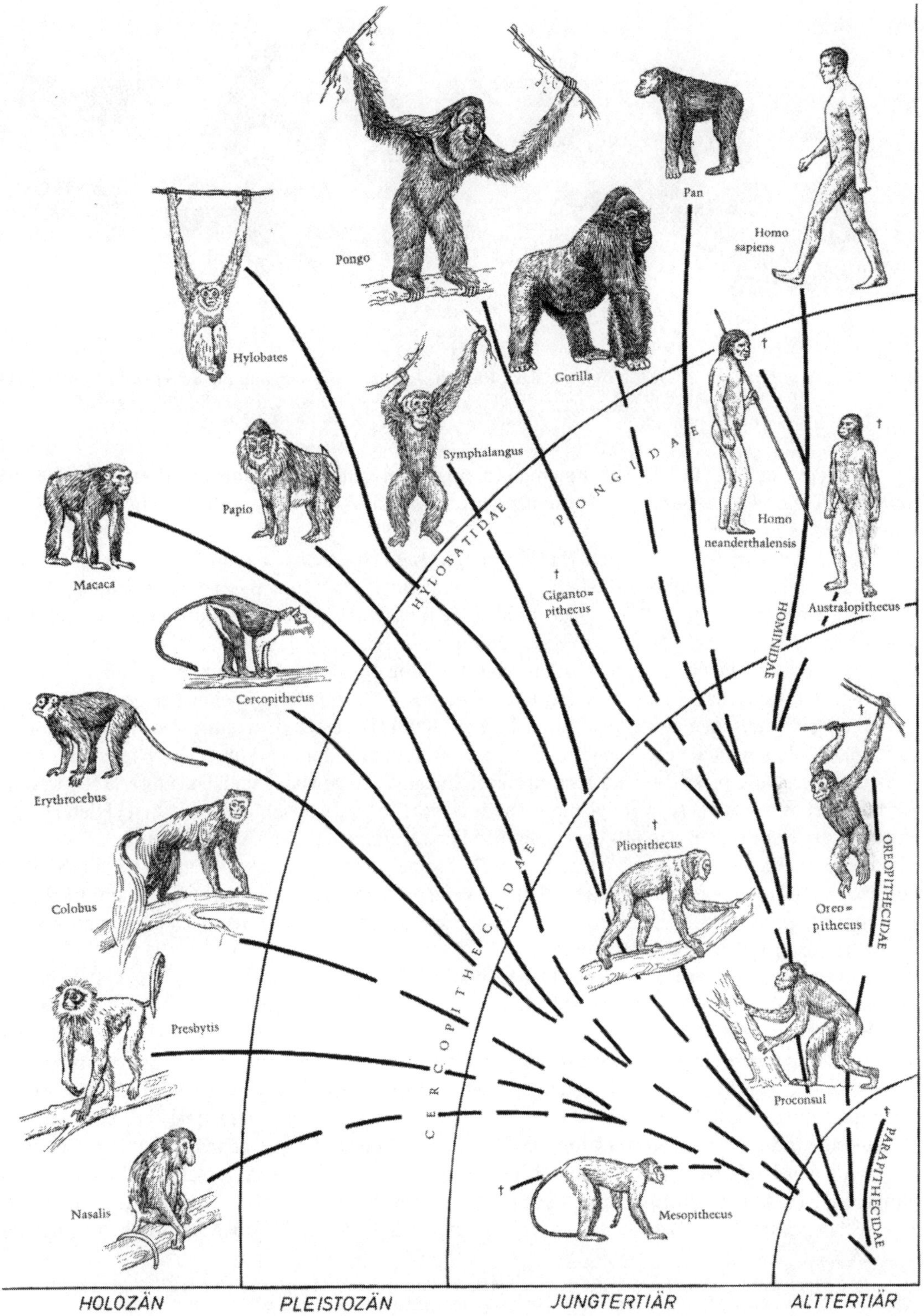
Pongo
Pan
Homo
sapiens
Hylobates
Gorilla
Symphalangus
Papio
Macaca
Homo
neanderthalensis
HYLOBATIDAE
PONGIDAE
Giganto=
pithecus
HOMINIDAE
Australopithecus
Cercopithecus
Erythrocebus
Pliopithecus
OREOPITHECIDAE
Oreo=
pithecus
Colobus
CERCOPITHECIDAE
Presbytis
Proconsul
PARAPITHECIDAE
Nasalis
Mesopithecus
HOLOZÄN
PLEISTOZÄN
JUNGTERTIÄR
ALTTERTIÄR

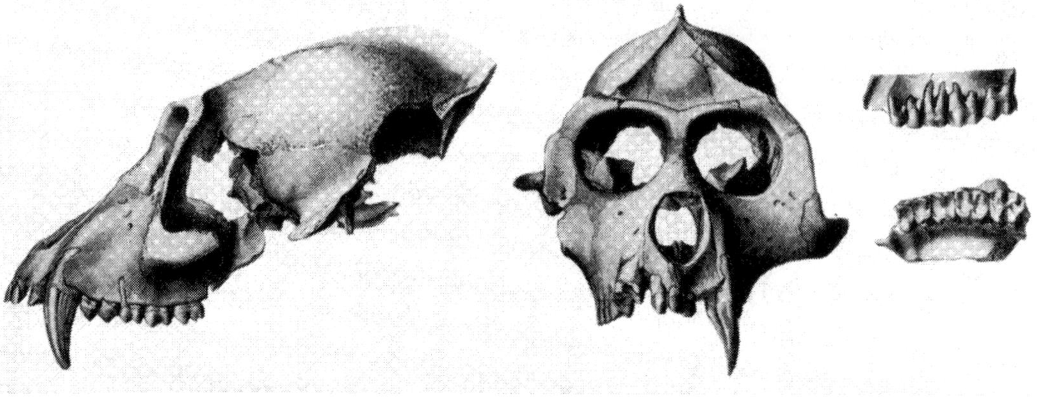

Abb. 219. *Libypithecus markgrafi* (Cercopithecidae). Pliozän, Ägypten. Osteocranium in Seiten- und Vorderansicht sowie Maxillargebiß sin. in Lateral- und Occlusalansicht. (1/2) — Nach STROMER 1913

Weitere, sichere fossile Colobinen sind aus dem süd- und südostasiatischen *(Presbytis palaeindicus*), Trachypithecus, Rhinopithecus)* und ostafrikanischen Pleistozän *(Colobus)* bekannt [580, 594, 1535, 3205].

Dolichopithecus (einschließlich *Paradolichopithecus* NECRASOV, SAMSON & RADULESCO [2463] aus dem Jung-Pliozän und Ältest-Quartär (Villafranchium) Europas (Frankreich, Tschechoslowakei, Ungarn und Rumänien [756, 1904, 3748]) wird meist als Semnopithecide (= Colobide) angesehen [1097, 2722]. Nach REMANE [2869] und KRETZOI [1904] ist *Dolichopithecus* kein Colobide, sondern in die Verwandtschaft der Paviane zu stellen (siehe auch [3716]). Die vorliegenden Reste (Schädel samt Unterkiefer, einzelne Extremitätenknochen) zeigen, daß es sich um einen terrestrischen Cercopitheciden handelt [1043], dessen Extremitäten nicht Makaken, sondern Pavianen gleichen. Nach dem Gebiß und durch den verlängerten Kieferschädel ist *Dolichopithecus* als primitiver Pavian zu bezeichnen. Eine gewisse, von DEPÉRET [750] betonte Ähnlichkeit mit *Nasalis* ist wohl vorhanden, doch sprechen Unterschiede im Detail (Kieferbogen, Stellung der Zahnreihen, Gebiß) gegen direkte verwandtschaftliche Beziehungen zu *Nasalis* und für solche zu Pavianen. Damit ist zugleich die Frage nach der Herkunft der Paviane berührt, auf die noch zurückgekommen sei. Selbst wenn *Dolichopithecus* nicht die Stammform der rezenten Paviane bildet, zeigt sie doch, daß die Paviane ihre Sonderspezialisationen erst im Plio-Pleistozän erworben haben dürften.

Unter den rezenten Colobinae zählen die Angehörigen der Gattung *Presbytis (= „Semnopithecus"* einschließlich *Trachypithecus)* allgemein zu den ursprünglichsten Vertretern und sind Erd-Baumbewohner [501]. *Pygathrix, Rhinopithecus, Simias* und *Nasalis* sind in einzelnen Merkmalen spezialisierter. *Simias* und *Nasalis* kommt überhaupt eine gewisse Sonderstellung zu [1945]. Demgegenüber sind die afrikanischen Stummelaffen *(Colobus)* deutlich abgeleitet. *Procolobus verus* verhält sich intermediär und läßt die für *Colobus* charakteristischen Merkmale (Gliedmaßenproportionen, Reduktion des Daumens und andere) weitgehend vermissen, weshalb auch eine generische Abtrennung gerechtfertigt erscheint [1437]. Andererseits sind jedoch Übergänge zur „*Colobus*" *badius*-Gruppe vorhanden, und daher stellen die Autoren diese Art einmal zu *Colobus*, einmal zu *Procolobus*. *Procolobus verus* aus Westafrika schließt sich in einzelnen

*) *Cercopithecus asnoti* (PILGRIM) aus dem Dhok Pathan gehört nach MATTHEW [2273:448] und REMANE [2863] zu *Semnopithecus* (= *Presbytis*), HILL [1448] bezieht diese Art dagegen auf *Cercopithecus*.

Merkmalen den asiatischen Colobinen (*Presbytis* einschließlich *Trachypithecus*) enger an und ist als recht primitiver Schlankaffe zu bezeichnen (wie Maultragen der Jungen, das sonst bei Affen nicht bekannt ist [338]). Er ist jedenfalls kein Schwingkletterer [1944] und zeigt auch im Bau des Schädels Unterschiede gegenüber *Colobus*, weshalb Kuhn [1945] ihn wie Rochebrune [2937a] als eigene Gattung abtrennt. Spricht zwar die größere Mannigfaltigkeit der Colobinae in Asien nach Tappen [3527] für einen asiatischen Ursprung der Schlankaffen, so erscheint diese Annahme nicht unbedingt zwingend, da in Afrika eine Radiation durch die gleichzeitig vorhandenen, arboricolen Cercopithecinen nicht möglich war, die die entsprechenden ökologischen Nischen besetzt hielten.

Die gegenwärtig durch Meerkatzen, Mangaben, Makaken und „Paviane" vertretenen Cercopithecinen sind nur in mancher Hinsicht primitiver (zum Beispiel einfacher Magen). Die wesentlich größere Formenmannigfaltigkeit hängt nicht zuletzt mit den innerhalb verschiedener Stammlinien auftretenden terrestrischen Formen zusammen. Diese Parallelentwicklung erschwert die Beurteilung der stammesgeschichtlichen Zusammenhänge. So wird vor allem die taxonomisch-phylogenetische Stellung der Mangaben *(Cercocebus)* und des Dschelada *(Theropithecus)* diskutiert. Da Fossilfunde fehlen oder die wenigen vorhandenen keine Klärung ermöglichen, ist eine Lösung nur an Hand morphologisch-anatomischer, serologischer und cytogenetischer Kriterien zu erwarten.

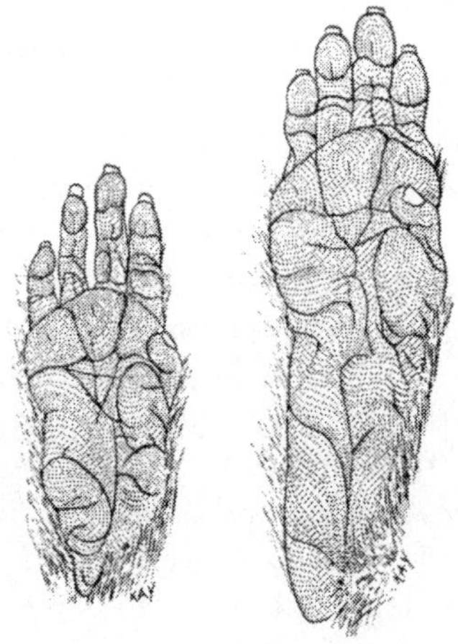

Abb. 220. *Erythrocebus patas*, rezent; a) rechte Hand, volar, b) rechter Fuß, plantar. Beachte kurzen Daumen und Großzehe gegenüber arboricolen Greifkletterern. (verkleinert) — Nach Osman Hill 1966

Unter den rezenten Cercopithecinen bilden die Meerkatzen eine formenreiche, aber einheitliche Gruppe, von denen nur die Sumpf- *(Allenopithecus)* und die Zwergmeerkatze *(Miopithecus)* [1447, 1448, 3647] etwas herausfallen. Die Artenfülle steht in starkem Gegensatz zu den bodenlebenden Cercopithecinen auf gleichem Areal, was auf die ökologisch bedingten Zusammenhänge (leichtere Isolation bei baumbewohnenden Arten) hinweist. Verbreitungsgeschichtliche Aspekte behandelt Tappen [3526]. Fossile *Cercopithecus*-Arten sind bisher praktisch unbekannt. *Cercopithecoides* ist vermutlich ein Colobine (Seite 200). Die Husarenaffen *(Erythrocebus)* sieht man allgemein als Erdmeerkatzen an [937] (Abb. 220). Sie sind durch *Cercopithecus aethiops* mit ihnen verbunden und echte Savannenbewohner. Diese Feststellung wird indirekt gestützt durch die Chromosomenzahl, die wesentlich höher ist als bei Makaken, jedoch niedriger (= spezialisierter) als bei *Cercopithecus**) [1269] sowie durch die Ektoparasiten, die zur sonst „waldbewohnen-

*) Sofern man nicht mit Kuhn [1945] eine Chromosomenspaltung für *Cercopithecus* annimmt.

den" *Neopedicinus patas*-Gruppe gehören [1946]. Auf Grund craniologischer Untersuchungen ist *Erythrocebus* nach Verheyen [3716] der Gattung *Cercopithecus* einzuordnen. Die Caninen sind groß, wie allgemein bei terrestrischen Cercopitheciden (Abb. 217 auf Seite 199).

Problematischer ist die Stellung der Mangaben (*Cercocebus*). Spärliche Fossilfunde (*Cercocebus ado* aus dem Pleistozän Tansanias [1556]) sagen nichts aus. Sie sind waldbewohnende, arboricole Catarrhinen, die viele Übereinstimmungen mit Makaken zeigen [556, 937, 1150], aber auch mit Pavianen. Manche Autoren sehen sie als sekundär baumbewohnende Makaken an (vergleiche Bishop [261]).

Sehr formenreich sind gegenwärtig die über Eurasien und Nordafrika verbreiteten und weitgehend bodenbewohnenden Makaken (*Macaca* einschließlich *Rhesus, Silenus* und anderen) entwickelt. Als kennzeichnend gelten der kurze Rumpf, die gedrungenen Extremitäten und die bei den Männchen kräftigen Caninen. Fossil sind Makaken aus pliozänen und pleistozänen Ablagerungen Eurasiens und Nordafrikas mehrfach bekannt [25, 131, 1904, 3059]. Die Fossilfunde bestätigen das in der Vorzeit etwas weitere Verbreitungsgebiet, indem pleistozäne Makaken auch aus Mitteleuropa (wie *Macaca sylvanus*) und von den Mittelmeerinseln nachgewiesen sind. Bemerkenswert ist der Nachweis einer eiszeitlichen insularen Kleinform (*Macaca majori* von Sardinien [153]). Als geologisch älteste Art gilt *Macaca flandrini* aus dem Pliozän (= Miocène supérieur) Nordafrikas [131]*).

Auf Grund der einstigen und der heutigen Verbreitung ist anzunehmen, daß das Entstehungsgebiet der Makaken nicht in der äthiopischen Region gelegen ist, sondern in Eurasien. In Verbindung mit *Macaca* muß jedoch auch die Gattung *Theropithecus* erwähnt werden. *Theropithecus gelada*, der Blutbrustpavian Abessiniens, ist ein Bewohner ausschließlich hochalpinen, felsigen Geländes [3397]. Meist als Pavian klassifiziert, weicht *Theropithecus* in verschiedenen Merkmalen von den echten Pavianen ab (zum Beispiel in den äußeren Genitalorganen [1443b, 2758]) und ist mit Fiedler [937] als eigene Gattung zu betrachten (vergleiche dagegen Buettner-Janusch [431]). Affinitäten mit *Cercopithecus* sind wegen morphologischer und cytogenetischer Differenzen jedoch nicht anzunehmen, sondern vielmehr mit Makaken. *Cynopithecus niger*, der Schopfmakak von Celebes, ist im Schädel ähnlich gebaut, aber im Gebiß und in sonstigen morphologischen Details abweichend, so daß die morphologische Zwischenstellung zwischen Makaken und Pavianen keine phylogenetische ist. *Cynopithecus* kann als östliche, *Theropithecus* als westliche Extremform der Makaken angesehen werden. Die Chromosomenzahl stimmt mit *Macaca* überein, und auch Hybriden sind bekannt [431, 3683]. Remane [2869] bezeichnet *Theropithecus* als isolierten Ast der Macacinae, Pocock [2758] ihn als unter den Cercopithecinen gänzlich isoliert stehend. Eine Sonderstellung kommt *Theropithecus* auch nach Vogel [3752] zu. Selbst verbreitungsgeschichtlich erscheint eine Ableitung von eurasiatischen Makaken durchaus möglich. *Theropithecus* bildet demnach zweifellos eine interessante Parallele zu den echten Pavianen (Mähnenbildung bei den Männchen, Gliedmaßenproportionen, Vordergebiß, Färbung der Genitalregion).

Die Paviane (*Papio* einschließlich *Comopithecus, Chaeropithecus* und *Mandrillus*) bilden die spezialisiertesten Cercopithecinen, bei denen der Sexualdimorphismus am stärksten ausgeprägt ist. Ihre Herkunft ist auch gegenwärtig noch nicht endgültig geklärt. Zu den geologisch ältesten Angehörigen ist *Dolichopithecus* (siehe oben) zu zählen. Angehörige der Gattung *Papio* (sensu lato) sind erst aus pleistozänen Ablagerungen wiederholt bekannt geworden. Die durch Schlosser [3059] als *Procynocephalus wimani* beschriebenen Reste stammen nicht aus pliozänen, sondern aus pleistozänen Ablagerungen Chinas und sind nach Teilhard [3557] als *Cynocephalus*

*) *Szechuanopithecus yangtzensis* Young & Liu [3979] beruht, wie von Koenigswald [1787] feststellt, auf einem D_3 von *Macaca robusta* Young aus dem Pleistozän Chinas.

(= Papio) zu bezeichnen. Immerhin ist der mehrfache Nachweis von Pavianen aus dem Pleistozän Ost- und Südasiens [580] sowie das Vorkommen von *Dolichopithecus* in Europa recht bemerkenswert. Dennoch muß die eurasiatische Herkunft der Paviane offen bleiben. Sie lassen sich allerdings, wie morphologische und cytogenetische Gemeinsamkeiten erkennen lassen, mit den Makaken auf eine gemeinsame Wurzelgruppe zurückführen. Aus dem Ältest- und Alt-Pleistozän Süd- und Ostafrikas sind eine Reihe pavianähnlicher Primaten als *Simopithecus* (= „*Brachygnathopithecus*" partim), *Gorgopithecus, Dinopithecus* und *Parapapio* beschrieben worden, unter denen sich richtige Riesenformen befinden [81, 414, 989, 2064, 3296].

Unter den rezenten Pavianen stellen Drill *(Papio [Mandrillus] leucophaeus)* und Mandrill *(P. [M.] sphinx)* die spezialisiertesten Formen dar. Sie sind auf Westafrika (einschließlich Kamerun) beschränkte, sekundäre Waldbewohner mit besonders farbenprächtiger Gesichts- und Gesäßzeichnung. Die in mancher Hinsicht etwas primitivere *Hamadryas*-Gruppe *(=Comopithecus)* Äthiopiens und der arabischen Halbinsel lebt an den Randgebieten der „*Cynocephalus*"-Gruppe *(=Chaeropithecus)*, die in mehreren Formen bis West- und Südafrika verbreitet ist. Es scheint also auch das gegenwärtige Verbreitungsbild für eine asiatische Herkunft der Paviane zu sprechen.

*Hominoidea**) I (=Anthropomorpha)

Wie bereits oben (Seite 196) angedeutet, erfolgte die Aufspaltung in Cercopithecoidea und Hominoidea schon frühzeitig, doch sprechen verschiedene Befunde für eine gemeinsame Wurzel, indem einzelne hominoide Merkmale (wie Molarengebiß) auch für primitive Cercopithecoidea charakteristisch waren. Fossilfunde belegen die Geschichte der Hominoidea zwar seit dem Oligozän**), doch harren noch zahlreiche Probleme einer Lösung, indem nicht nur die Lückenhaftigkeit der Fossilüberlieferung, sondern auch die Bewertung der einzelnen Merkmale und ihre stammesgeschichtliche Wandlungsfähigkeit große Schwierigkeiten bereiten. Dazu kommt, daß ein wesentlicher Teil der Merkmalsunterschiede nicht qualitativer, sondern nur quantitativer Natur ist. Von diesem Gesichtspunkt aus gesehen, erscheint die unterschiedliche Wertung der Hylobatiden verständlich, die durch verschiedene „cercopithecoide" Merkmale aus dem Rahmen fallen und denen am besten durch eine eigene Überfamilie Hylobatoidea Rechnung getragen werden könnte.

Wie schon mehrfach betont, geben primitive Merkmale noch keinen Hinweis auf direkte verwandtschaftliche Beziehungen. Daher muß man auch bei den fossilen, und zwar vor allem den geologisch älteren Hominoidea Merkmale erwarten, die als cynomorph (= cercopithecoid) oder gar als ceboid oder prosimiid bezeichnet werden müssen. Haben doch die Fossilfunde gezeigt, wie manches „typisch" anthropomorphe Merkmal einen — geologisch gesehen — jungen Erwerb darstellt (wie Armverlängerung der Brachiatoren). Wichtig ist die Erkenntnis, daß manche gegensätzliche Tendenzen, die jeweils durch Spezialhomologien gesichert sind, frühzeitig einsetzten. Dazu zählt auch das fossil meist als einziges erhaltene Gebiß.

Für die Phylogenie der Hominoidea sind die alt-oligozänen Fayum-Primaten von besonderer Bedeutung. Wurde ursprünglich *Parapithecus fraasi* als eine Art Übergangsform zwischen Cynomorphen und Anthropomorphen angesehen, so stehen mit dieser Auffassung verschiedene Merkmale in Widerspruch (Zahnformel, völliges Fehlen des Paraconids, Lage der Höcker an den Molaren (Abb. 221), starkes Divergieren der Kiefer und andere), die — wie zuletzt Kälin [1667]

*) Hominoidea im Sinne von Simpson [3257], aber nicht im Sinne von Kälin [1664] und Hürzeler [1611].
**) Sichere eozäne Hominoiden konnten bisher nicht nachgewiesen werden (Seite 196). Wegen *Amphipithecus* vergleiche jedoch [1807, 3203].

wieder gezeigt hat — *Parapithecus fraasi* als Angehörigen einer Seitenlinie **(Parapithecidae)** ausweisen. *Parapithecus* kommt weder als Vorfahr der Pongiden noch der Hylobatiden in Betracht. Die lange diskutierte Zahnformel des Unterkiefers, der übrigens nach SIMONS [3206] eine feste Symphyse besitzt, stimmt weder mit der von Halbaffen, wie SCHLOSSER [3055] annahm ($\overline{1\ 1\ 3\ 3}$), noch mit der der modernen Catarrhinen überein, sondern mit Neuweltaffen ($\overline{2\ 1\ 3\ 3}$), ohne daß damit die Zugehörigkeit zu ihnen bewiesen ist. Dies kann nur als Primitivmerkmal bewertet werden und gilt auch für *Apidium*, einen weiteren Angehörigen der Parapitheciden aus dem Fayum, der gleichfalls nur durch Unterkieferreste dokumentiert ist. *Apidium* wird mit *Oreopithecus* in stammesgeschichtliche Beziehung gebracht (Seite 219), einer jungtertiären Gattung mit der Zahnformel der modernen Catarrhinen.

Abb. 221. *Parapithecus fraasi* (Parapithecidae). Alt-Oligozän, Ägypten. M_{1-3} dext. Kronenansicht. (3,3/1) — Nach KÄLIN 1961

Abb. 222. *Propliopithecus haeckeli* (Hominoidea). Alt-Oligozän, Ägypten. C—M_3 dext. Kronenansicht. (2,5/1) — Nach KÄLIN 1961

Die übrigen aus dem Oligozän des Fayum bekannt gewordenen Primaten entsprechen in ihrer Zahnformel bereits modernen Catarrhinen. *Propliopithecus haeckeli* verhält sich auch in einigen anderen Merkmalen evoluierter als *Parapithecus*, die zugleich deutlich in Richtung Hominoidea weisen (Abb. 222). Die Mandibel, die KÄLIN [1668] gleichfalls neu untersuchte, enthält sämtliche Backenzähne. Der Zahnbogen ist gerundet, der Ramus horizontalis hoch, die Backenzahnreihen divergieren schwach. Von den homomorphen Prämolaren ist der P_3 einspitzig, der P_4 zweispitzig, indem ein Innenhöcker vorhanden ist. Die Höcker der länger als breiten Molaren stehen leicht opponiert, das Hypoconulid liegt in der Medianen des Zahnes, ein Cingulum ist meist gut entwickelt. Eine derartige Merkmalskombination findet sich unter den rezenten Hominoidea zweifellos nur bei den Hylobatiden (mit Ausnahme des Cingulums und des Hypoconulids am M_3). Bei den Pongiden und Hominiden ist an den Molaren eine Verlagerung des Hypoconulidhöckers eingetreten. Damit ist — sofern man den Gebißcharakter der rezenten Hylobatiden als primitiv hominoid bewertet — der primitive Gebißcharakter von *Propliopithecus* erwiesen. In Anbetracht dieser ursprünglichen Merkmale erscheint die wechselnde taxonomische Bewertung dieser Form verständlich. Ursprünglich mit *Pliopithecus*, also einem Hylobatiden, in Verbindung gebracht [3055], haben PATTERSON [2601] und SIMONS [3199] sie als Pongide und neuerdings SIMONS [3203] und PILBEAM [2680] als Hominiden bewertet. Das hängt mit dem Nachweis neuer Primatenreste aus dem Fayum durch SIMONS zusammen. So sieht SIMONS [3203] in *Aegyptopithecus zeuxis* aus den Qatrani-Schichten einen Pongiden und betrachtet *Aeolopithecus chirobates* als hylobatoiden Primaten. Der Letzte ist wesentlich höher spezialisiert als *Propliopithecus**) (heteromorphe P inf., reduzierter M_3) und eine Zuordnung zu den Hylobatiden erscheint überhaupt fraglich. Aber auch *Aegyptopithecus* zeigt nicht nur „trends", die von einem (oligozänen) Pongiden zu erwarten wären. Neuerdings ist auch ein Cranium bekannt geworden [3206], das neben hominoiden (wie Backengebiß) noch prosimierhafte Züge (Orbitae nicht ganz nach vorn gerichtet) aufweist und damit den Mosaikmodus der phylogenetischen Entwicklung

*) Die diskordant über den fluviomarinen Schichten liegenden Qatrani-beds sind zweifellos jünger als diese und entsprechen möglicherweise dem jüngeren Oligozän (siehe auch [3206]).

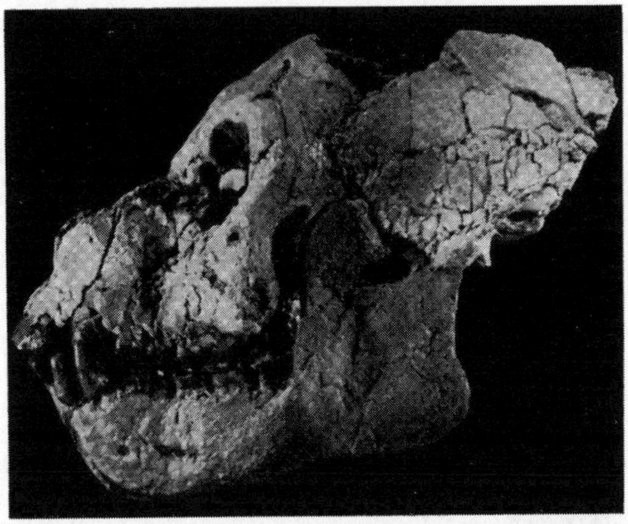

Abb. 223. *Aegyptopithecus zeuxis* (Hominoidea), Jung-Oligozän, Ägypten (Fayum). Osteocranium in Seitenansicht. Symphysenregion des Unterkiefers rekonstruiert. Beachte Stellung der Orbitae, Prognathie, Fehlen von Überaugenwülsten und relativ kleinen Hirnschädel. (ca. 1/1) — Nach SIMONS 1967

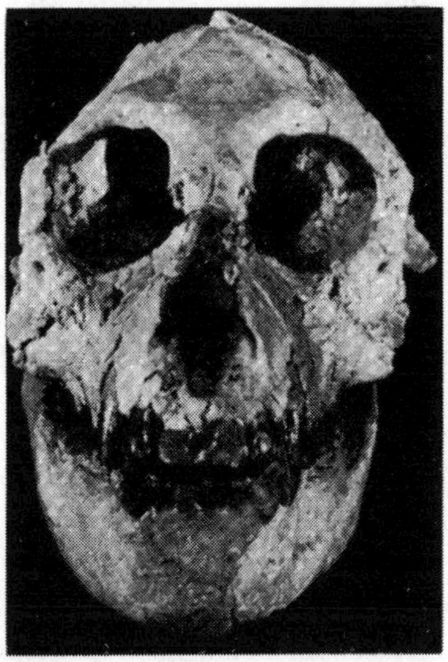

Abb. 224. *Aegyptopithecus zeuxis*. Osteocranium in Vorderansicht, wie Abb. 223. (ca. 1/1) — Nach SIMONS 1967

bestätigt (Abb. 223, 224)*). Diese Primatenreste beweisen, zusammen mit den schon früher bekannten Formen, zwar die einstige Artenfülle von catarrhinen Primaten, doch reichen sie meines Erachtens nicht zur Annahme einer Trennung der heute vorhandenen Familien aus. *Propliopithecus* und *Aegyptopithecus* sind Angehörige des Basisstockes der Hominoidea.

Von den **Hylobatiden** sind zahlreiche Fossilfunde aus Afrika, Europa und Asien bekannt, die außerordentlich wesentliche Erkenntnisse über die Phylogenese der Gibbonartigen geliefert haben. Als geologisch ältester Rest gilt ein Mandibelfragment aus den Qatrani-Schichten des Fayums [3194]. Weitaus bedeutender sind jedoch die als *Pliopithecus* und *Limnopithecus* beschriebenen Fossilformen, von denen nicht nur Zahn- und Kieferreste, sondern auch Teile des Schädels sowie postcraniale Skelettelemente vorliegen**).

Besonders wichtig sind Reste von *Pliopithecus vindobonensis****), die ZAPFE [3987] in einer musterhaften Monographie bearbeitete. Der Reste mehrerer Individuen umfassende Fundkomplex stammt aus einer mittelmiozänen Spaltenfüllung von Neudorf an der March (Tschechoslowakei) am Rande des Wiener Beckens. Kennzeichnend ist das Fehlen einer brachiatorischen Verlängerung der Vorderextremität (Abb. 225) bei typisch hominoidem Gebiß. Einzelne Merkmale im Bau des Schädels und der Extremitätenknochen erinnern an Platyrrhinen und Prosimier (Abb. 226, 227). Der Intermembralindex (96) entspricht dem terrestrischer Cercopithecoidea, doch deutet die Proportionierung von Hand und Fuß auf eine arboricole Lebensweise (Abb. 228). Die Lendenwirbelsäule ist lang und zeigt keine Tendenz zur Verkürzung. Das Becken ist ähnlich dem niederer rezenter Simiae gebaut. Nach ANKEL [86] umfaßte die Schwanzwirbelsäule von *Pliopithecus vindobonensis* 10—15 Wirbel, das heißt, es war eine geschwänzte Form.

*) Dies gilt auch für das postcraniale Skelett, für das ein Schwanz anzunehmen ist; nach SIMONS fanden sich nämlich am gleichen Fundplatz (Quarry I) auch einige Schwanzwirbel. *Aegyptopithecus* ist nach SIMONS eine arboricole Form gewesen [3206a].

**) Wie auf Seite 198 erwähnt, ist *Prohylobates* kein Angehöriger der Hylobatiden, sondern der Cercopithecoidea.

***) Die subgenerische Abtrennung als *Epipliopithecus*, wie sie ZAPFE & HÜRZELER [3991] durchführen, erscheint nicht notwendig.

Abb. 225. *Pliopithecus vindobonensis* (Hylobatidae). Mittel-Miozän, Europa. Skelettrekonstruktion bei Annahme von 6 Lendenwirbeln (Caudalregion nicht dargestellt). Beachte geringe Länge und Proportionen der Vorderextremität. Noch keine auf echte Brachiatorie hinweisende Verlängerung. — Nach Zapfe 1960

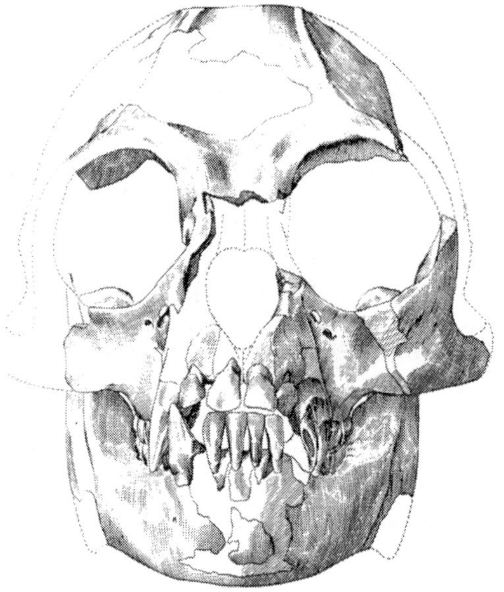

Abb. 226. *Pliopithecus vindobonensis.* Mittel-Miozän, Europa. Osteocranium in Vorderansicht. (8/9) Nach Zapfe 1960

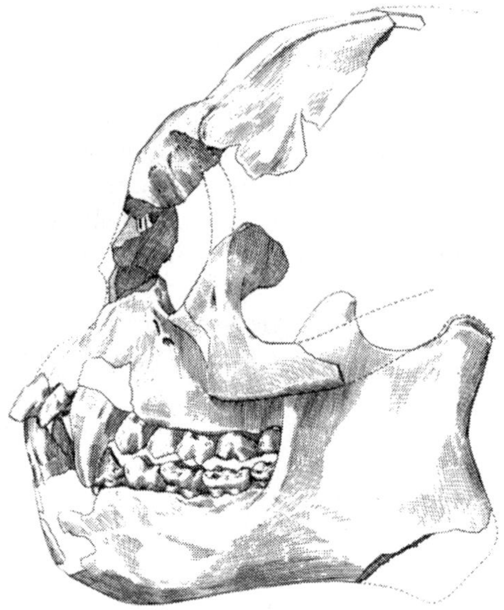

Abb. 227. *Pliopithecus vindobonensis*; wie Abb. 226. Seitenansicht. (8/9) — Nach Zapfe 1960

Diese Merkmalskombination läßt erkennen, daß die Evolution der einzelnen Merkmalskomplexe nicht gleichzeitig erfolgte und daß das Schwingklettern bei den Hominoidea ein relativ junger Erwerb ist (Abb. 229). Diese bereits von Schlosser [3051 a:293] vermutete Tatsache bestätigen auch Funde aus dem Miozän Ostafrikas, die als *Limnopithecus* beschrieben [2095, 2097] und die verschiedentlich nur als Subgenus von *Pliopithecus* angesehen werden. Wie die absolute Altersdatierung mittels der Kalium-Argon-Methode gezeigt hat, entsprechen die Fundschichten von der Rusinga-Insel nicht dem Alt-Miozän (Burdigal), sondern dem Jung-Miozän (Barstovian [903]). Dies steht auch mit der etwas größeren Spezialisierung der Extremitäten (beginnende Brachiatorie) im Einklang. Es handelte sich um Pro-Brachiatoren im Sinne von Napier [2454]. Wie Remane [2864] mit Recht hervorhebt, läßt sich aus dem Skelettbau allein nicht mit Sicherheit ableiten, wie weit derartigen Formen ein Greifhangeln bereits möglich war.

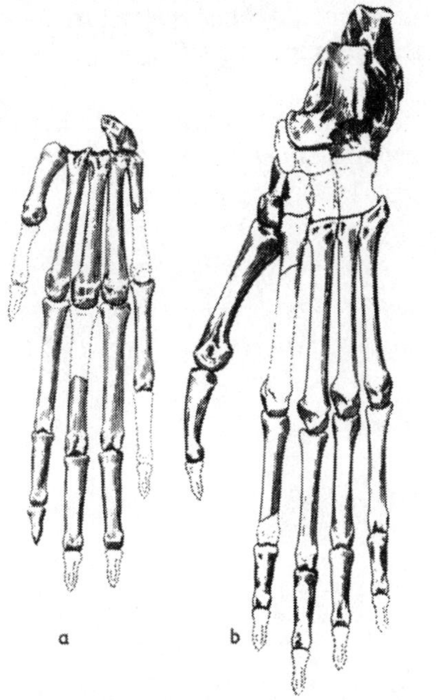

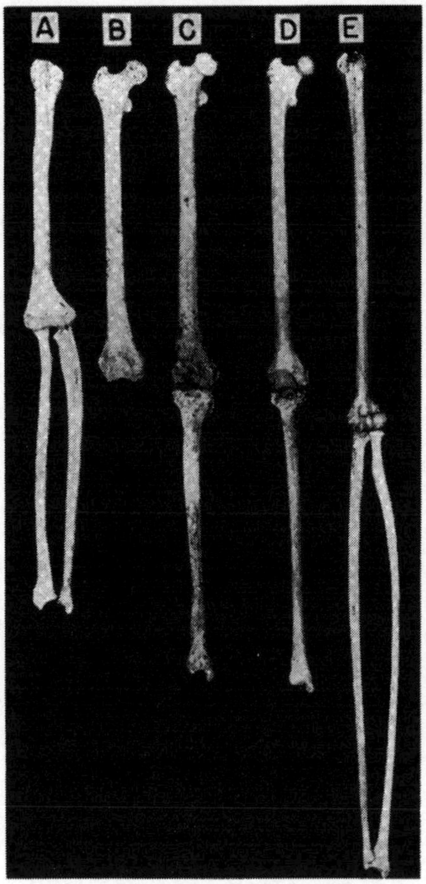

Abb. 228 (oben). *Pliopithecus vindobonensis*. a) Manus dext., b) Pes dext. Strichliert = ergänzt. (1/2) — Nach Zapfe 1960

Abb. 229. *Pliopithecus vindobonensis* (A—C) und *Hylobates* sp., rezent (D, E). Humerus, Radius und Ulna; Femur und Tibia. Beachte Übereinstimmung in der Hinterextremität zwischen *Pliopithecus* und *Hylobates* und wesentliche Differenzen in der Vorderextremität durch fehlende Armverlängerung bei der miozänen Gibbon-Gattung *Pliopithecus*. (verkleinert) Nach Zapfe 1958

Wegen des Fehlens der für die rezenten Hylobatiden kennzeichnenden Armverlängerung sowie einiger charakteristischer Züge im Gebiß werden *Pliopithecus* und *Limnopithecus* verschiedentlich nicht als primitive Hylobatiden, sondern als eigener Stamm (Pliopithecidae) oder als Pongiden angesehen, Auffassungen, denen ich mich nicht anschließen kann [932, 1799, 1810, 1811, 2872]. Allerdings bildet *Pliopithecus* nicht die direkte Stammform der rezenten Gibbons, so daß ihre Abtrennung als eigene Unterfamilie (Pliopithecinae Zappe [3988]) auch dadurch begründet erscheint. Die Gebißevolution von *Pliopithecus* hat Hürzeler ([1607], vergleiche auch Bergounioux & Crouzel [249]) aufgezeigt und dabei vermutet, daß *Neopithecus brancoi* aus dem Alt-Pliozän zu dieser Gattung zu stellen ist. Diese Reihe wird gebildet durch *Pliopithe-*

*cus „piveteaui“**) (Helvet), *Pliopithecus antiquus* (Torton) und ? *Pliopithecus brancoi* (Pannon).

Wie das Vorkommen eines noch nicht veröffentlichten Fundes aus dem Alt-Pliozän Österreichs vermuten läßt, lebten damals Vorfahren der Hylobatinae in Europa. Diese selbst sind bisher, wenn man von dem auf einen stark abgekauten Zahn begründeten und durchaus nicht gesicherten *Pliopithecus posthumus* aus dem Pliozän der Mongolei [3059] und dem ähnlich belegten *Hylopithecus hysudricus* aus dem Alt-Pliozän (Nagri) der Siwaliks [2685] absieht**), nur aus pleistozänen Ablagerungen des asiatischen Festlandes (*Hylobates* [*Bunopithecus*] *sericus* aus Szechuan [594]) und der vorgelagerten Inselwelt (*Hylobates* und *Symphalangus* [169, 1537]) bekannt geworden.

Unter den rezenten Gibbons, die echte und extrem spezialisierte Brachiatoren sind (Abb. 230) (im Sinne von Napier [2454]), werden *Hylobates* und *Symphalangus* unterschieden, während

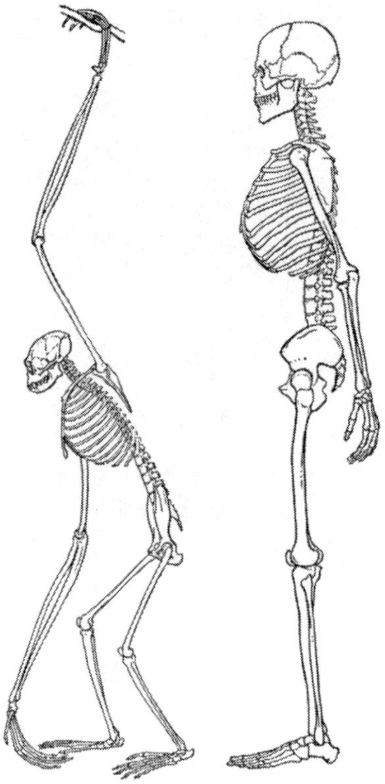

Abb. 230. Skelett von *Hylobates* (links) und *Homo* (rechts). Rechte Extremitäten bei *Homo* weggelassen. Beachte die für Brachiatoren typische Verlängerung der Vorderextremität beim Gibbon, Krümmung der Wirbelsäule und Ausbildung des Beckens bei *Homo*. — Nach Young 1962, umgezeichnet

das Subgenus *Brachytanytes* eine Art Zwischenstellung einnimmt [937, 2869]. *Symphalangus* ist in mancher Hinsicht höher spezialisiert. Eine Zusammenfassung sämtlicher rezenter Gibbons zu einem Genus ist schon auf Grund der karyologischen Differenzen nicht angebracht [523, 524, 1269, 1761]. Neben den überaus kennzeichnenden Spezialisationserscheinungen, die im Zusammenhang mit der Lebensweise stehen, sind bei den rezenten Hylobatiden aber auch eine

*) Nach Ginsburg [1131] tritt *Pliopithecus antiquus* in Europa im jüngeren Burdigal auf und *Pliopithecus piveteaui* ist ein Synonym von *Pl. antiquus*.

**) *Hylopithecus* ist nach von Koenigswald [1811] kein Hylobatide.

Reihe cercopithecoider und ceboider Merkmale vorhanden (wie Ohrknöchelchen, äußere und innere Genitalorgane, echte Gesäßschwielen, Sitzbeinknorren, Serologie; vergleiche [2769, 3498]), die von den übrigen Hominoidea unbekannt sind und die auch der Grund waren, die Hylobatiden nicht als Menschenaffen, sondern als Cercopithecoidea oder als eigene Überfamilie zu klassifizieren [1269, 1270]. Nach den Fossilfunden läßt sich über eine derartige Auffassung diskutieren, da hier der durch Retardation und Acceleration bedingte Mosaikmodus der phylogenetischen Entwicklung eine wesentliche Rolle spielt. In taxonomischer Hinsicht wird jedenfalls die Abtrennung als eigene Überfamilie (Hylobatoidea) der Merkmalskombination eher gerecht, als ihre Zuordnung zu den Hominoidea. Zu dieser Erkenntnis gelangte im Prinzip bereits Kohlbrügge [1811 c] auf Grund anatomischer Untersuchungen.

Mit der Annahme, die Pliopithecinen seien nicht die Stammformen der rezenten Hylobatiden, steht die Frage nach deren Herkunft erneut zur Diskussion. Wenn auch das unmittelbare Entstehungsgebiet der Gibbons in Asien gelegen sein mag, so ist als ursprüngliches Entstehungszentrum der afrikanische Kontinent anzusehen.

Für die stammesgeschichtliche Herkunft der **Pongiden** ist der schon erwähnte *Aegyptopithecus* aus dem Oligozän Ägyptens interessant, da nicht nur der Schädel „halbäffische", sondern auch das postcraniale Skelett — soweit bekannt — nichtpongide Züge besitzt, indem etwa Caudalwirbel auf einen richtigen Schwanz hinweisen [3206 a].

Für die weitere Geschichte der Pongidae sind jedoch Fossilfunde aus dem Jung-Tertiär von entscheidender Bedeutung. Sie werden meist als Dryopithecinae zusammengefaßt, doch handelt es sich um eine heterogene Gruppe. Da fast nur Kiefer- und Gebißreste bekannt sind, ist unsere Vorstellung von der Organisation und von der Lebensweise dieser Formen außerdem noch sehr lückenhaft. Immerhin belegen die als *Proconsul* (einschließlich *Xenopithecus*) beschriebenen Reste aus dem ostafrikanischen Mittel- oder Jung-Miozän*) die bereits für die Hylobatiden getroffene Feststellung, daß es Pro-Brachiatoren [2454] waren (Abb. 231, 232), deren Gebiß jedoch weitgehend pongid entwickelt war. Wir kennen mehrere Arten von Zwergschimpansen- *(P. africanus)* bis fast Gorilla-Größe *(P. major)*. Von *Proconsul africanus* liegen auch Schädelreste vor, die zeigen, daß diesen miozänen Pongiden die für die rezenten Pongiden so typischen Überaugenwülste fehlen, daß Stirnhöhlen entwickelt sind, der Gesichtsteil kurz ist und die Hinterhauptscondylen relativ weit vorn liegen (Abb. 233). Das Fehlen von Knochenkämmen steht mit der Hirnschädelgröße in Zusammenhang. Das frontale Furchenbild des nur teilweise erhaltenen Endocraniums zeigt nach le Gros Clark & Leakey [2095] cercopithecoiden Charakter. Nasenöffnung und Prämaxillare erinnern an Cynomorphen [707, 2095]. Dadurch liegt die Annahme nahe, daß die für *Pan* und *Gorilla* charakteristischen Schädelmerkmale sich erst seither herausgebildet haben. Der kurzen Symphyse fehlt eine sogenannte Affenplatte (= simian shelf). Nach le Gros Clark & Leakey [2095] ist diese Ausweitung des Torus transversus inferior funktionell zur Verstärkung der Symphysenpartie bei Formen mit stark entwickelten C inf. verständlich und ohne taxonomische Bedeutung. Die Extremitäten zeigen eine Mischung primitiver („cynomorpher") und progressiver Charaktere, die den „trend" zum Brachiator erkennen lassen [2457]. *Proconsul africanus* war ein arboricoler, noch großenteils quadrupeder Pongide mit beginnender brachiatorischer Spezialisierung, während *Proconsul mayor* von Gorillagröße nach Simons [3206 a] eher rein terrestrisch lebte. Der Daumen zeigt eine Pseudooppositionsstellung ähnlicher jener rezenter Cebiden [2457, 2459]. Im Gebiß sind neben typisch pongiden Merkmalen (heteromorphe Prämolaren, *Dryopithecus*-Muster der Molaren) etliche primitive Züge (Basalband an den Molaren, Incisiven nicht schaufelförmig verbreitert) vorhanden, die mit dem

*) *Dryopithecus mogharensis* aus dem Alt-Miozän ist ein Cercopithecide (Seite 198).

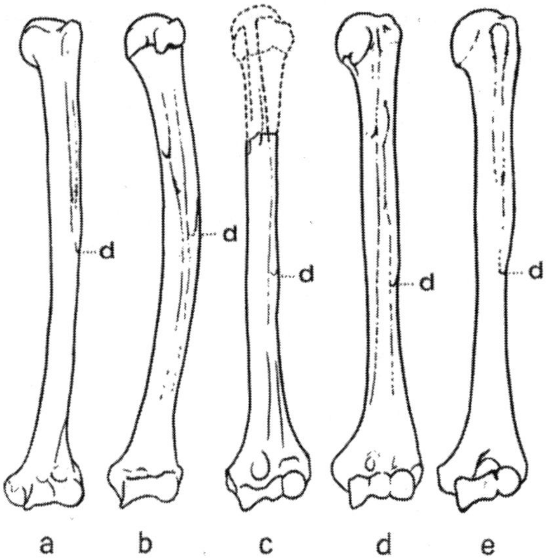

Abb. 231. Humerus (Vorderansicht) verschiedener rezenter und fossiler Catarrhinen und Homo. a) *Presbytis*, rezent, b) *Cercopithecus*, rezent, c) *Proconsul*, Miozän, d) *Pan*, rezent, e) *Homo sapiens*; *d* = distaler Punkt der Ansatzstelle des Musculus deltoideus. Auf gleiche Größe gebracht. — Nach CAMPBELL 1967

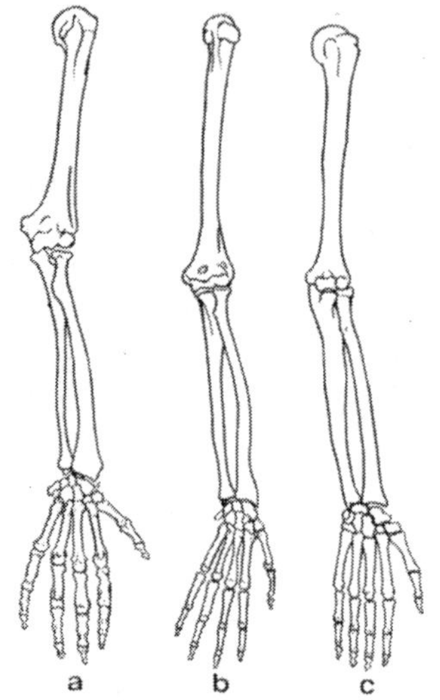

Abb. 232. Vorderextremität von Pongiden und *Homo*. a) *Pan*, rezent, b) *Proconsul*, Miozän (ergänzt), c) *Homo sapiens*. Auf gleiche Länge gebracht. Beachte weitgehende Übereinstimmung der Proportionen bei *Proconsul* und *Homo*. — Nach LE GROS CLARK 1962

geologischen Gegebenheiten in Einklang stehen. Eine Abtrennung von den Pongiden als eigene Familie (Proconsulidae [2059]) ist nicht gerechtfertigt. Weitere Funde von *Proconsul*-Formen wurden in den letzten Jahren auch aus Kenya und Uganda bekannt [46, 263, 265]. Absolute Datierungsergebnisse sprechen für eine Einstufung ins Mittel-Miozän. Jedenfalls bestätigen diese miozänen Primaten die damals längst erfolgte Trennung in den Pongiden- und Hylobatidenstamm.

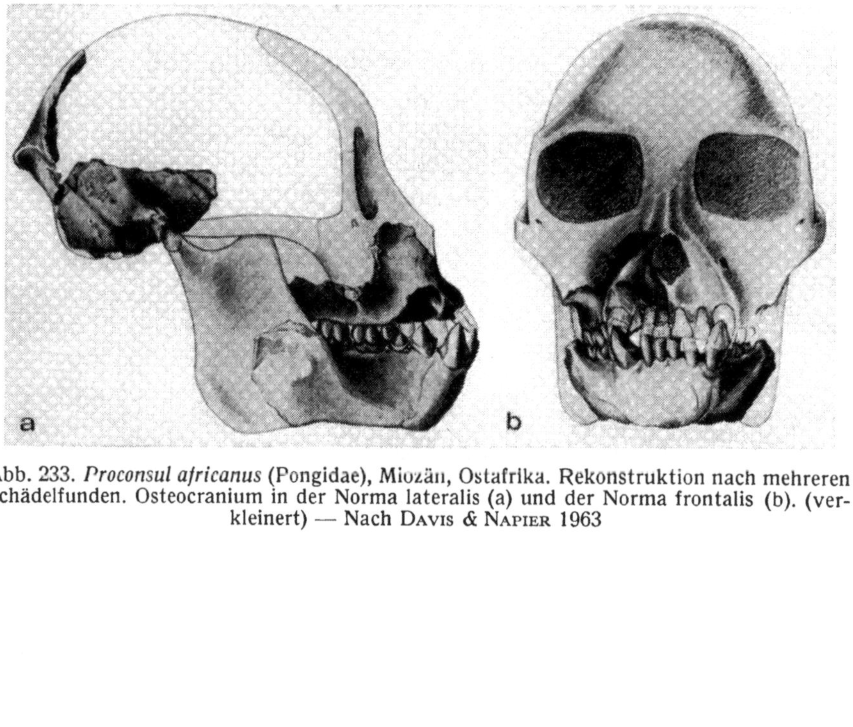

Abb. 233. *Proconsul africanus* (Pongidae), Miozän, Ostafrika. Rekonstruktion nach mehreren Schädelfunden. Osteocranium in der Norma lateralis (a) und der Norma frontalis (b). (verkleinert) — Nach DAVIS & NAPIER 1963

Aus dem Jung-Tertiär Europas und Asiens kennen wird fast nur Zahn- und Kieferfunde. Die wichtigste Art ist *Dryopithecus fontani* aus dem Jung-Miozän West- und Mitteleuropas, die bereits 1856 LARTET aus Saint Gaudens beschrieb. Das Gebiß ist pongid, die Backenzähne erinnern an *Gorilla*, doch geht daraus nur hervor, daß sich *Gorilla* unter den rezenten Pongiden im Gebiß am ursprünglichsten verhält. Weitere *Dryopithecus*-Formen sind unter verschiedenen Artnamen beschrieben worden (vergleiche REMANE [2872]). Wie bereits GLAESSNER [1138] erkannte, beruht *Griphopithecus suessi* auf einem Milchzahn einer *Dryopithecus*-Art. *Hispanopithecus* aus Spanien gehört zu *Dryopithecus*. *Rahonapithecus sabadellensis* ist ein nomen nudum, *Rhenopithecus eppelsheimensis* beruht auf einem C sup. aus Eppelsheim und ist einerseits als Cynomorphe [1286], andererseits als Menschenaffe [1792] klassifiziert worden (Seite 200). Neuerdings wird aus dem Pliozän Ungarns ein *Rudopithecus* gemeldet [1908a].

Noch schwieriger ist die Beurteilung isoliert gefundener Extremitätenreste (*Austriacopithecus* EHRENBERG [861] und *Paidopithex* POHLIG [2773] = *Prohylobates* DUBOIS). *Austriacopithecus weinfurteri* (Humerus und Ulna) aus dem Mittel-Miozän Österreichs zeigt eine Mischung cynomorpher und anthropomorpher Merkmale. Wie ZAPFE [3987:270ff.] anführt, handelt es sich um Reste eines nicht fortgeschrittenen Brachiators. Die Zugehörigkeit zu einer *Dryopithecus*-Form ist nicht auszuschließen. *Paidopithex rhenanus*, der auf dem berühmten Femur aus dem Alt-Pliozän von Eppelsheim (Rheinhessen) beruht, zeigt große Ähnlichkeit (morphologisch und dimensionell) mit *Proconsul*. Da sich die Hinterextremität jedoch wesentlich konservativer verhält als die Vordergliedmaßen, erscheint die wechselnde Beurteilung (Hylobatide oder Pongide) verständlich. Doch läßt die absolute Größe eher die Zugehörigkeit zu den Pongiden und damit zu *Dryopithecus* vermuten, als zu einem Hylobatiden, wie bereits SCHLOSSER [3051] erkannte.

Reste asiatischer Pongiden sind als *Ankarapithecus*, *Bramapithecus*, *Dryopithecus*, *Indopithecus*, *Palaeopithecus*, *Palaeosimia*, *Sivapithecus*, *Sugrivapithecus* und *Udabnopithecus* beschrieben worden. Sie stammen aus miozänen und pliozänen Ablagerungen Vorder-, Süd- und Ostasiens [1191, 1516a, 1782, 2120, 2785, 3890]. Unter Berücksichtigung der bei rezenten Pongiden bekannten Variationsbreite und des Sexualdimorphismus kann man mit SIMONS & PILBEAM [3208] annehmen, daß diese Fossilformen nicht zahlreiche Gattungen dokumentieren. Diese Autoren beziehen praktisch alle genannten Genera auf zwei Arten von *Sivapithecus*, das als Subgenus von *Dryopithecus* aufgefaßt wird (*D. sivalensis* und *D. indicus*). Erscheint eine derartige Zusammenziehung auch zu weitgehend, so wäre für eine entgültige Klärung in taxonomisch-nomenklatorischer Hinsicht neues Material wünschenswert. *Sivapithecus* gilt im allgemeinen — soweit überhaupt eine einheitliche Auffassung über die Abgrenzung dieses (Sub-)Genus besteht — gegenüber *Dryopithecus* als etwas generalisiertere Form mit besonders altertümlichem Bau des Trigons der M inf.

Die Gliederung der Pongiden des eurasiatisch-afrikanischen Jung-Tertiärs durch SIMONS & PILBEAM [3208] wirkt bestechend, vereinfacht jedoch zu stark. Sämtliche Formen sind zu *Dryopithecus* zusammengefaßt und die Formenkreise nach ihrer geographischen Verbreitung subgenerisch getrennt (Sbg. *Dryopithecus* = Europa; *Sivapithecus* = Asien; *Proconsul* = Afrika). Wie jedoch die engen Beziehungen zwischen europäischen und asiatischen Formen zeigen, hat eine derartige Trennung zwischen ihnen nicht bestanden. Damit sei die Herkunft der rezenten Pongiden diskutiert.

Von den gegenwärtigen afrikanischen Pongiden (*Pan* und *Gorilla*) fehlen Fossilfunde fast völlig. Nur die wenigen, als *Proconsuloides naivashae* [2137] aus dem Pleistozän Kenyas beschriebenen Reste lassen sich auf diese beziehen. Nach HOPWOOD & HOLLYFIELD [1559] handelt es sich um eine Schimpansenart; eine Auffassung, der sich auch SIMONS [3203:93] anschließt. Immerhin scheinen die afrikanischen Pongiden aus dem *Proconsul*-Formenkreis und damit aus bodenständigen Dryopithecinen hervorgegangen zu sein. Wenn auch zum Teil wesentlich erscheinende Unterschiede zwischen Dryopithecinen und den rezenten afrikanischen Pongiden vorhanden sind, so ist eine Abtrennung als eigene Unter-Familie nicht zu rechtfertigen. *Pan* und *Gorilla* zeigen im einzelnen etwas unterschiedliche Evolutionstendenzen. Zweifellos stehen *Pan* und *Gorilla* einander näher als *Pongo*, wie verschiedene gemeinsame Merkmale erkennen lassen. Dennoch ist die neuerdings von Simpson [3279] erfolgte Einbeziehung von *Gorilla* zur Gattung *Pan* nicht berechtigt, da sie den tatsächlichen Unterschieden nicht Rechung trägt*). Die zu *Pan* und *Gorilla* führenden Stammlinien dürften sich im Laufe des Pliozäns getrennt haben. Innerhalb der Schimpansen lassen sich mehrere, auf zwei Arten zu beziehende Formen (*Pan troglodytes, P. paniscus* [1449]) unterscheiden. Eine Abtrennung des Bonobo (*P. paniscus*) als eigene Gattung ist weder vom morphologischen noch vom serologischen Gesichtspunkt aus gerechtfertigt [3067]. Die beiden Gorillaformen (Tiefland- und Berggorilla) entsprechen bestenfalls zwei verschiedenen Unterarten.

Obwohl die rezenten afrikanischen Pongiden Kletterfüße besitzen, so sind sie doch keine reinen Baumbewohner [1145, 2788, 3000]. Abgesehen davon, daß mehr urwald- und mehr savannenbewohnende Schimpansen zu unterscheiden sind, hat vor allem Kortlandt [1833] darauf verwiesen, daß es keine Hangler sind, sondern die verlängerten Arme zum Erklettern senkrechter Baumstämme dienen. Die Schimpansen „laufen" senkrecht an diesen empor, so daß man von einem Hakenstemmklettern sprechen könnte. Die Unterschiede zu asiatischen Pongiden sind so groß, so daß deren Abtrennung als Ponginae notwendig ist. *Pongo pygmaeus*, der Orang, nimmt eine gewisse Sonderstellung ein, die vermutlich mit einer früheren Abspaltung vom *Dryopithecus*-Formenkreis zusammenhängt. Die Arme sind zum Rumpf relativ länger als bei Gorilla und Schimpanse, die Hände lang und schmal, der Pollex kurz. Das Gebiß zeigt eine meist stärkere Runzelung, Stirnhöhlen fehlen, Augenbrauenwülste sind nur schwach ausgebildet, die Ohren klein und einfach gebaut, große Kehlsäcke und ein freies Centrale carpi sind vorhanden.

Die Fossilgeschichte selbst ist weitgehend in Dunkel gehüllt, da praktisch nur eiszeitliche Funde vorliegen. Sie stammen vom südostasiatischen Festland (Südchina, Indochina) und der indonesischen Inselwelt, wo der Orang heute längst ausgestorben ist (wie Java [1512]). Nach von Koenigswald [1810] lassen sich mehrere Formen unterscheiden. Unter den festländischen sind richtige Großformen nachgewiesen. Die heutigen Orangs sind dagegen keine Inselformen. *Palaeosimia rugosidens* Pilgrim aus dem Ober-Miozän (Chinji) Südasiens, den von Koenigswald [1810] mit *Pongo* in Beziehung bringen möchte, beruht auf einem M^3 und läßt derart weittragende Schlußfolgerungen nicht zu.

Die rezenten Pongiden sind als Urwaldbewohner, phylogenetisch gesehen, Beispiele für eine Art „Sackgassenentwicklung", ihrem Lebensraum jedoch bestens angepaßt. Nach den bisherigen Fossilfunden fehlten den miozänen Stammformen zahlreiche für die rezenten Pongiden charakteristischen Merkmale. Der Erwerb des Schwing- oder Hakenstemmkletterns im Miozän führte zur Entfaltung der Pongiden. Die Ausbreitung der Pongiden erfolgte somit im Stadium von Pro-Brachiatoren. Die geologisch ältesten Pongidenreste Eurasiens sind aus mittelmiozänen („tortonischen") Ablagerungen bekannt geworden [3596, 3600]. Wie weit in quartärer Zeit die Nordverbreitung von Menschenaffen in Afrika gereicht hat, läßt sich gegenwärtig nicht mit Sicherheit angeben (vergleiche Brentjes [377].

Im Zusammenhang mit fossilen Pongiden ist noch *Gigantopithecus blacki* aus dem Alt- und Mittel-Pleistozän Südchinas zu erwähnen [1677, 1780, 1784]**). Diese ursprünglich auf einige

*) Auch das beiden gemeinsame „mickle-walking" ist kein stichhaltiges Argument wie Tuttle [3676 a] annimmt.

**) Nach Remane [2872:294] gehört möglicherweise *Homopithecus sinhaleyus* [766], der auf einem I sup. aus dem Mittel-Pleistozän Ceylons beruht, zu *Gigantopithecus*.

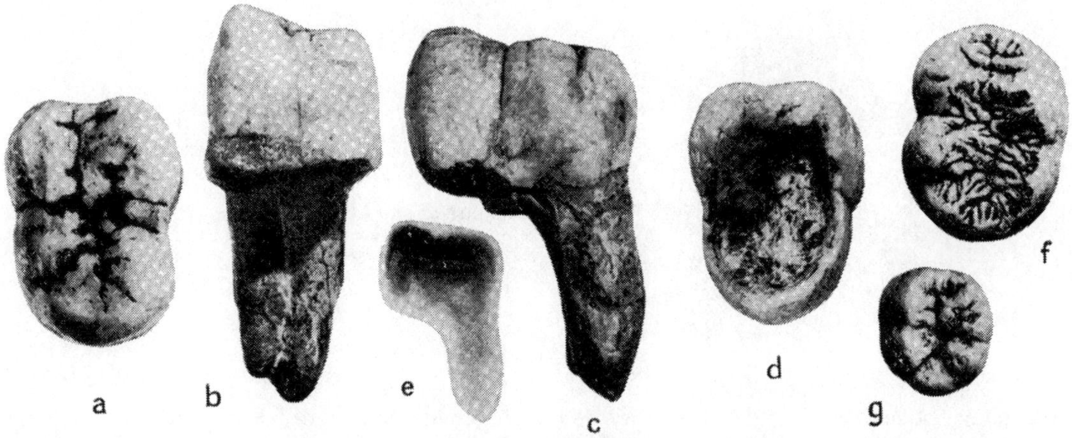

Abb. 234. M_3 inf. von *Gigantopithecus blacki* (Pongidae), Alt-Pleistozän, Südchina (a—e), im Vergleich mit *Pongo* cfr. *pygmaeus* (f) und *Homo sapiens* (g). (1,5/1) — Nach von Koenigswald 1952

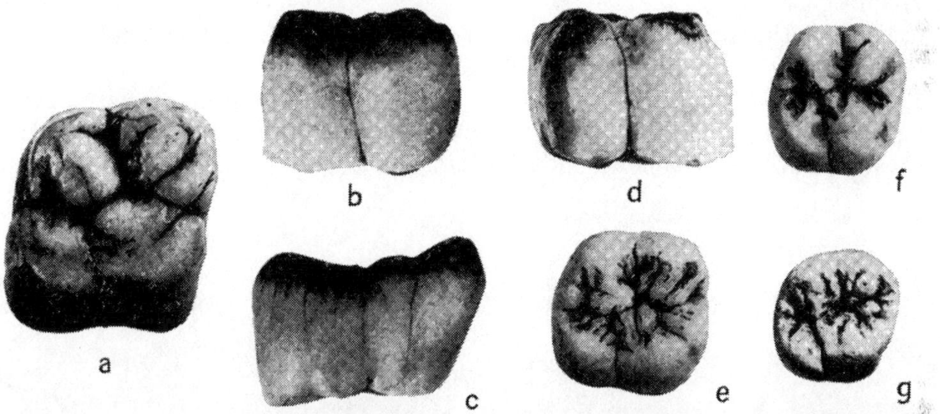

Abb. 235. M sup. von *Gigantopithecus blacki*; M^2 dext. (a—d) im Vergleich mit *Pongo* cfr. *pygmaeus* (e) M^1 oder M^2 dext., „*Sinanthropus officinalis*" (f) M^1 dext. und *Homo sapiens* (g). Beachte Dimensionen und Kronenhöhe bei *Gigantopithecus*. (1,5/1) — Nach von Koenigswald 1952

isolierte Zähne begründete Großform (Abb. 234, 235) deuteten Weidenreich [3807], von Koenigswald [1784] und Woo [3891] als Riesenmensch („*Giganthropus*"). Neuere Kieferfunde aus Höhlen (Kwangsi, Liucheng und Taksin-Horizont [2639, 2641]) mit fast vollständiger Bezahnung (Abb. 236) sowie über 1000 Einzelzähne zeigen jedoch, daß es sich um einen ausgestorbenen, sehr großzähnigen und großkiefrigen Pongiden handelt, der durch eine Mischung pongider und hominider Merkmale charakterisiert ist, die ihn als stammesgeschichtlichen Seitenzweig ausweisen [2867, 3673]. Besonders auffällig ist die Hochkronigkeit der Backenzähne, die jene rezenter Hominiden weit übertrifft. Deshalb wird diese Gattung auch als Angehöriger einer eigenen Unterfamilie (Gigantopithecinae [1196, 1300, 3673] klassifiziert. Eine Ableitung von tertiären Siwalik-Pongiden ist anzunehmen*). Gewisse Ähnlichkeiten mit dem Gorilla sind nur durch gemeinsame Primitivmerkmale bedingt. *Gigantopithecus blacki* ist ein herbivorer, groß-

*) Neuerdings wird *Gigantopithecus* auch aus dem Pliozän Nordindiens gemeldet.

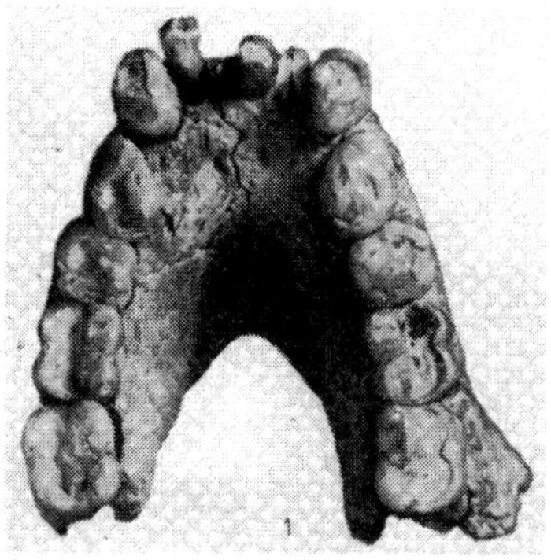

Abb. 236. *Gigantopithecus blacki*, Alt-Pleistozän, Süd-China. Unterkieferrest in Aufsicht. M_3 gänzlich und Incisiven teilweise fehlend. Beachte Verlauf des Zahnbogens und Ausbildung des P_3. (1/2) Nach von Koenigswald 1957

wüchsiger, bodenbewohnender Pongide, den man jedoch wegen des Vordergebisses und der hochkronigen Molaren nicht als Fruchtfresser ansehen kann. Dieses Merkmal macht — neben weiteren Eigencharakteren (linguale Einschnürung der M inf.) -- eine Ableitung von Hominiden trotz einzelner „hominider" Merkmale (schmale, nicht spatelförmige Incisiven, P_3 mit Innenhöcker) unmöglich.

Außer den bisher besprochenen Menschenaffen muß noch *Oreopithecus* als Angehöriger der **Oreopitheciden** erwähnt werden. Bereits 1872 beschrieb Gervais *Oreopithecus bambolii* aus altpliozänen*) Braunkohlen der Toskana (Monte Bamboli) beschrieben. Diese etwa zwergschimpansengroße Art ist in den letzten Jahren außerordentlich lebhaft diskutiert worden, da man sie verschiedentlich als Hominiden klassifizierte [1608, 1609]. Ursprünglich mit Anthropo-

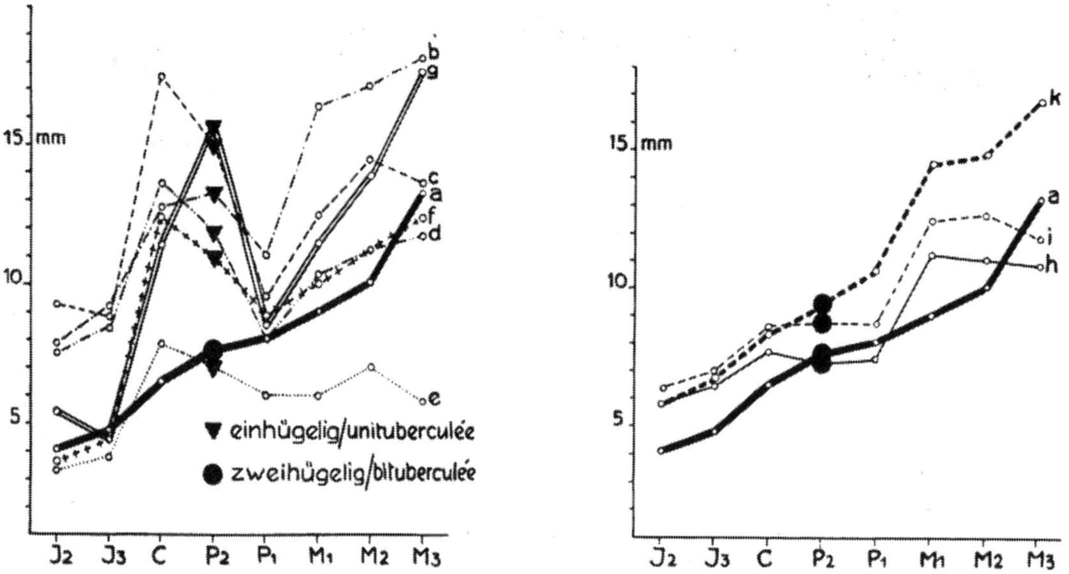

Abb. 237. Vergleich der meso-distalen Zahnlängen der mandibularen Zähne von *Oreopithecus* (a) mit *Gorilla* (b), *Pongo* (c), *Pan* (d), *Hylobates* (e), *Dryopithecus* (f), *Theropithecus* (g), *Homo* (h), „*Sinanthropus*" (i) und „*Paranthropus*" (k). Die Zahnlänge allein (zusammen mit ein- oder zweihügelig ausgebildeten $P_2 = P_3$) reicht zu einer Beurteilung der taxonomischen und phylogenetischen Stellung von *Oreopithecus* nicht aus. — Nach Hürzeler 1954

*) Die Begleitfauna spricht für jüngstes Miozän oder ältestes Pannon (= Alt-Pliozän), das in der französischen Literatur dem Miocène supérieur entspricht [1127].

morphen oder Cynomorphen in Verbindung gebracht, erkannte Schwalbe [3116] auf Grund der Gebißreste die Sonderstellung von *Oreopithecus* und trennte ihn als eigene Familie ab. Hürzeler [1609], dem die Entdeckung eines zwar stark verdrückten, aber ziemlich vollständigen Skelettes zu danken ist, hat *Oreopithecus bambolii* vor allem wegen der bei den zuerst gefundenen Resten gegenüber Pongiden schwach entwickelten Eckzähne, der geschlossenen Zahnreihe, der homomorphen P inf., des zweihöckrigen P_3 (Abb. 237), der steil eingepflanzten Incisiven und der geringen Prognathie als Hominiden angesehen. Wie jedoch ein eingehender Vergleich zeigt, sind die vermeintlich „hominiden" Merkmale nicht vorhanden (deutlicher Sexualdimorphismus in den C) oder es sind primitive Merkmale (geringe Prognathie, geschlossene Zahnreihe, homomorphe P inf.) oder unabhängig von den Hominiden erworbene Eigenschaften

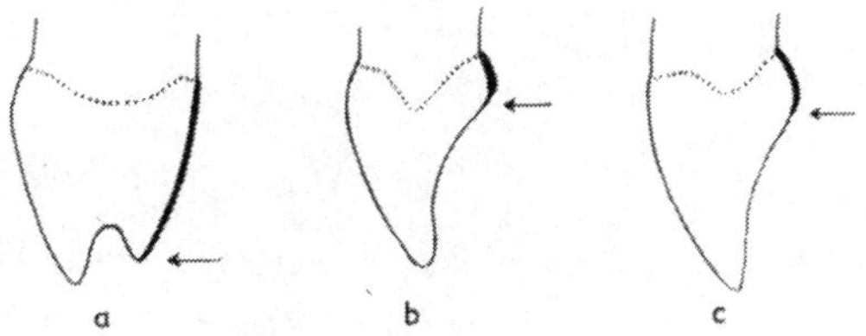

Abb. 238. Mittlerer I sup. (Schemata). a) *Oreopithecus*, b) Hominide, c) Pongide. Beachte völlig abweichend gestalteten I bei *Oreopithecus* durch Verlängerung der lingualen Basisfläche (Pfeil und verstärkte Linie), die zu einem zweischneidigen Incisiven führt. — Nach Remane 1955

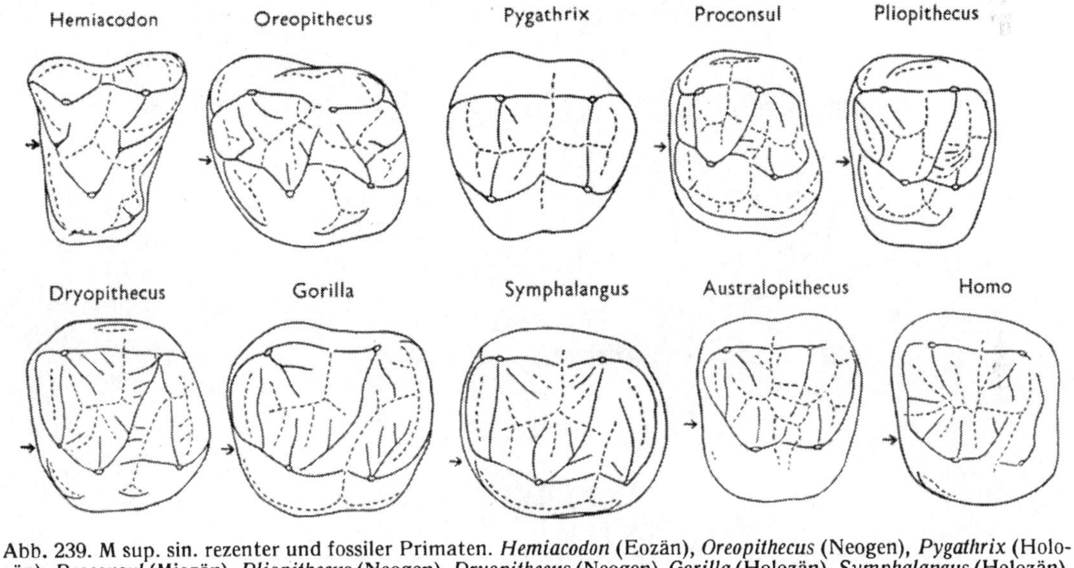

Abb. 239. M sup. sin. rezenter und fossiler Primaten. *Hemiacodon* (Eozän), *Oreopithecus* (Neogen), *Pygathrix* (Holozän), *Proconsul* (Miozän), *Pliopithecus* (Neogen), *Dryopithecus* (Neogen), *Gorilla* (Holozän), *Symphalangus* (Holozän), *Australopithecus* (Pleistozän), *Homo* (Holozän). Pfeil — Lage des Protoconulus. Beachte grundsätzliche Übereinstimmung innerhalb der Hominoidea (Sonderstellung von *Oreopithecus*) gegenüber Cercopithecoidea, bei denen der Protoconulus reduziert ist. — Nach Butler & Mills 1959

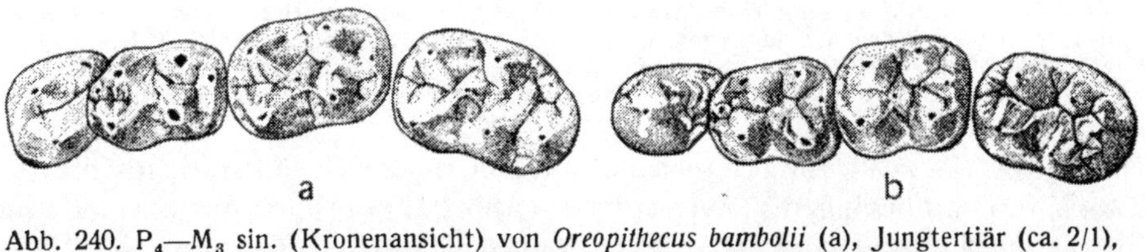

Abb. 240. P_4—M_3 sin. (Kronenansicht) von *Oreopithecus bambolii* (a), Jungtertiär (ca. 2/1), und *Apidium phiomense* (b), Oligozän (ca. 4/1). Nach Simons läßt sich *Oreopithecus* auf *apidium*-artige Formen zurückführen. — Nach Simons 1960

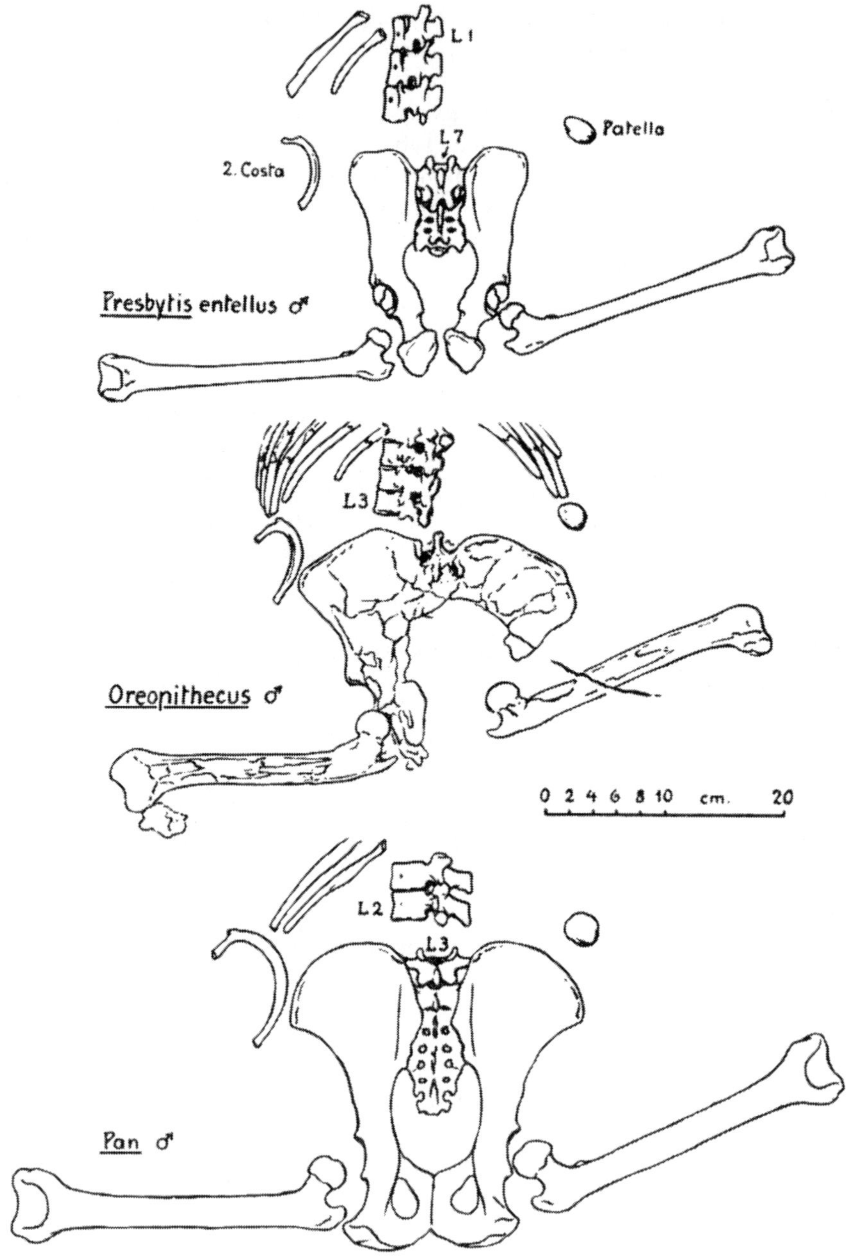

Abb. 241. Beckenregion samt Femora, Patella, einiger Wirbel und Rippen von *Oreopithecus*, im Vergleich mit einem Cercopitheciden *(Presbytis)* und einem Pongiden *(Pan)*. Darmbeine von *Oreopithecus* in die Frontalebene gedreht, Lendenwirbel von *Presbytis* und *Pan* wie bei *Oreopithecus* orientiert. Femora bei *Oreopithecus* etwas verquetscht. — Nach Schultz 1960

(Caninenregion) [460, 2862]. Ausgesprochene Sondermerkmale (I^1 mit stark erhöhter Randleiste (Abb. 238), M sup. mit besonderer Fovea anterior (Abb. 239), Ausbildung der Höcker und Fovea posterior an den M inf., verlängerte M_3 (Abb. 240) zeigen den phylogenetischen Eigenweg und damit die Sonderstellung dieser Gattung, die ihren Ausdruck in der Abtrennung als eigene

Familie findet (vergleiche auch KORENHOF [1816])*). Verschiedene „trends", wie sie bei Anthropomorphen, nicht jedoch bei Cynomorphen zu finden sind — breiter Rumpf, Verkürzung der Lendenwirbelsäule, Verbreiterung der Darmbeine ähnlich *Pan* (jedoch ohne die für Pongiden charakteristische Verlängerung) (Abb. 241), kleine Sitzknorren, brachiatorische Verlängerung der Vorderextremität, rudimentäre Schwanzregion; SCHULTZ [3097], ANKEL [86], KNUSSMANN [1764] — können als Anzeichen für die Einbeziehung der Oreopitheciden zu den Hominoidea angesehen werden und belegen zugleich den stammesgeschichtlichen Eigenweg innerhalb der Hominoidea. Nach SCHULTZ [3097] sind keinerlei Anzeichen dafür vorhanden, daß die aufrechte Haltung besser vorbereitet war als bei den rezenten Pongiden**). Allerdings stehen die Oreopitheciden den Hominiden zweifellos ferner als die Pongiden [460]. Demnach ist *Oreopithecus* aus der Liste tertiärzeitlicher Hominiden zu streichen. Eine Abtrennung als eigene Überfamilie (Oreopithecoidea VON KOENIGSWALD [1799]) ist jedoch kaum gerechtfertigt. Nach dem Vorkommen und der Begleitfauna war *Oreopithecus* ein „coal-swamp dweller" (SIMONS [3206a]), während SCHULTZ [3102] aus der Armverlängerung auf einen, dem Schimpansen vergleichbaren Klettertyp schließt.

Hominoidea II (Hominidae)

Die stammesgeschichtliche Herkunft des Menschen ist mit zahlreichen Problemen verknüpft, die wir auch gegenwärtig erst zum Teil als gelöst betrachten können. Die Problematik beginnt bereits damit, welche Merkmale und Eigenschaften überhaupt als typisch menschlich zu bezeichnen sind und wann man von **Hominiden** sprechen soll, denn es sind weniger körperliche Aspekte, die die Sonderstellung des Menschen ausmachen, als vielmehr psychische. So wird häufig die Weltoffenheit angeführt, also die fehlende Gebundenheit an Instinkte [88, 2150, 3200]. Nach SPATZ [3345] liegt die Sonderstellung des rezenten Menschen jedoch nicht in psychologischen Merkmalen, sondern in der Fähigkeit zur Weitergabe von Erfahrung durch Sprache und Schrift, die durch die Entwicklung bestimmter Hirnabschnitte möglich wurde. Wesentlich ist, daß die Vergrößerung und Differenzierung des Gehirns die Assoziationsfähigkeit, bessere Gedächtnisleistung und die Entwicklung der Sprache (das heißt die Abstraktion) ermöglichte. Die menschliche Sprache ist völlig verschieden von jedem Verständigungssystem (sogenannter tierischer Sprache) innerhalb der Tierwelt und mit einer entsprechenden Differenzierung des Gehirns gekoppelt***). Das Wesen der menschlichen Sprache beruht — abgesehen von einigen anatomischen Voraussetzungen zur Ausübung (Kehlkopf und anderem) — auf der Fähigkeit zur Begriffsbildung. Die Sprache läßt sich nach SIMPSON [3283] als eigene Anpassung an die Form des menschlichen Zusammenlebens auffassen, die unter anderem eine wesentliche Voraussetzung für die Bildung von Traditionen darstellt†). Aber erst durch die Evolution seines Gehirns ist der Mensch zum *Homo sapiens* geworden [3395:59]. Ohne an der grundsätzlichen Richtigkeit dieser Feststellung zu zweifeln, erscheint jedoch eine auf diesem Kriterium

---

*) Sollten sich die bereits von GREGORY [1178] vermuteten und neuerdings von SIMONS [3189, 3199] angenommenen stammesgeschichtlichen Beziehungen zu *Apidium* aus dem Oligozän bewahrheiten (vergleiche dazu Seite 206), so wäre der phyletische Sonderweg seit dieser Zeit dokumentiert.

**) Demgegenüber sieht SIMONS [3206a] im Bau des Beckens eine Annäherung an eine bipede Fortbewegung, die jedoch zweifellos unabhängig von den Hominiden erworben worden wäre.

***) Die tierischen Vokalisationen, wie wir sie in oft vielfältigerer Ausbildung bei Säugetieren (zum Beispiel Primaten) kennen, sind affektgebundene und können nur mit averbalen Lautäußerungen des Menschen verglichen werden [3880].

†) Tradition ist neuerdings auch bei Rotgesichtsmakaken nachgewiesen worden [3841a].

beruhende Definition des Begriffes **Hominiden** nicht nur aus praktischen Erwägungen*) unrealistisch.

Die Menschwerdung ist, da der Mensch zweifellos von tierischen Vorfahren abstammt, ein biologischer Evolutionsvorgang. Auch für die Entstehung des Menschen war die Selektion entscheidend [2152]. Wesentlich für die Definition erscheint jedoch das Initialmerkmal, das zur Entstehung der vielfach (fälschlich) als „Mängelwesen" bezeichneten Hominiden geführt hat. Als solches Schlüsselmerkmal kann, wie die Fossildokumentation zeigt, der Erwerb des aufrechten Ganges angesehen werden. Wenn damit auch kein spezifisch menschliches Merkmal**) zur Definition herangezogen wird, so läßt es sich an Fossilfunden beurteilen, die man in den letzten zwei Jahrzehnten außerordentlich vermehren konnte. Sie haben wesentliche Erkenntnisse über die Herkunft des Menschen erbracht und das bisherige Bild der bekannten fossilen Hominiden bedeutend ergänzt und vertieft und damit manche Hypothese widerlegt.

Die zahlreichen Hypothesen, die sich ernsthaft mit der biologischen Abstammung des Menschen befassen, lassen sich in mehrere Gruppen gliedern. Wenn wir zunächst von der Pongiden-Theorie in ihren verschiedenen Abwandlungen absehen, ist die Tarsius-Hypothese zu nennen, die vor allem F. Wood-Jones [3941, 3944] vertritt. Nach Wood-Jones bilden die Koboldmakis die den Menschen am nächsten stehenden Primaten, und die Hominiden seien direkt von primitiven Tarsioidea abzuleiten. Wie bereits angeführt (Seite 182), beruhen verschiedene morphologische Übereinstimmungen der Tarsier mit Affen auf Parallelentwicklung. Ganz abgesehen davon, stehen einer derartigen Annahme grundsätzliche Schwierigkeiten entgegen, die sie als unhaltbar erscheinen lassen. Die von M. Boule, J. Kälin, J. Piveteau und W. J. Straus vertretene „Protocatarrhinen"-Hypothese beruht im wesentlichen auf der Feststellung, daß verschiedene primitive Merkmale für den Menschen, nicht aber für Menschenaffen (Pongiden) kennzeichnend sind. Nach den Vertretern dieser Hypothese erfolgte die Trennung des zum Menschen führenden Stammes bereits vor Differenzierung in die verschiedenen Altwelt-Affengruppen (Abb. 242). So überzeugend auch manche Argumente dieser Hypothese sein mögen, so stehen sie nicht nur mit den Ergebnissen der Serologie in Widerspruch. Vergleichende Untersuchungen an verschiedenen Entwicklungsstadien von Affen, Menschenaffen und Menschen haben in den letzten Jahren gezeigt, daß durch eine Retardation der Entwicklung Merkmale innerhalb einer Gruppe erhalten bleiben können, die innerhalb einer anderen, jedoch auf eine gemeinsame Wurzel zurückzuführenden Gruppe infolge einer Acceleration der Entwicklung nicht in Erscheinung treten [3091]. Das heißt, das Auftreten von ursprünglichen und an Cercopithecoidea erinnernden Merkmalen beim Menschen (wie Zahnwechsel, Verschmelzung von Schädelnähten***), Bau des Fußes und des Kniegelenkes, Extremitätenproportionen, Handstellung bei Fortbewegung auf allen vier Gliedmaßen beim Kind, Länge der Lendenwirbelsäule) ist kein zwingender Grund für die Annahme einer frühzeitigen Abspaltung des zum Menschen führenden Stammes, ganz abgesehen von jenen Merkmalen, die rein funktionell bedingt sind

---

*) So sind nach Starck [3395] keine konkreten Aussagen über den Erwerb der menschlichen Sprache auf Grund des Gehirns und von Endocranialausgüssen allein bei Hominiden möglich. Wie jedoch Spatz [3345, 3346] gezeigt hat, kann die Ausbildung des „basalen Neocortex" (= unterste Abschnitte der Stirn- und Schläfenlappen des Großhirns) als Maßstab der Evolutionshöhe verwendet werden, indem dieser erst beim modernen Menschen seine volle Entwicklung erreicht hat. Weiterhin ist die Ausbildung des Cerebellums wesentlich, indem es zur Introversion des Palaeocerebellums (Vermis und Flocculus) durch Promination des Neocerebellums kommt [3346]. Diese Vorgänge sind auch an Endocranialausgüssen beurteilbar.

**) Das typisch „menschliche" Gehirn ist ein geologisch sehr junger Erwerb und daher ebensowenig wie etwa das Schwingklettern zur Definition des Begriffes Hylobatiden, zur Charakterisierung der Familie Hominidae heranziehbar.

***) Vgl. Remane [2858: 193] und Simpson [3261] wegen Wiederauftretens von Einzelmerkmalen während der Phylogenese.

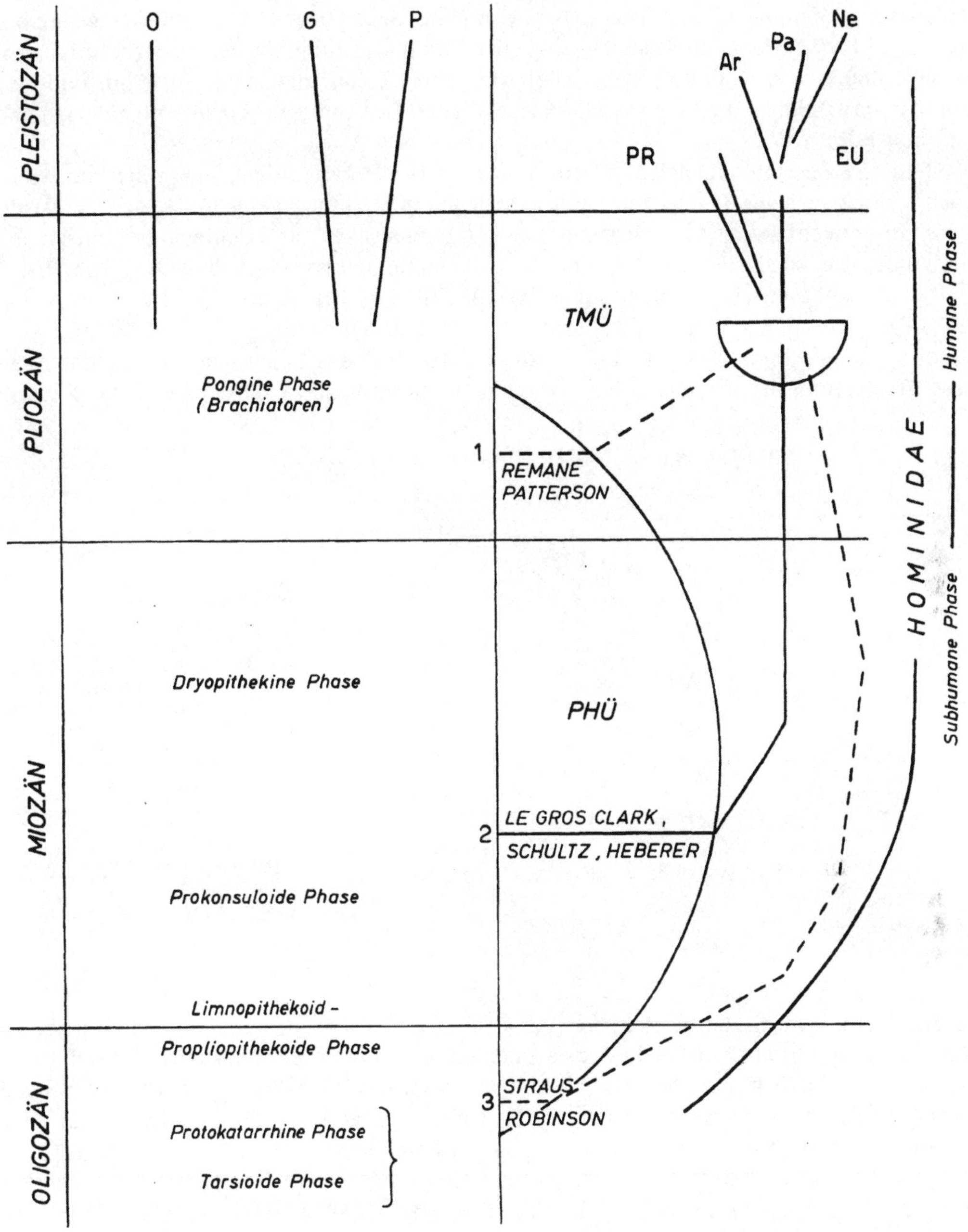

Abb. 242. Phasengliederung der Hominoidenphylogenie und die wichtigsten Hypothesen der Ableitung der Hominiden nach HEBERER. 1. Brachiatorenhypothese, 2. Frühpongidenhypothese, 3. Protocatarrhinenhypothese. Nach HEBERER 1958

A = „Archanthropinen" („*Pithecanthropus*"-Gruppe)
Eu = „Euhomininae" (= Homininae)
G = *Gorilla*
Ne = „Neanthropinen"
O = Orang

P = *Pan*
Pa = „Paläanthropinen" (Neandertaler)
PHÜ = pongid-hominides Übergangsfeld
PR = „Praehomininae" (= Australopithecinae)
TMÜ = Tier-Mensch-Übergangsfeld

(Fehlen der „Affenplatte" im Unterkiefer beim Menschen, Coccyx bei *Homo* weniger reduziert als etwa bei Hylobatiden, da dieses eine neue Funktion als Stütze für den Levator ani übernommen hat [486]). Wie REMANE [2858, 2864] wiederholt betont hat, genügen Primitivmerkmale nicht zur Feststellung direkter verwandtschaftlicher Beziehungen. Dazu sind Spezialhomologien notwendig.

Derartige Spezialhomologien zeigen, daß die Menschenaffen den Hominiden am nächsten stehen. Dieser gemeinsame stammesgeschichtliche Entwicklungsgang findet seinen Ausdruck in der Zusammenfassung von Menschenaffen und Menschen als Hominoidea. Innerhalb der Hominoidea stehen die Pongiden*) den Menschen am nächsten (Abb. 243). Abgesehen von vergleichend-anatomischen Gesichtspunkten (Ausbildung der Arm- und Rumpfmuskulatur, faßförmiger Brustkorb, Lage und Form der Scapula, Humerustorsion und Reduktion des Olecranon ulnae; Reduktion des Lendenabschnittes und des Schwanzes; Form des äußeren Ohres, Ausbildung der Gaumenfalten, *Dryopithecus*-Muster [5 Y] der Molaren**), Wurmfort-

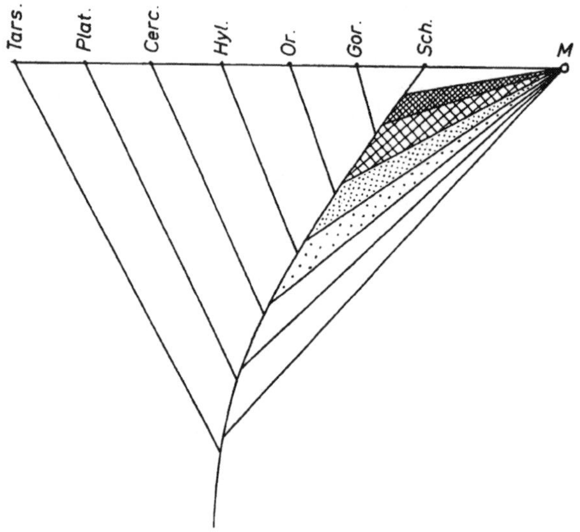

Abb. 243. Der Mensch (M) in seinen möglichen Abzweigungen vom Stammbaum der Primaten. Der auf Grund der Homologisierungen wahrscheinlichste Abzweigungsbereich ist schraffiert, weniger wahrscheinliche sind punktiert, der ganz unwahrscheinliche ist hell gelassen. Nach REMANE 1952

Tars = *Tarsius*
Plat = Platyrrhina
Cerc = Cercopitheciden
Hyl = Hylobatiden
Or = Orang
Gor = Gorilla
Sch = Schimpanse

satz des Blinddarmes; Hautleistenrelief von Hand- und Fußsohlen und so weiter [257, 1188, 3090, 3091]), spricht auch die weitgehende Übereinstimmung im Chromosomenbestand ($2n = 46$ bei *Homo****); $2n = 48$ bei *Pan*, *Gorilla* und *Pongo*, wobei die Karyotypen vom Schimpansen die größte Übereinstimmung mit jenen des Menschen zeigen [231, 1762]; Abb. 11 auf Seite 8) und in der Zusammensetzung der Blutgruppen bei Pongiden und Hominiden (RUFFIE [2960 a]) sowie in serologischer Hinsicht für diese Ansicht [1146], sofern die Hominiden nicht überhaupt mit *Pan* und *Gorilla* zu einer Familie vereint werden [1147]†). Demnach sind die Pongiden

*) Nicht im Sinne von SIMPSON [3257], der die Hylobatiden als Unterfamilie der Pongiden klassifiziert. Eine derartige Bewertung trägt den morphologischen Unterschieden nicht Rechnung.

**) Wie KORENHOF [1816] dargelegt hat, zeigt die Oberfläche schmelzloser Keimzähne das alte Furchenmuster viel deutlicher als die Schmelzoberfläche (siehe auch BUTLER [458]). Dieses wird bei *Homo* mehr und mehr vereinfacht (Y 5 → + 5 → × 5 → × 4 → + 4 → Y 4 → 3c [896]).

***) Nach JORDAN [1659] kommen bei *Homo sapiens* allerdings drei Karyotypen mit je 46, 47 oder 48 Chromosomen vor.

†) Wie bereits MOLLISON [2903] betont hat, lassen sich die geringeren serologischen Affinitäten mir *Pongo* durch den sekundären Verlust alter Proteale erklären.

die nächsten lebenden Verwandten des Menschen. Beide lassen sich auf gemeinsame Stammformen zurückführen (Abb. 218 auf Seite 201). Damit ist zwar der wesentliche Kern der Pongiden-Theorie aufgezeigt, nicht jedoch die weitere Problematik. Diese ergibt sich hauptsächlich aus dem Zeitpunkt der Aufspaltung. Im wesentlichen lassen sich zwei Meinungen unterscheiden. Die Brachiatoren- und die Prä- oder Anti-Brachiatorenhypothese. Erstere — wie sie etwa A. Keith, A. Remane und E. Breitinger vertreten — sieht in der Stammform der Hominiden einen echten Brachiator, letztere — mit le Gros Clark, G. Heberer, A. H. Schultz und G. Schwalbe als bekanntesten Verfechtern dieser Theorie — einen noch nicht zum richtigen Hangler differenzierten Pongiden (Abb. 242 auf Seite 221). Die Stammformen des Menschen waren vermutlich Semibrachiatoren. Damit dürfte klar sein, daß für die Beurteilung des Menschen verschiedene Merkmalskomplexe (Schädel, Gebiß, Extremitäten) zu berücksichtigen sind, und die endgültige Lösung dieses Problems nur an Hand von Fossilfunden erfolgen kann, selbst wenn sich durch diese auch die neuro-physiologischen Mechanismen nicht beurteilen lassen.

Als weitere Hypothese sei noch die sogenannte „Dehumanisationshypothese" erwähnt. Sie besagt im wesentlichen, daß die heutigen Menschenaffen fruchtfressende Regenwaldbewohner sind, welche weder die für die überwiegend terrestrisch lebenden Vorfahren der Hominiden kennzeichnenden (Jagd-)Techniken behalten, noch deren aufrechten Gang erworben haben. In diesem Zusammenhang erscheint wichtig, daß weder der Schimpanse noch der Gorilla echte Hangler sind [1833].

Nun sind in den vergangenen zweieinhalb Jahrzehnten zahlreiche Fossilreste beschrieben worden, die zu einem grundsätzlichen Wandel der Ansichten über den Ablauf des stammesgeschichtlichen Geschehens bei der Menschwerdung geführt haben. Diese Fossilformen werden als „Australopithecinen" (= prähumane Anthropoiden Keith = Praehominiae Heberer) zusammengefaßt*). Ursprünglich nur aus Südafrika beschrieben (1. Fund = Kinderschädel von Taung im Betschuanaland im Jahre 1925 [683]; spätere und vollständigere aus Sterkfontein, Swartkrans, Makapansgat und Kromdraai; Transvaal), sind Reste von „Australopithecinen" gegenwärtig auch aus Ostafrika (zum Beispiel „*Zinjanthropus boisei*", „*Meganthropus*" *africanus* [2053, 2919, 2933] „*Paraustralopithecus*" von Omo [137a]), aus Vorderasian [Jordantal] und (?) China (*Hemianthropus peii* von Koenigswald [1793]; siehe Simons [3190], vergleiche dagegen [3891]) bekannt**).

Sie vermitteln bemerkenswerte und wertvolle Einblicke in die Organisation ältest- und alteiszeitlicher***) Hominiden, da nicht nur Kiefer- und Zahnreste, sondern auch Schädelreste und postcraniale Skelettelemente (Extremitäten- und Beckenreste) vorliegen. Innerhalb der gut dokumentierten süd- und ostafrikanischen „Australopithecinen", deren Reste von mehr als 100 Individuen verschiedener Altersstufen stammen, unterschied man ursprünglich mehrere Gattungen (*Australopithecus, Plesianthropus, Paranthropus, Zinjanthropus*) mit zahlreichen Arten, die gegenwärtig meist auf eine Gattung (*Australopithecus*) mit zwei beziehungsweise drei Arten (*A. africanus* = *Australopithecus*-Gruppe oder A-Typus; *A. robustus* und *A. boisei*

*) Ursprünglich nur auf *Australopithecus africanus* beruhend [1190], wird dieser Begriff gegenwärtig für verschiedene fossile Hominiden angewendet, deren verwandtschaftliche Beziehungen untereinander ebenso diskutabel erscheinen, wie ihre Abtrennung als eigene Unter-Familie von den übrigen, als (Eu-)Homininae zusammengefaßten Hominiden. Wenn hier dennoch dieser Begriff verwendet wird, so lediglich aus praktischen Erwägungen. Er kennzeichnet lediglich Hominiden-Populationen mit einem bestimmten Evolutionsniveau.

**) *Meganthropus palaeojavanicus* sehen Tobias & von Koenigswald [3633] wegen einzelner fortschrittlicher Merkmale im Gegensatz zu Robinson [2923] nicht als „Australopithecine" an, sondern fassen ihn mit „*Homo*" *habilis* als Stadium II auf, das sich primitiver verhält als die *Homo erectus*-Gruppe. Auch Remane [2860] sieht in dieser Form — wenigstens morphologisch — ein älteres Stadium der Hominiden, da sich die „Australopithecinen" hominider verhalten.

***) Ältest-Quartär = Villafranchium = Lower Pleistocene; Alteiszeit = Günz- bis Mindel-Kaltzeit = Middle Pleistocene englischer Autoren. Vergleiche dazu Fußnote auf S. 12.

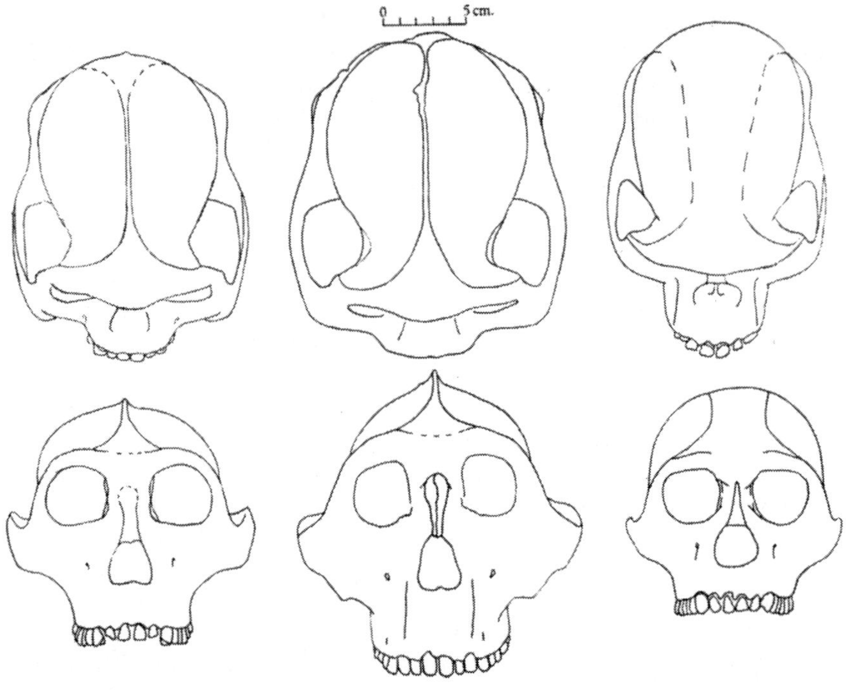

Abb. 244. Schädel pleistozäner Australopithecinen in der Norma verticalis (obere Reihe) und der Norma facialis (untere Reihe). a) „*Paranthropus*", b) „*Zinjanthropus*", c) *Australopithecus*. Beachte Scheitelkamm und geringe Prognathie bei der *Paranthropus*-Gruppe („*Paranthropus*" und „*Zinjanthropus*"). — Nach Tobias 1967

= „*Paranthropus*"-Gruppe oder P-Typus einschließlich *Zinjanthropus*) bezogen werden (Abb. 244, 245), sofern man nicht reinen Fundortsbezeichnungen den Vorzug gibt [373]. Eine Einbeziehung sämtlicher „Australopithecinen" zu *Homo*, wie es Mayr [2310] vorgeschlagen hat, erscheint jedoch nicht gerechtfertigt, da die „*Paranthropus*"-Gruppe wesentlich abweichende „trends" zeigt (zum Beispiel Reduktion des Vordergebisses, Vergrößerung des Molarenabschnittes, Molarisierung der Milchmolaren (Abb. 256 auf Seite 232). Die generalisierten „Australopithecinen" zeigen mehr oder weniger fließende Übergänge (nicht nur im Gebiß) zu *Homo*, so daß der morphologische Schnitt nicht zwischen „Australopithecinen" und Homininen, sondern zwischen der *Australopithecus-Homo*-Linie und „*Paranthropus*" zu ziehen wäre [2934]. Mit dieser Abgrenzung erscheint auch das „*Homo*" *habilis*- und das „*Meganthropus palaeojavanicus*"-Problem gelöst (siehe unten). Nach Robinson [2934] sind die morphologischen Unterschiede zwischen *Australopithecus* und „*Paranthropus*" nicht allometrisch bedingt.

Kennzeichnend für die „Australopithecinen" ist der kleine Gehirnschädel, dessen Kapazität*) für die *Australopithecus*-Gruppe (von Sterkfontein, Taung und Makapansgat) mit Werten von 435 bis ca. 560 ccm, dagegen für die größeren „*Paranthropus*"-Formen (von Swartkrans, Kromdraai und Olduvai Bed I) mit Werten von 450 bis 550 ccm**) angenommen

*) In Anbetracht des meist unvollständigen Erhaltungszustandes sind bestenfalls Näherungswerte über die Schädelkapazität zu geben.

**) Der Wert von 530 ccm gilt für *A. (P.) boisei*, der älter ist als die südafrikanischen *A. (P.) robustus* Die ursprünglichen Angaben von Robinson [2924] mit 700—750 ccm für die südafrikanische P-Gruppe haben sich nicht bestätigt.

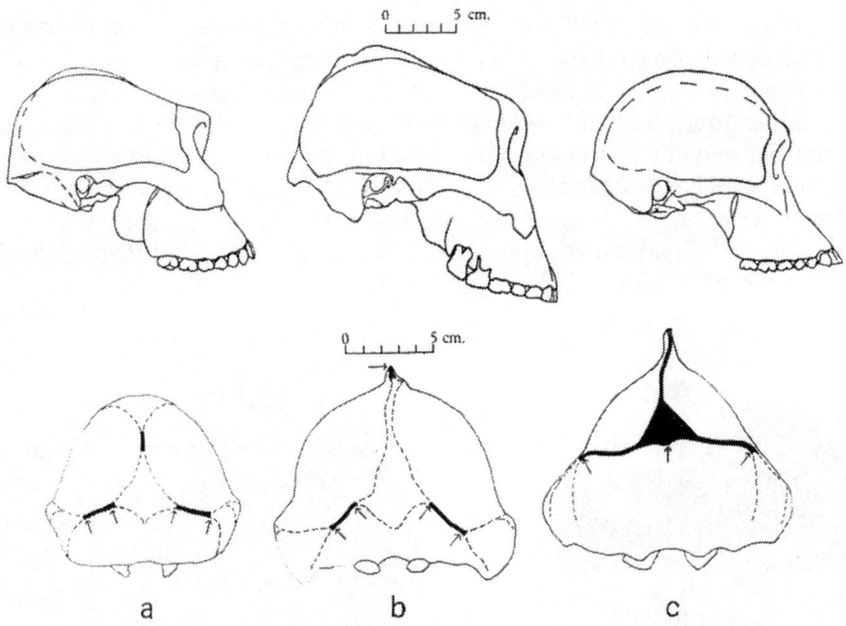

Abb. 245. ObereReihe: Schädel pleistozäner Australopithecinen a) „*Paranthropus*", b) „*Zinjanthropus*", c) *Australopithecus* in der Norma lateralis. Untere Reihe: Schädel von *Pan* (a), „*Zinjanthropus*" (b) und *Gorilla* (c), um die unterschiedliche Lage der Nuchal- und Sagittalcristae (stark ausgezogene Linien) zu zeigen. Temporalcrista bei Pongiden weiter hinten gelegen als bei „*Zinjanthropus*". — Nach TOBIAS 1967

werden [416, 418, 418a, 683a, 692, 3628, 3632, 3686]. Sämtliche Kapazitätswerte fallen somit völlig in die von rezenten Pongiden bekannte Variationsbreite und liegen damit weit unter denen der „*Pithecanthropus*"-Gruppe (975 ccm). Das Maximum der Pongiden gibt A. H. SCHULTZ [3098] mit 752 ccm für den Gorilla an, wobei freilich die Gehirnkapazität nur relativ zur Körpergröße bewertet werden darf. Für *Australopithecus africanus* nimmt man pygmoiden Kleinwuchs (Körperhöhe etwa 120 cm), für „*Paranthropus*" mittlere Körpergröße an.

Der morphologischen Auswertung der Endocranialausgüsse sind bei Hominiden durch das weitgehende Fehlen des Furchenbildes*) Grenzen gesetzt, ganz abgesehen davon, daß selbst das Furchenbild keine konkreten Aussagen über die „Lokalisierung" der einzelnen Rindenzentren zuläßt. Aus diesen Gründen sind auch keine zwingenden Schlußfolgerungen über den Zeitpunkt des Erwerbes des Sprechvermögens bei fossilen Hominiden möglich [3395].

Angesichts der geringen Schädelkapazität erscheint die Frage nach dem humanen Status der „Australopithecinen" berechtigt. Wurde doch die Ausbildung des Gehirns und die Schädelkapazität als entscheidend hierfür angesehen und versuchte A. KEITH [1700] den „Rubikon" zwischen Pongiden und Hominiden sogar mit 750—800 ccm festzusetzen, was schon in Anbetracht der bei rezenten Menschen beträchtlichen Schwankungen (vereinzelt sogar weit unter 800 ccm liegend) unsinnig erscheint. Sind die „Australopithecinen" überhaupt Hominiden? Wie schon oben (Seite 220) auseinandergesetzt, wollen wir die Definition des Begriffes Hominiden nicht von der Differenzierung des Gehirns, sondern von dem die Hominisation einleitenden Erwerb des aufrechten Ganges abhängig machen, eine bereits 1868 von HAECKEL gewonnene Erkenntnis (vergleiche [1412, 3771, 3776]). Im Prinzip bestätigt sich jedoch auch hier die Evo-

*) Nur im frontalen Bereich sind seichte Impressionen angedeutet.

lutionsregel, daß die cerebrale Evolution der somatischen nachhinkt, indem es erst nach Änderung der somatischen Peripherie zur Evolution des Gehirnes kommt.

Die *Paranthropus*-Gruppe und besonders „*Zinjanthropus*" besitzt neben „pongiden" (zum Beispiel Fehlen des Proc. styloideus, geringe Schädeldachdicke, Hirnschädelkapazität, Nasenform, Pneumatisierung) und hominiden (wie Endocranialausguß, Abkauung der Caninen, Größe und Stellung der Incisiven) Merkmalen auch eine Reihe spezifischer Züge am Cranium (zum Beispiel Temporalcristae, Ausdehnung des Maxillare, P^3 kleiner als P^4, Abb. 246—248), die nicht als Intermediärcharaktere, wie etwa Ausbildung und Stellung des Planum nuchale sowie Prognathie zu betrachten sind [3632].

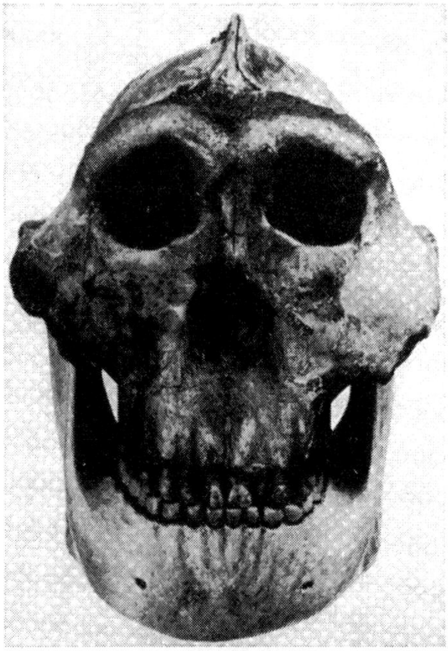

Abb. 246. *Australopithecus* („*Zinjanthropus*") *boisei*, Alt-Pleistozän, Ostafrika (Olduvai-Schlucht Bed I). Osteocranium in der Norma facialis. Beachte den durch die mächtige Kaumuskulatur und den kleinen Gehirnschädel bedingten Scheitelkamm. (1/2,6) — Nach Tobias 1967

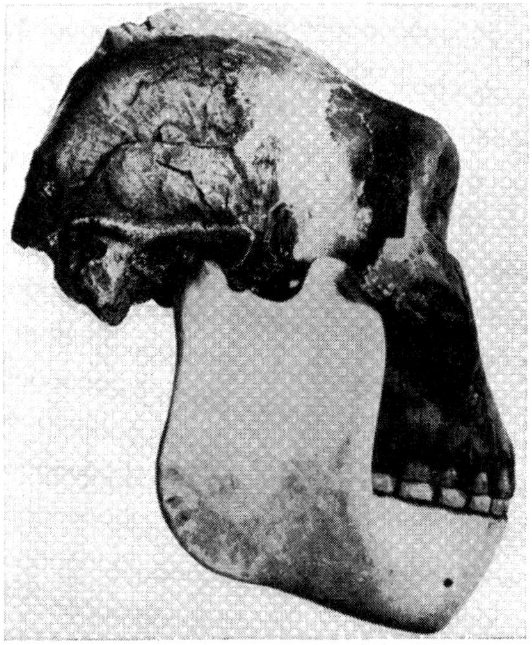

Abb. 247. *Australopithecus* („*Zinjanthropus*") *boisei*, Schädelrekonstruktion in der Norma lateralis (helle Stellen ergänzt). Beachte hohen Ramus ascendens der Mandibel. (1/2,6) — Nach Tobias 1967

Die „Australopithecinen" waren zweifellos bipede Formen. Die orthograde Körperhaltung geht aus dem Bau des Beckens (Abb. 249) und des Fußes (Reste aus Swartkrans, Sterkfontein und Kromdraai [716]) hervor*). Das Ilium zeigt durch die große Breite, die tief eingezogene Incisura ischiadica und das Tuberculum ilicum weitgehende Ähnlichkeit mit rezenten Hominiden (Abb. 250) und daß der Musculus glutaeus maximus wie bei *Homo* als Hüftstrecker funktionierte [529]; das Ischium besitzt dagegen pongide Züge, was jedoch für die Bipedie belanglos ist. Auch das Fußskelett (Phalangen fehlen) ist typisch hominid und entspricht einem Standfuß. Der erste Strahl ist adduziert [717, 3789a, 3789b]. Mit dem Nachweis, daß die „Australopithecinen" bipede Primaten waren, ist eine vom morphologischen Standpunkt für die Menschwerdung

*) Die auf Australopithecinen bezogenen Extremitätenreste aus Bed I der Olduvai-Schlucht schreibt man nunmehr „*Homo*" habilis zu [716].

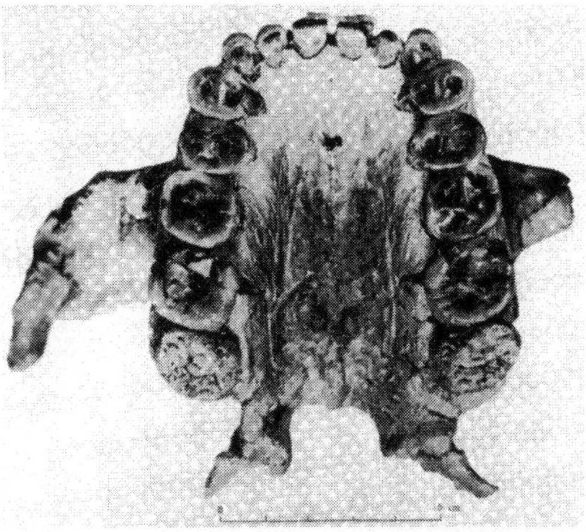

Abb. 248. *Australopithecus* („*Zinjanthropus*") *boisei*, Oberkiefergebiß, Kronenansicht. Beachte ausladende Jochbögen, Größe und Abkauung der Backenzähne bei stark reduziertem Vordergebiß und dementsprechend geringer Prognathie. Ausgesprochen herbivore Hominidenform. — Nach Tobias 1967

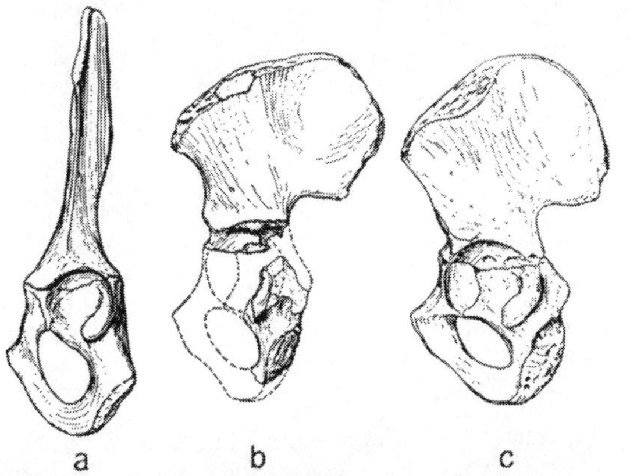

Abb. 249. Linke Hüftbeine von *Pan* (a), *Australopithecus africanus* von Sterkfontein (b) und *Homo sapiens* (c) Buschmann in Lateralansicht. — Nach Dart 1949

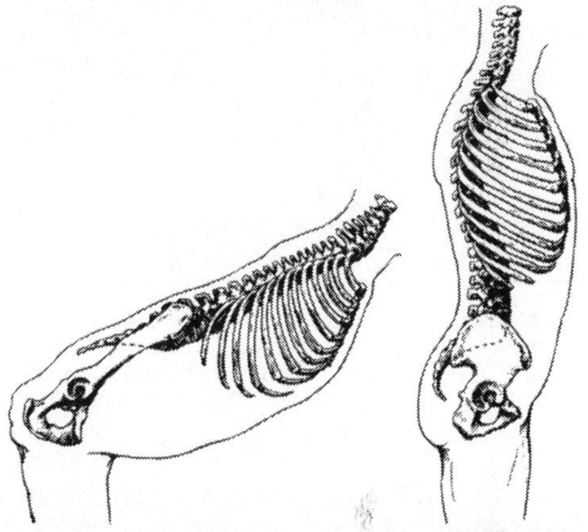

Abb. 250. Stellung und relative Größe des Beckens beim adulten Schimpansen (links) und beim Menschen (rechts). — Nach Schultz 1963

wesentliche Erkenntnis gewonnen. Nicht die Vergrößerung des Gehirns leitete die Hominisation ein, sondern der Erwerb des aufrechten Ganges. Es erscheint daher die Auffassung der Anthropologen begründet, die Hominiden als bipede Primaten zu definieren. In diesem Sinne waren die „Australopithecinen" bereits Hominiden, ohne daß damit etwas über deren humanen Status ausgesagt ist. Denn die Ursachen der Bipedie werden nicht einheitlich beurteilt. Führte die Aufrichtung des Körpers und das Freiwerden der Hand von der Fortbewegung zu einer fortschreitenden Differenzierung der betreffenden Gehirnpartien, die der Hand erst jene vielseitige Verwendung ermöglicht, die für den Menschen so charakteristisch ist [2451, 2452], oder war die Differenzierung der Hand für den Futtertransport Ursache des aufrechten Ganges? [1412]. Wenn auch eine endgültige Klärung dieses für die stammesgeschichtliche Herkunft der Hominiden wesentlichen Problems noch nicht gelungen ist, so dürfte die erste Auffassung eher zutreffen.

Die Ableitung der Hominiden von quadrupeden, terrestrischen Primaten wird durch die Ausbildung des menschlichen Fußes widerlegt (Abb. 251), der nur von einem Greiffuß her verstanden werden kann. Nach Mollison [2401] läßt sich die Aufrichtung nur durch ein einstiges

Hanglerstadium verstehen, da beim Hangler das Beibehalten der semi-orthograden Stellung*) ein Bedürfnis darstellt, während für pronograde Formen (wie Paviane) beim Übergang zur bodenbewohnenden Lebensweise kein Anlaß vorhanden ist, den Körper aufzurichten. Nach Rensch [2875:325, 2876] leitete die Körpergröße zum Bodenleben und damit zur Aufrichtung hin. Nach Abel [19, 21] führten großklimatische Änderungen zu einem Zurückweichen der feuchtwarmen Waldvegetation und zur Ausdehnung von Hoch- und Felssteppen. Der Übergang vom Baumleben zum Bodenleben erfolgte danach bei den Hominiden über ein Kletterleben in felsigen Bergregionen.

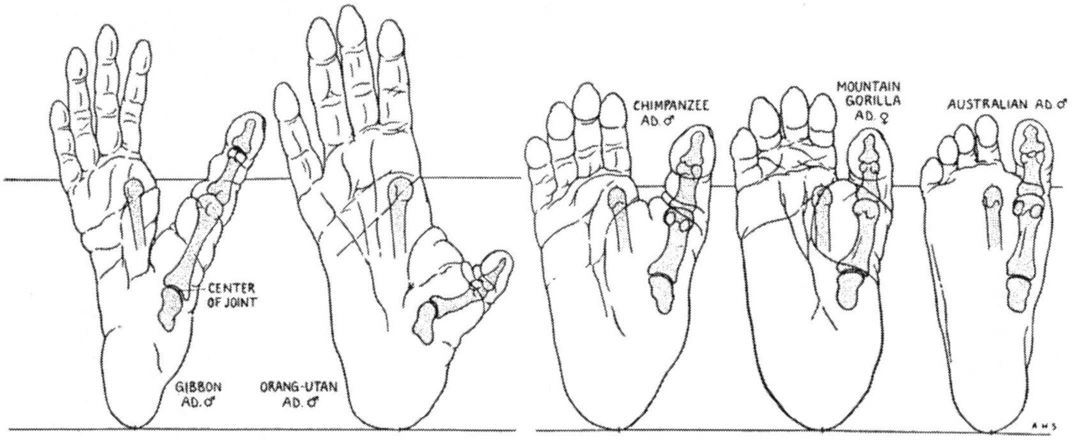

Abb. 251. Rechter Fuß adulter Hominoidea mit teilweise eingezeichneten Skelettelementen. Von links nach rechts: Gibbon, Orang, Schimpanse, Gorilla und Mensch (Australier). Auf gleiche Tarso-Metatarsallänge gebracht. Bei *Homo sapiens* ist keine Verstärkung des 1. Strahles, sondern eine Verkürzung des 2.—5. Zehenstrahles eingetreten. Nach Schultz 1950

Bemerkenswerterweise stammen die südafrikanischen *Australopithecus*-Funde der A-Gruppe aus interpluvialen Ablagerungen. So hat Brain [364] auf Grund mineralogischer Kriterien für die Fundstellen Sterkfontein, Makapansgat und Swartkrans ein trockenes (interpluviales) Klima angenommen, was auch die Begleitfauna bestätigt. Demgegenüber stammt „*Paranthropus*“ aus Kromdraai aus einem feuchteren (pluvialen) Klima [604].

In diesem Zusammenhang erscheint nicht nur die Frage nach den geologisch ältesten, als Hominiden zu bezeichnenden Formen wesentlich, sondern auch die stammesgeschichtliche Stellung der „Australopithecinen“. Sind es überhaupt die Vorfahren der übrigen quartären Hominiden? Ursprünglich meist dafür angesehen, sprechen verschiedene Argumente (geologisches Alter und morphologische Kriterien) gegen eine derartige Auffassung, indem die „*Paranthropus*“-Gruppe zweifellos einen phyletischen Seitenzweig bildet [2924, 2928]. Dies zeigt die Merkmalskombinationen sehr deutlich (Gebiß: Verkleinerung der Incisiven, Vergrößerung der Molaren (Abb. 252), Verhältnis von P^3/P^4; Cranium: vergrößertes Maxillare, Verlauf der Temporalcristae), indem verschiedene, von *Homo* abweichende „trends“ auftreten. Zugleich haben jedoch die neuesten Funde erkennen lassen, daß manche — auf Grund der „*Pithecanthropus*“-Reste als primitiv angesehenen Eigenschaften (wie Schädeldicke, geringe Pneumatisierung) — nicht als ursprünglich zu bewerten sind. Verschiedene Merkmale der Australopithecinen („*Zinjanthropus*“) sind pongid (so Fehlen des Proc. styloideus, geringe Schädeldachdicke,

*) Beachte die häufig bipede Fortbewegung bei Semibrachiatoren (z. B. *Ateles*) und echten Brachiatoren (z. B. *Hylobates*) auf dem Boden.

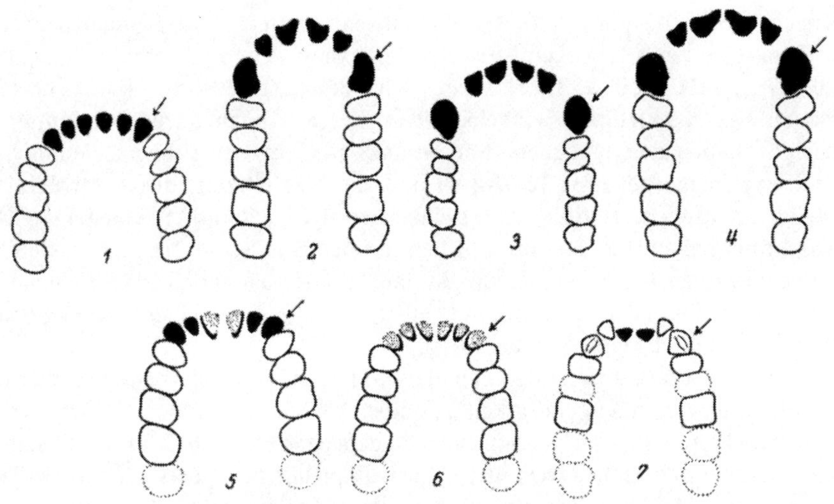

Abb. 252. Oberer Zahnbogen verschiedener Hominoidea
Pfeil = Canin. Beachte Zahnbogenform und Reduktion des Vordergebisses bei den Australopithecinen (= zum Teil hyperhominid). — Nach LE GROS CLARK 1950

1 = *Homo* (Australider)
2 = Gorilla
3 = Schimpanse
4 = Orang
5 = „*Paranthropus*" (Kromdraai)
6 und *7* = *Australopithecus* (Sterkfontein)

starke Pneumatisierung, Nasenform), intermediär (Planum nuchale, Schädelkapazität) oder (ultra-) hominid (Gebiß, Abkauung der Zähne, Zahnbogenform, Endocranialausguß) [3632].

Die Datierung der südafrikanischen „Australopithecinen"-Fundstellen als einstige Spaltenfüllungen ist praktisch nur durch die Begleitfauna möglich, deren Parallelisierung mit den übrigen Fundgebieten fossiler Hominiden auf Schwierigkeiten stößt. Dadurch wird verständlich, daß man die Fundstellen ursprünglich als (Alt-)Pliozän [403, 411] ansah. Sie entsprechen dem ältesten oder älteren Pleistozän [909, 1793, 1974, 1977, 2481, 2482, 2484]. Für die Australopithecinen aus der Olduvai-Schlucht (Bed I) ließ sich zwar das hohe Alter durch absolute Daten [1811 a, 2065, 2484] und damit die auf Grund der Begleitfauna vorgenommene Einstufung in das Villafranchium bestätigen, doch haben neuere Funde verschiedene Probleme aufgerollt. Aus dem Bed I waren ursprünglich nur „Australopithecinen" vom P-Typ („*Zinjanthropus*" *boisei*) bekannt. Neuere Funde (= „*Präzinjanthropus*" = „*Homo*" *habilis*), die zum Teil aus etwas tieferen Lagen von Bed I stammen [2055, 2066, 3630], werden jedoch verschieden beurteilt, wobei nicht allein morphologische Kriterien eine Rolle spielen. Sind doch diese Knochen- und Zahnreste mit einseitig bearbeiteten Geröll-Geräten (pebble tools) einer primitiven Kultur (Oldowayan) vergesellschaftet. Als Erzeuger dieser Geräte wird nunmehr meist „*Homo*" *habilis* angesehen, der nach LEAKEY ein Angehöriger der Homininae ist. Mit der taxonomischen Beurteilung von „*Homo*" *habilis* ist die Frage verknüpft, ob „Australopithecinen" Hersteller von Geräten waren. Nach Auffassung der Ethnologen sind nur „tool-maker", das heißt Gerätehersteller (nicht „tool-user", also Geräteverwender) als Hominiden zu bezeichnen [2480].

R. DART [684, 686, 688, 690, 691] schreibt den (südafrikanischen) Australopithecinen die sogenannte „osteodontokeratische Kultur" (Knochen-, Zahn- und Horn-„Geräte") zu und stützt sich dabei auf das Vorkommen von Makapansgat, von dem tausende charakteristisch geformte Knochenreste bekannt sind. Wie jedoch ein Vergleich mit Knochenresten aus jungeiszeitlichen Hyänenhorsten zeigt, sind die kennzeichnend „zugerichteten" Knochen Fraßreste von Hyänen [1785, 1806, 3602a, 3772]. Angeblich „geschäftete" und „kombinierte Knochengeräte" sind zufällig verklemmte Knochen, wie sie in Knochenbreccien immer wieder zu beobachten sind. Neben den Knochen- und Stalaktit-„Geräten" sind aus Makapansgat auch primitive Steinwerkzeuge bekannt [2573], so daß die Möglichkeit, die Australopithecinen als deren Hersteller anzusehen, nicht auszuschließen ist. Dies gilt auch für Sterkfontein [2929]. Die aus Swartkrans bekannten Steinartefakte stammen aus Schichten, aus denen auch „*Telanthropus*" nachgewiesen ist. Somit ist die Annahme wahrscheinlich, daß „*Homo*" *habilis* als Erzeuger der Geröllgeräte in Betracht kommt. Sie wird durch den Bau der Hand gestützt [2953], der durch Reste des Handskelettes bekannt ist.

„*Homo*"*habilis* beruht auf juvenilen Schädel- und auf Unterkieferresten (Olduvai Hominide 7; Abb. 253), doch ist deren Zugehörigkeit zu einer Art nicht gesichert [1338]. Tobias [3629] schätzt die Schädelkapazität auf annähernd 680 ccm (zwischen 642 und 723 ccm). Sie liegt deutlich über dem Durchschnittswert der „Australopithecinen" (Seite 224). Der Unterkiefer zeigt gegenüber den „Australopithecinen" ein gut entwickeltes Vordergebiß mit kräftigem Canin. Robinson [2934] und Heberer [1302b] sehen in „*Homo*" *habilis* keinen Homininen, sondern einen fortschrittlichen Angehörigen des A-Typus der „Australopithecinen" (siehe auch

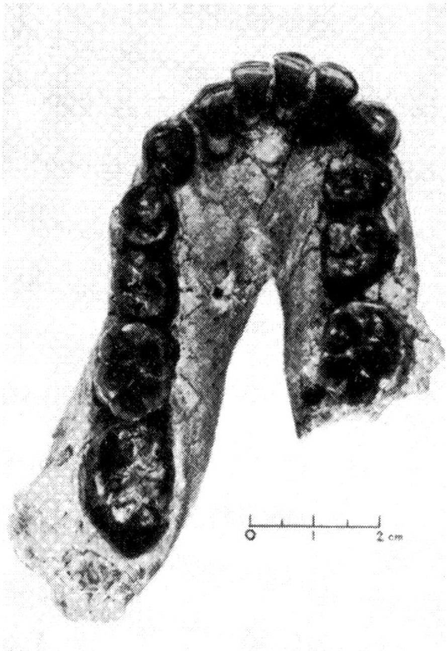

Abb. 253. „*Homo*" *habilis*, Ältestquartär, Ostafrika (Olduvai-Schlucht; Bed I). Mandibel (Olduvai, Hominide 7) in Aufsicht. Unterkiefer leicht verquetscht und beschädigt. Beachte Kieferbogenform und relativ kräftiges Vordergebiß. — Nach Day 1965

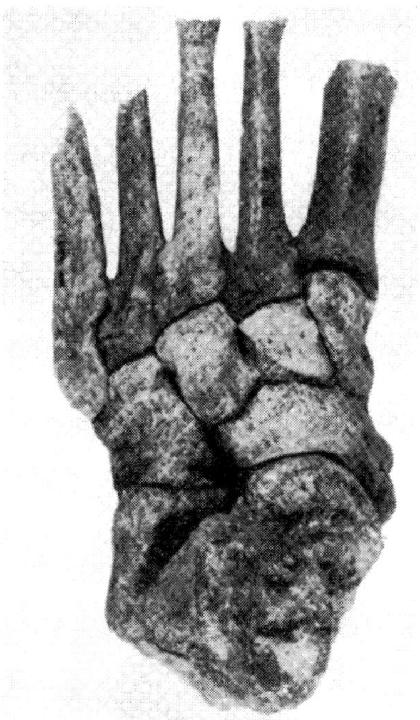

Abb. 254. Fußskelettreste aus dem Bed I (Ältestquartär) der Olduvai-Schlucht, die auf „*Homo*" *habilis* (= „*Praezinjanthropus*") bezogen werden. Beachte typisch hominiden Bau, der auf Bipedie schließen läßt. Mt I nicht abspreizbar wie bei Pongiden. — Nach Day 1965

Holloway [1504])*). Soweit die vorliegenden Reste überhaupt ein definitives Urteil zulassen, bezieht sich der „moderne" Charakter im wesentlichen auf den Hirnschädel des juvenilen Individuums [2063a]. Durch die Prognathie und das kräftige Vordergebiß unterscheidet sich *„Homo" habilis* deutlich vom *Homo erectus*-Formenkreis, ohne jedoch dessen Ableitung auszuschließen, der in der Olduvai-Schlucht in Bed II (= Olduvai Hominide 9 = *Homo erectus leakeyi* Heberer [1302a], vergleiche Robinson [2934]), zusammen mit Chelles-Geräten, nachgewiesen ist. *„Homo" habilis* bildet die morphologische Vorstufe des *„Pithecanthropus"*-Formenkreises (Abb. 255). Demgegenüber sieht Leakey [2063a] in *„H." habilis* den Vertreter einer eigenen Linie, die nicht als Vorläufer der *„Pithecanthropus"*-Gruppe in Betracht kommt, da einzelne Schädelmerkmale (Hinterhaupt, größte Schädelbreite) eher *H. sapiens* entsprechen als *H. erectus*. Der Bau des Fußes ist durchaus „modern" (Abb. 254).

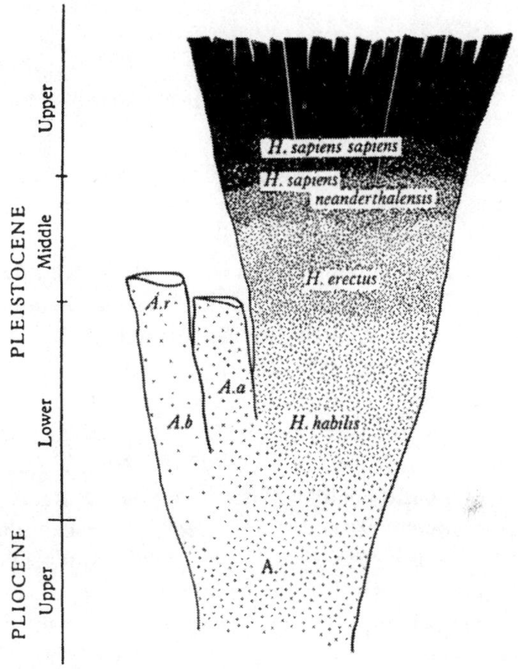

Abb. 255. Schema zur Hominidenphylogenie. Zunehmende Hominisation durch verstärkte Schattierung angedeutet. — Nach Tobias 1967

A = vermutliche australopithecine Stammform
A. a. = *Australopithecus africanus*
A. b. = *A. boisei*
A. r. = *A. robustus*

„Telanthropus", der nach Broom & Robinson [417] auf Grund morphologischer Kriterien den Homininae angehören soll und nach Tobias & von Koenigswald [3633] dem Stadium III der Hominiden und damit *„Pithecanthropus" robustus* (*„Pithecanthropus"* IV und Mandibel B von Sangiran) entspricht, ist aus Swartkrans bekannt, von wo zahlreiche Reste von *„Paranthropus crassidens"* vorliegen. *Meganthropus palaeojavanicus* schließlich, meist als „Australopithecine" klassifiziert, ist in Java (Djetis-Fauna) mit *„Picecanthropus" robustus (=„modjokertensis")* vergesellschaftet. Schon dadurch kommen die geologisch jüngeren „Australopithecinen" und damit die P-Gruppe, nicht als Stammformen der Homininae in Betracht. Morphologische Kriterien unterstützen diese Auffassung. So zeigt das Gebiß der „Australopithecinen", das als

*) Nach Tobias [3632a] vermittelt *„H." habilis* morphologisch und vermutlich auch phylogenetisch zwischen *Australopithecus* und *Homo*, weshalb Tobias als nomenklatorische Bezeichnung *Australopithecus/Homo habilis* vorgeschlagen hat.

typisch hominid bezeichnet werden muß (Rundbogengebiß ohne Diastema, senkrecht stehende, nicht spatelförmige Incisiven, homomorphe Prämolaren), bei der P-Gruppe Tendenzen, die als ultrahominid zu bezeichnen sind. Es kommt bei „*Paranthropus*" zu einer stärkeren Rückbildung der Schneidezähne, zu einer völligen Molarisierung des D_4 (Abb. 256) und zur Vergrößerung der

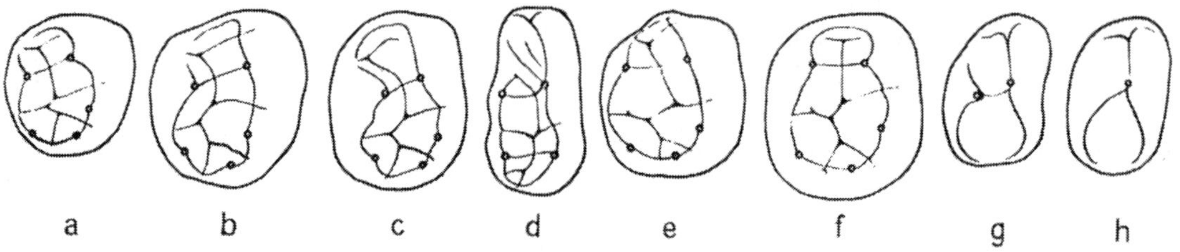

Abb. 256. Erster unterer Milchmolar (D_3 sin.) von Hominiden (a—c, e, f), Cercopitheciden (d) und Pongiden (g, h). Schema. a) Europäer, b) Bantu, c) Buschmann, d) *Papio*, e) *Australopithecus*, f) „*Paranthropus*", g und h) *Pan*. Beachte mehr oder weniger schneidende Ausbildung bei Pongiden und Cercopitheciden und hyperhominide bei „*Paranthropus*". (maßstäblich) — Nach Robinson 1956

Molaren [1786, 1810b, 2051, 2053, 2861, 2868, 2921, 2924]. Dies führt bei „*Paranthropus crassidens*" (=*Australopithecus robustus crassidens* = „Nußknackertyp") und „*Zinjanthropus boisei*" zu einer Art Disharmonie zwischen dem kleinen Vordergebiß und den großen Molaren sowie — im Zusammenhang mit der mächtigen Kaumuskulatur — zur Bildung von Scheitelkämmen [147]. Diese Crista sagittalis (=Torus sagittalis capitis Schoch [3078]) ist lediglich funktionell bedingt und auch der Lage nach nicht als pongides Merkmal zu interpretieren [1503, 2926]. Diese „Australopithecinen" waren echte Pflanzenfresser*). Dem relativ kleinen Vordergebiß entsprach eine geringere Prognathie als bei der A-Gruppe, bei der die Incisiven und die C kräftiger und auch die Prognathie stärker ausgebildet war.

Den Schädel von *Australopithecus africanus* kennzeichnet der relativ kleine Hirnschädel und der vorspringende Kieferschädel, ohne daß pongide Proportionen wie bei *Pan* oder *Gorilla* auftreten. Überaugenwülste sind nur schwach ausgebildet. Eine Crista sagittalis fehlt. Die Nuchalmuskulatur setzt relativ niedrig an, das Foramen magnum liegt völlig ventral, der Schädel ladet in der Mastoidgegend seitlich nicht so stark aus wie beim P-Typus.

Als Ganzes gesehen, sind die „Australopithecinen" zwar echte Hominiden, doch bildet die (jüngere) P-Gruppe zweifellos einen im Alt-Quartär erloschenen Seitenzweig, wobei Tobias [3632] in *A. (P.) boisei* den Vorläufer von *A. (P.) robustus* sieht (Abb. 255 auf Seite 231). Die generalisiertere und dadurch in mancher Hinsicht „modern" wirkende A-Gruppe läßt sich morphologisch als Modell der Stammformen der Homininae ansehen, doch scheidet *A. africanus* als direkte Stammform von *Homo* durch den Nachweis des zumindest gleichaltrigen oder älteren „*Homo*" *habilis* aus. Die beiden gemeinsame australopithecine Stammform ist derzeit noch unbekannt. Damit ist jedoch zugleich die Frage nach dem Entstehungs-„Zentrum" der Hominiden berührt.

Wie erwähnt, stammen sämtliche „Australopithecinen" aus pleistozänen Ablagerungen. Nun sind in jüngster Zeit verschiedentlich tertiärzeitliche Hominiden gemeldet worden. *Oreopithecus bambolii* aus dem Alt-Pliozän der Toskana hat sich als Angehöriger eines eigenen

*) Interessant ist, daß die südafrikanischen „*Paranthropus*"-Formen aus den Zeiten feuchten Klimas nachgewiesen sind [364]. Weitere Angaben zur Ökologie der Australopithecinen finden sich bei Bartholomew & Birdsell [192].

Stammes erwiesen (Seite 219)*). Demgegenüber scheint der bereits durch Lewis [2119] vertretenen, durch Hrdlicka [1582] jedoch abgelehnten und neuerdings wieder durch Frisch [1030], Simons [3192, 3201] und Pilbeam [2679] geäußerten Ansicht, daß *Ramapithecus brevirostris* aus dem Alt-Pliozän**) der Siwaliks ein Hominide sein dürfte, eher Berechtigung zuzukommen. Da *Ramapithecus brevirostris****) jedoch nur auf Kiefer- und Zahnresten (Abb. 257—259)

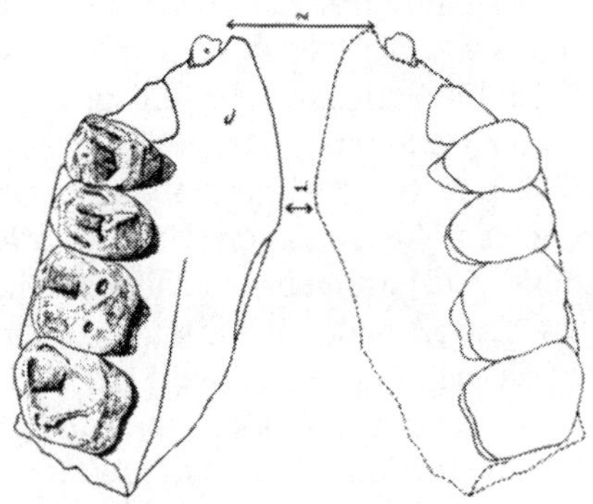

Abb. 257. *Ramapithecus brevirostris* (? Hominidae), Pliozän, Südasien. Maxillare dext. mit P^3—M^2, spiegelbildlich ergänzt, um hominide Zahnbogenform zu zeigen. — Nach Simons 1961

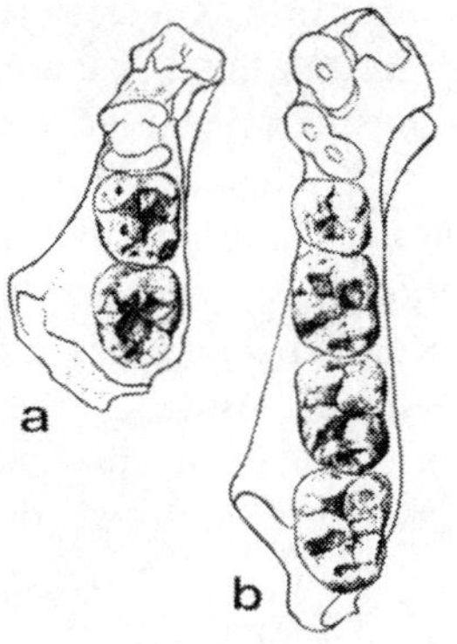

Abb. 258. Mandibel sin. *Ramapithecus* (a) und *Dryopithecus* (*Sugrivapithecus*; b) als gleichzeitig lebende Hominoidea. Pliozän, Südasien. Beachte wesentlich kürzere Mandibel bei *Ramapithecus*, die auf ein hominides Rundbogengebiß hinweist. (maßstablich verkleinert) — Nach Simons 1964

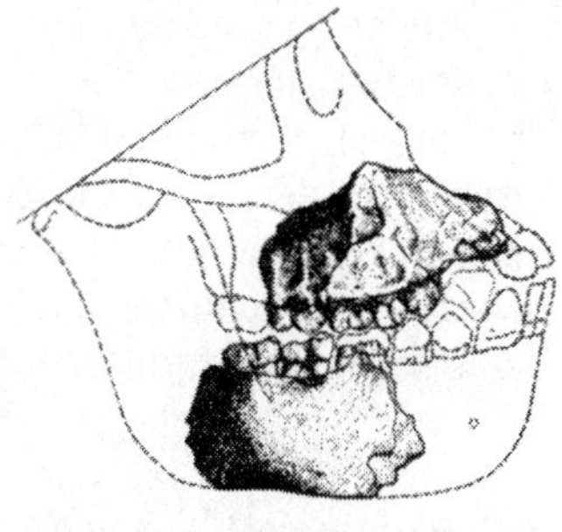

Abb. 259. *Ramapithecus*. Hypothetischer Rekonstruktionsversuch durch Kombination von *R. brevirostris* (Maxillare dext.), ergänzt (Caninus) durch „*Kenyapithecus wickeri*" und von *Bramapithecus thorpei* (Mandibelfragment sin.). (verkleinert) Nach Simons 1964

beruht, ist eine endgültige Entscheidung nicht möglich. Nach Simons ist „*Kenyapithecus wickeri*" [2056] aus dem ältesten Pliozän (? jüngstes Miozän, vergleiche Simpson [3280]) von Kenya mit *Ramapithecus punjabicus* identisch, doch reicht die bisherige Dokumentation zu einer derartigen Aussage nicht aus†). Dies gilt auch für den von Simons & Pilbeam [3208] versuchten Nachweis von *Ramapithecus* aus den süddeutschen Bohnerzen (vgl. Branso [365], Hrdlicka [1581]. *Ramapithecus* ist jedenfalls eine kurzschnauzige, etwa schimpansengroße Form mit ausgeprägter Fossa canina, gegenüber Pongiden kleinen und fast senkrecht eingepflanzten, nur wenig die Kauebene der postcaninen Zähne überragenden Eckzähnen, schmalen Schneidezähnen, hominider Abkauung der Molaren und nur schwach heteromorphen Prämolaren. Die Crista zygomaticoalveolaris ist auf den M^1 gerichtet. Eine derartige Merkmalskombination findet sich in dieser und in ähnlicher Weise nur bei Hominiden. Bemerkenswert ist, daß sowohl in Südasien und in Kenya daneben typische Pongiden vorkommen [1030, 2060]. Wenn auch die Zugehörigkeit von *Ramapithecus* zu den Hominiden vorläufig noch offen bleiben muß, so bilden sie morphologisch und zeitlich ideale Übergangsformen zwischen Dryopithecinen („*Sivapithecus*") und Hominiden

*) Das Alter eines hominiden Humerusfragmentes von Kanapoi am Rudolfsee (Kenya) [2609a] entspräche nach der absoluten Datierung (2,5 Mill. Jahre) nicht dem ältesten Pleistozän, sondern dem jüngsten Pliozän.

**) Über das Alter (Nagri) vergleiche Prasad [2785].

***) Nach Simons [3201] identisch mit „*Dryopithecus*" *punjabicus*, so daß diese Art nach Simons *Ramapithecus punjabicus* (Pilgrim) genannt werden müßte.

†) Leakey [2063] rechnet auch *Sivapithecus africanus* zu *Kenyapithecus*, was jedoch fraglich ist.

(*„Homo“ habilis*) (vergleiche Napier [2453]). Eine Abtrennung als Ramapithecinae innerhalb der Hominiden, wie man sie bei von Koenigswald [1804:125] und Pilbeam & Simons [2681] findet, ist daher noch verfrüht. Ebenso verfrüht scheint die Schlußfolgerung von Simons [3206a], aus dem Gebiß von *Ramapithecus* auf eine verstärkte „hand preparation of food“ und damit auf eine „more incipient bipedality“ zu sein.

Jedenfalls versprechen weitere Reste dieser Primaten wertvolle Aufschlüsse über eine Phase der Primaten-Evolution, die für das Verständnis des Ursprunges der Hominiden von entscheidender Bedeutung sind. Schon jetzt kann gesagt werden, daß die Entstehung des Hominidentyps vermutlich im jüngsten Miozän einsetzte und im Laufe des Pliozäns schließlich zu bipeden Formen führte, die sich auch als Hominiden klassifizieren lassen. An der Mio-Pliozänwende entstanden in Eurasien und Afrika ausgedehnte Savannengebiete, die mit der Entstehung der Bipedie in Zusammenhang gebracht werden können [21, 1804]. Daß dem Lebensraum dabei eine entscheidende Rolle zugekommen sein dürfte, läßt der Berggorilla vermuten. Dieser vorwiegend terrestrisch lebende Pongide vermag in seinem Lebensraum (Urwald) alle Bedürfnisse ohne große Mühe zu befriedigen, da ein reichliches Futterangebot vorhanden ist. Eine zur Werkzeugherstellung geeignete Hand würde keinen Vorteil bedeuten. Erst in einem eher unwirtlichen Lebensraum, in dem ein Überleben von geistiger Regsamkeit und der Auffindung neuer Möglichkeiten zur Erfüllung der körperlichen Bedürfnisse abhängt, erscheinen die für Hominiden kennzeichnenden Eigenschaften entscheidend [3000, 3001]. „Waffengebrauch“ ist zwar vom Schimpansen bekannt [1833], doch ist er keine Vorstufe zu einem echten Waffengebrauch, sondern nur Imponiergehabe mit einem Besitz.

Eine Abspaltung der Hominiden im Oligozän [3203] oder noch früher [2680]*) steht nicht nur mit den paläontologischen Dokumenten in Widerspruch [371, 2089].

Schon auf Grund der zahlreichen morphologischen Übereinstimmungen des Menschen mit rezenten Pongiden ist ein gemeinsamer stammesgeschichtlicher Weg zweifellos anzunehmen (siehe oben).

Sieht man von der für den Menschen zweifellos charakteristischen Differenzierung des Gehirns (besonders des Neencephalon) ab, so sind, wie A. H. Schultz wiederholt [3092, 3096, 3099] gezeigt hat, zahlreiche Merkmalsunterschiede gegenüber den Pongiden nicht qualitativer, sondern nur quantitativer Natur; Unterschiede, die sich durch Retardation (Lage des Hinterhauptsloches, Ausbildung des Milchgebisses, Fehlen eines Penisknochens) und Acceleration (Fehlen eines freien Centrale carpi, Ausbildung des Promontoriums [Abb. 260], Verwachsung der Sternalia) erklären lassen**).

In diesem Zusammenhang ist auch auf die von Bolk vertretene Fetalisationstheorie hinzuweisen, nach der die menschliche Form als Ganzes ihr typisches Gepräge einer allgemeinen Entwicklungshemmung gegenüber Ahnenformen verdanke, das heißt, der Mensch ein geschlechtsreif gewordener Primatenfetus sei [332]. Wie schon aus der oben genannten Feststellung hervorgeht und wie zuletzt Kummer [1956], Starck [3390], Starck & Kummer [3398] und Frick [1026] betonen, ist die Fetalisationstheorie in ihrer ursprünglichen Form nicht haltbar (Abb. 261). „Bei der Menschwerdung läßt sich im Vergleich zu Tierprimaten, ein buntes Mosaik von Accelerationen, Retardationen und Deviationen nachweisen“ [3390:22].

Weitere Merkmale des Menschen werden nur durch ein Stemmgreifklettern (zum Beispiel Fuß mit sekundär verkürzten Phalangen [3100]) (Abb. 251 auf Seite 228) und nur durch eine

---

*) Der „hominide“ Charakter des oligozänen *Propliopithecus* beruht lediglich auf den primitiven Gebißmerkmalen dieser Form.

**) Dies würde auch, die Richtigkeit der Deutung vorausgesetzt, das Vorkommen eines Parasphenoidrestes bei menschlichen Embryonen erklären [2853].

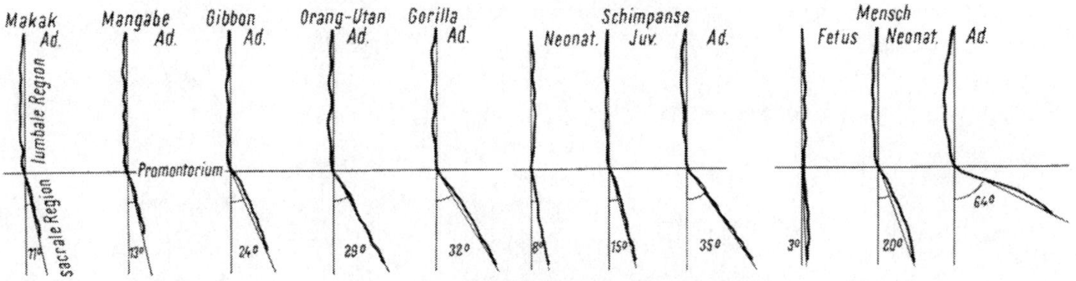

Abb. 260. Knickung der Wirbelsäule in der Lumbosacral-Region bei catarrhinen Primaten und die für *Homo sapiens* besonders typische Bildung des Promontoriums. Von links nach rechts: adulte Individuen (Ad) von Cercopithecoidea (Makake, Mangabe) und Hominoidea (Gibbon, Orang und Gorilla sowie Schimpanse [neonat-juvenil-adult] und *Homo sapiens* [Fetus-neonat-adult]). Beachte Bildung des Promontoriums beim adulten Homo (64°). Nach SCHULTZ 1957

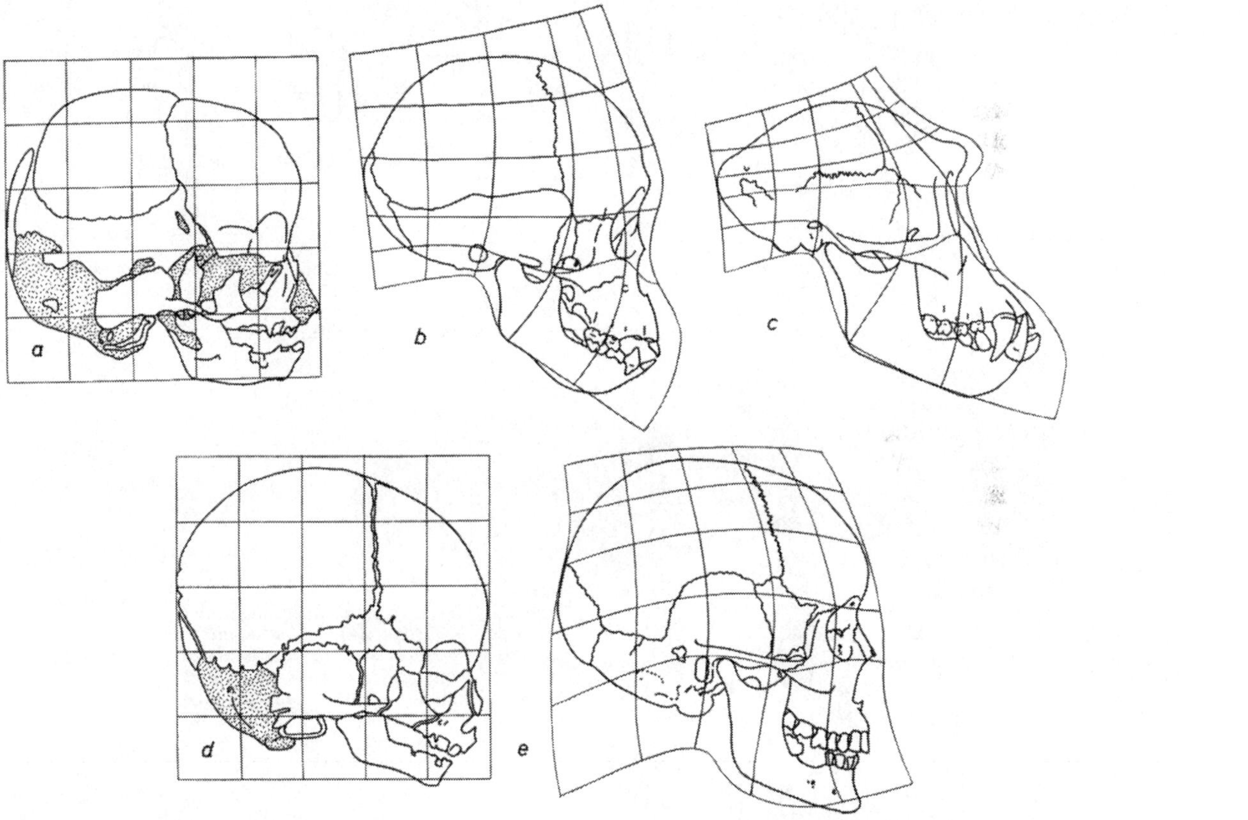

Abb. 261. Koordinatentransformation des fetalen, juvenilen und adulten Schimpansen- (a—c) und des fetalen und adulten Menschenschädels (d, e). a) Schimpanse, Fetus von 70 mm Scheitel-Steiß-Länge, b) juveniles Tier, c) adultes Männchen, (d) *Homo*, Fetus von 161 mm Scheitel-Steiß-Länge, e) adulte Frau. — Nach STARCK & KUMMER 1962

einstige brachiatorische Spezialisierung (Arm- und Rückenmuskulatur [3771]) verständlich. Die Vorfahren der Hominiden waren also — wenn auch nicht ausgeprägt oder extrem — brachiatorisch differenzierte Pongiden [1178, 2863] (Abb. 262, 263).

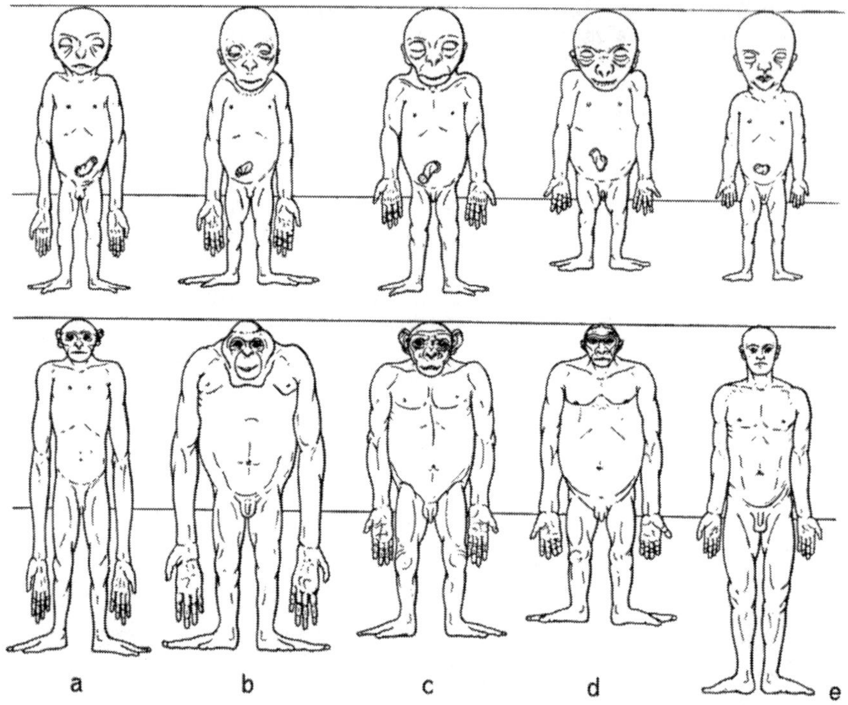

Abb. 262. Körperproportionen rezenter Hominoidea. Auf gleiche Rumpf-Kopflänge gebracht. Obere Reihe: Fetalstadien, untere Reihe: Adultstadien. a) *Hylobates*, b) *Pongo*, c) *Pan*, d) *Gorilla*, e) *Homo*. Beachte geringe Beinlänge bei *Homo* im fetalen Zustand im Vergleich zum adulten Stadium. — Nach SCHULTZ 1933 (1950)

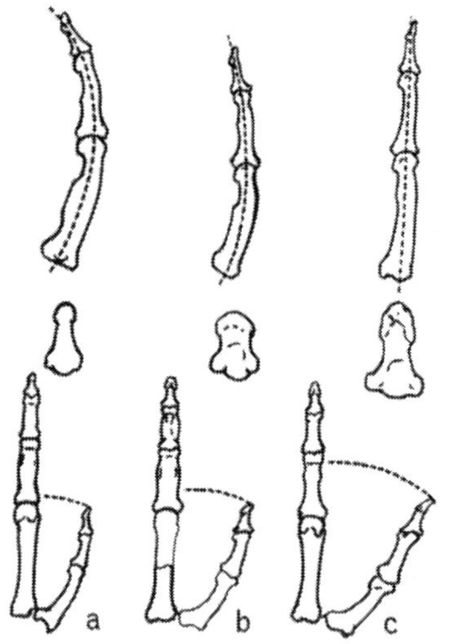

Abb. 263. Daumen und Zeigefinger bei Pongiden: *Gorilla* (a), *Australopithecus* (b) und *Homo sapiens* (c). Beachte relative Länge des Daumens (unten) und dessen Ausbildung der Endphalange (Mitte) sowie Stellung des 2. Fingers im gestreckten Zustand (oben). — Nach NAPIER 1962

Dieses Ergebnis steht mit den paläontologischen Befunden in Einklang, indem aus dem Miozän Pongiden bekannt sind, die eine beginnende und leichte Brachiatorie zeigen (*Proconsul* aus Ostafrika, *Austriacopithecus* aus Mitteleuropa [861, 3987]).

Andererseits zeigen jedoch sämtliche miozänen Pongiden ein pongides Gebiß. Allerdings fehlen den fossilen Formen die spatulaten Incisiven, doch sind die Caninen groß und die P heteromorph. Nach REMANE [2856] sind die menschlichen Eckzähne fundamental vom primitiven Primateneckzahn verschieden und nur von einem Anthropomorphenstadium her verständlich. Dies bestätigen nicht allein die Befunde an *Ramapithecus*, sondern auch an Australopithecinen (A-Gruppe) und dem „*Pithecanthropus*"-Formenkreis („*P.*" *robustus* = „*modjokertensis*" mit Diastema, „*P.*" *dubius* aus Sangiran mit zweiwurzeligen P_3 und P_4, einem typisch pongiden Verhalten [1781]). Ob allerdings die Reduktion der Eckzähne korrelat mit der Differenzierung des Gehirnes und damit im Zusammenhang mit der zunehmenden Verwendbarkeit der Hände zur Verteidigung (Waffengebrauch) erfolgte, muß dahingestellt bleiben.

Die stammesgeschichtliche Bedeutung der „Australopithecinen" liegt darin, daß sie den Mosaikmodus der Evolution aufzeigen, demzufolge die Hominisation mit der orthograden Körperhaltung eingeleitet wurde, während die Vergrößerung des Hirnschädels erst später einsetzte (Abb. 264, 265). Zahlreiche pleistozäne Fossilreste dokumentieren die weitere Evolution der Hominiden, die meist als Homininae (=Euhomininae HEBERERS) klassifiziert werden. Sie lassen sich morphologisch auf verschiedene Gruppen beziehen, die man ursprünglich auch in direkten stammesgeschichtlichen Zusammenhang brachte: der „*Pithecanthropus*"-Formenkreis (Archanthropini oder Frühmenschen), die Neandertaler (Palaeanthropini oder Altmenschen) und die modernen Menschen (Neanthropini)*).

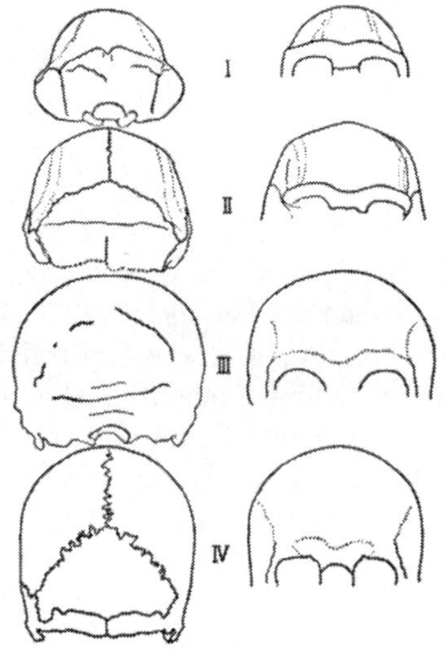

Abb. 264. Schädeldachaufwölbung als Gradmesser der Encephalisation sowie Ausbildung des Planum nuchale bei Hominoidea. — Nach WEIDENREICH 1943

I = *Pan*
II = „*Pithecanthropus*"-Stadium (Peking-Mensch)
III = Neandertaler (La Chapelle-aux-Saints)
IV = *Homo sapiens*, rezent.

Die eiszeitliche Geschichte der „Homininae" ist mit zahlreichen Problemen verknüpft, die auch gegenwärtig nur zum Teil gelöst sind, obwohl die Zahl der Fossilfunde keineswegs klein ist. Nur ein Problem bilden die zahlreichen Gattungs- und Artnamen, die eine nicht vorhandene Kenntnis vortäuschen. Sie sind einerseits durch den Erhaltungszustand, andererseits durch die Überbewertung morphologischer Detailunterschiede bedingt. Grundsätzlich ist die Frage zu entscheiden, ob es sich bei den genannten „Formenkreisen" um Angehörige mehrerer, z. T.

*) Die Termini Arch-, Palaeo- und Neanthropinen entsprechen weder Unterfamilien noch je einem Tribus, sondern dienen nur zur Kennzeichnung bestimmter Menschentypen ohne Wertung als taxonomische Kategorien.

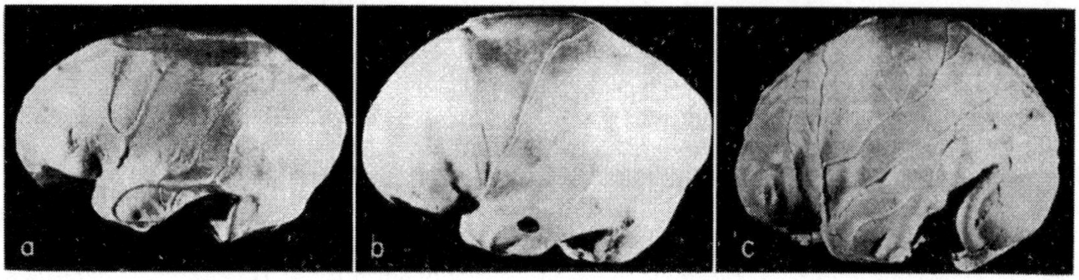

Abb. 265. Endocranialausgüsse fossiler und rezenter Hominiden. a) *Homo* („*Sinanthropus*") *erectus pekinensis*, Schädel II, b) Rhodesia-Mensch, c) *Homo sapiens*, rezent, weiblich. Ansicht von links. — Nach Starck 1965

sympatrischer Arten handelt oder ob hier eine von *H. habilis* über *H. erectus* zu *H. sapiens* verlaufende „Artenkette" vorliegt, deren Seitenlinien nur als Unterarten zu werten sind.

a) Der „*Pithecanthropus*"-Formenkreis (=*Homo erectus)* ist gegenwärtig aus folgenden Gebieten bekannt: aus Südostasien: „*Pithecanthropus*" *erectus* von Trinil; „*P.*" *robustus* = „*P.*" *modjokertensis* von Sangiran [Java] verhält sich etwas primitiver [1781], die Hirnschädelkapazität ist nach von Koenigswald mit etwa 750 ccm wesentlich geringer als von den etwas jüngeren „*P.*" *erectus erectus* aus Trinil und von „*P.*" *erectus pekinensis* und entspricht weitgehend „*S.*" *lantianensis* aus Shensi, mit dem diese Form nach von Koenigswald auch identisch ist; b) aus Ostasien: „*Sinanthropus*" *pekinensis* aus Chou-kou-Tien [3805, 3806]; „*S.*" *lantianensis* aus Shensi [3893, 3894]; „*S. officinalis*" aus Südchina [1793]; Vietnam? [1685]; c) aus Ostafrika: *Homo erectus leakeyi* [1302a]; d) aus Nordafrika: „*Atlanthropus*" *mauritanicus* [128a, 136]; „*Tchadanthropus*" *uxoris* [630, 631]*) e) aus Mitteleuropa: ? „*Palaeanthropus*" *heidelbergensis* von Mauer [3080] und von Vértesszöllös, Ungarn [1909, 1910]**).

In den Jahren 1891 und 1892 entdeckte E. Dubois bei Trinil in Java erstmals ein Schädeldach und ein völlig modern wirkendes Femur [828]. Nach 1927 kamen zahlreiche Skelettreste in Chou-kou-Tien bei Peking***) [278, 3805, 3806] sowie auf Java (Sangiran [1781]) hinzu, die eine Vorstellung dieser alt- und mitteleiszeitlichen Hominiden vermitteln. Im Bau des Schädels (massives Schädeldach, mächtige Überaugenwülste, starke postorbitale Einschnürung, fliehende Stirn, niedriges Hinterhaupt, größte Schädelbreite hinter der Ohröffnung, Schädelkapazität im Mittel 950 ccm), des Gehirns (Verbreiterung der Parieto-Temporalregion gegenüber Pongiden)†), des Gebisses (kräftiges Vordergebiß mit großem Eckzahn, taurodonte Backenzähne mit Cingulum und großen Wurzeln, Kaufläche mit akzessorischen Furchen und Leisten) und des Unterkiefers (prognath, kein Kinn) unterscheidet sich dieser Formenkreis von den „Australopithecinen", vom Neandertaler und vom modernen Menschen. Unter den im allgemeinen etwas ursprünglicheren und zum Teil auch älteren „*Pithecanthropus*"-Formen aus Java (Sangiran) zeigt das Gebiß mit großen Eckzähnen und einem Diastema primitive Züge (Abb. 266, 267). Auch bei „*Sinanthropus*" *pekinensis* deutet die kräftige und unverhältnismäßig große Wurzel des C auf eine reduzierte Krone ([3805] Seite 237). Als weiteres primitives Merkmal gilt die hohe

---

*) „*Tchadanthropus*" *uxoris* aus dem Tschadseegebiet beruht auf einem Gesichtsschädelrest ohne Gebiß und wurde ursprünglich den Australopithecinen zugeordnet.

**) Die Zugehörigkeit von *Homo heidelbergensis* (Unterkiefer) und der ungarischen Funde (Parietale, Zähne) zum „*Pithecanthropus*"-Formenkreis ist allerdings sehr unwahrscheinlich (Seite 249).

***) Diese sind leider während des 2. Weltkrieges verlorengegangen. Seither konnten nur wenige Reste von dort geborgen werden.

†) Eine Diskussion des Problems, ob bei *Homo erectus* bereits die Möglichkeit zum Sprechen erreicht war, findet sich bei Starck [3395].

Pulpahöhle (Taurodontie) der Molaren. Demgegenüber zeigen die Extremitätenknochen durchwegs modernen Charakter, was beim Patenfund (Femur) Zweifel an dessen Zugehörigkeit zur Kalotte aufkommen ließ. Aschenreste und Steinwerkzeuge in Chou-kou-Tien zeigen, daß *Homo erectus pekinensis* bereits das Feuer kannte und primitive Haumesser-Geräte (chopping tools)*) herstellte.

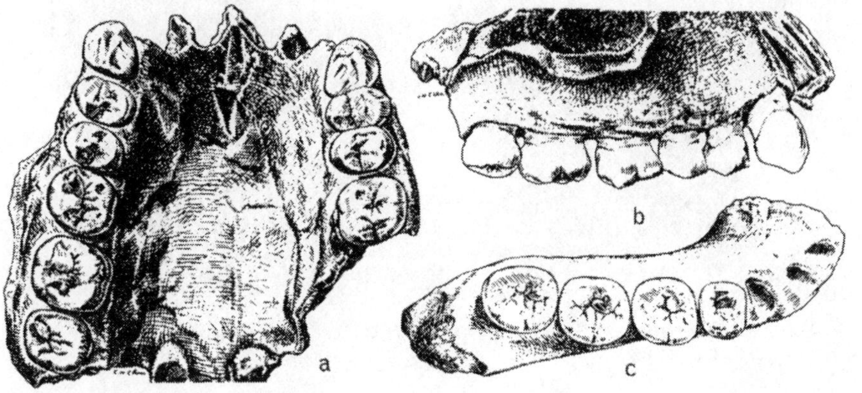

Abb. 266. *Homo* („*Pithecanthropus*") *erectus modjokertensis.* Alt-Pleistozän, Sangiran (Java). a, b) Oberkiefer mit C—M^3 dext. und C—M^1 sin, Ventral- und Lateralansicht- c) Mandibel dext. mit P_4—M_3. Beachte Größe und Form des C sup. (ca. 3/4) — Nach von Koenigswald 1958

Innerhalb der *Homo erectus*-Gruppe verhalten sich die Java-Funde etwas ursprünglicher als die von Choukoutien (Schädelkapazität 775 ccm für „*Pithecanthropus*" erectus II von Sangiran gegenüber 915—1225 ccm bei „*P.*" *pekinensis*) (Abb. 268, 269). Aus China ist durch „*Sinanthropus*" *lantianensis* neuerdings ein weiterer Angehöriger der *H. erectus*-Gruppe bekannt geworden, der durch die Reduktion des „Weisheitszahnes" bemerkenswert ist [3893, 3894]. Die Alterseinstufung der Funde erfolgt nicht einheitlich, doch handelt es sich durchwegs um alt- und mitteleiszeitliche Fundschichten (Middle Pleistocene der englischen Autoren; vergleiche [1534a, 1680, 1802, 1974]), sofern man von den etwas neuzeitlicheren Nachkommen (Ngandong- bzw. Rhodesia-Mensch) absieht.

Abb. 267. *Homo* („*Pithecanthropus*") *erectus modjokertensis*, Alt-Pleistozän, Sangiran (Java). Rekonstruktion des Oberkiefergebisses. Beachte Diastem zwischen I^3 und C sup. — Nach von Koenigswald 1958

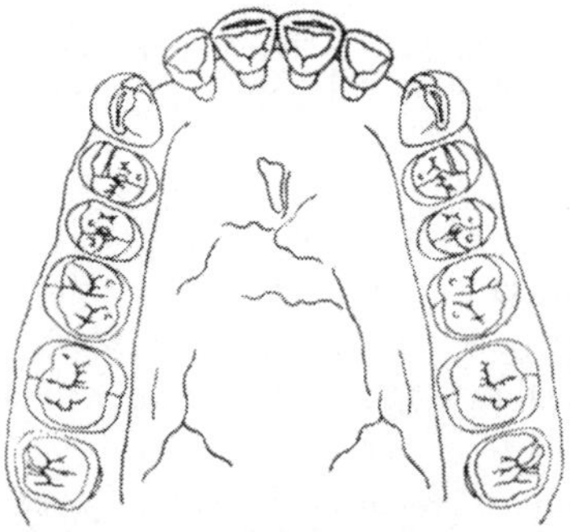

*) Den Vergleich mit anderen Kulturen erschwert der für Werkzeugherstellung nur schlecht geeignete Milchquarz. Die afrikanischen *Pithecanthropus*"-Formen finden sich zusammen mit Faustkeilkulturen (Chelleen-Acheul-Artefakte).

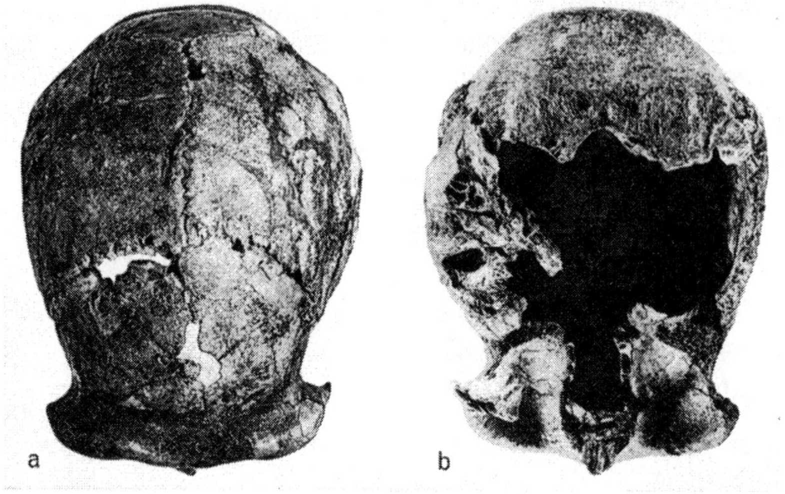

Abb. 268. „*Sinanthropus*", Schädel XII (= *Homo erectus pekinensis*) in der Norma verticalis (a) und der Norma basalis (b). (1/3) — Nach WEIDENREICH 1943

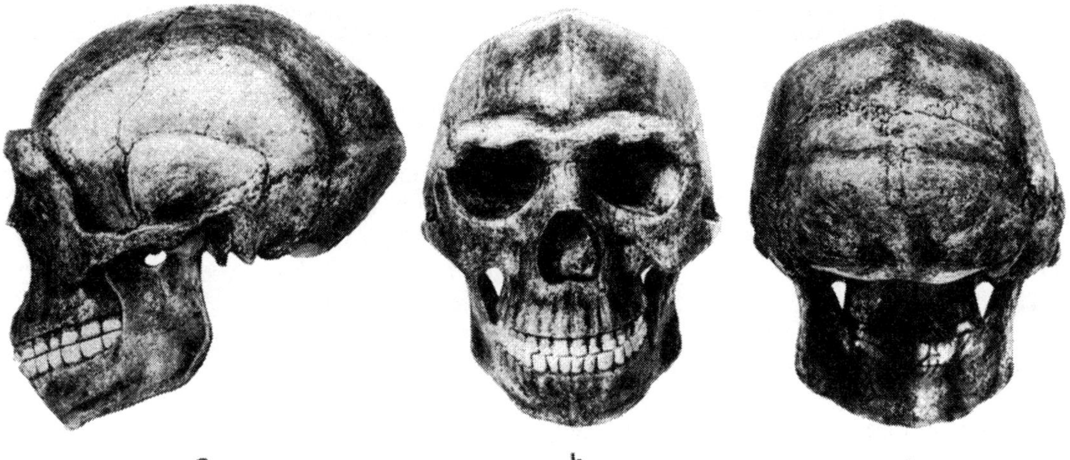

a b c

Abb. 269. „*Sinanthropus*" (= *Homo erectus pekinensis*). Rekonstruktion eines weiblichen Schädels in der Norma lateralis (a), N. frontalis (b) und N. occipitalis (c). (1/3) — Nach WEIDENREICH 1943

Von *Atlanthropus mauretícanus* aus Ternifine (Algerien) und Casablanca (Marokko) besitzen wir mehrere Unterkiefer, ein Parietale und einzelne Zähne, die die Zugehörigkeit zur *Homo erectus*-Gruppe (auch dem Endocranialausguß nach) belegen. Dies gilt auch für die Funde aus Bed II der Olduvai-Schlucht; Olduvai Hominide 9 (=*H. erectus leakeyi*) ist durch ein Schädeldach gut dokumentiert.

Ob auch *Homo heidelbergensis* [3080, 3963] aus dem Alt-Pleistozän von Mauer zum *H. erectus*-Formenkreis gehört, erscheint fraglich. Die Mandibel (Abb. 270) zeigt zahlreiche wesentliche Unterschiede gegenüber den ostasiatischen und auch nordafrikanischen Funden, so daß nach HOWELL [1575] eher an eine eigene Linie zu denken ist, die über den Montmaurin-Menschen

[3688, 3689] zum Neandertaler führte. Ähnliches ist auch für die Mandibel von Rabat (Marokko [3690a]) anzunehmen, die jedoch der Ternifine-Population nähersteht.

Nach Hemmer [1344, 1345] ist jedenfalls der am Osteocranium feststellbare phylogenetische Gestaltwandel weitestgehend von einfachen Allometrien bestimmt, ohne daß etwa einschneidende Änderungen von der *erectus*-Gruppe bis zu den jüngeren Rassen stattgefunden hätten, so daß sie als Ausgangsformen der geologisch jüngeren Hominiden angesehen werden können.

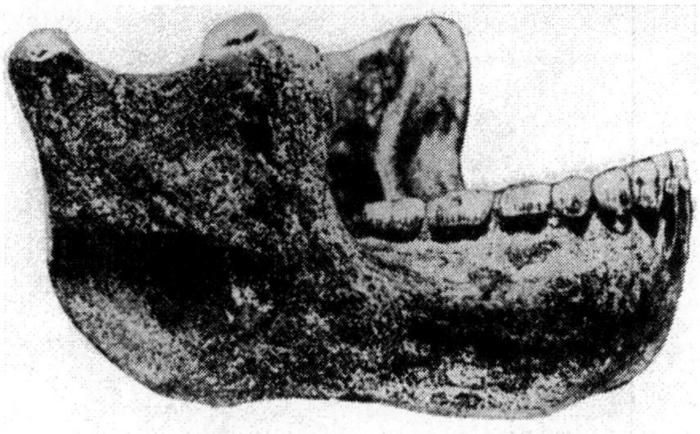

Abb. 270. *Homo* („*Palaeanthropus*") *heidelbergensis*. Unterkiefer, Alt-Pleistozän, Mauer bei Heidelberg. Schräg seitlich. (2/3) Nach Schoetensack 1908

Neandertaler oder Paläanthropinen sind aus der jüngeren Eiszeit bekannt. Sie verdanken ihren Namen dem Patenfund aus dem Neandertal bei Düsseldorf, den Fuhlrott [1043, 1035] als primitiven Vorläufer des Menschen beschrieb. Wegen der ablehnenden Haltung des Anatomen R. Virchow konnte sich diese Ansicht jedoch nicht durchsetzen. Erst spätere Funde bestätigten das geologische Alter und den Eigencharakter des Neandertalers, dem King [1734] den Namen *Homo neanderthalensis* gab*). Innerhalb des Neandertalers lassen sich zwei morphologische, auch dem Alter nach trennbare Gruppen unterscheiden. Der warmzeitliche oder frühe Neandertaler (= Präneandertaler) der letzten Zwischeneiszeit (Riß-Würm-Interglazial) und der kaltzeitliche oder extreme (= klassische) Neandertaler (Abb. 271). Die wichtigsten Funde stam-

Abb. 271. *Homo sapiens neanderthalensis*. Osteocranium aus La Chapelle-aux-Saints. a) Norma verticalis, b) N. frontalis, c) N. lateralis. (ca. 1/3) — Nach Boule 1911

*) Entsprechend dem modernen Artbegriff muß der Neandertaler jedoch als *Homo sapiens neanderthalensis* bezeichnet werden.

men aus Höhlen in Gibraltar, Frankreich, Belgien, Deutschland, Tschechoslowakei, Italien, Jugoslawien, Griechenland, Israel, dem Irak (Shanidar) und Rußland (Teschik Tasch). Weitere Funde aus Nordafrika [137] und Südostasien werden verschiedentlich dem Neandertaler zugeordnet, doch erscheint dies morphologisch nur zum Teil gerechtfertigt (Seite 243). Über die infolge neuweltlicher neandertaloider Funde gegebene Problematik vergleiche Stewart [3449] und Spinner [3358].

Kennzeichnend für den klassischen Neandertaler sind die starken Überaugenwülste (Abb. 272), der flache und breite Hirnschädel mit relativ niedrigem, gerundetem Hinterhaupt (Abb. 273) und einer Kapazität von rund 1350—1700 ccm, die teilweise über dem Mittelwert

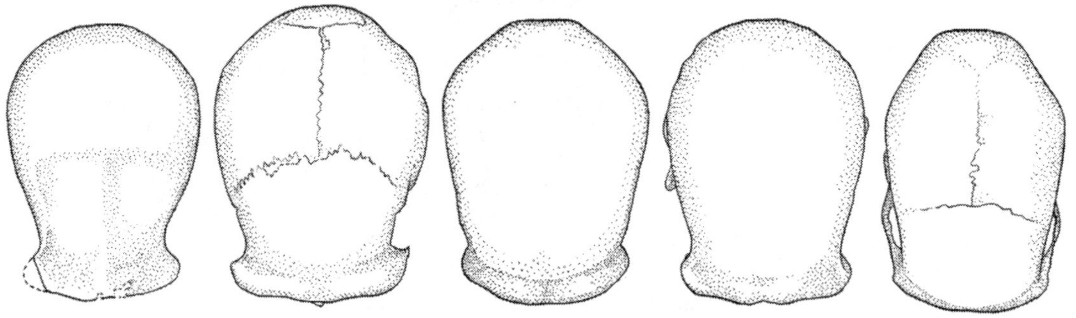

Abb. 272. Kalotten eiszeitlicher und rezenter Hominiden (Aufsicht). Beachte kräftige und deutlich abgesetzte Überaugenwülste bei den geologisch ältesten Hominiden. (Maßstäblich verkleinert) — Nach Gieseler 1959, umgezeichnet

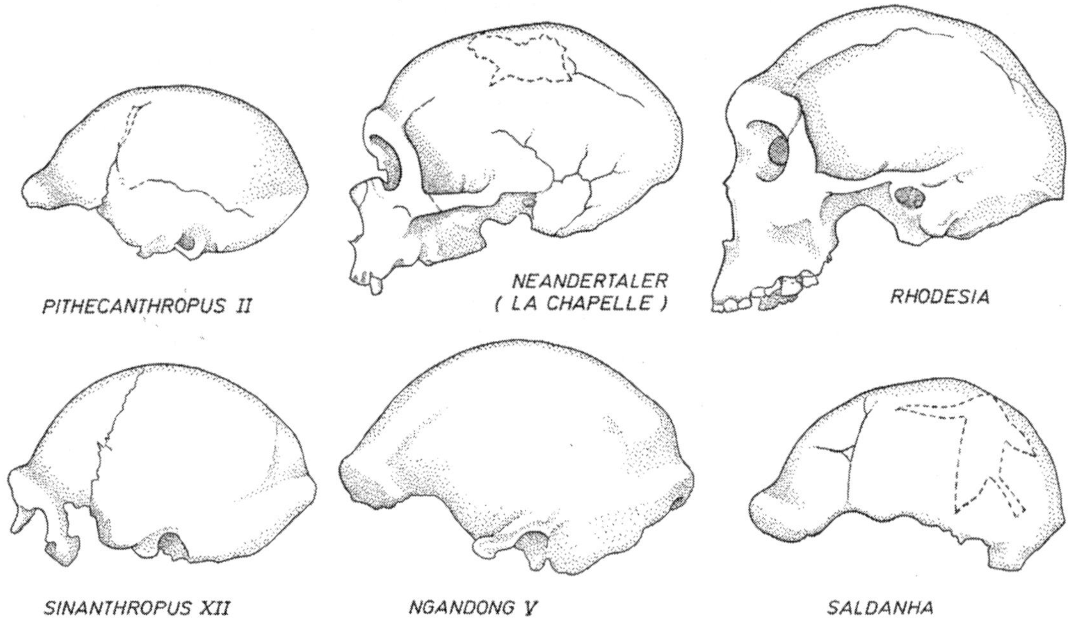

Abb. 273. Schädelreste pleistozäner Hominiden. Lateralansicht. Links: „*Pithecanthropus*"-Stufe. Oben „*Pithecanthropus*" *erectus* aus Java; unten „*Sinanthropus*" *erectus pekinensis* (Peking-Mensch); mittlere und rechte Reihe: Typischer Neandertaler von La Chapelle-aux-Saints sowie außereuropäische „Neandertaler" (Ngandong-Java; Rhodesia- und Saldanha-Mensch aus Südafrika). (Maßstäblich umgezeichnet) — Nach Gieseler 1959

des heutigen Europäers (1350—1500 ccm) liegt, ohne daß die Körpergröße (155—165 cm) erhöht ist. Das Vordergehirn und auch der basale Neocortex sind jedoch geringer entwickelt. Der Gesichtsschädel, dem die Fossa canina fehlt, ist prognath, der Nasenansatz stark eingesattelt; die Nasenbeine sind kräftig und springen stark vor, die hohe und knöcherne Nasenöffnung ist breit, das Gebiß ist hominin, und die großen, stark gerunzelten Backenzähne sind taurodont und der Unterkiefer ist kinnlos. Die Gliedmaßenknochen sind robust, Unterarm und Unterschenkel meist kurz, die Oberschenkel gekrümmt. Sie weisen auf einen kräftigen, untersetzten Wuchs hin. Hände und Füße (auch durch fossile Fährten belegt [2112]) waren breit und kurz. Die Wirbelsäule läßt nicht auf eine vom heutigen Menschen abweichende Kopf- und Körperhaltung schließen [3450], wie dies Boule [350] auf Grund eines pathologischen Skelettes von La Chapelle-aux-Saints (Frankreich) annahm. Neandertaler finden sich meist zusammen mit Geräten der „Mousterien"-Kultur (Mittelpaläolithikum) und mit einer typisch jung-pleistozänen Säugetierfauna (= *Primigenius*-Fauna) [2460, 3602], neuerdings auch in Nordafrika [137].

Der klassische oder extreme Neandertaler (real Neanderthal Man im Sinne von Oakley) ist eine Endform, die sich vom early Neandertal Man (= warmzeitlicher Neandertaler = Neandertaloide) ableiten läßt und die nicht als direkter Vorläufer des heutigen Menschen in Betracht kommt. Dies ist morphologisch und dem Alter nach (*Homo s. sapiens* als Zeitgenosse des Neandertalers) anzunehmen. Nach Hemmer [1345] bildet der klassische Neandertaler ein Beispiel für eine weit über die bei Eskimos auf Grund allometrischer Schädelindices feststellbare Kälteadaption. Da jedoch einzelne Populationen vom heutigen Menschen „aufgesogen" worden sind, erscheint auch dadurch eine artliche Abtrennung des Neandertalers von *H. sapiens* nicht gerechtfertigt.

Abgesehen vom klassischen Neandertaler, sind aus zwischeneiszeitlichen Ablagerungen von Deutschland (Ehringsdorf bei Weimar), Italien (Saccopastore) und Jugoslawien (Krapina) Reste von Hominiden bekannt, denen zwar manches extreme Schädelmerkmal abgeht (zum Beispiel nur schwache Überaugenwülste) und die auch sonst einzelne „moderne" Züge (Hinterhaupt) aufweisen. Dies ist der „generalisierte" Neandertaler (early Neandertal Man) der Warmzeiten.

Bilden die Neandertaler eine phyletisch einheitliche polytypische Gruppe oder sind sie unabhängig voneinander aus verschiedenen Ausgangsgruppen hervorgegangen? Eine Antwort auf diese nicht nur für den Phylogenetiker wesentlichen Frage ist nicht allein mit den sogenannten „tropischen Neandertalern" verknüpft. Sie ist zugleich von grundsätzlicher Bedeutung für die Entstehung der heutigen Menschenrassen.

Als „tropische Neandertaler" betrachtet von Koenigswald [1796, 1799] den Ngandong-Menschen von Java (*Homo* [*neanderthalensis*] *soloensis*) (Abb. 273 auf Seite 242), den Rhodesia-Menschen von Broken-Hill (*H.* [*sapiens*] *rhodesiensis* [483, 3952]) und den Saldanha-Menschen aus Südafrika N Kapstadt (*H.* „*saldanensis*" [483, 825, 3294]) (Abb. 273 auf Seite 242). Von diesen Hominiden sind mehr oder weniger vollständige Schädelreste bekannt, die teilweise sicher jünger sind als die Angehörigen der *Homo erectus*-Gruppe. Verschiedene Merkmale (größte Schädelbreite in der Ohrgegend, nicht wie beim Neandertaler höher oben auf den Scheitelbeinen; breiter Warzenfortsatz; Lage des Hinterhauptsloches) erinnern jedoch an *H. erectus* und stimmen untereinander*) besser überein als mit den europäischen Neandertalern, während andere (Gebiß) modern wirken, weshalb Singer [3294] die beiden letzten auch als afrikanische „Neandertaler" bezeichnet. Angesichts der Unterschiede gegenüber dem europäischen Neandertaler

*) Der Saldanha-Schädel zeigt einige ursprünglichere Züge. Da auch die Begleitfauna für ein etwas höheres Alter (Gamblian) spricht, kann er als Vorläufer des Rhodesia-Menschen angesehen werden [1799]. Dafür sprechen auch die mit dem Rhodesia-Menschen gefundenen Kulturreste (Proto-Still-Bai-Kultur).

erscheint es angebracht, diese außereuropäischen Menschenformen nur als „neandertaloid" zu bezeichnen und sie nicht als echte Neandertaler anzusehen [1580, 3156, 3157]. Nach HEMMER [1341] liegt die Ngandong-Population auf Grund allometrischer Untersuchungen in der Richtung von „*Pithecanthropus*" zu den Australiden und dürfte als Wurzelgruppe der letzteren aufzufassen sein. Ngandong- und Rhodesia-Mensch entsprechen somit nur nach der Evolutionsstufe dem Neandertaler.

Die Mount-Karmel-Population („*Palaeanthropus palestinensis*" [2173]) von Tabun und Skhul (Israel) wird nicht einheitlich beurteilt, sondern einerseits (nicht allein nach morphologischen Kriterien, sondern auch nach den Kulturresten: Mousterio-Prä-Aurignacien [1979]) als Produkt einer Hybridisierung zwischen Neandertaler und Angehörigen des heutigen Menschen angesehen, andererseits als Abkömmlinge generalisierter Neandertaler, die sich in Richtung der jetzigen Menschen entwickelten [419, 606, 607, 804] (Abb. 275 auf Seite 246). Die erste Auffassung würde die Annahme bestätigen, daß Neandertaler und heutige Menschen keine getrennten Arten sind.

Die Herkunft des heutzeitigen Menschen, der in Form des Crô-Magnon-Menschen *(Homo sapiens fossilis)* erstmals im Jung-Pleistozän (Aurignacien) in typischer Form erscheint und als Träger der „höheren Jägerkulturen" des Jungpaläolithikums gilt, ist zugleich mit den sogenannten *praesapiens-* (*=primisapiens)*-Formen*) verknüpft. Als bekannteste Vertreter des „*Praesapiens*"-Typus gelten der Steinheimer und der Swanscomber Mensch. Beide beruhen auf Schädelresten und stammen aus Flußschottern des zweiten Interglazials (Holsteinian = Elster-Saale = Mindel-Riß-Interglazial). *Homo steinheimensis* ist durch ein ziemlich vollständiges Osteocranium aus Steinheim an der Murr (Württemberg [244]) (Abb. 274), der Swanscomber Mensch durch das Occipitale und die beiden Parietalia aus Swanscombe (Kent [370, 2237 a]) belegt. Der schmale Schädel von Steinheim zeigt zwar deutlich abgesetzte Überaugenwülste wie bei „*Sinanthropus*", doch ist der Schädel wesentlich höher und erreicht seine größte Breite auf den Parietalia. Die Kapazität dürfte zwischen 1100 und 1200 ccm gelegen haben. Eine tiefe Nasenwurzel, eine Wangengrube und kleine Backenzähne lassen den Steinheimer Schädel wesentlich neuzeitlicher und damit *sapiens*-ähnlich erscheinen als die jüngeren Neandertaler. Demgegenüber wäre der Swanscombe-Mensch nach BREITINGER [370] eher den frühen Neandertalern zuzuordnen (siehe auch LE GROS CLARK [2089]). Die Begleitfauna ist in beiden Fällen eine ausgesprochene Warmfauna, die unter anderem *Palaeoloxodon antiquus, Dicerorhinus kirchbergensis, Dama clactoniana* und *Bubalus murrensis* kennzeichnen. Als weitere Funde des „*Praesapiens*"-Formenkreises gelten der Unterkiefer von Montmaurin (Haute-Garonne [3688, 3689]) und das Schädeldach von Fontéchevade (Charante [3684]). Beide entstammen Warmzeiten, doch ist ihre Zugehörigkeit zum eigentlichen *Praesapiens*-Formenkreis, also frühen Neandertalern, nicht auszuschließen.

Wie gering die morphologischen Unterschiede zwischen den „*praesapiens*"-Formen (= *primisapiens*) und den frühen Neandertalern tatsächlich sind, läßt auch die unterschiedliche Zuordnung erkennen. Daher werden alle diese Funde verschiedentlich aus als „early *Homo sapiens*"-Formenkreis zusammengefaßt, was jedoch mit einer entsprechenden, aber notwendigen Er-

---

*) Die Definition des *Praesapiens*-Typs [1296, 1297] erfolgt nicht einheitlich. Ursprünglich für (prae-)neandertalide Formen angewendet, werden gegenwärtig in Übereinstimmung mit VALLOIS [3684] meist der Mensch von Swanscombe und der Steinheimer als solche angesehen. Um jedoch eine Verwechslung der ursprünglich als *praesapiens*-Formen bezeichneten frühen Neandertaler mit den *praesapiens*-Vertretern im Sinne von VALLOIS zu vermeiden, verwendet BREITINGER [370] die Bezeichnung *primisapiens* für letztere, weshalb wir den in diesem Sinne aufzufassenden Terminus *praesapiens* unter Anführungszeichen setzen wollen. Der Piltdown-Mensch, dessen „modernerer" Charakter nicht dem hohen geologischen Alter entsprach, hat sich als raffinierte Fälschung erwiesen. (Rezenter Schimpansen-Unterkiefer und fossile, aber jüngere Schädelfragmente [3815]).

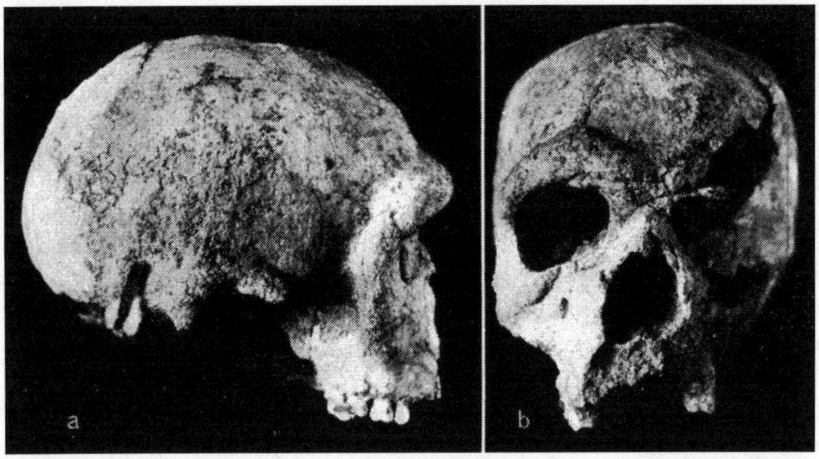

Abb. 274. *Homo „steinheimensis“*, Mittel-Pleistozän (Holstein-Warmzeit) von Steinheim a.d. Murr. Calvarium in der Norma lateralis (a) und Norma frontalis (b). Primisapiens-Typ. (ca. 1/3) — Nach BERCKHEMER 1934

weiterung der Definition des Begriffes *Homo sapiens* verknüpft ist [2089]. Anstelle der artlichen Abstammung erscheint auch hier nur die subspezifische Benennung (z. B. *H. sapiens steinheimensis)* gerechtfertigt.

Die Menschen vom Crô-Magnon-Typ ersetzen in Europa während der letzten Kaltzeit (Würm) den Neandertaler. Die Patenfunde stammen von einem Abri am Fuß des Roc de Tayac bei Eyzies (Dordogne, Frankreich) und wurden 1868 von L. LARTET und H. CHRISTY geborgen, nachdem schon im 18. Jahrhundert Reste des Jungpaläolithikers bekannt geworden waren. Kennzeichnend ist der meist hochgewölbte Schädel mit hoher Stirn, senkrechten Schläfenpartien und einem gerundeten Hinterhaupt. Dennoch ist eine gewisse Derbheit des Schädels gegenüber dem rezenten Europäer unverkennbar. Der Gesichtsschädel weist meist breite Kiefer auf. Weitere kennzeichnende Funde liegen aus Deutschland (Oberkassel), aus der Tschechoslowakei (z. B. Předmost, Brünn), dem Kaukasus, aus Nordafrika (Afalou-Bou-Rhummel = Mechta-Typ) und aus Ostasien vor*).

Die Kulturen des Crô-Magnon-Menschen sind als Klingenkulturen zu bezeichnen und unterscheiden sich durch eine neue Steinbearbeitung wesentlich von den vorhergehenden des Mittelpaläolithikums. Dennoch war der gleichfalls höhlenbewohnende Jungpaläolithiker Jäger und Sammler wie der Neandertaler. Bevorzugte Jagdtiere waren das Mammut, Wildpferde und der Steppenwisent. Vom Crô-Magnon-Menschen stammen auch die zahlreichen Höhlendarstellungen von West-(Dordogne, Spanien) und Osteuropa (Kaukasus), die in naturalistischer Weise meist die Jagdtiere festhalten.

Durch das hohe geologische Alter der „*Praesapiens*“-Formen erscheint das plötzliche Auftreten des Crô-Magnon-Menschen als Vertreter des *Homo sapiens sapiens* durch das Fehlen von Fossilfunden vorgetäuscht und nicht primär bedingt. Gilt dies auch für die heutigen Menschenrassen?

Bereits innerhalb der *Homo-erectus*-Gruppe lassen sich verschiedene „Typen“ unterscheiden, und beim „Neandertaler“ treten diese Unterschiede eher noch deutlicher hervor, indem geo-

*) Auf weitere jungpaläolithische Menschenfunde kann hier nicht eingegangen werden. Es sei nur auf das Skelett von Chancelade aus dem Magdalénien in Nordfrankreich, das einst mit Eskimos in Verbindung gebracht wurde, und auf die Grimaldi-„Negroiden“ aus den Grimaldihöhlen von der Riviera hingewiesen.

graphisch getrennte und kulturell verschiedene Populationen nachweisbar sind. Haben sich somit die heutigen Menschenrassen bereits auf der *Homo-erectus*-Stufe zu differenzieren begonnen und bis heute mehr oder weniger unabhängig voneinander weiterentwickelt, wie es etwa Coon [607] annimmt? Coon unterscheidet fünf Rassengruppen (Caucasoide, Mongolide [einschließlich Polynesier], Australoide [einschließlich Melanesier], Congoide [Neger] und Capoide [Buschmänner und Hottentotten]) und führt sie auf die *Homo-erectus*-Stufe zurück. Wie jedoch bereits Dobzhansky [805] in einer Kritik feststellt, ist eine derartige Ansicht auf Grund genetischer Gesichtspunkte verschwindend wahrscheinlich, so daß die Vorstellung, wie sie etwa Breitinger [371] entwickelte — nicht Speziationen, sondern eine phyletische Evolution hätte innerhalb der pleistozänen Hominiden stattgefunden —, den Tatsachen am ehesten gerecht wird (vergleiche auch [260, 805], Abb. 275). Das bedeutet, daß sich die phyletischen Wurzeln der

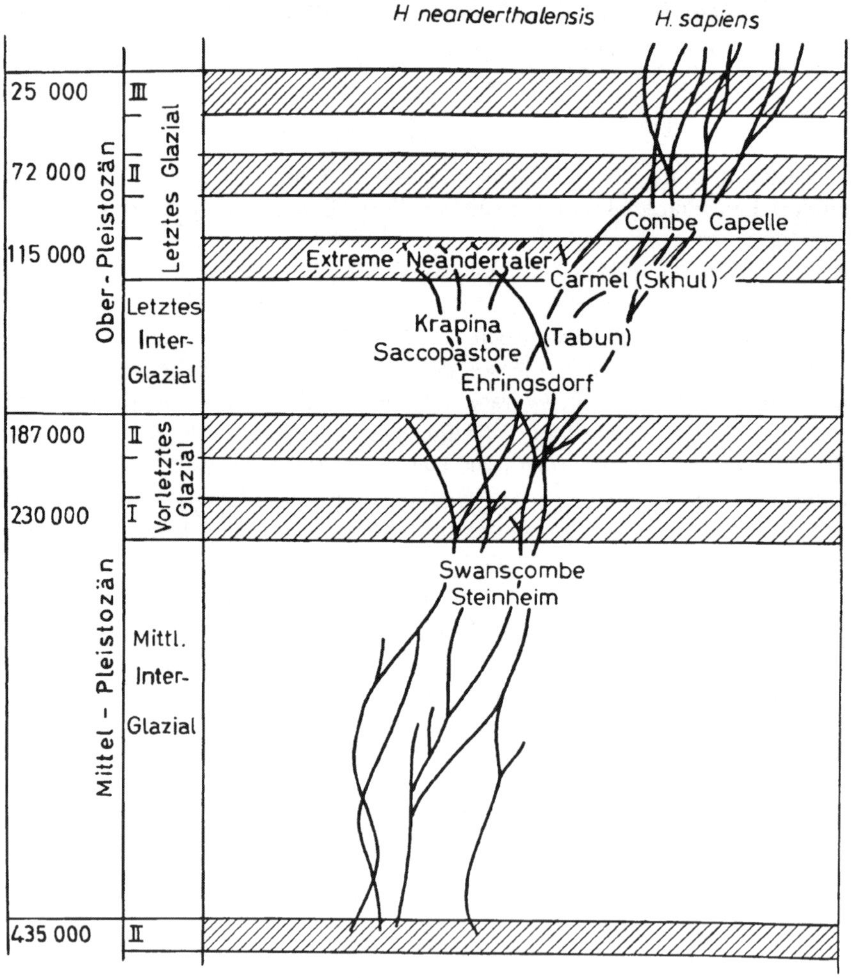

Abb. 275. Phyletische Reihe vom Primisapiens-Typ (=„praesapiens"-Typ) zu *Homo sapiens neanderthalensis* und *H. sapiens sapiens*. Linke Spalte: Absolute Daten in Jahren. Absolute Daten und Dreiteilung des letzten Glazials sind hypothetisch. Nach Breitinger 1967

heutigen Menschenrassen entsprechend der aktuellen Speciesgrenze des *Homo sapiens* [370] frühestens bis in das Mittel-Pleistozän zurückverfolgen lassen. Nach HEMMER [1346] sind die rezenten europäischen Menschenrassen — soweit sie allometrisch unterscheidbar sind — im Neolithikum nachgewiesen. Immerhin geben einige prähistorische Funde*) und auch die heutige Verbreitung (zum Beispiel Ainus in Japan) Hinweise über die Entstehung der verschiedenen Menschenrassen, so daß wir nicht allein auf Vermutungen angewiesen sind. Allerdings ist die Datierung mancher dieser Funde problematisch. Ein weiteres Problem bilden jedoch die Rassenmerkmale und die Abgrenzung der einzelnen „Rassen". Vielfach sind die augenfälligen Unter-

Tabelle III

Zahl der „Rinden-Neuronen" bei Hominoidea (Schätzungen)
(nach [1655a und 3632])

	Gehirngewicht (in Gramm)	Körpergewicht (in Kilogramm)	Total-Neuronen-Zahl in tausenden Millionen (Schätzungen)	Rinden-Neuronen-Zahl in tausenden Millionen (Schätzungen)
Pan	400	45	4.3	3.4
Gorilla A	540	200	5.3	3.5
Gorilla B	600	250	5,7	3.6
„*Zinjanthropus*"	530	50	5.2	4.2
Australopithecus (Swartkraus I)	435	25	4.6	3.9
Australopithecus (Taung)	560	35	5.5	4.7
Homo erectus	775—1,225	50	6.8—9.4	5.8—8.4
H. sapiens	1,300	60	9.4	8.5
Mittel verschiedener Populationen (*H. sapiens*)	1,276—1,400	53—68	9.4—10.0	8.4—8.9

schiede keine „echten" Rassenmerkmale, sondern werden aus der Umwelt (Klimaanpassung) verständlich (Hautfarbe, Wüstenschlankwuchs, Steatopygie und andere). Derartige Parallelerscheinungen, wie sie aber auch im Gebiß (Vereinfachung des Molarenmusters [896]) zu beobachten sind, erschweren die Abgrenzung der einzelnen Menschen„rassen" und die Beurteilung ihrer Entstehungsgeschichte; außerdem hat sich auch keine der einstigen Menschenrassen bis heute unverändert erhalten. Allerdings besitzen einige der rezenten Menschenrassen einzelne ursprüngliche Merkmale, die auf derartige Ahnenzustände hinweisen (wie Makronymphie [=„Hottentottenschürze"] der Khoisaniden; kräftige Brauenbögen, breite Nasen, Prognathie und fehlendes Kinn bei Australiden und anderes), ganz abgesehen von den bedeutenden Unterschieden hinsichtlich der kulturellen Entwicklungshöhe, die diese morphologischen Befunde zum Teil bestätigen.

Eine Rassengeschichte des Menschen, die ohne Berücksichtigung ethnologischer und linguistischer Gesichtspunkte nicht zu rekonstruieren ist, kann jedoch nicht Aufgabe dieses Beitrages sein.

---

*) Crô-Magnon-Mensch von Europa, von Nordafrika (Mechta-Typ mit Mouillian-Kultur) und Schädel aus der oberen Höhle von Chou-kou-Tien für Caucasoide Eurasiens, Kanjera-Schädel für Caucasoide Afrikas, Boskop-Schädel für Capoide (= Khoisaniden), Wadjaks, Keilor- und Talgai-Schädel für Australoide, Minnesota- und Tepexpanmensch für die Mongoloiden Nordamerikas.

Dermoptera (Riesengleitflieger)

Eine Sonderstellung innerhalb der rezenten Säugetiere nehmen zweifellos die Cynocephaliden (=„Galeopithecidae") mit der einzigen Gattung *Cynocephalus* (=*„Galeopithecus"* und *„Galeopterus"*) ein, die durch zwei Arten auf Südostasien (Philippinen und Indochina bis Java) beschränkt ist. In einzelnen Merkmalen an Primaten erinnernd, sind jedoch eine Reihe von primitiven sowie von äußerst hochspezialisierten Merkmalen vorhanden, die eine Zuordnung zu Primaten unmöglich macht, wie man sie früher verschiedentlich für zutreffend hielt und wie sie auch im Namen (flying lemurs oder Flattermakis) zum Ausdruck kommt. Desgleichen verbietet die Merkmalskombination eine Zuordnung zu den Chiropteren — wie sie CUVIER annahm —, oder eine Deutung als modifizierte Abkömmlinge von deren Stammformen [514a]. Dazu ist das Fliegen in gänzlich abweichender Weise gelöst, so daß die Pelzflatterer auch nicht als morphologische Vorstufe der Chiropteren angesehen werden können, sondern eher noch als aberrante Insektenfresser [3708]. Aber auch als Raub- und Beuteltiere klassifizierte man die Pelzflatterer einst; wirkt der kurzohrige Kopf doch durch die lange Schnauze entfernt fuchsähnlich und werden doch auch die Jungtiere wenig entwickelt geboren.

Das auffälligste Merkmal sind die seitlichen Flughäute, die zwischen Kopf und Vorderextremitäten (Propatagium), Vorder- und Hintergliedmaßen (Plagiopatagium) sowie Hinterfüßen und dem Schwanz (Uropatagium) ausgebildet sind. Sie ermöglichen den Tieren einen Gleit- und Fallschirmflug, wie er in ähnlicher Weise von Nagern (*Pteromys, Glaucomys*) und Beuteltieren (*Petaurus, Acrobates*) bekannt ist. Einen aktiven Flug, wie bei den Fledermäusen, vermögen die „Pelzflatterer" nicht auszuführen; wie auch die Zehen nicht verlängert sind. Ein weiteres Charakteristikum finden wir in den zu Kammzähnen umgestalteten Unterkieferincisiven, die ein echtes Rundbogengebiß bilden, zur Fellpflege dienen und funktionell mit dem Kammgebiß der Lemuren vergleichbar sind (Abb. 276). Im Maxillargebiß ist bei gleichzeitiger

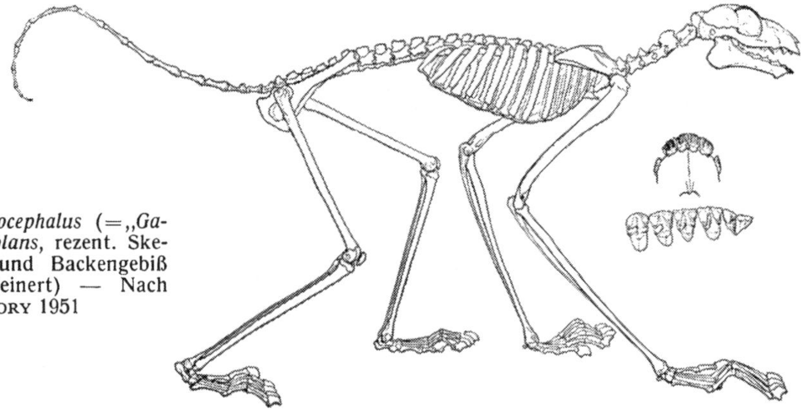

Abb. 276. *Cynocephalus* (=*„Galeopithecus"*) *volans*, rezent. Skelett, Vorder- und Backengebiß (rechts). (Verkleinert) — Nach GREGORY 1951

Molarisierung des P^4 eine Reduktion der Incisiven und Prämolaren eingetreten $\left(\frac{2\ 1\ 2\ 3}{3\ 1\ 2\ 3}\right)$; die Molaren sind fünfhöckrig mit dreieckigem Umriß. Die Backenzähne des Mandibulargebisses (P_4 molarisiert) sind in ein schmales und kurzes Trigonid und ein breiteres zweihöckriges Talonid differenziert.

Die rundlichen Orbitae des niedrigen und mit einer breiten Basis cranii versehenen Schädels sind groß, doch schließt keine vollständige Knochenspange die Augenhöhle ab. In der Gehörregion ergänzt ein eigenes Os bullae die aus mehreren Elementen zusammengesetzte Insectivorenbulla, ähnlich den Macroscelidea und den Chiropteren (vergleiche Spatz [3349]), das Gehirn läßt jedoch eine für Chiropteren charakteristische Betonung der akustischen Zentren vermissen [719]. Die langen und schlanken Extremitäten sind fünfzehig. Bemerkenswert ist die starke Reduktion der distalen Ulna und die Verlängerung der lateralen Zehenstrahlen. Die Clavicula ist gut entwickelt. Die Pelzflatterer oder Colugos sind ausgesprochene Pflanzenfresser, die meist hängend im Geäst leben, ähnlich den Faultieren.

Die stammesgeschichtliche Herkunft der rezenten **Cynocephalidae** konnte durch die bisherigen, nur spärlichen Fossilfunde nicht geklärt werden. Immerhin belegen Fossilfunde das hohe geologische Alter, indem Kiefer- und Zahnreste aus dem nordamerikanischen (*Planetetherium*: Paleozän; *Plagiomene* (Abb. 277): Alt-Eozän; *Thylacaelurus*: Jung-Eozän) und euro-

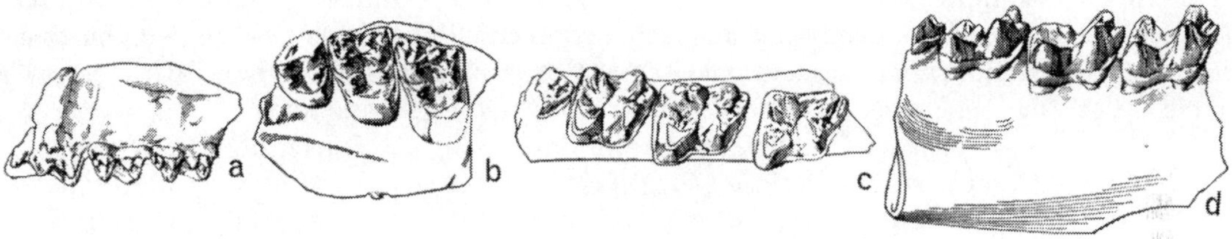

Abb. 277. *Plagiome multicuspis* (Plagiomenidae). Alt-Eozän, USA. a, b) Maxillare dext. mit M^{1-3}, Außen- und Kronenansicht, c, d) Mandibelfragment dext. mit P_4—M_3, Auf- und Lateralansicht. (ca. 2,5/1)—Nach Matthew 1918

päischen Alt-Tertiär [2269, 2970, 2975a, 3708, 3915] in die Verwandtschaft der Dermopteren gestellt werden*). Sie werden als eigene Familie **(Plagiomenidae)** abgetrennt und verhalten sich im Vordergebiß wesentlich primitiver, indem die mit kleinem Höcker an den Schneiden versehenen Incisiven als Ausgangsstadien der Kammzähne der rezenten Pelzflatterer gedeutet werden. Über das postcraniale Skelett der Fossilformen läßt sich nichts aussagen. Die Zuordnung der paleozänen Mixodectiden zu den Dermoptera, wie sie Romer [2952] und van Valen [3708] durchführen, erscheint nicht gesichert. Dazu ist die Fossildokumentation noch nicht ausreichend.

Gebiß-, osteologische und anatomische Merkmale [3171, 3340] sprechen für eine frühzeitige Abstammung von primitiven „Insectivoren". Gregory [1174] nimmt einen gemeinsamen Ursprung mit den „Menotyphla", den Primates und Chiroptera von Ober-Kreide-Insektenfressern an und vereinigt diese Stämme zu einer Überordnung Archonta. Bemerkenswert ist in diesem Zusammenhang, daß die Ektoparasiten (Polyplacinae) der Riesengleitflieger und der Tupaiiden nahe verwandt sind (*Hamophthirius* bei *Cynocephalus*, *Docophthirius* bei Tupaiiden [1549, 2601]). Sie scheinen dadurch die anatomischen Befunde zu bestätigen, daß die Dermopteren von einem Insectivorenstamm abzuleiten sind, von dem auch die Primaten, Tupaioidea und Chiropteren ihren Ursprung genommen haben**). Eine nur mit den Chiropteren gemeinsame Wurzelgruppe — wie es Leche [2067] annimmt, der *Cynocephalus* als nur wenig modifizierten Nachkommen des Urstammes der Chiroptera betrachtet — ist weniger wahrscheinlich.

---

*) Wie Patterson [2591] gezeigt hat, ist *Progaleopithecus* aus dem Alt-Oligozän (Deseadense) Patagoniens kein Vorläufer von *Cynocephalus*, sondern beruht auf Unterkieferresten von Huftieren (Notoungulata, Typotheria).

**) Das Vorkommen von Cestoden *(Prototaenia)*, die in verwandten Arten bei australischen Phalangeriden nachgewiesen sind [174], dürfte mit der herbivoren Ernährung in Zusammenhang stehen.

Chiroptera (Fledertiere)

Die Chiropteren bilden durch ihre mit dem Flugvermögen im Zusammenhang stehenden Besonderheiten eine weitgehend einheitliche, von den übrigen Säugetierordnungen deutlich getrennte Gruppe. Das Initialmerkmal, das zur Entstehung dieser, nach den Nagetieren artenreichsten Ordnung unter den Säugetieren geführt hat, ist zweifellos die Ausbildung eines Chiro- (= Dactylo-)patagiums. Es ermöglicht den Chiropteren den aktiven Flug.

Die stammesgeschichtliche Entwicklung der gegenwärtig durch fast 1000 Arten vertretenen Handflügler ist leider infolge der nur spärlichen Fossilfunde noch völlig in Dunkel gehüllt. Da außerdem eingehende Untersuchungen des Schädels nur vereinzelt vorliegen [1919, 1023, 3300, 3376] sind Analysen der historisch-phylogenetisch bedingten und der als Sonderanpassungen zu wertenden Baueigentümlichkeiten nur in beschränktem Maß möglich. Eine Stammesgeschichte der Chiropteren ist derzeit noch nicht zu schreiben. Immerhin sei auf verschiedene Probleme hingewiesen, die sich im Zusammenhang mit der Phylogenese ergeben und von denen einige durch Fossilfunde, durch morphologisch-anatomische und physiologische Befunde sowie durch die gegenwärtige geographische Verbreitung als gelöst gelten können.

Eines der wesentlichsten Probleme bildet die Entstehung des Flatterfluges*), der einmalig unter den Säugetieren ist. Die übrigen „fliegenden" Säuger sind keine aktiven Flatterflieger, sondern ausschließlich Gleitflieger, die mit seitlichen Flughäuten mehr oder weniger große Strecken im Gleitflug zurücklegen können (wie Pelzflatterer, Flugbeutler, Flughörnchen, Dornschwanzhörnchen). Keine dieser Formen kann als Modell der Vorstufe des Fledertierfluges angesehen werden, da bei keiner Form ein Chiropatagium angedeutet ist. Die Ahnenformen der Chiropteren werden wohl arboricole Formen gewesen sein, ohne daß es zu den für die Primaten charakteristischen Grundadaptionen (Vergrößerung der Augen, Greiffuß, Ausbildung von Plattnägeln) gekommen ist. Der Ausbildung des Chiropatagiums und der Verlängerung der Finger ging — soweit man die ontogenetischen Vorgänge phylogenetisch interpretiert — die Entstehung seitlicher Hautfalten und deren Ausdehnung zu einem Plagiopatagium voraus.

Die Fossilfunde geben über diese Phase jedenfalls keinen Aufschluß, da bereits die ältesten, sicheren Chiropterenreste**) die typische Ausbildung des Chiropatagiums erkennen lassen (zum Beispiel *Icaronycteris* aus dem Alt-Eozän der USA [1655]). Immerhin zeigen die Fossilfunde, daß der Chiropterentyp bereits im ältesten Tertiär existierte und sich im Prinzip bis heute erhalten hat. Sollte außerdem die Deutung eines verquetschten Schädelrestes aus der jungpaleozänen Polecat Bench Formation von Wyoming, an dem das Endocranium als Steinkern erhalten ist, von Edinger [851, 855] zutreffen, so wäre erwiesen, daß bereits im Paleozän Chiropteren mit Echo-Ortung existierten. Dieser Endocranialausguß zeigt nämlich das freiliegende Tectum mesencephali mit den Corpora quadrigemina, von denen die Colliculi caudales (Colliculus acusticus) größer entwickelt sind (Abb. 278). Dies trifft für die meisten rezenten Microchiropteren zu, bei denen die Ultraschallorientierung ausgebildet ist [3393]. Nach Jepsen [1655] stammt der erwähnte, stark verquetschte Schädelrest, dem der Fazialabschnitt und

*) Wie Eisentraut [876] mit Recht hervorhebt, haftet dem Ausdruck Flatterflug eine etwas abfällige Beurteilung des Flugvermögens an, die jedoch in keiner Weise gerechtfertigt ist. Schon deshalb ist die Bezeichnung Fledertiere oder Handflügler dem Namen Flattertiere vorzuziehen.

**) Weitere paleozäne und eozäne Gattungen (so *Zanycteris, Picrodus, Nyctitherium*) sind entgegen ursprünglichen Deutungen jedenfalls keine Chiropteren [2189, 3237, 3244, 3706, 3708]. Die Ähnlichkeiten im Gebiß betreffen nur einzelne Merkmale.

Abb. 278. Schädelreste eines paleozänen Säugetieres mit natürlichem Endocranialausguß, der gut ausgebildete Corpora quadrigemina zeigt. Schädeldach etwas disloziiert. *AC* = Colliculus acusticus. Von Edinger als Chiroptere gedeutet. Deutung sehr fraglich wegen Schädeldachdicke. Freiliegendes Tectum auch bei anderen Säugetieren. Nach Jepsen vermutlich primitives Raubtier. Länge des Gehirns = 21 mm. Nach Edinger 1961

damit das Gebiß fehlt, nach der Knochendicke und anderen Merkmalen von einem Miaciden ähnlich *Procticts**).

Wie dem auch sei, die Entstehung der Chiropteren muß sehr frühzeitig, und zwar im ausgehenden Mesozoikum erfolgt sein. Die Stammformen bestehen, wie der Bau von Gebiß, Gehirn und Darmtrakt vermuten läßt, zweifellos in (Proto-) „Insectivoren"**). Eine direkte Ableitung von Jura-Pantotheria, wie sie Revilliod [2892] annimmt, und von rhätischen Haramiyiden (=„Microcleptiden" = „Microlestiden"), wie sie auf Grund oberflächlicher Ähnlichkeiten im Gebiß (zum Beispiel *Harpyionycteris* mit *Haramiys*) Friant [1009] diskutiert, ist nicht erforderlich und unzutreffend, zeigen doch Phyllostomatiden sämtliche Übergänge von „normalen" Zähnen zu Megachiropteren-Molaren. Damit ist auch die von Thomas [3612] angenommene Ableitung von Säugern mit trituberculären Zähnen hinfällig. Wie schon oben angedeutet, können auch die Cynocephaliden nicht als Modell für das Vorfahrenstadium der Chiropteren angesehen werden, da gänzlich abweichende „trends" festzustellen sind.

Die Chiropteren sind somit ein geologisch sehr alter Stamm, eine Feststellung, die anscheinend in Widerspruch mit der gegenwärtigen Artenfülle zu stehen scheint. Nach Starck [3386, 3393] handelt es sich bei den Chiropteren trotz aller Formen- und Artenfülle um einen zwar einseitigen und extremen, jedoch einheitlichen Anpassungstypus, dessen Rahmen nie gesprengt wurde und der auf niedriger Evolutionsstufe verharrte. Der Placentatyp ist trotz der Formenfülle bemerkenswert einheitlich [3386]. Daß dennoch eine erstaunliche Formenmannigfaltigkeit

*) Wie Starck [3393] betont, ist ein freiliegendes Tectum mesencephali im wesentlichen nur bei Formen mit geringer Ausbildung des occipitalen Anteils des Neopalliums und des Cerebellums zu erwarten, jedoch kann auch eine Schädelachsenknickung eine Rolle spielen. Da die Miaciden primitive Raubtiere darstellen und außerdem die akustische Orientierung bei primitiven Säugetieren eine gewisse Rolle spielt, ist die Deutung von Jepsen durchaus möglich.

**) Twente & Twente [3677] leiten auf Grund physiologischer Eigenschaften die Chiropteren von nächtlich lebenden, homöothermen insektenfressenden Säugetieren ab, die in tropischen Gebieten gelebt hätten.

und Artenzahl noch heute existiert, hängt damit zusammen, daß die Chiropteren als Dämmerungs- und nächtliche Flieger praktisch konkurrenzlos sind. Die einzigen als Konkurrenten in Betracht kommenden Wirbeltiere sind die Vögel, die jedoch, von wenigen Ausnahmen abgesehen, Tagtiere sind. Aber selbst die Eulen als Nachttiere sind, im Gegensatz zu den sich der Echo-Ortung bedienenden Handflüglern, auf eine gewisse Helligkeit angewiesen. Es ist daher nicht zutreffend, von einer Wiederholungsblüte zu sprechen. Die gesamte Formenmannigfaltigkeit unter den (rezenten) Chiropteren hängt engstens mit den verschiedenen Ortungsmethoden und der Ernährung zusammen. Da sie innerhalb ihres Lebensraumes praktisch konkurrenzlos sind und der „Chiropterentyp" sich bewährte, zeigt dieser Stamm auch gegenwärtig eine entsprechende Artenfülle. So stehen die bisweilen bizarren Nasenaufsätze und die Ausbildung der Ohren in engstem Zusammenhang mit der Ultraschallorientierung, indem der Schall verschiedentlich (wie bei Rhinolophidae) durch die Nasenöffnungen ausgesendet wird, die Nasenaufsätze als Richtstrahler wirken und die Ohren einzeln oder gemeinsam zur Ortung funktionieren. Weiterhin bestehen direkte Korrelationen zwischen dem Bau des Schädels und des Gebisses und der Ernährung, da neben insektenfressenden Chiropteren auch Fleisch-, Fisch-, Frucht- und Pollenfresser sowie Nektar- und Blut„sauger" bekannt sind. Das Gebiß ist gegenüber primitiven Placentaliern stets reduziert und betrifft auch das Milchgebiß; es besteht meist aus hakenförmig gekrümmten, ein- bis mehrspitzigen Zähnchen, die zum Festhalten der Jungtiere am Muttertier dienen („Klammergebiß"). Es kann jedoch bereits bei der Geburt reduziert sein oder die Zahl der Pd die der P übertreffen [1019, 1023, 3354].

Im Zusammenhang mit dem Evolutionsniveau ist auch das Problem der Kältelethargie zu diskutieren, sind doch die Fledermäuse bis in jüngste Zeit immer wieder als Poikilotherme oder Heterotherme [1463] bezeichnet worden. Sind die bei Chiropteren festgestellte, echte labile Körpertemperatur und der echte Winterschlaf als Kennzeichen primitiver Säugetiere zu bewerten [872, 874, 875, 876] oder handelt es sich um eine Spezialisation? Wie Kulzer [1953, 1954] gezeigt hat, sind die Chiropteren echte Warmblüter, bei denen eine Tagesschlaflethargie und eine Dauerlethargie (Winterschlaf) vorkommen. Da sich ein Winterschlaf jedoch nur bei Microchiropteren der gemäßigten Klimazone nachweisen ließ, ist nach Kulzer die Fähigkeit zur Lethargie nicht als primäre Eigenschaft, sondern als Anpassung an die Lebensbedingungen der gemäßigten Klimazone zu werten. Zu dieser Ansicht sind auch Twente & Twente [3677] gelangt.

Erstaunlich ist auch die Vielfalt in der Brutfürsorge. Neben echten „Nesthockern" im Sinne von Portmann (mit Tragjungen und lang anhaltenden Mutter-Kind-Beziehungen) sind auch „Nestflüchter" (zum Beispiel Laufjunge der Bulldogg-Fledermäuse) zu beobachten [1955]. Die starke Entwicklung des Daumens und der Füße als Klammerorgane bei neugeborenen Flughunden ist selbstverständlich funktionsbedingt und nicht phylogenetisch zu interpretieren.

Mit dem Ursprung der Chiropteren ist auch das wiederholt diskutierte Problem der Mono- und Diphylie der Chiropteren verknüpft. Bekanntlich lassen sich innerhalb der Chiropteren die deutlich voneinander getrennten Micro- und die Megachiropteren unterscheiden, die verschiedentlich Zweifel an einer gemeinsamen Abstammung aufkommen ließen. Fossilfunde, anatomisch-morphologische und parasitologische Befunde sprechen jedoch eher für eine monophyletische Entstehung der Chiropteren als für einen getrennten Ursprung [1026, 3386]. So zeigt der geologisch älteste Handflügler (*Icaronycteris index* aus dem Alt-Eozän) eine Kombination zwischen megachiropteroiden (wie 2. Zehenstrahl mit Kralle, langgestreckter Schädel mit langen Nasalia und in der Medianen nicht verbundenen Prämaxillaria) und microchiropteroiden Merkmalen (W-Muster der M sup., Schultergelenk) [1652, 1655] (Abb. 279). Die Zahnformel entspricht mit $\frac{2\;1\;3\;3}{3\;1\;3\;3}=38$ jener rezenter Chiropteren, deren Gebiß am wenigsten reduziert ist (zum Beispiel

Myotis). Außerdem bestätigen zahlreiche „generalisierte" Merkmale (wie Fehlen eines Brustbeinkieles, langer Schwanz, unverschmolzene Rippen, Femur mit seitlich gerichtetem Caput, kein Fersensporn) den primitiven Charakter dieser Art, die JEPSEN [1655] als primitiven Angehörigen der Microchiroptera deutet, jedoch durchaus die Ableitung der in mancher Hinsicht primitiver gebliebenen Megachiropteren zuläßt. STARCK [3376] betont, daß neben allen tiefgreifenden Differenzen zwischen Mikro- und Megachiropteren auch viele gemeinsame Merkmale im Bau des Schädels bestehen (kein Foramen epiphaniale, Fehlen einer eigentlichen Tegmen

Abb. 279. *Icaronycteris index* (Icaronycteridae, Microchiroptera), Alt-Eozän, Wyoming. Geologisch ältestes Fledermausskelett (schwarz) mit rekonstruierten Weichteilumrissen (Flughaut usw.). Beachte bekrallten 2. Finger. (Verkleinert) — Nach JEPSEN 1966

tympani; Proc. paracondyloideus, Form der Gehörknöchelchen), die in ihrer Gesamtheit nicht als Konvergenzbildung gedeutet werden können, und schließt daraus: „die Annahme einer diphyletischen Entstehung der Chiropteren findet in unseren Befunden keine Stütze" [3376:627].

Demnach ist eine Monophylie der Chiropteren anzunehmen. Zahlreiche Unterschiede zwischen Mega- und Microchiropteren ergeben sich aus den divergierenden Spezialisationsrichtungen, die in Zusammenhang mit der Lebensweise (Megachiropteren: Augentiere; Microchiropteren: Ohrentiere) und der Ernährung (Megachiropteren: hauptsächlich Fruchtfresser; Microchiropteren vorwiegend insectivor) stehen. Obwohl das Gehirn wesentliche Unterschiede zeigt (zum Beispiel: Tectum mesencephali bei Megachiropteren stets vollständig verdeckt durch occipitalen Anteil des Neopalliums, Neocortex-Anteil höher), ist der Neencephalisationsgrad beider Gruppen nicht wesentlich verschieden [3074, 3075, 3393]. Der einheitliche Bauplan des Darmtraktes (mit Magenblindsäcken bei frugi- und sanguivoren Formen) ist zwar nur als primitives Merkmal zu werten, steht jedoch mit obiger Feststellung nicht in Widerspruch [3111]. Auch die ausschließlich für Chiropteren spezifischen Fledermausfliegen (Nycteribiidae) sprechen für eine monophyletische Entstehung.

Megachiroptera (Flughunde)

Verschiedene Merkmale (langer, gestreckter Schädel mit insectivorer Nasenregion, Kralle am 2. Finger und andere) lassen die Megachiropteren wohl primitiver als die Microchiropteren erscheinen, doch können sie wegen ihrer besonderen Spezialisierung (reduziertes Gebiß, große Augen und Ausbildung des Neopalliums (Abb. 280), weitgehende Rückbildung des Schwanzes*)

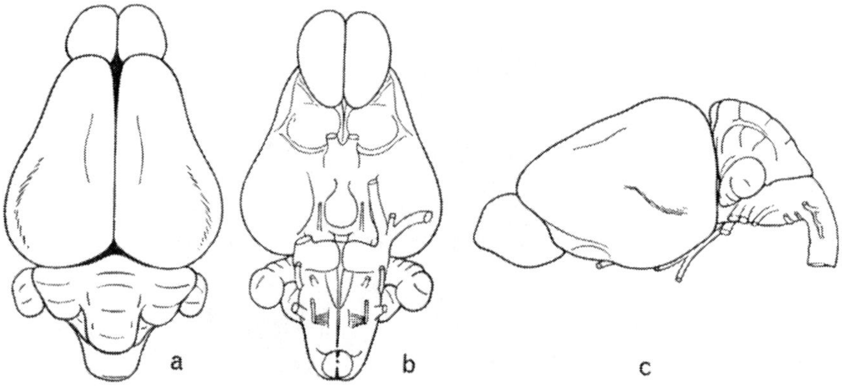

Abb. 280. Gehirn einer Megachiroptere: *Rousettus aegyptiacus*, rezent. a) Dorsal-, b) Ventral-, c) Lateralansicht. Beachte gut entwickelte Bulbi olfactorii, lissencephales Gehirn, Tectum nicht freiliegend. — Nach SCHNEIDER 1957

und des Uropatagiums, Brutfürsorge, Sozialverhalten) nicht als Modell ihrer Stammformen gelten. Die Megachiropteren sind von „Proto"-Microchiropteren abzuleiten, denen die für die Fledermäuse charakteristischen Merkmale (Ultraschall-Orientierung, Reduktion der Kralle des 2. Fingers und so weiter) abgehen. Zur Abspaltung der Megachiropteren kam es erst in präoligozäner Zeit, wie der Nachweis von *Archaeopteropus* belegt. Für die relativ späte, vermutlich im Eozän erfolgte Entstehung der Megachiropteren spricht auch das Fehlen von Flughunden in der Neuen Welt, worauf auch BAKER & HARRIS [177] hinweisen.

Die gegenwärtig nur durch eine allerdings artenreiche Familie (**Pteropodidae** = Pteropidae)**) vertretenen Flughunde (Megachiroptera) sind meist große, fast ausschließlich frugivore Fledertiere der Tropen und Subtropen der Alten Welt. Sie sind Dämmerungstiere, die sich mit den Augen orientieren, abgesehen von höhlenbewohnenden Formen (wie *Rousettus*). *Rousettus* hat neben der optischen Orientierung auch eine Schall-Orientierung durch den Zungenschlag beziehungsweise Ultraschall [1197–1201, 1951, 1952, 2373, 2374], und nimmt in dieser Hinsicht eine Art Mittelstellung zwischen *Pteropus* und Microchiropteren ein, ohne daß man von einer phylogenetischen Zwischenstellung sprechen kann.

Fossilfunde von Megachiropteren sind außerordentlich selten. *Archaeopteropus transiens* aus dem Alt-Oligozän (Sannoisium) von Italien besitzt die für Flughunde typischen Merkmale, doch läßt die Merkmalskombination eine Zuordnung zu einer rezenten Gattung nicht zu [680]. So ist ein langer, an *Notopteris* erinnernder Schwanz ausgebildet; die Molaren sind höckrig entwickelt und so weiter. Weitere Fossilreste sind von *Rousettus* (Miozän) und *Pteropus* (Pleistozän) bekannt [720], doch phylogenetisch bedeutungslos. So läßt sich die Stammesgeschichte der

*) Der meist völlig reduzierte Schwanz wird embryonal noch angelegt [3353].
**) Verschiedentlich klassifiziert man die Macroglossinen und *Harpyionycteris* als Vertreter eigener Familien.

Flughunde praktisch nur auf Grund der rezenten Formen beurteilen. Das aus meist einfachen Zähnen bestehende Backengebiß der Flughunde ist — wie ähnlich reduzierte Gebisse unter den Phyllostomatiden erkennen lassen — sekundär vereinfacht. Die artenreichste Gruppe sind die Kurzzungen-Flughunde (Pteropinae), unter denen *Pteropus* die meisten Arten umfaßt. Verbreitungsgeschichtlich ist das Fehlen der von Polynesien über Australien und SO-Asien bis zu den Seychellen und Madagaskar verbreiteten Gattung *Pteropus* in Afrika bemerkenswert, wo sie durch die Epaulettenflughunde (*Epomorphus, Epomops*) vertreten werden. Nach Simpson [3282] sind die Pteropiden in Australien älter als die Microchiropteren. Interessant ist weiterhin, daß für die Chiropteren als Flugformen die Wallacesche Linie keine Grenze bildet und daß für zahlreiche Flughunde das Entstehungszentrum östlich dieser Linie gelegen ist [3535].

Während die Pteropinae praktisch als reine Fruchtfresser leben, sind die Langzungen-Flughunde (Macroglossinae) hauptsächlich Pollen- und Nektarfresser und umfassen die kleinsten Megachiropteren. Auch ihr Verbreitungsgebiet liegt im indo-malayischen und australisch-polynesischen Gebiet (nur *Megaloglossus* im afrikanischen Raum). Die in der australischen Region verbreiteten Röhrennasen-Flughunde (Nyctimeninae) erinnern mit ihren Röhrennasen und kurzen Schnauzen an Microchiropteren, sind jedoch Fruchtfresser [931].

Die Gattung *Harpyionycteris* von den Philippinen und Celebes weist als Kennzeichen die multituberculaten Molaren und eine Art diprotodontes Vordergebiß auf, ohne daß jedoch phylogenetische Beziehungen zu Multituberculaten anzunehmen sind (siehe oben). Mit Tate [3541] sind die mehrhöckrigen Molaren eher als sekundärer Erwerb denn als Überbleibsel der Vorfahren anzusehen. Dafür sprechen auch die molarisierten P^4_4. Es handelt sich hier um einen alten Seitenzweig des Pteropodidenstammes.

Microchiroptera (Fledermäuse: „Rhinolophoidea", Phyllostomatoidea, Vespertilionoidea und Emballonuroidea)

Die fast weltweit verbreiteten Fledermäuse (Microchiroptera) bilden die wesentlich formenreichere und auch geologisch ältere Gruppe unter den Handflüglern. Abgesehen von *Icaronycteris index* (= **Icaronycteridae**) aus dem Alt-Eozän (Wasatchian) von Wyoming [1655], der einzelne primitive (megachiropteroide) Merkmale besitzt (Seite 252), und den mittel-eozänen Gattungen (*Palaeochiropteryx, Archaeonycteris, Cecilionycteris* [1328, 2891]), die im postcranialen Skelett durchaus rezenten Microchiropteren entsprechen, jedoch im Gebiß Unterschiede zeigen und als Angehörige eigener Familien (**Archaeonycteridae**, **Palaeochiropteridae**) klassifiziert werden, sind nur Vertreter rezenter Familien bekannt [2891, 2892].

In Anbetracht der Artenzahl der rezenten Microchiropteren sind die Fossilfunde weitgehend bedeutungslos. Immerhin sind die Emballonuriden (mit *Vespertiliavus*), die Rhinolophidae (mit *Rhinolophus*), die Hipposideridae (mit *Pseudorhinolophus, Palaeophyllophora* und *Paraphyllophora*) und die Vespertilioniden (mit *Stehlinia* = *Nycterobius* = *Revilliodia* Simpson [1272]) bereits im Eozän belegt. Sie bezeugen das hohe geologische Alter dieser Familien, doch ist anzunehmen, daß damals noch weitere Microchiropterenstämme existierten. Die Megadermatiden (*Necromantis* aus Europa) und Molossiden (*Tadarida* [= *Nyctinomus* Geoffroy] aus Europa; [3826]) sind seit dem Oligozän belegt, was auch für *Myotis* (Vespertilionidae) gilt.

Angesichts dieser spärlichen alt-tertiären Fossilfunde und des Fehlens fossiler Reste von insgesamt 7, allerdings meist artenarmen, Familien (Rhinopomatidae, Noctilionidae, Nycteridae, Furipteridae, Thyropteridae, Myzopodidae und Mystacinidae) kann man die stammesgeschichtliche Entwicklung der Microchiropteren derzeit noch nicht beurteilen. Freilich lassen sich nach morphologisch-anatomischen Gesichtspunkten vier Hauptgruppen (Emballonuroidea, Rhinolophoidea, Phyllostomatoidea und Vespertilionoidea) unterscheiden, doch steht diese Gliederung nicht in Einklang mit physiologischen Befunden, wie sie in den letzten Jahren vor allem Möhres & Kulzer gewinnen konnten, doch sind diese Untersuchungen noch längst nicht abgeschlossen.

Die Orientierung der Fledermäuse erfolgt nach dem Echolot-Prinzip, indem die Tiere hohe, für das menschliche Ohr nicht wahrnehmbare Töne (Ultraschall mit Schwingungen hauptsächlich zwischen 10 und 150 kHz = Kilohertz) aussenden und deren Echo mit den Ohren aufnehmen. Diese Echopeilung, die den Fledermäusen den Flug und die Insektenjagd auch bei völliger Dunkelheit ermöglicht, wurde erst vor zwei Jahrzehnten erkannt [796, 1199]. Seitherige Untersuchungen haben gezeigt, daß nicht nur die Art der Töne verschieden sein kann (Dauertöne und Frequenzschwankungen als Artunterschiede oder auch individuell bei der Beutejagd), sondern auch die Aussendung durch den Mund oder durch die Nasenöffnungen erfolgen kann. Nach den Frequenzschwankungen unterscheidet Griffin [1197] Fledermäuse mit „Dauerton-Peilung" (Rhinolophidae), „flüsternde Fledermäuse" mit geringer Intensität (Vampire) und Microchiropteren mit frequenzmodulierten Schallimpulsen (Vespertilionidae, Noctilionidae). Möhres & Kulzer [2375, 2376] sprechen von verschiedenen Typen, die nach den wichtigsten Familien als Vespertilioniden-, *Rhinolophus*- und *Hipposideris*-Typ bezeichnet werden. Alle Microchiropteren erzeugen die Laute im Kehlkopf. Sämtliche dieser Feststellungen sind wesentlich für die Beurteilung der stammesgeschichtlichen Beziehungen. So lassen sich die Megachiropteren nur von Chiropteren ableiten, bei denen eine für rezente Fledermäuse charakteristische Ultraschallorientierung noch nicht ausgebildet war. Damit ist die schon auf Seite 250 diskutierte Frage berührt, ob bereits die paleozänen Chiropteren sich mit Hilfe von Ultraschall orientierten. Des weiteren erklärt die Art des Aussendens und der Empfang der Laute die Vielfalt der Ausbildung von Nasen und Ohren bei den Microchiropteren. Allerdings besteht nach Griffin & Novick [1200] eine deutliche Korrelation zwischen den Ultraschallimpulsen und der Ernährung (Insekten-, Fisch- und Fruchtfresser oder Blut„sauger").

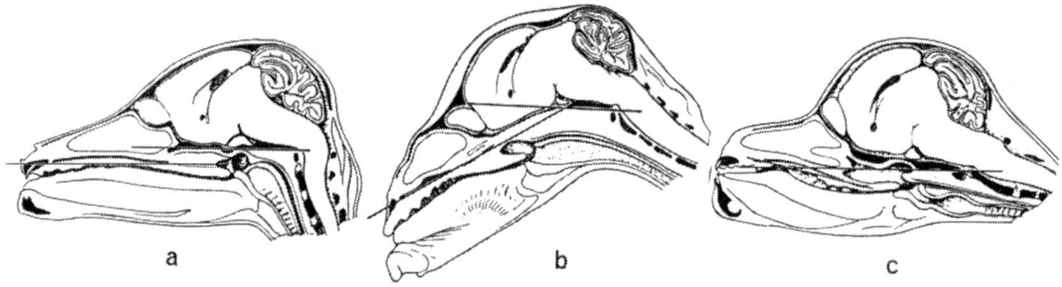

Abb. 281. Mediansagittalschnitte durch die Schädel von Microchiropteren zur Darstellung der verschiedenen Knickungstypen. Schädelbasis und Gaumengerade eingetragen. a) *Glossophaga soricina*, b) *Rhinolophus hipposideros*, c) *Pteronotus suapurensis*. — Nach Schneider 1957

Bemerkenswert ist jedenfalls, daß sich innerhalb der als „Rhinolophoidea" zusammengefaßten Familien neben dem *Rhinolophus*-Typ (**Rhinolophiden**), der *Hipposideris*-Typ (**Hipposideridae**) und der Vespertilioniden-Typ (Megadermatidae und Nycteridae) feststellen ließ [2375, 2376], wobei die Angehörigen der beiden zuletzt genannten Familien Nasenaufsätze als Richtstrahler wie bei den Rhinolophiden verwenden. Die Rhinolophiden bilden außerdem durch das sogenannte Bildhören*) den akustisch wohl höchst differenzierten Typ der Ultraschall-

*) Durch Ohrbewegungen ist jedes Ohr für sich allein zur vollen Orientierungsleistung fähig [3069].

Orientierung unter den Microchiropteren. Auch durch die Spezialisierung des Kehlkopfes, durch eine mächtige Bursa pharyngica, Schädelbasisknickung und die Rückbildung der Nasenregion bilden die Rhinolophiden Extremformen (Abb. 281 u. 282). Die Ausbildung der verhältnismäßig

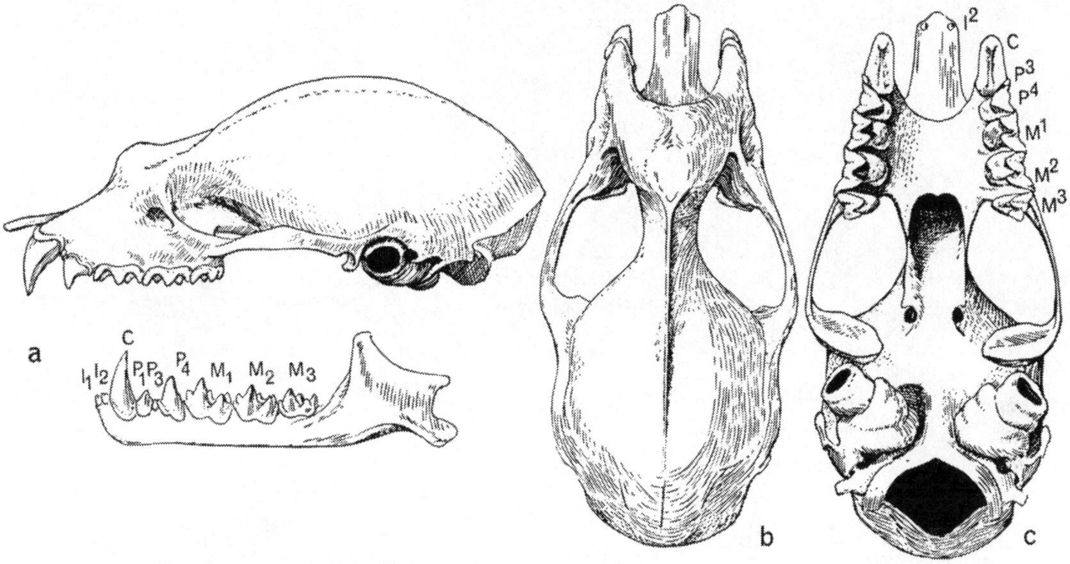

Abb. 282. *Rhinolophus ferrum-equinum* (Rhinolophidae), Osteocranium. a) Lateral-, b) Dorsal-, c) Ventralansicht Beachte die für Microchiropteren typische, mit der Verkürzung des Fazialschädels in Zusammenhang stehend Reduktion des P-Abschnittes sowie der Incisiven. (ca. 2/1) — Nach FRIANT 1963

C = Caninen *I* = Incisiven *P* = Prämolaren *M* = Molaren

kurzen und breiten Flughäute ermöglicht gegenüber den schmalflügligen und wohl ausdauernderen Arten zwar nur eine geringere Fluggeschwindigkeit, jedoch eher plötzliche Wendungen (vergleiche Falke und Habicht unter den Vögeln). Auf die aus diesen Ergebnissen resultierenden Aspekte kann nur verwiesen werden. So scheinen die verschiedentlich als Unterfamilien klassifizierten **Megadermatiden***) und **Nycteriden** einander tatsächlich näher zu stehen als die übrigen Hufeisennasenartigen.

Die formen-, aber nicht artenreichste rezente Gruppe bilden zweifellos die neuweltlichen Phyllostomatoidea**), die auf die tropisch-subtropischen Gebiete beschränkt sind. Neben insektenfressenden Arten sind Fleisch- *(Phyllostomum, Vampyrum)*, Frucht- (vor allem Stenoderminae und Carolliinae), Nektar- und Pollenfresser (Glossophaginae) sowie auch Blut„sauger" **(Desmodontidae)** bekannt. Bei den letzten beiden Arten ist das Vordergebiß schneidend differenziert und die Molaren sind etwas oder völlig reduziert $\left(\textit{Desmodus}\ \frac{1\ 1\ 2\ 0}{2\ 1\ 3\ 0}\right)$. Die fruchtfressende **Phyllostomatiden** (Blattnasen) vertreten gewissermaßen die in Amerika fehlenden Flughunde im allgemeinen, während die Langzungen-Vampire (Glossophaginae) den Langzungen-Flug-

*) *Megaderma* und *Miomegaderma* sind aus dem europäischen Jung-Tertiär nachgewiesen [2323].
**) Die von REVILLIOD [2892] vermutete Zugehörigkeit von *Paleunycteris* aus dem europäischen Alt-Tertiär zu dieser Gruppe ließ sich bisher nicht bestätigen.

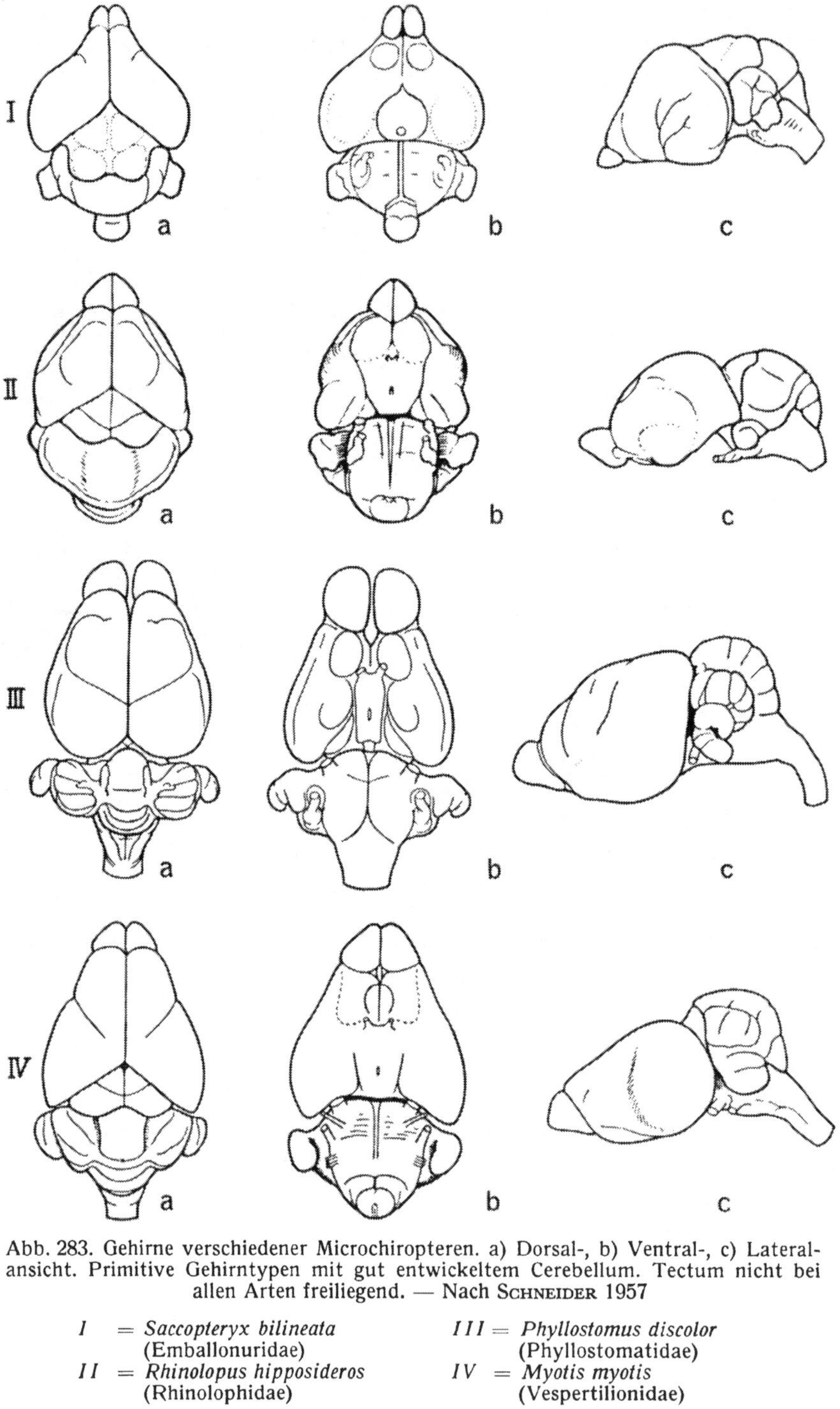

Abb. 283. Gehirne verschiedener Microchiropteren. a) Dorsal-, b) Ventral-, c) Lateralansicht. Primitive Gehirntypen mit gut entwickeltem Cerebellum. Tectum nicht bei allen Arten freiliegend. — Nach SCHNEIDER 1957

I = *Saccopteryx bilineata* (Emballonuridae)
II = *Rhinolopus hipposideros* (Rhinolophidae)
III = *Phyllostomus discolor* (Phyllostomatidae)
IV = *Myotis myotis* (Vespertilionidae)

hunden (Macroglossinae) entsprechen, wobei Gebiß, Zunge, Speiseröhre und Verdauungstrakt zahlreiche Parallelerscheinungen aufweisen [2777].

Weniger formen-, dafür aber artenreicher haben sich die weltweit verbreiteten Glattnasen (**Vespertilionidae**) unter den Vespertilionoidea entwickelt. Sie sind durch die einfachen Nasen (selten röhrenförmig) bei differenzierten Ohren (Ohren mit Tragus) charakterisiert. Abgesehen von den artenreich vertretenen **Molossiden** (Bulldoggfledermäuse) handelt es sich bei den übrigen Fledermäusen dieser Gruppe um praktisch monotypische Familien mit mehr oder weniger aberranten Formen. Bemerkenswert sind die bei madagassischen (**Myzopodidae**) und neuweltlichen Formen (**Thyropteridae**) ausgebildeten, aus Hautschwielen entstandenen Haftscheiben, wie wir sie auch bei *Tylonycteris* unter den Vespertilioniden kennen.

Unter den Emballonuroidea gehören die afro-asiatischen **Rhinopomatiden** (Gattung *Rhinopoma* [Mausschwanzfledermaus]) und die circumtropisch verbreiteten **Emballonuriden***) – nach Möhres & Kulzer – dem Vespertilioniden-Typ an. Unter den neuweltlichen **Noctilioniden** finden sich Fischfledermäuse *(Noctilio leporinus)*.

Die Chiropteren bilden ein gutes Beispiel für eine formenreich entwickelte Säugetiergruppe auf niedrigem Evolutionsniveau innerhalb eines bestimmten, hochspezialisierten Anpassungs-

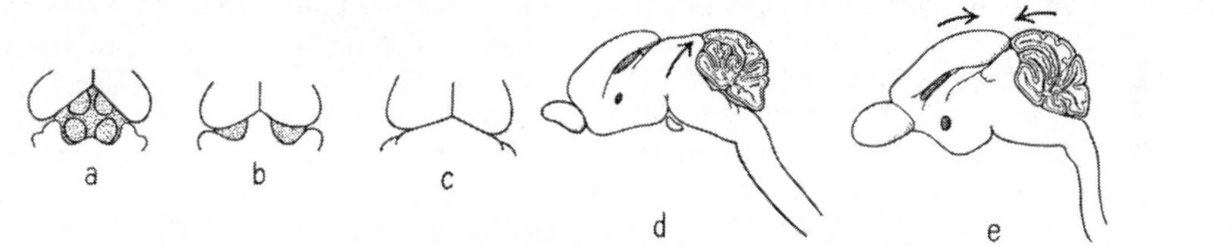

Abb. 284. Gehirne von Microchiropteren (Dorsalansicht [Ausschnitt] und Mediansagittalschnitt). Beachte völlig freiliegendes bis gänzlich bedecktes Tectum. a) *Saccopteryx*, b) *Pteronotus*, c, e) *Carollia*, d) *Rhinolophus* — Nach Starck 1963

Abb. 285. Chiropteren-Gehirne, auf gleiche Länge gebracht. Links: Dorsal-, rechts: Lateralansicht. Neocortex = schraffiert, basales Palaeopallium = punktierte Dreiecke, Bulbus olfactorius = Kreise, Tectum = punktiert, Cerebellum = weiß. *Pteropus* als evoluiertester Typ. Nach Schneider 1957

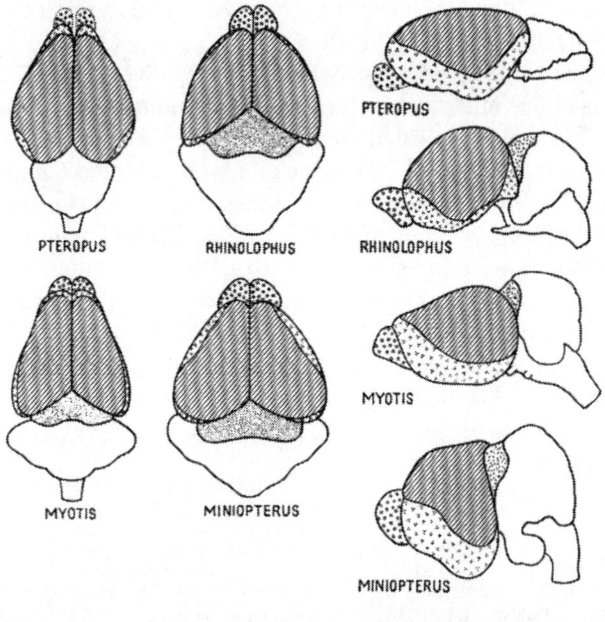

*) Fossilfunde *(Taphozous = „Saccolaimus")* sind aus dem europäischen und afrikanischen Jung-Tertiär bekannt [459].

typus, deren Ausformung von erst teilweise erkannten Faktoren (Ultraschallorientierung) bestimmt ist (Abb. 283—285). Die Chiropteren haben sich trotz ihres hohen geologischen Alters durch das Fehlen von Konkurrenten bis zur Gegenwart formenreich entwickelt und erhalten.

Edentata (Zahnarme)

Als Edentata faßte man ursprünglich [673] mehrere — aus verschiedenen Wurzelgruppen hervorgegangene — Säugetierstämme zusammen, deren augenfälligstes gemeinsames Merkmal die Reduktion des Gebisses darstellt. Anatomisch-morphologische Untersuchungen [959] an den rezenten „Zahnarmen" und ihre geographische Verbreitung, zahlreiche Fossilfunde sowie serologische Befunde haben gezeigt, daß es sich um Konvergenz- oder Parallelerscheinungen handelt und daß innerhalb der „Zahnarmen" die neuweltlichen Pholidota und die Tubulidentata sowie die nur fossil bekannten und verschiedentlich auch als Edentata klassifizierten Taeniodonta (= Ganodonta [3955]) jeweils eigene Stämme darstellen*). Wir wollen uns hier nur mit den Edentata im Sinne von Simpson [3257] befassen, von denen eine Fülle fossiler Funde bekannt ist.

Durch Fossilfunde ist nicht nur die einstige Formenmannigfaltigkeit belegt (ungefähr zehnmal mehr fossile Gattungen als rezente), sondern auch die stammesgeschichtliche Entwicklung und die Herkunft der Xenarthra in den Grundzügen geklärt. Dennoch sind noch zahlreiche Probleme offen, die morphologische, taxonomisch-phylogenetische, verbreitungsgeschichtliche und physiologisch-ökologische Fragen betreffen.

Ist auch die Abgrenzung der Edentaten gegenüber den Pholidoten, Tubulidentaten und Taeniodonten kein Problem und besteht auch auf Grund verschiedener primitiver Merkmale kaum ein Zweifel über die frühzeitige Abspaltung der Edentaten und der Pholidoten von jungmesozoischen Protoinsectivoren**), so gehen die Ansichten über die basale Verwurzelung dieser beiden Gruppen auseinander; dabei spielen einerseits morphologische Gesichtspunkte eine Rolle — wie verschiedener Placentatyp, Dermalverknöcherungen und Os nariale bei Edentaten, Hornschuppen und kein Os nariale bei Pholidoten, hingegen einzelne Übereinstimmungen zwischen Palaeanodonten beziehungsweise Xenarthren und Pholidoten in osteologischer Hinsicht, in der Muskulatur, im Primordialcranium [3375, 3869] — ,andererseits tiergeographische Gesichtspunkte. Bei den Gemeinsamkeiten handelt es sich um primitive Merkmale, die beide Stämme bewahren. Sie lassen sich dadurch erklären, „daß beide Ordnungen sehr tief am gemeinsamen Stamm der Säugetiere wurzeln und auf primitive, insectivore, mesozoische Säugetiere zurückgeführt werden müssen" [3375]. Diese Annahme als richtig vorausgesetzt, müßte die Trennung älter sein als jene zwischen Palaeanodonten und Xenarthren [3226]. Nach den Entoparasiten (Cestoden) ist jedoch eine direkte Verwandtschaft zwischen Edentaten und Pholidoten sehr unwahrscheinlich [2601]. Das bestätigt auch die Karyologie, indem wesentliche Unterschiede in der Zahl und im Bau der Chromosomen zwischen Xenarthren und Pholidoten vorhanden sind [2226, 2984].

---

*) Daß dies auch für die durch Cuvier als Edentata klassifizierten Monotremata gilt, braucht hier wohl nicht betont zu werden.

**) Eine direkte Ableitung der Edentaten von Monotremen, wie sie auf Grund osteologischer Merkmale („Septomaxillare", großes Coracoid) angenommen wurde [2561], ist ebensowenig begründet wie die von Elliot Smith [3321] auf Grund des Gehirnbaues vermutete entfernte Verwandtschaft mit Carnivoren und Ableitung von älteren Creodonten bzw. die Abtrennung als eigene U-Klasse (Paratheria Thomas [3692]). Thomas akzeptierte Parkers Ansicht und stellte die Edentaten auf Grund seiner Theorie, daß die primitivsten Säugetiere ein homodontes und monophyodontes Gebiß besaßen, die Edentaten den Placentalia und Marsupialia gegenüber. Auf weitere, lediglich historisches Interesse beanspruchende Ansichten über die direkte stammesgeschichtliche Ableitung der Edentaten von Reptilien, wie sie etwa Ameghino [72] und Steinmann [3426] ausgesprochen haben, kann hier nicht eingegangen werden.

Weiterhin kann als sicher gelten, daß das Entfaltungszentrum der Xenarthra in der Neuen, das der Pholidota in der Alten Welt gelegen ist. In diesem Zusammenhang ist wesentlich, daß bisher keine altweltlichen Edentaten nachweisen ließen*).

Wie bereits GREGORY [1174] erkannte, sind die Edentata höchst aberrante Abkömmlinge von sehr alten (mesozoischen) Säugetieren, die manches primitive Merkmal (wie Parasphenoid [2852], „Septomaxillare" [397] = Os nariale [3799]) bewahrt haben und die vor der Radiation der Insectivoren, Creodonten und Protungulaten entstanden sind. Eine Ableitung von Taeniodonten, wie sie WORTMAN [3955] in der Ganodontentheorie zum Ausdruck brachte, beruht — wie bereits SCOTT [3137] erkannte — auf Konvergenzerscheinungen und ist somit hinfällig.

Von den weiteren Problemen ist die phylogenetische Bedeutung der Palaeanodonten, die Großgliederung der Xenarthren, die Frage der Hautverknöcherungen bei Gravigraden, die Stellung der sogenannten Paragravigraden (= Orophodontiden) und von *Chlamyphorus*, die Herkunft der Baumfaultiere und das Aussterben der Glyptodontiden und Riesenfaultiere im Quartär zu erwähnen, auf die noch zurückgekommen sei.

Die Geschichte der Xenarthren wird nur durch die frühe Isolierung des südamerikanischen Kontinentes und die erst zur jüngsten Tertiärzeit wieder landfest gewordene Verbindung mit Zentralamerika sowie die Isolation der Antillen verständlich. Die Stammformen der Edentaten in Südamerika wanderten von Nordamerika her ein, wohl bereits im ausgehenden Mesozoikum (? ältestes Tertiär). In Nordamerika ist die gemeinsame Wurzel von Palaeanodonten und Xenarthren zu suchen. Wie SIMPSON [3226] und auch COLBERT [590] gezeigt haben, sind die bisher bekannten Palaeanodonten nicht die unmittelbaren Stammformen der Xenarthren.

Palaeanodonta

Aus dem nordamerikanischen Alt-Tertiär ist eine Reihe von Säugetieren bekannt, die trotz etlicher beachtlicher Unterschiede gegenüber den Xenarthren (normale, nicht xenarthrale Wirbelgelenkung, Halswirbel nicht verschmolzen**), keine doppelte knöcherne Verbindung des Beckens mit der Wirbelsäule) verschiedene gemeinsame Merkmale (vereinfachtes Gebiß, Reduktion des Schmelzes, einfach zylindrische Zahnform, Vergrößerung des Vorderzahnes) mit ihnen besitzen, weshalb man beide als Edentata zusammenfaßt.

Allerdings kann man die bisher bekannten Palaeanodonten auf Grund ihrer abweichenden Spezialisierung und nach dem geologischen Alter (Ober-Paleozän—Oligozän) nicht als Stammformen der Xenarthren ansehen, sind doch typische Xenarthren bereits aus dem Ober-Paleozän Südamerikas (siehe unten) bekannt. Abgesehen davon lassen sich unter den Palaeanodonten zwei deutlich getrennte Stämme unterscheiden: Die **Metacheiromyiden**, die dimensionell und im postcranialen Skelett mit Gürteltieren vergleichbar sind (*Palaeanodon*: Ober-Paleozän [Abb. 286] *Metacheiromys*: Eozän [Abb. 287, 288]) und die bedeutend kleineren, an eine subterrane Lebens-

---

*) Die vermeintlichen tertiär- und eiszeitlichen Edentatenreste aus Europa (*Necrodasypus* aus dem Alt-Tertiär des Quercy und *Loricotherium* aus dem Mittel-Eozän des Geiseltales = Dermalverknöcherungen von Reptilien [*Placosaurus* 1497, 3812], *Necromanis* aus dem Oligo-Miozän = Pholidota, Gürteltierreste aus dem österreichischen Miozän = Panzerplatten mariner Lederschildkröten [*Psephophorus polygonus* 3584]) und Madagaskar (*Bradytherium madagascariensis* GRANDIDIER [1160] = Primate [*Palaeopropithecus*; Seite 178]) stammen nicht von Edentaten, und auch der erst kürzlich aus dem Alt-Tertiär Chinas beschriebene Kieferrest (*Chungchienia* [541]) ist kein Edentate, sondern vermutlich ein Taeniodonte.

**) Aus dem Mittel-Eozän Nordamerikas sind jedoch verschmolzene Halswirbel bekannt [2935], die vermuten lassen, daß es auch bei Palaeanodonten zur Verschmelzung von Halswirbeln gekommen ist. Das Fehlen von Dermalverknöcherungen schließt das Vorkommen von Xenarthren im nordamerikanischen Eozän praktisch aus.

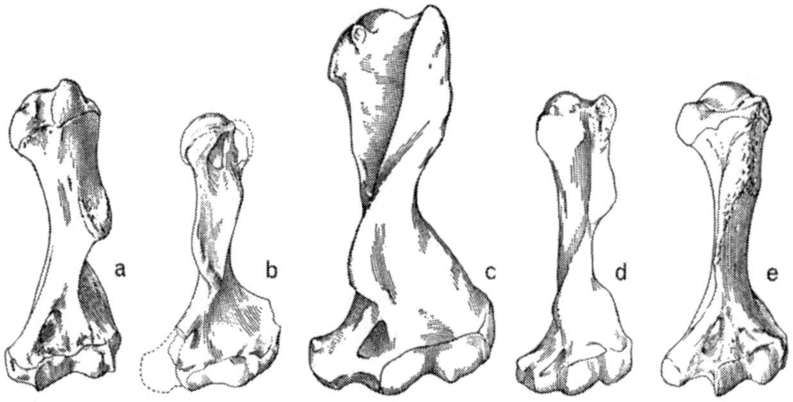

Abb. 286. Humerus sin. (Vorderansicht) von Edentaten (a, b) und Pholidoten (c—e). a) *Dasypus*, rezent, b) *Palaeanodon*, Eozän, Nordamerika, c) *Galliaetatus*, Oligozän, Europa, d) *Necromanis*, Oligozän, Europa, e) *Manis*, rezent. (Maßstäblich verkleinert) Nach MATTHEW 1918

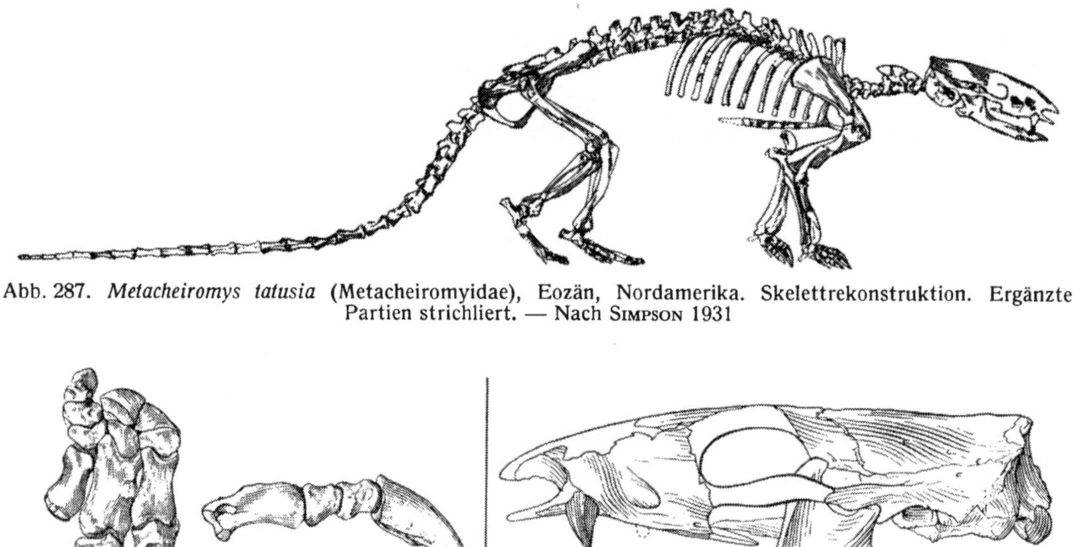

Abb. 287. *Metacheiromys tatusia* (Metacheiromyidae), Eozän, Nordamerika. Skelettrekonstruktion. Ergänzte Partien strichliert. — Nach SIMPSON 1931

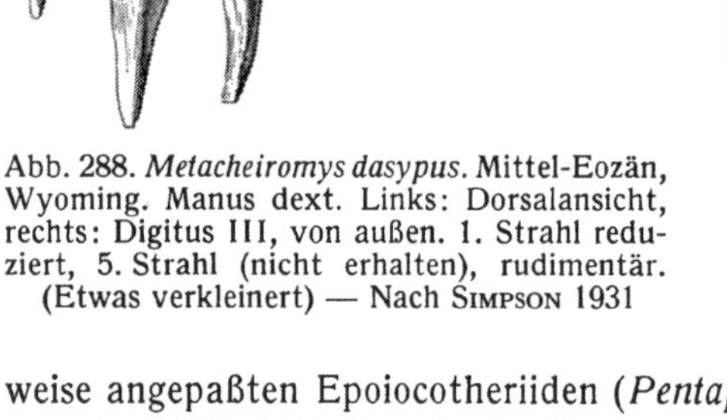

Abb. 288. *Metacheiromys dasypus*. Mittel-Eozän, Wyoming. Manus dext. Links: Dorsalansicht, rechts: Digitus III, von außen. 1. Strahl reduziert, 5. Strahl (nicht erhalten), rudimentär. (Etwas verkleinert) — Nach SIMPSON 1931

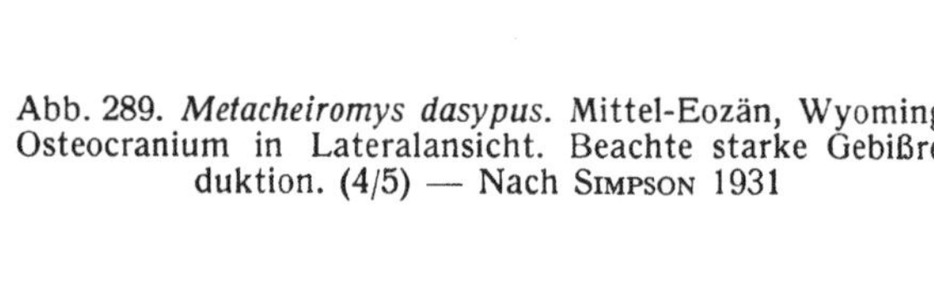

Abb. 289. *Metacheiromys dasypus*. Mittel-Eozän, Wyoming. Osteocranium in Lateralansicht. Beachte starke Gebißreduktion. (4/5) — Nach SIMPSON 1931

weise angepaßten Epoiocotheriiden (*Pentapassalus* und ? *Tubulodon**): Unter-Eozän ?, *Tetrapassalus*: Mittel-Eozän, *Epoicotherium* = „*Xenotherium*“: Unter-Oligozän und *Xenocranium*:

*) Dies, ursprünglich als Tubulidentate klassifizierte Gattung ist nach GAZIN [1080] und SIMPSON [3272] ein Angehöriger der Palaeanodonten.

Mittel- und Ober-Oligozän [590, 3212]). Mit den Epoiocotheriiden, die ursprünglich als Chrysochloriden gedeutet wurden, sind verschiedentlich [2981] auch die Palaeoryctiden (= Deltatheridia, Seite 110) in Verbindung gebracht worden, doch handelt es sich um reine Konvergenzerscheinungen, die im Zusammenhang mit der unterirdischen Lebensweise stehen. Abgesehen von dem etwas an Chrysochloriden und Necrolestiden erinnernden keilförmigen Schädel der Epoiocotheriiden sind die bei den Endformen *(Xenocranium)* auftretende bulböse Vergrößerung des Squamosums und die mit den Pterygoidea in Verbindung stehenden großen Bullae charakteristisch*). Die **Epoiocotheriiden** sind zwar durch gemeinsame „trends" im Gebiß und auch im Schädelbau (breites Basicranium und Occiput, kleine zentrale Orbitae, niedrige Mandibel) mit den Metacheiromyiden verbunden, jedoch adaptiv völlig verschieden, so daß eine frühzeitige Trennung bereits im Paleozän anzunehmen ist. Die Gebißreduktion ist bei *Metacheiromys* mit $\frac{1}{2}$ am weitesten fortgeschritten (Abb. 289), bei den in dieser Hinsicht primitiveren Epoicotheriiden lautet die Gebißformel $\frac{3}{4-5}$ *(Tetrapassalus* [Abb. 290])**) und $\frac{5}{6}$ *(Pentapassalus, Epoicotherium).*

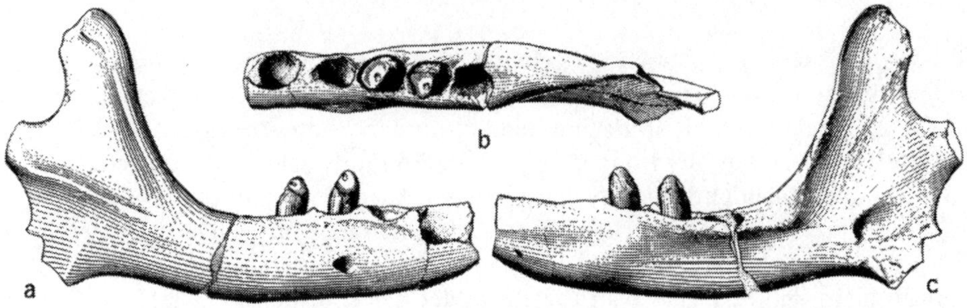

Abb. 290. *Tetrapassalus mckennai* (Epoicotheriidae). Mittel-Eozän, Wyoming. Mandibel dext. a) lateral, b) dorsal, c) lingual. (ca. 4/1) — Nach Simpson 1959

Angesichts der divergierenden „trends" ist es schwierig zu sagen, welcher Stamm der Palaeanodonten den Xenarthren näher steht. Davon kommt, daß über manche Organe (Gehirn, Abb. 291 auf Seite 264) keine oder nur ungenügende Aussagen gemacht werden können.

Xenarthra

Die als Xenarthra zusammengefaßten Edentaten besitzen ein stark oder völlig reduziertes Gebiß aus meist schmelzlosen Zähnen. Ihre Lendenwirbel zeichen sich durch zusätzliche Gelenkflächen aus (xenarthrale Gelenkung)***), ihre Halswirbel verwachsen untereinander; außerdem ist eine zusätzliche pseudosacrale Verbindung des Beckens mit der Wirbelsäule vorhanden und dadurch eine sogenannte Fenestra sacro-ischiadica entstanden. Die stark vereinfachten, wurzellosen und stiftförmigen, mit ständig offener Pulpa versehenen Zähne sind bis auf die geologisch ältesten Xenarthren (wie *Utaetus* [3228] aus dem Casamayorense [Alt-Eozän]) schmelzlos†).

*) Merkmale, die zwar auch von *Manis* bekannt sind, jedoch nach Colbert [590] als Parallelerscheinungen aufzufassen sind.

**) Die Dokumentation (Unterkiefer) dieser Gattung ist zu gering, um die Zahnformel oder die Zugehörigkeit zu den Epoicotheriiden (? Metacheiromyiden) mit Sicherheit angeben zu können.

***) Sekundär können diese zusätzlichen Gelenkflächen wieder weitgehend reduziert sein (zum Beispiel Bradypodidae [184, 1051]).

†) Gelegentlich ist bei Milchzähnen nicht nur ein Schmelzorgan [3646], sondern auch tatsächlich Schmelz vorhanden (zum Beispiel *Dasypus novemcinctus* [3365]).

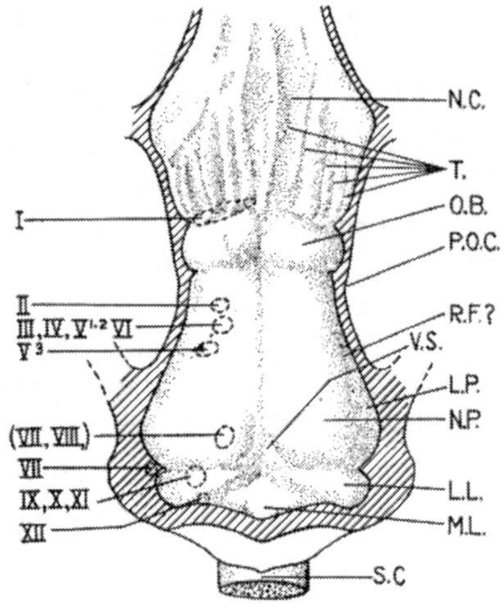

Abb. 291. *Palaeanodon ignavus* (Metacheiromyidae). Alt-Eozän, Nordamerika. Endocranialausguß (halbschematische Rekonstruktion), Dorsalansicht. (1/1) — Nach Simpson 1931

I = Siebbeinplatte
II—XII = Gehirnnervenaustritte auf der Ventralseite
L. L. = Lobus lateralis des Cerebellums
L. P. = Lobus pyriformis
M. L. = Lobus medialis des Cerebellums
N. C. = Nasenhöhlen
N. P. = Neopallium
O. B. = Bulbus olfactorius
P. O. C. =
R. F.? = ? Fissura rhinalis
S. C. = Rückenmark
T = Ansatz der Turbinalia
V. S. = Sinus venosus

Meist ist das Gebiß sekundär homodont, seltener kommt es zur Vergrößerung eines Zahnpaares (= Pseudoincisiven oder sogenannte caniniforme Zähne) bei Megalonychiden und Bradypodiden. Die Zahnzahl wechselt stark und kann sekundär vermehrt sein (wie bei *Priodontes* mit der Zahnformel $\frac{26}{24}$). Bei den Glyptodontiden ist der Zahnquerschnitt durch zwei Quereinschnürungen 3teilig. Die Milchdentition ist, von geringen Ausnahmen abgesehen, fast immer unterdrückt. Bei *Dasypus* sind zweiwurzelige Milchzähne bekannt, von denen die hinteren eine zwei- bis dreihöckrige Krone besitzen.

Ein noch nicht definitiv gelöstes Problem bildet der Hautpanzer. Dieser aus Hautverknöcherungen bestehende Panzer ist für sämtliche Cingulata (=„Loricata" = Dasypodoidea und Glyptodontoidea) kennzeichnend und fehlt den sogenannten „Pilosa" (= Gravigrada, Bradypodidae und Myrmecophagidae). Manche Autoren fassen die Panzerlosigkeit der „Pilosa" als sekundär auf [3798], da einerseits angebliche gepanzerte Gravigraden (= sog. Paragravigrada; Seite 270) bekannt, andererseits bei verschiedenen Gravigraden Reste von Dermalverknöcherungen nachgewiesen sind (zum Beispiel *Mylodon* = *„Gryoptherium"*)*).

Mit diesem morphologischen Problem ist nicht zuletzt auch die Großgliederung der Xenarthra verknüpft, die nicht einheitlich durchgeführt wird. Meist unterscheidet man zwischen den gepanzerten Cingulata Illiger (= Hicanodonta Ameghino) und den „panzerlosen" Pilosa (Anicanodonta Ameghino). Daraus geht aber die Sonderstellung der Myrmecophagiden nicht hervor, die ursprünglich mit den Schuppentieren und dem Erdferkel als Vermilinguia [1627] zusammengefaßt und seit Flower [959] meist von den Gravigraden abgeleitet wurden. Nach Hoffstetter [487] sprechen jedoch zwei Argumente gegen eine solche Ableitung: 1. der primitive dasypodide Fußbau (im Gegensatz zu dem bei Gravigraden stets spezialisierten) und 2. die gegenüber der Phyllophagie der Gravigraden primitive Myrmecophagie. Beide machen ein einstiges gravigrades und damit phyllophages Zwischenstadium unmöglich. Der Ursprung der Myrmecophagiden

*) Bei den rezenten Myrmecophagiden kennen wir keine Dermalverknöcherungen. Den in der Epidermis nachgewiesenen, hinfälligen Horn-„Schuppen" der Schwanzregion fehlen jedenfalls Ossifikationen der Coriums. Sie werden mit den Schuppen der Pholidoten verglichen.

Abb. 292 (rechts). Die vermutlichen stammesgeschichtlichen Zusammenhänge innerhalb der Edentaten. Beachte drei Hauptstämme (Cingulata, „Tardigrada" und Vermilingua) unter den Xenarthra. Rezente Edentata als Überlebende einer einst viel formenreicheren Säugetierordnung

Megatherium
Cyclopes
Myrmecophaga
Choloepus
Mylodon
MYRMECOPHAGIDAE
MEGATHERIIDAE
MYLODONTIDAE
Nothrotherium
BRADYPODIDAE
MEGALONYCHIDAE
Megalocnus
Doedicurus
GLYPTODONTIDAE
Palaeohoplo-
phorus
Hapalops
Glyptodon
OROPHODONTIDAE
Chlamytherium
XENARTHRA
Stegotherium
DASYPODIDAE
Dasypus
PELTEPHILIDAE
METACHEIROMYIDAE
Chaetophractus
PALAEANODONTA
Metacheiromys
EPOICOTHERIIDAE
Chlamyphorus
HOLOZÄN + PLEISTOZÄN
PLIOZÄN
MIOZÄN
ALT - TERTIÄR
KREIDE

muß daher sehr früh angesetzt und die Ameisenfresser den beiden übrigen Hauptgruppen als eigene Gruppe (=Vermilingua im Sinne von HOFFSTETTER) gegenübergestellt werden.

Diese Dreiteilung der Xenarthra in Cingulata, „Tardigrada" (Gravigrada und Bradypodidae) und Vermilingua wird auch der stammesgeschichtlichen Entwicklung gerecht (Abb. 292). Zugleich bilden die drei Gruppen mit ihren rezenten Vertretern (Dasypodiden, Bradypodiden und Myrmecophagiden) drei deutlich verschiedene Evolutionsniveaus, wie etwa die Relation Hirngewicht/Körpergewicht zeigt [2946]. Nach RÖHRS liegt das relative Hirngewicht der Xenarthra eindeutig oberhalb der Beuteltiere und Insektenfresser, jedoch unterhalb der Raubtiere, und entspricht damit dem vieler Nagetiere. Die primitivste Gruppe mit dem geringsten Evolutionsgrad umfaßt die Dasypodiden, während die Myrmecophagiden und *Choloepus* die höchsten Werte zeigen. Bemerkenswert ist der Unterschied zwischen *Bradypus* und *Choloepus*. Die eigentliche Entfaltung der Xenarthra erfolgte auf südamerikanischem Boden. Erst im Plio-Pleistozän erreichten die Xenarthra über Zentralamerika auch nordamerikanischem Boden, auf dem sie sich über Kalifornien und Oregon bis nach Kanada, Alaska sowie nach Texas, Florida und Oklahoma ausbreiteten. Die Besiedlung der Antillen dürfte gleichfalls erst im Pliozän erfolgt sein und dort zu einer Art Radiation geführt haben [2284].

Cingulata (Dasypodoidea und Glyptodontoidea)

Die geologisch ältesten Reste von Xeanrthren stammen aus dem Ober-Paleozän (Riochiquense). Einzelne Cutis-Knochen deuten auf **Dasypodiden** hin, ohne sich einer bisher bekannten Gattung zuordnen zu lassen [3260:92]. Besser belegt sind Dasypodiden aus dem Casamayorense (Alt-Eozän) Patagoniens. Von *Utaetus* sind Schädelfragmente, Kiefer und Gebiß sowie postcraniale Skelettelemente bekannt (Abb. 293 u. 294). Die stiftförmigen Zähne des Unterkiefers (insgesamt 10) besitzen Schmelzkappen, Axis und 3. Halswirbel sind frei, der Astragalus ähnlich *Metacheiromys* und so weiter. Dadurch ist *Utaetus* den Palaeanodonten ähnlicher als sonst ein Xenarthre.

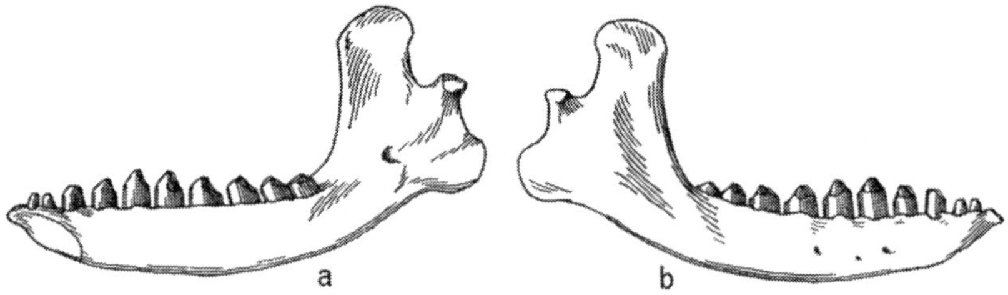

Abb. 293. †*Utaetus buccatus* (Dasypodidae). Alt-Eozän (Casamayorense), Patagonien. Mandibel dext. a) von innen, b) von außen. Zahnspitzen mit Schmelz bedeckt. (ca. 1/1) Nach SIMPSON 1948

Zahlreiche weitere Fossilreste belegen den einstigen Artenreichtum der auch gegenwärtig noch durch mehrere Stämme vertretenen Dasypodiden. Die Dasypodiden sind auf einer primitiven Stufe stehengebliebene Eutheria (Neocortex zeigt keine Entfaltungstendenz), die der aus gänzlich oder teilweise beweglich angeordneten Knochenplattenreihen bestehende Panzer kennzeichnet. Der Schädel ist lang, niedrig und mit schmaler Schnauze versehen; der Jochbogen-

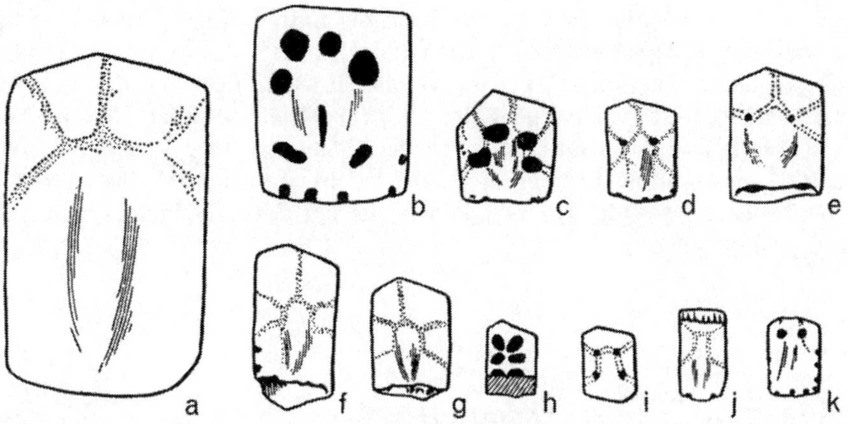

Abb. 294. Isolierte Knochenplatten des Panzers von Dasypodiden, Eozän (Casamayorense und Mustersense), Argentinien. a, b) *Machlydotherium*, c, d) *Utaetus*, e, f) *Meteutatus*, g) *Pseudeutatus*, h) *Coelutaetus*, i) *Prostegotherium*, j) *Astegotherium*, k) ? *Pseudostegotherium*. (1,4/1) — Nach Simpson 1948

fortsatz ist nicht nach abwärts gekrümmt*), die Zahnzahl beträgt meist $\frac{7-9}{7-10}$, doch kommt es sowohl zur Reduktion (*Stegotherium* mit minimal $\frac{5}{7}$) als auch zur sekundären Vermehrung (*Priodontes* mit $\frac{26}{24}$).

Von den verschiedenen Stämmen unter den Dasypodinae sind die Euphractini seit dem Deseadense (Alt-Oligozän; zum Beispiel *Prozaedyus*, *Proeuphractus*) nachgewiesen. Sie haben im Pliozän Südamerikas Riesenformen (*Macroeuphractus)* hervorgebracht. Ähnliches gilt für die Eutatini, die seit dem Colhuehuapiense (*Proeutatus)* belegt sind und mit *Eutatus* eine eiszeitliche Großform (Schädellänge 26 cm) entwickelten. Demgegenüber haben wir den Nachweis für die Priodontini (mit *Priodontes*, dem rezenten Riesengürteltier; gekennzeichnet durch die spezialisierte Hand und das Fehlen eines knöchernen, äußeren Gehörganges) erst seit dem Pleistozän (*Cabassous)***), für die Tolypeutini (Kugelgürteltiere) seit dem Hermosense (Jung-Pliozän) und für die Dasypodini seit dem Mesopotamiense (Alt-Pliozän; *Dasypus*). Auch unter den Dasypodini sind die eiszeitlichen Arten größer (*Propraopus)* als die rezenten und wie diese (*Dasypus)* bis nach Nordamerika verbreitet [151]. *Dasypus* wanderte erst im Jung-Pleistozän [1427] ein.

Die infolge ihrer subterranen Lebensweise recht aberranten Gürtelmulle (Chlamyphorinae mit *Chlamyphorus* [=„*Chlamydophorus*"] und *Burmeisteria*) sind trotz ihrer Eigenheiten (Rückenpanzer bei *Chlamyphorus truncatus* in einer Hautduplikatur, die dem Körper lose aufliegt und nur in der Medianen mit diesem zusammenhängt, Bulla mit langem knöchernem Tubus, ventraler Jochbogenfortsatz [1931]) keine Verwandten der Glyptodontiden, sondern nur hochgradig spezialisierte Dasypodiden. Sie sind fossil bisher unbekannt. Der keilförmige Schädel, das weitgehende bis völlige Fehlen äußerer Ohren, die winzigen, von den Haaren verdeckten Augen, die Grabhände und die Ausbildung des Panzers (abgestützter und starrer Hinterteil) sind als Anpassungen an die wühlende Lebensweise zu verstehen. Das Gebiß ist dasypodid, die Zahnformel $\frac{8}{8}$.

---

*) Ausnahmen bilden *Chlamyphorus* und einzelne fossile Dasypodiden wie *Proeutatus* und *Stegotherium*, doch ist der ventrale Jochbogenfortsatz bei den genannten Gattungen verschieden gestaltet (suborbital und spitz bei *Chlamyphorus*, stumpf bei *Proeutatus*; postorbital bei *Stegotherium*), sodaß diese Eigentümlichkeit nicht als Zeichen näherer Verwandtschaft zu den Glyptodontiden aufgefaßt werden kann, sondern nur als mehrmals unabhängig entstandene Parallelentwicklung.

**) Die Zugehörigkeit von *Vetelia* aus dem Santacruzense ist fraglich.

Außer diesen Dasypodiden sind die nur fossil bekannten Stegotherinae (= Stegotheriidae Ameghino) und die Pampatheriinae (= Chlamydotheriidae Ameghino = Chlamytheriidae Castellanos = Chlamytheriinae Hay) zu erwähnen. Von den auf das Oligo-Miozän beschränkten Stegotherien ist *Stegotherium* (Abb. 295) vollständig bekannt. Kennzeichnend ist das reduzierte Gebiß ($\frac{5-7}{7-8}$) aus winzigen, stiftförmigen Zähnchen, der verlängerte Fazialschädel und der ventrale, postorbitale Jochbogenfortsatz. Leichte Stirnbuckel deuten auf Sinus frontales hin, die übrigens bei anderen Dasypodiden viel kräftiger ausgebildet sind (zum Beispiel *Proeutatus*, *Chlamyphorus*).

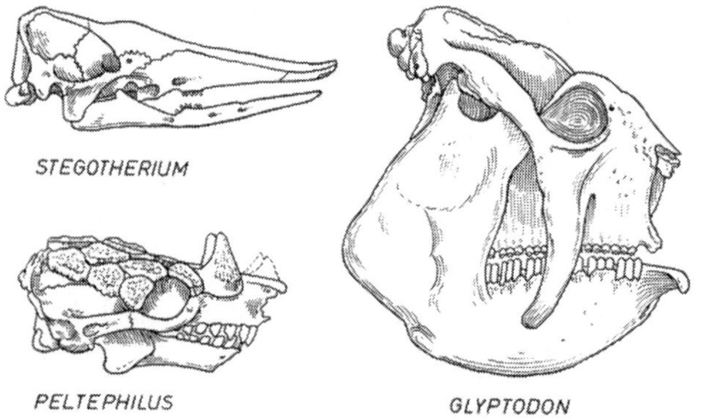

Abb. 295. Schädel (Lateralansicht) fossiler Gürteltiere. *Peltephilus* (Peltephilidae), Miozän, Argentinien, *Stegotherium* (Dasypodidae), Miozän, Argentinien, *Glyptodon* (Glyptodontidae), Pleistozän, Südamerika. (Verkleinert) — Nach Scott 1937 und Hoffstetter 1958, umgezeichnet

Die Pampatheriinae umfassen eiszeitliche Riesengürteltiere*) und sind bisher nur aus dem Plio-Pleistozän bekannt. Sie sind Dasypodiden mit einzelnen progressiven und an Glyptodontiden erinnernden Merkmalen. Die hinteren Backenzähne sind zweiteilig, der Epistropheus ist mit den drei folgenden Halswirbeln vollständig verschmolzen, und eine Schwanzröhre ist ausgebildet. Ausgehend von *Vassallia* aus dem Araucanense (Alt-Pliozän) und *Kraglievichia* aus dem jüngeren Pliozän, lassen sich zwei Stämme unterscheiden, die zu pleistozänen Riesenformen geführt haben: *Pampatherium* Ameghino [58] (= *Chlamydotherium* Lund [2159] nec Bronn [392]) mit einer Schädellänge bis zu 33 cm aus dem östlichen Südamerika und *Holmesina* aus dem westlichen Südamerika und aus Nordamerika [1494, 1634, 3223]. Nach Hoffstetter [1486] ist *Holmesina* als tropische Gattung primitiver als das etwas evoluierte Genus *Pampatherium* und bildet dadurch eine Parallele zu *Eremotherium* unter den Megatherien.

Ein weiterer, in Gebiß, Schädel und Dermalverknöcherungen von Dasypodiden und Glyptodontiden verschiedener Stamm sind die **Peltephiliden**, die auch als „gehörnte" Gürteltiere bezeichnet werden (Abb. 295). Dieser Zweig ist bisher nur aus dem Oligo-, Mio- und Pliozän bekannt und umfaßt carnivore (? necrophage) Edentaten mit einem Gebiß aus jeweils 7, im Umriß subtriangularen Zähnen, von denen der vorderste den Incisiven entspricht, und die in Rundbogenform angeordnet sind. Der bombierte Hirnschädel zeigt entsprechend dem kräftigen Gebiß eine Crista sagittalis, der Fazialschädel ist kurz, die Bulla tympani groß und der knöcherne, äußere Gehörgang wird zum Teil vom Proc. zygomaticus gebildet. Von den präfrontalen Dermalknochen können 1—2 Paare hornförmig ausgebildet sein. Der Rückenpanzer besteht aus beweglichen, imbrizierend angeordneten Platten. Die wichtigsten Gattungen sind *Parapeltocoelus* aus dem Colhuehuapiense, *Peltephilus* aus dem Deseadense bis Santacruzense und *Epipeltephilus* aus

*) Nicht zu verwechseln mit den Glyptodontiden.

dem Friasense und Chasicoense, die man mit einer Schädellänge von 22 cm als Großform bezeichnen kann. Damit ist die einstige und gegenwärtige Formenfülle der Dasypodoidea aufgezeigt.

Ein kurzer und hoher, vorn abgestutzter Schädel mit abwärts gerichtetem Jochbogenfortsatz, durch Quereinschnürungen im Querschnitt 3teiligen Backenzähne und der starre Rückenpanzer kennzeichnen die **Glyptodontiden**, die man erstmalig durch spärliche, aber eindeutige Reste aus dem Mustersense (Mittel- bis Jung-Eozän) nachweisen konnte [3260]. Sie belegen die frühzeitige Abspaltung der Glyptodontiden vom dasypodiden Hauptstamm. Diese Form ist ein von den Dasypodiden in vieler Hinsicht verschiedener Cingulatentyp, bei dem es im Zusammenhang mit dem starren Panzer — der aus dicken, jedoch porösen, durch Suturen miteinander verbundenen, polygonalen Dermalknochen besteht — zu ausgedehnten Verschmelzungen im Bereich der Wirbelsäule kommt: Epistropheus mit 3 oder 5 folgenden Halswirbeln [= Os mesocervicale] verwachsen, 7. Halswirbel frei oder mit den zwei folgenden Thoracalwirbeln verbunden [= Os trivertebrale], Thoracalwirbelsäule sowie Lumbal- und Sacralwirbelsäule miteinander zu Hohlröhren verwachsen. Das Gebiß deutet auf die herbivore Ernährung, die drei- bis fünfzehigen Gliedmaßen besitzen hufähnliche Endphalangen. Das Gehirn der pleistozänen Glyptodontiden (wie *Glyptodon*)*) selbst ist klein und außerordentlich primitiv gebaut, indem gewaltige Bulbi olfactorii nur kleinen Hemisphären gegenüberstehen. Es waren ausgesprochen makrosmatische Edentaten [721].

Nach einer überaus reichen Entfaltung der Glyptodontiden im südamerikanischen Jung-Tertiär haben die Glyptodontiden im Pleistozän auch den nordamerikanischen Kontinent erreicht. Die eiszeitlichen Arten sind durchwegs Groß- und Riesenformen (Abb. 295), die am Ende des Pleistozäns und im frühesten Holozän ausstarben [1409]. Die Ursachen sind unbekannt, doch scheinen großklimatische Änderungen mitgewirkt zu haben.

Als geologisch ältester Stamm gelten *Glyptatelus* aus dem Eozän-Oligozän und die Propalaeohoplophorinae mit *Propalaeohoplophorus* aus dem Oligo-Miozän und *Asterostemma* aus dem Miozän. Sie sind, verglichen mit den eiszeitlichen Glyptodontiden, kleine bis mittelgroße Formen. Der artenreichste Stamm ist jener der Sclerocalyptinae mit kennzeichnendem zylindrisch-konischem Schwanztubus. Dieser Stamm entfaltet sich mit Beginn des Pliozän „plötzlich“ (*Eosclerocalyptus*: Araucanense; *Palaeohoplophorus*: Friasense — Mesopotamiense; *Protoglyptodon*: Mesopotamiense; *Sclerocalyptus, Hoplophorus* und *Panochthus*: Pleistozän). Der Schädel dieser Formen ist besonders kurz und sehr hoch, wie auch der aufsteigende Ast des Unterkiefers. Die erstmalig im Hermosense nachgewiesenen Doedicurinae umfassen die größten Arten *(Doedicurus)*. Der stark solidierte distale Schwanztubus kennzeichnet sie. Die Glyptodontinae haben als einzige Glyptodontiden Nordamerika erreicht (zum Beispiel *Glyptotherium* im Blancan; *Glyptodon* [einschließlich *Xenoglyptodon*] im Irvingtonian; *Brachyostracon* und *Chlamydotherium* [Bronn [392] nec Lund [2159] = *Boreostracon* Simpson [3222a] im Rancholabrean [1427]) und waren nördlich bis Texas und Oklahoma verbreitet. Etliche primitive Merkmale, wie der aus ringförmig angeordneten Elementen bestehende Schwanztubus, die Persistenz des 1. Zehenstrahles im Fuß charakterisieren die Glyptodontinen. *Glyptodontidium* aus dem Araucanense bildet möglicherweise die Stammform der eiszeitlichen Gattungen *(Glyptodon* und so weiter) [742]. Castellanos [506] unterscheidet drei verschiedene Stämme innerhalb der Glyptodontinae.

Als Ganzes gesehen, sind innerhalb der Cingulaten die Dasypodiden im wesentlichen seit dem Alt-Tertiär konservativ geblieben, während die bedeutend höher spezialisierten Glyptodontiden nach Erreichen ihres stammesgeschichtlichen Höhepunktes im Pleistozän völlig ausstarben.

*) Nach Hoffstetter [1490] ist der von Owen für *Glyptodon* herangezogene Holotypus nicht verwendbar zur Abgrenzung und entspricht *Panochthus*.

„Tardigrada" (Bradypodoidea und Megatherioidea)

Die als „Tardigrada" (im Sinne von HOFFSTETTER [1494] = Phyllophaga OWEN)*) zusammengefaßten Formen besitzen, wenn man von den Orophodontiden absieht, keinen Panzer; die Gebißformel ist mit $\frac{5}{4}$ oder $\frac{4}{3}$ praktisch konstant, doch kann es zur Differenzierung des vordersten Zahnpaares kommen (siehe oben). Diese ausgesprochen herbivoren (phyllophagen) Formen leben terrestrisch (Gravigrada) oder arboricol (Bradypodidae). Der Jochbogen besitzt stets einen suborbitalen Fortsatz, ein postero-externer Zweig des Mandibularkanals ist ausgebildet, die wurzellosen, von Zement bedeckten Zähne sind durch eine innere, weiche, gefäßreiche und eine äußere, härtere Dentinlage gekennzeichnet, die Wirbelzentren der hinteren Thoracal- und der Lumbalwirbel sind von Venenkanälen durchbohrt [441, 1495].

Die Tardigrada (im weiteren Sinne) gliedert man fast durchwegs in die Gravigraden (= Megalonychoidea SIMPSON [3225] = Megatherioidea CABRERA [470]) und die Bradypodoidea, doch weist PATTERSON [2601] darauf hin, daß die wesentliche Kluft nicht zwischen den Boden- und den Baumfaultieren verläuft, sondern eher zwischen den Mylodontiden und Megalonychiden einerseits, den übrigen Gravigraden (= Megatheriiden) andererseits. Allerdings berühren diese unterschiedlichen Auffassungen nicht nur die taxonomisch-phylogenetische Stellung der Nothrotheriinae, sondern auch das Problem der Orophodontiden oder sogenannten Paragravigraden [1488, 1494].

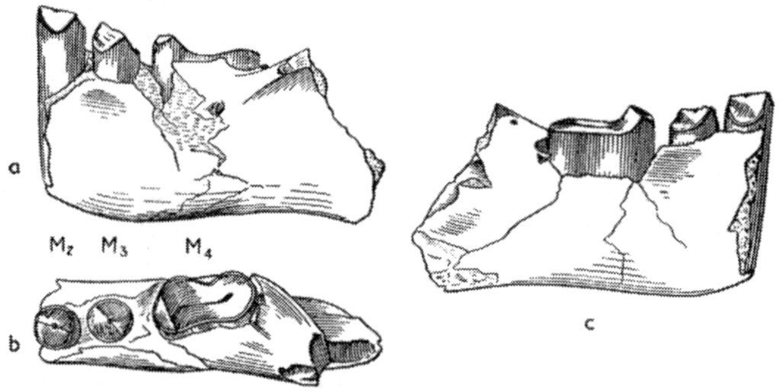

Abb. 296. *Orophodon hapaloides* (Orophodontidae), Oligozän (Deseadense), Argentinien. Mandibelfragment sin, mit M_{2-4}; a) lateral, b) occlusal, c) lingual. Beachte Bau des M_4. (ca. 1/2) — Nach HOFFSTETTER 1954

Die systematische Stellung dieser nur mit fragmentären Resten dokumentierten Formen wird überaus verschieden beurteilt, da nicht nur die Zugehörigkeit zu den Cingulaten oder Gravigraden zur Diskussion steht. Sie wird unter Berücksichtigung der isoliert vorliegenden Reste verständlich. Während HOFFSTETTER [1488, 1493] *Palaeopeltis* (Dermalverknöcherungen), *Orophodon* (Kiefer mit Zähnen; Abb. 296) und *Proplatyarthrus* (Astragalus) aus dem Mustersense und *Octodontotherium* (Mandibel, Astragalus; Abb. 297) aus dem Deseadense als **Orophodontidae** zusammenfaßt und sie als Paragravigrada den Tardigrada zuordnet, sind nach SIMPSON [3257] *Orophodon* und *Octodontotherium* Gravigraden (Nothrotheriine und Mylodontine)**), *Palaeopeltis* hingegen ein Angehöriger der Cingulaten (Glyptodontide, Palaeopeltide). Angesichts der nicht gesicherten individuellen und auch artlichen Zusammengehörigkeit und der Dürftigkeit der Reste, erscheint eine definitive Beurteilung der sogenannten Paragravigraden verfrüht. Nach der Ausbildung der Zähne (vordere stiftförmig, hintere im Querschnitt zweiteilig, histologischer

*) Die Bezeichnung Tardigrada ist in recht verschiedenem Umfang verwendet worden, indem man entweder sämtliche Faultiere (Gravigrada und Bradypodidae) oder nur Bradypodidae (einschließlich *Melursus ursinus*) darunter verstand.

**) SIMPSON [3257] dürfte sich im wesentlichen auch auf den Astragalus stützen, der bei *Orophodon* dem von *Hapalops* (= Nothrotheriine), bei *Octodontotherium* dem von *Glossotherium* (= Mylodontine) ähnelt.

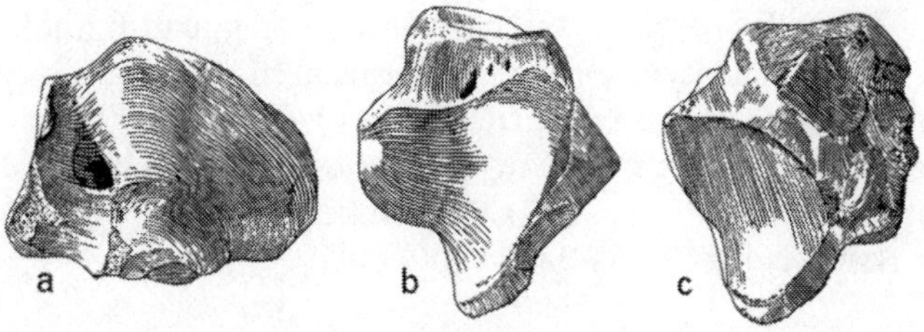

Abb. 297. *Octodontherium grande* (Orophodontidae). Oligozän (Deseadense), Argentinien. Astragalus dext. a) unten, b) proximal, b) distal. Beachte Ähnlichkeit mit Gravigraden. (1/3) — Nach Hoffstetter 1956

Aufbau ähnlich Dasypodiden) steht *Orophodon* morphologisch den Cingulaten näher, was auch für die auf Dermalknochen beruhende „Gattung" *Palaeopeltis* gilt, die nach Kraglievich & Rivas [1858] mit *Orophodon* identisch ist. Demnach wären die Orophodontiden als eigene Gruppe (Orophodontoidea; Skulptur der Dermalknochen fehlt, postero-externer Zweig des Mandibularkanals ausgebildet) innerhalb der Cingulata aufzufassen, während *Octodontotherium* weiterhin als Mylodontide zu klassifizieren wäre.

Erst vollständigere Funde können zu einer definitiven Lösung dieser Fragen führen. Das zweite Problem betrifft die stammesgeschichtliche Herkunft der Baumfaultiere (**Bradypodidae**). Die Unterschiede zwischen den beiden Gattungen (*Bradypus* [einschließlich *Eubradypus* und *Neobradypus*] und *Choloepus*) sind recht beachtlich: Os nariale nur bei *Choloepus*, verschiedene Zahl der Hals- und Thoracalwirbel, Unterschiede in den Körperproportionen (bereits im embryonalen Zustand auffallend stark ausgebildet) und im Gliedmaßenskelett, im Bau der Haare, im Gebiß, im Bau der Pterygoidea sowie im anatomischen Bau [99, 2756, 3335, 3882, 3883]. Diese Unterschiede lassen sich nur zum Teil mit der verschiedenen Körperhaltung beim Klettern und durch Retardation oder Acceleration während der ontogenetischen Entwicklung erklären. Allerdings vermittelt die von manchen Autoren (Anthony, Grassé, Poche, Ursing) als eigene Gattung abgetrennte Art *Scaeopus* (=„*Hemibradypus*" Anthony) *torquatus* in einzelnen Merkmalen [1166, 2729, 2730, 3682]*). Ob man jedoch mit Patterson [2601] für *Choloepus* nähere verwandtschaftliche Beziehungen zu Megalonychiden und für *Bradypus* solche zu nothrotheriiden Megatherien annehmen kann, erscheint verfrüht, doch weist auch Guth [1233, 1234] auf Übereinstimmungen in der Temporalregion zwischen *Choloepus* und Mylodontiden einerseits und *Bradypus* und Megatheriiden (*Megatherium*) andererseits hin. Nach Guth sind die beiden ersten von Proto-Mylodontiden, die letzten beiden von Proto-Megatheriiden abzuleiten. Allerdings muß man berücksichtigen, daß es sich auch um parallele Entwicklungstendenzen handeln kann, indem die Gemeinsamkeiten zwischen *Bradypus* und Megatheriiden auf der primitiven Ausbildung der Gehörregion beruhen, ganz abgesehen davon, daß Patterson *Choloepus* mit Megalonychiden, Guth *Choloepus* mit Mylodontiden verbinden will. Des weiteren ist darauf hinzuweisen, daß die Nothrotheriinen im Gegensatz zu Patterson [2601] nicht als Angehörige der Megatheriiden, sondern als Megalonychiden zu klassifizieren sind.

Damit steht auch die Frage nach der familienmäßigen Trennung der rezenten Baumfaultiere (Bradypodidae und Choloepidae), wie sie Hoffstetter [1498:360] auf Grund der Untersuchungen von Guth durchführt, erneut zur Diskussion.

Die Herkunft der Baumfaultiere ließ sich bisher jedenfalls nicht durch Fossilfunde dokumentieren**), die auch im postcranialen Skelett vermitteln.

---

*) Nach Guth [1235] ist *Hemibradypus* zu *Bradypus* zu stellen.

**) *Protobradys* [65] aus dem Casamayorense (Alt-Eozän) ist dubios. Das Original ist unauffindbar [3260] und eine Abbildung existiert nicht. Nach Hoffstetter [1487, 1494] handelt es sich vermutlich um einen kleinen Gravigraden, ähnlich *Glossotherium*.

Zweifellos bestehen zwischen Gravigraden und Baumfaultieren (Abb. 298), wie verschiedene nothrotheriide, mylodontide und megatheriide Merkmale zeigen, im Bau des Schädels zahlreiche Übereinstimmungen und primitive Angehörige der Megalonychiden bilden die Wurzelgruppe, doch erscheint es schon in Anbetracht der Spezialisations-Kreuzungen gewagt, direkte stammesgeschichtliche Beziehungen zwischen bestimmten fossilen Gravigradengattungen und den rezenten Baumfaultieren herstellen zu wollen.

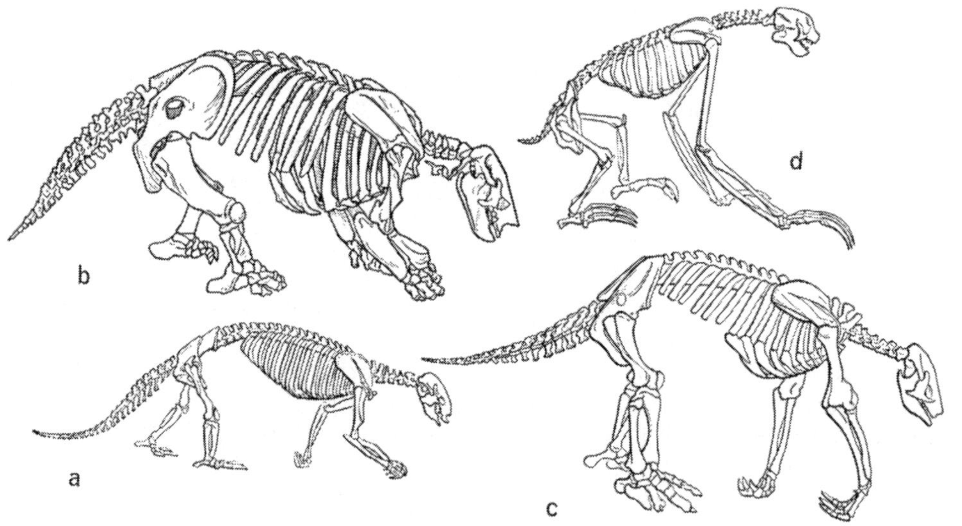

Abb. 298. Skelette rezenter und fossiler Boden- und Baumfaultiere. a) *Hapalops* (Megalonychidae), Miozän, b) *Mylodon* (Mylodontidae), Pleistozän, c) *Nothrotherium* (Megalonychidae), Pleistozän, d) *Choloepus* („Bradypodidae"). (Nicht maßstäblich verkleinert) — Nach GREGORY 1951

Die Baumfaultiere sind außerordentlich hochspezialisierte und an ein ständiges Baumleben angepaßte Edentaten. Der Phyllophagie entspricht der sehr kompliziert gebaute Magen [386, 3342], das etwas reduzierte Riechhirn, dem Leben in feuchten Regenwäldern der Algenbewuchs*), während sich der Verlust der xenarthralen Gelenkverbindung der Wirbelsäule, die Verlagerungen einzelner Organe, die Verlängerung der Arme und die Umkonstruktion von Hand und Fuß mit der meist hängenden Körperhaltung und der langsamen Fortbewegung in Verbindung bringen lassen. Auch der verkehrte Haarstrich ist eine Spezialanpassung an die hängende Körperhaltung im Geäst. Auf die zahlreichen — neben Progressivmerkmalen vorhandenen — Primitivmerkmale im Bau des Schädels hat vor allem SCHNEIDER [3073] hingewiesen.

Die Reduktion der seitlichen Zehenstrahlen ist zweifellos vor der jetzigen Lebensweise erfolgt, und es ist auffallend, daß bei den einzelnen Nothrotherien (wie *Nothrotherium maquinense* aus dem Pleistozän Brasiliens [3477] Abb. 299) ähnliche Reduktionserscheinungen festzustellen sind, wie auch für diese Gattung die Pneumatisierung der Pterygoidea charakteristisch ist. Daß keine direkte Übereinstimmung mit eiszeitlichen, bodenbewohnenden Faultieren besteht, wird verständlich, wenn man berücksichtigt, daß die gemeinsamen Stammformen bereits im Tertiär existiert hatten und zudem allometriebedingte Unterschiede anzunehmen sind. Die Anpassung

*) Interessant ist in diesem Zusammenhang nicht nur, daß diese Grünalgen bei den rezenten Gattungen verschieden sind, sondern auch der Nachweis von Algen bei fossilen Gravigraden (*Nothrotherium* [*Nothrotheriops*]) Nordamerikas [1287, 1288].

Abb. 299. *Nothrotherium maquinense* (Megalonychidae). Pleistozän, Brasilien. Manus dext., dorsal. Beachte Ähnlichkeit mit *Bradypus* durch weitgehende Reduktion des 1. und 5. Fingers und Kürze der Grundphalangen. (verkleinert) — Nach STOCK 1925

der Bradypodiden an das Baumleben erfolgte vermutlich im Laufe des Jung-Tertiärs. Eine ähnliche Erscheinung läßt sich für einzelne Myrmecophagiden (*Tamandua* und *Cyclopes*) feststellen. Eine Parallele bilden auch die Hylobatiden unter den Primaten, bei denen das Gliedmaßenskelett weitgehende Umkonstruktionen erfährt, während Schädel und Gebiß sich ziemlich konservativ verhalten (Seite 207).

Bemerkenswerterweise überlebten von den Tardigrada (im weiteren Sinne) nur die Baumfaultiere, während die noch im Pleistozän artenreichen Gravigraden völlig ausgestorben sind. Als Gravigrada bezeichnet man gegenwärtig nur die ausgestorbenen Riesenfaultiere, nach dem diese Bezeichnung ursprünglich für Proboscidea und Sirenen (BLAINVILLE) und für die australischen Diprotodonten (OWEN) Anwendung fand.

Seit langem durch Fossilfunde bekannt, verdanken diese Xenarthren den eiszeitlichen Riesenformen ihren Namen, unter denen *Megatherium* mit einer Körperlänge von annähernd sechs Metern die bekannteste ist. Es handelte sich um ausgesprochen phyllophage, fast ausschließlich terrestrisch lebende*) Xenarthra mit stark reduziertem Gebiß ($\frac{5}{4}-\frac{4}{3}$), suborbitalem Fortsatz des Jochbogens und nur gelegentlichen Hautverknöcherungen. Der Bau der Vorderextremität zeigt in der Spezialisierung der Hand eine gewisse Übereinstimmung mit *Myrmecophaga*, die man meist als Hinweis stammesgeschichtlicher Verwandtschaft deutete, indem man die Myrmecophagiden mit dolichocephalen Gravigraden (wie *Scelidotherium*) in Verbindung brachte. Die gegensätzliche Spezialisierung in der Ernährung und auch der gänzlich abweichend gebaute Fuß schließen jedoch direkte verwandtschaftliche Beziehungen zwischen Gravigraden und Myrmecophagiden aus.

Innerhalb der Gravigraden (= Megatherioidea CABRERA [470]) lassen sich mehrere Stämme (Megatheriidae, Megalonychidae und Mylodontidae) unterscheiden. Als geologisch ältester Gravigradenrest gilt meist der von AMEGHINO als *Proplatyarthrus longipes* beschriebene Astragalus aus dem Mustersense (? Ober-Eozän), der megalonychoid gebaut ist, den HOFFSTETTER [1493] jedoch als Orophodontiae klassifiziert. Sichere Reste von Gravigraden sind aus dem Oligozän (so „*Hapalops*“ *antistis*) bekannt. Das sind Angehörige der **Megalonychidae**, die mit den Nothrotheriinae**) vom Oligozän bis an die Pleistozän-Holozänwende nachgewiesen sind. Vollständig

*) Für einzelne kleinere Formen (*Microcnus, Acratocnus*) der Antillen wird eine arboricole Lebensweise angenommen [2624].

**) PATTERSON [2601] und MATTHEW [2284] stellen die Nothrotheriinae zu den Megatheriiden.

dokumentiert und in zahlreichen Arten bekannt ist die Gattung *Hapalops* aus dem Santacruzense Argentiniens: mittelgroße, dolichocephale Gravigraden mit der Tendenz zur abweichenden Differenzierung des vordersten Zahnpaares. Als Vorläufer wird *Hapaloides* aus dem Colhuehuapiense (Ober-Oligozän), als Nachkomme *Neohapalops* aus dem Mesopotamiense (Alt-Pliozän) angesehen. Weitere oligomiozäne Gattungen sind als *Proschismotherium* (Colhuehuapiense), *Eucholoeops* und *Schismotherium* (Santacruzense) beschrieben. In postmiozäner Zeit kommt es in der über *Pronothrotherium* (Pliozän) zu der eiszeitlichen Großform *Nothrotherium* führenden Stammlinie zu einer progressiven Reduktion des vordersten Zahnpaares, während für die manchmal als Orthotherinae abgetrennten Formen (*Pliomorphus* und *Orthotherium* aus dem Pliozän Südamerikas, *Acratocnus* und *Mesocnus* aus dem Pleistozän der Antillen) eine zunehmende Verstärkung des vorderen Zahnpaares kennzeichnend ist.

Die Gattung *Nothrotherium* umfaßt Großformen aus dem süd- und nordamerikanischen Pleistozän (Abb. 298 auf Seite 272 u. Abb. 300). Die nordamerikanischen Formen (Subgenus *Nothrotheriops)* sind größer und verhalten sich spezialisierter als die südamerikanischen Arten dieser Gattung (Subgenus *Nothrotherium*), von denen Dermalknochen bekannt sind. Von den nordamerikanischen Nothrotherien ließen sich nicht nur Algen im Fell*), sondern auch Kopro-

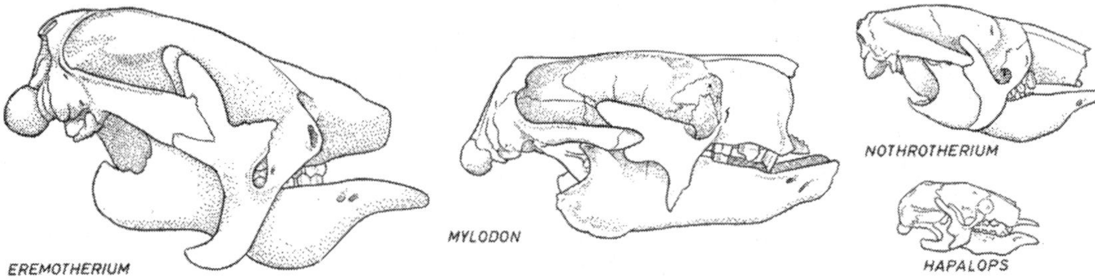

Abb. 300. Schädel (Lateralansicht) fossiler Bodenfaultiere (Gravigrada). *Hapalops*, Miozän, Argentinien; *Nothrotherium*, Pleistozän, Nordamerika; *Mylodon*, Pleistozän, Nordamerika; *Eremotherium* (Megatheridae), Pleistozän, Panama. Beachte Ausbildung des Jochbogenfortsatzes und extrem tiefe Lage der Orbita bei *Eremotherium*. (Maßstäblich verkleinert) — Nach Gazin 1957, Scott 1937 und Stock 1925, umgezeichnet

lithen nachweisen, aus denen die hauptsächlichsten Futterpflanzen (verschiedene Kräuter, wie Chenopodiaceen und Compositen sowie Cactaceen, *Ephedra*, *Yucca* und Agaven) bestimmt werden konnten [2027, 2028]. Die nordamerikanischen Megalonychiden starben, ähnlich den Mylodontiden, im ausgehenden Pleistozän und im ältesten Holozän (35.000—8.500 vor der Gegenwart) aus [1409, 3207], lebten also nicht mehr im eigentlichen Postglazial.

Demgegenüber überlebten die Megalonychiden auf den Antillen bis in historische Zeit, so *Paulocnus* von Curaçao [36, 1541]. Dies sind maximal baribalgroße Megalonychiden, die wir aus dem Quartär von Kuba *(Megalocnus, Acratocnus, Microcnus)*, Haiti *(Megalocnus, Acratocnus)*, Puerto Rico *(Acratocnus)* und Curaçao *(Paulocnus)* kennen [1489, 1539, 1541, 1544, 2284, 2624] (Abb. 301). Bei *Megalocnus rodens* sind die Vorderzähne zu schneidezahnartigen, wurzellosen Gebilden differenziert, von den übrigen Zähnen durch ein Diastema getrennt und Nagezähnen ähnlich, ohne jedoch eine nagende Funktion zu besitzen (Abb. 302). Eher waren es „Stoßzähne".

*) Der Nachweis von Algen ist deshalb überraschend, weil es sich nach dem Vorkommen und den Nahrungspflanzen der Nothrotherien um (Halb-)Wüstenbewohner handelt, im Gegensatz zu anderen Riesenfaultieren und den rezenten Bradypodiden, die Regenwaldbewohner sind.

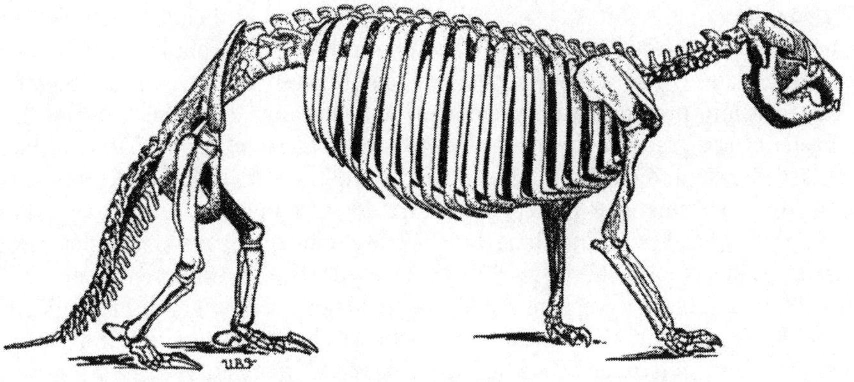

Abb. 301. *Megalocnus rodens* (Megalonychidae). Pleistozän, Kuba. Skelettrekonstruktion. (ca. 1/15) — Nach PAULA COUTO 1956

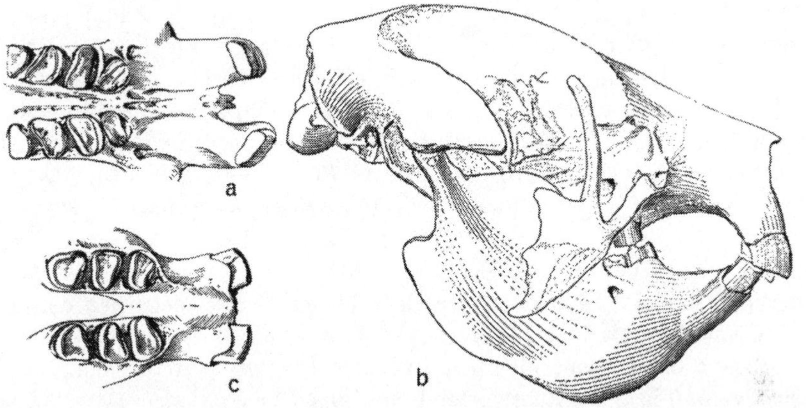

Abb. 302. *Megalocnus rodens*. Pleistozän, Kuba. Osteocranium in Lateralansicht (b), Gaumen (a) und vordere Unterkieferhälfte, dorsal (c). Beachte nagerähnliche Ausbildung der wurzellosen Incisiven. (1/4) — Nach MATTHEW & PAULA COUTO 1959

Die Stammformen der Megalocninae sind nach MATTHEW [2284] unter jung-tertiären Megalonychiden des südamerikanischen Festlandes *(Eucholoeops, Megalonychotherium)* zu suchen und dürften die Antillen im Pliozän erreicht haben. Die Megalonychiden haben im Pliozän auch Nordamerika besiedelt („*Sinclairia*" AMEGHINO aus der Rattlesnake Formation = Megalonychide [821]) und waren mit der Riesenform *Megalonyx* weit verbreitet. *Megalonyx jeffersoni* ließ sich bereits 1794 aus Höhlen von Westvirginia nachweisen und ist nunmehr auch aus Nordwestkanada und Alaska bekannt [3483, 3485]. Die Gebißdifferenzierung ist ähnlich *Megalocnus*; das Cranium zeigt den verlängerten Hirnschädel und den kurzen und hohen Gesichtsschädel. Im Gebiß ähnliche Gattungen sind aus dem Santacruzense *(Megalonychotherium)* und dem Plio-Pleistozän Südamerikas *(Megalonychops)* bekannt. Die Gattung *Ocnopus* aus dem Pleistozän Brasiliens (Höhlen von Lagoa Santa) sieht man auf Grund der Spezialisationstendenzen (Tibia und Fibula verschmolzen, Dermalverknöcherungen, Astragalus ähnlich *Scelidotherium*, Zehen typisch megalonychid) als Vertreter einer eigenen Unterfamilie an [1487].

Die **Mylodontidae** sind mit der auf Gliedmaßenresten beruhende Gattung *Chubutherium* aus Patagonien [508] erstmalig aus dem Oberoligozän (Colhuehuapiense) nachgewiesen und unterscheiden sich durch den zylindrischen, langgestreckten Schädel (Abb. 300 auf Seite 274), die meist kürzeren und plumperen Extremitäten und die hohe Zahl (bis 10) von Sacralwirbeln von den übrigen Gravigraden. Bei *Mylodon* (=„*Grypotherium*") sind Dermalknochen nachgewiesen. Dieses Merkmal, die Zahl der Sacralwirbel und die kurzen Extremitäten sprechen nach Hoffstetter für einen einstigen Panzer nach Art der Cingulata. Die zwei, bereits im Miozän getrennten Stämme (die Scelidotheriinae und die Mylodontinae) unterscheiden sich nicht nur morphologisch, sondern auch in ihren Fundorten; die Scelidotheriinen konnten bisher nur südlich des Äquators gefunden werden, die Mylodontinae waren hingegen bis nach Nordamerika verbreitet. Zu den geologisch ältesten Mylodontiden zählen *Nematherium* und *Neonematherium* aus dem unteren und mittleren Miozän. Mit *Elassotherium* (Huayqueriense), *Proscelidodon* (Montehermosense), *Scelidodon* (Pampaense), *Scelidotheridium* (Chapadmalalense) und *Scelidotherium* (Pampaense) sind die beiden Hauptstämme der Scelidotherien genannt [2511 a], mit *Promylodon* (Mesopotamiense), *Glossotherium* und *Mylodon* (Pleistozän) die bekanntesten Mylodontinen. Bei ihnen ist das vorderste Zahnpaar etwas differenziert und von den übrigen Backenzähnen durch ein Diastema getrennt. Bei den Scelidotherien sind die Zähne klein. Sie haben — wie C^{14}-Datierungen zeigten — noch im jüngsten Pleistozän gelebt; zum Beispiel *Mylodon* [=„*Grypotherium*"] *domesticum* von der Ultima Esperanza (Eberhardt-Höhle) in Südpatagonien, deren Fundschichten an Hand der Dungreste mit 10.800 Jahren angegeben werden*).

Die **Megatheriidae** lassen sich gleichfalls bis ins Alt-Miozän zurückverfolgen. *Megathericulus primaevus* bildet nach Cabrera [470] die älteste Form. Verschiedentlich werden auch die Planopsinae (= Prepotheridae Ameghino = Prepotherinae Ameghino = Planopsidae Scott) mit *Planops*, *Prepotherium* und *Pseudoprepotherium* aus dem Miozän Südamerikas [595, 1961] als Megatheriiden klassifiziert [68, 3137, 3257], doch sind es möglicherweise Megalonychiden mit „megatheriiden" Zügen [1496]. Sie vereinigen Merkmale der Megatheriiden und der Megalonychiiden und sind jedenfalls nicht die direkten Stammformen der Megatheriiden, die mit Riesenformen (*Megatherium* [einschließlich *Essonodontherium* = teratologisches *Megatherium* [1499 a], *Eremotherium*) in Süd-, Zentral- und Nordamerika vorkamen (Abb. 300 auf Seite 274). Mit Gazin [1084] kann man *Eremotherium* Spillmann [3356] (=„*Schaubia*" Hoffstetter

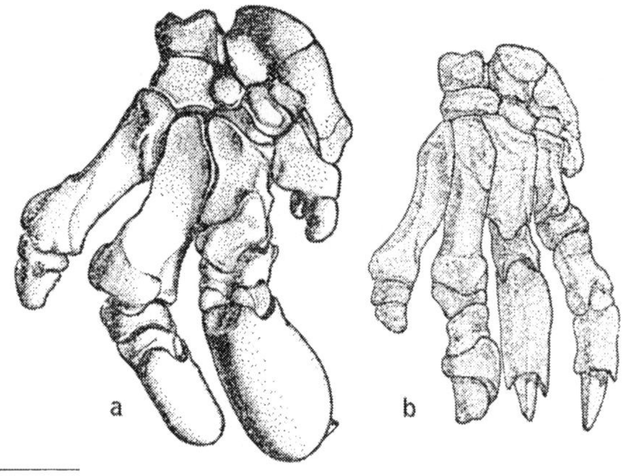

Abb. 303. Manus dext. (dorsal) pleistozäner Megatheriiden. a) *Eremotherium rusconii*, Panama, b) *Megatherium americanum*, Argentinien. Beachte rudimentären 2. Fingerstrahl bei *Eremotherium*. (ca. 1/11) Nach Gazin 1957

*) Allerdings ist kein Hinweis vorhanden, daß der Mensch gemeinsam mit *Mylodon* in der Eberhardt-Höhle lebte.

[1481] = „*Schaubitherium*" HOFFSTETTER [1482]) als tropische Gattung, die von Ekuador, Brasilien, Venezuela und Panama bis nach den USA (Georgia) verbreitet war, *Megatherium* als südliches Genus auffassen (Abb. 303). Zwischen *Megathericulus* und *Megatherium* vermitteln *Promegatherium* (Friasense—Mesopotamiense), *Plesiomegatherium* und *Megatheridium*.

Für die Megatherien ist — abgesehen von den riesigen Dimensionen der pleistozänen Angehörigen — das aus bilophodonten Zähnen bestehende Gebiß, die Jochbogenform (durchgehender Jochbogen mit starkem suborbitalem Fortsatz)*), der Unterkiefer mit langer Symphyse und konvexem Ventralrand und der plumpe Bau der Extremitäten kennzeichnend.

In ihrer Gesamtheit betrachtet, bilden die Gravigraden ein Beispiel für eine im Jung-Tertiär sich entfaltende und im Pleistozän mit zahlreichen Stämmen vertretene Gruppe von Xenarthren, die durch ihre verschiedenen „trends" den Mosaikmodus der stammesgeschichtlichen Entwicklung demonstrieren. Sie starben am Ende der Eiszeit bis auf wenige Formen aus, die auf den Antilleninseln bis in historische Zeit überlebten und vermutlich vom Menschen in jung-präkolumbianischer Zeit ausgerottet wurden. Die möglichen Ursachen stehen noch zur Diskussion (Klimawechsel, Spurenelementenmangel, Mensch und so weiter [2238, 2963, 2985]).

Vermilingua

Wie bereits auf Seite 264 angedeutet, muß für die **Myrmecophagiden** ein langer phyletischer Eigenweg und damit eine Ableitung von Ur-Xenarthren vor Differenzierung der „Tardigraden" angenommen werden. Da die Belege der geologisch ältesten „Tardigraden" bereits aus dem Mustersense stammen, muß es zum Ursprung der Myrmecophagiden vor dieser Zeit gekommen sein [1487]. Eine Abstammung von phytophagen Gravigraden, wie sie auf Grund oberflächlicher Ähnlichkeiten meist angenommen wurde [1186], ist nicht möglich. Die rezenten Myrmecophagiden sind nur die letzten Vertreter einer im Tertiär in Südamerika verbreiteten Gruppe. Die hochgradige Spezialisierung steht weitgehend im Zusammenhang mit der Ernährung und dem Nahrungserwerb. Myrmecophagie bedeutet in diesem Fall völlige Reduktion des Gebisses, einschließlich der Anlagen, röhrenförmiger Schädel, reduzierte Kaumuskulatur, wurmförmige Zunge mit mächtig entwickelten Speicheldrüsen und besonders entwickeltem, bis zum Brustbein reichendem Muskelapparat, mächtige Grabkrallen des 2. und 3. Fingers. Bei den kleineren rezenten Gattungen *(Tamandua, Cyclopes)* kommen Anpassungen an die Arboricolie hinzu, wie Kletterextremitäten, Greifschwanz und Wundernetze in den Extremitäten bei *Cyclopes*. *Myrmecophaga* und *Tamandua* sind auch aus pleistozänen Ablagerungen bekannt, wodurch zugleich das Vordringen von *Myrmecophaga* bis nach Zentralamerika belegt ist. Die Fossildokumentation gibt derzeit leider nicht hinreichend Aufschluß über die Geschichte der Ameisenfresser. Als geologisch älteste Reste gelten *Protamandua* (Calcaneus) und *Promyrmecophagus* (Astragalus) aus dem Santacruzense. Wichtiger sind *Palaeomyrmidon* und *Neotamandua* aus dem Araucanense (Alt-Pliozän), die auf Schädelresten beruhen. *Palaeomyrmidon* zeigt Anklänge an *Tamandua* und *Cyclopes* und läßt das für *Myrmecophaga* charakteristische verlängerte Rostrum vermissen. *Nunezia* aus dem Hermosense schließt die zeitliche Lücke zu den pleistozänen Funden, ohne daß jedoch definitive Aussagen über die gegenseitigen verwandtschaftlichen Beziehungen möglich sind.

Der Übergang zur arboricolen Lebensweise dürfte erst im Jung-Tertiär erfolgt sein; jedenfalls erst nach dem Erwerb der charakteristischen Grabanpassungen**). Die Arboricolie kann

*) Die Orbita liegt bei *Eremotherium* in Zahnreihenhöhe!

**) KRIEGS [1911] Annahme, daß *Myrmecophaga* von Kletterformen abstammt, weil die Jungtiere klettern, ist nicht stichhaltig, da es sich um eine Sonderanpassung der Jungtiere (Klettern am Alttier) handeln kann.

ähnlich wie bei den Baumfaultieren als Anpassung an periodisch überflutete Urwaldgebiete gedeutet werden und damit als gegenüber terrestrischen Formen abgeleitet.

Die Geschichte der Xenarthren wird durch die fast die ganze Tertiärzeit hindurch andauernde Isolation des südamerikanischen Kontinents verständlich. Dennoch kann man für das Aussterben der Riesengürteltiere und der Riesenfaultiere nicht allein das Eindringen der als Feinde und Konkurrenten anzusprechenden Raub- und Huftiere im Pleistozän verantwortlich machen. Die drei rezenten Familien innerhalb der Xenarthra sind als Angehörige frühzeitig getrennter Stämme morphologisch wesentlich stärker verschieden als dies etwa für die Familien der Carnivoren oder Rodentier gilt.

Pholidota (Schuppentiere)

Eine Gruppe für sich bilden die altweltlichen Schuppentiere (**Manidae**). Für sämtliche Schuppentiere ist die Ausbildung der den Körper bedeckenden Hornschuppen charakteristisch; sie stellen, wie Nägel und Hufe, Derivate der Epidermis dar und sind morphologisch eine Weiterbildung des alten Reptilerbes. Weitere typische Merkmale, die auch im Zusammenhang mit dem Nahrungserwerb und der Ernährung (Myrmecophagie) stehen, sind die Anpassungserscheinungen, die von den Grabkrallen an der Vorderextremität bis zu der Zahnlosigkeit (rudimentäre Zahnanlagen bei Embryonen noch vorhanden [1615, 2947, 3374]), der mächtig entwickelten Zunge, dem röhrenförmig verlängerten Fazialschädel und zum mit Hornzähnen ausgestatteten Magen reichen. Daneben sind verschiedene primitive, nicht adaptive Eigenschaften vorhanden. Eine derartige Merkmalskombination ist unter den Säugetieren einmalig*), abgesehen von der charakteristischen Mischung hochspezialisierter und altertümlicher Züge.

Ursprünglich wurden die Pholidota vor allem auf Grund zahlreicher äußerer, adaptiver Merkmale mit den neuweltlichen „Zahnarmen" und dem afrikanischen Erdferkel als Edentata (im weiteren Sinne) und mit den Ameisenfressern und *Orycteropus* als Vermilinguia vereint. Weber [3796] hat die Schuppentiere zwar als eigene Ordnung (Pholidota) abgetrennt, nachdem sie bereits 1891 als Squamata (Huxley [1621] nec Oppel [2508]) bezeichnet worden waren, sie jedoch zusammen mit den Tubulidentata den neuweltlichen Xenarthra gegenübergestellt und zu einer Übergruppe als Nomarthra (Gill) innerhalb der Edentata (im weiteren Sinne) vereint. Andererseits verweisen Weber & Abel [3798] auf einzelne, den Pholidota und Xenarthra gemeinsame Merkmale, die auf einen, wenn auch weit zurückliegenden, genealogischen Zusammenhang beider Gruppen hindeuten (vergleiche auch [3073, 3375]). Die Beurteilung der verwandtschaftlichen Beziehungen wird erschwert durch die bei beiden Gruppen vorhandene Anpassung an die Myrmecophagie.

Wie bereits auf Seite 260 ausgeführt, läßt sich auch gegenwärtig die Frage nicht einhellig beantworten, ob die neuweltlichen Edentaten mit den altweltlichen Pholidota auf eine Wurzelgruppe zurückzuführen sind**). Verschiedene Merkmale, die den Angehörigen beider Ordnungen gemeinsam sind, lassen sich als „symplesiomorph" (im Sinne von Hennig) auffassen; es sind dies Merkmale des Gehirns (große Riechkolben und vom Großhirn fast unbedecktes Cerebellum), nicht durchbohrter Stapes (wie bei Monotremen und einigen Marsupialiern), primitiver Bau des Kiefergelenkes, großes Nickhautrudiment, Darmkanal, ? epithelio-choriale Plazen-

*) Bei den Myrmecophagiden sind lediglich „rudimentäre" Hornschuppen im Bereich des Schwanzes ausgebildet, ganz abgesehen davon, daß im einzelnen weitere Unterschiede vorhanden sind [3340].

**) Die Tubulidentata erkannte man hingegen längst als aberrante Abkömmlinge geologisch alter Huftiere. Die verwandtschaftlichen Beziehungen zwischen den ursprünglichen Tubulidentaten und Maniden, die Winge [3878] annimmt, sind wegen der tiefgreifenden Unterschiede auszuschließen; ebenso ist auch die von Haeckel vermutete Ableitung von Urhuftieren (Condylarthra) nicht zutreffend.

tation [3375], Genitalien, seriale Anordnung der Carpalia und anderes. Andere Merkmale wiederum sind als Parallelentwicklungen anzusehen (Zahnlosigkeit und die im Zusammenhang damit umgestaltete Kaumuskulatur, Verlängerung der Schnauze und sekundäre Wangenbildung, Reduktion der Jochbögen, wurmförmige Zunge mit Beziehung zum Sternum und anderes sowie Greifschwanz bei kletternden Formen). Fraglich bleibt der Nachweis echter Spezialhomologien (? Musculus pterygotympanicus, Ausbildung des Pterygoids und Pneumatisation des Squamosum), die auf einen gemeinsam zurückgelegten Weg in der stammesgeschichtlichen Entwicklung hinweisen könnten*). Die nicht direkt mit der Lebensweise im Zusammenhang stehenden Gemeinsamkeiten lassen sich auch dadurch erklären, daß beide Ordnungen sehr tief am gemeinsamen Stamm der Säugetiere wurzeln und auf primitive mesozoische „Insectivoren" zurückzuführen sind [1174, 3375]. Ihre Abspaltung erfolgte vor Differenzierung der Insectivoren, Carnivoren und Protungulaten. Damit steht auch die relativ niedrige Körpertemperatur der Schuppentiere in Einklang [874]. Karyologische Unterschiede, die verschiedenen Parasiten [175], die geographische Verbreitung**) und das Fehlen des Os nariale können gegen eine gemeinsame Wurzel mit den Edentaten ins Treffen geführt werden.

Die bisher bekannten Fossilfunde sagen über die Herkunft und auch über die stammesgeschichtliche Entwicklung der Schuppentiere nichts aus. Sie dokumentieren lediglich, daß im Tertiär***) auch in Europa Schuppentiere (wie *Leptomanis, Necromanis, Teutomanis* (Abb. 286 auf Seite 262) heimisch waren [1325, 3737] und im Pleistozän Südostasiens Riesenformen (*Manis palaeojavanica* von Java und Borneo [830, 1275, 1510]) lebten, die eine Gesamtlänge von ungefähr 2,50 m erreichten.

Auf Grund der gegenwärtigen Verbreitung (Süd-, Südostasien und Afrika) und der Spezialisationshöhe der rezenten Arten kann man den Ursprung der Manidae mit Dubois in Asien annehmen. Die afrikanischen Arten sind durchwegs höher spezialisiert (Xiphisternum [2389]). Ob allerdings die afrikanischen Schuppentiere von einer gemeinsamen asiatischen Wurzelgruppe ihren Ursprung genommen haben, ist ebensowenig geklärt wie der Zeitpunkt der Ausbreitung. Für die waldbewohnenden westafrikanischen Arten (*Manis tricuspis* und *M. tetradactyla*), die gegenüber den Steppenschuppentieren (*Manis temmincki* und *M. gigantea*) als primär kletternde Schuppentiere anzusehen sind, muß die Ausbreitung längstens im Miozän erfolgt sein.

Unter den rezenten Schuppentieren ist *Manis javanica* die ursprünglichste Art [2389], obgleich die Differenzierung des Magens mit der eingestülpten Labdrüse höher ist als bei den übrigen Arten. Bemerkenswert ist ferner, daß die sieben rezenten Arten sechs Untergattungen angehören, was für ein hohes geologisches Alter spricht.

Taeniodonta (=„Ganodonta")

Eine bisher nur aus dem Paleozän und Eozän der Holarktis bekannte Gruppe bilden die Taeniodonta; diese unguiculaten Säugetiere sind in manchen Merkmalen außerordentlich hoch spezialisiert. Besonders kennzeichnend ist die Reduktion des Zahnschmelzes, der bei den geologisch jüngeren Taeniodonten die hypsodonten Vorder- und Backenzähne nur bandförmig bedeckt und daher zum Namen Bandzähner geführt hat. Im Zusammenhang mit der Reduktion

*) Dies gilt auch für die doppelte Verbindung des Beckens mit der Wirbelsäule bei Schuppentieren und Xenarthren, die man jedoch als gleichsinnige Adaptation deuten kann [983, 984].

**) Der südamerikanische Ursprung der Pholidota auf Grund von *Argyromanis patagonica* (=Astragalus) wie ihn Ameghino [71:377] annimmt, ist völlig unhaltbar. Es handelt sich um einen Xenarthren [3875].

***) *Manis hungaricus* (Phalange) aus dem Alt-Quartär von Ungarn [1828] ist nach Kretzoi [1894] kein Schuppentier.

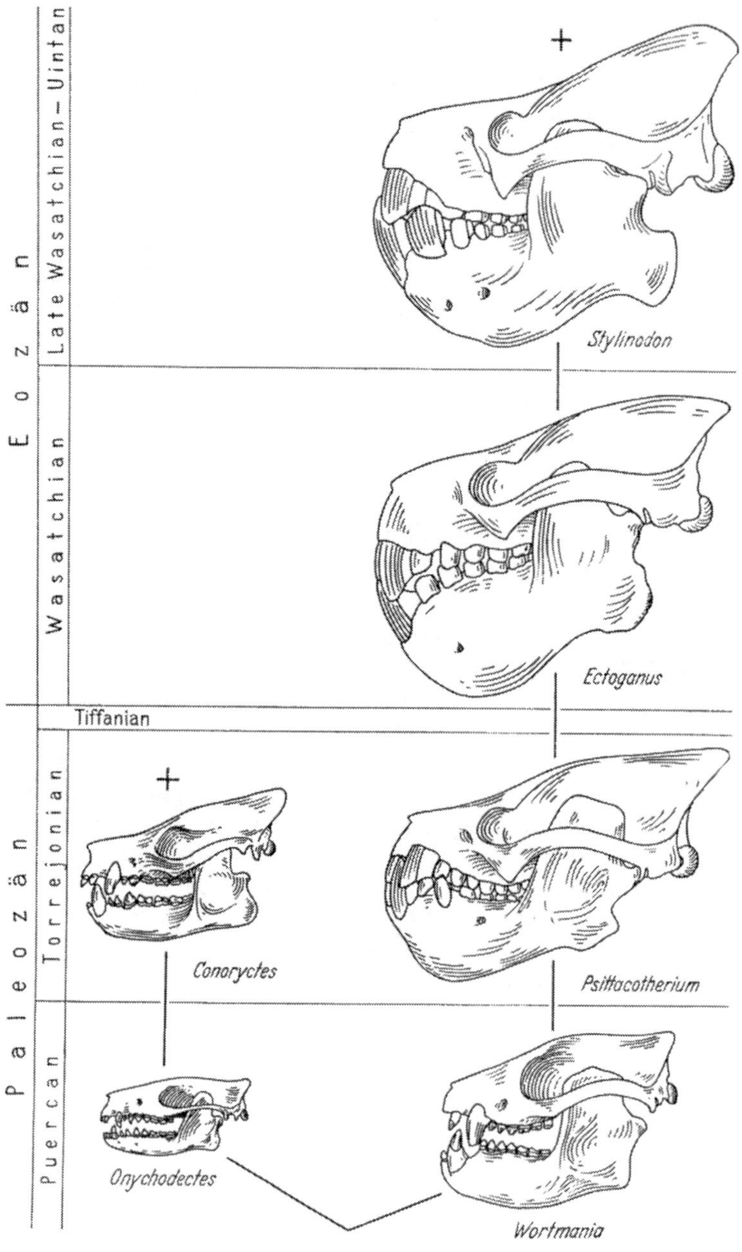

Abb. 304. Evolution der Taeniodonta. Schädel (Lateralansicht) Conoryctinae (links) und Stylinodontinae. Beachte zunehmende Vergrößerung der Vorderzähne und Hypsodontie bei Stylinodontinen. (Maßstäblich verkleinert) — Aus Thenius & Hofer 1960 nach Patterson 1949

des Schmelzes steht auch die stiftförmige Ausbildung der Backenzähne. Diese Merkmale und die Ausbildung von echten Grabkrallen führten Wortman [3955] zur Ganodonten-Theorie. Er klassifizierte die Taeniodonten als primitive Edentaten und sieht in eozänen Taeniodonten Nordamerikas die Vorfahren der südamerikanischen Xenarthren, eine Ansicht, die bereits Scott

[3137] kritisierte. Nach der Merkmalskombination und dem Fehlen verschiedener für die Edentaten kennzeichnender Merkmale bilden die Taeniodonta einen eigenen, mit den Edentaten nicht näher verwandten Säugetierstamm. Die Ähnlichkeiten sind nur oberflächlicher Natur. Das gleiche gilt für die verwandtschaftlichen Beziehungen zu den altweltlichen Tubulidentaten, die MATTHEW vermutete. Abgesehen von den äußerlich ähnlichen, stiftförmigen Backenzähnen, die jedoch bereits durch den bandförmigen Schmelzbelag abweichen, sind infolge der progressiven Vergrößerung der Vorderzähne und des Schädelbaues grundsätzliche Unterschiede vorhanden, die eine derartige Annahme völlig unmöglich machen.

Taeniodonten sind hauptsächlich vom nordamerikanischen Boden bekannt, auf dem auch die stammesgeschichtliche Entwicklung durch Fossilfunde belegt ist. Aus Europa und Asien sind bisher nur spärliche Funde beschrieben worden (wie *Ectoganus* [=„*Calamodon*"] *europaeus* aus dem Mittel-Eozän von Egerkingen; *Basalina* aus dem Mittel-Eozän von Basal in Pakistan [748]*).

Die Geschichte der nordamerikanischen Taeniodonten, die von einer einzigen Familie (**Stylinodontidae** einschließlich Conoryctidae, Ectoganidae und Calamodontidae) vertreten werden, klärten vor allem die Untersuchungen von WORTMAN [3955] und PATTERSON [2594, 2595]. Bereits im älteren Paleozän (Puercan) lassen sich zwei getrennte Stämme (Conoryctinae und Stylinodontinae) unterscheiden (Abb. 304).

Während bei den bisher nur aus dem Paleozän bekannt gewordenen Conoryctinae keine Tendenz zur Hypsodontie der Zähne und nur eine Reduktion der Incisiven (zum Beispiel $\frac{2\ 1\ 3\ 3}{2\ 1\ 4\ 3}$ bei *Conoryctes* aus dem Torrejonian) feststellbar ist, kommt es bei den Stylinodontinae bereits frühzeitig zur Rückbildung der Incisiven bis auf 1 Paar, zur Vergrößerung der Vorderzähne und schließlich zur Wurzellosigkeit sämtlicher Zähne. Mit der zunehmenden Hochkronigkeit entsteht auch die bandförmige Ausbildung des Schmelzes (Vorderseite der Vorderzähne, Außen- bzw. Innenseite der Backenzähne). Hand in Hand mit der „Caninisation" (enorme Vergrößerung vor allem der Eckzähne) kommt es zur Verkürzung des Fazialschädels und der Mandibeläste, Reduktion der Prämaxillaria, Vergrößerung der Temporalgruben, Ausbildung eines Sagittalkammes und eines hohen Occiputs. Demgegenüber bleiben die mit Scharrkrallen versehenen Gliedmaßen fünfzehig und lassen nur geringfügige Anpassungen an eine gesteigerte grabende Lebensweise erkennen (Abb. 305).

Diese charakteristische adaptive Umbildung von einfachen Formen mit brachyodontem Gebiß bis zu den hochspezialisierten Stylinodontiden des jüngeren Eozäns läßt sich durch eine Stufenreihe belegen. Sie führt nach PATTERSON [2594] von *Wortmania* (Puercan) über *Psittacotherium* (Torrejonian), *Lampadophorus* (Tiffanian) und *Ectoganus* (Wasatchian) zu *Stylinodon* (Bridgerian und Uintan). Wie das bei *Psittacotherium* $\left(\frac{1\ 1\ 2\ 3}{1\ 1\ 4\ 3}\right)$ bereits stärker als bei *Ectoganus* $\left(\frac{1\ 1\ 4\ 3}{1\ 1\ 4\ 3}\right)$ reduzierte Gebiß erkennen läßt, handelt es sich jedoch um keine echte Ahnenreihe.

Dessenungeachtet zeigt die stammesgeschichtliche Entwicklung der Taeniodonten das unterschiedliche Evolutionstempo der einzelnen Merkmalskomplexe (Gebiß und Schädel einerseits, Gliedmaßen andererseits). Die Trennung der beiden Taeniodonten-Stämme macht sich nicht nur in der bei *Wortmania* $\left(\frac{1\ 1\ 3\ 3}{1\ 1\ 4\ 3}\right)$ bereits angebahnten Reduktion von Schneidezähen, sondern auch in der des Metacons an den M sup. bemerkbar. Bei *Onychodectes* als geologisch ältestem und primitivstem Angehörigen der Conoryctinen sind die M sup. trituberculär mit kleinen Zwischenhöckern (Proto- und Metaconulus) ausgebildet.

---

*) Auch das Kieferfragment aus dem Ober-Eozän von Honan, das CHOW [541] als *Chungchienia sichuanica* beschrieb und als Xenarthre deutete, ist auf Grund des wurzellosen und mit bandförmigem Schmelz versehenen Zahnes als Angehöriger der Taeniodonten zu klassifizieren.

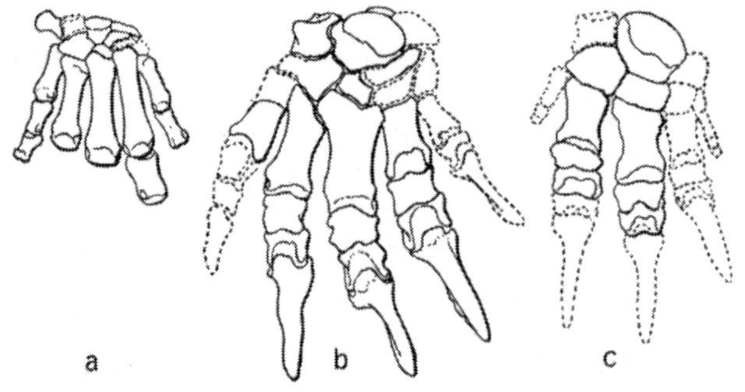

Abb. 305. Manus dext. von Taeniodonten (dorsal). a) *Onychodectes*, Alt-Paleozän, (ca. 1/2); b) *Psittacotherium*, Mittel-Paleozän, (ca. 2/3); c) *Stylinodon*, Alt-Eozän, (ca. 1/4). Beachte Ausbildung der Endphalangen und progressive Reduktion des 1. und 5. Fingerstrahles. Nach Jepsen 1949

Die Herkunft der Taeniodonten ist derzeit noch ungeklärt. Die gemeinsamen Stammformen müssen zur Ober-Kreidezeit existiert haben; ihr Ursprung ist wohl innerhalb von „Proto-Insectivoren" zu suchen.

Rodentia (Nagetiere)

Die Nagetiere sind mit annähernd 1800 rezenten Arten die artenreichste und zugleich erfolgreichste Säugetierordnung. Die Rodentia unterscheiden sich durch die Ausbildung von Nagezähnen und die Differenzierung der Massetermuskulatur von den Angehörigen sämtlicher übriger Säugetiergruppen. Wie Wood [3919] hervorhebt, bildet die Entwicklung von zeitlebens wachsenden schneidenden Incisiven, die freilich zusammen mit entsprechenden Modifikationen im Bau des Schädels und der Kaumuskulatur erfolgte, das Initialmerkmal und zugleich das Hauptcharakteristikum der Rodentia. Lediglich die Abgrenzung gegenüber den Lagomorphen*) ist lange Zeit hindurch diskutiert worden, indem man die Lagomorphen als Duplicidentata [1627] den eigentlichen Nagern (= Simplicidentata) gegenüberstellte und beide Kategorien als Rodentia zusammenfaßte. Zu diesen bereits frühzeitig erkannten Unterschieden kommen jedoch weitere anatomisch-morphologische Verschiedenheiten, die eine Abtrennung der Hasenartigen als eigene Ordnung Lagomorpha [1109] notwendig machen.

Die Ähnlichkeiten zwischen Rodentia und Lagomorpha beruhen — abgesehen von reinen Konvergenzerscheinungen — auf gemeinsamen Primitivmerkmalen, die nicht als Kriterien für direkte verwandtschaftliche Beziehungen gelten können. Diese Befunde werden durch serologische Daten, durch die Embryologie [3386] und durch Fossilfunde bestätigt; die Fossilfunde sprechen nicht nur für eine frühzeitige Trennung, sondern für einen völlig getrennten Ursprung (Seite 405), so daß die Überordnung Glires nicht gerechtfertigt ist (vergleiche dagegen [1281]).

Die stammesgeschichtliche Herkunft der Rodentia ist gegenwärtig noch nicht völlig geklärt, da die geologisch ältesten Nagetiere im Gebiß bereits ausgeprägte Rodentia sind. Es ist ein typisches Nagegebiß aus einem Schneidezahnpaar im Ober- und Unterkiefer, das ein Diastem vom Backengebiß trennt. Eckzähne fehlen völlig. Diese Nager stammen aus dem jüngeren Paleozän (Tiffanian) der USA [1651]. Sie lassen nach McKenna [2203] vermuten, daß die Entstehung der Rodentia bereits in der jüngsten Kreidezeit erfolgte**). Das Backenzahnmuster

*) Die Ähnlichkeiten mit spezialisierten Multituberculaten (zum Beispiel *Taeniolabis*) mit einzelnen Beuteltieren (Vombatiden) und Primaten *(Daubentonia)* sind reine Konvergenzen (Abb. 3 auf Seite 2).

**) Ameghino [67] nahm eine Ableitung der Rodentia von ältesttertiären „Multituberculaten" (Multituberculaten und polydolopide Marsupialia) an und Fleischmann [954] von den Beuteltieren; beiden Ansichten kommt nur mehr historisches Interesse zu. Meist bringt man jedoch die rasche Entfaltung der Rodentia im ältesten Tertiär (Jung-Paleozän—Alt-Eozän) mit dem Zurücktreten und Verschwinden der Multituberculaten in Verbindung. Nach Landry [2018] ist dies jedoch sehr zweifelhaft, da nur eine kleine Gruppe von Multituberculaten ein richtiges Nagergebiß entwickelt hat und außerdem die Multituberculaten anscheinend erst im jüngeren Eozän ausstarben [2937].

dieser paleozänen Nager *(Paramys atavus)* ist sehr ursprünglich und erinnert infolge der Ausbildung eines echten Hypoconus an Gebiß-Primaten aus der Verwandtschaft der Apatemyiden, mit denen sie ursprünglich auch in Verbindung gebracht wurden [3220], und an echte Primaten (Plesiadapiden)*). Es ist dadurch grundlegend von dem der paleozänen Lagomorphen *(Eurymylus)* verschieden und läßt nach dem Gebiß Affinitäten mit Säugetieren vermuten, die den Stammformen der Primaten nicht ferne standen. Diese auf Grund des Backengebisses anzunehmenden verwandtschaftlichen Beziehungen werden durch den Bau der Gehörregion bestätigt [1240, 2209]. Damit ist zugleich eine direkte Ableitung von primitiven Insectivoren anzunehmen, und auch die seinerzeit angenommenen verwandtschaftlichen Beziehungen mit diprotodonten Beuteltieren und mit den Tillodontia sind hinfällig [945, 945a, 945b, 3044].

So einhellig die Abgrenzung der Rodentia von den übrigen Säugetieren erfolgt, so umstritten sind die taxonomische Gliederung und die verwandtschaftlichen Beziehungen der einzelnen Nagergruppen untereinander. Dies erscheint unter Berücksichtigung der Tatsache verständlich, daß es während der Phylogenese immer wieder zu Parallelentwicklungen und wiederholt zu Radiationen gekommen ist, die — bei Ausnützung ökologischer Nischen — zu einer ungeheuren Artenfülle und Formenmannigfaltigkeit innerhalb eines bestimmten Typs geführt hat. Denn der „Nagertyp" blieb bei allen Rodentia trotz der zum Teil hochgradigen Anpassungen (so bei subterranen Nagern: Batherygidae, Spalacidae) bewahrt.

Die Rodentia sind zweifellos die ökologisch erfolgreichste Säugetierordnung, die als einzige weltweit verbreitet ist und tropische bis arktisch-hochalpine**), sumpfige bis wüstenhafte Lebensräume besiedelte sowie subterrane (Batherygidae, Spalacidae, Geomyidae, Ctenomyidae), aquatische *(Hydrochoerus, Myocastor, Ichthyomys, Castor)*, terrestrische, arboricole (Erethizontidae) und sogar (gleit-)fliegende (Sciuridae part., Anomaluridae), omnivore, insectivore *(Oxymycterus, Blarinomys)*, carnivore *(Deomys)*, piscivore *(Ichthyomys, Rheomys)* und herbivore Formen hervorgebracht hat. Durch die Umstellung von der Eiweißnahrung auf Zellulosenahrung konnten sie — ähnlich den Einhufern, den Wiederkäuern und den Elefanten — neue Lebensräume erschließen. Als Winterschläfer konnten sie überdies noch weitere Lebensbereiche besiedeln. Nach Cade [476] ist es innerhalb der Rodentia in mindestens fünf Stämmen (Sciuridae, Heteromyidae, Gliridae, Cricetidae und Dipodoidea) zu echten Winterschläfern gekommen, so daß die Fähigkeit zur Trockenstarre (Winter- oder Sommerschläfer) und Hypothermie vermutlich als primär anzusehen ist, zumal diese Fähigkeiten bei spezialisierteren Arten progressiv abnehmen (zum Beispiel innerhalb der Dipodidae, Sciuridae***) und Cricetidae). Denn erst das Zusammenwirken mehrerer Faktoren führte zur Entstehung echter Winterschläfer. Besonders eindrucksvoll ist die Formenfülle unter den „isoliert" im Tertiär Sücamerikas entstandenen Caviomorphen und den im Pleistozän nach Südamerika gelangten Cricetiden (Hesperomyini) oder den im jüngsten Tertiär in die australische Region eingedrungenen Muriden. Freilich lassen sie sich hinsichtlich der Gehirn- und Extremitätenevolution nicht mit den Primaten vergleichen.

Wie die zahlreichen Versuche einer taxonomischen Gliederung gezeigt haben, führt die Berücksichtigung nur eines Merkmals oder Merkmalskomplexes infolge des Mosaikmodus der stammesgeschichtlichen Entwicklung und der „polyphyletischen" Entstehung zu einer künstlichen Gruppierung, die nicht den tatsächlichen Verwandtschaftsbeziehungen entspricht (vergleiche [3919]).

---

*) Die von Stehlin & Schaub [3418] vertretene Annahme, der hintere Innenhöcker sei ein Pseudohypoconus, ist dadurch hinfällig.

**) Bis an die Sommerschneegrenze verbreitet und in den Alpen bis zu 4100 m festgestellt [204a].

***) Interessant ist, daß von *Cynomys* ein mit Weichteilen erhaltener Kadaver aus dem Jung-Pleistozän Sibiriens bekannt ist. Der Tod überraschte das Tier zweifellos während des Winterschlafs.

Brandt [366] schlug die Unterscheidung von Sciuromorpha, Myomorpha und Hystricomorpha vor und stützte sich dabei im wesentlichen auf die Ausbildung des Jochbogens und des Masseters, der eine charakteristische Differenzierung erfährt (Abb. 306 u. 307). Tullberg [3672] unterscheidet nach dem Bau der Mandibel die Sciurognatha und Hystricognatha, eine Gliederung, die Lavocat [2031] ausbaut durch die Begriffe Atypognatha (= Protrogomorpha), Orthohystricognatha (= Caviomorpha) und Parahystricognatha (= altweltliche Hystricomorpha) sowie Orthosciurognatha (= Sciuromorpha und Castorimorpha) und Parasciurognatha (= Theridomorpha), während Stehlin & Schaub [3418] und Schaub [3019, 3021] sich unter Berücksichtigung der Fossilformen fast ausschließlich auf die Ausbildung des Backenzahnsystems

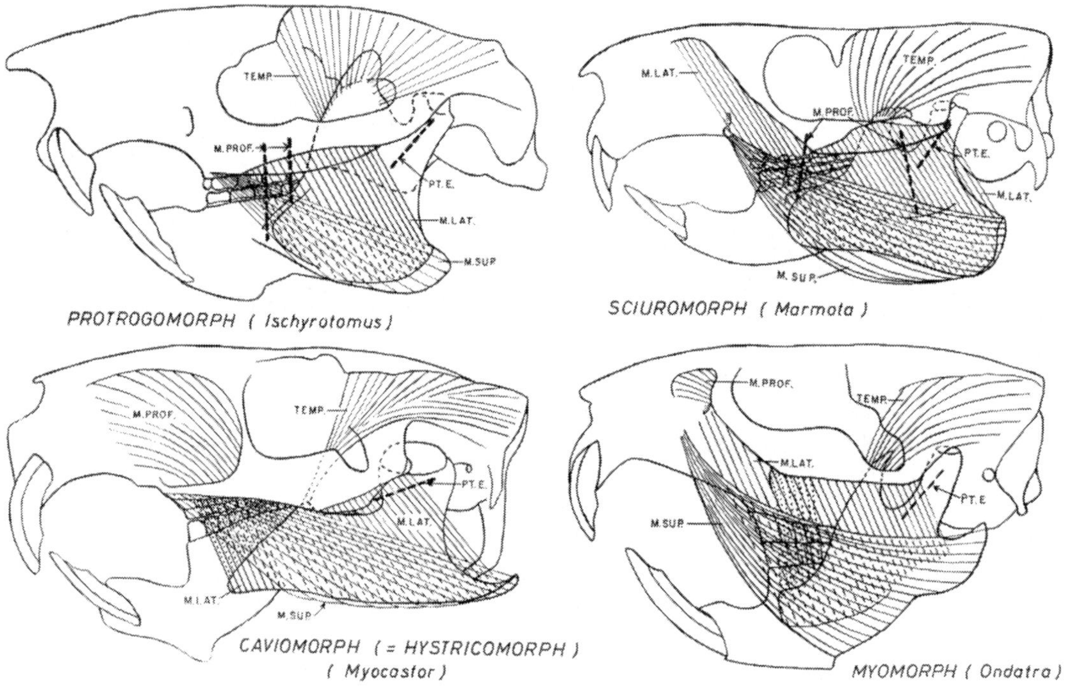

Abb. 306. Die wichtigsten Nagetiertypen nach der Ausbildung der Kaumuskulatur. — Nach A. E. Wood 1965

M. LAT. = Masseter lateralis (Partien unterhalb des Mass. superficialis gestrichelt)
M. PROF. = M. profundus (gestrichelte Linien zeigen Begrenzung und Verlauf an; ventraler Teil punktiert)
M. SUP. = Mass. superficialis *PT. E.* = M. pterygoideus externus *TEMP.* = M. temporalis

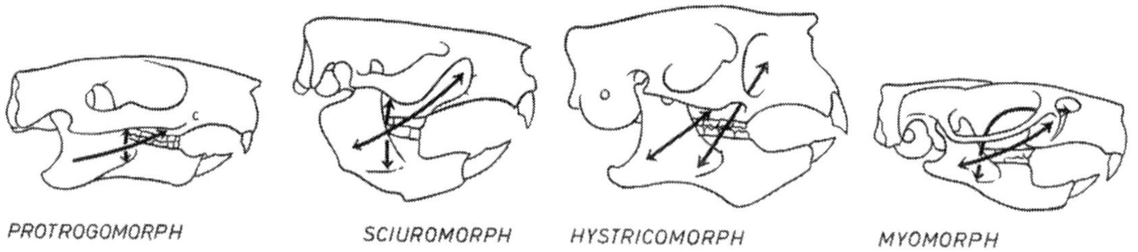

Abb. 307. Schemata zur Darstellung der wichtigsten Kaumuskulaturtypen unter den Nagetieren. Protrogomorphentyp (Ischyromyidae) als ursprünglichster, sciuromorpher (Sciuridae) als schwach, myomorpher (Muridae) und hystricomorpher Typ (Hystricidae, Caviomorpha) als stark abgeleitete Typen. — Nach A. E. Wood 1959

stützen. Das Zahnsystem neigt jedoch sehr zu Parallelbildungen und täuscht somit genetische Einheiten vor (zum Beispiel „Pentalophodonta“). Derartige Parallelerscheinungen von genetisch bedingten zu unterscheiden, ist auf Grund des Gebisses allein nur schwer möglich und nicht zuletzt eine Frage der Homologisierung. Bereits TULLBERG [3762] betont mit Recht: „Die große Bedeutung des Gebisses bei den Urteilen über die Verwandtschaftsbeziehungen nicht verkennend, erachte ich aber doch die Zähne als bei weitem nicht ausreichend, um die Grundlage eines Systems zu bilden“*).

Nach WOOD [3910] und WOOD & PATTERSON [3921] bilden die Pentalophodonta keine natürliche Einheit, da das pentalophodonte Backenzahnmuster der neuweltlichen und altweltlichen „Hystricomorpha“ einander nicht homolog ist (Abb. 308). WOOD [3910] unterscheidet nach der Zygomasseterstruktur, dem Bau der Mandibel und des Gebisses insgesamt 7 Unterordnungen (Sciuromorpha, Theridomyomorpha, Castorimorpha, Myomorpha, Caviomorpha, Hystricomorpha und Bathyergomorpha), während THALER [3569], der von Untersuchungen tertiärer Nagetiere Europas ausgeht, insgesamt 16, zum Teil nicht eigens benannte Unterordnungen auseinanderhält.

Diese knappe Übersicht möge genügen, um die Differenzen aufzuzeigen, die sich allein bei der Großgliederung der Rodentia ergeben. Aus sämtlichen in jüngerer Zeit vorgeschlagenen Klassifikationsversuchen geht hervor, daß die drei klassischen Unterordnungen (Sciuromorpha, Myomorpha und Hystricomorpha) nicht als monophyletische Einheiten aufgefaßt werden können, sondern nur als Stadien. So unterscheidet WOOD [3919] innerhalb der Rodentia nach Ausbildung und Struktur der Incisiven, nach der Kiefermuskulatur, den entsprechenden Partien des Schädels samt Unterkiefer und der Kronenhöhe sowie dem Muster der Backenzähne drei Stadien oder Radiationen und betont, daß die klassischen Unterordnungen nur den Ausdruck eines primären (Sciuromorpha) oder sekundären Anpassungsniveaus (Myomorpha, Hystricomorpha) darstellen. Abgesehen davon sind zahlreiche Einzelprobleme in taxonomisch-phylogenetischer Hinsicht noch ungeklärt. Dennoch ließ sich die Geschichte zahlreicher Nagetierstämme und ihre stammesgeschichtlichen Beziehungen dank neuer Fossilfunde [2042, 3917] und neuer vergleichend-anatomischer Befunde und Erkenntnisse [1155, 1561, 3757, 3760] in den Grundzügen klären. GORGAS gelangte durch seine auf breiter Basis durchgeführten eingehenden Untersuchungen über den Magen-Darmkanal sciuro-, hystrico- und caviomorpher Nager zu dem wesentlichen Ergebnis, daß der Magen-Darmkanal im Gegensatz zu anderen Organsystemen sich sehr konservativ verhält und dadurch zur Beurteilung stammesgeschichtlicher Zusammenhänge eher herangezogen werden kann als etwa Gebiß und Habitus.

Unter Berücksichtigung vergleichend-anatomischer, serologischer, paläontologischer, parasitologischer und ethologischer Befunde seien die wesentlichsten Probleme in stammesgeschichtlicher Hinsicht erwähnt und kurz diskutiert.

Die vielleicht wesentlichste Streitfrage bilden Herkunft und verwandtschaftliche Beziehungen der südamerikanischen „Hystricomorphen“ und damit die Frage nach der stammesgeschichtlichen Einheit der Hystricomorpha. Wenn neuweltliche und altweltliche Hystricomorpha gegenwärtig auch allgemein als Ergebnisse paralleler Entwicklungen gelten, so sind die Ansichten darüber geteilt, ob eine gemeinsame basale Wurzelgruppe vorhanden war [2016] oder nicht [3921]. Für eine Entscheidung dieser Frage ist die Homologisierung der Backenzahnelemente und damit deren Ableitung wesentlich. Nach WOOD & PATTERSON [3921] entsprechen die fünfjochigen Backenzähne der südamerikanischen Hystricomorphen weder denen der Theridomyiden noch denen der altweltlichen Hystricomorphen. Sie sind unabhängig von beiden

*) Damit ist praktisch die Ausbildung des Backenzahnmusters, weniger der histologische Bau gemeint, dessen unterschiedliche Zusammensetzung KORVENKONTIO [1834] für den Schmelz der Incisiven zeigen konnte.

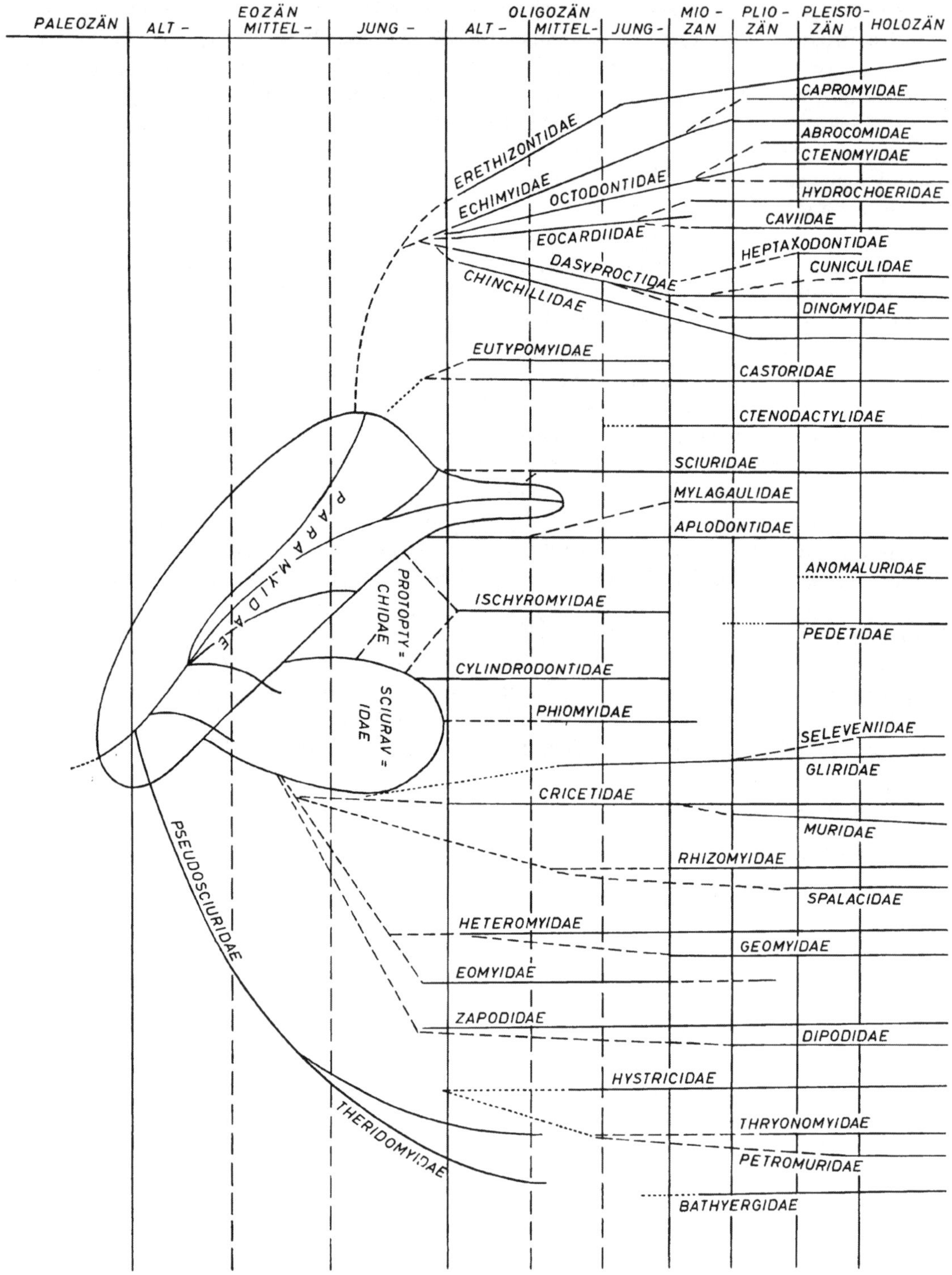

Abb. 308. Die stammesgeschichtlichen Zusammenhänge der einzelnen Nagerfamilien. — Nach A. E. Wood 1959, umgezeichnet

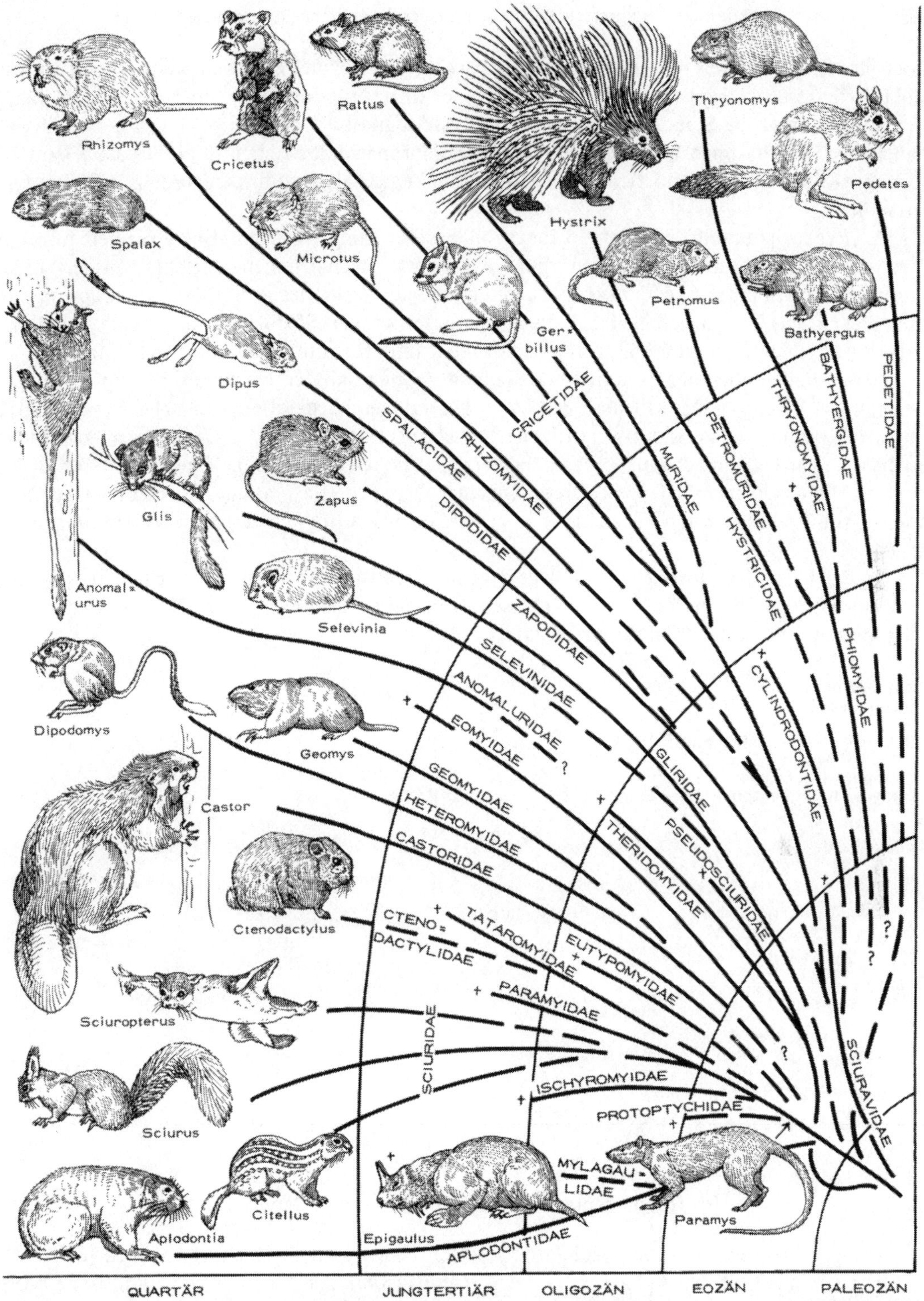

Abb. 309. Die vermutlichen stammesgeschichtlichen Zusammenhänge innerhalb der Nagetiere (ohne Caviomorpha, Abb. 351). Als Stammgruppe sämtlicher Nager gelten die „Paramyiden". *Aplodontia* ist die einzige überlebende Gattung der Protrogomorpha. Die stammesgeschichtliche Einheit der „Sciuromorpha" (Sciuroidea, Ctenodactyloidea, Castoroidea und Geomyoidea sowie? Pedetoidea) ist nicht gesichert. Die Gliroidea bilden einen eigenen Stamm, der sich unabhängig von den Myomorpha entwickelt hat. Die Caviomorpha (= neuweltliche „Hystricomorpha") sind nicht direkt mit den altweltlichen Hystricomorphen verwandt. Die Ableitung der Bathyergiden von einer hystricomorphen Wurzelgruppe ist wahrscheinlich

über ein vierjochiges Stadium von eozänen Paramyiden abzuleiten. Dementsprechend sind die südamerikanischen Hystricomorphen als eigene Unterordnung (Caviomorpha Wood [3910] = Nototrogomorpha Schaub [3019] = Orthohystricognatha Lavocat [2031]) von den altweltlichen Hystricomorphen abzutrennen. Die Caviomorphen haben sich zumindest seit dem Deseadense (älteres oder [?] mittleres Oligozän) unabhängig von den übrigen Nagern in Südamerika entwickelt.

Weitere wiederholt diskutierte Fragen bilden die stammesgeschichtliche Einheit und Umfang der Sciuromorpha und Myomorpha, die verwandtschaftlichen Beziehungen der Caviomorpha untereinander und damit die taxonomisch-phylogenetische Stellung der Capromyiden und Dasyproctiden (einschließlich Cuniculiden), ferner der Status der Ctenodactyliden, Bathyergiden, Pedetiden, Anomaluriden, Spalaciden und Rhizomyiden sowie der Gliriden.

Fossilfunde haben die Herkunft der Ctenodactyliden und der Thryonomiden aufgehellt und den langen Eigenweg der Gliridae gezeigt, während vergleichend-anatomische Befunde nicht nur zur Klärung der verwandtschaftlichen Beziehungen innerhalb der Caviomorphen, sondern auch der Spalaciden und Rhizomyiden beigetragen haben (Abb. 309). Von sekundärer Bedeutung ist die unterschiedliche Bewertung einzelner Gruppen (Paramyidae, Cricetoidea, Arvicolidae, Glirimorpha), wenngleich auch sie letztlich Ausdruck phylogenetischer Vorstellungen sein sollen.

In der folgenden Übersicht sind insgesamt neunzehn Überfamilien unterschieden; sie lassen sich zu mehreren Einheiten zusammenfassen, von denen sich einige als natürliche, das heißt monophyletische Kategorien auffassen lassen:

Ischyromyoidea Aplodontoidea	Protrogomorpha
Sciuroidea (Sciuromorpha sensu stricto) Ctenodactyloidea Castoroidea (Castorimorpha) Geomyoidea (Geomorpha)	„Sciuromorpha“
Theridomyoidea Anomaluroidea	Theridomorpha
Gliroidea	Glirimorpha
Muroidea (Myomorpha sensu stricto und Cricetomorpha) Dipoidea (Dipodomorpha)	„Myomorpha“
Erethizontoidea Octodontoidea Chinchilloidea Cavioidea	Caviomorpha (= Nototrogomorpha)
Hystricoidea (Hystricomorpha sensu stricto) Thryonomyoidea Bathyergoidea (Bathyergomorpha)	Hystricomorpha
incertae sedis (?) Pedetoidea	

Protrogomorpha (Ischyromyoidea und Aplodontoidea)

Die primitivsten und auch geologisch ältesten Nager sind die Ischyromyoidea [3902]. Sie bilden zusammen mit den Aplodontoidea den Primitivstock der Nagetiere und sind nach Wood [3917, 3919] als natürliche Einheit zu betrachten. Unter den Ischyromyoidea, die eine Radiation im Eozän erkennen lassen (Abb. 310), zählen die **Paramyidae** zu den ursprünglichsten. Sie sind erstmals aus dem jüngeren Paleozän (Tiffanian) nachgewiesen und bilden die Stammgruppe der

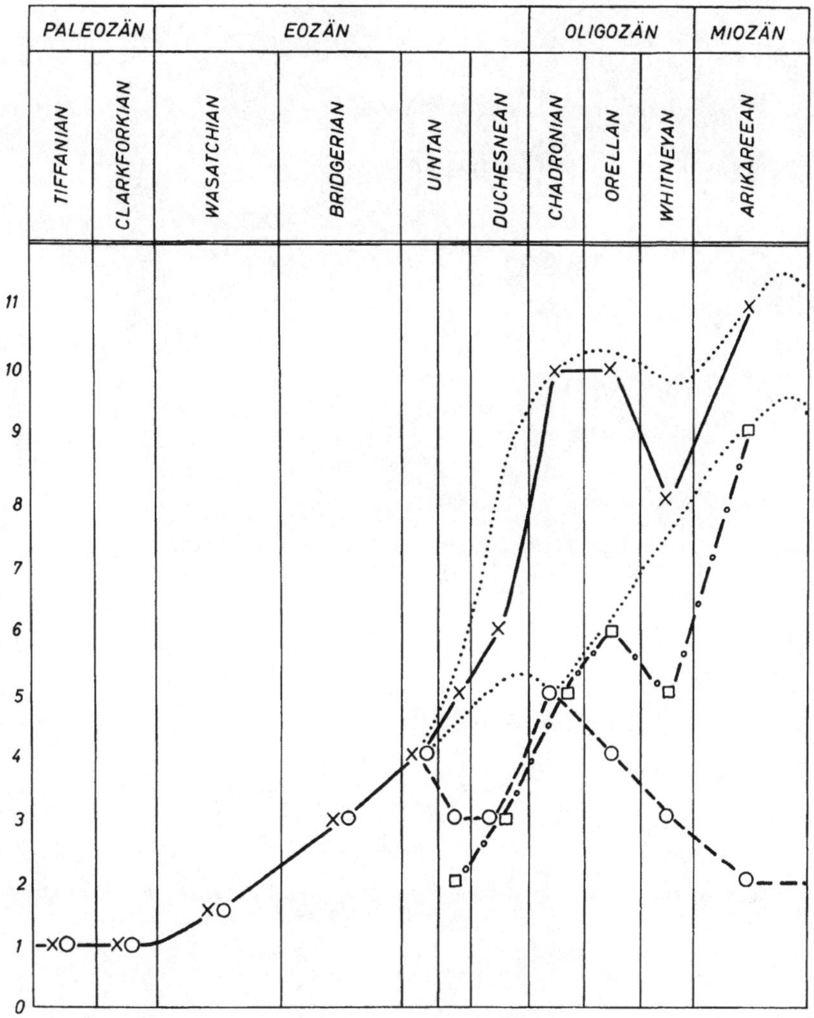

Abb. 310. Nagerevolution im Alttertiär in Nordamerika. Beachte steigenden Anteil der protrogomorphen Nager bis zum Jung-Eozän (Uintan) und Alt-Oligozän (Chadronian) und ihre Abnahme seit dem Mittel-Oligozän (Orellan). Nach Wilson 1949, umgezeichnet

× = Gesamtzahl	Gesamtkurve ———————
○ = Protrogomorph	Protrogomorpha Kurve - - - - - - -
□ = Non-Protrogomorph	Non-Protrogomorpha Kurve —◦—

übrigen Nagetiere. Es sind typische Nagetiere mit echt gliriformen Incisiven und mit der Zahnformel $\frac{1\ 0\ 2\ 3}{1\ 0\ 1\ 3}$, brachyodonten Backenzähnen mit bunodonten bis angedeutet vierjochigen Molaren (Abb. 311), pauciserialem Incisivenschmelz und mit ursprünglicher Masseterstruktur. Der Masseter setzt stets an der Unterseite des Jochbogens an, die Mandibel ist sciurognath (Abb. 312). Eine knöcherne Bulla tympani ist bisher zwar nicht bekannt geworden, aber auch nicht auszuschließen [3917]. Das Extremitätenskelett zeigt keine speziellen Anpassungen und kommt in den Proportionen *Rattus*, *Peromyscus* und *Sciurus* am nächsten (Abb. 313). Hand und Fuß sind

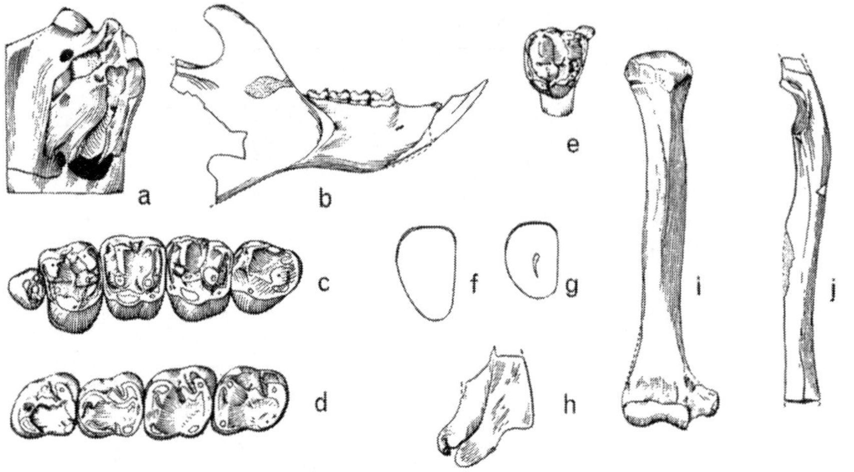

Abb. 311. *Paramys copei* („Paramyidae"), Alt-Eozän, Nordamerika. a) Gehörregion dext., b) Mandibel dext., c) P^3—M^3 sin. d) P_4—M_3 dext., e) D^4 dext., f) I^1 dext., quer, g) I_1 sin., quer, h) Scapula sin. dist., i) Humerus dext., j) Ulna dext. a, b, h, j (ca. 1,5/1), c bis g. (ca. 3/1) — Nach A. E. Wood 1962

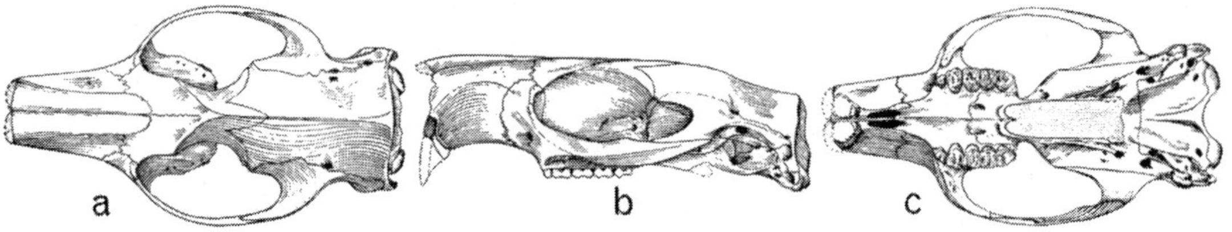

Abb. 312. *Paramys copei*, wie Abb. 311. Osteocranium in Dorsal- (a), Lateral- (b) und Ventralansicht (c). (ca. 5/8) Nach A. E. Wood 1962

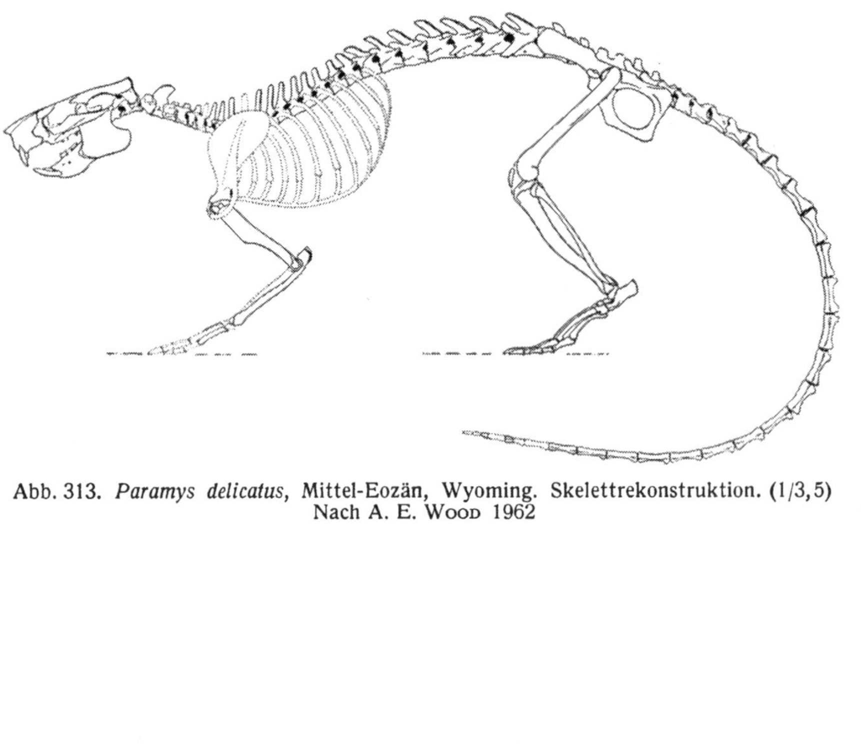

Abb. 313. *Paramys delicatus*, Mittel-Eozän, Wyoming. Skelettrekonstruktion. (1/3,5) Nach A. E. Wood 1962

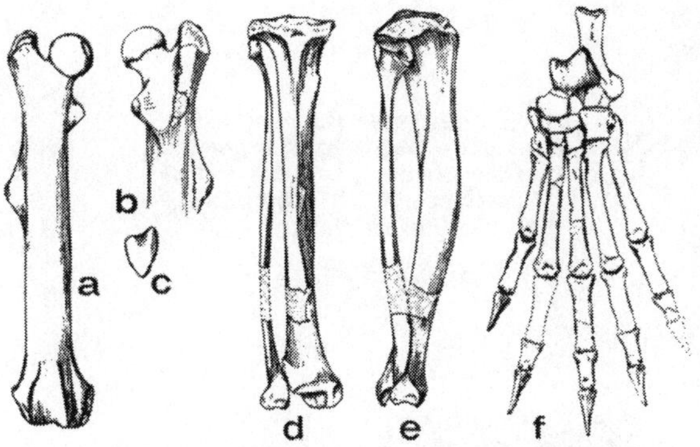

Abb. 314. *Paramys delicatus*, wie Abb. 313. Knochen der Hinterextremität. a, b) Femur, dext., c) Patella dext., d, e) Tibia und Fibula, dext., f) Pes sin. (ca. 1/2) — Nach A. E. Wood 1962

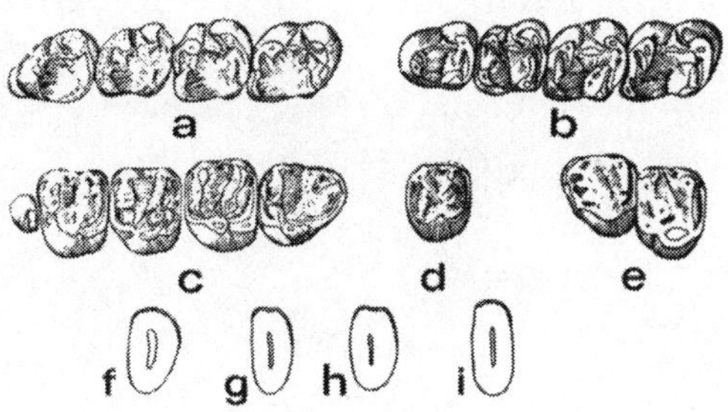

Abb. 315. *Reithroparamys delicatissimus* („Paramyidae"). Eozän, USA. a, b) P_4—M_3 dext., c) P^3—M^3 sin., d) M^1 dext., e) M^{2-3} dext., f—i) Querschnitte durch I inf. dext. (ca. 4/1) Nach A. E. Wood 1962

fünfzehig, die Endphalangen bekrallt, Tibia und Fibula distal nicht verschmolzen [2263] (Abb. 314). Im Habitus am ehesten mit Sciuriden vergleichbar, unterscheiden sich die Sciuriden durch den spezialisierten Masseterbau, während bei den Aplodontiden eine ursprüngliche Masseterstruktur mit einem hochspezialisierten Gebiß kombiniert ist. Schon daraus geht hervor, daß weder *Aplodontia* noch die Sciuriden als Modellformen der primitivsten Nagetiere gelten können.

Zahlreiche Gattungen sind aus dem Jung-Paleozän *(Paramys)*, Eozän *(Paramys, Leptotomus, Reithroparamys* (Abb. 315), *Microparamys, Manitsha, Plesiarctomys, Ailuravus, Maurimontia)*, Oligozän *(Prosciurus, Plesiospermophilus)* Nordamerikas und Eurasiens, sowie neuerdings von Black [276] auch aus dem Altmiozän (Burdigal; *Paracitellus eminens*) Europas nachgewiesen [711, 2345, 3917]. Wood [3917] hat ihnen eine ausführliche Monographie gewidmet und gezeigt, daß die Sciuraviden, Cylindrodontiden, Protoptychiden und Ischyromyiden das Ergebnis der ersten Radiation der Rodentia bilden.

Die **Sciuravidae** aus dem Eozän Nordamerikas und Asiens stehen den Paramyiden morphologisch sehr nahe und werden deshalb auch oft als Unterfamilie der Paramyiden gewertet. Nach Wood [3910] haben sich diese Nager im ältesten Eozän aus Paramyiden entwickelt. Sie unterscheiden sich durch das bunolophodonte bis lophodonte Molarenmuster von den Paramyiden. *Knightomys* aus dem Alt-Eozän der USA ist der primitivste Sciuravide. Die Stellung von *Pauromys* ist umstritten, da sie nach Wood [3916, 3919] möglicherweise die Stammform der Cricetiden bildet, während Stehlin & Schaub [3418] diese Gattung auf Grund des Gebisses als Cricetiden klassifizieren. Andererseits steht *Advenimus* aus dem Jung-Eozän Asiens nach Dawson [711] dem primitivsten Ctenodactyloidea *(Karakoromys)* nahe. Als wichtigstes Genera sind außer den bereits genannten *Sciuravus (*Mittel- bis Ober-Eozän), *Mysops, Tillomys* und *Tsinlingomys* zu erwähnen [711, 2126, 3857, 3910, 3919].

Die nur mit zwei Gattungen *(Ischyromys, Titanotheriomys)* aus dem Oligozän Nordamerikas*) nachgewiesenen **Ischyromyidae** sind nach Wood [3910] vermutlich von jung-eozänen Paramyiden oder Sciuraviden abzuleiten. Die lophodonten Backenzähne zeigen vier Querleisten, der Masseter verlagert sich etwas vor den Jochbogen [3902, 3910] (Abb. 316, 317).

*) Wilson [3860:88] vermutet ein Überleben der Ischyromyoidea bis ins Pliozän, doch steht die Zugehörigkeit dieser Formen (wie *Kansasimys* aus dem Hemphill) zur Diskussion. Nach Schaub [3021] ist *Kansasimys* ein Eomyide.

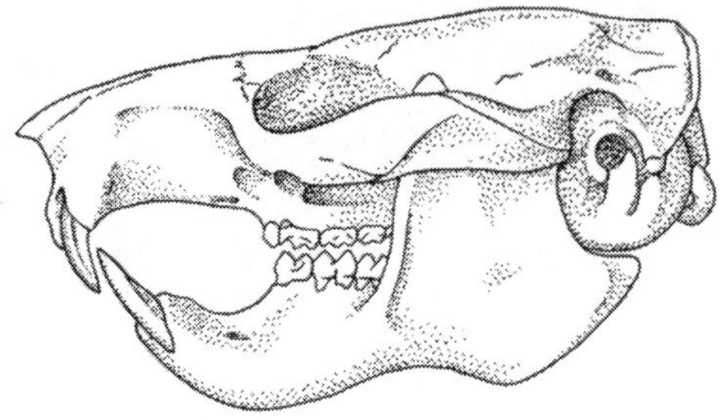

Abb. 316. *Ischyromys typus* (Ischyromyidae). Oligozän, Nordamerika. Osteocranium, Lateralansicht. (1/1) — Nach A. E. Wood 1937, umgezeichnet

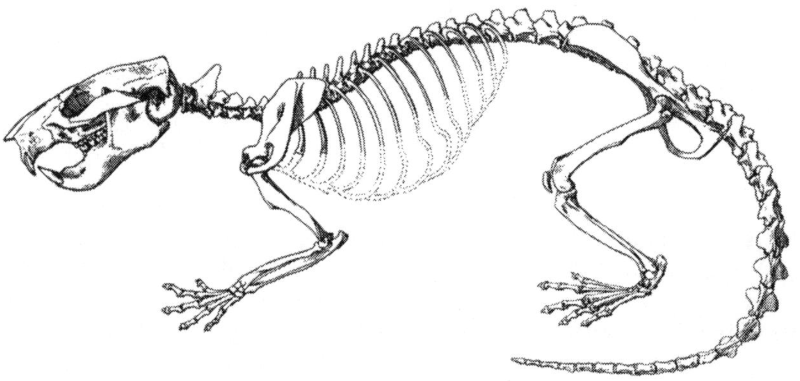

Abb. 317. *Ischyromys typus*, wie Abb. 316. Skelettrekonstruktion. Elemente der rechten Körperhälfte weggelassen. (1/3) — Nach A. E. Wood 1937

Protoptychus aus dem Jung-Eozän der USA ist als Vertreter einer eigenen Familie (**Protoptychidae**) zu klassifizieren. Die gewaltig vergrößerten Bullae und die Mastoidregion sprechen für einen steppenbewohnenden Springnager ähnlich den rezenten Dipodiden wie *Dipodomys*. Das Molarenmuster der hochkronigen Backenzähne läßt sich vom Gebißmuster der Sciuraviden ableiten.

Demgegenüber bilden die gleichfalls hochspezialisierten **Cylindrodontiden** aus dem Alt-Tertiär Nordamerikas und Asiens grabende Nager (Abb. 318) mit gleichfalls hypsodonten Molaren mit vier Querleisten [436, 437, 3860]. Ihre stammesgeschichtliche Herkunft ist zwar nicht ganz geklärt (? Sciuraviden als Stammformen [3859, 3910]), doch handelt es sich zweifellos um spezialisierte Angehörige der Ischyromyoidea, die Matthew & Granger [2278, 2279] ursprünglich als Bathyergidae klassifizierten und von denen auch neuerdings Landry [2016:74] wieder die Gattungen *Tsaganomys* und *Cyclomylus* als Angehörige der Bathyerginae) ansieht*). *Pareumys* aus dem Jung-Eozän ist die geologisch älteste und im Gebiß primitivste Gattung [3859]. Innerhalb der Cylindrodontiden lassen sich mehrere Linien unterscheiden (*Cylindrodon, Pseudodocylindrodon, Pareumys, Tsaganomys, Ardynomys* [3860]). Die Zugehörigkeit von *Sespemys* aus dem Jung-Eozän der USA [3861] ist fraglich.

Als einziger rezenter Vertreter der Protrogomorpha gilt der im System der lebenden Formen isoliert stehende „Bergbiber" (*Aplodontia rufa*). Der „Bergbiber" oder das Stummelschwanzhörnchen, ist ein Bewohner der feuchten Berggebiete der pazifischen Küste Nordamerikas und gilt auf Grund **einzelner** Merkmale („primitiver" Reproduktionsmodus, ursprüngliche Zahn-

*) Wie auf Seite 343 ausgeführt, zeigen die rezenten Bathyergiden engere Beziehungen zu Hystricomorphen.

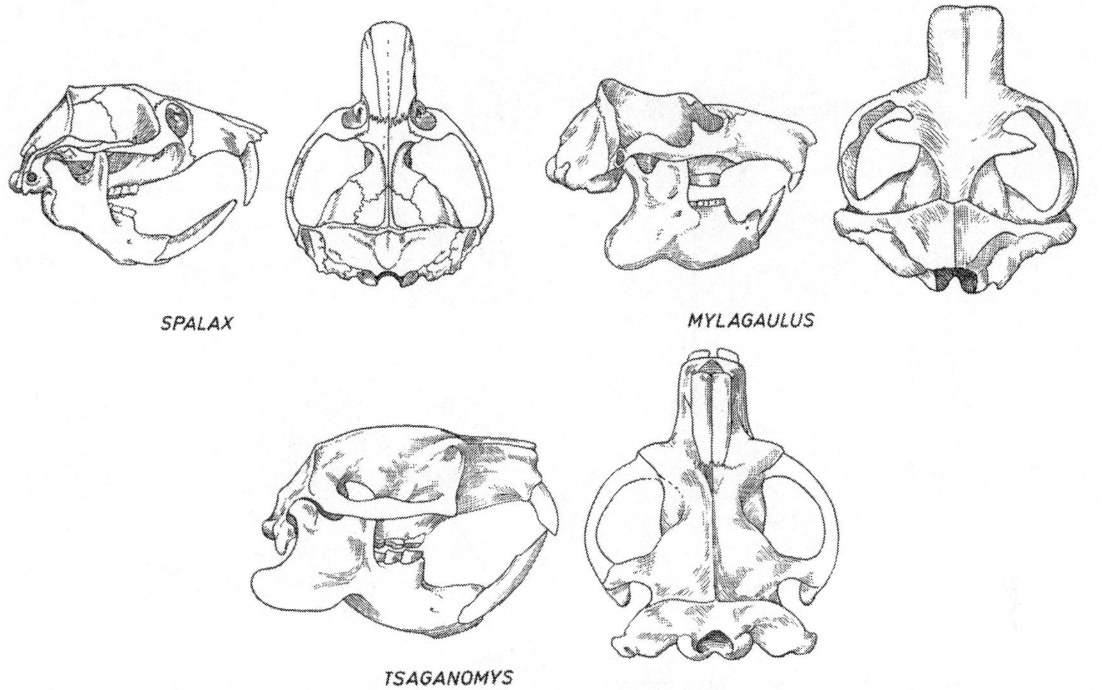

Abb. 318. Schädel (Lateral- und Dorsalansicht) wühlender Nagetiere als Beispiele für Parallelbildungen innerhalb verschiedener Unterordnungen. *Tsaganomys* (Cylindrodontidae, Ischyromyoidea), *Mylagaulus* (Mylagaulidae, Aplodontoidea), *Spalax* (Spalacidae, Muroidea). Beachte keilförmigen Schädel (besonders bei *Spalax* und *Tsaganomys* als Kopfgräbern), Ausbildung der Incisiven und Lage der Occipitalfläche. — Nach Ellerman 1940, Matthew & Granger 1923 und Shotwell 1958, umgezeichnet

formel $\frac{1\ 0\ 2\ 3}{1\ 0\ 1\ 3}$, primitive Masseterstruktur, Bau des Gehörknöchelchen [575], uniserialer Zahnschmelz) als ursprünglichster rezenter Nager, doch sind diese Primitivmerkmale mit stark spezialisierten Eigenschaften kombiniert (wie differenzierter Magen, hypsodontes Backengebiß, Gehörknöchelchen, sowie Grabanpassungen in Form kleiner Augen und Ohren). Das Gehirn ist nicht sonderlich primitiv, die Bulbi olfactorii sind nicht besonders groß, das relativ große Cerebellum wird nicht von den Hemisphären bedeckt, deren neocorticaler Anteil kaum geringer ist als bei Sciuriden [2699]. Nähere verwandtschaftliche Beziehungen zu Bathyergiden, wie sie Pilleri [2699] vermutet, sind nach dem Gehirn nicht anzunehmen. Innerhalb der rezenten Nager steht *Aplodontia rufa* den Sciuriden morphologisch am nächsten*), zeigt jedoch zahlreiche eigene Merkmale (doppelte Hohlvene [1451]). Diese typische Reliktform hat sich seit dem Jung-Miozän (Barstovian) nur geringfügig verändert und wurde verschiedentlich als „lebendes Fossil" bezeichnet [3167].

Fossilfunde konnten die Herkunft und Geschichte der **Aplodontidae** klären. Sie zeigen, daß das gegenwärtige Verbreitungsgebiet dem ursprünglichen Ausbreitungsareal der ganzen Familie entspricht. Als geologisch älteste Gattung gilt *Eohaplomys* aus dem Jung-Eozän Nordamerikas-Weitere Fossilfunde zeigen, daß Aplodontiden nicht nur im Tertiär Nordamerikas *(Allomys. Haplomys, Meniscomys, Tardontia, Liodontia)***) (Abb. 319), sondern auch in Eurasien *(Sciuro-*

---

*) Der Name Bergbiber ergibt sich aus der auch schwimmenden Lebensweise dieser Art.
**) Die Zugehörigkeit von *Pipestoneomys* zu den Aplodontiden ist sehr fraglich [274] (siehe auch Seite 299).

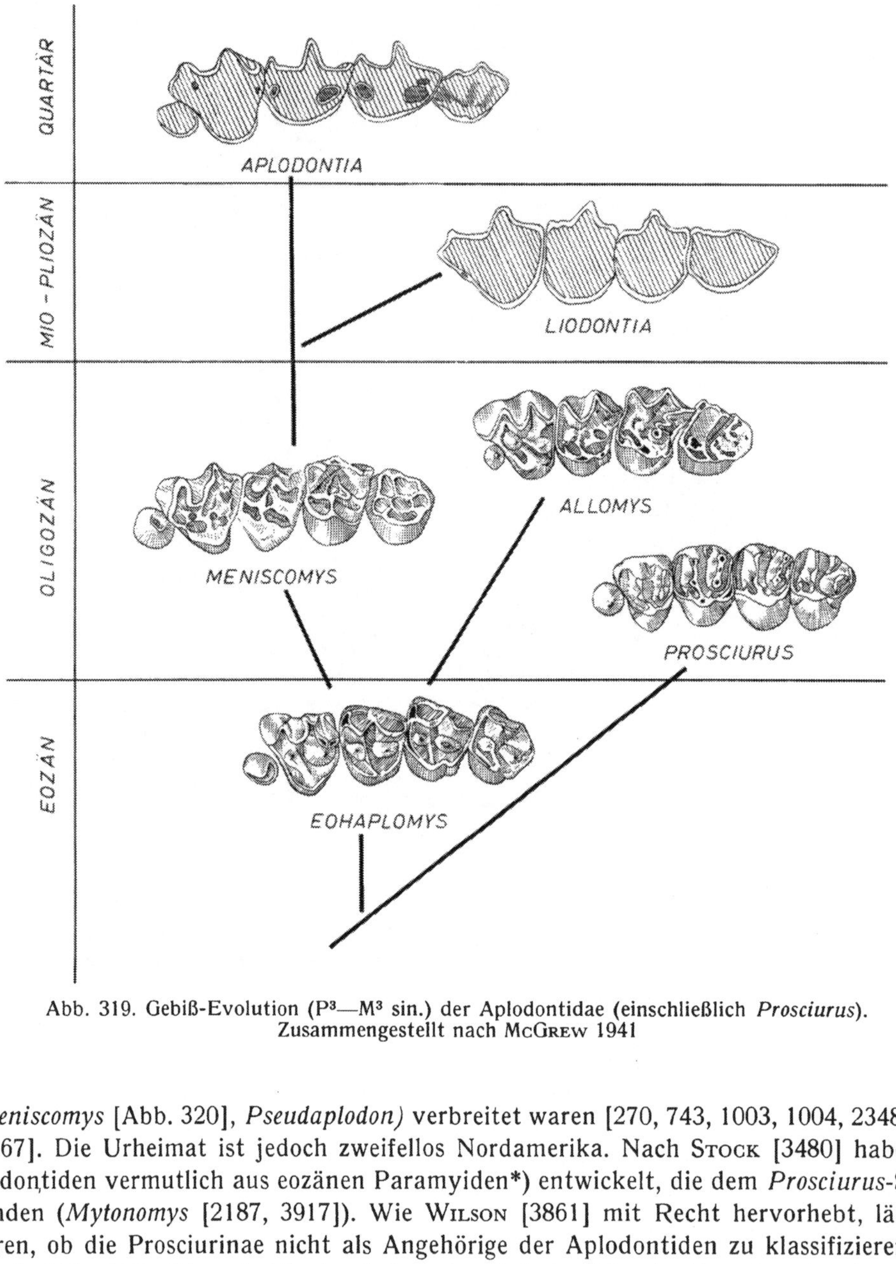

Abb. 319. Gebiß-Evolution (P^3—M^3 sin.) der Aplodontidae (einschließlich *Prosciurus*). Zusammengestellt nach McGrew 1941

don, *Ameniscomys* [Abb. 320], *Pseudaplodon)* verbreitet waren [270, 743, 1003, 1004, 2348, 3044, 3058, 3167]. Die Urheimat ist jedoch zweifellos Nordamerika. Nach Stock [3480] haben sich die Aplodontiden vermutlich aus eozänen Paramyiden*) entwickelt, die dem *Prosciurus*-Stamm nahestanden (*Mytonomys* [2187, 3917]). Wie Wilson [3861] mit Recht hervorhebt, läßt sich diskutieren, ob die Prosciurinae nicht als Angehörige der Aplodontiden zu klassifizieren seien (siehe auch Abb. 319). Die primitivsten bekannten Aplodontiden besitzen brachyodonte Backenzähne, die im Oberkiefer die Tendenz zur Selenodontie der Außenhöcker und zur Bildung zusätzlicher Leisten erkennen lassen. Mit der zunehmenden Hypsodontie kommt es zur Fossettenbildung und zur Vergrößerung der P^4_4. Nach McGrew [2187] bildet *Eohaplomys* die Stammform von *Allomys* und *Meniscomys*, die einerseits zu *Liodontia*, andererseits zu *Aplodontia* führen soll. Wie jedoch Shotwell [3167] gezeigt hat, kann *Liodontia* aus dem Mio-Pliozän doch als direkte

*) Stock [3480] hat *Eohaplomys* als Ischyromyide (sensu lato) klassifiziert, das heißt, unter Einschluß der Paramyidae.

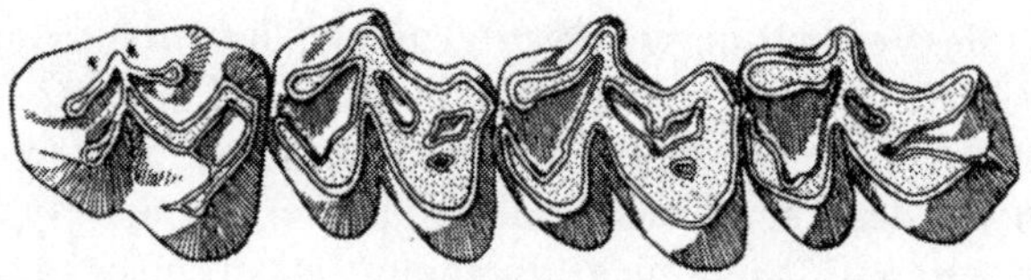

Abb. 320. *Ameniscomys selenoides* (Aplodontidae). Alt-Miozän (Burdigal), Europa. P_4—M_3 sin., occlusal. Beachte selenodonte Zahn„höcker". (ca. 9/1) Nach DEHM 1950

Stammform von *Aplodontia* angesehen werden, wie schon FURLONG [1038] vermutete, da die angeblichen Unterschiede im Gebiß durch die Abkauung bedingt sind. *Niglarodon* steht *Meniscomys* sehr nahe. Weitere Linien bilden *Tardontia* aus dem nordamerikanischen Jung-Tertiär und *Pseudaplodon* aus dem asiatischen Pliozän, die sich gleichfalls von *Meniscomys* ableiten lassen [2175]. *Pseudaplodon* ist zwar geologisch jünger, besitzt jedoch weniger hypsodonte Backenzähne.

Gleichfalls als Abkömmlinge primitiver Aplodontiden gelten die **Mylagaulidae** des nordamerikanischen Jung-Tertiärs. Sie werden mit den Aplodontidae als Aplodontoidea zusammengefaßt. Die Mylagauliden zeigen sich im Gebiß, im Schädelbau und auch im postcranialen Skelett als hochspezialisierte fossoriale Nager, deren geologisch jüngste Arten *(Epigaulus)* knöcherne Nasenhörner besitzen. Der Schädel erinnert stark an *Spalax*, doch ist dies eine reine Konvergenzerscheinung (Abb. 318 auf Seite 293). Die auch bei den Aplodontiden feststellbare Vergrößerung der P^4_4 und die Hypsodontie der Backenzähne ist wesentlich weiter fortgeschritten, wie auch die Zahnformel von $\frac{1\ 0\ 2\ 3}{1\ 0\ 1\ 3}$ auf $\frac{1\ 0\ 1\ 0}{1\ 0\ 1\ 0}$ bei den adulten Individuen reduziert wird (Abb. 321). Wie SHOTWELL [3167] gezeigt hat, haben sich die Mylagauliden durch entsprechende Grab-

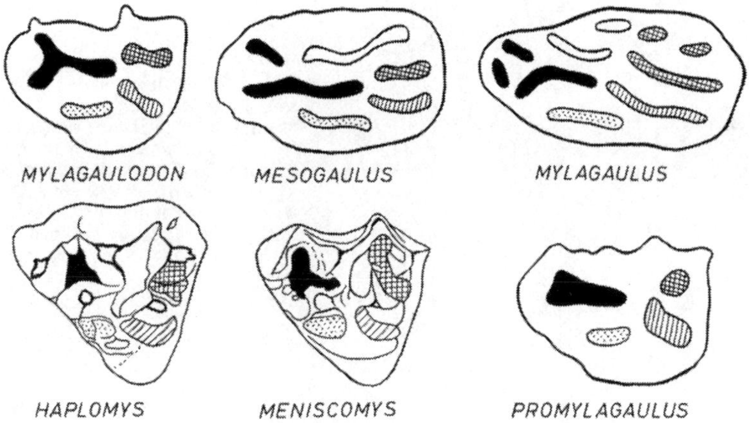

Abb. 321. Evolution des P^4 bei den Aplodontoidea, um die Entstehung der hypsodont-lophodonten Backenzähne der Mylagauliden aus dem brachyodont-bunodonten Aplodontidenzahn *(Haplomys)* und die einander homologen Abschnitte aufzuzeigen. — Nach MCGREW 1941

anpassungen [915] und den wesentlich höher entwickelten Kauapparat zu richtigen Steppennagern und damit zu Grasfressern entwickelt und konnten die weiten Graslandschaften von Great Plains besiedeln, die den konservativen Aplodontiden auf Grund ihres Wasserhaushaltes [2478] verschlossen blieben. Die Aplodontiden waren in Nordamerika stets auf die feuchten Waldgebiete der nördlichen großen Becken- und der pazifischen Küstenregion beschränkt. So ist die Verbreitungsgeschichte der Aplodontoidea ein Spiegelbild des einstigen Vegetationswechsels, ähnlich wie es auch die jung-tertiären Equiden zeigen [3168].

Meniscomys und auch *Niglarodon* [270] aus dem älteren Miozän zeigen im Gebiß mylagaulide Tendenzen. Sie stehen den Ahnenformen der Mylagauliden zweifellos sehr nahe, sofern man die erstere Gattung nicht überhaupt als primitivere Mylagauliden klassifizieren will (vergleiche [3167]).

Mylagaulus kinseyi aus dem Mittel-Pliozän (Hemphill) Floridas ist nach Webb [3790] als Überlebender der primitiven miozänen *M. laevis*-Gruppe anzusehen, die außerhalb von Florida mit dem Ende des Miozäns verschwunden ist. Die Mylagauliden werden allgemein von (?) mittel- oder jung-oligozänen Aplodontiden abgeleitet. *Promylagaulus, Mylagaulodon, Mesogaulus* und *Mylagaulus* bilden nach McGrew [2187] eine Reihe mit zunehmender Spezialisation. *Ceratogaulus* und *Epigaulus* sind Angehörige von Seitenlinien.

„Sciuromorpha" (Sciuroidea, Ctenodactyloidea, Castoroidea und ? Geomyoidea)

Aus den Paramyiden sind mehrfach Nagetiere hervorgegangen, die in mancher Hinsicht ursprünglich geblieben sind und daher einem annähernd gleichen Evolutionsniveau entsprechen. Sie bilden somit keine natürliche Einheit wie die Ischyromyoidea oder die Protrogomorpha. Innerhalb der „Sciuromorpha" lassen sich jedoch mehrere, untereinander näher verwandte Gruppen unterscheiden, die man am besten als Überfamilien klassifiziert.

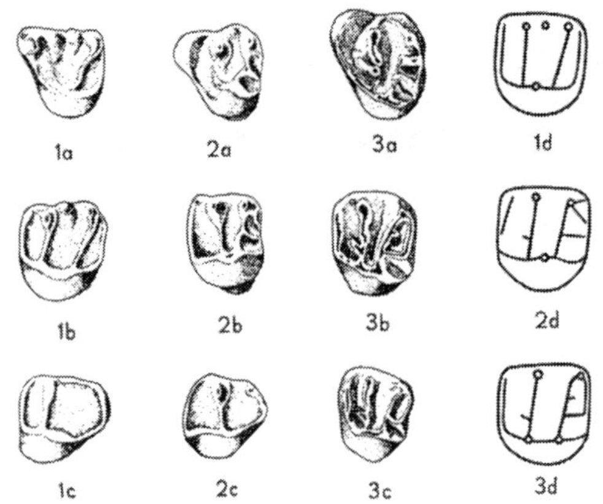

Abb. 322. Baupläne der Maxillarzähne von Sciuriden (Sciurinae und Petauristinae). 1) *Sciurus vulgaris*, rezent, 2) *Pliosciuropterus dehneli*, Pliozän, Europa, 3) *Petaurista petaurista*, rezent. a) P^4 sin., b) $M^1(^2)$ sin., c) M^3 sin., d) Bauplanschema der Molaren. Beachte zusätzliche Leisten bei den Petauristinen. (4/1) — Nach Sulimski 1964

Die nur durch die **Sciuridae** (einschließlich Eupetauridae*) und Petauristidae = „Pteromyidae") vertretenen Sciuroidea haben zwar die primitive Gebißstruktur (Zahnformel $\frac{1\ 0\ 2\text{-}1\ 3}{1\ 0\ 1\ 3}$, bewurzelte Backenzähne brachyodont**), bunodont bis lophodont (Abb. 322), Incisivenschmelz uniserial) beibehalten, unterscheiden sich jedoch von den Paramyiden durch den anterodorsal vergrößerten Masseter und das zu einem Schlitz verkleinerte Foramen infraorbitale, vergrößerten

*) Wie McKenna [2204] nachgewiesen hat, beruht die Familie Eupetauridae [3019] ausschließlich auf Gebißresten von *Eupetaurus*, die überdies irrig interpretiert wurden. *Eupetaurus* ist zweifellos ein Angehöriger der Petauristinae mit einem spezialisierten Backengebiß. Verwandtschaftliche Beziehungen zu den Thryonomyiden sind nicht vorhanden.

**) Nur vereinzelt sind mesodonte und einseitig hypsodonte Backenzähne ausgebildet (zum Beispiel Xerinae).

Hirnschädel und stets verknöcherte Bullae. Die geologisch ältesten (sicheren) Sciuriden stammen nach Black [272] aus dem mittleren Oligozän (Stampium, Orellan)*). Sie lassen sich nach Wilson [3860] und Wood [3910, 3915] von alt- und mittel-oligozänen Paramyiden ableiten**). Wood weist auf sciuride „trends" im Gebiß bei verschiedenen Paramyiden *(Cedromus, Uriscus)* hin, doch bilden nach Black [274] eher Paramyinae *(Uriscus)* die Stammformen als Prosciurinae *(Cedromus)*. Das sciuride Evolutionsniveau dürfte an der Wende Eozän-Oligozän erreicht worden sein. Im Oligozän noch selten, lassen sich bereits im älteren Miozän mehrere Stämme unterscheiden, die im Jung-Tertiär zu einer großen Formenfülle geführt haben.

Die Sciuriden sind auch gegenwärtig außerordentlich formen- und artenreich entwickelt und mit Ausnahme Australiens auf sämtlichen Kontinenten verbreitet. Gleichsinnige Evolutionstendenzen haben wiederholt zu Parallelbildungen geführt, die die Beurteilung der verwandtschaftlichen Beziehungen sehr erschweren [2754].

Die oligozänen Sciuriden zeigen keine Grabanpassungen und ähneln im postcranialen Skelett der Gattung *Tamias*. Sie waren vermutlich semiarboricole Waldbewohner, aus denen rein terrestrische und subterran lebende (Marmotini), arboricole und gleitfliegende Arten (Petauristinae) mit entsprechenden Anpassungen entstanden [2643]. Ähnlich wie bei den Aplodontoidea ist die Entstehung der Erdhörnchen mit der Ausdehnung von Steppengebieten in den Great Plains im Jung-Tertiär in Zusammenhang zu bringen. Aus dem nordamerikanischen Miozän sind zahlreiche Gattungen *(Tamias, Miospermophilus, Protospermophilus, Citellus, Palaearctomys, Arctomyoides)* bekannt, die ein Radiationszentrum in Nordamerika annehmen lassen. *Citellus* läßt sich nach Black [272] vom alt-miozänen *Miospermophilus* ableiten, der als primitivster Spermophiline gilt. Gegenwärtig bildet *Citellus* ein Musterbeispiel für einen Artenkreis oder Superspecies mit einer fast lückenlosen Kette allopatrischer Arten in Eurasien und Nordamerika. Bemerkenswert ist der Nachweis von Kadavern von *Citellus glacialis* in jungeiszeitlichen Frostböden Nordostsibiriens [3725]. *Ammospermophilus* scheint im älteren Pliozän entstanden zu sein, während *Cynomys* auf pliozäne Citellusformen zurückgeführt wird. Im älteren Pleistozän erscheint die Gattung *Marmota (M. vetus)*, die im Mittel-Pliozän bis nach Mexiko verbreitet war [3862]. Im Pleistozän kamen Murmeltiere der Bobak-Gruppe bis nach Mitteleuropa vor [3802]. Mit *Paenemarmota* ist ein im Backengebiß hochspezialisiertes Murmeltier aus dem Pleistozän Nordamerikas nachgewiesen.

Die Baumhörnchen (Sciurini) bilden einen seit dem Oligozän getrennten Stamm, von dem sich die Xerini und auch die Petauristinae ableiten lassen. Die Geschichte der Xerini (Borstenhörnchen) ließ sich durch Fossilfunde aufhellen, als *Heteroxerus* aus dem europäischen und *Getuloxerus* aus dem nordafrikanischen Miozän nachgewiesen werden konnte [275, 2041, 2323, 3418]. *Heteroxerus* ist erstmals aus dem Ober-Oligozän (Aquitan) bekannt und Black leitet diese Form von *Sciurus costatus* aus dem Mittel-Oligozän ab. Einen Seitenzweig der im Pliozän verschwindenden *Heteroxerus*-Gruppe bildet *Getuloxerus* aus dem Jung-Miozän, der den Stammformen von *Xerus* und *Atlantoxerus* nahestehen soll. Im Bau des Magen-Darmkanals besteht jedoch weitgehende Übereinstimmung zwischen Xerini und den Marmotini, während etwa *Tamias* und *Eutamias* sowie *Spermophilopsis* durch gemeinsame Merkmale abweichen [1155]. Daher ist die Stellung von *Spermophilopsis* noch ungeklärt. Die Borstenhörnchen haben als Savannen- und Halbwüstenbewohner Afrikas die Rolle der Ziesel und Murmeltiere inne.

---

*) Bryants [424:340] Angabe über eine jung-eozäne Sciuridenart beruht nach Wilson [3860:107] auf einem Irrtum in der Alterseinstufung. Die Zugehörigkeit von ? *Protosciurus jeffersoni* aus dem Alt-Oligozän zu den Sciuriden ist nicht gesichert [274].

**) Die Annahme, daß das Molarenmuster der Paramyiden spezialisierter sei als das der Sciuridae [3418], beruht auf der unterschiedlichen Interpretierung der Zahnhöcker. Nach Black [272] handelt es sich nicht um das Paraconid, sondern um eine Neubildung eines Höckers (Anteroconid) bei den Sciuriden.

Die Sciurini lassen sich gleichfalls auf *Protosciurus*-Formen zurückführen. „*Sciurus*"-Arten sind aus dem Oligozän, Jung-Tertiär und Pleistozän Europas wiederholt beschrieben; sonstige Fossilfunde sind kaum bekannt. Die südamerikanische Gattung *Sciurillus* ist eine Zwergform der Sciurini und nicht direkt mit den altweltlichen Zwerghörnchen verwandt, die nach Moore [2407] Angehörige der Funambulini (*Myosciurus* von West-Afrika) oder der Callosciurini (*Nannosciurus* und *Exilisciurus* aus Südost-Asien) sind (siehe auch [1429]). *Sciurillus* ist zweifellos nicht vor dem Pleistozän nach Südamerika gelangt. Riesenhörnchen (? *Ratufa*) werden aus dem europäischen Miozän angegeben [743]. Mit Moore [2408] kann die Holarktis als hauptsächliches Entstehungszentrum der Sciurinae gelten. Die Sciuriden sind in Südamerika nur mit drei Gattungen vertreten. Dies läßt sich vielleicht dadurch erklären, daß die erforderlichen Nischen durch Didelphiden oder Callithriciden besetzt sind.

Die Geschichte der Flughörnchen (Petauristinae = „Petauristidae" Pocock [2754]) ließ sich durch Fossilfunde bisher kaum aufhellen. Fossile Formen sind mehrfach aus dem europäischen Jung-Tertiär und Pleistozän gemeldet worden („*Sciuropterus*", *Petaurista, Pliopetaurista, Hylopetes, Pliopetes* [744, 925, 1904, 3515, 3569]). Sie zeigen lediglich die noch im ältesten Pleistozän weitere Verbreitung der Flughörnchen. *Eupetaurus* ist (siehe Seite 296) ein nur im Gebiß (Hypsodontie) hochspezialisierter Angehöriger der Petauristinen [2204]. Auch *Iomys* ist ein Petauristine und kein Vertreter einer eigenen Familie (Iomyidae Schaub [3021]). Nach Gorgas [1155] bilden die Petauristinae nach dem Bau des Magen-Darmkanals eine uneinheitliche Gruppe, weil die nordamerikanische Flughörnchengattung *Glaucomys* eher mit Angehörigen der Sciurinae (*Tamias* und *Eutamias*) übereinstimmt als mit *Pteromys* oder *Petaurista*. Wie weit diese Differenzen nur als verschiedene Evolutionsniveaus innerhalb einer taxonomischen Einheit heit zu interpretieren sind oder auf eine „polyphyletische" Entstehung der Petauristinae hindeuten, muß Untersuchungen an weiteren Gattungen vorbehalten bleiben.

Die gegenwärtig nur mit zwei Gattungen (*Ctenodactylus* und *Pectinator*) bekannten **Ctenodactyliden** standen bis vor wenigen Jahren völlig isoliert im System. Bisher brachte man sie praktisch mit sämtlichen Unterordnungen (Hystricomorpha einschließlich Caviomorpha, Sciuromorpha und Myomorpha) in Verbindung, da sie einzelne Merkmale der verschiedenen Unterordnungen besitzen. Die Kammfinger oder Gundis Nordafrikas (von Marokko bis Somaliland) sind kleine, gedrungene, terrestrische Ödlandbewohner mit stumpfschnauzigem Kopf und langen Schnurrhaaren. Sie verdanken ihren Namen den über den Krallen sitzenden Borsten, die beim Graben im Wüstensand besenartig wirken. Das Backengebiß ist außerordentlich hochspezialisiert und besteht aus sekundär vereinfachten, hypsodonten Zähnen.

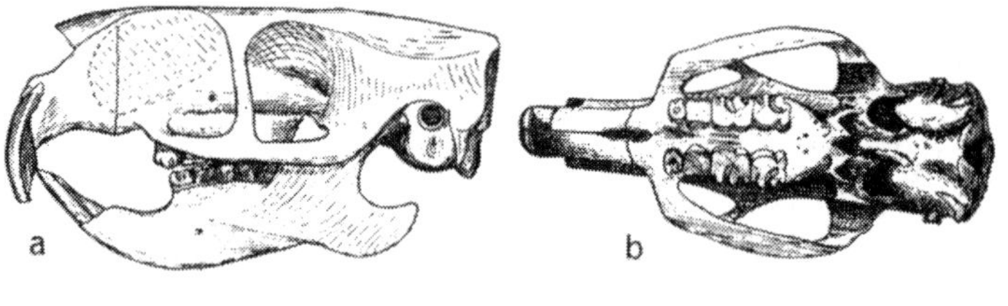

Abb. 323. *Tataromys* cfr. *plicidens* (Tataromyidae). Oligozän, Asien. Osteocranium. a) Lateralansicht, b) Ventralansicht. (1/1) — Nach Bohlin 1946

Nun sind aus dem asiatischen Tertiär verschiedene Nager beschrieben, die zwar manche theridomyide Züge (wie Mandibel, vergrößertes Foramen infraorbitale) besitzen, jedoch mit dem nur aus vier Querleisten bestehende Backenzahnmuster von den Theridomyiden abweichen. Bohlin [319] faßte sie als **Tataromyidae** zusammen (*Tataromys* [Abb. 323], *Karakoromys, Yindirtemys, Leptotataromys*); er unterscheidet auch drei getrennte Linien (*Kakakroromys—Tataromys—Yindirtemys*; *Leptotataromys*; *Sayimys*). Diese sciuromorphen Nager lassen sich allerdings nicht von Theridomyiden, sondern nur von eozänen Paramyiden ableiten [2031, 3019, 3418]. Einige Ähnlichkeiten mit Theridomyiden sind das Ergebnis einer Parallelentwicklung. Weitere Tataromyiden aus dem Jung-Tertiär Südasiens (*Sayimys* [3903]) und Nordafrikas (*Sayimys* [Abb. 324], *Africanomys*, *Metasayimys* [2041]) leiten im Gebiß zu den Ctenodactyliden über oder sind in ihrer einseitigen Hypsodontie hochspezialisiert*). Nach LAVOCAT [2041] stehen die Ahnenformen der beiden rezenten Ctenodactyliden nordafrikanischen Tataromyiden (*Africanomys*) nahe. Das postcraniale Skelett oligozäner Tataromyiden ist wie bei *Ctenodactylus*

Abb. 324. a, b) *Sayimys obliquidens* (Tataromyidae), P^4—M^3 sin. (a), P_4—M_2 sin. (b), Miozän, c) *Sayimys perplexus*, P_4—M_3 sin., Pliozän, Asien. a, b) (ca. 3/1, c) (5/1) — Nach SCHAUB 1958

proportioniert, der 1. Strahl jedoch weniger reduziert. Der Nachweis der Tataromyiden läßt nicht nur Asien als Urheimat der Ctenodactyliden gelten, sondern dokumentiert auch ihre Zugehörigkeit zu den Sciuromorphen, wie bereits TULLBERG [3672] vermutete und wie die Untersuchungen von GORGAS [1155] am Verdauungstrakt der rezenten Ctenodactyliden bestätigten. Mit der Ableitung von Tataromyiden sind auch die vermuteten verwandtschaftlichen Beziehungen zu den Phiomyiden (= Hystricomorpha) hinfällig.

Da die Ctenodactyliden in einzelnen Merkmalen von den übrigen Sciuromorphen abweichen (Incisivenschmelz multiserial, Backenzahnmuster), erscheint zusammen mit den Tataromyiden (die einzelne Autoren nur als Unterfamilie der Ctenodactyliden werten) eine Abtrennung als eigene Überfamilie (Ctenodactyloidea) gerechtfertigt. Die Ctenodactyloidea sind aberrante Sciuromorpha. Demgegenüber bestehen nach MATTHEY [2291] cytogenetisch enge Affinitäten mit Dipodoiden, eine bereits durch MILLER & GIDLEY [2350] auf Grund morphologischer Kriterien vertretene Auffassung.

Eine weitere Gruppe, die sich trotz gewisser sciurider Züge nicht als Sciuroidea klassifizieren läßt, bilden die Castoroidea mit den **Castoridae**. Die Zygomasseterstruktur der Biber entspricht infolge der Vergrößerung des M. masseter lateralis anticus bis vor den Jochbogen und der Verengung des Foramen infraorbitale wohl jener fortschrittlicher Sciuriden, doch sind die Backenzähne pentalophodont und zeigen eine progressive Hypsodontie. Die Zahnformel ist mit $\frac{1\ 0\ 2\text{-}1\ 3}{1\ 0\ 1\ 3}$ relativ ursprünglich, der Incisivenschmelz uniserial.

Castoriden sind erstmalig aus dem älteren Oligozän Nordamerikas (*Agnotocastor*)**) und Europas (*Steneofiber*) nachgewiesen [2356]. Diese typischen Castoriden zeigen jedoch primär fossoriale Anpassungen (zum Beispiel *Agnotocastor*). STIRTON [3453] unterscheidet innerhalb der (nordamerikanischen) Castoriden zwei Linien, die Castorinae mit abgeflachtem und die Castoroidinae mit gerundetem Incisivenquerschnitt. Die Biber sind Nager mit ausgesprochen holarktischer Verbreitung, deren Ausbreitungswege man im einzelnen diskutiert. *Castor (Pliocastor)* tritt erstmalig im Pliozän auf [3744]. Die weiterhin mit *Steneofiber*, *Eucastor*, *Dipoides*, *Paradipoides* und *Procastoroides* im Tertiär nachgewiesenen Castoriden entwickelten im Pleisto-

---

*) Die Zugehörigkeit von *Pellegrinia* [1172] aus dem Pleistozän Siziliens zu den Ctenodactyliden, wie sie BOHLIN [319] vermutet, bleibt fraglich.
**) Die Zugehörigkeit von *Pipestonemys bisulcatus* aus dem Chadronian ist fraglich [43, 274, 812].

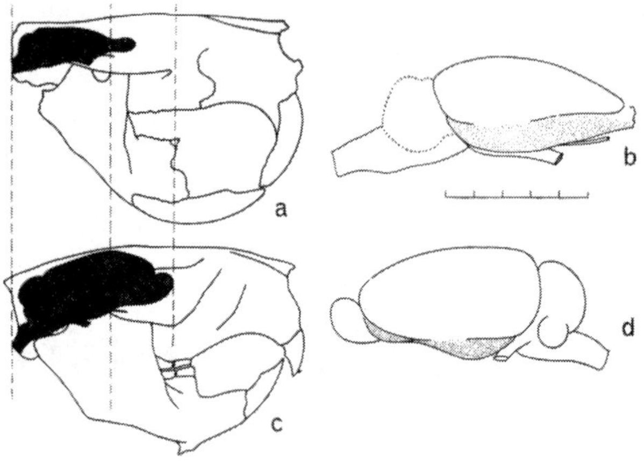

Abb. 325. Hirn- und Schädelgröße bei *Castoroides ohioensis* (a, b), Pleistozän, und *Castor canadensis* (c, d), rezent. Schädel und Gehirn bzw. Endocranialausguß (Schemata) auf gleiche Länge gebracht. Schädel von *Castoroides* mindestens doppelt so groß als *Castor*. Nach Pilleri 1961

zän Großformen (*Castoroides* in Nordamerika, *Trogontherium* [=„*Conodontes*"] in Eurasien [3087], die sich vor allem im Bau des Gehirns deutlich unterscheiden [731] (Abb. 325). Sie lassen erkennen, daß es sich um Endformen zweier seit langem getrennter Stämme handelt, von denen *Trogontherium* der Gattung *Castor* nähersteht [731]. *Castoroides ohioensis* besitzt, bei einem relativ kleineren Gehirn, einen wesentlich kleineren Neocortex als *Castor* [2703]. Bei *Trogontherium* sind hauptsächlich Fazialschädel (samt Gebiß) und die Hinterextremitäten allometrisch vergrößert, während der Gehirnschädel dimensionell annähernd dem von *Castor* entspricht [3083, 3084]*). Die Wurzellosigkeit der Backenzähne tritt erst im Pleistozän auf [1593].

Castor fiber war noch im Neolithikum in Europa häufig und weit verbreitet [298, 2242, 2818]. Ob der nordamerikanische Biber eine eigene Art oder nur ein Subspecies von *C. fiber* ist, wird diskutiert [1000, 1266].

Die stammesgeschichtliche Herkunft der Castoriden beurteilt man nicht einheitlich. Während Matthew [2263] sie von *Ischyromys* und Wood [391 a] sie direkt von Paramyiden ableitet, sehen Freudenberg [994] und Schaub [3019]**) die Theridomyiden als Stammformen an, wobei für die letzte Annahme ausschließlich die Gebißstruktur maßgeblich ist. Mit dem Besitz von zwei P sup. verhalten sich die geologisch ältesten Castoriden jedoch primitiver als etwa *Trechomys*, die nach dem Molarenbau nächststehende Theridomyidengattung, abgesehen davon, daß wesentliche Unterschiede im Bau der Masseterpartie (vergrößertes, von einem Teil der Massetermuskulatur erfülltes Foramen infraorbitale) vorhanden sind. Es erscheint daher mit Wood [3910] wahrscheinlicher, die Castoriden direkt von eozänen Paramyiden abzuleiten. Ob eine eigene Unterordnung (Castorimorpha Wood) gerechtfertigt ist, scheint selbst Wood [3910] problematisch (vergleiche [1000]). Der Verdauungstrakt zeigt jedenfalls verschiedene Eigenheiten (sogenannte „große Magendrüse" ähnlich *Phascolartos* und Vombatiden, nicht regelmäßig auftretendes zweites Caecum und so weiter [1155], die man gleichfalls als Parallelbildung zu den Sciuromorpha auffassen kann.

Ein weiteres Problem bildet die Zugehörigkeit von *Eutypomys* aus dem Oligozän Nordamerikas, die man als Angehörige einer eigenen Familie **Eutypomyidae** ansieht. Der Schädel ist sciuromorph und ähnelt Sciuriden oder Castoriden, doch sind wesentliche Unterschiede im

*) Eine Abtrennung als eigene Familie, wie sie verschiedentlich vorgeschlagen wurde [3798] oder als separate, seit dem Jung-Oligozän getrennte Linie bloß wegen des gut ausgebildeten Calcano-Fibulargelenkes [3083, 3087], ist nicht notwendig.

**) Schlosser hat seine ursprüngliche Meinung, *Castor* von *Theridomys* abzuleiten [3052:118], noch in der gleichen Publikation [3052:144] widerrufen.

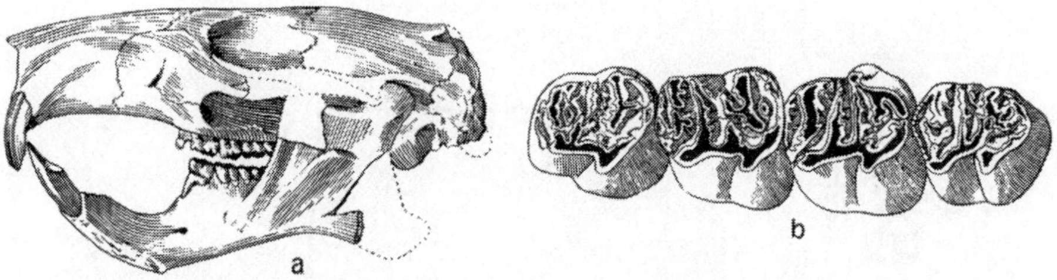

Abb. 326. *Eutypomys* (Eutypomyidae), Oligozän, Nordamerika. a) *E. thomsoni*, Osteocranium, Lateralansicht, b) *E. magnus*, P_4—M_3 sin., occlusal. a) (ca. 1/1), b) (ca. 4/1) — Nach A. E. Wood 1937

Gebiß (Abb. 326) und im Fußskelett (Mt I und II relativ lang und schlank und von den übrigen divergierend) vorhanden, die eine Zuordnung zu den Castoriden oder Sciuriden unmöglich machen. Nach Miller & Gidley [2350] entspricht der Grundplan der Molaren dem von *Adjidaumo* (Eomyidae). Die Zähne besitzen ein kompliziertes, im Grundplan vierjochiges Muster, die P_4^4 sind molariform. Nach Wilson [3860] und Dawson [713] läßt sich das Molarenmuster von paramyiden Typen (zum Beispiel *Janimus* aus dem Jung-Eozän) ableiten. Die Eutypomyiden scheinen jedenfalls ein eigener Zweig sciuromorpher Nager zu sein, der im Schädelbau Ähnlichkeiten mit Castoriden aufweist, ohne daß jedoch eine Zuordnung zu den Castoroidea, wie sie Wood [3910] vornimmt, gerechtfertigt ist.

Ebenfalls als etwas problematisch gelten die taxonomische Stellung und Abgrenzung der Geomyoidea. Sie sind gegenwärtig mit den Heteromyidae (Taschenmäuse) und Geomyidae (Taschenratten) vertreten, die trotz ihres maus- oder rattenähnlichen Aussehens keine Angehörigen der Myomorpha sind. Diese Nager mit ausschließlicher neuweltlicher Verbreitung klassifizierte man ursprünglich als echte Mäuse (zum Beispiel *Perognathus*), Wühlmäuse (wie *Geomys*) oder Springmäuse (so *Dipodomys*) und auch noch in jüngster Zeit [3867, 3910] gelten sie als Angehörige der Myomorpha. Die gemeinsamen Merkmale der Geomyoidea liegen im sciuromorphen Bau der Zygomasseterpartie, im Besitz von behaarten Backentaschen, im übereinstimmenden Grundmuster der Backenzähne und anatomischer Details, wie Verdauungstrakt [1155]. Infolge der gegensätzlichen Anpassungen (Geomyidae = unterirdische Wühler; Heteromyidae laufende, zum Teil subfossorial lebende, bis springende Nager) ist es zu einer stark divergierenden Entwicklung gekommen, die sich unter anderem auch im Bau des Schädels und des Gebisses ausdrückt. Dies gilt auch für die Parasiten, die grundverschieden sind, was sich nach Patterson [2601] durch Verlust und Sekundärinfektion erklären läßt und sich auch in den cytogenetischen Verschiedenheiten dokumentiert [2291].

Die in mancher Hinsicht ursprünglich gebliebenen **Heteromyidae** besitzen meist brachyodonte, bunodonte bis bilophodonte und nur selten hypsodonte Backenzähne. Die Zahnformel lautet $\frac{1\,0\,1\,3}{1\,0\,1\,3}$. Die Heteromyiden haben verschiedene Typen hervorgebracht, die maus- bis ratten-*(Perognathus, Heteromys)* oder springmausähnlichen Habitus *(Microdipodops, Dipodomys)* aufweisen. Bei den Känguruhmäusen und Känguruhratten werden die Hinterextremitäten zu Springbeinen verlängert und es kommt — wie fast allgemein bei Steppen- oder Wüstennagern — zur Vergrößerung der Bulla tympanica.

Die geologisch ältesten Heteromyiden *(Heliscomys)* stammen aus dem Alt-Oligozän (Chadronian) Nordamerikas. Nach Wood [3896] lassen sich sämtliche rezenten Gattungen von oligozänen *Heliscomys*-Arten ableiten, die zugleich den Stammformen der Geomyiden nahestanden. Ein Hauptstamm führt über *Mookomys* und *Cupidinomys* zu *Dipodomys* und über *Mookomys*

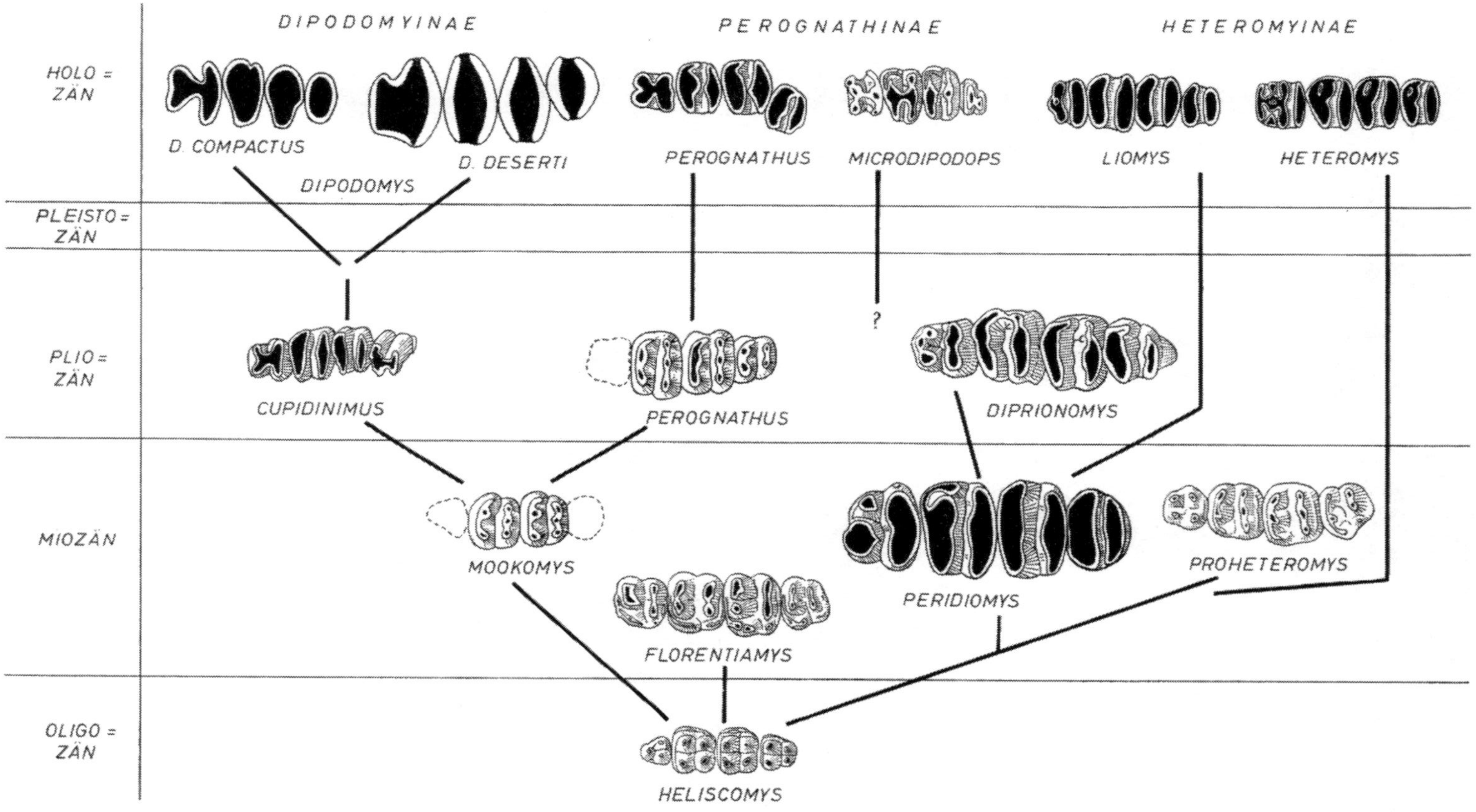

Abb. 327. Gebißevolution der Heteromyiden (P_4—M_3 dext.). Beachte mehrfach unabhängig voneinander entstandene Hypsodontie und Bilophodontie der Molaren. — Nach A. E. Wood 1935 zusammengestellt und verändert

zu *Perognathus*, aus einem weiteren sind über *Proheteromys* die Gattung *Heteromys* (= „*Saccomys*") und über *Peridiomys* das Genus *Liomys* hervorgegangen [3896, 3900] (Abb. 327). *Florentiamys* aus dem Miozän bildet als aberrante Gattung einen eigenen Zweig, der nach Galbreath [1056] von *Heliscomys tenuiceps* aus dem Mittel-Oligozän (Orellan) abgeleitet werden kann. *Heliscomys* zeigt ein sehr ursprüngliches Backenzahnmuster (vergleiche auch Reeder [2839]).

Die Heteromyiden haben im Quartär mit *Heteromys* auch das nördlichste Südamerika erreicht. Bemerkenswert ist, daß die Ektoparasiten (*Fahrenholzia*) völlig von denen der Geomyiden verschieden sind [2601].

Die **Geomyidae** (Taschenratten oder „Pocket-gopher") sind unterirdische Wühler mit stark bekrallten Vorderextremitäten, kräftigen Schneidezähnen und bei den spezialisierten Angehörigen hypsodonten sowie wurzellosen Backenzähnen mit nur einseitigem Schmelzbelag (M sup. mesial, M inf. distal). Wie bei den Heteromyiden sind behaarte Backentaschen ausgebildet. Die geologisch ältesten sicheren Geomyiden*) sind die Entoptychinen mit *Entoptychus*, *Gregoromys* und *Grangerimys* aus dem Alt-Miozän. Sie sind unvollständig spezialisierte Geomyiden, die im Bau des Schädels und der Backenzähne den Heteromyiden ähneln. Soweit von Skelettresten bekannt, sind die bei den rezenten Geomyiden stark ausgeprägten Grabanpassungen hier nur gering. Die Entoptychiden verhalten sich in vieler Hinsicht intermediär zwischen Heteromyiden und typischen Geomyiden (Geomyinae); von ihnen sind etliche jung-tertiäre Genera (*Dikkomys*, *Pliosaccomys*, *Pliogeomys*, *Parageomys*) bekannt. *Thomomys* wird erstmalig aus jung-miozänen, *Geomys* aus pliozänen Ablagerungen angegeben. Die Taschenratten sind Geomyoidea mit ausgeprägten Grabanpassungen. Ihre Verbreitung reicht gegenwärtig in zahlreichen Arten vom südlichen Kanada bis nach Mittelamerika. Die Ektoparasiten (Ischnocera) sind spezifisch und völlig verschieden von den Polyplacinen der Heteromyiden [2601].

Ursprünglich als Myomorpha klassifiziert [616], sind die Heteromyiden und Geomyiden Angehörige der Sciuromorpha, die jedoch auf Grund ihrer spezifischen Merkmale eine eigene Überfamilie (Geomyoidea) bilden. Shotwell [3117] hält aber auf Grund unserer heutigen Kenntnis eine Vereinigung der Heteromyiden und Geomyiden zu einer einzigen Familie (Heteromyidae) für richtig.

Nicht ganz einhellig ist die Beurteilung der nur fossil nachgewiesenen **Eomyidae** (einschließlich Adjidaumidae), doch bringt man sie meist mit den Geomyoidea in Verbindung**) [3860, 3910], allerdings unter der Voraussetzung, daß diese Angehörige der Myomorpha seien.

Eomyiden sind hauptsächlich aus alt-tertiären Schichten bekannt, doch scheinen einzelne Superstiten nicht nur die Mio-Pliozängrenze, sondern auch die Plio-Pleistozängrenze überdauert zu haben [744, 3510]. Die Eomyiden sind kleine, terrestrische Nager, die bei sciuromorpher Zygomasseterstruktur ein Backenzahnmuster aus zwei (*Ritteneria*) oder mehr Querjochen besitzen, indem Mesocon oder Mesoconid als Mesoloph oder Mesolophid ausgebildet sein können (Terminologie nach Wood & Wilson [3922]). Wilson spricht von einem cricetodontiden Muster (so bei *Eomys*, *Pseudotheridomys*), was jedoch nur als Parallelentwicklung zu verstehen ist. Die Zahnformel lautet stets $\frac{1\,0\,1\,3}{1\,0\,1\,3}$, die Backenzähne sind brachyodont bis mesodont, Tibia und Fibula sind, wie bei den Geomyoidea und Myomorpha, distal verschmolzen.

Eomyiden sind erstmalig aus dem Jung-Eozän nachgewiesen (*Eomys*: Europa; *Protadjidaumo*: Nordamerika) und zeigen im Oligozän eine größere Formenfülle (*Adjidaumo*, *Paradjidaumo*,

*) Die Zugehörigkeit von *Diplolophus* aus dem Mittel-Oligozän mit geomyidem Zahnmuster, jedoch der Zahnformel $\frac{1\,0\,0\,3}{1\,0\,0\,3}$ zu den Geomyiden ist völlig fraglich [3910].

**) Simpson [3257] klassifiziert sie allerdings als Angehörige der Aplodontoidea (s. l.).

*Aulolithomys, Centimanomys, Yoderimys**) in Nordamerika; *Rhodanomys, Ritteneria, Pseudotheridomys* in Europa [274, 1055, 3860, 3911]). Dies läßt auf eine im Jung-Eozän erfolgte Radiation schließen. Nach Black [274] haben die Eomyiden im Oligozän zahlreiche ökologische Nischen besetzt, die später von den Cricetiden erfüllt wurden. Im Miozän sind Eomyiden bereits selten. *Pseudotheridomys* und *Eomys* ließen sich auch aus dem europäischen und nordamerikanischen Miozän nachweisen [1278, 3023, 3867]. *Leptodontomys* und *Kansasimys* aus dem Pliozän Nordamerikas werden als Eomyiden klassifiziert [3021, 3166] und Dehm [744] nimmt sogar ein Überleben im europäischen Pleistozän an (? *Leptodontomys*). Innerhalb der europäischen Eomyiden sind mehrere Parallellinien (*Pseudotheridomys* → *Ligerimys*; *Keramidomys, Leptodontomys*) zu unterscheiden.

Die Eomyidae lassen sich nach Wilson [3860] von eozänen Sciuraviden ableiten, eine Ansicht, die auch Black [274] für wahrscheinlich hält. Damit ist ein von den übrigen Sciuromorphen getrennter Ursprung aller Geomyoidea angedeutet.

Theridomorpha (= Parasciurognatha: Theridomyoidea und Anomaluroidea)

Mit den Theridomyoidea ist eine Nagergruppe genannt, die neben einer mäßig differenzierten Zygomasseterpartie (Foramen infraorbitale zum Durchtritt eines Teils des Masseters vergrößert; der bei den rezenten Formen dem vorderen Teil des Masseter medialis entspricht) und einer sciurognathen Mandibel ein ausgesprochen pentalophodontes Backengebiß besitzt.

Als ursprünglichste Theridomyoidea gelten allgemein die **Pseudosciuridae** des europäischen Alt-Tertiärs. Dem Gebiß nach vermitteln sie zwischen primitiven Paramyiden (*Paramys, Dectiadapis*) und Theridomyiden, da *Adelomys* (=„*Sciuroides*") morphologisch eine ausgespro-

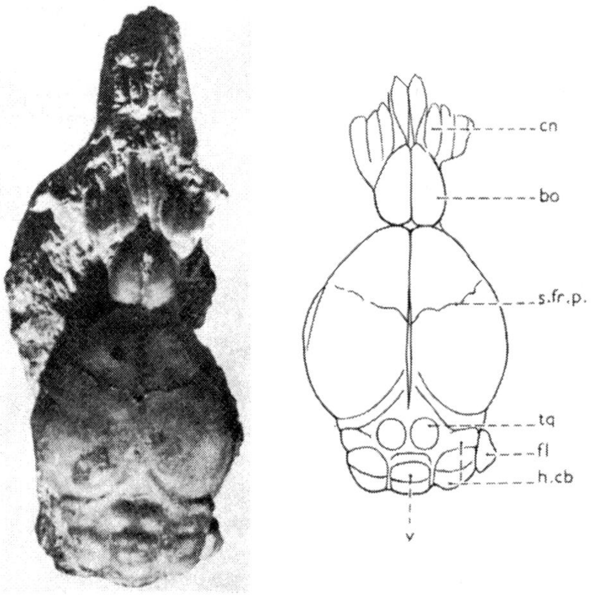

Abb. 328. *Adelomys vaillanti* (Pseudosciuridae), Oligozän, Europa. Links: Natürlicher Endocranialausguß, rechts: Umriß desselben. Beachte lissencephale Hemisphären, große Bulbi olfactorii und freiliegende Corpora quadrigemina. (3/1) Nach Dechaseaux 1958

bo = Bulbus olfactorius
cn = Ausfüllung der Riechhöhlen
fl = Flocculus
h. cb = Hemisphären des Cerebellums
s.fr.p = Fronto-parietal-Naht
tq = Corpora quadrigemina
v = Vermis

*) Schaub [3011] klassifiziert *Yoderimys* als Pseudosciuride.

chene Intermediärstellung einnimmt. *Masillamys* (Mittel-Eozän), *Adelomys* (Abb. 328) und *Pseudosciurus* (Ober-Eozän—Unter-Oligozän) besitzen brachyodonte Backenzähne mit einem zur Leistenbildung neigenden Muster, das bei den M inf. einer beginnenden Pentalophodontie entspricht [740, 3021, 3569, 3637]. Nach DEHM [740] erinnert das Backenzahnmuster der Pseudosciuriden an das von *Melissiodon*. Neuerdings sind Pseudosciuriden auch aus dem Alt-Eozän nachgewiesen [2154].

Die gleichfalls auf das Alt-Tertiär Europas beschränkten **Theridomyidae** sind infolge der meso- bis extrem hypsodonten und typisch pentalophodonten Backenzähne (Abb. 329) fortschrittlicher als die Pseudosciuriden, von denen sie abgeleitet werden [3910]. Zygomasseterstruktur, Sciurognathie und pauci- oder uniserialer Incisivenschmelz zeigen, daß weder die Caviomorphen noch die altweltlichen Hystricomorphen von Theridomyiden abgeleitet werden können und das pentalophodonte Backenzahnmuster nur eine Parallelentwicklung darstellt [2031, 3921]. Die von SCHAUB angenommenen verwandtschaftlichen Beziehungen sind nur im Sinne einer Gebißevolution zu verstehen.

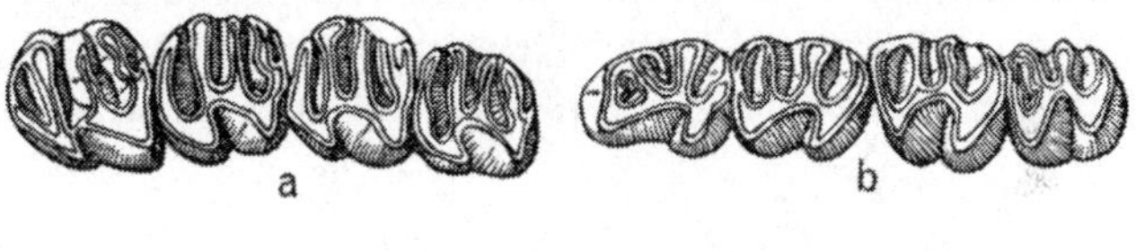

Abb. 329. *Theridomys aquatilis* (Theridomyidae). Mitteloligozän, Europa. a) P^4—M^3 sin., b) P_4—M_3 sin. occlusal. Typische Pentalophodontie des *Theridomys*-Bauplanes. (ca. 5/1)— Nach A. E. WOOD 1949

Die Theridomyiden ließen sich im Oligozän in zahlreichen Gattungen (*Theridomys*, *Trechomys*, *Blainvillimys*, *Archaeomys* [=„*Protechimys*"], *Issiodoromys* [einschließlich „*Nesokerodon*"] und so weiter) nachweisen, die mehreren Stämmen entsprechen, unter denen es bei den geologisch jüngsten Formen (*Issiodoromys*) zur (Teil-)Hypsodontie und sekundären Vereinfachung des Backenzahnmusters (Bilophodontie) kommt. Die Hypsodontie und die vergrößerten Bullae lassen auf Steppenbewohner schließen.

Die systematische Stellung der afrikanischen Dornschwanzhörnchen (**Anomaluridae**) ist zwar auch gegenwärtig noch nicht völlig geklärt, doch besteht Übereinstimmung in verschiedener Hinsicht mit den Theridomyiden, die für eine wurzelnahe Verknüpfung mit den Theridomyoidea zu sprechen scheint. Fossilfunde von Anomaluriden sind bisher nur aus dem ostafrikanischen Jung-Tertiär bekannt, doch steht eine Beschreibung noch aus [2045]. Zahlreiche morphologische Eigenheiten lassen die Anomaluriden jedoch als eigene Einheit (Anomaluroidea) erkennen, die auf eine lange selbständige Entwicklung hinweist [2031]. Die Dornschwanzhörnchen sind zum Teil Gleitflieger wie die holarktischen Flughörnchen (Petauristinae), deren ökologische Rolle sie in Afrika übernommen haben und mit denen man sie ursprünglich auch in Beziehung brachte. Habituell an Sciuriden (*Anomalurus*) oder Gliriden (*Zenkerella*, *Idiurus*) erinnernd, ist bei *Anomalurus* und *Idiurus* zwischen den Gliedmaßen eine seitliche, durch einen vom Ellenbogengelenk ausgehenden Knorpelstab gestützte Flughaut ausgebildet. An der Unterseite der Schwanzwurzel sind große, in zwei Längsstreifen alternierend angeordnete, spitze Hornschuppen ausgebildet, die Anlaß zur Bezeichnung Dornschwanzhörnchen waren. Das Backengebiß der Anomaluriden ist lophodont und besteht aus vier bis fünf Querleisten. Der Incisivenschmelz ist uniserial. STEHLIN & SCHAUB [3418] nehmen auf Grund des Backengebisses Affinitäten zu den Eomyiden an, während LAVOCAT [2031] und WOOD [3910] sie von den Theridomyiden ableiten wollen. Das Gehirn ist nach PILLERI [2700] sciuridenähnlich und auch der Verdauungstrakt läßt kaum Beziehungen zu Hystricomorphen annehmen [1155].

Glirimorpha (Gliroidea)

Die Schläferartigen bilden eine einheitliche, etwas isoliert stehende Gruppe unter den Nagern. Meist als Myomorpha klassifiziert, lassen jedoch neuere Untersuchungen eine Abtrennung von den Myomorpha als gerechtfertigt erscheinen [3418] (siehe auch Abb. 332 auf Seite 309). Die Gliroidea bilden einen selbständigen und unabhängig von den Muroidea entstandenen Zweig, der mit diesen nicht zu einer gemeinsamen Unterordnung zusammengefaßt werden kann [3019]. Sie werden daher hier als eigene Unterordnung Glirimorpha [3569] abgetrennt.

Innerhalb der Gliroidea lassen sich die Gliridae und die Selevinidae unterscheiden. Letztere bewertet man [880] verschiedentlich nur als Unterfamilie der Gliriden. Wie noch auf Seite 317 ausgeführt, sind die Platacanthomyiden keine Gliroidea, sondern spezialisierte Cricetiden.

Die Zygomasseterstruktur ist bei den **Gliridae** (= Muscardinidae = Leithiidae = Myoxidae; vergleiche Kretzoi [1882]) weitgehend myomorph, jedoch tritt nur ein kleiner Teil des Masseters durch das For. infraorbitale. Die Zahnformel beträgt stets $\frac{1\ 0\ 1\ 3}{1\ 0\ 1\ 3}$, die Backenzähne sind brachyodont und zeigen ein sehr charakteristisches Muster aus mehr oder weniger zahlreichen Querleisten. Die Schläferartigen oder Bilche sind fast ausschließlich arboricole, im Habitus etwas den Hörnchen ähnliche herbivore Nager. Fossilfunde dokumentieren das hohe geologische Alter der Bilche. Die ältesten Gliriden waren bis vor wenigen Jahren durch *Gliravus* (Abb. 330)

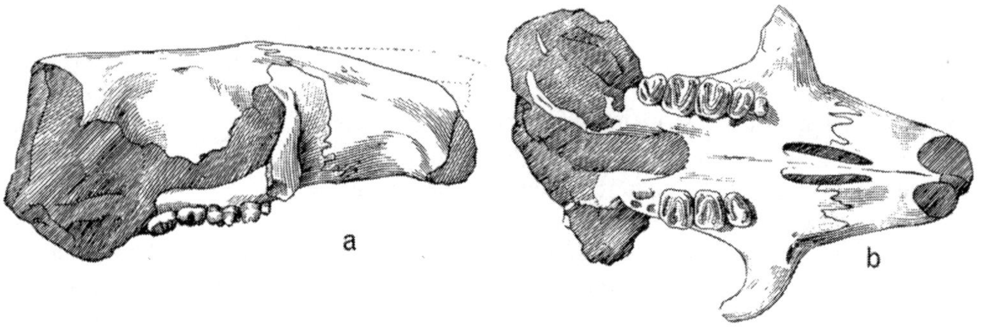

Abb. 330. *Gliravus major* (Gliridae). Oligozän, Europa. Schädelfragment, Lateralansicht (a) und Gaumenansicht (b). Beachte einfaches Kauflächenmuster der Backenzähne. (5/1) — Nach Schaub 1958

aus dem Niveau der Gipse des Montmartre (Ludien supérieur; La Debruge) nachgewiesen [3418], die jedoch nicht mit dem jüngsten Eozän, sondern dem ältesten Oligozän (Lattorf) parallelisiert werden müssen [3569, 3600]. Funde in jüngster Zeit haben jedoch zum Nachweis von *Gliravus* im Mittel- und Jung-Eozän geführt (*G. hammeli* von Buchsweiler, *G. robiacensis* von Robiac [1276, 3569]). Sie sind somit älter als die ältesten Cricetiden. Wie Thaler [3569] betont, würde man — ohne Kenntnis der geologisch jüngeren Gliriden — *Gliravus* ohne Schwierigkeit als Paramyiden klassifizieren. Dennoch sind bereits typische gliride Merkmale im Gebiß (V-förmiger Trigonidkamm, isoliertes Mesoloph und so weiter) vorhanden, die nach Thaler auf einen seit dem Alt-Eozän getrennten Stamm schließen lassen*). Der Nachweis von *Gliravus* zeigt zugleich die

*) Eine Zusammenfassung der Paramyidae, Sciuridae und Gliridae zu einer Unterordnung (Idioglires), die den übrigen Rodentia (Unterordnung Euglires) gegenüberzustellen wäre, wie sie Kretzoi [1882] vorgeschlagen hat, faßt lediglich Gruppen mit Primitivmerkmalen im Gebiß (tritubercularer Molarenbau) zusammen, ohne auf sonstige Kriterien Rücksicht zu nehmen.

unabhängig von den Muroidea erfolgte Entstehung aus eozänen Paramyiden. Die Gliederung der Gliridae erscheint keineswegs einheitlich [422, 878, 1882, 3021, 3257]. Dementsprechend gehen auch die Auffassungen über die verwandtschaftlichen Beziehungen der Gliriden auseinander. KRETZOI [1882] unterscheidet innerhalb der Gliriden drei Gruppen (Leithiinae = Muscardiinae, Glirinae und Graphiurinae), von denen die erste gegenwärtig nur durch *Muscardinus avellanarius*, die Haselmaus, vertreten sei, während im Tertiär (*Heteromyoxus*: Oligo-Miozän; *Pentaglis*: Miozän; *Muscardinulus*: Miozän; *Muscardinus*: Pliozän [1845, 3569]) und Pleistozän (*Hypnomys, Leithia, Muscardinus*) zahlreiche Gattungen existiert hätten [193]. Bemerkenswert ist im Pleistozän das Vorkommen von insularen Großformen wie *Leithia melitensis* auf Malta [22, 2166]*). Demgegenüber faßt ELLERMANN [878] sämtliche eurasiatischen Gliriden als Muscardininae (= Glirinae bei SIMPSON [3257]) zusammen und trennt *Graphiurus* als eigene Unterfamilie ab. KRETZOI vereint *Graphiurus* mit *Dryomys* und *Eliomys* zu einer phyletischen Gruppe.

Diese unterschiedlichen Auffassungen beruhen nicht zuletzt auf der lang zurückliegenden Trennung der einzelnen Genera und den durch den Mosaikmodus der stammesgeschichtlichen Entwicklung bedingten „Spezialisationskreuzungen". Die in mancher Hinsicht stark spezialisierte Gattung *Muscardinus* steht zweifellos abseits und dürfte sich frühzeitig abgespalten haben. Nach DEHM [743] haben sich auch die übrigen rezenten Genera (zum Beispiel *Glis, Dryomys, Eliomys*, „*Glirulus*") bereits im Oligozän aufgespalten. Der *Dryomys*-Stamm ist mit *Peridyromys* im Oligo-Miozän, mit „*Dryomys*" im jüngeren Miozän nachgewiesen. Sichere Fossilbelege von *Glis* sind erst aus dem Pleistozän bekannt. „*Glirulus*" ist nach DEHM [743] bereits seit dem Alt-Miozän fossil belegt, doch handelt es sich nach BRUIJN [422a] um eine neue Gattung (*Glirudinus*). Sichere *Glirulus*-Belege (*Glirulus* [*Amphidyromys*) *pusillus*) sind aus dem europäischen Plio-Pleistozän bekannt [1329, 1845]. Nach KOWALSKI [1845] scheinen *Dryomimus* [1898] aus Csarnota und *Philistomys* [196] aus dem Jung-Pleistozän von Palästina zum rezenten Genus *Myomimus* zu gehören. *Myomimus* lebt in der offenen Landschaft, ist also kein Waldbewohner wie die übrigen Gliriden [2642]. Die im Habitus mausähnliche *Myomimus personatus* bildet nach OGNEV [2496] die primitivste rezente Schläferart.

Von den afrikanischen Pinselschwanzbilchen fehlen Fossilfunde bisher völlig. Über die stammesgeschichtliche Herkunft der in zahlreichen Arten südlich der Sahara bis zum Kapland verbreiteten Gattung *Graphiurus* lassen sich nur Vermutungen äußern. Sie verhält sich im Bau des Masseter relativ ursprünglich, das Backenzahnmuster erinnert an Sciuriden, während sie zahnhistologisch recht spezialisiert ist. Jedenfalls muß auch hier eine sehr frühzeitige Abspaltung angenommen werden.

Die erst im Jahr 1939 entdeckten Salzkrautbilche (**Seleviniidae**) Kasachstans sind ausgesprochene Wüstenbewohner mit riesigen Bullae und sehr kleinen, brachyodonten und stark vereinfachten Backenzähnen mit der Zahnformel $\frac{1\ 0\ 0\ 3}{1\ 0\ 0\ 3}$. *Selevinia betpakdalaensis* gilt als hochspezialisierter und aberranter Nager aus der Verwandtschaft der Gliroidea. Fossilfunde glückten erst vor kurzem aus dem europäischen Jung-Pliozän („*Plioselevinia*" von Weze [3514]), doch ist die generische Selbständigkeit wegen der fragmentarischen Dokumentation (Mandibel ohne Backenzähne) fraglich. Für die Herkunft der Seleviniden zwar ohne Bedeutung, zeigen sie deren einstige weitere Verbreitung.

---

*) In diesem Zusammenhang sei auf die Übereinstimmung der Pleistozänfauna von Malta und den Balearen hingewiesen (Gliriden, Soriciden [422, 2471]); weiterhin darauf, daß die Nager als Inselformen im Gegensatz zu Raub- und Huftieren einen klaren „trend" zu Riesenformen zeigen [967].

„Myomorpha" (Muroidea [einschließlich Cricetoidea] und Dipodoidea)*)

Wie bereits erwähnt, können wir auch die als Myomorpha klassifizierten Nager nicht als genetische Einheit betrachten. Sie sind Rodentia, mit etwas modifiziertem Bau des Masseters und mit bunodonten bis lophodonten Backenzähnen. Innerhalb der hier als Myomorpha bezeichneten Rodentia lassen sich zwei Gruppen (Muroidea [= Myoidea] und Dipodoidea) unterscheiden, die einerseits durch charakteristische Merkmalskombination, andererseits durch verschiedene Evolutionstendenzen gekennzeichnet sind. Die Gliroidea, meist als Myomorpha klassifiziert, bilden einen selbständigen Zweig der Nagetiere, wie bereits auf Seite 306 erwähnt.

Unter den verbleibenden Myomorpha unterscheidet man wiederum mehrere Einheiten, die Thaler [3569] zwar jeweils als eigene Unterordnungen wertet (Myomorpha, Cricetomorpha, Dipodomorpha), doch gibt eine derartige Gliederung die tatsächlichen verwandtschaftlichen Beziehungen nicht richtig wieder. Wie neuere Untersuchungen bestätigt haben, sind die Muriden Abkömmlinge der Cricetiden; selbst wenn man die Cricetiden nach ihrer Arten- und Formenfülle als höhere taxonomische Einheit bewertet, müßte man daher auch die Dipodoidea entsprechend „aufwerten" **). Weiterhin sind aber auch die Spalaciden und Rhizomyiden nur spezialisierte Angehörige der Myomorpha, wie neuere vergleichend-anatomische Untersuchungen bestätigt haben [1155]. Eine Abtrennung von den Muroidea als eigene Überfamilie erscheint kaum gerechtfertigt.

Die Muroidea bilden die artenreichste Gruppe der Nagetiere, die trotz wiederholter Radiationen und Besetzung verschiedenster ökologischer Nischen den maus- bis rattenartigen Habitus nicht wesentlich abwandelte. Infolge der verschiedentlich mit räumlicher Isolierung verbundenen Radiationen ist es nicht nur mehrfach zu Parallelentwicklungen gekommen, sondern auch zu einer Diversität, die die Beurteilung stammesgeschichtlicher Zusammenhänge sehr erschwert und zugleich auch die innerhalb der Muroidea besonders stark zum Ausdruck kommende unterschiedliche taxonomische und phylogenetische Bewertung verständlich macht. Es ist selbstverständlich, daß auch in diesem Rahmen keine definitive Lösung gegeben werden kann.

Die stammesgeschichtlichen Beziehungen der Muroidea untereinander werden einerseits über fossile Formen, andererseits an Hand der rezenten Angehörigen beurteilt. Wesentlich für die richtige Beurteilung ist die Merkmalsbewertung. Abgesehen vom Schädel und Gebiß wird bei den Muroidea — wie bereits Tullberg [3672] für die „Hystricomorphen" gezeigt hat — der Ausbildung des Penis (Baculum und Glans penis) großer taxonomischer Wert zugeschrieben [141, 142, 267, 1459, 1545, 2321 b, 2751]. So ist nach den meisten Autoren [140, 267, 1399, 1459, 1545, 1548 a] der komplexe Penis der primitive und der einfache der abgeleitete, der mehrmals unabhängig voneinander aus einem komplexen Penis entstanden sei (Abb. 331). Nach dem zeitlichen Auftreten der einzelnen Gruppen beurteilt, ist jedoch ein einfacher Penis nicht unbedingt als abgeleitet zu bewerten. Es scheint vielmehr, daß der einfache Penis bei der *Peromyscus*-Gruppe als ursprünglich, jener der Murinae hingegen als sekundär etwas vereinfacht anzusehen ist (vergleiche ontogenetische Entwicklung bei *Apodemus* [1459]). Die *Peromyscus*-Gruppe umfaßt die primitivsten rezenten Cricetiden. Dies bestätigt der einfache Bau des Magens (Abb. 332), der gegenüber dem zweikammerigen als primär anzusehen ist [3757].

---

*) Die Myodonta im Sinne von Schaub [3021] decken sich nicht mit dem hier verwendeten Begriff „Myomorpha" (sensu stricto), da sie die Spalaciden und Rhizomyiden nicht einschließen. Dieser Begriff kann daher nicht verwendet werden.

**) Eine Einbeziehung der Cricetiden als Unterfamilie der Muriden [1397, 1399] scheint jedoch ebensowenig den Tatsachen Rechnung zu tragen, da sie praktisch von der Voraussetzung ausgeht, in den Muriden die ursprünglichsten Muroidea zu sehen. Dennoch hat diese Einstufung insofern ihre Berechtigung, als vermutlich einzelne Muridenstämme unabhängig voneinander aus Cricetiden hervorgegangen sind. Mit anderen Worten, die Muriden scheinen keine natürliche Einheit zu sein.

Abb. 331. Glans penis und Baculum (punktierte Linien) bei Cricetiden. a) einfacher Penis bei *Baiomys*, b) komplexer Penis bei *Phyllotis*. — Nach HERSHKOVITZ 1962

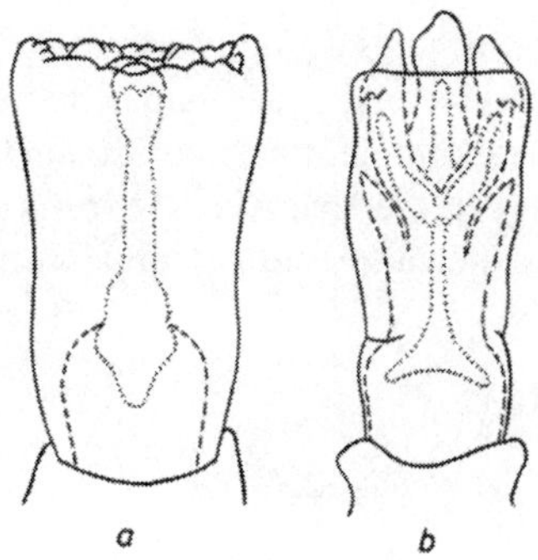

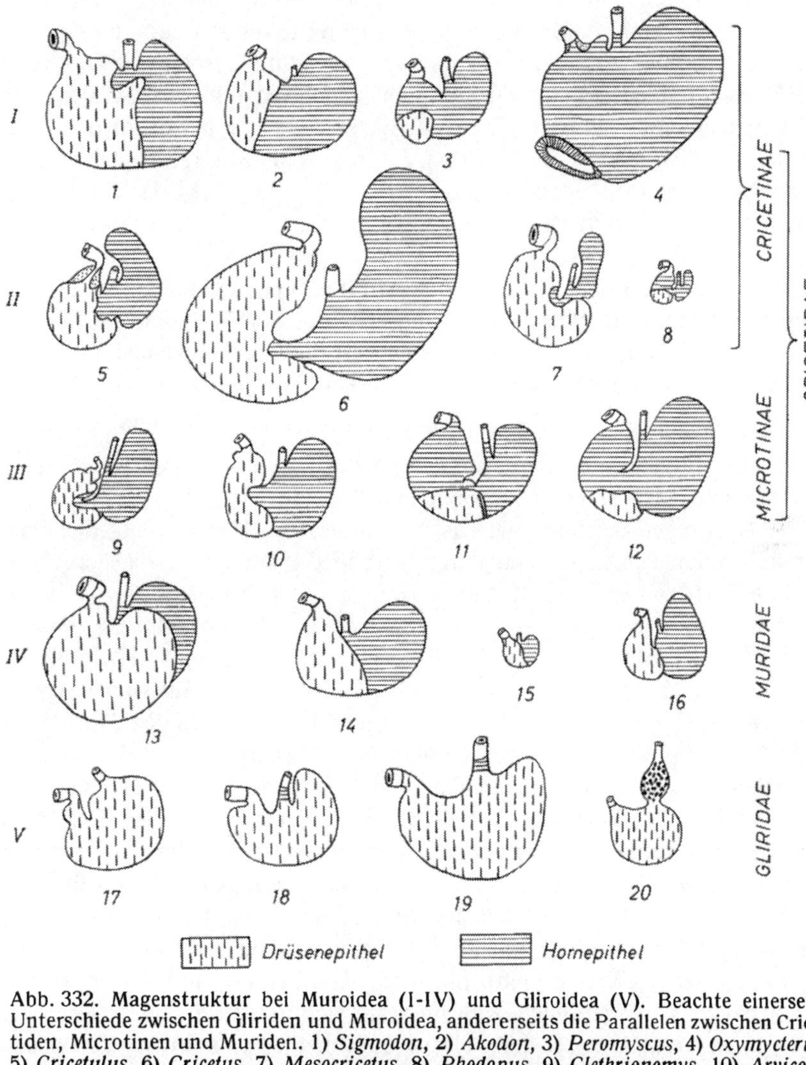

Abb. 332. Magenstruktur bei Muroidea (I-IV) und Gliroidea (V). Beachte einerseits Unterschiede zwischen Gliriden und Muroidea, andererseits die Parallelen zwischen Cricetiden, Microtinen und Muriden. 1) *Sigmodon*, 2) *Akodon*, 3) *Peromyscus*, 4) *Oxymycterus*, 5) *Cricetulus*, 6) *Cricetus*, 7) *Mesocricetus*, 8) *Phodopus*, 9) *Clethrionomys*, 10) *Arvicola*, 11) *Lemmus*, 12) *Microtus*, 13) *Nesokia*, 14) *Rattus*, 15) *Micromys*, 16) *Apodemus*, 17) *Glis*, 18) *Dryomys*, 19) *Eliomys*, 20) *Muscardinus*. — Nach VORONTSOV 1962, verändert umgezeichnet

Der Zeitpunkt des ersten Auftretens der Muroidea ist gleichfalls mit ihrer Bewertung in taxonomisch-phylogenetischer Hinsicht verknüpft, die nicht einheitlich erfolgt. Als ursprünglichste Muroidea können die Cricetiden gelten. Während nach Wilson [3860] und auch Stehlin & Schaub [3418] die Cricetiden bereits im Mittel-Jung-Eozän mit *Simimys* und *Pauromys* (Abb. 333) nachgewiesen sind, treten nach Wood [3910] die ältesten Hamsterartigen erst im

Abb. 333. *Pauromys perditus* (primitiver Cricetide oder evoluierter Sciuravide). Mittel-Eozän, Nordamerika. P_4—M_3 sin., occlusal. Molaren mit Tendenz zur Jochbildung. (ca. 4/1) — Nach A. E. Wood 1937

Alt-Oligozän auf, da *Simimys* als Zapodide und *Pauromys* (P_4 noch vorhanden) als Sciuravide klassifiziert werden. Wesentlich für die Beurteilung in taxonomischer und phylogenetischer Hinsicht ist die Beurteilung der Jochbogenpartie und damit des Masseters, der bei *Simimys* dipodoid ist [1760]. Nach Wilson [3860] läßt sich jedoch der myomorphe Masseter von einem dipodoiden ableiten, womit nach der Molarenstruktur *Simimys* als primitiver Cricetide anzusehen sei. Da jedoch auch Wood [3910, 3916] *Pauromys* als Stammform der Cricetodontinen, also der geologisch ältesten Cricetiden sieht, ist es eigentlich nur Sache der Konvention, wann die ersten Cricetiden auftreten. Zugleich ist damit aber auch die Herkunft von eozänen Sciuraviden angenommen.

Kennzeichnend für die **Cricetiden** ist die Ausbildung der Zygomasseterregion mit dem teilweise im Foramen infraorbitale vorhandenen und teilweise auch vor dem Jochbogen inserierenden Masseter, dem im Grundplan aus fünf Leisten bestehenden Backenzahnmuster, das primär durch ein kurzes Mesoloph oder Mesolophid von dem der Theridomyiden verschieden ist und der Zahnformel $\frac{1\,0\,0\,3}{1\,0\,0\,3}$, die nur gelegentlich auf $\frac{1\,0\,0\,2}{1\,0\,0\,2}$ reduziert ist. Die Backenzähne sind brachyodont, bewurzelt oder wurzellos, der Penis einfach oder komplex. Die Cricetiden bilden neben den Muriden die artenreichste Nagerfamilie, unter denen allein die Neuweltmäuse („Hesperomyinen") mit ungefähr 50 Gattungen die formenreichste Gruppe sind. Der Umfang der Cricetiden wird allerdings durchaus nicht einheitlich beurteilt, da man die Wühlmäuse (Microtinae = Arvicolinae), die Mähnenratten *(Lophiomys)*, die Neuweltmäuse („Hesperomyini"), die Madagaskarmäuse („Nesomyinae"), die Cricetodontiden (Cricetodontini) und auch die Rennmäuse (Gerbillinae) verschiedentlich als eigene Familien wertet [59, 1125, 1903, 1907, 3003, 3021]. Die „Hesperomyinen" und Microtinae zeigen als geologisch junge Gruppen auch gegenwärtig eine Artenfülle, wie sie sonst nur von den gleichfalls geologisch sehr jungen Muriden bekannt ist. Zu den geologisch ältesten Cricetiden gehören die Eumyini (*Eumys, Leidymys, Scotimus* aus dem nordamerikanischen Oligozän), die Cricetodontinen (*Paracricetodon, Heterocricetodon* aus dem europäischen Oligozän) und die asiatischen Cricetopini *(Cricetops)* [2278, 3003]*). Nach Hartenberger [1279] sind auf Grund der Schädelmorphologie bereits im Oligozän drei getrennte Linien *(Eumys, Cricetops, Cricetodon)* zu unterscheiden, von denen *Cricetops* den Stammformen am nächsten steht (Abb. 334). Wesentlich ist, daß bei cricetidem Backengebiß (Abb. 335) die Jochbogenregion nicht myomorph gestaltet ist, sondern ähnlich der der eozänen Ischyromyiden.

Nach Clark, Dawson & Wood [566] sind *Paciculus, Cotimus* und *Copemys* aus dem Miozän als Angehörige der Eumyini anzusehen. *Copemys* läßt sich von *Leidymys* ableiten und bildet die Wurzelgruppe von *Peromyscus* unter den „Hesperomyinen". Diese vermuteten Zusammenhänge

*) *Simimys* aus dem Jung-Eozän Nordamerikas zeigt nach Wilson [3860] und Black [268] im Bau der Backenzähne Affinitäten zu *Paracricetodon*. Wood [3910] klassifiziert diese Gattung als Angehörigen der Zapodiden.

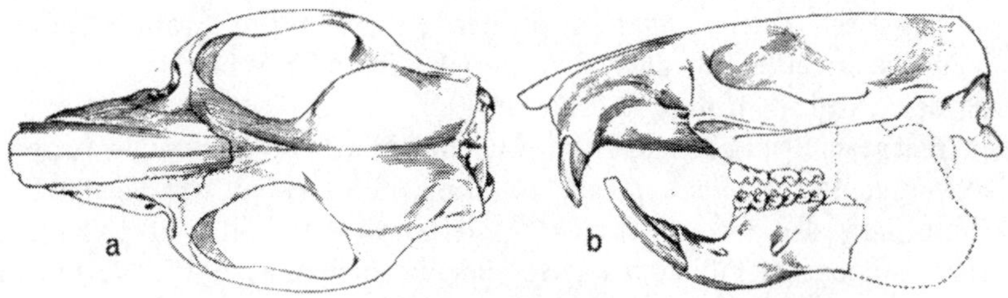

Abb. 334. *Cricetops dormitor* (Cricetidae). Oligozän, Asien. Osteocranium, a) Dorsal-, b) Lateralansicht. Beachte Ausbildung des Jochbogens. (1/1) — Nach MATTHEW & GRANGER 1923

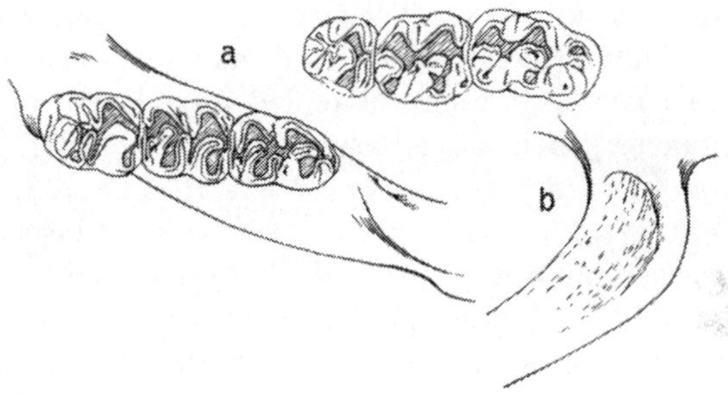

Abb. 335. *Cricetops dormitor*, wie Abb. 334. a) M_{1-3} dext., occlusal, b) M^{1-3} sin., occlusal. (ca. 3/1) — Nach MATTHEW & GRANGER 1923

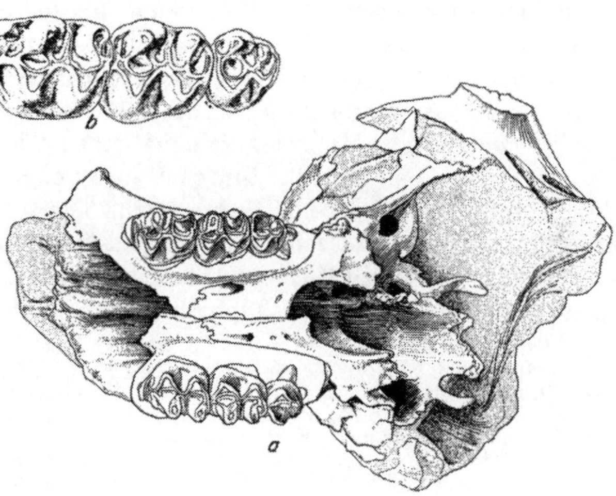

Abb. 336. „*Peromyscus*" *russelli* (Cricetidae: Hesperomyinae), Alt-Pliozän (Clarendonian), Kalifornien. a) Schädelfragment, Ventralansicht, (5,5/1), b) M^{1-3} sin. (10,5/1) — Nach JAMES 1963

beruhen ausschließlich auf der Gebißevolution. Angesichts der gleitenden Übergänge von *Copemys* zu *Peromyscus* (Abb. 336) erscheint die etwas wechselnde generische Benennung einzelner jung-miozäner oder altpliozäner Formen verständlich [566, 1480, 1635, 3169], wie auch die taxonomische Zuordnung dieser „*Copemys*"- und „*Peromyscus*"-Arten nicht einheitlich erfolgt. Abgesehen davon, daß praktisch nur Gebißreste bekannt sind, läßt sich eine scharfe Trennung der gegenwärtig zu unterscheidenden Gruppen nicht durchführen, da die Differenzierung der einzelnen Cricetiden-Stämme erst im Miozän einsetzte. BLACK [271] sieht *Copemys* als Angehörigen der Eumyini an, CLARK, DAWSON & WOOD [566], sehen in dieser Form, ohne es auszusprechen, praktisch einen Angehörigen der Hesperomyini, während Fahlbusch [918] *Copemys* dem Tribus Cricetini zuordnen möchte. Mit einer Entscheidung dieser Frage ist auch die Beurteilung der Cricetodontinen verknüpft*).

Unter den rezenten Cricetiden dürften Angehörige der *Peromyscus*-Gruppe (*Peromyscus, Ochrotomys, Reithrodontomys, Neotomodon, Baiomys, Scotinomys, Onychomys, Ototylomys* und *Tylomys*)**) innerhalb der Neuweltmäuse („Hesperomyini") die ursprünglichsten Formen bilden***). Diese auf der Gebißevolution fossiler Formen basierende Vermutung bestätigen morphologisch-anatomische Befunde (einfacher Penis†), einkammeriger Magen, brachyodonte etwas „cricetodontide" Molaren und mausähnlicher Habitus [1545, 3757]).

Für die nach Black [273] aus dem Mittel-Miozän (Hemingfordian der Thomas Farm-Fauna) angegebenen „Hesperomyinen" gilt das oben Gesagte. Weitere Fossilfunde von Hesperomyinen sind aus dem Plio-Pleistozän Nordamerikas (zum Beispiel *Macrognathomys, Neotoma*) und dem Quartär Südamerikas und Westindiens (zum Beispiel *Phyllotis, Reithrodon, Necromys, Bothriomys, Megalomys*) bekannt, ohne daß diese Funde Aufschluß über die stammesgeschichtlichen Beziehungen geben. Daher lassen sich phylogenetische Beziehungen praktisch nur an Hand der rezenten Form beurteilen. Wie bereits Rinker [2915] nach der Myologie und Hooper [1545] und Arata [140] nach dem Penis und den akzessorischen Genitaldrüsen gezeigt haben, bilden die „Hesperomyinen" keine Einheit, da sich zwei Hauptgruppen (einerseits vorwiegend nearktische, andererseits neotropische Hesperomyinen) mit verschiedenem Evolutionsniveau unterscheiden lassen. Mit den verwandtschaftlichen Beziehungen der *Peromyscus*-Arten befaßt sich Waters [3777].

Aus nord- und mittelamerikanischen Peromyscinen haben sich wohl auch die südamerikanischen Hesperomyinen entwickelt, die im jüngsten Pliozän nach Südamerika gelangten††). Sie bilden ein klassisches Beispiel für eine adaptive Radiation. Ähnlich wie die Muriden in der Alten Welt und die Microtinen haben sie als ökologische Nischenformen eine Artenfülle hervorgebracht, da sie als ursprüngliche Waldbewohner die offene Landschaft (zum Beispiel *Sigmodon-* und *Phyllotis*-Gruppe)†††) sowie auch aquatische Lebensräume (wie *Scapteromys-* und *Ichthyomys*-Gruppe) besiedelten und im Zusammenhang damit sogar insektenfressende (wie *Lenoxus, Blarinomys, Oxymycterus*) und fischfressende Typen (wie *Ichthyomys, Rheomys*) hervorbrachten. Weiterhin werden damit zahlreiche Parallelerscheinungen im Habitus, im Gebiß und auch im Verdauungstrakt zu den Microtinen, zu altweltlichen Cricetinen, Gerbillinen, Muriden und Gliriden verständlich. So lassen sich innerhalb der „Hesperomyinen" die Oryzomyini, Reithrodon-

---

*) Wie neuere Untersuchungen gezeigt haben [918], ist *Copemys* aus dem Jung-Tertiär der USA von *Democricetodon* aus dem europäischen Jung-Tertiär nicht zu trennen. Da *Democricetodon* und verwandte Formen („*Megacricetodon*" und *Cotimus*) bisher stets als Cricetodontinen klassifiziert wurden, sich aber von *Paracricetodon, Heterocricetodon* und *Cricetodon* deutlich unterscheiden, muß der Begriff Cricetodontini eingeschränkt werden. *Copemys* („*Megacricetodon*") und *Cotimus* sind keine Cricetodontinen, sondern besser den Euymini zuzuordnen, ungeachtet ihrer stammesgeschichtlichen Bedeutung als Ausgangsformen von „Hesperomyinen" und Cricetinen.

**) Hooper & Musser [1548a] trennen *Ototylomys* und *Tylomys* zusammen mit *Nelsonia, Neotoma* und *Xenomys* als eigene Gruppe ab. *Calomyscus bailwardi* ist kein Angehöriger der *Peromyscus*-Gruppe und damit auch kein jung-pleistozäner Einwanderer in Asien, wie Osgood [2537] und Vorontzov [3755] annehmen, sondern nach dem Bau des Penis ein primitiver Hamster [956, 1548b].

***) Im Gegensatz zu Hooper [1545] und Hooper & Hart [1548] betrachte ich die *Peromyscus*-Gruppe als natürliche Einheit.

†) Auf die von Hershkovitz [1397, 1399] abweichende Interpretation von phylogenetisch primitiver oder spezialisierter Penisausbildung wurde bereits hingewiesen.

††) Hershkovitz [1369] hat in jüngster Zeit versucht, den Faunenaustausch zwischen den nord- und südamerikanischen „Hesperomyinen" (Sigmodontinae) zu analysieren, doch ist seiner, zum Teil auf irrigen Voraussetzungen beruhenden Argumentation nicht beizupflichten.

†††) Über die Abgrenzung der verschiedenen Gruppen beziehungsweise die Zugehörigkeit einzelner Gattungen besteht keine Einhelligkeit: *Reithrodon* und *Holochilus* = *Sigmodon*-Gruppe nach Hershkovitz [1394], *Zygodontomys* = *Phyllotis*-Gruppe nach Hershkovitz [1397]; *Reithrodon* = *Phyllotis*-Gruppe und *Holochilus* beziehungsweise *Zygodontomys* = *Oryzomys*-Gruppe nach Hooper [1547] beziehungsweise Hooper & Musser [1548a].

tomyini, Onychomyini, Akodontini, Phyllotiini, Reithrodontini, Sigmodontini, Neotomini und Ichthyomyini unterscheiden [3755]. Bemerkenswert ist das Auftreten von insularen Großformen im Quartär Westindiens (*Megalomys* [? Oryzomyini]; [1018, 1529]), die anscheinend erst *Rattus* verdrängte.

Wie HERSHKOVITZ [1397] gezeigt hat, kommt es unter den südamerikanischen Hesperomyinen zur Vereinfachung des Backenzahnmusters infolge Falten- und Jochbildung sowie zur progressiven Hypsodontie. Analoge Tendenzen sind für die Microtinen und für verschiedene „microtoide" Cricetiden charakteristisch, die gleichfalls zu Bewohnern der offenen Landschaft wurden.

Unter den Phyllotinen unterscheidet HERSHKOVITZ [1397] die primitive *Calomys*-Gruppe (*Calomys, Zygodontomys, Eligmodonta*) und die spezialisiertere *Phyllotis*-Gruppe (*Pseudoryzomys, Phyllotis, Galenomys, Andinomys, Chinchillula*). Für die *Phyllotis*-Gruppe ist unter anderem das hypsodonte Gebiß charakteristisch.

Einen eigenen Zweig bildet die *Scapteromys*-Gruppe [1399] (*Scapteromys, Kunsia*) als sumpfbewohnende, aquatische und grabende Formen, ferner die gleichfalls aquatischen und ichthyophagen Ichthyomiinen (wie *Ichthyomys, Rheomys, Daptomys*), die insectivoren Oxymycterinen (*Oxymycterus, Lenoxus* und *Blarinomys*), die Akodontinen und die Sigmodontinen.

Das (primäre) Fehlen echter Mäuse (Muriden) in der Neuen Welt läßt sich mit dem jungen Alter und dem altweltlichen Ursprung erklären. Die Hesperomyinen hatten die „Planstellen" der Muriden bereits besetzt.

Innerhalb der Cricetodontinen lassen sich nicht nur mehrere Stämme, sondern auch verschiedene Entwicklungen belegen [916, 995, 996, 3569], die das seinerzeit von SCHAUB [3003] entworfene Bild wesentlich verändert und verfeinert haben. Die Cricetodontinen sind vom Oligozän bis ins Pliozän (*Paracricetodon, Heterocricetodon, Cricetodon*) Eurasiens nachgewiesen und auch aus Nord- und Ostafrika bekannt (*Myocricetodon* [2041, 2045]). Nach THALER [3569] lassen sich die meisten „*Cricetodon*"-Arten des europäischen Miozän nicht von Formen aus dem Oligozän Europas ableiten. Sie zeigen eher Affinitäten zu nordamerikanischen Eumyini und sind daher — wie schon erwähnt — besser als Eumyini zu klassifizieren.

Als Abkömmlinge spezialisierter Cricetodontini (*Cr. sansaniensis*-Gruppe) ist jedoch zweifellos *Ruscinomys* aus dem Pliozän Europas anzusehen, deren Molaren hypsodont sind [998, 3569, 3570, 3722]. Eine Abtrennung als eigener Tribus (Ruscinomyini [3722]) ist nicht erforderlich. In der Backenzahn-Morphologie entsprechen *Ruscinomys* die nordamerikanischen Genera *Pliotomodon* und *Scotinomys*, die meist mit Hesperomyinen in Verbindung gebracht werden.

Möglicherweise ist *Cricetinus* aus dem Pleistozän Ostasiens [3994], der nach FEFJAR (mündl. Mitt. 1967) vermutlich mit *Tscherskia* in Verbindung zu bringen ist, direkt von *Cricetodon* abzuleiten.

Nach FAHLBUSCH [918] haben sich die Cricetini (Hamster) aus miozänen „*Democricetodon*"-(=*Copemys*) Arten entwickelt. *Cricetus* ist nach SCHAUB [3007] mit *Cricetus kormosi* erstmalig im älteren Pliozän Europas nachgewiesen, neben *Sinocricetus* und *Nannocricetus* im asiatischen Pliozän. Bei *Cricetus kormosi* aus dem europäischen Alt-Pliozän ist der typisch cricetine Bauplan bereits vorhanden*) (keine Kulissenstellung der Molarenhöcker, Mesoloph fast völlig reduziert, Vorderknospe bei M^1 zweiteilig). Eine gleichfalls „cricetine" Form aus dem Pliozän bildet *Rotundomys* (MEIN [2324] = „*Cricetulodon*" HARTENBERGER [1277]), bei der zwar auch die Sporne und die Kulissenstellung der Backenzahnhöcker abgebaut werden, doch handelt es sich um eine eigene Linie, die von *Democricetodon* abgeleitet werden kann [998]. Die Cricetini

*) Die von FREUDENTHAL & SONDAAR [999] vertretene Auffassung, daß es während des Alt-Pliozäns zu einer Verdrängung der Cricetodontinen durch Cricetinen und Murinen kommt, ist mit dem Nachweis cricetodontider Formen im Pliozän widerlegt.

erreichten im Quartär ihre größte Formenmannigfaltigkeit (*Calomyscus**), *Phodopus*, *Cricetus*, *Cricetulus*, *Allocricetus*, *Mesocricetus* [3007, 3994]). Sie sind fossoriale Nager, meist mit Backentaschen, ohne besondere Grabanpassungen. Unter den altquartären Hamstern sind drei Linien (Zwerg-, „Normal“- und Riesenhamster) zu unterscheiden [1866]. *Cricetulus* ist noch im Holozän Ungarns nachgewiesen [1896]. Der domestizierte Goldhamster stammt von einer rötlichen Form der syrischen Wildform (*Mesocricetus auratus*) ab. *Mesocricetus* ist aus dem Pleistozän Palästinas, der Apscheron-Halbinsel und der Dobrudscha, bekannt [197, 1267].

Die eigentlichen Hamster sind auf Eurasien beschränkt geblieben. *Macrotarsomys* aus Madagaskar und *Mystromys* aus Südafrika klassifiziert man vielfach als Hamster, doch handelt es sich um Parallelerscheinungen, indem ein unabhängig von den eurasiatischen Cricetini erfolgter Ursprung aus tertiären Cricetinen anzunehmen ist. *Mystromys* ist aus dem Pleistozän Südafrikas (*Australopithecus*-Fundstellen) bekannt [2037]. Bei *Mystromys* ist noch das cricetodontide Molarenmuster erhalten, doch sind die Zähne etwas hypsodont. Vorontzov [3755] ordnet

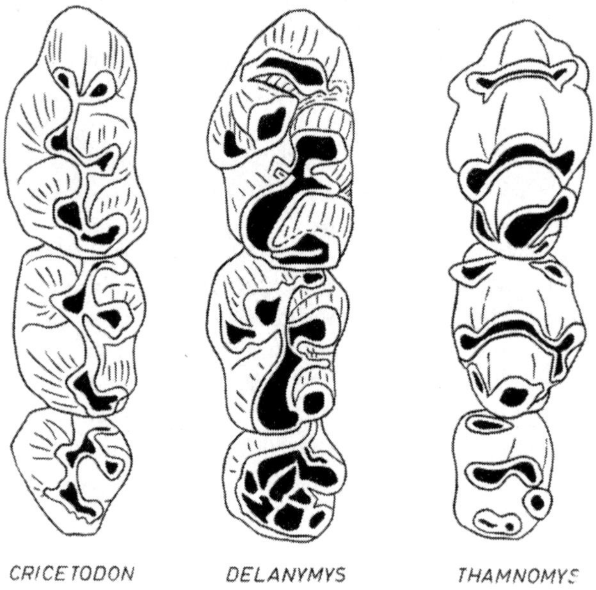

Abb. 337. Maxillargebiß (M^{1-3} sin.) von *Cricetodon*, Miozän (Cricetidae: Cricetodontinae), *Delanymys*, rezent (Cricetidae: Dendromurinae) und *Thamnomys*, rezent (Muridae), um Affinitäten zwischen dem cricetodontiden und dem dendromuriden Bauplan und Unterschiede zum muriden Gebißtyp aufzuzeigen. (Nicht maßstäblich vergrößert) — Nach Lavocat 1964

Mystromys einer eigenen Tribus (Mystromyini) zu. Nach Lavocat [2040, 2044] vermittelt *Delanymys* nach dem Molarenmuster zwischen „cricetodontiden“ Nagern (zum Beispiel *Mystromys*) und den übrigen Dendromurinae (wie *Dendromus*, *Steatomys*), die allgemein als Muridae klassifiziert werden [2409, 3765] (Abb. 337). Mit der Ableitung der afrikanischen Baummäuse (Dendromurinae) von miozänen Cricetodontinen ist zugleich die Frage nach der Herkunft und der stammesgeschichtlichen Einheit der Muriden verknüpft. Fossile Dendromurinen (*Dendromus*, *Malacothrix*, *Steatomys*) sind bisher nur aus dem älteren Pleistozän Südafrikas bekannt geworden [736, 737]. Sie haben bereits das Evolutionsniveau der rezenten Formen erreicht. Allgemein sieht man den südasiatischen Raum als Entstehungsgebiet der Muriden an (vergleiche Seite 321).

*) *Calomyscus bailwardi*, der mausartige Zwerghamster, ist kein Hesperomyine, sondern ein primitiver Hamster (Seite 312; vergleiche auch Flint [856]). Bemerkenswert ist, daß die primitive Stellung auch cytogenetisch zum Ausdruck kommt, da *Calomyscus bailwardi* nach den Autosomen den paläarktischen Cricetinen, nach den Geschlechtschromosomen hingegen den Hesperomyinen entspricht [2303].

Eine weitere Seitenlinie der Cricetiden bilden die afrikanischen Cricetomyinen [2659, 2661] mit *Beamys, Saccostomus* und *Cricetomys**), die man bisher stets als Muriden klassifizierte. Nach PETTER handelt es sich jedoch um Cricetiden, die unabhängig von den Muriden ein Molarenmuster aus drei Höckerreihen ausgebildet haben. Die rezenten Cricetomyinen sind Reliktformen einer einst weiter verbreiteten Gruppe, deren Areal durch die erst später eindringenden Muriden eingeengt wurde.

Lophiomys imhausi, die ostafrikanische Mähnenratte, zeigt im Gebiß den typisch cricetinen Bauplan [3006, 3019], weicht jedoch durch die für diese Form spezifische knöcherne Überdeckung der Temporalgrube und anatomische Merkmale (Magen, Lungen [3755, 3760]) von den übrigen altweltlichen Cricetiden ab**), die zur Abtrennung als eigene Unterfamilie (Lophiomyinae) oder Familie (Lophiomyidae [1125, 3760]) geführt hat. Im Habitus sind Ähnlichkeiten mit Caviomorphen vorhanden [3765].

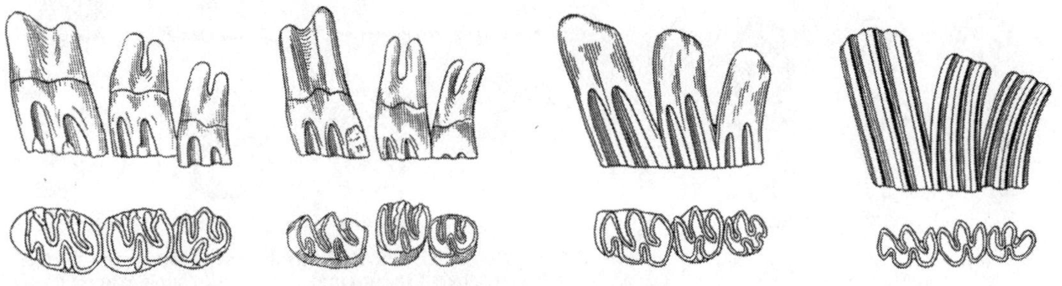

Abb. 338. Evolution der Backenzähne (M^{1-3} sin., labial und occlusal) bei Myospalacinen (=„Siphneinae") des Plio-Pleistozäns. *Proisphneus murinus*-Pont, *P. lyratus* und P. *prae-tingi*—Jung-Pliozän, *Myspalax omegodon*—Villafranchium. — Nach TEILHARD 1942

Einen eigenen Stamm bilden die durch ihre wühlende Lebensweise im Habitus an Maulwürfe erinnernden Mullmäuse (Myospalacini) aus Zentral- und Ostasien. Die rezenten Myospalacinen (=„Siphneidae") sind an ein subterranes Leben angepaßte Cricetiden; ihre Augen sind klein, die Ohrmuscheln verkümmert, der Schwanz kurz. Als Grabwerkzeuge dienen der stark vergrößerte, zweite bis vierte Finger und die Incisiven. Der Schädel ist keilförmig zugespitzt, das lophodonte Backengebiß hypsodont und wurzellos. Fossilfunde aus dem Miozän und Pliozän *(Prosiphneus)* konnten die Geschichte der Myospalacinen aufhellen [3560]. Mehrere parallele Stammlinien lassen sich unterscheiden, die von Formen mit bewurzelten, brachyodonten bis zu Arten mit extrem hypsodonten, prismatischen und wurzellosen Backenzähnen *(Myospalax* = „*Siphneus*") geführt haben (Abb. 338). Auch die Fossilformen waren auf Asien beschränkt. Bereits KRETZOI [1902] trennt die verschiedenen Linien als eigene Gattungen *(Mesosiphneus, Episiphneus, Eospalax, Myospalax* und *Allosiphneus)* ab, da sie verschiedene Evolutionstendenzen erkennen lassen und außerdem die von TEILHARD vertretene Ansicht über die stammesgeschichtlichen Zusammenhänge eine „polyphyletische" Entstehung von *Myospalax* bedeutete.

Weitere Zweige unter den Cricetinen bilden die ausgestorbenen Anomalomyinen [3418] mit *Anomalomys*, die Platacanthomyinae Südasiens und die „Nesomyinen" Madagaskars, deren stammesgeschichtliche Herkunft keine einheitliche Beurteilung findet.

*) Die Gattung *Petromyscus* klassifiziert PETTER [2660, 2662, 2662a] zwar gleichfalls als Cricetide, jedoch zusammen mit *Delanymys* als Angehörigen einer eigenen Unterfamilie (Petromyscinae).

**) Bei *Cuniculus paca* ist nur der Jochbogen verbreitert.

Anomalomys aus dem Jung-Tertiär Europas zeigt außer einem charakteristischen lophodonten Molarenmuster eine zunehmende Hypsodontie der Backenzähne von *A. gaudryi* (Miozän) zu *A. gaillardi* (Pliozän [3745]). Die Ähnlichkeiten mit *Brachyuromys* (Abb. 339) von Madagaskar im Molarengebiß sind wohl als Parallelentwicklung zu deuten [3021]*). *Anomalomys* läßt sich vermutlich auf *Aralomys* aus dem asiatischen Oligozän zurückführen.

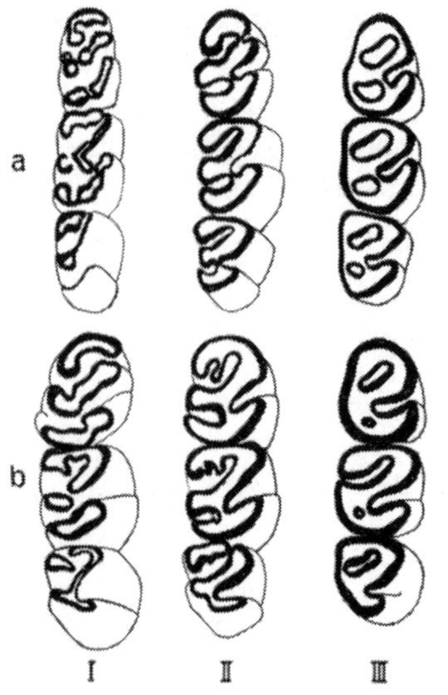

Abb. 339. Mandibulargebiß von a) *Brachyuromys betsileoensis* (Cricetidae: Nesomyinae), b) *Spalax* (Spalacidae). M_{1-3} in verschiedenen Abkauungsstadien, juvenil (I), adult (II) und senil (III). Grundsätzliche Übereinstimmung im Kauflächenmuster als Ergebnis einer Parallelentwicklung zwischen Cricetiden und Spalaciden. — Nach F. Petter 1961

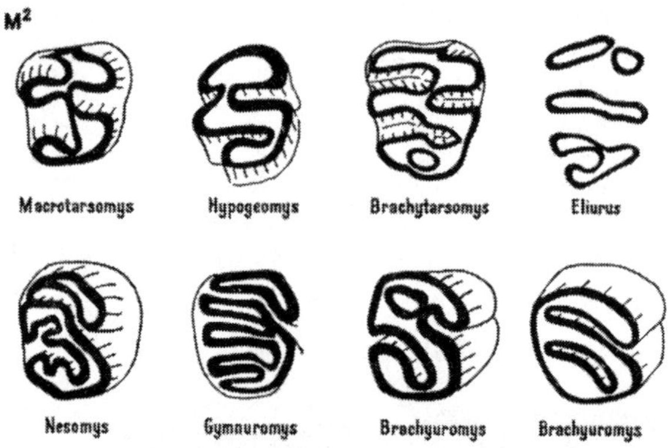

Abb. 340. Vielfalt der Backenzahntypen (M^2 dext.) bei den madagassischen Nesomyinae. Vom brachyodont-cricetinen Bauplan (*Macrotarsomys, Brachytarsomys*) über den lophodont-cricetinen (*Nesomys*) bis zum hypsodont-lophodonten (*Hypogeomys, Brachyuromys*) sind sämtliche morphologische Übergangsstadien ausgebildet — Nach F. Petter 1962

Die meist als Nesomyinae zusammengefaßten „Madagaskarratten" finden durchaus nicht eine einheitliche Beurteilung. Sie gelten einerseits als stammesgeschichtliche Einheit [2221, 3257, 3418], andererseits als Angehörige mehrerer Unterfamilien [870] oder als Abkömmlinge verschiedener Stammlinien von Cricetiden des afrikanischen Festlandes [2655, 2658]. Sie bilden odontologisch und auch ökologisch eine Vielfalt, die die Vertreter eines einheitlichen Ursprunges mit den einst freien ökologischen Nischen und damit zwangsläufig mit dem Fehlen von Muriden in Verbindung bringen. *Macrotarsomys* läßt sich mit Springmäusen, *Nesomys* und *Brachytarsomys* mit Ratten oder echten Mäusen, *Brachyuromys* mit Wühlmäusen, *Eliurus* mit Schläfern und *Hypogeomys* mit Kaninchen vergleichen. Das Backenzahnmuster läßt sich nach Stehlin & Schaub [3418] auf einen cricetodontiden Bauplan zurückführen (Abb. 340). Dies würde ein höheres geologisches Alter und die Diversität verständlich machen, ohne daß man deswegen unbedingt eine einheitliche Wurzelgruppe annehmen muß**). Das Gehirn ist bei

*) Nach F. Petter [2657] sind Beziehungen vorhanden zwischen *Anomalomys* und *Spalax* (den er als Angehörigen der Cricetidae klassifiziert). Ellerman [879] nimmt Beziehungen zwischen *Tachyoryctes* und *Brachyuromys* an.

**) Die bisher vorliegenden cytogenetischen Daten [2301] lassen keine definitive Entscheidung zu, sprechen aber eher gegen eine monophyletische Entstehung [2302]. Auffallend ist jedoch, daß die Sexualchromosomen von *Macrotarsomys* dem Typ paläarktischer Cricetinae entsprechen.

Macrotarsomys und *Hypogeomys* typisch myomorph gebaut [2704, 2705]. Fossilfunde sind nur aus pleistozänen Ablagerungen Madagaskars (*Majoria*) bekannt und phylogenetisch bedeutungslos. Die Annahme näherer verwandtschaftlicher Beziehungen von *Brachyuromys* zu Spalaciden, Rhizomyiden oder Myospalaciden [2221, 2657] beruhen auf konvergenter Gebißevolution.

Gleichfalls Abkömmlinge tertiärer Cricetinen stellen die Gerbillinae (Rennmäuse) dar, die verschiedentlich wegen ihrer morphologischen Mittelstellung zwischen Cricetiden und Muriden als eigene Familie gelten [3418, 3672] oder als Untereinheit der Arvicolidae [1891]. Sie sind meist stark spezialisierte Steppen- und Wüstenbewohner mit vergrößerten Bullae und Mastoidpartie und über weite Teile Eurasiens und Afrikas verbreitet. Im Gebiß verhält sich *Gerbillus* mit bewurzelten, bunodonten Backenzähnen am primitivsten, *Meriones* mit hypsodonten und *Rhombomys* mit wurzellosen lophodonten Molaren am spezialisiertesten. Dies gilt auch für das Alveolenmuster der Backenzahnwurzeln [1360]. Wie F. Petter [2656] gezeigt hat, läßt sich die ontogenetische Entwicklung der Molaren mit der phylogenetischen vergleichen. Sichere Fossilfunde ließen bisher nur aus dem Pleistozän (*Gerbillus*) nachweisen, doch dürften einzelne jungtertiäre Formen (wie *Leakeymys* aus Ost-Afrika [2045]) auf Rennmäuse zu beziehen sein. Die microtoide Differenzierung der Backenzähne erschwert die Beurteilung isolierter fossiler Zähne. Zavahi & Wahrman [3991 a] nehmen auf Grund cytotaxonomischer, ökologischer und zoogeographischer Befunde mehrere Entstehungszentren im afrikanischen und vorderasiatischen Raum an.

Die Stachelmäuse oder Stachelbilche (Platacanthomyinae oder Platacanthomyini) Südchinas und Indiens (*Typhlomys* und *Platacanthomys*) stellte man bis in jüngste Zeit fast stets in die Verwandtschaft der Gliroidea [878], sei es als Unterfamilie oder als eigene Familie (Platacanthomyidae [2409, 3765]). Sie sind langschwänzige Baumbewohner, die habituell an Schläfer erinnern, deren Zahnformel aber mit $\frac{1\;0\;0\;3}{1\;0\;0\;3}$ der Muroidea entspricht. Wie jedoch Fossilfunde (*Neocometes*) aus dem Jung-Tertiär Europas vermuten lassen, handelt es sich bei den Platacanthomyinen um spezialisierte hamsterartige Nager [917, 3023]. Ihre Abspaltung vom „Hauptstamm" der Cricetiden dürfte demnach bereits im Oligozän erfolgt sein. Nach Schaub [3019] weicht das Molarenmuster vom gliriden Bauplan völlig ab, läßt sich hingegen als modifiziertes Cricetidenmuster deuten. Auch die Hypsodontie der Backenzähne, der Unterkiefer und die Zygomasseterstruktur ist nicht glirid [2350]. Das Vorkommen der rezenten Stachelbilche entspricht angesichts der einstigen Verbreitung Reliktarealen.

Als recht homogene Gruppe können die Wühlmäuse (Microtinae = Arvicolidae = Microtidae; vergleiche Kretzoi [1903]) angesehen werden (vergleiche auch Spermienmorphologie [3145]). Die stammesgeschichtliche Ableitung dieser gegenwärtig sehr artenreichen Nagergruppe wurde in den letzten Jahren wiederholt — dank zahlreicher neuer Fossilfunde — diskutiert. Die Wühlmäuse bilden neben den Neuweltmäusen und den echten Mäusen die jüngste artenreiche Gruppe unten den Nagern. Da es innerhalb der Cricetiden mehrfach unabhängig zur Ausbildung „microtoider" Backenzahnstrukturen gekommen ist, die Fossilformen jedoch hauptsächlich auf Zahnresten beruhen, erscheint eine sichere Beurteilung der auf Primitivformen bezogenen Fossilfunde etwas problematisch. Nach Schaub [3021] und Kretzoi [1892, 1907] sind die meisten der aus dem Pliozän Eurasiens und Nordamerikas beschriebenen Nager (wie *Trilophomys*, *Microtodon* = „*Baranomys*" = „*Prosomys*" = *Microdontomys*, *Microtoscoptes* = *Goniodontomys*, ? *Promimomys*, ? *Cseria* mit „microtoidem" Molarenbau*) weder als Stammformen der Wühlmäuse noch als primitive Wühlmäuse anzusehen, sondern nur „microtoide" Cricetiden (Baranomyinae, „Microtoscoptinae") [1843, 3009, 3022, 3515, 3568] (Abb. 341—345).

*) Hypsodontie, Wurzelreduktion, Zementeinlagerung, Schmelzunterbrechung, [Poly-]Isomerie, Deltodontie oder Rhombodontie [1423, 3568].

Abb. 341. *Trilophomys pyrenaicus* (Cricetidae), Pliozän, Europa. M_{1-2} sin. occlusal. (2/1) — Nach SCHAUB 1958

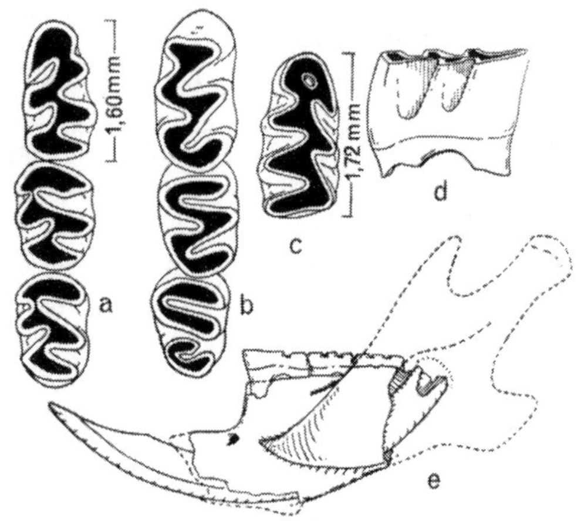

Abb. 342. *Baranomys longidens* (Cricetinae: Baranomyini), Jung-Pliozän, Europa. a) M_{1-3} sin., occlusal, b) M^{1-3} sin., occlusal, c, d) M^1 dext., wenig abgekaut, e) Mandibel sin., buccal. Microtoider Cricetide mit bewurzelten Molaren. — Nach REPENNING 1967

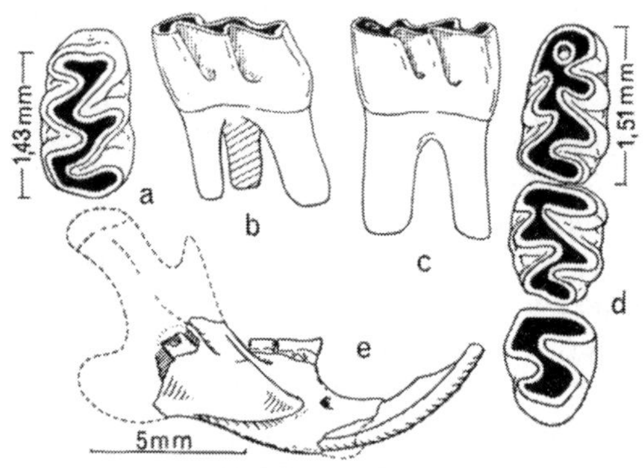

Abb. 343. *Microtodon* (= ?„*Baranomys*") *kowalskii* (Cricetinae: Baranomyini), Pliozän, Europa. a, b) M^1 sin., occlusal und buccal, c) M_1 sin., buccal, d) M^{1-3} sin., occlusal, e) Mandibel dext., lateral (Rekonstruktion). Beachte Trilophodontie und Semihypsodontie der bewurzelten Molaren. Microtoider Cricetiden-Typ. Nach REPENNING 1967

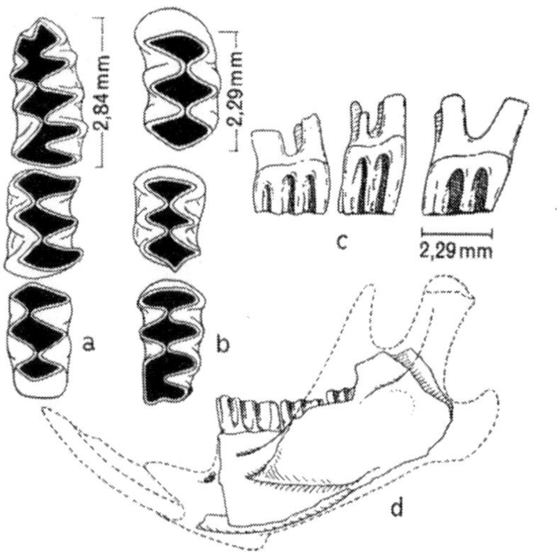

Abb. 344. *Microtoscoptes disjunctus* (Microtinae: Microtoscoptini). Mittel-Pliozän, Nordamerika. a) M^{1-3} sin., occlusal, b) M^{1-3} dext., occlusal, c) M^{1-3} dext., lingual, d) Mandibel sin., buccal (Rekonstruktion) Beachte bewurzelte Molaren mit Loben in Oppositionsstellung. — Nach REPENNING 1967

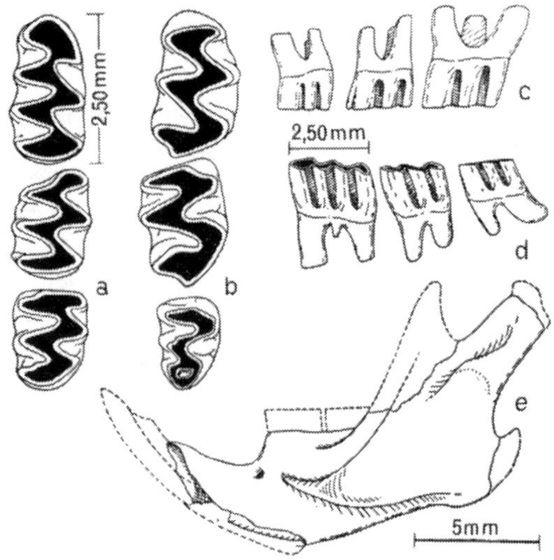

Abb. 345. *Promimomys mimus* (Microtinae: Microtini). Mittel-Pliozän, Nordamerika. a) M_{1-3} dext., occlusal, b) M^{1-3} dext., occlusal, c) M^{1-3} dext., buccal, d) M_{1-3} dext., lingual, e) Mandibel sin., lateral (ergänzt). Primitiver Microtine mit bewurzelten Molaren und wenigen, alternierend angeordneten Loben. Nach REPENNING 1967

Nach Kretzoi [1907] bildet *Pannonicola* aus dem Alt-Pliozän Ungarns den geologisch ältesten Angehörigen der Microtinen, von dem sich die übrigen Wühlmäuse ableiten lassen, womit nach Kretzoi praktisch sämtliche übrigen strukturellen Stammformen (wie *Microtodon*) auszuschließen wären [1332, 1420, 1843, 1892, 3568]. Angesichts der sehr fragmentarischen Dokumentation (M_2 und M_3) erscheint eine derartige Aussage verfrüht, wenn man auch *Pannonicola* auf Grund der brachyodonten Molaren mit typisch lophodonter Ausbildung des Kauflächenmusters als microtoiden Primitivtyp ansehen kann. Ungeachtet dieser Feststellung lassen sich primitive „Hesperomyinen" als Ausgangsformen der Microtinen betrachten. Daher scheinen die Microtinen eher in Nordamerika ihren Ursprung genommen zu haben, doch liegen wichtige Radiationszentren in Eurasien. Meist wird jedoch ein eurasiatischer Ursprung angenommen [1426].

Zu den geologisch ältesten typischen Microtinen (Microtini) zählen *Mimomys*, *Cosomys*, *Ogdomontomys**) und *Ophiomys* aus dem Plio-Pleistozän (Villafranchium und Blancan) Eurasiens und Nordamerikas [1426, 1825, 1892, 1893]. Die genannten „Genera" sich durch verschiedene Primitivmerkmale (bewurzelte Molaren, M_1 mit komplizierter Vorderkappe, mit Schmelzinsel und mit *Mimomys*-Kante) gekennzeichnet (Abb. 346). Aus dem jüngsten Pliozän und dem

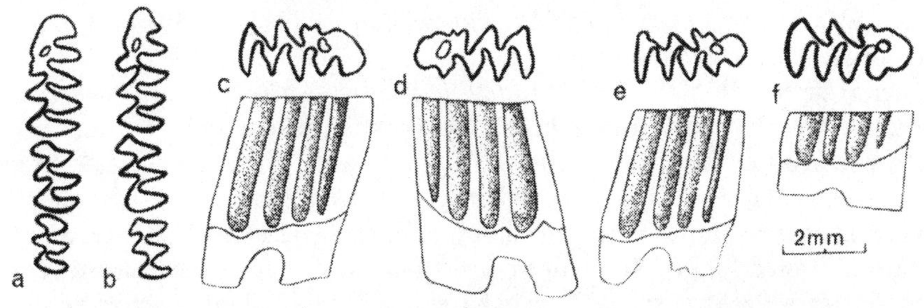

Abb. 346. *Mimomys* (Microtinae: Microtini), Jung-Pliozän, Europa. a, b) M_{1-3} dext. und c—f) M_1 dext. in verschiedenen Abkauungsstadien. Occlusal- und Lateralansicht. Nach Kowalski 1960

ältesten Pleistozän sind weitere Gattungen beschrieben worden (*Villanya*, *Allophaiomys*, *Nebraskomys*, *Pliopotamys*, *Pliophenacomys*), die meist eigene Linien repräsentieren. Mit *Arvicola* und *Lagurus* treten in Villanyium erstmalig Wühlmäuse mit wurzellosen Zähnen und Zement auf. *Arvicola* läßt sich auf *Mimomys* zurückführen [1332, 1772, 4005]. Microtinen mit wurzellosen und stark hypsodonten Molaren (*Microtus*, *Pitymys*) erscheinen im Biharium (neben *Mimomys*-Formen). Über ihre Ableitung (*Allophaiomys*, *Pliomys* oder *Mimomys*; 511 a, 1332, 1898) besteht noch keine Klarheit. Ebensowenig ist eine polyphyletische Entstehung auszuschließen [511 a]. Dennoch kann das erste Auftreten jeweils als stratigraphischer Leithorizont gelten [1894].

Um die Kenntnis der fossilen Microtinen und damit um die Gebißevolution der Wühlmäuse haben sich vor allem Méhely, Hinton, Hibbard, Heller und Kretzoi große Verdienste erworben. Wie besonders Hibbard betont, führen innerhalb verschiedener paralleler Zweige der Microtinen gleiche „trends" zu ähnlichen Zahnmustern, so daß sich die Geschichte der Microtinen nur an Hand von Fossilfunden rekonstruieren läßt.

*) Verschiedentlich nimmt man eine generische Identität von *Ogmodontomys*, *Cosomys* (Nord-Amerika) und *Mimomys* (Eurasien) an, jedenfalls handelt es sich um einander nahestehende primitive Wühlmäuse [926, 1332, 1421, 3856, 3982].

Daher erscheint es verständlich, daß die verwandtschaftlichen Beziehungen innerhalb der Wühlmäuse keineswegs einheitlich beurteilt werden, ganz abgesehen davon, daß die berücksichtigten Merkmalskomplexe verschieden sind. So ist einerseits ein „trend" zur Vereinfachung des Molarenmusters (zum Beispiel bei *Microtus* [1460, 4004, 4006]), andererseits aber auch die umgekehrte Tendenz festzustellen [1904, 2846]. Innerhalb einer Population variieren jene Molarenabschnitte am meisten, die am ehesten einem phylogenetischen Wandel unterworfen sind [1241]. Meist werden die Microtinen — wenn man von den Ellobiini absieht — in zwei oder drei Gruppen gegliedert (Microtini, Fibrini und Lemmini [1460, 2322, 3257]), doch haben vor allem Kretzoi [1892] und auch Dearden [718] und Hooper & Musser [1548b] unabhängig voneinander darauf verwiesen, daß einzelnen Gattungen innerhalb der Microtini eine gewisse Sonderstellung zukommt und eine einfache Zweiteilung in Lemmini und Microtini nicht gerechtfertigt ist. So unterscheiden sich *Dicrostonyx*, *Prometheomys* und *Lagurus* in verschiedenen Merkmalen von den übrigen Wühlmäusen, weshalb Kretzoi [1892, 1894] nach Gebißmerkmalen eine dicrostonychine, prometheomyine, lagurine und ondatrine Gruppe unterschiedet, eine Gliederung die sich mit der Penisdifferenzierung jedoch nur zum Teil bestätigen läßt (*Prometheomys* und *Dicrostonyx* genießen eine gewisse Sonderstellung [1548b]). Interessant ist jedenfalls, daß im jüngeren Pliozän neben *Mimomys*-Arten auch die Fibrini mit der *Prometheomys*-Gruppe (mit *Ungaromys* [=„*Germanomys*" [1843] und *Leukaristomys* [926]) und die ondatrine Gruppe (mit *Pliopotamys, Ondatra* und *Laugaritiomys*) nachgewiesen ist [926, 1414, 1421], die verschiedene Primitivmerkmale (im Gebiß) besitzen.

Unter den rezenten Wühlmäusen sind *Clethrionomys (=„Evotomys")*, *Phenacomys, Ondatra, Dinaromys* und *Prometheomys* Wurzelzähner und verhalten sich deshalb in dieser Hinsicht primitiver als etwa *Microtus, Arvicola, Pitymys, Neofiber* und *Lagurus*, die dieses Stadium längst überwunden haben. *Prometheomys schaposnikovi*, der kaukasische „Mull-Lemming", ist jedoch durch Grabanpassungen spezialisiert und bildet, ähnlich *Dinaromys bogdanovi* aus Montenegro, eine rezente Reliktform [3724], die man ursprünglich zu der aus dem Plio-Pleistozän bekannt gewordenen Gattung *Dolomys* stellte. Nach Kowalski [1843] steht *Stachomys* aus dem Jung-Pliozän von Polen (Weze) *Prometheomys* am nächsten und ist nach dem Molarengebiß dessen Vorläufer. *Ungaromys (= „Germanomys")* aus dem Plio-Pleistozän und *Ellobius* zeigen im Molarengebiß mit primitiven Zügen gewisse Übereinstimmungen, weichen jedoch infolge eigener Tendenzen ab. Es ist daher die Ähnlichkeit als Konvergenz zu deuten, was auch karyologisch bestätigt wird [2297, 2298]. Die Verbreitung der *Microtus*-Arten, die sich auf *Pliophenacomys* zurückführen lassen, widerspiegelt im Pleistozän die eiszeitlichen Klimaschwankungen, da einzelne, als nordisch oder alpin geltende*) Formen *(Microtus gregalis, nivalinus, nivaloides, ratticepoides-oeconomus)* mit *M. arvalis* und *Clethrionomys* abwechseln. *Lagurus*, die Steppenlemminge und auch *Cricetus* waren im Pleistozän bis nach Westeuropa verbreitet [1641, 1846]. Die Gliederung der rezenten Microtinen sowie die generische Zuordnung einzelner Arten ist mit manchen Problemen verknüpft (zum Beispiel *Dinaromys bogdanovi*, „*Microtus*" *middendorfi*, *Microtus brandti* [1860, 1907, 2844, 3145]. Die *Ondatra*-Gruppe läßt sich nach Hibbard auf *Pliopotamys* zurückführen.

Von den als Lemmini zusammengefaßten Wühlmäusen sind *Dicrostonyx* (Halsbandlemming) und wohl auch *Synaptomys* zu trennen, sie sind gegenwärtig boreale Elemente. *Dicrostonyx* und *Lemmus* kommen zwar im gleichen Verbreitungsgebiet vor, unterscheiden sich jedoch ökologisch und treten nur während der Populationsmaxima am gleichen Standort auf [189]. *Dicrostonyx* ist wiederholt aus dem Pleistozän Eurasiens und Nordamerikas nachgewiesen

---

*) Von einzelnen Reliktvorkommen (wie *Microtus oeconomus* in der ČSSR) abgesehen [1861].

und war im jüngeren Pleistozän (*D.* [*D.*] *„gulielmi“* = *torquatus*-Formenkreis, *D.* [*M.*] *henseli* = *Misothermus*) in Europa häufig. Die gegenwärtige Verbreitung von *Dicrostonyx (Misothermus) hudsonicus* in der Tundra von Ungava (Ostkanada) läßt sich, wie Fossilfunde zeigen, durch die jungeiszeitliche Trennung des einst zusammenhängenden Verbreitungsgebietes erklären. Es ist ein typisches Reliktareal [1227]. Die Halsbandlemminge *(Discrotonyx)* sind durch die periodisch auftretenden Doppelkrallen am 3. und 4. Finger und durch die völlig reduzierte Ohrmuschel gekennzeichnet (*Dicrostonyx* ist auch nach den Endoparasiten isoliert [2820]).

Synaptomys (nordamerikanische Bog-Lemminge) ist bereits aus dem Jung-Pliozän nachgewiesen und war im Pleistozän bis Florida verbreitet [2500a].

Die eigentlichen Lemminge (Lemmini mit *Lemmus*, *Myopus* und *Pliolemmus*) kennen wir mit *Pliolemmus* bereits aus dem Jung-Pliozän [1414]. Sie sind nach Dearden [718] hochspezialisierte Microtinen. Die Fossilfunde lassen vermuten, daß die Lemminge ursprünglich Steppenbewohner waren. *Lemmus* ist mehrfach aus dem Alt-Quartär Europas bekannt [1334]. *Myopus* verhält sich zwar morphologisch primitiver als *Lemmus*, nicht jedoch cytologisch [2293].

Die Mull-Lemminge (Ellobiini) bewohnen gegenwärtig die Steppen Südrußlands, Mittel- und Nordasiens, waren jedoch im Pleistozän bis nach Nordafrika und dem westlichen Vorderasien verbreitet. Die Mull-Lemminge (Gattung *Ellobius)* sind subterran lebende Nager mit entsprechenden Anpassungen (walzenförmiger Körper, kleine Augen, reduzierte Ohrmuscheln, vergrößerte Incisiven, Fell ohne „Strich“). Über die taxonomische Stellung der Ellobiini diskutiert man noch. Meist werden sie als aberrante Wühlmausverwandte klassifiziert. Morphologische Differenzen sprechen gegen direkte verwandtschaftliche Beziehungen zu *Microtus* und machen eine Parallelentwicklung von einer gemeinsamen Wurzel aus wahrscheinlich. Durch die spezifischen Merkmale ist jedoch eine gewisse Sonderstellung (Ellobiini) gegeben. Interessant ist, daß *Ellobius lutescens* die niedrigste Chromosomenzahl (2n = 17) unter den höheren Säugetieren aufweist [2303a].

Wie bereits erwähnt, erfolgt die Abgrenzung der **Muridae** keineswegs einheitlich, weil verschiedene Autoren [Ellerman, Hershkovitz, Hooper u. a.] auch die Cricetiden als Muriden klassifizieren. Hier sind nur die Altweltmäuse*) als Muridae klassifiziert.

Mit dem Ursprung und der Abgrenzung der Muriden sind verschiedene, zum Teil bereits im obigen Text gestreifte Probleme verknüpft. Primär erhebt sich die Frage: Sind die Muriden oder die Cricetiden die ursprünglicheren Muroidea? Nach den Fossilfunden bilden die Muriden eine der geologisch jüngsten Gruppen der Muroidea, die im Miozän von primitiven cricetiden Formen ihren Ausgang genommen hat [2662, 3257]**). Ein weiteres Problem bildet das primäre Entstehungsgebiet. Allgemein gilt Südost-Asien als Entstehungsgebiet, von wo aus die Verbreitung im Jungtertiär nach Europa und im Quartär nach Afrika und nach Neuguinea sowie Australien erfolgt wäre. Wie auf Seite 314 erwähnt, wird für die afrikanischen Dendromurinen eine Ableitung von miozänen cricetodontiden Cricetiden und damit auch die Zugehörigkeit zu den Cricetiden angenommen [2042]. Diese Gebißevolution, als der tatsächlichen stammesgeschichtlichen Entwicklung entsprechend vorausgesetzt, würde bedeuten: Die Muriden sind entweder keine stammesgeschichtliche Einheit***) oder sie haben ihren Ursprung in Afrika genommen und hätten sich im Miozän im Bereich des damals kontinuierlichen Waldgürtels bis nach Südasien verbreitet. Da derzeit eine endgültige Entscheidung — auch durch cytogenetische Unter-

*) Die Murinen *(Rattus, Mus)* sind erst durch den Menschen nach Amerika gelangt.

**) Die Annahme eines stammesgeschichtlichen Eigenweges der Muriden seit dem Eozän [830, 3569] ist weder in Fossilfunden dokumentiert noch aus sonstigen Gründen notwendig oder wahrscheinlich.

***) Cytogenetisch bilden die Muriden im Gegensatz zu den Cricetinae, Gerbillinae und Microtinae eine heterogene Gruppe mit einer enormen Variabilität der Chromosomenformel im allgemeinen und auch innerhalb einzelner Arten [2296, 2304, 2305, 2306].

suchungen — über diese Fragen nicht möglich ist, kann letztere Ansicht vorläufig nur als Arbeitshypothese gelten. Immerhin lassen sich sowohl das kennzeichnende Backenzahnmuster (Stephanodontie) mit den drei Höckerreihen als auch die Penisstruktur von primitiven Cricetiden ableiten (Abb. 347). Der Penis ist komplex gebaut [1459] und scheint eher einer Reduktion zu

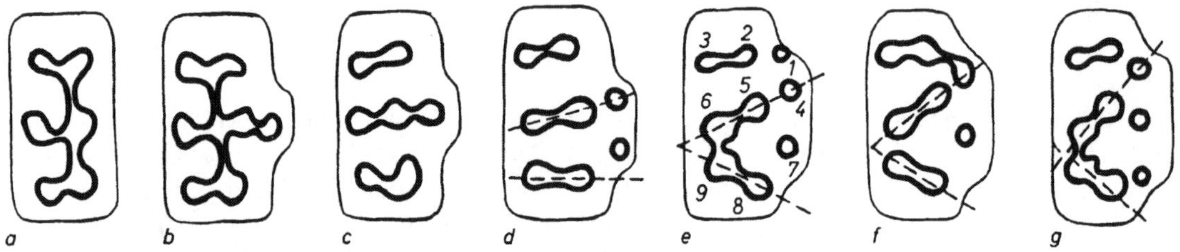

Abb. 347. Morphologische Reihe zur Ableitung des muriden (stephanodonten) Bauplanes (M^1, Schemata, *1—9* = Höcker) vom cricetiden. a) *Cricetodon* (mit Längsgrat), b) *Petromyscus* (mit Längsgrat und Höcker 4), c) *Dendromus* (Längsgrat reduziert), d) *Cricetomys* (Bildung bzw. Loslösung der Höcker 4 und 7), e) *Parapodemus* (Entstehung von Höcker 1), f) *Mus*, g) *Apodemus*. — Nach F. Petter 1966

unterliegen, wie die Ontogenie und das Verhalten spezialisierter Formen (wie *Micromys* [141]) vermuten läßt. Das aus drei Höckerreihen bestehende Backenzahnmuster ist eine Modifikation des cricetiden Bauplanes. Nach F. Petter [2662] ist eine Ableitung des triserialen (muriden) vom biserialen (cricetiden) Bauplan durchaus möglich. Die Zahnformel beträgt $\frac{1\,0\,0\,3}{1\,0\,0\,3}$; nur selten ist eine Reduktion auf zwei oder ein Molarenpaar eingetreten.

Die Muriden sind gegenwärtig durch afrikanische (Deomyinae und Otomyinae), indomalayische und australische („Phloeomyinae", Rhyncho-, Pseudo- und Hydromyinae) und durch eine in der ganzen Alten Welt verbreitete Formengruppe (Murinae) vertreten. Die letzte ist zugleich die gattungs- und artenreichste Unterfamilie der Säugetiere überhaupt. Ihr Artenreichtum erklärt sich aus der explosiven Evolution, wie sie in ähnlicher Weise nur für die (südamerikanischen) „Hesperomyinen" oder für die Microtinen gilt. Die vielleicht auffälligste Erscheinung ist der Mangel an extremen Spezialisationen, indem Anpassungserscheinungen an eine subterrane, aquatile oder arboricole Lebensweise kaum oder nur schwach (wie bei *Micromys*) ausgebildet sind.

Die geologisch ältesten Muriden kennen wir aus dem Alt-Pliozän (*Parapodemus*, *Progonomys*, *Anthracomys* [3011, 3569])*) (Abb. 348). Sie sind primitive Angehörige der Murinae (Langschwanzmäuse), deren Zahnmuster sich ohne weiteres von primitiven Cricetiden ableiten läßt. Nach Michaux [2346] führt die Gebißevolution von *Progonomys* über *Parapodemus* zu *Apodemus*. Im Jung-Pliozän kommen *Stephanomys* und mit *Apodemus* auch schon „echte" Murinae hinzu [3569]. Von den übrigen rezenten Gattungen sind außer *Apodemus* auch *Micromys*, *Mus* und *Rattus* aus dem Alt-Pleistozän nachgewiesen [1641, 1904]. Im Gegensatz zu verschiedenen Cricetidenstämmen kommt es bei den Murinen nicht zu einer echten Hypsodontie oder zur Wurzellosigkeit der Backenzähne. Nur gelegentlich ist eine Kronenerhöhung festzustellen (*Rhagamys*: Pleistozän, *Hyomys*: Holozän). Die Geschichte der Murinen ist bisher mangels einer entsprechenden Fossildokumentation nicht zu rekonstruieren. Auch über die Evolution der erst im Plio-Pleistozän als „island hoppers" nach Neuguinea und Australien gelangten Muriden gehen

---

*) Für *Palustrimus* aus dem Alt-Miozän (Arikareean) Nordamerikas, beruhend auf isolierten Zähnen, ist weder die Zugehörigkeit zu den Muriden erwiesen noch die zu den Geomyoidea auszuschließen [269, 3860, 3898].

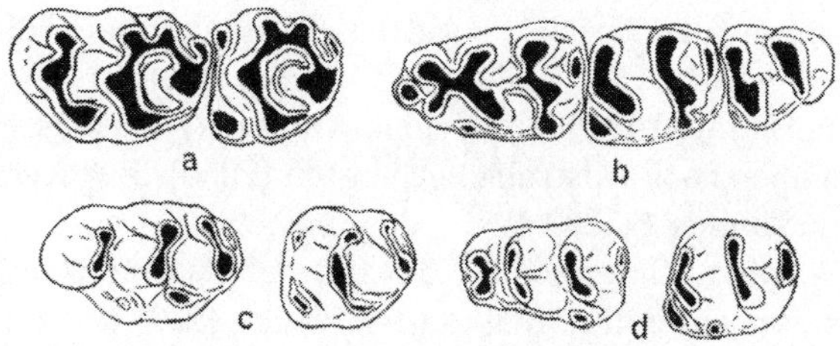

Abb. 348. Alt-pliozäne Muriden aus Europa: a, b) *Parapodemus schaubi*, a) M^{1-2} sin., occlusal, (3,5/1), b) M_{1-3} sin., occlusal, (ca. 3/1), c, d) *Progonomys cathalai*, c) M^1 und M^2 sin., occlusal, d) M_1 und M_2, occlusal (3,5/1) — Nach SCHAUB 1938

die Ansichten auseinander, so daß auch hier noch verschiedene Probleme zu lösen sind [3276, 3282, 3539]. TATE [3539] unterscheidet in Australien und Neuguinea mehrere Einwanderungswellen und einen gegenseitigen Formenaustausch zwischen Australien und Neuguinea; eine ältere Einwanderungswelle in Neuguinea, der *Lorentzimys, Mallomys, Hyomys, Macruromys, Anisomys* und *Pogonomys* angehören und eine jüngere mit *Uromys* und *Rattus*. Unter den Neuguinea-Mäusen ist das Auftreten von Arten mit Greifschwanz bemerkenswert (*Xenuromys* und *Pogonomelomys*; TATE [3539:219]). Sie sind nach TATE [3531] spezialisierte Abkömmlinge einer gemeinsamen Wurzelgruppe, aus der auch *Melomys* und *Uromys* hervorgingen. In Australien zählen *Mesembriomys, Notomys, Mastacomys* und *Leporillus* zur älteren Einwanderungs„welle", *Melomys, Uromys* und *Rattus* zur jüngeren. Bemerkenswert ist der Nachweis von insulären quartären Riesenformen (zum Beispiel *Canariomys* aus dem Pleistozän der Kanaren [663])*), wie man sie jedoch auch innerhalb der Phloeomyinae wiederholt nachweisen konnte (*Spaeleomys* und *Papagomys verhoeveni* aus dem Quartär von Flores, *Coryphomys* von Timor [1524, 1542a]; ferner *Crateromys* von den Philippinen und *Mallomys* von Neuguinea). Ähnlich wie bei den Leporiden unterscheiden sich nah verwandte Genera in der Jugendentwicklung (*Acomys* = „Nestflüchter", *Rattus* = „Nesthocker" [780, 781]. Von den Muriden sind *Mus musculus* und *Epimys norvegicus* als Labortiere vom Menschen domestiziert worden (vergleiche [3427]).

Über Gliederung, Abgrenzung und stammesgeschichtliche Zusammenhänge der übrigen Muriden besteht keine Einhelligkeit. Unter den afrikanischen Muriden nimmt *Deomys* durch ihre Lebens- und Ernährungsweise eine Sonderstellung ein. Die zentralafrikanische Klettermaus (*D. ferrugineus*), die meist als Angehörige der Dendromurinae klassifiziert wird, ernährt sich hauptsächlich von Schnecken und anderem Kleingetier, der Magen ist jedoch typisch muroid gebaut [1155]. Eine eigene Gruppe bilden die Ohrenratten (Otomyinae: *Otomys, Parotomys*). Nach BOHMANN [328] ist Südafrika das Entstehungszentrum von *Otomys*, von dem aus Ostafrika in mehreren Wellen erreicht wurde. Aus dem Pleistozän Südafrikas ist *Otomys (Palaeotomys)* bekannt [407, 2037, 2038].

Von den südasiatischen Muriden kommt der Nasenratte (*Rhynchomys soricoides*) eine gewisse Sonderstellung zu. Charakteristisch sind die spitzmausähnlich verlängerte Schnauze und das etwas reduzierte Backengebiß, das man mit der Ernährung in Zusammenhang bringt. Immerhin zeigen *Celaenomys* und *Chrotomys* von den Philippinen ähnliche „trends" im Gebiß und Schädelbau, so daß verwandtschaftliche Beziehungen mit *Rhynchomys* eher anzunehmen sind als mit den Hydromyinen.

Phloeomyinen, Pseudomyinen, Murinen und die Hydromyinen haben als einzige placentale Landsäugetiere (außer dem Dingo) die australische Region erreicht**). Interessant ist das Ver-

*) *Cricetomys gambianus* aus Afrika und *Hypogeomys antimena* aus Madagaskar sind Angehörige der Cricetiden.

**) Wie SIMPSON [3276, 3282] mit Recht hervorhebt, sind die philippinischen „Hydromyinen" (*Chrotomys* und *Celaenomys*) nur als Konvergenzerscheinung zu den australischen Hydromyinen zu betrachten. Damit ist auch die Route der australischen Hydromyinen von den Philippinen her praktisch auszuschließen, wie sie RAVEN [2822e] annimmt. Die Philippinen liegen abseits der „Australien-Route".

breitungsgebiet der Borkenratten (Phloeomyinae), die in Indonesien, auf dem südostaustralischen Festland, den Philippinen, in Japan und Neuguinea vorkommen. Für die Hydromyinen (Schwimmratten) bildete Neuguinea ein Radiationszentrum, von dem aus einzelne *Hydromys*-Arten auch nach Australien gelangten [2960]. Für *Xeromys* ist eine Einwanderung im Pleistozän wahrscheinlich [3539].

Während Simpson [3276, 3282] bereits eine präpliozäne „Einwanderung" von Muriden in Australien annimmt, kam es nach Tate [3539] erst im Pleistozän dazu. Wie die jüngsten Fossilfunde aus Neuguinea erkennen lassen, treten Muriden erstmalig im (? Jung-)Pliozän auf. Die geologisch ältesten Muriden des australischen Festlandes stammen dagegen aus pleistozänen Ablagerungen (Kanunka-Fauna); aus jungpleistozänen Ablagerungen sind verschiedene Gattungen bekannt [2898, 3475].

Die australischen Ratten (Pseudomyinae) lassen ähnlich den „Hesperomyinen" Südamerikas eine adaptive Radiation erkennen, die zu Maus- und Rattentypen *(Pseudomys)*, zu Wühlmaus- *(Mastacomys)*, Springmaus- und Känguruhratten- *(Notomys)*, Hörnchen- *(Mesembriomys)* und „Kaninchen"typen *(Conilurus)* geführt hat [3282]. Auf die mit Annahme der Neuguinea-Route und der von Tate [3531, 3539] vertretenen stammesgeschichtlichen Zusammenhänge verbundene Problematik hat Simpson [3282] verwiesen (*Lorentzimys* = Murinae oder Pseudomyinae?). Bemerkenswert ist, daß die Schwimmratten auf jene Gebiete beschränkt sind (Neuguinea, Australien und Tasmanien), denen ökologische Konkurrenten in Form von Spitzmäusen oder Marderartigen fehlen. Die Anpassungen an das Wasserleben stehen denen anderer aquatischer Nager keineswegs nach.

Im Anschluß an die Muroidea sei noch eine Nagergruppe erwähnt, die durch ihr wabenartiges Molarenmuster charakterisiert ist. Dies sind die **Melissiodontidae** mit *Melissiodon*, die sich bisher nur aus dem Oligo-Miozän Europas nachweisen ließen. Ursprünglich in die Nähe der Cricetodontiden gestellt [3002], haben spätere Untersuchungen gezeigt, daß eine Abtrennung als eigene systematische Kategorie (Melissiodontidae Schaub [3021]) notwendig ist (spezifisches Molarenmuster, Bau der Mandibel nicht cricetid). Nach Dehm [743] läßt sich „nach dem Bau der Molaren schwerlich eine engere Verwandtschaft zu irgendeiner anderen Nagerfamilie erweisen". Bemerkenswert ist, daß im Gegensatz zu den Cricetiden bei den jüngeren Arten die Tendenz zur Komplikation des Molarenmusters besteht [994]. Auch Hrubesch [1583], der sich zuletzt eingehend mit den Melissiodontiden befaßt hat, kommt zu dem Schluß, daß sie eine völlig selbständige Gruppe ohne nähere Beziehungen zu Cricetodontiden darstellen und ein näherer Anschluß an bekannte Gruppen bisher nicht zu begründen ist. Hrubesch unterscheidet nach der Gebißevolution mehrere Linien, von denen *M. arambourgi* sich frühzeitig vom Hauptstamm *(M. schaubi — M. schalki — ? M. quercyi — M. dominans)* gelöst hat.

Die taxonomische Stellung der Wurzelmäuse (**Rhizomyidae**) und Blindmäuse (**Spalacidae**), die untereinander näher verwandt sind und deshalb auch von einzelnen Autoren zu einer Familie vereint werden, wird meist recht unterschiedlich beurteilt. Dies wird aus den mit der subterranen Lebensweise in Zusammenhang stehenden Anpassungserscheinungen verständlich, die bei den Blindmäusen zu vergrößerten und verlängerten Incisiven, zu einem keilförmigen Schädel (Abb. 318 auf Seite 293), zu mohnkorngroßen und von der Haut bedeckten Augen, weitgehend reduzierten Ohrmuscheln und einem strichlosen, mullartigen Fell geführt hat. *Spalax* ist ein typischer Zahngräber im Gegensatz etwa zum Maulwurf als Handgräber (Abb. 349). Dieser morphologischen Spezialisation entspricht nicht die cytogenetische Differenzierung [2299]. Bei *Spalax leucodon* lassen sich mehrere „Populationen" mit verschiedener Chromosomenzahl unterscheiden [3332].

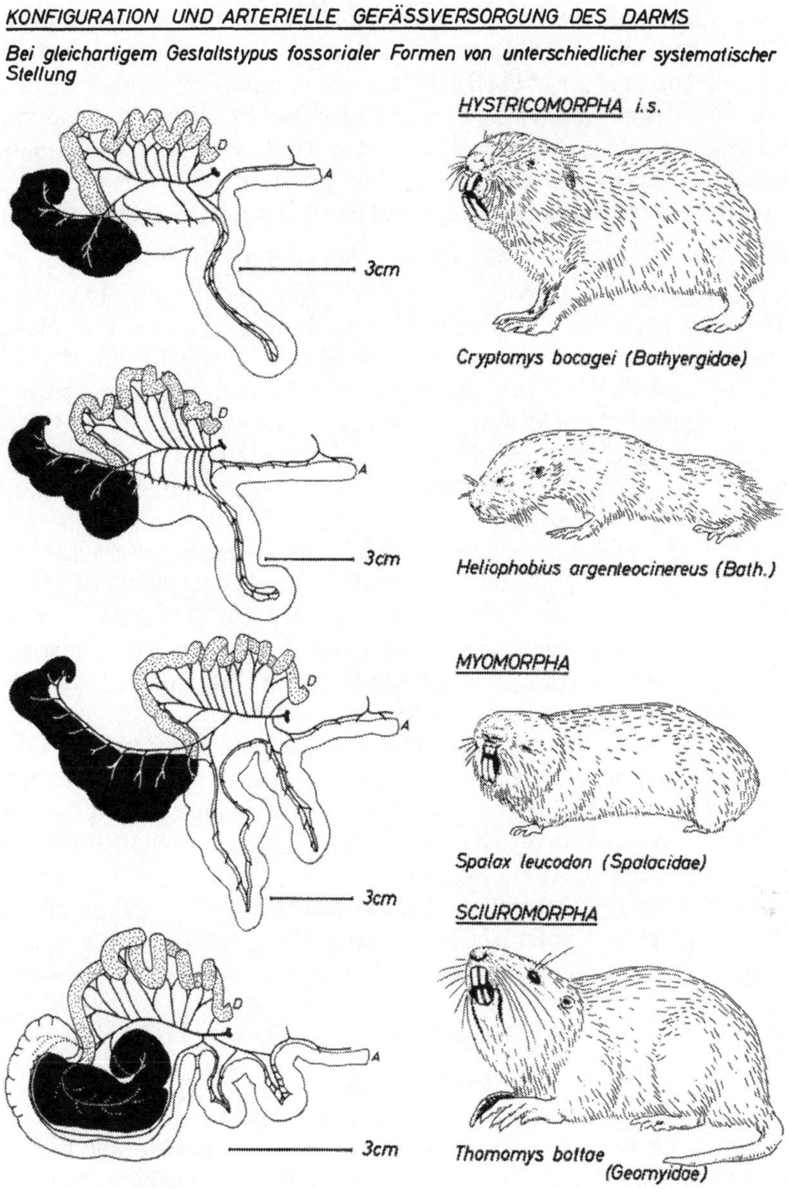

Abb. 349. Habitus und Darmtrakt bei wühlenden Nagetieren unterschiedlicher taxonomischer Zugehörigkeit (Hystricomorpha, Myomorpha und Sciuromorpha (3,5/1). Beachte Unterschiede im Bau des Darmtraktes. — Nach Gorgas 1967

Die Beurteilung der systematischen Stellung und der stammesgeschichtlichen Ableitung der Wurzel- und Blindmäuse ist wesentlich von der Interpretation des Backengebisses abhängig. Stehlin [3408] homologisiert — unter der Voraussetzung, daß *Rhizospalax poirrieri* aus dem Jung-Oligozän Westeuropas als Spalacide zu klassifizieren sei — die drei Backenzähne bei *Spalax* nicht wie bei den Muroidea mit den Molaren, sondern schreibt die Zahnformel $\frac{1\,0\,1\,2}{1\,0\,1\,2}$. Weiterhin leiten Stehlin & Schaub [3418] das Molarenmuster von *Rhizospalax* vom *Theridomys*-

Bauplan ab und nehmen daher auch keine näheren verwandtschaftlichen Beziehungen zu den Muroidea an [3021]. Demgegenüber klassifizieren Zoologen wegen der muroiden Zygomasseterstruktur die Wurzelmäuse und meist auch die Blindmäuse als Myomorpha. Da die Zugehörigkeit von *Rhizospalax*, auf Grund des etwas abweichenden Molarenmusters, weder zu den Rhizomyiden noch zu den Spalaciden erwiesen ist*), sind auch die von Stehlin & Schaub gezogenen Schlußfolgerungen hinsichtlich der Zahnformel und der stammesgeschichtlichen Herkunft der Rhizomyiden — Spalaciden hinfällig. Die Zahnformel der Rhizomyiden und Spalaciden ist daher mit $\frac{1\,0\,0\,3}{1\,0\,0\,3}$ anzugeben. Vielmehr sind auf Grund weiterer myomorpher Eigenschaften (wie verhorntes Plattenepithel des Magens [1155]) die Angehörigen der genannten Familien als spezialisierte Muroidea anzusehen (vergleiche auch [1630])**). Daß sich das Molarenmuster von *Spalax* vom cricetiden Bauplan ableiten läßt, hat Petter [2657] betont, der auf Grund der odontologischen Übereinstimmung von *Spalax* und *Brachyuromys*, *Spalax* als Cricetiden klassifiziert***). Wenn diese letzte Ansicht auch als nicht zutreffend bezeichnet werden muß, so wird damit doch die Zugehörigkeit zu den Muroidea bestätigt. Bemerkenswert ist, daß man auch *Tachyoryctoides* aus dem Jung-Oligozän Asiens einerseits als Rhizomyiden [313, 319], andererseits als Cricetiden [3021] klassifiziert.

Sichere Fossilfunde sind erst aus dem Pliozän mit *Pararhizomys*, *Brachyrhizomys*, *Rhizomys* und *Protachyoryctes* (Rhizomyidae) und *Pliospalax* (Spalacidae) [3979] bekannt†). *Pliospalax* kann als Vorläufer von *Prospalax* aus dem europäischen Plio-Pleistozän angesehen werden [1822, 2321], von dem sich wiederum *Spalax* ableiten läßt, doch scheint es eher eine Seitenlinie zu sein [1830, 3408]. *Spalax* ist stark bodengebunden und war im Jung-Pleistozän etwas weiter nach Westen verbreitet als gegenwärtig [3578].

Als zweite Hauptgruppe innerhalb der Myomorpha kann man die Dipodoidea ansehen, unter denen sich zwei Gruppen unterscheiden lassen: die etwas primitiveren Zapodiden und die spezialisierteren und geologisch jüngeren Dipodiden. Wie weit die Merkmalskombination einen getrennten Ursprung von den Muroidea notwend'g macht, hängt im wesentlichen von der Interpretation des Masseterbaues ab. Läßt sich der myomorphe Masseter von einem dipodoiden ableiten oder nicht? Im ersten Fall sind die Dipodoidea als Myomorpha, im zweiten jedoch als eigene Unterordnung (Dipodomorpha [3569]) zu klassifizieren. Ein großes Foramen infraorbitale, das von einem Ast des M. masseter medialis anterior durchzogen wird, der seitlich und nicht anterodorsal am Jochbogen ansetzende M. masseter lateralis profundus, der dadurch nach Klingener [1760] „hystricomorph" wirkt, die sciurognathe Mandibel, die meist vergrößerten Bullae und das ursprünglich die Zahnformel $\frac{1\,0\,1\,3}{1\,0\,0\,3}$ aufweisende Gebiß mit einem primär cricetidenähnlichen Molarenmuster, sowie die Tendenz zur springenden Fortbewegungsweise sind die gemeinsamen Merkmale der Dipodoidea. Auch die für Muriden und Cricetiden gemeinsamen Ektoparasiten (Läuse) fehlen den Dipodoidea. Nach der Merkmalskombination muß man annehmen, daß die „hystricomorphe" Masseterstruktur innerhalb der Rodentia mehrfach unabhängig voneinander entstanden oder der myomorphe Typ aus einem dipodoiden-ähnlichen hervorgegangen ist [3860], wie die Fossilformen nahelegen.

Wie Klingener [1760] hervorhebt, sind bei den (rezenten) Dipodoidea etliche Übereinstimmungen im Bau der Muskulatur mit Sciuriden festzustellen, die jedoch nur primitive Merk-

---

*) Thaler [3569] trennt daher die Gattung *Rhizospalax* als Angehörige einer eigenen Familie (**Rhizospalacidae**), deren taxonomische Stellung noch nicht geklärt ist.

**) Dafür lassen sich auch parasitologische Befunde (*Polyplax* bei *Tachyoryctes*) anführen.

***) Ellerman [879] vereinigt *Tachyoryctes* und *Brachyuromys* zu einer eigenen Unterfamilie!

†) *Miospalax monacensis* [3507] ist kein Spalacide, sondern mit *Anomalomys gaudryi* identisch [3510].

male bilden. Während die Gemeinsamkeiten mit Hystricomorphen (sensu lato) nur gering sind, gibt es eine Reihe myologischer Übereinstimmungen mit den Muroidea [2325]. Parsons [2572] hält entgegen seiner ursprünglichen Ansicht [2570], die bereits Dobson [803] aussprach, nicht mehr an nahen Beziehungen der Dipodoidea zu den Hystricomorpha (sensu lato) fest. Auch die von Zittel [4010] geäußerte Ansicht, die Dipodidae gemeinsam mit den Ischyromyiden, Pseudosciuriden, Theridomyiden, Gliriden, Aplodontiden und Pedetiden als Protrogomorpha zusammenzufassen, wie es in ähnlicher Weise auch Miller & Gidley [2350] tun, wird den tatsächlichen verwandtschaftlichen Beziehungen nicht gerecht. Die Dipodoidea sind auch nach der Myologie mit den Muroidea nächst verwandt [2321 a, 3871] und haben sich aus eozänen Sciuraviden entwickelt [3860].

Die **Zapodidae** (Hüpfmäuse) umfassen die im allgemeinen etwas ursprünglicheren Dipodoidea, deren Adaptationen nicht den für Dipodiden charakteristischen Grad erreichen. Innerhalb der Hüpfmäuse sind die Streifenmäuse (Sicistinae) die Primitivgruppe, deren Gebiß und Extremitätenskelett ursprünglich geblieben ist. Das zeitliche Auftreten und die stammesgeschichtliche Ableitung hängt wesentlich von der Beurteilung von Fossilfunden ab. Während Wood [3910] *Simimys* aus dem Jung-Eozän Nordamerikas als Zapodiden klassifiziert (Seite 310) und damit einen eigenen, von den übrigen Myomorphen unabhängigen Ursprung annimmt, handelt es sich nach Wilson [3860] und Black [268] um einen primitiven Cricetiden mit dipodoidem Bau des Masseters*). Demnach bildet *Plesiosminthus* (einschließlich *Parasminthus*) aus dem Oligozän Eurasiens**) die älteste Zapodidengattung [3008]. Mit *Schaubeumys* sind die Sicistinen im Miozän Nordamerikas nachgewiesen. Ungeachtet der etwas unterschiedlichen Auffassungen in taxonomischer Hinsicht, stehen die genannten „Genera" einander sehr nahe. Mit ? *Sminthozapus* aus dem Pliozän und *Sicista* aus dem Quartär Eurasiens sind etwas fortschrittlichere Sicistinen genannt.

Von miozänen Sicistinen lassen sich die Zapodinen (*Pliozapus*: Pliozän von Nordamerika; *Eozapus*, *Zapus* und *Napaeozapus* im Quartär) ableiten. Sie sind im Extremitätenbau und auch im Gebiß spezialisierter. Es kommt zur Lophodontie oder Mesodontie. *Pliozapus* verhält sich im Gebiß evoluierter als *Sicista* und steht *Eozapus* unter den rezenten Zapodinen am nächsten, ohne jedoch dessen Stammform zu bilden [3855]. *Zapus* ist erstmalig im Jung-Pliozän Nordamerikas nachgewiesen. Die Gebißevolution innerhalb der Gattung *Zapus* während des Quartärs hat Klingener [1759] aufgezeigt.

Die im Gebiß, Schädel- und Extremitätenbau noch spezialisierteren **Dipodidae** (Springmäuse) lassen sich ähnlich den Zapodinen gleichfalls von primitiven Sicistinen ableiten***). Im Gegensatz zu den Zapodiden sind sie jedoch ausschließlich altweltlicher Verbreitung und haben erst in geologisch jüngster Zeit auch Nordafrika besiedelt. Sie sind ausgesprochene Bewohner von Trockengebieten, (Salz-)Steppen und Wüsten, bei denen es zur Aufblähung der Bulla und in Zusammenhang mit der bipeden Fortbewegung zu echten Springbeinen und zur Verschmelzung der drei mittleren Mittelfußknochen†), zur Verkleinerung der Vorderbeine und auch zur Verwachsung einzelner Halswirbel gekommen ist. Allerdings ist der Grad der Spezialisation bei den einzelnen nicht gleich. Die Zahnformel lautet $\frac{1\ 0\ 1\text{-}0\ 3}{1\ 0\ 0\ 3}$, die ursprünglich brachyodonten Backenzähne sind bei den rezenten Formen echt hypsodont und lophodont.

*) Die Zahnformel lautet vermutlich $\frac{1\ 0\ 1\ 3}{1\ 0\ 0\ 3}$, doch ist das Vorhandensein des $P\frac{4}{}$ nicht sicher [3853].

**) *Plesiosminthus clivosus* Galbreath [1054] ist nach Black [268] *Schaubeumys*; Wilson [3867] betrachtet *Schaubeumys* nur als Subgenus von *Plesiosminthus*, *Pl. clivosus* jedoch als kongenerisch mit dieser eurasiatischen Gattung.

***) Diese Feststellung läßt die etwas wechselnde taxonomische Beurteilung einzelner Formen (wie *Heterosminthus*) verständlich erscheinen.

†) Mit Ausnahme der Cardiocraniinen (*Cardiocranius*, *Salpingotus*).

Die geologisch ältesten Dipodiden stammen aus dem Altpliozän*). Sie sind im Gebiß primitive Dipodiden, deren Hinterfuß jedoch schon die Verschmelzung der mittleren Metapodien zeigt (*Paralactaga*; Schaub [3009]). Innerhalb der Dipodiden lassen sich nach der jeweiligen Merkmalskombination und dem Spezialisationsgrad mehrere Stämme unterscheiden: 1. Dipodinae mit der primitiveren *Allactaga*-Gruppe (*Allactaga, Alactagulus*) und der spezialisierteren *Dipus*-Gruppe (*Dipus, Jaculus, Scirtopoda*), 2. Cardiocraniinae (*Cardiocranius, Salpingotus*) und 3. die Euchoreutinae (*Euchoreutes*) [2752]. Ihre Aufspaltung muß bereits in präpliozäner Zeit erfolgt sein. Die Pferdespringer, die mit etwas primitiveren Vorläufern aus dem Jung-Tertiär (*Protalactaga, Heterosminthus*) bekannt sind, waren im Jung-Pleistozän auch in Europa weit verbreitet.

Die rezenten Wüstenspringmäuse (*Dipus* und *Jaculus*) sind hochspezialisierte Wüstenbewohner mit riesigen Bullae, stark verlängerten Hinter- und stark reduzierten Vordergliedmaßen. Sie bilden eine Parallele zu den nordamerikanischen Känguruhratten (*Dipodomys*). Die Dipodinae sind durch *Sminthoides* im Pliozän Asiens nachgewiesen. Von den übrigen Dipodidenstämmen kennen wir bisher keine Fossilfunde.

Caviomorpha (= Nototrogomorpha: Erethizontoidea, Octodontoidea, Chinchilloidea und Cavioidea)

Bereits im einleitenden Abschnitt zu diesem Kapitel wies ich auf die mit dem Begriff Hystricomorphen verknüpften Probleme hin, die seit Jahrzehnten zur Diskussion stehen. Sind die Ähnlichkeiten oder Übereinstimmungen zwischen alt- und neuweltlichen Hystricomorphen Spezialhomologien, also ein durch eine gemeinsame Wurzelgruppe bedingtes phyletisches Erbe, oder sind es reine Parallelerscheinungen? Von einer Entscheidung dieser Frage ist letztlich auch die Großgliederung abhängig. Als Gemeinsamkeiten sind zu nennen: Hystricognathie, Vergrößerung des For. infraorbitale und hystricomorpher Masseter, pentalophodontes Backenzahnmuster, multiserialer Incisivenschmelz, Fusion von Malleus und Incus, voluminöses, sacculiertes und mit Lateraltaenien versehenes Caecum und der Sacculus urethralis des Penis**).

Wie Wood [3908, 3910] und Wood & Patterson [3921] gezeigt haben, ist das pentalophodonte Zahnmuster der Caviomorphen von einem tetralophodonten ohne Mesoloph oder Mesolophid abzuleiten. Das 5. Joch ist somit nach Wood & Patterson nicht dem bei altweltlichen Hystricomorphen homolog. Damit ist zugleich eine Ableitung von Theridomyiden auszuschließen, wie sie Schaub [3019, 3021] vertreten hat. Weiterhin ist auf Grund von Fossilfunden der phylogenetische Eigenweg der südamerikanischen „Hystricomorphen" seit dem Alt-Oligozän (Deseadense) erwiesen und eine Ableitung von eozänen Paramyiden anzunehmen. Somit dokumentieren die Fossilfunde eine von den altweltlichen Hystricomorphen unabhängige Entwicklung der neuweltlichen „Hystricomorphen" und machen ihre Abtrennung als eigene Unterordnung Caviomorpha [3910] notwendig.

Demnach wären die Gemeinsamkeiten in morphologischer und anatomischer Hinsicht als das Ergebnis einer parallelen oder konvergenten Entwicklung anzusehen. Dies läßt sich bestätigen mit dem unterschiedlichen Feinbau der Stacheln bei den Hystriciden und Erethizontiden [2393], den serologischen Befunden [2405]***) und den Unterschieden in der Chromosomen-

---

*) Wie Wilson [3860] betont, sind die ursprünglich als Dipodiden klassifizierten Genera *Protoptychus, Paciculus* und *Leidymys* aus dem Jung-Eozän keine Dipodiden.

**) Der Sacculus urethralis fehlt *Lagostomus* [696].

***) Allerdings sind die Erethizontiden nicht nur von den Hystridicen, sondern auch von den übrigen Caviomorphen serologisch verschieden.

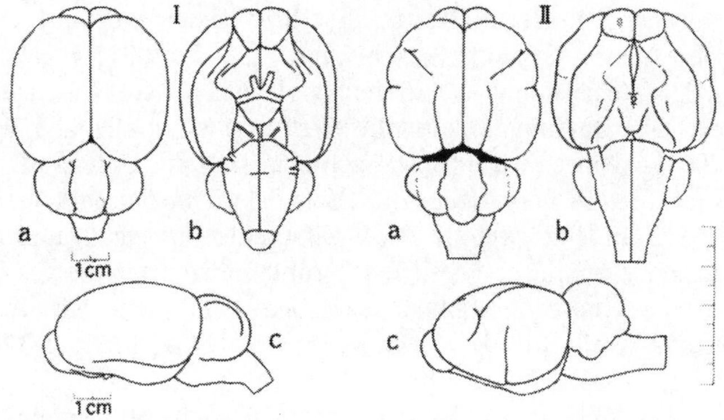

Abb. 350. Gehirnschemata von *Erethizon dorsatum* (I) (Caviomorpha) und *Hystrix hodgsoni* (II) (Hystricomorpha). a) Dorsal-, b) Ventral-, c) Lateralansicht. Beachte Unterschiede in der Ausbildung der Hemisphären und des Cerebellums sowie der Ausdehnung des Neopalliums als Ausdruck für das unterschiedliche Evolutionsniveau neu- und altweltlicher Stachelschweine. — Nach Pilleri 1959

zahl [2225] sowie im Gehirn [2695] (Abb. 350). Wie Gorgas [1155] betont, sind trotz starker Differenzen in Einzelmerkmalen den Baumstachlern und Stachelschweinen jedoch jene Merkmale gemeinsam, die sie von den übrigen Nagetieren unterscheiden, nämlich Lateraltaenien am Caecum und ein statisches mesenteriales Colonrelief. Daher ist die Frage, ob nicht doch eine gemeinsame basale Wurzelgruppe existierte, nicht definitiv zu beantworten, obgleich nach den Fossilfunden ein getrennter Ursprung anzunehmen ist.

Unter Berücksichtigung dieser Feststellung, ferner der geographischen Trennung und der den südamerikanischen „Hystricomorphen" gemeinsamen Merkmale ist jedoch eine Abtrennung als Caviomorpha gerechtfertigt.

Wie schon angedeutet, lassen sich innerhalb der Caviomorphen zwei untereinander näher verwandte Formengruppen unterscheiden: die Erethizontoidea und die übrigen Caviomorphen (Abb. 351). Diese Trennung, die zugleich Ausdruck für eine frühzeitige Aufspaltung ist, bestätigen nicht nur einzelne morphologisch-anatomische Unterschiede [1155, 2570, 3921], sondern auch serologische und parasitologische Befunde*) [174, 1550, 2405, 3710]. Die bei Erethizontiden vorkommenden Cestoden sind hochspezialisiert und von Hystriciden nicht bekannt, die Mallophagen eine von den übrigen Caviomorphen isolierte Gruppe. Die taxonomische Gliederung, die Abgrenzung der höheren systematischen Kategorien und auch die verwandtschaftlichen Beziehungen der Caviomorphen finden keineswegs eine einheitliche Beurteilung. Die wichtigsten Probleme bilden die Stellung der „Acaremyiden" aus dem Tertiär Südamerikas und damit von *Platypittamys*, die taxonomische Abtrennung der Myocastoriden und Hydrochoeriden als eigene Familien sowie die verwandtschaftlichen Beziehungen der Dinomyiden und verwandter Fossilformen, der Dasyproctiden und Cuniculiden und der Chinchilloidea [878, 1155, 2016, 3019, 3021, 3257, 3910].

Die **Erethizontidae** oder Baumstachler sind die einzigen Vertreter der Erethizontoidea**). Durch das Stachelkleid und die in ähnlicher Weise aufgeblähten Frontalia den Hystriciden ähnlich, unterscheiden sie sich von ihnen durch die bewurzelten, brachyodonten bis subhypsodonten Backenzähne, vollständig ausgebildete Claviculae und den Greifschwanz, Feinbau der Stacheln und die arboricole Lebensweise, die nach der Art des Kletterns und der Ausbildung der Extremitäten zweifellos als sekundär zu betrachten ist.

---

*) Patterson [2601] erklärt das Fehlen der für die übrigen Caviomorphen charakteristischen Mallophagen durch eine Sekundärinfektion.

**) Die von Landry [2016] vorgeschlagene Einbeziehung der Capromyiden und Echimyiden ist nicht gerechtfertigt, da nur einzelne Primitivmerkmale gemeinsam sind [1155].

Die geologisch ältesten Erethizontiden sind mit *Protosteiromys* aus dem Alt-Oligozän (Deseadense) Südamerikas bekannt [3257, 3921]*). *Eosteiromys*, *Hypsosteiromys* (Jung-Oligozän-Miozän) und *Neosteiromys* (Pliozän [Araucanense]) vermitteln morphologisch zu den rezenten Gattungen, die mit *Erethizon* erstmalig aus dem Jung-Pliozän nachgewiesen sind [2604]. Während des Quartärs haben sich die Ursons *(Erethizon)* über Mittelamerika bis nach Nordamerika verbreitet (zum Beispiel *Erethizon bathygnathum* und *E. dorsatum* aus dem Alt-Pleistozän [1424, 3852]). Die Greifstachler *(Coendou)* und *Echinoprocta* sind auf die neotropische Region beschränkt geblieben. Problematisch ist die Stellung von *Chaetomys*. Sie nimmt eine gewisse Übergangsstellung zwischen Erethizontiden und Echimyiden ein und wird daher einerseits als primitiver Baumstachler [2751, 3257, 3617], andererseits als Echimyide klassifiziert [2350, 2759, 3418].

Die übrigen Caviomorphen lassen sich auf gemeinsame südamerikanische Ahnenformen zurückführen, die der Gattung *Platypittamys* aus dem Alt-Oligozän (Deseadense) nahegestanden haben müssen. Der Zeitpunkt der Einwanderung der Protocaviomorphen nach Südamerika steht zur Diskussion. Da präoligozäne Funde bisher nicht bekannt sind und nach Wood & Patterson [3921] eine Ableitung von jungeozänen Paramyiden aus der Verwandtschaft der Reithroparamyinae *(Rapamys)* wahrscheinlich ist, rechnet man mit einer jungeozänen oder altoligozänen „Invasion" in Form von „island-hoppers" [3262].

Innerhalb der Octodontoidea, die die ursprünglichsten Caviomorphen umfassen, lassen sich mehrere, bereits im Oligozän getrennte Stämme unterscheiden. Diese primitiven, mehr oder weniger rattenähnlichen Nager sind gegenwärtig durch die Trugratten (Octodontidae), Stachelratten (Echimyidae), Ferkelratten (Capromyidae), Biberratten (Myocastoridae), Kamm- (Ctenomyidae) und Chinchillaratten (Abrocomidae) vertreten. Infolge Fehlens sonstiger Nager haben die Caviomorphen in Südamerika eine ökologische Vielfalt entwickelt, wie sie in den übrigen Kontinenten nur Angehörige verschiedener Unterordnungen erreichen konnten.

Die **Octodontiden****) sind rattenähnliche, meist langschwänzige, terrestrisch oder arboricol lebende Caviomorphen (wie *Octodon*, *Octodontomys*), von denen nur die spezialisiertesten Grabanpassungen (zum Beispiel *Spalacopus*) zeigen. Auch in anatomischer Hinsicht (Bau des Magen-Darmkanals [1155]) sind die Octodontiden als ursprünglich gebliebene Caviomorphen zu klassifizieren. *Octodontomys* und *Octodon* sind die primitivsten rezenten Caviomorphen [3921]. Das Backengebiß besteht aus brachyodonten bis hypsodonten, zum Teil sekundär vereinfachten Zähnen, die Bullae sind meist etwas vergrößert. *Platypittamys* aus dem Deseadense von Patagonien besitzt brachyodonte, lophodonte Backenzähne, eine große Bulla und stimmt im postcranialen Skelett mit primitiven, nicht fossorialen Octodontiden (zum Beispiel *Octodon*) überein [3907]***) (Abb. 352—354). *Acaremys* (Oligozän) und *Sciamys* (Miozän) klassifiziert Wood

*) Die oligo-miozänen Acaremyiden (zum Beispiel *Platypittamys* und *Acaremys*) sind nach Wood [3910] keine Erethizontiden, wie Simpson [3257] und Schaub [3021] annehmen, sondern Octodontiden. Ob es zur Aufspaltung von Erethizontiden und übrigen Caviomorphen erst nach dem Eindringen der Protocaviomorphen in Südamerika kam, wie Wood [3910] annimmt, ist zwar wahrscheinlich, aber nicht bewiesen.

**) Die Octodontiden sind hier ohne Echimyiden, Thryonomyiden und Petromuriden zu verstehen. Die beiden letztgenannten Familien sind keine Caviomorphen, sondern Angehörige der Hystricomorphen (Seite 342).

***) Nach Wood & Patterson [3921:295] bilden die „Acaremyiden" [3907] keine eigene Familie, sondern sind primitive Octodontiden. *Eoctodon*, *Protacaremys* und einzelne Arten von „*Acaremys*" sind nach diesen Autoren Angehörige der Echimyidae.

Abb. 351 (rechts). Die vermutlichen stammesgeschichtlichen Zusammenhänge innerhalb der Caviomorpha. Die Erethizontiden haben bereits frühzeitig ihren Eigenweg von der gemeinsamen Wurzelgruppe genommen. Angehörige der Octodontidea zählen zu den ursprünglichsten Caviomorpha, die Cavioidea mit den Hydrochoeriden zu den spezialisiertesten

Dasyprocta
Cavia
Lagostomus
Cuniculus
Dolichotis
Chinchilla
Hydrochoerus
CHINCHILLIDAE
Dinomys
CAVIIDAE
HYDROCHOERIDAE
DASY=
PROCTIDAE
Capromys
Myocastor
Eocardia
Octodon
Ctenomys
DINOMYIDAE
MYOCASTORIDAE
CAPROMYIDAE
EOCARDIIDAE
CTENOMYIDAE
Abrocoma
Proechimys
OCTO=
DONTIDAE
ABROCOMIDAE
Coendu
ECHIMYIDAE
ERETHIZONTIDAE
Platypittamys
PARAMYIDAE
Erethizon
QUARTÄR
JUNGTERTIÄR
OLIGOZÄN
EOZÄN

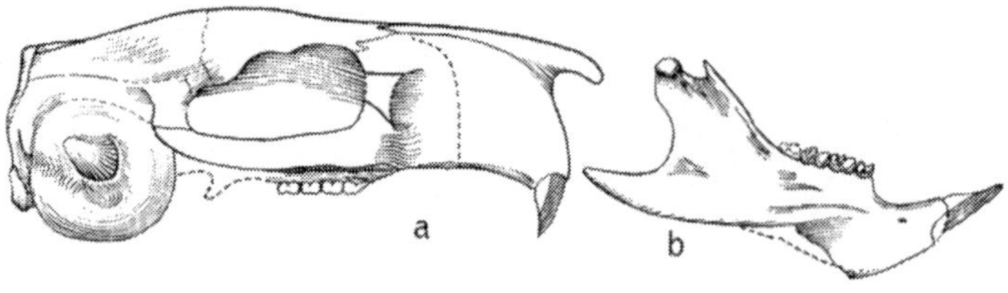

Abb. 352. *Platypittamys brachyodon* (Octodontidae). Alt-Oligozän (Deseadense), Patagonien. a) Osteocranium, b) Unterkiefer, lateral. (1,5/1) — Nach Wood 1949

Abb. 353. *Platypittamys brachyodon*, wie Abb. 352. a) P^4—M^3 sin., b) P^4 sin., c) P_4—M_2 sin., d) P_4—M_3 dext., e) I^1 dext., quer, f) I_1 dext., quer. (3,5/1) — Nach Wood 1949

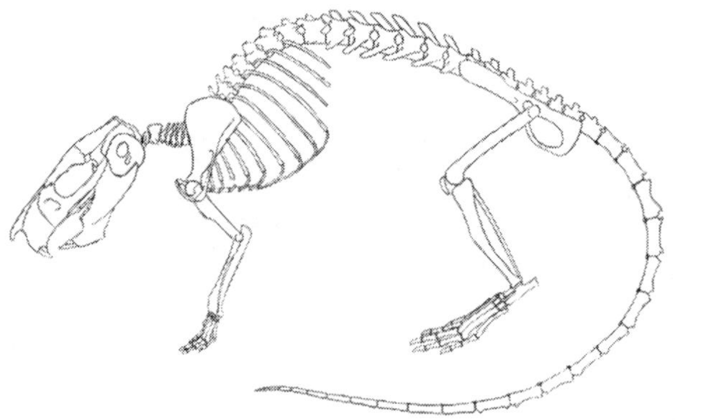

Abb. 354. *Platypittamys brachyodon*, wie Abb. 352. Skelettrekonstruktion. Skelettelemente der rechten Körperhälfte weggelassen. (1/2) — Nach Wood 1949

[3910] gleichfalls als Octodontiden. *Palaeoctodon* aus dem Pliozän steht den rezenten Genera *(Octodon, Octodontomys, Octomys)* nahe. Octodontiden sind auch aus dem Pleistozän von Westindien bekannt [52, 91, 92].

Die **Echimyiden** (Stachel-, Lanzen- oder Igelratten) stehen den Octodontiden morphologisch nahe und werden verschiedentlich auch als Angehörige dieser Gruppe klassifiziert [878]. Ihr Kennzeichen ist das stärker spezialisierte, subhypsodonte Backenzahngebiß (Tendenz zur Reduktion des Metalophids) mit den allerdings (außer *Protacaremys*) zeitlebens erhalten bleibenden D^4_4 [3921]. Die zahlreichen rezenten Arten sind rattenähnliche terrestrische oder arboricole, nur selten fossoriale Caviomorphen, die in humiden und bewaldeten Gebieten vorherrschen und deren Haarkleid zur Ausbildung von Borstenstacheln neigt. Unter den rezenten Echimyiden lassen sich mehrere Gruppen unterscheiden, die zum Teil schon im Oligozän getrennt waren (zum Beispiel *Adelphomys*-Gruppe mit *Stichomys* und *Adelphomys* im Miozän [3921]). Die Echimyiden werden mit *Deseadomys* (Deseadense), *Protacaremys* und *Eoctodon* bereits aus dem Oligozän angegeben [3921]. *Spaniomys* und *Graphimys* sind aus dem Miozän Patagoniens bekannt. Einzelne ausgestorbene Genera *(Homopsomys, Heteropsomys, Boromys, Brotomys)* waren auf die Antillen beschränkt, von denen auch fossile *Proechimys*-Arten bekannt sind [3844]. Die rezenten Gattungen (wie *Proechimys, Echimys, Dactylomys*) sind sonst fossil praktisch kaum nachgewiesen. *Dactylomys* weicht mit stets funktioneller Penis-Drüsentaschen von den übrigen Echimyiden ab [2048]. Die verwandtschaftlichen Beziehungen untereinander stehen noch zur Diskussion (zum Beispiel *Kannabateomys* als Dactylomyine [1155]).

Abgrenzung und Beurteilung der taxonomisch-phylogenetischen Stellung der Capromyiden oder Ferkelratten erfolgt keineswegs einheitlich, da man sie einerseits als Angehörige der Octodontoidea, andererseits als Chinchilloidea [3910] ansieht und einzelne Gattungen *(Scleromys, Olenopsis)* zu den Dinomyiden stellt [2016]. Diese unterschiedliche Bewertung in taxonomischer Hinsicht ist zu verstehen, wenn man die Fossilformen *(Cephalomys, Litodontomys)* berücksichtigt, die zu den Capromyiden gerechnet werden. Simpson [3257] klassifiziert die zuletzt genannten, verschiedentlich als Vertreter einer eigenen Familie (Cephalomyidae) bewerteten Gattungen als Cavioidea, Schaub [3021] dagegen als Nototrogomorpha (= Caviomorpha) incertae sedis.

Innerhalb der rezenten Capromyiden steht die Biberratte *(Myocastor coypu)* nicht nur in ihrer semiaquatischen Lebensweise und ihrer geographischen Verbreitung etwas isoliert unter den Capromyiden, sondern auch durch anatomische Merkmale [1155], so daß die Abtrennung als eigene Familie **(Myocastoridae)** gerechtfertigt erscheint [2350, 2751]. Nach Schaub [3021] sind auch die bisher meist als Capromyiden angesehenen Fossilformen *(Neoremys, Stichomys, Eumysops)* tertiärzeitliche Verwandte der Biberratten.

Als **Capromyiden** wären demnach eigentlich nur die fast ausschließlich auf Westindien beschränkten rezenten „Gattungen" *(Capromys, Procapromys* und *Plagiodontia)* und einige ausgestorbene *(Isobolodon, Hexobolodon* und *Aphaetreus)* zu verstehen. Sie erinnern mit ihrem lophodonten und hypsodonten Backengebiß und dem komplizierten Magen stark an Microtinen oder microtoide Hesperomyinen, deren ökologische Rolle sie auf den Antillen zweifellos einnehmen. Die rezenten Ferkelratten sind terrestrische *(Geocapromys, Capromys)* oder arboricole, mit einem Greifschwanz versehene Caviomorpha *(Plagiodontia*; Mohr [2381]). Die Capromyiden haben sich zweifellos frühzeitig von Caviomorphen des südamerikanischen Kontinentes abgespalten und während einer langen Isolation entwickelt. Interessanterweise wurden die rezenten Zagutis *(Plagiodontia)* von Haiti erst nach der Beschreibung fossiler *Plagiodontia*-Arten entdeckt.

Als geologisch junge Seitenlinien der Octodontiden gelten die Ctenomyiden und die Abrocomiden, die gegenwärtig jeweils nur in einer Gattung bekannt sind.

Die rezenten **Ctenomyiden** (Kammratten: *Ctenomys*) sind unterirdisch lebende Wühler mit stark vergrößerten Incisiven, kräftigen Grabkrallen, kleinen Ohren und walzenförmigem Körper. Fossilformen sind seit dem Pliozän nachgewiesen (zum Beispiel *Actenomys, Xenodontomys, Phtoramys, Megactenomys* [2581]).

Die **Abrocomiden** oder Chinchillaratten *(Abrocoma)* sind gegenwärtig nur in zwei Arten auf die Gebiete des Alto Plano beschränkt. Auch sie sind erst seit dem Pliozän nachgewiesen *(Protabrocoma)*. Ihre Ähnlichkeit im Fell mit den Hasenmäusen, die zum Namen Chinchillaratten geführt hat, ist als Parallelbildung zu verstehen, die wohl mit dem Vorkommen in den größeren Höhenlagen in Zusammenhang zu bringen ist. Die Abrocomiden sind Abkömmlinge jung-tertiärer Octodontiden.

Die Chinchilliden oder Hasenmäuse bilden eine sehr kennzeichnende und in sich geschlossene Nagergruppe, die Stehlin & Schaub [3418] und Schaub [3021] mit den Dinomyiden beziehungsweise Cuniculiden auf Grund odontologischer Kriterien in Verbindung bringen. Wie jedoch zuletzt Gorgas [1155] gezeigt hat, sind keine näheren verwandtschaftlichen Beziehungen zwischen Chinchilliden und „Cuniculiden" (= Dasyproctiden), das heißt, Cavioidea vorhanden. Die **Chinchillidae** sind Bewohner der argentinischen Pampas und (felsiger) Hochgebirgsmatten der Anden über der Baumgrenze. Kennzeichnend ist das stark vereinfachte bi- oder trilophodonte Backenzahngebiß. Innerhalb der Chinchilliden lassen sich zwei Hauptstämme unterscheiden, die seit dem Jung-Tertiär getrennt sind. Die eigentlichen Chinchillas oder Hasenmäuse *(Chinchilla, Lagidium)* und die Viscachas *(Lagostomus)*. Trotz frühzeitiger Trennung der beiden Stämme und unterschiedlicher Körpergestalt ist die Darmmorphologie sehr übereinstimmend [1155]. Die Hasenmäuse erinnern etwas an langschwänzige Kaninchen. Die geologisch ältesten Chinchilliden werden aus dem Alt-Oligozän (Deseadense) angegeben *(Scotamys)*. Mit *Prolagostomus*, *Perimys* und *Scotaeumys* sind drei Linien aus dem Miozän genannt, die auf *Scotamys* oder dieser Gattung nahestehende Formen zurückgeführt werden. *Lagostomus* ist erstmalig aus pleistozänen Ablagerungen nachgewiesen. *Scotaeumys* vermittelt zwar odontologisch zwischen *Chinchilla* (mit trilophodonten) und *Lagostomus* (mit bilophodonten Backenzähnen), bildet jedoch nicht deren Ahnenform. *Perimys* und *Prolagostomus* stehen den Viscachas näher. Bei *Perimys* aus dem Santacrucense (Alt-Miozän) sind die Vorderextremitäten länger als bei *Lagostomus*. Bei allen Chinchilliden ist eine Verlängerung der Hinterextremitäten eingetreten, die Bullae sind bei den Chinchillas stark vergrößert. Chinchillas sind erst seit einiger Zeit als Pelztiere domestiziert*).

Die übrigen Caviomorpha lassen sich als Cavioidea zusammenfassen [3257], wobei lediglich über die Stellung der Dinomyiden und verwandter Formen („Heptaxodontidae") und der „Cuniculiden" und deren taxonomischer Bewertung keine Einhelligkeit herrscht [3019, 3021]. Wie bereits oben erwähnt, bestehen keine näheren verwandtschaftlichen Beziehungen zu den Chinchilloidea, da die „Cuniculiden" den Dasyproctinen am nächsten stehen. Für *Dinomys* fehlen derzeit noch eingehende vergleichende Untersuchungen, doch erscheint eine Abtrennung der Dinomyiden und auch der Heptaxodontiden als eigene Überfamilie nicht gerechtfertigt. Somit sind unter den Cavioidea die Eocardiidae, Caviidae, Hydrochoeridae, Dasyproctidae, Heptaxodontidae und Dinomyidae zu unterscheiden, von denen die drei erstgenannten Familien einen näher verwandten Formenkreis bilden. Das Backengebiß dieser Caviomorphen besteht aus hypsodonten, bi- oder trilophodonten und wurzellosen Zähnen, die aus ursprünglich brachyodonten und tetralophodonten hervorgegangen sind. Die Schmelzprismen sind an den Maxillarzähnen buccal, an den Mandibularzähnen lingual miteinander verschmolzen; infolge sekundärer Vermehrung der Joche kommt es zur Polylophodontie (wie bei *Hydrochoerus*, *Cardiatherium*). Für die Dasyproctiden, die Dinomyiden und auch die Heptaxodontiden sind tri- oder tetralophodonte Zahnmuster charakteristisch, doch kommt es auch hier gelegentlich zur Polylophodontie bei einzelnen Zähnen.

Als Stammgruppe der Cavioidea gelten die **Eocardiidae** des südamerikanischen Oligo-Miozäns. Sie lassen nach Wood & Patterson [3921] bereits im Oligozän zwei getrennte Stammlinien (Luantinae und Eocardiinae) erkennen, von denen die eine über *Asteromys* (Deseadense) zu *Luantus*, die andere von *Chubutomys* zu *Eocardia* und *Schistomys* des Miozäns führt. Die Eocardiiden zeigen die Initialradiation der Cavioidea an. Bei diesen maraähnlichen, hochbeinigen Caviomorphen waren die Vorderextremitäten etwas kürzer als die Hinterextremitäten.

Die **Caviiden** (Meerschweinchen und Maras) sind kleine bis mittelgroße, langbeinige oder sekundär kurzbeinige Caviomorphen (Abb. 355), die gegenwärtig vom Tiefland der Pampas bis zu den Hochsteppen der Anden vorkommen. Sie lassen sich von Eocardiiden ableiten. Während bei den Maras oder Pampashasen, die mit *Prodolichotis* (Abb. 356) und *Pliodolichotis* erstmalig aus dem Pliozän und mit *Dolichotis* seit dem Pleistozän nachgewiesen sind, der bei den Eocardiiden einsetzende „trend" zur Hochläufigkeit unter Reduktion der seitlichen Metapodien des Hinterfußes weiter fortgeschritten ist, kommt es bei den Meerschweinchen zu einer Verkürzung der Extremitäten und damit praktisch zur sekundären Plantigradie, was auch anatomische Befunde bestätigen [3582]**). Aus zwergantilopenähnlichen Freilandformen werden Felsbewohner

*) *Chinchilla velligera* seit etwa 40 Jahren, *Ch. boliviana* erst in jüngster Zeit [4007]. Dementsprechend sind die Domestikationserscheinungen noch gering.

**) In diesem Zusammenhang erscheint auch das Auftreten von Meerschweinchen mit vierzehigen Hinterextremitäten interessant [3962].

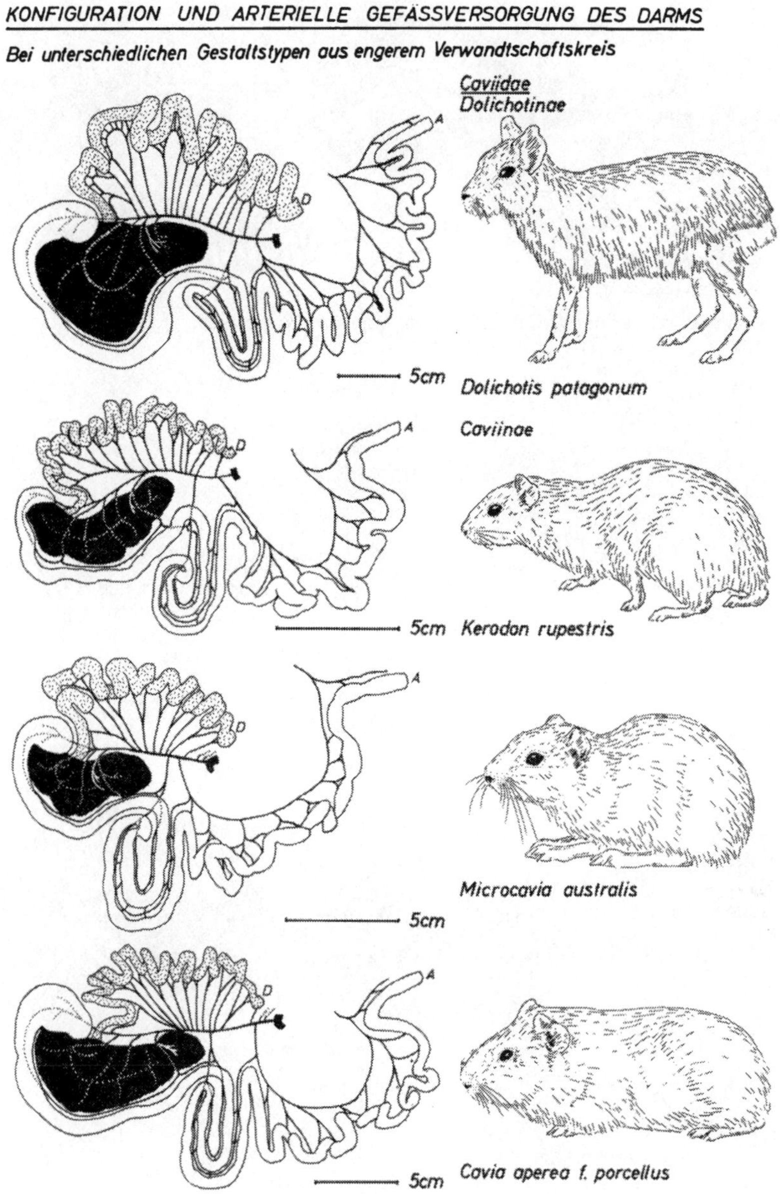

Abb. 355. Darmbau und Habitus bei Caviiden. Trotz wesentlicher Unterschiede im Gestalttypus weitgehende Übereinstimmung im Darmbau und der arteriellen Gefäßversorgung. — Nach GORGAS 1967

(Kerodon) und kleine kurzbeinige „Grasschlüpfer" mit zum Teil subterraner Lebensweise *(Cavia)*. Unter den Caviinae lassen sich vier Gattungen unterscheiden *(Cavia, Galea, Microcavia* und *Kerodon)*, deren Unterschiede im Osteocranium zum Teil nur größenbedingt sind [1587]. Fossile Caviinen sind aus dem Pliozän mehrfach *(Cardiomys, Palaeocavia)* bekannt geworden. Nach den Untersuchungen von HÜCKINGHAUS [1586] bildet *Cavia aperea* die wilde Stammart des Hausmeerschweinchens *(C. aperea porcellus)*. Das Meerschweinchen wurde im Hochland von

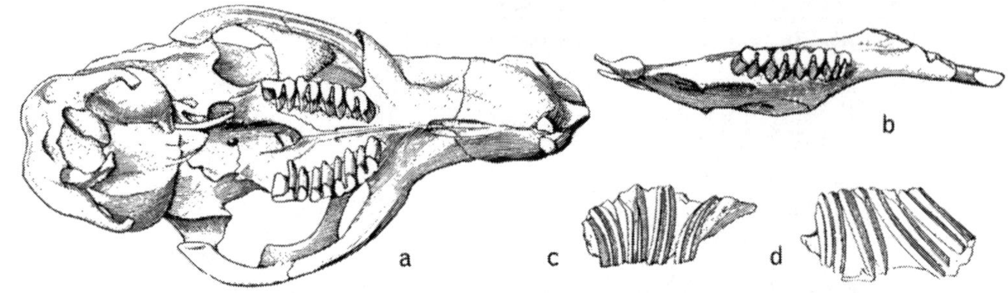

Abb. 356. *Prodolichotis pridiana* (Caviidae), Jung-Miozän, Kolumbien. a) Schädel, Gaumenansicht, b) Mandibel dext., occlusal, c) P^4—M^3 sin., lingual, d) P_4—M_3 sin., lingual. (ca. 2/3) — Nach FIELDS 1957

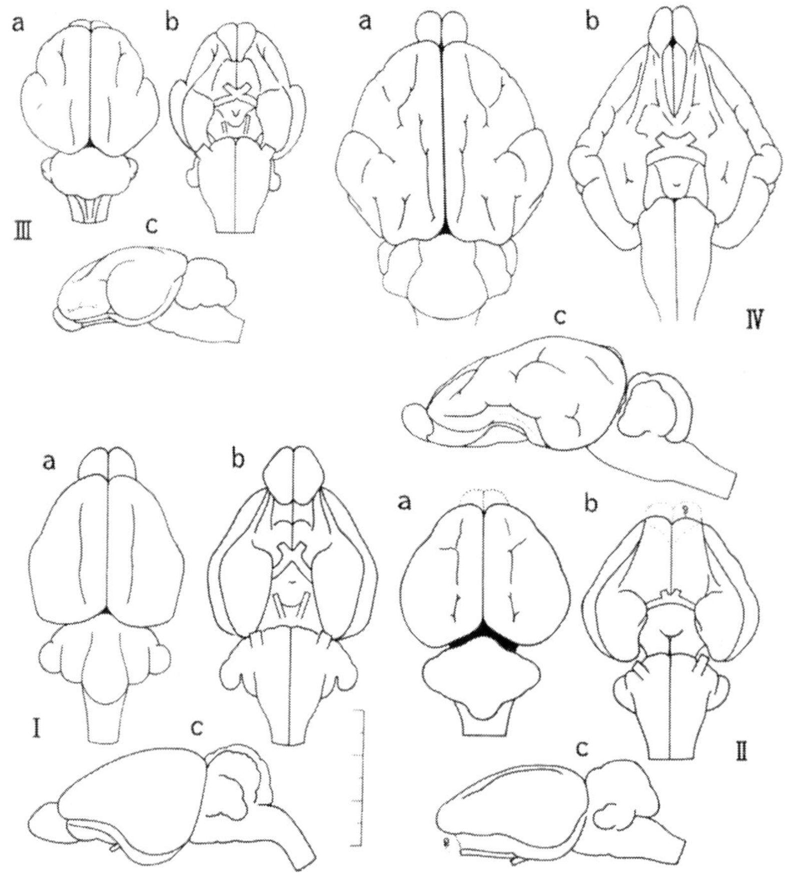

Abb. 357. Gehirn (Schema) verschiedener Caviomorphen. *I* = *Dasyprocta aguti*, II = *Cuniculus paca*, III = *Lagostomus viscacia*, IV = *Hydrochoerus hydrochaeris*. a) Dorsal-, b) Ventral-, c) Lateralansicht. *Cuniculus* und *Dasyprocta* mit niedrigem, *Lagostomus* mit mittlerem und *Hydrochoerus* mit hohem Evolutionsniveau (Gyrifizierung der Hemisphären, Ausdehnung des Neopalliums). — Nach PILLERI 1959

Peru — vermutlich als Fleischtier [1376] — domestiziert und stammt wahrscheinlich von der Unterart *C. aperea tschudii* ab. Nach KRIEG [1911] sind die kleinen Caviiden besonders standortstreu und selbst durch menschliche Ansiedlungen kaum von ihren Standorten zu vertreiben, wodurch sie zur Haustierwerdung gewissermaßen präadaptatiert seien.

Die **Hydrochoeridae** (Wasserschweine) gelten meist als spezialisierte Abkömmlinge von Caviiden und dementsprechend klassifiziert man sie vielfach auch als Angehörige der Caviiden. *Hydrochoerus* hat zweifellos manche Merkmale mit den Caviiden gemeinsam, doch lassen eine Reihe morphologisch-anatomischer Befunde, die nicht mit der semiaquatischen Lebensweise im Zusammenhang stehen, auch eine taxonomische Abtrennung gerechtfertigt erscheinen. Abgesehen von Unterschieden im Bau des Darmes, der Penisstruktur [696] und des Backengebisses durch die enorme Verlängerung des M^3 sowie des Schädels ist das Gehirn durch die starke Gyrifizierung sehr evoluiert [2697] (Abb. 357). Pocock [2751] wertet die Unterschiede zwischen Caviiden und Hydrochoeriden höher als zwischen Sciuriden und Castoriden. Der Endocranialausguß bei *Dolichotis*, dessen Gehirn etwas weniger gyrifiziert ist, gibt die Großhirnfurchung weitgehend wieder, während die Oberfläche bei *Hydrochoerus* reliefarm bis glatt ist. Pilleri versucht dies unter Hinweis auf die These von Spatz dadurch zu erklären, daß bei *Hydrochoerus* der Höhepunkt der Differenzierung erreicht oder längst überschritten sei. Fossilfunde weisen die Hydrochoeriden seit dem Pliozän nach. Sie lassen sich wie die Caviiden von Eocardiiden ableiten. Innerhalb der Hydrochoeriden lassen sich die ausgestorbenen, kleineren Cardiatheriinen mit *Cardiatherium*, *Procardiatherium* und anderen pliozänen „Gattungen" nachweisen, die mit der Vergrößerung des M^3 einen ähnlichen „trend" zeigen, wie die gleichfalls im Pliozän auftretenden Hydrochoeriinen mit *Protohydrochoerus* [2575, 2579, 2580] (Abb. 358). *Hydrochoerus* ist seit dem

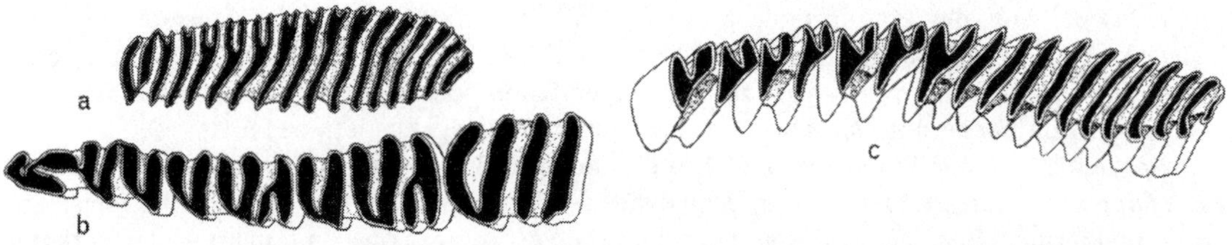

Abb. 358. Fossile und rezente Hydrochoeriden. a, b) *Protohydrochoerus perturbidus*, Pliozän, Argentinien. M^3 sin. und P_4—M_3 sin., occlusal, c) *Hydrochoerus hydrochaeris* P^4—M^3 sin. (1/1) — Nach Stehlin & Schaub 1951

Pleistozän bekannt und ähnlich *Neochoerus* zur Eiszeit auch in Mittel- und Nordamerika (einschließlich kleine Antillen [1529]) verbreitet gewesen; jedoch dort wieder ausgestorben. Mit *Nothydrochoerus* ist aus Südamerika eine pleistozäne Riesenform (Puelchense) nachgewiesen, die zwei Meter Körperlänge erreicht haben soll [2962].

Mit ungefähr 1,3 m Kopf-Rumpflänge ist *Hydrochoerus hydrochaeris*, das Wasserschwein, die größte lebende Nagetierart. Wasserschweine sind semiaquatische Caviomorphen ohne tiefgreifende Anpassungserscheinungen an eine schwimmende Lebensweise.

Wie schon angedeutet, bestehen über die verwandtschaftlichen Beziehungen der Dasyproctiden und „Cuniculiden" und über die Stellung sowie Abgrenzung der Dinomyiden recht unterschiedliche Auffassungen. Während Simpson [3257] die Pakas (= *Cuniculus* = „*Agouti*" = „*Coelogenys*") mit den Agutis *(Dasyprocta)* zu einer Familie (**Dasyproctidae**) vereint, bewerten sie Miller & Gidley [2350], Ellerman [878] und Schaub [3019] wegen der Unterschiede im Bau des Schädels und des Gebisses als eigene Familie, die nach Schaub [3021] mit den Chinchilliden, nach Landry [2016] mit den Octodontiden näher verwandt sei*). Dem-

*) Auch K. Gorgas [1153] weist auf gewisse Übereinstimmungen im anatomischen und histologischen Bau der Nebennieren zwischen Dasyproctiden und Chinchilliden einerseits, zwischen Cuniculiden und Caviiden sowie Hydrochoeriden andererseits hin.

gegenüber stimmen nach Gorgas [1155] Agutis und Pakas — abgesehen von einigen charakteristischen Eigenmerkmalen — im Bau des Magen-Darmkanals weitgehend überein, so daß ein gemeinsamer Ursprung anzunehmen sei, der innerhalb der Cavioidea zu suchen wäre. Eine weitere Bestätigung liefert die Übereinstimmung der Penisstruktur [696]. Nähere verwandtschaftliche Beziehungen sind weder zu Chinchilliden noch zu den Octodontiden anzunehmen. Die vorhandenen Unterschiede rechtfertigen lediglich die Trennung in Unterfamilien. Von den rezenten Gattungen (*Dasyprocta* und *Myoprocta* als Dasyproctinae und *Cuniculus* und „*Stictomys*" als Cuniculinae) fehlen bisher Fossilfunde*). Wood & Patterson [2921] sehen in den Cephalomyiden (*Cephalomys* und *Litodontomys*) des südamerikanischen Oligozäns Angehörige der Dasyproctiden, die ihren Ursprung von primitiven Caviomorphen genommen haben, aus denen auch die Octodontiden und die Chinchilliden hervorgegangen seien. Auf Grund obiger Feststellungen erscheint die Zuordnung dieser Fossilformen zu den Dasyproctiden nicht gesichert.

Bemerkenswerterweise tritt die für die Pakas (*Cuniculus* = „*Coelogenys*") charakteristische „Aguti"färbung innerhalb verschiedener Säugetierordnungen auf. Agutis und Pakas sind gegenwärtig in zahlreichen Arten im tropischen Bereich der neotropischen Region verbreitet. *Dasyprocta* ist auch aus Zentralamerika (bis südliches Mexiko) und von den Antillen bekannt. Die Dasyproctiden sind im Gegensatz zu den Caviiden vorwiegend Wald- und Buschlandbewohner und finden sich nur gelegentlich in Savannen und den Paramos der Anden (zum Beispiel „*Stictomys*" *taczanowskii*: Bergpaka). Sie sind mittelgroße Caviomorphen mit vierzehigen Vorder- und etwas verlängerten drei- oder fünfzehigen Hinterextremitäten**). Einmalig ist bei *Cuniculus* die von der Kaumuskulatur nicht bedeckte granulierte Oberfläche der Schädelknochen, die entfernt an die bei der afrikanischen Mähnenratte (*Lophiomys*) erinnert, doch kommt ihr kein taxonomischer Wert zu. Die aufgeblähten Jochbögen dienen nach Hershkovitz [1393] der Stimmäußerung; sie sind von Backentaschen ausgekleidet.

Gegenüber den fossil unbekannten Dasyproctiden sind die gegenwärtig nur in einer einzigen Art (*Dinomys branickii*) vertretenen **Dinomyiden** oder Parakanas im Tertiär und Pleistozän arten- und formenreich nachgewiesen. *Dinomys branickii* steht etwas isoliert unter den rezenten Cavioidea [2759] und bildet den letzten Überlebenden einer einst artenreichen Gruppe, die morphologisch eine Art Übergangsstellung zwischen Octodontoidea und typischen Cavioidea einnimmt. Die Heimat von *Dinomys branickii* sind die Urwälder der östlichen Anden-Vorberge von Kolumbien bis Bolivien. Im Habitus, etwas an den Paka erinnernd, unterscheidet sich *Dinomys* von ihm in der Ausbildung von Gebiß und Schädel, den etwas längeren Vorderextremitäten, den vierzehigen Hinterextremität und dem gut entwickelten Schwanz.

Innerhalb der fossilen Dinomyiden lassen sich mehrere Gruppen unterscheiden. Sie waren im Jung-Tertiär Südamerikas (Potamarchinae: *Potamarchus* und *Simplimus*; Eumegamyiinae: *Eumegamys* [=„*Megamys*"], *Tetrastylus*, *Phoberomys*; Neoepiblemiinae: *Neoepiblema*) verbreitet und zum Teil als Riesenformen ausgebildet. *Eumegamys*-Arten erreichten Bärengröße und waren damit die größten bekannten Nagetiere. Alle diese Dinomyiden verschwanden auf dem südamerikanischen Festland mit dem Ende des Tertiärs.

Diese Fossilformen trennt man verschiedentlich als „Heptaxodontidae"***) ab [2350, 3257, 3910], doch gilt dies nur für die aus Westindien bekannten Formen. Nach Schaub [3020, 3021 sind es meist hochspezialisierte Dinomyiden mit einem höheren Spezialisationsgrad als *Dinomys*

*) Nur aus Brasilien liegen spärliche subfossile Höhlenfunde vor.

**) Am mesaxonen Hinterfuß von *Cuniculus* sind 1. und 5. Zehenstrahl nur als stark reduzierte Gebilde erhalten.

***) Wie Schaub [3021] und Ray [2827] gezeigt haben, beruht die Gattung „*Heptaxodon*" auf einem juvenilen Individuum von *Elasmodontomys*. Somit fällt der Name *Heptaxodon* in die Synonymie von *Elasmodontomys*.

branickii. ANTHONY [90] ordnete sie den Chinchilliden zu, das beruht aber auf einer Überschätzung der Gebißmerkmale in taxonomischer Hinsicht. Charakteristisch ist die progressive Hypsodontie der Backenzähne, die vereinzelt auch mit einer Vermehrung der Laminae verbunden ist. Nach WOOD [3915] lassen sich die „Heptaxodontiden" wie auch *Dinomys* von primitiven Dasyproctiden ableiten. Damit ist auch die stammesgeschichtliche Herkunft der Pakarana geklärt*). Es hat sich jedoch gezeigt, daß die „Heptaxodontiden" keine genetische Einheit bilden. Als „Heptaxodontidae" (= **Elasmodontomyidae)** sind demnach nur die auf Westindien beschränkten ausgestorbenen Formen zu bezeichnen, von denen *Elasmodontomys* (= *„Heptaxodon"*) und *Amblyrhiza* die bekanntesten sind. Die Elasmodontomyiden sind erst in postpleistozäner Zeit ausgestorben.

Die Evolution der Caviomorpha mit ihrer einstigen und auch gegenwärtigen Formenfülle wird nur im Zusammenhang mit der paläogeographischen Entwicklung des südamerikanischen Kontinentes und der westindischen Inselwelt verständlich. Die seit dem ersten Eindringen der „Proto-Caviomorphen" im Alt-Tertiär bis in die jüngste Tertiärzeit hindurch anhaltende Isolation von Südamerika und das Fehlen von Konkurrenten in Form anderer Nager-oder Säugetierstämme erklärt die Aufspaltung und die Formenfülle der Caviomorphen. Dennoch sind zahlreiche ökologische Nischen nicht ausgenutzt worden, wie die „explosive" Entfaltung der erst im Pleistozän nach Südamerika gelangten „Hesperomyinen" erkennen läßt (siehe auch Seite 312). Andererseits läßt sich auch erklären, warum nur wenige der autochthonen südamerikanischen Caviomorphen ihr Verbreitungsareal über Mittelamerika bis nach Nordamerika ausgedehnt haben (Erethizontiden als Greifkletterer und Hydrochoeriden als semiaquatische Caviomorpha).

Hystricomorpha (Hystricoidea, Thryonomyoidea und Bathyergoidea)

Infolge der Abtrennung der südamerikanischen „Hystricomorphen" als Caviomorpha bleiben nur die altweltlichen Erdstachelschweine oder Hystriciden als sichere Angehörige der Hystricomorpha übrig. Die Zugehörigkeit der übrigen Gruppen zu den Hystricomorphen diskutiert man auch gegenwärtig noch intensiv. Immerhin haben neue Fossilfunde und neue Untersuchungen an rezenten Nagern zusätzliche Gesichtspunkte und Kriterien geliefert, die eine Zuordnung bisher im System isoliert stehender Rodentia zu den Hystricomorphen sehr wahrscheinlich machen. Dies sind die Thryonomyiden und Petromuriden sowie die Bathyergiden. Die Stellung der Pedetiden ist nach wie vor ungeklärt, obwohl einige Hinweise für nähere

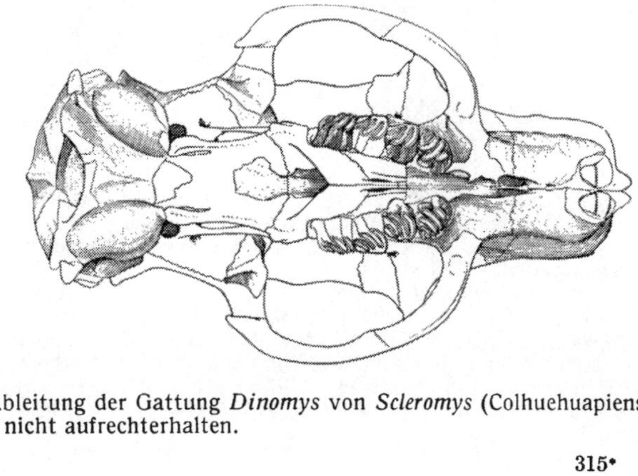

Abb. 359. *Olenopsis aequatorialis* (? Dasyproctidae). Jung-Miozän, Kolumbien. Osteocranium; Ventralansicht. (ca. 2/3) — Nach FIELDS 1957

*) Die von FIELDS [939] vertretene Ableitung der Gattung *Dinomys* von *Scleromys* (Colhuehuapiense) über *Olenopsis* (Mio-Pliozän; Abb. 359) läßt sich nicht aufrechterhalten.

verwandtschaftliche Beziehungen zu den „Sciuromorphen" vorhanden sind. Als Kennzeichen der Hystricomorpha gelten die Hystricognathie, das stark vergrößerte For. infraorbitale, durch das der M. masseter medialis tritt, die Zahnformel $\frac{1\,0\,1\,3}{1\,0\,1\,3}$, pentalophodonte Backenzähne mit Mesoloph und Mesolophid und der multiseriale Incisivenschmelz. Dazu kommen anatomische Kennzeichen (zum Beispiel Sacculus urethralis des Penis, Lateraltaenien im Caecum), die jedoch mit den Caviomorphen gemeinsam sind und keine Abtrennung von ihnen ermöglichen, wie sie an Hand der Fossilfunde wegen grundsätzlicher Unterschiede im Bau der Backenzähne zu fordern ist [3921]. Selbst wenn man jedoch eine gemeinsame Wurzelgruppe von alt- und neuweltlichen „Hystricomorphen" annimmt, wäre eine Trennung von Caviomorphen und altweltlichen Hystricomorphen notwendig, da neben den erwähnten Gemeinsamkeiten zahlreiche Unterschiede vorhanden sind.

Die stammesgeschichtliche Herkunft der (altweltlichen) Hystricomorphen beurteilt man recht unterschiedlich. Schaub [3019, 3021] leitet sie, zusammen mit den Caviomorphen, von alt-tertiären Theridomyiden ab, eine bereits von Lavocat [2031] und Wood [3910] kritisierte Auffassung.

Innerhalb der Hystricomorpha lassen sich verschiedene Gruppen unterscheiden: die Hystricoidea mit den Hystriciden, die Thryonomyoidea mit den Phiomyiden, Thryonomyiden und Petromuriden und die bisher meist als incertae sedis oder als eigene Unterordnung (Bathyergomorpha) klassifizierten Bathyergoidea mit den Bathyergiden*).

Die **Hystriciden** oder Erdstachelschweine bilden eine gut abgrenzbare Nagergruppe, deren Ähnlichkeiten mit den neuweltlichen Baumstachlern auf Konvergenz beruhen: Schmelzfaltenmuster einander nicht homolog [3921], Unterschiede im Feinbau der Stacheln [2393], serologische und karyologische Differenzen [2225, 2405 und so weiter]. Manche Übereinstimmungen (zum Beispiel Pneumatisierung des Schädels) zwischen Erethizontiden und Hystriciden finden sich nur bei den spezialisierten Endformen (*Hystrix* und *Coendou*). Sie fehlen den primitiven Formen (*Trichys* und asiatischen *Atherurus*-Arten und *Erethizon*).

Die Hystriciden sind rein terrestrische Nager, die gegenwärtig von Südostasien bis Südeuropa und Afrika verbreitet sind. Die geologisch ältesten Hystriciden (*Hystrix*, *Miohystrix*, *Sivacanthion* [1886, 3044]) ließen sich aus dem Jung-Miozän Eurasiens nachweisen**) (Abb. 360).

Weitere Fossilfunde von *Hystrix* sind aus dem Pliozän und Pleistozän Eurasiens und Afrikas beschrieben (zum Beispiel *Hystrix primigenia*: Alt-Pliozän und *H. etrusca*: Villafranchium

Abb. 360. Fossile und rezente Hystriciden. a) *Sivacanthion complicatus*, Miozän, Südasien. M_{1-2} sin., occlusal, (2/1), b) *Trichys macrotis*, P^4—M^3 sin., occlusal. (3/1) — Nach Schaub 1958

*) Die durch Schaub [3019, 3021] als Angehörige der altweltlichen Hystricomorphan (= Palaeotrogomorpha) angesehenen Castoriden sind sciuromorphe Nager (Seite 299). Dies gilt auch für die von diesem Autor als Palaeotrogomorpha incertae sedis bezeichneten „Eupetauridae", während die Spalaciden und Rhizomyiden Vertreter der Myomorpha sind (Seite 324).

**) Reste von „*Hystrix*" *lamandini* [940] aus den alt-tertiären Phosphoriten des Quercy sind, wie Korvenkontio [1834] und Lavocat [2042] nachgewiesen haben, keine Hystriciden, sondern Angehörige der „Sciuromorphen". Nach Lavocat [2042:292] handelt es sich um hystricognathe Nager mit bewurzelten Backenzähnen und wohl um Vertreter der Ischyromyoidea, von denen hystricognathe Mandibeln bekannt sind. „*Hystricopsis*" Viret [3726, 3727] aus dem Jung-Oligozän = *Rhizospalax*. *Anchitheriomys* aus dem Jung-Miozän ist kein Hystricide, wie Landry [2016] annimmt, sondern ein Castoride (= „*Amblycastor*" [3087]). Dies gilt auch für *Palaeomys* (= *Steneofiber*).

Europas). Interessant ist der Nachweis von kleinen *Hystrix*-Formen *(H.* cfr. *vinogradovi)* in Warmzeiten des Mittel- oder Jung-Pleistozäns Mitteleuropas, die von *H. cristata* verschieden sind [1641, 2423, 2430]. Auch aus dem afrikanischen und asiatischen Pleistozän werden mehrfach *Hystrix*-Arten gemeldet. Greenwood [1171] beschrieb aus dem Pleistozän Südafrikas Reste als *Xenohystrix crassidens*; sie gehören zu *Hystrix* oder *Atherurus*. *Acanthion*-Arten sind mehrfach aus dem Pleistozän von Ost- und Südostasien nachgewiesen [594, 1508, 2135]. Aus Java liegen eiszeitliche *Thecurus*-Reste vor [1508]. Da geologisch ältere Reste fehlen, nimmt man einen Ursprung in (Süd-)Asien an. Für diese Annahme läßt sich auch die gegenwärtige Verbreitung heranziehen, indem die ursprünglichsten Formen (zum Beispiel *Trichys*) in Südostasien, die spezialisiertesten in Afrika beheimatet sind [2076]. (Pneumatisierung des Schädels, Spezialisierung von Stachelkleid und Gebiß, Differenzierung der Nackenhaare, Schwanzverkürzung). Allerdings ist die Situation, wie bereits Lönnberg [2135] feststellt, nicht so einfach, wie sie Leche [2076] gesehen hat, der *Trichys* und *Hystrix senegalica* als Endformen einer als phylogenetische Reihe gedeuteten geographischen „Formenkette" ansieht (vergleiche auch Mohr [2395]).

Das Kennzeichen der südostasiatischen Langschwanz- oder Pinselstachler *(Trichys)* ist der rattenähnliche Habitus, ein nur wenig differenziertes Haarkleid, einfache Stacheln und eine kleine endständige Schwanzborste, der flache, nicht pneumatisierte Schädel mit kräftiger Postorbitaleinschnürung, und die brachyodonten Backenzähne. Sie sind die primitivsten lebenden Hystriciden [2391, 2394]. Bei den übrigen rezenten Genera *(Atherurus, Thecurus, Acanthion* und *Hystrix)* kommt es zu zahlreichen Spezialisierungen (Schädel, Gebiß, Stacheln), die jedoch nicht konform gehen, so daß sie mehrere Stammlinien vertreten. Zur Primitivgruppe zählt man außer *Trichys* und *Atherurus* auch *Sivacanthion* aus dem Alt-Pliozän Indiens [3739], deren brachyodonte Backenzähne durch sekundäre Schmelzfälterung ein kompliziertes Kaumuster besitzen [580] (Abb. 360). Landry [2016] stellt *Sivacanthion* direkt zur Gattung *Atherurus*. Nach Mohr [2395] ist das Backenzahnmuster (durch die Abkauung) sehr variabel. Innerhalb der rezenten Quastenstachler *(Atherurus)* sind zwei geographisch getrennte Gruppen zu unterscheiden, von denen die asiatischen die ursprünglicheren sind (keine „Spieße", Plättchenborsten mit nur 3 bis 4 Plättchen, Schädel nicht pneumatisiert und so weiter [2394]). Sie sind hauptsächlich Bewohner tropischer Wälder. *Atherurus* ist seit langem aus dem Pleistozän Indiens (Karnul-Höhlen) nachgewiesen. Die spezialisierteren Hystricinae umfassen kurzschwänzige Arten mit mehr oder weniger hypsodonten Molaren, differenzierten Stachelbildungen, stark pneumatisiertem Schädel und so weiter, von denen die fortschrittlicheren Formen Bewohner der offenen Landschaft sind.

Die stammesgeschichtliche Herkunft der Hystriciden muß daher mangels geeigneter Fossilfunde immer noch offen bleiben. Sicher ist eigentlich nur ihre Entstehung in den Tropen der Alten Welt.

Taxonomische Stellung, Abgrenzung und stammesgeschichtliche Herkunft der Thryonomyoidea diskutiert man seit langem schon. Auf Grund ihrer morphologischen Ähnlichkeit mit den südamerikanischen Echimyiden klassifizieren einzelne Autoren sie als Angehörige der Caviomorphen [878, 881, 2017], was zwar morphologisch gerechtfertigt erscheint, nach anatomischen und paläontologischen Befunden aber völlig abzulehnen ist [1155, 2024]. Als Thryonomyoidea werden meist die Thryonomyidae und die Petromuridae (= Petromyidae) zusammengefaßt. Diese rattenähnlichen Nager mit hystricomorphen Merkmalen haben gegenwärtig eine ausschließlich afrikanische Verbreitung. Das ursprünglich tetralophodonte Backengebiß zeigt stets ein Mesoloph, der Incisivenschmelz ist multiserial, die D_4^4 persistieren und der Masseter ist typisch hystricomorph ausgebildet [3910, 3918]. Abgesehen von der morphologischen Übereinstimmung und der geographischen Verbreitung sieht man im Vorkommen gemeinsamer Ektoparasiten (Anopluren: *Scipio*) ein Argument für die Zugehörigkeit zu einer gemeinsamen Überfamilie.

Die Rohr„ratten" oder Borstenferkel (**Thryonomyidae**) sind mittelgroße, rattenähnliche Nager, deren Heimat in Afrika südlich der Sahara liegt. Das vorderste Backenzahnpaar entspricht wie bei den Echimyiden nicht dem P^4_4, sondern dem D^4_4. Die Backenzähne sind drei- oder vierjochig, die Molaren hypsodont (Abb. 361). Die spärlichen Fossilfunde von Thryono-

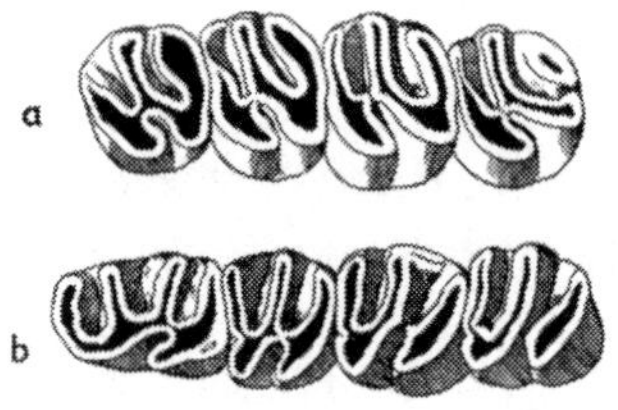

Abb. 361. *Thryonomys gregorianus* (Thryonomyidae), rezent. a) P^4—M^3 sin., occlusal, b) P_4—M_3 sin., occlusal. (2/1) Nach Ellerman 1940

myiden sind nur insofern bemerkenswert, als *Paraulacodus* aus dem Pliozän Asiens die einst weitere Verbreitung der Rohrratten dokumentiert, wie dies jedoch auch für verschiedene andere afrikanische Steppenformen gilt. Fossilreste von *Thryonomys* sind nur aus dem Jung-Tertiär und Pleistozän Afrikas bekannt [200, 2952].

Die gegenwärtig nur durch eine Art (*Petromus typicus* aus Südafrika) vertretenen Felsen„ratten" (**Petromuridae**) zeigen bei verschiedenen hystricomorphen Merkmalen (siehe oben) sekundär vereinfachte, tri- bis bilophodonte und hypsodonte, bewurzelte Backenzähne und vergrößerte Bullae. Im Habitus erinnern sie etwas an Ratten mit einem langhaarigen Schwanz. Die Petromuriden sind Bewohner felsiger Trockengebiete der Karru. Phylogenetisch bedeutungslose Fossilfunde sind bisher nur aus dem Pleistozän (*Palaeopetromys*) bekannt (736). Die stammesgeschichtliche Herkunft der Thryonomyoidea ist in den letzten Jahren durch neue Fossilfunde etwas aufgehellt worden; nach Lavocat [2042] dürften sie sich aus tertiärzeitlichen Phiomyiden entwickelt haben.

Die **Phiomyidae** ist eine auf Afrika beschränkte Gruppe kleiner Nager mit brachyodonten bis semihypsodonten tetralophodonten Backenzähnen (Zahnformel $\frac{1\ 0\ 1\ 3}{1\ 0\ 1\ 3}$) (Abb. 362). So

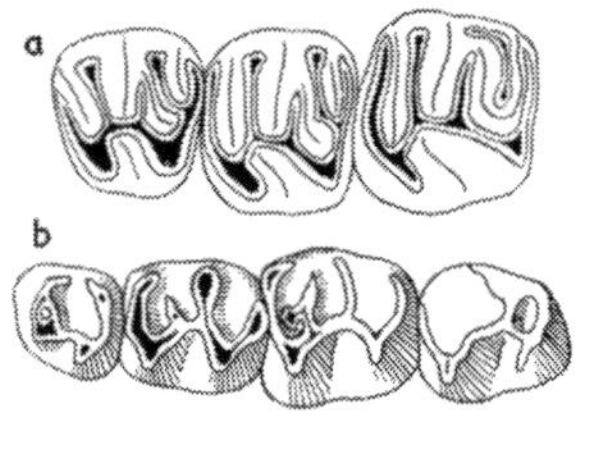

Abb. 362. *Phiomys andrewsi* (Phiomyidae). Alt-Oligozän, Ägypten. a) P^4—M^2 sin. occlusal, (3/1), b) P_4—M_3 sin. occlusal, (2/1) — Nach Osborn 1908

lange nur Kiefer- und Zahnreste bekannt waren, klassifizierte man sie entweder als (?) Ischyromyoidea incertae sedis [3910] oder als Theridomyoidea [3257, 3021], sofern man sie nicht zu einer eigenen Unterordnung stellte [3569]. Neuere, auch Schädelreste umfassende Funde aus dem Jung-Tertiär Ostafrikas (Rusinga, Songhor, Fort Ternan [2042, 2045]) haben die hystricomorphe Zygomasseterstruktur und den hystricognathen Bau der Mandibel erkennen lassen. Die Phiomyiden waren eine im Oligo-Miozän über ganz Afrika verbreitete Nagerfamilie [79, 1553a, 2042, 2521, 3506], die im Miozän auch subterran lebende Formen hervorbrachte (*Pseudo-*

spalax [2045]). Nach den bisher beschriebenen Gattungen (zum Beispiel *Phiomys* und *Metaphiomys* aus dem Oligozän, *Diamantomys* [= „*Pomonomys*"], *Phiomyoides*, *Paraphiomys*, *Apodectes*, *Phthinilla* und *Pseudospalax* im Miozän) muß eine Radiation der Phiomyiden im jüngeren Alt-Tertiär angenommen werden. Ihre Zuordnung zu den Thryonomyoidea wird durch die stammesgeschichtliche Verknüpfung mit den Thryonomyiden gerechtfertigt. Nach Wood [3910, 3915] sind die Phiomyiden vielleicht von eozänen Sciuraviden abzuleiten. Mit der Ableitung der Thryonomyoidea als Angehörige der Hystricomorpha (sensu stricto) ist zugleich die Frage nach der stammesgeschichtlichen Einheit dieser Unterordnung verknüpft. Wie oben angedeutet, gilt Südasien als Entstehungsgebiet der Hystricoidea, während für die Thryonomyoidea der afrikanische Ursprung anzunehmen ist. Eine Ableitung von Theridomyiden ist nicht möglich [2035].

Die systematische Stellung der **Bathyergidae** oder Sandgräber war infolge der extremen Spezialisationserscheinungen, die in Zusammenhang mit der ausschließlich subterranen Lebensweise stehen, lange Zeit ungeklärt. Sie sind die einzigen Angehörigen der Bathyergoidea. Die Sandgräber sind gegenwärtig im östlichen Afrika vom Kapland bis nach Abessinien verbreitet. Der meist walzenförmige Körper der maus- bis rattengroßen Nager ist bei einzelnen Arten (Nacktmulle: *Heterocephalus*) bis auf einige wenige Borstenhaare nackt, der Kopf ist flach und keilförmig zugespitzt, mit winzigen offenen oder mit verschlossenen Augen und verkümmerten Ohrmuscheln sowie mit langen, zum Graben verwendeten, meißelförmigen, auch bei geschlossenem Maul sichtbaren Nagezähnen. Die Nagezähne besitzen — wie auch bei anderen Zahngräbern — stark verlängerte Wurzeln, die bis vor oder hinter die Molaren reichen. Die Backenzähne zeigen ein sekundär vereinfachtes Muster, gelegentlich mit Faltenresten. Die Backenzahnformel ist bei einzelnen Arten durch die Retention von Milchzähnen für Nagetiere sehr hoch und schwankt von $\frac{6-2}{6-2}$. Unter den Sandgräbern sind jedoch Hand- (*Bathyergus*) und Zahn-Gräber (*Georychus*) zu unterscheiden, wie dies auch für myomorphe Nager gilt (*Myospalax* und *Prometheomys* gegenüber *Spalax* und *Ellobius*). Innerhalb der Bathyergiden lassen sich zwei Gruppen (*Heterocephalus*-Gruppe und *Bathyergus*-Gruppe mit den übrigen Genera) unterscheiden [1451]. Die für Bathyergiden charakteristische Merkmalskombinationen (sekundär vereinfachtes Molarenmuster, M. masseter lateralis und M. temporalis stark entwickelt, kleines Foramen infraorbitale, durch das nur ausnahmsweise der M. masseter medialis hindurchtritt, multiseriale Incisivenschmelzstruktur, hystricognathe Mandibel und so weiter) waren ausschlaggebend, die Bathyergiden entweder als eigene Unterordnung (Bathyergoidea Osborn = Bathyergomorpha [1451, 2916, 3910, 2325a]) abzugliedern oder als Myomorpha oder als ? Hystricomorpha (= Palaeotragomorpha) incertae sedis zu bewerten [3019, 3021, 3257]). Ihre hochgradigen Anpassungserscheinungen lassen nach Schaub [3019] eine frühzeitige Abspaltung von alt- oder mittel-eozänen Paramyiden vermuten.

Die bisherigen Fossilfunde sind spärlich (*Bathyergoides*, Bathyergide indet: Miozän Afrikas; *Gypsorhychus*, *Cryptomys*, *Heterocephalus*: Pleistozän Süd- und Ostafrikas [405, 736, 2038, 2042, 3506]) und dokumentieren nur, daß es sich um eine für den afrikanischen Kontinent endemische Nagergruppe handelt. Die ursprünglich auf Bathyergiden bezogenen Nager aus dem asiatischen Oligozän [2279] sind keine Bathyergiden, sondern spezialisierte Angehörige der Ischyromyoidea (Seite 292). Die rezenten Gattungen (*Georychus*, *Cryptomys*, *Bathyergus*, *Heliophobius* und *Heterocephalus*) weichen, wie schon oben angedeutet, morphologisch mehr oder weniger stark voneinander ab und sprechen für eine weit zurückliegende Radiation. Das Gehirn von *Heterocephalus* zeigt neben verschiedenen primitiven Zügen (relativ große Bulbi olfactorii, ungefurchte Hemisphären, schwach entwickelter Neocortex, Tectum zum Teil freiliegend) auch Reduktionserscheinungen (optisches System, Kleinhirn), die mit der Lebensweise zusammenhängen und dadurch den ursprünglichen Charakter zu verstärken scheinen. Nach Pilleri [2702] ist das Gehirn dem von Myomorphen ähnlich, doch sind etliche Eigenmerkmale nicht zu übersehen.

Anfänglich meist mit Myomorphen in Verbindung gebracht, machen anatomische und osteologische Untersuchungen verwandtschaftliche Beziehungen zu Hystricomorphen wahrscheinlich [1155, 1834, 2570, 2572, 2879a, 3871]. Nach Gorgas [1155] zeigen vier untersuchte Genera *(Cryptomys, Heliophobius, Bathyergus* und *Georychus)* starke Übereinstimmung der Baumerkmale des Verdauungssystems. Sie sind wegen der Lateraltaenien, dem drüsigen Magenepithel und dem ausgeprägten mesenterialen Colonrelief zu den Hystricomorphen zu stellen [1155]. Daher wäre vom phylogenetischen Standpunkt aus die taxonomisch vertretbare Abtrennung als eigene Unterordnung (Bathyergomorpha) überflüssig, sofern man den Bau des Verdauungstraktes als phylogenetisch konservativ betrachtet. Demgegenüber zeigt die Innervation der Facialismuskulatur nach Meinertz [2325a] ein nicht-hystricomorphes Verhalten. Eine derartige Merkmalskombination scheint bereits Tullberg [3672] zu seiner Gliederung der Hystricognathi in Hystricomorphi und Bathyergomorphi veranlaßt zu haben. Zum Ursprung der Bathyergiden kam es jedenfalls auf dem afrikanischen Kontinent. Die Zugehörigkeit der Sandgräber zu den Hystricomorphen vorausgesetzt, ist die Frage nach dem Entstehungszentrum der Hystricomorphen erneut aktuell geworden. Ihre Ableitung von einer gemeinsamen Wurzelgruppe vorausgesetzt, wäre eigentlich der Ursprung in Afrika und nicht in Südasien zu suchen. Demnach wären die (altweltlichen) Hystricomorphen spätestens im Eozän aus Angehörigen der Ischyromyoidea hervorgegangen.

Incertae sedis: Pedetoidea

Die Springhasen (**Pedetidae**) bilden eine Nagerfamilie, deren stammesgeschichtliche Herkunft bis in jüngste Zeit ungeklärt war. *Pedetes capensis*, der Springhase, steht innerhalb der Rodentia weitgehend isoliert. Die Springhasen sind Bewohner der offenen Landschaft; sie leben in Höhlen und sind in den weiten Ebenen und Savannen sowie in etwas gebirgigeren Gebieten von Kenya und Angola bis zum Kapland verbreitet. Diese nächtlich aktiven, bipeden Springer zeigen stark verlängerte Hinterextremitäten, kleine Vordergliedmaßen, einen langen, buschigen Schwanz und verhältnismäßig große Ohren und Augen, wodurch sie entfernt an Hasen erinnern. Das Backengebiß besteht aus hypsodonten, wurzellosen und bilophodonten Zähnen, deren Joche lingual miteinander verbunden sind. Die Zahnformel lautet $\frac{1\,0\,1\,3}{1\,0\,1\,3}$. Der Schädel erinnert etwas an den der Ctenodactyliden, doch sind die Frontalia stark verbreitert und die Mastoidpartie (nicht die Bulla) gebläht; auch die Zygomasseterregion ist ähnlich gestaltet (Abb. 363b). Die Mandibel ist modifiziert „sciurognath". Außer diesen osteologischen Übereinstimmungen oder Ähnlichkeiten gibt es auch anatomische (zum Beispiel Paracaecalschlinge [1155]), doch sind auch Unterschiede vorhanden. Nach Gorgas [1155] schließt das Fehlen von Lateraltaenien an Caecum und Colon und die glatte Enddarmwand nähere Beziehungen zu Hystricomorphen aus. Das Gehirn (Abb. 364) dagegen wirkt „hystricomorph" [824, 2700, 2701], Ektoparasiten *(Eulinognathus)* sind mit den Bathyergiden gemeinsam, doch kann es sich hier auch um einen sekundären Befall handeln. Auch der multiseriale Incisivenschmelz entspricht nicht dem sciuromorphen Typ.

Die wenigen Fossilfunde haben interessante Einblicke in die Fossilgeschichte und auch Hinweise für die stammesgeschichtliche Herkunft der Pedetiden erbracht, doch ist ihre taxonomische Stellung noch immer ungeklärt.

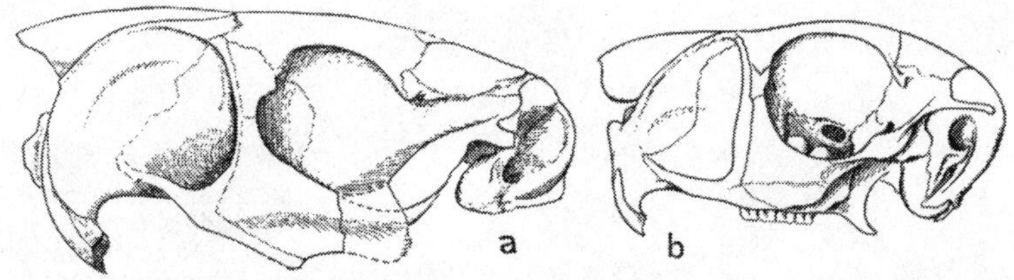

Abb. 363. Fossile und rezente Pedetiden. Osteocranium, lateral. a) *Megapedetes pentadactylus*, Miozän, Ostafrika. Osteocranium, teilweise rekonstruiert. b) *Pedetes capensis*, rezent, Afrika. (1/2) — Nach MACINNES 1957

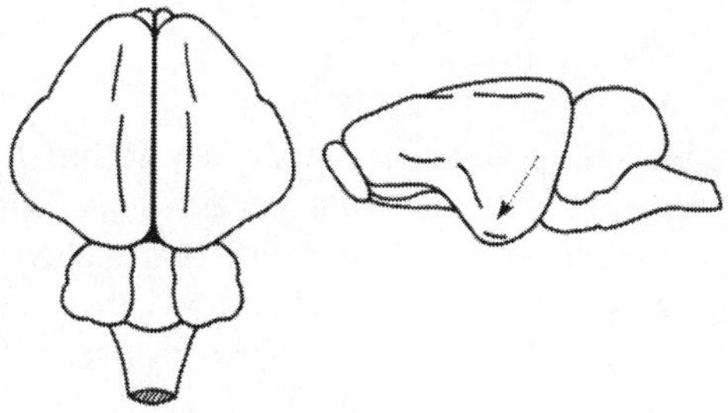

Abb. 364. *Pedetes capensis*, rezent. Gehirn (Schema). Dorsal- und Lateralansicht (verkleinert). Nach DRÄSEKE aus PILLERI 1960

Ursprünglich wegen der habituellen Ähnlichkeit mit Springmäusen als Dipodiden klassifiziert [366, 944, 1627], stellte THOMAS [3617] *Pedetes* zu den Hystricomorphen, nachdem DORAN [814] auf die hystricomorphe Ausbildung der Gehörknöchelchen hingewiesen hatte. Demgegenüber halten TULLBERG [3672], ELLERMAN [878], SIMPSON [3257] und GORGAS [1155] Beziehungen zu den Anomaluroidea wahrscheinlich. Die Ähnlichkeiten mit Dipodiden sind zweifellos Konvergenzerscheinungen, und die verschiedentlich angenommenen Beziehungen zu Theridomyiden sind Parallelbildungen. Da auch die Analyse nicht abgekauter Backenzähne keine eindeutigen Resultate zeitigte [3920], bleibt die Stellung der Pedetiden weiterhin problematisch. WOOD sieht in *Pedetes* einen höchst aberranten Seitenzweig alter asiatischer Eomyiden oder noch unbekannter Verwandter von *Griphomys* (Geomyoidea), die sich parallel zu den Geomyoidea entwickelt hätten, eine Annahme, die nicht nur aus geographischen Gründen unwahrscheinlich ist.

Wie die bisherigen Fossilfunde vermuten lassen, sind die Pedetiden eine Nagergruppe afrikanischen Ursprunges. *Megapedetes pentadactylus* aus dem Jung-Miozän Ostafrikas ist deutlich weniger spezialisiert (bewurzelte, brachyodonte Backenzähne, gut entwickelte Großzehe) als der rezente Springhase und nach MACINNES [2195] möglicherweise dessen Stammform (Abb. 363a, 365). Er ist jedoch ein typischer Pedetide. *Parapedetes* aus dem Miozän von Südwest-Afrika bildet nach STROMER [3506] und SCHAUB [3021] im Gegensatz zu DIETRICH [787] nicht die Stammform von *Pedetes*. Wie LAVOCAT & MICHAUX [2046b] in jüngster Zeit gezeigt haben, besitzen die Keimzähne (Molaren) von *Megapedetes* ein sehr ursprüngliches Muster, das am ehesten dem von Paramyiden oder Sciuraviden entspricht und weder eine Ableitung von Theridomyiden noch von Anomaluriden zuläßt. Damit ist der lange phyletische Eigenweg der Springhasen aufgezeigt. Die Pedetiden sind daher hier als Vertreter einer eigenen Überfamilie (ELLERMAN [878]) ausgeschieden, deren Zuordnung zu einer bestimmten Unterordnung noch offen ist.

In ihrer Gesamtheit sind die Rodentia eine der erfolgreichsten Säugetierordnungen überhaupt. Sie bilden ein Beispiel für einen frühzeitig entstandenen und im Prinzip beibehaltenen

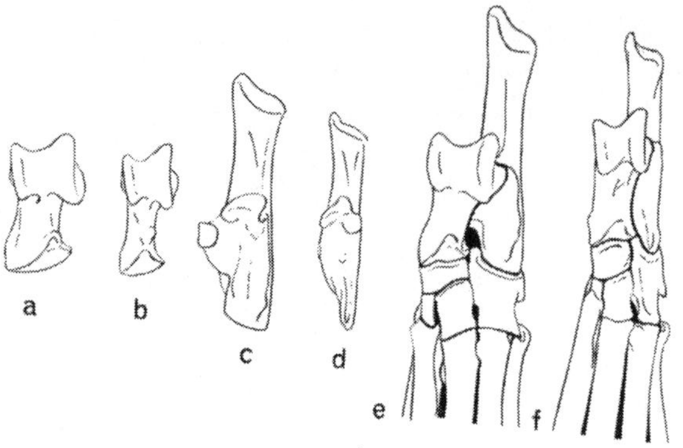

Abb. 365. Astragalus (a, b), Calcaneus (c, d) und Tarsus von *Megapedetes* (a, c, e) und *Pedetes* (b, d, f). Beachte fünfzehigen Fuß bei *Megapedetes*. (3/5) — Nach MACINNES 1957

Bauplan placentaler Säuger, in dessen Rahmen es wiederholt zu Radiationen mit zahllosen Parallelerscheinungen kam und zu einem Artenreichtum, der auch gegenwärtig noch anhält. Die mit der „Eroberung" fast sämtlicher Lebensräume in Zusammenhang stehenden Parallelbildungen erschweren die Beurteilungen der verwandtschaftlichen Beziehungen und machen die außerordentlich wechselnde systematische Gliederung verständlich. Nach WOOD [3896] sind Parallelerscheinungen geradezu das Motto der Evolution der Nagetiere.

Bemerkenswert ist, wie die ursprünglich (Paleozän) allein vertretenen Protrogomorpha im Alt-Tertiär durch die Theridomorpha und „Sciuromorpha" weitgehend verdrängt werden, während sich im Jung-Tertiär neben den „Sciuromorpha" auch die Myomorpha, Glirimorpha, Caviomorpha und Hystricomorpha entfalten, von denen im Quartär schließlich die Myomorpha dominieren. Die Caviomorpha haben sich in Südamerika wohl sehr formenreich entwickelt, ohne jedoch die Artenfülle der Myomorpha auch nur annähernd zu erreichen. So gesehen, sind die Muroidea die erfolgreichste Nagergruppe überhaupt.

Carnivora (Raubtiere)

Die rezenten Raubtiere bilden trotz ihrer großen Formenmannigfaltigkeit (zum Beispiel *Proteles*, *Melursus* und *Acinonyx* als Extremtypen) eine taxonomisch einheitliche Gruppe, deren Zusammengehörigkeit man bereits frühzeitig erkannte. So besteht kein Zweifel über die Zugehörigkeit der rezenten Arten zu dieser Säugetierordnung. Da auch die Placenta (Placenta zonaria) und das Ontogenese-Verhalten außerordentlich einheitlich [3386] sind, besteht kein Grund zur Annahme, daß es sich bei den Raubtieren um eine Gruppe „polyphyletischer" Herkunft handeln könnte (KRETZOI [1883]).

Bei Berücksichtigung fossiler Formen ergeben sich jedoch weitere Probleme, die auch gegenwärtig noch keineswegs gelöst sind, sondern Anlaß zu lebhaften Diskussionen geben. Die wesentlichsten betreffen die Abgrenzung der Carnivoren von den übrigen Säugetieren und damit die Frage: Was sind überhaupt Carnivoren?; sowie die Großgliederung der Fissipedia.

Die Frage nach der Abgrenzung ist mit dem Begriff *Creodonta* untrennbar verknüpft. Allgemein als Urraubtiere klassifiziert, umfassen die fossilen Creodonten zweifellos Angehörige verschiedener Stämme, wie dies bereits in den von MATTHEW [2262, 2267] verwendeten Namen Procreodi, Acreodi und Pseudocreodi für die drei Gruppen zum Ausdruck kommt. COPE [610a] stellte diese Bezeichnung Creodonten ursprünglich für verschiedene unguiculate fossile Säugetiere auf, einschließlich der Insektenfresser; seit SCHLOSSER [3047] beschränkte man sie auf die sogenannten Urraubtiere und klassifizierte sie als Carnivoren, indem man sie bis in die jüngste Zeit den Fissipediern und Pinnipediern als gleichwertige Kategorie gegenüberstellte [593, 3257]. Neuere Untersuchungen haben die bereits frühzeitig ausgesprochene heterogene Zusammensetzung bestätigt und zu dem Ergebnis geführt, daß es sich nicht um echte Carnivoren handelt, sondern um Angehörige anderer Säugetierordnungen oder Vertreter einer eigenen Ordnung.

Das erste gilt für die Arctocyonoidea (= Procreodi MATTHEW), die als geologisch älteste und primitivste Creodonten klassifiziert wurden, aber zweifellos Angehörige primitiver Huftiere und deshalb eher zu den Condylarthren zu stellen sind [1879, 3707]. In Zusammenhang damit muß man auch die aus Arctocyoniden (Triisodontinen) hervorgegangenen Mesonychoidea (= Acreodi MATTHEW) den Condylarthren zuordnen [3518, 3707]. Allen diesen Creodonten fehlt die für Raubtiere charakteristische Differenzierung eines Zahnpaares zur „Brechschere" (im Sinne von ABEL [11]), der Fußbau ist bei den Mesonychoidea ausgesprochen paraxonisch und die Endphalangen breit hufartig und gespalten.

Aber auch die Oxyaenoidea (= Pseudocreodi MATTHEW = Creophaga KRETZOI part.) weichen in verschiedenen Merkmalen von den echten Carnivoren ab, so daß eine bereits an der Basis erfolgte Trennung von den Carnivoren angenommen werden muß. Als wesentlichste Feststellung gilt, daß die bei den rezenten Raubtieren ausgebildete Brechschere (P^4/M_1) jener der Pseudocreodi (M^1/M_2 bzw. M^2/M_3) nicht homolog ist (Abb. 366). Abgesehen davon, weicht der

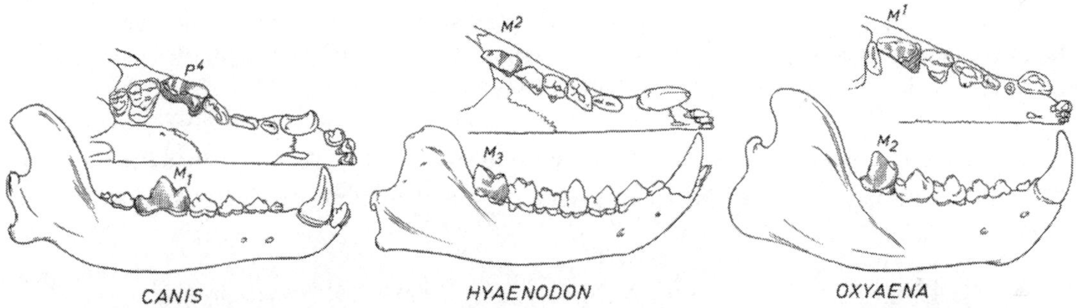

Abb. 366. Brechscherengebiß bei Carnivora)*Canis*(und Deltatheridia (= Hyaenodonta: *Hyaenodon*, *Oxyaena* [= „Creodonta" part. = Pseudocreodi]). Brechscheren einander nicht homolog. Bei Hyaenodontiden aus M^2/M_3, bei Oxyaeniden aus M^1/M_2 und nur bei den Carnivora aus P^4/M_1 gebildet. — Nach MATTHEW 1909, umgezeichnet

Bau der Molaren stark ab. Nach BUTLER [449] erfolgt bei den Pseudocreodi und den Eucreodi eine gegensätzliche Spezialisierung der schneidend ausgebildeten Backenzähne, indem bei den Pseudocreodi stets der posterobuccale Abschnitt der Molaren entwickelt oder verstärkt ausgebildet ist, während dieser bei den Eucreodi reduziert ist. Weiterhin kommt es trotz der Brechschere aus M^1/M_2 oder M^2/M_3 bei den Pseudocreodi zur Reduktion des M^2 oder M^3, der bei den Eucreodi noch lange persistiert. In Zusammenhang damit steht die Feststellung, daß bei den Pseudocreodi das Backengebiß nur eine schneidende Funktion besitzt, während bei den Eucreodi (Miacidae und übrige Fissipedia) außer der rein schneidenden Funktion das Gebiß auch eine quetschende besitzt. Dadurch sind die Carnivoren auch wesentlich plastischer als die bereits am Ende des Alt-Tertiärs fast völlig ausgestorbenen Pseudocreodi oder die gleichfalls ausgestorbenen südamerikanischen Borhyaeniden und die australischen Dasyuriden [449]. Entsprechend dieser Erkenntnis sind die Pseudocreodi als Parallele zu den Carnivoren aufzufassen. Ob man sie nun als eigene Ordnung Creodonta (sensu stricto [2196]) oder zusammen mit den Palaeoryctiden als Deltatheridia oder Hyaenodonta [3707, 3708] bezeichnet, ist — abgesehen von der unterschiedlichen Beurteilung ihrer Herkunft — weitgehend Ansichtssache. Während sie nach Van Valen [3707] von Formen aus der Verwandtschaft der Palaeoryctiden (zum Beispiel *Deltatheridium* aus der Ober-Kreide) abzuleiten wären, führt sie Butler [449] auf eine gemeinsame paleozäne Wurzel zurück*).

Fissipedia (Landraubtiere)

Mit der Frage nach der Herkunft der „Creodonta" ist auch die der Fissipedia verbunden, die wiederum nur in Zusammenhang mit den **Miacidae** und ihrer taxonomischen und phylogenetischen Stellung besprochen werden kann. Die Stellung dieser wiesel- bis wolfsgroßen Säugetiere wird zwar taxonomisch nicht einheitlich beurteilt, während in phylogenetischer Hinsicht grundsätzliche Übereinstimmung herrscht. Cope & Matthew klassifizierten sie als Creodonten. Schlosser [3049] bezeichnete sie auf Grund ihrer Brechschere als „adaptive Creodonten" und nahm direkte stammesgeschichtliche Beziehungen zu den Fissipediern an. Seitherige Untersuchungen haben dies bestätigt und zugleich erkennen lassen, daß die Miaciden nicht nur die geologisch ältesten Carnivoren bilden, sondern auch als Fissipedia zu klassifizieren sind („Carnassidentia" Wortman [3957]). Verschiedentlich ordnete man Angehörige der Miacidae (Miacinae) auch den Canidae [3961] oder den Viverridae [1189] zu. Ist diese, auf Grund von Gebißresten vorgenommene Zuordnung wegen verschiedener primitiver Merkmale in der Gehörregion zwar abzulehnen, so sind primitive Vertreter der Miaciden als Stammformen der neuzeitlichen Raubtiere anzusehen. Reste eindeutiger Miaciden sind bisher nur aus dem Paleozän (Nordamerika) und Eozän (Nordamerika, Europa) bekannt geworden.

Unter den Miaciden lassen sich zwei Gruppen unterscheiden. Die primitiveren Miacinae mit vollständigem Gebiß $\left(\frac{3\ 1\ 4\ 3}{3\ 1\ 4\ 3}\right)$ und die Viverravinae, bei denen die $M\frac{3}{3}$ reduziert sind (Abb. 367, 373). Gemeinsam sind den Miaciden jedoch die aus den P^4/M_1 gebildete Brechschere, die

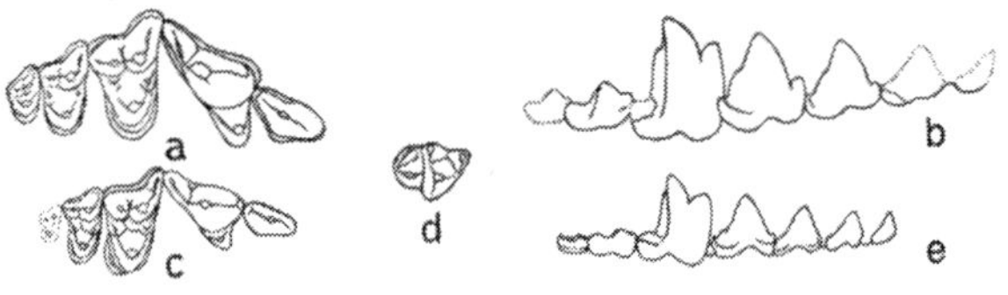

Abb. 367. *Miacis medius* (a, b) und *M. parvivorus* (c—e). Mittel-Eozän, Nordamerika, P^3—M^3 in Auf- und P_1—M_3 in Außenansicht. d) M_1 in Occlusalansicht. Beachte Brechscheren aus P^4—M_1. (1/1) Nach Matthew 1909

tribosphenischen Molaren (M inf. mit kurzem Talonid), der langgestreckte, niedrige Schädel, das Fehlen einer knöchernen Bulla tympani, die Verschmelzung von Radiale und Intermedium und die seitlich komprimierten, vorn zugespitzten und nicht gespaltenen Krallenphalangen. Gegenüber den „Creodonten" ist weiterhin das Gehirn deutlich evoluiert. Die Hemisphären sind bei „*Viverravus*" (= *Humbertia*) größer und gefurcht, das Neopallium relativ ausgedehnter und überdeckt das Tectum mesencephali, während das Cerebellum relativ kleiner ist. Die Bulbi olfactorii sind voluminös [2726]. Nach Piveteau erinnert diese Form an primitive „Caniden".

Die geologisch ältesten Miaciden stammen aus dem Alt-Paleozän [2196]. Obwohl Angehörige der Miacinae bisher nicht aus prä-eozäner Zeit bekannt sind, müssen Miacinae bereits im Paleozän neben Viverravinen existiert haben. Die gemeinsamen Stammformen sind für das

*) Wie das Vorkommen ältestpaleozäner Miaciden (cf. *Ictidopappus* [Puerco-Zone]) aus dem early Puercan des San Juan Beckens in New Mexico [2196] dokumentiert, müßte eine derartige gemeinsame Wurzel für die Ober-Kreidezeit angenommen werden.

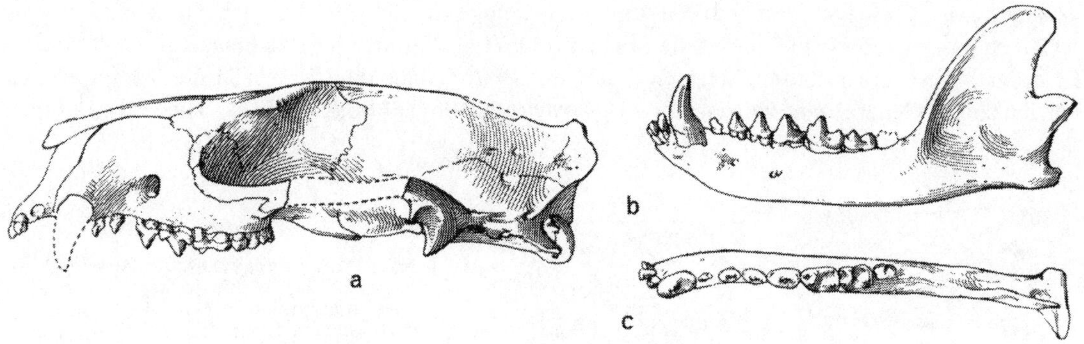

Abb. 368. *Vulpavus profectus* (Miacidae). Mittel-Eozän, Nordamerika. Osteocranium in Lateralansicht (a) und Mandibel sin. in Lateral- (b) und in Aufsicht (c). (6/5) — Nach MATTHEW 1909

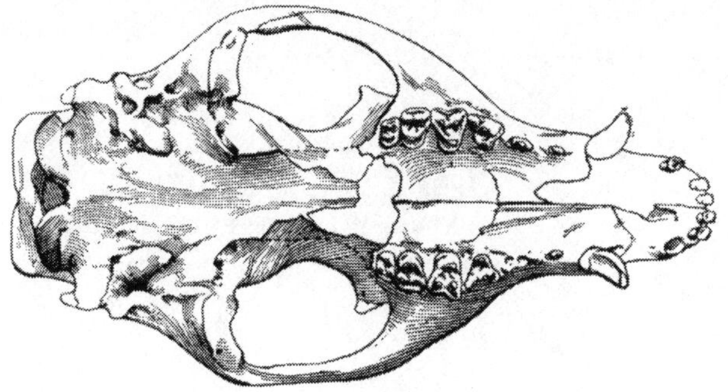

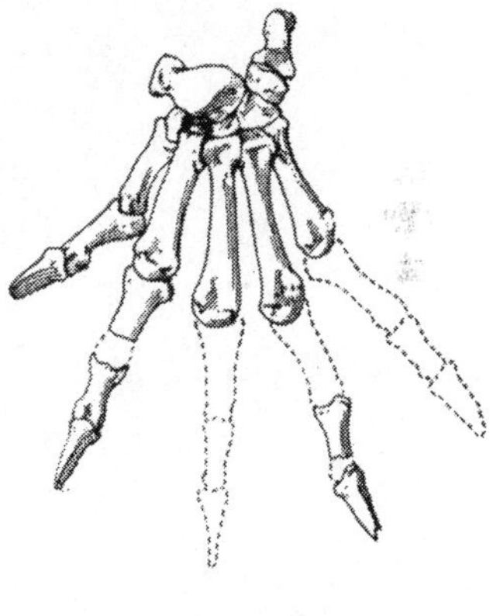

Abb. 369. *Vulpavus ovatus*. Mittel-Eozän, Nordamerika. Osteocranium in Basalansicht. P^1 reduziert. Backenzahngebiß aus 3 M sup. (3/4) — Nach MATTHEW 1909

Abb. 370. *Vulpavus profectus*, wie Abb. 368. Manus sin. Beachte Scapholunare (an dessen Bildung auch das Centrale carpi beteiligt ist) und die nicht gespaltenen Krallenphalangen. (5/6) — Nach MATTHEW 1909

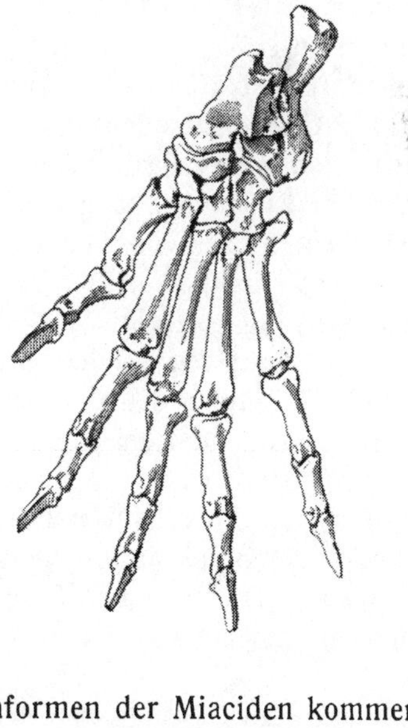

Abb. 371. *Vulpavus profectus*, wie Abb. 368. Pes sin. Beachte Artikulation zwischen Calcaneus, Astragalus, Centrale und Cuboid. (5/6) — Nach MATTHEW 1909

Alt-Paleozän (? oberste Kreide) anzunehmen. Als Stammformen der Miaciden kommen nach MACINTYRE [2196] am ehesten Ober-Kreide-Formen aus der Verwandtschaft von *Cimolestes* in Betracht. Eine Ableitung von Pseudocreodi oder Amphicreodi (im Sinne von GREGORY

& Hellman [1189]) kommt zeitlich und morphologisch nicht in Betracht*), wie auch eine Ableitung von Arctocyoniden, wie sie Simpson [3257] annimmt, nicht wahrscheinlich ist. Innerhalb der Viverravinae bilden Arten der Gattung *Protictis* aus dem Paleozän die Stammformen der eozänen Genera *Didymictis* und *Viverravus* [2196] (Abb. 372, 373). Die europäischen

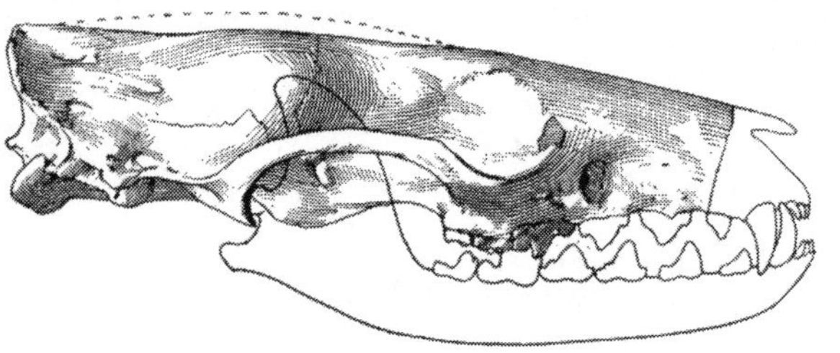

Abb. 372. *Viverravus minutus* (Miacidae). Mittel-Eozän, Nordamerika. Osteocranium in Lateralansicht (teilweise ergänzt nach anderen Exemplaren. (5/8) — Nach Matthew 1909

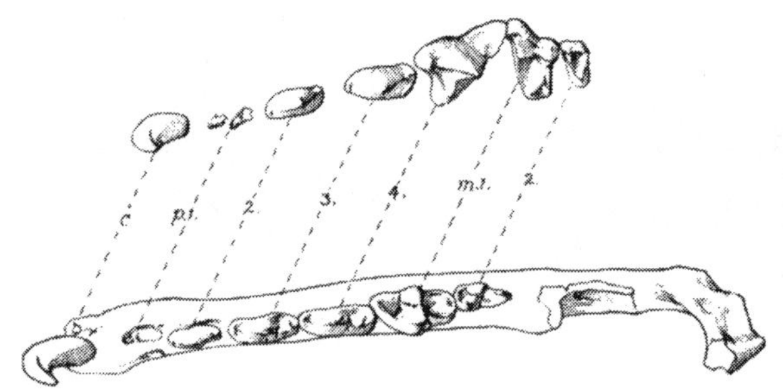

Abb. 373. *Viverravus sicarius*. Mittel-Eozän, Nordamerika. Maxillar-(C—M^2) und Mandibulargebiß (C—M_2) in der Aufsicht. Beachte die Molarenreduktion (M^3_3 fehlen) und die aus P^4—M_1 gebildete Brechschere. (11/10) — Nach Matthew 1909

„*Viverravus*“-Arten sind zwar von der nordamerikanischen Gattung abzuleiten, doch als eigene Gattung *(Humbertia)* abzutrennen [216]. *Ictidopappus* (Paleozän) bildet nach MacIntyre nicht die Ahnenform von *Viverravus*. Unter den eozänen Miacinae sind *Miacis*, *Uintacyon* und *Vulpavus* als wichtigste Gattungen zu nennen (Abb. 367—371). Erscheint damit die Herkunft der Miaciden geklärt, so erfordert die Großgliederung der übrigen Carnivoren und deren stammesgeschichtliche Zusammenhänge noch etliche Bemerkungen.

Die rezenten Carnivoren lassen sich nach morphologischen Gesichtspunkten zwanglos in die Landraubtiere (Fissipedia) und die Robben (Pinnipedia) gliedern. Diese fast allgemein anerkannte Gliederung bestätigen jedoch die serodiagnostischen Befunde nicht, indem die Robben serologische Affinitäten zu den Ursiden und — abgeschwächt — zu den übrigen Arctoidea zeigen und die Feliden den Caniden näher stehen [2114, 2627]. Da die Eiweißverwandtschaft als sicherer Hinweis auf die stammesgeschichtlichen Beziehungen zu werten ist, kommt diesen Befunden zweifellos eine entsprechende phylogenetische Bedeutung zu, selbst wenn man über den Grad der Eiweißverwandtschaft auf Grund des Mosaikmodus der Evolution diskutieren kann. Auf die rezenten Carnivoren angewendet, bedeutet dies, daß die chemische Differenzierung der Pinnipedier (Otariidae und Phocidae) weniger fortgeschritten ist als etwa die in Zusammenhang mit der Lebensweise und Ernährung stehenden Umbildungen im Bau der Extremitäten,

*) Gregory & Hellman [1189] bezeichneten die Palaeonictinae als Amphicreodi, da sie angeblich zwischen Pseudo- und Eucreodi vermitteln. Wie jedoch Butler [449] erwähnt, betrifft die Ähnlichkeit lediglich den bei *Palaeonictis* etwas größeren P^4 und M_1 gegenüber M^1 und M_2. Morphologisch entsprechen die Zähne von *Palaeonictis* aus dem Eozän jenen der übrigen Pseudocreodi.

des Schädels und des Gebisses. Daß diese Umkonstruktionen eine taxonomische Abtrennung als eigene Kategorie von den Landraubtieren notwendig machen, ist meines Erachtens durch serologischen Befund nicht in Zweifel gestellt. Wesentlich ist die Aussage jedoch in phylogenetischer Hinsicht, weil dadurch nicht nur eine Ableitung von fissipeden Carnivoren, sondern von den Arctoidea gesichert erscheint. Diese Feststellung ist wichtig, sind doch die Pinnipedia verschiedentlich von Creodonten hergeleitet worden.

Aber auch die Großgliederung der Landraubtiere wird keineswegs einheitlich vorgenommen. Sie ist mit der Frage nach ihrer stammesgeschichtlichen Einheit verknüpft. Auf FLOWER [957 a] geht die Dreiteilung in die Arctoidea (Mustelidae, Ursidae und Procyonidae), Cynoidea (Canidae) und Aeluroidea (Felidae, Viverridae und Hyaenidae) zurück, doch gliedert man die Fissipedia gegenwärtig meist nur in die Arctoidea (im Sinne von WINGE [3873] = Arctoidea + Cynoidea FLOWER = Canoidea SIMPSON) und die Herpestoidea WINGE (= Feloidea SIMPSON)*), indem der Bau der Bulla ossea grundsätzlich verschieden sein soll (Arctoidea: Bulla nur aus Os tympanicum [Ectotympanicum]; Herpestoidea: Bulla aus Os tympanicum und Os bullae [Entotympanicum] [3798]). Neuere Untersuchungen an rezenten Carnivoren konnten auch bei einzelnen Arctoidea (wie *Meles*, *Enhydra*, *Canis*) ein Entotympanicum nachweisen (Abb. 374, 375), so daß der angeblich grundsätzliche Unterschied zwischen Herpestoidea und Arctoidea

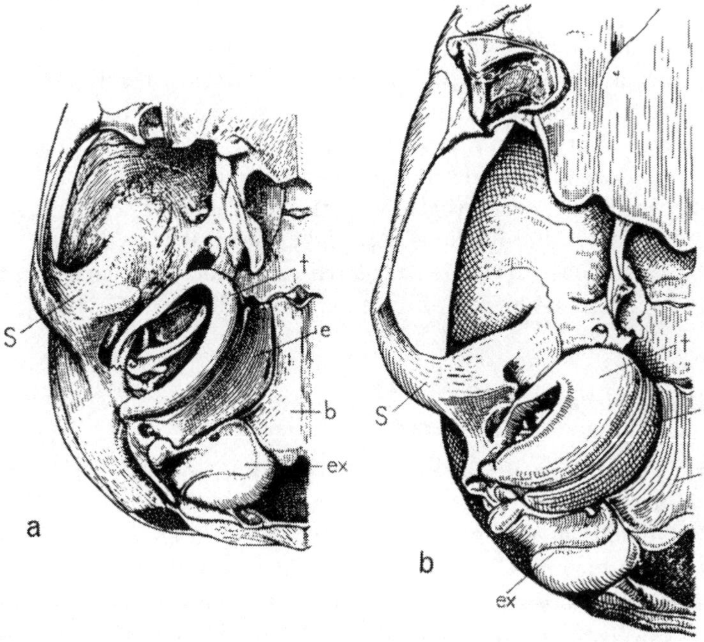

Abb. 374. *Canis lupus* (a) Haushund, b) Wildfang). Ventralansicht der Tympanalregion. a) 4 Wochen alt, b) 5—6 Wochen alt. Beachte Zusammensetzung der beim erwachsenen Tier einheitlich erscheinenden Bulla aus dem Ento- und Ectotympanicum. — Nach STARCK 1964

b = Basioccipitale
ex = Exoccipitale
t = (Ecto-)Tympanicum
e = Entotympanicum
S = Squamosum

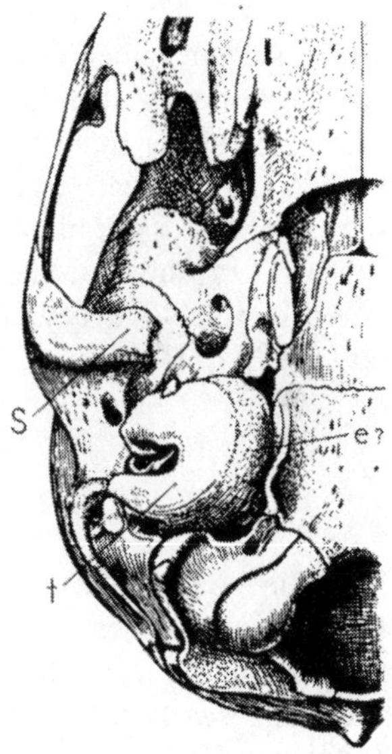

Abb. 375. *Ursus arctos syriacus*, rezent. 10 Wochen alt. Gehörregion in Ventralansicht. Abkürzungen wie Abb. 374. — Nach STARCK 1964

*) Auf die verschiedenen Gliederungsvorschläge von KRETZOI [1863, 1879, 1883, 1895] kann hier nicht eingegangen werden.

beziehungsweise Feliden und Caniden entfällt [387, 1747, 3394, 3800]. Diese Feststellungen stehen in Einklang mit paläontologischen Befunden, nach denen die ältesten Caniden sich im Bau der Gehörregion viverroid verhalten und damit ein gemeinsamer Ursprung angenommen werden kann [1563, 1567]. Demnach ergäbe sich für die rezenten Fissipedia eine Dreigliederung — die jedoch nur zum Teil der Flowerschen Gliederung entspricht — in die Herpestoidea (im Sinne von Scott & Jepsen [3144] Herpestidae, Viverridae und Hyaenidae), Cynofeloidea (Hough; Canidae und Felidae) und Arctoidea (Flower). Eine Stütze für diese Gliederung sind anatomisch-osteologische Befunde an rezenten Carnivoren [104, 703, 3150]. Demnach bilden die Caniden eine eigene, überaus einheitliche Gruppe, während die Musteliden den untereinander näher verwandten Procyoniden, Pandas und Ursiden wiederum etwas ferner stehen (Abb. 376). Weiterhin sind die rezenten Caniden nicht — wie meist von paläontologischer Seite angenommen — die primitivsten lebenden Fissipedia [706]. Dies gilt praktisch für sämtliche rezenten Caniden, die — geologisch gesehen — durchwegs Abkömmlinge einer sehr jungen Radiation der Caniden bilden. Die primitivsten lebenden Landraubtiere sind unter den Arctoidea zu suchen. In Zusammenhang mit der Klärung der taxonomischen Stellung verschiedener fossiler Raubtierstämme (Amphicyoniden) lassen sich auch sero-diagnostische Befunde in obigem Sinne interpretieren, indem nicht nur die Pinnipedia die größten Affinitäten mit Ursiden aufweisen, sondern auch von den Aeluroidea die Feliden den Arctoidea am nächsten stehen. Andererseits sind serologische und morphologische Übereinstimmungen zwischen Feliden und Viverriden und Viverriden und Hyaeniden vorhanden [2114].

Auf die Schwierigkeit oder Unmöglichkeit der Einordnung alt-tertiärer Carnivoren in dieses System haben besonders Kretzoi [1883] und Hough [1567] verwiesen. Im Zusammenhang mit der unterschiedlichen taxonomischen Einstufung von Fossilfunden läßt sich das geologische Alter oder erste Auftreten der einzelnen Raubtierfamilien nicht einheitlich angeben. Weitere Differenzen ergeben sich aus dem verschiedenen Umfang der Familien, da einerseits sieben, andererseits bis zu fünfzehn Familien (Herpestidae, Viverridae, Protelidae, Hyaenidae, Felidae, Cryptoproctidae, Canidae, Ursidae, Ailuropodidae, Ailuridae, Bassariscidae, Nasuidae, „Cercoleptidae", Procyonidae und Mustelidae) unter den rezenten Landraubtieren anerkannt sind [1169a, 2746], ganz abgesehen von den zahlreichen fossilen Gruppen [1563, 1863, 1883].

Arctoidea

Wie bereits oben auseinandergesetzt, bilden die Bären, Pandas und Waschbären eine untereinander näher verwandte Gruppe, denen sich die Marderartigen anschließen lassen. Da selbst die taxonomische Stellung und die stammesgeschichtlichen Beziehungen der rezenten Formen noch keineswegs restlos geklärt sind, ist dies für die tertiären Arctoidea, von denen meist nur Zahn- und Kieferreste, seltener ganze Schädel und postcraniale Skelettelemente vorliegen, noch viel weniger zu erwarten [1136, 1883, 2001, 3553]. Da außerdem die einzelnen Merkmalskomplexe nicht synchron evoluieren und die taxonomische Bewertung nicht einheitlich erfolgt, ergeben sich zusätzlich zahlreiche Probleme.

Zu den wichtigsten taxonomisch-phylogenetischen Problemen innerhalb der rezenten Arctoidea zählt einerseits die Stellung von *Ailuropoda*, andererseits die Abgrenzung und Gliede-

Abb. 376 (rechts). Die vermutlichen stammesgeschichtlichen Zusammenhänge innerhalb der Landraubtiere (ohne Miacidae) und die Ableitung der Robben. Die Musteliden, Procyoniden, Ailuriden und Ursiden lassen sich als Angehörige der Arctoidea auf eine gemeinsame Wurzelgruppe zurückführen, neben jener der Caniden sowie der Feliden und Schleichkatzen und ihrer Abkömmlinge. Sämtliche Fissipedia sind aus Miaciden entstanden

Felis
Panthera
Viverra
Crocuta
Acinonyx
Cryptoprocta
Herpestes
Proteles
HYAENIDAE
VIVERRIDAE
HERPESTIDAE
Canis
Vulpes
Smilodon
Otocyon
Ictitherium
CANIDAE
FELIDAE
Ursus
Amphicyon
Tremarctos
URSIDAE
AILURIDAE
Ailurus
Procyon
Dinictis
Indarctos
Meles
PROCYONIDAE
MUSTELIDAE
Martes
Lutra
PINNIPEDIA
HOLOZÄN
PLEISTOZÄN
PLIOZÄN
MIOZÄN
OLIGOZÄN
EOZÄN

rung der „Procyoniden“. Unter den fossilen Arctoidea sind es vor allem die Amphicyoniden und die Hemicyoniden, deren verwandtschaftliche Beziehungen keineswegs einheitlich beurteilt werden, ganz abgesehen von sonstigen zahlreichen Problemen, die sich meist nur auf einzelne Fossilformen beziehen.

Die Frage nach den stammesgeschichtlichen Beziehungen von *Ailuropoda* ist zwangsläufig mit der Abgrenzung der Ursiden und der Procyoniden verknüpft. *Ailuropoda melanoleuca*, der Bambusbär oder große Panda (Abb. 377), beurteilte man seit seiner Entdeckung sehr verschieden. Ursprünglich als Bär (*Ursus melanoleucus*) beschrieben [697], trennte ihn bereits Milne-Edwards [2353] als eigene Gattung ab und klassifizierte ihn als Procyonide. Seither ist die Dis-

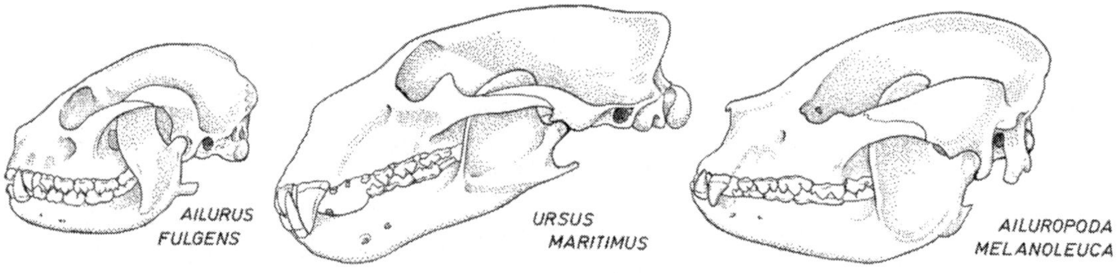

Abb. 377. Schädel (Lateralansicht) von *Ailuropoda*, *Ursus* und *Ailurus*. Beachte Unterschiede zwischen *Ailuropoda* und *Ursus* im Bau und Ausbildung des Unterkiefers, des Fazialschädels und des Gebisses sowie Übereinstimmung zwischen *Ailurus* und *Ailuropoda*. Scheitelkamm und massiver Jochbogen in Zusammenhang mit verstärkter Kaumuskulatur

kussion nicht zum Stillstand gekommen, indem man den Bambusbären entweder als Ursiden [188, 221, 706, 1103, 2114, 2337, 3150, 3873] oder als Procyoniden [1182, 2370a, 2409, 2823, 3257] bewertete, sofern er nicht, zusammen mit *Ailurus* als Ailuride [3343a] oder als Vertreter einer eigenen Familie (Ailuropodidae [2746]) angesehen wurde. Die jeweilige Zuordnung erfolgte mit Hilfe morphologischer, anatomischer, serologischer, ethologischer und karyologischer Kriterien und die Ähnlichkeiten oder Übereinstimmungen deutete man als verwandtschaftlich bedingt oder als Konvergenz oder Parallelerscheinung (Abb. 378—380).

Wenn auch in letzter Zeit auf Grund sorgfältiger anatomischer Untersuchungen [706] und nach serodiagnostischen Befunden [2114] *Ailuropoda melanoleuca* als Angehöriger der Ursiden gilt, so erscheinen doch einige Bemerkungen über die Wertigkeit der Merkmale notwendig, zumal karyologisch keine Übereinstimmung mit Ursiden, sondern mit Procyoniden gegeben ist

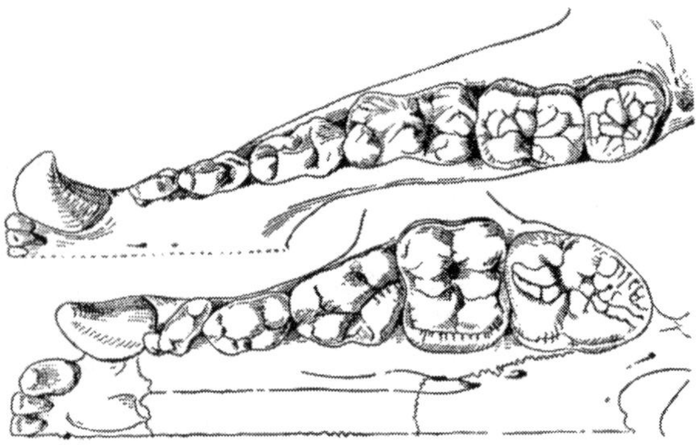

Abb. 378. *Ailuropoda melanoleuca*, rezent. Ober- und Unterkiefergebiß in Aufsicht. Beachte die schneidende Ausbildung der vorderen Prämolaren, die gänzlich vom ursiden Typ abweicht und die entfernte Ursidenähnlichkeit der Molaren, die in Zusammenhang mit der herbivoren Ernährung steht. (1/2) Nach Erdbrink 1953

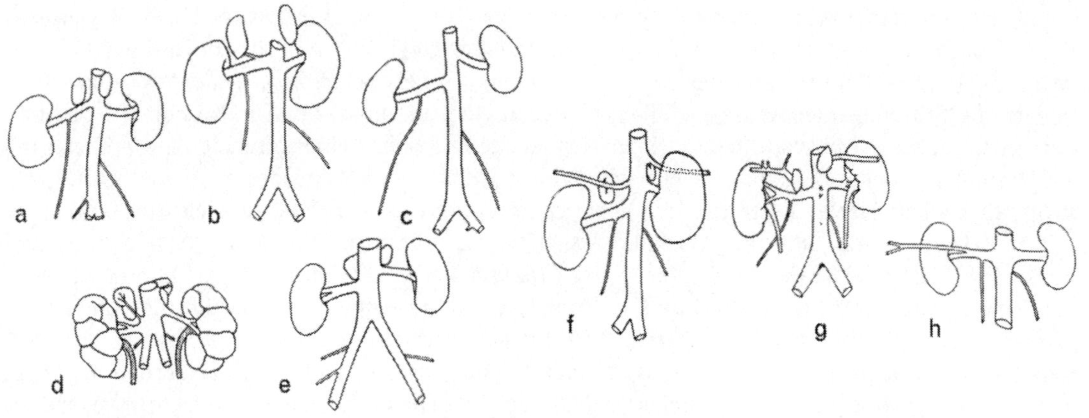

Abb. 379. Verlauf der Vena cava inferior, V. renalis und V. ovarica bei *Ailuropoda* (d) im Vergleich zu *Ailurus* (e), Procyoniden (a) *Procyon*, (b) *Nasua*, (c) *Potos*, *Vulpes* (f) und Ursiden (g) *Ursus americanus* (h), *Helarctos malayanus*). Beachte Unterschiede gegenüber Procyoniden, Caniden und Ursiden. — Nach RAVEN 1936

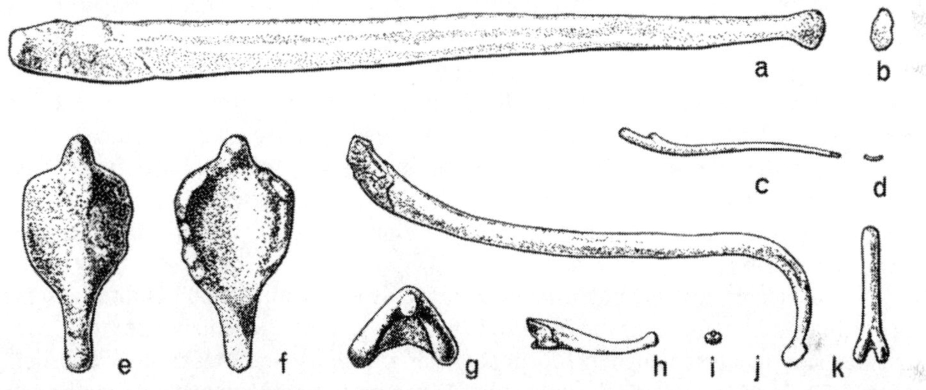

Abb. 380. Penisknochen einiger arctoider Carnivoren, lateral und proximal. a, b) *Ursus americanus*, c, d) *Bassariscus astutus*, e—g) *Ailuropoda melanoleuca*, h, i) *Ailurus fulgens*, j, k) *Procyon lotor*. Beachte Ausbildung des Baculum bei *Ailuropoda*, das völlig von dem der Ursiden und Procyoniden abweicht und noch am ehesten als modifizierter *Ailurus*-Typ angesehen werden kann. a—d) und h—k) (3/4), e—g) (1,5/1) — Nach DAVIS 1964

(2n = 42 bei *Ailuropoda* wie bei *Procyon* gegenüber 56 und 74 bei Ursiden [2469, 2470]). Freilich sind noch längst nicht alle Ursiden und Procyoniden karyologisch untersucht.

Nach D. & R. MORRIS [2410] ist für die Beurteilung der taxonomischen Stellung von *Ailuropoda* wichtig, ob *Ailurus* der nächste lebende Verwandte ist, ob *Ailuropoda* ein „alter" Bambusfresser ist, der sich erst in jüngster Zeit zur Großform entwickelte, oder ob es sich um alte Großform handelt, die erst kürzlich zum Bambusfresser wurde. Das heißt: ist der Bambusbär eine durch Ernährung und Größe bärenähnliche Form oder ein Urside mit Anklängen an *Ailurus* oder Procyoniden?

Fossilfunde sind zur Lösung dieses Problems kaum verwendbar, da die bisher bekannten Reste von Bambusbären aus dem Ältest- und Alt-Quartär („*Ailureidopus baconi*" WOODWARD [3951] = *Ailuropoda melanoleuca*; *Ailuropoda fovealis* MATTHEW & GRANGER [2280] = *A. melanoleuca fovealis*; *A. microta* [2638 a]) des südostasiatischen Raumes (Burma, Südchina) sich im

Gebiß der rezenten Art anschließen. Immerhin zeigen sie — abgesehen von der einst weiteren Verbreitung von Bambusbären — trotz grundsätzlicher Übereinstimmung im Bau der Molaren ($M\frac{1}{1}$) mit jung-tertiären Agriotherien (*Agriotherium* = „*Hyaenarctos*", *Indarctos*), daß diese Genera als Stammformen infolge völlig gegensätzlicher „trends" in den Prämolaren nicht in Betracht kommen. Innerhalb der Agriotherien ist keine Art mit einer ailuriden Differenzierung der Prämolaren bekannt. Damit ist die von Winge [3873] erstmals ausgesprochene Vermutung, *Ailuropoda* sei ein letzter Vertreter der pliozänen „*Hyaenarctos*"-Gruppe, der sich auch Schlosser [3051], Bardenfleth [188] und Weber [3796, 3798] angeschlossen haben und die in neuerer Zeit Erdbrink [893] in etwas modifizierter Weise (*Indarctos*→*Ailuropoda*) vertritt, hinfällig geworden. Dies gilt auch für die durch Boule & Piveteau [350a] versuchte Verknüpfung von *Ailuropoda* mit den neuweltlichen Arctotherien. Wie zuletzt Davis [706] gezeigt hat, sind Muskulatur, Gefäßsystem und Respirationsorgane weitgehend ursid, dagegen Kauapparat, Verdauungstrakt und der Genitalapparat im wesentlichen ailurid gebaut. Die Unterschiede im Gehirn gegenüber *Ailurus* lassen sich durch das Evolutionsniveau erklären. Im Detail sind deutliche Differenzen gegenüber *Ursus* erkennbar, die mit einer Deutung als Konvergenzerscheinung in Einklang stehen. Die Ergebnisse der Serodiagnostik bedürfen erst einer Bestätigung durch weitere Untersuchungen, die sämtliche Ursiden, Ailuriden und Procyoniden umfassen müßten.

Unter den „nicht-adaptiven" Merkmalen ist besonders die Ausbildung des männlichen Genitalapparates wesentlich, der sich grundsätzlich von dem der Ursiden unterscheidet und — etwa von der Ausbildung des Baculum abgesehen — mit *Ailurus* übereinstimmt. Es erscheint mir daher viel wahrscheinlicher, *Ailuropoda melanoleuca* als eine Großform der Ailuriden anzusprechen denn als Angehörigen der Ursiden, selbst wenn man eine sehr frühzeitige Trennung innerhalb der Ursiden annimmt. Nicht zuletzt sei auf das Verhalten hingewiesen, das — wenn man von dem im Zusammenhang mit der Arboricolie beziehungsweise den Körperdimensionen stehenden Verhaltensweisen absieht — durchaus nicht ursidenartig ist (zum Beispiel Art des Markierens [1244, 3071]).

Dazu einige Bemerkungen zu den **Ailuriden** und ihrer vermutlichen stammesgeschichtlichen Herkunft. Abgesehen von *Ailuropoda* bildet *Ailurus fulgens* die einzige rezente Art. *Ailurus* unterscheidet sich in verschiedenen morphologisch-anatomischen Merkmalen von den Procyoniden (Abb. 379 u. 380), die eine Abtrennung als eigene (Unter-)Familie notwendig machen. Zu den morphologischen Differenzen kommt noch die geographische Verbreitung, indem die Ailuriden auf die Alte Welt beschränkt sind. Ihre Herkunft konnte durch Fossilfunde etwas aufgehellt werden. Fossile Ailuriden sind, wenn man von *Ailuropoda* absieht, aus dem asiatischen („*Sivanasua*" *palaeindica*) und aus dem europäischen Jung-Tertiär (*Sivanasua* [=„*Schlossericyon*"] *viverroides* aus dem Miozän, *Parailurus* aus dem Plio-Pleistozän) mehrfach bekannt [1829, 3050]. Sie belegen nicht nur die einst weitere Verbreitung der Ailuriden, sondern auch ihren altweltlichen Ursprung. *Sivanasua antiqua**) läßt eine Ableitung von *S. viverroides* oder auch von *Parailurus* und *Ailurus* zu. Verwandtschaftliche Beziehungen zu (neuweltlichen) Procyoniden, wie sie sowohl Pilgrim [2687] als auch Crusafont [653] annehmen, beruhen auf entfernten Ähnlichkeiten im Bau der Molaren mit *Nasua*, die aber für derart weitreichende Schlußfolgerungen nicht ausreichen. Damit ist der lange stammesgeschichtliche Eigenweg der

*) Die von Crusafont [653] als *Schlossericyon* [= *Sivanasua*] *viverroides antiquus* beschriebenen Zahnreste aus dem Burdigal Spaniens verhalten sich wohl ursprünglicher als *Ailurus*, sind jedoch zweifellos ailurid. Leider bezieht sich die durch Crusafont [653] aufgestellte Gattung *Schlossericyon* auf „*Ailuravus*" *viverroides* Schlosser aus Altenfeld, die bereits Pilgrim [2687] als Typusart für *Sivanasua* verwendete. Die Ailuriden aus den Siwalikschichten sind wohl von der europäischen Gattung verschieden, doch müßte „*Sivanasua*" *palaeindica* aus dem Chinji neu benannt werden, da *Schlossericyon* durch *Sivanasua* präokkupiert ist und für „*Ailuravus*" *viverroides* und *antiquus* verwendet werden muß. Die Zugehörigkeit von „*S.*" *himalayensis* aus dem Nagri zu den Ailuriden erscheint fraglich.

Ailuriden dokumentiert und die Abtrennung als eigene Familie gerechtfertigt. Wie HOUGH [1567] gezeigt hat, ist *Aletocyon* aus dem nordamerikanischen Unter-Miozän nicht, wie ROMER & SUTTON [2953] annehmen, die Stammform der Ailuriden, sondern ein Canide.

Ob die **Procyoniden** nun tatsächlich neuweltlicher Entstehung sind, ist damit noch nicht entschieden. Nach dem Vorkommen alt-tertiärer Carnivoren mit procyonider Gehörregion in Europa (wie *Plesictis* = ,,*Pseudobassaris*" [2770]) wird verschiedentlich ein altweltlicher Ursprung angenommen, doch hat damals (älteres Oligozän) ein reger Faunenaustausch zwischen Nordamerika und Eurasien stattgefunden, so daß die europäischen ,,Procyoniden" auch als neuweltliche Einwanderer gedeutet werden können. Wenn auch die weitere stammesgeschichtliche Entwicklung der Procyoniden zweifellos in der Neuen Welt verlaufen ist, so scheinen doch auch noch im Jung-Tertiär Europas Procyoniden vorhanden gewesen zu sein.

Allerdings haben neuere Untersuchungen [1567] gezeigt, daß weder die auf WORTMAN [3954] und WORTMAN & MATTHEW [3961] zurückgehende Auffassung, *Phlaocyon* aus dem älteren Miozän Nordamerikas sei die Stammform der Procyoniden, noch deren Herkunft von Caniden aufrechtzuerhalten ist. *Phlaocyon* ist nach dem Bau der Gehörregion zweifellos ein Angehöriger der Caniden, der nicht als Ahnenform der Procyoniden in Betracht kommt. Die Ähnlichkeiten im Gebiß mit *Procyon* sind eine Konvergenzerscheinung. Im Skelett vermittelt *Phlaocyon* zwischen *Pseudocynodictis* und *Canis*. Auch *Aletocyon* ist kein Procyonide, sondern ein Canide [1567].

Auch die Gattung *Parictis* aus dem Oligozän der USA, die verschiedentlich als Vorfahre von *Phlaocyon* angesehen wurde (CLARK in [3144]), ist ein Canide [1251 a]. Die Ähnlichkeiten mit Procyoniden beruhen lediglich auf dem Gebiß. Gleiches gilt für die Cynarctinae (*Cynarctus*, *Cynarctoides* [2185]) aus dem Miozän der USA, die von Caniden lediglich durch die vergrößerten bunodonten Molaren abweichen, weshalb KRETZOI [1883] sie als Agriotheriiden betrachtet.

Demgegenüber ist die bisher als Mustelide klassifizierte Gattung *Mustelavus* aus dem Unter-Oligozän der USA (White River Formation) nach HOUGH [1567] zu den Procyoniden zu stellen. Dies gilt auch für *Zodiolestes* aus dem Alt-Miozän [1566]. Diese typisch arctoiden Carnivoren, können nicht von caniden Stammformen abgeleitet werden. Da auch die Ursiden nicht auf Caniden zurückzuführen sind (siehe unten), ist die zumeist angenommene zentrale Stellung der Caniden innerhalb der Canoidea hinfällig.

Die rezenten Procyoniden sind eine recht heterogene Gruppe. Dies kommt bereits in der unterschiedlichen taxonomischen Beurteilung zum Ausdruck, indem bis zu vier Familien (Procyonidae, Nasuidae, ,,Cercoleptidae" und Bassariscidae [1169a]) oder fünf Unterfamilien (Potosinae, Bassariscinae, Bassaricyoninae, Procyoninae, Nasuinae [2746]) unterschieden werden. Die Unterschiede beziehen sich nicht nur auf den Habitus, Schädel und Gebiß, sondern auch auf anatomische Merkmale (zum Beispiel *Potos* [703]). Sie sind jedoch nur Ausdruck der frühzeitigen Aufspaltung der Procyoniden, die zu verschiedenen biologischen Typen mit recht unterschiedlichem Evolutionsniveau geführt hat und nicht zuletzt durch das Fehlen von Schleichkatzen als Konkurrenten mitbedingt sein dürfte.

Unter den rezenten Procyoniden gilt *Bassariscus astutus*, das Katzenfrett, als ursprünglichste Form und als ,,lebendes Fossil". Dies bestätigen Fossilfunde aus dem Arikareean (Altmiozän) der USA, die sich von *Bassariscus* nicht unterscheiden lassen [598]. Weitere Fossilfunde dieser Gattung (einschließlich ,,*Probassariscus*") sind aus dem jüngeren Miozän, Pliozän und Pleistozän Nordamerikas bekannt [1173, 1250]. Es erscheint daher verständlich, daß man *Bassariscus* verschiedentlich als Angehörigen einer eigenen Familie von den übrigen Procyoniden abtrennte. Dieser Gattung stehen die europäischen Genera *Plesictis* und *Amphictis* nahe.

Unter diesen zählt *Potos* (=,,*Cercoleptes*") zu den in vieler Hinsicht spezialisiertesten, die Waschbären (*Procyon*) zu den generalisiertesten Procyoniden. *Nasua* und *Bassa-*

ricyon verhalten sich — abgesehen von einigen Sonderspezialisationen — morphologisch etwas intermediär.

Von den gegenwärtig auch in Südamerika vorkommenden Procyoniden haben die Nasenbären den südamerikanischen Kontinent bereits im Pliozän — vor der allgemeinen Invasion nordamerikanischer Landsäugetiere im Pleistozän — erreicht, wie *Cyonasua* (= „*Amphinasua*" = „*Pachynasua*" [1857]) aus dem Pliozän Argentiniens dokumentiert. *Procyon* hat sich erst im Pleistozän nach Südamerika verbreitet. Von *Bassaricyon* und *Potos* liegen bisher keine Fossilfunde vor. *Bassaricyon*, die Makibären Mittel- und des nordwestlichen Südamerika, sind primitiver als *Potos* (kein Wickelschwanz, weniger Pflanzenfresser [2768]), besitzen jedoch Analdrüsen, die den Wickelbären fehlen. Es ist ein etwas älterer Stamm der Procyoniden. *Potos flavus*, der Wickelbär Zentral- und Südamerikas, ist zweifellos der spezialisierteste Procyonide (z. B. $\frac{3\ 1\ 3\ 2}{3\ 1\ 3\ 2}$; vollkommener Greifschwanz [2746]), dessen Sondermerkmale jedoch meist im Zusammenhang mit der Lebensweise zu erklären sind.

Wie Fossilfunde aus dem Oligo-Miozän Nordamerikas (*Allocyon*, *Kolponomos* [3465]) zeigen, entwickelten die Procyoniden im Tertiär auch ans Wasserleben angepaßte Formen, ähnlich den Lutrinen unter den Musteliden. *Allocyon* ist nach dem Bau der Gehörregion zweifellos ein Procyonide. *Kolponomos* (nur Fazialschädel bekannt) aus dem Mittel-Miozän Kaliforniens schließt sich *Allocyon* an, ist jedoch wesentlich höher spezialisiert und wird von Stirton als marine, küstenbewohnende Form gedeutet.

Gegenüber den Procyoniden bilden die rezenten **Ursiden** — abgesehen von dem im Habitus aus dem Rahmen fallenden Lippenbären, der übrigens ursprünglich als Faultier klassifiziert wurde — eine ziemlich einheitliche Gruppe unter den arctoiden Carnivoren. Im allgemeinen sind die Ursiden wenig differenzierte Carnivoren mit zahlreichen Primitivmerkmalen, die jedoch durch den Totalhirnindex [3881] aus dem Rahmen der übrigen Fissipedia völlig herausfallen. Zugleich sind es die vollkommensten Nesthocker unter den Placentaliern [3383]. Die Unterschiede zwischen den rezenten Bären sind im wesentlichen durch das verschieden hohe Evolutionsniveau und durch Sonderanpassungen (*Melursus*, „*Thalarctos*") bedingt. Allerdings haben neuere Untersuchungen zu wesentlichen Änderungen über die Abgrenzung und damit zugleich auch über die Herkunft der Ursiden geführt, die eine Diskussion erforderlich machen. Auf das *Ailuropoda*-Problem wurde bereits eingegangen (Seite 354).

Wie bereits erwähnt (Seite 357), lassen sich die Ursiden nicht auf canide Stammformen zurückführen. Diese, im wesentlichen auf Fossilfunden basierende Erkenntnis bestätigen serologische und anatomische Befunde an rezenten Formen. Wie Hough [1567] ausführt, ist die urside Gehörregion vom procyoniden und nicht vom caniden Typ abzuleiten. Mit dieser Feststellung ist jedoch zugleich die Problematik berührt, die sich bei der Beurteilung fossiler Carnivoren ergibt, nämlich die Wertigkeit der Merkmalskomplexe. Während das Gebiß zwar für die Beurteilung der stammesgeschichtlichen Zusammenhänge bei altersgemäß aufeinanderfolgenden Stadien völlig ausreicht, wie etwa die subtilen Untersuchungen am Gebiß der Amphicyoniden durch Kuss [2001] erneut bestätigten, so ist dieses allein für die taxonomische Zuordnung nicht ausreichend. Hierzu ist die Kenntnis phylogenetisch konservativer Merkmalskomplexe notwendig, wie sie etwa in der Gehörregion gegeben sind. Das Gebiß neigt wesentlich eher zu Parallel- und Konvergenzerscheinungen. Da von Fossilformen die Gehörregion nicht oder nur unvollständig bekannt ist, ergeben sich hinsichtlich der taxonomischen Zugehörigkeit und auch der phylogenetischen Zusammenhänge wesentliche Unterschiede in den Auffassungen. Eine dieser Fossilgruppen sind die Amphicyoniden.

Ursprünglich und auch neuerdings noch [2001] als Caniden bewertet, sind die Amphicyoniden nach der Gehörregion und auch nach dem postcranialen Skelett trotz des caniden Gebisses

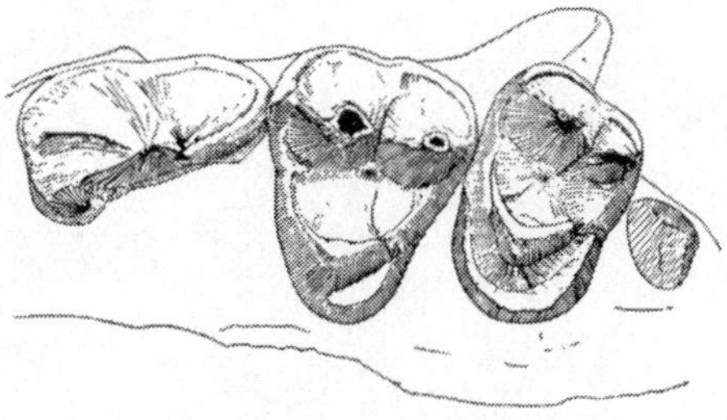

Abb. 381. *Amphicyon major* (Ursidae). Mittel-Miozän, Europa. P^4—M^2 sin. und Alveole für M^3. Beachte canoide Differenzierung der Backenzähne durch den schneidenden P^4 und nicht ursid verlängerte Molaren. (2/3) — Nach Kuss 1965

Abb. 382. *Amphicyon (major) eppelsheimensis* (Ursidae). Alt-Pliozän, Europa. P_4—M_2 sin. und Alveole für M_3 in 3 Ansichten. Beachte canoide Differenzierung der Backenzähne. (3/5) — Nach Kuss 1965

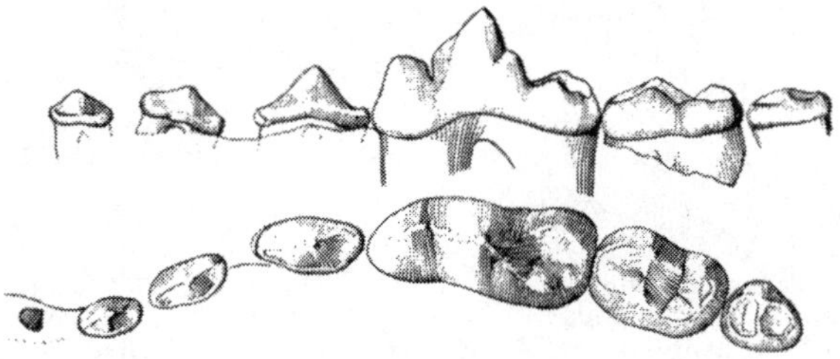

Abb. 383. *Plithocyon* (= „*Hemicyon*") *ursinus* (Ursidae). Miozän, Nordamerika. P_2—M_3 dext. Beachte schneidende Ausbildung des M_1 und canidenähnliche Reduktion von M_2 und M_3. (3/4) Nach Frick 1926

(Abb. 381, 382) als Ursiden zu klassifizieren [1567, 2503]. Gleiches gilt für die Hemicyoniden (Abb. 383), die Kretzoi [1863, 1883] zusammen mit weiteren Carnivoren als Angehörige einer eigenen Familie (Agriotheriiden) bewertet. Freilich läßt sich darüber diskutieren, ob die Amphicyoniden und die Agriotheriiden als eigene Familien von den Ursiden abzutrennen und mit ihnen zu einer Überfamilie (Ursoidea) zu vereinen sind. Wesentlich ist, daß es sich um Verwandte der Ursiden und nicht der Caniden handelt. Damit sind auch die serologischen Affinitäten der Robben paläontologisch fundiert, schienen doch nach den bisherigen Fossilfunden die Bärenartigen erst an der Wende Alt-Jungtertiär aus Caniden entstanden zu sein, das heißt, zu einer Zeit, in der die Robben längst existiert haben müssen. Damit ist wiederum die Frage nach den unmittelbaren Stammformen der rezenten Ursiden verknüpft.

Wenn man von *Thalarctos maritimus* absieht, bilden die rezenten Ursiden ausgesprochen omnivore Raubtiere. Dies dokumentiert sich nicht nur im Gebiß, dessen Brechschere ihren schneidenden Charakter verloren hat, und den stark vergrößerten Molaren, die eine echte Kaufläche bilden, sondern auch im fünfzehigen Extremitätenbau und im allgemeinen Habitus. Mit der Vergrößerung der Molaren geht eine Reduktion der vorderen Prämolaren Hand in Hand. Diese Trends sind bei allen Ursiden ausgeprägt, doch ist der Grad der Spezialisation, zum Teil durch sekundäre Rückbildung, verschieden (Abb. 384, 385).

Als Hauptstamm sind die Ursinae aufzufassen, die rezent durch *Helarctos*, *Melursus* und *Ursus* (mit *Euarctos*, *Ursus* und *Thalarctos*) vertreten sind und deren stammesgeschichtliche Entwicklung sich durch Fossilfunde weitgehend klären ließ. Als in vieler Hinsicht ursprünglichste Bärenart gilt der Malayenbär *(Helarctos malayanus)*, dessen Molarengebiß sich nicht über

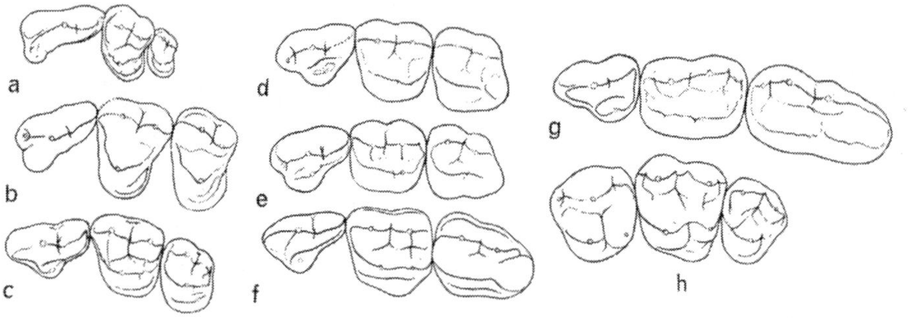

Abb. 384. Oberkiefer-Backengebiß (P^4—M^2) rezenter und fossiler Caniden (a) *Canis*, rezent), Ursiden (b) *Amphicyon*, c) *Plithocyon* [= „*Hemicyon*"], Miozän, d) *Agriotherium* [= „*Hyaenarctos*"], Pliozän, e) *Indarctos*, Pliozän, f) *Ursavus*, Miozän, g) *Tremarctos*, rezent) und Procyoniden (h) *Procyon*, rezent). Beachte gegensätzliche Tendenzen bei Ursiden und Procyoniden einerseits und bei Caniden und *Amphicyon* andrerseits. — Nach Frick 1926

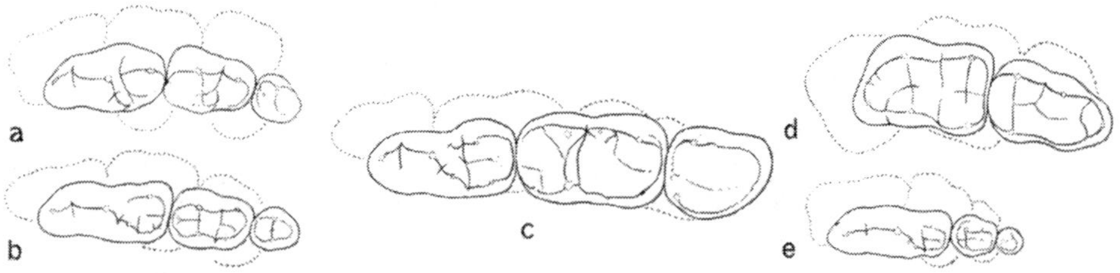

Abb. 385. Mandibulares Backengebiß (M_{1-3} dext. mit Umriß von P^4—M^2) rezenter und fossiler Ursiden (a) *Amphicyon*, b) *Plithocyon*, c) *Tremarctos*), Procyoniden (d) *Procyon*) und Caniden (e) *Canis*). Beachte unterschiedliche „trends" in der Ausbildung von M_{2-3}. — Nach Frick 1926

das des miozänen *Ursavus* hinaus entwickelt hat. Allerdings hat die zu *Helarctos* führende Stammeslinie seit dem Miozän verschiedene Spezialisationen erworben, die den Malayenbären in mancher Hinsicht zum spezialisiertesten Ursiden machen. Fossilfunde vom südostasiatischen Festland belegen die im Pleistozän noch weitere Verbreitung (*Helarctos sino-malayanus* = *H. praemalayanus* [1779, 3572]). Die Herkunft von *Melursus*, der durch die Ernährungs- und Lebensweise zahlreiche Sondermerkmale aufweist, ist mangels geeigneter Fossilfunde noch nicht geklärt.

Demgegenüber ist die Fossilgeschichte der Schwarzbären (Subgenus *Euarctos*) seit ihrer Entstehung im ausgehenden Tertiär gut belegt. *Ursus* [= *Ursulus* Kretzoi] *minimus* (= *Ursus arvernensis* Croizet & Jobert [252, 893, 1893]) aus dem Jung-Pliozän Europas (ältestes Villafranchium [163]) entspricht morphologisch der Stammform von *U. thibetanus* (= *U. kokeni* = *U. angustidens*) und *U. americanus*, der nach Kurten [1982] im Alt-Quartär in Nordamerika erstmalig auftritt und vom asiatischen *thibetanus*-Formenkreis abstammt. Der *Euarctos*-Stamm war im älteren Quartär auch in Europa verbreitet (*Ursus thibetanus mediterraneus* = *Ursus* „*arvernensis*" = „*Plionarctos stehlini*" = *Ursus* „*schertzi*" [3598]).

Die Trennung des Schwarz- und Braunbärenstammes scheint bereits im Pliozän erfolgt zu sein, wie *Ursus (Protarctos) böckhi* (= *U. ruscinensis* = *U. wenzensis)* aus dem europäischen Jung-Pliozän vermuten läßt, der als Vorläufer des ältest-quartären *Ursus etruscus* angesehen werden kann. *Ursus etruscus* bildet die gemeinsame Stammform der Höhlen- *(Ursus* [*Ursus*] *spelaeus)* und Braunbären (*Ursus* [*Ursus*]*arctos*-Gruppe). Die Braunbären erreichten im Jung-Pleistozän auch Nordamerika (*Ursus arctos ferox* [1982]). Der jungeiszeitliche Höhlenbär

(Ursus spelaeus) Europas wird meist vom alt-quartären *Ursus deningeri* abgeleitet, bei dem sich nach KURTÉN [1972] arctoide und spelaeoide Populationen unterscheiden lassen. Eine solche Übergangspopulation mit zahlreichen arctoiden oder deningeroiden Merkmalen (vordere Prämolaren) hat MOTTL [2627] aus dem (?) Riß/Würm der Repolusthöhle (Steiermark) beschrieben. Da jedoch bereits im Mindel/Riß-Interglazial typische *Ursus spelaeus*-Formen nachgewiesen sind [1968], handelt es sich möglicherweise um ursprüngliche Restpopulationen. Jedenfalls sind es keine Zwergformen der Höhlenbären, die wir verschiedentlich aus alpinen jung-pleistozänen Höhlen kennen [863, 1962, 1969, 2422]*). *Ursus spelaeus* bildet nicht nur durch die großen Dimensionen, sondern auch durch die Schädelform (mit gewölbter Glabella) und das spezialisierte Gebiß (vordere P völlig reduziert, M besonders vergrößert) die Extremform unter den Ursinae. In Mittel- und Westeuropa mit dem Ende der Eiszeit verschwunden [1969], scheint *Ursus spelaeus* im Schwarzmeergebiet die Pleisto-Holozängrenze überdauert zu haben [164]. Unter den eiszeitlichen Braunbären lassen sich kleinere und größere Formen unterscheiden [349, 1644, 3595].

Von pleistozänen Braunbären ist auch *Ursus (Thalarctos) maritimus* abzuleiten [3587]. Bisher ist nur *Ursus maritimus tyrannus* aus dem Jung-Pleistozän Englands die einzig sichere fossile Eisbärenform [1984]. Wie KURTÉN [1984] betont, sprechen das Fehlen prä-würmzeitlicher Fossilreste, der Nachweis fertiler Hybriden mit Braunbären und subfossile Eisbärenreste mit arctoiden Gebißmerkmalen für eine Abstammung vom Braunbärenstamm erst im Laufe des Pleistozäns. Das Gehirn des Eisbären entspricht vollkommen dem des Braunbären. Auch die Braun- und Eisbär gemeinsamen Darmparasiten (Nematoden: *Toxascaris transfuga*) bestätigen diese Befunde [2531]. Das von den Braunbären abweichende Backenzahngebiß steht in Zusammenhang mit der Ernährung der Eisbären (vorwiegend Robben).

Von den Tremarctinae (=„Arctotheriinae") ist gegenwärtig nur mehr der Brillenbär *(Tremarctos ornatus)* vorhanden. Nach den Fossilfunden waren die Kurzschnauzbären im Pleistozän der Neuen Welt formenreich entwickelt [1849, 1982, 1989, 1991, 2332]. *Tremarctos* (=„*Arctodus*") *floridanus* aus dem mittleren und jüngeren Pleistozän Nordamerikas besitzt in seinen Dimensionen und im aufgewölbten Schädel eine entfernte Ähnlichkeit zum Höhlenbären. Die Ausbildung einer Fossa praemasseterica, wie sie in ähnlicher Weise auch die Hemicyoninae besitzen [1020], ist nach DAVIS [705] nur eine Parallelentwicklung und kein Hinweis auf eine nähere Verwandtschaft.

Von den gleichfalls von beiden Subkontinenten bekannten eiszeitlichen *Arctodus*-Arten (= „*Arctotherium*" = „*Tremarctotherium*" [1991]) erweisen sich die südamerikanischen infolge einer weiteren Schädelverkürzung als spezialisierter. Sie waren nach KURTÉN mehr Fleischfresser als die Ursinae. Die vermutliche Stammform der Tremarctinae bildet *Plionarctos* aus dem Pliozän Nordamerikas [3598, 3610]. *Plionarctos edensis* läßt nicht nur auf *Ursavus*-ähnliche Stammformen schließen, wie sie auch aus Nordamerika bekannt sind [1020], sondern auch auf die bereits im Miozän erfolgte Trennung von Ursinae und Tremarctinae. Ein genetischer Zusammenhang zwischen Brillen- und Schwarzbären, wie ihn SIMPSON annimmt, ist auszuschließen.

Damit ist das Problem der stammesgeschichtlichen Herkunft der echten Bären (Ursinae) berührt. Während man allgemein die Gattung *Ursavus* aus dem Mio-Pliozän als Stammgruppe der Ursinae ansieht [893, 3051, 3610], lehnt KRETZOI [1864, 1883] einen derartigen Zusammenhang unter Hinweis auf die abweichende oder höher spezialisierte Konstruktion des M_1 der

---

*) Wie MOTTL [2418] und KURTEN [1262] betonten, ist der Geschlechtsdimorphismus bei *Ursus spelaeus* sehr groß, so daß man verschiedentlich weibliche Individuen als Zwergformen [21a] ansah.

jungmiozänen *Ursavus*-Arten ab*). Wie jedoch die *Ursavus*-Arten zeigen, ist nicht nur eine Ableitung der Agriotheriinae *(Agriotherium, Indarctos)*, sondern auch der Ursinae möglich [3548]. *Ursus (Protarctos) böckhi* bildet die ideale Übergangsform zwischen *Ursavus* und *Ursus* (sensu stricto)**). Damit sind Ursinae und Tremarctinae als erst im Mio-Pliozän entstandene Raubtierstämme anzusehen.

Die geologisch ältesten *Ursavus*-Arten *(U. elmensis)* stammen aus dem Burdigal [792, 3407]. Weitere Arten sind aus dem Mittel- und Jung-Miozän *(U. brevirhinus, U. primaevus)* und dem Alt-Pliozän (*U. ehrenbergi* [3571]) bekannt. Als Stammformen kommt die Gattung *Cephalogale* aus dem Ober-Oligozän Europas***) in Betracht [217, 3051], die Simpson [3257] als Amphicynodontinae (Canidae), Ginsburg [1136] als Hemicyoninae (Ursidae), Kretzoi [1883] als Ursavinae (innerhalb der Agriotheriiden) klassifiziert†). Hemicyoninen, Ursavinen und Agriotheriinen bilden eine untereinander näher verwandte Gruppe tertiärer Arctoidea. Die Gehörregion ist typisch ursid [1567, 3576], doch zeigt das Gebiß etwas unterschiedliche „trends", die eine Gliederung in Cephalogalini *(Cephalogale, Ursavus)*, Hemicyonini (*Hemicyon, Phoberocyon, Plithocyon*; Abb. 383 auf Seite 359) [1128] und Agriotheriini *(Agriotherium, Indarctos* =*„Agriarctos")* ermöglichen, wobei die Hemicyonini ein mehr canides Gebiß besitzen, während bei *Agriotherium* und *Indarctos* aus dem Plio-Pleistozän urside Tendenzen vorhanden sind, ohne das für *Ursavus* charakteristische Maß zu erreichen. Da jedoch bei sämtlichen Formen die vorderen P klein und hinfällig sind, der P^4 jedoch nur einen Innenhöcker aufweist, läßt sich — wie bereits oben angedeutet — *Ailuropoda* nicht von diesen Carnivoren ableiten. Der Ursprung dieser Gattung dürfte wohl in prä-miozäner Zeit liegen.

Mit den Cephalogalini sind die Ursiden seit dem Jung-Oligozän belegt. Wie bereits auf Seite 358 erwähnt, sind die Amphicyoniden nach ihrer Gehörregion als Ursiden zu klassifizieren. Im Gebiß zeigen sie canide und „feloide" Tendenzen [2001], während das Extremitätenskelett neben einzelnen caniden Zügen durchaus ursid wirkt (Abb. 386, 387), weshalb Crusafont & Truyols [664] von „Canidés para-ursoides" sprechen. Die Zahnformel dieser vom Ober-Eozän (*Simamphicyon* [1136]) bis ins Unter-Pliozän belegten Carnivoren lautet $\frac{3\text{-}2\ 1\ 4\ 3}{3\text{-}2\ 1\ 4\ 3}$, der M^3 ist also nicht völlig rückgebildet. Dieser konservative Charakter ist recht bemerkenswert. Innerhalb der Amphicyoniden lassen sich mehrere Stammlinien unterscheiden, wie erst kürzlich Kuss [2001] für die europäischen Formen des Ober-Oligozäns bis Unter-Pliozäns gezeigt hat. So lassen sich etwa *Pseudocyon sansaniensis* in verschiedenen „Unterarten" vom Mittel-Oligozän bis zum Unter-Pliozän, *Pseudarctos bavaricus (Ps. b. dehmi — socialis — bavaricus)* und *Amphicyon steinheimensis (A. bohemicus — steinheimensis)* vom Burdigal bis ins Sarmat verfolgen [2001]; *Pseudocyonopsis* im Oligozän *(Ps. antiquus — ambiguus — landesquei), Cynelos* im Oligo-Miozän *(C. piveteaui — lemanensis — helbingi)* [1135, 1136]. Allerdings — und dies läßt die „Gebißphylogenie" problematisch erscheinen — stimmt *Cynelos* in der Gehörregion nicht mit *Amphicyon*, sondern mit *Daphoenus* überein [215], womit eine weitere, in ihrer taxonomischen Stellung recht problematische Fossilgruppe, nämlich die Daphoeniden, erwähnt ist (siehe unten). Amphicyoniden sind auch aus dem Jung-Tertiär Asiens und Nordamerikas bekannt, doch scheint das Entstehungsgebiet in Eurasien gelegen zu sein. Außer *Simamphicyon* aus dem Ober-Eozän, sind nach Ginsburg [1136] mit *Cynodon, Amphicynodon, Brachycyon*

*) Frick [1020] sieht in *Ursavus* und damit in den Hemicyoninae, Angehörige der Caniden und lehnt deshalb einen Zusammenhang mit den Ursiden ab.

**) Vergleiche *Protursus* [661a].

***) *Cephalogale batalleri* aus dem Unter-Pliozän Spaniens [3729] ist *Simocyon*.

†) Nach Beaumont [217] ist der hintere Innenhöcker des M^1 bei *Ursavus* nicht dem Hypoconus, sondern dem Metaconulus homolog. Die von Schlosser [3051] erwähnte Tatsache, daß die Metapodien von *Cephalogale* schlank sind und für eine Digitigradie sprechen, dürfte größenbedingt sein.

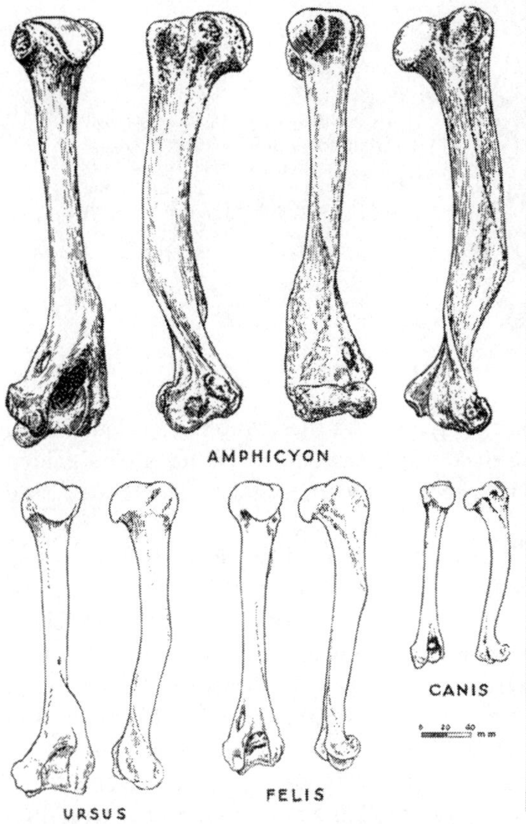

Abb. 386. Humerus dext. von *Amphicyon* (in Ventral-, Lateral-, Dorsal- und Mediansicht) im Vergleich mit *Ursus, Felis* und *Canis*. Beachte Ähnlichkeit mit *Ursus*. — Nach Olsen 1960

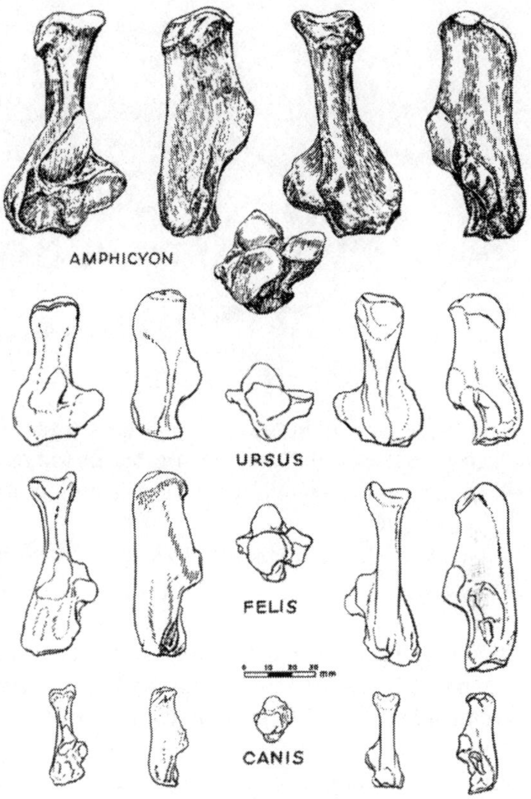

Abb. 387. Calcaneus dext. von *Amphicyon* (in Dorsal-, Lateral-, Distal-, Ventral- und Mediansicht) im Vergleich mit *Ursus, Felis* und *Canis*. Beachte weitgehende Übereinstimmung zwischen *Amphicyon* und *Ursus*. — Nach Olsen 1960

(Abb. 388) und *Pachycynodon* aus dem europäischen Oligozän durchwegs urside Carnivoren bekannt, während *Cynodictis**) die einzige Canidengattung sei, die jedoch mit der Terminalform *Cynodictis cayluxensis* verschwindet. *Amphicyon* erreichte Nordamerika jedenfalls erst im Miozän [3847]. Eine Ableitung der Amphicyoniden von *Cynodictis* ist — abgesehen von der Gehörregion — schon wegen der Reduktion des M^3 bei einzelnen Arten dieser Gattung nicht möglich [211]. Die Amphicyoniden starben mit dem Unter-Pliozän aus. *Otocyon megalotis*, der afrikanische Löffelhund, ist jedenfalls kein Nachkomme der Amphicyoniden, wie man verschiedentlich noch bis in neuere Zeit annahm [1883].

Über die stammesgeschichtlichen Beziehungen der als „Thaumastocyoninae" oder „felinoiden Caniden" *(Thaumastocyon, Agnotherium* [= „*Tomocyon*" = „*Haplocyonoides*"]*)* zusammengefaßten Carnivoren des europäischen Tertiärs ist derzeit kein endgültiges Urteil möglich, da nur mehr oder weniger isolierte Gebißreste vorliegen [337, 1597, 1999, 2000). Für *Haplocyon* (Haplocyonini) aus dem europäischen Oligozän gilt ähnliches, doch ist nach Beaumont [209] die Zugehörigkeit zu den Daphoeniden wahrscheinlich (Seite 372).

*) Nach Petter [2669a] besitzt *Cynodictis* eine viverroide Gehörregion.

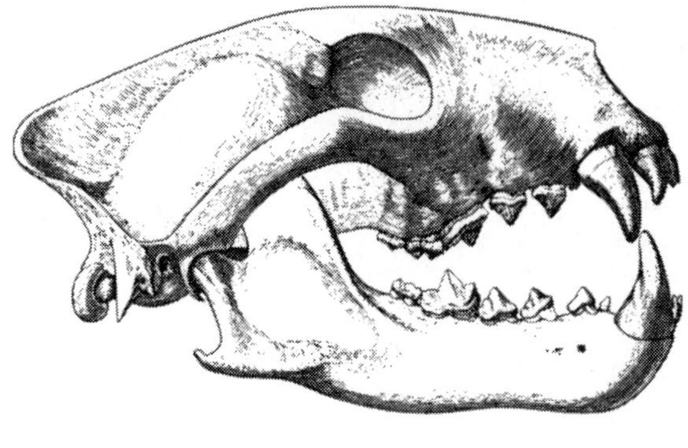

Abb. 388. *Brachycyon palaeolycos* (Ursidae: Amphicyoninae). Oligozän, Europa. Schädelrekonstruktion. Backenzahngebiß durchaus canoid ausgebildet. (1/3) — Nach Ginsburg 1966

Demgegenüber konnte ein weiteres taxonomisch-phylogenetisches Problem in den letzten Jahren geklärt werden, indem die bis in jüngste Zeit als Amphicyoniden [1136] oder Caniden klassifizierten Simocyoniden weder Amphicyoniden noch Caniden, sondern Musteliden sind [212] (Seite 368).

Die **Musteliden** bilden ähnlich den Procyoniden eine sehr stark differenzierte Gruppe von Carnivoren, mit verschiedenen Primitivmerkmalen, die sie als ursprüngliche Arctoidea ausweisen. Hinsichtlich der Cephalisation stehen sie jedenfalls am anderen Ende der arctoiden Carnivoren als die Ursiden [3383], obgleich wesentliche Unterschiede im Evolutionsniveau vorhanden sind. Unter den rezenten Musteliden zeigt *Conepatus* das einfachste Furchenbild, *Pteronura* als semiaquatische Form den größten Furchenreichtum [3611 a]. Die Musteliden sind gegenüber den („modernen") Bären eine geologisch alte Gruppe, die bereits im Oligo-Miozän in die Hauptstämme aufgespalten war. Die Herkunft der Musteliden ist mit verschiedenen Problemen verknüpft, die durch die Begriffe „Gebißphylogenie" und polyphyletischer Ursprung charakterisierbar sind.

Meist von *Plesictis* aus dem europäischen Alt-Tertiär abgeleitet, entsprechen die *Plesictis*-Arten wohl im Gebiß Musteliden, doch ist die Gehörregion procyonid gebaut, weshalb sie Hough [1567] als Procyoniden klassifiziert. Da jedoch kein grundsätzlicher Unterschied zwischen procyonider und mustelider Gehörregion besteht und der mustelide Bau sich vom procyoniden ableiten läßt, ist es eher eine Frage der Übereinkunft, wo die Grenze zwischen alttertiären „Procyoniden" und „Musteliden" gezogen werden soll. Innerhalb der *Plesictis*-Gruppe lassen sich nach der Gebißausbildung eine cynodictide (M_1 mit verkürztem Talonid und schwachem Metaconid), eine cynodontine (M_1 mit nichtgrubigem Talonid) und eine evoluierte musteline Linie (M_1 mit grubigem Talonid) unterscheiden.

Bemerkenswerterweise waren bereits im jüngeren Oligozän neben *Plesictis*-Formen, die durchaus mustelin spezialisiert sind, typische Lutrinen (*Potamotherium valletoni* [2990]) vorhanden, die im Extremitätenskelett höher spezialisiert waren als die rezente *Lutra* und nicht deren Stammform bilden [1319]. Das Gebiß ist deutlich primitiver. *Potamotherium* ist der einzige Lutrine mit M^2! Der Encephalisationsgrad ist wesentlich höher als bei gleichaltrigen *Plesictis*-Arten, und das Furchenmuster entspricht dem neuzeitlicher Musteliden (Abb. 389), unterscheidet sich jedoch deutlich von *Lutra* [2990]. Des weiteren dokumentieren diese oligozänen Lutrinen, daß eine Ableitung von dachsartigen Musteliden, die damals noch nicht existierten, nicht zutrifft, sondern daß mit Pocock [2748] nur Mustelinen als Stammformen in Betracht kommen. Immerhin erscheint es dadurch verständlich, daß die Musteliden verschiedentlich nicht als natürliche Einheit gelten. Der *Potamotherium*-Stamm setzt sich mit *P. miocenicum* im

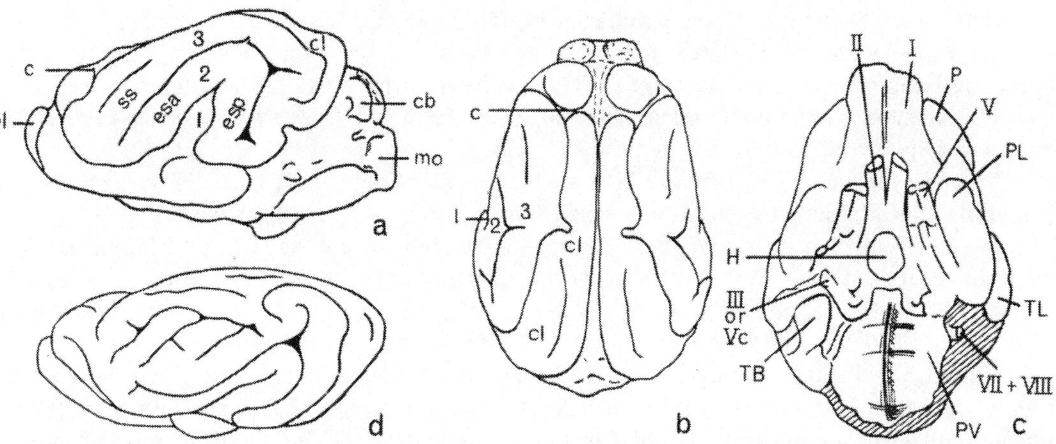

Abb. 389. Endocranialausguß von *Potamotherium valletoni* (Mustelidae). Jung-Oligozän (a) Lateral-, b) Dorsal- und c) Ventralansicht) und linke Hemisphäre von *Lutra lutra* (d).
Beachte ausgeprägte Gyrifizierung bei *Potamotherium*. — Nach Savage 1957

1—3 = Hauptgyren, *I—III, Vc, VII + VIII* = Hirnnerven

c = Sulcus cruciatus
cb = Cerebellum
cl = Gyrus corono-lateralis
el = Fissura entolateralis
esa = Gyrus ectosylvius anterior
esp = Gyrus ectosylvius posterior
H = Hypophyse
mo = Medulla oblongata
P = Lobus parietalis
PL = Lobus pyriformis
PV = Pons varolii
ss = Gyrus suprasylvius
TB = Bulla tympani
TL = Lobus temporalis

Miozän fort [3577]. Außer diesem Stamm existierten im Jung-Tertiär noch weitere ans Wasserleben angepaßte Linien, die auf Grund ihrer unterschiedlichen Gebißspezialisation (zum Beispiel *Mionictis, Paralutra, Enhydriodon, Limnonyx, Sivaonyx*) Zweifel an der Einheit der Lutrinae aufkommen lassen, jedoch zu bestätigen scheinen, daß die rezenten Gattungen (*Lutra* [*Lutrogale*], *Pteronura, Aonyx* [*Amblonyx*], *Enhydra*) zum Teil schon seit dem Miozän getrennten Stammlinien angehören. Nach Luthe [2163] erfolgte die Trennung in die *Lutrogale-Lutra-Pteronura*- und die *Aonyx-Amblonyx-Enhydra*-Gruppe bereits im Eozän, indem er die zweite Gruppe mit dem *Potamotherium*-Stamm in Zusammenhang bringt. Innerhalb der Lutrinen bildet *Lutrogale* (Südostasien) wohl die primitivste rezente Form, die vermutlich der afrikanischen *L. maculicollis* nahesteht. *Lutra (Lutra)* ist etwas höher spezialisiert. Weiterhin ist die südamerikanische *platensis*-Gruppe zu unterscheiden (*L. annectens, L. enudris, L. felina, L. platensis*), an die sich *Pteronura* anschließen läßt, die die höchste Evolutionsstufe erreicht hat. *Aonyx* und *Paraonyx* bilden Angehörige eines eigenen Stammes. Die Herkunft der spezialisiertesten Form, nämlich *Enhydra lutris*, dem Meerotter, die einzelne Autoren als Vertreter einer eigenen Unterfamilie (Enhydriinae = „Lataxinae") betrachten, konnte in jüngster Zeit durch Fossilfunde etwas aufgehellt werden, da nach Mitchell [2363] „*Lutra*" *reevei* aus dem Alt-Pleistozän Englands kein Seeotter und *Enhydra* als im nördlichen Pazifik endemische Kaltwasserform anzusehen ist, von dem bisher nur eiszeitliche Funde aus Oregon und Kalifornien vorliegen [2077, 2363]. Nicht minder interessant ist der Nachweis von *Semantor macrurus* aus dem Alt-Pliozän von Kasachstan [2509]. Von dieser Form sind leider nur die Hintergliedmaßen samt Becken und Teilen der Wirbelsäule bekannt. Auf Grund der hohen Spezilisation der Gliedmaßen (Proportionen) und des langgestreckten Beckens betrachtet Orlov [2509] diese Form als Ahnenform der Pinnipedier. Diese Annahme ist nicht nur infolge des geringen geologischen Alters, sondern auch aus morphologischen Gesichtspunkten hinfällig [3579]. *Semantor macrurus* ist ein nichtmariner Lutrine, dessen Skelett höher spezialisiert ist als das von *Enhydra.* Dies wird auch durch ein Humerusfragment bestätigt [1738], das hyperlutrid gestaltet ist und stark von *Phoca* abweicht. *Semantor* kann daher auch nicht als Stammform von *Enhydra* angesehen werden. Dies gilt gleichfalls für *Necromites* aus dem Miozän [38a].

Mangels geeigneter Fossilfunde läßt sich auch die Frage nach dem Zeitpunkt des Einwanderns oder Entstehens der südamerikanischen Lutrinen nicht beantworten.

Als am wenigsten differenzierter Stamm der Musteliden gilt der *Martes*-Stamm, der erstmalig im älteren Miozän (Burdigal) mit *martes-* und *laphyctis*-artigen Formen nachgewiesen ist. Während sich die Gattung *Martes* seither nur wenig verändert hat, erfuhr die zum Vielfraß *(Gulo gulo)* führende Linie (? *Proputorius* : Miozän — *Plesiogulo* : Pliozän — *Gulo* : Quartär [833, 2666, 3731]) eine entsprechende Größenzunahme und Differenzierung im Schädel und Gebiß. Interessant ist, daß *Gulo gulo* im Pleistozän auch in Italien [507] und Dalmatien [2227a] sowie in Mitteleuropa noch im älteren Holozän vorkam [295, 3990]. Die nicht unbeträchtlichen Größenunterschiede beim (jung-)pleistozänen Vielfraß dürften mit dem Klima in Zusammenhang stehen [2239].

Die *Mustela*-Gruppe führt man wegen der gleichsinnigen Tendenzen im Gebiß (M_1 mit verkürztem Talonid und schwachem Metaconid) meist auf *Palaeogale* des Oligozäns zurück. Sie hat im Jung-Tertiär nicht nur *Mustela* selbst, sondern auch *Vormela* und *Ictonyx* (= „*Zorilla*") hervorgebracht. *Vormela* ist aus dem älteren Pleistozän nachgewiesen. *Baranogale* aus dem Plio-Pleistozän Europas ist mit dem afrikanischen Bandiltis *(Ictonyx striatus)* verwandt [1827, 1842, 2668, 3017]. Innerhalb der Gattung *Mustela* belegen Fossilfunde die Herkunft von *Mustela nivalis* und *M. erminea* (*M. praenivalis* und *M. palerminea* aus dem älteren Quartär [1827]), sowie von *Putorius (furo) eversmanni* (*P. stromeri* aus dem Alt-Pleistozän ist eine primitivere, in Richtung Steppeniltis spezialisierte Art [1875]) und *P. putorius.* Von den Mardern wird der Nerz *(Mustela vison* und *lutreola)* zwar erst seit einigen Jahrzehnten als Farmtier gehalten, doch sind auch hier schon Domestikationserscheinungen (Fellfärbung, Verringerung der Hirnschädelkapazität, Verkürzung der Zahnreihen [172]) feststellbar.

Eine weitere Gruppe fossiler Musteliden aus dem europäischen Plio-Pleistozän, die meist mit den neuweltlichen Grisoninae in Verbindung gebracht wurden, umfassen die Genera *Enhydrictis (E. ardea* = *„Pannonictis"* [= *„Xenictis"*] *pilgrimi)* und *Pannonictis (P. pliocaenica)* [194, 1820, 2688]. Ob die vor allem in Schädel und Gebiß bestehenden Ähnlichkeiten nur als gemeinsame Primitivmerkmale zu werten sind, ist fraglich. Nach Bate [194] sind zwar lutroide Merkmale im Extremitätenskelett vorhanden, ohne daß jedoch eine aquatische Lebensweise anzunehmen ist (Mottl [2421]). Da mit *Trigonictis* ein der altweltlichen Gattung *Pannonictis* nahestehendes Genus aus dem Blancan Nordamerikas nachgewiesen ist, erscheint die Ableitung der mittel- und südamerikanischen „Grisoninen" von dieser Gruppe durchaus möglich.

Von *Galera (= „Tayra")* und *Galictis (= „Grison")* selbst sind nur eiszeitliche Funde bekannt geworden, die nichts über die Herkunft dieser Musteliden aussagen [1499]. *Tayra* (= *Galera* = *Eira)* vertritt die echten Marder *(Martes)* in Zentral- und Südamerika, während *Galictis* mehr die Rolle von Hermelin und Wiesel übernommen hat. *Tayra* ist eine recht primitive Gattung, die der Stammgruppe nahesteht.

Eine Seitenlinie des Hauptstammes bilden die Mellivorinen mit der einzigen rezenten Gattung *Mellivora. Mellivora capensis* besitzt keine direkten lebenden Verwandten. Dies und die Ausbildung des Gebisses spricht für einen langen Eigenweg der Mellivorinen. Leider liegen bisher nur eiszeitliche Fossilfunde aus Südasien vor, die mit Sicherheit auf Honigdachse bezogen werden können (*Mellivora sivalensis* und *M.* [= „*Promellivora*"] *punjabiensis* [580, 2164, 2273, 2687])*).

Die als *Eomellivora* aus dem Unter-Pliozän Eurasiens [1874, 2553, 2687, 3991b] beschriebenen Musteliden sind nach ORLOV [2510] keine Mellivorinen, sondern Angehörige eines eigenen, ausgestorbenen Mustelidenstammes, der nach *Perunium* aus dem Unter-Pliozän Südosteuropas als Peruniinae zu bezeichnen ist. Die Peruniinae sind echte Riesenmarder (Abb. 390, 391), die entfernte Ähnlichkeiten mit *Gulo* und *Mellivora* besitzen, ohne daß direkte verwandtschaftliche Beziehungen anzunehmen sind. Die Stammformen sind noch unbekannt, da die *Laphictis*-Gruppe nach der Ausbildung des Gebisses ($M\frac{1}{1}$) nicht als Ahnenform in Betracht kommt. Ähnlichkeiten im Bau der Gehörregion und des relativ großen und gut gefurchten Gehirns (Temporallobus) mit Ursiden sind zweifellos Konvergenzerscheinungen. Das Cerebellum dagegen ist typisch mustelid gestaltet [2510].

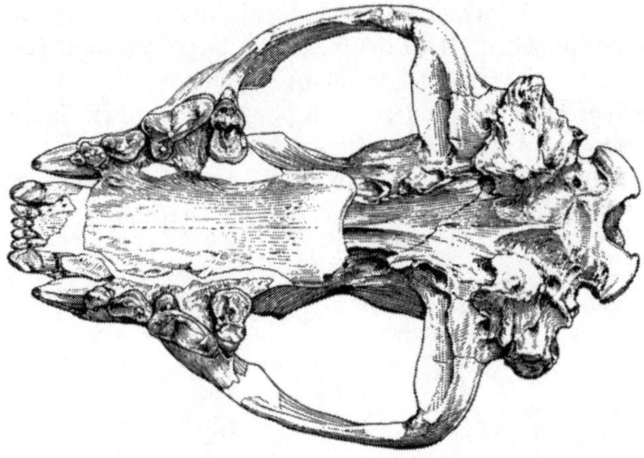

Abb. 390. *Perunium ursogulo* (Mustelidae), Alt-Pliozän, Osteuropa, Cranium in Ventralansicht. Helle Stellen = Beschädigungen. (4/9) — Nach ORLOV 1948

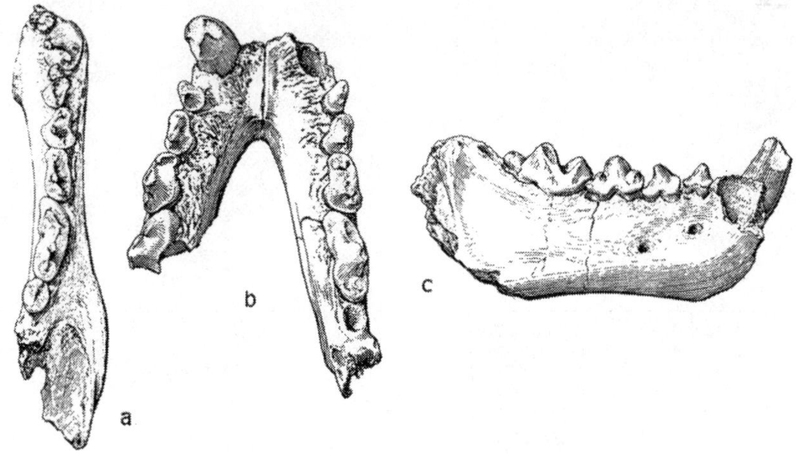

Abb. 391. Riesenmusteliden aus dem Alt-Pliozän von Europa. a) *Perunium ursogulo*, Mandibel dext. mit I_3—M_2, b, c) *Eomellivora* cfr. *wimani*, Mandibel in Dorsal- und Lateralansicht. (1/2) — Nach ORLOV 1948

*) *Mellivorodon* ist, wie bereits MATTHEW [2273 : 467] vermutet hat, ein Felide [580].

Aber auch die Gattung *Hadrictis* aus dem Unter-Pliozän Europas [2677] ist kein Mellivorine. Die Ausbildung des M^1 und des P^4 weicht grundsätzlich vom mellivorinen und vom peruniinen Typ ab, was auch durch das Unterkiefergebiß bestätigt wird [3984]. Sie sind ausgestorbene Seitenlinien des mustelinen Hauptstammes, was auch für die Riesenform *Megalictis* aus dem Miozän der USA gilt.

Weitere, völlig ausgestorbene Nebenlinien bilden die Simocyoninae und die Leptarctinae. Seit Zittel [4010] die Simocyoninae für etliche tertiäre Carnivoren *(Simocyon, Cephalogale, Oligobunis, Hyaenocyon* und *Enhydrocyon)* aufgestellt und als Caniden klassifiziert hatte, sind die Simocyoniden zwar in verschiedenstem Umfang verwendet, aber stets als Caniden eingestuft worden. Nachdem Thenius [3580] gezeigt hatte, daß der Begriff auf *Simocyon (= „Metarctos" = „Araeocyon")* und *„Alopecodon" (= Alopecocyon)* zu beschränken ist und Dehm [742] die Vermutung äußerte, daß es sich bei *Alopecocyon* nicht um Caniden oder Amphicyoniden, sondern um einen Musteliden aus der Verwandtschaft von *Broiliana* und *Stromeriella* handelt, haben neue Untersuchungen [212] die Zugehörigkeit der Simocyoninae (= „Broilianinae") zu marderähnlichen Raubtieren bestätigt. *Broiliana* (Burdigal), *Alopecocyon* (Helvet-Torton-Sarmat) und *Simocyon* (Pannon) bilden eine direkte Reihe (Abb. 392, 393). Es sind zweifellos omnivore Raubtiere, deren Ausgangsformen nach Dehm [742] jenen der Dachse nahestanden. Allerdings erscheint es völlig verfehlt, die Dachse als stammesgeschichtliche Einheit (Melinae) zu betrachten. Damit ist jedoch zugleich zum Ausdruck gebracht, daß weder *Cuon* noch *Lycaon* oder *Speothos (= Icticyon)* von den tertiären Simocyoniden abgeleitet werden können. Alle sind

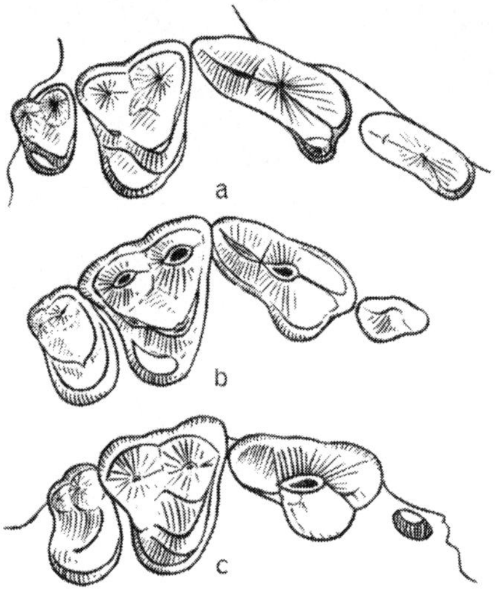

Abb. 392. Maxillargebiß (P^3—M^2 dext.) von Simocyoninen (b) *Alopecocyon leptorhynchus*, Miozän (2/1) ,c) *Simocyon batalleri*, Pliozän (1/1)) und Caniden (a) *Vulpes*, rezent (1/1)). Weitgehende Übereinstimmung als Ergebnis einer konvergenten Entwicklung. — Nach Thenius 1949

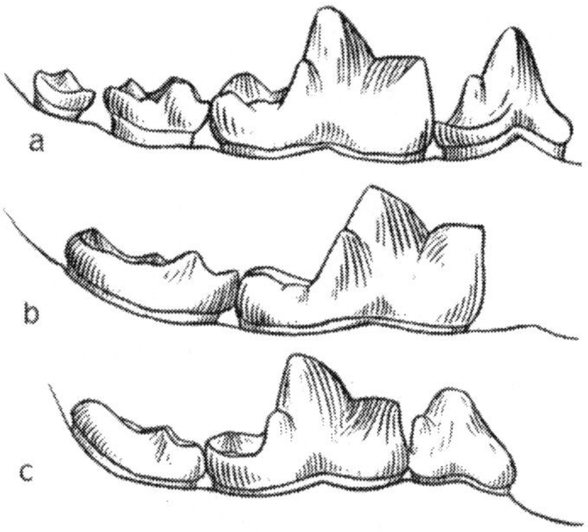

Abb. 393. Mandibulargebiß (P_4—$M_{2(3)}$ sin., lingual) von Simocyoninen (b) *Alopecocyon leptorhynchus*, Miozän (2/1), c) *Simocyon primigenius*, Pliozän (1/1)) und Caniden (a) *Vulpes* (1/1) — Nach Thenius 1949

aberrante Angehörige der Caninae (Seite 375). Da die miozänen Simocyoniden nur aus Europa bekannt sind, *Simocyon* aber auch aus Nordamerika nachgewiesen ist, dürfte diese Gattung als altweltlicher Einwanderer in Nordamerika anzusehen sein.

Demgegenüber sind die jung-tertiären Leptarctinae *(Leptarctus* = „*Mephititaxus*", *Hypsoparia, Craterogale)* vorwiegend neuweltlicher Verbreitung [817, 2498, 2499]*). Sie sind omnivore, dachsähnliche Musteliden, die *Taxidea* unter den rezenten Musteliden am nächsten stehen sollen [1077, 2501]. Eine Abtrennung als eigene Familie, wie sie KRETZOI [1883] vorschlägt, ist nicht gerechtfertigt.

Einem weiteren dachsartigen Stamm gehört das neuweltliche Genus *Taxidea* an, das nach POCOCK [2745] nicht näher mit den altweltlichen Melinae verwandt ist (siehe auch LONG [2138]). Unterschiede im Schädel, Gebiß (einschließlich Milchgebiß [2075]), den Genitalorganen (einschließlich Baculum) und äußeren Merkmalen zeigen, daß es sich um einen Parallelstamm handelt, dessen Abtrennung von den echten Dachsen notwendig ist. Die als *Parataxidea* aus dem Pliozän Ostasiens beschriebenen Reste weichen im Gebiß ab; eher ist eine Übereinstimmung im Gebiß mit *Melodon majori* aus dem Unter-Pliozän Ostasiens gegeben [3991 b], ohne daß daraus auf direkte stammesgeschichtliche Beziehungen zu schließen ist. Da auch ihre Fossilfunde in Nordamerika fehlen, haben die echten Dachse niemals die Neue Welt erreicht. Aber auch die übrigen Dachse scheinen keine genetische Einheit zu bilden, sondern sind als Parallelstämme aufzufassen, die zum Teil bereits seit dem Miozän getrennt sind. Einerseits stehen die rezenten Gattungen *(Helictis = Melogale, Suillotaxus, Mydaus, Arctonyx* und *Meles)* auf recht verschiedenem Evolutionsniveau, andererseits sind dachsartige Musteliden bereits im Miozän durch mehrere, teilweise spezialisiertere Gattungen vertreten. Meist sind es Angehörige von Seitenzweigen, wie aus den verschiedenen Spezialisationen hervorgeht. Manche Gattungen zeigen neben meliden Zügen auch mephitine oder musteline Merkmale, so daß die taxonomische Stellung verschieden beurteilt und die Abgrenzung der einzelnen Unterfamilien nicht einheitlich durchgeführt wird. So betrachten sowohl PILGRIM [2688] als auch DEHM [762] *Trocharion* aus dem Miozän Europas als einen der Stammform von *Mydaus* nahestehenden Musteliden, doch klassifiziert PILGRIM *Trocharion* als Mephitine, DEHM als Meline, eine Auffassung, der sich auch VIRET [3733, 3737] anschließt. Bemerkenswert ist, daß die Schädelbasis mephitin [1324], das postcraniale Skelett jedoch mustelin [3985] gebaut ist. *Promeles palaeattica* aus dem Unter-Pliozän gilt einerseits als Meline [2688, 3257, 3737], andererseits als Musteline [2224, 3579].

Nach G. PETTER [2666] bildet *Sabadellictis* aus dem Unter-Pliozän Westeuropas einen primitiven Vertreter der *Helictis*-Gruppe, die nicht nur von den übrigen „Dachsen" abweicht, sondern auch durch den Bau der zweiteiligen Bulla unter den Musteliden etwas isoliert steht [2747]. *Trochictis, Palaeomeles, Taxodon, Plesiomeles* und *Melidellavus* sind echte, zum Teil recht primitive, jungtertiäre Dachse. *Arctomeles* [3366] aus dem Jung-Pliozän Europas ist ein Angehöriger der Schweinsdachse, die auch durch die Gattung *Arctonyx* aus dem Alt-Quartär Südostasiens nachgewiesen sind [594]. Über die systematische Stellung und die verwandtschaftlichen Beziehungen von *Parameles* (YOUNG & LIU [3979] non KRETZOI [1900]) läßt sich mangels einer geeigneten Dokumentation (M_1) nichts aussagen. Die Gattung *Meles* ist seit dem Pliozän *(M. gennevauxi, M. taxipater)* belegt. *Meles thorali* aus dem Villafranchium und *Meles meles* lassen sich durch *M. meles atavus* (Alt-Pleistozän) verbinden [3736].

Als den dachsartigen Musteliden morphologisch nahestehende Marder sind die Mephitinae (Stinktiere) anzusehen, die gegenwärtig rein neuweltlicher Verbreitung**) sind, im Jung-Tertiär jedoch auch in Eurasien verbreitet waren. Als geologisch älteste Gattung gilt *Miomephitis* [742] aus dem Unter-Miozän Europas, die nach DEHM neben primitiven Merkmalen auch etliche mephitine Züge im Gebiß besitzen soll. Sie steht *Trochotherium* aus dem Ober-Miozän nahe, die

*) Nur *Leptarctus* ist bisher auch aus Asien bekannt geworden [4000].
**) *Mydaus* ist kein Angehöriger der Mephitinae.

besonders hoch spezialisiert ist und zweifellos eine Endform darstellt. Allerdings ist es fraglich, ob diese beiden Gattungen als Mephitinen zu klassifizieren sind.

Zu den Mephitinae zählt zweifellos die Gattung *Promephitis* aus dem Pliozän Eurasiens, die den Stammformen der rezenten Skunke nahesteht. Nach Hall [1252] haben sich die rezenten Gattungen *Mephitis* (Streifenskunke), *Conepatus* (Surilhos) und *Spilogale* (Fleckenskunke) im Pliozän entwickelt. Reig [2848] führt sie auf *Martinogale* aus dem Alt-Pliozän zurück. Im Pleistozän wieder ausgestorbene Seitenlinien bilden *Osmotherium*, das *Mephitis* nahesteht, und *Brachyprotoma* [1252].

Als Ganzes gesehen, bilden die Arctoidea zweifellos eine Gruppe von Carnivoren, die sich frühzeitig aufgespalten hat, von denen jedoch die (rezenten) Bären relativ junger Entstehung sind.

Cynofeloidea

Wie bereits ausgeführt (Seite 352), stehen die Caniden im Bau der Gehörregion, im Furchungstyp des Großhirns [1751a, 1918a] und in der postcranialen Anatomie den Arctoidea etwas ferner, so daß sie hier gesondert behandelt seien.

Die rezenten Caniden bieten ein völlig anderes Bild als etwa die Musteliden oder Procyoniden. Aus dieser weitgehend einheitlichen Gruppe, fallen nur einige Formen (wie *Otocyon*, *Speothos*, *Chrysocyon*, *Lycaon*) hauptsächlich odontologisch bzw. durch die Extremitätenproportionen etwas heraus, ohne daß jedoch grundsätzliche Unterschiede vorhanden sind. Sie sind sämtlich Angehörige einer geologisch jungen Radiation, deren Evolutionsniveau nur unwesentlich verschieden ist und die sich zu cursorialen Raubtieren entwickelt haben. Dies gilt sowohl für die altweltlichen als auch die neuweltlichen Caniden, die als Angehörige einer einzigen Unterfamilie (Caninae) gelten können (Abb. 394). Eine Abtrennung einzelner Gattungen als Otocyoninae *(Otocyon)* oder Simocyoninae, Cuoninae, Lycaoninae oder Speothinae *(Cuon*, *Lycaon*, *Speothos)*, wie man sie noch in jüngster Zeit durchführte [1866, 2409, 2669], ist durchaus nicht erforderlich [1396, 1428, 3590]. Diese auf Grund der rezenten Caniden gewonnene Erkenntnis finden in neuesten paläontologischen Untersuchungen eine Stütze, indem sich neue Aspekte hinsichtlich der zeitlichen Verbreitung und in tiergeographischer Hinsicht ergaben. Wie bereits bei Besprechung der Amphicyoniden (Seite 358) und der Simocyoniden (Seite 368) erläutert, sind beide Gruppen Angehörige der Arctoidea, die keine direkten verwandtschaftlichen Beziehungen zu Caniden aufweisen. Dadurch ergibt sich, daß die Geschichte der Caniden während des Tertiärs im wesentlichen auf den nordamerikanischen Kontinent beschränkt war, wo vermutlich auch das Entstehungszentrum zu suchen ist. „Echte" Caniden (= Caninae) treten in Europa erst im Pliozän (*Canis cipio*, *Nyctereutes* [*Ruscinalopex*] *donnezani* [646, 1864]) auf und sind im Pleistozän in zahlreichen Arten und Gattungen nachgewiesen.

Nun kennt man aus dem europäischen Alt-Tertiär die Gattung *Cynodictis*, die sich nach dem Gebiß als (geologisch ältester) Canide klassifizieren läßt. Wie G. Petter [2669a] gezeigt hat, ist die Gehörregion jedoch durch die zweikammerige, aus Ento- und Ectotympanicum bestehende Bulla als viverroid zu bezeichnen. Dies läßt vermuten, daß die geologisch ältesten Caniden eine viverroide Bulla besaßen, die erst bei den jüngeren Formen die canide Gestalt erhielt. Der *Cynodictis*-Stamm, der mit der Terminalform *C. cayluxensis* im Oligozän Europas verschwindet, kann allerdings nicht als direkte Stammform der oligozänen Caniden Nordamerikas (wie *Hesperocyon* = „*Pseudocynodictis*") angesehen werden, die bereits eine canide Bulla besitzen (Abb. 395, 396).

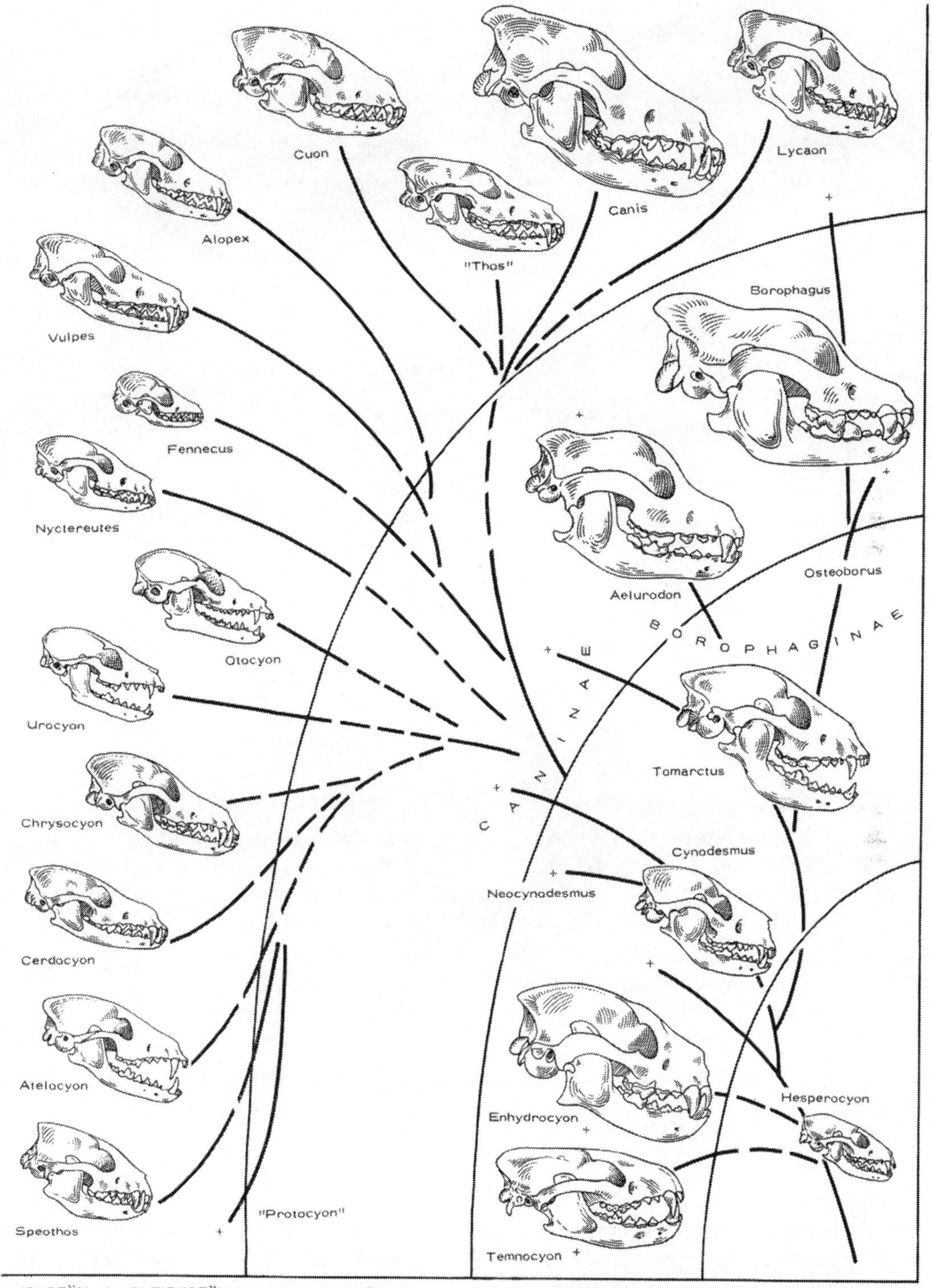

Abb. 394. Die Evolution des Canidenschädels. Rezente Caniden als Ergebnis einer jüngsttertiären Radiation

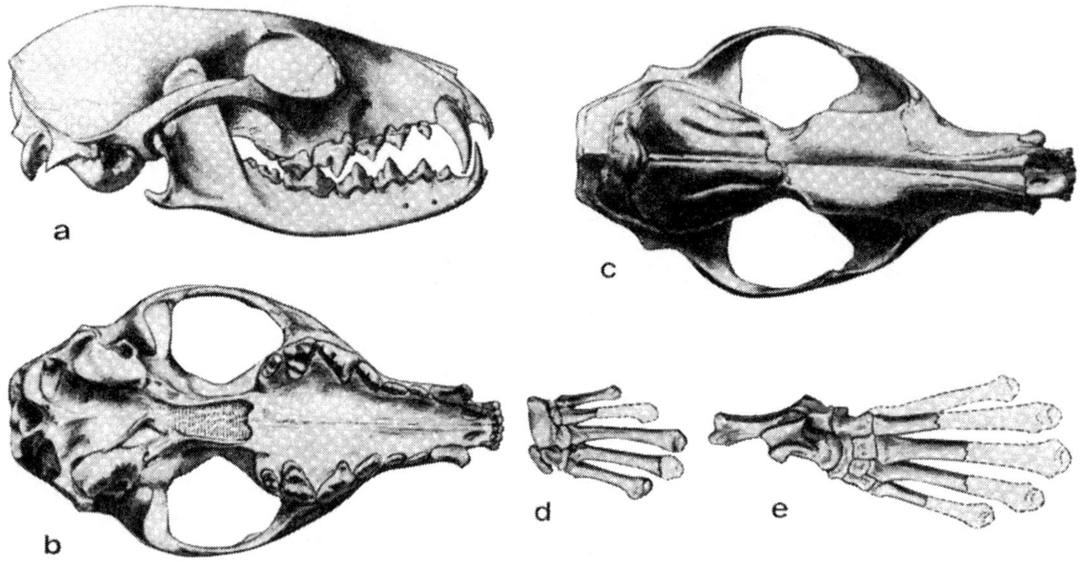

Abb. 395. *Hesperocyon* (= „*Pseudocynodictis*") *gregarius* (Canidae), Oligozän, Nordamerika. Osteocranium in Lateral- (a), Ventral- (b) und Dorsalansicht (c). Carpus und Metacarpus (d), Tarsus und Metatarsus (e). Beachte schwach gefurchte Hemisphären. (ca. 6/7) — Nach Scott & Jepsen 1936

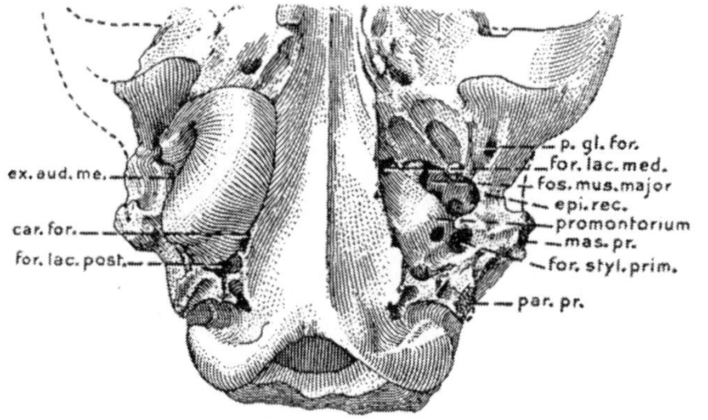

Abb. 396. *Hesperocyon gregarius*, wie Abb. 395. Schädelbasis ventral. Linksseitige Bulla entfernt. Beachte canoid ausgebildete Bulla. (ca. 2/1) — Nach J. R. Hough 1948

car. for.	= Foramen für die Carotis	*for. styl. prim.*	= For. stylomastoideum primitivum
epi. rec.	= Recessus epitympanicus	*fos. mus. major*	= Fossa muscularis major
ex. aud. me	= Meatus acusticus externus	*mas. pr.*	= Proc. mastoideus
for. lac. med.	= Foramen lacerum medium	*p. gl. for.*	= Proc. postglenoideus
for. lac. post.	= Foramen lacerum posterium	*par. pr.*	= Proc. paroccipitalis

Gleichfalls als primitive Cynofeloidea sind *Daphoenus* und verwandte Formen (*Proamphicyon*, *Protemnocyon*, *Brachyrhynchocyon* und *Daphoenocyon* aus dem Oligo-Miozän Nordamerikas und *Haplocyon* aus Europa; vgl. [209]) zu werten, die Hough [1563, 1568] als eigene Familie **Daphoenidae** abtrennt. Sie sind kleine bis relativ große Carnivoren mit einem vollständigen caniden Gebiß $\left(\frac{3\ 1\ 4\ 3}{3\ 1\ 4\ 3}\right)$ und einem meist hundeähnlich verlängerten Fazialschädel, deren Extremitäten jedoch jede Anzeichen cursorialer Anpassung vermissen lassen. Die viverroide Gehörregion und das ursoide Baculum sind als primitiv zu bezeichnen, was auch für den Gehirnfurchentyp gilt [1751 a]. Eine Zuordnung zu den Herpestoidea, wie sie HOUGH [1563] vornimmt, ist weder gerechtfertigt noch notwendig.

Als geologisch ältester Carnivore mit einer canid gestalteten Gehörregion ist *Hesperocyon* (= „*Pseudocynodictis*") aus den USA (Ober-Eozän bis Miozän) anzusehen. Infolge des nur mäßig verlängerten Fazialschädels und des primitiv caniden Gebisses mit der Zahnformel $\frac{3\ 1\ 4\ 2}{3\ 1\ 4\ 3}$ bildet *Hesperocyon* die ideale Stammform der übrigen **Caniden**. Das Gehirn dieser ungefähr fuchsgroßen Formen ist allerdings kleiner und das Furchenmuster bedeutend einfacher als bei den rezenten Caniden (Abb. 395), wie auch das postcraniale Skelett eher viverrine Züge besitzt, als canide [3144]. Dies bedeutet, daß sich die für die heutigen Caniden (Caninae) charakteristischen Anpassungen erst später herausgebildet haben. Von *Hesperocyon*-Arten lassen sich nicht nur die zahlreichen Canidenstämme des nordamerikanischen Jung-Tertiärs ableiten, sondern auch die rezenten Caniden. Von den ersteren seien *Nothocyon, Enhydrocyon, Mesocyon* und die Borophaginae genannt, die mit *Osteoborus* und *Borophagus* (= „*Hyaenognathus*") richtige Großformen hervorgebracht haben. Über die vermutlichen stammesgeschichtlichen Zusammenhänge der Borophaginae dürften die noch nicht abgeschlossenen Untersuchungen von C. T. WILLIAMS Aufschluß bringen. Die Borophaginae lassen sich nach MCGREW [2183] und MACDONALD [2180] auf die gleichfalls von oligozänen *Hesperocyon*-Formen abzuleitende Gattung *Tomarctus* zurückführen. Sie sind mit *Borophagus* im Pleistozän ausgestorben. Die Zugehörigkeit einzelner altweltlicher Carnivorengattungen aus dem Jung-Tertiär läßt sich gegenwärtig noch nicht endgültig beurteilen (zum Beispiel *Gobicyon, Dinocyon*). Ihre Zugehörigkeit zu ursoiden Formen ist nicht auszuschließen. Aus der jung-tertiären *Cynodesmus-Tomarctus*-Gruppe*), die ebenfalls von *Hesperocyon* abstammt, sind im jüngsten Tertiär die Stammformen der rezenten Caniden entstanden, wofür auch der etwas einfachere Gehirnfurchentyp spricht [1751 a].

Die Caniden haben sich im Quartär (zum Teil allerdings unter Mithilfe des Menschen, wie beim australischen und Neuguinea-Dingo) weltweit verbreitet. Als ursprünglichste rezente Caniden können einerseits die altweltliche Gattung *Nyctereutes*, andererseits *Urocyon* [1751 a] aus der Neuen Welt gelten**). Sie stehen den jung-tertiären Stammformen am nächsten und sind nach Eurasien im jüngeren Pliozän eingewandert (*Ruscinalopex donnezani* aus Roussillon; *Nyctereutes* [einschließlich *Paratanuki* KRETZOI] ist im Plio-Pleistozän in Eurasien verbreitet gewesen; *N. megamastoides, N. sinensis, N. petenyii, N. vinetorum, N. procyonides* [196, 615, 1623, 1818, 1850, 1866, 1987, 3368, 3523, 3738]). Von diesem Grundstock läßt sich auch der zu *Otocyon megalotis* (Löffelhund) führende Stamm ableiten***), als dessen Vorläufer man *Prototocyon recki* [2669, 2772] aus dem Pleistozän Ostafrikas ansieht [3702] und in dessen Verwandtschaft auch „*Sivacyon*" *curvipalatus* aus dem Pleistozän Südasiens gehören dürfte [493, 2687]. Der Löffelhund ist trotz seiner Zahnformel $\left(\frac{3\ 1\ 3\ 3\text{-}4}{3\ 1\ 4\ 4}\right)$ kein überlebender Amphicyonide, wie

*) „*Cynodesmus*" *euthos* [2183] ist von *Tomarctus* nicht zu trennen [3697].

**) Die von FRECHKOP [988] vertretene Auffassung, *Nyctereutes* als verbindendes Glied zwischen Procyoniden und Caniden anzusehen, beruht auf einer völligen Verkennung der taxonomischen Wertigkeit einzelner Merkmale. Einmalig unter den Caniden ist auch die nur durch kurze Aktivitätspausen unterbrochene Winterruhe bei *Nyctereutes*, die jedoch als physiologische Besonderheit aufzufassen ist. Der bei *Nyctereutes, Otocyon, Urocyon* und *Dusicyon* gut ausgebildete Lobus subangularis am Unterkiefer steht im Zusammenhang mit der mehr kauenden Gebißfunktion (Ansatzstelle der M. digastricus [1061]).

***) Bemerkenswert erscheint in diesem Zusammenhang, daß *Nyctereutes procyonides* und *Otocyon megalotis* verschiedene gemeinsame Verhaltensweisen besitzen, die von den übrigen Caniden nicht bekannt sind (KLEIMAN in litt.).

verschiedentlich angenommen [1883], sondern ein Angehöriger der Caninae, bei dem es zu einer Verdoppelung einzelner Molaren gekommen ist [768, 1226, 3878, 3923]. Eine Abtrennung als eigene Unterfamilie (Otocyoninae) ist nicht erforderlich.

Auch *Urocyon* ist bereits aus dem Jung-Pliozän (Rexroad-Formation von Kansas [3447]) bekannt. *Urocyon* ist gegenwärtig durch den Graufuchs *(U. cinereoargenteus)* über das südlichere Nordamerika (Große Seen als ungefähre Nordgrenze), Mittelamerika bis ins nordwestliche Südamerika verbreitet und verhält sich nicht nur im Habitus, sondern auch im Gebiß und den kletterfähigen Extremitäten recht ursprünglich. Von dieser Gruppe dürften auch die gegenwärtig arten- und formenreich entwickelten südamerikanischen „Füchse" ihren Ausgang genommen haben, die sich als Anpassungstypen von pleistozänen Radiationen deuten lassen (Abb. 397). Es sind keine echten Füchse, so daß man diese Bezeichnung vermeiden sollte. Ihre Vorfahren können Südamerika erst im älteren Pleistozän erreicht haben, da vorher keine direkte Landverbindung existierte. Fossilfunde, die mit südamerikanischen Caniden (außer *Urocyon*) in Beziehung gebracht werden können, fehlen im nordamerikanischen Pleistozän völlig. Es erscheint daher die Annahme begründet, daß die heutigen „Gattungen" und Arten sich erst aus im älteren Pleistozän nach Südamerika gelangten *Urocyon*-ähnlichen Formen entwickelt haben. Spärliche Fossilfunde belegen wohl die Existenz verschiedener Gattungen im Pleistozän

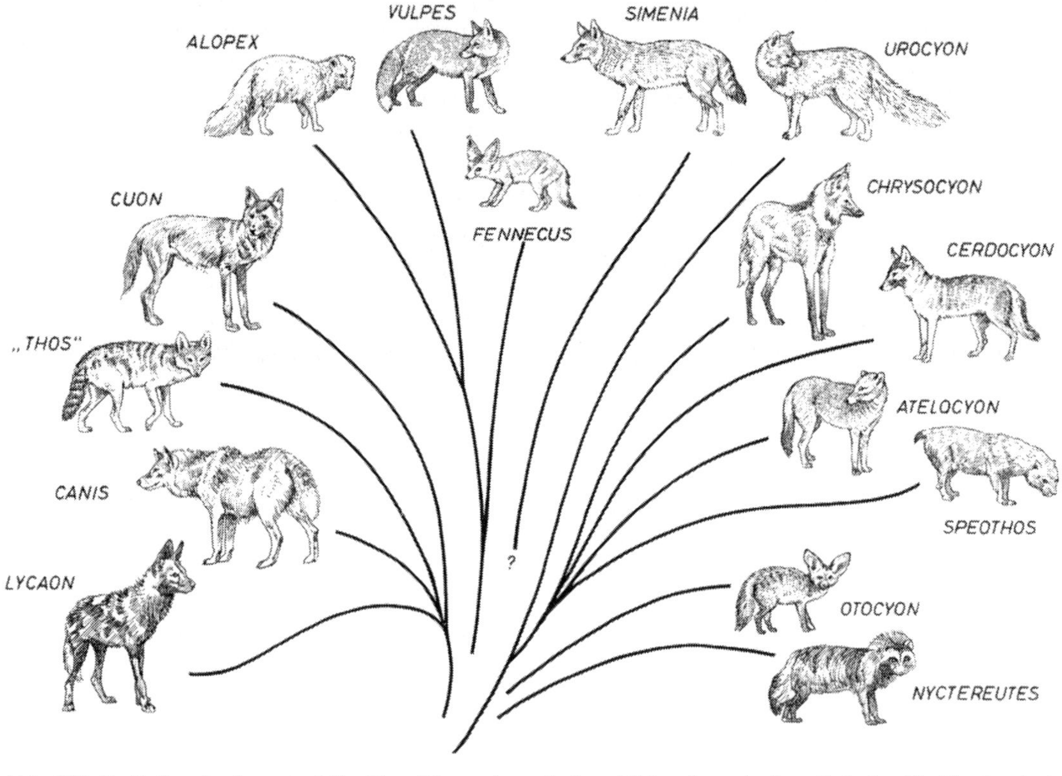

Abb. 397. Radiation der (rezenten) Caniden. Diese zeigen als Angehörige einer einzigen Unterfamilie (Caninae) eine bemerkenswerte Vielfalt im Habitus. Untereinander näher verwandt sind die südamerikanischen „Füchse", die sämtlich auf urocyonartige Vorfahren zurückzuführen sind und die Thooiden, zu denen auch *Lycaon* und *Cuon* zu zählen sind. Die sog. „Cuoninae" *(Cuon, Lycaon* und *Speothos)* sind keine natürliche Einheit. *Otocyon* ist ein aberranter Angehöriger der Caninae. — Unter Verwendung von Vorlagen von W. Eigener umgezeichnet und zusammengestellt

Südamerikas (*Dusicyon* [= ? *Protolycalopex* SPILLMANN], *Chrysocyon*, *Protocyon* [= ? *Palaeospeothos* SPILLMANN] [1485, 1499]), ermöglichen jedoch keine konkreten Angaben über die stammesgeschichtlichen Beziehungen. Ohne auf die heftig diskutierte Taxonomie der rezenten südamerikanischen Caniden einzugehen (vergleiche [467, 474, 1396, 1930]), ist zu sagen, daß *Cerdocyon (C. thous)* die ursprünglichste, *Chrysocyon* und *Speothos* die am meisten abgeleiteten Formen bilden. *Dusicyon* und auch *Lycalopex* stehen etwas intermediär. *Atelocyon (microtis)* dürfte *Speothos* näherstehen*). *Speothos (= „Icticyon") venaticus*, der Waldhund, weicht mit seiner Kurzbeinigkeit und dem an *Cuon* erinnernden Gebiß von den übrigen südamerikanischen Caniden ab, weshalb man ihn als Angehörigen der Simocyoninae (Seite 368) oder einer eigenen Unterfamilie (Speothoinae [2733]) bewertet. Wie jedoch zuletzt HERSHKOVITZ [1396] ausführt, ist *Speothos* nur ein etwas aberranter Angehöriger der Caninae. Er ist eine wasserliebende, schlüpfende Form, während der hochbeinige Mähnenwolf der Anden *(Chrysocyon brachyurus = jubatus)* das andere Extrem bildet. Auch dieser ist zweifellos mit den übrigen südamerikanischen Caniden auf eine gemeinsame, urocyon-ähnliche, plio-pleistozäne Stammgruppe zurückzuführen. Der Mähnenwolf ist ein Anpassungstyp an offenes Gelände mit hohem Graswuchs [1925a]. Als Ganzes gesehen, bilden die südamerikanischen Caniden ein gutes Beispiel für eine im Quartär erfolgte Radiation einer Raubtiergruppe.

Unter den rezenten Caniden hat HUXLEY scharf zwischen den Alopecoidea (= vulpine Reihe) und den Thooidea (= lupine Reihe) unterschieden. Wenn auch *Vulpes* und *Canis* deutlich verschiedenen Wuchsformtypen angehören, so nehmen doch einzelne Formen eine Art Zwischenstellung in morphologischer sowie ethologischer Hinsicht ein, die eine derart scharfe Trennung nicht rechtfertigen**), ganz abgesehen davon, daß die südamerikanischen „Füchse" keine „echten" Füchse. sind. Die Füchse bilden lediglich ein bestimmtes Evolutionsniveau [1990].

Verhalten sich die Füchse in mancher Hinsicht auch ursprünglicher als die Schakal-Wolfs-Gruppe, so trifft dies doch nicht für sämtliche Merkmale zu. Die echten Füchse sind mit *Vulpes alopecoides* im Ältest-Pleistozän neben schakal- *(Canis arnensis)* und wolfsähnlichen Caniden *(C. etruscus)* vertreten. Ihre Aufspaltung muß im jüngsten Tertiär erfolgt sein. Angehörige der Korsak- *(V. praecorsac)* und der Eisfüchse (*Alopex praeglacialis* [1821]) sind aus dem älteren Quartär Europas mehrfach nachgewiesen, während im Jung-Pleistozän die rezenten Arten auch aus Mitteleuropa bekannt sind. Als etwas spezialisierten Abkömmling des Fuchsstammes kann man *Fennecus zerda* ansehen, den nordafrikanischen Wüstenfuchs; die „lupine" Pupillenform [1196a] ist kein Gegenbeweis.

Die untereinander näher verwandte Schakal-Koyote-Wolf-Gruppe ist gleichfalls im Pleistozän mit zahlreichen Fossilfunden belegt. Der wiederholte Klimawechsel und die damit im Zusammenhang stehenden Größenunterschiede (analog zu rezenten nördlichen und südlichen Unterarten) erschweren sichere Angaben über die stammesgeschichtlichen Zusammenhänge innerhalb dieser fossilen Formen (vergleiche 751, 1116, 1823, 3981]). Fruchtbare Hybriden zwischen den Angehörigen dieser Gruppe bestätigen den phylogenetisch geringen Abstand der einzelnen Arten [755a, 1167, 1385].

Aus dieser Gruppe haben sich zweifellos die Haushunde entwickelt. Wenn auch der Wolf *(Canis lupus)* als wichtigste Stammart des Haushundes anzusehen ist [1374], so sind doch auch einige Hinweise vorhanden, daß verschiedene Indianerstämme den Koyoten in präkolumbianischer Zeit in Nordamerika domestizierten [3981]. Dies und auch die Tatsache, daß es zwischen Koyoten und verwilderten Haushunden in freier Wildbahn zur Bastardierung kommt (soge-

*) *Dasycyon* [= „*Oreocyon*"] *hagenbecki* KRUMBIEGEL [1925] beruht auf einem Haushundefell [474, 1396].

**) Ein sicherer Nachweis von Hund-Fuchs-Mischlingen scheint nicht vorzuliegen (GRAY [1167]; siehe dagegen SCHNEIDER [3070]).

nannte Coydogs [755a]), würde auch serologische Befunde bestätigen, wonach Haushunde mit Koyoten nähere Affinitäten besitzen als mit Wölfen [2114]. Nach den Untersuchungen von Ueck [3679] sind die vorkolumbianischen Haushunde Südamerikas nicht autochthon aus südamerikanischen „Füchsen" entstanden, sondern „echte" Hunde, das heißt Wolfsnachfahren, die erst mit dem Menschen nach Südamerika gelangten*). Sie waren primitive Haushunde, ähnlich den Shensi- oder Pariahunden der Alten Welt. Abgesehen von verschiedenen ursprünglichen morphologischen Merkmalen, ist auch das Verhalten dieser primitiven Haushunde ursprünglich (der Basenjihund des Kongo bellt nicht, sondern stößt nur Heultöne aus). Verwilderte Nachkommen primitiver Haushunde sind der australische Dingo *(Canis familiaris dingo)* und der Neuguinea-Dingo (*Canis „hallstromi"* [1385, 3665]). Der Dingo ist zweifellos erst mit dem Menschen in früh-holozäner Zeit nach Australien gelangt. Er fehlt den eiszeitlichen Faunen [3547, 3626].

Im nördlichen Mitteleuropa ist der Haushund zum ältesten Haustier zu zählen (Mesolithikum). Verschiedene Gründe sprechen dafür, daß die Stammformen der Haushunde unter den kleineren, südlichen Unterarten von *Canis lupus* zu suchen sind, wie sie etwa als *Canis lupus pallipes* aus Südasien oder als *C. l. minor* (= Rohrwolf [2448]) aus dem südlicheren Mitteleuropa bekannt wurden [385, 2589, 3663, 3825]. Bereits in frühgeschichtlicher Zeit finden sich Windhunde als Extremtypen, wie sie die Pharaonen zur Antilopenjagd züchteten [297, 375]. Das andere Extrem bildet etwa die Bulldogge. Wie Oboussier [2488] gezeigt hat, sind die bei den Haushunden infolge der Züchtung extrem gesteigerten Wuchsformtypen bereits bei den Wölfen in ihren Anfängen vorhanden. Eine Abstammung der Haushunde vom Schakal ist nicht nur auf Grund der Hirngröße, sondern auch nach dem cytogenetischen Befund nicht anzunehmen [2287, 2942]. Eine direkte genetische Verknüpfung prähistorischer Haushunderassen mit heutigen ist nicht möglich.

Ein etwas spezialisierter Schakal ist der abessinische „Fuchs" *(Canis [Simenia] simenis)*, der mit seinem stark verlängerten Fazialschädel und dem etwas reduzierten Gebiß entfernt an *Chrysocyon* erinnert.

Die verschiedentlich zu einer oder zwei Unterfamilien („Simocyoninae" oder Cuoninae und Lycanoninae) zusammengefaßten und von den Caninae auf Grund des etwas reduzierten Gebisses (M_1 Talonid schneidend, M_3 bei *Cuon* völlig reduziert) abgetrennten Genera *Cuon*

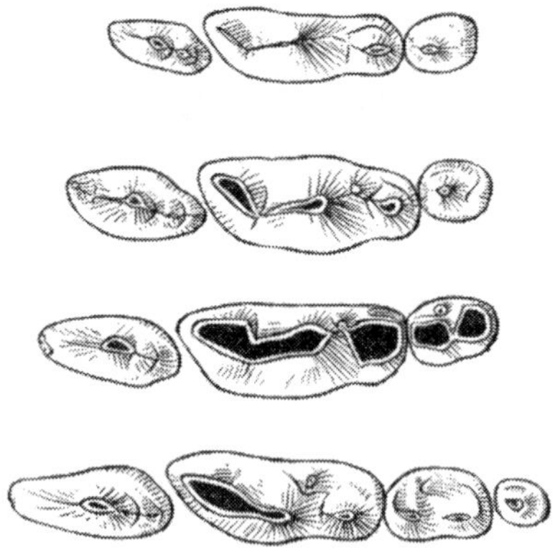

Abb. 398. Evolution des mandibularen Backengebisses (P_3—$M_3(_2)$ sin., occlusal) bei *Cuon*. Von unten nach oben: *Cuon dubius*, Villafranchium, Ostasien, *C. priscus*, Altquartär, Europa, *C. alpinus europaeus*, Jung-Pleistozän, Europa, *C. javanicus*, rezent, Südostasien. Beachte progressive Reduktion von M_3 und M_2 sowie schneidende Ausbildung des M_1-Talonides. (1/1) — Nach Thenius 1954

*) Wie vereinzelte Fossilfunde gezeigt haben, sind im Jung-Pleistozän nordamerikanische Wölfe *(Aenocyon)* auch nach Südamerika (bis Peru) gelangt, doch dort wieder ausgestorben, wie bereits Simpson [3257: 109, Fußnote 1] vermutete [2109a].

(=„*Cyon*") und *Lycaon* sind geologisch junge Abkömmlinge von schakal- (*Cuon*) oder wolfsähnlichen Formen (*Lycaon*) [3589]. Dies wird für *Cuon* durch Fossilfunde bestätigt, indem primitive *Cuon*-Arten erstmals im älteren Pleistozän auftreten (Abb. 398)*). Kretzois [1866] Aufsplitterung in verschiedene Gattungen ist keinesfalls gerechtfertigt. *Cuon priscus* aus dem Alt-Quartär Mittel-Europas zeigt noch Anklänge an *Canis*, während *Cuon (Cynotherium) sardous* aus dem Pleistozän Sardiniens als Inselzwergform mit einzelnen „vulpinen" Merkmalen zu betrachten ist [2227].

Von *Lyacon* sind bisher nur jung-eiszeitliche Fossilreste bekannt**) geworden [913], die nichts über die Abstammung aussagen. Bemerkenswert ist, daß *Lycaon pictus*, der afrikanische Hyänenhund, auch in der Lautform *Canis* sehr nahe steht [3566].

Verschiedene gemeinsame, mit der Ernährungsweise in Zusammenhang stehende Merkmale kennzeichnen die als **Feliden** zusammengefaßten rezenten Raubtiere und charakterisieren sie als einheitliche, von den übrigen Carnivoren meist leicht unterscheidbare Gruppe. Lediglich die Geparde (*Acinonyx*) fallen etwas aus dem Rahmen, ohne daß die Zugehörigkeit zu den Feliden in Zweifel steht, was für *Cryptoprocta* noch immer nicht geklärt ist.

Demgegenüber werden sowohl die stammesgeschichtlichen Beziehungen der rezenten Arten untereinander als auch der fossilen Formen wie kaum in einer anderen Raubtierfamilie verschieden beurteilt [214, 1563, 1863, 2725]. Die Ursachen liegen in der unterschiedlichen Bewertung einzelner Merkmalskomplexe sowie in den zahlreichen Parallelerscheinungen; besonders die Parallelen auseinanderzuhalten, ist an Hand von Fossilfunden schwierig.

Die Stellung der Feliden innerhalb der Carnivoren wurde bereits diskutiert. Dabei ergab sich, daß die einst als grundsätzlich erachteten morphologischen Differenzen gegenüber den Canoidea im Bau der Gehörregion nicht vorhanden sind, denn auch bei den Caniden und Arctoidea ist neben dem Ectotympanicum ein Entotympanicum ausgebildet [3394], und es verhalten sich die Palaeofeliden (im Sinne von Piveteau [2718]) im Bau der Gehörregion durchaus canid [1563]. Ein tympano-epitympanales Septum bullae fehlt diesen Formen, wodurch weiterhin ein Unterschied gegenüber gleichzeitig existierenden, alt-tertiären viverroiden Formen gegeben sei. Das bei den Machairodontiden vorhandene Septum bullae sei nach Hough [1563] dem der Feliden nicht homolog.

Von der Bewertung der Merkmale der Gehörregion und den phylogenetisch bedingten Veränderungen hängt aber nicht nur die taxonomisch-phylogenetische Stellung der Machairodontiden, sondern auch die Zuordnung von *Cryptoprocta* und der mit dieser Gattung in Verbindung gebrachten Fossilformen ab. Dies sind die Stenoplesictinae und Proailurinae,die mit *Stenoplesictis* und *Palaeoprionodon* oder *Proailurus* aus dem europäischen Alt-Tertiär bekannt sind. Deren Gehörregion ist viverrid gebaut, während das Gebiß (Zahnformel $\frac{3\ 1\ 4\ 2\text{-}1}{3\ 1\ 4\ 1}$) durch die Reduktion der M sup. und die schneidende Ausbildung des P^4 als primitiv felid zu bezeichnen ist [2725, 3553]. *Cryptoprocta ferox*, die rezente madagassische Frettkatze, entspricht diesen alttertiären Carnivoren im Bau der Gehörregion; im Gebiß verhält sie sich etwas fortschrittlicher und läßt sich als deren Nachkomme ansehen (Abb. 408 auf Seite 390). Bewertet man die Proailurinae als (primitive) Viverriden mit felinen Merkmalen, so gilt dies auch für *Cryptoprocta* [2032, 2664].

---

*) Nach Beaumont [208] ist „*Cuon dubius stehlini*" aus dem Ältest-Pleistozän kein *Cuon*, sondern beruht, wie bereits Stehlin [833] vermutete, auf einer individuellen Modifikation von *Canis*. Die Zuordnung von „*Canis majori*" Del Campana [751] aus dem Ältest-Quartär vom Val d'Arno durch Kurtén [1980] zu *Cuon* ist meines Erachtens nicht begründet.

**) Die Zugehörigkeit von *Xenocyon gigas* (= *X. lycaonoides* [1864, 1866]) aus dem Alt-Quartär Mittel-Europas ist fraglich.

Nach Beaumont [214] sind jedoch die von Hough [1563] als grundsätzlich gedeuteten Unterschiede nicht so gravierend, um eine Abtrennung der Säbelzahnkatzen (Machairodontiden) von den Feliden zu rechtfertigen. Auch sei die Zuordnung von *Cryptoprocta* und damit der Proailurinae (im Sinne von Beaumont [214]) eher zu den Feliden zutreffend, als zu den Viverriden.

Die Stellung von *Cryptoprocta ferox* wird — ähnlich wie *Ailuropoda melanoleuca* unter den Arctoidea — auch gegenwärtig keineswegs einhellig beurteilt. Sie vereint viverride und felide Merkmale, weshalb man sie einerseits als Schleichkatze [496, 2370, 2409, 2664, 3227, 3798], andererseits als primitiven Feliden [49, 1189, 3609] oder als Vertreter einer eigenen Familie bewertete [1883, 1895, 2739, 3610].

Cryptoprocta gehört zweifellos einem alt-tertiären Stamm an, der sich nur infolge der Isolation auf Madagaskar bis zur Gegenwart erhalten hat. Fossile und subfossile Funde aus dem Quartär Madagaskars dokumentieren nur, daß einst mehrere, zum Teil größere Formen existierten (wie *Cryptoprocta spelaea* [2007]). Derartige Funde waren seinerzeit Anlaß, die Existenz tertiärer Felidengattungen auf Madagaskar (*Pseudaelurus, Aeluricti*s [1658, 1883, 2007]) anzunehmen. *Cryptoprocta* zeigt „viverride" (Gehörregion, lange Glans, Penisknochen, Krallen ohne Schutzhülsen, Fußballen), herpestide (Analtasche, Fehlen von präscrotalen Perinealdrüsen) und felide Merkmale (Schädel, Gebiß, Extremitäten, felidenartig bewaffnete Glans penis) [496, 2734, 3798]. Selbst wenn man *Cryptoprocta* nicht als Felide klassifiziert, sondern als Cryptoproctidae oder Viverride, so ist auf jeden Fall ein langer, von den übrigen Stammlinien getrennter, phylogenetischer Eigenweg anzunehmen.

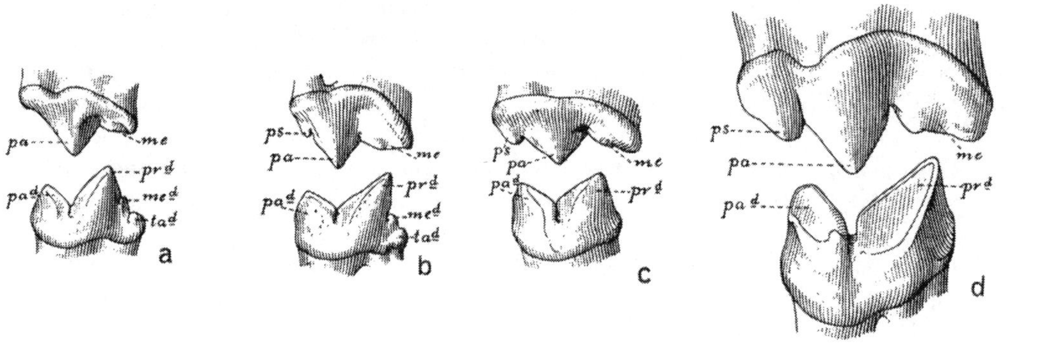

Abb. 399. Brechschere (P^4 und M_1 sin.) nimraviner (a) *Dinictis*), hoplophoneiner (b) *Hoplophoneus*), feliner (c) *Panthera*) und machairodontiner (d) *Smilodon*) Feliden. Beachte parallele „trends" bei Reduktion des M_1-Talonids und der Ausbildung eines Parastyls am P^4. — Nach Matthew 1910

me = Metacon *me*^{d} = Metaconid *pa* = Paracon *pa*^{d} = Paraconid
pr^d = Protoconid *ps* = Parastyl *ta*^{d} = Talonid

Das Kennzeichen der übrigen Feliden ist das hochspezialisierte Gebiß (die Brechschere wird zum reinen Schneideapparat; Abb. 399) und die meist mit retraktilen Krallen ausgestatteten und zum Schlagen der Beute geeigneten Vorderextremitäten*). Abgesehen von den mit der Großgliederung der Feliden verbundenen Problemen (Abb. 400), wird auch die Stellung einzelner

*) Nur beim Gepard als hundeähnlichem Lauftyp ist die Retraktilität der Krallen sekundär wieder verlorengegangen, wie Jungtiere zeigen [888].

Abb. 400 (rechts). Die Evolution des Felidenschädels. Beachte wiederholte Ausbildung „machairodontider" Formen (Hoplophoneinae: *Hoplophoneus, Eusmilus* und *Sansanosmilus*; Nimravinae: *Dinictis, Nimravides*; Machairodontinae: *Machairodus* usw., Felinae: *Dinofelis*). Anstelle von *Pseudailurus* soll es *Pseudaelurus* heißen.

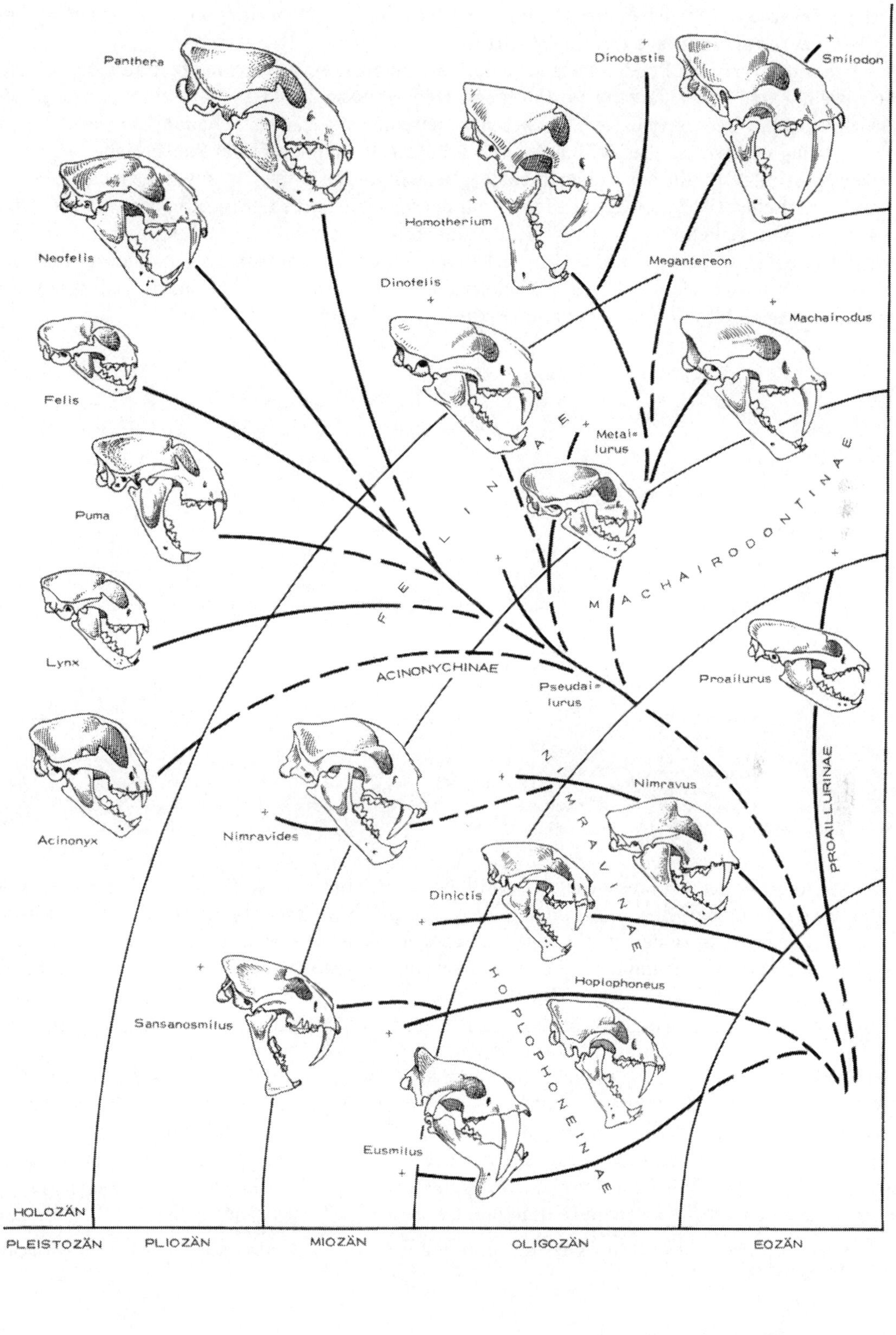
Panthera
Neofelis
Felis
Puma
Lynx
Acinonyx
Dinobastis
Smilodon
Homotherium
Megantereon
Dinofelis
Machairodus
Metailurus
FELINAE
MACHAIRODONTINAE
ACINONYCHINAE
Pseudailurus
Proailurus
PROAILURINAE
Nimravus
Nimravides
NIMRAVINAE
Dinictis
Hoplophoneus
HOPLOPHONEINAE
Sansanosmilus
Eusmilus
HOLOZÄN
PLEISTOZÄN
PLIOZÄN
MIOZÄN
OLIGOZÄN
EOZÄN

Arten keineswegs einhellig beurteilt (wie *Neofelis nebulosa*, *Puma concolor*, *Otocolobus manul*, *Leptailurus serval*, *Panthera spelaea*, *P. atrox*).

Unter den rezenten Feliden unterscheidet man, abgesehen von *Acinonyx* (und *Cryptoprocta*) die „Klein"- und „Großkatzen" (= Pantherkatzen Hemmer [1343]). Diese auf Pocock [2736] zurückgehende Gliederung basiert im wesentlichen auf dem Bau des Hyoidapparates (Suspensorium völlig verknöchert bei Felinae [= „Kleinkatzen"], ligamentös bei Pantherinae [= „Großkatzen"]; Abb. 401), doch beruhen mehrere trennende Merkmale — außer den nicht immer charakteristischen Größenunterschieden — auf der verschiedenen Lautgebung und im Verhalten (wie Freßstellung, Fellpflege). Da die Dimensionen allein zur Kennzeichnung nicht ausreichen und die zum Teil wesentlich stärker abweichenden Fossilstämme dann als Familien zu bewerten wären, ist es besser, sie als Schnurr- (Felini) und „Brüll"katzen (Pantherini) und zusammen mit den fossilen Metailurini als Felinae zu klassifizieren [214]*) (Abb. 400).

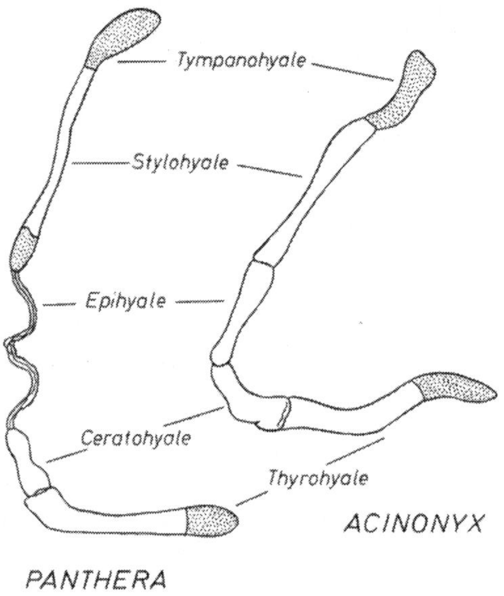

Abb. 401. Hyoidapparat bei „Brüll"- (Pantherini) und „Schnurr"-Katzen (Felini und Acinonychinae). — Nach Hemmer 1966, umgezeichnet

Als Angehöriger der wesentlich einheitlicheren Pantherkatzen (Pantherini) sind Schneeleopard (*Uncia uncia*), Jaguar (*Panthera onca*), Leopard (*P. pardus*), Löwe (*P. leo*) und Tiger (*P. tigris*) anzusehen, zu denen *P. spelaea* aus dem europäischen, *P. atrox* aus dem nordamerikanischen Pleistozän hinzukommen. Die gemeinsame Stammgruppe ist unter jung-tertiären Angehörigen der Felini zu suchen. Nach Hemmer [1343] sind die felinen Merkmale ursprünglicher als die pantherinen. Dies bestätigen die angeborenen Verhaltensweisen (zum Beispiel: „Tötungsbiß" bei Kopulation bei Großkatzen nur mehr als Andeutung [115]). *Uncia* verhält sich nach dem Fellmuster am ursprünglichsten und zeigt auch sonst kleinkatzenhafte Merkmale (Abb. 402). Innerhalb der Gattung *Panthera* bildet *P. pardus* die am ursprünglichsten gebliebene Art, der *P. onca* am nächsten steht (Abb. 403). Die Stammform der Jaguare gelangte über die Beringstraße nach Nordamerika und entwickelte sich zu *P. onca*, der auch nach Südamerika gelangte. Die Jaguarlinie ist durch *Panthera palaeonca* bereits im Blancan nachgewiesen [2987]. Demgegenüber war der sogenannte amerikanische Löwe, *P. atrox*, der meist als Riesenjaguar

*) Die Geparde sind hier nicht als Tribus innerhalb der Felinae, sondern als eigene Unterfamilie (Acinonychinae) gewertet (siehe unten).

[1986, 3255] angesehen wird, im Jung-Pleistozän von Alaska bis nach Mexiko und Florida verbreitet [1986, 3835] und im Gegensatz zu *P. onca* ein Bewohner offenen Geländes. Auf Grund der (nördlichen) Verbreitung, der Dimensionen und morphologischer Kriterien sehen einige Autoren *P. atrox* auch als Tigerverwandten an [1662, 3835]. Auf pantherartige Formen sind auch *P. leo* und *tigris* zurückzuführen, doch dürfte es zur Abspaltung von *P. tigris* etwas früher gekommen sein [1343]. Dies schließt nicht aus, daß *P. tigris* manche Sondermerkmale und -eigenschaften erworben (wie Fellzeichnung). *P. tigris steht* dadurch *P. pardus* etwas ferner, weshalb man ihm als eigenes Subgenus abtrennt [1337, 1343]*). Entstehungszentrum der Pantherini ist das asiatische Festland. Nach Mazak [2317] ist Nordostasien die Urheimat des

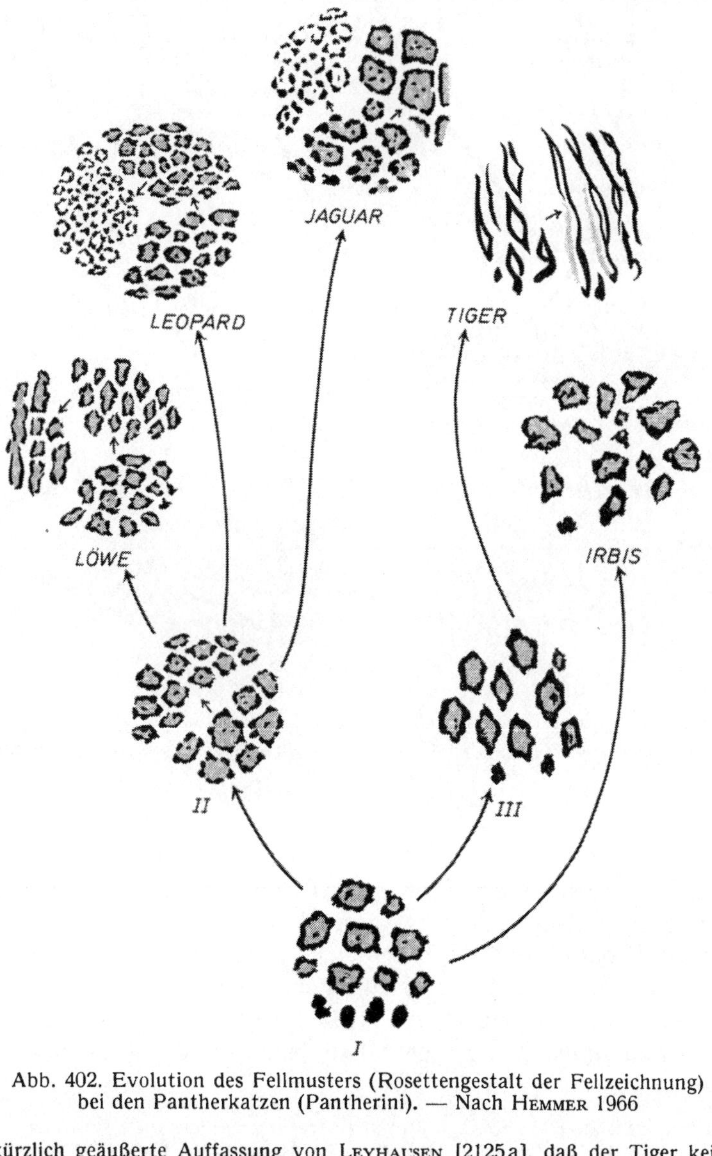

Abb. 402. Evolution des Fellmusters (Rosettengestalt der Fellzeichnung) bei den Pantherkatzen (Pantherini). — Nach Hemmer 1966

*) Die erst kürzlich geäußerte Auffassung von Leyhausen [2125a], daß der Tiger kein Pantherinae sei, beruht auf einer Überbewertung ethologischer Kriterien.

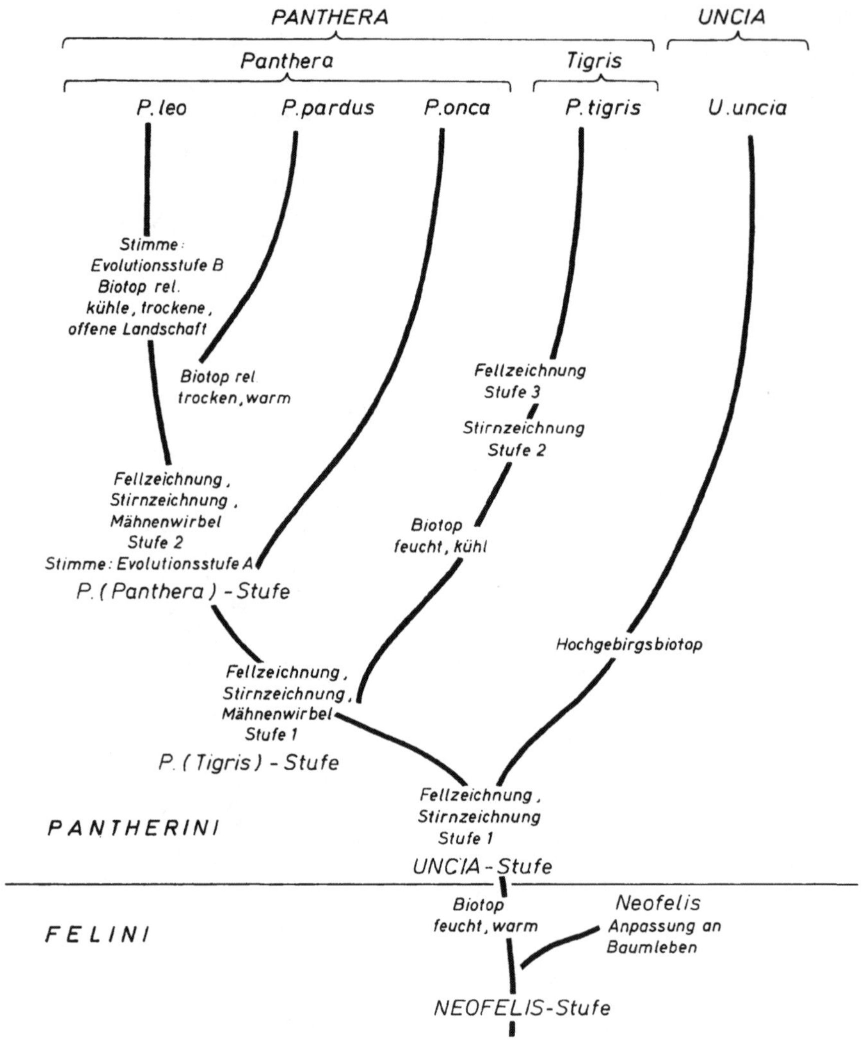

Abb. 403. Die stammesgeschichtlichen Zusammenhänge der rezenten Pantherkatzen nach morphologischen und ethologischen Gesichtspunkten. — Hach Hemmer 1966, umgezeichnet

Tigers. Er hat das Kaspigebiet — nach Vereschtschagin [3714] — erst in der Nacheiszeit erreicht, was auch für die Beurteilung von *P. spelaea* wesentlich erscheint. *Panthera tigris* ist bereits im älteren Quartär Ostasiens nachgewiesen [1509, 3994]*).

Panthera leo und *P. pardus* sind zur Eiszeit auch aus Europa bekannt. *Panthera palaeosinensis* aus dem älteren Quartär Ostasiens ist nach Kurtén [1980] vermutlich die Stammform von *P. pardus*, nach Hemmer [1347] jedoch ein Tiger. *Panthera leo* hat sich nach Hemmer [1343] zwar am spätesten vom *pardus*-Zweig abgespalten, jedoch infolge Anpassung an den trockenen

*) Die pleistozänen „Inseltiger" *(Felis trinilensis, Feliopsis palaeojavanica)* sind nicht kleiner als die Festlandsformen [391]. Dies dürfte damit zusammenhängen, daß die Sundasee zu den Kaltzeiten Festland war, dem auch Sumatra, Borneo und Java angehörten.

Lebensraum verschiedene Sondermerkmale erworben (Mähne, Rudelbildung). Seine Verbreitung erstreckte sich einst von Südasien über Vorderasien und Südeuropa über ganz Afrika [3524]. Nach der Lautgebung bilden *P. leo* und *P. pardus* die spezialisiertesten Pantherkatzen [3567]. *Panthera spelaea* des Jung-Pleistozäns ist eine eigene, dem Löwen jedoch näherstehende Art [752, 779, 1331, 1453, 1662]. Als gemeinsame Ausgangsform von Löwe und Tiger kommt sie schon aus zeitlichen Gründen nicht in Betracht. Aus dem jüngsten europäischen Pleistozän sind verschiedentlich kleine Höhlenlöwen *(„Leo nobilis“)* bekannt geworden (weibliche Individuen oder kleine Unterart? [3990]). Der Löwe ist in mancher Hinsicht die spezialisierteste Großkatze (Fellzeichnung nur in der Jugend, Lautgebung, Mähnen- und Rudelbildung [2121]). Nach Hemmer [1339] ist *Panthera schaubi* [3738] aus dem Ältest-Quartär Europas kein Angehöriger dieser Gattung, sondern bildet ein eigenes Genus *(Viretailurus)*, das in die Nähe der Basisgruppe der modernen Feliden zu stellen sei, da es Eigenschaften von Felinen und Pantherinen vereinigt. Demgegenüber kann *Panthera toscana* [3017] aus dem Villafranchium Europas als primitiver Pantherine und als Ausgangsform der *pardus*-Gruppe angesehen werden [3649a], aus der auch *P. leo* hervorgegangen ist. Richtige Löwen *(P. leo)* sind erst aus dem Alt-Quartär nachgewiesen.

Weder Puma *(Felis [Puma] concolor)* noch Nebelparder *(Neofelis nebulosa)* sind Angehörige der „Großkatzen“, sondern Kleinkatzen. Dies ist nicht nur morphologisch belegt (zum Beispiel Hyoidapparat, ferner Jugendkleid bei Puma aus Solidflecken), sondern auch im Verhalten bestätigt [116, 1336]. Der Puma-Stamm ist mit *Felis (Puma) studeri* bereits im Blancan (ältestes Quartär) belegt [2987]. Weitere, jedoch nur subspezifisch von *Puma concolor* verschiedene Formen sind als *Felis bituminosa* und *F. daggetti* aus dem nordamerikanischen Pleistozän bekannt [2987]. *Felis platensis („Pristinofelis chimborazi“)* aus dem südamerikanischen Pleistozän ist gleichfalls ein Puma [1485].

Der südasiatische Nebelparder ist auf Grund der äußeren Ähnlichkeit entweder als Großkatze angesehen, und zwar als spezialisierter Abkömmling von *Panthera pardus*, oder als Vertreter einer eigenen Unterfamilie klassifiziert worden [1863]. Zweifellos handelt es sich um eine eigene Gattung, die nicht nur im Verhalten, sondern auch in der Ausbildung des Fazialschädels stark von sämtlichen Großkatzen abweicht. Nach Hemmer [1336], der außer morphologischen Kriterien (wie Hyoidapparat, Rhinarium, Kopfzeichnung) auch das Verhalten berücksichtigt, handelt es sich um einen Angehörigen der Kleinkatzen, der der Wurzelgruppe der Großkatzen nahesteht. Fossile *Neofelis*-Reste *(N. nebulosa primigenia)* kennen wir aus dem Pleistozän von Südchina und Java [1348]; das Entstehungsgebiet ist das südostasiatische Festland. Die Verlängerung der Eckzähne, wodurch im Gegensatz zu den Säbelzahnkatzen — bei denen die Unterkiefereckzähne verkürzt sind — die für das Felinengebiß charakteristische Greiffunktion verstärkt ist, steht im Zusammenhang mit der Ernährung (vorwiegend Vogelfresser) dieses ausgesprochenen Waldbewohners. Die Eckzahn-Verlängerung ist ein stammesgeschichtlich sehr junger Erwerb. *Neofelis* ist weder ein Angehöriger der Nimraviden noch der Machairodontiden; als nächste Verwandte sich nach Hemmer *Leopardus* oder *Puma* anzusehen.

Unter den übrigen Kleinkatzen bilden die Luchse eine untereinander näher verwandte Gruppe. Als Kennzeichen gelten Ohrpinsel, kurzer Schädel mit stark reduziertem Prämolaren, runde Pupillen und der kurze Schwanz. Nach Kurtén [1988] sind die Luchse nordamerikanischen Ursprungs, da *Felis (Lynx) rexroadensis* [3442] aus dem Jung-Pliozän der USA die geologisch älteste Form bildet und *F. (L.) issiodorensis* nahesteht. Die Luchse wären somit nordamerikanischer Entstehung und hätten sich im ältesten Quartär nach Eurasien und Afrika verbreitet. Demgegenüber sehen verschiedene Autoren [1130, 3737] altweltliche *Pseudaelurus*-Formen als Stammformen an. Mit *Felis (Lynx) issiodorensis (= ? F. brevirostris)* (Villafranchium Europas), *F. (L.) teilhardi* (Alt-Quartär Europas und Ostasiens [1966]), *F. (L.) lynx* und *F. (L.) pardina* (Jung-Pleistozän) sind Luchse im Pleistozän Eurasiens, mit *F. (L.) lynx* und *F. (L.) rufus* aus dem Pleistozän Nordamerikas belegt [1986]. Der asiatisch-afrikanische Wüstenluchs *(F. [Caracal] caracal)* ist in mancher Hinsicht die höchstspezialisierte rezente Art, die nach ihren Verhalten von Waldluchsen abstammt. Weder der Manul noch der Serval sind echte Luchse.

Der innerasiatische Manul oder Steppenluchs *(Otocolobus [=„Trichaelurus"] manul)* besitzt wohl manche „luchsartige" Merkmale („runde" Pupillen [=Tageskatze], schmale Prämaxillaria, reduzierte vordere P), weicht jedoch trotzdem von den Luchsen stark ab (breiter Schädel, großer Ohrabstand, Ohrmuschelform, Fellzeichnung, Schwanzlänge [283, 3119, 3500]). Der Manul ist eine an einen baumlosen Lebensraum angepaßte Sonderform der Wildkatzen. Die „luchsartigen" Merkmale sind als Parallelerscheinung zu werten. Ähnliches gilt für den Serval *(Leptailurus serval)*, die afrikanische Busch- und Steppenkatze, die habituell eine entfernte Luchsähnlichkeit aufweist. Der Serval ist eine hochspezialisierte Kleinkatze, die mit den Luchsen nicht näher verwandt ist [116].

Angesichts der verschiedenen altweltlichen und der neuweltlichen Kleinkatzen erscheint die Frage gerechtfertigt, ob die Felini überhaupt eine stammesgeschichtliche Einheit bilden. Die neuweltlichen Kleinkatzen haben sich, ebenso wie die Wildkatzen der Alten Welt, zweifellos unabhängig voneinander entwickelt, doch lassen sich beide auf eine gemeinsame (asiatische) Wurzelgruppe zurückführen, der die heutige *Prionailurus*-Gruppe am nächsten stehen dürfte (vergleiche Weigel [3811]). Nach Viret [3737] und Ginsburg [1130] kommen altweltliche jung-tertiäre *Pseudaelurus*- oder *Schizailurus*-Arten als Ausgangsformen der Kleinkatzen in Betracht.

Unter den neuweltlichen Kleinkatzen (*Leopardus, Oncifelis, Lynchailurus, Oreailurus* und *Herpailurus* [474]) stehen *Leopardus* und *Oncifelis* der asiatischen *Prionailurus-Profelis*-Gruppe am nächsten [282, 3811]. Unter den rezenten *Leopardus*-Arten bildet *L. wiedi*, der Baumozelot, als arboricole Form zweifellos die spezialisierteste Art [2125]. *Oncifelis* läßt sich an *Leopardus* anschließen, während *Lynchailurus* und *Oreailurus* einander näher stehen. Die Wieselkatzen *(Herpailurus)* nehmen innerhalb der neuweltlichen Kleinkatzen eine isolierte Stellung ein, doch ist damit nichts gegen eine, von einer gemeinsamen Wurzelgruppe erfolgte Radiation der neuweltlichen Kleinkatzen im Quartär gesagt, ähnlich den Caniden. Fossilfunde dokumentieren das im Pleistozän größere Verbreitungsgebiet von *H. yagouaroundi* und *Leopardus pardalis* (Florida [1986, 2828]). Möglicherweise steht *Herpailurus* unter den neuweltlichen Kleinkatzen *Puma concolor* am nächsten.

Unter den altweltlichen Kleinkatzen (im eigentlichen Sinne) sind Formen auf verschieden hoher Evolutionsstufe zu unterscheiden. Die ursprünglichsten Vertreter stellt die *Prionailurus-Pardofelis*-Gruppe. Sie sind nach Weigel [3811] mit einer primitiven Fellmusterung gekennzeichnet; aber auch anatomische Merkmale sind als ursprünglich zu werten und finden sich einerseits bei *Neofelis*, andererseits bei *Leopardus* [3339]. Demgegenüber ist bei den Goldkatzen *(Profelis)* die Fellzeichnung weitgehend reduziert. Ihr Verhalten erinnert an *Prionailurus* und *Leopardus* [284]. Nach ihrer gegenwärtigen Verbreitung sind sie geologisch alte Vertreter der Kleinkatzen, deren Ausbreitung als Regenwaldbewohner (süd- und südostasiatische und westafrikanische Urwaldgebiete) spätestens im Jung-Miozän erfolgt sein muß, da seither ausgedehnte Steppen- und Savannengebiete eine Ausbreitung unmöglich machten. Leider fehlen tertiärzeitliche Fossilfunde von diesen primitiven Kleinkatzen, sofern man davon absieht, daß ein direkter Vergleich zwischen diesen und den miozänen *Pseudaelurus-Schizailurus*-Arten bisher noch aussteht. Von den letztgenannten Arten wird die Gattung *Felis* abgeleitet, die erstmalig im

Unter-Pliozän mit *Felis attica* (= „*nea*") nachgewiesen ist [210]*). Von den übrigen südostasiatischen Kleinkatzen (*Badiofelis, Ictailurus*) fällt *Ictailurus planiceps* von Sumatra und Borneo durch den abweichenden Bau des Schädels und des Gebisses heraus. *Badiofelis badia* [2765] ist nach Blonk [282] wahrscheinlich nur eine insulare Kleinform von *Profelis*.

Die Wildkatzen (*Felis*, sensu stricto) sind asiatischen Ursprunges und haben als Bewohner warm-trockener Gebiete die Neue Welt nie erreicht. Dem Fellmuster nach sind die westasiatischen Steppenkatzen mit Fleckenmuster (*ornata*-Gruppe) die ursprünglichsten, während die Arten mit Streifenmustern (Falb- und Waldkatzen = *silvestris*-Gruppe) zu den fortschrittlichen zählen; unter ihnen ist die europäische Wildkatze (*Felis silvestris silvestris*) die spezialisierteste [1255, 1257]. Nach Kurtén [1985] ist *Felis lunensis* (= ? *F. wenzensis* [3369]) aus dem Villafranchium Europas eine primitive Wildkatze, die man als Stammform von *F. silvestris* ansehen kann. Die Umbildung zur rezenten Art war im Mittel-Quartär (Holstein) vollzogen. Wüstenkatzen (*F. margarita*: Sahara; *F.* [*Eremaelurus*] *thinobia*: Zentralasien; *F. nigripes*: Karroo) sind dreimal unabhängig voneinander entstanden [1256]. Die Rohrkatzen (F. [*Chaus* = *Catolynx*] *chaus*) sind ein eigener Typ [1255], der sich im Pleistozän von den Wildkatzen abspaltete. Fossile Reste sind aus dem europäischen Jung-Pleistozän bekannt [1323, 1770]. Sie sind im Gegensatz zu den übrigen Wildkatzen feuchtigkeitsliebend und scheinen erst später von Vorderasien nach Nordafrika vorgedrungen zu sein [3811].

Die wilde Stammform der Hauskatze bildet die ägyptische Falbkatze (*Felis silvestris lybica* = „*ocreata*"), doch ist die europäische Wildkatze (*F. s. silvestris*) nach serologischen Befunden auch beteiligt [1255, 3118]. In Mitteleuropa tritt die Hauskatze erstmalig in der Römerzeit auf [1458, 3181]. Bereits die alten Ägypter domestizierten sie [2412, 3998], da jedoch eine planmäßig kontrollierte Zucht durch den Menschen kaum erfolgte, hat sie nie die Formenfülle erreicht, wie etwa der Haushund. Dennoch kommt es auch bei Hauskatzen zur Verringerung der relativen Hirngröße [2939].

Als im Ältest-Quartär wieder ausgestorbene Seitenlinie der Felinae seien noch die Metailurini erwähnt (*Metailurus, Stenailurus, Dinofelis*), die auch aus miozänen *Pseudaelurus*-Arten hervorgegangen sein müssen. Bei der im Pliozän holarktisch verbreiteten Gattung *Metailurus* kommt es zu einer stärkeren Reduktion der Prämolaren und zu einer Abflachung und Verlängerung des C sup. $\left(\text{Zahnformel } \frac{3\ 1\ 2\ 1}{3\ 1\ 2\ 1}\right)$. Die plio-pleistozäne Endform bildet *Dinofelis* (= „*Therailurus*"), die aus Europa, Ostasien und Südafrika bekannt wurde, ohne jedoch die für typische Säbelzahnkatzen charakteristischen Proportionen zu erreichen [906, 1340, 2718, 3991b]. Nach Crusafont [656] ist „*Therailurus*" (= *Dinofelis*) von *Stenailurus* aus dem Alt-Pliozän abzuleiten.

Die Pseudaelurini (*Pseudaelurus* einschließlich *Schizailurus* [3737]) sieht man auf Grund verschiedener primitiver Merkmale als Wurzelgruppe der Felinae an. Abgesehen vom gelegentlich noch vorhandenen P^1 ist der M^1 noch relativ groß, und der M_1 besitzt noch ein deutliches Talonid und Metaconidhöckerchen. *Pseudaelurus* aus dem Miozän Europas und dem Ober-Miozän und Pliozän Nordamerikas nachgewiesen, gilt meist als stammesgeschichtliches Bindeglied zwischen *Proailurus* und *Felis* [214, 742] oder als Übergangsstadium zwischen *Nimravus* und *Felis* [2264]. Wie jedoch Toohey [3648] und Beaumont [214] richtig betonen, ist *Nimravus* nicht die direkte Vorfahrenform von *Pseudaelurus*, sondern beide lassen sich nur auf eine gemeinsame Stammform zurückführen.

Damit wollen wir uns den übrigen Felidenstämmen zuwenden. Wie schon eingangs erwähnt, gehen die Auffassungen über die taxonomische Gliederung der fossilen Feliden und ihrer stammesgeschichtlichen Zusammenhänge stark auseinander, was hauptsächlich infolge der Parallel-

*) *Felis zitteli* aus dem Ober-Miozän hat sich als rezenter Hauskatzenschädel erwiesen [3737].

erscheinungen bedingt ist, die zur wiederholten Entstehung von Säbelzahnkatzen geführt haben. Während MATTHEW [2264] nur eine feline und eine machairodontine Reihe unterschied, haben nach PIVETEAU [2725] sowohl die Nimravinae (Scheinsäbelzahnkatzen) als auch die Felinae Säbelzahnkatzen (machairodontine Formen) hervorgebracht. Nach BEAUMONT [214] kam es unter den Nimravinae *(Dinictis)*, den Machairodontinae (*Machairodus*, *Smilodon* und so weiter) und den Hoplophoneinae zur Entstehung von Säbelzahnkatzen.

Die geologisch ältesten sind — wenn man von den Proailurinae absieht — mit *Nimravus* (= *Aelurogale* = *Aeluricti*s) aus dem Ober-Eozän bekannt, deren Zahnformel $\frac{3\ 1\ 4\ 1}{3\ 1\ 3\ 2}$ lautet

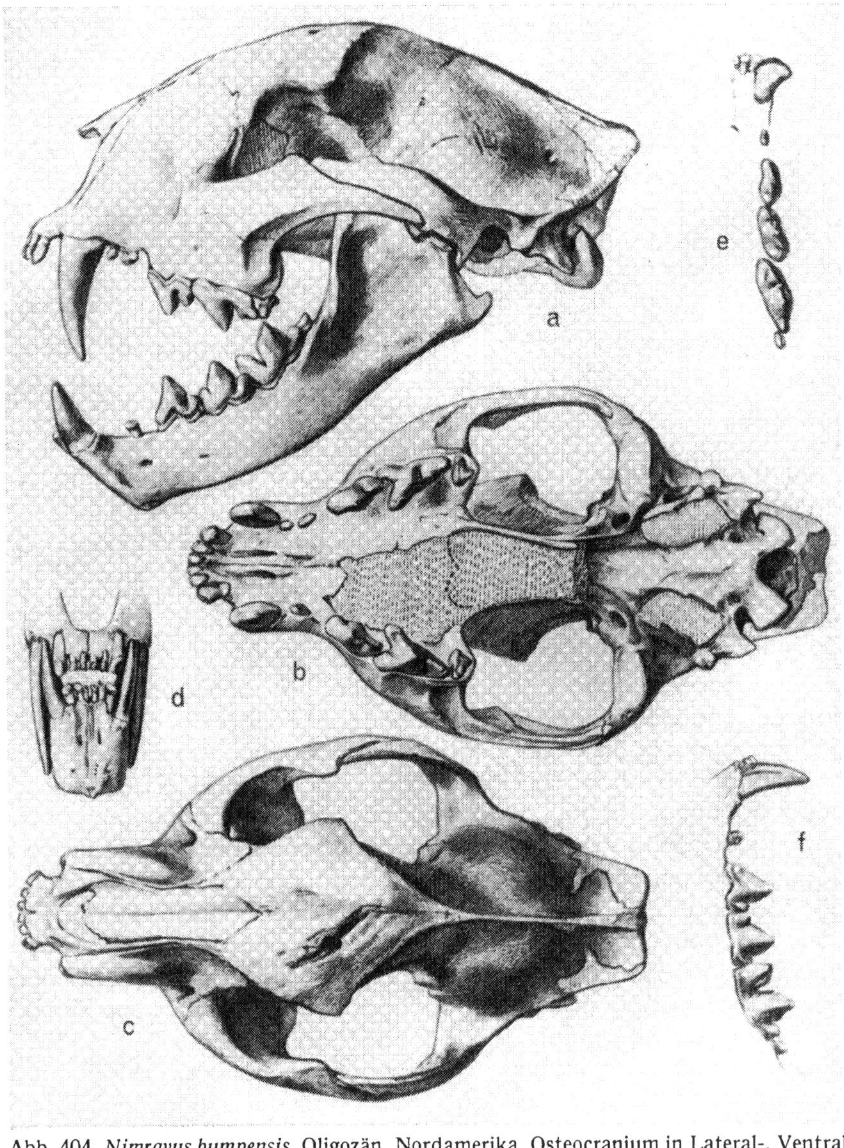

Abb. 404. *Nimravus bumpensis*, Oligozän, Nordamerika. Osteocranium in Lateral-, Ventral- und Dorsalansicht (a—c), Vordergebiß (d) und Unterkiefergebiß (e, f) occlusal und lingual. (ca. 1/2) — Nach SCOTT & JEPSEN 1936

(Abb. 404). Durch die schneidende Ausbildung des M_1 (Metaconid fehlt) und die etwas verlängerten und seitlich abgeflachten, mit krenelierter Hinterkante versehenen C ist ein von primitiven Felinae abweichender Trend vorhanden, der *Nimravus* als Stammform der Pseudaelurini ausschließt. Der *Nimravus*-Stamm setzt sich mit *Nimravus* bis ins Miozän fort, und erlischt mit *Nimravides*, der leicht machairodontide Züge zeigt, im Pliozän Nordamerikas [1746]. Stärkere machairodontide Tendenzen zeigt *Dinictis* aus dem Oligo-Miozän Nordamerikas, ohne daß es zur Reduktion des M_2 kommt (Abb. 405). Ein leichter Unterkieferflansch und die verlängerten C sup. weisen *Dinictis* als wenig spezialisierte Säbelzahnkatze aus.

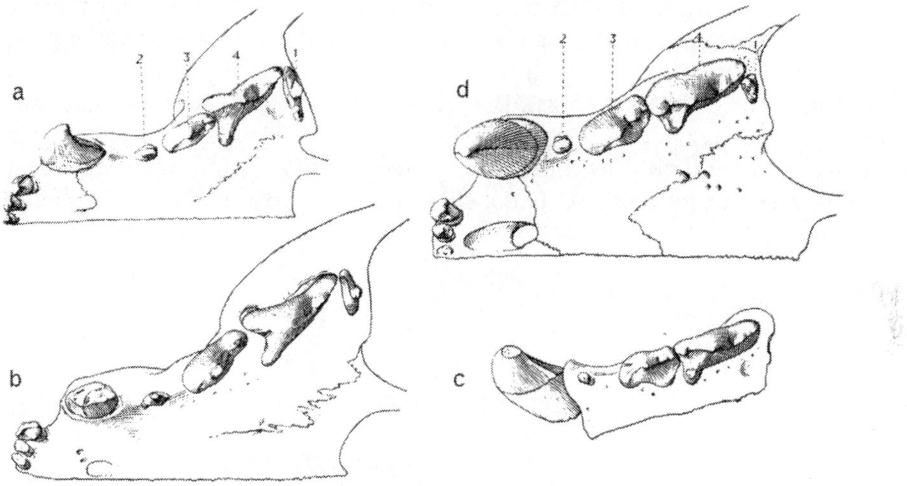

Abb. 405. Oberkiefergebiß (I^1—M^1 sin.) rezenter und fossiler Feliden. Nimravinae: a) *Dinictis*, Mittel-Oligozän, b) *Nimravus*, Jung-Oligozän; Felinae: c) *Pseudaelurus*, Miozän, d) *Panthera*, rezent. (2/3) — Nach Matthew 1910

Weitaus spezialisierte Säbelzahnkatzen haben die von Beaumont [214] als Hoplophoneinae abgetrennten Feliden hervorgebracht, die vom Oligozän *(Hoplophoneus, Eusmilus)* bis zum Pliozän *(Sansanosmilus = „Albanosmilus")* holarktisch verbreitet waren. Während bei *Hoplophoneus* der machairodontide Charakter nur gering ausgeprägt ist, sind *Eusmilus* und *Sansanosmilus* hochspezialisierte Säbelzahnkatzen*) (Abb. 406). Bei *Eusmilus* ist das Backenzahngebiß

Abb. 406. Oberkiefergebiß (I^2 bis C, P^3—M^1 sin.) fossiler Feliden. Hoplophoneinae: a) *Hoplophoneus*, Oligozän, b) *Sansanosmilus*, Miozän, Machairodontinae: c) *Smilodon*, Pleistozän. Beachte zunehmend schneidende Ausbildung des P^4 (4) und Reduktion des M^1(1) sowie der vorderen Prämolaren (2,3) als Beispiel für eine Parallelentwicklung. (2/3) — Nach Matthew 1910

*) Ginsburg [1129, 1130] klassifiziert die Eusmilini auch als Angehörige der Nimravinae.

hochgradig reduziert $\left(\frac{3\ 1\ 2\ 1}{3\text{-}2\ 1\ 1\ 1}\right)$, die C sup. wie bei den eiszeitlichen Machairodontiden enorm verlängert und seitlich abgeflacht, während die C inf. klein sind. Ein langer Unterkieferflansch unterscheidet *Eusmilus* von den echten Säbelzahnkatzen. Bei *Sansanosmilus*, der nach BEAUMONT mit *Hoplophoneus* eine eigene Linie bildet, ist der Unterkieferflansch geringer entwickelt und auch das Gebiß weniger stark reduziert, dafür sind P^4 und M_1 verlängert und schneidend entwickelt. *Sansanosmilus* stirbt im Unter-Pliozän aus (zum Beispiel *S. piveteaui* [= *Megantereon* bei OZANSOY [2553]; *Sansanosmilus* sp. im Clarendon [2309]).

Die echten Säbelzahnkatzen (Machairodontinae) ersetzen die Nimravinen und Hoplophoneinen. Sie waren im Plio-Pleistozän weit verbreitet und haben auch die äthiopische, orientalische und neotropische Region erreicht [906, 1978]. Ausgehend von wenig spezialisierten Formen *(Machairodus* [einschließlich *Heterofelis*], *Paramachairodus)* des eurasiatisch-nordamerikanischen Alt-Pliozäns, die nach BEAUMONT [214] von miozänen Pseudaelurinen abstammen, lassen sich im jüngeren Pliozän und Pleistozän zwei deutlich getrennte Stämme unterscheiden (Homotheriini mit *Homotherium* [= „*Ischyrosmilus*"] und *Dinobastis* und Smilodontini mit *Megantereon* und *Smilodon* (Abb. 407)). Nach KURTÉN [1981] bildet *Homotherium* die

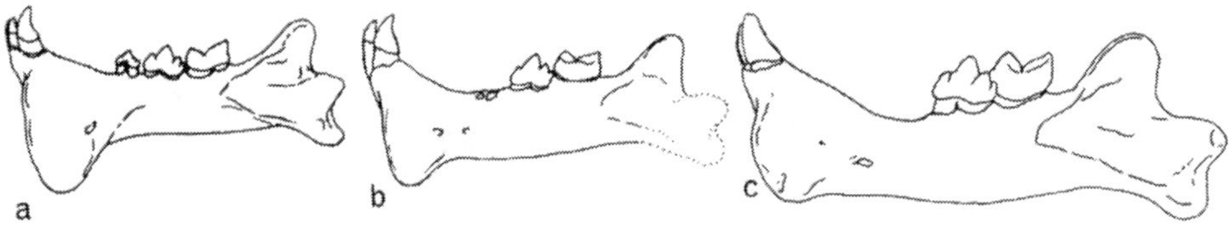

Abb. 407. Evolution des Unterkiefers bei den Smilodontini. a) *Megantereon* (Villafranchium), b) *Smilodon gracilis* (Mittel-Pleistozän), c) *Smilodon neogaeus* (Jung-Pleistozän). Beachte Größenzunahme im allgemeinen sowie Reduktion des Unterkieferflansches und des P_3 bei den geologisch jüngeren Formen. (Maßstäblich verkleinert) — Nach KURTÉN 1963

Stammform von *Dinobastis*, während *Smilodon* (einschließlich *Smilodontidium* KRAGLIEVICH [1853]) von *Megantereon* abstammt (Abb. 400 auf Seite 379). Da sich die Angehörigen beider Stämme nicht nur im Bau des Schädels [178, 2309, 2987], sondern auch im postcranialen Skelett (Homotheriini schlankbeinig, Smilodontini plumpbeinig) unterscheiden, erscheint es nicht ausgeschlossen, daß sich beide unabhängig voneinander aus felinen Katzen entwickelt haben [1991 a]. *Smilodon* tritt erstmalig im Alt-Quartär (Yarmouth) mit *Smilodon gracilis* auf und stirbt mit *S. neogaeus* und *S. californicus* am Ende des Pleistozäns aus [1981]. Ähnliches gilt für den *Homotherium*-Stamm, der zwar mit *H. moravicum* im Mittel-Pleistozän in Mittel-Europa verschwindet*), jedoch mit *Dinobastis* in Nordamerika noch im Jung-Pleistozän nachgewiesen ist [2320].

Die pleistozänen Machairodontiden sind die im Gebiß spezialisiertesten Säbelzahnkatzen mit stark verlängerten und seitlich komprimierten C sup., kleinen C inf., rein schneidend ausgebildeten P^4 und M_1 und stark reduziertem P-Gebiß $\left(\frac{3\ 1\ 2\ 1}{3\ 1\ 2\text{-}1\ 1}\right)$. Die Kanten der Eckzähne sind entweder ein- oder beidseitig kreneliert. Vermutlich waren die Säbelzahnkatzen zum Teil Aasfresser, deren Aussterben sich zumindest örtlich mit dem Verschwinden großer Beutetiere in Zusammenhang bringen läßt (wie in Nord- und Südamerika).

Am stärksten isoliert unter den rezenten Feliden steht — wenn man von *Cryptoprocta* absieht — zweifellos der Gepard *(Acinonyx jubatus)*. Eine Zuordnung zu den Felinae als Acino-

*) Nach KURTÉN [1988] existierte von *Homotherium* noch eine Restpopulation im Jung-Pleistozän Englands.

nychini [214] wird der Sonderstellung nicht gerecht, weshalb eine Abtrennung als eigene Unter-Familie (Acinonychinae) notwendig ist. Die Geparden sind außerordentlich hochspezialisierte Feliden (beschränkt retraktile Krallen, Schlankbeinigkeit, stark verkürzter Fazialschädel, Jugendkleid, Nackenmähne, Milchgebiß usw. [413, 888]). Die stammesgeschichtliche Herkunft von *Acinonyx* ist noch ungeklärt; die verwandtschaftlichen Beziehungen von *Sivaelurus chinjiensis* aus dem Ober-Miozän (Chinji) Südasiens [2682] zu *Acinonyx*, wie sie Kretzoi [1863] und Matthew [2273] annehmen, sind fraglich. Verwandtschaftliche Beziehungen zu *Megantereon*, wie sie Kretzoi [1883] vertritt, sind auszuschließen. Die geologisch ältesten Geparde sind aus dem Villafranchium Eurasiens *(A. pardinensis)* bekannt. Sie sind, abgesehen von den etwas größeren Dimensionen, nur wenig von der rezenten Art verschieden und können als Vorfahren von *A. jubatus* angesehen werden [1980]. Morphologisch und dimensionell intermediäre Formen sind aus dem Alt-Quartär (*A. intermedius* [3588]) nachgewiesen. Die Fossilfunde lassen vermuten, daß der asiatische Kontinent die ursprüngliche Heimat der Geparde ist.

Herpestoidea

Die Herpestoidea (im Sinne von Scott & Jepsen [3144] non Winge [3873]) bilden eine zwar serologisch und auch morphologisch (Gehörregion) einheitliche Gruppe, deren Evolutionsniveau und Habitus bei den einzelnen Angehörigen jedoch sehr unterschiedlich ausgebildet sind.

Abgrenzung und Gliederung der Herpestoidea sind einerseits mit dem *Cryptoprocta*-Problem und damit mit der Frage der Proailurinae (siehe oben), andererseits mit *Proteles* und mit den Herpestiden verknüpft, wobei das zweite Thema mehr taxonomische als phylogenetische Probleme aufwirft.

Als geologisch älteste Carnivoren mit viverrider Gehörregion gelten die Stenoplesictinae *(Stenoplesictis, Palaeoprionodon)* aus dem europäischen Alt-Tertiär. Sie sind Carnivoren mit einer sogenannten demi-bulla, bei der nur der ectotympanale Teil verknöcherte, während der entotympanale Anteil ähnlich wie bei *Nandinia* knorpelig blieb, und mit einem Alisphenoidkanal. Der Schädel ist langgestreckt, mit starker postorbitaler Einschnürung und nur mäßig entwickeltem Hirnschädel. Das Gebiß ist zwar „vollständig" $\frac{3\ 1\ 4\ 2}{3\ 1\ 4\ 2}$, doch sind die $M\frac{2}{2}$ stark rückgebildet *(Stenoplesictis)* oder der M^2 völlig reduziert *(Palaeoprionodon)*; also zeigt das Gebiß deutlich felide Tendenzen. Wie bereits ausgeführt (Seite 377), besteht kein Zweifel, daß *Cryptoprocta* auf Formen aus der Verwandtschaft der Stenoplesictinen zurückzuführen ist und damit — einschließlich der Proailurini — einen von den übrigen Viverriden völlig getrennten stammesgeschichtlichen Eigenweg genommen hat. *Cryptoprocta* (Abb. 408) wäre demnach nicht als Felide, sondern als Viverride zu klassifizieren [2032, 2664]. Der Furchungstyp des Gehirns ist nach Klatt [1751 a] weitgehend herpestid mit einzelnen viverriden Zügen.

Weitere fossile Schleichkatzen sind spärlich und erst aus dem Ober-Oligozän Europas und dem Miozän Eurasiens und Afrikas nachgewiesen (*Herpestides, Semigenetta, Viverra, Tungurictis, Jourdanictis, Kichechia, Herpestes* [217 a, 587, 1321, 2991, 3728, 3737]), ohne daß damit etwas über die gegenseitigen stammesgeschichtlichen Beziehungen ausgesagt ist. Sie bestätigen zwar das hohe geologische Alter einzelner Gattungen, ohne damit deren eigentliche Herkunft zu klären. Die Ahnenformen sind wohl unter den Miaciden zu suchen. Nach Kretzoi [1883] sind die miozänen „Herpestinen" (einschließlich *Tungurictis*) als Stammgruppe der Hyänen anzusehen, was neuerdings Beaumont [217 a] bestätigt, der die Hyaeniden auf *Herpestides* aus dem Oligozän zurückführt (Abb. 409). *Herpestides antiquus (= „Herpestes lemanensis")* aus dem Ober-Oligozän (Aquitan) erinnert zwar stark an *H. ichneumon*, weicht jedoch im Gehirn mit einfacher

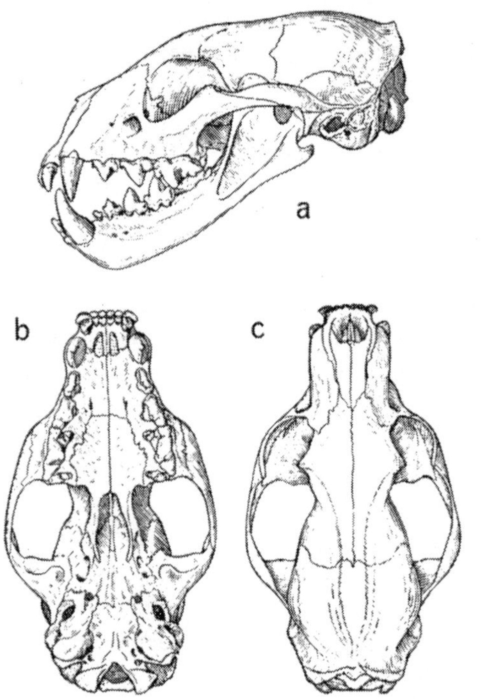

Abb. 408. *Cryptoprocta ferox*, rezent. a) Lateral,- b) Ventral- und c) Dorsalansicht. Beachte feloides Gebiß. (ca. 1/2) — Nach Gregory & Hellman 1939

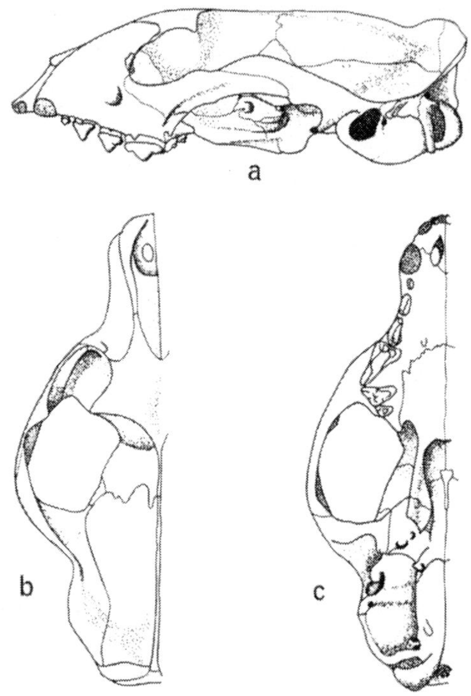

Abb. 409. *Herpestides antiquus*, Jung-Oligozän. Europa. Osteocranium in a) Lateral-, b) Dorsal- und c) Ventralansicht. *Herpestides* kann als Vorläufer von *Progenetta* (Miozän) und damit der Hyaeniden angesehen werden. (2/3) — Nach de Beaumont 1967

Furchung der Hemisphären stark ab [217a, 2719, 2990]. Aus dem Plio-Pleistozän Asiens und Afrikas sind *Viverra, Vishnuictis, Herpestes, Cynictis* und *Mungos* bekannt [908, 2667, 2687].

Demnach lassen sich die verwandtschaftlichen Beziehungen der Schleichkatzen nur an Hand der rezenten Formen und ihrer Verbreitung etwas näher beurteilen. Gregory & Hellman [1189] unterscheiden nach der Schädelmorphologie innerhalb der **Viverriden** (Zibethkatzen) die Viverrinae mit *Genetta* (Ginsterkatzen) und *Viverra* (Zibethkatzen im eigentlichen Sinne) als zentralen Stamm, unter dem *Osbornictis* (Wasserzibethkatze) und *Civettictis* (afrikanische Zibethkatze) als Seitenzweige zu betrachten sind und von denen auch die orientalischen Linsangs (*Prionodon*) ihren Ursprung genommen haben. Weitere, untereinander vermutlich näherstehende Genera bilden Fanaloka, Bänder- und Otterzivetten mit *Fossa, Hemigalus, Chrotogale, Diplogale, Cynogale* und der Terminalform *Eupleres*. Bei der madagassischen Ameisenschleichkatze *Eupleres* ist der Schädel verlängert und das Gebiß stark reduziert. Das sind Tendenzen, die bei *Chrotogale* aus Südostasien in ähnlicher Form auftreten, so daß G. Petter [2664] weniger an Konvergenz als eher an eine direkte Verwandtschaft denkt. Es ist jedoch meines Erachtens eine Parallelerscheinung. Einen eigenen Zweig bilden die recht verschieden beurteilten Madagaskar-„Mungos" (Galidictinae) mit *Galidictis, Hemigalidia* und *Galidia*, die mit ihrem breiten Schädel und auch in der Gehörregion etwas an Herpestiden erinnern, jedoch sonst typisch viverride Züge aufweisen. Sie sind ursprüngliche Viverriden, die sich frühzeitig, und zwar vor Entstehung der Herpestiden, vom Viverriden-Stock gelöst haben [495].

Als besonders spezialisierte und auch habituell nicht schleichkatzenartig wirkende Form ist *Arctictis binturong*, der Binturong Südostasiens, zu erwähnen; er zählt zu den Palmenrollern (*Nandinia, Arctogalidia, Paradoxurus* und *Paguma*), deren Gebiß den Trend zur Omnivorie erkennen läßt. Der Binturong erinnert durch den Wickelschwanz und im Habitus entfernt an den Wickelbären, ist jedoch ein spezialisierter Viverride, der verschiedene Sondermerkmale erworben hat [498]. Der malayische Palmenroller (*Paradoxurus hermaphroditus*) wird in Malaysia verschiedentlich — ähnlich einzelnen Affenarten — als „Haustier" gehalten [1028]. Daß es sich hier nur um gezähmte, nicht aber um domestizierte Säugetiere handelt, ist selbstverständlich.

Unter den viel einheitlicher wirkenden **Herpestidae** (Ichneumons) bildet *Herpestes* die ursprünglichste Gattung. Die Hundemangusten (*Bdeogale*) mit einer procyoniden Gebißdifferenzierung (P^4 verkürzt und mehrhöckrig) lassen sich morphologisch von *Ichneumia* ableiten. Bei *Mungos, Crossarchus* und *Suricata* kommt es dagegen zur verstärkt schneidenden Ausbildung des P^4. Mit *Kichechia* aus dem Miozän Ostafrikas ist die geologisch älteste Herpestidengattung aus Afrika nachgewiesen [2991].

Weder Viverriden noch Herpestiden sind aus der Neuen Welt bekannt*). Im Alt-Tertiär werden sie ökologisch durch die Daphoeniden, im Jung-Tertiär und Quartär durch die Procyoniden vertreten.

Als spezialisierte Abkömmlinge der Schleichkatzen gelten die Hyänen. Die **Hyaeniden** sind eine geologisch relativ junge Carnivorengruppe, deren stammesgeschichtliche Beziehungen und Herkunft Fossilfunde in den Grundzügen klären konnten. Abgesehen vom afrikanischen Erdwolf (*Proteles cristatus*), dessen Zugehörigkeit zu den Hyänen man immer noch diskutiert, zeigen die Hyänen eine überaus charakteristische Gebißdifferenzierung (Vergrößerung von P^3 und P_3, zunehmende Reduktion des M_1), die mit einer Verkürzung des Fazialschädels gekoppelt ist.

Bei *Proteles* kommt es infolge der Insektennahrung zur Reduktion des Backengebisses, das nur aus meist einspitzigen Zähnen besteht, doch ist das Milchgebiß typisch herpestoid gebaut [2074] und das Furchenmuster des Gehirns ausgesprochen *hyaena*-artig [1751a, 1918a). In der Gehörregion verhält sich *Proteles* intermediär zwischen Herpestiden und Hyaeniden [2735]; auch die fünfzehige Vorderextremität ist ursprünglicher gebaut als die vierzehige Hand der Hyänen. Leider geben die Fossilfunde keinen Aufschluß über die Abstammung von *Proteles*. Die Ableitung von Ictitherien ist jedoch durchaus möglich [3606].

Unter den echten rezenten Hyänen lassen sich zwei Hauptstämme unterscheiden, die *Hyaena*- und die *Crocuta*-Gruppe. Die Angehörigen der *Hyaena*-Gruppe sind verschieden hoch spezialisiert, indem die Streifenhyäne (*Hyaena hyaena* [= *striata*]) die ursprüngliche, mit zahlreichen primitiven Merkmalen versehene Art, die Schabrackenhyäne (*H. brunnea*) hingegen, die im Gebiß verschiedene crocutoide Merkmale besitzt, die spezialisierte Art bildet. Derartige crocutoide Evolutionstendenzen innerhalb der *Hyaena*-Gruppe treffen besonders für *Hyaena perrieri* (= „*robusta*" = „*arvernensis*" = „*topariensis*"; Ältest-Quartär) und *H. brevirostris* (Alt-Quartär) zu, die deshalb auch meist als Angehörige der *Crocuta*-Gruppe angesehen und als *Pachy-, Plio-* und *Plesiocrocuta* bezeichnet wurden. Zur Aufspaltung der *Hyaena*-Stämme dürfte es im Laufe des Pliozäns gekommen sein, aus dem die geologisch ältesten *Hyaena*-Arten (*H. pyrenaica, H. namaquensis* [3738]) bekannt sind [3606]. Nach KURTÉN (in litt. 17. 5. 67) ist *Hyaena* wahrscheinlich im Westen entstanden [3606]. Die gemeinsame Wurzelgruppe bilden Ictitherien des Alt-Pliozäns. Die mit mehreren Arten im Alt-Pliozän Eurasiens verbreitete Gat-

*) *Aelurotherium* aus Nordamerika ist keine Schleichkatze, sondern ein Angehöriger der Oxyaeniden.

tung *Ictitherium* bildet im Gebiß und auch in der Gehörregion [213] ein phylogenetisches Bindeglied zwischen „*Progenetta*" und *Hyaena*. Diese langschnauzigen, langbeinigen Carnivoren lassen verschiedene Stammlinien erkennen [1961], ohne daß eine generische Abtrennung begründet erscheint, wie sie Kretzoi [1864, 1887] durchführt. Kurtén (in litt., 17. 5. 67) hält die Trennung von *Ictitherium (viverrinum* = „*robustum*") und *Palhyaena (hipparionum, wongii)* für gerechtfertigt. Die Stammformen von *Hyaena* wären innerhalb der Angehörigen von *Ictitherium (Hyaenictitherium)* zu suchen.

Demgegenüber läßt sich der *Crocuta*-Stamm nicht auf *Ictitherium* zurückführen. Nach der Gebißausbildung ist die alt-pliozäne Gattung *Lycyaena* die Ausgangsform, so daß die Aufspaltung der rezenten Hauptstämme bereits im Miozän erfolgt sein muß. Als gemeinsame Wurzelgruppe können Formen der Gattung „*Progenetta*" (= *Miohyaena)* aus dem Miozän angesehen werden, die sich wiederum auf alt-miozäne und oligozäne „Herpestiden" *(Herpestides)* zurückführen läßt [271a, 1883]. Die Grenze zwischen Schleichkatzen und Hyaenen wäre nach Beaumont [217a] zwischen *Herpestides* und *Progenetta* zu ziehen, wodurch die Hyaenen eine einheitliche und keine „polyphyletische" Gruppe bilden. Wie bereits Kretzoi [1864] erkannte, gehören die pliozänen „*Crocuta*"-Arten einem eigenen Stamm an (= *Percrocuta)*, der im Gebiß zum Teil höher spezialisierte Formen umfaßt als *Crocuta crocuta* [1965]. *Percrocuta*-Arten erscheinen erstmalig im Mittel-Miozän Eurasiens („Torton"; *P. miocenica* = ? *P. abessalomi* [1045, 2628]; *P. carnifex, P. tungurensis* [587, 2687]) (Abb. 410). Im Pliozän waren *Percrocuta*-Arten in Eurasien und Nordafrika verbreitet (*P. eximia, P. algeriensis* [131]).

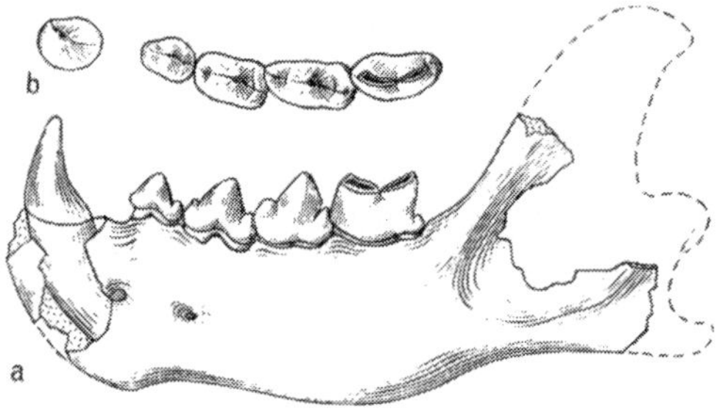

Abb. 410. *Percrocuta miocenica* (= ? *abessalomi*), Mittel-Miozän, Europa. a) Mandibel sin. mit C—M_1, Außenansicht, b) C—M_1, occlusal. Geologisch älteste Hyaenidenform mit typisch hyaenoidem Gebiß. (ca. 2/5) — Nach Pavlovic & Thenius 1965

Der *Crocuta*-Stamm selbst läßt sich nicht auf *Percrocuta* zurückführen und hat nach Kurtén [1965] seinen Ursprung in Südasien genommen. *Crocuta sivalensis* ist nach Kurtén die Stammform von *C. crocuta* und *C. spelaea*, der eiszeitlichen Höhlenhyäne. Bei den weiblichen Fleckenhyänen *(Crocuta crocuta)* ist ein eregierbarer Pseudopenis entwickelt, der nur im Zusammenhang mit dem Sozialleben verständlich ist und ein Beispiel für eine ethologisch „bedingte", morphologische Differenz darstellt.

Aus mio-pliozänen Ictitherien dürfte sich auch *Leecyaena* aus dem älteren Pleistozän entwickelt haben [904], deren Molarenabschnitt trotz der P-Differenzierung recht primitiv geblieben ist (M_1 mit Metaconid, M_2). Auch bei der pliozänen Gattung *Hyaenictis* ist der M_2 erhalten geblieben. Sie bildet möglicherweise die Stammform von *Euryboas lunensis* (= *bielawskyi)* des Ältest-Quartärs Europas, der schlanke Extremitäten zugeschrieben werden, weshalb man diese Art auch als „Gepardhyäne" bezeichnet. Dem Gebiß fehlt die für echte Hyänen charakteristische Verstärkung der Prämolaren. Eine nahestehende Form ist aus dem Ältest-Quartär von Texas als *Chasmaporthetes* (= „*Aeluraena*") [3470] beschrieben, die die bisher einzige Hyänengattung der Neuen Welt bildet.

Nach den Fossilfunden bilden die rezenten Hyänen Angehörige zweier seit langem getrennter Stämme, was auch in den unterschiedlichen Verhaltensweisen (Antonius) zum Ausdruck kommt.

Pinnipedia (Robben)

Als Pinnipedia faßt man die Raubtiere zusammen, die sich morphologisch durch mehr oder weniger weitgehende Anpassung an das Wasserleben von den Landraubtieren unterscheiden [1571] (Abb. 411). Ihre Entstehung und Herkunft ist mit zahlreichen Problemen verknüpft, von denen auch gegenwärtig noch keineswegs alle gelöst sind. Das wohl wesentlichste Problem ist die stammesgeschichtliche Herkunft (Insectivora, „Creodonta", Fissipedia), die wiederum

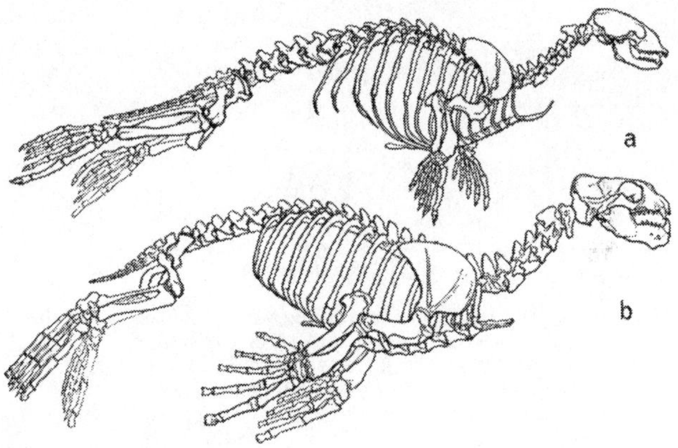

Abb. 411. Skelett von Pinnipediern. a) *Phoca* (Phocidae), b) *Arctocephalus* (Otariidae). Beachte Unterschiede im Bau der Scapula und des Beckens sowie der Extremitäten (Endphalangen usw.). Nach Gregory 1951

mit der Frage nach der mono- oder diphyletischen Entstehung der Robben verknüpft ist. Weitere Probleme ergeben sich aus der gegenwärtigen Verbreitung der Pinnipedia: Phociden als kalt-stenotherme Säugergruppe, Herkunft von Kaspi- und Baikalseerobbe, Entstehung der Otariiden im Nordpazifik, der Odobeniden im Atlantik? Damit sind nur die wichtigsten Fragen genannt, von denen immerhin einige (Herkunft der Pinnipedia, der Kaspi- und Baikalseerobbe) als geklärt gelten können.

Wie bereits oben (Seite 350) ausgeführt, entspricht der morphologischen Differenzierung keineswegs die serologische, indem nach serodiagnostischen Befunden [2627] die Pinnipedia (Otariiden) durchaus nicht als eigene Unterordnung gelten können, sondern als Angehörige der Arctoidea. Dieser scheinbare Widerspruch zwischen morphologischer und serologischer Differenzierung erklärt sich daraus, daß die Robben von arctoiden Carnivoren abstammen, ohne daß die Eiweißdifferenzierung mit der morphologischen Schritt gehalten hat. Die engen stammesgeschichtlichen Beziehungen zwischen Fissipediern und Pinnipediern werden durch verschiedene Merkmale bekräftigt; dem einheitlichen Ontogeneseverhalten [3386], hämatologischen [2843] und anatomisch-histologischen Details, wie Tapetum lucidum cellulosum im Auge, Traubennieren, Fehlen des Coecums, Verschmelzung von Radiale und Intermedium, Gehirn, Baculum, Ausdehnung des Maxilloturbinale gleicht den Arctoidea*) [Hypomycteri Cope] [1014, 1570, 2392, 3796—3798] (Abb. 412, 413). Zugleich damit finden die verwandtschaftlichen Beziehungen

*) Auch die Bulla entspricht dem Arctoidea-Typ, obwohl sie aus Ento- und Ectotympanicum besteht [1688]. Wie bereits erwöhnt, trifft dies auch für nicht-aeluroide Carnivoren zu.

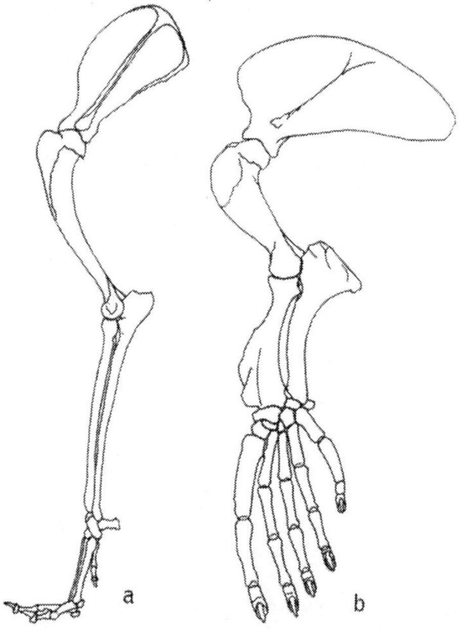

Abb. 412. Skelett der Vorderextremität eines a) Landraubtieres *(Canis)* und einer b) Robbe *(Monachus)*. Beachte unterschiedliche, in Zusammenhang mit der Fortbewegungsweise stehende Morphologie und Proportionierung der einzelnen Gliedmaßenabschnitte. — Nach King 1964

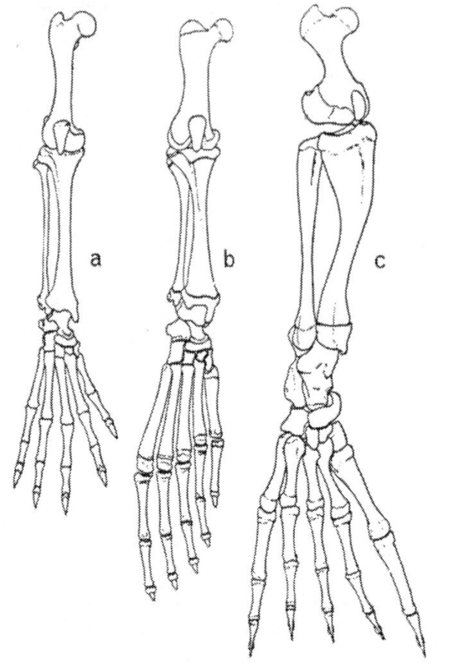

Abb. 413. Parallele und konvergente Entwicklung der Hinterextremität als Schwimmfuß bei Fissipediern, a) *Lutra*, b) *Enhydra* und Pinnipediern, c) *Phoca*. Beachte Verkürzung des Femurs und Verlängerung der distalen Abschnitte. (Maßstäblich verkleinert) — Nach Taylor 1914

zu den Ursiden ihre Bestätigung, wie sie vor allem Weber [3796] auf Grund anatomischer Übereinstimmungen annahm und wie sie auch im Gehirn zum Ausdruck kommen [1014]. Wie bereits oben (Seite 359) ausgeführt, sind die Bären die geologisch jüngere Gruppe, so daß sie nicht die direkten Stammformen bilden. Durch die Zuordnung der Amphicyoniden zu den Ursiden ist jedoch die Ableitung der Pinnipedier von alt-tertiären Ursiden möglich geworden. Damit ist zwar das sehr wesentliche Problem der Herkunft*), nicht jedoch die Frage nach dem monophyletischen oder diphyletischen Ursprung der Robben gelöst. Die morphologischen Unterschiede zwischen den beiden Hauptstämmen der Pinnipedia (Ohrenrobben und Seehunde) haben seit Mivart [2371] immer wieder zur Annahme einer Diphylie geführt [518, 2216], ohne daß diese Frage gegenwärtig sicher entschieden ist (Abb. 414). Jedenfalls kann eine diphyletische Entstehung nicht mit Sicherheit ausgeschlossen werden. Wenn sich auch einzelne Argumente in diesem Sinne interpretieren lassen, so ist damit noch keine definitive Entscheidung

*) Verschiedentlich leitete man die Robben von Creodonten (Oxyaenidae [3954]), Musteliden (*Cynarctus*—Phociden [2256]) oder „Insectivoren" (*Pantolestes*—Odobeniden [2262]) ab, doch sind diese Annahmen durch obige Befunde hinfällig (vergleiche auch Osborn [2518]). Bei *Pantolestes* sind zweifellos analoge Anpassungen vorhanden, die mit einer aquatischen Lebensweise im Zusammenhang stehen.

Abb. 414 (rechts). Die vermutlichen stammesgeschichtlichen Zusammenhänge innerhalb der Pinnipedia. Ableitung der Otarioidea von alttertiären ursoiden Arctoidea gesichert. Stammesgeschichtliche Herkunft der Phocoidea von Musteliden nicht gänzlich auszuschließen

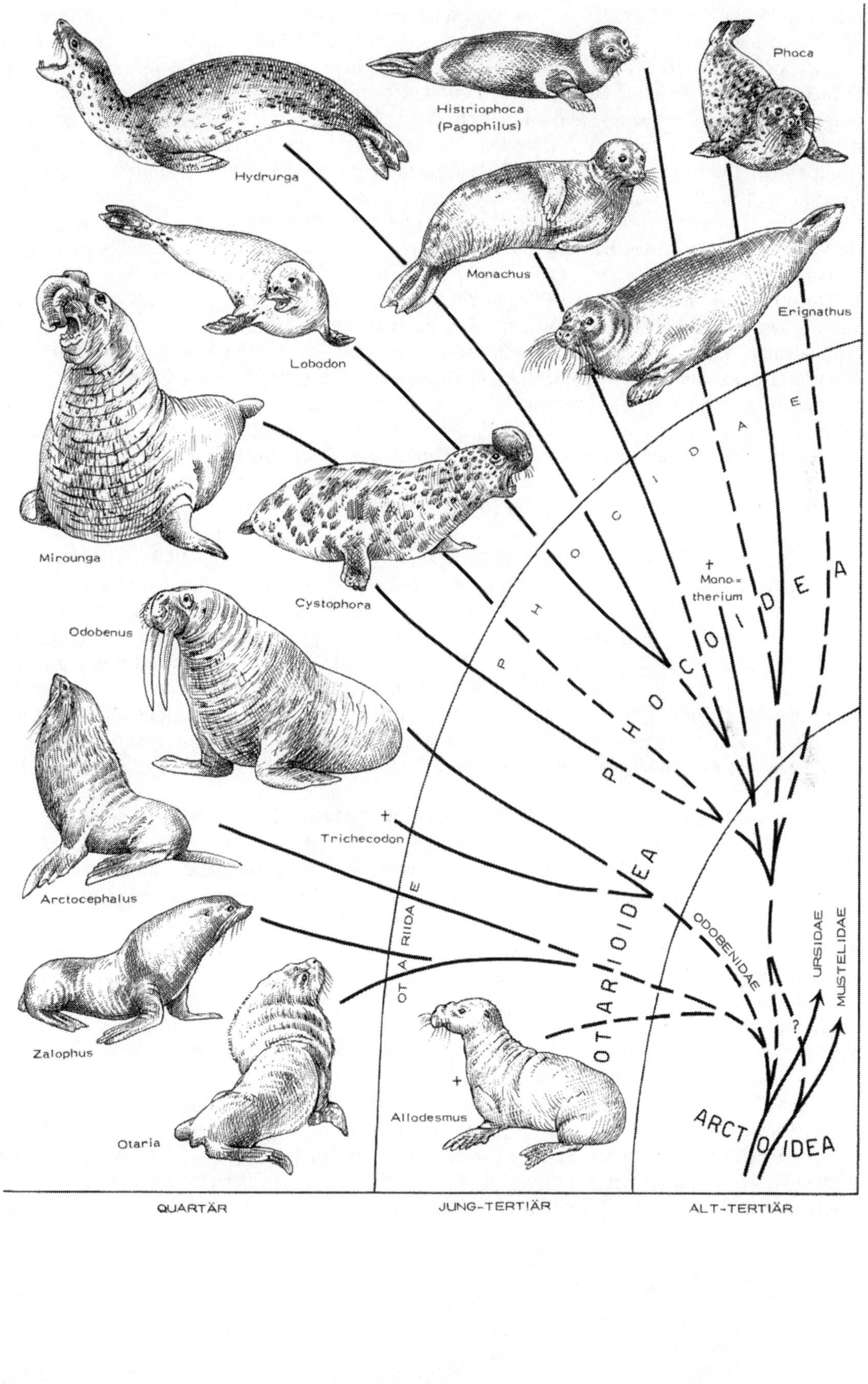
Hydrurga
Histriophoca
(Pagophilus)
Phoca
Monachus
Lobodon
Erignathus
Mirounga
Cystophora
+ Mono-therium
PHOCIDAE
PHOCOIDEA
Odobenus
+ Trichecodon
Arctocephalus
OTARIIDAE
OTARIOIDEA
ODOBENIDAE
Zalophus
URSIDAE
MUSTELIDAE
?
+ Allodesmus
Otaria
ARCTOIDEA
QUARTÄR
JUNG-TERTIÄR
ALT-TERTIÄR

gegeben, da auch eine frühzeitige Trennung ausreichen könnte. Einerseits kann man morphologische Gesichtspunkte (Mivart), andererseits verbreitungsgeschichtliche Argumente (McLaren) für einen getrennten Ursprung der Pinnipedia heranziehen. So sieht Mivart in bärenähnlichen Formen die Ahnen der Otariiden und Odobeniden, während die Phociden von otterartigen Vorfahren abgeleitet werden. Reichen die angeführten Ähnlichkeiten und Übereinstimmungen zwar zu derartig dezidierten Aussagen nicht aus, scheinen sie doch in zoogeographischen Überlegungen Stützen zu finden, nach denen die Otariiden im nördlichen Pazifik, die Phociden in der Paläarktis entstanden seien.

Leider geben die bisherigen Fossilfunde keine eindeutige Antwort auf diese Frage der Herkunft. Die verschiedentlich angenommenen stammesgeschichtlichen Beziehungen zwischen *Semantor* und *Phoca* lassen sich nicht aufrechterhalten, wie bereits auf Seite 365 erwähnt. *Semantor macrurus* stammt aus dem Alt-Pliozän Zentralasiens und ist damit jünger als die bereits im Miozän typisch ausgebildeten Phociden. *Semator* ist ein hochspezialisierter Lutrine, der als Parallelentwicklung zu *Enhydra* und Phociden anzusehen ist. Die hochgradige Anpassung an das Wasserleben hat zu robbenähnlichen Merkmalen (verlängertes Becken, Gliedmaßenproportionen, proximale Verschmelzung von Tibia und Fibula) geführt, die man jedoch nicht als Anzeichen direkter verwandtschaftlicher Beziehungen werten kann. Ähnliche Erscheinungen kennen wir von *Enhydra* und von *Potamotherium* aus dem Ober-Oligozän. Daß es relativ schnell zu ausgeprägten Anpassungen an die aquatische Lebensweise kommen kann, zeigen nicht nur die Lutrinen und *Kolponomos* unter den Raubtieren, sondern auch die Potamogaliden unter den Zalambdodonten oder die Castoriden innerhalb der Nagetiere. Nach Kellogg [1701] müssen die Stammformen der Pinnipedia längst vor Auftreten der echten Bären und Wölfe existiert haben wie auch die Herkunft der Robben noch gänzlich unbekannt ist; er verweist jedoch auf die Ähnlichkeiten zwischen *Potamotherium* und Phociden im Extremitätenskelett. Ähnlichkeiten sind zweifellos vorhanden, doch lassen sie sich wie bei *Semantor* mit einer noch stärker ausgeprägten Anpassung an das Wasserleben als bei rezenten Lutrinen erklären. Bemerkenswert sind immerhin die etwas eingeschränkte Beweglichkeit der Hinterextremität, ihre Proportionen und die große Länge des Mt I. Im Gegensatz zu *Lutra* stehen diese Veränderungen im Zusammenhang mit der Reduktion des Schwanzes [1319, 2990]. Auffällig ist weiter der hohe Encephalisationsgrad von *Potamotherium* gegenüber gleichaltrigen Carnivoren. Dennoch kann kein Zweifel bestehen, daß *Potamotherium* ein Lutrine ist.

Dies würde zwar nicht grundsätzlich gegen eine Ableitung der Phociden von Lutrinen sprechen, doch sind diese Lutrinen im Mittelmiozän in typisch phociden Formen nachgewiesen. Eine Umbildung innerhalb einer derartigen Zeitspanne (Jung-Oligozän—Mittel-Miozän) ist recht unwahrscheinlich, selbst unter Annahme einer hohen Evolutionsgeschwindigkeit.

Gambarjan & Karapetjan [1057] betonen den trotz beträchtlicher äußerer Unterschiede weitgehend übereinstimmenden Bau der Vorderflossen bei Otariiden und Phociden, der für eine gemeinsame Wurzelgruppe spricht, während die Strukturunterschiede in der äußerlich ähnlichen Hinterflosse eine Folge der späteren Parallelentwicklung beider Robbengruppen sei. Behielten die Ohrenrobben die ursprüngliche Fortbewegungsart mit Hilfe der Vorderflossen bei, so wurden bei den Seehunden die Hinterextremitäten mehr und mehr zu Lokomotionsorganen.

Sprechen morphologische [2392, 3076], verbreitungsgeschichtliche und paläontologische Argumente in ihrer Gesamtheit mehr für eine Zweiwurzeligkeit der Pinnipedia, so ist nach den Parasiten eher eine einheitliche Wurzel anzunehmen, ganz abgesehen davon, daß die Ektoparasiten den terrestrischen Ursprung der Robben belegen. Nach Hopkins [1549] zählen die Robbenläuse (Anoplura: Echinophthiridae) der Robben zu einer einzigen (endemischen) Gruppe, während die in den Nasenhöhlen der Pinnipedier parasitierenden und damit praktisch zu

Entoparasiten gewordenen „Robbenmilben", zwei verschiedenen, aber verwandten Gattungen (*Orthohalarachne* nur bei Otariiden und Odobeniden, *Halarachne* nur bei Phociden [2468, 2533]) angehören. Die (echten) Entoparasiten sagen über die stammesgeschichtlichen Beziehungen nichts aus, da ihnen die für terrestrische Säugetiere charakteristischen darmbewohnenden Ascariden völlig fehlen. Sie sind von Entoparasiten ersetzt, die bei Fischen weit verbreitet sind (Stomachinae). Daher muß man einen in der aquatischen Lebensweise bedingten, sekundären Wirtsbefall annehmen [2533]. Das aus ein- oder dreispitzigen Zähnen bestehende Backengebiß ist als reduziert und sekundär haplo- oder „triconodont" zu bezeichnen. Die Ausbildung des Gebisses steht in Zusammenhang mit der Ernährung. Die Zahnformel schwankt bei den einzelnen Gruppen $\left(\text{Otariidae } \frac{2\ 1\ 4\ 2}{1\ 1\ 4\ 1};\ \text{Odobenidae } \frac{3\ 1\ 3\ 2}{3\ 1\ 3\ 1};\ \text{Phocidae } \frac{3\text{-}2\ 1\ 4\text{-}1\ 1}{2\text{-}1\ 1\ 4\text{-}1\ 1}\right)$.

Abgesehen von der allgemeinen mit Herkunft und Verbreitung verknüpften Problematik ist die Entstehung der Robben auch mit ökologisch-physiologischen Fragen verbunden. Sind die Pinnipedier ursprünglich Warmwassersäuger oder sind es Kaltwasserformen gewesen? Nach der gegenwärtigen Verbreitung sind die Robben — mit Ausnahme von *Monachus* — ausgesprochene Kaltwasserformen, die auf Meeresgebiete beschränkt sind, deren Wassertemperatur 20° C nicht übersteigt. Ihre größte Artenfülle findet sich in den subarktischen Gebieten, und sie besitzen zahlreiche Anpassungen an das Leben im Kaltwasserbereich*). Von diesen Befunden ausgehend, hat Davies [699] seine Arbeitshypothese entwickelt, wonach die Entstehung der Robben und ihre Verbreitung im Jung-Tertiär und Quartär nur als Kaltwasserformen verständlich wird. Davies nimmt auf Grund der einstigen Verbreitung der vermutlichen Stammformen eine Entstehung im Arktis-Becken an**).

Mit einer derartigen Annahme sind nicht nur paläogeographische und päläoklimatische Probleme verknüpft, sondern auch taxonomisch-phylogenetische. Abgesehen davon, daß zur Zeit der Entstehung der Pinnipedia im älteren Tertiär (? Eozän) im heutigen Arktisbereich ein durchaus (warm-)gemäßigtes Klima herrschte, wie Floren aus Spitzbergen und aus Alaska dokumentieren und auch auf Grund der abweichenden Lage des Nordpoles (im Bereich des Nordpazifiks) anzunehmen ist, zeigen gerade die in vieler Hinsicht primitivsten rezenten Phociden (Monachini mit *Monachus*) eine ausgesprochene Warmwasserverbreitung (Mittelmeer—Karibische See—Hawaii-Inseln). Auch die geologisch ältesten Phociden stammen durchaus nicht aus Kaltwasserablagerungen, sondern aus den warmgemäßigten bis subtropischen Klimazonen. Allerdings spricht das gegenwärtige Fehlen von Robben im Indischen Ozean***) und auch von entsprechenden Fossilfunden in den Randgebieten des Indik (im Gegensatz zu den Sirenen mit einer typischen „Tethysverbreitung") für den nördlichen Ursprung der Robben.

Immerhin ist — wie schon angedeutet — für die Otariiden die Entstehung im Nordpazifik, für die Phociden hingegen in der Paläarktis wahrscheinlich. Die Phociden kommen in der Jetztzeit in der Arktis, im Nordatlantik, der Ostsee und einzelnen Seen Eurasiens, im Mittelmeer, in der Karibischen See und im Pazifik (Hawaii-Inseln, nördlicher und westlicher Pazifik) sowie in der Antarktis bis zu den Südspitzen der einzelnen Südkontinente vor. Die Otariiden sind gegenwärtig in den Randgebieten des nördlichen (bis Japan) und östlichen Pazifiks (einschließlich

*) Wie jedoch Mansfield [2230] betont, führen verschiedene Robben (*Cystophora cristata, Phoca groenlandica*) jahreszeitliche Wanderungen durch, die als ein Ausweichen vor der Kälte anzusehen sind, wie auch junge Individuen von *Phoca hispida* noch keine gute Wärmeisolation zeigen. Sie sind anfangs pleotherm, das heißt, die Körpertemperatur schwankt noch innerhalb eines größeren Bereiches.

**) Boetticher [305] folgt Sclater [3128] und nimmt demgegenüber einen südlichen Ursprung an; er sieht im südlichen Eismeer die Urheimat und das Entstehungszentrum der Ohrenrobben. Diese Auffassung stützt sich ausschließlich auf die gegenwärtige Verbreitung ohne Rücksicht auf Fossilfunde, die gegen eine derartige Deutung sprechen (siehe unten), ganz abgesehen davon, daß die gegenwärtige Verbreitung eine umgekehrte Ausbreitungsrichtung nicht ausschließt.

***) Abgesehen von versprengten Individuen von *Mirounga* aus den zirkumpolaren Gewässern der Antarktis.

Galapagos-Inseln) sowie in den Gewässern der südamerikanischen Ostküste, von Südafrika, Australien und Neuseeland verbreitet, die Odobeniden sind auf arktische Gewässer, den nördlichen Atlantik und Pazifik beschränkt.

Innerhalb der Pinnipedia lassen sich die untereinander näher verwandten Otariiden und Odobeniden und die Phociden unterscheiden.

Die geologisch ältesten sicheren Robbenreste sind aus dem Mittel-Miozän (Hemingfordian; Vindobon) bekannt*). Über die taxonomische Zuordnung dieser bereits typischen Pinnipedia**) zu einer bestimmten (Unter-)Familie besteht kein Zweifel. Sie bestätigen, daß die Trennung der beiden Hauptstämme der Pinnipedia im Mittel-Miozän längst bestanden hat***) und daß beiden Gruppen eine längere prämiozäne Geschichte vorausgegangen ist, von der bisher keine Fossildokumentation vorliegt.

Otarioidea

Die bereits im äußeren Habitus zum Ausdruck kommende Ähnlichkeit zwischen Ohrenrobben und Walrossen bekräftigen verschiedene gemeinsame Merkmale, obwohl sich die Odobeniden — abgesehen von verschiedenen Eigenmerkmalen — in manchen Charakteren spezialisierter, in manchen dagegen primitiver verhalten als die Otariiden (Ausbildung von Hand und Fuß ursprünglicher, keine äußeren Ohren, kein Scrotum). Damit kommt der Mosaikmodus der stammesgeschichtlichen Entwicklung zum Ausdruck.

Die **Otariiden** (Ohrenrobben) haben sich unter den Pinnipediern nur in verschiedenen Merkmalen weniger von ihren terrestrischen Vorfahren entfernt als die Phociden, was durch verschiedene ursprünglich zu bewertende Merkmale nahegelegt wird, etwa der nicht gänzlich reduzierten Ohrmuscheln, den unter den Körper einschlagbaren Füßen, dem noch vollständig entwickelten, allerdings nur zum Teil funktionsfähigen [3028] Milchgebiß, dem Bau des Schädels und anderen. Allerdings verhalten sich die Otariiden nicht in sämtlichen Merkmalen primitiver als die Phociden [1570]. Die Unterschiede scheinen weniger im verschieden hohen geologischen Alter und dadurch verschiedenen Anpassungsgrad zu liegen, als eher von Retardations- und Accelerationsvorgängen bedingt zu sein. Nach Howell würde die Annahme einer retrogressiven Evolution bei Otariiden manches anatomische Detail erklären. Da tertiärzeitliche Otariidenfunde bisher nur aus dem nördlichen Pazifik bekannt geworden sind, dürfte dieser Raum als Entstehungsgebiet der Ohrenrobben anzusehen sein.

Wie Mitchell [2362] gezeigt hat, ist der Anpassungsgrad von *Allodesmus* aus dem Mittel-Miozän Kaliforniens nicht geringer als bei heutigen Otariiden (Abb. 415, 416). In verschiedenen Merkmalen ist *Allodesmus* sogar höher spezialisiert als rezente Seelöwen (reduzierte Nasenregion, die bei Männchen auf einen gut entwickelten Rüssel [ähnlich *Mirounga*] hinweist; massive Gehörknöchelchen, die nach Mitchell für Unterwasserhören sprechen). *Allodesmus* ist daher keine Stammform der heutigen Otariiden, sondern ein ausgestorbener Seitenzweig (Desmatophocinae), dem auch *Desmatophoca* (Mittel-Miozän) und *Dusignathus* (Pliozän) von der Pazifik-Küste angehören [2359], wobei *Desmatophoca oregonensis* die am meisten generalisierte Art

---

*) Auf Robben bezogene Zahnreste aus oligozänen Schichten stammen von Zahnwalen; vereinzelte postcraniale Skelettelemente aus altmiozänen Ablagerungen reichen zu einer eindeutigen Zuordnung nicht aus. Für weitere, wohl eindeutig auf Otariiden beziehbare Reste (wie *Allodesmus* cf. *courseni* aus der „Vaqueros-Stufe" im Sinne von Packard [2554]; [2362:24]) ist das **alt**-miozäne Alter nicht gesichert.

**) Angeblich landraubtierartige Merkmale der Extremitätenknochen [3650] beruhen auf der irrigen Deutung von Lutrinenresten (*Potamotherium miocenicum*) als Robbenreste [3581].

***) Wie Mitchell [2362] gezeigt hat, ist *Allodesmus* aus dem Kalifornischen Miozän kein Bindeglied zwischen Otariiden und Phociden, sondern ein spezialisierter Angehöriger der Ohrenrobben.

Abb. 415. *Allodesmus kelloggi* (Otariidae). Mittel-Miozän, Kalifornien. Osteocranium in Ventralansicht. Geologisch älteste Ohrenrobbe mit bereits typischer Otariidenspezialisation von Schädel und Gebiß. (ca. 1/4) — Nach MITCHELL 1966

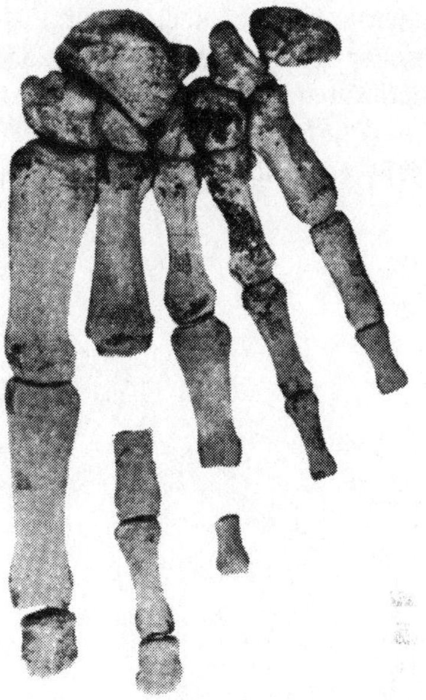

Abb. 416. *Allodesmus kelloggi*, wie Abb. 415. *Manus sin.* Beachte die für Pinnipedia typische Proportionierung der einzelnen Fingerstrahlen. (ca. 1/4) Nach MITCHELL 1966

bildet. *Allodesmus* läßt sich von älteren Desmatophocinen ableiten; *Allodesmus kernensis* bildet die Stammform von *A. kelloggi* [2362].

Seelöwen oder Haarrobben (Otariinae) und Pelzrobben (Arctocephalinae) sind bereits aus dem Mio-Pliozän nachgewiesen. Mit *Pontolis* ist ein *Eumetopias* nahestehender Seelöwe aus dem Pliozän, mit *Pithanotaria* eine Pelzrobbe aus dem jüngeren Miozän Kaliforniens belegt. *Zalophus* und *Eumetopias* kennen wir aus eiszeitlichen Ablagerungen des nördlichen Pazifik (Japan, Kalifornien), von Australien *(Zalophus)* und der Atlantikküste Südamerikas *(Eumetopias)*, während plio-pleistozäne *Arctocephalus*-Reste aus Südamerika (*A. fischeri*, Pliozän von Parana) und Neuseeland bekannt sind. Sie sprechen für ein einst kontinuierliches Verbreitungsgebiet der heute amphi-pazifischen Seelöwen *(Zalophus californianus)* und für eine spätere Besiedlung des südlichen Pazifik, des Südatlantik und der antarktischen Gewässer. Ähnlich wie für *Mirounga* ist jedoch auch für *Arctocephalus*, die südliche Pelzrobbe, mit einer Rückwanderung in die nördliche Hemisphäre (*A. philippi* in Kalifornien) im Pleistozän zu rechnen [699]. Nach den Untersuchungen von KING [1730] sind die verschiedentlich mit *Zalophus* vereinigten [3027] Otariiden der australischen Region *(Neophoca* und *Phocarctos)* zwei deutlich getrennte Formen, denen Gattungsrang zukommt. *Phocarctos hookeri* vermittelt morphologisch zwischen den Haar- und Pelzrobben.

Die Herkunft der **Odobenidae** (Walrosse) ist nicht nur ein morphologisches, sondern auch ein tiergeographisches Problem. Während sie gegenwärtig auf arktische Gewässer und die Beringsee beschränkt sind, kennen wir Fossilfunde aus Küstenablagerungen des atlantischen und des pazifischen Ozeans (Mitchell [2358]). Als geologisch älteste Gattung gilt *Prorosmarus* aus ober-miozänen Ablagerungen der Atlantikküste Nordamerikas (Virginia). *Prorosmarus*, *Alachtherium* (Pliozän) und *Trichecodon* (Pleistozän) schließen sich *Odobenus* ziemlich nahe an (Abb. 417, 418). Sie bilden eine morphologische Reihe, indem *Prorosmarus* und *Alachtherium* etliche

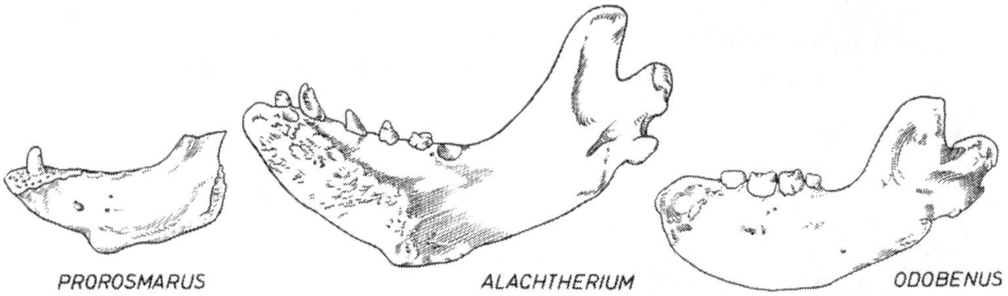

Abb. 417. Unterkiefer rezenter und fossiler Odobeniden. *Prorosmarus alleni*, Jung-Miozän, Virginia; *Alachtherium cretsii*, Pliozän, Belgien; *Odobenus rosmarus*, rezent. (1/6) — Nach Berry & Gregory 1906, umgezeichnet

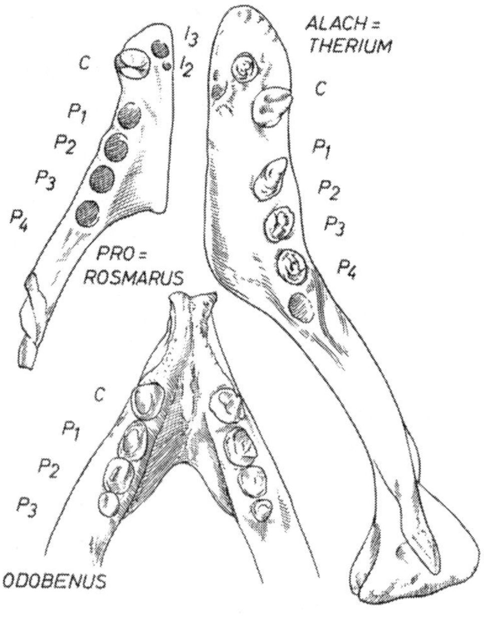

Abb. 418. Unterkiefer (Aufsicht) fossiler und rezenter Odobeniden wie Abb. 417. Beachte zunehmende Gebißreduktion von *Prorosmarus* zu *Odobenus*. (4/5,1) Nach Berry & Gyegory 1906, umgezeichnet

primitive Merkmale besitzen (I_3 und P_4 im adulten Zustand noch vorhanden [251]), doch fehlen echte Verbindungsglieder zwischen Otariiden und Odobeniden. *Trichecodon huxleyi* aus dem Alt-Pleistozän zeigt eine amphi-atlantische Verbreitung (Europa und Südost-USA) und ist durchaus keine Kaltwasserform, sondern bevorzugte im Gegensatz zum heutigen Walroß wärmeres Wasser [2826]. Als *Valenictus* aus dem Unter-Pliozän Kaliforniens und Angehörigen eines Seitenzweiges der Odobeniden beschrieb und deutete Mitchell [2358] einen Humerus

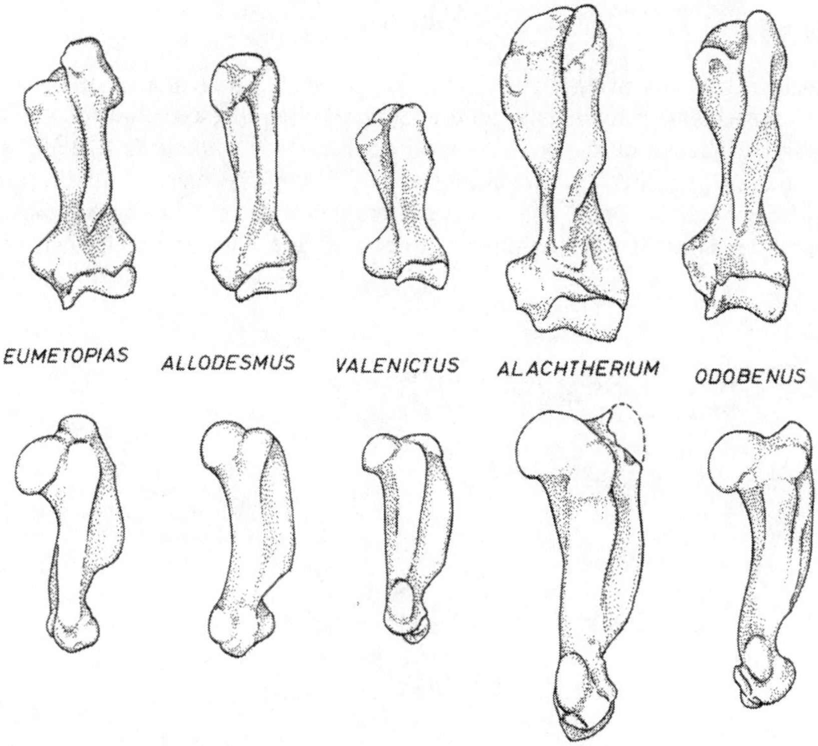

Abb. 419. Humerus sin. (Vorder- und Innenansicht) von *Valenictus* (Pliozän, Kalifornien) im Vergleich mit rezenten und fossilen Otariiden (*Eumetopias*, rezent; *Allodesmus*, Miozän) und Odobeniden (*Alachtherium*, Pliozän; *Odobenus*, rezent). *Valenictus* ist als Angehöriger eines spezialisierten Seitenzweiges des primär otarioiden Stammes anzusehen, der morphologisch über *Alachtherium* mit *Odobenus* verbunden werden kann. (Maßstäblich verkleinert) — Nach MITCHELL 1961, zusammengestellt und umgezeichnet

(Abb. 419), der jedoch eher von einem ausgestorbenen Stamm der Otarioidea herrühren dürfte und der nicht als Odobenide klassifiziert werden kann.

Die rezenten Walrosse (*Odobenus rosmarus*) sind Bewohner arktischer Gewässer, plumpe und massige Muschelfresser mit stark modifiziertem Gebiß $\left(\frac{3\ 1\ 3\ 2}{3\ 1\ 3\ 1}\right)$*), bei dem die Caninen zu wurzellosen Hauern, Prämolaren und Molaren zu stummelförmigen Gebilden umgestaltet sind. *Odobenus* war im Pleistozän im nördlichen Pazifik (Ochotskische See) und Atlantik weiter nach Süden (Long Island, Europa) verbreitet [345, 1701]. Wie RAY [2826] gezeigt hat, war die im ältesten und älteren Quartär Südenglands, Hollands [749 a, 1523, 2977] und Floridas verbreitete Art *Trichecodon huxleyi* keine arktische Form, sondern ein Bewohner wärmerer Gewässer. *Trichecodon huxleyi* zeigt somit, entsprechend der klimatischen Verschiebung nach Süden, amphiatlantische Verbreitung, während die nördlich anschließenden Populationen von *Odobenus rosmarus* im Norden den transatlantischen Zusammenhang nicht verloren haben.

Die beiden rezenten Unterarten (*O. rosmarus rosmarus* und *O. r. divergens*) sind nach DAVIES [699] das Ergebnis der Vergletscherung während des Pleistozäns, die zu einer Trennung der Populationen führte.

*) Bei adulten Individuen persistiert von den ohnehin rudimentären I meist nur der I^3 [574].

Phocoidea

Die **Phocidae** sind die artenreichsten und in vielen Merkmalen spezialisiertesten Robben. Die in vieler Hinsicht ursprünglichsten und auch geologisch ältesten Phociden sind die Monachinae ($\frac{2}{2}$ Incisiven), die wir durch *Pristiphoca* (einschließlich *Miophoca*; Abb. 420), *Monotherium*, *Palaeophoca* und „*Pliophoca*“ (= *Monachus*) aus dem Jung-Tertiär der Mediterraneis kennen [42, 1701, 2172, 3584, 3650, 3692, 3983]. Im postcranialen Skelett durchaus phocid entwickelt, zeigt das Gebiß der miozänen Monachinen noch primitivere Züge (M_1 mehrhöckrig; Abb. 421).

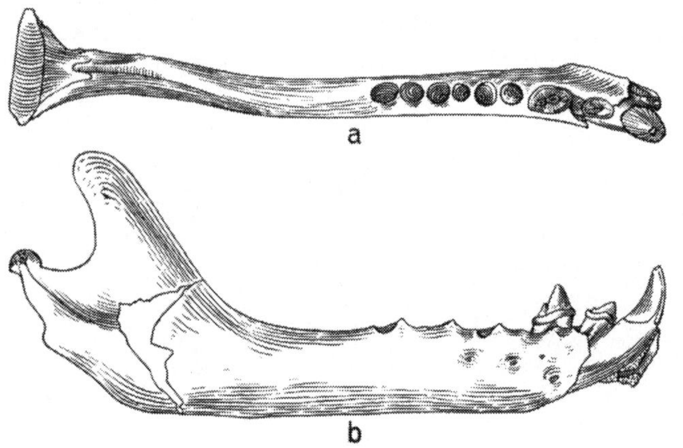

Abb. 420. *Pristiphoca (Miophoca) vetusta* (Phocidae). Mittel-Miozän, Europa, Mandibel dext. mit I, C—P_2. a) Aufsicht, b) Lateralansicht. (2/3) — Nach Thenius 1952

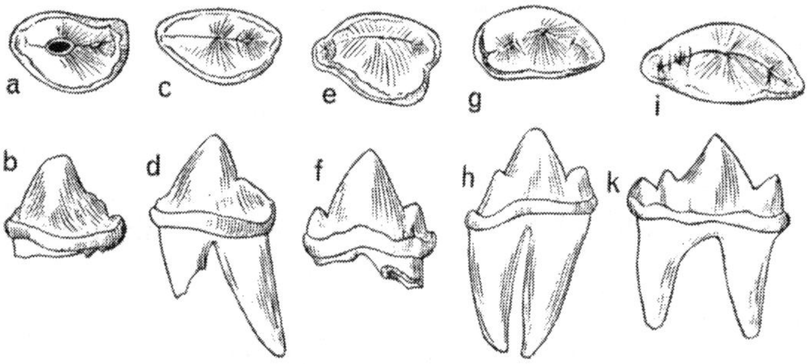

Abb. 421. *Pristiphoca (Miophoca) vetusta*, wie Abb. 420. Prämolaren [a—b) P^3 sin., c—d) P^4 sin., g—h) P^3 sin.] und Molaren [e—f) M^1 sin., j—k) M_1 sin.). Beachte mehrhöckrige Ausbildung des M_1. (3/2) — Nach Thenius 1952

Nach den Fossilfunden existierten im europäischen Jung-Tertiär zwei Stämme innerhalb der Monachini (*Monotherium-Palaeophoca-Monachus* und *Miophoca-Pristiphoca* [3503]). Die disjunkte Verbreitung der drei holozänen *Monachus*-Arten (*M. monachus*: Schwarzes Meer und Mittelmeer; *M. tropicalis*: Karibische See; *M. schauinslandi*: Leeward-Inseln der Hawaii-Inselgruppe [1729, 1731, 3027]) spricht für die bereits jung-tertiäre Verbreitung dieser thermophilen Monachinen (Panamaenge erst mit Ende des Tertiärs landfest). Spezialisierte Abkömmlinge der Monachini sind die gegenwärtig im südlichen Pazifik und antarktischen Gewässern verbreiteten Lobodontini mit den monotypischen Genera *Lobodon* (Krabbenfresser), *Ommatophoca* (Roß-Robbe), *Leptonychotes* (Weddell-Robbe) und *Hydrurga* (=„*Ogmorhinus*“; Seeleopard; Abb. 422). Bisher geben nur die als *Prionodelphis rovereti* aus jung-tertiären Ablagerungen Argentiniens beschriebenen Zähne einen Hinweis auf die stammesgeschichtliche Entwicklung und einstige Verbreitung der Lobodontini. Die Zähne ähneln *Monachus tropicalis* und können

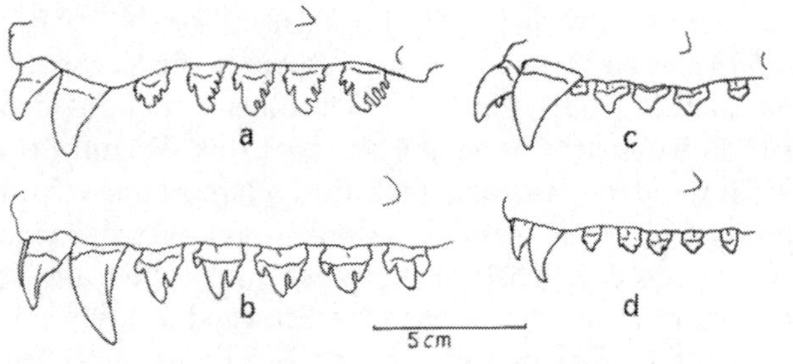

Abb. 422. Oberkiefergebiß der Lobodontini. a) *Lobodon carcinophaga*, b) *Hydrurga leptonyx*, d) *Leptonychotes weddelli*, d) *Ommatophoca rossi*. Beachte die mit der unterschiedlichen Ernährung in Zusammenhang stehende Ausbildung der Backenzähne. — Nach King 1964

als Ahnenstadium von *Leptonychotes weddelli* angesehen werden [1705]. In verschiedener Hinsicht spezialisiert ($\frac{2}{2}$I, Reduktion der Krallen der Hinterflossen, Unterwasserorientierung nach dem Echolotprinzip), sind diese antarktischen Phociden jedoch ursprünglicher als die eigentlichen Seehunde. Die Ausbreitung der Lobodontini dürfte im Verlauf der der Otariiden ähnlich längs der südamerikanischen Pazifikküste zum südlichen Eismeer erfolgt sein, wobei der (zwar gegensätzliche) Verlauf der Kaltwasserströme eine Rolle spielte.

Über die verwandtschaftlichen Beziehungen der Lobodontini untereinander ist derzeit noch kein Urteil möglich, doch ist eine gemeinsame Stammform anzunehmen. Die Differenzierung der Lobodontini erklärt sich daraus, daß sie verschiedene ökologische Nischenformen darstellen. Die für diese Phociden (einschließlich *Mirounga leonina*) charakteristischen pseudophylliden Cestoden [2232] sind ernährungsabhängig und daher nicht als Hinweis für direkte Verwandtschaft verwendbar.

Die eigentlichen Seehunde (Phocinae) zählen zu den höchst spezialisierten Robben. Sie sind ebenfalls schon im Miozän nachgewiesen (*Phoca vindobonensis* [3651]), so daß ihr Ursprung bei alt-tertiären Carnivoren gesucht werden muß. Angesichts ihrer Verbreitung (nur nördliche Hemisphäre) sind die Phociden wohl zweifellos in der Palaearktis entstanden. Die heutigen Phocinae sind gegenüber den Monachini als relativ kalt-stenotherme zu bezeichnen. Sie sind gegenwärtig auf die arktische *(Erignathus* und *Ph. hispida)*, subarktische *(Phoca groenlandica* und *Ph. fasciata)* und boreale Region *(Ph. vitulina, Halichoerus)* beschränkt. Die gegenwärtige Verbreitung läßt im Zusammenhang mit den eiszeitlichen Klimaschwankungen nach Davies [698] Rückschlüsse auf die einstige Verbreitung und auch auf stammesgeschichtliche Beziehungen zu. Sie sagt jedoch nichts über die präpleistozäne Geschichte aus. Nach den Fossilfunden ist eine limnische oder marine Herkunft zwar nicht zu entscheiden, doch ist ziemlich sicher, daß die rezenten Brack- und Süßwasser-Phociden erst sekundär diese Lebensräume besiedelten. Damit ist eines der am meisten diskutierten Probleme der Phylogenie der Seehunde berührt, nämlich die Herkunft der Kaspi-*(Phoca* [*Pusa*] *caspica)* und der Baikal-Ringelrobbe *(Phoca* [*Pusa*] *sibirica)*. Man wertet sie entweder als junge (pleistozäne) Einwanderer vom Nordmeer oder als Relikte der jung-tertiären Paratethys, die sich vom Pannonischen Becken bis über den Kaspisee erstreckte [516, 517, 877, 1464, 1739, 1872, 2715], wobei sowohl morphologische als auch paläontologische Befunde zur Deutung herangezogen werden. Nach McLaren [2216] existierte im „Jung-Miozän" ein direkter Zusammenhang mit dem arktischen Becken, und die damaligen Seehunde seien kühl-stenotherme Formen gewesen, eine Annahme, die weder ökologisch begründet noch paläogeographisch gestützt wird. Die Zuordnung von *Phoca pontica* Eichwald [871] und *Praepusa pannonica* Kretzoi [1872] aus dem Sarmat zum Subgenus *Pusa*, wie sie McLaren [2217] vornimmt, ist nicht gesichert. Morphologisch stimmen beide rezenten Arten *(P. caspica* und *P. sibirica)* in einzelnen Merkmalen überein; sie gehen der Ringelrobbe (*Phoca* [*Pusa*] *hispida)* der arktischen Gewässer ab, der sie von allen Seehunden zweifellos am nächsten stehen. Letzteres wird für die Baikalseerobbe (*P. sibirica*) nicht nur durch den serologischen Befund [3525] bestätigt, sondern auch durch die Ektoparasiten (Anoplura: *Echinophthirius horridus baicalensis* [150]). Nach der Serodiagnostik und den Ektoparasiten steht *P. sibirica* den arktischen Robben (*P. hispida*) am nächsten. Demnach sind Baikalringel- und Kukunor-Robbe junge Einwanderer, wie dies auch für andere Faunenelemente des Baikalsees gilt [1848]. Für die Kaspiringelrobbe (*P. caspica*) ist die Lage weniger eindeutig, doch erstreckten sich während der Kaltzeiten des Pleistozäns südlich und östlich des fennoskandinavischen Eisschildes Süßwasserstauseen, von denen aus eine Einwanderung in die Kaspisee durchaus möglich erscheint. Nach morphologischen Kriterien ist jedenfalls eine direkte Abstammung von jung-miozänen Phociden (*Praepusa pannonica* [1872]) schon auf Grund der ungenügenden Dokumentation nicht sehr wahrscheinlich, aber nicht ganz auszuschließen [1739]. Möglicherweise erfolgte die Einwanderung über das während des Pleistozäns teilweise überflutete Tiefland östlich des Ural in den Kaspisee bereits etwas früher als die Besiedlung des Baikalsees durch die Baikalrobbe (vgl. Högbom [1464]). Fossilfunde von Kaspiringelrobben aus dem älteren Quartär des Asowschen Meeres [1737], das damals durch die Bakinsk-Transgression mit dem Kaspisee verbunden war, belegen jedenfalls das Vorkommen im Alt-Quartär. Demgegenüber sehen Piroznikov [2715] und Davies [698] auch die Kaspiringelrobbe als jungeiszeitlichen Einwanderer an. Zweifellos jüngere Einwanderer (Yoldia-Zeit) sind die nur als Unterarten von *Phoca hispida* abgetrennten Seehunde der Ostsee (*P. h. botnica*), des Ladoga- (*P. h. ladogensis*) und des Saima-Seenkomplexes (*P. h. saimensis*), die infolge Bildung des *Ancylus*-See isoliert wurden. Demgegenüber sind die Seehunde des Ungava- und des Lower Seal Lake (Kanada) Unter-Arten von *Phoca vitulina* (*P. v. concolor* und *P. v. mellonae* [698, 820, 3027]). Direkte stammesgeschichtliche Beziehungen zwischen jung-tertiären und rezenten *Phoca*-Arten sind in Anbetracht der Dokumentation (hauptsächlich Femora) nicht herzustellen. Die für *Phoca (Phoca) vitulina* (Seehund) charakteristische disjunkte (amphiboreale) Verbreitung an den Küsten des atlantischen und des pazifischen Ozeans spricht für eine einst transarktische Verbreitung im (?) Pleistozän (2. Interglazial nach Davies [698]; Pliozän nach Chapskiy [519]). Die atlantischen und pazifischen Populationen zeigen verschiedene „trends" (*P. v. largha* des Pazifiks mit, *P. v. richardi* ohne „pagophile" Tendenz [519, 2396])*). Die Einwanderung in die Ostsee scheint erst zur *Littorina*-Zeit erfolgt zu sein. *Halichoerus grypus*, die Kegelrobbe, steht unter den Phocinae der Gattung *Phoca* am nächsten. Diese boreale Art gelangte bereits zur *Yoldia*-Zeit in die Ostsee.

Mit *Pagophilus* und *Histriophoca* sind zwei weitere Genera zu nennen. Die Sattelrobbe (*Pagophilus groenlandicus*) kommt gegenwärtig nicht mehr in der Ostsee vor. Sie dürfte zur Yoldiazeit zusammen mit anderen arktischen Elementen in die Ostsee eingewandert sein. Ob die Form im Neolithikum, als die Verbindung zum Meer abgeschnitten wurde (*Ancylus*-See), als Zwergform (*P. g. neolithicus* [877, 2883]) oder als Beispiel für die Klimaregel [2115] zu interpretieren ist, wird diskutiert. Die Bandrobbe (*Histriophoca fasciata*) zeigt nach Mohr [2384] nicht nur im Schädelbau zahlreiche Übereinstimmungen mit *Pagophilus*, so daß nach Davies [698] der auch verbreitungs-geschichtliche Argumente heranzieht, eine Abtrennung als eigene Gattung nicht gerechtfertigt ist, zumal sich die Unterschiede im Gebiß mit der abweichenden Ernährung (Fische [*fasciata*] und Plankton-Crustaceen [*groenlandica*]) erklären lassen. Davies nimmt für *P. groenlandica* und *fasciata* eine gemeinsame Stammform an, deren atlanto-pazifisch verbreitete Populationen durch die erste oder zweite pleistozäne Kaltzeit getrennt wurden.

Erignathus barbatus, die ähnlich *Odobenus rosmarus* disjunkt zirkumpolar (arktopazifisch) verbreitete Bartrobbe, steht den übrigen Phocinae etwas ferner (Erignathini [516]).

---

*) McLaren [2217a] betrachtet *Phoca largha* als eigene Art.

Auch hier dürfte die Aufspaltung in die beiden rezenten Unterarten im Pleistozän erfolgt sein [698].

Zu den spezialisiertesten Phodicen zählen die Blasenrobben (Cystophorinae; $\frac{2}{1}$ Incisiven, kleine einspitzige Backenzähne und lange 1. und 5. Zehenstrahlen), deren Männchen als besonderes Kennzeichen einen aufblasbaren Rüssel besitzen, ähnlich *Allodesmus* unter den Otariiden (Seite 398). Es handelt sich einerseits um die Klappmütze *(Cystophora)* der Nordmeere, andererseits um die See-Elefanten *(Mirounga = „Macrorhinus“)*, die in den antarktischen Gewässern (bis zu den Südküsten der Südkontinente) und in Niederkalifornien vorkommen. Sie sind die größten Robben. Die Stammformen dürften unter jung-tertiären atlantischen Monachinen zu suchen sein, wie verschiedene gemeinsame Merkmale [2896] und auch die geographische Verbreitung vermuten lassen. Mit *Mesotaria* ist eine Cystophorine aus dem belgischen Pliozän nachgewiesen. Die Art der disjunkten geographischen Verbreitung von *Mirounga* (*M. leonina*: Antiborealzone der Südhemisphäre; *M. angustirostris*: Niederkalifornien) läßt nach Davies [699] vermuten, daß *M. angustirostris* erst ein pleistozäner Rückwanderer in die nördliche Hemisphäre ist*).

Als Ganzes gesehen, sind die Robben zwar zweifellos Abkömmlinge arctoider Carnivoren, doch ist ihre monophyletische Abstammung keineswegs gesichert. Als Stammformen der Otarioidea kommen alt-tertiäre Ursiden aus der Verwandtschaft der Amphicyoniden in Betracht.

Lagomorpha (= „Duplicidentata“; Hasenartige)

Die Hasenartigen bilden eine einheitliche und gut charakterisierbare Säugetiergruppe, deren taxonomisch-phylogenetische Stellung jedoch durchaus nicht einheitlich beurteilt wird. Meist als eigene Unterordnung (Duplicidentata Illiger [1627]) den übrigen „Nagetieren“ (Simplicidentata) unter den Rodentia gegenübergestellt, haben anatomisch-morphologische Untersuchungen gezeigt, daß die Trennung der Duplicidentata und Simplicidentata sehr frühzeitig erfolgt sein muß, womit sich die Frage nach dem einheitlichen Ursprung der Nagetiere ergibt. Bereits Tullberg [3672] gelangte zu der Annahme, daß sich die beiden Gruppen schon auf einem Vor-Nagerstadium differenziert hätten, hält jedoch an der gemeinsamen Wurzel fest. Erst Gidley [1109] nahm die Abtrennung der Hasenartigen als eigene Ordnung (= Unterordnung Lagomorpha bei Brandt [366]) vor, die durch seitherige Untersuchungen bestätigt wurde. Die Lagomorphen haben demnach ihren Ursprung unabhängig von dem der Rodentia genommen. Dieser ist nach den bisherigen Fossilfunden für die älteste Tertiär- oder jüngste Kreidezeit anzunehmen.

Die geologisch ältesten Lagomorphen (Eurymylidae) aus dem Jung-Paleozän Asiens zeigen bereits typisch lagomorphe Merkmale im Gebiß und Schädel (Foramina incisiva) und bestätigen die auf Grund vergleichend-anatomischer Untersuchungen (wie weibliche Genitalorgane [1280]) gewonnene Erkenntnis von der Eigenständigkeit der Lagomorphen. Entwicklungsgeschichtliche Befunde sprechen für einen selbständigen Säugetierzweig, der sich aus einer den Huftieren nahestehenden Basisgruppe entwickelt hat [1026]. Weder morphologische Kriterien noch serologische Befunde sprechen für direkte verwandtschaftliche Beziehungen mit den Rodentia [2406]. Auch die Parasitenfauna erfordert nicht die Annahme unmittelbarer genetischer Beziehungen zwischen Lagomorpha und Rodentia [174, 1550, 2601]. Schließlich sprechen noch

*) Dies muß nicht unbedingt der Fall sein, wie auch die weitgehend an Kaltwasserströme gebundene Verbreitung der Otariiden zeigt.

ethologische Befunde gegen direkte Beziehungen zu den Rodentia, indem die Putzbewegungen der Lagomorphen durchgehend grundsätzlich von denen der Rodentia abweichen. Dadurch ist zwar die Abtrennung der Lagomorphen als eigene Ordnung gesichert, doch bleibt noch die Frage nach einer gemeinsamen Überordnung (Glires Linneaeus [2129]) und damit die stammesgeschichtliche Herkunft der Lagomorphen zu klären.

Die mit den Rodentia gemeinsamen Merkmale sind entweder Primitivmerkmale (symplesiomorphe Merkmale), wie sie (primitiven) placentalen Säugetieren zukommen, oder Konvergenzerscheinungen. Das Nagergebiß ist — wie bereits Tullberg [3672] hervorhebt — auf eine konvergente stammesgeschichtliche Entwicklung zurückzuführen, wie nicht nur das 2. Paar Incisiven im Oberkiefer, sondern auch die Ausbildung der vorderen I sup. (wurzellose Zähne allseitig von Schmelz bedeckt, tiefe labiale Schmelzfalte) erkennen läßt (Abb. 423). Derartige Konvergenz-

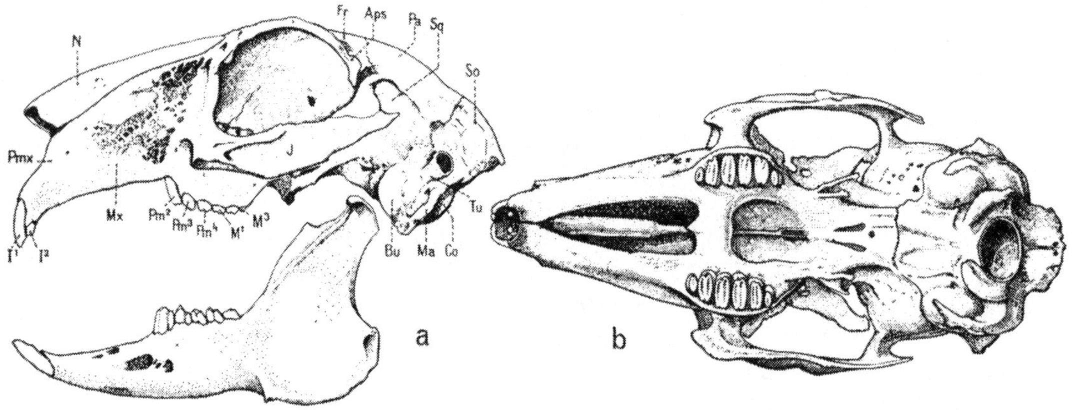

Abb. 423. *Lepus europaeus*, rezent. Osteocranium in a) Lateral- und b) Ventralansicht. (7/8) — Nach Grassé 1955

Aps	= Proc. postorbitalis	*Ma*	= Mastoid	*Pm*²—*Pm*⁴	= Prämolaren
Bu	= Bulla tympani	*M*¹⁻³	= Molaren	*So*	= Supraoccipitale
Co	= Condylus occipitalis	*Mx*	= Maxillare	*Sq*	= Squamosum
Fr	= Frontale	*N*	= Nasale	*Tu*	= äußerer knöcherner Gehörgang
*I*¹⁻²	= I sup.	*Pa*	= Parietale		
J	= Jugale	*Pmx*	= Prämaxillare		

erscheinungen finden sich bekanntlich auch unter den Primaten *(Daubentonia)* und Marsupialiern *(Vombatus, Groeberia)*. Das Backengebiß der Lagomorphen ist grundsätzlich von dem der Rodentia verschieden und läßt sich nicht auf den *Paramys*-Bauplan zurückführen, der Massetermuskel erreicht nie die für diese so charakteristische Differenzierung, der Musc. temporalis ist extrem schwach ausgebildet und so weiter. Auch die übrigen anatomischen Befunde (Schädel, Gehirn, Muskulatur), die embryologische Entwicklung und die Serodiagnostik bestätigen, daß eine gemeinsame Wurzelgruppe mit den Rodentia nicht anzunehmen ist und daher eine Überordnung Glires keine natürliche Einheit bildet (vergleiche Wood [3904] und Voit [3753]).

Der Ursprung der Lagomorphen ist auch gegenwärtig noch in Dunkel gehüllt. Die serologischen Affinitäten mit Paarhufern und einzelne Übereinstimmungen im Verhalten (wie Art des Streckens) reichen zur Annahme gesicherter genetischer Beziehungen zu diesen beiden morphologisch stark abweichenden Säugetierordnungen nicht aus.

Da für das die Beurteilung derartiger Fragen wesentliche Problem der Homologisierung der Backenzahnhöcker bis heute infolge des etwas komplexen Backenzahnmusters selbst der geologisch ältesten Lagomorphen noch nicht gelöst ist (Haupthöcker der M sup. = ? Paracon, ? Metacon [vgl. 438, 2976, 3701, 3904, 3912]) (Abb. 424), scheinen die verschiedenen Ansichten

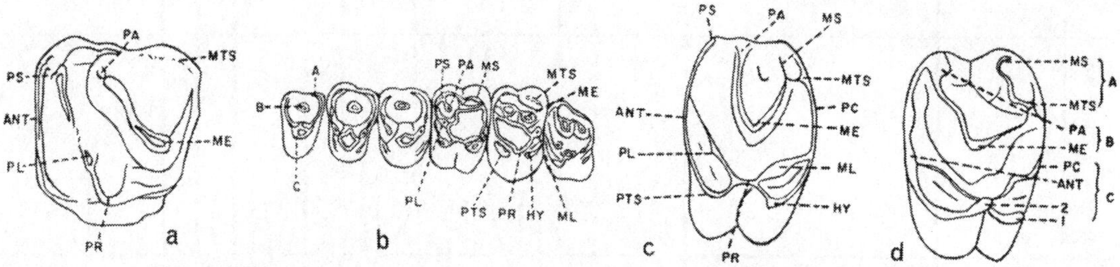

Abb. 424. Maxillarzähne (Schema) von Lagomorphen (*Palaeolagus*; c) M^1 sin., d) P^4 sin.) im Vergleich mit Pantodonten [a) *Coryphodon*, M sup. sin.] und Condylarthren [b) *Ectoconus*, P^2—M^3 sin.]. Homologisierung der Zahnhöcker nach A. E. Wood. — Nach A. E. Wood 1951

A	=	Außencingulum samt Derivaten	*Me*	=	Metacon	*Pl*	=	Protoconulus
Ant	=	Vorderloph	*Ml*	=	Metaconulus	*Pr*	=	Protocon
B	=	Amphicon samt Derivaten (Para- und Metaconus)	*Ms*	=	Mesostyl	*Ps*	=	Parastyl
			Mts	=	Metastyl	*Pts*	=	Protostyl
C	=	Protocon	*Pa*	=	Paracon	*1*	=	sog. Hypocon
Hy	=	Hypocon	*Pc*	=	Hintercingulum	*2*	=	sog. Protocon

über die stammesgeschichtliche Herkunft der Lagomorphen verständlich. Während Gidley [1107] und Ehik [860] an direkte Beziehungen zu Triconodonten denken, L. S. Russell [2976] hingegen an einen gemeinsamen Ursprung mit den Zalambdodonten, nimmt van Valen [3701] eine direkte Herkunft von Insectivoren an, die den Stammformen von *Pseudictops* nahestehen und somit eine Herkunft von leptictiden Kreide-Insectivoren bedeuten, während nach Wood [3912] die Stammformen unter periptychiden Condylarthren zu suchen seien. Auch die bereits frühzeitig auf Grund oberflächlicher Ähnlichkeiten angenommenen Beziehungen zu den Caenotherien unter den Artiodactylen vertritt neuerdings wieder Stohl [3487] auf Grund ernährungsphysiologischer Erwägungen. Damit sind nur die wichtigsten Auffassungen über die Herkunft der Lagomorpha genannt.

Da keine dieser Ansichten als definitive Lösung angesehen werden kann, ist der Ursprung der Lagomorphen und damit ihre Zugehörigkeit zu den Unguiculata oder Ferungulata noch ungeklärt. Sie sind zweifellos eine sehr alte Gruppe placentaler Säuger, die sich seit der jüngsten Kreide- oder ältesten Tertiärzeit unabhängig entwickelt und einzelne Primitivmerkmale (wie Scrotum vor dem Penis wie bei Marsupialiern) erhalten hat [2651].

Die Lagomorphen sind nagerähnliche („gliriforme“), terrestrische, herbivore Placentalia (die ernährungsphysiologisch infolge der Pseudorumination [= Caecotrophie] an die Ruminantia erinnern [3545]) mit der Zahnformel $\frac{2\ 0\ 3\text{-}2\ 3\text{-}2}{1\ 0\ 3\text{-}2\ 3\text{-}2}$, (einseitig bis voll) hypsodonten Backenzähnen (Abb. 435 auf Seite 414), deren Reihen im Unterkiefer näherstehen als im Oberkiefer, großen Foramina incisiva und perforierten Maxillen, einfachem Massetermuskel und extrem schwachem Temporalis. Tibia und Fibula sind distal verwachsen, die Fibula gelenkt mit dem Calcaneus.

Die rezenten Lagomorphen lassen sich zwanglos in zwei Familien gliedern (Leporidae und Ochotonidae). Fossilfunde klärten die posteozäne Geschichte der Lagomorphen in den Grund-

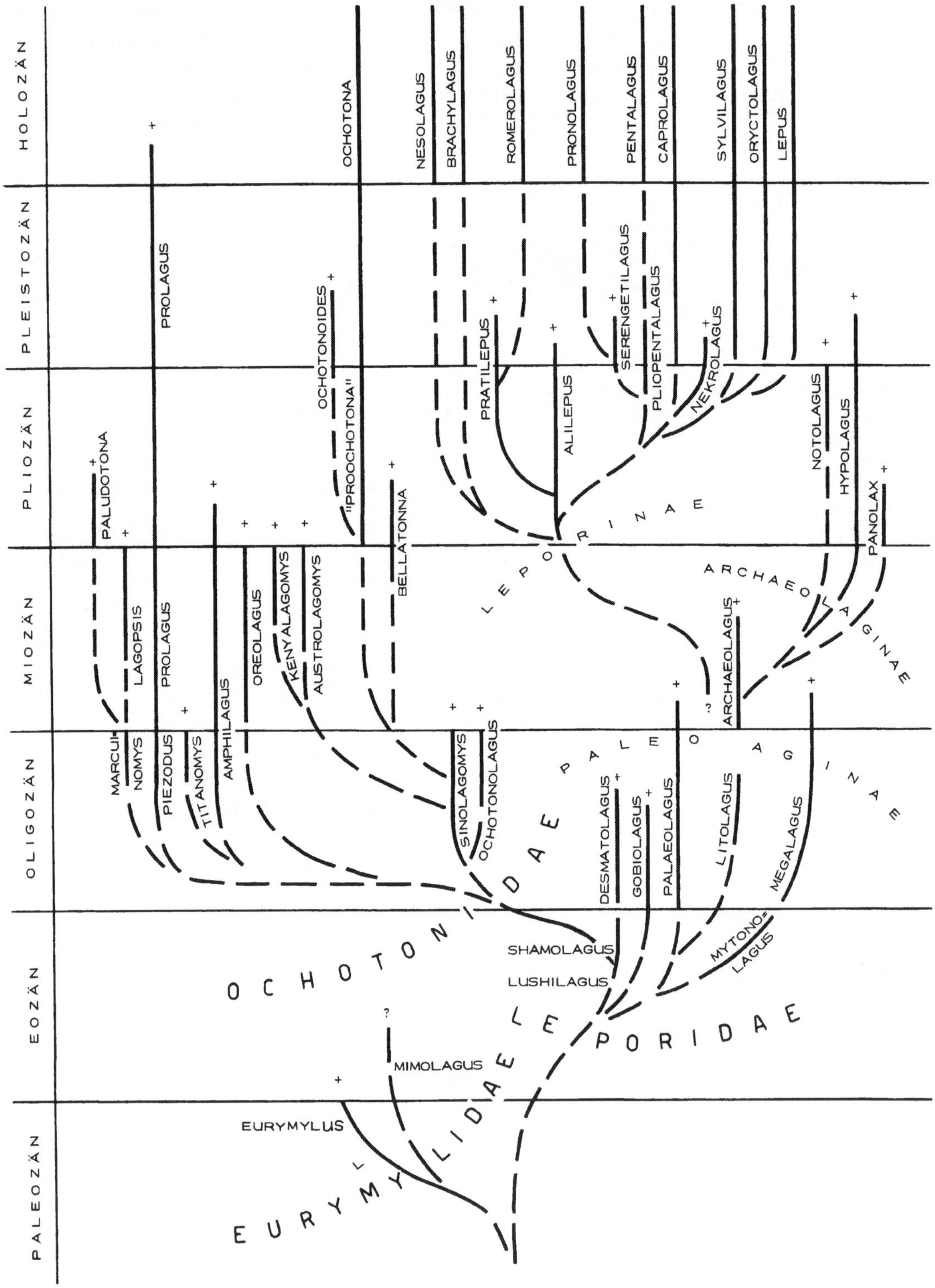
HOLOZÄN
PLEISTOZÄN
PLIOZÄN
MIOZÄN
OLIGOZÄN
EOZÄN
PALEOZÄN
OCHOTONA
NESOLAGUS
BRACHYLAGUS
ROMEROLAGUS
PRONOLAGUS
PENTALAGUS
CAPROLAGUS
SYLVILAGUS
ORYCTOLAGUS
LEPUS
PROLAGUS
OCHOTONOIDES
"PROOCHOTONA"
PRATILEPUS
ALILEPUS
SERENGETILAGUS
PLIOPENTALAGUS
NEKROLAGUS
NOTOLAGUS
HYPOLAGUS
PANOLAX
PALUDOTONA
BELLATONNA
LEPORINAE
ARCHAEOLAGINAE
LAGOPSIS
OREOLAGUS
KENYALAGOMYS
AUSTROLAGOMYS
AMPHILAGUS
ARCHAEOLAGUS
MARCUINOMYS
PIEZODUS
TITANOMYS
SINOLAGOMYS
OCHOTONOLAGUS
PALEOLAGINAE
DESMATOLAGUS
GOBIOLAGUS
PALAEOLAGUS
LITOLAGUS
MEGALAGUS
OCHOTONIDAE
SHAMOLAGUS
LUSHILAGUS
MYTONOLAGUS
LEPORIDAE
MIMOLAGUS
EURYMYLUS
EURYMYLIDAE

zügen, aber verschiedene Probleme sind noch nicht gelöst. Die Fossilreste bestätigen wohl die Großgliederung in zwei Hauptstämme, doch ist die Zuordnung einzelner Formen zu diesen Stämmen nicht möglich oder wird noch diskutiert. Nach den Fossilfunden hatten die Ochotoniden ihre stammesgeschichtliche Blütezeit im Miozän. Die rezente Gattung *Ochotona* ist der einzige Überlebende einer im Tertiär über Eurasien, Nordamerika und Afrika artenreich verbreiteten Gruppe, während die rezenten Leporiden durchwegs als Angehörige eines erst im Pliozän aufspaltenden Lagomorphenstammes (Leporinae) anzusehen sind (Abb. 425). Die Phylogenie der Lagomorphen ist — entsprechend den Fossilfunden — eine Gebißphylogenie, doch gestattet die Kombination zahlreicher Merkmale (Zahnstruktur, Grad und Art der Hypsodontie [Teil- oder Vollhypsodontie] der Backenzähne, Krümmung oder Streckung der Zähne, Grad der Molarisierung der Prämolaren, Größenzunahme oder -abnahme) sichere Aussagen über den vermutlichen Verlauf der Stammesgeschichte, der auch hier durch den Mosaikmodus gekennzeichnet ist [3640].

Die geologisch ältesten, allgemein als Lagomorphen klassifizierten Reste stammen aus dem Jung-Paleozän Ostasiens. Es sind Schädel- und Gebißreste mit typisch lagomorpher Merkmalskombination (*Eurymylus* = „*Baenomys*", *Mimolagus**) [320, 2282, 3905]), die sich zwar primitiver verhalten als die eozänen Lagomorphen, jedoch trotz verschiedener primitiverer Züge nicht als deren Stammformen in Betracht kommen. So ist die Zahnzahl mit $\frac{2\,0\,2\,3}{1\,0\,2\,3}$ stärker reduziert als bei diesen (Abb. 426). Die Kombination zwischen primitiven (Unterkieferbackenzähne be-

Abb. 426. *Eurymylus laticeps* (Eurymylidae), Jung-Paleozän, Mongolei. Backenzähne in Occlusalansicht. a) P^3—M^3 sin., b) P^3—M^3 dext., c) P_3—M_2 sin., d) P_3—P_4 dext., e) M_1—$_2$ sin. (= „*Baenomys*"). *Eurymylus* ist die geologisch älteste Lagomorphengattung. (3/1) — Nach Wood 1942

wurzelt, schwach hypsodont mit hohem Trigonid und niedrigerem Talonid, M. sup. trituberculär mit beginnender einseitiger Hypsodontie) und spezialisierten Eigenschaften (reduzierte Zahnzahl) machen eine Abtrennung als eigene Familie (**Eurymylidae**) dieses phylogenetischen Seitenzweiges notwendig. Wesentlich ist, daß das Vordergebiß typisch lagomorph und ein echtes Diastema ausgebildet ist. Die gemeinsamen Stammformen der Eurymyliden und der übrigen Lagomorphen existierten vermutlich im älteren Paleozän.

Die nächst jüngeren Lagomorphen stammen aus dem Jung-Eozän Asiens und Nordamerikas. Sie sind dem Gebiß nach als (primitive) **Leporidae** zu klassifizieren. Als geologisch älteste und zugleich primitivste Gattung gilt *Lushilagus* aus dem älteren Jung-Eozän Ostasiens [2127], der im Gebiß etwas ursprünglichere Züge (Backenzähne brachyodonter, P^4 kleiner als M^2, trilobat und unvollständiges Anteroloph, M^3 größer als bei sonstigen Lagomorphen) besitzt als die übrigen jung-eozänen Leporiden (*Shamolagus* und *Gobiolagus* aus Ostasien, *Mytonolagus* aus Nordamerika). Diese Feststellung kann zusammen mit dem Fehlen älterer Lagomorphen in

*) Das genaue geologische Alter von *Mimolagus* aus Kansu ist allerdings nicht bekannt.

Abb. 425 (links). Die vermutlichen stammesgeschichtlichen Zusammenhänge innerhalb der Lagomorphen. Von den einst artenreichen Ochotoniden überlebt als einzige Gattung *Ochotona*. Die rezenten Leporiden sind sämtlich Angehörige der Leporinae, die aus Palaeolaginen hervorgegangen sind. Beachte mehrfache Radiation der Leporiden

Europa und Nordamerika als Hinweis auf die Entstehung der Leporiden in Asien gewertet werden. *Mytonolagus* aus dem Jung-Eozän der USA läßt sich direkt von *Lushilagus* oder *Shamolagus* ableiten und bildet die Stammform von *Megalagus* im Oligozän [438]. Eine weitere, im Gebiß etwas fortschrittlichere Linie bildet *Palaeolagus*, der — wie *Megalagus* — im Alt-Miozän verschwindet (Abb. 427—429). Mit *Litolagus* aus dem mittleren Oligozän Nordamerikas [708]

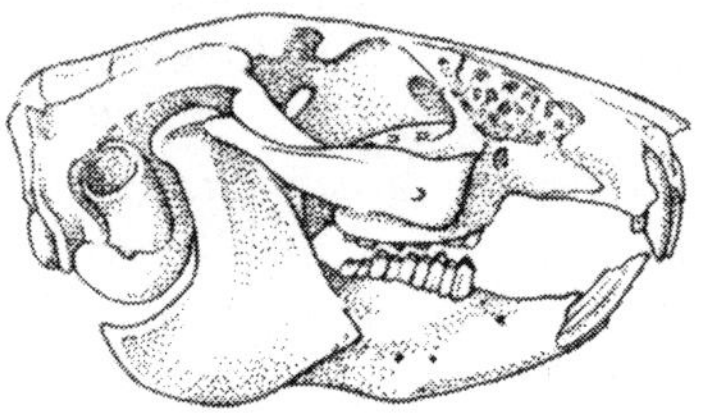

Abb. 427. *Palaeolagus haydeni* (Leporidae), Oligozän, Nordamerika. Osteocranium, Lateralansicht. (ca. 1/1) — Nach A. E. Wood 1937, umgezeichnet

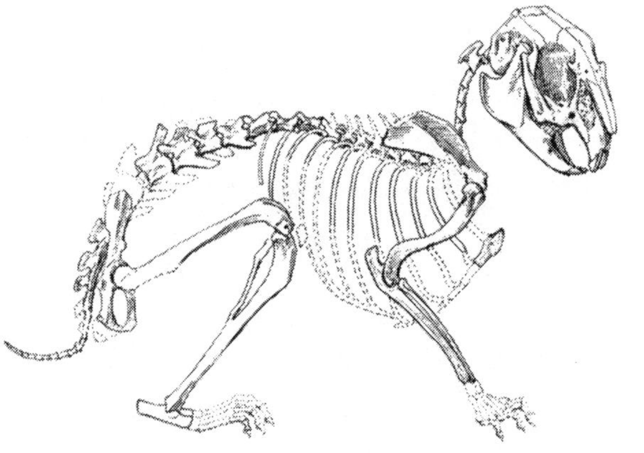

Abb. 428. *Palaeolagus haydeni*, wie Abb. 427. Skelett. Elemente der linken Körperhälfte weggelassen. (2/5) — Nach A. E. Wood 1940

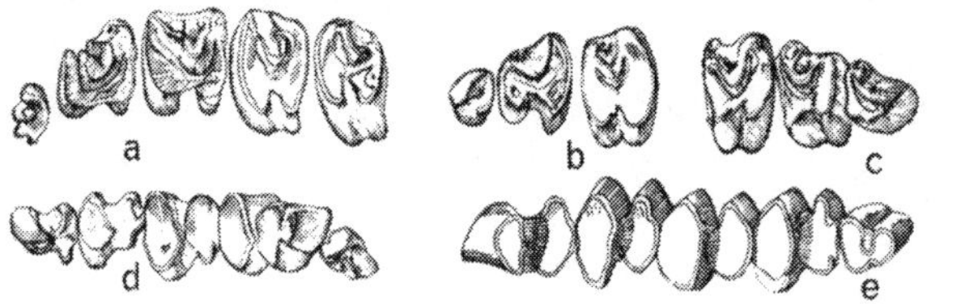

Abb. 429. *Palaeolagus haydeni*, wie Abb. 427. Backenzähne in Occlusalansicht. a) P^2—M^2 sin., b) M^{1-3} dext., c) D^{2-1} dext., d) P_3—M_3 sin., e) P_3—M_3 dext. (4/1) — Nach A. E. Wood 1940

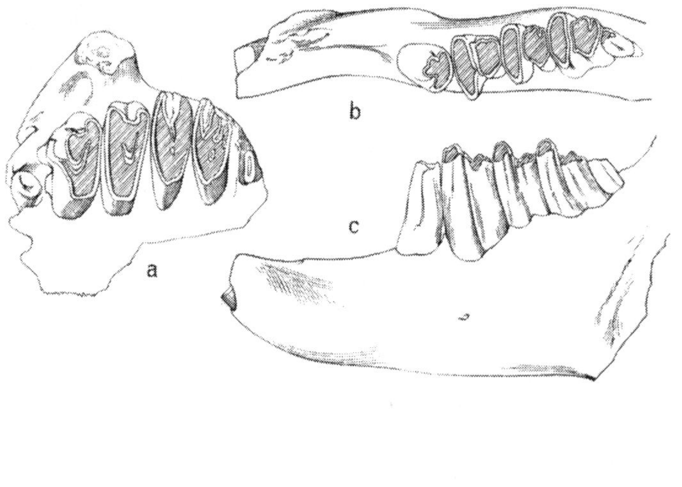

Abb. 430. *Desmatolagus robustus* (Leporidae). Oligozän, Mongolei. a) Maxillare sin., mit P^2—M^2, occlusal, b) Mandibel sin. mit P_3—M_3 occlusal, c) Mandibel sin., Lateralansicht. (2,5/1) — Nach Matthew & Granger 1923

ist die fortschrittlichste Gattung innerhalb der als Palaeolaginen [777] zusammengefaßten Lagomorphen genannt, die den Ausgangsformen der jung-tertiären Archaeolaginen nahesteht. Als weiterer Angehöriger der Palaeolaginen gilt *Desmatolagus* (mit *D. robustus*; Abb. 430) aus dem Oligozän Asiens. „*Desmatolagus*" *gobiensis* bildet demgegenüber wegen einzelner Übereinstimmungen im Gebiß einen Angehörigen der Ochotoniden. Gureev [1229] klassifiziert *Palaeolagus* und *Desmatolagus* (sowie *Amphilagus*, *Titanomys* und *Piezodus*) als Angehörige einer eigenen Familie (Palaeolagidae) und sieht in primitiven (eozänen) Palaeolagiden die Stammformen der Ochotoniden. Wenn diese Ansicht auch zutrifft, so erscheint eine Abtrennung von *Desmatolagus* und *Palaeolagus* von den Leporiden diskutabel. Die Palaeolaginen bilden eine primitive basale Gruppe innerhalb der Leporiden, von denen sowohl die jung-tertiären Leporiden als auch die Ochotoniden ihren Ursprung genommen haben. Wir müssen uns die Palaeolaginen als im Gebiß und Extremitätenbau ursprüngliche Lagomorphen vorstellen. Die für die rezenten Leporiden charakteristische Spezialisation im Extremitätenskelett fehlte diesen alttertiären Lagomorphen ebenso wie die für die Ochotoniden kennzeichnende Gebißstruktur. Das postcraniale Skelett von *Palaeolagus* ist zwar leporid, aber infolge der geringeren Anpassung an eine laufende Fortbewegungsweise deutlich primitiver als bei den rezenten Arten und in zahlreichen Merkmalen ochotonid [3904].

Die gegenwärtig meist übliche Gliederung der Leporiden in Palaeolaginae, Archaeolaginae und Leporinae [708] entspricht im wesentlichen drei verschiedenen Evolutionsniveaus.

Die Archaeolaginae erscheinen erstmalig im Alt-Miozän Nordamerikas mit *Archaeolagus* neben den noch persistierenden Palaeolaginen (*Megalagus* und *Palaeolagus*). Von *Archaeolagus* lassen sich die weiteren, für das Pliozän kennzeichnenden Stämme ableiten (*Hypolagus* [= „*Lagotherium*"], *Notolagus*, *Panolax* [708, 714]), von denen *Hypolagus* bereits im Mittel-Miozän (Hemingfordian) Nordamerikas nachgewiesen ist. Bemerkenswert ist, daß die Entstehung und Radiation der Archaeolaginen im wesentlichen auf Nordamerika beschränkt bleibt. Aus dem eurasiatischen Miozän kennt man bisher — trotz zahlreicher Nachweise von Ochotoniden — keine Leporiden. Unter den Archaeolaginen ist *Hypolagus* (Abb. 434 auf Seite 414) als progressive (Hypsodontie, längere Hypostriae der Maxillarzähne und tiefere, zementerfüllte anteroexterne Falte am P_3), *Panolax* aus dem (?) Alt-Pliozän von New Mexico [610] als persistierende Primitivform anzusehen. Von den Archaeolaginen erreicht nur *Hypolagus* im älteren Pliozän Eurasien und überdauert — wie in Nordamerika — als einzige Archaeolaginen-Gattung die Tertiär-Quartärgrenze, wird aber im älteren Pleistozän endgültig von *Lepus* verdrängt [3516]*).

Der Ursprung der erstmals mit *Alilepus* aus dem Alt-Pliozän Asiens und Ost-Europas nachgewiesenen Leporinen ist etwas problematisch. Wegen einzelner, bei den Archaeolaginen reduzierter palaeolaginer Merkmale (wie postero-interne Falte am P_3) leitet man sie nicht von miozänen Archaeolaginen, sondern von alt-tertiären Palaeolaginen ab [708]. Abgesehen von solchen palaeolaginen Zügen ist das Gebiß der Leporinae jedoch progressiver als das der Archaeolaginae. Von *Alilepus* lassen sich nicht nur die verschiedenen fossilen Leporinen-Genera (*Pratilepus*, *Pliopentalagus*, *Serengetilagus*, *Nekrolagus* [= „*Pediolagus*"]) ableiten, sondern auch *Nesolagus* und *Brachylagus*, *Romerolagus*, *Sylvilagus*, *Caprolagus*, *Oryctolagus*, *Lepus*, *Pronolagus* und *Pentalagus* [1422] (Abb. 431). Demnach sind die von Dice [777] als Palaeolaginae klassifizierten rezenten Genera *Romerolagus* (Mexiko), *Pentalagus* (Ryu-Kyu-Inseln) und *Pronolagus* (Südafrika) Angehörige der Leporinae. Nach Dawson [714] bildet der *Pratilepus*-Stock [1415] aus dem Jung-Pliozän (älteres Blancan) die Wurzelgruppe für *Romerolagus*, *Brachylagus* und *Nesolagus*, während *Pronolagus* auf *Serengetilagus* des Ältest-Quartärs (Villafranchium von Ost-

*) Wie Sych [3516] gezeigt hat, beruht *Pliolagus* [1868] auf juvenilen *Hypolagus*-Zähnen.

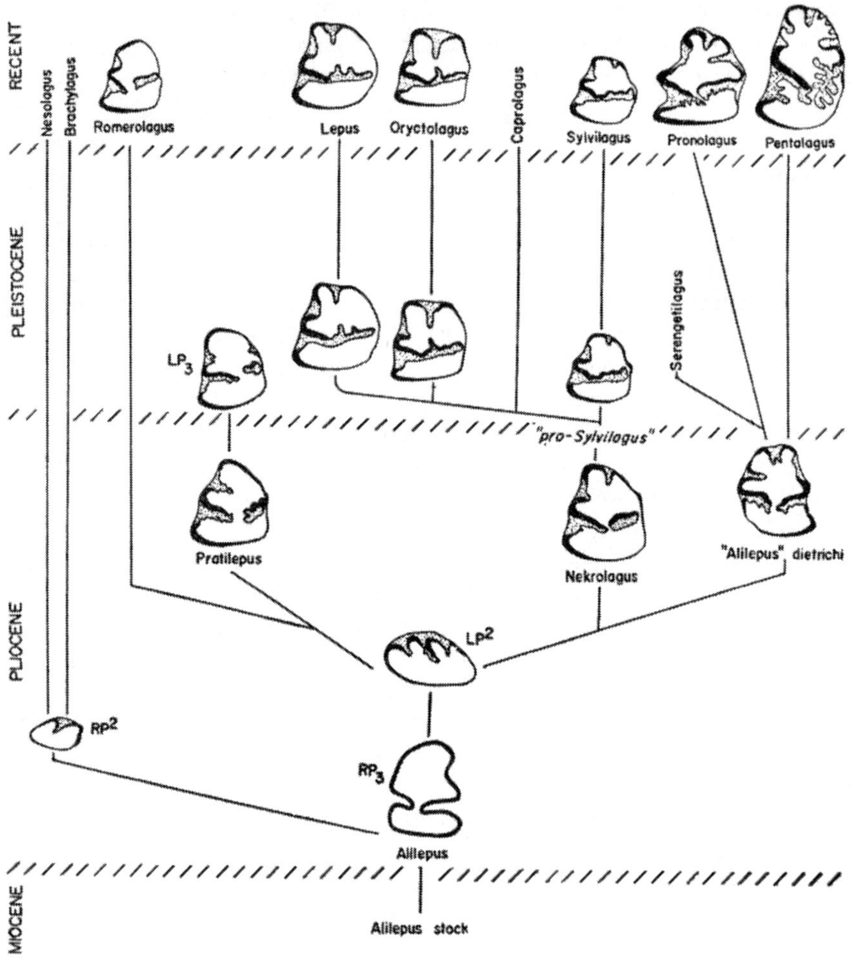

Abb. 431. Evolution der Leporinae nach dem P^2 und P_3. — Nach HIBBARD 1963
LP^2 = P^2 sin., LP_3 = P_3 sin., RP^2 = P^2 dext., RP_3 = P_3 dext. „*Alilepus*" *dietrichi* = *Pliopentalagus*

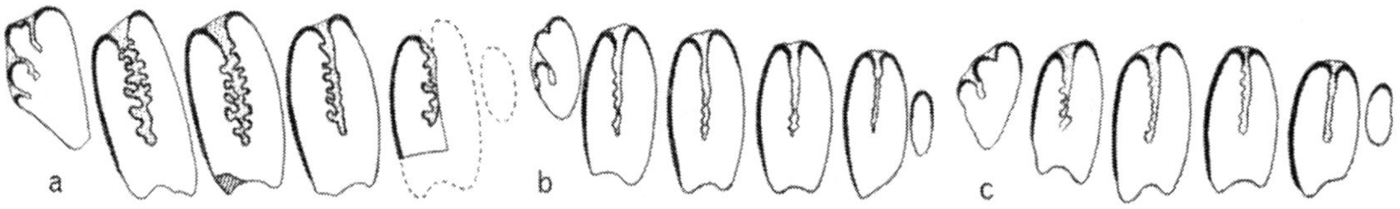

Abb. 432. Maxillargebiß (P^2—M^3 dext.) verschiedener Leporiden. a) *L. veter*, Pleistozän, Ostafrika, b) *Lepus capensis*, rezent; c) *Serengetilagus praecapensis*, Pleistozän, Ostafrika. (3,5/1) — Nach MACINNES 1953

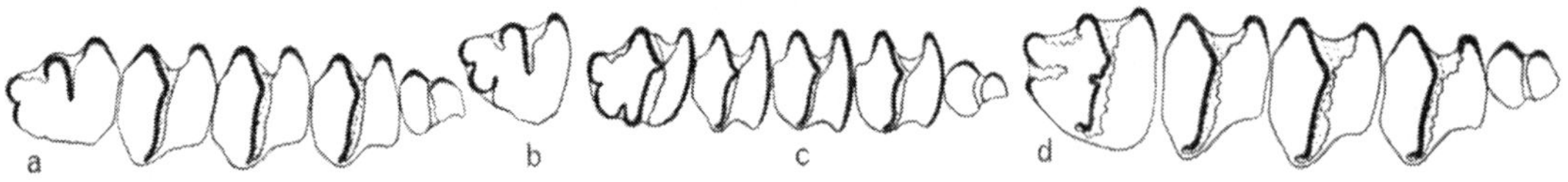

Abb. 433. Mandibulargebiß (P_3—M_3 dext.) verschiedener Leporiden. a, b) *Serengetilagus praecapensis*, c) *Pronolagus*, rezent, d) *Lepus veter*. (3,5/1) — Nach MACINNES 1953

afrika und Ostasien) [787, 1229, 3559] (Abb. 432, 433) und *Pentalagus* auf eine *Pliopentalagus* nahestehende Form aus dem Jung-Pliozän zurückgeführt werden können [714a, 927]. Demgegenüber spalten sich nach Hibbard [1422] *Nesolagus* und *Brachylagus* frühzeitig vom *Alilepus*-Stock ab, während *Sylvilagus, Caprolagus, Oryctolagus* und *Lepus* über *Nekrolagus, Serengetilagus, Pronolagus* und *Pentalagus* dagegen über *Pliopentalagus* vom eurasiatischen *Alilepus*-Stock abzuleiten wären. Es kann jedoch keinem Zweifel unterliegen, daß die im Gegensatz zu den weit verbreiteten Genera *Lepus* oder *Sylvilagus* auf räumlich begrenzte Areale beschränkten Gattungen *Nesolagus, Brachylagus, Romerolagus, Caprolagus, Poelagus, Pentalagus* und *Pronolagus* rezente Reliktformen unter den Leporinen darstellen, die verschiedene Primitivmerkmale (Schädel, Gebiß, Extremitäten) bewahrt haben.

Dennoch bilden die Leporinae eine erst im ausgehenden Tertiär aufspaltende Lagomorphengruppe, die sich im Quartär auch nach Südamerika *(Sylvilagus)* ausgebreitet hat. *Lepus* und *Oryctolagus* wären demnach nordamerikanischen Ursprungs. Ihr erster Nachweis stammt aus dem ältesten Pleistozän [1769, 1824, 1894, 3738]*). Wenn auch die Phylogenese von *Lepus* noch nicht geklärt ist, so ist doch die Entstehung von *Lepus timidus* nicht vor dem mittleren Pleistozän anzunehmen [1768, 1769]. *Lepus timidus* hat die Kälteanpassung erst im Laufe der Eiszeit erworben. Im Pleistozän breitete sich auch *Lepus* bis nach Südafrika aus. Interessant ist, daß die als *Lepus timidus seclusus* bezeichnete Unterart von den Färöern praktisch innerhalb von 100 Jahren entstanden ist, indem man *Lepus timidus* 1854/55 auf dieser Inselgruppe einführte [733]. Wie weit jedoch hier tatsächlich eine Unterart vorliegt, ist fraglich (vergleiche Hybriden zwischen *Lepus europaeus* und *L. timidus* [971, 1202]).

Oryctolagus cuniculus gilt allgemein als erst im Mittelalter in Mitteleuropa eingeführtes Haustier, doch waren Kaninchen im jüngsten Pleistozän nicht nur in Südwesteuropa und in den Atlasländern, sondern auch noch in Mitteleuropa heimisch [1768, 3828]. Wildkaninchen verschwanden im Postglazial aus Mitteleuropa und verbreiten sich erst im Mittelalter wieder in Mitteleuropa, nachdem man vorher Hauskaninchen nach dort einführte.

Der Mensch führte Hauskaninchen verschiedentlich auf dem Festland (zum Beispiel Australien, Südamerika) und auf Inseln (wie Neuseeland, Kerguelen) ein. Dort ausgesetzt, verwilderten sie meist rasch [1589] und wurden dank ihrer enormen Vermehrungsrate und dem Fehlen ihrer natürlichen Feinde zur Landplage. Vom Kaninchen ist die Caecotrophie (Pseudorumination [3545]) bekannt, indem die Tiere Kotpillen, die aus dem Blinddarm stammen, wieder aufnehmen, aber nicht zerkauen. Sie sind für die Erhaltung der Darmflora wichtig (vergleiche *Phascolarctos*).

Die von manchen Autoren [781] als taxonomisch wesentlich angesehenen Unterschiede im Ontogenese-Typus (*Lepus* als „Nestflüchter" innerhalb der „nesthockenden" Lagomorphen) lassen sich mit der Lebensweise in Zusammenhang bringen (Freilandform: Höhlen- oder Waldbewohner).

Stehen den zahlreichen rezenten Leporidengattungen nicht einmal doppelt so viel fossile Genera gegenüber, so kommen unter den **Ochotoniden** oder Pfeifhasen auf eine rezente Gattung (*Ochotona* [= „*Lagomys*"]) mindestens sechzehn fossile. Schon daraus geht hervor, daß *Ochotona* nur ein Überlebender einer vor allem im mittleren Tertiär (Miozän) weit verbreiteten und artenreich entwickelten Säugergruppe ist, die sich seither im Rückgang befindet. Die (rezenten) Ochotoniden verhalten sich nur in einzelnen Merkmalen (wie vollständige Clavicula, Gliedmaßen gleich lang, Ohren kurz, Proc. postorbitales der Frontalia fehlen) primitiver als die Leporiden. Manche Eigenschaften $\left(\text{wie Gebißformel } \frac{2\ 0\ 3\ \ 3\text{-}2}{1\ 0\ 3\text{-}2\ 3\text{-}2}\right)$ sind jedoch zweifellos höher spezialisiert

*) Die von Bohlin [316] vertretene Ableitung der Gattung *Lepus* von *Hypolagus* ist nicht aufrechtzuerhalten.

als bei den Hasen. Da — wie oben ausgeführt — die Palaeolaginen zahlreiche primitive Lagomorphenmerkmale besitzen, sind die morphologischen Differenzen zwischen fossilen Ochotoniden und Leporiden (Palaeolaginae) durchaus nicht so groß, wie nach deren rezenten Vertretern anzunehmen ist, und es erscheint die Zuordnung einzelner *Desmatolagus*-Arten *(D. gobiensis)* zu den Ochotoniden verständlich [714]*).

Die geologisch ältesten sicheren Ochotoniden treten erstmalig im jüngeren Oligozän Asiens (*Sinolagomys, Ochotonolagus* [313, 1228]) und Europas (*Piezodus, Amphilagus,* ferner *Titanomys* und *Marcuinomys* [714, 2031, 2640]) auf (Abb. 434—436). Das plötzliche Auftreten mehrerer Ochotoniden-Linien im jüngeren Oligozän Europas spricht, im Verein mit Fossilfunden aus dem Mittel-Oligozän Asiens, für den Ursprung der Ochotoniden in Asien und für eine oligozäne Radiation.

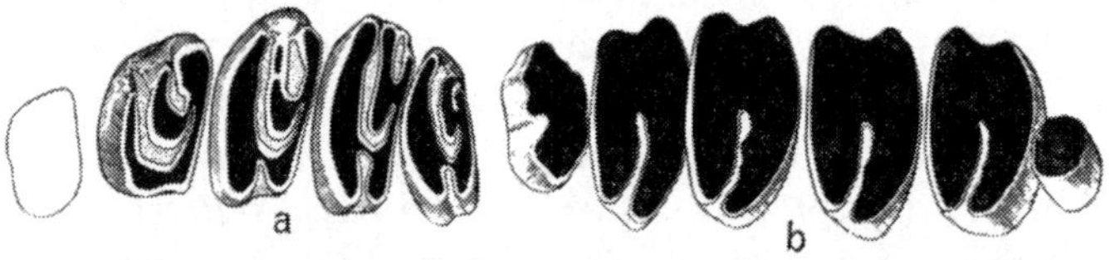

Abb. 434. Oberkieferzahnreihen von Lagomorphen mit Altstruktur [a) *Piezodus branssatensis,* P³—M² sin., Stampium] und Sekundärstruktur [b) *Hypolagus brachygnathus,* P²—M³ sin., Pleistozän]. Mit zunehmender Hypsodontie Vereinfachung der Kaufläche. a) (5/1), b) (3,3/1) — Nach Tobien 1963

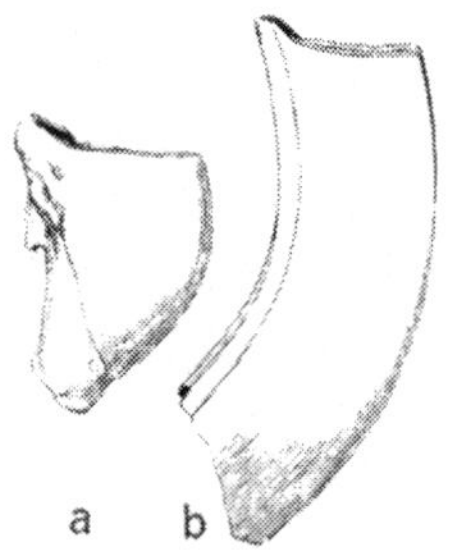

Abb. 435. Maxillarmolaren (M¹) von Ochotoniden. a) *Amphilagus* (Miozän) mit Partialhypsodontie, b) *Prolagus* (Quartär) mit Vollhypsodontie. (3,3/1) Nach Tobien 1963

Abb. 436. *Titanomys visenoviensis* (Ochotonidae). Jung-Oligozän (Aquitan), Europa. a) P²—M² sin., b) P_3—M_1 sin., occlusal. Beachte Unterschiede im Bau des P_3 gegenüber der *Prolagus*- und *Lagopsis*-Gruppe (s. Abb. 437 u. 439). (5/1) — Nach Tobien 1963

Wie Tobien [3640] gezeigt hat, unterscheiden sich die vier Stammlinien im Oligozän Europas *(Piezodus, Amphilagus, Titanomys* und *Marcuinomys)* durch die Merkmalskombination im Gebiß. Während *Amphilagus* und *Titanomys* den primitiven Gebißcharakter beibehalten und nur *Titanomys* die Vollhypsodontie bei bewurzelten Zähnen erreicht, kommt es bei der aus *Marcuinomys* hervorgehenden *Lagopsis*-Linie (Abb. 437) und beim *Piezodus*-Stamm, der durch Übergänge in den *Prolagus*-Stamm (Abb. 438, 439) überleitet [1612], zur Vollhypsodontie oder Wurzellosigkeit, wobei die Altstruktur der Backenzähne nur bei dem *Prolagus*-Stamm erhalten ist. Die *Titanomys*-Gruppe (Aquitan) ist nach Tobien [3640] ein Abkömmling der *Amphilagus*-Gruppe. Diese selbst persistiert bis ins Alt-Pliozän. *Lagopsis* stirbt am Ende des Miozäns aus. *Paludotona,* eine Seitenlinie, ist aus dem Alt-Pliozän bekannt [709]. Einzig der *Prolagus*-Stamm überdauert die Tertiär-Quartärgrenze und ist mit *P. sardus* erst im Post-Pleistozän ausgestorben [3634]. *Prolagus alerami* aus dem Villafranchium gilt als Vorläufer von *P. sardus* [253]. Innerhalb des *Piezodus-Prolagus*-Stammes kommt es zur völligen Reduktion der M_3^3. Mit *Heterolagus* ist eine weitere Linie aus dem europäischen Miozän belegt [672].

*) Die Abtrennung der Palaeolaginen *(Desmatolagus* part., *Palaeolagus)* als eigene Familie [1229] ist vom taxonomischen Standpunkt durchaus vertretbar.

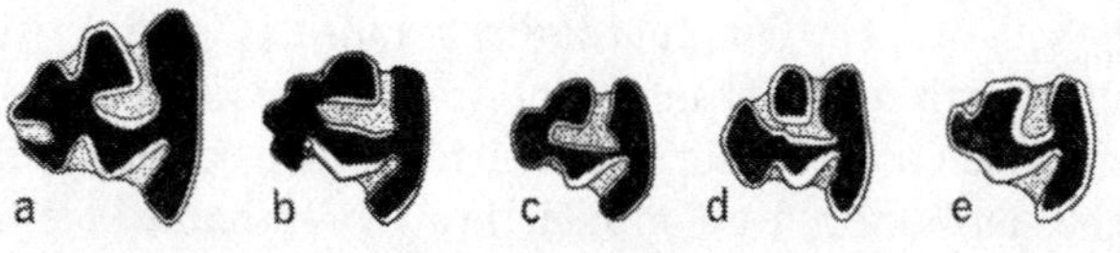

Abb. 437. Evolution des P_3 bei der *Lagopsis*-Gruppe. a) *Lagopsis verus*, „Torton", b) *L. verus*, „Helvet", c, d) *L. peñai*, Burdigal, e) *Marcuinomys ronesi*, Aquitan. (7,5/1) — Nach TOBIEN 1963

Abb. 438. Maxillargebiß (P^2—M^2 sin.) der *Prolagus*-Gruppe. Stufenreihe. a) *Piezodus branssatensis*, Stampium, b) *Prolagus oeningensis*, Mittel-Miozän, c) *P. sardus*, Quartär. Beachte progressive Komplikation der P^2 und P^3 sowie Vereinfachung von P^4—M^2. (5/1) — Nach TOBIEN 1963

Abb. 439. Mandibulargebiß (P_3—M_2 sin.) der *Prolagus*-Gruppe. a) *Piezodus branssatensis*, b) *Prolagus oeningensis*, c) *Pr. sardus*. Beachte progressive Vereinfachung von P_4—M_2. (5/1) Nach TOBIEN 1963

Aus dem Miozän sind Ochotoniden auch aus Nordamerika (*Oreolagus* [712]), Afrika (*Austrolagomys*, *Kenyalagomys* [2193, 3506]) und Asien (*Bellatona*, *Alloptox* = *Metochotona* KRETZOI [1866]; [710]) bekannt. Es sind parallele Linien zu den europäischen, die sich gleichfalls von oligozänen Ochotoniden Asiens (*Sinolagomys*) ableiten lassen. Dies gilt auch für den *Ochotona*-Stamm, der erstmalig im Alt-Pliozän Eurasiens und Osteuropas (*Ochotona lagreli*, *O.* [*Proochotona*] *eximia* [143, 1723, 3058]) nachgewiesen und nicht direkt mit den miozänen Ochotoniden-Stämmen Europas verwandt ist. Im Mittel-Pliozän (Hemphillian) gelangten *Ochotona*-Arten auch nach Nordamerika. Gegenwärtig ist *Ochotona* in mehreren Untergattungen in Eurasien und Nordamerika verbreitet, nachdem Pfeifhasen (*Ochotona pusilla*) im Pleistozän bis Mittel- und Westeuropa verbreitet waren. Mit *Ochotonoides* ist eine Seitenlinie aus Eurasien nachgewiesen [1898].

In ihrer Gesamtheit gesehen, bilden die Lagomorphen das Beispiel einer konvergenten Entwicklung zu den echten Nagetieren (Rodentia). Wenn gegenwärtig auch noch keine definitiven Angaben über die Stammformen möglich sind, so belegen die ältesten Fossilfunde den von den Rodentia getrennten Ursprung und machen die Abtrennung als eigene Ordnung notwendig. Die Geschichte der beiden Hauptstämme der Lagomorphen verlief recht verschieden. Während die Ochotoniden ihren stammesgeschichtlichen Höhepunkt bereits im Miozän erreichten, dauert er bei den Leporiden (durch die Leporinae) noch an.

Artiodactyla (Paarhufer)

Die rezenten Paarhufer bilden trotz ihrer Formenfülle eine einheitliche, durch den Bau der Extremitäten (Paraxonie, diplarthraler Calcaneus) gut charakterisierte Säugetiergruppe, deren Zusammengehörigkeit — nachdem CUVIER die Schweineartigen noch als Dickhäuter klassifiziert hatte — frühzeitig erkannt wurde [279a, 2545]. Auch für die fossilen Formen ergeben sich bei der Zuordnung kaum Schwierigkeiten. Fossilfunde bestätigen weiter die Annahme, daß die Paarhufer eine stammesgeschichtliche Einheit darstellen, deren Ursprung allerdings noch nicht völlig geklärt ist. So sehr sich nämlich die geologisch ältesten Artiodactylen im Gebiß an bestimmte Condylarthra (Hyopsodontidae) anschließen lassen [3244]*), so wenig entsprechen diese Urhuftiere im Extremitätenbau den Stammformen der Paarhufer. Im Gebiß sind die geologisch ältesten Artiodactyla (wie *Diacodexis* aus dem Unter-Eozän [Wasatchian]) von altpaleozänen Hyopsodontiden (wie *Choeroclaenus*) praktisch nicht zu unterscheiden. Im Bau des Tarsus weichen diese Hyopsodontiden jedoch ab. Übergangsformen sind bisher innerhalb der Hyopsodontiden nicht bekannt geworden. Demgegenüber sind unter den paleozänen Arctocyoniden (wie *Claenodon*; Abb. 440) und auch unter den eozänen Mesonychiden (wie *Olsenia*; Abb. 531 auf S. 502) morphologische Vorstufen des paraxonen Fußes der Artiodactyla zu finden, die vermuten lassen, daß innerhalb der Condylarthren**) tatsächlich die Stammformen zu suchen sind [2997, 2998, 3518]. In dieser Sicht wird auch die Auffassung von Schlosser [3047] ver-

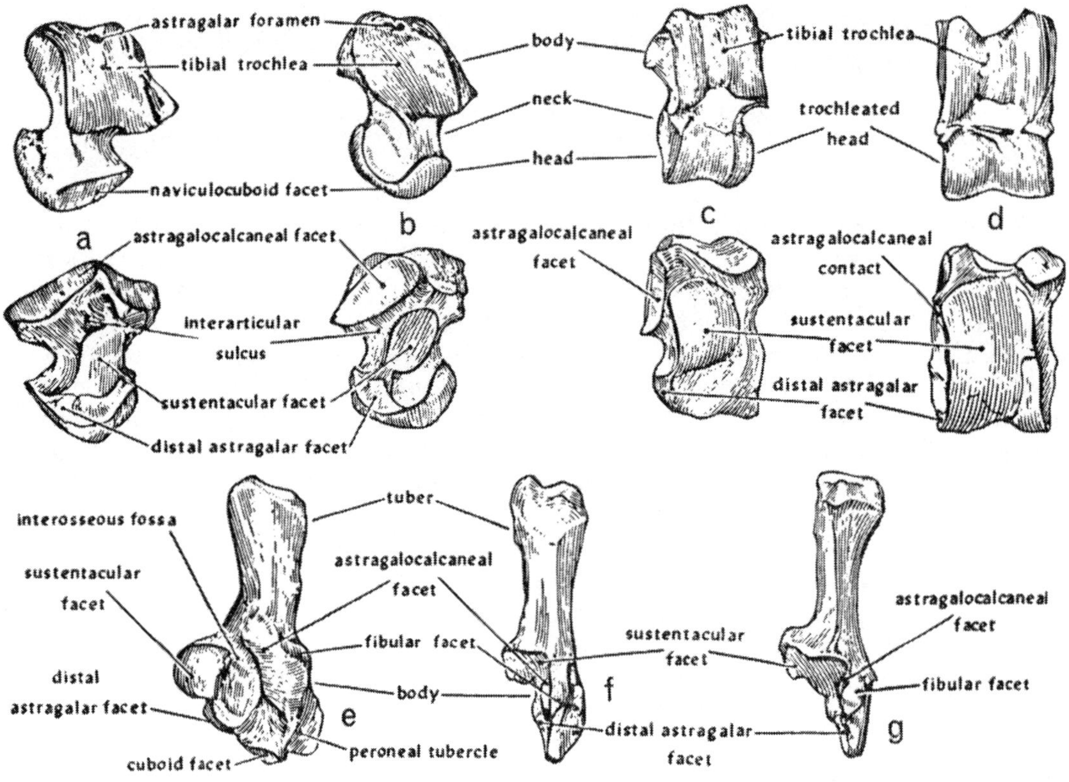

Abb. 440. Astragalus und Calcaneus von Condylarthren [a, e) *Claenodon*, Paleozän, Arctocyonidae; b) *Choeroclaenus*, Paleozän, Hyopsodontidae] und Artiodactylen [c, f) *Diacodexis*, Alt-Eozän, Diacodexidae; d, g) *Ovis*, rezent, Bovidae]. Beachte zweiteilige distale Gelenkfläche des Astragalus bei *Claenodon* und primitiven Paarhufern. Nach Gregory 1951

*) Auch die Periptychiden unter den Condylarthren sieht man verschiedentlich als Ahnenformen an.

**) Wie auf Seite 500 ausgeführt, sind die ursprünglich als Creodonten klassifizierten Arctocyoniden und Mesonychiden auf Grund ihrer Merkmalskombination als Condylarthren anzusehen [3707]. Matthew [2262] leitet die Paarhufer von noch unbekannten „Creodonten" ab, die den Mesonychiden oder deren Vorläufern nahestehen. Auf Grund der übereinstimmenden Fußwurzelstruktur von Creodonten und Paarhufern nimmt v. Kripp [1912] eine mehrmals unabhängige Entstehung der Artiodactyla an.

ständlich, die Huftiere von Raubtieren (nicht im taxonomischen Sinne) abzuleiten. Allerdings fehlen derzeit noch die direkten Ahnenformen, die sowohl im Gebiß als auch im Fuß und Schädel eine Ableitung der Paarhufer zulassen. Im Bau der Schädelbasis entsprechen die Meniscotherien unter den Condylarthra am ehesten den Stammformen der Artiodactyla [2631], doch weichen auch sie im Bau der Extremitäten ab [1090].

Ist somit die stammesgeschichtliche Herkunft der Artiodactyla noch nicht mit Fossilfunden dokumentierbar, so ist auf Grund des Nachweises primitiver Paarhufer aus dem Alt-Eozän und des Vorkommens von Proto-Artiodactyla im Paleozän immerhin anzunehmen, daß die Entstehung der Paarhufer im Paleozän und nicht etwa in der jüngsten Kreidezeit erfolgt ist. Damit ist weiterhin zum Ausdruck gebracht, daß eine — verschiedentlich angenommene — direkte Ableitung der Artiodactyla von Insectivoren oder Primaten nicht aufrechterhalten werden kann. Bildet somit der Bau des Fußes das Initialmerkmal der Paarhufer, die demnach als stammesgeschichtliche Einheit gelten können, so ist zugleich ein grundsätzlicher Unterschied gegenüber den Unpaarhufern aufgezeigt, der mit der Frage nach der natürlichen Einheit der Ungulaten verknüpft ist, die auf Seite 533 diskutiert wird.

Der Hinweis auf die stammesgeschichtliche Einheit der Paarhufer erscheint im Hinblick auf die rezenten Vertreter angebracht. Lange Zeit gliederte man sie meist in zwei Hauptgruppen: Nicht-Wiederkäuer und Wiederkäuer (Ruminantia)*). Wie jedoch paläontologische und vergleichend-anatomische Untersuchungen gezeigt haben, bilden die Ruminantia keine stammesgeschichtliche Einheit, da das Wiederkäuen unter den Paarhufern einen mindestens zweimal unabhängig voneinander erfolgten Erwerb darstellt: einerseits unter den Tylopoden (= Ruminantia digitigrada), andererseits unter den Ruminantiern sensu stricto (= Tragulina und Pecora = Ruminantia unguligrada). Wie bereits an anderer Stelle erwähnt, trat der Modus des Wiederkäuers bei den Säugetieren mehrfach unabhängig auf (Marsupialia, Hyracoidea, Tylopoda, Pecora [1353, 2901]), so daß dieser eine Merkmalskomplex nicht als Hinweis auf direkte verwandtschaftliche Beziehungen zu werten ist**). Der Begriff Wiederkäuer (Ruminantia) ist daher entweder nur zur Kennzeichnung einer Entwicklungsstufe oder im engeren Sinn unter Ausschluß der Tylopoda für die Tragulina und Pecora verwendbar [3257]. Auch das Verhalten läßt sich nicht zur Großgliederung der Paarhufer heranziehen [3768, 3769].

Die rezenten Paarhufer sind Angehörige von drei seit langem getrennten Gruppen (Suiformes, Tylopoda und Ruminantia). Die Fossilformen lassen jedoch eine derart einfache Dreigliederung nicht zu, indem die gegenwärtig nur durch die Suiformes vertretenen Nichtwiederkäuer eine heterogene Gruppe darstellen (Abb. 441). Dazu kommt, daß auch die Selenodontie mehrfach unabhängig voneinander auftrat [1082].

Die Großgliederung der (fossilen) Artiodactyla erfolgt durchaus nicht einheitlich. Dies ist im wesentlichen darin begründet, daß man jeweils verschiedene Kriterien zur Gruppierung heranzog (Gebiß, Schädelbasis, Schädelfortsätze, Extremitäten). Die auf Pearson [2631] zurückgehende Gliederung in mastoide und amastoide Artiodactyla berücksichtigt lediglich das Evolutionsniveau, indem innerhalb mehrere Stämme amastoide Formen aus primitiven mastoiden Paarhufern entstanden sind.

---

*) Die Begriffe Nichtwiederkäuer und Wiederkäuer werden meist mit den Bezeichnungen Bunodontia und Selenodontia gleichgesetzt, doch ist dies — wenigstens für Fossilformen — weder erwiesen noch angebracht, da etliche von ihnen als Bunoselenodontia (wie Anthracotheriiden) zu bezeichnen sind. So stellt Weber [3796] die Anthracotherien zu den Ruminantia. Ob die mit einem selenodonten Gebiß ausgestatteten Oreodonten Wiederkäuer waren, läßt sich nur vermuten.

**) Daß der „trend“ zum Wiederkauen auch bei den Suiformes vorhanden sein dürfte, läßt der ruminantierähnlich komplizierte Bau des Magens bei *Babirussa*, bei den Tayassuiden und bei *Hippopotamus* vermuten [702, 1763].

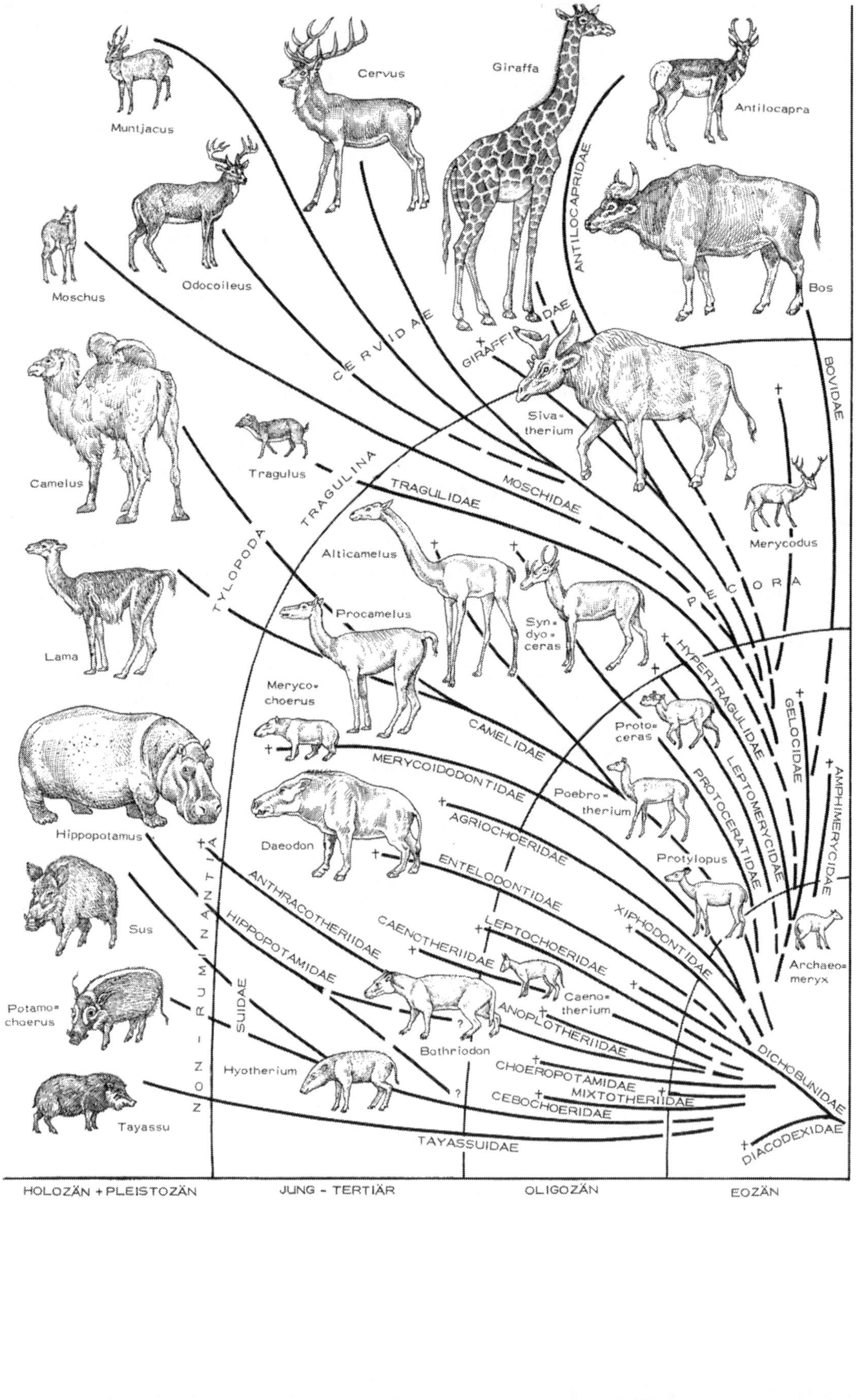
Muntjacus
Cervus
Giraffa
Antilocapra
Moschus
Odocoileus
Bos
ANTILOCAPRIDAE
CERVIDAE
GIRAFFIDAE
BOVIDAE
Camelus
Tragulus
Sivatherium
TRAGULINA
TRAGULIDAE
MOSCHIDAE
Merycodus
Lama
TYLOPODA
Alticamelus
Procamelus
Syndyoceras
PECORA
Merycochoerus
Protoceras
HYPERTRAGULIDAE
GELOCIDAE
CAMELIDAE
LEPTOMERYCIDAE
AMPHIMERYCIDAE
Hippopotamus
MERYCOIDODONTIDAE
Poebrotherium
PROTOCERATIDAE
Daeodon
AGRIOCHOERIDAE
Protylopus
Sus
ENTELODONTIDAE
NON-RUMINANTIA
ANTHRACOTHERIIDAE
XIPHODONTIDAE
HIPPOPOTAMIDAE
CAENOTHERIIDAE
LEPTOCHOERIDAE
Archaeomeryx
SUIDAE
Potamochoerus
Caenotherium
ANOPLOTHERIIDAE
Bothriodon
DICHOBUNIDAE
Hyotherium
CHOEROPOTAMIDAE
MIXTOTHERIIDAE
CEBOCHOERIDAE
Tayassu
TAYASSUIDAE
DIACODEXIDAE
HOLOZÄN + PLEISTOZÄN
JUNG - TERTIÄR
OLIGOZÄN
EOZÄN

Stehlin [3405] schlug wegen der vermuteten Homologisierung der Höcker der Backenzähne bei Paarhufern eine Dreiteilung in Hypoconifera, Euartiodactyla und Caenotherioidea vor, die sich, wie Dehm & Oettingen [748] auf Grund mitteleozäner Fossilfunde gezeigt haben, nicht aufrechterhalten läßt. Der von Stehlin als grundsätzlich erachtete Unterschied zwischen „Hypoconifera" und „Euartiodactyla" besteht nicht, da bei beiden Gruppen der hintere Innenhügel der oberen Molaren dem Hypocon entspricht. Dementsprechend fallen nur die Caenotherioidea durch ihr Gebiß aus dem Rahmen der übrigen Paarhufer (Seite 437), doch lassen auch sie sich im Gebiß von eozänen Dichobuniden ableiten. Die geologisch ältesten Artiodactyla (*Wasatchia, Sarcolemur, Diacodexis*) stehen mit dem Vorherrschen des Protocons dem trigonalen Grundplan noch nahe [3292].

Auch im Bau des Gehirns verhalten sich die alt-tertiären Paarhufer recht ursprünglich. So zeigen die Endocranialausgüsse der im Gebiß eher fortschrittlich (bunoselenodont) zu bezeichnenden Gattung *Dacrytherium* (Anoplotheriidae) kleine, nur einfach gefurchte Hemisphären und ein gut entwickeltes, vom Großhirn nicht bedecktes Kleinhirn [724] (Abb. 442). Das Neo-

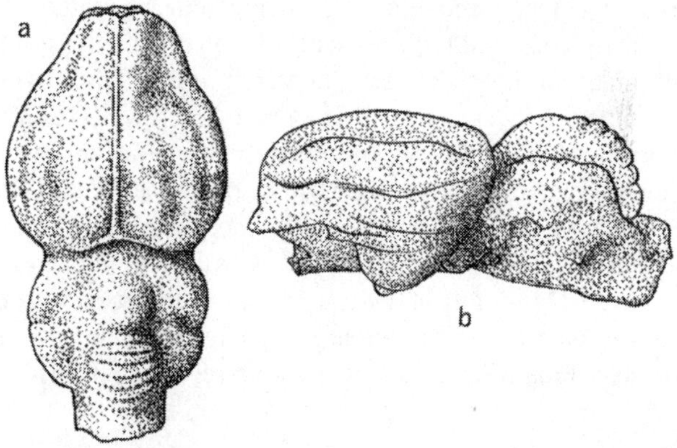

Abb. 442. Endocranialausguß eines eozänen Paarhufers: *Dacrytherium* (Anoplotheriidae), Europa. Beachte kappenförmigen Neocortex und schwache Furchung der Hemisphären, die nicht das Cerebellum überlappen. Bulbi olfactorii jedoch weitgehend reduziert. a) Dorsal-, b) Lateralansicht. (3/4) — Nach Dechaseaux 1961, umgezeichnet

pallium ist nur kappenförmig ausgebildet und erinnert an primitive Insektenfresser, von denen sie sich jedoch durch die kurzen und kleinen Bulbi olfactorii unterscheiden. Verschiedene alttertiäre Artiodactylen besitzen eine fünfzehige Vorderextremität [3141, 3410, 3417] (siehe auch Abb. 455 auf Seite 427)*).

Unter Berücksichtigung der Fossilformen hat Matthew [2274] eine Gliederung der Paarhufer in die Palaeodonta (Entelodontidae und Dichobunidae), Hyodonta (Suidae, Dicotylidae [= Tayassuidae] und Hippopotamidae), Ancodonta (Caenotheriidae, Oreodontidae, Anthracotheriidae und Anoplotheriidae), Tylopoda (Xiphodontidae und Camelidae) und Pecora (Amphimerycidae, Tragulidae [einschließlich Hypertragulidae], Cervidae, Giraffidae, Antilocapridae und Bovidae) vorgenommen und sich dabei im wesentlichen auf Gebiß und Extremitätenbau gestützt (siehe auch Matthew [2276]). Mit dieser Großgliederung sind jedoch zahlreiche taxonomisch-phylogenetische Fragen verknüpft, die auch gegenwärtig noch keineswegs als endgültig gelöst gelten können.

*) Bei Embryonen von *Sus scrofa* ist nach Baur [205] ein dem Mc I homologer Vorknorpel nachgewiesen.

Abb. 441 (links). Die vermutlichen stammesgeschichtlichen Zusammenhänge innerhalb der Artiodactyla. Die Dichobuniden bilden die Stammgruppe. Die Non-Ruminantia sind keine natürliche Einheit. Innerhalb der Wiederkäuer lassen sich die Tylopoda, Tragulina und Pecora unterscheiden. Antilocapriden und Boviden entstammen nicht der gleichen Wurzelgruppe

Zu den wichtigsten Problemen zählen die Stellung der Hippopotamiden, Oreodonten, Xiphodontiden, Amphimeryciden, Hypertraguliden, Protoceratiden und Leptomeryciden. Dazu kommen weitere Fragen, die mit der stammesgeschichtlichen Herkunft (? Gelocidae) und der Großgliederung der Pecora in Zusammenhang stehen (Dromomerycidae, Lagomerycidae, Triceromerycidae, Merycodontidae und Antilocapridae). So lassen neuere Untersuchungen vermuten, daß sich die übliche Dreigliederung*) in Cervoidea, Giraffoidea und Bovoidea [651, 3225] nicht aufrechterhalten läßt, da die Antilocapriden den Boviden nicht näher stehen als anderen Pecora und die Trennung in Cervoidea und Giraffoidea nicht strikt durchführbar ist.

Ähnliche Differenzen bestehen hinsichtlich der Abgrenzung der Tylopoda, die nach Scott [3141] im Gegensatz zu Matthew (siehe oben) nicht nur die Camelidae (= Cameloidea), sondern auch die Oreodontoidea (Agriochoeridae und Merycoidodontidae) und die Hypertraguloidea (Hypertragulidae und Protoceratidae) umfassen. Zu ähnlichen Ergebnissen gelangt Gazin [1082] auf Grund von Studien an ober-eozänen Paarhufern Nordamerikas, indem er die Oromeryciden, Cameliden, Leptomeryciden, Protoceratiden und die Oreodonten auf Grund des Gebisses auf eine gemeinsame Wurzelgruppe zurückführt. Auch Stirton [3469] klassifiziert als Tylopoda die Oromerycidae, Camelidae, Protoceratidae und Leptotragulinae (non *Leptomeryx*).

Damit sind nur die wesentlichsten Probleme aufgezeigt, die sich bei der Gruppierung der Artiodactyla ergeben. Es ist verständlich, daß eine endgültige Beurteilung der stammesgeschichtlichen Zusammenhänge erst durch weiteres Material und neue Untersuchungen möglich ist und daß manche der hier zusammengefaßten Gruppen keine natürliche stammesgeschichtliche Einheit darstellen. Außerdem harren eine Unzahl von Einzelfragen, auf die im folgenden noch einzugehen ist, meist noch einer Lösung.

Unter diesem Gesichtspunkt ist auch die hier gegebene Großgliederung in die „Suiformes“ oder Non-Ruminantia, Tylopoda und Ruminantia (sensu stricto) zu verstehen. Bilden die „Suiformes“ eine ausgesprochene Sammelgruppe, so sind die Tylopoden einerseits, die Ruminantia mit den Tragulina und Pecora andererseits jeweils untereinander näherstehende Gruppen.

„Suiformes“

Dichobunoidea

Matthew [2274] faßte die geologisch ältesten und zugleich ursprünglichsten Artiodactyla (Dichobunidae) mit den geologisch jüngeren und in mancher Hinsicht wesentlich höher und abweichend spezialisierten Entelodontiden als Palaeodonta zusammen. Angesichts der stark voneinander abweichenden „trends“ erscheint eine Zusammenfassung weder zu einer genetischen Einheit noch als Evolutionsstufe gerechtfertigt. Ähnliches gilt auch für die Dichobunoidea, deren Gemeinsamkeiten hauptsächlich durch Primitivmerkmale gegeben und deren verwandtschaftliche Beziehungen zwischen den einzelnen Familien noch keineswegs geklärt sind. Die Dichobunoidea lassen sich daher nur als künstliche Einheit von annähernd gleichem Evolutionsniveau werten.

Die Dichobunoidea umfassen kleine mastoide (Dichobunidae) bis amastoide (Cebochoeridae und Choeropotamidae) Formen mit im Grundplan fünfhöckrigen, brachyodonten oberen Molaren

*) Die Zweiteilung in Elaphoidea (Tragulidae, Moschidae und Cervidae) und Tauroidea (Antilocapridae, Bovidae und Giraffidae) wie sie Frechkop [985] angibt, entspricht auch nicht den Gegebenheiten, sondern vereinfacht zu stark, ganz abgesehen davon, daß er die Traguliden als Angehörige der Pecora auffaßt, was jedoch angesichts der engen stammesgeschichtlichen Beziehungen zwischen Tragulina und Pecora (sensu stricto) durchaus berechtigt erscheint.

bei fast immer vollständigem Gebiß, das weder eine Spezialisierung im Vordergebiß noch eine Tendenz zur Molarisierung der Prämolaren zeigt. Der Schädelbau ist als generalisiert (weitgehend zentral gelegene Orbita, ursprünglich keine knöcherne Bulla, Occiput breit und niedrig, keine Schädelknickung) zu bezeichnen. Die Gliedmaßen sind — soweit bekannt — tetradactyl*). Sie besitzen durchwegs getrennte Metapodien, die seitlichen Strahlen sind etwas schwächer als die medianen. Cuboid und Naviculare sind frei.

Abb. 443. *Diacodexis chacensis* (Diacodexidae), Alt-Eozän, Nordamerika. P^3—M^3 dext., occlusal. (ca. 3/1) — Nach VIRET 1961

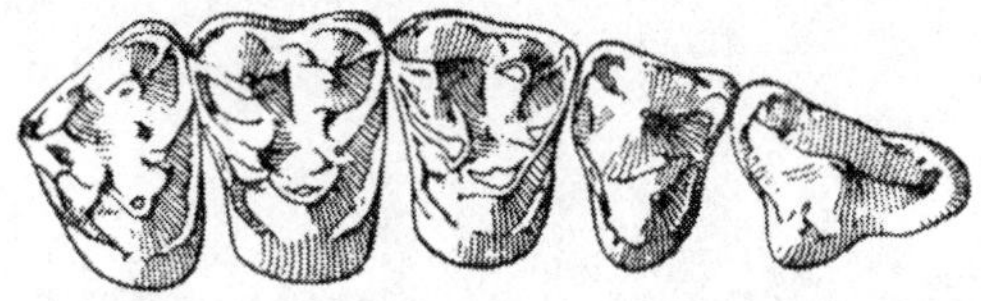

Abb. 444. *Wasatchia grangeri* (Diacodexidae). Alt-Eozän, Nordamerika. Mandibelfragment dext. mit P_3—M_3, a) occlusal und b) lateral. (1/1) — Nach SINCLAIR 1914

Die im Gebiß primitivste Gattung bildet *Diacodexis* (Abb. 443), die VIRET [3742], zusammen mit *Wasatchia* (Abb. 444) und *Bunophorus* als Vertreter einer eigenen Familie (**Diacodexidae**) von den Dichobuniden abtrennt. GAZIN [1082] betrachtet diese Formen als eigenen, von den übrigen Diacodexiden bereits an der Basis isolierten Stamm. Alle genannten Genera sind aus dem Alt-Eozän (Wasatchian) Nordamerikas bekannt. Sie sind die geologisch ältesten Artiodactylen, die sich durch die im Umriß dreieckigen und dadurch trigonodont wirkenden oberen Molaren von den Dichobuniden unterscheiden, bei denen stets ein Hypoconus ausgebildet ist. Die oberen Molaren sind fünfhöckrig, indem zwischen den Außenhöckern und dem Innenhöcker zwei Zwischenhöcker (Proto- und Metaconulus) entwickelt sind; ein Hypoconus ist bestenfalls angedeutet *(Bunophorus)*. Das Molarenmuster erinnert dadurch etwas an das primitiver Primaten [3292]. Die Molarenhöcker sind mit Kanten versehen, so daß kein reiner bunodonter Charakter vorliegt.

Die als **Dichobuniden** zusammengefaßten Formen verhalten sich im Gebiß etwas fortschrittlicher, indem sie im Umriß meist gerundet quadratischen oberen Molaren infolge der Ausbildung eines deutlichen Hypoconus**) meist sechshöckrig sind. Der Hypoconus entsteht stets aus dem Cingulum. Die Extremitäten sind — soweit bekannt — vierzehig mit nur wenig schwächeren seitlichen Strahlen. Das Cranium ist mastoid und wirkt durch den relativ großen Hirnschädel, die großen Orbitae und den langen C sup. etwas traguloid, was jedoch zweifellos teilweise mit den geringen absoluten Dimensionen in Zusammenhang steht. Dichobuniden sind hauptsächlich aus dem Eozän von Nordamerika (wie *Homacodon*; Abb. 445 u. 446, *Microsus*, *Bunomeryx*,

*) Von den geologisch ältesten Dichobunoidea ist zu wenig über die Extremitäten bekannt, um Aussagen über den Fußbau machen zu können. Der auf *Wasatchia dorseyana* bezogene Astragalus ist typisch artiodactyl gebaut [3292].

**) Er ist bei den altweltlichen Formen besser entwickelt [2198].

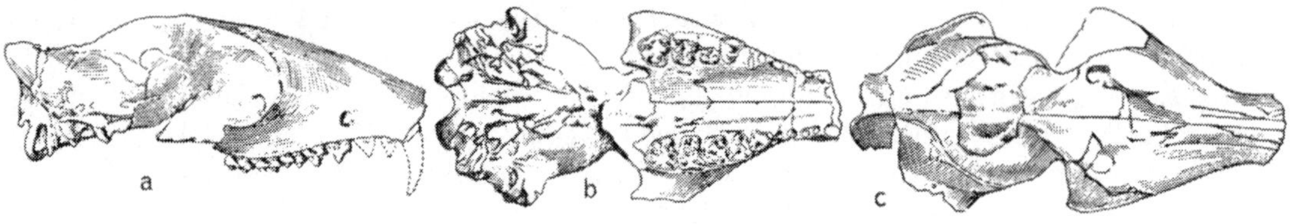

Abb. 445. *Homacodon vagans* (Dichobunidae). Mittel-Eozän, Nordamerika. Osteocranium, a) lateral, b) ventral, c) dorsal. (2/3) — Nach SINCLAIR 1914

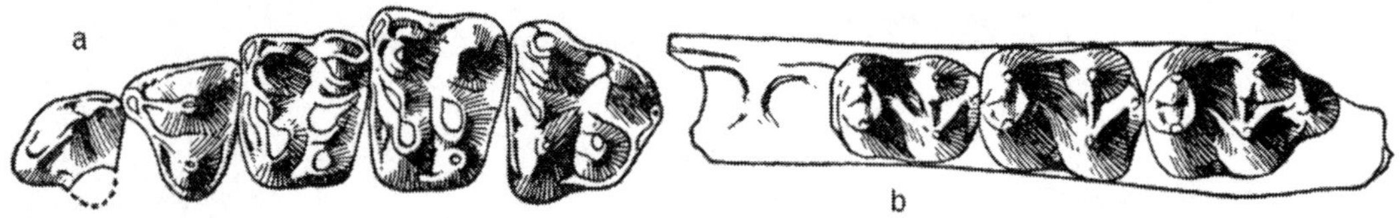

Abb. 446. *Homacodon vagans*, wie Abb. 445. a) P^3—M^3 sin., occlusal, b) Mandibelfragment sin. mit M_{1-3}, occlusal. (ca. 3/1) — Nach SINCLAIR 1914

Helohyus), Europa (*Protodichobune, Dichobune*) und Asien (*Pilgrimella* [Abb. 452 auf Seite 426], *Khirtharia* [748]) bekannt geworden [748, 1082]. Nur einzelne Gattungen (wie *Dichobune, Hyperdichobune, Mouillacitherium*) haben in Europa die Grenze zwischen Eozän und Oligozän überdauert. Odontologisch und auch craniologisch bilden die Dichobuniden die Ausgangsformen der geologisch jüngeren Artiodactyla.

Innerhalb der nordamerikanischen Dichobuniden unterscheidet GAZIN [1082, 1087] mehrere Stammlinien, von denen unter den Homacodontinae die von *Microsus* (Mittel-Eozän) über *Bunomeryx* zu *Pentamylus* (Ober-Eozän) führende Linie, unter den Helohyinae der *Helohyus* (Mittel-Eozän)-*Achaenodon* (Ober-Eozän)-Stamm und unter den Antiacodontinae *Hexacodus* (Unter-Eozän)-*Antiacodon* (Mittel-Eozän)-*Auxontodon* (Ober-Eozän) genannt seien. *Achaenodon* zeigt gewisse Anklänge an Entelodontiden und gilt meist als deren primitivster und geologisch ältester Vertreter. Mit dem Nachweis primitiver Entelodontiden aus dem asiatischen Ober-Eozän (*Eoentelodon* [536]) und nach der Ausbildung des Craniums ist *Achaenodon* eher eine Endform unter den Dichobuniden [1082]. Als weitere direkte Abkömmlinge der Dichobuniden gelten die Leptochoeriden, die Suoidea, die Anthracotherioidea und die Selenodontia, wobei die Selenodontia vermutlich unabhängig voneinander ihren Ausgang von verschiedenen Dichobunidenstämmen genommen haben.

Die mit den Dichobuniden auf gemeinsame Stammformen zurückzuführenden Cebochoeriden, Mixtotheriiden und Choeropotamiden sind wegen der bunodonten Molaren meist als eozäne Suiden klassifiziert worden. Nach den Untersuchungen von STEHLIN (Gebiß) und PEARSON (Cranium: Occiput, Gehörregion) handelt es sich um eigene Stämme, die nicht zu den Suiden und Tayassuiden führten. Nach PEARSON [2631] seien zwar stammesgeschichtliche Beziehungen zwischen den Cebochoeriden und Hippopotamiden nicht auszuschließen. Das hohe geologische Alter, das Fehlen von Zwischenformen und die gänzlich abweichende Gebißspezialisation (C inf. klein und fast incisiviform, P_1^1 vergrößert) machen jedoch eine derartige Annahme unmöglich.

Die **Cebochoeriden** sind kleine, kurzschnauzige Paarhufer mit vierhöckrigen, brachyodonten Molaren, deren Außenhöcker durch eine Längsleiste verbunden sind. Die kurzen zweiwurzeligen C sup. sind senkrecht im Kiefer eingepflanzt, der zweiwurzelige P^1 ist hochkronig und wirkt als Antagonist des gleichfalls vergrößerten P_1. Der C inf. ist fast incisiviform; der Fazialschädel ist vorn verbreitert. Die Cebochoeriden kennen wir bisher nur aus dem Alt-Tertiär Europas (*Cebochoerus*: Mittel-Eozän bis Unter-Oligozän Abb. 447; *Choeromorus*: Mittel- bis Ober-Eozän). Meist als Angehöriger der Cebochoeriden angesehen, weicht *Mixtotherium* (Mittel- bis Ober-Eozän Europas) im Bau des Schädels und des Gebisses (P^1 nicht vergrößert, P^4 etwas molarisiert) ab und wird von Pearson [2631] als Vertreter einer eigenen Familie (**Mixtotheriidae**) klassifiziert (siehe auch Viret [3742]).

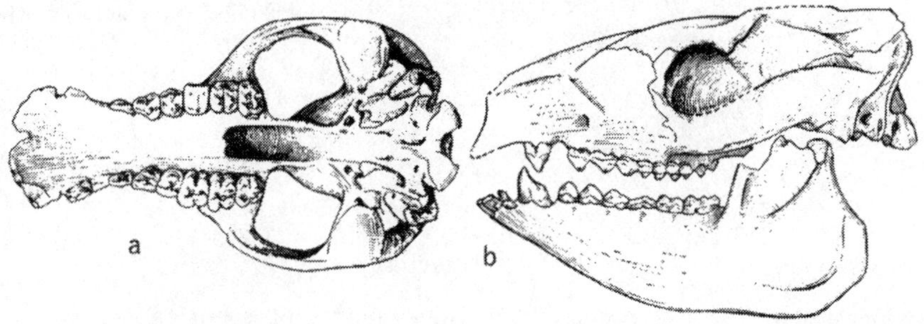

Abb. 447. *Cebochoerus lacustris* (Cebochoeridae). Alttertiär, Europa (Phosphorite des Quercy). Osteocranium. a) Ventral-, b) Lateralansicht. (ca. 2/5) — Nach Pearson 1927

Die meist mittelgroßen **Choeropotamidae** unterscheiden sich durch den etwas verlängerten Fazialschädel, die 5- bis 6-höckrigen brachyodonten oberen Molaren, deren Höcker mit Kanten versehen sind, von den übrigen Dichobunoidea. Sie sind nach Pearson [2631] als alter Seitenzweig der Anthracotheriiden anzusehen, der sich unabhängig von den Cebochoeriden und Mixtotheriiden entwickelt hat. Choeropotamiden sind bisher aus Europa (*Choeropotamus*: Ober-Eozän bis Mittel-Oligozän), Nordamerika (? *Brachyhyops*: Ober-Eozän [585]*) und Asien (*Gobiohyus*: Ober-Eozän Abb. 448) bekannt.

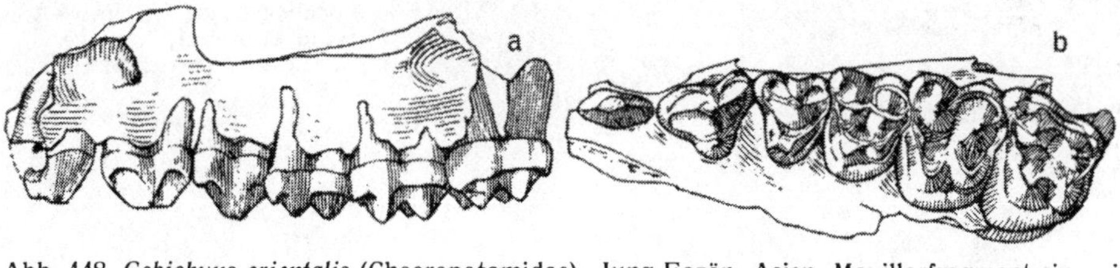

Abb. 448. *Gobiohyus orientalis* (Choeropotamidae). Jung-Eozän, Asien. Maxillarfragment sin. mit P^2—M^3, a) lateral, b) occlusal. (5/3) — Nach Matthew & Granger 1925

Als **Leptochoeriden** werden einige zwerghafte bunodonte Paarhufer aus dem Oligozän und älteren Miozän Nordamerikas [2177, 3141] abgetrennt, die im Molarenbau den eozänen Dichobuniden ähneln**), doch mit dem stark verlängerten Fazialschädel, dem schwachen Vordergebiß und den länglich gestreckten vorderen P abweichen (Abb. 449). Die drei Gattungen sind *Leptochoerus*, *Stibarus* und *Nanochoerus*. Sie lebten praktisch gleichzeitig, so daß nach MacDonald [2174] in Zusammenhang mit der vorhandenen Merkmalskombination eine polyphyletische Entstehung aus drei getrennten Linien der Dichobuniden nicht auszuschließen ist.

---

*) Die Zugehörigkeit zu den Choeropotamiden erscheint allerdings nicht gesichert.
**) Marsh klassifizierte *Leptochoerus* als Primaten (Notharctide), was den primitiven Charakter betont.

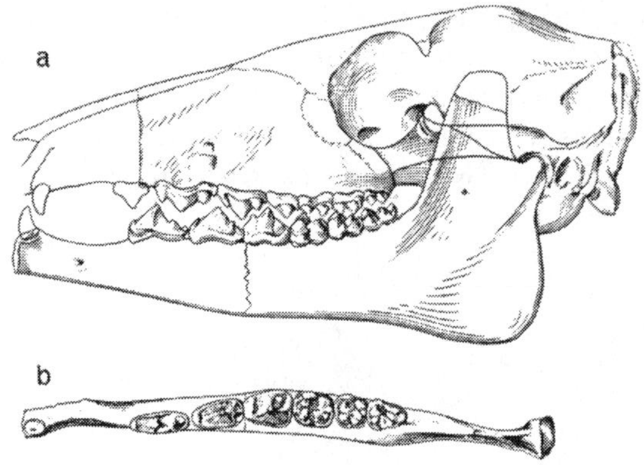

Abb. 449. *Stibarus obtusilobus* (Leptochoeridae). Oligozän, Nordamerika. a) Osteocranium, lateral, b) Mandibel sin., occlusal. (1/1) Nach Scott 1940, umgezeichnet

Entelodontoidea

Als **Entelodontidae** (= „Elotheriidae") werden meist großwüchsige, bunodonte Paarhufer mit vollständigem Gebiß $\left(\frac{3\ 1\ 4\ 3}{3\ 1\ 4\ 3}\right)$ zusammengefaßt, die durch den stark verlängerten Fazialschädel, die kleinen, durch eine Postorbitalspange geschlossenen Orbitae, den kleinen Hirnschädel und meist ausladende Jochbogenfortsätze gekennzeichnet sind (Abb. 450). Der Unterkiefer zeigt ventral Protuberanzen. Das Vordergebiß läßt die für Suiden und Hippopotamiden charakteristische Differenzierung vermissen und erinnert dadurch etwas an Anthracotheriiden [3136, 3141]. Auch die Gehörregion zeigt bei *Entelodon* nach Pearson [2631] eher Übereinstimmung mit den Anthracotheriiden als mit Suiden. Abweichend von beiden sind jedoch die Extremitäten ausgesprochen didactyl*), indem von den lateralen Strahlen nur proximale Rudimente erhalten sind (Abb. 451). Die Metapodien sind jedoch ebenso wie Cuboid und Naviculare getrennt. Trotz dieser gegenüber Anthracotheriiden bedeutenden Reduktion der Seitenzehen ist die Form der Gelenkflächen der Carpalia und Tarsalia diesen ähnlicher als den Suoidea. Radius und Ulna sind miteinander verschmolzen, die Fibula ist schwach, doch vollständig ent-

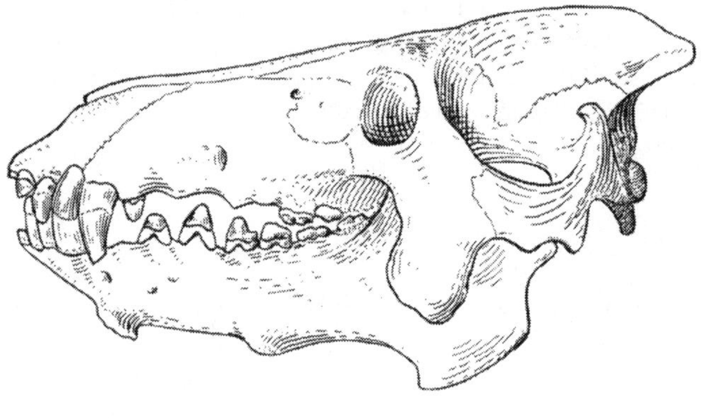

Abb. 450. *Archaeotherium wanlessi* (Entelodontidae). Oligozän, Nordamerika. Osteocranium, lateral. Beachte knöcherne Fortsätze am Jochbogen und Unterkiefer. (1/6) Nach Scott 1940, umgezeichnet

*) Bei der meist als primitive Entelodontiden gedeuteten Gattung *Achaenodon* sind die Extremitäten tetradactyl. Wie bereits erwähnt, bildet *Achaenodon* nach dem Bau des Schädels und dem etwas reduzierten Gebiß $\left(\frac{3\ 1\ 3\ 3}{3\ 1\ 3\ 3}\right)$ keine Stammform der Entelodontiden, sondern eine Endform der Dichobuniden.

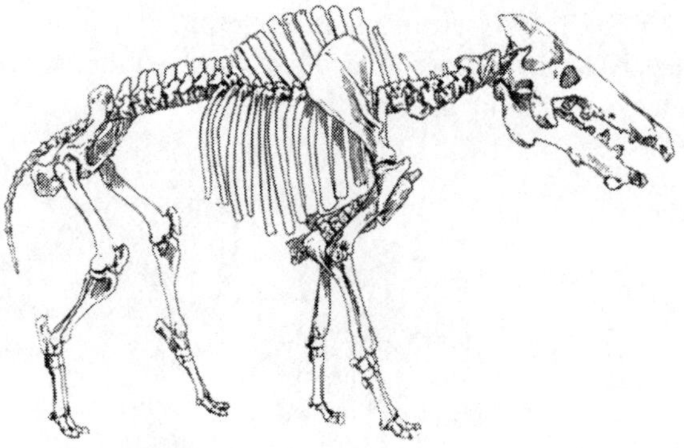

Abb. 451. *Archaeotherium scotti*, wie Abb. 450. Skelettrekonstruktion. Beachte ausgesprochen didactyle Extremitäten. (1/30) Nach Scott 1940

wickelt, verschmilzt jedoch bei den geologisch jüngeren Formen *(Daeodon)* teilweise mit der Tibia [2645]. Die Endphalangen sind ähnlich wie bei den Anthracotheriiden kurz und lassen auf eine Art Sohlenpolster schließen.

Das relativ kleine Gehirn ist durch die großen Bulbi olfactorii, die kleinen und das Cerebellum nicht überlappenden, nur schwach gefurchten Hemisphären sehr ursprünglich gebaut [3141]. Das Molarengebiß ist jedoch im Gegensatz zu den Anthracotheriiden ausgesprochen bunodont. Die oberen Molaren sind fünfhöckrig.

Gemäß der Merkmalskombination erweisen sich die Entelodontiden als eigener Paarhuferstamm, dessen Wurzel zweifellos unter den Dichobuniden und wohl in der Nähe jener der Anthracotheriiden gesucht werden kann. Die geologisch ältesten Reste stammen aus dem Ober-Eozän Ostasiens (*Eoentelodon* [536]). Die Entelodontiden waren im Ober-Oligozän in Eurasien (*Entelodon* = „*Elotherium*", *Paraentelodon*, *Ergilobia* [1048, 3661]) und Nordamerika (*Archaeotherium* = „*Pelonax*" = „*Scaptohyus*" = „*Choerodon*") und auch aus dem älteren Miozän der USA (*Daeodon* [= „*Dinohyus*"]) und Asiens (*Neoentelodon*) bekannt [2645, 3667].

Von *Eoentelodon* aus dem Ober-Eozän werden sowohl der (eur-)asiatische Hauptstamm *(Entelodon — Neoentelodon)* als auch die nordamerikanischen *(Archaeotherium — Daeodon)* abgeleitet. Die Entelodontiden starben im Miozän aus. Es waren im Gegensatz zu den meist sumpfbewohnenden Anthracotheriiden Steppenformen.

Anthracotherioidea

Als Ancodonta hat Matthew [2274] jene Paarhufer zusammengefaßt, die suidenähnliche Extremitäten mit (buno-) selenodonten Molaren vereinigten. Das sind die Caenotheriidae, Oreodontidae, Anthracotheriidae und Anoplotheriidae. Wie jedoch schon Stehlin [3405] gezeigt hat, bilden die Caenotheriiden eine eigene Gruppe, während die neuweltlichen Oreodonten eher der Wurzelgruppe der Tylopoden nahestehen [1082]. Aber auch im Sinne von Dehm & Oettingen [748], die nur die Anthracotheriidae, Hippopotamidae und Anoplotheriidae unter dem Begriff Ancodonta verstehen, ist dieser so lange nicht verwendbar, als die phyletische Herkunft der Flußpferde aus Anthracotheriiden nicht eindeutig erwiesen ist.

Bei den Anthracotherioidea (Anthracotheriidae und Anoplotheriidae) bestehen die fünfhöckrigen und buno- oder semi-selenodont ausgebildeten Oberkiefermolaren aus Para- und Metaconus, Protoconulus, Protoconus und Hypoconus [748]. Der hintere Innenhöcker entspricht nicht dem Metaconulus, sondern dem Hypoconus, indem der Metaconulus bei primitiven Anthracotheriiden (z. B. *Anthracothema* aus dem Ober-Eozän) noch rudimentär vorhanden ist

(Abb. 452). Eine Ableitung von Dichobuniden mit 6-höckrigen Molaren ist durchaus möglich, da bei den Anthracotheriiden der bunoselenodonte, bei den Anoplotheriiden mehr der (semi-) selenodonte Zustand ausgebildet ist.

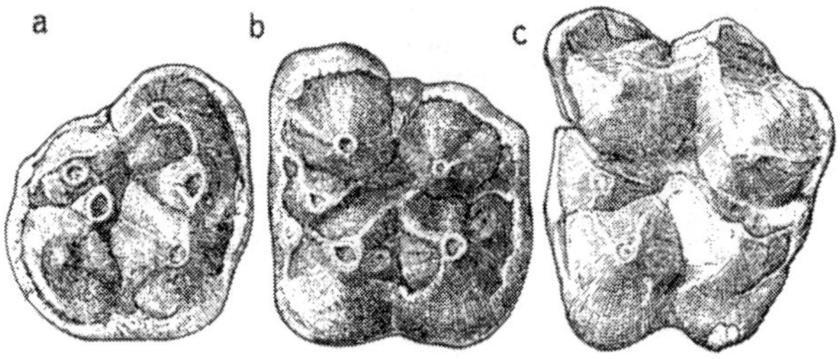

Abb. 452. Maxillarmolaren (occlusal) von Dichobuniden (a) und Anthracotheriiden (b, c). a) *Pilgrimella*, M^1 dext., Mittel-Eozän, Südasien, (2/1); b) *Anthracothema*, M^3 sin., Jung-Eozän, Burma, (1/1); c) *Anthracotherium*, M^2 sin., Jung-Oligozän, Europa, (1/1). Beachte Vorhandensein des Metaconulus bei Dichobuniden (a) sowie (in rudimentärer Form) bei primitiven Anthracotheriiden (b). Nach Dehm & Oettingen 1958

Die **Anthracotheriiden** sind bunoselenodonte, amastoide Artiodactylen mit vollständiger Zahnformel $\left(\frac{3\ 1\ 4\ 3}{3\ 1\ 4\ 3}\right)$ und mit einem langen Fazialschädel, nicht molarisierten, meist durch Lücken getrennten Prämolaren und einem nicht wie bei Suiden modifizierten Vordergebiß (Abb. 453, 454), nur gelegentlich (wie *Elomeryx*), ist der meist kräftige C sup. seitlich komprimiert und etwas verlängert und mit einer gezähnelten Hinterkante versehen, ohne daß es zu einer Torsion kommt [1092, 3015]. Die Extremitäten sind tetradactyl mit Ausnahme ursprünglich gebliebener Arten (wie *Anthracochoerus stehlini*, *Elomeryx borbonicus*, *Bothriodon rostratus* (Abb. 455) und *Anthracotherium magnum* aus dem Oligozän [3141, 3410, 3417]), bei denen die Hand fünfzehig ist. Die seitlichen Zehenstrahlen sind nur wenig schwächer als die medianen, nicht verschmolzenen.

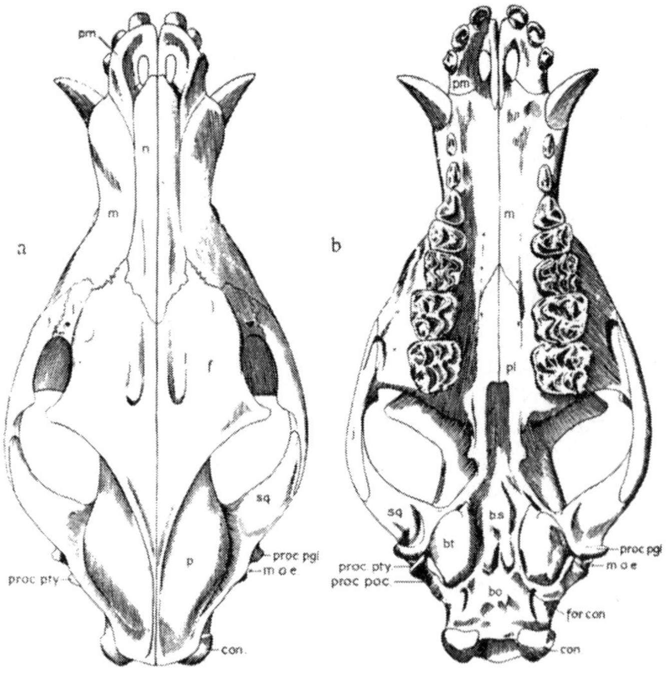

Abb. 453. *Microbunodon minor* (Anthracotheriidae). Jung-Oligozän, Europa. Schädelrekonstruktion, a) dorsal, b) ventral. (ca. 2/5) — Nach Hünermann 1967

bo	=	Basioccipitale
bs	=	Basisphenoid
bt	=	Bulla tympani
con.	=	Condylus occipitalis
f	=	Frontale
for. con.	=	Foramen condyloideum
j	=	Jugale
l	=	Lacrimale
m	=	Maxillare
m. a. e.	=	Meatus acusticus externus
n	=	Nasale
p	=	Parietale
pl	=	Palatinum
pm	=	Praemaxillare
proc. pgl.	=	Proc. postglenoideus
proc. poc.	=	Proc. paroccipitalis
proc. pty	=	Proc. posttympanicus
sq	=	Squamosum

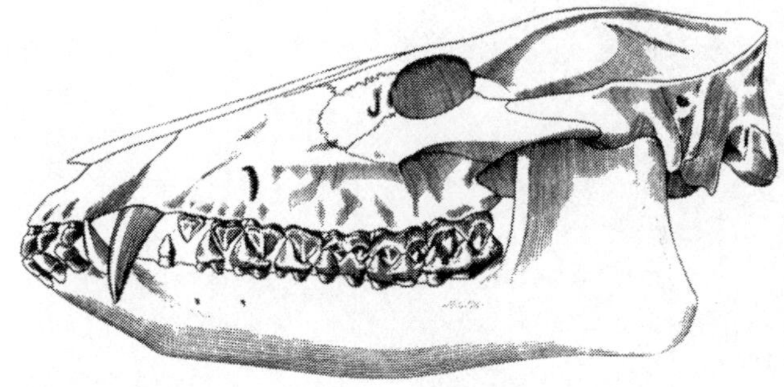

Abb. 454. *Microbunodon minus*, wie Abb. 453. Schädelrekonstruktion, lateral. Beachte kräftige, jedoch nicht suid gekrümmte Caninen und brachyodonte Molaren. (ca. 2/5) — Nach Hünermann 1967

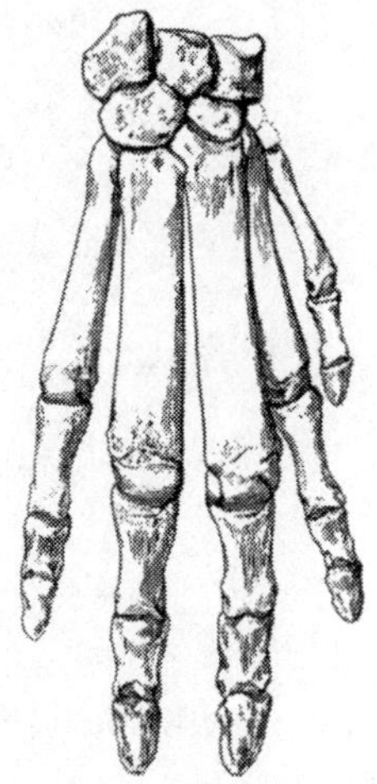

Abb. 455. *Bothriodon rostratus* (Anthracotheriidae). Oligozän, Nordamerika. Manus dext. Beachte Paraxonie bei schwachem, aber voll entwickelten 1. Strahl. (2/5) — Nach Scott 1940

Die Anthracotheriiden sind bisher (einschließlich *Merycopotamus*) vom Eozän bis ins Pleistozän nachgewiesen. Die geologisch ältesten Reste stammen aus dem Mittel-Eozän Europas (*Haplobunodon, Rhagatherium*). Aus Asien kennen wir echte Anthracotheriiden erst aus dem Ober-Eozän (*Anthracokeryx, Anthracothema*)*), aus Nordamerika und Afrika erst aus dem Alt-Oligozän.

Unter den Anthracotheriiden lassen sich verschiedene Stämme unterscheiden, doch sind die verwandtschaftlichen Beziehungen zwischen den altweltlichen Formen noch ziemlich umstritten, indem etwa *Elomeryx* (Oligozän) nach Schaub [3015] nicht als Stammform von *Brachyodus* (Miozän) in Betracht kommt. Nach Xu [3964] bilden *Anthracokeryx* (Ober-Eozän), *Probrachyodus* (Alt-Oligozän) und „*Brachyodus*" (Oligo-Miozän) verschiedene Stadien einer von *Gobiohyus* (Dichobunide) ausgehenden Entwicklungsreihe. Die Gattung *Anthracotherium* ist im Miozän bereits ausgestorben gewesen, da die Großformen des *magnum-valdense-illyricum*-Kreises die Aquitan-Burdigalgrenze nicht überdauert haben. Die miozänen *Anthracotherium*-Reste aus der Steiermark befinden sich — wie Mottl [2428] gezeigt hat — auf sekundärer Lagerstätte, sofern es sich nicht um Fundortsverwechslung handelt. Unter den jung-tertiären Anthracotherien macht sich der „trend" zur Einschmelzung des Protoconulus bemerkbar, so daß aus den fünfhöckrigen oberen Molaren vierhöckrige, etwas selenodonte Zähne entstehen (*Telmatodon, Merycopotamus*). Weiterhin kommt es bei diesen Formen zu hauerförmigen Caninen (C sup. ohne Torsion), zu einer verbreiterten Symphysenpartie des Unterkiefers und zu einer *Hippopotamus* entsprechenden Gestaltung der Angulusspartie. Auf Grund dieser Merkmale wurden Reste von *Merycopotamus* aus dem Plio-Pleistozän (Dhok Pathan und Pinjor) Südasiens ursprünglich auch als *Hippopotamus* beschrieben (Abb. 456). Die Ähnlichkeiten zwischen *Merycopotamus* und Hippopotamiden sind zweifellos bemerkenswert und auch als Anzeichen verwandtschaftlicher Beziehungen angesehen worden [581, 748, 3610]. Demgegenüber ist nach Matthew [2273] die Ableitung der Hippopotamiden von Anthracotherien völlig falsch, indem sie von den Suiden abstammen. Eine ausführliche Diskussion dieser Frage findet sich bei Colbert [581] (siehe unten). Zweifellos läßt sich *Merycopotamus* von *Hemimeryx* oder dieser Gat-

*) *Anthracobune* aus dem Mittel-Eozän ist nach Dehm & Oettingen [748] kein primitiver Anthracotheriide, sondern ein Dichobunide. Tiergeographisch interessant ist der Nachweis von *Anthracothema* aus dem (?) Jung-Eozän von Timor [1018a].

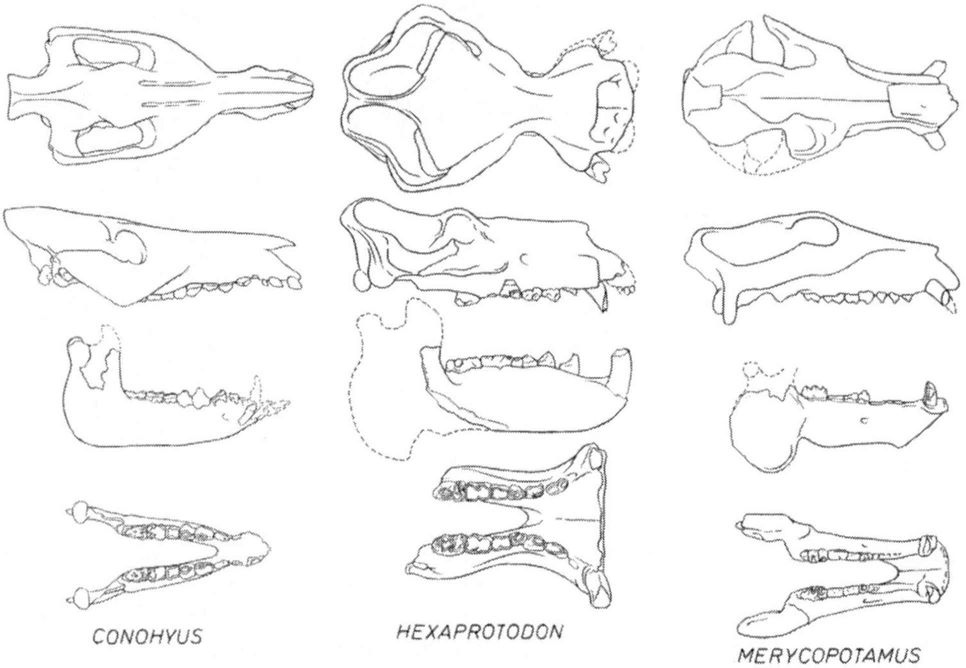

Abb. 456. Vergleich von Schädel und Mandibel von Hippopotamiden (*Hexaprotodon*, Pleistozän), Suiden (*Conohyus*, Miozän) und Anthracotheriiden (*Merycopotamus*, Pleistozän). Beachte hippopotamide Tendenzen bei *Merycopotamus*. (Nicht maßstäblich verkleinert) — Nach Colbert 1935

tung nahestehenden Formen aus dem Mio-Pliozän Südasiens (Chinji und Nagri) ableiten, so daß die Zugehörigkeit von *Merycopotamus* zu den Anthracotheriiden gegeben ist. Sie gelten meist als spezialisierte Bothriodontinae, die als einziger Anthracotheriiden-Stamm auch Nordamerika in mehreren Einwanderungswellen erreichten [2176]. Nach MacDonald [2176] bilden *Bothriodon*, *Aepinacodon*, *Elomeryx* (Oligozän) und *Arretotherium* (Miozän) eine Ahnenreihe, die durch die Verkürzung des Rostrums und den Verlust des Protoconulus gekennzeichnet ist. Die Stammformen von *Heptacodon* (Oligozän) sind noch unbekannt.

Die morphologisch und ökologisch von den Anthracotheriiden abweichenden **Anoplotheriiden** lassen sich mit diesen wohl auf eine gemeinsame Wurzelgruppe zurückführen, die eine Zusammenfassung als Anthracotherioidea rechtfertigt. Die mastoiden Anoplotheriiden besitzen ein vollständig geschlossenes Gebiß, die brachyodonten, fünfhöckrigen Molaren*) sind wohl gleichfalls bunoselenodont, doch ist die Selenodontie ausgeprägter als bei den Anthracotheriiden. Die Prämolaren und auch die Caninen sind schneidend ausgebildet. Der Fazialschädel erscheint durch die Streckung des Hirnschädels nur mäßig verlängert. Die Orbitae sind weitgehend bis völlig geschlossen. Die Extremitäten sind tridactyl, indem der 2. Zehenstrahl neben dem typisch paraxonischen Fuß erhalten geblieben ist**).

*) Bei *Tapirulus* sind die oberen Molaren tapiroid ausgebildet.

**) Die 2. Zehe deutete Dietrich [784] als Sperrzehe, die ein Einsinken in weichen (? Sand-) Boden verhindern sollte, während Dor [813] darin eine Anpassung an die Fortbewegung auf hartem Boden sieht. Jedenfalls ist eine einst angenommene schwimmende Lebensweise aus morphologischen und ökologischen Gründen (Vorkommen und Begleitfauna) auszuschließen. Der Bau der Extremitäten erinnert jedoch eher an Carnivoren, so daß Hürzeler [1596] für *Ephelcomenus* an eine scharrende Lebensweise denkt.

Die Anoplotherien (einschließlich „Dacrytheriidae“) sind bisher nur aus dem Alt-Tertiär Europas bekannt geworden. Ihren Höhepunkt erreichten sie im Jung-Eozän und Alt-Oligozän *(Dacrytherium, Tapirulus, Anoplotherium, Diplobune)*. Ein Nachzügler aus dem Mittel-Oligozän ist *Ephelcomenus* [1596].

Hippopotamoidea

Wie bereits oben angedeutet, sind die **Hippopotamiden** hier als eigene Gruppe ausgeschieden, da ihre stammesgeschichtliche Herkunft noch immer nicht geklärt ist. Abgesehen von der Herleitung von Cebochoeriden durch Pearson [2631] sieht man die Flußpferde entweder als Abkömmlinge von Suiden oder Suiformes [3401, 2273] oder von Anthracotheriiden [78, 581, 748, 2601, 3610] an. Eine Ableitung von eozänen Palaeodonten ist nicht nur auf Grund des völligen Fehlens fossiler Zwischenformen, sondern auch wegen der gegensätzlichen Spezialisierungen nicht anzunehmen. Die Hippopotamiden sind zweifellos spezialisierte Abkömmlinge von buno-(seleno-)donten Paarhufern, die zwar zahlreiche Primitivmerkmale bewahrt haben (Extremitäten), jedoch andererseits hoch spezialisiert sind und sich dadurch von den Suiden unterscheiden (Gehirn [96]).

Die bisher bekannten Fossilfunde geben keine eindeutigen Hinweise auf die Herkunft. Die geologisch ältesten Hippopotamiden *(Hippopotamus [Hexaprotodon] primaevus, H. siculus, H. crusafonti)* sind aus dem Alt-Pliozän Europas bekannt [37, 670, 1507]. Sie unterscheiden sich nicht grundsätzlich von den rezenten Arten; sie sind nur kleiner als *Hippopotamus amphibius*, und das Vordergebiß ist vollständig $\left(\frac{3\ 1\ 4\ 3}{3\ 1\ 4\ 3}\right)$. Präpliozäne Funde sind bisher nicht bekannt geworden*).

Wie Colbert [581] ausführt, sind bei jung-tertiären Anthracotheriiden (wie *Merycopotamus*) Tendenzen zu hippopotamoider Ausbildung des Schädels (breites, niedriges Hinterhaupt, Stellung der Orbitae, Lage des For. infra-orbitale, Bulla, Lacrimale), Unterkiefers (Verbreiterung der Symphyse, Angulusspartie) und des Gebisses vorhanden (vierhöckrige M sup. durch Reduktion des Protoconulus, vergrößerte, schräg eingepflanzte, nicht tordierte C, flach wurzelnde I inf. usw.), die sich nicht als Anpassungserscheinungen allein deuten lassen (Abb. 457). Dennoch kann *Merycopotamus* schon wegen des geologischen Alters (Plio-Pleistozän) nicht als Stammform der Hippopotamiden in Betracht kommen**). Colbert [581] sieht auch in den Merycopotamiden *(Hemimeryx* und *Merycopotamus)* einen Parallelstamm zu den Flußpferden, der sich mit ihnen auf eine gemeinsame Wurzelgruppe unter den miozänen Anthracotheriiden zurückführen läßt. Freilich ist dadurch noch keine endgültige Lösung der Frage nach der Herkunft der Flußpferde gegeben, wie auch das Ursprungsgebiet nicht sicher ist. Dieses ist zweifellos in der Alten Welt zu suchen, doch ist nicht geklärt, ob der afrikanische Kontinent oder (süd-)asiatische das Entstehungsgebiet ist. Arambourg [128] unterscheidet innerhalb der Hippopotamiden zwei Stämme, einen asiatischen, der im Pleistozän erlischt und einen afro-europäischen. Nach Arambourg bildet das afrikanische Festland die Wiege der Flußpferde, eine Annahme, die sowohl mit dem Nachweis der ältesten Hippopotamiden im Mittelmeergebiet (Spanien, Italien) als auch dem Vorkommen von *Choeropsis* in Westafrika gestützt wird. Mit dem afrikanischen Ursprung ist jedoch die Ableitung von Anthracotheriiden durchaus nicht in Frage gestellt, da diese auch im Jung-Tertiär Afrikas verbreitet waren.

*) *Aprotodon smithwoodwardi* aus dem älteren Miozän von Belutschistan ist kein Hippopotamide, wie Joleaud [1657] annahm, sondern ein Rhinocerotide [3711].

**) Dies gilt auch für die angebliche Übergangsform zwischen *Brachyodus* und *Hippopotamus* aus dem ältesten Pliozän von Fort Ternan in Kenya, die Leakey [2061:554] erwähnt.

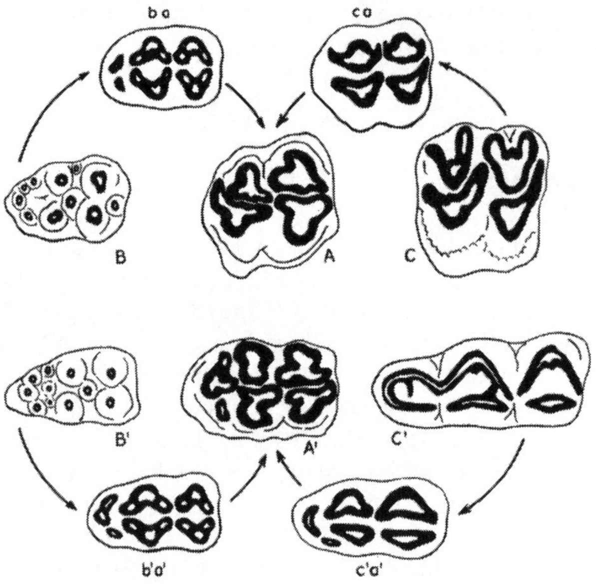

Abb. 457. Möglichkeiten der Ableitung des Molarentyps der Hippopotamiden (*Hexaprotodon*: A = M sup., A′ = M inf.) von Anthracotheriiden (*Merycopotamus*, C, C′) bzw. Suiden (*Conohyus*, B, B′). ba, b′a′, ca und c′a′ als jeweils hypothetische Übergangsstadien.—Nach Colbert 1935

Die plio-pleistozäne Geschichte der Flußpferde wird durch Fossilfunde etwas aufgehellt. Flußpferde waren im Pleistozän in Süd- und Südostasien verbreitet (*Hippopotamus* [*Hexaprotodon*] *iravaticus*, *H.* [*H.*] *sivalensis* [1514]) und werden neuerdings auch aus Ostasien gemeldet [538]. Von *H. sivalensis* läßt sich *H. simplex* und *H. namadicus* ableiten, die durchwegs das hexaprotodonte Stadium nicht überwunden haben und auch weniger stark an das Wasserleben angepaßt waren als *H. amphibius* [724]. Auch aus Süd- und Mitteleuropa sind Flußpferde aus dem Ältest- und Alt-Quartär (*H. antiquus* [1643, 1998]) bekannt. Interessant ist der Nachweis eiszeitlicher Zwergformen nicht nur von den Mittelmeerinseln (Sizilien, Kreta), sondern auch von Madagaskar. Sie gehören durchwegs tetraprotodonten Formen an, ohne daß damit die Zugehörigkeit zum *H. amphibius*-Formenkreis ausgedrückt ist. Die verschiedentliche Behauptung von einem hexaprotodenten Embryonal-Stadium bei *Hippopotamus amphibius* beruht auf irrigen Deutungen [1506]. *Hippopotamus lemerlei* aus dem madagassischen Quartär ist nach Misonne [2355] vom ältest-quartären ostafrikanischen hexaprotodonten *Hippopotamus imaguncula* abzuleiten. *Hippopotamus (Tetraprotodon) protamphibius* aus dem Ältest-Quartär Afrikas entspricht zwar im Incisivengebiß *H. amphibius*, läßt jedoch durch die Ausbildung des C sup. und des Gehirns an phylogenetische Beziehungen zu *Choeropsis liberiensis* denken [94, 724], so daß die Frage, ob man *Choeropsis liberiensis* tatsächlich als Zwergform und nicht nur als Kleinform zu bezeichnen hat, neuerlich akut ist. Das westafrikanische Zwergflußpferd verhält sich zwar im Vordergebiß spezialisierter (diprotodont), durch die geringeren Anpassungen an das Wasserleben jedoch primitiver als das Flußpferd und steht dadurch den Stammformen näher, was auch in der geringeren Neencephalisation zum Ausdruck kommt [2706]. Gegenüber den Suiden ist das Großhirn wesentlich gestauchter und die Furchung intensiver. Der Fuß des Zwergflußpferdes verhält sich innerhalb der rezenten Paarhufer am ursprünglichsten. Das diprotodonte Stadium ist mit „*Prechoeropsis*“ im Pleistozän Afrikas erstmalig dokumentiert [762].

Suoidea

Als Suoidea faßt man bunodonte mastoide Paarhufer zusammen, die infolge verschiedener Merkmale als deren primitivste rezente Angehörige gelten können. Unter den rezenten Schweineartigen lassen sich zwei Gruppen unterscheiden, deren Trennung — wie Fossilfunde dokumentieren — bereits im jüngeren Alt-Tertiär vollzogen war. Nicht nur wegen der morphologischen Differenzen erscheint die Trennung in zwei Familien („Dicotylidae" [= Tayassuidae] und Suidae) gerechtfertigt, sondern auch wegen der verschiedenen Evolutionstendenzen. Bei den Suiden betreffen die evolutiven Änderungen hauptsächlich den Schädel und das Gebiß, bei den Tayassuiden hingegen vorwiegend das Gliedmaßenskelett.

Gemeinsam ist beiden das (neo-)bunodonte Backengebiß*), das nur in einzelnen Fällen lophodont *(Listriodon)* modifiziert ist, die Verlängerung des Fazialschädels, der kurze, aber hohe Hirnschädel und die primitiven, tetradactylen Extremitäten**), deren Seitenzehen meist funktionell sind und deren mittlere Metatarsalia nur bei spezialisierten Tayassuiden zu einem Kanonenbein verbunden sind. Damit ist nur ein „trend" aufgezeigt, der die „Neuweltschweine" charakterisiert. In Zusammenhang damit ist bei den rezenten Nabelschweinen die äußere (5.) Seitenzehe des Fußes bis auf ein proximales Rudiment reduziert, die 2. Zehe ist schwach ausgebildet. In der Hand sind die Metapodien frei [2387]. Weitere Unterschiede zwischen Suiden und Tayassuiden liegen im Gebiß. Bei den Suiden erfährt das Vordergebiß eine mit einem Sexualdimorphismus gekoppelte zunehmende Spezialisierung im Bau der C sup.; wurzellos und mit Torsion bei den ♂♂. Bei den Tayassuiden sind sie stets senkrecht eingepflanzt. Demgegenüber kommt es bei Tayassuiden zu einer Molarisierung der Prämolaren; sie erscheint bei den Suiden durch eine Verlängerung der M_3^3 kompensiert, die bei den Tayassuiden nie zu beobachten ist. Mit der unterschiedlichen Ausbildung im Vordergebiß sind auch die Differenzen im Unterkiefergelenk gekoppelt. Weitere Unterschiede finden sich in der Schädelbasis [2631], im Verdauungstrakt, in der Zahl der Zitzen***), Vorhandensein einer Rückendrüse, Fehlen des facialen Teiles des Lacrimale und von Fußdrüsen und so weiter [2388, 2755, 3798], so daß die Annahme eines getrennten Ursprunges naheliegt. Dies wird durch die Tatsache gestützt, daß die geologisch ältesten Vertreter beider Familien *(Perchoerus* bzw. *Doliochoerus* und *Palaeochoerus)* trotz ziemlicher Ähnlichkeit im Cranium bereits eindeutig als primitive Tayassuiden- und Suidengattung zu klassifizieren sind. Dazu kommt die geographische Verbreitung, die jedoch nicht für sämtliche Tayassuiden gilt, da einige ihrer Vertreter im Tertiär auch in Eurasien verbreitet waren.

Unter den rein altweltlichen **Suiden** lassen sich mehrere Stämme unterscheiden; sie haben im Jung-Tertiär und Quartär zu einer beachtlichen Formen- und Artenfülle geführt, von der gegenwärtig nur ein Teil erhalten geblieben ist. Als Primitivstamm gelten die durch *Propalaeochoerus* (Mittel-Oligozän), *Palaeochoerus* (Ober-Oligozän — Unter-Miozän) und *Hyotherium* (Mio-Pliozän) und *Chleuastochoerus* (Pliozän, Abb. 458) vertretenen Hyotheriinae, von denen sich praktisch sämtliche übrigen Stammlinien ableiten lassen (Suinae, Tetraconodontinae, Listriodontinae [einschließlich der Kubanochoerinae] und „Phacochoerinae"). *Hyotherium soemmeringi* (Miozän) und *H. palaeochoerus* (Alt-Pliozän) bilden zwei aufeinanderfolgende Arten im europäischen Jung-Tertiär, die nicht als direkte Stammformen der Potamochoeren in Betracht kommen. Die Potamochoeren werden von asiatischen Formen abgeleitet, doch sind

*) Stehlin [3401] hat die Molaren der Suoidea als neobunodont bezeichnet, da ihre Zähne von semi-selenodonten (= bunodont mit Kantenbildung) abzuleiten sind.

**) Nur bei den geologisch ältesten Formen (wie *Propalaeochoerus elaverensis* [3410]) ist die Hand pentadactyl. Interessant ist, daß bei *Sus* noch rudimentäre Daumenmuskeln vorhanden sind [3445] und bei Embryonen ein dem Mc I entsprechender Vorknorpel ausgebildet ist [205].

***) Nach Mohr [2388:130] entspricht die ursprünglich angelegte Zahl jener bei den Suiden.

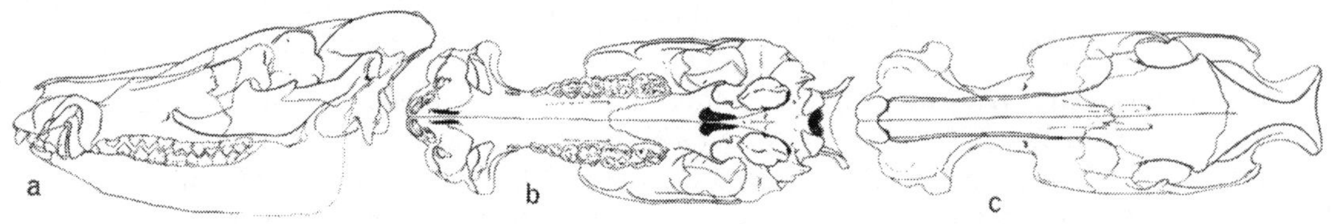

Abb. 458. *Chleuastochoerus stehlini* (Suidae, Hyotheriinae), Pliozän, Ostasien. Osteocranium, a) lateral, b) ventral, c) dorsal. (2/11) — Nach PEARSON 1928

Hyotheriinae auch aus dem afrikanischen Miozän (*Palaeochoerus dartevellei*, ? *Potamochoerus* = *Hyotherium* [1540]) bekannt.

Während *Potamochoerus* (Flußschweine) im Gebiß primitiv geblieben ist und sich nicht grundsätzlich vom miozänen *Hyotherium* unterscheidet, kommt es bei *Sus* im ausgehenden Tertiär zu einer Differenzierung in mehrere Linien, deren wichtigste spezialisierteste Art *Sus scrofa* bildet. Die etwas ursprüngliche *S.-verrucosus*-Gruppe war im Plio-Pleistozän auch in Europa verbreitet (*Sus minor* [Jung-Pliozän] —→ *S. strozzi* [Ältestquartär]; [158]). *Sus scrofa* erscheint im älteren Quartär und ist nur in warmzeitlichen Abschnitten des Pleistozäns nachgewiesen. Diese Art bildet (samt Unterarten wie *S. scrofa vittatus*) die Stammform des Hausschweines. Wie HERRE [1381] gezeigt hat, kommt *Sus („Porcula") salvanius* als Zwergform der Gattung *Sus* nicht als Stammform der Hausschweine in Betracht (vergleiche HERRE [1364, 1374]). Dies gilt auch für *Sus verrucosus* und *S. barbatus* aus dem südasiatischen Raum. Ein seit dem Miozän getrennter Ursprung für diese nicht als eigenes Genus zu klassifizierende Form, wie ihn PILGRIM [2684] annimmt, ist abzulehnen. Nach MOHR [2388] steht *Sus salvanius* der *Sus-scrofa-(vittatus)*-Gruppe nahe. Weitere Zwergformen sind aus dem Plio-Pleistozän von Java und China bekannt (*Sus sangirensis*, *S. officinalis*, *Sinohyus minimus* [1805]).

Die Gattung *Sus* leitet sich nicht direkt von miozänen Hyotherien, sondern über *Dicoryphochoerus* ab [581, 1592, 2684]. Mit *Propotamochoerus* sind primitive Flußschweine, mit *Postpotamochoerus* richtige Steppensuiden aus dem Pliozän Eurasiens nachgewiesen.

Einen eigenen, durch Großwuchs gekennzeichneten Seitenzweig bildet die *Microstonyx*-Gruppe mit *M. antiquus* und *M. major (= erymanthius)*, die im Pliozän in Eurasien und (Nord-) Afrika verbreitet war und im Schädelbau durch die stark verbreiterten Jochbögen sowie die dorsal verschobenen Orbitae an *Phacochoerus* erinnert. Das Gebiß ist jedoch brachyodont, die C sup. sind klein. Sie waren zum Teil *(M. major)* richtige Steppenschweine, die über *Microstonyx choeroides* aus dem ältesten Pliozän von miozänen Hyotherien abgeleitet werden können [1594].

Die Herkunft der außerordentlich stark spezialisierten Warzenschweine *(Phacochoerus)* ist noch nicht endgültig geklärt. *Sus falconeri*, von COLBERT [581] als Stammform angesehen, ist geologisch viel zu jung, um dafür in Betracht zu kommen. Aus dem afrikanischen Pleistozän sind außer *Phacochoerus (= „Stylochoerus" = „Synaptochoerus")* selbst zahlreiche „Gattungen" aus der Verwandtschaft von *Phacochoerus* beschrieben worden, die den einstigen Formenreichtum belegen (*Omochoerus = „Mesochoerus"*, *Metridiochoerus = „Kolpochoerus" = „Tapinochoerus" = „Pronotochoerus"*, *Notochoerus = „Tapinochoerus"* [126, 128, 601, 907, 911, 1695, 2052]), jedoch nur Seitenlinien darstellen. Die zahlreichen „Gattungen" ergeben sich aus den durch den verschiedenen Abkauungsgrad bedingten Unterschieden im Molarengebiß und dem Sexualdimorphismus*). Nach EWER [907] ist *Phacochoerus (Potamochoerus) antiquus* aus dem

*) *Promesochoerus* und *Ectopotamochoerus* [2062] aus dem Villafranchium Ostafrikas (Bed I der Olduvai-Schlucht) sind wegen der bewurzelten und nicht hypsodonten Caninen weder als aberrante Suiden noch als Angehörige eines seit dem Miozän persistierenden Hyotherium-Stammes anzusehen, wie LEAKEY annimmt, sondern beruhen auf weiblichen Individuen von (?) *„Mesochoerus"* und *Potamochoerus*.

Ältest-Quartär Afrikas als Vorläufer von *Ph. aethiopicus* (= *Ph. africanus*) anzusehen, während Leakey [2052] in „*Mesochoerus*" aus dem Ältest-Pleistozän die Hauptlinie und Ausgangsform sieht. Aus dem Jung-Pleistozän sind echte Großformen bekannt. Im frühen Holozän war *Phacochoerus* noch in Nordafrika heimisch [123]. Für *Phacochoerus* sind vor allem die extrem hohe Lage der Orbitae, die enorm vergrößerten C sup. und die starke Rückbildung der übrigen Zähne charakteristisch, die in Zusammenhang mit der wühlenden Lebensweise und der Art der Ernährung steht. Die Zahnformel lautet bei adulten Warzenschweinen $\frac{0\,1\,0\,2}{2\,1\,0\,2}$, indem vom Backengebiß nur die beiden letzten Molaren funktionell sind; sie sind hypsodont und polybunodont. Die Warzenschweine stellen höchst spezialisierte, grasfressende Steppenschweine dar. *Hylochoerus meinertzhageni*, das zentralafrikanische Riesenwaldschwein, ist ein spezialisierter Potamochoerine, der sich hauptsächlich von saftigen Pflanzen ernährt. Wie Ewer [912] gezeigt hat, ist der Schädelbau von *Hylochoerus* nicht als intermediär zwischen *Potamochoerus* und *Phacochoerus* zu bezeichnen. Lediglich durch die C sup. ähnelt *Hylochoerus* den Warzenschweinen. Demgegenüber sind die Kieferbewegungen nur quetschend wie bei *Potamochoerus* und nicht kauend, wie bei *Phacochoerus*. *Hylochoerus* ist kein Wühler, sondern ein spezialisierter Angehöriger des *Potamochoerus*-Stammes. *Hylochoerus antiquus* aus dem (?) Mittel-Pleistozän von Kenya [2052] sagt nichts über die stammesgeschichtliche Herkunft aus. Er ist kräftiger als die rezente Art, die erst im Jungpleistozän erscheint.

Einen eigenen, durch die enorme Vergrößerung von P_3^3 und P_4^4 charakterisierten Seitenzweig der Hyotherien bilden die ausgestorbenen Tetraconodontinen Eurasiens. Im Bau des Schädels und der Molaren *Hyotherium* ähnlich [581] (Abb. 459 u. 460), vergrößern sich die hinteren Prämolaren wie bei Hyaeniden; deshalb deutet von Koenigswald [1808] die Tetraconodontinen als knochenverzehrende Aasfresser. Mit dem im Gebiß ursprünglichen *Conohyus betpakdalensis*, aus dem Ober-Oligozän Kasachstans [3656] erstmalig nachgewiesen, erreicht dieser Stamm mit *Tetraconodon mirabilis* und *magnum* im Plio-Pleistozän seinen Höhepunkt

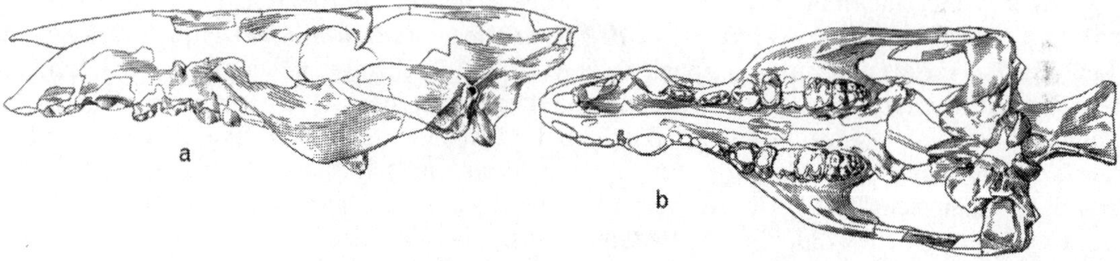

Abb. 459. *Conohyus sindiense* (Suidae, Tetraconodontinae). Osteocranium, a) lateral, b) ventral. (1/4) — Nach Colbert 1935

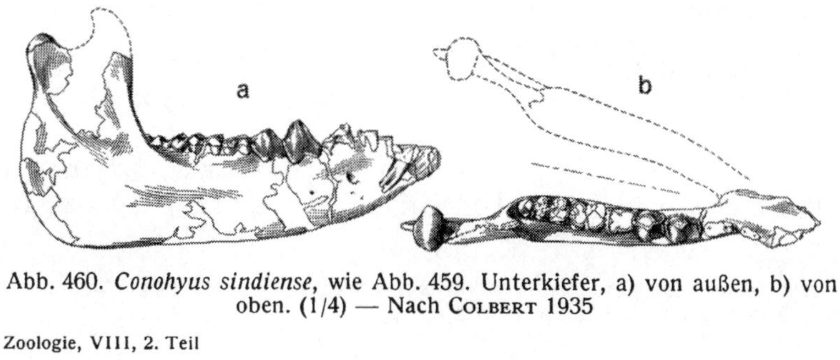

Abb. 460. *Conohyus sindiense*, wie Abb. 459. Unterkiefer, a) von außen, b) von oben. (1/4) — Nach Colbert 1935

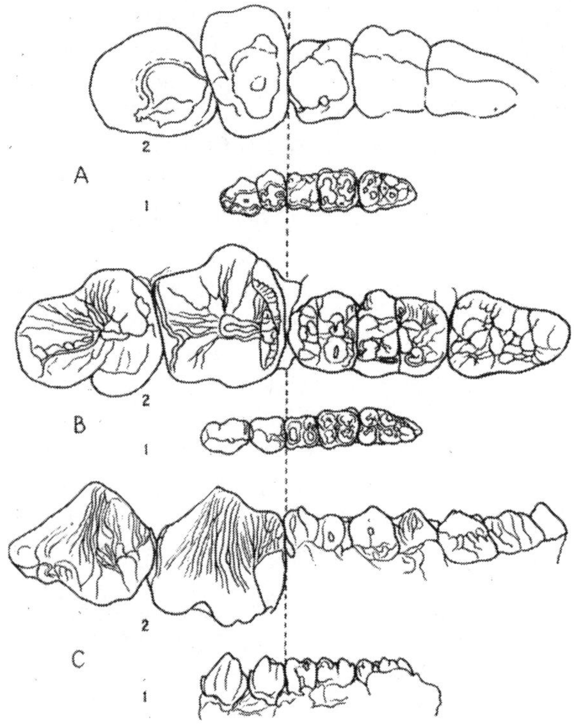

Abb. 461. Backengebiß (P^3—M^3 sin., occlusal und P_3—M_3 sin., occlusal und lateral) von Tetraconodontinen. A_1, B_1, C_1) *Conohyus chinjiensis*, Miozän. A_2, B_2, C_2) *Tetraconodon magnus*, Pliozän. Beachte positiv allometrische Vergrößerung von P_3 und P_4 bei *Tetraconodon*. (1/3) — Nach Colbert 1935

[2684] (Abb. 461). *Sivachoerus* bildet eine Seitenlinie [581], die auch in Afrika verbreitet war [2111, 3635]. Die Tetraconodontinen lassen sich von oligozänen Hyotheriinen ableiten.

Nicht weniger aberrant sind die Listriodontiden, die mit *Bunolistriodon* (= „*Kubanochoerus*“ = „*Libycochoerus*“ [133, 135, 1044, 1047]), *Listriodon* und *Schizochoerus* [662, 2553]*) im Jung-Tertiär Afrikas und Eurasiens nachgewiesen sind. Ausgehend von den primitiven bunodonten Formen, kommt es bei *Listriodon* zur Bilophodontie, bei *Schizochoerus* zu einer Semi-Lophodontie im Molarengebiß, so daß innerhalb der Listriodontinen drei Stammlinien zu unterscheiden sind, von denen allerdings nur der lophodonte und semi-lophodonte die Mio-Pliozängrenze überdauerten [3632]. Die Abspaltung vom bunodonten Hauptstamm dürfte im Miozän erfolgt sein (vergleiche [739, 3594]). Weitere Kennzeichen bilden die stark verbreiterten I sup. (besonders bei *L. splendens*) und der — bisher nur von „*Kubanochoerus*“ (= *Bunolistriodon*) nachgewiesene — knöcherne Stirnfortsatz. Das Cranium erinnert durch den langen Fazialabschnitt, Ausbildung der Jochbogen, der Caninen und die Lage der Orbitae entfernt an *Phacochoerus*, doch ist dies nur eine Parallelerscheinung. Die Zahnformel der Listriodontinae ist fast vollständig $\left(\frac{3\ 1\ 4\text{-}3\ 3}{3\ 1\ 4\text{-}3\ 3}\right)$. Eine Abtrennung als eigene Unterfamilie (Kubanochoerinae Gabunia) ist nicht notwendig [135]. Die Listriodontinen sind von oligozänen Hyotheriinen abzuleiten.

Unter den rezenten Suiden nimmt *Babyrousa* (= „*Babirussa*“) *babyrussa*, der Hirscheber von Celebes, eine Sonderstellung ein. Er besitzt neben manchen Spezialisationsmerkmalen

---

*) *Schizochoerus* ist ein im Vordergebiß primitiv gebliebener Listriodontine, der sich von „*Listriodon*“ *(lockharti) michali* [2560] aus dem Jung-Miozän ableiten läßt [2473].

(C sup., komplizierter, an Tayassuiden oder Ruminantia erinnernder Magen [702]) verschiedene primitive Merkmale (wie kleine Rüsselscheibe, primitive M- und P-Struktur); sie weisen ihn als in mancher Hinsicht ursprünglich gebliebenen Angehörigen der Suiden aus, der von den übrigen Formen seit langem getrennt ist. Dies läßt sich bekräftigen mit dem Nachweis einer weiteren endemischen Gattung *(Celebochoerus)* aus dem Pleistozän von Celebes [1518, 1528], die vermuten läßt, daß es bereits im Miozän zur Aufspaltung kam. *Celebochoerus* läßt sich mit *Potamochoerus* auf gemeinsame Stammformen *(Propotamochoerus)* zurückführen und ist nicht näher mit *Babyrousa* verwandt.

Wie bereits angeführt, machen zahlreiche morphologische Unterschiede zwischen Suiden und Tayassuiden nicht nur eine Trennung in Familien notwendig, sondern lassen auch an einem gemeinsamen Ursprung zweifeln. Im Vordergebiß konservativer, im molarisierten P-Abschnitt fortschrittlicher als die Suiden, nähern sich die Tayassuiden durch den komplizierten Magen und die stärkere Spezialisierung den Wiederkäuern, ohne daß dies etwas in phylogenetischer Hinsicht aussagt.

Die geologisch ältesten Angehörigen der **Tayassuidae** sind aus dem Alt-Oligozän (Chadronian) Nordamerikas *(Perchoerus*, Abb. 462; *Thinohyus)* und Mittel-Oligozän (Stampium)

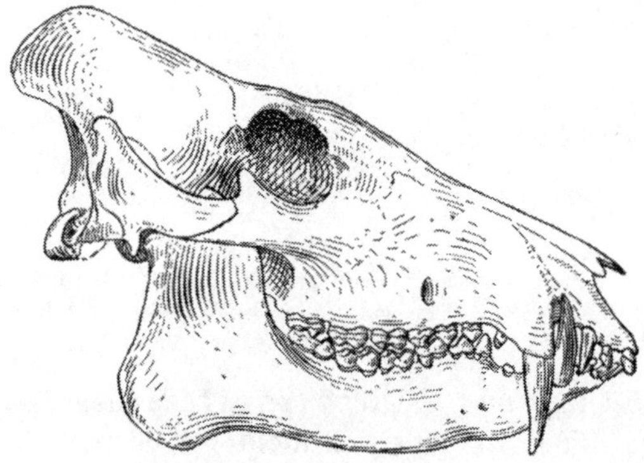

Abb. 462. *Perchoerus* sp. (Tayassuidae). Oligozän, Nordamerika. Osteocranium, lateral. Beachte Stellung der Caninen (typisch tayassuid). (1/3) — Nach SCOTT 1940, umgezeichnet

Europas *(Doliochoerus)* bekannt, die in der Schädelbasis einander entsprechen, doch in den Evolutionstendenzen (Incisivenspezialisierung) voneinander abweichen [723, 2630, 2631]. Wenn auch die Herkunft von primitiven europäischen Paarhufern (Cebochoeriden) nicht ganz auszuschließen ist, so kommen, sofern die Dichobuniden die Stammformen bilden, nach GAZIN [1087] eher die (nordamerikanischen) Homacodontinen als die Helohyinen in Betracht. Mit der Annahme eines räumlich getrennten Ursprunges ist in diesem Fall auch die Herkunft von einem Stamm verbunden, der von der Wurzelgruppe der Suiden verschieden ist.

Die Geschichte der Tayassuiden verlief im wesentlichen auf dem Boden Nordamerikas. Nur zeitweise kam es zur Einwanderung in Eurasien (*Taucanamo* [— „*Choerotherium*"] und *Pecarichoerus* im Miozän und Pliozän) oder erst im Pleistozän zur Besiedlung Südamerikas.

Als geologisch älteste Form ist nach STIRTON & WOODBURNE [3474] *Thinohyus* („*Leptochoerus*") *nanus* aus dem Chadronian anzusehen, der im Gebiß Ähnlichkeiten mit *Propalaeochoerus* zeigt. Mit *Perchoerus* (= „*Bothriolabis*"; White River Oligozän) und *Chaenohyus* (Whitneyan — Arikareean) sind weitere oligozäne Genera zu nennen. Von *Perchoerus* über *Desmathyus* (Ober-Oligozän — Mittel-Miozän) und *Hesperhyus* (Ober-Miozän) zu *Prosthennops* (Pliozän) ist eine Verlängerung des Fazialschädels festzustellen. *Dyseohyus* aus dem Barstow bildet nach STIRTON

& Woodburne [3474] einen Seitenzweig. „*Prosthennops*“ (= *Cynorca*) *xiphodonticus* aus dem Barstovian ist vermutlich die Stammform von *Prosthennops* (Abb. 463). *Platygonus* und *Mylohyus* waren neben *Tayassu* im Pleistozän Nordamerikas verbreitet [2160]. Damit sind die Endformen der drei Hauptstämme genannt, von denen nur *Tayassu* als im Gliedmaßenskelett primitivste Gattung überlebt.

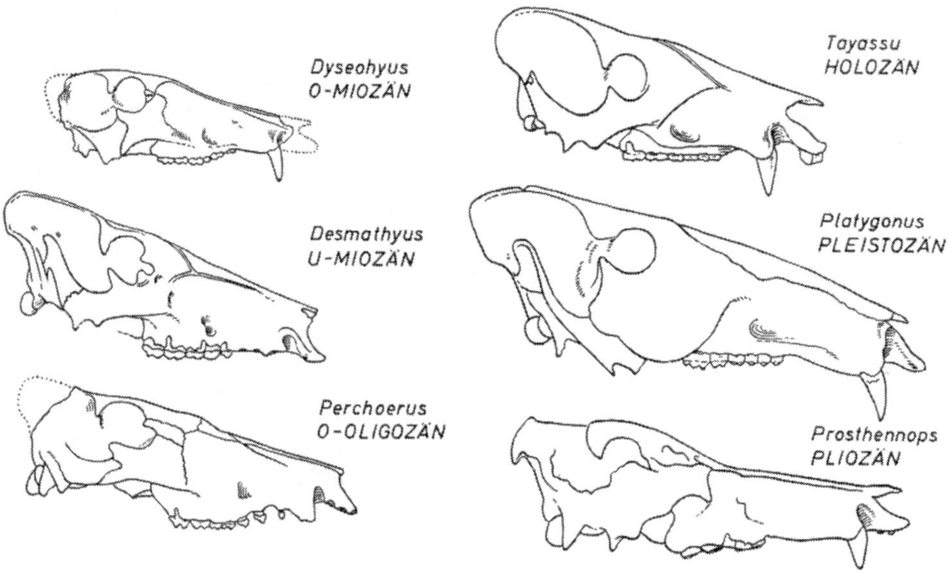

Abb. 463. Evolution des Craniums bei Tayassuiden vom Oligozän bis zum Quartär. Nur Stufen-, keine Ahnenreihe. — Nach Stock 1937

Ob *Sanitherium* (= „*Xenochoerus*“) aus dem Miozän Eurasiens [2560, 3594] ein Angehöriger der Tayassuiden ist, läßt sich nicht mit Sicherheit entscheiden, da diagnostisch verwertbare Reste vom Schädel und Vordergebiß unbekannt sind. Durch die Molarisierung der Prämolaren weicht diese Gattung jedenfalls von den Suiden völlig ab. Verschiedene weitere Merkmale stimmen mit Tayassuiden überein, doch bestätigen sie nur den konservativen Charakter. Colbert [580] betrachtet *Sanitherium* als aberranten Suiden.

Xiphodontoidea

Die taxonomisch-phylogenetische Stellung der nur aus dem Alt-Tertiär Europas bekannten **Xiphodontiden** wird recht verschieden beurteilt. Meist gelten die Xiphodontiden wegen ihrer schlanken und didactylen Extremitäten (die lateralen Metapodien sind zu kleinen Resten reduziert, kein Cubonavivulare) als altweltlicher Zweig der alt-tertiären Tylopoden [2274, 2276], was auch die Untersuchungen von Dechaseaux [730] am Gehirn zu bestätigen scheinen. Der Endocranialausguß zeigt nämlich eine große Fossa subarcuata (für den gut entwickelten Flocculus), wie sie auch für die rezenten Tylopoden charakteristisch ist*), die den übrigen Artio-

*) Aus der Beschreibung und den Abbildungen geht allerdings nicht hervor, wie weit die Fossa subarcuata auch morphologisch dem Tylopodentyp entspricht.

dactylen jedoch weitgehend fehlt (Ausnahmen: *Sus*, *Oreamnos*). Auch erscheint die Furchung der Hemisphären tylopoid (ähnlich *Poëbrotherium*). Wie jedoch WHITMORE [3833] gezeigt hat, kommt eine gut entwickelte Fossa subarcuata auch anderen alt-tertiären Paarhufern (wie *Merycoidodon*, *Leptomeryx*) zu, ohne daß direkte verwandtschaftliche Beziehungen vorhanden sind. Daher scheint eine große Fossa subarcuata nur als Primitivmerkmal zu bewerten zu sein, das sich unter den rezenten Artiodactylen vor allem bei den Tylopoden erhalten hat, wie es auch für andere Konservativmerkmale zutrifft.

Die Xiphodontiden unterscheiden sich nämlich nicht nur durch die wesentlich höhere Spezialisierung der Extremitäten von den gleichaltrigen Tylopoden (bei diesen tritt die Didactylie erst im Oligozän ein), sondern auch im Bau des Gebisses und des Schädels. Das Gebiß ist vollständig $\left(\frac{3\ 1\ 4\ 3}{3\ 1\ 4\ 3}\right)$ und weicht durch die bunoselenodonten, fünfhöckrigen oberen Molaren und durch die schneidend entwickelten Prämolaren, den C sup. und den I^3 völlig von den Tylopoden ab. Die Bulla tympani ist enorm vergrößert, der Processus paroccipitalis jedoch davon getrennt.

Die Xiphodontiden (*Dichodon*: Mittel-Eozän — Unter-Oligozän, *Xiphodon*: Ober-Eozän — Unter-Oligozän) können daher nicht als Tylopoden gelten, sondern als eigener, unabhängig von den Tylopoden entstandener Zweig unter den Paarhufern [3045]*). VIRET faßt die Xiphodontoidea mit den Anthracotherioidea als Bunoselenodontia zusammen. Nach STEHLIN [3405] bilden *Xiphodon castrense* des „Bartonien", *X. intermedium* (ältere Ludien) und *X. gracile* (jüngere Ludien und Sannoisien) eine Ahnenreihe (nach dem Gebiß).

Caenotherioidea

Eine weitere, ihrer stammesgeschichtlichen Stellung nach nicht einheitlich beurteilte Paarhufergruppe bilden die Caenotherien.

Die **Caenotheriidae** (= Cainotheriidae) sind bisher vom Ober-Eozän bis ins Unter-Miozän Europas nachgewiesen. Wie schon in der Einleitung erwähnt, zeichnen sich die Caenotherien

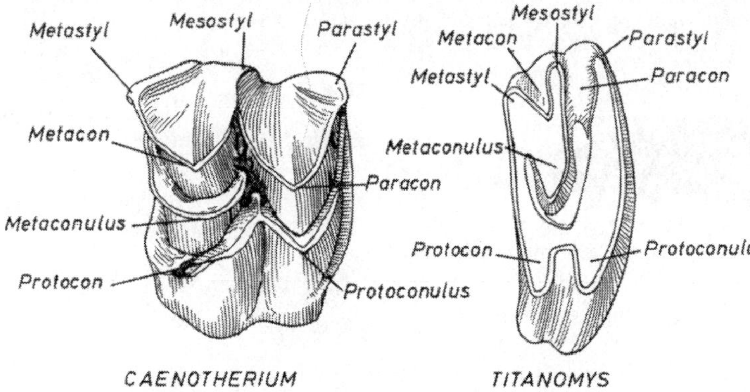

Abb. 464. M sup. dext. (occlusal) eines Caenotheriiden *(Caenotherium)* und eines Lagomorphen *(Titanomys)*. Beachte Übereinstimmung nach der durch HÜRZELER vorgenommenen Interpretation der Zahnhöcker mit den Lagomorphen im Gegensatz zur Höckerhomologisierung durch A. E. WOOD (Abb. 424, S. 407). — Nach HÜRZELER 1936, umgezeichnet

*) Die Ähnlichkeit mit den Anoplotherien im Gebiß läßt jedenfalls nicht auf nähere verwandtschaftliche Beziehungen schließen.

durch selenodonte, fünfhöckrige M sup. aus, deren Höcker sich jedoch nicht mit denen der übrigen fünfhöckrigen Paarhufer homologisieren lassen, weil der hintere Innenhöcker nicht dem Hypoconus, sondern dem verschobenen Protoconus entspricht [245, 748, 3405] (Abb. 464). Dadurch ist im Gebiß ein grundsätzlicher Unterschied gegenüber den übrigen Paarhufern vorhanden, der nur mit einer frühzeitigen Abspaltung (? Mittel-Eozän) zu erklären ist. Die primitivere Gruppe *(Oxacron)* mit im wesentlichen trigonodonter Höckeranordnung und einfacher Bulla dokumentiert die erwähnte Homologisierung der Höcker.

Die Caenotheriiden sind kleine, meist hasengroße Paarhufer (Abb. 465) mit tetradactylen Extremitäten, deren Seitenstrahlen wohl schwächer und kürzer, aber vollständig ausgebildet sind (Abb. 466). Die Metapodien sind frei, die Endphalangen erinnern an Lagomorphen oder Rodentia *(Dasyprocta)*. Die dünne Fibula ist durchlaufend ausgebildet. Das vollständige Gebiß ist meist ohne Diastema, die C sind klein, nicht prämolariform, die mittleren Incisiven sind etwas vergrößert (Abb. 467). Entsprechend den geringen Dimensionen ist der Hirnschädel groß, die mit einer Postorbitalspange geschlossene Orbita liegt ungefähr in der Schädelmitte, die Bulla ist bei den fortschrittlichen Caenotherien groß und spongiös (Abb. 468, 469).

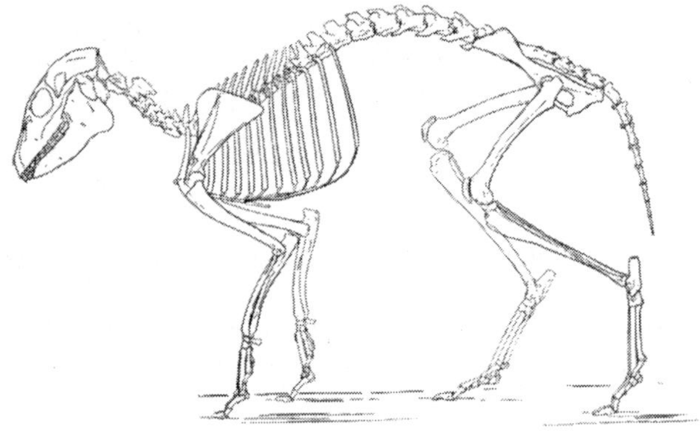

Abb. 465. *Caenotherium* sp. Skelettrekonstruktion. (1/4) Nach Hürzeler 1936

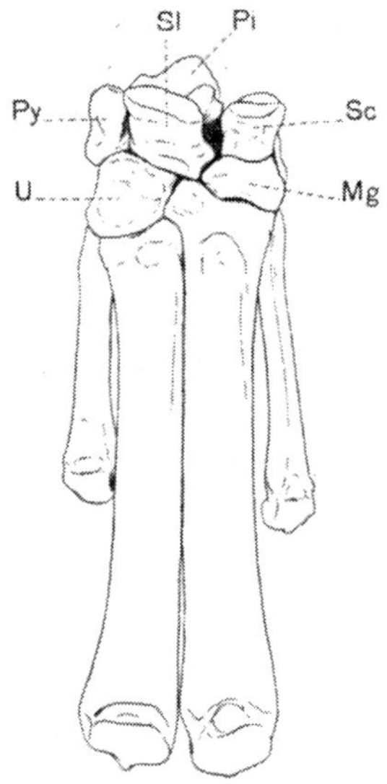

Abb. 466. *Caenotherium* sp. Carpus und Mc II—IV dext., dorsal. (ca. 3/1) Nach Hürzeler 1936

Mg = Magnum
Pi = Pisiforme
Py = Pyramidale
Sc = Scaphoid
Sl = Semilunare
U = Unciforme

Abb. 467. *Caenotherium* sp. (Caenotheriidae), Jung-Oligozän, Europa. I^1—M^3 dext., occlusal. Beachte 5-höckrige Molaren und schneidende Ausbildung der vorderen Prämolaren. (2/1) Nach Hürzeler 1936

Die Caenotherien fanden nicht nur in taxonomischer, sondern auch in phylogenetischer Hinsicht außerordentlich verschiedene Beurteilungen. Abgesehen von der wechselnden Beurteilung innerhalb der Paarhufer (Anoplotheriiden, Ancodonta, Selenodontia), sind die Caenotherien wiederholt und auch noch in jüngster Zeit [3487] mit den Lagomorphen in Verbindung gebracht worden. Die Ähnlichkeiten mit Lagomorphen sind nicht größer als die zwischen

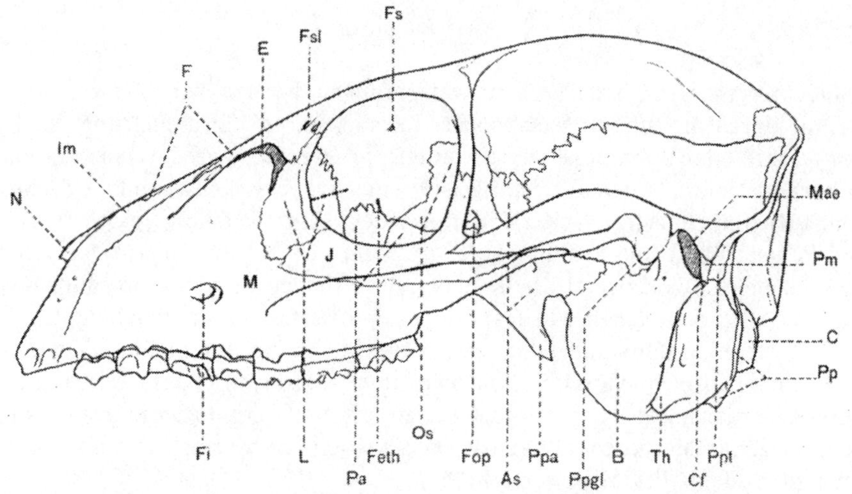

Abb. 468. *Caenotherium* sp., wie Abb. 467. Schädel, lateral. Eingang und Richtung des Canalis lacrymalis durch eine Sonde (—.—.—) angedeutet. (5/3) — Nach Hürzeler 1936

As	= Alisphenoid	*Fs*	= orbitale Öffnung des Canalis supraorbitalis	*Os*	= Orbitosphenoid
B	= Bulla tympani			*Pa*	= Palatinum
C	= Condylus	*Fsl*	= Foramen supralacrymale	*Pm*	= Processus mastoideus
Cf	= Canalis facialis	*Im*	= Praemaxillare	*Pp*	= Proc. paroccipitalis
E	= Ethmoidalspalte	*J*	= Jugale	*Ppa*	= Proc. pterygoideus ossis alisphenoidei
F	= Frontale	*L*	= Lacrymale		
F eth	= Foramen ethmoidale	*M*	= Maxillare	*Pp gl*	= Proc. postglenoideus
Fi	= For. infraorbitale	*Mae*	= Meatus acusticus externus	*Ppt*	= Proc. posttympanicus
F op	= For. opticum	*N*	= Nasale	*Th*	= ? Tympanohyale

Abb. 469. *Caenotherium* sp., wie Abb. 467. Mandibel dext., lateral. (1/1) Nach Hürzeler 1936

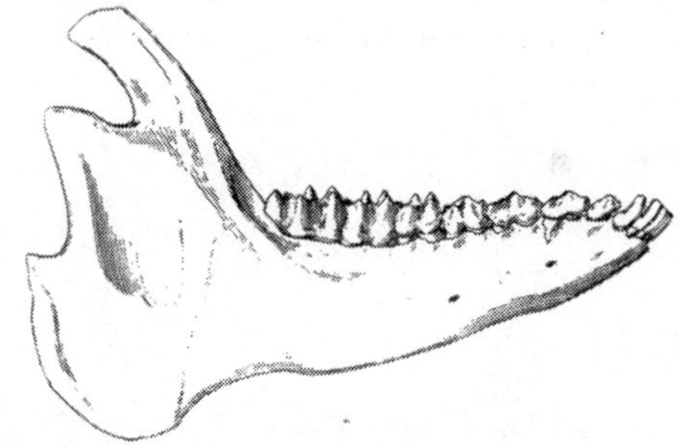

Antilopen und den südamerikanischen Maras *(Dolichotis)*. Es sind Konvergenzerscheinungen. Das Gehirn ist durch die Ausbildung von Bulbi olfactorii, die nur schwach längsgefurchten Hemisphären und das nicht überdeckte Cerebellum primitiv, doch deutlich evoluierter als das der Anoplotheriiden [724].

Nach den Untersuchungen von Hürzeler [1595] und Berger [245] bilden oxacronine Formen (*Paroxacron*: Ober-Eozän) die Stammformen der fortschrittlicheren Caenotherien (Caenotheriinae) mit mehreren Stammlinien *(Plesiomeryx*, *Caenomeryx*, „*Procaenotherium*" und *Caenotherium)*. Innerhalb der Gattung *Caenotherium* bilden *C. commune* (Chatt), *C. laticurvatum* (Aquitan) und *C. bavaricum* (Burdigal) eine Reihe, während *C. miocenicum* (Burdigal) einem eigenen Stamm angehört [245]. Unter den primitiven Caenotherien vertritt *Oxacron* durch die spezialisierten Antemolaren einen Seitenzweig [1595]. Die Caenotherien starben mit dem Unter-Miozän (Burdigal) aus.

Oreodontoidea

Aus den nordamerikanischen Tertiärablagerungen kennen wir kleinere bis mittelgroße Paarhufer, die durch ihr typisch selenodontes (M sup. durch Einschmelzung des Protoconulus vierhöckrig) Gebiß ohne Zahnlücken (C sup. und P_1 progressiv vergrößert) und durch die verhältnismäßig kurzen, tetradactylen Extremitäten*) eine Art Zwischenstellung zwischen Suiformes und Ruminantia einnehmen. Weitere Kennzeichen sind: Prämolaren nicht molarisiert**), C sup. und P_1 vergrößert und caniniform, C inf. mehr oder weniger incisiviform; Fazialschädel nur wenig verlängert. Die Extremitätenknochen (wie Phalangen, Humerus) ähneln — besonders bei den Agriochoeriden — denen von Raubtieren und werfen die Frage auf: kletternde oder (?) scharrende Huftiere? Radius und Ulna sind getrennt, Fibula durchlaufend, getrennte Tarsalelemente, Metapodien nicht verschmolzen. Die Oreodonten sind charakteristisch für das nordamerikanische Tertiär und bereits im Ober-Eozän mit zwei getrennten Stämmen nachgewiesen. Nur für die miozänen Merycochoerinae ist eine Ausbreitung bis nach Panama bekannt [3834], doch haben sie Südamerika nicht erreicht***).

Die **Agriochoeridae** sind durch verschiedene primitive Merkmale (brachyodonte Molaren mit noch angedeutetem Protoconulus, keine Postorbitalspange, fünfzehige Hand, langschwänzig) ursprünglicher als die Merycoidodontiden, doch ist das Vordergebiß bei *Agriochoerus* spezialisierter (Diastem, C sup. und P_1 hauerförmig verlängert), so daß sie einen eigenen Stamm bilden. *Protoreodon* (Ober-Eozän) und *Agriochoerus* (Unter-Oligozän — Mittel-Miozän, Abb. 470) sind die wichtigsten Gattungen.

Unter den weitaus arten- und formenreicher entwickelten **Merycoidodontidae** bilden *Oreonectes* (Unter-Oligozän), *Merycoidodon* (Unter-Mittel-Oligozän, Abb. 471), *Eporeodon* (Mittel-Oligozän — Unter-Miozän, Abb. 472), *Ticholeptus* (Mittel-Ober-Miozän) und *Metoreodon* (Ober-Miozän — Pliozän) den Hauptstamm (Merycoidodontinae), von dem sich die übrigen Stämme ableiten lassen. Die Merycoidodontiden werden allgemein von *Protoreodon* abgeleitet.

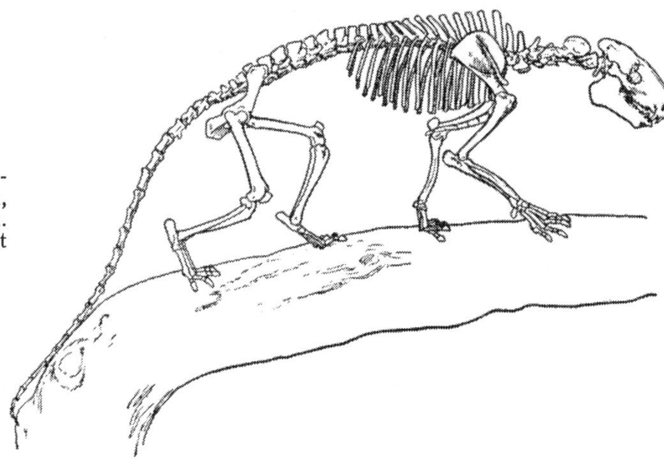

Abb. 470. *Agriochoerus antiquus* (Agriochoeridae, Oreodonta). Alt-Oligozän, Nordamerika. Skelettrekonstruktion. Beachte fünfzehige Extremitäten mit krallenartigen Endphalangen. (1/18) Nach SCOTT 1940

*) Nur bei den primitiveren Oreodonten (wie *Protoreodon*: Ober-Eozän, *Agriochoerus*: Oligo-Miozän, *Merycoidodon*: Oligozän, *Leptauchenia*: Oligozän) ist die Vorderextremität pentadactyl, indem der stark verkürzte erste Zehenstrahl erhalten ist.

**) Nur bei *Agriochoerus* kommt es zur Molarisierung der P4.

***) Damals trennten Meeresarme im Bereich des heutigen Panama und Kolumbien Zentral- und Südamerika.

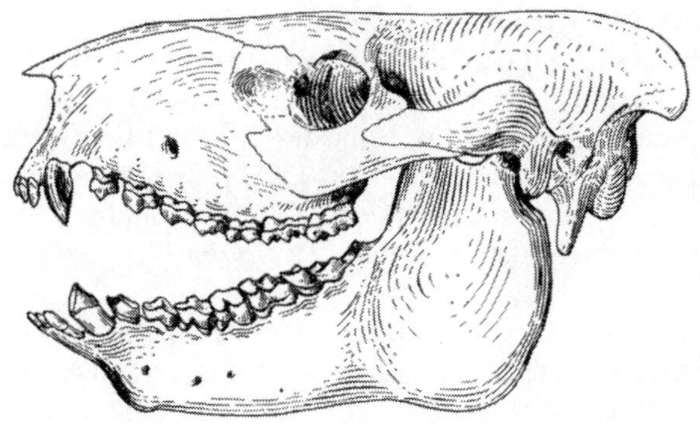

Abb. 471. *Merycoidodon culbertsoni* (Merycoidodontidae). Oligozän, Nordamerika. Osteocranium, lateral. Beachte fast geschlossene Zahnreihe und vergrößerten C sup. und P_1. (ca. 1/4) — Nach SCOTT 1940, umgezeichnet

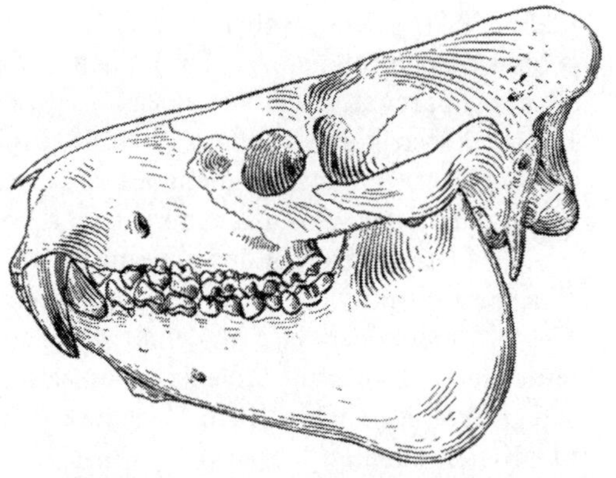

Abb. 472. *Eporeodon* cfr. *major* (Merycoidodontidae). Oligozän, Nordamerika. Osteocranium, lateral. Beachte hauerförmige Vergrößerung von C sup. und P_1. (2/7) Nach SCOTT 1940, umgezeichnet

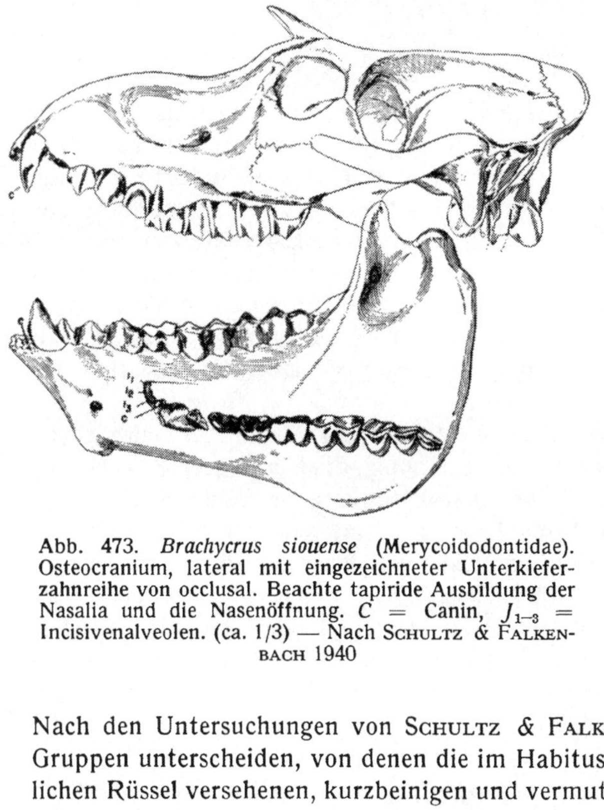

Abb. 473. *Brachycrus siouense* (Merycoidodontidae). Osteocranium, lateral mit eingezeichneter Unterkieferzahnreihe von occlusal. Beachte tapiride Ausbildung der Nasalia und die Nasenöffnung. *C* = Canin, J_{1-3} = Incisivenalveolen. (ca. 1/3) — Nach SCHULTZ & FALKENBACH 1940

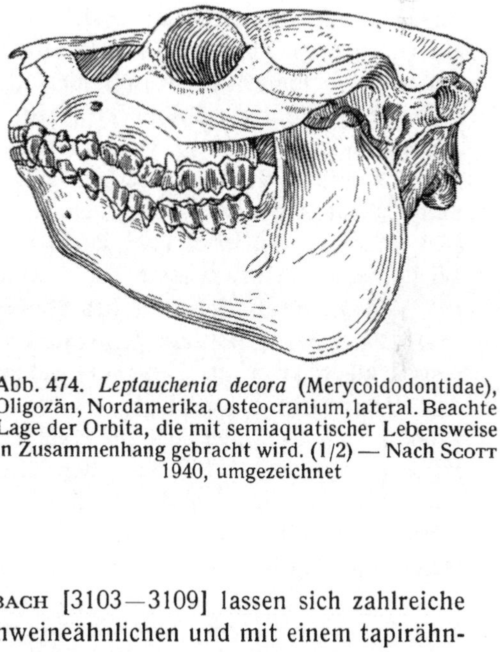

Abb. 474. *Leptauchenia decora* (Merycoidodontidae), Oligozän, Nordamerika. Osteocranium, lateral. Beachte Lage der Orbita, die mit semiaquatischer Lebensweise in Zusammenhang gebracht wird. (1/2) — Nach SCOTT 1940, umgezeichnet

Nach den Untersuchungen von SCHULTZ & FALKENBACH [3103—3109] lassen sich zahlreiche Gruppen unterscheiden, von denen die im Habitus schweineähnlichen und mit einem tapirähnlichen Rüssel versehenen, kurzbeinigen und vermutlich semiaquatischen (Pro-) Merycochoerinae (*Merycochoerus, Promerycochoerus, Brachycrus*, Abb. 473), die schlankbeinigen Merychinae als Laufformen (*Merychyus* mit *M. crabilli* — *M. minimus* — *M. elegans* und *M. relictus* als Ahnenreihe), die Ticholeptinae (*Ticholeptus, Mediochoerus, Ustatochoerus* im Jung-Tertiär) und die hochspezialisierten Leptaucheniinae mit hypsodontem Gebiß *(Limnenetes* — *Leptauchenia* [Abb. 474] — *Cyclopidius* — *Pithecistes*) und die Desmatochoerinae (mit *Prodesmatochoerus* — *Syndesmatochoerus* und *Desmatochoerus* im Oligo-Miozän erwähnt seien (siehe auch THORPE [3620], BADER [168]).

Die taxonomisch-phylogenetische Stellung der Oreodonten wird keineswegs einheitlich beurteilt, da sie einerseits als Angehörige der Tylopoda [1082, 3141], andererseits der Suiformes [3257, 3742] gelten, wobei für die Zuordnung zu den Tylopoden die Spezialisierung des Vordergebisses eine Rolle spielt. Da jedoch bedeutende Unterschiede im Bau des Schädels bestehen (Fossa subarcuata zwar gut ausgebildet, aber gänzlich abweichend gebaut [3833]) und ferner die Extremitäten keine Tendenz zur Didactylie zeigen, ist eine engere genetische Verbindung mit den Tylopoden nicht anzunehmen. Das Gehirn entspricht dem primitiver Paarhufer [724], es erreicht nicht das Evolutionsniveau der Caenotherien.

Die Oreodonten bilden eine aus primitiven Artiodactylen (Dichobuniden) hervorgegangene Paarhufergruppe, die nach einer Blütezeit im Oligo-Miozän im Pliozän wieder ausgestorben ist. Sie sind möglicherweise aus einer mit den Tragulinen gemeinsamen Wurzelgruppe entstanden, ohne deren Evolutionsniveau zu erreichen. Ob die Oreodonten Wiederkäuer waren, ist nicht sicher zu entscheiden. Nach Matthew [2275] stellten sie keine Wiederkäuer dar, da sie ständig in offenen Ebenen lebten*).

Tylopoda

Cameloidea

Trotz der morphologisch-anatomischen Sonderstellung der rezenten Cameliden faßte man sie früher und auch noch in jüngster Zeit [96, 985] mit den übrigen wiederkäuenden Paarhufern zur Gruppe der Ruminantia sensu lato zusammen. Neuere vergleichend-anatomische Befunde und Untersuchungen an Fossilfunden [324, 1082, 1383, 2414, 2435, 3833] bestätigen nicht nur die Sonderstellung der Tylopoden [289], sondern auch die frühzeitige Abspaltung von den übrigen Selenodontiern [3610]**). Dadurch ist zugleich wahrscheinlich gemacht, daß sich das Wiederkäuen innerhalb der Paarhufer zweimal unabhängig voneinander entwickelte und die Bezeichnung Wiederkäuer keine natürliche Einheit kennzeichnet, sofern sie nicht im engeren Sinn (Ruminantia sensu stricto) gebraucht wird. Wie bereits oben erwähnt, haben die Säugetiere das Wiederkäuen mehrfach unabhängig voneinander erworben.

Von den gruppenspezifischen Merkmalen seien der Verlauf des X. und XI. Hirnnerven [2116, 2435, 3114], die Ausbildung des Magens, die Lippenbildung, des Vordergebiß, das Gehirn (Fossa subarcuata), der Penis, die Sohlenpolster, die ovalen Blutkörperchen, das Vorkommen des Parasphenoids [3382], die nicht durchbohrten Processus transversi der Halswirbel, der Zwerchfellknochen und auch die Kanonenbeine genannt, die von denen der Ruminantia (sensu stricto) abweichen (Abb. 5 auf der Seite 3) [2755, 3798]. Ein weiterer, wesentlicher Unterschied gegenüber den Ruminantia (sensu stricto) liegt darin, daß kein Cubonaviculare (= Centrotarsale) ausgebildet ist. Vermitteln die Cameliden zwar in mancher Hinsicht zwischen den Suiformes und den Ruminantia (zum Beispiel Verlauf der großen Gefäße vom Aortenbogen [2436] (Abb. 475), so besteht doch über die Abgrenzung der rezenten Tylopoden kein Zweifel. Für die Fossilformen trifft dies jedoch keineswegs zu, indem man nicht nur die Xiphodontidae fast durchwegs als Tylopoden klassifiziert, sondern verschiedentlich auch die Oreodonten und die „Hypertraguloidea" (Hypertragulidae und Protoceratidae) [3141, 3469]. Schlosser [3045] will überhaupt die Tylopoden von primitiven Oreodonten ableiten.

*) Matthew geht dabei von der Voraussetzung aus, daß das Wiederkäuen als Anpassung an deckungslose Gebiete entstanden sei, in denen die Tiere ihre zur (?) Nachtzeit in Flußufergebieten rasch aufgenommene Nahrung in Ruhe „verdauen" konnten.

**) Havesson [1290] vertritt die Hypothese, daß die Tylopoden den Ausgangsformen der Litopterna nahestehen und direkt mit Protungulaten verwandt seien, sowie als eigene, den Paraxonia und Mesaxonia gleichwertige Abteilung zu werten seien; er berücksichtigt dabei die mit den übrigen Paarhufern übereinstimmenden Merkmale nicht.

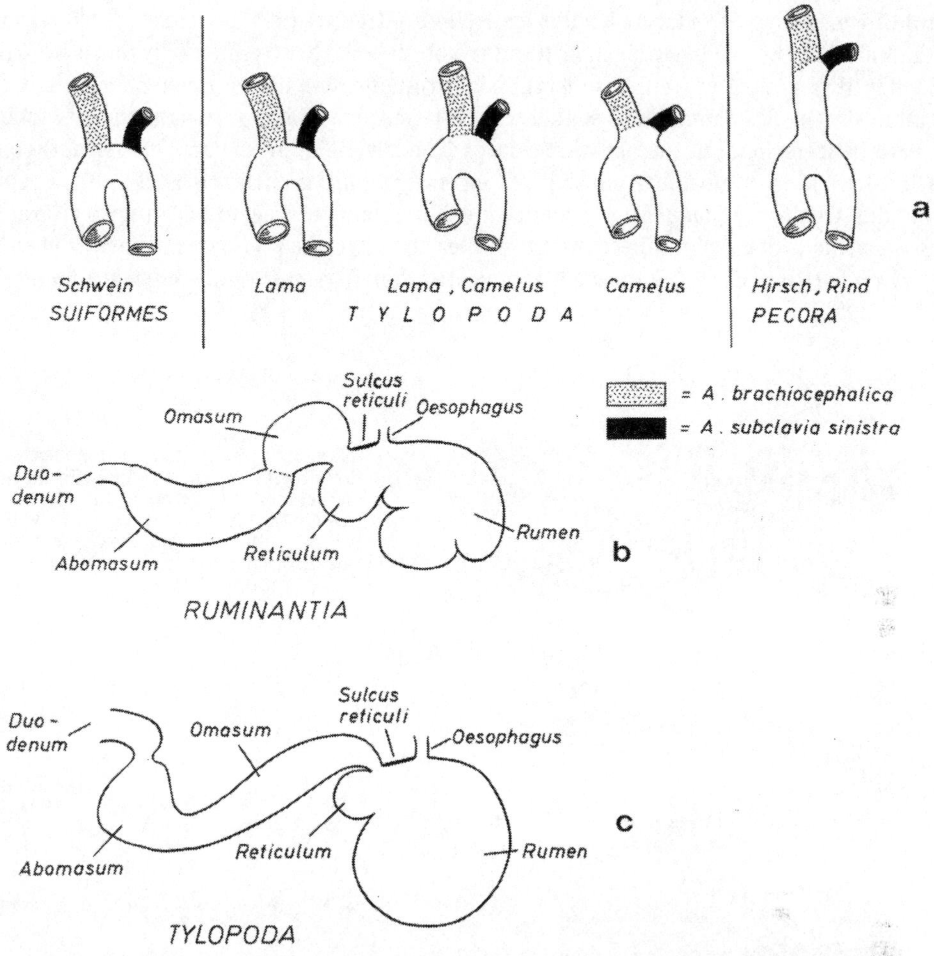

Abb. 475. a) Aortenbogen mit Aorta subclavia sin. und A. brachiocephala bei Paarhufern (Schemata). b) Magen der Ruminantia, c) Magen der Tylopoda. Beachte morphologische Zwischenstellung der Tylopoden.— a) Nach Müller 1962; b, c) nach Bohlken 1960, umgezeichnet

Für die Xiphodontiden wurden bereits die Gründe aufgezeigt, die gegen eine Vereinigung mit den Tylopoda sprechen. Für die Zuordnung der Oreodonten zu den Tylopoda (im Sinne von Scott [3141]) gilt ähnliches. Trotz gewisser Übereinstimmungen im Gebiß fehlen die den Tylopoden kennzeichnenden „trends", so daß man die Oreodontoidea besser als eigene Gruppe (Oreodonta) den Tylopoda gegenüberstellt. Demgegenüber besitzen verschiedene bisher als Angehörige der Hypertraguloidea klassifizierte Fossilformen (wie *Protoceras*, *Leptotragulus*) nicht nur gemeinsame Primitivmerkmale mit den Cameloidea, sondern auch gemeinsame Spezialhomologien. Wegen einzelner abweichender Merkmale (wie Ausbildung von knöchernen Schädelfortsätzen, keine Kanonenbeine) erscheint jedoch eine Abtrennung als eigene Überfamilie (Protoceratoidea) angebracht (Seite 448).

Nach Gazin [1082] sind die bisher als geologisch älteste Cameliden bewerteten Gattungen (*Protylopus* [Abb. 476], *Eotylopus* und *Oromeryx*; Ober-Eozän und Alt-Oligozän) auf Grund primitiver Merkmale (Kurzschnauzigkeit, brachyodonte Molaren, offene Orbita, P_1 nicht caniniform, 4-fingrige Hand, Radius und Ulna getrennt) und abweichender Spezialisierung im Gebiß als Angehörige einer eigenen Familie von diesen abzutrennen (Protocon bifurcat, Entoconid deutlich vom Metaconid isoliert). Die **Oromerycidae** bilden nach Gazin nicht die direkten Stammformen der Cameliden, sondern haben sich unabhängig von ihnen entwickelt und sind Konvergenzerscheinungen. Es ist allerdings zu bezweifeln, ob die an sich geringfügigen Spezialisationskreuzungen eine Abtrennung als eigene Familie rechtfertigen. Wohl bestehen auch im Bau des Gehirns (*Protylopus*) bedeutende Unterschiede gegenüber jung-tertiären Cameliden (*Procamelus*), doch sind diese nicht größer als zwischen *Hyracotherium* und *Merychippus*. *Protylopus* (Ober-Eozän) kann als Stammform von *Eotylopus* (Alt-Oligozän) angesehen werden [1082, 3956].

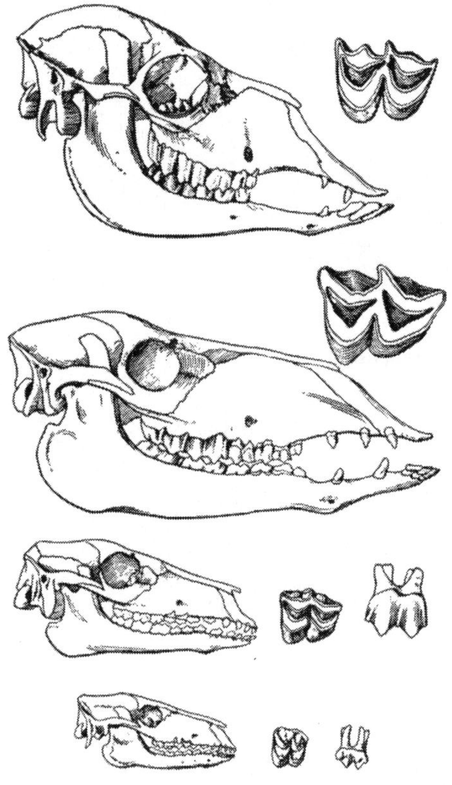

Abb. 476. Evolution des Schädels und der Maxillarmolaren der Tylopoden. a) *Protylopus petersoni*, Jung-Eozän (Oromerycidae), b) *Poëbrotherium wilsoni*, Oligozän, c) *Procamelus gracilis*, Jung-Miozän, d) *Lama guanicoë*, rezent. (Maßstäblich verkleinert). — Nach Scott 1937

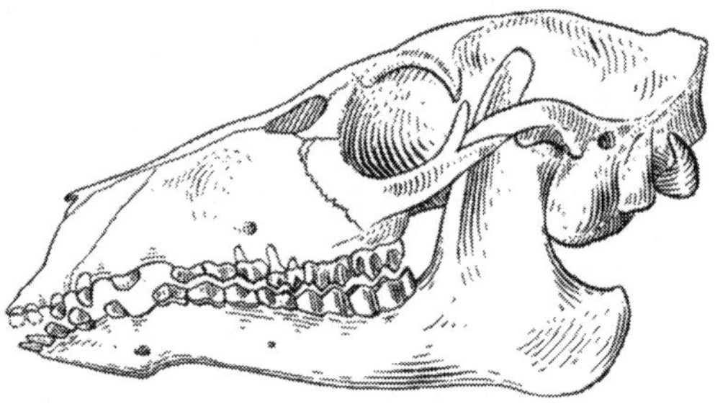

Abb. 477. *Poëbrotherium wilsoni* (Camelidae). Oligozän, Nordamerika. Osteocranium, lateral. (ca. 2/5) — Nach Scott 1940, umgezeichnet

Die Geschichte der **Camelidae** ist durch Fossilfunde seit dem Ober-Eozän (*Poebrodon*) belegt. Sie bestätigen die frühzeitige Abspaltung als eigener Stamm und zugleich die Entstehung in Nordamerika. Nach Gazin [1082] wären die Cameliden eher mit den Leptotragulinen (Leptomerycidae) wurzelverwandt als mit den Oromeryciden. Die Cameliden entfalteten sich im Tertiär auf nordamerikanischem Boden. Erst zur jüngsten Tertiärzeit gelangten sie nach Eurasien und im Pleistozän auch nach Südamerika. In Nordamerika selbst starben die Tylopoden mit dem Ende der Eiszeit aus.

Von den alt-tertiären Stammformen der Cameliden ist *Poebrotherium* aus dem Oligozän am besten bekannt. Der Fazialschädel der ungefähr rehgroßen Formen ist verlängert (Abb. 477), das Gebiß zwar vollständig, jedoch mit einzelnen Lücken im Vordergebiß, die Prämolaren seitlich komprimiert und schneidend und die Molaren typisch selenodont ausgebildet, die Orbita gegen die Temporalgrube noch nicht völlig geschlossen. Das Gehirn erinnert in seiner Gesamtheit etwas an *Moschus*, die Hemisphären sind längsgefurcht und nur wenig breiter als das relativ große Kleinhirn. Die Extremitäten sind didactyl*), die eng aneinandergefügten Metapodien bilden jedoch kein Kanonenbein (Abb. 478). Radius und Ulna sind verwachsen, die Fibula ist

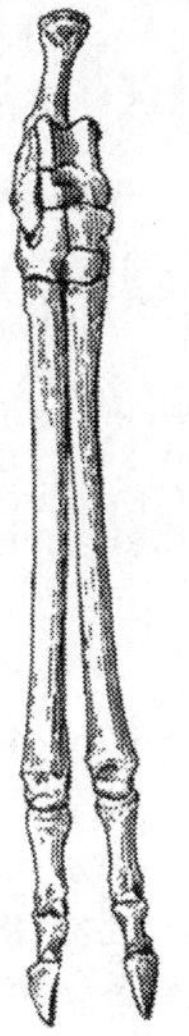

Abb. 478. *Poëbrotherium labiatum* (Camelidae). Oligozän, Nordamerika. Rechtes Hinterfußskelett. Beachte völlige Didactylie ohne Verschmelzung von Mt III und IV sowie von Cuboid und Naviculare. Endphalangen zeigen keine Tylopodie. (ca. 1/3) — Nach Scott 1940, umgezeichnet

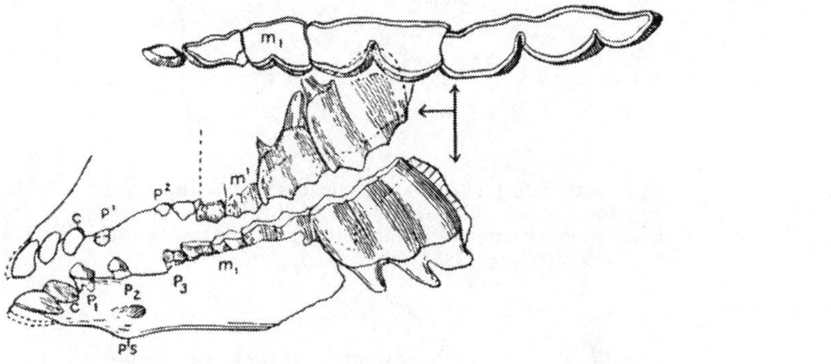

Abb. 479. *Stenomylus gracilis* (Camelidae). Miozän, Nordamerika. Ober- und Unterkiefergebiß, lateral (ca. 1/2) und P_3—M_3 sin., occlusal (ca. 1/1). Beachte beginnende Reduktion der Prämolaren und Vergrößerung der M_3. — Nach Frick 1937

zum Os malleolare und einem proximalen, mit der Tibia verschmolzenen Rest reduziert. Die Endphalangen sind länger und schlanker als bei den modernen Tylopoden. Sie sind cervid ausgebildet und deuten darauf hin, daß kein Sohlenpolster entwickelt war und die Digitigradie ein sekundärer Erwerb ist. Webb [3789] weist darauf hin, daß die Radiation der Tylopoden erst nach dem Erwerb der mit dem Leben in einer offenen Landschaft in Zusammenhang stehenden Adaptationen (Tylopodie, Hypsodontie der Backenzähne) erfolgte.

Aus den Poëbrotherien entwickelten sich neben dem Hauptstamm (Camelinae) bereits im jüngsten Oligozän (Whitneyan) mehrere Seitenstämme, von denen die Giraffenkamele (Alticamelinae) mit *Oxydactylus* (Unter-Miozän) und *Alticamelus* (Miozän — Pliozän) und die Gazellenkamele (Stenomylinae) mit *Stenomylus* (Miozän, Abb. 479) und *Rakomylus* (Pliozän, Abb. 480, 481) erwähnt seien. Für die Giraffenkamele ist — abgesehen von der Großwüchsigkeit der geologisch jüngeren Arten — die Verlängerung der Gliedmaßen und des Halses charakteristisch, bei den kleinen, kurzschnauzigen Stenomylinae bleiben die I sup. erhalten und die stark verlängerten Molaren ($M \frac{2-3}{2-3}$) sind besonders hochkronig.

Unter den Camelinae bahnt sich im Miozän die für die modernen Tylopoden charakteristische Ausbildung des Gebisses an, indem die vorderen Incisiven (I^2 und ^{3}) reduziert, die C und die vorderen P sup durch Lücken getrennt sind. „*Protomeryx*" (= ? *Paratylopus*) aus dem Ober-Oligozän — Unter-Miozän ist evoluierter als *Poëbrotherium* [2210].

Als weiterer Stamm seien die Floridatragulinae [2217b] genannt, mit *Floridatragulus* aus dem Miozän, der infolge verschiedener Primitiv-Merkmale (wie völlig brachyodontes Gebiß,

*) Bei den Xiphodontiden ist die Didactylie bereits im Ober-Eozän erreicht.

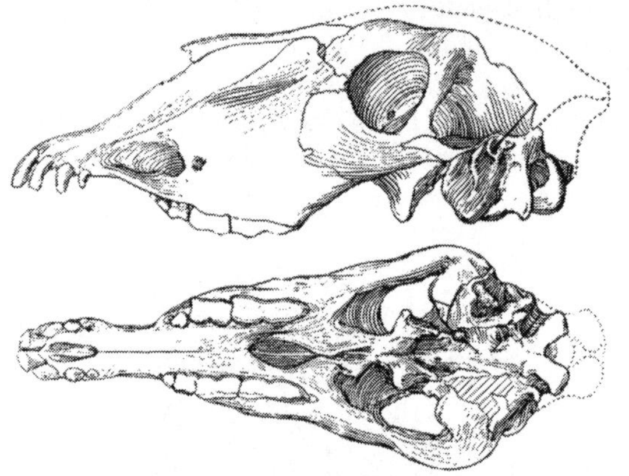

Abb. 480. *Rakomylus raki* (Camelidae). Pliozän, Nordamerika. Schädel, lateral (oben) und ventral (unten). Beachte Persistenz des Vordergebisses bei Reduktion der Prämolaren. (ca. 1/3) — Nach FRICK 1937

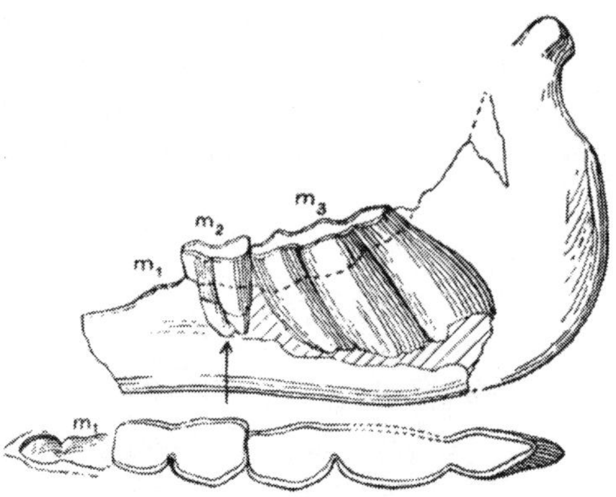

Abb. 481. *Rakomylus* sp. wie Abb. 480. Mandibelfragment sin., lateral (ca. 1/1) und M_{1-3} occlusal (ca. 1/1). Beachte Vergrößerung des M_3 und völlige Reduktion der P inf. gegenüber *Stenomylus*. — Nach FRICK 1937

offene Orbitae) und Sonderspezialisierungen (caniniforme I sup. mit Diastema, vereinfachte P) von den übrigen Linien abweicht.

Innerhalb der Camelinae lassen sich mehrere Stämme unterscheiden, deren Trennung im Miozän erfolgte. Während WEBB [3788] *Camelus* zusammen mit *Titanotylopus* und *Paracamelus* auf *Procamelus* zurückführt und *Lama* von *Tanupolama* (Pleistozän Nordamerikas) über *Pliauchenia* (Pliozän) ableitet, bildet nach HAVESSON [1289] *Pliauchenia* (Abb. 482) die gemeinsame

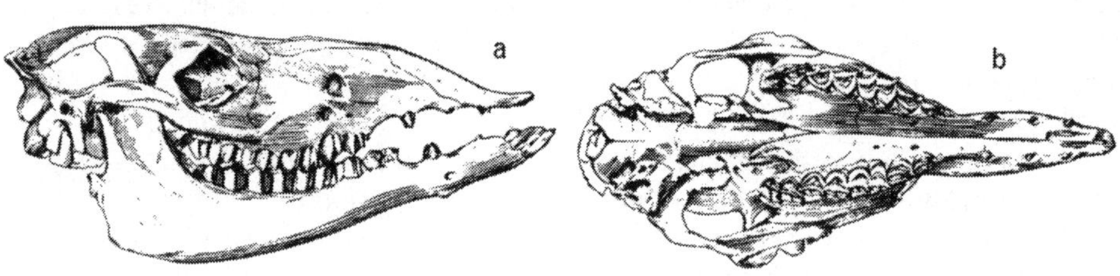

Abb. 482. *Pliauchenia magnifrontis* (Camelidae). Pliozän, Nordamerika. Osteocranium, a) lateral und b) ventral. Diese Gattung gilt als Ausgangsform der pleistozänen Lamas Südamerikas. (1/6) Nach WEBB 1965

Stammform von *Lama* und *Camelus*, indem *Lama* aus *Camelops* (Pleistozän Nordamerikas) und *Camelus* aus *Paracamelus* hervorgegangen seien. Das Gehirn von *Procamelus* ist wesentlich evoluierter als jenes von *Poëbrotherium*, da das Cerebellum relativ klein, die Hemisphären deutlich größer und etwas reicher gefurcht erscheinen. Die Furchung erinnert an die eines neugeborenen Kamels, der vordere Abschnitt des Endhirns ist wesentlich kleiner als bei den rezenten Arten [613, 620, 856]. *Megatylopus**) und *Camelops* bilden jedenfalls eine eigene Linie, *Titanotylopus* (= „*Gigantocamelus*" [186, 187]) einen Seitenzweig des *Procamelus-Paracamelus*-Stammes [3788]. *Procamelus* (Abb. 483) ist als Savannenbewohner aus den pliozänen Savannengebieten des Nordwestens der USA [3168] bekannt, während *Pliauchenia* und *Tanupolama* aus

*) Nach MACDONALD [2178] ist *Megatylopus* ein Synonym von *Paracamelus*.

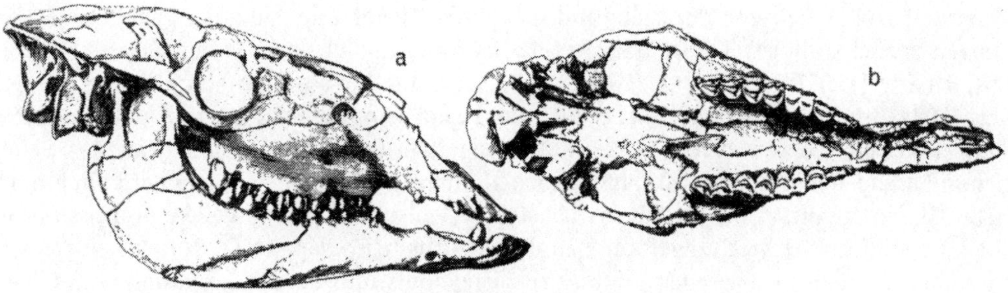

Abb. 483. *Procamelus grandis* (Camelidae). Alt-Pliozän Nordamerikas. Osteocranium, a) lateral und b) ventral. *Procamelus* ist die pliozäne Stammform von *Paracamelus* und *Camelus*. (ca. 1/7) — Nach Webb 1965

dem Nordwesten unbekannt sind und in den mehr südlichen Steppengebieten vorkommen [3789]. Nach Webb [3789] ist *Paracamelus* als pleistozäner Nachkomme von *Procamelus* eine an aride Gebiete Asiens angepaßte Kamelgattung.

Den Zeitpunkt der Einwanderung von Cameliden in Eurasien beurteilt man infolge der unterschiedlichen Korrelation der Fundschichten nicht einheitlich. Nach Havesson [1289] stammen die ältesten Camelidenfunde aus dem Kimmer Südrußlands (*Paracamelus alexejewi* = Jungpliozän [= Mittelpliozän der älteren Literatur]), doch berichtet Alekseeva [41] von Kamelresten aus pontischen Schichten (= Alt-Pliozän). Jedenfalls sind aus dem jüngsten Tertiär und dem Ältest-Quartär (Villafranchium) Asiens und Südosteuropas verschiedene Formen beschrieben worden (*Paracamelus* [einschließlich *Neoparacamelus* und *Gigantocamelus*] und *Camelus* [einschließlich *Cameliscus*] [1106, 1289, 1889]). *Camelus thomasi* aus dem nordafrikanischen Pleistozän gehört nach Gautier [1074] zur asiatischen Linie und steht *C. ferus* (= „*bactrianus*") näher als *C.* „*dromedarius*", das erst im domestizierten Zustand nach Nordafrika gelangte.

Die domestizierten Kamele (*C. ferus* f. *bactriana* = Hauskamel und Dromedar [325]) stammen beide von der asiatischen Wildform *(C. ferus)* ab. Wie Gorgas [1154] gezeigt hat, kommt es bei den Hauskamelen gleichfalls zu der von anderen Haustieren bekannten Reduktion der Gehirngröße gegenüber den wilden Stammformen. Eine derartige Analyse wird dadurch erschwert, daß neben spärlichen Herden von Wildkamelen in Zentralasien [182] nach Gorgas auch Bastarde und verwilderte Hauskamele vorkommen (vergleiche auch Petri [2650]). Im Vergleich zu anderen Haussäugetieren sind die im Zuge der Domestikation eingetretenen Unterschiede zur wilden Stammform geringfügig.

Über die verwandtschaftlichen Beziehungen innerhalb der Lamas und die wilden Stammformen der domestizierten Formen sind die Ansichten geteilt. Interessant ist, daß die Ektoparasiten (Läuse) die nahe Verwandtschaft der rezenten alt- und neuweltlichen Tylopoden und deren gemeinsame Wurzelgruppe bestätigen, da sie zu einer Gattung gehören (*Microthoracicus* mit einer Art beim Dromedar und drei bei den Lamas [1549, 1550]).

Die Lamas sind durch *Palaeolama* (einschließlich *Protauchenia* und *Astylolama*) bereits aus dem ältesten Pleistozän (Uquianense oder Puelchianense) nachgewiesen, eine im älteren Holozän ausgestorbene Gattung, von der das im Jung-Pleistozän erstmalig vertretene Genus *Lama* abgeleitet werden kann [560]. *Eulamaops* bildet eine ausgestorbene Seitenlinie.

Gegenwärtig sind die Lamas mit zwei Wildformen vertreten: Guanako *(Lama guanicoe)* und Vicugna *(Lama vicugna)*. Über die Abstammung der bereits lange vor der Entdeckung Amerikas durch die Spanier domestizierten Formen (Lama und Alpaka) gehen die Meinungen auseinander. Abgesehen von der völlig indiskutablen Auffassung, sie auf eigene, ausgestorbene Wildarten zurückzuführen [139], stammen Lama und Alpaka nach Trouessart [3662], Heck [1306], Klatt [1751] und Herre [1366, 1367, 1374, 1382] vom Guanako ab, während Krumbiegel [1924] und Steinbacher [3421] nur das Lama vom Guanako, das Alpaka jedoch vom Vicugna ableiten. Herre stützt seine Auffassung hauptsächlich auf den Bau des Schädels, Gehirngröße und Fellbildung [922], doch machen nicht nur ethologische, sondern auch morphologische Gesichtspunkte (wie Incisivenwachstum, Gehirnmorphologie) diese Auffassung etwas fraglich. So sind die Abweichungen im Bau des Gehirns beim Alpaka [1391] eher mit einer Ableitung vom Vicugna in Übereinstimmung zu bringen als mit der Abstammung vom Guanako. Die Hirnschädelkapazität allein schließt eine Herleitung von Vicugna nicht ganz aus. Nach Herre hat sexuelle Isolation innerhalb der Lamas zur Entstehung des durch die Domestikation stärker modifizierten Alpaka geführt.

Protoceratoidea

Wie bereits oben angedeutet, faßt man innerhalb der „Hypertraguloidea" verschiedene, nicht näher verwandte Formen zusammen, die eine Trennung notwendig machen. So zeigt *Hypertragulus* neben primitiven bereits typisch traguline Merkmale, die jedoch den Protoceratiden fehlen. Dafür sind bei diesen etliche tylopodide Eigenschaften vorhanden, die auf eine gemeinsame Wurzelgruppe mit den übrigen Tylopoden schließen lassen, wenngleich die Merkmalskombination auf einen eigenen Stamm schließen läßt.

Die **Protoceratidae** besitzen meist knöcherne Schädelfortsätze, die an die der Giraffen erinnern, mit denen sie ursprünglich auch in Verbindung gebracht wurden. Protoceratiden kennen wir bisher nur aus dem nordamerikanischen Tertiär*). Sie sind Paarhufer mit einem selenodonten Backengebiß mit ursprünglich vollständiger Zahnformel, C inf. = incisiviform, C sup. nicht verlängert; für das Extremitätenskelett sind getrennte Metapodien und getrenntes Naviculare und Cuboid charakteristisch (Abb. 484). Dadurch unterscheiden sich die Proto-

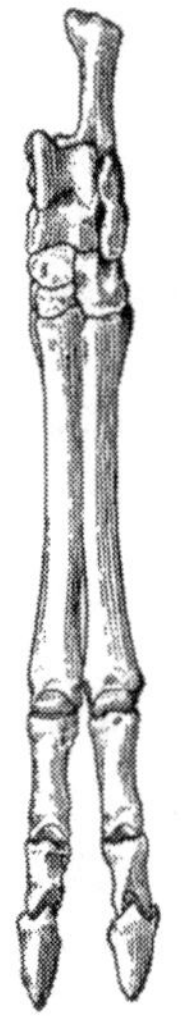

Abb. 484. *Protoceras celer*, wie Abb. 485. Linkes Hinterfußskelett. Beachte Didactylie, jedoch getrenntes Cuboid und Naviculare. (1/4) — Nach Scott 1940, umgezeichnet

*) Die durch Bohlin [321] vertretene Annahme, *Triceromeryx* aus dem Jungtertiär Eurasiens sei ein Angehöriger der Protoceratiden, wird durch das Gebiß und das Extremitätenskelett nicht gestützt [647].

ceratiden grundsätzlich von den gleichaltrigen Ruminantia (sensu stricto). Als geologisch ältester Protoceratide gilt *Pseudoprotoceras* aus dem Alt-Oligozän (Chadronian), bei dem die I sup. — wie bei den Pecora — völlig reduziert sind, was jedoch nur als Parallelerscheinung aufzufassen ist. *Pseudoprotoceras* läßt sich von *Leptotragulus* oder einer nahestehenden Form aus dem Jung-Eozän ableiten. Mit STIRTON [3469] lassen sich die Leptotragulinen als Angehörige der Protoceratiden und nicht der Leptomeryciden klassifizieren, bei denen ein Cubonaviculare vorhanden ist und die mittleren Metatarsalia zu einem Kanonenbein verschmolzen sind. Bei *Heteromeryx* (Alt-Oligozän) zeigen sich Schädelfortsätze kaum angedeutet und die bei den geologisch jüngeren Protoceratiden stark verkürzten Nasalia noch weitgehend normal entwickelt [3135, 3141]. Bei *Protoceras* (Oligozän) weisen die Männchen Parietal-, Frontal- und Maxillar-„hörner" auf (Abb. 485), die bei den jung-tertiären Gattungen (*Lambdoceras*, *Syndyoceras*: Miozän) und *Synthetoceras* (Pliozän) zu stark verlängerten, basal verschmolzenen und erst distal gegabelten Fortsätzen entwickelt sind (Abb. 486). Diese im Schädelbau hochspezialisierten

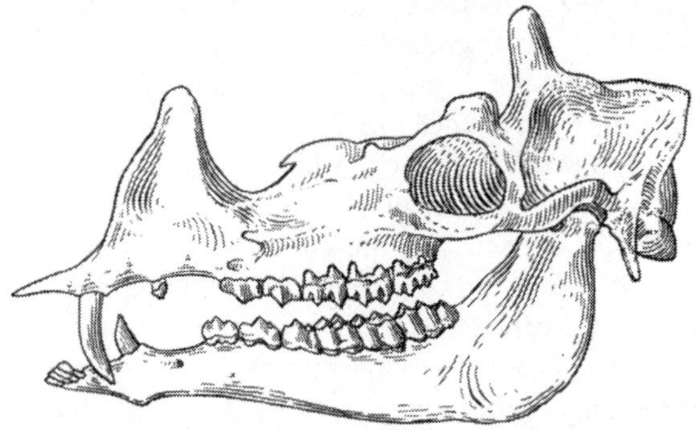

Abb. 485. *Protoceras celer*, ♂ (Protoceratidae). Oligozän, Nordamerika. Osteocranium, lateral. Cinf. incisiviform, C sup. und P_1 als Antagonisten. (1/3) — Nach SCOTT 1940, umgezeichnet

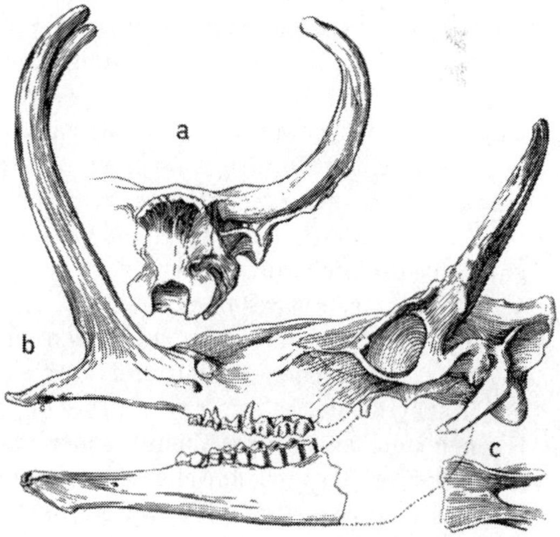

Abb. 486. *Synthetoceras tricornatus* (Protoceratidae). Alt-Pliozän, Texas. Osteocranium in a) Occipital- und b) Lateralansicht, c) Unterkiefersymphyse von oben. *C* = Alveole des C sup. sin. (ca. 1/6) — Nach FRICK 1937

Paarhufer, bei denen es auch zur Hypsodontie und zur Ausbildung von Kanonenbeinen kommen kann, verschwinden im Pliozän. Innerhalb dieser Familie lassen sich im Jung-Tertiär mindestens zwei Stämme (*Lambdoceras*- und *Syndyoceras*-Linie) unterscheiden, deren gemeinsame Wurzelgruppe im Oligozän existierte. *Lambdoceras* (Alt-Miozän; keine Kanonenbeine) steht den Ahnenformen von *Synthetoceras* nahe [3469].

Ruminantia

Tragulina (Traguloidea)

Verschiedene gemeinsame Spezialhomologien (Bau des Magens, incisiviformer C inf., Verschmelzung von Cuboid [T IV + V] und Naviculare [Centrale tarsi]) charakterisieren die „echten" Wiederkäuer (Ruminantia sensu stricto). Dennoch bestehen über die Abgrenzung der

Ruminantia auffallende Differenzen; sie betreffen vor allem die primitiveren Angehörigen, die man als Tragulina den evoluierteren Pecora gegenüberstellt [242, 289, 443].

Die hier als Traguloidea zusammengefaßten Paarhufer schließen mit Ausnahme der Tragulidae nur fossile Formen ein. Da die gemeinsamen Merkmale meist Primitivcharaktere sind, erscheint die wechselnde Beurteilung der ausgestorbenen Gruppen verständlich. Meist klassifizierte man als Tragulina oder Traguloidea auch die Protoceratidae, die jedoch eine den Cameloidea wurzelnähere Gruppe bilden und besser mit ihnen als Tylopoda zusammengefaßt werden, wie dies auch oben zum Ausdruck gebracht wurde. Die Dokumentation verschiedener, nur fossil bekannter Traguloidea läßt zu wünschen übrig, was die etwas wechselnde Zuordnung erklärt. Ungeachtet dieser Tatsache haben Fossilfunde die Geschichte der einst artenreich und viel weiter verbreiteten Traguloidea aufgehellt und wesentlich zur Klärung der stammesgeschichtlichen Herkunft der Pecora beigetragen.

Gegenwärtig sind die Traguloidea nur mit einigen wenigen Arten vertreten, den **Traguliden** (Zwerghirsche) Süd- und Südostasiens (*Tragulus* einschließlich *Moschiola* [= *Lagonebrax* Gloger]) und Westafrikas (*Hyemoschus*). Die durchwegs kleinwüchsigen Zwerghirsche sind Waldbewohner und zeigen neben konservativen (Gehirn, brachyodonte, nicht typisch selenodonte Molaren, keine Tränengruben und meist auch keine Ethmoidallücken*), zentrale Lage der Orbitae, etwas einfacherer Magen**), meist freie Ulna, freie oder nur teilweise verwachsene mittlere Metapodien, vier vollständige Metatarsalia [500, 3062]) auch progressive Merkmale (völlig reduzierte I sup., dolchförmig verlängerte C sup., Cubonaviculare und Ectocuneiforme miteinander verschmolzen, Os malleolare mit der Tibia verwachsen), die erkennen lassen, daß es sich um eine frühzeitig vom „Hauptstamm" der Ruminantia abgezweigte Gruppe handelt. Das Gehirn ist bei *Tragulus* nur wenig evoluierter als bei alt-tertiären Tragulina. *Hyemoschus aquaticus* ist in einzelnen Merkmalen ursprünglicher, in etlichen spezialisierter als *Tragulus* und unterscheidet sich nur unwesentlich von Dorcatherien (*Dorcatherium*, *Dorcabune*) aus dem Jung-Tertiär Eurasiens und Afrikas [122, 3837].

Die geologisch ältesten Traguliden sind aus dem Alt-Miozän Eurasiens bekannt (*Dorcatherium*). Verschiedene Primitivmerkmale (P_1 keine Lingualfalte und einfache Hinterwand am P_4, brachyodonte M inf. mit primitivem interlobalem Verstrebungstyp) kennzeichnen diese Formen und lassen eine Ableitung der rezenten Traguliden zu [2426]. Das Vorkommen von *Dorcatherium* im afrikanischen Miozän zeigt, daß die Traguliden bereits im Miozän in der äthiopischen Region heimisch waren und bekräftigt die auch durch ökologische Gegebenheiten gestützte Annahme einer bereits im Miozän erfolgten Trennung in den asiatischen und afrikanischen Zweig der Traguliden.

Die rezenten Traguliden sind die einzigen Überlebenden verschiedener im Oligozän verbreiteter Huftierstämme. Von ihnen seien zuerst die gut dokumentierten **Hypertragulidae** erwähnt. Sie sind Paarhufer, für die neben Primitivmerkmalen, wie fast vollständigem Gebiß $\left(\frac{3\ 1\ 3\ 3}{3\ 1\ 4\ 3}\right)$, langem Schwanz und vierzehigen Extremitäten mit freien Metapodien, spezialisierte Züge wie Cubonaviculare, caniniforme P_1 und C sup., sowie incisiviforme C inf. charakteristisch sind.

Als geologisch älteste und zugleich primitivste Hypertragulidenart***) gilt der zwerghirschgroße *Archaeomeryx optatus* aus dem Jung-Eozän (Shara-Murun-Formation) der Mongolei [589,

*) Durch die Ausbildung von Ethmoidallücken bei *Moschiola* ist wohl eine Übereinstimmung mit Cerviden gegeben, doch ist eine Zuordnung zu dieser Familie, wie sie Knottnerus-Meyer [1763] auf Grund des Tränenbeines vornimmt, nicht gerechtfertigt. Hier handelt es sich um eine Parallelentwicklung, wie sie auch für andere Merkmale charakteristisch ist [1317].

**) Der gegenüber spezialisierten Ruminantiern einfachere Magen gilt verschiedentlich als sekundär [289].

***) Pilgrim [2692] wertet *Archaeomeryx* als primitiven Traguliden, doch ist das Gebiß (P_1, P_{2-4}) hypertragulid spezialisiert.

2282]. Von dieser Art ist das Skelett fast vollständig bekannt. Kennzeichnend ist das fast vollständige, primitiv selenodonte Gebiß $\left(\frac{3\;1\;3\;3}{3\;1\;4\;3}\right)$ mit caniniformen, jedoch nicht säbelförmig verlängerten C sup. und P_1, incisiviformen C inf. und schneidenden $P_{\overline{2-4}}$ (Abb. 487). Der Schädel besitzt keine Fortsätze, und die fast zentral gelegene Orbita ist geschlossen. Radius und Ulna sind getrennt, Hand und Fuß vierzehig mit vollausgebildeten seitlichen und freien, nicht verschmolzenen mittleren Metapodien (Abb. 488), Fibula in Form proximaler und distaler Reste vorhanden.

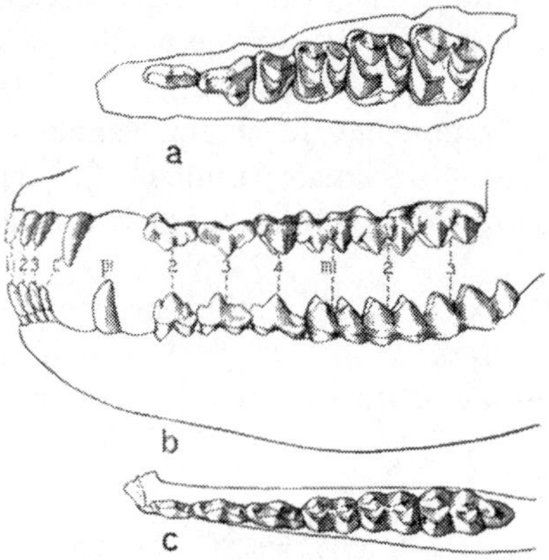

Abb. 487. *Archaeomeryx optatus* (Hypertragulidae). Jung-Eozän, Mongolei. Maxillar- und Mandibulargebiß, a, c) occlusal und b) lateral. Beachte vollständiges Vordergebiß und incisiviformen C inf. (1/1) Nach MATTHEW & GRANGER 1925

i_{1-3} = Incisiven C = Caninen
p_{1-4} = Prämolaren m_{1-3} = Molaren

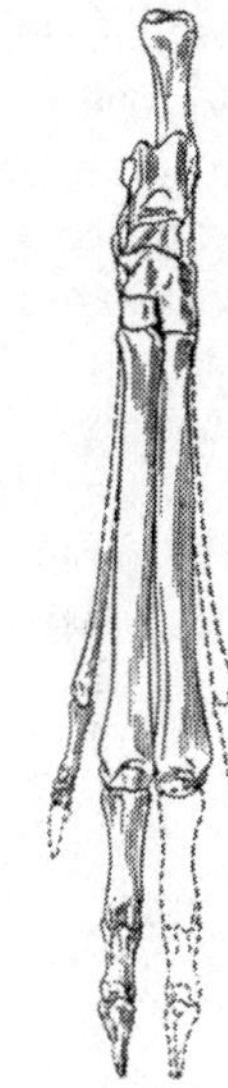

Abb. 488. *Archaeomeryx optatus*, wie Abb. 487. Linkes Hinterfußskelett. Beachte Cubonaviculare. (3/5) — Nach COLBERT 1941

Archaeomeryx ist wohl zweifellos ein primitiver Ruminantier, der jedoch wegen der Gebißdifferenzierung nicht als direkte Ahnenform der rezenten Wiederkäuer in Betracht kommt. Die Hypertraguliden sind bisher aus dem Alt-Tertiär und älteren Miozän Eurasiens und Nordamerikas bekannt geworden. *Hypertragulus* (Abb. 489) aus dem Oligo-Miozän Nordamerikas ist infolge der fünfzehigen Hand konservativer als *Archaeomeryx*, durch den längeren Fazialschädel, die etwas weniger brachyodonten Molaren und die verschmolzenen Unterarmknochen fortschrittlicher. Die Hauptentfaltung (*Simimeryx*, *Nanotragulus*, *Hypisodus*) scheint auf nordamerika-

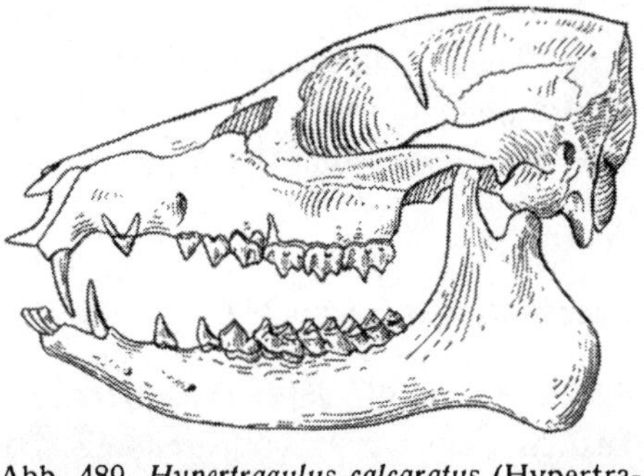

Abb. 489. *Hypertragulus calcaratus* (Hypertragulidae). Oligozän, Nordamerika. Osteocranium, lateral. C sup. und P_1 caniniform, C inf. incisiviform. (3/4) — Nach SCOTT 1940, umgezeichnet

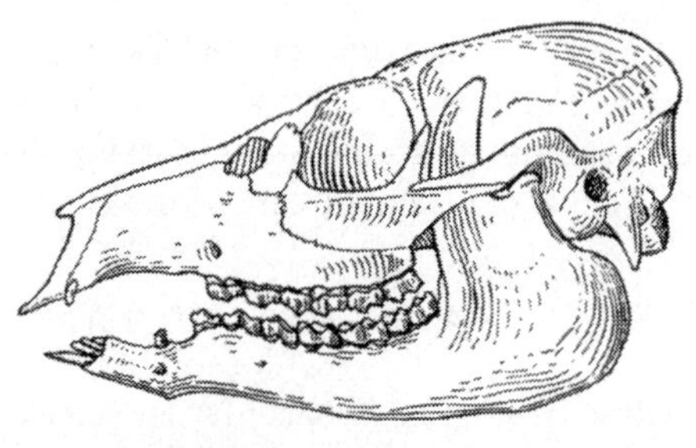

Abb. 490. *Leptomeryx evansi* (Leptomerycidae). Oligozän, Nordamerika. Osteocranium, lateral. C sup. und P_1 rudimentär, C inf. incisiviform. (ca. 1/2) — Nach SCOTT 1940, umgezeichnet

nischem Boden erfolgt zu sein. Dennoch wäre es verfrüht, *Miomeryx*, *Lophiomeryx* (Asien [527]) und *Bachitherium* (Europa) als Einwanderer in Eurasien zu betrachten.

Die **Amphimerycidae** *(Pseudamphimeryx* und *Amphimeryx)* des europäischen Alt-Tertiärs sind zwar sehr schlecht dokumentiert, doch kommen auch sie wegen des fünfhöckrigen Baues der M sup. nicht als Stammformen der Ruminantia in Betracht. Diese mastoiden Paarhufer klassifiziert man zwar meist als primitive Tragulina [589, 3257], da nach SCHLOSSER [3057] ein Cubonaviculare ausgebildet ist; sie weichen jedoch durch die fünfhöckrigen M sup. von den gleichaltrigen Tragulina *(Archaeomeryx)* stark ab. Auch die **Leptomerycidae** aus dem nordamerikanischen Alt-Tertiär bilden eine eigene Linie*). *Leptomeryx* aus dem Oligozän (Abb. 490) unterscheidet sich von den Hypertraguliden durch das stärker reduzierte Vordergebiß mit winzigen, praktisch nicht funktionellen I sup. und hinfälligen C sup., das zweihöckrige M_3-Talonid und die schlanken, didactylen Hinterextremitäten, deren Metapodien zu einem Kanonenbein verwachsen sind [3141] (Abb. 491). Trotz dieser progressiven Merkmale kommen die Leptomeryciden nicht als Ausgangsformen der Ruminantia in Betracht. Sie sind bereits spezialisierter als deren geologisch älteste Angehörige.

Dies trifft auch für die oligozänen **Gelocidae** zu, die meist als Stammformen der Ruminantia gelten. Sie sind entweder im Extremitätenskelett (*Gelocus*: Mt III + IV verwachsen, seitliche Metapodien stark reduziert und nur als proximale oder distale Reste erhalten) oder im

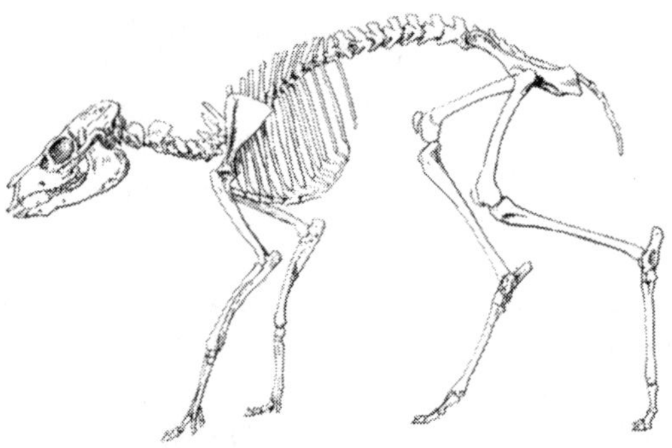

Abb. 491. *Leptomeryx evansi*, wie Abb. 490. Skelettrekonstruktion. Vorderextremität tetradactyl, Hinterextremität didactyl, Metacarpalia frei, Metatarsalia III und IV sowie Cuboid und Naviculare verschmolzen, Fibula als distales Rudiment. (ca. 1/7) — Nach SCOTT 1940

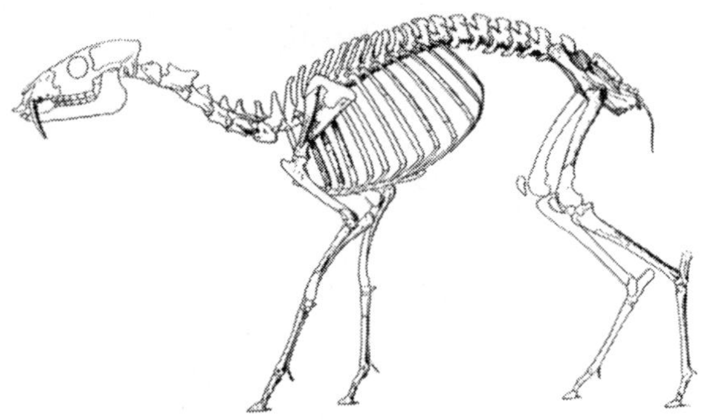

Abb. 492. *Blastomeryx advena* (Cervidae). Alt-Miozän, Nordamerika. Skelettrekonstruktion (helle Partien ergänzt nach rezenten Muntjacinen). Beachte verlängerte C sup. und die stark reduzierten seitlichen Zehenstrahlen der Hand (holometacarpal). (2/19) Nach MATTHEW 1908

Gebiß *(Prodremotherium)* spezialisierter. Die erstmalig aus dem Jung-Eozän Eurasiens *(Indomeryx, Lophiomeryx)* nachgewiesenen Gelociden, die im Jung-Oligozän**) wieder verschwinden, gelten seit SCHLOSSER als Stammformen der Pecora. Sie zeigen gegenüber den Hypertraguliden keine Tendenz zu einem caniniformen P_1.

Pecora (Cervoidea, Giraffoidea, Antilocaproidea und Bovoidea)

Diese Gruppe der Paarhufer ist durch den vierteiligen Magen, die völlig reduzierten I sup., die polycotyledone Placenta und die stark oder gänzlich reduzierten seitlichen Metapodien

*) Wie auf S. 449 gezeigt, ist *Leptotragulus* als Protoceratide zu klassifizieren.

**) *Bachitherium* aus dem Oligo-Miozän [2487] ist nach LAVOCAT [2031] kein Gelocide, sondern ein Hypertragulide.

gekennzeichnet. Ihre Gliederung geschieht keineswegs einheitlich, worauf bereits der einleitende Abschnitt zu diesem Kapitel hinwies. Über die Pecora als natürliche Einheit bestehen eigentlich kaum Zweifel, ohne daß dadurch die frühzeitig erfolgte Trennung in 3 Stämme ausgeschlossen ist, wie sie schon auf Grund des zeitlichen Auftretens anzunehmen ist [2039]. Nach den Ektoparasiten (Anoplura) bilden die Pecora — die Giraffen ausgenommen — eine völlig einheitliche Gruppe*) [2601]. Problematisch sind nicht nur die Zugehörigkeit einzelner Formen, sondern auch die stammesgeschichtlichen Beziehungen zwischen den einzelnen, von den Systematikern meist als Cervoidea, Giraffoidea und Bovoidea bezeichneten „Einheiten" [3225, 3257].

Über die Herkunft der Pecora besteht weitgehend Einhelligkeit, indem die gemeinsame Wurzelgruppe unter den Tragulina zu suchen ist. Meinungsverschiedenheiten beziehen sich lediglich auf einzelne, in Betracht gezogene Genera oder deren taxonomische Zuordnung. So bilden nach Schlosser [3057], Colbert [589], Simpson [3257], Lavocat [2031] und Viret [3742] Gelociden die Stammformen der Pecora, doch klassifizieren Schlosser sie als Angehörige der Traguliden, die übrigen Autoren als eigene Familie. Wie aber bereits Lavocat [2031] betont, kommt *Gelocus* nicht als direkte Stammform der Pecora in Betracht. Aber auch für *Prodremotherium* und *Eumeryx* aus dem Oligozän Eurasiens, die vielfach [2031, 2281] als Stammformen gelten, ist dies auf Grund der starken Reduktion der seitlichen Metapodien zweifelhaft, da bei den primitiven Cerviden (*Blastomeryx*, Pliocervinae) noch voll entwickelte seitliche Zehenstrahlen vorhanden sind (Abb. 492). *Prodremotherium* oder *Eumeryx* ließen sich daher nur für die im Extremitätenskelett fortschrittlichen Pecora (wie Giraffidae, Bovidae) als Ausgangsformen**) in Betracht ziehen, wobei das Auftreten einer orimentären *Palaeomeryx*-Falte eher auf die ersten (Giraffidae) hinweist.

Da für die Großgliederung der Pecora einerseits die Schädelfortsätze, andererseits der Reduktionsmodus der seitlichen Zehenstrahlen herangezogen wird, erscheint verständlich, daß die Beurteilung von Primitivformen ebenso wie jene fossiler nicht einheitlich erfolgt, zumal Parallelentwicklungen zu nicht verwandtschaftlich bedingten Übereinstimmungen führen.

Cervoidea

Als Cervoidea fassen wir die hirschartigen Paarhufer zusammen, die gegenwärtig durch zahlreiche Arten mit unterschiedlichem Evolutionsniveau vertreten sind. Unter den rezenten Pecora gilt *Moschus moschiferus*, das Moschustier Asiens, wegen verschiedener, an Traguliden erinnernder Konservativmerkmale (wie Fehlen des Geweihes, säbelförmige C sup., große Ethmoidallücke, keine Tränengruben, Knickung des Schädels) als ursprünglichste lebende Art, die man meist zu den Cerviden stellt [1263, 3257, 3742]. Neben diesen primitiven Eigenschaften sind jedoch spezialisierte (wie telemetacarpale Metapodien) und an Boviden erinnernde Merkmale vorhanden (Gallenblase, Bau des Gehirns [292, 1057a, 3184]), die eher auf einen primitiv gebliebenen Boviden oder ein Prä-Pecora-Stadium hinzuweisen scheinen. *Moschus moschiferus* stellt demnach eine auf primitiver Stufe stehengebliebene Form dar. Die ältesten Fossilfunde stammen aus dem ostasiatischen Pliozän und sagen über die Herkunft der Moschustiere nichts aus. In Anbetracht der Merkmalskombination und der daraus resultierenden phylogenetischen Stellung ist eine Zuordnung zu den Cerviden nicht gerechtfertigt, weshalb die Moschustiere hier

---

*) Allerdings fehlen Untersuchungen an *Antilocapra*.

**) Ob die von Trofimov [3660] als *Palaeohypsodontus asiaticus* (Abb. 508 auf Seite 468) aus dem Mittel-Oligozän der Mongolei beschriebenen Kiefer- und Zahnreste tatsächlich als Boviden zu klassifizieren sind, wie Trofimov [3660] annimmt, oder ob es sich um Tragulinen mit hypsodontem Gebiß handelt [3659], ist derzeit mangels einer geeigneten Dokumentation nicht zu entscheiden.

als eigene Familie (**Moschidae**) gewertet werden [947, 950, 3610]. Nach Meunier [2340] erscheint die Sonderstellung von *Moschus* auch durch die Knickung des Schädels bestätigt, die von sämtlichen Cerviden abweicht.

Die Gliederung und Abgrenzung der hirschartigen Paarhufer (**Cervidae**) wird auch gegenwärtig noch heftig diskutiert, indem einerseits die Begrenzung gegenüber den Traguliden und Giraffiden (Palaeomeryciden, Lagomeryciden, Dromomeryciden), andererseits die Beurteilung der Merycodontiden keineswegs einhellig erfolgt. Haben doch die neuesten Untersuchungen [1137] die seit langem vermutete Tatsache bestätigt, daß *Palaeomeryx* nicht nur als cervine Wurzelgruppe der Giraffen, sondern direkt als Angehörige der Giraffoidea zu betrachten ist. Weiterhin trennt Bubenik [426, 427] die meist als Muntjacinen oder als Lagomerycinae bewerteten miozänen Gattungen *Procervulus* (Abb. 493) und *Dicroceros* (Abb. 494) als eigene Familie (Procervulidae) ab.

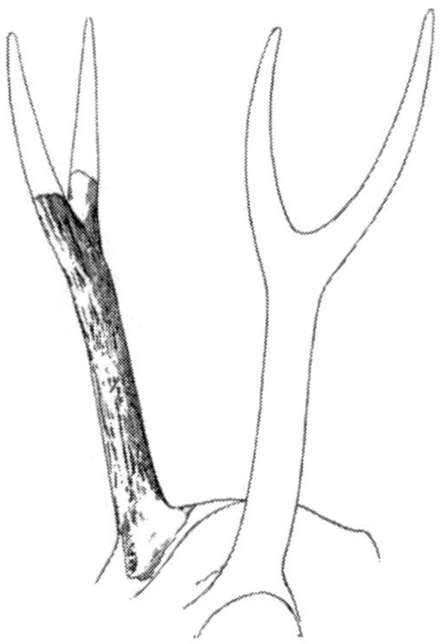

Abb. 493. *Procervulus dichotomus* (Cervidae). Mittel-Miozän, Europa. Frontalfragment mit Geweih, ergänzt. (1/3) Nach Stehlin 1939

Als primitivste cervide Paarhufer gelten *Amphitragulus* und *Dremotherium* aus dem Oligo-Miozän Europas und *Blastomeryx* aus dem Miozän Nordamerikas [2261]*). Sie sind geweihlose Paarhufer mit cervidem Schädelbau, brachyodonten Molaren (Zahnformel $\frac{0\;1\;3\;\;3}{3\;1\;4\text{-}3\;3}$), mit Palaeomeryxfalte, säbelförmig verlängerten C sup., gegenüber Traguliden verkürzten Prämolaren, getrenntem Radius und Ulna, Cubonaviculare, bis auf einen distalen Rest reduzierte Fibula, zu Kanonenbeinen verschmolzenen mittleren Metapodien mit distalen Kielen und vollständig lateralen Metacarpalia (Abb. 492 auf Seite 452).

Von derart primitiven, geweihlosen Cerviden lassen sich sämtliche übrigen Hirsche ableiten. Die Gliederung der modernen Cerviden erfolgt nicht ganz einheitlich, doch stellt man meist die Plesiometacarpalia (Cervinae und Muntjacinae) den Telemetacarpalia („Odocoileinae" oder Trughirsche) gegenüber [393, 3257, 3798]. Wie zuletzt Meunier [2340] betont hat, bilden nur die Plesiometacarpalia, die sich auch serologisch nahe stehen, eine natürliche Einheit. Haltenorth [1263] unterscheidet daher auch unter den rezenten Cerviden insgesamt sieben Unterfamilien, indem er die „Telemetacarpalia" in die Moschinae, Hydropotinae, Odocoileinae, Alcinae und Rangiferinae gliedert. Unter den Cerviden kommt *Hydropotes inermis*, dem chinesischen

*) Von *Iberomeryx* aus dem Oligozän des Kaukasus [1048] liegen nur fragmentäre Reste vor, die eine sichere Zuordnung nicht zulassen.

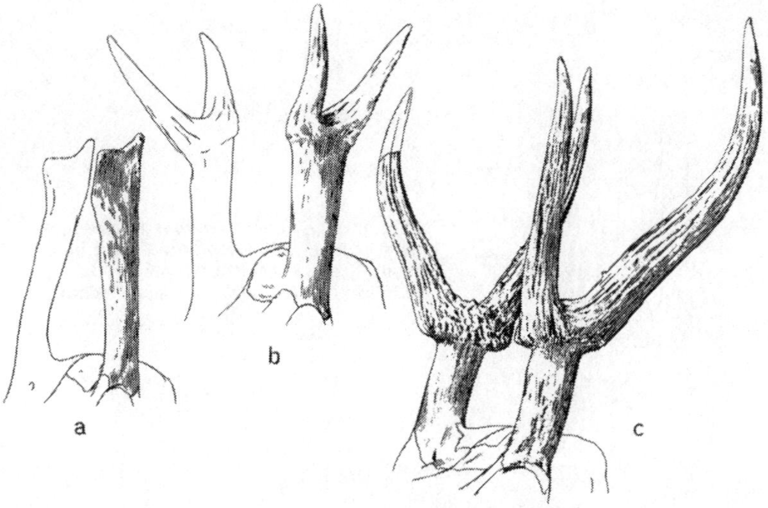

Abb. 494. *Dicroceros elegans* (Cervidae). Miozän, Europa. Geweihstadien von a) jungen bis zu c) adulten Individuen. Beachte Fehlen einer richtigen Rose. (ca. 1/3) — Nach STEHLIN 1939

Wasserreh, eine besondere Stellung durch verschiedene Konservativmerkmale (kein Geweih, säbelförmige C sup. bei den Männchen)*) zu, die diese Art als primitivsten Vertreter der „Telemetacarpalia" ausweisen. Die Sonderstellung von *Hydropotes* wird auch durch das Gehirn unterstrichen, da diese Gattung morphologisch eine Art Zwischenstellung zwischen Traguliden und den übrigen Cerviden bildet [3184]. Sie ist daher als Angehörige einer eigenen Unterfamilie (Hydropotinae TROUESSART) und zugleich als primitivster lebender Cervide anzusehen [2753].

Unter den geweihtragenden Cerviden bilden die Muntjacinae (= „Cervulinae") die primitivsten lebenden Vertreter. Gegenwärtig auf Südostasien beschränkt (*Muntjacus* und *Elaphodus*), besitzen die Männchen dieser duckergroßen Hirsche Spießer- oder Gablergeweihe, die auf langen Rosenstöcken sitzen und nicht regelmäßig abgeworfen werden. Die Männchen zeigen verlängerte C sup. Fossile Muntjacinen sind aus dem Jung-Tertiär und Pleistozän Eurasiens (*Euprox* [einschließlich *Palaeoplatycerus*], *Amphiprox*, *Metacervulus* [= „*Capreolus*" *australis* sowie einschließlich *Paracervulus* [3644]**) und *Eostyloceros*) wiederholt bekannt geworden. ZDANSKY [3992] betrachtet *Eostyloceros* als pliozänen Vorläufer von *Muntjacus*. *Metacervulus* steht nach CHANG-KANG [513] *Elaphodus* näher, der — wie auch *Muntjacus* — bereits im Pleistozän nachgewiesen ist [1515]***).

Mit *Euprox minimus* aus dem Mittel-Miozän Europas (Abb. 495, 496) ist ein Dauerspießer und zugleich der im Geweih primitivste Muntjacine bekannt [3573, 3582a]. *Procapreolus* aus dem eurasiatischen Pliozän gilt meist als Vorläufer von *Capreolus* [1831], ist jedoch ein fortschrittlicher Angehöriger der Muntjacinae.

Von weiteren Fossilformen seien die „Pliocervinae" aus dem Pliozän erwähnt, die das Sechserstadium im Geweih zwar überwunden haben, doch im Extremitätenskelett (holometa-

---

*) Die stark verlängerten C sup. sind nur gegenüber den moderneren Cerviden als primitiv zu bezeichnen. An sich sind es hochspezialisierte Zähne [38].

**) Die Deutung von TOKUNAGA & TAKAI [3644], daß *Paracervulus* nur das Jugendstadium von *Metacervulus* sei, wird von HOOIJER [1515] bezweifelt.

***) Die Zugehörigkeit von *Dicroceros* (einschließlich *Heteroprox* und *Stephanocemas*) und *Paradicrocerus* aus dem Miozän, bei denen gelegentlich Sechsender vorkommen [3414], zu den Muntjacinen ist nach der Geweihstruktur nicht gesichert [427].

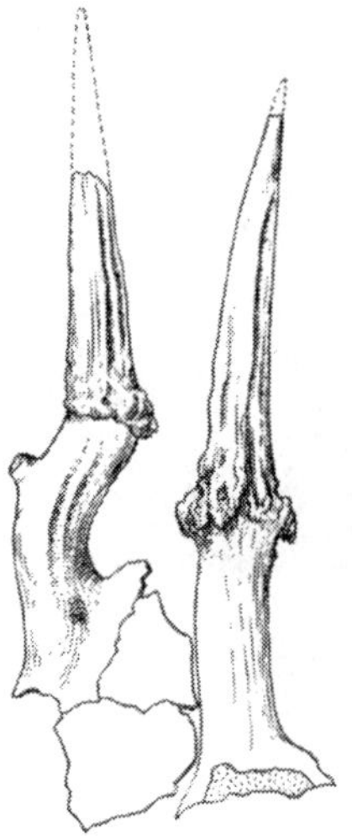

Abb. 495. *Euprox minimus* (Cervidae, Muntjacinae). Mittel-Miozän, Europa. Frontalfragmente mit Geweih, adultes Individuum. (ca. 2/3) — Nach THENIUS 1950

Abb. 496. *Euprox minimus*, wie Abb. 495. P_3—M_3 sin. a) lingual, b) occlusal, c) lateral. Beachte brachyodonte Molaren mit Palaeomeryxfalte. (ca. 1/1) — Nach THENIUS 1950

carpal) und Gebiß (*Palaeomeryx*-Falte) noch ursprünglich gebaut sind. Die zahlreichen „Arten" und „Gattungen" („*Procervus*", *Cervocerus*, *Cervavitus* und *Damacerus*) beruhen auf Geweihresten und sind nach PIDOPLITSCHKO & FLEROV [2678] nur Altersstadien einer Art (*Cervavitus tarakliensis*). Formen aus dieser Verwandtschaft lassen sich als Stammformen der Cervinae ansehen, die im Jung-Pliozän erscheinen. Diese jung-pliozänen und ältest-quartären Hirsche sind meist mit *Axis* und *Rusa* in Verbindung gebracht worden. Sie sind Nachkommen der *Cervavitus*-Gruppe, die jedoch keiner rezenten asiatischen Gattung zugeordnet werden können (*Cervus philisi*, „*Rusa*" *moldavica* [mit *Palaeomeryx*-Falte], *Cervodama ponto-borealis* [1648, 3012]). Neben ausgestorbenen Formen mit kammförmigem Geweih (*Eucladoceros* FALCONER = *Euctenoceros* [„*Kosmelaphus*" KRETZOI: 1893] *tetraceros*, *E. senezensis* usw. [154, 156, 3738]) sind im Ältest-Quartär (Villafranchium) auch fortschrittliche Cerviden (*Metacervocerus pardinensis*, *M. etueriarum*) nachgewiesen, die die Ahnen der geologisch jüngeren Cervinae bilden [785]. *Axis*-, *Sika*-*), *Rucervus*- und *Rusa*-Arten sind aus dem ältesten oder älteren Pleistozän Ost- und Südasiens mehrfach beschrieben [156, 159, 3562, 3971]. *Przewalskium albirostris*, der tibetische Weißlippenhirsch, ist nach ANTONIUS [118] vermutlich mit *Rucervus* näher verwandt**) und *Elaphurus* möglicherweise nur ein aberranter *Rucervus*-Abkömmling***). Pleistozäne *Elaphurus*-Reste sind aus China und Japan bekannt [547, 554, 2447]. *Elaphurus davidianus*, der Davidshirsch oder Milu, war in prähistorischer Zeit noch weit verbreitet [1261, 3344, 3945, 3562, 3565].

*) *Dama nestii* aus dem Villafranchium Europas ist kein Damhirsch, sondern eher eine *Sika*-Art [1261]. Auch der von SCHMIDTGEN [3064a] auf *Dama dama* bezogene Unterkiefer aus dem Alt-Quartär von Mosbach ist kein Damhirsch, sondern ein Vertreter eines „*rusa*-ähnlichen Formenkreises" (= „*Cervus*" *elaphoides* KAHLKE [1676].

**) Nach ERDBRINK [895] steht *C. (P.) albirostris* im Geweihbau den pleistozänen *Euctenoceros*-Formen nahe.

***) Die bereits von MATSCHIE und KNOTTNERUS-MEYER [1763] und neuerlich von WOOD JONES [3945] betonte Ähnlichkeit mit *Rangifer* (in Gehirn) entspricht nur dem gleichen Evolutionsniveau, ohne daß deswegen eine direkte Verwandtschaft anzunehmen ist. Das gleiche gilt für die von LYDEKKER [963] angenommenen genetischen Beziehungen zu den neuweltlichen Odocoileinae.

Die Entwicklung der Kronenhirsche *(Cervus elaphus)* läßt sich an Hand von Fossilformen dokumentieren. Die kronenlose Ausgangsform bildet *Cervus acoronatus* (Alt-Quartär), die über *C. elaphus priscus* zu den echten Kronenhirschen des mittleren und jüngeren Pleistozäns führte [237]. Als *Strongyloceros spelaeus* [1015] sind großwüchsige Rothirsche des Jung-Pleistozäns bezeichnet worden. Die Wapitis gelangten bereits im älteren Pleistozän nach Nordamerika, *Rangifer* und *Alces* erst im Jung-Pleistozän [1427]. Verschiedene Anzeichen scheinen für eine ursprüngliche Trichotomie (Dreiteilung) des Geweihes bei *Cervus* (sensu lato) zu sprechen (LEHMANN [2101]).

Damhirsche sind mit Sicherheit seit dem mittleren Pleistozän (Holstein-Warmzeit) mit *Dama clactoniana (=gastaldi)* bekannt [1261], die im Jung-Pleistozän (Eem-Warmzeit) von *D. dama* abgelöst wird [3178]. Von *Dama clactoniana* lassen sich beide rezente Damhirschformen ableiten. Ein stammesgeschichtlicher Zusammenhang mit *Stephanocemas* aus dem Miozän ist auszuschließen. Damhirsche verschwinden während der letzten Kaltzeit (Würm) in Europa und sind — abgesehen von einzelnen Importen zur Römerzeit [3061] — erst im Mittelalter aus dem Ostmittelmeergebiet durch den Menschen in Europa eingebürgert worden [301, 2911]. *Dama dama* war damals in Kleinasien, *D. d. mesopotamiae*, die zweite lebende Damhirschform, in Mesopotamien und Persien verbreitet [1259, 1261]. Fossilfunde von *Dama mesopotamiae* sind seit langem aus dem vorderasiatischen Paläolithikum (Palästina [196]) bekannt.

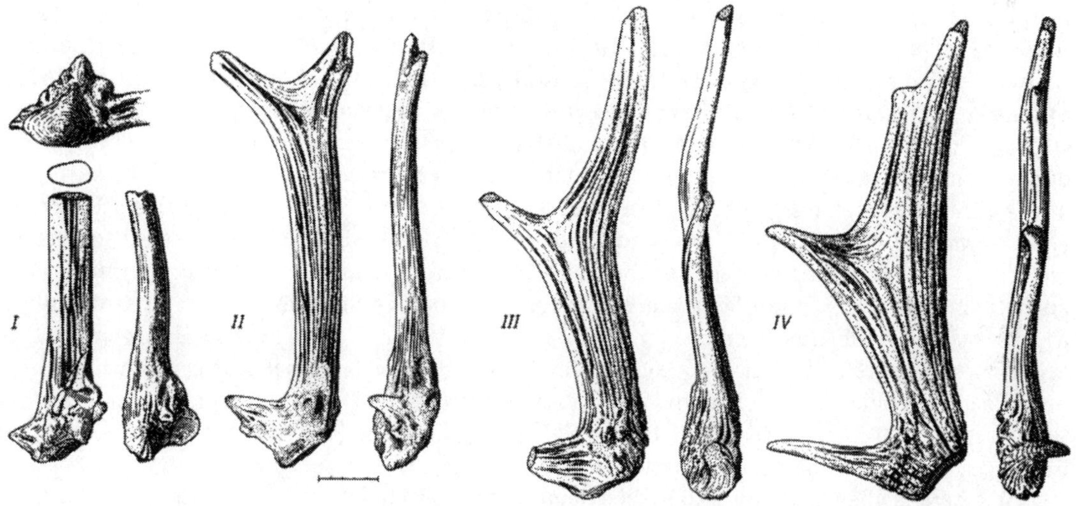

Abb. 497. Geweihjugendstadium von *Megaceros (= Megaloceros) giganteus*, Jung-Pleistozän, Europa. Beachte völliges Fehlen einer palmaten Ausbildung bei Stadium I—III. (Maßstab: 5 cm) — Nach THENIUS 1956

Innerhalb der im Pleistozän Eurasiens verbreiteten Riesenhirsche, die man wegen ihres meist schaufelförmigen Geweihes vielfach mit *Dama* in Verbindung brachte*), sind mehrere Linien zu unterscheiden, wie neuere Untersuchungen gezeigt haben.

Sie sind einerseits Stangenhirsche („*Dolichodoryceros*" KAHLKE [1673] = *Praedama* PORTIS [2778]) des älteren Pleistozäns, die mit *Euctenoceros senezensis* in Verbindung gebracht werden, andererseits Schaufelhirsche, die im älteren Quartär Europas durch den *Megaceros* (*Praemegaceros* [=„*Orthogonoceras*"]) *verticornis*-Formenkreis, im Jung-Pleistozän durch *Megaceros (= Megalocerus) giganteus* vertreten sind (Abb. 497, 498). Sie stellen Steppenhirsche mit einem Geweih dar, dessen Ausladung bei M. *giganteus* über vier Meter erreichte. Die Riesenhirsche

*) LÖNNBERG [2132] sieht in *Megaceros* eher einen *Rangifer*-Verwandten.

Abb. 498. *Megaceros (= Megaloceros) giganteus* (Cervidae). Jung-Pleistozän, Europa. Schädel mit Geweih, adultes Individuum. Beachte palmate Ausbildung vom Augsproß. (Stark verkleinert) Nach Viret 1961, umgezeichnet

starben im Spätglazial als Bewohner offenen Geländes infolge der Wiederbewaldung aus*). Abgesehen von den Dimensionen des Geweihes ist die Pachygnathie bei *Megaceros* charakteristisch, die auch für die ostasiatischen Riesenhirsche (wie *M. pachyosteus*) zutrifft [1675]. Shikama & Okafuji [3165] unterscheiden unter den asiatischen Riesenhirschen zwei Hauptstämme, die sie als *Sinomegaceros* (einschließlich *Sinomegaceroides*) und *Mongolomegaceros* bezeichnen. Ihre generische Trennung ist jedoch nicht gerechtfertigt.

Aus dem Mittelmeergebiet sind eiszeitliche Zwergformen des Riesenhirsches (*Megaceros* [*Praemegaceros*] *cretensis* aus Kreta und Sardinien [157, 159a, 596, 2003]) bekannt geworden, die ein stark reduziertes Geweih besaßen und als Zwergformen des *verticornis*-Formenkreises anzusehen sind. Die Schulterhöhe dieser Zwerghirsche betrug ungefähr 60 cm. Kuss vermutet, daß es sich um Höhlenbewohner oder Nachttiere handelt und sieht in dem Zwergwuchs eine echte, nicht degenerative Verzwergung, deren Ursachen physiologischer Natur wären. Daß eine derartige Annahme nicht notwendig ist, zeigen zahlreiche Beispiele anderer insularer Zwergformen unter den Säugetieren [967, 1519, 1520, 4014]. Sie lassen sich mit der infolge Separation bedingten Verkleinerung der Populationen erklären.

Wie bereits oben erwähnt, bilden die telemetacarpalen Hirsche keine stammesgeschichtliche Einheit, indem die einzelnen Gattungen untereinander etwas ferner stehen und außerdem recht unterschiedliche Evolutionsniveaus zeigen**) [2753].

Eine natürliche Einheit bilden lediglich die neuweltlichen Odocoileinae (Trughirsche sensu stricto), deren zahlreiche rezente Arten Haltenorth [1263] zu zwei Genera (*Odocoileus* und *Mazama*) mit verschiedenen Untergattungen (*Odocoileus*, *Blastoceros* und *Hippocamelus* sowie *Mazama* und *Pudu* [einschließlich *Puduella*]) zusammenfaßt. Die Ansichten über ihren Ursprung sind geteilt, indem man einerseits eine nordamerikanische Entstehung [2261], andererseits plio-pleistozäne Einwanderung aus Eurasien annimmt***). Die Fossilfunde geben keine Hin-

*) Das von Bachofen-Echt [165] auf Grund skythischer Grabfunde angenommene Vorkommen in historischer Zeit ist unzutreffend, da es sich um Damhirschdarstellungen (*Dama d. mesopotamiae*) handelt [2787].

**) Allerdings ist die von Wood Jones [3945] nach dem Evolutionsgrad des Gehirns aufgestellte Reihe (*Hydropotes-Pudu-Capreolus-Odocoileus-Rangifer*) zum Teil größenabhängig.

***) *Procoileus edensis* aus dem Jung-Pliozän Kaliforniens („Eden beds" [1021]) kann als geologisch ältester Odocoileinae gelten.

weise auf die stammesgeschichtlichen Zusammenhänge, da sie hauptsächlich auf Geweihresten beruhen. Auch die als „*Pampaeocervus*", „*Epieuryceros*" (= *Blastocerus*) und *Morenelaphus* beschriebenen „Gattungen" aus dem südamerikanischen Pleistozän [489] sind keine Cervinae, sondern Odocoileinae [561]. Mit *Antifer* und *Charitoceras* sind zwei weitere Trughirsche aus dem Pleistozän Südamerikas genannt [1499]. Sicher ist jedenfalls, daß die Cerviden erstmalig im älteren Pleistozän in Südamerika auftreten. Nach KRUMBIEGEL [1923] sind die Spießhirsche oder Pudus Südamerikas keine Primitivformen, sondern Arten mit sekundär vereinfachtem Geweih.

Herkunft und stammesgeschichtliche Stellung der Rehe (*Capreolus*) sind ebenfalls noch immer nicht geklärt. Die geologisch ältesten Reste dieser Gattung stammen aus dem Alt-Villafranchium (*Capreolus cusanus*) und dem Alt-Quartär (*Capreolus priscus C.* = *suessenbornensis*). Es sind großwüchsigere Formen als *C. c. capreolus*, die im Geweihbau jedoch von *C. c. pygargus* abweichen. Die verschiedenen pliozänen „*Capreolus*"-Arten sind fortschrittliche Muntjacinen. Auch *Procapreolus* als Pliocervine ist nicht die Ahnenform der Rehe, wie auch noch in jüngster Zeit angenommen wird [1832]. Gegenwärtig bilden die Rehe, die sich in mancher Hinsicht von den Odocoileinae (sensu stricto) unterscheiden [2340], einen Formenkreis mit mehreren Unterarten [1263]*). Immerhin kann das unvermittelte Auftreten von *Capreolus* im Villafranchium Eurasiens als Hinweis auf die aus Nordamerika erfolgte Einwanderung angesehen werden.

FLEROV [950] stellt die Rehe wegen der erwähnten angeblichen Fossilformen auch zu den echten Hirschen und betrachtet sie als morphologisches Bindeglied zwischen primitiven Cervulinen und Pliocervinen. Die Rehe gehören zweifellos einem geologisch alten Stamm an, der sich frühzeitig von den übrigen „Telematacarpalia" getrennt hatte. Beim Embryo sind noch Anlagen des C sup. und des P_1 vorhanden, gelegentlich finden sie sich auch bei adulten Tieren [428, 1927].

Ebenfalls noch nicht geklärt ist die präpleistozäne Geschichte von *Alces*, wenn auch verschiedentlich pliozäne „Elche" (*Alces maeoticus* [2629]; *Pseudalces* [955]) beschrieben und als Vorfahren von *Alces* angesehen wurden. Mit „*Libralces*" (= *Praealces* PORTIS [2778]) *gallicus* aus dem Villafranchium Europas ist der älteste sichere Elch belegt (Abb. 499). Es ist ein Steppenelch mit einem zwar weit ausladenden Geweih (Abb. 500), doch sonst primitiven Merkmalen (*Palaeomeryx*-Falte an den M inf., Nasalia nicht verkürzt, Endphalangen nicht verlängert), der über „*L.*" *latifrons* des Alt-Quartärs zu *Alces alces* des Jung-Pleistozäns führt [155, 1674, 2815]. Die heutigen Elche bilden eine zirkumpolar verbreitete Art [1263, 2649], die — ähnlich *Rangifer*

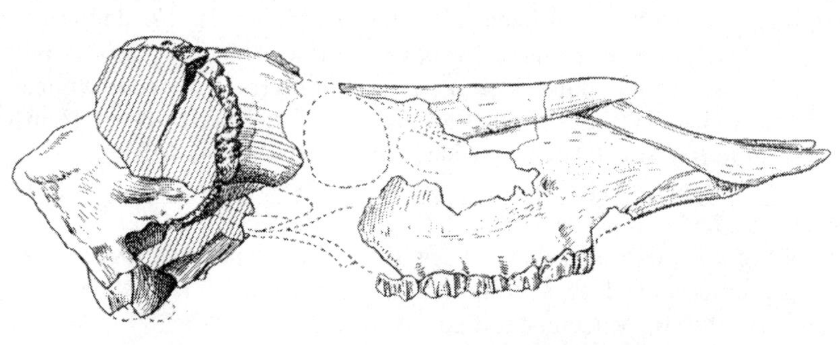

Abb. 499. „*Libralces*" (= *Praealces*) *gallicus* (Cervidae). Jung-Villafranchium, Europa (Senèze). Cranium, lateral, Geweih entfernt. Beachte Ausbildung der knöchernen Nasenöffnung. (ca. 1/4) — Nach AZZAROLI 1952

*) Nach VON LEHMANN [2102] stellen das heutige europäische und sibirische Reh zwei getrennte Arten dar. Mit dem Problem der Benennung und der Größe des mitteleuropäischen Rehes in jung-pleistozäner oder frühholozän-vorgeschichtlicher Zeit haben sich zuletzt JANOSSY [1646] und BOESSNECK [299] beschäftigt.

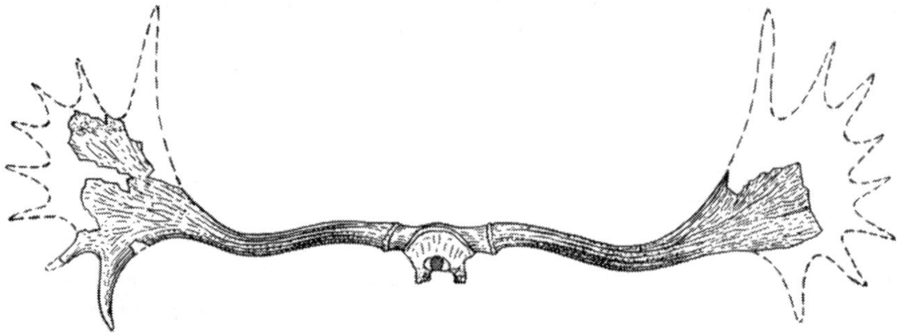

Abb. 500. „*Libralces*" (=*Praealces*) *gallicus*, wie Abb. 499. Schädel mit Geweih, ergänzt. (1/20) — Nach Azzaroli 1952, umgezeichnet

— erst im Jung-Pleistozän nach Nordamerika gelangte [1427] und noch im Neolithikum viel weiter verbreitet war als gegenwärtig [171, 894]. Mit *Cervalces* ist ein ausgestorbener Stamm der Elche im Mittel- und Jung-Pleistozän Nordamerikas, mit *Tamanalces* ein altquartärer Elch aus Europa nachgewiesen [1021, 3713]. Die phylogenetische Stellung der Elche wird gleichfalls nicht einheitlich beurteilt, da hochspezialisierte Merkmale neben primitiven Eigenschaften vorhanden sind.

Von einer Domestikation des Elches kann man weder in Anbetracht der Zuchtstationen in Rußland noch unter Berücksichtigung von Felszeichnungen aus Sibirien sprechen [3303]. Es handelt sich lediglich um gezähmte Individuen.

Als spezialisiertester Angehöriger der Odocoileinae kann *Rangifer* gelten [2340], wobei eine Abtrennung als eigene Unterfamilie nach den morphologischen Besonderheiten, die sich nicht allein durch den Lebensraum (wie behaarte Muffel, lange, spreizbare Hufe, Körperbehaarung) erklären lassen, taxonomisch berechtigt erscheint [425, 1263, 2753]. Bei *Rangifer* besitzen auch die Weibchen ein Geweih. Sporadisch tritt es bei *Odocoileus*- und *Capreolus*-Weibchen auf [3887]. Die Herkunft der gegenwärtig zirkumpolar verbreiteten Rentiere ist nicht geklärt, da der ursprünglich als Stammform angesprochene *Cervus pliotarandoides* aus dem Villafranchium Italiens ein Angehöriger der Steppenhirsche („*Orthogonoceros*") ist (Seite 457). Die geologisch ältesten sicheren Rentierfunde*) stammen aus dem Alt-Quartär Mitteleuropas (Mosbach: mittlerer Komplex, Süßenborn, Frankenhausen [1681, 3326]). In Nordamerika ist *Rangifer* erstmalig im Jung-Pleistozän (Wisconsin) nachgewiesen; er ist ein eurasiatischer Einwandrer [181]. Die ältesten Reste gehören nach Soergel dem Tundraren-Typ an. Seltenheit und Begleitfauna sprechen für Zuwanderer aus dem Norden. Zur Jungeiszeit waren Rentiere bis nach Nordkatalonien, an die Riviera, Istrien und Slowenien verbreitet [2819]. Nach der Ausbildung der Geweihe ist das jung-pleistozäne Rentier wohl als kollektiver Typ anzusprechen, aus dem im Spät- und Postglazial die heutigen Unterarten [1372] (*R. t. tarandus*, *R. t. arcticus* und andere) entstanden, wobei freilich die Wandelbarkeit des Rengeweihes nicht als Ausdruck phylogenetischer Beziehungen, sondern des Landschaftswechsels zu werten ist [1029, 1203, 1371, 1639]**). Rentiere werden gegenwärtig verschiedentlich als Haustiere „gezüchtet". Die Domestikation erfolgte sicher schon in frühgeschichtlicher Zeit; Beweise für eine bereits im Paläolithikum vollzogene Domestikation liegen nicht vor [3997]. Wenn man auch von einer planvollen Züchtung

*) Schlosser [3052] beschreibt einige isolierte Zähne aus pliozänen Bohnerzspalten Süddeutschlands als *Rangifer* sp.

**) Nach Kahlke [1681] ist der *arcticus*-Typ bereits im Alt-Quartär (*R. arcticus stadelmanni* aus Mosbach) belegt, während der *tarandus*-Typ erst im mittleren Pleistozän auftritt.

durch den Menschen nicht sprechen kann, sind es dennoch echte Haustiere [1371]. Die wilde Stammform bildet der heute zirkumpolar verbreitete *Rangifer tarandus*-Formenkreis.

Im Zusammenhang mit der Erörterung der Herkunft und der phylogenetischen Stellung der Giraffiden und der Antilocapriden sind verschiedene fossile Paarhuferstämme zu nennen, deren Stellung keineswegs einheitlich beurteilt wird (Seite 420). Dies sind die Dromomeryciden, Lagomeryciden (= Palaeomeryciden STIRTON [3457] part.) und die Merycodontiden des Jung-Tertiärs.

Die **Dromomeryciden** [2021] gelten verschiedentlich als neuweltliches Gegenstück zu den „Palaeomeryciden" (= Lagomeryciden) [3457]). Sie zeichnen sich wie diese durch giraffoide Merkmale aus (knöcherne Schädelfortsätze der Frontalia beziehungsweise Parietalia, die beim lebenden Tier von Haut bedeckt waren, Fehlen von Tränengruben), unterscheiden sich jedoch durch den primitiven Bau der Extremitäten (Persistieren der lateralen Metapodien) und durch abweichende „trends" (Stirn„hörner"). Deshalb und wegen der geographischen Verbreitung ist anzunehmen, daß es sich um einen unabhängig von den rein altweltlichen Giraffiden entstandenen Paarhuferzweig handelt, der vermutlich mit primitiven nordamerikanischen Cerviden (Blastomerycinen) auf gemeinsame Stammformen zurückzuführen ist. Die Dromomeryciden sind bisher nur aus dem Jung-Tertiär (Arikareean—Hemphillian) nachgewiesen [1021]. Zu den bekanntesten Gattungen zählen *Dromomeryx* (Mio-Pliozän; Abb. 501), *Barbouromeryx* (Miozän),

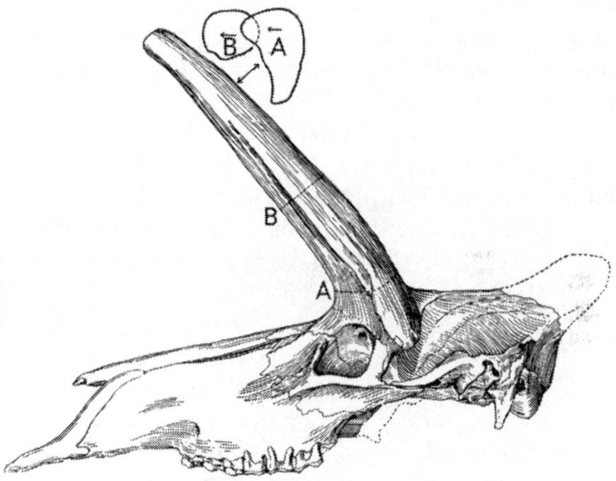

Abb. 501. *Dromomeryx whitfordi* (Dromomerycidae). Mittel-Miozän, Nordamerika. Osteocranium, lateral mit Querschnitten (A, B) durch Stirnhörner. (1/8) — Nach FRICK 1937

Cranioceras (Mio-Pliozän) und *Yumaceras* (Pliozän). Spezialisationskreuzungen machen direkte stammesgeschichtliche Zusammenhänge unwahrscheinlich.

Als Lagomeryciden faßte PILGRIM [2692] einzelne Paarhufergattungen (*Lagomeryx* in Eurasien, *Climacoceras* einschließlich „*Antilope*" sp. ARAMBOURG [128] in Afrika, *Procervulus* in Europa) mit geweihähnlichen, nicht abwerfbaren Schädelfortsätzen (= Perennicornia) zusammen, die man einerseits als Cerviden (wie *Lagomeryx* [2487]), andererseits als Procervuliden (*Procervulus* [427]) oder Giraffoidea ansieht (*Climacoceras*).

Giraffoidea

Als echte Giraffoidea sind nach den neuesten Untersuchungen die **Palaeomerycidae** zu betrachten [1137], die bisher stets als (cervide) Wurzelgruppe der Giraffidae gewertet worden waren. Die Zugehörigkeit zu den Giraffoidea bestätigen die Gebißstruktur, Skelettmerkmale (Gliedmaßenproportionen: Metacarpalia gleich lang wie Metatarsalia) und Schädelmerkmale (knöcherne Fortsätze [Abb. 502], keine Ethmoidallücken). *Palaeomeryx kaupi — P. magnus*

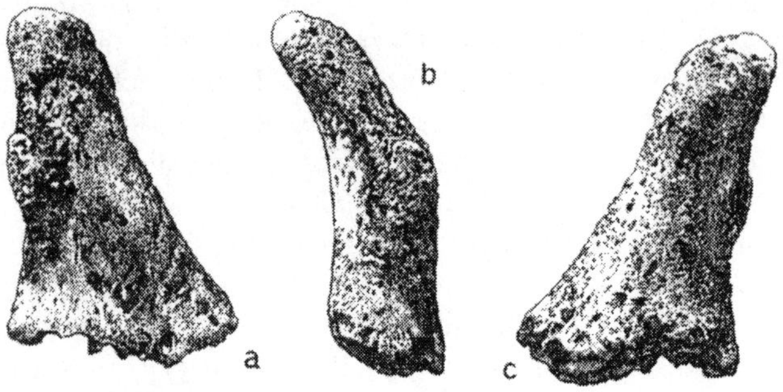

Abb. 502. *Palaeomeryx kaupi* (Palaeomerycidae, Giraffoidea). Miozän, Europa. Linker Frontalzapfen, a) intern, b) caudal, c) lateral. (3/5) — Nach Ginsburg & Heintz 1966

(= sansaniensis) — P. eminens bilden nach Ginsburg & Heintz [1137] eine Ahnenreihe im Miozän Europas. Verwandte Formen sind als „*Progiraffa*" und „*Propalaeomeryx*" aus dem asiatischen und als *Kenyameryx (= Palaeomeryx africanus)* aus dem ostafrikanischen Jung-Tertiär beschrieben worden [580, 1137, 3837]. *Triceromeryx* aus dem Miozän der iberischen Halbinsel [120, 647] ist ein weiterer Angehöriger der Palaeomeryciden, so daß sich eine Abtrennung als eigene Familie erübrigt. Da echte Giraffiden bereits aus dem Miozän nachgewiesen sind, kommen die (miozänen) Palaeomeryciden nicht als deren Stammformen in Betracht. Wichtig ist, daß durch die Zuordnung von „*Palaeomeryx*" *africanus* zu den Giraffoidea aus dem Miozän Afrikas bisher keine Cerviden nachgewiesen sind*).

Die Geschichte der **Giraffidae** ließ sich durch Fossilfunde weitgehend aufhellen. Sie waren im Jung-Tertiär und Pleistozän in Afrika und Eurasien verbreitet und artenreich entwickelt. Die beiden rezenten Gattungen *(Okapia* und *Giraffa)* stellen die einzigen Überlebenden von zwei bereits im Miozän getrennten Stämmen dar. Sie unterscheiden sich in zahlreichen Merkmalen von den übrigen Pecora (hautbedeckte knöcherne Schädelfortsätze, keine Ethmoidallücke, mehr oder weniger pneumatisierter Schädel, C inf. mit zweilappiger Krone, seitliche Metapodien bis auf winzige Rudimente [975, 1774] zurückgebildet) und werden deswegen auch als Vellericornia oder Pellicornia den übrigen Pecora gegenübergestellt. Die paarigen Schädelfortsätze bestehen aus einem Os cornu und einem Fortsatz des Frontale, die im Laufe der Ontogenese miteinander verschmelzen [421, 3798]. Interessant ist, daß die beiden rezenten Gattungen einen gemeinsamen Entoparasiten beherbergen (*Monodontella giraffae* [Hakenwurm]; [2531]), der die Herkunft von einer einheitlichen Wurzelgruppe bestätigt**), wofür auch serologische Befunde sprechen [246]. Mit der Stammesgeschichte der Giraffiden sind verschiedene Probleme verknüpft. Die wichtigsten betreffen das Entstehungsgebiet und die Stellung von *Okapia.*

Durch die Entdeckung von *Prolibytherium* (Abb. 503) aus dem Unter-Miozän (Burdigal) Nordafrikas [132, 134] scheint der afrikanische Ursprung der Giraffiden gesichert, nachdem bis

---

*) Die Stellung von *Climacoceras* wird diskutiert, doch ist es kein Cervide.

**) Angesichts des getrennten Lebensraumes ist eine Sekundärinfektion einer Giraffenart auszuschließen.

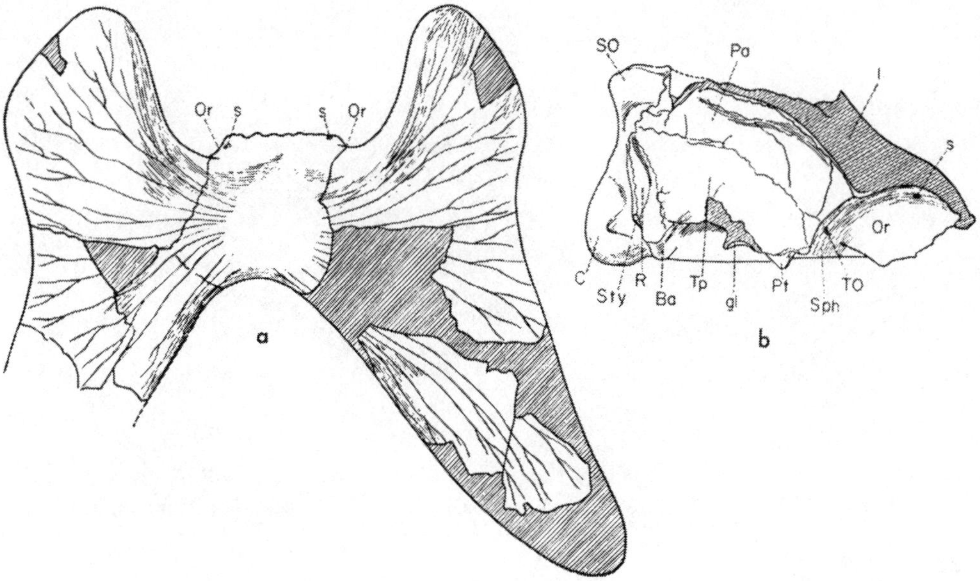

Abb. 503. *Prolibytherium magnieri* (Giraffidae), Alt-Miozän (Burdigal), Nordafrika. a) Schädelfortsatz, Aufsicht (1/4,5), b) Hirnschädelfragment, lateral (1/2,25) — Nach ARAMBOURG 1961

Ba = Basioccipitale	*Or* = Orbita	*S* = Canalis supraorbitalis
C = Condylus occipitalis	*P* = Petrosum	*Sph* = Sphenoid
Fo = Foramen opticum	*Pa* = Parietale	*Sty* = Processus styloideus
gl = Cavitas glenoidalis	*Pt* = Pterygoid	*Tp* = Temporale
I = Ansatzstelle der Schädelfortsätze	*R* = Perioticum	

dahin eine (eur-)asiatische Entstehung angenommen wurde (Vorkommen von *Progiraffa*, *Giraffokeryx* und *Palaeotragus* im eurasiatischen Miozän [562, 576, 580, 583, 2273, 2681 a]). *Prolibytherium* ist wegen seiner flügelartig verbreiterten Schädelfortsätze allerdings nicht als Stammform geologisch jüngerer Giraffiden anzusehen. Weiterhin dokumentieren verschiedene isolierte Extremitätenreste die Existenz der Giraffiden im Miozän Afrikas. Dies gilt nicht nur für Metapodien vom Rudolfsee (ARAMBOURG [122] = *Antilope* sp.; siehe ARAMBOURG [134]), sondern wahrscheinlich auch für die von WHITWORTH [3837, Fig. 11 a, b] auf *Propalaeoryx* bezogenen Extremitätenreste von der Rusinga-Insel.

Im eurasiatischen Raum sind es die Palaeotraginen, die zu den geologisch ältesten Giraffiden zählen. Erstmalig im mittleren Miozän nachgewiesen, sind sie in Europa noch bis ins älteste Quartär belegt [2986: *Mitilanotherium*; 3179: *Macedonitherium*]. Die Palaeotraginen sind ungefähr rothirschgroße, kurzhalsige Giraffen mit einfachen paarigen Schädelfortsätzen und nur wenig verlängerten Extremitäten (*Palaeotragus* [=„*Achtiaria*"], *Giraffokeryx* (Abb. 504, 505), *Samotherium* [=„*Alcicephalus*" = „*Chersonotherium*"]). Eine ähnliche Merkmalskombination zeigt die rezente Urwaldgiraffe Zentralafrikas (*Okapia johnstoni*), die deshalb auch als nur wenig veränderter Überlebender tertiärer Palaeotraginen gilt [580, 3297, 3610]. Da einzelne Merkmale primitiver (wie lange Parietalregion, brachyodontes Gebiß, längere Bulbi olfactorii, Markierungsverhalten [277, 2019, 2085]), andere jedoch spezialisierter (Furchung der Großhirnrinde, Pneumatisierung des Schädels, Molarisierung der P inf., Überbauung der Vorderextremität, Magen, Greifzunge [443, 586]) sind als die der Palaeotraginen, bewertet man *Okapia* verschiedentlich

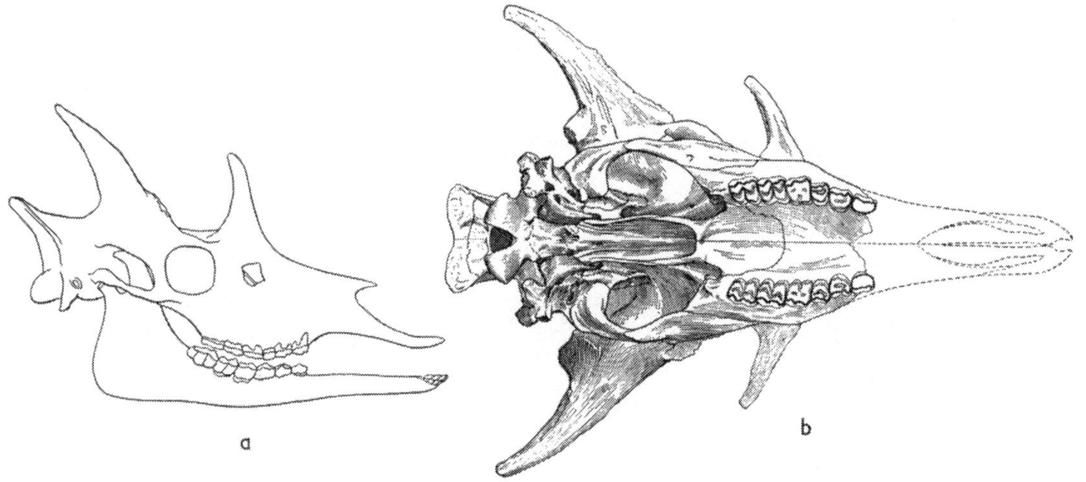

Abb. 504. *Giraffokeryx punjabiensis* (Giraffidae). Mio-Pliozän, Südasien. Schädelrekonstruktion, a) Lateralansicht (1/9), b) Ventralansicht (1/6) — Nach COLBERT 1935

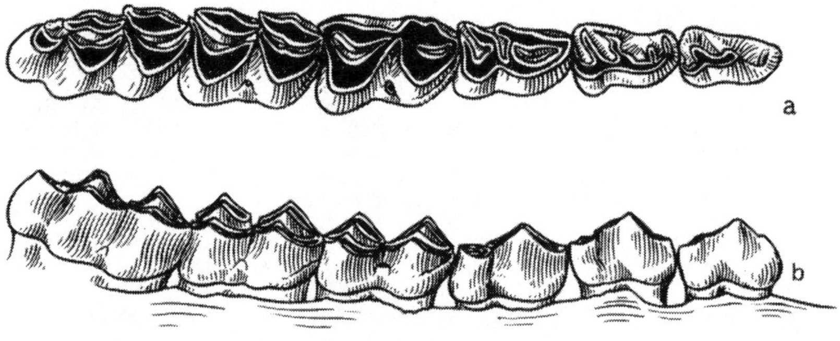

Abb. 505. *Giraffokeryx* sp. Miozän, Europa. P_2—M_3 dext. a) occlusal, b) lateral. (3/4) Nach CIRIĆ & THENIUS 1959

als Angehörigen einer eigenen Unterfamilie [309, 647]*). Diese Unterschiede lassen sich jedoch mit der lang anhaltenden Isolation verstehen. Auf Grund hochspezialisierter Merkmale (Gehirn, reduzierte seitliche Metapodien [57, 2783]) ist die Herkunft von savannenbewohnenden Giraffen — wie es für die Palaeotraginen zutrifft — nicht auszuschließen und anzunehmen, daß das Okapi eine sekundäre Urwaldform darstellt. Fossile Okapi-Reste sind bisher nur aus dem ostafrikanischen Ältest-Pleistozän bekannt geworden; sie unterscheiden sich durch etwas ursprünglichere Gebißmerkmale von der rezenten Art [787]**). Als Ganzes gesehen, ist das Okapi eine primitive Giraffe, die sich in manchen Merkmalen (wie brachyodonte Molaren) ursprünglicher verhält als miozäne Arten. Über die einstige Verbreitung von *Okapia* nach Norden lassen sich nur Vermutungen äußern, da die auf Kurzhalsgiraffen bezogenen Darstellungen aus historischer

---

*) Im Zusammenhang mit der Bewertung der Merkmale wären auch die Knochenzapfen der Giraffen im allgemeinen zu diskutieren, die verschiedene Autoren als rudimentäre Geweihe oder Hornzapfen ansehen, wie auch die Giraffiden verschiedentlich [985, 1114] überhaupt nur als spezialisierte Antilopen aufgefaßt werden. Derartige Annahmen sind nach den Fossilfunden völlig abzulehnen. Das heißt weiter, daß der Begriff Tauroidea (FRECHKOP [985] Antilocapridae, Bovidae und Giraffidae) keine natürliche Einheit kennzeichnet.

**) *Bohlinia* (= *Orasius* auct.) ist nach CRUSAFONT [647] ein Angehöriger der Okapiinen und kein primitiver Giraffine.

Zeit (wie Felszeichnungen in der Libyschen Wüste, Relief aus Persepolis mit Äthiopiern und „Kurzhalsgiraffe" [= ? Nilgau-Antilope]; siehe GIJZEN [1114], BRENTJES [376]) keineswegs eindeutig sind [1698].

Den zweiten, gleichfalls auf Palaeotraginen zurückzuführenden Stamm bilden die Giraffinae, die durch *Honantherium*, *Decennatherium* und *Giraffa* seit dem Pliozän belegt sind [309, 647]. Bei ihnen kommt es zur Verlängerung des Halses und der Gliedmaßen. Sie waren im Jung-Tertiär als Angehörige der Hipparionfaunen von Westeuropa bis Ostasien und in Nordafrika heimisch. *Giraffa* selbst war im Quartär über ganz Afrika (mit Ausnahme der Urwaldgebiete) verbreitet. Erst mit der Austrocknung des nördlichen Afrika kam es zum Rückgang, der in Felszeichnungen aus historischer Zeit belegt ist [1919]. Gegenwärtig ist nur eine Art *(G. camelopardalis)* mit mehreren Unterarten vertreten [678]. Zahlreiche Parallelentwicklungen innerhalb der Palaeotraginae und Giraffinae (wie Verlängerung des Fazialschädels und des Diastems, Molarisierung der P inf., Verlängerung der Extremitäten) lassen sich durch ähnliche ökologische Bedingungen erklären.

Einen weiteren, arten- und formenreich entwickelten Stamm bilden die Sivatheriinen des Jung-Tertiärs und Pleistozäns, die ihren stammesgeschichtlichen Höhepunkt im ausgehenden Tertiär und Pleistozän erlebten. Sie unterscheiden sich durch ihre abweichenden phylogenetischen „trends" (Schädel kurz und breit ohne Verlängerung des Fazialabschnittes, Molarisierung der P inf. geringer) stark von den übrigen Giraffiden. Sie waren meist riesige Kurzhalsgiraffen mit rinderartig proportionierten Gliedmaßen, die kegelstumpfartige *(Bramatherium)* oder verzweigte, auch flächig verbreiterte und dadurch entfernt geweihähnlich wirkende Schädelfortsätze*) *(Sivatherium, Libytherium)* besaßen. Innerhalb der Sivatherien lassen sich mehrere Stammlinien unterscheiden [1142]. *Karsimatherium* aus dem Pliozän des Kaukasus vermittelt zwischen *Helladotherium* und *Sivatherium*, *Birgerbohlinia* (Spanien) und *Libytherium* bilden getrennte Zweige. *Sivatherium (= Griquatherium* und *Orangiatherium)* war im südasiatischen und afrikanischen Pleistozän verbreitet [3297]. Ein Überleben in historischer Zeit ist wiederholt diskutiert worden (Felszeichnungen aus Nordafrika; Plastik aus der Sumererzeit [582]), doch liegt kein schlüssiger Beweis dafür vor [1261].

Antilocaproidea

Mit *Antilocapra americana*, dem nordamerikanischen Gabelbock, sind verschiedene wesentlichen Probleme verknüpft. Nach der Merkmalskombination kann kein Zweifel über die Abtrennung dieser einzigen rezenten Gattung als eigene Familie **(Antilocapridae)** bestehen. *Antilocapra* ist der einzige Überlebende einer einst formenreich entwickelten Gruppe und steht unter den heutigen Paarhufern isoliert. Über die stammesgeschichtliche Herkunft sowie zahlreiche Fossilformen bestehen im wesentlichen zwei Auffassungen: gemeinsamer Ursprung mit altweltlichen Boviden oder unabhängige Herkunft von nordamerikanischen Cervoidea.

Es ist verständlich, daß von der Entscheidung dieser Frage auch die Berechtigung der Bovoidea (= Cavicornia) als natürliche Einheit abhängt. Für die Lösung dieses Problems sind, da weder serologische noch parasitologische Befunde vorliegen, morphologische und verbreitungsgeschichtliche Kriterien maßgebend, wobei Fossilfunden eine bedeutende Rolle zukommt.

Von entscheidender Bedeutung ist die morphologische Beurteilung der Hornzapfen. Der über der Orbita gelegene Knochenzapfen ist beim lebenden Tier mit einer behaarten Haut

*) Die besonders bei alten Individuen an den Knochenzapfen bei *Giraffa* auftretenden Exostosen, die verschiedentlich mit dem verzweigten Sivatheriengeweih in Verbindung gebracht werden [390], haben nichts damit zu tun [1928]. Ähnliches ist auch von *Okapia* bekannt [2023].

bedeckt; sie produziert jährlich eine gegabelte Hornscheide, die periodisch gewechselt wird [2170a]. Der Abwurf ist hormonal gesteuert*). Die Verhornung erfolgt im Gegensatz zu jener der Boviden basalwärts.

Diese und anatomische Unterschiede (Muskulatur, Gehirnbau [223]) waren entscheidend, den Gabelböcken eine Sonderstellung unter den Pecora einzuräumen und sie als eigene, den Boviden, Cerviden und Giraffiden gleichwertige Gruppe zu klassifizieren**). Dazu kommt, daß fossile Antilocapriden bisher nur aus Nordamerika bekannt sind. Mit der Beurteilung dieser Fossilformen ist die Zuordnung der **Merycodontiden** engstens verknüpft. Es handelt sich, ähnlich den Dromomeryciden, um ausschließlich jung-tertiäre Paarhufer Nordamerikas. Der wesentlichste Unterschied gegenüber den Antilocapriden liegt im Bau der knöchernen Stirnfortsätze, die gegabelt und verästelt sind. Ursprünglich meist als hypsodonte Cerviden angesehen, als deren Vorfahren oder auch als Giraffen klassifiziert [609, 1452, 1763, 2143, 2257], stellen sie nach Frick [1021] gabelantilopenartige Formen dar. Die sogenannte „Rose" der verzweigten Stirnfortsätze ist mit der Rose des Hirschgeweihes nicht vergleichbar, da es sich um eine periodisch erfolgende Knochenanlagerung handelt, die leicht von der „Stange" lösbar ist, also nicht mit ihr verschmilzt [1039]. Ein Abwurf des „Gehörns", das vermutlich von einer periodisch gewechselten Haut bedeckt ist, fand nicht statt. *Merycodus*, *Meryceros* (Abb. 506) und *Ramoceros* (mit zahlreichen Untergattungen [1021, 3257]) bilden die wichtigsten Genera.

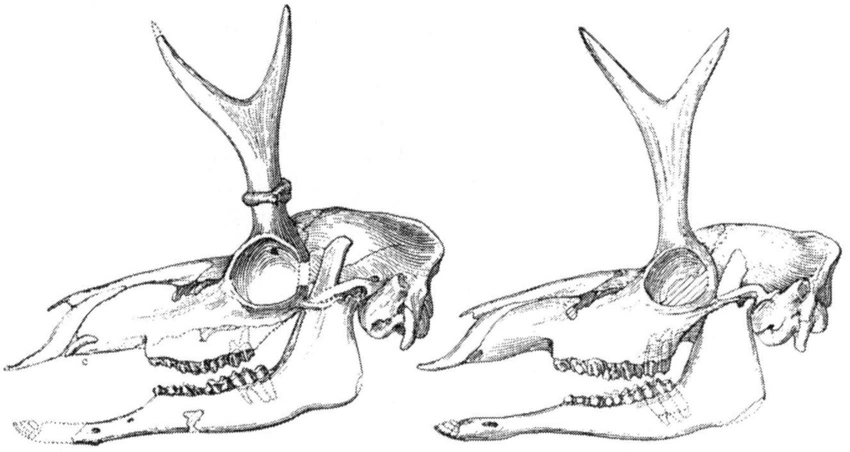

Abb. 506. *Meryceros warreni* (Merycodontidae). Pliozän, Nordamerika. Osteocranium, adultes Männchen (links), adultes Weibchen (rechts). Beachte „Rose" beim Männchen und C sup. *(C)*. (1/3) — Nach Frick 1937

Fossile Antilocapriden sind seit dem Pliozän nachgewiesen. Sie erreichten ihre größte Formenfülle im Jung-Pliozän (Hemphillian), indem Arten mit gegabelten *(Sphenophalos)*, verzweigten *(Hexobelomeryx)* und gedrehten *(Ilingoceros)****) Stirnfortsätzen bekannt sind [1040].

---

*) Kastrierte Gabelböcke werfen die Hornscheide nicht mehr ab [2731].

**) Nach Boas [292] und auch Weber [3798] reichen die Merkmale zu einem derartigen Schluß nicht aus, indem *Antilocapra* nach Boas als ursprünglichstes Stadium der Cavicornier anzusehen ist und die Trennung von Bovidae und Antilocapridae sehr frühzeitig erfolgte. Patterson [2601:35, Fußnote] hingegen scheinen die Unterschiede so gewichtig, daß die Gabelantilopen möglicherweise überhaupt unabhängig von den Ruminantia entstanden seien.

***) Diese Gattung wurde ursprünglich als Bovide gedeutet.

Aus dem Pleistozän sind außer *Antilocapra* auch Formen mit gegabelten Stirnfortsätzen (*Stockoceros*, *Tetrameryx* und *Capromeryx*) bekannt.

Die verwandtschaftlichen Beziehungen zwischen Merycodontiden und Antilocapriden werden nicht einhellig beurteilt. Nach Hesse [1408] verbinden *Capromeryx*-Formen die Merycodontiden und Antilocapriden, nach Barbour & Schultz [185] ist es *Proantilocapra*, doch sind diese Formen zu jung.

Jedenfalls bildet *Antilocapra americana* den letzten Überlebenden einer einst formenreich entwickelten Paarhufergruppe Nordamerikas. Die Antilocapriden sind zugleich ein Beispiel für eine Parallelentwicklung zu altweltlichen Antilopen. Die Boviden haben den amerikanischen Kontinent erst während des Pleistozäns erreicht (wie *Bison*, *Bos*, *Ovis*, *Oreamnos*). Die geographische Trennung, die — zusammen mit den Fossilfunden und morphologischen Befunden — für eine frühzeitige Differenzierung und von den Boviden unabhängige Entstehung der Gabelbockartigen aus hirschähnlichen Paarhufern in Nordamerika spricht, macht eine Abtrennung als eigene Überfamilie (Antilocaproidea) notwendig. Die Antilocaproidea sind eine ausschließlich auf Nordamerika beschränkte Huftiergruppe.

*Bovoidea**)

Die gegenwärtig formenreichste Wiederkäuergruppe bilden die **Boviden**. Ihre zum Teil erst in geologisch jüngster Zeit erfolgte Aufspaltung und Differenzierung erschwert die taxonomische Gliederung und oft auch den Einblick in die stammesgeschichtlichen Zusammenhänge im einzelnen. Diese unterschiedlichen Auffassungen spiegeln sich in den zahlreichen Klassifikationsversuchen wider (Gray, Flower, Lydekker, Sclater, Thomas, Schlosser, Pocock, Knottnerus-Meyer, Schwarz, Pilgrim, Simpson, Sokolov und Haltenorth). Sie beruhen nicht zuletzt auf den verschiedenen, als Grundlage dienenden Merkmalskomplexen (wie Gehörn, Schädel, Gebiß, äußere Merkmale, Hautdrüsen und andere) und deren Bewertung.

Die Geschichte der Boviden ist, ähnlich wie bei den Equiden und Elephantiden, durch die „Eroberung" der offenen Landschaft gekennzeichnet, die im Zusammenhang mit der Ausbildung der hypsodonten Backenzähne erfolgte. Über den Zeitpunkt der Differenzierung des Magens lassen sich nur Vermutungen äußern. Immerhin trat wahrscheinlich die Fähigkeit zum Wiederkäuen bereits vor der Entstehung der Boviden auf, als die Trennung in Proto-Tylopoda und Proto-Ruminantia vollzogen war. Wie schon erwähnt, weicht der Wiederkäuermagen der Tylopoden in Einzelheiten von dem der Tragulina und Pecora ab und ist unabhängig von ihnen erworben worden.

Innerhalb der Boviden lassen sich primäre (Aufspaltung in die heutigen Unterfamilien) und sekundäre Radiationen (Differenzierung in Gattungen [3448]) unterscheiden. Die stammesgeschichtliche Einheit der Boviden ist in zahlreichen Merkmalen gesichert: Hornzapfen zeitlebens von Hornscheide bedeckt, die praktisch nicht gewechselt wird**), Gebiß fast stets hypsodont, C sup. nur ausnahmsweise vorkommend [750, 1036, 1771, 2366], seitliche Zehenstrahlen bis auf Rudimente zurückgebildet, Gebiß mit der Zahnformel $\frac{0\ 0\ 3\text{-}2\ 3}{3\ 1\ 3\text{-}2\ 3}$, C inf. incisiviform, charakteristischer Furchentyp des Großhirns (Abb. 507), gut entwickelte Schlundrinne und so weiter.

---

*) Der hier verwendete Begriff Bovoidea umfaßt nur die Bovidae, entspricht also nicht den Bovoidea im Sinne von Simpson [3257]. Er ist jedoch zur Gegenüberstellung zu den Antilocaproidea notwendig.

**) Gelegentlich Abwurf des Hornes bei juvenilen Rindern und bei Antilopen (wie *Oryx*, *Hippotragus*, *Boselaphus* [801, 836]).

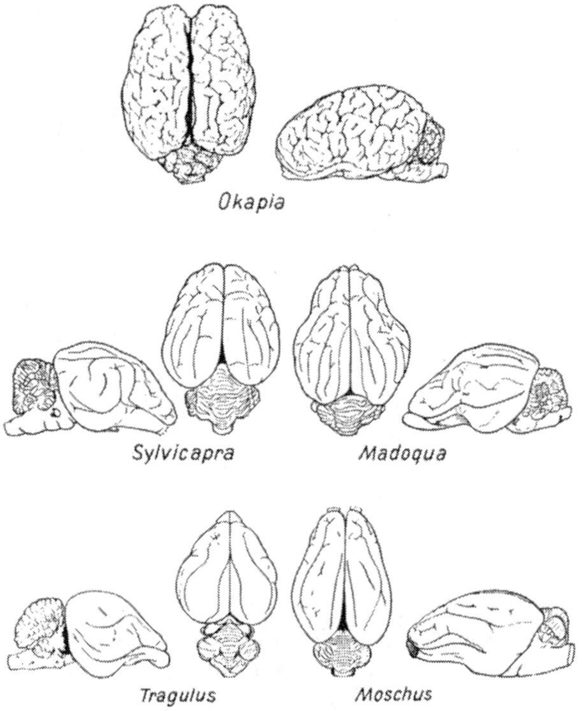

Abb. 507. Gehirne rezenter Paarhufer (Dorsal- und Lateralansicht) auf gleiche Länge gebracht. Beachte verschiedene Evolutionshöhe in Zusammenhang mit absoluter Körpergröße und Neencephalisationsgrad. *Tragulus* und *Moschus* als primitivste Typen, *Okapia* als Beispiel einer stark evoluierten Form — Nach Starck 1965

Abb. 508. *Palaeohypsodontus asiaticus* (? Bovidae). Mittel-Oligozän, Mongolei. Mandibelfragment dext. mit M_{2-3}; a) occlusal, b) buccal, c) lingual. (1/1) Nach Trofimov 1957

Als Entstehungsgebiet gilt auf Grund von Fossilfunden meist der eurasiatische Kontinent. Als Stammformen der Boviden sieht man fast allgemein die Gelociden an (Seite 452)*).

Die geologisch ältesten sicheren Bovidenreste stammen aus dem älteren Miozän (Burdigal) Europas (*Eotragus* = „*Eoceros*" [3403]). Reste von Eotraginen sind auch aus miozänen Ablagerungen Asiens und Afrikas (*Walanginia*) bekannt. Sie sind kaum rehgroße Paarhufer mit nur mäßig verlängertem Schädel, bei den Männchen mit kleinen gestreckten oder schwach einwärts gekrümmten Hornzapfen, die steil und direkt über der Orbita eingepflanzt sind [2024, 2691, 3586] (Abb. 509). Große Präorbitalgruben und ein brachyodontes bis subhypsodontes Backengebiß ohne Palaeomeryxfalte sind weitere Kennzeichen (Abb. 510).

Aus Eotraginen haben sich die jung-tertiären „Tragocerinen" Eurasiens entwickelt (*Protragocerus* [einschließlich *Paratragocerus*]: Miozän, *Miotragocerus* [einschließlich *Sivaceros*]: Mio-Pliozän, *Tragocerus***) *Perimia*, *Strepsiportax* und *Pachyportax*: Pliozän [2690, 3593]), die nach Pilgrim [2691] als Boselaphinae zu klassifizieren sind. Sie waren im ausgehenden Tertiär und Pleistozän in Südasien und Nordafrika verbreitet. Auf jung-tertiäre Boselaphinen lassen sich die Bovinae (sensu stricto) zurückführen [2690, 2691]***) (Abb. 511). Gegenwärtig sind die Boselaphinae nur mehr durch die Nilgauantilope (*Boselaphus tragocamelus*) und die Vierhornantilope (*Tetracerus quadricornis*) vertreten. Eiszeitliche Boselaphinen sind als *Proboselaphus* und *Duboisia* bekannt geworden [1536].

---

*) Auf *Palaeohypsodontus* (Abb. 508) aus dem Mittel-Oligozän der Mongolei, den Trofimov [3660] als Boviden klassifiziert, wurde bereits hingewiesen. Die Dokumentation ist jedoch noch zu gering. Ähnliches gilt von *Gobioceros mongolicus* aus dem Alt-Miozän (Loh-Formation) der Mongolei [3328]. Es sind „Gebiß-Boviden".

**) Die von Bohlin [312] für *Tragocerus* angenommene Gabelung der Hornscheiden — ähnlich *Antilocapra* — trifft nicht zu [3574].

***) Nach Roy [2958] sind die Nilgauantilopen nicht näher mit den Wildrindern verwandt, sondern stellen ebenso wie die Strepsicerotini und Cephalophinae altertümliche Boviden dar.

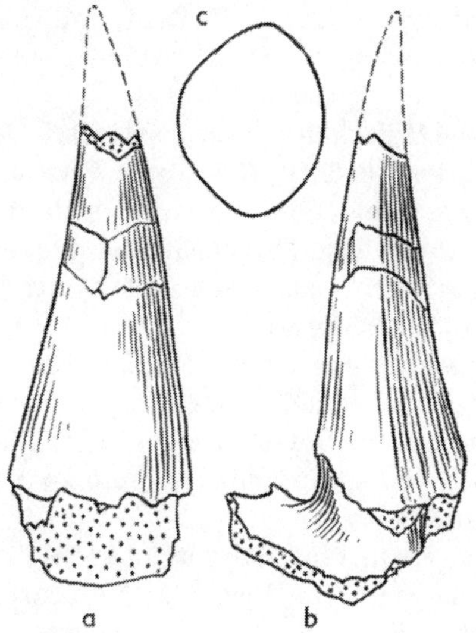

Abb. 509. *Eotragus haplodon* (Bovidae). Mittel-Miozän, Europa. Hornzapfen sin. a) von innen, b) von vorne, c) Querschnitt. (7/8) — Nach THENIUS 1952

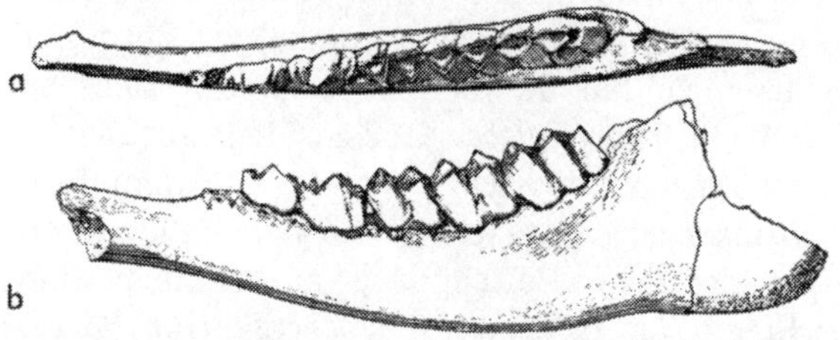

Abb. 510. *Eotragus sansaniensis* (Bovidae). Mittel-Miozän, Europa (Sansan). Mandibel sin. mit P_3—M_3; a) occlusal, b) lateral. (1/2) — Nach GINSBURG 1963

Die Bovinae oder Wildrinder (= Bovini SIMPSON [3257]) sind im Bau des Schädels die fortschrittlichsten Boviden. Die rezenten Arten entsprechen verschiedenen Evolutionsniveaus. Als ursprünglichste lebende Art gilt der Gemsbüffel *(Bubalus* [*Anoa*] *depressicornis)* von Celebes [322, 809]. Es ist die kleinste und primitivste Büffelart, die morphologisch durch den Tamarao *(B. a. mindorensis)* zum Wasserbüffel *(B. a. arnee)* überleitet [1309]. Im Pleistozän (Warmzeiten) waren Wasserbüffel *(Bubalus = „Buffelus")* auch in Europa verbreitet [243, 3031]. Für die aus dem europäischen (?) Neolithikum bekannt gewordenen Wasserbüffel ist die Wildnatur und die Bodenständigkeit nicht gesichert [294, 2004]. Die Domestikation des Wasserbüffels erfolgte in Südasien im 3. Jahrtausend v. Chr. [326, 3997]. Sein Verbreitungsgebiet ist an Wasser gebunden und fällt mit den Reisanbaugebieten zusammen.

Nach PILGRIM [2690, 2693] bildet *Proamphibos* aus dem Jung-Pliozän Südasiens die Stammform der *Bubalus*-Gruppe. *Bubalus* ist bereits aus dem Alt-Pleistozän Asiens *(B. platyceros)* nachgewiesen. *Bubalus palaeindicus* aus Indien und *B. palaeokerabau* aus Java sind wahrscheinlich nur Rassen von *B. arnee* [1525]. Einen ausgestorbenen Seitenstamm bildet *Hemibos.*

Systematische Stellung und Herkunft der afrikanischen Büffel *(Syncerus)*, deren rezente Vertreter einen von West- bis Südafrika verbreiteten Formenkreis *(Syncerus c. nanus, S. c. aequinoctialis* und *S. c. caffer)* bilden, wird nicht einheitlich beurteilt [201, 1263, 2691, 2742]. Nach PILGRIM gehört *Syncerus* einem eigenen, nicht näher mit den asiatischen Büffeln verwandten Stamm (Syncerina) an. Fossilfunde liegen bisher nur vom afrikanischen Kontinent und aus Südeuropa vor (*Simatherium, „Bularchus", Syncerus* [1556]). Wie GENTRY [1102] nachweisen konnte, ist *Pelorovis* aus dem Pleistozän Ostafrikas (Bed II der Olduvai-Schlucht) kein Caprine, sondern ein Angehöriger der afrikanischen Büffel, der primitive (boselaphine) Merkmale mit fortschrittlichen (weit rückwärts gelegener Ansatz der großen Hornzapfen, Fehlen einer Ethmoidallücke und Präorbitalfossa, schwach hypsodontes Backengebiß) vereint. *Pelorovis (= „Bularchus")* bildet eine eigene Linie, die sich vermutlich auf *Simatherium* aus dem Villafranchium Ostafrikas [787] zurückführen läßt. Die näheren verwandtschaftlichen Beziehungen zur *Syncerus*-Gruppe vorausgesetzt, würde dies die Ansicht bestätigen, daß die asiatischen und afrikanischen Büffel nicht näher verwandt sind [1102]. Neben diesen langschnauzigen Büffeln waren auch kurzschnauzige, aber langhörnige Formen (*Homoioceras* [201, 2775, 3146] und Großformen vertreten [603]. *Homoioceras* ist vermutlich ein Seitenzweig der *Simatherium-Pelorovis*-Linie.

Den zweiten Hauptstamm unter den Bovinae bilden die Wildrinder (Taurina einschließlich Leptobovina) mit *Leptobos*, *Leptobison*, *Bison* und *Bos* (einschließlich *Bibos* und *Poephagus* (Abb. 512). Er läßt sich mit den Büffeln auf eine gemeinsame Wurzel im Pliozän zurückführen, die *Parabos* nahesteht und deren Trennung auf einem noch weitgehend antilopenhaften Stadium erfolgte [3607]. *Proleptobos* aus dem Jung-Pliozän (Dhok Pathan) Asiens ist die älteste Gattung, von der nicht nur die im Pleistozän Eurasiens und Nordafrikas verbreitete *Leptobos*-Gruppe (einschließlich *Epileptobos* [1522, 2653]) abzuleiten ist, sondern auch *Bison* und *Bos*. *Leptobos elatus* (basales Villafranchium) bildet die Stammform von *L. etruscus* und *L. stenometopon* [1980]. *L. vallisarni* zeigt Parallelen zu *Bison*, ähnlich wie *L. groeneveldti* zu *Bos*, ohne daß direkte stammesgeschichtliche Beziehungen anzunehmen sind [2331]. Dieser Stamm („Leptobovina") erlischt mit *L. (Epileptobos) groeneveldti* im Mittel-Pleistozän.

Im ältesten Pleistozän (Villafranchium) erscheinen die echten Wildrinder mit den Bisonten *(Bison sivalensis* und *Bison palaeosinensis)* in Eurasien. Sie waren im Pleistozän formenreich entwickelt. In Eurasien waren zur Eiszeit kurzhörnige Wald- *(B. schoetensacki)* und langhörnige Steppenwisente *(B. „priscus" = B. cesaris)* verbreitet.

In Nordamerika lassen sich zwei Einwanderungswellen unterscheiden, von denen die erste im mittleren Pleistozän zur Entstehung riesenhörniger Steppenformen *(B. latifrons, B. alleni)* führte, während die zweite (jung-pleistozäne) Einwanderungswelle aus kleineren, kurzhörnigen Formen *(B. crassicornis, B. preoccidentalis)* bestand, aus denen *B. occidentalis* hervorging, die als gemeinsame Stammform von *Bison bison* und *B. bonasus**) gilt [3304]. Demnach ist *Bison bonasus* als jüngsteiszeitlicher „Rück"wanderer in Eurasien zu betrachten. Mit dieser Auffassung steht das Nebeneinandervorkommen von *Bison „priscus"* und *B. bonasus* in Einklang [2107].

Die fortschrittlichsten Wildrinder lassen sich zu einer Gattung zusammenfassen. Es sind einerseits Gaur und Banteng**) (Subgenus *Bibos*), andererseits Yak und Ur (Subgenus *Bos*). *Bibos palaeosondaicus* aus dem Mittel-Pleistozän ist der Vorläufer von *B. javanicus (= „banteng")* (= *Bison geron* aus dem Pleistozän Chinas). Gaur *(B. gaurus)* und Banteng wurden domestiziert, indem der Gayal den Gaur, das Balirind den Banteng zur Stammform hat.

Vom *Bos*-Stamm***) existiert gegenwärtig nur der Yak oder Grunzochse *(Bos [Poephagus] mutus)* in den Hochebenen Zentralasiens als Wildform. Eiszeitliche Reste sind aus Ostsibirien (*B.* [*P.*] *bajkalensis* [834, 3712a]) bekannt. Bemerkenswert ist der gewaltige Geschlechtsdimorphismus des Wildyak [2992], der an jenen des Ures erinnert. Interessanterweise hat derYak im Jung-Pleistozän auch Alaska erreicht (*Bos bunnelli* [1021, 1427]). Als ältester Vertreter von *Bos* gilt *Bos planifrons* aus dem Ältest-Quartär (Pinjor) Südasiens. Mit *B. namadicus* und *B.*

---

*) Nach Bohlken [327] nur Subspecies von *B. bison*, eine nach dem heutigen Artbegriff notwendige Maßnahme, doch erscheint damit den (gringeren) Unterschieden zwischen *B. b. bison* und *B. b. athabascae* (Waldbison) nicht entsprechend Rechnung getragen (vergleiche Mohr [2382 und 954]).

**) Für den Kouprey (*B.* [*Novibos*] *sauveli*) ist die Wildnatur nicht gesichert (vergleiche [322, 324a, 605, 1263]). Möglicherweise ist es ein seit langem verwildertes Hausrind (vergleiche: Khmer-Zivilisation von Angkor).

***) Die nahe Verwandtschaft zwischen *Bos* und *Bison* wird durch den Nachweis von Hybriden zwischen beiden Formen bestätigt [749]. Schon aus diesem Grund erscheint die durch Burtschak-Abramovitsch [444] vertretene Annahme, daß *Urmiabos* aus dem Alt-Pliozän zwischen *Bos* und *Poephagus* vermittelt und deren gemeinsame Stammform bildet, unwahrscheinlich.

Abb. 511 (rechts). Die vermutlichen stammesgeschichtlichen Zusammenhänge innerhalb der Boviden. Beachte Radiation der Caprinae im Plio-Pleistozän. „Antilopinae" als heterogene Gruppe

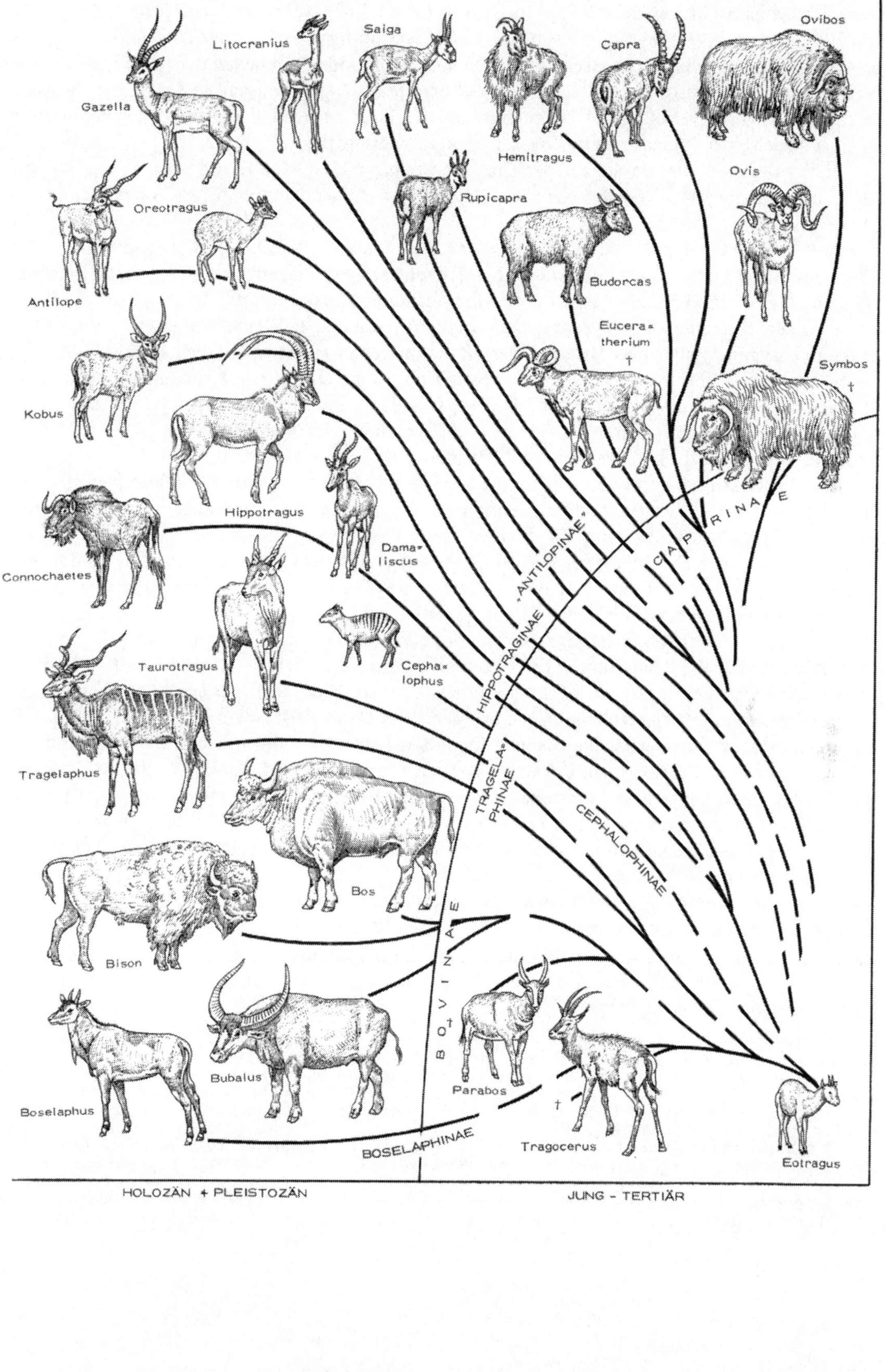
Gazella
Litocranius
Saiga
Capra
Ovibos
Hemitragus
Oreotragus
Rupicapra
Ovis
Antilope
Budorcas
Eucera-
therium
†
Symbos
†
Kobus
Hippotragus
Connochaetes
Dama-
liscus
"ANTILOPINAE"
C A P R I N A E
HIPPOTRAGINAE
Taurotragus
Cepha-
lophus
Tragelaphus
TRAGELA-
PHINAE
CEPHALOPHINAE
Bos
Bison
B O V I N A E
†
Parabos
Bubalus
†
Boselaphus
BOSELAPHINAE
Tragocerus
Eotragus
HOLOZÄN + PLEISTOZÄN
JUNG - TERTIÄR

mastanzadei sind mitteleiszeitliche Rinder aus Asien nachgewiesen. Der Ur *(Bos primigenius)* tritt in Europa nicht vor dem Mittel-Pleistozän (Mindel-Riß-Warmzeit) auf [2104]. Er wurde erst in historischer Zeit ausgerottet und bildet die Stammform der heutigen Hausrinder*) (*Bos primigenius taurus*; vergleiche Bohlken [323]). Das Hausrind bildet neben dem Schaf das älteste Haustier und ist im östlichen Mittelmeergebiet bereits im 7. Jahrtausend v. Chr. nachgewiesen. Nach Herre [1363] erfolgte die Domestikation des Ures an verschiedenen Stellen mehr oder weniger gleichzeitig**) (vergleiche [892] wegen Buckelrind).

Einen weiteren, den Bovinae nahestehenden Stamm bilden nach Burtschak-Abramovitsch [445] die Udabnocerinen (*Udabnocerus* und *Mirabilocerus*) aus dem Jung-Tertiär des Kaukasusgebietes.

Die meist mit den Nilgauantilopen zusammengefaßten Waldböcke (Tragelaphinae oder Tragelaphini (= „Strepsicerotini" [1263, 2741]) umfassen gegenwärtig nur afrikanische Formen. Dies sind die Buschböcke, Nyalas, Bongo, Sumpfantilopen und die Kudus *(Tragelaphus = „Strepsiceros"*; einschließlich *Limnotragus* und *Boocerus)* und die Elenantilopen *(Taurotragus)*. Letztere besitzen infolge ihrer Dimensionen rinderähnlichen Habitus. Da die geologisch ältesten Reste aus dem Pliozän Asiens *(Sivoreas, Sinoreas)* stammen, wurde bisher meist ein außerafrikanischer Ursprung angenommen. Dieser ist jedoch auf Grund neuerer Untersuchungen durch Gentry an jungtertiären Boviden Ostafrikas nicht sehr wahrscheinlich. Zu den Hippotraginae sind keine direkten verwandtschaftlichen Beziehungen vorhanden.

Das Furchenmuster der Hemisphären ist bei den Tragelaphinen einheitlich und stimmt im Grundmuster mit dem der Bovinen überein [3678], was mit deren naher phylogenetischer Verwandtschaft begründet wird. Es scheinen daher die Tragelaphinen den Wurzelgruppen der Bovinae näher zu stehen als jener der Hippotraginen, mit denen sie Haltenorth [1263], gemeinsam mit anderen Antilopen, zu einer Unterfamilie (Antilopinae) zusammenfaßt. Dies würde auch die serologischen Affinitäten erklären [3888].

Eine gut umgrenzbare, in manchen Merkmalen ursprünglich wirkende Gruppe sind die Duckerantilopen (Cephalophinae). Ihre Trennung von den übrigen Boviden muß sehr früh erfolgt sein, was Fossilreste aus dem nordafrikanischen Miocène supérieur [131] bestätigen. Weitere Fossilfunde *(Cephalophus)* liegen aus dem Pleistozän Afrikas vor [3822]. Es sind kleine Buschschlüpfer, die in den afrikanischen Urwäldern heimisch sind, und nur wenig veränderte (Ausbildung des Gehörns) Nachkommen miozäner Eotraginen [3053]. Mit Wells [3820] kann ihr afrikanischer Ursprung angenommen werden. Das Furchenbild der Hemisphären ist relativ einfach und erinnert nach Friant [1005] etwas an Cerviden [2490], doch ist die geringe absolute Größe zu berücksichtigen. Auffällig ist jedoch der gegenüber den Neotraginen hohe Cephalisationsgrad [2491].

Über die stammesgeschichtlichen Zusammenhänge der übrigen „Antilopen" und ihre Großgliederung besteht keine Einhelligkeit***), doch lassen sich mehrere untereinander näher stehende Gruppen auseinanderhalten. Die Gazellen (Gazellinae), die Hirschziegenantilopen, die Reduncinen (einschließlich *Aepyceros*), die Kuhantilopen und Gnus sowie die Pferde- und Säbelantilopen (Hippotraginen).

*) Dies gilt auch für die sogenannten Kurzhornrinder, für die einst eine eigene Wildform *(Bos brachyceros)* angenommen wurde. Es sind jedoch nur Domestikationserscheinungen [1750, 2005].

**) Die Boviden haben den südamerikanischen Kontinent als Wildformen nie erreicht. *Platatherium pampaeum* aus dem Jung-Pleistozän von Argentinien ist (nach Frick [1021]) vermutlich ein Cervide, *Colombibos atactodontus* [478] aus jung-pleistozänen oder subrezenten Ablagerungen beruht auf einem Milchgebiß, das vermutlich von *Bos primigenius taurus* stammt [3604].

***) Eine natürliche Gliederung wird erschwert durch die im Zusammenhang mit der fast explosiv zu bezeichnenden Aufspaltung erfolgten Parallelerscheinungen (wie *Aepyceros*: *Gazella*; *Raphicerus*: *Oreotragus*).

Abb. 512 (rechts). Die vermutlichen stammesgeschichtlichen Beziehungen innerhalb der Wildrinder (Bovinae). Die afrikanischen Büffel *(Simatherium, Pelorovis, Homoioceras* und *Syncerus)* dürften eine eigene Linie bilden

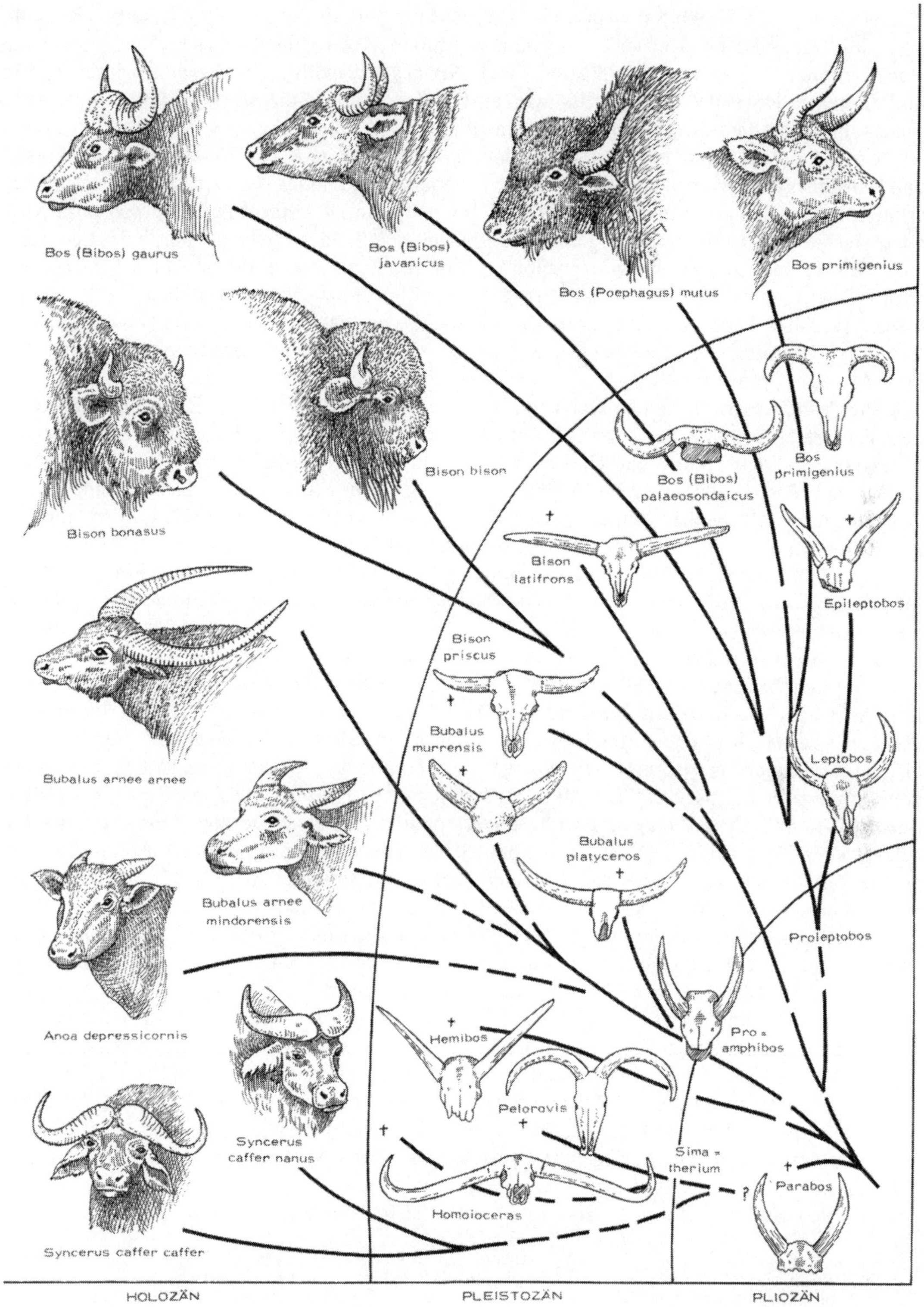
Bos (Bibos) gaurus
Bos (Bibos) javanicus
Bos (Poephagus) mutus
Bos primigenius
Bison bonasus
Bison bison
Bos (Bibos) palaeosondaicus
Bos primigenius
+ Bison latifrons
+ Epileptobos
Bubalus arnee arnee
Bison priscus
+ Bubalus murrensis
+
Leptobos
Bubalus arnee mindorensis
Bubalus platyceros +
Proleptobos
Anoa depressicornis
+ Hemibos
Pro= amphibos
Pelorovis +
Syncerus caffer nanus
+
Sima= therium
+ Parabos
?
Homoioceras
Syncerus caffer caffer
HOLOZÄN
PLEISTOZÄN
PLIOZÄN

Wie Oboussier [2490] auf Grund von Untersuchungen am Gehirn zeigen konnte, bilden die meist als Tribus oder Unterfamilie zusammengefaßten Neotraginen keine Einheit, indem nur *Raphicerus* und *Ourebia* näher verwandt sind, *Rhynchotragus* und *Oreotragus* hingegen jeweils isoliert stehen. Über ihre Herkunft ist mangels tertiärer Fossilfunde nichts zu sagen. *Praemadoqua* stammt aus dem ältesten Quartär Ostafrikas [791].

Unter den als Hippotraginae oder Antilopinae zusammengefaßten Boviden sind die Wasser- und Riedböcke (*Kobus*, *Adenota*, *Redunca*) näher miteinander verwandt und vermutlich asiatischen Ursprunges. *Cambayella* aus dem Jung-Pliozän, *Vishnucobus*, *Sivadenota* und *Sivacobus* aus dem Ältest-Pleistozän Südasiens stehen *Kobus* oder *Adenota* morphologisch recht nahe [2691]. Nach dem Großhirnfurchenbild entspricht *Aepyceros melampus*, die Schwarzfersenantilope, weitgehend den Riedböcken, so daß eine Zuordnung zu den Gazellen nicht gerechtfertigt ist [2489, 2492]. Dies bestätigt der Zahnbau, der völlig gazellenunähnlich ist [1101].

Pelea capreolus, der südafrikanische Rehbock, steht als spezialisierte Steppenform den Reduncinen etwas ferner.

Pferde- und Säbelantilopen waren im Jung-Tertiär über weite Teile Eurasiens verbreitet, doch sind *Protoryx* und *Palaeoryx* aus dem Pliozän nach Gentry keine Hippotraginen. *Tragoreas*, *Sinotragus* und *Olonbulukia* gehören jedoch dieser Gruppe an. Fossile *Hippotragus*-Arten sind aus Afrika und Asien bekannt geworden*). Oryx- und Mendesantilopen (*Addax*) bilden zwei, *Hippotragus* nahestehende Stämme, doch steht letztere etwas ferner. *Menelikia lyrocera* aus dem Ältest-Quartär Abessiniens [124] dürfte ein aberranter Angehöriger der Hippotraginen sein.

Innerhalb der Kuhantilopen (Alcelaphini) bilden die Hartebeests (*Alcelaphus* = *Bubalis* = „*Thaloroceros*") und die Leierantilopen (*Damaliscus*) zwei getrennte Stämme, die mit *Damalavus* bereits aus dem Miocène supérieur Nordafrikas nachgewiesen sind [131]. Dies und das völlige Fehlen eurasiatischer Alcelaphinen (nur *Damalops* aus dem Ältest-Pleistozän Südasiens [2691]) spricht nach Wells [3820] für den afrikanischen Ursprung der Kuhantilopen. Demgegenüber sieht Sokolov [3329] in *Prodamaliscus* aus dem europäischen Alt-Pliozän die Stammform der Alcelaphinen, was jedoch nach der Dokumentation sehr fraglich erscheint. Somit ist der afrikanische Ursprung gesichert. Die einstige Formenfülle der Alcelaphinae bezeugen verschiedene ausgestorbene „Genera" aus dem afrikanischen Pleistozän. *Pultiphagonides***), *Peloroceras***), *Parmularius*, *Makapania* und *Lunatoceras* sind teils großwüchsige, teils aberrante Angehörige der Kuhantilopen [1479, 1555, 3821, 3822]. *Praedamalis* aus dem Ältest-Quartär Ostafrikas verhält sich im Gebiß etwas ursprünglicher als die rezenten Arten [791]. „*Hippotragus*" *niro* aus dem Pleistozän ist nach Gentry [1100] eine *Damaliscus*-Art.

Nach Mohr [2397] ist die Ähnlichkeit des Gnugehörns mit einzelnen Caprinen (*Budorcas*, *Ovibos*) eine reine Konvergenzerscheinung, indem die Anlage des Gehörns bei *Connochaetes* vollständig von jener bei *Budorcas* und *Ovibos* abweicht.

Die Gnus (*Connochaetes* einschließlich *Gorgon*) lassen sich mit den Kuhantilopen auf gemeinsame Stammformen zurückführen und bilden einen im Pliozän von ihnen getrennten Stamm. *Parestigorgon* ist ein etwas altertümliches Gnu aus dem Villafranchium Ostafrikas [791].

Die Hirschziegenantilopen bilden eine meist mit den Gazellen vereinigte Gruppe (ausschließlich eurasiatischer Verbreitung), die durch zahlreiche Fossilformen aus dem Plio-Pleistozän Eurasiens dokumentiert wird. Gegenwärtig existiert nur eine Art (*Antilope cervicapra* in Vorderindien). *Helicotragus*, *Palaeoreas*, *Protragelaphus* und *Antilospira* sind pliozäne, *Gazellospira* (Europa und Kleinasien) und *Spirocerus* (Asien) pleistozäne Angehörige der Hirschziegenanti-

*) *Hippotragoides broomi* Cooke [599] ist nach Mohr [2398] mit *H. equinus* identisch.
**) Meist als Caprinen klassifiziert. Letztere ist nach Wells [3821] kongenerisch mit *Alcelaphus*.

lopen [1525, 2691, 2694]. Im Gegensatz zur schlankbeinigen *Antilope cervicapra* bildet *Spirocerus* aus dem Pleistozän Transbaikaliens einen plumpbeinigen Stamm der Hirschziegenantilopen [3330].

Die eigentlichen Gazellen stellen eine einheitliche Gruppe dar, aus der nur *Ammodorcas* und *Litocranius* durch ihre Sonderanpassungen herausfallen. *Antidorcas* ist nur eine spezialisierte Gazelle. Die im Körper- und Schädelbau zum Ausdruck kommenden Besonderheiten (wie Verlängerung von Hals und Extremitäten, langes Hinterhaupt, niedriger Fazialschädel, kleine Bullae) der Lama- *(Ammodorcas clarkei)* und der Giraffengazelle *(Litocranius walleri)* Nordostafrikas sind Anpassungen an die Buschsteppe [167, 3081, 3082]. Nach Oboussier [2490] entspricht das Gehirn dem der eigentlichen Gazellen. *Ammodorcas* vermittelt morphologisch zwischen *Gazella* und *Litocranius*, wie bereits Sclater & Thomas [3129] feststellen*). Einzelne ursprüngliche Merkmale (Brachyodontie, einfacher P_4) lassen die frühe Abspaltung vom Gazellenstamm vermuten, die jedoch fossil bisher nicht belegt ist.

Gazellen sind bereits aus dem Miozän Europas und Nordafrikas *(Gazella stehlini, G. praegaudryi)* nachgewiesen [131, 3585]. Sie waren in beiden Geschlechtern gehörnt und mit einem bereits hypsodonten Gebiß. Das erste Merkmal ist nicht phylogenetisch zu interpretieren, sondern dürfte mit dem Herdenleben in Zusammenhang zu bringen sein (Frechkopsche Regel). Zahlreiche *Gazella*-Arten sind aus dem eurasiatischen und auch afrikanischen Pliozän bekannt, doch reichen die Fossilfunde zu einer definitiven Beurteilung der stammesgeschichtlichen Beziehungen nicht aus. Bemerkenswert ist, daß bereits im Pliozän unter den eurasiatischen Gazellen mehrere Stammlinien anzunehmen sind, die sich vor allem im Bau des Gebisses unterscheiden lassen [310a, 315, 1101, 3053, 3564]. *Gazella capricornis*: brachyodont, P_4 einfach; *G. pilgrimi* (= „*gaudryi*") und *G. deperdita*: höherkronig, komplizierter P_4; *G. sinensis* [Villafranchium]: hochkronig, mit P_4 wie bei Caprinae.

Als letzte Überlebende der *deperdita*-Gruppe betrachtet Arambourg [130] *Gazella atlantica* aus dem Mittel- und Jung-Pleistozän Nordafrikas. Die zahlreichen parallelen Entwicklungstendenzen innerhalb der asiatischen, europäischen und afrikanischen Gazellen lassen jedoch derartige phylogenetische Aussagen problematisch erscheinen (Dietrich [791]).

Unter den Gazellen sind vier Gruppen zu unterscheiden *(Procapra, Trachelocele, Gazella* und *Nanger)*, unter denen die paläarktischen *Procapra*-Gruppe *(P. picticaudata* und *P. gutturosa)* als Kältesteppenformen durch verschiedene Besonderheiten herausfällt. Primitive Repräsentanten der *Procapra*-Gruppe sind *Gazella (P.) kueitensis* und *G. (P.) paragutturosa* aus dem chinesischen Plio-Pleistozän [315].

Die asiatische Kropfgazelle (*G.* [*Trachelocele*] *subgutturosa)* vermittelt zwischen den paläarktischen und afrikanischen Gazellen. Als fossile Verwandte gilt *G. sinensis* aus dem Ältest-Quartär Chinas; *Gazella dorcas* stellt möglicherweise einen Vertreter der paläarktischen Gazellen dar [1099]. Zwischen *Gazella dorcas* und der *Nanger*-Gruppe stehen die *Dorcas*- bzw. *Rhinodorcas*-Formen *(= Gazella* sensu stricto mit *Gazella thomsoni, G. rufifrons* und *G. spekei)*. Die als *Nanger* zusammengefaßten Formen des östlichen Afrikas *(G. granti, G. soemmeringi* und *G. dama)* leiten zu *Antidorcas* über [306]. *Antidorcas marsupialis*, der südafrikanische Springbock, ist eine Gazelle mit verschiedenen Sonderanpassungen und nimmt auch nach den Hirnfurchen eine gewisse Sonderstellung ein [2490], indem *Gazella wellsi* aus dem Pleistozän vermittelt. *Phenacotragus recki* aus dem älteren Pleistozän Ostafrikas**) ist eine nah verwandte Form von *Antidorcas* [1101] und keine Übergangsform zwischen Gazellen und Hartebeests, wie Schwarz [3126] annimmt.

*) Sokolov [3329] stellt *Ammodorcas* auf Grund der Hornform zu den Reduncinen, was jedoch abzulehnen ist.

**) Interessant ist, daß die nächst lebenden Verwandten eiszeitlicher ostafrikanischer Säugetiere in Südafrika vorkommen.

Auf Grund der Fossilfunde und der gegenwärtigen geographischen Verbreitung erscheint die Annahme eines asiatischen Ursprunges der Gazellen verständlich.

Bemerkenswerterweise dienten Gazellen (und auch Antilopen: *Oryx*) vor der Domestikation von Schaf und Ziege im Vorderen Orient als hauptsächliche Fleischquelle. Die zahlreichen Knochenfunde oder Darstellungen lassen eine Gazellenhaltung vermuten [374, 375].

Die vielleicht formenreichste Gruppe unter den rezenten Boviden bilden die meist als Caprinae zusammengefaßten Paarhufer (Abb. 513). Sie umfassen zweifellos hochspezialisierte Boviden, deren gegenseitige verwandtschaftliche Beziehungen zum Teil durch ausgesprochene Sonderanpassungen nur schwer zu beurteilen sind (wie Takin, Moschusochse). Untereinander näher verwandt, haben sich die Ziegen und Schafe erst in geologisch jüngster Zeit aufgespalten; ihnen lassen sich die Gemsenartigen (Rupicaprini) und Gorale (Naemorhedini) als primitivere, hauptsächlich durch Konservativmerkmale gekennzeichnete Boviden gegenüberstellen. Die Saiga- und Tschiru-Antilope hingegen vermitteln morphologisch zwischen den Gazellen und den „echten" Caprinae.

Die Caprinae sind gegenwärtig vorwiegend paläarktisch verbreitet. Nur einzelne Arten haben die Nearktis (Rupicaprini, Caprini) und die orientalische Region (Naemorhedini) besiedelt. Nach den Fossilfunden scheinen jedoch primitive Caprinae auch im Jung-Tertiär Afrikas beheimatet gewesen zu sein (Gentry).

Die taxonomische Stellung von *Saiga tatarica* wird keineswegs einhellig beurteilt, indem sie als Angehörige der Gazellen oder der Caprinen oder auch einer eigenen (Unter-)Familie klassifiziert wird. Im Bau des Schädels und Gebisses nimmt *Saiga* zweifellos eine Zwischenstellung zwischen Gazellen und Böcken ein, die eine Abtrennung als eigene Unterfamilie rechtfertigt [183, 1263]. Zahlreiche Merkmale sind Sonderanpassungen an den Steppen- oder Halbwüstenbiotop, die nicht unbedingt durch eine, wie Bannikow annimmt, mindestens seit dem Miozän bestehende selbständige Entwicklung des Saigastammes bedingt sein müssen. Durch jungeiszeitliche Fossilfunde ist die Verbreitung von *Saiga tatarica* bis nach Westeuropa (Frankreich, England) und Alaska *(S. ricei)* belegt [1021]. Die geologisch ältesten Formen stammen aus dem Mittel-Pleistozän von Transkaukasien (*S. t. binagadensis* [40]), ohne etwas über die Herkunft auszusagen.

Die meist mit der Saiga-Antilope in Beziehung gebrachte Tschiru *(Pantholops hodgsoni)* ist ein typischer Hochsteppenbewohner, der jedoch in vieler Hinsicht von *Saiga* abweicht und einen eigenen Typ darstellt. Fossilfunde sind nur aus dem Pleistozän bekannt [2691].

Unter den Gemsenartigen (sensu lato) lassen sich gegenwärtig zwei Stämme unterscheiden. Die Gemsen *(Rupicapra)* und Schneeziegen *(Oreamnos)* einerseits, Goral *(Naemorhedus)* und Serau *(Capricornis)* andererseits [808, 1263]. Fossilfunde belegen nicht nur den asiatischen Ursprung dieser Paarhufer, sondern auch die einstige weite Verbreitung — welche die heutigen isolierten Vorkommen [632] verständlich macht — und die große Formenmannigfaltigkeit. Erstmalig durch *Pachygazella* im Alt-Pliozän Ostasiens nachgewiesen, sind aus dem Pleistozän Europas außer *Naemorhedus* und *Rupicapra* noch *Myotragus*, *Gallogoral* und *Procamptoceras*, aus Nordafrika *Numidocapra* und *Rabaticeras* und aus Nordamerika außer *Oreamnos* noch *Neotragocerus* beschrieben [1223]*). Besonders interessant ist *Myotragus balearicus* als hochspezialisierte Kleinform aus dem Jung-Pleistozän von den Balearen [80], die neuerdings auch aus dem Neolithikum nachgewiesen werden konnte [671]. Mit *Myotragus batei*, einer primitiveren Art, ist diese Gattung bereits aus dem Villafranchium bekannt [660]**). Mit *Naemorhedus melonii*

*) Guérin [1223] stellt auch „*Hesperoceras*" (= *Hesperidoceras* [655]), *Soergelia* und *Budorcas* zu den Rupicaprinae.

**) Unter den Cerviden ist eine ähnliche Differenzierung der Incisiven bei *Pronodens* aus dem Jung-Miozän der USA zu beobachten [1811 b]. Sie sind gestreckt und stoßzahnartig, ähnlich den diprotodonten Beutlern.

Abb. 513 (rechts). Die vermutlichen phylogenetischen Beziehungen zwischen den Caprinae. Die Euceratheriini bilden eine eigene, nicht näher mit den Ovibovini verwandte Gruppe. Explosive Entwicklung der Schafe und Ziegen im Plio-Pleistozän

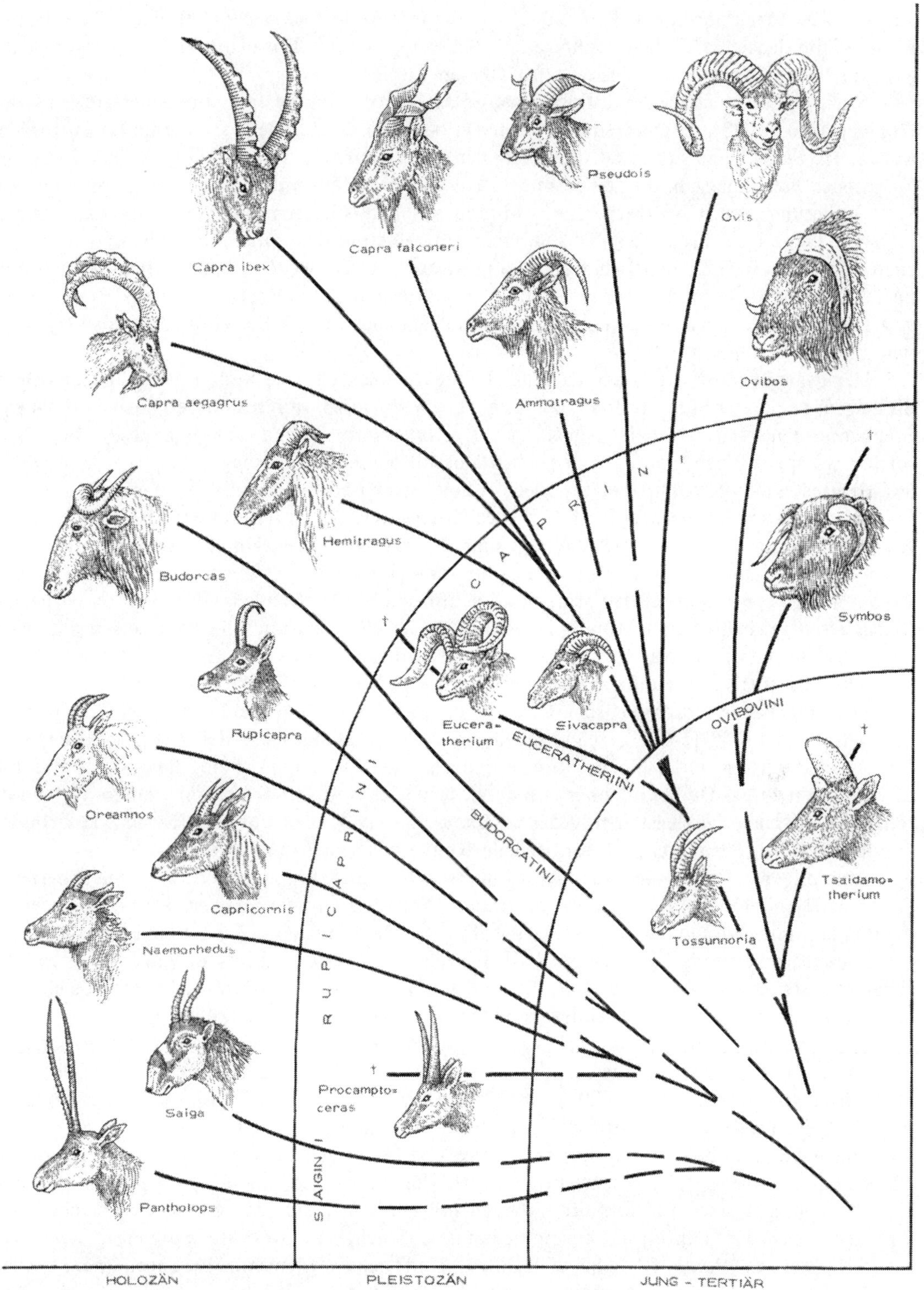
Capra ibex
Capra falconeri
Pseudois
Ovis
Capra aegagrus
Ammotragus
Ovibos
CAPRINI
Hemitragus
Budorcas
Symbos
Rupicapra
Eucera-therium
Sivacapra
OVIBOVINI
EUCERATHERIINI
Oreamnos
BUDORCATINI
RUPICAPRINI
Tsaidamo-therium
Capricornis
Naemorhedus
Tossunnoria
Procampto-ceras
Saiga
SAIGINI
Pantholops
HOLOZÄN
PLEISTOZÄN
JUNG - TERTIÄR

aus dem Pleistozän Sardiniens [738, 1610] ist eine weitere Rupicaprinen-Art belegt. Die einstige Formenfülle deutet im Zusammenhang mit den wenigen, zum Teil disjunkt verbreiteten Arten auf eine längere Trennung der rezenten Gattungen hin.

Noch isolierter steht der Takin *(Budorcas taxicolor)* im System, der einerseits mit den Rupicaprinen [2738], andererseits mit den Ovibovinen [3329, 3610] in Verbindung gebracht wurde. Im Schädelbau etwas an die Naemorhedini erinnernd, weicht *Budorcas* in zahlreichen Merkmalen von ihnen ab, die seine Sonderstellung im System und auch die lange phylogenetische Isolierung bestätigen [1263]. Fossilfunde aus dem ältesten Quartär (*Budorcas teilhardi* [3564, 3975]) zeigen im Bau der Extremitäten Übereinstimmung mit *Ovibos*, die man als Anzeichen näherer verwandtschaftlicher Beziehungen deutete. Da weder tertiärzeitliche Fossilfunde noch serologische Befunde vorliegen, sind Herkunft und stammesgeschichtliche Beziehungen von *Budorcas* zwar noch in Dunkel gehüllt, wenn sich auch nähere Beziehungen zu den Ovibovinen ausschließen lassen.

Demgegenüber ist die Geschichte der Ovibovinen durch Fossilfunde etwas besser belegt. Sie zeigen, daß dieser Stamm bereits im Jung-Tertiär Eurasiens durch zum Teil hochspezialisierte Steppenformen vertreten war (*Criotherium, Urmiatherium, Tsaidamotherium* [310, 311]). Von solchen Steppenformen sind die eiszeitlichen Moschusochsen abzuleiten, die mit *Ovibos, Praeovibos, Symbos (= Bootherium)* und *Scaphoceros* aus Europa oder Nordamerika nachgewiesen und von denen letztere im Hornzapfen höher spezialisiert sind als die rezente Art [1021, 1682, 1743, 1878, 3400]. Nach Kretzoi [1878] kann man *Praeovibos (priscus)* nicht als Stammform von *Ovibos* ansehen, eine Annahme, zu der auch Kahlke [1682, 1683] gelangt. Beide Gattungen sind Abkömmlinge eines asiatischen Formenkreises, für den bisher noch keine Fossilfunde vorliegen. *Ovibos* erscheint in Europa erstmalig zur Mindel-Elster-Kaltzeit und gilt als nordischer Zuwanderer. *Ovibos moschatus* war im Jung-Pleistozän Europas verbreitet. Gegenwärtig ist *Ovibos moschatus* als arktischer Tundrenbewohner durch drei Unterarten vertreten [1263].

Wie eingehende morphologische Untersuchungen [1115, 2130, 2397], und neuerdings auch serologische Befunde [2404] gezeigt haben, steht der Moschusochse den Caprinae *(Ovis* und *Capra)* am nächsten; unter ihnen nimmt er jedoch eine Sonderstellung ein, die am besten durch einen eigenen Tribus Ovibovini innerhalb der Caprinae zum Ausdruck kommt. Nähere verwandtschaftliche Beziehungen bestehen weder zu *Budorcas* noch zu den Bovinen [51, 93]. Der rinderähnliche Habitus der Moschusochsen ist eine Konvergenzerscheinung.

Eine allgemein als Ovibovinen klassifizierte Paarhufergruppe bilden die Euceratheriinen [2522, 3257]; eiszeitliche Boviden, die im Bau des Schädels und der Extremitäten eine entfernte Ähnlichkeit mit Ovibovinen aufweisen. Von Frick [1021] und Kretzoi [1878] bereits von den Moschusochsen getrennt, hat Hibbard [1419] gezeigt, daß es sich um Boviden aus der Verwandtschaft der Schafe und Ziegen handelt, die jedoch keine Hochgebirgsformen, sondern Flachlandbewohner waren. Sie sind kurzbeinige Boviden, mit gedrungenen Metapodien, soliden (nur an der Basis hohlen), aufwärts und nach außen gekrümmten Hornzapfen und einem ziegenartigen Basiscranium. Ursprünglich nur aus dem nordamerikanischen Pleistozän bekannt (*Euceratherium, Preptoceras* [1037, 1419, 3293, 3484]), dürften auch *Boopsis* [3556] aus dem asiatischen und *Soergelia* [3018] aus dem europäischen Pleistozän zu dieser Gruppe gehören.

Die Schafe und Ziegen (Caprini) haben sich erst im ausgehenden Tertiär oder Pleistozän in die heutigen Gattungen und Arten differenziert, was die Beurteilung der verwandtschaftlichen Beziehungen sehr erschwert und die unterschiedlichen Auffassungen verständlich macht. Verschiedene, mit den Caprini in Zusammenhang gebrachte jungtertiäre Boviden („*Oioceros*" *grangeri, Protoryx, Palaeoryx* [2689, 2693, 3327]) sind nach Gentry primitive Caprinae ohne echte Schaf- und Ziegenmerkmale. Dagegen scheint *Tossunnoria pseudibex* aus dem ostasiatischen

Alt-Pliozän der Wurzelgruppe der Caprini sehr nahe zu stehen. Diese Form verbindet im Schädelbau Merkmale von *Hemitragus* und *Capra* mit anderen der Rupicaprinae, von denen sie abgeleitet werden kann. Die geologisch ältesten echten Ziegen und Schafe sind jedoch erst aus dem Pleistozän bekannt (*Sivacapra* aus dem Ältest-Quartär Südasiens, *Hemitragus* aus dem Alt-Quartär Europas, *Ovis* aus dem Ältest-Quartär Eurasiens [715, 2691, 3013, 3562, 3603]). Ihre Aufspaltung erfolgte erst im Laufe des Pleistozäns.

Die verwandtschaftlichen Beziehungen der heutigen Gattungen werden nicht einhellig beurteilt. Während *Hemitragus* eine in manchen Merkmalen primitive Wildziege bildet, wird *Ammotragus lervia*, der Mähnenspringer Nordafrikas, einerseits als den Ziegen näher stehend [1263, 2672, 3610], andererseits als Schafverwandter klassifiziert, weist doch diese Art Ziegen- und Schafmerkmale auf [3738]. Morphologisch und physiologisch (fruchtbare Kreuzung mit *Capra*) den Ziegen näherstehend [1263], ist die Eiweißverwandtschaft eher mit *Ovis* als mit *Capra* gegeben [3065, auch 1263, 1265, 2343]). Fossilfunde geben zwar keinen direkten Aufschluß*), doch ist anzunehmen, daß *Ammotragus* aus der gemeinsamen Wurzelgruppe der Schafe und Ziegen entstanden ist. Das Verhalten gibt keine eindeutigen Hinweise, ist jedoch eher ziegenartig [1243]. Die Blauschafe Zentralasiens (*Pseudois*) sind gleichfalls Schafverwandte, die nur in einzelnen Merkmalen caprin wirken [3738]. Es sind hochspezialisierte Hochgebirgsformen des tibetischen Hochlandes [2993].

Die Wildschafe sind gegenwärtig holarktisch verbreitet. In Eurasien entstanden, gelangte die *Ovis-ammon*-Gruppe**) im älteren oder mittleren Pleistozän nach Nordamerika und differenzierten sich dort in die *O.-canadensis*-, *O.-dalli*- und *O.-nivicola*-Formen, wobei letztere nach Stokes & Condic [3486] Rückwanderer in Ostasien darstellen sollen***). Die westliche altweltliche Wildschafform ist *O. a. musimon*. Eiszeitliche Schafreste zählen zu Seltenheiten, doch sind Funde aus Mittel- und Osteuropa und Ostasien bekannt (*Ovis „argaloides“* [1642, 2466, 3603]), ohne daß sie etwas über die stammesgeschichtliche Entwicklung der Schafe aussagen. Über die Verbreitungsgeschichte von *Ovis ammon* in Europa vergleiche Herre & Kesper [1388].

Das Schaf hat der Mensch bereits frühzeitig domestiziert. Es ist das älteste bekannte Haustier und wurde im Irak bereits um 9000 v. Chr. gehalten. Die wilde Stammform bildet *Ovis ammon musimon*, doch dürfte auch in Mittelasien eine Domestikation von *Ovis ammon* stattgefunden haben. *Ovis a. musimon* ist gegenwärtig nur noch auf Korsika und Sardinien als Wildform bekannt. Es ist jedoch in Europa mehrfach wieder eingebürgert worden. Hausschafe züchtet man als Fleisch- und Wolltiere [326, 1374, 3997].

Mit *Megalovis* ist eine eigenartige und isoliert stehende Bovidengattung aus dem eurasiatischen Ältest-Quartär bekannt [3010, 3013], die etwas an *Budorcas* erinnert, doch steht eine eingehende Untersuchung des Schädels noch aus.

Die Aufspaltung in die heutigen Wildziegen erfolgte erst im Pleistozän. Mit Kesper [1722] lassen sich drei Gruppen unterscheiden: *aegagrus*-, *ibex*- (einschließlich *pyrenaica* und *cylindricornis*) und *falconeri*-Gruppe. Die Bezoarziegen (*C. aegagrus*), deren Verbreitung sich von Kreta und einigen griechischen Inseln (wegen der Giura- [=Joura-]Ziege siehe [635, 3112, 3827, 4003]) über Kleinasien bis nach Mittelasien erstreckt, sind die Stammformen unserer Hausziegen. Die im Gehörn auftretende Vielfalt der domestizierten Formen erschwert die Beurteilung ihrer Herkunft, doch ist die im Gehörn der Hausziegen vorhandene Ähnlichkeit mit *ibex*- und *falconeri*-

---

*) *„Ammotragus toulai“* aus dem Alt-Quartär von Hundsheim = *Hemitragus* [715]. *Ammotragus lervia* war im frühen Holozän bis Marokko verbreitet [123].

**) Entgegen Kesper [1722], der die rezenten Wildschafe auf zwei Arten (*Ovis ammon* und *O. nivicola*) verteilt, faßt man neuerdings sämtliche Wildschafe als Unterarten einer Art (*O. ammon*) auf [1263, 3681].

***) Wie Geist [1095] zu zeigen versuchte, kommt den riesigen Gehörnen der neuweltlichen Bergschafe — ähnlich den Hirschgeweihen — eine selektive Bedeutung als Imponierorgan zu.

Wildziegen oder Schafen nicht genetisch bedingt, da die Drehung des Gehörnes kein Abstammungskriterium ist [1380, 1389]. Die Abstammung der *falconeri*-Hausziegen mit homonym pervertiertem Gehörn steht zur Diskussion, indem man sie verschiedentlich auf die wilde Schraubenziege (Markhor; *C. falconeri*) Mittelasiens zurückführt [27, 2672]. Wie jedoch Herre [1380] gezeigt hat, stimmt die schraubenhörnige Girgentiziege in wichtigen Hornmerkmalen mit anderen Hausziegen überein und unterscheidet sich von *C. falconeri*. Die Wildnatur der von Adametz angenommenen weiteren wilden Stammform (*C. prisca* = *C. adametzi* [1877]) für Hausziegen mit heteronym pervertiertem Gehörn hat sich nicht bestätigt. Die Reste stammen ausschließlich von Hausziegen [3611], ein Ergebnis, das bereits Schwarz [3125] auf Grund der geographischen Verbreitung vermutet hatte. Hausziegen sind demnach nicht polyphyletischer Herkunft, sondern aus einer Wildart an verschiedenen Stellen des Verbreitungsgebietes entstanden. Sie sind in Vorderasien bereits aus dem 7. Jahrtausend v. Chr. nachgewiesen. Kleinasien ist wohl das hauptsächliche Domestikationszentrum der Ziegen, jedoch nicht das einzige [326, 1380, 3997].

Unter den rezenten Steinböcken (*ibex*-Gruppe) lassen sich mehrere Unterarten unterscheiden, die auf verschiedene Gebirgsstöcke beschränkt sind. Steinböcke waren im Jung-Pleistozän Europas häufig (*C. ibex priscus* = *carpathorum* = *cenomanus* und *C. i. severtzoi* [833, 2420]). Sie sind nach Couturier [634] primär rupicole Boviden, die erst in jüngster Zeit in die (Hoch-) Gebirgsregionen verdrängt wurden. Als geologisch älteste Art gilt *Capra camburgensis* aus dem Mittel-Pleistozän Mitteleuropas [3642]. Auch aus dem nordamerikanischen Pleistozän sind Reste von *Capra* bekannt (*Ibex iowensis*, *Capra* sp. [2538, 2555, 2834]).

Cetacea (Walartige)

Die rezenten Wale (Cetacea) weichen durch ihre Anpassung an das dauernde Leben im Wasser weitgehend von den übrigen Säugetieren ab; so hat man sie ursprünglich trotz der Erkenntnis, daß sie Lungenatmer sind und sich die Jungen im mütterlichen Leib entwickeln, als Fische klassifiziert (Aristoteles, Plinius, Rondelet). Erst J. Ray hat 1693 die Cetaceen erstmalig den Säugetieren zugeordnet. Seither gab die Stellung der Wale innerhalb der Säugetiere und ihre Herkunft wiederholt Anlaß zu Diskussionen und ließ sich bis heute nicht definitiv entscheiden. Die Wale bilden wohl die am meisten isolierte Gruppe innerhalb der Säugetiere, weshalb sie Simpson [3257] auch als eigene Kohorte (Mutica) den Unguiculata, Glires und Ferungulata gegenüberstellt. Die hochgradigen Anpassungserscheinungen an das ausschließliche Wasserleben haben zu entsprechenden Umkonstruktionen geführt (Abb. 516), die die verwandtschaftlichen Beziehungen zu den übrigen Säugetieren nicht mehr erkennen lassen. Die seinerzeit auf Grund von Ähnlichkeiten und Übereinstimmungen (Reduktion der Hinterextremitäten, reduziertes Haarkleid und Sternum, flossenähnliche Vorderextremitäten, Schwanzflosse und so weiter) angenommenen verwandtschaftlichen Beziehungen mit Sirenen sind lediglich Ausdruck von Konvergenzerscheinungen, bedingt durch die ähnliche Lebensweise. Grundsätzliche Unterschiede (Bau des Schädels, des Gebisses, des Gehirns, der Geschlechtsorgane, Lage der Milchdrüsen und andere) zeigen, daß keine näheren verwandtschaftlichen Beziehungen bestehen*) [1703]. Die Abstammung von quadrupeden Landsäugetieren dokumentieren zahlreiche rudimentäre Organe (wie rudimentäre Sinus-Haare, Hautdrüsen, Ohrmuskeln, Beckenknochen und Hinterextremität) und das Auftreten von Hintergliedmaßen bei Walembryonen [3317].

*) Nur von historischem Interesse sind die Annahmen der Ableitung der Wale von Promammalia [39], von Edentaten [71] oder von marinen Reptilien des Mesozoikums (Ichthyosaurier →Delphine, Plesiosaurier →Pottwale und Urwale, Mosasaurier →Bartenwale [3426]).

Immerhin konnten in den letzten Jahrzehnten durch wissenschaftliche Untersuchungen an rezenten Walen zahlreiche neue Erkenntnisse gewonnen werden, die manche ältere Ansicht von der Abstammung der Cetaceen zu bestätigen scheinen, zumal sich auch die Auffassung über die systematische Stellung der Stammformen in jüngster Zeit gewandelt hat. Damit ist das zentrale und mit weiteren Fragen verknüpfte Problem der Herkunft der Cetaceen berührt. Eine Beurteilung dieser Frage ist zwangsläufig mit dem Begriff Walartige und deren stammesgeschichtlicher Einheit verbunden. Die beiden bereits frühzeitig erkannten Hauptgruppen unter den rezenten Walen, die Zahn- (Odontoceti) und die Bartenwale (Mysticeti oder Mystacoceti), weisen zahlreiche tiefgreifende Unterschiede auf, so daß verschiedene Autoren einen diphyletischen Ursprung der Cetaceen und damit die Existenz von zwei getrennten Ordnungen annehmen [220, 383, 1755, 1941]. Für die nur fossil nachgewiesenen Urwale (Archaeoceti) erschien die Zugehörigkeit zu den Cetaceen ursprünglich durchaus nicht erwiesen, weil man sie zu den Urraubtieren (Creodonta) rechnete [970], von denen sie morphologisch abgeleitet werden können. Die morphologischen Übereinstimmungen beziehen sich auf den Bau des Schädels und des Gebisses. In der Ausbildung der Endocranialausgüsse bestehen Unterschiede, die sich nur zum Teil mit der Schädelstreckung bei den Urwalen erklären lassen. Die Creodonten werden — wenn man von der ursprünglichen, weiteren Fassung durch Cope absieht, der sie als Insectivora bezeichnete — bis in jüngste Zeit allgemein als Carnivora klassifiziert. Nach anatomischen (wie Urogenitalsystem, Magen), entwicklungsphysiologischen (wie Placenta, Fetalmembranen, Spermien), karyologischen und serologischen Befunden zeigen die rezenten Wale (Zahn- und Bartenwale) jedoch die meisten Affinitäten nicht zu Raubtieren, sondern mit Huftieren, und zwar mit (primitiven) Paarhufern [254, 362, 676, 963, 1041, 1295, 2224a, 2415, 2507, 2884, 3386, 3795, 3796, 4001]. Haben demnach die Odonto- und Mystacoceti einen von den Archaeoceti getrennten Ursprung genommen? Entgegen der durch augenfällige Merkmale bedingten Ähnlichkeit zwischen Ur- und Zahnwalen, stehen die Bartenwale den Archaeoceti stammesgeschichtlich näher, so daß eine Ableitung der Mystacoceti von Urwalen durchaus gegeben erscheint [1704, 3314, 3318]. Demgegenüber ist die Herkunft der Zahnwale noch nicht eindeutig geklärt. Mit der Annahme genetischer Beziehungen zwischen Archaeoceti und Mystacoceti erscheint jedoch nicht nur die Zuordnung der Archaeoceti zu den Cetaceen gerechtfertigt, sondern zugleich das Problem der Stammformen der Wale neuerlich aktuell.

Wie bereits oben (Seite 346) ausgeführt, haben neuere Untersuchungen gezeigt [3707], daß die Creodonten keine natürliche Einheit bilden, was bereits in der auf Matthew [2262, 2267] zurückgehenden Gliederung in Procreodi, Acreodi und Pseudocreodi zum Ausdruck kommt (vergleiche dazu Kretzoi [1879, 1883]). Während man die Procreodi (Arctocyonoidea) und auch die Acreodi (Mesonychoidea) nunmehr als Urhuftiere klassifiziert, sind die Pseudocreodi (Oxyaenoidea und Hyaenodontoidea) nach van Valen [3707] als eigener, mit den Raubtieren nicht näher verwandter Stamm anzusehen. Mit dieser Erkenntnis, daß die „Creodonta" keine Carnivoren, sondern nur als konvergente Entwicklungsrichtungen (Pseudocreodi) aufzufassen sind, erscheint der oben aufgezeigte Widerspruch zwischen den paläontologischen und den an Hand der rezenten Wale gewonnenen Befunden geklärt und damit zugleich die von Weber [3796] geäußerte Ansicht bestätigt, daß primitive Condylarthra den Stammformen der Cetaceen nahestehen. Nach Fraas [970], Stromer [3501] und Kellogg [1704] sind keine konkreten Angaben darüber möglich, welche Creodonten als Stammformen der Archaeoceti in Betracht kommen. Dem nicht extrem secodont gestalteten Gebiß nach ist eine Ableitung der Urwale von mesonychoiden „Creodonten" durchaus nicht auszuschließen, wie sie van Valen [3703, 3707] vertritt. Die Mesonychoidea sind aus dem Paleozän und Eozän der Holarktis bekannt, so daß auch zeitlich und zoogeographisch eine derartige Ableitung möglich erscheint*). Wie Szalay & Gould [3518] gezeigt haben, besitzt die Fußstruktur der Mesonychiden (Tarsus) Anklänge an die der Artiodactyla. Die Richtigkeit dieser stammesgeschichtlichen Zusammenhänge vorausgesetzt, würden die serologischen [362, 1041] und karyologischen Befunde an rezenten Cetaceen nicht nur verständlich, sondern auch für eine einheitliche Wurzel der rezenten Wale sprechen (Abb. 514). Demnach wären die von verschiedenen Autoren [1755, 1756, 1941, 3967] als grundsätzlich erachteten Unterschiede zwischen Zahn- und Bartenwalen nicht das Ergebnis einer konvergenten Entwicklung, sondern durch die frühzeitig erfolgte Trennung der beiden Hauptstämme der rezenten Wale bedingt**). Auch die Ontogenie spricht nicht, wie Kükenthal [1942] annimmt, für eine Diphylie, sondern eher für eine gemeinsame Wurzel [2711].

Da sich die Walartigen bereits sehr frühzeitig abgespalten haben müssen, ist das Auftreten primitiver Merkmale bei Archaeoceten verständlich, die für eine direkte Ableitung von Insectivoren maßgeblich war [3314]. Nach den serologischen und karyologischen Befunden ist jedoch eine gemeinsame Wurzelgruppe mit primitiven Prä-Artiodactylen anzunehmen. Die Delphiniden zeigen nach Zahl und Bau der Chromosomen die größte Übereinstimmung mit primitiven Paarhufern (Suidae) und weichen stark von denen der Carnivoren ab [2224a]. Auch die Serologie [362] spricht in diesem Sinn, so daß wurzelnahe Beziehungen zwischen Cetaceen und Artiodactylen durch „Creodonten" bestanden haben. Damit bestätigt sich die auch bei den Robben gemachte Erfahrung, daß die „chemische" Evolution langsamer verlief als die adaptive. Die Cetaceen sind eine aquatile Seitenlinie primitiver Paarhufer.

Nach der Ausbildung des Gehirns beurteilt, umfassen die Cetaceen eine den Primaten durchaus vergleichbare Evolutionsspanne von den Urwalen (wie *Dorudon*) bis zu den rezenten Zahnwalen (wie *Physeter, Tursiops, Delphinus, Delphinapterus*; Abb. 515). Die Gehirnentwicklung geht von Formen aus, bei denen das gut entwickelte Cerebellum (besonders Paraflocculi) das kleine und wesentlich schmälere Großhirn (mit ungefurchtem Neocortex) etwas überlappt und — entsprechend dem langgestreckten Schädel — lange Bulbi olfactorii entwickelt sind, die an jene von Krokodilen erinnern [682, 849, 2707]. Der Palaeocortex ist gut entwickelt und der Nervus trigeminus-Komplex überwiegt den N. acusticus [2707]. Die für die evoluierten Cetaceen typische Gehirnausbildung zeigt, daß es innerhalb der Säugetiere dreimal (Primates, Cetacea und Proboscidea) unabhängig voneinander zu einer hochgradigen Differenzierung des Gehirns gekommen ist. Der „Primaten"charakter mancher Cetaceen fiel bereits Tiedemann im Jahre 1826 auf, der das Delphingehirn mit dem Menschengehirn verglich. Wie

*) Damit soll jedoch eine bereits in der jüngsten Kreidezeit erfolgte Aufspaltung in einen mesonychoiden und archaeocetoiden Zweig nicht ausgeschlossen sein.

**) Von den zweifellos zahlreichen und auffälligen Unterschieden lassen sich verschiedene durch Accelerations- und Retardationserscheinungen erklären (primitiveres Gehirn und Luftsacksystem, Petrosum von der Umrahmung des Hirnraumes nicht ausgeschlossen, freie Halswirbel, rudimentäre Vibrissae und Reste der Hirnextremität bei Bartenwalen; Gebiß bei Zahnwalen). Bei anderen Differenzen (Blinddarm bei Bartenwalen, Unterschiede im Bau des Magens [254], einheitliche Nasenöffnung bei Odontoceti, Larynx und Pharynx, Nasenrachengang) versagt jedoch diese Deutung und von Anfang bestehende verschiedene „trends" sind anzunehmen. Auch das Fehlen von Übergangsformen zwischen Mystacoceti und Denticeti spricht für eine frühzeitige Trennung. Slijper [3314] leitet die Zahnwale von langschwänzigen, die Ur- und Bartenwale dagegen von kurzschwänzigen placentalen Stammformen ab und stützt sich dabei auf den unterschiedlichen Wirbelbau (Verlauf der Intervertebralarterien). Allerdings ist zu bedenken, daß bei kurzschwänzigen Ahnenformen kaum der Schwanz die Rolle des Lokomotionsorganes übernommen hätte und damit die Reduktion der Hinterextremitäten nicht verständlich wäre (vergleiche Pinnipedier [1571]).

Abb. 514 (rechts). Die vermutlichen stammesgeschichtlichen Beziehungen innerhalb der Cetaceen. Abstammung der Odontoceti von Archaeoceti fraglich; diese bilden jedoch zweifellos die Wurzelgruppe der Mystacoceti. Zuordnung der Aetiocetidae diskutabel (Archaeoceti oder Mystacoceti). Die Squalodontoidea bilden die Stammgruppe der Zahnwale

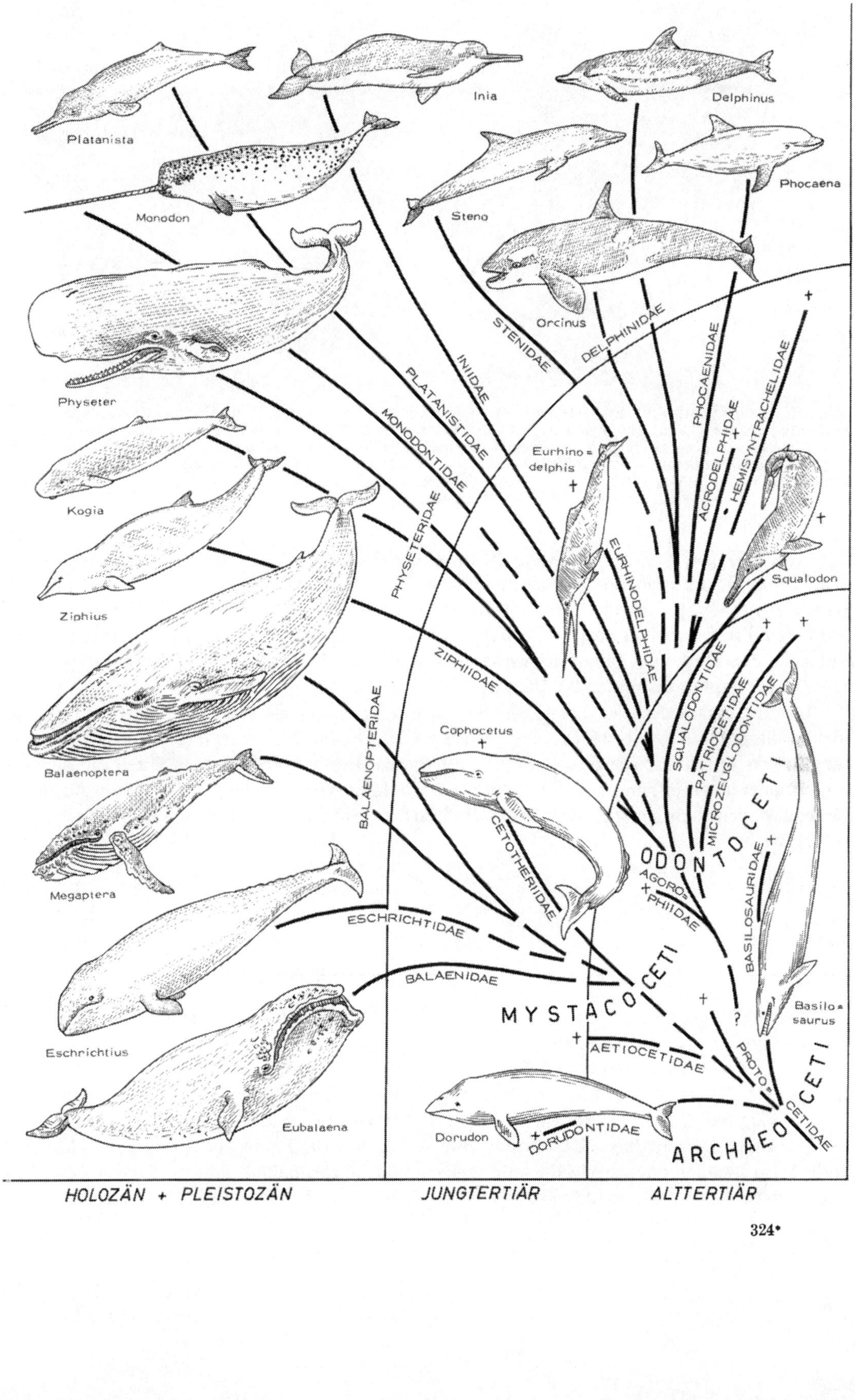
Platanista
Inia
Delphinus
Monodon
Steno
Phocaena
Orcinus
Physeter
STENIDAE
DELPHINIDAE
PHOCAENIDAE
HEMISYNTRACHELIDAE
INIIDAE
PLATANISTIDAE
MONODONTIDAE
ACRODELPHIDAE
Eurhino=
delphis
Kogia
PHYSETERIDAE
EURHINODELPHIDAE
Squalodon
Ziphius
ZIPHIIDAE
SQUALODONTIDAE
PATRIOCETIDAE
MICROZEUGLODONTIDAE
Cophocetus
BALAENOPTERIDAE
Balaenoptera
CETOTHERIIDAE
ODONTOCETI
AGOROPHIIDAE
BASILOSAURIDAE
Megaptera
ESCHRICHTIDAE
BALAENIDAE
MYSTACOCETI
Basilo=
saurus
Eschrichtius
AETIOCETIDAE
PROTOCETIDAE
Eubalaena
Dorudon
DORUDONTIDAE
ARCHAEOCETI
HOLOZÄN + PLEISTOZÄN
JUNGTERTIÄR
ALTTERTIÄR

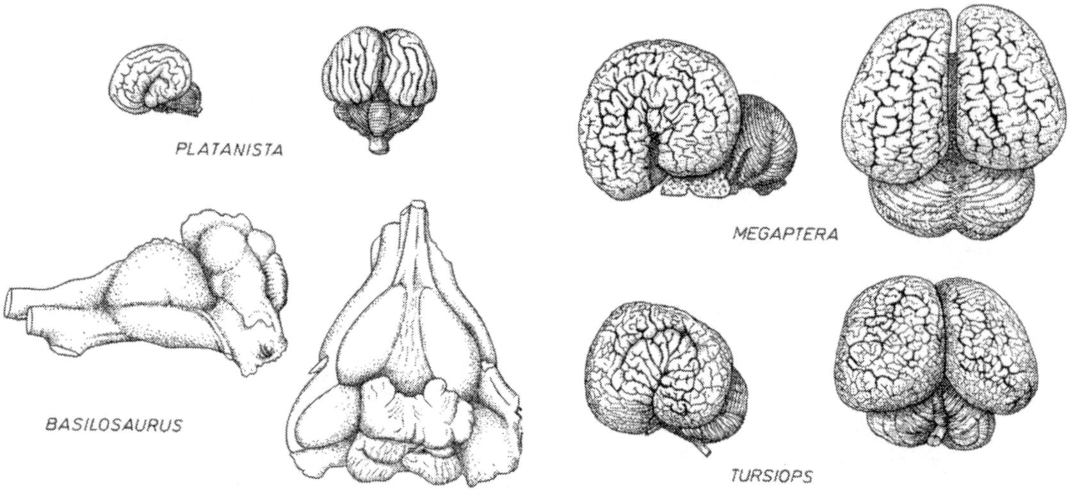

Abb. 515. Endocranialausguß bzw. Gehirn von Archaeoceten (*Basilosaurus*, Jung-Eozän), Odontoceten (*Platanista* und *Tursiops*, rezent) und Mystacoceten (*Megaptera*, rezent). Beachte zunehmende Neencephalisation durch Vergrößerung und progressive Furchung des Neocortex sowie teilweise Überlagerung des Cerebellum durch das Großhirn und die weitgehende bzw. völlige Reduktion der Bulbi olfactorii. *Basilosaurus* als primitivstes Evolutionsniveau, *Tursiops* und *Megaptera* als evoluierteste Cetaceen mit „Primatenniveau" — Nach Edinger 1955, Langworthy 1937 und Pilleri 1966, 1966a, umgezeichnet

Grünthal [1218a] gezeigt hat, lassen sich die Abweichungen des Delphingehirns von dem der Landsäuger nicht einfach als Anpassungserscheinungen an das Wasserleben erklären, wie etwa Jelgersma [1648a] annimmt, sondern stehen zweifellos mit der Evolutionshöhe dieser Wale und deren differenziertem Sozialverhalten in Zusammenhang. Zahlreiche Besonderheiten lassen erkennen, daß der hohe Cephalisationsgrad und damit die Stufe höherer Primaten völlig unabhängig von diesen entstanden ist [1218a].

Bei den Mystacoceti ist der Cephalisationsgrad geringer als bei den Odontoceti, die sich auch in dieser Hinsicht als die evoluierteren erweisen. Der Neocortex erfährt eine Entfaltung und komplizierte Furchung, wie sie sonst nur von höheren Primaten bekannt ist. Diese Entwicklung kommt auch im Grünthalschen Quotient (Hypothalamuslänge: Großhirnlänge) zum Ausdruck, der nachstehend für einige Säugetiere angeführt sei (nach Grünthal [1218a] und Pilleri [2707]):

Insectivora	0,3 —0,23	Schimpanse	0,097—0,085
niedere Affen	0,13 —0,11	Delphin	0,09 —0,08
Phocaena	0,13	*Tursiops*	0,09 —0,06
Orang, Gorilla	0,109—0,101	*Physeter*	0,03 —0,04
Balaenoptera	0,10		

Auch die Temporalisation ist nach Pilleri [2707] bei einzelnen Cetaceen (zum Beispiel Pottwal) größer als bei Primaten.

Die olfaktorische Region des Gehirns erfährt eine progressive Reduktion, indem Bulbi olfactorii und Tractus olfactorius bei Bartenwalen noch rudimentär erhalten, bei den Zahnwalen jedoch völlig reduziert sind. Bei Bartenwal-Embryonen sind sie etwas kräftiger ausgebildet als bei den adulten Individuen. Bartenwale sind Mikrosmaten, Zahnwale Anosmaten [29, 2708, 2709, 2710]. Bei den miozänen Zahnwalen zeigen die Endocranialausgüsse, daß die olfaktorische Region noch nicht völlig reduziert war [849]. Der hohe Cephalisationsgrad läßt sich wohl zum

Teil durch das hoch entwickelte Sozialleben der Wale und der in Zusammenhang damit entwickelten „Sprache“ erklären [514, 1308, 2475a]. Wie neuere Untersuchungen gezeigt haben, erfolgt die Orientierung und Lokalisierung der Beute bei Walen durch Echo-Ortung [1710, 1711, 2475a, 3121], wobei auch die Ultraschallorientierung eine Rolle spielt [976, 978, 979, 1710, 2476, 2894, 3034, 3035]. Auf die damit verbundene Problematik (Lauterzeugung, Schalleitung durch den Körper) kann hier nicht näher eingegangen werden. Es sei nur auf die interessanten Untersuchungen am Menschen über Hörempfindungen im Ultraschallbereich bei Knochenleitung durch Kunze & Kietz [1958] hingewiesen, die gezeigt haben, daß bei Knochenleitung weit höhere Frequenzen (bis 100 000 Hertz) als bei Luftleitung (über 20 000 Hertz) als Hörempfindung wahrgenommen werden können.

Mit der Herkunft der Cetaceen sind aber noch weitere Probleme verknüpft. Die geologisch ältesten Fossilfunde (Archaeoceti) stammen durchwegs aus marinen Ablagerungen (siehe unten), so daß ein Entstehen der Urwale im Süßwasser kaum anzunehmen ist*). Dies gilt auch für die Zahnwale, deren älteste Reste aus ober-eozänen Schichten vorliegen. Es dürften somit die rezenten Flußdelphine (Platanistidae) sekundäre Süßwasserbewohner darstellen, die von relativ primitiv gebliebenen küstenbewohnenden Formen abzuleiten sind. Dafür spricht auch ihre praktisch weltweite Verbreitung, wobei allerdings durchaus nicht sicher ist (siehe unten), daß die Platanistidae eine stammesgeschichtliche Einheit darstellen.

Wie weit die geologisch ältesten Vorkommen mit dem tatsächlichen Entstehungsgebiet der Cetaceen zusammenfallen, ist abzuwarten. So stammt der erst kürzlich erfolgte Nachweis des bisher ältesten Walrestes aus dem Unter-Eozän des anglo-französischen Beckens (*Anglocetus* [3528]). Bis dahin lagen die ältesten Reste aus dem nord- und westafrikanischen Mittel-Eozän Afrikas vor. Auffällig erscheint immerhin das primäre Fehlen im indischen sowie pazifischen Raum [1704, 1948].

Weitere Probleme, die auch phylogenetisch von Bedeutung sind, betreffen das polyodonte Gebiß bei Zahnwalen und Bartenwalembryonen (sekundäre Zahnvermehrung, Zerfall [9] oder gleichzeitige Funktion von laktealer und permanenter Dentition?), die Entstehung der Hyperphalangie und die Asymmetrie des Schädels. Dieses letzte Merkmal stand wiederholt zur Diskussion, ohne daß man zu einer völlig befriedigenden Erklärung kam [2318, 3314]. Bemerkenswerterweise fehlt die Asymmetrie nicht nur den Archaeoceti, sondern auch den miozänen Delphinoidea, weshalb Mchedlize [2318] sie mit der Verkürzung der Wirbelkörper und auch der Vorderextremitäten in Zusammenhang bringt.

Archaeoceti (Urwale)

Die als Archaeoceti zusammengefaßten Formen stellen die geologisch ältesten Wale dar, die sich durch zahlreiche primitive Merkmale von den Mystacoceti und Odontoceti unterscheiden. Sie sind bereits völlig an ein ausschließliches Wasserleben angepaßte, mittelgroße bis große Säugetiere mit einem relativ kleinen und recht primitiv gebauten Gehirn mit großem Cerebellum (Abb. 515), niedrigem, gestrecktem, bilateral symmetrischem Schädel, dessen Knochen nicht überschoben sind, einem verlängerten Fazialschädel, dessen Nasenöffnung nicht so weit nach hinten liegt wie bei den rezenten Walen, sondern (meist) auf halber Schnauzenlänge auftritt. Das Lacrymale und ein Canalis nasolacrimalis sind vorhanden, der Jochbogen ist meist gut entwickelt. Der Unterkiefer besitzt einen deutlichen Kronenfortsatz. Das Gebiß entspricht der Zahnformel

*) Freilich läßt sich ein — bisher unbekanntes — limnisches Vorstadium nicht ausschließen.

$\left(\frac{3\ 1\ 4\ 3\text{-}2}{3\ 1\ 4\ 3}\right)$ nach dem primitiver placentaler Säugetiere. Die vorderen einwurzeligen Zähne sind einfach gebaut, die P und M bei den geologisch jüngeren Formen zeuglodont, indem sie serrat (schneidend mit mehreren Zacken) ausgebildet sind. Bei *Protocetus* sind die hinteren Backenzähne wohl gleichfalls secodont, doch nicht zeuglodont und außerdem mit einer Innenwurzel ausgestattet. Sie erinnern dadurch an tribosphenische Molaren, wie sie ähnlich bei Creodonten entwickelt sind. Der Zahnwechsel der schmelzbedeckten Zähne tritt verhältnismäßig spät ein, ist jedoch normal. Die Wirbelsäule zeigt innerhalb der Archaeoceti wesentliche Unterschiede, indem es bei den deshalb abgetrennten Basilosauriden (= „Zeuglodontiden") zu einer Verlängerung und Vermehrung der hinteren Rumpf-, Lenden- und Schwanzwirbel kommt, die den Protocetiden und Dorudontiden abgeht (Abb. 516). Die Halswirbel sind kurz, aber frei und erinnern

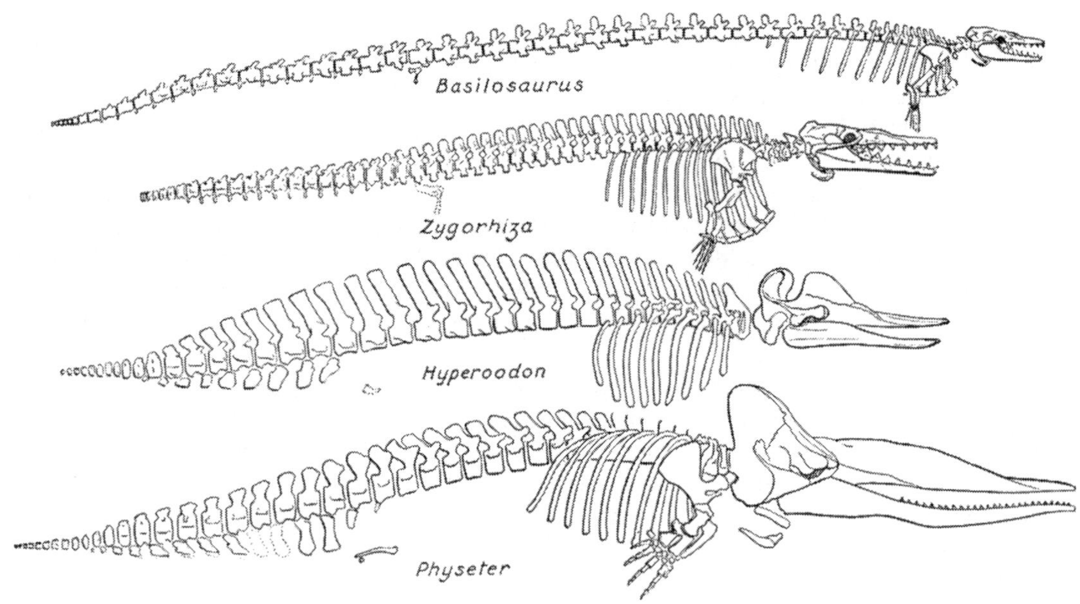

Abb. 516. Skelette von eozänen Archaeoceten (*Basilosaurus, Zygorhiza*) und rezenten Odontoceten (*Hyperoodon, Physeter*). Orbita schraffiert. Beachte grundsätzliche Unterschiede im postcranialen Skelett der Archaeoceten. Bei *Hyperoodon* Vorderextremität weggelassen — Nach Gregory 1951

an *Platanista*, die Rumpf- und Lendenwirbel unterscheiden sich bei *Protocetus* nur wenig von Landraubtieren [970, 3501]. Von *Protocetus atavus* aus dem untersten Mittel-Eozän Ägyptens ist sogar ein Sacralwirbel bekannt, der auf weniger reduzierte Hintergliedmaßen als bei den Basilosauriden schließen läßt [3509]. Von *Basilosaurus* ist das rudimentäre Becken mit Acetabulum und Foramen obturatum sowie das stark reduzierte Femur bekannt [1704, 2155]*). Die Scapula ist weitgehend walartig ausgebildet, der Humerus nur wenig verkürzt und distal mit einem Rollengelenk versehen, doch sind die Vorderextremitäten zur Fortbewegung an Land unbrauchbar.

*) Die von Stromer [3504] behauptete Ähnlichkeit des Beckens mit *Potamogale* ist weder vorhanden noch für die Annahme von verwandtschaftlichen Beziehungen zwischen Zalambdodonten und Archaeoceten geeignet [3314].

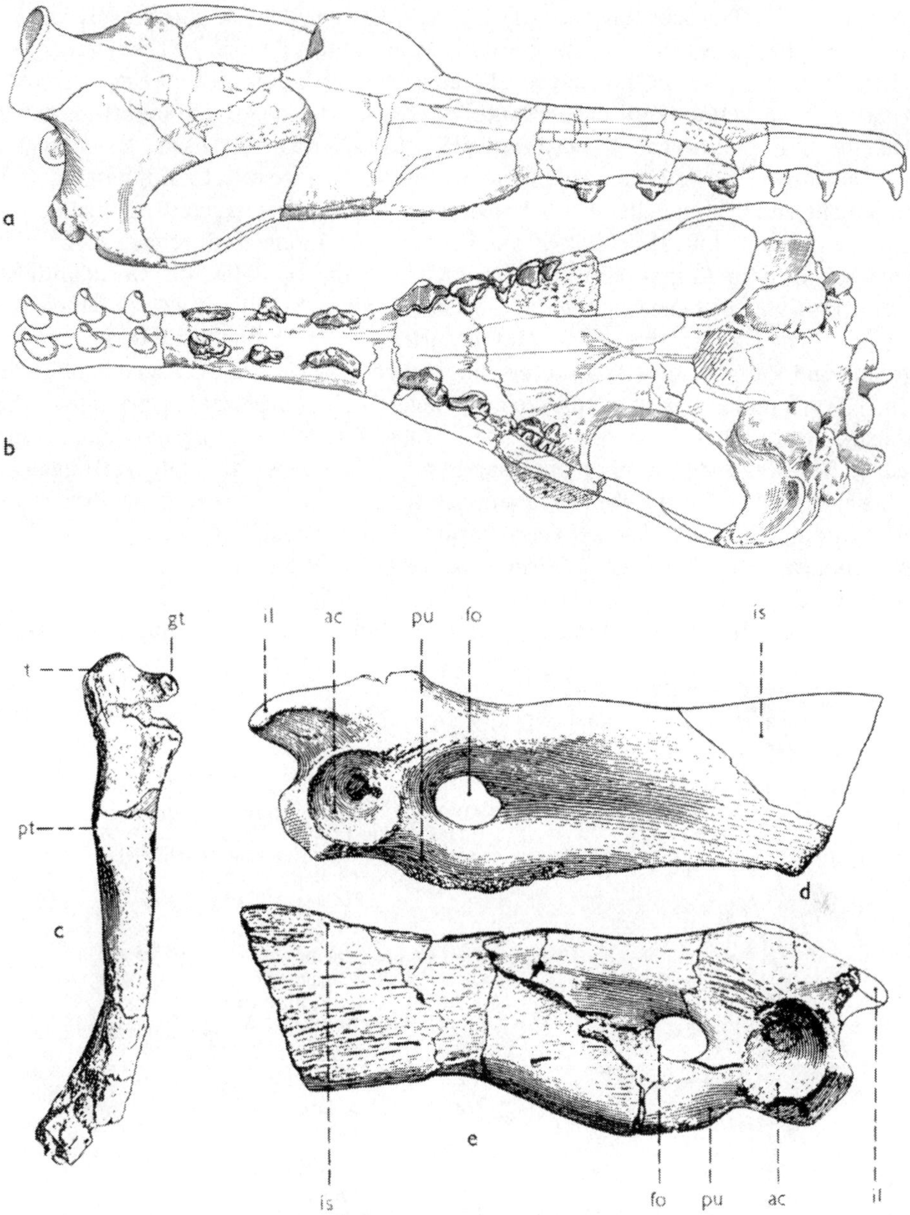

Abb. 517. a, b) *Protocetus atavus* (Protocetidae), Mittel-Eozän, Ägypten. Osteocranium schräg von dorsal (a) und von ventral (b). Beachte Lage der Nares und creodontoide Differenzierung der heterodonten Backenzähne — Nach FRAAS 1904

c—e) *Basilosaurus cetoides* (Basilosauridae), Jung-Eozän, USA. Femur sin., median (c) und Becken sin. et dext., lateral (d—e). Beachte Acetabulum und Foramen obturatum am reduzierten Becken sowie Troch. maior und minor am Femur. (1/3,5) — Nach KELLOGG 1936

ac = Acetabulum
il = Ilium
t = Caput femoris
fo = For. obturatum
pt = Trochanter minor
gt = Trochanter maior
pu = Pubis

Innerhalb der Archaeoceti lassen sich einerseits verschiedene Evolutionsniveaus, andererseits aber — wie bereits erwähnt — mindestens zwei Hauptstämme unterscheiden. Die primitivsten Urwale bilden die **Protocetidae**, die aus dem afrikanischen (*Protocetus* [Abb. 517], *Pappocetus*) und nordamerikanischen Raum (*Eocetus*) stammen. Sie besitzen verschiedene Merkmale, die auf quadrupede Land„raubtiere" (Creodonta) hinweisen. Bemerkenswert ist, daß bei *Protocetus* auch die Gehörregion wie bei Creodonten gestaltet ist, indem das Tympano-Perioticum nicht von den umgebenden Schädelknochen isoliert ist. Auch die Sinusbildungen sind nur schwach entwickelt [3969]. Mittel-eozäne Protocetiden kommen durchaus als Stammformen der geologisch jüngeren Archaeoceti in Betracht. Unter ihnen bilden die **Dorudontiden** die im Wirbelbau primitiv gebliebene Gruppe mit *Dorudon* (Abb. 518) und *Zygorhiza* (Ober-Eozän)*).

Beim zweiten Hauptstamm, den **Basilosauridae** (= „Zeuglodontidae"), kommt es zur Verlängerung und Vermehrung der hinteren Rumpfwirbel, unter gleichzeitigem Abbau der Zygapophysen. Körper und Schwanz sind stark verlängert. Die Wirbelzahlen betragen 7 Cervical-, 15 Thoracal-, 13 Lumbal-, 2 Sacral- und 22 Caudalwirbel. Mit *Prozeuglodon* aus Ägypten und *Basilosaurus* (= „*Zeuglodon*") aus dem Ober-Eozän sind die wichtigsten Gattungen genannt. Sie zeigen sich auch im Bau der Gehörregion hoch spezialisiert (Isolierung des Perioticums noch nicht völlig durchgeführt [2776]), der Gesichtssinn ist nur schwach entwickelt. Diese Spezialisationserscheinungen schließen eine Ableitung der rezenten Wale aus.

In jüngster Zeit wurden nun Cetaceen mit stark reduziertem Gebiß und mit mysticetoiden Schädelmerkmalen (*Aetiocetus* [Abb. 519] aus dem Jung-Oligozän [Yaquina Formation] von

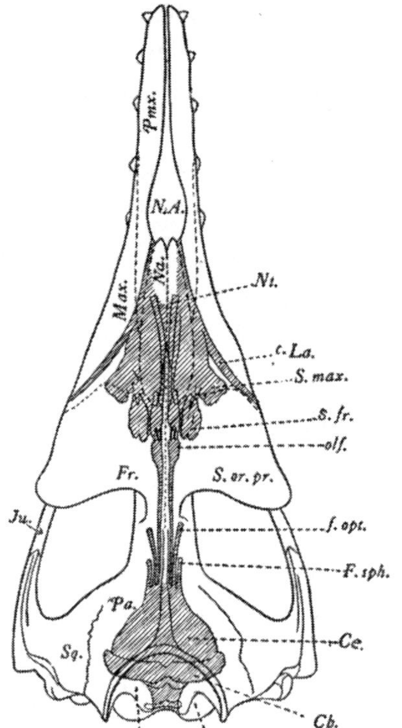

Abb. 518. *Dorudon stromeri* (Dorudontidae). Jung-Eozän, Ägypten. Osteocranium. Dorsalansicht mit eingezeichneten Schädelhöhlen. (1/8) — Nach Kellogg 1928

C = Condylus occipitalis
Cb = Cerebellum
Ce = Cerebrum
C. la = Canalis lacrymalis
f. opt. = Nervus opticus
F.sph. = Fissura sphenoidea
Fr = Frontale
Ju = Jugale
Max = Maxillare
Na = Nasale
N. A. = Nares
Nt = Nasoturbinalia
Olf = Bulbus olfactorius
Pa. = Parietale
Pmx = Praemaxillare
S. fr. = Sinus frontalis
S.max. = Sinus maxillaris
S.oc. = supra-occipitale,
Sor.pr. = Proc. supraorbitalis
Sq = Squamosum

*) *Kekenodon* aus dem Ober-Oligozän (? Unter-Miozän) Neuseelands [235] und *Phococetus* aus dem Unter-Miozän Europas sind sehr dürftig dokumentiert, so daß ihre Zugehörigkeit zu den Dorudontiden fraglich erscheint.

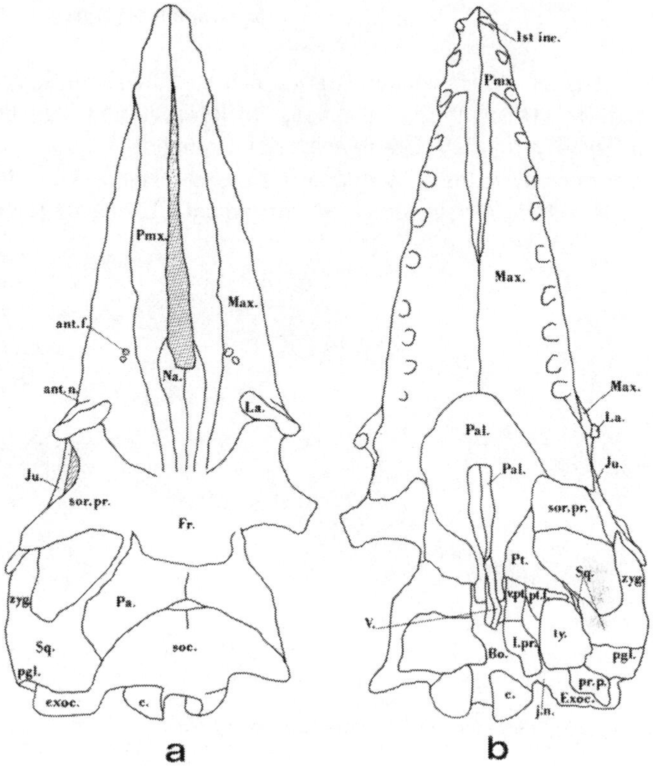

Abb. 519. *Aetiocetus cotylalveus* (Aetiocetidae). Jung-Oligozän, Oregon. Osteocranium. a) dorsal, b) ventral. (1/5) Nach Kellogg

Al = Alisphenoid
ant.f. = Foramen präorbitale
ant.n. = Präorbitaleinschnitt
Bo = Basioccipitale
Exoc. = Exoccipitale
f.or. = Foramen ovale
La = Lacrymale
l.pr. = Proc. lateralis des Basioccipitale
Pal. = Palatinum
pr.p. = Proc. posterior des Perioticum
pgl. = Proc. postglenoidalis des Squamosum
Pt = Pterygoid
pt.f. = Fossa pterygoidea
Sor.pr. = Proc. supraorbitalis
ty = Bulla tympani
v.pt. = Proc. vaginalis des Pterygoid
V = Vomer
zyg = Proc. zygomaticus des Squamosum

Sonstige Abkürzungen wie Abb. 518

Oregon; Emlong [887]) bekannt, die zumindest morphologisch als Vorläufer der Bartenwale gelten können*). Das Gebiß ist vollständig ($\underline{3\ 1\ 4\ 3}$), die Zähne jedoch reduziert, indem die Wurzeläste völlig verschmolzen sind und die Zahnkrone der Backenzähne einfach oder mit nur kleinen Nebenzacken versehen ist. *Aetiocetus* verhält sich somit fortschrittlicher als die Patriocetiden und Microzeuglodontiden. Der Fazialschädel verjüngt sich gleichmäßig nach vorn, die Nasenöffnung ist weiter nach hinten verschoben als bei den Basilosauriden, die Nasalia sind langgestreckt, das Lacrimale ist ausgebildet, die Maxillaria werden von den Frontalia überdeckt, die Bulla tympani zeigt Ähnlichkeiten mit der von *Zygorhiza* und den Cetotherien, die Halswirbel sind frei. Wenn auch *Aetiocetus* dem geologischen Alter (Ober-Oligozän) nach nicht als direkte Stammform der Cetotherien gelten kann, so dokumentiert diese Gattung, die als Vertreter einer eigenen Familie (**Aetiocetidae** [887]) klassifiziert werden muß, doch den Übergang zwischen Ur- und Bartenwalen. Angesichts der Merkmalskombination ist es Sache der Konvention, ob man die Aetiocetiden als evoluierte Archaeoceti oder als primitive, bezahnte Mystacoceti klassifiziert.

Demgegenüber läßt sich keiner der bekannten Odontoceten — nicht nur dem Bau des Gehirns nach — von spezialisierten Urwalen ableiten [849]. Zugleich dokumentieren die Urwale die Entstehung ausschließlich wasserbewohnender Säugetiere von quadrupeden, terrestrischen „Creodonten".

---

*) Von *Archaeodelphis patrius* aus dem (?) Ober-Eozän von Alabama (? Süd-Karolina [48, 1703]) liegt zwar nur der Hirnschädel vor, doch überlappen die Maxillaria die Frontalia, so daß die Zugehörigkeit zu den Mystacoceti, wie sie verschiedene Autoren vornahmen [724, 1703], auszuschließen und *Archaeodelphis* als Angehöriger der Odontoceti zu klassifizieren ist, der *Agorophius* nahe steht.

Mystacoceti (Bartenwale)

Die in verschiedenen Merkmalen deutlich primitiveren Bartenwale (zum Beispiel rudimentäres Riechorgan, Vibrissae, Ohrknorpel und zugehörige Ohrmuskeln noch vorhanden, Luftsacksystem, zwei äußere Nasenöffnungen, Lacrimale noch getrennt ausgebildet, Schädelbasis primitiv und Tympano-Perioticum nicht von Schädelhöhle ausgeschlossen, Hinterextremitäten noch rudimentär vorhanden (Abb. 520) [290, 979, 1273, 1571, 2708, 2709, 3798])

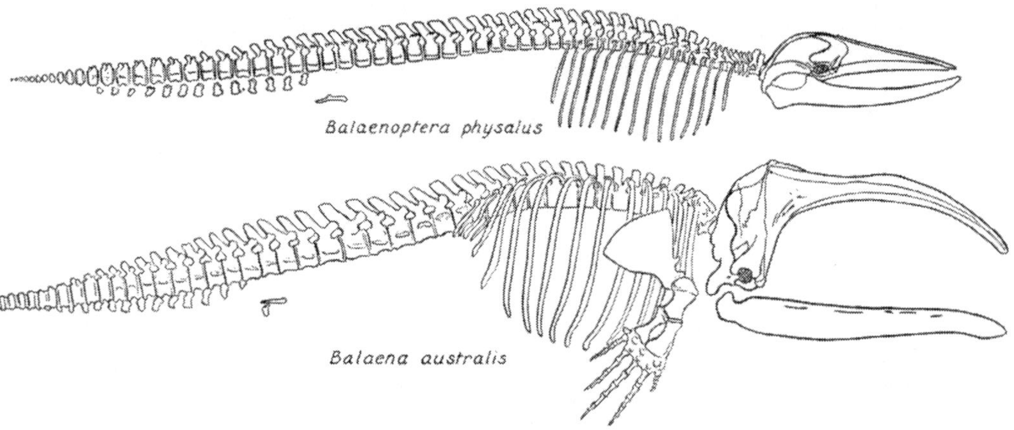

Abb. 520. Skelett rezenter Bartenwale. *Balaenoptera physalis* und *Balaena* (=*Eubalaena*) *australis*. Orbita schraffiert. Nach Gregory 1951

sind in einzelnen Merkmalen allerdings höher spezialisiert als die Zahnwale (wie Gebißreduktion und Ausbildung von Barten). Bei Bartenwalembryonen treten vorübergehend Zähne auf [1940], die zwar auf zahntragende Vorfahren schließen lassen, ohne daß man daraus auf einen Zerfall der Einzelzähne schließen kann, wie Abel [9, 10] annahm.

Die geologisch ältesten Bartenwale sind die **Cetotheriidae**, die bereits im mittleren Oligozän nachgewiesen und als Stammgruppe der rezenten Mystacoceti anzusehen sind. Sie waren kleine bis mittelgroße zahnlose Wale, deren Unterkiefer nicht die für Balaeniden und Balaenopteriden charakteristische Vergrößerung besaß. Der Schädel ist etwas ursprünglicher gebaut, die

---

Abb. 521 (rechts). *Pelocetus calvertensis* (Cetotheriidae), Jung-Miozän, USA. Osteocranium in a) Dorsal- und b) Ventralansicht, Mandibel sin. c) lateral und d) dorsal. (1/5) — Nach Kellogg 1965

Al.	= Alisphenoid	*o. c.*	= canalis opticus
ant. n.	= Präorbitaleinschnitt	*Pa.*	= Parietale
Bo.	= Basioccipitale	*Pal.*	= Palatinum
C.	= Condylus occipitalis	*pgl.*	= Proc. postglenoidalis
cor.	= Proc. coronoideus	*Pmx.*	= Praemaxillare
Ex. oc.	= Exoccipitale	*pr. p.*	= Proc. posterius des Pterygoid
f. m.	= For. mentale	*Pt.*	= Pterygoid
f. max.	= For. maxillare	*S. oc.*	= Supraoccipitale
f. or.	= For. ovale	*S. or. pr.*	= Proc. supraorbitalis des Frontale
h. pt.	= Proc. hamularis des Pterygoid	*Squ.*	= Squamosum
J. n.	= Jugular-Einschnitt	*Ty*	= Bulla tympanica
L. pr.	= Proc. lateralis des Basioccipitale	*V*	= Vomer
Max	= Maxillare	*zyg.*	= Proc. zygomaticus
Na	= Nasale		

Nasenöffnung liegt weiter vorn, die Supraoccipitalia reichen weniger weit nach oral, ein Sagittalkamm ist meist entwickelt. Zu den ältesten Gattungen zählt *Mauicetus* (= „*Lophocephalus*") aus dem Oligozän Neuseelands, der *Aglaocetus* aus dem patagonischen Alt-Miozän nahesteht

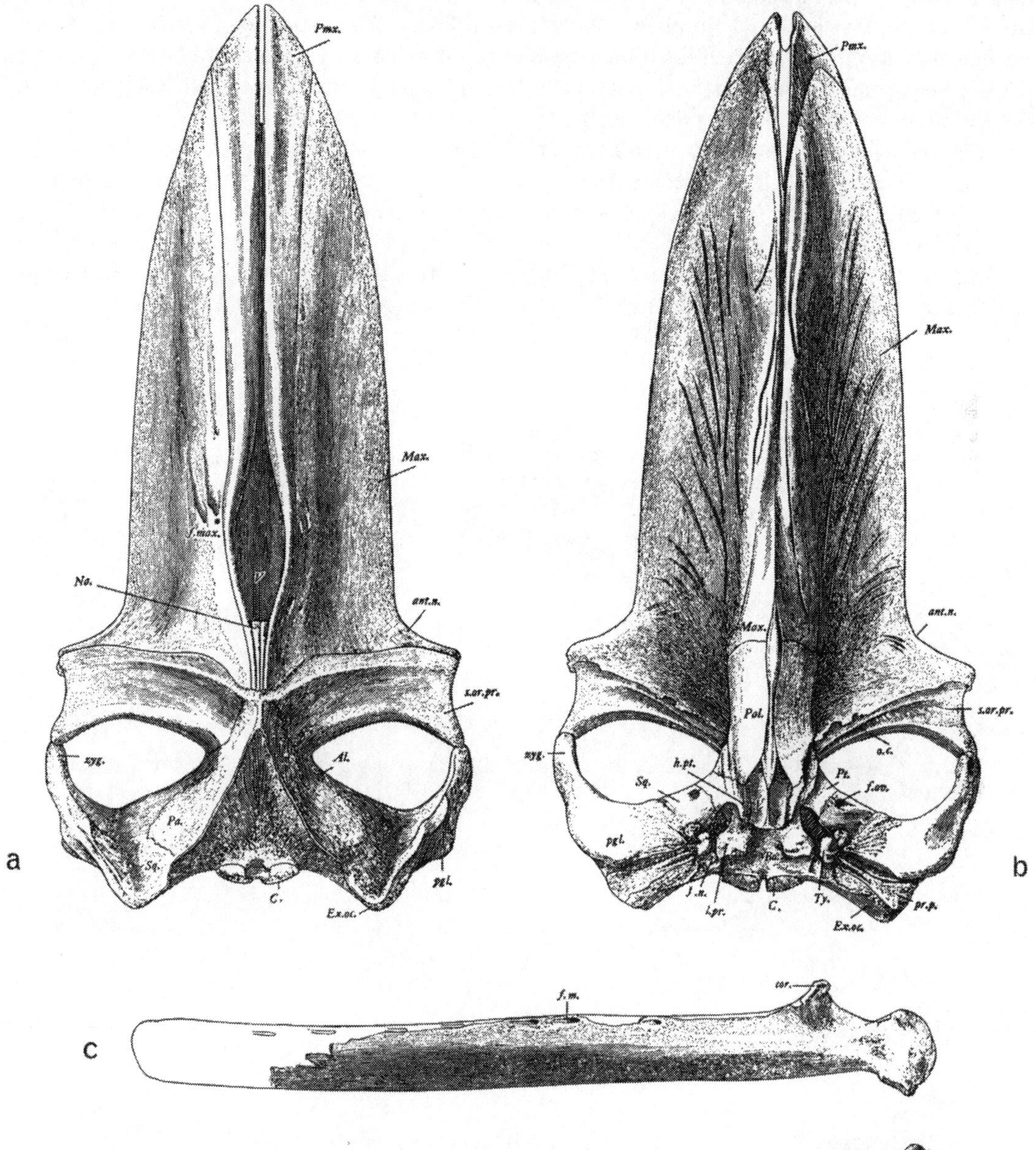

[234, 236, 2233]. *Cetotherium, Mesocetus, Pelocetus* (Abb. 521) und *Parietobalaena* sind jungtertiäre Cetotheriiden aus Europa und Nordamerika [1706a].

Die rezenten Bartenwale haben sich im ausgehenden Alt-Tertiär aus primitiven Cetotherien entwickelt. Unter den rezenten Familien bilden die **Eschrichtiidae** (= „Rhachianectidae") mit *Eschrichtius (= „Rhachianectes") glaucus*, dem Grauwal des Nordpazifiks, die ursprünglichste Gruppe (kurze Barten, 2—4 Furchen, keine Rückenflosse). *Mixocetus* oder verwandte Formen aus dem Mittel-Miozän des Pazifiks bilden die Stammformen der Grauwale unter den Cetotherien [2364]. Sie nehmen morphologisch eine etwas intermediäre Position zwischen Balaeniden und Balaenopteriden ein, stehen jedoch den zuletzt genannten etwas näher.

Die **Balaeniden** (Glattwale) verhalten sich in einzelnen Merkmalen (rudimentäre Hinterextremitäten, keine Rückenflosse, keine Furchen) ursprünglicher als die Balaenopteriden. Sie sind seit dem Alt-Miozän (*Morenocetus*, Südamerika) nachgewiesen und haben bereits im Pliozän ihre jetzigen Dimensionen (5—15 m) erreicht. *Balaena* ist seit dem Pliozän bekannt. *Neobalaena (= Caperea)* als spezialisierteste Gattung ist fossil unbekannt. *Balaena (Eubalaena) australis* verhält sich etwas ursprünglicher als *B. (Balaena) mysticetus* [3877, 3879].

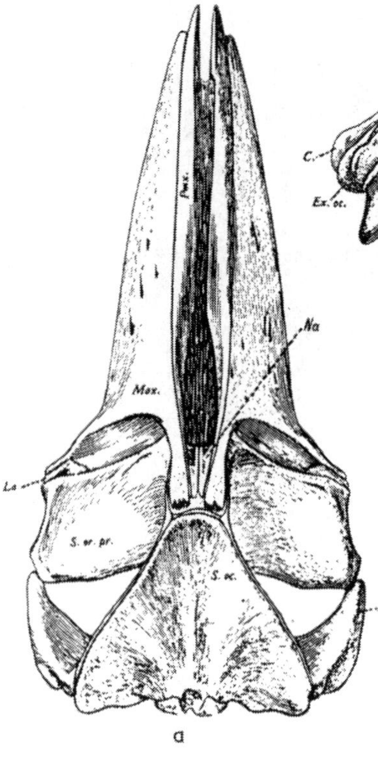

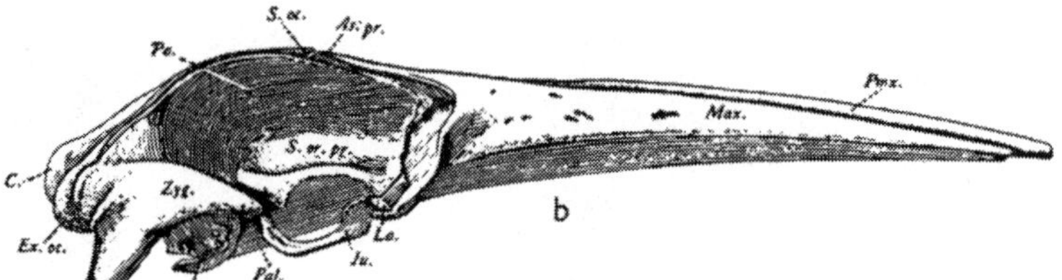

Abb. 522. *Balaenoptera borealis* (Balaenopteridae), rezent. Cranium in a) Dorsal- und b) Lateralansicht. Beachte ausgedehnte Processus supraorbitales der Frontalia *(S. or. pr.)*, welche die Maxillaria weitgehend überdecken. *As. pr.* = Proc. ascendens des Maxillare, Sonstige Abkürzungen siehe Abb. 518 und 519. (1/30) Nach Kellogg 1928

Die **Balaenopteriden** (Furchenwale) sind seit dem Ober-Miozän *(Mesoteras)* belegt. Sie sind die in vieler Hinsicht am höchsten spezialisierten Bartenwale (Rückenflosse, 70—100 Furchen, Gehirn; Abb. 522). Die pliozänen Vertreter erreichten mit 3,5—15 m Länge nicht die Dimensionen der rezenten Arten. *Plesiocetus* aus dem Alt-Pliozän Europas erinnert etwas an „*Rhachianectes*", zeigt jedoch stärker reduzierte Nasalia. Von *Balaenoptera* und *Megaptera* haben wir den Nachweis seit dem Alt-Pliozän. *Megaptera boops* (Buckelwal) zeigt mit der enorm verlängerten Brustflosse eine höhere Spezialisation als *Balaenoptera*, jedoch einen relativ niedrigen Cephalisationsgrad, nur Thalamus und Mittelhirn sind als Zentren der Motorik stärker entwickelt [2708, 2709].

Odontoceti (Zahnwale)

Die rezenten Zahnwale erweisen sich in mancher Hinsicht spezialisierter als die Bartenwale (Riechorgan praktisch völlig verschwunden, bis auf Tuberculum olfactorium [2707], Ohrmuskeln reduziert, äußerer Gehörgang äußerst eng, Nasenöffnung einfach, Luftsacksystem sehr kompliziert gestaltet und so weiter).

Die Herkunft der gegenwärtig mit den Delphinoidea in voller Blüte stehenden Zahnwale ist immer noch nicht geklärt. Verschiedentlich bezweifelt man ihre stammesgeschichtliche Einheit, indem man die Delphinoceti als eigenen Stamm betrachtet und den Squaloceti [8, 9] gegenüberstellt. Die Squaloceti (Squalodontidae, Acrodelphidae, Physeteridae, Ziphiidae, Eurhinodelphidae und Platanistidae) erlebten ihre stammesgeschichtliche Blüte bereits im Miozän. Eine derartige Zweiteilung der rezenten Zahnwale ist allerdings nicht anzunehmen; vielmehr dürften sich aus den Squalodontoidea sämtliche übrigen Stämme entwickelt haben, von denen die Platanistiden unter den rezenten Zahnwalen in vieler Hinsicht am primitivsten geblieben sind.

Die geologisch ältesten Zahnwale (**Agorophiidae**) stammen aus dem jüngeren Eozän Nordamerikas (Abb. 523). *Agorophius*, *Archaeodelphis* und *Xenorophus* unterscheiden sich von den

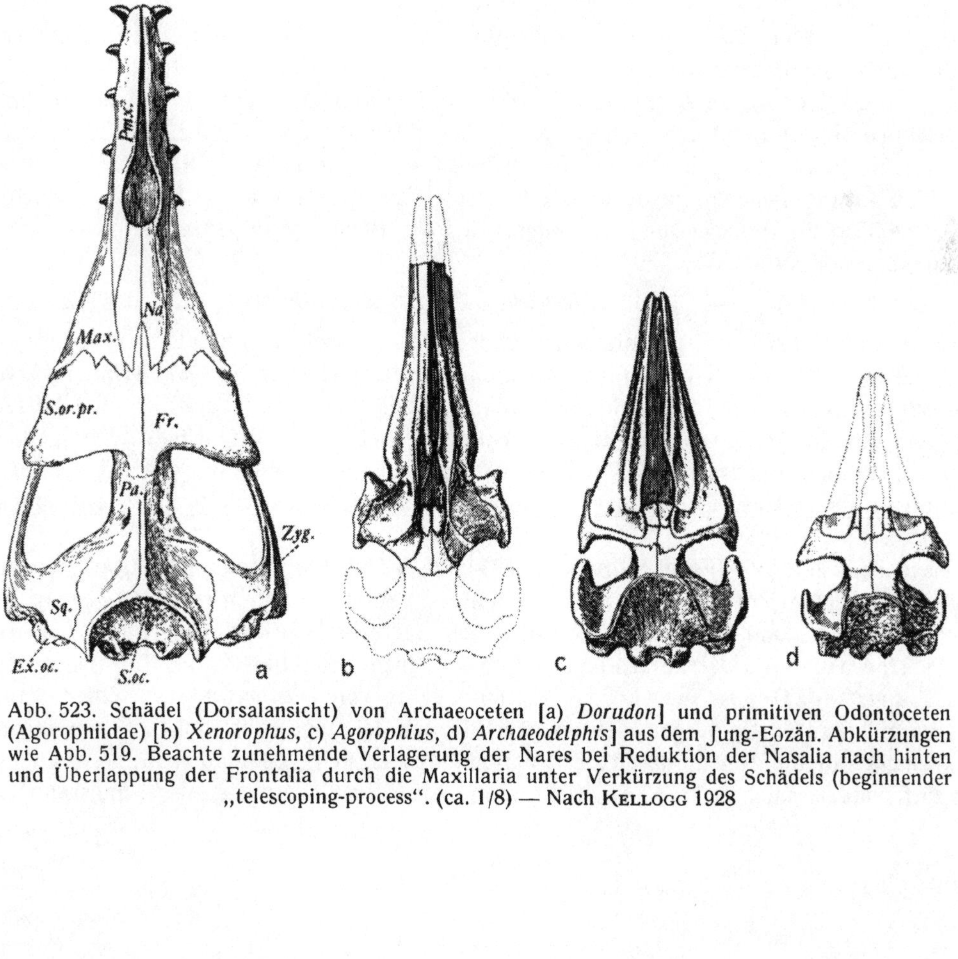

Abb. 523. Schädel (Dorsalansicht) von Archaeoceten [a) *Dorudon*] und primitiven Odontoceten (Agorophiidae) [b) *Xenorophus*, c) *Agorophius*, d) *Archaeodelphis*] aus dem Jung-Eozän. Abkürzungen wie Abb. 519. Beachte zunehmende Verlagerung der Nares bei Reduktion der Nasalia nach hinten und Überlappung der Frontalia durch die Maxillaria unter Verkürzung des Schädels (beginnender „telescoping-process". (ca. 1/8) — Nach KELLOGG 1928

Archaeoceti durch die weit nach hinten verschobene Nasenöffnung, die reduzierten Nasalia und die weit über die Proc. supraorbitales der Frontalia geschobenen Maxillaria. Sie kennzeichnen den bereits begonnenen und für die rezenten Zahnwale so typischen „telescoping-process" (Abb. 524). Der Schädel erinnert bei *Agorophius* in der Gesamtform entfernt an *Balaenoptera*, bei

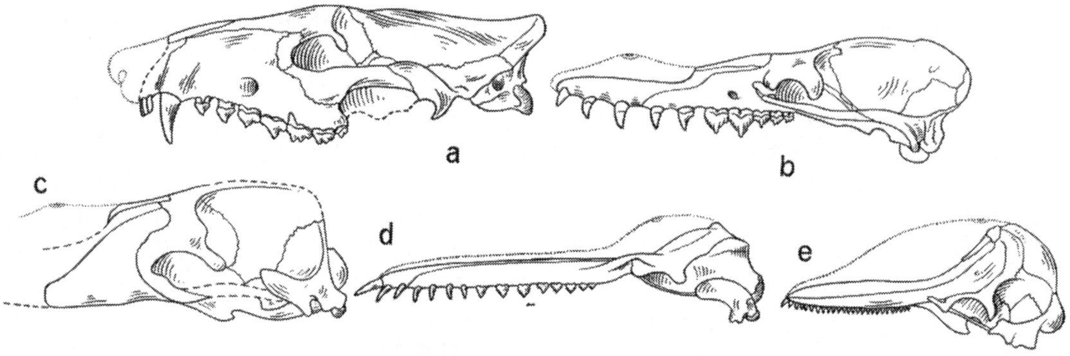

Abb. 524. Evolution des Osteocraniums bei den Cetaceen (Odontoceti) und *Sinopa* (a), Mittel-Eozän (Deltatheridia) als morphologische Ausgangsform, b) *Basilosaurus*, Jung-Eozän (Archaeoceti), c) *Archaeodelphis*, Jung-Eozän (primitiver Odontocete), d) *Squalodon*, Oligo-Miozän (Odontocete), e) *Tursiops*, rezent (moderner Odoncete). Beachte zunehmenden „telescoping process" und Verlagerung der Nasenöffnung bei den jüngeren Zahnwalen. Nach Gregory 1951, verändert umgezeichnet

Xenorophus durch das Rostrum mehr an Delphine, weicht jedoch durch die erwähnten Merkmale grundsätzlich von Bartenwalen ab. Das Gebiß ist — soweit bekannt — vollständig, die hinteren Backenzähne zeigen kleine Zacken am Vorder- und Hinterrand, ähnlich den Squalodontiden, als deren primitive Vorläufer sie gelten. Rothausen [2955 a] wertet die Agorophiiden überhaupt nur als Stufe mit einem primitiveren Evolutionsniveau innerhalb der Squalodontiden.

Einem etwas höheren (protosqualodontiden) Evolutionsniveau entsprechen nach Rothausen [2955 a] die Patriocetiden und Microzeuglodontiden. Sie bilden weitere Stämme innerhalb der Squalodontoidea.

Die Zahnformel $\left(\frac{3\ 1\ 4\ 2}{3\ 1\ 4\ 3}\right)$ von *Microzeuglodon* aus dem Jung-Oligozän des Kaspigebietes entspricht wohl jener der Zeuglodontiden, doch sind die Backenzähne etwas reduziert, jedoch zweiwurzelig und durch Diastemata voneinander getrennt. Der Schädel erinnert etwas an *Patriocetus*, weicht jedoch im einzelnen davon ab, so daß man verschiedentlich eine Abtrennung als eigene Familie (**Microzeuglodontidae**) vornimmt [2895]. Die Halswirbel sind frei, Ober- und Unterarm ähnlich *Basilosaurus*. *Microzeuglodon* gilt daher manchmal als ein spezialisierter Angehöriger der Urwale, doch ist nach Kellogg, Romer und Rothausen die Zuordnung zu den Odontoceti gerechtfertigt.

Nach Stromer [3502] und Slijper [3319] sind die als *Patriocetus* und *Agriocetus* aus dem Jung-Oligozän Mitteleuropas beschriebenen Wale, die Abel [9] auf Grund der Lagebeziehungen zwischen Maxillare und Frontale als Vorfahren der Bartenwale ansieht, Angehörige der Archaeoceti. Sie sind nach ihrer Merkmalskombination als eigene Familie (**Patriocetidae**) abzutrennen. Nach Pompecki [2776] ist jedoch das Petrosum völlig von *Basilosaurus* verschieden und das Perioticum zahnwalartig ausgebildet und weicht auch der Lage nach von den Bartenwalen ab, so daß nicht nur die Zugehörigkeit der Patriocetiden zu den „Zeuglodontiden" problematisch erscheint, sondern auch deren Rolle als Stammformen der Bartenwale ausgeschlossen ist. Auch das Vorkommen von typischen Mystacoceten in gleichaltrigen Ablagerungen macht dies wahrscheinlich (siehe oben).

Die jüngsten Untersuchungen von ROTHAUSEN [2955a] stützen diese Befunde. Er sieht in den Patriocetiden jung-oligozäne Superstiten eines protosqualodontiden Stadiums und wertet sie taxonomisch als Unterfamilie der Squalodontiden. Bei den Patriocetiden ist der „telescoping-process" jedenfalls weniger weit fortgeschritten als bei den squalodontiden Formen (*Squalodon*, *Neosqualodon*).

Bei den **Squalodontiden** des Oligo-Miozäns ist die bei den Agorophiiden angebahnte Verlängerung des Fazialschädels weiter fortgeschritten; die Bezahnung ist als zeuglodont zu bezeichnen, indem die secodonten hinteren Backenzähne mehrspitzig und zum Teil auch mehrwurzelig ausgebildet sind*). Die Gehörregion ist wesentlich primitiver als bei rezenten Zahnwalen, indem das Perioticum noch nicht völlig vom Gehirnraum abgerückt und eine leichte Verbindung zwischen Ohrskelett und Schädel noch vorhanden ist [2776]. Bei *Prosqualodon* (Unter-Miozän von Südamerika und Neuseeland) ist der Schädel nur wenig verlängert, die Prämaxillaria erstrecken sich jedoch weiter nach caudal als bei den Agorophiiden und auch bei *Squalodon* selbst. Das Gehirn von *Prosqualodon* zeigt kurze, aber deutlich ausgebildete Bulbi olfactorii und ein gut entwickeltes Kleinhirn, das die Großhirnhemisphäre teilweise überdeckt [368, 849]. Das Gehirn nimmt damit eine Art Mittelstellung zwischen Archaeoceti und rezenten Odontoceti ein. *Neosqualodon*, meist als progressive *Squalodon*-Form angesehen, ist eine selbständig von Agorophiiden herzuleitende Gattung [814a, 2955a]. Bei *Squalodon* (Jung-Oligozän—Miozän von Europa und Nordamerika; Abb. 525) und *Phoberodon* (Miozän von Südamerika) ist

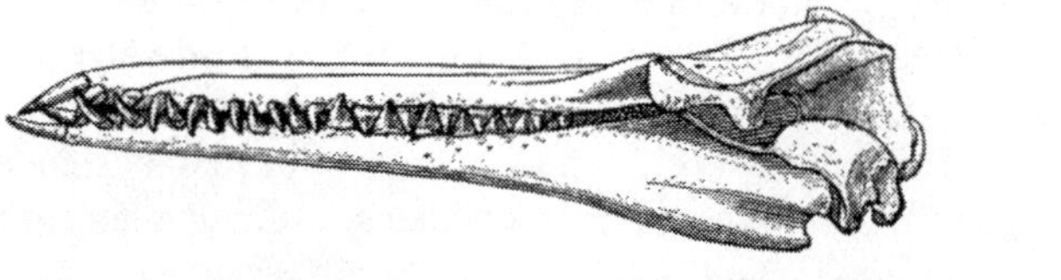

Abb. 525. *Squalodon bariensis* (Squalodontidae). Miozän, Europa. Osteocranium, lateral. Beispiel für spezialisierten Squalodontiden. (1/12) — Nach KELLOGG 1928

der Fazialschädel zu einem richtigen Rostrum verlängert. Die rezenten Zahnwalstämme lassen sich jedenfalls nicht von miozänen, spezialisierten Squalodontiden ableiten, sondern nur von primitiven oligozänen Angehörigen dieser Zahnwalfamilie [3314].

Unter den rezenten Zahnwalen haben die Flußdelphine (**Platanistiden** = Susuidae [1400]) und **Iniidae** (einschließlich Stenodelphinae) zweifellos zahlreiche primitive Merkmale bewahrt, ohne daß sie jedoch als Modellformen der Ahnenformen der Zahnwale gelten können. Ähnliches gilt für die Monotremata unter den übrigen Säugetieren. Es ist eine aberrante Gruppe tropischer Flußbewohner. Neben Primitivmerkmalen (Haare [1941], Gehirn mit einfacher Furchung, Großhirn länger als breit [2707, 2710], freie Halswirbel, kräftig entwickeltes Brustbein, kurze und breite Vorderflossen, Fehlen einer echten Rückenflosse, Art der Rippengelenkung, einfache Ausbildung des Luftsacksystems) treten hochspezialisierte auf (Maxillarkämme, Gebiß, Petrosum begrenzt — wie bei übrigen modernen Zahnwalen — Hirnraum nicht mehr, Augen klein und rückgebildet, Becken bei *Platanista* völlig reduziert), die vermuten lassen, daß die Flußdelphine, die überdies auf Grund wesentlicher morphologischer Unterschiede keine stammesgeschichtliche Einheit bilden [957, 1400], als sekundäre Flußbewohner anzusehen sind, die von ursprünglichen Küstenbewohnern abstammen. Für diese Annahme spricht ihre jetzige, diskon-

*) Nach ROTHAUSEN [2955] bilden die als *Microcetus* beschriebenen Squalodontiden keine einheitliche Gruppe.

tinuierliche Verbreitung (*Platanista* [= *Susu*] = Ganges, *Stenodelphis* [= *Pontoporia*] = La Plata, *Inia* = Orinoko, Amazonas [54, 1398], *Lipotes* = Yangtse und Tungting-See) und das einstige Vorkommen in marinen und brachyhalinen Küstengewässern (zum Beispiel *Proinia* aus dem Miozän und *Ischyrorhynchus* aus dem Pliozän Patagoniens als marine Verwandte von *Inia* [1400], während *Plicodontinia* aus dem Plio-Pleistozän des Amazonasgebietes bereits eine limnische Form darstellt [2354]), sowie das gegenüber Ziphiiden, Physeteriden und Monodontiden höher entwickelte Luftsacksystem. Fossilformen sind aus dem Jung-Tertiär und Pleistozän von Europa und Zentralasien (*Hesperoinia*, *Pachyacanthus* [207, 3314, 3996]), Nordamerikas (*Hesperocetus*, *Lonchodelphis*, *Stenodelphis* [1192]) und Südamerikas (*Pontistes*, *Proinia*, *Saurodelphis*) bekannt. Bemerkenswerterweise zeigen die Iniidae (*Inia*, *Lipotes*) zahlreiche Übereinstimmungen mit primitiven Delphinoidea (Stenidae: *Steno*, *Sousa* und *Sotalia* [479]), die vermuten lassen, daß sich die Iniiden unabhängig von den Platanistiden entwickelt haben. Nach Pilleri [2707, 2710] weicht das Gehirn von *Inia* stark von *Platanista* ab.

Von den übrigen rezenten Zahnwalen haben die untereinander näher verwandten **Ziphiiden** (= Hyperoodontidae; Schnabelwale) und die Physeteriden bereits im ausgehenden Alt-Tertiär ihren Ursprung von Squalodontiden genommen. Bei ihnen ist das Luftsacksystem am ursprünglichsten unter den Zahnwalen geblieben. Dagegen erfährt das Gebiß durch weitgehende Reduktion und Vergrößerung von Einzelzähnen (*Berardius*, *Mesoplodon*, *Hyperoodon*) eine starke Spezialisierung. Die frühe Trennung in Schnabel- und Pottwale belegen Fossilfunde aus dem älteren Miozän (Ziphiidae: *Notocetus* — Südamerika, *Squalodelphis* — Europa; Physeteridae: *Apenophyseter* — Südamerika), die bereits eine Zuordnung zu den Familien ermöglichen. *Notocetus* und *Incacetus* [591] sind primitive Ziphiiden, die den Ahnenformen der rezenten Gattungen nahestanden. Aus dem Pliozän kennen wir bereits hochspezialisierte Ziphiiden (*Choneziphius*). Unter den rezenten Schnabelwalen ist *Tasmacetus* als ursprünglichste, *Hyperoodon* als spezialisierteste Gattung zu bezeichnen.

Unter den **Physeteriden** (Pottwale) lassen sich mehrere Stammlinien unterscheiden, von denen die Hoplocetinen (*Hoplocetus*, *Aulophyseter*, *Apenophyseter*, *Scaldicetus*) im Jung-Tertiär wieder ausstarben, während die primitiveren Kogiinae (*Kogiopsis* — Pliozän) mit *Kogia* und die spezialisierten Physeterinen (*Ontocetus*, *Prophyseter*, *Idiophyseter* und *Priscophyseter*) mit *Physeter* die Gegenwart erreichten. *Kogia* zeigt Anklänge an Ziphiiden. *Physeter macrocephalus* (= *„catodon“*), der Pottwal, ist mit einer Länge bis zu 22 m der größte Vertreter der Zahnwale und besitzt das maximale Gehirngewicht. Der Neocortex ist außerordentlich stark entwickelt, das Neopallium überdeckt das Kleinhirn völlig, die Bulbi olfactorii sind vollständig, der Tractus olfactorius weitgehend rückgebildet [2707]. Der Pottwal ist Tintenfischfresser mit einem stark reduzierten Gebiß, von dem nur die schmelzlosen Zahnspitzen aus dem Zahnfleisch von Ober- und Unterkiefer ragen [1976]. Er ist ein ausgezeichneter Taucher, der Tiefen von nahezu 1000 m erreichen kann, wie durch Tiefseekabel einwandfrei festgestellt werden konnte [3317]. Beim Pottwal ist die Lungenkapazität mit 9% der Sauerstoffreserve gering. Die Sauerstoffreserve im Blut (41%) und in den Muskeln (41%) wirkt hier ausgleichend*). *Physeter* ist einer der spezialisiertesten Zahnwale. Bei *Idiophyseter* (Miozän) sind die Oberkieferzähne bereits reduziert.

Eine weitere Gruppe bilden die **Monodontidae** (= „Delphinapteridae“, Gründelwale), von denen bisher nur pleistozäne Fossilfunde vorliegen, die jedoch nichts über die Herkunft aussagen. Primitive Merkmale (Luftsacksystem wesentlich ursprünglicher als bei Delphinidae [979]) finden sich neben hochspezialisierten Eigenschaften (zum Stöbern geeignete „Stoßzähne“ bei

*) Die entsprechenden Werte betragen beim Menschen nach Slijper [3317]: Lunge 34%, Blut 41%, Muskeln 13%, übrige Organe 8%.

Monodon monoceros [Narwal], die bei den Männchen durch Vergrößerung des linken Zahnes zu einem sekundären Geschlechtsmerkmal wurden). *Delphinapterus* (= „*Beluga*") *leucas*, dem Weißwal, fehlt ein derartiger Stoßzahn. Der Cephalisationsgrad von *Delphinapterus* ist außerordentlich hoch, das Kleinhirn völlig vom Großhirn überdeckt. Die Gründelwale bewohnen flache Küstengewässer des hohen Nordens.

Zu den spezialisiertesten Zahnwalen zählen in vieler Hinsicht die Delphinoidea, von denen die artenreichste Familie der Delphine auch gegenwärtig noch in Blüte steht. Seit dem älteren Miozän (*Delphinavus* — Nordamerika, *Protodelphinus* — Europa) bekannt, lassen sich verschiedene Evolutionsniveaus unterscheiden. Zu den ursprünglichsten gehören die neuerdings [977, 2409] meist als eigene Familie (**Stenidae**) abgetrennten Brackwasserdelphine mit *Steno* einschließlich *Sousa* und *Sotalia*, die in manchen Merkmalen (zum Beispiel nur teilweise Verschmelzung der Halswirbel) den Flußdelphinen ähneln oder mit ihnen übereinstimmen, wobei es sich nur zum Teil um Primitivmerkmale handelt (Seite 496). Nach Kellogg (in Andersen & Jones [74a]) sind *Kentriodon* (Miozän, Maryland) und *Hesperocetus* (Pliozän, Kalifornien) Angehörige der Stenidae und möglicherweise Vorläufer von *Sotalia*.

Unter den Delphinen (Fam. **Delphinidae**) bilden die als Orcinae zusammengefaßten Formen eine untereinander näher verwandte Formengruppe, die mit *Pseudorca* und *Orcinus* seit dem Pliozän nachgewiesen ist. *Feresa*, *Cephalorhynchus* und *Pseudorca* verhalten sich ursprünglicher als *Orcinus orca*, der Schwertwal. Eine etwas andere Entwicklungsrichtung haben *Orcaella* und *Globicephala* eingeschlagen.

Die am meisten evoluierten Delphiniden sind jedoch unter den Delphininae zu finden, von denen *Lagenorhynchus* und *Lagenodelphis* zu den ursprünglichsten, *Stenella* und *Delphinus* zu den spezialisiertesten zählen, während *Tursiops* (Abb. 526) und *Grampus* sich etwa intermediär

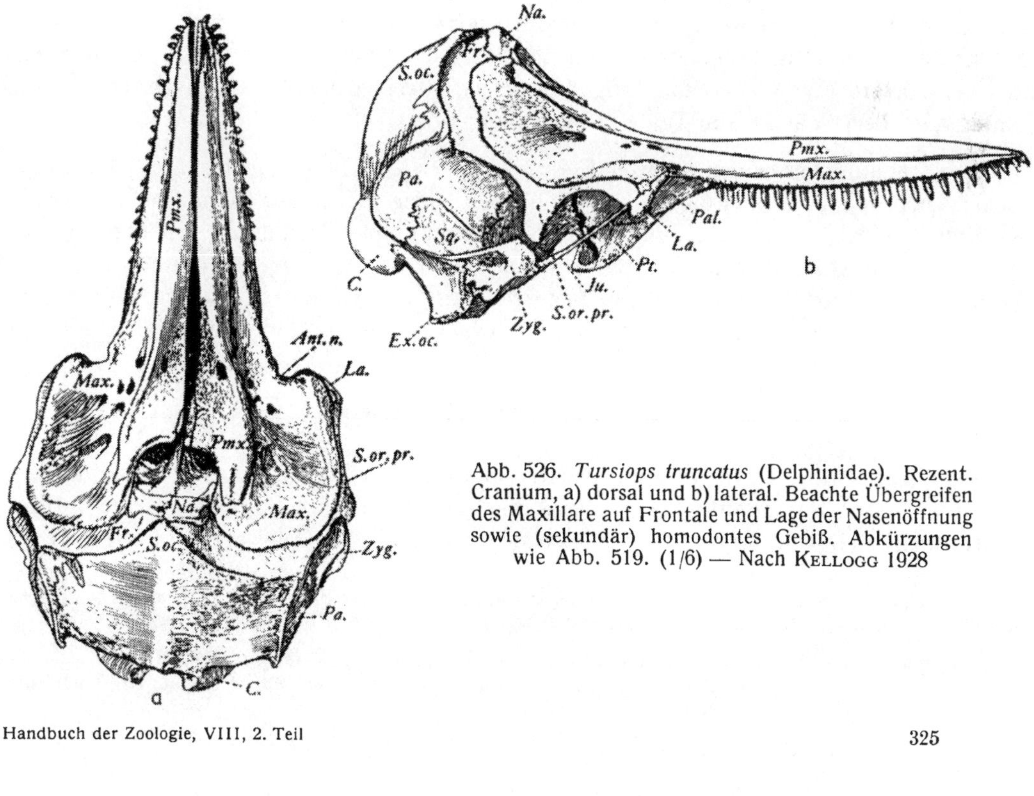

Abb. 526. *Tursiops truncatus* (Delphinidae). Rezent. Cranium, a) dorsal und b) lateral. Beachte Übergreifen des Maxillare auf Frontale und Lage der Nasenöffnung sowie (sekundär) homodontes Gebiß. Abkürzungen wie Abb. 519. (1/6) — Nach Kellogg 1928

verhalten. Bei den Delphiniden wird das Kleinhirn nicht völlig vom Großhirn überlagert, die Furchung des Neocortex ist jedoch außerordentlich gut entwickelt, Bulbus und Tractus olfactorius sind völlig reduziert und nur das Tuberculum olfactorium ist erhalten. *Delphinus* ist seit dem Alt-Pliozän bekannt.

Nach Kirpichnikov [1736] sind die von Abel [7] beschriebenen Gattungen *Palaeophocaena* und *Protophocaena* aus dem Jung-Tertiär der Paratethys und Belgiens nach dem Bau des Schädels keine Phocaeniden, sondern Delphiniden. Im Zusammenhang mit diesen Formen sei auch auf „rudimentäre" Dermalverknöcherungen bei diesen Formen verwiesen, die man einst als Reste eines gut entwickelten Knochenpanzers deutete und die auch bei *Neomeris* auftreten.

Nach Slijper bilden die **Phocaeniden** (Schweinswale) die höchst spezialisierten Zahnwale. Die ältesten Fossilfunde stammen aus miozänen Ablagerungen *(Microphocaena)*. Von den beiden rezenten Gattungen erscheint *Neomeris* infolge Fehlens einer Rückenflosse und mit kurzem Fazialschädel ursprünglicher. Weil jung-tertiäre Phocaenidenreste im Jung-Tertiär des pontokaspischen Raumes fehlen, wanderten nach Kirpichnikov [1736] die Schweinswale erst im Quartär in das Schwarze Meer ein*).

Aus dem Jung-Tertiär sind eine Reihe weiterer delphinähnlicher Zahnwale bekannt, die infolge des langen Rostrum, des flachen Schädels und der freien Halswirbel von echten Delphinen abweichen. Sie sind als **Acrodelphidae** (*Acrodelphis, Schizodelphis, Eoplatanista, Pomatodelphis* aus Europa und Nordamerika [1706]), **Eurhinodelphidae** (*Eurhinodelphis, Argyrocetus, Ziphiodelphis* aus dem Miozän Europas, Japans, Süd- und Nordamerikas) und **Hemisyntrachelidae** *(Hemisyntrachelus, Lophocetus)* beschrieben und belegen die Existenz weiterer, heute längst ausgestorbener Zahnwalstämme. Ähnlich den Delphiniden haben wir sie von alt-tertiären Squalodontiden abzuleiten.

Als Ganzes gesehen, bilden die Walartigen höchst ausdrucksvolle Beispiele für völlig an ein Wasserleben angepaßte Säugetiere (zahlreiche mit der Atmung und dem Tauchen, dem Gehör und der Orientierung, der Art der Fortpflanzung [vorwiegend Steißgeburten, 3316] und so weiter zusammenhängende, morphologische und physiologische Umkonstruktionen), die in paralleler oder (?) konvergenter Weise einzigartige Spezialisationen erwarben, deren Kenntnis und Erforschung auch gegenwärtig zum Teil erst am Anfang steht.

Zur Trennung der beiden rezenten Stämme kam es jedenfalls so frühzeitig, daß ein diphyletischer Ursprung zwar nicht ganz ausgeschlossen, aber nicht sehr wahrscheinlich erscheint. Die Urwale bilden — abgesehen von spezialisierten und ohne Nachkommen erloschenen Seitenzweigen — die Stammformen der Bartenwale, indem im Oligozän die Reduktion der Zähne einsetzte, die schließlich zum völligen Schwund des Gebisses führte. Demgegenüber sind die unmittelbaren Ahnenformen der primitiven Zahnwale (Squalodontoidea) bisher noch unbekannt.

„Condylarthra" (Urhuftiere)

Als Condylarthra fassen wir verschiedene, meist alt-tertiäre**) Säugetiere zusammen, deren Gemeinsamkeiten im wesentlichen in Konservativmerkmale (vollständiges Gebiß, primitives Gehirn, nicht weiter differenzierter Schädel mit ursprünglicher Gehörregion, fünfzehige Extre-

*) Der in jüngster Zeit gelungene Nachweis von Phocaeniden (*Microphocaena* [1929]) aus dem Ober-Miozän (Volhyn) der Ukraine belegt zwar die einstige Existenz, nicht aber eine kontinuierliche Anwesenheit der Schweinswale in der Paratethys.

**) Erst in jüngster Zeit sind Angehörige der Condylarthra aus jung-tertiären und aus mesozoischen Ablagerungen bekannt geworden [2197, 3319]. *Lophiodolodus* aus der altoligozänen Chaparralfauna Kolumbiens [3460] ist nach McKenna [2197] allerdings kein Condylarthre.

mitäten, Femur mit Trochanter tertius) gegeben sind. Sie gelten allgemein als Stammgruppe der Huftiere und ihre Entdeckung durch COPE bildet zweifellos eine der wichtigsten für die Säugetierphylogenie. Nach SCHLOSSER [3045] hat jedoch COPE [614] die Bedeutung von Carpus und Tarsus in phylogenetischer Hinsicht überschätzt, und damit die Kluft zwischen Condylarthren einerseits sowie zwischen Perissodactyla und Artiodactyla andererseits. SCHLOSSER sieht, wie auch SIMPSON [3257], in den Condylarthra die Stammgruppe der Perissodactyla und Artiodactyla, indem eine Umbildung vom serialen zum alternierenden Carpus durchaus möglich sei. SCHLOSSER leitet die Perissodactyla von Phenacodontiden, die Artiodactyla dagegen von Periptychiden ab.

Es erscheint daher verständlich, daß die taxonomische Beurteilung der Condylarthren für die Herkunft und stammesgeschichtliche Einheit der Huftiere von entscheidender Bedeutung ist. Umfang und Begriff Condylarthra wurden, entsprechend der Charakterisierung durch Primitivmerkmale, sehr verschieden beurteilt. Ursprünglich nur die Phenacodontiden, Periptychiden*) und „Mioclaeniden“ (= Hyopsodontiden) umfassend [614], sind bereits vor Jahren und neuerdings wieder verschiedene, bisher als „Creodonta“ klassifizierte Säugetiere den Condylarthren zugeordnet worden [64, 1879, 1883, 3707], nachdem wiederholt auf die Gemeinsamkeiten zwischen primitiven Creodonten und Condylarthren hingewiesen und eine Trennung als künstlich vermutet worden war. Sind die Creodonta eine polyphyletische Gruppe oder eine natürliche Einheit und ist die Übereinstimmung zwischen Arctocyoniden und Condylarthren im Gebiß lediglich funktionell bedingt infolge der Omnivorie oder handelt es sich um eine Parallelentwicklung? [2975]. Im Zusammenhang damit steht auch der Begriff Ferungulata zur Diskussion.

Die Creodonten bilden nach MATTHEW, GREGORY & HELLMAN und SIMPSON eine natürliche Einheit, indem die Arctocyoniden als Stammgruppe gelten. In der auf MATTHEW [2262, 2267] zurückgehenden Gliederung in Procreodi, Acreodi und Pseudocreodi kommen jedoch bereits Unterschiede zum Ausdruck, die nicht allein im unterschiedlichen Evolutionsniveau bedingt sind. VAN VALEN [3707] betrachtet daher die Procreodi (= Arctocyonidae) und die Acreodi (Mesonychidae) auch nicht als Creodonta, sondern als Condylarthra (Seite 502). Ihnen fehlt die für die Carnivora typische Brechschere, das Radiale und Intermedium sind nicht verschmolzen, und die stets gespaltenen Endphalangen sind meist hufähnlich abgeflacht. Carpus und Tarsus entsprechen gleichfalls dem primitiver Condylarthra**). Im Gebiß sind jedoch zweifellos einige für primitive Huftiere ungewöhnliche „trends“ entwickelt (Vordergebiß mit dolchförmig verlängerten Caniden bei *Arctocyon*; „schneidend“ ausgebildete M inf. bei Mesonychiden), die sie daher zumindest als phylogenetische Seitenlinien ausweisen. Dies hatte bereits SCHLOSSER [3047] erkannt, der die ursprünglich als Beuteltiere klassifizierten Creodonten als eigene, den Carnivoren und Insectivoren gleichwertige Ordnung auffaßte und in ihnen auch keine Vorläufer der Raubtiere sah, auf Grund der Unterschiede im Gebiß und im Bau des Gehirns.

Aber selbst die Condylarthren im Sinne von COPE [614] (vergleiche SIMPSON [3257]; Phenacodontidae, Periptychidae und Hyopsodontidae) bilden anscheinend keine einheitliche Gruppe, da sowohl im Gebiß als auch im Extremitätenskelett wesentliche Unterschiede vorhanden sind***). Angesichts dieser Differenzen können die Condylarthra nicht als natürliche Einheit auf-

*) Verschiedene Autoren [626, 2277, 2516] stellten die Pteriptychiden später zu den Amblypoden, doch SIMPSON [3244] klassifizierte sie wieder als Condylarthra.

**) Die Meinungen über den primitiven Bau von Carpus und Tarsus sind allerdings geteilt: Während nach COPE der seriale Bauplan dem ursprünglichen entspricht, ist es nach SIMPSON der nicht-seriale.

***) So klassifizierte man die Hyopsodontiden *(Hyopsodus)* lange Zeit als Primaten oder als Insectivoren. Unterschiede in der Fußstruktur (taligrader = nicht-serialer Bau des Tarsus) und im Gebiß waren seinerzeit Anlaß, die Periptychiden von den Condylarthren zu trennen, sie zusammen mit den Pantolambdiden als „Taligrada“ zu klassifizieren und sie als Vorläufer der Amblypoden anzusehen [1186, 2277, 2516]. Gegen diese Auffassung hat sich →

gefaßt werden. Eine Erkenntnis, die wiederum für den Ursprung und die verwandtschaftlichen Beziehungen der Huftiere (im weiteren Sinne) von entscheidender Wichtigkeit ist.

Innerhalb der hier als „Condylarthra“ zusammengefaßten Säugetiere lassen sich nach dem Gesagten mehrere Gruppen unterscheiden, die — bei gleichem Evolutionsniveau — durch unterschiedliche „trends“ gekennzeichnet sind. Eine Gliederung in die Arctocyonoidea, Mesonychoidea, Phenacodontoidea und Periptychoidea erscheint angebracht.

Arctocyonoidea (= Paracondylarthra)

Die meist als ursprünglichste Creodonten klassifizierten **Arctocyoniden** sind durch das niedrige Cranium mit schmalem Hirnschädel und meist kräftiger Crista sagittalis, ausladende Jochbögen, Fehlen einer knöchernen Bulla tympani und ein sehr primitives Gehirn (große Bulbi olfactorii, nur schwach längsgefurchte Hemisphären, freies Tectum mesencephali und Cerebellum mit gut entwickeltem Palaeocerebellum) gekennzeichnet [2968]*). Das fast stets vollständige Gebiß besteht aus trituberculär bis mehrhöckrigen Molaren und aus einem meist „carnivor“ entwickelten Vordergebiß. Eine Brechschere ist nicht ausgebildet (Procreodi Matthew). Vom fünfzehigen Extremitätenskelett seien der Humerus mit Foramen entepicondyloideus, kräftige Ulna, freies Radiale und Intermedium, Femur mit Trochanter tertius, Astragalus mit Foramen und meist gespaltene, jedoch nicht abgeflachte Endphalangen erwähnt; Eigenschaften, die fast durchwegs Konservativmerkmalen entsprechen, so daß die wechselnde taxonomische Zuordnung verständlich erscheint.

Die Arctocyoniden sind zugleich die geologisch ältesten Condylarthren. Sloan & van Valen [3319] wiesen sie erst kürzlich aus der Ober-Kreide von Montana nach (*Protungulatum*, Abb. 527). Innerhalb der Arctocyoniden lassen sich mehrere, ursprünglich als Familien bewertete, untereinander näher verwandte Gruppen unterscheiden, die als Oxyclaeninae, Arctocyoninae und Triisodontinae bezeichnet werden**). Die Oxyclaeninae bilden den ältesten (*Protungulatum*)

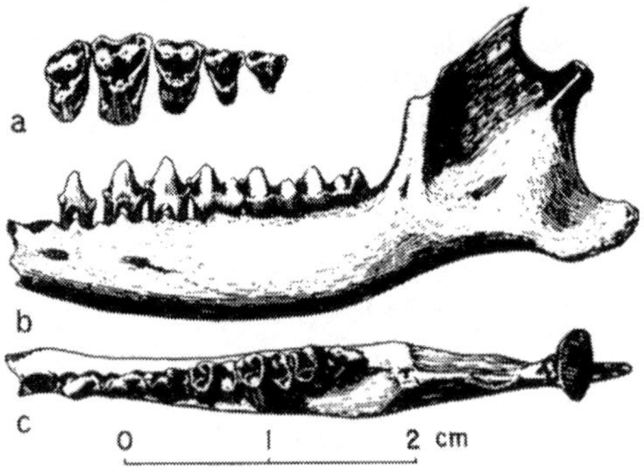

Abb. 527. *Protungulatum donnae* (Arctocyonidae). Ober-Kreide, Montana. a) P^3—M^3 dext., occlusal, b, c) Mandibel sin. mit P_2—M_3, lateral und occlusal. Nach Sloan & van Valen 1965

← vor allem Simpson [3244] mit dem Hinweis ausgesprochen, daß das Gebiß nur eine oberflächliche Ähnlichkeit mit dem der Pantodonten besaß und auch der etwas amblypode Fußbau nicht als Zeichen näherer verwandtschaftlicher Beziehungen zu werten sei. Selbst wenn auch den Copeschen „Einheiten“ Taxeopoda (Protungulata, Condylarthra und Hyracoidea) und Diplarthra (Perissodactyla und Artiodactyla) keine Bedeutung mehr zukommt, können doch bestimmte Einzelheiten im Fußbau sich als sehr konstant erweisen und taxonomisch-phylogenetisch wichtig sein.

*) Das Gehirn entspricht nach der Evolutionsstufe ungefähr dem von *Phenacodus*, ist also höher evoluiert als das von *Periptychus* [2972]. Ähnlichkeiten mit Carnivoren (Nervenverlauf) sind zwar vorhanden, ohne daß dadurch eine Verwandtschaft mit Ungulaten ausgeschlossen ist.

**) Angesichts der „Übergänge“ und der großen Variabilität im Gebiß erscheint eine Abtrennung als Familien nicht gerechtfertigt [3814]. Weigelt verweist darauf, daß die Unterschiede zwischen den Angehörigen der Procyoniden größer sind als innerhalb der Arctocyoniden. Diese Auffassung wird die in Arbeit befindliche Revision der Arctocyoniden von van Valen bestätigen.

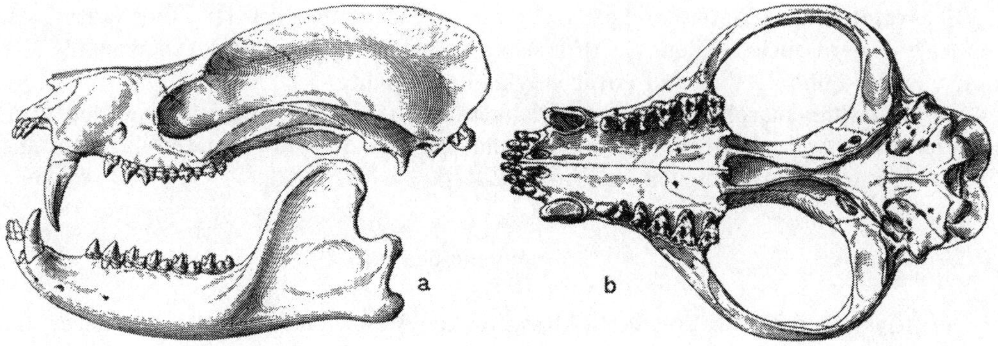

Abb. 528. *Deltatherium fundaminis* (Arctocyonidae). Mittel-Paleozän, USA. Osteocranium, a) lateral und b) ventral. (1/2) — Nach MATTHEW 1937

und zugleich zentralen Stamm unter den Arctocyoniden, der seine größte Artenfülle im Paleozän erreichte und mit dem Alt-Eozän wieder verschwand. Die Oxyclaeniden sind bisher nur aus Nordamerika und Europa bekannt geworden. Abgesehen von den primitiven Oxyclaeniden (*Oxyclaenus*, *Chriacus*, *Tricentes*, *Deltatherium*, Abb. 528) mit weitgehend trituberculärem Molaren, handelt es sich um omnivore Formen (*Arctocyonides* [=„*Creoadapis*“], *Thryptacodon*) mit mehrhöckrigen Backenzähnen, die ein richtiges Quetschgebiß bilden. Das Vordergebiß wirkt durch die starke Entwicklung der Caninen „carnivor“.

Innerhalb der Arctocyoninae bilden *Claenodon* (USA) und *Arctocyon* (Europa; Abb. 529 u. 530) aus dem mittleren und jüngeren Paleozän zwei nah verwandte, wenn nicht identische Gattungen [2969]. Bei den Triisodontinae aus dem nordamerikanischen Paleozän (*Eoconodon*, *Baioconodon*, *Triisodon*) erinnert das Gebiß etwas an das der Mesonychiden, weshalb man sie diesen auch zuordnete. Sie verbinden (zumindest morphologisch) die Arctocyoniden mit den Mesonychiden.

Abb. 529 *Arctocyon primaevus* (Arctocyonidae). Jung-Paleozän, Europa. Rekonstruktion des Osteocraniums. Lateralansicht. Beachte raubtierartig differenziertes Vordergebiß. (2/7) — Nach D. E. RUSSELL 1964

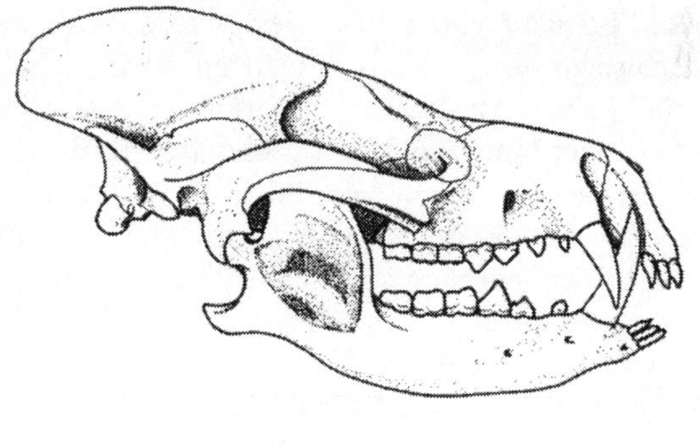

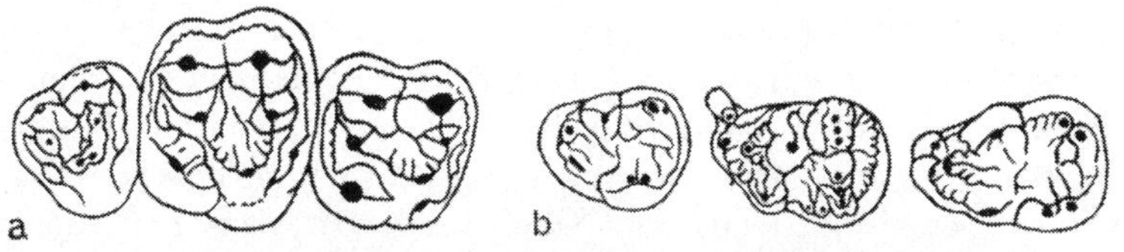

Abb. 530. *Arctocyon primaevus*, wie Abb. 529. a) M$^{1-3}$ dext., occlusal, b) M_3 sin., occlusal (beachte Variabilität). Beachte omnivores Gebiß. (6/5) — Nach TEILHARD 1915

Die Arctocyonidea gelten vielfach nicht nur als Stammformen der „Creodonta" (Mesonychoidea), sondern auch der Condylarthra sensu stricto (Phenacodontoidea), weshalb Weigelt [3814] von Pro-Condylarthra und Paracondylarthra spricht.

Auf Grund der morphologischen Ähnlichkeit und Übereinstimmung lassen sich primitive (kreidezeitliche) Arctocyoniden wohl als Ausgangsformen der übrigen Condylarthren ansehen (= Proto-Creodonta im Sinne von Matthew [2277]).

Mesonychoidea

Die gleichfalls meist als Creodonta klassifizierten **Mesonychiden** sind zweifellos evoluierter als die Arctocyoniden. Sie waren kleine (fuchsgroße) bis riesige Formen (*Andrewsarchus*), deren Cranium allein fast einen Meter Länge erreichte. Dem Gebiß fehlt ebenfalls eine Brechschere (Acreodi Matthew), doch sind die M sup. plump dreihöckrig (Hypocon nicht ausgebildet) und die M inf. zeigen durch die Reduktion der Trigonid- und Talonid-Innenhöcker schneidende Tendenz. Das Vordergebiß ist kräftig entwickelt. In der Gehörregion ist eine kleine knöcherne Bulla samt Meatus acusticus externus vorhanden. Das Extremitätenskelett ist — zumindest bei den eozänen Mesonychiden (wie *Mesonyx*) — fortschrittlicher als bei den Arctocyoniden (Humerus ohne Foramen entepicondyloideus, Hand und Fuß vierzehig mit Tendenz zur Paraxonie, 1. Finger rudimentär, Femur mit nur schwachem Trochanter tertius, Astragalus mit gut entwickelter Cuboidfacette [Abb. 531], Endphalangen gespalten und hufähnlich abgeflacht), eine

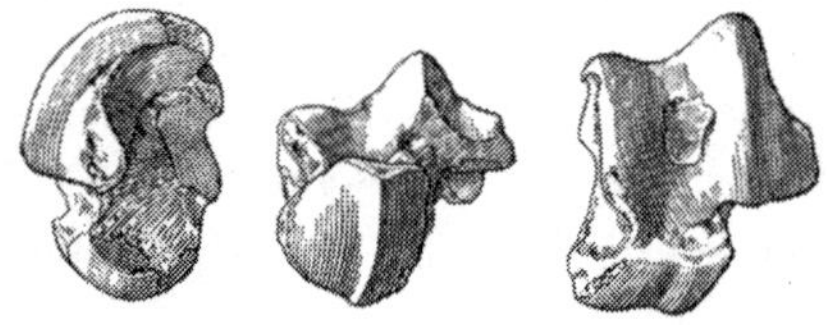

Abb. 531. *Olsenia mira* (Mesonychidae). Astragalus sin. in Lateral-, Distal- und Dorsalansicht. Jung-Eozän, Mongolei. Beachte doppelte Gelenkfläche an der distalen Gelenkrolle. (ca. 1/3) — Nach Szalay & Gould 1966

Clavicula ist nicht vorhanden. Sie waren digitigrade, teils omnivore, teils „carnivore" Formen, von denen einzelne spezialisierte Arten als Knochenfresser angesehen werden [3518].

Die auf das Alt-Tertiär beschränkten Mesonychiden treten erstmalig im Mittel-Paleozän (*Dissacus*) Nordamerikas*) auf und waren im Eozän holarktisch verbreitet [748].

Unter den Mesonychiden bilden die Mesonychinae (*Dissacus*, *Pachyaena*, *Mesonyx*, *Harpagolestes*, *Hessolestes*, *Mongolonyx*; Abb. 532—534) die zentrale Gruppe, innerhalb der sich nach der Gebißdifferenzierung verschiedene Linien unterscheiden lassen. Die Hapalodectinae (*Hapalodectes*) sind durch die stark schneidende Ausbildung der Molaren, die Andrewsarchinae (*Andrewsarchus*) durch die Kombination ursprünglicher (komplette Zahnformel, nicht molarisierter P^4) und fortschrittlicher Eigenschaften (Riesenwuchs, verlängerter Fazialschädel) charakterisiert. Bei den fortschrittlichen Mesonychinae werden die M^3_3 progressiv reduziert und auch im Vordergebiß (I bzw. vordere P) kann eine Rückbildung erfolgen. *Apterodon* ist entgegen der Auffassung von van Valen kein Mesonychide, sondern ein Hyaenodontide [3517a].

Mit *Pachyaena* sind aus dem Alt-Eozän der Holarktis bärengroße Formen bekannt, die sich mit den Hyänen unter den Carnivoren vergleichen lassen. *Honanodon* [544] und *Andrewsarchus* stellten zwei Riesenformen aus dem Ober-Eozän Ostasiens dar und mit *Mongolestes*

*) Young & Chow [3978] signalisieren *Dissacus*-ähnliche Mesonychidenreste aus dem (?) Paleozän Südchinas, doch ist ohne Beschreibung und Abbildung kein Urteil möglich [3518].

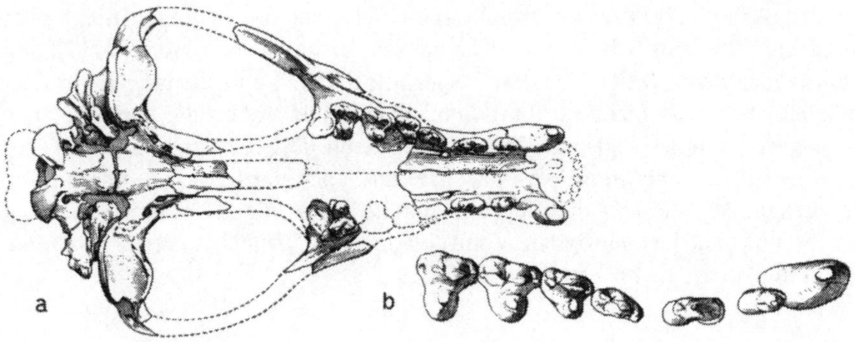

Abb. 532. *Mesonyx obtusidens* (Mesonychidae). Mittel-Eozän, Nordamerika. a) Osteocranium, ventral (teilweise ergänzt). (2/7), b) C—M^2 dext., occlusal. (4/7) — Nach MATTHEW 1909

Abb. 533. *Harpagolestes uintensis* (Mesonychidae). Jung-Eozän, USA. Osteocranium, lateral. (ca. 1/6) — Nach SZALAY & GOULD 1966

p. l = 1. Prämolar
m. l = 1. Molar

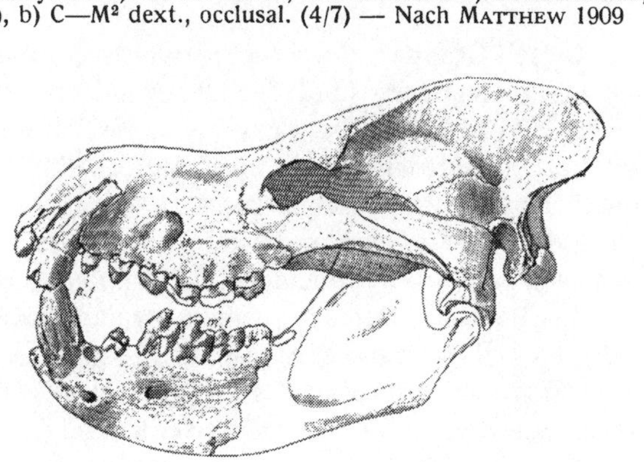

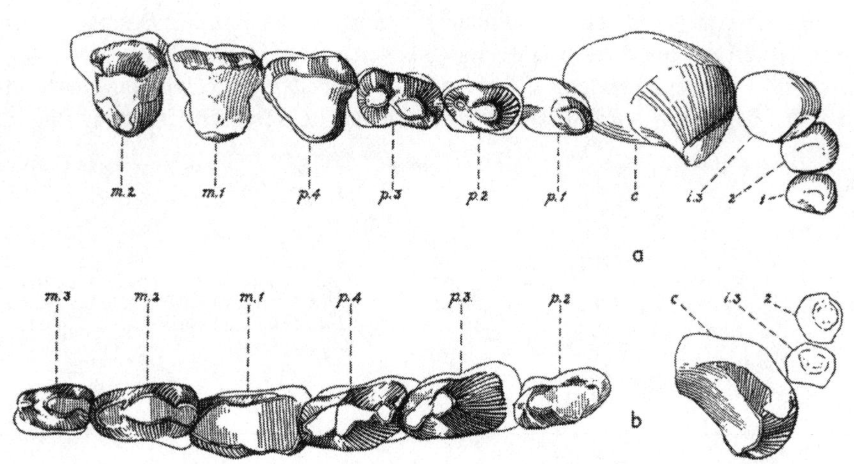

Abb. 534. *Harpogolestes immanis* (Mesonychidae). Eozän, USA. a) I^1—M^2 dext., occlusal, b) C—M_3 dext., occlusal. (ca. 3/1) — Nach SZALAY & GOULD 1966

(Alt-Oligozän Asiens) verschwinden die Mesonychiden endgültig, während *Hessolestes* aus dem jüngsten Eozän (Duchesnean) Nordamerikas den letzten Vertreter dieser Familie in der Neuen Welt bildet.

Die Mesonychiden werden auf Grund ihres Gebisses allgemein von Arctocyoniden (alteozäne Triisodontinae) abgeleitet. Die bemerkenswerten Übereinstimmungen im Extremitätenskelett mit den Artiodactyla lassen stammesgeschichtliche Beziehungen nicht ausgeschlossen erscheinen, doch wäre eine Ableitung nur von sehr primitiven Mesonychiden ohne spezielle Differenzierung denkbar. Weiterhin sind verwandtschaftliche Beziehungen mit den Cetaceen nicht unmöglich, was sich nicht nur mit morphologischen Kriterien, sondern auch (über die rezenten Paarhufer) mit serologischen Befunden stützen läßt (Seite 481) [3707]).

Damit wäre die Wurzelgruppe der Paarhufer und auch der Cetaceen innerhalb der Mesonychoidea zu suchen. Mit dieser Annahme und der noch im folgenden erörterten Ableitung der Perissodactyla von phenacodontoiden Condylarthren ist zugleich der Begriff Ungulata als natürliche Einheit nicht mehr aufrechtzuerhalten.

Phenacodontoidea

Die „zentrale" Gruppe unter den Condylarthra bilden zweifellos die Phenacodontoidea*). Ihre nahen morphologischen (und auch verwandtschaftlichen) Beziehungen zu den Unpaarhufern waren für Cope [614] ausschlaggebend, die Condylarthra auch nur als Unterordnung der Perissodactyla zu klassifizieren, eine Ansicht, die zweifellos ihre Berechtigung hat. Denn die seitherigen Untersuchungen an Condylarthren [1090, 2277, 3244] haben die Herkunft der Perissodactyla von den Phenacodontiden bestätigt. Es wäre daher durchaus berechtigt, die Phenacodontoidea als ihre Wurzelgruppe den Unpaarhufern zuzuordnen.

Die hier als Phenacodontoidea zusammengefaßten Condylarthra sind durchwegs primitive Huftiere, die im Gebiß zwar verschiedene „trends" zeigen (Bunodontie, Lopho- oder Bunoselenodontie), sich jedoch im Bau des Schädels, des Gehirns und der Extremitäten (fünfzehig ohne Tendenz zur Reduktion, schwach alternierend bis serialer Carpus und Tarsus) uniform verhalten.

Unter den **Phenacodontiden** des Paleozäns und Eozäns bildet *Desmatoclaenus* aus dem Alt-Paleozän (Puercan) die älteste Gattung. Sie vermittelt im Gebiß zwischen Arctocyoniden und „typischen" Phenacodontiden, wie etwa *Tetraclaenodon* (=„*Euprotogonia*"; Mittel-Paleozän; Abb. 535—537), die sowohl als Ausgangsform der fortschrittlichen Phenacodontiden

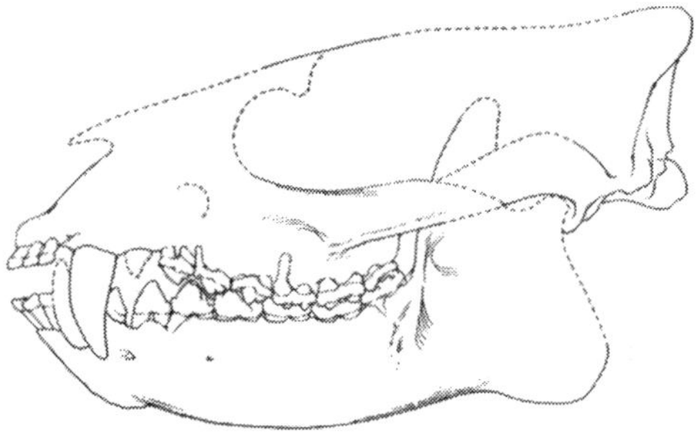

Abb. 535. *Tetraclaenodon puercensis*, (Phenacodontidae). Mittel-Paleozän, USA. Rekonstruktion des Osteocraniums, lateral. (1/2) — Nach Matthew 1937

(*Phenacodus* und *Ectocion* des Jung-Paleozäns und älteren Eozäns), als auch der Perissodactyla angesehen werden kann [2277, 2809, 3257]. *Phenacodus* verhält sich — abgesehen von den größeren Dimensionen — im Bau des Schädels, des Gebisses und der Extremitäten (serialer Carpus) etwas fortschrittlicher als *Tetraclaenodon* (Abb. 538, 539).

---

*) Wie oben erörtert, erscheint eine Abtrennung der Periptychoidea auf Grund der morphologischen Unterschiede notwendig.

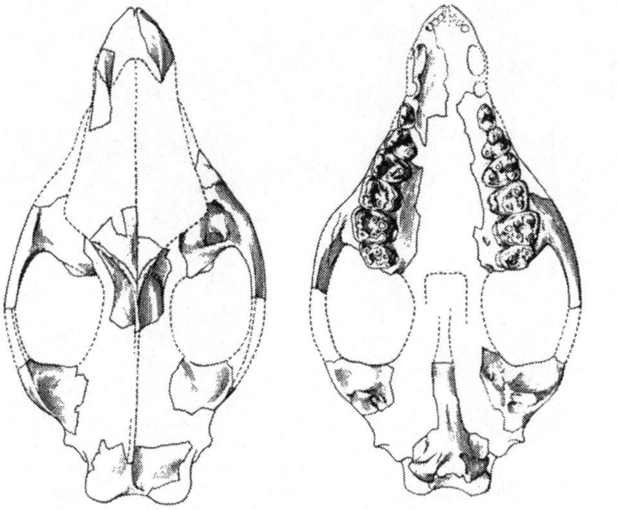

Abb. 536. *Tetraclaenodon puercensis*, wie Abb. 535. Osteocranium, dorsal und ventral. (1/2) — Nach MATTHEW 1937

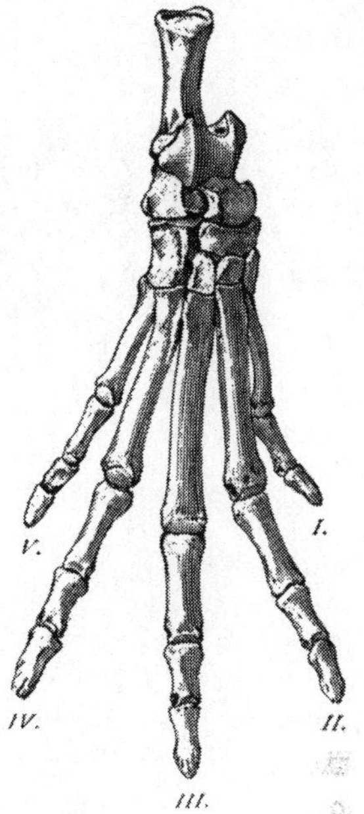

Abb. 537. *Tetraclaenodon puercensis*, wie Abb. 535. Rechtes Hinterfußskelett, dorsal. *I.—V.* = 1. bis 5. Zehenstrahl. (ca. 2/3) Nach MATTHEW 1937

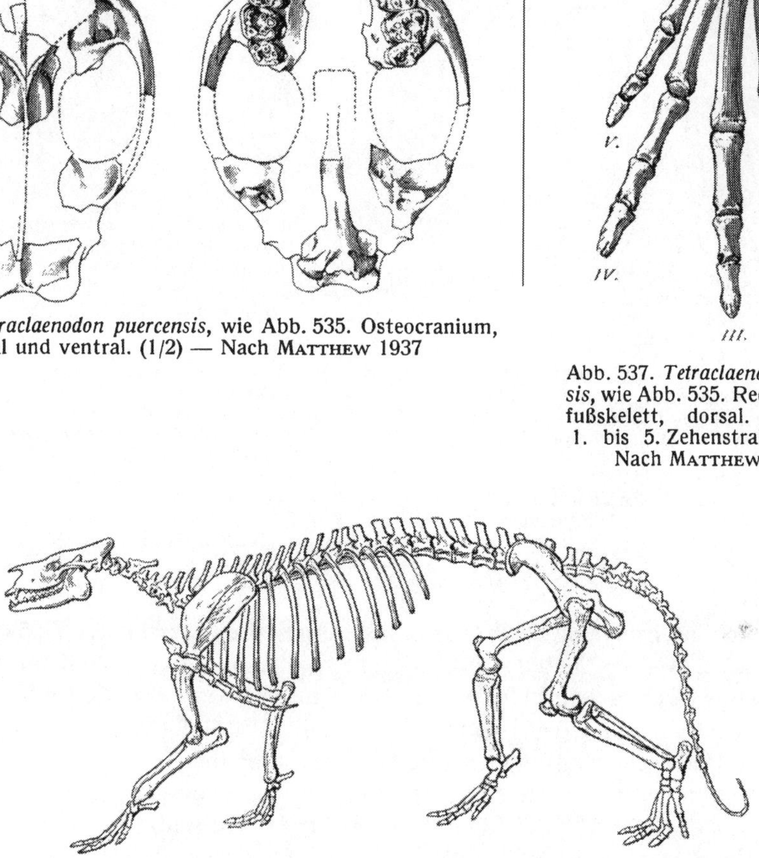

Abb. 538. *Phenacodus primaevus* (Phenacodontidae). Alt-Eozän, Nordamerika. Skelettrekonstruktion. (1/15) — Nach GREGORY 1951

Das Gehirn (Abb. 540) wirkt durch die großen Bulbi olfactorii, die kleinen, schwach längsgefurchten Hemisphären, das nicht die ganze Oberfläche einnehmende Neopallium, das teilweise freie Tectum mesencephali mit den Corpora quadrigemina und das große Cerebellum sehr ursprünglich und erinnert an das primitiver „Insectivoren" [841, 3232, 3624]. Das Längenverhältnis zwischen Riechkolben, Großhirnhemisphären und Kleinhirn beträgt nach SIMPSON 2:4:3. Das Rhinencephalon ist gut entwickelt, das Cerebellum wesentlich schmäler als das Großhirn. Mit *Phenacodus* und *Almogaver* verschwinden die Phenacodontiden im Mittel-Eozän [650].

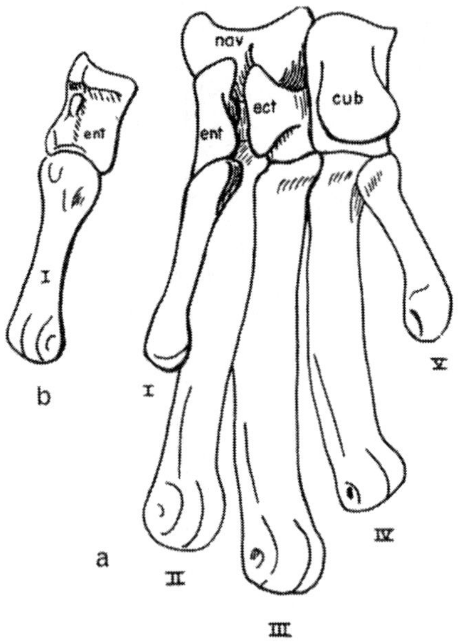

Abb. 539. *Phenacodus copei* (Phenacodontidae). Alt-Eozän, Nordamerika. Meso- und Metatarsus dext., a) plantar, b) Entocuneiforme und Mt I lateral. (6/5) — Nach RADINSKY 1963

I—V = 1. bis 5. Zehenstrahl
Cub = Cuboid *ect* = Entocuneiforme
ent = Entocuneiforme *nav* = Naviculare

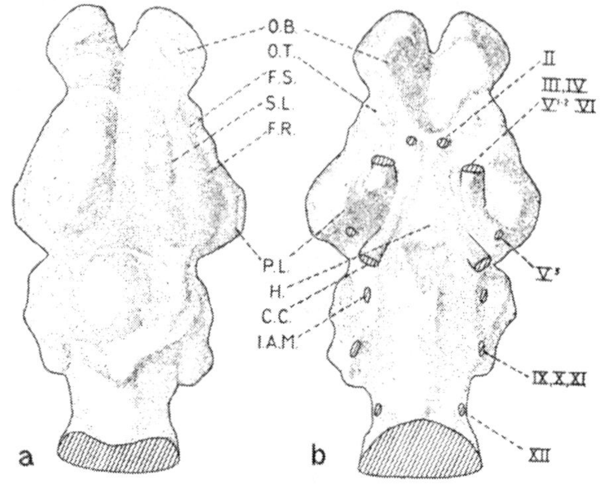

Abb. 540. *Phenacodus primaevus* wie Abb. 538. Endocranialausguß. a) Dorsal-, b) Ventralansicht. (3/4). Beachte weitgehende lissencephale Hemisphären, geringe Ausdehnung des Neocortex und voluminöse Riechkolben, Cerebellum nicht überdeckt — Nach SIMPSON 1933

C. C. = Canalis caroticus
F. R. = Fissura rhinalis
F. S. = Fissura sylvii
H. = Hypophysengrube
I. A. M. = Meatus acusticus externus (Nervus VII und VIII)
O. B. = Bulbus olfactorius
O. T. = Tuberculum olfactorium
P. L. = Lobus pyriformis
S. L. = Sulcus lateralis
II—VI, IX—XII = Hirnnerven

Ursprünglich als Primaten [2108], dann als Insectivoren klassifiziert [3959] und erst von MATTHEW [2262, 2267] als Condylarthra erkannt, bilden die **Hyopsodontidae** (=„Mioclaenidae") eine weitere Gruppe primitiver Huftiere, die im Paleozän und Eozän*) eine Fülle von Arten hervorbrachte. Sie sind kleine Condylarthren mit vollständigem Gebiß, niedrigem Schädel ohne knöcherne Bulla. Die ursprünglich geschlossene Zahnreihe *(Hyopsodus)* besteht aus bunodonten, brachyodonten Molaren mit leichter Tendenz zur Lophodontie. Die Prämoloren sind nicht oder kaum molarisiert, doch kommt es bei den Mioclaeninae zu deren Verdickung bei gleichzeitiger Verkleinerung der M^3_3.

Unter den Mioclaeninae bilden *Choeroclaenus* (Alt-Paleozän) und *Mioclaenus* (Mittel-Paleozän) zwei aufeinanderfolgende Stadien. *Choeroclaenus* erinnert in einzelnen Merkmalen (wie Astragalus) an Arctocyoniden. Auf Grund der im Gebiß vorhandenen Übereinstimmung mit primitiven Artiodactylen (Dichobunoidea) nahm man verschiedentlich direkte stammesgeschichtliche Beziehungen zwischen den Hyopsodontiden und den Paarhufern an, doch spricht der condylarthroide Fußbau gegen eine derartige Annahme. Eher sei — nach GAZIN [1088] — an eine Verwandtschaft zwischen den Hyopsodontinae *(Protoselene)* und den Meniscotheriiden sowie den südamerikanischen Litopterna zu denken.

---

*) Über die Zugehörigkeit von *Kochictis* aus dem Oligozän Europas [1879] zu den Hyopsodontiden herrscht keine Einhelligkeit. Gleiches gilt auch für *Paroxyclaenus* und *Apheliscus* [2200, 2971]. Es sind wohl eher Angehörige von Insektenfressern.

Die Hyopsodontinae bilden den Konservativstamm unter den Hyopsodontiden. Sie sind ausschließlich auf das Paleozän und das Eozän Nordamerikas beschränkte Genera (*Oxyacodon*: Alt-Paleozän; *Litomylus*: Mittel-Paleozän; *Litolestes*: Jung-Paleozän; Abb. 541; *Hyopsodus*: Eozän), von denen auch die europäischen Hyopsodontiden (*Tricuspiodon, Lousina, Paschatherium)* abzuleiten sind [2969]*).

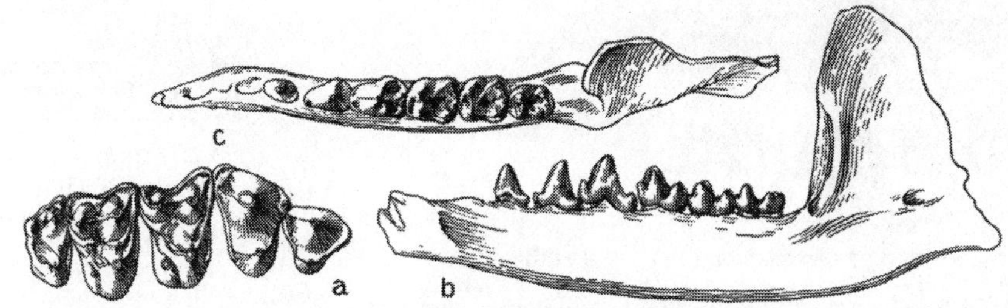

Abb. 541. *Litolestes notissimus* (Hyopsodontidae), Paleozän, USA, a) P^3—M^3 dext., occlusal (4,5/1), b, c) Mandibel dext. mit P_2—M_3, lingual und occlusal. (3/1) — Nach SIMPSON 1936

Die **Didolodontidae** (= Bunolitopternidae), die man vielfach als primitive Litopterna klassifizierte, bilden einen weiteren Zweig der Condylarthra, dessen Angehörige bisher wir nur aus Südamerika kennen. Diese Formen haben ein bunodontes Gebiß, das sich unschwer von jenem der Phenacodontiden ableiten läßt (M sup. ohne Mesostyl, P_4 molariform). *Ernestokokenia* und *Lamegoia* aus dem Jung-Paleozän zählen zu den ältesten und primitivsten Gattungen [2618[, während mit *Megadolodus* ein kaum veränderter Nachzügler aus dem Jung-Miozän des tropischen Südamerika bekannt wurde [2197]. Bis zu dieser überraschenden Entdeckung galten *Didolodus* und *Paulogervaisia* aus dem Eozän als jüngste Genera.

Durch die bunoselenodonte Ausbildung der Molaren als am meisten herbivore Condylarthra ausgewiesen, bilden die **Meniscotheriidae** (einschließlich Pleuraspidotheriidae mit *Meniscotherium* [Abb. 542—544] und verwandten Formen) einen eigenen Stamm, den man meist mit den Hyracoidea und Chalicotherioidea in Verbindung brachte. Wie jedoch GAZIN [1090] gezeigt hat, handelt es sich um Parallelerscheinungen und gemeinsame Konservativmerkmale [2969], die nicht als Hinweise direkter verwandtschaftlicher Beziehungen gelten können. Das

Abb. 542. *Meniscotherium chamense*, (Meniscotheriidae). Alt-Eozän, USA. Osteocranium, lateral. (5/4) — Nach GAZIN 1965

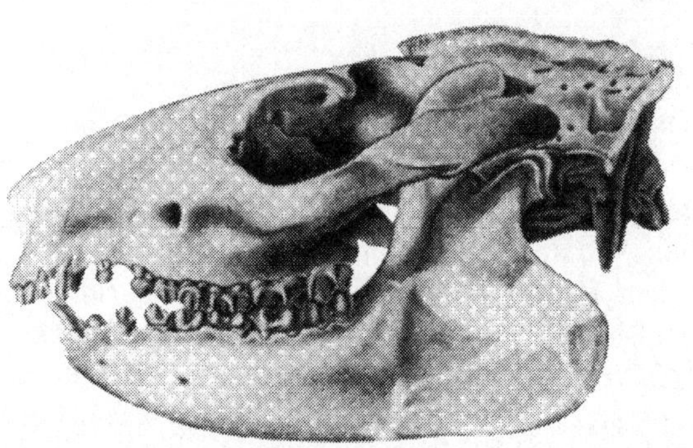

*) Ob *Asmithwoodwardia* tatsächlich als Angehöriger der Hyopsodontiden zu klassifizieren ist, wie PAULA COUTO [2618] annimmt, anstatt als Didolodontide, ist nach MCKENNA [2197] übertrieben und unter Berücksichtigung der Übereinstimmung mit *Ernestokokenia* (Didolodontidae) bis zu einem gewissen Grad, Sache der Übereinkunft. Jedenfalls kann kein Zweifel über die Ableitung der Didolodontiden von nordamerikanischen Phenacodontoidea bestehen.

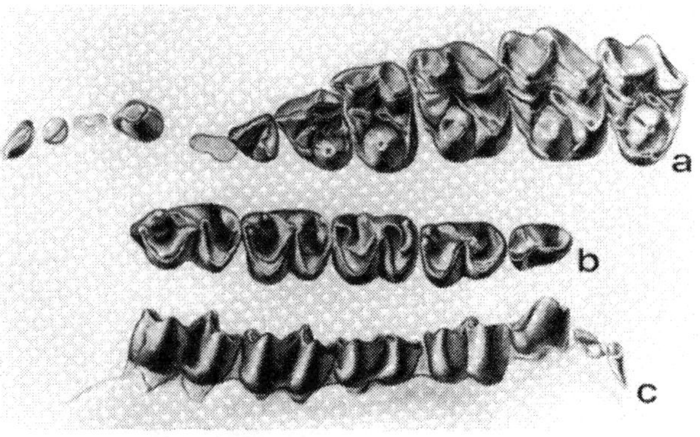

Abb. 543. *Meniscotherium robustum* (Meniscotheriidae). Alt-Eozän, USA. a) I^1—M^3 sin., occlusal; b, c) P_3—M_3 dext., occlusal und lateral. Beachte Bunolophoselenodontie der Oberkieferbackenzähne. (ca. 1/1) — Nach GAZIN 1965

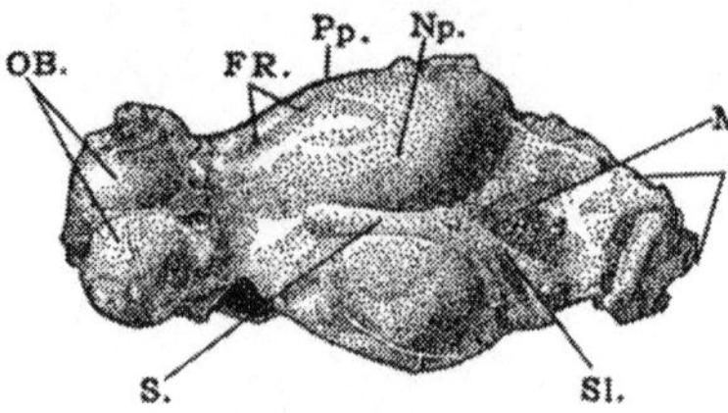

Abb. 544. *Meniscotherium robustum*, wie Abb. 543. Endocranialausguß, dorsal. (1/1) — Nach GAZIN 1965

C = Cerebellum
FR. = Fissura rhinalis
M. = Tectum mesencephali
Np. = Neopallium
O. B. = Bulbi olfactorii,
Pp. = Palaeopallium
S = Sinus longitudinalis
Sl. = Sulcus lateralis

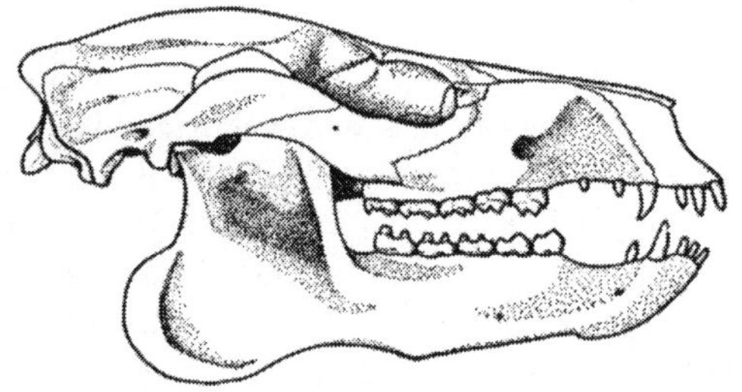

Abb. 545. *Pleuraspidotherium aumonieri* (Meniscotheriidae). Jung-Paleozän, Europa. Rekonstruktion des Osteocraniums. (ca. 1/2) Nach D. E. RUSSELL 1964

fast vollständige Gebiß $\left(\frac{3\ 1\ 4\ 3}{3\ 1\ 3\ 3}\right)$ zeigt im Bereich der vorderen Prämolaren weite Diastemata, die im Zusammenhang mit der besonders bei den europäischen Formen (*Pleuraspidotherium*; Abb. 545) vorhandenen Verlängerung des Fazialschädels stehen. Die vorderen Prämolaren sind mehr oder weniger reduziert, die M sup. bunoselenodont, die M inf. lophodont. Das Extremitätenskelett verhält sich typisch condylarthroid.

Periptychoidea

Die seit SIMPSON [3244] als typische Condylarthra klassifizierten **Periptychiden** unterscheiden sich einerseits durch die Vergrößerung und Verdickung der Prämolaren von den meisten übrigen Condylarthren*), andererseits jedoch durch den periptychiden oder taligraden Fußbau von den Phenacodontoidea, weshalb MATTHEW [2277] diese paleozänen Säugetiere, samt den Pantolambdiden, auch als Taligraden zusammenfaßte. Die wichtigsten Vertreter dieser bisher nur aus Nordamerika**) bekannt gewordenen Huftiere sind *Conacodon*, *Carsioptychus* („*Plagioptychus*") und *Ectoconus* (Alt-Paleozän), *Anisonchus* (Alt- bis Mittel-Paleozän) und *Periptychus* (Mittel- bis Jung-Paleozän; Abb. 546, 547). Bei *Periptychus* sind P^3 und P^4

*) Dieser Feststellung kommt jedoch keine grundsätzliche Bedeutung in taxonomisch-phylogenetischer Hinsicht zu.

**) *Androconus* aus dem Alt-Oligozän von Belgien [2794] ist meines Erachtens kein Angehöriger der Periptychiden. Nach VAN VALEN [3708] handelt es sich um einen Pantolestiden.

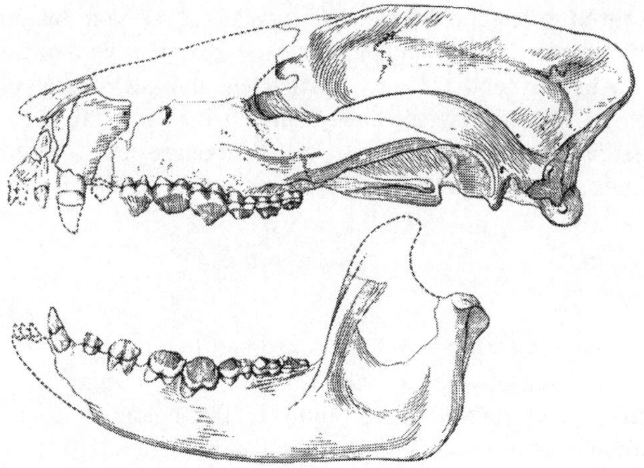

Abb. 546. *Carsioptychus* (= „*Periptychus*“) *coarctatus* (Periptychidae). Mittel-Paleozän, USA. Osteocranium, lateral. (ca. 1/2) Nach MATTHEW 1937

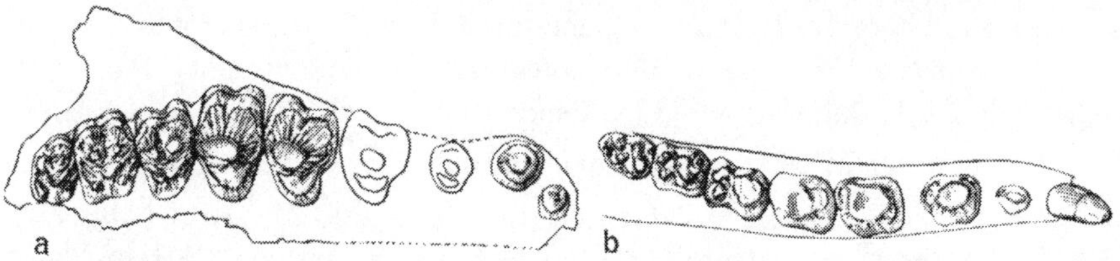

Abb. 547. *Carsioptychus coarctatus*, wie Abb. 546. a) Maxillare dext. mit I^3—M^3, occlusal, b) Mandibel dext. mit C—M_3, occlusal. Beachte tetraconodontide Vergrößerung von $P\frac{3-4}{3-4}$. (2/3) — Nach MATTHEW 1937

größer als die Molaren. Im Extremitätenskelett zeigen die Periptychiden (wie *Ectoconus*, *Periptychus*) zahlreiche Ähnlichkeiten mit *Orycteropus*, ohne jedoch dessen Anpassungen aufzuweisen [2277, 3253]. Über Hinweise auf die Basisverwandtschaft der Tubulidentata mit primitiven Huftieren siehe Seite 514.

Wenn auch infolge der bunodonten Molaren und der plumpen Prämolaren keine Übereinstimmung im Gebiß mit Pantodonten besteht, so zeigt das Gehirn von *Periptychus* mit ihnen grundsätzliche Übereinstimmung durch die nur kappenförmige Ausbildung des ungefurchten Neopallium und die das Cerebrum übertreffende Breite des Cerebellums [850] (Abb. 548).

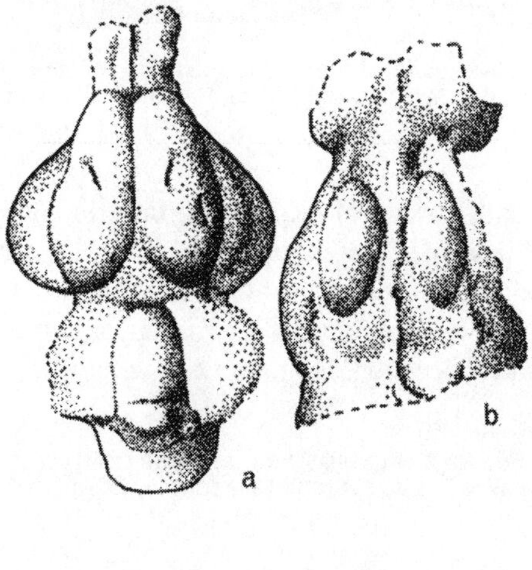

Abb. 548. Endocranialausgüsse von Condylarthren. a) *Phenacodus*, b) *Periptychus*. Beachte geringe Ausbildung des Neopallium bei *Periptychus*. (3/4) — Nach EDINGER 1956

Dadurch unterscheidet sich *Periptychus* stark von den Phenacodontoidea und Arctocyonoidea, weshalb man diese Familie als eigene Überfamilie den übrigen Condylarthra gegenüberstellt.

Abschließend läßt sich festhalten, daß sich Perissodactyla und Artiodactyla von Condylarthren ableiten lassen, aber dennoch die Ungulaten nicht als stammesgeschichtliche Einheit aufzufassen sind, da bereits die Wurzelgruppen getrennt und vom stammesgeschichtlichen Standpunkt aus auch die Cetaceen als Ungulaten zu klassifizieren wären.

Tillodontia

Die ausgestorbenen Tillodontia sind eine kleine Gruppe von primitiven Säugetieren, deren systematisch-phylogenetische Stellung auch gegenwärtig noch nicht endgültig geklärt ist. Die wenigen aus dem Paleozän und Eozän bekannt gewordenen Gattungen lassen sich zu den **Esthonychidae** (= „Tillotheriidae") vereinigen [1081].

Sie sind mittelgroße Säugetiere mit einem dolichocephalen Cranium, schmalem Hirnschädel und nur schwach verlängertem Rostrum, einem durch je ein Paar nagerartig vergrößerte Schneidezähne ausgezeichneten Vordergebiß und einem Arctocyoniden- oder Pantolambdiden-ähnlichen Molarengebiß. Die Zahnformel ist bei den einzelnen Arten etwas verschieden und beträgt $\frac{2\ 1\ 3\ 3}{3\text{-}1\ 1\ 3\ 3}$. Die lophodonten M inf. zeigen bei den eozänen Formen die Tendenz zur Hypsodontie, die M sup. sind trituberculat mit gut entwickelten Para- und Mesostyl (Abb. 549). Das postcraniale Skelett ist durch die gut entwickelte Clavicula, fünfzehige Extremitäten*) mit alternierenden Carpus und Tarsus (der *Periptychus* und *Pantolambda* ähnelt, jedoch ohne fibulare Gelenkfacette am Calcaneus) und die krallenförmig zugespitzten, nicht gespaltenen Endphalangen gekennzeichnet.

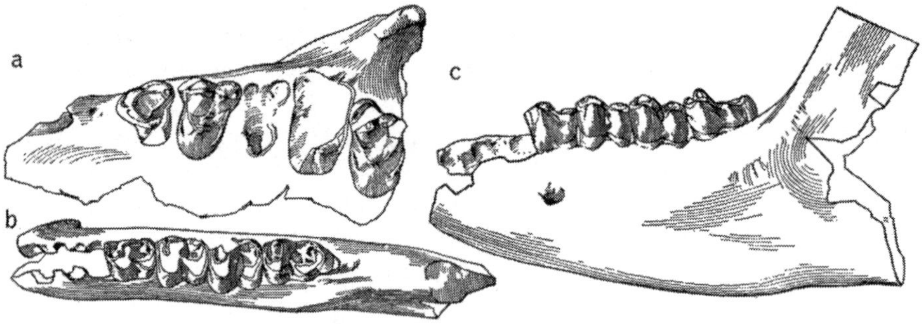

Abb. 549. *Esthonyx grangeri* (Esthonychidae). Jung-Paleozän, USA. a) Maxillare sin. mit P^{3-4} und M^3, occlusal; b, c) Mandibel sin. mit P_4—M_3, occlusal und lateral. (2/3) — Nach Gazin 1965

Angesichts dieser Merkmalskombination erscheint die wechselnde taxonomische Zuordnung der Tillodontia durchaus verständlich. Ursprünglich wegen der nagerähnlichen Incisiven mit den Rodentia und auch mit den Taeniodonta und den Insectivora in Verbindung gebracht**), später wegen der Molaren als Primaten, Pantodonten, Creodonten und Condylarthren klassifiziert, ist auch gegenwärtig noch kein endgültiges Urteil über die taxonomische Stellung mög-

*) Der Fuß ist nicht vollständig bekannt [1081].

**) Wie Weber und Gregory erkannten, handelt es sich um reine Konvergenzerscheinungen.

lich. Nach SIMPSON [3257] sind weder Ahnenformen noch Abkömmlinge bekannt, so daß sie als eigene Ordnung zu klassifizieren sind. Demgegenüber leitet VAN VALEN [3700] *Esthonyx spatularius*, als primitivsten Angehörigen der Tillodontia aus dem Jung-Paleozän (Clarkforkian) von mittel-paleozänen Arctocyoniden ab, die „*Claenodon*" *procyonoides* nahestehen, und klassifiziert die Tillodontia dementsprechend nur als Unterordnung innerhalb der Condylarthra*). Eine derartige — nur auf der Ähnlichkeit des Backengebisses beruhende — Annahme erscheint jedoch in Anbetracht der Unterschiede im Cranium und im postcranialen Skelett nicht berechtigt. Es ist daher notwendig, die Tillodontia als eigene Ordnung zu klassifizieren. Ihr Ursprung von Insectivoren ist anzunehmen, doch fehlen bisher Übergangsformen.

Nach GAZIN [1081] läßt sich *Trogosus* (einschließlich *Tillotherium*, Abb. 550) aus dem Mittel-Eozän von *Esthonyx* (Jung-Paleozän — Alt-Eozän) ableiten. Besonders *Esthonyx acutidens* aus dem Lost Cabin-Member (= jüngeres Wasatchian) vermittelt in verschiedenen Merkmalen. Die Esthonychiden waren im Eozän in Nordamerika (*Anchippodus, Trogosus, Tillodon*), Europa (*Esthonyx*) und Asien (*Adapidium***), *Kuanchuanius* [542, 1081]) verbreitet. *Kuanchuanius* steht *Trogosus* (Abb. 3 auf S. 2) nahe.

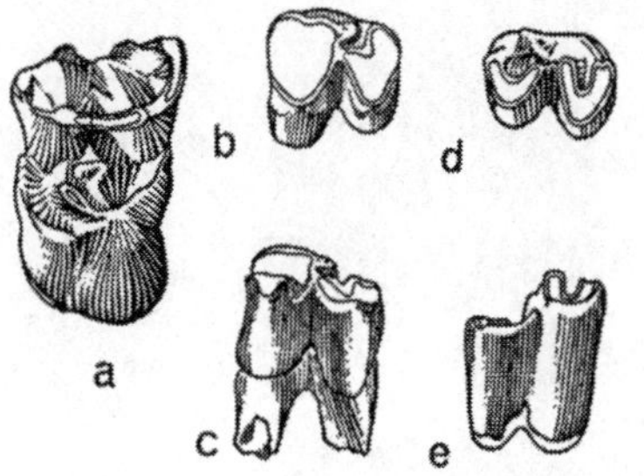

Abb. 550. M sup. und inf. von Tillodontiern (Esthonychidae), Eozän, USA. a) *Trogosus latidens*, M^2 dext., occlusal, b, c) *Anchippodus riparius*, M inf. sin., occlusal und lateral, d, e) *Trogosus minor*, M inf. dext., occlusal und lateral. (ca. 3/5) Nach GAZIN 1965

Tubulidentata (Erdferkel)

Die gegenwärtig nur mit einer einzigen Gattung (*Orycteropus*) und Familie (**Orycteropodidae**) vertretenen Tubulidentata oder Röhrchenzähner klassifizierte man ursprünglich wegen der mit der Insectivorie verbundenen Anpassungserscheinungen als Edentaten [675, 960] oder stellte sie den neuweltlichen Zahnarmen (Xenarthra) zusammen mit den Squamata (= Pholidota) als Nomarthra gegenüber [3794, 3796]. Wie jedoch bereits auf Seite 260 ausgeführt, beruhen die Ähnlichkeiten mit Xenarthra und Pholidota auf Konvergenzerscheinungen. Die Tubulidentaten sind, wie zahlreiche morphologische Einzeluntersuchungen der Organsysteme von *Orycteropus* gezeigt haben, aberrante Abkömmlinge urtümlicher Huftiere und als selbständige Ordnung zu klassifizieren. *Orycteropus* steht unter den rezenten Säugetieren völlig isoliert. Mit der Annahme der Herkunft von primitiven Huftieren ist auch die gelegentlich vertretene Ableitung von „Ganodonten" (= Taeniodonta) hinfällig.

Die Erkenntnis, daß die Orycteropodiden — trotz ihres alles andere als huftierähnlichen Habitus — Beziehungen zu urtümlichen Huftieren besitzen, beruht auf vergleichenden Untersuchungen an Gehirn [3321, 3343], Paukenhöhle [1688], Gebiß [102, 2133], Skelett [981, 1174, 2096] und der Muskulatur [3343]. Befunde an der Kopfmuskulatur bestätigten diese Zusammen-

*) Wie auf Seite 500 ausgeführt, sind die Arctocyoniden als Condylarthra zu klassifizieren.
**) *Adapidium* galt ursprünglich [3973] als Primate.

hänge, indem die vermeintliche Übereinstimmung [3869] mit den Pholidota und Xenarthra durch einen Musculus pterygo-tympanicus hinfällig und mit einer Ableitung von (Prot-) Ungulaten durchaus vereinbar ist [1022, 1024].

Recht bemerkenswert ist auch das außerordentlich primitiv gebaute Gehirn von *Orycteropus* (Abb. 551), das durch die sehr großen Riechlappen, die geringe Breite des (allerdings

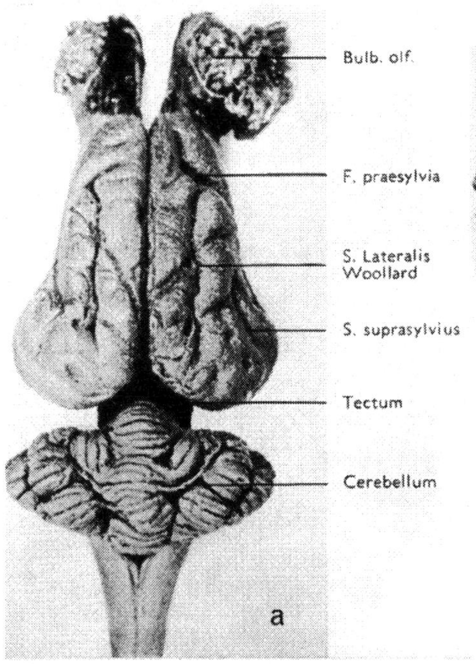

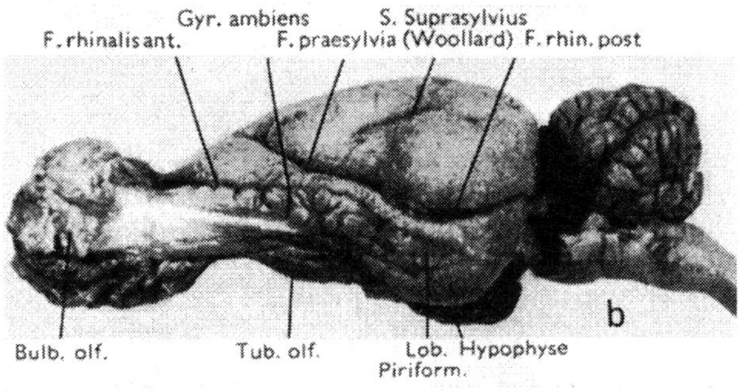

Abb. 551. *Orycteropus afer*, Gehirn, a) dorsal, b) lateral. Beachte riesige Riechlappen, gering entwickeltes Neopallium und freiliegendes Cerebellum. (ca. 3/4) Nach Starck 1962

gefurchten) Großhirns und die exponierte Lage des Tectum und Cerebellum an jenes der Condylarthren und „Proto-Carnivora" erinnert [3391, 3395, 3889]. Der Verlauf der Fissura rhinalis ist dem der Ungulaten ähnlich [3321]. *Orycteropus* ist extrem makrosmatisch (9 Endoturbinalia) und übertrifft sowohl die Xenarthra (8 Endoturbinalia) als auch *Echidna* (7 Endoturbinalia).

Die Tubulidentaten sind demnach einseitig spezialisierte*) Überlebende primitiver Huftiere, die sich deswegen nicht einfach als „persistierende Condylarthra" [2277] bezeichnen lassen. Leider fehlen derzeit noch die verbindenden Fossilfunde. Die von Jepsen [1649] als *Tubulodon* beschriebenen Kiefer- und Zahnreste aus dem Alt-Eozän (Wasatchian) der USA stammen nicht von Tubulidentaten, sondern von Epoicotheriiden (Palaeanodonta [1080, 3272])**). Sichere fossile Tubulidentaten sind erst aus dem Jungtertiär und Pleistozän bekannt.

*) Die von allen übrigen Säugetieren abweichende Zahnstruktur (keine einheitliche Pulpahöhle, sondern zahlreiche parallele Prismen mit zentralen, zylindrischen Höhlen) ist zweifellos eine Sonderausbildung der Tubulidentata, die mit Lönnberg [2133] im Zusammenhang mit der Hypsodontie erklärt werden kann. Nach Heuser [1410] sind die Zahnanlagen mit Ausnahme der frühen Atrophie der Schmelzpulpa nicht verschieden von denen typischer Säugetiere. Es wäre jedoch völlig verfehlt, auf Grund dieses Merkmals die Monophylie der placentalen Säugetiere zu bezweifeln [31, 32, 1696]. Weiterhin erscheint auch die Annahme, daß die Prismenstruktur nur durch ein einstiges polybunodontes Stadium oder durch Verschmelzen von Einzelzähnen zu erklären sei [1411, 2545], schon wegen des dadurch notwendigen völligen Wechsels in der Ernährungsweise (hochspezialisierte Pflanzenfresser → Insektenfresser) nicht sehr wahrscheinlich.

**) Die als *Palaeorycteropus* von Filhol [941] und als *Archaeorycteropus* von Ameghino [70] aus dem Alttertiär Frankreichs beschriebenen Extremitätenreste (Humerus, Tibia) sind zweifellos keine Tubulidentaten [2194, 3260].

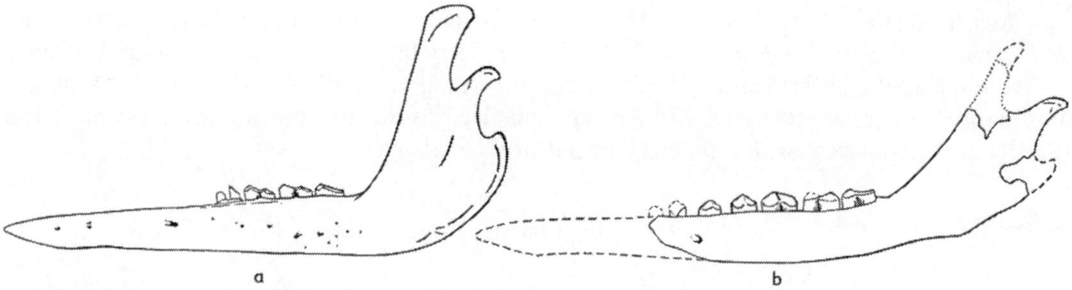

Abb. 552. Mandibel sin., lateral, a) *Orycteropus afer*, rezent (1/3), b) *Myorycteropus africanus*, Miozän, Ostafrika. (5/7) — Nach MacInnes 1956

Sie sind Orycteropodiden, die keine grundsätzlichen Unterschiede gegenüber den rezenten Erdferkeln erkennen lassen, obwohl sie sich in manchen Merkmalen primitiver verhalten als diese. *Myorycteropus* (Abb. 552) aus dem Miozän Ostafrikas ist nach MacInnes [2194] infolge der stärkeren Grabanpassungen im Gliedmaßenskelett nicht als direkte Stammform von *Orycteropus*, sondern als Seitenzweig zu betrachten, der mit der rezenten Gattung auf eine gemeinsame Ahnenform zurückzuführen ist. Die aus dem Pliozän bekannt gewordenen Tubulidentaten sind durchwegs Angehörige von *Orycteropus* (Abb. 553), die zum Teil im Extremitätenskelett stärker abweichen als im Schädel und Gebiß, das wohl etwas ursprünglicher gebaut ist als bei *Orycteropus afer* [131, 577, 588, 1322, 2553]. Auch die pleistozänen Reste sind *Orycteropus*-Arten [1741, 2194]*).

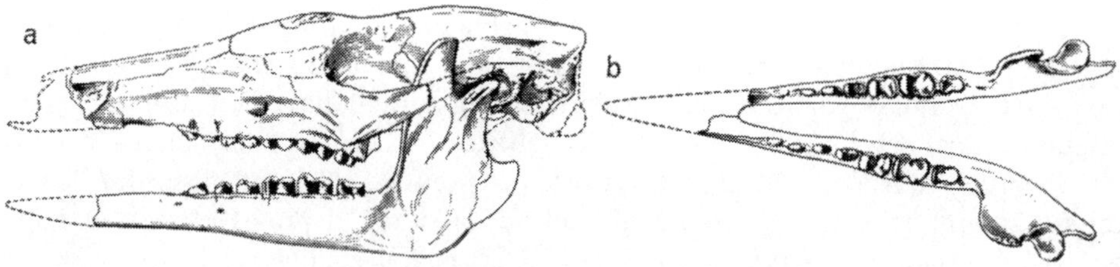

Abb. 553. *Orycteropus gaudryi* (Orycteropodidae). Alt-Pliozän, Europa (Samos). a) Osteocranium, lateral, b) Unterkiefer, occlusal. (ca. 1/3) — Nach Colbert 1941

Immerhin bestätigen die Fossilfunde, daß der *Orycteropus*-Typus (auch nach der Zahnstruktur) bereits im Miozän praktisch geprägt war und daß mehrere Linien nebeneinander existierten. Außerdem dokumentieren sie die einst weitere Verbreitung der Tubulidentata. *Orycteropus afer* (einschließlich *capensis* und *aethiopicus*) ist gegenwärtig auf Afrika südlich der Sahara beschränkt. Im Pliozän waren Erdferkel in Südeuropa und Westasien verbreitet. Damit ist auch die Frage nach der Herkunft der Tubulidentaten verknüpft. Ursprünglich als Einwanderer aus dem Norden angesehen [76, 2220], nahm man später einen afrikanischen und (wegen *Tubulodon*) einen nordamerikanischen Ursprung an. Die bisherigen Fossilfunde sprechen für eine Entstehung auf dem afrikanischen Kontinent**).

*) *Plesiorycteropus* aus holozänen Ablagerungen Madagaskars [942] beruht auf einigen Schädelfragmenten und isolierten Extremitätenknochen, die nach MacInnes [2194] von *Orycteropus* stärker abweichen als *Myorycteropus*, aber nach Lavocat [2039a] zur gleichen Familie gehören. Solange keine Gebißreste vorliegen, ist eine sichere Zuordnung zu den Tubulidentaten nicht möglich [2010].

**) Die Zugehörigkeit des auf *Orycteropus* bezogenen Kieferfragmentes aus dem Mittel-Miozän des Kaukasusgebietes erscheint mir keineswegs gesichert (eher Pinnipedia).

Abschließend sei festgestellt, daß keine direkten verwandtschaftlichen Beziehungen zwischen Tubulidentaten und Ameisenfressern und Schuppentieren vorhanden sind, sondern es sich um einseitig spezialisierte Abkömmlinge altertümlicher Huftiere (Condylarthra) handelt. Von parasitologischer Seite ist keine Aussage möglich, da die einzig bekannte Laus nach Herkunft und verwandtschaftlichen Beziehungen problematisch ist [1549].

Litopterna

Ein ausgestorbener und auf Südamerika beschränkter Huftierstamm sind die Litopterna [59], die man auf Grund ihrer mesaxonen Extremitäten ursprünglich als Perissodactylen klassifizierte [963]. Erst Scott [2138a] erkannte, daß die Ähnlichkeiten mit den Unpaarhufern reine Konvergenzerscheinungen sind, und stellte die Litopterna in die Verwandtschaft der Condylarthra und Notoungulaten. Seitherige Untersuchungen bestätigten die Auffassung, daß es Abkömmlinge der Condylarthren sind, die unabhängig von den Perissodactylen und den Notoungulaten ihren Ursprung nahmen [3257]. Die Ausbildung des Gehirns zeigt, daß von den Notoungulaten völlig verschiedene „trends" vorhanden sind [3233], die nähere verwandtschaftliche Beziehungen praktisch ausschließen. Das Gehirn von *Proterotherium* aus dem Alt-Miozän ist — abgesehen von den sonstigen Unterschieden — deutlich progressiver als das der gleichaltrigen Notoungulaten (Abb. 554). Auch die Gehörregion zeigt grundsätzliche Unterschiede gegenüber den Notoungulaten (Tympanicum nicht gebläht, kein echter Sinus epitympanicus, kein äußerer knöcherner Gehörgang). Nach Gazin [1088, 1090] stehen die Hyopsodontiden unter den Condylarthra den Litopterna nahe, so daß deren Ableitung von nordamerikanischen paleozänen Urhuftieren (? *Protoselene*) gesichert erscheint (siehe auch Paula Couto [2618]).

Durch ihre Tendenz zur Tri- oder Monodactylie bilden die Litopternen ein bemerkenswertes Gegenstück zu den Equiden unter den Perissodactyla. Allerdings erreichten die Litopternen bereits im älteren Miozän (Santacruzense) die Einhufigkeit, zu einer Zeit also, in der nur dreizehige Equiden existierten. Außerdem sind die seitlichen Zehenstrahlen dieser einhufigen Formen (*Thoatherium*) stärker reduziert als bei den rezenten Equiden. Im Bau des Schädels und des Gebisses kommt es jedoch nicht annähernd zu den für die jung-tertiären und quartären Equiden charakteristischen Umkonstruktionen. Der Fazialschädel ist kaum verlängert, die Backenzähne schwach hypsodont. Diese Einhufer waren zweifellos Steppenformen, jedoch keine Grasfresser wie die Equinae.

Innerhalb der Litopterna lassen sich zwei Hauptstämme (Proterotheriidae und Macraucheniidae) unterscheiden. Bei den kleine bis mittelgroße Arten umfassenden **Proterotheriiden** zeigen die Extremitäten den „trend" zur Tri- oder Monodactylie (Abb. 4 auf Seite 3), während Cranium und Gebiß nur geringfügige Änderungen erfahren. Am mäßig niedrigen Schädel ist die annähernd in der Mitte gelegene Orbita durch eine Postorbitalspange geschlossen, der Fazialschädel ist nur geringfügig verlängert, die Nasalia sind nur wenig verkürzt. Ursprünglich bildet das vollständige Gebiß eine geschlossene Zahnreihe mit brachyodonten und bunoselenodonten Molaren (Außen„höcker" selenodont). Bei den fortschrittlichen Litopterna kommt es durch Reduktion des Vordergebisses $\left(\frac{1\ 0\ 4\ 3}{2\ 1\ 4\ 3}\right)$ zu einem Diastema zwischen dem etwas vergrößerten I^2 und dem P^1 (zum Beispiel *Thoatherium*) sowie zur Molarisierung der hinteren Prämolaren und gleichzeitig zu einer schwachen Hypsodontie der Backenzähne.

Die geologisch ältesten Proterotheriiden sind durch Kiefer- und Gebißreste (*Anisolambda* = „*Josepholeidya*" [2618]) aus dem Jung-Paleozän bekannt. Sie zeigen noch Ähnlichkeiten mit Condylarthren. Bei *Protheosodon* aus dem Alt-Oligozän ist die Bezahnung noch vollständig. Bei

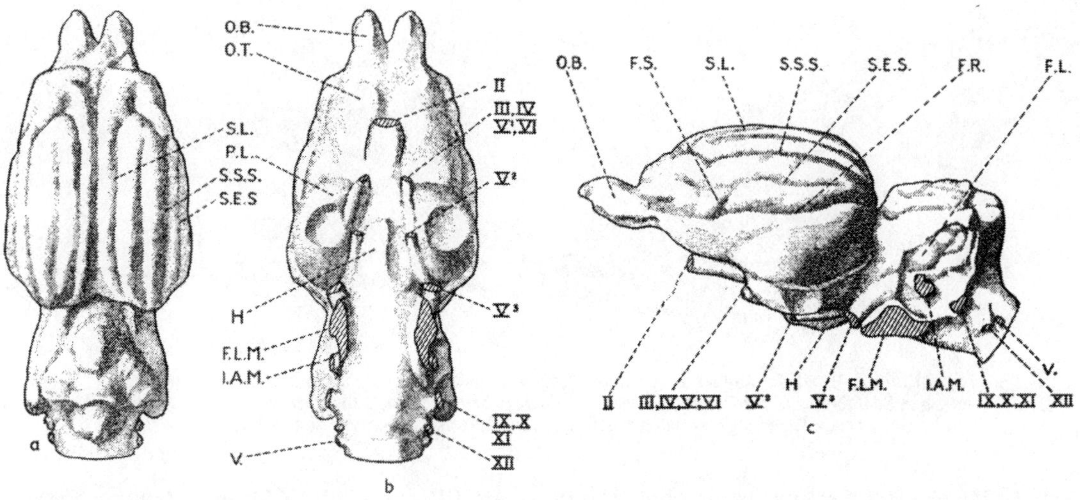

Abb. 554. *Proterotherium cavum* (Proterotheriidae). Miozän, Südamerika. Endocranialausguß, a) dorsal, b) ventral und c) lateral. Beachte Gyrifizierung des nur mäßig entwickelten Neopalliums. (2/3) — Nach Simpson 1933

C. c. = Canalis caroticus
F. L. = Flocculus
F. L. M. = For. lacerum medium
F. L. P. = For. lacerum posterius
F. R. = Fissura rhinalis
F. S. = Fissura sylvii
H. = Hypophysengrube
I. A. M. = Meatus acusticus externus
O. B. = Bulbus olfactorius
O. T. = Tuberculum olfactorium
P. L. = Lobus pyriformis
S. E. S. = Sulcus „ectosylvius“
S. L. = Sulcus lateralis
S. S. = Fissura sylvia
S. S. S. = Sulcus suprasylvius
V. = For. vascularis minor
V. S. = Sinus venosus
V. S. L. = lateraler Sinus venosus cerebralis
V. S. P. = Hintere Venenöffnung der Fossa cerebralis
II—VI, IX—XII = Gehirnnerven

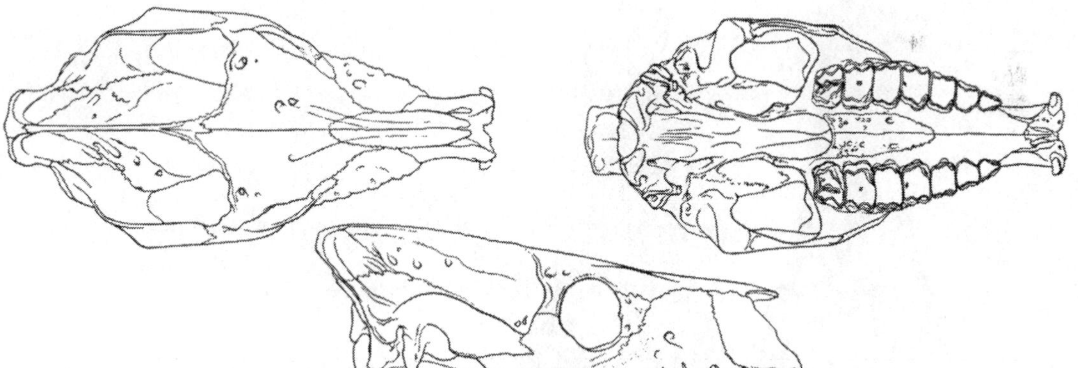

Abb. 555. *Proterotherium cavum*, wie Abb. 554. Osteocranium in 3 Ansichten. (ca. 1/3) — Nach Simpson 1933

den erstmalig im Oligozän erscheinenden Proterotheriinae bahnt sich die Reduktion des Vordergebisses und im Extremitätenskelett die der seitlichen Zehenstrahlen an. *Diadiaphorus* ist eine dreizehige Form aus dem Alt-Miozän, bei der die Metapodien relativ kurz sind (Abb. 4 auf Seite 3). Beim gleichaltrigen monodactylen *Thoatherium* sind die Laufknochen schlanker und

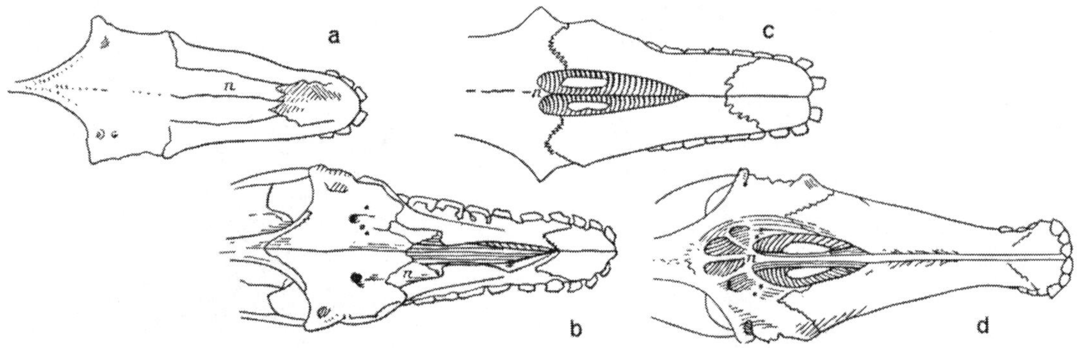

Abb. 556. Evolution des Fazialschädels bei den Macraucheniiden. a) *Cramauchenia* (Colhuehuapiense), b) *Theosodon* (Santacruzense), c) *Scalabrinitherium* (Entreriense), d) *Macrauchenia* (Pampaense). *n* = Nasale. Beachte schrittweise Verlagerung der Nasenöffnung nach hinten — Nach Scott 1937

relativ länger. Mit *Proterotherium* (Alt-Miozän — Alt-Pliozän, Abb. 555) und *Chapalmatherium* verschwinden die Proterotheriiden.

Bei den bis kamelgroßen **Macraucheniiden** bleiben die Extremitäten funktionell tridactyl. Dagegen erfährt das Cranium durch die Vergrößerung und frontale Verlagerung der Nasenöffnung eine kennzeichnende Spezialisierung. Das Gebiß bleibt vollständig und bildet auch bei den pleistozänen Formen eine geschlossene Zahnreihe, doch kompliziert sich der Bau der Backenzähne, der mit einer Hypsodontie gekoppelt sein kann.

Mit den Adianthiden *(Adiantoides, Proadianthus, Adianthus)* aus dem Oligo-Miozän ist eine nur schlecht dokumentierte Nebenlinie bekannt, die sich im Cranium primitiv, im Gebiß jedoch fortschrittlich verhält [2592]. Sie wird neuerdings (wieder) als eigene Familie klassifiziert [3288].

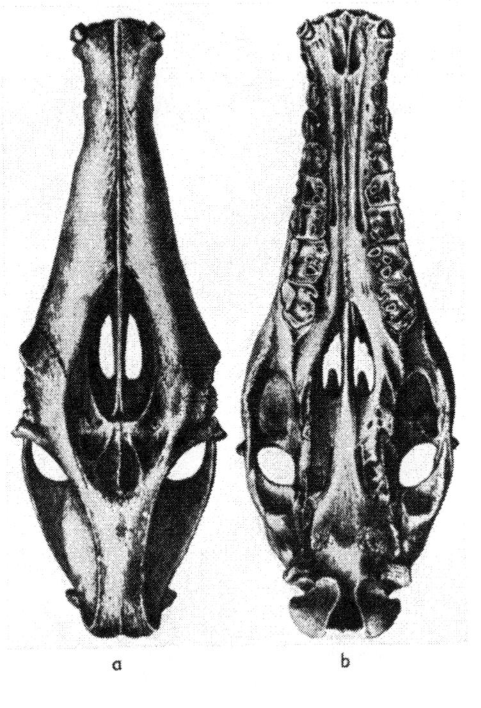

Abb. 557. *Macrauchenia patachonica* (Macraucheniidae). Jung-Pleistozän, Südamerika. Osteocranium, a) dorsal, b) ventral. (ca. 1/4) — Aus Piveteau 1961

Die wesentlich artenreicheren Macraucheniinae sind erstmalig im Jung-Paleozän (Itaboraiense) Brasiliens mit *Victorlemoinea* nachgewiesen, deren Gebiß etwas ursprünglicher ist als jenes der eozänen Formen dieser Gattung. Mit *Cramauchenia* (Jung-Oligozän), *Theosodon* (Miozän), *Scalabrinitherium* (Pliozän) und *Macrauchenia* (Pleistozän) ist eine Reihe von Gattungen genannt, die die progressive Verlagerung der Nasenöffnung auf die Stirnfläche und damit die Entstehung des für die Macraucheniiden charakteristischen Craniums zeigt (Abb. 556). Die Lage der Nasenöffnung wird seit Burmeister [442] allgemein mit der Ausbildung eines Rüssels erklärt, während Sefve [3149] darin eine Anpassung der Atmungswege an ein Wasserleben sieht, ähnlich den Walen. Wie jedoch Hoffstetter & Paskoff [1500] mit Recht ausführen, sprechen Verbreitung und Vorkommen von *Macrauchenia* für eine Steppenform, die an Trockengebiete mit Sandstürmen angepaßt war. Mit Rusconi [2964] kann man annehmen, daß bei *Cramauchenia* noch kein Rüssel ausgebildet war, bei *Theosodon* eine bereits stark bewegliche Oberlippe, die bei *Scalabrinitherium* zu einem kurzen, bei *Promacrauchenia* und *Macrauchenia* etwas längeren Rüssel umgebildet wurde*). Mit *Macrauchenia patagonica* (Abb. 557) und *Macraucheniopsis* verschwinden die Litopterna endgültig im Jung-Pleistozän (Pampaean).

Notoungulata

Die als Notoungulaten zusammengefaßten Säugetiere bilden die formenreichste Gruppe unter den südamerikanischen Huftieren. Diese Formenfülle ist durch das (primäre) Fehlen „echter" Huftiere (im Sinne von Paar- und Unpaarhufern) auf dem südamerikanischen Kontinent und dessen Isolierung zur Tertiärzeit zu erklären. Dadurch konnten sich die verschiedenen Stämme entwickeln, die Ameghino [71] — meist auf Grund des Gebisses — als Lemuroidea (Archaeopithecidae, Henricosbornidae), Hyracoidea (Archaeohydracidae), Hippoidea (Notohippidae), Ancylopoda (Homalodotheriidae, Leontiniidae), Amblypoda (Trigonostylopidae, Astrapotheriidae) und Tillodontia (Notostylopidae) klassifizierte. Erst spätere Untersuchungen zeigten, daß es sich um stark divergierende und durch wiederholte Radiationen artenreich entwickelte Huftierstämme handelt, die sich auf eine gemeinsame Wurzelgruppe zurückführen lassen. Diese Wurzelgruppe bilden vermutlich die Arctostylopidae, die als einzige Familie der Notoungulaten nicht in Südamerika beheimatet sind. Sie sind primitive Notoungulaten des Jung-Paleozäns *(Palaeostylops)* Asiens und des Alt-Eozäns *(Arctostylops)* Nordamerikas**).

Mit dem Nachweis primitiver Notoungulaten in ältest-tertiären Ablagerungen der nördlichen Hemisphäre scheint die Herkunft dieser Huftiere geklärt und ihre Einwanderung in Südamerika im Paleozän wahrscheinlich gemacht [3262]. Ein allerdings von den übrigen Huftiergruppen getrennter Ursprung von Condylarthren ist anzunehmen.

Die Notoungulata [2954] sind trotz ihrer Vielfalt in Habitus, Schädel und Gebiß sowie im postcranialen Skelett durch den einheitlichen Bau der Gehörregion gekennzeichnet, indem stets eine gut entwickelte knöcherne Bulla tympani samt knöchernem Meatus acusticus externus, ein ausgedehnter Sinus hypotympanicus und ein Sinus epitympanicus (im Squamosum) vorhanden sind. Nach der Art der Ausbildung des inneren Baues der Gehörregion ist eine Unterscheidung größerer Einheiten (wie Typotheria, Toxodonta) und auch einzelner Familien möglich [2588], wobei interessanterweise die im Skelett stark spezialisierten und von den Toxodonta abweichenden Homalodotherien in der Gehörregion nicht wesentlich von ihnen verschieden sind. Sie ver-

---

*) Rusconi nimmt eine Trennung von Rüssel und Oberlippe an, was jedoch unwahrscheinlich ist.

**) *Protypotheroides* [3505] aus dem Miozän Südwestafrikas ist kein Angehöriger der Notoungulaten, sondern der Macroscelidea [2606].

halten sich nach Patterson zu den Toxodonta wie die Chalicotherien zu den übrigen Perissodactylen. Auch der Bau des Gehirns ist — abgesehen vom verschiedenen Evolutionsniveau bei älteren und jüngeren Notoungulaten — ziemlich einheitlich*) und läßt sich auf den Condylarthren-Typ (Phenacodontoidea) zurückführen [785, 2333, 2589, 3229, 3232]. Bei den eozänen Notoungulaten (wie *Notostylops*) ist durch die großen Bulbi olfactorii, die kaum gefurchten Hemisphären, freies Tectum und großes Cerebellum (Abb. 561 auf Seite 519) Übereinstimmung mit Condylarthren und primitiven Perissodactylen gegeben. Bei miozänen Notoungulaten *(Hegetotherium, Protypotherium)* sind die Hemisphären gyrifiziert, das Cerebellum wesentlich kleiner und bei *Toxodon* (Pleistozän) zeigen die kleinen Riechkolben, die voluminösen und das Kleinhirn etwas überdeckenden Hemisphären den evoluierten Charakter dieser geologisch jüngsten Notoungulaten, deren Gehirnbau jedoch primitiv geblieben ist [785]. Schädelprotuberanzen sind nur innerhalb einer Gruppe (Haplodontheriinae) bekannt.

Die Lophodontie der Backenzähne, die Molarisierung der Prämolaren und die zunehmende Hypsodontie kennzeichnen das Gebiß. Besonders charakteristisch ist die Tendenz zur Ausbildung von zusätzlichen Elementen, die vom Grund des mittleren Tales oder vom Ecto- oder Metaloph ihren Ursprung nehmen. Wie Patterson [2586] gezeigt hat, sind Ausbildung und Kombination dieser zusätzlichen Kronenelemente für die einzelnen Familien typisch. Bei einzelnen Stämmen besteht der „trend" zur Vergrößerung von Schneidezähnen und zur Entstehung eines Diastems.

Die Extremitäten sind meist drei- oder vierzehig, doch kennen wir auch didactyle (wie *Miocochilius*) und fünfzehige Formen (wie *Homalodotherium*) [2908, 3461]. Gelegentlich kommt es zur Verwachsung von Tibia und Fibula. Die Endphalangen sind huf- oder krallenartig ausgebildet.

Auf Grund eingehender Untersuchungen unterscheidet Simpson [3257] vier Hauptgruppen innerhalb der Notoungulata: Notioprogonia, Toxodonta, Typotheria und Hegetotheria, da die ursprüngliche Zweiteilung in Toxodonta und Typotheria den genetischen Beziehungen nicht gerecht wird. Zugleich klassifiziert Simpson, indem er die Ergebnisse von Patterson über den Bau der Gehörregion berücksichtigt, die von Ameghino als Entelonychia ausgeschiedenen Homalodotheriiden als aberrante Toxodonta und bewertet die an Lagomorphen erinnernden Hegetotheriiden als eigene Unterordnung.

Notioprogonia

Die als Notioprogonia zusammengefaßten Formen zählen zu den geologisch älteren und zugleich primitivsten Notoungulaten, deren Zugehörigkeit zum Teil nur auf dem Gebiß beruht.

Die **Arctostylopidae** umfassen ausschließlich asiatische (*Palaeostylops*: Jung-Paleozän Mongolei) und nordamerikanische (*Arctostylops*: Alt-Eozän USA) Huftiere, deren mandibulare Gebißstruktur typisch notostylopid ist (Abb. 558). Das Gebiß ist vollständig, die Backenzähne sind brachyodont, die Molaren durch die Ausbildung der Joche mit dem für die Notostylopiden typischen Entoconid gekennzeichnet.

Mit den **Henricosborniidae** ist eine Primitivgruppe von Notoungulaten aus dem südamerikanischen Alt-Tertiär (*Henricosbornia*, Jung-Paleozän bis Alt-Eozän; *Othnielmarshia*, Alt-Eozän) nachgewiesen, die sich im Gebiß intermediär zwischen Condylarthren und Notoungulaten verhält, indem die Lophodontie stärker ausgeprägt ist als bei Condylarthren.

---

*) Lediglich der von Simpson [3232] als *Rhyphodon* sp. beschriebene Endocranialausguß weicht vom allgemeinen Notoungulatentyp ab.

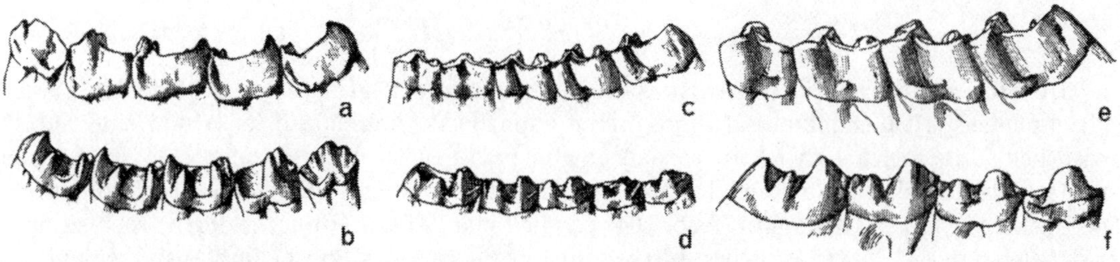

Abb. 558. Mandibulargebiß primitiver Notoungulaten. a, b) *Arctostylops*, Alt-Eozän, Nordamerika (Arctostylopidae), (ca. 3/1), c, d) *Notostylops*, Casamayorense, Südamerika (Notostylopidae), (ca. 1/1), e, f) *Pleurostylodon*, Mustersense, Südamerika (Notohippidae) (ca. 1/1) — Nach MATTHEW 1918

Die **Notostylopiden** aus dem Eozän Südamerikas (*Notostylops*, Abb. 559—561, *Homalostylops*) sind durch das etwas reduzierte Gebiß $\left(\frac{3\text{-}2\ 1\text{-}0\ 4\text{-}3\ 3}{3\text{-}2\ 1\text{-}0\ 4\text{-}3\ 3}\right)$ die spezialisiertesten Notioprogonia. I_2^1 sind vergrößert, ein Diastema ist ausgebildet. Das Backengebiß ist brachyodont, die unteren Prämolaren molarisiert.

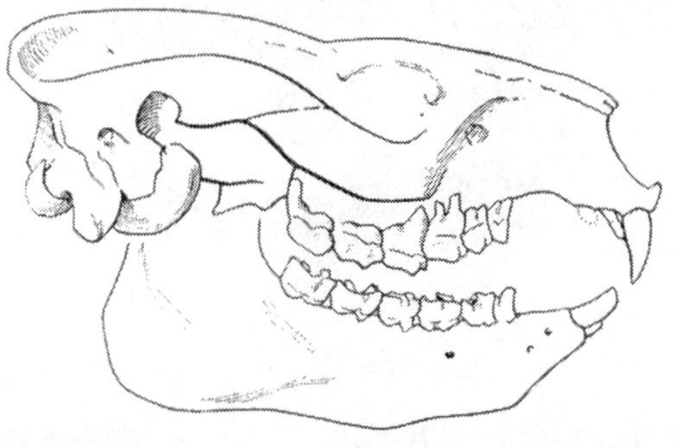

Abb. 559. *Notostylops murinus* (Notostylopidae). Alt-Eozän (Casamayorense), Patagonien. Osteocranium, lateral. Ramus ascendens des Unterkiefers teilweise weggelassen. (1/2) — Nach SIMPSON 1948

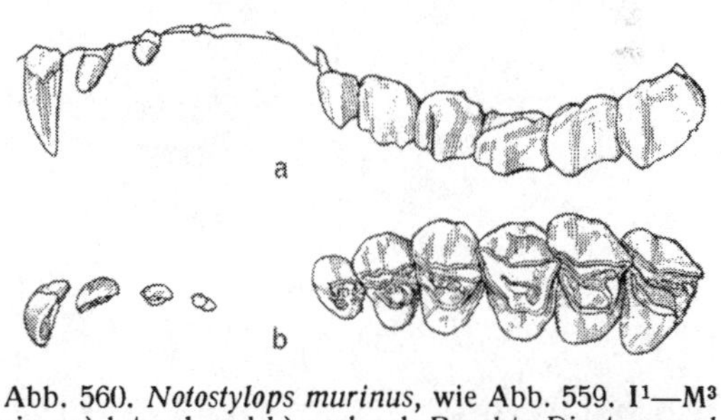

Abb. 560. *Notostylops murinus*, wie Abb. 559. I^1—M^3 sin., a) lateral und b) occlusal. Beachte Diastem und Vergrößerung des I^1. (7/8) — Nach SIMPSON 1948

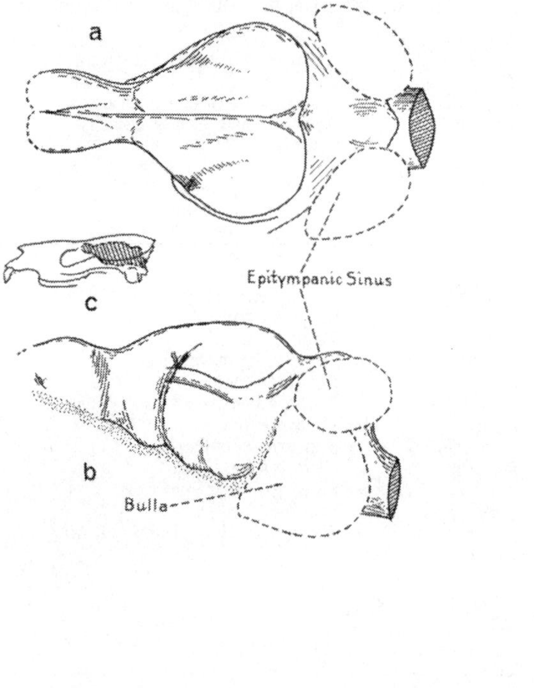

Abb. 561. *Notostylops escaridus*, wie Abb. 559. Endocranialausguß in a) Dorsal- und b) Lateralansicht c) Schädel mit eingezeichnetem Cacum cranii. Beachte große Bulbi olfactorii und geringe Ausdehnung des lissencephalen Neopalliums. a, b) (9/10) — Nach SIMPSON 1932

Toxodonta

Die Toxodonta zeigen gut entwickelte, übereinander liegende Tympanalhöhlen (Sinus epitympanicus, Paukenhöhle und Sinus hypotympanicus) (Abb. 562 u. 563) und sind außerordentlich formenreich entwickelt, so daß etliche Familien zu unterscheiden sind. Wie schon oben angedeutet, sind die an Ancylopoden erinnernden Entelonchychia aberrante Toxodonten. Die Backenzähne der Toxodonta (Abb. 564) verglich man oft mit Rhinocerotiden, doch handelt es sich nur um eine oberflächliche, durch konvergente Entwicklung bedingte Ähnlichkeit.

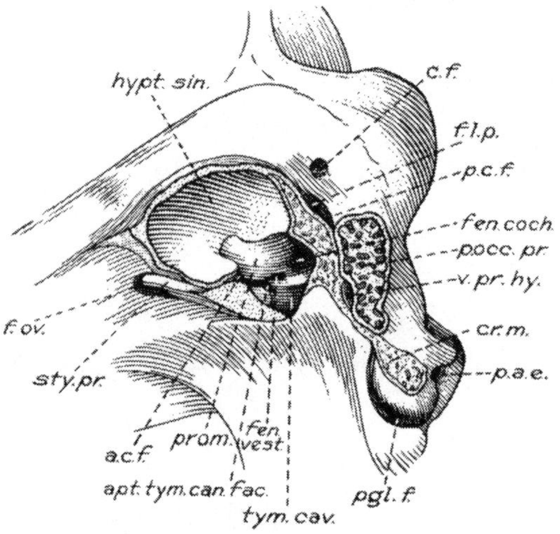

Abb. 562

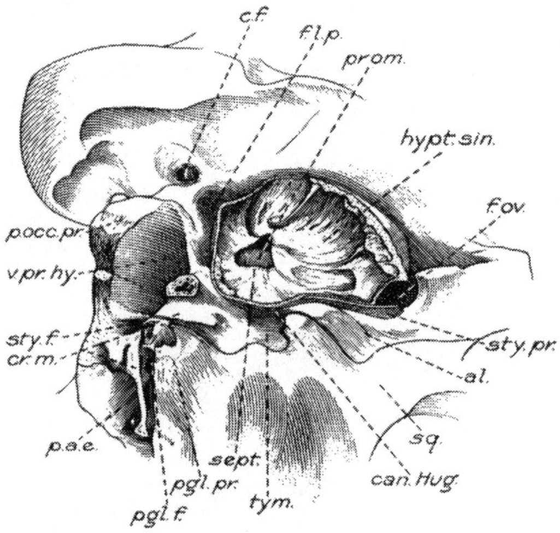

Abb. 563

Abb. 562. Gehörregion von *Nesodon imbricatus* (Toxodontidae). Ventro-Lateralansicht der rechten Schädelseite. Bulla mit kleinem, horizontalen Septum, welches Sinus hypotympanicus und Paukenhöhle trennt. Carotis interna quert Bulla — Nach Patterson 1936

Abb. 563. Gehörregion von *Homalodotherium cunninghami* (Homalodotheriidae). Ventro-Lateralansicht der linken Schädelseite. Beachte Bulla mit voluminösem Sinus hypotympanicus — Nach Patterson 1936

a. c. f.	= vorderes Foramen caroticum
al.	= Alisphenoid
a. m.	= Meatus acusticus externus
apt. tym. can. fac.	= Apertura tympanici canalis facialis
br. sty. art.	= Grube für den Ast der Arteria stylomastoidea
c. f.	= Foramen condyloideum
can. Hug.	= Huguier'scher Kanal
car. f.	= Foramen caroticum
cr. m.	= Crista meati
cr. tym.	= Crista tympanica
crl. cav.	= Cavum cranii
E. f.	= Tuba eustachii
ept. sin.	= Sinus epitympanicus
f. l. p.	= Foramen lacerum posterius
f. ov.	= Foramen ovale
f. pn.	= For. pneumaticum
fen. coch.	= Fenestra cochlearis
fen. vest.	= Fenestra vestibuli
hypt. sin.	= Sinus hypotympanicus
lam.	= Lamina
lat. cer. ven. sin.	= Sinus venosus cerebri lateralis
mas.	= Processus mastoideus
p. a. e.	= Porus acusticus externus
p. c. f.	= Sutura parieto-supraoccipitalis
per.	= Perioticum
p. gl. f.	= For. postglenoideum
pgl. pr.	= Proc. postglenoideus
p. l. ven. sin.	= Sinus venosus postero-lateralis
p. occ. pr.	= Proc. paroccipitalis (Schnittfläche)
prom.	= Promontorium
rec. ept.	= Recessus epitympanicus
Sept.	= Septum
sq.	= Squamosum
Sty. f.	= For. stylomastoideum
sty. pr.	= Proc. styliformis
sulc. fac.	= Sulcus facialis
sulc. tym.	= Sulcus tympanicus
tymp.	= Tympanicum
tym. cav.	= Paukenhöhle
v. r.	= vertikaler Wulst in der Bulla, vermutlich hinfälliges Septum
vasc. f.	= Foramen vasculare
ven. f.	= Foramen venae
v. pr. hy.	= Öffnung für Processus hyoideus

Abb. 564. Oberkiefermolaren (occlusal) verschiedener Toxodonten in annähernd gleichem Abkauungsstadium. a) *Argyrohippus*, b) *Rhynchippus* (Notohippidae), c) *Nesodon* (Toxodontidae). Beachte rhinocerotoide Anordnung der Joche. (Nicht maßstäblich) — Nach Simpson 1935

Die Oldfieldthomasiidae, Archaeopithecidae und Archaeohyracidae gelten als primitive Toxodonta, die ein vollständiges und brachyodontes Gebiß, geschlossene Zahnreihen und nicht oder kaum differenzierte Vorderzähne gekennzeichnet sind. Sie sind hauptsächlich eozäne Formen, die als blind endende Seitenzweige der Toxodonta anzusehen sind und sich in einzelnen Merkmalen hypotheriid oder notioprogonid verhalten.

Unter den **Oldfieldthomasiiden** (= Acoeliden), die Paula Couto [2621] allerdings zu den Typotheria stellt, sind *Kibernikhoria* (Abb. 565) und *Colbertia* (Jung-Paleozän), *Oldfieldthomasia, Maxschlosseria* und *Acoelodus* (Casamayorense) und *Tsamnichoria* (Mustersense) zu erwähnen. *Colbertia* bildet nach Paula Couto [2621] die Stammform von *Maxschlosseria.*

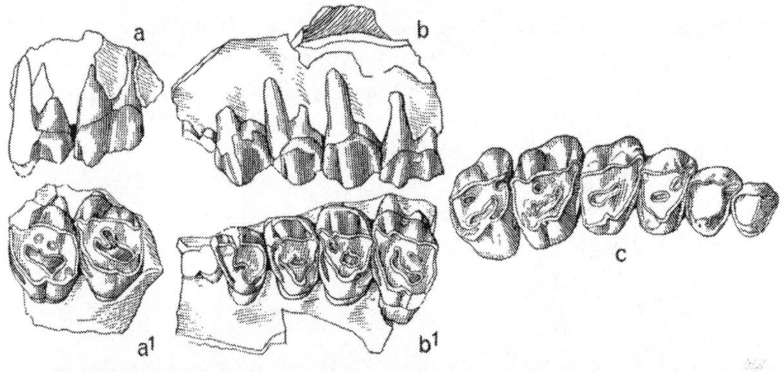

Abb. 565. *Kibenikhoria get* (Oldfieldthomasiidae). Jung-Paleozän, Patagonien. Maxillargebiß, lateral und occlusal. a, a¹) M^{2-3} sin., b, b¹) P^2—M^1 sin., c) P^2—M^3 dext. (3/2) — Nach Simpson 1935

Die **Archaeopitheciden** beruhen nur auf Zahnresten. Es sind kleine Toxodonten ohne molarisierte Prämolaren (*Archaeopithecus* [Alt-Eozän]). Bei den **Archaeohyraciden** ist der I_1 etwas vergrößert, ohne jedoch den charakteristischen dreieckigen hyracoiden Querschnitt zu zeigen. Die Backenzähne neigen zur Hypsodontie. Die Nasalia des niedrigen Schädels sind lang, die Nasenöffnung liegt terminal. Zusammen mit dem Gebiß ist eine Ähnlichkeit mit den Mesotheriiden (Typotheria) vorhanden, weshalb Loomis sie auch als Typotheria klassifiziert. *Archaeohyrax* und *Eohyrax* sind die wichtigsten Vertreter dieser alt-tertiären Notoungulaten.

Die alt-tertiären **Isotemniden** bilden eine weitere Primitivgruppe der Toxodonten, die als Wurzelgruppe der Homalodotheriidae, Leontiniidae, Toxodontidae und Notohippidae in Betracht kommt. Sie verhalten sich im Bau des Schädels, des Gebisses und auch der Extremitäten konservativ. Die geologisch älteste Gattung ist *Isotemnus* aus dem Jung-Paleozän und Eozän. *Thomashuxleyia* (Alt-Eozän, Abb. 566) und *Rhyphodon* (Oligozän) sind nicht wesentlich von *Isotemnus* verschieden. Letztere erinnert durch das Endocranium entfernt an *Homalodotherium.*

Die **Homalodotheriiden** unterscheiden sich von den übrigen Notoungulaten durch den ancylopoden Bau der Extremitäten, weshalb man sie seinerzeit als Ancylopoda klassifizierte

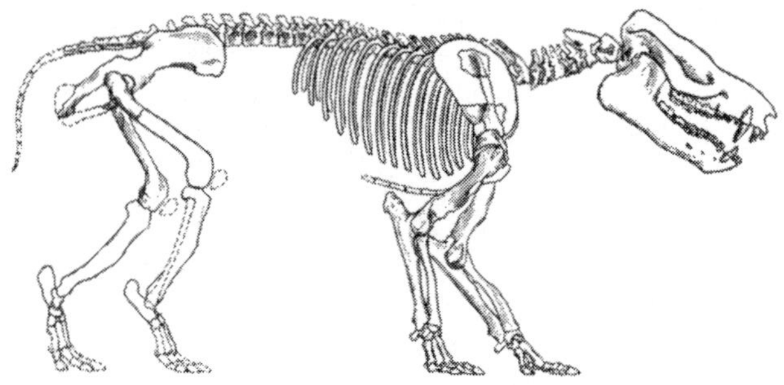

Abb. 566. *Thomashuxleyia* sp. (Isotemnidae). Alt-Eozän (Casamayorense), Argentinien. Skelettrekonstruktion. (1/16) — Nach Simpson 1936

und dann als eigene Gruppe (Entelonychia) innerhalb der Notoungulaten von den Toxodonten abtrennte. *Asmodeus* aus dem Oligozän beruht nur auf einigen Extremitätenknochen. Von *Homalodotherium* (Alt-Miozän) ist das Skelett vollständig bekannt. Das Cranium ist brachycephal, die Nasalia sind verkürzt und die Nasenöffnung vergrößert; die Bulla tympani ist relativ groß (Abb. 567). Die vierzehige metapodiograde Vorderextremität ist länger als die fünfzehige plantigrade Hinterextremität; sie ist mit krallenförmigen Endphalangen versehen, ohne die für die Chalicotheriiden charakteristischen Dimensionen zu erreichen (Abb. 568). Außerdem ist eine Clavicula vorhanden. Die Homalodotheriiden stellen somit eine interessante Parallele zu den Chalicotheriiden dar. Sie starben im Jung-Tertiär aus (*Chasicotherium*: Jung-Miozän = Chasicoense [2914]).

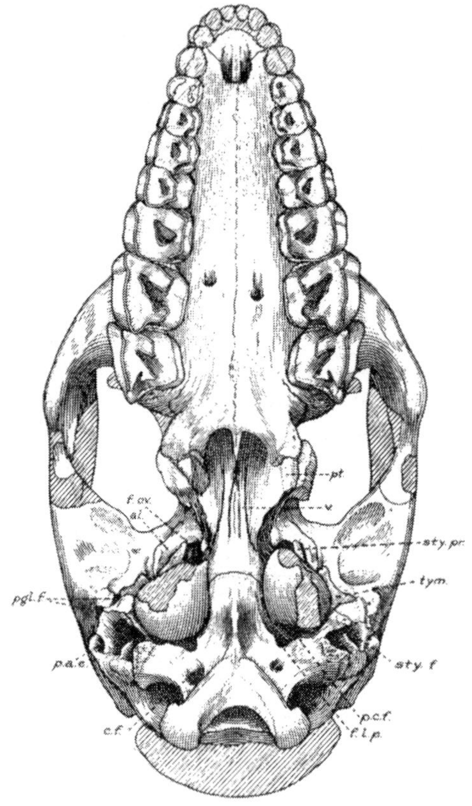

Abb. 567. *Homalodotherium cunninghami* (Homalodotheriidae). Miozän (Santacruzense), Argentinien. Osteocranium, ventral. (1/4) — Nach Patterson 1936
Schraffierte Partien = ergänzt

al. = Alisphenoid
c. f. = For. condyloideum
f.l.p. = For. lacerum posterius
f.or. = For. ovale
p.a.c. = Porus acusticus externus
p.c.f. = hinteres For. caroticum
pgl.f. = For. postglenoideum
pt. = Pterygoid
sty.f. = For. stylomastoideum
sty.pr. = Proc. styliformis
tym. = Tympanicum
v. = Vomer

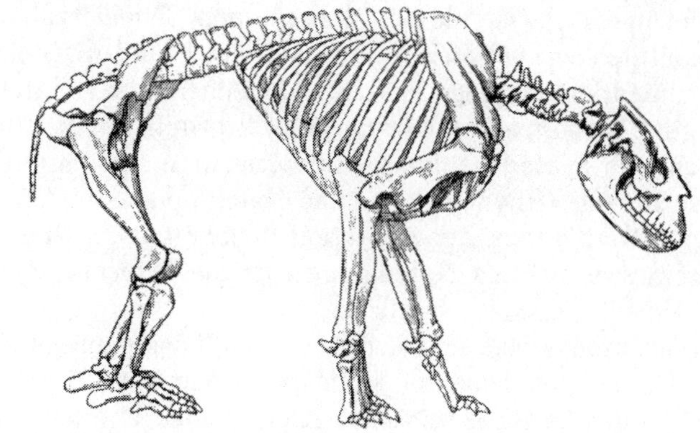

Abb. 568. *Homalodotherium cunninghami*, wie Abb. 567. Skelettrekonstruktion. Beachte plantigrade Hinterextremität und die chalicotherioide Ausbildung der Hand. (1/25) — Nach RIGGS 1937

Mit den **Leontiniden** (= Colpodontidae) ist ein Stamm der Toxodonten bekannt, der im Oligozän seinen stammesgeschichtlichen Höhepunkt erreicht. Ähnlich *Homalodotherium* ist am brachycephalen Cranium der Fazialabschnitt verkürzt, doch ist das Vordergebiß abweichend differenziert, und auch das Extremitätenskelett läßt jeden ancylopoden Charakter vermissen. Hand und Fuß sind bei stark reduzierten seitlichen Zehenstrahlen funktionell tridactyl. Zu den bekanntesten Gattungen zählen *Leontinia*, *Scarrittia* (Abb. 569, 570) und *Colpodon*. CHAFFEE [511] vergleicht die Leontiniiden mit den Brontotherien. Die **Notohippiden** (einschließlich Rhynchippidae), die AMEGHINO zusammen mit den „Colpodontiden" (siehe oben) als Hippoidea klassifiziert, zeigen im Bau des Schädels und infolge der mit Zementeinlagerung verbundene

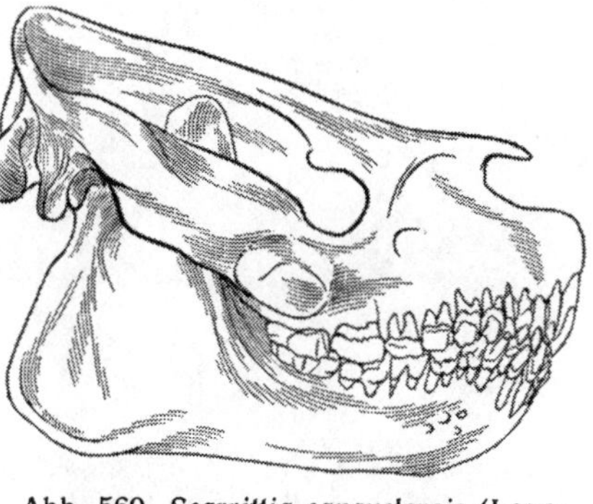

Abb. 569. *Scarrittia canquelensis* (Leontinidae). Alt-Oligozän (Deseadense), Patagonien, Schädelrekonstruktion, lateral. (1/8) — Nach CHAFFEE 1952

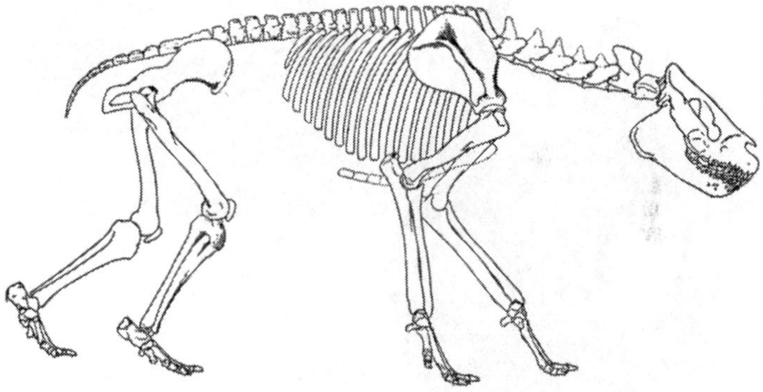

Abb. 570. *Scarrittia canquelensis*, wie Abb. 569. Skelettrekonstruktion. (ca. 1/25) — Nach CHAFFEE 1952

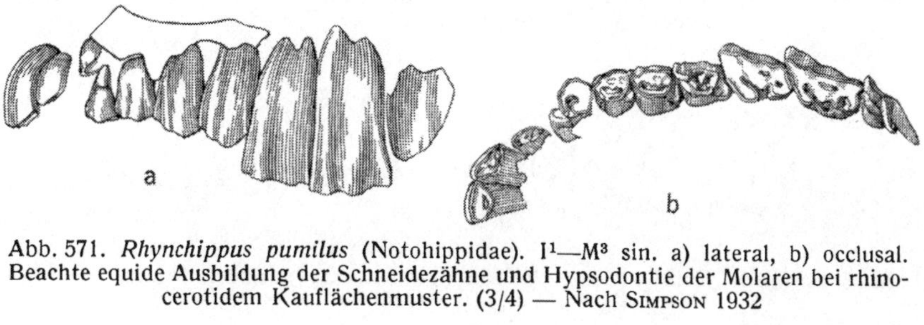

Abb. 571. *Rhynchippus pumilus* (Notohippidae). I^1—M^3 sin. a) lateral, b) occlusal. Beachte equide Ausbildung der Schneidezähne und Hypsodontie der Molaren bei rhinocerotidem Kauflächenmuster. (3/4) — Nach SIMPSON 1932

zunehmende Hypsodontie der Backen- und Schneidezähne (Abb. 571) sowie der dreizehigen Extremitäten eine entfernte Ähnlichkeit mit Equiden. Zweifellos sind sie jedoch Angehörige der Toxodonten, die im Oligo-Miozän in Südamerika verbreitet waren. Als geologisch älteste Gattung gilt *Pseudostylops* (Jung-Eozän) mit primitiven Merkmalen (P nicht molariform, Molaren nur schwach hypsodont und geringe Zementanlagerung), die jedoch nicht die Stammform der beiden Stämme (Rhynchippinae und Notohippinae) bildet. Der erste Stamm ist mit *Rhynchippus* und *Morphippus*, der zweite mit *Nesohippus* im Oligozän und *Notohippus* im Alt-Miozän nachgewiesen. Bei den Notohippinen ist die Zementbildung und die Ausbildung zusätzlicher Zahnelemente (Cristae) deutlicher.

Die **Toxodontidae** sind der geologisch jüngste und auch spezialisierteste Stamm der Toxodonten. Mit *Proadinotherium* erstmals aus dem Alt-Oligozän (Deseadense) bekannt, starben die Toxodontiden im Pleistozän mit nashorngroßen Formen (*Toxodon*, Abb. 572) aus, nachdem sie im Laufe des Pleistozän bis nach Zentralamerika gelangt waren. Sie waren kurzbeinige Notoungulaten mit plumpen, dreizehigen Extremitäten. Bei *Adinotherium* und *Nesodon* (Abb. 573) aus dem Miozän sind die Molaren etwas, bei *Toxodon* stark hypsodont, doch vereinfacht sich der

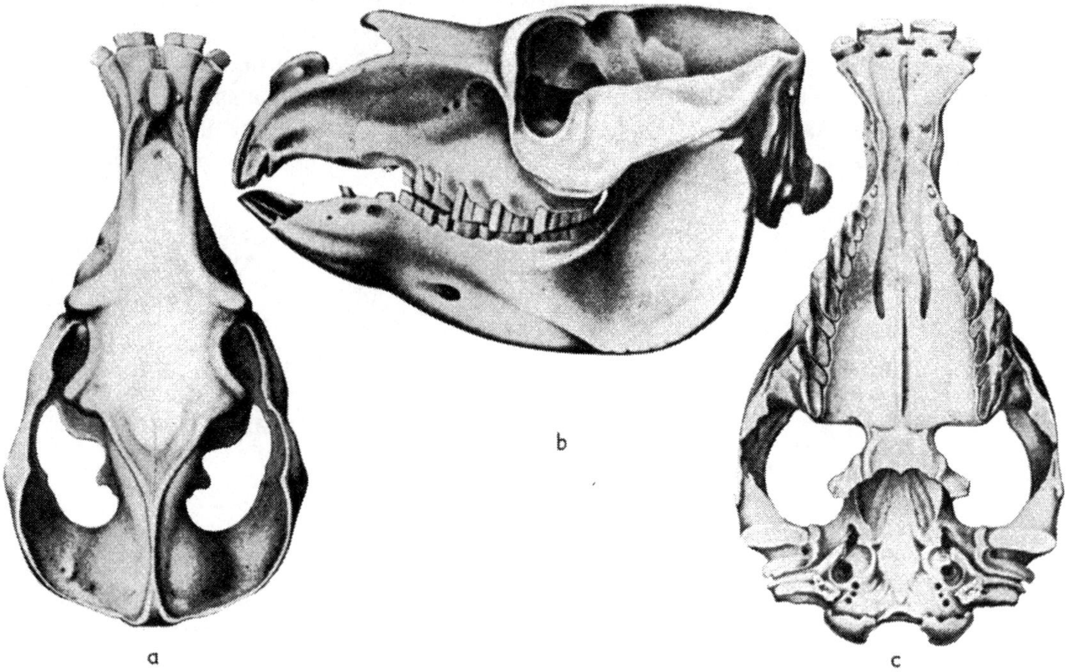

Abb. 572. *Toxodon burmeisteri* (Toxodontidae). Jung-Pleistozän, Argentinien. Osteocranium in a) Lateral-, b) Dorsal-, und c) Ventralansicht. (1/8) — Aus Piveteau 1961

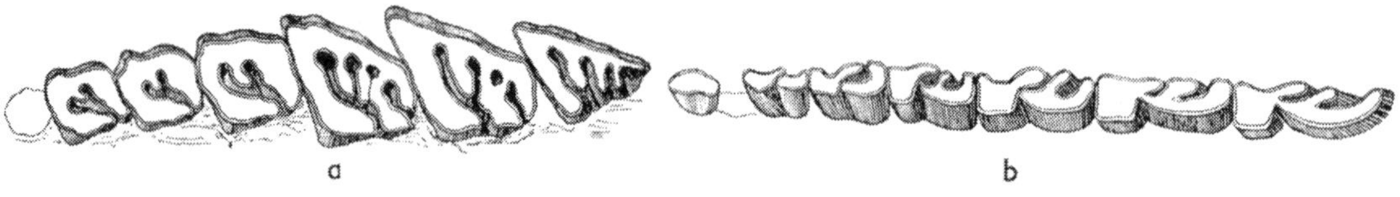

Abb. 573. *Nesodon imbricatus* (Toxodontidae). Miozän (Santacruzense), Patagonien. a) P^2—M^3 sin., occlusal, b) P_1—M_3, occlusal. (2/3) — Nach Gaudry 1906

Molarenbau bei den jüngeren Formen etwas, zugleich mit einer seitlichen Abflachung der Zähne, die zu einem gestreckt dreieckigen Umriß führt. Im Vordergebiß sind I^1_3 etwas vergrößert. *Toxodon* weist ein etwas reduziertes $\left(\frac{2\ 0\ 4\ 3}{3\ 1\ 3\ 3}\right)$ Gebiß auf. Für das Cranium sind der verlängerte Fazialabschnitt und die etwas verkürzten Nasalia kennzeichnend. Demgegenüber erscheint der Fazialschädel bei den jung-tertiären Haplodontheriinen kurz, und es kommt zur Ausbildung von knöchernen Schädelfortsätzen (*Prototrigodon* und *Haplodontherium*: Miozän, *Trigodon*: Pliozän).

Typotheria

Die Typotheria (im Sinne von Simpson [3257]) umfassen jene Notoungulaten, die in ihrem Habitus „glirid" wirken, sich jedoch durch das Fehlen eines echten Septums in der Bulla (Abb. 574) von den habituell ähnlichen Hegetotheria unterscheiden [2588, 3257]. Die ältesten und primitivsten Typotheria ähneln im Molarenbau durch Cristae und Crochet den Notohippiden

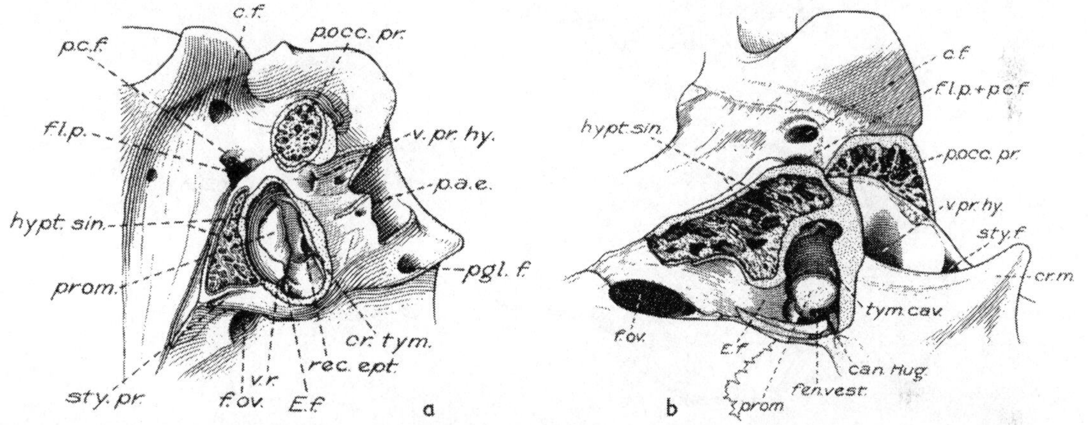

Abb. 574. Gehörregion der Typotheria. a) *Protypotherium australe*, Miozän, Südamerika, b) *Pseudotypotherium pseudopachygnathum*, Pliozän, Südamerika. Beachte Fehlen eines Septums in der Bulla — Nach Patterson 1936

a. c. f.	= vorderes Foramen caroticum	*mas.*	= Processus mastoideus
al.	= Alisphenoid	*p. a. e.*	= Porus acusticus externus
a. m.	= Meatus acusticus externus	*p. c. f.*	= Sutura parieto-supraoccipitalis
apt.tym.can.fac.	= Apertura tympanici canalis facialis	*per.*	= Perioticum
		p. gl. f.	= For. postglenoideum
br.sty.art.	= Grube für den Ast der Arteria stylomastoidea	*pgl. pr.*	= Proc. postglenoideus
		p. l. ven. sin.	= Sinus venosus postero-lateralis
c. f.	= Foramen condyloideum	*p. occ. pr.*	= Proc. paroccipitalis (Schnittfläche)
can. Hug.	= Huguier'scher Kanal	*prom.*	= Promontorium
car. f.	= Foramen caroticum	*rec. ept.*	= Recessus epitympanicus
cr. m.	= Crista meati	*Sept.*	= Septum
cr. tym.	= Crista tympanica	*sq.*	= Squamosum
crl. cav.	= Cavum cranii	*Sty. f.*	= For. stylomastoideum
E. f.	= Tuba eustachii	*sty. pr.*	= Proc. styliformis
ept. sin.	= Sinus epitympanicus	*sulc. fac.*	= Sulcus facialis
f. l. p.	= Foramen lacerum posterius	*sulc. tym.*	= Sulcus tympanicus
f. ov.	= Foramen ovale	*tymp.*	= Tympanicum
f. pn.	= For. pneumaticum	*tym. cav.*	= Paukenhöhle
fen. coch.	= Fenestra cochlearis	*v. r.*	= vertikaler Wulst in der Bulla, vermutlich hinfälliges Septum
fen. vest.	= Fenestra vestibuli		
hypt. sin.	= Sinus hypotympanicsu	*vasc. f.*	= Foramen vasculare
lam.	= Lamina	*ven. f.*	= Foramen venae
lat. cer. ven. sin.	= Sinus venosus cerebri lateralis	*v. pr. hy.*	= Öffnung für Processus hyoideus

oder primitiven Toxodontiden, doch kommt es im Laufe der stammesgeschichtlichen Entwicklung bei steigender Hypsodontie zu einer Vereinfachung des Molarenmusters, ferner zur Bildung eines Diastems und zur Vergrößerung der vordersten Incisiven. Es sind kleine bis mittelgroße Formen, die verschiedentlich auch mit den nordamerikanischen Oreodonten verglichen werden.

Innerhalb der **Interatheriiden**, deren Kennzeichen stets bewurzelte Incisiven sind, bilden die Notopithecinen mit *Notopithecus* (Abb. 575—577) und *Transpithecus* (Alt-Eozän) die primitivsten Typotheria. Sie sind durchwegs kleine Formen mit einem kurzen und niedrigen Cranium, brachyodonten Incisiven, komplizierten Molaren und geschlossener Zahnreihe. Bei den Interatheriinae, die erstmalig im Oligozän auftreten, kommt es zur Hypsodontie der Zähne und zur

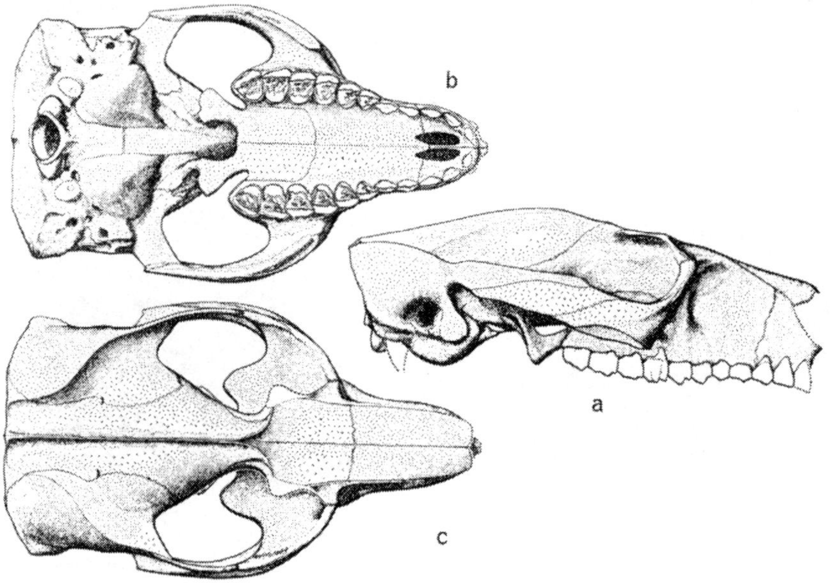

Abb. 575. *Notopithecus adapinus* (Interatheriidae). Alt-Eozän (Casamayorense), Patagonien. Osteocranium. a) Lateral-, b) Ventral-, c) Dorsalansicht. (7/6) — Nach Simpson 1967

Abb. 576. *Notopithecus adapinus*, wie Abb. 575. C—M^3 sin. (spiegelbildlich), occlusal. (5/2) — Nach Simpson 1967

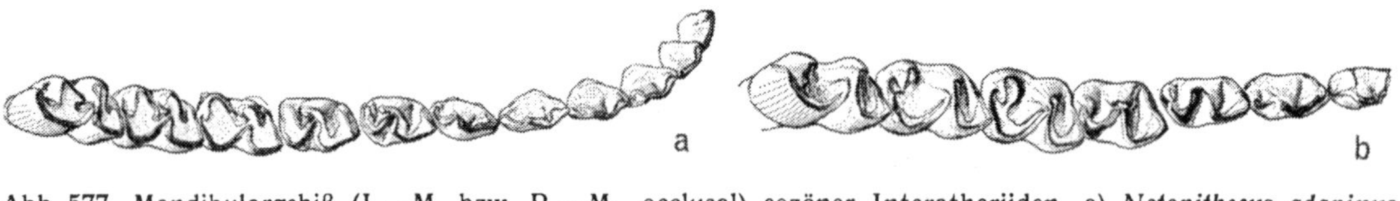

Abb. 577. Mandibulargebiß (I_1—M_3 bzw. P_1—M_3, occlusal) eozäner Interatheriiden. a) *Notopithecus adapinus*, b) *Antepithecus brachystephanus*. (5/2) — Nach Simpson 1967

Vereinfachung der Molaren sowie gleichzeitig zur Vergrößerung des vordersten Incisiven (I^1), ohne daß diese Zähne wurzellos sind und ohne Ausbildung eines Diastems. *Cochilius* (Jung-Oligozän), *Interatherium* (Alt-Miozän), *Miocochilius* (Jung-Miozän, Abb. 578, 579) und *Pro-*

typotherium (Miozän und ? Pliozän) sind die wichtigsten Genera. Bei *Miocochilius* sind die Extremitäten funktionell didactyl, da in der Hand der 2. und 3. Strahl gleich lang ausgebildet und der 4. stark reduziert ist. Im zweizehigen Fuß sind 1. und 2. Zehenstrahl völlig reduziert, der 5. als proximales Rudiment erhalten (Abb. 580). Die Extremitäten ähneln dadurch denen

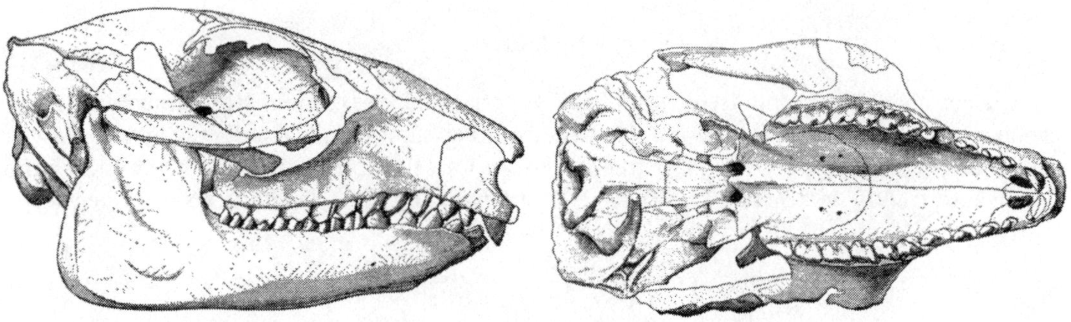

Abb. 578. *Miocochilius anomopodus* (Interatheriidae). Miozän, Kolumbien. Osteocranium, lateral (links) und ventral (rechts). (1/2) — Nach STIRTON 1953

Abb. 579. *Miocochilius anomopodus*, wie Abb. 578. Maxillarfragment sin. mit P^1—M^3, a) lateral, b) occlusal. Beachte Hypsodontie und einfaches Kaumuster. (ca. 2/3) — Nach STIRTON 1953

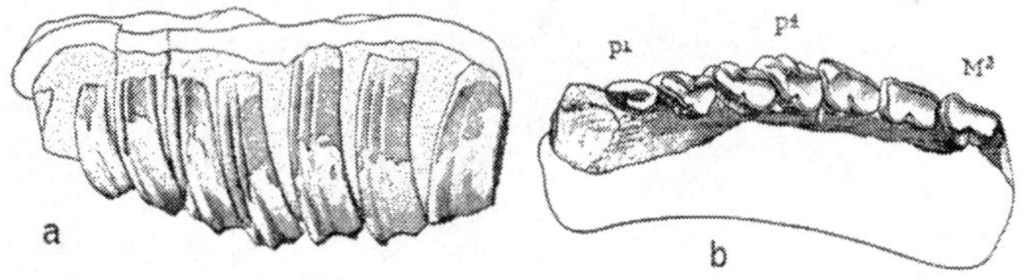

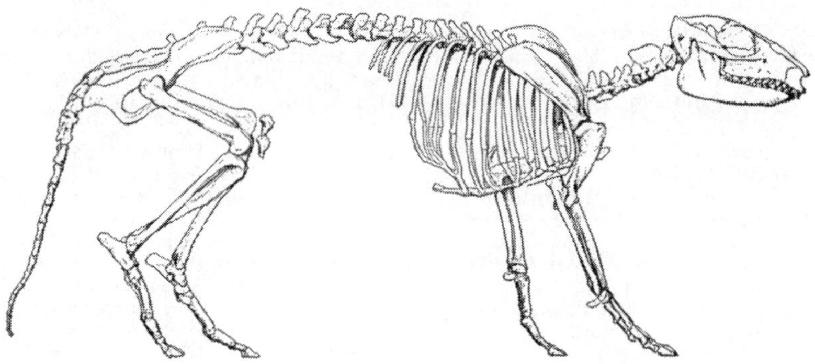

Abb. 580. *Miocochillus anomopodus*, wie Abb. 578. Skelettrekonstruktion. Beachte tridactyle Vorder- und didactyle Hinterextremität. (1/7) (Abb. 5, S. 3) Nach STIRTON 1953

primitiver Artiodactylen (Anoplotheriiden, Entelodontiden), ohne daß sie mit ihnen homologisiert werden können. Der Bau des Tarsus ist zudem typisch notoungulat (Ausbildung des Astragalus, fibulare Gelenkfläche am Calcaneus [3461]).

Bei den **Mesotheriiden** kommt es zur Ausbildung wurzelloser Incisiven. Die Trachytheriinae *(Trachytherus)* stellen die primitivere, oligozäne Gruppe dar. Die unmittelbaren Vorfahren der erst im Jung-Miozän nachgewiesenen Mesotheriidae *(Typothericulus, Eutypotherium)* sind bisher nicht bekannt. Bei *Mesotherium* (Pleistozän) erinnert der Schädel durch die vergrößerten, gekrümmten und wurzellosen I^1, das anschließende Diastema, die hypsodonten Backenzähne, das niedrige Cranium, die Lage der Orbita und Ausbildung des Jochbogens etwas an einen Riesenbiber*). Die Gebißformel lautet $\frac{1\ 0\ 2\ 3}{2\ 0\ 1\ 3}$. Es ist die Endform der vom Miozän bis zum Pleistozän nachgewiesenen Mesotheriinae.

Hegetotheria

Die durch Schädel und Gebiß durchaus typotherioid wirkenden **Hegetotheriiden** unterscheiden sich im Bau der Gehörregion von den Typotheria, indem ein vertikales Septum die Paukenhöhle vom Sinus hypotympanicus trennt und die Carotis interna die Bulla nicht quert (Abb. 581). Daher trennt sie Simpson [3257] als eigene Unterordnung (Hegetotheria) von den Typo-

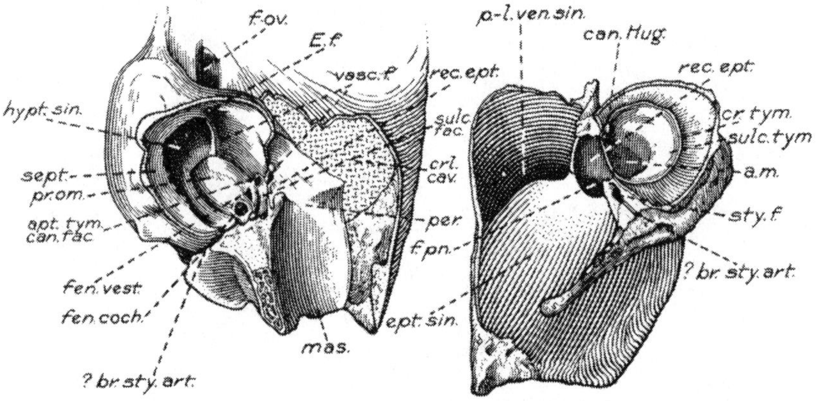

Abb. 581. *Hegetotherium mirabile* (Hegetotheriidae), Miozän, Patagonien. Gehörregion der linken Schädelseite längs durchschnitten und auseinandergelegt. Bulla durch vertikales Längssystem in zwei Kammern geteilt (Sinus hypotympanicus und Paukenhöhle). Carotis interna quert nicht die Bulla — Nach Patterson 1936

a. c. f.	= vorderes Foramen caroticum	*mas.*	= Processus mastoideus
al.	= Alisphenoid	*p. a. e.*	= Porus acusticus externus
a. m.	= Meatus acusticus externus	*p. c. f.*	= Sutura parieto-supraoccipitalis
apt. tym. can. fac.	= Apertura tympanici canalis facialis	*per.*	= Perioticum
br. sty. art.	= Grube für den Ast der Arteria stylomastoidea	*p. gl. f.*	= For. postglenoideum
		pgl. pr.	= Proc. postglenoideus
		p. l. ven. sin.	= Sinus venosus postero-lateralis
c. f.	= Foramen condyloideum	*p. occ. pr.*	= Proc. paroccipitalis (Schnittfläche)
can. Hug.	= Huguier'scher Kanal	*prom.*	= Promontorium
car. f.	= Foramen caroticum	*rec. ept.*	= Recessus epitympanicus
cr. m.	= Crista meati	*Sept.*	= Septum
cr. tym.	= Crista tympanica	*sq.*	= Squamosum
crl. cav.	= Cavum cranii	*Sty. f.*	= For. stylomastoideum
E. f.	= Tuba eustachii	*sty. pr.*	= Proc. styliformis
ept. sin.	= Sinus epitympanicus	*sulc. fac.*	= Sulcus facialis
f. l. p.	= Foramen lacerum posterius	*sulc. tym.*	= Sulcus tympanicus
f. ov.	= Foramen ovale	*tymp.*	= Tympanicum
f. pn.	= For. pneumaticum	*tym. cav.*	= Paukenhöhle
fen. coch.	= Fenestra cochlearis	*v. r.*	= vertikaler Wulst in der Bulla, vermutlich hinfälliges Septum
fen. vest.	= Fenestra vestibuli		
hypt. sin.	= Sinus hypotympanicus	*vasc. f.*	= Foramen vasculare
lam.	= Lamina	*ven. f.*	= Foramen venae
lat. cer. ven. sin.	= Sinus venosus cerebri lateralis	*v. pr. hy.*	= Öffnung für Processus hyoideus

*) Sie wurden ursprünglich [55] auch als Nagetiere (Glires hebetidentati) klassifiziert.

theria ab. Es sind kleine Notoungulaten, die in ihrem Habitus am besten mit Lagomorphen verglichen werden können. Die relativ einfachen, hypsodonten Backenzähne, die vergrößerten vorderen Incisiven, die Postorbitalfortsätze, Lage und Größe der Orbitae, die „gefensterten" Maxillen, die Ausbildung des Unterkiefers, die Verlängerung des Fußes, die mit einer Verschmelzung von Tibia und Fibula einhergeht, und der kurze Schwanz machen einen ausgesprochen lagomorphen Eindruck, doch handelt es sich zweifellos um eine Konvergenzerscheinung. Sie bestätigt, daß die sonst von Lagomorphen besetzte Nische während des Tertiärs, als in Südamerika weder Ochotoniden noch Leporiden existierten, von den Notoungulaten ausgefüllt wurde.

Unter den seit dem Jung-Eozän (*Eohegetotherium* und *Eopachyrucos)* nachgewiesenen Hegetotheriiden lassen sich zwei Hauptstämme unterscheiden: die Hegetotheriinae (kein geblähtes Mastoid) und die Pachyrukhinae (Mastoid aufgebläht). Bei *Eohegetotherium* (Alt-Oligozän) ist der C noch stärker, bei *Hegetotherium* (Miozän, Abb. 582, 583) nur mehr stiftförmig, die Zähne

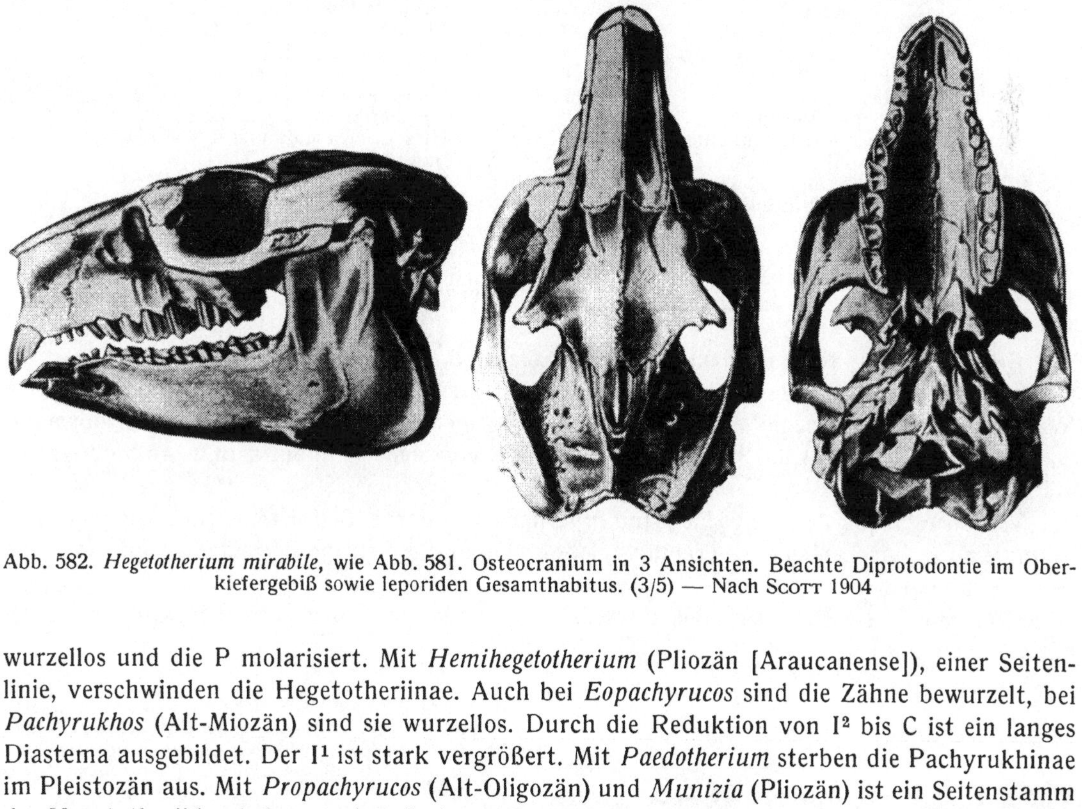

Abb. 582. *Hegetotherium mirabile,* wie Abb. 581. Osteocranium in 3 Ansichten. Beachte Diprotodontie im Oberkiefergebiß sowie leporiden Gesamthabitus. (3/5) — Nach Scott 1904

wurzellos und die P molarisiert. Mit *Hemihegetotherium* (Pliozän [Araucanense]), einer Seitenlinie, verschwinden die Hegetotheriinae. Auch bei *Eopachyrucos* sind die Zähne bewurzelt, bei *Pachyrukhos* (Alt-Miozän) sind sie wurzellos. Durch die Reduktion von I^2 bis C ist ein langes Diastema ausgebildet. Der I^1 ist stark vergrößert. Mit *Paedotherium* sterben die Pachyrukhinae im Pleistozän aus. Mit *Propachyrucos* (Alt-Oligozän) und *Munizia* (Pliozän) ist ein Seitenstamm der Hegetotheriiden bekannt, den die interatheriiden Molaren (M sup. mit Innenfalten) kennzeichnen.

In ihrer Gesamtheit betrachtet, bilden die Notoungulaten ein Beispiel für die Aufspaltung einer Huftiergruppe, die zu zahlreichen Konvergenz- und Parallelerscheinungen mit anderen Säugetierstämmen geführt hat. Diese Vielfalt der Formen wird verständlich durch die fast das ganze Tertiär hindurch anhaltende Isolation des südamerikanischen Kontinentes und damit das Fehlen von Konkurrenten in Form „echter" Huftiere und von Lagomorphen.

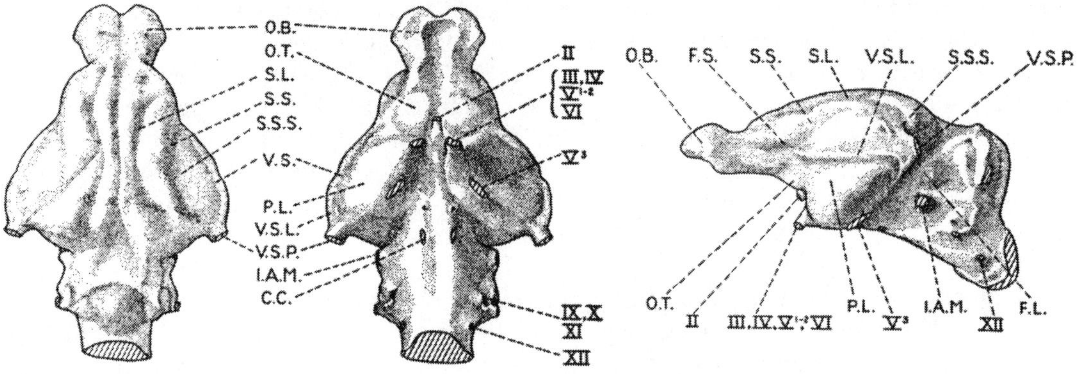

Abb. 583. *Hegetotherium mirabile*, wie Abb. 581. Endocranialausguß in 3 Ansichten. Beachte grundsätzliche Unterschiede gegenüber Litopterna (Abb. 554). (3/4) — Nach Simpson 1933

c. c.	= Canalis caroticus	*S. E. S.*	= Sulcus „ectosylvius"
F. L.	= Flocculus	*S. L.*	= Sulcus lateralis
F. L. M.	= For. lacerum medium	*S. S.*	= Fissura sylvia
F. L. P.	= For. lacerum posterius	*S. S. S.*	= Sulcus suprasylvius
F. R.	= Fissura rhinalis	*V.*	= For. vascularis minor
F. S.	= Fissura sylvii	*V. S.*	= Sinus venosus
H.	= Hypophysengrube	*V. S. L.*	= lateraler Sinus venosus cerebralis
I. A. M.	= Meatus acusticus externus	*V. S. P.*	= Hintere Venenöffnung der Fossa cerebralis
O. B.	= Bulbus olfactorius	II—VI, IX—XII	= Gehirnnerven
O. T.	= Tuberculum olfactorium		
P. L.	= Lobus pyriformis		

Astrapotheria

Einen weiteren ausgestorbenen Stamm südamerikanischer Huftiere bilden die Astrapotheria. Ameghino [62] brachte sie ursprünglich mit den Notoungulaten und Tillodonta, später [64] mit den Amblypoden in Verbindung. Sie unterscheidet von den Notoungulaten der „normale" Bau der Gehörregion (kein Sinus epitympanicus), von den Tillodontia und Amblypoda die völlig abweichende Gebißdifferenzierung.

Wie Simpson [3234] gezeigt hat, sind innerhalb der Astrapotheria zwei frühzeitig getrennte Stämme zu unterscheiden: die Trigonostylopoidea und die Astrapotherioidea (Abb. 584). Ihre Wurzelgruppe ist innerhalb der Condylarthra in der Nähe der Litopterna zu suchen. Die verschiedene Spezialisierung ist in Zusammenhang mit dem zeitlichen Auftreten nur infolge der basalen Trennung verständlich.

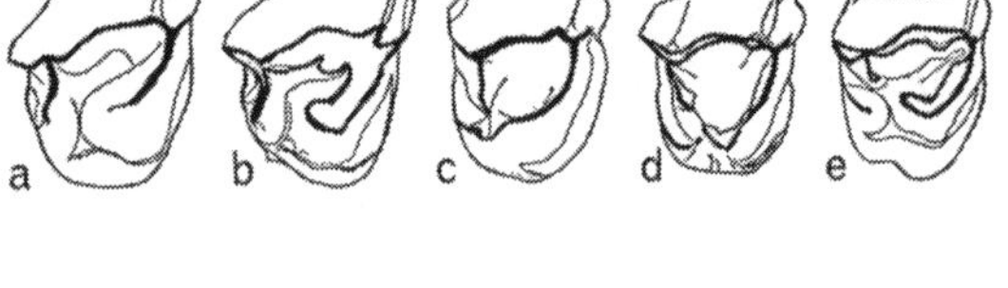

Abb. 584. M^1 dext. von Astrapotherioidea (a, b) und Trigonostylopoidea (c—e). a) *Scaglia*, Casamayorense, b) *Astraponotus*, Mustersense, c) „*Trigonostylops*" *apthomasi*, Itaboraiense (Paleozän), d) *Trigonostylops wortmani*, Casamayorense, c) *Albertogaudrya*, Casamayorense. Nicht maßstäblich. Beachte unterschiedliche Bildung des Metalophs bei Astrapotherien und Trigonostylopiden, indem bei letzteren der Hypoconus nicht mit dem Metaloph verwächst — Nach Simpson 1967

Trigonostylopoidea

Die **Trigonostylopidae** als einzige Vertreter der Trigonostylopoidea sind bisher praktisch nur durch *Trigonostylops* und *Albertogaudrya* aus dem Jung-Paleozän und Eozän Südamerikas bekannt geworden [2618, 3270, 3285a]. Die paleozänen Formen sind etwas primitiver als die eozänen. Das Gebiß ist — soweit bekannt — vollständig. Das Vordergebiß besteht aus kleinen, einfachen Incisiven*) und kräftigen, aber bewurzelten Caninen, die brachyodonten Backenzähne sind lophodont (Abb. 585); die M sup. mit Ectoloph und v-förmigen Protocon, die M inf. mit Vorder- und Hinterjoch. Wenn auch im Bau des Craniums die grundsätzliche Übereinstimmung mit den Astrapotherioidea gegeben ist, bilden die Trigonostylopiden nicht deren Ahnenformen, sondern einen ausgestorbenen Seitenzweig, bei dem etliche Konservativmerkmale erhalten blieben, und der neuerdings durch Simpson [3285a] als eigene Ordnung gewertet wird.

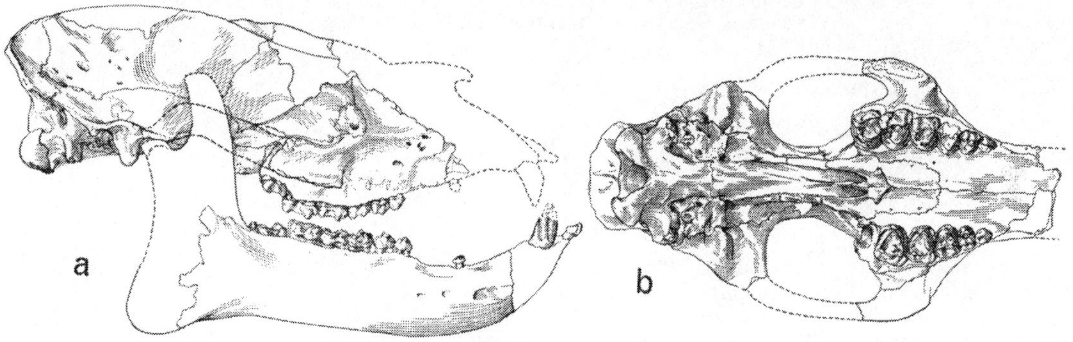

Abb. 585. *Trigonostylops wortmani* (Trigonostylopidae). Eozän, Argentinien. Osteocranium (teilweise ergänzt), a) lateral, b) ventral. Vergrößerte Zähne des Vordergebisses = Caninen. (ca. 1/3) — Nach Simpson 1933

Astrapotherioidea

Unter den nur durch die **Astrapotheriidae** vertretenen Astrapotherioidea bilden *Scaglia* und *Astraponotus* aus dem Eozän die im Gebiß und Schädelbau primitiveren Formen, während die oligo-miozänen Astrapotheriinen die hochspezialisierten Arten umfassen. Nach Simpson [3285a] ist *Albertogaudrya* aus dem Alt-Eozän (Casamayorense) ein Trigonostylopide, während die gleichaltrige Gattung *Scaglia* als Ausgangsform von *Astraponotus* (Jung-Eozän; Mustersense) und der jüngeren Astrapotherien in Betracht kommt.

Von *Astrapotherium* (Jung-Oligozän bis Miozän) ist das Skelett vollständig bekannt (Abb. 586). Der verkürzte Fazialabschnitt und die vergrößerte, nach rückwärts verschobene Nasenöffnung, die auf einen kräftigen Rüssel schließen läßt, kennzeichnen das Cranium. Das Gebiß $\left(\frac{0\;1\;2\;3}{3\;1\;3\;3}\right)$ ist durch die Reduktion der I sup. und der vorderen Prämolaren, die zu wurzellosen Hauern umgeformten Eckzähne und die hypsodonten und lophodonten Backenzähne charakterisiert (Abb. 587). Die Molaren sind rhinocerotid (Ecto-, Proto- und Metaloph mit zusätzlichen Elementen)**). Die Extremitäten dieser nashorngroßen Formen sind fünfzehig, der Bau

*) Die I sup. sind nicht bekannt.

**) Wegen der M sup. ist *Astrapotherium* verschiedentlich als Notoungulate klassifiziert worden. Nach Patterson [2586] entspricht jedoch der hintere Innenhöcker dem Hypocon und nicht dem Pseudohypoconus beziehungsweise Protoconus der Notoungulaten. Nicht weniger interessant sind die Parallelen mit den Amynodonten unter den Unpaarhufern, die Ameghino [71] veranlaßten, diese von den Albertogaudryinen abzuleiten. Es sind jedoch typische Konvergenzerscheinungen [3270].

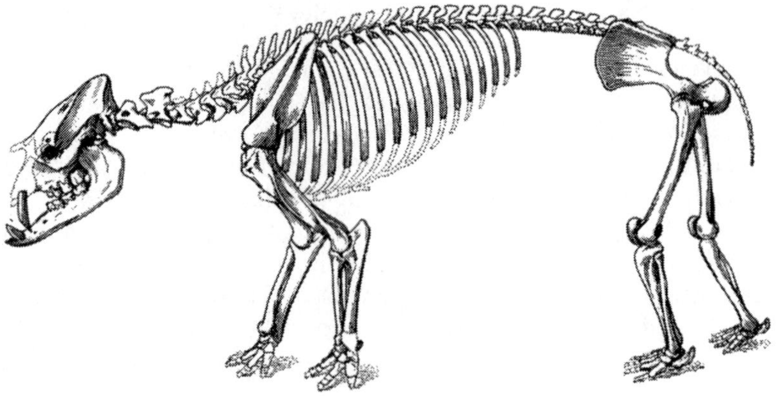

Abb. 586. *Astrapotherium magnum* (Astrapotheriidae). Miozän (Santacruzense), Patagonien. Skelettrekonstruktion. (1/23) — Nach Scott 1937

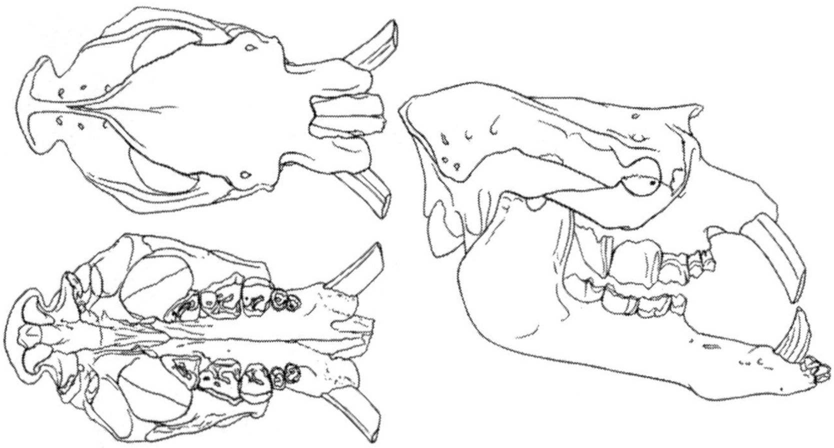

Abb. 587. *Astrapotherium magnum*, wie Abb. 586. Osteocranium in 3 Ansichten. Beachte Verkürzung des Fazialschädels, Vergrößerung der Caninen und Reduktion der Prämolaren. (ca. 1/9) — Nach Simpson 1933

der Hand erinnert an die der Proboscidier, während der Fuß plantigrad war [3139]. Die Rumpfwirbelsäule ist relativ schwach ausgebildet. Die Frage einer amphibischen Lebensweise von *Astrapotherium magnum* steht zur Diskussion [3139]*). *Parastrapotherium* (Alt-Oligozän) und *Astrapothericulus* (Jung-Oligozän) bilden zwei oligozäne Gattungen, von denen die zweite eine Seitenlinie darstellt.

Die Astrapotheria scheinen mit dem Miozän ausgestorben zu sein. Sie waren von Patagonien bis Venezuela und Kolumbien *(Xenastrapotherium)* verbreitet.

---

*) Die Ansicht von Sera [3155], daß *Astrapotherium* ein Hängekletterer war, wie die Bradypodiden und *Perodicticus*, ist undiskutabel.

Perissodactyla (Unpaarhufer)

Die Unpaarhufer bilden eine einheitliche Gruppe placentaler Säugetiere, deren Zusammengehörigkeit nicht allein durch die Fußstruktur gegeben ist (vergleiche STARCK [3386]*). Gegenwärtig nur mit wenigen Arten vertreten, erlebten die Perissodactyla ihre stammesgeschichtliche Blütezeit im älteren Tertiär. Damals existierten mindestens fünfzehn Familien, gegenüber nur drei im Holozän.

Die stammesgeschichtliche Einheit der Unpaarhufer wird durch die Abstammung von einer gemeinsamen Wurzelgruppe unter den Condylarthren (Phenacodontidae) bestätigt (Abb. 588). Die Perissodactyla bilden die Säugetierordnung, deren Fossilgeschichte am besten belegt ist. Mit der stammesgeschichtlichen Herkunft der Unpaarhufer ist auch das Problem der Ungulaten als natürliche Einheit verknüpft. Wie auf Seite 417 ausgeführt, lassen sich die Paarhufer nicht auf die gleiche Wurzelgruppe unter den Condylarthra zurückführen wie die Perissodactyla, sondern sind eher mit den früher meist als Creodonta klassifizierten Arctocyoniden und Mesonychiden in Verbindung zu bringen. Dies bedeutet zweifellos einen getrennten Ursprung der beiden rezenten Huftiergruppen, ohne daß es jedoch schon auf dem Niveau der Insectivoren dazu kam. Der Begriff Huftiere müßte — soll er eine natürliche Einheit kennzeichnen — auf verschiedene Fossilgruppen und praktisch auch auf die Tubulidentaten und Cetaceen unter den rezenten Säugetieren ausgedehnt werden, oder könnte — als rein künstlicher taxonomischer Begriff — weiterhin für Perisso- und Artiodactyla (= Diplarthra COPE) verwendet werden, wie bereits GREGORY [1174: 385] feststellte.

Wie zuletzt RADINSKY [2809] gezeigt hat, bildet *Tetraclaenodon* (Phenacodontidae) aus dem Mittel-Paleozän der USA die ideale Stammform der Perissodactyla, eine Auffassung, die bereits COPE im Prinzip vertreten hat. Demgegenüber besäßen die Artiodactyla als huftragender Seitenzweig der Creodonta nach OSBORN [2525] keinerlei Beziehungen zu den Unpaarhufern. Allerdings fehlt bisher noch das zwischen *Tetraclaenodon* und *Hyracotherium* vermittelnde Stadium aus dem Jung-Paleozän (Abb. 589); deshalb sind *Tetraclaenodon* und verwandte Formen *(Desmatoclaenus)* nicht als direkte Stammformen, sondern als eigener Zweig anzusehen, die lediglich auf gemeinsame Ahnenformen zurückzuführen seien**). Die im Bau der Extremitäten vorhandenen Unterschiede zwischen dem fünfzehigen *Tetraclaenodon* und dem vier- oder dreizehigen *Hyracotherium* (Abb. 622 auf Seite 556) aus dem ältesten Eozän lassen sich nach RADINSKY als Anpassungserscheinung an eine laufende Fortbewegungsweise bei *Hyracotherium* erklären. Entgegen der ursprünglichen Auffassung (COPE) zeigt *Tetraclaenodon* keinen serialen Carpus, sondern einen alternierenden. Auch der Tarsus ist nicht rein serial, da der Astragalus eine winzige Gelenkfläche für das Cuboid besitzt. Die geringfügigen Differenzen im Gebiß stehen in Zusammenhang mit den bei *Hyracotherium* vertikalen und auch horizontalen Kieferbewegungen.

Diese „trends" sind bei den gleichfalls auf *Tetraclaenodon* zurückzuführenden Condylarthren *(Phenacodus, Ectocion)* nicht feststellbar [2809]. Mit *Hyracotherium* sind die Perissodactyla erstmals aus dem älteren Eozän nachgewiesen. Hyracotherien des ältesten Eozäns gelten allgemein als Wurzelgruppe sämtlicher Perissodactyla [2988], doch ist durch den Nachweis von *Palaeomoropus* aus gleichaltrigen Schichten (Lower Gray Bull-Member des Wasatchian [2804])

---

*) In jüngster Zeit ordneten manche Autoren auch die Schliefer (Hyracoidea) zu den Perissodactyla ([3836]; vergleiche [2969]). Diese Ansicht beruht — abgesehen von einigen Konservativmerkmalen — lediglich auf einzelnen mesaxonoiden Tendenzen im Gebiß und Fußbau (Abb. 711 auf Seite 614), die jedoch keine Anzeichen näherer verwandtschaftlicher Beziehungen bilden. Die Einhufigkeit der südamerikanischen Litopterna (wie *Thoatherium*) ist eine typische Konvergenzerscheinung zu den Einhufern unter den Equiden (Abb. 4 auf Seite 3).

**) KITTS [1744] erklärt das Fehlen derartiger Übergangsformen im Paleozän Nordamerikas mit einer Entstehung in Asien und einer Einwanderung in Nordamerika im Alt-Eozän.

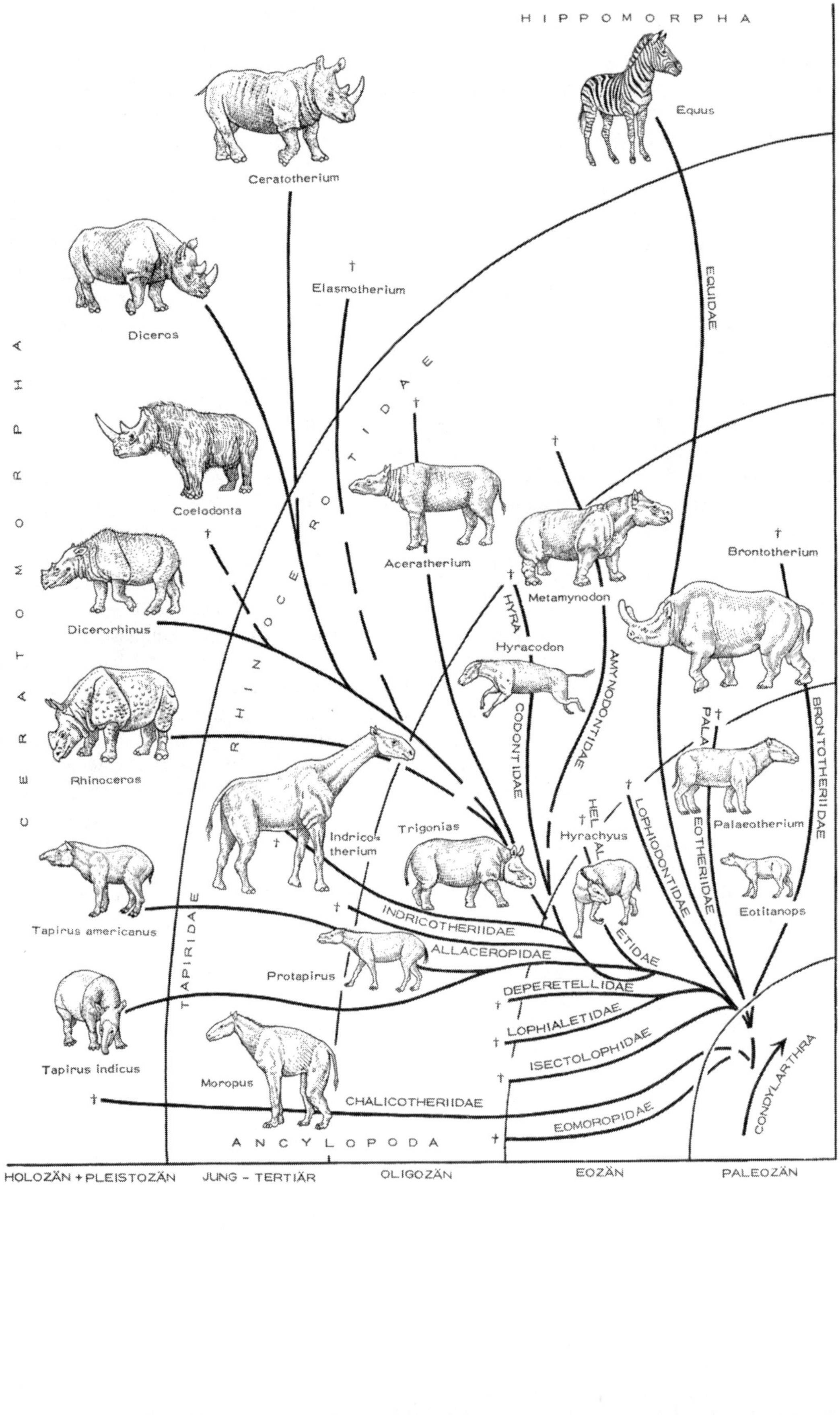
HIPPOMORPHA
Equus
Ceratotherium
Elasmotherium
Diceros
EQUIDAE
CERATOMORPHA
RHINOCEROTIDAE
Coelodonta
Aceratherium
Metamynodon
Brontotherium
Dicerorhinus
HYRA
Hyracodon
CODONTIDAE
AMYNODONTIDAE
Rhinoceros
PALA
EOTHERIIDAE
BRONTOTHERIIDAE
LOPHIODONTIDAE
Palaeotherium
Indricotherium
Trigonias
HEL AL
ETIDAE
Hyrachyus
Eotitanops
Tapirus americanus
INDRICOTHERIIDAE
TAPIRIDAE
ALLACEROPIDAE
Protapirus
DEPERETELLIDAE
Tapirus indicus
LOPHIALETIDAE
ISECTOLOPHIDAE
CONDYLARTHRA
Moropus
CHALICOTHERIIDAE
EOMOROPIDAE
ANCYLOPODA
HOLOZÄN + PLEISTOZÄN
JUNG - TERTIÄR
OLIGOZÄN
EOZÄN
PALEOZÄN

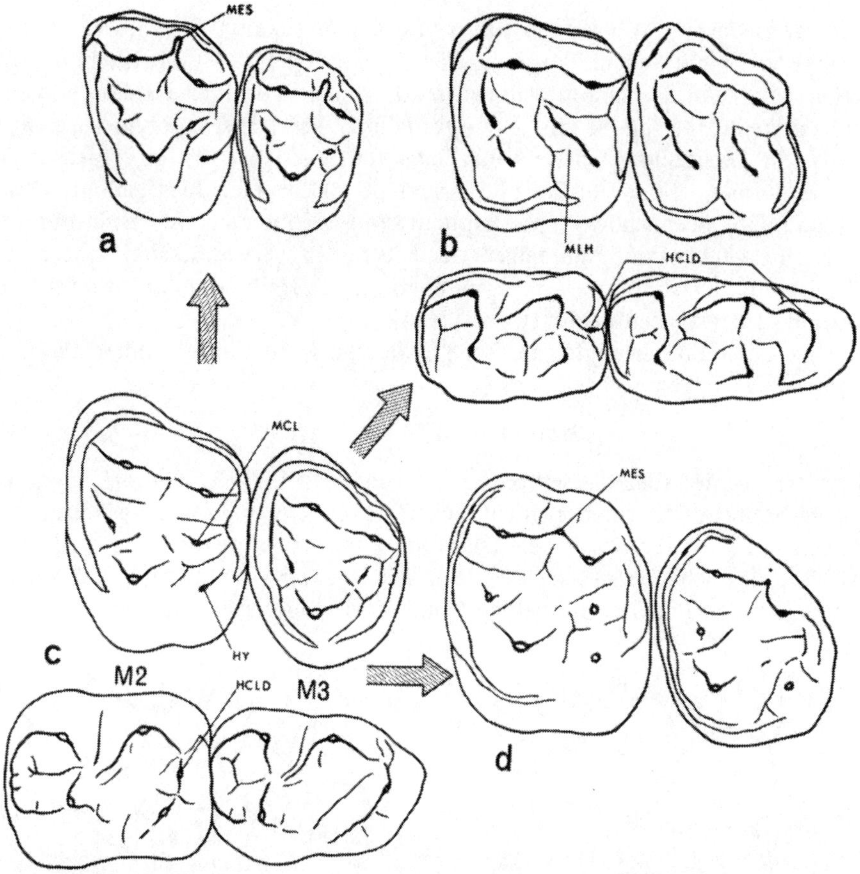

Abb. 589. M^{2-3}_{2-3} von Condylarthra [a, c, d) Phenacodontidae] und Perissodactyla [b) Equidae], um die verschiedenen „trends" im Höckerbau und zugleich die Ableitung der Perissodactyla von Phenacodontiden *(Tetraclaenodon)* aufzuzeigen. a) *Ectocion*, b) *Hyracotherium*, c) *Tetraclaenodon*, d) *Phenacodus*. Beachte Tendenz zur Lophodontie bei *Hyracotherium* Nach Radinsky 1966

HCLD = Hypoconulid *HY* = Hypocon *MCL* = Metaconulus *MES* = Mesostyl *MLH* = Metaloph

anzunehmen, daß sich die Chalicotherioidea bereits frühzeitig von den übrigen Perissodactylen abspalteten.

Damit ist zugleich das wiederholt diskutierte Problem der Großgliederung der Unpaarhufer zu erörtern. Wenn auch die rezenten Angehörigen drei deutlich voneinander getrennte Stämme vertreten, so stehen Tapire und Nashörner einander in manchen Merkmalen näher als den Einhufern. Diese Erkenntnis führte bereits frühzeitig zu den Begriffen Solidungula (Einhufer) und Multungula*) (Tapire und Nashörner [287, 1627]), die Wood [3931] in erweiterter Fassung (durch Fossilgruppen) durch die Hippomorpha (Equoidea, Brontotherioidea und Chalicotherioidea) und Ceratomorpha (Tapiroidea und Rhinocerotoidea) ersetzte; bereits Cope [623] hatte die Chalicotherioidea als eigene Unterordnung (Ancylopoda) abgetrennt und Scott [3142] sie

*) Allerdings unter Einschluß der Nichtwiederkäuer und Elefanten.

Abb. 588 (links). Die vermutlichen stammesgeschichtlichen Beziehungen innerhalb der Perissodactyla. Die Ancylopoda bilden eine früh abgespaltene Seitenlinie. Die Rhinocerotoidea haben sich aus tapiroiden Formen entwickelt. Die heutigen Unpaarhufer sind Überlebende einer einst formenreichen Säugetierordnung

den übrigen Perissodactyla (Chelopoda) innerhalb der Mesaxonia gegenübergestellt, was vielleicht taxonomisch, nicht jedoch phylogenetisch gerechtfertigt ist. Tatsächlich weichen die Chalicotherien durch die Sonderanpassungen stark von den übrigen Perissodactylen ab. Dies und die frühzeitige Abspaltung*) läßt eine Dreiteilung der Perissodactyla eher gerechtfertigt erscheinen als eine Zweiteilung. Dieser neuerdings von Radinsky [2804] vorgeschlagenen Gliederung (Ceratomorpha, Hippomorpha und Ancylopoda) sei auch hier gefolgt. Ceratomorpha (Tapiroidea und Rhinocerotoidea) und Hippomorpha (Equoidea und Brontotherioidea) besitzen jeweils eine gemeinsame Wurzelgruppe. Die nahen verwandtschaftlichen Beziehungen zwischen Tapiren und Nashörnern lassen sich auch mit Übereinstimmungen im mikroskopisch-anatomischen Bau der Placenta bestätigen [2156].

Auf weitere taxonomisch-phylogenetische Probleme sei in den folgenden Abschnitten noch zurückgekommen.

Ceratomorpha I *(Tapiroidea)*

Die rezenten Tapire sind die letzten Überlebenden primitiver Unpaarhufer, die im Alt-Tertiär weit verbreitet und formenreich entwickelt waren. Die disjunkte Verbreitung deutet auf ein hohes geologisches Alter, was auch Fossilfunde bestätigen. Starke Spezialisationserscheinungen (wie Bau des Schädels mit Rüssel, Molarisierung der Prämolaren) sind mit zahlreichen Konservativmerkmalen (Gehirn, vierzehige Hand, dreizehiger Fuß**), brachyodontes Backen-

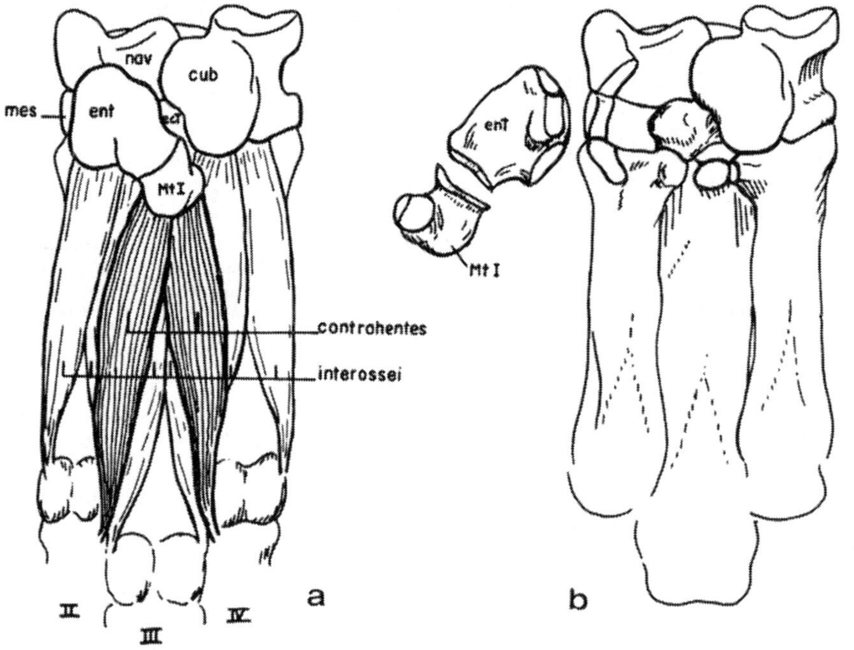

Abb. 590. Plantaransicht des rechten Hinterfußes (Meso- und Metatarsalia) von *Tapirus indicus*; a) tiefe Beugemuskeln, b) Skelett, Entocuneiforme *(ent)* und Metatarsale I *(Mt I)* abgehoben, um Gelenkflächen zu zeigen. Beachte rudimentären 1. Strahl — Nach Radinsky 1963. *cub* = cuboid *ect* = Ectocuneiforme *mes* = Mesocuneiforme *nav* = Naviculare

*) Die seinerzeit von Cope [614] und Schlosser [3055, 3057] vermuteten verwandtschaftlichen Beziehungen zu Meniscotherien (Condylarthra) lassen sich, wie bereits Gregory [1174] erkannte, nicht aufrechterhalten [1090].

**) Bemerkenswert ist das freie, vom Entocuneiforme getrennte, rudimentäre Mt I bei den rezenten *Tapirus*-Arten, das bei den übrigen Perissodactyla-Stämmen entweder reduziert wird oder mit dem Entocuneiforme verschmilzt [2803]. (Abb. 590).

gebiß) kombiniert, wie sie bereits für eozäne Tapiroidea charakteristisch sind. Zugleich bestätigen jedoch die Fossilfunde, daß die Spezialisierung des Fazialschädels und die Ausbildung eines Rüssels schon am Ende des Oligozäns, also etwa vor 25 Millionen Jahren, im wesentlichen erreicht war und seither die Evolution stagnierte. Nach einer Radiation im Eozän (Abb. 591), verschwinden die meisten Stämme der Tapiroidea bereits im Oligozän; das läßt sich vermutlich mit dem Auftreten der Artiodactyla in Verbindung bringen. Im Jung-Tertiär sind nur noch die Tapiridae vertreten, deren Verbreitung durch die Eiszeit wesentlich eingeengt wurde.

Als geologisch älteste und zugleich primitivste Tapiroidea sind die **Isectolophidae** (= „Systemodontidae") zu nennen. Es sind kleine Perissodactyla mit vollständigem Gebiß $\left(\frac{3\ 1\ 4\ 3}{3\ 1\ 4\ 3}\right)$, praktisch geschlossener Zahnreihe, nicht oder nur schwach molarisierten Prämolaren, nur seichter Nasenincisur und schlanken Gliedmaßen. Die ältesten Reste *(Homogalax)* sind aus dem ältesten Eozän (Graybullian) der USA bekannt [2802], doch lassen kongenerische Funde aus dem Unter-Eozän Ostasiens den nordamerikanischen Ursprung der Tapiroidea zweifelhaft erscheinen [548, 549]. Diese neuen Funde unterstützen somit die von Radinsky [2802] ausgesprochene Hypothese, nach der sich die nordamerikanischen Helaletiden*(Heptodon)* aus einer noch unbekannten asiatischen *Homogalax*-Population entwickelten.

Jedenfalls bilden primitive Isectolophiden *(Homogalax = „Systemodon")* die Stammformen der geologisch jüngeren Tapiroidea [2802, 3916], die in zahlreichen Linien in der Alten und Neuen Welt verbreitet waren. Die Isectolophiden bilden einen typischen Konservativstamm und verschwinden bereits mit dem Ober-Eozän (*Isectolophus*, USA; ? *Indolophus*, Asien).

Als weiterer Konservativstamm — zumindest im Hinblick auf die Gestaltung der Nasenpartie — sind die **Lophiodontiden** zu betrachten, die sich bisher mit Sicherheit nur aus dem europäischen Eozän nachweisen ließen. Die Lophiodontiden umfassen mittelgroße bis große Tapiroidea ohne vergrößerten Naseneinschnitt, ohne molarisierte Prämolaren, mit bilophodonten Molaren (Abb. 592 u. 593), kräftigen Caninen und subkonisch spezialisierten Incisiven. Mit *Chasmotherium* (= *Panodon* Schertz [3032]) tritt eine Linie im älteren Eozän plötzlich auf*). Es sind kurzschnauzige Formen ohne Diastema, mit dem „trend" zur Homoeodontie [759]. Demgegenüber ist bei der zweiten Linie, vertreten durch *Lophiodon***), der Fazialschädel niedrig und verlängert sowie ein Diastema gut ausgebildet. Diese zweite Hauptlinie erreicht mit *L. rhinocerodes* im Jung-Eozän Nashorngröße. Nach Fischer [943] lassen sich innerhalb *Lophiodon* zwei Stämme unterscheiden, die sich im jüngeren Mittel-Eozän weitgehend aufspalten, wobei das Kennzeichen der einen Gruppe die rhinocerotoide *(L. buchsowillanum, L. leptorhynchum)*, der anderen die mehr tapiroide Metaconausbildung *(L. parisiense, L. tapirotherium)* ist. Nach Radinsky [2802] ist auch der *Lophiodon*-Stamm von *Homogalax*-Formen abzuleiten, doch erscheint es problematisch, die Lophiodontiden lediglich der Molarenstruktur wegen als Tapiroidea zu klassifizieren, hat sie doch bereits Depéret [758] als aberrante Tapiroidea eingestuft. Neben diesen „Konservativ"-Stämmen sind noch weitere Gruppen primitiver Unpaarhufer bekannt, bei denen tapiroide Tendenzen ausgebildet sind.

Eine dieser Linien bilden die **Helaletidae** (einschließlich der Hyrachyidae)***), deren stammesgeschichtliche Entwicklung Fossilfunde hauptsächlich aus dem nordamerikanischen, aber

*) Fischer [943] klassifiziert die Chasmotherien als Helaletidae.

**) *Lophiaspis* ist nach Savage, Russell & Louis [2489] kein Angehöriger der Lophiodontiden, sondern ein primitiver Ancylopode (Seite 572). Gleiches gilt auch für *Lunania* [533] aus dem Ober-Eozän Chinas [540, 2805].

***) Wie Radinsky [2805] anläßlich einer Neuuntersuchung der Hyrachyiden betont, erscheint die Abtrennung der Hyrachyiden als eigene Familie und ihre Zuordnung zu den Rhinocerotoidea [3930] morphologisch nicht gerechtfertigt. Schon daraus geht hervor, daß auf diesem Evolutionsniveau keine scharfen Grenzen zwischen Tapiroidea und Rhinocerotoidea vorhanden sind. Demgegenüber sehen Savage, Russell & Louis [2989] in den Hyrachyiden weder primitive Tapire noch ideale Stammformen der Rhinocerotidae, sondern die Ähnlichkeiten mit Tapiren seien eher durch gemeinsame Konservativmerkmale und parallele Entwicklung bedingt.

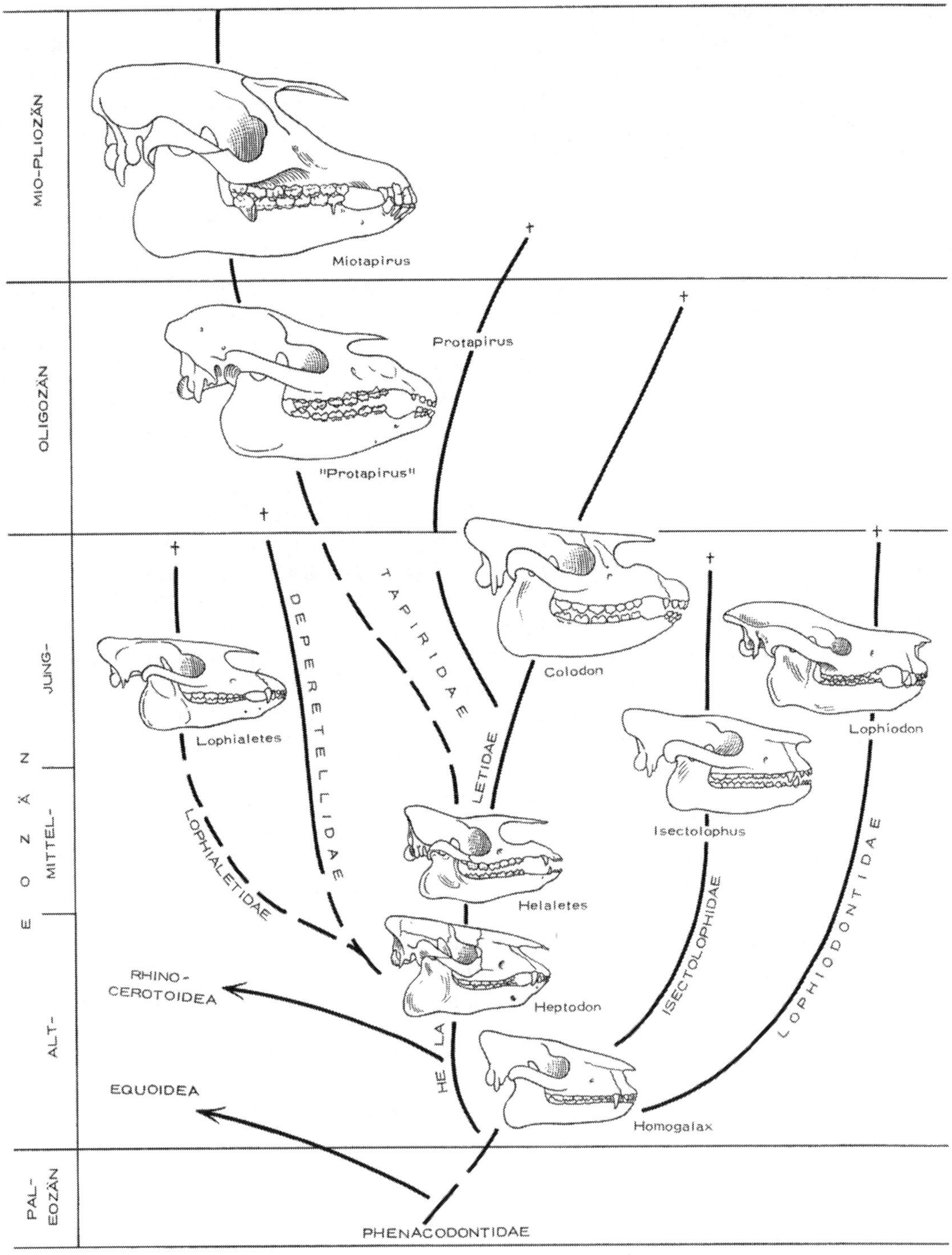

Abb. 591 a. Evolution der Tapiroidea im Alt-Tertiär. Beachte Radiation im Eozän. Isectolophidae und Lophiodontidae ohne progressiver Vergrößerung der Nasenincisur

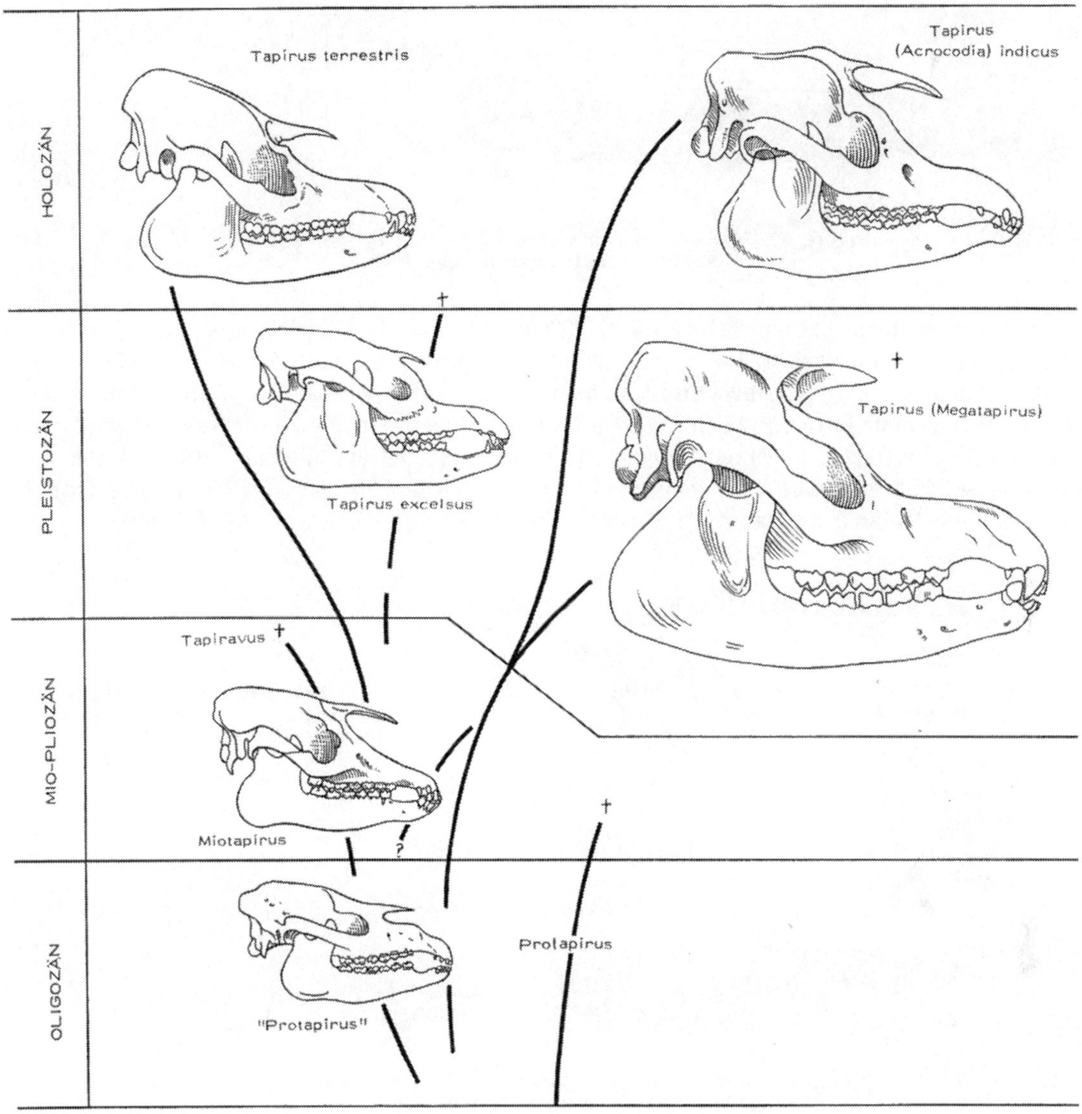

Abb. 591 b. Evolution der Tapiroidea im Jung-Tertiär und Quartär. Beachte frühe Aufspaltung der alt- und neuweltlichen Linien

Abb. 592. *Lophiodon remense* (Lophiodontidae). Alt-Eozän, Europa. Maxillarfragment dext. mit P^2—M^3, occlusal. (1/2)—Nach SAVAGE, RUSSELL & LOUIS 1966

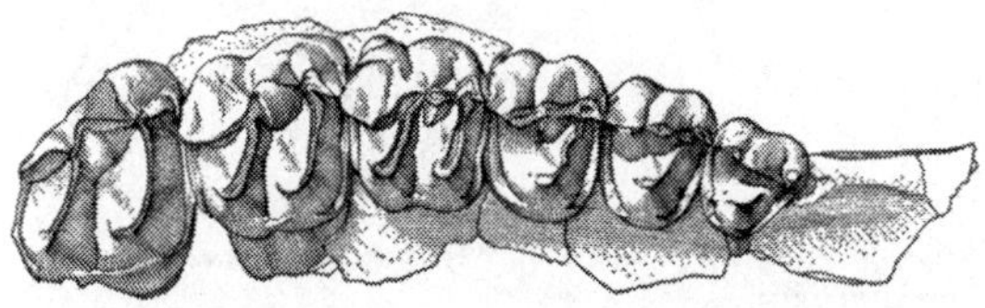

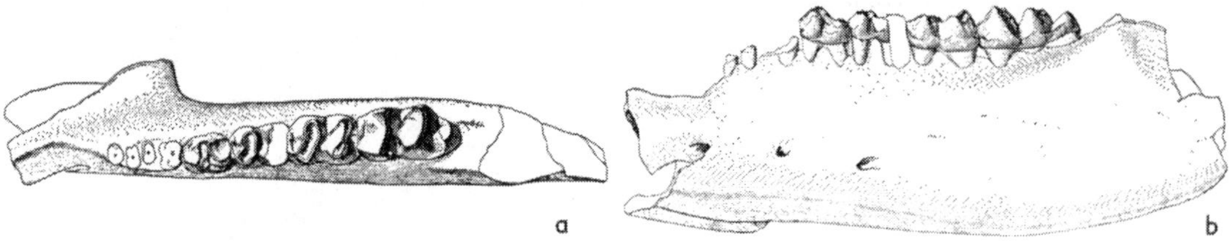

Abb. 593. *Lophiodon remense*, wie Abb. 592. Mandibelfragment sin. mit P_4—M_3. a) occlusal, b) lateral. (ca. 1/3) Nach SAVAGE, RUSSELL & LOUIS 1966

auch aus dem europäischen Alt-Tertiär*) dokumentieren. Die Helaletiden sind kleine bis mittelgroße Perissodactyla (Abb. 594), mit vollständigem Gebiß, submolari- bis molariformen Prämolaren (Abb. 595), Diastema und schlanken Extremitäten, die bei den Endformen (*Colodon*: Oligozän) funktionell dreizehig sind und deutlich den Trend zur Monodactylie erkennen lassen. Gleichzeitig erweitert sich bei den geologisch jüngeren Helaletiden die Nasenincisur unter Verkürzung der Nasalia. Da die Nasenincisur bei *Hyrachyus* (Abb. 596) der von *Heptodon* entspricht und auch die Molaren das tapiroide Muster (Abb. 597) zeigen, erscheint die Einbeziehung der

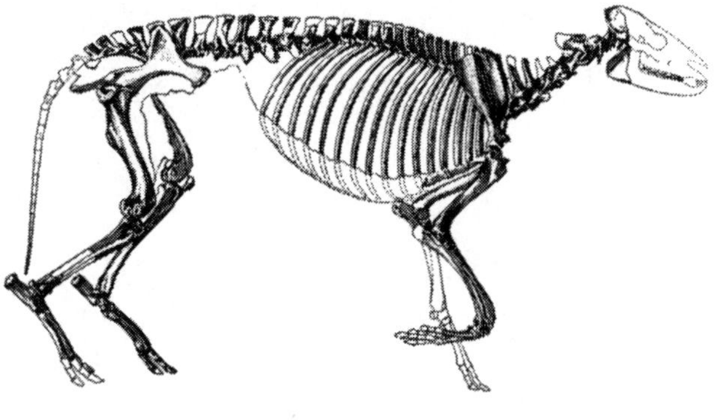

Abb. 594. *Hyrachyus eximius* (Hyrachyidae = ? Helaletidae). Mittel-Eozän, Nordamerika. Skelettrekonstruktion. (1/19) — Nach H. E. WOOD 1934

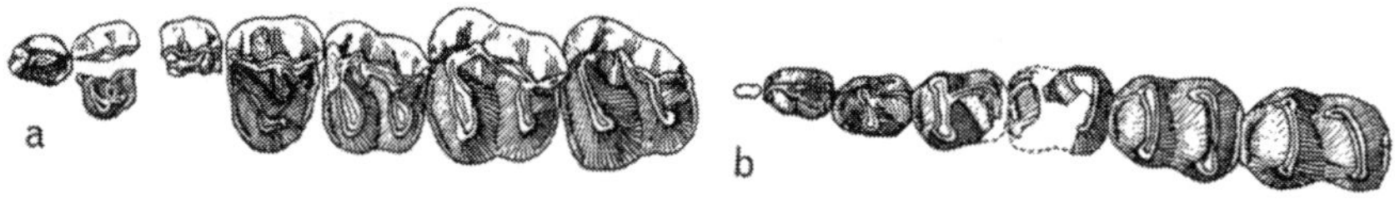

Abb. 595. *Hyrachyus hypostylus*, wie Abb. 594. a) P^1—M^3 sin., occlusal, b) P_2—M_3 dext., occlusal. (1/2) — Nach H. E. WOOD 1934

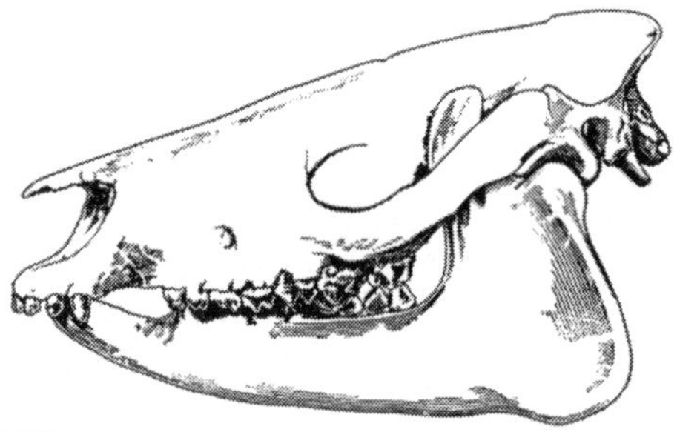

Abb. 596. *Hyrachyus princeps*, wie Abb. 594. Osteocranium, lateral. *Hyrachyus* als Vertreter primitiver Perissodactyla, ohne spezifisch rhinocerotoide bzw. tapiroide Differenzierung. (ca. 1/5) — Nach H. E. WOOD 1934

*) „*Chasmotherium*" *stehlini* = *Hyrachyus* ([2989]; vergleiche auch [943]). *Ergilia* aus dem Oligozän Asiens ist kein Helaletide, wie GROMOVA [943] annimmt, sondern identisch mit *Ardynia*, einem schlankbeinigen Angehörigen der Hyracodontidae [2805, 2810].

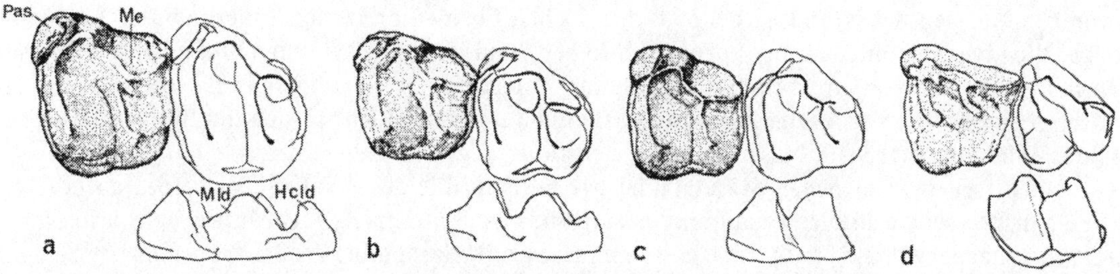

Abb. 597. M^{2-3} sin. (occlusal) und M_3 (lateral) verschiedener Ceratomorpha. a) *Heptodon*, Alt-Eozän (Helaletidae), b) *Helaletes*, Mittel-Eozän (Helaletidae), c) *Hyrachyus*, Mittel-Eozän (Hyrachyidae = ? Helaletidae), d) *Hyracodon*, Mittel-Oligozän (Hyracodontidae). Beachte tapiroiden Verlauf der Joche der M sup. bei *Hyrachyus*, jedoch Fehlen des Hypoconulids (= rhinocerotoid). (Nicht maßstäblich) — Nach Radinsky 1966

Hcld = Hypoconulid *Me* = Metacon *Mld* = Metalophid *Pas* = Parastyl

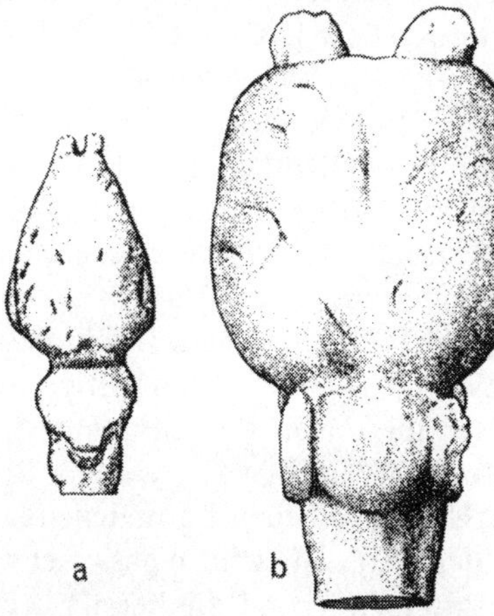

Abb. 598. Endocranialausgüsse (dorsal) von Tapiroidea. a) *Heptodon*, Alt-Eozän, b) *Tapirus*, rezent. (3/7) — Nach Edinger 1956

Hyrachyiden zu den Helaletiden, wie sie Radinsky vorschlägt, gerechtfertigt*). Der erstmalige Nachweis von *Heptodon* stammt aus dem mittleren Unter-Eozän (Lysitean). Diese Gattung bildet die Ausgangsform von *Helaletes* (Mittel-Eozän) und *Colodon* (Unter- bis Mittel-Oligozän) sowie der Tapiridae. Mit *Colodon* als spezialisierter Lauffoım sterben die Helaletiden im Oligozän aus. Ähnlich *Hyracotherium* unter den Equiden, ist das ‚Gehirn' von *Heptodon* (Abb. 598) sehr primitiv, jedoch etwas evoluierter, indem kleine Bulbi olfactorii, (?) ungefurchte Hemisphären und ein vom Großhirn getrenntes, nicht überdecktes Cerebellum ausgebildet sind**) [850].

Auf Grund abweichender „trends" trennt Radinsky [2805] die Genera *Deperetella* (einschließlich *Cristidentinus* und *Diplolophodon*) und *Teleolophus* sowie *Lophialetes* und verwandte Genera aus dem asiatischen Ober-Eozän als eigene Familien ab, doch läßt sich über die Notwendigkeit einer Abtrennung in Familien diskutieren.

Die **Deperetellidae** sind mittelgroße bis große Tapiroidea mit vollständigem Gebiß mit postcaninem Diastema, mehr oder weniger molarisierten Prämolaren und für Tapiroidea hoch-

*) Allerdings ist bei *Hyrachyus* das Hypoconulid des M_3 wie bei den Rhinocerotoidea (im Gegensatz zu den Tapiroidea) reduziert.

**) Verglichen mit dem Gehirn von *Equus*, ist das Tapirgehirn trotz der Vergrößerung des Großhirns recht primitiv geblieben, indem außer kräftigen Bulbi olfactorii das Kleinhirn völlig frei liegt.

kronigen Molaren. Die Hand ist bei fortschrittlichen Formen dreizehig. Innerhalb der **Lophialetidae**, die kleine bis mittelgroße Formen umfassen, sind einige Seitenlinien *(Pataecops, ? Rhodopagus)* neben dem Hauptstamm (*Schlosseria*: Mittel-Eozän — *Lophialetes*: Ober-Eozän) zu unterscheiden. Von den vorhergenannten Stämmen unterscheiden sie sich durch das rhinocerotoide Molarenmuster. Die Nasenicisur ist vergrößert.

Mit diesen verschiedenen Stämmen ist die Formenfülle der eozänen Tapiroidea aufgezeigt. Die **Tapiridae** selbst sind erstmalig mit *Protapirus* aus dem Mittel-Oligozän Europas und Nordamerikas nachgewiesen [2802, 3960]; sie umfassen mittelgroße bis große Arten mit vierzehiger Hand, zunehmend caniniformen I^3, molarisierten Prämolaren und progressiv vergrößertem Naseneinschnitt unter Verkürzung der Nasalia, was in Zusammenhang mit der Ausbildung eines Rüssels steht.

Bei *Protapirus validus* aus dem Ober-Oligozän (Upper Brule = Whitneyan [1283, 3142]) der USA reicht die Nasenincisur bis auf die Höhe des P^4. Nach den Illustrationen von Hatcher und Scott ist eine tiefe, durch einen Rücken vom Diverticulum getrennte Grube in der vorderen Maxillarpartie ausgebildet. Dies ist nach neuen Befunden an zusätzlichem Material nicht zutreffend, wie Radinsky [2806] gezeigt hat. Die Nasenincisur ist zwar schmäler als bei *Tapirus*, doch war zweifellos ein beweglicher Rüssel ausgebildet. Bei *Miotapirus* aus dem Alt-Miozän (Arikareean) Nordamerikas sind die Nasalia stärker reduziert und die Nasenincisur liegt mit ihrem Hinterrand über dem M^1, das Vordergebiß ist progressiver und auch die Prämolaren sind stärker molarisiert [3040]. Diesem Stadium entspricht der von Schaub [3005] als *Tapirus helveticus* beschriebene Tapirschädel von Haslen (Schweiz), dessen geologisches Alter als Rollstück nicht gesichert ist; Schaub stuft diesen Rest hauptsächlich nach lithologischen Kriterien ins Mittel-Oligozän (Stampien) ein. In Anbetracht der Übereinstimmung im Gebiß und Nasenincisur erscheint die Annahme berechtigt, daß der Schädel nicht aus der mittel-oligozänen, sondern aus der miozänen Molasse stammt. Die Richtigkeit dieser Annahme vorausgesetzt, wäre dieses Problem damit gelöst. Weitere Probleme ergeben sich mit der Ableitung von *Protapirus**) selbst .Nach den neuen Befunden steht einer Herkunft von fortschrittlichen Helaletiden (*Helaletes* aus dem Mittel-Eozän) nichts mehr im Wege [2802]. *Colodon* scheidet durch die Molarisierung der Prämolaren und die bereits dreizehige Hand aus. Als Übergangsform käme nach Radinsky „*Colodon*“ *hancocki* aus dem Eozän/Oligozän-Bereich in Betracht.

Ein weiteres Problem bildet die Entstehung des Rüssels. Wie die Ausbildung der Nasenincisur bei den Helaletiden vermuten läßt, dürfte sie mit der Ausdehnung des Diverticulum nasi in Zusammenhang stehen, und die wiederum läßt sich als Prädisposition für die Entstehung des eigentlichen Rüssels deuten, der erst mit der weiteren Vergrößerung des Naseneinschnittes und der Verkürzung der Nasalia bei den Tapiriden entstand.

Die weitere Fossilgeschichte der Tapire ist wegen des merkmalsarmen Gebisses (meist liegen nur Zahn- und Kieferreste vor) und der seit dem Miozän praktisch stagnierenden Evolution des Fazialschädels nicht mit Sicherheit zu beurteilen. Die Unterscheidung zwischen heterodonten *(„Protapirus“)* und homodonten Tapiriden *(Tapirus)* betrifft nur die Evolutionshöhe. Immerhin geht aus den Fossilfunden hervor, daß die Tapire im europäischen Tertiär verbreitet waren und daß die Trennung der alt- und neuweltlichen Stämme bereits im ausgehenden Oligozän oder spätestens im Miozän erfolgt zu sein scheint [1776, 2493, 2494]. Dies würde bedeuten, daß die rezenten Tapire seit langem getrennten Stammlinien angehören, denen eine generische Selbständigkeit zukommt. Allerdings erschwert der Mosaikmodus der Evolution bei den Tapiren noch zusätzlich die Beurteilung der verwandtschaftlichen Beziehungen.

*) So ist die generische Zugehörigkeit der nordamerikanischen „*Protapirus*“-Reste zu *Protapirus* nicht gesichert. Diese Gattung beruht nämlich auf Kieferresten aus den Phosphoriten des Quercy.

Im nordamerikanischen Jung-Tertiär sind Tapirreste selten. *Tapiravus* aus dem Mio-Pliozän weicht morphologisch von *Tapirus* ab [1091, 2504]. In Europa starben die Tapire im Ältest-Quartär (Villafranchium) aus. Im jüngsten Tertiär lassen sich noch zwei Stämme unterscheiden, von denen *T. arvernensis* vermutlich auf *T. priscus* aus dem Alt-Pliozän zurückgeführt werden kann und dem altweltlichen „*T.*" *indicus*-Formenkreis zuzuordnen ist, während *T. hungaricus* [2342] durch den Molarisierungsgrad der Prämolaren und den Bau des Schädels der *T. terrestris*-Gruppe nähersteht. Eine Vereinigung beider Formen, wie sie in jüngster Zeit Fejfar [928] durchführte, erscheint auf Grund der morphologischen Differenzen nicht gerechtfertigt.

Megatapirus augustus aus dem Alt-Quartär Ostasiens [594, 2821] ist ein spezialisierter Angehöriger der *T. indicus*-Gruppe, dessen subgenerische Abtrennung von der rezenten Form berechtigt erscheint*). *Tapirus* „*sinensis*" aus dem ostasiatischen Pleistozän ist mit *T. indicus* identisch [1511] und bestätigt die einst weite Verbreitung dieser Art. Wie bereits oben angedeutet, erscheint auf Grund der frühen Aufspaltung eine Trennung der rezenten alt- und neuweltlichen Tapire in Gattungen angebracht. Da auch die morphologischen Unterschiede eine Trennung rechtfertigen [1392a, 3258], muß der indische Tapir *Acrocodia***) *indica* bezeichnet werden [1143].

Die neuweltlichen Tapire lassen gleichfalls große Unterschiede erkennen, die eine generische Trennung nahelegen***) (*Tapirus*, *Pinchacus* und *Tapirella* [= „*Elasmognathus*"]); unter ihnen ist *Tapirella bairdii* aus Mittelamerika die spezialisierteste Art. Die angebliche Ähnlichkeit mit *Acrocodia indica* [1392a] ist nur durch den gleichen oder höheren Evolutionsgrad von *Tapirella bairdii* bedingt, nicht jedoch Anzeichen einer näheren Verwandtschaft. Parallelerscheinungen innerhalb der einzelnen Stämme erschweren die Beurteilungen der tatsächlichen genetischen Beziehungen, doch zeigt *Megatapirus augustus* als Endform des *indicus*-Stammes die Weiterentwicklung der altweltlichen Linie, *Tapirella* die der neuweltlichen.

Die verschiedenen *Tapir*-Arten aus dem Pleistozän Nordamerikas lassen sich sämtlich dem amerikanischen Formenkreis zuordnen und stehen einerseits der *terrestris-pinchaque-* (= „*roulini*"-) Gruppe (*T. veroensis*, *T. excelsus*), andererseits dem *bairdii-Stamm (T.* [*haysii*] *californicus)* näher [2077, 3152, 3258, 3473].

Die rezenten Tapire bilden demnach Überlebende einer im Alt-Tertiär weit verbreiteten Huftiergruppe, die sich in zahlreichen Eigenschaften altertümlicher verhalten als die übrigen lebenden Unpaarhufer.

Ceratomorpha II (*Rhinocerotoidea*)

Auch die zweite Großgruppe unter den Ceratomorpha ist gegenwärtig nur noch durch einige wenige Arten vertreten. Wie schon oben erwähnt, lassen sich die Tapire und die Nashörner auf eine gemeinsame alt-eozäne Wurzel zurückführen (primitive Isectolophiden [2802]). Das Fehlen spezifischer Merkmale bei den geologisch ältesten Rhinocerotoidea erschwert deren Abtrennung von den Tapiroidea, so daß die Zuordnung der bisherigen Wurzelgruppe der Nashörner (Hyrachyidae) zu den Tapiroidea verständlich erscheint, zu der Radinsky [2805] auf Grund neuer Untersuchungen kam.

---

*) Nach Badoux [170] ist auf Grund vergleichender Untersuchungen über die Körpergrößen einzelner Säugetierarten im Pleistozän und Holozän *Tapirus augustus* lediglich als Modifikation des *T. indicus*-Typs anzusehen, der an etwas kühlere Klimabedingungen angepaßt gewesen sei und der trotz gewisser Spezialisierungen als Stammform von *Tapirus indicus* in Betracht kommt.

**) Der Gattungsname *Rhinochoerus* Wagler [3761] ist für den Anden-Tapir (*Tapirus pinchaque*) aufgestellt und daher nicht für *Tapirus indicus* verwendbar.

***) Die in zoologischen Gärten der USA mehrfach geglückte Kreuzung von *Tapirus terrestris* und *Tapirella bairdii* spricht allerdings gegen eine generische Trennung.

Erst bei den Hyracodontiden und den „Rhinocerotiden", die beide erstmalig im Mittel-Eozän erscheinen, sind die rhinocerotoiden Merkmale im Gebiß deutlich. Damit ist angedeutet, daß dem Backengebiß bei der Beurteilung fossiler Formen eine entscheidende Rolle zukommt. Zugleich erhebt sich aber auch die Frage nach der monophyletischen Entstehung der Rhinocerotoidea im allgemeinen und der Rhinocerotiden im besonderen, da rhinocerotoide Tendenzen auch im Gebiß anderer Perissodactyla feststellbar sind.

Die **Hyracodontidae** sind kleine bis mittelgroße Unpaarhufer mit schlanken tridactylen Extremitäten, hornlosem Schädel, vollständigem Gebiß (außer P_1), im allgemeinen kurzen Diastema, mit vollständigem, nicht speziell differenziertem Vordergebiß, einfachen bis etwas molarisierten Prämolaren und meist primitivem M^3 (Ecto- und Metaloph getrennt) [3926]. Sie sind aus dem nordamerikanischen (*Triplopus* [einschließlich *Prothyracodon* und *Eotrigonias*], *Caenolophus*, *Hyracodon* (Abb. 599 u. 600), *Epitriplopus*, *Triplopides* [2810]) und dem eurasiatischen Alt-Tertiär (*Prohyracodon* (Abb. 601), *Ardynia* = „*Ergilia*" = „*Parahyracodon*")

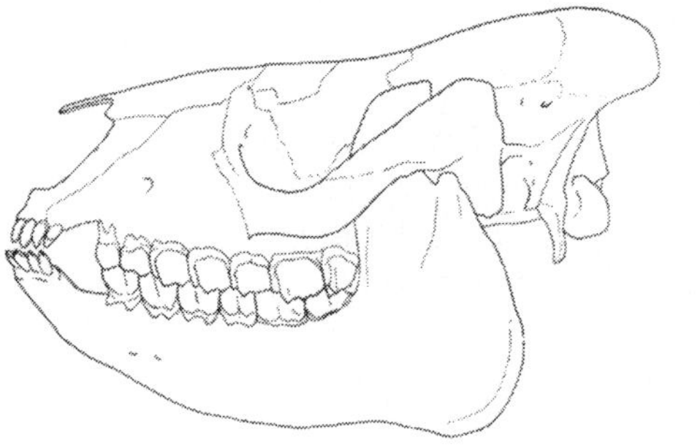

Abb. 599. *Hyracodon nebraskensis* (Hyracodontidae). Oligozän, Nordamerika. Osteocranium, lateral. Beachte Diastemata und kleine, incisiviforme Caninen. (1/4) — Nach RADINSKY 1967

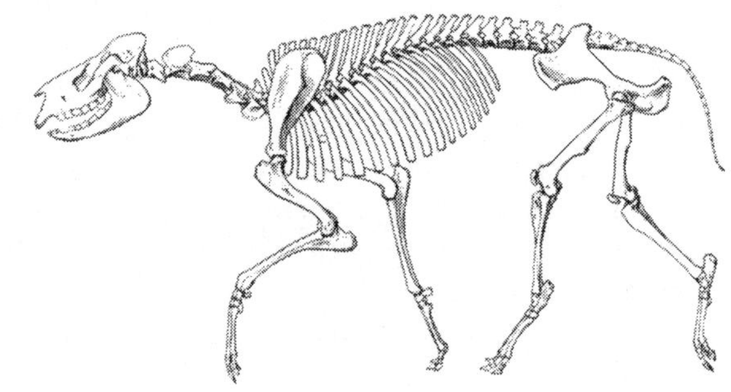

Abb. 600. *Hyracodon nebraskensis*, wie Abb. 599. Skelettrekonstruktion. (Verkleinert) — Nach SCOTT 1941

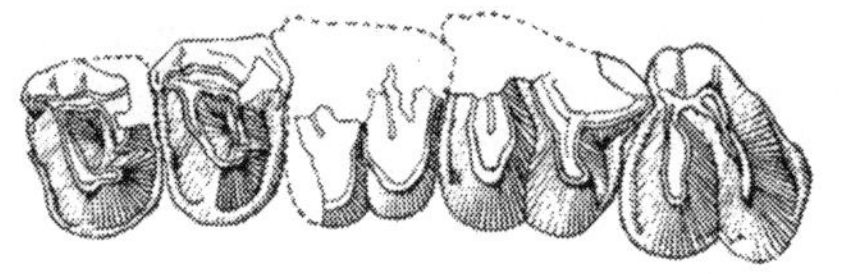

Abb. 601. *Prohyracodon orientale* (Hyracodontidae). Jung-Eozän oder (?) Alt-Oligozän, Osteuropa. P^3—M^3 sin., occlusal. (ca. 3/4) Nach H. E. WOOD 1929

bekannt geworden. Mindestens zwei Stämme sind zu unterscheiden. Bei *Triplopus* sind die Extremitäten fast gazellenhaft schlank, bei *Hyracodon* dagegen erinnern sie eher an die von primitiven Rhinocerotiden. Die Hyracodontiden starben am Ende des Oligozäns aus. RADINSKY [2810] revidierte neuerdings die Hyracodontiden und zählt nicht nur die von WOOD [3935] als primitivste Rhinocerotiden klassifizierten Forstercooperiinae zu den Hyracodontiden, sondern auch die Paraceratherien (= Indricotherien).

Auf Grund der unterschiedlichen Spezialisierung des Vordergebisses (Abb. 602) erscheint jedoch eine Einbeziehung der Paraceratherien mit vergrößerten I^1_1 ebensowenig gerechtfertigt wie deren Zuordnung zu den Rhinocerotidae [2808]. Die als Forstercooperiinae (= Forstercooperiidae KRETZOI [1865]) zusammengefaßten Unpaarhufer sind bisher nur aus dem Ober-Eozän*) Eurasiens bekannt geworden. Sie sind Perissodactylen mit einem dolichocephalen Cranium, vollständigem Gebiß, dessen Incisiven weder vergrößert noch reduziert sind, „nor-

*) Das angeblich mittel-eozäne Alter von *Prohyracodon orientale* [1773, 3927] ist keineswegs sicher [3600].

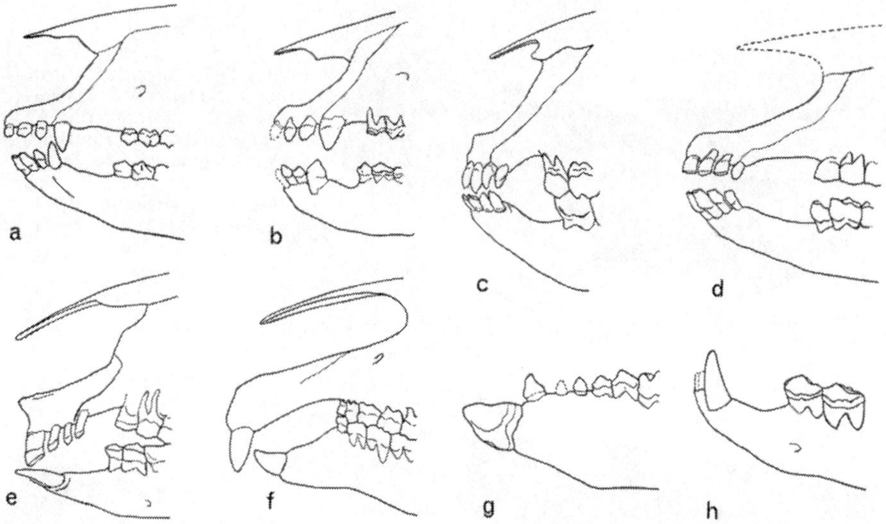

Abb. 602. Großgliederung der Rhinocerotoidea (einschließlich a) *Hyrachyus*) nach dem Vordergebiß, b) *Forstercooperia* mit normal entwickeltem Vordergebiß, c) *Hyracodon* und d) *Ardynia* (Hyracodontidae; Caninen werden reduziert), e) *Trigonias* (Rhinocerotidae, mit vergrößerten $I\frac{1}{2}$), f) *Indricotherium* und g) *Urtinotherium* (Paraceratheriidae; mit vergrößerten $I\frac{1}{1}$, h) *Eggysodon* (= Allaceropidae; mit vergrößerten Caninen) — Nach RADINSKY 1966

malen" Caninen, nicht molarisierten Prämolaren und rhinocerotiden Molaren. Am besten ist „*Pappaceras*" (= *Forstercooperia* [einschließlich *Juxia*] nach RADINSKY [2810] = „*Eotrigonias*" BELIAJEVA [226]) bekannt. Nach WOOD [3935] handelt es sich um die Stammgruppe der Rhinocerotiden, was jedoch nach RADINSKY [2808] auf Grund des Vordergebisses nicht anzunehmen ist.

Für die **Rhinocerotiden** ist die Vergrößerung eines Schneidezahn-Paares (I_2) charakteristisch*), das jedoch bei den geologisch jüngeren Formen reduziert ist. Weitere „trends" sind: Verkürzung der Occipitalregion des Craniums unter Verschmelzung des Proc. postglenoideus und des Proc. posttympanicus (Bildung eines „Pseudogehörganges"), Reduktion des Vordergebisses (unter Vergrößerung der $I\frac{1}{2}$) bis zum völligen Schwund, Molarisierung der Prämolaren, M^3 spezialisiert (Metaloph mit Ectoloph verbunden), Extremitäten primitiv (Hand vierzehig, Fuß dreizehig).

Im Laufe des Oligozäns treten mit den Caenopinae, Aceratheriinae und den Dicerorhininae drei in etwas verschiedener Richtung differenzierte Nashornstämme auf, die sich jedoch sämtlich auf eine eozäne Stammgruppe zurückführen lassen. Zu den konservativsten Formen zählen die Caenopinae, die mit *Trigonias* (Abb. 603) und *Caenopus* (Abb. 604) in Nordamerika bereits im Alt-Oligozän nachgewiesen sind. Sie sind primitive Rhinocerotiden mit dolichocephalem, meist hornlosem Schädel (außer bei *Diceratherium* und *Pleuroceros)*, mit nur wenig reduziertem Vordergebiß $\left(\frac{3\ 1\ 4\ 3}{2\ 0\ 4\ 3} - \frac{2\ 0\ 4\ \ 3}{2\ 0\ 4\text{-}3\ 3}\right)$ und nicht cursorial spezialisierten Extremitäten. Die Molarisierung erfolgt vom $P^2 \rightarrow P^4$. Nach H. E. WOOD [3928] sind mehrere Linien zu unterscheiden. Innerhalb der von *Caenopus* abzuleitenden Gattung *Subhyracodon* läßt sich nach H. E. WOOD [3933] folgende Ahnenreihe feststellen: *Subhyracodon copei* (Upper Chadronian) → *S. occidentalis* (Lower Orellan) → *S. metalophus* (Upper Orellan) → *S. tridactylus* (Whitneyan). Interessant ist,

*) Mit dieser zuletzt von RADINSKY [2808] vorgeschlagenen Einengung des Begriffes der Rhinocerotiden (Ausschluß der Paraceratheriinae und Allaceropinae) ist diese Familie als natürliche Einheit zu betrachten.

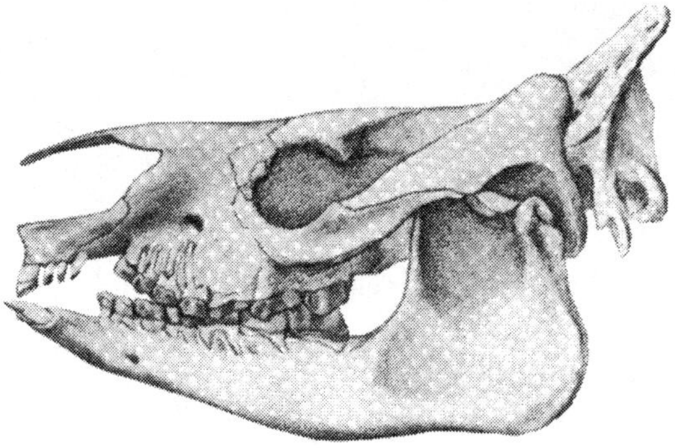

Abb. 603. *Trigonias osborni* (Rhinocerotidae), Alt-Oligozän (Chadronian), Nordamerika. Osteocranium, lateral. Primitiver, hornloser Rhinocerotide mit bereits beginnender, typisch rhinocerotider Differenzierung des Vordergebisses. (ca. 1/6) — Nach Scott 1941

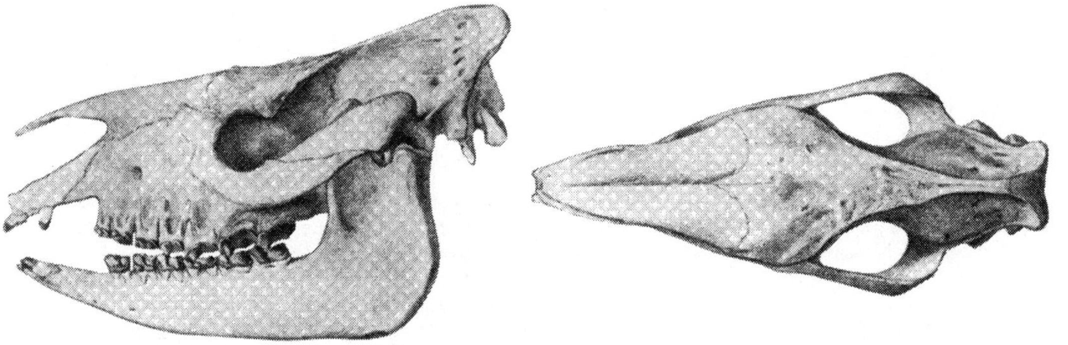

Abb. 604. *Caenopus* (= *Subhyracodon*) *occidentalis* (Rhinocerotidae). Mittel-Oligozän, USA. Osteocranium, Lateral- (links) und Dorsalansicht (rechts). Primitiver hornloser Rhinocerotide. (1/7) — Nach Scott 1941

daß bei *Floridaceras* aus dem Alt-Miozän (Arikareean) Floridas noch ein kleiner, aber vollständiger und funktioneller 5. Finger vorhanden ist [3936]. Mit *Aphelops* aus dem Alt-Pliozän verschwindet dieser Stamm endgültig.

Ähnliches gilt für die Aceratherien, die jedoch eine stärkere Reduktion und Spezialisierung (I_2 lang) des Gebisses $\left(\textit{Aceratherium}: \frac{2\text{-}1\ 0\ 4\ \ 3}{2\text{-}1\ 0\ 4\text{-}3\ 3}\right)$ und einen abweichenden Molarisierungsmodus der Prämolaren zeigen ($P^4 \rightarrow P^2$). Die Molaren neigen nur bei den geologisch jüngsten Formen *(Chilotherium)* zur Hypsodontie; die Nasalia werden progressiv verkürzt. Bei *Chilotherium* sind das Gebiß $\left(\frac{0\ 0\ 3\ 3}{1\ 0\ 3\ 3}\right)$ und auch die Nasalia stärker reduziert. Bei pliozänen Aceratherien *(Aceratherium incisivum)* ist ein leichter Stirnbuckel vorhanden. Die Aceratherien sind bisher nur aus Europa *(Protaceratherium, Aceratherium, Chilotherium)*, Asien *(Plesiaceratherium, Aceratherium, Chilotherium)* und Afrika („*Turkanatherium*" = *Aceratherium* [131, 1543]) bekannt geworden. Sie starben im Pliozän aus*).

Die Zugehörigkeit von *Brachypotherium* und *Teleoceras* ist noch nicht geklärt, doch handelt es sich um zwei unabhängig voneinander entstandene, durch die Kurzbeinigkeit einander ähnliche Rhinocerotiden. Eine Zusammenfassung als Teleoceratinae ist daher nicht gerechtfertigt. Beliajeva [225] stellt *Aprotodon* aus dem Oligo-Miozän Asiens wegen der Ausbildung der

*) Möglicherweise überlebten auch die Aceratherien, ähnlich den Hipparionen, die Plio-Pleistozängrenze, wie *Itanzatherium angustirostre* aus dem Ältest-Pleistozän Transbaikaliens vermuten läßt [227]. Zu einer endgültigen Aussage reicht die derzeitige Dokumentation noch nicht aus (Weibchen von *Dicerorhinus* [?]; vergleiche Thenius [3591]).

I inf. zu den Teleoceratinen. *Brachypotherium* aus dem eurasiatischen und afrikanischen Jung-Tertiär dürfte ein Abkömmling der Aceratherien, *Teleoceras* aus dem Mio-Pliozän Nordamerikas*) ein solcher der Caenopinen sein. Bei beiden kommt es zur Hypsodontie der Backenzähne. Es sind im Gegensatz zur allgemeinen Lehrmeinung keine semi-aquatischen Rhinocerotiden, sondern typische Steppennashörner.

Von den auch gegenwärtig noch existierenden Stämmen sind die Halbpanzernashörner (Dicerorhinae) seit dem jüngeren Oligozän bekannt *(Dicerorhinus* [= „*Ceratorhinus*“] *tagicus)*. Im Jung-Tertiär Eurasiens lassen sich mehrere Linien innerhalb dieser Gattung unterscheiden [346, 2419], von denen sich der aus *D. schleiermacheri* des Alt-Pliozäns (Abb. 605) hervorgehende *D. megarhinus* (Jung-Pliozän) — *D. etruscus* (Ältest- und Alt-Quartär) — *D.* „*mercki*“ (= *kirchbergensis*; Mittel- bis Jung-Pleistozän) in Europa bis ins Pleistozän verfolgen läßt. *Coelodonta* (= „*Tichorhinus*“) ist ein hochspezialisierter Abkömmling des *Dicerorhinus*-Stammes (Abb. 606 u. 607), der als eiszeitliche Kaltsteppenform im Jung-Pleistozän ausstirbt. *Coelodonta*

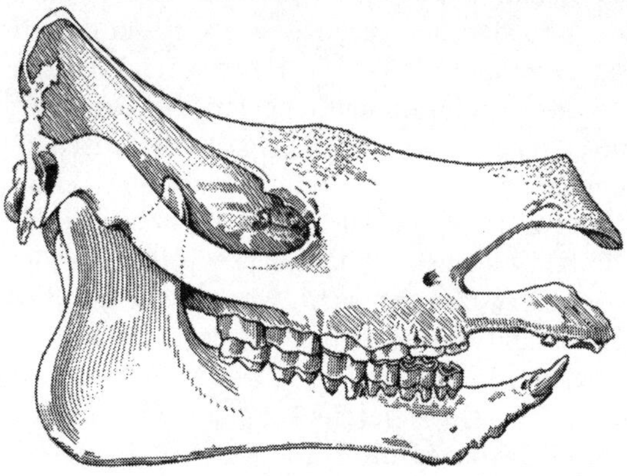

Abb. 605. *Dicerorhinus schleiermacheri* (Rhinocerotidae). Alt-Pliozän, Europa. Osteocranium, lateral. (ca. 1/7) — Nach VIRET 1961

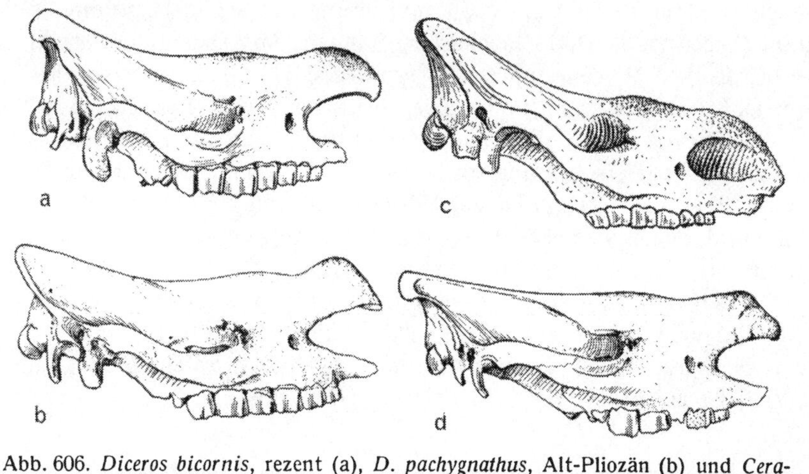

Abb. 606. *Diceros bicornis*, rezent (a), *D. pachygnathus*, Alt-Pliozän (b) und *Ceratotherium simum* (d) als Vertreter der Dicerinae, *Coelodonta antiquitatis* (c) als Endform der Dicerorhinae. Schädel auf gleiche Länge gebracht — Nach THENIUS 1956, ergänzt

*) „*Teleoceras*“ *pugnator* aus dem ostasiatischen Jung-Tertiär und „*Teleoceras*“ *snowi* aus dem Miozän Afrikas = *Brachypotherium* [546, 1543].

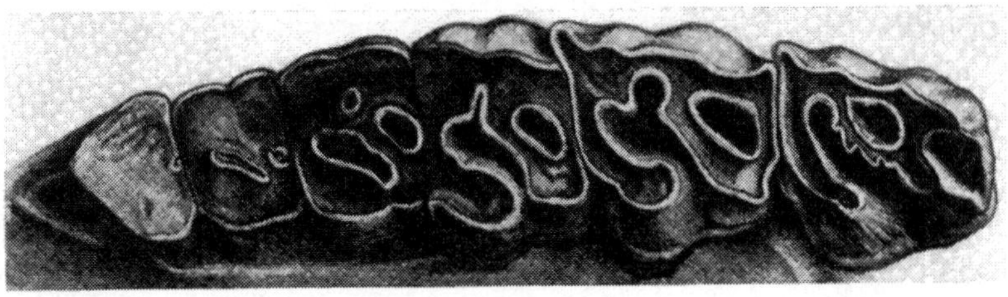

Abb. 607. *Coelodonta antiquitatis* (Rhinocerotidae). Jung-Pleistozän, Eurasien. P^2—M^3 sin., occlusal. Beachte coelodonte Backenzähne. (1/2) — Nach VIRET 1961

antiquitatis, das eiszeitliche Wollnashorn Europas, ist ein Einwanderer aus Asien; *(Pro-) Coelodonta platyrhinus* aus dem älteren Pleistozän Südasiens sehen SCHLOSSER [3057] und MATTHEW [2273] wegen der hypsodonten und coelodonten Backenzähne als Stammform an*). Der Schädel dieser Art ist typisch dicerorhin und durch das Vordergebiß und das Fehlen einer knöchernen Nasenscheidewand deutlich primitiver als die mittel- und jungeiszeitlichen Arten (*Coelodonta tologoijensis, C. antiquitatis* [227]). Bei diesen Arten ist das Vordergebiß völlig reduziert, die Backenzähne sind im Zusammenhang mit der Gras- und Kräuternahrung sehr hypsodont, der Schädel wirkt langgestreckt und niedrig, die Nasenscheidewand ist völlig verknöchert**). In der Lippenbildung entspricht das Wollnashorn dem rezenten *Ceratotherium simum*, mit dem es nicht näher verwandt ist, wie Untersuchungen an fossilen Kadavern mit Weichteilerhaltung aus Polen und Sibirien ergaben. Es liegt eine typische Parallelentwicklung vor, die aus der ähnlichen Ernährungsweise verständlich wird. Nach KAHLKE [1684] ist *Coelodonta* bereits im Alt-Quartär nach Europa gelangt, wo es neben „Kälte"formen *(Ovibos, Rangifer)* erstmalig (Süssenborn) auftritt. *Dicerorhinus (= Didermocerus) sumatrensis* aus Südostasien ist die einzige überlebende Art des *D.*-Stammes. Diese gegenwärtig auf ein kleines Rückzugsgebiet in Sumatra beschränkte Art ist das primitivste rezente Nashorn.

Meist mit *Dicerorhinus* zu einer Unterfamilie vereinigt, kommt es bei *Diceros* und *Ceratotherium* jedoch zu einer abweichenden Spezialisierung des Schädels, so daß es sich um einen eigenen Stamm (Dicerinae = Doppelnashörner) handelt. Mit *Diceros primaevus* und *D. douariensis* erstmalig aus dem Miocène supérieur Nordafrikas [131, 1224] nachgewiesen, waren diese Buschsteppennashörner im Pliozän in Eurasien weit verbreitet. Erst im ausgehenden Tertiär kommt es zur Abspaltung von *Ceratotherium*, das mit *C. simum* die Endform des *Diceros*-Stammes und damit eine Parallelerscheinung zu *Coelodonta antiquitatis* als Endform der *Dicerorhinus*-Gruppe darstellt. Bei *Ceratotherium* ist das Vordergebiß völlig reduziert***), die Backenzähne sind hypsodont und zeigen Zementeinlagerung. *Ceratotherium simum*, das Breitmaulnashorn, ist eine typische Grassteppenform. Im älteren und mittleren Pleistozän noch weit verbreitet (einschließlich Nordafrika), ist diese Art gegenwärtig auf zwei räumlich getrennte Areale (Sudan-Uganda und Zululand)†) beschränkt [123, 890, 1326, 1558, 2020] und seit dem Jung-Pleistozän in der Häufigkeit von *Diceros bicornis* abgelöst worden [1532]. „*Serengeticeros*" *efficax* [788, 789] ist ein primitives *Ceratotherium* (Abb. 608).

---

*) Bei *Dicerorhinus yunchuhenensis* aus dem Ältest-Quartär Chinas [530] ist bereits eine leichte Coelodontie angebahnt, die den gleichaltrigen europäischen *Dicerorhinus*-Arten fehlt.

**) Diese Verknöcherung bahnt sich bereits bei den alt-quartären *Dicerorhinus*-Arten an [530, 3591].

***) Wie SCHAURTE [3026] zeigen konnte, sind bei *Diceros* und auch bei *Ceratotherium* hinfällige Keimzähne von (Milch-) Incisiven vorhanden.

†) Durch künstliche Umsiedlung ließen sich die Wohngebiete gegenwärtig wieder weiter vergrößern [1220, 1221]. Über die einstige holozäne Verbreitung siehe SIDNEY [3180].

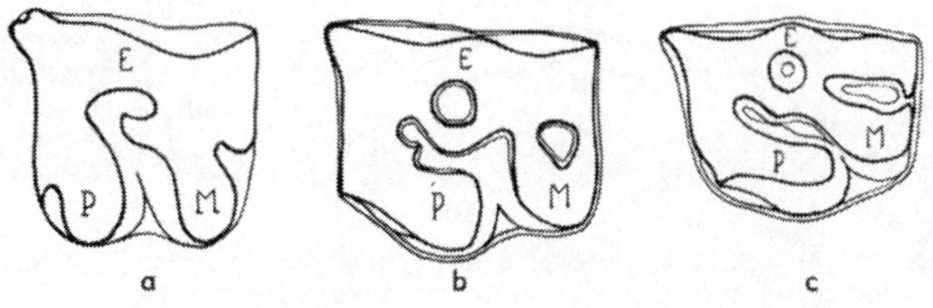

Abb. 608. M^1 sin. (occlusal) von a) *Diceros bicornis*, rezent, b) *Ceratotherium* („*Serengeticeras*") *efficax*, Villafranchium Ostafrika, c) *C. simum*, rezent. Beachte Entstehung der Coelodontie als Parallele zu *Coelodonta* — Nach DIETRICH 1942

E = Ectoloph *M* = Metaloph
P = Protoloph

Interessant ist, daß auch Parasiten die verwandtschaftlichen Beziehungen der asiatischen und der afrikanischen Nashörner bestätigen (Trematoden [Anoplocephala], Nemathelminthes [*Kiluluma*], wirtsspezifische Dasselfliegenlarven [*Gyrostigma*] und Protozoen [*Ciliaten*] [4016]).

Die gegenwärtig auf Südasien beschränkten Panzernashörner (Rhinocerotinae) sind seit dem Miozän durch *Gaindatherium* (Chinji- und Nagri-Zone der Siwaliks, Abb. 609) belegt [578].

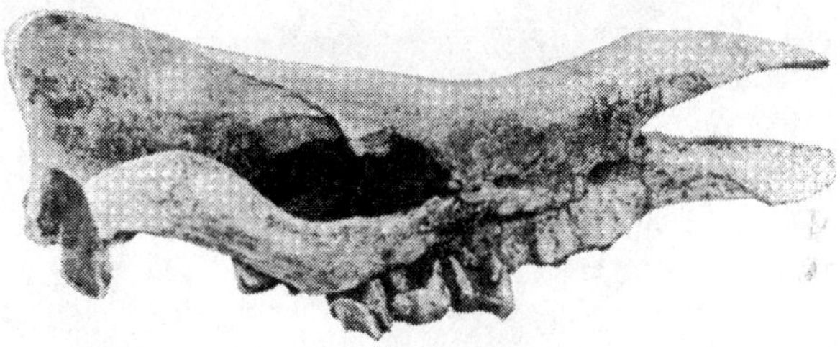

Abb. 609. *Gaindatherium browni* (Rhinocerotidae). Jung-Miozän, Südasien. Osteocranium, lateral. Miozäner Vorläufer von *Rhinoceros*. (ca. 1/5) — Nach COLBERT 1934

Sie bildet die Stammform der pleistozänen (*Rhinoceros sivalensis* und *R. sinensis*) und der rezenten Arten (*R. unicornis* und *R. sondaicus*), die noch in (prä-)historischer Zeit viel weiter verbreitet waren als gegenwärtig [44, 1094, 1538, 3324, 3524]. *Gaindatherium* läßt sich nach COLBERT [580] unschwer vom *Caenopus*-Stamm ableiten. Von den beiden rezenten Arten ist *Rhinoceros sondaicus* die ursprünglichere Form.

Weitere hochspezialisierte Steppennashörner sind die Elasmotherien und Iranotherien Eurasiens, bei denen es nicht nur zur völligen Reduktion des Vordergebisses, sondern zur Ausbildung prismatischer, wurzelloser Backenzähne mit gefälteltem Schmelz kommt. *Hispanotherium* (Miozän) und *Iranotherium* zeigen durch die Subhypsodontie, die Zementeinlagerung und eine leichte Schmelzfältelung „elasmotheriide" Tendenzen [667, 668, 2912]. Bei *Iranotherium* ist ein echtes Nasenhorn, bei *Elasmotherium* dagegen ein gewaltiges Stirnhorn ausgebildet; deshalb erscheint eine Zuordnung zu einem Stamm nicht gerechtfertigt [1865, 1869] und ist die Spezialisierung der Backenzähne als Homöomorphie zu deuten. Eine Abgliederung beider Stämme als eigene Familie (Elasmotheriidae), wie sie KRETZOI [1869] durchführt, ist zwar diskutabel, doch sind die Elasmotherien zweifellos nur hochspezialisierte Rhinocerotiden.

Sinotherium aus dem ostasiatischen Pliozän gilt auf Grund ähnlicher „trends" im Gebiß als Ausgangsform von *Elasmotherium* (Abb. 610), die die eiszeitliche Endform darstellt; dabei leitet *Elasmotherium inexpectatum* aus dem Ältest-Quartär (Villafranchium) Ostasiens morphologisch zu *E. peii* aus dem Alt-Quartär über, das sich im Evolutionsgrad etwas primitiver verhält als *E. sibiricum* (Abb. 611) und *E. caucasicum* [534]. Die letzte Art war im älteren Quartär bis nach Europa verbreitet*).

---

*) Die von SCHAURTE [3025] auf *Elasmotherium* bezogene Felsmalerei aus Rouffignac (Dordogne) ist aus morphologischen (Nasen- und kein Stirnhorn) und chronologischen Gründen (Jung-Pleistozän) einwandfrei als *Coelodonta antiquitatis* zu deuten.

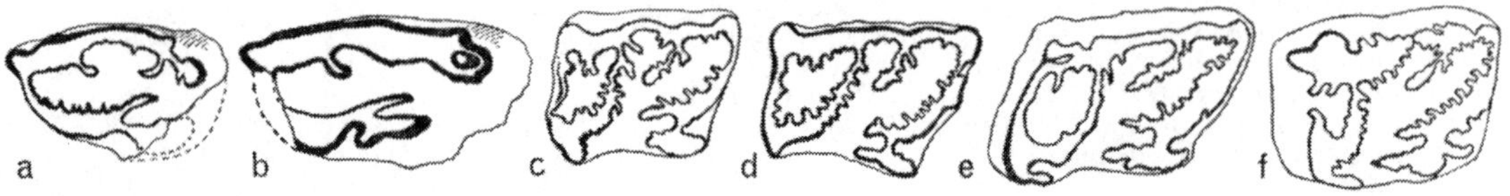

Abb. 610. M sup. verschiedener Elasmotheriinae. a) M^3 sin. von *Sinotherium lagrelii* und b) *S. simplum*, Alt-Pliozän, Ostasien, c) M sup. dext. von *Elasmotherium inexpectatum*, Villafranchium, Ostasien, d) *E. peii*, Alt-Pleistozän, China, e) *E. caucasicum* und f) *E. sibiricum*, Alt- bis Mittel-Pleistozän, USSR. Beachte zunehmende Schmelzfältelung Nach Chow 1958

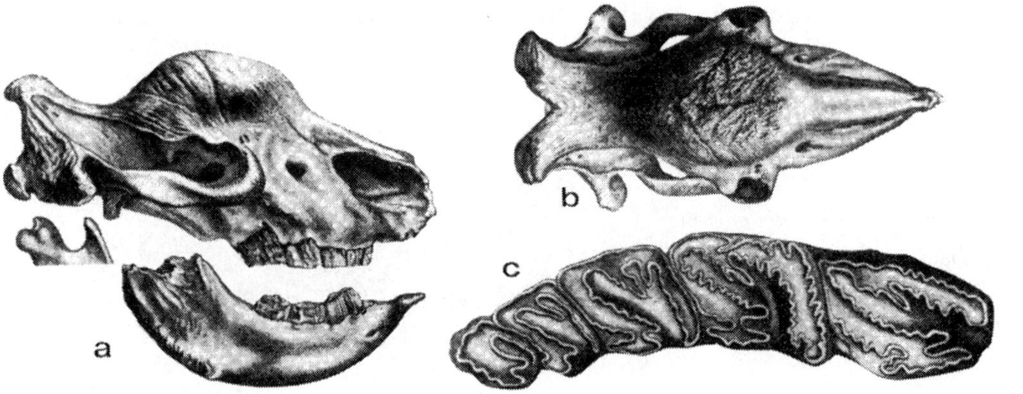

Abb. 611. *Elasmotherium sibiricum* (Rhinocerotidae). Pleistozän, USSR. Osteocranium, a) Lateral- und b) Dorsalansicht (b). c) P^3—M^3, occlusal. Beachte riesigen Hornpolster für Stirnhorn [a) und b) (1/12), c) (1/5)] Nach Viret 1961

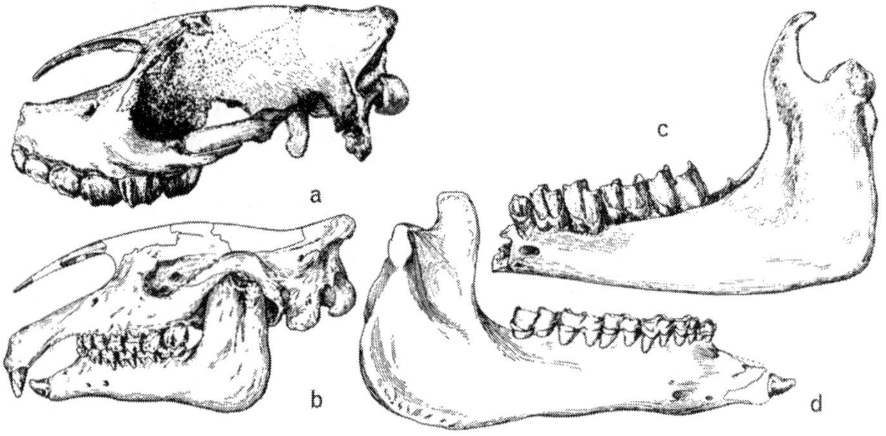

Abb. 612. Schädel und Unterkiefer verschiedener Indricotheriidae. a, c) *Paraceratherium prohorovi*, Jung-Oligozän (? Alt-Miozän), Kasachstan; b, d) *Indricotherium transouralicum* (= „*Baluchitherium grangeri*"), Oligozän, Mongolei. (Stark verkleinert) — Nach Gromova 1959

Vom rein phylogenetischen Gesichtspunkt betrachtet, ist das pleistozäne *Elasmotherium* im Gebiß wohl mit quartären Equiden vergleichbar, doch entspricht das dreizehige Extremitätenskelett dem oligozäner Equiden. Das rezente Sumatra-Nashorn hat sich seit dem Miozän, das Java-Nashorn *(Rhinoceros sondaicus)* und das Spitzmaul-Nashorn *(Diceros bicornis)* seit dem

Pliozän kaum verändert (vergleiche H. E. Wood [3934]). *Ceratotherium simum* ist die spezialisierteste und zugleich geologisch jüngste Art unter den lebenden Rhinocerotiden.

Wie bereits auf Seite 544 angedeutet, bilden die Paraceratherien (= Indricotherien) nach der Spezialisierung des Vordergebisses (vergrößerte I_1^1 mit kegelstumpfförmiger Krone) einen eigenen Stamm*), der als eigene Familie **Indricotheriidae** (= „Baluchitheriidae" Kretzoi [1865]) anzusehen ist (Abb. 612). Mit *Urtinotherium* aus dem älteren Oligozän ist ein primitiver Angehöriger mit vollständigem Gebiß, jedoch bereits angebahnter Vergrößerung des I_1 bekannt [545], der als Ausgangsform von *Paraceratherium (=„Baluchitherium osborni"*, *„Aralotherium"* und *„Benaratherium")* und *Indricotherium (=„Baluchitherium grangeri")* gelten kann (Abb. 613). Es

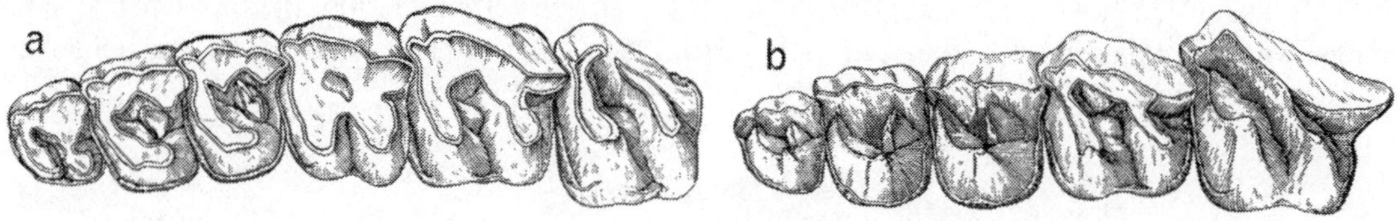

Abb. 613. Maxillargebiß (occlusal) von *Indricotherium transouralicum* (= *I. „asiaticum"*), Oligozän, Asien. a) P^2—M^3 sin., adult; b) P^2—M^2 sin., juveniles Individuum. (1/5) — Nach Granger & Gregory 1936

sind echte, hornlose Riesenformen mit etwas verlängertem Hals und Gliedmaßen (Abb. 614 u. 615), die im Oligozän und älteren Miozän in Asien verbreitet waren [546, 552, 1163, 1210, 2523, 3977] und in jüngster Zeit auch aus Südosteuropa nachgewiesen werden konnten [1049, 2654]. Eine Ableitung der Indricotheriiden von *Forstercooperia* oder *„Juxia"* aus dem Ober-Eozän erscheint jedoch fraglich.

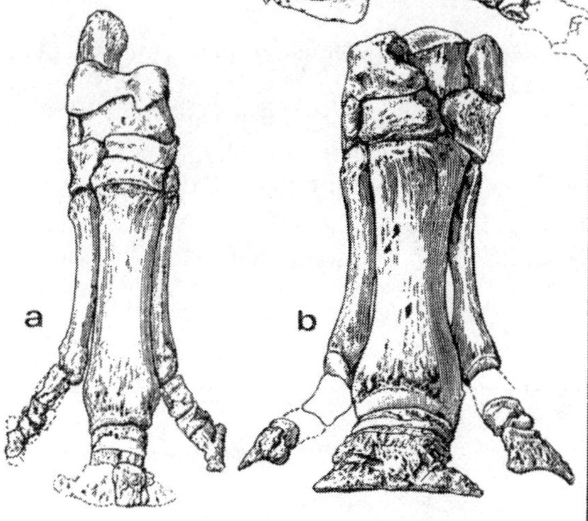

Abb. 614. a) *Indricotherium transouralicum*, rechtes Hinterfußskelett, b) *Paraceratherium prohorovi*, linkes Vorderfußskelett. (1/15) — Nach Gromova 1959

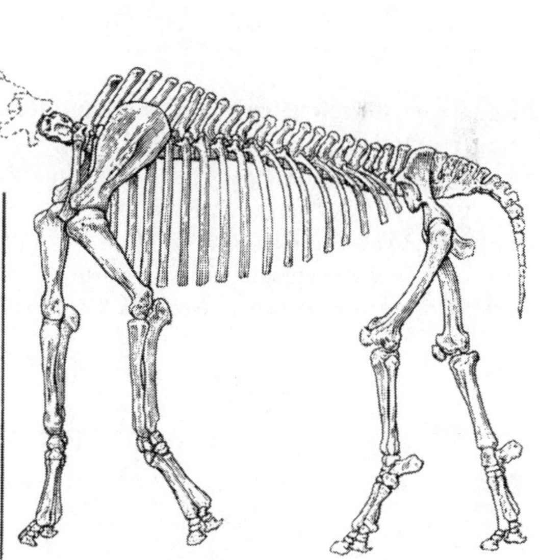

Abb. 615. *Indricotherium transouralicum*, wie Abb. 612. Skelettrekonstruktion. (ca. 1/60) — Nach Gromova 1959

---

*) Der Ansicht Radinskys [2810], die Paraceratherien als Hyracodontidae zu klassifizieren, möchte ich mich wegen der abweichenden Gebißdifferenzierung nicht anschließen.

Gleichfalls auf Grund der abweichenden Spezialisierung des Vordergebisses sind die Allaceropinae (Wood [3929] = „Eggysodontinae") als eigene Familie **Allaceropidae** auszugliedern; bei ihnen sind die Caninen vergrößert [3411], ohne allerdings den für die Amynodontiden typischen hauerartigen Charakter zu erreichen. Die nicht-amynodontide Ausbildung der Backenzähne schließt eine Zugehörigkeit zu den Amynodontiden aus. Die mit *Allacerops, Eggysodon (= „Praeaceratherium")* und (?) *Ronzotherium* im Oligozän Eurasiens nachgewiesenen Allaceropiden lassen sich auf obereozäne hyracodontide Perissodactylen aus der Verwandtschaft von *Forstercooperia* zurückführen [2808].

Aberrante, nashornähnliche, jedoch hornlose Perissodactylen mit charakteristischen Spezialisationstendenzen sind die **Amynodontidae** des Alt-Tertiärs. Als Kennzeichen dienen: das rhinocerotoide Molarenmuster (M^3 jedoch mit gut entwickeltem Metaloph), die bei fortschrittlichen Formen hauerartigen Caninen (Abb. 616), die molarisierten, aber stark verkleinerten

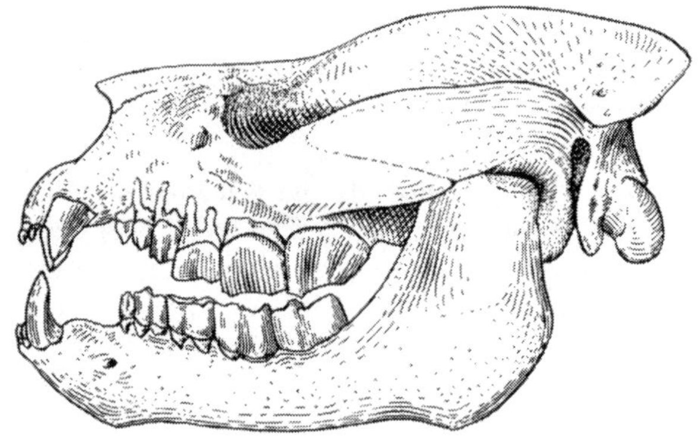

Abb. 616. *Metamynodon planifrons* (Amynodontidae). Oligozän, USA, Osteocranium, lateral. Beachte hauerförmig vergrößerte Caninen. (1/7) — Nach Scott 1941

Prämolaren, die schmalen M inf., subhypsodonte Molaren und die vierzehige, paraxonische Hand, deren reduzierte Endphalangen auf einen Säulenfuß hindeuten. Die Gliedmaßen sind plump, ohne daß jedoch Anzeichen einer semiaquatischen Lebensweise vorhanden sind*).

Aus dem Ober-Eozän Asiens und Nordamerikas stammen die ersten bekannten primitiven Formen *(Procadurcodon, Lushiamynodon, Paramynodon, Amynodon)* [553, 1207, 1209, 1213], aber bereits im Oligozän kommt es zur Ausbildung hochspezialisierter Amynodonten *(Metamynodon, Cadurcodon* [Abb. 617], *Cadurcotherium)* mit subhypsodontem Gebiß, stark verkürztem

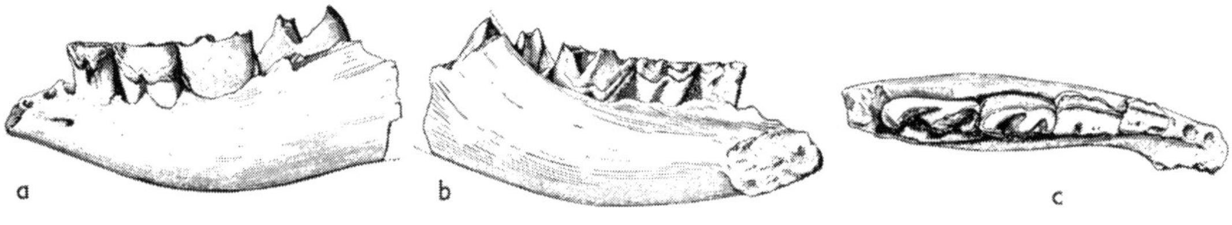

Abb. 617. *Cadurcodon zaisanensis* (Amynodontidae). Oligozän, Zentralasien. Mandibel sin. mit P_4—M_3. a) buccal, b) lingual, c) occlusal. Beachte hypsodonte, seitlich komprimierte Molaren. (2/9) — Bach Beliaeva 1962

*) Wegen der hauerartigen Caninen schließt man allgemein auf eine flußpferdähnliche Lebensweise. Nach dem hypsodonten Gebiß und dem Vorkommen waren die Amynodonten aber Steppenformen.

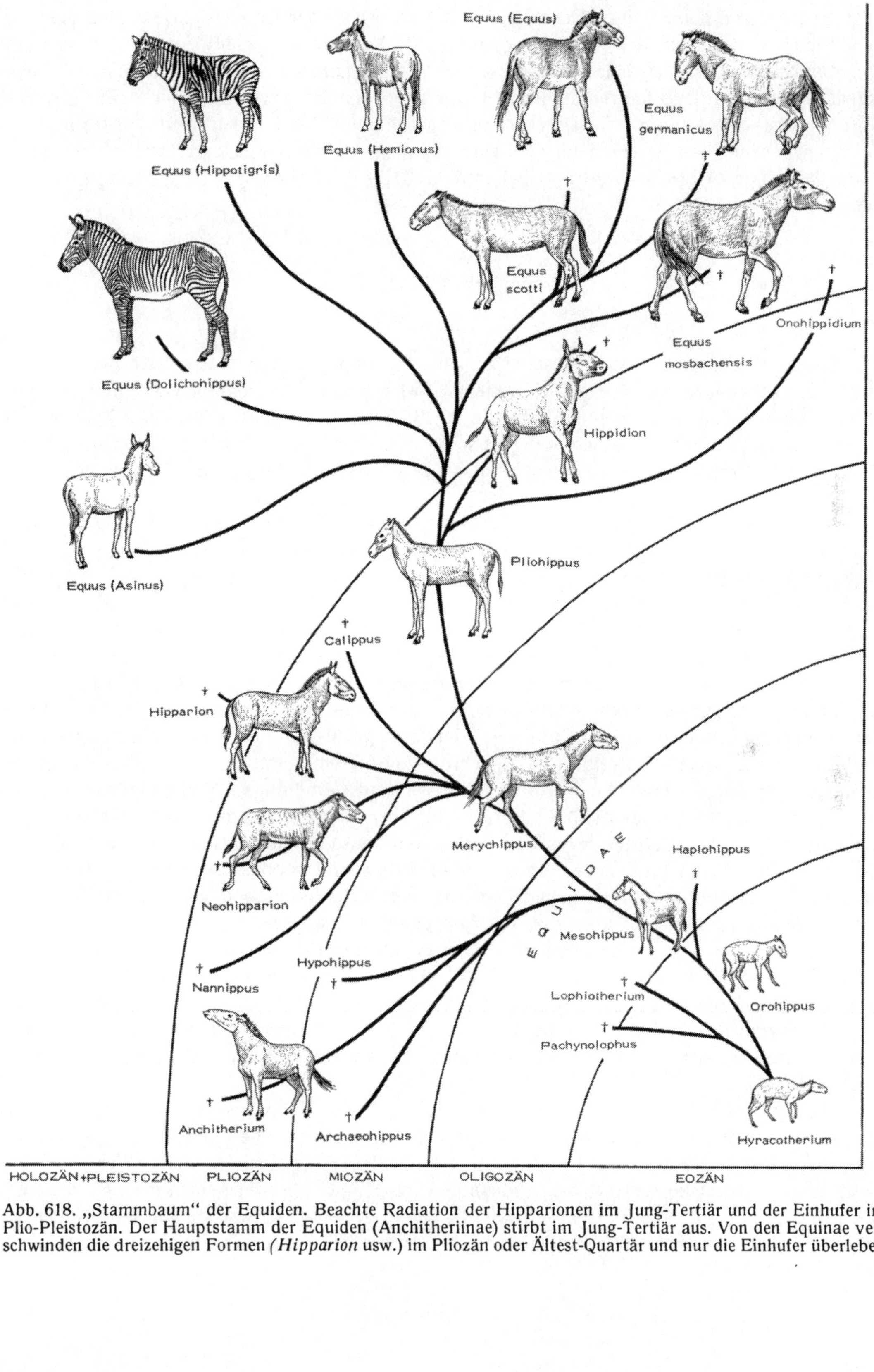

Abb. 618. „Stammbaum" der Equiden. Beachte Radiation der Hipparionen im Jung-Tertiär und der Einhufer im Plio-Pleistozän. Der Hauptstamm der Equiden (Anchitheriinae) stirbt im Jung-Tertiär aus. Von den Equinae verschwinden die dreizehigen Formen *(Hipparion* usw.) im Pliozän oder Ältest-Quartär und nur die Einhufer überleben

Fazialschädel und hauerartigen Eckzähnen. Auch innerhalb der Amynodontiden sind verschiedene Linien zu unterscheiden (vergleiche Xu [3965]). Nach Wood [3934] führt eine Ahnenreihe von *Amynodon advenus* und *A. intermedius* über *Megalomynodon regalis* (Duchesnean) zu *Metamynodon chadronensis* (Chadronian) und *M. planifrons* (Orellan). Im Oligozän in Eurasien und Nordamerika verbreitet, wird dieser Stamm anscheinend durch selenodonte Paarhufer verdrängt. Die geologisch jüngsten Formen sind aus dem Alt-Miozän (*Cadurcotherium* [= *Cadurcamynodon* Kretzoi [1873]] *indicum*) bekannt [1207].

Hippomorpha I *(Equoidea)*

Wie bereits im einleitenden Abschnitt zu diesem Kapitel betont, lassen sich die Equoidea und Brontotherioidea auf eine gemeinsame Wurzel zurückführen, nämlich die ältest-eozänen Hyracotherien. Erst im jüngeren Alt-Eozän ist die Trennung zwischen beiden Stämmen vollzogen; sie führt schließlich zu den völlig verschiedenen Endformen, wobei die Brontotherien im Gebiß und Extremitätenbau konservativ bleiben, während dies bei den Equiden nicht der Fall ist.

Die stammesgeschichtliche Entwicklung der Equiden ist wohl das am besten durch Fossilfunde dokumentierte Beispiel für die Geschichte einer Tiergruppe im Tertiär (Abb. 618). Allerdings haben sich die Auffassungen über die von Othniel Marsh [2234] begründete „natürliche Stammlinie der Pferde" seither stark gewandelt. Galt die „Pferdereihe" einst als Muster einer orthogenetischen Entwicklung, so haben neuere Untersuchungen gezeigt, daß einst zahlreiche Stämme existierten, von denen der Hauptstamm längst ausgestorben ist und nur eine einzige Seitenlinie, nämlich die der Einhufer, die Gegenwart erreichte [3263]. Mehrfach kam es zu Radiationen und zur fast weltweiten Verbreitung der Equiden. Zugleich zeigen die Fossilfunde, daß weder die Evolutionsgeschwindigkeit konstant noch die einzelnen Merkmalskomplexe (Gehirn, Schädel, Gebiß, Extremitäten) synchron evoluierten. Somit ist die Fossilgeschichte der Equiden keineswegs durch einen kontinuierlichen und geradlinigen Verlauf gekennzeichnet [2949], den man verschiedentlich — vor allem wegen der Proportionsänderungen im Gliedmaßenskelett — als Zick-Zack-Evolution bezeichnete und verschiedentlich auch als Beweis für eine Reversibilität der Phylogenese ansah. Robb [2915a] weist weiter darauf hin, daß die Verkürzung und Reduktion der seitlichen Zehenstrahlen nicht allmählich, sondern der Übergang vom polydactylen zum monodactylen Zustand plötzlich erfolgte.

Die geologisch ältesten **Equiden** sind aus dem ältesten Eozän Europas und Nordamerikas bekannt: *Hyracotherium* (= „*Eohippus*" [1162, 1744, 3265]). Simpson macht auf die große Variabilität der Hyracotherien aufmerksam und betont, daß die europäischen Formen als Ganzes sich nicht primitiver verhalten als die nordamerikanischen, manche sich jedoch im Evolutionsniveau mit jenen aus dem jüngsten Alt-Eozän (Late Wasatchian) der USA vergleichen lassen (Abb. 619 u. 620).

Die Hyracotherien sind ungefähr katzen- bis fuchsgroße Unpaarhufer mit schlanken vierfingerigen und dreizehigen Extremitäten, die sich habituell am ehesten mit Duckerantilopen vergleichen lassen. Ein niedriges Cranium mit einer zentral gelegenen und nicht durch eine Postorbitalspange abgeschlossenen Orbita und einem kurzen Fazialabschnitt sowie ein kleines, außerordentlich primitiv wirkendes Gehirn und ein vollständiges, mit schwachen Lücken versehenes, brachyodontes Gebiß sind die wichtigsten Merkmale dieser primitivsten Equiden. Das „Gehirn"

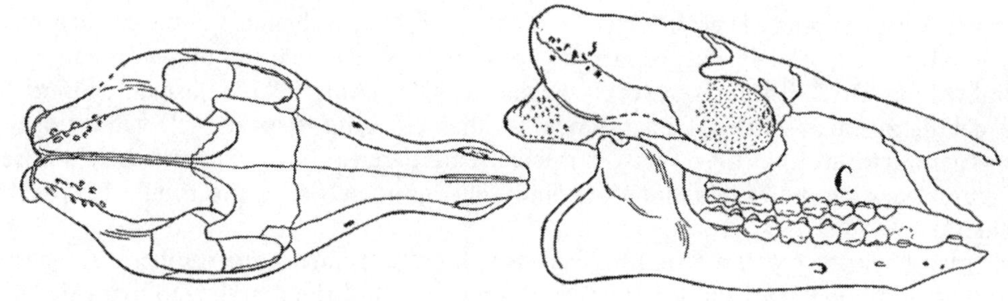

Abb. 619. *Hyracotherium* sp. (Equidae). Alt-Eozän, Europa. Schädelrekonstruktion. (ca. 1/2) — Nach SIMPSON 1952

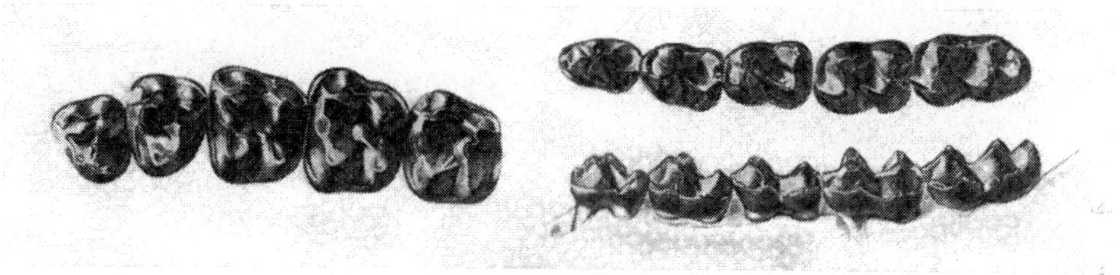

Abb. 620. *Hyracotherium vasacciense* (Equidae). Alt-Eozän, USA, P^3—M^3 sin., occlusal (links), P_3—M_3 sin., occlusal und buccal (rechts oben und unten). (1,5/1) — Nach GAZIN 1962

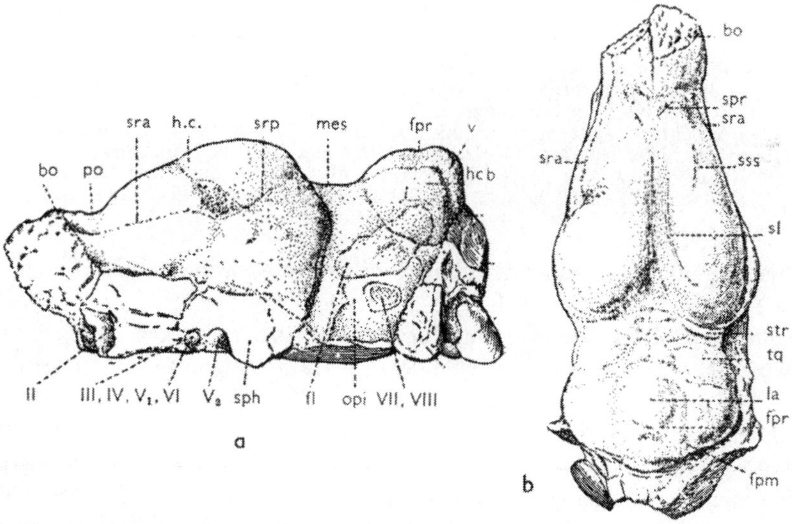

Abb. 621. *Hyracotherium* (=„*Eohippus*") *validus*, wie Abb. 620. Endocranialausguß, a) seitlich, b) dorsal. (6/5) Nach EDINGER 1948

bo = Bulbus olfactorius
fl = Flocculus
fpm = Fissura paramedialis
fpr = Fissura prima cerebelli
hc = Hemisphäre
hcb = Kleinhirnhemisphäre
la = Lobus anterior
mes = Mesencephalon
opi = Abdruck des Petrosums
po = Pedunculus olfactorius
sl = Sulcus lateralis
sph = Sphenoid
spr = Fissura praesylvia
sra = Fissura rhinalis anterior
srp = Fiss. rhinalis posterior
sss = Sulcus suprasylvius
str = Sinus transversalis
tq = Corpora quadrigemina
v = Vermis
II—VIII = Hirnnerven

(Endocranialausguß) zeigt die gestreckten — nicht gefurchten — Hemisphären mit dem kappenförmigen Neocortex, große Bulbi olfactorii, das freiliegende Tectum mesencephali und das voluminöse, vom Großhirn nicht bedeckte Kleinhirn [845] (Abb. 621). Selbst unter Berücksichtigung der geringen absoluten Dimensionen ist dies ein sehr ursprünglich gebautes Gehirn, wie es gegenwärtig in ähnlicher Weise nur bei Beuteltieren *(Didelphis)* und Insektenfressern (wie *Tenrec*) vorkommt. Radius und Ulna sind vollständig getrennt, die Fibula ist vollständig entwickelt*).

Die sechshöckrigen Molaren sind brachyodont mit der Tendenz zur Lophoselenodontie, die für die geologisch jüngeren Equiden charakteristisch ist. Die Prämolaren sind nicht molarisiert. *Hyracotherium* läßt sich, wie bereits auf Seite 533 erwähnt, auf mittel-paleozäne phenacodontide Condylarthren aus der Verwandtschaft von *Tetraclaenodon* zurückführen (Abb. 622 u. 623).

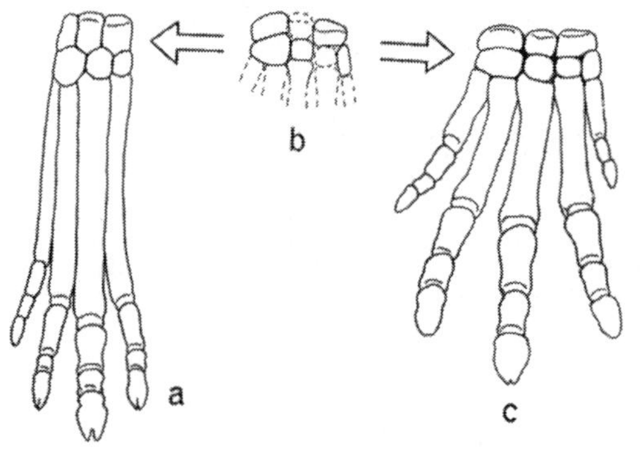

Abb. 622. Rechtes Vorderfuß- bzw. Carpalskelett von a) *Hyracotherium* (1/3), b) *Tetraclaenodon* (1/2), c) *Phenacodus* (1/6). Beachte die beim Übergang von *Tetraclaenodon* zu *Hyracotherium* notwendige Umbildung des serialen zum alternierenden Carpus — Nach Radinsky 1966

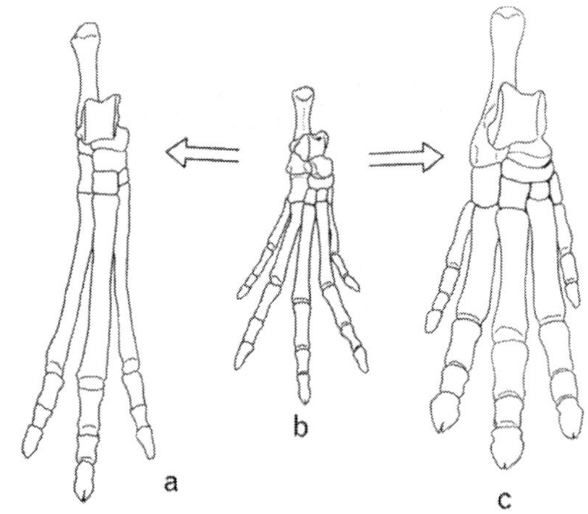

Abb. 623. Rechtes Hinterfußskelett von a) *Hyracotherium* (1/4), b) *Tetraclaenodon* (1/4), c) *Phenacodus*. (1/6). Beachte unterschiedliche „trends" — Nach Radinsky 1966

Allerdings fehlen die jung-paleozänen Zwischenformen derzeit immer noch, was sich mit einer — bisher nicht fossilbelegten — Abkunft von asiatischen Condylarthren erklären läßt. Ältesteozäne Hyracotherien bilden die Ausgangsformen sämtlicher übriger Equiden und auch der Palaeotheriiden, die man infolge abweichender Evolutionstendenzen als eigenen Stamm abtrennt.

Kennzeichnend für die weitere Evolution der Equiden erscheinen Umkonstruktionen, die in Zusammenhang mit der Fortbewegung und der Ernährung stehen. Die im Extremitätenbau angebahnte Entwicklung findet ihren Ausdruck in der progressiven Reduktion der seitlichen Zehenstrahlen, die bei den quartären Equiden als Einhufern zu funktionslosen Griffelbeinen reduziert sind (Abb. 624), zu jener von Ulna und Fibula (Abb. 625 u. 626) sowie in der Ausbildung echter Gelenkkiele an den Metapodien und in der Umbildung der Endphalangen zu Hufen. Aus dem mehrzehigen, digitigraden Fuß der Buschwaldequiden entstand die unguligrade Extremität der Steppenpferde. Die mit der ausschließlichen Belastung der Mittelzehe verbundene

*) Angesichts des Fehlens typisch equider Merkmale erscheint die gelegentliche Abtrennung der Hyracotherien als eigene Familie (Hyracotheriidae) verständlich. Nach den fließenden Übergängen zu den geologisch jüngeren Equiden ist eine derartige Trennung jedoch nicht notwendig.

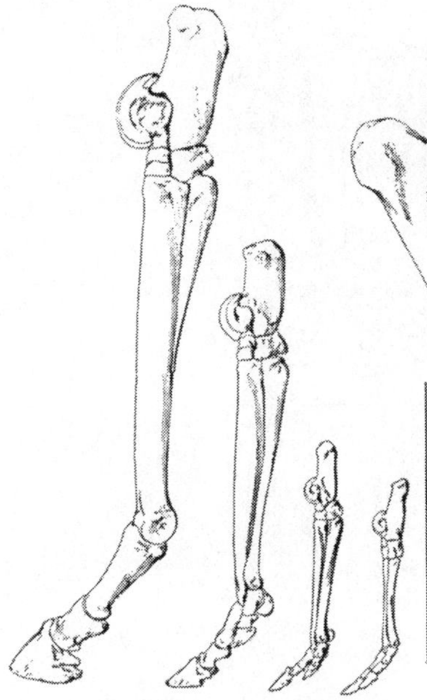

Abb. 624. Linkes Hinterfußskelett (lateral) von *Hyracotherium, Mesohippus, Merychippus* und *Equus* (von rechts nach links). Beachte progressive Reduktion der seitlichen Zehenstrahlen. (Maßstäblich verkleinert) Nach MATTHEW 1926

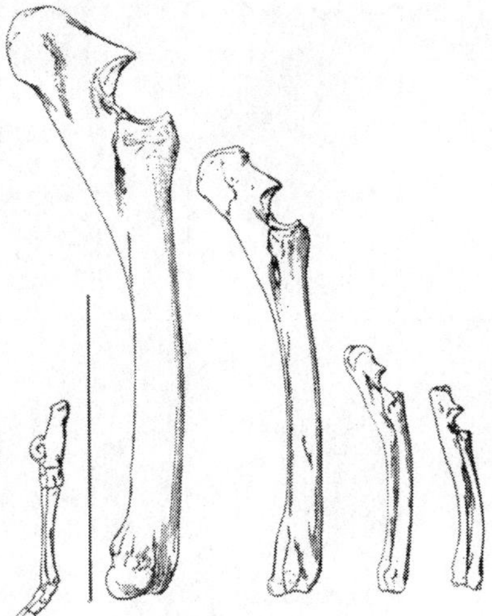

Abb. 625. Radius und Ulna dext. (lateral) von *Hyracotherium, Mesohippus, Merychippus* und *Equus* (von rechts nach links). Beachte progressive Reduktion des Ulnaschaftes und deren Verschmelzung mit dem Radius. (Maßstäblich verkleinert) Nach MATTHEW 1926

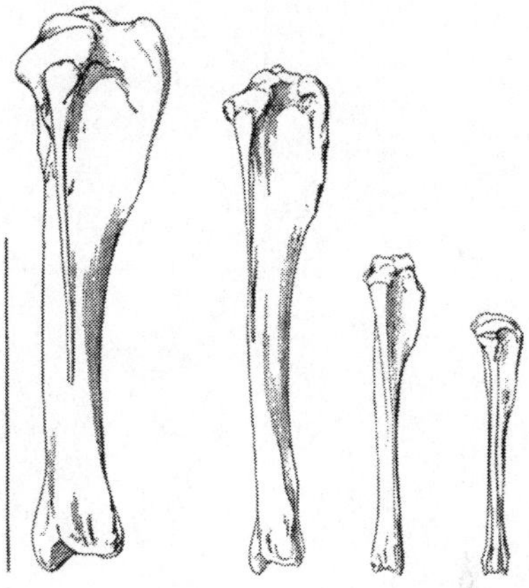

Abb. 626. Tibia und Fibula dext. (lateral) von *Hyracotherium, Mesohippus, Merychippus* und *Equus* (von rechts nach links). Beachte progressive Reduktion der Fibula. (Maßstäblich verkleinert) Nach MATTHEW 1926

Konstruktion bahnt sich bei den dreizehigen Formen des Jung-Tertiärs *(Merychippus, Hipparion)* an. Anstelle des ursprünglichen stützenden Polsters bildet sich ein Sprungmechanismus mit dem Huf als Stützpunkt aus, wodurch sich auch der Bandapparat grundlegend umkonstruierte [3636]. Gleichzeitig kommt es zu der funktionell wirksamsten Proportionierung der Gliedmaßenabschnitte durch Verlängerung der distalen Partien. Interessant ist, daß die Reduktion der seitlichen Zehenstrahlen durchaus nicht gleichmäßig vor sich geht oder alle Stämme betrifft. So lebten im ältesten Pleistozän neben echten Einhufern *(Equus)* noch die dreizehigen Hipparionen. Für das Gebiß sind folgende Umkonstruktionen charakteristisch: Die Backenzähne werden im Miozän hypsodont und schließlich kionodont (= prismatisch) (Abb. 627), die Prämolaren (P $\frac{2-4}{2-4}$) werden zunehmend molarisiert. Aus Laubäsern werden Grasfresser [790, 3263]. In Zusammenhang mit der Molarisierung der Prämolaren und der Hypsodontie der Backenzähne verlängert sich der Fazialschädel; dadurch kommt es zu einer scheinbaren Verschiebung der bei den Equinae mit einer Postorbitalspange versehenen Orbita. Das „Gehirn" zeigt bei den oligozänen Equiden durch das nunmehr entwickelte Furchenmuster und durch die Ausbildung und Lage von Großhirn zu Kleinhirn einen Ungulatencharakter, der schließlich zum *Equus*-Stadium führt. Die wesentlichsten Etappen der Gehirnevolution gehen vor allem aus den Untersuchungen von EDINGER [845] hervor (Abb. 15 auf Seite 13).

Unter den Equiden lassen sich im europäischen Eozän mehrere getrennte Stammlinien *(Propachynolophus* → *Lophiotherium* (Abb. 628), *Propalaeotherium, Pachynolophus* und *Anchi-*

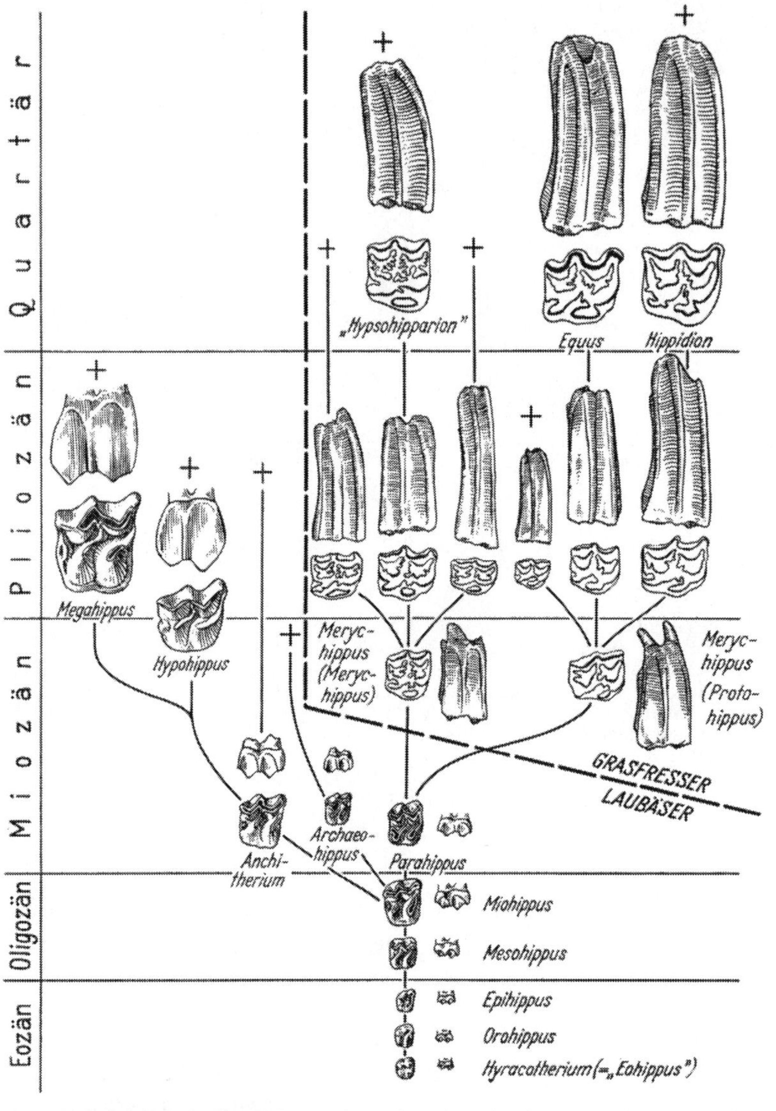

Abb. 627. Gebißevolution (M sup., buccal und occlusal) der Equiden. Beachte zunehmende Vergrößerung, jedoch nur mäßige Kronenerhöhung beim Hauptstamm *(Hyracotherium* bis *Hypohippus* und *Megahippus)* gegenüber der rasch einsetzenden Hypsodontie der Equinae *(Merychippus—Hipparion* und *Equus)*, die mit dem Übergang zur Grasnahrung in Verbindung gebracht wird. Die pliozänen Nachkommen von *Merychippus (Merychippus)* sind (von links nach rechts): *Neohipparion, Hipparion* und *Nannippus*, jene von *Merychippus (Protohippus)*: *Calippus, Pliohippus (Astrohippus)* und *Pliohippus (Pliohippus)*. (Maßstäblich verkleinert) — Nach Thenius & Hofer 1960

lophus) unterscheiden, die jedoch mit dem Ende des Eozäns wieder aussterben [2988] (Abb. 629). Demgegenüber entwickelte sich der Hauptstamm der Equiden in Nordamerika über *Orohippus* (Mittel-Eozän), *Epihippus* (Ober-Eozän), *Mesohippus* und *Miohippus* (Oligozän) zu den miozänen Anchitherien *(Parahippus, Archaeohippus* und *Anchitherium)*. Während zwischen *Hyracotherium, Orohippus* und *Epihippus* infolge mehr oder weniger fließender Übergänge Grenzen

Abb. 628. *Lophiotherium robiacense* (Equidae). Jung-Eozän, Europa. P^2—M^3 dext., occlusal. M^3 lateral und lingual. Als Beispiel einer Nebenlinie innerhalb der alttertiären Equiden. (4/3) — Nach SAVAGE, RUSSELL & LOUIS 1965

hy = Hypocon
mec= Metaconulus
mes= Mesostyl
pas= Parastyl

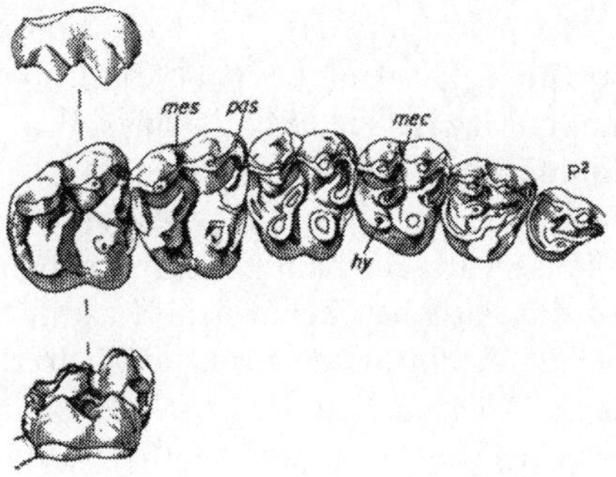

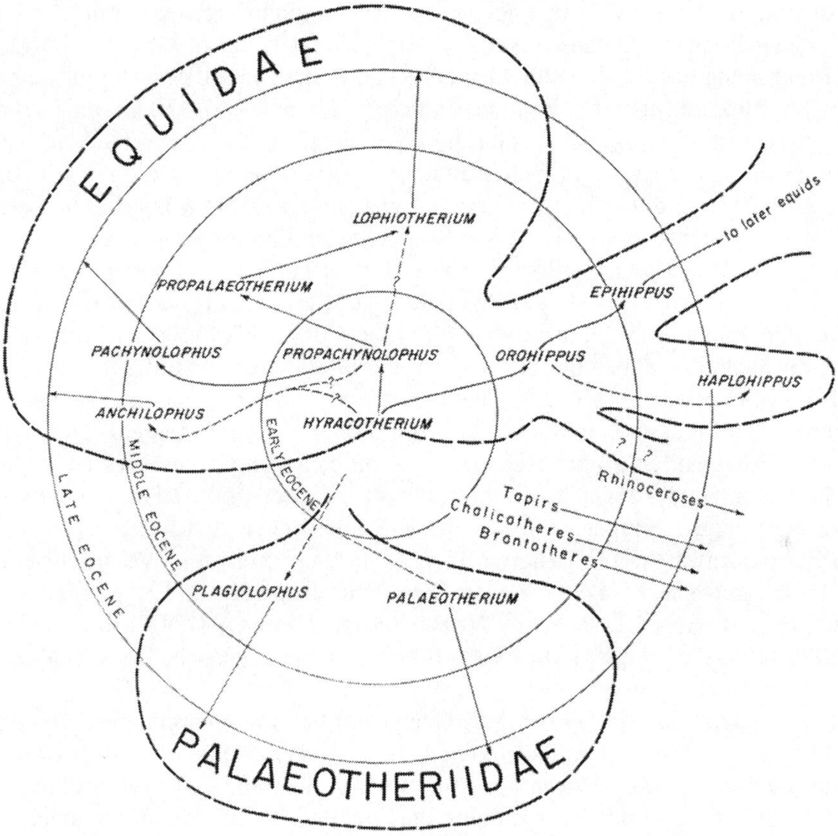

Abb. 629. Die vermutlichen phylogenetischen Zusammenhänge der eozänen Equoidea. Palaeotheriidae mit *Palaeotherium* und *Plagiolophus* als eigene Gruppe. *Hyracotherium* als Stammform der Equidae — Nach SAVAGE, RUSSELL & LOUIS 1965

zwischen den einzelnen Gattungen nur schwer zu ziehen sind [1745], besteht zwischen *Epihippus* und *Mesohippus* eine Lücke. Dennoch läßt sich *Mesohippus* von *Epihippus* ableiten, da die gleichen Entwicklungstendenzen bereits bei der eozänen Gattung angedeutet sind. Die verschiedentlich geäußerte Annahme einer Einwanderung von *Mesohippus* aus Ostasien entbehrt jeder Stütze. *Mesohippus* zeigt im Bau des Schädels bereits Anklänge an die geologisch jüngeren Equiden. Die Prämolaren sind molarisiert, der 5. Finger bis auf ein winziges Mc-Rudiment verschwunden. Bei *Miohippus* ist die Reduktion der Seitenstrahlen weiter fortgeschritten, doch waren sämtliche Zehenstrahlen noch funktionell. Im Tarsus kommt es erstmalig zu einer Gelenkverbindung zwischen dem Tarsale IV + V und dem Mt III, wie es bei allen geologisch jüngeren Equiden der Fall ist.

Die erstmals im Miozän nachgewiesenen Anchitherien waren in mehreren Stammlinien vertreten. Bei konservativem Zahnbau (brachyodonte Backenzähne) kommt es zu einer weiteren Rückbildung der seitlichen Zehenstrahlen und zu einer Verstärkung der mittleren Metapodien, doch blieben die Anchitherien funktionell dreizehige Equiden.

Evoluierte Anchitherien (Großwüchsigkeit, Subhypsodontie) sind als *Hypohippus* und *Megahippus* sowie *Sinohippus* aus dem Jung-Miozän und Alt-Pliozän der Alten und Neuen Welt bekannt geworden [3552, 3999]. Diese Endformen des Hauptstammes haben sich noch neben den erstmalig im mittleren Miozän nachgewiesenen Equinen erhalten. Mit *Anchitherium* ist zugleich ein neuweltlicher Einwanderer in Eurasien erwähnt, der im älteren Miozän (Burdigal) über die Beringbrücke nach Asien und Europa gelangte und im Alt-Pliozän ausstarb. Während das Gebiß vom Burdigal bis zum Pannon praktisch nur eine Größenzunahme erkennen läßt, zeigen sich im Bau der Extremitäten (Metapodien) deutliche Evolutionstendenzen [3424]. Aus miozänen Anchitherien *(Parahippus)* entstanden als Seitenzweig die Equinae mit *Merychippus*, die sich den Anchitherien durch ihr zunehmend hypsodontes Gebiß*) überlegen erwiesen, indem sie als herdenlebende Grasfresser die weiten Steppengebiete „eroberten". Unter den geologisch ältesten Equinae *(Merychippus)* bilden sich zwei Linien heraus, von denen die eine (Subgenus *Merychippus)* nach Stirton [3454] und Simpson [3263] zu den Hipparionen, die andere (Subgenus *Protohippus*) über *Pliohippus* zu den Einhufern führt. Als Merkmale des Gebisses zeigen diese Linien vor allem den abgeschnürten (= Hipparionen) oder den mit dem übrigen Zahn verbundenen Protocon der M sup. Mit der zunehmenden Hypsodontie der Backenzähne bei *Merychippus* kommt es zur Bildung von Marken und zur Einlagerung von Zement. Dadurch bilden die Backenzähne im abgekauten Zustand eine zum Zermahlen von Gräsern bestens geeignete Kaufläche. *Hipparion* ist ein pliozäner Einwanderer**) in Eurasien und Afrika. Die Zusammenhänge zwischen Verbreitung der Hipparionen und der einstigen Vegetation hat Shotwell [3168] aufgezeigt. Im Pliozän mit mehreren Genera *(Hipparion, Nannippus* und *Neohipparion)* vertreten, starben die Hipparionen als Zeitgenossen von *Equus* mit *Hipparion* und *Stylohipparion* (= *„Hypsohipparion" libycum, H. (H.) albertense, H. moriturum*, Kretzoi [1893]) im älteren Pleistozän aus [334a, 786, 1465, 1553, 3298] (Abb. 630). Interessant ist das Vorkommen echter Klein- oder Zwergformen unter den normalerweise stark ponygroßen Hipparionen (*Hipparion sitifense* und *H. periafricanum* [3334, 3723]). Obwohl sie verschiedentlich als Stammformen von *Equus* galten [18, 107, 109], haben neuere Untersuchungen diese Ansicht nicht bestätigen können [3409, 3456], indem der jungmiozäne *Protohippus*-Stamm die Wurzelgruppe der Einhufer bildet, aus der sich über *Pliohippus* (Pliozän) zwanglos die Gattung *Equus* (Quartär) ableiten läßt. Die Auffassung von Quinn [2799], der die Aufspaltung der rezenten Einhufergruppen *(Equus* sensu stricto, *Asinus, Hippotigris)* bereits für das Jung-Miozän annimmt, läßt sich wegen der irrigen chronologischen Einstufung verschiedener Faunen nicht aufrechterhalten [3608, 3610, 3846], ganz abgesehen davon, daß das Cranium des von ihm als Stammform angesehenen *Eoequus wilsoni* stark von *Equus* abweicht [161].

Pliohippus aus dem Pliozän ist die geologisch älteste Einhufergattung, *Calippus* aber nach Stirton [3454] wegen des abweichenden Molarenbaus ein Seitenzweig. Im jüngsten Tertiär

*) Eine subtile Untersuchung hat Downs [823] gegeben.

**) Die angeblich mittel-miozänen Hipparionzähne aus Frankreich [3652] stammen aus dem Rédonien (Pliozän [1134]).

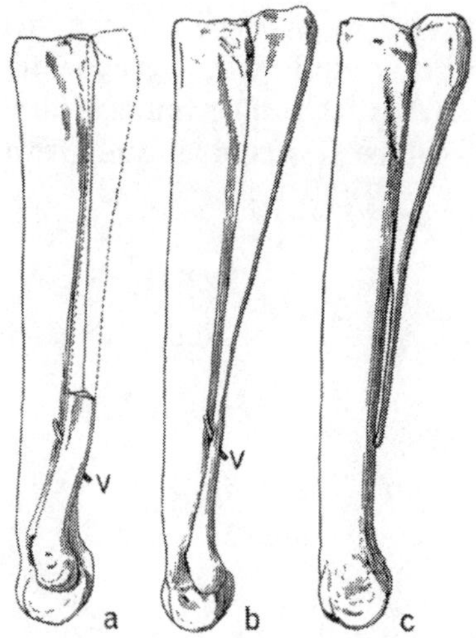

Abb. 630. Mt III+IV sin. (Lateralansicht). a) *Hipparion primigenius* (=„*gracile*"), Alt-Pliozän, Pikermi, b) *H.* (?) *crusafonti*, Villafranchium, Perrier-Roccaneyra, c) *Equus (Hemionus) hemionus*, rezent. Beachte Reduktionsgrad bei *Hipparion* aus dem Villafranchium, der gegenüber gleichaltrigen *Equus*-Formen wesentlich geringer ist. *V* = Venenkanal durch eine eingezogene Schnur gekennzeichnet. (1/4) — Nach Stehlin 1929

und ältesten Pleistozän Nordamerikas treten mit *Astrohippus* und *Plesippus* fortschrittliche *Pliohippus*-Formen auf, die im Gliedmaßenbau das Evolutionsniveau der rezenten Einhufer erreicht haben. Sie unterscheiden sich von *Pliohippus* in der noch stärkeren Rückbildung der Griffelbeine; sie erreichen ungefähr zwei Drittel der Länge des mittleren Metapodiums. Die prismatischen Backenzähne entsprechen in ihrer Kronenhöhe den rezenten Equiden. Mit der Beurteilung der Herkunft und der stammesgeschichtlichen Zusammenhänge der quartären Einhufer sind zahlreiche Probleme verknüpft, die auch gegenwärtig noch keineswegs gelöst sind. Während Stirton [3454—3456] „*Plesippus*" und damit *Equus* von *Astrohippus* ableitet und *Pliohippus* (sensu stricto) als Wurzelgruppe*) der südamerikanischen Quartärpferde betrachtet, bildet *Astrohippus* nach Quinn [2799] eine im Jung-Pliozän ausgestorbene Seitenlinie. Die südamerikanischen Pleistozän-Pferde zeichnen sich durch den von den Eiszeit-Pferden Nordamerikas abweichenden Schädelbau aus, der eine frühzeitige Abspaltung der verschiedenen Gattungen *(Hippidion* [= „*Hippidium*"], *Onohippidium* und *Parahipparion)* vermuten läßt. *Equus (Amerhippus)* stellt eine weitere endemische Einhuferform dar, die sich im Bau der Incisiven von den nordamerikanischen Einhufern unterscheidet [1483, 1484]. Die südamerikanischen Pferde, unter denen Hochflächenpferde *(Equus andium)* und Pampapferde *(E. neogaeus)* zu unterscheiden sind, starben mit dem Ende der Eiszeit aus**).

Die stark divergierenden Auffassungen über die verwandtschaftlichen Beziehungen der altweltlichen Einhufer und deren fossile Angehörige erklären sich zum Teil aus der Tatsache, daß einerseits Gebiß- [1557, 2841, 3738], andererseits Schädelreste [161] oder etwa Extremitäten zur Beurteilung herangezogen wurden. Abgesehen davon besagen „zebrine" oder „caballine" Merkmale noch nichts über die Zugehörigkeit zu den Zebras oder Wildpferden, sondern geben nur Hinweise auf das Evolutionsniveau.

Mit *Plesippus (P. simplicidens)* im Blancan Nordamerikas und *Equus (= Plesippus = „Allohippus") stenonis* im Ältest-Quartär (jüngeres Villafranchium) Europas [163] ist ein sehr variabler Formenkreis von Einhufern bekannt, der verschiedene „zebrine" und „asinide"

*) Die von Abel [11, 18] vertretene Ansicht, die von ihm als *Neohippus* bezeichneten südamerikanischen Einhufer von Hipparionen abzuleiten, läßt sich auf Grund morphologischer Differenzen nicht aufrechterhalten.

**) Von *Parahipparion* der Ultima Esperanza (Patagonien) sind außer Knochen auch Haut- und Fellreste bekannt [2131]. Die gegenwärtig in der argentinischen Pampa freilebenden Pferde sind verwilderte Hauspferde aus postkolumbianischer Zeit.

Merkmale aufweist, weshalb die Formen meist als *Hippotigris* klassifiziert wurden (Abb. 631). Ob dieser Formenkreis die Wurzelgruppe der übrigen altweltlichen Einhufer bildet, ist mit der Frage des Auftretens caballiner und asinider Equiden sowie echter Zebras verknüpft. Während (im Gebiß) „caballine" (= equine) Einhufer nach Viret [3738] und Radulescu & Samson [2814]

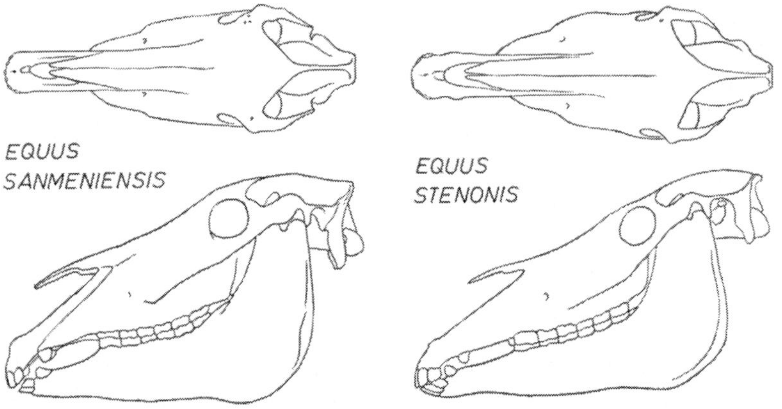

Abb. 631. Ältestquartäre Equiden. *Equus stenonis*, Villafranchium, Europa, *Equus sanmeniensis*, Villafranchium, Ostasien. Rekonstruktion des Osteocraniums, Dorsal- und Lateralansicht. Beachte Dolichocephalie. (ca. 1/10) — Nach Azzaroli 1965 und 1966

bereits im Ältest-Pleistozän neben *Plesippus stenonis* existierten (*Equus bressanus* [= „*Macrohippus robustus*" = *Equus* „*stenonis*" *major*], *E. simionescui* [3738]), erscheinen caballine Pferde nach Azzaroli [160] erstmalig im Alt-Quartär (*Equus mosbachensis* [2841]). Kennzeichnend für diese alteiszeitlichen Einhufer ist der dolichocephale Schädel, der nur bei den rezenten Primitiv-Formen erhalten bleibt (wie *Dolichohippus*). Ähnliche Tendenzen gelten auch für die Evolution des Gebisses. Da jedoch derartige Evolutionstendenzen innerhalb verschiedener Stämme auftreten, wird die Beurteilung der taxonomischen Stellung besonders von nur unvollständig dokumentierten Fossilformen außerordentlich erschwert. Sie erklären auch die unterschiedliche Zuordnung. Asinide Equiden sind bereits aus dem jüngeren Villafranchium bekannt (*Asinus stehlini* [160]).

„Asinide" Einhufer waren in Europa und Nordafrika im Jung-Pleistozän (*A. hydruntinus* [280, 303, 3416]) verbreitet und sind im Neolithikum noch aus Ungarn, Spanien und Rumänien nachgewiesen [293, 304, 2462, 2813]. *Equus (Asinus) hydruntinus* weicht allerdings in einzelnen Merkmalen*) von den rezenten Wildeseln ab und erinnert an *E. stenonis* [46, 335]. Diese Form klassifiziert man daher verschiedentlich als eigenes Subgenus *(Hydruntinus)* [1205, 3601]. Die Wildesel waren noch in historischer Zeit mit drei Unterarten (*A. africanus somaliensis, A. a. africanus* und *A. africanus atlanticus* [Atlaswildesel]; [114]) verbreitet. Von *Asinus africanus* stammt der Hausesel ab. Aus dem nordamerikanischen Pleistozän sind etliche „*Asinus*"-Arten („*A.*" *conversidens*, „*A.*" *mexicanus*, „*A.*" *pons* und so weiter [2800], vergleiche [3669]) beschrieben worden, die im wesentlichen infolge der schlanken Extremitäten asinid wirken.

*) Nach Trumler (persönliche Mitteilung 1964) ist *E. hydruntinus* kein *Asinus*, sondern ein Angehöriger von *Equus* (sensu stricto), der durch Feingliedrigkeit und Microdontie Übereinstimmung mit dem Araberpferd zeigt, womit nur dem Typus, nicht jedoch der taxonomischen Zugehörigkeit Rechnung getragen wird.

Ähnliches gilt für die Pferdeesel („*Hemionus*“-Gruppe)*), die mehrfach aus dem nordamerikanischen Pleistozän (*Onager semiplicatus, O. litoralis, O. altidens, O. complicatus* [2800]) genannt werden. Sichere (jung-)eiszeitliche Halbeselreste sind aus Asien und Europa *(E. [H.] hemionus)* verschiedentlich beschrieben worden [351, 794]. Meist handelt es sich jedoch um Reste von *E. (A.) hydruntinus*, die man auf Halbesel bezog. Nach Musil [2440] vereinigt *Equus altidens* aus dem Alt-Quartär von Süssenborn im Gebiß asinide und hemionide Merkmale. Die rezenten Halbesel, die noch in historischer Zeit bis Anatolien und Syrien verbreitet waren, bilden zwei Rassenkreise, von denen der zentralasiatische mit Kiang und Kulan caballine, der vorderasiatische mit Onager und Gorkhar asinide Formen umfaßt. Größe und pferdeähnlicher Habitus nehmen von Westen nach Osten zu. Unter den Kiangs verhält sich die nepalische Form *(H. kiang „nepalensis“ = polyodon)* am urtümlichsten [1218, 3668]. Die Domestikation von Halbeseln ist nicht mit Sicherheit belegt. Sumerische Darstellungen belegen jedoch die Zähmung (Fang und Verwendung von Onagern als Zugtiere; [117, 1271]).

Equus sanmeniensis (Abb. 631) ist ein „zebriner“ Einhufer aus dem Ältest-Quartär Ostasiens, der nach Azzaroli [161] zu *Equus (Dolichohippus)* zu stellen ist und *D. grevyi* nahesteht. *Dolichohippus* weicht stark von den übrigen Zebras ab, die gegenwärtig durch die Quagga- oder Steppenzebra-Gruppe *(E. [Hippotigris] quagga)* und die Bergzebras *(E. [H.] zebra)* von Ostafrika bis nach Südafrika verbreitet sind [119]. Auch *Equus oldowayensis* aus dem Ältest-Quartär Ostafrikas soll dem Grevy-Zebra nahestehen.

Zebras waren einst auch in Nordafrika heimisch. Fossile Steppenzebras sind als *E. capensis*, Bergzebras als *E. sandwithi* aus dem afrikanischen Pleistozän und als *E. (H.) sivalensis (= E. „palaeonus“)* und *E. (H.) namadicus***) aus dem südasiatischen Pleistozän bekannt [161]. Eine Beurteilung der phylogenetischen Entwicklung der Zebras im Pleistozän stößt auf Schwierigkeiten, nicht nur durch den konformen Bau des Schädels und des Gebisses, sondern auch infolge der im Zusammenhang mit den mehrfachen Pluvialen (= „Regenzeiten“ als Äquivalent der Kaltzeiten der nördlichen Hemisphäre) wechselnde Ausdehnung von Steppengebieten und damit der Verbreitung der einzelnen Zebra-Formen. Gegenwärtig bilden die Steppenzebras einen Formenkreis, mit den ursprünglichsten Formen (Böhms Zebra) im Norden, den fortschrittlichsten (Burchell-Zebra und das ausgerottete Quagga des Kaplandes) im Süden (Abb. 632).

Caballine Pferde sind unter verschiedenen Namen aus dem europäischen Pleistozän beschrieben worden (*E. steinheimensis, E. „germanicus“, E. taubachensis, E. abeli, E. woldrichi, E. chosaricus, E. antoniusi* und so weiter [1205]), doch täuschen die Namen eine Artenfülle vor. Große (*E. mosbachensis* und *E. abeli* aus älteren und jüngeren Steppenphasen [106, 1640, 2841]), mittelgroße *(E. „germanicus“, E. woldrichi)* und kleine Wildpferde (wie Solutrépferd) lassen sich unterscheiden. Die letzten identifiziert man meist — nicht zuletzt auf Grund von Höhlenzeichnungen des jungpaläolithischen Menschen — mit dem rezenten mongolischen *(Equus przewalskii)* [352], was jedoch schon auf Grund der abweichend proportionierten Metapodien nicht anzunehmen ist [1205, 3177]. Auch das meist breitere und entfernt an den sogenannten Tarpan erinnernde Cranium (Schussenried-Schädel) führen verschiedene Autoren gegen eine derartige Zugehörigkeit an. Leider erlauben die wenigen bekannten eiszeitlichen Pferdeschädel keine bindenden Aussagen, doch ist von den alt-quartären zu den jungeiszeitlichen und holo-

*) Wegen der Nomenklatur vergleiche Trumler [3669]. Groves & Mazak [1218] stellen auch die Pferdeesel zu *Asinus*, die sie allerdings als Genus bewerten. Sie unterscheiden innerhalb der rezenten Einhufer drei Gattungen *(Equus, Asinus* und *Hippotigris)*.

**) *Equus sivalensis* ist nach Trumler [3669] ein primitiver Halbesel, während Hooijer [1513], der *E. namadicus* als Synonym von *E. sivalensis* betrachtet, größere Ähnlichkeiten im Schädel mit *E. przewalskii* oder *E. grevyi* und *E. quagga* feststellt als mit *E. hemionus* oder *E. zebra*. Kraniometrisch zeigen jedoch *Equus hemionus* und *E. zebra* mehr Ähnlichkeit mit *Asinus* als mit *Equus* (sensu stricto).

Abb. 632. Holozäne Verbreitung und „subspezifische“ Differenzierung der Zebras. Die Anordnung entspricht weitgehend der (einstigen) Verbreitung — Nach THENIUS & HOFER 1960

1 = Grevy-Zebra (*Equus [Dolichohippus] grevyi*)
2 bis *9* = Steppenzebra- oder Quagga-Gruppe:
2 = *E. (Hippotigris) quagga boehmi*
3 = *E. (H.) qu. selousi*
4 = *E. (H.) qu. foia*
5 = *E. (H.) qu. chapmani*
6 u. *7* = *E. (H.) qu. antiquorum*
8 = *E. (H.) qu. burchelli*
9 = *E. (H.) qu. quagga*
10 u. *11* = Bergzebra-Gruppe:
10 = *E. (H.) zebra hartmannae*
11 = *E. (H.) z. zebra*

zänen ein deutlicher Trend von der Dolichocephalie zur Brachycephalie festzustellen, so daß der Grad der Brachycephalie nichts über die verwandtschaftlichen Beziehungen aussagt, sondern nur über das Evolutionsniveau Auskunft gibt.

Caballine Pferde sind auch aus dem nordamerikanischen Pleistozän bekannt (*E. niobrarensis**), *E. occidentalis, E. giganteus, E. scotti* und so weiter), die über weite Teile des Kontinents verbreitet waren. Auch sie starben mit dem Ende der Eiszeit und im frühesten Holozän aus [1409]. Erst seit postkolumbianischer Zeit gibt es wieder (verwilderte Haus-) Pferde (Mustangs).

Mit der Abstammung der Hauspferde sind verschiedene Fragen verbunden, die auch gegenwärtig noch zur Diskussion stehen. Die wesentlichsten sind das sogenannte Tarpan-Problem, die taxonomische Zugehörigkeit der jüngsteiszeitlichen Pferde und die Wildnatur des mongolischen Urwildpferdes *(Equus przewalskii)*.

Tarpane**) nennt man die noch im vorigen Jahrhundert in den südrussischen Steppen- (*Equus „gmelini“* ANTONIUS) und nordwestrussischen Waldgebieten (*E. „sylvaticus“* VETULANI) vorkommenden Pferde. Die südrussischen Steppenpferde galten als wilde Stammform der Hauspferde. Nach neueren Untersuchungen ist jedoch die Wildnatur der Tarpane [1214] keineswegs erwiesen, sondern viel eher anzunehmen, daß es sich um verwilderte Haustiere***) oder um mit Haustieren verkreuzte Wildpferde handelt [2339]. Das letzte ist leider auch für die gegenwärtig praktisch ausgerotteten Bestände des mongolischen Wildpferdes anzunehmen [182, 2386]. Daraus ergibt sich jedoch, daß einer endgültigen Lösung der Frage nach der Abstammung der Hauspferde in morphologischer Hinsicht grundsätzliche Schwierigkeiten gegenüberstehen. Angesichts der Tatsache, daß Hauspferde mit Urwildpferden voll fertil kreuzbar sind, erscheint jedoch die Herkunft von *Equus przewalskii* gesichert†). Welche Subspezies jedoch als wilde Stammform der Hauspferde in Betracht kommt, ist damit allerdings nicht geklärt††).

Pferde sind in Mitteleuropa im Neolithikum in den Hausstand übernommen worden. Ein weiteres Domestikationszentrum lag im 3. Jahrtausend v. Chr. in Sibirien.

Abb. 633. *Palaeotherium medium* (Palaeotheriidae). Alt-Oligozän, Europa. Links: P^1—M^3 sin., occlusal, rechts: P^{1-4} sin., buccal. (1/2) — Nach STEHLIN 1938

Aus dem europäischen Alt-Tertiär sind — abgesehen von den schon auf Seite 557 erwähnten Equiden — verschiedene equoide Perissodactyla bekannt, deren Gebißevolution von der der Equiden abweicht. Dies sind die **Palaeotheriiden**, eine bisher nur aus dem Eozän und Alt-Oligozän bekannt gewordene Gruppe von Unpaarhufern. Das fast vollständige Gebiß $\left(\frac{3\ 1\ 4\text{-}3\ 3}{3\ 1\ 4\text{-}3\ 3}\right)$ dieser bis tapirgroßen Formen weicht nicht nur mit den kräftigen Caninen, sondern auch in der raschen Molarisierung der Prämolaren, der Längsdehnung der Molaren und deren (Sub-)-Hypsodontie von dem der gleichaltrigen Equiden ab (Abb. 633). Nach BUTLER [451: 810]

*) Nach HAY [1291] entspricht der Schädel des Pferdes von der Liakhov-Insel [3670] völlig dem von *Equus niobrarensis alaskae* (= *E. laurentius* [2800]) aus Alaska.

**) Im Gegensatz zur mittel- und westeuropäischen Literatur bezeichnet das russische Schrifttum sämtliche Wildpferde, also auch den Kertag, das mongolische Urwildpferd, als Tarpane.

***) Nach GORGAS [1154] ist der Krimtarpan auf Grund der Gehirnschädelkapazität ein echtes Haustier (vergleiche [1264]).

†) Daran ändert auch die Feststellung nichts, daß der Chromosomenbestand des Urwildpferdes (2n = 66) vom Hauspferd (2n = 64) abweicht [238]. Derartige Unterschiede sind auch von anderen Haustieren bekannt (wie *Sus* [2182]).

††) Daß die von SKORKOWSKI [3305, 3306, 3307, 3309, 3310] geschaffene Typologie der Wuchsformen für die zoologische Systematik und darüber hinaus für die Frage nach der Abstammung der Hauspferde unbrauchbar ist, haben HERRE [1378] und MEUNIER [2338] dargelegt.

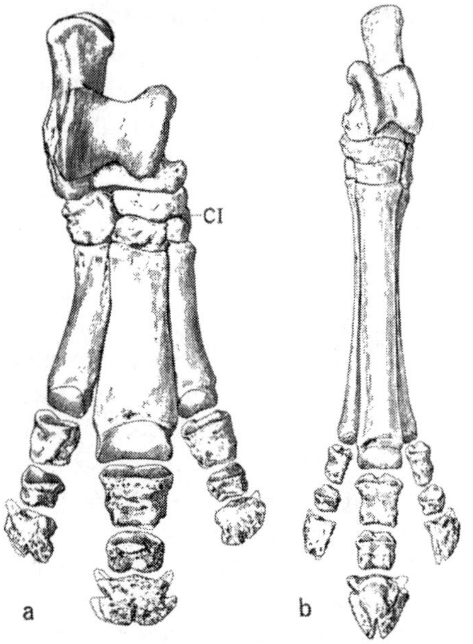

Abb. 634. Hinterfußskelett von Palaeotheriiden, Alt-Oligozän, Europa. a) *Palaeotherium curtum*, b) *Plagiolophus minor*. Beachte Proportionsunterschiede. *CI* = Cuneiforme I. (1/3) — Nach STEHLIN 1938

zeigen die Palaeotheriiden einen von den übrigen Hippomorpha verschiedenen primitiveren Molarisierungsmodus ähnlich den Condylarthren. Dennoch wäre es verfehlt, die Palaeotheriiden deshalb als gänzlich unabhängig von den Equiden entstandenen Perissodactylenstamm anzusehen. Zwei Stämme sind zu unterscheiden. Der eine Stamm umfaßt die meist kurzbeinigen *Palaeotherium*-Arten, der andere die schlankbeinigen *Plagiolophus*-Formen [3413] (Abb. 634). Innerhalb von *Palaeotherium* lassen sich mehrere Linien unterscheiden, die neuerdings subgenerisch abgetrennt werden [974]. *Leptolophus* aus dem Ober-Eozän ist nicht nur durch die hypsodonten Molaren eine hochspezialisierte Endform der Palaeotheriiden [2874]. Die Herkunft der erstmalig im mittleren Eozän auftretenden Palaeotherien ist noch nicht geklärt, und es ist fraglich, ob Hyracotherien auch hier die Stammformen bilden. Verbindende Übergangsstadien fehlen jedenfalls.

Hippomorpha II (*Brontotherioidea*)

Als Brontotherioidea faßt man jene Unpaarhufer zusammen, die durch das bunoselenodonte Gebiß und die Ausbildung knöcherner Schädelfortsätze gekennzeichnet sind; die Fortsätze erreichten besonders bei den geologisch jüngeren Formen eine beträchtliche Länge (Abb. 635). Im Backengebiß stimmten sie zwar eher mit den Chalicotheriiden überein, doch zeigen gegensätzliche Spezialisationstendenzen im Bau des Schädels und der Extremitäten, daß es sich um eine Parallelerscheinung handelt.

Die geologisch ältesten **Brontotheriiden** sind mit *Lambdotherium* aus dem jüngeren Alt-Eozän (La Barge Fauna = Upper Knight = Lost Cabin-Member des Wasatchian [1080]) Nordamerikas bekannt geworden. Sie lassen sich zwanglos von ältest-eozänen Hyracotherien ableiten. Der Schädel besitzt keine knöchernen Fortsätze und weicht nicht grundsätzlich von dem primitiver ceratomorpher Perissodactyla ab, ist jedoch niedriger und breiter, und der Postorbitalfortsatz schließt die Orbita teilweise ab. Das Gebiß ist fast vollständig $\left(\frac{3\,1\,4\,3}{3\,1\,3\,3}\right)$,

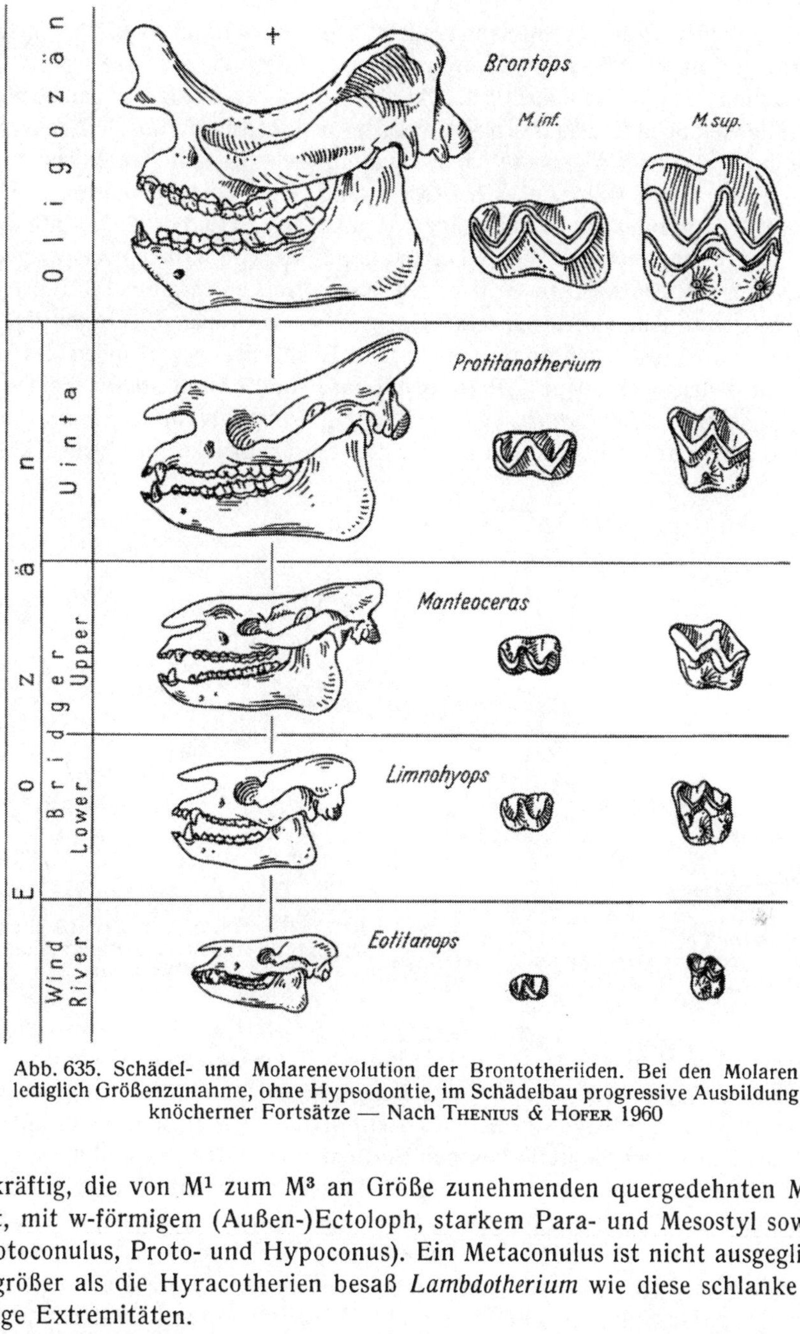

Abb. 635. Schädel- und Molarenevolution der Brontotheriiden. Bei den Molaren lediglich Größenzunahme, ohne Hypsodontie, im Schädelbau progressive Ausbildung knöcherner Fortsätze — Nach THENIUS & HOFER 1960

die C sind kräftig, die von M^1 zum M^3 an Größe zunehmenden quergedehnten Molaren sind brachyodont, mit w-förmigem (Außen-)Ectoloph, starkem Para- und Mesostyl sowie 3 Innenhöckern (Protoconulus, Proto- und Hypoconus). Ein Metaconulus ist nicht ausgegliedert [336]. Nur wenig größer als die Hyracotherien besaß *Lambdotherium* wie diese schlanke vierfingrige und dreizehige Extremitäten.

Im jüngeren Eozän sind bereits mehrere Stämme (Palaeosyopinae, Dolichorhininae, Telmatheriinae und Brontopinae) ausgebildet; ihnen ist zwar eine Größenzunahme gemeinsam, doch unterscheiden sie sich jedoch vor allem in abweichenden Spezialisationstendenzen im Bau des Schädels (Dolichocephalie, Brachycephalie, Verkürzung des Fazialschädels, Ausbildung recht verschieden gestalteter knöcherner Nasenfortsätze [2525]). Die Ausgangsgruppe bilden die Palaeosyopinae *(Eotitanops, Limnohyops* und *Palaeosyops)* mit kleinem oder hinfälligem

Protoconulus, einfachen Prämolaren, sehr niedrig-kronigen Molaren, vollständigem Gebiß und einem zur Brachycephalie neigenden Cranium ohne knöcherne Fortsätze.

Für die Dolichorhininae (*Metarhinus, Dolichorhinus*) des nordamerikanischen Eozäns ist die Verlängerung des Schädels charakteristisch. Bei den Telmatherinae, die aus Nordamerika (*Telmatherium*) und Asien (*Metatelmatherium, Hyotitan*) bekannt sind, treten erstmalig schwache Fronto-Nasal„hörner" auf, während es bei den Brontopinae zu verlängerten Nasen„hörnern" bei gleichzeitiger Verkürzung des Fazialschädels kommt. Nach Osborn [2525] läßt sich innerhalb der nordamerikanischen Vertreter dieser Unterfamilie, die von *Limnohyops* abgeleitet werden kann, eine von *Manteoceras* (Late Bridgerian) über *Protitanotherium* (Uintan) zu *Brontops* (Chadronian) führende Ahnenreihe unterscheiden. Wie Granger & Gregory [1164] gezeigt haben, sind die vermeintlichen nordamerikanischen Brontotheriergattungen des mongolischen Jung-Eozäns Parallelentwicklungen („*Protitanotherium*" und „*Manteoceras*" bei Osborn = *Protitan* bzw. *Rhinotitan*, „*Metarhinus*" = *Microtitan*, „*Telmatherium*" = *Gnathotitan*), die sich auf mittel- und jung-eozäne nordamerikanische Genera (Telmatheriinae) zurückführen lassen.

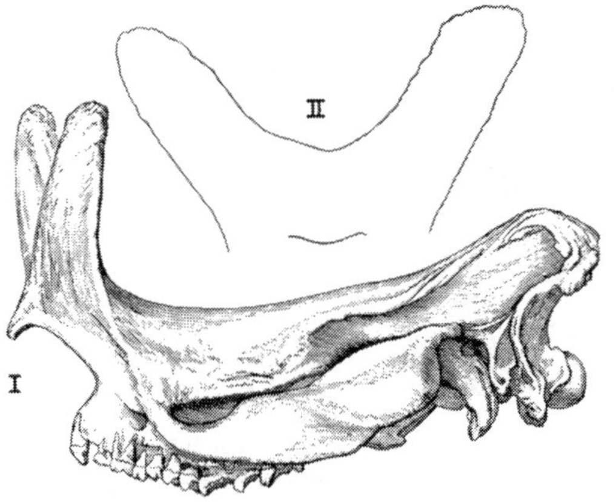

Abb. 636. *Brontotherium platyceras* (Brontotheriidae). Alt-Oligozän, Nordamerika. Osteocranium, lateral (I), Schädelfortsätze, frontal (II). (2/23) — Nach Scott 1941

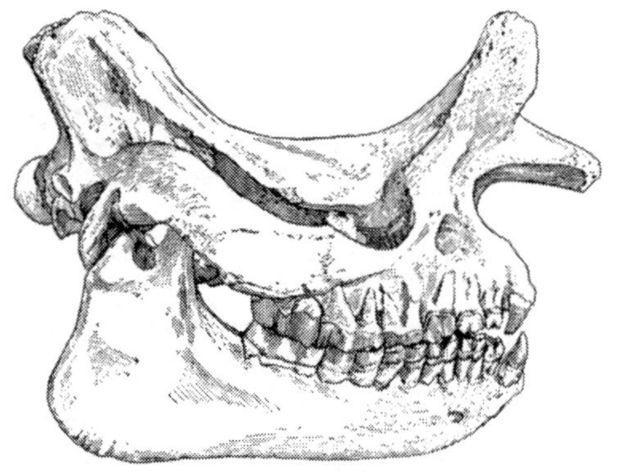

Abb. 637. *Menodus giganteus* (Brontotheriidae). Alt-Oligozän, Nordamerika. Osteocranium, lateral. (1/14) Nach Scott 1941

Unter den asiatischen Brontotheriiden sind nach Granger & Gregory drei Stämme (Metatelmatheriinae, Epimanteoceratinae und Embolotheriinae) vorhanden gewesen, von denen die Embolotheriinae durch die enorm entwickelten, distal verbreiterten Nasenfortsätze charakterisiert sind, die jene der nordamerikanischen Formen übertreffen. Es sind die spezialisiertesten Titanotherien überhaupt. Die Herkunft der Embolotheriinae ist mit *Protembolotherium* aus der Shara Murun-Formation (jüngeres Jungeozän) der Mongolei [1647] geklärt, indem diese Gattung zwischen *Protitan* (Irdin Manha-Formation = älteres Jungeozän) und *Embolotherium* (Ulan Gochu- und Houldjin-Oligozän) vermittelt. *Titanodectes* gehört einer Seitenlinie an. Während in Asien die Embolotheriinae im Mittel-Oligozän mit *Embolotherium* als Endform ausstarben, sind die Brontotheriinae mit *Megacerops* und *Brontotherium* (Abb. 636) und die Menodontinae mit *Menodus* (Abb. 637 u. 638) in Nordamerika bereits am Ende des Alt-Oligozäns (Chadronian) verschwunden. Ob dieses plötzliche Verschwinden der riesigen Endformen mit großräumigen Klimaänderungen in Zusammenhang steht, wie man verschiedentlich annimmt, sei dahingestellt. Genau so gut läßt sich das Aussterben mit der zunehmenden Konkurrenz durch andere Huftiere (Paarhufer) begründen.

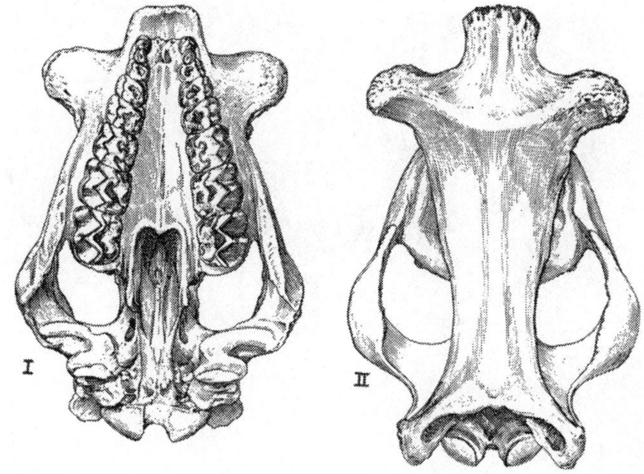

Abb. 638. *Menodus giganteus,* wie Abb. 637. Osteocranium in Ventral- (I) und Dorsalansicht (II). (ca. 1/14) — Nach Scott 1941

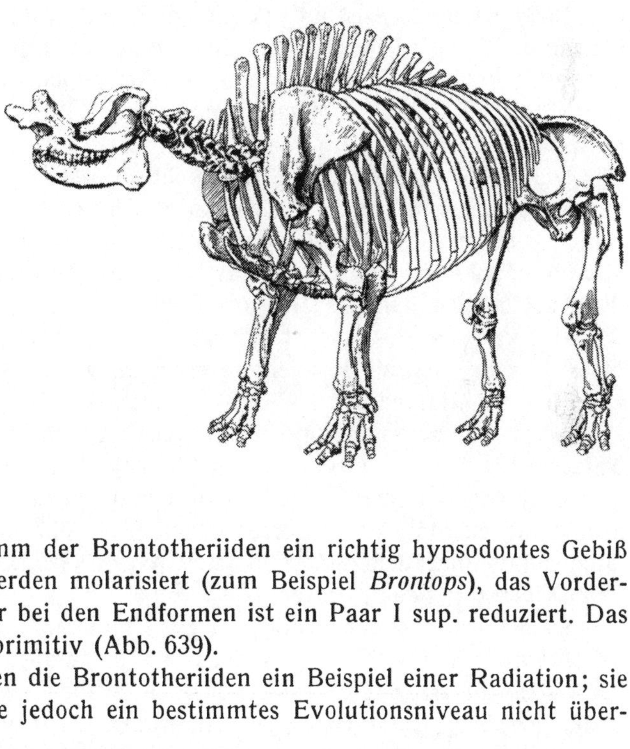

Abb. 639. *Brontops robustus* (Brontotheriidae). Alt-Oligozän, Nordamerika. Skelettrekonstruktion. (1/40) — Nach Scott 1941

Bemerkenswert ist, daß kein Stamm der Brontotheriiden ein richtig hypsodontes Gebiß ausbildet. Lediglich die Prämolaren werden molarisiert (zum Beispiel *Brontops*), das Vordergebiß ist weitgehend konstant, und nur bei den Endformen ist ein Paar I sup. reduziert. Das Extremitätenskelett bleibt gleichfalls primitiv (Abb. 639).

In ihrer Gesamtheit gesehen, bilden die Brontotheriiden ein Beispiel einer Radiation; sie führte zu zahlreichen Stammlinien, die jedoch ein bestimmtes Evolutionsniveau nicht überschritten.

Das zur Gesamtgröße relativ kleine Gehirn ist bei *Palaeosyops* aus dem Mittel-Eozän wesentlich evoluierter als das von *Hyracotherium* oder *Heptodon*, indem die Hemisphären deutlich gefurcht sind und die Ausdehnung des Neocortex größer ist (Abb. 640). Die bei dieser Gattung großen Bulbi olfactorii werden bei den alt-oligozänen Brontotherien *(Menodus)* stark reduziert und ebenso wie das Kleinhirn vom Großhirn teilweise bedeckt. Die Furchen der Hemisphären sind zahlreich. Vergleichen mit den Equiden, entspricht das Gehirn einem Stadium, wie es diese erst im Miozän *(Merychippus)* erreichten [847, 850].

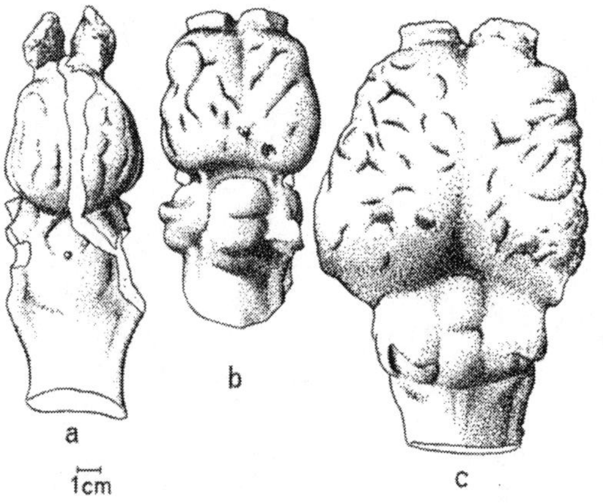

Abb. 640. Endocranialausgüsse (Dorsalansicht) von Brontotheriiden. a) *Mesatirhinus*, Mittel-Eozän, b) *Palaeosyops*, Mittel-Eozän, c) *Menodus*, Alt-Oligozän Nach Edinger 1956

Ancylopoda (*Chalicotherioidea*)

Im einleitenden Abschnitt zu diesem Kapitel wurde bereits darauf verwiesen, daß sich der Stamm der Chalicotherioidea frühzeitig von den übrigen Unpaarhufern abgespalten haben muß und auch deshalb die Abtrennung der Ancylopoda als eigene Unterordnung gerechtfertigt erscheint [2804]. Auch die morphologischen Differenzen machen eine derartige Gliederung notwendig.

Die Chalicotherioidea sind eine recht eigenartig spezialisierte Huftiergruppe; sie besitzen bestenfalls eine entfernte Parallele unter den Homalodotherien des südamerikanischen Tertiärs, mit denen sie seinerzeit auch in direkte Verbindung gebracht wurden [71, 3796]. Ursprünglich als unabhängig aus Unguiculaten hervorgegangener Stamm angesehen, erkannte Osborn die Ancylopoden bald als Huftiere, und zwar als aberrante Angehörige der Perissodactyla [2515]. Peterson [2644] weist auf allgemeine Übereinstimmungen mit den Unpaarhufern hin, die sich schwerlich als Konvergenzerscheinung deuten lassen, sondern nur im gemeinsamen Ursprung zu erklären sind. Wie sehr jedoch die Umkonstruktionen den Huftiercharakter — zumindest im Extremitätenskelett — verwischt haben, möge die auch historisch interessante Tatsache belegen, daß Cuvier Reste (Phalangen) dieser Huftiere ursprünglich als Riesenschuppentier („pangolin gigantesque“) deutete und Lartet und Gaudry Extremitätenknochen noch als „grand édenté“ klassifizierten. Cope [624, 627] stellt die Chalicotheriiden noch zu den Unguiculata, nachdem jedoch bereits Marsh [2234a] die Ähnlichkeit (im Gebiß) mit den Brontotheriiden betont hatte.

Damit ist bereits angedeutet, daß es sich um recht eigenartig spezialisierte Huftiere handelt, denen vor allem durch die Ausbildung der Gliedmaßen (Endphalangen als vergrößerte, seitlich stark komprimierte und tief gespaltene „Hufkrallen“ entwickelt (Abb. 641); Grund- und Mittelphalangen bei spezialisierten schizotheriinen Formen verkeilt beziehungsweise ankylosiert, Vorderextremität länger als Hinterextremität und enterhakenähnlich [3014]) eine Sonderstellung zukommt. Das Cranium ist bei den jung-tertiären Chalicotherien durch eine leichte Verlängerung des Fazialabschnittes gekennzeichnet, das brachyodonte bis subhypsodonte Backengebiß ist — ähnlich den Brontotheriiden — bunoselenodont*) gebaut, die Prämolaren sind nicht

*) Gegenüber den Brontotheriiden finden sich bei den Chalicotherioidea jedoch schräge Leisten an den Msup., die den Zwischenhöckern (Proto- und Metaconulus) entsprechen. Schon dadurch weichen die Molaren der Ancylopoden ab und die Ähnlichkeit mit den Brontotherien ist als Parallelerscheinung und nicht als Zeichen näherer Verwandtschaft zu werten. Somit ist eine Zusammenfassung der Brontotherioidea und der Chalicotherioidea zu einer Gruppe abzulehnen.

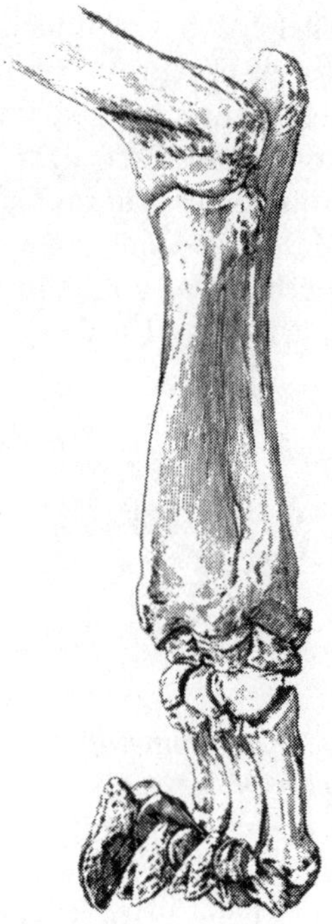

Abb. 641. *Ancylotherium pentelicum* (Chalicotheriidae). Linke Vorderextremität. Beachte „Hufkrallen". (1/12) Nach SCHAUB 1943

molarisiert, und das Vordergebiß ist bereits frühzeitig in Reduktion begriffen. Schädelfortsätze sind nicht ausgebildet. Auch der Bau der Halswirbelsäule ist bei Chalicotheriiden (zum Beispiel *Chalicotherium*) mit den schwachen Wirbelkörpern und den enorm verstärkten Zygapophysen eine für Huftiere einmalige Spezialisation [13].

Die geologisch ältesten Ancylopoden-Reste stammen nach RADINSKY [2804] aus dem ältesten Eozän (Early Wasatchian) der USA (*Palaeomoropus jepseni*, Abb. 642). Es sind obere

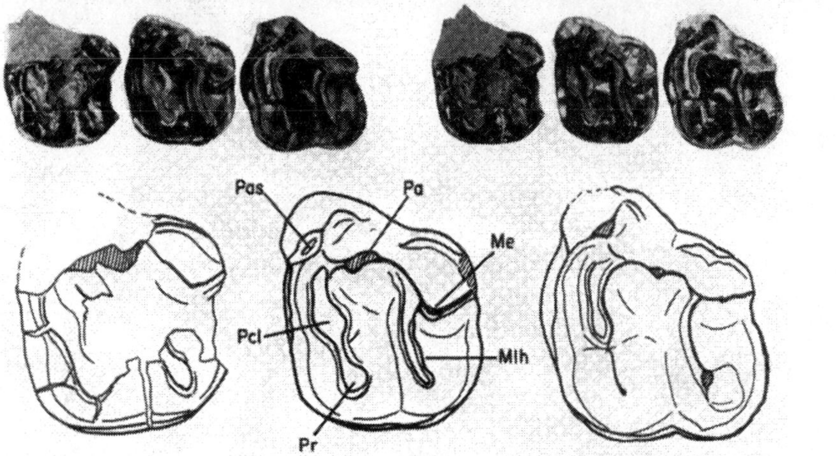

Abb. 642. *Palaeomoropus jepseni* (Eomoropidae). Alt-Eozän, Nordamerika. M^{1-3} sin., occlusal. Oben: Stereophotographie (ca. 1/1). Unten: Zeichnung (ca. 2/1) — Nach RADINSKY 1964

Me = Metacon *Mlh* = Metaloph *Pa* = Paracon *Pas* = Parastyl *Pcl* = Protoconulus *Pr* = Protocon

Molaren mit durch Leisten verbundenen Para- und Metaconhöckern, mit kräftigem Parastyl, jedoch ohne Mesostyl, mit Proto- und Metaloph. Das Vorderjoch ist durch eine scharfe Kerbe gegliedert, die die Grenze zwischen dem Protoconulus und dem in der Fortsetzung davon gelegenen Protoconus markiert. Das Hinterjoch dagegen ist nicht gegliedert. Damit ist ein zweifellos chalicotherioider Charakter vorhanden, doch sind durch die Lage des Protocons, das Fehlen des Mesostyls und den kräftigen Parastyl deutliche Unterschiede gegenüber den Chalicotheriiden vorhanden. Völlig übereinstimmend gebaute Molaren finden sich bei *Lophiaspis maurettei* aus dem älteren Eozän (Sparnacien) Frankreichs (Abb. 643), die eine generische

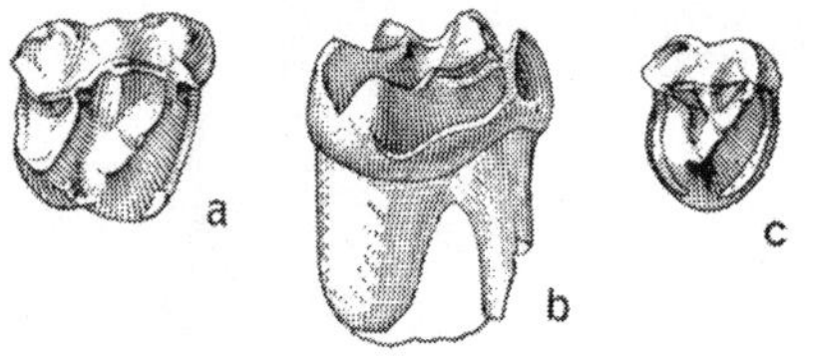

Abb. 643. *Lophiaspis maurettei* (Eomoropidae). Alt-Eozän, Europa (Soissonais). a, b) M^2 dext., occlusal und schräg seitlich-vorne, c) P^4 dext. (7/8). Beachte das durch den Protoconulus gegliederte Protoloph — Nach Savage, Russell & Louis 1966

Selbständigkeit von *Palaeomoropus* fraglich erscheinen lassen. Radinsky [2804] stellt jedenfalls die Gattung *Lophiaspis*, die bisher stets als Lophiodontide klassifiziert wurde [943], zu den Ancylopoda und vereinigt sie mit *Litolophus* (Abb. 644—646), *Eomoropus* und *Grangeria* [579, 3995] aus dem Jung-Eozän Nordamerikas und Asiens*) zur Familie der **Eomoropidae** [3740]. Sie sind primitive, kleine bis mittelgroße Perissodactyla mit brachyodonten, chalicotherioiden Backenzähnen, mittelgroßen bis vergrößerten Caninen, submolariformen Prämolaren, M_3 mit Hypoconulid und einem bei den geologisch jüngeren Formen (z. B. *Grangeria*) reduzierten Vor-

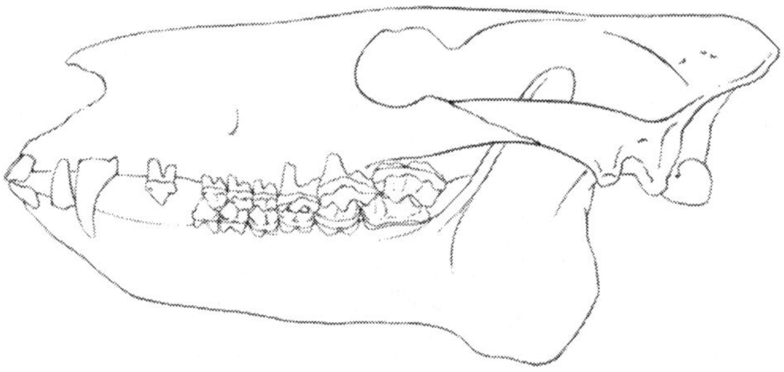

Abb. 644. *Litolophus* (= „*Grangeria*") *gobiensis* (Eomoropidae). Jung-Eozän, Mongolei. Schädelrekonstruktion (Lateralansicht). Beachte Differenzierung des Vordergebisses (Abb. 646). (1/4) — Nach Colbert 1934

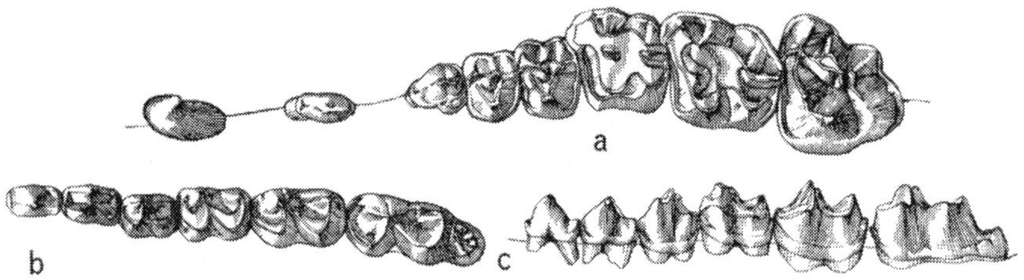

Abb. 645. *Litolophus gobiensis*, wie Abb. 644. a) C—M^3 sin., occlusal; b, c) P_2—M_3 sin., occlusal und buccal. (ca. 1/2) — Nach Radinsky 1964

*) Die Zugehörigkeit der noch ungenügend dokumentierten Gattung *Lunania* aus dem Ober-Eozän Chinas [540] zu den Ancylopoden ist wahrscheinlich.

Abb. 646. *Litolophus gobiensis*, wie Abb. 644. Schnauzenregion. a) Vorderansicht mit C sup., Wurzel des I^2 und Alveole des stark reduzierten I^1. b) Unterkiefersymphyse von oben mit C inf. und Incisiven. (1/2). Vordergebiß zeigt chalicotherioide Reduktionstendenzen — Nach Colbert 1934

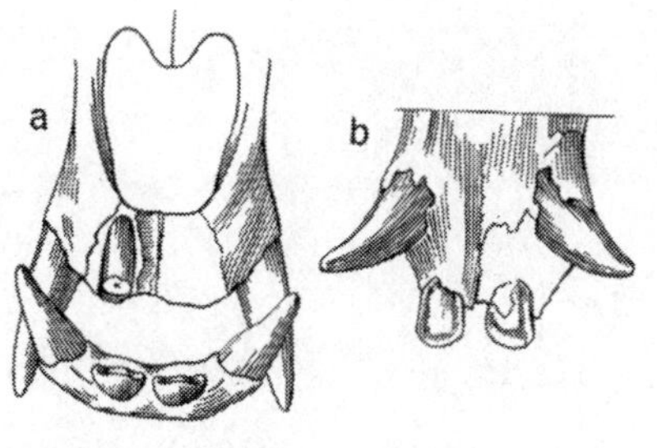

dergebiß $\left(\frac{2\ 1\ 4\ 3}{1\ 1\ 3\ 3}\right)$. Die vierzehige Hand und der dreizehige Fuß zeigen keine chalicotheriide Spezialisation (keine Dorsalflexion der Grundphalangen; Endphalangen). Infolge verschiedener Spezialisationstendenzen (im Gebiß) sind nach Radinsky [2804] bereits im Ober-Eozän drei Stämme zu unterscheiden, von denen *Eomoropus* den zu den oligozänen und jüngeren Chalicotheriiden führenden Hauptstamm, *Litolophus* eine primitive, persistierende und *Grangeria* eine spezialisierte Seitenlinie bilden.

Die erstmals im Oligozän Eurasiens mit *Schizotherium* nachgewiesenen **Chalicotheriiden** sind im Gebiß, Schädel und den Extremitäten höher spezialisiert als die Eomoropiden. Zwei Hauptstämme lassen sich unterscheiden: die Schizotheriinae (Schizotherini Colbert [579]) mit Tendenz zum hypsodonten Backengebiß und die Chalicotheriinae (Chalicotherini Colbert [579]) mit brachyodontem Gebiß. Die Chalicotheriiden sind mittelgroße bis große Unpaarhufer mit verlängerten Vorderextremitäten und zu „Hufkrallen" modifizierten Endphalangen. Bei den Schizotheriinen ist die „Überbauung" der Vorderextremität geringer als bei den Chalicotheriinen. Letztere sind durch *Kyzylkakhippus* und *Chalicotherium (=„Macrotherium")* im Tertiär Eurasiens (Abb. 647) und Afrikas [457] und *Circotherium* im Pleistozän Asiens nach-

Abb. 647. *Chalicotherium* (=„*Macrotherium*") *brevirostris* (Chalicotheriidae). Jung-Miozän (Tung Gur-Formation), Mongolei. Osteocranium, Lateralansicht. Beachte Reduktion der Prämaxillaria. (1/3) — Nach Colbert 1934

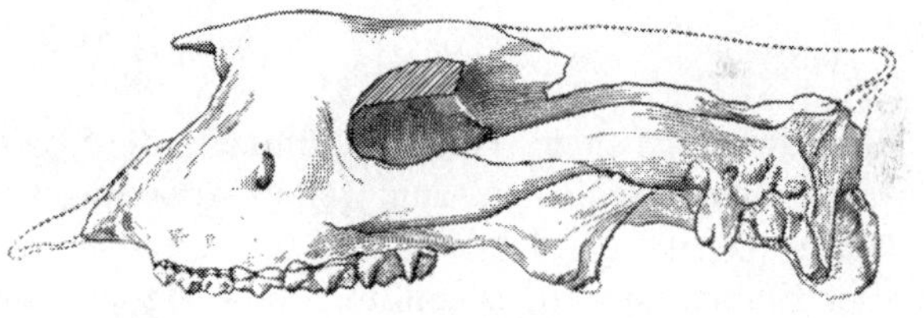

gewiesen. *Chalicotherium rusingense* aus dem Miozän Ostafrikas verhält sich in manchen Merkmalen etwas ursprünglicher als *Chalicotherium grande* aus dem europäischen Miozän [457] und ist eine persistierende Form. *Chalicotherium goldfussi**) aus dem europäischen Alt-Pliozän scheint eher in den Extremitäten von *Ch. grande* verschieden zu sein als im Gebiß [3984 a]. Die Chalicotherien verschwinden in Europa mit dem Pliozän.

Demgegenüber sind die auch in Nordamerika (*Moropus* [1501]) verbreiteten Schizotheriinae durch zahlreiche Genera im Alt- und Jung-Tertiär nachgewiesen (Abb. 648); auch sie starben erst im Pleistozän endgültig aus. Mit *Schizotherium*, *Phyllotillon (= „Metaschizotherium")* und *Borissiakia* [347, 579, 1777]) bereits im Oligozän Eurasiens vertreten (Abb. 649), setzen sich

*) Die in der Literatur seit Abel [13, 16] als *Chalicotherium goldfussi* aus angeblich pannonischen Ablagerungen von Nikolsburg zitierte Oberkieferbezahnung [3740: Fig. 48] gehört zu *Chalicotherium grande* und stammt aus vindobonischen Schichten.

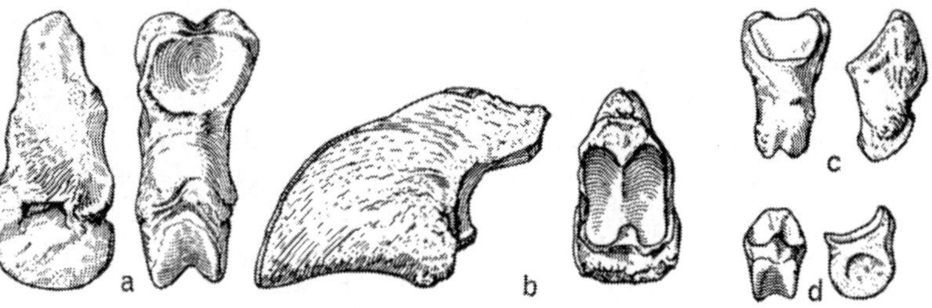

Abb. 648. *Moropus elatus* (Chalicotheriidae). Miozän, USA. a) und b) Phalangen der Hand. a) Phal. I+II (koossifiziert), dig. 2, b) Phal. III, dig. 2. c) und d) Phalangen des Fußes. c) Phal. I dext., d) Phal. II dext. (ca. 1/4) — Nach Holland & Peterson 1914

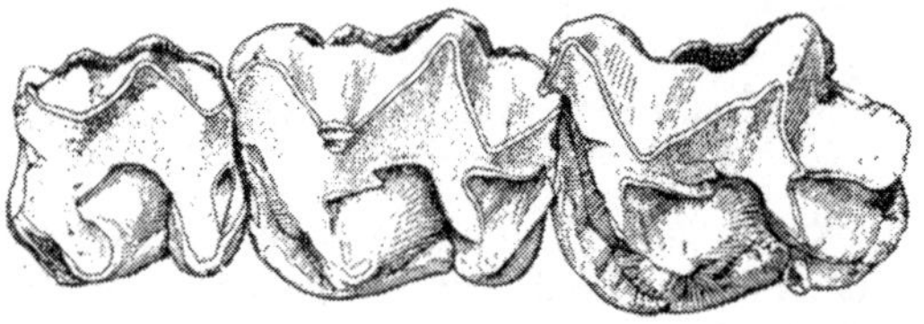

Abb. 649. *Borissiakia* (= „*Phyllotillon*") *betpakdalensis* (Chalicotheriidae). Jung-Oligozän, Kasachstan. M^{1-3} sin., occlusal. (1/2) — Nach Borissiak 1946

die Schizotherien mit *Phyllotillon*, *Moropus* und *Ancylotherium**) im Jung-Tertiär fort. *Schizotherium priscum* und *S. turgaicum* sind die primitivsten Schizotherien, die nach Butler [457] vermuten lassen, daß die gemeinsamen Stammformen von Schizotheriinen und Chalicotheriinen im Alt-Oligozän existiert haben. Mit *Ancylotherium*, das sich von miozänen *Phyllotillon*-Formen (= „*Metaschizotherium*") ableiten läßt, verschwinden die Chalicotheriiden im ältesten Pleistozän**) in Afrika***).

„Amblypoda"

Unter den restlichen „Huftier"stämmen, die Simpson [3257] als Paenungulata zusammenfaßt, lassen sich verschiedene, zum Teil untereinander näher verwandte Gruppen unterscheiden. Dies sind einerseits die Proboscidea, Sirenia und Hyracoidea, die man in der älteren Literatur (samt den Embrithopoda) als „Subungulata"†) zusammenfaßt. Morphologisch stark verschieden, haben anatomische und serologische Befunde die verwandtschaftlichen Beziehungen der drei genannten rezenten Säugetierordnungen bestätigt. Dies gilt auch für die Hyracoidea, die man auf Grund morphologischer Kriterien verschiedentlich mit den Perissodactyla in nähere Verbindung bringt. Die nur mit *Arsinoitherium* vertretenen Embrithopoden lassen sich vielleicht dieser Gruppe anschließen. Völlig isoliert stehen dagegen die ausgestorbenen Desmostylia, die man meist mit den Sirenia in Verbindung brachte; ihr phylogenetischer Eigenweg fand jedoch in neueren Untersuchungen eine Bestätigung.

---

*) „*Neoschizotherium*" Viret [3734] = *Pliohyrax*.

**) „*Metaschizotherium*" *henningi* = *Ancylotherium* = „*M.*" *transvaalensis* [457, 787, 3785].

***) *Postschizotherium chardini* [1777] aus dem Ältest-Quartär Chinas ist kein Chalicotheriide, sondern ein hochspezialisierter Hyracoide [1809].

†) Nach Simpson [3257] läßt sich die Bezeichnung Subungulaten nicht für die genannten Säugetiere verwenden, da Illiger [1627] darunter die Cavioidea (*Coelogenys, Dasyprocta, Hydrochoerus* und *Cavia*) verstand. Ob die in manchen Merkmalen ähnlichen, meist neuweltlichen „Amblypoden" mit den „Subungulaten" (im Sinne von Schlosser und Weber) näher verwandt sind, ist sehr fraglich und wird sich wohl erst durch weitere paleozäne Funde entscheiden lassen.

Wenn die restlichen verbleibenden Stämme hier als „Amblypoda“ zusammengefaßt werden, so soll damit lediglich ihre Stellung gegenüber den übrigen „Paenungulaten“ zum Ausdruck gebracht sein, ohne daß damit unbedingt einer gemeinsamen Wurzelgruppe für die Pantodonta, Dinocerata, Pyrotheria und Xenungulata das Wort geredet sei. Ihre Gemeinsamkeiten sind vorwiegend Konservativmerkmale (wie primitives Gehirn, Molarenbau, fünfzehige Extremitäten, Fußstruktur [2271]). Immerhin kann als gesichert gelten, daß alle „Paenungulaten“ trotz gemeinsamer Konservativmerkmale mit Insectivoren (Dilambdodontie der M sup.) ihren Ursprung von primitiven Huftieren genommen haben.

Unter dem Begriff Amblypoda faßte Cope [624, 627] die Pantodonta (Coryphodontidae), Dinocerata (Uintatheriidae) und die Taligrada (Pantolambdidae)*) zusammen, während Wheeler [3829] auch die Pyrotheria und die Xenungulata als Amblypoda klassifiziert. Demgegenüber sieht Simons [3188] in den Ähnlichkeiten (wie Fußstruktur, dolchförmig verlängerten Caninen) zwischen Pantodonta und Dinocerata in Übereinstimmung mit Wood [3924] und Simpson [3221] lediglich Konvergenzerscheinungen. Wie nämlich bereits Wood [3924] festgestellt hat, ist die Beurteilung der stammesgeschichtlichen Zusammenhänge zwischen Pantodonta und Dinocerata im wesentlichen eine Frage der Homologisierung der Molarenhöcker (Abb. 650). Während Osborn [2516] eine Ableitung des *Uintatherium*- vom *Coryphodon*-Molaren-

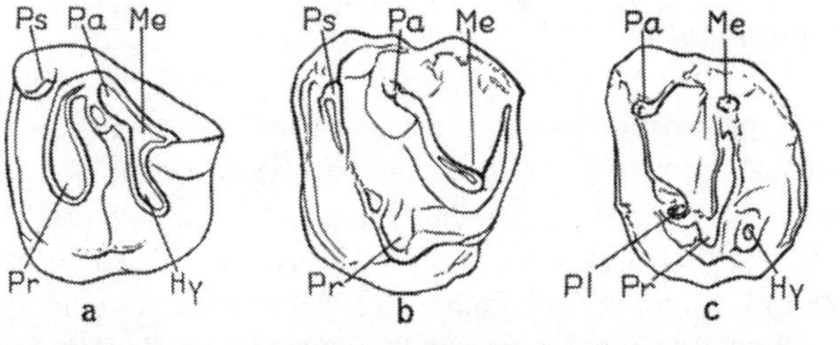

Abb. 650. M sup. sin. (occlusal) eines Perissodactylen (a), Pantodonten (b) und Dinoceraten (c). Beachte einander nicht homologe Jochbildung. a) *Hyrachyus*, b) *Coryphodon*, c) *Uintatherium*. (Nicht maßstäblich) — Nach Simpson 1929

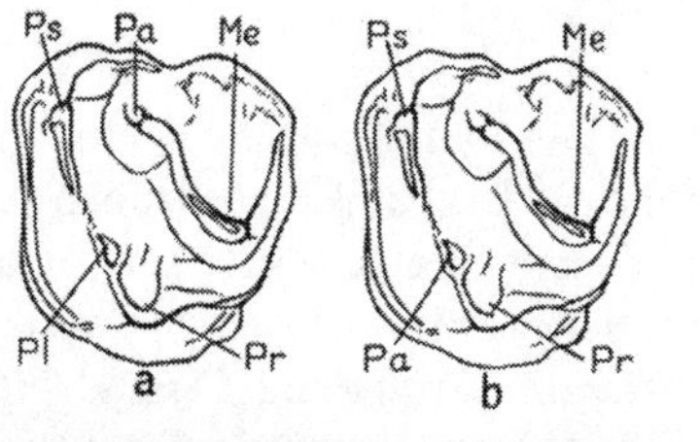

Abb. 651. Höckerhomologisierung am M sup. von *Coryphodon*. a) nach Osborn und Simpson, b) nach Matthew — Nach Simpson 1929

Hy = Hypocon *Me* = Metacon *Pa* = Paracon *Pr* = Protocon *Ps* = Parastyl

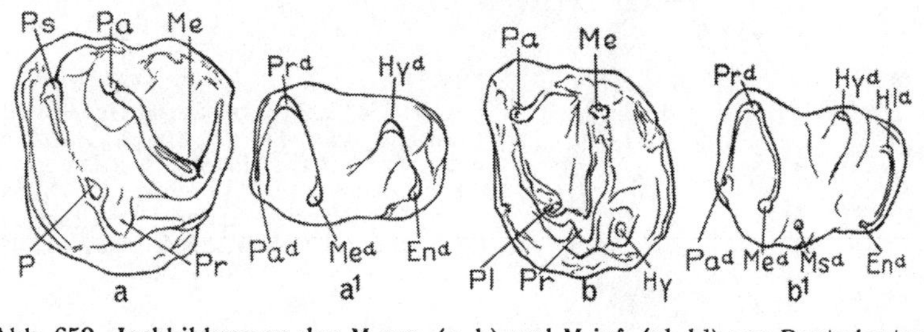

Abb. 652. Jochbildung an den M sup. (a, b) und M inf. (a^1, b^1) von Pantodonten und Uintatherien. a, a^1) *Coryphodon*, b, b^1) *Uintatherium* — Nach Simpson 1929

En^d = Entoconid *Hy*^{d} = Hypoconid *Ms*^{d} = Mesostylid *Pr*^{d} = Protoconid
Hl^d = Hypoconulid *Me*^{d} = Metaconid *Pa*^{d} = Paraconid

*) Die Zugehörigkeit der von Osborn und Matthew als Taligrada klassifizierten Periptychiden zu den Condylarthra hat Simpson [3244] erkannt, wenngleich zugegebenermaßen verschiedene Übereinstimmungen zwischen den Periptychiden und Amblypoden bestehen (vgl. S. 508).

muster durchaus möglich erscheint, ist dies nach Wood [3924] auf Grund der abweichenden Homologisierung nicht der Fall (Abb. 651). Nur die Coryphodontiden lassen sich von Pantolambdiden ableiten (Abb. 652 u. 653). Die Wurzelgruppe der Uintatheriiden ist noch unbekannt. Damit sind Pantodonta und Dinocerata als Parallelstämme zu werten. Angesichts dieser Feststellung und der Möglichkeit, daß manche Übereinstimmung und Ähnlichkeit zwischen den nur holarktisch verbreiteten „Amblypoden" (Pantodonta und Dinocerata) und den ausschließlich neotropischen Pyrotheria und Xenungulata gleichfalls nur der Ausdruck von Konvergenz- und Parallelerscheinungen sein könnte, ist der Begriff „Amblypoda" nicht als genetische Einheit aufzufassen und daher mit Anführungszeichen versehen.

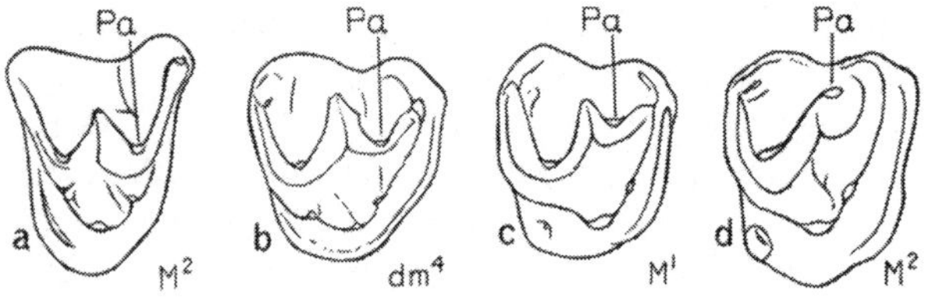

Abb. 653. Evolution der Maxillarbackenzähne der Pantodonten. a) *Pantolambda* (M^2), b) *Coryphodon* (D^4), c) *Coryphodon* (M^1), d) *Coryphodon* (M^2). *Pa* = Paraconus. (Nicht maßstäblich) — Nach Simpson 1929

Pantodonta

Die Pantodonten sind eine kleine Gruppe primitiver placentaler Säugetiere, deren Formenfülle als Ergebnis einer frühen Radiation aufzufassen ist*). Es sind mittelgroße bis große Säugetiere mit ausgebildeter Clavicula (bei primitiven Formen), fünfzehigen, meist plumpen (gravigraden) Extremitäten bei stets getrenntem Radius und Ulna sowie Tibia und Fibula sowie serialem Carpus und Tarsus. Die Fibula gelenkt auch am Calcaneus. Die Endphalangen sind im allgemeinen hufartig, gelegentlich gespalten *(Leptolambda)* und nur bei *Titanoides* krallenähnlich

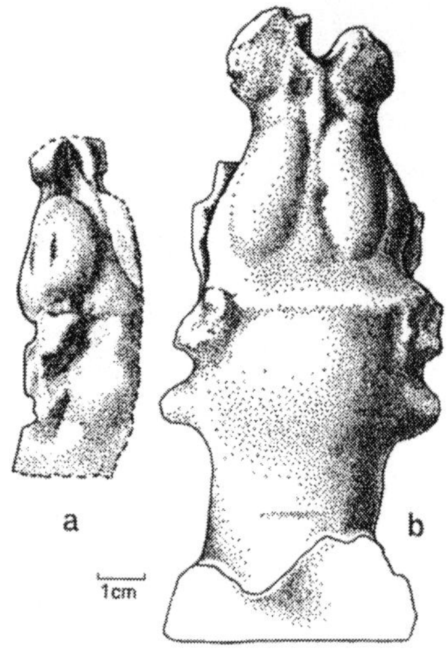

Abb. 654. Endocranialausgüsse (Dorsalansicht) von Pantodonten. a) *Pantolambda*, Mittel-Paleozän, Nordamerika, b) *Haplolambda*, Jung-Paleozän, Nordamerika. Beachte kappenförmiges Neopallium und große Riechkolben — Nach Edinger 1956

*) Simons [3188] nimmt wohl durchaus zu Recht an, daß die Formenfülle der Pantodonten durch das Fehlen einer Säugetierfauna mit Großformen gegeben sei und weist in diesem Zusammenhang auf die Mannigfaltigkeit der Lemuroidea in Madagaskar hin.

gestaltet. Reste von Pantodonten kennen wir bisher nur aus dem Alt-Tertiär, doch erreichten sie die größte Formenfülle bereits im jüngeren Paleozän. Im Paleozän waren Pantodonten bisher nur aus Nordamerika bekannt, im Eozän aber auch in Europa und Asien verbreitet. Die geologisch jüngsten Formen sind aus dem asiatischen Oligozän nachgewiesen.

Die geologisch ältesten Pantodonten stammen aus dem Mittel-Paleozän (Torrejonian; *Pantolambda, Titanoides)*. Sie zeigen bemerkenswerte Übereinstimmungen (Gebiß, Schädelbasis) mit Oxyclaeniden (zum Beispiel *Deltatherium*), so daß eine Ableitung von „Creodonten“ (= Condylarthra; siehe Seite 500) durchaus wahrscheinlich ist, wenn auch die bekannten Condylarthren nicht als direkte Stammformen in Betracht kommen. Verschiedene Ähnlichkeiten und Gemeinsamkeiten im Bau der Extremitäten und auch des Gehirns (Abb. 654) mit Periptychiden waren seinerzeit Anlaß, diese und die Pantolambdiden als Taligraden zusammenzufassen [2277]. Auf Grund der Unterschiede im Gebiß können diese Übereinstimmungen nur als gemeinsame Konservativmerkmale bewertet werden.

Innerhalb der Pantodonten sind nach Simons [3188] zwei Hauptstämme (Pantolambdoidea und Coryphodontoidea) zu unterscheiden. Als ursprünglichste Pantodonten sind die **Pantolambdidae** anzusehen, die durch *Pantolambda* (Mittel-Paleozän) und *Caenolambda* (Jung-Paleozän) aus Nordamerika bekannt sind (Abb. 655). Es waren mittelgroße Formen mit einem an *Deltatherium* erinnernden Cranium mit kurzem Fazialabschnitt, ausladenden Jochbögen und

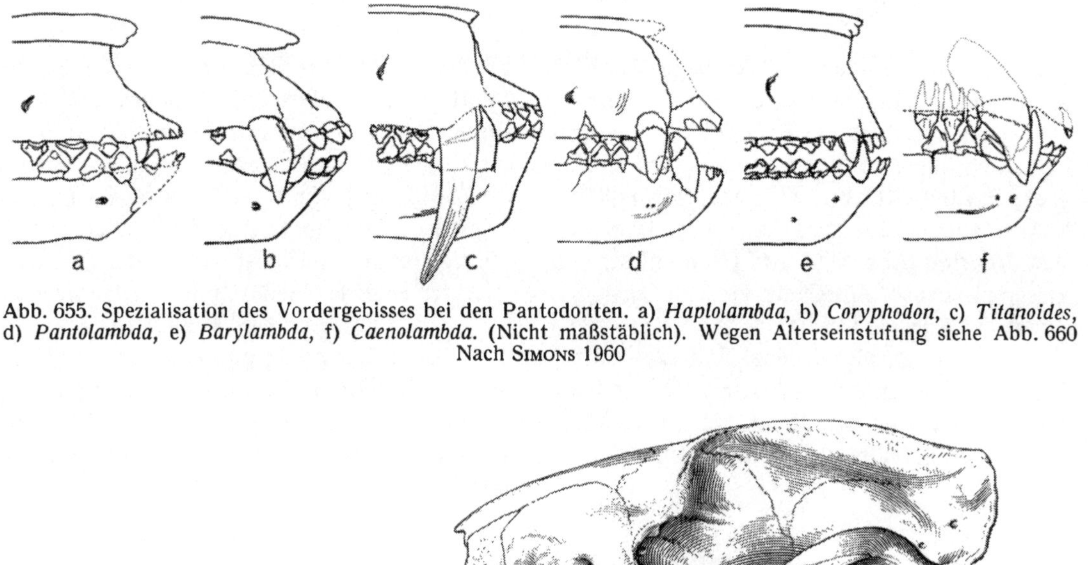

Abb. 655. Spezialisation des Vordergebisses bei den Pantodonten. a) *Haplolambda*, b) *Coryphodon*, c) *Titanoides*, d) *Pantolambda*, e) *Barylambda*, f) *Caenolambda*. (Nicht maßstäblich). Wegen Alterseinstufung siehe Abb. 660 Nach Simons 1960

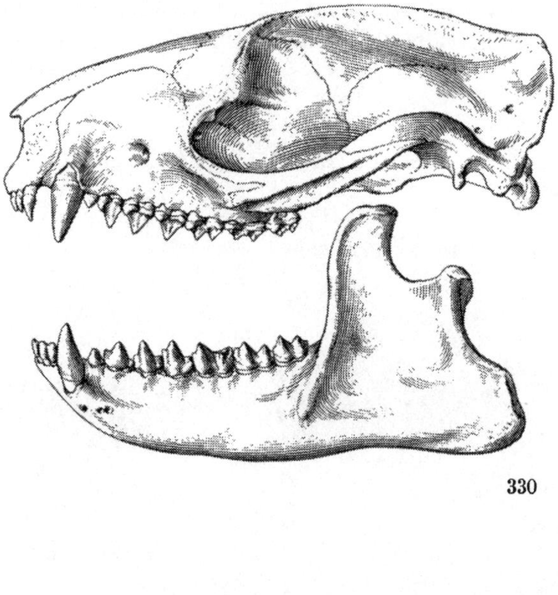

Abb. 656. *Pantolambda bathmodon* (Pantolambdidae). Mittel-Paleozän, USA. Osteocranium, lateral. (1/2) — Nach Matthew 1937

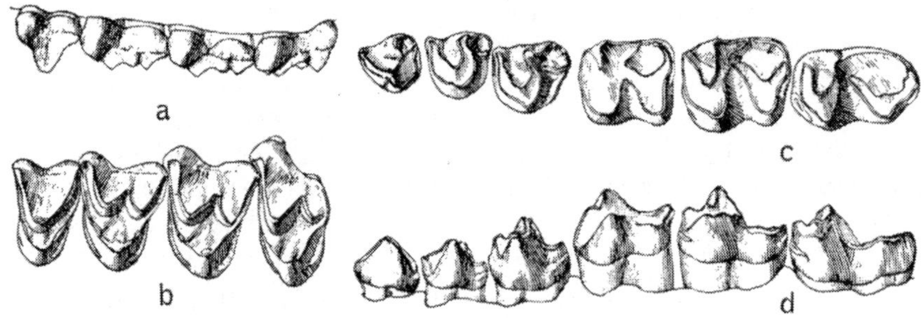

Abb. 657. *Pantolambda cavirictis.* a, b) P^4—M^3 sin., lateral und occlusal, c, d) P_2—M_3 sin., occlusal und buccal. (3/4) — Nach MATTHEW 1937

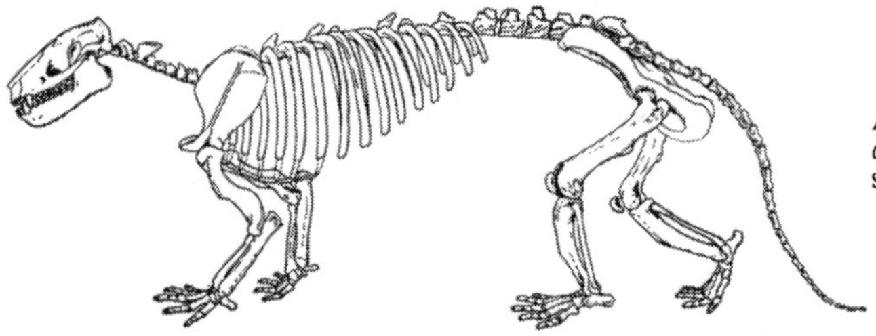

Abb. 658. *Pantolambda bathmodon,* wie Abb. 656. Skelettrekonstruktion. (1/12) — Nach SIMONS 1960

schmalem Stirnschädel und kräftiger Sagittalcrista (Abb. 656). Das Gebiß ist vollständig, die M sup. sind dilambdodont, die M inf. lophodont gebaut, die Prämolaren nicht molarisiert (Abb. 657). Die pentadactylen Extremitäten sind kurz, Rumpf und Schwanz relativ lang (Abb. 658).

Mit *Titanoides (= „Sparactolambda")* haben wir aus dem Jung-Paleozän (Tiffanian) mittelgroße Pantodonten mit wohl ebenfalls vollständigem Gebiß, doch stark verlängerten C sup. und kurzen, aber mesio-distal gestreckten C inf. vor uns, deren Endphalangen überdies krallenähnlich gestaltet sind (Abb. 659). Auf Grund dieser von den übrigen Pantodonten abweichenden „trends" klassifiziert man *Titanoides* verschiedentlich als Vertreter einer eigenen Familie (**Titanoideidae** SCOTT [3140]; [3188]).

Bei den **Barylambdidae** sind die Eckzähne klein bis mittelgroß; das meist vollständige Gebiß (I^1 gelegentlich reduziert) ist durch die völlig selenodonten M sup. und die mit einem Metastylid versehenen M inf. gekennzeichnet. Der Schädel ist niedrig, die Schnauze nicht verlängert (Abb. 660), die Extremitäten plump, der Rumpf relativ kurz, der massive, seitlich

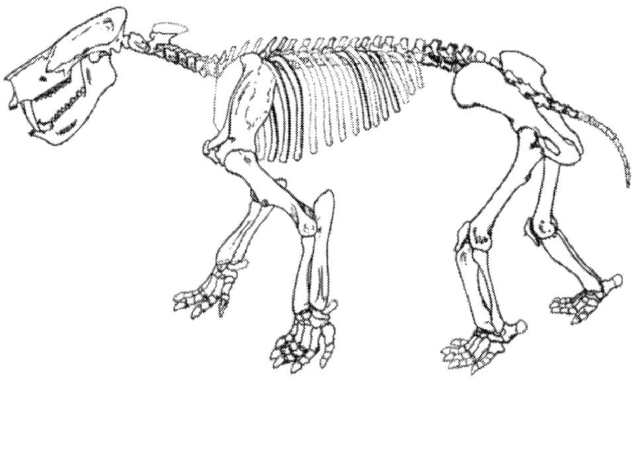

Abb. 659. *Titanoides primaevus* (Titanoideidae). Mittel-Paleozän (Torrejonian), USA. Skelettrekonstruktion. Beachte krallenförmige Endphalangen. (1/20) — Nach SIMONS 1960

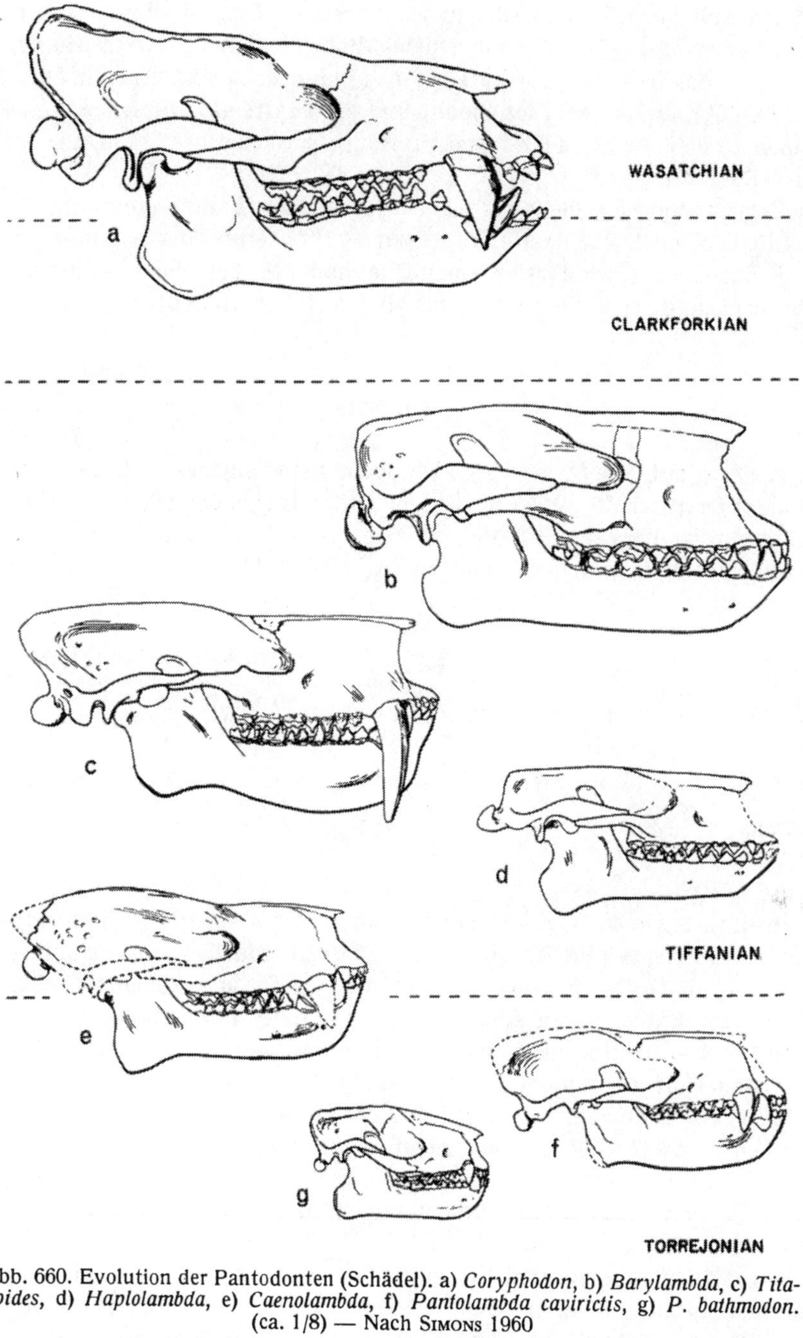

Abb. 660. Evolution der Pantodonten (Schädel). a) *Coryphodon*, b) *Barylambda*, c) *Titanoides*, d) *Haplolambda*, e) *Caenolambda*, f) *Pantolambda cavirictis*, g) *P. bathmodon*. (ca. 1/8) — Nach SIMONS 1960

komprimierte Schwanz mittellang, die verbreiterten Endphalangen gespalten. Barylambdiden sind bisher nur aus dem Jung-Paleozän (wie *Barylambda*, *Haplolambda* [= „*Archaeolambda*“ FLEROV [949]], *Leptolambda*) bekannt geworden. Eine Ableitung von primitiven Pantolambdiden ist durchaus möglich.

Die größten und in vieler Hinsicht spezialisiertesten Pantodonten sind die **Coryphodontiden**. Beim nashorngroßen *Coryphodon* aus dem Alt-Eozän Nordamerikas, Europas und Asiens [532, 551, 3188] ist das Gebiß zwar ebenfalls vollständig, doch sind die Eckzähne hauerähnlich verlängert (Abb. 660), die Molaren lophodont und ein Diastema zwischen C und P vorhanden. Die Gliedmaßen sind fünfzehig, Hand und Fuß ausgesprochen gravigrad. Sie erscheinen erstmalig im Jung-Paleozän*).

Bei den Coryphodontiden des asiatischen Alt-Tertiärs (*Eudinoceras*: Jung-Eozän; *Hypercoryphodon*: Oligozän [953, 2529]) kommt es zur Verbreiterung der Schnauzenpartie und zur Ausladung mit der C inf. sowie fast zu einer Bilophodontie der Molaren ähnlich den Tapiren. Mit diesen hochspezialisierten Formen verschwinden die Pantodonten.

Dinocerata

Die ursprünglich mit ihnen vereinigten Dinocerata sind ein eigener Stamm, der sich parallel zu den Pantodonta entwickelte. Wie die vergleichenden Untersuchungen von Wood [3924] und Simpson [3221] gezeigt haben, trifft die von Cope [619, 621] und Osborn [2516] vertretene Homologisierung der Molarenhöcker nicht zu (Abb. 661). Damit ist der von den Pantodonta

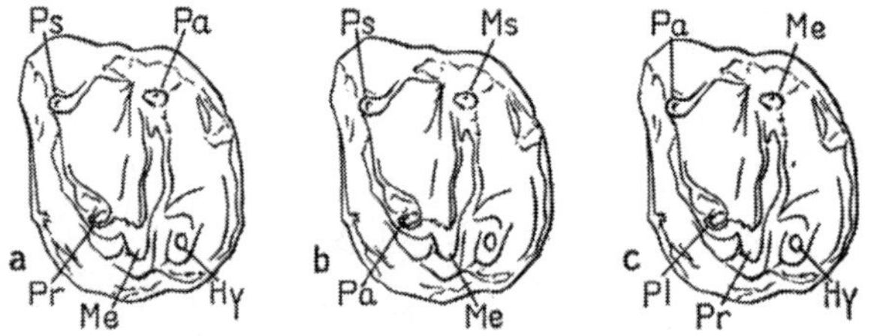

Abb. 661. Höckerinterpretation am M sup. von *Uintatherium*. a) nach Osborn, b) nach Matthew (1928), c) nach Wood, Matthew (1929) und Simpson — Nach Simpson 1929

Hy = Hypocon *Pa* = Paracon
Me = Metacon *Pr* = Protocon
Ms = Mesostyl *Ps* = Parastyl

getrennte Ursprung erwiesen, und die Dinocerata sind als eigener Stamm anzusehen, deren Ursprung noch in Dunkel gehüllt ist. Sie lassen sich nicht, wie die Coryphodontiden, von Pantolambdiden ableiten, doch ist die Herkunft von Condylarthren anzunehmen. Die Übereinstimmungen im Bau der Extremitäten sind Beispiele typischer Parallelbildungen.

Reste von Dinoceraten sind aus dem Paleozän und Eozän Nordamerikas und Asiens bekannt. Abgesehen von dem einfach trigonodonten Muster der M sup. kommt es bei den Dinoceraten vielfach zur Verlängerung der C sup., zur Reduktion der I sup. und — wenigstens bei den geologisch jüngeren Formen — zur Ausbildung von mehr oder weniger kräftigen Schädelprotuberanzen. Demgegenüber bleibt der Extremitätenbau relativ konstant. Hand und Fuß sind fünfzehig, die Metapodien wie bei den Proboscidiern stark verkürzt, und die Endphalangen klein. Die eozänen Dinoceraten waren echte Großformen.

Die Dinoceratenstämme sind nicht einheitlich bewertet; manche Autoren unterscheiden nur eine Familie (Uintatheriidae) mit drei Unterfamilien [3257, 3829], andere jedoch drei Familien (**Uintatheriidae**, **Gobiatheriidae** und **Prodinoceratidae**) [949, 951], ohne daß die Abgrenzung der einzelnen systematischen Kategorien übereinstimmt.

Grundsätzlich sind unter den Uintatheriidae zwei Hauptstämme auseinanderzuhalten, von denen der nordamerikanische in den mit Schädelfortsätzen und stark verlängerten C sup.

*) „*Procoryphodon primaevus*" [951] aus der paleozänen Gashato-Formation der Mongolei ist kein Coryphodontide, sondern ein Condylarthre (*Phenacolophus* [3188]).

versehenen Riesenformen endet *(Eobasileus)*, der asiatische dagegen zu gleichfalls spezialisierten Großformen führt *(Gobiatherium)*, ohne Schädelprotuberanzen und verlängerte C sup. aufzuweisen. Beide Linien haben sich nach Wheeler [3829] bereits frühzeitig, und zwar vermutlich im Jung-Paleozän getrennt. Das Gebiß ist stark reduziert $\left(\frac{0\ 0\ 3\ 3}{3\ 1\ 3\ 3}\right)$ und gleicht nur oberflächlich dem von *Uintatherium* oder *Eobasileus*, bei denen die C sup. jedoch stark verlängert sind. Der Schädel von *Gobiatherium* ist niedrig und besitzt keinerlei Fortsätze (Abb. 662).

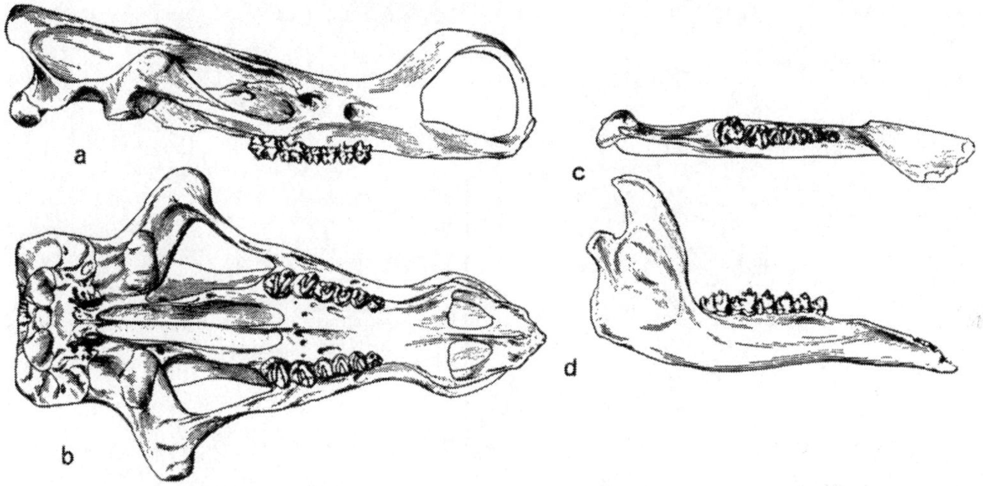

Abb. 662. *Gobiatherium mirificum* (Uintatheriidae, Gobiatheriinae). Jung-Eozän, Mongolei. Osteocranium, in Lateral- (a) und Ventralansicht (b). Mandibel dext., c) occlusal, d) extern. (1/6) — Nach Osborn & Granger 1932

Demgegenüber sind die Endformen des neuweltlichen Hauptstammes *(Tetheopsis, Eobasileus, Uintatherium = „Dinoceras")* mit drei Paar knöchernen Nasen-, Supraorbital- und Parietalfortsätzen versehen und die C sup. dolchförmig ausgebildet (Abb. 663). Durch die relativ

Abb. 663. *Uintatherium anceps* (= *„Dinoceras mirabile"*; Uintatheriidae). Mittel-Eozän, Nordamerika. Cranium in Lateralansicht. (1/9) — Nach Wheeler 1960, umgezeichnet

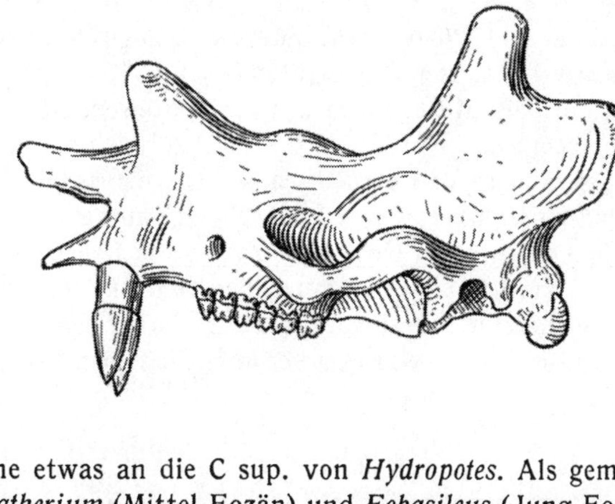

schwache Wurzel erinnern diese Zähne etwas an die C sup. von *Hydropotes*. Als gemeinsame Stammform von *Tetheopsis* oder *Uintatherium* (Mittel-Eozän) und *Eobasileus* (Jung-Eozän) gilt *Bathyopsis* (jüngeres Alt- und älteres Mittel-Eozän), die sich wiederum von *Probathyopsis* (= *„Prouintatherium"* Dorr [816]) des Paleozän—Alt-Eozäns ableiten läßt. *Probathyopsis*,

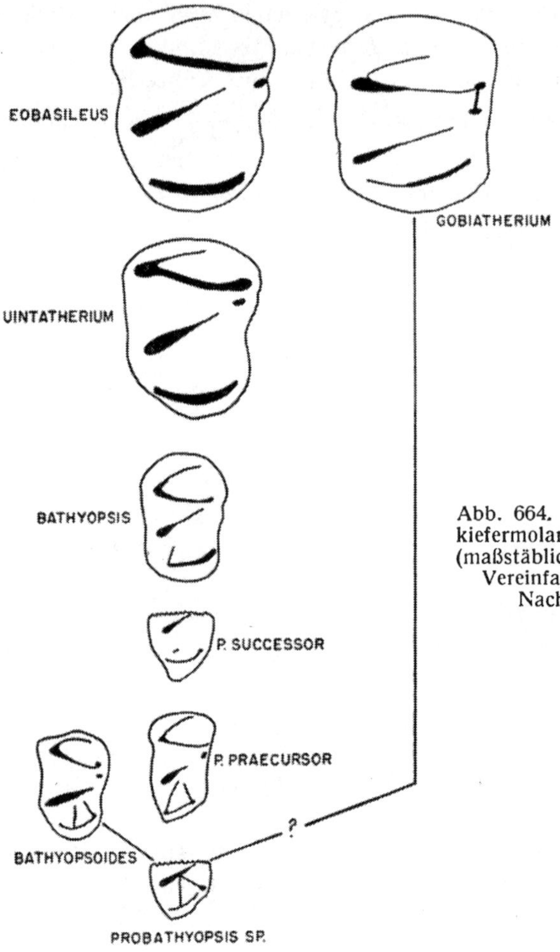

Abb. 664. Evolution der Unterkiefermolaren der Uintatherien. (maßstäblich verkleinert). Beachte Vereinfachung des Talonids Nach WHEELER 1960

Bathyopsoides und *Prodinoceras* sind die geologisch ältesten, aus dem Jung-Paleozän der USA und Ostasiens bekannten Dinoceraten (Abb. 664). Sie lassen sich auf eine bisher noch unbekannte Wurzelgruppe des Mittel-Paleozäns zurückführen. *Mongolotherium* aus dem Alt-Eozän Asiens [949] ist vermutlich von *Prodinoceras* abzuleiten, doch reichen die bisherigen Reste zu einer endgültigen Stellungnahme nicht aus. Diesen primitiven Dinoceraten fehlen Schädelfortsätze *(Mongolotherium)*, oder sie sind ganz schwach ausgebildet *(Probathyopsis, Bathyopsis)*; die C sup. sind verlängert und die Unterkiefersymphyse flanschartig ausgeweitet.

Bemerkenswert ist das Gehirn, das von *Uintatherium* bekannt ist. Das im Vergleich zum Cranium sehr kleine „Gehirn" wirkt durch die riesigen Riechkolben, die kleinen Hemisphären und das einfache Cerebellum außerordentlich primitiv [2236].

Xenungulata

Die von PAULA COUTO [2618] als Xenungulata bezeichneten Huftiere des südamerikanischen Paleozäns bilden eine Gruppe von primitiven Säugetieren, die im Molarenbau und in den Extremitäten entfernte Ähnlichkeiten mit den Dinoceraten aufweisen. Die von ihnen abweichende Merkmalskombination und die unterschiedlichen „trends" machen es jedoch notwendig, sie als eigenen Stamm abzutrennen. Dies sind die **Carodniidae** mit *Carodnia* (= „*Ctalecarodnia*" [3238]) als einziger Gattung. Die Zahnformel ist (?) vollständig $\left(\frac{?\ 3\ 1\ 4\ 3}{3\ 1\ 4\ 3}\right)$, das Vordergebiß „normal", die Prämolaren einfach und etwas an Entelodontiden erinnernd, und die Molaren bilophodont, indem nur der M^3 das *uintatherioide* v-förmige Muster bildet. Den M inf. fehlt die für die Dinoceraten charakteristische, vom Metaconid zum Hypoconid verlaufende Leiste. Im einzelnen sind demnach Unterschiede vorhanden, die ähnlich zu bewerten sind wie die zwischen Dinocerata und Pantodonta. Direkte Stammformen der Carodniiden sind nicht bekannt, so daß die Annahme einer gemeinsamen Wurzelgruppe für die Xenungulata und Dinocerata [2618, 3829] vorerst noch fraglich ist.

Pyrotheria

Einen weiteren, innerhalb der Huftiere isoliert stehenden und ausgestorbenen Stamm bilden die Pyrotheria aus dem Alt-Tertiär Südamerikas, die man ursprünglich wegen der Ausbildung eines Rüssels, des bilophodonten Backengebisses und der stoßzahnähnlichen Incisiven mit den Proboscidiern (einschließlich Barytheria) in Verbindung brachte [66]. Wie jedoch bereits Gaudry [1062, 1063] festgestellt hat, unterscheidet sich das Gebiß (Prämolaren, Milchgebiß) in Einzelheiten von dem der Proboscidier, so daß sich die Ähnlichkeiten nur als Konvergenzen deuten lassen. Diese Feststellung bestätigen weitere morphologische Details (Bau des Schädels, Gebisses und der Extremitäten) und die geographische Verbreitung*).

Von der einzigen Familie (**Pyrotheriidae**) ist die Gattung *Pyrotherium* aus dem Alt-Oligozän (Deseadense) im Skelettbau vollständig bekannt. Es waren elefantenähnliche Pflanzenfresser

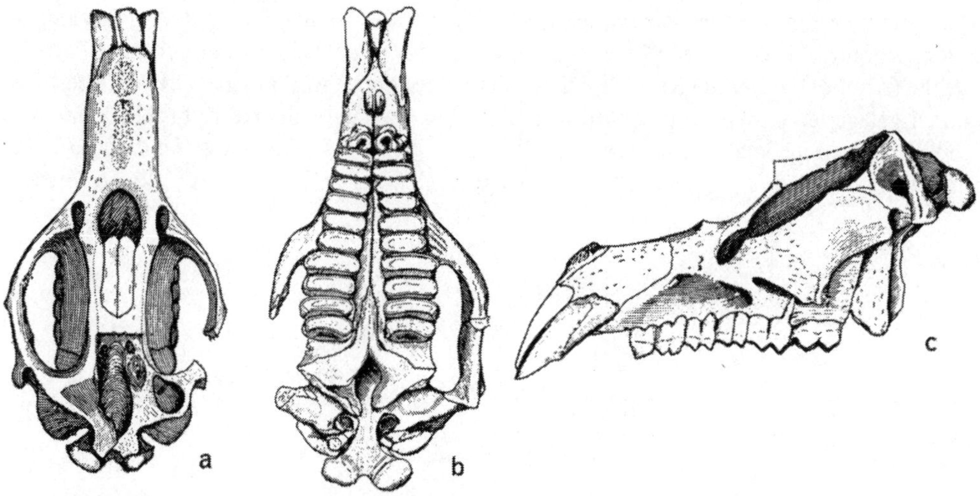

Abb. 665. *Pyrotherium sorondoi* (Pyrotheriidae). Alt-Oligozän (Deseadense), Argentinien. Osteocranium in a) Dorsal-, b) Ventral- und c) Lateralansicht. Beachte bilophodontes Backengebiß, stoßzahnartige Vorderzähne und die weit nach hinten verschobene Nasenöffnung, die auf einen Rüssel schließen läßt. (ca. 1/11) — Nach Loomis 1914

*) Proboscidier sind afrikanischen Ursprunges und gelangten erst im Jungtertiär nach Nord- und im Pleistozän nach Südamerika. Ein direkter landfester Kontakt mit dem afrikanischen Kontinent hat im ältesten Tertiär und zur Oberkreidezeit nicht mehr bestanden.

mit einem kurzen Rüssel, wie der langgestreckte Schädel erkennen läßt, an dem die Nasenöffnungen unmittelbar über den Orbitae liegen (Abb. 665). Die kleinen Orbitae sind mit der Temporalgrube vereinigt, und das Gebiß ist stark reduziert: $\frac{2\,0\,3\,3}{1\,0\,2\,3}$. Zwei Paar Ober- und ein Paar Unterkieferschneidezähne sind zu wurzellosen, nur schwach gekrümmten Stoßzähnen vergrößert, die Eckzähne sind völlig reduziert, und die Backenzähne sind mit Ausnahme des vordersten Prämolaren bilophodont ausgebildet. Von den plumpen Extremitäten sind Unterarm- und Unterschenkel stark verkürzt.

Propyrotherium weist die Pyrotheria aus dem Jung-Eozän nach*). Ihre Herkunft ist derzeit noch völlig ungeklärt, doch dürften auch hier primitive Huftiere (Condylarthra) die Ahnen bilden.

Desmostylia

Eine weitere, meist mit den Paenungulata (im Sinne von Simpson [3257]) in Verbindung gebrachte, eigene Säugetierordnung sind die Desmostylia, deren fossile Reste ausschließlich aus marinen Tertiärablagerungen des nördlichen Pazifik bekannt sind. Fast allgemein**) hatte man sie als Sirenen klassifiziert [1292, 1867, 2237, 3257, 3696], doch wiesen andere Autoren frühzeitig (Abel, Hay, Sickenberg u. a.) auf verschiedene Unterschiede gegenüber den Sirenen hin, die eine Zuordnung zu diesen Marinsäugern unwahrscheinlich machen; deshalb trennte man sie als eigene, ausgestorbene Unterordnung ab [1293]. Erst Reinhart [2855] errichtete eine eigene Ordnung und leitet sie mit den Proboscidiern und Sirenen von einer gemeinsamen paenungulaten Wurzelgruppe ab. Thenius [3610] leitet sie von Condylarthren ab und stellt sie zu den Protungulaten. Seither haben vor allem die Entdeckung und Beschreibung vollständiger postcranialer Skelettreste die Kenntnis dieser ausgestorbenen Säugetiere vermehrt und ihre Abtrennung als eigene Ordnung bestätigt [3162].

Die Desmostylia sind quadrupede, plantigrade oder semi-plantigrade, fünfzehige, huftragende, amphibisch lebende Küstenbewohner des nördlichen Pazifiks) von annähernd Flußpferdgröße (Abb. 666). Der niedrige, dolichocephale Schädel besitzt ein gut entwickeltes Rostrum mit dorsal gelegener Nasenöffnung und die Mandibel eine vergrößerte Symphasenpartie (Abb. 667—669). Dem Lacrimale fehlt ein Canalis naso-lacrimalis. Das ursprünglich vollständige Vordergebiß besteht aus gestreckten Incisiven und Caninen, die zu echten Stoßzähnen — bei

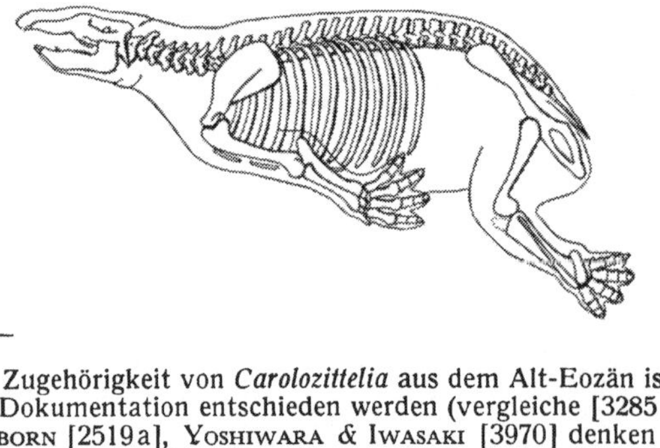

Abb. 666. *Paleoparadoxia* (Cornwalliidae). Skelettrekonstruktion auf Grund des Izumi-Skelettes in Schwimmstellung. (1/12) — Nach Shikama 1966

*) Die Zugehörigkeit von *Carolozittelia* aus dem Alt-Eozän ist fraglich (? Xenungulata) und kann nur durch eine bessere Dokumentation entschieden werden (vergleiche [3285a]).

**) Osborn [2519a], Yoshiwara & Iwasaki [3970] denken an Beziehungen zu den Proboscidiern, Abel hat *Desmostylus* ursprünglich [11, 12] als Proboscidier, später jedoch [14, 17] als Multituberculaten angesehen, während Ijiri & Kamei [1625] sie mit Perissodactylen (besonders Tapiridae) in Verbindung bringen. Auch Sickenberg [3176] hat gegen die Zugehörigkeit zu den Sirenen Stellung genommen. Sera [3154] nimmt Beziehungen zu anomodonten Reptilien an.

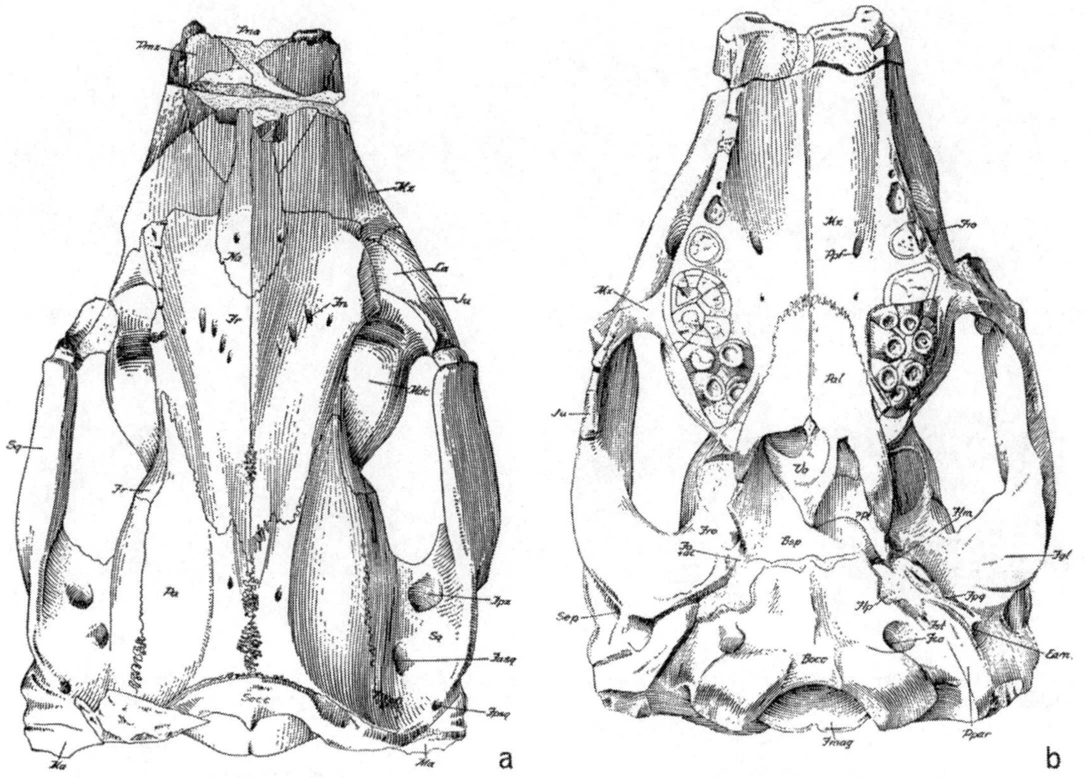

Abb. 667. *Desmostylus hesperus* (Desmostylidae). Miozän, Kalifornien. Osteocranium in a) Dorsal- und b) Ventralansicht. (ca. 1/5) — Nach VANDERHOOF 1937

Ac = Canalis alisphenoidalis
Al = Alisphenoid
Bocc. = Basioccipitale
Bsp = Basisphenoid
C.occ. = Condylus occipitalis
Eam = Meatus acusticus externus
Exocc = Exoccipitale
Fasq = Foramen squamosum anterior
Fio = For. infraorbitale
Fgl = Fossa glenoidalis
Fmag = For. magnum
F.lm = For. lacerum medius
Flp = For. lacerum posterius
Fo+ac = Foramen und Canalis alisphenoidalis
Focc = For. occipitalis
Fn = For. nutritium
Fpz = For. postzygomaticus
Fr = Frontale
Fro = For. rotundum
Fpsq = For. squamosum posterius
Fst = For. stylomastoideum
Ju = Jugale
La = Lacrymale
Ma = Mastoid
Mdc = Zahnkapsel des Maxillare
Mx = Maxillare
Na = Nasale
Osp = Orbitosphenoid
Pa = Parietale
Pal = Palatinum
Pmx = Praemaxillare
Pna = vordere Nasenöffnung
Ppar = Proc. paroccipitalis
Ppf = For. palatinum posterior
Pso = Proc. supraorbitalis
Pt = Pterygoid
Sep = Sinus epitympanicus
Socc = Supraoccipitale
Sq = Squamosum
Vo = Vomer

Reduktion einzelner Zähne — umgebildet werden. Die brachyodonten bis hypsodonten Backenzähne bestehen aus zahlreichen konisch bis zylindrisch aneinandergefügten Höckern mit dickem Schmelz (Abb. 670). Vom postcranialen Skelett ist das aus paarigen Elementen bestehende Sternum unter Huftieren einmalig. Das Femur besitzt keinen Trochanter tertius. Radius und Ulna sind nicht reduziert und miteinander fest verbunden.

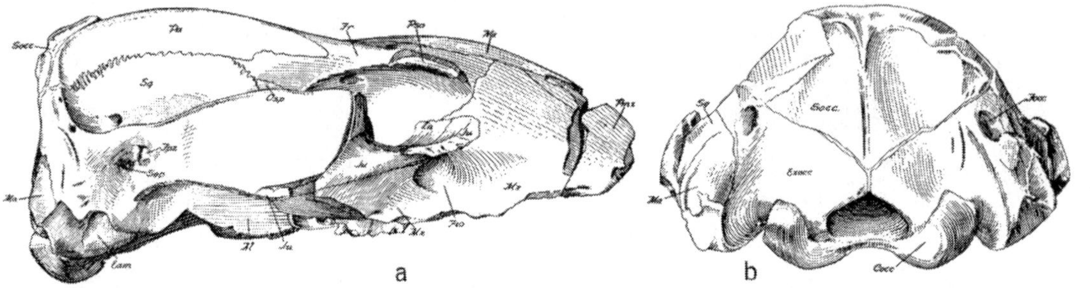

Abb. 668. *Desmostylus hesperus*, wie Abb. 667. Osteocranium in a) Lateral- und b) Occipitalansicht. (2/9) Abkürzungen wie Abb. 667 — Nach VANDERHOOF 1937.

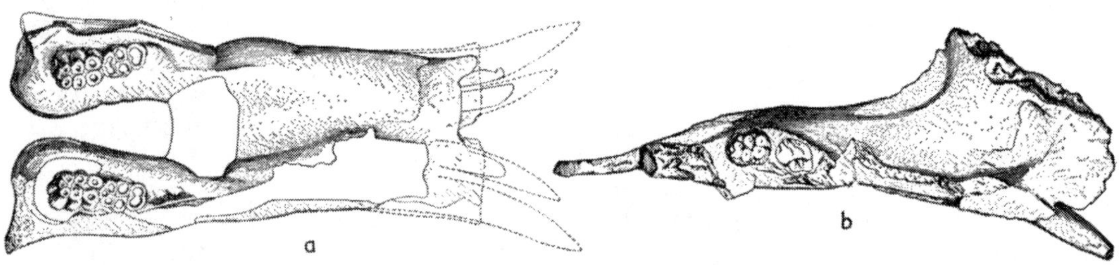

Abb. 669. Unterkiefer von Desmostylia. a) *Desmostylus hesperus*, Miozän, Kalifornien (ca. 1/3), b) *Paleoparadoxia tabatai*, Miozän, Japan (ca. 1/4). Caninen und ein Paar Incisiven stoßzahnartig vergrößert — Nach REINHART 1959

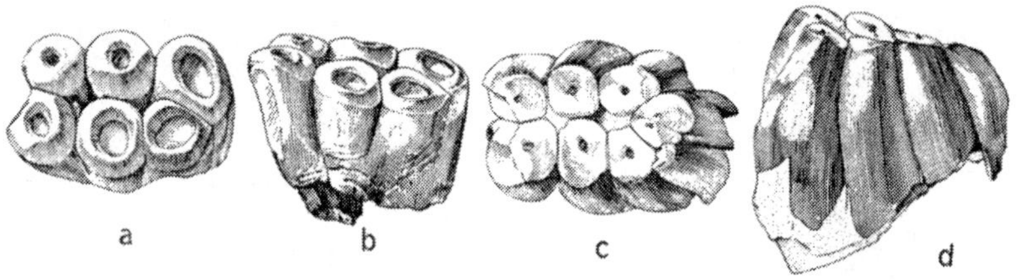

Abb. 670. *Desmostylus hesperus*, wie Abb. 667. Verschieden stark abgekaute M. inf. sin., occlusal (a, c) und lateral (b, d). Beachte Hypsodontie. (1/3) — Nach VANDERHOOF 1937

Die Desmostylia waren marine (?) Pflanzenfresser*), bei denen — ähnlich den Sirenen — pachyostotische Erscheinungen**) nachgewiesen sind [2361, 3696].

Die Ausbildung mehrhöckriger Backenzähne, des Gehirns, das Vorkommen in marinen Ablagerungen und auch der Nachweis der „Pachyostose" galten als Hinweise für die Sirenennatur oder -verwandtschaft. Wie jedoch die völlig divergente Spezialisierung des Schädels und das nicht reduzierte oder zu Flossen umgestaltete Gliedmaßenskelett erkennen läßt, bilden die Desmostylia einen eigenen Stamm unter den Huftieren, der zu einer marinen Lebensweise übergegangen war und dessen Angehörige sich habituell eher mit Robben (Odobeniden) als mit

---

*) Verschiedentlich sieht man die Desmostylia als omnivor oder malacophag an.

**) Es handelt sich — wie fast allgemein bei sekundär aquatischen Wirbeltieren (wie Sirenia, Cetacea, Pinnipedia unter den Säugetieren, Mesosauria, Ophidia und Sauropterygia unter den Reptilien) — meist nicht nur um pachyostotische Erscheinungen, sondern auch um entsprechende histologische Veränderungen des Knochenfeinbaues, die als Ponderosität [3357] zu bezeichnen sind.

Sirenen vergleichen lassen. Die Ähnlichkeiten mit Sirenen sind nur Konvergenzerscheinungen. Bei den oligozänen Sirenen, den Zeitgenossen der ältesten bekannten Desmostylia, waren die Hinterextremitäten bereits weitgehend reduziert und die Vorderextremitäten zu Flossen umgebildet. Nach der Lebensweise lassen sich die Desmostylia am ehesten mit Flußpferden vergleichen.

Die Ansicht, daß die Ähnlichkeiten mit Sirenen Konvergenzerscheinungen sind, wird auch durch die geographische Verbreitung gestützt, da wir Reste von Desmostyliern bisher nur aus dem Bereich des Nordpazifiks kennen (Japan, Sachalin, Kamtschatka, Alaska bis Nieder-Kalifornien). Wenn auch die Herkunft der Desmostylia mangels geeigneter Fossilfunde noch in Dunkel gehüllt ist, so scheint es sich um eine im Pazifik endemische Säugergruppe gehandelt zu haben. Demgegenüber haben die Sirenen den Pazifik erst im Laufe des Miozäns von der Karibischen See her erreicht, als die zentralamerikanische Landbrücke nicht existierte.

Die Desmostylia sind ein Huftierstamm, der zu amphibisch lebenden Küstenbewohnern wurde und der im Jung-Tertiär wieder ausstarb. Die geologisch jüngsten Funde sind aus dem Jung-Miozän (Barstovian) bekannt [2365]*). Die geologisch ältesten Desmostyliden stammen aus dem Jung-Oligozän (Whitneyan-Arikareean oder Äquivalenten des Chatt-Aquitan). Von der atlantischen Küste Nordamerikas sind Desmostylidenreste bisher nicht bekannt geworden. Während *Desmostylus* und *Paleoparadoxia* zirkum-nordpazifische Verbreitung zeigen, sind *Cornwallius* und *Vanderhoofius* nur aus der Küstenregion des östlichen Nordpazifiks bekannt [2365, 2855, 3162]**).

Innerhalb der Desmostylia lassen sich nach der unterschiedlichen Spezialisation zwei Familien unterscheiden: die in vieler Hinsicht primitiveren **Cornwalliidae** (= „Paleoparadoxidae") und die spezialisierteren Desmostylidae [2855, 3162]. Die Cornwalliidae [3161] sind mit dem fast vollständigen Gebiß $\left(\frac{3\,1\,3\,3}{3\,1\,4\,3}\right)$, mit kaum differenzierten Incisiven und verhältnismäßig großen Caninen, relativ kleine brachyodonte, oligobunodonte Backenzähne mit kräftigem Cingulum (Abb. 671) und einer relativ kurzen, aber breiten Unterkiefersymphyse gekennzeichnet (Abb. 669b). Das plumpe Extremitätenskelett (von *Paleoparadoxia*) ist anatomisch fünfzehig, doch funktionell vierzehig, da Pollex und Hallux zu kleinen Stummeln reduziert sind (Abb. 672). Dem alternierenden Carpus fehlt ein freies Centrale; Radiale und Intermedium sind getrennt. Im Tarsus gelenkt der Astragalus mit dem Tarsale III. Die Endphalangen sind ähnlich wie bei Proboscidiern und Amblypoden ausgebildet. *Cornwallius* (Jung-Oligozän — Alt-Miozän) und *Paleoparadoxia* (Miozän) bilden die beiden einzigen Angehörigen der Cornwalliiden.

Die **Desmostyliden** erweisen sich durch das stark reduzierte und zu Stoßzähnen umgebildete Vordergebiß $\left(\frac{0\,1\,3\,3}{1\,1\,3\,3}\right)$ bis $\left(\frac{0\;\;1\,3\,3}{0?\,1\,3\,3}\right)$, die hypsodonten, aus zahlreichen zylindrischen Pfeilern bestehenden Backenzähne ohne Cingulum und die lange Mandibularsymphyse als wesentlich spezialisierter als die Cornwalliiden. Da *Desmostylus* bereits neben *Cornwallius* im jüngsten Oligozän nachgewiesen ist, handelt es sich nicht um aufeinanderfolgende Stadien von verschiedenem Evolutionsniveau, sondern um zwei Parallelzweige, die auf eine gemeinsame alttertiäre Stammgruppe zurückzuführen sind. *Desmostylus* verhält sich im Vordergebiß etwas

---

*) Das Auftreten im Alt-Pliozän (Clarendonian) ist infolge der nicht geklärten Parallelisierung der Fundschichten fraglich. *Neodesmostylus primigenius* [1724] (= *Desmostylus wollosowitschi* Pfizenmayer [2676]) aus dem Quartär der Neusibirischen Inseln ist nach Vanderhoof [3696], Reinhart [2855] und Mitchell [2360] kein Desmostylide, sondern beruht nach Shikama [3162] vermutlich auf einem abnormen Mammutzahn. Die Zugehörigkeit von *Cryptomastodon martini* von Koenigswald [1778] aus dem Pleistozän von Java (Sangiran) zu den Desmostyliden, wie auch Osborn [2528:783] und Dietrich [795] annehmen, ist sehr fraglich. Shikama [3162:167] und Dietrich [783] halten den Rest eher für einen Proboscidier.

**) *Desmostylella* Nagao [2445] und (?) *Kronokotherium* Pronina [2192] sind nach Reinhart [3162] Synonyma von *Desmostylus*.

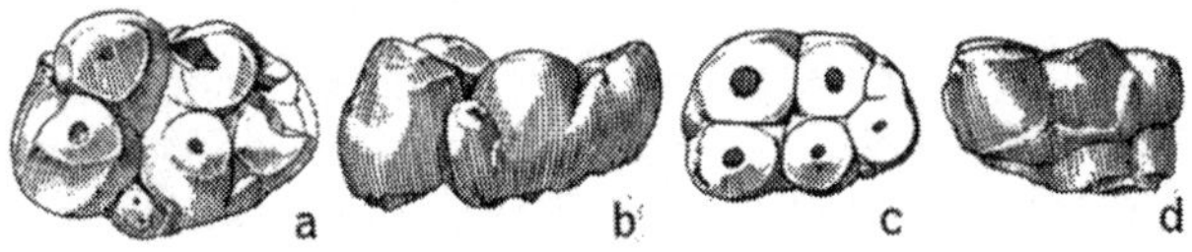

Abb. 671. *Cornwallius sookensis* (Cornwalliidae). Oligozän, Nordamerika. a, b) M sup., c, d) M ? inf., occlusal und buccal. (1/2) Nach VANDERHOOF 1937

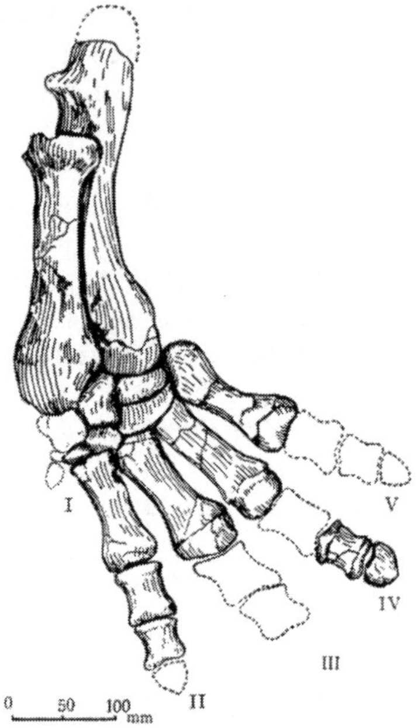

Abb. 672. *Palaeoparadoxia tabatai* (Cornwalliidae). Miozän, Japan (Izumi-Skelett). Skelett der linken Vorderextremität (Unterarm und Hand). Beachte tetradactyle, nicht zu einer Flosse umgebildete Hand mit rudimentärem 1. Strahl — Nach SHIKAMA 1966

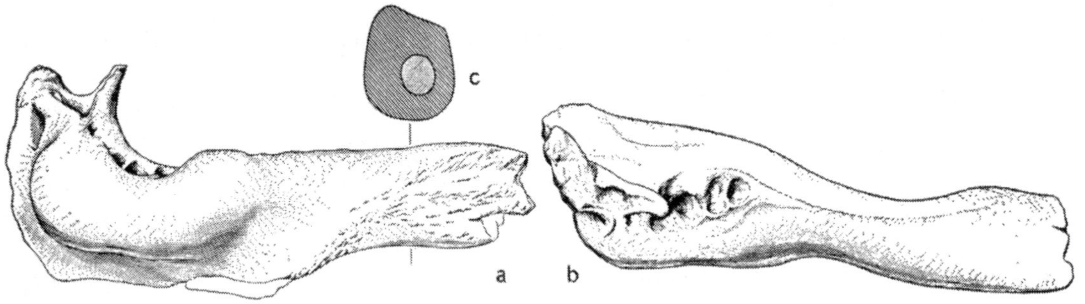

Abb. 673. *Vanderhoofius coalingensis* (Desmostylidae). Mittel-Miozän, Kalifornien. Mandibel sin. a) Lingualansicht, b) Aufsicht mit Alveolen für M_1 und M_2, c) Querschnitt mit Alveole für (?) C inf. (2/13) — Nach REINHART 1959

ursprünglicher als *Vanderhoofius* aus dem Mittel-Miozän, indem zwei Paar Unterkieferstoßzähne ausgebildet sind. Bei der nur sehr fragmentär dokumentierten Gattung *Vanderhoofius* ist nur ein Stoßzahnpaar entwickelt (Abb. 673).

Demnach bilden die Desmostylia einen Versuch der Huftiere, die Küstenregion des Pazifischen Ozeans zu besiedeln. Sie sind Abkömmlinge altertümlicher Huftiere und dank ihrer Spezialisationserscheinungen leicht zu charakterisieren. Ob im Laufe des Mittel-Miozäns das Eindringen der Sirenen in die Pazifischen Küstengewässer von der Karibischen See her als Nahrungskonkurrenz zum Rückgang und Verschwinden der Desmostylier geführt hat, muß dahingestellt bleiben.

„Subungulata"

Wie bereits in der Einleitung zu den „Amblypoda" hervorgehoben, ist hier der Begriff Subungulaten im Sinne von SCHLOSSER [3057] und WEBER [3798] verwendet worden, ungeachtet der Tatsache, daß ILLIGER [1627] diesen Namen ursprünglich für südamerikanische Nagetiere gebrauchte. Trotz der starken morphologischen Unterschiede, die nicht zuletzt Anpassungserscheinungen an eine bestimmte Lebensweise darstellen, sind die rezenten Vertreter der „Subungulaten“ (Sirenia, Proboscidea und Hyracoidea) untereinander näher verwandt und auf eine gemeinsame Wurzelgruppe zurückzuführen. Über die Abgrenzung der einzelnen genannten Ordnungen bestehen dank der morphologischen Unterschiede keine Meinungsverschiedenheiten. Lediglich die Zuordnung der ausgestorbenen Embrithopoden und die der Hyracoidea wird nicht einhellig durchgeführt. So betrachtete man die Hyracoidea, nachdem sie ursprünglich als Nager [3488] und später als „Pachydermes“ [675] klassifiziert worden waren, als Perissodactyla und brachte sie mit den Notoungulaten in Verbindung [69]. Erst Huxley [1620] hat sie als eigene Ordnung abgetrennt, doch sind auch in jüngster Zeit wurzelnahe Beziehungen von Hyracoidea und Perissodactyla angenommen worden [3836].

Zu den wichtigsten anatomischen Gemeinsamkeiten der „Subungulaten“ (= Lamnungia) zählen der Besitz von halbmondförmig gestalteten Nägeln*) an den Endphalangen, brustständige Zitzen**), Uterus bicornis und gürtelförmige Placenta, intra-abdominale Hoden, ursprünglich bunodonte Molaren, keine Clavicula, Trochanter tertius nur ausnahmsweise angedeutet, Carpus und Tarsus serial oder abgeschwächt alternierend, keine Gelenkfläche für die Fibula am Calcaneus***), Hand und Fuß mesaxon, fünf- bis dreizehig, sofern nicht — bei Sirenen — zu Flossen umgestaltet oder reduziert [3386, 3798].

Zu diesen morphologisch-anatomischen Kriterien kommt die Tatsache, daß man nach den Fossilfunden einen (gemeinsamen) Ursprung im Bereich des afrikanischen Kontinentes annehmen kann.

Sirenia (Seekühe)

Die Sirenen sind, ähnlich den Cetaceen, mit denen sie ursprünglich vereint wurden (Linnaeus, Buffon, Cuvier, Brandt und andere Autoren), echte Wassersäugetiere. Da diese Anpassungen jedoch nicht den für die Wale charakteristischen Grad erreicht haben, sind die Umkonstruktionen weniger tiefgreifend, und damit ist die Beurteilung der verwandtschaftlichen Beziehungen etwas leichter. Die Seekühe sind an das Leben im Wasser angepaßte, primitive Huftiere mit einem walzenförmigen Körper, der mit einer großen Schwanzflosse endet, mit zu Flossen umgestalteten Vorderextremitäten und praktisch völlig reduzierten Hinterextremitäten. Sie leben in küstennahen Meeresgewässern, im Brack- oder Süßwasser und sind gegenwärtig nur mit einigen wenigen Arten vertreten, während im Tertiär verschiedene Stämme existierten.

Infolge der aquatischen Lebensweise sind wohl manche Ähnlichkeiten mit Walen vorhanden, wie flossenartige Vorderextremitäten, Schwanzflosse, weitgehende Reduktion des Haarkleides, Schwund tubulöser Hautdrüsen, Fehlen des Halses, Reduktion der hinteren Extremitäten, Ausdehnung der Lungen nach hinten und schräge Zwerchfellage, Traubennieren, Ausbildung von Wundernetzen, Reduktion der äußeren Ohren, Isolierung des Tympano-Perioticum, kurzes, einheitliches Brustbein, Ponderosität mancher Knochen — vergleiche Spillmann [3357]; auch von Cetaceen bekannt —, die jedoch typische Konvergenzerscheinungen sind und sich nicht mit näheren verwandtschaftlichen Beziehungen mit den Cetaceen erklären lassen. Nachdem die Sirenen als eigene Ordnung klassifiziert [279] oder mit verschiedenen anderen Säugetierordnungen (wie Edentaten, Monotremen, Robben) in Verbindung gebracht worden waren, erkannte Blainville [279a] die verwandtschaftlichen Beziehungen zu den Proboscidiern,

*) Mit Ausnahme des 2. Strahles, bei den Procaviiden der eine Putzkralle trägt.
**) Neben Inguinalzitzen bei Schliefern.
***) Bei *Arsinoitherium* (Embrithopoda) vorhanden.

die mit der Entdeckung eozäner Fossilfunde in Ägypten eine Bestätigung fand [78]. Auf die wesentlichsten anatomischen Übereinstimmungen mit den übrigen „Subungulaten" und damit den Rüsseltieren wurde bereits verwiesen.

Obwohl Fossilfunde die Geschichte der Sirenen zwar etwas aufhellen konnten, sind noch verschiedene Probleme offen. Das sind sowohl taxonomisch-phylogenetische als auch verbreitungsgeschichtliche Fragen, die erst zum Teil gelöst werden konnten.

Die Sirenen sind reine Pflanzenfresser sowie große, langsame und träge Schwimmer mit einem walzenförmigen Körper, flossenartigen Vordergliedmaßen und einem horizontalen, gerundeten (Rundschwanzsirenen oder Manatis) oder gabelförmig ausgeschnittenen Ruderschwanz (Gabelschwanzsirenen oder Dugongs). Das Cranium ist durch die stark verlängerten, abwärts geknickten Prämaxillaria gekennzeichnet, die „Stoßzähne" besitzen können. Das Backengebiß besteht aus buno- oder lophodonten Zähnen, deren Zahl bei den Manatis sekundär vermehrt ist, indem die Zahnleiste auch noch bei erwachsenen Individuen Zähne produziert.

Unter den rezenten Sirenen lassen sich zwei Gruppen unterscheiden, die Dugongidae (= „Halicoridae" einschließlich Rhytinidae) des Indischen und Pazifischen Ozeans und die Trichechidae (= „Manatidae") des Atlantischen Ozeans. Sie sind rein tropische Formen*). Die morphologischen Unterschiede im Bau des Schädels (Abb. 674, 675), des Gebisses, der Gliedmaßen (weitgehende Verschmelzung der Carpalelemente und mehr oder weniger stabförmige

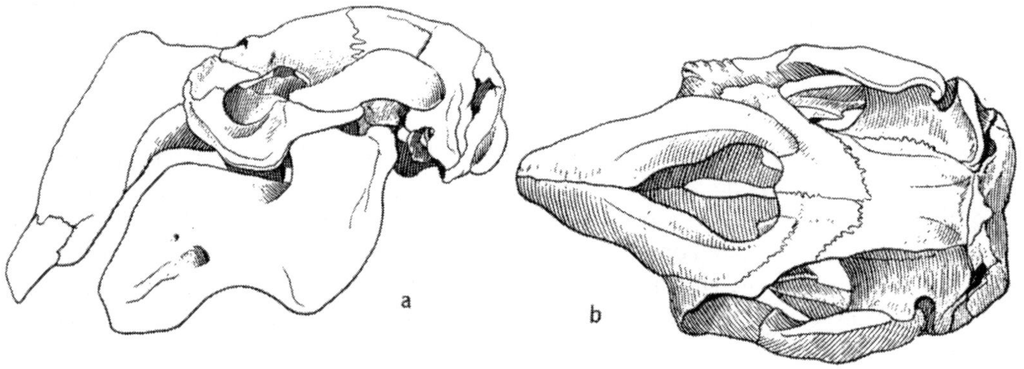

Abb. 674. *Dugong dugon* (Dugongidae), rezent. Osteocranium in Lateral- (a) und Dorsalansicht (b). (ca. 1/4) — Nach Simpson 1932

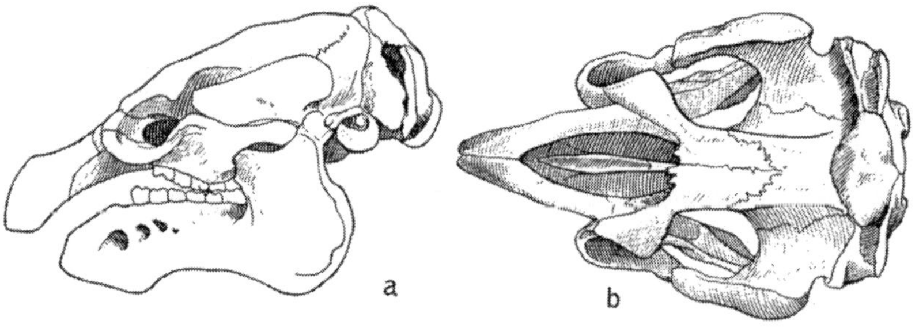

Abb. 675. *Trichechus* sp. (Trichechidae), rezent. Osteocranium in a) Lateral- und b) Dorsalansicht. (ca. 1/5) Nach Simpson 1932

*) Die Stellersche Seekuh *(Rhytina gigas)* des nördlichen Pazifiks ist bereits im 18. Jahrhundert, wenige Jahrzehnte nach ihrer Entdeckung, ausgerottet worden.

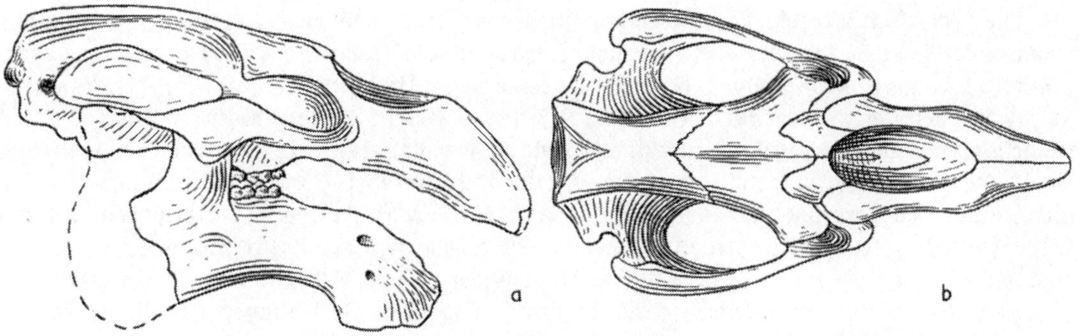

Abb. 676. *Eotheroides* (=„*Eotherium*“) *libycum* (Dugongidae). Jung-Eozän, Ägypten. Osteocranium in a) Lateral- und b) Dorsalansicht. (2/9). — Nach SICKENBERG 1934, umgezeichnet

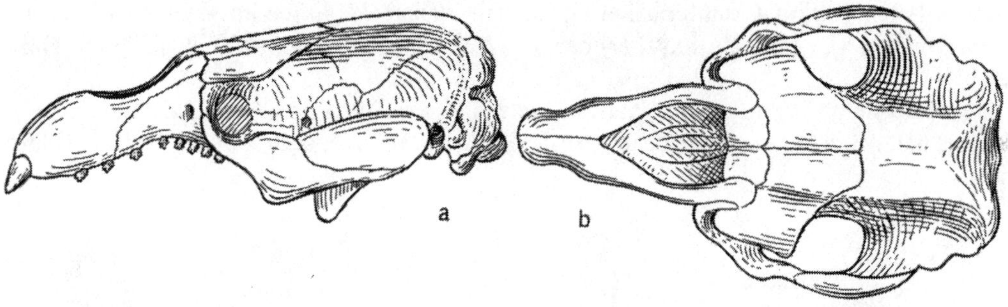

Abb. 677. *Protosiren fraasi* („Protosirenidae“ = Dugongidae). Mittel-Eozän, Ägypten. Osteocranium in a) Lateral- und b) Dorsalansicht. (1/4) — Nach SICKENBERG 1934 und ABEL aus WEBER 1928, umgezeichnet

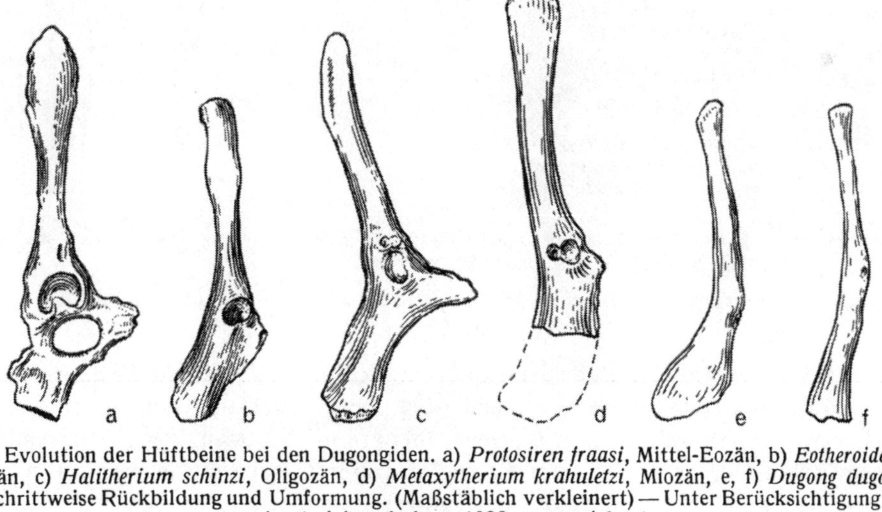

Abb. 678. Evolution der Hüftbeine bei den Dugongiden. a) *Protosiren fraasi*, Mittel-Eozän, b) *Eotheroides libycum*, Jung-Eozän, c) *Halitherium schinzi*, Oligozän, d) *Metaxytherium krahuletzi*, Miozän, e, f) *Dugong dugon*, rezent. Beachte schrittweise Rückbildung und Umformung. (Maßstäblich verkleinert) — Unter Berücksichtigung von Originalmaterial nach ABEL 1906, umgezeichnet

Beckenrudimente bei Dugongiden, freie Carpalia und unregelmäßig gestaltete Beckenreste bei Trichechiden) lassen eine frühzeitige Trennung der beiden rezenten Familien vermuten, was auch Fossilfunde bestätigen.

Die geologisch ältesten Fossilreste stammen aus mittel-eozänen Ablagerungen der Tethys (*Eotheroides* [= „*Eotherium*" einschließlich *Eosiren* und *Archaeosiren*], *Protosiren*: Ägypten, *Sirenavus*: Ungarn, *Prorastomus*: Jamaika, incertae sedis: USA [3185], Abb. 676, 677). Es waren — soweit nach den vorliegenden Resten zu urteilen — bereits echte Wasserbewohner, die sich freilich in verschiedenen Primitivmerkmalen (wie schwach abgeknicktes Rostrum, vollständiges Gebiß, keine zu „Stoßzähnen" umgeformten oder reduzierten Incisiven, vollständiges Becken mit Foramen obturatum und Acetabulum (Abb. 678) samt Resten der Hinterextremitäten [3183]) von den rezenten Sirenen unterscheiden. Sie zeigen zwar manche trichechiden Merkmale, sind jedoch nach Reinhart [2855] echte Dugongiden, deren Abtrennung als Unterfamilien genügt*). Sie bestätigen nicht nur die nahen faunistischen Beziehungen der Sirenenfaunen beider Atlantikküsten im Eozän, sondern auch, daß die Dugongiden und Trichechiden auf eine gemeinsame Wurzel zurückzuführen sind und sich bereits im Eozän getrennt hatten [2855].

Die posteozäne Geschichte der **Dugongidae** ist mit Fossilfunden gut dokumentiert. Nach der wechselnden Merkmalskombination lassen sich mehrere Stämme unterscheiden, von denen nur die Dugonginae und Metaxytheriinae (= Halianassinae Reinhart [2855]) im Holozän überlebten.

Den Hauptstamm bilden die Halitheriinae mit *Prototherium* (Jung-Eozän), *Halitherium* (einschließlich *Manatherium*; Oligozän — Alt-Miozän; Abb. 679, 680), *Anomotherium* (Oligozän)

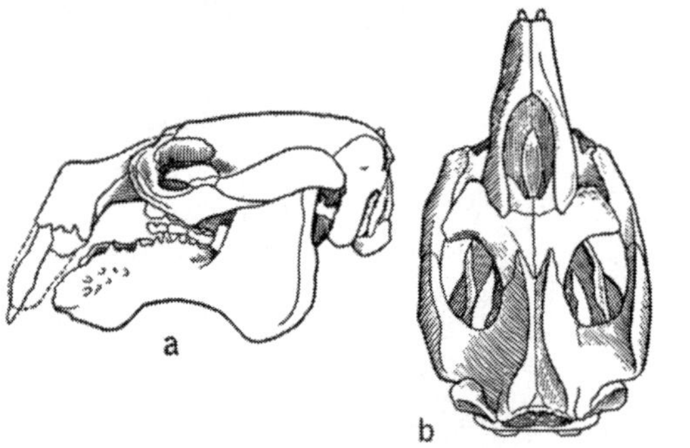

Abb. 679. *Halitherium schinzi* (Dugongidae). Oligozän, Europa. Osteocranium in a) Lateral- und b) Dorsalansicht. (1/8) — Nach Simpson 1932

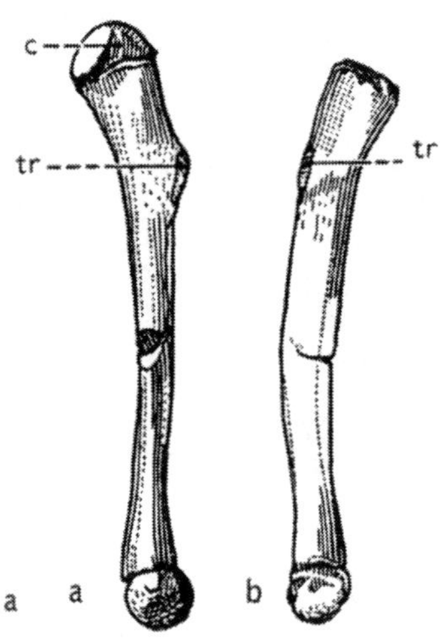

Abb. 680. *Halitherium schinzi*, wie Abb. 679. a) Femur dext., b) Femur sin. (5/6) — Nach Schmidtgen 1912

C = Caput femoris *tr* = Trochanter tertius

und *Thalattosiren* (Miozän). Durch das stark abgeknickte Rostrum mit Stoßzähnen, die median einander berührenden Nasalia und die bunodonten, bewurzelten und mit Schmelz versehenen Backenzähne erwiesen sie sich als zwar typische, aber primitive Dugongiden; sie lassen immerhin eine Ableitung von *Dugong* zu, bei dem die rudimentären Nasalia durch die Frontalia median getrennt, die Backenzähne des Dauergebisses einfach bunodont und bei den Männchen kräftige Stoßzähne (I^1) auftreten**).

*) Demgegenüber werten andere Autoren diese Sirenen meist als Angehörige mehrerer Familien (Prorastomidae, Protosirenidae und Dugongidae [1867, 3175, 3257]).

**) Die durch von Koenigswald [1783] als *Indosiren* aus dem Jungmiozän Javas beschriebene Gattung beruht nur auf einem Backenzahn, der zur Bestätigung der Annahme, es sei die Ahnenform von *Dugong*, nicht ausreicht.

Bei den Metaxytheriinae kommt es zwar gleichfalls zur Trennung der Nasalia durch die Frontalia, doch gleichzeitig werden die Incisiven nicht zu Stoßzähnen umgebildet, sondern reduziert, so daß diese Linie nicht als Ausgangsgruppe für *Dugong* in Betracht kommt. Die Metaxytheriinae zeigen eine ähnliche Verbreitung wie die Monachinen unter den Robben, indem sie vom Mittelmeergebiet (*Metaxytherium* = *„Halianassa“*: Miozän [Abb. 681, 682], *Felsinotherium*: Pliozän) über die Karibische See einschließlich Florida (*Caribosiren*: Oligozän [Abb. 683]; *Hesperosiren*: Miozän [2855, 3230]) bis in den Pazifik (*Metaxytherium vanderhoofi* und

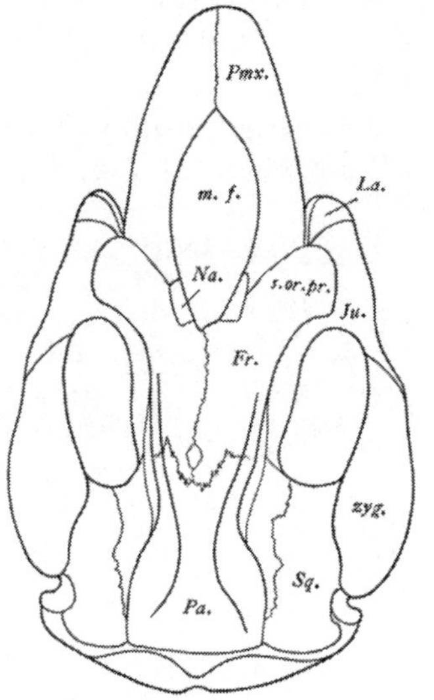

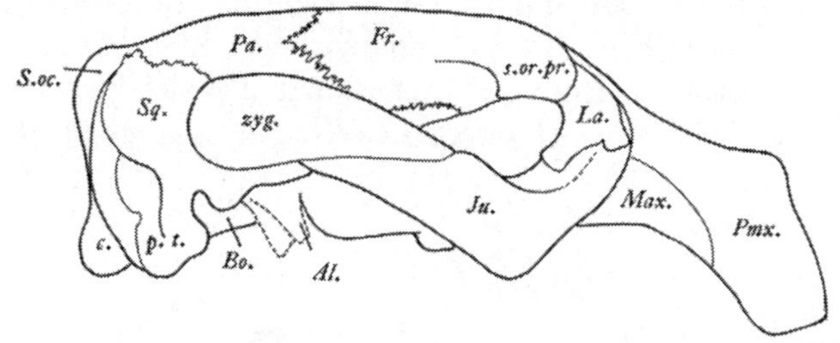

Abb. 682. *Metaxytherium calvertense*, wie Abb. 681. Osteocranium in Lateralansicht. (1/3) — Nach Kellogg 1966

Abb. 681. *Metaxytherium calvertense* (Dugongidae). Miozän, USA (Atlantikküste). Rekonstruktion des Osteocraniums, Dorsalansicht. (ca. 1/3) — Nach Kellogg 1966

Al = Alisphenoid
C = Condylus
Fr. = Frontale
Ju. = Jugale
La. = Lacrymale
m.f. = Fossa mesorostralis
Na. = Nasale
Pa. = Parietale
Pmx. = Praemaxillare
p. t. = Proc. temporalis
S.oc. = Supraoccipitale
s.or.pr. = Proc. supraorbitalis des Frontale
Sq. = Squamosum
zyg. = Proc. zygomaticus des Squamosum

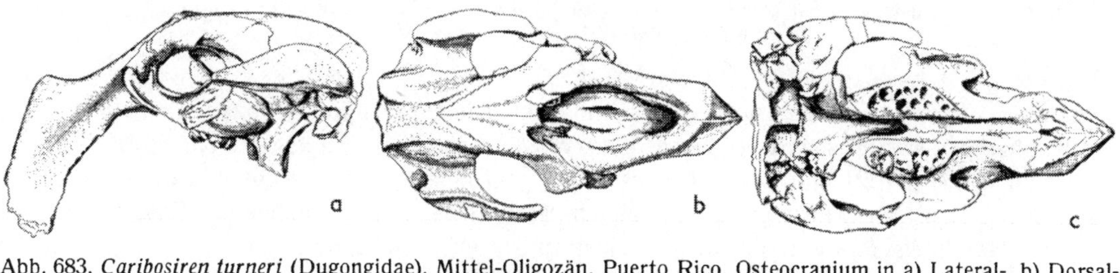

Abb. 683. *Caribosiren turneri* (Dugongidae). Mittel-Oligozän, Puerto Rico. Osteocranium in a) Lateral-, b) Dorsal- und c) Ventralansicht. (1/6) — Nach Reinhart 1959

jordani im Miozän von Kalifornien [1726, 2855, 3696a]) verbreitet waren. Von derartigen miozänen Metaxytherien läßt sich *Rhytina* (= *„Hydrodamalis“*) *gigas* ableiten, die fossil bisher nur aus dem Pleistozän des östlichen Nordpazifiks bekannt wurde [1658a]. Damit ist die Herkunft dieser erst im Jahre 1741 entdeckten Riesenform unter den Sirenen geklärt. *Rhytina gigas* war zur Zeit der Entdeckung auf die Commander- oder Kommodorski-Inseln (vor allem Bering- und Kupfer-

Insel) beschränkt [2385]. Die STELLERsche Seekuh wurde bereits im Jahre 1767 ausgerottet*). Sie waren kalt-stenotherme Seekühe, die man dank ihrer Hautbeschaffenheit auch als Borkentiere bezeichnet. Mit der Ableitung von Metaxytherien ist die taxonomisch-phylogenetische Stellung der STELLERschen Seekuh geklärt und zugleich eine Abtrennung als Vertreter einer eigenen Familie (Rhytinidae [1166, 1867]) als überflüssig erkannt. *Rhytina gigas* ist ein hochspezialisierter Angehöriger der Dugongs. Bestenfalls ist auf Grund der hohen Spezialisierung eine Bewertung als Unterfamilie gerechtfertigt. Kennzeichnend ist die völlige Reduktion der Zähne, indem nicht nur die Stoßzähne, sondern auch die Backenzähne rückgebildet sind. Das schmale Rostrum ist nur mäßig gekrümmt, die kleinen Nasalia sind median durch die Frontalia getrennt.

Mit *Miosiren* (Alt-Pliozän) und *Rytiodus* (Jung-Oligozän) sind zwei weitere, jedoch ausgestorbene Linien genannt. *Rytiodus* war eine Riesenform des Atlantik.

Die Fossilgeschichte der **Trichechidae** ließ sich bisher mangels geeigneter Fossilfunde kaum aufhellen. Immerhin ist durch den Nachweis von *Potamosiren* (Abb. 684) aus dem Miozän

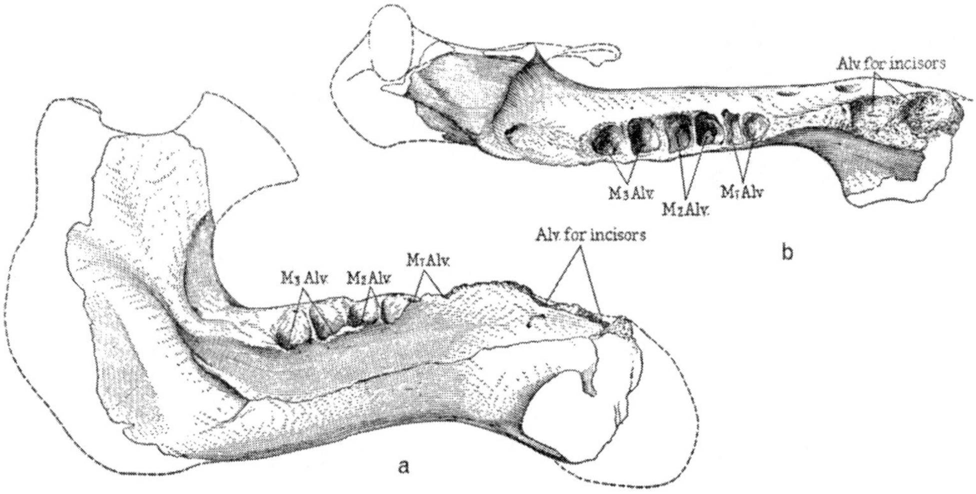

Abb. 684. *Potamosiren magdalenensis* (Trichechidae). Miozän, Kolumbien. Mandibel sin. a) Lingual-, b) Occlusalansicht. Alveolen für 2 Incisiven (= *Alv. for incisors*) und 3 Molaren (M_1, M_2 und M_3-*Alv*) vorhanden. (2/5) — Nach REINHART 1951

Kolumbiens [2854] die frühzeitige Trennung dokumentiert**). Zugleich ist aber auch die Ansicht einer näheren Verwandtschaft zwischen *Metaxytherium* und *Trichechus* oder einer gegenseitigen Ableitung [1687, 1702] hinfällig. *Potamosiren magdalenensis*, von der nur der Unterkiefer bekannt ist, verhält sich zwar in verschiedenen Merkmalen ursprünglicher als *Trichechus* (zum Beispiel Mandibelsymphyse schwächer gekrümmt, Gebiß nicht homodont), ohne jedoch die Ahnenform der rezenten Manatis zu bilden. Die Herleitung der Trichechiden von *Prorastomus* aus dem Eozän erscheint angesichts der fehlenden Zwischenformen überaus problematisch. Jedenfalls muß es bereits im Eozän zur Trennung zwischen Dugongiden und Trichechiden gekommen sein [1186, 2855]. Die Trichechiden sind gegenwärtig mit drei Arten auf die Kari-

*) Einzelne Meldungen von lebenden STELLERschen Seekühen haben sich nach HEPTNER nicht bestätigen lassen.

**) Nach MCKENNA [2197] dürfte *Lophiodolodus chaparralensis* aus dem Oligozän Kolumbiens kein Condylarthre, sondern eine Sirene sein. Die Zugehörigkeit zu den Manatis vorausgesetzt, würde dies eine lange Trennung von den Dugongiden bestätigen.

bische See *(Trichechus manatus)*, Südamerika *(Tr. inunguis)* und Westafrika *(Tr. senegalensis)* beschränkt.

Das Gehirn der Sirenen ist recht charakteristisch gestaltet, mit kleinen Bulbi olfactorii, einem nur teilweise von den Hemisphären bedeckten Cerebellum und dem durch die Vergrößerung des Lobus frontalis auch vorn breiten Großhirn. Diesem Grundplan entsprechen bereits die eo-oligozänen Sirenen *(Eotheroides, Halitherium)*, doch sind die Frontallappen noch bedeutend kleiner. Das für die rezenten Seekühe charakteristische Evolutionsniveau ist praktisch im Miozän *(Metaxytherium)* erreicht [842, 844]. Abgesehen von den gut entwickelten Riechkolben, findet sich der Grundplan auch bei *Moeritherium* als bisher ältestem Angehörigen der Proboscidea.

Recht bemerkenswert für die Sirenen ist die Pachyostose und die mit ihr meist verbundene Ponderosität (Spillmann [3357] = „Osteosklerose" der älteren Literatur). Es kommt — besonders bei den Halitherien und Metaxytherien — zu einer Verdickung der Rippen, der Wirbel und anderer Skelettelemente, die mit einem Verschluß des Markraumes bei den Röhrenknochen bzw. der spongiösen Ausbildung Hand in Hand geht. Wie Spillmann [335] zeigen konnte, hat diese Erscheinung nichts mit dem als Osteosklerose vom Menschen bekannten Krankheitszustand zu tun. Bei dem im Bruch kompakt (eburn) wirkenden Knochen ist das Haverssche Kanalsystem eher verstärkt, so daß eine den Wundernetzen vergleichbare Erscheinung vorliegt. Unabhängig voneinander haben sie die Sirenen, Robben, Wale und Desmostylia unter den Säugetieren erworben.

Proboscidea (Rüsseltiere)

Die gegenwärtig mit nur zwei Arten auf Südasien *(Elephas maximus)* und Afrika *(Loxodonta africana)* beschränkten Proboscidea*) waren einst fast weltweit in einer erstaunlichen Arten- und Formenfülle verbreitet (Abb. 685). Ihre Fossilgeschichte ist dank der reichen Fossilfunde in den Grundzügen bekannt und läßt sich in gewisser Hinsicht mit der der Equiden vergleichen, indem man wenigstens zwei Radiationen (Mastodonten und Elefanten) unterscheiden kann, deren Angehörige wie bei den Equiden Laubäser oder Grasfresser sind. Die heutigen Elefanten bilden die einzigen Überlebenden einer noch im Pleistozän formenreich und über die ganze Holarktis, Afrika und Südamerika verbreiteten Säugetierordnung.

Ursprünglich als Pachydermen mit Perissodactylen und Artiodactylen (Flußpferde und Schweine) zusammengefaßt, zeigten anatomische Untersuchungen verschiedene, nicht als Anpassungsmerkmale zu deutende Übereinstimmungen mit den Sirenen, deren gemeinsamer Ursprung auch mit Fossilfunden wahrscheinlich gemacht wurde (Seite 589).

Unter den fossilen Formen lassen sich neben dem eigentlichen Hauptstamm (Elephantoidea) und der ursprünglich als Wurzelgruppe sämtlicher Proboscidea angesehenen Moeritherioidea die Dinotherien (Dinotherioidea) unterscheiden (Abb. 686). Die Stellung von *Barytherium* aus dem Jung-Eozän Ägyptens ist infolge der ungenügenden Dokumentation**) noch nicht endgültig geklärt. Gelegentlich als eigene Ordnung klassifiziert, stellt sie Simpson [3257] als weitere Unterordnung (Barytherioidea) zu den Proboscidea, wobei sich vor allem durch die bilophodonten Molaren und ein Paar vergrößerte Unterkieferincisiven Gemeinsamkeiten mit den Proboscidea ergeben. Wie weit diese jedoch als Parallel- oder Konvergenzerscheinungen zu werten sind, ist abzuwarten.

---

*) Die morphologisch begründete gattungsmäßige Eigenständigkeit der beiden rezenten Arten wird durch die lange zurückliegende Trennung bestätigt.

**) Nur Kieferfragmente und einige isolierte Extremitätenknochen sind bekannt [78].

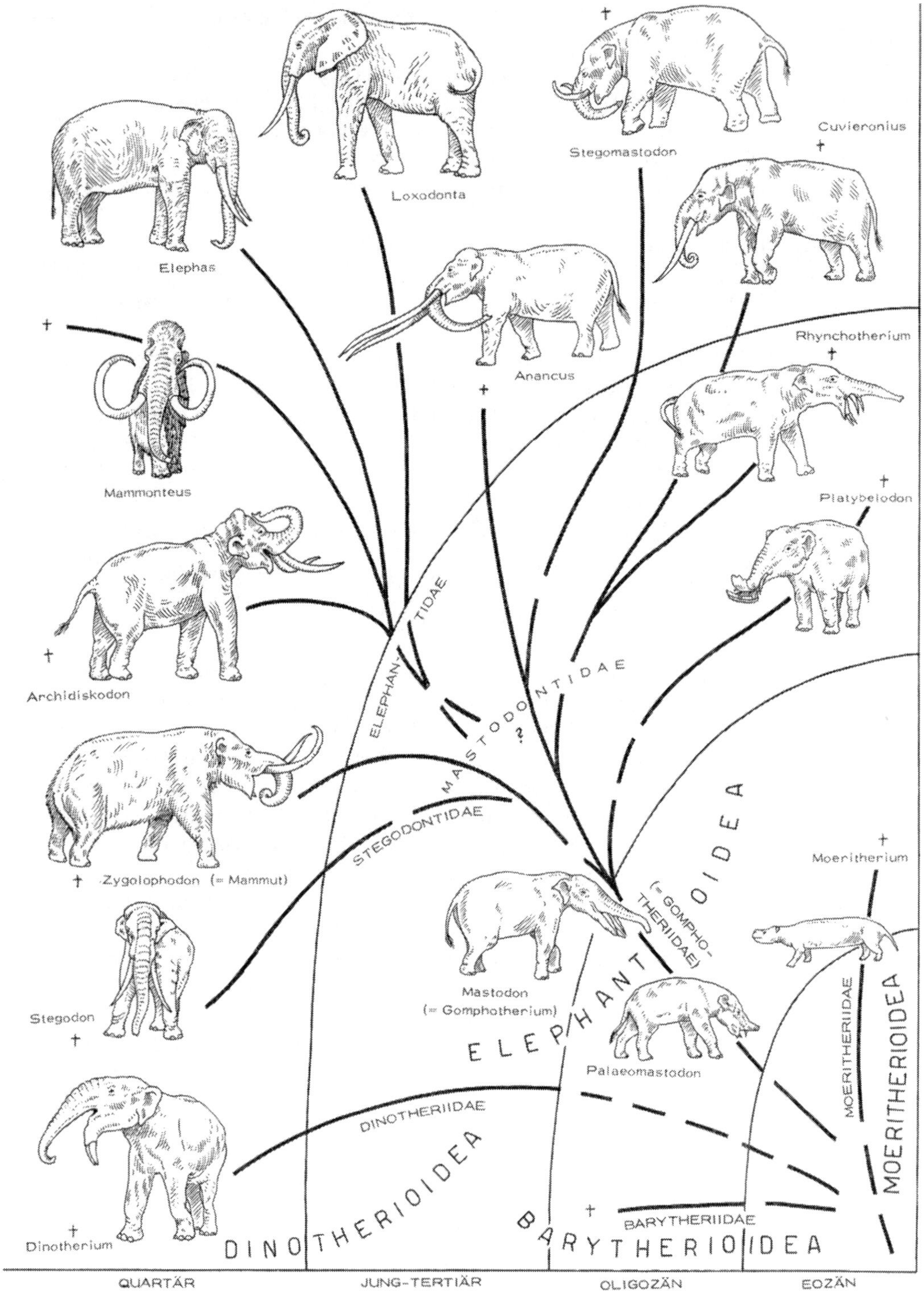

Abb. 685. Die vermutlichen stammesgeschichtlichen Zusammenhänge innerhalb der Proboscidea. Beachte Radiation der Mastodonten im Jungtertiär und jene der Elefanten im Quartär. *Elephas* und *Loxodonta* als einzige Überlebende

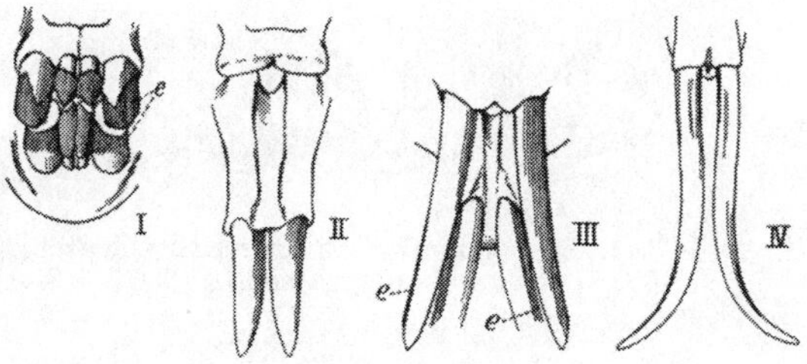

Abb. 686. Differenzierung des Vordergebisses bei den Hauptstämmen der Proboscidea. I) Moeritherioidea, I_2^2 vergrößert, II) Dinotherioidea, nur I_2 erhalten, III) Mastodontidae, I_2^2 als Stoßzähne, IV) Elephantidae, I^2 als Stoßzähne. *e* = Schmelz — Nach Osborn 1936

Moeritherioidea

Die geologisch ältesten Funde stammen aus mittel- und jung-eozänen Ablagerungen West- und Nordafrikas [78, 138, 3055]. Diese **Moeritheriiden** ließen sich in mehreren Arten nachweisen. Wie Grabungen ergeben haben, die Simons in den letzten Jahren im Fayum (Ägypten) durchführte, handelt es sich um mittelgroße Säugetiere (*Moeritherium lyonsi* und *M. gracile*: Jung-Eozän bis Alt-Oligozän; *M. andrewsi*: Alt-Oligozän) mit einem stark verlängerten Körper und mit kurzen, fünfzehigen Extremitäten [3202]. Ein kurzer Fazialschädel, breite und kurze Nasalia und ein langer, schmaler Hirnschädel sind die hervorstechendsten Merkmale des Craniums (Abb. 687). Die relativ hoch gelegene Orbita ist offen mit der Temporalgrube ver-

Abb. 687. *Moeritherium andrewsi* (Moeritheriidae). Alt-Oligozän, Ägypten. Rekonstruktion des Osteocraniums. Lateral- und Dorsalansicht, sowie Unterkiefer von oben (unten) Nach Osborn 1936 *c* = Canin *i* = Incisiven *p* = Prämolar

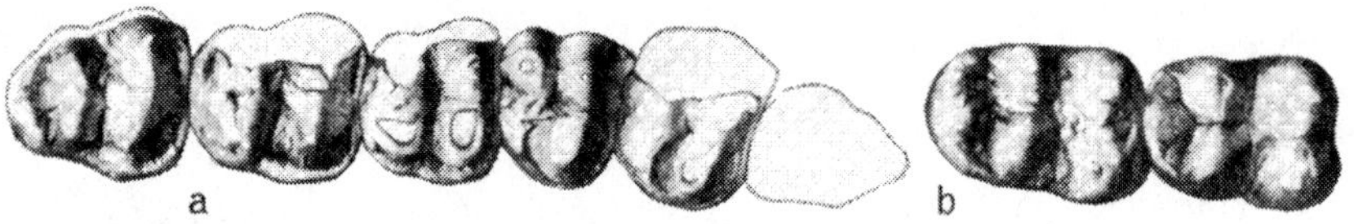

Abb. 688. *Moeritherium andrewsi*, wie Abb. 687. a) P^3—M^3 dext., occlusal, b) M_{2-3} dext., occlusal. (1/2) — Nach Osborn 1936

bunden. Da auch die äußere Nasenöffnung und der Gehörgang hoch liegen, ist mit Simons eine amphibische Lebensweise anzunehmen. Im etwas reduzierten Gebiß $\left(\frac{3\ 1\ 3\ 3}{2\ 0\ 3\ 3}\right)$ ist ein Paar Incisiven ($I\frac{2}{2}$) stoßzahnartig vergrößert, der C sup. ist klein, die Molaren sind bunodont mit der Tendenz zur Bildung von Querjochen (Abb. 688). Die P sind einfach, nicht molarisiert. Das Gehirn wirkt durch die gut entwickelten und vor den Hemisphären gelegenen Bulbi olfactorii und durch das breite Cerebellum primitiv, entspricht aber durch die deutliche Gliederung des Endhirns in einen Frontal- und Temporallappen im Prinzip dem Elefantengehirn [78] (Abb. 689). Abgesehen von den mächtigen Riechkolben, findet sich dieser Bauplan auch bei den Sirenen (Seite 595).

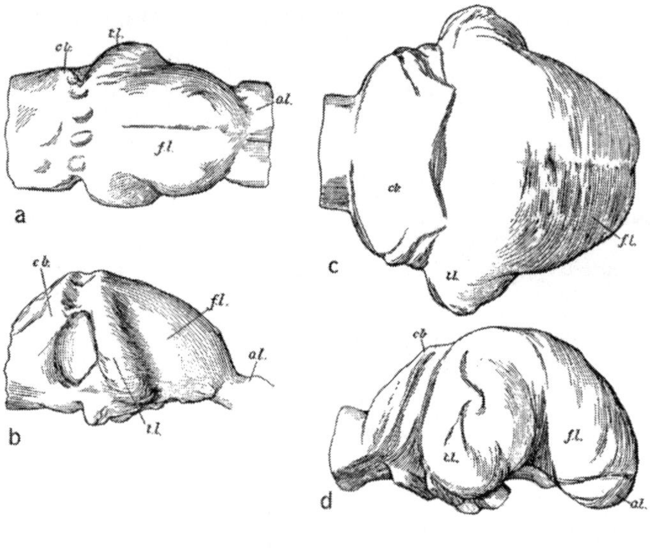

Abb. 689. Endocranialausgüsse fossiler Proboscidier (Dorsal- und Lateralansicht). a, b) *Moeritherium lyonsi*, Jung-Eozän, (ca. 1/3). c, d) *Mastodon americanus*, (ca. 1/6). Beachte — abgesehen von der Reduktion und Verlagerung der Riechkolben — die grundsätzliche Übereinstimmung der Endocranialausgüsse. Gyrifizierung der Hemisphären am Endocranialausguß nicht ausgeprägt — Nach Andrews 1906

cb = Cerebellum
f.l. = Frontallappen
o.l. = Bulbus olfactorius
t.t. = Temporallappen

Wie das Cranium und vor allem das postcraniale Skelett erkennen läßt, bilden — wie bereits Schlosser [3055] feststellte — Moeritherien nicht die Wurzelgruppe der jüngeren Proboscidea, sondern eine primitive, einseitig spezialisierte Seitenlinie, die aber immerhin für eine gemeinsame Wurzelgruppe mit den Sirenen spricht [1174]. Auch Lehmann [2105] gelangte auf Grund seiner Untersuchungen am Gebiß zu dem Ergebnis, daß *Moeritherium* nicht als Stammform von *Palaeomastodon* in Betracht kommt, sondern einen blind endenden Seitenstamm bildet. Dies ist auch auf Grund des geologischen Alters anzunehmen (*Palaeomastodon* im Alt-Oligozän neben *Moeritherium*).

Sind somit auch die unmittelbaren Stammformen der Elephantoidea noch unbekannt, so kann über die Entstehung der Proboscidea auf dem afrikanischen Kontinent kein Zweifel bestehen. Bisher kennen wir keine Reste alt-tertiärer Proboscidier außerhalb Afrikas. Erst zu Beginn des Miozäns (Burdigal) erreichten die Mastodonten den eurasiatischen Kontinent.

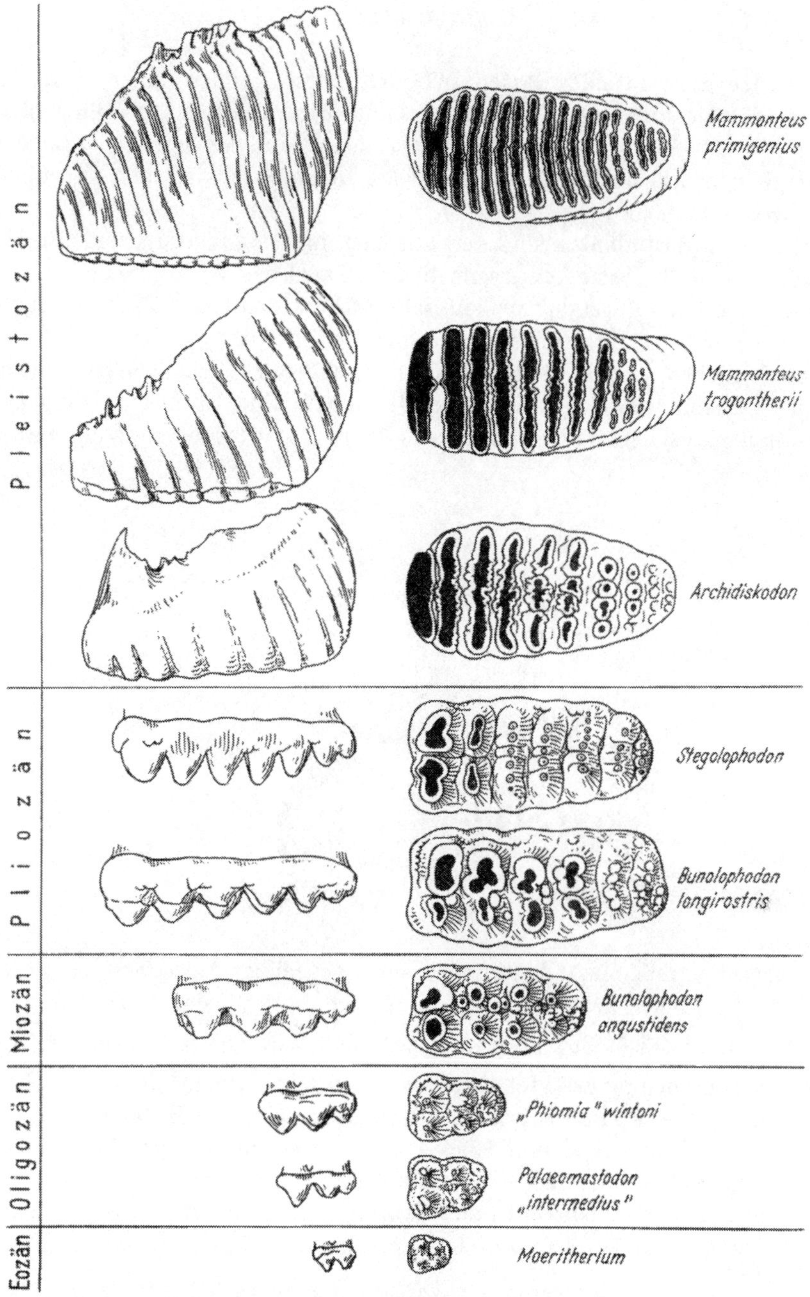

Abb. 690. Evolution der Maxillarmolaren bei Proboscidiern. Vom brachyodonten, oligobunodonten *(Moeritherium)* über den polybunodonten und lophodonten der Mastodonten *(Bunolophodon, Stegolophodon)* zum hypsodonten Lamellenzahn der Elefanten *(Archidiskodon, Mammonteus)*. (Maßstäblich verkleinert) — Nach Thenius & Hofer 1960

Elephantoidea

Innerhalb der Elephantoidea lassen sich drei untereinander näher verwandte Gruppen unterscheiden, die Mastodonten, Stegodonten und Elefanten. Ursprünglich auf Grund des Molarengebisses (Abb. 690) als drei aufeinanderfolgende phylogenetische Stadien angesehen, hat sich gezeigt, daß die Elefanten direkt von Mastodonten abstammen und die Stegodonten einen Seitenzweig bilden [3016].

Mit dem Begriff Mastodonten sind verschiedene, in nomenklatorischer Hinsicht sehr mißliche Probleme verknüpft. Sie sind einerseits durch die strikte Anwendung des Prioritätsprinzips, andererseits durch die weitgehende taxonomische Aufspaltung zu erklären, die zur Verwendung völlig ungebräuchlicher und irreführender Namen geführt hat*).

Die **Mastodontidae** (= „Gomphotheriidae"; einschließlich „Palaeomastodontidae", „Bunomastodontidae", „Humboldtidae" und „Serridentidae") sind mit *Palaeomastodon* (= „*Phiomia*")**) erstmalig aus dem Alt-Oligozän des Fayum nachgewiesen (Abb. 691 u. 692). Sie

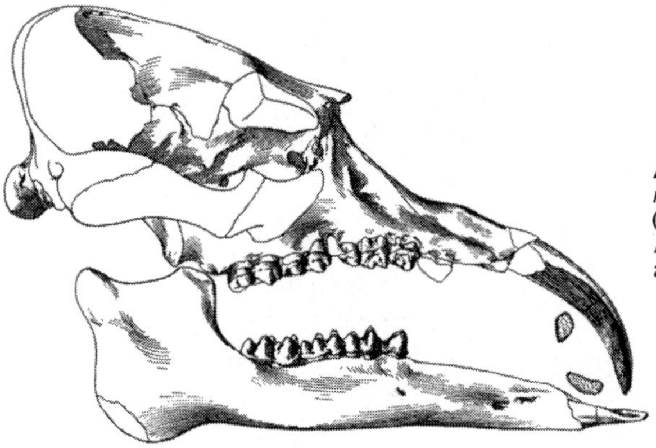

Abb. 691. *Palaeomastodon beadnelli* (= „*Phiomia wintoni*") (Mastodontidae). Alt-Oligozän, Ägypten, Osteocranium, Lateralansicht. (1/8) — Nach Osborn 1936

waren zwergelefantengroße Mastodonten mit einem gegenüber *Moeritherium* kurzen und hohen Hirnschädel, mäßig langem Fazialschädel und mit der gegen die Orbita zu verschobenen Nasenöffnung. Das Gebiß $\left(\frac{1\;0\;3\;3}{1\;0\;2\;3}\right)$ ist stärker reduziert als bei *Moeritherium*, und je 1 Paar Incisiven ($I\frac{2}{2}$) zu kurzen Stoßzähnen umgebildet: leicht abwärts gekrümmte, mit einem Schmelzband versehene I sup. und gestreckte, dorsoventral abgeflachte I inf. Die Backenzähne sind bunodont, die Molaren sechshöckrig mit je drei Höckerpaaren und am M_3 mit einem Talonid versehen (Abb. 693). Die Symphysenpartie des Unterkiefers ist von wechselnder Länge. Im Bau des Craniums und des Gebisses entsprechen die oligozänen Palaeomastodonten durchaus den Ahnen der miozänen Mastodonten. Nach Lehmann [2105] sind die vermeintlichen und direkte verwandt-

*) *Mastodon* Cuvier 1817 präokkupiert durch *Mammut* Burmeister 1799; nach Osborn [2528] und Simpson [3257] jedoch nur für die zygo-(lopho-)donten Formen verwendbar. Dadurch ist die Benennung der bunolophodonten Arten notwendig (= *Gomphotherium* Burmeister). Wie jedoch Lehmann [2105] gezeigt hat, sind die von Osborn [2528] als Gattungen gewerteten und auf drei Familien verteilten miozänen Mastodonten Angehörige einer in Aufspaltung begriffenen Großart (*Mastodon angustidens* mit *Mastodon a. angustidens* und *M. a. tapiroides* [= „*Gomphotherium*" = „*Trilophodon*" = „*Bunolophodon*"], *M. a. turicensis* [= „*Mammut*" = „*Turicius*" = „*Zygolophodon*"]). Da weiterhin die Bezeichnung *Mammut* als Name für die Gattung *Mastodon* irreführend ist, ist der Name *Mastodon* im Sinne von Cuvier und damit auch die Familie Mastodontiden beibehalten worden.

**) Nach Lehmann [2105] ist die generische Trennung der kaum artlich verschiedenen alt-oligozänen Mastodonten, wie sie Matsumoto [2249] durchführte, nicht berechtigt (siehe auch Schlosser [3055]). *Phiomia* ist als Synonym von *Palaeomastodon* einzuziehen.

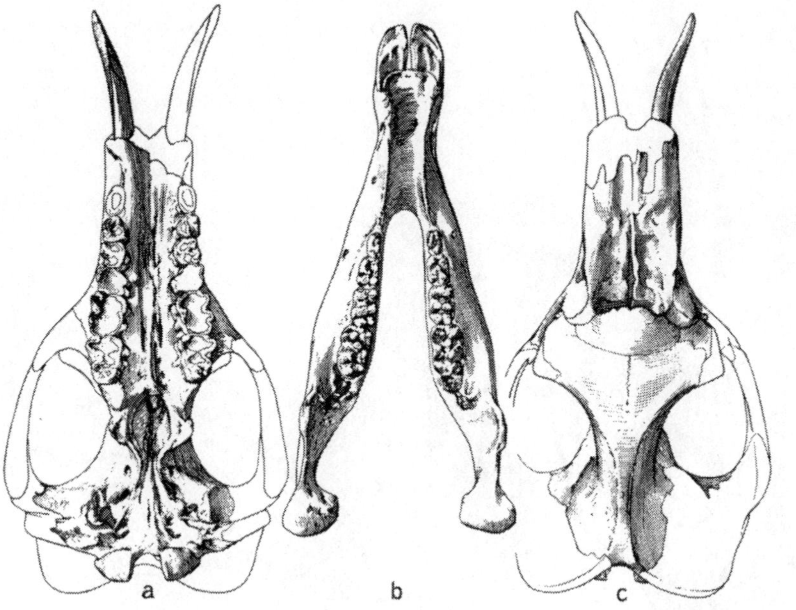

Abb. 692. *Palaeomastodon beadnelli*, wie Abb. 691. a, c) Osteocranium in Ventral- und Dorsalansicht, b) Unterkiefer, occlusal. (1/8) — Nach OSBORN 1936

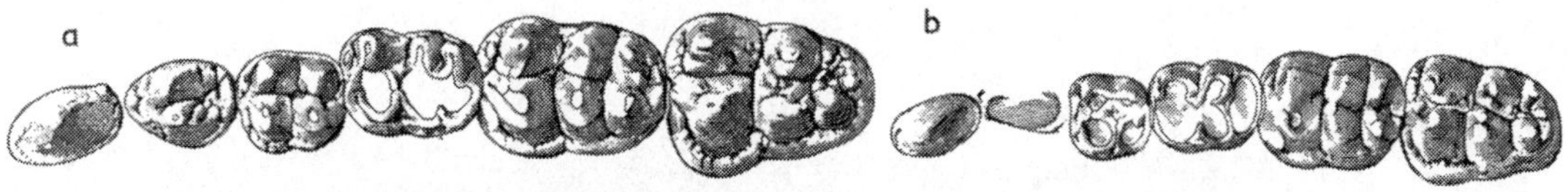

Abb. 693. *Palaeomastodon beadnelli*, wie Abb. 691. a) P^2—M^3 dext., occlusal (=„*Phiomia wintoni*“), b) P^2, P^4—M^3 dext., occlusal. (=„*Phiomia minor*“). (1/3) — Nach OSBORN 1936

schaftliche Beziehungen ausschließenden Spezialisationskreuzungen unter Berücksichtigung der Variabilität praktisch bedeutungslos. Nach der Ausbildung der Schnauzenpartie besaßen die Palaeomastodonten eine zu einer Art von Rüssel verlängerte Oberlippe. Die bei *Palaeomastodon* angebahnte Entwicklung ist bei *Mastodon* weiter fortgeschritten, indem die Oberkieferstoßzähne vergrößert, die Prämolaren weiter reduziert sind und die Molaren die Tendenz zur Jochbildung zeigen. *Mastodon angustidens* aus dem Miozän ist eine in Aufspaltung begriffene Art, innerhalb der sich eine bunolophodonte *(M. a. angustidens)* und eine zygo-(lopho-)donte Reihe *(M. a. turicensis)* unterscheiden läßt. Bei der ersten sind zwischen den Querjochen einzelne Höcker (sogenannte Sperrhöcker [3042, 3043]) ausgebildet, die bei der zygodonten Reihe fehlen, bei der die Querjoche zugespitzt sind. Die Trilophodontie der intermediären Molaren (M $\frac{1-2}{1-2}$) bleibt bei den miozänen und bei den zygodonten Mastodonten erhalten (Abb. 694), die Tetralophodontie der intermediären Molaren erreicht erst *Mastodon longirostris* im Alt-Pliozän. Innerhalb der bunolophodonten Reihe läßt sich in Europa die durch Übergangsformen verbundene Ahnenreihe *Mastodon angustidens* (Miozän) — *M. longirostris* (Alt-Pliozän) — *M. arvernensis* (Jung-Pliozän bis Ältest-Pleistozän) unterscheiden [3042, 3043], bei der es unter ständiger Vergrößerung der I sup. zu einer Rückbildung der I inf. und damit zu einer Verkürzung der Unterkiefersymphyse kommt, ohne daß diese Reduktion bei allen Individuen gleichzeitig erfolgte [3425]. Bei *Mastodon arvernensis* als brevirostriner Art ist der Unterkiefer durchaus elephantoid

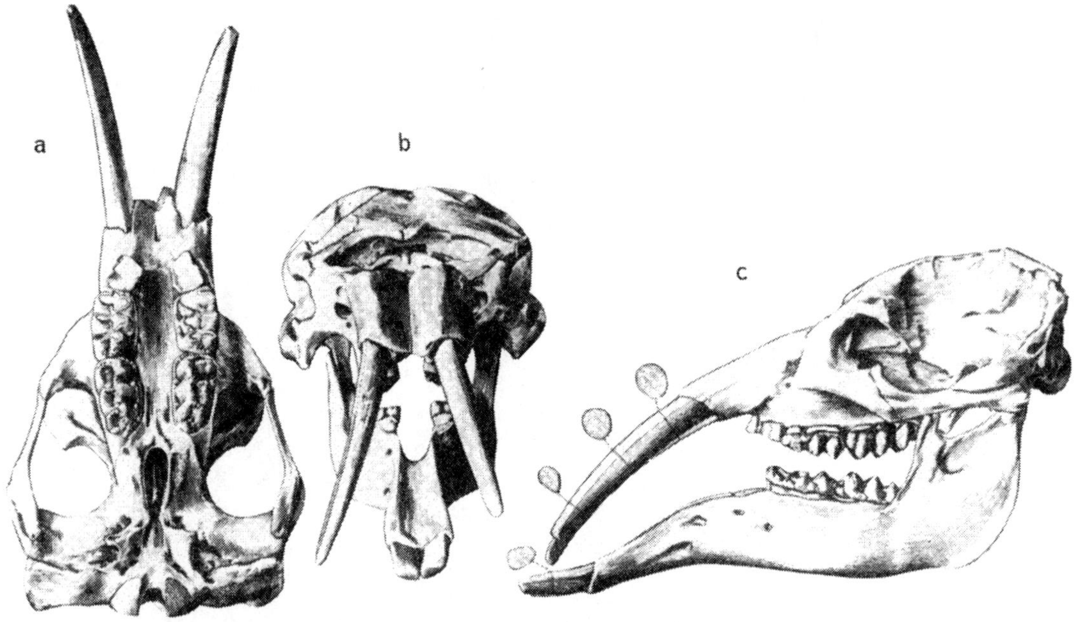

Abb. 694. *Mastodon* (= *Serridentinus*) *productus* (Mastodontidae). Jung-Miozän, USA. Osteocranium in a) Ventral- b) Vorder- und c) Lateralansicht. Typisch longirostriner Mastodontide. (2/25) — Nach Osborn 1936

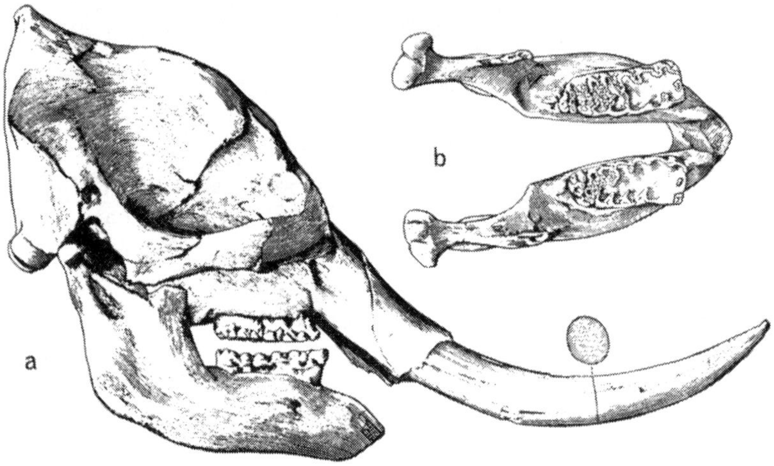

Abb. 695. *Stegomastodon texanus* (Mastodontidae). Plio-Pleistozän, Nordamerika. a) Osteocranium, Lateralansicht, b) Unterkiefer, von oben. Spezialisierter, brevirostriner Mastodontide mit völlig reduzierten I inf.; von den brachyodonten Molaren nur mehr $M\frac{3}{3}$ in Funktion. (ca. 1/6) — Nach Osborn 1936

gestaltet. Mit der Vergrößerung der Kaufläche der Molaren durch die vermehrten Joche werden die Prämolaren noch stärker reduziert oder bleiben von den Molaren bei adulten Individuen nur mehr die $M\frac{3}{3}$ funktionell (Abb. 695). Damit ist ein weiterer elephantoider Zustand erreicht. Auch die mit einer leichten Hypsodontie verbundene Zementeinlagerung zwischen den Jochen bei den ältest-quartären Mastodonten ist fortschrittlich und tendiert zu den Elefanten*). Dennoch kann man die Elefanten nicht auf diese hochspezialisierten Mastodonten zurückführen. Bei *M. arvernensis* kommt es nämlich zu einer alternierenden Stellung der Jochhälften der Molaren, ganz abgesehen davon, daß die Mandibularstoßzähne gänzlich reduziert sind und Elefanten *(Archidiskodon meridionalis)* bereits Zeitgenossen dieser Mastodonten waren. So sind diese elephantoiden „trends" der geologisch jüngsten bunodonten Mastodonten nur als Parallelerscheinung zu werten, um so mehr als Zementeinlagerung zwischen den Jochen auch bei der Endform der zygodonten Reihe *(M. borsoni)* bekannt ist. Die zygodonte Mastodonreihe vertreten *M. a. turicensis* (Miozän bis Alt-Pliozän) und *M. borsoni* (Jung-Pliozän bis Ältest-Pleistozän) in Europa. *Mastodon americanus* ist ein weiterer Angehöriger der zygodonten Mastodonten (Abb. 696).

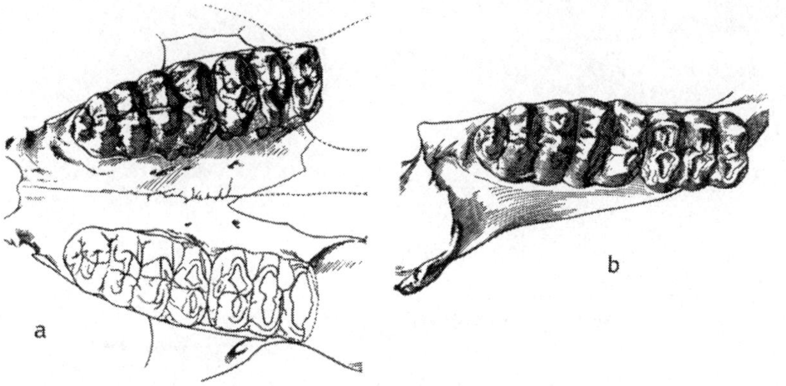

Abb. 696. *Mastodon (Zygolophodon = Mammut) americanus* (Mastodontidae). Pleistozän, Nordamerika. a) Gaumen mit M^{2-3}, b) Mandibel dext. mit M_{2-3}. Typisch zygodonte Molaren ohne Sperrhöcker. (1/8) — Nach Osborn 1936

Nach dem Bau des Craniums waren es bereits echte Rüsseltiere (Abb. 697). Der Rüssel entwickelte sich mit zunehmender Verkürzung des Fazialabschnittes aus der vergrößerten Oberlippe, während der Hirnschädel infolge von Sinusbildungen die charakteristische elephantoide Gestalt und damit die notwendige Ansatzfläche für die immer mächtiger werdende Rüsselmuskulatur erhielt (Abb. 698).

Die Mastodonten waren im Jung-Tertiär und im Pleistozän weit verbreitet. Ursprünglich auf Afrika beschränkt, breiteten sie sich im Laufe des Miozäns über ganz Eurasien und über die damals zeitweise landfeste Beringstraße auch nach Nordamerika aus. Im Pleistozän gelangten Mastodonten sogar nach Südamerika. Während die Mastodonten in Eurasien bereits mit dem Ältest-Quartär *(Mastodon [Anancus] arvernensis* und *M. borsoni)* ausstarben, lebten sie in Nord- und Südamerika bis zum Ende der Eiszeit [1409]**).

Unter den jung-tertiären bunolophodonten Mastodonten sind einige, meist als Vertreter eigener Unterfamilien klassifizierte Formen bemerkenswert, bei denen die Symphysenpartie in

*) Alle diese Merkmale berechtigen wohl zur subgenerischen Trennung dieser Formen *(Mastodon [Anancus] arvernensis)*, nicht jedoch zu einer eigenen Unterfamilie („Anancinae"). So kommt auch den sogenannten *Protanancus*-Formen im Miozän Europas und Afrikas [127, 250, 2191] keine taxonomisch-phylogenetische Bedeutung zu. Es sind einzelne Individuen innerhalb verschiedener Populationen, die den „trend" zur alternierenden Jochhälftenstellung bei den Molaren zeigen.

**) Das nach Spillmann [3355] aus angeblich historischer Zeit stammende Mastodonskelett wird neuerdings hinsichtlich der Altersstellung angezweifelt [1485]. Auch die als Mastodonten gedeuteten Skulpturen der Maya-Kultur lassen eine andere Deutung (Elefanten) zu. Die auf Mastodonten bezogenen Buschmannzeichnungen aus Südafrika haben sich als mit Elefanten überzeichnete Nashörner erwiesen [20].

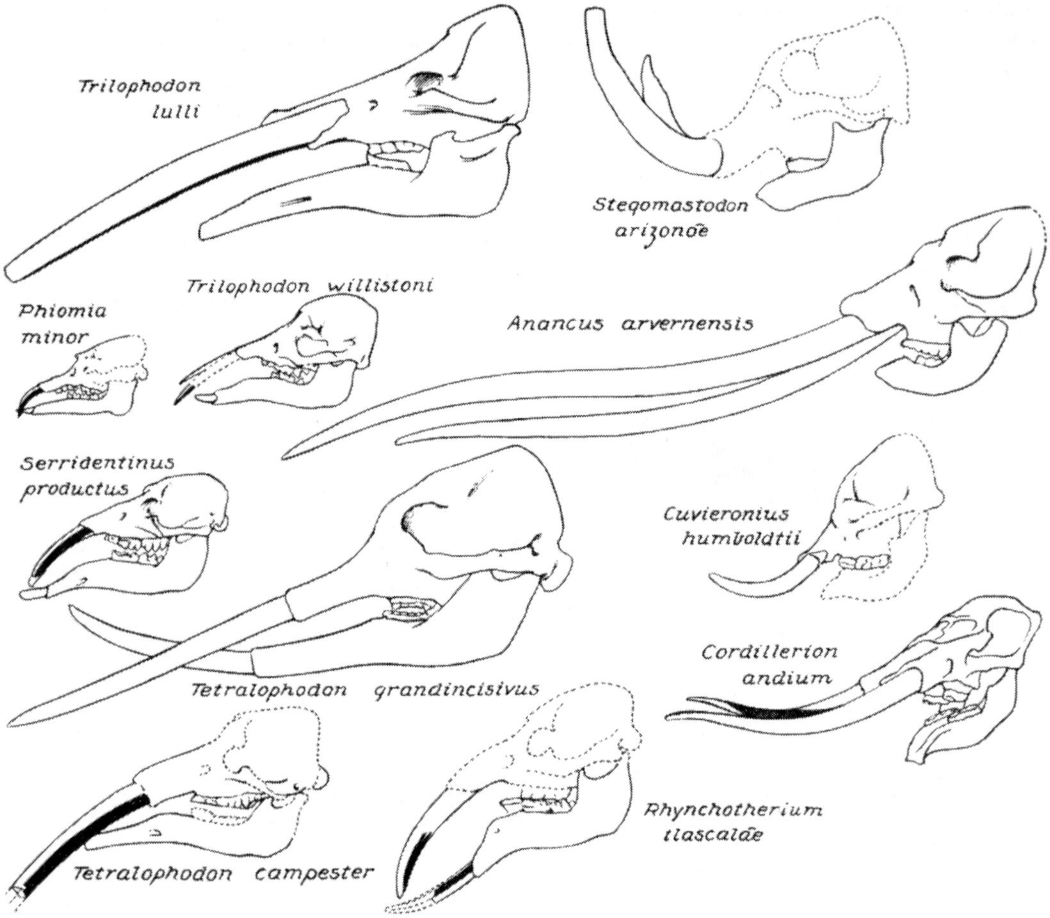

Abb. 697. Schädel verschiedener Mastodonten, um vor allem die divergente Ausbildung der Stoßzähne zu zeigen. Schmelz = schwarz; *Trilophodon, Serridentinus, Tetralophodon* und *Anancus* = *Mastodon*; *Phiomia* = *Palaeomastodon*; *Cordillerion* = *Cuvieronius*. (Maßstäblich verkleinert) — Nach Osborn 1936

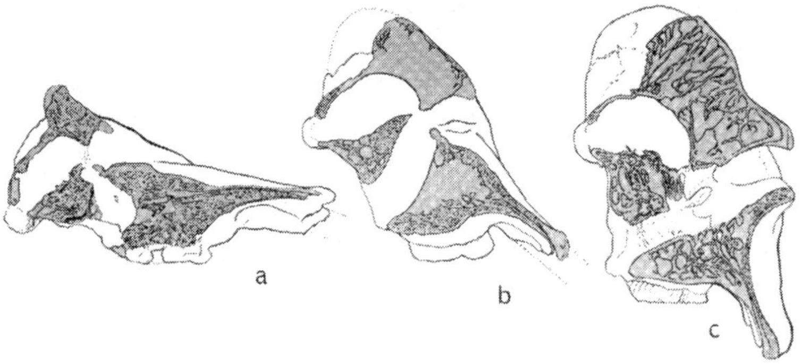

Abb. 698. Mediansagittalschnitt durch den Schädel von Mastodonten [a) *Cuvieronius hyodon* [= „*Mastodon andium*"], b) *Stegomastodon*] und Elefanten [c) *Elephas maximus*]. Beachte zunehmende Entwicklung der Stirnhöhlen in Zusammenhang mit der Vergrößerung der Ansatzstelle für die Rüsselmuskulatur. (Maßstäblich verkleinert) — Nach Osborn 1936

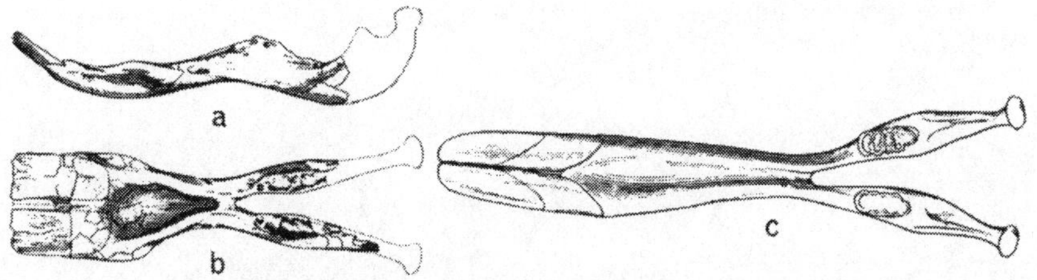

Abb. 699. „Schaufelzähner“ unter den Mastodonten. a, b) *Platybelodon grangeri*, Jung-Miozän, Asien, Unterkiefer seitlich und dorsal, c) *Amebelodon fricki*, Pliozän, USA, Unterkiefer, dorsal. (1/30) — Nach OSBORN 1936

charakteristischer Weise gestaltet ist (Abb. 699). Bei *Amebelodon* (Pliozän USA) bildet die verlängerte Symphyse samt den abgeflachten Stoßzähnen ein löffelartiges Gebilde, bei dem gleichaltrigen *Gnathabelodon* ist die Symphyse allein löffelartig verlängert, während sie bei *Platybelodon* (einschließlich *Torynobelodon*: Miozän Eurasiens und Pliozän Nordamerikas) schaufelförmig verbreitert und mit relativ kurzen, aber stark abgeflachten Stoßzähnen versehen ist [184, 344].

Die eiszeitlichen Mastodonten Südamerikas gehören nach HOFFSTETTER [1491] zwei verschiedenen Stämmen an, die zwar im Bau der Backenzähne übereinstimmen, im Schädelbau jedoch stark voneinander abweichen. Bei *Cuvieronius* (= „*Cordillerion*“) ist das Cranium niedrig und gestreckt und mit tordierten Stoßzähnen versehen, bei *Stegomastodon* und *Haplomastodon* ist der Schädel hoch und kurz wie bei fortschrittlichen Mastodonten (Anancinae [1484a, 1491, 1499, 3287]). Sie lassen sich von *Stegomastodon*-Arten des nordamerikanischen Pliozäns ableiten. *Cuvieronius* ist jedoch auch aus den südlichen USA (wie Florida) nachgewiesen [3791].

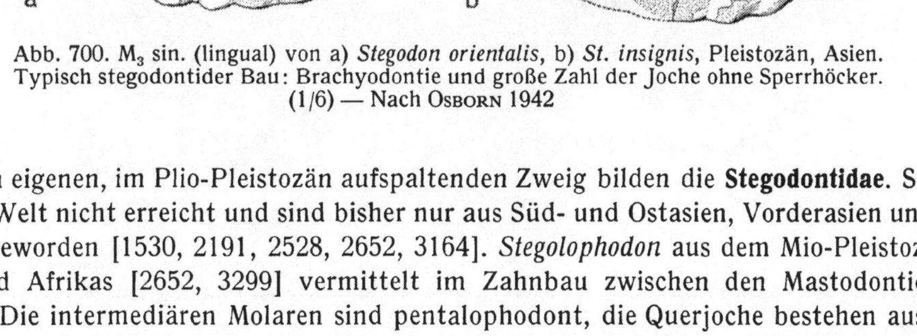

Abb. 700. M_3 sin. (lingual) von a) *Stegodon orientalis*, b) *St. insignis*, Pleistozän, Asien. Typisch stegodontider Bau: Brachyodontie und große Zahl der Joche ohne Sperrhöcker. (1/6) — Nach OSBORN 1942

Einen eigenen, im Plio-Pleistozän aufspaltenden Zweig bilden die **Stegodontidae**. Sie haben die Neue Welt nicht erreicht und sind bisher nur aus Süd- und Ostasien, Vorderasien und Afrika bekannt geworden [1530, 2191, 2528, 2652, 3164]. *Stegolophodon* aus dem Mio-Pleistozän Südasiens und Afrikas [2652, 3299] vermittelt im Zahnbau zwischen den Mastodontiden und *Stegodon*. Die intermediären Molaren sind pentalophodont, die Querjoche bestehen aus mindestens vier verschmolzenen Höckern, Sperrhöcker fehlen. Bei *Stegodon* (Plio-Pleistozän) ist die Jochzahl der intermediären Molaren auf 5—11 erhöht, jene des M_3 auf 13, doch kommt es nicht zu der für die Elephantiden so kennzeichnenden Hypsodontie (Abb. 700). Zementeinlagerung im Kronenbereich, das kurze und hohe Cranium sowie die mächtigen Oberkieferstoßzähne erinnern an Elefanten (Abb. 701 u. 702), doch sind Unterschiede vorhanden (wie Stirnbildung, Fehlen von Prämolaren, reine Zygodontie der Molaren), die eine Ableitung der Elefanten nicht zulassen, abgesehen davon, daß — wie schon erwähnt — *Stegodon* und Elefanten gleichzeitig existierten. Die Stegodonten sind fortschrittliche, jedoch einseitig spezialisierte Mastodonten,

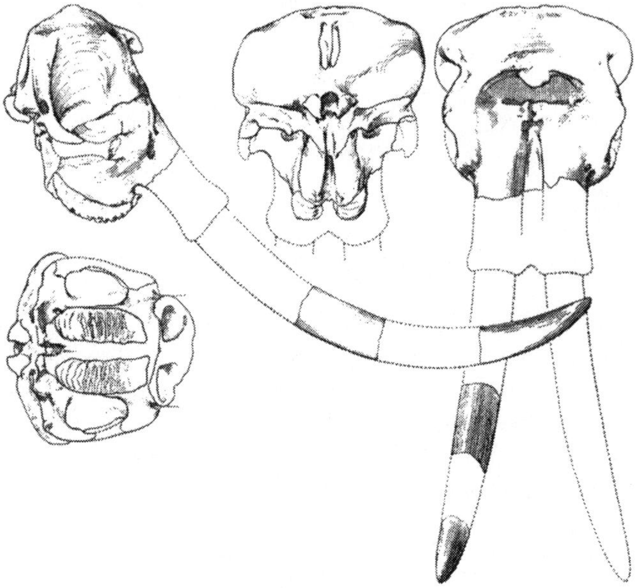

Abb. 701. *Stegodon pinjorensis* (Stegodontidae). Pleistozän, Südasien. Osteocranium in Lateral-, Ventral-, Occipital- und Frontalansicht. Adultes Individuum mit M^3. (1/20) — Nach Osborn 1942

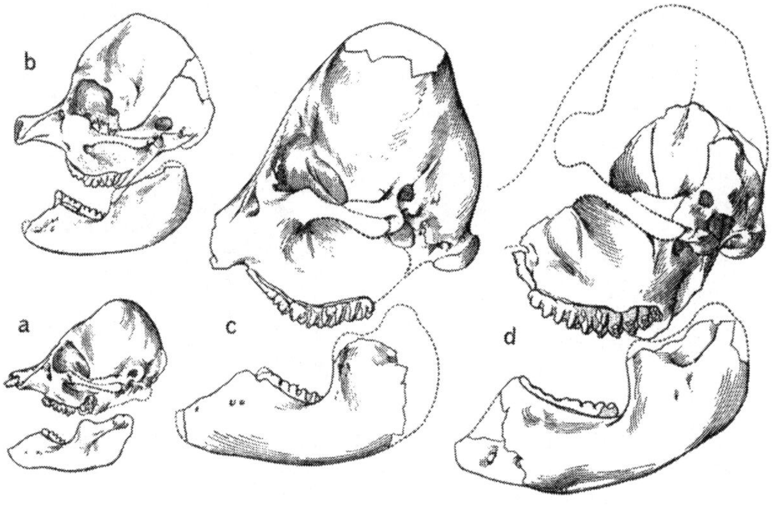

Abb. 702. *Stegodon orientalis*, Pleistozän, Ostasien. Osteocranium in verschiedenen Altersstadien. a) infantil mit $D\frac{2-3}{2-3}$, b) juvenil mit $D\frac{3-4}{3-4}$, c) subadult mit $M\frac{1-2}{1-2}$, d) adult mit $M\frac{2-3}{3}$. (1/16) — Nach Osborn 1942

die als phyletischer Seitenzweig im Jung-Pleistozän ausstarben [1678]. Als Entstehungszentrum kann man Ostasien annehmen [1809]. Die zahlreichen Arten erreichten durchaus elefantenartige Dimensionen. Deraniyagala [763, 764] unterscheidet nach der Ausbildung des Craniums drei Linien (*Stegodon* sensu stricto, *Platystegodon* und *Sulcicephalus*). Zwergformen sind vom ostasiatischen Festland und von der südostasiatischen Inselwelt (Celebes, Flores, Mindanao, Luzon) bekannt (*Stegodon luzonensis*, *St. mindanensis*, *St. sompoensis* [767, 1542, 1791]).

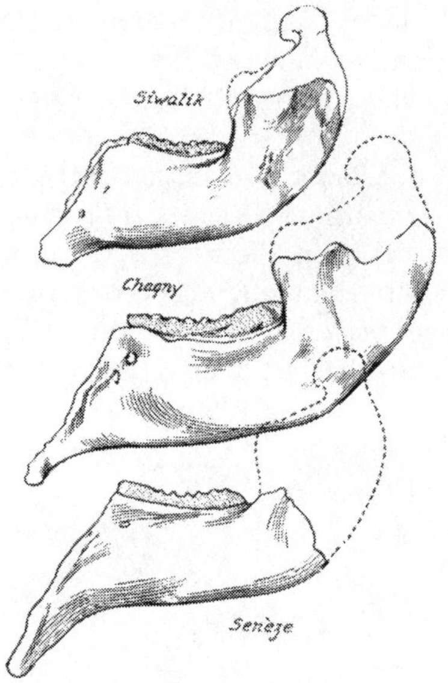

Abb. 703. *Archidiskodon planifrons-meridionalis*-„Formenkreis“. Mandibel sin., Außenansicht, Ältest-Pleistozän. Siwaliks, Chagny und Senèze. (1/16) — Nach OSBORN 1942

Den fortschrittlichsten Stamm der Elephantoidea bilden zweifellos die **Elephantidae**. Nur bei den Elefanten kommt es zur Hypsodontie und damit zu dem eine echte Kaufläche bildenden Lamellenzahn. Die Elefanten kennen wir bisher nur aus dem Quartär*).

Die geologisch ältesten Elefanten sind als *Archidiskodon* (= *Protelephas) planifrons, A. africanavus* bzw. *A. meridionalis* aus dem Villafranchium bekannt. Im Bau von Cranium und Unterkiefer (Abb. 703) weitgehend fortschrittlichen Mastodonten entsprechend, unterscheiden sie sich durch die nur schwach hypsodonten Molaren und deren meist niedrigere Jochzahlen sowie durch den Besitz von Prämolaren von den rezenten Elefanten, als deren Stammformen sie meist gelten. Mit DIETRICH [792] dürfte jedoch der Ursprung von *Loxodonta* bereits auf einem präplanifrons-Stadium im Pliozän anzunehmen sein. Mit der zunehmenden Hypsodontie wird auch die Zementablagerung intensiver und die Zahl der Joche vermehrt, die schließlich zu dünnen Lamellen werden (Abb. 690 auf Seite 599)**). Sie erreicht bei *Mammonteus primigenius*, dem jungeiszeitlichen Mammut, mit 27 Lamellen am M_3 die Höchstzahl. Mit der Verlängerung der Molaren durch die vermehrten Joche werden die Prämolaren mehr und mehr reduziert, so daß bei den rezenten Elefanten auf die drei Milchmolaren die drei Dauermolaren folgen. Sie rücken mit zunehmender Abkauung im Kiefer nach vorn. Entsprechend der Zahngröße ist von den Dauermolaren nur jeweils ein Zahn in jeder Kieferhälfte in Funktion***).

Phylogenetisch außerordentlich interessant ist die relativ lange Unterkiefersymphyse bei Elefantenembryonen [838] und das Auftreten rudimentärer Unterkieferstoßzähne bei einer eiszeitlichen, insularen Zwergform von *Archidiskodon* (*A. celebensis* aus Celebes), die nicht auf brevirostrine, sondern auf longirostrine Mastodonten als Vorfahren hinweist [1519]†). Den gleichen Schluß läßt die für *Loxodonta* charakteristische Rautenfigur der angekauten Zahn-

---

*) Pliozäne Vorkommen konnte man bisher nicht mit Sicherheit nachweisen („Ober-Pliozän“ = Villafranchium). Dies gilt auch für *Archidiskodon subplanifrons* (= *proplanifrons* [2527]) aus Südafrika.

**) Diese Entwicklung wird im Längen-Lamellen-Quotient berücksichtigt.

***) Diese Art des Einschiebens neuer Zähne bezeichnete man als „horizontalen Zahnwechsel“ [827], eine irreführende Bezeichnung, da kein echter Zahnwechsel stattfindet.

†) Auch die bei *Archidiskodon planifrons* gelegentlich verlängerte Symphyse weicht von der brevirostriner Mastodonten ab.

lamellen der Molaren (Abb. 705 auf Seite 609) zu, die auf einstige Sperrhügel zwischen den Jochen (= Lamellen) hinweist (vergleiche auch ANTHONY & FRIANT [103]). Damit ist die *Loxodonta*-Linie als die ursprünglichere erweisen und zugleich eine Ableitung von Stegodonten widerlegt.

Die ältest-quartären Archidiskodonten*) bilden jedoch zweifellos die Wurzelgruppe der Mammute (Mammontinae OSBORN: *Mammonteus trogontherii* des Alt- und Mittelpleistozäns, *M. primigenius* des Jung-Pleistozäns Eurasiens [3325], *M. columbi* aus dem Pleistozän Nordamerikas), der Altelefanten (*Palaeoloxodon*-Gruppe**) mit *P. antiquus* und *P. namadicus* (Abb. 704) und „*Hesperolodoxon*" [835]) und der „Elephantinae" mit *Elephas maximus*, der von *A. hysudricus* (Alt-Quartär) über *E. hysudrindicus* (Mittel-Quartär) abgeleitet werden kann [23,

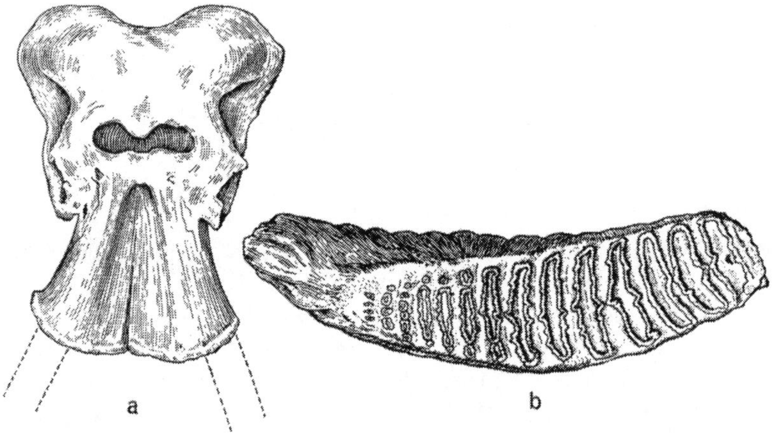

Abb. 704. *Palaeoloxodon antiquus* (Elephantidae), Alt-Pleistozän, Europa. a) Osteocranium, Frontalansicht (1/30), b) M_3 sin., occlusal. (1/3) — Nach DUBROVO 1960

792]. Mit *Mammonteus* (= *Mammuthus* bei SIMPSON [3257]) haben die Elefanten echte (Kalt-) Steppenformen entwickelt, die vor annähernd 10 000 Jahren ausstarben, wie die absoluten Datierungen mittels der Radio-Karbon-Methode gezeigt haben [1316, 2774]. Bemerkenswerterweise nahm die Größe der Mammute vom Riß-Würm-Interglazial bis zur Würmzeit zu, um dann wieder bis zum Zeitpunkt des Aussterbens (*M. primigenius beresovkius* [1060]) abzunehmen***). *Mammonteus primigenius* war — wie erhalten gebliebene Nahrungsreste [2774] und die damalige Vegetation [993, 1959] erkennen lassen — eine echte Kaltsteppenform mit einem starken, aus Grannen- und Wollhaaren bestehenden Fell, kleinen Ohren und hypsodonten, englamelligen Backenzähnen. Da *Archidiskodon meridionalis* eine (Warm-)Steppenform war, muß die Kälteanpassung im Laufe des Pleistozäns erfolgt sein, was bereits aus der (nördlichen) Verbreitung von *M. trogontherii*, der Stammform vom Mammut, hervorgeht.

---

*) Wie AZZAROLI [162] mit Recht hervorhebt, bildet *Archidiskodon planifrons* zwar nach dem Gebiß, nicht aber nach dem Cranium die Stammform von *A. meridionalis*. Demgegenüber läßt auch der Schädelbau von *A. planifrons* eine Ableitung von *Elephas maximus* und anderen Arten zu.

**) Nach DIETRICH [792] bilden die Loxodontinae (im Sinne von OSBORN [2528]) mit *Loxodonta, Palaeoloxodon* und *Hesperoloxodon* keine genetische Einheit, die zu einer Gattung [3257] vereint werden kann. Die Ähnlichkeiten beruhen nur auf „ökologischer Konvergenz" (Waldelefanten [792:373]), denen kein taxonomischer Wert zukommt. *Palaeoloxodon* und „*Hesperoloxodon*" sind nicht näher mit *Loxodonta* verwandt.

***) Außer diesen Kleinformen werden in der Literatur Zwergmammute (*M. pygmaeus*) erwähnt [1060], deren taxonomischer Status nicht gesichert ist.

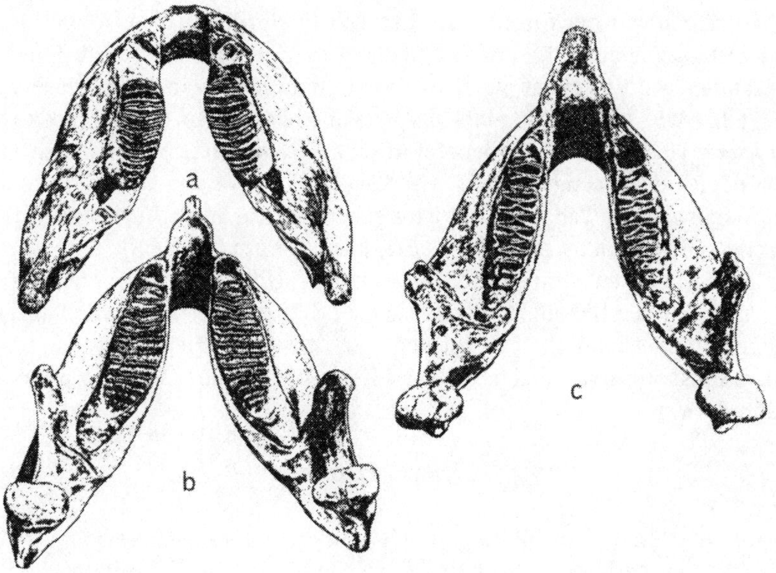

Abb. 705. Unterkiefer (Dorsalansicht) von Elefanten: a) *Mammonteus primigenius*, Jung-Pleistozän, Europa, b) *Elephas maximus*, rezent, c) *Loxodonta africana*, rezent. Beachte einfaches Lamellenmuster bei *Elephas*-Gruppe gegenüber dem Rautenmuster der *Loxodonta*-Gruppe. (1/11) — Nach Osborn 1942

Als Abkömmlinge der *Palaeoloxodon*-Gruppe gelten meist die eiszeitlichen Zwergelefanten der Mittelmeerinseln (*P. antiquus mnaidrensis, P. a. melitensis* und *P. a. falconeri* [3712])*). Nach Accordi [22] stammen die größeren Formen (*P.* [= *Pilgrimia* Osborn] *mnaidrensis*) aus der Mindel-Riß-Warmzeit, während die kleineren, mit dem Riesenschläfer *Leithia melitensis* vergesellschafteten Formen (*P. falconeri*) während der letzten (Riß-Würm-)Warmzeit gelebt haben. Die Zwergformen sind wohl Inselformen, da die angeblichen Zwergformen vom Festland (*Elephas antiquus nana* aus Ober-Italien [21 b], *Palaeoloxodon melitensis* vom Peloponnes [2328]) auf Milchzähnen normalwüchsiger Arten beruhen [3334 a]. Weitere Zwergformen sind von den Philippinen (*Palaeoloxodon*-Formenkreis)**), von der Santa-Rosa-Insel vor Kalifornien und Celebes (*Archidiskodon*) bekannt geworden [1519, 2511]***).

Der *Loxodonta*-Stamm (Abb. 705) ist mit *Loxodonta atlantica* und *L. africana* im Jung-Pleistozän vertreten. Die direkten Vorläufer sind noch unbekannt, doch dürfte *L. africana* wahrscheinlich von einem *atlantica*-ähnlichen Ahnen der westafrikanischen Waldregion abstammen†), der wiederum auf *L.* („*Archidiskodon*") *africanava* zurückgeführt werden kann [602]. *Loxodonta* ist auf Afrika††) beschränkt.

*) Wegen der geringeren Lamellenzahl der Molaren gegenüber *Palaeoloxodon* nimmt man verschiedentlich eine Ableitung von noch unbekannten Elefanten der *Loxodonta*-Gruppe an [2328, 2528]; vergleiche auch [2003]).

**) Vergesellschaftet mit einer Zwergform der Gattung *Stegodon* (*St. luzonensis*) [1791].

***) In diesem Zusammenhang sei auch das viel diskutierte Vorkommen rezenter Zwergelefanten in Zentralafrika erwähnt. Zweifellos sind einzelne, sicher zwergwüchsige Individuen von *Loxodonta africana cyclotis* bekannt, doch ist eine taxonomische Abtrennung (zum Beispiel. *a. pumilio* Noack) nicht gerechtfertigt (vergleiche dazu [281, 353, 1105, 1219, 1922, 2411, 2474, 2663, 2674]).

†) *Stegoloxodon indonesicus* [1885] aus Java ist keine Ahnenform der Loxodonten, sondern eine *antiquus*-ähnliche Varietät von *Archidiskodon planifrons* [793, 1520].

††) „*Loxodonta creutzburgi*" Kuss [2003] (= „*Elephas priscus* Simonelli") aus dem Pleistozän von Kreta entspricht „*Elephas*" *creticus* [3334 a].

Loxodonta africana war noch in historischer Zeit in Nordafrika (Marokko bis Ägypten) verbreitet und ist erst — wie auch die meisten übrigen Steppenformen — mit dem ca. 2800—2600 v. Chr. einsetzenden Klimawandel verschwunden und auch vom Menschen zurückgedrängt worden [144, 462, 1455, 1922]. Die einst als verschiedene Arten betrachteten rezenten Wald- (*L. africana cyclotis* [1922]) und Steppenelefanten (*L. a. oxyotis)* bilden durch Übergänge miteinander verbundene Unterarten [166].

Auch *Elephas maximus* war noch in historischer Zeit bis nach Vorderasien (Mesopotamien, Syrien) verbreitet (*E. maximus armenicus, Elephas „syriacus“* [3068]).

Die heutigen Elefanten sind somit die einzigen Überlebenden*) der ursprünglich rein afrikanischen, im Jung-Tertiär auch in Eurasien und Nordamerika sowie während der Eiszeit selbst auf dem südamerikanischen Kontinent verbreiteten Elephantoidea, die infolge entsprechender Umkonstruktionen nicht nur die offene Landschaft, sondern auch Kältezonen zu besiedeln imstande war.

Dinotherioidea

Einen weiteren, nach der Ausbildung des Gebisses als überaus konservativ zu bezeichnenden Stamm bilden die Dinotherioidea innerhalb der Proboscidea. Die nur mit einer einzigen Gattung (*Dinotherium)* vertretene Familie der **Dinotheriidae** unterscheidet sich im Bau des Craniums und des Gebisses grundsätzlich von den Elephantoidea. Dem niedrigen Cranium fehlen die für Mastodonten und Elefanten so charakteristischen Stoßzähne, doch war ein Rüssel vorhanden (Abb. 706). Das Gebiß besteht aus den kräftigen, leicht nach rückwärts gekrümmten Unter-

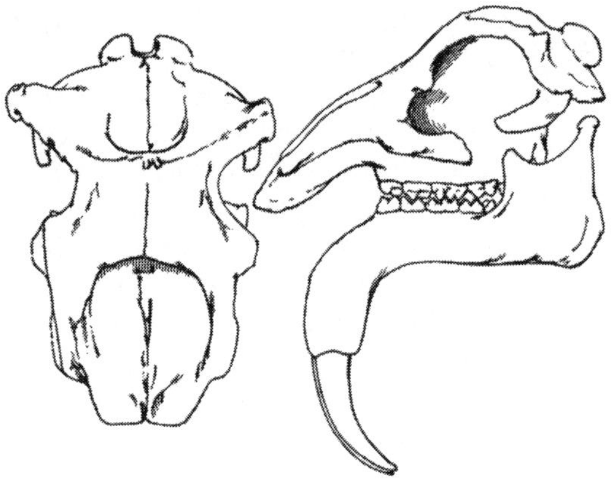

Abb. 706. *Dinotherium giganteum* (Dinotheriidae). Alt-Pliozän, Europa. Rekonstruktion des Osteocraniums in Dorsal- und Lateralansicht. Beachte Fehlen von Oberkieferstoßzähnen und die nach abwärts gekrümmte Unterkiefersymphyse mit den Stoßzähnen. (1/20) Nach Osborn 1936

kieferstoßzähnen und den lophodonten Backenzähnen, von denen die Molaren bi- oder trilophodont und damit riesigen Tapirzähnen vergleichbar sind. Die Dinotherien waren durchwegs große Tiere, deren Endformen (*D. gigantissimum = proavum)* mit ungefähr vier Metern Schulterhöhe als größte bekannte Proboscidier gelten. Das Axial- und Extremitätenskelett ist weitgehend elephantoid gebaut, der Rumpf bedeutend kürzer und höher als bei den jung-tertiären Mastodonten. Erstmalig mit *D. bavaricum* (= *„pentapotamiae“* [745]) aus dem Alt-Miozän (Burdigal) nachgewiesen, starben die Dinotherien in Eurasien im Pliozän (*D. giganteum = „in-*

*) Bemerkenswert ist, daß *Loxodonta africana* und *Elephas maximus* eine gemeinsame Ektoparasitenart (*Haematomyzus elephantis)* aufweisen [2601].

dicum“) wieder aus. Nur in Afrika haben Dinotherien die Plio-Pleistozängrenze überlebt und sind mehrfach aus ältest-quartären Ablagerungen bekannt geworden (*Dinotherium bozasi* = *D. hopwoodi* [128]). Im europäischen Jung-Tertiär bildet *Dinotherium bavaricum* die kleinste, *D. giganteum* und *D. „gigantissimum“* im Pliozän die größte Art, die sich über *D. levius* von *D. bavaricum*-Ahnen ableiten läßt [1159].

Der Ursprung der Dinotherien ist auch gegenwärtig noch nicht geklärt, doch ist das Entstehungsgebiet zweifellos auf dem afrikanischen Kontinent zu suchen.

Barytherioidea

Als weiterer ausgestorbener Proboscidier-Stamm gelten die Barytherioidea (= Barytheria Andrews [77]), doch ist deren taxonomische Stellung infolge der ungenügenden Dokumentation keineswegs gesichert. Die einzige Gattung *Barytherium* der Familie **Barytheriidae** aus dem Jung-Eozän Ägyptens vereinigt im Skelett proboscidierähnliche Merkmale mit amblypoden Zügen. Die spärlichen Kiefer- und Gebißreste dieser großwüchsigen Form zeigen den bilophodonten Bau der Molaren und das stark reduzierte Vordergebiß $\left(\frac{?\ ?\ 3\ 3}{1\ 0\ 3\ 3}\right)$ mit einem stoßzahnartig vergrößerten, gestreckten Incisiven und einem langen Diastema. Humerus und Radius erinnern an *Uintatherium*. So lange keine vollständigeren Funde vorliegen, kann die Zuordnung zu den Proboscidea nur eine provisorische sein. Andrews [78] wertet sie auch als eigene Ordnung („Barytheria“). Verwandtschaftliche Beziehungen zu den südamerikanischen Pyrotheria, wie sie Ameghino annahm, bestehen jedoch nicht [1063].

Hyracoidea (Schliefer)

Die wenigen rezenten Schliefer-Arten sind Überlebende einer einst in Afrika und weiten Teilen Eurasiens formenreich entwickelten Gruppe von Säugetieren. Man klassifizierte sie ursprünglich wegen ihres an Nagetiere erinnernden Aussehens und dem entfernt nagezahnähnlichen Vordergebiß (Abb. 3 auf Seite 2) als Nagetiere [2554b, 3988], später als „Pachydermes“ [674] und brachte sie mit Huftieren (Perissodactyla) in Verbindung, doch zeigten morphologisch-anatomische Untersuchungen die Eigenständigkeit der Schliefer, die ihre Abtrennung als eigene Ordnung (Hyracoidea) notwendig machten [1620].

Unter den rezenten Säugetieren stehen die Hyracoidea den Proboscidiern am nächsten. Mit den Proboscidiern und den Sirenen haben sie die Plattnägel an Fingern und Zehen, die bruständigen Zitzen*), den Uterus bicornis, die gürtelförmige Placenta (Struktur jedoch abweichend) und die intra-abdominalen Hoden gemeinsam [1174, 3386, 3798]. Diese Merkmalskombination spricht für den gemeinsamen Ursprung der Hyracoidea, Proboscidea und Sirenia, was serodiagnostische Befunde bestätigen, nach denen sehr deutliche serologische Affinitäten zwischen Hyracoidea *(Heterohyrax)* und Proboscidea *(Elephas)* bestehen [3817]. Auch bemerkenswerte Übereinstimmungen in myologischer Hinsicht sprechen für die wurzelnahen Beziehungen zwischen Schliefern und Rüsseltieren [3870]. Mit diesen Ergebnissen steht die Fossildokumentation insofern in Einklang, als sie die Entstehung der Hyracoidea und der Proboscidea auf dem afrikanischen Kontinent belegt [78, 3055].

Andererseits weisen jedoch zahlreiche Sondermerkmale (Chondrocranium [2128], paarige Caecalbildungen, Verlauf der Großhirnfurchen, Placentastruktur, Gefäßsystem, Geschlechts-

*) Außer inguinalen Zitzen.

organe, Hyoidbogen, hohe Zahl der Thoracal- und Lumbalwirbel, Dentinröhrchen weit in den Schmelz hineinragend)*) der Hyracoidea, auf eine lange, von den übrigen Ungulaten (im weiteren Sinne) unabhängige stammesgeschichtliche Entwicklung hin [1174]. Verschiedene Konvergenz- und Parallelerscheinungen erschweren zwar die Beurteilung der verwandtschaftlichen Beziehungen, doch bestehen zweifellos weder direkte genetische Beziehungen zu den südamerikanischen Notoungulaten (Archaeohyracidae), wie sie seinerzeit Ameghino annahm**), noch zu den Artiodactyla oder Perissodactyla. Dies gilt auch für Beziehungen zu den Meniscotherien (Condylarthra). Die vermeintlichen Übereinstimmungen im Gebiß (Bunodontie, Bunoselenodontie) sind Konvergenz- und Parallelerscheinungen, wie die unterschiedliche Merkmalskombination (Ausbildung des Vordergebisses, Grad der Molarisierung der Prämolaren, Bildung der Joche der Molaren usw.) erkennen läßt. Damit ist angedeutet, daß sich manche im Gebiß und Extremitätenbau vorhandenen Ähnlichkeiten mit Perissodactyla (Hippomorpha) durch die Herkunft der Vorfahren der Hyracoidea und der Perissodactyla von einem gemeinsamen Protungulaten-Stock erklären lassen, ohne daß eine Zusammenfassung als Mesaxonia [981] notwendig ist. Auch die Ektoparasiten (Anoplura) geben keine Hinweise auf eine Verwandtschaft mit den Perissodactyla [1549]. Die Zuordnung zu den Mesaxonia und die Abgliederung der fossilen Geniohyidae als Pseudhippomorpha, zu der Whitworth [3836:55] gelangte, beruht auf Parallelerscheinungen und ist daher als verfehlt abzulehnen. Die Schliefer stehen nach Beddard [223] der Basis der Huftiere näher als irgendeine andere lebende Form; die Placenta kann man nach Wislocki [3886] als primitiven Ungulatentyp ansehen. van Valen [3707] betrachtet die Hyracoidea überhaupt als überlebende Condylarthra. Wenn auch eine derartige Formulierung überspitzt erscheint, so kommt darin doch die Herkunft von Urhuftieren zum Ausdruck, wie sie jedoch auch für die übrigen Subungulaten gilt.

Nicht uninteressant ist in diesem Zusammenhang, daß die rezenten Schliefer Wiederkäuer sind und einen an die Schlankaffen erinnernden zweiteiligen Magen aufweisen [1353].

Fossilfunde konnten die Herkunft der Hyracoidea zwar noch nicht definitiv klären, doch dokumentieren sie die einstige Formenmannigfaltigkeit der Hyracoidea und ihre einst weite Verbreitung. Die verschiedenen Spezialisationstendenzen erfordern die Annahme mehrerer Parallelstämme innerhalb der tertiärzeitlichen Hyracoidea.

Da jedoch die bisherige Fossildokumentation noch sehr lückenhaft ist, sind zahlreiche Probleme noch zu klären. Eine endgültige Lösung können nur weitere Fossilfunde erbringen. Zu diesen Problemen zählt unter anderem der Zeitpunkt der Aufspaltung der drei rezenten Gattungen, eine keineswegs einhellig beantwortete Frage (vergleiche [367, 558, 1248, 3506]). Bemerkenswert erscheinen in diesem Zusammenhang die Ektoparasiten, deren Differenzierung und Wirtsspezifität für eine Aufspaltung der rezenten Schliefergattungen bereits vor dem Ende des Tertiärs sprechen [2601].

Die gegenwärtig auf Afrika und Teile Vorderasiens beschränkten und mit wenigen, ungefähr kaninchengroßen Arten vertretenen Hyracoidea waren einst auch in Europa und Ostasien mit annähernd nashorngroßen Formen (*Pliohyrax*, *Postschizotherium* [1809]) heimisch.

Die geologisch ältesten Fossilfunde stammen aus dem Alt-Oligozän des Fayum (Ägypten). Sie zeigen, daß bereits im Oligozän zwei Stämme existierten, die in mehreren Gattungen nachgewiesen sind. Dies sind die langschnauzigen Geniohyidae und die kurzschnauzigen Saghatheriiden.

---

*) Der Verlauf der Dentinröhrchen entspricht dem bei Beuteltieren und ist ebenso wie der Fundus oculi als Primitivmerkmal zu bewerten [1174].

**) Wie bereits auf Seite 152 ausgeführt, sind die als *Myohyrax* [79] und *Protypotheroides* [3506] beschriebenen und als Hyracoidea gedeuteten und mit südamerikanischen Notoungulaten in Verbindung gebrachten Reste aus dem afrikanischen Miozän keine Schliefer, sondern Macroscelidea [2606].

Die **Geniohyidae** sind durch den dolichocephalen, langschnauzigen Schädel und das (fast) vollständige, bei den einzelnen Gattungen jedoch verschieden hoch spezialisierte Gebiß $\left(\frac{3\ \ 1\ 4\ 3}{3\text{-}2\ 1\ 4\ 3}\right)$ charakterisiert. Die einzelnen Arten sind mittelgroß bis großwüchsig. Zu den primitivsten Gattungen zählen *Geniohyus* und *Bunohyrax* (Abb. 707) mit einem brachyodonten und einem weitgehend bunodonten Gebiß, schwach molarisierten Prämolaren, verbreitertem C sup. und den durch Diastemata getrennten Incisiven, von denen das vorderste Paar im Ober- und Unterkiefer vergrößert, aber nicht wurzellos ist. Bei *Megalohyrax* (= „*Mixohyrax*“, Abb. 708, 709) ist das Backengebiß bunoselenodont und wirkt „palaeotherioid“. Die Außenhöcker sind selenodont, die Innenhöcker bunodont ausgebildet, doch bestehen deutliche Unterschiede gegenüber den Zähnen der Palaeotherien. Das Gebiß ist gleichfalls brachyodont. *Titanohyrax* (= „*Megalohyrax*“ Schlosser [3055]) *palaeotherioides* verhält sich infolge der beginnenden

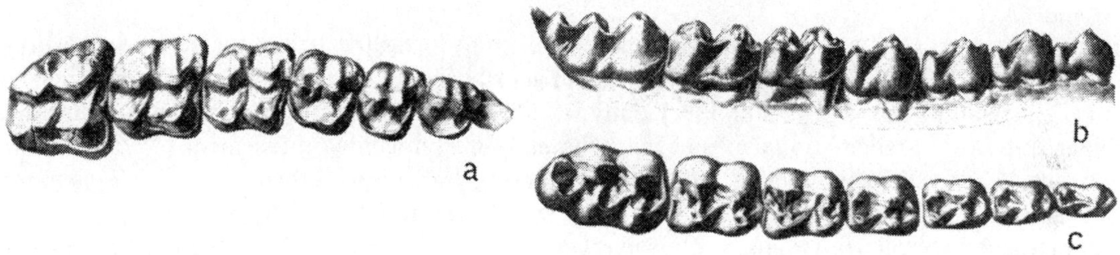

Abb. 707. *Bunohyrax fajumensis* (Geniohyidae). Alt-Oligozän, Ägypten. a) P^1—M^3 dext., occlusal, b, c) P_1—M_3 dext., occlusal und buccal. (2/3) — Nach Schlosser 1911

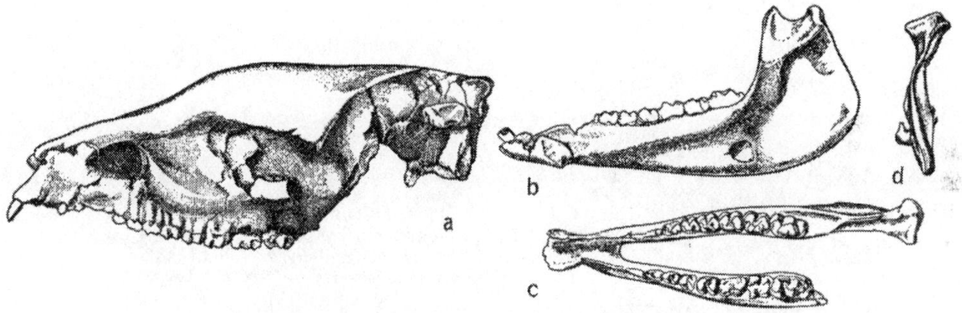

Abb. 708. *Megalohyrax championi* (Geniohyidae). Miozän, Ostafrika. Osteocranium, a) Lateralansicht, b—d) Unterkiefer in Lingual-, Occlusal- und Caudalansicht. (1/4) — Nach Whitworth 1954

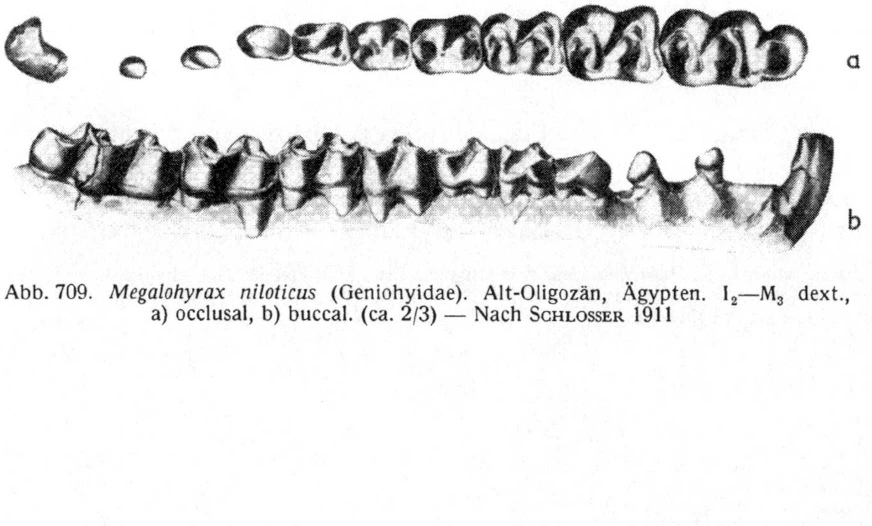

Abb. 709. *Megalohyrax niloticus* (Geniohyidae). Alt-Oligozän, Ägypten. I_2—M_3 dext., a) occlusal, b) buccal. (ca. 2/3) — Nach Schlosser 1911

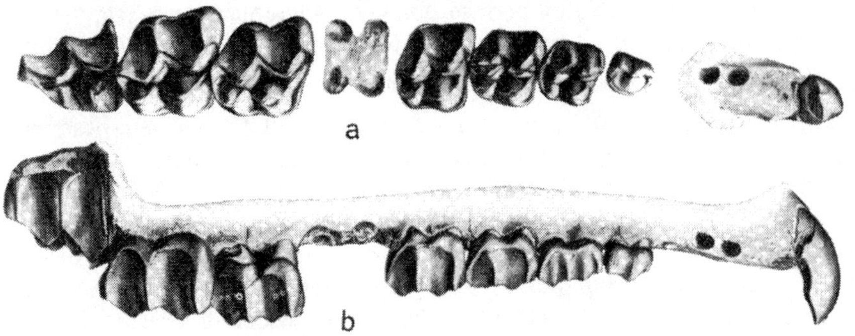

Abb. 710. *Titanohyrax palaeotherioides* (Geniohyidae). Alt-Oligozän, Ägypten. I^1—M^3 dext., a) occlusal und b) buccal. (4/7) — Nach SCHLOSSER 1911

Hypsodontie der Backenzähne und der Größe (tapirgroß) fortschrittlicher als die übrigen Geniohyiden (Abb. 710). *Titanohyrax* ist zweifellos ein spezialisierter Angehöriger der Geniohyidae*). Eine Abtrennung als eigene Familie [2250] ist überflüssig. Die gemeinsamen Stammformen dieser durchwegs dolichocephalen und langschnauzigen Hyracoidea müssen im (? Pal-) Eozän existiert haben. Die Geniohyiden scheinen im Jung-Tertiär ausgestorben zu sein. *Megalohyrax* und *Bunohyrax* sind aus dem afrikanischen Miozän bekannt [122, 3836]. Die wenigen, bisher beschriebenen Extremitätenknochen lassen erkennen, daß es sich um schlankbeinige Hyracoidea mit hippomorphen Gliedmaßen handelte. Es waren wohl Steppenformen. *Megalohyrax championi* aus dem ostafrikanischen Miozän war dreizehig mit verstärkter Mittelzehe und reduzierten Seitenstrahlen (Abb. 711) ähnlich den tridactylen miozänen Equiden [3836]. Calcaneus und

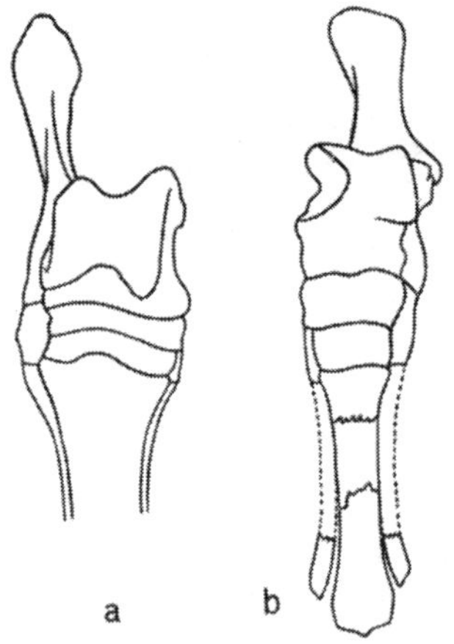

Abb. 711. Tarsus von a) *Equus* und b) *Megalohyrax* in Vorderansicht. Beachte Tridactylie bei *Megalohyrax*. (Nicht maßstäblich verkleinert) — Nach WHITWORTH 1954

Astragalus sind hyracoid, Tibia und Fibula distal verschmolzen. Die hippomorphen Reduktionstendenzen sind lediglich eine Parallelerscheinung zu den Equiden, Palaeotheriiden und den südamerikanischen Litopternen (*Diadiaphorus*). Wie bereits erwähnt, ist eine Zuordnung zu den Mesaxonia — sofern man diese als natürliche Einheit wertet — völlig verfehlt.

*) Die Zuordnung von *Pachyhyrax* aus dem Oligozän des Fayum zu den Geniohyidae ist auf Grund der unvollständigen Dokumentation ebenso fraglich, wie die von MATSUMOTO [2250] angenommene Beziehung zu *Saghatherium* und *Pliohyrax* (vergleiche [3836]).

Als anatomische Besonderheit ist bei den Geniohyiden an der Innenseite der Mandibel eine mehr oder weniger tiefe, oval bis rundliche Grube ausgebildet, deren Bedeutung zur Diskussion steht.

Die jung-tertiären Geniohyiden waren großwüchsige Hyracoidea mit digitigraden Extremitäten und sind mit den oligozänen Palaeotheriiden vergleichbar, deren Evolutionsniveau sie jedoch erst im Miozän erreichten. Nach unserer bisherigen Kenntnis haben die Geniohyidae die Grenzen des afrikanischen Kontinentes nicht überschritten.

Demgegenüber haben sich die Abkömmlinge der kurzschnauzigen Gruppe, die im Alt-Oligozän des Fayum mit *Saghatherium* vertreten sind, im Jung-Tertiär und Pleistozän bis nach Westeuropa und Ostasien verbreitet. Diese eurasiatischen Arten waren nach ihrem Vorkommen und der Begleitfauna zweifellos echte Steppenformen, deren Gliedmaßenbau jedoch noch unbekannt ist.

Die taxonomische Zugehörigkeit der kurzschnauzigen Fayum-Hyracoidea wird trotz der übereinstimmenden Ansichten über die stammesgeschichtlichen Beziehungen verschieden beurteilt. *Saghatherium* aus dem Alt-Oligozän umfaßt kleine bis mittelgroße Arten mit brachyodonten, lophoselenodonten Backenzähnen. Die Zahnreihe ist bis auf kurze Diastemata zwischen C, I^3 und I^2 geschlossen. Die oberen Prämolaren und der C sup. sind molarisiert, die I sup. einwurzelig. Der Schädel ist kurzschnauzig, die Unterkieferäste nehmen wie bei *Procavia* nach hinten an Höhe zu.

Durch das vollständige und brachyodonte Gebiß weicht *Saghatherium* zwar stark von den rezenten Procaviiden ab, doch sind verschiedene Tendenzen mit ihnen gemeinsam (Vergrößerung von I_1^1 und I_2, Molarisierung der Prämolaren), die — zusammen mit der Kurzschnauzigkeit und den geringen Dimensionen — verschiedentlich als Anzeichen direkter stammesgeschichtlicher Beziehungen zwischen *Saghatherium* und den rezenten Procaviiden angesehen werden [558, 2329]. Wie jedoch bereits Schlosser [3055: 103] betont, ist eine Ableitung der rezenten Schliefer von *Saghatherium* nicht möglich. Ein wesentlicher Unterschied liegt in der abweichenden Molarisierung der Prämolaren*). Nach Schlosser [3055] bildet *Saghatherium* die Ausgangsform von *Pliohyrax (= „Neoschizotherium“)* aus dem Pliozän Eurasiens, indem *Pliohyrax* als fortschrittlicher Angehöriger zu bezeichnen ist. Die bisher bekannten *Pliohyrax*-Arten sind durchwegs tapirgroß. Die bei *Saghatherium* angebahnten Spezialisationserscheinungen sind bei dieser Gattung weiter fortgeschritten. Die grundsätzliche Übereinstimmung zwischen *Saghatherium* und *Pliohyrax* läßt auf direkte stammesgeschichtliche Beziehungen schließen. Angesichts der Übereinstimmung im Gebiß ist dies auch für *Parapliohyrax mirabilis* aus dem jüngsten Miozän Marokkos [2041] anzunehmen, eine im Bau des Gaumens abweichende Form. Der *Pliohyrax*-Stamm verschwindet mit *Pliohyrax occidentalis* im Jung-Pliozän [3746]. Demgegenüber ist die wohl gleichfalls auf alt-tertiäre Saghatherien zurückzuführende *Postschizotherium*-Linie**) auch aus dem Pleistozän bekannt geworden [1777, 1809, 3557, 3558, 3561]. Ursprünglich als Chalicotheriiden klassifiziert, haben neuere Untersuchungen gezeigt, daß es sich um hochspezialisierte, pferdegroße Hyracoidea handelt, deren Molaren chalicotherioid wirken***) [3610, 3734]. Die Molaren sind partiell hypsodont, indem der Externteil bei konvexer Außenwand stark erhöht ist, während der Internabschnitt wesentlich niedriger ist. Dieser „trend“ zur partiellen Hypso-

*) Ob die Extremitätenreduktion bei *Saghatherium* tatsächlich größer war als bei den rezenten Procaviiden, wie sie Schlosser annimmt, läßt sich nicht mit Sicherheit sagen, da die Zugehörigkeit der Extremitätenknochen aus dem Fayum zu den Geniohyiden nicht auszuschließen ist.

**) Die von Dietrich [782] für diese Gattung in Vorschlag gebrachte Bezeichnung *Hypsoschizotherium* ist mangels eines Typus-Art nicht valid.

***) Abgesehen von diffizilen Unterschieden in der Ausbildung der Molarenelemente, kommt es bei Chalicotheriiden nicht zu der für Hyracoidea charakteristischen Molarisierung der Prämolaren.

dontie ist auch bei der Endform des *Pliohyrax*-Stammes (*Pliohyrax occidentalis*) feststellbar. Nach von Koenigswald [1809] bilden *Postschizotherium licenti* (Alt-Pliozän), *P. intermedium* (Jung-Pliozän) und *P. chardini* (Villafranchium = Ältest-Quartär) drei aufeinanderfolgende Stadien mit zunehmender Spezialisation (Hypsodontie) (Abb. 712). Gegenüber *Pliohyrax* ist

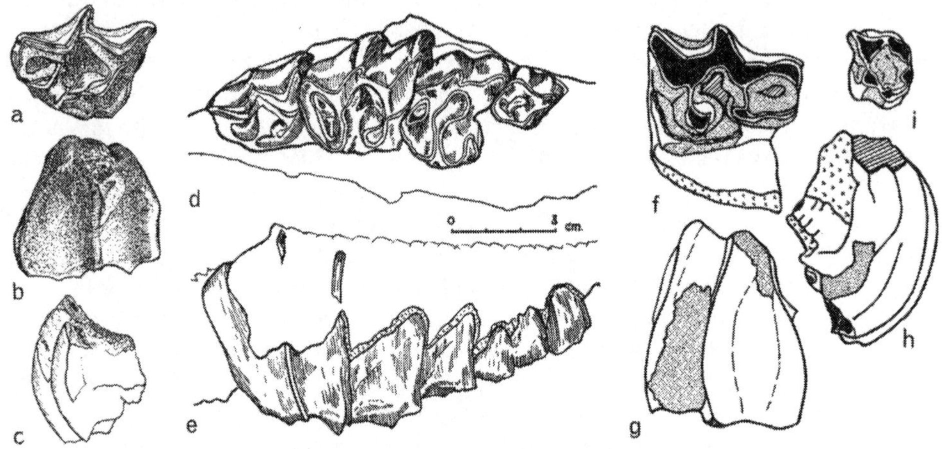

Abb. 712. Maxillarzähne spezialisierter Pliohyraciden aus Ostasien. a—c) *Postschizotherium licenti*, Alt-Pliozän, M^3 dext., occlusal, buccal und caudal, d, e) *P. intermedium*, Jung-Pliozän, Maxillare dext. mit P^4—M^3 occlusal und buccal, f—h) *P. chardini*, Ältest-Pleistozän, M^3 sin., occlusal, buccal und caudal, i) *P. chardini*, P^4 sin., occlusal. Beachte zunehmende Partialhypsodontie — Nach von Koenigswald 1966

jedoch nicht nur die Zahnkronenhöhe gesteigert, sondern auch eine leichte Gebißreduktion $\left(\frac{\quad}{2\ 1\ 4\ 3}\right)$ eingetreten. von Koenigswald vergleicht die Pliohyraciden mit den Pongiden und Hylobatiden unter den Primaten, deren primitivste und älteste Angehörige in Afrika (*Proconsul*, *Limnopithecus*), deren spezialisierteste und jüngste in Ostasien (*Pongo*, *Hylobates*) heimisch sind.

Angesichts der erwähnten Übereinstimmungen zwischen Saghatherien und *Pliohyrax* sowie der Unterschiede gegenüber den Procaviiden erscheint die Abtrennung als Saghatheriiden [78] bzw. **Pliohyracidae** [2250, 2517] verständlich. Andererseits finden sich die „trends" bei den Procaviiden wieder, so daß die Saghatherien und Pliohyraciden verschiedentlich nur als eigene Unterfamilien innerhalb der Procaviiden bewertet werden.

Die Herkunft der rezenten **Procaviiden** ist noch ungeklärt. Die geologisch ältesten *Procavia*-Reste stammen aus dem Alt-Pleistozän Südafrikas (*P. transvaalensis*, *P. antiquus* [558]). Nach der Hypsodontie sind sie höher spezialisiert als *Dendrohyrax* und *Heterohyrax*, so daß die Aufspaltung der drei rezenten Genera zweifellos in präquartärer Zeit erfolgt sein muß. Nach Churcher [558] bildet *Procavia antiqua* (= „*P. robertsi*") aus dem Pleistozän von Sterkfontein und Taung vermutlich die Stammform von *P. capensis*. *Procavia transvaalensis* ist ein etwas größerer Klippschiefer auf dem Evolutionsniveau von *P. capensis*. Der Endocranialausguß von *P. transvaalensis* entspricht praktisch dem rezenter *Procavia*-Arten [3819].

Die Backenzähne der Procaviiden zeigen weitgehend rhinocerotoiden Habitus, doch weisen die unabgekauten Zähne deutliche Unterschiede im einzelnen auf, so daß die Ähnlichkeit zweifellos als eine Konvergenz- oder Parallelerscheinung zu deuten ist.

Wesentlich für die Herkunft und Aufspaltung der rezenten Procaviiden erscheint der von Stromer [3506] als *Prohyrax tertiarius* aus Südwestafrika beschriebene Oberkieferrest, dessen

Molaren durch Hypsodontie und Querjoche — abgesehen vom stärkeren Cingulum — weitgehend *Procavia capensis* entsprechen, während die Prämolaren einfacher, das heißt, weniger molarisiert sind als bei der rezenten Art. Das geologische Alter entspricht nach STROMER wegen der Begleitfauna dem Miozän. Demgegenüber stellt CHURCHER [558] *Prohyrax tertiarius* zu *Procavia* und betrachtet die Art als gleichaltrig mit *P. transvaalensis*. Wenn auch diese Frage nicht endgültig entschieden werden kann, so ist bereits im Jung-Tertiär mit der Existenz von steppenbewohnenden Procaviiden zu rechnen. Sicher ist jedenfalls, daß die rezenten Hyracoidea sekundäre Sohlengänger sind und daß *Dendrohyrax*-Arten ebenfalls keine primären, sondern sekundäre Baumbewohner sind.

Bemerkenswert ist weiterhin der Nachweis von *Gigantohyrax* aus dem Pleistozän von Makapansgat in Südafrika [1742], einer großen *Procavia*-Verwandten mit einer relativ längeren Schnauze. Der Nachweis dieser mehr als doppelt so großen Schlieferform läßt — im Verein mit verschiedenen morphologischen Kriterien — die Möglichkeit nicht ausgeschlossen erscheinen, daß die rezenten Klippschliefer echte Zwergformen darstellen.

Abschließend sei festgehalten: Die wenigen rezenten Schliefer-Arten bilden die Überlebenden einer einst weit verbreiteten und auch mit Großformen vertretenen Säugetiergruppe, die ihren Ursprung von altertümlichen Huftieren genommen hat und deren Gattungen bereits im jüngsten Tertiär getrennt waren. Von den drei rezenten „Genera“*) ist *Dendrohyrax* (Baumschliefer) die primitivste, *Procavia* (Klippschiefer) die spezialisierteste, während *Heterohyrax* (Buschschliefer) zwischen beiden morphologisch vermittelt. Nach HAHN [1248] schließt sich *Heterohyrax syriacus* am ehesten an *Dendrohyrax validus* (Bergwaldbaumschliefer) an; unter den Baumschliefern bildet *D. dorsalis*, der Regenwaldbaumschliefer, die primitivste Art, innerhalb der Klippschiefer *Procavia ruficeps*.

Embrithopoda (= „Barypoda“)

Die einzigen bekannten Vertreter der Embrithopoden bilden die **Arsinoitheriidae** mit der Gattung *Arsinoitherium*. Es sind ausgestorbene, bisher nur aus dem Alt-Oligozän des Fayum nachgewiesene Huftiere (im weiteren Sinne), deren Skelettmerkmale eine Zuordnung zu anderen Säugetierordnungen nicht zulassen, weshalb sie ANDREWS [78] als eigene Ordnung Embrithopoda (= Barypoda ANDREWS [77] nec HAECKEL [1245]) abtrennte.

Arsinoitherium zitteli ist ein nashorngroßes Säugetier (Abb. 713) mit plumpen, fünffingrigen und -zehigen Extremitäten, die an Proboscidier und Amblypoden erinnern (Calcaneus mit Gelenkfläche für Fibula), vollständigem Gebiß $\left(\frac{3\ 1\ 4\ 3}{3\ 1\ 4\ 3}\right)$ aus stark hypsodonten Backenzähnen (Molaren bilophodont, deren Querjoche innen basal verbunden sein können, Abb. 714) und kleinen Vorderzähnen, brachycephalem Schädel mit zwei Paar Schädelzapfen (riesige nasale und kleine frontale Knochenzapfen). Der Endocranialausguß (Abb. 715) entspricht gleichfalls einem eigenen Typ und erinnert nur durch das niedrige, seitlich stark verbreiterte Kleinhirn an das von Pantodonten *(Coryphodon)*, ohne daß dadurch auf direkte verwandtschaftliche Beziehungen geschlossen werden kann**). Die Riechkolben sind recht gut entwickelt, das Großhirn ist schmal, die Oberfläche läßt — ähnlich den Proboscidiern und Sirenen — keine Furchung

---

*) Über die generische Abtrennung der drei rezenten Procaviidengruppen läßt sich diskutieren. Nicht nur morphologisch, sondern auch nach den Parasiten schließt sich *Heterohyrax* eng an *Procavia* an, während *Dendrohyrax* etwas isolierter steht [870].

**) Nach EDINGER [853:52] ähnelt das Gehirn von *Arsinoitherium* dem der Seekühe, eine Ansicht, der ich mich jedoch nicht anschließen kann.

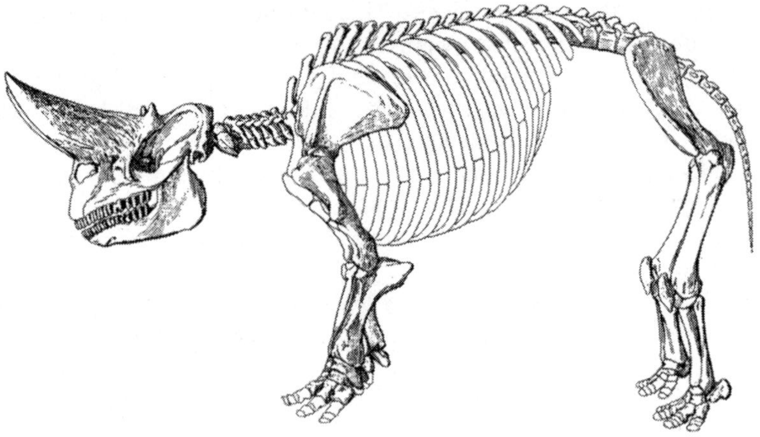

Abb. 713. *Arsinoitherium zitteli* (Arsinoitheriidae). Alt-Oligozän, Ägypten. Skelettrekonstruktion. (1/32) — Nach ANDREWS 1906

Abb. 714. *Arsinoitherium zitteli*, wie Abb. 713. a) P^2—M^3 sin., occlusal, b) I_2—M_3 sin., occlusal, c) M_3 sin., buccal. Beachte Hypsodontie und nach außen offene Joche der M sup. (ca. 1/6) — Nach ANDREWS 1906

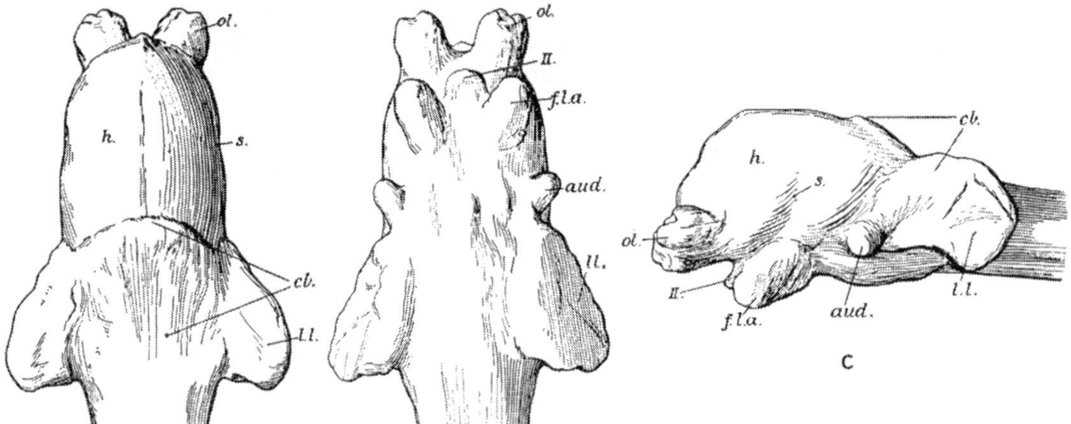

Abb. 715. *Arsinoitherium zitteli*, wie Abb. 713. Endocranialausguß in a) Dorsal-, b) Ventral- und c) Lateralansicht. Beachte Unterschiede gegenüber Proboscidea (Abb. 689) — Nach ANDREWS 1906

aud = Wurzel des N. acusticus
cb = Cerebellum
fla = ? Lobus pyriformis
h = Hemisphäre
l.l. = Lobus lateralis des Cerebrum
ol. = Bulbus olfactorius
s = Sulcus
II = Chiasma opticum

erkennen [78]. Der kurze, nach vorn spitz zulaufende Fazialschädel besitzt bei adulten Tieren ein teilweise verknöchertes Nasenseptum. Die Orbita ist mit der Temporalgrube breit verbunden.

Die Arsinoitherien waren zweifellos (Hart-) Pflanzenfresser und vermutlich Steppen- und Savannenbewohner. Eine amphibische Lebensweise, ähnlich *Hippopotamus*, wie sie Moustafa [2432] annimmt, ist morphologisch nicht begründet. Ökologisch lassen sich die Arsinoitherien vielleicht am ehesten mit den holarktischen Amynodonten vergleichen, die gleichfalls Steppenbewohner waren.

Die geschilderte Merkmalskombination und das völlige Fehlen von Stammformen weisen den Embrithopoden eine isolierte Stellung innerhalb der Säugetiere zu. Die Arsinoitherien sind außerordentlich hoch spezialisierte Huftiere, die sich vermutlich im frühen Tertiär aus Condylarthren entwickelt haben. Die starke Hypsodontie der Zähne und die Besonderheiten des Schädels zeigen, daß die Embrithopoden eine lange, allerdings völlig unbekannte Geschichte hinter sich haben. Die bisher nur aus dem Fayum bekannt gewordenen Reste dokumentieren zugleich, wie gering unsere Kenntnis von den früh-tertiären Säugetieren des afrikanischen Kontinentes noch sind. Eine Zuordnung der Embrithopoden zu den Hyracoidea, wie sie Winge [3879] vornimmt, ist völlig verfehlt, wie auch die Annahme näherer Beziehungen zu ihnen [78] sehr unwahrscheinlich und mit Parallelentwicklung von einer gemeinsamen Wurzelgruppe her zu erklären ist.

Daher ist die Zuordnung der Embrithopoden zu den Subungulaten durchaus nicht gesichert.

Zusammenfassung

In der **Einleitung** werden die Methoden der phylogenetischen Forschung kurz aufgezeigt und auf die Unterscheidung von (Merkmals-)Evolution und Phylogenese hingewiesen.

Der **Ursprung der Säugetiere** ist durch Fossilfunde und embryologisch-anatomische Befunde grundsätzlich geklärt. Die Stammgruppe der Säugetiere bilden therapside Reptilien der Permo-Trias. Allerdings sind auch gegenwärtig auf Grund des Mosaikmodus der stammesgeschichtlichen Entwicklung noch keine bestimmten Therapsiden (Cynodontia, Therocephalia, Bauriomorpha) als direkte Stammformen namhaft zu machen. Dennoch muß die Grenzziehung zwischen Reptilien und Säugetieren eine künstliche bleiben, da im einzelnen fließende Übergänge vorhanden sind (zum Beispiel *Diarthrognathus* als Doppelgelenker). Definiert man die Säugetiere als Wirbeltiere mit einem sekundären oder Squamoso-Dentalgelenk, so sind nicht nur die ursprünglich als Säugetiere klassifizierten Tritylodontia (mit *Tritylodon, Bienotherium* und *Oligokyphus*) den Reptilien zuzuordnen, sondern auch die Mammalia „polyphyletischer" Entstehung. Die genauere Kenntnis der Trias-Therapsiden und der ältesten Säugetiere hat die heterochrone Merkmalsentwicklung dokumentiert und zugleich eine konventionell festgelegte Definition des Begriffes Säugetier notwendig gemacht. Demnach ist die monophyletische Entstehung der Säugetiere lediglich eine Angelegenheit der Definition. Die geologisch ältesten Säugetiere (mit einem sekundären Kiefergelenk) besitzen bestenfalls 75% Säugetiermerkmale.

Unter den **mesozoischen Säugetieren** (außer den erst in der Ober-Kreide nachgewiesenen Marsupialia, Insectivora, Primates und Condylarthra) lassen sich nach der Gebißdifferenzierung die Triconodonta, Docodonta, Multituberculata, Symmetrodonta und Eupantotheria unterscheiden, über deren Abgrenzung und stammesgeschichtliche Zusammenhänge recht unterschiedliche Auffassungen bestehen. Nach dem Schädelbau bilden sie hingegen nur zwei Gruppen, die Kermack als Non-Theria (Docodonta, Triconodonta und Multituberculata) und Theria (Symmetrodonta und Eupantotheria) bezeichnet. Zu ersteren gehören auch die Monotremata, aus letzteren sind die Marsupialia und Placentalia hervorgegangen, wobei die Eupantotheria als unmittelbare Ahnenformen gelten. Marsupialia und Placentalia sind durch Gebißreste erstmals aus der Ober-Kreide nachgewiesen.

Von den **Monotremata** (Prototheria) sind Fossilreste bisher nur aus Australien bekannt geworden, ohne jedoch Rückschlüsse auf eine einstige Radiation oder auf den Zeitpunkt der Einwanderung nach Australien zu ermöglichen. Entsprechend der Evolutionshöhe fortschrittlicher Therapsiden ist ein phyletischer Eigenweg der Monotremen seit dem Unter-Jura anzunehmen.

Von den **Marsupialia** ist die Phylogenie der neuweltlichen Stämme durch Fossilfunde weitgehend geklärt. Sie wird aus der Isolierung des südamerikanischen Kontinentes verständlich. Die südamerikanischen Raubbeutler (Borhyaenidae) haben sich unabhängig von den Dasyuriden aus Didelphiden entwickelt. *Necrolestes patagonicus* aus dem Alt-Miozän Argentiniens ist kein Insektenfresser, sondern ein hochspezialisierter polyprotodonter Beutler. Die (Pseudo-)Diprotodontie der Caenolestoidea ist unabhängig von jener der australischen Diprotodontia entstanden. Die Beutelratten Nordamerikas *(Didelphis marsupialis)* sind keine autochthonen Formen, sondern eiszeitliche „Rückwanderer". Die Formenfülle der australischen Beuteltiere hängt zwar auch mit dem primären Fehlen placentaler Säugetiere zusammen, doch ist ihre Herkunft (Südostasien- oder Antarktisroute) noch nicht geklärt, wenn auch verschiedene Argumente (Fehlen fossiler Beuteltiere in Asien, gegenwärtige Ausbreitungstendenz der Beutler nach Westen, Drift des australischen Kontinents) gegen eine von Südostasien erfolgte Einwanderung sprechen. Obwohl den Beuteltieren nach dem Ontogeneseverhalten eine richtige Zwischenstellung zwischen Prototheria und Eutheria zukommt, sind sie keine phylogenetischen Intermediärformen. Eine echte (Allantois-) Placenta ist nur von spezialisierten Arten bekannt. Nach den bisherigen Fossilfunden sind (Gebiß-) Marsupialier nicht älter als (Gebiß-)Placentalia. Gebißreste, die gemeinsamen Stammformen angehören können, hat Patterson aus der jüngeren Unter-Kreide Nordamerikas beschrieben. Eine Diphylie der Beuteltiere, wie sie auf Grund parasitologischer Befunde gefordert wurde, ist nicht anzunehmen. Die in jüngster Zeit bekannt gewordenen tertiärzeitlichen Beuteltiere lassen auf eine lange Geschichte auf dem australischen Boden schließen. Unter den Diprotodontia bildeten die Phalangeriden, Phascolarctiden, Vombatiden und Diprotodontiden bereits im Miozän getrennte Stämme. Zahlreiche eiszeitliche Großformen starben im frühen Holozän durch die postglaziale Austrocknung aus. Der älteste Beutler der australischen Region, *Wynyardia bassiana* aus dem Oligozän Tasmaniens, ist nach Ride kein Angehöriger der Phalangeriden, sondern besitzt verschiedene, sonst nur von polyprotodonten Beutlern bekannte Merkmale, die eine Abtrennung als eigene Familie notwendig machen.

Simpsons Großgliederung der **Placentalia** in Unguiculata, Glires, Mutica und Ferungulata ist rein künstlich, indem weder die Unguiculata und die Glires (Rodentia und Lagomorpha) eine natürliche Einheit bilden, noch die Abtrennung der Cetacea als eigene Kohorte (Mutica) notwendig ist. Die Wale sind ans Wasserleben angepaßte Ferungulaten, die von primitiven Huftieren ihren Ausgang genommen haben.

Auch die allgemein als Wurzelgruppe angesehenen Insectivora bilden keine natürliche Einheit. Sie werden in die Zalambdodonta, Hyaenodonta (= Deltatheridia), Insectivora, Macroscelidea und Tupaioidea gegliedert, zu denen auch noch die verschiedentlich als Insectivora klassifizierten Dermoptera kommen. Wurzelnahe Beziehungen sind auch für die Chiroptera und die Rodentia anzunehmen.

Die rezenten **Zalambdodonta** (Tenrecoidea und Chrysochloroidea) zählen in vieler Hinsicht zu den primitivsten placentalen Säugetieren. Ihre gegenwärtige disjunkte Verbreitung (äthiopische und neotropische Region) spricht zusammen mit dem Fehlen echter Zalambdodonten in Eurasien für ihr hohes geologisches Alter. Verschiedentlich mit ihnen vereint, bilden die **Hyaenodonta** (Deltatheridia sensu stricto) eine eigene, ausgestorbene Gruppe, die man bis vor kurzem mit den Arctocyonoidea und Mesonychoidea als „Urraubtiere" (Creodonta) zusammenfaßte. Mit van Valen sind jedoch letztere als Angehörige der Urhuftiere anzusehen. Wie bereits Matthew erkannte, ist das Brechscherengebiß der Hyaenodonta (Oxyaenoidea und Hyaenodontoidea) nicht dem der Carnivora homolog. Es sind Pseudo-Carnivora, die im Alt-Tertiär weit verbreitet waren, im Jung-Tertiär jedoch von den echten Raubtieren verdrängt wurden. Ihr Evolutionsmiveau erreichte kaum jenes der Raubbeutler.

Die Abgrenzung der **Insectivora** gegenüber den Primaten — selbst unter Ausschluß der Tupaiiden — bereitet bei Fossilformen auf Grund des Mosaikmodus der phyletischen Entwicklung große Schwierigkeiten, weil Angehörige mancher Gruppen (wie Microsyopidae, Carpolestidae, Apatemyidae, Picrodontidae) nur als Gebißprimaten zu bezeichnen sind. Dies gilt auch für die Tupaiiden, die nach dem grundsätzlich von Primaten abweichenden Bau der Gehörregion als Vertreter einer eigenen Ordnung **Tupaioidea** anzusprechen sind, die eine Parallele zu den Primaten, jedoch nicht deren Stammform bilden. Einzelne ältest-tertiäre Fossilformen dokumentierten ihre frühzeitige Abspaltung. Die Ähnlichkeiten mit den Macroscelididen, mit denen sie zusammengefaßt und den übrigen Insektenfressern (Lipotyphla) als Menotyphla gegenübergestellt wurden, beruhen im wesentlichen auf dem annähernd gleichen Evolutionsniveau. Die Rüsselspringer sind eine geologisch sehr alte und stets in Afrika heimisch gebliebene Gruppe von Säugetieren, die im Bau der Extremitäten und des Gebisses hochgradig spezialisiert ist und von denen die Myohyraciden völlig ausgestorben sind. Nach ihrer Morphologie und den Evolutionstendenzen sind es Angehörige einer eigenen Ordnung (**Macroscelidea**). Die ursprünglich als Hyracoidea klassifizierten Myohyraciden erreichten im Gebiß völlig das Ungulatenniveau.

Die Riesengleiter (Galeopithecidae = Cynocephalidae) sind zweifellos aberrante Insectivoren, die jedoch frühzeitig ihren Eigenweg genommen haben und vom taxonomischen Gesichtspunkt aus auf Grund ihrer Merkmalskombination besser als eigene Ordnung (**Dermoptera**) klassifiziert werden. Sie sind kein Vorstadium der **Chiroptera**, die wir erstmalig aus dem Alt-Eozän (*Icaronycteris*) kennen. *Icaronycteris* dokumentiert die Monophylie der Chiropteren und zeigt zugleich, daß die Megachiroptera von primitiven Microchiropteren abgeleitet werden können. Der Nachweis von Ultraschallorientierung bei einer angeblich paleozänen Chiroptere durch T. Edinger beruht auf einer irrigen Interpretation. Die einst als primitives Kennzeichen gewertete Dauerlethargie (Winterschlaf) ist eine Anpassung an gemäßigte Klimazonen.

Innerhalb der **Primates** sind zahlreiche taxonomisch-phyletische Probleme noch ungelöst. Die Abgrenzung gegenüber Insectivoren ist eine künstliche, weshalb auch der ausschließlich auf Zähnen beruhende Nachweis kreidezeitlicher Primaten (*Purgatorius*) zu einer solchen Aussage noch nicht ausreicht. Mit den Plesiadapiden sind im Gebiß hochspezialisierte und an *Daubentonia madagascariensis* erinnernde Halbaffen aus dem Paleozän bekannt, deren bekrallte Gliedmaßen weder als Greifhand noch als Greiffuß ausgebildet waren. Unter den Halbaffen bilden die Lemuroidea, Lorisoidea und auch die Tarsioidea phyletische Seitenlinien. Interessant ist das affenähnliche Evolutionsniveau (Bau des Schädels und des Gebisses, Stellung der Augen, Cerebralisation) der ausgestorbenen madagassischen Archaeolemuriden, das dem von Ceropitheciden entspricht. Die Ähnlichkeiten und Übereinstimmungen von *Tarsius* mit den Simiae werden durch die riesigen, nach vorne gerichteten Augen und die in Zusammenhang damit vergrößerten optischen Zentren im Gehirn verständlich, die sich aus der Lebensweise erklären. Die Wurzelgruppe der Simiae bilden die Omomyiden, die im Alt-Tertiär holarktisch verbreitet waren und mit *Rooneyia* im Alt-Oligozän Nordamerikas ein simiides Stadium erreichten. Die geologisch ältesten Platyrrhinen sind zwar unbekannt, doch bilden die Callithriciden als sekundäre Krallenkletterer die abgeleiteten Ceboidea. Die neotropischen Platyrrhina lassen zahlreiche Parallelen zu den altweltlichen Catarrhina erkennen, deren älteste Vertreter aus dem Oligozän Nordafrikas (*Parapithecus, Oligopithecus*) ein weitgehend ceboides Evolutionsniveau repräsentieren. Wenn auch dieses Stadium zweifellos unabhängig von den neuweltlichen Platyrrhinen erreicht wurde, so ist die Diphylie der Simiae in Anbetracht der gemeinsamen Wurzelgruppe (Omomyidae) doch nur eine Sache der Definition. Die Entwicklung der Platyrrhina und Catarrhina verlief jedoch von Anfang an getrennt. Unter den Catarrhina, die zweifellos afrikanischen Ursprunges sind, ist eine primäre Radiation im Oligozän festzustellen, die zu einer Entfaltung der Hominoidea führte, während erst eine Radiation im Pliozän die Formenfülle der Cercopithecoidea bedingte. *Theropithecus gelada*, der Blutbrustpavian, ist kein Pavian, sondern eine pavianähnliche Makakenform. Die Hylobatiden nehmen jedoch morphologisch-anatomisch, serologisch und karyologisch eine Art Mittelstellung ein, die auch durch Fossilfunde bestätigt wird und ihren taxonomischen Niederschlag am besten in der Abtrennung als eigene Überfamilie (Hylobatoidea) findet. Die oligo-miozänen Hylobatiden (*Aeolopithecus, Pliopithecus*) und Pongiden (*Aegyptopithecus, Proconsul*) waren geschwänzt, und es fehlt ihnen die für die rezenten „Hominoidea" charakteristische Armverlängerung. Sie waren weder Brachiatoren wie *Hylobates* oder *Pongo* noch Vertikalkletterer wie *Pan*. Die Armverlängerung setzt erst im Jung-Miozän ein.

Goodmans serologischen Befunde, wonach *Pan* und *Gorilla* dem Menschen näherstünden als *Pongo*, lassen sich — abgesehen von einer abweichenden Interpretation der serologischen Befunde — Fossilfunde gegenüberstellen, die für eine Abspaltung der Hominiden von Pongiden im jüngsten Miozän sprechen. Mit *Ramapithecus*

(= *Kenyapithecus)* sind aus dem ältesten Pliozän Primaten bekannt, deren Kiefer und Gebiß deutliche hominide Züge zeigen, die sie von den gleichzeitigen Dryopithecinen unterscheiden. *Oreopithecus* aus dem Grenzbereich des Mio-Pliozän gehört einer phyletischen Seitenlinie an, die den Hominiden ferner steht, als es für die Pongiden zutrifft. Die ältest-pleistozänen Australopithecinen Süd- und Ostafrikas dokumentierten jedenfalls, daß nicht die Gehirnentwicklung die Menschwerdung einleitete, sondern der aufrechte Gang, der mit der Entstehung von Savannengebieten in Zusammenhang gebracht werden kann. Unter den Australopithecinen sind zwei „Typen" (A-Gruppe und P-Gruppe) zu unterschieden, deren Unterschiede sich nicht als Geschlechtsdimorphismus deuten lassen. Mit *Homo habilis* tritt im Ältest-Pleistozän neben *Australopithecus* ein bereits moderner Hominide auf, der als Hersteller von primitiven Steinwerkzeugen (Geröllgeräte der Olduwan-Kultur) angesehen wird und nach Tobias als Vorläufer der *Homo erectus*-Gruppe des Alt-Quartärs in Betracht kommt. Für die weitere stammesgeschichtliche Entwicklung der Hominiden ist das Fehlen einer Speziation charakteristisch, was man mit der kulturellen Evolution zu erklären versucht. Einsichtiges Verhalten, Entwicklung einer Wortsprache und damit Fähigkeit zur Begriffsbildung sind für den Menschen kennzeichnend. Der Mensch hat zweifellos eine Sonderstufe erreicht, die ihn von allen Tieren unterscheidet, vor allem durch die dem Menschen bewußt werdende ethische Verantwortungsverpflichtung, doch ist der menschliche Geist ebenso ein Produkt der Evolution, wie etwa Greifhand und Bipedie.

Für die **Edentata** ist die frühe Abspaltung von Insektenfressern und neuweltliche Entstehung gesichert. Die nordamerikanischen Palaeanodonta und die Xenarthra lassen sich auf eine gemeinsame Wurzelgruppe zurückführen. Direkte verwandtschaftliche Beziehungen zu den altweltlichen **Pholidota** bestehen nicht, lediglich der frühzeitige Eigenweg ist ihnen mit diesen gemeinsam. Unter den Xenarthra ist die phyletische Herkunft der Ameisenfresser noch problematisch. Eine Ableitung von den phytophagen Gravigraden ist schon aus ernährungsphysiologischen Gründen unwahrscheinlich, weshalb eine frühe Abspaltung anzunehmen ist und ihre taxonomische Abtrennung als Vermilingua (Hoffstetter) gerechtfertigt erscheint. Demgegenüber sind die rezenten Baumfaultiere hochspezialisierte Abkömmlinge der Gravigraden. Nach den bedeutenden morphologisch-anatomischen Unterschieden zwischen *Choloepus* und *Bradypus* ist ein getrennter Ursprung (Megalonychidae → *Choloepus*; Megatheriidae → *Bradypus*) und damit ihre Trennung in Familien wahrscheinlich.

Die bisher nur aus dem Paleozän und Eozän der Holarktis bekannt gewordenen **Taeniodonta** bilden eine eigene, nicht näher mit den Edentaten verwandte Säugetiergruppe.

Mit der Großgliederung der **Rodentia** sind zahlreiche Probleme verknüpft. Die geologisch ältesten Rodentia (Paramyidae) besitzen zwar bereits typische Nagezähne, doch sprechen sie nach neuesten Untersuchungen für einen der Wurzelgruppe der Primaten nahestehenden Ursprung und zugleich gegen nähere verwandtschaftliche Beziehungen zu Lagomorphen. Fossilfunde konnten ebenfalls zeigen, daß der Ursprung der neuweltlichen Caviomorpha von den altweltlichen Hystricomorpha unabhängig erfolgte und die Aplodontiden mit *Aplodontia rufa* die einzig Überlebenden der Primitivgruppe (Protrogomorpha) darstellen. Die Ähnlichkeiten zwischen einzelnen Caviomorphen und Hystricomorphen sind — ähnlich den Platyrrhina und Catarrhina — das Ergebnis einer parallelen Entwicklung. Die Sciuromorpha sind nur in mancher Hinsicht primitiv gebliebene Nager, so daß sie nicht als Modellformen der Ahnen der Rodentia gelten können. Weiterhin ließ sich der von den Myomorpha (Muroidea und Dipodoidea) getrennte Ursprung der Gliroidea und die Zugehörigkeit der Thryonomyoidea zu den Hystricomorpha nachweisen. Thryonomyiden und Petromuriden sind Abkömmlinge der Phiomyiden und damit äthiopischer Provenienz. Demgegenüber sind die gegenwärtig afrikanischen Ctenodactyliden von den Tataromyiden (= Sciuromorpha) des asiatischen Tertiärs abzuleiten. Unter den Muroidea bilden die Cricetidae die Stammgruppe, aus der im Jung-Tertiär mehrfach muride Formen (zum Beispiel Muridae, Dendromurinae) hervorgegangen sind. Die im Jung-Miozän in der Alten Welt entstandenen Muriden haben als geologisch junge Gruppe im Pliozän und im Quartär eine Artenfülle hervorgebracht, die innerhalb der Nagetiere Parallelen nur unter den gleichfalls geologisch jungen Hesperomyinen und Microtinen findet. Die Muriden haben als einzige placentale Landsäugetiere (im Pliozän) auch die australische Region erreicht und dort zahlreiche ökologische Nischenformen hervorgebracht. In der Neuen Welt werden die Muriden durch die Hesperomyinen (Cricetidae) vertreten, die im Quartär Südamerikas eine richtige Radiation erkennen lassen. Entsprechend diesen Erkenntnissen ist der einfache Penis als ursprünglich, der komplizierte als abgeleitet aufzufassen. Spalaciden und Rhizomyiden sind aberrante Angehörige der Muroidea. *Pedetes caffer*, der Springhase, ist kein Angehöriger der Hystricomorpha. Nach der Gebißmorphologie jung-tertiärer Springhasen *(Megapedetes)* haben dic Pedetiden frühzeitig ihren phyletischen Eigenweg von protrogomorphen Nagern genommen. Die Anomaluriden dürften auf alt-tertiäre Theridomyiden zurückzuführen sein. Für die Bathyergiden ist auf Grund neuerer anatomischer Befunde die Zugehörigkeit zu den Hystricomorpha anzunehmen, während die meist als Angehörige der Myomorpha klassifizierten Geomyoidea nach dem Bau der Kaumuskumaltur und des Verdauungstraktes Vertreter der Sciuromorpha sind. Damit sind die wesentlichsten Ergebnisse in taxonomisch-phylogenetischer Hinsicht erwähnt. Nach Wood & Patterson ist die Ableitung der Caviomorpha von eozänen Paramyiden Nordamerikas ohne Schwierigkeiten möglich und zugleich die frühzeitige Abspaltung der Erethizontiden von den Octodontiden, der Wurzelgruppe der übrigen Caviomorpha, durch Fossilfunde dokumentiert. *Dinomys branickii*, das Pakarana, ist der einzige Überlebende einer im Jung-Tertiär Südamerikas artenreich verbreiteten Nagergruppe.

Durch die Erkenntnis, daß die Creodonta weder eine phyletische Einheit noch echte Raubtiere sind, ist der Begriff **Carnivora** auf die Fissipedia und Pinnipedia beschränkt worden. Die Stammgruppe bilden die alttertiären

Miaciden, doch erfolgt die Großgliederung keineswegs einheitlich. Der auf morphologischen Kriterien beruhenden Gliederung in Fissipedia und Pinnipedia stehen serodiagnostische Befunde entgegen, wonach die Robben enge serologische Affinitäten zu den Ursiden zeigen. Innerhalb der Fissipedia werden die Arctoidea (Mustelidae, Ursidae, Procyonidae, Ailuridae), Cynofeloidea (Canidae, Felidae) und Herpestoidea (Herpestidae, Viverridae, Hyaenidae) unterschieden. GINSBURG wies nach, daß die Amphicyoniden keine Caniden, sondern Ursiden sind und die Ableitung der Pinnipedia von Ursiden ermöglichen. Da die serologische Differenzierung nicht mit der adaptiven Schritt hielt, erklären sich die serologischen Affinitäten. Alt-tertiäre Amphicyoniden sind die Wurzelgruppe der Robben und der (rezenten) Ursiden. *Ailuropoda melanoleuca*, der Bambusbär, ist trotz gewisser morphologischer Übereinstimmungen und Ähnlichkeiten mit Bären kein Urside, sondern ein großwüchsiger Ailuride. Musteliden und Procyoniden sind die primitivsten Fissipedia. Die einst als primitivste Carnivoren angesehenen rezenten Caniden sind eine geologisch junge Gruppe mit cursorialer Spezialisierung. Die geologisch ältesten Caniden zeigen wurzelnahe Beziehungen zu den Feliden. Dies steht in Einklang mit neuen anatomischen Befunden, wonach der als grundlegend erachtete Unterschied im Bau der Bulla tympanica nicht vorhanden ist. Die rezenten Caniden sind Angehörige einer einzigen, geologisch jungen Unterfamilie (Caninae), die sich im Plio-Pleistozän von Nordamerika aus in mehreren Radiationen über Südamerika und die Alte Welt verbreitet hat. *Otocyon*, *Cuon*, *Lycaon* und *Speothos* sind lediglich aberrante Angehörige dieser Unterfamilie. Der australische Dingo *(Canis lupus familiaris dingo)* ist ein verwilderter Haushund, dessen Vorfahren vom Menschen nach Australien eingeführt wurden. *Cryptoprocta ferox*, die madagassische Frettkatze, gehört einem frühzeitig von den übrigen Viverriden getrennten Stamm an, deren Ausgangsformen der Wurzelgruppe der Feliden nahestehen. Unter den Feliden ist die unabhängig voneinander erfolgte Entstehung von Säbelzahnkatzen unter den Hoplophoneinae, Nimravinae und Machairodontinae bemerkenswert. Die Hyänen sind spezialisierte Schleichkatzen, die sich von oligozänen Viverriden *(Herpestides)* ableiten lassen. Die Zugehörigkeit von *Proteles* zu den Hyaeniden ist nicht einwandfrei geklärt, doch ist eine Ableitung von mio-pliozänen Ictitherien möglich. Mit *Chasmaporthetes* (= *Euryboas*) gelangten die Hyänen vorübergehend im Ältest-Quartär auch nach Nordamerika.

Die Pinnipedia sind spezialisierte Abkömmlinge arctoider Raubtiere. Für einen diphyletischen Ursprung spricht außer morphologischen Befunden auch das Verbreitungsbild, indem die Otarioidea im nördlichen Pazifik, die Phocoidea im Bereich der Holarktis entstanden sind. Da die geologisch ältesten Pinnipedier aus dem Mittel-Miozän bereits typische Phociden oder Otariiden sind, muß der Ursprung im Alt-Tertiär erfolgt sein. *Semantor macrurus* aus dem Alt-Pliozän Sibiriens ist ein hochspezialisierter Lutrine und kommt als Stammform der Robben nicht in Betracht. Zur Diskussion steht der Ort der Entstehung der Odobeniden, die als spezialisierte Otariiden gelten (Pazifik, Atlantik). Die Ausbreitung der Robben erfolgte meist mit Kaltwasserströmungen, wodurch sowohl Ohrenrobben als auch Seehunde die Antarktis erreichten. Allerdings erscheint fraglich, ob die Phociden primär kalt-stenotherme Formen sind (Ausbreitung der Mönchsrobben vom Mittelmeer über die Karibische See in den tropischen Pazifik). Die Baikalseerobbe *(Phoca [Pusa] sibirica)* ist ein geologisch junger Einwanderer und steht der arktischen *Phoca hispida* am nächsten. Für die Kaspiringelrobbe *(Ph. caspica)* ist die Situation weniger eindeutig.

Rodentia und **Lagomorpha** gehen nicht auf eine gemeinsame Wurzel zurück. Die phyletische Herkunft der Hasenartigen wird diskutiert, da man auf Grund serologischer und ethologischer Befunde genetische Beziehungen zu den Paarhufern, nach der Gebißmorphologie zu leptictiden Insektenfressern oder zu Condylarthren annimmt. Die Stammgruppe der Ochotoniden und auch der Leporinen bilden die alt-tertiären Palaeolaginen. Während die Ochotoniden ihre größte Formenfülle und weiteste Verbreitung (Holarktis und äthiopische Region) im Miozän hatten und nur *Ochotona* überlebt, erreichten die Leporiden mit den Leporinae ihre stammesgeschichtliche Blüte erst im Quartär. *Romerolagus*, *Pentalagus* und *Pronolagus* sind nach DAWSON keine Palaeolaginen, sondern Angehörige der Leporinen.

Die **Artiodactyla** bilden eine bereits auf einem Pro-Ungulatenniveau von den Perissodactyla getrennte Huftiergruppe, deren Ahnenformen vermutlich unter den Mesonychoidea zu suchen sind. Die ursprünglich als Creodonta klassifizierten Mesonychoidea sind nach VAN VALEN zwar Angehörige der Condylarthra, doch wesentlich verschieden von den Phenacodontiden, der Stammgruppe der Unpaarhufer. Damit ist der auch nach anatomischen Befunden getrennte Ursprung der Paar- und Unpaarhufer bestätigt. Die mit der Großgliederung der Artiodactyla verbundenen Probleme sind im wesentlichen mit den Begriffen Wiederkäuer und Tylopoden verknüpft, da sich die Trennung nach dem Bau der Molaren in Euartiodactyla und Hypoconifera, wie sie STEHLIN annahm, nicht bestätigt hat. Fossilfunde dokumentieren die frühe Abspaltung der Cameliden und damit den voneinander unabhängigen Erwerb des Wiederkäuens bei den Tylopoden und den Ruminantia (im engeren Sinne = Tragulina und Pecora), ebenso wie die Selenodontie. Ansätze in Form eines komplizierten Magens sind auch bei Suiden *(Babirousa)*, bei den Tayassuiden und bei *Hippopotamus* vorhanden. Die Abgrenzung der Tylopoden erfolgt keineswegs einheitlich (Protoceratoidea). Unter den Nichtwiederkäuern diskutiert man die phyletische Herkunft der Hippopotamiden (Suiden oder Anthracotheriiden), unter den Wiederkäuern jene der Antilocapriden. Die Gabelböcke sind unabhängig von den Boviden entstanden und wahrscheinlich aus nordamerikanischen cervidenartigen Paarhufern hervorgegangen. Hippopotamiden und Giraffiden sind afrikanischen Ursprunges und haben sich im Plio-Pleistozän über weite Teile Eurasiens verbreitet. Problematisch ist die taxonomisch-phylogenetische Stellung der Dromomeryciden. *Palaeomeryx* und verwandte Genera sind echte Giraffoidea. *Okapia johnstoni* ist ein sekundärer Urwaldbewohner. Unter den Cerviden bilden nur die Plesiometacarpalia eine natürliche Einheit, die in Eurasien entstand, während die „Odocoileinae" aus endemischen nearktischen Cerviden hervorgegangen sein dürften. Plesiometacarpale Hirsche *(Cervus)* gelangten erst im Alt-Pleistozän nach Nordamerika, erreichten jedoch nicht die äthiopische Region (tertiäre „Cerviden" = Giraffoidea; Cervinae nur in Nordafrika). Gegensätzliche Evolutionstendenzen kennzeichnen die Suiden (Differenzierung von Schädel und Gebiß) und die Tayassuiden (Extremitäten), deren räumliche Trennung in der Vorzeit keineswegs stets gegeben war. Weder *Budorcas* noch *Euceratherium* und verwandte Gattungen sind mit Ovibovinen näher verwandt. *Ovibos* steht den Schafen und Ziegen am nächsten.

Der primären Radiation der Artiodactyla im Eozän folgte im jüngsten Alt-Tertiär jene der Pecora, von denen sich die Boviden im Jung-Tertiär entfalteten, um mit den Bovinae im Plio-Pleistozän sowie den Caprinae im Quartär ihren stammesgeschichtlichen Höhepunkt zu erreichen. Der eurasiatische Ursprung mancher Bovidenstämme ist nach neuesten Fossilfunden aus Ostafrika wiederum problematisch geworden.

Die stammesgeschichtliche Herkunft der **Cetacea** konnte in den letzten Jahren wesentlich aufgehellt werden. Auf Grund von Fossilfunden stets mit raubtierartigen Formen (Creodonta) in Verbindung gebracht, schienen die serologischen und karyologischen Affinitäten mit Paarhufern damit unvereinbar zu sein. Durch die Erkenntnis, daß die mesonychoiden Creodonten als Condylarthren zu klassifizieren sind und überdies die Wurzelgruppe der Paarhufer bilden dürften, fällt dieser Widerspruch weg. Somit ist eine gemeinsame Wurzelgruppe mit den Artiodactyla anzunehmen und die Abtrennung als Mutica nicht notwendig. Das zweite wesentliche stammesgeschichtliche Problem betrifft die Diphylie, die wegen tiefgreifender Unterschiede zwischen Odontoceti und Mysticeti wiederholt angenommen wird. Nach den Fossilfunden ist jedoch keine Diphylie, sondern nur eine frühzeitige Trennung wahrscheinlich. Während sich die Ableitung der Mysticeti von den alt-tertiären Archaeoceten, die eine Herkunft von terrestrischen Vorfahren zeigen, mit Übergangsformen dokumentieren läßt (zum Beispiel *Aetiocetus* aus dem Oligozän als bezahnte Mysticetengattung), fehlen derartige Zwischenformen zu den Odontoceti. Dennoch ist nach Rothausen auch die Ableitung der primitivsten Zahnwale (Squalodontoidea) von primitiven Urwalen möglich und eher wahrscheinlich, als ein gänzlich getrennter Ursprung und damit die Diphylie. Das Evolutionsniveau der Cetaceen ist recht unterschiedlich, doch erreichen die evoluiertesten Formen (z. B. *Delphinus, Tursiops*) im Cephalisationsgrad durchaus die Menschenaffen, was mit ihrem stark differenzierten Sozialleben in Zusammenhang steht. Die in vieler Hinsicht sehr primitiven Flußdelphine sind weder eine genetische Einheit (Platanistidae sowie Iniidae) noch primäre Flußbewohner.

Durch die Zuordnung der Arctocyonoidea und Mesonychoidea zu den **Condylarthra** ist zwar den (bereits lange vermuteten) stammesgeschichtlichen Zusammenhängen Rechnung getragen, dennoch bilden sie eher eine etwas heterogene Gruppe primitiver Huftiere. Sie sind nicht nur die Wurzelgruppe der Paarhufer und Unpaarzeher, sondern auch der südamerikanischen Huftiere, der Pantodonta, Dinocerata, Tubulidentata, Desmostylia und „Subungulata". Im tropischen Südamerika überlebten die sonst mit dem Ende des Eozäns ausgestorbenen Condylarthra bis ins Miozän. van Valen rechnet neuerdings die **Tillodontia** zu den Condylarthra, was Sache der Konvention ist.

Die **Tubulidentata** sind mit den Orycteropodiden einseitig spezialisierte Abkömmlinge altertümlicher Huftiere, die nach dem Cephalisationsgrad auf einer sehr niedrigen Evolutionsstufe stehengeblieben sind. Die von allen übrigen Säugetieren abweichende Zahnstruktur kann als Sonderausbildung in Zusammenhang mit der Hypsodontie der Zähne erklärt werden. Der Ursprung der Tubulidentaten ist in Afrika gelegen. Die Neue Welt haben die Tubulidentaten nicht erreicht.

Die **Litopterna** sind eine ausgestorbene Gruppe südamerikanischer Huftiere, die ihren Ursprung trotz zahlreicher Ähnlichkeiten mit spezialisierten Perissodactylen völlig unabhängig von diesen aus Condylarthra genommen hat.

Die außerordentlich formenreichen **Notoungulata** in Südamerika erklären sich mit dem primären Fehlen „echter" Huftiere und auch Lagomorphen auf diesem Kontinent. Als Wurzelgruppe gelten die Arctostylopidae der nördlichen Hemisphäre.

Mit den **Astrapotheria** und den **Trigonostylopoidea** sind zwei weitere südamerikanische Huftiergruppen genannt, die gleichfalls auf Condylarthra zurückgeführt werden, jedoch nach Simpson zwei getrennte Stämme bilden.

Die rezenten **Perissodactyla** sind die letzten Überlebenden einer im Tertiär arten- und formenreich entfalteten Säugetierordnung. Sämtliche Perissodactyla lassen sich von paleozänen Phenacodontiden ableiten, doch fehlt bisher das zwischen *Tetraclaenodon* und *Hyracotherium* vermittelnde Stadium. Mit Ausnahme der Ancylopoden lassen sich sämtliche Unpaarhufer auf ältest-eozäne Hyracotherien zurückführen. Tapiroidea und Rhinocerotoidea zeigen engste wurzelnahe Beziehungen, die auch in jüngster Zeit für die Zuordnung der bisher als Angehörige der Rhinocerotoidea klassifizierten Hyrachyidae zu den Helaletidae (Tapiroidea) durch Radinsky maßgeblich waren. Von der primären Radiation der Tapiroidea im Eozän überlebten nur die Tapiridae, bei denen der Fazialschädel hochspezialisiert ist, Gehirn, Gebiß und Extremitäten dagegen primitiv bleiben. Bei den Equiden setzten Radiationen mit der Hypsodontie der Backenzähne im Mio-Pliozän und mit der Einhufigkeit im Pleistozän ein. Die Equiden demonstrieren die heterochrone Merkmalsevolution besonders deutlich, indem Gehirn, Gebiß und Extremitäten durchaus nicht gleichzeitig und überdies mit unterschiedlicher Geschwindigkeit evoluieren. Im Vergleich zu den Litopternen wurde die Monodactylie erst wesentlich später erreicht. Hypsodontie und Monodactylie führen zu einer fast weltweiten Verbreitung der Einhufer. Für die einzelnen Stämme der Rhinocerotoidea ist — bei im wesentlichen konservativem Gliedmaßenbau — die unterschiedliche Spezialisierung des Vordergebisses charakteristisch. Hypsodontie, Nasen- sowie Stirnhörner und Brachycephalie werden mehrfach unabhängig voneinander erworben. Innerhalb der Brontotheriiden bleiben Gebiß und Gliedmaßenskelett konservativ, während der Schädel durch die unterschiedliche Ausbildung von knöchernen Fortsätzen einer mannigfachen Formveränderung unterworfen ist, die zum Teil allerdings allometrisch bedingt sind. Bei den Ancylopoda jedoch erfährt der Schädel nur geringfügige Änderungen (Reduktion des Fazialschädels und des Vordergebisses), die Gliedmaßen dagegen werden hochdifferenziert. In Afrika überleben die Chalicotherien die Tertiär-Quartärgrenze.

Mit den **Pantodonta** und **Dinocerata** sind zwei weitere Huftierstämme der nördlichen Hemisphäre genannt, die mit dem Eozän wieder verschwinden, nachdem sie Großformen hervorgebracht haben. Der Cephalisationsgrad war auch bei den Endformen gering. Die Artenfülle läßt auf frühtertiäre Radiationen schließen. Wie die Homologisierung der Backenzähne zeigt, handelt es sich um zwei getrennte Stämme, die sich parallel entwickelten. Eigene Stammlinien bilden weiterhin die südamerikanischen **Xenungulata** und **Pyrotheria,** von denen letztere als Parallelentwicklung zu den Proboscidea gelten können.

Die bis vor kurzem meist als Sirenen klassifizierten tertiärzeitlichen **Desmostylia** bilden nach ihrer Merkmalskombination Vertreter einer eigenen Ordnung. Es waren aquatische, quadrupede, auf den Nordpazifik beschränkte Pflanzenfresser, deren Fortbewegungsweise mit jener der Robben verglichen wird. Das zu Stoßzähnen umgestaltete Vordergebiß und die polybunodonten Molaren erinnern entfernt an Flußpferde. Zwei Stämme (Cornwalliidae und Desmostylidae) lassen sich unterscheiden. Nach ihrer Verbreitung ist die Zugehörigkeit zu den „Subungulaten" praktisch auszuschließen. Ihr Verschwinden kann mit dem Auftreten von Sirenen (als Nahrungskonkurrenten) in Verbindung gebracht werden.

Die **Sirenia** lassen sich mit den Proboscidea und Hyracoidea auf eine gemeinsame Wurzelgruppe zurückführen, die ihre Zusammenfassung als „Subungulata" rechtfertigt. Entstehung der Sirenen und ihre Aufspaltung in die Manatis und Dugongs sind mit morphologischen und verbreitungsgeschichtlichen Problemen verknüpft. Die eozänen Sirenen zeigen nicht nur die engen faunistischen Beziehungen der Sirenenfaunen beider Atlantikküsten, sondern sprechen auch für eine gemeinsame Wurzelgruppe sowie für eine marine Entstehung. Demnach wären die Manatis sekundäre Süßwasserformen und ihre disjunkte Verbreitung dadurch erklärt. Die ältesten Reste von Manatis stammen aus dem Oligozän Kolumbiens. Dugongiden waren bereits im Alt-Tertiär in der Karibischen See heimisch und gelangten mit den Metaxytherien (= Halianassinae) im Miozän auch in den Ost-Pazifik. Sie bilden die Stammformen von *Rhytina gigas*, die sich zu einer kalt-stenothermen Riesenform entwickelte.

Die meist als Stammgruppe der **Proboscidea** angesehenen Moeritherien bilden nach neuen Fossilfunden einen phyletischen Seitenzweig von amphibisch lebenden Formen, die jedoch den afrikanischen Ursprung der Proboscidea dokumentieren. Somit fehlen für die Palaeomastodonten als älteste Elephantoidea die unmittelbaren Stammformen. Dies gilt auch für die Dinotherien. Der Radiation der Mastodonten im Miozän folgte jene der Elefanten im Plio-Pleistozän, die mit der Hypsodontie der Backenzähne in Zusammenhang gebracht werden kann, die den Elephantiden die offene Landschaft erschloß und auch zur Entstehung kälteharter Formen *(Mammonteus)* führte. Die beiden rezenten Elefantenarten sind Überlebende einer einst artenreichen und fast weltweit verbreiteten Säugetierordnung. Die phyletische Herkunft der Elefanten steht zur Diskussion. Stegodonten kommen aus morphologischen (völlige Reduktion der Prämolaren, keine Tendenz zur Hypsodontie der Molaren) und altersbedingten Gründen als Stammformen nicht in Betracht, sondern eher brevirostrine, zygodonte Mastodonten, wofür auch archidiskodonte Zwergformen mit rudimentären Unterkieferstoßzähnen sprechen. Die Trennung der indischen und afrikanischen Linie muß bereits frühzeitig erfolgt sein.

Die rezenten Klippschliefer sind die einzigen Überlebenden der im Jung-Tertiär über Eurasien und Afrika verbreiteten **Hyracoidea.** Morphologisch-anatomische und serologische Befunde sprechen für wurzelnahe Beziehungen zu den Proboscidea. Fossilfunde bestätigen den afrikanischen Ursprung und zugleich, daß die Ähnlichkeiten mit den Perissodactylen nicht genetisch bedingt sind, sondern nur Konvergenzerscheinungen darstellen. Wenn sie auch zweifellos der Basis der Huftiere nahestehen, so ist VAN VALEN's Auffassung, sie seien überlebende Condylarthra, überspitzt und auch vom taxonomischen Standpunkt aus abzulehnen. Bereits im Alt-Oligozän durch zwei Stämme nachgewiesen, haben die Geniohyiden im Miozän tridactyle Formen entwickelt, ähnlich *Diadiaphorus* unter den Litopterna und *Palaeotherium* unter den Perissodactyla. Mit *Pliohyrax* und *Postschizotherium* entwickelten die Hyracoidea in Eurasien nashorngroße Formen. Großformen sind auch aus dem afrikanischen Pleistozän bekannt. Die rezenten Schliefer sind zweifellos sekundäre Sohlengänger und vermutlich Zwergformen, wie auch *Dendrohyrax* ein sekundärer Baumbewohner ist.

Die bisher nur durch *Arsinoitherium* aus dem afrikanischen Oligozän bekannten **Embrithopoda** sind hochspezialisierte Huftiere, denen innerhalb der Säugetiere eine isolierte Stellung zukommt. Die Merkmalskombination läßt eine Zuordnung zu den Subungulaten fraglich erscheinen.

Übersicht über das System der Säugetiere

Classis: Mammalia

Subclassis: Non-Theria (= Prototheria KERMACK 1967)

Infraclassis: Triconotheria

†Ordo: Triconodonta
Fam.: Triconodontidae

Infraclassis: „Eotheria"

†Ordo: Docodonta
Fam.: Morganucodontidae
Fam.: Docodontidae

Infraclassis: Allotheria

†Ordo: Multituberculata
Superfam.: Ptilodontoidea
Fam.: Ptilodontidae
Fam.: Ectypodontidae
Fam.: Cimolodontidae
Fam.: Plagiaulacidae
Superfam.: Taeniolabidioidea
Fam.: Cimolomyidae
Fam.: Eucosmodontidae
Fam.: Taeniolabididae

Infraclassis: Prototheria

Ordo: Monotremata
†Fam.: Ektopodontidae
Fam.: Ornithorhynchidae
Fam.: Tachyglossidae (=„Echidnidae")

Subclassis: Orthotheria (= Theria KERMACK 1967)

Infraclassis: Pantotheria

†Ordo: Symmetrodonta
Fam.: Spalacotheriidae
Fam.: Amphidontidae
†Ordo: Eupantotheria
Fam.: Amphitheriidae
Fam.: Paurodontidae
Fam.: Dryolestidae
Fam.: Aegialodontidae

Infraclassis: Theria PARKER & HASWELL 1879 (= Eutheria GILL 1872 non HUXLEY 1880)

Cohors: Metatheria
Ordo: Marsupialia
Superfam.: Didelphoidea
Fam.: Didelphidae
†Fam.: Pediomyidae
†Fam.: Stagodontidae (=„Didelphodontidae")
†Fam.: Caroloameghinidae
?†Fam.: Necrolestidae
†Superfam.: Borhyaenoidea
Fam.: Borhyaenidae
Superfam.: Caenolestoidea
Fam.: Caenolestidae
†Fam.: Polydolopidae
?†Fam.: Groeberiidae
Superfam.: Dasyuroidea
Fam.: Dasyuridae
Fam.: Thylacinidae
Fam.: Myrmecobiidae
Superfam.: Perameloidea
Fam.: Peramelidae
Superfam.: Phalangeroidea
†Fam.: Wynyardiidae
Fam.: Phalangeridae (einschl. „Thylacoleonidae")
Fam.: Phascolarctidae
Fam.: Vombatidae
Fam.: Macropodidae
†Fam.: Diprotodontidae (einschl. „Nototheriidae")
inc.sed.: Fam.: Notoryctidae
Cohors: Placentalia (= Eutheria HUXLEY non GILL)
Ordo: Zalambdodonta
Superfam.: Tenrecoidea
Fam.: Tenrecidae (einschl. Potamogalidae)
†Fam.: Apternodontidae
Fam.: Solenodontidae
Superfam.: Chrysochloroidea
Fam.: Chrysochloridae
†Ordo: „Deltatheridia" (= Hyaenodonta)
Superfam.: Palaeoryctoidea
Fam.: Palaeoryctidae
Fam.: Micropternodontidae
Fam.: Didymoconidae
Superfam.: Oxyaenoidea

Fam.: Oxyaenidae
Superfam.: Hyaenodontoidea
Fam.: Hyaenodontidae
Ordo: Insectivora
?†Superfam.: Endotherioidea
Fam.: Endotheriidae
Fam.: Pappotheriidae
†Superfam.: Leptictoidea
Fam.: Leptictidae
Fam.: Zalambdalestidae
?Fam.: Paroxyclaenidae
Superfam.: Erinaceoidea
†Fam.: Amphilemuridae (=Adapisoricidae)
Fam.: Erinaceidae
†Fam.: Dimylidae
Superfam.: Soricoidea
†Fam.: Nesophontidae
Fam.: Soricidae
Fam.: Talpidae
†Fam.: Proscalopidae
†Superfam.: Apatemyoidea
Fam.: Apatemyidae
†Superfam.: Mixodectoidea
Fam.: Mixodectidae
?Fam.: Microsyopidae
?†Superfam.: Pantolestoidea
Fam.: Pantolestidae
Fam.: Pentacodontidae
Fam.: Ptolemaiidae
Ordo: Macroscelidea
Fam.: Macroscelidiidae
†Fam.: Myohyracidae
Ordo: Tupaioidea
Fam.: Tupaiidae
?†Fam.: Anagalidae
Ordo: Primates
Subordo: Prosimiae
†Superfam.: Plesiadapioidea
Fam.: Plesiadapidae
Fam.: Carpolestidae
Fam.: Paromomyidae
Superfam.: Lemuroidea
†Fam.: Adapidae (einschl. „Notharctidae")
Fam.: Lemuridae (einschl. „Megaladapidae")
Fam.: Daubentoniidae
Fam.: Indriidae
†Fam.: Archaeolemuridae
Superfam.: Lorisoidea
Fam.: Lorisidae
Fam.: Galagidae
Superfam.: Tarsioidea
Fam.: Tarsiidae
†Fam.: Necrolemuridae
†Superfam.: Omomyoidea
Fam.: Anaptomorphidae
Fam.: Omomyidae
Subordo: Simiae
Infraordo: Platyrrhina
Superfam.: Ceboidea
Fam.: Callithricidae (= Hapalidae)
Fam.: Cebidae
Infraordo: Catarrhina
†Fam.: Parapithecidae
Superfam.: Cercopithecoidea
Fam.: Cercopithecidae (einschl. Colobidae)
Superfam.: Hylobatoidea
Fam.: Hylobatidae
Superfam.: Hominoidea
Fam.: Pongidae
Fam.: Hominidae
†Fam.: Oreopithecidae
Ordo: Dermoptera
†Fam.: Plagiomenidae
Fam.: Cynocephalidae (= Galeopithecidae)
Ordo: Chiroptera
Subordo: Megachiroptera
Fam.: Pteropidae
Subordo: Microchiroptera
†Fam.: Icaronycteridae
†Fam.: Archaeonycteridae
†Fam.: Palaeochiropteridae
Superfam.: „Rhinolophoidea"
Fam.: Rhinolophidae
Fam.: Nycteridae
Fam.: Megadermatidae
Fam.: Hipposideridae
Superfam.: Phyllostomatoidea
Fam.: Phyllostomatidae
Fam.: Desmodontidae
Superfam.: Vespertilionoidea
Fam.: Myzopodidae
Fam.: Thyropteridae
Fam.: Natalidae
Fam.: Furipteridae
Fam.: Molossidae
Fam.: Vespertilionidae
Superfam.: Emballonuroidea
Fam.: Rhinopotamidae
Fam.: Emballonuridae
Fam.: Noctilionidae
Ordo: Edentata
†Subordo: Palaeanodonta
Fam.: Metacheiromyidae
Fam.: Epoicotheriidae
Subordo: Xenarthra
Infraordo: Cingulata
Superfam.: Dasypodoidea
Fam.: Dasypodidae
†Fam.: Peltephilidae
†Superfam.: Glyptodontoidea
Fam.: Glyptodontidae
Infraordo: „Tardigrada" (= Phyllophaga)
†Fam.: Orophodontidae
Fam.: Bradypodidae
?Fam.: Choloepidae
†Fam.: Mylodontidae
†Fam.: Megatheriidae
†Fam.: Megalonychidae
Infraordo: Vermilingua
Fam.: Myrmecophagidae
Ordo: Pholidota
Fam.: Manidae
†Ordo: Taeniodonta (=„Ganodonta")
Fam.: Stylinodontidae (einschl. Conoryctidae,

Ectoganidae und Calamodontidae)
Ordo: Rodentia
Subordo: Protogomorpha
†Superfam.: Ischyromyoidea
Fam.: Paramyidae
Fam.: Sciuravidae
Fam.: Cylindrodontidae
Fam.: Protoptychidae
Fam.: Ischyromyidae
Superfam.: Aplodontoidea
Fam.: Aplodontidae
†Fam.: Mylagaulidae
Subordo: „Sciuromorpha"
Superfam.: Sciuroidea
Fam.: Sciuridae
Superfam.: Ctenodactyloidea
Fam.: Ctenodactylidae
†Fam.: Tataromyidae
Superfam.: Castoroidea
Fam.: Castoridae
?†Fam.: Eutypomyidae
Superfam.: Geomyoidea
Fam.: Heteromyidae
Fam.: Geomyidae
?†Fam.: Eomyidae
Subordo: Theridomorpha (= Parasciurognatha)
†Superfam.: Theridomyoidea
Fam.: Pseudosciuridae
Fam.: Theridomyidae
Superfam.: Anomaluroidea
Fam.: Anomaluridae
Subordo: Glirimorpha
Fam.: Gliridae (= Myoxidae)
Fam.: Seleviniidae
Subordo: „Myomorpha"
Superfam.: Muroidea (einschl. Cricetoidea)
Fam.: Cricetidae
Fam.: Muridae
†Fam.: Melissiodontidae
Fam.: Rhizomyidae
Fam.: Spalacidae
Superfam.: Dipodoidea
Fam.: Zapodidae
Fam.: Dipodidae
Subordo: Caviomorpha (= Nototrogomorpha)
Superfam.: Erethizontoidea
Fam.: Erethizontidae
Superfam.: Octodontoidea
Fam.: Octodontidae
Fam.: Echimyidae
Fam.: Capromyidae
Fam.: Myocastoridae
Fam.: Ctenomyidae
Fam.: Abrocomidae
Superfam.: Chinchilloidea
Fam.: Chinchillidae
Superfam.: Cavioidea
†Fam.: Eocardiidae
Fam.: Caviidae
Fam.: Hydrochoeridae
Fam.: Dasyproctidae (einschl. Cuniculidae)
Fam.: Dinomyidae
†Fam.: Elasmodontomyidae (= „Heptaxodontidae")
Subordo: Hystricomorpha
Superfam.: Hystricoidea
Fam.: Hystricidae
Superfam.: Thryonomyoidea
†Fam.: Phiomyidae
Fam.: Thryonomyidae
Fam.: Petromuridae
Superfam.: Bathyergoidea
Fam.: Bathyergidae
inc. sed.: Pedetoidea
Fam.: Pedetidae
Ordo: Carnivora
Subordo: Fissipedia
†Superfam.: Miacoidea
Fam.: Miacidae
Superfam.: Arctoidea
Fam.: Ailuridae
Fam.: Procyonidae
Fam.: Ursidae
Fam.: Mustelidae
Superfam.: Cynofeloidea
†Fam.: „Daphoenidae"
Fam.: Canidae
Fam.: Felidae (einschl. Machairodontidae)
Superfam.: Herpestoidea
Fam.: Viverridae
Fam.: Herpestidae
Fam.: Hyaenidae
Subordo: Pinnipedia
Superfam.: Otarioidea
Fam.: Otariidae
Fam.: Odobenidae
Superfam.: Phocoidea
Fam.: Phocidae
Ordo: Lagomorpha (= Duplicidentata)
†Fam.: Eurymylidae
Fam.: Leporidae
Fam.: Ochotonidae
Ordo: Artiodactyla
Subordo: „Suiformes"
†Superfam.: Dichobunoidea
Fam.: Diacodexidae
Fam.: Dichobunidae
Fam.: Cebochoeridae
Fam.: Mixtotheriidae
Fam.: Choeropotamidae
Fam.: Leptochoeridae
†Superfam.: Entelodontoidea
Fam.: Entelodontidae (= „Elotheriidae")
†Superfam.: Anthracotherioidea
Fam.: Anthracotheriidae
Fam.: Anoplotheriidae
Superfam.: Hippopotamoidea
Fam.: Hippopotamidae
Superfam.: Suoidea
Fam.: Suidae
Fam.: Tayassuidae (= Dioctylidae)
†Superfam.: Xiphodontoidea
Fam.: Xiphodontidae
†Superfam.: Caenotherioidea

Fam.: Caenotheriidae
†Superfam.: Oreodontoidea
Fam.: Agriochoeridae
Fam.: Merycoidodontidae
Subordo: Tylopoda
Superfam.: Cameloidea
Fam.: Camelidae
†Superfam.: Protoceratoidea
Fam.: Protoceratidae
Subordo: Ruminantia
Infraordo: Tragulina
Superfam.: Traguloidea
Fam.: Tragulidae
†Fam.: Hypertragulidae
†Fam.: Amphimerycidae
†Fam.: Leptomerycidae
†Fam.: Gelocidae
Infraordo: Pecora
Superfam.: Cervoidea
Fam.: Moschidae
Fam.: Cervidae
Superfam.: Giraffoidea
†Fam.: Palaeomerycidae
Fam.: Giraffidae
Superfam.: Antilocaproidea
†Fam.: Merycodontidae
Fam.: Antilocapridae
Superfam.: Bovoidea
Fam.: Bovidae
Ordo: Cetacea
†Subordo: Archaeoceti
Fam.: Protocetidae
Fam.: Dorudontidae
Fam.: Basilosauridae
Subordo: Mystacoceti
†Fam.: Aetiocetidae
†Fam.: Cetotheriidae
Fam.: Eschrichtiidae (= Rhachianectidae)
Fam.: Balaenidae
Fam.: Balaenopteriidae
Subordo: Odontoceti
†Superfam.: Squalodontoidea
Fam.: Agorophiidae
Fam.: Microzeuglodontidae
Fam.: Patriocetidae
Fam.: Squalodontidae
Superfam.: Platanistoidea
Fam.: Platanistidae (= Susuidae)
Fam.: Iniidae
Superfam.: Physeteroidea
Fam.: Ziphiidae (= Hyperoodontidae)
Fam.: Physeteridae
Superfam.: Monodontoidea
Fam.: Monodontidae (= Delphinapteridae)
Superfam.: Delphinoidea
Fam.: Stenidae
Fam.: Delphinidae
Fam.: Phocaenidae
†Fam.: Eurhinodelphidae
†Fam.: Acrodelphiidae
†Fam.: Hemisyntrachelidae
†Ordo: „Condylarthra"
Superfam.: Arctocyonoidea (= Paracondylarthra)
Fam.: Arctocyonidae
Superfam.: Mesonychoidea
Fam.: Mesonychidae
Superfam.: Phenacodontoidea
Fam.: Phenacodontidae
Fam.: Hyopsodontidae (einschl. Tricuspiodontidae)
Fam.: Didolodontidae
Fam.: Meniscotheriidae
Superfam.: Periptychoidea
Fam.: Periptychidae
†Ordo: Tillodontia
Fam.: Esthonychidae (= „Tillotheriidae")
Ordo: Tubulidentata
Fam.: Orycteropodidae
†Ordo: Litopterna
Fam.: Proterotheriidae
Fam.: Macraucheniidae (einschl. Adianthidae)
†Ordo: Notoungulata
Subordo: Notioprogonia
Fam.: Arctostylopidae
Fam.: Henricosborniidae
Fam.: Notostylopidae
Subordo: Toxodonta
Fam.: Oldfieldthomasiidae (= Acoelidae)
Fam.: Archaeopithecidae
Fam.: Archaeohyracidae
Fam.: Isotemnidae
Fam.: Homolodotheriidae
Fam.: Leontinidae (= Colpodontidae)
Fam.: Notohippidae
Fam.: Toxodontidae
Subordo: Typotheria
Fam.: Interatheriidae
Fam.: Mesotheriidae
Subordo: Hegetotheria
Fam.: Hegetotheriidae
†Ordo: Astrapotheria
Superfam.: Trigonostylopoidea
Fam.: Trigonostylopidae
Superfam.: Astrapotherioidea
Fam.: Astrapotheriidae
Ordo: Perissodactyla
Subordo: Ceratomorpha
Superfam.: Tapiroidea
†Fam.: Isectolophidae
†Fam.: Lophiodontidae
†Fam.: Helaletidae
†Fam.: Deperetellidae
†Fam.: Lophialetidae
Fam.: Tapiridae
Superfam.: Rhinocerotoidea
†Fam.: Hyracodontidae
Fam.: Rhinocerotidae
†Fam.: Indricotheriidae (= „Baluchitheriidae")
†Fam.: Allaceropidae
†Fam.: Amynodontidae
Subordo: Hippomorpha
Superfam.: Equoidea
Fam.: Equidae
†Fam.: Palaeotheriidae

†Superfam.:	Brontotherioidea
Fam.:	Brontotheriidae (= „Titanotheriidae")
†Subordo:	Ancylopoda
Superfam.:	Chalicotherioidea
Fam.:	Eomoropidae
Fam.:	Chalicotheriidae
†Ordo:	„Amblypoda"
Subordo:	Pantodonta
Superfam.:	Pantolambdoidea
Fam.:	Pantolambdidae
Fam.:	Barylambdidae
Fam.:	Titanoideidae
Superfam.:	Coryphodontoidea
Fam.:	Coryphodontidae
Subordo:	Dinocerata
Fam.:	Uintatheriidae
Fam.:	Gobiatheriidae
Fam.:	Prodinoceratidae
Subordo:	Xenungulata
Fam.:	Carodniidae
Subordo:	Pyrotheria
Fam.:	Pyrotheriidae
†Ordo:	Desmostylia
Fam.:	Cornwalliidae
Fam.:	Desmostylidae
Superordo:	„Subungulata"
Ordo:	Sirenia
Fam.:	Dugongidae (einschl. „Rhytinidae", Prorastomidae und Protosirenidae)
Fam.:	Trichechidae
Ordo:	Proboscidea
†Superfam.:	Moeritherioidea
Fam.:	Moeritheriidae
Superfam.:	Elephantoidea
†Fam.:	Mastodontidae (= Gomphotheriidae)
†Fam.:	Stegodontidae
Fam.:	Elephantidae
†Superfam.:	Dinotherioidea
Fam.:	Dinotheriidae
†Superfam.:	Barytherioidea
Fam.:	Barytheriidae
Ordo:	Hyracoidea
†Fam.:	Geniohyidae
Fam.:	Procaviidae (einschl. Saghatheriidae)
†Fam.:	Pliohyracidae
†Ordo:	Embrithopoda
Fam :	Arsinoitheriidae

Literaturverzeichnis

Die Literatur wurde berücksichtigt bis Ende 1967

1. Abbie, A. A. (1934): The brain-stem and cerebellum of *Echidna aculeata*. — Philos. Trans. roy. Soc. London, (B) **224** 509: 1—74.

2. — (1937): Some observations on the major subdivisions of the Marsupialia, with especial reference to the Position Peramelidae and Caenolestidae. — J. Anat., Cambridge (USA), **71**: 429—436.

3. — (1939): The ancestors of Eutheria. — Nature, London, **144**: 523—524.

4. — (1939): Masticatory adaptation peculiar to some diprotodont marsupials. — Proc. zool. Soc. London, **109**: 261—279.

5. — (1941): Marsupials and the evolution of mammals. — Austral. J. Sci., Sidney, **4**: 77—92.

6. — (1959): Timing in human evolution. — Proc. Linn. Soc. N. S. Wales, Sydney, **83**: 202—213.

7. Abel, O. (1905): Eine Stammtype der Delphiniden aus dem Miocän der Halbinsel Taman. — Jb. k. k. geol. R.-Anst., Wien, **55**: 375—392.

8. — (1905): Die phylogenetische Entwicklung des Cetaceengebisses und die systematische Stellung der Physeteriden. — Verh. dtsch. zool. Ges., Leipzig, **1905**: 84—96.

8a. — (1910): Kritische Untersuchungen über die paläogenen Rhinocerotiden Europas. — Abh. k. k. geol. R.-Anst., Wien, **20**: 1—52.

9. — (1914): Die Vorfahren der Bartenwale. — Denkschr. k. Akad. Wiss., Wien, math.-naturw. Kl., **90**: 155—224.

10. — (1914): Die Herkunft der Bartenwale. — Verh. zool. botan. Ges., Wien, **64**: (4)—(10).

11. — (1914): Die vorzeitlichen Säugetiere. — Fischer, Jena, I—VII, 1—309.

12. — (1919): Die Stämme der Wirbeltiere. — W. de Gruyter, Berlin, Leipzig, I—XVIII, 1—914.

13. — (1920): Studien über die Lebensweise von *Chalicotherium*. — Acta zool., Stockholm, **1**: 21—60.

14. — (1922): *Desmostylus*, ein mariner Multituberculate aus dem Miozän der nordpazifischen Küstenregion. — Acta zool., Stockholm, **3**: 361—394.

15. — (1925): Neue Untersuchungen über *Desmostylus*, einen Monotremen aus dem Tertiär der pazifischen Küstenregion. — Verh. zool.-botan. Ges., Wien, **74/75**: 134—138.

16. — (1927): Lebensbilder aus der Tierwelt der Vorzeit. — 2. Aufl. G. Fischer, Jena, I—VIII, 1—714.

17. — (1928): Vorgeschichte der Sirenia. In: M. Weber: Die Säugetiere II. — Fischer, Jena, 496—504.

18. — (1929): Paläobiologie und Stammesgeschichte. — Fischer, Jena, I—X, 1—423.

19. — (1931): Die Stellung des Menschen im Rahmen der Wirbeltiere. — Fischer, Jena, I—XII, 1—398.

20. — (1933): Die angeblichen prähistorischen Darstellungen von Mastodonten in Südafrika. — Biol. generalis, Wien, **9**: 1—12.

21. — (1948): Die ursprünglichen Lebensräume der Primatenstämme. — Palaeobiologica, Wien, **8**: 195—230.

21a. — & G. Kyrle (1931): Die Drachenhöhle bei Mixnitz. — Speläolog. Monogr., Wien, **7—9**: I—XXIX, 1—953.

21b. Acconci, L. (1880): Sopra una caverna fossilifera soperta a Cucigliana (Monti Pisani). — Atti Soc. toscana Sci. nat. Pisa, **5**: 146—150.

22. Accordi, B. (1962): Some data on the Pleistocene stratigraphy and related pigmy mammalian faunas of Eastern Sicily. — Quaternaria, Rom, **6**: 415—430.

23. Adam, K. D. (1957): Zur Phylogenie der pleistozänen Elefanten Europas. — Actes IV Congr. internation. Quat. Rome-Pise 1953, Rom, **1953**: 1—8.

24. — (1959): Mittelpleistozäne Caniden aus dem Heppenloch bei Gutenberg (Württemberg). — Stuttgt. Beitr. Naturk., Stuttgart, **27**: 1—46.

25. — (1963): Vom Heppenloch zur Sibyllenhöhle. — Jh. Karst- u. Höhlenkde., München, **4**: 271—285.

26. Adametz, L. (1914): Untersuchungen über *Capra prisca*, einer ausgestorbenen neuen Stammform unserer Hausziegen. — Mitt. landw. Lehrkanz. k. k. Hochsch. Bodenkultur, Wien, **3**: 1—21.

27. — (1932): Über die Stellung der Ziege von Girgenti im zootechnischen System und ihre angebliche Herkunft von *Capra falconeri*. — Z. Tierzüchtg. Züchtgsbiol., Berlin, Hamburg, **25**: 231—236.

28. Adams, L. A. (1919): A memoir on the phylogeny of the jaw muscles in recent and fossil vertebrates. — Ann. New York Acad. Sci., **28**: 51—166.

29. Addison, W. H. F. (1915): On the rhinencephalon of *Delphinus delphis* L.-J. comp. Neurol., Philadelphia, **25**: 497—522.

30. Adloff, P. (1908): Das Gebiß des Menschen und der Anthropomorphen. Vergleichend-anatomische Untersuchungen. Zugleich ein Beitrag zur menschlichen Stammesgeschichte. — J. Springer, Berlin, 1—164.

31. — (1930): Tomessche Körnerschicht, Interglobulardentin und Vasodentin in einigen Säugetierzähnen, zugleich ein Beitrag zur Kenntnis des Gebisses von *Orycteropus* und zur Stammesgeschichte dieser Tierform. — Vjschr. Zahnheilkde., Berlin, **46**: 207—258.

32. — (1934): Über die Zähne von *Orycteropus*. — Z. Anat. EntwGesch., Berlin, **102**: 710—717.

33. Ärnbäck-Christie-Linde, A. (1907): Der Bau der Soriciden und ihre Beziehungen zu anderen Säugetieren. — Morph. Jb., Leipzig, **36**: 463—514.

34. — (1912): Der Bau der Soriciden und ihre Beziehungen zu andern Säugetieren. II. Zur Entwicklungsgeschichte der Zähne. Ontogenie. — Morph. Jb., Leipzig, **44**: 201—296.

35. — (1912): On the development of the teeth of the Soricidae, an ontogenetical inquiry. — Ann. Mag. nat. Hist., London, (8) **9**: 609—625.

36. Aguayo, C. G. (1950): Observaciones sobre mamiferos cubanos extinguidos. — Boln. Hist. nat. Soc. Felipe Pocy, Havana, **1**: 121—134.

37. Aguirre, E. de (1963): *Hippopotamus crusafonti* n. sp. del Plioceno inferior de Arenas del Rey (Granada). — Notas Comun. Inst. geol. min. España, Madrid, **69**: 215—230.

38. Aitchison, H. D. D. (1946): Hinged teeth in mammals: A study on the tusks of muntjacs (*Muntiacus*) and Chinese water deer (*Hydropotes inermis*). — Proc. zool. Soc. London, **116**: 329—338.

38a. Akhundov, F. M. (1963): Morphological differences of *Necromites nestoris* from the Family Semantoridae (Mammalia, Pinnipedia). — Izv. Akad. Nauk Azerbajdzhan. SSR, Baku, **1963**: 9—14 (russ.).

38b. Albrecht, P. (1880): Über den Stammbaum der Nagethiere. — Schr. phys.-ökon. Ges. Königsberg (SBer.), **21**: 31—33.

39. — (1886): Über die cetoide Natur der Promammalia. — Anat. Anz., Leipzig, **1**: 338.

40. Alekperova, N. A. (1955): Die fossile Saiga von Binagadinsk. — Quartär-Fauna und -flora von Binagadinsk IV. — Baku.

41. Alekseeva, L. I. (1959): A Pontian camel from the Crimea. — Paleont. J., Moskau, **1959 3**: 146—147 (russ.).

42. Alexejev, A. K. (1924): Seals in the Sarmatian deposits of Southern USSR. — J. Nauk.-Doslid. Kated. Odessa, **1**: 26—34.

43. Alf, R. (1962): A new species of the rodent *Pipestoneomys* from the Oligocene of Nebraska. — Breviora, Cambridge **172**: 1—7.

44. Ali, S., & H. Santapau (1958): Rediscovery of the smaller Asiatic one-horned rhinoceros (*Rhinoceros sondaicus* Desm.) in Malaya. — J. Bombay nat. Hist. Soc., **55**: 554—556.

45. ALIMEN, H. (1946): Remarques sur *Equus hydruntinus* Regalia. — Bull. Soc. géol. France, Paris, **16**: 585—595.
46. ALLBROOK, D., & W. W. BISHOP (1963): New fossil hominoid material form Uganda. — Nature, London, **197** 4873: 1187—1190.
47. ALLEN, G. M. (1918): Fossil mammals from Cuba. — Bull. Mus. comp. Zool., Cambridge, **62**: 131—148.
48. — (1921): A new fossil cetacean. — Bull. Mus. comp. Zool., Cambridge, **65**: 4—14.
49. — (1939): A checklist of African mammals. — Bull. Mus. comp. Zool., Cambridge, **83**: 1—763.
50. ALLEN, J. A. (1880): History of North American pinnipeds, a monograph of the walruses, sea lions, sea bears and seals of North America. — Misc. Publ. U. S. geol. geogr. Surv. Terr., Washington, **12**: 16—785.
51. — (1913): Ontogenetic and other variations in musk-oxen, with a systematic review of the musk-ox group, recent and extinct. — Mem. Amer. Mus. nat. Hist., New York, (n. S.) **1** 4: 101—226.
52. — (1916): An extinct octodont from the Island of Porto Rico, West-India. — Ann. New York Acad. Sci., **27**: 17—22.
53. — (1917, 1919): The skeletal characters of *Scutisorex* THOMAS. — Bull. Amer. Mus. nat. Hist., New York, **37**: 769—784, **41**: 341—419.
54. ALLEN, R., & W. T. NEILL (1957): White whales of the Amazon. — Nat. History, New York, **66**: 324—329.
55. ALSTON, E. R. (1876): On the classification of the order Glires. — Proc. zool. Soc. London, **1876**: 61—98.
56. ALVAREZ, E. (1943): Descripcion de la *Macrauchenia patachonica* Ow. y comparacion con otros generos terciarios (*Theosodon, Scalabrinitherium y Promacrauchenia*). — Mus. Argent. Cienc. nat., Buenos Aires, **1943**: 1—144.
57. AMAT, P. MUNOZ (1959): Vergleichende Untersuchung zur endocranialen Morphologie und zur craniocerebralen Topographie von Giraffe und Okapi (Mammalia, Paraxonia, Pecora, Giraffoidea). — Morph. Jb., Leipzig, **100**: 213—264.
58. AMEGHINO, F. (1875): Notas sobre algunas fósiles nuevos de la formacion pampeana. — Mercedes: 1—8 = Ameghino Obras **2**: 13—17.
59. — (1889): Contribucion al conocimiento de los mamíferos fósiles de la Republica Argentina. — Acta Acad. nacion. Cienc. Córdoba, Buenos Aires, **6**: XXXII, 1—1027.
60. — (1891): Nuevos restos de mamíferos fósiles descubiertos por CARLOS AMEGHINO en el Eoceno inferior de la Patagonia austral — especies nuevas, adiciones y correciones. — Revta. argent. Hist. nat., Buenos Aires, **1**: 289—328.
61. — (1891): Los Plagiaulacideos argentinos y sus relaciones zoologicas, geologicas y geograficas. — Revta. argent. Hist. nat., Buenos Aires, **1**: 38—44.
62. — (1897): Mammifères crétacés de l'Argentine. (Deuxième contribution à la connaissance de la faune mammalogique des couches à *Pyrotherium*). — Boln. Inst. geogr. argent., Buenos Aires, **18**: 406—429, 431—521.
63. — (1898): Sur l'évolution des dents des mammifères. — Bull. Soc. géol. France, Paris, **26**: 497—499.
64. — (1901): Notices préliminaires sur des ongulés nouveaux des terrains crétacés de Patagonie. — Boln. Acad. nacion. Cienc. Córdoba, **16**: 350—426.
65. — (1902): Notices préliminaires sur des mammifères nouveaux des terrains crétacés de Patagonie. — Boln. Acad. nacion. Cienc. Córdoba, **17**: 5—70.
66. — (1902): Linea filogenética de los proboscídeos. — An. Mus. nacion. Hist. nat., Buenos Aires, **8**: 19—43.
67. — (1903): Los Diprotodontes del Orden de los Plagiaulacideos y el origin de los Roedores y de los Polimastodontes.— An. Mus. nacion. Hist. nat., Buenos Aires, **9**: 81—192.
68. — (1903—1904): Nuevas especies de Mamiferos cretáceos y tertiarios de la República Argentina. — An. Soc. cient. argent., Buenos Aires, **46, 47, 48**: 142 S.
69. — (1904): Recherches de morphologie phylogénetique sur les molaires supérieures des Ongulés. — An. Mus. nacion., Buenos Aires, **9**: 1—541.
70. — (1905): Les Edentés fossiles de France et d'Allemagne. — An. Mus. nacion., Buenos Aires, **13**: 175—250.
71. — (1906): Les formations sédimentaires du Crétacé supérieur et du Tertiaire de Patagonie. — An. Mus. nacion. Hist. nat., Buenos Aires, **15**: 1—568.
72. — (1908): El arco escapular de los Edentatos y Monotremos y el origen reptiloide de estos dos grupos de mamiferos. — An. Mus. nacion. Hist. nat., Buenos Aires, **7**: 1—91.
73. ANDERSON, C. (1933): The fossil mammals of Australia. — Proc. Linn. Soc. N. S. Wales, Sidney, **58**: IX—XXV.
74. — (1937): Fossil marsupials from New Guinea. — Paleont. Notes No. IV. — Res. austral. Mus., **20**: 73—76.
74a. ANDERSON, S. & J. K. JONES (jr.) (eds.) (1967): Recent mammals of the world. A synopsis of families. — Ronald Press, New York, I—VIII, 1—453.
75. ANDREW, R. J. (1964): The displays of the primates. In: BUETTNER-JANUSCH, J. (ed.): Evolutionary and genetic biology of primates II. — (Acad. Press) New York, 227—309.
76. ANDREWS, C. W. (1896): On a skull of *Orycteropus gaudryi* from Samos. — Proc. zool. Soc. London, **1896**: 196—199.
77. — (1904): Note on the Bradypoda, a new order of ungulate mammals. — Geol. Mag., London, **1**: 481—482.
78. — (1906): A drescriptive catalogue of the Tertiary Vertebrata of the Fayum, Egypt. — Brit. Mus. nat. Hist., London, I—XXXVIII, 1—324.
79. — (1914): On the lower Miocene vertebrates from British East Africa, collected by Dr. Felix Oswald. — Quart. J. geol. Soc. London, **70**: 163—186.
80. — (1915): A description of the skull and skeleton of a peculiarly modified rupicaprine antelope (*Myotragus balearicus* Bate), with a notice of a new variety, *M. balearicus* var. major. — Philos. Transact. roy. Soc., London, B **206**: 281—305.
81. — (1916): Note on a new baboon (*Simopithecus oswaldi*, gen. et sp. n.) from the (?) Pliocene of British East Africa. — Ann. Mag. nat. Hist., London, **18**: 410—419.
82. ANDY, J. O., & H. STEPHAN (1966): Phylogeny of the Primate septum telencephali. In: HASSLER, R., & H. STEPHAN: Evolution of the forebrain. — Thieme, Stuttgart, 380—399.
83. — & — (1966): Septal nuclei in Primate phylogeny. — J. comp. Neurol., Philadelphia, **126**: 157—170.
84. ANGERMANN, R. (1966): Beiträge zur Kenntnis der Gattung *Lepus* (Lagomorpha, Leporidae). I. Abgrenzung der Gattung *Lepus*. — Mitt. zool. Mus. Berlin, **42**: 127—144.
85. ANKEL, F. (1962): Vergleichende Untersuchungen über die Skelettmorphologie des Greifschwanzes südamerikanischer Affen (Platyrrhina). — Z. Morph. Ökol. Tiere, Berlin, **52**: 131—170.
86. — (1965): Der Canalis sacralis als Indikator für die Länge der Caudalregion der Primaten. — Folia primatol., Basel, **3**: 263—276.
87. — (1965): Das Kreuzbein der Affen als Indikator für Länge und Funktion des Schwanzes. — Umschau, Frankfurt, **65**: 750.
87a. — (1967): Morphologie von Wirbelsäule und Brustkorb. — Primatologia, Karger, Basel, **4** 4: 1—120.
88. ANKEL, W. E. (1955): Das Bild des Menschen in der Sicht des Biologen. — Nachr. gießener Hochschul-Ges., **24**: 75—99.
89. ANTHONY, H. E. (1916): Preliminary diagnosis of an apparently new family of Insectivores. — Bull. Amer. Mus. nat. Hist., New York, **35**: 725—728.
90. — (1917): New fossil rodents from Porto Rico, with additional notes on *Elasmodontomys obliquus* Anthony and *Heteropsomys insulans* ANTH. — Bull. Amer. Mus. nat. Hist., New York, **37**: 183—189.
91. — (1918): The indigenous land mammals of Porto Rico, living and extinct. — Mem. Amer. Mus. nat. Hist., New York, (n. S.) **2**: 329—435.
92. — (1926): Mammals of Porto Rico, living and extinct — Rodentia and Edentata. — New York Acad. Sci., Sci., Surv. Porto Rico & Virgin Islands, **9**: 97—241.
93. — (1928): Field book of North American mammals. — Putnam's sons, New York & London, I—XXV, 1—625.
94. ANTHONY, J. (1946): A propos des caractères dentaires d'un nouvel hippopotame fossile (*Hipp.* [*Tetraprotodon*] *protamphibius* C. ARAMBOURG). — Bull. Mus. Hist. nat., Paris, **18**: 507—509.
95. — (1948): Etude des moulages endocraniens *d'Hippopotames disparus*. — Mém. Mus. nation. Hist. nat., Paris, (n. S.) **26**: 31—56.
96. — (1958): De l'intérêt des caractères cérébraux pour la classification des ongulés. — Mammalia, Paris, **22**: 53—57.
97. — (1961): Encéphale. Morphologie encéphalique et moulages endocraniens. In: PIVETEAU, J.: Traité de Paléontologie, Paris, **6** 1: 436—458.
97a. — (1961): Anatomie dentaire comparée. — C. Heimant, Paris, 1—199.
98. — & M. GASPARD (1966): Les particularités du remplacement dentaire chez le tatou à neuf bandes, *Dasypus novemcinctus* L. — Ann. Sci. nat., Paris, Zool., **8**: 189—204.

99. ANTHONY, R. (1909): Recherches anatomiques sur les Bradypes arboricoles. — Ann. Sci. nat., Paris, Zool., 9: 157—285.
99a. — (1926): Les affinités des Cétacés. — Ann. Inst. océanogr., Monaco, (n. S.) 3: 93—134.
100. — (1933): Recherches sur les insicives supérieures des Elephantidae actuels et fossiles (Eléphants et Mastodontes). — Arch. Mus. nation. Hist. nat., Paris, 9: 61—124.
101. — (1934): La dentition de l'Orycterope. Morphologie, développement, structure, interprétation. — Ann. Sci. nat., Paris, Zool., 17: 289—322.
102. — (1934): Données nouvelles sur l'évolution de la morphologie dentaire et crânienne des Tubulidentata (*Oryctéropes*). — Bull. Soc. zool. France, Paris, 59: 256—266.
103. —, & M. FRIANT (1935, 1936, 1937): Théorie de la dentition jugale mammalienne I—III. — Actual. scient. industr., Paris, 311: 1—71, 372: 1—81, 456: 1—51.
104. ANTHONY, R. L. F., & G. M. ILIESCO (1926): Etude sur les cavités nasales des carnassiers. — Proc. zool. Soc. London, 1926: 989—1015.
105. ANTONIUS, O. (1912): Die Rassengliederung der quartären Wildpferde Europas. — Verh. zool.-botan. Ges., Wien, 62: (64)—(78).
106. — (1914): *Equus abeli* nov. spec. Ein Beitrag zur genaueren Kenntnis unserer Quartärpferde. — Beitr. Paläont. Geol. Österr.-Ung., Wien, 26: 241—301.
107. — (1919): Untersuchungen über den phylogenetischen Zusammenhang zwischen *Hipparion* und *Equus*. — Z. indukt. Abstammungs-VererbLehre, Berlin, 20: 273—295.
108. — (1922): Grundzüge einer Stammesgeschichte der Haustiere. — Fischer, Jena, 1—336.
109. — (1929): Streitfragen zur Phylogenie der Equiden. — Verh. zool.-botan. Ges., Wien, 78: 4—18.
110. — (1932): Die Pferde als aussterbende Tiergruppe. — Biol. generalis, Wien, 8: 33—44.
111. — (1936): Zur Abstammung des Hauspferdes. — Z. Tierzüchtg. Züchtgsbiol., Berlin, (B) 34: 359—398.
112. — (1936): Zur Abstammung des Hauspferds und Hausesels. — Verh. zool.-botan. Ges., Wien, 85: 102—110.
113. — (1937): Über Herdenbildung und Paarungseigentümlichkeiten der Einhufer. — Z. Tierpsychol., Berlin, 1: 259—289.
114. — (1938): On the geographical distribution, in former times and to-day, of the recent Equidae. — Proc. zool. Soc. London, B 107: 557—564.
115. — (1939): Über Symbolhandlungen und Verwandtes bei Säugetieren. — Z. Tierpsychol., Berlin, 3: 264—278.
116. — (1939): Bilder aus dem früheren und jetzigen Schönbrunner Tierbestand. II. Luchse. — Zool. Garten, Leipzig, (n. F.) 10: 1—7.
117. — (1939): Zur Frage der Zähmung des Onager bei den alten Sumerern. — Bijdr. Dierkund. Feestnr. kon. zool. Genootsch. Amsterdam, Leiden.
118. — (1942): Zwei Anregungen zur Systematik der Hirsche. — Z. Säugetierkde., Berlin, 14: 308—309.
119. — (1951): Die Tigerpferde. Die Zebras. — Monogr. d. Wildsäuger. — Schöps, Leipzig, 11: 1—148.
120. ANTUNES-TELLES, Miguel (1964): Notes sur la géologie et la paléontologie du Miocène de Lisbonne. IV. Présence de *Triceromeryx pachecoi* VILL., CRUS., & LAVOCAT (Giraffoidea, Triceromerycidae). — Boln. Soc. geol. Portugal, Lissabon, 15: 123—138.
121. APPELMAN, F. J. (1953): Über *Theropithecus gelada* RÜPP. — Zool. Garten, Leipzig, (n. F.) 20: 95—98.
122. ARAMBOURG, C. (1933): Mammifères miocènes du Turkana (Afrique orientale). — Ann. Paléont., Paris, 22: 123—147.
123. — (1938): Mammifères fossiles du Maroc. — Mém. Soc. Sci. nat. Maroc, Rabat, 46: 1—74.
124. — (1941): Antilopes nouvelles du Pléistocène ancien de l'Omo (Abyssinie). — Bull. Mus. Hist. nat., Paris, (2) 13: 339—347.
125. — (1943): *L'Elephas recki* DIETR., sa position systématique et ses affinités. — Bull. Soc. géol. France, Paris, (5) 12: 73—89.
126. — (1943): Observations sur les Suidés fossiles du Pléistocène d'Afrique. — Bull. Mus. Hist. nat., Paris, (2) 15: 471—476.
127. — (1945): *Anancus osiris*, un Mastodonte nouveau du Pliocène inférieur d'Egypte. — Bull. Soc. géol. France, Paris, (5) 15: 479—495.
128. — (1947): Contribution à l'étude géologique et paléontologique du bassin du Lac Rodolphe et de la basse vallée de l'Omo. — Mission scient. Omo 1932—1933. I. Géol.-Anthropol., Paris, 3: 75—406.
128a. — (1954): L'hominien fossile de Ternifine (Algérie). — C. R. Acad. Sci., Paris, 239: 893—895.
129. — (1956): Considérations sur l'état actuel du problème des origines de l'homme. — Colloques internation. Cent. nation. Rech. scient., Probl. act. Paléont., Paris, 60: 135—148.
130. — (1957): Observations sur les gazelles fossiles du Pléistocène supérieur de l'Afrique du Nord. — Bull. Soc. Hist. nat. Afrique du Nord, Alger, 48: 49—81.
131. — (1959): Vertébrés continentaux du Miocène supérieur de l'Afrique du Nord. — Publs. Serv. Carte géol. Algérie, Alger, (n. S.) Paléont. Mém. 4: 1—161.
132. — (1960): Précisions nouvelles sur Libytherium maurusicum, Pomel, Giraffidé du Villafranchien d'Afrique. — Bull. Soc. géol. France, Paris, (7) 2: 888—894.
133. — (1961): Note préliminaire sur quelques vertébrés nouveaux du Burdigalien de Libye. — C. R. Soc. géol. France, Paris, 1961: 107—108.
134. — (1961): *Prolibytherium magnieri*, un vellericorne nouveau du Burdigalien de Libye (Note préliminaire). — C. R. Soc. géol. France, Paris, 1961: 61—63.
135. — (1963): Le genre *Bunolistriodon* ARAMBOURG 1933. — Bull. Soc. géol. France, Paris, (7) 5: 903—911.
136. — (1963): Le gisement de Ternifine. — Archs. Inst. Paléont., hum., Paris, Mém. 32: 1—191.
137. — (1965): Le gisement moustérien et l'homme du Jebel Irhound (Maroc). — Quaternaria, Rom, 7: 1—7.
137a. — & Y. COPPENS (1967): *Paraustralopithecus aethiopicus*. —Paris (im Druck).
138. —, J. KIKOINE & R. LAVOCAT (1951): Découverte du genre *Moeritherium* ANDR. dans le Tertiaire continetal du Soudan. — C. R. Acad. Sci., Paris, 233: 68—70.
139. ARANGUREN, L. D. J. (1930): Camelidos fósiles argentinos. — An. Soc. cient. argent., Buenos Aires, 109: 15—35.
140. ARATA, A. A. (1964): The anatomy and taxonomic significance of the male accessory reproductive glands of muroid rodents. — Bull. Florida State Mus. biol. Sci., Gainesville, 9: 1—42.
141. ARGYROPULO, A. J. (1929): Beiträge zur Kenntnis der Murinae Baird I, II. — Z. Säugetierkde., Berlin, 4: 144—156.
142. — (1933): Die Gattungen und Arten der Hamster (Cricetinae Murray, 1866) der Paläarktik. — Z. Säugetierkde., Berlin, 8: 129—149.
143. — & O. PIDOPLICHKA (1939): Representatives of Ochotonidae (Duplicidentata, Mammalia) in the Pliocene of the USSR. — C. R. Acad. USSR, Moskau, 24 7: 723—728 (russ.).
144. ARNOLD, R. (1953): Das Verbreitungsgebiet der Elefanten zu Beginn der historischen Zeit. — Z. Säugetierkde., Berlin, 17: 73—82.
145. ASHTON, E. H. (1950): The endocranial capacities of the Australopithecinae. — Proc. zool. Soc. London, 120: 715—721.
146. —, & C. E. OXNARD (1964): Locomotor patterns in Primates. — Proc. zool. Soc. London, 142: 1—28.
147. —, & S. ZUCKERMAN (1956): Cranial crests in the Anthropoidea. — Proc. zool. Soc. London, 126: 581—612.
148. — & — (1956): Age changes in the position of the Foramen magnum in Hominoids. — Proc. zool. Soc. London, 126: 315—325.
149. —, C. E. OXNARD & T. F. SPENCER (1965): Scapular shape and primate classification. — Proc. zool. Soc. London, 145: 125—142.
150. ASS, M. (1935): Ectoparasites of the Baikalian seal. — Trudy baikal. limnol. Stat. Acad. Sci. USSR, Leningrad, 6: 23—29 (russ.).
151. AUFFENBERG, W. (1958): A note on an unusually complete specimen of *Dasypus bellus* (SIMPSON) from Florida. — Quart. J. Flor. Acad. Sci., Gainesville, Tallahassee, 20: (1957): 233—237.
152. AXELROD, D. I. (1967): Quarternary extinctions of large Mammals. — Univ. Calif. Publs. geol. Sci., Berkeley, 74: 1—42.
153. AZZAROLI, A. (1946): La Scimmia fossile della Sardegna. — Riv. Sci. preistor., Firenze, 1: 68—76.
154. — (1947): I cervi fossili della Toscana con particulare riguardo alle specie Villafranchiane. — Palaeontographica ital., Pisa, (n. S.) 13: 31—68.
155. — (1952): L'Alce di Sénèze. — Palaeontographica ital., Pisa, (n. S.) 17: 133—141.
156. — (1953): The deer of the Weybourne Crag and Forest bed of Norfolk. — Bull. Brit. Mus. natur. Hist. London, Geol. 2: 1—96.
157. — (1953): La sistematica dei cervi giganti e i vervi nani delle isole. — Atti Soc. toscana Sci. nat., Pisa, 59: 3—11.

158. — (1954): Revisione della fauna dei terreni fluviolacustri del Valdarno superiore. V. Filogenesi e biologia di *Sus strozzi* e di *Sus minor*. — Paleontographica ital., Pisa, **48**: 41—76.

159. — (1954): Critical observations upon Siwalik deer. — Proc. Linn. Soc. London, **165**: 75—83.

159a. — (1961): Il nanismo nei cervi insulari. — Palaeontographica ital., Pisa, **56**: 1—32.

160. — (1965): The two Villafranchian horses of the Upper Valdarno. — Palaeontographica ital., Pisa, **59**: 1—12.

161. — (1966): Pleistocene and living horses of the old world. — Palaeontographica ital., Pisa, **81**: 1—15.

162. — (1966): La valeur des caractères crâniens dans la classification des éléphants. — Eclogae geol. Helv., Basel, **59**: 541—564.

163. — (1967): Villafranchian correlations based on large mammals. — 4. Congr. Com. Néogène méditerr. sept. 1967, Bologna.

164. BACHINSKY, C. A. (1962): Fossil holocene bear (*Ursus spelaeus crimaeus* subsp. nov.) from the red Cave of the Crimea. — Dopovidi, Akad. Nauk SSR., **6**: 796—799.

165. BACHOFEN-ECHT, A. (1937): Bildliche Darstellung des Riesenhirsches aus vorgeschichtlicher und geschichtlicher Zeit. — Z. Säugetierkde., Berlin, **12**: 81—88.

166. BACKHAUS, D. (1958): Zur Variabilität der äußeren systematischen Merkmale des afrikanischen Elefanten (*Loxodonta* CUVIER 1825). — Säugetierkde. Mitt., Stuttgart, **6**: 166—173.

167. BACKHAUS, D. (1960): Zur Anpassung der Giraffengazelle, *Litocranius walleri* BROOKE 1878, an trockene Lebensräume. — Säugetierkdl. Mitt., Stuttgart, **8**: 43—45.

168. BADER, R. S. (1955): Variability and evolutionary rate in the Oreodonts. — Evolution, Lancaster, **9**: 119—140.

169. BADOUX, D. M. (1959): Fossil mammals from two fissure deposits at Punung, Java. — Proefschr. Utrecht, 1—151.

170. — (1964): Some remarks on size-trends in mammalian evolution of the Holocene in Sumatra, with some additional notes on the Sampung fauna from Java. — Säugetierkdl. Mitt., Stuttgart, **12**: 1—12.

171. BÄCHLER, E. (1911): Der Elch und fossile Elchfunde aus der Ostschweiz. — Jb. St. gallisch-naturwiss. Ges. f. 1910, St. Gallen, **1910**: 72—181.

172. BÄHRENS, D. (1960): Über den Formwandel des Mustelidenschädels. Allometrische Untersuchungen an Schädeln von *Mustela vison*, *N. lutreola*, *M. nivalis* und *Martes martes*. — Morph. Jb., Leipzig, **101**: 279—369.

173. BAER, J. G. (1933): L'adaptation des helminthes à leurs hôtes. — Bull. Soc. Neuchâtel., Sci. natur., **58**: 57—76.

174. — (1957): Répartition et endemicité des Cestodes chez les reptiles, oiseaux et mammifères. — Union internation. Sci. biol., Paris, B **32**: 270—291.

175. —, & A. FAIN (1955): Les cestodes des Pangolins. — Bull. Soc. Neuchâtel., Sci. natur., **78**: 37—52.

176. BAIER, J. G., & H. R. WOLFE (1942): Quantitative serological relationships within the Artiodactyla. — Zoologica, New York, **27**: 17—23.

177. BAKER, H. G., & B. J. HARRIS (1957): The pollination of *Parkia* by bats and its attendant evolutionary problems. — Evolution, Lancaster, **11**: 449—460.

178. BALLESIO, R. (1963): Monographie d'un Machairodus du gisement villafranchien de Senèze: *Homotherium crenatidens* FABRICIUS. — Labor. géol. Fac. Sci. Lyon, (n. S.) **9**: 1—129.

179. BALLOWITZ, E. (1909): Zur Kenntnis der Spermien der frugivoren Chiropteren und der Prosimier mit Einschluß von *Chiromys madagascariensis* DESM. — Anat. Anz., Jena, **34**: 275—286.

180. BAMANN, E., E. ULLMANN & H. GEBLER (1960): Die stereochemische Spezifität der Leberesterase als Grundlage für die systematische Ordnung des Tierreiches am Beispiel der Simiae (Affen). — Hoppe-Seyler's Z. physiol. Chemie, Berlin, **319**: 167—179.

181. BANFIELD, A. W. F. (1961): A revision of the Reindeer and caribou, genus *Rangifer*. — Bull. nation. Mus. Canada, Ottawa, **177**: 1—137.

182. BANNIKOV, A. G. (1958): Distribution géographique et biologie du cheval sauvage et du chameau de Mongolie (*Equus przewalskii* et *Camelus bactrianus*). — Mammalia, Paris, **22**: 152—160.

183. — (1963): Die Saiga-Antilope (*Saiga tatarica* L.). — Neue Brehm-Bücherei, Wittenberg, **320**: 1—143.

184. BARBOUR, E. H. (1929): *Torynobelodon loomisi* gen. et sp. nov. — Bull. Nebr. State Mus., Lincoln, **16**: 147—153.

185. —, & C. B. SCHULTZ (1934): A new antilocaprid and a new cervid from the Late Tertiary of Nebraska. — Amer. Mus. Novit., New York, **734**: 1—4.

186. — & — (1934): A new giant camel, *Titanotylopus nebraskensis* n. g. et n. sp. — Univ. Nebr. State Mus., Lincoln, **1**: 291—294.

187. — & — (1939): A new giant camel, *Gigantocamelus fricki* n. g. et sp. — Univ. Nebr. State Mus., Lincoln, **2**: 17—27.

188. BARDENFLETH, K. S. (1914): On the systematic position of *Ailuropus melanoleucus*. — Mindeskr. Japetus Steenstrup Fødsel, Kopenhagen, **17**: 1—15.

189. BARKALOV, F. S. (1952): Life history and ecologic observations on the tundra mouse (*Microtus oeconomus*) and lemmings (*Lemmus trimucronatus* and *Dicrostonyx groenlandicus*) at Barter Island, Alaska. — J. Elisha Mitchell scient. Soc., Chapel Hill, N. C., **68**: 199—205.

190. BARTHOLOMAI, A. (1962): A new species of *Thylacoleo* and notes on some caudal vertebrate of *Palorchestes azael*. — Mem. Queensld. Mus., Brisbane, **14**: 33—40.

191. — (1963): Revision of the extinct macropodid genus *Sthenurus* OWEN in Queensland. — Mem. Queensld. Mus., Brisbane, **14**: 51—76.

192. BARTHOLOMEW, G. A., & J. R. BIRDSELL (1953): Ecology and the protohominids. — Amer. Anthropologist, Menasha, **55**: 481—498.

193. BATE, D. M. A. (1918): On a new genus of extinct Muscardine rodent from the Balearic islands. — Proc. zool. Soc. London, **1918**: 209—222.

194. — (1935): Note on the habit of *Enhydrictis galictoides*, with description of some limb-bones of this mustelid from the Pleistocene of Sardinia. — Proc. zool. Soc. London, **1935**: 241—245.

195. — (1937): New Pleistocene mammals from Palestine. — Ann. Mag. nat. Hist., London, (10) **20**: 397—400.

196. — (1937): The Stone Age of Mount Carmel I., Pt. II. Palaeontology: The Fossil fauna of the Wady El-Mughara caves. — Oxford, 137—240.

197. — (1943): Pleistocene Cricetinae from Palestine. — Ann. Mag. nat. Hist., London, (11) **10**: 813—838.

198. — (1945): Pleistocene shrews from the larger Western Mediterranean islands. — Ann. Mag. nat. Hist., London, (11) **11**: 738—769.

199. — (1946): The Pleistocene mole of Sardinia. — Ann. Mag. nat. Hist., London, (11) **12**: 448—461.

200. — (1947): The extinct reed-rat (*Thryonomys arkelli*) from the Sudan. — Ann. Mag. nat. Hist., London, (11) **14**: 65—71.

201. — (1919): A new African fossil long-horned Buffalo. — Ann. Mag. nat. Hist., London, (12) **2**: 396—398.

202. BAUCHOT, R. (1963): L'architectonique comparée qualitative et quantitative du diencephale des Insectivores. — Mammalia, Paris, **27**: 1—400 (Suppl. 1).

203. —, & H. STEPHAN (1960): Le cerveau de *Setifer setosus* (SCHR.) (Insectivora, Tenrecidae). — Mém. Inst. scient. Madagascar, Paris—Tananarive, **13**: 139—148.

204. — & — (1966): Données nouvelles sur l'encephalisation des insectivores et des prosimiens. — Mammalia, Paris, **30**: 160—196.

204a. — & — (1967): Éncephales et moulages endocraniens de quelques insectivores et primates actuels. — Probl. actuels Paléont.; Coll. internat. Centre Nation. Rech. Scient., Paris, **163**: 575—586.

204b. BAUMANN, F. (1949): Die freilebenden Säugetiere der Schweiz. — I—XIV, 1—492, Huber, Bern.

205. BAUR, G. (1884): Der Carpus der Paarhufer. — Morph. Jb., Leipzig, **9**: 597—603.

206. BAY, R. (1958): Das Gebiß des Neandertalers. — In: KOENIGSWALD, G. H. R. VON (ed.): Hundert Jahre Neandertaler . . . — Kemink en Zoon, Utrecht, 123—140.

207. BAZHANOV, V. S. & Mitarb. (1958): Stratigraphic position of new finds of sea mammals in Manghishlak. — Mat. Faun. Flor. Kazachst., **2**: 17—27 (russ.).

208. BEAUMONT, G. DE (1961): Les chiens du ,,Puits de Rouze'' à Organic (Ardèche) avec quelques remarques sur la variabilité chez les Canidae. — Bull. Soc. vaud. Sci. nat., Lausanne, **67**: 369—386.

209. BEAUMONT, G. DE (1961): Nouveaux restes de Daphoenidae Hough (Carnivora) de l'Oligocène européen. — Eclogae geol. Helv., Basel, **54**: 546—551.

210. — (1961): Recherches sur *Felis attica* WAGNER du Pontien eurasiatique avec quelques observations sur les genres *Pseud-*

aelurus GERV. et *Proailurus* FILHOL. — Nouv. Arch. Mus. Hist. nat., Lyon, **6**: 17—45.

211. — (1962): Observations sur l'ostéologie cranienne et la position systematique des petits „*Amphicyon*" de l'oligocène européen. — Bull. Soc. vaud. Sci. nat., Lausanne, **68**: 81—92.

212. — (1964): Essai sur la position taxonomique des genres *Alopecocyon* VIRET et *Simocyon* WAGNER (Carnivora). — Eclogae geol. Helv., Basel, **57**: 829—836.

213. — (1964): Note sur la région otique d'*Ictitherium hipparionum* (GERVAIS) (Carnivora). — Archs. Sci., Genève, **17**: 339—342.

214. — (1964): Remarques sur la classification des Felidae. — Eclogae geol. Helv., Basel, **57**: 837—845.

215. — (1964): Un crâne d'*Amphicyon ambiguus* (FILHOL) (Carnivora) des phosphorites du Quercy. — Archs. Sci., Genève, **17**: 331—339.

216. — (1965): Les Viverravinae (Carnivora, Miacidae) de l'Eocène de la Suisse. — Bull. Soc. vaud. Sci. nat., Lausanne, **69**: 133—146.

217. — (1965): Contribution à l'étude du genre *Cephalogale* JOURDAN (Carnivora). — Mém. suisses Paléont. Bâle, **82**: 1—34.

217a. — (1967): Observations sur les Herpestinae (Viverridae, Carnivora) de l'Oligocène supérieur avec quelques remarques sur les Hyaenidae du Néogène. — Archs. Soc. Genève **20**: 79—108.

218. BECKMAN, L. (1963): Serum protein variations in Primates. — Symp. zool. Soc. London, The Primates, **10**: 251—261.

219. BEDDARD, F. E. (1900): On the anatomy of *Bassaricyon alleni*. — Proc. zool. Soc. London, **1900**: 661—675.

220. — (1900): A book of Whales. — I—XII, 1—320, John Murray, London.

221. — (1902): Mammalia. — Cambridge nat. Hist. Macmillan & Co., London, **10**: I—XII, 1—605.

222. — (1908): On the anatomy of *Antechinomys* and some other Marsupials, with special reference to the Intestinae tract and mesenteries of these and other mammals. — Proc. zool. Soc. London, **1908**: 561—605.

223. — (1909): Contribution to the anatomy of certain Ungulata, including *Tapirus*, *Hyrax*, and *Antilocapra*. — Proc. zool. Soc. London, **1909**: 160—197.

223a. BEER, G. DE (1937): The development of the vertebrate skull. — 1—546, Clarendon Press, Oxford.

223b. — (1954): *Archaeopteryx lithographica*. A study upon the British Museum specimen. — Brit. Mus., London, I—XI, 1—68.

224. BELIAJEVA, E. I. (1952): Primitive Rhinocerotoidea aus der Mongolei. — Trudy paleont. Inst. Akad. Nauk USSR, Moskau, **41**: 120—143.

224a. — (1954): Chalicotherien Rußlands und der Mongolei. — Trudy paleont. Inst. Akad. Nauk, Moskau, **55**: 44—84.

225. — (1954): Neue Materialien tertiärer Rhinocerotiden aus Kasachstan. — Trudy paleont. Inst. Akad. Nauk USSR, Moskau, **47**: 24—60.

226. — (1959): Sur la découverte de Rhinoceros tertiaires anciens dans la Province maritime de l'URSS. — Vertebr. palasiatica, Peking, **3**: 81—92.

226a. — (1962): Sumpf-Nashorn *Cadurcodon zaisanensis* n. sp. — Paleont. J., Moskau, **1962 4**: 116—123.

227. — (1966): Eopleistocene mammals of Western Transbaikalia. Perissodactyla. — Trudy geol. Inst. Akad. Nauk USSR, Moskau, **152**: 59—143.

228. BELOKRYS, L. S. (1960): To the systematics and phylogeny of Dinotherids (in connection with a new discovery of a *Dinotherium* in the Upper Sarmatian of Krivoy Rog). — Paleont. J., Moskau, **1960 4**:95—103 (russ.).

229. BEMMELEN, J. F. VAN (1900): Über den Schädel der Monotremen. — Zool. Anz., Leipzig, **23**: 449—461.

230. — (1901): Der Schädelbau der Monotremen. — Semons Zool. Forsch.reisen **3** Monotremen und Marsupialia. — Denkschr. med. natw. Ges., Jena, **6**: 729—798.

231. BENDER, M. A., & E. H. Y. CHU (1963): The chromosomes of Primates. In: BUETTNER—JANUSCH, J. (ed.): Evolutionary and genetic biology of Primates I. — Acad. Press, New York, London, 261—310.

232. —, & L. E. METTLER (1958): Chromosome studies of Primates. — Science, New York, **128** 3317: 186—190.

233. — & — (1960): Chromosome studies of Primates. II. *Callithrix*, *Leontocebus*, and *Callimico*. — Cytologia, Tokyo, **25**: 400—404.

234. BENHAM, W. B. (1937): Fossil Cetacea of New Zealand. I. On *Lophocephalus*, a new genus of Zeuglodont Cetacea. — Trans. Proc. roy. Soc. N. Zealand, Dunedin, **67**: 1—7.

235. — (1937): Fossil Cetacea of New Zealand. IV. Notes on some of the bones of *Kekenodon onamata* HECTOR. — Trans. Proc. roy. Soc. N. Zealand, Dunedin, **67**: 15—20.

236. — (1942): Fossil Cetacea of New Zealand. V. *Mauicetus*, a generic name substituted for *Lophocephalus* BENHAM. — Trans. roy. Soc. N. Zealand, Dunedin, **71**: 260—270.

237. BENINDE, J. (1937): Über die Edelhirschformen von Mosbach, Mauer und Steinheim a. d. Murr. — Palaeont. Z., Berlin, **19**: 79—116.

238. BENIRSCHKE, K., N. MALOUF, R. J. LOW & H. HEEK (1965): Chromosome complement: Differences between *Equus caballus* and *Equus przewalskii*. — Science, New York, **148**, 3668: 382—383.

239. BENSLEY, B. A. (1901): On the question of an arboreal ancestry of the Marsupialia and the interrelationship of the mammalian subclasses. — Amer. Naturalist, Lancaster, **35**: 117—138.

240. — (1901): A theory of the origin and evolution of the Australian Marsupialia. — Amer. Naturalist, Lancaster, **35**: 245—269.

241. — (1903): On the evolution of the Australian marsupialia with remarks on the relationships of the Marsupials in general. — Trans. Linn. Soc. London, **9**: 83—217.

242. BENZIE, D., & A. T. PHILLIPSON (1957): The alimentary tract of the ruminant. — Charles C. Thomas, Publ., Springfield (Ill.).

243. BERCKHEMER, F. (1927): *Buffelus murrensis* n. sp. Ein diluvialer Büffelschädel von Steinheim an der Murr. — Jh. Ver. vaterl. Naturk. Württ., Stuttgart, **83**: 146—158.

244. — (1936): Der Urmenschenschädel aus den zwischeiszeitlichen Fluß-Schottern von Steinheim a. d. Murr. — Forsch. Fortschr., Berlin, **12**: 349—350.

245. BERGER, F. E. (1959): Untersuchungen an Schädel- und Gebißresten von Cainotheriidae, besonders aus den oberoligozänen Spaltenfüllungen von Gaimersheim bei Ingolstadt. — Palaeontographica, Stuttgart, **112**, A 1—58.

246. BERGHE, L. VAN DEN, & G. BONE (1945): De la parenté sérologique de l'okapi et de la girafe. — Bull. Acad. Sci. Belg., Bruxelles, **30**: 239—244.

247. BERGOUNIOUX, F. M., & F. CROUZEL (1959): Valeur taxonomique de l'anancoïdie. — C. R. Acad. Sci., Paris, **248**: 1377—1379.

248. — & — (1962): Les Déinothéridés d'Europe. — Ann. Paléont, Paris, vertebr., **48**: 11—56.

249. — & — (1965): Les pliopithèques de France. — Ann. Paléont., Paris, Vert., **51**: 44—65.

250. —, G. ZBYSZEWSKI, & F. CROUZEL (1953): Les mastodontes miocènes du Portugal. — Méms. Serv. géol. Portugal, Lisbonne, **1**: 1—139.

251. BERRY, E. W., & W. K. GREGORY (1906): *Prorosmarus alleni*, a new genus and species of walrus from the Upper Miocene of Yorktown, Virginia. — Amer. J. Sci., New Haven, **21**: 444—450.

252. BERZI, A. (1966): L'orso di Gaville nel Valdarno superiore. — Palaeontographica ital., Pisa, (n. S.) **30**: 19—32.

253. — (1967): Lagomorphs from the type Villafranchian of Villafranca d'Asti (Italy). — 4. Congr. Com. Néogène méditerr. Sept. 67 Bologna.

254. BETESHEVA, E. J., & N. J. SERGIENKO (1964): Morphologie von Magen und Darm bei Zahnwalen. — Zool. J., Moskau, **43**: 918—926 (russ.).

255. BIEGERT, J. (1957): Der Formwandel des Primatenschädels und seine Beziehungen zur ontogenetischen Entwicklung nach den phylogenetischen Spezialisationen der Kopforgane. — Morphol. Jb., Leipzig, **98**: 77—199.

256. — (1959): Die Ballen, Leisten, Furchen und Nägel von Hand und Fuß der Halbaffen. — Z. Morph. Anthrop., Stuttgart, **49**: 316—409.

257. — (1962): Zur Bewertung von Merkmalen des Schädels sowie der Hände und Füße für die Klassifikation der Primaten. — Sympos. 1962 Burg Wartenstein, New York, 1—41 (Classification and human evolution).

258. — (1963): The evaluation of characteristics of the skull, hands and feet for Primate taxonomy. — In: WASHBURN, S. L.: Classification and human evolution, Aldine Publ. Comp., Chicago 116—145.

259. BIGGERS, J. D., & E. D. DE LAMATER (1965): Marsupial spermatozoa pairing in the epididymis of American forms. — Nature, London, **208**: 402—404.

260. BIRDSELL, J. B. (1963): The origin of the human race. A review of the origin of races (Carleton S. Coon). — Quart. Rev. Biol., Baltimore, **38**: 178—185.

261. BISHOP, A. (1964): Use of the hand in Lower Primates. — In: BUETTNER—JANUSCH, J. (ed.): Evolutionary and genetic Biology of Primates II. — Academic Press, New York, 133—225.

262. BISHOP, M. W. H., & C. R. AUSTIN (1957): Die Spermien der Säuger. — Endeavour, London, 16 63: 137—150.

263. BISHOP, W. W. (1958): Miocene mammalia from the Napak volcanics, Karamoja, Uganda. — Nature, London, 182: 1480—1482.

264. — (1962): The mammalian fauna and geomorphical relations of the Napak volcanics, Karamoja. — Rec. geol. Surv. Uganda for 1957—1958: 1—18, Entebbe.

265. — (1964): More fossil primates and other Miocene mammals from Northeast Uganda. — Nature, London, 203 4952: 1327—1331.

266. —, & F. WHYTE (1962): Tertiary mammalian faunas and sediments in Karamoja and Kavirondo, East Africa. — Nature, London, 196 4861: 1283—1287.

267. BITTERER, J. VON (1918): Einiges über die männlichen Copulationsorgane der Muriden und deren systematische Bedeutung. — Zool. Jb. (Syst.), Jena, 41: 399—418.

268. BLACK, C. C. (1958): A new sicistine rodent from the Miocene of Wyoming. — Breviora, Cambridge, 86: 1—7.

269. — (1960): A second record of the fossil rodent *Palustrimus* WOOD. — Breviora, Cambridge, 131: 1—3.

270. — (1961): Rodents and Lagomorphs from the Miocene Fort Logan and Deep River formations of Montana. — Postilla, New Haven, 48: 1—20.

271. — (1961): Fossil mammals from Montana. I. Additions to the Late Miocene Flint Creek Local Fauna. — Ann. Carnegie Mus., Pittsburgh, 36: 69—76.

272. — (1963): A review of the North American Tertiary Sciuridae. — Bull. Mus. comp. Zool., Cambridge, 130: 109—248.

273. — (1963): Miocene rodents from the Thomas Farm Local Fauna, Florida. — Bull. Mus. comp. Zool., Cambridge, 128: 483—501.

274. — (1965): Fossil mammals from Montana. Pt. 2. Rodents from the Early Oligocene Pipestone Springs Local Fauna. — Ann. Carnegie Mus., Pittsburgh, 38: 1—48.

275. — (1965): New species of *Heteroxerus* (Rodentia, Sciuridae) in the French Tertiary. — Verh. naturf. Ges. Basel, 76: 185—196.

276. — (1966): Tertiary sciuridae (Mammalia: Rodentia) from Bavaria. — Mitt. Bayer. Staatssmlg. Paläont. histor. Geol., München, 6: 51—63.

276a. — (1967): Middle and late Eocene mammal communities: A major discrepancy. — Science, New York, 156: 62—64.

277. BLACK, D. (1915): A study of the endocranial casts of *Okapia*, *Giraffa* and *Samotherium*, with special reference to the convolution pattern in the family Giraffidae. — J. comp. Neurol., Philadelphia, 25: 329—360.

278. — (1927): On a lower molar hominid tooth from the Chou-Kou-Tien deposit. — Palaeont. sinica, Peking, D 7 1: 1—28.

279. BLAINVILLE, H. M. DUCROTAY DE (1816): Prodrome d'une nouvelle distribution systématique du règne animal. — Bull. sci. Soc. Philom. Paris, 3: 105—124.

279a. — (1834): Classification des mammifères. — Cours de la Fac. Sci. Paris.

280. BLANC, G. A. (1956): Sulla esistenza di *Equus* (*Asinus*) *hydruntinus* REGALIA nel Pleistocene de Nord Africa. — Boll. Soc. geol. ital., Roma, 75: 176—199.

281. BLANCOU, L. (1962): A propos des formes naines de l'éléphant d'Afrique. — Mammalia, Paris, 26: 343—361.

282. BLONK, H. L. (1964): Wilde Katten. — Thieme & Cie., Zutphen, 1—232.

283. — (1965): Einige Bemerkungen über den Manul, *Otocolobus manul* (PALLAS 1776). — Säugetierkdl. Mitt., Stuttgart, 13: 163—165.

284. — (1965): Einiges über die afrikanische Goldkatze, *Profelis aurata aurata* (TEMMINCK 1827). — Säugetierkdl. Mitt., Stuttgart, 13: 132—133.

285. BLOWER, J. (1956): The mountain Gorilla and its habitat in the Birunga volcanoes. — Oryx, London, 3: 287—297.

286. BLUMBERG, B. S., A. C. ALLISON, & B. GARRY (1960: The haptoglobins, hemoglobins and serum proteins of the Alaskan fur seal, ground squirrel and marmot. — J. cell. comp. Physiol., Philadelphia, 55: 61—71.

287. BLUMENBACH, J. F. (1791, 1797): Handbuch der Naturgeschichte. — 4. Aufl., 2 Bände. — J. Ch. Dieterich, Göttingen. I—XI, 1—559, + 27.

288. BLUNTSCHLI, H. (1931): *Homunculus patagonicus* und die ihm zugereihten Fossilfunde aus den Santa-Cruz-Schichten Patagoniens. — Morph. Jb., Leipzig, 47: 811—892.

288a. BLYTH, E. (1875): Catalogue of mammals and birds of Burma. — J. asiatic Soc. Bengal., Calcutta, 44 Pt. 2: I—XIV, 1—167.

289. BOAS, J. E. V. (1890): Zur Morphologie des Magens der Cameliden und der Traguliden und über die systematische Stellung letzterer Abtheilung. — Morph. Jb., Leipzig, 16: 494—524.

290. — (1912): Ohrknorpel und äußeres Ohr der Säugetiere. — Kopenhagen, 1—225.

291. — (1918): Zur Kenntnis des Hinterfußes der Marsupialier. — Kgl. danske vidensk. Selskab. biol. Medd. Kopenhagen, 1: 1—23.

292. — (1934): Über die verwandtschaftliche Stellung der Gattung *Antilocapra* und der Giraffiden zu den übrigen Wiederkäuern. — Biol. Meddelels., Kopenhagen, 11 3: 1—25.

292a. BÖKER, H. (1935): Einführung in die vergleichende biologische Anatomie der Wirbeltiere I. — G. Fischer, Jena, I—XI, 1—228.

292b. — (1937): Einführung in die vergleichende biologische Anatomie der Wirbeltiere II. Biologische Anatomie der Ernährung. — Fischer, Jena, I—XI, 1—258.

293. BÖKÖNYI, S. (1954): Eine Pleistozän-Eselsart im Neolithikum der ungarischen Tiefebene. — Acta archaeol. hungar., Budapest, 4: 9—21.

294. — (1957): Mitteleuropäische vorgeschichtliche Büffelfunde. — Folia archaeol., Budapest, 9: 39—45.

295. — (1959): Das Vorkommen des Vielfraßes (Gulo gulo L.) aus der heimatlichen Holozänzeit. — Vertebr. hungar., Budapest, 1: 227—235.

296. BÖNNINGHAUS, G. (1903): Das Ohr des Zahnwales, zugleich ein Beitrag zur Theorie der Schalleitung. — Zool. Jb., Jena, (Anat. etc.) 19: 189—360.

297. BOESSNECK, J. (1953): Haustiere in Altägypten. — Veröff. Zool. Staats-Smlg. München 3: 1—50.

298. — (1956): Studien an vor- und frühgeschichtlichen Tierresten Bayerns. I. Tierknochen aus spätneolithischen Siedlungen Bayerns. — Tieranat. Inst. Univ. München, 1—50.

299. — (1957): Zur Größe des mitteleuropäischen Rehes (*Capreolus capreolus* L.) in alluvial-vorgeschichtlicher und früher historischer Zeit. — Z. Säugetierkde., Berlin, 21: 121—131.

300. — (1957): Funde des Ures, *Bos primigenius* BOJ. 1827, aus alluvialen Schichten Bayerns. — Säugetierkl. Mitt., Stuttgart, 5 2: 55—69.

301. — (1958): Zur Entwicklung vor- und frühgeschichtlicher Haus- und Wildtiere Bayerns im Rahmen der gleichzeitigen Tierwelt Mitteleuropas. — Tieranatom. Inst. Univ. München, 1—170.

302. — (1958): Herkunft und Frühgeschichte unserer mitteleuropäischen landwirtschaftlichen Nutztiere. — Züchtungskunde, Göttingen, 30: 289—296.

303. — (1965): Die jungpleistozänen Tierknochenfunde aus dem Peneiostal bei Larissa in Thessalien. — Beitr. ur- u. frühgesch. Archäol. Mittelmeerkulturraum, Bonn, 1: 42—60.

304. — (1967): Vor- und frühgeschichtliche Tierknochenfunde aus zwei Siedlungshügeln in der Provinz Granada/Südspanien. — Säugetierkde. Mitt., Stuttgart, 15: 97—109.

305. BOETTICHER, H. VON (1934): Die geographische Verbreitung der Robben (Pinnipedia). — Z. Säugetierkde, Berlin, 9: 359—368.

306. — (1953): Gedanken über eine natürliche systematische Gruppierung der Gazellen (Gazellae). — Z. Säugetierkde, Berlin, 17: 83—92.

307. — (1953): Lassen sich die Gehörnformen voneinander ableiten und ist dabei eine Entwicklungsrichtung zu erkennen? — Z. Säugetierkde, Berlin, 18: 136—145.

308. — (1958): Die Halbaffen und Koboldmakis. — Neue Brehm-Bücherei, Wittenberg, 211: 1—15.

309. BOHLIN, B. (1926): Die Familie Giraffidae mit besonderer Berücksichtigung der fossilen Formen aus China.— Palaeont. sinica, Peking, C 4 1: 1—178.

310. — (1934): Über die verwandtschaftlichen Beziehungen von *Criotherium argaloides* FORSYTH MAJOR. — Bull. geol. Inst., Upsala, 25: 1—12.

310a. — (1935): Cavicornier der *Hipparion*-Fauna Nord-Chinas. — Palaeont. sinica C 9 4: 1—166.

311. — (1935): *Tsaidamotherium hedini* n. g. n. sp. Ein einhörniger Ovibovine, aus den tertiären Ablagerungen aus der

Gegend des Tossun Nor, Tsaidam. — Geogr. Annlr., Stockholm, **17**: 66—74.

312. — (1935): Kritische Bemerkungen über die Gattung *Tragocerus*. — Nova Acta regiae Soc. Sci. upsal., **9** 10 1—19.

313. — (1937): Oberoligozäne Säugetiere aus dem Shargaltein-Tal (Western-Kansu). Sino-Swedish Exp. VI/2 — Palaeont. sinica, Peking (ges. Ser. 107) (n. S.) C **3**: 7—66.

314. — (1937): Eine tertiäre Säugetierfamilie aus Tsaidam. — Palaeont. sinica, Peking, C **14** 1 1—111.

315. — (1938): Einige jungtertiäre und pleistozäne Cavicornier aus Nordchina. — Nova Acta regiae Soc. Sci. upsal., **11**: 1—54.

316. — (1942): A revision of the fossil Lagomorpha in the Palaeontological Museum, Upsala. — Bull. geol. Inst. Upsala, **30**: 117—154.

317. — (1942): The fossil mammals from the Tertiary deposit of Taben-buluk, Western Kansu. I. Insectivora and Lagomorpha. — Palaeont. sinica, Peking, (n. S.) C **8a**: 1—113.

318. — (1945): The Jurassic mammals and the origin of the mammalian molar teeth. — Bull. geol. Inst., Upsala **31**: 363—388.

319. — (1946): The fossil mammals from the Tertiary deposit of Taben-buluk, Western Kansu. II. Simplicidentata, Carnivora, Artiodactyla, Perissodactyla and Primates. — Palaeont. sinica, Peking, (n. S.) C **8b**: 1—259.

320. — (1951): Some mammalian remains from Shih-ehrma-cheng, Hui-hui-pu area, Western Kansu. — Repts. scient. Exp. NW-Prov. China **6**/5 (= Sino-Swed. Exped. Publ. **35**) Stockholm, 1—47.

321. — (1953): *Triceromeryx* an American immigrant to Europe. — Bull. geol. Inst. Upsala, **35**: 1—6.

322. Bohlken, H. (1958): Vergleichende Untersuchungen an Wildrindern (Tribus Bovini Simpson 1945). — Zool. Jb. (Allg. Zool. usw.), Jena, **68**: 113—202.

323. — (1958): Zur Nomenklatur der Haustiere. — Zool. Anz., Leipzig, **160**: 167—168.

324. — (1960): Remarks on the stomach and the systematic position of the Tylopoda. — Proc. zool. Soc. London, **134**: 207—215.

324a. — (1961): Der Kouprey, *Bos* (*Bibos*) *sauveli* Urbain 1937. — Z. Säugetierkde, Berlin, **26**: 193—254.

325. — (1961): Haustiere und zoologische Systematik. — Z. Tierzüchtg. Züchtgsbiol., Berlin, Hamburg, **76**: 107—113.

326. — (1966): Probleme, Methoden und Ergebnisse der zoologischen Domestikationsforschung. — Naturw. im Überblick, Gerdes Verlag, Preetz, **1**: 1—32.

327. — (1967): Beitrag zur Systematik der rezenten Formen der Gattung *Bison* H. Smith 1827. — Z. zool. Syst. EvolForschg., Frankfurt, **5**: 54—110.

328. Bohmann, L. (1952): Die afrikanische Nagergattung *Otomys* F. Cuvier. — Z. Säugetierkde., Berlin, **18**: 1—80.

329. Bolk, L. (1906): Das Cerebellum der Säugetiere. Eine vergleichend-anatomische Untersuchung. — Fischer, Jena, 1—337.

330. — (1913): Odontologische Studien I. Die Ontogenie der Primatenzähne. Versuch einer Lösung der Gebißprobleme. — Fischer, Jena, I—V, 1—122.

331. — (1914): Odontologische Studien II. Die Morphogenie der Primatenzähne. Eine weitere Begründung und Ausarbeitung der Dimertheorie. — Fischer, Jena, I—V, 1—181.

332. — (1926): Das Problem der Menschwerdung. — Fischer, Jena, 1—44.

333. Bolliger, A., & T. C. Backhouse (1960): Blood studies on the *Echidna tachyglossus aculeatus*. — Proc. zool. Soc. London, **135**: 91—97.

333a. Bonaparte, Ch. L. J. L. (1837): New systematic arrangement of vertebrated animals. — Trans. Linn. Soc. London, **18**: 247—304.

334. Boné, E. L. (1960): La signification écologique de la faune des mammifères fossiles des grottes à Australopithèques. — Mammalia, Paris, **24**: 286—300.

334a. —, & R. Singer (1965): *Hipparion* from Langebaanweg, Cape Province and a revision of the genus in Africa. — Ann. S. Afr. Mus., Cape Town, **48**: 273—397.

335. Bonifay, M.-F. (1963): Présence d'*Equus hydruntinus* dans la Grotte de Rigabe (Var.) — Ann. Paléont., Paris, **49**: 159—170.

336. Bonillas, Y. (1936): The dention of *Lambdotherium*. — J. Mammal., Baltimore, **17**: 139—142.

337. Bonis, L. de (1966): Sur l'évolution du genre *Haplocyon* Schlosser (Carnivora). — Bull. Soc. géol. France, Paris, (7) **8**: 114—117.

338. Booth, A. H. (1957): Observations on the natural history of the olive Colobus Monkey, *Procolobus verus* (van Beneden). — Proc. zool. Soc. London, **129**: 421—430.

339. — (1958): Zoogeography of West African Primates: a review. — Bull. Inst. franç. Afr. Noire, Dakar, A **20**: 587—622.

340. Bordas, A. F. (1942): Anotaciones sobre un „Cebidae" fósil de Patagonia. — Physis, Buenos Aires, **19**: 265—269.

341. Borgaonkar, D. S. (1965): A list of Chromosome numbers in the order Insectivora. — J. Heredity, Washington, **56**: 266, 291.

342. — (1966): A list of chromosomes numbers in primates. — Mamm. Chromos. Newsletter, Houston, **1966**: 20 55—64.

343. — (1966): Chromosome numbers in the Order Insectivora. — J. Heredity, Washington, **57**: 28.

344. Borissiak, A. A. (1928): On a new Mestodon from the Chokrak beds (Middle Miocene) of the Kuban region, *Platybelodon danovi* n. g. n. sp. — Ann. Soc. Paléont. USSR, Leningrad, **7**: 105—120 (russ., engl. Res.).

345. — (1930): A fossil walrus from the Okhotsk coast. — Ann. Soc. paléont. Russe, Leningrad, **8**: 1—9 (russ.).

346. — (1935): Neue Materialien zur Phylogenie der Dicerorhinae. — Doklady Akad. Nauk USSR, Moskau, **8** 8: 381—384.

347. — (1946): A new chalicothere from the Tertiary of Kazakhstan. — Trudy paleont. Inst. Akad. Nauk USSR, Moskau, **13**: 1—134.

347a. —, & E. I. Beliajeva (1948): Fundstellen tertiärer Landsäugetiere der Territorien der USSR. — Trudy paleont. Inst., Akad. Nauk USSR, Moskau, **15**: 1—116.

348. Bouchud, J. (1962): Nouvelles recherches sur le renne quaternaire en France. — Colloques internation. Cent. nation. Rech. scient., Paris, **104**: 417—432.

349. Boule, M. (1910): Les Grottes de Grimaldi (Baoussé—Roussé). In: Villeneuve, Le Chanoine, L. de: Les Grottes de Grimaldi. — I. Fasc. 2, 3 Géologie et paléontologie. — Monaco, 73—236.

350. — (1911—1913): L'homme fossile de La Chapelle-aux-Saints. — Ann. Paléont, Paris, **6**: 109—172, **7**: 105—192, **8**: 1—72.

350a. —, & J. Piveteau (1935): Les fossiles. Eléments de Paléontologie. — Masson & Cie., Paris, I—VII, 1—899.

351. —, & P. de Teilhard (1928): Paléontologie. — In: Boule, Breuil, Licent & Teilhard: Le Paléolithique de la Chine. — Archs. Inst. Paléont. hum., Paris, **4**: 27—102.

352. Bourdelle, E. (1956): Les parentés morphologiques des équidés caballins d'après les gravures rupestres du sud-ouest de la France. — Mammalia, Paris, **20**: 23—33.

353. —, & F. Petter (1950): Note relative à un éléphant nain du Gabon. — Mammalia, Paris, **14**: 145—153.

354. Bowdich, Th. E. (1821): An analysis of the natural classifications of mammalian for the use of students and travellers. — J. Smith, Paris, **1821**: 1—115.

355. Boyce, A. J. (1964): The value of some methods of numerical taxonomy with reference to hominoid classification. — In: Heywood, V. H., & J. McNeill: Phenetic and phylogenetic classification, a symposium. — 47—65.

356. Boyd, W. C. (1949): Systematics, evolution, and anthropology in the light of immunology. — Quart. Rev. Biol., Baltimore, **24**: 102—108.

357. Boyden, A. A. (1926): The precipitin reaction in the study of animal relationships. — Biol. Bull., Wood's Hole, **50**: 73—107.

358. — (1932): Precipitin tests as a basis for a quantitative phylogeny. — Proc. Soc. exper. Biol. Med., New York, **29**: 955—958.

359. — (1942): Systematical serology: A critical appreciation. — Physiol. Zool., Chicago, **15**: 109—145.

360. — (1943): Serology and animal systematics. — Amer. Naturalist, Lancaster, **77**: 234—255.

361. — (1963): Precipitin testing and classification. — System. Zool., Washington, **12**: 1—7.

362. —, & D. Gemeroy (1950): The relative position of the Cetacea among the orders of mammalia as indicated by precipitin tests. — Zoologica, New York, **35**: 145—151.

363. Brace, C. L., & M. F. Ashley Montagu (1965): Man's evolution. An Introduction to Physical Anthropology. — Macmillan Comp., New York, I—XII, 1—352.

364. Brain, C. K. (1958) (with an Appendix by R. F. Ewer): The Transvaal Ape-Man-bearing cave deposits. — Transvaal Mus. Mem., Pretoria, **11**: 1—131.

365. Branco, W. (1898): Die menschenähnlichen Zähne aus dem Bohnerz der Schwäbischen Alb. I — Jahresh. Ver. vaterl. Naturk. Württ., Stuttgart, 1—144.

366. Brandt, J. F. (1855): Beiträge zur näheren Kenntnis der Säugethiere Rußlands. — Mém. Acad. imp. Sci., St. Petersbourg, **9**: 1—375.

367. Brauer, A. (1916): Die Verbreitung der Hyracoidea. — SBer. k. preuß. Akad. Wiss., Berlin, **19**: 436—445.

367a. Braunitzer, G. (1967): Die Primärstruktur der Eiweißstoffe. — Naturw. Rdsch., Stuttgart, **20**: 23—24.

368. Breathnash, A. S. (1955): Observations on endocranial casts of recent and fossil cetaceeans. — J. Anat., London, **89**: 532—546.

369. Breitinger, E. (1952): Das Arteiweiß des Menschen als Zeugnis seiner Stammesgeschichte. Theodor Mollison (1874—1952) zum Gedenken. — Umschau, Frankfurt, **52**: 682—684.

370. — (1955): Das Schädelfragment von Swanscombe und das „Praesapiensproblem". — Mitt. anthropol. Ges., Wien, **84/85**: 1—45.

371. — (1957): Zur phyletischen Evolution von *Homo sapiens*. — Anthrop. Anz., Stuttgart, **21**: 62—83.

372. — (1959): Zur frühesten Phase der Hominiden-Evolution. — Beitr. Österr. z. Erfschg. d. Vght. u. Kulturgesch. d. Menschheit. Symposion 1958 Wien, 205—235.

373. — (1962): Zur gegenwärtigen Kenntnis der ältesten Hominiden. — Anz. österr. Akad. Wiss., Wien, phil.-histor. Kl., **1961**: 169—207.

374. Brentjes, B. (1962): Gazellen und Antilopen als Vorläufer der Haustiere im Alten Orient. — Wiss. Z. Univ. Halle-Wittenberg, sprachwiss. Reihe, **11**: 537—548.

375. — (1965): Die Haustierordnung im Orient. — Neue Brehm-Bücherei, Wittenberg, **344**: 1—112.

376. — (1965): Der geschichtliche Tierweltwechsel in Vorderasien und Nordafrika in altertumskundlicher Sicht. — Säugetierkdl. Mitt., Stuttgart, **13**: 101—109.

377. — (1965): Die älteste Darstellung des Gorillas. — Säugetierkdl. Mitt., Stuttgart, **13**: 14—22.

378. Bresslau, E. (1912): Die Entwicklung des Mammarapparates der Monotremen, Marsupialier und einiger Placentalier III. — Semons Forschungsreisen in Australien und dem Malayischen Arch., Jena, **4**: 631—874.

379. Brink, A. S. (1955): Note on a very tiny specimen of *Thrinaxodon liorhinus*. — Palaeont. afric., Johannesburg, **3**: 73—76.

380. — (1956): Speculations on some advanced mammalian characteristics in the higher mammal-like reptiles. — Palaeont. afric., Johannesburg, **4**: 77—96.

381. — (1962): La perception stéréophonique du son. — Coll. internation. C. N. R. S. Probl. act. Paléont., Paris, **1962**: 193—203.

382. — (1963): On *Bauria cynops* Broom. — Palaeont. afric., Johannesburg, **8**: 39—56.

383. Brink, F. H. van den (1957): Die Säugetiere Europas westlich des 30. Längengrades. — Übers. u. bearb. v. Th. Haltenorth. — Parey, Hamburg, 1—225.

384. Brink, I. van: L'expression morphologique de la digamétrie chez les sauropsidés et les Monotrèmes. — Chromosoma, Berlin, Göttingen, **10**: 1—72.

385. Brinkmann, A. (1925): Canidenstudien V + VI. — Bergens Mus. Aarbok 1923/24, naturv. R., **7**: 1—57.

386. Britton, S. W. (1941): Form and function in the sloth. — Quart. Rev. Biol., Baltimore, **16**: 13—34, 190—207.

387. Broers, C. J. (1961): Quelques notions sur la morphologie de la région tympanale chez les mammifères. — Bull. Ass. Anat., Ré Naples, **47**: 187—196.

388. Broili, F. (1942): Haare bei Reptilien. — Anat. Anz., Jena, **92**: 62—68.

389. —, & J. Schröder (1935): Beobachtungen an Wirbeltieren der Karrooformation VII. Ein neuer Bauriamorphe aus der Cynognathus-Zone. — SBer. bayer. Akad. Wiss., München, math.-naturw. Abt., **1935**: 21—36.

390. Broman, I. (1939): Einige Erfahrungen aus einer Giraffenjagd. — Zool. Garten, Leipzig, (n. F.) **10**: 84—94.

391. Brongersma, L. D. (1935): Notes on some recent and fossil cats, chiefly from the Malay Archipelago. — Zool. Mededeel., Leiden, **18**: 1—89.

392. Bronn, H. G. (1838): Lethaea geognostica II. — 545—1350.

393. Brooke, V. (1878): On the classification of the Cervidae, with a synopsis of the existing species. — Proc. zool. Soc. London, **1878**: 883—928.

394. Broom, R. (1898): On the affinities and habits of *Thylacoleo*. — Proc. Linn. Soc. N. S. Wales, Sidney, **23**: 57—74.

395. — (1899): On the development and morphology of the Marsupial shoulder girdle. — Trans. roy. Soc. Edinburgh, **39** 29: 749—770.

396. — (1902): On the organ of Jacobson in the Elephant-shrew (*Macroscelides proboscideus*). — Proc. zool. Soc. London, **1902**: 224—227.

397. — (1906): On some little-known bones of the mammalian skull. — Trans. S. Afr. philos. Soc., Cape Town, **16**: 369—372.

398. — (1910): On *Tritylodon* and on the relationships of the Multituberculata. — Proc. zool. Soc. London, **1910**: 760.

398a. — (1911): On the structure of the skull in Cynodont reptiles. — Proc. zool. Soc. London, **1911**: 893—925.

399. — (1914): On the structure and affinities of the Multituberculata. — Bull. Amer. Mus. nat. Hist., NewYork, **33**: 115—134.

400. — (1915): On the Organ of Jacobson and its relations in the Insectivora II. *Talpa*, *Centetes* and *Chrysochloris*. — Proc. zool. Soc. London, **1915**: 347—354.

401. — (1916): On the structure of the skull in *Chrysochloris*. — Proc. zool. Soc. London, **1916**: 449—459.

402. — (1929): On some recent new light on the origin of mammals. — Proc. Linn. Soc. N. S. Wales, Sidney, **54**: 688—694.

403. — (1930): The age of *Australopithecus*. — Nature, London, **125**: 814.

404. — (1932): The mammal-like reptiles of South Africa and the origin of mammals. — Witherby, London, I—XVI, 1—376.

405. — (1937): On some new Pleistocene mammals from the Limestone caves of the Transvaal. — S. Afric. J. Sci., Cape Town, **33**: 750—768.

406. — (1935): Dentition of *Ornithorhynchus*. — Nature, London, **136** 3432: 219.

407. — (1937): Notices of a few more fossil mammals from the caves of the Transvaal. — Ann. Mag. nat. Hist., London, (10) **20**: 509.

408. — (1938): On the structure of the skull of the cynodont *Thrinaxodon liorhinus* Seeley. — Ann. Transvaal Mus., Pretoria, **18**: 263—269.

409. — (1938): The origin of the cynodonts, on recent discoveries throwing light on the origin of mammals. — Ann. Transvaal Mus., Pretoria, **19**: 247—288.

410. — (1941): On two Pleistocene Golden moles. — Ann. Transvaal Mus., Pretoria, **20**: 215—220.

411. — (1945): Age of the South African ape-men. — Nature, London, **155**: 389—390.

412. — (1948): Some South African Pliocene and Pleistocene mammals. — Ann. Transvaal Mus., Pretoria, **21**: 1—38.

413. — (1949): Notes on the Milk dentition of the Lion, Leopard and Cheetah. — Ann. Transvaal Mus., Pretoria, **21**: 183—185.

414. —, & J. T. Robinson (1949): A new type of fossil baboon, *Gorgopithecus major*. — Proc. zool. Soc. London, **119**: 379—386.

415. — & — (1949): A new type of fossil man. — Nature, London, **164**: 322—333.

416. — & — (1949): Sterkfontein-Ape-Man, *Plesianthropus*. I. Further evidence of the structure of the Sterkfontein Ape-Man *Plesianthropus*. — Mem. Transvaal Mus., Pretoria, **4**: 1—83.

417. — & — (1952): Swartkrans Ape-Man, *Paranthropus crassidens*. — Mem. Transvaal Mus., Pretoria, **6**: 1—124.

418. —, & G. W. Schepers (1946): The South-African fossil Ape Men. The Australopithecinae. — Mem. Transvaal Mus., Pretoria, **2**: 1—153.

418a. —, J. T. Robinson & G. W. H. Schepers (1950): Sterkfontein ape-man, *Plesianthropus*. — Mem. Transvaal Mus., Pretoria, **4**: 1—117.

419. Brothwell, D. R. (1961): The people of Mount Carmel. — Proc. prehist. Soc., Cambridge, **27**: 155—159.

420. — (ed.) (1963): Dental anthropology. — Symposia, Soc. Study human Biol. — Pergamon Press, New York, **5**: I—VII, 1—288.

421. Bruhin, H. (1953): Zur Biologie der Stirnaufsätze bei Huftieren. — Physiologia compar. & Oecol., Den Haag, **3**: 63—127.

422. Bruijn, H. de (1966): On the Pleistocene Gliridae (Mammalia, Rodentia) from Malta and Mallorca. — Proc. kon. nederl. Akad. Wetensch., Amsterdam, B **69**: 480—496.

422a. — (1966): Some new Miocene Gliridae (Rodentia, Mammalia) from the Calatayud area (Prov. Zaragoza, Spain). — Proc. Kon. Nederl. Akad. Wetensch., Amsterdam, B, **69**: 1—21.

423. —, & A. P. H. van Meurs (1967): A biometrical study of the third molar of *Lagopsis* and *Prolagus* (Ochotonidae, Lagomorpha, Mammalia) from the Neogene of the Calatayud-

Teruel Basin (Aragon, Spain) I u. II. — Proc. kon. nederl. Akad. Wetensch., Amsterdam, B **70**: 113—143.
424. Bryant, M. D. (1945): Phylogeny of Nearctic Sciuridae. — Amer. Midland Naturalist, Notre Dame, **33**: 257—390.
425. Bubenik, A. B. (1956): Eine seltsame Geweihentwicklung beim Ren. — Z. Jagdwiss., Hamburg, **2**: 21—24.
426. — (1962): Geweihmorphogenese im Lichte der neurohumoralen Forschung. — Symp. theriol. Brünn 1960, Prag, 59—65.
427. — (1966): Das Geweih. Entwicklung, Aufbau und Ausformung der Geweihe und Gehörne und ihre Bedeutung für das Wild und für die Jagd. — Parey, Hamburg, Berlin, 1—214.
428. —, & H. Wurtzinger (1966): Beidseitiger erster Prämolar im Unterkiefer des Rehes, *Capreolus capreolus* Linné 1758. — Säugetierkdl. Mitt., Stuttgart, **15**: 35—39.
429. Bürger, M. (1959): Eine vergleichende Untersuchung über Putzbewegungen bei Lagomorphen und Rodentia. — Der Zool. Garten, Leipzig (n. F.) **24**: 434—506.
430. Buettner-Janusch, J. (1963): Evolutionary and genetic biology of primates I, II. — Acad. Press, New York, London, I—IX, 1—327 u. I—XI, 1—330.
431. — (1966): A problem in evolutionary systematics: Nomenclature and classification of Baboons, genus *Papio*. — Folia primatol., Basel, **4**: 288—308.
432. — (1966): Origins of Man. Physical Anthropology. — John Wiley & Sons, New York, 1—674.
433. —, & V. Buettner-Janusch (1963): Haemoglobins of two elephant shrews. — Nature, London, **199**: 918—919.
434. — & — (1964): Hemoglobins of Primates. — In: J. Buettner-Janusch (ed.): Evolutionary and genetic biology of Primates **2**. — Acad. Press, New York, London, 75—90.
435. Burke, J. J. (1934): *Mytonolagus*, a new leporine genus from the Uinta Eocene series in Utah. — Ann. Carnegie Mus., Pittsburgh, **23**: 399—420.
436. — (1936): *Ardynomys* and *Desmatolagus* in the North American Oligocene. — Ann. Carnegie Mus., Pittsburgh, **25**: 135—154.
437. — (1938): A new cylindrodont rodent from the Oligocene of Montana. — Ann. Carnegie Mus., Pittsburgh, **27**: 255—274.
438. — (1941): New fossil Leporidae from Mongolia. — Amer. Mus. Novit., New York, **1117**: 1—23.
439. Burkhardt, D. (1966): Nächtliche Echopeilung. — In: Burckhardt, D., W. Schleidt & H. Altner: Signale in der Tierwelt. — Moos Verlag, München, 83—84.
440. Burkitt, A. N. (1938): The external morphology of the brain of *Notoryctes typhlops*. — Proc. kon. nederl. Akad. Wetensch., Amsterdam, **41**: 921—933.
441. Burlet, H. M. de (1922): Über durchbohrte Wirbelkörper fossiler und recenter Edentaten, zugleich ein Beitrag zur Entwicklung des Venensystems der Faultiere. — Morph. Jb., Leipzig, **51**: 555—584.
442. Burmeister, G. (1866): Genus *Macrauchenia* Owen. — An. Mus. Publ. Buenos Aires, **1**: 252—254.
443. Burne, R. H. (1939): Description of the stomach, intestine, liver, and pancreas of the okapi, *Okapia johnstoni* Scl. — Proc. zool. Soc. London, **109**: 451—479.
444. Burtschak-Abramovitsch, N. J. (1950): Nouveau représentant des boeufs fossiles Taurina dans la fauna à *Hipparion* de Maragha (*Urmiabos azerbaidzanicus* n. g. u. n. sp.). — Dokl. Akad. Nauk USSR, Moskau, **70**: 875—878 (russ.).
445. — (1964): The history of evolution of Bovinae of Caucasus and their connection with oxen of other countries. — Intern. geol. Congr. 22. Sess. Rep. sovj. Paleont,. Probl. 8, Tertiary mammals, Moskau, 27—36.
446. Butler, P. M. (1937): Studies on the mammalian dentition. I. The teeth of *Centetes ecaudatus* and its allies. — Proc. zool. Soc. London, **107**: 103—132.
447. — (1939): The teeth of the Jurassic mammals. — Proc. zool. Soc. London, **109**: 329—356.
448. — (1941): A theory of the evolution of mammalian molar teeth. — Amer. J. Sci., New Haven, **239**: 421—450.
449. — (1946): The evolution of carnassial dentitions in the mammalia. — Proc. zool. Soc. London, **116**: 198—220.
450. — (1948): On the evolution of the skull and the teeth in Erinaceidae, with special reference to fossil material in the British Museum. — Proc. zool. Soc. London. **118**: Pt. 2: 446—500.
451. — (1952): The milk-molars of Perissodactyla, with remarks on molar occlusion. — Proc. zool. Soc. London, **121**: 777—817.
452. — (1952): Molarization of the premolars in the Perissodactyla. — Proc. zool. Soc. London, **121**: 819—843.
453. — (1956): The skull of *Ictops* and the classification of the Insectivora. — Proc. zool. Soc. London, **126**: 453—481.
454. — (1956): Erinaceidae from the Miocene of East Africa. — Fossil Mammals of Africa, London, Brit. Mus. nat. Hist., **11** 1—75.
455. — (1961): Relationships between upper and lower molar patterns. — Internation. Coll. Evol. Mammals, Brüssel, 117—126.
456. — (1963): Tooth morphology and primate evolution. — In: Brothwell, D. R. (ed.): Dental anthropology, New York, 1—13.
457. — (1965): Fossil mammals of Africa No. 18: East African Miocene and Pleistocene chalicotheres. — Bull. Brit. Mus. nat. Hist., London, Geol. **10**: 163—237.
458. — (1967): The prenatal development of the human first Upper permanent molar. — Archs. oral Biol., London, New York, **12**: 551—563.
459. —, & A. T. Hopwood (1957): Insectivora and Chiroptera from the Miocene rocks of Kenya colony.— Fossil mammals of Africa, London, **13**: 1—35.
460. —, & J. R. E. Mills (1959): A contribution to the odontology of *Oreopithecus*. — Bull. Brit. Mus. nat. Hist., London, Geol. **4**: 1—26.
461. Buttle, H. L., & J. L. Hancock (1966): The chromosomes of goats, sheep and their hybrids. — Res. veter. Sci., London, Oxford, **7**: 230.
462. Butzer, K. W. (1959): Studien zum vor- und frühgeschichtlichen Landschaftswandel der Sahara. III. Die Naturlandschaft Ägyptens während der Vorgeschichte und der Dynastischen Zeit. — Abh. math.-naturw. Kl. Akad. Wiss. Liter. Wiesbaden, **1959** 2: 43—122.
463. Cabrera, A. (1919): Genera mammalium I. Monotremata, Marsupialia. — Museo nacion. Cienc. nat., Madrid, **1919**: 1—177.
464. — (1925): Genera Mammalium, Insectivora, Galeopithecia. — Museo nacion. Cienc. nat., Madrid, **1925**: 1—232.
465. — (1927): Datos para el conocimiento de los Dasiuroideos fósiles argentinos. — Revta. Mus. La Plata, Buenos Aires, **30**: 271—315.
466. — (1929): Una revision de los mastodontes argentinos. — Revta. Mus. La Plata, Buenos Aires, **32**: 61—144.
467. — (1931): On some South American canine genera. — J. Mammal., Baltimore, **12**: 54—67.
468. — (1932): Sobre los camelidos fosiles y actuales de la America austral. — Revta. Mus. La Plata, Buenos Aires, **33**: 89—117.
469. — (1932): Sinopsis de los canidos argentinos. — Revta. Cent. Ing. Agrónomos Cent. E. Agronomia **145**: 489—501.
470. — (1939): Un nuevo representante santacrucense de la familia Megatheriidae. — Notas Mus. La Plata, Buenos Aires, **5** Paleont. 20: 475—483.
471. — (1941): Cranial and dental characters of some South American cervidae. — Publ. Field Mus. nat. Hist., Chicago, zool. Ser., **27**: 125—135.
472. — (1944): Los Gliptodontoideos de Araucaniaro de Catamarca. — Revta. Mus. La Plata, Buenos Aires, Pal. **3**: 5—76.
473. — (1956): Sobre la identificacion de *Simia leonina* Humboldt (Mammalia, Primates). — Neotropica, Notas zool. sudamer., Buenos Aires, **2** 8: 49—53.
474. — (1957): Catalogo de los mamiferos de America del Sur. I. (Metatheria-Unguiculata-Carnivora). — Revta. Mus. argent. Cienc. nat. „Bern. Rivadavia", Buenos Aires, Zool. **4**: 1—307.
475. — (1960/61): Catalogo de los mamíferos de la América del Sur II. (Sirenia, Perissodactyla, Artiodactyla, Lagomorpha, Rodentia, Cetacea). — Revta. Mus. argent. Cienc. nat. „Bern. Rivadavia", Buenos Aires, Zool., **4**: 309—732.
476. Cade, T. J. (1964): The evolution of torpidity in Rodents. — Ann. Acad. sci. fenn., Helsinki, A **71**: 77—111.
477. Cain, A. J., & G. A. Harrison (1960): Phyletic weighting. — Proc. zool. Soc. London, **135**: 1—31.
478. Camacho, J. H., & J. de Porta (1960): Un nuevo Bóvido pleistocénico de Colombia: *Colombibos atactodontus*. — Boln. Geol., Bucaramanga, **5**: 41—52.
479. Cameron, T. W. M. (1952): Parasitentum, Evolution und Phylogenie. — Endeavour, London, **11**: 193—199.
480. — (1956): Parasites and parasitism. — Methuen & Co., London, I—XIX, 1—332.
481. Camp, Ch. L., & V. L. Vanderhoof (1940): Bibliography of fossil vertebrates 1928—1933. — Geol. Soc. Amer., Rochester, Spec. Pap. **27**: 1—503.

482. CAMPBELL, B. (1939): The shoulder anatomy of the moles. A study in phylogeny and adaptation. — Amer. J. Anat., Philadelphia, **64**: 1—39.

483. CAMPBELL, B. (1963): Quantitative taxonomy and human evolution. — In: WASHBURN, L.: Classification and Human evolution. Aldine Publ. Comp., Chicago, 50—70.

484. CAMPBELL, B. C. (1964): Science and human evolution. — Nature, London, **203**: 448—451.

485. — (1965): The nomenclature of the hominidae including a definitive list of hominid taxa. — Occ. Pap. roy. anthrop. Inst. of Great Britain & Ireland, London, **22**: 1—33.

486. CAMPBELL, B. G. (1967): Human evolution. An introduction to man's adaptations. — Heineman Educ. Books Ltd., London, I—XIV, 1—425.

487. CAMPBELL, C. (1966): The relationships of the tree shrew: the evidence of the nervous system. — Evolution, London, **20**: 276—281.

488. CAPANNA, E., & M. V. CIVITELLI (1965): The chromosomes of three species of neotropical camelidae. — Mamm. Chromos. Newsletter, Houston, **17**: 75.

489. CARETTE, E. (1922): Cérvidos actuales y fósiles de Sudamérica. Revisión de las formas extinguidas pampaeanas. — Revta. Mus. La Plata, Buenos Aires, **26**: 393—472.

490. CARLETON, A. (1936): On the limb bones and vertebrae of the extinct lemurs of Madagascar. — Proc. zool. Soc. London, **106**: 281—307.

491. — (1937): On the osteology of certain extinct lemurids of Madagascar. — Proc. zool. Soc. London, **107**: 553—556.

492. CARLSSON, A. (1904): Zur Anatomie des *Notoryctes typhlops*. — Zool. Jb. (Anat.), Jena, **20**: 81—122.

493. — (1905): Ist *Otocyon caffer* die Ausgangsform des Hundegeschlechts oder nicht? — Zool. Jb. (Syst. etc.), Jena, **22**: 717—745.

494. — (1909): Die Macroscelididae und ihre Beziehungen zu den übrigen Insectivoren. — Zool. Jb. (Syst. etc.), Jena, **28**: 349—400.

495. — (1910): Die genetischen Beziehungen der madagassischen Raubtiergattung *Galidia*. — Zool. Jb. (Syst. etc.), Jena, **28**: 559—602.

496. — (1911): Über *Cryptoprocta ferox*. — Zool. Jb. (Syst. etc.), Jena, **30**: 419—470.

497. — (1914): Über *Dendrolagus dorianus*. — Zool. Jb. (Syst. etc.), Jena, **36**: 547—617.

498. — (1920): Über *Arctictis binturong*. — Acta zool., Stockholm, **1**: 337—380.

499. — (1922): Über die Tupaiidae und ihre Beziehungen zu den Insectivoren und den Prosimiae. — Acta zool., Stockholm, **3**: 227—270.

500. — (1926): Über die Tragulidae und ihre Beziehungen zu den übrigen Artiodactyla. — Acta zool., Stockholm, **7**: 69—100.

501. CARPENTER, C. R. (1958): Soziologie und Verhalten freilebender nichtmenschlicher Primaten. — Hb. Zool., Berlin, 8 10 (11): 1—32.

502. CARRINGTON, R. (1959): Elephants. A short account of their natural history, evolution and influence of mankind. — Basic books, New York, 1—272.

503. CARTER, J. TH. (1920): The microscopical structure of the enamal of two sparassodonts, *Cladosictis* and *Pharsophorus*, as evidence of their marsupial character: together with a note on the value of the pattern of the enamel as a test of affinity. — J. Anat., London, **54**: 189—195.

504. — (1922): On the structure of the enamel in the Primates and some other mammals. — Proc. zool. Soc. London, **1922**: 599—608.

505. CASTELLANOS, A. (1937): Anotaciones sobre la linea filogenetica de los Clamiterios. — Publ. Fac. Univ. nacional Litoral, Ser. Techn.-Sci., Rosario, **8**: 1—35.

506. — (1954): Referencia a la subfamilia Glyptodontinae. — C. R. 19. Congr. intern. géol. Alger 1952, Alger, **15**: 35—43.

507. CASTIGLIONI, O. C. (1958): Reperto pleistocenico di Ghiottone da Piàna di Fornero in Valstrona. — Atti Soc. ital. Sci. nat., Milano, **97**: 41—50.

508. CATTOI, N. (1962): Un nuevo „Xenarthra" del Terciario de Patagonia. *Chubutherium ferrelloi* n. g. n. sp. (Megalonychoidea, Mylodontidae). — Revta. Mus. argent. Cienc. nat. „Bernandino Rivadavia", Buenos Aires, **8**: 123—134.

509. CESTARI, A. N., & A. L. P. PERONDINI (1964): The chromosomes of the Brazilian opossum (*Didelphis marsupialis* L. 1758). — Mamm. Cytogen. & relat. Probl. in Radiobiology, Sympos. Sao Paulo & Rio de Janeiro 1962, Pergamon Press, Oxford, 157—162.

510. CHABAUD, A. G. (1957): Spécifité parasitaire chez les nématodes parasites de vertébrés. — Union internation. Sci. biol., Paris, B **32**: 230—242.

511. CHAFFEE, R. G. (1952): The Deseadan vertebrate fauna of the Scarritt Pocket, Patagonie. — Bull. Mus. nat. Hist., New York, **98**: 503—562.

511a. CHALINE, J. (1966): Un exemple d'évolution chez les Arvicolidés (Rodentia): Les lignes *Allophaiomys-Pitymys* et *Microtus*. — C. R. Acad. Sci., Paris, **263**: 1202—1204.

512. CHANCE, M. R. A. (1962): Social behaviour and primate evolution. — In: ASHLEY MONTAGU, M. F. A. (ed.): Culture and the evolution of man, Oxford Univ. Press, New York, 84—130.

513. CHANG-KANG, H. (1962): A new species of *Metacervulus* of Yushe, Shansi, with notes on Pliocene Muntjaks of China. — Vertebr. palasiatica, Peking, **6**: 255—265.

514. CHAPIN, H. (1965): Geheimnisvoller Delphin. Eine Studie. — Parey, Hamburg, 1—66.

514a. CHAPMAN, H. C. (1902): Observations upon *Galeopithecus volans*. — Proc. Acad. nat. Sci., Philadelphia, **54**: 241—254.

515. — (1904): Observations on *Tupaia*, with reflections on the origin of primates. — Proc. Acad. nation. Sci., Philadelphia, **56**: 148—156.

516. CHAPSKIY, K. K. (1955): Révision de la sous-famille des Phocinae. — Trav. Inst. Zool. Acad. Sci. URSS, Moskau, **17**: 160—199 (russ.).

517. — (1955): Zur Frage der Geschichte der Kaspi- und Baikal-Seehunde. — Trudy Zool. Inst. Akad. Nauk USSR, Moskau, **17**: 200—216 (russ.).

518. — (1959): Über das System und die Phylogenie der Flossenfüßer. — Paleont. J., Moskau **1959**, **2**: 138—149 (russ.)

519. — (1960): Morphologie systématique, differenciation intraspécifique et phylogenèse du Sousgenre *Phoca* sensu strictu. — Mammalia, Paris, **24**: 343—360.

520. CHIARELLI, B. (1958): Tavole chromosomiche dei Primati. — Caryologica, Torino, **11**: 99—104.

521. — (1962): Some new data on the chromosomes of Catarrhina. — Experientia, Basel, **18**: 405.

522. — (1966): Marked chromosomes in catarrhine monkeys. — Folia primatol., Basel, **4**: 74—80.

523. — (1966): Chromosomes and Taxonomy in the Old World Monkeys. (Abstr.). — Internation. primat. Soc. Conf. Frankft./M., **1966**: 14—15.

524. — (1966): Caryology and taxonomy of the Catarrhine monkeys. — Amer. J. phys. Anthrop., Washington, **24**: 155—170.

525. — (1966): The chromosome complement of *Potos flavus* (Kinkajou), Procyonidae. — Mamm. Chromos. Newsletter, Houston, **21**: 160.

526. — (1967): Caryological and hybridological data available for a Taxonomic revision of the Old World Primates at a supragenetic level. — Progr. in Primat., Frankfurt, **1967**: 160—163.

526a. CHIASSON, R. B. (1957): The dentition of the Alaskan fur seal. — J. Mammal., Baltimore, **38**: 310—319.

527. CHIU, C.-S. (1965): First discovery of *Lophiomeryx* in China. — Vertebr. palasiatica, Peking, **9**: 397—398.

528. CHOINOWSKI, H. (1958): Vergleichende Messungen an Gehirnen von Wild- und Hauskaninchen. — Zool. Anz., Leipzig, **161**: 259—271.

529. CHOPRA, S. R. K. (1962): The innominate bone of the Australopithecinae and the problem of erect posture. — Bibl. primatol., Basel, **1**: 93—102.

530. CHOW, B. S. (1963): A new species of *Dicerorhinus* from Yushe, Shansi, China. — Vertebr. palasiatica, Peking, **7**: 325—329.

531. CHOW, M. (1953): Remarks on the two Mesozoic mammals from the Northeastern Provinces. — Acta palaeont. sinica, Peking, **3**: 150—156 (engl. Summ.).

532. — (1957): A new *Coryphodon* from Sintai, Shantung. — Vertebr. palasiatica, Peking, **1**: 301—304.

533. — (1957): On some Eocene and Oligocene mammals from Kwangsi and Yunnan. — Vertebr. palasiatica, Peking, **1**: 201—214.

534. — (1958): New Elasmotherine Rhinoceroses from Shansi. — Vertebr. palasiatica, Peking, **2**: 135—142.

535. — (1958): Some Oligocene mammals from Lunan, Yünnan. — Vertebr. palasiatica, Peking, **2**: 263—267.

536. — (1958): *Eoentelodon* — a new primitive entelodont from the Eocene of Lunan, Yünnan. — Vertebr. palasiatica, Peking, **2**: 30—36.

537. — (1959): A new Arctocyonid from the Upper Eocene of Lushih, Honan. — Vertebr. palasiatica, Peking, 3: 133—138.
538. — (1961): The first occurrence of fossil *Hippopotamus* in China. — Vertebr. palasiatica, Peking, 5: 39—40.
539. — (1961): A new tarsioid primate from the Lushi Eocene, Honan. — Vertebr. palasiatica, Peking, 5: 1—5.
540. — (1962): A new species of primitive chalicothere from the Tertiary of Lunan, Yünnan. — Vertebr. palasiatica, Peking, 6: 219—224.
541. — (1963): A xenarthran-like mammal from the Eocene of Honan. — Scientia sinica, Peking, 12: 1889—1893.
542. — (1963): Tillodont materials from Eocene of Shantung and Honan. — Vertebr. palasiatica, Peking, 7: 101—104.
543. — (1964): A lemuroid primate from the Eocene of Lantian, Shensi. — Vertebr. palasiatica, Peking, 8: 260—262.
544. — (1965): Mesonychids from the Eocene of Honan. — Vertebr. palasiatica, Peking, 9: 290—291.
545. —, & C. CHIU (1963): New genus of giant rhinoceros from Oligocene of Inner Mongolia. — Vertebr. palasiatica, Peking, 7: 230—239.
546. —, & C.-S. CHIU (1964): An Eocene giant rhinoceros. — Vertebr. palasiatica, Peking, 8: 226—267.
547. —, & B. S. CHOW (1959): Villafranchian mammals from Lingyi, S. W. Shansi. — Acta palaeont. sinica, Peking, 7: 89—106.
548. —, & C. LI (1963): A fossil of *Homogalax* from the Eocene of Shantung. — Scientia sinica, Peking, 12: 1411—1412.
549. — & — (1965): *Homogalax* and *Heptodon* of Shantung. — Vertebr. palasiatica, Peking, 9: 15—21.
550. —, & Y. S. TUNG (1962): Notes on some new uintathere materials of China. — Vertebr. palasiatica, Peking, 6: 368—374.
551. — & — (1965): A new Coryphodont from the Eocene of Sinyu, Kiangsi. — Vertebr. palasiatica, Peking, 9: 118—121.
552. —, & Y. X. XU (1959): *Indricotherium* from Hami Basin, Sinkiang. — Vertebr. palasiatica, Peking, 3: 93—96.
553. — & — (1965): Amynodonts from the Upper Eocene of Honan and Shansi. — Vertebr. palasiatica, Peking, 9: 199—208.
554. —, W. HUANG, Y. T. CHANG, & X. HUANG (1965): Observations on the Younger Cenozoic of SW-Shansi. — Vertebr. palasiatica, Peking, 9: 266—26.
555. CHU, E. H. Y., & M. A. BENDER (1962): Cytogenetics and evolution of primates. — Ann. New York Acad. Sci., New York, 102: 253—266.
556. —, & N. H. GILES (1957): A study of primate chromosome complements. — Amer. Naturalist, Lancaster, 91: 273—282.
557. —, & B. A. SWOMLEY (1961): Chromosomes of lemurine lemurs. — Science, New York, 133: 1925—1926.
558. CHURCHER, C. S. (1956): The fossil hyracoidea of the Transvaal and Taungs deposits. — Ann. Transvaal Mus., Pretoria, 22: 477—501.
559. — (1959): Fossil Canis from the Tar pits of La Brea, Peru. — Science, New York, 130: 564—565.
560. — (1965): Camelid material of the genus *Palaeolama* GERVAIS from the Talara tar-seeps, Peru, with a description of a new subgenus, *Astylolama*. — Proc. zool. Soc. London, 1965: 161—206.
561. — (1966): Observaciones sobre el status taxonomico de *Epieuryceros* AMEGHINO 1889 y sus especies *E. truncus* y *E. proximus*. — Ameghiniana, Buenos Aires, 4: 351—362.
562. CIRIĆ, A., & E. THENIUS (1959): Über das Vorkommen von *Giraffokeryx* (Giraffidae) im europäischen Miozän. — Anz. österr. Akad. Wiss., Wien, 9: 153—162.
563. CLARK, J. (1937): The stratigraphy and palaeontology of the Chadron-formation in the Big Badlands of South Dakota. — Ann. Carnegie Mus., Pittsburgh, 25: 261—350.
564. — (1939): Status on the Oligocene insectivore genus *Metacodon*. — J. Paleont., Tulsa, 13: 139—140.
565. — (1941): An Anaptomorphid primate from the Oligocene of Montana. — J. Paleont., Tulsa, 15: 562—563.
566. —, M. R. DAWSON & A. E. WOOD (1964): Fossil mammals from the Lower Pliocene of Fish Lake Valley, Nevada. — Bull. Mus. comp. Zool., Cambridge, 131: 27—63.
CLARK, W. E.: s. u. LE GROS CLARK, W. E.
567. CLEMENS, W. A. (1963): Wealden mammalian fossils. — Palaeontology, London, 6: 55—69.
568. — (1963): Fossil mammals of the type Lance formation, Wyoming. I. Introduction and Multituberculata. — Univ. Calif. Publs. geol. Sci., Berkeley, 48: 1—105.
569. — (1963): Late Jurassic mammalian fossils in the Sedgwick Museum, Cambridge. — Paleontology, London, 6: 373—377.
570. — (1964): Records of the fossil mammal *Sinclairella*, family Apatemyidae, from the Chadronian and Orellan. — Univ. Kansas Publs. Mus. nat. Hist., Lawrence, 14: 483—491.
571. — (1965): Collecting Late Cretaceous mammals in Alberta. — Alberta Soc. Petrol. geol., 15th annual Field Conf. Guidebook, 1: 127—141.
572. — (1966): Fossil mammals of the type Lance formation Wyoming. Part II. Marsupialia. — Univ. Calif. Publs. geol. Sci., Berkeley, 62: 1—122.
573. —, & L. S. RUSSELL (1965): Vertebrate Paleontology in Alberta. — Rpt. of Conf. Aug. 29. — Sept. 3., 1963 Univ. Alberta, Edmonton, 32—40.
574. COBB, W. M. (1933): The dentition of the walrus, *Odobenus obesus*. — Proc. zool. Soc. London, 1933: 645—668.
575. COCKERELL, T. D. A. (1916): The auditory ossicles of Aplodontia. — Bull. Amer. Mus. natur. Hist., New York, 35: 531—532.
576. COLBERT, E. H. (1933): A skull and mandible of *Giraffokeryx punjabiensis* PILGR. — Amer. Mus. Novit., New York, 632: 1—14.
577. — (1933): The presence of Tubulidentates in the Middle Siwalik-beds of Northern India. — Amer. Mus. Novit., New York, 604: 1—10.
578. — (1934): A new rhinoceros from the Siwalik beds of India. — Amer. Mus. Novit., New York, 749: 1—13.
579. — (1934): Chalicotheres from Mongolia and China in the American Museum. — Bull. Amer. Mus. natur. Hist., New York, 67: 353—387.
580. — (1935): Siwalik mammals in the American Museum of Natural History. — Trans. Amer. philos. Soc., Philadelphia, (n. S.) 26: I—X, 1—401.
581. — (1935): The phylogeny of the Indian suidae and the origin of the Hippopotamidae. — Amer. Mus. Novit., New York, 799: 1—24.
582. — (1936): Was the extinct giraffe (*Sivatherium*) known to the Early Sumerians? — Amer. Anthrop., Lancaster, 38: 605—608.
583. — (1936): *Palaeotragus* in the Tung Gur Formation of Mongolia. — Amer. Mus. Novit., New York, 874: 1—19.
584. — (1938): Fossil mammals from Burma in the American Museum of Natural History. — Bull. Amer. Mus. natur. Hist., New York, 74: 255—436.
585. — (1938): *Brachyhyops*, a new bunodont artiodactyl from Beaver Divide, Wyoming. — Ann. Carnegie Mus., Pittsburgh, 27: 87—108.
586. — (1938): The relationships of the Okapi. — J. Mammal., Baltimore, 19: 47—64.
587. — (1939): Carnivora of the Tung gur formation of Mongolia. — Bull. Amer. Mus. nat. Hist., New York, 76: 47—81.
588. — (1941): A study of *Orycteropus gaudryi* from the island of Samos. — Bull. Amer. Mus. natur. Hist. New York, 78: 305—351.
589. — (1941): The osteology and relationships of *Archaeomeryx*, an ancestral ruminant. — Amer. Mus. Novit., New York, 1135: 1—24.
590. — (1942): An edentate from the Oligocene of Wyoming. — Notulae Naturae, Philadelphia, 109: 1—16.
591. — (1944): A new fossile whale from the Miocene of Peru. — Bull. Amer. Mus. nat. Hist., New York, 83: 195—216.
592. — (1958): Origin of the dog. — Nat. Hist., New York, 67: 65—69.
593. — (1965): Die Evolution der Wirbeltiere. Eine Geschichte der Wirbeltiere durch die Zeiten. Übers. durch G. Heberer. — G. Fischer, Stuttgart, I—XV, 1—426.
594. —, & D. A. HOOIJER (1953): Pleistocene mammals from the limestone fissures of Szechwan, China. — Bull. Amer. Mus. nat. Hist., New York, 102: 1—134.
595. COLLINS, R. L. (1934): Venezuelan Tertiary mammals. — John Hopkins Univ. Stud. geol., Baltimore, 11: 235—244.
596. COMASCHI CARIA, I. (1955): Resti di cervidi nel Quaternario di Porto Vesme (Sardegna Sudoccidentale). — Riv. ital. Paleont. Stratigr., Parma, 61: 17—24.
597. CONWAY, C. & ST. O. LANDRY (1958): Rudimentary mandibular teeth of *Scalopus aquaticus*. — J. Mammal., Baltimore, 39: 58—64.
598. COOK, H. J., & J. R. MACDONALD (1962): New carnivora from the Miocene and Pliocene of Western Nebraska. — J. Paleont., Tulsa, 36: 560—567.
599. COOKE, H. B. S. (1947): Some fossil hippotragine antelopes from South Africa. — S. afric. J. Sci., Johannesburg, 43: 226—231.

600. — (1947): Variation in the molars of living African elephant and a critical revision of the fossil Proboscidea of Southern Africa. — Amer. J. Sci., New Haven, **245**: 434—517.

601. — (1949): The fossil Suina of South Africa. — Transv. roy. Soc. S. Afr., Cape Town, **32**: 1—44.

602. — (1961): Further revision of the fossil Elephantidae of Southern Africa. — Palaeont. afric., Johannesburg, **7**: 59—63.

603. — (1964): The Pleistocene environment in Southern Africa. — Monogr. Biol., Den Haag, **14**: 1—23.

604. — (1964): Pleistocene mammal faunas of Africa, with particular reference to Southern Africa. — African Ecol. human Evolution Sympos. (1961), **15**: 1—42.

605. COOLIDGE, H. J. (1940): The indo-chinese forest ox or Kouprey. — Mem. Mus. comp. Zool., Cambridge, **54**: 421—531.

606. COON, C. S. (1939): The races of Europe. — Macmillan, New York.

607. — (1962): The origin of races. — A. Knopf, New York, 1—724.

608. COOPER, C. F. (1932): The genus *Hyracotherium*. A revision and description of new specimens found in England. — Philos. Trans. roy. Soc., London, B **221**: 431—448.

609. COPE, E. D. (1874): Report on the stratigraphy and Pliocene vertebrate paleontology of Northern Colorado. — Bull. U. S. geol. geogr. Surv. Terr., Washington, **1**: 9—28.

610. — (1874): Notes on the Santa Fe marls and some of the contained vertebrate fossils. — Proc. Acad. nat. Sci., Philadelphia, **1874**: 147—152.

610a. — (1875): On the supposed Carnivora of the Eocene of Rocky Mountains. — Proc. Acad. nat. Sci. Philadelphia, **27**: 444—448.

611. — (1876): On the Taeniodonta, a new group of Eocene Mammalia. — Proc. Acad. nat. Sci., Philadelphia, **28**: 39.

612. — (1877): On the brain of *Coryphodon*. — Proc. Amer. philos. Soc., Philadelphia, **16**: 616—620.

613. — (1878): On the brain of *Procamelus occidentalis*. — Proc. Amer. philos. Soc., Philadelphia, **17**: 49—52.

614. — (1881): A new type of Perissodactyla. — Amer. Naturalist, Lancaster, **15**: 1017—1018.

615. — (1883): On the extinct dogs of North America. — Amer. Naturalist, Lancaster, **17**: 235—249.

616. — (1883): The extinct Rodentia of North America. — Amer. Naturalist, Lancaster, **17**: 43—57, 165—174, 370—381.

617. — (1884): The Amblypoda. — Amer. Naturalist, Lancaster, **18**: 1110—1125, 1192—1202.

618. — (1884): The Tertiary Marsupialia. — Amer. Naturalist, Lancaster, **18**: 686—697.

619. — (1886): Corrections of notes on Dinocerata. — Amer. Naturalist, Lancaster, **20**: 274.

620. — (1886): Phylogeny of the Camelidae. — Amer. Naturalist. Lancaster, **20**: 611—624.

621. — (1888): On the mechanical origin of the dentition of the Amblypoda. — Proc. Amer. philos. Soc., Philadelphia, **25**: 80—88.

622. — (1888): The Multituberculata monotremes. — Amer. Naturalist, Lancaster, **22**: 259.

623. — (1889): Synopsis of the families of Vertebrata. — Amer. Naturalist, Lancaster, **23**: 849—877.

624. — (1891): Syllabus of lectures on geology and paleontology. Pt. 3. Paleontology of the Vertebrates. — Ferris Bros., Philadelphia, 1—90.

625. — (1892): On the habits and affinities of the new Australian mammal, *Notoryctes typhlops*. — Amer. Naturalist, Lancaster, **26**: 121—128.

626. — (1897): The position of the Periptychidae. — Amer. Naturalist, Lancaster, **31**: 335—336.

627. — (1898): Syllabus of lectures on the Vertebrata. — Univ. Pennsylv., Philadelphia, I—XXXV, 1—135.

628. COPPENS, V. (1961): Découverte d'un Australopithéciné dans le Villafranchien du Tchad. — C. R. Acad. Sci., Paris, **252**: 3851—3852.

629. — (1962): Deux gisements de Vertébrés villafranchiens au Tchad. Note paléontologique préliminaire. — Ann. Mus. roy. Afr. centr., Tervueren, **40**: 299—313.

630. — (1962): Un australopitèque au Sahara (Nord-Tchad). — Bull. Soc. préhist. franç., Paris, **58**: 756—757.

631. — (1965): L'hominien du Tchad. — C. R. Acad. Sci., Paris, **260**: 2869—2871.

632. COUTURIER, M. A. J. (1938): Le chamois. — Arthaud, Grenoble, 1—860.

633. — (1954): L'ours brun, *Ursus arctos* L. — Grenoble, 1—904.

634. — (1958): Parallèle anatomique physiologique et écologique entre le pied du bouquetin des alpes (*Capra aegagrus ibex ibex*) et celui du chamois (*Rupicapra rupicapra*) en rapport avec l'adaptation à la montagne de ces deux espèces. — Mammalia, Paris, **22**: 76—89.

635. — (1959): Statut actuel des représentants du genre *Capra* dans le bassin méditerranén. — C. R. 7e Réunion téchn. U. I. C. N. Athènes 1958, Bruxelles, **5**: 12—19.

636. COX, C. B. (1962): A natural cast of the inner ear of a dicynodont. — Amer. Mus. Novit., New York, **2116**: 1—6.

637. CROMPTON, A. W. (1955): On some Triassic cynodonts from Tanganyika. — Proc. zool. Soc. London, **125**: 617—669.

638. — (1955): A revision of the Scaloposauridae with special reference to kinetism in this family. — Res. nasion. Mus., Bloemfontein, **1**: 1—149.

639. — (1958): The cranial morphology of a new genus and species of Ictidosauran. — Proc. zool. Soc. London, **130**: 183—216.

640. — (1962): On the dentition and tooth replacement in two bauriamorphs reptiles. — Ann. S. Afric. Mus., Cape Town, **46**: 231—255.

641. — (1963): On the lower jaw of *Diarthrognathus* and the origin of the mammalian lower jaw. — Proc. zool. Soc. London, **140**: 697—750.

642. — (1963): The evalution of the mammalian jaw. — Evolution, Lancaster, **17**: 431—439.

643. — (1963): Tooth replacement in the cynodont *Thrinaxodon liorhinus* SELLEY. — Ann. S. Afric. Mus., Cape Town, **46**: 479—521.

644. — (1964): On the skull of *Oligokyphus*. — Bull. brit. Mus. natur. Hist., London, Geol. **9**: 70—82.

645. — (1964): A preliminary description of a new mammal from the Upper Triassic of South America. — Proc. zool. Soc., London, **142**: 441—452.

645a. —, & F. ELLENBERGER (1957): On a new cynodont from the Moltenò beds and the origin of the Tritylodontids. — Ann. S. Afric. Mus., Cape Town, **44**: 1—14.

645b. —, & F. A. JENKINS (1967): American Jurassic Symmetrodonts. — Science, New York, **155**: 1006—1009.

646. CRUSAFONT-PAIRÓ, M. (1950): El primer representante del genero Canis en el Pontiense eurasiatico (*Canis cipio* n. sp.). — Boln. roy. Soc. españ. Hist. natur., Madrid, **48**: 43—51.

647. — (1952): Los jiráfidos fósiles de España. — Mem. comun. Inst. geol., Barcelona, **8**: 1—239.

648. — (1956): Otro nuevo condilartro del Luteciense Pirenaico. — Boll. Soc. geol. ital., Rom, **75**: 3—8.

649. — (1957): Sobre la formula dentaria de *Heterosorex sansaniensis* LARTET. — Curs. Conf. Inst. „Lucas Mallada", Madrid, **4**: 77—80.

650. — (1958): Los mamiferos del Luteciense superior de Capella (Huesca). (Nota preliminar). — Notas Comun. Inst. geol. min. España, Madrid, **50**: 259—282.

651. — (1958): Nouvelles vues sur la classification paléontologique des pecora. — Mammalia, Paris, **22**: 45—52.

652. — (1958): Nuevo hallazgo del Póngido vallesiense *Hispanopithecus*. — Boln. Inform. (Ass. europ. Paleont. vert.), Sabadell, **13/14**: 1—8 (37—44).

653. — (1959): Trouvailles en Espagne du plus ancien procyonidé d'Eurasie. — Annal. Paléont., Paris, **45**: 125—140.

654. — (1962): Constitución de una nueva clase (Ambulatilia) para los llamados „Reptiles mamiferoides". — Notas Comun. Inst. geol. min. España, Madrid, **66**: 259—265.

654a. — (1964): Notes from the Museum of the City of Sabadell (Spain). — News Bull. Soc. vertebr. Paleont., Princeton, **71**: 42—43.

655. — (1965): *Hesperidoceras*, nuevo nombre para *Hesperoceras* VILL. et CRUS., 1953. — Boln. R. Soc. Esp. Hist. nat. (Geol.), Madrid, **63**: 223—224.

656. — (1965): Perltethyan relationships in the Upper Tertiary Mammalian faunas. — Wadia commem. Vol., Mining & Metall. Inst., India, 301—305.

657. — (1966): On some new primate of the European Eocene and an attempt of reclassification of the suborder. (Abstr.). — Internat. primat. Soc. Conf. Frankfurt/M., **1966**: 16—17.

657a. — (1967): Sur quelques prosimiens de l'Eocène de la zone préaxiale pyrénaique et un essai provisoire de reclassification. — Coll. internation. Cent. nation. Rech. scient., Paris, **163**: 611—632.

658. —, & R. ADROVER (1966): El primer mamifero del Mesozoico español. — Publ. Cat. paleont. Univ. Barcelona, **13**: 28—33.

659. — & — (1966): El primer representante de la clase mamíferos hallado en el mesozoico de España. — Teruel, **35**: 139—143.

660. —, & B. Angel (1966): Un Myotragus (Mammifères, Ruminant) dans le Villafranchien de l'île de Majorque: *Myotragus batei* n. sp. — C. R. Acad. Sci., Paris, **262**: 2012—2014.

661. —, & J. Hürzeler (1961): Les pongidés fossiles d'Espagne. — C. R. Acad. Sci., Paris, **252**: 582—584.

661a. —, & B. Kurten (1966). The oldest member of the Ursidae (*Protursus*). — News Bull. Soc. Vertebr. Paleont., Princeton, **77**: 41.

662. —, & R. Lavocat (1954): *Schizochoerus*, un nuevo genero de Suidos del Pontiense inferior (Vallesiense) del Vallés-Penedés. — Notas comun. Inst. geol. min. España, Madrid, **36**: 81—90.

663. —, & F. Petter (1964): Un muriné géant fossile des Iles Canaries, *Canariomys bravoi* n. g. n. sp. (Rongeurs, Muridés). — Mammalia, Paris, **28**: 607—612.

664. —, & J. Truyols-Santonja (1956): A biometric study of the evolution of fissiped carnivores. — Evolution, Lancaster, **10**: 314—332.

665. — & — (1957): Estudios masterometricos en la evolucion de los Fisipedos. — Boln. Inst. geol. min. España, Madrid, **68**: 85—224.

666. —, & J. F. de Villalta (1947): Sur un nouveau *Palerinaceus* du Pontien d'Espagne. — Eclogae geol. Helv., Basel, **40**: 320—333.

667. —, & J. F. de Villalta-Comella (1948): Sobre un interesante rinoceronte (*Hispanotherium* n. g.) del Mioceno del Valle del Manzanares. — Las Ciencias, Madrid, **12**: 869—883.

668. —, & J. F. de Villalta-Comella (1955): *Chilotherium quintanelensis* Zbys., sinónimo de *Hispanotherium matutensis* (Prado). — Notas Comun. Inst. geol. min. España, Madrid, **37**: 3—9.

669. — & — (1955): Sobre la verdadera situacion sistematica del genero *Almogaver*. — Inst. „Lucas Mallada" Estud. geol., Madrid, **26**: 223—229.

670. —, R. Adrover & J. M. Golpe (1964): Découverte dans le Pikermien d'Espagne du plus primitif des Hippopotames: *Hippopotamus* (*Hexaprotodon*) *primaevus* n. sp. — C. R. Acad. Sci., Paris, **258**: 1572—1578.

671. —, H. Basilio & J. Cuerda (1965): Supervivencia del *Myotragus* en el Neolitico de Baleares. — Publ. Catedra paleont. Univ. Barcelona, **5**: 1—6.

672. —, J. F. de Villalta & J. Truyols (1955): El Burdigaliense continental de la cuenca del Vallés-Penedés. — Mem. Comun. Inst. geol., Barcelona, **12**: 1—272.

673. Cuvier, G. (1798): Tableau élémentaire de l'histoire naturelle des animaux. — J. B. Baillière, Paris, I—XVI 1—710.

674. — (1800): Tableau élémentaire. — Suppl. zu: Leçons d'Anatomie comparée. — An. VIII Paris.

675. — (1817): Le Règne Animal. I. — Déterville, Paris, I—XXXVII, 1—540.

676. — (1834—1836): Recherches sur les ossemens fossiles. — 4. éd., Paris, Text vol. I—X, Tafeln vol. 1—2.

677. Dabelow, A. (1927): Zur Frage des sekundären Kiefergelenkes. — Anat. Anz., Jena, Ergh. zu **63**: 171—180.

678. Dagg, A. (1962): The distribution of the Giraffe in Africa. — Mammalia, Paris, **26**: 497—505.

679. Dahr, R. (1940): Blutgruppenuntersuchungen bei Affen und ihre stammesgeschichtliche Bedeutung. — Umschau, Frankfurt, **44**: 577—579.

680. Dal Piaz, G. (1937): I mammiferi dell' Oligocene veneto. *Archaeopteropus transiens*. — Mem. Ist. geol. R. Univ. Padua, **11**: 1—8.

681. Dandelot, P. (1959/1960): Note sur la classification des Cercopithèques du groupe aethiops. — Mammalia, Paris, **23**: 357—368.

682. Dart, R. A. (1923): The brain of the Zeuglodontidae (Cetacea). — Proc. zool. Soc. London, **1923**: 615—648.

683. — (1925): *Australopithecus africanus*: The apeman of South Africa. — Nature, London, **115**: 195—200.

683a. — (1948): The Makapansgat protohuman *Australopithecus prometheus*. — Amer. J. phys. Anthrop. (n. S.), Washington, **6**: 259—284.

684. — (1949): The predatory implemental technique of *Australopithecus*. — Amer. J. phys. Anthrop., Washington, (n. S.) **7**: 1—16.

685. — (1949): The first pelvic bones of *Australopithecus prometheus*: preliminary note. — Amer. J. Phys. Anthrop., Washington, (n. S.) **7**: 255—257.

686. — (1957): The osteodontokeratic culture of *Australopithecus prometheus*. — Mem. Transvaal Mus., Pretoria, **10**: 1—105.

687. — (1958): A further adolescent australopithecine ilium from Makapansgat. — Amer. J. phys. Anthrop., Washington, (n. S.) **16**: 473—479.

688. — (1959): Osteodontokeratic ripping tools and pulp scoops for teething and edentulous Australopithecines. — J. dent. Ass. S. Africa, Cape Town, **14**: 164—178.

689. — (1960): The status of *Gigantopithecus*. — Anthrop. Anz., Stuttgart, **24**: 139—145.

690. — (1961): The place of antelope cannon-bones (or metapodials) in australopithecine economy. — Z. wiss. Zool., Leipzig, (A) **165**: 108—122.

691. — (1961): Further information about how *Australopithecus* made bone tools and utensils. — S. Afr. J. Sci., Cape Town, **57**: 127—134.

692. — (1962): The most complet *Australopithecus* skull from the Pink breccia at Makapansgat. — Actes IV. congr. Panafr. préhist. Étude Quat., **40**: 337—340.

693. — (1962): Stalactites as a tool material for the Australopithecines: a mining cultural link between the skeletal and stone tool-making, from the Makapansgat Stalactitic cavern. — Illustr. London News, **241** 6439: 1052—1055.

694. — & Mitarb. v. D. Craig (1959): Adventures with the missing link. — Harper & Brothers, New York, I—XXI 1—255.

695. Darwin, Ch. (1872): The expression of emotions in Man and animals. — J. Murray, London.

696. Dathe, H. (1937): Über den Bau des männlichen Kopulationsorganes beim Meerschweinchen und anderen hystricomorphen Nagetieren. — Jb. Morph., Leipzig, **80**: 1—65.

697. David, A. (1869): Extrait d'une lettre du même, datée de la Principauté Thibétaine de Mou-pin, le 21 Mars 1869. — Nouv. Arch. Mus. Hist. nat. Paris, Bull. **5**: 12—13.

698. Davies, J. L. (1958): Pleistocene geography and the distribution of Northern Pinnipeds. — Ecology, Brooklin, **39**: 97—113.

699. — (1958): The Pinnipedia: an essay in zoogeography. — Geogr. Rev., New York, **48**: 474—493.

700. —, & E. Guiler (1957): A note on the pigmy right whale, *Caperea marginata* Gray. — Proc. zool. Soc. London, **129**: 579—589.

701. Davis, D. D. (1938): Notes on the anatomy of the Treeshrew *Dendrogale*. — Field. Mus. natur. Hist., zool. Ser., Chicago, **20**: 383—404.

702. — (1940): Notes on the anatomy of the *Babirusa*. — Field Mus. natur. Hist., Chicago, zool. Ser., **22**: 363—411.

703. — (1941): The arteries of the forearm in carnivores. — Field Mus. natur. Hist., Chicago, zool. Ser., **27**: 137—227.

704. — (1954): Primate evolution from the viewpoint of comparative anatomy. — Human Biol., Baltimore, **26**: 211—219.

705. — (1955): Masticatory apparatus in the spectacled bear *Tremarctos ornatus*. — Fieldiana, Zool., Chicago, **37**: 25—46.

706. — (1964): The giant Panda. A morphological study of evolutionary mechanisms. — Fieldiana: Zool., Chicago, **3**: 1—339.

707. Davis, P. R. & J. Napier (1963): A reconstruction of the skull of *Proconsul africanus* (R. S. 51). — Folia primatol., Basel, **1**: 20—28.

708. Dawson, M. R. (1958): Later Tertiary Leporidae of North America. — Paleont. Contrib. Univ. Kansas, Lawrence, Vertebr., **6**: 1—75.

709. — (1959): *Paludotona etruria*, a new ochotonid from the Pontian of Tuscany. — Verh. naturf. Ges., Basel, **70**: 157—166.

710. — (1961): On two ochotonids (Mammalia, Lagomorpha) from the Later Tertiary of Inner Mongolia. — Amer. Mus. Novit., New York, **2061**: 1—15.

711. — (1964): Late Eocene rodents (Mammalia) from Inner Mongolia. — Amer. Mus. Novit., New York, **2191**: 1—15.

712. — (1965): *Oreolagus* and other Lagomorpha (Mammalia) from the Miocene of Colorado, Wyoming, and Oregon. — Univ. Color. Studies, Ser. Earth Sci., Boulder, **1**: 1—36.

713. — (1966): Additional Late Eocene rodents (Mammalia) from the Uinta Basin, Utah. — Ann. Carnegie Mus., Pittsburgh, **38**: 97—114.

714. — (1967): Lagomorph history and the stratigraphic record. — In: Essays in Paleontology & Stratigraphy R. C. Moore Commemor. vol., Univ. Kansas, geol. spec. Publ., Lawrence, **2**: 287—316.

714a. Daxner, G. & O. Fejfar (1967): Über die Gattungen *Alilepus* Dice 1931 und *Pliopentalagus* Gureev 1964 (Lago-

morpha, Mammalia). — Ann. nat. hist. Mus., Wien, **1967**: 37—55.
715. —, & E. Thenius (1965): Ergebnisse der Revision der altquartären Wildziegen (Bovidae, Mammalia) von Hundsheim in Niederösterreich. — Anz. österr. Akad. Wiss., math.-naturw. Kl., Wien, **1965**: 97—103.
716. Day, M. H. (1965): Guide to fossil man. A handbook of Human Palaeontology. — Cassell, London, I—XVI 1—289.
717. —, & J. R. Napier (1964): Fossil foot bones. — Nature, London, **201**: 969—970.
718. Dearden, L. C. (1958): The baculum in *Lagurus* and related microtines. — J. Mammal., Baltimore, **39**: 541—553.
719. Dechaseaux, C. (1956): L'encéphale des mammifères volants. — Colloques internation. Cnt. nation. Rech. scient., Probl. act. Paléont., Paris, **60**: 51—58.
720. — (1958): Chiroptera. — In: Piveteau, J.: Traité de Paléontologie, Paris, **6**: 2: 919—944.
721. — (1958): Encéphales de Xénarthres fossiles. — In: Piveteau, J.: Traité de Paléontologie, Paris, **6** 2: 637—640.
722. — (1959): L'encéphale *d'Elephas méridionalis*. — Ann. Paléont., Paris, **44**: 267—278.
723. — (1959): Le genre *Doliochoerus*. — Ann. Paléont., Paris, **45**: 1—16.
724. — (1961): Encéphales de Cetacés fossiles. Encéphales d'Artiodactyles fossiles. — In: J. Piveteau: Traité de Paléontologie, Paris, **6**: 1 881—886, 1085—1104.
725. — (1962): Cerveaux d'animaux disparus. Essai de Paléoneurologie. — Masson, Paris, 1—150.
726. — (1962): Encéfalos de Notoungulados y de Desdentados xenartros fósiles. — Ameghiniana, Buenos Aires, **2**: 193—209.
727. — (1963): Une forme européenne du groupe des chameaux (Tylopoda): le genre *Xiphodon*. — C. R. Acad. Sci., Paris, **256**: 5607—5609.
728. — (1964): L'encéphale de *Neurogymnurus cayluxi*, Insectivore des Phosphorites du Quercy. — Ann. Paléont., Paris, Vertebr. **50**: 81—100.
729. — (1965): Artiodactyles des phosphorites du Quercy I. Étude sur le genre *Dichodon*. — Ann. Paléont., Paris, Vertebr. **51**: 189—208.
730. — (1967): Artiodactyles des phosphorites du Quercy II. Étude sur le genre *Xiphodon*. — Ann. Paléont., Paris, Vertebr. **53**: 24—47.
731. — (1967): Un castoridé du Pléistocène d'Europe *Trogontherium boisvilletti*. Étude du crâne-type et du moulage endocrânien. — Ann. Paléont., Paris, Vertebr. **53**: 121—160.
732. Dederer, P. H. (1909): Comparison of *Caenolestes* with Polyprotodonta and Diprotodonta. — Amer. Naturalist, Lancaster, Pa., **43**: 614—618.
733. Degerböl, M. (1940): Mammalia. — In: Zoology of the Faroer, **3** 2: 65.
734. — (1961): On a find of Preboreal dog from Star Carr, Yorkshire, with remarks on other Mesolithic dogs. — Proc. prehist. Soc., Gloucester, **27**: 35—55.
735. — (1962): Der Hund, das älteste Haustier Dänemarks. Mit Bemerkungen über mesolithische Hunde. — Z. Tierzüchtg. Züchtgs.biol., Berlin, Hamburg, **76**: 334—342.
735a. de Graaf, G. (1958): A new Chrysochlorid from Makapansgat. — Palaeont. afric., Johannesburg, **5**: 21—27.
736. — (1961): A preliminary investigation of the mammalian microfauna in Pleistocene deposits of caves in the Transvaal system. — Palaeont. afric., Johannesburg, **7**: 49—118.
737. — (1961): A short survey of investigations of fossil rodents in African deposits. — S.Afr. J. Sci., Cape Town, **57**: 191—196.
737a. — (1964): On the parasites associated with the Bathyergidae. — Koedoe, Pretoria, **7**: 113—123.
738. Dehaut, G. (1954): Considérations sur l'histoire évolutive des vertébrés insulaires dans la région méditerranéenne occidentale. — Bull. Mus. Hist. nat., Paris, **26**: 413—418.
739. Dehm, R. (1934): *Listriodon* im südbayrischen Flinz (Obermiozän). — C.Bl. Min. etc., Stuttgart, B **1934**: 513—528.
740. — (1937): Über die alttertiäre Nagerfamilie Pseudosciuridae und ihre Entwicklung. — N. Jb. Min. etc., Stuttgart, Beil.Bd. **77**: 268—290.
741. — (1943): Ein besonders kleiner Bär (*Ursus schertzi* n. sp.) aus dem Löß von Achenheim bei Straßburg im Elsaß. — N.Jb. Min. etc., Stuttgart, Mh. B **1943**: 137—157.
742. — (1950): Die Raubtiere aus dem Mittel-Miocän (Burdigalium) von Wintershof-West bei Eichstätt in Bayern. — Abh. bayer. Akad. Wiss., München, math.-naturw. Kl. (n. F.), **58**: 1—141.
743. — (1950): Die Nagetiere aus dem Mittel-Miocän (Burdigalium) von Wintershof-West bei Eichstätt in Bayern. — N. Jb. Geol. Paläont., Stuttgart, Abh. **91** B: 321—428.
744. — (1962): Altpleistozäne Säuger von Schernfeld bei Eichstätt in Bayern. — Mitt. bayer. Staatssmlg. Paläont. hist. Geol., München, **2**: 17—61.
745. — (1962): *Dinotherium* in der Chinji-Stufe der Unteren Siwalik-Schichten. — Abh. bayer. Akad. Wiss., München, math.-naturw. Kl., (n. F.) **114**: 1—34.
746. — (1965): Klima und Wirbeltier-Entfaltung in Südafrika während Perm und Trias. — Senckenberg. Leth., Frankfurt/M., **46a**: 35—44.
747. — (1966): Über den Weinheimer *Ovibos*-Fund und die Niederterrassen-Sande. — Mitt. bayer. Staatssmlg., Paläont. hist. Geol., München, **6**: 143—153.
748. —, & Th. zu Oettingen-Spielberg (1958): Die mittelmiocänen Säugetiere von Ganda Kas bei Basal in NW-Pakistan. — Abh. bayer. Akad. Wiss., München, math.-naturw. Kl., (n. F.) **91**: 1—54.
749. Dehnel, A. (1961): Die ersten Hybriden zwischen *Bos taurus* dom. L. ♂ und *Bison bonasus* (L). ♀. — Acta theriol., Bialowieza, **5**: 45—50.
749a. Deinse, A. B. van (1943): Over Resten van fossiele en recente Pinnipedia, aangetroffen in Zeeland en elders Nederland. — De levende Natuur **48**: 97—101.
750. Dekeyser, P. & J. Derivot (1956): Sur la présence de canines supérieurs chez les Bovidés. — Bull. Inst. franç. Afr. Noire, Dakar, **18** A: 1272—1281.
751. del Campana, D. (1931): I cani pliocenici di Toscana. — Palaeontographica ital., Pisa, **19**: 189—254.
752. — (1954): Carnivori quaternari della Tecchiae della caverna di Equi nelle Alpi Apuane (Mustelidi, Canidi, Felidi). — Palaeontographica ital., Pisa, **44**: 1—43.
753. Denis, A. (1964): Cats of the World. — Houghton Mufflin Comp., Boston, 1—144.
754. Denison, R. H. (1938): The broad-skulled Pseudocreodi. — Ann. New York Acad. Sci., **37**: 163—256.
755. Denker, A. (1901): Zur Anatomie des Gehörorganes der Monotremata. — (Semons Zool. Forsch. ser. 3). — Denkschr. med.-naturw. Ges., Jena, **6**: 635—662.
755a. Dennler de la Tour, G. (1966): Coydogs, die modernen Pariahunde. — Säugetierkdl. Mitt., Stuttgart, **14**: 313—316.
756. Depéret, Ch. (1890): Les animaux pliocènes du Roussillon. — Mém. Soc. géol. France, Paléont., Paris, **3**: 1—194.
757. — (1901): Revision des formes européennes de la famille des Hyracothéridés. — Bull. Soc. géol. France, Paris, (4) **1**: 199—225.
758. — (1907): Études paléontologiques sur les Lophiodon du Minervois. — Arch. Mus. Hist. nat., Lyon, **9**: 1—45.
759. — (1910): Études sur la famille des Lophiodontidés. — Bull. Soc. géol. France, Paris, (4) **10**: 558—577.
760. — (1929): *Dolichopithecus arvernensis* Dep. Nouveau singe du Pliocène supérieur de Senèze (Ht. Loire). — Trav. Labor. géol. Fac. Sci. Lyon, Fasc. 15, Mém. **12**: 1—12.
761. —, & G. Llueca (1928): Sur l'*Indarctos arctoides* et la phylogénie des ursidés. — Bull. Soc. géol. France, Paris, (4) **28**: 149—160.
762. Deraniyagala, P. E. P. (1948): Some scientific results of two visits to Africa. — Spolia zeylanica, Colombo, **25**: 1—42.
763. — (1954): New sub-genera of stegodont elephants. — Proc. 10th sess. Ceylon Ass. Adv. Sci. **1954**: 25—26.
764. — (1955): Some extinct elephants, their relatives and the two living species. — Ceylon nation. Mus. Publ., Colombo, **8**: 1—161.
765. — (1960): Some mammals of the extinct Ratnapura fauna of Ceylon. Pt. 4. — Spolia zeylanica, Colombo, **29**: 1—14.
766. — (1963): Further descriptions of the three extinct hominoids of Ceylon. — Spolia zeylanica, Colombo, **30**: 27—34.
767. — (1965): Pygmy stegodont elephant from China. — Spolia zeylanica, Colombo, **30**: 195—197.
768. Derscheid, J. M. (1925): Les chiens sauvages d'Afrique (*Lycaon pictus* Temminck). — Rev. zool. afric., Bruxelles, Paris, **13**: 20—25.
769. — (1925): Deux carnassiens intéressant de l'Afrique oriental. — Rev. zool. afric., Bruxelles, Paris, **13**: 75—86.
770. Devillers, Ch. (1961): Ictidosauria. — In: Piveteau, J.: Traité de Paléontologie, Paris, **6** 1: 192—223.
771. — (1962): L'origine du phylum des Mammifères. — Ann. Biol., Moskau, **1**: 389—406.
772. de Vis, C. V. (1885): On an extinct monotreme, *Ornithorynchus agilis*. — Proc. roy. Soc. Queensland, Brisbane, **2**: 35—38.

772a. — (1888): On an extinct genus of the marsupials allied to *Hypsiprymnodon*. — Proc. Linn. Soc. N. S. Wales, Sydney, 3: 5—8.
773. — (1889): On the Phalangistidae of the post-Tertiary period in Queensland. — Proc. roy. Soc. Queensland, Brisbane, 6: 105—114.
774. — (1891): In confirmation to the genus *Owenia* so-called. — Proc. Linn. Soc. N. S. Wales, Sydney, 1891: 159—165.
775. — (1891): Remarks on post-Tertiary Phascolomyidae. — Proc. Linn. Soc. N. S. Wales, Sydney, 6: 235—246.
776. — (1895): A review of the fossil jaws of the Macropodidae in the Queensland Museum. — Proc. Linn. Soc. N. S. Wales, Sydney, 10: 75—133.
777. DICE, L. R. (1929): The Phylogeny of the Leporidae, with description of a new genus. — J. Mammal., Baltimore, 10: 340—344.
778. — (1931): *Alilepus*, a new name to replace *Allolagus* DICE, preoccupied, and notes on several species of fossil Hares. — J. Mammal., Baltimore, 12: 159—160.
779. DIDIER, R. (1942): Étude de quelques ossements de *Felis spelaea* GOLDF. de la Grotte de Gondenans-les-Moulins (Doubs). — Mammalia, Paris, 6: 13—17.
780. DIETERLEN, F. (1961): Beiträge zur Biologie der Stachelmaus, *Acomys calurinus dimidiatus* CRETZSCHMER. — Z. Säugetierkde., Berlin, 26: 1—13.
781. — (1963): Vergleichende Untersuchungen zur Ontogenese von Stachelmaus (*Acomys*) und Wanderratte (*Rattus norgegicus*). Beiträge zum Nesthocker-Nestflüchter-Problem bei Nagetieren. — Z. Säugetierkde., Berlin, 28: 193—227.
782. DIETRICH, W. O. (1931): Referat über: P. TEILHARD & J. PIVETEAU: Les mammifères fossiles de Nihowan, Chine. — N. Jb. f. Min. etc., Stuttgart, Ref. III, 1931: 1025—1029.
783. — (1934): Eine neue Proboscidier-Familie? — CBl. Min. etc. B, Stuttgart, 1934: 141—144.
784. — (1936): Über den Fußbau von *Anoplotherium*. — CBl. Min. etc., Stuttgart, B 1936: 296—303.
785. — (1938): Zur Kenntnis der oberpliozänen echten Hirsche. — Z. dtsch. geol. Ges., Berlin, 90: 261—267.
786. — (1941): Die säugetierpaläontologischen Ergebnisse der Kohl-Larsenschen Expedition, 1937—1939 im nördlichen Deutsch-Ostafrika. — ZBl. Min. etc., Stuttgart, B 1941: 217—223.
787. — (1942): Ältestquartäre Säugetiere aus dem südlichen Serengeti, D-Ostafrika. — Palaeontographica, Stuttgart, A 94: 43—133.
788. — (1942): Zur Entwicklungsmechanik des Gebisses der afrikanischen Nashörner. — ZBl. Min. etc., Stuttgart, 1942: 297—300.
789. — (1945): Nashornreste aus dem Quartär Deutsch-Ostafrikas. — Palaeontographica, Stuttgart, 96 A: 46—90.
790. — (1949): Stetigkeit und Unstetigkeit in der Pferdegeschichte. — N. Jb. Min. etc., Stuttgart, Abh. 91: 121—148.
791. — (1950): Fossile Antilopen und Rinder Äquatorialafrikas (Material der Kohl-Larsenschen Expeditionen). — Palaeontographica, Stuttgart, 99 A: 1—62.
792. — (1951): Daten zu den fossilen Elefanten Afrikas und Ursprung der Gattung *Loxodonta*. — N. Jb. Geol. Paläont., Stuttgart, Abh. 93: 325—378.
793. — (1958): Übergangsformen des Südelefanten (*Elephas meridionalis* NESTI) im Altpleistozän Thüringens. — Geologie, Berlin, 7: 777—806.
794. — (1959): *Hemionus* PALLAS im Pleistozän von Berlin. — Vertebr. palasiatica, Peking, 3: 13—22.
795. — (1961): Referat über: REINHART, R. H.: A review of the Sirenia and Desmostylia. — ZBl. Geol. Paläont., Stuttgart, II 1960: 372—374.
796. DIJKGRAAF, S. (1946): Die Sinneswelt der Fledermäuse. — Experientia, Basel, 2: 438—448.
797. DILLON, L. S. (1962): Comparative notes on the cerebellum of the Monotremes. Contribution toward a phylogeny of the mammalian brain I. — J. comp. Neurol., Philadelphia, 118: 343—353.
798. — (1963): Comparative studies on the brain in the Macropodidae. Contribution to the phylogeny of the mammalian brain II. — J. comp. Neurol., Philadelphia, 120: 43—51.
799. DITTRICH, L. (1960): Milchgebißentwicklung und Zahnwechsel beim Braunbären (*Ursus arctos* L.) und anderen Ursiden. — Morph. Jb., Leipzig, 101: 1—141.
800. DOBEN-FLORIN, U. (1964): Die Spitzmäuse aus dem Alt-Burdigalium von Wintershof-West bei Eichstätt in Bayern. — Bayer. Akad. Wiss., München, math.-naturw. Kl., Abh. (n. F.) 117: 1—82.
801. DOBRORUKA, L. J. (1960): Hornwachstum bei Nilgau-Antilopen, *Boselaphus tragocamelus* PALLAS 1766. — Zool. Anz., Leipzig, 165: 144—145.
802. DOBSON, G. E. (1882): On the natural position of the family Dipodidae. — Proc. zool. Soc. London, 1882: 640—641.
803. — (1882—1890): A Monograph of the Insectivora, systematical and anatomical. — J. van Voorst, London, 1882: 1: 1—96, 1890: 2: 97—172, 1890: 3: Taf.
804. DOBZHANSKY, TH. (1944): On species and races of living and fossil man. — Amer. J. phys. Anthrop., Washington, 2: 251—265.
805. — (1963): Review of COON, C.: The origin of races. — Scient. Amer., New York, 208: 169—172.
806. — (1963): Genetic entities in Hominid evolution. — In: WASHBURN, S. L.: Classification and Human evolution. Aldine Publ. Comp., Chicago, 347—362.
807. DÖDERLEIN, L. (1921): Betrachtungen über die Entwicklung der Nahrungsaufnahme bei Wirbeltieren. — Zoologica, Stuttgart, 27 4: 1—59.
808. DOLAN, J. M. (1963): Beitrag zur systematischen Gliederung des Tribus Rupicaprini Simpson, 1945. — Z. zool. Syst., Evolutionsfschg., Frankfurt, 1: 311—407.
809. — (1965): Breeding of the Lowland Anoa, *Bubalis* (*Anoa*) *d. depressicornis* (H. SMITH 1827) in the San Diego Zoological Garden. — Z. Säugetierkde. Berlin, 30: 241—245.
810. DOLLMANN, G. (1933): Primates, series 3. — Brit. Mus. natur. Hist., London.
811. DOLLO, L. (1899): Les ancêtres des marsupiaux étaient-ils arboricoles? — Trav. Statn. Zool. Wimereux, 7: 188—203.
812. DONOHOE, J. C. (1956): New aplodontid rodent from Montana Oligocene. — J. Mammal., Baltimore, 37: 264—268.
813. DOR, M. (1938): Sur la biologie de l'*Anoplotherium* (l'Anoplotherium était-il aquatique?). — Mammalia, Paris, 2: 43—48.
814. DORAN É. H. G. (1878): Morphology of the mammalian ossicula auditus. — Trans. Linn. Soc. London, (2) Zool., 1: 371—497.
815. DORNESCO G. T. & G. V. MARCOCI (1958): Étude comparative du crâne des pinnipèdes. — Ann. Sci. nat. Paris, Zool. 20: 157—181.
816. DORR J. A. (1958): *Prouintatherium*, new uintathere genus, earliest Eocene, Hoback formation, Woyming, and the phylogeny of Dinocerata. — J. Paleont., Tulsa, 32: 506—516.
817. — (1960): *Hypsoparia bozemanensis*: A new genus and species of Leptarctine Mustelid from the Late Miocene Madison Valley Formation of Montana. — Ann. Carnegie Mus., Pittsburgh, 33: 179—184.
818. DORST, J. (1957): Note sur la dentition lactéale de *Tonatia amblyotis* (Chiroptères, Phyllostomidés). — Mammalia, Paris, 21: 302—304.
819. — (1957): Considérations sur la dentition de lait des chiroptères de la famille des Molossidés. — Mammalia, Paris, 21: 133—135.
820. DOUTT, J. K. (1942): A review of the genus *Phoca*. — Ann. Carnegie Mus., Pittsburgh, 29: 61—75.
821. DOWNS, TH. (1956): The Mascall fauna from the Miocene of Oregon. — Univ. Calif. Publs. geol. Sci., Berkeley, 31: 199—354.
822. — (1956): A new Pinniped from the Miocene of Southern California. With remarks on the Otariidae. — J. Paleont., Tulsa, 30: 115—131.
823. — (1961): A study of variation and evolution in Miocene, *Merychippus*. — Contr. Sci. Los Angeles Co. Mus. 45: 1—75.
824. DRÄSEKE, J. (1929): Gehirn und Schädel von *Pedetes caffer* (PALL.). Ein Beitrag zur makroskopischen Anatomie der Nagetiere. — Morph. Jb., Leipzig, 62: 39—57.
825. DRENNAN, M. R. (1955): The special features and status of the Saldanha skull. — Amer. J. phys. Anthrop. (n. S.), Washington, 13: 625—634.
826. — & R. SINGER (1955): A mandibular fragment, probably of the Saldanha skull. — Nature, London, 175: 364—365.
827. DRIAK, F. (1933): Beitrag zur Kenntnis des Elefantenmolaren. — Morph. Jb., Leipzig, 73: 257—288.
828. DUBOIS E. (1894): *Pithecanthropus erectus*. Eine menschenähnliche Übergangsform aus Java. — Batavia, 1—39.
829. — (1922): The Proto-Australian fossil man of Wadjak, Java. — Proc. kon. nederl. Acad. Wetensch., Amsterdam, 23: 1013—1051.

830. — (1926): *Manis palaejavanica*, the giant pangolin of the Kendeng fauna. — Proc. kon. nederl. Akad. Wetensch. Amsterdam, **29**: 1233—1243.

831. — (1926): On the principal characters of the femur of *Pithecanthropus erectus*. — Proc. kon. nederl. Akad. Wetensch., Amsterdam, **29**: 730—743.

832. — (1927): The so-called new *Pithecanthropus* skull. — Proc. kon. nederl. Akad. Wetensch. Amsterdam **30**: 134—137.

833. DUBOIS, A., & H. G. STEHLIN (1933): La grotte de Cotencher, station moustérienne. — Mém. Soc. paléont. suisse, Zürich, **52/53**: 1—289.

834. DUBROVO, I. A. (1957): Der erste Nachweis des fossilen Yak im nördlichen Ostsibirien (Jakutsk). — Vertebr. palasiatica, Peking, **1**: 293—300.

835. — (1960): The ancient elephants of the USSR. — Trudy paleont. Inst. Akad. Nauk USSR, Moskau, **85**, Liefg. **1**: 1—78 (russ.).

836. DUERST J. U. (1926): Das Horn der Cavicornia. Seine Entstehungsursache, seine Entwicklung, Gestaltung und Einwirkung auf den Schädel der horntragenden Wiederkäuer. — Denkschr. schweiz. naturf. Ges., Zürich, **63**: 1—180.

837. DUN, W. S. (1895): Notes on the occurrence of monotreme remains in the Pliocene of New South Wales. — Rec. geol. Surv. N. S. Wales, Sydney, **4**: 118—126.

838. EALES, N. (1931): The development of the mandible in the elephant. — Proc. zool. Soc. London, 115—125.

839. EARIE, CHR. (1897): On the affinities of *Tarsius*: a contribution to the phylogeny of the Primates. — Amer. Naturalist, Lancaster, **31**: 569—575, 680—689.

840. EBHARDT, H. (1962): Ponies und Pferde im Röntgenbild nebst einigen stammesgeschichtlichen Bemerkungen dazu. — Säugetierkdl. Mitt., Stuttgart, **10**: 145—168.

841. EDINGER, T. (1929): Die fossilen Gehirne. — Erg. Anat. Entw. Gesch., Berlin, **28**: 1—249.

842. — (1933): Über Gehirne tertiärer Sirenia Ägyptens und M-Europas sowie der rezenten Seekühe. — Abh. bayer. Akad. Wiss., München, math.-naturw. Kl. (n. F.) **20**: 1—36.

843. — (1938): Mitteilungen über Wirbeltierreste aus dem Mittel-Pliocän des Natrontales (Ägypten). 9. Das Gehirn des *Libypithecus*. — Cbl. Min. etc., Stuttgart, **1938**: 122—128.

844. — (1939): Two notes on the central nervous system of fossil Sirenia. — Bull. Fac. Sci. Fouad Univ., Cairo, **1**: 19.

845. — (1948): Evolution of the horse brain. — Mem geol. Soc. Amer., New York, **25**: 1—174.

846. — (1949): Paleoneurology versus comparative brain anatomy. — Confinia neurol., Basel, **9**: 5—24.

847. — (1950): Die Paläoneurologie am Beginn einer neuen Phase. — Experientia, Basel, **6**: 250—258.

848. — (1950): Frontal sinus evolution (particularly in the Equidae). — Bull. Mus. comp. Zool., Cambridge, **103**: 411—496.

849. — (1955): Hearing and smell in cetacean history. — MonSchr. Psychiatr. Neurol., Basel, **129**: 37—58.

850. — (1956): Objets et résultats de la Paléoneurologie. — Ann. Paléont., Paris, **42**: 95—116.

851. — (1961): Fossil brains reflect specialized behavior. — World Neurol., Minneapolis, **2**: 934—941.

852. — (1962): Anthropocentric misconceptions in paleoneurology. — Proc. R. Virchow med. Soc., New York, (for 1060) **19**: 56—107.

853. — (1963): Neues aus der Paläoneurologie. — Paläont. Z., Stuttgart, **37**: 49—55.

854. — (1963): Meanings of midbrain exposure, past and present. — Proc. XVI. Intern. Congr. zool., Washington, 225—228.

855. — (1964): Midbrain exposure and overlap in mammals. — Amer. Zoologist, Utica, N. Y., **4**: 5—19.

856. — (1966): Brains from 40 Million Years of Camelid history. — In: HASSLER, R., & H. STEPHAN (ed.): Evolution of the forebrain. Thieme, Stuttgart, 153—161.

857. EDMUND, A. G. (1960): Tooth replacement phenomena in the lower vertebrates. — Contr. R. Ontario Mus., Toronto, Life Sci. Div. **52**: 1—190.

858. EGGELING, H. (1901): Über die Stellung der Milchdrüsen zu den übrigen Hautdrüsen II. Die Entwicklung der Mammardrüsen der Monotremen. — Semons Zool. Forsch. Reisen, In: Denkschr. med.-naturw. Ges., Jena, **4**: 173—204.

859. EGOZCUE, J., & M. VILARASA DE EGOZCUE (1966): The chromosomes of the Anigwantibo (*Arctocebus calabarensis*). — Mamm. Chromos. Newsletter, Houston, **20**: 53—54.

860. EHIK, J. (1926): The right interpretation of the cheekteeth tubercles of *Titanomys*. — Ann. Mus. nation. Hungar., Budapest, **23**: 178—186.

861. EHRENBERG, K. (1938): *Austriacopithecus*, ein neuer menschenaffenartiger Primate aus dem Miozän von Klein-Hadersdorf bei Poysdorf in Niederösterreich (Nieder-Donau). — SBer. Akad. Wiss., Wien, math.-naturw. Kl. I **147**: 71—110.

862. — (1938): Die Höhlenhyäne. I. Schädel und Gebiß. A. Das adulte Kopfskelett und das Dauergebiß. — Die Fuchs- oder Teufelslucken bei Eggenburg, ND. I. — Abh. Zool.-botan. Ges., Wien, **17**: 24—79.

863. — (1955): Über Höhlenbären und Bärenhöhlen. — Verh. zool.-botan. Ges., Wien, **95**: 19—41.

864. EHRENDORFER, F. (1965): Systematik und Evolution der Spermatophyta. Bericht über die Jahre 1963 und 1964. — Fortschr. Botanik, Springer, Berlin, **27**: 348—418.

865. EIBL-EIBESFELDT, I. (1963): Angeborenes und Erworbenes im Verhalten einiger Säuger. — Z. Tierpsychol., Berlin, Hamburg, **20**: 704—754.

866. — (1960): Darwin und die Ethologie. — In: HEBERER, G., & F. SCHWANITZ: Hundert Jahre Evolutionsforschung, Stuttgart, 355—367.

867. EICHLER, W. (1941): Wirtsspezifität und stammesgeschichtliche Gleichläufigkeit (FAHRENHOLZsche Regel) bei Parasiten im allgemeinen und bei Mallophagen im besonderen. — Zool. Anz., Leipzig, **132**: 254—262.

868. — (1941): Korrelationen in der Stammesentwicklung von Wirten und Parasiten. — Z. Parasitenkde, Berlin, **12**: 94.

869. — (1942): Die Entfaltungsregel und andere Gesetzmäßigkeiten in den parasitogenetischen Beziehungen der Mallophagen und anderen ständiger Parasiten zu ihren Wirten. — Zool. Anz., Leipzig, **137**: 77—83.

870. — (1948): Evolutionsfragen der Wirtsspezifität. — Biol. Zbl., Leipzig, **67**: 373—406.

871. EICHWALD, E. (1853): Lethaea Rossica III. — Stuttgart, 1—533.

872. EISENTRAUT, M. (1934): Der Winterschlaf der Fledermäuse mit besonderer Berücksichtigung der Wärmeregulation. — Z. Morph. Ökol. Tiere, Berlin, **29**: 231—267.

873. — (1956): Körpertemperaturen bei tropischen Fledermäusen und Schuppentieren. — Säugetierkdl. Mitt., Suttgart, **4**: 64—67.

874. — (1956): Der Winterschlaf mit seinen ökologischen und physiologischen Begleiterscheinungen. — G. Fischer, Jena, I—VIII 1—160.

875. — (1956): Temperaturschwankungen bei niederen Säugetieren. — Z. Säugetierkde, Berlin, **21**: 49—52.

876. — (1957): Aus dem Leben der Fledermäuse und Flughunde. — G. Fischer, Jena, I—VII 1—175.

877. EKMAN, S. (1953): Zoogeography of the Sea. — Sedgwick & Jackson, London, I—XIV, 1—417.

878. ELLERMAN, J. R. (1940): The families and genera of living Rodents. I. — Brit. Mus. nat. Hist., London, 1—689.

879. — (1941): The families and genera of living Rodentia. II. Family Muridae. — Brit. Mus. nat. Hist., London, I—XII, 1—690.

880. — (1949): The families and genera of Living Rodents. III. Pt. 1. — Brit. Mus. nat. Hist. London, 1—210.

881. —, & T. C. S. MORRISON-SCOTT (1951): Checklist of Palaearctic and Indian Mammals 1758 to 1946. — Brit. Mus. nat. Hist., London, 1—810.

882. —, & — (1953): The technical name of the African muishond (Genus *Ictonyx*). — J. Mammal., Baltimore, **34**: 114—116.

883. —, —, & R. W. HAYMAN (1953): Southern African mammals 1758—1951: a reclassification. — Brit. Mus. nat. Hist., London, 1—363.

884. ELLIOT, D. G. (1913): A review of the primates. — 3 vol. — Mus. nat. Hist., New York, 1—1360.

885. EMILIANI, C. (1956): Note on absolute chronology of human evolution. — Science, London, **123**: 924—926.

886. — (1960): Dating human evolution. — In: TAX, S. (ed.): Evolution after Darwin **2**, The evolution of Man, 57—66.

887. EMLONG, D. (1966): A new archaic cetacean from the Oligocene of Northwest Oregon. — Bull. Mus. nat. Hist. Oregon Eugene, **3**: 1—51.

888. ENCKE, W. (1963): Bericht über Geburt und Aufzucht von Geparden, *Acinonyx jubatus* (SCHREB.) im Krefelder Tierpark. — Zool. Garten, Leipzig (n. F.), **27**: 177—181.

889. ENNOUCHI, E. (1930): Contribution à l'étude de la faune du Tortonien de La Grive-St. Alban (Isère). — Paris.

890. — (1957): Nouvelles pièces d'Hippopotames, de Rhinocéros et d'Éléphants marocains. — Bull. Soc. Sci. nat. Maroc, Rabat, **36**: 307—317.

891. — (1958): Les Ursidés marocains. — Bull. Soc. Sci. nat. Maroc, Rabat, **37**: 201—224.
892. Epstein, H. (1956): The origin of the Africander cattle, with comments on the classification and evolution of Zebu cattle in general. — Z. Tierzüchtg. Züchtgsbiol., Berlin, Hamburg, **66**: 97—148.
893. Erdbrink, D. P. (1953): A review of fossil and recent bears of the old world, with remarks on their phylogeny based upon their dentition. — Proefschrift, Deventer, 1—597.
894. — (1954): On one of the oldest known remains of the common elk, *Alces alces* L., found recently in the Netherlands. — Geol. Mijnbouw, Leiden, (n. S.) **16**: 301—309.
895. — (1964): Comparaison de ramures recentes et fossiles du cerf elaphe. — Mammalia, Paris, **28**: 628—650.
896. — (1965): A quantification of the *Dryopithecus* and other lower molar patterns in man and some of the apes. — Z. Morph. Anthrop., Suttgart, **57**: 70—108.
897. Erikson, G. E. (1955): Comparative anatomy of new world primates and its bearing on the phylogeny of anthropoid apes and men. (Abstr.). — In: Gavan, J. A. (ed.): The non-humane primates and human evolution. Detroit, 13.
898. — (1963): Brachiation in new world monkeys and in anthropoid apes. — Sympos. zool. Soc. London, **10** (The Primates): 135—164.
899. Etheridge, R. (1918): The ungual phalanges termed *Mylodon australis* by Krefft, spelaean animal vel *Thylacoleo* by Owen, and *Thylacoleo* by Lydekker. — Ann. Mag. nat. Hist., London, **2**: 307—318.
900. Evans, F. G. (1942): The osteology and relationship of the elephant shrews (Macroscelididae). — Bull. Amer. Mus., New York, **80**: 85—125.
901. Evernden, J. F., & G. H. Curtis (1961): Age of Bed I, Olduvai gorge, Tanganyika. — Nature, London, **191**: 478—479.
902. —, & — (1965): The Potassium-Argon dating of Late Cenozoic rocks in East Africa and Italy. — Current Anthrop., Chicago, **6**: 343—364.
903. —, D. E. Savage, G. H. Curtis, & G. T. James (1964): Potassium-Argon dates and the Cenozoic mammalian chronology of North America. — Amer. J. Sci., New Haven, **262**: 145—198.
904. Ewer, R. F. (1955): The fossil carnivores of the Transvaal caves. The Hyaenidae, other than *Lycyaena*, of Swartkrans and Sterkfontein. — Proc. zool. Soc. London, **124**: 815—837.
905. — (1955): The fossil carnivores of the Transvaal caves. The Lycyaenas of Sterkfontein and Swartkrans, together with some general considerations of the Transvaal fossil Hyaenids.— Proc. zool. Soc. London, **124**: 839—857.
906. — (1955): The fossil carnivores of the Transvaal caves: Machairodontinae. — Proc. zool. Soc. London, **125**: 587—615.
907. — (1956): The fossil suids of the Transvaal Caves. — Proc. zool. Soc. London, **127**: 527—544.
908. — (1956): The fossil carnivores of the Transvaal caves: two new viverrids, together with some general considerations. — Proc. zool. Soc. London, **126**: 259—274.
909. — (1956): The dating of the Australopithecinae: fauna evidence. — S. Afric. archaeol. Bull., **11**: 41—45.
910. — (1957): Some fossil carnivores from the Makapansgat Valley. — Palaeont. afric., Johannesburg, **4**: 57—67.
911. — (1958): The fossil Suidae of Makapansgat. — Proc. zool. Soc. London, **130**: 329—372.
912. — (1958): Adaptive features in the skulls of African suidae. — Proc. zool. Soc. London, **131**: 135—155.
913. —, & R. Singer (1956): Fossil carnivora from Hopefield. — Ann. S. Afric. Mus., Cape Town, **42**: 335—347.
914. Ewing, H. E. (1926): A revision of the American lice of the genus *Pediculus*. — Proc. U.S. nation. Mus., Washington, **68**: 1—30.
914a. Fabiani, R. (1949): Gli Odontoceti del Miocene inferiore della Sicilia. — Mem. Ist. Geol. Univ. Padova, **16**: 1—32.
915. Fagan, S. R. (1960): Osteology of *Mylagaulus laevis*, a fossorial rodent from the Upper Miocene of Colorado. — Univ. Kansas paleont. Contrib. Vertebr., Topeka, **9**: 1—32.
916. Fahlbusch, V. (1964): Die Cricetiden (Mamm.) der oberen Süßwassermolasse Bayerns. — Bayer. Akad. Wiss., München, math.-naturw. Kl., Abh. (n. F.) **118**: 1—136.
917. — (1966): Cricetidae (Rodentia, Mamm.) aus der mittelmiocänen Spaltenfüllung Erkertshofen bei Eichstätt. — Mitt. bayer. Staatssmlg. Paläont. histor. Geol., München, **6**: 109—131.
918. — (1967): Die Beziehungen zwischen einigen Cricetiden (Mamm., Rodentia) des nordamerikanischen und europäischen Jungtertiärs. — Paläont. Z., Stuttgart, **41**: 154—164.
919. Fahrenholz, H. (1913): Ectoparasiten und Abstammungslehre. — Zool. Anz., Leipzig, **41**: 371—374.
920. — (1920): Bemerkungen zu der Arbeit G. Schwalbe's „Über die Bedeutung der äußeren Parasiten für die Phylogenie der Säugetiere und Menschen". — Z. Morphol. Anthrop., Stuttgart, **21**: 361—364.
921. Fain, A. (1965): Les acariens producteurs de gale chez les edentés et les marsupiaux (Psoroptidae et Lobalgidae: Sarcoptiformes). — Bull. Inst. roy. Sci. nat. Belg., Bruxelles, **41**: 17: 1—41.
922. Fallet, M. (1961): Vergleichende Untersuchungen zur Wollbildung südamerikanischer Tylopoden. — Z. Tierzüchtg. Züchtgsbiol., Berlin, Hamburg, **75**: 34—56.
923. Fawcett, E. (1918): The primordialcranium of *Erinaceus europaeus*. — J. Anat., London, **52**: 211—250.
924. — (1919): The primordial cranium of *Miniopterus schreibersi* at the 17 millimetre total length stage. — J. Anat., London, **53**: 315—348.
925. Fejfar, O. (1961): Die plio-pleistozänen Wirbeltierfaunen von Hajnačka und Ivanovce (Slowakei). ČSSR. I. Die Fundumstände und Stratigraphie. — N. Jb. Geol. Paläont., Stuttgart, Abh. **111**: 257—273.
926. — (1961): Die plio-pleistozänen Wirbeltierfaunen von Hajnačka und Ivanovce (Slowakei). II. Microtidae und Cricetidae inc. sed. — N. Jb. Geol. Paläont., Stuttgart, Abh. **112**: 48—82.
927. — (1961): Die plio-pleistozänen Wirbeltierfaunen von Hajnáčka und Ivanovce (Slowakei), ČSSR. III. Lagomorpha.— N. Jb. Geol. Paläont., Stuttgart, Mh. **1961**: 267—282.
928. — (1964): The Lower Villafranchian Vertebrates from Hajnáčka near Filákovo in the Southern Slovakia. — Rozpr. Ustr. Ust. Geol., Prag, **30**: 1—115.
929. — (1966): Die plio-pleistozänen Wirbeltierfaunen von Hajnáčka und Ivanovce (Slowakei), ČSSR. V. *Allosorex stenodus* n. g. n. sp. aus Ivanovce A. — N. Jb. Geol. Paläont., Stuttgart, Abh. **123**: 221—248.
930. — (1966): Über zwei neue Säugetiere aus dem Altpleistozän von Böhmen. — N. Jb. Geol. Paläont., Stuttgart, Mh. **1966**: 680—691.
930a. — (1967): mündl. Mitt. v. 29. 11. 67.
931. Felten, H. (1958): Gespenstfledermaus und Röhrennasen-Flughund. — Natur u. Volk, Frankfurt, **88**: 361—369.
932. Ferembach, D. (1958 1959): Les Limnopithèques du Kenya. — Annl. Paléont., Paris, **44**: 149—249.
933. Fernandez, C., & R. S. Schmidt (1963): The opossum ear and evolution of the coiled cochlea. — J. comp. Neurol., Philadelphia, **121**: 151—159.
934. Ferrant, V., & M. Friant (1939): Quelques caractères de tigre chez le *Felis spelaea* Goldf. — Bull. Mus. Hist. nat., Paris, **11**: 508—512.
935. Ferris, G. F. (1951): The sucking lice. — Mem. Pacific coast. Entom. Soc., San Francisco, **1**: 1—320.
936. Fiedler, W. (1953): Die Kaumuskulatur der Insectivora. — Acta anat., Basel, **18**: 101—175.
937. — (1956): Übersicht über das System der Primaten. — Primatologia, Karger, Basel, **1**: 1—266.
937a. — (1964): Die Haut der Säugetiere als Ausdrucksorgan. — Studium generale, Berlin, **17**: 362—390.
938. — (1967): Die Affen. Die Meerkatzen und ihre Verwandten.— In: Grzimeks Tierleben, Kindler, München, **10**: 332—349, 420—482.
939. Fields, R. W. (1957): Hystricomorph rodents from the Late Miocene of Colombia, South America. — Univ. Calif. Publs. geol. Sci., Berkeley, **32**: 273—404.
940. Filhol, H. (1876): Recherches sur les phosphorites du Quercy. — Ann. Sci. géol., Paris, **7**: 1—220.
941. — (1894): Observations concernant quelques mammifères fossiles nouveaux du Quercy. — Ann. Sci. nat. zool., Paris, **16**: 129—150.
942. — (1895): Observations concernant les Mammifères contemporains de l'*Aepyornis* à Madagascar. — Bull. Mus. Hist. nat., Paris, **1895**: 12—14.
943. Fischer, K. H. (1964): Die tapiroiden Perissodactylen aus der eozänen Braunkohle des Geiseltales. — Geol., Berlin, **13** Beih. 45: 1—101.
943a. — (1967): Zur systematischen Stellung von *Chasmotherium* Rütimeyer 1862 (Mammalia, Perissodactyla). — Ber. deutsch. Ges. geol. Wiss. A (Geol. Paläont.), Berlin, **12**: 595—600.
944. Fitzinger, L. J. T. J. (1867): Versuch einer natürlichen Anordnung der Nagethiere. — SBer. k. Akad. Wiss. Wien, **55**: 453—515, **56**: 57—168.

945. Fleischmann, A. (1890): Die Stammesverwandtschaft der Nager (Rodentia) mit den Beutelthieren (Marsupialia). — SBer. k. preuß. Akad. Wiss. Berlin, **1890**: 299—305.

945a. — (1891): Embryologische Untersuchungen Heft 2. Die Stammesgeschichte der Nagetiere. — Wiesbaden 1891.

945b. — (1892): Der einheitliche Plan der Placentarbildung bei Nagethieren. — SBer. k. preuß. Akad. Wiss. Berlin, **1892**: 445—457.

946. Fleming, C. A. (1957): Trans-Tasman relationships in Natural History. — Science in New Zealand, Wellington, 1—19.

947. Flerov, K. K. (1930): On the classification and the geographical distribution of the genus *Moschus*. — Ann. Mus. zool. Acad. Sci. URSS., Moskau, **31**: 1—20.

948. — (1933): Review of the palaearctic reindeer or caribou. — J. Mammal., Baltimore, **14**: 328—338.

949. — (1952): Die Pantodonten, gesammelt durch die mongolisch-paläontologische Expedition der Akademie der Wissenschaften der USSR. — Trudy paleont. Inst. Akad. Nauk USSR, Moskau, **41**: 43—50.

950. — (1952): Fauna der UdSSR, Säugetiere I, Teil 2. Moschustiere und Hirsche. — Zool. Inst. Akad. Nauk USSR, Moskau, 1—255.

951. — (1957): A new Coryphodont from Mongolia and on evolution and distribution of Pantodonts. — Vertebr. palasiatica, Peking, **1**: 73—81.

952. — (1957): Dinocerata of Mongolia. — Trav. Inst. paléozool. Acad. Sci. URSS., Moskau, **67**: 1—82.

953. — (1964): Arbeiten im Zaisan-Becken in O-Kazakhstan. — News Bull. Soc. Vertebr. Paleont., Princeton, **71**: 43—44.

954. — (1965): Comparative craniology of recent representatives of the genus *Bison*. — Bull. Soc. hist. nat. Moscou Biol., **70**: 40—54 (russ.).

955. —, & N. S. Schevireva (1963): *Pseudalces* — pliozäne Hirsche aus dem Kaukasusvorland. — Paläont. J. Moskau, **1963**: 120—123.

956. Flint, W. E. (1966): Die Zwerghamster der paläarktischen Fauna. — Neue Brehm-Bücherei, Wittenberg, **366**: 1—99.

957. Flower, W. H. (1869): Description of the skeleton of *Inia geoffriensis* and of the skull of *Pontoporia blainvillei*, with remarks on the systematic position of these animals in the Order Cetacea. — Trans. zool. Soc. London, **6**: 87—116.

957a. — (1869): On the value of the characters of the base of the cranium in the classification of the order Carnivora, and on the systematic position of *Bassaris* and other disputed forms. — Proc. zool. Soc. London, **1869**: 4—37.

958. — (1870): On the anatomy of *Aelurus fulgens* Fr. Cuv. — Proc. zool. Soc. London, **1870**: 752—769.

959. — (1882): On the mutual affinities of the animals composing the order of Edentata. — Proc. zool. Soc. London, **1882**: 258—367.

960. — (1883): On the arrangement of the orders and families of existing mammalia. — Proc. zool. Soc. London, **1883**: 178—186.

961. — (1883): Mammalia. — Encyclop. brit., 9. ed., 347—446.

961a. — (1884): On Whales, past and present, and their probable origin. — Proc. roy. Inst. Great Britain, London, **10**: 360—376.

962. — (1884): Catalogue of the specimens illustrating the osteology and dentition of vertebrated animals, recent and extinct. II. Mammalia other than Man. — Roy. Coll. of Surgeons, London, I—XIII, 1—779.

963. —, & R. Lydekker (1891): An introduction to the study of mammals. — London, 1—763.

964. Flynn, T. T. (1922): The phylogenetic significance of the Marsupial allanto-placenta. — Proc. Linn. Soc. N. S. Wales, Sydney, **47**: 541—544.

965. Fordham, M. G. C. (1928): The anatomy of the urogenital organs of the male *Myrmecobius fasciatus*. — J. Morph., Philadelphia, **46**: 563—583.

966. Foreman, C. (1960): Electromigration properties of mammalian hemoglobins as taxonomic criteria. — Amer. Midland Naturalist., Notre Dame, **64**: 177—186.

967. Foster, J. B. (1964): Evolution of mammals on islands. — Nature, London, **202**: 234—235.

968. Fourtau, R. (1918): Études sur les vertébrés fossiles du Wadi Natroun. — Bull. Inst. Égypte, Cairo, **1**: 195—196.

969. — (1920): Contribution à l'étude des vertébrés miocènes de l'Égypte. — Egypt Surv. Dep., Cairo, 1—121.

970. Fraas, E. (1904): Neue Zeuglodonten aus dem unteren Mittel-Eocän von Mokattam bei Cairo. — Geol. Paläont. Abh., Jena, **10**: 199—220.

971. Fraguglione, D. (1966): L'hybridisation du lièvre commun et du lièvre variable, *Lepus e. europaeus* x *Lepus timidus varronis* (Pallas 1778). — Säugetierkdl. Mitt., Stuttgart, **14**: 92—100.

972. Francis, J. C. (1965): Los generos de la subfamilia Mesotheriinae (Typotheria, Notoungulata) de la Republica Argentina. — Boln. Lab. Paleont. vert., Univ. Rep. Orient. Uruguay, **1**: 7—31.

973. Frank, R. van (1957): A fossil collection from Northern Venezuela I. Toxodontidae (Mammalia, Notoungulata). — Amer. Mus. Novit., New York, **1850**: 1—38.

974. Franzen, J. (1966): Taxonomische, phylogenetische und stratigraphische Ergebnisse einer Revision der Gattung *Palaeotherium* (Perissodactyla, Mamm.). — Jvers. paläont. Ges. Münster.

975. Fraser, F. C. (1951): Vestigial metapodials in the Okapi and Giraffe. — Proc. zool. Soc. London, **121**: 315—317.

976. — (1959): Some aquatic adaptions of Whales and dolphins.— Proc. roy. Instn. Great. Britain, London, **37**: 319—333.

977. — (1966): Comments on the Delphinoidea. — In: Norris, Kenneth S.: Whales, Dolphins, and Porpoises. Univ. Calif. Press, Berkeley & Los Angeles, 7—30.

978. —, & P. E. Purves (1954): Hearing in Cetaceans. — Bull. brit. Mus. nat. Hist., London, Zool. **2**: 103—115.

979. —, & — (1960): Hearing in Cetaceans; evolution of the accessory air sacs and the structure and function of the outer and middle ear in recent cetaceans. — Bull. Brit. Mus. nat. Hist., London, Zool. **7**: 1—140.

980. Frechkop, S. (1931): Note préliminaire sur la dentition et la position systématique des Macroscelididae. — Bull. Mus. roy. Hist. nat. Belg., Bruxelles, **7** 6: 1—11.

981. — (1937): Notes sur les mammifères XXI. Sur les extrémités de l'Orycterope. — Bull. Mus. roy. Hist. nat. Belg., Bruxelles, **13** 14: 1—21.

982. — (1946): De l'Okapi et des affinités des Giraffidés avec les Antilopes. — Bull. Mus. roy. Hist. nat. Belg., Bruxelles, **22** 1: 1—28.

983. — (1949): Notes sur les mammifères XXXVI. Explication biologique, fournie par les Tatous, d'un des caractères distinctifs des Xénarthres et d'un caractère adaptatif analogue chez les Pangolins. — Bull. Inst. roy. Sci. nat. Belg., Bruxelles, **25** 28: 1—12.

984. — (1953): Note sur les mammifères XXXIV. De quelques particularités adaptives du squelete des paresseux. — Bull. Inst. roy. Sci. nat. Belg., Bruxelles, **29** 35: 1—14.

985. — (1955): Sous—ordre des ruminants ou sélénodontes.— In: Grassé, P.: Traité de Zoologie, Paris, **17** 1: 568—667.

986. — (1956): Note sur les mammifères. XLIV. De la differenciation des carnivores aeluroides. — Bull. Inst. roy. Sci. nat. Belg., Bruxelles, **32** 36: 1—11.

987. — (1957): A propos de nouvelles espèces de Potamogalinés.— Mammalia, Paris, **21**: 226—234.

988. — (1959): Note sur les mammifères XLVIII. De la position systématique du genre *Nyctereutes*. — Bull. Inst. roy. Sci. nat. Belg., Bruxelles, **35** 19: 1—20.

989. Freedman, L. (1957): The fossil Cercopithecoidea of South Africa. — Ann. Trans. Mus., Pretoria, **23**: 121—262.

990. — (1960): Some new cercopithecoid specimens from Makapansgat, South Africa. — Palaeont. afric., Johannesburg, **7**: 7—45.

991. — (1965): Fossil and subfossil primates from the limestone deposits at Taung, Bolt's farm and Witkrans, S-Africa. — Palaeont. afric., Johannesburg, **9**: 19—48.

992. Fredga, K. (1966): Chromosome studies in six species of Mustelidae and one of Procyonidae. — Mamm. Chromos. Newsletter, Houston, **21**: 145—147.

993. Frenzel, B., & C. Troll (1952): Die Vegetationszonen des nördlichen Eurasiens während der letzten Eiszeit. — Eiszeitalter & Gegenwart, Öhringen, **2**: 154—167.

994. Freudenberg, H. (1941): Die oberoligocänen Nager von Gaimersheim bei Ingolstadt und ihre Verwandten. — Palaeontographica, Stuttgart, A, **92**: 99—164.

995. Freudenthal, M. (1963): Entwicklungsstufen der miozänen Cricetodontinae (Mammalia, Rodentia) Mittelspaniens und ihre stratigraphische Bedeutung. — Proefschrift, Wageningen, 1—107.

996. —, (1965): Betrachtungen über die Gattung *Cricetodon*. — Proc. kon. nederl. Akad. Wetensch. Amsterdam, (B) **68**: 293—305.

997. — (1966): On the mammalian fauna of the *Hipparion*-beds in the Calatayud-Teruel basin (Prov. Zaragoza, Spain). Pt. I.

The genera *Cricetodon* and *Ruscinomys* (Rodentia). — Proc. kon. nederl. Akad. Wetensch. Amsterdam, (B) **69**: 296—317.
998. — (1967): On the mammalian fauna of the *Hipparion*-beds in the Calatayud-Teruel basin. Pt. III. *Democricetodon* and *Rotundomys* (Rodentia). — Proc. kon. nederl. Akad. Wetensch. Amsterdam, B **70**: 298—315.
999. — & P. Y. SONDAAR (1964): Les faunes à *Hipparion* des environs de Daroca (Espagne) et leur valeur pour la stratigraphie du Néogène. — Proc. kon. nederl. Akad. Wetensch. Amsterdam, B **67**: 473—490.
1000. FREYE, H.-A. (1960): Zur Systematik der Castoridae. (Rodentia, Mamm.). — Mitt. zool. Mus. Berlin, **36**: 105—122.
1001. FRIANT, M. (1934): Le type primitif des molaires chez les insectivores. — Arch. Mus. Hist. nat., Paris, **11**: 125—145.
1002. — (1936): *L'Aplodontia asiatica* SCHL. du Pontien de Mongolie. — Bull. Mus. nation. Hist. nat., Paris, **8**: 115.
1003. — (1937): Le pretèndu genre *Pseudaplodon* de GERRIT S. MILLER (*Aplodontia asiatica* SCHLOSSER) au Pontien de Mongolie. — Ann. Mag. nat. Hist., London, (10) **19**: 456—462.
1004. — (1939): The genera *Pseudaplodon* and *Aplodontia*. — Ann. Mag. nat. Hist., London, (11) **3**: 156—157.
1005. — (1939): Morphologie, développement et évolution du cerveau des ongulés artiodactyles sélénodontes. — Mém. Mus. Hist. nat., Paris, (n. S.) **10**: 117—188.
1006. — (1940): Sur la question des affinités du grand chat des cavernes. — Mammalia, Paris, **3/4**: 88—93.
1007. — (1945): Sur les affinités du Daman (Procavia). — C. R. Acad. Sci., Paris, **221**: 384—386.
1008. — (1947): Recherches sur le fémur des Phicodae (principalement affectuées à l'aide des matériaux du bassin tertiaire d'Anvers). — Bull. Mus. roy. Hist. nat. Belg., Bruxelles, **23** 2: 1—51.
1009. — (1952): Les chauves-souris frugivores firent-elles partie des mammifères les plus anciens? — Revue Stomat., Paris, **53**: 207—211.
1010. — (1953): Le développement du cerveau chez un singe, le Semnopithèque. — Ann. Soc. roy. zool. Belg., Bruxelles, **84**: 39—59.
1011. — (1953): Le cerveau du massouin (*Phocaena communis* CUV.) et les caractéristiques fondamentales du cerveau des cétacés. — Acta anat., Basel, **17**: 61—71.
1012. — (1954): Sur les affinités du *Plagiaulax*, Mammifère mésozoique. — Proc. zool. Soc. London, **124**: 501—507.
1013. — (1954): Les caractéristiques fondamentales du cerveau des Ongulés (Ungulata) périssodactyles et artiodactyles. — C. R. Acad. Sci., Paris, **238**: 516—518.
1014. — (1956): Morphologie et développement du cerveau des mammifères euthériens I. Séries des insectivores et des carnassiers. — Ann. Soc. roy. zool. Belg., Bruxelles, **86**: 249—279.
1015. — (1957): Le *Strongyloceros spelaeus* OWEN de Kent's Hole (Angleterre). — Ann. Soc. géol. Nord., Lille, **77**: 57—74.
1016. — (1958): Sur la dentition des Multituberculés, mammifères très ancien. — Vjschr. naturf. Ges. Zürich, **103**: 327—331.
1017. — (1961): Les insectivores de la famille des Erinaceidae. L'évolution de leurs molairs au cours des temps géologiques. — Ann. Soc. géol. Nord, Lille, **81**: 17—30.
1018. — (1963): Les *Megalomys*, rongeurs des Petites Antilles. — Ann. Soc. roy. zool. Belg., Bruxelles, **92**: 203—212.
1019. — (1963): Les chiroptères (Chauves-souris). Révision des Rhinolophidae de l'époque tertiaire. — Acta zool., Stockholm, **44**: 161—178.
1020. FRICK, C. (1926): The Hemicyoninae and an American Tertiary bear. — Bull. Amer. Mus. nat. Hist., New York, **56** 1: 1—119.
1021. — (1937): Horned ruminants of North America. — Bull. Amer. Mus. nat. Hist., New York, **69**: I—XXVIII, 1—669.
1022. — (1953): Über die Trigeminusmuskulatur und die tiefe Facialismuskulatur von *Orycteropus aethiopicus*. — Z. Anat. Entw. Gesch., Berlin, **116**: 202—217.
1023. — (1954): Die Entwicklung und Morphologie des Chondrocraniums von *Myotis* KAUP. — Thieme, Stuttgart, 1—102.
1024. — (1956): Zur Taxonomie der Tubulidentata. — Säugetierkdl. Mitt., Stuttgart, **4**: 15—17.
1025. — (1964): Diskussionsbemerkung zum Polyphylieproblem. — Zool. Anz., Leipzig, **173**: 56—57.
1026. — (1965): Probleme und Ergebnisse der vergleichenden Anatomie heute. — Naturw. Rdsch., Stuttgart, **18**: 227—237.
1027. —, & D. STARCK (1963): Vom Reptil- zum Säugerschädel. — Z. Säugetierkde., Berlin, Hamburg, **28**: 321—341.
1028. FRIEDERICHS, K. (1956): Der malayische Palmenroller oder Luak als Haustier. — Natur Volk, Frankfurt/M., **86**: 348—353.
1029. FRIES, M. E. (1941): Die Form rezenter und diluvialer Rentiergeweihe als Beweis der geographischen Herkunft der europäischen Rentiere. — Zoogeographica, Jena, **4**: 1—17.
1030. FRISCH, J. E. (1962): Neuer Fund eines fossilen Hominoiden in Kenya und dessen Bedeutung für unsere Kenntnis der Hominoiden-Evolution. — Anthrop. Anz., Stuttgart, **25**: 298—301.
1031. — (1965): Trends in the evolution of the Hominoid dentition. — Bibl. primat., Basel, **3**: I—III, 1—130.
1032. FUCHS, HUGO (1931): Über das Os articulare mandibulae bipartitum einer Echse (*Physignathus lesueurii*). Ein Beitrag zur vergleichenden Anatomie des Unterkiefers und zur Kiefergelenksfrage. — Morph. Jb., Leipzig, **67**: 318—370.
1033. FÜRBRINGER, M. (1904): Zur Frage der Abstammung der Säugetiere. I u. II. — Festschr. z. 70. Gebtg. v. E. HAECKEL. — Fischer, Jena, 573—681.
1034. FUHLROTT, J. C. (1859): Menschliche Überreste aus einer Felsgrotte des Düsselthals. — Verh. naturhist. Ver. Rheinlande, **16**: 131—153.
1035. — (1865): Der fossile Mensch aus dem Neanderthal und sein Verhältnis zum Alter des Menschengeschlechts. Zwei Vorlesungen. — Duisburg, 1—78.
1036. FULLER, W. A. (1954): The first premolar and the canine tooth in bison. — J. Mammal., Baltimore, **35**: 454—456.
1037. FURLONG, E. L. (1905): *Preptoceras*, a new ungulate from the Samwel cave, California. — Univ. Calif. Publs. geol. Sci., Berkeley, **4**: 163—169.
1038. — (1910): An aplodont rodent from the Tertiary of Nevada. — Univ. Calif. Publs. geol. Sci., Berkeley, **5**: 397—403.
1039. — (1927): The occurrence and phylogenetic status of Merycodus from the Mohave desert Tertiary. — Univ. Calif. Publs. geol. Sci., Berkeley, **17**: 145—186.
1040. — (1941): A new Pliocene antelope from Mexico, with remarks on some known antilocaprids. — Publs. Carnegie Inst. Washington, **530**: 25—33.
1041. FUSE, N. (1925): Serologische Untersuchungen über die verwandtschaftlichen Beziehungen verschiedener Walarten. — Japan. J. med. Sci., Trans. 2, Biochem., Tokyo, **1 9**: 1—4.
1042. GABIS, R. V. (1960): Les os des membres des singes Cynomorphes. — Mammalia, Paris, **24**: 577—602.
1043. — (1961): Os des membres de *Dolichopithecus*, singe fossil du Pliocène du Roussillon. — C. R. Acad. Sci., Paris, **252**: 1368—1370.
1044. GABUNIJA, L. K. (1958): Der Schädel eines fossilen Schweines mit Hörnern aus dem Mittel-Miozän des Kaukasus. — Dokl. Akad. Nauk USSR, Moskau, **118**: 1187—1190 (russ.).
1045. — (1958): On unknown carnivore fragments from the Chokrak of Belomeitretskaja (Northern Caucasus). — Vertebr. palasiatica, Peking, **2**: 249—252 (russ., chines. Res.).
1046. — (1959): To the history of the Hipparions (on the material from the Neogene of the USSR). — Palaeobiol. Inst., Moskau, 1—570.
1047. — (1960): Kubanochoerinae, nouvelle sous-famille de porcs du Miocène moyen du Caucase. — Vertebr. palasiatica, Peking, **4**: 87—97.
1048. — (1964): La faune de mammifères de l'oligocène du Benara. — Akad. Nauk Grusin. SSR, Tiflis, Paläobiol. Institut, 1—262.
1049. —, & O. ILIESCU (1960, 1961 translat.): On the first discovery in Rumania of remains of gigantic rhinoceroses of the family Indricotheriidae. — Doklady, Akad. Nauk USSR, Moskau, Earth Sci., **130**: 179—181.
1050. GADOW, H. (1892): On the systematic position of *Notoryctes typhlops*. — Proc. zool. Soc. London, **1892**: 361—370.
1051. GADOW, H. F. (1933): The evolution of the vertebral column. — Univ. Press, Cambridge, I—XIII, 1—356.
1052. GAILLARD, C. (1899): Mammifères miocènes nouveaux ou peu connus de la Grive-St. Alban (Isère). — Arch. Mus. Hist. nat., Lyon, **7**: 1—79.
1053. — (1915): Nouveau genre de musaraignes dans les dépôts miocènes de la Grive-St. Alban (Isère). — Ann. Soc. Linn., Lyon **62**: 83—98.
1054. GALBREATH, E. C. (1953): A Contribution to the Tertiary geology and paleontology of Northeastern Colorado. — Univ. Kansas palaeont. Contrib., Topeka, **13**, Vert. **4**: 1—120.
1055. — (1955): A new eomyid rodent from the Lower Oligocene of Northeastern Colorado. — Trans. Kansas Acad. Sci., Topeka, **58**: 75—78.

1056. — (1961): The skull of *Heliscomys* an Oligocene heteromyid rodent. — Trans. Kansas Acad. Sci., Topeka, **64**: 225—230.

1057. Gambarjan, P., & W. Karapetjan (1961): Besonderheiten im Bau des Seelöwen (*Eumetopias californianus*), der Baikalrobbe (*Phoca sibirica*) und des Seeotters (*Enhydra lutris*) in Anpassung an die Fortbewegung im Wasser. — Zool. Jb., (Anat. usw.) Jena, **79**: 123—148.

1057a. Garrod, A. H. (1877): Notes on the visceral anatomy and osteology of the Ruminants. — Proc. zool. Soc. London, **1877**: 2—18.

1058. — (1879): Notes on the visceral anatomy of the Tupaia of Birma (*Tupaia belangeri*). — Proc. zool. Soc. London, **1879**: 301—305.

1059. Garutt, W. E. (1958): *Phanagaroloxodon mammontoides* n. g. n. sp. and the ways of the phylogeny in the family Elephantidae. — Zool. J. Akad. Nauk USSR, Moskau, **37**: 1541—1554.

1060. — (1964): Das Mammut (*Mammuthus primigenius* Blumenb.). — Neue Brehm-Bücherei, Wittenberg, **331**: 1—140.

1061. Gaspard, M. (1964): La region de l'angle mandibulaire chez les Canidae. — Mammalia, Paris, **28**: 249—329.

1062. Gaudry, A. (1906): Fossiles de Patagonie. — Ann. Paléont. Paris, **1**: 1—42, 101—143.

1063. — (1909): Fossiles de Patagonie: le *Pyrotherium*. — Ann. Paléont., Paris, **4**: 1—28.

1064. Gaughran, G. R. L. (1954): A comparative study of the osteology and myology of the cranial and cervical region of the shrew, *Blarina brevicauda*, and the mole *Scalopus aquaticus*. — Misc. Publ. Mus. Zool., Univ. Michigan, Ann Arbor, **80**: 1—82.

1065. Gaupp, E. (1905): Die Nicht-Homologie des Unterkiefers in der Wirbeltierreihe. — (Verh. anat. Ges. 19. Vers. Genf) Anat. Anz., Jena, **27** Erg. H.: 125—138.

1066. — (1905): Neue Deutungen auf dem Gebiete der Lehre vom Säugetierschädel. — Anat. Anz., Jena, **27**: 273—310.

1067. — (1908): Zur Entwickelungsgeschichte und vergleichenden Morphologie des Schädels von *Echidna aculeata*. var. typica. — Jenaische Denkschr., **6**: 539—788.

1068. — (1910): Die Verwandtschaftsbeziehungen der Säuger, vom Standpunkt der Schädelmorphologie aus erörtert. — Verh. 8. Internat. Zool. Kongr. Graz 1910, Fischer, Jena, 215—240.

1069. — (1911): Säugerpterygoid und Echidnapterygoid nebst Bemerkungen über das Säugetierpalatinum und den Processus basipterygoideus. — Anatom. H., Wiesbaden, **42** (= 128. H.): 313—431.

1070. — (1911): Beiträge zur Kenntnis des Unterkiefers der Wirbeltiere. I. Der Processus anterior (Folii) des Hammers der Säuger und das Goniale der Nichtsäuger. — Anat. Anz., Jena, **39**: 97—135.

1071. — (1911): Beiträge zur Kenntnis des Unterkiefers der Wirbeltiere. II. Die Zusammensetzung des Unterkiefers der Quadrupeden. — Anat. Anz., Jena, **39**: 433—473.

1072. — (1911): Beiträge zur Kenntnis des Unterkiefers der Wirbeltiere. III. Das Problem der Entstehung eines „sekundären" Kiefergelenkes bei den Säugern. — Anat. Anz., Jena, **39**: 609—666.

1073. — (1913): Die Reichert'sche Theorie (Hammer-, Amboß- und Kieferfrage). — Arch. Anat. Entw. Gesch., Leipzig, **1912**: Suppl. Bd., I—XIII 1—416.

1074. Gautier, A. (1966): *Camelus thomasi* from the Northern Sudan and its bearing on the relationship *C. thomasi*—*C. bactrianus*. — J. Paleont., Tulsa, **40**: 1368—1372.

1075. Gavan, I. A. (ed.) (1957): The non-human primates and human evolution. — 2. Aufl. Wayne Univ. Press, Detroit, Mich., 1—134.

1076. Gazin, C. L. (1934): Fossil hares from the Late Pliocene of Southern Idaho. — Proc. U. S. nation. Mus., Washington, **83**: 111—121.

1077. — (1936): A new mustelid carnivore from the Neogene beds of Northwestern Nebraska. — J. Wash. Acad. Sci., **26**: 199—207.

1078. — (1946): *Machaeroides eothen* Matthew, the sabertooth Creodont of the Bridger Eocene. — Proc. U. S. nation. Mus., Washington, **96**: 335—347.

1079. — (1949): A leptictid insectivore from the Middle Eocene Bridger formation of Wyoming. — J. Wash. Acad. Sci., **39**: 220—223.

1080. — (1952): The Lower Eocene Knight formation of Western Wyoming and its mammalian faunas. — Smithson. misc. Collns., Washington, **117**: 1—82.

1081. — (1953): The Tillodontia: an Early Tertiary order of mammals. — Smithson. misc. Collns., Washintgon, **121** 10: 1—110.

1082. — (1955): A review of the Upper Eocene Artiodactyla of North America. — Smithson. misc. Collns., Washington, **128** 8: 1—96.

1083. — (1956): Plaeocene mammalian faunas of the Bison Basin in South-Central Wyoming. — Smithson. misc. Collns., Washington, **131** 6: 1—57.

1084. — (1957): Exploration for the remains of giant ground sloths in Panama. — Rep. Smithson. Instn., Washington, **1956**: 341—354.

1085. — (1957): A skull of the Bridger Middle Eocene Creodont, *Patriofelis ulta* Leidy. — Smithson. misc. Collns., Washington, **134** 8: 1—20.

1086. — (1958): A review of the Middle and Upper Eocene primates of North America. — Smithson. misc. Collns., Washington, **136** 1: 1—112.

1087. — (1958): A new dichobunid artiodactyle from the Uinta Eocene. — Breviora, Cambridge, **96**: 1—6.

1088. — (1959): Early Tertiary *Apheliscus* and *Phenacodaptes* as pantolestid insectivores. — Smithson. misc. Collns., Washington, **139** 7: 1—7.

1089. — (1965): An endocranial cast of the Bridger Middle Eocene primate, *Smilodectes gracilis*. — Smithson. misc. Collns., Washington, **4616**: 1—14.

1090. — (1965): A study of the Early Tertiary condylarthran mammal *Meniscotherium*. — Smithson. misc. Collns., Washington, **149** 2: 1—98.

1091. —, & R. L. Collins (1950): Remains of land mammals from the Miocene of the Chesapeake Bay region. — Smithson. misc. Collns., Washington, **116** 2: 1—21.

1092. Geais, G. (1934): Le *Brachyodus borbonicus* des argiles de St. Henri (près Marseille). — Trav. Labor. géol. Fac. Sci. Lyon, **25** 21: 1—54.

1093. Gebler, H. & Mitarb. (1963): Zur Frage der entwicklungsgeschichtlichen Stellung von *Canis lupus* (Wolf), *C. dingo* (Dingo) und *C. familiaris* (Hund). — Hoppe-Seyler'sche Z. physiol. Chemie, Berlin, **330**: 198—204.

1094. Gee, E. P. (1953): The life history of the great Indian one-horned Rhinoceros (*Rhinoceros unicornis* L.). — J. Bombay natur. Hist. Soc., **51**: 341—348.

1095. Geist, V. (1966): The evolution significance of mountainsheep horns. — Evolution, Lancaster, **20**: 558—566.

1095a. — (1966): The evolution of hornlike organs. — Behavior, Leiden, **27**: 175—214.

1096. Gemeroy, D., A. Boyden, & R. de Falco (1956): Comparative serology of the primates. — Intern. Congr. Zool., Kopenhagen, **14** 1953: 327—328.

1097. Genet-Varcin, E. (1963): Les singes actuels et fossiles. — Ed. Boubée & Cie., Paris, 1—239.

1098. — (1965): Anthropodus rouvillei. — Ann. Paléont., Paris, Vertebr. **51**: 209—219.

1099. Gentry, A. W. (1964): Skull characters of African gazelles. — Ann. Mag. nat. Hist., London, **7**: 353—382.

1100. — (1965): New evidence on the systematic position of *Hippotragus niro* Hopwood 1936 (Mammalia). — Ann. Mag. nat. Hist., London, (13) **8**: 335—338.

1101. — (1966): Fossil Antilopini of East Africa. Fossil Mammals of Africa No. 20. — Bull. Brit. Mus. nat. Hist., London, Geol. 12: 45—106.

1102. Gentry, A. W. (1967): *Pelorovis oldowayensis* Reck, an extinct bovid from East Africa. — Fossil Mammals of Africa No. 22. — Bull. Brit. Mus. nat. Hist., London, Geol. **14**: 243—299.

1103. Gervais, P. (1870): Mémoire sur les formes cérébrales propres aux carnivores vivants et fossiles. — Nouv. Archs. Mus. Hist. nat., Paris, **6**: 103—162.

1104. — (1872): Sur un singe fossile, d'èspece non encore décrite, qui a été découvert au Monte Bamboli (Italie). — C. R. Acad. Sci., Paris, **74**: 1217—1223.

1105. Gewalt, W. (1966): Ein Rundohr-Elefant (*Loxodonta cyclotis* Mtsch.) im Berliner Zoo. — Z. Säugetierkde., Berlin, Hamburg, **31**: 255—256.

1106. Ghenea, C., & C. Radulescu (1964): Contributions à la connaissance d'une faune Villafranchienne dans le Sud du Plateau moldave. — D. S. Inst. Geol., Bukarest, **50**: 165—171.

1107. Gidley, J. W. (1906): Evidence bearing on toothcusp development. — Proc. Wash. Acad. Sci., **8**: 91—110.

1108. — (1909): Notes on the fossil mammalian genus *Ptilodus*, with description of new species. — Proc. U. S. nation. Mus., Washington, **36**: 611—626.
1109. — (1912): The Lagomorphs an independent order. — Science, New York, (n. S.) **36**: 285—286.
1110. — (1915): An extinct marsupial from the Fort Union, with notes on the Myrmecobiidae and other families of this group. — Proc. U. S. nation. Mus., Washington, **48**: 395—402.
1111. — (1924): Paleocene Primates of the Fort Union, with discussion of relationships of Eocene Primates. — Proc. U. S. nation. Mus., Washington, **58**: 1—38.
1112. GIESELER, W. (1959): Die Fossilgeschichte des Menschen. — In: HEBERER, G.: Die Evolution der Organismen. 2. Aufl. Fischer, Stuttgart, 951—1109.
1113. GIJZEN, A. (1958): Notice sur la reproduction de l'okapi, *Okapia johnstoni* (SCLATER) au Jardin Zoologique d'Anvers. — Bull. Soc. zool. Anvers, **8**: 1—82.
1114. — (1959): Das Okapi. *Okapia johnstoni* (SCLATER). — Neue Brehm-Bücherei, Wittenberg, **231**: 1—120.
1115. — (1961): Le boeuf musqué (*Ovibos moschatus* ZIMMERMANN). — Zoo, Anvers, **27**: 41—48.
1116. GILES, E. (1960): Multivariate analysis of Pleistocene and recent Coyotes (*Canis latrans*) from California. — Univ. Calif. Publs. geol. Sci., Berkeley, **36**: 369—390
1117. GILL, E. D. (1953): Australian Tertiary marsupials. — Austral. J. Sci., Sydney, **16**: 106—108.
1118. — (1954): Ecology and distribution of the extinct giant marsupial, *Thylacoleo*. — Victoria Naturalist, Melbourne, **71** 2: 18—35.
1119. — (1955): The problem of extinction with special reference to Australian marsupials. — Evolution, Lancaster, **9**: 87—92.
1120. — (1955): Fluorine-phosphate ratios in relation to the age of Keilor skull, a Tertiary marsupial, and other fossils from Western Victoria. — Mem. nation. Mus., Melbourne, **19**: 106—125.
1121. — (1957): The stratigraphical occurrence and palaeoecology of some Australian Tertiary marsupials. — Mem. nation. Mus. Victoria, Melbourne, **21**: 135—203.
1122. — (1963): The Australian Aborigine and the giant extinct marsupials. — Austr. nat. Hist. **14**: 263—266.
1123. — (1965): The Paleogeography of Australia in relation to the migrations of marsupials and Men. — Trans. New York Acad. Sci., **28**: 5—14.
1124. — (1965): A description of fossils found in Victoria, Australia. — Victorian Year Book, **79**: 1—24.
1125. GILL, TH. (1872): Arrangement of the families of mammals with analytical tables. — Smithson. misc. Collns., Washington, **11** 1: 1—98.
1126. — (1884): Insectivora. — In: KINGSLEY, J. ST. (ed.): Standard Natural History, Carsino & Co., Boston, 134—158.
1127. GILLET, S., H. G. LORENZ & F. WOLTERSDORF (1965): Introduction à l'étude du Miocène supérieur de la region de Baccinello (environs de Grosseto, Italie). — Serv. Carte géol. Alsace—Lorraine, Strasbourg, **18**: 31—42.
1128. GINSBURG, L. (1955): De la subdivision du genre *Hemicyon* Lart., carnassier du Miocène. — Bull. Soc. géol. France, Paris, (6) **5**: 85—99.
1129. — (1956): Affinités et originalité structurale de *Sansanosmilus* palmidens Blv. (Miocène moyen de Sansan). — C. R. Acad. Sci., Paris, **242**: 2654—2656.
1130. — (1961): La faune des carnivores miocènes de Sansan (Gers.) — Mém. Mus. nation. Hist. nat., Paris, C **9**: 1—190.
1131. — (1961): Découverte de *Pliopithecus antiquus* BL. dans le falun savignéen de Noyant-sous-le Lude (Maine-et-Loire).— C. R. Acad. Sci., Paris, **252**: 585—587.
1132. — (1962): *Likhoelia ellenbergeri*, Tritylodonte du Trias supérieur du Basutoland (Afrique du Sud). — Ann. Paléont., Paris, **48**: 177—194.
1133. — (1963): Les mammifères fossiles récoltés à Sansan au cours du XIXe siècle. — Bull. Soc. géol. France, Paris, (7) **5**: 3—15.
1134. — (1964): Les hipparions de l'ouest de la France. — Inst. „Lucas Malladas", C. S. I. C., Curs. Conf., Madrid, **9**: 181—182.
1135. — (1965): L' „*Amphicyon*" *ambiguus* des phosphorites du Quercy. — Bull. Mus. nation. Hist. nat. Paris, **37**: 724—730.
1136. — (1966): Les Amphicyons des phosphorites du Quercy. — Annal. Paléont., Paris, **52**: 21—64.
1137. —, & E. HEINTZ (1966): Sur les affinités du genre *Palaeomeryx* (Ruminant du Miocène européen). — C. R. Acad. Sci., Paris, **262**: 979—982.
1138. GLAESSNER, M. F. (1931): Neue Zähne von Menschenaffen aus dem Miocän des Wiener Beckens. — Ann. nathist. Mus., Wien, **46**: 15—27.
1139. — (1963): „Intrusive" vertebrate fossils in the Miocene of Victoria — a correction. — Austr. J. Sci., Sydney, **25**: 411.
1140. —, B. MCGOWRAN & M. WADE (1960): Discovery of a Kongaroo bone in the Middle Miocene of Victoria. — Austr. J. Sci., Sydney, **22**: 484—485.
1141. GLAUERT, L. (1910): *Sthenurus occidentalis* GLAUERT. — Bull. geol. Surv. West-Austr., Perth, **36**: 53—64.
1142. GODINA, A. Y. (1964): On certain problems of evolution of the giraffidae. — Bull. Moscow Soc. nat., geol. **30**: 146—147 (russ.).
1143. GOLDMANN, E. A. (1913): A new generic name for the Asiatic Tapir. — Proc. biol. Soc., Washington, **26**: 65—66.
1144. GOOD, R. (1963): On the biological and physical relationships between New Guinea and Australia. — In: Pacific Basin Biogeogr. Symp. 10th Pacific Sci. Congr. **1961**: 301—309.
1145. GOODALL, J. M. (1963): My life among wild chimpanzees. — Nation. geogr. Mag., Washington, **124**: 272—308.
1146. GOODMAN, M. (1962): Immunochemistry of the Primates and Primate evolution. — Ann. New York Acad. Sci., **102**: 219—234.
1147. — (1963): Man's place in the phylogeny of the primates or reflected in serum proteins. — In: WASHBURN, S. L.: Classification and Human evolution. Aldine Publ. Comp., Chicago, 204—234.
1148. — (1963): Serum protein comparisons by twodimensional starch-gel electrophoresis and immunodiffusion plate reactions applied to the systematics of primates and other mammals. — Proc. XVI internation. Congr. Zool., Washington, **4**: 133—142.
1149. — (1964): Problems of primate systematics attacked by the serological study of proteins. — Taxon. Biochemistry & Serology, Ronald Press, 467—486.
1150. — (1966): Further details from Serum proteins on the Phylogeny of the Catarrhine Primates. (Abstr.). — Intern. primat. Soc. Conf. Frankfurt/M., 24.
1151. GOODRICH, E. S. (1935): Syndactyly in marsupials. — Proc. zool. Soc., London, **1935**: 175—178.
1152. — (1958): Studies on the structure and development of Vertebrates. — Dover Publ., Inc., New York, I—LXIX 1—837 (Neudruck v. 1930).
1153. GORGAS, K. (1967): Vergleichende Studie zur Morphologie mikroskopischer Anatomie und Histochemie der Nebennieren von Chinchilloidea und Cavioidea (Caviomorpha WOOD 1955). — Z. wiss. Zool., Leipzig, **175**: 54—236.
1154. GORGAS, M. (1966): Betrachtungen zur Hirnschädelkapazität zentralasiatischer Wildsäugetiere und ihrer Hausformen. — Zool. Anz., Leipzig, **176**: 227—235.
1155. — (1967): Vergleichend-anatomische Untersuchungen am Magen-Darm-Kanal der Sciuromorpha, Hystricomorpha und Caviomorpha (Rodentia). Über den Einfluß von Phylogenie, Spezialisation und funktioneller Adaption auf den Säugetierdarm. — Z. wiss. Zool., Leipzig, **175**: 237—404.
1156. GORJANOVIC-KRAMBERGER, K. (1906): Der diluviale Mensch von Krapina in Kroatien. Ein Beitrag zur Paläanthropologie. — 2. Lief. — I—XI 59—277.
1157. GOULD, E. (1965): Echolocation in Tenrecids. — Proc. Amer. philos. Soc., Philadelphia, **109**: 352—360.
1158. —, N. C. NEGUS & A. NOVICK (1964): Evidence for echolocation in shrews. — J. exper. Zool., Cambridge, **156**: 19—38.
1159. GRÄF, I. E. (1957): Die Prinzipien der Artbestimmung bei *Dinotherium*. — Palaeontographica, Stuttgart, **108** A: 131—185.
1159a. GRAMBAST, L., M. MARTINEZ, M. MATTAUER & L. THALER (1967): *Perutherium altiplanense* n. g. n. sp., premier mammifère mésozoique d'Amérique du Sud. — C. R. Acad. Sci., Paris, **264**: 707—710.
1160. GRANDIDIER, G. (1901): Un nouvel édenté subfossile de Madagascar. — Bull. Mus. Hist. nat., Paris, **7**: 54—56.
1161. — (1905): Recherches sur les Lémuriens disparus et en particulier ceux qui vivaient à Madagascar. — Nouv. Arch. Mus. Hist. nat., Paris, **7**: 1—412.
1162. GRANGER, W. (1908): A revision of the American Eocene horses. — Bull.Amer. Mus. nat. Hist., New York, **24**: 221—264.
1163. —, & W. K. GREGORY (1936): Further notes on the gigantic extinct rhinoceros, *Baluchitherium*, from the Oligocene of Mongolia. — Bull. Amer. Mus. nat. Hist., New York, **72**: 1—73.

1164. — & — (1943): A revision of the Mongolian *Titanotheres*. — Bull. Amer. Mus. nat. Hist., New York, **80**: 349—386.

1165. —, & G. G. SIMPSON (1929): A revision of the Tertiary Multituberculata. — Bull. Amer. Mus. nat. Hist., New York, **56**: 601—676.

1166. GRASSÉ, P. P. (1955): Mammifères. — Traité de Zool., Masson et Cie., Paris, XVII, 1 + 2: 1—2300.

1167. GRAY, A. P. (1954): Mammalian hybrids. A check-list with bibliography. — Commonwealth Agricult. Bur., Farnham Royal Bucks, I—X, 1—144.

1168. GRAY, J. E. (1825): A synopsis of the genera of reptiles and amphibia, with a description of some new species. — Ann. philos., London, **26**: 193—217.

1169. — (1867): Notes on the skulls of the Cats (Felidae). — Proc. zool. Soc. London, **1867**: 258—277.

1169a. — (1869): Catalogue of carnivorous, pachydermatous, and edentate Mammalia in the British Museum. — Brit. Mus. nat. Hist., London, I—VII, 1—398.

1170. GREEN, H. L. H. H. (1937): The development and morphology of the teeth of *Ornithorhynchus*. — Trans. philos. roy. Soc., London, B **228**: 367—420.

1171. GREENWOOD, M. (1956): Fossil Hystricoidea from the Makapan Valley, Transvaal. — Palaeont. afric., Johannesburg, **3**: 77—85.

1172. GREGORIO, A. DEL (1886): Intorno a un deposito roditore e di carnivori. — Atti Soc. toscana Sci. nat., Pisa, Mem. **8**: 217—253.

1173. GREGORY, J. T., & TH. DOWNS (1951): *Bassariscus* in Miocene fauna and „*Potamotherium lycopotamicum* COPE". — Postilla, New Haven, **8**: 1—10.

1174. GREGORY, W. K. (1910): The orders of mammals. — Bull. amer. Mus. nat. Hist., New York, **27**: 1—524.

1175. — (1915): On the classification and phylogeny of the Lemuroidea. — Bull. geol. Soc. Amer., Rochester, **26**: 426—446.

1176. — (1916): Studies on the evolution of the Primates I. The Cope-Osborn „Theory of Trituberculy" and the ancestral patterns of the Primates. — Bull. Amer. Mus. nat. Hist., New York, **35**: 239—355.

1177. — (1920): On the structure and relations of *Notharctus*, an American Eocene primate. — Mem. Amer. Mus. nat. Hist., New York, (n. S.) **3**: 49—243.

1177a. — (1920): Studies in comparative myology and osteology. IV. A review of the evolution of the lacrymal bone of vertebrates with special references to that of mammals. — Bull. Amer. Mus. nat. Hist., New York, **42**: 95—203.

1178. — (1922): The origin and evolution of the human dentition. — Williams & Wilkins Co., Baltimore, I—XVIII, 1—548.

1179. — (1927): How near is the relationship of man to the chimpanzee-gorilla stock? — Quart. Rev. Biol., Baltimore, **2**: 549—560.

1180. — (1930): A critique of Prof. F. WOOD-JONES's paper: "Some landmarks in the phylogeny of the Primates". — Human Biol., Baltimore, **2**: 99—108.

1181. — (1934): A half century of Trituberculy. The COPE-OSBORN. Theory of dental evolution. — Proc. Amer. philos. Soc., Philadelphia, **73**: 169—317.

1182. — (1936): On the phylogenetic relationships of the giant Panda (*Ailuropoda*) to other arctoid carnivora. — Amer. Mus. Novit., New York, **878**: 1—29.

1183. — (1936): On the meaning and limits of irreversibility of evolution. — Amer. Naturalist, Lancaster, **70**: 517—528.

1184. — (1947): The monotremes and the palimpsest theory. — Bull. Amer. Mus. nat. Hist., New York, **88**: 1—52.

1185. — (1949): The bearing of the Australopithecinae upon the problem of Man's place in nature. — Amer. J. phys. Anthrop., Washington, **7**: 485—512.

1186. — (1951): Evolution emerging. A survey of changing Pattern from primeval life to Man. — Amer. Mus. nat. Hist., The Mac Millan Comp., New York, I—XXVI, 1—736.

1187. —, & H. J. COOK (1928): New material for the study of evolution. A series of primitive rhinoceros skulls (*Trigonias*) from the Lower Oligocene of Colorado. — Proc. Colorado Mus. nat. Hist., Denver, **8**: 1—32.

1188. —, & M. HELLMAN (1926): The dentition of *Dryopithecus* and the origin of Man. — Anthrop. Pap. Amer. Mus. nat. Hist., New York, **28**: 1—123.

1189. — & — (1939): On the evolution and major classification of the Civets (Viverridae) and allied fossil and recent Carnivora: A phylogenetic study of the skull and dentition. — Proc. Amer. phil. Soc., Philadelphia, **81**: 309—392.

1190. — & — (1939): The dentition of the extinct South African man-ape *Australopithecus* (*Plesianthropus*) *transvaalensis* BROOM. A comparative and phylogenetic study. — Ann. Transvaal Mus., Pretoria, **29**: 339—373.

1191. —, — & G. E. LEWIS (1937): Fossil Anthropoids of the Yale-Cambridge India Expedition of 1935. — Publs. Carnegie Inst. Washington, **495**: 1—27.

1192. —, & R. KELLOGG (1927): A fossil porpoise from California. — Amer. Mus. Novit., New York, **269**: 1—7.

1193. —, & G. K. NOBLE (1924): The origin of the Mammalian alisphenoid bone. — J. Morph. Physiol., Washington, **39**: 435—461.

1194. —, & G. G. SIMPSON (1926): Cretaceous mammal skulls from Mongolia. — Amer. Mus. Novit., New York, **225**: 1—20.

1195. GREMIATSKIJ, M. A. (1957): Fossil monkeys on U.S.S.R. territory. — Sovjet. Anthrop., Moskau, **1**: 35—46 (russ.).

1196. — (1961): Main line of primate evolution in the Neogene. — Vopros. Anthrop., Moskau, **7**: 3—8.

1196a. GREVÉ, C. (1891): Die geographische Verbreitung der Hyaeniden und Caniden. — Zool. Jb. (Syst. etc.), Jena, **5**: 400—424.

1197. GRIFFIN, D. R. (1958): Listening in the Dark. The acoustic orientation of bats and men. — Yale Univ. Press, New Haven, 1—413.

1198. — (1962): Echo-Ortung der Fledermäuse, insbesondere beim Fangen fliegender Insekten. — Naturw. Rdsch., Stuttgart, **15**: 169—173.

1199. —, & R. GALAMBOR (1941): The sensory basis of obstacle avoidance by flying bats. — J. exper. Biol., Cambridge, **86**: 481—506.

1200. —, & A. NOVICK (1955): Acoustic orientation of neotropical bats. — J. exper. Zool., Philadelphia, **130**: 251—300.

1201. —, — & M. KORNFIELD (1958): The sensitivity of echolocation in the fruit bat, *Rousettus*. — Biol. Bull., Woods Hole, **115**: 107—113.

1202. GRIGORJEV, N. (1956): Kreuzungen zwischen Feldhasen (*Lepus europaeus* PALL.) und Schneehasen (*Lepus timidus* L.) im Zoologischen Garten in Kasan. — Zool. J., Moskau, **35**: 1099—1100.

1203. GRIPP, K. (1943): Die Rengeweihe von Stellmoor: Ahrensburger Stufe. — In: RUST, A.: Die alt- und mittelsteinzeitl. Funde von Stellmoor. Neumünster/Holstein, 106—122.

1204. GROMOV, I. V. (1961): Die jungpleistozänen Rodentia der Bergregion der Krim. — Akad. Nauk USSR, Schriften der Kommiss. Erforschg. Quartär, Moskau, **17**: 1—190.

1205. GROMOVA, V. (1949): Die Geschichte der Pferde (Gattung *Equus*) in der Alten Welt. — Trudy paleont. Inst. Akad. Wiss. USSR, Moskau, **17**: 1—162 (russ.).

1206. — (1952): Le genre *Hipparion*. — Trudy paleont. Inst. Akad. Nauk USSR, Moskau, **36**: 1—473 (russ.).

1207. — (1954): Sumpfnashörner (Amynodontidae) aus der Mongolei. — Trudy paleont. Inst. Akad. Nauk, USSR, Moskau, **55**: 85—189.

1208. — (1955): Le genre *Hipparion*. — (Traduct.: Ann. centr. Étud. Docum. paléont., Paris, **12**: 1—290.

1209. — (1958): Nouvelles trouvailles des Amynodontidés au Mongolie. — Vertebr. palasiatica, Peking, **2**: 107—116.

1210. — (1959): Gigantische Nashörner. — Trudy paleont. Inst. Akad. Nauk USSR. Moskau, **71**: 1—164. (russ.).

1211. — (1959): Première découverte d'un chat primitif au Paleogène d'Asie centrale. — Vertebr. palasiatica, Peking, **3**: 59—72.

1212. — (1960): A new family (Tshelkariidae) of primitive carnivores (Creodonta) from the Oligocene in Asia. — Trudy paleont. Inst. Akad. Nauk USSR, Moskau, **77**: 41—47 (russ.).

1213. — (1960): The first finding of an amynodont in the Soviet Union (new genus *Procadurcodon*). — Trudy paleont. Inst. Akad. Nauk USSR, Moskau, **77**: 128—151 (russ.).

1214. — (1963): Das Skelett des Tarpans (*Equus caballus gmelini* ANT.) und anderer heutiger Wildpferde. — Trans. Moscow Soc. nat., **10**: 1—61.

1215. GROSS, W. (1964): Polyphyletische Stämme im System der Wirbeltiere? — Zool. Anz., Leipzig, **173**: 1—22.

1216. GROSSER, O. (1909): Vergleichende Anatomie und Entwicklungsgeschichte der Eihäute und Placenta. — Wien-Leipzig, I—XI, 1—314.

1217. — (1941): Zur Frage der Abstammung der Säugetiere. — Ergebn. Anat. Entw.Gesch., Wiesbaden, **33**: 1—30.

1218. GROVES, C. P., & V. MAZAK (1967): On some taxonomic problems of Asiatic wild asses; with the description of a new subspecies (Perissodactyla; Equidae). — Z. Säugetierkde., Berlin, **32**: 321—354.

1218a. GRÜNTHAL, E. (1942): Über den Primatencharakter des Gehirns von *Delphinus delphis*. — MonSchr. Psychol. Neurol., Basel, **105**: 249—274.

1219. GRZIMEK, B. (1956): Die belgische Elefanten-Zähmungsstation Gangala na Bodio. — Säugetierkdl. Mitt., Stuttgart, **4**: 1—10.

1220. — (1958): Die gegenwärtige Zahl der Nashörner auf der Erde. — Säugetierkdl. Mitt., Stuttgart, **6**: 117—120.

1221. — (1960): Die gegenwärtige Zahl der Nashörner auf der Erde (Teil 2). — Säugetierkdl. Mitt., Stuttgart, **8**: 21—25.

1222. GÜNTHER, E. W. (1964): Zur Altersdatierung der „*Homo*"-Fundschicht von Ehringsdorf bei Weimar. — Z. Morph. Anthrop., Stuttgart, **58**: 23—32.

1223. GUÉRIN, C. (1965): *Gallogoral* (n. g.) *meneghini* (RÜT. 1878), un rupicapriné du Villafranchien d'Europe occidentale. — Docum. Labor. géol. Lyon, Fac. Sci., **11**: 1—353.

1224. — (1966): *Diceros douariensis* nov. sp., un rhinoceros du Mio-Pliocène de Tunisie du Nord. — Docum. Labor. géol. Fac. Sci. Lyon, **16**: 1—50.

1225. GUILDAY, J. E. (1958): The prehistoric distribution of the opossum. — J. Mammal., Baltimore, **39**: 39—43.

1226. — (1962): Supernumary molars of *Otocyon*. — J. Mammal., Baltimore, **43**: 455—462.

1227. — (1963): Pleistocene zoogeography of the lemming, *Dicrostonyx*. — Evolution, Lancaster, **17**: 194—197.

1228. GUREEV, A. A. (1960): Hasenartige (Lagomorpha) aus dem Oligozän der Mongolei und Kasachstans. — Trudy paleont. Inst. Akad. Nauk USSR, Moskau, **72**: 5—34. (russ.).

1229. — (1964): Hasenartige (Lagomorpha). — Fauna der USSR (Säugetiere III/10). — Moskau, 1—276.

1230. — (1964): The phylogeny of the Lagomorpha Order (Mammalia) viewed in the light of recent data supplied by paleontology and comparative morphology. — Doklady Akad. Nauk USSR, Moskau, **155**: 1227—1229. (russ.).

1231. GUSTAVSSON, I., & C. O. SUNDT (1965): Chromosome studies in five species of deer representing the four genera *Alcas, Capreolus, Cervus* and *Dama*. — Mamm. Chromos. Newsletter, Houston, **18**: 149.

1232. GUT, H. J. (1959): Pleistocene vampire bat from Florida.— J. Mammal., Baltimore, **40**: 534—538.

1233. GUTH, C. (1956): Au sujet des osselets de l'oreille chez les édentés fossiles. — Mammalia, Paris, **20**: 16—22.

1234. — (1961): La région temporale des Édentés. — Thèse, Impr. J. d'Arc., Le Puy, 1—191.

1235. — (1962): Apport systématique et phylogénétique de l'étude de la région temporale des édentés. — Colloques internation. Cent. nation. Rech. scient., Paris, **104**: 343—361.

1236. — (1964): Sinus veineux et veines de l'arrièrecrâne de quelques carnivores fossiles. — Ann. Paléont. Paris, **50**: 3—13.

1237. — (1964): A propos de *Miacis exilis* des phosphorites du Quercy. — Mammalia, Paris, **28**: 359—365.

1238. — H. HEIM DE BALSAC & M. LAMOTTE (1959): Recherches sur la morphologie de *Micropotamogale lamottei* et l'évolution des Potamogalinae I. — Mammalia, Paris, **23**: 423—447.

1239. —, — & — (1960): Recherche sur la morphologie de *Micropotamogale lamottei* et l'évolution des Potamogalinae. II. — Mammalia, Paris, **24**: 190—217.

1240. GUTHRIE, D.-A. (1963): The carotid circulation in the Rodentia. — Bull. Mus. comp. Zool., Cambridge, **128**: 457—481.

1241. GUTHRIE, R. D. (1965): Variability in characters undergoing rapid evolution, an analysis of *Microtus* molars. — Evolution, Lancaster, **19**: 214—233.

1242. GUYÉNOT, E. (1954): L'anatomie comparée des vertébrés et l'évolution. — Bull. Soc. zool. France, Paris, **78**: 291—304.

1243. HAAS, G. (1959): Untersuchungen über angeborene Verhaltensweisen bei Mähnenspringern (*Ammotragus lervia* PALLAS). — Z. Tierpsychol., Berlin, **16**: 218—242.

1244. — (1963): Beitrag zum Verhalten des Bambusbären (*Ailuropus melanoleucus*). — Zool. Garten, (n. F.), Leipzig, **27**: 225—233.

1245. HAECKEL, E. (1866): Generelle Morphologie der Organismen. II. — Berlin, 1—462.

1246. HAGMANN, G. (1901): Kritische Bemerkungen zur Systematik der amazonischen Füchse. — Zool. Anz., Leipzig, **24**: 509—514.

1247. HAHN, G. (1967): Schädelbau eines Multituberculaten aus dem Kimmeridge. — J.-Vers. paläont. Ges. Münster 1966, Paläont. Z. **41**: 9.

1248. HAHN, H. (1959): Von Baum, Busch und Klippschliefern, den kleinen Verwandten der Seekühe und Elefanten. — Neue Brehm-Bücherei, Wittenberg, **246**: 1—88.

1249. HAINES, R. W. (1958): Arboreal or terrestrial ancestry of the placental mammals. — Rev. Biol., Baltimore, **33**: 1—23.

1250. HALL, E. R. (1927): Species of the mammalian subfamily Bassariscinae. — Univ. Calif. Publs. geol. Sci., Berkeley, **16**: 435—448.

1251. — (1930): Three new genera of Mustelidae from the Later Tertiary of California. — J. Mammal., Baltimore, **11**: 146—155.

1252. — (1936): Mustelid mammals from the Pleistocene of North America; with systematic notes on some recent members of the genera *Mustela, Taxidea* and *Mephitis*. — Publs. Carnegie Instn., Contrib. Palaeont., Washington, **473**: 42—119.

1253. HALLER VON HALLERSTEIN, V. (1934): Zerebrospinales Nervensystem I. — In: BOLK, GÖPPERT, KALLIUS & LUBOSCH: Hdb. vgl. Anat. Wirbeltiere **2**: 1—318.

1254. HALTENORTH, TH. (1937): Die verwandtschaftliche Stellung der Großkatzen zueinander. — Z. Säugetierkde., Berlin, **12**: 97—240.

1255. — (1953): Die Wildkatzen der Alten Welt. Eine Übersicht über die Untergattung *Felis*.— Geest & Portig, Leipzig, 1—166.

1256. — (1953): Lebende arabische Sandkatze, *Felis margarita* (LOCHE 1858). — Säugetierkdl. Mitt., Stuttgart, **1**: 71—73.

1257. — (1957): Die Wildkatze. — Neue Brehm-Bücherei, Wittenberg, **189**: 1—100.

1258. — (1958): Klassifikation der Säugetiere I. — Handb. Zool., Berlin, **8** I 1 u. 2: 1—40.

1259. — (1958): Der geheimnisvolle Mesopotamier. — Wild u. Hund, Hamburg, Berlin, **60**: 435—437.

1260. — (1958): Rassehunde — Wildhunde. Herkunft — Arten — Rassen — Haltung. — Winters natw. Taschenb., Heidelberg, **28**: 1—216.

1261. — (1959): Beitrag zur Kenntnis des Mesopotamischen Damhirsches — *Cervus (Dama) mesopotamicus* BROOKE 1875 — und zur Stammes- und Verbreitungsgeschichte der Damhirsche allgemein. — Säugetierkdl. Mitt., Stuttgart, **7**: 1—89.

1262. — (1961): Lebensraum, Lebensweise und Vorkommen des Mesopotamischen Damhirsches, *Cervus mesopotamicus* BROOKE, 1875. — Säugetierkdl. Mitt., Stuttgart, **9**: 15—39.

1263. — (1963): Die Klassifikation der Säugetiere. 18. Ordnung Paarhufer; Artiodactyla OWEN, 1848. — Handb. Zool., Berlin, **8** I 18: 1—167.

1264. — (1965): Bericht über das 2. Symposium zur Erhaltung des Wildpferdes vom 18.—20. 1. 1965 in Berlin. — Säugetierkdl. Mitt., Stuttgart, **13**: 47.

1265. — (1966): Klasse Mammalia, Säugetiere. Handb. Biol., Frankfurt, **6**: 867—1058.

1266. — (1967): Mammalia. — Limnofauna Europaea (ed. J. Illies). — G. Fischer, Stuttgart, 451—452.

1267. HAMOR, M. & M. SCHUTOVA (1966): Neue Daten über die geographische Veränderlichkeit und die Entwicklung der Gattung *Mesocricetus* NEHRING, 1898 (Glires, Mammalia). — Z. Säugetierkde., Berlin, Hamburg, **31**: 237—251.

1268. HAMERTON, J. L. (1958): Problems in mammalian cytotaxonomy. — Proc. Linn. Soc. London, **169**: 112—125.

1269. — (1963): Primate chromosomes. — Symp. zool. Soc. London, **10** (The Primates): 211—219.

1270. —, H. P. KLINGER, D. E. MUTTON & E. M. LANG (1963): The somatic chromosomes of the Hominoidea. — Cytogenetics, **2**: 260—263.

1271. HANCAR, F. (1956): Das Pferd in prähistorischer und früher historischer Zeit. — Wiener Beitr. Kulturgesch. Ling. (Inst. Völkerkde.), **11**: 1—651.

1272. HANDLEY, C. O. (1955): Nomenclature of some Tertiary chiroptera. — J. Mammal., Baltimore, **36**: 128—130.

1273. HANKE, H. E. (1914): Beitrag zur Kenntnis der Anatomie des äußeren und mittleren Ohres der Bartenwale. — Z. Naturwiss., Jena, **51**: 487—524.

1274. HARRISON, L. (1924): The migration route of the Australian marsupial fauna. — The austral. Zool., Sydney, **3**: 247—263.

1275. HARRISON, T., D. A. HOOIJER & L. MEDWAY (1961): An extinct giant pangolin and associated mammals from Niah Cave, Sarawak. — Nature, London, **189**: 166.

1276. HARTENBERGER, J. L. (1965): *Gliravus robiacensis* n. sp., nouveau rongeur (Gliridae) de l'Éocène supérieur du Languedoc. C. R. Soc. géol. France, Paris, 326—327.

1277. — (1965): Les Cricetidae (Rodentia) de Can Llobateres (Néogène d'Espagne). — Bull. Soc. géol. France, Paris, (7) **7**: 487—498.

1278. — (1966): Les rongeurs du Vallésien (Miocène supérieur) de Can Llobateres (Sabadell, Espagne): Gliridae et Eomyidae.— Bull. Soc. géol. France, Paris, (7) 8: 596—604.
1279. — (1967): Contributions à l'étude de l'anatomie crânienne des rongeurs. I. Principaux types de Cricetodontinés. — Palaeovertebrata, Montpellier, 1: 47—64.
1280. HARTMAN, C. G. (1925): On some characters of taxonomic value appertaining to the egg and ovary of rabbits. — J. Mammal., Baltimore, 6: 114—121.
1281. HARVEY, L. A. (1957): Phylogenetic problems among rodents. — Sci. Progr., London, 45: 525—531.
1282. HASEGAWA, Y. (1957): On a new Insectivora from the Upper Kuzuu Formation in Japan. — Sci. Rep. Yokohama nation. Univ., 6: 65—69.
1283. HATCHER, J. B. (1896): Recent and fossil tapirs. — Amer. J. Sci., New Haven, 1: 161—180.
1284. HAUCK, E. (1950): Abstammung, Ur- und Frühgeschichte des Haushundes. — Prähist. Forschg., Wien, 1: 1—164.
1285. HAUPT, O. (1925): Die Palaeohippiden der eocänen Süßwasserablagerungen von Messel bei Darmstadt. — Abh. hess. geol. L. Anst. Darmstadt, 6: 1—159.
1286. — (1935): Andere Wirbeltiere des Neozoikums. — In: SALOMON-CALVI, W.: Oberrheinischer Fossilkatalog, Borntraeger, Berlin, Lfg. 4, No. 9, 1—103.
1287. HAUSMAN, L. A. (1929): The „ovate bodies" of the hair of *Nothrotherium shastense.* — Amer. J. Sci., New Haven, 106: 331—333.
1288. — (1936): Further studies of the hair of the fossil ground sloth (*Nothrotherium shastense*) and of its problematical „ovate bodies". — Amer. J. Sci., New Haven, 31: 223—228.
1289. HAVESSON, J. J. (1954): Tertiäre Kamele der östlichen Hemisphäre. — Trudy paleont. Inst. Akad. Nauk USSR, Moskau, 47: 100—162.
1290. — (1961): On the position of Tylopoda in the Mammalian system. — Palaeont. J., Moskau, 1961, No. 2, 131—133 (russ.).
1291. HAY, O. P. (1913): Description of the skull of an extinct horse found in Central Alaska. — Smithson. misc. Collns., Washington, 61: 1—18.
1292. — (1915): A contribution to the knowledge of the extinct Sirenian *Desmostylus hesperus* MARSH. — Proc. U. S. nation. Mus., Washington, 49: 381—397.
1293. — (1923): Characteristics of sundry fossil vertebrates. III. *Desmostylus*; its species and relationships. — Pan-amer. Geol., Des Moines, 39: 105—109.
1294. HAY, R. L. (1963): Stratigraphy of Beds I through IV, Olduvai gorge, Tanganyika. — Science, New York, 139: 829.
1295. HAYASI, K. (1927): Weitere Untersuchungen über die Verwandtschaftsverhältnisse zwischen den verschiedenen Walarten. — Japan. J. med. Sci., Trans. 2 Biochem., Tokyo, 1 2: 127—132.
1296. HEBERER, G. (1944): Die Urkunden der menschlichen Stammesgeschichte. — In: HAECKEL, E.: Eine Schriftenreihe 2: 162—184.
1297. — (1950): Das Präsapiens-Problem. — In: Festschrift f. H. NACHTSHEIM. Berlin, 131—162.
1298. — (1952): Fortschritte in der Erforschung der Phylogenie der Hominoidea. — Erg. Anat. Entw.Gesch., Wiesbaden, 34: 499—637.
1299. — (1956): Die Fossilgeschichte der Hominoidea. — Primatologia, Karger, Basel, 1: 379—560.
1300. — (1959): Die subhumane Abstammungsgeschichte des Menschen. — Die Evolution der Organismen, 2. Aufl., Fischer, Stuttgart, 1110—1142.
1301. — (1960): „*Zinjanthropus boisei*" und der Status der Prähomininen (Australopithecinae). — Zool. Jb. (Syst.), Jena, 88: 91—106.
1302. — (1961): Die Abstammung des Menschen. — Handb. Biol., Frankfurt, 9. 245—328.
1302a. — (1963): Über einen neuen archanthropinen Typus aus der Oldoway-Schlucht. — Z. Morph. Anthrop., Stuttgart, 53: 171—173.
1302b. — (1964): „*Homo habilis*" — eine neue Menschenform aus der Oldoway-Schlucht? — Umschau, Frankfurt, 64: 685—687.
1303. — (1965): Über den systematischen Ort und den physischpsychischen Status der Australopithecinen. — In: HEBERER, G. (Hgeb.): Menschliche Abstammungslehre. Fortschritte der Anthropogenie 1863—1964. Fischer, Stuttgart, 310—356.
1304. — (1965): Von der Abstammung des Menschen. — n+m „Naturw. Med.", Mannheim, 2: 35—49.
1305. — (1966): Über die osteodontokeratische „Kultur" der Australopithecinen. — Quartär, Bonn, 17: 21—50.
1306. HECK, L. (1925): Paarhufer (Artiodactyla). — In: BREHMS Tierleben, Leipzig, 13: 1—379.
1307. HEDIGER, H. (1958): Verhalten der Beuteltiere (Marsupialia). — Handb. Zool., Berlin, 8 10(9): 1—28.
1308. — (1963): Weitere Dressurversuche mit Delphinen und anderen Walen. — Z. Tierpsychol., Berlin, Hamburg, 20: 487—497.
1309. — (1965): Der Mindoro-Büffel, das seltenste Wildrind. — Z. Säugetierkde., Berlin, Hamburg, 30: 249—253.
1310. HEIM DE BALSAC, N. (1936): Le Hérisson d'Algérie, *Aethechinus algirus*, relique pliocène du France. — Bull. Mus. Hist. nat., Paris, 8: 322—326.
1311. — (1956): Morphologie divergente des Potamogalinae (Mammifères Insectivores) en milieu aquatique. — C. R. Acad. Sci., Paris, 242: 2257—2258.
1312. — (1958): Persistence inattendue de certains caractères ancestraux dans la denture de soricidae (Mammifères insectivores). — C. R. Acad. Sci., Paris, 247: 1499—1501.
1313. —, & F. BOURLIERE (1955): Ordres des Insectivores: Systématique. — In: GRASSÉ, P. P.: Traité de Zoologie, Paris, 17, 2: 1653—1697.
1314. —, & M. LAMOTTE (1956): Evolution et phylogénie des soricidés africains. I. — Mammalia, Paris, 20: 140—167.
1315. — & — (1957): Evolution et phylogénie des soricidés africains (suite et fin). II. La lignée *Sylvisorex* — *Suncus* — *Crocidura.* — Mammalia, Paris, 21: 15—49.
1316. HEINTZ, A., & V. GARRUTT (1965): Determination of the absolute age of the fossil remains of mammoth and wolly rhinoceros from the permafrost in Siberia by the help of Radio Carbon (C^{14}). — Norsk geol. Tidskr., Oslo, 45: 73—79.
1317. HEINTZ, E. (1962): La fenêtre ethmoidale chez *Oreotragus oreotragus* ZIMMERMANN et sa valeur taxinomique. — Mammalia, Paris, 26: 494—496.
1318. — (1964): Un nouveau Rupicaprinae fossile du gisement villafranchien de St. Vallier (Drôme). — C. R. Soc. géol. France, Paris, 9: 373—374.
1319. HELBING, H. (1921): Zur Skelettrekonstruktion eines oberoligozänen Fischotters. — Verh. schweizer. naturf. Ges. (101. Sess. Neuchâtel 1920) ,Aarau, 1920: 209—210.
1320. — (1925): Das Genus Hyaenaelurus Biedermann. — Eclogae geol. Helv., Basel, 19: 214—245.
1321. — (1927): Une genette miocène trouvée dans les argiles de Captieux (Gironde). — Verh. naturf. Ges. Basel, 38: 305—315.
1322. — (1933): Ein *Orycteropus*-Fund aus dem unteren Pliocän des Roussillon. — Evlogae geol. Helv. Basel, 26: 256—267.
1323. — (1934): *Felis* (*Catolynx*) *chaus* GÜLD. aus dem Travertin von Untertürkheim bei Stuttgart. — Eclogae geol. Helv., Basel, 27: 443—457.
1324. — (1936): Die Carnivoren des Steinheimer Beckens. A. Mustelidae. — Palaeontographica, Stuttgart, Suppl. 8 5: 1—56.
1325. — (1938): Nachweis manisartiger Säugetiere im stratifizierten europäischen Oligozän. — Eclogae geol. Helv., Basel, 31: 296—303.
1326. HELLER, E. (1913): The white Rhinoceros. — Smithson. misc. Collns., Washington, 61 1: 1—77.
1327. HELLER, F. (1935): *Amphilemur eocaenicus* n. g. et n. sp., ein primitiver Primate aus dem Mitteleozän des Geiseltales bei Halle a. S. — Nova Acta Leopold., Halle, (n. F.) 2: 293—300.
1328. — (1935): Fledermäuse aus der eozänen Braunkohle des Geiseltales bei Halle a. d. Saale. — Nova Acta Leopold., Halle, (n. S.) 2: 301—314.
1329. — (1936): Eine oberpliocäne Wirbeltierfauna aus Rheinhessen. — N. Jb. Min. etc., Stuttgart, B Beil. Bd. 76: 99—160.
1330. — (1949): *Ursus* (*Plionarctos*) *stehlini* KRETZOI, der kleine Bär aus den altdiluvialen Sanden von Mauer-Bammental und Mainz-Wiesbaden. — SBer. Heidelbg. Akad. Wiss., math.-naturw. Kl. (1949) 11: 1—60.
1331. — (1953): Ein Schädel von *Felis spelaea* GOLDF. aus der Frankenalb (Zugleich ein Beitrag zum Löwe-Tiger-Problem der diluvialen Großkatze). — Erlanger geol. Abh., 7: 1—24.
1332. — (1957): Die fossilen Gattungen *Mimomys* F. MAJ., *Cosomys* WILS. und *Ogmodontomys* HIBB. (Rodentia, Microtinae) in ihren systematischen Beziehungen. — Acta zool. cracov., 2: 219—237.
1333. — (1958): Eine neue altquartäre Wirbeltierfauna von Erpfingen (Schwäbische Alb). — N. Jb. Geol. Paläont., Stuttgart, Abh. 107: 1—102.

1334. — (1963): Eine altquartäre Wirbeltierfauna des unteren Cromerian aus der nördlichen Frankenalb. — N. Jb. Geol. Paläont., Stuttgart, Abh. **118**: 1—20.

1335. HELMCKE, J. G. (1959): Schmelzstrukturen von Wirbeltierzähnen in stammesgeschichtlicher Sicht. — Zool. Anz., Leipzig, **22** Suppl.: 314—326. (Verh. dtsch. Zool. Ges. Frankfurt 1958).

1336. HEMMER, H. (1964): Zur systematischen Stellung des Nebelparders, *Neofelis nebulosa* (GRIFFITH 1821). — Säugetierkdl. Mitt., Stuttgart, **12**: 13—17.

1337. — (1964): Zur Systematik und Stammesgeschichte der Pantherkatzen (Pantherinae). — Die Naturwiss., Berlin, **51**: 643.

1338. — (1964): *Homo habilis* — eine neue Hominidenart aus Ostafrika. — Homo, Berlin, Stuttgart, **15**: 106—109.

1339. — (1965): Studien an „*Panthera*" *schaubi* VIRET aus dem Villafranchien von St. Vallier (Drôme). — N. Jb. Geol. Paläont., Stuttgart, Abh. **122**: 324—336.

1340. — (1965): Zur Nomenklatur und Verbreitung des Genus *Dinofelis* ZDANSKY 1924 (*Therailurus* PIVETEAU 1948). — Palaeont. afric., Johannesburg, **9**: 75—89.

1341. — (1965): Über allometrische Beziehungen zwischen Hirnkapazität und Hirnschädelwölbung im Genus *Homo*. — Homo, Berlin, Stuttgart, **15**: 218—224.

1342. — (1965): Die Aussage der Säugetierfaunen für Ökologie pleistozäner Hominiden. — Homo, Berlin, Stuttgart, **16**: 95—109.

1343. — (1966): Untersuchungen zur Stammesgeschichte der Pantherkatzen (Pantherinae). I. — Veröff. zool. Staatssamlg., München, **11**: 1—121.

1344. — (1967): Der phylogenetische Gestaltwandel des Hominidenschädels in allometrischer Betrachtung. — Homo, Berlin, Stuttgart, **18**: 139—143.

1345. — (1967): Allometrie. Untersuchungen zur Evolution des menschlichen Schädels und seiner Rassentypen. — Fortschr. Evol. Forschg., Fischer, Stuttgart, **3**: 1—104.

1346. — (1967): Zur allometrischen Charakterisierung von Populationen des Neolithikums. — Homo, Berlin, Stuttgart, **18**: 211—220.

1347. — (1967): Wohin gehört „*Felis*" *palaeosinensis* ZDANSKY 1924 in systematischer Hinsicht. — N. Jb. Geol. Paläont., Stuttgart, Abh. **129**: 83—96.

1348. —, & G. H. R. V. KOENIGSWALD (1964): Fossile Nebelparder (*Neofelis*) aus dem Pleistozän Südchinas und Javas. — Proc. kon. nederl. Akad. Wetensch., Amsterdam, (B) **67**: 1—16.

1349. HENCKEL, K. O. (1927): Das Primordialkranium der Halbaffen und die Abstammung der höheren Primaten. — Anat. Anz., Jena, Ergh. zu **63**: 108—116.

1350. — (1928): Das Primordalcranium von *Tupaia* und der Ursprung der Primaten. — Z. Anat. Entw.Gesch., Berlin, **86**: 204—227.

1351. — (1928): Studien über das Primordialcranium und die Stammesgeschichte der Primaten. — Morph. Jb., Leipzig, **59**: 105—178.

1352. HENDRICHS, H. (1963): Wiederkäuen bei Klippschliefern und Känguruhs. — Naturwissensch., Berlin, **50**: 454—455.

1353. — (1965): Vergleichende Untersuchung des Wiederkäuerverhaltens. — Biol. ZBl., Leipzig, **84**: 681—751.

1354. HENNIG, W. (1950): Grundzüge einer Theorie der phylogenetischen Systematik. — Deutscher Zentralverlag, Berlin.

1355. HEPTNER, W. G. (1934): Notiz über den südrussischen Tarpan. — Z. Säugetierkde. Berlin, **9**: 431—433.

1356. — (1955): Notizen über Tarpane. — Zool. J., Moskau, **34**: 1404—1423 (russ.).

1357. — (1964): Über die morphologischen und geographischen Beziehungen zwischen *Mustela putorius* und *M. eversmanni*. — Z. Säugetierkde. Berlin, **29**: 321—330.

1358. — (1966): On the distribution of the wild camel (*Camelus ferus* PRZEW. 1883) on the territoria of USSR. — Zool. J., Moskau, **45**: 109—118.

1359. —, & G. DEMENTIEV (1937): Sur les relations mutuels et la position systématique des chats désertiques *Eremaelurus thinobius* OGNEV et *Felis margarita* LOCKE. — Mammalia, Paris, **1**: 227—242.

1360. HEROLD, W., & J. NIETHAMMER (1962): Zur systematischen Stellung des südafrikanischen *Gerbillus paeba* SMITH 1834 (Rodentia: Gerbillinae) auf Grund seines Alveolenmusters.— Säugetierkdl. Mitt., Stuttgart, **11**: 49—58.

1361. HERRE, W. (1937): Artkreuzungen bei Säugetieren. — Biologica generalis, Wien, **12**: 526—545.

1362. — (1939): Beiträge zur Kenntnis der Wildpferde. — Z. Tierzüchtg. Züchtgs. Biol., Berlin, Hamburg, **44**: 342—363.

1363. — (1949): Zur Abstammung und Entwicklung der Haustiere I. Über das bisher älteste primigene Hausrind Nordeuropas. — Verh. dtsch. Zool., Kiel, Leipzig, **1948**: 312—324.

1364. — (1949): Betrachtungen über vorgeschichtliche Wildschweine Mitteleuropas. — Verh. dtsch. Zool. Ges., Kiel, Leipzig, **1948**: 324—333.

1365. — (1951): Kritische Bemerkungen zum Gigantenproblem der Summoprimaten auf Grund vergleichender Domestikationsstudien. — Anat. Anz., Jena, **98**: 49—65.

1366. — (1952): Studien über die wilden und domestizierten Tylopoden Südamerikas. — Zool. Garten, Leipzig, (n. F.) **19**: 70—98.

1367. — (1953): Die Herkunft des Alpakka. — Säugetierkdl. Mitt., Stuttgart, **1**: 176—177.

1368. — (1953): Studien am Skelett des Mittelohres wilder und domestizierter Formen der Gattung *Lama* FRISCH. — Acta anat., Basel, **19**: 271—289.

1369. — (1955): Fragen und Ergebnisse der Domestikationsforschung nach Studien am Hirn. — Verh. dtsch. Zool. Ges., Leipzig, **1955**: 144—214.

1370. — (1955): Domestikation und Stammesgeschichte. — In: HEBERER, G.: Die Evolution der Organismen. 2. Aufl., Stuttgart, 801—856.

1371. — (1955): Das Ren als Haustier, eine zoologische Monographie. — Geest & Portig K.-G., Leipzig, 1—324.

1372. — (1956): Rentiere. — Neue Brehm-Bücherei, Wittenberg, **180**: 1—48.

1373. — (1956): Fragen und Ergebnisse der Domestikationsforschung nach Studien am Hirn. — Zool. Anz., Leipzig, Suppl. Bd. **19**: 144—212.

1374. — (1958): Abstammung und Domestikation der Haustiere. — Handb. Tierzüchtg., Parey, Hamburg, Berlin, **1**: 1—58.

1375. — (1958): Einflüsse der Umwelt auf das Säugetiergehirn. — Dtsch. med. WSchr., Stuttgart, **83**: 1568—1574.

1376. — (1958): Züchtungsbiologische Betrachtungen an primitiven Tierzuchten. — Z. Tierzüchtg. Züchtges. Biol., Berlin, Hamburg, **71**: 252—272.

1377. — (1960): Der Rasse- und Artbegriff. — Handb. Tierzüchtg., Berlin—Hamburg, **3**/1.

1378. — (1961): Grundsätzliches zur Systematik des Pferdes. — Z. Tierzüchtg. & ZüchtgsBiol., Berlin, Hamburg, **75**: 57—78.

1379. — (1961): Tiergeographische Betrachtungen an vorkolumbianischen Haussäugetieren Südamerikas. — Schr. geogr. Inst. Univ. Kiel, **20**: 289—304.

1380. — (1961): Kleine Bemerkungen zu systematischen Fragen. — Z. Säugetierkde, Berlin, **26**: 188—191.

1381. — (1962): Ist *Sus* (*Porcula*) *salvanicus* HODGSON 1847 eine Stammart vom Hausschwein? — Z. Tierzüchtg. Züchtgs.-Biol., Berlin, Hamburg, **76**: 265—281.

1382. — (1963): Neues zur Umweltbeeinflußbarkeit des Säugetiergehirnes. — Naturw. Rdsch., Stuttgart, **16**: 359—364.

1383. — (1964): Zum Abstammungsproblem von Amphibien und Tylopoden sowie über Parallelbildungen und zur Polyphyliefrage. — Zool. Anz., Leipzig, **173**: 66—91.

1384. — (1964): Neue Erkenntnisse über Abstammung und Entwicklung von Haustieren. — Math.-naturw. Unterr., Bonn, **17**: 1—7.

1385. — (1965): Demonstration im Tiergarten des Instituts für Haustierkunde der Universität Kiel, insbesondere von Wildcaniden und Canidenkreuzungen (Schakal/Kojoten F_1- und F_2-Bastarde sowie Pudel/Wolf-Kreuzungen). — Verh. dtsch. Zool. Ges., Kiel, Leipzig, **1964**: 622—635.

1386. — (1966): Ansprache bei der Eröffnung der 40. Hauptversammlung in Amsterdam am 4. 10. 1966. — Z. Säugetierkde., Berlin, **31**: 490—494.

1387. — (1966): Das Institut für Haustierkunde der Christian-Albrecht-Universität und die ihm angeschlossene staatliche Vogelschutzwarte Schleswig-Holstein. — Christiana Albertina, Kieler Univ. Z., **2**: 63—74.

1388. —, & K. D. KESPER (1953): Zur Verbreitungsgeschichte von *Ovis ammon* in Europa. — Zool. Anz., Leipzig, **151**: 204—209.

1389. —, & M. RÖHRS (1955): Über die Formenmannigfaltigkeit des Gehörns der Caprini SIMPSON 1945. — Zool. Garten, Leipzig, (n. F.) 22: **85**—110.

1390. — & — (1958): Die Tierreste aus den Hethitergräbern von Osmankayasi (Nach d. Grabg. des Jahres 1952). — Mitt. dtsch. Orientges., Berlin, **71**: 60—80.

1391. —, & U. THIEDE (1965): Studien an Gehirnen südamerikanischer Tylopoden. — Zool. Jb. (Anat. etc.), Leipzig, **82**: 155—176.
1392. —, H. FRICK, & M. RÖHRS (1961): Über Ziele, Begriffe, Methoden und Aussagen der Haustierkunde. — Z. Tierzüchtg. Züchtgs.Biol., Berlin, Hamburg, **76**: 114—124.
1392a. HERSHKOVITZ, PH. (1954): Mammals of Northern Colombia. Preliminary report No. 7: Tapirs (Genus *Tapirus*), with a systematic review of American species. — Proc. U. S. nation. Mus., Washington, **103** 3329: 465—496.
1393. — (1955): On the cheek pouches of the tropical American Paca, *Agouti paca* (LINNAEUS 1766). — Säugetierkdl. Mitt., Stuttgart, **3**: 67—70.
1394. — (1955): South American marsh rats, genus *Holochilus*. With a summary of Sigmodont rodents. — Fieldiana, Zool., Chicago, **37**: 639—688.
1395. — (1957): On the possible occurrence of the spectacled bear, *Tremarctos ornatus* (F. CUVIER 1825) in Panama. — Säugetierkdl. Mitt., Stuttgart, **5**: 122—123.
1396. — (1961): On the South American smalleared Zorro *Atelocynus microtis* SCLATER (Canidae). — Fieldiana, Zool., Chicago, **39**: 505—523.
1397. — (1962): Evolution of Neotropical Cricetine rodents (Muridae) with special reference to the Phyllotine groups. — Fieldiana, Zool., Chicago, **46**: 1—524.
1398. — (1963): Notes on South American dolphins of the genera *Inia*, *Sotalia* and *Tursiops*. — J. Mammal., Baltimore, **44**: 98—103.
1399. — (1966): South American swamp and fossorial rats of the Scapteromyine group (Cricetinae, Muridae) with comments on the glans penis in murid taxonomy. — Z. Säugetierkde., Berlin, Hamburg, **31**: 81—149.
1400. — (1966): Catalog of living whales. — Bull. U. S. nation. Mus., Washington, **246**: I—VIII, 1—259.
1401. — (1966): Mice, land bridges and Latin American faunal interchange. — In: WENZEL, R. L., & V. J. TIPTON (ed.): Ectoparasites of Panama. Chicago, 725—751.
1402. HERTER, K. (1952): Igel. — Neue Brehm-Bücherei, Akad. Verlagsges., Leipzig, **71**: 1—57.
1403. — (1957): Das Verhalten der Insektivoren. — Handb. Zool., Berlin, **8** 10 (10): 1—50.
1404. — (1962): Über die Borstenigel von Madagaskar (Tenrecinae). — Sitz.Ber. Ges. naturf. Freunde, Berlin, (n. F.) **2**: 2—37.
1405. — (1967): Die Insektenesser. — In: Grzimeks Tierleben, Kindler, München, **10**: 183—263.
1406. HERTZ, M. (1925): Beobachtungen an primitiven Säugetiergebissen. — Z. Morph. Ökol. Tiere, Berlin, **4**: 540—584
1407. HESCHELER, K., & E. KUHN (1949): Die Tierwelt der prähistorischen Siedelungen der Schweiz. — In: TSCHUMI, O. (ed.): Urgeschichte der Schweiz I. Huber, Frauenfeld, 121—368.
1408. HESSE, C. I. (1935): New evidence of the ancestry of *Antilocapra americana*. — J. Mammal., Baltimore, **16**: 307—315.
1409. HESTER, J. J. (1960): Late Pleistocene extinction and radiocarbon dating. — Amer. Antiquity, Menasha, **26**: 58—77.
1410. HEUSER, P. (1913): Über die Entwicklung des Milchzahngebisses des afrikanischen Erdferkels. — Z. wiss. Zool., Leipzig, **104**: 622—691.
1411. HEUVELMANS, B. (1939): Le problème de la dentition de l'Oryctérope. — Bull. Mus. roy. Hist. nat. Belg., Bruxelles, 40: 1—30.
1412. HEWES, G. W. (1961): Food transport and the origin of hominid bipedalism. — Amer. Anthrop., Lancaster, **63**: 687—710.
1413. HEYWOOD, V. H., & J. MCNEILL (ed.) (1964): Phenetic and phylogenetic classification, a symposium. — Publs. Syst. Ass., London, **6**: I—XI 1—164.
1414. HIBBARD, C. W. (1938): An Upper Pliocene fauna from Meade County, Kansas. — Trans. Kansas Acad. Sci., Topeka, **40**: 239—265.
1415. — (1939): Four new rabbits from the Upper Pliocene of Kansas. — The Amer. Midland Naturalist, Notre Dame, **21**: 506—513.
1416. — (1950): Mammals of the Rexroad formation from Fox Canyon, Kansas. — Contr. Mus. Paleont. Univ. Michigan, Ann Arbor, **8**: 113—192.
1417. — (1953): *Equus* (*Asinus*) *calobatus* TROX. and associated vertebrates from the Pleistocene of Kansas. — Trans. Kansas Acad. Sci., Topeka, **56**: 111—126.
1418. — (1953): The insectivores of the rexroad fauna, Upper Pliocene of Kansas. — J. Paleont., Tulsa, **27**: 21—32.
1419. — (1955): Pleistocene vertebrates from the Upper Becerra (Becerra superior) formation, Valley of Tequixquiac, Mexico, with notes on other Pleistocene forms. — Contr. Mus. Paleont. Univ. Michigan, Ann Arbor, **12**: 47—96.
1420. — (1957): Notes on Late Cenozoic shrews. — Trans. Kansas Acad. Sci., Topeka, **60**: 327—336.
1421. — (1959): Late Cenozoic microtine rodents from Wyoming and Idaho. — Pap. Michigan Acad. Sci. Arts Lett., Ann Arbor, **44**: 3—30.
1422. — (1963): The origin of the P_3 pattern of *Sylvilagus*, *Caprolagus*, *Oryctolagus*, and *Lepus*. — J. Mammal., Baltimore, **44**: 1—15.
1423. — (1964): A contribution to the Saw Rock Canyon Local fauna of Kansas. — Pap. Michigan Acad. Sci., Arts Lett., Ann Arbor, **49**: 115—127.
1424. —, & O. MOOSER (1963): A porcupine from the Pleistocene of Aguascalientes, Mexico. — Contr. Mus. Paleont. Univ. Michigan, Ann Arbor, **18** 16: 244—250.
1425. —, & E. S. RIGGS (1949): Upper Pliocene Vertebrates from Keefe Canyon, Meade County, Kansas. — Bull. geol. Soc. Amer., Rochester, **60**: 829—860.
1426. —, & R. J. ZAKRZEWSKI (1967): Phyletic trends in the Late Cenozoic Microtine *Ophiomys* gen. nov. from Idaho. — Contr. Mus. Paleont. Univ. Michigan, Ann Arbor, **21**: 255—271.
1427. —, D. E. RAY, D. E. SAVAGE, D. W. TAYLOR & J. E. GUILDAY (1965): Quaternary mammals of North America. — In: WRIGHT, H. E. & D. G. FREY (ed.): The Quaternary of the United States, 509—525.
1428. HILDEBRAND, M. (1954): Comparative morphology of the body skeleton in recent Canidae. — Univ. Calif. Publs. Zool., Berkeley, **52**: 399—470.
1429. HILL, J. E. (1959): A north Bornean pygmy squirrel, *Glyphotes simus* THOMAS, and its relationships. — Bull. Brit. Mus. nat. Hist., London, **5**: 257—266.
1430. HILL, J. P. (1898): The placentation of *Perameles*. — Quart. J. microsc. Sci., London, (n. S.) **40**: 385—446.
1431. — (1919): The affinities of *Tarsius* from the embryological aspect. — Proc. zool. Soc. London, **1919**: 476—493.
1432. — (1932): The developmental history of the Primates. — Phil. Trans. roy. Soc., London, B **221**: 45—178.
1433. — (1949): The allantoic placenta of Perameles. — Proc. Linn. Soc., London, **161**: 3—7.
1434. —, & G. R. DE BEER (1950): Development of the Monotremata. Part 7. The development and structure of the egg-tooth and the caruncle in the Monotremes and on the occurrence of vestiges of the egg-tooth in Marsupials. — Trans. zool. Soc. London, **26**: 503—539.
1435. —, & R. H. BURNE (1922): The foetal membranes and placentation of *Chiromys madagascariensis*. — Proc. zool. Soc. London, **1922**: 1145—1170.
1436. HILL, W. C. O. (1947): The lorisoid genus *Arctocebus*: observations based on the type material. — Proc. roy. Soc., Edinburgh, (B) **62**: 248—265.
1437. — (1952): The external and visceral anatomy of the Olive Colobus Monkey (*Procolobus verus*). — Proc. zool. Soc. London, **122**: 127—186.
1438. — (1953): Primates I. Strepsirhini. — Univ. Press, Edinburgh, 1—798.
1439. — (1953): Note on the taxonomy of the genus *Tarsius*. — Proc. zool. Soc. London, **123**: 13—16.
1440. — (1953): Caudal cutaneous specializations in *Tarsius*. — Proc. zool. Soc. London, **123**: 17—26.
1441. — (1954): Man's ancestry. — Medical Books, W. Heinemann, London, 1—194.
1442. — (1955): Primates: Comparative anatomy and taxonomy. II. Haplorhini. Tarsioidea. — Univ. Press, Edinburgh, I—XX 1—347.
1443. — (1957): Primates. Comparative Anatomy and Taxonomy. III. Pithecoidea. — Platyrrhini — Fam. Hapalidae & Callimiconidae. — Univ. Press, Edinburgh, I—XIX, 1—354.
1443a. — (1958): Pharynx, oesophagus, stomach, small and large intestine. Form and position. — Primatologia, Karger, Basel, 3 1: 139—207.
1443b. — (1958): Extern genitalia. — Primatologia, Karger, Basel, 3 1: 630—704.
1444. — (1959): The anatomy of *Callimico goeldii* (THOMAS). A primitive American primate. — Trans. Amer. philos. Soc., Philadelphia, (n. S.) **49** 5: 1—116.

1445. — (1960): Primates IV. Cebidae. Part A. — Univ. Press, Edinburgh, I—XIX 1—523.
1446. — (1962): Primates V. Cebidae. Part B. — Univ. Press, Edinburgh, I—XXI 1—537.
1447. — (1964): The external anatomy of *Allenopithecus*. — Proc. roy. Soc. Edinburgh, B **68**: 302—326.
1448. — (1966): Primates. Comparative anatomy and taxonomy VI: Catarrhini, Cercopithecoidea, Cercopithecinae. — Univ. Press, Edinburgh, I—XXIII, 1—757.
1449. — (1966): Taxonomy of the genus *Pan* (Abstr.). — Internat. primat. Soc.; Conf. Frankfurt/M. **1966**: 30.
1450. —, & L. HARRISON-MATTHEWS (1949): The male external genitalia of the Gorilla, with remarks on the os penis of other Hominoidea. — Proc. zool. Soc. London, **119**: 363—378.
1451. —, A. PORTER, R. T. BLOOM, J. SEAGO, & M. D. SOUTHWICK (1957): Field and laboratory studies on the naked mole rat, *Heterocephalus glaber*. — Proc. zool. Soc. London, **128**: 455—514.
1452. HILZHEIMER, M. (1922): Über die Systematik einiger fossiler Cerviden. — CBl. Min. etc., Stuttgart, **1922**: 712—717, 741—749.
1453. — (1922): Die systematische Stellung von *Felis spelaea* GOLDF. — SBer. Ges. naturf. Freunde, Berlin, **1922**: 11—24.
1454. — (1926): Natürliche Rassengeschichte der Haussäugetiere. — Bücherei f. Landwirte, de Gruyter & Co., Berlin, 1—235.
1455. — (1926): Säugetierkunde und Archäologie. — Z. Säugetierkde., Berlin, **1**: 140—169.
1456. — (1933): Untersuchungen über die Ziegen (Gttg. *Capra s. str.*) und deren Kreuzungen. — Arch. Tierernährg. Tierzüchtg., Berlin, **8**: 323—371.
1457. — (1933): Hat der Vielfraß noch in der Neuzeit in Norddeutschland wild gelebt? — Z. Säugetierkde. Berlin, **9**: 219—221.
1458. — (1933): Die Tierreste. — In: F. TREMERSDORF: Der römische Gutshof Köln-Müngersdorf.
1459. HINTON, M. A. C. (1914): Notes on British forms of *Apodemus*. — Ann. Mag. nat. Hist., London, (8) **14**: 117—134.
1460. — (1926): Monograph of the voles and lemmings (Microtinae), living and extinct. — Brit. Mus. nat. Hist., London, I—XVI, 1—488.
1461. — (1953): Note sur le *Mimomys pliocaenicus* MAJ. de Sete. — Ann. Soc. géol. Nord, Lille, **73**: 170.
1462. HOCHSTETTER, F. (1942): Über die harte Hirnhaut und ihre Fortsätze bei den Säugetieren nebst Angaben über die Lagebeziehung der einzelnen Hirnteile dieser Tiere zueinander, zu den Fortsätzen der harten Hirnhaut und zur Schädelkapsel. — Denkschr. Akad. Wiss. Wien, m.-naturw. Kl., **106**: 1—114.
1463. HOCK, R. J. (1951): The metabolic rates and body temperatures of bats. — Biol. Bull., Wood's Hole, **101**: 289—299.
1464. HÖGBOM, A. G. (1917): Über die arktischen Elemente in der aralokaspischen Fauna, ein tiergeographisches Problem. — Bull. geol. Inst. Upsala, **14**: 241—260.
1465. HOEPEN, E. C. N. VAN (1932): Die Stamlyn van die Cebras. — Paleont. Navorsing nasion. Mus., Bloemfontein, **2**: 25—37.
1466. HOFER, H. (1952): Über das gegenwärtige Bild der Evolution der Beuteltiere. — Zool. Jb. (Anat. etc.), Jena, **32**: 365—437.
1466a. — (1953): Die Paläoneurologie als Weg zur Erforschung der Evolution des Gehirnes. — Naturw., Berlin, **40**: 566—669.
1467. — (1953): Über Gehirn und Schädel von *Megaladapis edwardsi* G. GRAND. (Lemuroidea), nebst Bemerkungen über einige airorhynche Säugerschädel und die Stirnhöhlenfrage. — Z. wiss. Zool., Leipzig, **157**: 220—284.
1468. — (1954): Die cranio-cerebrale Topographie bei den Affen und ihre Bedeutung für die menschliche Schädelform. — Homo, Berlin, Stuttgart, **5**: 52—72.
1469. — (1956): Das Furchenbild der Hirnrinde von *Daubentonia madagascariensis* (GMELIN 1788) und seine morphologische Bedeutung. — Zool. Anz., Leipzig, **156**: 177—194.
1470. — (1957): Über das Spitzhörnchen. — Natur Volk, Frankfurt/M., **87**: 145—155.
1471. — (1958): Vergleichende Beobachtungen über die kraniocerebrale Topographie von *Daubentonia madagascariensis* (GMELIN 1788). — Morph. Jb., Leipzig, **99**: 26—64.
1472. — (1960): Studien zum Problem des Gestaltwandels der Säugetiere, insbesondere der Primaten. — Z. Morph. Anthrop., Stuttgart, **50**: 299—316.
1473. — (1960): Beobachtungen an Brüllaffen (*Alouatta*). — Natur/Volk, Frankfurt, **90**: 241—251.
1474. — (1960): Ursprung der Säugetiere und ihre anatomische Kennzeichnung. — In: THENIUS, E., & H. HOFER: Stammesgeschichte der Säugetiere, Springer, Berlin, 24—38.
1475. — (1962): Über die Interpretation der ältesten fossilen Primatengehirne. — Bibl. primatol., Basel, **1**: 1—17.
1476. — (1964): Die Evolution des Gehirnes der Primaten und die Interpretation der Schädelform der Menschen. — Ann. Soc. roy. zool. Belg., Bruxelles, **94**: 97—115.
1477. — (1965): Die morphologische Analyse des Schädels des Menschen. — In: HEBERER, G.: Menschliche Abstammungslehre. — 145—226.
1478. —, & J. A. WILSON (1967): An endocranial cast of early Oligocene primate. — Folia primat., Basel, **5**: 148—152.
1479. HOFFMAN, A. C. (1953): The fossil alcelaphines of South Africa. Genera *Pelorocenas*, *Lunatoceras* and *Alcelaphus*. — Res. nasion. Mus., Bloemfontein, **1**: 41—56.
1480. HOFFMEISTER, D. F. (1959): New Cricetid rodents from the Niobrara River Fauna, Nebraska. — J. Paleont., Tulsa, **33**: 696—699.
1481. HOFFSTETTER, R. (1949): Nuevas observaciones sobre los edentata del Pleistoceno superior de la Sierra ecuatoriana. — Boln. Inf. Cienc. nacion., Quito, **3**: 67—99.
1482. — (1949): Sobre los megatheriidae del Pleistoceno del Ecuador, *Schaubia* gen. nov. — Boln. Inf. Cienc. nacion., Quito, **3** 25: 1—47.
1483. — (1950): Algunas observaciones sobre los caballos fosiles de la America del Sur *Amerhippus* gen. nov. — Boln. Inf. Cienc. nacion., Quito, **3** 26/27: 426—454.
1484. — (1950): La structure des incisives inférieures chez les équidés modernes. Importance dans la classification des Zèbres-Couaggas. — Bull. Amer. Mus. Hist. nat., New York, (2) **22**: 684—692.
1484a. — (1950): Observaciones sobre los Mastodontes de Sud America y especialmente del Ecuador. *Haplomastodon* subgen. nov. de *Stegomastodon*. — Publ. Esc. Polit. nacion., Quito, **1**: 1—51.
1485. — (1952): Les mammifères pléistocènes de la République de l'Equateur. — Mém. Soc. géol. France, Paris, **66**: 1—391.
1486. — (1953): Sur la présence d'un Tatou géant du genre *Holmesina* dans le Pléistocène de l'Equateur (Amérique du Sud). — C. R. Soc. geol. France, Paris, **1953**: 101—102.
1487. — (1954): Phylogénie des édentés xénarthres. — Bull. Mus. nation. Hist. nat., Paris, (2) **26**: **3**: 433—438.
1488. — (1954): Les gravigrades cuirassés du Descadien de Patagonie. (Note préliminaire). — Mammalia, Paris, **18**: 159—169.
1489. — (1955): Un mégalonychide (Edenté gravigrade) fossile de Saint-Domingue (Ile d'Haiti). — Bull. Mus. nation. Hist. nat., Paris, (2) **27**: 100—104.
1490. — (1955): Sur le génotype de Glyptodon Owen. — Bull. Mus. nation. Hist. nat., Paris, (2) **27**: 408—413.
1491. — (1955): Remarque sur la classification et la phylogénie des Mastodontes sudaméricaines. — Bull. Mus. nation. Hist. nat., Paris, (2) **27**: 484—491.
1492. — (1956): Caractères ancestraux et phylogénie des édentés Xenarthres. — Colloques internation. Cent. nation. Rech. scient. Probl. act. Paléont., Paris, **60**: 87—99.
1493. — (1956): Contribution à l'étude des Orophodontidea. Gravigrades cuirassés de la Patagonie. — Ann. Paléont., Paris, **42**: 25—64.
1494. — (1958): Xenarthra. — In: J. PIVETEAU: Traité de Paléontologie **4** 2. — Masson et Cie., Paris, 535—636.
1495. — (1959): Généralité d'une circulation veinaise intrarachidienne chez les édentés tardigrades (Paresseux et gravigrades). — Bull. Mus. nation., Hist. nat., Paris, (2) **31**: 181—187.
1496. — (1961): Description d'un squelette de *Planops* (Gravigrade du Miocène de Patagonie). — Mammalia, Paris, **25**: 57—96.
1497. — (1962): Observations sur les ostéodermes et la classification des anguidés actuels et fossiles (Reptiles, Sauriens). — Bull. Mus. nation. Hist. nat., Paris, (2) **34**: 149—157.
1498. — (1962): Intervention après la communication de M. GUTH. — Colloques internation. Cont. nation. Rech. scient., Paris, **104**: 359—360.
1499. — (1963): La faune pléistocène de Tarija (Bolivie). — Note préliminaire. — Bull. Mus. nation. Hist. nat., Paris, (2) **35**: 194—203.
1499a. —, & E. GORD (1966): *Essonodontherium* is a teratological *Megatherium*. — News Bull. Soc. Vertebr. Paleont., Princeton, **77**: 9.

1500. —, & R. PASCOFF (1966): Présence des genres *Macrauchenia* et *Hippidion* dans la fauna pléistocène du Chili. — Bull. Mus. nation. Hist. nat., Paris, (2) **38**: 476—490.

1501. HOLLAND, W. J., & O. A. PETERSON (1913): The osteology of the Chalicotheroidea. — Mem. Carnegie Mus., Pittsburgh, **3**: 189—406.

1502. HOLLISTER, N. (1916): The genera and subgenera of racoons and their allies. — Proc. U. S. nation. Mus., Washington, **49** 2100: 143—150.

1503. HOLLOWAY, R. L. (1962): A note on sagittal cresting. — Amer. J. phys. Anthrop., Philadelphia, (n. S.) **20**: 527—530.

1504. — (1965): Cranial capacity of the hominine from Olduvai Bed I. — Nature, London, **208**: 205—206.

1505. HOLZ, H. (1965): Zur innerartlichen Variabilität und phylogenetischen Stellung des afrikanischen Hyänenhundes, *Lycaon pictus*. — Zool. Anz., Leipzig, **174**: 362—395.

1506. HOOIJER, D. A. (1942): On the supposed hexaprotodont milk dentition in *Hippopotamus amphibius*. — Zool. Meded. Leiden, **24**: 187—196.

1507. — (1946): Notes on some Pontian mammals from Sicily, figured by Seguenza. — Archs. néerl. Zool., Leiden, **7**: 301—333.

1508. — (1946): Some remarks on recent, prehistoric and fossil porcupines from the Malay Archipelago. — Zool. Meded., Leiden, **26**: 251—267.

1509. — (1947): Pleistocene remains of *Panthera tigris* (L.) subspecies from Wanhsien, Szechwan, China, compared with fossil and recent tigers from other localities. — Amer. Mus. Novit., New York, **1346**: 1—17.

1510. — (1947): A femur of *Manis palaeojavanica* DUBOIS from Western Java. — Proc. kon. nederl. Akad. Wetlusch. Amsterdam, **50**: 413—418.

1511. — (1947): On fossil and prehistoric remains of *Tapirus* from Java, Sumatra and China. — Zool. Meded., Leiden, **27**: 253—299.

1512. — (1948): Prehistoric teeth of Man and of the orang-utan from central Sumatra, with notes on the fossil orang-utan from Java and Southern China. — Zool. Meded., Leiden, **29**: 175—301.

1513. — (1949): Observations on a calvarium of *Equus sivalensis* F. & C., with craniometrical notes on recent Equidae. — Archs. néerl. Zool., Leiden, **8**: 243—266.

1514. — (1950): The fossil Hippopotamidae of Asia, with notes on the recent species. — Zoolog. Verh., Leiden, **8**: 1—124.

1515. — (1951): Two new deer from the Pleistocene of Wanhsien, Szechwan, China. — Amer. Mus. Novit., New York, **1495**: 1—18.

1516. — (1951): The geological age of *Pithecanthropus, Meganthropus*, and *Gigantopithecus*. — Amer. J. phys. Anthrop., Washington, (n. S.) **9**: 265—282.

1516a. — (1951): Questions relating to a new large anthropoid ape from the Mio-Pleistocene of the Siwaliks. — Amer. J. phys. Anthrop. (n. S.), Washington, **9**: 79—96.

1517. — (1952): The Cave hyaena, *Crocuta crocuta spelaea* (GOLDF.), new to the Pleistocene fauna of the Netherlands. — Geologie Mijnbouw, Den Haag, (n. S.) **14**: 385—388.

1518. — (1954): Pleistocene vertebrates from Celebes VIII. Dentition and Skeleton of *Celebochoerus heekereni* HOOIJER. — Zool. Verh. Rijksmus., Leiden, **24**: 1—46.

1519. — (1954): Pleistocene Vertebrates from Celebes XI. Molars and a tusked mandible of *Archidiskodon celebensis* HOOIJER. — Zool. Meded., Leiden, **33**: 103—120.

1520. — (1955): Fossil Proboscidea from the Malay Archipelago and the Punjab. — Zool. Verh. Rijksmus. Leiden, **28**: 1—146.

1521. — (1955): *Archidiskodon planifrons* (FALC. & CAUTLEY) from the Tatrot zone of the Upper Siwaliks. — Leidse geol. Meded., **20**: 110—119.

1522. — (1956): *Epileptobos* n. g. for *Leptobos groeneveldtii* DUBOIS, from the Middle Pleistocene of Java. — Zool. Meded., Leiden, **34**: 239—241.

1523. — (1957): Mammals and correlation of the „black bones" of the Schelde Estuary with those of the Red Crag. — Geologie Mijnbouw, Den Haag, **19**: 255—256.

1524. — (1957): Three new giant prehistoric rats from Flores lesser Sunda Islands. — Zool. Meded., Leiden, **35**: 301—314.

1525. — (1958): Fossil bovidae from the Malay archipelago and the Punjab. — Zool. Verh. Rijksmus., Leiden, **38**: 1—112.

1526. — (1958): An early Pleistocene mammalian fauna from Bethlehem. — Bull. Brit. Mus. (nat. Hist.), London, Geol. **3**: 265—292.

1527. — (1958): Pleistocene remains of *hippopotamus* from the Orange Free State. — Res. nasion. Mus., Bloemfontein, **1**: 259—266.

1528. — (1958): The Pleistocene vertebrate fauna of Celebes. — Archs. néerl. Zool., Leiden, **13** 1. Suppl.: 89—96.

1529. — (1959): Fossil rodents from Curaçao and Bonaire. — Stud. Fauna Curaçao and other Caribb. Islands, **9** 35: 1—27.

1530. — (1960): A *Stegodon* from Israel. — Bull. Res. Counc. Israel, Jerusalem, Sect. G, **96** 2—3: 104—107.

1531. — (1960): The giant extinct pangolin (*Manis palaeojavanica*). — Sarawak Mus. J., (n. S.) **9**: 350—355.

1532. — (1960): Fossil rhinoceroses from Hopefield, South Africa. — Zool. Meded., Leiden, **37**: 114—128.

1533. — (1960): Quaternary gibbons from the Malay Archipelago. — Zool. Verh. Rijksmus., Leiden, **46**: 1—42.

1534. — (1960): The Orang-utan in Niah cave Prehistory. — Sarawak Mus. J. **9**: 408—421.

1535. — (1962): Quaternary langurs and macaques from the Malay Archipelago. — Zool. Verh. Rijksmus., Leiden, **55**: 1—64.

1536. — (1962): Report upon a collection of Pleistocene mammals from tinbearing deposits in a limestone cave near Ipoh, Kinta Valley, Perak. — Federat. Mus. J., Perak, (n. S.) **7**: 1—5.

1537. — (1962): The gibbons and monkeys of Niah great cave. — Sarawak Mus. J., (n. S.) **11**: 428—449.

1538. — (1962): *Rhinoceros sondaicus* DESM. from the Hoabinhian of Gua Cha rock shelter, Kelantan. — Federat. Mus. J., Perak, (n. S.) **7**: 23—24.

1539. — (1962): A fossil ground sloth from Curaçao, Netherlands/Antilles. — Proc. kon. nederl. Akad. Wetensch. Amsterdam, (B) **65**: 46—60.

1539a. — (1962): The Middle Pleistocene fauna of Java. — In: KURTH. G. (ed.): Evolution und Hominisation. Fischer, Stuttgart, 108—111.

1540. — (1963): Miocene mammalia from Congo. — Ann. kon. Mus. M-Africa, Tervueren, (8) **46**: 1—77.

1541. — (1963): Mammalian remains from an Indian site on Curaçao. — Studies Fauna Curaçao and other Caribb. Islds., **14**: 119—122.

1542. — (1964): Pleistocene vertebrates from Celebes XII. Notes on pygmy Stegodonts. — Zool. Meded. Leiden, **40**: 37—44.

1542a. — (1965): Note on *Coryphomys bühleri* SCHAUB, a gigantic murine rodent from Timor. — Israel J. Zool, Jerusalem, **14**: 128—133.

1543. — (1966): Fossil mammals of Africa No. 21. Miocene rhinoceroses of East Africa. — Bull. Brit. Mus. nat. Hist., London, Geol. **13**: 117—190.

1544. —, & C. E. RAY (1964): A Metapodial of *Acratocnus* (Edentata, Megalonychidae) from a cave in Hispaniola. — Proc. biol. Soc., Washington, **77**: 253—258.

1545. HOOPER, E. T. (1960): The glans penis in *Neotoma* (Rodentia) and allied genera. — Occas. Pap. Univ. Michigan Mus. Zool., Ann Arbor, **618**: 1—21.

1546. — (1961): The glans penis in *Proechimys* and other caviomorph rodents. — Occas. Pap. Univ. Michigan Mus. Zool., Ann Arbor, **623**: 1—18.

1547. — (1962): The glans penis in *Sigmodon, Sigmomys* and *Reithrodon* (Rodentia, Cricetinae). — Occas. Pap. Univ. Michigan Mus. Zool., Ann Arbor, **625**: 1—11.

1548. —, & B. S. HART (1962): A synopsis of North American microtine rodent. — Misc. Publs. Univ. Michigan Mus. Zool., Ann Arbor, **120**: 1—68.

1548a. —, & G. G. MUSSER (1964): The glans penis in neotropical Cricetines (family Muridae) with comments on classification of muroid rodents. — Misc. Publs. Univ. Michigan Mus. Zool, Ann Arbor, **123**: 1—57.

1548b. —, & — (1964): Notes on classification of the rodent genus *Peromyscus*. — Occas. Pap. Univ. Michigan Mus. Zool., Ann Arbor, **635**: 1—13.

1549. HOPKINS, G. H. E. (1949): The host associations of the lice of mammals. — Proc. zool. Soc. London, **119**: 387—604.

1550. — (1957): The distribution of Phthiraptera on mammals. — Union. internation. Sci. Biol., Paris, B **32**: 88—117.

1551. HOPSON, J. A. (1964): The braincase of the advanced mammal-like reptile *Bienotherium*. — Postilla, New Haven, **87**: 1—30.

1552. — (1964): Tooth replacement in Cynodont, Dicynodont and Therocephalian reptiles. — Proc. zool. Soc. London, **1964**: 625—652.

1552a. — (1967): Comments on the competitive inferiority of the Multituberculates. — System. Zool. **16**: 352—355.

1553. HOPWOOD, A. T. (1926): Fossil mammalia. — In: The geology and paleontology of the Kaiso Bone beds. — Occ. Pap. geol. Surv. Uganda Protect., Entebbe, **2**: 13—36.

1553a. — (1929): New and little known mammals from the Miocene of Africa. — Amer. Mus. Novit., New York, **344**: 1—9.
1554. — (1933): Miocene primates from Kenya. — J. Linn. Soc. London, **88**: 437—464.
1555. — (1934): New fossil mammals from Olduvai, Tanganyika Territory. — Ann. Mag. nat. Hist., London, (10) **14**: 546—553.
1556. — (1936): New and little known fossil mammals from the Pleistocene of Kenya Colony and Tanganyika Territory. — Ann. Mag. nat. Hist., London, (10) **17**: 636—641.
1557. — (1936): The former distribution of caballine and zebrine horses in Europe and Asia. — Proc. zool. Soc. London, **1936**: 897—912.
1558. — (1954): Notes on the recent and fossil mammalian faunas of Africa. — Proc. Linn. Soc. London, **165**: 46—49.
1559. —, & J. P. HOLLYFIELD (1954): An annotated bibliography of the fossil mammals of Africa (1742—1950). — Fossil mammals of Africa, Brit. Mus. nat. Hist., London, **8**: 1—194.
1560. HORNER, E., & J. M. TAYLOR (1959): Results of the Archbold Expeditions, No. 80. Observations on the Biology of the Yellow-footed marsupial mouse, *Antechinus flavipes flavipes*. — Amer. Mus. Novit., New York, **1972**: 1—24.
1561. —, —, & H. A. PADYKULA (1965): Food habits and gastric morphology of the grashopper mouse. — J. Mammal., Baltimore, **45**: 513—535.
1562. HORST, VAN DER, C. J. (1950): The placentation of *Elephantulus*. — Trans. roy. Soc. SAfr., Cape Town, **32**: 435—629.
1563. HOUGH, J. (1953): Auditory region in North American fossil felidae: Its significance in phylogeny. — U. S. geol. Surv., Prof. Pap., Washington, **243 G**: 95—115.
1564. — (1956): A new Insectivore from the Oligocene of the Wind River Basin, Wyoming, with notes on the taxonomy of the Oligocene Tenrecoidea. — J. Paleont., Tulsa, **30**: 531—541.
1565. — (1961): Review of Oligocene didelphid marsupials. — J. Paleont., Tulsa, **35**: 218—228.
1566. HOUGH, M. J. (1944): The auditory region in some Miocene carnivores. — J. Paleont., Tulsa, **18**: 470—479.
1567. HOUGH, J. R. (1948): The auditory region in some members of the Procyonidae, Canidae, and Ursidae. Its significance in the Phylogeny of the Carnivora. — Bull. Amer. Mus. nat. Hist., New York, **92** 2: 67—118.
1568. — (1948): A systematic revision of *Daphoenus* and some allied genera. — J. Paleont., Tulsa, **22**: 573—600.
1569. HOWE, J. A. (1966): The Oligocene rodent *Ischyromys* in Nebraska. — J. Paleont., Tulsa, **40**: 1200—1210.
1570. HOWELL, A. B. (1929): Contribution to the comparative anatomy of the eared and earless seals (genera *Zalophus* and *Phoca*). — Proc. U. S. nation. Mus., Washington, **73** 2736: 1—142.
1571. — (1930): Aquatic mammals, their adaptations to life in the water. — Ch. C. Thomas, Baltimore, 1—338.
1572. HOWELL, F. C. (1952): Pleistocene glacial ecology and the evolution of „classic Neanderthal" man. — Southwest. J. Anthrop., Albuquerque, **8**: 377—410.
1573. — (1955): The age of the Australopithecines of Southern Africa. — Amer. J. phys. Anthropol., Washington, (n. S.) **13**: 635—662.
1574. — (1959): The Villafranchian and Human origins. — Science, New York, **130**: 831—844.
1575. — (1960): European and northwest African middle Pleistocene hominids. — Current Anthrop., Chicago, **1**: 195—232.
1576. — (1963): Early phases in the emergence of Man. — Proc. XVI. internation. Congr. Zool., Washington, **4**: 80—87.
1577. —, & F. BOURLIERE (ed.) (1964): African Ecology and Human Evolution. — Methuen & Co., London, I—VIII, 1—666.
1578. HOWELLS, W. (1959): Mankind in the making. The story of human evolution. — Doubleday, Garden City, 1—328.
1579. — (ed.) (1962): Ideas on Human Evolution. Selected Essays 1949—1961. — Harvard Univ. Press, Cambridge, 1—556.
1580. — (1963): Die Ahnen der Menschheit. — Übers. u. erg. von G. Kurth. A. Müller, Zürich, 1—544.
1581. HRDLICKA, A. (1924): New data on the teeth of Early Man and certain fossil European apes. — Amer. J. phys. Anthrop., Washington, **7**: 109—132.
1582. — (1935): The Yale fossils of anthropoid apes. — Amer. J. Sci., New Haven, **229**: 34—40.
1583. HRUBESCH, K. (1957): Zahnstudien an tertiären Rodentia als Beitrag zu deren Stammesgeschichte. Über die Evolution der Melissiodontidae, eine Revision der Gattung *Melissiodon*.— Abh. bayer. Akad. Wiss., München, math.-naturw. Kl. (n. F.) **83**: 1—100.
1584. HSU, T. C., & F. E. ARRIGHI (1966): Karyotypes of 13 Carnivores. — Mamm. Chromos. Newsletter, Houston, **21**: 155.
1585. —, & K. BENIRSCHKE (1967): An Atlas of mammalian chromosomes I. — Springer, Berlin, I—X, 1—50.
1586. HÜCKINGHAUS, F. (1961): Zur Nomenklatur und Abstammung des Hausmeerschweinchens. — Z. Säugetierkde., Berlin, Hamburg, **26**: 108—111.
1587. — (1961): Vergleichende Untersuchungen über die Formenmannigfaltigkeit der Unterfamilie Caviinae MURRAY 1886. — Z. wiss. Zool., Leipzig, **166**: 1—98.
1588. — (1961): Die Bedeutung der Allometrie für die Systematik der Rodentia. — Z. Säugetierkde., Berlin, Hamburg, **26**: 142—146.
1589. — (1965): Craniometrische Untersuchung an verwilderten Hauskaninchen von den Kerguelen. — Z. wiss. Zool., Leipzig, **171**: 183—196.
1590. HUENE, F. v. (1956): Paläontologie und Phylogenie der niederen Tetrapoden. — Fischer, Jena, 1—716.
1591. HÜNERMANN, K. A. (1961): Die Suidae (Artiodactyla, Mammalia) aus den Dinotheriensanden (Unterpliozän = Pont) Rheinhessens (SW-Deutschland). — Diss., Darmstadt, 1—140.
1592. — (1963): Die Hyotheriinae (Artiodactyla, Mammalia) aus dem Unterpliozän Rheinhessens. — Senckenbergiana Leth., Frankfurt, **44**: 341—355.
1593. — (1966): Der Bau der Biber-Prämolaren und seine Verwendbarkeit für die Systematik der Castoridae (Rodentia, Mammalia). — N. Jb. Geol. Paläont., Stuttgart, Abh. **125**: 227—234.
1594. — (1967): Zur stratigraphischen Verwertbarkeit der Suiden im Neogen Südeuropas. — 4. Congr. Com. Néogène méditerr. Sept. 67 Bologna, Abstr.
1594a. — (1967): Der Schädel von *Microbunodon minus* (Cuvier) (Artiodactyla, Anthracotheriidae) aus dem Chatt (Oligozän). — Eclogae geol. Helv., Basel, **60**: 661—688.
1595. HÜRZELER, J. (1936): Osteologie und Odontologie der Caenotheriden. — Abh. schweiz. paläont. Ges., Zürich, **58/59**: 1—112.
1596. — (1938): *Ephelcomenus* n. gen., ein Anoplotheriide aus dem mittleren Stampien. — Eclogae geol. Helv., Basel, **31**: 317—326.
1597. — (1940): *Haplocyonoides* nov. gen., ein aberranter Canide aus dem Aquitanien des Hesslers (Mainzer Becken). — Eclogae geol. Helv., Basel, **33**: 224—229.
1598. — (1944): Zur Revision der europäischen Hemicyoniden. — Verh. naturf. Ges. Basel, **55**: 131—157.
1599. — (1944): Über einen dimyloiden Erinaceiden (*Dimylechinus* nov. gen.) aus dem Aquitanien der Limagne. — Eclogae geol. Helv., Basel, **37**: 460—467.
1600. — (1944): Beiträge zur Kenntnis der Dimylidae. — Schweizer. paläont. Abh., Basel, **65**: 1—44.
1601. — (1945): Zur Kenntnis des Extremitätenskelettes einiger oligocaener und miocaener Carnivoren Europas. — Eclogae geol. Helv., Basel, **38**: 635—655.
1602. — (1946): *Gesneropithecus peyeri* n. g. n. sp., ein neuer Primate aus dem Ludien von Gösgen (Solothurn). — Eclogae geol. Helv., Basel, **39**: 354—361.
1603. — (1947): *Alsaticopithecus leemanni* n. g. n. sp., ein neuer Primate aus dem unteren Lutetien von Buchsweiler im Unterelsaß. — Eclogae geol. Helv., Basel, **40**: 343—356.
1604. — (1948): Zur Stammesgeschichte der Necrolemuriden. — Schweiz. paläont. Abh., Basel, **66** 3: 1—46.
1605. — (1949): Neubeschreibung von *Oreopithecus bambolii* GERVAIS. — Schweizer paläont. Abh., Basel, **66** 5: 1—20.
1606. — (1949): Über die europäischen Apatemyiden (Vorläuf. Mitt.). — Eclogae geol. Helv., Basel, **42**: 485.
1607. — (1954): Contribution à l'odontologie et la phylogenèse du genre *Pliopithecus* GERVAIS. — Ann. Paléont., Paris, **40**: 1—63.
1608. — (1954): Zur systematischen Stellung von *Oreopithecus*. — Verh. naturf. Ges. Basel, **65**: 88—95.
1609. — (1958): *Oreopithecus bambolii*, GERVAIS. A preliminary report. — Verh. naturf. Ges. Basel, **69**: 1—48.
1610. — (1960): Jahresbericht 1959: Osteologische Abteilung. — Verh. naturf. Ges. Basel, **71**: 328—332.
1611. — (1962): Quelques réflexions sur l'histoire des Anthropomorphes. — Colloques internation. Cent. nation. Rech. scient., Paris, **104** Probl. act. Paléont. 441—450.

1612. — (1962): Kann die biologische Evolution, wie sie sich in der Vergangenheit abgespielt hat, exakt erfaßt werden? — Stud. u. Ber. kathol. Akad. Bayern, **16**: 15—36.

1612a. — (1967): Nouvelles découvertes de mammifères dans les sédiments fluvio-lacustres de Villafranca d'Asti. — Colloques internation. Cent. nation. Rech. scient., Paris, **163**: 633—636.

1613. HUGHES, R. L. (1965): Comparative morphology of spermatozoa from five marsupial families. — Austr. J. Zool., Melbourne, **13**: 533—544.

1614. HUGUENEY, M., & P. MEIN (1966): Les rongeurs pliocènes du Roussillon dans les collections lyonnaises. — Trav. Labor géol. Sci. Lyon, (n. S.) **13**: 243—266.

1615. HUISMAN, F. J., & D. DE LANGE (1937): Tabellarische Übersicht der Entwicklung von *Manis javanica* DESUR. — Ontog. der Wirbeltiere in Übers., Utrecht (Verlag Oosthoek), **2**: 1—95.

1616. HUSSON, A. M., & G. KORTENBOUT VAN DER SLUYS (1954): The first record of *Marmota marmota primigenia* (KAUP 1839), the alpine marmot, from the Upper Pleistocene of the Netherlands. — Natuurh. Maandbl., Maastricht, **43**: 51—56, 60—64.

1617. HUTCHISON, J. H. (1966): Notes on some Upper Miocene shrews from Oregon. — Bull. Mus. nat. Hist., Univ. Oregon, Eugene, **2**: 1—22.

1617a. HUTCHINSON, G. E. (1963): Natural selection, social organization, hairlessness, and the australopithecine canin. — Evolution, Lancaster, **17**: 588—589.

1618. HUXLEY, J. S. (ed.) (1940): The New Systematics. — Clarendon Press, Oxford, I—VIII, 1—583.

1619. — (1958): Evolutionary process and taxonomy with special refernce to grades. — Uppsala Univ. Arsskr. **1958**: 21—39.

1620. HUXLEY, T. H. (1869): An introduction to the classification of animals. — Churchill & Sons, London, I—VIII, 1—147.

1621. — (1872): A manual of the anatomy of vertebrated animals. — Appleton & Co., New York, 1—431.

1622. — (1880): On the application of the laws of evolution to the arrangement of the Vertebrata and more particularly of the Mammalia. — Proc. zool. Soc. London, **1880**: 649—662.

1623. — (1880): On the cranial and dental characters of the canidae. — Proc. zool. Soc. London, **1880**: 138—288.

1624. — (1963): Zeugnisse für die Stellung des Menschen in der Natur. Eingeleitet und in Anlehnung an VICTOR CARUS übersetzt von G. HEBERER. Stuttgart, 1—180.

1625. IJIRI, S., & T. KAMEI (1961): On the skulls of *Desmostylus mirabilis* NAGAO from South Sakhalin and of *Paleoparadoxia tabatai* (TOKUNAGA) from Gifu Prefecture, Japan. — Earth Sci. (J. Ass. geol. Collab. Japan), Tokyo, **53**: 1—27.

1626. ILLIES, J. (1966): Diskussionsbemerkung (Neue Theorien über die Kontinentaldrift). — Zool. Anz., Leipzig, **177**: 46—50.

1627. ILLIGER, C. (1811): Prodromus systematis mammalium et avium additis terminis zoographicus utrindque classis. — C. Salfeld, Berlin, I—XVIII, 1—301.

1627a. IMANISHI, K. (1963): Social behaviour in Japanese monkeys, *Macaca fuscata*. — In: SOUTHWICK, C. H. (ed.): Primate social behaviour. — Van Nostrand, Princeton, 68—81.

1628. IREDALE, T., & E. LE G. TROUGHTON (1934): A check-list of the mammals recorded from Australia. — Mem. austral. Mus., Sydney, **6**: 1—122.

1629. IRVING, E. (1964): Paleomagnetism and its application to geological and geophysical problems. — Wiley & Sons, New York, I—XVI, 1—399.

1630. IVANOVIĆ, J., I. SAVIĆ, & D. MARINKOVIĆ (1966): Mikroskopisch-anatomische Eigenschaften verschiedener Regionen des Verdauungskanals von Nagetieren als Kennzeichen ihrer taxonomischen Verschiedenheit. — Zool. Anz., Leipzig, **176**: 212—226.

1631. JACOBI, A. (1931): Das Renticr, Eine zoologische Monographie der Gattung Rangifer. — Zool. Anz., Leipzig, **96**: Ergänz. Bd.

1632. — (1938): Der Seeotter. — Monogr. d. Wildsgt., Schöps, Leipzig, **6**: 1—93.

1633. JACOBSHAGEN, E. (1957): Mittel- und Enddarm. Rumpfdarm. — In: Handb. vgl. Anat. Wirbeltiere, Berlin, Wien, **3**: 563—724.

1634. JAMES, G. T. (1957): An Edentate from the Pleistocene of Texas. — J. Paleont, Tulsa, **31**: 796—802.

1635. — (1963): Palaeontology and non-marine stratigraphy of the Cuyama Valley-badlands, California. Part I. Geology, fauna interpretations, and systematic description of Chiroptera, Insectivora and Rodentia. — Univ. Calif. Publ., geol. Sci., Berkeley, **45**: 1—171.

1636. JAMES, W. W. (1960): The jaws and teeth of Primates. — Pitman Med. Publ. Co., London, I—XII, 1—328.

1637. JANE, J. A., C. B. G. CAMPBELL & D. YASHON (1965): Pyramidal tract: a comparison of two prosimian primates. — Science, New York, **147**: 153—155.

1638. JÁNOSSY, D. (1954): Fossile Microtinen aus dem Karpatenbecken I. Lemminge. — Ann. Hist. nat. Mus. nation. Hungar. ,Budapest, (n. S.) **5**: 39—48.

1639. — (1955): Die Vogel- und Säugetierreste der spätpleistozänen Schichten der Höhle von Istalloskö. — Acta archaeol. Acad. scient. hungar., Budapest, **5**: 3—4, 149—181.

1640. — (1960/61): Die fossile Vogelfauna aus den Moustérienschichten der Subalyuk-Höhle im Bükk-Gebirge (NO-Ungarn). — Aquila, Budapest, **67/68**: 175—188.

1641. — (1961): Die Entwicklung der Kleinsäugerfauna Europas im Pleistozän (Insectivora, Rodentia, Lagomorpha). — Z. Säugetierkde., Berlin, Hamburg, **26**: 40—50.

1642. — (1962): Vorläufige Mitteilung über die mittelpleistozäne Vertebratenfauna der Tarkö-Felsnische (NO-Ungarn, Bükk-Gebirge). — Ann. Hist.-nat. Mus. nation. Hungar., Budapest, **54**: 155—176.

1643. — (1962): Der erste Nachweis von *Hippopotamus antiquus* DESM. 1822 im ungarischen Altpleistozän (Budapest). — Allatt. Közlem., Budapest, **49**: 63—74.

1644. — (1963): Letztinterglaziale Vertebraten-Fauna aus der Kalman-Lambrecht-Höhle (Bükk-Gebirge, NO-Ungarn) I. — Acta zool. Acad. Sci. Hungar., Budapest, **9**: 293—331.

1645. — (1964): Evolutionsvorgänge bei pleistozänen Kleinsäugern. — Z. Säugetierkde, Berlin, Hamburg, **29**: 285—289.

1646. — (1964): Letztinterglaziale Vertebratenfauna aus der Kalman-Lambrecht-Höhle (Bükk-Gebirge, NO-Ungarn) II. — Acta zool. Acad. Sci, Hungar., Budapest, **10**: 139—197.

1647. JANOVSKAJA, N. M. (1954): Eine neue Gattung der Embolotheriinae aus dem Paläogen der Mongolei. — Trudy paleont. Inst. Akad. Nauk, USSR, Moskau, **55**: 5—43.

1648. — (1954): Ein neuer Cervide aus dem M-Pliozän der Moldau. — Trudy paleont. Inst. Akad. Nauk, USSR, Moskau, **47**: 163—171.

1648a. JELGERSMA, G. (1934): Das Gehirn der Wassersäugetiere. — Leipzig.

1649. JEPSEN, G. L. (1932): *Tubulodon taylori*, a Wind River Eocene tubulidentate from Wyoming. — Proc. Amer. philos. Soc., Philadelphia, **71**: 255—274.

1650. — (1934): A revision of the American Apatemyidae and the description of a new genus, *Sinclairella*, from the White River Oligocene of South Dakota. — Proc. Amer, philos. Soc., Philadelphia, **74**: 287—305.

1651. — (1937): A Paleocene rodent, *Paramys atavus*. — Proc. Amer. philos. Soc., Philadelphia, **78**: 291—301.

1652. — (1944): Phylogenetic trees. — Trans. Acad. Sci., New York, **6**: 81—92.

1653. — (1949): Selection, „orthogenesis" and the fossil record. — Proc. Amer. philos. Soc., Philadelphia, **93**: 479—500.

1654. — (1955): Fossil primates in the New World. (Abstr.). — In: GAVAN, J. A. (ed.): The nonhuman primates and human evolution. — Wayne Univ. Press, Detroit, 11—12.

1655. — (1966): Early Eocene Bat from Wyoming. — Science, New York, **154**: 1333—1339.

1655a. JERISON, H. J. (1963): Interpreting the evolution of the brain. — Human. Biol., Baltimore, **35**: 263—291.

1656. JOHNSON, M. L., & M. WICKS (1964): Serum protein electrophoresis in mammals: significance in the higher taxonomic categories. — Taxon. Biochem. Serology, Ronald Press, 681—694.

1657. JOLEAUD, L. (1920): Contribution à l'étude des Hippopotames fossiles. — Bull. oc. géol. France, Paris, (4) **20**: 13—26.

1658. — (1924): Un curieux exemple de survivance d'un type de mammifères à travers géologiques: Le petit *Aeluríctis* de Madagaskar. — Bull. Soc. zool., Paris, **49**: 10—19.

1658a. JONES, R. E. (1967): A *Hydrodamalis* skull fragment from Monterey bay, California.—J. Mammal, Baltimore, **48**:143—144.

1659. JORDAN, M. (1962): Les caryotypes chez l'homme. — Sympos. theriol. Brünn 1960, Prag, **1960**: 153—155.

1660. JOUFFROY, F. K. (1962): La musculature des membres chez les Lémuriens de Madagascar. Etude descriptive et comparative. — Mammalia, Paris, **26**: Suppl. 2: 1—326.

1661. — (1963): Contribution à la connaissance du genre *Archaeolemur* FILHOL 1895. — Ann. Paléont., Paris, **49**: 129—155.

1662. KABITZSCH, J. F. (1960): Die Verwandtschaft vom Löwen und Tiger dargestellt in ihrem Gebiß unter Berücksichtigung der Gebisse von Jaguar und den zwei pleistozänen Großkatzen *Felis spelaea* und *Felis atrox*. — Säugetierkdl. Mitt., Stuttgart, **8**: 103—140.

1663. KÄLIN, J. (1952): Zum Problem der menschlichen Stammesgeschichte. — Verh. schweizer. naturf. Ges., Basel, **131**: 59—78.

1664. — (1955): Zur Systematik und evolutiven Deutung der höheren Primaten. — Experientia, Basel, Aarau, **11**: 1—17.

1665. — (1956): Über verschiedene Merkmalskategorien und ihre evolutive Wertung bei den höheren Primaten. — Proc. XIV. intern. Congr. Zool. Copenhagen, **1953**: 528—530.

1666. — (1957): Zur Morphogenese des Primatenschädels. — Ber. 5. Tgg. dtsch. Ges. Anthrop. Freibg./Br., Göttingen, **1956**: 28—53.

1667. — (1961): Sur les primates de l'oliogocène inférieur d'Egypte. (Morphologie comparée et interprétation évolutive de *Parapithecus fraasi* SCHL., *Propliopithecus haeckeli* SCHL. et *Moeripithecus markgrafi* SCHLOSSER). — Ann. Paléont., Paris, **47**: 1—48.

1668. — (1961): *Propliopithecus haeckeli* SCHL. aus dem unteren Oligozän von Ägypten. — Quaternaria, Rom, **5**: 111—118.

1669. — (1961): Über die fossilen Primaten des Fayum (unteres Oligocaen) von Ägypten. — Z. wiss. Zool., Leipzig, A. **165**: 35—46.

1670. — (1962): Über *Moeripithecus markgrafi* SCHL. und die phyletischen Vorstufen der Bilophodontie der Cercopitheciden. — Bibl. primat. (Schultz-Festschr.), Basel, **1**: 32—42.

1671. — (1962): Sur les primates de l'Oligocène inférieur d'Egypte. — Coll. internation Cent. nation. Rech. sient, Paris, **104**: 433—439.

1672. — (1964): Diskussionsbemerkung (zum Polyphylieproblem). — Zool. Anz., Leipzig, **173**: 50—51.

1673. KAHLKE, H. D. (1951): Der altpleistozäne Verticorniskreis und die Frage der Entstehung der Riesenhirsche (*Megaceros*). — Halle'sches Jb. m-dtsch. ErdGesch., **1**: 174—179.

1674. — (1956): Die Cervidenreste aus den altpleistozänen Ilmkiesen von Suessenborn bei Weimar I. Die Geweihe und Gehörne. — Akademie Verlg. Berlin, 1—62.

1675. — (1958): On the evolution of Pachyostosis in jaw-bones of Choukoutien giant-deer *Megaceros pachyosteus* (YOUNG). — Vertebr. palasiatica, Peking, **2**: 119—130.

1676. — (1960): Die Cervidenreste aus dem alt-pleistozänen Sanden von Mosbach (Biebrich-Wiesbaden). I. Die Geweihe, Gehörne und Gebisse. — Abh. Dtsch. Akad. Wiss., Kl. Chemie, Geol. Biol., Berlin, **1959**: 1—75.

1677. — (1961): Zur chronologischen Stellung der südchinesischen *Gigantopithecus*-Funde. — Z. wiss. Zool., Leipzig, A **165**: 47—80.

1678. — (1961): Studien- und Forschungsreise nach China 1957 und 1960. — EAZ, **1**: 73—75.

1679. — (1961): On the complex of the *Stegodon-Ailuropoda*-Fauna of Southern China and the chronological position of *Gigantopithecus blacki* VON KOENIGSWALD. — Vertebr. palasiatica, Peking, **6**: 83—108.

1680. — (1962): Zur relativen Chronologie ost-asiatischer Mittelpleistozän-Faunen und Hominoidea-Funde. — In: KURTH, G., Evolution und Hominisation, Fischer, Stuttgart, 84—107.

1681. — (1963): *Rangifer* aus den Sanden von Mosbach. — Paläont. Z., Stuttgart, **37**: 277—282.

1682. — (1963): *Ovibos* aus den Kiesen von Süßenborn. — Geologie, Berlin, **12**: 942—972.

1683. — (1964): Early Middle Pleistocene (Mindel-Elster) *Praeovibos* and *Ovibos*. — Comment. biol. Soc. Sci. fennica, Helsinki, **26** 5: 1—17.

1684. — (1965): Die Rhinocerotidenreste aus dem Pleistozän von Voigtstedt in Thüringen. — Paläont. Abh., Berlin, (A) **2**: 451—519.

1685. — (1966): Neue eiszeitliche Menschenreste in Ostasien. — Umschau, Frankfurt, **66**: 84—87.

1686. —, & C. K. HU (1957): On the distribution of *Megaceros* in China. — Vertebr. palasiatica, Peking, **1**: 273—283.

1687. KALTENMARK, J. (1943): Contribution à l'étude des Siréniens actuels et fossiles III. Essai de phylogénie. — Mammalia, Paris, **7**: 14—25.

1688. KAMPEN, P. N. VAN (1905): Die Tympanalgegend des Säugetierschädels. — Morph. Jb., Leipzig, **34**: 321—722.

1689. KAUDERN, W. (1907): Beiträge zur Kenntnis der männlichen Geschlechtsorgane bei Insectivoren. — Zool. Jb. (Anat.), Jena, **24**:

1690. — (1910): Studien über die männlichen Geschlechtsorgane von Insectivoren und Lemuriden. — Zool. Jb. (Anat.), Jena, **31**: 1—106.

1691. KEAN, R. I. (1961): The evolution of marsupial reproduction. — Pap. Forest Res. Inst. New Zealand, **35**: 1—40.

1692. KEAST, A. (1963): The mammal fauna of Australia. — Proc. XVI. intern. Congr. Zool., Washington, **4**: 56—62.

1693. — R. L. CROCHER & C. CHRISTIAN (ed.) (1959): Biogeography and ecology in Australia. — W. Junk, Den Haag, 1—640.

1694. KEBLE, R. A. (1945): The stratigraphic range and habitat of the Diprotodontidae in Southern Australia. — Proc. roy. Soc. Victoria, Melbourne, (n. S.) **57**: 23—48.

1695. KEEN, E. N., & R. SINGER (1956): Further fossil Suidae from Hopefield. — Ann. S.Afr. Mus., Cape Town, **42**: 350—360.

1696. KEIL, A. (1966): Grundzüge der Odontologie. Allgemeine und vergleichende Zahnkunde als Organwissenschaft. — Borntraeger, Berlin, I—X, 1—278.

1697. —, & W. BÜTTNER (1962): Untersuchungen an Zähnen des Pottwales (*Physeter macrocephalus* L.). — SBer. Ges. naturf. Freunde, Berlin, (n. F.) **2**: 109—119.

1698. KEIMER, L. (1950): Die fälschlich als Okapi gedeuteten altägyptischen Darstellungen des Gottes Seth. — Acta tropica, Basel, **7**: 110—112.

1699. KEITH, A. (1923): Man's posture: its evolution and disorders. — Brit. med. J., London, **1923**: 451—454.

1700. — (1948): A new theory of human evolution. — Watts, London, I—X, 1—451.

1701. KELLOGG, R. (1922): Pinnipeds from Miocene and Pleistocene deposits of California. — Univ. Calif. Publs. geol. Sci., Berkeley, **13**: 23—132.

1702. — (1925): A new fossil sirenian from Santa Barbara County, Calif. — Publs. Carnegie Instn., Washington, **348**: 57—70.

1703. — (1928): The history of whales. Their adaptation to life in the water. — Quart. Rev. Biol., Baltimore, **3**: 174—208.

1704. — (1936): A review of the Archaeoceti. — Publs. Carnegie Instn., Washington, **482**: 1—366.

1705. — (1942): Tertiary, Quaternary and Recent marine mammals of South America and the West Indies. — Proc. 8*th* amer. Sci. Congr. Washington 1940, **3**: 445—473.

1706. — (1959): Description of the skull of *Pomatodelphis inaequalis* ALLEN. — Bull. Mus. comp. Zool., Cambridge, **1211**: 1—26.

1706a. — (1965): A new Whalebone Whale from the Miocene Calvert Formation. Fossil marine mammals from the Miocene Calvert Formation of Maryland and Virginia 1. — Bull. U. S. nation. Mus., Washington, **247**: 1—45.

1707. — (1966): New species of extinct Miocene Sirenia. — Fossil marine mammals . . . 3. — Bull. U. S. nation. Mus., Washington, **247**: 65—98.

1708. — (1966): Fossil marine mammals from the Miocene Calvert Formation of Maryland and Virginia. 4. A new Odontocete from the Calvert Miocene of Maryland. — Bull. U. S. nation. Mus., Washington, **247**: 99—101.

1709. KELLOGG, W. N. (1953): Ultrasonic hearing in the porpoise, *Tursiops truncatus*. — J. comp. Physiol. & Psychol., Baltimore, **46**: 446—450.

1710. — (1958): Echo Ranging in the Porpoise. Perceptions of objects by reflected sound is demonstrated for the first time in marine mammals. — Science, New York, **128**: 982—988.

1711. — (1961): Porpoises and sonar. — Univ. Chicago Press, Chicago, I—XIV, 1—177.

1712. KERMACK, K. A. (1956): Tooth replacement in mammal-like reptiles of the suborders Gorgonopsia and Therocephalia.— Philos. Trans. roy. Soc., London, B **240**: 95—133.

1713. — (1962): Structure cranienne et évolution des mammifères mésozoiques. — Colloques internation. Cent. nation. Rech. scient., Paris, **104**: 311—317.

1714. — (1963): The cranial structure of the Triconodonts. — Philas. Trans. roy. Soc., London, B **246**: 83—103.

1715. — (1965): The origin of mammals. — Sci. J. London, (Sept.) **1965**: 66—72.

1716. — (1967): The interrelations of early mammals. — J. Linn. Soc. (Zool.), London, **47**: 241—249.

1716a. — (1967): The Aegialodontidae — a new family of Cretaceous mammals. — Proc. geol. Soc. London No. **1640** 146.

1717. —, & F. MUSSETT (1958): The jaw articulation of the Docodonta and the classification of Mesozoic mammals. — Proc. roy. Soc., London, B **148**: 204—215.

1718. — & — (1958): The jaw articulation in Mesozoic mammals — XV. Intern. Congr. Zool. Sect. V., London, Paper **8**: 1—2.
1719. — & — (1959): The first mammals. — Discovery, London, **20**: 144—151.
1720. —, P. M. Lees & F. Mussett (1965): *Aegialodon dawsoni*, a new trituberculosectorial tooth from the Lower Wealden. — Proc. roy. Soc., London, B **162**: 535—554.
1721. Kern, H. M., & W. L. Straus (1949): The femur of *Plesianthropus transvaalensis*. — Amer. J. phys. Anthrop., Washington, (n. S.) **7**: 53—77.
1722. Kesper, K. D. (1953): Phylogenetische und entwicklungsgeschichtliche Studien an den Gattungen *Capra* und *Ovis*. — Dissert. Univ. Kiel.
1723. Khomenko, I. P. (1914): Meotic fauna of Taraklia, Bendery district. — Trudy Bessarab. naturf. Ges., Kishinev, **5**: 1—55.
1724. — (1928): Bemerkungen zu: E. Pfizenmayer, ein Desmostylidenzahn der Neusibirischen Insel Kotelnyi. — CBl. Min. etc., Stuttgart, B **1928**: 519—520.
1725. Kielan-Jaworowska, Z., & K. Kowalski (1965): Polish-Mongolian palaeontological expeditions to the Gobi desert in 1963 and 1964. — Bull. Acad. pol. Sci., Warschau, (Ser. Sci. Biol.) **13**: 175—179.
1726. Kilmer, F. (1965): A Miocene dugongid from Baja California, Mexico. — Bull. SCalif. Acad. Sci., Los Angeles, **64**: 57—75.
1727. Kindahl, M. (1957): On the development of the tooth in *Tupaia javanica*. — Ark. Zool., Uppsala, (n. S.) **10**: 463—479.
1727a. — (1959): Some aspects of the tooth development in Soricidae. — Acta odont. scand., Stockholm, **17**: 203—237.
1728. — (1963): On the embryonic development of the teeth in the golden mole, *Eremitalpa* (*Chrysochloris*) *granti* Broom in South Africa. — Ark. Zoll., Uppsala, **16**: 97—115.
1729. King, J. E. (1956): The monk seals (Genus *Monachus*). — Bull. Brit. Mus. nat. Hist., London, Zool. **3**: 201—256.
1730. — (1960): Sea-lions of the genera *Neophora* and *Phocarctos*. — Mammalia, Paris, **24**: 445—456.
1731. — (1964): The monk seal of the Pacific. — Z. Säugetierkde, Berlin, Hamburg, **29**: 37—42.
1732. — (1964): Seals of the world. — Brit. Mus. nat. Hist., London, I—VI 1—154.
1733. — (1966): Relationships of the hooded and Elephant seals (genera *Cystophora* and *Mirounga*). — Trans. zool. Soc. London, **31**: 4.
1734. King, W. (1864): On the Neanderthal skull, or reasons for believing it to belong to the Clydian period, and to a species different from that represented by man. — Rep. Brit. Ass. Advnt. Sci., London, **33**: 81—82.
1735. — (1864): The reputed fossil man of the Neanderthal. — J. Sci., **1**: 88—96.
1736. Kirpichnikov, A. A. (1952): Über die Herkunft des Delphins des Schwarzen Meeres, *Phocaena phocaena relicta* Abel. — Zool. J., Moskau, **31**: 722—726 (russ.).
1737. — (1953): Caspian seal from Lower Quaternary deposits of the coast of the Azow Sea. — Dokl. Akad. Nauk USSR, Moskau, **90**: 883—886.
1738. — (1955): New data of the *Semantor*. — Geol. Probl. Asiens, Moskau, Akad. Nauk USSR, **2**: 810—814.
1739. — (1964): On the origin of the Kaspian seal. — Bull. Soc. nat. Moscou, Abt. Biol. **69**: 136—139.
1740. Kirsch, J. (1965): The bearing of serology on the classification of the marsupials. — Austral. Mammal. Soc. Bull., Canberra, **2**: 36—37.
1741. Kitching, J. W. (1963): A fossil *Orycteropus* from the Limeworks Quarry, Makapansgat, Potgietersrus. — Paleont. afric., Johannesburg, **8**: 119—121.
1742. — (1965): A new giant hyracoid from the Limework quarry, Makapansgat Potgietersrus. — Palaeont. afric., Johannesburg, **9**: 91—96.
1743. Kitts, D. B. (1953): Pleistocene musk-ox from New York and the distribution of the musk-oxen. — Amer. Mus. Novit., New York, **1607**: 1—8.
1744. — (1956): American *Hyracotherium* (Perissodactyla, Equidae). — Bull.Amer. Mus. nat. Hist., New York, **110**: 1—60
1745. — (1957): A revision of the genus *Orohippus* (Perissodactyla, Equidae). — Amer. Mus. Novit., New York, **1864**: 1—40.
1746. — (1958): *Nimravides*, a new genus of felidae from the Pliocene of California, Texas and Oklahoma. — J. Mammal., Baltimore, **39**: 368—375.
1747. Klaauw, C. J. van der (1931): On the auditory bulla in some fossil mammals, with a general introduction to this region of the skull. — Bull. Amer. Mus. nat. Hist., New York, **62**: 1—352.
1748. — (1952): Size and position of the functional componets of the skull. A contribution to the knowledge of the architecture of the skull, based on data in the literature. — Arch. néerl. Zool., Leiden, **9**: 369—581.
1749. Klatt, B. (1912): Über die Veränderung der Schädelkapazität in der Domestikation. — S.Ber.Ges. naturf. Freunde, Berlin, **1912**: 153—179.
1750. — (1913): Über den Einfluß der Gesamtgröße auf das Schädelbild nebst Bemerkungen über die Vorgeschichte der Haustiere. — Arch. Entw.Mech.Organ., Leipzig, **36**: 387—471.
1751. — (1927): Die Entstehung der Haustiere. — Handb. Vererb. wiss. **3**, Berlin, 1—107.
1751a. — (1928): Vergleichende Untersuchungen an Caniden und Procyoniden. — Zool. Jb. (Allg.), Jena, **45**: 217—292.
1752 — (1949): Die theoretische Biologie und die Problematik der Schädelform. — Biol. generalis, Wien, **19**: 51—89.
1753. — (1958): Die Schädelgestaltung bei reciproken Kreuzungen von Hunden gegensätzlicher Wuchsform. — Z. wiss. Zool., Leipzig, **161**: 1—37.
1754. Kleinenberg, S. E. (1958): On the origin of the Cetacea.— Dokl. Akad. Nauk USSR, Moskau, **122**: 950—952 (russ., engl. Summ.).
1755. — (1959): On the origin of Cetacea. — Proc. 15. internation. Congr. Zool., London, **445**—**447**.
1756. —, & A. V. Yablokov (1958): On the morphology of the upper part of respiratory tract in Cetacea. — Zool. J., Moskau, **37**: 1091—1099 (russ.).
1757. Kleinschmidt, A. (1966): Zur Geschichte des Pferdes. — Z. rhein. naturf. Ges., Mainz, **4**: 46—52.
1758. Klinckowström, A. (1895): Zur Anatomie der Edentaten. — Zool. Jb. (Anat.), Jena, **8**: 481—549.
1759. Klingener, D. (1963): Dental evolution of *Zapus*. — J. Mammal., Baltimore, **44**: 248—260.
1760. — (1964): The comparative myology of four dipodoid rodents (genera *Zapus*, *Napaeozapus*, *Sicista*, and *Jaculus*). — Misc. Publs. Mus. Zool. Univ. Michigan, Ann Arbor, **124**: 1—100.
1761. Klinger, H. P. (1963): The somatic chromosomes of some primate (*Tupaia glis*, *Nycticebus coucang*, *Tarsius bancanus*, *Cercocebus aterrimus*, *Symphalangus syndactylus*). — Cytogenetics, Basel, **2**: 140—151.
1762. —, J. L. Hamerton, D. Mutton & E. M. Lang (1963): The Chromosomes of the Hominoidea. — In: Washburn, S. L.: Classification and Human evolution. Aldine Publ. Comp., Chicago, 235—242.
1763. Knottnerus-Meyer, T. (1907): Über das Thränenbein der Huftiere. Vergleichend-anatomischer Beitrag zur Systematik der rezenten Ungulata. — Arch. NatGesch., Berlin, **73**: 1—152.
1764. Knussmann, R. (1966): Das proximale Ende der Ulna von *Oreopithecus bambolii* und seine Aussage über dessen systematische Stellung (Abstr.). — Intern. primat. Soc. Conf. Frankfurt, **1966**: **40**—**41**.
1765. — (1967): Die Aussagen des Armskeletts zur Frage eines brachiatorischen Stadiums in der Stammesgeschichte des Menschen. — Ber. 9. Tgg. dtsch. Ges. Anthrop., Göttingen.
1766. Koby, F. E. (1944): Über das gleichzeitige Vorkommen von Höhlenbären und Braunbären im Jura. — Eclogae geol. Helv., Basel, **36**: 258—259.
1767. — (1946): A propos des grands chats des cavernes. — Eclogae geol. Helv., Basel, **39**: 367—371.
1768. — (1958): Les léporidés magdaléniens de la Grotte de la Vache. — Bull. préhist. Spéléol. ariègeoises, **13**: 49—56.
1769. — (1960): Contribution à la connaissance des lièvres fossiles, principalement de ceux de la dernière glaciation. — Verh. naturf. Ges. Basel, **71**: 149—173.
1770. — (1960): Dévouverte dans le paléolithique français de *Felis* (*Catolynx*) *chaus* Güld. — Eclogae geol. Helv., Basel, **53**: 829—831.
1771. — (1962): Une anomalie dentaire chez un isard fossile: Présence d'une canine lactéale. — Eclogae geol. Helv., Basel, **55**: 689—691.
1772. — (1965): Remarques critiques sur les genres *Mimomys* et *Arvicola*. — Eclogae geol. Helv., Basel, **58**: 1093—1106.
1773. Koch, A. (1897): *Prohyracodon orientalis*, ein neues Ursäugethier aus den mitteleocänen Schichten Siebenbürgens. — Termeszetr. Füzetek, **1897**: 481—500.
1774. Koch, W. (1935): Rudimentäre Metapodien beim Okapi.— Z. Säugetierkde., Berlin, Hamburg, **10**: 148—150.

1775. — (1950): Kurzköpfigkeit als Domestikationsmerkmal beim Fuchs. — Berliner & Münchner tierärztl. WSchr., Berlin 63: 92—93.

1776. Koenigswald, G. H. R. v. (1930): Die Tapirreste aus dem Aquitan von Ulm und Mainz. — Palaeontographica, Stuttgart, 73: 1—30.

1777. — (1932): *Metaschizotherium fraasi* n. g. n. sp., ein neuer Chalicotheriide aus dem Obermiocän von Steinheim a. Albuch. — Palaeontographica, Stuttgart, Suppl. Bd., 8: 1—24.

1778. — (1933): Beitrag zur Kenntnis der fossilen Wirbeltiere Javas. — Wetensch. Meded., Dienst Mijnb. nederl. Oost-Indie, Weltevreden, 23: 1—178.

1779. — (1935): Die fossilen Säugetierfaunen Javas. — Proc. kon. nederl. Akad. Wetensch., Amsterdam, 38: 188—198.

1780. — (1935): Eine fossile Säugetierfauna mit *Simia* aus Südchina. — Proc. kon. nederl. Akad. Wetensch., Amsterdam, 38: 872—879.

1781. — (1940): Neue *Pithecanthropus*-Funde 1936—1938. Ein Beitrag zur Kenntnis der Praehominiden. — Wetensch. Meded., Dienst Mijnbouw nederl. Oost-Ind., Weltevreden, 28: 1—232.

1781a. — (1947): Ein *Hyaenaelurus* aus dem Miocaen Nordafrikas. — Eclogae geol. Helv., Basel, 40: 292—294.

1782. — (1949): Bemerkungen zu „*Dryopithecus*" *giganteus* Pilgrim. — Eclogae geol. Helv., Basel, 42: 515—519.

1783. — (1952): Fossil sirenians from Java. — Proc. kon. nederl. Akad. Wetensch., Amsterdam, B 55: 610—612.

1784. — (1952): *Gigantopithecus blacki* von Koenigswald, a giant fossil hominoid from the Pleistocene of Southern China. — Anthrop. Pap. Amer. Mus. nat. Hist., New York, 43: 291—325.

1785. — (1935): The Australopithecinae and *Pithecanthropus*. — Proc. kon. nederl. Akad. Wetensch., Amsterdam, B 56: 403—413.

1786. — (1953): Die Phylogenie des Menschen. — Naturwiss., Berlin, 40: 128—137.

1787. — (1954): Status of *Szechuanopithecus* from the Pleistocene of China. — Nature, London, 173: 643—644.

1788. — (1954): *Pithecanthropus*, *Meganthropus* and the *Australopithecinae*. — Nature, London, 173: 795.

1789. — (1955): Begegnungen mit dem Vormenschen. — E. Diederichs, Düsseldorf, 1—235.

1790. — (1955): Remarks on *Oreopithecus*. — Riv. Sci. preistor., Firenze, 10: 1—11.

1791. — (1956): Fossil mammals from the Philippines. — Proc. fourth Far-Eastern prehistor. Congr., Spec. Reprint with revisions in 1955; Quezon City, 1—24.

1792. — (1956): Gebißreste von Menschenaffen aus dem Unterpliozän Rheinhessens. I, II. — Proc. kon. nederl. Akad. Wetensch., Amsterdam, B 59: 318—329, 330—334.

1793. — (1957): Remarks on *Gigantopithecus* and other hominoid remains from Southern China. — Proc. kon. nederl. Akad. Wetensch., Amsterdam, B 60: 153—159.

1794. — (1957): Bemerkungen zum Gebiß der Australopithecinen. — Anthropol. Anz., Stuttgart, 21: 54—61.

1795. — (ed.) (1958): Hundert Jahre Neanderthaler. Neanderthal Centenary, 1856—1956. — Keminck & Zoon N. V., Utrecht, I—XVI + 1—325.

1796. — (1958): Der Solo-Mensch von Java: ein tropischer Neanderthaler. — In: Hundert Jahre Neanderthaler. Neanderthal Centenary, 1856—1956. Keminck en Zoon, N. V., Utrecht, 19—20.

1797. — (1958): *Gigantopithecus* and *Australopithecus*. — R. Dart Commem., Johannesburg, 27: 101—105.

1798. — (1958): L'Hominisation de l'appareil masticateur et des modifications du régime alimentaire. — Colloques internation. Cent. nation. Rech. scient., Paris, 1958: 59—78.

1799. — (1960): Die Geschichte des Menschen. — Verständl. Wiss., Berlin, 74: 1—148.

1800. — (1962): The evolution of Man. — Univ. Michigan Press, Ann Arbor, 1—148.

1801. — (1962): Potassium-Argon dates for the Upper Tertiary. — Proc. kon. nederl. Akad. Wetensch., Amsterdam, B 65: 31—34.

1802. — (1962): Das absolute Alter des *Pithecanthropus erectus* Dubois. — In: Kurth, G. (ed.): Evolution und Hominisation. Fischer, Stuttgart, 112—119.

1803. — (1962): General remarks on absolute length and relations in size of the premolar in early and modern man. — Bibl. primatol., Basel, 1: 120—129.

1804. — (1963): Zur Systematik der Hominiden. — Z. Morph. Anthrop., Stuttgart, 53: 124—138.

1805. — (1963): Fossil pygmy suidae from Java and China. — Proc. kon. nederl. Akad. Wetensch., Amsterdam, B 66: 190—197.

1806. — (1963): *Australopithecus* und das Problem der Geröllkulturen. — Ber. 7. Tagg. anthropol. Ges. Tübingen 1961, Göttingen, 1961: 139—157.

1807. — (1965): Critical observations upon the so-called higher primates from the Upper Eocene of Burma. — Proc. kon. nederl. Akad. Wetensch., Amsterdam, B 68: 165—167.

1808. — (1965): Das Leichenfeld als Biotop. — Zool. Jb. (Syst.), Jena, 92: 73—82.

1809. — (1966): Fossil Hyracoidea from China. — Proc. kon. nederl. Akad. Wetensch., Amsterdam, B 69: 345—356.

1810. — (1966): Zur Fossilgeschichte der lebenden Anthropoiden (Abstr.). — Intern. primat. Soc. Conf. Frankfurt 1966, S. 42.

1810a. — (1967): An Upper Eocene mammal of the family Anthracotheriidae from the island of Timor, Indonesia. — Proc. kon. nederl. Wetensch., Amsterdam, B 70: 529—533.

1810b. — (1967): Evolutionary trends in the deciduous molars of the Hominoidea. — J. dent. Res., Baltimore, 46: 779—786.

1810c. — (1967): Neue Dokumentation zur menschlichen Stammesgeschichte. — Eclogae geol. Helv., Basel, 60: 641—655.

1811. — (1967): Die Fossilgeschichte der rezenten Anthropoiden. — Neue Erg. Primatologie, 19—24.

1811a. —, W. Gentner & H. J. Lippolt (1961): Age of the basalt flow at Olduvai, East Africa. — Nature, London, 192: 720—721.

1811b. Koerner, H. E. (1940): The geology and vertebrate paleontology of the Ft. Logan and Deep River Formations of Montana I. New Vertebrates. — Amer. J. Sci., New Haven, 238: 837—862.

1811c. Kohlbrügge, F. H. I. (1890/92): Versuch einer Anatomie des Genus *Hylobates*. — In: Weber, M.: Zool. Erg. einer Reise in Niederländ. Indien, Leiden, 1: 211—244, 2: 133—208.

1812. Kondakow, N. (1960): On the problem of the systematic status of the Baikal seal. — Bull. Mosk. naturf. Ges., Moskau, 65: 120—121.

1813. Koopman, K. F. (1958): Land bridges and ecology in bat distribution on islands of the Northern coast of South America. — Evolution, Lancaster, 12: 429—440.

1814. — (1958): A fossil Vampire bat from Cuba. — Breviora, Cambridge, 90: 1—4.

1815. —, & E. E. Williams (1951): Fossil chiroptera collected by H. E. Anthony in Jamaica, 1919—1920. — Amer. Mus. Novit., New York, 1519: 1—29.

1816. Korenhof, C. A. W. (1960): Morphogenetical aspects of the human upper molar. — Uitgevermaatsch. Neerl., Utrecht, 1—368.

1817. — (1961): The enamel-dentine border: a new morphological factor in the study of the human molar pattern. — Proc. kon. nederl. Akad. Wetensch., Amsterdam, B 64: 639—664.

1818. Kormos, T. (1911): *Canis* (*Cerdocyon*) *petenyi* n. sp., und andere interessante Funde aus dem Komitat Baranya. — Mitt. Jb. kgl. ungar. geol. R-Anst., Budapest, 19: 165—196.

1819. — (1926): *Amblycoptus oligodon* n. g. n. sp., eine neue Spitzmaus aus dem ungarischen Pliozän. — Ann. Mus. nation. Hungar., Budapest, 24: 352—391.

1820. — (1931): *Pannonictis pliocaenica* n. g. n. sp., ein neuer Mustelide aus dem ungarischen Oberpliozän. — Jb. kgl. ungar. geol. Anst., Budapest, 29: 167—177.

1821. — (1932): Die Füchse des ungarischen Oberpliozäns. — Folia zool. hydrobiol., Riga, 4: 167—188.

1822. — (1932): Neue pliozäne Nagetiere aus der Moldau. — Paläont. Z., Berlin, 14: 193—200.

1823. — (1933): Die Wölfe des ungarischen Oberpliozäns. — Folia zool. hydrobiol., Riga, 5: 13—35.

1824. — (1934): Zur Frage der Abstammung eurasiatischer Hasen. — Allat. Közlem., Budapest, 31: 65—78.

1825. — (1934): Première preuve de l'existence du genre *Mimomys* en Asie orientale. — Trav. Labor. géol. Fac. Sci. Lyon, 24 20: 1—2.

1826. — (1934): Neue Insektenfresser, Fledermäuse und Nager aus dem Oberpliozän der Villanyer Gegend. — Földt. Közlem., Budapest, 64: 296—321.

1827. — (1934): Neue und wenig bekannte Musteliden aus dem ungarischen Oberpliozän. — Folia zool. hydrobiol., Riga, 5: 129—158.

1828. — (1934): *Manis hungarica* n. sp., das erste Schuppentier aus dem europäischen Oberpliozän. — Folia zool. hydrobiol., Riga, 6: 87—94.

1829. — (1935): Beiträge zur Kenntnis der Gattung *Parailurus*. — Mitt. Jb. kgl. ungar. geol. Anst., Budapest, **30**: 1—40.

1830. — (1937): Neue Beiträge zur Kenntnis der Gattung *Prospalax*. — Allatt. Közlem., Budapest, **34**: 139—142.

1831. KOROTKEVICH, E. L. (1963): New data on the taxonomy and phylogeny of fossil deer of the genus *Procapreolus*. — Dopovidi, Akad. Nauk Ukrain. SSR., Kiew, **10**: 1390—1393.

1832. — (1965): A new roe deer species from the Maeot of the Ukraine. — Palaeont. J., Moskau, 60—67.

1833. KORTLANDT, A. (1963): Verhalten von Schimpansen im Freilandzoo. — Vortr. Film Symp. primat. Gießen 1962, Anthrop. Anz., Stuttgart, **25**: 307.

1833a. KORTLAND, A. & M. KOOIJ (1963): Protohominid behaviour in Primates. — Symp. Zool. Soc., London **10**: 61—88.

1834. KORVENKONTIO, V. A. (1934): Mikroskopische Untersuchungen an Nagerincisiven, unter Hinweis auf die Schmelzstruktur der Backenzähne. Histologisch-phyletische Studie. — Ann. zool. Soc. fennicae, Vanamo, Helsinki, **2**: 1—274.

1835. KOSSWIG, C. (1948): Genetische Beiträge zur Präadaptionstheorie. — Rev. Fac. Sci. Istanbul, B **13**: 176—209.

1836. — (1960): Genetische Analyse stammesgeschichtlicher Einheiten. — Zool. Anz., Leipzig, Suppl. **23**: 42—73.

1837. — (1962): Über präadaptive Mechanismen in der Evolution vom Gesichtspunkt der Genetik. — Zool. Anz., Leipzig, **169**: 4—14.

1838. KOWALEWSKY, W. (1873): Sur l'*Anchitherium aurelianense* CUV. et sur l'histoire paléontologique des chevaux. — Mém. Acad. Sci. St. Pétersbourg (7) **20**: 5: 1—73.

1839. — (1874): Monographie der Gattung *Anthracotherium* CUV. und Versuch einer natürlichen Classification der fossilen Hufthiere. — Palaeontographica, Stuttgart, **22**: 131—246.

1840. — (1874): On the osteology of the Hyopotamidae. — Philos. Trans. roy. Soc., London, **163**: 19—94.

1841. — (1877): Ostéologie de *Gelocus aymardi*. — Palaeontographica, Stuttgart, **24**: 145—162.

1842. KOWALSKI, K. (1959): *Baranogale helbingi* KORMOS and other Mustelidae from the bone breccia in Podlesice near Kroczyce (Poland). — Acta palaeont. Polon., Warschau, **4**: 61—69.

1843. — (1960): Cricetidae and Microtidae (Rodentia) from the Pliocene of Weże (Poland). — Acta zool. cracov., **5**: 447—490.

1844. — (1960): Pliocene insectivores and rodents from Rabielice Królewskie (Poland). — Acta zool. cracov., **5**: 155—201.

1845. — (1963): The Pliocene and Pleistocene Gliridae (Mammalia, Rodentia) from Poland. — Acta zool. cracov., **8**: 533—567.

1846. — (1967): *Lagurus lagurus* (PALLAS 1773) and *Cricetus crictus* (LINNAEUS 1758) (Rodentia, Mammalia) in the Pleistocene of England. — Acta zool. cracov., **12**: 111—122.

1847. —, & C. K. LI (1963): A new form of the Soricidae (Insectivora) from the Pleistocene of North China. — Vertebr. palasiatica, Peking, **7**: 138—143.

1848. KOZHOR, M. (1963): Lake Baikal and its life. — Monogr. Biol., Den Haag, **11**: I—VI 1—344.

1849. KRAGLIEVICH, L. (1926): Los arctoterios norteamericanos (*Tremarctotherium* n. g.) en relacion con los de Sud America. — An. Mus. nacion. Hist. nat., Buenos Aires, **34**: 1—16.

1850. — (1930): Craneometria y classificación de los cánidos sudamericanos, especialmente los Argentinos actuales y fósiles. — Physis, Buenos Aires, **10**: 35—73.

1851. — (1932): Contribución al conocimento de los ciervos fósiles del Uruguay. — An. Mus. Hist. nat., Montevideo, (2) **3**: 355—438.

1852. — (1946): Sobre camelidos chapadmalenses. — Inst. Mus. Univ. nacion. La Plata, Notas paleont. Buenos Aires, **2**: 317—328.

1853. — (1948): *Smilodontidion riggii*, n. g. n. sp., un noevo y pequeno esmilodonte en la fauna pliocena de Chapadmalal. — Revta. Mus. argent. Cienc. nat. „Bernardino Rivadavia", Buenos Aires, **1**: 1—44.

1854. — (1951): Contribuciones al conocimiento de los primates fósiles de la Patagonia. I. Diagnosis previa de un nuevo primate fosil del Oligoceno superior (Colhuehuapiense) de Gaiman, Chubut. — Comun. Inst. Invest. Cienc. nat. Buenos Aires, Zool. **2**: 55—82.

1855. — (1953): Contribuciones al conocimiento de los Primates fósiles de la Patagonia. — An. Mus. natural Huapi, **3**: 37—62.

1856. — (1960): Marsupiales Tilacosmilinos de la Fauna de Chapadmalal. — Publ. Mus. Munic. Cienc. nat. Trad., Mar del Plata, **1**: 53—72.

1857. —, & O. A. REIG (1954): Un nuevo prociónido del Plioceno de Las Playas (Provincia de Cordoba). — Revta. Asoc. geol. argent., Buenos Aires, **9**: 210—231.

1858. —, & S. RIVAS (1951): *Orophodon* AMEGH. representante de una nueva superfamilia Orophodontoidea del suborden Xenarthra (Nota preliminar). — Com. Mus. nacion. Argent., Buenos Aires, **2**: 9—28.

1859. KRAMP, P. (1956): Serologische Stammbaumforschung. — In: HOFER, H., A. H. SCHULTZ & D. STARCK: Primatologia, Basel, **1**: 1015—1034.

1860. KRATOCHVIL, J. (1962): Sexualdrüsen bei den Säugetieren mit Rücksicht auf Taxonomie. — Sympos. theriol. Brünn 1960, Prag, **1960**: 175—186.

1861. —, & B. ROSICKY (1955): Die sibirische Wühlmaus, *Microtus oeconomus*, ein Eiszeitrelikt in der ČSR. — Práce brnenské zákl. csl. Akad. ved. Prag, **27**: 33—72.

1862. KREFFT, G. (1868): On the discovery of a new and gigantic fossil species of *Echidna* in Australia. — Ann. Mag. nat. Hist., London, (4) **1**: 113—114.

1863. KRETZOI, M. (1929): Materialien zur phylogenetischen Klassifikation der Aeluroideen. — 10th Congr. Internat. Zool. Budapest 1927, **2**: 1293—1355.

1864. — (1938): Die Raubtiere von Gombaszög nebst einer Übersicht der Gesamtfauna. — Ann. Mus. nation. Hungar., Budapest, pars. miner. etc. **31**: 88—157.

1865. — (1940): Alttertiäre Perissodactylen aus Ungarn. — Ann. Mus. nation. Hungar., Budapest, **33**: 87—98.

1866. — (1941): Weitere Beiträge zur Kenntnis der Fauna von Gombaszög. — Ann. Mus. nation. Hungar., Budapest, **34**: 105—138.

1867. — (1941): *Sirenavus hungaricus* n. g. n. sp., ein neuer Prorastomide aus dem Mitteleozän (Lutetium) von Felsögalla in Ungarn. — Ann. Mus. nation. Hungar., Budapest, Pars Miner. etc., **34**: 146—156.

1868. — (1941): Die unterpleistozäne Säugetierfauna von Betfia bei Nagyvárad. — Földl. Közlem., Budapest, **71**: 308—335.

1869. — (1941): Ausländische Säugetierfossilien aus ungarischen Museen. 1—4. — Földl. Közlem., Budapest, **71**: 170—176.

1870. — (1941): Neue Antilopenform aus dem Soproner Sarmat. — Földt. Közlem., Budapest, **71**: 336—342.

1871. — (1941): Präokkupierte Namen im Säugetiersystem. — Földt. Közlem., Budapest, **71**: 349—350.

1872. — (1941): Seehundreste aus dem Sarmat von Erd bei Budapest. — Földt. Közlem., Budapest, **71**: 350—356.

1873. — (1942): Ausländische Säugetierfossilien aus ungarischen Museen. — 6. Cadurcotheriinenfund aus Dakota. — Földt. Közlem., Budapest, **72**: 139—148.

1874. — (1942): Eomellivora von Polgardi und Csakvar. — Földt. Közlem., Budapest, **72**: 318—323.

1875. — (1942): Tigeriltis, Iltis und Nerz im ungarischen Pleistozän. — Földt. Közlem., Budapest, **72**: 323—344.

1876. — (1942): Zwei neue Agriotheriiden aus dem ungarischen Pannon. — Földt. Közlem., Budapest, **72**: 350—353.

1877. — (1942): *Capra* im ungarischen Diluvium. — Földt. Közlem., Budapest, **72**: 353—356.

1878. — (1942): Der Moschusochse in Ungarn. — Földt. Közlem., Budapest, **72**: 357—364.

1879. — (1943): *Kochictis centennii* n. g. n. sp., ein altertümlicher Creodonte aus dem Oberoligozän Siebenbürgens. — Földt. Közlem., Budapest, **73**: 190—195.

1880. — (1943): Bemerkungen über *Petenyia*. — Földt. Közlem., Budapest, **73**: 607—608.

1881. — (1943): *Gobitherium* n. g. (Mammalia, Rhinoc.). — Földt. Közlem., Budapest, **73**: 268—271.

1882. — (1943): Ein neuer Muscardinide aus dem ungarischen Miozän. — Földt. Közlem., Budapest, **73**: 271—273.

1883. — (1945): Bemerkungen über das Raubtiersystem. — Ann. Mus. nation. Hungar., Budapest, **38**: 4 59—83.

1884. — (1946): On Docodonta, a new order of Jurassic mammalia. — Ann. Mus. nation., Hungar., Budapest, **39**: 108—111.

1885. — (1950): *Stegoloxodon* n. g., a possible Asiatic ancestor of true Loxodonts. — Földt. Közlem., Budapest, **80**: 405—408.

1886. — (1951): The *Hipparion*fauna from Csakvar. — Földt. Közlem., Budapest, **81**: 384—417.

1887. — (1952): Die Raubtiere der *Hipparion*fauna von Polgárdi. — Földt. Intezet, **41**: 3: 1—42.

1888. — (1952): New Eomyida from the Bakony mountains. — Földt. Közlem., Budapest, **82**: 88—89.

1889. — (1954): Ostrich and camel remains from the Central danube basin. — Acta geol. hungar., Budapest, **2**: 231—242.

1890. — (1954): Rapport final des fouilles paléontologiques dans la grotte de Csakvar. — Jber. ungar. geol. Anst. f. 1952, Budapest, **1952**: 3—69.

1891. — (1955): *Dolomys* and *Ondatra*. — Acta geol. hungar., Budapest, **3**: 347—355.

1892. — (1955): *Promimomys cor* n. g. n. sp., ein altertümlicher Arvicolide aus dem ungarischen Unterpleistozän. — Acta geol. hungar., Budapest, **3**: 89—94.

1893. — (1955): Bericht über die calabrische (villafranchische) Fauna von Kislány, Kom. Fejér. — Jber. ungar. geol. Anst. f. 1952, Teil I, Budapest, **1953**: 239—264.

1894. — (1956): Die altpleistozänen Wirbeltierfaunen des Villanyer Gebirges. — Geol. hungar., Ser. Palaeont., Budapest, **27**: 1—264.

1895. — (1957): *Cryptoprocta* und die monophyletische Entstehung der Carnivoren. — Z. Säugetierkde., Berlin, Hamburg, **22**: 45—49.

1896. — (1957): Wirbeltierfaunistische Angaben zur Quartärchronologie der Jankovich-Höhle. — Folia archäol., Budapest, **9**: 16—21.

1897. — (1959): New names for soricid and arivcolid homonyms. — Vertebr. hungar., Budapest, **1**: 247—249.

1898. — (1959): Insectivoren, Nagetiere und Lagomorphen der jüngstpliozänen Fauna von Csarnóta im Villanyer Gebirge (Südungarn). — Vertebr. hungar., Budapest, **1**: 237—246.

1899. — (1960): Zur Benennung des ältesten Symmetrodonten. — Vertebr. hungar., Budapest, **2**: 307—309.

1900. — (1960): Ein neuer Meline aus dem Jungpleistozän des Karpaten-Gebietes. — Vertebr. hungar., Budapest, **2**: 299—305.

1901. — (1961): Zwei oder drei Potamogalinen-Gattungen? — Vertebr. hungar., Budapest, **3**: 137—140.

1902. — (1961): Zwei Myospalaciden aus Nordchina. — Vertebr. hungar., Budapest, **3**: 123—136.

1903. — (1962): Arvicolidae oder Microtidae? — Vertebr. hungar., Budapest, **4**: 171—175.

1904. — (1962): Fauna und Faunenhorizont von Csarnóta. — Jber. ungar. geol. Anst. f. 1959, Budapest, **1959**: 344—396.

1905. — (1964): Über einige homonyme und synonyme Säugetiernamen. — Vertebr. hungar., Budapest, **6**: 131—138.

1906. — (1965): Die Nager und Lagomorphen von Voigtstedt in Thüringen und ihre chronologische Aussage. — Paläont. Abh., Berlin, (A) **2**: 585—661.

1907. — (1966): *Pannonicola brevidens* n. g. n. sp., ein echter Arvicolide aus dem ungarischen Unterpliozän. — Vertebr. hungar., Budapest, **7**: 131—139.

1908. — (1966): *Drepanosorex* — neu definiert. — Vertebr. hungar., Budapest, **7**: 117—129.

1908a. — (1967): Neuer Primatenfund aus NO-Ungarn.

1909. —, & L. Vértes (1964): Die Ausgrabungen der mindelzeitlichen (Biharien) Urmenschensiedlung in Vértesszöllös. — Acta geol. hungar., Budapest, **8**: 313—317.

1910. — & — (1965): Lower Palaeolithic hominid and pebble industry in Hungary. — Nature, London, **208**: 205.

1911. Krieg, H. (1950): Tierpsychologische Beobachtungen in Südamerika. — Veröff. zool. Staatssmlg. München, **1**: 63—96.

1912. Kripp, D. v. (1935): Bau, Funktion und Ableitung des Bewegungsmechanismus der Hinterextremität bei Paarhufern und Unpaarhufern, mit besonderer Berücksichtigung der Fußwurzel. — Morph. Jb., Leipzig, **76**: 259—278.

1913. Krömmelbein, K. (1965): Neue, für Vergleiche mit West-Afrika wichtige Ostracoden-Arten der brasilianischen Bahia-Serie. — Senckenbergiana Leth., Frankfurt, **46a**: 177—214.

1914. — (1966): On „Gondwana Wealden" Ostracods from NE Brazil and West-Africa. — Proc. 2. W.-Afric. Micropaleont. Colloqu. Ibadan 1965, Leiden, 113—118.

1915. Krogh, C. v. (1937): Serologische Untersuchungen über die stammesgeschichtliche Stellung einiger Primaten. — Anthrop. Anz., Stuttgart, **13**: 240—247.

1916. — (1938): Serologische Verwandtschaft oder stammesgeschichtliche Verwandtschaft? — Zool. Anz., Leipzig, **123**: 206—213.

1917. — (1952): Serologische Hinweise zur Frage der zeitlichen Differenzierung von Pongiden und Hominiden. — Homo, Berlin, Stuttgart, **3**: 116—118.

1918. Krott, P. (1959): Der Vielfraß (*Gulo gulo* L. 1758). Zur Kenntnis seiner Naturgeschichte und seiner Bedeutung für den Menschen. — Monogr. d. Wildsäugetiere, Schöps, Leipzig, **13**: I—VII, 1—159.

1918a. Krueg, I. (1880): Über die Furchen an der Großhirnrinde der zonoplacentalen Säugetiere. — Z. wiss. Zool. Leipzig, **33**: 395—672.

1919. Krumbiegel, I. (1939): Die Giraffe. Unter besonderer Berücksichtigung der Rassen. — Monogr. d. Wildsäugetiere, Schöps, Leipzig, **8**: 1—98.

1920. — (1941): Die Persistenz physiologischer Eigenschaften in der Stammesgeschichte. — Z. Tierpsychol., Berlin, Hamburg, **4**: 249—258.

1921. — (1942): Die Säugetiere der Südamerika-Expedition Prof. Dr. Kriegs. 17. Hyrare und Grisons (*Tayra* und *Grison*). — Zool. Anz., Leipzig, **139**: 81—108.

1922. — (1943): Der afrikanische Elefant. — Monogr. d. Wildsäugetiere, Schöps, Leipzig, **9**: 1—152.

1923. — (1949): Die phylogenetische Interpretation von Verhaltensweisen. — Verh. dtsch. Zool. Kiel 1948, Leipzig, **1948**: 290—294.

1924. — (1952): Lamas. — Neue Brehm-Bücherei, Leipzig, **54**: 1—40.

1925. — (1953): Der „Andenwolf", *Dasicyon hagenbecki* (Krumbiegel 1949). — Säugetierkdl. Mitt., Stuttgart, **1**: 97—104.

1925a. — (1954): Biologie der Säugetiere I. — Agis Verlag, Krefeld, 1—355.

1926. — (1955): Phyletische Verhaltensweisen im Tierreich. — Zool. Beitr., Berlin, (n. F.) **1**: 367—398.

1927. — (1960): Die Rudimentation. Eine monographische Studie. — G. Fischer, Stuttgart, 1—144.

1928. — (1966): Gabelungsspuren an Giraffenhörnern. — Säugetierkdl. Mitt., Stuttgart, **14**: 107—108.

1929. Kudrin, L. N., & K. A. Tatarinov (1965): On the Miocene dolphins from the Western Ukraine. — Paleont. J., Moskau, **1965**: 68—74.

1930. Kühlhorn, F. (1938): Beitrag zur Systematik der südamerikanischen Caniden. — Arch. NaturGesch., Berlin, (n. S.) **7**: 29—45.

1931. — (1965): Die Stellung von *Chlamyphorus truncatus* Harlan 1825 in der Gürteltier-Spezialisationsreihe. — Veröff. Zool. Staatsmus. München, **9**: 1—53.

1932. Kühne, W. G. (1949): On a triconodont teeth of a new pattern from a fissure-filling in South Glamorgan. — Proc. zool. Soc. London, **119**: 345—350.

1933. — (1950): *Mucrotherium* und *Uniserium* E. v. Huene sind Fragmente unterer Backenzähne eines Tritylodontiers. — N. Jb. Geol. Paläont., Mh., Stuttgart, **1950**: 187—191.

1934. — (1950): A symmetrodont teeth from the Rhaeto-Lias. — Nature, London, **166**: 696.

1935. — (1956): The Liassic Therapsid Oligokyphus. — Brit. Mus. nat. Hist., London, I—XII, 1—149.

1936. — (1958): Rhaetische Triconodonten aus Glamorgan, ihre Stellung zwischen den Klassen Reptilia und Mammalia und ihre Bedeutung für die Reichart'sche Theorie. — Paläont. Z., Stuttgart, **32**: 197—235.

1937. — (1961): Une faune de mammifères lusitaniens (Rapport provisoire). — Comun. Servs. geol. Portugal, Lissabon, **45**: 211—221.

1938. — (1963): Oberjura-Mammalia aus Portugal. — Paläont. Z., Stuttgart, **37**: 15.

1939. — (1967): Ursprung und Entwicklung der Säugetiere. — Umschau, Frankfurt, **67**: 288—289.

1940. Kükenthal, W. (1889—1893): Vergleichend-anatomische und entwicklungsgeschichtliche Untersuchungen an Waltieren I—III. — Denkschr. med.-natw. Ges., Jena, **3**: 1—200, 322—349.

1941. — (1891): Über die Anpassung von Säugethieren an das Leben im Wasser. — Zool. Jb. (Syst.), Jena, **5**: 373—399.

1942. — (1922): Zur Stammesgeschichte der Wale. — SBer. preuß. Akad. Wiss., Berlin, phys.-math. Kl. **9**: 72—87.

1943. Kuhn, H. J. (1964): Zur Kenntnis von *Micropotamogale lamottei* Heim de Balsac 1954. — Z. Säugetierkde., Berlin, Hamburg, **29**: 152—193.

1944. — (1964): Zur Kenntnis von Bau und Funktion des Magens der Schlankaffen (Colobinae). — Folia primatol., Basel, **2**: 631—645.

1945. — (1967): Zur Systematik der Cercopithecidae. — Neue Ergebn. Primat., Frankfurt, 25—46.

1946. —, & W. Ludwig (1967): Die Affenläuse der Gattung *Pedicinus*. — Z. zool. Syst. Evol. Forschg. Frankfurt/M., **5**: 144—296.

1947. —, & D. Starck (1966): Die *Tupaia*-Zucht des Dr. Senckenbergischen Anatomischen Institutes. — Natur Mus., Frankfurt, **96**: 263—271.

1948. Kuhn, O. (1935): Archaeoceten aus dem norddeutschen Alttertiär. — CBl. Min. Geol. Paläont., Stuttgart, B **1935**: 219—226.

1949. KUHN-SCHNYDER, E. (1954): Der Ursprung der Säugetiere. — Vjschr. naturf. Ges. Zürich, **99**: 165—197.

1950. — (1967): Paläontologie als stammesgeschichtliche Urkundenforschung. — In: HEBERER, G. (Hgeb.): Die Evolution der Organismen. 3. Aufl., G. Fischer, Stuttgart, 238—419.

1950a. KULP, J. L. (1961): Geologic time-scale. — Science, New York, **133**: 1105—1114.

1951. KULZER, E. (1956): Flughunde erzeugen Orientierungslaute durch Zungenschlag. — Naturwissenschaften, Berlin, **43**: 117—118.

1952. — (1960): Physiologische und morphologische Untersuchungen über die Erzeugung der Orientierungslaute von Flughunden der Gattung *Rousettus*. — Z. vgl. Phys., Berlin, **43**: 231—268.

1953. — (1965): Der Thermostat der Fledermäuse. — Natur Mus., Frankfurt, **95**: 331—345.

1954. — (1966): Thermoregulation bei Wüstenfledermäusen. — Natur Mus., Frankfurt, **96**: 242—253.

1955. — (1966): Die Geburt bei Flughunden der Gattung *Rousettus* GRAY (Megachiroptera). — Z. Säugetierkde., Berlin, Hamburg, **31**: 226—233.

1956. KUMMER, B. (1960): Zum Problem der Fetalisation. — Zool. Anz., Leipzig, **164**: 391—394.

1957. — (1965): Das mechanische Problem der Aufrichtung auf die Hinterextremität im Hinblick auf die Evolution der Bipedie des Menschen. — In: HEBERER, G. (Hgeb.): Menschliche Abstammungslehre. Fortschritte der „Anthropogenie" 1863—1964, Stuttgart, 227—248.

1958. KUNZE, W., & H. KIETZ (1949): Über Hörempfindungen im Ultraschallgebiet bei Knochenleitung. — Arch. Ohren-, Nasen-, Kopfheilkde., Berlin, **155**: 683—692.

1959. KUPRIJANOVA, L. A. (1958): Pollenanalyse der Fundschichten des Beresovska-Mammuts (Zur Frage nach dem Vegetationscharakter zur Zeit des Mammuts von Beresovsk). — Gedenk-Bd. A. N. Kryshtofovich, botan. Inst. A. Komarov, Akad. Wiss. USSR, Moskau, 330—358 (russ.).

1960. KURTÉN, B. (1952): The Chinese *Hipparion*fauna. — Soc. scient. fenn., Commen. biol., Helsingfors, **13**: 4 1—82.

1961. — (1954): The type collection of *Ictitherium robustum* (GERVAIS ex NORDMANN) and the radiation of the Ictitheres. — Acta zool. fenn., Helsingfors, **16**: 1—26.

1962. — (1955): Sex dimorphism and size trends in the cave bear, *Ursus spelaeus* ROSENMÜLLER & HEINROTH. — Acta zool. fenn., Helsingfors, **90**: 1—48.

1963. — (1955): Contribution to the history of a mutation during 1,000.000 years. — Evolution, Lancaster, **9**: 107—118.

1964. — (1956): The status and affinities of *Hyaena sinensis* OWEN and *Hyaena ultima* MATSUMOTO. — Amer. Mus. Novit., New York, **1764**: 1—48.

1965. — (1957): *Percrocuta* KRETZOI (Mammalia, Carnivora), a group of Neogene hyenas. — Acta zool. cracov., **2**: 375—404.

1966. — (1957): A note on the systematic and evolutionary relationships of *Felis teilhardi* PEI. — Vertebr. palasiatica, Peking, **1**: 123—127.

1967. — (1957): Mammal migrations, Cenozoic stratigraphy, and the age of Peking man and the Australopithecines. — J. Paleont., Tulsa, **31**: 215—227.

1968. — (1957): The bears and hyenas of the Interglacials. — Quaternaria, Rom, **4**: 1—13.

1969. — (1958): Life and death of the Pleistocene cave bear. A study in Paleoecology. — Acta zool. fenn., Helsingfors, **95**: 1—59.

1970. — (1959): New evidence on the age of Peking Man. — Vertebr. palasiatica, Peking, **3**: 4 173—175.

1971. — (1959): On the longevity of mammalian species in the Tertiary. — Soc. Scient. fenn., Comment. biol., Helsingfors, **21**/**4**: 1—14.

1972. — (1959): On the bears of the Holsteinian interglacial. — Stockh. Contrib. Geol., **2**: 73—102.

1973. — (1959): Rates of evolution in fossil mammals. — Cold Spring Harbor Symp. quant. Biol., **24**: 205—215.

1974. — (1960): The age of the Australopithecinae. — Stockh. Contr. Geol., **1960**: 9—22.

1975. — (1960): Chronology and faunal evolution of the earlier European glaciations. — Soc. sient. fenn., Comment. biol., Helsingfors, **21**: 1—62.

1976. — (1960): Faunal turnover dates for the Pleistocene and late Pliocene. — Soc. scient. fenn., Comment. biol., Helsingfors, **22**: 1—14.

1977. — (1962): The relative ages of the Australopithecines of Transvaal and the Australopithecines of Java. — In: KURTH, G. (ed.): Evolution und Hominisation. G. Fischer, Stuttgart, 74—80.

1978. — (1962): The sabre-toothed cat *Megantereon* from the Pleistocene of Java. — Zool. Meded., Leiden, **38** 6: 101—104.

1979. — (1963): Return of a lost structure in the evolution of the felid dentition. — Soc. scient. fenn., Comment. biol., Helsingfors, **26**: 1—12.

1980. — (1963): Villafranchian faunal evolution. — Soc. scient. fenn., Comment biol., Helsingfors, **26** 3: 1—18.

1981. — (1963): Notes on some Pleistocene mammal migrations from the Palaearctic to the Nearctic. — Eiszeitalter Gegenwart, Öhringen, **14**: 96—103.

1982. — (1963): Fossil bears from Texas. — Pearce-Sellards Ser., Univ. of Texas, Austin, **1**: 3—15.

1983. — (1963): The spotted hyena (*Crocuta crocuta*) from the Middle Pleistocene of Mosbach at Wiesbaden, Germany. — Soc. scient. fenn., Comment. biol., Helsingfors, **24** 3: 1—9.

1984. — (1964): The evolution of the Polar bear, *Ursus maritimus* PHIPPS. — Acta zool. fenn., Helsingfors, **108**: 1—30.

1985. — (1965): On the evolution of the European wild cat, *Felis silvestris* SCHREBER. — Acta zool. fenn., Helsingfors, **111**: 1—29.

1986. — (1965): The Pleistocene felidae of Florida. — Bull. Flor. State Mus. biol. Sci., Gainesville, **9** 6: 215—273.

1987. — (1965): The carnivora of the Palestine caves. — Acta zool. fenn., Helsingfors, **107**: 1—74.

1988. — (1966): Pleistocene mammals and the Bering bridge. — Soc. scient. fenn., Comment. biol., Helsingfors, **29** 8: 1—7.

1989. — (1966): Pleistocene bears of North America. I. Genus *Tremarctos*, spectacled bears. — Acta zool. fenn., Helsingfors, **115**: 1—120.

1990. — (1966): A Late-glacial find of Arctic Fox (*Alopex lagopus* L.) from SW-Finland. — Soc. scient. fenn., Comment. biol., Helsingfors, **29** 6: 1—7.

1991. — (1967): Pleistocene bears of North America. 2. Genus *Arctodus*, short-faced bears. — Acta zool. fenn., Helsingfors, **117**: 1—60.

1991a. — (1967): Präriewolf und Säbelzahntiger aus dem Pleistozän des Valsequillo, Mexiko. — Quartär, Bonn, **18**: 173—178.

1992. — & R. RAUSCH (1959): Biometric comparisons between North American and European mammals. — Acta arctica, Kopenhagen, **11**: 1—44.

1993. — & Y. VASARI (1960): On the date of Peking Man. — Soc. scient. fenn., Comment. biol., Helsingfors, **28** 7 1—10.

1994. KURTH, G. (1961): Der neue Schädelfund Leakeys aus Oldoway (Ostafrika) und die Geräteherstellung durch Australopithecinen. — Acta Fac. Rerum nat. Univ. Comenianae, Bratislava, **5**, Anthrop. Publ. 3: 195—200.

1995. — (1961): Zur phylogenetischen Stellung von *Oreopithecus bambolii* GERV. und ihren Aussagewert für unsere Vorstellung über den Eigenweg der Hominidae. — Acta Fac. Rerum nat. Univ. Comenianae, Bratislava, **5**: 173—193.

1996. — (ed.) (1962): Evolution und Hominisation. Festschrift zum 60. Geburtstag von Gerhard Heberer. — Fischer, Stuttgart, 1—228.

1997. — (1963): Neue Beiträge zu den Oldoway-Datierungen. — Naturw. Rdsch., Stuttgart, **16**: 432—435.

1998. KUSS, S. E. (1957): Altpleistozäne Reste des *Hippopotamus antiquus* DESM. von Oberrhein. — Jh. geol. L.-Anst. Baden-Württemberg, Freiburg/Br., **2**: 299—331.

1999. — (1960): *Haplocyonoides ponticus* n. sp., ein neuer aberranter Canide aus dem Unterpliocän von Melchingen. — Ber. naturf. Ges. Freiburg/Br., **50**: 247—250.

2000. — (1962): Problematische Caniden des europäischen Tertiärs. — Ber. naturf. Ges. Freiburg/Br., **52**: 123—172.

2001. — (1965): Revision der europäischen Amphicyoninae (Canidae, Carnivora, Mamm.) ausschließlich der voroberstampischen Formen. — SBer. Heidelbg. Akad. Wiss., math.-naturw. Kl. **1965**: 1—168.

2002. — (1965): Über *Cynelos rugosidens vireti* n. ssp. und *Hemicyon stehlini* HÜRZELER 1944 (Carnivora, Mamm.). — Ber. naturf. Ges. Freiburg/Br., **55**: 227—241.

2003. — (1965): Eine pleistozäne Säugetierfauna der Insel Kreta. — Ber. naturf. Ges. Freiburg/Br., **55**: 271—348.

2004. LA BAUME, W. (1925): Subfossile Reste von zahmen Büffeln aus der Gegend von Danzig. — Ostdeutsche Naturw., **1925**: 435—438.

2005. — (1949): Die ältesten euroäpischen Haustiere. — Verh. dtsch. Zool. Kiel 1948, Leipzig, **1948**: 74—90.

2006. — (1950): Zur Abstammung des Hausrindes. — Forsch. Fortschr., Berlin, **26**: 43—45.

2007. LAMBERTON, C. (1922): Le *Pseudaelurus* à Madagascar. — Bull. Acad. malgache, Tananarive, (n. S.) **3**: 209—210.

2008. — (1937): Contribution à la connaissance de la faune subfossile de Madagascar III. Les Hadropithèques. — Bull. Acad. malgache, Tananarive, (n. S.) **20**: 127—170.

2009. — (1939): Contribution à la connaissance de la faune subfossile de Madagascar. IV—VIII: Lémuriens et Cryptoproctes. — Mém. Acad. malgache, Tananarive, **27**: 1—203.

2010. — (1942—43): Le *Plesiorycteropus madagascariensis*. — Bull. Acad. malgache, Tananarive, **25**: 25.

2011. — (1946): Les Pachylémures: Contribution à la connaissance de la faune subfossile de Madagascar XVII. — Bull. Acad. malgache, Tananarive, (n. S.) **27**: 7—22.

2012. — (1946): Le premier métatarsien du *Megaladapis edwarsi*. Contribution à la connaissance de la faune subfossile de Madagascar XVIII. — Bull. Acad. malgache, Tananarive, (n. S.) **27**: 23—24.

2013. — (1946): Métacarpe du *Megaladapis edwardsi*. Contribution à la connaissance de la faune subfossile de Madagascar XIX. — Bull. Acad. malgache, Tananarive, **27**: 25—29.

2014. — (1957): Examen de quelques hypothèses de Sera concernant les Lémuriens fossiles et actuels. — Bull. Acad. malgache, Tananarive, (n. S.) **34** (1956): 51—65.

2015. LAMPEL, G. (1963): Variationsstatistische und morphologische Untersuchungen am Gebiß der Cercopithecinen. — Acta anat., Basel, **49** Suppl. **45**: 1—122.

2016. LANDRY, ST. O. (1957): The interrelationships of the New and Old World hystricomorph rodents. — Univ. Calif. Publs. Zool., Berkeley, **56** 1: 1—118.

2017. — (1957): The relationship of *Petromys* to the Octodontidae. — J. Mammal., Baltimore **38**: 351—361.

2018. — (1965): The status of the theory of the replacement of the Multituberculata by the Rodentia. — J. Mammal., Baltimore **46**: 280—286.

2019. LANG, E. M. (1956): Haltung und Brunst von *Okapia* in Epulu. — Säugetierkdl. Mitt., Stuttgart, **4**: 49—52.

2020. LANG, H. (1920): The white rhinoceros of the Belgian Congo. — Bull. zool. Soc., Philadelphia, **23** 4: 67—92.

2021. — (1923): A new genus of African monkey, *Allenopithecus*. — Amer. Mus. Novit., New York, **87**: 1—5.

2022. LANGE, B. (1967): Créodontes des phosphorites du Quercy *Apterodon gaudryi*. — Ann. Paléont., Vertebr., Paris, **53**: 79—90.

2023. LANKESTER, E. R. (1907): On the existence of rudimentary antlers in the okapi. — Proc. zool. Soc. London, **1907**: 126—135.

2024. LARTET, E. (1851): Notice sur la colline de Sansan. — J. A. Portés, Auch, 1—45.

2025. — (1856): Note sur un grand singe fossile, qui se rattache au groupe des singes supérieurs. — C. R. Acad. Sci, Paris, **43**.

2026. LASINSKY, W. (1960): Äußeres Ohr. — Primatologia Karger, Basel, **2** 1: 41—73.

2027. LAUDERMILK, J. D. & PH. A. MUNZ (1925): Plants in the dung of *Nothrotherium* from gypsum cave, Nevada. — Publs. Carnegie Instn., Contrib. Palaeont., Washington, **453**: 29—37.

2028. — & — (1938): Plants in the dung of *Nothrotherium* from Rampart and Muao caves, Arizona. — Publs. Carnegie Instn., Contrib. Palaeont., Washington, **487**: 273—281.

2029. LAURIE, E. M. O. & J. E. HILL (1954): List of Land mammals of New Guinea, Celebes and adjacent islands. — Trust. brit. Mus. nat. Hist., London, 1—175.

2030. LAVOCAT, R. (1946): Observations sur le genre *Bachitherium* et sur l'extension géographique des Hypertragulidés. — C. R. Soc. géol. France, Paris, **1946**: 115—117.

2031. — (1951): Révision de la faune des mammifères oligocènes d'Auvergne et du Velay. — Ed. Sci. & Avenir, Paris, 1—153.

2032. — (1952): Sur les affinités de quelques carnassiers de l'Oligocène d'Europe, notamment du genre *Plesictis* POMEL et du genre *Proailurus* FILHOL. — Mammalia, Paris, **16**: 62—72.

2033. — (1955): Ruminants fossiles. — In: GRASSÉ, P. (ed.): Traité de Zoologie, Paris, **17** 1: 668—690.

2034. — (1955): Origine et repartition primitive des mammifères tertiaires. — Mammalia, Paris, **19**: 302—308.

2035. — (1955): Sur les relations systématiques entre les Théridomyidés et divers rongeurs fossiles d'Afrique. — C. R. Acad. Sci., Paris, **240**: 634—635.

2036. — (1956): Réflexions sur la classification des rongeurs. — Mammalia, Paris, **20**: 49—56.

2037. — (1956): La faune de rongeurs des grottes à Australopithèques. — Palaeont. afric., Johannesburg, **4**: 69—75.

2038. — (1957): Sur l'âge des faunes de rongeurs des grottes à Australopithèques. — Proc. 3rd pan-african Congr. Prehist., **1955**: 133—134.

2039. — (1958): Classification des ongulés d'après leur origine et leur distribution. — Mammalia, Paris, **22**: 28—44.

2039a. — (1958): Tubulidentata. — In: PIVETAU, J.: Traité de Paléontologie, Paris, **6** 2: 139—144.

2040. — (1959): Origine et affinités des Rongeurs de la sous-famille des Dendromurinés. — C. R. Acad. Sci., Paris, **248**: 1375—1377.

2041. — (1961): Le gisement de vertébrés miocènes de Beni Mellal (Maroc). Etude systématique de la faune de mammifères et conclusions générales. — Notes Mém. Serv. Mines Carte géol. Maroc, Rabat, **155**: 29—120.

2042. — (1962): Réflexions sur l'origine et la structure du groupe des rongeurs. — Probl. act. Paléont., Colloques internation. Cent. nation. Rech. scient., Paris, **104**: 287—299.

2043. — (1962): Etudes systématiques sur la dentition des muridés. — Mammalia, Paris, **26**: 107—127.

2044. — (1964): On the systematic affinities of the genus *Delanymus* HAYMAN. — Proc. Linn. Soc. London, **175**: 183—185.

2045. — (1964): Fossil rodents from Fort Ternan, Kenya. — Nature, London, **202** 4937: 1131.

2046. — (1965): Rodentia and Lagomorpha. — In: LEAKEY, L. S. B.: Olduvai gorge 1951—1961, I. Cambridge, 17—19.

2046a. — (1967): Observations sur la région auditive des rongeurs Théridomorphes. — Colloques internation. Cent. nation. Rech. scient., Paris, **163**: 491—499.

2046b. — & J. MICHAUX (1966): Interprétation de la structure dentaire des rongeurs africains de la famille des Pédétidés. — C. R. Acad. Sci., Paris, **262**: 1677—1679.

2047. LAWRENCE, B. & W. E. SCHEVILL (1956): The functional anatomy of the delphinid nose. — Bull. Mus. comp. Zool., Cambridge, **114**: 103—151.

2048. LAYNE, J. N. (1960): The glans penis and baculum of the rodent *Dactylomys dactylinus* DESMAREST. — Mammalia, Paris, **24**: 87—92.

2049. LEAKEY, L. S. B. (1950): The fossil apes of Lake Victoria. — S. Afr. archaeol. Bull., **5**: 143—148.

2050. — (1951): Olduvai gorge: A report on the evolution of the hand-axe culture in Beds I—IV (with chapters on the geology and fauna by H. RECK & A. T. HOPWOOD). — Cambridge Univ. Press, I—XVI, 1—164.

2051. — (1953): Adam's ancestors; an up-to-date outline of the Old Stone Age (Palaeolithic) and what is known about man's origin and evolution. — Methuen, London, I—XI, 1—235.

2052. — (1958): Some East African Pleistocene Suidae. — Fossil Mammals Africa, Brit. Mus. nat. Hist., London, **14**: 1—132.

2053. — (1959): A new fossil skull from Olduvai (*Zinjanthropus boisei* n. g. n. sp.). — Nature, London, **184**: 491—493.

2054. — (1960): The origin of the genus *Homo*. — In: TAX, S. (ed.): Evolution after Darwin **2**, The evolution of Man. 17—32.

2055. — (1961): New finds at Olduvai gorge. — Nature, London, **189**: 649—650.

2056. — (1962): A new Lower Pliocene fossil primate from Kenya. — Ann. Mag. nat. Hist., London, (13) **4**: 689—696.

2057. — (1962): L'évolution des primates supérieurs et de l'homme. — Colloques internation. Cent. nation. Rech. scient., Paris, **104**: 451—453.

2058. — (1963): Adventures in the Search for Man. — Nation. geogr. Mag., Washington, **123**: 132—152.

2059. — (1963): East African Hominoidea and the classification within this Super-Family. — In: WASHBURN, S. L.: Classification and Human evolution. Aldine Publ. Comp., Chicago, 32—49.

2060. — (1964): Very early East African hominidae and their ecological setting. — In: HOWELL, F. C. & F. BOURLIERE: Human ecology and human evolution, London, 448—457.

2061. — (1964): Tertiary fossil mammals (Discussion). — In: HOWELL, F. C. & F. BURLIERE (ed.): African ecology and human evolution, London, 553—554.

2062. — (1965): Olduvai gorge 1951—1961. I. Fauna and background. — Cambridge, I—XIV, 1—118.

2063. — (1965): A new Lower Miocene fossil primate from Kenya. — Ann. Mag. nat. Hist., London, **13**: 689.

2063a. — (1966): *Homo habilis*, *Homo erectus* and the Australopithecines. — Nature, London, **209** 5030: 1279—1281.

2063b. — (1967): An early Miocene member of Hominidae. — Nature, London, **213**: 155—163.

2064. — & T. WHITWOTRH (1958): Notes on the genus *Simopithecus*, with a description of a new species from Olduvai. — Occ. Pap. Coryndon Mem. Mus., Nairobi, **6**: 1—14.
2065. —, J. F. EVERNDEN & G. H. CURTIS (1961): Age of bed I, Olduvai gorge, Tanganyika. — Nature, London, **191**: 478—479.
2066. —, P. V. TOBIAS & J. R. NAPIER (1965): A new species of genus *Homo* from Olduvai gorge. — Current Anthrop., Chicago, **6**: 424—274.
2067. LECHE, W. (1886): Über die Säugetiergattung *Galeopithecus*. Eine morphologische Untersuchung. — Kgl. svensk. Vetensk. Akad. Handl., Stockholm, **21** 11: 1—92.
2068. — (1895): Zur Entwicklungsgeschichte des Zahnsystems der Säugetiere, zugleich ein Beitrag zur Stammesgeschichte dieser Tiergruppe. I. Ontogenie. — Stuttgart.
2069. — (1897): Zur Morphologie des Zahnsystems der Insectivoren I—II. — Anat. Anz., Jena, **13**: 1—11, 513—529.
2070. — (1902): Zur Entwicklungsgeschichte des Zahnsystems der Säugetiere, zugleich ein Beitrag zur Stammesgeschichte dieser Tiergruppe. II. Phylogenie. Heft 1. Die Familie der Erinaceidae. — Zoologica, Stuttgart, **37**: 1—103.
2071. — (1904): Über Zahnwechsel bei Säugetieren im erwachsenen Zustande. — Zool. Anz., Leipzig, **27**: 291—222.
2072. — (1905): Ein eigenartiges Säugetiergehirn, nebst Bemerkungen über den Hirnbau der Insectivora. — Anat. Anz., Jena, **26**: 577—589.
2073. — (1907): Zur Entwicklungsgeschichte des Zahnsystems der Säugetiere II. Phylogenie. 2. Heft. Die Familie der Centetidae, Solenodontidae und Chrysochloridae. — Zoologica, Stuttgart, **20** 49: 1—157.
2074. — (1910): Zur Frage nach der stammesgeschichtlichen Bedeutung des Milchgebisses bei den Säugetieren. 1. Mitteilung. — Zool. Jb. (Syst. etc.), Jena, **28**: 449—456.
2075. — (1915): Zur Frage der stammesgeschichtlichen Bedeutung des Milchgebisses bei den Säugetieren II. Viverridae, Hyaenidae, Felidae, Mustelidae, Creodonta. — Zool. Jb. (Syst. etc.), Jena, **38**: 275—370.
2076. — (1921): Morphologisch-geographische Formenreihen bei den Säugetieren. — Acta Univ. Lund, (n. F.) (2) **16** 10: 1—76.
2076a. LEDOUX, J. C., J. L. HARTENBERGER, J. MICHAUX, J. SUDRE & L. THALER (1967): Découverte d'un mammifère dans le Crétacé supérieur à dinosaures de Champ-Garimond près de Fons (Gard). — C. R. Acad. Sci., Paris, Sci. nat. **262**: 1925—1928.
2076b. LEFELD, J. (1966): The age of mammal containing beds at Bain-Dzak-Northern Gobi Desert. — Bull. Acad. polon. Sci., Varsovie, Sér. Sci. géol. géogr. **13**: 81—83.
2077. LEFFLER, S. R. (1964): Fossil mammals from the Elk river Formation, Cape Blanco, Oregon. — J. Mammal., Baltimore, **45**: 53—61.
2078. LE GROS CLARK, W. E. (1924): On the brain of the tree-shrews. — Proc. zool. Soc., London, **1924**: 1053—1074.
2079. — (1924): On the myology of *Tupaia minor*. — Proc. zool. Soc. London, **1924**: 461—497.
2080. — (1926): On the anatomy of the pentailed tree-shrew (*Ptilocerus lowii*). — Proc. zool. Soc. London, **1926**: 1179—1309.
2081. — (1928): On the brain of the Macroscelididae (*Macroscelides* and *Elephantulus*). — J. Anat., London, 62: 245—257.
2082. — (1932): The brain of the Insectivora. — Proc. zool. Soc. London, **1932**: 975—1013.
2083. — (1934): Early forerunners of Man. — Baillière, Tindall & Cox, London/Baltimore.
2084. — (1936): The problem of the claw in primates. — Proc. zool. Soc. London, **1936**: 1—24.
2085. — (1939): The brain of the okapi. — Proc. zool. Soc. London, **109**: 153—159.
2086. — (1945): Note on the paleontology of the lemuroid brain. — J. Anat., London, **79**: 123—126.
2087. — (1950): New palaeontological evidence bearing on the evolution of the Hominoidea. — Quart. J. geol. Soc. London, **105**: 225—264.
2088. — (1954): History of the Primates. — Brit. Mus. nat. Hist., London, 1—119.
2089. — (1955): The fossil evidence for human evolution. An Introduction to the study of paleoanthropology. — Univ. Chicago Press, I—X, 1—181.
2090. — (1955): The os innominatum of the recent Pongidae with special reference to that of the Australopithecinae. — Amer. J. phys. Anthrop., Washington, (n. S.) **13**: 19—27.
2091. — (1956): Fossil mammals of Africa 9. A Miocene lemuroid skull from East Africa. — Brit. Mus. nat. Hist., London, 1—6.
2092. — (1959): The antecedents of man; an introduction to the evolution of the Primates. — Univ. Press Edinburgh, 1—374.
2093. — (1960): History of the Primates: an introduction to the study of fossil man. — Brit. Mus. nat. Hist., London, 7th ed., 1—119.
2094. — (1964): The fossil evidence for human evolution. — 2. ed., Univ. Chicago Press, I—XII, 1—201.
2095. — & L. S. B. LEAKEY (1951): The Miocene Hominoidea of East Africa. — Fossil Mammals of Africa, brit. Mus. nat. Hist., London, **1**: 1—117.
2096. — & CH. F. SONNTAG (1926): A Monograph of *Orycteropus afer*. III. The skull, skeleton of the Trunk and limbs. — Proc. zool. Soc., London, **1926**: I—II, 445—485.
2097. — & D. P. THOMAS (1951): Associated jaws and limb bones of *Limnopithecus macinnesi*. — Fossil Mammals of Africa, Brit. Mus. nat. Hist., London, **3**: 1—27.
2098. — & — (1951): The Miocene lemuroids of East Africa. — Fossil mammals of Africa, Brit. Mus. nat. Hist., London, **5**: 1—14.
2099. LEHMAN, J. P. (1961): Cynodontia, Therocephalia, Bauriamorpha. — In: PIVETEAU, J. (ed.): Traité de Paléont., Masson, Paris, **6** 1: 140—191, 224—270.
2100. LEHMANN, E. VON (1958): Chevreuils d'Asie et d'Europe. Contribution à l'étude du genre *Capreolus*. — Mammalia, Paris, **22**: 262—270.
2101. — (1959): Zur Homologie der mittleren Geweihsprossen. — Z. Säugetierkde., Berlin, Hamburg, **24**: 54—67.
2102. — (1960): Entstehung und Auswirkung der Kontaktzone zwischen dem Europäischen und Sibirischen Reh. — Säugetierkdl. Mitt., Stuttgart, **8**: 97—102.
2103. LEHMANN, O. (1891): Das Kamel, seine geographische Verbreitung und die Bedingungen seines Vorkommens. — Z. wiss. Geogr., Berlin, **8**: 87—141.
2104. LEHMANN, U. (1949): Der Ur im Diluvium Deutschlands und seine Verbreitung. — N. Jb. Min. etc., Stuttgart, Abh. B, **90**: 163—266.
2105. — (1950): Über Mastodontenreste in der Bayerischen Staatssammlung in München. — Palaeontographica, Stuttgart, A **99**: 121—228.
2106. — (1954): Die Fauna des „Vogelherds" bei Stetten ob Lontal (Württemberg). — N. Jb. Geol. Paläont., Stuttgart, Abh. **99**: 33—146.
2107. — (1966): Die Boviden. — In: EHRENBERG, K.: Die Teufels- oder Fuchsenlucken bei Eggenburg (NÖ.). — Denkschr. österr. Akad. Wiss. Wien, math.-naturw. Kl., **112**: 83—88.
2108. LEIDY, J. (1869): The extinct mammalian fauna of Dakota and Nebraska, including an account of some allied forms from other localities, together with a synopsis of the mammalian remains of North America. — J. Acad. nat. Sci. Philadelphia, (2) **7**: 1—472.
2109. LEMKE, K. (1953/54): Morphologie und Homologie des Kaureliefs der Backenzähne der Insectivoren. — Wiss. Z. Univ. Greifswald, math.-naturw. Reihe, **3** 1: 17—47.
2109a. LEMON, R. H. & C. S. CHURCHER (1961): Pleistocene geology and paleontology of the Talara region, Northwest Peru. — Amer. J. Sci., New Haven, **259**: 410—429.
2110. LENZ, CH. (1952): Vergleichende Betrachtungen an Antilopen. — Zool. Jb. (Allg. Zool.), Jena, **63**: 403—476.
2111. LEONARDI, P. (1954): I suidi di Sahabi nella Sirtica (Africa settentrionale). — Rendic. Accad. nazion., Roma, (4) **4**/**5**: 1—4.
2112. — (1958): Temoignages de l'homme de Néandertal dans l'Italie du Nord. — In: KOENIGSWALD, G. H. R. v. (ed.): 100 Jahre Neanderthaler, 231—252.
2113. LEONE, CH. A. (ed.) (1964): Taxonomic Biochemistry and Serology. — Ronald Press Comp., New York, I—X, 1—728.
2114. LEONE, CH. A. & A. L. WIENS (1956): Comparative serology of Carnivores. — J. Mammal., Baltimore, **37**: 11—23.
2115. LEPIKSAAR, J. (1964): Subfossile Robbenfunde von der schwedischen Westküste. — Z. Säugetierkde., Berlin, Hamburg, **29**: 257—266.
2116. LESBRE, F. X. (1903): Recherches anatomiques sur les Camélidés. — Arch. Mus. Hist. nat., Lyon, **8**: 1—196.
2116a. LESSERTISSEUR, J. & R. SABAN (1967): Squelette appendiculaire. — In: GRASSÉ, P.: Traité de Zoologie, Masson, Paris, **16** 1: 709—1078.
2117. LEVINE, H. P. & P. A. MOODY (1939): Serological investigation of rodent relationships. — Physiol. Zool., Chicago, **12**: 400—411.
2118. LEWIS, G. E. (1933): Preliminary notice of a new genus of lemuroid from Siwaliks. — Amer. J. Sci., New Haven, (5) **26**: 134—138.

2119. — (1934): Preliminary notice of new manlike apes from India. — Amer. J. Sci., New Haven, (5) **27**: 161—179.
2120. — (1937): Taxonomic syllabus of Siwalik fossil anthropoids. — Amer. J. Sci., New Haven, **234**: 139—147.
2121. LEYHAUSEN, P. (1950): Beobachtungen an Löwen-Tiger-Bastarden, mit einigen Bemerkungen zur Systematik der Großkatzen. — Z. Tierpsychol., Berlin, Hamburg, **7**: 46—83.
2122. — (1956): Das Verhalten der Katzen (Felidae). — Hdb. Zool., Berlin, **8** 10 (21): 1—34.
2123. — (1956): Über die unterschiedliche Entwicklung einiger Verhaltensweisen bei den Feliden. — Säugetierkdl. Mitt., Stuttgart, **4**: 123—125.
2124. — (1960): Verhaltensstudien an Katzen. — 2. Aufl., Parey, Hamburg, I—VII, 1—120.
2125. — (1963): Über südamerikanische Pardelkatzen. — Z. Tierpsychol., Berlin, Hamburg, **20**: 627—640.
2125a. — (1964): Verhaltensforschung an Feliden. — Diskuss. Bem. Tgg. Ges. Säugetierkde. in Wien.
2126. LI, CH.-K. (1963): Paramyid and sciuravids from Northern China. — Vertebr. palasiatica, Peking, **7**: 151—160.
2127. — (1965): Eocene leporids of Northern China. — Vertebr. palasiatica, Peking, **9**: 29—36.
2128. LINDAHL, P. (1948): Über die Entwicklung und Morphologie des Chondrocraniums von *Procavia capensis* PALL. — Acta zool., Stockholm, **39**: 281—376.
2128a. LING, J. K. (1965): Functional significance of sweat glands and sebaceous glands in seals. — Nature, London, **208**: 560—562.
2129. LINNÉ, C. VON (1758): Systema naturae. — 10. ed., Stockholm, 1—824.
2130. LÖNNBERG, E. (1900): On the structure and anatomy of Musk-Ox (*Ovibos moschatus*). — Proc. zool. Soc., London, **1900**: 686—718.
2131. — (1900): On a remarkable piece of skin from Cueva Eberhardt, Last Hope Inlet, Patagonia. — Proc. zool. Soc. London, **1900**: 379—384.
2132. — (1906): Which is the taxonomic position of the Irish giant deer and allied races? — Ark. zool., Stockholm, **3** 4: 1—8.
2133. — (1906): On a new *Orycteropus* from the Northern Congo, and remarks on the dentition of Tubulidentata. — Ark. zool., Stockholm, 3, 3: 1—35.
2134. — (1923): Remarks on some Palearctic bears. — Proc. zool. Soc. London, **1923**: 85—95.
2135. — (1924): On a new fossil porcupine from Honan with some remarks about the development of the Hystricoidea. — Palaeont. sinica, Peking, C **1**, 3: 1—18.
2136. — (1934): Description of a fossil buffalo from East Africa. — Ark. zool., Uppsala **25** 17: 1—32.
2137. — (1937): On some fossil mammalian remains from East Africa. — Ark. zool., Uppsala, **29** A: 1—23.
2138. LONG, CH. A. (1965): Comparisons of juvenile skulls of the mustelid genera *Taxidea* and *Meles*, with comments on the subfamily Taxidiinae POCOCK. — Amer. Midland Naturalist, Notre Dame, **74**: 225—232.
2139. LONGMAN, H. A. (1921): A new genus of fossil marsupials. — Mem. Queensld. Mus., Brisbane, **7**: 65—80.
2140. — (1924): Some Queensland fossil vertebrates. — Mem. Queensld. Mus., Brisbane, **8**: 16—22.
2141. — (1924): The Zoogeography of Marsupials, with notes on the origin of the Australian fauna. — Mem. Queensld. Mus., Brisbane, **8**: 1—15.
2142. LOOMIS, F. B. (1921): Origin of South American faunas. — — Bull. geol. Soc. Amer., New York, **32**: 187—196.
2143. — (1928): Phylogeny of the Deer. — Amer. J. Sci., New Haven, **16** 96: 531—542.
2144. LORENZ, G. F. (1927): Über Ontogenese und Phylogenese der *Tupaia*hand. — Morph. Jb., Leipzig, **58**: 431—439.
2145. LORENZ, K. (1937): Über die Bildung des Instinktbegriffes. — Naturwiss., Berlin, **25**: 289—300, 307—318, 324—331.
2146. — (1939): Vergleichende Verhaltensforschung. — Zool. Anz., Leipzig, Suppl. Bd. **12**: 69—102.
2147. — (1941): Vergleichende Bewegungsstudien an Anatiden I. — J. Ornithol., Leipzig, **89**: 194—293.
2148. — (1949): Er redete mit dem Vieh, den Vögeln und Fischen. — Tiergeschichten. — Borotha-Schöler, Wien, 1—254.
2149. — (1950): So kam der Mensch auf den Hund. Hundegeschichten. — Borotha-Schöler, Wien, 1—234.
2150. — (1954): Psychologie und Stammesgeschichte. — In: HEBERER, G.: Die Evolution der Organismen. 2. Aufl. Jena, 131—172.
2151. — (1960): Prinzipien der Verhaltensforschung. — Fortschr. Zool, Jena, **12**: 265—294.
2152. — (1965): Über die Entstehung der Mannigfaltigkeit. — Naturwiss., Berlin, **52**: 319—329.
2153. LORENZ VON LIBURNAU, L. (1905): *Megaladapis edwardsi* G. GRANDIDIER. — Denkschr. k. Akad. Wiss., Wien, math.-naturw. Kl. **77**: 449—490.
2154. LOUIS, P. & J. MICHAUX (1962): Présence de mammifères dans les sablières de Pourcy (Marne). — C. R. Soc. géol. France, Paris, **1962**: 170 —172.
2155. LUCAS, F. A. (1901): The pelvic girdle of Zeuglodon, *Basilosaurus cetoides* OWEN, with notes on other portions of the skeleton.—Proc. U. S. nation. Mus., Washington, **23**: 327—331.
2156. LUDWIG, K. (1962): Zur Kenntnis der Geburtsplacenten der Ordnung Perissodactyla. — Acta anat., Basel, **49**: 153—167.
2157. LULL, R. S. (1930): The ground sloth, *Nothrotherium*. — Amer. J. Sci., New Haven, (5) **20**: 344—352.
2158. LUNAU, H. (1956): Vergleichend metrische Untersuchungen am Allocortex von Wild- und Hausschweinen. — Z. mikrosk.-anat. Forschg., Leipzig, **62**: 673—698.
2159. LUND, PH. (1839): Un aperçu des espèces de mammifères fossiles découvertes au Brésil. — C. R. Acad. Sci., Paris, **8**: 570—577.
2160. LUNDELIUS, E. (1960): *Mylohyus nasutus*, long-nosed Peccary of the Texas Pleistocene. — Bull. Texas Mus., Austin, **1**: 1—41.
2161. — (1960): Post Pleistocene faunal succession in Western Australia and its climatic interpretation. — Rep. Twenty-First Sess. internation. geol. Congr., Norden 1960, Kopenhagen, Abstr.: 33.
2162. LUNDHOLM, B. (1947): Abstammung und Domestikation des Hauspferdes. — Zool., Bidr., Uppsala, **27**: 1—287.
2163. LUTHE, W. (1924): Über die Fußwurzelknochen der Fischottern. — Arch. NaturGesch., Berlin, A, **90**: 59—141.
2164. LYDEKKER, R. (1884): Siwalik and Narbada Carnivores.— Palaeont. indica, Calcutta, (10) **2**: 178—351.
2165. — (1894): Contribution to a knowledge of the fossil Vertebrates of Argentina II. N. 2. The extinct Edentatas of Argentina. — An. Mus. La Plata, Palaeont. argent., Buenos Aires, **3**: 1—118.
2166. — (1895): On the affinities of the so-called extinct giant dormouse of Malta. — Proc. zool. Soc. London, **1895**: 860—863.
2167. — (1896): A hand-book to the Marsupialia and Monotremata. — Lloyd's Natur. Hist., London, 1—320.
2168. — (1913): Catalogue of the Ungulate Mammals in the British Museum nat. Hist., **1**. — London.
2169. LYNE, H. G. (1960): The systematic and adaptive significance of the vibrissae in the marsupialia. — Proc. zool. Soc. London, **133**: 79—133.
2170. LYON, M. W. (1904): Classification of the hares and their allies. — Smithson. misc. Collns., Washington, **45**: 321—447.
2170a. — (1908): Remarks on the horns and on the systematic position of the American antelope. — Proc. U. S. nation. Mus., Washington, **34**: 393—402.
2171. — (1913): Treeshrews: on account of the mammalian family Tupaiidae. — Proc. U. S. nation. Mus., Washington, **45**: 1—188.
2172. MACAROVICI, N. (1942): Sur les phoques fossiles du Sarmatien de l'Europe. — Univ. Jassy Ann. Sci., **28** Sect. 2: 260—268.
2173. MCCOWN, T. D. & A. KEITH (1939): The Stone Age of Mount Carmel II. The fossil human remains from the Levailloiso-Mousterian. — Clarendon Press, Oxford.
2174. MACDONALD, J. R. (1955): The Leptochoeridae. — J. Paleont., Tulsa, **29**: 439—459.
2175. — (1956): A new Clarendonian mammalian fauna from the Truckee formation of Western Nevada. — J. Paleont., Tulsa, **30**: 186—202.
2176. — (1956): The North American Anthracotheres. — J. Paleont., Tulsa, **30**: 615—645.
2177. — (1957): New records of Leptochoerids form the late Oligocene and eraly Miocene of South Dakota. — J. Paleont., Tulsa, **31**: 673.
2178. — (1959): The middle Pliocene mammalian fauna from Smiths Valley, Nevada. — J. Paleont., Tulsa, **33**: 872—887.
2179. — (1961): The lower dentition of *Proterix loomisi* MATTHEW. — J. Paleont., Tulsa, **35**: 632—633.
2180. — (1963): The Miocene faunas from the Wounded Knee area of Western South Dakota. — Bull. Amer. Mus. natur. Hist., New York, **125**: 139—238.

2181. McDowell, S. B. (1958): The greater Antillean insectivores. — Bull. Amer. Mus. natur. Hist., New York, **115**: 115—214.
2182. McFee, A. F., M. W. Banner & J. M. Rary (1966): Variation in chromosome number among European wild pigs. — Cytogenetics, Basel, **5**: 75—81.
2183. McGrew, P. (1935): A new *Cynodesmus* from the Lower Pliocene of Nebraska, with notes on the Phylogeny of the dogs. — Univ. Calif. Publs., geol. Sci., Berkeley, **23**: 305—312.
2184. — (1937): New marsupials from the Tertiary of Nebraska. —J. Geol., Chicago, **45** 4: 448—455.
2185. — (1938): Dental morphology of the Procyonidae with a description of *Cynarctoides* gen. nov. — Field Mus. natur. Hist., Chicago, (geol. Ser.) **6** 22: 323—339.
2186. — (1939): *Nanodelphis*, an oligocene didelphine. — Field Mus. nat. Hist., Chicago, (geol. Ser.) **6** 26: 393—400.
2187. — (1941): The Aplodontoidea. — Field Mus. nat. Hist., Chicago, (geol. Ser.) **9** 1: 1—30.
2188. — (1944): An Early Pleistocene (Blancan) fauna from Nebraska. — Field Mus. nat. Hist., Chicago, (geol. Ser.) **9** 2: 33—66.
2189. — & B. Patterson (1962): A Picrotid insectivore (?) from the Paleocene of Wyoming. — Breviora, Cambridge, **175**: 1—9.
2190. — et al. (1959): The geology and paleontology of the Elk Mountain and Tabernacle Butte area, Wyoming. — Bull.Amer. Mus. nat. Hist., New York, **117**: 117—176.
2191. MacInnes, G. D. (1942): Miocene and Post-Miocene Proboscidea from East Africa. — Trans. zool. Soc. London, **25**: 33—106.
2192. — (1943): Notes on the East African Miocene Primates. — J. east-afr. Uganda nat. Hist. Soc., Nairobi, **17**: 141—181.
2193. — (1953): The Miocene and Pleistocene Lagomorpha of East Africa. — Fossil mammals of Africa, Brit. Mus. nat. Hist., London, **6**: 1—32.
2194. — (1956): Fossil Tubulidentata from East Africa. — Fossil mammals of Africa, Brit. Mus. nat. Hist., London, **10**: 1—38.
2195. — (1957): A new Miocene rodent from East Africa. — Fossil Mammals of Africa, Brit. Mus. nat. Hist., London, **12**: 1—35.
2196. MacIntrye, G. T. (1966): The Miacidae (Mammalia, Carnivora). Pt. 1. The systematics of *Ictidopappus* and *Protictis*. —Bull. Amer. Mus. nat. Hist., New York, **131**: 115—210.
2196a. — (1967): Foramen pseudovale and quasi-mammals. — Evolution **21**: 834—841.
2197. McKenna, M. C. (1956): Survival of primitive notoungulates and condylarthres into the Miocene of Colombia. — Amer. J. Sci., New Haven, **254**: 736—743.
2198. — (1959): *Tapochoerus*, a Uintan dichobunid artiodactyl from the Sespe formation of California. — Bull. S.-Calif. Acad. Sci., Los Angeles, **58**: 125—132.
2199. — (1960): The Geolabidinae. A new subfamily of Early Cenozoic erinaceoid insectivores. — Univ. Calif. Publs. geol. Sci., Berkeley, **37**: 131—164.
2200. — (1960): Fossil mammalia from the Early Wasatchian Four Mile Fauna, Eocene of Northwest Colorado. — Univ. Calif. Publs. geol. Sci., Berkeley, **37**: 1—130.
2201. — (1960): Dermoptera fossils. — McGraw-Hill Encyl. Sci. & Technol., New York, 68—69.
2202. — (1961): On the shoulder girdle of the mammalian subclass Allotheria. — Amer. Mus. Novit., NewYork, **2066**: 1—27.
2303. — (1961): A note on the origin of rodents. — Amer. Mus. Novit., New York, **2037**: 1—5.
2204. — (1962): *Eupetaurus* and the living Petauristine sciurids. Amer. Mus. Novit., New York, **2104**: 1—38.
2205. — (1963): New evidence against tupaioid affinities of the mammalian family Anagalidae. — Amer. Mus. Novit., New York, **2158**: 1—16.
2206. — (1963): Primitive Paleocene and Eocene Apatemyidae (Mammalia, Insectivora) and the Primate-Insectivore boundary. — Amer. Mus., Novit., New York, **2160**: 1—39.
2207. — (1963): The Early Tertiary Primates and their ancestors. — Proc. XVI. internation. Congr. Zool., Washington, **4**: 69—74.
2208. — (1964): American Museum of Natural History. News Bull. Soc. vertebr. Paleont, Princeton, **70**: 15—17.
2209. — (1966): Paleontology and the origin of the Primates. — Folia primatol., Basel, **4**: 1—25.
2210. — (1966): Synopsis of Whitneyan and Arikareean camelid phylogeny. — Amer. Mus. Novit., New York, **2253**: 1—11.
2211. — (1967): Two probable anagalids from the Paleocene or Eocene (Gashato) from Mongolia. — News Bull. Soc. Vertebr. Paleout., Princeton, **79**: 17.
2211a. — (1967): Classification, range, and deployment of the Prosimian primates. — Colloques internation. Cent. nation. Rech. scient., Paris, **163**: 603—610.
2212. — & D. E. Russell (1961): Etude de *Paroxyclaenus*, mammifère des Phosphorites du Quercy. — Bull. Soc. géol. France, Paris, (7) **3**: 274—282.
2213. — & — (1959): A new insectivore from the Middle Eocene of Tabernacle Butte, Wyoming. — Amer. Mus. Novit., New York, **1952**: 1—12.
2214. —, — & D. W. Taylor (1962): Notes on Eocene Mammalia and Mollusca from Tabernacle Butte, Wyoming. — Amer. Mus. Novit., New York, **2102**: 1—33.
2215. MacKerras, M. J. (1959): Catalogue of Australian mammals and their recorded internal parasites. I. Monotremes and Marsupials. — Proc. Linn. Soc. N. S. Wales, Sydney, **83** 1958: 101—125.
2216. McLaren, I. A. (1960): Are the Pinnipedia biphyletic? — Systematic Zool., Washington, **9**: 18—28.
2217. — (1960): On the origin of the Caspian and Baical seals and the paleoclimatological implication. — Amer. J. Sci., New Haven, **258**: 47—65.
2217a. — (1966): Taxonomy of harbor seals of the Western North Pacific and evolution of certain other hair seals. — J. Mammal., Baltimore, **47**: 466—473.
2217b. Maglio, V. J. (1966): A revision of the fossil selenodont artiodactyls from the Middle Miocene Thomas Farm, Gilchrist County, Florida. — Breviora, Cambridge, **255**: 1—27.
2218. Maguire, B. (1965): Foreign pebble pounding artefacts in the breccias and the overlying vegetation soil at Makapansgat limeworks. — S. Afric. archaeol. Bull., Claremont, **20**: 117—130.
2219. Maier v. Mayerfels, St. (1929): Zur Stammesgeschichte der europäischen Bären. — N. Jb. f. Min. etc., Stuttgart, Beil. Bd. **62**: 325—332.
2220. Major, C. J. Forsyth, (1893): Tooth of an-bear (*Orycteropus*) from the Upper Miocene of Maragha (Persia). — Proc. zool. Soc. London, **1893**: 239—240.
2221. — (1897): On the Malagasy rodent genus *Brachyuropmys*; and on the mutual relations of some groups of the Muridae (Hesperomyinae, Microtinae, Murinae and „Spalacidae") with each other and with the Malagasy Nesomyinae. — Proc. zool. Soc. London, **1897**: 695—720.
2222. — (1899): On fossil and recent lagomorpha. — Trans. Linn. Soc. London, (2) **7**: 433—520.
2223. — (1899): The Hyracoid *Pliohyrax graecus* (Gaudry) from the Upper Miocene of Samos and Pikermi. — Geolog. Mag., London, (n. S.) **6**: 547—553.
2224. — (1902): On *Mustela palaeattica* from the Upper Miocene of Pikermi and Samos. — Proc. zool. Soc. London, **1902**: 109—114.
2224a. Makino, S. (1948): The chromosomes of Dall Porpoise, with remarks on the phylogenetic relations of the Cetacea. — Chromosoma, Berlin, **3**: 220—231.
2225. — (1953): Notes on the chromosomes of the Porcupine and the Chinchilla. — Experientia, Basel, **9**: 213—214.
2226. — & S. Tateishi (1951): Notes on the chromosomes of the pangolin, *Manis pentodactyla* (Edentata). — J. Fac. Sci. Hokkaido Univ., (2) **10**: 319—323.
2227. Malatesta, A. (1962): Il cane selvaggio del Pleistocene di Sardegna. — Geol. Romana, Rom, **1**: 173—189.
2227a. Malez, M. (1962): *Gulo gulo* L. aus dem oberen Pleistozän Dalmatiens. — Bull. scient., Beograd, **7**: 57—58.
2228. — (1963): Die Quartäre Fauna der Höhle Veternica (Medrednica-Kroatien). — Palaeont. jugosl., Zagreb, **5**: 1—193.
2229. Malzy, O. (1965): Un mammifère aquatique de Madagascar: Le *Limnogale*. — Mammalia, Paris, **29**: 400—411.
2230. Mansfield, A. W. (1963): Seals of arctic and eastern Canada. — Fish. Res. Board of Canada, Ottawa, Bull. **137**: 1—29.
2231. Marcus, L. F. (1962): A new species of *Sthenurus* (Marsupialia, Macropodidae) from the Pleistocene of New South Wales. — Rec. austr. Mus., Sydney, **25**: 299—304.
2232. Markowski, S. (1952): The cestodes of seals from the Antarctic. — Bull. Brit. Mus. nat. Hist., London, Zool. **1**: 123—150.
2233. Marples, B. J. (1956): *Cetotheres* (Cetacea) from the Oligocene of New Zealand. — Proc. zool. Soc. London, **126**: 565—580.

2234. MARSH, O. C. (1874): Notice of new equine mammals from the Tertiary formation. — Amer. J. Sci., New Haven, (3) **7**: 247—258.

2234a. — (1874): On the structure and affinities of the Brontotheriidae. — Amer. J. Sci., New Haven, (3) **7**: 81—86.

2235. — (1880): Notice of Jurassic mammals representing two new orders. — Amer. J. Sci., New Haven, (3) **20**: 235—239.

2236. — (1884): Dinocerata. A monograph of an extinct order of gigantic mammals. — Monogr. U. S. geol. Surv., Washington, **10**: I—XVIII, 1—237.

2237. — (1888): Notice of a new fossil sirenian from California. — Amer. J. Sci., New Haven, **35**: 94—96.

2237a. MARSTON, A. T. (1937): The Swanscombe skull. — J. roy. anthrop. Inst., London, **67**: 339—406.

2238. MARTIN, P. S., B. E. SABELS & D. SHUTLER (1961): Rampart cave coprolithe and ecology of the Shasta Ground sloth. — Amer. J. Sci., New Haven, **259**: 102—127.

2239. MARTIN, R. (1967): Le glouton de Villereversure.— Docum. Labor. géol. Fac. Sci. Lyon, **21**: 71—100.

2240. MARTIN, R. D. (1966): Tree shrews: unique reproductive mechanism of systematic importance. — Science, New York, **152**, No. 3727, 1402—1404.

2241. — (1966): Sind Spitzhörnchen wirklich Vorfahren der Affen? — Umschau, Frankfurt, **66**: 437—438.

2242. MARTINIS, B. (1948): Resti di Castoro (*Castor fiber* L.) nei terreni torbosi presso Pernunia (Padova).— Riv. ital. Paleont. Stratigr., Mailand, **54**: 29—35.

2243. MASALI, M. & B. CHIARELLI (1966): The ear bones of Primates and their taxonomic and phylogenetic interest. — Intern. primat. Soc. Conf. Frankfurt, **1696**: 51.

2244. — & — (1967): The ear bones of the Old World Primates. — Progr. in Primat., Frankfurt, 145—149.

2245. MASON, R. J. (1962): Australopithecines and artefacts at Sterkfontein II. The Sterkfontein stone artefacts and their maker. — S.-Afric. archaeol. Bull., Claremont, **17**: 109—126.

2246. MATSCHIE, P. (1895): Die geographische Verbreitung der Katzen und ihre Verwandtschaft zueinander. — SBer. Ges. naturf. Freunde, Berlin, **1895**: 190—199.

2247. MATSUMOTO, H. (1921): *Megalohyrax* ANDREWS and *Titanohyrax* n. g., a revision of the genera of hyracoids from the Fayûm, Egypt. — Proc. zool. Soc. London, **1921**: 639—850.

2248. — (1923): A contribution to the knowledge of *Moeritherium*. — Bull. Amer. Mus. nat. Hist., New York, **48**: 97—139.

2249. — (1924): A Revision of *Palaeomastodon*. Dividing it into two genera, and with descriptions of two new species. — Bull. Amer. Mus. nat. Hist. New York, **50**: 1—58.

2250. — (1926): Contribution to the knowledge of the fossil Hyracoidea of the Fayûm, Egypt, with description of several new species. — Bull. Amer. Mus. nat. Hist., New York, **56**: 253—350.

2251. — & H. MORI (1956): On the mammals of the very late Pliocene fossiliferous zone discovered at Kanamori, Hanaizumi, Nishi-iwai District, Province of Rikuchu. — Zool. Mag., Tokyo **65**: 239—249.

2252. MATTHES, H. W. (1958): Die mitteleozäne Säugerfauna des Geiseltales und ihre verwandtschaftlichen Beziehungen. — Wiss. Z. Univ. Halle, math.-naturw. R. **7**: 37—62.

2253. — (1962): Verbreitung der Säugetiere in der Vorzeit. — Handb. Zool., de Gruyter, Berlin, **8** 11 1: 1—198.

2254. MATTHEW, W. D. (1897): A revision of the Puercofauna. — Bull. Amer. Mus. nat. Hist., New York, **9**: 259—323.

2255. — (1901): Additional observations on the Creodonta. — Bull. Amer. Mus. nat. Hist., New York, **14**: 1—38.

2256. — (1902): New Canidae from the Miocene of Colorado. — Bull. Amer. Mus. nat. Hist., New York, **16**: 281—290.

2257. — (1904): A complete skeleton of *Merycodus*. — Bull. Amer. Mus. nat. Hist., New York, **20**: 101—130.

2258. — (1906): Fossil Chrysochloridae in North America. — Science, New York, (n. S.) **24** 624: 786—788.

2259. — (1907): A lower Miocene fauna from South Dakota. — Bull. Amer. Mus. nat. Hist., New York, **23**: 169—219.

2260. — (1907): Relationships of the Sparassodonta. — Geol. Mag. London, (5) **4**: 531—535.

2261. — (1908): Osteology of *Blastomeryx* and phylogeny of the American Cervidae. — Bull. Amer. Mus. nat. Hist., New York, **24**: 535—562.

2262. — (1909): The Carnivora and Insectivora of the Bridger Basin, Middle Eocene. — Mem. Amer. Mus. nat. Hist., New York, **9**: 291—567.

2263. — (1910): On the osteology andrelationships of *Pasamys*, and the affinities of the Ischyromyidae.—Bull. Amer. Mus. nat. Hist., New York, **28**: 43—71.

2264. — (1910): The phylogeny of the Felidae. — Bull. Amer. Mus. nat. Hist., New York, **28**: 289—316.

2265. — (1910): On the skull of *Apternodus* and the skeleton of a new Artiodactyl. — Bull. Amer. Mus. nat. Hist., New York, **28**: 33—42.

2266. — (1913): A zalambdodont insectivore from the basal Eocene. — Bull. Amer. Mus. nat. Hist., New York, **32**: 307—314.

2267. — (1915): A revision of the Lower Wasatch and Wind River faunas. I. Order Ferae (Carnivora), suborder Creodonta. — Bull. Amer. Mus. nat. Hist., New York, **34**: 4—103.

2268. — (1916): Recent progress in vertebrate Paleontology. Mammals. — Science, New York, (n. S.) **43**: 107—110.

2268a. — (1917): A Paleocene Bat. — Bull. Amer. Mus. nat. Hist., New York, **37**: 569—571.

2269. — (1918): A revision of the Lower Eocene Wasatch and Wind River faunas. 5. Insectivora (continued), Glires, Edentata. — Bull. Amer. Mus. nat. Hist., New York, **38**: 565—657.

2270. — (1926): The evolution of the horse. A record and its interpretation. — Quart. Rev. Biol., Baltimore, **1**: 139—185.

2271. — (1928): The evolution of the mammals in the Eocene.— Proc. zool. Soc. London, **1927**: 947—985.

2272. — (1928): Outline and general principles of the history of life. — Univ. Calif. Syllab. Ser., Berkeley, **213**: 1—253.

2272a. — (1928): *Xenotherium*, an edentate. — J. Mammal., Baltimore **9**,: 70—71.

2273. — (1929): Critical observations upon Siwalik mammals.— Bull. Amer. Mus. nat. Hist., New York, **46**: 437—560.

2274. — (1929): Reclassification of the Artiodactyl families. — Bull. geol. Soc. Amer., New York, **40**: 403—408.

2275. — (1932): A skeleton of *Merycoidodon gracilis* and its adaptive significance. A posthumus paper. — Univ. Calif. Publs., geol. Sci., Berkeley, **22**: 13—20.

2275a. — (1932): New fossil mammals from the Snake Creek quarries. — Amer. Mus. Novit., New York, **540**: 1—8.

2276. — (with comments by E. H. COLBERT) (1934): A phylogenetic chart of Artiodactyla. — J. Mammal., Baltimore, **15**: 207—209.

2277. — (1937): Paleocene faunas of the San Juan Basin, New Mexico. — Trans. philos. Soc., Philadelphia, (n. S.) **30**: I—VIII, 1—510.

2278. —, & W. GRANGER (1923): Nine new rodents from the Oligocene of Mongolia. — Amer. Mus. Novit., New York, **102**: 1—10.

2279. — & — (1923): New Bathyergidae from the Oligocene of Mongolia. — Amer. Mus. Novit. , New York, **101**: 1—5.

2280. — & — (1923): New fossil mammals from the Pliocene of Sze-Chuan, China. — Bull. Amer. Mus. nat. Hist., NewYork, **48**: 563—598.

2281. — & — (1924): New insectivores and ruminants from the Tertiary of Mongolia, with remarks on the correlation. — Amer. Mus. Novit., New York, **105**: 1—7.

2282. — & — (1925): New mammals from the Shara Murun Eocene of Mongolia. — Amer. Mus. Novit., New York, **196**: 1—11.

2283. — & — (1925): Fauna and correlation of the Gashato Formation of Mongolia. — Amer. Mus. Novit., New York, **189**: 1—12.

2284. —, & C. DE PAULA COUTO (1959): The Cuban edentates. — Bull. Amer. Mus. nat. Hist., New York, **117**: 1—56.

2285. —, W. GRANGER & G. G. SIMPSON (1929): Additions to the fauna of the Gashato formation of Mongolia. — Amer. Mus. Novit., New York, **376**: 1—12.

2286. MATTHEY, R. (1949): Les chromosomes des vertébrés. — Libr. Univ., F. Rouge, Lausanne, 1—356.

2287. — (1954): Chromosomes et systématique des Canidés. — Mammalia, Paris, **18**: 225—230.

2288. — (1955): Nouveaux documents sur les chromosomes des Muridae. — Rev. suisse Zool., Genève, **62**: 163—206.

2289. — (1956): Cytologie chromosomique comparée et systématique des muridae. — Mammalia, Paris, **20**: 93—123.

2290. — (1956): Cytologie comparée des Muridae. L'origine des Ellobii. — Experientia, Basel, **12**: 337—338.

2291. — (1956): Nouveaux apports à la cytologie comparée des rongeurs. — Chromosoma, Berlin, Wien, **7**: 670—692.

2292. — (1957): Sex chromosomes in Amniota. — Evolution, Lancaster, **11**: 163—165.

2293. — (1957): Cytologie comparée systématique et phylogénie des Microtinae (Rodentia, Muridae). — Rev. suisse Zool., Genève, **64**: 39—71.

2294. — (1957): Cytologie et taxonomie du genre *Meriones* ILL. (Rodentia, Muridae, Gerbillinae). — Säugetierkdl. Mitt., Stuttgart, **5**: 145—150.

2295. — (1957): Analyse cytotaxonomique de huit espèces de Muridés. Murinae, Cricetinae, Microtinae, paléarctiques et nordaméricains. — Arch. J. Klaus Stiftg. (Vererb. Forschg., Sozial-Anthr. Rassen-Hyg.), Zürich, **32**: 385—404.

2296. — (1958): Les chromosomes des mammifères euthériens. Liste critique et essai sur l'évolution chromosomique. — Arch. J. Klaus-Stiftg. (Vererb. Fschg. Sozial-Anthr. Rassenhyg.), Zürich, **33**: 253—297.

2297. — (1958): Un nouveau type de détermination chromosomique du sexe chez les mammifères *Ellobius lutescens* TH. et *Microtus* (*Chilotus*) *oregoni* BACHM. (Muridés—Microtinés). — Experientia, Basel, **14**: 240.

2298. — (1958): La position des genres *Ellobius* FISCHER et *Prometheomys* SATURNIN, dans la systématique des Microtinés. — Rev. suisse Zool., Genève, **65**: 377—383.

2299. — (1959): Formules chromosomiques de „Muridae" et de „Spalacidae". La question du polymorphisme chromosomique chez les mammifères.— Rev. suisse Zool., Genève, **66**: 175—209.

2300. — (1959): Chromosomal evolution in Eutherian mammals. — Nature, London, **184**: 1329—1330.

2301. — (1961): La formule chromosomique de *Macrotarsomys bastardi* et le problème des Nesomyinae. — Bull. Res. Counc. Israel, Jerusalem, **10 B**: 1—6.

2302. — (1961): Etudes de cytogénétique et de taxonomie chez les Muridés (Rodentia) *Reithrodontomys*, *Megalotis dychei* ALLEN, *Hypogeomys antimena* GRAND., *Neofiber alleni* TRUE. — Mammalia, Paris, **25**: 145—161.

2303. — (1961): Cytologie comparée des Cricetinae paléarctiques et américains. Les chromosomes de *Calomyscus bailwardi* THOMAS et la position du genre *Calomyscus* dans la systématique des Cricetinae. — Rev. suisse Zool., Geneve, **68**: 41—61.

2303a. — (1962): Etudes sur les chromosomes d'*Ellobius lutescens* TH. (Mammalia — Muridae — Microtinae). I. — Cytogenetics, Basel, **1**: 180—195.

2304. — (1963): La formule chromosomique chez sept espèces et sous-espèces de Murinae africains. — Mammalia, Paris, **27**: 157—176.

2305. — (1963): Polymorphisme chromosomique intraspécifique chez un Mammifère *Leggada minutoides* SMITH (Rodentia, Muridae). — Rev. suisse Zool., Genève, **70**: 173—190.

2306. — (1965): Cytogénétique des Mus africains du Sous-genre *Leggada*. Étude de 35 exemplaires provenant de l'Afrique du Sud, de la côte d'Ivore et du Gabon. — Caryologia, Firenze, **18**: 161—179.

2307. — (1967): Note sur la cytogénétique de quelques muridés africains. — Mammalia, Paris, **31**: 281—827.

2308. MAWBY, J. E. (1960): A new American occurrence of *Heterosorex* GAILLARD. — J. Paleont., Menasha, **34**: 950—956.

2309. — (1965): Machairodonts from the Late Cenozoic of the Panhandle of Texas. — J. Mammal., Baltimore, **46**: 573—587.

2310. MAYR, E. (1950): Taxonomic categories in fossil hominids. — Cold Spring Harbor Sympos. quant. Biol., **15**: 109—117.

2311. — (1957): Evolutionary aspects of host specifity among parasites of vertebrates. — Union internation. Sci. Biol., Paris, (B) **32**: 7—14.

2312. — (1957): Concluding remarks. — Union internation. Sci. Biol., Paris, (B) **32**: 312—316.

2313. — (1963): The taxonomic evaluation of fossil hominids. — In: WASHBURN, S. L.: Classification and Human evolution. — Aldine Publ. Comp., Chicago, 332—346.

2314. — (1963): Animal species and Evolution. — Harvard Univ. Press, Cambridge, I—XIV, 1—797.

2315. — (1967): Artbegriff und Evolution. Übers. v. G. HEBERER unter Mitarbeit von G. H. W. STEIN. — Parey, Hamburg, I—617.

2316. MAZAK, V. (1963): Asiatische Wildesel im Prager Zoologischen Garten nebst Bemerkungen zur Systematik der Untergattung *Hemionus*. — Z. Säugetierkde., Berlin, Hamburg, **28**: 278—293.

2317. — (1965): Der Tiger, *Panthera tigris* LINNAEUS 1758. — Neue Brehm-Bücherei, Wittenberg, **356**: 1—162.

2318. MCHEDLIZE, G. A. (1964): Fossil cetaceans of Caucasus. — Akad. Nauk Grusin. SSR Tiflis (Tbilisi) 1—144 (russ., engl. Summ.).

2319. MEAD, C. S. (1909): The Chondrocranium of an Embryo Pig, *Sus scrofa*. A contribution to the morphology of the mammalian skull. — Amer. J. Anat., Baltimore, **9**: 167—209.

2319a. MEADE, G. E. (1941): A new erinaceid from the Lower Miocene. — Field Mus. natur. Hist., Chicago, (geol. Ser.) **8**: 143—147.

2320. — (1961): The saber-toothed cat, *Dinobastis serus*. — Bull. Texas Mus., Austin, **2**: 23—60.

2321. MEHELY, L. v. (1908): *Prospalax priscus* (NEHR.), die pliozäne Stammform der heutigen Spalaciden. — Ann. Mus. nation. Hungar., Budapest, **6**: 305—316.

2321a. — (1913): Die Streifenmäuse (Sicistinae) Europas. — Ann. Mus. nation. Hungar., Budapest, **11**: 220—256.

2321b. — (1913): Das Artkriterium der Säugetiere. — Allat. Közlem., Budapest, **12**: 65—72 (ungar.).

2322. — (1914): Fibrinae Hungariae. Die tertiären und quartären wurzelzähnigen Wühlmäuse Ungarns. — Ann. Mus. nation. Hungar., Budapest, **12**: 155—243.

2323. MEIN, P. (1958): Les mammifères de la faune sidérolitique de Vieux-Collonges. — Nouv. Arch. Mus. Hist. nat. Lyon, **5**: 1—122.

2324. — (1965): *Rotundomys*, nouveau genre de Cricetidae (Mammalia, Rodentia) de la faune néogène de Montredon (Hérault). — Bull. Soc. géol. France, Paris, (7) **7**: 421—425.

2325. MEINERTZ, T. (1941): Das oberflächliche Facialisgebiet der Nager. — Zool. Jb. (Anat. etc.), Jena, **67**: 119—270.

2325a. — (1951): Das Fazialisgebiet der Nager VIII. Bathyergini WINGE, sowie einige Bemerkungen über *Pedetes caffer* (PALL.). — Morph. Jb., Leipzig, **90**: 105—147.

2326. — (1956): Beitrag zur Kenntnis vom Bau des Magens beim Dugong. — Morph. Jb., Leipzig, **97**: 123—142.

2327. MEISTER, W., & D. D. DAVIS (1956): Placentation of the pygmy treeshrew. — Fieldiana, Zool., Chicago, **35**: 71—84.

2328. MELENTIS, J. K. (1961): Die Dentition der pleistozänen Proboscidier des Beckens von Megalopolis im Peloponnes (Griechenland). — Ann. géol. pays hellén., Athen, **12**: 153—262.

2329. — (1966): Studien über fossile Vertebraten Griechenlands 12. Neue Schädel- und Unterkieferfunde von *Pliohyrax graecus* aus dem Pont von Pikermi (Attika) und Halmyropotamos (Euboea). — Ann. géol. pays hellén., Athen, **17**: 182—210.

2330. MELTON, W. G. (1964): *Glyptodon fredericensis* (MEADE) from the Seymour formation of Knox County, Texas. — Pap. Michigan. Acad. Sci., Arts & Lett., New York, **49**: 129—146.

2331. MERLA, G. (1949): I *Leptobos italiani* RÜTIM. — Palaeontographica ital., Pisa, (n. S.) **16**: 41—155.

2332. MERRIAM, J. C., & CH. STOCK (1925): Relationships and structure of the shortfaced bear, *Arctotherium*, from the Pleistocene of California. — Publs. Carnegie Instn. Washington, **347**: 1—35.

2333. — & — (1932): The felidae of Rancho La Brea. — Publs. Carnegie Instn. Washington, **422**: 1—232.

2334. MERRILEES, D. (1965): Two species of the extinct genus *Sthenurus* OWEN (Marsupialia, Macropodidae) from Southeastern Australia, including *Sthenurus gilli* n. sp. — J. roy. Soc. W.-Austral., Perth, **48**: 22—32.

2335. MERTENS, R. (1958): Quer durch Australien. Biologische Aufzeichnungen über eine Forschungsreise. — Senckenberg-Buch 36, W. Kramer & Co., Frankfurt, 1—200.

2336. — (1965): Biologische Reisen in Zentral-Australien. — Schrift. Ver. Verbr. naturw. Kenntn. Wien, **105**: 115—137.

2337. METTLER, F. A., & L. J. GOSS (1946): The brain of the giant panda (*Ailuropoda melanoleuca*). — J. comp. Neurol., Philadelphia, **84**: 1—9.

2338. MEUNIER, K. (1962): Zur Diskussion über die Typologie des Hauspferdes und deren zoologisch-systematische Bedeutung. — Z. Tierzüchtg. ZüchtgsBiol., Hamburg, **76**: 225—237.

2339. — (1963): Bemerkungen zur innerartlichen Systematik des Pferdes. — Z. Tierzüchtg. Züchtgs.Biol., Hamburg, **79**: 42—72.

2340. — (1964): Die Knickungsverhältnisse des Cervidenschädels. Mit Bemerkungen zur Systematik. — Zool. Anz., Leipzig, **172**: 184—216.

2341. MEYER, A. B. (1903): Bis wie weit in der historischen Zeit zurück ist der Löwe in Griechenland nachweisbar? — Zool. Garten, Frankfurt, (a. F.) **44**: 65—73.

2342. MEYER, H. v. (1867): Die fossilen Reste des Genus *Tapirus*. — Palaeontographica, Kassel **15**: 159—200.

2343. MEYER, H. (1967): Beobachtungen über Hämoglobine und Blutkaliumwerte bei Mähnenschafen (*Ammotragus lervia*) und Tahren (*Hemitragus jemlahicus*). — Z. Säugetierkde., Berlin, Hamburg, **32**: 178—180.

2344. MEYLAN, A. (1966): Données nouvelles sur les chromosomes des Insectivores européens (Mamm.). — Rev. suisse Zool., Genève, **73**: 547—558.
2345. MICHAUX, J. (1964): Diagnoses de quelques Paramyidés de l'Eocène inférieur de France. — C. R. Soc. géol. France, Paris, 153—154.
2346. — (1967): Origine du dessin dentaire „*Apodemus*" (Rodentia, Mammalia). — C. R. Acad. Sci., Paris, **264**: 711—714.
2347. MILLER, G. S. (1907): The families and genera of bats. — Bull. U. S. nation. Mus., Washington, **57**: I—XVII, 1—282.
2347a. — (1912): Catalogue of the mammals of Western Europe. — Brit. Mus. nat. Hist., London, I—XV, 1—1019.
2348. — (1927): Revised determinations of some Tertiary mammals from Mongolia. — Palaeont. sinica, Peking, **C 5** 2: 1—20.
2349. — (1937): The genera *Pseudaplodon* and *Aplodontia*. — Ann. Mag. nat. Hist., London, (10) **20**: 635.
2350. —, & W. J. GIDLEY (1918): Synopsis of the supergeneric groups of rodents. — J. Washington Acad. Sci. **8**: 431—448.
2351. MILLOT, P. (1958): Les groupes sanguins chez les ongulés. — Mammalia, Paris, **22**: 58—68.
2352. MILLS, J. R. S. (1964): The dentitions of *Peramus* and *Amphitherium*. — Proc. Linn. Soc. London, **175**: 117—133.
2353. MILNE-EDWARDS, H. (1868—1874): Recherches pour servir à l'histoire naturelle de mammifères comprenant des considérations sur la classification de ces animaux. — Masson, Paris, 1—394.
2354. MIRANDA RIBEIRO, A. DE (1938): *Plicodontinia mourai* g. et sp. nov. — Livro Jubil. Prof. Lauro Travassos, Rio de Janeiro, 319—231.
2355. MISONNE, X. (1952): Quelques éléments nouveaux concernant *Hippopotamus imaguncula* HOPW. — Bull. Inst. roy. Sci. nat. Belg., Bruxelles, **28** 3: 1—12.
2356. — (1957): Mammifères oligocènes de Hoogbutsel et de Hoeleden. I. Rongeurs et Ongulés. — Bull. Inst. roy. Sci. nat. Belg., Bruxelles, **33** 51: 1—16.
2357. MITCHELL, B. (1965): The presence of canine teeth in the upper jaw of wildbeest and oribi. — The Puku, Chilanga, 3: 178—179.
2358. MITCHELL, E. D. (1961): A new walrus from the Imperial Pliocene of Southern California: with notes on odobenid and otariid humeri. — Contrib. Sci. Los Angeles County Mus., **44**: 1—28.
2359. — (1962): A walrus and a sea lion from the Pliocene Purisima formation at Santa Cruz, California: with remarks on the type locality and geologic age of the sea lion *Dusignathus santacruzensis* KELLOGG. — Contr. Sci. Los Angeles County Mus., **56**: 1—24.
2360. — (1963): Brachydont Desmostylian from Miocene of San Clemente Island, California. — Bull. S.-Calif. Acad. Sci., Los Angeles, **62**: 192—201.
2361. — (1964): Pachyostosis in Desmostylids. — Geol. Soc. Amer., spec. Pap., **76**: 214.
2362. — (1966): The Miocene pinniped *Allodesmus*. — Univ. Calif. Publs. geol. Sci., Berkeley, **61**: 1—46.
2363. — (1966): Northeastern Pacific Pleistocene Sea otters. — J. Fish. Res. Board Canada, Ottawa, **23** 12 1897—1911.
2364. — (1966): Faunal succession of extinct North Pacific marine mammals. — Norsk Hvalfangst Tid., Sandefjord, 1966 47—60.
2364a. — (1967): Controversy over Diphyly in Pinnipeds. — System. Zool. **16**: 350—351.
2365. —, & CH. A. REPENNING (1963): The chronology and geographic range of desmostylians. — Contrib. Sci., Los Angeles County Mus. **78**: 3—20.
2366. MITCHELL, P. C. (1905): On the intestinal tract of mammals. — Trans. zool. Soc. London, **17**: 437—536.
2367. — (1916): Further observations on the intestinal tract of mammals. — Proc. zool. Soc. London, **1916**: 183—251.
2368. MITZOPOULOS, M. K. (1959): Über das Vorkommen von *Ursus spelaeus* im Agrapha-Gebirge (Griechenland). — Prakt. Akad., Athena, **33**: 359—363.
2369. MIVART, ST. G. (1868): Notes on the osteology of the Insectivora. — J. Anat. Physiol., London, (2) **1**: 117—154.
2370. — (1882): On the classification and distribution of the Aeluroidea. — Proc. zool. Soc. London, **1882**: 135—208.
2370a. — (1885): On the anatomy, classification, and distribution of the Arctoidea. — Proc. zool. Soc. London, **1885**: 340—404.
2331. — (1885): Notes on the Pinnipedia. — Proc. zool. Soc. London, **1885**: 484—501.
2372. — (1890): Dogs, jackals, wolves and foxes: A monograph of the Canidae. — R. H. Porter, London, I—XXXVI, 1—216.
2373. MÖHRES, F. P. (1952): Die Ultraschall-Orientierung der Fledermäuse. — Naturwiss., Heidelberg, **39**: 273—279.
2374. — & E. KULZER (1956): Über die Orientierung der Flughunde (Chiroptera — Pteropodidae). — Z. vergl. Physiol., Berlin, **38**: 1—29.
2375. — & — (1956): Untersuchungen über die Ultraschallorientierung von vier afrikanischen Fledermausfamilien. — Zool. Anz., Leipzig, **19** Suppl. Bd.: 59—65.
2376. — & — (1957): Megaderma — ein konvergenter Zwischentyp der Ultraschallpeilung bei Fledermäusen. — Naturwiss., Heidelberg, **44**: 21—22.
2377. MOHR, E. (1936): Biologische Beobachtungen an *Solenodon paradoxus* BRANDT in Gefangenschaft I. — Zool. Anz., Leipzig, **113**: 177—188.
2378. — (1936): Biologische Beobachtungen an *Solenodon paradoxus* BRANDT in Gefangenschaft II. — Zool. Anz., Leipzig, **116**: 65—76.
2379. — (1937): Biologische Beobachtungen an *Solenodon paradoxus* BRANDT in Gefangenschaft III. — Zool. Anz., Leipzig, **117**: 233—241.
2380. — (1938): Biologische Beobachtungen an *Solenodon paradoxus* BRANDT in Gefangenschaft IV. — Zool. Anz., Leipzig, **122**: 132—143.
2381. — (1939): Die Baum- und Ferkelratten-Gattungen *Capromys* DESM. (sens. ampl.) und *Plagiodonta* CUVIER. — Mitt. Hambg. zool. Mus. Inst., **48**: 48—118.
2382. — (1939): Wisent und Bison mit besonderer Berücksichtigung des Kaukasuswisents. — Bijdrag. Dierkunde, Amsterdam, **27**: 441—476.
2383. — (1942): Einiges über Wombat-Formen und Marsupialia Beutel. — Zool. Garten, Leipzig, (n. F.) **14**: 55—68.
2384. — (1952): Die Robben der europäischen Gewässer. — Monogr. Wildsäugetiere, Schöps, Leipzig, **12**: 1—283.
2385. — (1957): Sirenen oder Seekühe. — Neue Brehm-Bücherei, Wittenberg, **197**: 1—61.
2386. — (1959): Das Urwildpferd *Equus przewalskii* POLJ. 1881. — Neue Brehm-Bücherei, Wittenberg, **249**: 1—144.
2387. — (1959): Die Füße des Halsband-Pekaris, *Dicotyles torquatus*. — Zool. Anz., Leipzig, **163**: 64—67.
2388. — (1960): Wilde Schweine. — Neue Brehm-Bücherei, Wittenberg, **247**: 1—156.
2389. — (1961): Schuppentiere. — Neue Brehm-Bücherei, Wittenberg, **284**: 1—99.
2390. — (1962): Über Geweih und Geweihwechsel beim Milu, *Elaphurus davidianus* M. EDW. — Milu, Berlin, **1**: 156—163.
2391. — (1963): Zur Nomenklatur und Systematik der Pinsel-Stachler, Gattung *Trichys* GÜNTHER 1876 (Rodentia, Hystricidae). — Z. Säugetierkde., Berlin, Hamburg, **28**: 294—301.
2392. — (1963): Os penis und Os clitoridis der Pinnipedia. — Z. Säugetierkde., Berlin, Hamburg, **28**: 19—37.
2393. — (1964): Die Körperbedeckung der Stachelschweine. — Z. Säugetierkde., Berlin, Hamburg, **29**: 17—33.
2394. — (1964): Zur Nomenklatur und Systematik der Quastenstachler, Gattung *Atherurus* F. CUVIER 1829. — Z. Säugetierkde., Berlin, Hamburg, **29**: 93—116.
2395. — (1965): Altweltliche Stachelschweine. — Neue Brehm-Bücherei, Wittenberg, **350**: 1—164.
2396. — (1965): Über *Phoca vitulina largha* PALLAS 1811 und weißgeborene Seehunde. — Z. Säugetierkde., Berlin, Hamburg, **30**: 273—287.
2397. — (1965): Besonderheiten an Cavicornier-Hörnern. — Milu, Berlin, **2**: 21—47.
2398. — (1967): Der Blaubock. *Hippotragus leucophaeus* (PALLAS 1766). Eine Dokumentation. — Mammalia depicta, Hamburg, **1967**: 1—81.
2399. MOIR, R. J., M. SOMERS & H. WARING (1956): Studies on marsupial nutrition. 1. Ruminant-like digestion in a herbivorous marsupial (*Setonix brachyurus* QUOY & GAIMARD). — Austr. J. biol. Sci., Melbourne, **9**: 293—304.
2400. MOLLISON, TH. (1923): Serodiagnostik als Methode der Tiersystematik und Anthropologie. — Abderh. Handb. biol. Arbmeth., Wien, **9** 1: 553—584.
2401. — (1933): Phylogenie des Menschen. — Handb. Vererbungswiss., Baur & Hartmann (ed.), Borntraeger, Berlin, **3**: 1—104.
2402. — (1937): Die serologischen Beweise für eine chemische Epigenese in der Stammesgeschichte des Menschen. — Arch. Rass. Ges. Biol., Leipzig, Berlin, **30**: 457—468.

2403. — (1939): Die Sonderstellung des Orang-Utan im Bau seines arteigenen Eiweißes. — In: Kultur u. Rasse Reche-Festschr. (Hesch, M. & G. Spanraus ed.), Lehmann, München-Berlin, 140—144.
2404. MOODY, P. A. (1958): Serological evidence on the relationships of the musk ox. — J. Mammal., Baltimore, **39**: 554—559.
2405. — & D. A. DONINGER (1956): Serological light on porcupine relationships. — Evolution, Lancaster, **10**: 47—55.
2406. —, V. A. COCHRAN & H. DRUGG (1949): Serological evidence on lagomorph relationships. — Evolution, Lancaster, **3**: 25—33.
2407. MOORE, J. C. (1959): Relationships among living squirrels of the Sciurinae. — Bull. Amer. Mus. nat. Hist., New York, **118**: 153—206.
2408. — (1961): The spread of existing diurnal squirrels across the Bering and Panamanian land bridges. — Amer. Mus. Novit., New York, **2044**: 1—26.
2409. MORRIS, D. (1965): The mammals. A guide to the living species. — Hodder & Stoughton, London, 1—448.
2410. — & R. MORRIS (1966): Men and Pandas. — Hutchinson, London, 1—223.
2411. MORRISON-SCOTT, T. C. S. (1948): A revision of our knowledge of Elephant teeth, with notes on Forest and „Pigmy"-Elephants. — Proc. zool. Soc. London, **117**: 505—527.
2412. — (1952): The mumified cats of ancient Egypt. — Proc. zool. Soc. London, **121**: 861—867.
2413. MORTON, D. J. (1924): Evolution of the human foot. II. Amer. J. phys. Anthrop., Washington, **7**: 1—52.
2414. MORTON, W. R. M. (1961): Observations on the full-term foetal membranes of three members of the camelidae (*Camelus dromedarius* L., *C. bactrianus* L., and *Lama glama* L.). — J. Anat., London, **95**: 200—209.
2415. MOSSMAN, H. W. (1937): Comparative morphogenesis of the fetal membranes and accessory uterine structure. — (Contrib. to Embryol. No. 158). — Publs. Carnegie Inst. Washington, **479**: 129—246.
2416. — (1953): The genital system and the fetal membranes as criteria for mammalian phylogeny and taxonomy. — J. Mammal., Baltimore, **34**: 289—298.
2417. — (1957): The fetal membranes of the aard-vark. — Mitt. naturf. Ges. Bern, (n. F.) **14**: 119—128.
2418. MOTTL, M. (1933): Zur Morphologie der Höhlenbärenschädel aus der Igric-Höhle. — Mitt. Jb. kgl. ungar. geol. Anst., Budapest, **29**: 1—60.
2419. — (1939): Die mittelpliozäne Säugetierfauna von Gödöllö bei Budapest. — Mitt. Jb. kgl. ungar. geol. Anst., Budapest, **32**: 257—350.
2420. — (1940): Die Fauna der Mussolinihöhle. — Geol. hungar., Budapest, (Ser. Palaeont.) **14**: 1—119.
2421. — (1941): Untersuchungen an *Pannonictis*-Extremitäten. — Mitt. Jb. kgl. ungar. geol. Anst., Budapest, **35**: 39—72.
2422. — (1947): Die pleistozäne Säugetierfauna des Frauenloches im Rötschgraben bei Stübing. — Verh. geol. B.-Anst. Wien, 1—27.
2423. — (1951): Die Repolusthöhle bei Peggau (Steiermark) und ihre eiszeitlichen Bewohner. — Archaeol. austr., Wien, **8**: 1—78.
2424. — (1957): Bericht über die neuen Menschenaffenfunde aus Österreich, von St. Stefan im Lavanttal, Kärnten. — Carinthia II, Klagenfurt, **67**: 39—84.
2425. — (1958): Neue Säugetierfunde aus dem Jungtertiär der Steiermark V. Neue Proboscidierfunde aus dem Sarmat der Steiermark. — Mitt. Mus. Bergbau Geol. Technik „Joanneum", Graz, **19**: 16—41.
2426. — (1961): Die Dorcatherien der Steiermark. — Mitt. Mus. Bergbau, Geol. Technik „Joanneum", Graz, **22**: 21—71.
2427. — (1964): Bärenphylogenese in Südost-Österreich. — Mitt. Mus. Bergbau, Geol. Technik, „Joanneum", Graz, **26**: 1—55.
2428. — (1966): *Anthracotherium* aus dem Sarmat der Steiermark. — Mitt. Mus. Bergbau, Geol. Technik, „Joanneum", Graz, **28**: 63—65.
2429. — (1966): Neue Säugetierfunde aus dem Jungtertiär der Steiermark VII. Ein vollständiger *Hyotherium palaeochoerus*-Schädel aus dem Altpliozän (Pannon) Südost-Österreichs. — Mitt. Mus. Bergbau, Geol., Technik, „Joanneum", Graz, **28**: 3—31.
2430. — (1967): Neuer Beitrag zum *Hystrix*-Horizont Europas. — Ann. naturhist. Mus. Wien, **71**: 305—327.
2431. MOUSTAFA, Y. SHAWKI (1953): Additional information on the skull of *Prozeuglodon isis* and the morphological history of the Archaeoceti. — Proc. egypt. Acad. Sci., Kairo, **9**: 80—88.
2432. — (1955): An interpretation of *Arsinoitherium*. — Bull. Inst. Egypte, Kairo, **36**: 111—118.
2433. MOVIUS, H. L. (1949): Villafranchian stratigraphy in Southern and southwestern Europe. — J. Geol., Chicago, **57**: 380—412.
2434. — (1960): Radiocarbon dates and Upper Palaeolithic Archaeology in Central and Western Europe. — Current Anthrop., Chicago, **1**: 355—392.
2434a. Müller, A. (1967): Die Geschichte der Familie Dimylidae (Insectivora, Mamm.) auf Grund der Funde aus tertiären Spaltenfüllungen Süddeutschlands. — Abh. Bayer. Akad. Wiss., München, math.-naturw. Kl., n. F. H. **129**: 1—93.
2435. MÜLLER, H. J. (1962): Beobachtungen an Nerven und Muskeln des Halses der Tylopoden. — Z. Anat. Entw.Gesch., Berlin, **123**: 155—173.
2436. — (1962): Neuere Befunde zur Anatomie der Tylopoden und ihre Bedeutung für die Systematik. — Zool. Anz., Leipzig, **168**: 124—129.
2437. MÜLLER-USING, D. (1954): (in Zusammenarbeit mit TH. HALTENORTH): Simpsons Neuordnung der Mammalia in ihrer Bedeutung für die deutsche Säugetierkunde. — Säugetierkdl. Mitt., Stuttgart, **2**: 102—109.
2438. MURIE, J. (1871): Researches on the anatomy of pinnipeds. — Trans. zool. Soc. London, **7**: 411—464, 527—596.
2439. MUSIL, R. (1964): Die Braunbären aus dem Ende des letzten Glazials. — Casopis moravske Mus. Sci. nat., Brünn, **49**: 83—102.
2440. — (1965): Die Equiden-Reste aus pem Pleistozän von Voigtstedt in Thüringen. — Paläont. Abh., Berlin, A **2**: 433—449.
2441. — (1965): Die Bärenhöhle Pod hradem. Die Entwicklung der Höhlenbären im letzten Glazial. — Anthropos, Prag, 7—92.
2442. NACHTSHEIM, H. (1949): Vom Wildtier zum Haustier. — 2. Aufl. Parey, Berlin & Hamburg, 1—123.
2443. NAEF, A. (1925): Notizen zur Morphologie und Stammesgeschichte der Wirbeltiere. 6. Zur Stammesgeschichte der Säuger-Molaren. — Biol. ZBl., Leipzig, **45**: 668—676.
2444. — (1926): Notizen zur Morphologie und Stammesgeschichte der Wirbeltiere. 9. Über einige Besonderheiten des Monotremenschädels und ihre stammesgeschichtliche Bedeutung. — Biol. ZBl. Leipzig, **46**: 161—176.
2445. NAGAO, T. (1937): *Desmostylella*, a new genus of Desmostylidae from Japan. — Proc. imp. Acad., Tokyo, **13**: 82—85.
2446. — (1937): Classification and geological distribution of the Desmostylidae. — J. geol. Soc. Japan, Tokyo, **44**: 533—534.
2447. NAGASAWA, J. (1933): Fossil père David's Milou deer from Province of Harima. — J. geol. Soc. Tokyo, **40** 475: 210—212. (japan.).
2448. NAGY, E. (1956): Der ausgerottete ungarische Rohrwolf (*Canis lupus*) war kein Schakal (*Canis aureus*). — Säugetierkdl. Mitt., Stuttgart, **4**: 165—167.
2449. NAPIER, J. R. (1959): The problem of brachiation among the Primates, with special reference to *Proconsul*. Homo, Suppl.Bd. — Ber. 6. Tgg. Dtsch. Ges. Anthropol. Kiel 1959, Göttingen, **1958**: 187—188.
2450. — (1959): Fossil metacarpals from Swartkrans. — Fossil mammals of Africa, Brit. Mus. nat. Hist., London, **17**: 1—18.
2451. — (1960): Studies of the hands of living primates. — Proc. zool. Soc. London, **134**: 647—657.
2452. — (1961): Prehensility and opposability in the hands of primates. — Sympos. zool. Soc. London, **5**: 115—132.
2453. — (1962): Fossil hand bones from Olduvai gorge. — Nature, London, **196** 4853: 409—411.
2454. — (with a comment by E. H. Ashton) (1963): Brachiation and brachiator. — Sympos. zool. Soc. London, **10**: 183—195.
2455. — (1964): The evolution of bipedal walking in the hominids. — Arch. Biol., Liège, **75**, Suppl.: 673—708.
2456. — & N. A. BARNICOT (ed.) (1963): The Primates. The proceedings of the symposium held on 12th—14th April 1962. Symp. zool. Soc., **10**, 1—285.
2457. — & P. R. DAVIES (1959): The fore-limb skeleton and associated remains of *Proconsul africanus*. — Fossil mammals of Africa, Brit. Mus. nat. Hist., London, **16**: 1—69.
2458. — & — (1963): A reconstruction of the skull of *Proconsul africanus* (R. S. 51). — Folia primat., Basel, **1**: 20—28.
2459. — & P. H. NAPIER (1966): A Handbook of living primates. — Acad. Press, London—New York, I—XIV, 1—456.

2460. NARR, K. J. (1963): Kultur, Umwelt und Leiblichkeit des Eiszeitmenschen. — Fischer, Stuttgart, 1—142.

2461. NAUCK, E. TH. (1138): Extremitätenskelett der Tetrapoden. — In: BOLK, L., E. GÖPPERT, E. KALLIUS & W. LUBOSCH: Handb. vgl. Anat. d. Wirbeltiere. — Urban & Schwarzenberg, Berlin, 71—248.

2462. NECRASOV, O. & S. HAIMOVICI (1959): Sur la présence d'une espèce pléistocène d'équidés, *Equus hydruntinus* REG. dans le Néolithique Roumain. — An. stiint. Univ. Al. I. Cuzá, Jassy, (2) 5, 137—146.

2463. —, P. SAMSON & C. RADULESCO (1961): Sur un nouveau singe catarrhinien fossil, découvert dans un nid fossilifère d'Oltenie (R. P. R.). — An. stiint. Univ. Al. J. Cuzá, Jassy, (2) 7: 401—416.

2464. NEHRING, A. (1884): Fossile Pferde aus deutschen Diluvial-Ablagerungen und ihre Beziehungen zu den lebenden Pferden. — Landwirtsch. Jahrb., Z.wiss. Landw., Berlin, **13**: 81—160.

2465. — (1889): Über das fossile Vorkommen von *Canis karragan, C. corsac, Felis manul* und *F. chaus* im Pleistocaen Mitteleuropas. — SBer. Ges. naturf. Freunde, Berlin, **1889**: 109—112.

2466. — (1891): Diluviale Reste von *Cuon, Ovis, Saiga, Ibex* und *Rupicapra* aus Mähren. — N. Jb. Min. etc. Stuttgart, **1891**: 116—155.

2467. NEMETSEVA, L. S. (1964): The Karyotype of *Papio hamadryas*. — Citologija, Moskau, **6**: 633—636.

2468. NEWELL, I. M. (1947): Studies on the morphology and systematics of the family Halarachnidae OUDEMANS 1906 (Acari, Parasitoidea). — Bull. Bingham oceanograph. Coll., New Haven, **10**: 235—266.

2469. NEWNHAM, R. & M. DAVIDSON (1964): Nuclear cytology of the giant panda (*Ailuropoda melanoleuca*). — Mamm. Chromos., Newsletters, Houston, **14**: 52.

2470. — & — (1966): Comparative study of the Karyotypes of several species in carnivora including the giant panda (*Ailuropoda melanoleuca*). — Cytogenetics, Basel, **5**: 152—163.

2471. NIETHAMMER, J. (1959): Die nordafrikanischen Unterarten des Gartenschläfers (*Eliomys quercinus*). — Z. Säugetierkde. Berlin, Hamburg, **24**: 35—45.

2472. — (1964): Ein Beitrag zur Kenntnis der Kleinsäuger Nordspaniens. — Z. Säugetierkde., Berlin, Hamburg, **29**: 193—220.

2473. NIKOLOV, I. & E. THENIUS (1967): *Schizochoerus* (Suidae, Mammalia) aus dem Pliozän von Bulgarien. — Ann. naturhist. Mus. Wien, **71**: 329—340.

2474. NOACK, T. (1906): Eine Zwergform des afrikanischen Elefanten. — Zool. Anz., Leipzig, **29**: 631—633.

2475. NOBIS, G. (1955): Beiträge zur Abstammung und Domestikation des Hauspferdes. Nach Studien an ur- und frühgeschichtlichen Funden NW- und Mittel-Deutschlands. — Z. Tierzüchtg. Züchtgs.Biol., Berlin, B, **64**: 201—246.

2475a. NORRIS, K. S. (ed.) (1966): Whales, Dolphins and Porpoises. — Univ. Calif. Press, Berkeley & Los Angeles, I—XV, 1—789.

2476. —, J. PRESCOTT, P. ASA-DORIAN et al. (1961): An experimental demonstration of echo-location behavior in the porpoise, *Tursiops truncatus* (MONTAGU). — Biol. Bull., Woods Hole, **120**: 163—176.

2477. NOVOZHILOV, N. I. (1954): Lower Eocene and Upper Paleocene mammalian localities of Mongolia. — Trudy mongol. Komm., Akad. Nauk USSR **59**: 33—46 (russ.).

2478. NUNGESSER, W. C. & F. W. PFEIFFER (1965): Water balance and maximum concentrating capacity in the primitive rodent, *Aplodontia rufa*. — Comp. Biochem. Physiol., London, **14**: 289—297.

2479. NUTTALL, G. H. F. (1904): Blood immunity and blood relationship. — Univ. Press Cambridge.

2480. OAKLEY, K. P. (1951): A definition of man. — Science News, Penguin Books **20**: 69—81.

2481. — (1954): The dating of the Australopithecinae of Africa. — Amer. J. phys. Anthrop., Washington, (n. S.) **12**: 9—28.

2482. — (1956): Dating the australopithecines. — Proc. 3rd. pan-Afr. Congr. Prehist. 1955, London, 155—157.

2483. — (1957): Stratigraphical age of the Swanscombe skull. — Amer. J. phys. Anthrop., Washington, (n. S.) **15**: 253—260.

2484. — (1964): Frame works for dating fossil man. — Weidenfeld & Nicolson, London, I—X, 1—355.

2485. — (1964): The problem of man's antiquity. A historical survey. — Bull. Brit. Mus. nat. Hist., London, Geol. **9**: 83—155.

2486. OBENCHAIN, J. B. (1925): The brains of the South American Marsupial *Caenolestes* and *Orolestes*. — Field Mus. Publ., Chicago, (Zool. Ser.) **224**: **14**: 175—232.

2487. OBERGFELL, F. A. (1957): Vergleichende Untersuchungen an Dentitionen und Dentale altburdigaler Cerviden von Winterhof-West in Bayern und rezenter Cerviden (Eine phylogenetische Studie). — Palaeontographica, Stuttgart, A **109**: 71—166.

2488. OBOUSSIER, H. (1958): Zur Kenntnis der Wuchsform von Wolf und Schakal im Vergleich zum Hund. — Morphol. Jb., Leipzig, **99**: 65—108.

2489. — (1965): Zur Kenntnis der Schwarzfersenantilope (Impala) *Aepyceros melampus* unter besonderer Berücksichtigung des Großhirnfurchenbildes und der Hypophyse. — Z. Morph. Ökol. Tiere, Berlin, **54**: 531—550.

2490. — (1966): Das Großhirnfurchenbild als Merkmal der Evolution. Untersuchungen an Boviden II. (Subfamilien Cephalophinae und Antilopinae nach SIMPSON 1945). — Mitt. Hamburg. zool. Mus. Inst., **63**: 159—182.

2490a. — (1967): Das Großhirnfurchenbild als Hinweis auf die Verwandtschaftsbeziehungen der heutigen afrikanischen Boviden. — Acta anat., Basel, **68**: 577—596.

2491. — & H. SCHLIEMANN (1966): Hirn-Körpergewichtsbeziehungen bei Boviden. — Z. Säugetierkde., Berlin, Hamburg, **31**: 464—471.

2492. — & H. v. TYSZKA (1964): Beiträge zur Kenntnis der Reduncini (Hippotraginae, Bovidae) Süd-Angolas. Hirnfurchenbild und Hypophyse. — Z. Morph. Ökol. Tiere, Berlin, **53**: 362—386.

2493. OETTINGEN-SPIELBERG, TH. ZU (1952): Ein oberoligozäner Tapirfund von Gaimersheim bei Ingolstadt in Bayern. — N. Jb. Geol. Paläont. Stuttgart, Abh. **94**: 401—428.

2494. — (1958): Neue Tapirfunde aus dem Oberoligozän von Gaimersheim bei Ingolstadt. — N. Jb. Geol. Paläont., Stuttgart, Abh. **106**: 261—276.

2495. OGNEV, S. I. (1933): Materialien zur Systematik, Morphologie und Zoogeographie der paläarktischen Spitzmäuse. — Zool. Anz., Leipzig, **105**: 77—85.

2496. — (1947): Animal of the USSR and adjoining countries. — Acad. Sci. USSR, Moskau, **5**: 1—809 (russ.).

2497. OLIVIER, G., C. LIBERSA & R. FENART (1955): Le crâne du Semnopithèque. — Mammalia, Paris, **19**: 1—292.

2498. OLSEN, S. J. (1957): Leptarctines from the Florida Miocene (Carnivora, Mustelidae). — Amer. Mus. Novit., New York, **1861**: 1—7.

2499. — (1958): The skull of *Leptarctus anicipidens* from the Florida Miocene. — Contr. Florida Vertebr. Paleont., Florida geol. Surv., Gainsville, Tallahassee, (Spec. Publ. 2, Pap. 2) **2**: 1—11.

2500. — (1958): The fossil carnivore *Amphicyon intermedius* from the Thomas farm Miocene. I. Skull and Dentition. — Bull. Mus. comp. Zool., Cambridge, **118**: 157—172.

2500a. — (1958): The bog lemming from the Pleistocene of Florida. — J. Mammal., Baltimore, **39**: 537—540.

2501. — (1959): The middle ear of the Miocene mustelid *Leptarctus*. — J. Paleont., Tulsa, **33**: 451—452.

2502. — (1959): The baculum of the Miocene Carnivore *Amphicyon*. — J. Paleont., Tulsa, **33**: 449—450.

2503. — (1960): The fossil carnivore *Amphicyon longiramus* from the Thomas Farm Miocene. II. Postcranial skeleton. — Bull. Mus. comp. Zool., Cambridge, **123**: 1—45.

2504. — (1960): Age and faunal relationship of *Tapiravus* remains from Florida. — J. Paleont., Tulsa, **34**: 164—167.

2505. OLSON, E. C. (1944): Origin of mammals based on the cranial morphology of Therapsid suborders. — Geol. Soc. Amer., (Spec. Pap.), Rochester, N. Y. **55**: 1—136.

2506. — (1959): The evolution of mammalian characters. — Evolution, Lancaster, **13** 3: 344—353.

2507. OMMANEY, F. D. (1932): The Vascular Networks (Retia mirabilia) of the Fin-Whale (*Balaenoptera physalus*). — Discovery Rep., Cambridge, **5**: 327—330.

2508. OPPEL, M. (1811): Die Ordnungen, Familien und Gattungen der Reptilien, als Prodrom einer Naturgeschichte derselben. — J. Lindauer, München, I—XII, 1—86.

2509. ORLOV, J. A. (1933): *Semantor macrurus* (Ordo Pinnipedia, Fam. Semantoridae fam. nova) aus den Neogenablagerungen Westsibiriens. — Trudy Inst. Paleozool. Akad. Nauk USSR, Moskau, **2**: 165—268.

2510. — (1948): *Perunium ursogulo* ORLOV, a new gigantic extinct mustelid. — Acta zool., Stockholm, **29**: 63—105.

2511. ORR, P. (1957): Dwarf mammoths and man on Santa Rosa Islands. — Anthrop. Pap. Univ. Utah, Salt Lake City, **20**: 74—81.

2511a. ORTEGA, E. (1967): Descripcion de los restos de un Scelidotheriinae (Edentata, Mylodontidae) de Edad Huayqueriense. Algunas consideraciones en torno a la filogenia de los Scelidotheriinae. — Ameghiniana, Buenos Aires, **5**: 109—120.

2512. OSBORN, H. F. (1888): On the ctructure and classification of the Mesozoic Mammalia. — J. Acad. nat. Sci., Philadelphia, **9**: 185—265.

2513. — (1893): Recent researches upon the succession of the teeth in mammals. — Amer. Naturalist, Lancaster, **27**: 493—508.

2514. — (1894): A division of the Eutherian mammals into the Mesoplacentalia and Caenoplacentalia. — Trans. New York Acad. Sci., **13**: 234—237.

2515. — (1898): The extinct Rhinoceroses. — Bull. Amer. Mus. natur. Hist., New York, **1**: 75—164.

2516. — (1898): Evolution of the Amblypoda I. Taligrada and Pantodonta. — Bull. Amer. Mus. nat. Hist., New York, **10**: 169—218.

2517. — (1899): On *Pliohyrax kruppi* OSBORN, a fossil hyracoid from Samos, Lower Pliocene, in the Stuttgart collection. — Proc. 4th internation. Congr. Zool., Cambridge, 172—173.

2518. — (1900): *Oxyaena* and *Patriofelis* restudied as terrestrial Creodonts. — Bull. Amer. Mus. nat. Hist., New York, **13**: 269—279.

2519. — (1902): American Eocene Primates, and the supposed rodent family Mixodectidae. — Bull. Amer. Mus. nat. Hist., New York, **16**: 169—214.

2519a. — (1905): Ten year's progress in the mammalian paleontology of North America. — Amer. Geol., Minneapolis, **36**: 223.

2520. — (1907): Evolution of mammalian molar teeth. — Biol. Stud. Addr., Macmillan Co., New York, **1**: 1—250.

2521. — (1908): New fossil Mammals from the Fayum Oligocene, Egypt. — Bull. Amer. Mus. nat. Hist., NewYork, **24**: 265—272.

2522. — (1910): The age of mammals in Europe, Asia and North America. — Macmillan, New York, I—XX, 1—635.

2523. — (1923): *Baluchitherium grangeri*, a giant hornless rhinoceros from Mongolia. — Amer. Mus. Novit., New York, **78**: 1—15.

2524. — (1927): Recent discoveries relating to the origin and antiquity of man. — Science, New York, **65**: 481—488.

2525. — (1929): The Titanotheres of ancient Wyoming, Dakota and Nebraska I. — U. S. geol. Surv. Monogr., Washington, **55**: I—XVII, 1—701.

2526. — (1931): New conceptions of species and genera, and of classification, discovered in the evolution of the Titanotheres.— J. Mammal., Baltimore, **12**: 1—12.

2527. — (1934): Primitive *Archidiskodon* and *Palaeoloxodon* of South Africa. — Amer. Mus. Novit., New York, **741**: 1—15.

2528. — (1936 und 1942): Proboscidea I + II. A Monograph of the discovery, evolution, migration and extinction of the mastodonts and elephants of the world. — Amer. Mus. nat. Hist., New York, I—XL, 1—802, I—XXVII, 805—1675.

2529. — & W. GRANGER (1932): Coryphodonts and uintatheres from the Mongolian expedition of 1930. — Amer. Mus. Novit., New York, **552**: 1—16.

2530. OSCHE, G. (1958): Beiträge zur Morphologie, Ökologie und Phylogenie der Ascaridoidea (Nematoda). — Z. Parasitenkde., Heidelberg, **18**: 479—572.

2531. — (1965): Parasitismus und Evolution. — Naturwiss. Rdsch., Stuttgart, **18**: 189—196.

2532. — (1965): Grundzüge der allgemeinen Phylogenetik. — Handb. Biol., Akad. Verlagsges. Frankfurt, **34** 1: 817—906.

2533. — (1966): Die Welt der Parasiten. Zur Naturgeschichte des Schmarotzertums. — Verständl. Wiss., Berlin, **87**: I—VIII, 1—159.

2534. OSGOOD, W. H. (1921): A monographic study of the American marsupial, *Caenolestes*. — Publ. Field Mus. nat. Hist., Chicago, (Zool. Ser.) **14** 1: 1—156.

2535. — (1924): Review of living Caenolestids with description of a new genus from Chile. — Publ. Field Mus. nat. Hist., Chicago, (Zool. Ser.) **14** 2: 165—172.

2536. — (1934): The genera and subgenera of South American canids. — J. Mammal., Baltimore, **15**: 45—50.

2537. — (1947): Cricetine rodents allied to *Phyllotis*. — J. Mammal., Baltimore, **28**: 165—174.

2538. OSTROM, J. H. & E. L. SIMONS (1964): Yale Peabody Museum. — News Bull. Soc. vertebr. Paleont., Princeton, **71**: 12—14.

2539. OVEY, C. D. (ed.) (1964): The Swanscombe skull. A survey of research on a Pleistocene site. — Roy. Anthrop. Inst., London, I—XII, 1—215.

2540. OWEN, R. (1837): Teeth. — In: TODD, R. B.: The cyclopaedia of anatomy and physiology. IV. Sherwood, Gilbert & Piper, London, 864—935.

2541. — (1840): Outline of a classification of the marsupialia. — Trans. zool. Soc. London, **11** 22: 315—344.

2542. — (1844): Description of certain fossil crania discovered by A. G. Bain, Esqu., in sandstone rocks at the Southeastern extremity of Africa, referable to different species of an extinct genus of Reptilia (Cicynodon), and indicative of a new tribe or suborder of Sauria. — Proc. geol. Soc. London, **4**: 500—504.

2543. — (1859): On the fossil mammals of Australia. Part 1. Description of a mutilated skull of a large marsupial carnivore (*Thylacoleo carnifex* OWEN) from a calcareous conglomerate stratum, eighty miles S. W. of Melbourne, Victoria. — Philos. Trans., London, 309—322.

2544. — (1860): Memoir on the *Megatherium* or giant Groundsloth of America. — Taylor & Francis, London, 1—84.

2545. — (1866, 1868): On the anatomy of Vertebrates II & III. Birds and Mammals. — Longmans, Green & Co., London.

2546. — (1872): On the fossil mammals of Australia. VII. Genus *Phascolomys*. — Philos. Trans. roy. Soc., London, **162**: 173—196.

2547. — (1874): On the fossil mammals of Australia. Pt. 8. Fam. Macropodidae. Genera: *Macropus, Osphrantes, Phascolagus, Sthenurus* and *Protemnodon*. — Philos. Trans. roy. Soc., London, **164**: 245—287.

2548. — (1874): On the fossil mammals of Australia. Pt. 9. Fam. Macropodidae; Genera *Macropus, Pachysiagon, Leptosiagon, Procoptodon*, and *Palorchestes*. — Philos. Trans. roy., Soc. London, **164**: 783—803.

2549. — (1877): Researches on the fossil remains of the extinct mammals of Australia with a notice of the extinct marsupials of England. — Coll. Pap. Philos. Trans. roy., Soc. London, **2** 1: 1—522, 2: 1—131.

2550. — (1885): Note on the resemblance of the Upper teeth of an Eocene mammal (*Neoplagiaulax* LEMOINE) to those of *Tritylodon*. — Quart. J. geol. Sci., London, **41**: 28—29.

2551. — (1887): On fossil remains of *Echidna ramsayi* (Ow.). — Proc. roy. Soc., London, **42**: 390.

2552. OZANSOY, F. (1957): Faunes de mammifères du Tertiaire de Turquie et leurs revisions stratigraphiques. — Bull. min. Res. Explor. Inst. Turkey, Ankara, **49**: 29—48.

2553. — (1965): Etude des gisements continentaux et des mammifères du Cénozoique de Turquie. — Mém. Soc. géol. France, Paris, (n. S.) **44** 1 **102**: 1—92.

2554. PACKARD, E. L. (1962): Fossil marine mammals from the vicinity of Stanford University. — J. Paleont, Tulsa, **36**: 29—37.

2554a. PAINTER, TH. S. (1925): A comparative study of the chromosomes of mammals. — Amer. Naturalist., Lancaster, **59**: 385—409.

2554b. PALLAS, P. S. (1766): Miscellanea Zoologica. — 30—33.

2555. PALMER, H. A. (1956): *Ibex iowensis*, first evidence of fossil goat in North America. — Proc. Iowa Acad. Sci., Des-Moines, **63**: 450—452.

2556. PALMER, R. W. (1913): Note on the lower jaw and ear ossicles of a foetal Perameles. — Anat. Anz., Jena, **43**: 510—515.

2557. PALMER, TH. S. (1904): Index generum mammalium: a list of the genera and familia of mammals. — U. S. Dep. Agr. north-amer. Fauna, **23**: 1—984.

2558. PALMOWSKI, J. & H. WACHENDORF (1966): Eine unteroligozäne Wirbeltierfauna aus einer Spaltenfüllung in Herrlingen/Blau (Württ.). — Mitt. bayer. StaatsSmlg., Paläont. histor. Geol., München, **6**: 229—245.

2559. PAPP, A. & E. THENIUS (1954): Vösendorf — ein Lebensbild aus dem Pannon des Wiener Beckens. — Mitt. geol. Ges. Wien, **46**: 1—109.

2560. PARASKEVAIDIS, I. (1940): Eine obermiozäne Fauna von Chios. — N. Jb. Min. etc., Stuttgart, Beil. Bd., B **83**: 363—442.

2561. PARKER, W. K. (1885): On the structure and development of the skull in the Mammalia. II. Edentata. — Philos. Trans. roy. Soc., London, **176**: 1—120.

2562. — (1886): On the structure and development of the skull in the Mammalia. — Philos. Trans. roy. Soc., London, **176**: 121—278.

2563. — & W. A. HASWELL (1897): A text-book of Zoology. — Macmillan & Co., London, I—XX, 1—683.

2564. PARRINGTON, F. R. (1941): On two mammalian teeth from the Lower Rhaetic. — Ann. Mag. nat. Hist., London (11) 8: 140—144.

2565. — (1947): On a collection of Rhaetic mammalian teeth. — Proc. zool. Soc. London, **116**: 707—728.

2566. — (1949): Remarks on a theory of the evolution of the Tetrapod middle ear. — J. Laryngol. Otol., London, **63**: 580—595.

2567. — (1959): The angular process of the dentary. — Ann. Mag. nat. Hist., London, (13) **2**: 505—512.

2568. — (1961): The evolution of the mammalian femur. — Proc. zool. Soc. London, **137**: 285—298.

2569. — & T. S. WESTOLL (1940): On the evolution of the mammalian palate.— Trans. roy. Soc., London, B **230**: 305—355.

2570. PARSONS, F. G. (1894): On the myology of the Sciuromorphine and hystricomorphine rodents. — Proc. zool. Soc. London, **1894**: 251—296.

2571. — (1894): On the anatomy of *Atherura africana* compared with that of other porcupines. — Proc. zool. Soc. London **1894**: 675—692.

2572. — (1896): Myology of rodents II. An account of the myology of Myomorpha, together with a comparison of the muscles of the various suborders of rodents. — Proc. zool. Soc. London, **1896**: 159—192.

2573. PARTRIDGE, T. C. (1965): A statistical analysis of the limeworks lithic assemblages. — S.-afric. archaeol. Bull., Claremont, **20** 79: 112—116.

2574. PASCUAL, R. (1957): Sobre la presencia del genero *Toxodon* OWEN en la formacion de Chapadmalal. — Revta. Mus. Cienc. nat., Mar del Plata, **1**: 19—28.

2575. — (1961): Un nuevo Cardiomyinae (Rodentia, Caviidae) de la formación Arroyo Chasico (Plioceno Inferior) de la Provincia de Buenos Aires. — Ameghiniana, Buenos Aires, **2**: 61—71.

2576. — (1965): Un nuevo Condylarthra (Mammalia) de Edad Casamayorense de Paso de los Indios (Chubut; Argentina), breves consideraciones sobre la edad casamayorense. — Ameghiniana, Buenos Aires, **4**: 57—65.

2577. — (1965): Los Toxodontidae (Toxodonta, Notoungulata) de la formacion Arroyo Chasico (Plioceno inferior) de la Provincia de Buenos Aires. — Ameghiniana, Buenos Aires, **4**: 101—132.

2578. — & A. BOCCHINO (1963): Un nuevo Borhyaeninae (Marsupialia) del Plioceno medio de Hidalgo (La Pampa). — Ameghiniana, Buenos Aires, **3**: 97—107.

2579. — & P. BONDESIO (1961): Un nuevo Cardiatheriinae (Rodentia, Hydrochoeridae) de la formacion Monte Hermoso (Plioceno superior) de la provincia de Buenos Aires. Algunas consideraciones sobre la evolucion morfologica de los molariformes de la Cardiatheriinae. — Ameghiniana, Buenos Aires, **2**: 93—111.

2580. — & — (1963): Nuevo tipo de morfologia dentaria en un Cardiatheriinae (Rodentia, Hydrocheridae) del Plioceno inferior de Huachipampa (San Juan). — Ameghiniana, Buenos Aires, **3**: 43—49.

2581. —, J. PISANO & E. J. ORTEGA (1965): Un nuevo octodontidae (Rodentia, Caviomorpha) de la formacion Epecuen (Plioceno medio) de Hidalgo (Provincia de la Pampa). — Ameghiniana, Buenos Aires, **4**: 19—30.

2582. PATTE, E. (1953): Remarques sur quelques Daims fossiles. — Bull. Soc. géol. France, Paris, (6) **3**: 657—665.

2583. — (1955): Les Neanderthaliens. Anatomie, physiologie, comparisons. — Masson & Cie., Paris.

2584. — (1958): La demestication du Renne au Paléolithique. — C. R. Acad. Sci. Paris, **246**: 3490—3492.

2585. — (1961): La dentition des Neanderthaliens. — Ann. Paléont., Paris, **47**: 251—303.

2586. PATTERSON, B. (1934): Upper premolar-molar structure in the Notoungulata with notes on taxonomy. — Publs. Field Mus., Chicago, (geol. Ser.), **6**: 91—111.

2587. — (1934): A contribution to the osteology of Titanoides and the relationships of the Amblypoda.— Proc. Amer. philos. Soc., Philadelphia, **73**: 71—101.

2588. — (1936): The internal structure of the ear in some notoungulates. — Publs. Field Mus. nat. Hist., Chicago, (geol. Ser.) **6**: 199—227.

2589. — (1937): Some notoungulate braincasts. — Publs. Field Mus. nat. Hist., Chicago, (geol. Ser.) **6**: 273—301.

2590. — (1937): A new genus, Barylambda, for Titanoides faberi, Paleocene amblypod. — Publs. Field Mus. Natur. Hist., Chicago, (geol. Ser.) **6**: 229—231.

2591. — (1940): The status of Progaleopithecus Ameghino. — Publs. Field Mus. nat. Hist., Chicago, (geol. Ser.) **8**: 21—25.

2592. — (1940): An adianthine litoptern from the Deseado Formation of Patagonia. — Publs. Field Mus. nat. Hist., Chicago, geol. Ser. **8**: 13—20.

2593. — (1946): On the cranial anatomy of Cynodonts. — Proc. zool. Soc. London, **116**: 181—197.

2594. — (1949): Rates of evolution in Taeniodonts. — In: JEPSEN, G. L., G. G. SIMPSON & E. MAYR: Genetics, Paleontology & Evolution. Univ. Press., Princeton, 243—278.

2595. — (1949): A new genus of Taeniodonts from the Late Paleocene. — Fieldiana; Geol., Chicago, **10**: 41—42.

2596. — (1951): Early Cretaceous mammals from Northern Texas. — Amer. J. Sci., New Haven, **249**: 31—46.

2597. — (1952): Un nuevo y extraordinario marsupial *Deseadiano*. — Revta. Mus. munic. Cienc. nat. Trad., Mar del Plata, **1**: 39—44.

2598. — (1954): The geologic history of non hominoid primates in the Old world. — Human Biol., Baltimore, **26**: 191—209.

2599. — (1955): A symmetrodont from the Early Cretaceous of Northern Texas. — Fieldiana, Zool. Chicago, **37**: 689—693.

2600. — (1956): Early Cretaceous mammals and the evolution of mammalian molar teeth. — Fieldiana, Geol., Chicago, **13**: 1—105.

2601. — (1957): Mammalian phylogeny. — Union internation. Sci., Paris, Biol. B **32**: 15—48.

2602. — (1957): Diskussionsbemerkung zu HOPKINS, G. H. E.: The distribution of Phthiraptera on mammals. — Union internation. Sci., Paris, biol. B **32**: 118.

2603. — (1958): Affinities of the Patagonian fossil mammal *Necrolestes*. — Breviora, Cambridge, **94**: 1—14.

2604. — (1958): A new genus of Erethizontid rodents from the Colhuehuapian of Patagonia. — Breviora, Cambridge, **92**: 1—4.

2605. — (1962): An extinct solenodontid Insectivore from Hispaniola. — Breviora, Cambridge, **165**: 1—11.

2606. — (1965): The fossil elephant shrews (Family Macroscelididae). — Bull. Mus. comp. Zool., Cambridge, **133**: 295—335.

2607. — (1965): The auditory region of the borhyaenid marsupial *Cladosictis*. — Breviora, Cambridge, **217**: 1—9.

2607a. — & W. W. HOWELLS (1967): Hominid humeral fragment from Early Pleistocene of Northwestern Kenya. — Science, New York, **156**: 54—66.

2608. — & P. O. MCGREW (1937): A soricid and two erinaceids from the White River Oligocene. — Publs. Field Mus. nat. Hist., Chicago, (geol. Ser.) **6**: 245—272.

2609. — & — (1962): A new Arctocyonid from the Paleocene of Wyoming. — Breviora, Cambridge, **174**: 1—10.

2610. — & E. C. OLSON (1961): A triconodontid mammal from the Triassic of Yunnan. — Intern. Coll. Evol. of Lower and non specialized mammals. — Brüssel, 129—191.

2611. PATTON, TH. H. (1965): A new genus of fossil microtine from Texas. — J. Mammal., Baltimore, **46**: 466—471.

2612. PATZELT, V. (1956): Der Eierstock der Säugetiere und die Phylogenese. — Erg. Anat. EntwGesch., Wiesbaden, **39**: 99—132.

2613. PAULA COUTO, C. DE (1943): Mamiferos fósseis do Brasil. Carnivoros — Canidae. — Revta. Inst. hist. geogr., Rio Grande do Sul, **23**: 27—54.

2614. — (1945): Sobre un macrauquénido gigante, *Macraucheniopsis* gen. nov. del Pampeano inferior de la Argentina. — Notas Mus. La Plata, Buenos Aires, (Palaeont.) **10**: 233—257.

2615. — (1945): Mamiferos fóseis do Brasil, Carnivoros — Felidae. — Revta. Inst. hist. geogr., Rio Grande do Sul, **25**: 245—261.

2616. — (1948): Mamiféros fósseis do Brasil, Cetacea. — Revta. Inst. hist. geogr., Rio Grande do Sul, **27**: 95—121.

2617. — (1948): Mamíferos fósseis do Brasil (Edentata). — Revta. Inst. hist. geogr., Rio Grande do Sul, **28**: 213—239.

2618. — (1952): Fossil mammals from the beginning of the Cenozoic in Brazil. Condylarthra, Litopterna, Xenungulata, and Astrapotheria. — Bull. Amer. Mus. nat. Hist., NewYork, **99**: 255—394.

2619. — (1952): Fossil mammals from the beginning of the Cenozoic in Brazil. Marsupialia: Polydolopidae and Borhyaenidae. — Amer. Mus. Novit., New York, **1559**: 1—27.

2620. — (1952): Fossil mammals from the beginning of the Cenozoic in Brazil. Marsupialia: Didelphidae. — Amer. Mus. Novit., New York, **1567**: 1—26.

2621. — (1952): Fossil mammals from the beginning of the Cenozoic in Brazil. Notoungulata. — Amer. Mus. Novit., New York, **1568**: 1—16.

2622. — (1954): Megaterios intertropicais do Pleistoceno. — An. Acad. brasil. Cienc., Rio de Janeiro, **26**: 447—463.

2623. — (1955): Mamiferos fósseis do Cenozóico da Amazónia. — Boln. Inst. brasil Bibl. Docum., Rio de Janeiro, **3**: 1—121.

2624. — (1956): On two mounted skeletons of *Megalocnus rodens*. — J. Mammal., Baltimore, **37**: 423—427.

2625. — (1962): Didelfidos fosiles del Paleoceno de Brasil. — Revta. Mus. argent. Cienc. nat. „Bern. Rivadavia", Buenos Aires, (Cienc. zool.), **8** 12: 135—166.

2626. — (1963): Un Trigonostylopidae do Paleoceno do Brasil. — An. Acad. brasil Cienc., Rio de Janeiro, **35**: 339—351.

2627. PAULY, L. K. & H. R. WOLFE (1957): Serological relationships among members of the order carnivora. — Zoologica, New York, **42**: 159—166.

2628. PAVLOVIC, M. & E. THENIUS (1965): Eine neue Hyäne (Carnivora, Mammalia) aus dem Miozän Jugoslawiens und ihre phylogenetische Stellung. — Anz. österr. Akad. Wiss., Wien, math.-naturw. Kl., **1965**: 177—185.

2629. PAVLOV, M. (1926): *Cervus tchelekensis* n. sp. et *Alces maeoticus* n. sp. — Annu. Soc. Paléont. Russie, Leningrad, **4**: 45—72.

2630. PEARSON, H. G. (1923): Some skulls of *Perchoerus* (Tinohyus) from the White River and John Day formations. — Bull. Amer. Mus. nat. Hist., New York, **48**: 61—96.

2631. — (1927): On the skulls of early Tertiary Suidae, together with an account of the otic region in some other primitive Artiodactyla. — Philos. Trans. roy. Soc., London, B **215**: 389—460.

2632. — (1928): Chinese fossil Suidae. — Palaeont. sinica, Peking, C **5** 5: 1—75.

2633. PEARSON, J. (1945): The female urogenital system of the Marsupialia with special reference of the Vaginal Complex. — Pap. Proc. roy. Soc. Tasmania, Hobart, **1945**: 71—98.

2634. — (1946): The affinities of the rat Kangaroos (Marsupialia) as revealed by a comparative study of the female urogenital system. — Pap. Proc. roy. Soc. Tasmania, Hobart, **1945**: 13—25.

2635. — (1947): Some problems of marsupial phylogeny. — Rep. Austr. New. Zealand, Ass. Admt. Sci., Sydney, **25**: 71—78.

2636. — (1949): Placentation of the Marsupialia. — Proc. Linn. Soc. London, **161**: 1—2.

2637. — (1950): The relationships of the Potoroidae to the Macropodidae (Marsupialia). — Pap. Proc. roy. Soc. Tasmania, Hobart, **1949**: 211—229.

2638. PEDERSEN, A. (1958): Der Moschusochs (*Ovibos moschatus* ZIMMERMANN). — Brehm-Bücherei, Wittenberg, **215**: 1—54.

2638a. PEI, W. C. (1934): On the carnivora from Locality 1 of Choukoutien. — Palaeont. sinica, Peking, C **8** 1: 1—166.

2639. — (1957): Giant Ape's jaw bone discovered in China. — N. Jb. f. Geol. Paläont., Stuttgart, B **1957**: Mh. 404—408.

2640. — (1958): Mammalian fossils from locality 103 and other localities of the same Sanmenian age in Ting-Tsun area, Hsiangfenhsien, Shansi Province. — Acta palaeont. sinica, Peking, **6**: 359—374 (engl. Res.).

2641. — & Y. H. LI (1958); Discovery of a third mandible of *Gigantopithecus* in Liu-Cheng, Kwangsi, South China. — Vertebr. palasiatica, Peking, **2**: 198—200.

2642. PESHEV, T., T. DINEV & V. ANGELOVA (1960): *Myomimus personatus* OGN. (Myoxidae) — a new species of rodent to the fauna of Europe. — Izvestija zool. Inst., Sofia, **9**: 305—313.

2643. PETERKA, H. E. (1936): A study of the myology and osteology of tree sciurids with regard to adaptation to arboreal, glissant and fossorial habits. — Trans. Kansas Acad. Sci. Topeka, **39**: 313—332.

2644. PETERSON, O. A. (1907): Preliminary notes on some American chalicotheres. — Amer. Naturalist., Lancaster, **41**: 733—752.

2645. — (1909): A revision of the Entelodontidae. — Mem. Carnegie Mus., Pittsburgh, **4**: 41—158.

2646. — (1910): Description of new carnivores from the Miocene of Western Nebraska. Mem. Carnegie Mus., Pittsburgh, **4**: 205—278.

2647. — (1920): The American diceratheres. — Mem. Carnegie Mus., Pittsburgh, **7**: No. 6 399—488.

2648. PETERSON, R. L. (1952): A review of the living representatives of the genus Alces. — Contrib. roy. Ontario Mus., Toronto, Palaeont. **34**: 1—30.

2649. — (1955): North American Moose. — Univ. Toronto Press, 1—280.

2650. PETRI, E. (1964): Wilde Kamele in der Mongolei. — Naturw. Rdsch., Stuttgart, **17**: 277—278.

2551. PETRIDES, G. A. (1950): A fundamental sex difference betweeen Lagomorphs and other placental mammals. — Evolution, Lancaster, **4**: 99.

2652. PETROCCHI, C. (1943): Sahabi, eine neue Seite in der Geschichte der Erde. — N. Jb. Min. etc., Stuttgart, MH., B **1943**: 1—9.

2653. — (1956): I *Leptobos* di Sahabi. — Boll. Soc. geol. ital., Roma, **75**: 206—238.

2654. PETRONIJEVIĆ, Z. & E. THENIUS (1958): Über das Vorkommen von Indricotherien (Baluchitherien) im Tertiär von Ivangrad (Berane) in Montenegro. — Glas. Acad. serbe Sci., Belgrad, **231** 14: 61—74.

2655. PETTER, F. (1959): Un nouveau rongeur de Madagascar (Nesomyinae): *Macrotarsomys ingens* n. sp. — Mammalia, Paris, **23**: 139—148.

2656. — (1959): Evolution du dessin de la surface d'usure des molaires des Gerbillidés. — Mammalia, Paris, **23**: 304—315.

2657. — (1961): Affinités des genres *Spalax* et *Brachyuromys* (Rongeurs, Cricetidae). — Mammalia, Paris, **25**: 485—498.

2658. — (1962): Monophylétisme ou polyphylétisme des rongeurs malgaches. — Colloques internation. Cent. nation. Rech. scient., Paris, **104**: 301—310.

2659. — (1964): Affinités du genre *Cricetomys*. Une nouvelle sous-famille de Rongeurs Cricetidae, les Cricetomyinae. — C. R. Acad. Sci., Paris, **258**: 6516—6518.

2660. — (1965): Rapports des Petromyscinae, des Cricetomyinae et des Dendromurinae avec des Cricétidés et les muridés (rongeurs). — J. Vers. paläont. Ges. Zürich, 1965 (Abstr.).

2661. — (1966): Affinités des genres *Beamys*, *Saccostomus* et *Cricetomys* (Rongeurs, Cricetomyinae). — Ann. Mus. roy. Afr. centr., Tervueren (8), **144**: 13—25.

2662. — (1966): L'origine des muridés plan cricetin et plans murins. — Mammalia, Paris, **30**: 205—225.

2662a. — (1967): Particularités dentaires des Petromyscinae ROBERTS 1951 (Rongeurs, Cricetidés). — Mammalia, Paris **31**: 217—224.

2663. PETTER, G. (1958): A propos de quelques petits éléphants de forêt attribués à *Loxodonta cyclotis* MATSCHIE. — Mammalia, Paris, **22**: 575—590.

2664. — (1962): Le peuplement en carnivores de Madagascar. — Colloques internation. Cent. nation. Rech. scient., Paris, **104**: 331—341.

2665. — (1962): Les rapports de la mandibule et de la chaine des osselets chez le nouveau-né de *Poecilictis libyca* (Carnivores, Mustelidés). — Mammalia, Paris, **26**: 506—511.

2666. — (1963): Contribution à l'étude des Mustélidés des bassins néogènes du Vallés-Pénédés et de Calatayud-Teruel (Espagne orientale). — Mém. Soc. géol. France, Paris, (n. S.) **42** 2 Mém. 97: 1—44.

2667. — (1963): Étude sur quelques viverridés (Mammifères, Carnivora) du Pléistocène inférieur du Tanganyika (Afrique orientale). — Bull. Soc. géol. France, Paris, (7) **5**: 265—274.

2668. — (1964): Deux mustélidés nouveaux du Pontien d'Espagne orientale. — Bull. Mus. nation. Hist. nat., Paris, (2) **36**: 270—278.

2669. — (1964): Origine du genre *Otocyon* (Canidae africain de la sous-famille des Otocyoninae). — Mammalia, Paris, **28**: 330 bis 344.

2669a. — (1966): *Cynodictis*, canidé oligocène d'Europe, région tympanique et affinités. — Ann. Paléont., Paris, Vertébr., **52**: 1—20.

2670. — (1967): Mustélidés nouveaux du Vallésien de Catalogne. — Ann. Paléont., Paris, Vertébr., **53**: 93—117.

2671. PETZSCH, H. (1951): Über den wissenschaftlichen Wert von Wirbeltierbastarden aus zoologischen Gärten und Blendlinge zwischen Yak und schottischem Hochlandrind im Dresdner Zoo. — Zoolog. Garten, Leipzig, (n. F.) **18**: 183—196.

2672. PETZSCH, H. (1957): Reflexionen zur Phylogenie der Capridae im allgemeinen und der Hausziege im besonderen. — Wiss. Z. M. Luther-Univ. Halle **6**: 995—1020.

2673. PEYER, B. (1956): Über Zähne von Haramyiden, von Triconodonten und von wahrscheinlich synapsiden Reptilien aus dem Rhät von Hallau, Kt. Schaffhausen, Schweiz. — Schweiz. paläont. Abh., Basel, **72**: 1—72.

2674. PFEFFER, P. (1960): Sur la validité de formes naines de l'éléphant d'Afrique. — Mammalia, Paris, **24**: 556—576.

2675. PFEIFFER, E. W. (1956): The male reproductive tract of a primitive rodent, *Aplodontia rufa*. — Anat. Rec., Philadelphia, **124**: 629—638.

2676. PFIZENMAYER, E. W. (1927): Ein Desmostylidenzahn von der neusibirischen Insel Kotelnyi. — Cbl. Min. etc. Stuttgart, B. 1927: 492—496.
2677. PIA, J. (1940): Ein riesiger Honigdachs (Mellivorine) aus dem Unterpliozän von Wien. — Ann. naturhist. Mus. Wien, 50: 537—583.
2678. PIDOPLITSCHKO, J. & K. FLEROV (1952): New form of deer from the Pliocene of South Ukraine. — C. R. Acad. Sci. USSR, Moskau, (n. S.) 84: 1239—1242.
2679. PILBEAM, D. R. (1967): Notes on *Ramapithecus*, the earliest known Hominid, and *Dryopithecus*. — Amer. J. phys. Anthropol., Washington, 25: 1—5.
2680. — (1967): Man's earliest ancestors. — Sci. J., London, (Febr.) 1967: 47—53.
2681. — & E. L. SIMONS (1965): Some problems of hominid classification. — Amer. Scientist, New Haven, 34: 237—241.
2681a. PILGRIM, G. E. (1911): The fossil giraffidae of India. — Palaeont. indica, Calcutta, (n. S.) 4 1: 1—29.
2682. — (1915): Note on the new feline genera *Sivaelurus* and *Paramachaerodus*. — Rec. geol. Surv. India, Calcutta, 45: 138—155.
2683. — (1915): New Siwalik primates and their bearing on the question of the evolution of Man and the anthropoidea. — Rec. geol. Surv. India, Calcutta, 45: 1—74.
2684. — (1926): The fossil Suidae of India. — Mem. geol. Surv. India, Calcutta, (n. S.) 8 Mem. 4: 1—65.
2685. — (1927): A *Sivapithecus palate* and other primate fossils from India. — Palaeont. indica, Calcutta, (n. S.) 14: 1—24.
2686. — (1931): Catalogue of the Pontian carnivora of Europe in the Department of Geology. — Brit. Mus. nat. Hist., London, I—VI. 1—174.
2687. — (1932): The fossil carnivora of India. — Palaeont. indica, Calcutta, (n. S.) 18: 1—232.
2688. — (1933): The genera *Trochictis*, *Enhydrictis*, and *Trocharion*, with remarks on the taxonomy of the Mustelidae. — Proc. zool. Soc. London, 1932: 845—867.
2689. — (1934): Two new species of sheep-like antelopes from the Miocene of Mongolia. — Amer. Mus. Novit., New York, 716: 1—29.
2690. — (1937): Siwalik Antelopes and Oxen in the American Museum of Natural History. — Bull. Amer. Mus. nat. Hist., New York, 72: 729—874.
2691. — (1939): The fossil bovidae of India. — Palaeont. indica, Calcutta, (n. S.) 25 Mem. 1: 1—356.
2692. — (1941): The dispersal of the Artiodactyla. — Biol. Rev., Cambridge, 16: 134—163.
2693. — (1947): The evolution of the buffaloes, oxen, sheep and goats. — Linn. Soc. London, Zool. 41 279: 272—286.
2694. — & S. SCHAUB (1939): Die schraubenhörnige Antilope des europäischen Oberpliocaens und ihre systematische Stellung. — Abh. schweiz. paläont. Ges., Zürich, 62: 1—30.
2695. PILLERI, G. (1959): Makroskopische und vergleichend-anatomische Betrachtungen über das Zentralnervensystem der Nagetiere. 2. Hystricomorpha. — Acta anat., Basel, (Suppl.), 39,: 43—95.
2696. — (1959): Das Gehirn der Chinchillas und vergleichend-anatomische Betrachtungen mit verwandten Nagerarten (Rodentia, Hystricomorpha). — Acta zool., Stockholm, 40: 23—41.
2697. — (1959): Das Gehirn von *Dolichotis patagona* und *Hydrochoerus hydrochaeris*, nebst Betrachtungen über die endocraniellen Verhältnisse (Rodentia, Hystricomorpha). — Acta zool., Stockholm, 40: 43—58.
2698. — (1960): Zum Verhalten von *Aplodontia rufa* (Rodentia, Aplodontoidea) in Gefangenschaft. — Z. Säugetierkde., Berlin, Hamburg, 25: 30—34.
2699. — (1960): Beiträge zur vergleichenden Morphologie des Nagetiergehirns. 4. Zentralnervensystem, Körperorgane und stammesgeschichtliche Verwandtschaft der *Aplodontia rufa* RAFIN. (Rodentia, Aplodontoidea). — Acta anat. Basel, 40: 5—35.
2700. — (1960): Comparative anatomical investigations on the central nervous system of rodents, and relationships between brain form and taxonomy. — Rev. suisse Zool., Genève, 67: 373—386.
2701. — (1960): Beiträge zur vergleichenden Morphologie des Nagetiergehirnes. 5. Vergleichend-morphologische Untersuchungen über das Zentralnervensystem nearktischer Sciuromorpha und Bemerkungen zum Problem Hirnform und Taxonomie. — Acta anat., Basel, (Suppl.) 40: 36—68.
2702. — (1960): Über das Zentralnervensystem von *Heterocephalus glaber* (Rodentia, Bathyergidae). — Acta zool., Stockholm, 41: 101—111.
2703. — (1961): Das Gehirn (Endocranialausguß) von *Castoroides ohioensis* (FOSTER 1838) (Rodentia, Castoridae) und vergleichend-anatomische Beziehungen zum Gehirn des rezenten kanadischen Bibers. — Acta anat., Basel, (Suppl.) 42: 36—46.
2704. — (1961): Über das Gehirn von *Hypogeomys antimena* GRANDIDIER 1869 (Rodentia, Nesomyinae). — Rev. suisse Zool., Genève, 68: 425—431.
2705. — (1961): Das Gehirn von *Macrotarsomys* (Rodentia, Nesomyinae). — Rev. suisse Zool., Genève, 68: 433—442.
2706. — (1962): Zur Anatomie des Gehirnes von *Choeropsis liberiensis* MORTON (Mammalia, Artiodactyla). — Acta zool., Stockholm, 43: 229—245.
2707. — (1962): Die zentralnervöse Rangordnung der Cetacea (Mammalia). — Acta anat., Basel, 51: 241—258.
2708. — (1965): Morphologie des Gehirnes des Blauwals, *Balaenoptera musculus* LINNAEUS (Cetacea, Mysticeti, Balaenopteridae). — Jb. naturhist. Mus. Bern, 1963—65: 187—203.
2709. — (1966): Zum Hirnbau und Verhalten des Buckelwals, *Megaptera novaeangliae* BOROWSKI (Cetacea, Mysticeti, Balaenopteridae). — Acta anat., Basel, 64: 256—262.
2710. — (1966): Über die Anatomie des Gehirnes des Gangesdelphins, *Platanista gangetica*. — Rev. suisse Zool., Genève, 73: 113—118.
2711. — & A. WANDELER (1962): Zur Entwicklung der Körperform der „Cetacea (Mammalia)". — Rev. suisse, Zool, Genève, 69: 737—758.
2712. PILTERS, H. (1954): Untersuchungen über angeborene Verhaltensweisen bei Tylopoden unter besonderer Berücksichtigung der neuweltlichen Formen. — Z. Tierpsychol., Berlin, 11: 213—303.
2713. PINKLEY, G. (1936): The significance of Wadjak man, a fossil *Homo sapiens* from Java. — Peking nat. Hist. Bull., 10: 183—200.
2714. PIRLOT, P. L. (1956): Les formes européennes du genre *Hipparion*. — Mem. Comun. Inst. geol., Barcelona, 14: 1—23.
2715. PIROZNIKOV, P. L. (1937): A contribution to the study of the origin of the Northern elements in the fauna of the Caspian Sea. — C. R. Acad. Sci. USSR, Moskau, 15: 1—4.
2716. PIVETEAU, J. (1931): Les chats des phosphorites du Quercy. — Ann. Paléont., Paris, 20: 105—163.
2717. — (1941): L'histoire biogéographique des marsupiaux et le problème de l'Antarctique. — Mammalia, Paris, 5: 33—49.
2718. — (1948): Un felidé du Pliocène du Roussillon. — Ann. Paléont., Paris, 34: 97—124.
2719. — (1951): Recherches sur l'évolution de l'encéphale chez les carnivores fossiles. — Ann. Paléont., Paris, 37: 133—151.
2720. — (1955): L'origine des mammifères. — In: GRASSÉ, P.: Traité de Zoologie, Paris, 8 1: 12—26.
2721. (1956): L'encéphale de l'*Hadropithecus* lémurien subfossile de Madagascar. — Ann. Paléont., Paris, 42: 141—150.
2722. — (1957): Primates, Paléontologie humaine. In: — PIVETEAU, J., Traité de Paléontologie, Paris, 7: 1—675.
2723. — (1959): Recherches sur l'encéphale des Primates I. — — L'encéphale d'un prosimien lémuriforme: l'„Adapis". II. — L'encéphale d'un primate cynomorphe. Le Mésopithèque. — Ann. Paléont., Paris, 44: 251—265.
2724. — (1961): Mammifères: Origine reptilienne, évolution. — In: PIVETEAU, J. (ed.): Traité de Paléontologie, Paris, 6 1: 1—1138.
2725. — (1961): Carnivora. — In: PIVETEAU, J. (ed.): Traité de Paléontologie Paris, 6 1: 641—820.
2726. — (1962): L'encéphale de *Viverravus angustidens*, miacidé des Phosphorites de Quercy. — Ann. Paléont., Paris, 48: 163—175.
2727. — (1962): L'origine de l'homme et la paléontologie. — Ann. Biol., Paris, (4) 1: 421—436.
2728. PLANE, M. (1965): Protemnodonts from the Pliocene of New Guinea. —Austral. mammal., Soc. Bull., Canberra, 2: 39—40.
2728a. — (1967): Stratigraphy and vertebrate fauna of the Otibanda Formation, New Guinea. — Bur. Miner. Resour. Geol. Geophys. Austr., Canberra, Bull. 86: 1—64.
2729. POCHE, F. (1908): Über die Anatomie und die systematische Stellung von *Bradypus torquatus* (ILL.). — Zool. Anz., Leipzig, 33: 567—580.
2730. — (1911): Neue Untersuchungen über die Anatomie und die systematische Stellung von *Scaeopus torquatus*. — Arch. NaturGesch., Berlin, 77 1: 33—49.
2731. POCOCK, R. I. (1905): The effect of castration on the horns of a Prongbuck (*Antilocapra americana*). — Proc. zool. Soc. London, 1905: 191—197.

2732. — (1910): On the specialized cutaneous glands of ruminants. — Proc. zool. Soc. London, **1910**: 840—886.
2733. (1914): On the feet and other external features of the Canidae and Ursidae. — Proc. zool. Soc. London, **1914**: 913—941.
2734. — (1916): On some of the external characters of Cryptoprocta. — Ann. Mag. nat. Hist., London, (8) **17**: 413—425.
2735. — (1916): The Tympanic bulla in hyaenas. — Proc. zool. Soc. London, **1916**: 303—307.
2736. — (1917): The classification of existing Felidae. — Ann. Mag. nat. Hist., London, (8) **20**: 329—350.
2737. — (1918): On some external characters of Ruminant Artiodactyla I. The Cephalophinae, Neotraginae, Oreotraginae and Madoquinae. — Ann. Mag. nat. Hist., London, (9) **1**: 426—435.
2738. — (1918): On some external characteristics of ruminants Artiodactyla 2. The Antilopinae, Rupicaprinae, and Caprinae, with a note on the penis bone of the Cephalophinae and Neotraginae. — Ann. Mag. nat. Hist., London, (9) **2**: 125—144.
2739. — (1918): On some external characters of ruminant Artiodactyla III. The Bubalinae and Oryginae. — Ann. Mag. nat. Hist., London, (9) **2**: 214—225.
2740. — (1918): On some external characters of ruminant Artiodactyla. IV. The Reduncinae (Cervicaprinae) and Aepycerinae. — Ann. Mag. nat. Hist., London, (9) **2**: 367—374.
2741. — (1918): On some external characters of ruminant Artiodactyla. V. The Tragelaphinae. — Ann. Mag. nat. Hist., London, (9) **2**: 440—448.
2742. — (1918): On some external characters of ruminant Artiodactyla VI. The Bovinae. — Ann. Mag. nat. Hist., London, (9) **2**: 449—459.
2743. — (1919): On the external characters of existing chevrotains. — Proc. zool. Soc. London, **1919**: 1—11.
2744. — (1920): On the external characters of the South American Monkeys. — Proc. zool. Soc., London, **1920**: 91—113.
2745. — (1920): On the external and cranial characters of the European badger (Meles) and of the American badger (Taxidea). — Proc. zool. Soc. London, **1920**: 423—436.
2746. — (1921): The external characters and classification of the Procyonidae. — Proc. zool. Soc., London, **1921**: 389—422.
2747. — (1921): The auditory bulla and other cranial characters in the Mustelidae. — Proc. zool. Soc. London, **1921**: 473—486.
2748. — (1921): On the external characters of some species of Lutrinae (Otters). — Proc. zool. Soc., London, **1921**: 535—546.
2749. — (1921): The external characters of the Koala (*Phascolarctos*) and some related marsupials. — Proc. zool. Soc. London, **1921**: 591—607.
2750. — (1921): On the external characters and classification of the Mustelidae. — Proc. zool. Soc. London, **1921**: 803—837.
2751. — (1922): On the external characters of some hystricomorph rodents. — Proc. zool. Soc. London, **1922**: 365—427.
2752. — (1922): The external characters of *Scarturus* and other *Jerboas*, compared with those of *Zapus* and *Pedetes*. — Proc. zool. Soc. London, **1922**: 659—682.
2753. — (1923): On the external characters of *Elaphurus, Hydropotes, Pudu*, and other Cervidae. — Proc. zool. Soc. London, **1923**: 181—207.
2754: — (1923): The classification of the Sciuridae. — Proc. zool. Soc. London, **1923**: 209—246.
2755. — (1923): The external characters of the pigmy *Hippopotamus* (*Choeropsis liberiensis*) and of the Suidae and Camelidae. — Proc. zool. Soc. London, **1923**: 531—549.
2756. — (1924): The external characters of the south American Edentates. — Proc. zool. Soc. London, **1924**: 983—1031.
2757. — (1925): Additional note on the external characters on some platyrrhine monkeys. — Proc. zool. Soc. London, **1925**: 27—47.
2758. — (1925): The external characters of the catarrhine monkeys and apes. — Proc. zool. Soc. London, **1925**: 1379—1579.
2759. — (1926): The external characters of a young female *Dinomys branickii* exhibited in the societys' gardens. — Proc. zool. Soc. London, **1926**: 221—230.
2760. — (1926): The external characters of *Thylacinus, Sarcophilus*, and some related marsupials. — Proc. zool. Soc. London, **1926**: 1037—1084.
2761. — (1928): Some external characters of the giant Panda (*Ailuropoda melanoleuca*). — Proc. zool. Soc. London, **1928**: 975—981.
2762. — (1928): Some external characters of the sea-otter (*Enhydra lutris*). — Proc. zool. Soc. London, **1928**: 983—991.
2763. — (1929): The structure of the auditory bulla in the Procyonidae and the Ursidae, with a note on the bulla of *Hyaena*. — Proc. zool. Soc. London, **1928**: 963—974.
2764. — (1930): The lions of Asia. — J. Bombay natur. Hist. Soc., **34**: 638—665.
2765. — (1932): The marbled cat (*Pardofelis marmorata*) and some other oriental species, with the definition of a new genus of the Felidae. — Proc. zool. Soc. London, **1932**: 741—766.
2766. — (1935): The incisiform teeth of European and Asiatic Cervidae. — Proc. zool. Soc. London, **1935**: 179—194.
2767. — (1951): Catalogue of the genus *Felis*. — Brit. Mus. nat. Hist., London, I—VII, 1—190.
2768. Poglayen-Neuwall, I. & I. (1965): Gefangenschaftsbeobachtungen an Makibären (*Bassaricyon* Allen 1876). — Z. Säugetierkde., Hamburg, **30**: 321—366.
2769. Pohl, L. (1928): Zur Morphologie der männlichen Kopulationsorgane der Säugetiere; insbesondere der Versuch einer vergleichend-anatomischen Studie über den Penis der Primaten, einschließlich des Menschen. — Z. Anat. EntwGesch., Berlin, **86**: 71—109.
2770. — Pohle, H. (1917): *Pseudobassaris riggsi* n. g. n. sp. für *Amphictis* sp. Riggs. — SBer. naturf. Freunde, Berlin, **1917**: 403—411.
2771. — (1919): Die Unterfamilie der Lutrinae. Eine systematisch-tiergeographische Studie an dem Material der Berliner Museen. — Arch. NaturGesch. Berlin, (A) **85** 9: 1—247.
2772. — (1928): Die Raubtiere von Oldoway. — Wiss. Erg. Oldoway-Exped. 1913, Berlin, (n. F.) 3, 45—54.
2773. Pohlig, H. (1895): *Paidopithex rhenanus* n. g. n. sp., la singe anthropomorphe du pliocène ancien. — Bull. Soc. belge géol., Paléont. Hydrol., Bruxelles, **9**.
2774. Polutoff, N. (1955): Das Mammut von Taimyr. (Neue Erkenntnisse zur Ökologie des sibirischen Mammuts). — Eiszeitalter Gegenwart, Öhringen, **6**: 152—158.
2775. Pomel, A. (1893): *Bubalus antiquus*. — Monogr. carte géol. Algérie (Paléont.), Algier, **2**: 1—94.
2776. Pompeckj, J. F. (1922): Das Ohrskelett von *Zeuglodon*. — Senckenbergiana, Frankfurt, **4**: 43—100.
2777. Porsch, O. (1935 u. 1936): Säugetiere als Blumenausbeuter und die Frage der Säugetierblume II u. III. — Biologia gen., Wien, **11**: 171—188, **12**: 2—21.
2778. Portis, A. (1920): Elenco delle specie di Cervicorni fossili in Roma e attorno a Roma. — Boll. Soc. geol. ital., Rom, **39**: 132—139.
2779. Portmann, A. (1939): Die Ontogenese der Säugetiere als Evolutionsproblem I. Die Ausbildung der Keimblase. II. Die Zahl der Jungen, Tragzeit und Ausbildungsgrad der Jungen bei der Geburt. — Bio-Morphosis, Basel, **1**: 49—66, 109—126.
2780. — (1942): Die Ontogenese und das Problem der morphologischen Wertigkeit. — Rev. suisse Zool. Genève, **49**: 169—185.
2781. — (1945): Die Ontogenese des Menschen als Problem der Evolutionsforschung. — Verh. schweiz. naturf. Ges., Aarau, **1945**: 44—53.
2782. — (1965): Vom Ursprung des Menschen. Ein Querschnitt durch die Forschungsergebnisse. — 5. Aufl. F. Reinhardt-Verlg., Basel, 1—66.
2783. — & K. Wirz (1950): Die cerebralen Indices beim Okapi. — Acta tropica, Basel, **7**: 120—122.
2784. Prasad, K. N. (1962): Fossil primates from the Siwalik beds near Haritalyangar, Himachal Pradesh, India. — J. geol. Soc. India, Calcutta, **3**: 86—96.
2785. — (1964): Upper Miocene anthropoids from the Siwalik beds of Haritalyangar, Himachal Pradesh, India. — Palaeontology, London, **7**: 124—134.
2786. Pratt, A. (1937): The call of the Koala. — Robertson & Mullens, Melbourne, 1—120.
2787. Prell, H. (1950): Der Riesenhirsch als angeblich historische Wildart. — Neue Ergebn. Probl. Zool. (Klatt-Festschrift), Leipzig, 778—793.
2788. Preuschoft, H. (1963): Beitrag zur Funktion des Pongidenfußes. — Z. Morph. Anthrop., Stuttgart, **53**: 19—28.
2789. — (1963): Muskelgewichte bei Gorilla, Orang-Utan und Mensch. — Anthrop. Anz., Stuttgart, **26**: 308—317.
2789a. — (1964): New results regarding the functional structure of leg and foot in hominoids. — Vortrag, gehalten a. d. „Primatol. Meeting" in Covington, Louisiana.
2789b. — (1965): Referat über neuere Hominidenfunde aus Ostafrika. — Zbl. Geol. Paläont., Stuttgart, Paläont., **1965** 3: 295—300.

2790. PRIEMEL, G. (1937): Die platyrrhinen Affen als Bewegungstypen. Unter besonderer Berücksichtigung der Extremformen *Callicebus* und *Ateles*. — Z. Morph. Ökol. Tiere, Berlin, **33**: 1—52.

2791. PRIMATOLOGICAL SOC. (1966): Intern. Primat. Soc. Conf. Frankfurt/Main 1966, Abstracts, 1—92.

2792. PRONINA, J. H. (1957): Ein neuer Vertreter der Desmostylidae, *Kronokotherium brevimaxillare* n. g. n. sp. aus miozänen Ablagerungen Kamtschatkas. — Dokl. Akad. Nauk USSR, Moskau, **117**: 310—312 (russ.).

2793. PRUITT, W. (1957): A Survey of the mammalian family Soricidae (Shrews). — Säugetierkdl. Mitt., Stuttgart, **5**: 18—27.

2794. QUINET, G. E. (1965): Un condylarthre de Hoogbutsel. — Bull. Inst. roy. Sci. nat. Belg., Bruxelles, **41** 15: 1—5.

2795. — (1965): *Myotis misonne* n. sp. Chiroptère de l'Oligocène de Hoogbutsel. — Bull. Inst. roy. Sci. nat. Belg., Bruxelles, **41** 20: 1—11.

2796. — (1966): *Teilhardina belgica*, ancêtre des Anthropoidea de l'ancien monde. — Bull. Inst. roy. Sci. nat. Belg., Bruxelles, **42**: 1—14.

2797. — (1966): Origine de la molaire inférieure tribosphenique placentaire. — Bull. Groupment internation. Rech. scient. Stomat., Paris, **9**: 315—328.

2797a. — (1966): Sur la formule dentaire de deux primates du Landénien continental belge. — Bull. Inst. roy. Sci. nat. Belg., Bruxelles, **42** 38: 1—6.

2798. — & X. MISONNE (1965): Les insectivores zalambdontes de l'oligocène inférieur belge. — Bull. Inst. roy. Sci. nat. Belg. Bruxelles, **41** 19: 1—15.

2799. QUINN, J. H. (1955): Miocene Equidae of the Texas Gulf Coastal Plain. — Univ. Texas Publ., Austin, **5516**: 1—102.

2800. — (1957): Pleistocene Equidae of Texas. — Rep. Invest. Bureau oecon. geol. Univ. Texas, Austin, **33**: 1—51.

2801. — (1958): New Pleistocene *Asinus* from Southwestern Arizona. — J. Paleont., Menasha, **32**: 603—610.

2802. RADINSKY, L. B. (1963): Origin and early evolution of North American Tapiroidea. — Bull. Peabody Mus. natur. Hist., New Haven, **17**: 1—106.

2803. — (1963): The perissodactyl hallux. — Amer. Mus. Novit., New York, **2145**: 1—8.

2804. — (1964): *Paleomoropus*, a new early Eocene Chalicothere (Mammalia, Perissodactyla), and a revision of Eocene Chalicotheres. — Amer. Mus. Novit., New York, **2179**: 1—28.

2805. — (1965): Early Tertiary Tapiroidea of Asia. — Bull. Amer. Mus. nat. Hist., New York, **129**: 181—264.

2806. — (1965): Evolution of the Tapiroid skeleton from *Heptodon* to *Tapirus*. — Bull. Mus. comp. Zool., Cambridge, **134**: 69—106.

2807. — (1966): A new genus of Early Eocene Tapiroid (Mammalia, Perissodactyla). — J. Paleont., Tulsa, **40**: 740—742.

2808. — (1966): The families of the Rhinocerotoidea (Mammalia, Perissodactyla). — J. Mammal., Baltimore, **47**: 631—639.

2809. — (1966): The adaptive radiation of the phenacodontid Condylarthres and the origin of the Perissodactyla. — Evolution, Lancaster, **20**: 408—417.

2810. — (1967): A review of the rhinocerotoid family Hyracodontidae (Perissodactyla). — Bull. Amer. Mus. nat. Hist., New York, **136**: 1—46.

2810a. — (1967): The Oldest Primate Endocast. — Amer. J. Phys. Anthrop. **27**: 385—388.

2810b. — (1967): *Hyrachyus*, *Chasmotherium* and the Early Evolution of Helaletid Tapiroids. — Amer. Mus. Novitates, New York, **2313**: 1—23.

2811. RADULESCO, C. & P. SAMSON (1962): Sur la présence de *Megalovis latifrons* dans le Villafranchien d'Oltenie (Roumanie). — Vertebr. palasiatica, Peking, **6**: 262—269.

2812. — & — (1965): *Soergelia elisabethae* SCHAUB dans le Pléistocène moyen de l'Oltenie (Roumanie). — Eclogae geol. helv., Basel, **58**: 1107—1110.

2813. — & — (1965): Sur la présence de *Hydruntinus hydruntinus* (REGALIA) en Roumanie. — Quaternaria, Rom, **7**: 219—234.

2814. — & — (1967): Sur la signification de certains equidés du Pléistocène inférieur et moyen de Roumanie. — N. Jb. Geol. Paläont., Stuttgart, Abh. **127**: 157—178.

2814a. — & P. M. SAMSON (1967): Contributions à la connaissance du complexe faunique de Malusteni-Beresti (Pleistocène inférieur). Roumanie. I. Ord. Lagomorpha, Fam. Leporidae. — N. Jb. Geol. Paläont., Stuttgart, Mon. H., 544—563.

2815. —, —, N. MIHAILA & A. KOVACS (1965): Contribution à la connaissance des faunes de Mammifères pléistocènes de la dépression de Brasov (Roumanie). — Eiszeitalter Gegenwart, Öhringen, **16**: 132—188.

2816. RAHM, U. (1957): Der Baum- oder Waldschliefer, *Dendrohyrax dorsalis* (FRASER). — Zool. Garten, Leipzig, (n. F.) **23**: 67—74.

2817. RAKOVEC, I. (1956): The remnants of the elk (*Alces alces* L.) in Yugoslavia. — Annal. géol. Pénins. balkan., Belgrad, **24**: 1—14.

2818. — (1958): The beavers of the lacustrine age from the Ljubljana moor and from other Holocene find spots in Slovenia. — Slov. Akad. Znan. Umetn., Ljubljana, (4) Razprave **4**: 209—267.

2819. — (1963): The Late Wurmian-Fauna from the caves Jama v Lozi and Ovcja jansa in Slovenia (NW-Jugoslavia). — Slov. Akad. Znan. Umetn., Ljubljana, (1) **13/14**: 241—272.

2820. RAUSCH, R. (1957): Distribution and specificity of Helminths in Microtine rodents: Evolutionary implications. — Evolution, Lancaster, **11**: 361—368.

2821. RAUTENFELD, P. v. (1928): Über einen Schädel von *Tapirus* (*Megatapirus*) *augustus*, GRANGER, aus Yen-Ching-Kao, Szechuan, China. — Acta zool., Stockholm, **9**: 425—444.

2822. RAUTHER, M. (1938): Über den männlichen Genitalapparat von *Solenodon paradoxus* BRANDT (Mammalia, Insectivora). — Zool. Anz., Leipzig, **123**: 65—78.

2822a. RAVEN, H. C. (1935): Wallace's line and the distribution of Indo-Australian mammals. — Bull. Amer. Mus. nat. Hist., New York, **68**: 177—293.

2823. — (1936): Notes on the anatomy of the viscera of the giant Panda (*Ailuropoda melanoleuca*) — Amer. Mus. Novit., New York, **877**: 1—23.

2824. — & W. K. GREGORY (1946): Adaptive branching of the Kangaroo family in relation to habitat. — Amer. Mus. Novit., New York, **1309**: 1—33.

2825. RAY, C. E. (1958): Fusion of cervical vertebrae in the Erethizontidae and Dinomyidae. — Breviora, Cambridge, **97**: 1—13.

2826. — (1960): *Trichecodon huxleyi* (Mammalia: Odobenidae) in the Pleistocene of Southeastern United States. — Bull. Mus. comp. Zool., Cambridge, **122**: 129—142.

2827. — (1964): The taxonomic status of *Heptaxodon* and dental ontogeny in *Elasmodontomys* and *Amblyrhiza* (Rodentia: Caviomorpha). — Bull. Mus. comp. Zool., Cambridge, **131**: 109—127.

2828. — (1964): The Jaguarundi in the Quaternary of Florida.— J. Mammal., Baltimore, **45**: 330—332.

2829. RAY, J. (1693): Synopsis Methodica animalium Quadrupedum et serpentini generis. — London.

2830. RECK, H. (1928): *Pelorovis oldowayensis* n. g. n. sp. Wiss. Erg. Oldoway-Exp. 1913. — Berlin, (n. F.) **3**: 57—67.

2831. REED, C. A. (1954): Some fossorial mammals from the Tertiary of Western North America. — J. Paleont., Tulsa, **28**: 102—111.

2832. — (1960): Polyphyletic or monophyletic ancestry of mammals, or: what is a class? — Evolution, Lancaster, **14**: 314—322.

2833. — & TH. DOWNS (1958): A fossorial mammal of unknown affinities from the middle Miocene fauna of Nevada. — J. Mammal., Baltimore, **39**: 87—91.

2834. — & H. A. PALMER (1964): A late Quaternary goat (*Capra*) in North America? — Z. Säugetierkde., Berlin, Hamburg, **29**: 372—378.

2835. — & W. D. TURNBULL (1965): The mammalian genera *Arctoryctes* and *Cryptoryctes* from the Oligocene and Miocene of North America. — Fieldiana; Geol., Chicago, **15**: 99—170.

2836. REED, K. M. (1960): Insectivores of the middle Miocene Split Rock local fauna, Wyoming. — Breviora, Cambridge, **116**: 1—11.

2837. — (1961): The Proscalopinae, a new subfamily of Talpid insectivores. — Bull. Mus. comp. Zool., Cambridge, **125**: 471—494.

2838. — (1962): Two new species of fossil talpid insectivores. — Breviora, Cambridge, **168**: 1—6.

2839. REEDER, W. G. (1958): A review of tertiary rodents of the family Heteromyidae. — Diss. Abstr. USA, Ann Arbor, **18**: 1548.

2840. REICHENAU, W. VON (1906): Beiträge zur näheren Kenntnis der Carnivoren aus den Sanden von Mauer und Mosbach. — Abh. hess. geol. L.-Anst., Darmstadt, **4**: 202—285.

2841. — (1915): Beiträge zur näheren Kenntnis fossiler Pferde aus deutschem Pleistozän. — Abh. hess. geol. L.-Anst., Darmstadt, **7**: 1—155.

2842. Reichert, C. (1837): Über die Visceralbogen der Wirbeltiere in Allgemeinen und deren Metamorphosen bei den Vögeln und Säugetieren. — Arch. Anat. Physiol. wiss. Med., Leipzig, 120—222.

2843. Reichert, E. T. & A. P. Brown (1909): The crystallography of hemoglobins. — Publs. Carnegie Instn., Washington, **116**: I—XIX, 1—338.

2844. Reichstein, H. (1962): Beiträge zur Biologie eines Steppennagers, *Microtus (Phaeomys) brandti* (Radde 1861). — Z. Säugetierkde., Berlin, Hamburg, **27**: 146—163.

2845. — (1963): Beitrag zur systematischen Gliederung des Genus *Arvicola* Lacépède 1799. — Z. zool. Syst., EvolForschg., Frankfurt/M., **1**: 155—204.

2846. — & D. Reise (1965): Zur Variabilität des Molarenschmelzschlingenmusters der Erdmaus, *Microtus agrestis* (L.). — Säugetierkdl. Mitt., Stuttgart, **30**: 36—47.

2847. Reig, O. A. (1952): Descripcion brevia de nuevos ungulados y marsupiales fosiles del Plioceno y del Eocuartario Argentinos. — Revta. Mus. munic. Cienc. nat. Trad., Mar del Plata, **1**: 119—129.

2848. — (1952): Sobre la presencia de mustelidos mefitinos en la formation de Chapadmalal. — Revta. Mus. munic. Cienc. nat. Trad., Mar del Plata, **1**: 45—51.

2849. — (1955): Noticia preliminar sobre la presencia de microbiotherinos vivientes en la fauna sudamericana. — Investnes. zool. chil., Santiago de Chile, **2**: 121—130.

2850. — (1958): Un Mustelido del genero *Galictis* del Eocuartario de la Provincia de Buenos Aires. — Ameghiniana, Buenos Aires, **1**: 33—47.

2851. Reinbach, W. (1952): Zur Entwicklung des Primordialcraniums von *Dasypus novemcinctus* L. (*Tatusia novemcincta* Lesson). I u. II. — Z. Morph. Anthropol., Stuttgart, **44**: 375—444, **45**: 1—72.

2852. — (1955): Das Cranium eines Embryo des Gürteltieres *Zaëdyus minutus* (65 mm. Sch.-St.). — Morph. Jb., Leipzig, **95**: 79—141.

2853. — (1967): Über einen Rest des Parasphenoids beim Menschen. — Z. Anat. & EntwGesch., Berlin, **126**: 49—54.

2854. Reinhart, R. H. (1951): A new genus of sea cow from the Miocene of Colombia. — Univ. Calif. Publs. geol. Sci., Berkeley, **28**: 203—214.

2855. — (1959): A review of the Sirenia and Desmostylia. — Univ. Calif. Publs. geol. Sci., Berkeley, **36**: 1—146.

2856. Remane, A. (1927): Studien über die Phylogenie des menschlichen Eckzahns. — Z. Anat. EntwGesch., Berlin, **82**: 391—481.

2856a. — (1951): Die Entstehung der Bilophodontie bei den Cercopithecidae. — Anat. Anz., Jena, **98**: 161—165.

2857. — (1952): Über die Vielgestaltigkeit der Summoprimaten vor der Menschwerdung II. Der vordere P (P_3) von *Australopithecus prometheus* und die morphologische Stellung des Australopithecinengebisses. — Z. Morph. Anthrop., Stuttgart, **43**: 288—310.

2858. — (1952): Methodische Probleme der Hominiden-Phylogenie I. — Z. Morph. Anthrop., Stuttgart, **44**: 188—200.

2859. — (1954): Die Geschichte der Tiere. — In: Heberer, G. (Hgeb.): Die Evolution der Organismen. 2. Aufl. Fischer, Stuttgart, 340—422.

2860. — (1954): Structure and relationships of *Meganthropus africanus*. — Amer. J. phys. Anthrop., Washington, (n. S.) **12**: 123—126.

2861. — (1954): Methodische Probleme der Hominiden-Phylogenie II. Möglichkeiten der Verwandtschaftsforschung innerhalb der Hominiden. — Z. Morph. Anthrop., Stuttgart, **46**: 225—268.

2862. — (1955): Ist *Oreopithecus* ein Hominide? — Abh. math.-naturw. Kl. Akad. Wiss. Lit., Mainz, **1955** 12: 467—497.

2863. — (1956): Paläontologie und Evolution der Primaten besonders der Nicht-Hominoidea. — Primatologia, Karger, Basel, **1**: 267—378.

2864. — (1956): Methodische Probleme der Hominiden-Phylogenie III. Die Phylogenie der Lebensweise und die Entstehung des aufrechten Ganges. — Z. Morph. Anthrop., Stuttgart, **48**: 28—54.

2865. — (1956): Die Grundlagen des natürlichen Systems, der vergleichenden Anatomie und Phylogenetik. — 2. Aufl. Geest & Portig, Leipzig, I—VI, 1—364.

2866. — (1959): Die primitivsten Menschenformen (Australopithecinae) und das Problem der tertiären Menschen. — Schr. naturwiss. Ver. Schleswig-Holstein, Kiel, **29** 2: 3—10.

2867. — (1960): Die Stellung von *Gigantopithecus*. — Anthrop. Anz., Stuttgart, **24**: 146—159.

2868. — (1960): Zähne und Gebiß. — Primatologia, Karger, Basel, **3**: 637—846.

2869. — (1961): Probleme der Systematik der Primaten. — Z. wiss. Zool., Leipzig, **165**: 1—34.

2870. — (1961): Gedanken zum Problem Homologie und Analogie, Praeadaptation und Parallelität. — Zool. Anz., Leipzig, **166**: 447—465.

2871. — (1964): Das Problem Monophylie—Polyphylie mit besonderer Berücksichtigung der Tetrapoden. — Zool. Anz., Leipzig, **173**: 22—49.

2872. — (1965): Die Geschichte der Menschenaffen. — In: Heberer, G. (Hgeb.): Menschliche Abstammungslehre. G. Fischer, Jena, 249—309.

2873. — (1967): Die Geschichte der Tiere. — In: Heberer, G. (Hgeb.): Die Evolution der Organismen I. 3. Aufl. G. Fischer, Stuttgart, 589—677.

2873a. — (1967): Phylogenetische Methoden außerhalb der morphologischen Verwandtschaftsforschung (Parasitologie, Biochemie). — Zool. Anz. **179**: 80—98.

2874. Remy, J. A. (1965): Un nouveau genre de Paléothéridé (Perissodactyla) de l'eocène supérieur du Midi de la France. — C. R. Acad. Sci., Paris, **260**: 4362—4364.

2875. Rensch, B. (1954): Neuere Probleme der Abstammungslehre. Die transspezifische Evolution. — 2. Aufl. (1. Aufl. 1947 I—VII, 1—407). Enke, Stuttgart, I—XI, 1—436.

2876. — (1957): Die stammesgeschichtliche Sonderstellung des Menschen. — ArbGem. Forschg. Land. N-Rhein-Westf., Köln, **64**: 7—45.

2877. — (1959): *Homo sapiens*, vom Tier zum Halbgott. Julian Huxley gewidmet. — Vandenhoeck & Rupprecht, Göttingen, **70—72**: 1—189.

2878. — (1965): *Homo sapiens*. Vom Tier zum Halbgott. — 2. Aufl. Vandenhoeck & Rupprecht, Göttingen, 1—224.

2879. — (1965): Die höchsten Hirnleistungen der Tiere. — Naturwiss. Rundschau, Stuttgart, **18**: 91—101.

2880. Repenning, Ch. A. (1962): The giant ground squirrel *Paenemarmota*. — J. Palaeont., Tulsa, **36**: 540—556.

2881. — (1965): An extinct shrew from the Early Pleistocene of South Africa. — J. Mammal., Baltimore, **46**: 189—196.

2882. — (1967): Subfamilies and genera of the soricidae. Classification, historical zoogeography, and temporal correlation of the shrews. — Geol. Surv., Prof. Pap., Washington, **565**: 1—74.

2883. Requate, H. (1957): Zur nacheiszeitlichen Geschichte der Säugetiere Schleswig-Holsteins. — Bonner Zool. Beitr., **8**: 207—229.

2884. Retzius, G. (1902): Weitere Beiträge zur Kenntnis der Spermien des Menschen und einiger Säugetiere. — Biol. Unters., Jena, (n. F.) **10**: 45—60.

2885. — (1909): Die Spermien der Halbaffen. — Biol. Unters., Jena, (n. F.) **14**: 199—200.

2866. — (1909): Die Spermien der Affen. — Biol. Unters., Jena, (n. F.) **14**: 201—204.

2887. — (1909): Kurzer Rückblick auf die Spermien der Säugetiere. — Biol. Unters., Jena, (n. F.) **14**: 217—230.

2888. — (1912): Blick auf die jetzige Kenntnis der Spermienformen der Primaten. — Biol. Unters., Jena, (n. F.) **17**: 100—108.

2889. — (1914): Zur Kenntnis der Spermien der Insektivoren, Carnivoren und Prosimier. — Biol. Unters., Jena, (n. F.) **18**: 85—90.

2890. — (1914): Zur Kenntnis der Spermien der Simier. — Biol. Unters., Jena, (n. F.) **18**: 91—94.

2891. Revilliod, P. (1917): Fledermäuse aus der Braunkohle von Messel bei Darmstadt. — Abh. hess. geol. L.-Anst., Darmstadt, **7**: 158—196.

2892. — (1917, 1920, 1921—25): Contributions à l'étude des Chiroptères des terrains tertiaires. — Mém. Soc. paléont. suisse, Basel, **42**: 1—57; **44**: 63—128; **45**: 133—195.

2893. — (1920): Etude critique sur les genres de Canides quaternaires sud-américains et description d'un crâne de *Paleocyon*. — Mém. Soc. paléont. suisse, Basel, **46**: 1—14.

2894. Reysenbach de Haan, F. W. (1957): Hearing in whales. — Acta oto-laryngol., Stockholm, (Suppl.) **134**: 1—114.

2895. Riabinin, A. N. (1938): *Microzeuglodon aff. caucasicum* Lyd. from the Upper Maikop beds of Kabristan. — Probl. Paleont., Moskau, **4**: 137—185.

2896. Rice, D. W. (1964): The Hawaian monk seal. — Nat. Hist., New York, **73**: 48—55.

2897. Richey, K. A. (1941): Occurrence of the Chinese felid genus *Metailurus* in the Pliocene of California. — Bull. geol. Soc. Amer., New York, **52**: 1982—1983.

2898. RIDE, D. W. L. (1956): A new fossil *Mastacomys* (Muridae) and a revision of the genus. — Proc. zool. Soc. London, **127**: 431—439.

2899. — (1956): The affinities of *Burramys parvus* BROOM, a fossil Phalangeroid marsupial. — Proc. zool. Soc. London, **127**: 413—429.

2900. — (1957): *Protemnodon parma* (WATHERH.) and the classification of related wallabies (*Protemnodon*, *Thylogale* and *Setonix*). — Proc. zool. Soc. London, **128**: 327—346.

2901. — (1959): Mastication and taxonomy in the macropodine skull. — Publ. system. Ass. London, **3**: 33—59.

2902. — (1960): The fossil mammalian fauna of the *Burramys parvus* breccia from the Wombeyan Caves, New South Wales. — J. roy. Soc. W.-Austr., Perth, **43**: 74—80.

2903. — (1962): On the use of generic names for kangaroos and wallabies (Subfamily Macropodinae). — Austr. J. Sci., Sydney, **24**: 367—372.

2904. — (1962): On the evolution of Australian Marsupials. — In: LEEPER, G. W.: The evolution of living Organisms. Univ. Press, Melbourne, 281—306.

2905. — (1964): A review of Australian fossil Marsupials. — J. roy. Soc. W.-Austr., Perth, **47**: 97—131.

2905a. — (1967): On *Sceparnodon ramsayi Owen*, 1884: The selection of a lectotype, the classification on its type locality, and on its identity with *Phascolomis gigas* (Owen, 1859). — Rec. South Austr. Mus., Adelaide, **15**: 419—425.

2906. RIGGS, E. (1898): On the skull of *Amphictis*. — Amer. J. Sci., New Haven, (4) **5**: 257—259.

2907. — (1934): A new marsupial saber-tooth from the Pliocene of Argentina and its relationships to other South American predaceous marsupials. — Trans. Amer. philos. Soc., Philadelphia, (n. S.) **24**: 1—31.

2908. — (1937): Mounted skeleton of *Homalodotherium*. — Publs. Field Mus. nat. Hist., Chicago, (geol. Ser.) **6** 17: 233—243.

2909. RIGNEY, H. W. (1963): A specimen of *Morganucodon* from Yunnan. — Nature, London, **197**: 1122—1123.

2910. — (1966): *Morganucodon*, aprimitive mammal of probable Upper Triassic age that possessed a double jaw articulation. — 4th Symp. vertebr. Paleont. & comp. Anat., Edinburgh.

2911. RINGE, D. (1959): Über das autochthone nacheiszeitliche Vorkommen des Damhirsches (*Dama dama* L.) in Europa. — Inaug. Diss. Tiermed. Fak. Universität, München, 1—43.

2912. RINGSTRÖM, T. (1924): Nashörner der *Hipparion*-Fauna Nord-Chinas. — Palaeont. sinica, Peking, (C) **1**, 4: 1—156.

2913. RINGUELET, A. B. DE (1953): Revision de los didelfidos fosiles Argentinos. — Revta Mus. Univ. Eva Peron, Secc. paleont., Buenos Aires, (n. S.) **3** 2: 265—308.

2914. — (1958): Estudo del genero *Chasicotherium* CABRERA y KRAGL. 1921 (Notoungulata — Homalodotheriidae). — Ameghiniana, Buenos Aires, **1**: 7—14.

2915. RINKER, G. C. (1954): The comparative myology of the mammalian genera *Sigmodon*, *Oryzomys*, *Neotoma*, and *Peromyscus* (Cricetinae), with remarks on their intergeneric ralationships. — Misc. Publ. zool. Mus. Michigan, Ann Arbor, **83**: 1—124.

2915a. ROBB, R. C. (1936): A study of mutations in evolution III. — J. Genetics, Cambridge, **33**: 267—273.

2916. ROBERTS, A. (1951): The ammmals of South Africa. — Central New Agency South Africa, 1—700.

2917. ROBINSON, J. T. (1952): The Australopithecinebearing deposits of the Sterkfontein area. — Ann. Transvaal Mus., Pretoria, **22**: 1—19.

2918. — (1952): Note on the skull of *Proconsul africanus*. — Amer. J. phys. Anthropol., Washington, (n. S.) **10**: 7—12.

2919. — (1953): *Meganthropus*, australopithecines and hominids.— Amer. J. phys. Anthropol., Washington, (n. S.) **11**: 1—38.

2920. — (1953): *Telanthropus* and its phylogenetic significance. — Amer. J. phys. Anthrop., Washington, (n. S.) **11**: 445—501.

2921. — (1954): Phyletic lines in the prehominids. — Z. Morphl. Anthrop., Stuttgart, **46**: 269—273.

2922. — (1954): The genera and species of the Australopithecinae. — Amer. J. phys. Anthrop., Washington, (n. S.) **12**: 181—200.

2923. — (1965): Further remarks on the relationship between „*Meganthropus*" and Australopithecines. — Amer. J. phys. Anthrop., Washington, **13**: 429—445.

2924. — (1956): The dentition of the Australopithecinae. — Mem., Transvaal Mus. Pretoria, **9** 4: 1—179.

2925. — (1956): An early chapter in the history of man. — Bull. S. Afr. Mus. Ass., Durban, **6**: 166—170.

2926. — (1958): Cranial cresting patterns and their significance in the Hominoidea. — Amer. J. phys. Anthrop., Washington, (n. S.) **16**: 397—428.

2927. — (1960): The affinities of the new Olduvai-Australopithecine. — Nature, London, **186**: 465—468.

2928. — (1961): The Australopithecines and their bearing on the origin of man of stone toolmaking.— S.Afr. J., Johannesburg, **57**: 3—13.

2929. — (1962): Australopithecines and artefacts at Sterkfontein I. Sterkfontein stratigraphy and the significance of the extension site. — S.Afr. archaeol. Bull., Claremont-Cape Town, **17**: 87—107.

2930. — (1962): Australopithecines and the origin of man. — Ann. Rep. U. S. nation. Mus., Washington, **4478**: 479—500.

2931. — (1962): The origin and adaptive radiation of the Australopithecines. — In: Evolution and Hominisation, Fischer, Stuttgart, 120—140.

2932. — (1963): Australopithecines, culture and phylogeny. — Amer. J. phys. Anthrop., Washington, **21**: 595—605.

2933. — (1963): Adaptive radiation in the australopithecines and the origin of man. — In: HOWELL, F. C. & F. BOURLIERE (eds.): African ecology and human evolution, 385—416.

2934. — (1965): *Homo „habilis"* and the australopithecines. — Nature, London, **205** 4967: 121—124.

2935. ROBINSON, P. (1963): Fused cervical vertebrae from the Bridger Formation (Eocene) of Wyoming. — Univ. Color. Studies, Boulder, (Ser. Geol.) **1**: 6—9.

2936. — (1966): Fossil mammalia of the Huerfano Formation, Eocene, of Colorado. — Bull. Peabody Mus. nat. Hist., New Haven, **21**: I—VII, 1—95.

2937. —, C. C. BLACK & M. R. DAWSON (1964): Late Eocene Multituberculates and other Mammals from Wyoming. — Science, New York, **145** 3634: 809—811.

2937a. ROCHEBRUNE, A. T. DE (1886/87): Faune de la Sénégambie. Suppl., Vertébrés. Pt. 1. 95—102.

2938. RODE, K. (1935): Untersuchungen über das Gebiß der Bären. — Monogr. u. Geol. Paläont., Leipzig, (2) **7** I—VI, 1—162.

2939. RÖHRS, M. (1955): Vergleichende Untersuchungen an Wild- und Hauskatzen. — Zool. Anz., Leipzig, **155**: 53—69.

2940. — (1958): Allometrische Studien und ihre Bedeutung für Evolutionsforschung und Systematik. — Zool. Anz., Leipzig, **160**: 277—294.

2941. — (1959): Neue Ergebnisse und Probleme der Allometrieforschung. — Z. wiss. Zool., Leipzig, **162**: 1—95.

2942. — (1959): Allometrische Untersuchungen an Canidengehirnen. — Verh. dtsch. zool. Ges., Leipzig, **1958**: 295—307.

2943. — (1961): Biologische Anschauung über Begriff und Wesen der Domestikation. — Z. Tierzüchtg. Züchtgs.Biol., Hamburg, **76**: 7—23.

2944. — (1961): Allometrieforschung und biologische Formanalyse. — Z. Morph. Anthrop., Stuttgart, **51**: 289—321.

2945. — (1961): Allometrie und Systematik. — Z. Säugetierkde., Berlin, Hamburg, **26**: 130—137.

2946. — (1966): Vergleichende Untersuchungen zur Evolution der Gehirne von Edentaten I. Hirngewicht — Körpergewicht. — Z. zool. Syst. EvolForschg., Frankfurt, **4**: 196—208.

2947. RÖSE, C. (1892): Beiträge zur Zahnentwicklung der Edentaten. — Anat. Anz., Jena, **7**: 495—512.

2948. — (1892): Zur Phylogenie des Säugetiergebisses. — Biol. ZBl., Leipzig, **12**: 624—638.

2949. ROMER, A. S. (1949): Time series and trend in animal evolution. — In: JEPSEN, G. L., E. MAYR & G. G. SIMPSON: Genetics, Paleontology and Evolution, 103—120.

2950. — (1956): Osteology of the Reptiles. — Univ. Chicago Press., I—XXI, 1—772.

2951. — (1961): Synapsid evolution and dentition. — Internation. Coll. Evolution Mammals, Brüssel, 9—56.

2952. — (1966): Vertebrate Paleontology. — 3. ed. Univ. Chicago Press, I—IX, 1—468.

2953. — & A. H. SUTTON (1927): A new arctoid carnivore from the Lower Miocene. — Amer. J. Sci., New Haven, (5) **14**: 459—464.

2954. ROTH, S. (1903): Los ungulados sudamericanos. — An. Mus. La Plata, Paleont. argent., Buenos Aires, **5**: 1—36.

2955. ROTHAUSEN, K. (1961): Über *Microcetus*, einen kleinen Squalodontiden aus dem Oberoligozän. — N. Jb. Geol. Paläont., Stuttgart, Abh. **112**: 106—118.

2955a. — (1965): Die europäischen Squalodontidae (Odontoceti) und ihre Stellung zu den übrigen Squalodontoidea. I. Kraniales Skelett. — Habil-Schr., MS, Mainz, 1—856.

2956. ROTHSCHILD, LORD & G. DOLLMANN (1936): The genus *Dendrolagus*. — Trans. zool. Soc. London, **1936**: 1—75.
2957. ROUX, G. H. (1947): The cranial development of certain ethiopian „Insectivores" and its bearing on the mutual affinities of the group. — Acta zool., Stockholm, **28**: 165—397.
2958. ROY, E. v. (1958): Einige Bemerkungen zur Systematik der Paarhufer. — Säugetierkdl. Mitt., Stuttgart, **6**: 150—153.
2959. RUBZOV, J. A. K. (1939): On the evolution of bat-flies (Gastrophilidae) in connection with the history of their hosts. — Zool. J., Moskau, **18**: 669—684.
2960. RÜMMLER, H. (1938): Die Muriden Neugineas. — Mitt. zool. Mus. Berlin, **23**: 1—297.
2960a. RUFFIÉ, J. (1967): Paléontologie biochimique et l'évolution des primates supérieurs. — Colloques internation., Cent. nation. Rech. scient., Paris, **163**: 637—648.
2961. RUNCORN, S. K. (ed.) (1962): Continental drift. — Internation. geophys. Ser., New York, London, **3**: I—XII, 1—338.
2962. RUSCONI, C. (1935): Tres nuevas especies de mamiferos del puelchense de Villa Ballester. — Bolen. paleont., Buenos Aires, **5**: 1—4.
2963. — (1949): La supuesta existencia de milodontes en la Patagonia austral (*Mylodon listai*). — Revta. Mus. Hist. nat. Mendoza, **3**: 252—264.
2964. — (1957): Evolucion de la trompa en las Macrauquenias. — Revta. Mus. Hist. nat. Mendoza, **10**: 111—118.
2965. RUSSELL, D. A. (1960): A review of the Oligocene Insectivore *Micropternodus borealis*. — J. Paleont., Tulsa, **34**: 940—949.
2966. RUSSELL, D. E. (1959): Sur les résultats des fouilles faites dans le Paléocène du Mont de Berru (Marne) de 1957 à 1959. — — C. R. Acad. Sci. Paris, **249**: 2818—2819.
2967. — (1960): Le crâne de Plesiadapis. — Bull. Soc. géol. France, Paris, (7) **1**: 312—314.
2968. — (1960): L'anatomie cranienne de deux Créodontes du Paléocène de France. — Bull. Soc. géol. France, Paris, (7) **2**: 195—199.
2969. — (1964): Les mammifères paléocènes d'Europe. — Mém. Mus. nation. Hist. nat., Paris, (n. S.) (C) **13**: 1—324.
2970. — (1967): Chiroptera and Dermoptera in the French Sparnacian Fauna. — News Bull. Soc. Vertebr. Paleont., Princeton, **79**: 48.
2971. — & M. C. MCKENNA (1961): Etude de *Paroxyclaenus*, mammifère des phosphorites de Quercy. — Bull. Soc. géol. France, Paris, (7) **3**: 274—282.
2972. — & D. SIGOGNEAU (1965): Étude de moulages endocraniens de mammifères paléocènes. — Mém. Mus. nation. Hist. nat., Paris, C **16** 1: 1—36.
2973. —, P. LOUIS & D. E. SAVAGE (1967): Primates of the French Early Eocene. — Univ. Calif. Publs. geol. Sci., Berkeley **73**: 1—44.
2974. RUSSELL, L. S. (1952): Cretaceous mammals of Alberta. — Bull. nation. Mus. Canada, Ottawa, **126**: 110—119.
2975. — (1954): Evidence of tooth structure on the relationships of the early groups of carnivora. — Evolution, Lancaster, **8**: 166—171.
2975a. — (1954): Mammalian fauna of the Kishenehn Formation, Southeastern British Columbia. — Bull. nation. Mus. Canada, Ottawa, **132**: 92—111.
2976. — (1959): The dentition of rabbits and the origin of the Lagomorphs. — Bull. nation. Mus. Canada, Ottawa, Contr. zool., **166**: 41—45.
2977. RUTTEN, L. (1907): On fossil trichechids from Zealand and Belgium. — Proc. kon. nederl. Akad. Wetensch., Amsterdam, **10**: 2—14.
2978. SABAN, R. (1954): Phylogénie des insectivores. — Bull. Mus. nation. Hist. nat. Paris (2) **26**: 419—432.
2979. — (1956): L'os temporal et ses rapports chez les Lémuriens subfossiles de Madagascar I. Type à molaires quadrituberculées. Formes archaiques. — Mém. Inst. scient. Madagasc., Paris, A **10**: 251—298.
2980. — (1956/57): Les affinités du genre *Tupaia* RAFFLES 1821, d'après les caractères morphologiques de la tête osseuse. — Ann. Paléont., Paris, **42**: 169—224, **43**: 1—100.
2981. — (1958): Insectivora. — In: PIVETEAU, J.: Traité de Paléontologie, Paris, **6** 2: 822—909.
2982. — (1962): Considérations sur quelques caractères craniens des petits mammifères au début du Tertiaire. — Colloques internation. Cent. nation. Rech. scient., Paris, **104**: 325—329.
2983. — (1963): Contribution à l'étude de l'os temporal des Primates. Description chez l'homme et les Prosimiens. Anatomie comparée et phylogénie. — Mém. Mus. nation. Hist. nat., Paris, (n. S.) A **29**: 1—378.
2984. SAEZ, F. A., M. E. DRETS & N. BRUM (1964): The chromosomes of the Mulita (*Dasypus hybridus* DESM.): A mammalian Edentata of South America. — Symp. Sao Paulo & Rio de Janeiro 1962, Mammalian Cytogenetics Oxford, 163—170.
2985. SALMI, M. (1955): Additional information on the findings in the *Mylodon* cave at Ultima Esperanza. — Acta geographica, Helsinki, **14**: 314—333.
2986. SAMSON, P. & C. RADULESCO (1966): Sur la présence des girafidés dans le Villafranchien supérieur de Roumanie. — N. Jb. Géol. Paläont., Stuttgart, Mh, **1966**: 588—594.
2987. SAVAGE, D. E. (1960): A survey of various Late Cenozoic vertebrate faunas of the Panhandle of Texas III. Felidae. — Univ. Calif. Publs. geol. Sci., Berkeley, **36**: 317—344.
2988. —, D. E. RUSSELL & P. LOUIS (1965): European Eocene Equidae (Perissodactyla). — Univ. Calif. Publs. geol. Sci., Berkeley, **56**: 1—94.
2989. —, — & — (1966): Ceratomorpha and Ancylopoda (Perissodactyla) from the Lower Eocene Paris Basin, France. — Univ. Calif. Publs. geol. Sci., Berkeley, **66**: 1—38.
2990. SAVAGE, R. J. G. (1957): The anatomy of *Potamotherium*, an Oligocene lutrine. — Proc. zool. Soc. London, **129**: 151—244.
2991. — (1965): Fossil mammals of Africa: 19. The Miocene carnivora of East Africa. — Bull. Brit. Mus. natur. Hist., London, Geol., **10**: 241—316.
2992. SCHÄFER, E. (1937): Der wilde Yak (*Bos [Poephagus] grunniens mutus* PRZ.). — Zool. Garten, Leipzig, (n. F.) **9**: 26—34.
2993. — (1937): Über das Zwergblauschaf (*Pseudois* n. sp.) und das Großblauschaf (*Pseudois nahoor* HDGS.) in Tibet. — Zool. Garten, Leipzig, (n. F.) **9**: 263—278.
2994. — (1939): Über den Takin (Gattg. *Budorcas*). — Zool. Garten, Leipzig, (n. F.) **11**: 123—130.
2995. SCHÄFER, L. (1964): Sur la phylogénie des mallophages. — Bull. Soc. Hist. nat., Toulouse, **99**: 312—318.
2996. SCHAEFER, U. (1959): Morphologische Unterschiede von frühen und späten Neandertalern und ihre Deutung. — Schr. naturw. Ver. Schleswig-Holst., Kiel, **29**: 11—17.
2997. SCHAEFFER, B. (1947): Notes on the origin and function of the artiodactyl tarsus. — Amer. Mus. Novit., New York, **1356**: 1—24.
2998. — (1948): The origin of a mammalian ordinal character. — Evolution, New York, **2**: 164—175.
2999. SCHÄUBLE, J. (1959): Fortbestand der Cro-Magnon-Typen vom Jung-Paläolithikum bis zur Gegenwart. — Schr. naturw. Ver. Schleswig-Holst., Kiel, **29**: 18—22.
3000. SCHALLER, G. B. (1963): The Mountain Gorilla. Ecology and behavior. — Univ. Chicago Press, Chicago.
3001. — (1965): Unsere nächsten Verwandten. — Scherz, Bern—München—Wien, 1—303.
3002. SCHAUB, S. (1920): *Melissiodon* nov. gen., ein bisher übersehener oligocäner Muridae. — Senckenbergiana, Frankfurt, **2**: 43—47.
3003. — (1925): Die hamsterartigen Nagetiere des Tertiärs und ihre lebenden Verwandten. — Abh. schweiz. paläont. Ges., Zürich, **45**: 1—112.
3004. — (1925): Über die Osteologie von *Machairodus cultridens* CUV. — Eclogae geol. helv., Basel, **19**: 255—266.
3005. — (1928): Der Tapirschädel von Haslen. Ein Beitrag zur Revision der oligocänen Tapiriden Europas. — Abh. schweiz. paläont. Ges., Zürich, **47**: 1—28.
3006. — (1928): Bemerkungen über Schädelbau, Gebiß und systematische Stellung des Genus *Lophiomys*. — Eclogae geol. helv., Basel, **21**: 267—272.
3007. — (1930): Quartäre und jungtertiäre Hamster. — Abh. schweiz. paläont. Ges., Zürich, **49** 6: 1—49.
3008. — (1930): Fossile Sicistinae. — Eclogae geol. helv., Basel, **23**: 616—637.
3009. — (1934): Über einige fossile Simplicidentata aus China und der Mongolei. — Abh. schweiz. paläont. Ges., Zürich, **54**: 1—40.
3010. — (1937): Ein neuer Cavicornier aus dem Oberpliozän von Honan. — Bull. geol. Inst. Upsala, **27**: 25—31.
3011. — (1938): Tertiäre und quartäre Murinae. — Abh. schweiz. paläont. Ges., Zürich, **61**: 1—38.
3012. — (1941): Die kleine Hirschart aus dem Oberpliocaen von Senèze (Hte. Loire). — Eclogae geol. helv., Basel, **34**: 264—271.
3013. — (1943): Die oberpliozäne Säugetierfauna von Senèze (Haute-Loire) und ihre verbreitungsgeschichtliche Stellung. — Eclogae geol. helv., Basel, **36**: 270—289.
3014. — (1943): Die Vorderextremität von *Ancylotherium pentelicum* GAUDRY & LARTET. — Schweiz. paläont. Abh., Basel, **64**: 1—36.

3015. — (1948): *Elomeryx minor* (DEP.), ein Bothriodontine aus dem schweizerischen Aquitanien. — Eclogae geol. helv., Basel, **41**: 340—347.

3016. — (1948): Das Gebiß der Elephanten. — Verh. naturf. Ges. Basel, **59**: 89—112.

3017. — (1949): Revision de quelques carnassiers villafranchiens du Niveau des Etouaires (Montagne de Perrier, Puy-de-Drôme). — Eclogae geol. helv., Basel, **42**: 492—506.

3018. — (1951): *Soergelia* n. gen., ein Caprine aus dem Thüringischen Altpleistocän. — Eclogae geol. helv., Basel, **44**: 375—381.

3019. — (1953): Remarks on the distribution and classification of the „Hystricomorpha". — Verh. naturf. Ges. Basel, **64**: 389—400.

3020. — (1953): La trigonodontie des rongeurs simplicidentés. — Ann. Paléont., Paris, **39**: 29—57.

3021. — (1958): Simplicidentata (= Rodentia). — In: PIVETEAU, J.: Traité de Paléontologie, Paris, **6** 2: 659—818.

3022. — & K. KOWALSKI (1958): *Trilophomys pyrenaicus* DEP. im Pliozän von Weze (Polen). — Eclogae geol. helv., Basel, **51**: 480—483.

3023. — & H. ZAPFE (1953): Die Fauna der miozänen Spaltenfüllung von Neudorf an der March (ČSR). Simplicidentata. — SBer. österr. Akad. Wiss., Wien, math.-naturw. Kl. I **162**: 181—215.

3024. SCHAUENBURG, K. (1955/56): Die Cameliden im Altertum. — Bonner Jb., **155/156**: 59—94.

3025. SCHAURTE, W. T. (1964): Darstellung eines *Elasmotheriums* in der Felsmalerei von Ruffignac. — Natur Mus., Frankfurt, **94**: 354—356.

3026. — (1966): Beiträge zur Kenntnis des Gebisses und Zahnbaues der afrikanischen Nashörner. — Säugetierkdl. Mitt., Stuttgart, **14**: 327—341.

3027. SCHEFFER, V. B. (1958): Seals, sea lions and wal ruses. A review of the Pinnipedia. — Stanford, 1—179.

3028. — & B. S. KRAUS (1964): Dentition of the Northern fur seal. — Fishery Bull., Springfield, **63**: 293—342.

3029. SCHEPERS, G. W. H. (1946): The endocranial casts of the South African Ape-Men. — Transvaal Mus. Mem., Pretoria, **2**: 155—272.

3030. — (1949): Sterkfontein Ape-Man, *Plesianthropus*. II. The brain casts of the recently discovered Plesianthropus skulls. — Transvaal Mus. Mem., Pretoria, **4**: 85—117.

3031. SCHERTZ, E. (1937): Ein neuer Wasserbüffel aus dem Diluvium Mitteldeutschlands (*Buffelus wanckeli* n. sp.) — Paläont. Z., Berlin, **19**: 57—72.

3032. — (1938): Die Lophiodontiden (Mamm. Periss.) *Lophiodon* CUV. und *Panodon* n. g. des Geiseltales. — Habil. Schr. (MS), Tübingen.

3033. SCHEVILL, W. E. & B. LAWRENCE (1949): Underwater listening to the white porpoise (*Delphinapterus leucas*). — Science, New York, **109** 2824: 143—144.

3034. — & — (1953): High frequency auditory response of a bottle-nosed porpoise, *Tursiops truncatus* (MONTAGU). — J. acoust. Soc. Amer., Menasha, **25**: 1016—1017.

3035. — & — (1958): Food-finding by a captive porpoise (*Tursiops truncatus*). — Breviora, Cambridge, **53**: 1—15.

3036. SCHINDEWOLF, O. H. (1929): Das Problem der Menschwerdung, ein paläontologischer Lösungsversuch. — Jb. preuß. geol. L-Anst., Berlin, **49**: 716—766.

3037. — (1962): „Neue Systematik". — Paläont. Z., Stuttgart, **36**: 59—78.

3038. SCHLAIKJER, E. M. (1933): A detailed study of the structure and relationships of a new Zalambdodont insectivore from the Middle Oligocene. — Bull. Mus. comp. Zool., Cambridge, **76**: 1—27.

3039. — (1934): A new fossil Zalambdodont Insectivore. — Amer. Mus. Novit., New York, **698**: 1—8.

3040. — (1937): A new tapir from the Lower Miocene of Wyoming. — Bull. Mus. comp. Zool., Cambridge, **80**: 231—251.

3041. — (1937): A study of *Parahippus wyomingensis* and a discussion of the phylogeny of the genus. — Bull. Mus. comp. Zool., Cambridge, **80**: 253—280.

3042. SCHLESINGER, G. (1917): Die Mastodonten des Naturhistorischen Staatsmuseums. Morphologisch-phylogenetische Untersuchung. — Denkschr. naturhist. Staatsmus., Wien, geol.-pal. Reihe **1**: I—XIX, 1—230.

3043. — (1922): Die Mastodonten der Budapester Sammlungen (Untersuchung über Morphologie, Phylogenie, Ethologie und Stratigraphie europäischer Mastodonten). — Geol. hungar., Budapest, **2**: 1—284.

3044. SCHLOSSER, M. (1884): Die Nager des europäischen Tertiärs nebst Betrachtungen über die Organisation und die geschichtliche Entwicklung der Nager überhaupt. — Palaeontographica, Stuttgart, Kassel, **31**: 10—161.

3045. — (1887): Beiträge zur Kenntnis der Stammesgeschichte der Huftiere und Versuch einer Systematik der Paar- und Unpaarhufer. — Morph. Jb., Leipzig, **12**: 1—136.

3046. — (1887): Die Affen, Lemuren, Chiropteren, Insectivoren, Marsupialier, Creodonten und Carnivoren des europäischen Tertiärs I. — Beitr. Paläont. Österr.-Ungarns, Orient., Wien, **6**: 1—224.

3047. — (1887): Über das Verhältnis der Cope'schen Creodonta zu den übrigen Fleischfressern. — Morph. Jb., Jena, **12**: 287—298.

3048. — (1888): Die Affen, Lemuren, Chiropteren, Insectivoren, Marsupialier, Creodonten und Carnivoren des europäischen Tertiärs und deren Beziehungen zu ihren außereuropäischen Verwandten II. — Beitr. Paläont. Österr.-Ungarns, Orient., Wien, **7**: 1—162.

3049. — (1890): Die Affen, Lemuren, Chiropteren, Insectivoren, Marsupialier, Creodonten und Carnivoren des europäischen Tertiärs und deren Beziehungen zu ihren außereuropäischen Verwandten III. — Beitr. Paläont. Österr.-Ungarns, Orient., Wien, **8**: 1—106.

3050. — (1899): *Parailurus anglicus* und *Ursus Böckhi* aus den Ligniten von Baroth-Köpecz. — Mitt. Jb. ungar. geol. Anst., Budapest, **13**: 1—31.

3051. — (1899): Über die Bären und bärenähnlichen des europäischen Tertiärs. — Palaeontographica, Stuttgart, **46**: 95—148.

3051a. — (1900): Die neueste Literatur über ausgestorbene Anthropomorphen. — Zool. Anz., Leipzig, **23**: 289—301.

3052. — (1902): Beiträge zur Kenntnis der Säugethierreste aus dem süddeutschen Bohnerzen. — Geol. paläont. Abh., Jena, (n. F.) **5**: 117—258.

3053. — (1903): Die fossilen Säugethiere Chinas, nebst einer Odontographie der rezenten Antilopen. — Abh. kgl. bayer. Akad. Wiss. math.-phys. Kl., München, **22**: 1—221.

3054. — (1907): Beitrag zur Osteologie und systematischen Stellung der Gattung *Necrolemur* sowie zur Stammesgeschichte der Primaten überhaupt. — N. Jb. Min. etc., Stuttgart, **1907**: 197—226.

3055. — (1911): Beiträge zur Kenntnis der oligozänen Landsäugetiere aus dem Fayum: Ägypten. — Beitr. Paläont. Geol. Österr.-Ungarns Orient., Wien, **24**: 51—167.

3056. — (1916): Neue Funde fossiler Säugetiere in der Eichstätter Gegend. — Abh. kgl. bayer. Akad. Wiss., München, math.-phys. Kl. **28** 6: 1—78.

3057. — (1923): Mammalia (Säugetiere). — In: ZITTEL, K. A. von: Grundzüge der Paläontologie (Paläozoologie) II. Vertebrata. Oldenbourg, München, Berlin, 402—689.

3058. — (1924): Tertiary vertebrates from Mongolia. — Palaeont. sinica, Peking, C, **1** 1: 1—119.

3059. — (1924): Fossil primates from China. — Palaeont. sinica, Peking, C, **1** 2: 1—14.

3060. — (1924): Über die systematische Stellung jungtertiärer Cerviden. — Cbl. Min. etc., Stuttgart, **20**: 634—640.

3061. SCHMID, E. (1965): Damhirsche im römischen Augst. — Ur-Schweiz, Basel, **29**: 53—63.

3062. SCHMIDT, E. (1911): Untersuchungen über den Magen der Wiederkäuer vornehmlich der Traguliden. — Arch. Natur-Gesch., Berlin, **77**/2: 1—40.

3063. SCHMIDT, H. (1958): Verhaltenshomologie und Verhaltensanalogie. Ein Grundproblem der vergleichenden Psychologie. — Z. Psychol., Leipzig, **162**: 279—300.

3064. SCHMIDT, M. (1913): Über Paarhufer der fluviomarinen Schichten des Fayum. Odontographisches und osteologisches Material. — Geol. paläont. Abh., Jena, (n. F.) **11**: 155—264.

3064a. SCHMIDTGEN, O. (1929): Eine Unterkieferhälfte vom Damhirsch aus dem Mosbacher Sand.-Notizbl. Ver. Erdk. hess. geol. L.-Anst., Darmstadt, **5**: 114—118.

3065. SCHMITT, J. (1963): *Ammotragus lervia* PALLAS, Mähnenschaf oder Mähnenziege? — Z. Säugetierkde., Hamburg, **28**: 7—12.

3066. — & G. KLÖPPEL (1962): Das Serumeiweißbild der Feliden. — Die Kleintier-Praxis, Hannover, **7**: 40—43.

3067. —, W. SPIELMANN & M. WEBER (1962): Serologische Untersuchungen zur Frage der verwandtschaftlichen Beziehungen von *Pan paniscus* SCHWARZ 1929 zu anderen Hominoiden. — Z. Säugetierkde., Hamburg, **27**: 45—61.

3068. SCHMÖKEL, H. (1959): Das Geheimnis der syrischen Elefanten. — Orion, München, **14**: 27—30.

3069. SCHNEIDER, H. & F. P. MÖHRES (1960): Die Ohrbewegungen der Hufeisenfledermäuse (Chiroptera, Rhinolophidae) und der Mechanismus des Bildhörens. — Z. vgl. Physiol., Berlin, **44**: 1—40.

3070. SCHNEIDER, K. M. (1934): Das Sehloch des Münchener Spitz-Fuchs-Mischlings. — Das Tier und wir.

3071. — (1939): Einiges vom Großen und Kleinen Panda. I. — Zool. Garten, Leipzig, (n. F.) **11**: 203—231.

3072. — (1953): Von der Fleckung junger Löwen. — Zool. Garten, Leipzig, (n. F.) **20**: 127—150.

3073. SCHNEIDER, R. (1955): Zur Entwicklung des Chondrocraniums des Genus *Bradypus*. — Morph. Jb., Leipzig, **95**: 209—301.

3074. — (1957): Metrische Untersuchungen am Großhirn der Chiroptera. (Vorläufige Mitteilung). — Anat. Anz., Jena, **104**: 142—149.

3075. — (1957): Morphologische Untersuchungen am Gehirn der Chiroptera (Mammalia). — Abh. senckenberg. naturf. Ges., Frankfurt, **495**: 1—92.

3076. — (1962): Vergleichende Untersuchungen am Kehlkopf der Robben (Mammalia, Carnivora, Pinnipedia). — Morph. Jb., Leipzig, **103**: 177—262.

3077. — (1963): Morphologische Anpassungserscheinungen am Kehlkopf einiger aquatiler Säugetiere. — Z. Säugetierkde., Hamburg, **28**: 257—267.

3078. SCHOCH, E. (1963): Torus sagittalis capitis (nom. nov.) und Crista sagittalis. — Säugetierkdl. Mitt., Stuttgart, **11**: 128—130.

3079. SCHOETENSACK, O. (1902): Die Bedeutung Australiens für die Heranbildung des Menschen aus einer niederen Form. — Verh. naturhist. Ver. Heidelberg, (n. S.) **7**: 105—138.

3080. — (1908): Der Unterkiefer des *Homo heidelbergensis* aus den Sanden von Mauer bei Heidelberg. — Engelmann, Leipzig, 1—67.

3081. SCHOMBER, H. (1963): Beiträge zur Kenntnis der Giraffengazelle (*Litocranius walleri* BROOKE 1878). — Säugetierkdl. Mitt., Stuttgart, **11** Sd. H. 1: 1—44.

3082. — (1966): Die Giraffen- und Lamagazelle. — Neue Brehm-Bücherei, Wittenberg, **358**: 1—104.

3083. SCHREUDER, A. (1929): *Conodontes* (*Trogontherium*) and *Castor* from the teglian clay, compared with the Castoridae from other localities. — Arch. Mus. Teyler, Haarlem, (3) **6**: 99—319.

3084. — (1931): *Conodontes, Trogontherium* and the other Castoridae. — Paläont. Z., Berlin, **13**: 148—176.

3085. — (1936): *Hypolagus* from the Tegelen clay; with a note on recent *Nesolagus*. — Archs. néerl. Zool., Leiden, **2**: 225—239.

3086. — (1940): A revision of the fossil watermoles. — Archs. néerl. Zool., Leiden, **4**: 201—333.

3087. — (1951): The three species of *Trogontherium*, with a remark on *Anchitheriomys* — Archs. néerl. Zool., Leiden, **8**: 400—433.

3088. SCHULTZ, A. H. (1924): Growth studies on primates bearing upon man's evolution. — Amer. J. phys. Anthrop., Washington, **7**: 149—164.

3089. — (1936): Characters common to higher primates and characters specific for man. — Quart. Rev. Biol., Baltimore, **11**: 259—283, 429—455.

3090. — (1949): Ontogenetic specializations of Man. — Arch. J. Klaus-Stiftung., Zürich, **24**: 197—216.

3091. — (1950): The specializations of Man and his place among catarrhine primates. — Cold Spring Harbor Sympos. quant. Biol., **15**: 37—53.

3092. — (1952): Vergleichende Untersuchungen an einigen menschlichen Spezialisationen. — Bull. schweiz. Ges. Anthrop. Ethnol., Bern, **28**: 25—37.

3093. — (1953): Man's place among the primates. — Man, London, **53** 4: 7—9.

3094. — (1954): Bemerkungen zur Variabilität und Systematik der Schimpansen. — Säugetierkdl. Mitt., Stuttgart, **2**: 159—163.

3095. — (1954): Studien über die Wirbelzahlen und die Körperproportionen von Halbaffen. — Vjschr. naturforsch. Ges. Zürich, **99**: 39—75.

3096. — (1957): Die Bedeutung der Primatenkunde für das Verständnis der Anthropogenese. — Ber. 5. Tagg. dtsch. Ges. Anthrop. Freiburg 1956, Göttingen, 13—28.

3097. — (1960): Einige Beobachtungen und Maße am Skelett von *Oreopithecus* im Vergleich mit anderen catarrhinen Primaten. — Z. Morph. Anthr., Stuttgart, **50**: 136—149.

3097a. — (1961): Vertebral column and thorax. — Primatologia Karger, Basel, **4** 5: 1—66.

3098. — (1962): Die Schädelkapazität männlicher Gorillas und ihr Höchstwert. — Anthrop. Anz., Stuttgart, **25**: 197—203.

3099. — (1963): Age changes, sex differences, and variability as factors in the classification of primates. — In: WASHBURN, S. L.: Classification and Human evolution. Aldine Publ. Comp., Chicago, 85—115.

3100. — (1963): Relations between the lengths of the main parts of the foot skeleton in Primates. — Folia primat., Basel, **1**: 150—171.

3101. — (1964): A gorilla with exceptionnally large teeth and supernumerary premolars. — Folia primat., Basel, **2**: 149—160.

3102. — (1966): Der Mensch als Primat. — Schrift. Ver. Verbreitg. naturw. Kenntn., Wien, **106**: 47—88.

3103. SCHULTZ, B. C. & C. H. FALKENBACH (1940): Merycochoerinae. A new subfamily of Oreodonts. — Bull. Amer. Mus. nat. Hist., New York, **77**: 213—306.

3104. — & — (1941): Ticholeptinae, a new subfamily of Oreodonts. — Bull. Amer. Mus. nat. Hist., New York, **79**: 1—105.

3105. — & — (1947): Merychyinae, a subfamily of Oreodonts. — Bull. Amer. Mus. nat. Hist., New York, **88**: 157—285.

3106. — & — (1949): Promerycochoerinae, a new subfamily of Oreodonts. — Bull. Amer. Mus. nat. Hist., New York, **93**: 69—189.

3107. — & — (1950): Phenacocoelinae, a new subfamily of Oreodonts. — Bull. Amer. Mus. nat. Hist., New York, **95**: 87—143.

3108. — & — (1954): Desmatochoerinae, a new subfamily of Oreodonts. — Bull. Amer. Mus. nat. Hist., New York, **105**: 143—256.

3109. — & — (1956): Miniochoerinae and Oreonectinae, two new subfamilies of Oreodonts. — Bull. Amer. Mus. nat. Hist., New York, **109**: 373—482.

3110. SCHULTZ, J. R. (1936): *Plesippus francescana* (FRICK) from the Late Pliocene Coso Mountains, California, with a review of the genus *Plesippus*. — Publs. Carnegie Instn. Washington, **473**: 1—13.

3111. SCHULTZ, W. (1965): Studien über den Magen-Darmkanal der Chiropteren. Ein Beitrag zum Problem der Homologisierung von Abschnitten des Säugetierdarms. — Z. wiss. Zool., Leipzig, **171**: 240—391.

3112. SCHULTZE-WESTRUM, T. (1963): Die Wildziegen der ägäischen Inseln. — Säugetierkdl. Mitt., Stuttgart, **11**: 145—182.

3113. SCHULZ, H. (1962): Zur Kenntnis der Cardialdrüsen im Magen der Säugetiere. — Z. wiss. Zool., Leipzig, **166**: 99—133.

3114. SCHUMACHER, S. v. (1902): Die Herznerven der Säugethiere und des Menschen. — SBer. kais. Akad. Wiss., Wien, math.-naturw. Kl. I **111**: 133—235.

3115. SCHURMANS STEKHOVEN, J. H. (1959): Biologie der Parasiten der Säugetiere. — Handb. Zool., de Gruyter, Berlin, **8**: (20) 12/3: 1—100.

3116. SCHWALBE, G. (1915): Über den fossilen Affen *Oreopithecus Bambolii*. Zugleich ein Beitrag zur Morphologie der Zähne der Primaten. — Z. Morph. Anthrop., Stuttgart, **19**: 149—254.

3117. — (1923): Die Abstammung des Menschen und die fossilen Menschenformen. — In: Hinneberg, P. (ed.): Die Kultur der Gegenwart, Teubner, Leipzig, III/5: 223—338.

3118. SCHWANGART, F. (1932): Zur Rassenbildung und -züchtung der Hauskatze. — Z. Säugetierkde., Berlin, **7**: 7—155.

3119. — (1936): Der Manul, *Otocolobus manul* (PALLAS), im System der Feliden. — ZBl. Kleintierkde. Pelztierkde., Leipzig, **12**: 19—67.

3120. — (1941): Südamerikanische Busch-, Berg- und Steppenkatzen. — Abh. bayer. Akad. Wiss., München, math.-naturw. Abt. (n. F.) **49**: 1—44.

3121. SCHWARTZKOPFF, J. (1963): Vergleichende Physiologie des Gehörs und der Lautäußerungen. — Fortschr. Zool., Stuttgart, **15**: 214—336.

3122. SCHWARZ, E. (1928): The species of the genus *Cercocebus*. — Ann. Mag. nat. Hist., London, (10) **1**: 664—670.

3123. — (1928): Notes on the classification of the African monkeys in the genus *Cercopithecus*. — Ann. Mag. nat. Hist., London, (10) **1**: 649—663.

3124. — (1931): A revision of the genera and species of Madagascan Lemuridae. — Proc. zool. Soc. London, **1931**: 399—428.

3125. — (1935): On *Ibex* and Wild goat. — Ann. Mag. nat. Hist., London, (10) **16**: 433—437.

3126. — (1937): Die fossilen Antilopen von Oldoway. — Wiss. Erg. Oldoway-Exp. 1913, Berlin, (n. F.) **4**: 7—104.

3127. — (1948): Revision of the Old-world moles of the genus *Talpa* LINNAEUS. — Proc. zool. Soc. London, **118**: 36—48.

3128. SCLATER, P. L. (1897): On the distribution of marine mammals. — Proc. zool. Soc. London, **1897**: 349—359.
3129. — & O. THOMAS (1894—1900): The book of the antelopes. — R. H. Porter, London, 4 vol.
3130. SCOTT, H. H. & C. LORD (1922): Studies in Tasmanian mammals, living and extinct V. *Zaglossus harrisoni* sp. nov. — Pap. proc. roy. Soc. Tasmania, Hobart, **1921**: 13—15.
3131. — & — (1922): Nototheria and allied animals — a rejoinder. — Pap. Proc. roy. Soc. Tasmania, Hobart, **1921**: 1—5.
3132. SCOTT, W. B. (1889): The mammalia of the Uinta Formation II. The Creodonta, Rodentia and Artiodactyla. — Trans. Amer. philos. Soc., Philadelphia, (n. S.) **16**: 461—572.
3133. — (1890): Beiträge zur Kenntnis der Oreodontidae. — Morph. Jb., Leipzig, **16**: 319—395.
3134. — (1892): The evolution of the premolar teeth in the mammals. — Proc. Acad. nat. Sci. Philadelphia, **1892**: 405—444.
3135. — (1895): The osteology and relations of *Protoceras*. — J. Morph., Philadelphia, **11**: 303—374.
3136. — (1898): Preliminary note on the selenodont artiodactyls of the Uinta formation. — Proc. Amer. philos. Soc., Philadelphia, **37**: 73—81.
3137. — (1903): Mammalia of the Santa Cruz Beds. I. Edentata. — Rep. Princeton Univ. Exp. Patagonia 1896—1899, Stuttgart, **5**: 1—364.
3138. — (1905): Mammalia of the Santa Cruz beds. II. Insectivora. — Rep. Princeton Univ. Exp. Patagonia 1896—1899, Stuttgart, **5**: 365—383.
3138a. — (1910): Mammalia of the Santa Cruz beds. Pt. 1. Litopterna. — Rep. Princeton Univ. Exp. Patagonia 1896—1899, Stuttgart, **7**: 1—156.
3139. — (1937): The Astrapotheria. — Proc. Amer. philos. Soc., Philadelphia, **77**: 309—393.
3140. — (1937): A history of land mammals in the Western hemisphere. — 2. ed. New York, I—XIV, 1—786.
3141. — (1940): The Mammalian fauna of the White River Oligocene. IV. Artiodactyla. — Trans. Amer. philos. Soc., Philadelphia, (n. S.) **28**: 363—746.
3142. — (1941): The Mammalian fauna of the White River Oligocene V. Perissodactyla. — Trans. Amer. philos. Soc., Philadelphia, (n. S.) **28**: 747—955.
3143. — (1942): The Later Cenozoic mammalian faunas of South America. — Proc. 8th Amer. Sci. Congr. **4**: 333—357.
3144. — & G. L. JEPSEN (1936): The mammalian fauna of the White River Oligocene I. Insectivora and Carnivora. — Trans. amer. philos. Soc., Philadelphia, (n. S.) **28**: 1—153.
3145. SEBEK, Z. (1962): Neuere Artkriterien bei den Mäuseartigen (Fam. Muridae). — Sympos. theriol. Brno 1960, Prag, **1960**: 318—324.
3146. SEELEY, H. G. (1891): On *Bubalus Bainii* (SEELEY). — Geolog. Mag., London, (n. S.) (3) **8**: 199—202.
3147. SEEMANN, I. (1938): Die Insektenfresser, Fledermäuse und Nager aus der obermiozänen Braunkohle von Viehhausen bei Regensburg. — Palaeontographica, Stuttgart, **89** A: 1—55.
3148. SEFVE, I. (1912): Die fossilen Pferde Südamerikas. — Kgl. svenska Vetenskap. Handl., Stockholm, **48** 6: 1—185.
3149. — (1923): *Macrauchenia patagonica*. — Bull. geol. Inst. Upsala, **19**: 1—21.
3150. SEGALL, W. (1943): The auditory region of the arctoid carnivores. — Field Mus. nat. Hist., Chicago, (zool. Ser.) **29**: 33—59.
3151. SEITZ, A. (1965): Fruchtbare Kreuzungen Goldschakal-Männchen × Cojote-Weibchen und reziprok Cojote-Männchen × Goldschakal-Weibchen; erste fruchtbare Rückkreuzung. — Zool. Garten, Leipzig, (n. F.) **31**: 174—183.
3152. SELLARDS, E. H. (1918): The skull of a Pleistocene tapir including description of a new species and a note on the associated fauna and flora. — Florida State geol. Surv., 10th & 11th Ann. Reps. **1918**: 57—70.
3153. SENYÜREK, M. (1955): A note on the teeth of *Meganthropus africanus* WEINERT from Tanganyika territory. — Belleten, Ankara, **19** 73: 1—55.
3153a. SERA, G. L. (1938): Alcuni caratteri scheletrici di importanza ecologica e filetica nei Lemuri fossili ed attuali. — Palaeontographica ital., Pisa, **38**: 1—112.
3154. — (1953): La posizione zoologica del genere mammale miocenico *Desmostylus*. — Arch. zool. ital., Torino, **38**: 485—503.
3155. — (1954): I modi vita degli Astrapotheria. — Riv. ital. Paleont. Strat., Milano, **60**: 13—20.
3156. SERGI, S. (1944): Craniometria e craniografia del primo paleantropo di Saccopastore. — Ric. Morfologia, Roma, **20/21**: 1—59.
3157. — (1948): The palaeanthropi in Italy: the fossil men of Saccopastore and Circeo. — Man, London, **48**: 76—79.
3158. SHARMAN, G. B. (1959): Evolution of the marsupials. — Austr. J. Sci., Sydney, **22**: 40—45.
3159. — (1961): The embryonic membranes and placentation in five genera of diprotodont marsupials. — Proc. zool. Soc. London, **137**: 197—220.
3160. SHIKAMA, T. (1947): *Teilhardosaurus* und *Endotherium*, new Jurassic reptilia and mammalia from the Husincoal field South Manchuria. — Proc. japan. Acad., Tokyo, **23**: 76—84.
3161. — (1957): On the desmostylid skeletons. — Nat. Sci. Mus., Tokyo, **24**: 16—21. (engl. Res.).
3162. — (1966): Postcranial skeletons of Japanese Desmostylia. — Palaeont. Soc. Japan, Tokyo, (Spec. Pap.) **12**: I—III, 1—202.
3163. — & Y. HASEGAWA (1958): On a new *Anourosorex* from the Ryugasi Formation (fissure deposits) in Japan. — Sci. Res. Yokohama nation. Univ. biol. geol. Sci., (2) **7**: 105—112.
3164. — & Y. KIRII (1956): A Miocene *Stegolophodon* from Yatuo Group in Toyoma Prefecture. — Trans. Proc. palaeont. Soc. Japan, Tokyo, (n. S.) **24**: 285—289.
3165. — & G. OKAFUJI (1958): Quaternary cave and fissure deposits and their fossils in Akiyosi district, Yamaguti Prefecture. — Sci. Rep. Yokohama nation. Univ., (2) **7**: 44—163.
3166. SHOTWELL, J. A. (1956): Hemphillian mammalian assemblage from Northeastern Oregon. — Bull. geol. Soc. Amer., Rochester, N. Y., **67**: 717—738.
3167. — (1958): Evolution and biogeography of the aplodontid and mylagaulid rodents. — Evolution, Lancaster, **12**: 451—484.
3168. — (1961): Late Tertiary biogeography of horses in the Northern Great Basin. — J. Paleont., Tulsa, **35**: 203—217.
3169. — (1967): *Peromyscus* of the Late Tertiary in Oregon. — Bull. Mus. nat. Hist. Univ. Oregon, Eugene, **5**: 1—35.
3170. — (1967): Late Tertiary geomyoid rodents of Oregon. — Bull. Mus. nat. Hist. Univ. Oregon, Eugene, **9**: 1—51.
3171. SHUFELDT, R. W. (1911): The skeleton of the flying lemurs, Galeopteridae. — Philipp. J. Sci. Manila, D **6**: 139—164.
3172. SICHER, H. (1944): Masticatory apparatus of the sloths. — Publs. Field. Mus. nat. Hist., Chicago, (zool. Ser.) **29** 10: 161—168.
3173. — (1944): Masticatory apparatus in the giant Panda and the bears. — Publs. Field Mus. nat. Hist. Chicago, (zool. Ser.) **29** 4: 61—73.
3174. SICKENBERG, O. (1930): Eine Wildziege der *Capra prisca*-Gruppe aus dem Plistozän Niederösterreichs. — Palaeobiologica, Wien, **3**: 92—102.
3175. — (1934): Beiträge zur Kenntnis der tertiären Sirenen. — Mém. Mus. roy. Hist. nat. Belgique, Bruxelles, **63**: 1—352.
3176. — (1938): Ist *Desmostylus* eine Sirene? — Palaeobiologica, Wien, **6**: 340—357.
3177. — (1961): Über die Größe der pleistozänen Pferde der *Caballus*-Gruppe in Europa und Nordasien. — Eiszeitalter Gegenwart, Öhringen, **12**: 99—124.
3178. — (1965): *Dama clactoniana* (FALC.) in der Mittelterrasse der Rhume-Leine bei Edesheim (Landkreis Northeim). — Geol. Jb., Hannover, **83**: 353—396.
3179. — (1967): Die unterpleistozäne Fauna von Wolaks (Griech.-Mazedonien). I. Eine neue Giraffe (*Macedonitherium martinii* n. g. n. sp.) aus dem unteren Pleistozän von Griechenland. — Ann. géol. pays hellén., Athen, **18**: 314—330.
3180. SIDNEY, J. (1965): The past and present distribution of some African ungulates. — Transact. zool. Soc. London, **30**: 1—420.
3181. SIEBER, R. (1934): Über das Auftreten der Hauskatze in Mitteleuropa. — Verh. zool.-botan. Ges., Wien, **84**: (27)—(29).
3182. SIEGFRIED, P. (1965): *Anomotherium langewieschei* n. g. n. sp. (Sirenia) aus dem Ober-Oligozän des Dobergs bei Bünde/ Westfalen. — Palaeontographica, Stuttgart, **124** A: 116—150.
3183. — (1967): Das Femur von *Eotheroides libyca* (OWEN) (Sirenia). — Paläont. Z., Stuttgart, **41**: 165—172.
3184. SIGOGNEAU, D. (1959): Contribution à l'étude du Télencéphale des „Elaphoides" (Elaphoidea FRECHKOP 1948). — Mammalia, Paris, **23**: 477—541.
3185. SILER, W. L. (1964): A Middle Eocene Sirenian of Alabama. — J. Paleont., Tulsa, **38**: 1108—1109.

3186. Simonetta, A. (1957): Anatomia e significato morfologico e sistematico dell'orecchio medio e delle strutture ad esso connesse in alcuni Insettivori (*Suncus, Talpa, Chrysochloris*). — Arch. ital. Anat. Embriol., Rom, **62**: 55—94.
3187. Simons, E. L. (1959): An anthropoid frontal bone from the Fayum Oligocene of Egypt: The oldest skull fragment of a higher Primate. — Amer. Mus. Novit., New York, **1976**: 1—16.
3188. — (1960): The Paleocene Pantodonta. — Trans. Amer. philos. Soc., Philadelphia, **50**: 6: 1—81.
3189. — (1960): *Apidium* and *Oreopithecus*. — Nature, London, **186** 4727: 824—826.
3190. — (1960): New fossil Primates: a review of the past decade. — Amer. Scient., New Haven, **48**: 179—192.
3191. — (1961): Notes on Eocene Tarsioids and a revision of some Necrolemurinae. — Bull. brit. Mus. nat. Hist., London, (Geol.) **5**: 45—69.
3192. — (1961): The phyletic position of *Ramapithecus*. — Postilla, New Haven, **57**: 1—9.
3193. — (1961): The dentition of *Ourayia*: its bearing on relationships of Omomyid Prosimians. — Postilla, New Haven, **54**: 1—20.
3194. — (1961): An anthropoid mandible from the Oligocene Fayum beds of Egypt. — Amer. Mus. Novit., New York, **2051**: 1—5.
3195. — (1962): Two new primate species from the African Oligocene. — Postilla, New Haven, **64**: 1—12.
3196. — (1962): A new Eocene primate genus *Cantius*, and a revision of some allied European lemuroids. — Bull. Brit. Mus. nat. Hist., London, (Geol.) **7**: 1—36.
3197. — (1962): Fossil evidence relating to the early evolution of Primate behavior. — Ann. New York Acad. Sci., **102**: 282—294.
3198. — (1963): A new phylogeny of Oligocene catarrhines. — In: M. S. Walton (ed.): The Yale University, New Haven, 2 Seiten.
3199. — (1963): A critical reappraisal of Tertiary primates. — In: J. Buettner-Janusch (ed.): Evolutionary and genetic biology of the Primates, Acad. Press, New York, **1**: 65—129.
3200. — (1963): Some fallacies in the study of Hominid phylogeny. — Science, New York, **141** 3583: 879—889.
3201. — (1964): On the mandible of *Ramapithecus*. — Proc. nation. Acad. Sci., Washington, **51**: 528—535.
3202. — (1964): Yale Peabody Museum. — News Bull. Soc. vertebr. Paleont., Princeton, **70**: 14—15.
3203. — (1965): New fossil apes from Egypt and the initial differentiation of Hominoidea. — Nature, London, **205** 4967: 135—139.
3204. — (1967): New evidence on the anatomy of the earliest catarrhine primate. — In: Starck, D., R. Schneider & H. J. Kuhn: Progress in Primatology, Fischer, Stuttgart, 15—18.
3205. — (1967): A fossil *Colobus* skull from the Sudan (Primates, Cercopithecidae). — Postilla, New Haven, **111**: 1—12.
3206. — (1967): The earliest Apes. The oldest known of a precursor of apes and man has been found in Egypt. — Amer. Scientist, New Haven, **217**: 28—35.
3206a. — (1967): Fossil primates and the evolution of some primate locomotor systems. — Amer. J. Phys. Anthrop. **26**: 241—253.
3206b. — (1967): Review of the phyletic interrelationships of Oligocene and Miocene Old World anthropoidea. — Colloques internation. Cent. nation. Rech. scient., Paris, **163**: 597—602.
3207. — & H. L. Alexander (1964): Age of the Shasta ground sloth from Aden Crater, New Mexico. — Amer. Antiquity, Menasha, **29**: 390—391.
3208. — & D. R. Pilbeam (1965): Preliminary revision of the Dryopithecinae (Pongidae, Anthropoidea). — Folia primat., Basel, **3**: 81—152.
3209. — & D. E. Russell (1960): Notes on the Cranial anatomy of *Necrolemur*. — Breviora, Cambridge, **127**: 1—14.
3210. Simpson, G. G. (1925): A mesozoic mammal skull from Mongolia. — Amer. Mus. Novit., New York, **201**: 1—11.
3211. — (1925): Mesozoic mammals II. *Tinodon* and its allies. — Amer. J. Sci., New Haven, (5) **10**: 451—470.
3212. — (1927): A North American Oligocene edentate. — Ann. Carnegie Mus., Pittsburgh, **17**: 283—296.
3213. — (1927): Mesozoic mammalia IX. The brain of Jurassic mammals. — Amer. J. Sci., New Haven, (5) **14**: 259—268.
3214. — (1928): Mesozoic mammalia. XII. The internal mandibular groove of Jurassic mammals. — Amer. J. Sci., New Haven, (5) **15**: 461—470.
3215. — (1928): A new mammalian fauna from the Fort Union of Southern Montana. — Amer. Mus. Novit., New York, **297**: 1—15.
3216. — (1928): Affinities of the Mongolian Cretaceous insectivores. — Amer. Mus. Novit., New York, **330**: 1—11.
3217. — (1928): Affinities of the Polydolopidae. — Amer. Mus. Novit., New York, **323**: 1—13.
3218. — (1928): A catalogue of the Mesozoic Mammalia in the Geological Department of the British Museum (Natural History). — Brit. Mus. nat. Hist., London, I—X, 1—215.
3218a. — (1928): Further notes on Mongolian Cretaceous mammals. — Amer. Mus. Novit., New York, **329**: 1—14.
3219. — (1929): American Mesozoic Mammalia. — Mem. Peabody Mus., New Haven, **3**: I—XV, 1—171.
3220. — (1929): Third contribution to the Fort Union fauna at Bear Creek, Montana. — Amer. Mus. Novit., New York, **345**: 1—12.
3221. — (1929): A new Paleocene Uintathere and molar evolution in the Amblypoda. — Amer. Mus. Novit., New York, **387**: 1—9.
3222. — (1929): The dentition of *Ornithorhynchus* as evidence of its affinities. — Amer. Mus. Novit., New York, **390**: 1—15.
3222a. — (1929): Pleistocene mammalian fauna of the Seminole Field, Pinellas County, Florida. — Bull. Amer. Mus. nat. Hist., New York, **56**: 561—599.
3223. — (1930): *Holmesina septentrionalis*, extinct giant armadillo of Florida. — Amer. Mus. Novit., New York, **442**: 1—10.
3224. — (1930): Post-Mesozoic marsupialia. — Fossilium Catalogus, Berlin, Animalia, **47**: 1—87.
3225. — (1931): A new classification of mammals. — Bull. Amer. Mus. natur. Hist., New York, **59**: 259—293.
3226. — (1931): *Metacheiromys* and the Edentata. — Bull. Amer. Mus. natur. Hist., New York, **59**: Art. 6: 295—381.
3227. — (1931): A new insectivore from the Oligocene, Ulan Gochu horizon, of Mongolia. — Amer. Mus. Novitates, New York, **505**: 1—22.
3228. — (1932): Enamel on the teeth of an Eocene Edentate. — Amer. Mus. Novit., New York, **567**: 1—4.
3229. — (1932): Skulls and brains of some mammals from the Notostylops beds of Patagonia. — Amer. Mus. Novit., New York, **578**: 1—11.
3230. — (1932): Fossil sirenia of Florida and the evolution of the Sirenia. — Bull. Amer. Mus. nat. Hist., New York, **59**: 419—503.
3231. — (1933): The „plagiaulacoid" type of mammalian dentition. A study of convergence. — J. Mammal., Baltimore, **14**: 97—107.
3232. — (1933): Braincasts of *Phenacodus, Notostylops*, and *Rhyphodon*. — Amer. Mus. Novit., New York, **622**: 1—19.
3233. — (1933): Braincasts of two typotheres and a litoptern. — Amer. Mus. Novit., New York, **629**: 1—18.
3234. — (1933): Structure and affinities of *Trigonostylops*. — Amer. Mus. Novit., New York, **608**: 1—28.
3235. — (1934): Provisional classification of extinct American hoofed mammals. — Amer. Mus. Novit., New York, **750**: 1—21.
3236. — (1935): The Tiffany fauna, Upper Paleocene. I. Multituberculata, Marsupialia, Insectivora, and ? Chiroptera. — Amer. Mus. Novit., New York, **795**: 1—19.
3237. — (1935): The Tiffany Fauna, Upper Paleocene. III. Primates, Carnivora, Condylarthra, and Amblypoda. — Amer. Mus. Novit., New York, **817**: 1—28.
3238. — (1935): Description of the oldest known South American mammals, from the Rio Chico formation. — Amer. Mus. Novit., New York, **793**: 1—25.
3239. — (1935): New paleocene mammals from the Fort Union of Montana. — Proc. U. S. nation. Mus., Washington, **83** 2981: 221—244.
3240. — (1936): Structure of a primitive Notoungulate cranium. — Amer. Mus. Novit., New York, **824**: 1—31.
3241. — (1936): Skeletal remains and restoration of Eocene Entelonychia from Patagonia. — Amer. Mus. Novit., New York, **826**: 1—12.
3242. — (1936): Studies on the earliest mammalian dentition. — Dental Cosmos, New York, 1—24.
3243. — (1936): A new fauna from the Fort Union of Montana. — Amer. Mus. Novit., New York, **873**: 1—27.
3244. — (1937): The Fort Union of the Crazy Mountain field, Montana and its mammalian faunas. — Bull. U. S. nation. Mus., Washington, **169**: 1—287.
3245. — (1937): Skull structure of the Multituberculata. — Bull. Amer. Mus. nat. Hist., New York, **73**: 727—763.

3246. — (1938): A new marsupial from the Eocene of Patagonia. — Amer. Mus. Novit., New York, **989**: 1—5.

3247. — (1938): Osteography of the ear region in Monotremes.— Amer. Mus. Novit., New York, **978**: 1—15.

3248. — (1940): Review of the mammal bearing Tertiary of South America. — Proc. Amer. philos. Soc., Philadelphia, **83**: 649—709.

3249. — (1940): Antarctica as a faunal migration route. — Proc. Sixth Pacif. Congr., Java, **2**: 755—768.

3250. — (1950): Studies on earliest Primates. — Bull. Amer. Mus. nat. Hist., New York, **77**: 185—212.

3251. — (1941): The affinities of the Borhyaenidae. — Amer. Mus. Novit., New York, **1118**: 1—6.

3252. — (1941): Studies on the earliest Primates. — Bull. Amer. Mus. nat. Hist., New York, **77**: 185—211.

3253. — (1941): Mounted skeleton and restoration of an Early Paleocene Mammal. — Amer. Mus. Novit., New York, **1155**: 1—7.

3254. — (1941): A new Oligocene insectivore. — Amer. Mus. Novit., New York, **1150**: 1—3.

3255. — (1941): Large Pleistocene felines of North America. — Amer. Mus. Novit., New York, **1136**: 1—27.

3256. — (1941): The functions of saber-like canines in carnivorous mammals. — Amer. Mus. Novit., NewYork, **1130**: 1—12.

3257. — (1945): The principles of classification and a classification of mammals. — Bull. Amer. Mus. nat. Hist., NewYork, **85**: 1—350.

3258. — (1945): Notes on Pleistocene and recent tapirs. — Bull. Amer. Mus. nat. Hist., New York, **86**: 33—82.

3259. — (1947): A new Eocene marsupial from Brazil. — Amer. Mus. Novit., New York, **1357**: 1—7.

3260. — (1948): The beginning of the age of mammals in South America. — Bull. Amer. Mus. nat. Hist., NewYork, **91**: 1—232.

3261. — (1950): Some principles of historical biology bearing on human origin. — Cold Spring Harbor Symp. quant. Biol., **15**: 55—66.

3262. — (1950): History of the fauna of Latin America. — Amer. Scientist, New Haven, **38**: 361—389.

3263. — (1951): Horses. The story of the horse family in the modern world and through sixty million years of history. — Oxford Univ. Press, New York, I—XXIV, 1—247.

3264. — (1951): American Cretaceous insectivores. — Amer. Mus. Novit., New York, **1541**: 1—19.

3265. — (1952): Notes on British Hyracotheres. — J. Linn. Soc., London, **42**: 195—206.

3266. — (1953): The Major features of Evolution. — Columbia Univ. Press, New York.

3266a. — (1953): Evolution and Geography. — London Lectures, Eugene, 1—64.

3267. — (1954): Tendances actuelles de la systématique des mammifères. — Mammalia, Paris, **18**: 337—357.

3268. — (1955): The Phenacolemuridae, new family of early Primates. — Bull. Amer. Mus. nat. Hist., New York, **105**: 415—441.

3269. — (1956): Zoogeography of West Indian Land mammals. — Amer. Mus. Novit., New York, **1759**: 1—28.

3270. — (1957): A new Casamayoran astrapothere. — Res. Mus. Cienc. nat., Mar del Plata, **1**: 11—18.

3271. — (1959): Mesozoic mammals and the polyphyletic origin of mammals. — Evolution, Lancaster, **13**: 405—414.

3272. — (1959): A new Middle Eocene Edentate from Wyoming. — Amer. Mus. Novit. New York, **1950**: 1—8.

3273. — (1959): Two new records from the Bridger Middle Eocene of Tabernacle Butte, Wyoming. — Amer. Mus. Novit., New York, **1966**: 1—5.

3274. — (1960): Diagnosis of the classes Reptilia and Mammalia. — Evolution, Lancaster, **14**: 388—392.

3275. — (1961): Evolution of Mesozoic mammals. — Internation. Coll. Evolut. of Mammals. Bruxelles, 57—95.

3276. — (1961): Historical zoogeography of Australian mammals — Evolution, Lancaster, **15**: 431—446.

3277. — (1961): Principles of animal taxonomy. — Columbia Univ. Press, New York, 1—247.

3278. — (1962): Primate taxonomy and recent studies of unhuman primates. — Ann. New York Acad. Sci., **102**: 497—514.

3278a. — (1962): Some cosmic aspects of organic evolution. — In: KURTH, G.: Evolution und Hominisation, Fischer, Stuttgart, 6—20.

3279. — (1963): The meaning of taxonomic statements. — In: WASHBURN, S. L.: Classification and Human evolution. Aldine Publ. Comp., Chicago, 1—31.

3280. — (1965): Note on the Fort Ternan beds of Kenya. — Amer. J. Sci., New Haven, **263**: 922.

3281. — (1965): Primates. — In: LEAKEY, L. S. B.: Olduvai gorge 1951—1961, I., Cambridge, 15—17.

3282. — (1965): The geography of evolution. Collected essays. — Chilton Books-Publ., Philadelphia & New York, I—XI, 1—249.

3283. — (1966): The biological nature of Man. — Science, New York, **152**: 3721: 472—478.

3284. — (1966): Die Evolution des Pferdes. — Naturwiss. Medizin, Mannheim, **3** 14: 3—19.

3285. — (1967): The Tertiary Lorisiform Primates of Africa. — Bull. Mus. comp. Zool., Cambridge, **136**: 39—61.

3285a. — (1967): The beginning of the age of mammals in South America. II. — Bull. Amer. Mus. nat. Hist., New York, **137**: 1—260.

3286. — H. O. ELFTMAN (1928): Hind limb musculature and habits of a Paleocene Multituberculate. — Amer. Mus. Novit., New York, **333**: 1—19.

3287. — & C. DE PAULA COUTO (1957): The mastodonts of Brazil. — Bull. Amer. Mus. nat. Hist., New York, **112**: 125 bis 190.

3288. —, J. L. MINOPRIO & B. PATTERSON (1962): The mammalian fauna of the Divisadero Largo formation, Mendoza, Argentinia. — Bull. Mus. comp. Zool., Cambridge, **127**: 239—293.

3289. SINCLAIR, W. J. (1905): The marsupial fauna of the Santa Cruz beds. — Proc.Amer. philos. Soc., Philadelphia **49**: 73—81.

3290. — (1906): Mammalia of the Santa Cruz beds, Marsupialia. — Rep. Princeton Univ. Exped. Patagonia **4**: 333—452.

3291. — (1906): Some edentate-like remains from the Mascall beds of Oregon. — Univ. Calif. Publs., geol. Sci., Berkeley, **5**: 65—66.

3292. — (1914): A revision of the bunodont Artiodactyla of the Middle and Lower Eocene of North America. — Bull. amer. Mus., nat. Hist., New York, **33**: 267—295.

3293. — & E. L. FURLONG (1904): *Euceratherium*, a new ungulate from the Quaternary caves of California. — Univ. Calif. Publs. geol. Sci., Berkeley, **3**: 411—418.

3294. SINGER, R. (1954): The Saldanha skull from Hopefield, South Africa. — Amer. J. phys. Anthropol., Washington, **12**: 345—362.

3295. — (1958): The Rhodesian, Florisbad and Saldanha skulls. — In: KOENIGSWALD, G. H. R. VON (ed.): Hundert Jahre Neanderthaler. Keminck & Zoon, Utrecht, 52—62.

3296. — (1962): *Simopithecus* from Hopefield, South Africa. — Bibl. primat., Basel, **1**: 43—70.

3297. — & E. L. BONÉ (1960): Modern giraffes and the fossil giraffids of Africa. — Ann. S. Afric., Cape Town, Mus., **45**: 375—548.

3298. — & — (1966): *Hipparion* in Africa. — Quaternaria, Rom, **8**: 187—191.

3299. — & D. A. HOOIJER (1958): A *Stegolophodon* from the South Africa. — Nature, London, **182**: 101—102.

3300. SITT, W. (1943): Zur Morphologie des Primordialcraniums und des Osteocraniums eines Embryos von *Rhinolophus rouxii* von 15 mm Scheitel-Steißlänge. — Morph. Jb, Leipzig, **88**: 268—342.

3301. SIVERTSEN, E. (1954): A survey of the eared seals (Family Otariidae) with remarks on the Antarctic seals collected by M/K. „Norvegia" in 1928—29. — Skr. norske Vidensk.-Akad. Oslo, (Sci. Res. norweg. Antarctic Exped.) **36**: 1—76.

3302. — (1956): A review of the family of Otariidae. — XIV. Intern. Congr. Zool. (1953), Kopenhagen, 522—523.

3303. SKALON, W. & P. CHOROSCHICH (1958): Als Haustiere gehaltene Elche auf Wandzeichnungen in Felsenhöhlen Sibiriens. — Zool. J., Moskau, **37**: 441—446 (russ.).

3304. SKINNER, M. F. & O. C. KAISEN (1947): The fossil Bison of Alaska and preliminary revison of the genus. — Bull. Amer. Mus. nat. Hist., New York, **89**: 123—256.

3305. SKORKOWSKI, E. (1938): Studien über die Systematik des Pferdes. — Polska Akad. Umjetn. Prace Rolniczo Leśne, Krakow, **32**.

3306. — (1956): Systematik und Abstammung des Pferdes. — Z. Tierzüchtg., Züchtgs.biol., Berlin-Hamburg **68**: 42—74.

3307. — (1958): Zur Systematik der Equiden. — Zoologica Poloniae, Lwów, Wroclaw, **9**: 230—234.

3308. — (1958): Kraniometrische Analyse der in Halle/Saale vermessenen Pferdeschädel. — Wiss. Z. Martin-Luther-Univ. Halle, Math.-naturw. R. **7** 1: 85—88.

3309. — (1959): Das Problem der Subspecieszusammensetzung von Pferdepopulationen. — Säugetierkdl. Mitt., Stuttgart, **7**: 113—118.

3310. — (1960): Speed-Ebhardt-Pferdetypen als Subspecies identifiziert. — Archiv Tierzucht, Berlin, **3**: 103—112.

3311. — (1963): Pleistocene horse skulls. — Z. Tierzüchtg. Züchtgs.biol., Hamburg, **79**: 32—35.

3312. SLAUGHTER, B. H. (1910): A new species of *Smilodon* from a late Pleistocene alluvial terrace deposit of the Trinity River. — J. Paleont, Tulsa, **34**: 486—492.

3313. — (1965): A Therian from the Lower Cretaceous (Albian) of Texas. — Postilla, New Haven, **93**: 1—18.

3314. SLIJPER, E. J. (1936): Die Cetaceen vergleichend anatomisch und systematisch. — Capita zool., Den Haag, **6/7**: 1—590.

3315. — (1946): Comparative biologic-anatomical investigations on the vertebral column and spinal musculature of mammals. — Verh. kon. nederl. Akad. Wetensch., Amsterdam, **42**: 1—128.

3316. — (1956): Some remarks on gestation and birth in Cetacea and other aquatic mammals. — Hvalradets Skrift. Sci. Res. Marine Biol. Res., norske Vidensk.—Akad. Oslo, **41**: 1—62.

3317. — (1958): Walvissen. — D. B. Centen's Uitgeversmaatschappij, Amsterdam, 1—524.

3318. — (1960): Die Geburt der Säugetiere. — Handb. Zool., de Gruyter, Berlin, **8**, 9 (9): 1—108.

3319. SLOAN, R. E. & L. VAN VALEN (1965): Cretaceous mammals from Montana. — Science, New York, **148**, 3667, 220 bis 227.

3320. SMITH, G. ELLIOT (1895): The comparative anatomy of the cerebrum of *Notoryctes typhlops*. — Trans. roy. Soc. SAustr., Adelaide, **19**: 167—193.

3321. — (1898): The brain of Edentata. — Trans. Linn. Soc. London (Zool.), (2) **7**: 277—394.

3322. — (1899): Further observations on the anatomy of the brain in the Monotremata. — J. Anat. Phys., London, **33**: 309—342.

3323. — (1902): Notes on the brain of *Macroscelides* and other Insectivora. — J. Linn. Soc. London, (Zool.) **28**: 443—448.

3324. SODY, H. (1959): Das javanische Nashorn, *Rhinoceros sondaicus*. — Z. Säugetierkde., Berlin, **24**: 109—240.

3325. SOERGEL, W. (1913): *Elephas trogontherii* POHL. und *Elephas antiquus* FALC., ihre Stammesgeschichte und ihre Bedeutung für die Gliederung des deutschen Diluviums. — Palaeontographica, Stuttgart, **60**: 1—114.

3326. — (1941): Rentiere des deutschen Alt- und Mitteldiluviums. — Paläont. Z., Berlin, **22**: 387—420.

3327. SOKOLOV, J. J. (1949): Über Cavicornierreste aus dem Mittel-Miozän des Nordkaukasus. — Doklady Akad. Nauk USSR, Moskau, **67** 6: 1101—1104 (russ.).

3328. — (1952): Über die Entdeckung von Resten von Halbhorntieren in untermiozänen Ablagerungen der westlichen Gobi. — Trudy paleont. Inst. Akad. Nauk USSR, Moskau, **41**: 155—158.

3329. — (1954): Versuch einer natürlichen Klassifikation der Horntiere (Bovidae). — Trudy Inst. zool. Akad. Wiss. USSR, Moskau-Leningrad, **14**: 1—295 (russ.).

3330. — (1959): On the postcranial skeleton and the outward appearance of *Spirocerus skiakhtensis* M. PAVLOVA. — Vertebr. palasiatica, Peking, **3**: 23—33.

3331. — (1961): A new representative of Bovidae in the *Hipparion*fauna of the Crimea. — Paleont. J., Moskau, 112—118.

3332. SOLDATOVIĆ, B., S. ZIVKOVIĆ, I. SAVIĆ & M. MILOSEVIĆ (1967): Vergleichende Analyse der Morphologie und der Anzahl der Chromosomen zwischen verschiedenen Populationen von *Spalax leucodon* NORDMANN 1840. — Z. Säugetierkde., Hamburg, **32**: 238—245.

3333. SOLECKI, R. (1957): Shanidar cave. — Scient. Amer., New York, **1957**: 59—64.

3334. SONDAAR, P. Y. (1961): Les *Hipparion* de l'Aragon méridional. — Estud. geol., Inst. „Lucas Mallada", Madrid, **17**: 209—305.

3334a. — & G. J. BOEKSCHOTEN (1967): Quaternary mammals in the South Aegean island arc; with notes on other fossil mammals from the Coastal regions of the Mediterranean I + II. — Proc. kon. nederl. Akad. Wetensch., Amsterdam, (B) **70**: 556—576.

3335. SONNTAG, C. F. (1921): A contribution to the anatomy of the three-toed sloth (*Bradypus tridactylus*). — Proc. zool. Soc. London, **1921**: 157—177.

3336. — (1921): The comparative anatomy of the Koala (*Phascolarctos cinereus*) and Vulpine Phalanger (*Trichosurus vulpecula*). — Proc. zool. Soc. London, **1921**: 547—577.

3337. — (1921): The comparative anatomy of the tongues of the Mammalia V. Lemuroidea and Tarsioidea. — Proc. zool. Soc. London, **1921**: 741—755.

3338. — (1921): The comparative anatomy of the tongues of the Mammalia. VI. Summary and classification of the tongues of the Primates. — Proc. zool. Soc. London, **1921**: 757—767.

3339. — (1923): The comparative anatomy of the tongues of the Mammalia. VIII. Carnivora. — Proc. zool. Soc. London, **1923**: 129—153.

3340. — (1923): The comparative anatomy of the tongues of the Mammalia. IX. Edentata, Dermoptera and Insectivora. — Proc. zool. Soc. London, **1923**: 515—529.

3341. — (1923): On the myology and classification of the wombat, Koala and phalanger. — Proc. zool. Soc. London, **1922**: 863—869.

3342. — & F. M. DUNCAN (1922): Contributions to the histology of the three-teod sloth (*Bradypus tridactylus*). — J. roy. microsc. Soc., London, **1922**: 37—46.

3343. —, H. H. WOOLLARD & W. E. LE GROS CLARK (1925, 1926): A monograph of *Orycteropus afer*. — Proc. zool. Soc. London, **1925**: 331—437, 1185—1235; **1926**: 445—485.

3343a. SOWERBY, A. DE C. (1932): The pandas or cat-bears. — China J., Shanghai, **17**: 296—299.

3344. — (1949): Notes on the original habitat of Father David's Deer. — Notes Mammal. Mus. Heude, Shanghai, **4**: 1—19.

3345. SPATZ, H. (1955): Die Evolution des Menschenhirnes und ihre Bedeutung für die Sonderstellung des Menschen. — Nachr. Gießener Hochschulges., **24**: 52—74.

3346. — (1966): Gehirnentwicklung (Introversion-Promination) und Endocranialausguß. — In: R. HASSLER & H. STEPHAN (ed.): Evolution of the forebrain, Thieme, Stuttgart, 136—152.

3347. — & H. STEPHAN (1961): Adaptive Konvergenz von Schädel und Gehirn bei „Kopfwühlern". — Zool. Anz., Leipzig, **166**: 402—423.

3348. SPATZ, W. B. (1964): Beitrag zur Kenntnis der Ontogenese des Cranium von *Tupaia glis* (DIARD 1820). — Morph. Jb., Leipzig, **106**: 321—416.

3349. — (1966): Zur Ontogenese der Bulla tympanica von *Tupaia glis* (DIARD 1820) (Prosimiae, Tupaiiformes). — Folia primat., Basel, **4**: 26—50.

3350. SPEED, J. & M. ETHERINGTON (1953): The Exmoorpony and a survey of the evolution of horses in Britain. — Brit. Veter. J., London, **109**: 315—320.

3351. SPENCER, B. (1900): A description of *Wynyardia bassiana*, a fossil marsupial from the Tertiary beds of Table Cape, Tasmania. — Proc. zool. Soc. London, **1900**: 776—794.

3352. — & G. SWEET (1899): The structure and development of the hairs of Monotremes and Marsupials. I. Monotremes. — — Quart. J. microsc. Sci., London, (n. S.) **41**: 549—558.

3353. SPILLMANN, F. (1925): Beiträge zur Kenntnis des Fluges der Fledermäuse und der ontogenetischen Entwicklung ihrer Flugapparate. — Acta zool., Stockholm, **6**: 217—222.

3354. — (1927): Beiträge zur Biologie des Milchgebisses der Chiropteren. — Abh. senckenberg. naturf. Ges., Frankfurt, **40**: 251—255.

3355. — (1929): Das südamerikanische Mastodon als Zeitgenosse des Menschen majoiden Kulturkreises. — Paläont. Z., Berlin, **11**: 170—177.

3356. — (1948): Beiträge zur Kenntnis eines neuen gravigraden Riesensteppentieres (*Eremotherium carolinense* n. g. n. sp.). — Palaeobiologica, Wien, **8**: 231—279.

3357. — (1959): Die Sirenen aus dem Oligozän des Linzer Beckens (Ober-Österreich) mit Ausführungen über „Osteosklerose" und „Pachyostose". — Denkschr. österr. Akad. Wiss. Wien, math.-naturw. Kl. **110**: 1—68.

3358. SPINNER, J. (1962): Gibt es Neanderthaler oder deren Hybriden in Amerika? — VIe Congr. internation. Sci. Anthrop. Ethnol. July-Aug. 1960, Paris, **1**: 699—704.

3359. SPÖTTEL, W. (1926): *Equus przewalskii* POL. — Kühn-Archiv, Berlin, **11**: 89—137.

3360. SPRANKEL, H. (1961): Über Verhaltensweisen und Zucht von *Tupaia glis* (DIARD 1820) in Gefangenschaft. — Z. wiss. Zool., Leipzig, **165**: 186—220.

3361. — (1961): Histologie und biologische Bedeutung eines jugulosternalen Duftdrüsenfeldes bei *Tupaia glis* (DIARD 1820). — Verh. dtsch. zool. Ges. Leipzig = Zool. Anz., Suppl. **25**: 198—206.

3362. — (1956): Untersuchungen an *Tarsius*. I. Morphologie des Schwanzes nebst ethologischen Bemerkungen. — Folia primat., Basel, 3: 153—188.
3363. — (1966): Zur miskrokopischen Anatomie der Tupaiidenkralle (Abstr.) — Internation. primat. Soc. Conf. Frankfurt, **1966**: 77.
3364. SPRENG, H. (1938): Zur Ontogenie des Indrisinengebisses. — Diss. Bern, 1—4.
3365. SPURGIN, A. M. (1904): Enemal in the teeth of an embryo edentate (*Dasypus novemcinctus* LINN.). — Amer. J. Anat., Baltimore, 3: 75—84.
3366. STACH, J. (1951): *Arctomeles pliocaenicus* n. g. n. sp., from Wèze. — Acta geol. polon., Warschau, 2: 129—157.
3367. — (1953): *Ursus wenzensis* n. sp., a new species of small Pliocene bear. — Acta geol. polon., Warschau, 3: 103—136.
3368. — (1954): *Nyctereutes* (Canidae) in the Pliocene of Poland. Acta geol. polon., Warschau, 4: 191—206.
3369. — (1961): On two carnivores from the Pliocene of Weze. — Acta palaeont. polon., Warschau, 6: 322—330.
3370. STADTMÜLLER, F. (1936): Kranium und Visceralskelett der Säugetiere. — In: BOLK, L., E. GÖPPERT, E. KALLIUS & W. LUBOSCH: Handb. vgl. Anat. d. Wirbeltiere, Berlin/Wien, 4: 839—1016.
3371. — (1941): Nashörner der Gattung *Dicerorhinus* aus dem Diluvium Württembergs. — Abh. Reichsst. Bodenfschg., Berlin, (n. F.) **200**: 1—148.
3372. STAMMER, H. J. (1957): Gedanken zu den parasitophyletischen Regeln und zur Evolution der Parasiten. — Zool. Anz., Leipzig, **159**: 256—267.
3373. STANDING, H. F. (1908): On recently discovered subfossil Primates from Madagascar. — Proc. roy. Soc., London, **18**: 59—162.
3374. STARCK, D. (1940): Über die rudimentären Zahnanlagen und einige weitere Besonderheiten der Mundhöhle von *Manis javanica*. — Anat. Anz., Jena, **89**: 305—315.
3375. — (1941): Zur Morphologie des Primordialkraniums von *Manis javanica* DESM. — Morph. Jb., Leipzig, **86**: 1—122.
3376. — (1943): Beitrag zur Kenntnis der Morphologie und Entwicklungsgeschichte des Chiropterencraniums. Das Chondrocranium von „*Pteropus*" *semindus*. — Z. Anat. Entw.Gesch., Berlin, **112**: 588—633.
3377. — (1949): Ein Beitrag zur Kenntnis der Placentation bei den Macroscelididen. — Z. Anat. EntwGesch., Berlin, **114**: 319—339.
3378. — (1950): Wandlungen des Homologiebegriffes. — Neue Ergebnisse und Probleme der Zoologie. — Zool. Anz., Leipzig, Erg. Bd. zu Bd. **145** (Klatt-Festschr.): 957—969.
3379. — (1952): Form und Formbildung der Schädelbasis bei Chiropteren. — Verh. anatom. Ges., Jena, 50. Vers. Marburg 1952, 114—121.
3380. — (1953): Morphologische Untersuchungen am Kopf der Säugetiere, besonders der Prosimier, ein Beitrag zum Problem des Formwandels des Säugerschädels. — Z. wiss. Zool., Leipzig, **157**: 169—219.
3381. — (1955): Die Frühphase der menschlichen Embryonalentwicklung und ihre Bedeutung für die Beurteilung der Säugerontogenese. — Ergebn. Anat., Wiesbaden, **35**: 133—175.
3382. — (1956): Ein Parasphenoidrest bei *Camelus bactrianus* L. — Anat. Anz., Jena, **103**: 81—84.
3383. — (1956): Über den Reifegrad neugeborener Ursiden im Vergleich mit anderen Carnivoren. — Säugetierkdl. Mitt., Stuttgart, **4**: 21—27.
3384. — (1956): Primitiventwicklung und Plazentation der Primaten. — Primatologia, Karger, Basel, **1**: 723—886.
3385. — (1958): Bauchraum und Topographie der Bauchorgane. — Primatologia, Basel, **3** 1: 446—506.
3386. — (1959): Ontogenie und Entwicklungsphysiologie der Säugetiere. — Handb. Zool., de Gruyter & Co., Berlin, 8 9 (7): 1—276.
3387. — (1960): Vergleichende Anatomie und Evolution der Placenta. — Anat. Anz., Jena, **106/107**: Ergh.: 5—27.
3388. — (1961): Bemerkungen über Grabanpassungen bei Säugetieren und über die äußere Form des Gehirns von *Notoryctes typhlops* STIRLING 1899 (Marsupialia, Notoryctidae). — Zool. Anz., Leipzig, **166**: 423—432.
3389. — (1961): Ontogenetic development of the skull of Primates. — Internation. Coll. Evolution Mammals, Bruxelles, 205—213.
3390. — (1962): Der heutige Stand des Fetalisationsproblems.— Parey, Hamburg, 1—27.
3391. — (1962): Die Evolution des Säugetiergehirnes. — SBer. wiss. Ges. J. W. Goethe-Univ. Frankfurt, **1** 2: 23—60.
3392. — (1962): Das Cranium von *Propithecus* sp. (Prosimiae, Lemuriformes, Indriidae). — (Beiträge zur Kenntnis des Primaten-Craniums III). — Bibl. primat., Basel, **1**: 163—196.
3393. — (1963): „Freiliegendes Tectum mesencephali" ein Kennzeichen des primitiven Säugetiergehirns? — Zool. Anz., Leipzig, **171**: 353—359.
3394. — (1964): Über das Entotympanicum der Canidae und Ursidae (Mammalia, Carnivora, Fissipedia). — Acta theriol., Bialowièza, **8**: 181—188.
3395. — (1965): Die Neencephalisation (Die Evolution zum Menschenhirn). — In: HEBERER, G. (Hgeb.): Menschliche Abstammungslehre. Fortschritte der Anthropogenie 1863 bis 1964, G. Fischer, Stuttgart, 103—144.
3396. — (1965): Embryologie. Ein Lehrbuch auf allgemein biologischer Grundlage. — 2. Aufl., Thieme, Stuttgart, 1—693.
3396a. — (1967): Le crâne des mammifères. — In: GRASSÉ, P.: Traité de Zoologie, Masson, Paris, **16** 1: 405—549.
3397. — & H. FRICK (1958): Beobachtungen an äthiopischen Primaten. — Zool. Jb. (Syst. etc.), Jena, **86**: 41—70.
3398. — & B. KUMMER (1962): Zur Ontogenese des Schimpansenschädels (mit Bemerkungen zur Fetalisationshypothese). — Anthrop. Anz., Stuttgart, **25**: 204—215.
3399. STARMÜHLNER, F. (1960): Beobachtungen am Mausmaki (*Microcebus murinus*). — Natur, Volk, Frankfurt, **90**: 194—204.
3400. STAUDINGER, W. (1908): *Praeovibos priscus* n. g. n. sp., ein Vertreter einer *Ovibos* nahestehenden Gattung aus dem Pleistozän Thüringens. — CBl. Miner. etc., Stuttgart, **1908**: 481—502.
3401. STEHLIN, H. G. (1899/1900): Über die Geschichte des Suiden-Gebisses. — Abh. schweiz. paläont. Ges., Zürich, **26/27**: 1—527.
3402. — (1906—1909): Die Säugetiere des schweizerischen Eocäns. Kritischer Katalog der Materialien. Pt. 4—5. — Abh. schweiz. paläont. Ges., Basel, **33**: 597—690, **35**: 691—837.
3403. — (1907): Notices paléomammalogiques sur quelques dépôts miocènes des bassins de la Loire et de l'Allier. — Bull. Soc. géol. France, Paris (4) **7**: 525—550.
3404. — (1909): Remarques sur les faunules de mammifères des couches éocènes et oligocènes du bassin de Paris. — Bull. Soc. géol. France, Paris, (4) **9**: 488—520.
3405. — (1909/1910): Die Säugetiere des schweizerischen Eocaens. Critischer Katalog der Materialien. 6. — Abh. schweiz. paläont. Ges., Basel, **36**: 839—1164.
3405a. — (1910): Zur Revision der europäischen Anthracotherien. — Verh. naturf. Ges. Basel, **21**: 165—185.
3406. — (1916): Die Säugetiere des schweizerischen Eozäns. VII/2. — Abh. schweiz. paläont. Ges., Basel, **41**: 1297—1552.
3407. — (1917): Miozäne Säugetierreste aus der Gegend von Elm (Prov. Hessen). — Verh. naturf. Ges. Basel, **28**: 191—205.
3408. — (1923): *Rhizospalax poirrieri* MILLER & GIDLEY und die Gebißformel der Spalaciden. — Verh. naturf. Ges. Basel, **34**: 233—263.
3409. — (1929): Bemerkungen zu der Frage nach der unmittelbaren Ascendenz des Genus *Equus*. — Eclogae geol. Helv., Basel, **322**: 186—201.
3410. — (1929): Artiodactylen mit fünffingriger Vorderextremität aus dem europäischen Oligocän. — Verh. naturf. Ges. Basel, **40**: 599—625.
3411. — (1930): Bemerkungen zur Vordergebißformel der Rhinocerotiden. — Ecl. geol. Helv., Basel, **23**: 644—648.
3412. — (1931): Bemerkungen zu einem Bisonfund aus den Freibergen (Kanton Bern). — Eclogae geol. Helv., Basel, **24**: 279—288.
3413. — (1938): Zur Charakteristik einiger *Palaeotherium*arten des oberen Ludien. — Eclogae geol. Helv., Basel, **31**: 263—292.
3414. — (1939): *Dicroceros elegans* und sein Geweihwechsel. — Eclogae geol. Helv., Basel, **32**: 162—179.
3415. — (1940): Zur Stammesgeschichte der Soriciden. — Eclogae geol. Helv., Basel, **33** 2: 298—306.
— & A. DUBOIS: s. u. DUBOIS & STEHLIN.
3416. — & P. GRAZIOSI (1935): Ricerche sugli Asinidi fossili d'Europa. — Abh. schweiz. paläont. Ges., Basel, **56**: 1—73.
3417. — & J. HÜRZELER (1941): Ein weiterer Paarhufer mit fünffingriger Vorderextremität aus dem europäischen Oligocaen. — Eclogae geol. Helv., Basel, **34**: 272—277.
3418. — & S. SCHAUB (1951): Die Trigonodontie der simplicidentaten Nager. — Schweiz. paläont. Abh., Basel, **67**: 1—385.

3419. STEIN, G. H. W. (1960): Schädelallometrien und Systematik bei altweltlichen Maulwürfen. — Mitt. zool. Mus. Berlin, 36: 1—43 u. 143.
3420. — (1963): Unterartgliederung und nacheiszeitliche Ausbreitung des Maulwurfes, *Talpa europaea* L. — Mitt. zool. Mus. Berlin, 39: 379—402.
3421. STEINBACHER, G. (1953): Zur Abstammung des Alpakka, *Lama pacos* (LINNÉ 1758). — Säugetierkdl. Mitt., Stuttgart, 1: 78—79.
3422. STEINER, H. (1951): Die embryonale Hand- und Fußskelettentwicklung von *Tupaia*. — Verh. schweiz. naturf. Ges., Aarau, 131: 153—154.
3423. — (1956): Hinweise auf die ursprüngliche Arborikolie der Säugetiere in der Extremitätenentwicklung einiger rezenter primitiver Formen. — Internation. Congr. Zool. 14 1953: 532—533.
3424. STEININGER, F. (1963): Über die stratigraphische Verwertbarkeit von *Anchitherium aurelianense* (CUV.) im Jungtertiär Österreichs. — N. Jb. Geol. Paläont., Stuttgart, Abh. 116: 149—161.
3425. — (1965): Ein bemerkenswerter Fund von *Mastodon* (*Bunolophodon*) *longirostris* KAUP 1832 (Proboscidea, Mammalia) aus dem Pannon des Hausruck-Kobernaußerwald-Gebietes in Oberösterreich. — Jb. geol. B-Anst., Wien, 108: 195—212.
3426. STEINMANN, G. (1909): Zur Abstammung der Säuger. — Z. indukt. Abst. Vererb.lehre, Berlin, 2: 65—90.
3427. STEPHAN, H. (1954): Vergleichend-anatomische Untersuchungen an Hirnen von Wild- und Haustieren. II. Die Oberflächen des Allocortex bei Wild- und Hausform von *Epimys norvegicus* ERXL. — Morph. Jb., Leipzig, 93: 425—471.
3428. — (1956): Vergleichend-anatomische Untersuchungen an Insektivorengehirnen. I. Hirnform, paläoneocortikale Grenze und relative Zusammensetzung der Cortexoberfläche. — Morph. Jb., Leipzig, 97: 77—122.
3429. — (1956): Vergleichend-anatomische Untersuchungen an Insektivorengehirnen. II. Oberflächenmessungen am Allocortex im Hinblick auf funktionelle und phylogenetische Probleme. — Morph. Jb., Leipzig, 97: 123—142.
3430. — (1959): Vergleichend-anatomische Untersuchungen an Insektivorengehirnen III. Hirn-Körpergewichtsbeziehungen.— Morph. Jb., Leipzig, 99: 853—880.
3431. — (1961): Vergleichend-anatomische Untersuchungen an Insektivorengehirnen. V. Die quantitative Zusammensetzung der Oberfläche des Allocortex. — Acta anat., Basel, New York, 44: 12—59.
3431a. — (1964): Die kortikalen Anteile des limbischen Systems (Morphologie und Entwicklung). — Der Nervenarzt, Berlin, 35: 396—401.
3432. — (1965): Der Bulbus olfactorius accessorius bei Insektivoren und Primaten. — Acta anat., Basel, New York, 66: 215—253.
3433. — (1966): Zur Entwicklungshöhe der Primaten nach Merkmalen des Gehirns (Abstr.). — Internation. primat. Soc. Conf. Frankf., 1966: 78.
3434. — (1966): Größenänderungen im olfaktorischen und limbischen System während der phylogenetischen Entwicklung der Primaten. — In: HASSLER, R. & H. STEPHAN (ed.): Evolution of the forebrain. Thieme, Stuttgart, 377—388.
3435. — (1967): Zur Entwicklungshöhe der Primaten nach Merkmalen des Gehirns. — Neue Erg. der Primat. Frankfurt, 108—119.
3435a. — (1967): Zur Entwicklungshöhe der Insektivoren nach Merkmalen des Gehirns und die Definition der „Basalen Insektivoren". — Zool. Anz., Leipzig, 179: 177—199.
3435b. — (1967): Quantitative Vergleiche zur phylogenetischen Entwicklung des Gehirns der Primaten mit Hilfe von Progressionsindices. — Mitt. Max Planck-Ges., München, H. 2: 63—68.
3436. — & O. J. ANDY (1963): Quantitative comparisons on the brains of Insectivores and Primates. — Proc. XVI. Internation. Congr. Zool., Washington, 1962: 242—245.
3437. — & — (1964): Quantitative comparisons of brain structure from Insectivore to Primates. — Amer. Zool., Utica, N. Y., 4: 59—74.
3438. — & R. BAUCHOT (1959): Le cerveau de *Galemys pyrenaicus* GEOFFR. 1811 (Insectivora, Talpidae) et ses modifications dans l'adaptation à la vie aquatique. — Mammalia, Paris, 23: 1—18.
3439. — & — (1960): Les cerveaux de *Chlorotalpa stuhlmanni* (MATSCHIE) 1894 et de *Chrysochloris asiatica* (L.) 1758 (Insect., Chrysochl.). — Mammalia, Paris, 24: 495—510.
3440. — & — (1965): Hirn-Körpergewichtsbeziehungen bei den Halbaffen (Prosimii). — Acta zool., Stockholm, 46: 209—231.
3441. — & H. SPATZ (1962): Vergleichend-anatomische Untersuchungen an Insectivorengehirnen IV. Gehirne afrikanischer Insectivoren. Versuch einer Zuordnung von Hirnbau und Lebensweise. — Morph. Jb., Leipzig, 103: 108—174.
3442. STEPHENS, J. J. (1959): A new Pliocene cat from Kansas.— Pap. Michig. Acad. Sci., Art, Lett., New York, 44: 41—46.
3443. STEPHENSON, N. G. (1963): Growth gradients among fossil Monotremes and Marsupials. — Paleontology, London, 6: 615—624.
3444. — (1964): On fossil giant wombats and the identity of *Sceparnodon ramsayi*. — Proc. zool. Soc. London, 142: 537—546.
3445. STERBA, O. (1958): Volární a plantárni krátké svaly skotu. — Cs. morfol., 6: 252—257.
3446. — (1960): Über die Phylogenese des Musc. rhomboideus bei Huftieren. — Wiener tierärztl. Monatsschr., Wien, 386—394.
3447. STEVENS, M. S. (1965): A new species of *Urocyon* from the Upper Pliocene of Kansas. — J. Mammal., Baltimore, 46: 265—269.
3448. STEVENSON-HAMILTON, M. J. (1954): Animal life in Africa. — Cassell, London, 4. Aufl., 1—539.
3449. STEWART, D. T. (1957): American Neanderthaloids. — Quart. Rev. Biol., Baltimore, 32: 364—369.
3450. — (1962): Neanderthal cervical vertebrae. With special attention to the Shanidar Neanderthals from Iraq. — Bibl. primatol., Basel, 1: 130—154.
3451. STIRLING, E. C. (1891): Description of a new genus and species of Marsupialia „*Notoryctes typhlops*". — Trans. roy. Soc. S. Austr., Adelaide, 14: 154—187.
3452. STIRTON, R. A. (1930): A new genus of Soricidae from the Barstow Miocene of California. — Univ. Calif. Publs. geol. Sci., Berkeley, 19: 217—228.
3453. — (1935): A review of the Tertiary beavers. — Univ. Calif. Publs. geol. Sci., Berkeley, 23: 391—458.
3454. — (1940): Phylogeny of North American Equidae. — Univ. Calif. Publs. geol. Sci., Berkeley, 25: 165—197.
3455. — (1951): Development of characters in horse teeth and the dental nomenclature. — J. Mammal., Baltimore, 22: 434—446.
3456. — (1942): Comments on the origin and generic status of *Equus*. — J. Paleont., Tulsa, 16: 627—637.
3457. — (1944): Comments and relationships of the Cervid family Palaeomerycidae. — Amer. J. Sci., New Haven, 242: 633—655.
3458. — (1947): Observations on evolutionary rates in hypsodonty. — Evolution, Lancaster, Pa., 1: 32—41.
3459. — (1951): Ceboid monkeys from the Miocene of Colombia.— Univ. Calif. Publs. geol. Sci., Berkeley, 28: 315—356.
3460. — (1953): Vertebrate Paleontology and continental stratigraphy in Colombia. — Bull. geol. Soc. Amer., Rochester, N. Y., 64: 603—622.
3461. — (1953): A new genus of Interatheres from the Miocene of Colombia. — Univ. Calif. Publs. geol. Sci., Berkeley, 29: 265—348.
3462. — (1955): Late Tertiary marsupials from South Australia. — Rec. S.-Austral. Mus., Adelaide, 11: 247—268.
3463. — (1957): Tertiary marsupials from Victoria, Australia. — Mem. nation. Mus. Victoria, Melbourne, 21: 121—134.
3464. — (1957): A new Koala from the Pliocene Palankarinna fauna of South Australia. — Rec. S.-Austral. Mus., Adelaide, 13: 71—81.
3465. — (1960): A marine carnivore from the Clallam Miocene formation, Washington; its correlation with non-marine faunas. — Univ. Calif. Publs. geol. Sci., Berkeley, 36: 345—368.
3466. — (1963): A review of the Macropodid genus *Protemnodon*. — Univ. Calif. Publs. geol. Sci., Berkeley, 44: 97—162.
3467. — (1965): Cranial morphology of Castoroides. — Mining Metall. Inst. India, Wadia Comm. 1965: 273—289.
3468. — (1965): A classification of the Marsupialia. (Abstr.). — Bull. Austral. mammal. Soc., Canberra, 2: 37.
3469. — (1967): Relationships of the protoceratid Artiodactyls, and description of a new genus. — Univ. Calif. Publs. geol. Sci., Berkeley, 72: 1—35.
3470. — & W. G. CHRISTIAN (1940): A member of the hyaenidae from the Upper Pliocene of Texas. — J. Mammal., Baltimore, 21 4: 445—448.
3471. — & L. F. MARCUS (1966): Generic and specific diagnoses in the gigantic macropodid genus *Procoptodon*. — Rec. austr. Mus., Sydney, 26: 349—359.

3472. — & J. M. Rensberger (1964): Occurrence of the Insectivore genus *Micropternodus* in the Joku Day formation of Central Oregon. — Bull. S.-Calif. Acad. Sci., Los Angeles, **63**: 57—80.

3473. — & H. W. Weddle (1929): The California tapir *Tapirus haysii californicus* Merr. from Santa Barbara County, Calif. — Univ. Calif. Publs. geol. Sci., Berkeley, **18**: 225—226.

3474. — & M. O. Woodburne (1965): Revision of the Oligocene and Miocene peccaries. (abstr.). — Geol. Soc. Amer., Rochester, N. Y., spec. Pap. (Abstr. for 1964) **82**: 281.

3474a. —, M. D. Plane & M. O. Woodburne (1967): A phylogeny of Diprotodontidae and its significance in correlation. — Bur. Miner. Resour., Geol. & Geophys. Austr., Canberra, Bull. **85**: 149—160.

3475. —, R. H. Tedford & A. H. Miller (1961): Cenozoic stratigraphy and vertebrate Paleontology of the Tirari-desert, South Australia.— Rec. S.-Austral. Mus., Adelaide, **14**: 19—61.

3476. —, — & M. O. Woodburne (1965): New Tertiary fauna from the Tirari Desert, South Australia (abstr.). — Geol. Soc. Amer., Rochester, N. Y., spec. Pap. (Abstr. for 1964) **82**: 281—282.

3476a. —, — & — (1966): A new formation and fauna from the Tirari Desert, South Australia. — Rec. S. Austr. Mus., Adelaide, 427—462.

3477. Stock, C. (1925): Cenozoic gravigrade edentates of Western North America, with special reference to the Pleistocene Megalonychinae and Mylodontinae of Rancho La Brea. — Publs. Carnegie Instn. Washington, **331**: 1—206.

3478. — (1928): *Tanupolama*, a new genus of *Lama* from the Pleistocene of California. — Publs. Carnegie Instn. Washington, **393**: 29—37.

3479. — (1934): Skull and dentition of the American Miocene cat *Pseudaelurus*. — Bull. geol. Soc. Amer., Rochester, N. Y., **45**: 1051—1058.

3480. — (1935): New genus of rodent from the Sespe Eocene. — Bull. geol. Soc. Amer., Rochester, N. Y., **46**: 61—68.

3481. — (1935): Insectivores from the Sespe uppermost Eocene, California.—Proc. nation. Acad. Sci., Washington, **21**: 214—219.

3482. — (1937): A peccary skull from the Barstow Miocene, California. — Proc. nation. Acad. Sci., Washington, **23**: 398—404.

3483. — (1942): A ground sloth in Alaska. — Science, New York, **95**: 552—553.

3484. — & E. L. Furlong (1927): Skull and skeletal remains of a ruminant of the *Preptoceras-Euceratherium*-group from the McKittrick Pleistocene, California. — Univ. Calif. Publs. geol. Sci., Berkeley, **16**: 409—434.

3485. — & H. G. Richards (1949): A *Megalonyx* tooth from the Northwest territories, Canada. — Science, New York, **110**: 709—710.

3485a. Stockhaus, K. (1965): Metrische Untersuchungen an Schädeln von Wölfen und Hunden. — Z. zool. Syst., Evolutionsforschg., Frankfurt/M., **3**: 157—258.

3485b. Stohl, G. (1958): Über die Stellung der Lagomorpha im System der Säugetiere. — Zool. Anz., Leipzig, **161**: 309—316.

3486. Stokes, W. L. & K. C. Condie (1961): Pleistocene bighorn sheep from the Great Basin. — J. Paleont. Menasha, **35**: 598—609.

3486a. Storch, G. (1967): Die Kaumuskulatur des Pelzflatterers, *Cynocephalus volans* (Mammalia). — Senckenbergiana biol., Frankfurt/M., **48**: 313—318.

3487. Storch, O. (1948): Die Sonderstellung des Menschen in Lebensabspiel und Vererbung. — Springer, Wien, I—VI, 1—62.

3488. Storr, G. C. C. (1780): Prodromus methodi Mammalium. Inaugur. Disputat. propos., Wolffer, Tübingen, 1—43.

3489. Straus, W. L. (1948): The humerus of *Paranthropus robustus*. — Amer. J. phys. Anthrop., Washington, (n. S.) **6**: 285—311.

3490. — (1949): The riddle of man's ancestry. — Quart. Rev. Biol., Baltimore, **24**: 200—223.

3491. — (1950): On the zoological status of *Telanthropus capensis*. — Amer. J. phys. Anthrop., Washington, (n. S.) **8**: 495—498.

3492. — (1957): Hunters or hunted? — Science, New York, **126**: 1108.

3493. — (1959): Primate taxonomy and *Oreopithecus*. — Science, New York, **133** 3455: 760—761.

3494. — (1963): The classification of *Oreopithecus*. — In: Washburne, S. L.: Classification and Human evolution. Aldine Publ. Comp., Chicago, 146—177.

3495. — & M. Schön (1960): Cranial capacity of *Oreopithecus bambolii*. — Science, New York, **132**: 670—672.

3496. — & G. B. Wislocki (1932): On certain simularities between sloths and slow lemurs. — Bull. Mus. comp. Zool., Cambridge, **74**: 43—56.

3497. Strauss, F. (1942): Vergleichende Beurteilung der Placentation bei den Insektivoren. — Rev. suisse Zool., Genève, **49**: 269—282.

3498. — (1964, 1966): Weibliche Geschlechtsorgane I u. II. — Handb. Zool., Berlin, **8** 9 (3): 1—202.

3499. Stroganov, S. U. (1941): Insectivore mammals of the fauna of the USSR. — C. R. Acad. Sci. USSR., Moskau, **33**: 270—272.

3500. — (1962): Zveri Sibiri. Chischtschnyje. — Akad. Nauk USSR, Moskau.

3501. Stromer, E. (1908): Die Archaeoceti des aegyptischen Eozäns.—Beitr. Paläont. Geol. Österr.-Ung., Wien, **21**: 106—178.

3502. — (1908): Die Urwale (Archaeoceti). — Anat. Anz., Leipzig, **33**: 81—88.

3503. — (1913): Mitteilungen über die Wirbeltierreste aus dem Mittelpliocän des Natrontales (Ägypten). 1. Affen. 2. Raubtiere. — Z. dtsch. geol. Ges. Berlin, **65**: 350—372.

3504. — (1921): Untersuchungen über Hüftbeine und Hüftgelenke von Sirenia und Archoaeceti. — SBer. bayer. Akad. Wiss., München, math.-naturw. Kl. **1921**: 41—56.

3505. — (1922): Erste Mitteilung über tertiäre Wirbeltier-Reste aus Deutsch-Südwestafrika. — SBer. bayer. Akad. Wiss., München, math.-phys. Kl. **1921**: 331—340.

3506. — (1926): Reste Land- und Süßwasser-bewohnender Wirbeltiere aus den Diamantfeldern Deutsch-Südwestafrikas.— In: Kaiser, E. (ed.): Die Diamantwüste SW-Afrikas. Reimer, Berlin, **2**: 107—153.

3507. — (1928): Wirbeltiere im obermiocänen Flinz Münchens. — Abh. bayer. Akad. Wiss., München, math.-naturw. Abt., 1926, **32** 1: 1—71.

3508. — (1932): *Palaeothentoides africanus* n. g. n. sp., ein erstes Beuteltier aus Afrika. — SBer. bayer. Akad. Wiss., München, 177—190 Kl. **1931**: 177—190.

3509. — (1938): Referat über Kellogg, R.: A review of the Archaeoceti. Washington 1936. — N. Jb. Min. etc., Stuttgart, Ref. III. **1938**: 153—157.

3510. — (1940): Die jungtertiäre Fauna des Flinzes und des Schweiß-Sandes von München, Nachträge und Berichtigungen. — Abh. bayer. Akad. Wiss., München, math.-naturw. Abh., (n. F.) **48**: 1—102.

3511. Studer, T. (1901): Die praehistorischen Hunde in ihrer Beziehung zu den gegenwärtig lebenden Rassen. — Abh. schweiz. paläont. Ges., Zürich, **28**: 1—137.

3512. Sulimski, A. (1959): Pliocene insectivores from Weze. — Acta palaeont. polon., Warschau, **4**: 119—175.

3513. — (1962): Supplementary studies on the Insectivora from Weze 1 (Poland). — Acta palaeont. polon., Warschau, **7**: 441—502.

3514. — (1962): Two new rodents from Weze 1 (Poland). — Acta paleont. polon., Warschau, **7**: 503—512.

3515. — (1964): Pliocene Lagomorpha and Rodentia from Weze 1 (Poland). — Acta Palaeont. polon., Warschau, **9**: 149—261.

3516. Sych, L. (1965): Fossil leporidae from the Pliocene and Pleistocene of Poland. — Acta zool. cracov., **10**: 1—88.

3517. Szalay, F. S. (1965): First evidence of tooth replacement in the Subclass Allotheria (Mammalia). — Amer. Mus. Novit., New York, **2226**: 1—12.

3517a. — (1967): The affinities of Apterodon (Mammalia, Deltatheridia, Hyaenodontidae). — Amer. Mus. Novit., New York, **2293**: 1—17.

3518. — & St. J. Gould (1966): Asiatic Mesonychidae (Mammalia, Condylarthra). — Bull. Amer. Mus. nat. Hist., New York, **132**: 127—174.

3519. Szunyoghy, J. (1957): Systematische Revision des ungarländischen Schakals, gleichzeitig eine Bemerkung über das Rohrwolf-Problem. — Ann. Mus. nation. Hungar., Budapest, (n. S.) **8**: 425—433.

3520. — (1959): Der Rohrwolf. — Vertebrata hungar., Budapest, **1**: 75—88.

3521. — (1959): Bemerkungen zu dem Aufsatz von E. Nagy „Berichtigungen zu Szunyoghy: Systematische Revision des ungarländischen Schakals, gleichzeitig eine Bemerkung über das Rohrwolf-Problem". — Säugetierkdl. Mitt., Stuttgart, **9**: 4—6.

3522. Takai, F. (1938): Cenozoic mammalian fauna of the Japanese Empire. — J. geol. Soc. Japan, Tokyo, **45**: 745—763.

3523. — (1962): Vertebrate fossils from the Tadaki Formation. — J. anthrop. Soc. Nippon, Tokyo, **70** 732: 36—40.
3524. Talbot, L. M. (1959/60): A look at threatened species. — Oryx, London, **5**: 153—293.
3525. Taliyev, D. N. (1940): An experiment in applying the precipitation reaction in the study of the origin and history of the Baikalian fauna. — Trudy Baikal. Limnol. Stat. Acad. Sci. USSR., Leningrad, **10**: 241—352 (russ., engl. Summary).
3526. Tappen, N. C. (1960): Problems of Distribution and adaptation of the African monkeys. — Current Anthropol., Chicago, **1**: 91—120.
3527. — (1963): Genetics and systematics in the study of Primate evolution. — The Primates. — Sympos. zool. Soc. London, **10**: 267—276.
3528. Tarlo, L. B. H. (1963): A primitive whale from the London clay of the Isle of Sheppey. — Proc. geol. Ass., London, **74**: 319—323.
3529. Tate, G. H. H. (1932): Distribution of the South American shrews. — J. Mammal., Baltimore, **13**. 223—227.
3530. — (1933): A systematic revision of the Marsupial genus *Marmosa*. — Bull. Amer. Mus. nat. Hist., New York, **66**: 1—251.
3531. — (1936): Some Muridae of the Indo-Australian region. — Bull. Amer. Mus. nat. Hist., New York, **72**: 501—728.
3532. — (1945): Notes on the squirrel-like and mouse-like possums (Marsupialia). — Amer. Mus. Novit., New York, **1305**: 1—12.
3533. — (1945): The marsupial genus *Phalanger*. — Amer. Mus. Novit., New York, **1283**: 1—41.
3534. — (1945): The marsupial genus *Pseudocheirus* and its allies. — Amer. Mus. Novit., New York, **1287**: 1—30.
3535. — (1946): Geographical distribution of the bats in the Australasian Archipelago. — Amer. Mus. Novit., New York, **1323**: 1—21.
3536. — (1947): On the anatomy and classification of the Dasyuridae (Marsupialia). — Bull. Amer. Mus. nat. Hist., New York, **88**: 97—156.
3537. — (1948): Studies in the anatomy and phylogeny of the Macropodidae (Marsupialia). — Bull. Amer. Mus. nat. Hist., New York, **91**: 233—352.
3538. — (1948): Studies in the Peramelidae (Marsupialia). — Bull. Amer. Mus. nat. Hist., New York, **92**: 313—346.
3539. — (1951): The rodents of Australia and New Guinea. — Results of the Archbold Expeditions No. 65. — Bull. Amer. Mus. nat. Hist., New York, **97**: 183—430.
3540. — (1951): The banded anteater, *Myrmecobius* Waterhouse (Marsupialia). — Amer. Mus. Novit., New York, **1521**: 1—8.
3541. — (1951): *Harpyionycteris*, a genus of rare fruit bats. — Amer. Mus. Novit., New York, **1522**: 1—9.
3542. — (1951): The Wombats (Marsupialia, Phascolomyidae.) — Amer. Mus. Novit., New York, **1525**: 1—18.
3543. — & R. Archbold (1937): Some marsupials of New Guinea and Celebes. — Bull. Amer. Mus. nat. Hist., NewYork, **73**: 331—476.
3544. Tax, S. (ed.) (1960): Evolution after Darwin. **2**. The evolution of man. — Univ. Press, Chicago, 1—473.
3545. Taylor, E. L. (1941): Pseudorumination in the rabbit. — Proc. zool. Soc. London, A **110**: 159—163.
3546. Taylor, W. P. (1914): The problem of aquatic adaptation in Carnivora, as illustrated in the osteology and evolution of the sea-otter. — Bull. Dept. Geol. Univ. Calif. Publs. geol. Sci., Berkeley, **7**: 465—495.
3547. Tedford, R. H. (1955): Report on the extinct mammalian remains at Lake Menindee, New South Wales. — Rec. s.-austral. Mus., Adelaide, **11**: 299—305.
3548. — (1961): Tertiary land mammals from Australia. — Bull. austral. Mammal. Soc., **1961** 4: 14—18.
3549. — (1961): Clarendonian Insectivora from the Ricardo formation, Kern County, California. — Bull. S.-Calif. Acad. Sci., Los Angeles, **60**: 57—76.
3550. — (1966): A review of the Macropodid genus *Sthenurus*. — Univ. Calif. Publs. geol. Sci., Berkeley, **57**: 1—72.
3551. — (1967): The fossil Macropodidae from Lake Menindee, New South Wales. — Univ. Calif. Publs. geol. Sci., Berkeley, **64**: 1—156.
3552. — & R. M. Alf (1962): A new *Megahippus* from the Barstow Formation. San Bernardino County, California. — Bull. S.-Calif. Acad. Sci., Los Angeles, **61**: 113—122.
3553. Teilhard de Chardin, P. (1915): Les carnassiers des phosphorites du Quercy. — Ann. Paléont., Paris, **9**: 103—190.
3554. — (1926): Description de Mammifères de Chine et de Mongolie. — Ann. Paléont., Paris, **15**: 1—52.
3555. — (1927): Les mammifères de l'Eocène inférieur de la Belgique. — Mém. Mus. Hist. nat. Belg., Bruxelles, **36**: 1—33.
3556. — (1928): Note complémentaire sur la faune de mammifère du Tertiaire inférieur d'Orsmael. — Bull. Acad. Sci. Belg., Bruxelles, (5) **14**: 471—474.
3557. — (1938): The fossils from locality 12 of Choukoutien. — Palaeont. sinica, Peking, (n. S.) C **5** (ges. Ser. 114): 1—50.
3558. — (1939): New observations on the genus *Postschizotherium* v. Koenigswald. — Bull. geol. Soc. China, Peking, **19**: 257—267.
3559. — (1940): The fossils from locality 18 near Peking. — Palaeontologia sinica, Peking, (n. S.) C **9**: 32—49.
3560. — (1942): New rodents of the Pliocene and Lower Pleistocene of North China. — Publ. Inst. Géol.-Biol., Peking, **9**: I—XIII, 1—101.
3561. — & E. Licent (1936): New remains of *Postschizotherium* from SE-Shansi. — Bull. geol. Soc. China, Peking, **15**: 421—427.
3562. — & J. Piveteau (1930): Les mammifères fossiles de Nihowan, Chine. — Ann. Paléont., Paris, **19**: 1—134.
3563. — & M. Trassaert (1937): Pliocene camelidae, giraffidae and cervidae of South-Eastern Shansi. — Paleont. sinica, Peking, (n. S.) C **1**: 1—68.
3564. — & — (1938): Cavicornia of South-Eastern Shansi. — Palaeont. sinica, Peking, (n. S.) C **6**: 1—98.
3565. — & C. C. Young (1936): On mammalian remains from the archaeological site of Anyang. — Palaeont. sinica, Peking, (n. S.) C **12**, 1, 1—61.
3566. Tembrock, G. (1961): Lautforschung an Vulpes und anderen Caniden. — Verh. dtsch. Zool. Ges. Bonn 1960, Leipzig, **1960**: 482—487.
3567. — (1962): Methoden der vergleichenden Lautforschung. — Sympos. theriol. Brno 1960, Prag, 329—337.
3568. Thaler, L. (1962): Campagnols primitifs de l'ancien et du nouveau monde. — Probl. act. Paléont. (Evolution des vertébrés), Colloques internation. Cent. nation. Rech. scient., Paris, **104**: 387—397.
3569. — (1966): Les rongeurs du Bas-Languedoc dans leurs rapports avec l'histoire des faunes et la stratigraphie du Tertiaire d'Europe. — Mém. Mus. nation. Hist. nat., Paris, (n. S.) (C) **17**: 1—295.
3570. — & J. L. Hartenberger (1963): Sur les rongeurs fossiles du Vallésien (Miocène supérieur) de Can Llobateres (Sabadell, Espagne). — C. R. Acad. Sci., Paris, **256**: 3333—3336.
3571. Thenius, E. (1947): *Ursavus ehrenbergi* aus dem Pont von Euboea (Griechenland). — SBer. österr. Akad. Wiss. Wien, math.-natw. Kl. **156**: 225—249.
3572. — (1947): Bemerkungen über fossile Ursiden (Mamm.). — SBer. österr. Akad. Wiss., Wien, math.-naturw. Kl. I **156**: 201—208.
3573. — (1948): Über ein stammesgeschichtlich interressantes Stadium aus der Geschichte der Hirsche. — Anz. österr. Akad. Wiss., Wien, math.-naturw. Kl. **1948**: 219—224.
3574. — (1948): Die Entwicklung des Hornzapfens von *Miotragocerus*. — SBer. österr. Akad. Wiss., Wien, math.-naturw. Kl. I **157**: 203—221.
3575. — (1949): Die Carnivoren von Göriach. — SBer. österr. Akad. Wiss., Wien, math.-naturw. Kl. I **158**: 695—762.
3576. — (1949): Über die Gehörregion von *Indarctos* (Ursidae, Mamm.). — SBer. österr. Akad. Wiss., Wien, math.-naturw. Kl. I **158**: 647—653.
3577. — (1949): Die Lutrinen des steirischen Tertiärs. — SBer. österr. Akad. Wiss., Wien, math.-naturw. Kl. I **158**: 299—322.
3578. — (1949): Der erste Nachweis einer fossilen Blindmaus (*Spalax hungaricus* Nehr.) in Österreich. — SBer. österr. Akad. Wiss., Wien, math.-naturw. Kl. I **158**: 287—298.
3579. — (1949): Über die systematische und phylogenetische Stellung der Genera *Promeles* und *Semantor*. — SBer. österr. Akad. Wiss., Wien, math.-naturw. Kl. I **158**: 328—336.
3580. — (1949): Zur Herkunft der Simocyoniden (Caniden, Mammalia). Eine phylogenetische Studie. — SBer. österr. Akad. Wiss., Wien, math.-naturw. Kl. I **158**: 799—810.
3581. — (1950): Ergebnisse der Neuuntersuchung von *Miophoca vetusta* Zapfe (Phocidae, Mammal.) aus dem Torton des Wiener Beckens. — Anz. österr. Akad. Wiss., Wien, **1950**: 99—107.
3582. — (1950): Das Meerschweinchen — biologisch betrachtet. — Österr. zool. Z., Wien, **2**: 414—422.
3582a. — (1950): Die tertiären Lagomeryciden und Cerviden der Steiermark. — SBer. österr. Akad. Wiss., Wien, math.-naturw. Kl. I **159**: 219—254.

3583. — (1951): Über das Vorkommen von *Trimylus schlosseri* (Soricidae, Mamm.) im Pannon des Wiener Beckens. — Anz. österr. Akad. Wiss., Wien, math.-naturw. Kl. **1951**: 278—282.

3584. — (1952): Die Säugetierfauna aud dem Torton von Neudorf an der March (ČSSR). — N. Jb. Geol. Paläont., Stuttgart, Abh. **96**: 27—136.

3585. — (1952): *Gazella* cf. *deperdita* aus dem europäischen Vindobonien und das Auftreten der *Hipparion*fauna. — Eclogae geol. Helv., Basel, **44**: 381—394.

3586. — (1952): Die Boviden des steirischen Tertiärs. — SBer. österr. Akad. Wiss., Wien, math.-naturw. Kl. I **161**: 409—439.

3587. — (1953): Zur Analyse des Gebisses des Eisbären, *Ursus* (*Thalarctos*) *maritimus* PHIPPS 1774. — Säugetierkdl. Mitt., Stuttgart, **1**: 1—7.

3588. — (1953): Zur Gebiß-Analyse von *Megaladapis edwardsi* (Lemur., Mammal.). — Zool. Anz., Leipzig, **150**: 251—260.

3588a. — (1953): Gepardreste aus dem Altquartär von Hundsheim in Niederösterreich. — N. Jb. Geol. Paläont., Stuttgart, Mh., **1953**: 225—238.

3589. — (1954): Die Caniden (Mammalia) aus dem Altquartär von Hundsheim (N. Ö.). — N. Jb. Geol. Paläont., Stuttgart, Abh. **99**: 230—286.

3590. — (1954): Zur Abstammung der Rotwölfe (Gttg. *Cuon* HODGSON). — Österr. zool. Z., Wien, **5**: 377—387.

3591. — (1955): Die Verknöcherung der Nasenscheidewand bei Rhinocerotiden und ihr systematischer Wert. Zum Geschlechtsdimorphismus fossiler Rhinocerotiden. — Schweiz. paläont. Abh., Basel, **71**: 1—17.

3592. — (1956): Zur Kenntnis der unterpliozänen *Diceros*-Arten (Mammalia, Rhinocerotidae). — Ann. naturhist. Mus. Wien, **60**: 202—211.

3593. — (1956): Zur Entwicklung des Knochenzapfens von *Protragocerus* DEPERET (Bovidae, Mammalia) aus dem Miozän. — Geologie, Berlin, **5**: 308—318.

3594. — (1956): Die Suiden und Tayassuiden des steirischen Tertiärs. — SBer. österr. Akad. Wiss. Wien, math.-naturw. Kl. I **165**: 337—382.

3595. — (1956): Zur Kenntnis der fossilen Braunbären (Ursidae, Mammalia). — SBer. österr. Akad. Wiss., Wien, math.-naturw. Kl. I **165**: 153—172.

3596. — (1958): Tertiärstratigraphie und tertiäre Hominoidenfunde. — Anthropol. Anz., Stuttgart, **22**: 66—77.

3597. — (1958): Geweihjugendstadien des eiszeitlichen Riesenhirsches, *Megaceros giganteus* (BLUM.) und ihre phylogenetische Bedeutung. — Acta zool. cracov., **2**: 707—721.

3598. — (1958): Über einen Kleinbären aus dem Pleistozän von Slowenien nebst Bemerkungen zur Phylogenese der pliopleistozänen Kleinbären. — Slov. Akad. Znan. Umetn. Razpr., Ljubljana, **4**: 633—646.

3599. — (1959): *Indarctos arctoides* (Carnivora, Mammalia) aus dem Pliozän Österreichs nebst einer Revision der Gattung. — N. Jb. Geol. Paläont., Stuttgart, Abh. **108**: 270—295.

3600. — (1959): Tertiär II. Wirbeltierfaunen. — Handb. strat. Geol., Enke, Stuttgart, 3 **2**: I—XI, 1—328.

3601. — (1960): *Equus* (*Asinus*) *hydruntinus* REG. aus dem Jungpleistozän von Brünn (Brno, ČSSR). — Mammalia pleist., Brno, **1**: 137—142.

3602. — (1961): Über die Bedeutung der Palökologie für die Anthropologie und Urgeschichte. — 2. Sympos. Burg Wartenstein, Horn, 80—103.

3602a. — (1961): Hyänenfraßspuren aus dem Pleistozän von Kärnten. Ein Beitrag zur Frage der sog. „osteodontokeratischen Kultur" der Australopithecinen (Hominidae). — Carinthia II, Klagenfurt, **151**: 88—101.

3603. — (1962): Die Großsäugetiere des Pleistozäns von Mitteleuropa. — Z. Säugetierkde., Berlin, Hamburg, **27**: 65—83.

3604. — (1964): Herkunft und Entwicklung der südamerikanischen Säugetierfauna. — Z. Säugetierkde., Berlin, Hamburg, **29**: 267—284.

3605. — (1964): Entwicklungsgeschwindigkeit und Aussterben — zwei Probleme der Evolution. — Umschau, Frankfurt/M., **64**: 389—393.

3606. — (1966): Zur Stammesgeschichte der Hyänen (Carnivora, Mammalia). — Z. Säugetierkde., Berlin, Hamburg, **31**: 293—300.

3607. — (1966): Die Wildrinder. Ihre Herkunft und ihre Verbreitungsgeschichte. — Kosmos, Stuttgart, **62**: 62—67.

3608. — (1966): Die Vorgeschichte der Einhufer. — Z. Säugetierkde., Berlin, Hamburg, **31**: 150—171.

3609. — (1967): Zur Phylogenie der Feliden (Carnivora, Mamm.). — Z. zool. Syst., Evolutionsforschg., Frankfurt, **5**: 129—143.

3610. — & H. HOFER (1960): Stammesgeschichte der Säugetiere. — Springer, Berlin, I—VI, 1—322.

3611. —, — & A. PREISINGER (1961): *Capra* „*prisca*" SICKENBERG und ihre Bedeutung für die Abstammung der Hausziegen. — Z. Tierzüchtg. Züchtungsbiol., Berlin, Hamburg, **76**: 321—325.

3611a. THIEDE, U. (1966): Zur Evolution von Hirneigenschaften mitteleuropäischer und südamerikanischer Musteliden I. Innerartliche Ausformung und zwischenartliche Unterschiede äußerlich sichtbarer Merkmale. — Z. zool. Syst., Evolutionsforschg., Frankfurt, **4**: 318—377.

3612. THOMAS, O. (1887): On the homologies and succession of the teeth in the Dasyuridae, with an attempt to trace the history of the evolution of mammalian teeth in general. — Phil. Trans. roy. Soc., London, B **178**: 443—462.

3613. — (1888): Catalogue of the Marsupialia and Monotremata in the collection of the British Museum. — Brit. Mus. natur. Hist. London, I—XIII, 1—401.

3614. — (1890): On the dentition of *Ornithorhynchus*. — Proc. roy. Soc. London, **46**: 126—131.

3615. — (1890): A milk dentition in *Orycteropus*. — Proc. roy. Soc. London, **47**: 246—248.

3616. — (1895): Description of four small mammals from South America. — Ann. Mag. nat. Hist., London, (6) **16**: 367—370.

3617. — (1897): On the genera of rodents: an attempt to bring up to date the current arrangement of the order. — Proc. zool. London, **1896**: 1012—1028.

3618. — (1913): On some rare Amazonian mammals from the collection of the Para Museum. — Ann. Mag. nat. Hist,, London, (8) **11**: 130—136.

3619. — (1918): The generic division of the Hedgehogs. — Ann. Mag. nat. Hist., London (9) **1**: 193—196.

3620. THORPE, M. R. (1937): The Merycoidontidae, an extinct group of ruminant mammals. — Mem. Peabody Mus. nat. Hist., New Haven, 3 **4**: I—XXII, 1—428.

3621. TIGGES, J. (1963): Untersuchungen über den Farbensinn von *Tupaia glis* (DIARD 1820). — Z. Morph. Anthrop., Stuttgart, **53**: 109—123.

3622. — (1966): Ein experimenteller Beitrag zum subkortikalen optischen System von *Tupaia glis*. — Folia primatol., Basel, **4**: 103—123.

3623. TILNEY, F. (1927): The brain from ape to man. A contribution to the study of human evolution. — 2 vol. New York.

3624. — (1931): Fossil brains of some early Tertiary Mammals of North America. — Bull. neurol. Inst., New York, **1**: 430—505.

3625. TINBERGEN, N. (1952): Instinktlehre. — Übers. v. O. KOEHLER. Berlin & Hamburg.

3626. TINDALE, N. B. (1955): Archaeological site at Lake Menindee, New S. Wales. — Rec. S.-Austral. Mus. Adelaide, **11**: 269—298.

3627. — (1957): Culture succession in South-Eastern Australia from Late Pleistocene to the Present. — Rec. S.-Austr. Mus., Adelaide, **13**: 1—50.

3628. TOBIAS, P. V. (1963): Cranial capacity of *Zinjanthropus* and other Australopithecines. — Nature, London, **197**: 743—746.

3629. — (1964): The Olduvai Bed I Hominine with special reference to its cranial capacity. — Nature, London, **202** 4927: 3—4.

3630. — (1965): New discoveries in Tanganyika: Their bearing on hominid evolution. — Current Anthrop., Chicago, **6**: 391—399.

3631. — (1965): Early man in East Africa. — Science, New York, **149**: 22—33.

3631a. — (1966): The distinctiveness of *Homo habilis*. — Nature, London, **209**: 953—957.

3632. — (1967): The cranium and maxillary dentition of *Australopithecus* (*Zinjanthropus*) *boisei*. — In: LEAKEY, L. S. B.: Olduvai Gorge II. Univ. Press, Cambridge, I—XVI, 1—264.

3632a. — (1967): General questions arising some Lower and Middle Pleistocene hominids of the Olduvai Gorge, Tanzania. — S. Afric. J. Sci. **63**: 41—48.

3633. — & G. H. R. v. KOENIGSWALD (1964): A comparison between the Olduvai Hominines and those of Java and some implications for Hominid phylogeny. — Nature, London, **204**: 515—518.

3634. TOBIEN, H. (1935): Über die pleistozänen und postpleistozänen *Prolagus*formen Korsikas und Sardiniens. — Ber. naturf. Ges. Freiburg, **34**: 253—344.

3635. — (1936): Mitteilungen über Wirbeltierreste aus dem Mittelpleistocän des Natrontales (Aegypten). 7. Artiodactyla, A. Bunodontia: Suidae. — Z. dtsch. geol. Ges., Berlin, **88**: 41—53.
3636. — (1952): Über die Funktion der Seitenzehen tridactyler Equiden. — N. Jb. Geol. Paläont., Stuttgart, Abh. **96**: 137—172.
3637. — (1954): Nagerreste aus dem Mitteleozän von Messel bei Darmstadt. — Notizbl. hess. L.-Anst. Bodenforschg., Wiesbaden, **82**: 13—29.
3638. — (1957): *Cuon* HODG. und *Gulo* FRISCH (Carnivora, Mammalia) aus den altpleistozänen Sanden von Mosbach bei Wiesbaden. — Acta zool cracov., **2**: 433—451.
3639. — (1962): Insectivoren (Mamm.) aus dem Mitteleozän (Lutetium) von Messel bei Darmstadt. — Notizbl. hess. L.-Anst. Bodenforschg., Wiesbaden, **90**: 7—47.
3640. — (1963): Zur Gebißentwicklung tertiärer Lagomorpen (Mamm.) Europas. — Notizbl. hess. L.-Anst. Bodenforschg., Wiesbaden, **91**: 16—35.
3641. TODD, N. & S. PRESSMAN (1966): The Karyotype of the lesser Indian mongoose (*Herpestes javanicus* GEOFFROY), the mierkat (*Suricata suricata* DESM.) and contents on the taxonomy and karyology of the Viverridae. — Mammal. Chromos. Newsletter, Houston, **21**: 154—155.
3642. TOEPFER, V. (1934): Ein diluviales Steinbockgehörn aus Thüringen. — Paläont. Z., Berlin, **16**: 276—281.
3643. TOKUNAGA, S. (1933): A list of the fossil land mammals of Japan and Korea with description of new Eocene forms from Korea. — Amer. Mus. Novit., New York, **627**: 1—7.
3644. — & F. TAKAI (1939): A study of *Metacervulus astylodon* (MATS.) from the Ryukyu Islands, Japan. — Trans. biogeogr. Soc. Japan, **3**: 221—248.
3645. TOLMACHOFF, I. P. (1928): Extinction and Extermination. — Bull. geol. Soc. Amer., New York, **39**: 1131—1148.
3646. TOMES, C. S. (1874): On the existence on an enamel organ in an Armadillo (*Tatusia peba*). — Quart. J. microsc. Sci., London, **14**: 48.
3647. TOMILIN, M. I. (1940): Menstrual bleeding and genital swelling in *Miopithecus* (*Cercopithecus*) *talapoin*. — Proc. zool. Soc. London, **110**: 43—45.
3648. TOOHEY, L. (1959): The species of *Nimravus* (Carnivora, Felidae). — Bull. Amer. Mus. natur. Hist., New York, **118**: 71—112.
3649. TOPATSCHEVSKII, V. O. (1962): Fossile Rüsselmäuse (Bisamspitzmäuse) der Gattung *Desmana* aus den Neogen- und Anthropogen-Ablagerungen des europäischen Teiles der USSR. — Fossile Faunen der Ukraine und benachb. Terr., Akad. Nauk Ukrain. RSSR., Kiew, **1**: 5—90.
3649a. TORRE, D. (1967): Analisi di alcune differenze nell' apparato masticatorio dei leoni e delle pantere. — Atti Soc. toscana Sci. natur., Mem. B, Pisa, **74**: 59—70.
3650. TOTH, G. (1944): Weitere Reste von *Miophoca vetusta* ZAPFE aus dem Torton des Wiener Beckens. — Palaeobiologica, Wien, **8**: 173—194.
3651. TOULA, F. (1898): *Phoca vindobonensis* von Nußdorf in Wien. — Beitr. Paläont. Geol. Österr.-Ungarns, Orient, Wien, **11**: 47—70.
3652. TOURNOUER, R. (1879): Fossiles recueillis par M. Lebesconte dans les divers étages du bassin tertiaire de Lormandière et de la Chaissérie. — C. R. Soc. géol. France, Paris, (3) **7**: XXXIX.
3653. TRATZ, E. P. (1958): Ein Beitrag zum Kapitel „Rohrwolf", *Canis lupus minor* MOJSISOVICS 1887. — Säugetierkdl. Mitt., Stuttgart, **6**: 161—162.
3654. — & H. HECK (1954): Der afrikanische Anthropoide „Bonobo", eine neue Menschenaffengattung. — Säugetierkdl. Mitt., Stuttgart, **2**: 97—101.
3655. TREVISAN, L. (1954): Lo scheletro di *Elephas antiquus italicus* di Fonte Campanile (Viterbo). — Palaeontographica ital., Pisa, **44**: 1—78.
3656. TROFIMOV, B. A. (1949): Der älteste Vertreter der Urschweine in Asien. — C. R. Acad. Sci. URSS, Moskau, **67**: 145—148. (russ.).
3657. — (1952): Neue Entelodontiden aus der Mongolei und Kasachstan. — Trudy paleont. Inst. Akad. Nauk USSR, Moskau, **41**: 145—154. (russ.).
3658. — (1952): On the genus *Pseudictops* — a peculiar insectivore from the Lower Tertiary deposits of Mongolia. — Trudy paleont. Inst. Akad. Nauk USSR, Moskau, **41**: 7—12. (russ.).
3659. — (1957): Nouvelles données sur les ruminantia les plus anciens d'Asie. — Curs. Conf. Inst. „Lucas Mallada", Madrid, **4**: 137—141.
3660. — (1958): New Bovidae from the Oligocene of Central Asia. — Vertebr. palasiatica, Peking, **2**: 243—247.
3661. — (1958): Renaming of the entelodont *Brachyodon* TROFIMOV 1952 as *Ergilobia* nom. nov. — Mat. osnov. paleont. Akad. Nauk USSR, **2**: 119 (russ.).
3662. TROUESSART, E. L. (1898): Catalogus Mammalium IV. Artiodactyla. — Berlin, 800—998.
3663. — (1911): Le loup de l'Inde (*Canis pallipes* SYKER), souche ancestrale du chien domestique. — C. R. Acad., Paris, **152**: 909—913.
3664. TROUGHTON, E. L. (1932): A revision of the rabbit-bandicoots. Family Peramelidae, genus *Macrotis*. — The austr. Zool., Sydney, **7**: 219—236.
3665. — (1957): A new native dog from the Papuan highlands. — Proc. roy. zool. Soc. N. S. Wales, Sydney, 1955—56: 93—94.
3666. — (1959): The marsupial fauna: its origin and radiation. — In: KEAST, A., R. LEROCKER & C. S. CHRISTIAN: Biogeography and ecology in Australia. Monogr. Biol., W. Junk, Den Haag, **8**: 69—88.
3667. TROXELL, E. L. (1920): Entelodonts in the Marsh collection I—III. — Amer. J. Sci., New Haven, (4) **50**: 243—255, 361—386, 431—445.
3668. TRUMLER, E. (1959): Die Unterarten des Kiangs, *Hemionus* Kiang (Moorcroft 1841). — Säugetierkdl. Mitt., Stuttgart, **7**: 17—24.
3669. — (1961): Entwurf einer Systematik der rezenten Equiden und ihrer fossilen Verwandten. — Säugetierkdl. Mitt., Stuttgart, **9**: 109—125.
3670. TSCHERSKI, J. D. (1892): Beschreibung der Sammlung posttertiärer Säugethiere. — Mém. Acad. imp. Sci., St.-Pétersbourg (7) **40** 1: I—V, 1—511.
3671. TULLBERG, T. (1896): Zur Anatomie des *Haplodon rufus*. — Zool. Stud. Festschr. f. W. Lilljeborg, Upsala, 231—281.
3672. — (1899): Über das System der Nagethiere. Eine phylogenetische Studie. — Nova Acta Reg. Soc. scient. Upsala (3) **18**: 1—514.
3673. TUNG, T.-C. (1962): The taxonomic position of *Gigantopithecus* in Primates. — Vertebr. palasiatica, Peking, **6**: 375—383.
3674. TURNBULL, W. D. (1960): A Lance didelphid molar, with comments on the problems of the Lance therians. — Fieldiana; Geol., Chicago, **10** 36: 525—537.
3675. — & C. A. REED (1960): *Arctoryctes* and some other Chadronian vertebrate microfossils from Nebraska. — Fieldiana; Geol., Chicago, **14** 3: 41—57.
3676. — & — (1967): *Pseudochrysochloris*, a specialized burrowing mammal from the early Oligocene of Wyoming. — J. Paleont., Tulsa, **41**: 623—631.
3676a. TUTTLE, R. H. (1967): Nuckle-walking and the evolution of hominoid hands. — Amer. J. Phys. Anthrop. **26**: 171—206.
3677. TWENTE, J. W. & J. A. TWENTE (1964): A hypothesis concerning the evolution of heterothermy in bats. — Ann. Acad. sci. fenn., Helsinki, (Ser. A IV) **71**: 433—442.
3678. TYSZKA, H. v. (1966): Das Großhirnfurchenbild als Merkmal der Evolution. Untersuchungen an Boviden. I. (Subfamilien Bovinae und Hippotraginae nach Simpson 1945). — Mitt. Hambg. Zool Mus. Inst., Hamburg, **63**: 121—158.
3679. UECK, M. (1961): Abstammung und Rassenbildung der vorkolumbianischen Haushunde in Südamerika. — Z. Säugetierkde., Hamburg, Berlin, **26**: 157—176.
3680. ULLRICH, W. (1961): Zur Biologie und Soziologie der Colobusaffen. — Zool. Garten, Leipzig, (n. F.) **25**: 305—368.
3681. ULOTH, W. (1966): Die Taxonomie der rezenten Wildschafe im Blickpunkt der Verkreuzung. — Säugetierkdl. Mitt., Stuttgart, **14**: 273—278.
3682. URSING, B. (1932): Über Entwicklung und Bau des Hand- und Fuß-Skelettes bei *Bradypus tridactylus*. — Lunds Univ. Arsskrift, Lund, (n. F.) (2) **28** 12: 1—108.
3683. USHIJAMA, R. N., F. S. SHININGER & T. J. GRAND (1964): Chromosome complements of two species of primates: *Cynopithecus niger* and *Presbytis entellus*. — Science, New York, **146**: 78—79.
3684. VALLOIS, H. V. (1949): The Fontéchevade fossil Men. — Amer. J. phys. Anthropol., Washington, **7**: 339—360.
3685. — (1952): Monophyletism and polyphyletism in man. — S. Afric. J. Sci., Cape Town, **49**: 69—79.
3686. — (1954): La capacité cranienne chez les primates supérieurs et le „Rubicon cerebral". — C. R. Acad. Sci., Paris, 238: 1349—1351.
3687. — (1955): Ordre des Primates. — In: GRASSÉ, P. (ed.) Traité de Zoologie, Paris, **17** 2: 1854—2206.

3688. — (1955): La mandibule humaine prémousterienne de Montmaurin. — C. R. Acad. Sci., Paris, **240**: 1577—1579.
3689. — (1956): The pre-Mousterian human mandible from Montmaurin. — Amer. J. phys. Anthropol., Washington, (n. S.) **14**: 319—323.
3690. — (1958): La grotte de Fontéchevade. II. Anthropologie.— Masson & Cie., Paris, 1—164.
3690a. — (1959): L'homme de Rabat. — Bull. Archéol. Maroc, Rabat, **3**: 87—91.
3691. — & H. L. Movius (ed.): Catalogue des hommes fossiles.— 19. Congr. géol. internation. Alger 1952, Alger, **5**: 61—376 (1—318).
3692. van Beneden, P. J. (1876): Les Phoques fossiles du bassin d'Anvers. — Bull. Acad. roy. Sci. Belg., Bruxelles, (2) **41**: 798—799.
3693. Vandebroek, G. (1961): The comparative anatomy of the teeth of Lower and non spezialiced mammals. — Internation. Coll. Evol. Mammals, Brüssel, 215—320.
3694. — (1964): Recherches sur l'origine des mammifères. — Ann. Soc. roy. zool. Belg., Bruxelles, **94**: 117—160.
3695. — (1966): Die Entstehung der Monotremen. — Vortrag 40. Hauptvers., dtsch. Ges. f. Säugetierkde. Amsterdam 3.—7. Okt. 1966.
3695a. — (1966): Plans dentaires fondamentaux chez les rongeurs. Origine des muridés. — Ann. Mus. Roy. Afr. Centr. sci. zool. **144**: 115—152.
3696. Vanderhof, V. L. (1937): A study of the Miocene sirenian *Desmostylus*. — Univ. Calif. Publs. geol. Sci., Berkeley, **24**: 169—262.
3696a. — (1941): Miocene sea-cow from Santa Cruz, California, and its bearing on intercontinental correlation. — Bull. geol. Soc. Amer., Rochester, N. Y., **52**: 1984—1985.
3697. — & J. T. Gregory (1940): A review of the genus *Aelurodon*. — Univ. Calif. Publs., geol. Sci., Berkeley, **25**: 143—164.
3698. van Deusen, H. M. (1963): First New Guinea record of *Thylacinus*. — J. Mammal., Baltimore, **44**: 279—280.
3699. van Valen, L. (1960): Therapsids as mammals? — Evolution, Lancaster, Pa., **14**: 304—313.
3700. — (1963): The origin and status of the mammalian order Tillodontia. — J. Mammal., Baltimore, **44**: 364—373.
3701. — (1964): A possible origin for rabbits. — Evolution, Lancaster, Pa., **18**: 484—491.
3702. — (1964): Nature of supernumerary molars of *Otocyon*. — J. Mammal., Baltimore, **45**: 284—286.
3703. — (1965): Paroxyclaenidae, an extinct family of Eurasian mammals. — J. Mammal., Baltimore, **46**: 388—397.
3704. — (1965): Some European Proviverrini (Mammalia, Deltatheridia). — Paleontology, London, **8**: 638—665.
3705. — (1965): Treeshrews, Primates, and fossils. — Evolution, Lancaster, Pa., **19**: 137—151.
3706. — (1965): A Middle Palaeocene Primate. — Nature, London, **207** 4995: 435—436.
3707. — (1966): Deltatheridia: a new order of mammals. — Bull. amer. Mus. nat. Hist., New York, **132** 1: 1—126.
3707a. — (1966): On discussing human races. — Persp. Biol. Med., Chicago, **9**: 377—383.
3708. — (1967): New Paleocene insectivores and insectivore classification. — Bull. amer. Mus. nat. Hist., New York, **135**: 217—284.
3709. — & R. E. Sloan (1965): The earliest Primates. — Science, New York, **150**: 743—745.
3709a. — & — (1966): The extinction of the Multituberculates.— System. Zool., Washington, **15**: 261—278.
3710. Vanzolini, P. E. & L. R. Guimarares (1955): Lice and their history of South American land mammals. — Evolution, Lancaster, Pa., **9**: 345—347.
3711. Vaufrey, R. (1928): Sur l'*Aprotodon smith-woodwardi* Forster Cooper et la phylogénie des Hippopotames. — Bull. Soc. géol. France, Paris, (4) **28**: 227—239.
3712. — (1929): Les éléphants nains des îles méditerranéennes. — Arch. Inst. paléont. hum., Mém., Paris, **6**: 1—220.
3712a. Verestschagin, N. K. (1954): *Poephagus baikalensis* N. Ver. spec. nova from Pleistocene fauna from Eastern Siberia. — C. R. Akad. Nauk USSR, Moskau, (n. S.) **99**: 455—458 (russ.).
3713. — (1957): Remains of mammals in the Lower Quaternary deposits of the Tamansk Peninsula. — Trav. Inst. Zool. Acad. Sci. USSR, Moskau, **22**: 9—74 (russ.).
3714. — (1959): Säugetiere des Kaukasus. Entwicklungsgeschichte der Faunen. — Akad. Nauk USSR, zool. Inst., Moskau: 1—704.
3715. Verheyen, W. N. (1961): Recherches anatomiques sur *Micropotamogale ruwenzoii*. Bull. Soc. roy. Zool. Anvers, **21** 1/2: 1—83, **22** 3/4: 1—64.
3716. — (1962): Contribution à la craniologie comparée des Primates, les genres *Colobus* Illiger 1811 et *Cercopithecus* Linné 1758. — Ann. Mus. roy Afr. centr., Tervuren, (8) Sci. Zool. **105**: 1—255.
3717. Verma, K. (1962): On the structure of the skulls of Indian hedghogs. — Mammalia, Paris, **26**: 362—401.
3718. (1965): Notes on the biology and anatomy of the Indian tree-shrew, *Anatana wroughtoni*. — Mammalia, Paris, **29**: 289—330.
3719. Versluys, J., O. Poetzl & K. Lorenz (1939): Hirngröße und hormonales Geschehen bei der Menschwerdung. — Wien, I—IV, 1—50.
3720. Vetulani, T. (1952): Das Tarpan-Problem im Lichte neuerer Arbeiten der Akademie der Wissenschaften der USSR über die Geschichte der Pferde der Alten Welt. — Zool. J., Moskau, **31**: 727—735 (russ.).
3721. Villalta, J. F. de & M. Crusafont (1944): Nuevos insectivoros del Mioceno continental del Vallés-Panadés. — Notas Comun. Inst. geol. min. España, Madrid, **12**: 1—25.
3722. — & M. Crusafont-Pairó (1956): Un nouveau *Ruscinomys* du Pontien espagnol et sa position systématique. — C. R. Soc. géol. France, Paris, **7**: 91—93.
3723. — & — (1957): Dos nuevas especies de *Hipparion* del Pikermiense espanol. — Curs. Conf. Inst. „Luca Mallada", Madrid, **4**: 65—69.
3724. Vinogradov, B. S. (1926): Some external and osteological characters of *Prometheomys Schaposchenkovi* Satunin. — Proc. zool. Soc. London, **1926**: 401—411.
3725. — (1948): Über die Entdeckung von Kadavern ausgestorbener Ziesel im ewigen Eis des Flußbeckens der Indigirka. — Ber. Akad. Wiss. USSR., Leningrad, **62**: 553—556 (russ.).
3726. Viret, J. (1925): Sur la faune de rongeurs de Saint Gérand-le-Puy (Allier). — C. R. Acad. Sci., Paris, **181**: 337—342.
3727. — (1926): Nouvelles observations relatives à la faune de rongeurs de Saint Gérand-le-Puy. — C. R. Acad. Sci., Paris, **183**: 71—72.
3728. — (1929): Les faunes de Mammifères de l'Oligocène supérieur de la Limagne bourbonnaise. — Ann. Univ. Lyon, (n. S.) I **47**: I—VIII, 1—327.
3729. — (1929): Cephalogale batalleri. Carnassier du Pontien de Catalogne. — Bull. Soc. Hist. nat., Toulouse, **58**: 5651—568
3730. — (1938): Étude sur quelques érinacéidés fossiles spécialement sur le genre *Palaerinaceus*. — Trav. Labor. géo. Fac. Sci. Univ. Lyon, **34** 28: 1—32.
3731. — (1939): Monographie paléontologique de la faune de vertébrés des sables de Montpellier III. Carnivora fissipedia. — Trav. Labor. geol. Fac. Sci. Lyon, **37** 2: 1—26.
3732. — (1940): Étude sur quelques Érinacéidés fossiles: genre *Plesiosorex*, *Lanthanotherium*. — Trav. Labor. géol. Fac. Sci., Lyon, **39** 28: 33—65.
3733. — (1946): Sur la position systématique du melidé miocène *Trocharion albanense* Major. — Bull. Soc. Linn. Lyon, 25—28.
3734. — (1947): Découverte d'un nouvel Ancylopode dans le Pontien de Soblay (Ain). — C. R. Acad. Sci., Paris, **224**: 353—354.
3735. — (1947): Nouvelles observations sur le grenre *Necrogymnurus* Filhol (Érinacéidés). — Eclogae geol. Helv., Basel, **40**: 336—343.
3736. — (1951): *Meles thorali* n. sp. du loess villafranchien de St. Vallier (Drôme). — Eclogae geol. Helv., Basel, **43**: 274—287.
3737. — (1951): Catalogue critique de la faune des mammifères miocènes de la Grive St.-Alban (Isère). I. Chiroptères, Carnivores, Edentés, Pholidotes. — Nouv. Arch. Mus. Hist. nat., Lyon, **3**: 1—104.
3738. — (1954): Le loess à bancs durcis de Saint-Vallier (Drôme) et sa faune de mammifères villafranchiens. — Nouv. Arch. Mus. Hist. nat., Lyon, **4**: 1—200.
3739. — (1955): Rodentia fossiles. — In: Grassé, P. (ed.): Traité de Zoologie, Paris, **17** 2: 1845—1848.
3740. — (1958): Perissodactyla. — In: Piveteau, J. (ed.): Traité de Paléontologie, Paris, **6** 2: 368—475.
3741. — (1961): Catalogue critique de la faune des mammifères miocènes de la Grive-St.-Alban (Isère). Perissodactyla, Proboscidea. — Nouv. Arch. Mus. Hist. nat., Lyon, **6**: 53—81.
3742. — (1961): Artiodactyla. — In: J. Piveteau (ed.): Traité de Paléontologie, Paris, **6** 1: 887—1084.

3743. — & M. CRUSAFONT (1955): *Plesiomeles Cajali* n. g. n. sp., un Méliné du Vallésien d'Espagne. — Eclogae geol. Helv., Basel, **48**: 447—452.
3744. — & G. MAZENOT (1948): Nouveaux restes de Mammifères dans le gisement de lignite pontien de Soblay (Ain). — Ann. Paléont., Paris, **34**: 19—58.
3745. — & S. SCHAUB (1946): Le genre *Anomalomys*, rongeur néogène et sa répartition stratigraphique. — Eclogae geol. Helv., Basel, **39**: 342—352.
3746. — & E. THENIUS (1952): Sur la présence d'une nouvelle espèce d'Hyracoide dans le Pliocène de Montpellier. — C. R. Acad. Sci., Paris, **235**: 1678—1680.
3747. — & H. ZAPFE (1951): Sur quelques Soricidés miocènes. — Eclogae geol. Helv., Basel, **44**: 411—426.
3748. VLCEK, E. (1961): Finds of old Pleistocene apes on the territory of Czechoslovakia. — Acta Fac. Rerum nat. Univ. Comenianae, Bratislava, **5**, Anthropol. Publ. 3: 137—154.
3749. — (1964): Einige in der Ontogenese des modernen Menschen untersuchte Neandertalermerkmale. — Z. Morph. Anthropol., Stuttgart, **56**: 63—83.
3750. VOGEL, C. (1961): Über den phylogenetischen Wert von Mandibelmerkmalen bei höheren Primaten. — Z. Morph. Anthropol., Stuttgart, **51**: 275—288.
3751. — (1966): Die Bedeutung der Primatenkunde für die Anthropologie. — Naturwiss. Rundschau, Stuttgart, **19**: 415—421.
3752. — (1966): Morphologische Studien am Gesichtsschädel catarrhiner Primaten. — Bibl. primat., Basel **4**: 1—226.
3753. VOIT, M. (1909): Das Primordialcranium des Kaninchens unter Berücksichtigung der Deckknochen. Ein Beitrag zur Morphologie des Säugetierschädels. — Anat. Hefte, Wiesbaden, **38**: 425—616.
3753a. — (1923): Über einige Befunde in der Gegend des Gelenkteiles, des primordialen Unterkiefers der Wirbeltiere. — Verh. anat. Ges. Heidelberg, 68—77.
3754. VORONTZOV, N. N. (1957): The structure of the stomach and the relative development of the different segments of the intestine in Cricetinae from the Palearctic region and the New World. — Dokl. Akad. Nauk USSR, Moskau, **117**:
3755. — (1959): Das System der Hamster (Cricetinae) der Weltfauna und ihre phylogenetischen Beziehungen. — Bull. Soc. natur. Moscou **64** (Biol. Jg. 1959) **5**: 134—137.
3756. — (1961): Tempo of evolution in hamsters (Cricetinae) and some factors determining its rate. — Doklady, Akad. Nauk USSR, Moskau, **136**: 1494—1497.
3757. — (1962): The ways of food specialization and evolution of the alimentary system in Muroidea. — Sympos. theriol., Prag, 360—377.
3758. — (1963): Die Ungleichmäßigkeit der Tempi der Umgestaltung der Organe und das Prinzip der Kompensation der Funktionen. — Zool., J., Moskau, **9**: 1289—1305 (russ.).
3759. — (1963): *Aralomys glikmani*, a new species of Cricetidae. — Palaeont. J., Moskau, 151—154.
3760. — (1967): Evolution of the alimentary system of myomorph rodents. — Acad. Sci. USSR, Novosibirsk, 1—239.
3761. WAGLER, J. G. (1830): Natürliches System der Amphibien, mit vorangehender Classification der Säugethiere und Vögel. Ein Beitrag zur vergleichenden Zoologie. — München, I—VI, 1—354.
3762. WAGNER, H. O. (1956): Freilandbeobachtungen an Klammeraffen. — Z. Tierpsychol., Hamburg, **13**: 302—313.
3763. WAKEFIELD, N. (1960): Recent mammal-bones from the Buchan District. I. — Victor. Naturalist, Melbourne, **77**: 164—178.
3764. — (1960): Recent mamal-bones in the Buchan district II. — Victor. Naturalist, Melbourne, **77**: 227—240.
3765. WALKER, E. P. (1964): Mammals of the World I + II. — J. Hopkins, Baltimore, I—XLVIII, 1—1500.
3766. WALTER, H. (1954): Einige Bemerkungen zu *Gigantopithecus blacki* VON KOEN. und „*Sinanthropus officinalis*". — Z. Morph. Anthropol; Stuttgart, **46**: 297—303.
3767. WALTHER, F. (1960): „Antilopenhafte" Verhaltensweisen im Paarungszeremoniell des Okapi (*Okapia johnstoni* SCLATER 1901). — Z. Tierpsychol., Berlin-Hamburg, **17**: 188—210.
3768. — (1966): Mit Horn und Huf. Vom Verhalten der Horntiere. — Parey, Hamburg, 1—170.
3769. — (1966): Waffen und Kämpfe bei Horntieren. — Kosmos, Stuttgart, **62**: 208—214.
3770. WALZ, R. (1956): Beiträge zur ältesten Geschichte der altweltlichen Cameliden unter besonderer Berücksichtigung des Problems des Domestikationszeitpunktes. — Actes IV. Congr. internation. Sci. Anthrop. Ethnol., Wien, **3**: 190 bis 204.
3771. WASHBURN, S. L. (1950): The analysis of primate evolution with particular reference to the origin of man. — Cold Spring Harbor Sympos. quant. Biol., Origin and evolution of Man, **15**: 67—77.
3772. — (1957): Australopithecines: The hunters or the hunted? — Amer. Anthropol., Menasha, **59**: 612—614.
3773. — (1957): Ischial callosities as sleeping adaptations. — Amer. J. phys. Anthropol., Washington, **15**: 269—276.
3774. — (1959): Speculations on the interrelations of the history of tools and biological evolution. — Human Biol., Baltimore, **31**: 21—31.
3774a. (1961): Social behavior of baboons and early man. — In: WASHBURN. S. L. (ed.): Social Life of Early Man, Aldine Publ. Co., Chicago, 91—105.
3775. — (ed.) (1963): Classification and human evolution. — Aldine Publ. Comp., Chicago, I—VIII, 1—371.
3776. — (1963): Behavior and human evolution. — In: WASHBURN, S. L. (ed.): Classification and human evolution. — Publ. Anthrop. Viking Fund, Chicago, **37**: 190—203.
3777. WATERS, J. H. (1963): Biochemical relationships of the Mouse *Peromyscus* in New England.—System. Zool., Washington, **12**: 122—133.
3778. WATSON, D. M. S. (1916): The monotreme skull: a contribution to mammalian morphogenesis. — Philos. Trans. roy. Soc., London, (B) **207**: 311—374.
3779. — (1920): On the Cynodontia. — Ann. Mag. nat. Hist., London, (9) **6**: 506—524.
3780. — (1931): On the skeleton of a bauriamorph reptile. — Proc. zool. Soc. London, **1931**: 1163—1205.
3781. — (1942): On Permian and Triassic Tetrapods. — Geolog. Mag., London, **79**: 81—116.
3782. — (1951): Palaeontology and modern Biology. — Yale Univ. Press, New Haven, I—XII, 1—218.
3783. — (1953): The evolution of the mammalian ear. — Evolution, Lancaster, Pa., **7**: 159—177.
3784. — & A. S. ROMER (1956): A classification of therapsid reptiles. — Bull. Mus. comp. Zool., Cambridge, **114**: 35—89.
3785. WEBB, G. L. (1965): Notes on some chalicothere remains from Makapansgat. — Palaeont. afric., Johannesburg, **9**: 49—68.
3786. WEBB, J. E. (1949): The evolution and host-relationships of the sucking lice of the Ferungulata. — Proc. zool. Soc. London, **119**: 133—188.
3787. WEBB, S. D. (1961): The first American record of *Lantanotherium* FILHOL. — J. Paleont., Tulsa, **35**: 1085—1087.
3788. — (1965): The osteology of *Camelops*. — Bull. Los Angeles County Mus. Sci., **1**: 1—54.
3789. — (1965): New world origins of Old world camels. — Amer. Ass. Adv. Sci., Berkeley, E **1965**: 20—21.
3790. — (1966): A relict species of the burrowing rodent, *Mylagaulus*, from the Pliocene of Florida. — J. Mammal., Baltimore, **47**: 401—412.
3791. — (1967): Fossil Proboscideans of Florida. — The Plaster Jacket, Gainesville, **4**: 1—11.
3792. WEBER, M. (1886): Studien über Säugethiere, ein Beitrag zur Frage nach dem Ursprung der Cetaceen. — Jena, I—VI, 1—252.
3793. — (1886): Beiträge zur Anatomie und Phylogenie der Cetaceen. — In: Studien über Säugetiere I. — Jena.
3794. — (1891): Beiträge zur Anatomie und Entwicklung des Genus *Manis*. — In: Zool. Erg. Reise Niederld. Ost-Indien, 2 vol., Brill, Leiden, 1—116.
3795. — (1888): Anatomisches über Cetaceen. I. Carpus. II. Magen. — Morph. Jb., Leipzig, **13**: 616—653.
3796. (1904): Die Säugetiere. Einführung in die Anatomie und Systematik der recenten und fossilen Mammalia. — Fischer, Jena, I—XII, 1—866.
3797. — (unter Mitw. v. O. ABEL & H. M. DE BURLET) (1927): Die Säugetiere. I. Anatomischer Teil. — 2. Aufl., Fischer, Jena, I—XV, 1—444.
3798. — (unter Mitwirkung v. O. ABEL & H. H. DE BURLET) (1928): Die Säugetiere II. Systematischer Teil. — 2. Auflage. — Fischer, Jena, I—XXIV, 1—898.
3799. WEGNER, R. N. (1922): Der Stützknochen, os nariale, in der Nasenhöhle bei den Gürteltieren, Dasypodidae, und seine homologen Gebilden bei Amphibien, Reptilien und Monotremen. — Morph. Jb., Leipzig, **51**: 413—492.
3800. — (1942): Die Paukeninnenbeine (Endotympanicum und Epipterygoid) bei den Säugetieren. — Photographie Forschg., Dresden, Stuttgart, **3**: 289—303.

3801. — (1964): Der Schädel des Beutelbären (*Phascolarctos cinereus* GOLDF. 1819) und seine Umformung durch lufthaltige Nebenhöhlen. — Abh. dtsch. Akad. Wiss. Berlin, Kl. Chemie etc., **1964** 4: 1—86.

3802. WEHRLI, H. (1935): Die diluvialen Murmeltiere Deutschlands. — Paläont. Z., Berlin, **17**: 204—243.

3803. — (1941): Beitrag zur Kenntnis der „Hipparionen" von Samos. — Paläont. Z., Berlin, **22**: 321—386.

3804. WEIDENREICH, F. (1931): Der primäre Greifcharakter der menschlichen Hände und Füße und seine Bedeutung für das Abstammungsproblem. — Verh. Ges. phys. Anthropol., Stuttgart, **1**: 97—110.

3805. — (1937): The dentition of *Sinanthropus pekinensis*: a comparative odontography of the hominids. — Palaeont. sinica, Peking, (n. S.) D **1**: I—V, 1—180.

3806. — (1943): The skull of *Sinanthropus pekinensis*; a comparative study on a primitive hominid skull. — Palaeont. sinica, Peking, (n. S.) D **10**: I—XXI, 1—298.

3807. — (1945): Giant early Man from Java and South China. — Anthropol., Pap. Amer. Mus. nat. Hist., New York, **40**: 1—134.

3808. — (1945): The Keilor skull: a Wadjak type from Southeast Australia. — Amer. J. phys. Anthropol., (n. S.), Washington, **3**: 21—32.

3809. — (1946): Apes, giants and man. — Chicago Univ. Press, 1—122.

3810. — (1951): Morphology of Solo Man. — Anthropol., Pap., Amer. Mus. nat. Hist., New York, **43** 3: 201—290.

3811. WEIGEL, I. (1961): Das Fellmuster der wildlebenden Katzenarten und der Hauskatze in vergleichender und stammesgeschichtlicher Hinsicht. — Säugetierkdl. Mitt., Stuttgart, 9 (Sonder-H.): 1—120.

3812. WEIGELT, I. (1929): *Loricotherium waltheri* ist doch kein Gürteltier, sondern eine Gürtelechse: *Placosaurus waltheri* n. sp. — Jb. Hallescher Verbd. Erforschg. m-dtsch. Bodenschätze, Halle, **8**: 1—5.

3813. — (1933): Neue Primaten aus der mitteleozänen (oberlutetischen) Braunkohle des Geiseltales. — Nova Acta Leopold. Halle, (n. S.) **1**: 97—153.

3814. — (1960): Die Arctocyoniden von Walbeck. — Freiberger Forsch.H., Berlin, C **77**: 1—241.

3815. WEINER, J. S., K. OAKLEY & W. E. LE GROS CLARK (1953/55): The solution of the Piltdown problem. — Bull. Brit. Mus. natur. Hist., London, Geol. **2**: 141—146, 234—242 u. 243—265.

3816. WEINERT, H. (1936): Der Urmenschenschädel von Steinheim. — Z. Morph. Anthrop., Stuttgart, **35**: 463—518.

3817. WEITZ, B. (1953): Serological relationships of *Hyrax* and Elephant. — Nature, London, **171**: 261.

3818. WEITZEL, K. (1949): Neue Wirbeltiere (Rodentia, Insectivora, Testudinata) aus dem Mitteleozän von Messel bei Darmstadt. — Abh. senckenberg. naturf. Ges., Frankfurt, **480**: 1—24.

3819. WELLS, L. H. (1939): The endocranial cast in recent and fossil Hyraces (Procaviidae). — S.-Afr. J. Sci., Cape Town, **36**: 365—373.

3820. — (1957): Speculations on the palaeogeographic distributions of antelopes. — S. Afric., J. Sci, Johannesburg, **53**: 423—424.

3821. — (1959): The Quaternary giant hartebeests of South Africa. — S. Afric. J. Sci., Johannesburg, **55**: 123—128.

3822. — H. B. S. COOKE (1957): Fossil bovidae from the Limeworks Quarry, Makapansgat, Potgietersrus. — Palaeont. afric. Johannesburg, **4**: 1—55.

3823. WEMYSS, C. T. (1953): A preliminary study of marsupial relationships as indicates by the precipitin test. — Zoologica, New York, **38**: 173—181.

3824. WERNER, C. F. (1960): Mittel- und Innenohr. — Primatologia Karger, Basel, **2** 1: 1—40.

3825. WERTH, E. (1944): Die primitiven Hunde und die Abstammungsfrage des Haushundes. — Z. Tierzüchtg. Züchtgs.-biol., Berlin, **56**: 213—260.

3825a. WESTOLL, T. S. (ed.) (1958): Studies on fossil vertebrates. — London, 1—263.

3826. WESTPHAL, F. (1967): Eine Fledermaus (Tadarida, Chiroptera) aus dem Obermiozän des Randecker Maars (Schwäbische Alb). — N. Jb. Geol. Paläont., Stuttgart, Mh., **1967**: 564—570.

3827. WETTSTEIN, O. v. (1942): Die Säugerwelt der Ägäis, nebst einer Revision des Rassenkreises von *Erinaceus europaeus*. — Ann. naturhist. Mus. Wien, **52**: 245—278.

3828. WETTSTEIN-WESTERNHEIMB, O. v. (1966): Kleinere Wirbeltiere. — In: Die Teufels- oder Fuchsenlucken bei Eggenburg (NÖ.). — Denkschr. österr. Akad. Wiss., Wien, math.-naturw. Kl. **112**: 89—92.

3829. WHEELER, W. H. (1961): Revision of the Uintatheres. — Bull. Yale Peabody Mus. nat. Hist., New Haven, **14**: 1—93.

3830. WHEELER-HAINES, R. (1958): Arboreal or terrestrial ancestry of placental mammals. — Quart. Rev. Biol., Baltimore, **33**: 1—28.

3831. WHITE, M. J. D. (1963): Animal cytology and evolution. — Cambridge Univ. Press, London.

3832. WHITE, T. E. (1944): The Lower Miocene mammal fauna of Florida. — Bull. Mus. comp. Zool., Cambridge, **92** 1: 1—49.

3833. WHITMORE, F. C. (1953): Cranial morphology of some Oligocene Artiodactyla. — U. S. geol. Surv., Prof. Pap., Washington, **243** H: 117—160.

3834. — (1964): Range of oreodonts extended south to Panama (Abstr.). — U. S. geol. Surv., Prof. Pap. Washington, **501** A: 1—135.

3835. — & H. L. FOSTER (1967): *Panthera atrox* (Mammalia: Felidae) from Central Alaska. — J. Paleont., Tulsa, **41**: 247 bis 251.

3836. WHITWORTH, T. (1954): The Miocene Hyracoids of East Africa. — Fossil mammals of Africa, Brit. Mus. nat. Hist., Hist., London, **7**: 1—58.

3837. — (1958): Miocene ruminants of East Africa. — Fossil Mammals of Africa, Brit. Mus. nat. Hist. London, **15**: 1—50.

3838. WICKLER, W. (1961): Ökologie und Stammesgeschichte von Verhaltensweisen. — Fortschr. Zool., Stuttgart, **13**: 303—365.

3839. — (1965): Die äußeren Genitalien als soziale Signale bei einigen Primaten. — Naturwiss., Berlin, **52**: 269—270.

3840. — (1965): Über den taxonomischen Wert homologer Verhaltensmerkmale. — Naturwiss., Berlin, **52**: 441—444.

3841. — (1967): Vergleichende Verhaltensforschung und Phylogenetik. — In: HEBERER, G. (ed.): Die Evolution der Organismen I. 3. Aufl., Fischer, Stuttgart, 420—508.

3841a. — (1967): „Erfindungen" und die Entstehung von Traditionen bei Affen. — Umschau, Frankfurt, **67**: 725—730.

3842. WILLIAMS, C. A. (1964): Immunochemical analysis of serum proteins of the Primates: A study in molecular evolution. — In: BUETTNER-JANUSCH, J.: Evolutionary and genetic biology of Primates II. Acad. Press, New York, 25—74.

3843. — & C. T. WEMYSS (1961): Experimental and evolutionary significance of similarities among serum protein antigens of man and the lower Primates. — Ann. New York Acad. Sci., **94**: 77—92.

3844. WILLIAMS, E. E. & K. F. KOOPMAN (1951): A new fossil rodent from Puerto Rico. — Amer. Mus. Novit., New York, **1515**: 1—9.

3845. — & — (1952): West Indian fossil monkeys. — Amer. Mus. Novit., New York, **1546**: 1—16.

3846. WILSON, J. A. (1959): Stratigraphic concepts in Vertebrate Paleontology. — Amer. J. Sci., New Haven, **257**: 770—778.

3847. — (1960): Miocene carnivores, Texas coastal plain. — J. Paleont., Tulsa, **34**: 983—1000.

3848. — (1960): Stratigraphic practice in North American vertebrate paleontology. — Rep. internation. geol. Congr. 21. Sess., Pt. **22**: 102—110.

3849. — (1966): A new primate from the earliest Oligocene, West Texas, preliminary report. — Folia primat., Basel, **4**: 227—248.

3850. WILSON, J. T. (1963): Continental drift. — Scient. Amer. New York, **208** 4: 86—100.

3851. WILSON, L. E. (1935): Miocene marine mammals from the Bakersfield region, California. — Bull. Peabody Mus. nat. Hist., New Haven, **4**: 1—143.

3852. WILSON, R. W. (1935): A new species of porcupine from the Later Cenozoic of Idaho. — J. Mammal., Baltimore, **16**: 220—221.

3853. — (1935): Cricetine-like rodents from the Sespe Eocene of California. — Proc. nation. Acad. Sci., Washington, **21**: 26—32.

3854. — (1935): *Simimys*, a new name to replace *Eumysops* WILS., preoccupied. A correction. — Proc. nation. Acad. Sci., Washington, **21**: 179—180.

3855. — (1936): A Pliocene rodent fauna from Smiths valley, Nevada. — Publs. Carnegie Instn. Washington, **473**: 15—34.

3856. — (1937): New Middle Pliocene rodent and lagomorph faunas from Oregon and California. — Publs. Carnegie Instn. Washington, **487**: 1—19.

3857. — (1938): Review of some rodent genera from the Bridger Eocene. — Amer. J. Sci., New Haven, (5) **35**: 123—137, 207 bis 222, 297—304.

3858. — (1940): California paramyid rodents. — Publs. Carnegie Instn. Washington, **514**: 59—83.

3859. — (1940): *Pareumys* remains from the Later Eocene of California. — Publs. Carnegie Instn. Washington, **514**: 97—108.

3860. — (1949): Early Tertiary rodents of North America. — Publs., Carnegie Instn. Washington, **584**: 67—164.

3861. — (1949): Additional Eocene rodent material from Southern California. — Publs. Carnegie Instn. Washington, **584**: 1—25.

3862. — (1949): Rodents of the Rincon Fauna, Western Chihuahua, Mexiko. — Publs. Carnegie Instn. Washington, **584**: 165—176.

3863. — (1949): Rodents and lagomorphs of the Upper Sespe. — Publs. Carnegie Instn. Washington, **584**: 51—65.

3864. — (1951): Evolution of the Early Tertiary rodents. — Evolution, Lancaster, Pa., **5**: 207—212.

3865. — (1956): Dental formula in the Muroidea. — J. Mammal., Baltimore, **37**: 295—297.

3866. — (1956): The condylarth genus *Ellipsodon*. — Publ. Mus. nat. Hist. Univ. Kansas, Lawrence, **9**: 105—116.

3867. — (1960): Early Miocene rodents and Insectivores from Northeastern Colorado. — Univ. Kansas paleont. Contr., Vertebr., Lawrence, **7**: 1—82.

3868. — (1963): Notes on North American species of *Heterosorex* GAILLARD. — Proc. S. Dakota Acad. Sci., Vermillion, **42**: 79—83.

3869. WINDIE, B. C. A. & F. G. PARSONS (1899): On the myology of the edentata. (Pt. I u. II). — Proc. zool. Soc. London, **1899**: 314—338, 990—1017.

3870. — & — (1901 u. 1903): On the muscles of the Ungulata I & II. — Proc. zool. Soc. London, **1901**: 656, **1903**: 261—298.

3871. WINGE, H. (1887): Jordfundne og unlevende Gravere (Rodentia) fra Lagoa Santa, Miñas Geraes, Brasilien. — Mus. Lundi, Kopenhagen, **1** 3:1—178.

3872. — (1893): Jordfundne og unlevende Pungdyr (Marsupialia) fra Lagoa Santa, Miñas Geraes, Brasilien. — Mus. Lundi, Kopenhagen, **2** 2: 1—149.

3873. — (1895): Jordfundne og unlevende Rovdyr (Carnivora) fra Lagoa Santa, Miñas Geraes, Brasilien. — Mus. Lundi, Kopenhagen, **2** 4: 1—103.

3874. — (1904): Om jordfundne Pattedyr fra Danmark. — Vidensk. Meddel. naturhist. Foren., Kopenhagen, (6) **6**: 1—304.

3875. — (1915): Jordfundne og unlevende Gumlere (Edentata) fra Lagoa Santa, Minas Geraes, Brasilien. — Mus. Lundi, Kopenhagen, **3** 2: 1—321.

3876. — (1917): Udsigt over Insectaedernes indbyrdes Slaegtskab. — Vidensk. Meddel. naturhist. Foren., Kopenhagen, **68**: 83—203.

3877. — (1921): A review of the interrelationships of the Cetacea. — Smithson. misc. Collns., Washington, **72** 2650: 1—97.

3878. — (1941): The interrelationships of the mammalian genera II. Rodentia, Carnivora, Primates. — Reitzel, Kopenhagen, 1—376.

3879. — (1942): The interrelationships of the mammalian genera. III. Ungulata, Cetacea. — Reitzel, Kopenhagen, 1—308.

3880. WINTER, P. (1966): Verständigung durch Laute bei Totenkopfaffen. — Umschau, Frankfurt/M. **66**: 653—658.

3881. WIRZ, K. (1950): Studien über die Cerebralisation: Zur quantitativen Bestimmung der Rangordnung bei Säugetieren. — Acta anat., Basel, **9**: 134—196.

3882. WISLOCKI, G. B. (1927): On the placentation of the tridactyl sloth (*Bradypus griseus*) with a description of the characters of the fetus. — Publs. Carnegie Instn. Washington, **380**: 209—228.

3883. — (1928): Observations on the gross and microscopic anatomy of the sloths (*Bradypus griseus griseus* GRAY and *Choloepus hoffmanni* PETERS). — J. Morph. Physiol., Philadelphia, **46**: 317—377.

3884. — (1928): On the placentation of the twotoed ant-eater (*Cyclopes dicactylus*). — Anat. Rec., Philadelphia, **39**: 69—79.

3885. — (1928): Further observations upon the minute structure of the placentation of the sloth (*Bradypus griseus*). — Anat. Rec., Philadelphia, **40**: 385—395.

3886. — (1930): On an unusual placenta in the Hyracoidea: tis bearing on the theory of the phylogeny of the Placenta. — Publs. Carnegie Instn. Washington **407**: 83—95

3887. — (1956): Further notes on antlers in female deer of the genus *Odocoileus*. — J. Mammal, Baltimore, **37**: 231—235.

3888. WOLFE, H. R. (1939): Serological relationships among Bovidae and Cervidae. — Zoologica, New York, **24**: 309—321.

3889. WOLLARD, H. H. (1925): The brain of *Orycteropus*. — Proc. zool. Soc. London, **1925**: 1185—1219.

3890. WOO, J. K. (1958): New materials of *Dryopithecus* from Keiyuan, Yunnan. — Vertebr. palasiatica, Peking, **2**: 38—42.

3891. — (1962): The mandibles and dentition of *Gigantopithecus*. — Palaeont. sinica, Peking D **11**: 1—94.

3892. — (1964): On the systematic position of the *Gigantopithecus*. — Rept. VIth internation. Congr. Quat. INQUA, Warszawa 1961, II, Lodz, 595—599.

3893. — (1964): Discovery of mandible of *Sinanthropus lantianensis* in Shensi Province, China. — Homo, Berlin, Stuttgart, **15**: 103—106.

3894. — (1965): Preliminary report on a skull of *Sinanthropus lantianensis* of Lantian, Shensi. — Scientia sinica, Peking, **14**: 1032—1035.

3895. WOOD, A. E. (1931): Phylogeny of the heteromyid rodents. — Amer. Mus. Novit., New York, **501**: 1—19.

3896. — (1935): Evolution and relationship of the Heteromyid rodents (with new forms from the Tertiary of Western N-America). — Ann. Carnegie Mus., Pittsburgh, **24**: 73—262.

3897. — (1935): Two new genera of Cricetid rodents from the Miocene of Western United States. — Amer. Mus. Novit., New York, **789**: 1—3.

3898. — (1935): Two new rodents from the John Day Miocene. — Amer. J. Sci., New Haven (5) **30**: 368—372.

3899. — (1936): The cricetid rodents described by Leidy and Cope from the Tertiary of North America. — Amer. Mus. Novit., New York, **822**: 1—8.

3900. — (1936): A new subfamily of Heteromyid rodents from the Miocene of Western United States. — Amer. J. Sci., New Haven (5) **31**: 41—49.

3901. — (1936): Geomyid rodents from the Middle Tertiary. — Amer. Mus. Novit., New York, **866**: 1—31.

3902. — (1937): The Mammalian fauna of the White River Oligocene II. Rodentia. — Trans. Amer. philos. Soc., Philadelphia, (n. S.) **28**: 155—209.

3903. — (1937): Fossil rodents from the Siwalik beds of India. — Amer. J. Sci., New Haven, (5) **34**: 64—76.

3904. — (1940): The mammalian fauna of the White River Oligocene. Pt. III. Lagomorpha. — Trans. Amer. philos. Soc., Philadelphia, (n. S.) **28**: 271—362.

3905. — (1942): Notes on the Paleocene lagomorph *Eurymylus*. — Amer. Mus. Novit., New York, **1162**: 1—7.

3906. — (1947): Rodents — a study in evolution. — Evolution, Lancaster, Pa., **1**: 154—162.

3907. — (1949): A new Oligocene rodent genus from Patagonia. — Amer. Mus. Novit., New York, **1435**: 1—54.

3908. — (1950): Porcupines, palaeography, and parallelism. — Evolution, Lancaster, Pa., **4**: 87—98.

3909. — (1954): Comments on the classification of rodents. — Breviora, Cambridge, **41**: 1—9.

3910. — (1955): A revised classification of the rodents. — J. Mammal., Baltimore, **36**: 165—187.

3911. — (1955): Rodents from the Lower Oligocene Yoder formation of Wyoming. — J. Paleont., Tulsa, **29**: 519—524.

3912. — (1957): What, if anything, is a rabbit? — Evolution, Lancaster, Pa., **11** No. 4: 417—425.

3913. — (1957): Speciation and evolutionary rates in Eocene rodents. — Proc. zool. Soc. Calcutta, Mookerjee Mem. vol. 223—227.

3914. — (1958): Are there rodents suborders? — Syst. Zool., Washington, **7**: 169—173.

3915. — (1959): Eocene Radiation and Phylogeny of the Rodents. — Evolution, Lancaster, **13**: 354—361.

3916. — (1959): A new sciuravid rodent of the genus *Pauromys* from the Eocene of Wyoming. — Amer. Mus. Novit., New York, **1978**: 1—6.

3917. — (1962): The early Tertiary rodents of the Family Paramyidae. — Trans. Amer. philos. Soc., Philadelphia, (n. S.) **52**: 1—261.

3918. — (1962): The juvenile tooth pattern of certain African rodents. — J. Mammal., Baltimore, **43**: 310—322.

3919. — (1965): Grades and clades among rodents. — Evolution, Lancaster, Pa., **19**: 115—130.

3920. — (1965): Unworn teeth and relationships of the African rodent, *Pedetes*. — J. Mammal., Baltimore, **46**: 419—423.

3921. — & B. Patterson (1959): The rodents of the Deseadan Oligocene of Patagonie and the beginnings of South American rodent evolution. — Bull. Mus. comp. Zool., Cambridge, **120**: 281—428.

3921a. — & R. R. White (1950): The myology of the Chinchilla. — J. Morph., Philadelphia **86**: 547—597.

3922. — & R. W. Wilson (1936): A suggested nomenclature for the cusps of the cheek teeth of rodents. — J. Paleont., Tulsa, **10**: 388—391.

3923. — & H. E. Wood (1933): The genetic and phylogenetic significance of the presence of a third upper molar in a modern dog. — Amer. Midland Naturalist, Notre Dame, **14**: 36—48.

3924. Wood, H. E. (1923): The problem of the *Uintatherium* molars. — Bull. Amer. Mus. nat. Hist., NewYork, **48**: 599—604.

3925. — (1924): The position of the „Sparassodonts", with notes on the relationships and history of the Marsupialia. — Bull. Amer. Mus. nat. Hist., New York, **51**: 77—101.

3926. — (1927): Some early Tertiary Rhinoceroses and Hyracodonts. — Bull. Amer. Paleont., Cornell University, Ithaca, 13 50: 10—12.

3927. — (1929): *Prohyracodon orientale* Koch, the oldest known true rhinoceros. — Amer. Mus. Novit., New York, **395**: 1—7.

3928. — (1931): Lower Oligocene rhinoceroses of the genus *Trigonias*. — J. Mammal., Baltimore, **12**: 414—428.

3929. — (1932): Status of *Epiaceratherium* (Rhinocerotidae). — J. Mammal., Baltimore, **13**: 169—171.

3930. — (1934): Revision of the Hyrachyidae. — Bull. amer. Mus. nat. Hist., New York, **67**: 181—295.

3931. — (1937): Perissodactyl suborders. — J. Mammal., Baltimore, **18**: 106.

3932. — (1938): Cooperia totadentata, a remarkable rhinoceros from the Eocene of Mongolia. — Amer. Mus. Novit., New York, **1012**: 1—20.

3933. — (1941): Trends in Rhinoceros evolution. — Trans. New York Acad. Sci., (2) **3**: 83—96.

3934. — (1949): Evolutionary rates and trends in Rhinoceroses.— In: Jepsen, G. L., E. Mayr & G. G. Simpson: Genetics, Paleontology and Evolution, Princeton Univ. Press., 185—189.

3935. — (1963): A primitive rhinoceros from the Late Eocene of Mongolia. — Amer. Mus. Novit., New York, **2146**: 1—11.

3936. — (1964): Rhinoceroses from the Thomas Farm Miocene of Florida. — Bull. Mus. comp. Zool., Cambridge, **130**: 361—386.

3937. — et al. (1941): Nomenclature and correlation of the North American continental Tertiary. — Bull. geol. Soc. Amer., Rochester, N. Y., **52**: 1—48.

3938. Wood, R. C. (1967): A review of the clark Fork Vertebrate Fauna. — Breviora, Cambridge, **257**: 1—30.

3938a. Woodburne, M. O. (1967): The Alcoota Fauna, Central Australia. An intergrated Paleontological and geological study. — Bur. Miner. Resour. Geol. & Geophys. Austr., Canberra, Bull. **87**: 1—187.

3939. Wood-Jones, F. (1919): In: Smith-Woodward, A. & al.: Discussion on the Zoological position and affinities of *Tarsius*. — Proc. zool. Soc. London., **1919**: 465—498.

3940. — (1923—25): The mammals of South Australia. I—III. — Handbooks of the Flora and Fauna of S-Australia. — Brit. Sci. Guild, Adelaide, 1—458.

3941. — (1929): Man's place among the mammals. — Longman's Green, New York.

3942. — (1942): A re-examination of the skeletal characters of *Wynyardia bassiana*, an extinct Tasmanian marsupial. — Pap. Proc. roy. Soc. Tasman., Hobart, 1930: 96—115.

3943. — (1944): Structure and function as seen in the foot. — Bouillière, Tindall & Cox, London.

3944. — (1947): The Premaxillae and the ancestry of Man. — Nature, London, 439.

3945. — (1951): A contribution to the history and anatomy of Père David's Deer (*Elaphurus davidianus*). — Proc. zool. Soc. London, **121**: 319—370.

3946. Woods, J. T. (1956): The skull of *Thylacoleo carnifex*. Mem. Queensld. Mus., Brisbane, **13**: 125—140.

3947. — (1958): The extinct marsupial genus *Palorchestes* Owen. — Mem. Queensld. Mus., Brisbane, **13**: 177—193.

3948. — (1960): The genera *Propleopus* and *Hypsiprymnodon* and their position in the Macropodidae. — Mem. Queensld. Mus., Brisbane, **13**: 199—212.

3949. — (1962): Fossil marsupials and Caenozoic continental stratigraphy in Australia: A review. — Mem. Queensld. Mus., Brisbane, **14**: 41—49.

3950. Woodward, M. F. (1893): Contributions to the study of mammalian dentition. Pt. 1. On the development of the teeth of the Macropodidae. — Proc. zool. Soc. London, **1893**: 450—473.

3951. Woodward, A. S. (1915): On the skull of an extinct mammal related to *Aeluropus* from a cave in the ruby mine at Mogok, Burma. — Proc. zool. Soc. London, **1915**: 425—428.

3952. — (1921): Exhibition of a human skull and other remains from Broken Hill, North Florida. — Proc. zool. Soc. London, **1921**: 887.

3953. Woollard, H. H. (1925): The anatomy of *Tarsius spectrum*. — Proc. zool. Soc. London, **1925**: 1071—1184.

3954. Wortman, J. L. (1894): Osteology of *Patriofelis*, a Middle Eocene Creodont. — Bull. Amer. Mus. nat. Hist., New York, **6**: 129—164.

3955. — (1897): The Ganodonta and their relationship to the Edentata. — Bull. Amer. Mus., nat. Hist., New York, **9**: 59 bis 110.

3596. — (1898): The extinct camelidae of North America and some associated forms. — Bull. Amer. Mus. nat. Hist., New York, **10**: 93—142.

3957. — (1901): Studies of Eocene mammalia in the Marsh collection, Peabody Museum. Pt. I. Carnivora. — Amer. J. Sci., New Haven, (4) **11**: 334—348.

3958. — (1902): Studies of Eocene Mammalia in the Marsh collection, Peabody Museum. — Amer. J. Sci., New Haven, (4) **13**: 39—46, 115—128, 197—206, 433—448.

3959. — (1903—1904): Studies of Eocene Mammalia in the Marsh collection, Peabody Museum, Pt. II. Primates. — Amer. J. Sci., New Haven, **17**: 23—33, 133—140, 203—214.

3960. — & C. Earle (1893): Ancestors of the tapir from the Lower Miocene of Dakota. — Bull. Amer. Mus. nat. Hist., New York, **5**: 159—180.

3961. — & W. D. Matthew (1899): The ancestry of certain member of the Canidae, the Viverridae, and Procyonidae. — Bull. Amer. Mus. nat. Hist., New York, **12**: 109—139.

3962. Wright, S. (1934): *Polydactylous guinea* pigs. Two types respectively heterozygous and homozygous in the same mutant gene. — J. Heredity, Washington, **25**: 359—362.

3963. Wüst, K. (1951): Über den Unterkiefer von Mauer (Heidelberg) im Vergleich zu andern fossilen und rezenten Unterkiefern von Anthropoiden und Hominiden, mit Berücksichtigung der phyletischen Stellung des Heidelberger Fossils. — Z. Morph. Anthropol.. Stuttgart, **42**: 1—112.

3964. Xu, Y.-X. (1962): Some new Anthracotheres from Shansi and Yunnan. — Vertebr. palasiatica, Peking, **6**: 232—259.

3965. — (1965): A new genus of amynodont from the Eocene of Lantian, Shensi. — Vertebr. palasiatica, Peking, **9**: 85—86.

3966. Yabe, H. & T. Shikama (1938): A new Jurassic mammal from South Manchuria. — Proc. imp. Acad., Tokyo, **14**: 353—359.

3967. Yablokov, A. V. (1965): Convergence or parallelism in the evolution of Cetaceans. — Internation. geol. Rev., Washington, 7 8: 1461—1468.

3968. Yalden, D. W. (1966): The „reptilian" pectoral and „mammalian" pelvic girdles of Monotremes. — 4th Symp. Vertebr. Paleont. comp. Anat., Edinburgh.

3969. Yamada, M. (1953): Contribution to the anatomy of the organ of hearing of whales. — Sci. Rep. Whales Res. Inst. (Japan), Tokyo, **8**: 1—79.

3970. Yoshiwara, S. & C. Iwasaki (1902): Notes on a new mammal. — J. Coll. Sci. imp. Univ., Tokyo, **16**: 1—13.

3971. Young, C. C. (1932): On the Artiodactyla from the *Sinanthropus* site at Choukoutien. — Palaeont. sinica, Peking, C 8 2: 1—158.

3972. — (1935): Miscellaneous mammalian fossils from Shansi and Honan. — Palaeont. sinica C 9 2: 1—56.

3973. — (1937): An early Tertiary vertebrate fauna from Yuanchü. — Bull. geol. Soc. China, Peking **17**: 413—438.

3973a. — (1940): Preliminary notes on the Mesozoic mammals of Lufeng, Yunnan. — Bull. geol. Soc. China, Peking, **20**: 93—111.

3974. — (1947): Mammal-like reptiles from Lufeng, Yunnan, China. — Proc. zool. Soc. London, **117**: 537—597.

3975. — (1948): *Budorcas*, a new element in the Proto-historic Anyang fauna in China. — Amer. J. Sci., New Haven, **246**: 157—164.

3976. — (1955): On a new *Trogontherium* from Hsiatsaohwan, Shihhunghsien and with notes on the mammalian remains from Chi-Tsu, Wuhohsien, Anhwei. — Acta paleont. sinica, Peking, **3**: 1, 55—66.

3977. — & M. CHOW (1956): Some Oligocene mammals from Lingwu, N.-Kansu. — Acta paleont., sinica, Peking, **4**: 447—459.

3978. — (1963): Cretaceous and Paleocene vertebrate horizons of North Kwantung. — Scientia sinica, Peking, **12**: 1411.

3979. — & P. T. LIU (1950): On the mammalian fauna at Koloshan near Chung King, Szechuan. — Bull. geol. Soc. China, Peking, **30**: 43—90.

3980. YOUNG, ST. P. & E. A. GOLDMAN (1944): The wolves of North America I + II. — The Amer. Wildlife Inst., Washington, I—XX, 1—636.

3981. — & H. H. T. JACKSON (1951): The clever Coyote I + II. — Stackpole Comp. & Wildlife Managm. Inst., Washington, I—XV, 1—411.

3982. ZAKRZEWSKI, R. (1967): The primitive vole, *Ogmodontomys*, from the Late Cenozoic of Kansas and Nebraska. — Pap. Michig. Acad. Sci., Arts Lett, Ann Arbor, **52**: 133—150.

3982a. ZALKIN, V. (1951): Die Bergwildschafe Europas und Asiens. Materialien zur Kenntnis der Fauna und Flora der USSR. — Ber. Mosk. Naturforsch. Ges. n. s. Zool. **27**: 1—343 (russ.).

3983. ZAPFE, H. (1937): Ein bemerkenswerter Phocidenfund aus dem Torton des Wiener Beckens. — Verh. zool. botan. Ges., Wien, **86/87**: 271—276.

3984. — (1948): Neue Funde von Raubtieren aus dem Unterpliozän des Wiener Beckens. — S.Ber. österr. Akad. Wiss., Wien, math.-naturw. Kl. I **157**: 243—262.

3984a. — (1949): Das Metatarsale III von *Chalicotherium goldfussi* KAUP. — Anz. österr. Akad. Wiss., Wien, math.-naturw. Kl. **1949**: 69—74.

3985. — (1950): Die Fauna der miozänen Spaltenfüllung von Neudorf an der March (ČSR). Carnivora. — S.Ber. österr. Akad. Wiss., Wien, math.-naturw. Kl. I **159**: 109—141.

3986. — (1958): The skeleton of *Pliopithecus* (*Epipliopithecus*) *vindobonensis* ZAPFE & HÜRZELER. — Amer. J. phys. Anthrop. (n. S.), Washington, **16**: 441—458.

3987. — (1960): Die Primatenfunde aus der miozänen Spaltenfüllung von Neudorf an der March (Devinská Nová Ves). Tschechoslowakei. — Schweiz. paläont. Abh., Basel, **78**: 1—293

3988. — (1961): Ein Primatenfund aus der miozänen Molasse von Oberösterreich. — Z. Morph. Anthropol., Stuttgart, **51**: 247—267.

3989. — (1963): Lebensbild von *Megaladapis edwardsi* (GRANDIDIER). — Folia primat., Basel, **1**: 178—187.

3990. — (1966): Die übrigen Carnivoren (außer Höhlenhyäne und Höhlenbär). — In: EHRENBERG, K.: Die Teufels- oder Fuchsenlucken bei Eggenburg (NÖ.). — Denkschr. österr. Akad. Wiss., Wien, math.-naturw. Kl. **112**: 23—38.

3991. — & J. HÜRZELER (1957): Die Fauna der miozänen Spaltenfüllung von Neudorf an der March (ČSR). Primaten. — S. Ber. österr. Akad. Wiss., Wien, math.-naturw. Kl. I **166**: 113—123.

3991a. ZAHAVI, A. & J. WAHRMAN (1957): The cytotaxonomy, ecology and evolution of the gerbils and jirds of Israël (Rodentia: Gerbillinae). — Mammalia, Paris, **21**: 341—380.

3991b. ZDANSKY, O. (1924): Jungtertiäre Carnivoren Chinas. — Palaeont. sinica, Peking, C **2** 1: 1—151.

3992. — (1925): Fossile Hirsche Chinas. — Palaeont. sinica Peking C **2** 3: 1—90.

3993. — (1926): *Paracamelus gigas* SCHLOSSER. — Palaeont. sinica, Peking, C **2** 4: 1—44.

3994. — (1928): Die Säugetiere der Quartärfauna von Chou-Kou-Tien. — Palaeont. sinica, Peking, C **5** 4: 1—146.

3995. — (1930): Die alttertiären Säugetiere Chinas nebst stratigraphischen Bemerkungen. — Palaeont. sinica, Peking, C **4** 2: 1—87.

3996. ZEI, M. M. (1956): *Hesperoinia dalpiazi* n. g. n. sp. (Platanistidae, Cetacea) della pietra Leccese. — Mem. Ist. Geol. Min. Univ. Padova, **19**: 1—11.

3997. ZEUNER, F. E. (1963): A history of domesticated animals. — Hutchinson & Co., London, 1—560.

3998. — (1967): Geschichte der Haustiere (wiss. Bearb. durch J. BOESSNECK und TH. HALTENORTH). — Bayer. Landw. Verlg., München, 1—448.

3999. ZHAI, R. J. (1962): On the generic character of „*Hypohippus zitteli*". — Vertebr. palasiatica, Peking, **6**: 48—56.

4000. — (1964): *Leptarctus* and other carnivora from the Tung gur formation, Inner Mongolia. — Vertebr. palasiatica, Peking, **8**: 18—30.

4001. ZHANKOVA, Z. P. (1965): On the origin of Cetacea. — Zool., Moskau, **44**: 1546—1552.

4002. ZIEGLER, A. C. (1964): Brachiating adaptions of chimpanzee upper limb musculature. — Amer. J. phys. Anthropol., Washington, **22**: 15—31.

4003. ZIMMERMANN, K. (1953): Bemerkungen über die Wildziege Kretas. — Z. Säugetierkde., Berlin, **17**: 66.

4004. — (1953): Die simplex-Zahnform der Feldmaus, *Microtus arvalis* PALLAS. — Verh. dtsch. zool. Ges. Freiburg 1952; Leipzig, **1952**: 492—498.

4005. — (1955): Die Gattung *Arvicola* LAC. im System der Microtinae. — Säugetierkdl. Mitt., Stuttgart, **3**: 110—112.

4006. — (1956): Zur Evolution der Molarenstruktur der Erdmaus *Microtus agrestis* (L.). — Zool. Jb. (Syst. etc.), Jena, **84**: 269 bis 274.

4007. ZIMMERMANN, W. (1962): Zur Domestikation der Chinchillas. — Z. Tierzüchtg. u. Züchtgsbiol., Hamburg, **76**: 343—348.

4008. — (1966): Phänetische und phylogenetische Verwandtschaft. — Phyton, Buenos Aires, **11**: 145—163.

4009. — (1967): Methoden der Evolutionswissenschaft (Phylogenetik). — In: HEBERER, G. (Hgeb.): Evolution der Organismen. — 3. Aufl. Stuttgart, 61—160.

4010. ZITTEL, K. A. VON (1891—1893): Handbuch der Paläontogie I. Paläozoologie. Bd. IV. Vertebrata (Mammalia). — Oldenbourg, München, I—XI, 1—799.

4011. ZUCKERKANDL, E. (1963): Perspectives in molecular anthropology. — In: WASHBURN, S. L.: Classification and Human evolution. Aldine Publ. Comp., Chicago, 243—272.

4012. & W. A. SCHROEDER (1961): Amino-acid composition of the polypeptide chains of gorilla haemoglobin. — Nature, London, **192**: 984—985.

4013. ZUCKERMAN, S. & A. E. SUDERMANN (1935): Serum relationships within the family Cercopithecidae. — J. exper. Biol., Cambridge, **12**: 222—228.

4014. ZUKOWSKY, L. (1961): Über eine verzwergte Inselform des Buschbockes, *Tragelaphus scriptus* in Tanganyika. — Zool. Garten, Leipzig, (n. F.) **26**: 54—55.

4015. — (1965): Die Systematik der Gattung *Diceros* GRAY 1821. — Zool. Garten, Leipzig, (n. F.) **30**: 1—178.

4016. ZUMPT, F. (1965): Tierische Parasiten der Nashörner. — Natur Mus., Frankfurt, **95**: 191—206.

Register

Abderites 51, 71, 79
Aboletylestes 112
Abrocoma 331, 333
Abrocomidae 331, 333
Absarokius 188
Acanthion 341
„Acaremyidae“ 330
Acaremys 330
Acdestis 79
Aceratherium 534, 546
Achaenodon 422, 424
„Achtiaria“ 463
Acinonyx 346, 353, 377, 379, 380, 388, 389
„Acoelidae“ = Oldfieldthomasiidae
Acoelodus 521
Acomys 323
Acratocnus 273, 274
Acreodi 347, 499, 502
Acrobates 84, 85
Acrocodia 539, 543
Acrodelphidae 483, 498
Acrodelphis 498
Actenomys 333
„Aculeodens“ = Macrocranion
Adapidae 170, 177
Adapidium 172, 511
Adapis 171, 172
Adapisorex 118, 122, 123
Adapisoricidae = Amphilemuridae 99, 122
Adapisoriculus 118, 159
Addax 474
Adelomys 304, 305
Adelopithecus 200
Adelphomys 332
Adenota 474
Adianthus 516
Adiantoides 516
Adinotherium 524
Adjidaumo 301, 303
Adunator 123
Advenimus 291
Aegialodon 46, 48, 98
Aegialodontidae 48
Aegyptopithecus 206, 207, 211
„Aeluraena“ = Chasmaporthetes
Aeluravus 169
„Aelurictis“ = Nimravus
Aelurodon 371
„Aelurogale“ = Nimravus
Aenocyon 376
Aeolopithecus 206
Aepinacodon 428
Aepyceros 472, 474
Aepyprymnus 90
Aetiocetidae 483, 489
Aetiocetus 488, 489
Africanomys 299
Aglaucetus 491
Agnotherium 363
Agnotocastor 299
Agorophiidae 483, 493
Agorophius 489, 493, 494
„Agouti“ = Cuniculus
„Agriarctos“ = Indarctos
Agriocetus 494
Agriochoeridae 418, 440
Agriochoerus 440
Agriotherium 356, 360, 362
Ailuravus 291
„Ailuravus“ 356
„Ailureidopus“ = Ailuropoda
Ailuridae 353, 356
Ailuropoda 352, 354, 355, 356, 362
Ailurus 353, 354, 355, 356
Akodon 309
Alachtherium 400, 401
Alactagulus 328
„Albanosmilus“ = Sansanosmilus
Albertogaudrya 530, 531
Alcelaphus = Bubalis 474
Alces 459
„Alcicephalus“ = Samotherium
Aletocyon 357
Alilepus 408, 411, 412, 413
Allaceropidae 534, 552
Allacerops 552
Allactaga 328
Allenopithecus 203
Alligator 32
Allocyon 32
Allocricetus 314
Allodesmus 395, 398, 399, 401, 405
„Allohippus“ 561
Allomys 293, 294
Allophaiomys 319
Alloptox = Metochotona 415
Allosiphneus 315
Alluvisorex 137
Almogaver 505
Alopecocyon 368
„Alopecodon“ = Alopecocyon
Alopecorhynchus 21
Alopex 371, 374, 375
Alouatta 177, 194, 195, 199
Alphadon 73, 74
Alsaticopithecus 146
Alticamelus 418, 445
Amblonyx 365
Amblotherium 26, 46, 48
„Amblycastor“ 340
Amblycoptus 132, 134, 136, 138
„Amblypoda“ 574
Amblyrhiza 339
Amebelodon 605
Ameniscomys 294, 295
Amerhippus 561
Ammodorcas 475
Ammospermophilus 297
Ammotragus 477, 479
Amphechinus 126, 127
Amphictis 357
Amphicynodon 362
Amphicyon 353, 359, 360, 362, 363
Amphicyonidae 358
Amphidon 45
Amphidontidae 45
Amphidozotherium 123, 138
Amphidyromys 307
Amphilagus 408, 411, 414
Amphilemur 122
Amphilemuridae 99, 122
Amphilestes 44
Amphimerycidae 418, 452
Amphimeryx 452
„Amphinasua“ = Cyonasua
Amphipithecus 172, 196, 205
Amphiprox 455
Amphitheriidae 46
Amphitherium 45, 46, 47, 48
Amphitragulus 454
Amynodon 552, 554
Amynodontidae 534, 552
Anagale 153, 154
Anagalidae 99, 153
Anagalopsis 154, 159
Anancus 596, 603, 604
Anaptomorphidae 177, 187
Anathana 157, 159
Anchilophus 557, 559
Anchippodus 511
Anchitheriomys 340
Anchitherium 553, 558, 560
Anchomomys 172, 181
Ancodonta 419
Ancylopoda 534, 570
Ancylotherium 571, 574
Andinomys 313
Andrewsarchus 502
Androconus 508
Anisolambda 514
Anisomys 323
Anisonchus 508
Ankarapithecus 213
Anoa 469, 473
Anomalomys 315, 316, 325
Anomaluridae 286, 287, 305
Anomalurus 287, 305
Anomodontia 19
Anomotherium 592
Anoplotheriidae 418, 428
Anoplotherium 429
Anourosorex 134
Antechinomys 2, 69, 82
Antechinus 82

Antepithecus 526
Anthracobune 427
Anthracochoerus 426
Anthracokeryx 427
Anthracomys 322
Anthracothema 425, 426, 427
Anthracotheriidae 418, 426
Anthracotherium 426, 427
Anthropodus 200
Anthropomorpha 205
Anthropops 194
Antiacodon 422
Antidorcas 475
Antifer 459
Antillogale 108
Antilocapra 418, 465, 466, 467
Antilocapridae 418, 465
Antilope 471, 474, 475
Antilospira 474
Aonyx 365
Aotes 162, 173, 177, 184, 194, 195
Apatemyidae 143
Apatemys 143, 144
Apenophyseter 496
Aphaetreus 333
Apheliscus 148, 506
Aphelops 546
Aphronorus 148
Apidium 197, 198, 206, 217, 219
Aplodontia 287, 292, 293, 294
Aplodontidae 286, 287, 292
Apodectes 343
Apodemus 308, 309, 322
Aprotodon 429, 546
Apternodontidae 99, 108
Apternodus 105, 108
Apterodon 502
Aptogale 108
„Araeocyon" = Simocyon
Aralomys 316
„Aralotherium" = Paracerathe-rium
Archaeopithecidae 521
Archaeopithecus 521
Archaeopteropus 254
Archaeorycteropus 512
Archaeosiren 592
Archaeotherium 424, 425
Archaeoceti 483, 485
Archaeodelphis 489, 493, 494
Archaeohippus 553, 558
Archaeohyracidae 521
Archaeohyrax 521
Archaeoindris 176
Archaeolagus 408, 411
„Archaeolambda" 579
Archaeolemur 176, 178, 179, 180
Archaeolemuridae 177, 178
Archaeomeryx 418, 450, 451
Archaeomys 305
Archaeonycteridae 255
Archaeonycteris 255
Archidiskodon 596, 599, 603, 607, 608, 609
Arctictis 391
Arctocebus 180
Arctocephalus 393, 395, 399
Arctocyon 501
Arctocyonidae 500
Arctocyonides 501
Arctodus 361
Arctogalidia 391
Arctoidea 352
Arctomeles 369
Arctomyoides 297
Arctonyx 369
Arctoryctes 106, 139, 142
Arctostylopidae 518
Arctostylops 517, 518, 519
„Arctotherium" = Arctodus
Ardynia 540, 544, 545
Ardynictis 115
Ardynomys 292
Argyrocetus 498
Argyrohippus 521
Argyrolestes 77
Argyromanis 279
Arminiheringia 75
Arretotherium 428
Arsinoitheriidae 617
Arsionoitherium 95, 574, 617, 618
Artiodactyla 95, 415
Arvicola 309, 319, 320
Asinus 553, 561, 562, 563
Asmithwoodwardia 507
Asoriculus 138
Astegotherium 267
Asteromys 334
Asterostemma 269
Astraponotus 530, 531
Astrapotheria 95, 530
Astrapothericulus 532
Astrapotheriidae 531
Astrapotherium 95, 531, 532
Astroconodon 44
Astrohippus 558, 561
Astylolama 447
Atelerix 128
Ateles 173, 175, 177, 194, 195, 228
Atelocyon 371, 374
Atherurus 340, 341
„Atlanthropus" mauritanicus 238, 240
Atlantoxerus 297
Aulolithomys 304
Aulophyseter 496
Australoide 246, 247
Australopithecinae 223
Australopithecus 201, 217, 223, 224, 225, 226, 227, 228, 229, 232, 236, 247
Austriacopithecus 213, 236
Austrolagomys 408
Auxontodon 422
Avahi 109, 176
Avunculus 111
Axis 456

„Babirussa" = Babyrousa
Babyrousa 417, 434, 435
Bachitherium 452
Badiofelis 385
„Baenomys" = Eurymylus
Baioconodon 501
Baiomys 309, 312
Balaena 490, 492
Balaenidae 483, 492
Balaenoptera 483, 484, 490, 492
Balaenopteridae 483, 492
„Baluchitheriidae" = Indricothe-riidae
„Baluchitherium" = Paracerathe-rium bzw. Indricotherium
Baranomys 318
„Baranomys" = Microtodon
Barbouromeryx 461
Barylambda 577, 579
Barylambdidae 578
„Barypoda" = Embrithopoda
Barytheriidae 596
Barytherium 595, 611
Basalina 281
Basilosauridae 483, 488
Basilosaurus 483, 484, 486, 487, 488, 494
Bassaricyon 358
Bassariscidae = Procyonidae
Bassariscus 355, 357
Bathyergidae 286, 287, 343
Bathyergoides 343
Bathyergus 287, 343, 344
Batodon 77, 111
Bathyopsis 581, 582
Bathyopsoides 582
Bauria 19, 21
Bauriamorpha 19, 21, 27
Bdeogale 391
Beamys 315
Bellatonna 408, 415
„Beluga" = Delphinapterus
„Benaratherium" = Paracerathe-rium
Berardius 496
Beremendia 137
Berruvius 188
Bessoecetor 148
Bettongia 51, 70, 71, 90
Bibos 470, 473
Bienotherium 19, 28
Birgerbohlinia 465
Bison 470, 471, 473
Bisonalveus 148
Blainvillimys 305
Blarina 109, 134, 136, 137
Blarinella 137
„Blarinoides" = Shikamainosorex
Blarinomys 283, 312, 313
Blastoceros 458, 459
Blastomeryx 452, 453, 454
Bohlinia 464
Boocerus 95, 472
Boopsis 478
Bootherium = Symbos 478
Boreostracon 269
Borhyaena 75, 76
Borhyaenidae 70, 75
Borhyaenidium 75
Borissiakia 573, 574
Boromys 332
Borophagus 371, 373
Bos 418, 470, 471, 472, 473
Boselaphus 467, 468, 471
Bothriodon 418, 426, 427, 428
„Bothriolabis" = Perchoerus
Bothriomys 312
Bovidae 418, 467, 471
Bovoidea 467
Brachycrus 441
Brachycyon 362, 364

Brachyerix 127
„Brachygnathopithecus“ = Simopithecus
Brachyhyops 423
Brachylagus 408, 411, 412, 413
Brachyodus 427, 429
Brachyostracon 269
Brachypotherium 546, 547
Brachyprotoma 370
Brachyrhizomys 325
Brachyrhynchocyon 372
Brachytanytes 210
Brachytarsomys 316
Brachyteles 194, 195
Brachyuromys 316, 325
Bradypodidae 265, 271
Bradypus 266, 271, 273
„Bradytherium“ 178, 261
Bramapithecus 213
Broiliana 368
Brotomys 332
Brontops 567, 569
Brontotheriidae 534, 566
Brontotherium 534, 568
Bubalis = Alcelaphus 474
Bubalus 469, 471, 473
Budorcas 471, 476, 477, 478
„Buffelus“ = Bubalus
„Bularchus“ = Pelorovis
Bunohyrax 613, 614
Bunolistriodon 434
„Bunolitopternidae“ = Didolodontidae
Bunolophodon 599, 600
„Bunomastodontidae“ 600
Bunomeryx 421, 422
Bunophorus 421
Bunopithecus 210
Bunoselenodontia 437
Burmeisteria 267
Burramys 51, 86, 87
Butselia 107, 112

Cabassous 267
Cacajo 195
Cadurcamynodon 554
Cadurcodon 552
Cadurcotherium 552, 554
Caenolambda 577, 579
Caenolestes 32, 70, 75, 77
Caenolestidae 70, 77
Caenolophus 544
Caenomeryx 439
Caenoplacentalia 98
Caenopus 545, 546
Caenotheriidae 418, 437
Caenotherium 418, 437, 438, 439
„Calamodon“ = Ectoganus
Calippus 553, 558
Callicebus 194
Callimico 164, 176, 177, 193
Callithricidae 177, 193
Callithrix 162, 193, 194
Calomys 313
Calomyscus 312, 314
Caloprymnus 90
Caluromys 74
Cambayella 474
Camelidae 418, 444
Cameliscus 447
Camelops 446
Camelus 6, 418, 443, 446, 447
Canariomys 323
Canidae 353, 371, 373
Canis 347, 351, 353, 357, 360, 363, 371, 374, 375, 376, 394
Cantius 170, 190
Caperea 491
Capoide 246, 247
Capra 471, 477, 478, 479, 480
Capreolus 459
Capricornis 477
Caprolagus 408, 411, 412, 413
Caprομeryx 467
Capromyidae 331, 333
Capromys 331, 333
Captorhinus 19
Caracal 384
Cardiatherium 334, 337
Cardiocranius 327, 328
Cardiomys 335
Caribosiren 593
Carnivora 346
Carodnia 583
Carodniidae 583
Carollia 259
Caroloameghinia 75
Caroloameghinidae 75
Carolozittelia 584
Carpolestes 51, 163
Carpolestidae 163
Carsioptychus 508, 509
Castor 2, 283, 287, 299, 300
Castoridae 286, 287, 299
Castoroides 299, 300
Catarrhina 196
Catolynx = Chaus 385
Caucasoide 246, 247
Cavia 5, 331, 335
Cavicornia 465
Caviidae 331, 334
Caviodea 334
Caviomorpha 328
„Cayluxotherium“ = Neurogymnurus
Cebidae 177, 194
Cebochoeridae 418, 422
Cebochoerus 423
Ceboidea 191
Cebuella 162
Cebupithecia 194
Cebus 6, 173, 177, 179, 191, 192, 194, 195, 199
Cecilionycteris 255
Cedromus 297
Celaenomys 323
Celebochoerus 435
„Centetes“ = Tenrec
Centetodon 123
Centimanomys 304
Cephalogale 362, 368
Cephalomys 333, 338
Cephalophus 471, 472
Cephalorhynchus 497
Ceratogaulus 296
Ceratomorpha 534, 536
„Ceratorhinus“ = Dicerorhinus
Ceratotherium 534, 547, 548, 549
Cercaertus 85, 86
Cercocebus 168, 203, 204
„Cercoleptes“ 357
„Cercoleptidae“ = Procyonidae
Cercopithecidae 198
Cercopithecoides 200
Cercopithecus 6, 162, 173, 191, 199, 201, 202, 203, 204, 212
Cerdocyon 371, 374, 375
Cervalces 460
Cervavitus 456
Cervidae 418, 454
Cervocerus 456
Cervodama 456
Cervoidea 453
Cervus 418, 457
Cetacea 95, 480
Cetotheriidae 483, 490
Cetotherium 492
Chadronia 148
Chaenohyus 435
Chaeropithecus 204
Chaeropus 66, 69, 84
Chaetomys 330
Chaetophractus 265
Chalicotheriidae 534, 573
Chalicotherium 571, 573
Chapalmatherium 516
Charitoceras 459
Chasicostylus 76
Chasicotherium 522
Chasmaporthetes 392
Chasmotherium 537
„Chasmotherium“ = Panodon
Chaus = Catolynx 385
Cheirogaleus 109, 173
„Chersonotherium“ = Samotherium
Chilotherium 546
Chinchilla 5, 333, 334
Chinchillidae 331, 333
Chinchilloidea 328, 333
Chinchillula 313
Chiromyoides 169, 175
Chironectes 70, 74, 75, 85
Chiropotes 195
Chiroptera 95, 250
„Chlamydophorus“ = Chlamyphorus
Chlamydotherium = Boreostracon
„Chlamydotherium“ = Pampatherium
Chlamyphorus 261, 265, 267, 268
Chlamytherium 265
Chleuastochoerus 431, 432
Chlorotalpa 105, 109, 117
Choeroclaenus 416, 506
„Choerodon“ = Archaeotherium
Choeromorus 423
Choeropotamidae 418, 423
Choeropotamus 423
Choeropsis 429, 430
„Choerotherium“ = Taucanamo
Choloepidae 271
Choloepus 265, 266, 271, 272
Choneziphius 496
Chriacus 501
Chrotogale 390
Chrotomys 323
Chrysochloridae 99, 101, 106
Chrysochloris 99, 109, 139

Chrysocyon 370, 371, 374, 376
Chubutherium 276
Chubutomys 334
Chumashius 190
Chungchienia 261, 281
Cimolestes 110, 349
Cimolodon 50
Cimolodontidae 50
Cimolomyidae 50
Cimolomys 50
Cingulata 266
Circotherium 573
Citellus 287, 297
Civettictis 390
Cladosictis 62, 75, 76
Claenodon 416, 501
Clenialites 194
Clethrionomys 309, 320
Climacoceras 461, 462
Cochilius 526
Coelodonta 534, 547, 548, 549
„Coelogenys" = Cuniculus
Coelutaetus 267
Coendou 330, 331, 340
Colbertia 521
Colobus 166, 173, 198, 199, 200, 201, 202
Colodon 538, 540, 541, 542
Colombibos 472
„Colpodontidae" = Leontinidae
Comopithecus 204, 205
Conacodon 508
Condylarthra 95, 498
Condylura 139, 141
Conepatus 364, 370
Congoide 246
Conilurus 324
Connochaetes 471, 474
„Conodontes" = Trogontherium
Conohyus 428, 430, 433, 434
Conoryctes 280, 281
Coöna 73
Copemys 310, 311, 312, 313
Cophocetus 483
„Cordillerion" = Cuverionius
Cordylodon 129, 130
Coriphagus 148
Cornwalliidae 587
Cornwallius 587, 588
Coryphodon 95, 407, 575, 576, 577, 579, 580
Coryphodontidae 580
Coryphomys 323
Cosomys 319
Cotimus 310, 312
Cotylorhynchus 19
Cramauchenia 516, 517
Cranioceras 461
Craseops 146
Craterogale 369
„Creoadapis" = Arctocyonoides
Creodonta 110, 112, 346, 499, 500
Creophaga 347
Cricetidae 286, 287, 310
Cricetinus 313
Cricetodon 312, 313, 322
Cricetomys 315, 322, 323
Cricetops 310, 311
„Cricetulodon" = Rotundomys
Cricetulus 309, 314
Cricetus 287, 309, 313, 314, 320
Cricodon 23, 28
Criotherium 478
Cristidentinus 541
Crocidosorex 133, 134, 137
Crocidura 99, 109, 134, 137
Crocuta 8, 9, 353, 391, 392
Crô-Magnon-Mensch 245, 247
Crossarchus 391
Crossomys 67
Cryptomastodon 587
Cryptomys 326, 343, 344
Cryptopithecus 148
Cryptoprocta 353, 377, 378, 380, 388, 389, 390
Cryptoryctes 106, 139, 142
Cryptotis 134, 137
Cseria 317
„Ctalecarodnia" = Carodnia
Ctenacodon 50, 51
Ctenodactylidae 286, 287, 298
Ctenodactylus 287, 298, 299
Ctenomyidae 331, 333
Ctenomys 331, 333
„Cuniculidae" = Dasyproctidae
Cuniculus 315, 331, 336, 337, 338
Cuon 368, 370, 371, 374, 375, 376, 377
Cupidinimus 302
Cupidinomys 301
Cuvieronius 596, 604, 605
Cyclomylus 292
Cyclopes 265, 273, 277
Cyclopidius 441
Cylindrodon 292
Cylindrodontidae 286, 287, 292
Cynarctoides 357
Cynarctus 357, 394
Cynarioides 30
Cynelos 362
Cynictis 390
Cynocephalidae 248, 249
Cynocephalus 95, 204, 248, 249
„Cynocephalus" = Chaeropithecus
Cynodesmus 371, 373
Cynodictis 363, 370
Cynodon 362
Cynodontia 19, 22
Cynodontomys 146, 155
Cynofeloidea 370
Cynogale 390
Cynognathus 18, 19, 22
Cynohyaenodon 114
Cynomorpha 196
Cynomys 283, 297
Cynopithecus 204
Cynorca 436
Cynotherium 377
„Cyon" = Cuon
Cyonasua 358
Cystophora 395, 397, 405

Dacrytherium 419, 429
Dactylomys 332
Dactylonax 85
Dactylopsila 85, 167
Daeodon 418, 425
Dama 456, 457, 458
Damacerus 456
Damalavus 474
Damaliscus 471, 474
Damalops 474
Daphoenidae 372
Daphoenocyon 372
Daphoenus 362, 372
Daptomys 313
Dasycercus 69, 82
Dasycyon 375
Dasypodidae 265, 266
Dasyprocta 331, 336, 337, 338, 438
Dasyproctidae 331, 337
Dasypus 54, 95, 262, 263, 264, 265, 267
Dasyuridae 69, 70, 81
Dasyuroides 69
Dasyurus 69, 70, 81, 82, 83
Daubentonia 2, 109, 143, 169, 173, 175, 176, 177, 406
Daubentoniidae 175, 177
Decennatherium 465
Dectiadapis 304
Delanymys 315
Delphaciognathus 28
„Delphinapteridae" = Monodontidae
Delphinapterus 482, 497
Delphinavus 497
Delphinidae 483, 497
Delphinus 95, 482, 483, 497, 498
Deltatheridia 95, 110
Deltatheridium 103, 110, 111, 112, 348
Deltatherium 501
Democricetodon 312, 313
„Democricetodon" = Copemys
Dendrogale 155
Dendrohyrax 617
Dendrolagus 66, 69, 90, 91, 92
Dendromus 314, 322
Deomys 283, 323
Deperetella 541
Deperetellidae 534, 538, 541
Dermoptera 248
Deseadomys 332
Desmana 96, 99, 109, 139, 141
Desmathyus 435
Desmatochoerus 441
Desmatoclaenus 504, 533
Desmatolagus 408, 411, 414
Desmatophoca 398
Desmodus 257
Desmodontidae 257
Desmostylella 587
Desmostylia 95, 584
Desmostylidae 587
Desmostylus 57, 584, 585, 586, 587
Diacodexidae 418, 421
Diacodexis 416, 419, 421
Diacodon 119, 120
Diadactyla 69
Diademodon 22, 23, 24, 26, 27, 28, 30
Diadiaphorus 3, 515, 614
Diamantomys 343
Diaphyodectes 119
Diarthrognathidae 41
Diarthrognathus 19, 24, 25, 28, 30, 36, 37, 41, 42
Diceratherium 545

Dicerorhinus 534, 547, 548
Diceros 534, 547, 548, 549, 550
Dichobune 422
Dichobunidae 418, 421
Dichodon 437
Dicoryphochoerus 432
Dicroceros 454, 455
Dicrostonyx 320, 321
Dicynodon 19
Dicynodontia 19
Didelphidae 69, 70, 73
Didelphis 24, 28, 30, 43, 70, 75, 80, 81, 85
Didelphodon 73, 74
„Didelphodontidae" = Stagodontidae
Didelphodus 111, 112
Didelphopsis 74
Didermocerus 548
Didolodontidae 507
Didolodus 507
Didymictis 350
Didymoconidae 99, 114
Didymoconus 115
Dikkomys 313
Dimetrodon 18, 28
Dimylechinus 127
Dimyloides 129, 130
Dimylus 129
Dinaromys 320
Dinictis 353, 378, 379, 386, 387
Dinobastis 379, 388
Dinocephalia 19
„Dinoceras" 581
Dinocerata 95, 580
Dinocyon 373
Dinofelis 379, 385
„Dinohyus" 425
Dinomyidae 331, 338
Dinomys 331, 334, 338, 339
Dinopithecus 205
Dinotheriidae 596, 610
Dinotherium 596, 610, 611
Diplobune 429
Diplogale 390
Diplolophodon 541
Diplolophus 303
Diplomesodon 134, 137
Dipodidae 286, 287, 327
Dipodoidea 308, 325
Dipodomys 2, 287, 301, 302
Dipoides 299
Diprionomys 302
Diprotodon 67, 68, 69, 70, 85, 87, 92, 93
Diprotodontia 68, 69
Diprotodontidae 69, 70, 92
Dipsalodon 113
Dipus 2, 287, 328
Dissacus 502
Distoechurus 85
Djadochtatherium 49, 50
Docodon 26, 37, 42, 43
Docodonta 38, 39, 40, 41, 60, 61
Docodontidae 42
Doedicurus 265, 269
Dolichocebus 194
„Dolichodoryceros" = Praedama
Dolichohippus 553, 562, 563, 564
Dolichopithecus 202, 204, 205
Dolichorhinus 568
Dolichotis 5, 331, 334, 335, 337
Doliochoerus 431, 435
Dolomys 320
Domnina 134, 135
Domninoides 140, 143
Dorcabune 450
Dorcas 475
Dorcatherium 450
Dorcopsis 66, 71, 92
Dorcopsulus 92
Dormaalius 159
Dorudon 482, 483, 488, 493
Dorudontidae 483, 488
Dremotherium 454
„Dromicia" = Cercaertus
Dromomerycidae 461
Dromomeryx 461
Dryolestes 48
Dryolestidae 48
Dryolestoidea 38, 60, 61
Dryomimus 307
Dryomys 307, 309
Dryopithecus 198, 211, 213, 216, 217
„Dryopithecus" 233
Duboisia 468
Dugong 95, 590, 591, 592
Dugongidae 592
Duplicidentata 405
Dusicyon 373, 375
Dymecodon 140
Dyseohyus 435

„Echidna" = Tachyglossus
Echimyidae 331, 332
Echimys 332
Echinoprocta 330
Echinops 107, 109
Echinosorex 96, 99, 122, 124, 125
Echymipera 66, 84
Ectocion 504, 533, 535
Ectoganus 280, 281
Ectoconodon 81
Ectoconus 407, 508, 509
Ectopotamochoerus 432
Ectypodontidae 50
Ectypodus 50
Edaphosaurus 18, 19
Edentata 95, 260
Eggysodon 545, 552
Eira 366
Ekgmowechashala 190
Ektopodon 56
Ektopodontidae 56
Elaphodus 455
Elaphurus 456
Elasmodontomyidae 339
Elasmodontomys 338, 339
„Elasmognathus" = Tapirella
Elasmotherium 534, 549, 550
Elassotherium 276
Elephantidae 596, 607
Elephantulus 2, 99, 109, 116, 149, 150, 151
Elephas 6, 595, 596, 604, 609, 610
Eligmodontia 313
Eliomys 307, 309
Eliurus 316
Ellobius 320, 321
Elomeryx 426, 427, 428
„Elotheriidae" = Entelodontidae
„Elotherium" = Entelodon
Elphidotarsius 163
Elpidophorus 147
Emballonuridae 259
Embolotherium 568
Embrithopoda 95, 617
Endotherium 47, 59, 63, 98
Enhydra 351, 365, 366, 394, 396
Enhydrictis 366
Enhydriodon 365
Enhydrocyon 368, 371, 373
Entelodon 3, 424, 425
Entelodontidae 418, 424
Entomolestes 122, 159
Entoptychus 303
Eobasileus 581, 582
Eobrasilia 75
Eocardia 331, 334
Eocardiidae 331, 334
„Eoceros" = Eotragus
Eocetus 488
Eochiromys 175
Eoconodon 501
Eoctodon 330, 332
Eodelphis 73
Eoentelodon 422, 425
Eoequus 561
Eohaplomys 293, 294
Eohegetotherium 529
„Eohippus" = Hyracotherium
Eohyrax 521
Eomellivora 367
Eomoropidae 534, 572
Eomoropus 572, 573
Eomyidae 286, 287, 303
Eomys 303
Eopachyrucos 529
Eoplatanista 498
Eosclerocalyptus 269
Eosiren 592
Eospalax 315
Eosteiromys 330
Eostyloceros 455
Eotheroides 591, 592, 595
„Eotherium" = Eotheroides
Eotitanops 534, 567, 568
Eotragus 468, 469, 471
Eotrigonias 544
Eotylopus 443, 444
Eozapus 327
Eozostrodon = Morganucodon
Ephelcomenus 428, 429
Epidolops 71, 78
„Epieuryceros" = Blastocerus
Epigaulus 287, 295, 296
Epihippus 558, 559
Epileptobos 470, 473
Epipeltephilus 268
Epipliopithecus 207
Episiphneus 315
Epitriplopus 544
Epoicotheriidae 263, 265
Epoicotherium 76, 106, 262, 263
Epomops 255
Epomorphus 255
Eporeodon 440, 441
Equidae 534, 553, 554

Equus 3, 13, 95, 534, 553, 557, 558, 560, 562, 563, 564, 565, 614
Eremaelurus 385
Eremotherium 274, 276, 277
Erethizon 329, 330, 331, 340
Erethizontidae 329, 331
Erethizontoidea 328, 329
Ergilia 540
„Ergilia" = Ardynia
Ergilobia 425
Ericiolacerta 21, 22, 27
Erignathus 395, 403, 404
Erinaceidae 99, 101, 123
Erinaceus 6, 32, 95, 99, 109, 116, 117, 127, 128, 162
Ernestokokenia 507
Erythrocebus 199, 201, 203, 204
Erythrotherium 44
Eschrichtiidae 483, 492
Eschrichtius 483, 492
Essonodontherium 276
Esthonychidae 510
Esthonyx 510
„Euangelistes" = Gypsonictops
Euarctos 359
Eubalaena 483, 490, 492
Eubradypus 271
Eucastor 299
Euceratherium 471, 477, 478
Euchambersia 21
Eucholoeops 274, 275
Euchoreutes 328
Eucladoceros = Euctenoceros
Eucosmodon 49, 50
Eucosmodontidae 50
Euctenoceros 456, 457
Eudaemonema 159
Eudiastatus 194
Eudinoceras 580
Eudolops 78
Eudromicia 69, 85
Euglires 306
Eulamaops 447
Eumegamys 338
Eumeryx 453
Eumetopias 399, 401
Eumys 310
Eumysops 333
Eupantotheria 37, 39, 45
„Eupetauridae" = Sciuridae
Eupetaurus 296, 298
Eupleres 390
„Euprotogonia" = Tetraclaenodon
Euprox 455, 456
Eurhinodelphis 483, 498
Euryboas 392
Eurymylidae 405, 408, 409
Eurymylus 283, 408, 409
Euryzygoma 93
Eusmilus 379, 387, 388
Eutamias 297, 298
Eutheria 94ff.
Eutypomyidae 286, 287, 300
Eutypomys 300, 301
Eutypotherium 527
„Evotomys" = Clethrionomys
Exilisciurus 298
Exoedaenodus 129, 130

Felidae 353, 377, 379
Feliopsis 382
Felis 4, 353, 363, 379, 382, 383, 385
Felsinotherium 593
Fennecus 371, 374, 375
Feresa 497
Fissipedia 348, 353
Floridaceras 546
Floridatragulus 445
Florentiamys 302, 303
Fontéchevade-Mensch 244
Forstercooperia 545, 551
Fossa 390

Gaillardia 141
Gaindatherium 549
Galagidae 177, 181
Galago 109, 167, 173, 177, 183, 184
Galagoides 180
Galea 335
Galemys 117, 139, 141
„Galemys" 104, 109
Galenomys 313
„Galeopithecidae" = Cynocephalidae
„Galeopithecus" = Cynocephalus
„Galeopterus" = Cynocephalus
Galera 366
Galerix 124
Galictis 366
Galidia 390
Galidictis 390
Galliaetatus 262
Gallogoral 476
„Ganodonta" = Taeniodonta
Garzonia 79
Gazella 471, 472, 475
Gazellospira 474
„Geiselotherium" = Prodissopsalis
Gelocidae 418, 452
Gelocus 452, 453
Genetta 390
Geniohyidae 613
Geniohyus 613
Geocapromys 333
Geolabis 123, 124
Geomyidae 286, 287, 303
Geomys 287, 301, 303
Georychus 343 344
Gerbillus 5, 287, 317
„Germanomys" = Ungaromys
Gesneropithecus 172
Getuloxerus 297
Gigantocamelus 447
„Gigantocamelus" 446
Gigantohyrax 617
Gigantopithecus 164, 200, 214, 215, 216
Giraffa 6, 418, 462, 465
Giraffidae 418, 462
Giraffokeryx 463, 464
Glasbius 73
Glaucodon 83
Glaucomys 298
Gliravus 306
Gliridae 286, 287, 306
Glirimorpha 306
Glirudinus 307
Glirulus 307

„Glirulus" 307
Glis 287, 307, 309
Globicephala 497
Glossophaga 256
Glossotherium 271, 276
Glyptatelus 269
Glyptodon 265, 268, 269
Glyptodontidae 265, 269
Glyptodontidium 269
Glyptotherium 269
Gnathabelodon 605
Gnathotitan 568
Gobiatheriidae 580
Gobiatherium 581, 582
Gobicyon 373
Gobioceras 468
Gobiohyus 423, 427
Gobiolagus 408, 409
Gomphognathus 22
„Gomphotheriidae" = Mastodontidae
„Gomphotherium" = Mastodon
Goniodontomys = Microtoscoptes
Gorgon 474
Gorgonops 21
Gorgonopsia 19, 21
Gorgopithecus 205
Gorilla 6, 162, 175, 191, 195, 201, 213, 214, 216, 217, 220, 222, 236, 247
Grampus 497
Grangeria 572, 573
Grangerimys 303
Graphimys 332
Graphiurus 307
Gregoromys 303
Griphomys 345
Griquatherium 465
„Grison" = Galictis
Groeberia 78, 79, 406
Groeberiidae 79
„Grypotherium" = Mylodon
Gulo 366, 367
„Gymnura" = Echinosorex
Gymnurechinus 127, 128
Gymnuromys 316
Gypsonictops 118
Gypsorhychus 343

Hadrictis 368
Hadropithecus 178, 179, 180
Haldanodon 42
„Halianassa" = Metaxytherium
Halichoerus 403, 404
Halitherium 591, 592, 595
Halmarhiphus 79
Hamadryas = Comopithecus
Hapalemur 109, 173, 174
Hapalodectes 502
Hapaloides 274
Hapalops 265, 272, 274
„Hapalops" 273
Haplobunodon 427
Haplocyon 363, 372
„Haplocyonoides" = Agnotherium
Haplodontherium 525
Haplohippus 553, 559
Haplolambda 576, 577, 579
Haplomastodon 605

Haplomys 293, 295
Haramyia 36
Haramyidae 36, 40
Harpagolestes 502, 503
Harpyionycteris 251, 254, 255
Hegetotheria 528
Hegetotheriidae 528
Hegetotherium 518, 528, 529, 530
Helaletes 538, 541
Helaletidae 534, 537, 538
Helarctos 355, 359, 360
Helicotragus 474
Helictis = Melogale 369
Heliophobius 326, 343, 344
Heliscomys 301, 302, 303
Helladotherium 465
Helohyus 422
Hemiacodon 174, 189, 190, 217
Hemianthropus 223
Hemibelideus 84, 87
Hemibos 469, 473
„Hemibradypus" = Scaeopus
Hemicentetes 107, 109
Hemicyon 362
„Hemicyon" = Plithocyon
Hemiechinus 128
Hemigalidia 390
Hemigalus 390
Hemihegetotherium 529
Hemimeryx 427, 429
„Hemionus" 553, 560, 563
Hemisyntrachelidae 483, 498
Hemisyntrachelus 498
Hemitragus 471, 477, 479
Henricosbornia 518
Henricosborniidae 518
Heptacodon 428
„Heptaxodon" = Elasmodontomys
„Heptaxodontidae" = Elasmodontomyidae
Heptodon 537, 538, 540, 541
Herpailurus 384
Herpestes 353, 389, 390, 391
Herpestidae 353, 391
Herpestides 389, 390, 392
Herpetairus 46, 48
Herpetotherium 74
Hesperhyus 435
Hesperidoceras 478
„Hesperoceras" = Hesperidoceras
Hesperocetus 496, 497
Hesperocyon 370, 371, 372, 373
Hesperoinia 496
„Hesperoloxodon" 608
Hesperoscalops 140
Hesperosiren 593
Hessolestes 502, 503
Heterocephalus 343
Heterocricetodon 310, 312, 313
Heterofelis 388
Heterohyrax 611, 617
Heterhyus 143
Heteromeryx 449
Heteromyidae 286, 287, 301
Heteromyoxus 307
Heteromys 301, 302, 303
Heteroprox 455
Heteropsomys 332
Heterosminthus 327, 328
„Heterosorex" 135, 136
Heteroxerus 297
Hexacodus 422
Hexaprotodon 428, 429, 430
Hexobelomeryx 466
Hexobolodon 333
Hipparion 553, 557, 558, 560, 561
Hippidion 13, 553, 558, 561
„Hippidium" = Hippidion
Hippocamelus 3, 458
Hippomorpha 534, 554
Hippopotamidae 418, 429
Hippopotamus 417, 418, 427, 429, 430
Hipposideridae 256
Hipposideris 256
Hippotigris 553, 561, 562, 563, 564
Hippotragoides 474
Hippotragus 467, 471, 474
Hispanotherium 549
Histriophoca 395, 404
Hoanghonius 190
Holmesina 268
Holochilus 312
Homacodon 421, 422
Homalodotheriidae 521
Homalodotherium 518, 520, 522, 523
Homalostylops 519
Hominidae 201, 219
Homo 6, 8, 30, 31, 162, 166, 173, 210, 212, 216, 217, 222, 224, 229, 236
Homo erectus 238, 239, 247
Homo erectus leakeyi 238, 240
Homo erectus modjokertensis 239
Homo erectus pekinensis 240, 242
„Homo" habilis 223, 224, 226, 229, 230, 231, 232, 234
Homo heidelbergensis 238, 240
Homo (neanderthalensis) soloensis 243
Homo praesapiens = primisapiens 244
Homo primisapiens = praesapiens 244
Homo „saldanensis" 243
Homo sapiens 201, 215, 219, 222, 227, 228, 235, 237, 247
Homo sapiens fossilis 244
Homo sapiens neanderthalensis 241, 246
Homo (sapiens) rhodesiensis 243
Homo sapiens sapiens 245, 246
Homo sapiens steinheimensis 245
Homo „steinheimensis" 244, 245
Homocentrus 194
Homogalax 537, 538
Homoioceras 470, 473
Homopithecus 214
Homopsomys 332
Homotherium 379, 388
Homunculites 194
Homunculus 194
Honanodon 502
Honanotherium 465
Hoplocetus 496
Hoplophoneus 2, 378, 379, 387
Hoplophorus 269
Humbertia 348
„Humboldtidae" 600
Hyaena 8, 9, 391, 392
„Hyaenarctos" = Agriotherium
Hyaenaelurus 114
Hyaenictis 392
Hyaenictitherium 392
Hyaenidae 353, 391
Hyaenocyon 368
Hyaenodon 95, 99, 114, 347
Hyaenodonta 99, 110, 347
Hyaenodontidae 99, 113
„Hyaenognathus" = Borophagus
Hyainailouros = Hyaenaelurus
Hydrochoeridae 331, 337
Hydrochoerus 283, 331, 336, 337
„Hydrodamalis" = Rhytina
Hydromys 67, 324
Hydropotes 454, 455
Hydroscapheus 141
Hydruntinus 562
Hydrurga 395, 402, 403
Hyemoschus 450
Hylobates 6, 175, 195, 201, 210, 216, 228, 236
Hylobatidae 201, 207
Hylochoerus 433
Hylomys 124, 125
Hylopetes 298
Hylopithecus 210
Hyodonta 419
Hyopsodontidae 506
Hyopsodus 499, 506, 507
Hyotherium 418, 431, 432, 433
Hyotitan 568
„Hypacodon" = Centetodon
Hypercoryphodon 580
Hyperdichobune 422
Hyperoodon 486, 496
Hyperoodontidae = Ziphiidae
Hypertragulidae 418, 450
Hypertragulus 448, 451
Hypisodus 451
Hypnomys 307
Hypogeomys 316, 317, 322, 323
Hypohippus 13, 553, 558, 560
Hypolagus 408, 411, 413, 414
„Hypsohipparion" = Stylohipparion
Hypsoparia 369
Hypsiprymnodon 69, 70, 71, 90, 91
Hypsoschizotherium 615
Hypsosteiromys 330
Hyrachyidae 537, 543
Hyrachyus 534, 540, 541, 545, 575
Hyracoidea 95, 611
Hyracodon 534, 541, 544, 545
Hyracodontidae 534, 544
Hyracotherium 13, 533, 535, 553, 554, 556, 557, 558, 559
Hystricidae 286, 287, 340
Hystricomorpha 339
„Hystricopsis" 340
Hystrix 287, 329, 340, 341

Iberomeryx 454
Ibex 480
Icaronycteridae 255
Icaronycteris 250, 252, 253, 255
Ichneumia 391
Ichthyomys 283, 312, 313

Ictailurus 385
„Icticyon“ = Speothos
Ictidopappus 348, 350
Ictidosauria 19, 24, 25, 40
Ictidosuchus 21
Ictitherium 353, 392
Ictonyx 366
Ictopidium 118, 122, 123
Ictops 96, 120, 122, 155
Idioglires 306
Idiophyseter 496
Idiurus 305
Ilingoceros 466
„Imperatoria“ = Prodissopsalis
Incacetus 496
Indarctos 353, 356, 360, 362
Indolophus 537
Indomeryx 452
Indopithecus 213
Indosiren 592
Indri 109, 166, 176, 177
Indriidae 176, 177
Indricotheriidae 534, 551
Indricotherium 534, 545, 550, 551
Ingentisorex 132, 135
Inia 483
Iniidae 483, 495
Inostrancevia 21
Insectivora 95, 99, 116
Interatheriidae 526
Interatherium 526
Iomys 298
Iranotherium 549
Ischnodon 84
Ischyromyidae 286, 287, 291
Ischyromys 292, 300
Ischyrorhynchus 496
„Ischyrosmilus“ = Homotherium
Ischyrotomus 284
Isectolophidae 534, 537, 538
Isectolophus 537, 538
Isobolodon 333
Isotemnidae 521
Isotemnus 521
Issiodoromys 305
Itanzatherium 546

Jaculus 328
Janimus 301
Jepsenella 143
„Josepholeidya“ = Anisolambda
Jourdanictis 389
Juxia 545
„Juxia“ 551

Kannabateomys 332
Kannemeyeria 18
Kansasimys 291
„Kansupithecus“ 196
Karakoromys 291, 298
Karsimatherium 465
Kelba 149
Kentriodon 497
Kentrogomphius = Micropternodus 111
Kenyalagomys 2, 408, 415
Kenyameryx 462
„Kenyapithecus“ 233
Kerodon 335
Khirtaria 422
Khoisanide 247
Kibernikhoria 521
Kichechia 389, 391
Kombetohia 50
Knightomys 291
Kobus 471, 474
Kochictis 148, 506
Kogia 483
Kogiopsis 496
Kolopsis 93
Kolopsoides 93
„Kolpochoerus“ = Metridiochoerus
Kolponomos 358, 396
Komba 181
Kopidodon 148
„Kosmelaphus“ 456
Kraglievichia 268
Kronokotherium 587
Kuanchuanius 511
„Kubanochoerus“ = Bunolistriodon
Kühneon 42, 45
Kunsia 313
Kyzylkakhippus 573

Labidolemur 144
Laekitherium 114
Lagenodelphis 497
Lagenorhynchus 497
Lagidium 333
Lagonebrax = Moschiola
Lagopsis 408, 414, 415
Lagomerycidae 461
Lagomeryx 461
Lagomorpha 95, 405
„Lagomys“ = Ochotona
Lagostomus 331, 333, 334, 336
„Lagotherium“ = Hypolagus
Lagothrix 162, 195
Lagurus 319, 320
Lama 6, 418, 443, 444, 446, 447
Lambdoceras 449
Lambdotherium 566, 567
Lamegoia 507
Lampadophorus 281
Lantanius 172
Lantanotherium 124, 125
Laolestes 43, 46, 48
Laphictis 367
Laugaritiomys 320
Leakeymys 317
Leecyaena 392
Leidymys 310, 328
„Leipsanolestes“ = Entomolestes
Leithia 307
Leithiidae = Gliridae
Lemmus 309, 320, 321
Lemur 6, 95, 109, 161, 162, 168, 171, 172, 173, 176, 177
Lemuridae 173, 177
Lenoxus 312, 313
„Leo“ = Panthera
Leontideus 177, 194
Leontinia 523
Leontinidae 523
Leontocebus 168
„Leontocebus“ = Leontideus
„Leontocebus“ = Saguinus
Leopardus 383, 384
Lepilemur 109, 173, 174
Leporidae 408, 409
Leporillus 323
Leptacodon 122, 123, 134
Leptailurus 380
Leptarctus 369
Leptauchenia 440, 441
Leptictidae 99, 101, 118
Leptictidium 119
Leptobison 470
Leptobos 470, 473
Leptochoeridae 418, 423
Leptochoerus 423
„Leptochoerus“ 435
Leptolambda 576, 579
Leptolophus 566
Leptomanis 279
Leptomerycidae 418, 452
Leptomeryx 420, 437, 452
Leptonychotes 402, 403
Leptonysson 119
Leptotataromys 298
Leptotomus 291
Leptotragulus 443, 449, 452
Lepus 95, 406, 408, 411, 412, 413
Lestoros 77
Leukaristomys 320
„Libralces“ = Praealces
„Libycochoerus“ = Bunolistriodon
Libypithecus 200, 202
Libytherium 465
Lichanotus = Avahi
Limnenetes 441
Limnocyon 113
Limnoecus 136
Limnogale 107, 109
Limnohyops 567, 568
Limnonyx 365
Limnopithecus 208, 209
Limnotragus 472
Liodontia 293, 294
Liomys 302, 303
Lipotes 496
Listriodon 431, 434
Litocranius 471, 575
Litodontomys 333, 338
Litokoala 86
Litolagus 408, 410
Litolestes 507
Litolophus 572, 573
Litomylus 507
Litopterna 95, 514
Lobodon 395, 402, 403
Lonchodelphis 496
Lophialetes 538, 541, 542
Lophialetidae 534, 538, 542
Lophiaspis 537, 572
Lophiodolodus 498, 594
Lophiodon 537, 538, 539, 540
Lophiodontidae 534, 537, 538
Lophiomeryx 452
Lophiomys 310, 315, 338
Lophiotherium 553, 557, 559
„Lophocephalus“ = Mauicetus
Lophocetus 498
Lorentzimys 323, 324
Loricotherium 261
Loris 6, 109, 177, 180, 181
Lorisidae 177, 180

Lousina 507
Loxaulax 50
Loxodonta 6, 95, 595, 596, 607, 608, 609, 610
Luantus 334
Lunania 537
Lunatoceras 474
Lushiamynodon 552
Lushilagus 408, 409, 410
Lushius 188, 190
Lutra 353, 364, 365, 394
Lutreolina 74
Lycaenops 21
Lycalopex 375
Lycaon 368, 370, 371, 374, 377
Lycopsis 75
Lycosuchus 19
Lycyaena 392
Lynchailurus 384
Lynx 379, 383
Lystrosaurus 19

Macaca 6, 173, 179, 192, 199, 201, 204
Macedonitherium 463
Machaeroides 113
Machairodus 379, 386, 388
Machlydotherium 267
Macrauchenia 95, 516, 517
Macraucheniidae 516
Macraucheniopsis 517
Macrocranion 122, 159
Macroeuphractus 267
Macrognathomys 312
„Macrohippus" = Equus
Macropodidae 69, 70, 89
Macropus 30, 69, 70, 91, 92
„Macrorhinus" = Mirounga
Macroscelidea 95, 99
Macroscelides 152
Macroscelididae 99, 101, 149
Macrotarsius 190
Macrotarsomys 314, 316, 317
„Macrotherium" = Chalicotherium
Macrotis 69
„Macrotis" = Thylacomys
Macruromys 323
Madoqua 468
Majoria 317
Makapania 474
Malacothrix 314
Mallomys 323
Mammonteus 5, 596, 607, 608, 609
„Mammut" = Mastodon (Zygolophodon)
Mammuthus = Mammonteus
Manatherium 592
Manchurodon 45
Mandrillus 204, 205
Manis 95, 263, 279
Manitsha 291
Manteoceras 567, 568
Marcuinomys 408, 414
Marmosa 72, 74
Marmosopsis 74
Marmota 5, 284, 297
Marsupialia 60, 61
Marsupicarnivora 68
Martes 353, 366
Martinogale 370
Masillamys 305
Mastacomys 323
Mastodon 5, 596, 598, 600, 601, 602, 603, 604
Mastodontidae 596, 600
Mauicetus 491
Maurimontia 291
Maxschlosseria 521
Mazama 458
Mckennatherium 123, 163
Mechta-Typ 245, 247
Mediochoerus 441
Megacerops 568
Megaceros 457, 458
Megachiromyoides 169
Megachiroptera 254
„Megacricetodon" 312
Megactenomys 333
Megaderma 257
Megadermatidae 257
Megadolodus 507
Megahippus 558, 560
Megalagus 408, 410, 411
Megaladapis 174, 175, 176, 177
Megalamynodon 554
„Megalindris" = Palaeopropithecus
Megaloceros 457, 458
Megalocnus 265, 274, 275
Megaloglossus 255
Megalohyrax 613, 614
Megalomys 312, 313
Megalonychidae 265, 273
Megalonychops 275
Megalonychotherium 275
Megalonyx 275
Megalovis 479
„Megamys" = Eumegamys
Megantereon 379, 388, 389
„Meganthropus" 223, 224, 231
Megapedetes 345, 346
Megaptera 483, 484, 492
Megasorex 138
Megathericulus 276, 277
Megatheridium 277
Megatheriidae 265, 276
Megatherium 265, 273, 276, 277
Megatapirus 539, 543
Megatylopus 446
Melanodon 46, 48
Meles 351, 353, 369
Melidellavus 369
Melissiodon 305, 324
Melissiodontidae 324
Mellivora 366, 367
Mellivorodon 367
Melodon 369
Melogale = Helictis 369
Melomys 323
Melursus 346, 358, 359
Menelikia 474
Meniscolophus 93
Meniscomys 293, 294, 295, 296
Meniscotheriidae 507
Meniscotherium 507, 508
Menodus 568, 569, 570
Mephitis 370
„Mephititaxus" = Leptarctus
Meriones 317
Meryceros 466
Merychippus 3, 13, 553, 557, 558, 560
Merychyus 441
Merycochoerus 418, 441
Merycodontidae 466
Merycodus 418, 466
Merycoidodon 437, 440, 441
Merycoidodontidae 418, 440
Merycopotamus 427, 428, 429, 430
Mesatirhinus 570
Mesembriomys 323, 324
Mesocetus 492
„Mesochoerus" = Omochoerus
Mesocnus 274
Mesocricetus 309, 314
Mesocyon 373
Mesodma 50
Mesohippus 13, 553, 557, 558, 559
Mesogaulus 295, 296
Mesonychidae 502
Mesonyx 502, 503
Mesopithecus 198, 200, 201
„Mesopithecus" = Victoriapithecus
Mesoplacentalia 98
Mesoplodon 496
Mesopotamogale 103
Mesopropithecus 176, 178, 179
Mesoscalops 142
Mesosiphneus 315
Mesoteras 492
Mesotheriidae 527
Mesotherium 528
Messelina 123
Metacervocerus 456
Metacervulus 455
Metacheiromyidae 261, 265
Metacheiromys 261, 262, 263, 265
„Metacodon" = Geolabis
Metacordylodon 129, 130
Metailurus 379, 385
Metamynodon 534, 552, 554
Metaphiomys 343
Metapterodon 114
„Metarctos" = Simocyon
Metarhinus 568
Metasayimys 299
„Metaschizotherium" = Phyllotillon
Metatelmatherium 568
Metatheria 61 ff.
Metaxytherium 591, 593, 595
Metechinus 127
Meteutatus 267
Metochotona = Alloptox
Metolbodotes 148, 151
Metoreodon 440
Metridiochoerus 432
Miacidae 348
Miacis 348, 350
Microbunodon 426, 427
Microcavia 335
Microcebus 109, 161, 162, 171, 173, 176, 177, 183
Microcetus 495
Microchiroptera 255
Microchoeridae = Necrolemuridae
Microchoerus 186, 187
„Microcleptes" = Haramyia
Microcnus 273, 274

Microdipodops 301, 302
„Microdontomys“ = Microtodon
Microgale 103, 107, 109
„Microlestes“ = Thomasia
Micromys 309, 322
Microparamys 291
Microperoryctes 66, 84
Microphocaena 498
Micropotamogale 103, 107
Micropternodus 111, 112, 142
Microstonyx 432
Microsus 421
Microsyopidae 145
Microsyops 146
Microtitan 568
Microtodon 317, 318, 319
Microtoscoptes 317, 318
Microtus 287, 309, 319, 320
Microzeuglodon 494
Microzeuglodontidae 483, 494
Mimolagus 408, 409
Mimomys 319, 320
Miniopterus 259
„Mioclaenidae“ = Hyopsodontidae
Mioclaenus 506
Miocochilius 3, 526, 527
Mioechinus 127
Mioeuoticus = Progalago
Miohippus 558, 560
Miohyaena 392
Miohystrix 340
Miomegaderma 257
Miomephitis 369
Miomeryx 452
Mionictis 365
Miophoca 402
Miosiren 594
Miosorex 136
Miospalax 325
Miospermophilus 297
Miotapirus 538, 539, 542
Mirabilocerus 472
Mirounga 395, 397, 398, 403, 405
Mitilanotherium 463
Mixocetus 492
Mixodectes 147
Mixodectidae 147
„Mixohyrax“ = Megalohyrax
Mixtotheriidae 418, 423
„Moeripithecus“ = Propliopithecus
Moeritheriidae 596, 597
Moeritherium 5, 596, 597, 598, 599, 600
Mogera 139, 140
Molossidae 259
Monachus 394, 395, 397, 402
Mongolide 246, 247
Mongolestes 502
Mongolomegaceros 458
Mongolonyx 502
Mongoloryctes 115
Mongolotherium 582
Monodelphis 69
Monodelphopsis 74
Monodon 483, 497
Monodontidae 483, 496
Monotherium 395, 402
Monotremata 54
„Montaneia“ = Ateles
Montmaurin-Mensch 240, 244
Mookomys 301, 302
Morenelaphus 459
Morenocetus
Morganucodon = Eozostrodon 26, 28, 30, 33, 37, 38, 39, 41
Morganucodontidae 40, 41, 42
Moropus 534, 573, 574
Morphippus 524
Moschidae 418, 454
Moschiola 450
Moschops 18
Moschorhinus 21
Moschowhaitsia 21, 22
Moschus 418, 453, 454, 468
Mouillacitherium 422
Multituberculata 37, 38, 39, 40, 48
Mungos 390, 391
Munizia 529
Muntjacus 418, 455
Murexia 81, 85
Muridae 286, 287, 321
Mus 321, 322
„Muscardinidae“ = Gliridae
Muscardinulus 307
Muscardinus 307, 309
Mustela 366
Mustelavus 357
Mustelidae 353, 364
Mydaus 369
Mydecodon 140
Mygalea 141
Mygalinia 141
Mygatalpa 140
Mylagaulidae 286, 287, 295
Mylagaulodon 295, 296
Mylagaulus 293, 295, 296
Mylodon 264, 272, 274, 276
Mylodontidae 265, 276
Mylohyus 436
Mylomygale 152
Myocastor 283, 284, 331, 333
Myocastoridae 331, 333
Myocricetodon 313
Myohyracidae 99, 152
Myohyrax 152, 612
Myolestes 123
Myomimus 307
„Myomorpha“ 308
Myoprocta 338
Myopus 321
Myorycteropus 413
Myosciurus 298
Myosorex 132, 137
Myospalax 315
Myotis 255, 258, 259
Myotragus 476
„Myoxidae“ = Gliridae
Myrmecobiidae 69, 70, 83
Myrmecobius 44, 69, 70, 83, 86, 94
Myrmecoboides 65, 83, 119
Myrmecophaga 265, 273, 277
Myrmecophagidae 265, 277
Mysops 291
Mystacoceti 483, 490
Mystromys 314
Mytonolagus 408, 409, 410
Mytonomys 294
Myxomygale 138
Myzopodidae 259
Naemorhedus 476, 477
Nandinia 389, 391
Nanger 475
Nannippus 553, 558, 561
Nannocricetus 313
Nannopithex 186, 187
Nannosciurus 298
Nanochoerus 423
Nanodelphis 74
Nanotragulus 451
Napaeozapus 327
Nasalis 199, 201, 202
Nasua 357
„Nasuidae“ = Procyonidae
Navajovius 188, 190
Neandertaler 241, 242, 243
„Neandertaler“ 243
Nebraskomys 319
Necrodasypus 261
„Necrogymnurus“ = Neurogymnurus
Necrolemur 168, 185, 186, 187
Necrolemuridae 177, 185
Necrolestes 76, 105, 106
Necromanis 261, 262, 279
Necromantis 255
Necromites 366
Necromys 312
Necrosorex 133
„Necrosorex“ = Heterohyus
Nekrolagus 408, 411, 412, 413
Nelsonia 312
Nematherium 276
Nemolestes 77
Neobalaena 492
Neobradypus 271
Neochoerus 337
Neocometes 317
Neocynodesmus 371
Neodesmostylus 587
Neoentelodon 425
Neoepiblema 338
Neofelis 2, 379, 380, 382, 383
Neofiber 320
Neohapalops 274
Neohelos 93
Neohipparion 13, 553, 558, 561
Neohippus 561
Neohylomys 124
Neoliotomus 50
Neonematherium 276
Neomeris 498
Neomys 99, 104, 109, 137
Neoparacamelus 447
Neophoca 399
Neopithecus 209
Neoplagiaulax 50
Neopropithecus 176, 178
Neoremys 333
„Neoschizotherium“ = Pliohyrax
Neosqualodon 495
Neosteiromys 330
Neotamandua 277
Neotetracus 125
Neotherida 98
Neotoma 312
Neotomodon 312
Neotragocerus 476
Nesiotites 138
Nesodon 520, 521, 524

Nesogale 107, 109
Nesohippus 524
„Nesokerodon“ 305
Nesokia 309
Nesolagus 408, 411, 412, 413
Nesomys 316
Nesophontes 97, 102, 108, 110
Nesophontidae 99, 132
Neurogymnurus 123
Neurotrichus 139, 140
Ngandong-Mensch 242, 244
Ngapakaldia 92
Niglarodon 295, 296
Nimravides 379, 387
Nimravus 379, 386, 387
Noctilio 259
Noctilionidae 259
Nomarthra 511
Non-Ruminantia 418ff.
Notharctus 161, 170, 171, 172, 177
Nothydrochoerus 337
Nothocyon 373
Nothrotheriops 272, 274
Nothrotherium 265, 272, 273, 274
„Notiodectes“ 169
Notioprogonia 518
Notiosorex 138
Notocetus 496
Notochoerus 432
Notohippidae 523
Notohippus 524
Notolagus 408, 411
Notomys 323, 324
Notopithecus 526
Notopteris 254
Notoryctes 67, 70, 77, 93, 94, 105
Notoryctidae 70, 93
Notosmilus 76
Notostylopidae 519
Notostylops 5, 518, 519
Nototherium 67, 85, 92, 93
Nototrogomorpha 328
Notoungulata 95, 517
Novibos 470
Numidocapra 476
Nunezia 277
Nyctereutes 370, 371, 373, 374
Nycteridae 257
„Nycterobius“ = Revilliodia
Nycticebus 109, 161, 180, 181
Nyctinomus = Tadarida
Nyctitherium 250
„Nyctitherium“ 122
Nyssodon 111
Nythosaurus 32

Ocajila 125
Ochotona 408, 409, 413, 415
Ochotonidae 408, 413
Ochotonoides 408, 415
Ochotonolagus 408, 414
Ochrotomys 312
Ocnopus 275
Octodon 330, 331, 332
Octodontidae 330, 331
Octodontomys 330, 332
Octodontotherium 270, 271
Octomys 332
Odobenus 395, 400, 401, 404
Odobenidae 395, 400
Odocoileus 418, 458
Odontoceti 483, 493
Ogmodontomys 319
„Ogmorhinus“ = Hydrurga
„Oioceros“ 478
Okapia 6, 462, 463, 464, 468
Oldfieldthomasia 521
Oldfieldthomasiidae 521
Olenopsis 333
Oligobunis 368
Oligokyphus 22, 23, 24, 28, 37, 56
Oligopithecus 172, 197, 198
Oligoryctes 105, 108
Oligoscalops 142
„Oligosorex“ = Crocidosorex
Olonbulukia 474
Olsenia 416, 502
Ommatophoca 402, 403
Omochoerus 432
Omomyidae 177, 189
Omomys 189
Onager 563
Oncifelis 384
Ondatra 284, 320
Onohippidium 553, 561
Ontocetus 496
Onychodectes 280, 281, 282
Onychomys 312
Ophiacodon 19
Ophiomys 319
Orangiatherium 465
Orasius = Bohlinia 464
Orcaella 497
Orcinus 483, 497
Oreailurus 384
Oreamnos 437, 476, 477
„Oreocyon“ = Dasicyon
Oreodonta 440
Oreolagus 408, 415
Oreonectes 440
Oreopithecidae 201, 216
Oreopithecus 164, 200, 201, 216, 217, 218, 219
Oreotragus 471, 472, 474
Ornithorhynchidae 58
Ornithorhynchus 24, 26, 28, 32, 51, 54, 55, 57, 58, 67
Orohippus 553, 558, 559
„Orolestes“ = Lestoros
Oromerycidae 444
Oromeryx 443
Orophodon 270, 271
Orophodontidae 265, 270
„Orthogonoceras“ = Praemegaceros
Orthotherium 274
Orycteropodidae 511
Orycteropus 95, 511, 512, 513
Oryctolagus 408, 411, 412, 413
Oryx 467, 476
Oryzomys 312
Oryzorictes 99, 107, 109
Osbornictis 390
Osmotherium 370
Otaria 395
Otariidae 395, 398
Othnielmarshia 518
Otocolobus 380, 384
Otocyon 353, 363, 370, 371, 373, 374
Otomys 323
Ototylomys 312
Ourayia 189
Ourebia 474
Ovibos 471, 477, 478
Ovis 471, 477, 478, 479
Oxacron 438, 439
Oxyacodon 507
Oxyaena 113, 347
Oxyaenidae 99, 113
Oxyclaenus 501
Oxydactylus 445
Oxymycterus 283, 309, 312, 313

Pachyacanthus 496
Pachyaena 502
Pachycynodon 363
Pachygazella 476
Pachygenelus 24
Pachyhyrax 614
Pachylemur 174
„Pachynasua“ = Cyonasua
Pachynolophus 553, 557, 559
Pachyportax 468
Pachyrukhos 529
„Pachyura“ = Suncus
Paciculus 310, 328
Paedotherium 529
Paenemarmota 297
Pagonomus 148
Pagophilus 395, 404
Paguma 391
Paidopithex 213
Palaeanodon 261, 262, 264
Palaeanodonta 260, 265
„Palaeanthropus“ heidelbergensis 238
„Palaeanthropus palestinensis“ 244
Palaearctomys 297
Palaeictops 119
Palaeocavia 335
Palaeochiropteridae 255
Palaeochiropteryx 255
Palaechoerus 431, 432
Palaeoctodon 332
Palaeodonta 419
„Palaeoerinaceus“ = Amphechinus
Palaeogale 366
Palaeohoplophorus 265, 269
Palaeohypsodontus 453, 468
Palaeolagus 407, 408, 410, 411, 414
Palaeolama 447
Palaeoloxodon 608, 609
Palaeomastodon 5, 596, 598, 599, 600, 601, 604
„Palaeomastodontidae“ 600
Palaeomeles 369
Palaeomerycidae 462
Palaeomeryx 454, 462
Palaeomoropus 533, 571, 572
Palaeomyrmidon 277
Palaeomys 340
Palaeonictis 113, 350
Palaeopeltis 270, 271
Palaeopetaurus 86
Palaeopetromys 342
Palaeophoca 402
Palaeophocaena 498
Palaeophyllophora 255
Palaeopithecus 213

Palaeoplatycerus 455
Palaeoprionodon 377, 389
Palaeopropithecus 176, 178, 180
Palaeoreas 474
Palaeorycteropus 512
Palaeoryctes 103, 111, 115, 155
Palaeoryctidae 99, 112
Palaeoryx 474, 478
„Palaeoscaptor“ = Amphechinus
Palaeosimia 213, 214
Palaeosinopa 148
„Palaeospeothos“ = Protocyon
Palaeostylops 517, 518
Palaeosyops 568, 569, 570
Palaeothentes 71
Palaeothentoides 79, 151
Palaeotherida 98
Palaeotheriidae 534, 559, 565
Palaeotherium 534, 559, 565, 566
Palaeotomys 323
Palaeotragus 463
Palenochtha 190
Paleoparadoxia 95, 584, 586, 587, 588
„Paleoparadoxidae“ = Cornwalliidae
Paleunycteris 257
Palhyaena 392
Palorchestes 90, 92
Paludotona 408, 414
Palustrimus 322
„Pampaeocervus“ 459
Pampatherium 268
Pan 6, 8, 166, 173, 175, 195, 201, 212, 213, 214, 216, 218, 220, 222, 236, 237, 247
Pannonicola 319
Pannonictis 366
Panochthus 269
Panodon 537
Panolax 408, 411
Panthera 4, 95, 353, 378, 379, 380, 382, 383, 387
Pantholops 476, 477
Pantodonta 95, 576
Pantolambda 576, 577, 578, 579
Pantolambdidae 577
Pantolestes 148, 394
Pantolestidae 148
Pantotheria 37, 38, 40
Papagomys 323
Papio 6, 199, 201, 204, 205
„Pappaceras“ = Forstercooperia
Pappocetus 488
Pappotherium 47
Parabos 470, 471, 473
Paracamelus 446, 447
Paraceratherium 550, 551
Paracervulus 455
Paracitellus 291
Paracondylarthra = Arctocyonoidea
Paracricetodon 310, 312, 313
Paracrocidura 137
Paracryptotis 137
Paradicrocerus 455
Paradipoides 299
Paradjidaumo 303
Paradolichopithecus 202
Paradomnina 135
Paradoxurus 391
Paraechinus 128
Paraentelodon 425
Parageomys 303
Paragravigrada 261, 264, 270
Parahipparion 561
Parahippus 558, 560
Parahydromys 67
„Parahyracodon“ = Ardynia
Parailurus 356
Paralactaga 328
Paralutra 365
Paramachairodus 388
Parameles 369
Paramyidae 286, 287
Paramynodon 552
Paramys 283, 287, 290, 291
„Paranthropus“ 216, 223, 224, 225, 228, 229, 232
Paraonyx 365
Parapapio 205
Parapedetes 345
Parapeltocoelus 268
Paraphiomys 343
Paraphyllophora 255
Parapithecidae 201, 206
Parapithecus 197, 198, 205, 206
Parapliohyrax 615
Parapodemus 322, 323
Pararhizomys 325
Pararyctes 111
Parascalops 139
Parascaptor 139
Parasciurognatha 304
Parasminthus 327
Parastrapotherium 532
Paratalpa 141
Paratanuki 373
Parataxidea 369
Paratetonius 188
Paratragocerus 468
Paratylopus 445
Paraulacodus 342
„Paraustralopithecus“ 223
Pardofelis 384
Parendotherium 46
Parestigorgon 474
Pareumys 292
Parictis 357
Parietobalaena 492
Parmularius 474
Paromomyidae 163
Paromomys 163
Parotomys 323
Paroxacron 439
Paroxyaena 113
Paroxyclaenidae 148
Paroxyclaenus 148, 506
Paschatherium 123, 507
Patene 75
Pataecops 542
Patriocetidae 483, 494
Patriocetus 494
Patriofelis 113
Paucituberculata 68, 69
Paulocnus 274
Paulogervaisia 507
Paurodon 46, 48
Paurodontidae 48
Pauromys 291, 310
Pecarichoerus 435
Pecora 418, 452
Pectinator 298
Pedetes 287, 344, 345, 346
Pedetidae 286, 287, 344
„Pediolagus“ = Nekrolagus
Pediomyidae 73
Pediomys 73, 81
Peiosorex 137
Pelea 474
Pelicopsis 46
Pellegrinia 299
Pellicornia 462
Pelocetus 490, 491
„Pelonax“ = Archaeotherium
Peloroceras 474
Pelorovis 469, 470, 473
Peltephilidae 265, 268
Peltephilus 268
Pelycodus 172
Pelycosauria 19
Pentacodon 148
Pentacodontidae 148
Pentaglis 307
Pentalagus 408, 411, 412, 413
Pentamylus 422
Pentapassalus 262, 263
Peradectes 74
Peralestes 45
Perameles 30, 69, 70
Peramelidae 69, 70, 83
Peramelina 68, 69
Peramus 46, 47, 48
Peratherium 74, 75
Perchoerus 431, 435
Percrocuta 8, 9, 392
Perennicornia 461
Periconodon 190
Peridiomys 302, 303
Perikoala 86
Perimia 468
Perimys 334
Periptychidae 508
Periptychus 509, 510
Perissodactyla 95, 533
Perodicticus 109, 168, 180, 181
Perognathus 301, 302, 303
Peromyscus 308, 309, 310, 311, 312
Peroryctes 66, 69, 84
Perunium 367
Petaurista 296, 298
Petauristidae = Sciuridae
Petaurus 70, 84, 85, 86
Petenyia 137
Petrodomus 95, 122, 151
Petrogale 91
Petromuridae 286, 287, 342
Petromus 287, 342
Petromyscus 315, 322
Petropseudes 86
Phacochoerus 432, 433, 434
Phalanger 85, 86
Phalangeridae 69, 70, 85
Phascogale 69, 70, 81, 85
Phascolarctidae 70, 86
Phascolarctos 62, 67, 69 70, 86
„Phascolomis“ = Vombatus
Phascolonus 68, 89
Phascolosorex 82
Phascolotherium 44

Phenacodontidae 504
Phenacodus 95, 504, 505, 506, 509, 533, 535, 556
Phenacolemur 163
Phenacolophus 580
Phenacomys 320
Phenacotragus 475
Philistomys 307
„Phiomia" = Palaeomastodon
Phiomyidae 286, 287, 342
Phiomyoides 343
Phiomys 342, 343
Phlaocyon 357
Phoberocyon 362
Phoberodon 495
Phoberomys 338
Phoca 393, 394, 395, 396, 397, 403, 404
Phocaena 483, 484
Phocaenidae 483, 498
Phocarctos 399
Phocidae 395, 402
Phodopus 309, 314
Pholidota 95, 278
Phthinilla 343
Phtoramys 333
Phyllostomatidae 257
Phyllostomum 257, 258
Phyllotillon 573, 574
„Phyllotillon" = Borissiakia
Phyllotis 309, 312, 313
Physeter 482, 483, 484, 486, 496
Physeteridae 483, 496
Picrodontidae 164
Picrodus 164, 250
Piezodus 408, 411, 414, 415
Pilgrimella 422, 426
Pilgrimia 609
Piltdown-Mensch 244
Pinchacus 543
Pinnipedia 393, 395
Pipestoneomys 293, 299
Pithanotaria 399
„Pithecanthropus" 225, 231, 237, 242
„Pithecanthropus" dubius 237
„Pithecanthropus "erectus 238, 242
„Pithecanthropus" erectus erectus 238
„Pithecanthropus" erectus pekinensis 238, 240
„Pithecanthropus modjokertensis" = „P." robustus
„Pithecanthropus" robustus 237, 238
Pithecia 177, 195
Pithecistes 441
Pitheculus 194
Pitikantia 92
Pitymys 319, 320
Placentalia 68, 69, 94 ff.
Plagiaulacidae 49, 50
Plagiaulax 50
Plagiodontia 333
Plagiolophus 559, 566
Plagiomene 249
Plagiomenidae 249
„Plagioptychus" = Carsioptychus
Planetetherium 249
Planops 276
Platacanthomys 317
Platanista 483, 484, 495, 496
Platanistidae 483, 495
Platatherium 472
Platybelodon 596, 605
Platychoerops 169
Platygonus 436
Platypittamys 329, 330, 331, 332
„Platypus" = Ornithorhynchus
Platyrrhina 177, 191 ff.
Platystegodon 606
Plesiaceratherium 546
Plesiadapidae 168, 177
Plesiadapis 2, 155, 161, 168, 169, 170
„Plesianthropus" 223
Plesiarctomys 291
Plesictis 357, 364
Plesiocetus 492
Plesiodimylus 129, 130
Plesiogulo 366
Plesiolestes 163, 190
Plesiomegatherium 277
Plesiomeles 369
Plesiomeryx 439
Plesiometacarpalia 454
Plesiorycteropus 513
Plesiosminthus 327
Plesiosorex 134
Plesiospermophilus 291
Plesippus 561, 562
Pleuraspidotheriidae 507
Pleuraspidotherium 508
Pleuroceros 545
Pleurostylodon 519
Pliauchenia 446
Plicodontinia 496
Pliocastor 299
Pliogeomys 303
Pliohippus 13, 553, 558, 560, 561
Pliohyracidae 616
Pliohyrax 612, 614, 616
Pliolagus 411
Pliolemmus 321
Pliomorphus 274
Pliomys 319
Plionarctos 360, 361
Pliopentalagus 408, 411, 413
Pliopetaurista 298
Pliopetes 298
Pliophenacomys 319, 320
„Pliophoca" = Monachus
Pliopithecus 200, 201, 207, 208, 209, 210, 217
Pliopotamys 319, 320
Pliosaccomys 303
Pliosciuropters 296
„Plioselevinia" 307
Pliospalax 325
Pliotomodon 313
Pliozapus 327
Plithocyon 359, 360, 362
Podogymnura 124, 125
Poebrodon 444
Poebrotherium 418, 437, 444, 445, 446
Poelagus 413
Poephagus 470, 473
Pogonomelomys 323
Pogonomys 323
Polydolopidae 70, 77
Polydolops 51, 71, 78, 79
Polyprotodontia 69
Pomatodelphis 498
„Pomonomys" = Diamantomys
Pondaungia 172
Pongidae 201, 211 ff.
Pongo 6, 166, 175, 195, 201, 214, 215, 216, 222, 236
Pontistes 496
Pontolis 399
Pontoporia 496
„Porcula 432
Postpalerinaceus 127
Postpotamochoerus 432
Postschizotherium 574, 612, 615, 616
Potamarchus 338
Potamochoerus 418, 432, 433, 435
Potamogale 99, 102, 103, 104, 109, 150
Potamosiren 594
Potamotherium 364, 365, 396, 398
Potorous 90
Potos 355, 357
„Praeaceratherium" = Eggysodon
Praealces 459, 460
Praedama 457
Praedamalis 474
Praemadoqua 474
Praemegaceros 457, 458, 460
Praeneandertaler 241
Praeovibos 478
Praepusa 403, 404
Praesapiens-Formen 245
Praesapiens-Typus 244
Praesorex 137
„Praezinjanthropus" = „Homo" habilis
Pratilepus 408, 411, 412
„Prechoeropsis" 430
Prepotherium 276
Preptoceras 478
Presbytis 6, 201, 202, 203, 212, 218
Priacodon 44
Primates 95, 159 ff.
Primisapiens-Typ 245, 246
Priodontes 264, 267
Prionailurus 384
Prionessus 50
Prionodelphis 402
Prionodon 390
Prionotemnus 91
Priscophyseter 496
„Pristinofelis" 383
Pristiphoca 402
Proadianthus 516
Proadinotherium 524
Proailurus 377, 379, 385
Proamblysomus 106
Proamphibos 469, 473
Proamphicyon 372
Proantilocapra 467
„Probassariscus" 357
Probathyopsis 581, 582
Proboscidea 95, 595
Probrachyodus 427
Procadurcodon 552
„Procaenotherium" 439
Procamelus 3, 418, 444, 446, 447

Procamptoceras 476, 477
Procapra 475
Procapreolus 455, 459
Procapromys 333
Procardiatherium 337
Procastoroides 299
Procavia 2, 95, 616, 617
Procaviidae 616
Procerberus 118, 119
Procervulidae 454
Procervulus 454, 461
„Procervus" 456
Prochrysochloris 106
(Pro-)Coelodonta 548
Procoileus 458
Procolobus 198, 202
Pro-Condylarthra 502
Proconsul 201, 210, 212, 213, 217, 236
Proconsuloides 213
Procoptodon 67, 68, 70, 90, 91
„Procoryphodon" 580
Procreodi 347, 499, 500
Procticitis 251
Procynocephalus 204
Procyon 353, 355, 357, 358, 360
Procyonidae 353, 357
Prodamaliscus 474
Prodesmatochoerus 441
Prodiacodon 119
Prodinoceras 582
Prodinoceratidae 580
Prodissopsalis 114
Prodolichotis 334, 336
Prodremotherium 452, 453
„Proechidna" = Zaglossus
Proechimys 331, 332
Proeuphractus 267
Proeutatus 267, 268
Profelis 384
Progalago 181
Progaleopithecus 249
„Progenetta" 392
Progiraffa 463
„Progiraffa" 462
Progonomys 322, 323
Prohapalemur 174
Proheteromys 302, 303
Prohylobates 198, 207
„Prohylobates" = Paidopithex
Prohyracodon 544
Prohyrax 616, 617
Proinia 496
Prolagostomus 334
Prolagus 408, 414, 415
Proleptobos 470, 473
Prolibytherium 462, 463
Prolimnocyon 113
Promacrauchenia 517
Promegatherium 277
Promeles 369
„Promellivora" 367
Promephitis 370
Promerycochoerus 441
Promesochoerus 432
Prometheomys 320
Promimomys 317, 318
Promylagaulus 295, 296
Promylodon 276
Promyrmecophagus 277
Pronolagus 408, 411, 412, 413
Pronothodectes 168, 169
Pronothrotherium 274
„Pronotochoerus" = Metridiochoerus
Pronycticebus 172, 181
„Proochotona" 408, 415
Propachynolophus 557, 559
Propachyrucos 529
Propalaeohoplophorus 269
„Propalaeomeryx" 462
Propalaeochoerus 431, 435
Propalaeoryx 463
Propalaeosinopa 148
Propalaeotherium 557, 559
Prophyseter 496
Propithecus 109, 176, 178
Proplatyarthrus 270, 273
Propleopus 90
Propliothecus 197, 207, 234
Propotamochoerus 432, 435
Propotto 181
Propraopus 267
Propterodon 114
Proputorius 366
Propyrotherium 584
Prorastomus 592, 594
Prorosmarus 400
Proscalopidae 99, 141
Proscalops 142
Proscapanus 140
Proscelidodon 276
Proschismotherium 274
Prosciurus 291, 294
Prosimiae 177 ff.
Prosiphneus 315
„Prosomys" = Microtodon
Prospalax 325
Prosqualodon 495
Prostegotherium 267
Prosthennops 435, 436
„Prosthennops" = Cynorca
Protabrocoma 333
Protacaremys 330, 332
Protaceratherium 546
Protachyoryctes 325
Protadjidaumo 303
Protalactaga 328
Protalpa 138
Protamandua 277
Protapirus 534, 538, 539, 542
Protarctos 360, 362
Protauchenia 447
„Protechimys" = Archaeomys
Protelephas 607
Proteles 346, 353, 389, 391
Protembolotherium 568
Protemnocyon 372
Protemnodon 90, 91
Proterix 127
Proterixoides 123
Proterotheriidae 514
Proterotherium 514, 515, 516
Prothylacinus 70, 75, 76
Prothyracodon 544
Protitan 568
Protitanotherium 567, 568
Protoadapis 172
Protobradys 271
Protoceras 418, 443, 448, 449
Protoceratidae 418, 448
Protocetidae 483, 488
Protocetus 486, 487, 488
Proto-Creodonta 502
„Protocyon" 371, 377
Protodelphinus 497
Protodichobune 422
Protodidelphis 74
Protoglyptodon 269
Protohippus 558, 560, 561
Protohydrochoerus 337
„Protolycalopex" = ? Dusicyon
„Protomeryx" = Paratylopus
Protophocaena 498
Protoptychidae 286, 287, 292
Protoptychus 292, 328
Protoreodon 440
Protoryx 474, 478
Protosciurus 297, 298
Protoselene 506, 514
Protosiren 591, 592
„Protosorex" = Domnina
Protospermophilus 297
Protosteiromys 330
Prototheria 54 ff.
Prototherium 592
Prototocyon 373
Prototomus 114
Prototrigodon 525
Protragelaphus 474
Protragocerus 468
Protrogomorpha 288 ff.
Protungulatum 500
Protursus 362
Protylopus 418, 443, 444
Protypotheroides 152, 517, 612
Protypotherium 518, 525, 526
„Prouintatherium" = Probathyopsis
Proviverra 114
Prozaedyus 267
Prozeuglodon 488
Pseudaelurus 378, 379, 383, 384, 385, 387
Pseudalces 459
Pseudamphimeryx 452
Pseudaplodon 294, 295
Pseudarctos 362
Pseudeutatus 267
Pseudictops 154, 407
„Pseudobassaris" = Plesictis
Pseudocheirus 69, 84, 86, 87
Pseudochrysochloris 142
Pseudocordylodon 129, 130
Pseudocreodi 347
Pseudocylindrodon 292
Pseudocynodictis 357
„Pseudocynodictis" = Hesperocyon
Pseudocyon 362
Pseudocyonopsis 362
Pseudogalerix 124
Pseudois 477, 479
Pseudoloris 186, 187
Pseudomys 324
Pseudoprepotherium 276
Pseudorca 497
Pseudorhinolophus 255
Pseudorhynchocyon 151
Pseudoryzomys 313

Pseudosciuridae 286, 287, 304
Pseudosciurus 305
Pseudospalax 342, 343
Pseudostegotherium 267
Pseudostylops 524
Pseudotheridomys 303, 304
Pseudotypotherium 525
Psittacotherium 280, 281, 282
Pterodon 114
„Pteromyidae" = Sciuridae
Pteromys 298
Pteronotus 256, 259
Pteronura 364, 365
Pteropodidae 254
Pteropus 254, 255, 259
Ptilocercus 99, 155, 157, 159, 162
Ptilodontidae 49, 50
Ptilodus 32, 48, 49, 50, 51
Ptolemaia 148, 149
Ptolemaiidae 149
Pudu 458
Puduella 458
Puercolestes 111
Pugiodens 148
Pultiphagonides 474
Puma 379, 380, 383, 384
Purgatorius 163, 164
Pusa 403
Putorius 366
Pygathrix 199, 202, 217
Pyramios 93
Pyrotheria 95, 583
Pyrotheriidae 583
Pyrotherium 95, 583

Quercytherium 114

Rabaticeras 476
Rahonapithecus 213
Rakomylus 445, 446
Ramapithecus 233, 234, 237
Rangifer 460, 461
Rapamys 330
Raphicerus 472, 474
Rattus 287, 309, 313, 321, 322, 323
Ratufa 298
Redunca 474
Reithrodon 312
Reithrodontomys 312
Reithroparamys 291
Revilliodia 255
„Rhachianectes" = Eschrichtius
„Rhachianectidae" = Eschrichtiidae
Rhagamys 322
Rhagatherium 427
Rhenopithecus 200, 213
Rheomys 283, 312, 313
Rhesus 204
Rhinoceros 534, 549, 550
Rhinocerotidae 534, 545
Rhinochoerus 543
Rhinodorcas 475
Rhinolophidae 256
Rhinolophus 95, 255, 256, 257, 258, 259
Rhinopithecus 202
Rhinopoma 259
Rhinopomatidae 259
Rhinotitan 568
Rhizomyidae 286, 287, 324
Rhizomys 287, 325
Rhizophascolonus 87
Rhizospalacidae 325
Rhizospalax 325, 340
Rhodanomys 304
Rhodesia-Mensch 242, 243, 244
Rhodopagus 542
Rhombomys 317
Rhynchippidae 523
Rhynchippus 521, 523, 524
Rhynchocyon 96, 99, 109, 149, 150, 151
Rhyncholestes 77
Rhynchomeles 66, 84
Rhynchomys 323
Rhynchotherium 474
Rhyphodon 518, 521
Rhytina 590, 593, 594
Ritteneria 303, 304
Rodentia 95, 282ff.
Romerolagus 408, 411, 412, 413
Ronzotherium 552
Rooneyia 187, 190
Rotundomys 313
Rousettus 254
Rucervus 456
Rudopithecus 213
Ruminantia 442, 449
Rupicapra 471, 476, 477
Rusa 456
Ruscinalopex 367, 373
Ruscinomys 313
Rytiodus 594

Sabadellictis 369
„Saccolaimus" = Taphozous
„Saccomys" = Heteromys
Saccopteryx 258, 259
Saccostomus 315
Saghatheriidae 616
Saghatherium 615
Saguinus 194
Saiga 471, 476, 477
Saimiri 199
Saldanha-Mensch 242, 243
Salpingotus 327, 328
Samotherium 463
Sanitherium 436
Sansanosmilus 379, 387, 388
Sarcolemur 419
Sarcophilus 69, 81, 82, 83
Sarkastodon 113
Saturninia 130, 133, 134
Saurodelphis 496
Sayimys 298, 299
Scaeopus 271
Scaglia 530, 531
Scalabrinitherium 516, 517
Scaldicetus 496
Scalopoides 140, 143
Scaloposaurus 21
Scalopus 11, 109, 138, 139, 140, 141
Scapanulus 140
Scapanus 138, 139, 140, 141
Scaphoceros 478
Scapteromys 312, 313
Scaptochirus 139, 140
„Scaptohyus" = Archaeotherium
Scaptonyx 139, 140
Scarrittia 523
Schaubeumys 327
„Schaubia" 276
„Schaubitherium" 277
Schismotherium 274
Schistomys 334
Schizailurus 384, 385
Schizochoerus 434
Schizodelphis 498
Schizotherium 573, 574
Schlosseria 542
„Schlossericyon" = Sivanasua
Schoinobates 276
Scelidodon 276
Scelidotheridium 276
Scelidotherium 273, 276
Sceparnodon 89
Sciamys 330
Scirtopoda 328
Sciuravidae 286, 287, 291
Sciuravus 291
Sciuridae 286, 287, 296
Sciurillus 298
Sciurodon 293
„Sciuroides" = Adelomys
„Sciuromorpha" 296
„Sciuropterus" 287, 298
Sciurus 95, 287, 296, 297
Sclerocalyptus 269
Scleromys 333, 339
Scotaeumys 334
Scotamys 334
Scotimus 310
Scotinomys 312, 313
Scutisorex 131, 134, 137
Scymnognathus 19
Scymnosaurus 21
Selevinia 287, 307
Seleviniidae 286, 287, 307
Semantor 265, 366, 396
Semigenetta 389
Semnopithecus 200
„Semnopithecus" 202
„Serengeticeras" = Ceratotherium
Serengetilagus 408, 411, 412, 413
„Serridentidae" 600
„Serridentinus" = Mastodon
Sesamodon 21
Sespedectes 122
Sespemys 292
Setifer 32, 104, 107, 109, 116, 150
Shamolagus 408, 409, 410
Shikamainosorex 137
Sigmodon 309, 312
Sika 456
Silenus 204
Simamphicyon 362
Simatherium 469, 470, 473
Simenia 374, 376
Simias 202
Simimeryx 451
Simimys 310, 327
Simocyon 362, 368
Simopithecus 205
Simosthenurus 90
Simplicidentata 282
Simplimus 338

„Sinanthropus“ 216, 242
„Sinanthropus“ lantianensis 238, 239
„Sinanthropus officinalis“ 215, 238
„Sinanthropus“ pekinensis 238
Sinclairella 143, 144, 145, 275
Sinoconodon 33, 43, 44
Sinocricetus 313
Sinohippus 560
Sinolagomys 408, 414, 415
Sinomegaceroides 458
Sinomegaceros 458
Sinopa 114, 494
Sinoreas 472
Sinotherium 549, 550
Sinotragus 474
„Siphneus“ = Myospalax
Sirenavus 592
Sirenia 95, 589
Sivacanthion 340, 341
Sivacapra 477, 479
Sivaceros 468
Sivachoerus 434
Sivacobus 474
„Sivacyon“ 373
Sivadenota 474
Sivaelurus 389
Sivanasua 356
Sivaonyx 356
Sivapithecus 213
„Sivapithecus“ 233
Sivatherium 418, 465
Sivoreas 472
Smilodectes 172
Smilodon 2, 353, 378, 379, 386, 387, 388
Smilodontidium 388
Sminthoides 328
Sminthopsis 69, 82
Sminthozapus 327
Soergelia 476, 478
Solenodon 43, 96, 97, 99, 102, 103, 105, 109, 110, 116, 122
Solenodontidae 99, 101, 108
Sorex 104, 109, 117, 131, 133, 134, 137
„Sorex“ 135, 136
Soricidae 99, 133
Soriculus 138
Sotalia 496, 497
Sousa 496, 497
Spalacidae 286, 287, 324
Spalacopus 330
Spalacotheriidae 45
Spalacotheroides 45
Spalacotherium 43, 45
Spalax 287, 293, 316, 324, 425, 326
Spaniomys 332
„Sparactolambda“ = Titanoides
„Sparassodonta“ = Borhyaenidae
Spelaeomys 323
Speothos 368, 370, 371, 374, 375
Spermophilopsis 297
Sphenophalos 466
Spilogale 370
Spirocerus 474, 475
Squalodelphis 496
Squalodon 483, 494, 495
Squalodontidae 483, 495
Stachomys 320
Stagodontidae 73
Steatomys 314
Stegodon 596, 605, 606
Stegodontidae 596, 605
Stegolophodon 599, 605
Stegoloxodon 609
Stegomastodon 5, 596, 602, 604, 605
Stegotherium 265, 267, 268
Stehlinia = Revilliodia
Stehlinella 143, 144
Steinheim-Mensch 246
Stenailurus 385
Stenella 497
Steneofiber 299
„Steneofiber“ = Palaeomys
Stenidae 483, 497
Steno 483, 496, 497
Stenodelphis = Pontoporia
Stenomylus 445
Stenoplesictis 377, 389
Stephanocemas 455, 457
Stephanomys 322
„Sthenuridae“ 90
Sthenurus 67, 90, 91
Stibarus 423, 424
Stichomys 332, 333
„Stictomys“ 338
Stockoceros 467
„Strepsiceros“ = Tragelaphus
Strepsiportax 468
Stromeriella 368
Strongyloceros 457
Stylinodon 95, 280, 281, 282
Stylinodontidae 281
„Stylochoerus“ = Phacochoerus
Stylohipparion 558, 561
Subhyracodon = Caenopus
„Subungulata“ 588
Sugrivapithecus 213
Suidae 418, 431
„Suiformes“ 420
Suillotaxus 369
Sulcicephalus 606
Suncus 109, 134, 137
Surdisorex 137
Suricata 391
Sus 418, 419, 432, 437
Susu = Platanista
Susuidae = Platanistidae
Swanscombe-Mensch 244, 246
Sylvicapra 468
Sylvilagus 408, 411, 412, 413
Sylvisorex 109, 137
Symbos 471, 477, 478
Symmetrodonta 37, 38, 39, 40, 45
Symphalangus 175, 201, 210, 217
„Synaptochoerus“ = Phacochoerus
Synaptomys 320, 321
Syncerus 469, 473
Syndactyla 69
Syndesmatochoerus 441
Syndyoceras 418, 449
Synthetoceras 449
„Systemodon“ = Homogalax
„Systemodontidae“ = Isectolophidae
Szechuanopithecus 204

Tachyglossus 55, 58
Tachyglossidae 58
Tachyoryctes 316, 325
Tachyoryctoides 325
Tadarida 255
Taeniodonta 95, 279
Taeniolabididae 49, 50
Taeniolabis 2, 50, 51, 52
Talpa 99, 104, 109, 116, 117, 138, 139, 140, 141
Talpavus 122
Talpidae 99, 138
Tamanalces 460
Tamandua 273, 277
Tamias 297, 298
Tana 116
Tanupolama 446
Taphozous 259
„Tapinochoerus“ = Metridiochoerus
„Tapinochoerus“ = Notochoerus
Tapiravus 539, 543
Tapirella 543
Tapiridae 534, 538, 539, 542
Tapirulus 428, 429
Tapirus 534, 536, 539, 541, 542, 543
„Tardigrada“ 270
Tardontia 293, 295
Tarsiidae 177, 182
Tarsipes 70, 72, 86
Tarsius 10, 11, 109, 162, 165, 167, 168, 176, 177, 182, 183, 184, 185, 186, 222
Tasmacetus 496
Tataromyidae 287, 298
Tataromys 298
Tathiodon 48
Taucanamo 435
Taurotragus 471, 472
Taxidea 369
Taxodon 369
Tayassu 418, 436
Tayassuidae 418, 435
„Tayra“ = Galera
„Tchadanthropus“ uxoris 238
Teilhardella 144
Teilhardina 185, 190
„Telanthropus“ 230, 231
Telemetacarpalia 454
Teleoceras 546, 547
Teleolophus 541
Telmatodon 427
Telmatherium 568
Temnocyon 371
Tenrec 6, 95, 99, 103, 107, 109
Tenrecidae 99, 101, 107
Teratodon 114
Tetheopsis 581
Tetonius 161, 183, 185, 186, 188, 189
Tetracerus 468
Tetraclaenodon 504, 505, 533, 535, 556
Tetraconodon 433, 434
Tetracus 124
„Tetralophodon“ = Mastodon
Tetrameryx 467
Tetrapassalus 262, 263
Tetraprotodon 430
Tetrastylus 338
Teutomanis 279
Thalarctos 358, 359, 361

Thalattosiren 592
„Thaloroceros“ = Bubalis
Thaumastocyon 363
Thecurus 341
Theosodon 516, 517
„Therailurus“ 385
Therapsida 17, 18, 19, 20
Thereutherium 113
Theria 59ff.
Theridomorpha 304
Theridomyidae 286, 287, 305
Theridomys 300, 305
Theriodontia 19
Therocephalia 19, 21
Theropithecus 162, 164, 199, 203, 204, 216
Thinocyon 113
Thinohyus 435
„Thlaeodon“ = Didelphodon
Thoatherium 3, 514, 515
Thomashuxleyia 521, 522
Thomasia 36
Thomomys 303, 326
„Thos“ 371, 374
Thrinaxodon 21, 22, 28
Thryonomyidae 286, 287, 342
Thryonomys 287, 342
Thryptacodon 501
Thylacaelurus 249
Thylacinidae 69, 70, 83
Thylacinus 69, 70, 81, 82, 83
Thylacoleo 70, 76, 85, 87
Thylacomys 66, 84
Thylacosmilus 2, 70, 75, 76
Thylogale 87, 92
Thyropteridae 259
Ticholeptus 440, 441
„Tichorhinus“ = Coelodonta
Tillodon 511
Tillodontia 510
„Tillotheriidae“ = Esthonychidae
Tillotherium 511
Tinodon 45
Titanodectes 568
Titanohyrax 613, 614
Titanoideidae 578
Titanoides 576, 578, 579
Titanomys 408, 411, 414, 437
Titanophoneus 19
Titanotheriomys 291
Titanotylopus 446
Tomarctus 371, 373
„Tomocyon“ = Agnotherium
Torynobelodon 605
Tossunnoria 477, 478
Toxodon 95, 518, 524, 525
Toxodonta 520
Toxodontidae 524
Trachelocele 475
Trachypithecus 202, 203
Trachytherus 527
Tragelaphus 471, 472
Tragocerus 468, 471
Tragulidae 418, 450
Tragulina 418, 449
Tragulus 418, 450, 468
Transpithecus 526
Trechomys 300, 305
Tremarctos 353, 360, 361
„Tremarctotherium“ = Arctodus
Tricentes 501
Triceromeryx 448
„Trichaelurus“ = Otocolobus
Trichechidae 594
Trichechus 590, 594, 595
Trichecodon 395, 400, 401
Trichosurus 70, 79, 80, 85, 86
Trichys 340, 341
Triconodon 26, 32, 33, 43, 44, 49
Triconodonta 37, 38, 39, 40, 42
Triconotheria 44
Tricuspiodon 507
Trigodon 525
Trigonias 534, 545, 546
Trigonictis 366
Trigonostylopidae 531
Trigonostylops 530, 531
Triisodon 511
„Trilophodon“ = Mastodon
Trilophomys 317, 318
Trimylus 135
Trioracodon 44
Triplopides 544
Triplopus 544
Tritemnodon 144
Tritylodon 30, 37
Tritylodontia 19, 23, 24, 27, 33, 37, 40
Trocharion 369
Trochictis 369
Trochotherium 369
Trogontherium 300
Trogosus 2, 511
Tsaganomys 292, 293
Tsaidamotherium 477, 478
Tsamnichoria 521
Tscherskia 313
Tshelkaria 115
Tubulidentata 95, 511
Tubulodon 262, 512, 513
Tungurictis 389
Tupaia 6, 11, 95, 96, 109, 122, 155, 156, 157, 161, 166, 168, 171
Tupaiidae 99, 101, 155
Tupaiodon 123
„Turkanantherium“ = Acerathe-rium
Tursiops 482, 484, 494, 497
Tylomys 312
Tylonycteris 259
Tylopoda 418, 442
Typhlomys 317
Typotheria 525
Typothericulus 527

Udabnocerus 472
Udabnopithecus 213
Uintacyon 350
Uintanius 188
Uintatheriidae 580
Uintatherium 95, 575, 580, 581, 582
Ulemosaurus 19
Uncia 380, 382
Ungaromys 320
Uriscus 287
Urmiabos 470
Urmiatherium 478, 545, 551
Urocyon 371, 373, 374
Urogale 109
Uromys 323
Uropsilus 138, 139, 140
Urotrichus 139, 140
Ursavus 360, 361, 362
Ursidae 353, 358
„Ursulus“ 360
Ursus 351, 353, 354, 355, 359, 360, 361, 362, 363
Ustatochoerus 441
Utaetus 263, 266, 267

Valenictus 400, 401
Vampyrum 257
Vanderhoofius 587, 588
Varanops 19
Varanosaurus 18
Vassallia 268
Vellericornia 462
Vespertiliavus 259
Vetelia 267
Victoriapithecus 196, 198
Villanya 319
Viretailurus 383
Vishnucobus 474
Vishnuictis 390
Viverra 353, 389, 390
Viverravus 350
„Viverravus“ = Humbertia
Viverridae 353, 390
Vombatidae 70, 88
Vombatus 2, 69, 70, 87, 406
Vormela 366
Vulpavus 349, 350
Vulpes 353, 355, 368, 371, 374, 375

Walanginia 468
Wallabia 90, 91, 92
Wasatchia 419, 421
Washakius 190
Watsoniella 21, 22, 27
Whaitsia 21
Wortmania 280, 281
Wynyardia 79, 80, 85
Wynyardiidae 80
Wyulda 85

Xenarthra 263
Xenastrapotherium 532
„Xenictis“ = Enhydrictis
„Xenochoerus“ = Sanitherium
Xenocranium 262, 263
Xenocyon 377
Xenodontomys 333
Xenoglyptodon 269
Xenohystrix 341
Xenomys 312
Xenopithecus 211
Xenorophus 493, 494
„Xenotherium“ = Epoicotherium
Xenothrix 194
Xenungulata 582
Xenuromys 323
Xeromys 324
Xerus 297
Xiphodon 437
Xiphodontidae 418, 436

Yindirtemys 298
Yoderimys 304
Yumaceras 461

Zalambdalestes 120
Zalambdalestidae 99, 120
Zalambdodonta 60, 61, 95, 99, 102ff.
Zalophus 395
Zanycteris 164, 250
Zapodidae 286, 287, 327
Zapus 287, 327
Zelceina 138
Zenkerella 305
„Zeuglodon" = Basilosaurus
„Zeuglodontidae" = Basilosauridae
„Zinjanthropus" 223, 224, 225, 226, 228, 229, 232, 247
Ziphiidae 483, 496
Ziphiodelphis 498
Ziphius 483
Zodiolestes 357
„Zorilla" = Ictonyx
Zygodontomys 312, 313
Zygolophodon 596, 600, 603
Zygomaturus 93
Zygorhiza 486, 488

Berichtigungen

Seite 53, 15. Zeile von unten	Marsupialia und Placentalia	anstelle	Marsupialia
Seite 163, 15. Zeile von oben	meist	anstelle	meint
Seite 173, 21. Zeile von oben	Callithricidae	anstelle	Callothricidae
Seite 214, 3. Zeile von unten (Fußnote)	nuckle-walking	anstelle	mickle-walking
Seite 233, 10. Zeile von unten	Branco	anstelle	Branso
Seite 251, 8. Zeile von oben	Haramiya	anstelle	Haramiys
Seite 255, 7. Zeile von oben	Epomorophus	anstelle	Epomorphus
Seite 303, 15. Zeile von oben	Grangerimus	anstelle	Grangerimys
Seite 315, Unterschrift zu Abb. 338	Prosiphneus	anstelle	Proisphneus
	Myospalax	anstelle	Myspalax
Seite 323, 12. Zeile von oben	Spelaeomys	anstelle	Spaeleomys
Seite 333, 14. Zeile von oben	Neoreomys	anstelle	Neoremys
Seite 333, 18. Zeile von oben	Hexolobodon	anstelle	Hexobolodon
Seite 343, 3. Zeile von oben	Apodecter	anstelle	Apodectes
Seite 371, Abbildung 394	Atelocynus	anstelle	Atelocyon
Seite 374, Abbildung 397	Atelocynus	anstelle	Atelocyon
Seite 375, 6. Zeile von oben	Atelocynus	anstelle	Atelocyon
Seite 435, 2. Zeile von unten	Hesperhys	anstelle	Hesperhyus
Seite 474, 22. Zeile von oben	Thaleroceros	anstelle	Thaloroceros

DAS TIERREICH

Eine Zusammenstellung und Kennzeichnung der rezenten Tierformen

Herausgeber

Robert Mertens (Wirbeltiere)

Willi Hennig (Wirbellose)

Schriftleiter
Heinz Wermuth

Unter Mitarbeit zahlreicher Spezialisten

Zuletzt erschienen:

76 AVES (Upupae): *Bucerotidae*. Bearbeitet von KURT SANFT. 1960. Mit 106 Figuren. IV, 176 Seiten. DM 78,—

77 GASTROPODA, Prosobranchia: *Tonnidae*. Bearbeitet von RUDOLF KILIAS. 1962. Mit 47 Abbildungen. 63 Seiten. DM 28,—

78 AMPHIBIA: *Gymnophiona* (in: Liste der rezenten Amphibien und Reptilien). Bearbeitet von STANLEY W. GORHAM. 1962. X, 25 Seiten. DM 15,—

79 REPTILIA, Sauria: *Helodermatidae*, *Varanidae*, *Lanthanotidae* (in: Liste der rezenten Amphibien und Reptilien). Bearbeitet von ROBERT MERTENS. 1963. X, 26 Seiten. DM 14,—

80 REPTILIA, Sauria: *Gekkonidae*, *Pygopodidae*, *Xantusiidae* (in: Liste der rezenten Amphibien und Reptilien). Bearbeitet von HEINZ WERMUTH. 1965. XXII, 246 Seiten. DM 117,80

81 REPTILIA, Serpentes, Colubridae: *Dipsadinae* (in: Liste der rezenten Amphibien und Reptilien). Bearbeitet von JAMES A. PETERS. 1965. VIII, 18 Seiten. DM 12,50

82 INSECTA: *Plecoptera* (Katalog). Bearbeitet von JOACHIM ILLIES. 1966. Mit 20 Abbildungen. XXX, 632 Seiten. DM 294,—

83 REPTILIA, Sauria: *Chamaeleonidae* (in: Liste der rezenten Amphibien und Reptilien). Bearbeitet von ROBERT MERTENS. 1966. X, 37 Seiten. DM 26,—

84 REPTILIA, Serpentes: *Uropeltidae* (in: Liste der rezenten Amphibien und Reptilien). Bearbeitet von CARL GANS. 1966. 29 Seiten. DM 14,—

85 AMPHIBIA, Salientia: *Ascaphidae*, *Leiopelmatidae*, *Pipidae*, *Discoglossidae*, *Pelobatidae*, *Leptodactylidae*, *Rhinophrynidae* (in: Liste der rezenten Amphibien und Reptilien). Bearbeitet von STANLEY W. GORHAM. 1966. XVI, 222 Seiten. DM 107,—

86 REPTILIA, Sauria: *Agamidae* (in: Liste der rezenten Amphibien und Reptilien). Bearbeitet von HEINZ WERMUTH. 1967. XIV, 127 Seiten. DM 72,—

87 REPTILIA, Sauria: *Cordylidae* (Cordylinae, Gerrhosaurinae) (in: Liste der rezenten Amphibien und Reptilien). Bearbeitet von HEINZ WERMUTH. 1968. X, 30 Seiten. DM 24,—

88 MOLLUSCA, Bivalvia: *Superfamilie Unionacea*. Bearbeitet von FRITZ HAAS. 1969. Mit 5 Abbildungen. X, 663 Seiten. DM 380,—

89 REPTILIA, Serpentes: *Boidae* (Boinae, Bolyeriinae, Loxoceminae, Pythoninae) (in: Liste der rezenten Amphibien und Reptilien). Bearbeitet von ANDREW F. STIMSON. 1969. XII, 49 Seiten. DM 38,—

90 REPTILIA, Sauria: *Anguidae*, *Anniellidae*, *Xenosauridae*. Bearbeitet von HEINZ WERMUTH. 1969. XII, 41 Seiten. DM 33,—

Ein ausführlicher Prospekt steht zur Verfügung

WALTER DE GRUYTER & CO · BERLIN 30

FSC
www.fsc.org
MIX
Papier | Fördert gute Waldnutzung
FSC® C083411

Kolibri 360 GmbH
Ferdinand-Jühlke-Straße 7
99095 Erfurt, Deutschland
produktsicherheit@kolibri360.de